采矿工程设计手册

（上 册）

张荣立　何国纬　李　铎　主编

煤 炭 工 业 出 版 社

内 容 简 介

采矿工程设计手册（简称《手册》）是为进入 21 世纪后的地下采矿设计工作者编写的一本矿井设计实用工具书，《手册》共含常用技术资料、矿区开发和井田开拓、采煤方法和采区巷道布置、井筒及相关硐室、井底车场及硐室、巷道及采区车场、井下运输、通风与安全、计算机应用、矿井技术经济等十篇，分上、中、下三册出版。《手册》根据我国现行规范和专业部门最近的规程、规定，结合目前国际、国内最新的矿山设计、施工、建设的实例，系统的介绍了设计任务书下达后采矿专业所负担的设计内容。此外还列举了大量最新资料和数据信息，可满足大、中、小型矿井新建及改扩建设计需要。

《手册》表述形式以图表为主，内容全面而实用，可供从事矿山工程的设计、施工、生产管理的技术人员使用，亦可供科研人员及大专院校师生参考。

编纂委员会

主任委员 王显政 范维唐

副主任委员 濮洪九 路耀华 钱鸣高 洪伯潜 田 会

委　　员 （以姓氏笔画为序）

孔祥国 文际坤 方君实 王升鸿 王成林 王秀岩
王显政 王捷帆 王燕宾 王 衡 兰贵枝 冯长松
冯冠学 卢柱辉 卢溢洪 田 会 关连义 刘兴隆
刘宪邦 孙 震 安和人 许铁樵 何国纬 吴嘉林
张荣立 张通燮 张豫生 李民英 李庚午 李 铎
李福龙 杨永恭 杨存部 杨 彬 杨裕官 陈元艳
陈汉祖 陈建平 周秀隆 周承建 周根生 孟 融
范维唐 金元仲 洪伯潜 赵经彻 钟德辉 莫立奇
郭小平 钱鸣高 高宏伟 康忠佳 黄祖业 黄航硕
焦奉不 谢冬梅 窦庆峰 路耀华 雷景良 濮洪九
魏鹏远

主　　编 张荣立 何国纬 李 铎

审定人员 （以姓氏笔画为序）

王捷帆 孙传瑛 许铁樵 何国纬 张连栋 张荣立
李庚午 邹云生 孟 融 钟德辉 翁嗣超 郭均生
潘辑义

秘　　书 许铁樵

前　言

自改革开放以来，煤矿设计工作者不断学习世界上先进的设计理念，总结几十年来我国煤矿设计、建设和生产的实际经验，逐步形成了一套适合我国国情并与世界采矿技术同步发展的完整的设计体系。在这套设计体系的指导下，我国设计并建成了一大批适应于当地地质条件和自然环境的大、中、小型煤矿，使我国煤炭产量多年来雄居世界第一，保证了国民经济发展对煤炭这一基础能源的需要。

为了总结我国煤矿设计体系，70年代后期，原煤炭部设计管理局曾组织编写了《煤矿矿井采矿设计手册》，该书以其实用性而深受设计人员的欢迎。

进入80年代后，科学技术迅猛发展，随着各种新技术、新设备的引入，产生了很多新的设计思想，比如“高产高效矿井”、“一矿一面”等等。同时，随着计划经济体系向社会主义市场经济体系转变，原有的设计思想不断被新的观念取代。广大设计人员迫切需要一本贯穿新设计理念的实用的工具书来指导采矿设计工作。为此，原煤炭部基建司于1996年组织北京、济南、武汉、合肥、沈阳、邯郸、太原、重庆、南京、西安等十个设计院编写《采矿工程设计手册》。手册编写历时七年，四易其稿（最多部分达六次），共有二百余名工程技术人员及专家参加研讨、编写、修改、审查、审定工作。手册主编及编写人员本着出精品书的原则，系统地总结了几十年来我国煤矿设计的理论和实践，参考美国、英国、德国等发达国家采矿设计思想，全面介绍了我国各地区及国外典型的设计案例。对20世纪末我国出现的高产高效放顶煤开采方法、千万吨级矿井一井一面开采方法、薄煤层刨煤机开采方法等更是进行了详细介绍。手册对各类问题反复研究、推敲、核实，确保了手册的先进性和实用性，确保了手册经得起实践和时间的检验。

手册共分常用技术资料、矿区开发和井田开拓、采煤方法和采区巷道布置、井筒及相关硐室、井底车场及硐室、巷道及采区车场、井下运输、通风与安全、计算机应用和矿井技术经济等十篇，比较系统地介绍了自设计任务书下达后采矿专业的设计内容，能满足大、中、小型煤矿新建及改扩建设计需要。特别考虑到随着信息时代的到来和设计工作要以经济效益为中心，手册增加了计算机应用和矿井技术经济两个篇章。近20年来，国家制定颁发了一批新的全国性和有关行业性规范规程，《采矿工程设计手册》在编写过程中也基本上全部贯彻其中。

在今后很长一个时期中，煤炭仍将是我国最主要的能源。我国仍需建设大量新的煤矿并对现有煤矿不断进行改扩建和技术改造。在煤矿建设中，设计是基础，是灵魂，设计的好与差在很大程度上影响了矿井投产后生产是否顺利和经济效益好坏。我们相信，手册将给广大设计人员提供先进的设计理念，极丰富的参考内容，正确的设计方法和完整的基础数据，成为设计人员的好帮手和必备之书。

在手册编写过程中，各单位给编写人员及专家提供了良好的工作条件；各有关矿务局、公司为收集资料提供了诸多方便；各有关单位等为手册的编写提供了资金的资助；同时，手册中引用、参考、借鉴了一些《煤矿矿井采矿设计手册》中的资料、数据和成果等。我代表手册编委会对所有参加、支持、帮助手册编写工作的单位和人员，对《煤矿矿井采矿设计手册》编委会及参编的所有单位和人员表示衷心感谢。

《采矿工程设计手册》编纂委员会主任

中　国　工　程　院　院　士

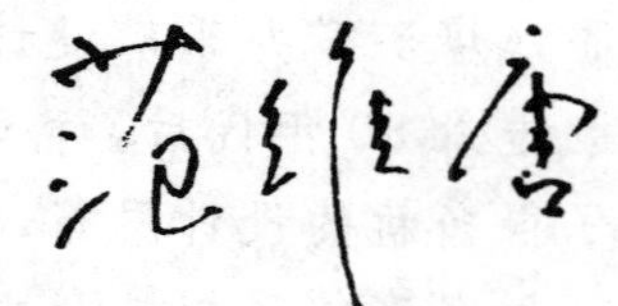

目 录

上 册

第一篇 常用技术资料

第二篇 矿区开发和井田开拓

第三篇 采煤方法和采区巷道布置

中 册

第四篇 井筒及相关硐室

第五篇 井底车场及硐室

下　　册

第六篇　巷道及采区车场

第七篇 井 下 运 输

第八篇　通风与安全

第九篇 计 算 机 应 用

第十篇　矿井技术经济

第一篇

常用技术资料

编写单位　北京煤炭设计研究院(集团)
主　　编　钟德辉
副 主 编　王结义　闫金华　宋来金
编 写 人　宋来金　马光辉　盛　迪(第一章)
闫金华　夏安邦　崔　镒(第二、三、四、七章)
王锦心　夏安邦(第五章)
闫金华　夏安邦　刘艳岭(第六章)
钟德辉　闫金华　严志刚　宋来金
张建生　陆锦荣　李德波(第八、九章)
闫金华(第十章)

第一篇

常用技术资料

第一章　常用数学公式、力学公式

第一节　常用数学公式

一、代　数

（一）乘法与因式分解公式

1. 二项式公式

$$(a\pm b)^{n}=\sum_{p=0}^{n}(\pm 1)^{p}\binom{n}{p}a^{n-p}b^{p}$$

$$=a^{n}\pm na^{n-1}b+\frac{n(n-1)}{1\cdot 2}a^{n-2}b^{2}\pm\frac{n(n-1)(n-2)}{1\cdot 2\cdot 3}a^{n-3}b^{3}+\cdots\cdots+(\pm 1)^{n}b^{n}$$

式中　n——正整数。

特别有：

1）$(a\pm b)^{1}=a\pm b$

2）$(a\pm b)^{2}=a^{2}\pm 2ab+b^{2}$

3）$(a\pm b)^{3}=a^{3}\pm 3a^{2}b+3ab^{2}\pm b^{3}$

4）$(a\pm b)^{4}=a^{4}\pm 4a^{3}b+6a^{2}b^{2}\pm 4ab^{3}+b^{4}$

5）$(a\pm b)^{5}=a^{5}\pm 5a^{4}b+10a^{3}b^{2}\pm 10a^{2}b^{3}+5ab^{4}\pm b^{5}$

2. 多项式公式

$$(a+b+c+\cdots)^{n}=\sum_{p+q+r+\cdots=n}\frac{n!}{p!\ q!\ r!\ \cdots}a^{p}b^{q}c^{r}\cdots$$

式中　n——正整数。

特别有：

$$(a+b+c)^{2}=a^{2}+b^{2}+c^{2}+2ab+2bc+2ac$$

3. 因式分解公式

（1）$a^{2}-b^{2}=(a+b)(a-b)$

（2）$a^{3}\pm b^{3}=(a\pm b)(a^{2}\mp ab+b^{2})$

（3）$a^{4}-b^{4}=(a-b)(a+b)(a^{2}+b^{2})$

（4）$a^{n}-b^{n}=(a-b)(a^{n-1}+a^{n-2}b+\cdots+ab^{n-2}+b^{n-1})$

式中　n——正整数。

(5) $a^n-b^n=(a+b)(a^{n-1}-a^{n-2}b+a^{n-3}b^2-\cdots-a^2b^{n-2}+ab^{n-2}-b^{n-1})$

式中　n——正偶数。

(6) $a^n+b^n=(a+b)(a^{n-1}-a^{n-2}b+\cdots-ab^{n-2}+b^{n-1})$

式中　n——正奇数。

(7) $a^3+b^3+c^3-3abc=(a+b+c)(a^2+b^2+c^2-ab-bc-ca)$

(二) 矩阵与行列式

1. 矩阵的定义

由 $m\times n$ 个数 a_{ij} ($i=1, 2, \cdots, m$; $j=1, 2, \cdots, n$) 排成 m 行 n 列的数表

$$A=\begin{bmatrix} a_{11} & a_{12} & \cdots & a_{1n} \\ a_{21} & a_{22} & \cdots & a_{2n} \\ \cdots & \cdots & \cdots & \cdots \\ a_{n1} & a_{n2} & \cdots & a_{mn} \end{bmatrix}$$

称为 m 行 n 列矩阵，简称 $m\times n$ 矩阵，这 $m\times n$ 个数称为矩阵 A 的元素，a_{ij}称为矩阵 A 的第 i 行第 j 列元素。元素是实数的矩阵称为实矩阵，元素是复数的矩阵称为复矩阵。

当 $m\neq n$ 时，矩阵是长方阵，当 $m=n$ 时称为 n 阶方阵。$n=1$，$m>1$ 的特殊情况称为列矩阵，或列矢量，记作：

$$A=\begin{bmatrix} a_{11} \\ a_{21} \\ \vdots \\ a_{n1} \end{bmatrix}$$

而当 $m=1$，$n>1$ 时称为行矩阵或行矢量，记作

$$A^T=(a_{11}, a_{12}, \cdots, a_{1n})$$

当 $a_{ij}=0$，$i=1, 2, \cdots, m$; $j=1, 2, \cdots, n$ 时，矩阵 A 称为零矩阵。

满足 $a_{ij}=a_{ji}$的方阵称为对称矩阵，满足 $a_{ij}=-a_{ji}$时称为反对称矩阵。$a_{ij}=0$ ($i\neq j$)，只在对角线 ($i=j$) 上存在非零元素时，称为对角矩阵。$a_{ij}=0$ (i>j) 时称为上三角矩阵。$a_{ij}=0$ (i<j) 时称为下三角矩阵。单位矩阵

$$I=\begin{bmatrix} 1 & 0 & \cdots & 0 \\ 0 & 1 & \cdots & \cdots \\ \cdots & \cdots & \cdots & \cdots \\ 0 & 0 & \cdots & 1 \end{bmatrix}$$

为对角矩阵的特殊情况。

2. 矩阵的运算

设有两个 $m\times n$ 矩阵 A 和 B，那么矩阵 A 与 B 的和记作 $A+B$，规定为

$$A+B=\begin{bmatrix} a_{11}+b_{11} & a_{12}+b_{12} & \cdots & a_{1n}+b_{1n} \\ a_{21}+b_{21} & a_{22}+b_{22} & \cdots & a_{2n}+b_{2n} \\ \cdots & \cdots & \cdots & \cdots \\ a_{m1}+b_{m1} & a_{m2}+b_{m2} & \cdots & a_{mn}+b_{mn} \end{bmatrix}$$

设 c 是任意实数，则矩阵 A 与数 c 的乘法规定如下：

$$\begin{bmatrix} ca_{11} & ca_{12} & \cdots & ca_{1n} \\ ca_{21} & ca_{22} & \cdots & ca_{2n} \\ \cdots & \cdots & \cdots & \cdots \\ ca_{m1} & ca_{m2} & \cdots & ca_{mn} \end{bmatrix}$$

记作 cA。

设 A 为 $m\times s$ 矩阵，B 是一个 $s\times n$ 阶矩阵，则规定矩阵 A 与 B 的积是一个 $m\times n$ 矩阵，并记作 AB：

$$AB=\begin{bmatrix} \sum_{t=1}^{s} a_{1t}b_{t1} & \sum_{t=1}^{s} a_{1t}b_{t2} & \cdots & \sum_{t=1}^{s} a_{1t}b_{tn} \\ \sum_{t=1}^{s} a_{2t}b_{t1} & \sum_{t=1}^{s} a_{2t}b_{t2} & \cdots & \sum_{t=1}^{s} a_{2t}b_{tn} \\ \cdots & \cdots & \cdots & \cdots \\ \sum_{t=1}^{s} a_{nt}b_{t1} & \sum_{t=1}^{s} a_{nt}b_{t2} & \cdots & \sum_{t=1}^{s} a_{nt}b_{tn} \end{bmatrix}$$

矩阵的和，数乘以及矩阵的积在存在的前提下满足下列性质：

1）$A+B=B+A$

2）$(A+B)+C=A+(B+C)$

3）$A+O=O+A=A$

4）$(\lambda\mu)A=\lambda(\mu A)$

5）$(\lambda+\mu)A=\lambda A+\mu A$

6）$\lambda(A+B)=\lambda A+\lambda B$

7）$(AB)C=A(BC)$

8）$A(B\pm C)=AB\pm AC$

9）$(A\pm B)C=AC\pm BC$

10）$AI=IA=A$

11）$AO=OA=O$

12）$\lambda(AB)=(\lambda A)B=A(\lambda B)$

式中　λ，μ——实数。

这里需要注意的是，矩阵的积一般不能交换顺序，即

$$AB\neq BA$$

3. 矩阵的转置和逆矩阵

把矩阵 A 的行换成同序数的列得到一个新矩阵，叫做 A 的转置矩阵，记作 A^{T} 或 A'。

对于矩阵的转置，下列关系式成立：

1）$(AB)^{T}=B^{T}A^{T}$

2）$(ABC)^{T}=C^{T}B^{T}A^{T}$

对于方阵 A，满足关系 $AB=CA=I$ 时，称矩阵 B 或 C 为 A 的逆矩阵，记做 A^{-1}，可以证明 $B=C$，并且下列关系式成立：

1）$B=IB=(CA)B=C(AB)=CI=C$

2）$AA^{-1}=A^{-1}A=I$

3）$(AB)^{-1}=B^{-1}A^{-1}$

4）如果 A 是对称矩阵，则 A^{-1} 也是对称矩阵。

5）$(A^{-1})^{T}=(A^{T})^{-1}$

4. 行列式

对于 n 阶方阵 A，A 的行列式

$$\det A=\sum_{j_1j_2\cdots j_n}(-1)^{\tau(j_1j_2\cdots j_n)}a_{1j1}a_{2j2}\cdots a_{njn}$$

式中 $\sum\limits_{j_1j_2\cdots j_n}$——对所有 n 级排列求和；

$\tau(j_1j_2\cdots j_n)$——$j_1j_2\cdots j_n$ 的逆序数。

$\det A$ 也用 $\begin{vmatrix} a_{11} & a_{12} & \cdots & a_{1n} \\ a_{21} & a_{22} & \cdots & a_{2n} \\ \cdots & \cdots & \cdots & \cdots \\ a_{n1} & a_{n2} & \cdots & a_{nn} \end{vmatrix}$ 表示。

三阶行列式 $\begin{vmatrix} a_{11} & a_{12} & a_{13} \\ a_{21} & a_{22} & a_{23} \\ a_{31} & a_{32} & a_{33} \end{vmatrix}=a_{11}a_{22}a_{33}+a_{12}a_{23}a_{31}+a_{13}a_{21}a_{32}-a_{11}a_{23}a_{32}-a_{12}a_{21}a_{33}-a_{13}a_{22}a_{31}$

$\det A=0$ 的矩阵 A 叫做奇异矩阵。

行列式的性质为

(1) $\det A=\det A^{T}$

(2) $\det(AB)=\det A\det B$

(3) $\det cA=c^{n}\det A$

(4) $\begin{vmatrix} a_{11} & \cdots & (a_{1j}'+a_{1j}'') & \cdots & a_{1n} \\ & & \cdots\cdots\cdots\cdots & & \\ a_{n1} & \cdots & (a_{nj}'+a_{nj}'') & \cdots & a_{nn} \end{vmatrix}$

$=\begin{vmatrix} a_{11} & \cdots & a_{1j}' & \cdots & a_{1n} \\ & \cdots & \cdots & \cdots & \\ a_{n1} & \cdots & a_{nj}' & \cdots & a_{nn} \end{vmatrix}+\begin{vmatrix} a_{11} & \cdots & a_{1j}'' & \cdots & a_{1n} \\ & \cdots & \cdots & \cdots & \\ a_{n1} & \cdots & a_{nj}'' & \cdots & a_{nn} \end{vmatrix}$

(5) $\begin{vmatrix} a_{11} & \cdots & a_{1j} & \cdots & a_{1k} & \cdots & a_{1n} \\ & & \cdots & \cdots & \cdots & & \\ a_{n1} & \cdots & a_{nj} & \cdots & a_{nk} & \cdots & a_{nn} \end{vmatrix}=-\begin{vmatrix} a_{11} & \cdots & a_{1k} & \cdots & a_{1j} & \cdots & a_{1n} \\ & & \cdots & \cdots & \cdots & & \\ a_{n1} & \cdots & a_{nk} & \cdots & a_{nj} & \cdots & a_{nn} \end{vmatrix}$

(6) 在 A 的某行（或列）上加以其他行（或列）的线性组合时，行列式的值不变。

(7) 如果 A 的某行（或列）是其他行（或列）的线性组合，则 $\det A=0$。

(8) $\begin{vmatrix} a_{11} & \cdots & \cdots & \cdots & a_{1n} \\ 0 & a_{22} & \cdots & \cdots & \cdots \\ \cdots & \cdots & \cdots & \cdots & \cdots \\ 0 & \cdots & \cdots & 0 & a_{nm} \end{vmatrix}=a_{11}a_{22}\cdots a_{nm}$

(9) $\det A=a_{i1}A_{i1}+a_{i2}A_{i2}+\cdots+a_{in}A_{in}$

式中 A_{ij}——元素 a_{ij} 的代数余子式。

（10）当 $\det A\neq 0$ 时，$A^{-1}=\operatorname{adj}A/\det A$。

$$\text{式中}\quad \operatorname{adj}A=\begin{bmatrix} A_{11} & A_{12} & \cdots & A_{1n} \\ A_{21} & A_{22} & \cdots & A_{2n} \\ \cdots & \cdots & \cdots & \cdots \\ A_{n1} & A_{n2} & \cdots & A_{nm} \end{bmatrix}^{T}=\begin{bmatrix} A_{11} & A_{21} & \cdots & A_{n1} \\ A_{12} & A_{22} & \cdots & A_{n2} \\ \cdots & \cdots & \cdots & \cdots \\ A_{1n} & A_{2n} & \cdots & A_{nm} \end{bmatrix}$$

（11）一个 n 阶方阵 A 的行列式不等于 0 的充要条件是方阵 A 的秩等于 n。此时，称 A 为正规方阵。

所谓矩阵 A 的秩就是矩阵 A 中不等于 0 的子行列式的最大阶数。

5. 矩阵的三角分解

设 A 为 $|A|\neq 0$ 的正规 n 阶方阵，则 A 能分解为

$$A=L^{T}DU$$

L^{T} 与 U 分别为对角元素是 1 的下三角矩阵与上三角矩阵，也叫做单位下三角矩阵与单位上三角矩阵。D 为对角矩阵。

当 A 为对称矩阵时，$U=L$ 成立，分解变为

$$A=L^{T}DL$$

又当 A 为正定对称矩阵时，存在某个上三角矩阵 G，可分解为

$$A=G^{T}G$$

的形状，有时称为克雷斯基（Chcleskl）分解，这里所谓 A 为正定的就是对于 $X\neq 0$ 的任何列矩阵（矢量）X，$X^{T}AX>0$ 成立。用计算机求方程组的解时，短阵的三角分解是常用的手法。

6. 矩阵的分块

用与行以及列平行的线将矩阵分成小部分称为矩阵的分块。这样得到的各小部分称为子矩阵，在原矩阵的记号上加上两个下标表示之如 A_{ij}，B_{ij}。例如

$$\begin{array}{rl} & \qquad\quad l_1 \qquad\qquad l_2 \\ A=\begin{array}{c} l_1 \\ l_2 \end{array} & \left[\begin{array}{cc|cc} a_{11} & \cdots & \cdots & a_{1n} \\ \cdots & \cdots & \cdots & \cdots \\ \hline \cdots & \cdots & \cdots & \cdots \\ a_{n1} & \cdots & \cdots & a_{nm} \end{array}\right]=\left[\begin{array}{c|c} A_{11} & A_{12} \\ \hline A_{21} & A_{22} \end{array}\right] \end{array}$$

将与 A 相同类型的矩阵 B 同样分块得

$$B=\left[\begin{array}{cc|cc} b_{11} & \cdots & \cdots & b_{1n} \\ \cdots & \cdots & \cdots & \cdots \\ \hline \cdots & \cdots & \cdots & \cdots \\ b_{n1} & \cdots & \cdots & b_{nm} \end{array}\right]=\left[\begin{array}{c|c} B_{11} & B_{12} \\ \hline B_{21} & B_{22} \end{array}\right]$$

时，则矩阵运算可用子矩阵表示如下：

$$A+B=\begin{bmatrix} A_{11}+B_{11} & A_{12}+B_{12} \\ A_{21}+B_{21} & A_{22}+B_{22} \end{bmatrix}$$

$$AB=\begin{bmatrix} A_{11}B_{11}+A_{12}B_{21} & A_{11}B_{12}+A_{12}B_{22} \\ A_{21}B_{11}+A_{22}B_{21} & A_{21}B_{12}+A_{22}B_{22} \end{bmatrix}$$

$$cA=\begin{bmatrix} cA_{11} & cA_{12} \\ cA_{21} & cA_{22} \end{bmatrix}$$

$$\begin{vmatrix} A_{11} & \cdots & \cdots & A_{1r} \\ 0 & A_{22} & \cdots & \cdots \\ \cdots & \cdots & \cdots & \cdots \\ 0 & \cdots & 0 & A_{rr} \end{vmatrix} = \det A_{11} \det A_{22} \cdots \det A_{rr}$$

7. 矩阵的导数和积分

矩阵的导数与积分可通过分别求原矩阵的各元素的导数与积分得到。例如设

$$A=\begin{bmatrix} x & x^2 \\ x^3 & x^4 \end{bmatrix}$$

则其导数与积分为

$$\frac{\mathrm{d}A}{\mathrm{d}x}=\begin{bmatrix} 1 & 2x \\ 3x^2 & 4x^3 \end{bmatrix}$$

$$\int A\mathrm{d}x = \begin{bmatrix} \frac{1}{2}x^2 & \frac{1}{3}x^3 \\ \frac{1}{4}x^4 & \frac{1}{5}x^5 \end{bmatrix}$$

矩阵之和与积的导数公式为

(1) $\frac{\mathrm{d}}{\mathrm{d}x}(A \pm B) = \frac{\mathrm{d}A}{\mathrm{d}x} \pm \frac{\mathrm{d}B}{\mathrm{d}x}$

(2) $\frac{\mathrm{d}}{\mathrm{d}x}(AB) = \frac{\mathrm{d}A}{\mathrm{d}x}B + A\frac{\mathrm{d}B}{\mathrm{d}x}$

但是要注意行列式的导数不同于矩阵的导数。例如

$$A=\begin{bmatrix} 4x & x^2 \\ x^3 & x^4 \end{bmatrix}$$

$$\frac{\mathrm{d}A}{\mathrm{d}x}=\begin{bmatrix} 4 & 2x \\ 3x^2 & 4x^3 \end{bmatrix}$$

而

$$\frac{\mathrm{d}|A|}{\mathrm{d}x}=\begin{vmatrix} (4x)' & x^2 \\ (x^3)' & x^4 \end{vmatrix} + \begin{vmatrix} 4x & (x^2)' \\ x^2 & (x^4)' \end{vmatrix} = 15x^4$$

8. 一次方程组

n 元一次方程组

$$\left.\begin{matrix} a_{11}x_1 + a_{12}x_2 + \cdots + a_{1n}x_n = b_1 \\ a_{21}x_1 + a_{22}x_2 + \cdots + a_{2n}x_n = b_2 \\ \cdots \quad \cdots \quad \cdots \quad \cdots \quad \cdots \\ a_{m1}x_1 + a_{m2}x_2 + \cdots + a_{mn}x_n = b_m \end{matrix}\right\}$$

的矩阵表示是 $AX=B$，其中

$$A=\begin{bmatrix} a_{11} & a_{12} & \cdots & a_{1n} \\ a_{21} & a_{22} & \cdots & a_{2n} \\ \cdots & \cdots & \cdots & \cdots \\ a_{m1} & a_{m2} & \cdots & a_{mn} \end{bmatrix}, \quad X=\begin{bmatrix} x_1 \\ \vdots \\ \vdots \\ x_n \end{bmatrix}, \quad B=\begin{bmatrix} b_1 \\ b_2 \\ \vdots \\ b_n \end{bmatrix}$$

式中　A——系数矩阵。

$$C=\begin{bmatrix} a_{11} & a_{12} & \cdots & a_{1n} & b_1 \\ \cdots & \cdots & \cdots & \cdots & \cdots \\ a_{m1} & a_{m2} & \cdots & a_{mn} & b_m \end{bmatrix}$$

式中　C——增广矩阵。

上面方程组有解的充要条件是系数矩阵 A 与增广矩阵 C 有相同的秩。

特别当 $m=n$ 时，上面的方程组为

$$\left.\begin{array}{l} a_{11}x_1+a_{12}x_2+\cdots+a_{1n}x_n=b_1 \\ a_{21}x_1+a_{22}x_2+\cdots+a_{2n}x_n=b_2 \\ \cdots \quad \cdots \quad \cdots \quad \cdots \cdots \\ a_{n1}x_1+a_{n2}x_2+\cdots+a_{nn}x_n=b_n \end{array}\right\}$$

系数矩阵 A 为

$$A=\begin{bmatrix} a_{11} & a_{12} & \cdots & a_{1n} \\ a_{21} & a_{22} & \cdots & a_{2n} \\ \cdots & \cdots & \cdots & \cdots \\ a_{n1} & a_{n2} & \cdots & a_{nn} \end{bmatrix}$$

这时方程组可能有唯一解，无穷多组解或无解。

它有唯一解的充要条件是 A 的行列式不等于零。其唯一解为

第 i 列

$$x_i=\begin{vmatrix} a_{11} & \cdots & b_1 & \cdots & a_{1n} \\ a_{21} & \cdots & b_2 & \cdots & a_{2n} \\ \cdots & \cdots & \cdots & \cdots & \cdots \\ a_{n1} & \cdots & b_n & \cdots & a_{nn} \end{vmatrix}/\det A$$

$(i=1，2，\cdots，n)$

解的上列表达式叫做克拉姆公式。

当 $B=0$ 时，方程组称为齐次方程组。齐次方程组有非零解的充要条件是系数矩阵 A 的秩小于 n。当 A 是方阵时，它等价于：齐次方程组有非零解的充要条件是系数矩阵 A 的行列式等于 0。

（三）代数方程

1. 一次方程

作为一次方程组的特殊情况有：

1）一元一次方程 $ax+b=0$，当 $a\neq0$ 时有 $x=-b/a$。

2）二元一次方程组 $\left.\begin{array}{l} a_1x+b_1y=c_1 \\ a_2x+b_2y=c_2 \end{array}\right\}$，当 $\begin{vmatrix} a_1 & b_1 \\ a_2 & b_2 \end{vmatrix}=a_1b_2-a_2b_1\neq0$ 时有

$$x=\begin{vmatrix} c_1 & b_1 \\ c_2 & b_2 \end{vmatrix}+\begin{vmatrix} a_1 & b_1 \\ a_2 & b_2 \end{vmatrix}=\frac{c_1b_2-c_2b_1}{a_1b_2-a_2b_1},$$

$$y=\begin{vmatrix} a_1 & c_1 \\ a_2 & c_2 \end{vmatrix}+\begin{vmatrix} a_1 & b_1 \\ a_2 & b_2 \end{vmatrix}=\frac{a_1c_2-a_2c_1}{a_1b_2-a_2b_1}$$

3）三元一次方程组

$$\left.\begin{array}{l}a_1x+b_1y+c_1z=d_1\\a_2x+b_2y+c_2z=d_2\\a_3x+b_3y+c_3z=d_3\end{array}\right\}$$

当 $D\neq0$ 时有 $x=\frac{D_1}{D}$，$y=\frac{D_2}{D}$，$z=\frac{D_3}{D}$，其中

$$D=\begin{vmatrix}a_1 & b_1 & c_1\\a_2 & b_2 & c_2\\a_3 & b_3 & c_3\end{vmatrix},\quad D_1=\begin{vmatrix}d_1 & b_1 & c_1\\d_2 & b_2 & c_2\\d_3 & b_3 & c_3\end{vmatrix},$$

$$D_2=\begin{vmatrix}a_1 & d_1 & c_1\\a_2 & d_2 & c_2\\a_3 & d_3 & c_3\end{vmatrix},\quad D_3=\begin{vmatrix}a_1 & b_1 & d_1\\a_2 & b_2 & d_2\\a_3 & b_3 & d_3\end{vmatrix}$$

4）对于方程组 $\left.\begin{array}{l}a_1x+b_1y+c_1z=0\\a_2x+b_2y+c_2z=0\end{array}\right\}$，对任意实数 t 有

$$\frac{x}{\begin{vmatrix}b_1 & c_1\\b_2 & c_2\end{vmatrix}}=\frac{y}{-\begin{vmatrix}a_1 & c_1\\a_2 & c_2\end{vmatrix}}=\frac{z}{\begin{vmatrix}a_1 & b_1\\a_2 & b_2\end{vmatrix}}=t$$

2. 二次方程

方程 $ax^2+bx+c=0$ 的解为

$$x_1=\frac{-b+\sqrt{b^2-4ac}}{2a},\quad x_2=\frac{-b-\sqrt{b^2-4ac}}{2a}$$

$$x_1+x_2=-b/a,\quad x_1x_2=c/a$$

3. 高次方程

一般地说，五次和五次以上的方程不能用代数方法求解。但这时可用数值解法或适当地利用特征值解法。

a. 根与系数的关系，设 n 次方程

$f(x)=a_0x^n+a_1x^{n-1}+\cdots+a_n=0$（$a_0\neq0$）的根为 x_1，x_2，…，x_n，则

$$-(x_1+x_2+\cdots+x_n)=a_1/a_0$$

$$x_1x_2+x_1x_3+\cdots+x_{n-1}x_n=a_2/a_0$$

$$-(x_1x_2x_3+x_1x_2x_4+\cdots+x_{n-2}x_{n-1}x_n)=a_3/a_0$$

……

$$(-1)^nx_1x_2\cdots x_n=a_na_0$$

b. 实系数的 n 次方程 $f(x)=a_0x^n+a_1x^{n-1}+\cdots+a_n=0$（$a_0\neq0$）的有关定理

1）当 $f(x)=0$ 有复数根 a 时，则有与之共轭的复数根 $\bar{a}$，而且 a 是重根时，$\bar{a}$ 也是重根，它们的重数相同。

2）奇数次方程至少有一个实根。

3）$f(x)$ 的系数列 a_0，a_1，…，a_n 的符号变化次数（数的时候 0 不计算在内）设为 ω，则 $f(x)=0$ 的正根（不算 0）的数目为 ω 或比 ω 少偶数个。

4）在区间 $a<x<b$ 的两端处，$f(x)$ 的值同号还是异号说明在此区间内 $f(x)=0$ 的根的数目是偶数（包括 0）或奇数。

5）在复数范围内 n 次方程必有根。把重根的重数也算在内有 n 个根。

（四）级　数

1. 有限级数

1）等差级数

$$a+(a+d)+\cdots+[a+(n-1)d]=\left[a+\frac{1}{2}(n-1)d\right]n$$

2）等比级数

$$a+ar+\cdots+ar^{n-1}=a(r^n-1)/(r-1)$$

3）特殊级数之和

（1）$1+2+3+\cdots+n=(1/2)n(n+1)$

（2）$1^2+2^2+3^2+\cdots+n^2=(1/6)n(n+1)(2n+1)$

（3）$1^3+2^3+3^3+\cdots+n^3=[(1/2)n(n+1)]^2$

（4）$1^4+2^4+3^4+\cdots+n^4=\frac{n^5}{5}+\frac{n^4}{2}+\frac{n^3}{3}-\frac{n}{30}$

（5）$1+3+5+\cdots+(2n-1)=n^2$

（6）$1^2+3^2+5^2+\cdots+(2n-1)^2=(1/3)n(2n-1)(2n+1)$

（7）$1^3+3^3+\cdots+(2n-1)^3=n^2(2n^2-1)$

（8）$\frac{1}{1\cdot2\cdot3}+\frac{1}{2\cdot3\cdot4}+\cdots+\frac{1}{n(n+1)(n+2)}=\frac{1}{2}\left[\frac{1}{2}-\frac{1}{(n+1)(n+2)}\right]$

（9）$1\cdot2\cdot3+2\cdot3\cdot4+\cdots+n(n+1)(n+2)=(1/4)n(n+1)(n+2)(n+3)$

4）特殊无穷级数

（1）$1-\frac{1}{3}+\frac{1}{5}-\frac{1}{7}+\cdots=\frac{\pi}{4}$

（2）$1-\frac{1}{5}+\frac{1}{7}-\frac{1}{11}+\frac{1}{13}-\cdots=\frac{\pi}{2\sqrt{3}}$

（3）$\frac{1}{1^2}+\frac{1}{2^2}+\cdots+\frac{1}{n^2}+\cdots=\frac{\pi^2}{6}$

（4）$\frac{1}{1^2}-\frac{1}{2^2}+\frac{1}{3^2}-\frac{1}{4^2}+\cdots=\frac{\pi^2}{12}$

（5）$\frac{1}{1\cdot3}+\frac{1}{3\cdot5}+\frac{1}{5\cdot7}+\cdots=\frac{1}{2}$

（6）$1+\frac{1}{1!}+\frac{1}{2!}+\cdots+\frac{1}{n!}+\cdots=e$

2. 幂级数

许多函数可以展开成马克劳林级数

$$f(x)\sim f(0)+f'(0)x+\cdots+\frac{f(0)}{n!}x^n+\cdots$$

的形式，但其收敛区间各有特点。

1）二项级数

（1）设 n 为任意实数，则

$$(1+x)^n=1+nx+\frac{n(n-1)}{2!}x^2+\cdots+\frac{n(n-1)\cdots(n-k+1)}{k!}\times x^k+\cdots,\quad |x|<1$$

此式在 $x=1$，$n>-1$ 的情况，以及 $x=-1$，$n>0$ 的情况也成立。

(2) 在展开 $(a+b)^n$ 之时，若$|a|>|b|$，则令 $x=b/a$ 即可：

$$(a+b)^n=a^n\ (1+b/a)^n=a^n\ (1+x)^n$$

(3) 二项级数举例：

a. $\frac{1}{1\pm x}=1\mp x+x^2\mp x^3+x^4\mp x^3+\cdots$

b. $\sqrt{1+x}=1+\frac{1}{2}x-\frac{1}{8}x^2+\frac{1}{16}x^3-\frac{5}{128}x^4+\frac{7}{256}x^5-\frac{21}{1024}x^6+\cdots$

c. $\frac{1}{\sqrt{1+x}}=1-\frac{1}{2}x+\frac{3}{8}x^2-\frac{5}{16}x^3+\frac{35}{128}x^4-\frac{63}{256}x^5+\frac{231}{1024}x^6-\cdots$

2) 指数函数及对数函数的幂级数展开

(1) $e^x=1+\frac{1}{1!}x+\frac{1}{2!}x^2+\frac{1}{3!}x^3+\cdots$，$|x|<\infty$

(2) $a^x=1+\frac{\ln a}{1!}x+\frac{(\ln a)^2}{2!}x^2+\frac{(\ln a)^3}{3!}x^3+\cdots$，$|x|<\infty$

(3) $\ln(1+x)=x-\frac{x^2}{2}+\frac{x^3}{3}-\frac{x^4}{4}+\cdots$，$-1<x\leqslant 1$

(4) $\ln(1-x)=-x-\frac{x^2}{2}-\frac{x^3}{3}-\frac{x^4}{4}-\cdots$，$-1\leqslant x<1$

(5) $\ln\left(\frac{1+x}{1-x}\right)=2\left(x+\frac{x^3}{3}+\frac{x^5}{5}+\frac{x^7}{7}+\cdots\right)$，$|x|<1$

(6) $\frac{x}{e^x-1}=1-\frac{x}{2}+B_2\frac{x^2}{2!}+B_4\frac{x^4}{4!}+\cdots$，

$|x|<2\pi$，式中 B_n 是伯努利数。$B_0=1$，$B_1=1/2$，$B_2=1/6$，$B_3=B_5=B_7=\cdots=0$，$B_4=-1/30$，$B_6=1/42$，$B_8=-1/30$，$B_{10}=5/56$，$B_{12}=-691/2730$，…。

3) 三角函数与反三角函数的幂级数展开

(1) $\sin x=x-\frac{x^3}{3!}+\frac{x^5}{5!}+\cdots+(-1)^{n-1}\frac{x^{2n-1}}{(2n-1)!}+\cdots$，$|x|<\infty$

(2) $\cos x=1-\frac{x^2}{2!}+\frac{x^4}{4!}-\cdots+(-1)^n\frac{x^{2n}}{2n!}+\cdots$，$|x|<\infty$

(3) $\tan x=x+\frac{x^3}{3}+\frac{2x^5}{15}+\cdots+\frac{2^{2n}\ (2^{2n-1})\ B_n}{(2n)!}x^{2n-1}+\cdots$

(4) $\pi x\cot\pi x=1-2\sum_{n=1}^{\infty}S_{2n}x^{2n}$，$|x|<1$，$S_{2n}=\sum_{k=1}^{\infty}\frac{1}{k^{2n}}$，$(n=1,\ 2,\ \cdots)$

(5) $\arcsin x=x+\frac{x^3}{2\cdot 3}+\frac{1\cdot 3x^5}{2\cdot 4\cdot 5}+\cdots+\frac{(2n)!}{2^{2n}}\frac{x^{2n+1}}{(n!)^2\ (2n+1)}+\cdots$，$|x|\leqslant 1$

(6) $\arctan x=x-\frac{x^3}{3}+\frac{x^5}{5}-\frac{x^7}{7}+(-1)^n\frac{x^{2n+1}}{2n+1}+\cdots$，$|x|\leqslant 1$

4) 双曲函数与反双曲函数幂级数展开

(1) $\sinh x=x+\frac{x^3}{3!}+\frac{x^5}{5!}+\frac{x^7}{7!}+\cdots+\frac{x^{2n+1}}{(2n+1)!}+\cdots$，$|x|<\infty$

(2) $\cosh x=1+\frac{x^2}{2!}+\frac{x^4}{4!}+\frac{x^6}{6!}+\cdots+\frac{x^{2n}}{(2n)!}+\cdots$，$|x|<\infty$

(3) $\tanh x=x-\frac{x^3}{3}+\frac{2x^5}{15}-\cdots+(-1)^{n+1}\frac{2^{2n}\ (2^{2n}-1)}{(2n)!}B_nx^{2n-1}+\cdots$，$|x|<\frac{\pi}{2}$

(4) $\operatorname{arcsinh}x=x-\frac{x^3}{2\cdot 3}+\frac{1\cdot 3x^5}{2\cdot 4\cdot 5}-\frac{1\cdot 3\cdot 5x^7}{2\cdot 4\cdot 6\cdot 7}+\cdots+(-1)^n\frac{(2n)!}{2^{2n}\ (n!)^2\ (2n+1)}x^{2n+1}+$

…，$|x|<1$

(5) $\operatorname{arctanh}x=x+\frac{x^3}{3}+\frac{x^5}{5}+\frac{x^7}{7}+\cdots+\frac{x^{2n+1}}{2n+1}+\cdots$，$|x|<1$

3. 傅里叶级数

许多函数可展开成傅里叶级数

$$f(x)\sim\frac{a_0}{2}+\sum_{n=1}^{\infty}(a_n\cos nx+b_n\sin nx)$$

的形式，其中

$$a_n=\frac{1}{\pi}\int_{-\pi}^{\pi}f(x)\cos nx\mathrm{d}x,b_n=\frac{1}{\pi}\int_{-\pi}^{\pi}f(x)\sin nx\mathrm{d}x$$

1) $\frac{\pi}{4}=\sum_{k=1}^{\infty}\frac{\sin(2k-1)x}{2k-1}$，$0<x<\pi$

2) $x=-\frac{\pi}{2}+\frac{4}{\pi}\left(\cos x+\frac{1}{3^2}\cos 3x+\frac{1}{5^2}\cos 5x+\cdots\right)$，$0<x<\pi$

$x=\frac{\pi}{2}-2\left(\frac{\sin 2x}{2}+\frac{\sin 4x}{4}+\frac{\sin 6x}{6}+\cdots\right)$，$0<x<\pi$

$x=2\sum_{n=1}^{\infty}\frac{(-1)^{n+1}}{n}\sin nx$，$-\pi<x<\pi$

3) $x^2=\frac{\pi^2}{3}+4\sum_{n=1}^{\infty}\frac{(-1)^n}{n^2}\cos nx$，$-\pi<x<\pi$

$x^2=\left(2\pi-\frac{8}{\pi}\right)\sin x-\pi\sin 2x+\left(\frac{2\pi}{3}-\frac{8}{3^3x}\right)\sin 3x-\frac{\pi}{2}\sin 4x+\cdots$，$0\leqslant x<\pi$

4) $e^{ax}=\frac{e^{a\pi}-1}{a\pi}+\frac{2a}{\pi}\sum_{n=1}^{\infty}\frac{(-1)^n e^{a\pi}-1}{a^2+n^2}\times\cos nx$，$0\leqslant x\leqslant\pi$

$e^{ax}=\frac{2}{\pi}\sum_{n=1}^{\infty}[1-(-1)^n e^{a\pi}]\times\frac{n}{a^2+n^2}\sin nx$，$0<x<\pi$

$e^{ax}=\frac{2}{\pi}\sinh ax\left\{\frac{1}{2a}+\sum_{n=1}^{\infty}\frac{(-1)^n}{a^2+n^2}\times[a\cos nx-n\sin x]\right\}$，$\pi<x<\pi$

其中 $a\neq 0$。

5) $\sin ax=\frac{2\sin\pi a}{\pi}\sum_{n=1}^{\infty}\frac{(-1)^{n+1}n\sin nx}{n^2-a^2}$，$a$ 不是整数，$-\pi<x<\pi$

6) $\cos ax=\frac{2}{\pi}\sin a\pi\left(\frac{1}{2a}+\sum_{n=1}^{\infty}(-1)^n\times\frac{a\cos nx}{a^2-n^2}\right)$，$a$ 不是整数，$-\pi\leqslant x\leqslant\pi$

7) $\sinh ax=\frac{2}{\pi}\sinh a\pi\sum_{n=1}^{\infty}(-1)^{n-1}\times\frac{n}{a^2+n^2}\sin nx$，$-\pi\leqslant x\leqslant\pi$

8) $\cosh ax=\frac{2}{\pi}\sinh ax\left(\frac{1}{2a}+\sum_{n=1}^{\infty}(-1)^n\times\frac{a}{a^2+n^2}\cos nx\right)$，$-\pi\leqslant x\leqslant\pi$

（五）指数与根式

1. 指数与根式

正整指数　$a^n=\underbrace{a\cdot a\cdots a}_{n个}$

分数指数　$a^{\frac{n}{m}}=\sqrt[m]{a^n}$（$a\geqslant 0$，$m$，$n$ 是正整数）特别当 $n=1$ 时，$a^{\frac{1}{m}}=\sqrt[m]{a}$ 为根式。

零指数 $a^0=1$ $(a\neq 0)$

负指数 $a^{-n}=\frac{1}{a^n}$ $(a>0)$

无理指数 a^a $(a>0)$，可用有理指数幂近似表示，例如 $a^x \approx a^3$，$a^{3.1}$，$a^{3.14}$，… $(a>0)$。

2. 指数的运算法则

1）同底幂的积 $a^x \cdot a^y=a^{x+y}$

2）同底幂的商 $a^x \div a^y=a^{x-y}$

3）幂的幂 $(a^x)^y=a^{xy}$

4）积的幂 $(ab)^x=a^x \cdot b^x$

5）商的幂 $\left(\frac{a}{b}\right)^x=\frac{a^x}{b^x}$

上式中 $a>0$，$b>0$，x，y 为任意实数。

3. 根式的运算法则

1）$\sqrt{a} \pm \sqrt{b}=\sqrt{a+b \pm 2\sqrt{ab}}$，$(a>b)$

2）$\frac{1}{\sqrt{a} \pm \sqrt{b}}=\frac{\sqrt{a} \mp \sqrt{b}}{a-b}$

3）$\frac{1}{\sqrt[3]{a} \pm \sqrt[3]{b}}=\frac{\sqrt[3]{a^2} \mp \sqrt[3]{ab}+\sqrt[3]{b^2}}{a \pm b}$

（六）对 数

设 $a^x=b$，则记 $x=\log_a b$。当 $a=10$ 时，简记 $\log_{10} b$ 为 $\lg b$。当 $a=e=\lim\limits_{n\to\infty}[1+(1/n)]^n=2.718281828459\cdots$ 时，$\log_a b$ 记作 $\ln b$。

下面的关系式成立：

1）$\log_a 0=-\infty$，$\log_a 1=0$，$\log_a a=1$，$\log_a \infty=\infty$

2）$\log_a(bc)=\log_a b+\log_a c$

3）$\log_a(b/c)=\log_a b-\log_a c$

4）$\log_a b^x=x\log_a b$

5）$\log_a b \cdot \log_a a=1$

6）$\log_a(b_1 \cdot b_2 \cdot \cdots \cdot b_n)=\log_a b_1+\log_a b_2+\cdots+\log_a b_n$

7）$\log_a b=\log_a b/\log_a a$

8）$\log_a x=\log_a 10 \cdot \log_{10} x \approx 2.30258509\log_{10} x$

$\log_{10} x=\log_{10} e \cdot \log_a x \approx 0.43429448\log_a x$

（七）排列与组合

1. 排 列

选排列：从 n 个不同的元素任意选取 r $(r<n)$ 个不同的元素并按任意顺序排成一列，称为从 n 个元素中取出 r 个的选排列，或 n 个元素的 r 选排列；这样选排列的总数为 $p_n^r=n(n-1)\cdots(n-r+1)=\frac{n!}{(n-r)!}$，其中 $n!=n(n-1)\cdots\cdots 3\cdot 2\cdot 1$。规定 $0!=1$。

全排列：把 n 个不同元素全取出来，按任意顺序排成一列，叫做 n 个元素的全排列；全排列的总数为 $p_n^n=n(n-1)\cdot\cdots\cdot 3\cdot 2\cdot 1=n!$。

2. 组　合

从 n 个元素中任意选取 r 个作成的组叫做从 n 个元素中取 r 个的组合，或 n 个元素的 r 组合。

1）n 个不同元素的 r 组合数记作 C_n^r 或 $\binom{n}{r}$。

2）从 n 个元素中允许反复取同一个元素时，取 r 个的组合数记作 H_n^r。

3）对于 C_n^r，H_n^r，下列关系式成立：

(1) $C_n^r=\dfrac{n!}{(n-r)!\ r!}$

(2) $C_n^r=C_n^{n-r}$

(3) $C_n^r=C_{n-1}^r+C_{n-1}^{r-1}$

(4) $C_n^0+C_n^1+\cdots+C_n^n=2^n$，其中 $C_n^0=1$。

(5) $C_n^0-C_n^1+C_n^2-C_n^3+\cdots+(-1)^nC_n^n=0$

(6) $(C_n^0)^2+(C_n^1)^2+\cdots+(C_n^n)^2=(2\pi)!/(n!)^2$

(7) $H_n^r=n(n+1)\cdots(n+r-1)/r!=C_{n+r-1}^r$

(8) $H_n^r=H_n^{r-1}+H_{n-1}^r$

（八）不等式

设 n 是正整数。

1）$1+\dfrac{1}{\sqrt{2}}+\cdots+\dfrac{1}{\sqrt{n}}>2\sqrt{n+1}-2$

2）$\dfrac{1}{2}<1+\dfrac{1}{2}+\cdots+\dfrac{1}{n}-\ln n<1\quad(n>1)$

3）$\dfrac{1\cdot3\cdot5\cdot\cdots\cdot(2n-1)}{2\cdot4\cdot6\cdot\cdots\cdot2n}<\dfrac{1}{\sqrt{2n+1}}$

4）$\sqrt{n}\leqslant\sqrt[n]{n!}\leqslant\dfrac{n+1}{2}$

5）设 $a_i\geqslant0$，$i=1,2,\cdots,n$，则算术平均与几何平均之间满足

$$\frac{a_1+a_2+\cdots+a_n}{n}\geqslant\sqrt[n]{a_1a_2\cdots a_n}$$

6）$\sqrt{a_1^2+a_2^2+\cdots+a_n^2}\leqslant|a_1|+|a_2|+\cdots+|a_n|$

7）$(a_1^2+a_2^2+\cdots+a_n^2)(b_1^2+\cdots+b_n^2)\geqslant(a_1b_1+a_2b_2+\cdots+a_nb_n)^2$

8）设 $a_i>0$，$i=1,2,\cdots,n$，k 是正整数，则 $\left(\dfrac{a_1+\cdots+a_n}{n}\right)^k\leqslant\dfrac{a_1^k+\cdots+a_n^k}{n}$

9）$\sqrt[n]{(a_1+b_1)(a_2+b_2)\cdots(a_n+b_n)}\geqslant\sqrt[n]{a_1\cdots a_n}+\sqrt[n]{b_1\cdots b_n}$

10）Hölder 不等式。对于 $a_i>0$，$b_i>0$，$i=1,2,\cdots,n$，$q>1$，$p>1$，$1/p+1/q=1$，则

$$\sum_{i=1}^n a_ib_i\leqslant\left(\sum_{i=1}^n a_i^p\right)^{1/p}\left(\sum_{i=1}^n b_i^q\right)^{1/q}$$

11）Minkowski 不等式。设 $a_i>0$，$b_i>0$，$i=1,2,\cdots,n$，$k>1$，则

$$\left(\sum_{i=1}^{n}(a_i+b_i)^k\right)^{1/k}\leqslant\left(\sum_{i=1}^{n}a_i^k\right)^{1/k}+\left(\sum_{i=1}^{n}b_i^k\right)^{1/k}$$

12）设 $a_i>0$，$i=1，2，\cdots，n$。$(a_1+a_2+\cdots+a_n)\left(\frac{1}{a_1}+\cdots+\frac{1}{a_n}\right)\geqslant n^2$

13）设 $x>0$，$y>0$，$p>1$，$q>1$，$1/p+1/q=1$，则　$xy\leqslant x^p/p+y^q/q$

二、平面三角函数、反三角函数与双曲函数

（一）平面三角函数与反三角函数

1. 三角函数

1）三角函数间的关系

$$\sin^2\alpha+\cos^2\alpha=1$$

$$\tan\alpha=\frac{\sin\alpha}{\cos\alpha}$$

$$\cot\alpha=\frac{\cos\alpha}{\sin\alpha}=1/\tan\alpha$$

$$\sec\alpha=1/\cos\alpha$$

$$\csc\alpha=1/\sin\alpha$$

$$\sec^2\alpha=1+\tan^2\alpha$$

$$\mathrm{cosec}^2\alpha=1+\cot^2\alpha$$

2）和差角公式

$$\sin(\alpha\pm\beta)=\sin\alpha\cos\beta\pm\cos\alpha\sin\beta$$

$$\cos(\alpha\pm\beta)=\cos\alpha\cos\beta\mp\sin\alpha\sin\beta$$

$$\tan(\alpha\pm\beta)=\frac{\tan\alpha\pm\tan\beta}{1\mp\tan\alpha\tan\beta}$$

$$\cot(\alpha\pm\beta)=\frac{\cot\alpha\cot\beta\mp1}{\cot\beta\pm\cot\alpha}$$

3)和差化积公式

$$\sin\alpha+\sin\beta=2\sin\frac{1}{2}(\alpha+\beta)\cos\frac{1}{2}(\alpha-\beta)$$

$$\sin\alpha-\sin\beta=2\cos\frac{1}{2}(\alpha+\beta)\sin\frac{1}{2}(\alpha-\beta)$$

$$\cos\alpha+\cos\beta=2\cos\frac{1}{2}(\alpha+\beta)\cos\frac{1}{2}(\alpha-\beta)$$

$$\cos\alpha-\cos\beta=-2\sin\frac{1}{2}(\alpha+\beta)\sin\frac{1}{2}(\alpha-\beta)$$

$$\tan\alpha\pm\tan\beta=\frac{\sin(\alpha\pm\beta)}{\cos\alpha\cos\beta}$$

$$\cot\alpha\pm\cot\beta=\frac{\sin(\beta\pm\alpha)}{\sin\alpha\sin\beta}$$

$$\sin^2\alpha-\sin^2\beta=\cos^2\beta-\cos^2\alpha=\sin(\alpha+\beta)\sin(\alpha-\beta)$$

$$\cos^2\alpha-\sin^2\beta=\cos^2\beta-\sin^2\alpha=\cos(\alpha+\beta)\cos(\alpha-\beta)$$

$$\sin\alpha\pm\cos\alpha=\pm\sqrt{1\pm\sin2\alpha}=\sqrt{2}\sin\left(\alpha\pm\frac{\pi}{4}\right)$$

设 $a>0,b>0,c=\sqrt{a^2+b^2}$，而且 A,B 为正锐角，并设 $\tan A=a/b,\tan B=b/a$，则有

$$a\cos\alpha+b\sin\alpha=c\sin(A+\alpha)=c\cos(B-\alpha)$$

$$a\cos\alpha-b\sin\alpha=c\sin(A-\alpha)=c\cos(B+\alpha)$$

4)积化和差公式

$$\sin\alpha\sin\beta=\frac{1}{2}\cos(\alpha-\beta)-\frac{1}{2}\cos(\alpha+\beta)$$

$$\cos\alpha\cos\beta=\frac{1}{2}\cos(\alpha-\beta)+\frac{1}{2}\cos(\alpha+\beta)$$

$$\sin\alpha\cos\beta=\frac{1}{2}\sin(\alpha+\beta)+\frac{1}{2}\sin(\alpha-\beta)$$

$$\tan\alpha\tan\beta=\frac{\tan\alpha+\tan\beta}{\cot\alpha+\cot\beta}=-\frac{\tan\alpha-\tan\beta}{\cot\alpha-\cot\beta}$$

$$\cot\alpha\cot\beta=\frac{\cot\alpha+\cot\beta}{\tan\alpha+\tan\beta}=-\frac{\cot\alpha-\cot\beta}{\tan\alpha-\tan\beta}$$

5)倍角公式

$$\sin2\theta=2\sin\theta\cos\theta$$

$$\sin3\theta=\sin\theta(3-4\sin^2\theta)$$

$$\sin4\theta=\sin\theta\cos\theta(4-8\sin^2\theta)$$

$$\sin5\theta=\sin\theta(5-20\sin^2\theta+16\sin^4\theta)$$

$$\sin6\theta=\sin\theta\cos\theta(6-32\sin^2\theta+32\sin^4\theta)$$

$$\sin7\theta=\sin\theta(7-56\sin^2\theta+112\sin^4\theta-64\sin^5\theta)$$

$$\cos2\theta=2\cos^2\theta-1$$

$$\cos3\theta=\cos\theta(4\cos^2\theta-3)$$

$$\cos4\theta=8\cos^4\theta-8\cos^2\theta+1$$

$$\cos5\theta=\cos\theta(16\cos^4\theta-20\cos^2\theta+5)$$

$$\cos6\theta=32\cos^5\theta-48\cos^4\theta+18\cos^2\theta-1$$

$$\cos7\theta=\cos\theta(64\cos^2\theta-112\cos^4\theta+56\cos^2\theta-7)$$

$$\tan2\theta=\frac{2\tan\theta}{1-\tan^2\theta}$$

$$\tan3\theta=\frac{3\tan\theta-\tan^3\theta}{1-3\tan^2\theta}$$

6)半角公式

$$\sin\frac{1}{2}\alpha=\pm\sqrt{\frac{1-\cos\alpha}{2}}=\pm\frac{1}{2}\sqrt{1+\sin\alpha}\pm\frac{1}{2}\sqrt{1-\sin\alpha}$$

$$\cos\frac{1}{2}\alpha=\pm\sqrt{\frac{1+\cos\alpha}{2}}=\pm\frac{1}{2}\sqrt{1+\sin\alpha}\mp\frac{1}{2}\sqrt{1-\sin\alpha}$$

$$\tan\frac{1}{2}\alpha=\frac{\sin\alpha}{1+\cos\alpha}=\frac{1-\cos\alpha}{\sin\alpha}=\pm\sqrt{\frac{1-\cos\alpha}{1+\cos\alpha}}$$

7)正弦与余弦的幂

$$2\sin^2\theta=1-\cos2\theta$$
$$4\sin^3\theta=3\sin\theta-\sin3\theta$$
$$8\sin^4\theta=3-4\cos2\theta+\cos4\theta$$
$$16\sin^5\theta=10\sin\theta-5\sin3\theta+\sin5\theta$$
$$32\sin^6\theta=10-15\cos2\theta+6\cos4\theta-\cos6\theta$$
$$64\sin^7\theta=35\sin\theta-21\sin3\theta+7\sin5\theta-\sin7\theta$$
$$2\cos^2\theta=\cos2\theta+1$$
$$4\cos^3\theta=\cos3\theta+3\cos\theta$$
$$8\cos^4\theta=\cos4\theta+4\cos2\theta+3$$
$$16\cos^5\theta=\cos5\theta+5\cos3\theta+10\cos\theta$$
$$32\cos^6\theta=\cos6\theta+6\cos4\theta+15\cos2\theta+10$$
$$64\cos^7\theta=\cos7\theta+7\cos5\theta+21\cos3\theta+35\cos\theta$$

2. 三角形

1)平面三角形(图 1—1—1)

$$\alpha+\beta+\gamma=180°$$
$$a=b\cos\gamma+c\cos\beta$$

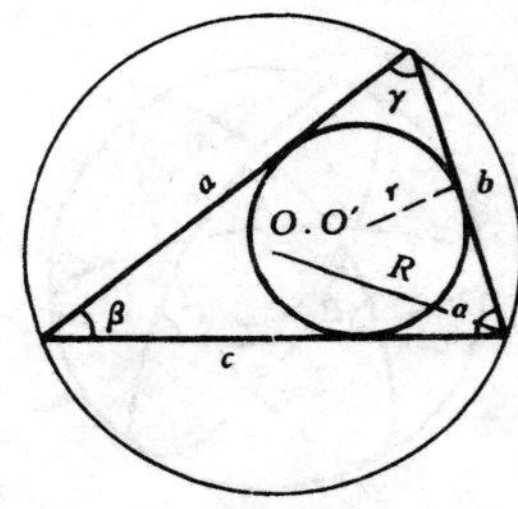

图 1—1—1　平面三角形计算简图

$a+b+c=2s$

正弦定理

$$\frac{a}{\sin\alpha}=\frac{b}{\sin\beta}=\frac{c}{\sin\gamma}$$

余弦定理

$$a^2=b^2+c^2-2bc\cos\alpha$$

正切定理

$$\frac{a+b}{a-b}=\frac{\tan\frac{1}{2}(\alpha+\beta)}{\tan\frac{1}{2}(\alpha-\beta)}=\frac{\sin\alpha+\sin\beta}{\sin\alpha-\sin\beta}$$

半角公式

$$\sin\frac{1}{2}\alpha=\sqrt{\frac{(s-b)(s-c)}{bc}}$$
$$\cos\frac{1}{2}\alpha=\sqrt{\frac{s(s-a)}{bc}}$$
$$\tan\frac{1}{2}\alpha=\sqrt{\frac{(s-b)(s-c)}{s(s-a)}}$$

三角形面积

$$S=\frac{1}{2}bc\sin\alpha=\sqrt{s(s-a)(s-b)(s-c)}$$

内切圆半径

$$r=\frac{S}{s}=s\tan\frac{\alpha}{2}\tan\frac{\beta}{2}\tan\frac{\gamma}{2}=\sqrt{\frac{(s-a)(s-b)(s-c)}{s}}$$

2)球面三角形(图 1—1—2)

正弦定理

$$\frac{\sin a}{\sin A}=\frac{\sin b}{\sin B}=\frac{\sin c}{\sin C}$$

边的余弦定理

$$\cos a=\cos b\cos c+\sin b\sin c\cos A$$

角的余弦定理

$$\cos A=-\cos B\cos C+\sin B\sin C\cos a$$

半角公式

$$\sin\frac{A}{2}=\sqrt{\frac{\sin(p-b)\sin(p-c)}{\sin b\sin c}}$$

$$\cos\frac{A}{2}=\sqrt{\frac{\sin p\sin(p-a)}{\sin b\sin c}}$$

$$\tan\frac{A}{2}=\sqrt{\frac{\sin(p-b)\sin(p-c)}{\sin p\sin(p-a)}}$$

半边公式

$$\sin\frac{a}{2}=\sqrt{\frac{-\cos\sigma\cos(\sigma-A)}{\sin B\sin C}}$$

$$\cos\frac{a}{2}=\sqrt{\frac{\cos(\sigma-B)\cos(\sigma-C)}{\sin B\sin C}}$$

$$\tan\frac{a}{2}=\sqrt{\frac{-\cos\sigma\cos(\sigma-A)}{\cos(\sigma-B)\cos(\sigma-C)}}$$

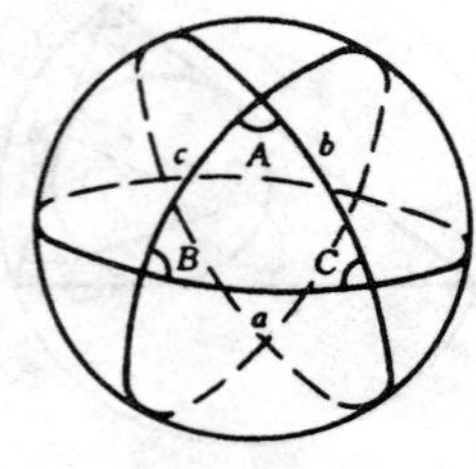

图 1—1—2　球面三角形计算简图

$2p=a+b+c$

$\tau=A+B+C-180°$

$\sigma=\frac{1}{2}(A+B+C)$

半角和差的正弦、余弦公式

$$\sin\frac{A+B}{2}=\frac{\cos\frac{a-b}{2}}{\cos\frac{c}{2}}\cos\frac{C}{2}$$

$$\sin\frac{A-B}{2}=\frac{\sin\frac{a-b}{2}}{\sin\frac{c}{2}}\cos\frac{C}{2}$$

$$\cos\frac{A+B}{2}=\frac{\cos\frac{a+b}{2}}{\cos\frac{c}{2}}\sin\frac{C}{2}$$

$$\cos\frac{A-B}{2}=\frac{\sin\frac{a+b}{2}}{\sin\frac{c}{2}}\sin\frac{C}{2}$$

半角(边)的正切公式

$$\tan\frac{A+B}{2}=\frac{\cos\frac{a-b}{2}}{\cos\frac{a+b}{2}}\cot\frac{c}{2}$$

$$\tan\frac{A-B}{2}=\frac{\sin\frac{a-b}{2}}{\sin\frac{a+b}{2}}\cot\frac{c}{2}$$

$$\tan\frac{a+b}{2}=\frac{\cos\frac{A-B}{2}}{\cos\frac{A+B}{2}}\tan\frac{c}{2}$$

$$\tan\frac{a-b}{2}=\frac{\sin\frac{A-B}{2}}{\sin\frac{A+B}{2}}\tan\frac{c}{2}$$

球面三角形的面积

$$S=\frac{\varepsilon}{180^\circ}\pi R^2\text{（}R\text{ 为球面半径）}$$

$$\tan\frac{\varepsilon}{4}=\sqrt{\tan\frac{p}{2}\tan\frac{p-a}{2}\tan\frac{p-b}{2}\tan\frac{p-c}{2}}$$

3. 反三角函数

$$\arcsin x+\arccos x=\frac{1}{2}\pi$$

$$\arctan x+\operatorname{arccot} x=\frac{1}{2}\pi$$

$\arcsin x=\pm\arccos\sqrt{1-x^2}=\arctan(x/\sqrt{1-x^2})$　正负与 x 同

$\arccos x=\arcsin\sqrt{1-x^2}=\arctan(\sqrt{1-x^2}/x)(x>0)$

$=\pi-\arcsin\sqrt{1-x^2}=\pi+\arctan(\sqrt{1-x^2}/x)\quad(x<0)$

$\arctan x=\arcsin(x/\sqrt{1+x^2})=\pm\arccos(1/\sqrt{1+x^2})$　正负与 x 同

$\arctan x=\operatorname{arccot}(1/x)(x>0)$

$=\operatorname{arccot}(1/x)-\pi\quad(x<0)$

$\arcsin x\pm\arcsin y=\arcsin(x\sqrt{1-y^2}\pm y\sqrt{1-x^2})$

$$-\frac{1}{2}\pi\leqslant\arcsin x\pm\arcsin y\leqslant\frac{1}{2}\pi$$

$\arccos x\pm\arccos y=\pm\arccos(xy\mp\sqrt{1-x^2}\sqrt{1-y^2})$

$$0\leqslant\arccos x\pm\arccos y\leqslant\pi$$

$$\arctan x\pm\arctan y=\arctan\frac{x\pm y}{1\mp xy}$$

$$-\frac{\pi}{2}<\arctan x\pm\arctan y<\frac{\pi}{2}$$

$$\arcsin(-x)=-\arcsin x$$

$$\arccos(-x)=\pi-\arccos x$$

$$\arctan(-x)=-\arctan x$$
$$\operatorname{arccot}(-x)=\pi-\operatorname{arccot}x$$

(二)双曲函数

1. 双曲函数间的关系

$$\cosh^2 x-\sinh^2 x=1$$
$$1-\tanh^2 x=\operatorname{sech}^2 x$$
$$\cosh^2 x-1=\operatorname{cosech}^2 x$$
$$\cosh x+\sinh x=e^x$$
$$\cosh x-\sinh x=e^{-x}$$
$$\sinh(-x)=-\sinh x$$
$$\cosh(-x)=\cosh x$$
$$\tanh(-x)=-\tanh x$$
$$\sinh(x\pm y)=\sinh x\cosh y\pm\cosh x\sinh y$$
$$\cosh(x\pm y)=\cosh x\cosh y\pm\sinh x\sinh y$$
$$\tanh(x\pm y)=(\tanh x\pm\tanh y)/(1\pm\tanh x\tanh y)$$
$$\operatorname{arsinh}x=\ln(x+\sqrt{x^2+1})$$
$$\operatorname{arcosh}x=\ln(x\pm\sqrt{x^2-1})$$
$$\operatorname{artanh}x=\frac{1}{2}\ln\frac{1+x}{1-x}$$
$$\operatorname{arcoth}x=\frac{1}{2}\ln\frac{x+1}{x-1}$$

2. 双曲函数与三角函数间的关系

$$\sin ix=i\sinh x$$
$$\sinh ix=i\sin x$$
$$\cos ix=\cosh x$$
$$\cosh ix=\cos x$$
$$\tan ix=i\tanh x$$
$$\tanh ix=-\tan x$$
$$\sin(x\pm iy)=\sin x\cosh y\pm i\cos x\sinh y$$
$$\cos(x\pm iy)=\cos x\cosh y\mp i\sin x\sinh y$$
$$\tan(x\pm iy)=(\sin 2x\pm i\sinh 2y)/(\cos 2x+\cosh 2y)$$

式中　$i=\sqrt{-1}$

三、微　分

(一)极限与连续

1. 数列的极限

给定一个数列 $\{a_n\}$，如果当 n 无限地增大时，a_n 趋近于某一个常数 l，就说数列 $\{a_n\}$ 当 $n\to\infty$ 时以 l 为极限，记作 $\lim\limits_{n\to\infty}a_n=l$。

2. 函数的极限

设函数 $f(x)$ 在 x_0 附近有定义（但在 x_0 可以没有定义），如果当 x 趋近于 x_0 时，$f(x)$ 趋近于常数 l，就说函数 $f(x)$ 当 $x\to x_0$ 时以 l 为极限，记作 $\lim\limits_{x\to x_0}f(x)=l$。

3. 函数的连续性

如果当 $x\to x_0$ 时，$f(x)$ 的极限存在且等于它在点 x_0 处的函数值，即 $\lim\limits_{x\to x_0}f(x)=f(x_0)$，就说 $f(x)$ 在 x_0 处连续。

（二）求导公式

1. 一般公式

设 u，v，w…为 x 的函数，a 为常数。

1) $\frac{\mathrm{d}}{\mathrm{d}x}(a+u)=\frac{\mathrm{d}u}{\mathrm{d}x}$

2) $\frac{\mathrm{d}}{\mathrm{d}x}(au)=a\frac{\mathrm{d}u}{\mathrm{d}x}$

3) $\frac{\mathrm{d}}{\mathrm{d}x}(u+v)=\frac{\mathrm{d}u}{\mathrm{d}x}+\frac{\mathrm{d}v}{\mathrm{d}x}$

4) $\frac{\mathrm{d}}{\mathrm{d}x}(uv)=\frac{\mathrm{d}u}{\mathrm{d}x}v+u\frac{\mathrm{d}v}{\mathrm{d}x}$

5) $\frac{\mathrm{d}}{\mathrm{d}x}\left(\frac{u}{v}\right)=\frac{v\mathrm{d}u/\mathrm{d}x-u\mathrm{d}v/\mathrm{d}x}{v^2}$

6) $\frac{\mathrm{d}}{\mathrm{d}x}u=u\left(\ln u\frac{\mathrm{d}v}{\mathrm{d}x}+\frac{v}{u}\frac{\mathrm{d}u}{\mathrm{d}x}\right)$

7) $\frac{\mathrm{d}}{\mathrm{d}x}(uv\omega\cdots)=(uv\omega\cdots)\left(\frac{1}{u}\frac{\mathrm{d}u}{\mathrm{d}x}+\frac{1}{v}\frac{\mathrm{d}v}{\mathrm{d}x}+\frac{1}{\omega}\frac{\mathrm{d}\omega}{\mathrm{d}x}+\cdots\right)$

8) $\frac{\mathrm{d}^n(uv)}{\mathrm{d}x^n}=\frac{\mathrm{d}^nu}{\mathrm{d}x^n}v+\binom{n}{1}\frac{\mathrm{d}^{n-1}u}{\mathrm{d}x^{n-1}}\frac{\mathrm{d}v}{\mathrm{d}x}+\binom{n}{2}\frac{\mathrm{d}^{n-2}u}{\mathrm{d}x^{n-2}}\frac{\mathrm{d}^2v}{\mathrm{d}x^2}+\cdots+u\frac{\mathrm{d}^nv}{\mathrm{d}x^n}$

9) 当 $y=f(z),z=g(x)$ 时，则

$$\frac{\mathrm{d}y}{\mathrm{d}x}=\frac{\mathrm{d}y}{\mathrm{d}z}\frac{\mathrm{d}z}{\mathrm{d}x}=f'(z)g'(x)$$

10) 当 $y=f(x),x=\phi(y)$ 时，则

$$\frac{\mathrm{d}y}{\mathrm{d}x}=\frac{1}{\mathrm{d}x/\mathrm{d}y},\quad f'(x)=\frac{1}{\phi'(y)}$$

11) 当 $x=\phi(t),y=\psi(t)$ 时，

$$\frac{\mathrm{d}y}{\mathrm{d}x}=\frac{\mathrm{d}y/\mathrm{d}t}{\mathrm{d}x/\mathrm{d}t}=\frac{\psi'(t)}{\phi'(t)}$$

2. 基础求导公式

设 m,a 为常数。

1) $\frac{\mathrm{d}}{\mathrm{d}x}\left(\frac{1}{x}\right)=-\frac{1}{x^2}$

2) $\frac{\mathrm{d}\sqrt{x}}{\mathrm{d}x}=\frac{1}{2\sqrt{x}}$

3) $\frac{\mathrm{d}(x^m)}{\mathrm{d}x}=mx^{m-1}$

4) $\frac{de^x}{dx}=e^x$

5) $\frac{da^x}{dx}=a^x\ln a$

6) $\frac{d\ln^x}{dx}=\frac{1}{x}$

7) $\frac{d\lg^x}{dx}=\frac{1}{x}\lg^e$

8) $\frac{d\sin x}{dx}=\cos x$

9) $\frac{d\cos x}{dx}=-\sin x$

10) $\frac{d\tan x}{dx}=\sec^2 x$

11) $\frac{d\cot x}{dx}=-\csc^2 x$

12) $\frac{d\sec x}{dx}=\sec x\tan x$

13) $\frac{\csc x}{dx}=-\csc x\cot x$

14) $\frac{d\arcsin x}{dx}=\frac{1}{\sqrt{1-x^2}}$

15) $\frac{d\arccos x}{dx}=-\frac{1}{\sqrt{1-x^2}}$

16) $\frac{d\arctan x}{dx}=\frac{1}{1+x^2}$

17) $\frac{d\,\mathrm{arccot}\,x}{dx}=-\frac{1}{1+x^2}$

18) $\frac{d\,\mathrm{arcsec}\,x}{dx}=\frac{1}{x\sqrt{x^2-1}}$

19) $\frac{d\,\mathrm{arccsc}\,x}{dx}=-\frac{1}{x\sqrt{x^2-1}}$

20) $\frac{d\ln(\sin x)}{dx}=\cot x$

21) $\frac{d\ln(\cos x)}{dx}=-\tan x$

22) $\frac{d\ln(\tan x)}{dx}=\frac{2}{\sin 2x}$

23) $\frac{d\ln(\cot x)}{dx}=-\frac{2}{\sin 2x}$

24) $\frac{d\sinh x}{dx}=\cosh x$

25) $\frac{d\cosh x}{dx}=\sinh x$

26) $\frac{d\tanh x}{dx}=\mathrm{sech}^2 x$

27) $\frac{d\coth x}{dx}=-\mathrm{cosech}^2 x$

28) $\dfrac{\mathrm{dsech}x}{\mathrm{d}x}=-\mathrm{sech}x\tanh x$

29) $\dfrac{\mathrm{dcosech}x}{\mathrm{d}x}=-\mathrm{cosech}x\coth x$

30) $\dfrac{\mathrm{darsinh}x}{\mathrm{d}x}=\dfrac{1}{\sqrt{x^2+1}}$

31) $\dfrac{\mathrm{darcosh}x}{\mathrm{d}x}=\pm\dfrac{1}{\sqrt{x^2-1}}$

32) $\dfrac{\mathrm{dartanh}x}{\mathrm{d}x}=\dfrac{1}{1-x^2}$

33) $\dfrac{\mathrm{darcoth}x}{\mathrm{d}x}=\dfrac{1}{1-x^2}$

34) $\dfrac{\mathrm{darsech}x}{\mathrm{d}x}=\pm\dfrac{1}{x\sqrt{1-x^2}}$

35) $\dfrac{\mathrm{darcosech}x}{\mathrm{d}x}=-\dfrac{1}{x\sqrt{x^2+1}}$

3. 隐函数的导数

1）由 $f(x,y)=0$ 决定 y 为 x 的函数，且 $f_y(x,y)\neq 0$ 时，$\dfrac{\mathrm{d}y}{\mathrm{d}x}=-\dfrac{f_x}{f_y}$，$\dfrac{\mathrm{d}^2y}{\mathrm{d}x^2}=-\dfrac{f_{xx}f_y^2-2f_{xy}f_xf_y+f_{yy}f_x^2}{f_y^3}$。

2)由 $f(x,y,z)=0$ 决定 z 为 x,y 的函数，当 $f_z\neq 0$ 时，$\dfrac{\partial z}{\partial x}=-\dfrac{f_x}{f_z}$，$\dfrac{\partial z}{\partial y}=-\dfrac{f_y}{f_z}$。

3)由 $f(x,y,z)=0,g(x,y,z)=0$ 决定 y 和 z 是 x 的函数，当 $f_yg_z-f_zg_y\neq 0$ 时

$$\frac{\mathrm{d}y}{\mathrm{d}x}=-\frac{\begin{vmatrix} f_x & f_x \\ g_x & g_x \end{vmatrix}}{\begin{vmatrix} f_y & f_z \\ g_y & g_z \end{vmatrix}},$$

$$\frac{\mathrm{d}z}{\mathrm{d}x}=-\frac{\begin{vmatrix} f_y & f_x \\ g_y & g_x \end{vmatrix}}{\begin{vmatrix} f_y & f_z \\ g_y & g_z \end{vmatrix}}。$$

4. 变量代换

当 $x=f(\xi,\eta)$，$y=g(\xi,\eta)$时，则 x,y 的函数 w 也是 ξ,η 的函数。

$$\frac{\partial \omega}{\partial \xi}=\frac{\partial \omega}{\partial x}\quad\frac{\partial x}{\partial \xi}+\frac{\partial \omega}{\partial y}\quad\frac{\partial y}{\partial \xi},$$

$$\frac{\partial \omega}{\partial \eta}=\frac{\partial \omega}{\partial x}\quad\frac{\partial x}{\partial \eta}+\frac{\partial \omega}{\partial y}\quad\frac{\partial y}{\partial \eta}。$$

(三)中值定理与泰勒展开

1. 中值定理

1)拉格朗日中值定理

假设函数 $f(x)$在闭区间〔a,b〕上连续，在开区间(a,b)内可微，则在区间(a,b)内必有一点 c，使得 $f(b)-f(a)=f'(c)(b-a)$。记 $t=(c-a)/(b-a)$，则 $t\in(0,1)$，$f(b)-f(a)=f'(a+t$

$(b-a))(b-a)$。

2)柯西中值定理

假设函数 $\varphi(x)$ 和 $\psi(x)$ 都在闭区间 $[a,b]$ 上连续，在开区间 (a,b) 内可微，且 $\varphi'(x)$ 不为零，则在区间 (a,b) 内必有一点 c，使得

$$\frac{\psi(b)-\psi(a)}{\varphi(b)-\varphi(a)}=\frac{\psi'(c)}{\varphi'(c)}$$

2. 泰勒与马克林展开

1)泰勒展开

如果 $f(x)$ 在包含 a 的区间里有直到 n 阶的导数而且连续，则

$$f(x)=f(a)+\frac{f'(a)}{1!}(x-a)+\frac{f''(a)}{2!}(x-a)^2+\cdots$$
$$+\frac{f^{(n-1)}(a)}{(n-1)!}(x-a)^{n-1}+R_n$$

式中 $R_n=\frac{f^{(n)}\{a+\theta(x-a)\}}{n!}(x-a)^n, 0<\theta<1$

还有 $R_n=\frac{(1-\theta')^{n-1}f^{(n)}\{a+\theta'(x-a)\}}{(n-1)!}(x-a)^n, 0<\theta'<1$

如果 $f(x)$ 的各阶导数在包含 a 的区间中存在而且 $\lim\limits_{n\to\infty}R_n=0$，则 $f(x)$ 可展开为以下的幂级数，称为泰勒级数。

$$f(x)=f(a)+\frac{f'(a)}{1!}(x-a)+\frac{f''(a)}{2!}(x-a)^2+\cdots$$
$$+\frac{f^{(n)}(a)}{n!}(x-a)^n+\cdots$$

2)马克劳林展开

在泰勒展开中，如果 $a=0$，则称为马克劳林展开，当 $\lim\limits_{n\to\infty}R_n=0$ 时而得幂级数称为马克劳林级数。

二个变量的函数 $f(x,y)$ 的泰勒展开

$$f(x,y)=f(a,b)+\frac{1}{1!}\left\{(x-a)\frac{\partial}{\partial x}+(y-b)\frac{\partial}{\partial y}\right\}f(a,b)$$
$$+\frac{1}{2!}\left\{(x-a)\frac{\partial}{\partial x}+(y-b)\frac{\partial}{\partial y}\right\}^2f(a,b)+\cdots$$
$$+\frac{1}{(n-1)!}\left\{(x-a)\frac{\partial}{\partial x}+(y-b)\frac{\partial}{\partial y}\right\}^{n-1}f(a,b)+R_n$$

但 $R_n=\frac{1}{n!}\left\{(x-a)\frac{\partial}{\partial x}+(y-b)\frac{\partial}{\partial y}\right\}^n\cdot f\{a+\theta(x-a);b+\theta(y-b)\}, 0<\theta<1$

式中 $\left\{(x-a)\frac{\partial}{\partial x}+(y-b)\frac{\partial}{\partial y}\right\}^k f=(x-a)^k\frac{\partial^k f}{\partial x^k}+\binom{k}{1}(x-a)^{k-1}(y-b)\frac{\partial^k f}{\partial x^{k-1}\partial y}+\cdots$

$$+(y-b)^k\frac{\partial^k f}{\partial y^k}$$

此展开成立的充分条件是：在 xy 平面上连结二点（x，y）与（a，b）的线段，在此线段各点的邻域里 f（x，y）具有连续 n 阶偏导数。

3. 不定式的求值法

1）$\frac{0}{0}$型的不定式

设函数 $f(x)$与 $g(x)$在点 $x=a$ 附近处处可微，且 $g'(x)\neq 0$。若 $\lim\limits_{x\to a}f(x)=0$，$\lim\limits_{x\to a}g(x)=0$，$\lim\limits_{x\to a}f'(x)/g'(x)$存在，则 $\lim\limits_{x\to a}f(x)/g(x)$存在，且

$$\lim_{x\to a}\frac{f(x)}{g(x)}=\lim_{x\to a}\frac{f'(x)}{g'(x)}。$$

2）$\frac{\infty}{\infty}$型的不定式

当 $x\to a$ 时，$f(x)\to\infty$，$g(x)\to\infty$；为求 $f(x)/g(x)$ 的极限值，只要改变形状

$$\frac{f(x)}{g(x)}=\frac{1/g(x)}{1/f(x)}$$

就变为$\frac{0}{0}$型的不定式。

3）$0\times\infty$型的不定式

当 $x\to a$ 时，设 $f(x)\to 0$，$g(x)\to\infty$，为求 $f(x)g(x)$ 的极限值，只要令 $g(x)=1/h(x)$，就变为$\frac{0}{0}$型的不定式。

4）0^0，1^∞，∞^0 型的不定式

设 $f(x)^{g(x)}$是这种类型的不定式，则通过改变型状 $f(x)g(x)=e^{g(x)\ln f(x)}$，$g(x)\ln f(x)$变为 $0\times\infty$型的不定式。

5）$\infty-\infty$型的不定式

当 $x\to a$ 时，设 $f(x)\to\infty$，$g(x)\to\infty$，为求 $f(x)-g(x)$的极限值，经改变形状 $f(x)-g(x)=\left\{\frac{1}{g(x)}-\frac{1}{f(x)}\right\}\Big/\frac{1}{f(x)g(x)}$，则变为$\frac{0}{0}$型的不定式。

4．极　值

1）一元函数的极值

对于变量 x 的函数 $y=f(x)$，使 y 达极大或极小的 x 可由 $f'(x)=0$ 求出。对于这种值 x_0，如 $f''(x_0)<0$ 则 y 为极大，如 $f''(x_0)>0$ 则 y 为极小。如果 $f''(x_0)=0$ 而且 $f'''(x_0)=0$，则当 $f'''(x_0)<0$ 时 y 为极大，$f'''(x_0)>0$ 时 y 为极小。如果 $f''(x_0)=0$ 而且 $f'''(x_0)\neq 0$，则 x_0 为 y 的拐点（见图 1－1－3）。

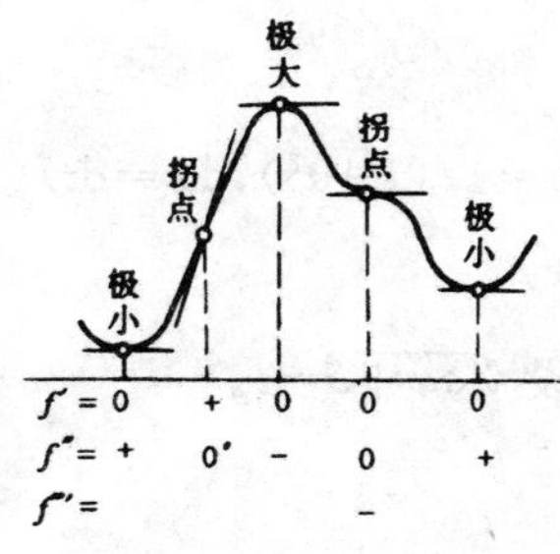

图 1－1－3　极值与拐点

2）隐函数的极值

隐函数 $f(x, y)=0$ 的情况。在求 y 的极大极小时，先求满足 $f(x, y)=0$ 以及 $f_x(x, y)=0$ 的 x_0，y_0。对于这样的值如 $f_y\neq 0$，$f_{xx}/f_y>0$ 则 y_0 为极大，$f_{xx}/f_y<0$ 则 y_0 为极小。

3）二元函数的极值

二变数 x 与 y 的函数 $z=f(x, y)$ 的情况。对于满足 $f_x(x, y)=0$ 以及 $f_y(x, y)=0$ 的 x_0，y_0，如 $f_{xx}f_{yy}-f_{xy}^2>0$，则当 $f_{xx}<0$ 时，z 为极大，当 $f_{xx}>0$ 时，z 为极小（在这种情况下 $f_{xx}f_{yy}>0$，故不看 f_{xx}而看 f_{yy}的符号也可以）。如 $f_{xx}f_{yy}-f_{xy}^2<0$，则不出现极大极小。

4）条件极值

在求 n 变数的函数 $f(x_1, x_2, \cdots, x_n)$ 的极大极小时，如在 $x_1, x_2, \cdots, x_n$ 之间存在 m 个条件 $\varphi_k(x_1, x_2, \cdots, x_n)=0$ $(k=1, 2, \cdots, m)$，则取 λ 为未定乘数，令 $\Phi=f+\lambda_1\varphi_1+\lambda_2\varphi_2+\cdots+\lambda_m\varphi_m$，从

$$\frac{\partial\Phi}{\partial x_1}=0,\ \frac{\partial\Phi}{\partial x_2}=0,\ \cdots,\ \frac{\partial\Phi}{\partial x_n}=0$$

以及原来条件一起来解出 $x_1, x_2, \cdots, x_n$ 即为可能达到极大或极小值的点。

四、积　分

（一）不定积分

已知函数 $f(x)$，如果函数 $F(x)$ 的导数 $F'(x)=f(x)$，则称 $F(x)$ 为 $f(x)$ 的原函数。

函数 $f(x)$ 的原函数的一般表达式称为 $f(x)$ 的不定积分，记为 $\int f(x)\mathrm{d}x$。函数 $f(x)$ 称为被积函数。

如果 $F(x)$ 是 $f(x)$ 的一个原函数，则 $\int f(x)\mathrm{d}x = F(x) + C$，其中 C 是常数。

1. 一般公式

设 u, v 为 x 的函数，a 为常数。

1）$\int f'(x)\mathrm{d}x=f(x)+C$

2）$\int au\mathrm{d}x=a\int u\mathrm{d}x$

3）$\int (u+v)\mathrm{d}x=\int u\mathrm{d}x+v\mathrm{d}x$

4）换元积分法

$$\int f(x)\mathrm{d}x=\int f[\varphi(y)]\frac{\mathrm{d}\varphi}{\mathrm{d}y}\mathrm{d}y,$$

$$x=\varphi(y)$$

几种常见类型的换元法：

(1)被积函数含 $\sqrt{a^2-x^2}$ 的，设 $x=a\sin t$。被积函数含 $\sqrt{a^2+x^2}$ 的，设 $x=a\tan t$。被积函数含有 $\sqrt{x^2-a^2}$ 的，设 $x=a\sec t$。

(2) $\int R(\cos x, \sin x)\mathrm{d}x$，$R$ 表示有理函数，设 $\tan(x/2)=t$，则 $\sin x=2t(1+t^2)$，$\cos x=(1-t^2)/(1+t^2)$，$dx=2dt/(1+t^2)$。

(3) $\int R(\cos^2 x, \sin^2 x)\mathrm{d}x$，设 $\tan x=t$，则 $\sin^2 x=t^2/(1+t^2)$，$\cos^2 x=1/(1+t^2)$，$\mathrm{d}x=\mathrm{d}t/(1+t^2)$。

(4) $\int R(x, \sqrt[p]{ax+b}, \sqrt[q]{ax+b})\mathrm{d}x$，当 n 是 p, q 的最小公倍数时，设 $\sqrt[n]{ax+b}=t$。

5）分部积分法：

$$\int u\frac{\mathrm{d}v}{\mathrm{d}x}\mathrm{d}x=uv-\int v\frac{\mathrm{d}u}{\mathrm{d}x}\mathrm{d}x$$

2. 基本积分公式

1) $\int a\mathrm{d}x=ax+C$（a 为常数）

2) $\int x^a\mathrm{d}x=\frac{1}{a+1}x^{a+1}+C(a\neq-1)$

3) $\int \frac{\mathrm{d}x}{x}=\ln x+C$

4) $\int e^x\mathrm{d}x=e^x+C$

5) $\int a^x\mathrm{d}x=\frac{1}{\ln a}a^x+C$

6) $\int \sin x\mathrm{d}x=-\cos x+C$

7) $\int \cos x\mathrm{d}x=\sin x+C$

8) $\int \sec^2 x\mathrm{d}x=\int \frac{\mathrm{d}x}{\cos^2 x}=\tan x+C$

9) $\int \csc^2 x\mathrm{d}x=\int \frac{\mathrm{d}x}{\sin^2 x}=-\cot x+C$

10) $\int \sec x\tan x\mathrm{d}x=\sec x+C$

11) $\int \csc x\cot x\mathrm{d}x=-\mathrm{cosec}x+C$

12) $\int \frac{\mathrm{d}x}{\sqrt{1-x^2}}=\arcsin x+C$

13) $\int \frac{\mathrm{d}x}{1+x^2}=\arctan x+C$

14) $\int \sinh x\mathrm{d}x=\cosh x+C$

15) $\int \cosh x\mathrm{d}x=\sinh x+C$

3. 有理函数的积分

一般说来，有理函数 $R(x)$ 可表示为 $R(x)=g(x)/f(x)$，其中 $f(x)$ 与 $g(x)$ 为多项式。如 $g(x)$ 的次数大于或等于 $f(x)$ 的次数，则 $g(x)$ 用 $f(x)$ 除得之商设为 $P(x)$，剩余为 $h(x)$ 时，有 $R(x)=P(x)+h(x)/f(x)$。因 $P(x)$ 为多项式容易积分，$h(x)$ 比 $f(x)$ 次数低，如 $f(x)=(x-a)(x-\beta)^b\cdots(x-\lambda)^i$，则可分解为（分项分式）

$$\frac{h(x)}{f(x)}=\frac{A_a}{(x-a)^a}+\frac{A_{a-1}}{(x-a)^{a-1}}+\cdots+\frac{A_i}{x-a}+\frac{B_b}{(x-\beta)^b}+\frac{B_{b-1}}{(x-\beta)^{b-1}}+\cdots+$$
$$+\frac{B_1}{x-\beta}+\cdots+\frac{L_1}{(x-\lambda)^l}+\frac{L_{l-1}}{(x-\lambda)^{l-1}}+\cdots+\frac{L_i}{x-\lambda}$$

决定系数 A，B，…的方法是：去两边的分母比较同次幂各项的系数，或用下式计算：

$$A_{a-n}=\frac{1}{n!}\left[\frac{\mathrm{d}^n}{\mathrm{d}x^n}\quad\frac{(x-a)^a h(x)}{f(x)}\right]_{x=a}$$
$$(n=0,\ 1,\ 2,\ \cdots,\ a-1)$$

故有理函数 $R(x)$ 分成部分分式的各项由 x^m，$1/(x-a)^m$ 以及 $(A'+B'x)/(a'+b'x+c'x^2)^m$ 的三种类型构成。

下面是常见有理函数的积分：

$$1)\int(ax+b)^{n}\mathrm{d}x=\begin{cases}\dfrac{1}{a(a+1)}(ax+b)^{a+1}+C & (a\neq-1)\\[2mm] \dfrac{1}{a}\ln(ax+b)+C & (a=-1)\end{cases}$$

$$2)\int\frac{x\mathrm{d}x}{ax+b}=\frac{x}{a}-\frac{b}{a^{2}}\ln(ax+b)+C$$

$$3)\int\frac{x^{2}\mathrm{d}x}{ax+b}=\frac{1}{a^{3}}\left[\frac{1}{2}(ax+b)^{2}-2b(ax+b)+b^{2}\ln(ax+b)\right]+C$$

$$4)\int\frac{x\mathrm{d}x}{(ax+b)^{2}}=\frac{1}{a^{2}}\left[\frac{b}{ax+b}+\ln(ax+b)\right]+C$$

$$5)\int\frac{x^{2}\mathrm{d}x}{(ax+b)^{2}}=\frac{1}{a^{3}}\left[ax+b-\frac{b^{2}}{ax+b}-2b\ln(ax+b)\right]+C$$

$$6)\int\frac{\mathrm{d}x}{x(ax+b)}=\frac{1}{b}\ln\left(\frac{x}{ax+b}\right)+C$$

$$7)\int\frac{\mathrm{d}x}{x^{2}(ax+b)}=\frac{-1}{bx}+\frac{a}{b^{2}}\ln\left(\frac{ax+b}{x}\right)+C$$

$$8)\int\frac{\mathrm{d}x}{x(ax+b)^{2}}=\frac{1}{b(ax+b)}-\frac{1}{b^{2}}\ln\left(\frac{ax+b}{x}\right)+C$$

$$9)\int\frac{\mathrm{d}x}{x^{2}(ax+b)^{2}}=\frac{-1}{b^{2}}\left(\frac{a}{ax+b}+\frac{1}{x}\right)+\frac{2a}{b^{3}}\ln\left(\frac{ax+b}{x}\right)+C$$

$$\left.\begin{array}{l}10)\displaystyle\int\frac{\mathrm{d}x}{a+bx^{2}}=\frac{1}{\sqrt{ab}}\arctan\sqrt{\frac{b}{c}}x+C\\[4mm] 11)\displaystyle\int\frac{\mathrm{d}x}{a-bx^{2}}=\frac{1}{2\sqrt{ab}}\ln\left(\frac{\sqrt{a}+\sqrt{b}x}{\sqrt{a}-\sqrt{b}x}\right)+C\end{array}\right\}\quad(a>0,\ b>0)$$

$$12)\int x(a+bx^{2})^{n}\mathrm{d}x=\frac{1}{2(n+1)b}(a+bx^{2})^{n+1}+C\qquad(n\neq-1)$$

$$13)\int\frac{x\mathrm{d}x}{a+bx^{2}}=\frac{1}{2b}\ln(a+bx^{2})+C$$

$$14)\int\frac{\mathrm{d}x}{(a+bx^{2})^{n}}=\frac{1}{2(n-1)a}\left[\frac{x}{(a+bx^{2})^{n-1}}+(2n-3)\int\frac{\mathrm{d}x}{(a+bx^{2})^{n-1}}\right]$$

$$15)\int\frac{\mathrm{d}x}{x(a+bx^{2})}=\frac{1}{2a}\ln\left(\frac{x^{2}}{a+bx^{2}}\right)+C$$

$$16)\int\frac{x^{2}\mathrm{d}x}{(a+bx^{2})^{2}}=\frac{-x}{2b(a+bx^{2})}+\frac{1}{2b\sqrt{ab}}\arctan\sqrt{\frac{b}{a}}x+C$$

$$17)\int\frac{\mathrm{d}x}{x^{2}(a+bx^{2})}=-\frac{1}{ax}-\frac{b}{a}\int\frac{\mathrm{d}x}{a+bx^{2}}$$

$$18)\int\frac{\mathrm{d}x}{a+bx+cx^{2}}=-\frac{2}{b+2cx}+C\qquad(D\equiv b^{2}-4ac=0)$$

$$=\frac{2}{\sqrt{-D}}\arctan\frac{b+2cx}{\sqrt{-D}}+C\qquad(D<0)$$

$$=\frac{1}{\sqrt{D}}\ln\frac{b+2cx-\sqrt{D}}{b+2cx+\sqrt{D}}+C\qquad(D>0)$$

$$19)\int\frac{(A+Bx)\mathrm{d}x}{a+bx+cx^{2}}=\frac{B}{2c}\ln(a+bx+cx^{2})+\frac{2Ac-Bb}{2c}\int\frac{\mathrm{d}x}{a+bx+cx^{2}}+C$$

20) $\int \frac{dx}{(a+bx+cx^2)^p}=\frac{1}{(p-1)(4ac-b^2)}\frac{b+2cx}{(a+bx+cx^2)^{p-1}}$

$+\frac{2c(2p-3)}{(p-1)(4ac-b^2)}\int \frac{dx}{(a+bx+cx^2)^{p-1}}$

21) $\int \frac{(A+Bx)\,dx}{(a+bx+cx^2)^p}=-\frac{B}{2c(p-1)}\frac{1}{(a+bx+cx^2)^{p-1}}+\frac{2Ac-Bb}{2c}\int \frac{dx}{(a+bx+cx^2)^p}$

22) $\int x^p(a+bx)^q dx=\frac{x^p(a+bx)^{q+1}}{(p+q+1)b}-\frac{pa}{(p+q+1)b}\times \int x^{p-1}(a+bx)^q dx$

$=\frac{x^{p+1}(a+bx)^q}{p+q+1}+\frac{qa}{p+q+1}\times \int x^p(a+bx)^{q-1}dx$

23) $\int \frac{dx}{a+bx^3}=\frac{k}{3a}\left\{\frac{1}{2}\ln \frac{(k+x)^2}{k^2-kx+x^2}+\sqrt{3}\arctan \frac{2x-k}{k\sqrt{3}}\right\}+C \quad \left(k^3=\frac{a}{b}\right)$

24) $\int \frac{xdx}{a+bx^3}=\frac{1}{3bk}\left\{-\frac{1}{2}\ln \frac{(k+x)^2}{k^2-kx+x^2}+\sqrt{3}\arctan \frac{2x-k}{k\sqrt{3}}\right\}+C \quad \left(k^3=\frac{a}{b}\right)$

4. 无理函数的积分

1) $\int \sqrt{ax+b}dx=\frac{2}{3a}(ax+b)^{3/2}+C$

2) $\int x\sqrt{ax+b}dx=\frac{6ax-4b}{15a^2}(ax+b)^{3/2}+C$

3) $\int x^2\sqrt{ax+b}dx=\frac{2}{105a^3}(15a^2x^2-12abx+8b^2)\times(ax+b)^{3/2}+C$

4) $\int \frac{dx}{\sqrt{ax+b}}=\frac{2}{a}(ax+b)^{1/2}+C$

5) $\int \frac{xdx}{\sqrt{ax+b}}=\frac{2}{3a^2}(ax-2b)(ax+b)^{1/2}+C$

6) $\int \frac{x^2dx}{\sqrt{ax+b}}=\frac{2}{15a^3}(3a^2x^2-4abx+8b^2)\times(ax+b)^{1/2}+C$

7) $\int \frac{dx}{x\sqrt{ax+b}}=\begin{cases}\frac{1}{\sqrt{b}}\ln\left(\frac{\sqrt{ax+b}-\sqrt{b}}{\sqrt{ax+b}+\sqrt{b}}\right)+C & (b>0)\\ \frac{2}{\sqrt{-b}}\arctan\sqrt{\frac{ax+b}{-b}}+C & (b<0)\end{cases}$

8) $\int \frac{dx}{x^2\sqrt{ax+b}}=\frac{-\sqrt{ax+b}}{bx}-\frac{a}{2b}\int \frac{dx}{x\sqrt{ax+b}}$

9) $\int \frac{\sqrt{ax+b}}{x}dx=2\sqrt{ax+b}+b\int \frac{dx}{x\sqrt{ax+b}}$

10) $\int \sqrt{a^2-x^2}dx=\frac{x}{2}\sqrt{a^2-x^2}+\frac{a^2}{2}\arcsin \frac{x}{a}+C$

11) $\int x\sqrt{a^2-x^2}dx=-\frac{1}{3}(a^2-x^2)^{3/2}+C$

12) $\int x^2\sqrt{a^2-x^2}dx=\frac{x}{8}(2x^2-a^2)\sqrt{a^2-x^2}+\frac{a^4}{8}\arcsin \frac{x}{a}+C$

13) $\int x^3\sqrt{a^2-x^2}dx=\frac{-1}{15}(\sqrt{a^2-x^2})^3(3x^2+2a^2)+C$

14) $\int \frac{dx}{\sqrt{a^2-x^2}}=\arcsin\frac{x}{a}+C$

15) $\int \frac{xdx}{\sqrt{a^2-x^2}}=-\sqrt{a^2-x^2}+C$

16) $\int \frac{x^2dx}{\sqrt{a^2-x^2}}=-\frac{x}{2}\sqrt{a^2-x^2}+\frac{a^2}{2}\arcsin\frac{x}{a}+C$

17) $\int \frac{dx}{x\sqrt{a^2-x^2}}=\frac{-1}{a}\ln\left(\frac{a+\sqrt{a^2-x^2}}{x}\right)+C$

18) $\int \frac{dx}{x^2\sqrt{a^2-x^2}}=-\frac{\sqrt{a^2-x^2}}{a^2x}+C$

19) $\int \frac{\sqrt{a^2-x^2}}{x}dx=\sqrt{a^2-x^2}-a\ln\left(\frac{a+\sqrt{a^2-x^2}}{x}\right)+C$

20) $\int (a^2-x^2)^{3/2}dx=\frac{x}{8}(5a^2-2x^2)\sqrt{a^2-x^2}+\frac{3a^4}{8}\arcsin\frac{x}{a}+C$

21) $\int (a^2-x^2)^{-3/2}dx=\frac{x}{a^2\sqrt{a^2-x^2}}+C$

22) $\int \frac{xdx}{(a^2-x^2)^{3/2}}=\frac{1}{\sqrt{a^2-x^2}}+C$

23) $\int \frac{x^2dx}{(a^2-x^2)^{3/2}}=\frac{x}{\sqrt{a^2-x^2}}-\arcsin\frac{x}{a}+C$

24) $\int \sqrt{x^2\pm a^2}dx=\frac{x}{2}\sqrt{x^2\pm a^2}\pm a^2\ln(x+\sqrt{x^2\pm a^2})+C$

25) $\int x\sqrt{x^2\pm a^2}dx=\frac{1}{3}(x^2\pm a^2)^{3/2}+C$

26) $\int x^2\sqrt{x^2\pm a^2}dx=\frac{x}{8}(2x^2\pm a^2)\sqrt{x^2\pm a^2}-\frac{a^4}{8}\ln(x+\sqrt{x^2\pm a^2})+C$

27) $\int x^3\sqrt{x^2\pm a^2}dx=\frac{3x^2\mp 2a^2}{15}(\sqrt{x^2\pm a^2})^3+C$

28) $\int \frac{dx}{\sqrt{x^2\pm a^2}}=\ln(x\pm\sqrt{x^2\pm a^2})+C$

29) $\int \frac{xdx}{\sqrt{x^2\pm a^2}}=\sqrt{x^2\pm a^2}+C$

30) $\int \frac{x^2dx}{\sqrt{x^2\pm a^2}}=\frac{x}{2}\sqrt{x^2\pm a^2}\mp\frac{a^2}{2}\ln(x+\sqrt{x^2\pm a^2})+C$

31) $\int \frac{dx}{x\sqrt{x^2+a^2}}=\frac{1}{a}\ln\frac{\sqrt{x^2+a^2}-a}{|x|}+C$

32) $\int \frac{dx}{x\sqrt{x^2-a^2}}=\frac{1}{a}\arccos\frac{a}{|x|}+C$

33) $\int \frac{dx}{x^2\sqrt{x^2\pm a^2}}=\mp\frac{\sqrt{x^2\pm a^2}}{a^2x}+C$

34) $\int \frac{\sqrt{x^2+a^2}}{x}dx=\sqrt{x^2+a^2}+a\ln\frac{\sqrt{x^2+a^2}-a}{|x|}+C$

35) $\int \frac{\sqrt{x^2-a^2}}{x}dx=\sqrt{x^2-a^2}-a\arccos\frac{a}{x}+C$

36) $\int (x^2 \pm a^2)^{3/2} dx = \frac{x}{8}(2x^2 \pm 5a^2)\sqrt{x^2 \pm a^2} + \frac{3a^4}{8}\ln(x + \sqrt{x^2 \pm a^2}) + C$

37) $\int x(x^2 \pm a^2)^{3/2} dx = \frac{1}{5}(x^2 \pm a^2)^{3/2} + C$

38) $\int \frac{dx}{(x^2 \pm a^2)^{3/2}} = \pm \frac{x}{a^2\sqrt{x^2 \pm a^2}} + C$

39) $\int \frac{x dx}{(x^2 \pm a^2)^{3/2}} = \frac{-1}{\sqrt{x^2 \pm a^2}} + C$

40) $\int \frac{x^2 dx}{(x^2 \pm a^2)^{3/2}} = \frac{-x}{\sqrt{x^2 \pm a^2}} + \ln(x + \sqrt{x^2 \pm a^2}) + C$

41) $\int \frac{dx}{x(x^2 \pm a^2)^{3/2}} = \frac{1}{a^2\sqrt{x^2 \pm a^2}} + \frac{1}{a^2}\int \frac{dx}{x\sqrt{x^2 \pm a^2}}$

42) $\int \frac{dx}{\sqrt{ax^2+bx+c}} = \frac{1}{\sqrt{a}}\ln(2ax+b+2\sqrt{a(ax^2+bx+c)}+C)$　　$(a>0)$

43) $\int \frac{dx}{\sqrt{ax^2+bx+c}} = \frac{-1}{\sqrt{-a}}\arcsin\frac{2ax+b}{\sqrt{b^2-4ac}} + C$　　$(a<0,\ b^2-4ac>0)$

44) $\int \sqrt{ax^2+bx+c}\,dx = \frac{2ax+b}{4a}\sqrt{ax^2+bx+c} + \frac{4ac-b^2}{8a}\int \frac{dx}{\sqrt{ax^2+bx+c}}$

45) $\int \frac{x dx}{\sqrt{ax^2+bx+c}} = \frac{1}{a}\sqrt{ax^2+bx+c} - \frac{b}{2a}\int \frac{dx}{\sqrt{ax^2+bx+c}}$

5. 超越函数的积分

1) $\int \sin(ax+b)\,dx = -\frac{1}{a}\cos(ax+b) + C$

2) $\int \cos(ax+b)\,dx = \frac{1}{a}\sin(ax+b) + C$

3) $\int \tan(ax+b)\,dx = -\frac{1}{a}\ln[\cos(ax+b)] + C$

4) $\int \cot(ax+b)\,dx = \frac{1}{a}\ln[\sin(ax+b)] + C$

5) $\int \sec ax\,dx = \frac{1}{a}\ln(\sec ax + \tan ax) + C$

6) $\int \csc ax\,dx = -\frac{1}{a}\ln(\csc ax + \cot ax) + C$

7) $\int \sin^2 ax\,dx = \frac{1}{2a}(ax - \sin ax\cos ax) + C$

8) $\int \cos^2 ax\,dx = \frac{1}{2a}(ax + \sin ax\cos ax) + C$

9) $\int \sin^n ax\,dx = -\frac{1}{na}\sin^{n-1}ax\cos ax + \frac{n-1}{n}\int \sin^{n-2}ax\,dx$

10) $\int \cos^n ax\,dx = \frac{1}{na}\cos^{n-1}ax\sin ax + \frac{n-1}{n}\int \cos^{n-2}ax\,dx$

11) $\int \tan^n ax\,dx = \frac{1}{(n-1)a}\tan^{n-1}ax - \int \tan^{n-2}ax\,dx$

12) $\int \cot^n ax\,dx = \frac{1}{(n-1)a}\cot^{n-1}ax - \int \cot^{n-2}ax\,dx$

13) $\int \sec^n ax\mathrm{d}x=\int\frac{\mathrm{d}x}{\cos^n ax}=\frac{1}{(n-1)\ a}\cdot\frac{\sin ax}{\cos^{n-1}ax}+\frac{n-2}{n-1}\int\frac{\mathrm{d}x}{\cos^{n-2}ax}$

14) $\int \mathrm{cosec}^n x\mathrm{d}x=\int\frac{\mathrm{d}x}{\sin^n ax}=\frac{-1}{(n-1)\ a}\cdot\frac{\cos ax}{\sin^{n-1}ax}+\frac{n-2}{n-1}\int\frac{\mathrm{d}x}{\sin^{n-2}ax}$

15) $\int \sin ax\sin bx\mathrm{d}x=-\frac{\sin\ (a+b)\ x}{2\ (a+b)}+\frac{\sin\ (a-b)\ x}{2\ (a-b)}+C\quad (a\neq b)$

16) $\int \sin ax\cos bx\mathrm{d}x=-\frac{\cos\ (a+b)\ x}{2\ (a+b)}-\frac{\cos\ (a-b)\ x}{2\ (a-b)}+C\quad (a\neq b)$

17) $\int \cos ax\cos bx\mathrm{d}x=\frac{\sin\ (a+b)\ x}{2\ (a+b)}+\frac{\sin\ (a-b)}{2\ (a-b)}+C\quad (a\neq b)$

18) $\int \sin^m x\cos^n x\mathrm{d}x=\frac{\sin^{m+1}x\cos^{n-1}x}{m+n}+\frac{n-1}{m+n}\int\sin^m x\cos^{n-2}x\mathrm{d}x$

19) $\int\frac{\mathrm{d}x}{\sin^m x\cos^n x}=\frac{1}{n-1}\cdot\frac{1}{\sin^{m-1}x\cos^{n-1}x}+\frac{m+n-2}{n-1}\int\frac{\mathrm{d}x}{\sin^m x\cos^{n-2}x}$

$=-\frac{1}{m-1}\cdot\frac{1}{\sin^{m-1}x\cos^{n-1}x}+\frac{m+n-2}{m-1}\int\frac{\mathrm{d}x}{\sin^{m-2}x\cos^n x}$

20) $\int\frac{x}{1\pm\sin x}=\tan x\mp\sec x+C$

21) $\int\frac{\mathrm{d}x}{a+b\sin x}=\frac{1}{\sqrt{b^2-a^2}}\ln\left|\frac{a\tan\frac{x}{2}+b-\sqrt{b^2-a^2}}{a\tan\frac{x}{2}+b+\sqrt{b^2-a^2}}\right|+C\quad (b^2>a^2)$

22) $\int\frac{\mathrm{d}x}{a+b\sin x}=\frac{2}{\sqrt{a^2-b^2}}\arctan\frac{a\tan\frac{x}{2}+b}{\sqrt{a^2-b^2}}+C\quad (b^2<a^2)$

23) $\int\frac{\mathrm{d}x}{1+\cos x}=\tan\frac{x}{2}+C$

24) $\int\frac{\mathrm{d}x}{1-\cos x}=-\cot\frac{x}{2}+C$

25) $\int\frac{\mathrm{d}x}{a+b\cos x}=\frac{1}{\sqrt{b^2-a^2}}\ln\left|\frac{\sqrt{b^2-a^2}\tan\frac{x}{2}+b+a}{\sqrt{b^2-a^2}\tan\frac{x}{2}-b-a}\right|+C\quad (b^2>a^2)$

26) $\int\frac{\mathrm{d}x}{a+b\cos x}=\frac{2}{\sqrt{a^2-b^2}}\arctan\left(\frac{\sqrt{a^2-b^2}}{a+b}\tan\frac{x}{2}\right)+C\quad (b^2<a^2)$

27) $\int\frac{\mathrm{d}x}{a^2\cos^2x+b^2\sin^2x}=\frac{1}{ab}\arctan\left(\frac{b}{a}\tan x\right)+C$

28) $\int\frac{\mathrm{d}x}{a^2\cos^2x-b^2\sin^2x}=\frac{1}{2ab}\ln\left(\frac{b\tan x+a}{b\tan x-a}\right)+C$

29) $\int x\sin ax\mathrm{d}x=\frac{1}{a^2}\sin ax-\frac{1}{a}x\cos ax+C$

30) $\int x\cos ax\mathrm{d}x=\frac{1}{a^2}\cos ax+\frac{1}{a}x\sin ax+C$

31) $\int x^n\sin ax\mathrm{d}x=\frac{x^{n-1}}{a^2}\ (n\sin ax-ax\cos ax)\ -\frac{n\ (n-1)}{a^2}\int x^{n-2}\sin ax\mathrm{d}x$

32) $\int x^n\cos ax\mathrm{d}x=\frac{x^{n-1}}{a^2}\ (n\cos ax+ax\sin ax)\ -\frac{n\ (n-1)}{a^2}\int x^{n-2}\cos ax\mathrm{d}x$

33) $\int \arcsin\frac{x}{a}dx = x\arcsin\frac{x}{a} + \sqrt{a^2-x^2} + C$

34) $\int \arccos\frac{x}{a}dx = x\arccos\frac{x}{a} - \sqrt{a^2-x^2} + C$

35) $\int \arctan\frac{x}{a}dx = x\arctan\frac{x}{a} - \frac{a}{2}\ln(a^2+x^2) + C$

36) $\int \text{arccot}\frac{x}{a}dx = x\,\text{arccot}\frac{x}{a} + \frac{a}{2}\ln(a^2+x^2) + C$

37) $\int x^n\arcsin x dx = \frac{1}{n+1}\left(x^{n+1}\arcsin x - \int\frac{x^{n+1}}{\sqrt{1-x^2}}dx\right)$

38) $\int x^n\arccos x dx = \frac{1}{n+1}\left(x^{n+1}\arccos x + \int\frac{x^{n+1}}{\sqrt{1-x^2}}dx\right)$

39) $\int x^n\arctan x dx = \frac{1}{n+1}\left(x^{n+1}\arctan x - \int\frac{x^{n+1}}{1+x^2}dx\right)$

40) $\int x^n\text{arccot}\, x dx = \frac{1}{n+1}\left(x^{n+1}\text{arccot}\, x + \int\frac{x^{n+1}}{1+x^2}dx\right)$

41) $\int e^{ax}dx = \frac{1}{a}e^{ax} + C$

42) $\int b^{ax}dx = \frac{b^{ax}}{a\ln b} + C$

43) $\int x^n e^{ax}dx = \frac{1}{a}x^n e^{ax} - \frac{n}{a}\int x^{n-1}e^{ax}dx$

44) $\int x^n b^{ax}dx = \frac{1}{a\ln b}x^n b^{ax} - \frac{n}{a\ln b}\int x^{n-1}b^{ax}dx$

45) $\int e^{ax}\sin bx dx = \frac{e^{ax}}{a^2+b^2}(a\sin bx - b\cos bx) + C$

46) $\int e^{ax}\cos bx dx = \frac{e^{ax}}{a^2+b^2}(b\sin bx + a\cos bx) + C$

47) $\int \ln x dx = x\ln x - x + C$

48) $\int x^a\ln x dx = \frac{x^{a+1}}{a+1}\left(\ln x - \frac{1}{a+1}\right) + C \quad (a\neq -1)$

49) $\int \frac{\ln x}{x}dx = \frac{1}{2}(\ln x)^2 + C$

50) $\int \frac{dx}{x\ln x} = \ln(\ln x) + C$

51) $\int (\ln x)^n dx = x(\ln x)^n - n\int(\ln x)^{n-1}dx$

52) $\int \sin(\ln x)dx = \frac{\pi}{2}(\sin\ln x - \cos\ln x) + C$

53) $\int \cos(\ln x)dx = \frac{\pi}{2}(\sin\ln x + \cos\ln x) + C$

54) $\int \tan x dx = \ln|\cos x| + C$

55) $\int \cot x dx = \ln|\sin x| + C$

56) $\int \sin^2 x dx = \frac{x}{2} - \frac{1}{4}\sin 2x + C$

57) $\int \cos^2 x \mathrm{d}x = \frac{x}{2} + \frac{1}{4}\sin 2x + C$

58) $\int \tan^2 x \mathrm{d}x = x - \tan x + C$

59) $\int \cot^2 x \mathrm{d}x = x - \cot x + C$

60) $\int x\sin x \mathrm{d}x = \sin x - x\cos x + C$

61) $\int x\cos x \mathrm{d}x = \cos x + x\sin x + C$

62) $\int \arcsin x \mathrm{d}x = x\arcsin x + \sqrt{1-x^2} + C$

63) $\int \arccos x \mathrm{d}x = x\arccos x - \sqrt{1-x^2} + C$

64) $\int \arctan x \mathrm{d}x = x\arctan x - \frac{1}{2}\ln(1+x^2) + C$

65) $\int \mathrm{arccot}\, x \mathrm{d}x = x\,\mathrm{arccot}\, x + \frac{1}{2}\ln(1+x^2) + C$

（二）定积分

当 $f(x)$ 在 $a \leqslant x \leqslant b$ 里连续时，令 $(b-a)/n = h$，考虑极限值 $\lim\limits_{n\to\infty} h\sum\limits_{r=0}^{n-1} f(a+rh)$，如果它有一定的值，就记做 $\int_a^b f(x)\mathrm{d}x$，叫做 $f(x)$ 从 a 到 b 的积分。从几何角度看，当 $f(x) \geqslant 0$ 时，定积分表示 $y=f(x)$，$x=a$，$x=b$ 以及 x 轴所围图形的面积。

1. 一般公式

1) $\int_a^b f(x)\mathrm{d}x = F(x)\Big|_a^b = F(b) - F(a)$　（$F(x)$ 是 $f(x)$ 的任一原函数）

2) $\int_a^b kf(x)\mathrm{d}x = k\int_a^b f(x)\mathrm{d}x$　（k 为常数）

3) $\int_a^b [f(x) \pm g(x)]\mathrm{d}x = \int_a^b f(x)\mathrm{d}x \pm \int_a^b g(x)\mathrm{d}x$

4) $\int_a^b uv'\mathrm{d}x = uv\Big|_a^b \int_a^b vu'\mathrm{d}x$

5) $\int_a^b f(x)\mathrm{d}x = \int_{\psi^{-1}(a)}^{\psi^{-1}(b)} f[\psi(t)]\psi'(t)\mathrm{d}t$　$(x=\psi(t), t=\psi^{-1}(x))$

6) $\int_a^b f(x)\mathrm{d}x = \int_a^c f(x)\mathrm{d}x + \int_c^b f(x)\mathrm{d}x$　$(a<c<b)$

7) $\int_{-a}^a f(x)\mathrm{d}x = 2\int_0^a f(x)\mathrm{d}x$　$(f(x)=f(-x))$

8) $\int_{-a}^a f(x)\mathrm{d}x = 0$　$(f(-x)=-f(x))$

9) $\int_a^a f(x)\mathrm{d}x = 0$

10) $\int_b^a f(x)\mathrm{d}x = -\int_a^b f(x)\mathrm{d}x$

11) $\frac{\mathrm{d}}{\mathrm{d}x}\int_a^x f(t)\mathrm{d}t = f(x)$

12) $\frac{\mathrm{d}}{\mathrm{d}\lambda}\int_{a(\lambda)}^{b(\lambda)} f(x,\lambda)\mathrm{d}x=\int_{a(\lambda)}^{b(\lambda)}\frac{\partial f(x,\lambda)}{\partial\lambda}\mathrm{d}x+f(b(\lambda),\lambda)\frac{\mathrm{d}b(\lambda)}{\mathrm{d}\lambda}-f(a(\lambda),\lambda)\frac{\mathrm{d}a(\lambda)}{\mathrm{d}\lambda}$

13)积分不等式

若 $g(x)\leqslant f(x)$，

则
$$\int_a^b g(x)\mathrm{d}x\leqslant\int_a^b f(x)\mathrm{d}x$$

若 $m\leqslant f(x)\leqslant M$，

则
$$m(b-a)\leqslant\int_a^b f(x)\mathrm{d}x\leqslant M(b-a)\left|\int_a^b f(x)\mathrm{d}x\right|\leqslant\int_a^b|f(x)|\mathrm{d}x$$

2.重要定积分

1) $\int_{-\pi}^{\pi}\cos nx\mathrm{d}x=\int_{-\pi}^{\pi}\sin nx\mathrm{d}x=0$

2) $\int_{-\pi}^{\pi}\cos mx\sin nx\mathrm{d}x=0$

3) $\int_{-\pi}^{\pi}\cos mx\cos nx\mathrm{d}x=\int_{-\pi}^{\pi}\sin mx\sin nx\mathrm{d}x=\begin{cases}0,\text{当 } m\neq n\text{ 时}\\ \pi,\text{当 } m=n\text{ 时}\end{cases}$

4) $\int_0^{\pi}\cos mx\cos nx\mathrm{d}x=\int_0^{\pi}\sin mx\sin nx\mathrm{d}x=\begin{cases}0,\text{当 } m\neq n\text{ 时}\\ \frac{\pi}{2},\text{当 } m=n\text{ 时}\end{cases}$

5) $\int_0^{\frac{\pi}{2}}\sin^n x\mathrm{d}x=\int_{-0}^{\frac{\pi}{2}}\cos^n x\mathrm{d}x=I_n$

$$I_0=\frac{\pi}{2},I_1=1,I_n=\frac{n-1}{n}I_{n-2}$$

$$I_n=\begin{cases}\frac{n-1}{n}\cdot\frac{n-3}{n-2}\cdots\frac{4}{5}\cdot\frac{2}{3} & (n\text{ 为正奇数})\\ \frac{n-1}{n}\cdot\frac{n-3}{n-2}\cdots\frac{4}{3}\cdot\frac{1}{2}\cdot\frac{x}{2} & (n\text{ 为正偶数})\\ \frac{\sqrt{x}}{2}\frac{\Gamma\left(\frac{n+1}{2}\right)}{\Gamma\left(\frac{n}{2}+1\right)} & \left(\begin{matrix}n\text{ 为大于}-1\text{ 的}\\ \text{任意实数}\end{matrix}\right)\end{cases}$$

6) $\int_0^{\frac{\pi}{2}}\sin^{2m+1}x\cos^n x\mathrm{d}x=\frac{2\cdot4\cdot6\cdots2m}{(n+1)(n+3)\cdots(n+2m+1)}$

7) $\int_0^{\frac{x}{2}}\sin^{2m}x\cos^{2n}x\mathrm{d}x=\frac{1\cdot3\cdot5\cdots(2n-1)\cdot1\cdot3\cdot5\cdots(2m-1)}{2\cdot4\cdot6\cdot8\cdots(2m+2n)}\times\frac{\pi}{2}$

8) $\int_0^{\frac{x}{2}}\sin^m x\cos^n x\mathrm{d}x=\frac{1}{2}\int_0^1 x^{\frac{m-1}{2}}(1-x)^{\frac{n-1}{2}}\mathrm{d}x=\frac{\Gamma\left(\frac{m+1}{2}\right)\Gamma\left(\frac{n+1}{2}\right)}{2\Gamma\left(\frac{m+n+2}{2}\right)}$

9) $\int_0^{x}\ln\sin x\mathrm{d}x=\int_0^{x}\ln\cos x\mathrm{d}x=-\pi\ln2$

10) $\int_0^{a}\frac{\mathrm{d}x}{\sqrt{a^2-x^2}}=\frac{\pi}{2}$

$$\int_0^{x}\ln(1\pm2p\cos x+p^2)\mathrm{d}x=0(0<p<1)=2\pi\ln p(p>1)$$

11) $\int_0^{\pi} \frac{\mathrm{d}x}{a+b\cos x}=\frac{\pi}{\sqrt{a^2-b^2}}$

12) $\int_0^{2\pi} \frac{\mathrm{d}x}{1+a\cos x}=\frac{2\pi}{\sqrt{1-a^2}} \quad (a^2<1)(a>b\geqslant 0)$

13) $\int_0^{\frac{\pi}{2}} \frac{\mathrm{d}x}{a^2\sin^2x+b^2\cos^2x}=\frac{\pi}{2ab}$

14) $\int_0^{\frac{\pi}{2}} \frac{\mathrm{d}x}{(a^2\sin^2x+b^2\cos^2x)^2}=\frac{\pi(a^2+b^2)}{4a^3b^3} \quad (a,b>0)$

15) $\int_0^{\infty} \frac{a\mathrm{d}x}{a^2+x^2}=\begin{cases}\frac{\pi}{2} & (a>0)\\ -\frac{\pi}{2} & (a<0)\end{cases}$

16) $\int_0^{\infty} \frac{x^{n-1}}{1+x}\mathrm{d}x=\frac{\pi}{\sin ax} \quad (0<a<1)$

17) $\int_0^{\infty} \frac{\sin^2x}{x^2}\mathrm{d}x=\frac{\pi}{2}$

18) $\int_0^{\infty} \frac{\sin ax}{x}\mathrm{d}x=\begin{cases}\frac{\pi}{2} & (a>0)\\ -\frac{\pi}{2} & (a<0)\end{cases}$

19) $\int_0^{\infty} \frac{\sin ax\sin bx}{x}\mathrm{d}x=\frac{1}{2}\ln\left(\frac{a+b}{a-b}\right)$

20) $\int_0^{\infty} \frac{\sin ax\cos bx}{x}\mathrm{d}x\begin{cases}\frac{\pi}{2} & (0<b<a)\\ 0 & (0<a<b)\\ \frac{\pi}{4} & (0<a=b)\end{cases}$

21) $\int_0^{\infty} \frac{\tan x}{x}\mathrm{d}x=\frac{\pi}{2}$

22) $\int_0^{\infty} \sin(x^2)\mathrm{d}x=\int_0^{\infty} \cos(x^2)\mathrm{d}x=\frac{1}{2}\sqrt{\frac{\pi}{2}}$

23) $\int_0^{\infty} x^n e^{ax}\mathrm{d}x=\frac{n\,!}{a^{n+1}} \quad (a>0)$

24) $\int_0^{\infty} e^{-ax}\mathrm{d}x=\frac{1}{a} \quad (a>0)$

25) $\int_0^{\infty} e^{-ax}\cos bx\mathrm{d}x=\frac{a}{a^2+b^2} \quad (a>0)$

26) $\int_0^{\infty} e^{-ax}\sin bx\mathrm{d}x=\frac{b}{a^2+b^2} \quad (a>0)$

27) $\int_0^{\infty} \frac{e^{-ax}-e^{-bx}}{x}\mathrm{d}x=\ln\frac{b}{a}$

28) $\int_0^{\infty} e^{-a^2x^2}\mathrm{d}x=\frac{\sqrt{\pi}}{2a}$

29) $\int_0^{\infty} x^{2n}e^{-ax^2}\mathrm{d}x=\frac{1\cdot 3\cdot 5\cdots(2n-1)}{2^{n+1}a^n}\sqrt{\frac{\pi}{a}}$

30) $\int_0^\infty x^p e^{-bx}\mathrm{d}x=\frac{\Gamma(p+1)}{b^{p+1}}\quad(p>0,b>0)$

31) $\int_0^\infty x^{2n+1}e^{-a^2x^2}\mathrm{d}x=\frac{n!}{2a^{2n+2}}$

32) $\int_0^\infty e^{-x^n}\mathrm{d}x=\Gamma\left(1+\frac{1}{n}\right)$

33) $\int_0^\infty e^{-x}\ln x\mathrm{d}x=\int_0^1\ln(\ln x)\mathrm{d}x=-\gamma$，$\gamma$ 为欧拉数

34) $\int_0^\infty e^{(-x^2-a^2/x^2)}\mathrm{d}x=\frac{e^{-2a}\sqrt{\pi}}{2}\quad(a\geqslant0)$

35) $\int_0^\infty e^{-nx}\sqrt{x}\mathrm{d}x=\frac{1}{2n}\sqrt{\frac{\pi}{n}}$

36) $\int_0^\infty \frac{e^{-nx}}{\sqrt{x}}\mathrm{d}x=\sqrt{\frac{\pi}{n}}$

37) $\int_0^\infty e^{-ax}(\cos mx)\mathrm{d}x=\frac{a}{a^2+m^2}\quad(a>0)$

38) $\int_0^\infty e^{-ax}(\sin mx)\mathrm{d}x=\frac{m}{a^2+m^2}\quad(a>0)$

39) $\int_0^\infty x^{b-1}\cos x\mathrm{d}x=\Gamma(b)\cos\left(\frac{b\pi}{2}\right)\quad(0<b<1)$

40) $\int_0^\infty x^{b-1}\sin x\mathrm{d}x=\Gamma(b)\sin\left(\frac{b\pi}{2}\right)\quad(0<b<1)$

41) $\int_0^\infty \frac{\sin x}{x}\mathrm{d}x=\int_0^\infty\frac{\cos x}{\sqrt{x}}\mathrm{d}x=\frac{\sqrt{\pi}}{2}$

42) $\int_0^1\left(\ln\frac{1}{x}\right)^{1/2}\mathrm{d}x=\frac{\sqrt{\pi}}{2}$

43) $\int_0^1\ln x\ln(1-x)\mathrm{d}x=2-\frac{\pi^2}{6}$

44) $\int_0^1\left(\ln\frac{1}{x}\right)^n\mathrm{d}x=n!$

45) $\int_0^1 x\ln(1-x)=-\frac{3}{4}$

46) $\int_0^1 x\ln(1+x)\mathrm{d}x=\frac{1}{4}$

47) $\int_0^1 x^m(\ln x)^n\mathrm{d}x=\frac{(-1)^n n!}{(m+1)^{n+1}},m>-1,\quad n=0,1,2,\cdots$

48) $\int_0^1\ln x\ln(1+x)\mathrm{d}x=2-2\ln2-\frac{\pi^2}{12}$

49) $\int_0^1\frac{\ln x}{1-x^2}\mathrm{d}x=-\frac{\pi^2}{8}$

50) $\int_0^1\frac{\ln x}{1-x}\mathrm{d}x=\int_0^1\frac{\ln(1-x)}{x}\mathrm{d}x=-\frac{\pi^2}{6}$

51) $\int_0^1\frac{\ln x}{1+x}\mathrm{d}x=-\int_0^1\frac{\ln(1+x)}{x}\mathrm{d}x=-\frac{\pi^2}{12}$

52) $\int_0^1 \frac{dx}{\sqrt{\ln \frac{1}{x}}} = 2\int_0^1 \sqrt{\ln \frac{1}{x}} dx = \sqrt{\pi}$

53) $\int_0^{\frac{\pi}{2}} \ln\sin x dx = \int_0^{\frac{\pi}{2}} \ln\cos x dx = -\int_0^{\frac{\pi}{2}} \frac{x}{\tan x} dx = -\frac{\pi}{2}\ln 2$

54) $\int_0^1 \frac{x^{p}}{(1-x)^{p}} dx = \frac{p\pi}{\sin p\pi} \quad (0<p^2<1)$

55) $\int_0^1 \frac{x^{p-1}}{(1-x^{n})^{p/n}} dx = \frac{\pi}{n\sin \frac{p\pi}{n}} \quad (0<p<n)$

说明：$f(x)$ 在 $(a, +\infty)$ 上连续，且 $\int_a^b f(x)\,dx$ 当 $b\to+\infty$ 时有极限 I 存在，即 $\lim\limits_{b\to\infty}\int_a^b f(x)\,dx=I$ 时，称 I 为 $f(x)$ 在 $(a, +\infty)$ 上的广义积分，记为 $I=\int_a^{\infty} f(x)\,dx$。依此可定义 $\int_{-\infty}^{a} f(x)\,dx$ 及 $\int_{-\infty}^{+\infty} f(x)\,dx$。

五、几 何

（一）面积与体积

1. 平面图形的面积及有关线段的计算

1) 三角形

(1) 直角三角形（见图 1—1—4）

$$c^2=a^2+b^2$$

$$S=\frac{ab}{2}=\frac{a^2}{2}\tan\beta=\frac{c^2}{4}\sin 2\beta=\frac{c^2}{4}\sin 2\alpha$$

(2) 一般三角形（见图 1—1—5） 设高为 h，中线长为 m_1，m_2，m_3，$2p=m_1+m_2+m_3$，$2s=a+b+c$。

内切圆半径

$$r=\sqrt{(s-a)(s-b)(s-c)/s}$$

外接圆半径

$$R=\frac{a}{2\sin\alpha}=\frac{b}{2\sin\beta}=\frac{c}{2\sin\gamma}=\frac{abc}{4\gamma^3}$$

c 边上中线长

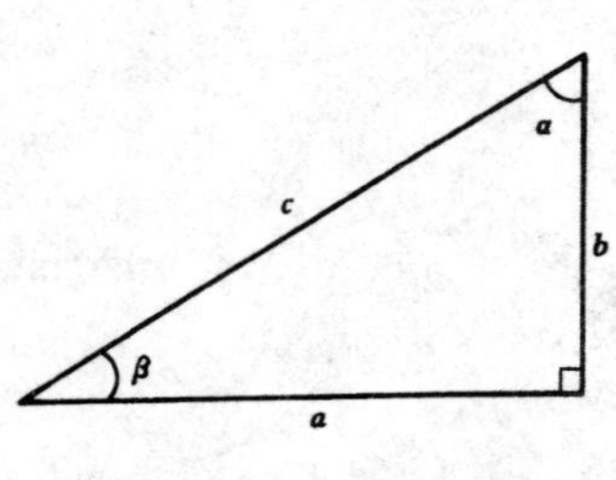

图 1—1—4 直角三角形

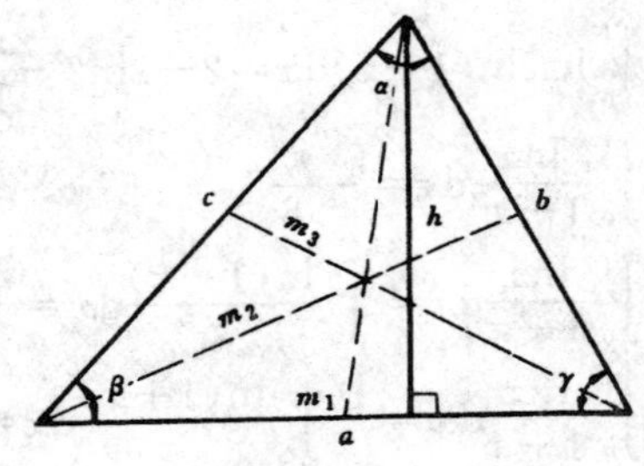

图 1—1—5 一般三角形

$$m_3 = \sqrt{2\ (a^2+b^2)\ -c^2}/2$$

γ 角平分线长

$$\sqrt{ab[(a+b)^2-c^2]}/(a+b)$$

$$S=\frac{ah}{2}=\frac{ab}{2}\sin\gamma=\frac{a^2}{2}\ \frac{\sin\beta\sin\gamma}{\sin\alpha}$$

$$=r^3=\frac{abc}{4R}=2R^2\sin\alpha\sin\beta\sin\gamma=\sqrt{s(s-a)(s-b)(s-c)}$$

$$=\frac{4}{3}\sqrt{p(p-m_1)(p-m_2)(p-m_3)}$$

设三顶点坐标为(x_1,y_1),(x_2,y_2),(x_3,y_3),则

$$S=|(x_1y_2-x_2y_1)+(x_2y_2-x_3y_2)+(x_3y_1-x_1y_3)|/2$$

2） 四边形

(1)一般四边形(见图 1－1－6)　设边长为 a,b,c,d,对角线长为 l_1,l_2,对角线中点间距离为 m,对角线夹角为 θ,相对内角为 α,γ,$2s=a+b+c+d$,则

$$a^2+b^2+c^2+d^2=l_1^2+l_2^2+4m^2$$

$$S=l_1l_2\sin\theta/2=(a^2+c^2-b^2-d^2)\tan\theta/4$$

$$=\sqrt{4l_1^2l_2^2-(a^2+c^2-b^2-d^2)^2}=\sqrt{(s-a)(s-b)(s-c)(s-d)-abcd\cos^2\left(\frac{\alpha+\gamma}{2}\right)}$$

(2)圆内接四边形(见图 1－1－7)

$$\alpha+\gamma=\pi$$

$$S=\sqrt{(s-a)(s-b)(s-c)(s-d)}$$

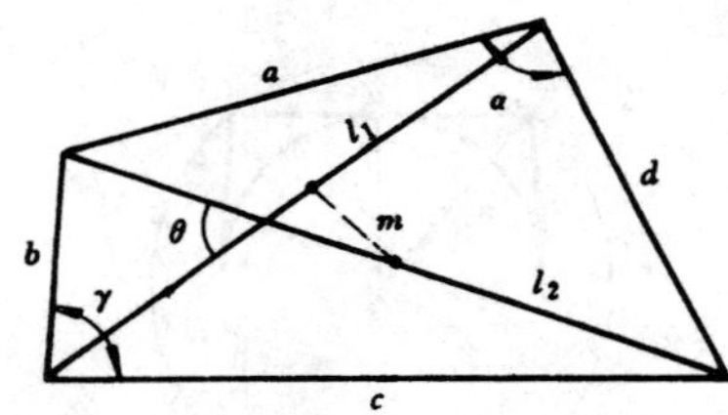

图 1－1－6　一般四边形

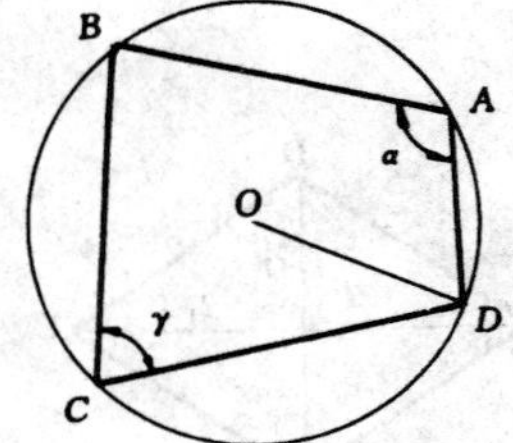

图 1－1－7　圆内接四边形

$$R=\frac{1}{2}\sqrt{\frac{(ac+bd)(ad+bc)(ab+cd)}{(s-a)(s-b)(s-c)(s-d)}}$$

(3)梯形(见图 1－1－8)

$$S=(a+c)h/2=mh$$

(4)平行四边形(见图 1－1－9)

$$S=ab\sin\theta$$

$$2(a^2+b^2)=l_1^2+l_2^2$$

(5)菱形(见图 1－1－10)

$$S=a^2\sin\alpha=l_1l_2/2$$

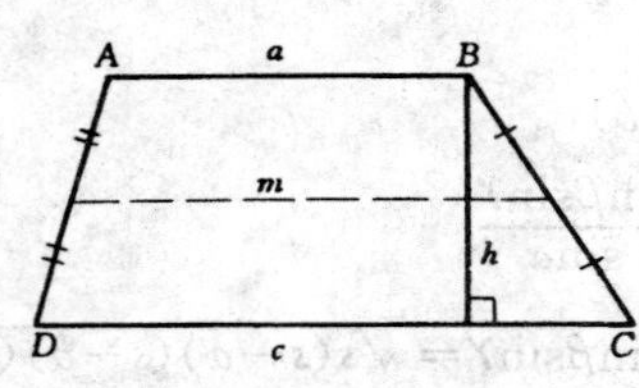

图 1－1－8 梯形

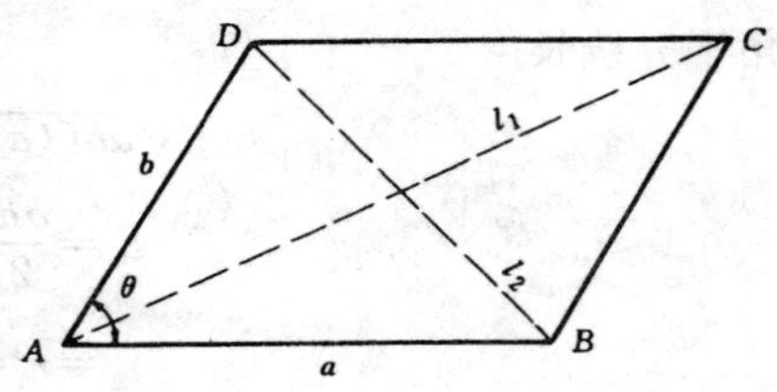

图 1－1－9 平行四边形

3）多边形

(1)任意 n 边形 设顶点的直角坐标为$(x_1,y_1),(x_2,y_2),\cdots,(x_n,y_n)$,则面积为

$$S=|(x_1y_2-x_2y_1)+(x_2y_3-x_3y_2)+\cdots+(x_{n-1}y_n-x_ny_{n-1})+(x_ny_1-x_1y_n)|/2$$

(2)正多边形(见图 1－1－11 及表 1－1－1) 设边长为 a,边数为 n,顶角为 θ,内切圆半径为 r,外接圆半径为 R,面积为 S,则

$$\theta=\left(\frac{n-2}{n}\right)180°$$

$$a=2r\tan\frac{180°}{n}=2R\sin\frac{180°}{n}$$

$$r=\frac{a}{2}\cot\frac{180°}{n}$$

$$R=\frac{a}{2}\csc\frac{180°}{n}$$

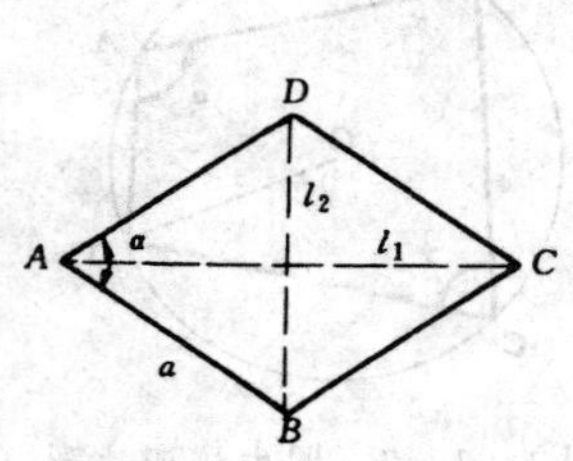

图 1－1－10 菱形

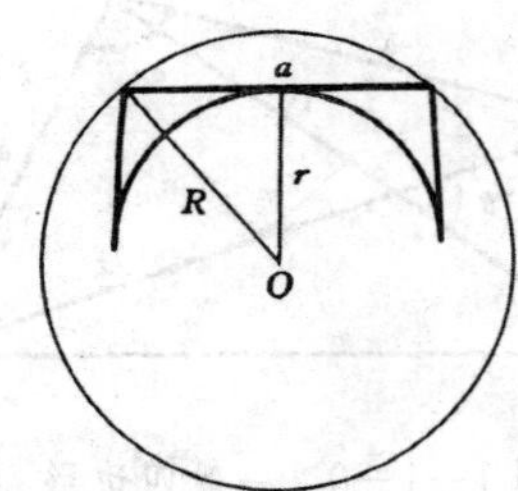

图 1－1－11 正多边形

$$S=\frac{1}{4}na^2\cot\frac{180°}{n}=nr^2\tan\frac{180°}{n}=\frac{1}{2}nR^2\sin\frac{360°}{n}$$

4）圆

(1)圆 设直径为 d,半径为 r,则

$$周长\ C=2\pi r=\pi d$$

$$面积\ S=\pi r^2=\pi d^2/4$$

(2)平环 设内径 $d=2r$,外径 $D=2R$,则

$$面积\ S=\pi(R^2-r^2)=\pi(D^2-d^2)/4$$

表1—1—1　正　多　边　形

多边形	n	S	r	R
正三角形	3	$0.43301a^2$	$0.28867a$	$0.57735a$
正方形	4	$1.00000a^2$	$0.50000a$	$0.70710a$
正五边形	5	$1.72048a^2$	$0.68819a$	$0.85065a$
正六边形	6	$2.59808a^2$	$0.86602a$	$1.00000a$
正七边形	7	$3.63391a^2$	$1.0383a$	$1.1523a$
正八边形	8	$4.82843a^2$	$1.2071a$	$1.3065a$
正九边形	9	$6.18182a^2$	$1.3737a$	$1.4619a$
正十边形	10	$7.69421a^2$	$1.5388a$	$1.6180a$
正十一边形	11	$9.36564a^2$	$1.7028a$	$1.7747a$
正十二边形	12	$11.19615a^2$	$1.8660a$	$1.9318a$

(3)弓形(见图1—1—12中之ABC)　设半径为r,圆心角为$\theta(<\pi)$,则

$$弦长\ s=2r\sin\frac{1}{2}\theta$$

$$弧高\ h=r\left(1-\cos\frac{1}{2}\theta\right)=\frac{1}{2}s\tan\frac{1}{4}\theta=2r\sin^2\frac{1}{4}\theta$$

$$弧长\ l=r\theta$$

$$面积\ S=\frac{1}{2}r^2(\theta-\sin\theta)=\frac{1}{2}[r(l-s)+sh]$$

(4)扇形(见图1—1—12中之$ABCO$)　设半径为r,圆心角为θ,弧长为l,则

$$面积\ S=\frac{1}{2}\theta r^2=\frac{1}{2}lr$$

2.立体的体积、表面积、侧面积与几何重心的计算

1)棱柱

(1)正棱柱　设底面积为S,高为h,则体积为$V=Sh$。

(2)长方体(见图1—1—13)

$$体积\ V=abh$$

$$表面积\ S=2(ab+ah+bh)$$

$$侧面积\ M=2h(a+b)$$

$$对角线\ d=\sqrt{a^2+b^2+h^2}$$

重心G在对角线交点上。

(3)正方体(见图1—1—14)

$$体积\ V=a^3$$

$$表面积\ S=6a^2$$

$$侧面积\ M=4a^2$$

$$对角线\ d=\sqrt{3}\,a$$

重心G在对角线交点上。

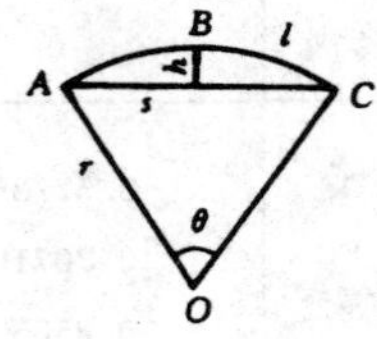

图1—1—12　弓形与扇形

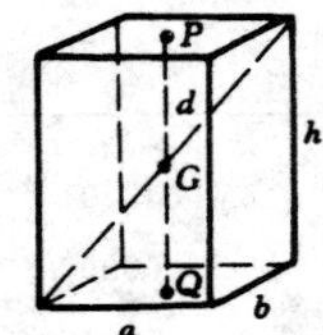

图1—1—13　长方体

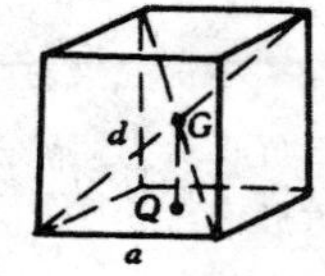

图1—1—14　正方体

(4)斜棱柱(见图1—1—15)　设垂直于母线方向的截面面积为S,连结底面形心的线段长为l,则

$$体积\ V=Sl$$

(5)三棱柱(见图1—1—16)

体积 $V=Fh$(F 为底面积)

表面积 $S=2F+M$

侧面积 $M=(a+b+c)h$

重心 $GQ=\frac{1}{2}h$(P,Q 分别为上下底的重心)

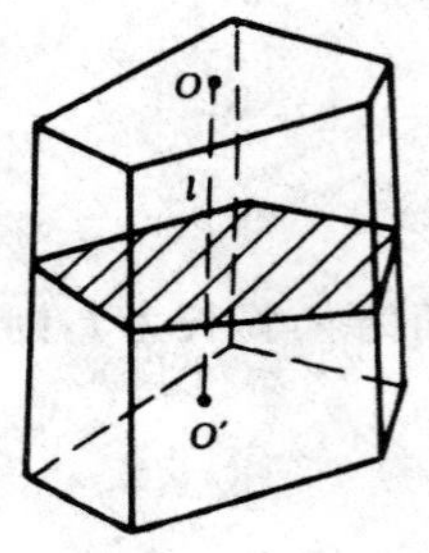

图1—1—15　斜棱柱

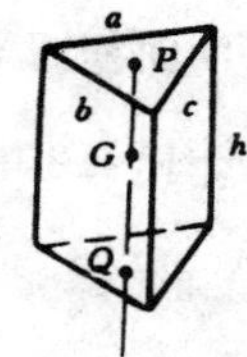

图1—1—16　三棱柱

(6)正六棱柱(见图1—1—17)

体积 $V=\frac{3\sqrt{3}}{2}a^2h$

表面积 $S=3\sqrt{3}a^2+6ah$

侧面积 $M=6ah$

对角线 $d=\sqrt{h^2+4a^2}$

重心 $GQ=\frac{1}{2}h$(P,Q 分别为上下底的重心)

(7)正棱锥(见图1—1—18)

体积 $V=\frac{1}{3}Fh$(F 为底面积)

表面积 $S=M+F$

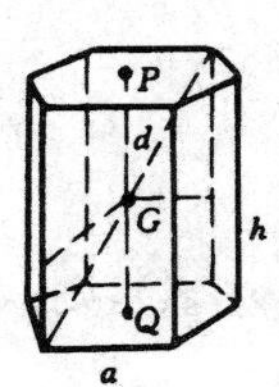

图 1—1—17 正六棱柱

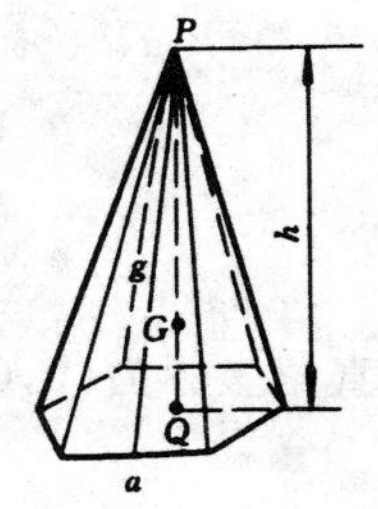

图 1—1—18 正棱锥

侧面积 $M=nF'=\frac{n}{2}ag$

（F'为一侧三角形面积，n 为棱数）

重心 $GQ=\frac{1}{4}h$（Q 为底面重心）

(8)棱台（见图 1—1—19）

体积 $V=\frac{h}{3}(F+F'+\sqrt{FF'})$

（F'，F 分别为上下底面积）

重心 $GQ=\frac{PQ}{4}\frac{F+2\sqrt{FF'}+3F'}{F+F'+\sqrt{FF'}}$（$P$，$Q$ 分别为上下底重心）

(9)正棱台（见图 1—1—20）

体积 $V=\frac{hF}{3}\left[1+\frac{a'}{a}+\left(\frac{a'}{a}\right)^2\right]$

表面积 $S=M+F'+F$

侧面积 $M=\frac{n}{2}(a'+a)g$（F'，F 分别为上下底面积，n 为棱数）

重心 $GQ=\frac{h}{4}\frac{a^2+2a'a+3a'^2}{a^2+a'a+a'^2}$（$P$，$Q$ 分别为上下底重心）

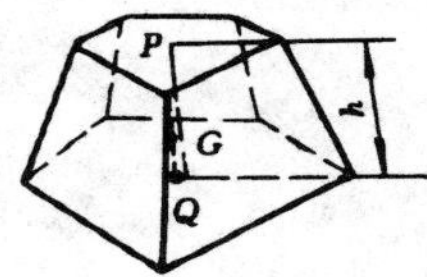

图 1—1—19 棱台

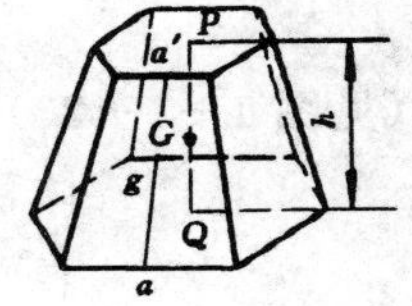

图 1—1—20 正棱台

(10)四面体（见图 1—1—21）

体积

$$V^2=\frac{1}{288}\begin{vmatrix}0 & r^2 & q^2 & a^2 & 1\\ r^2 & 0 & p^2 & b^2 & 1\\ q^2 & p^2 & 0 & c^2 & 1\\ a^2 & b^2 & c^2 & 0 & 1\\ 1 & 1 & 1 & 1 & 0\end{vmatrix}$$

若设顶点的直角坐标为$(0,0,0)$，(x_1,y_1,z_1)，(x_2,y_2,z_2)，(x_3,y_3,z_3)，则

$$V=\pm\frac{1}{6}\begin{vmatrix}x_1 & y_1 & z_1\\ x_2 & y_2 & z_2\\ x_3 & y_3 & z_3\end{vmatrix}$$

（±号表示取正值）

重心 $GQ=\frac{1}{4}PQ$（Q 为底面重心）

(11)拟棱台(见图 1－1－22)

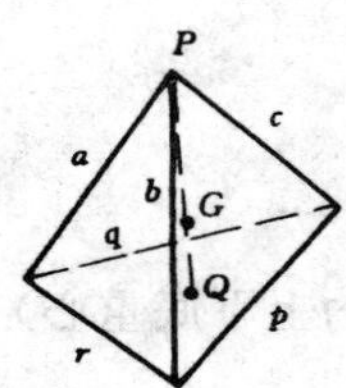

图 1－1－21　四面体

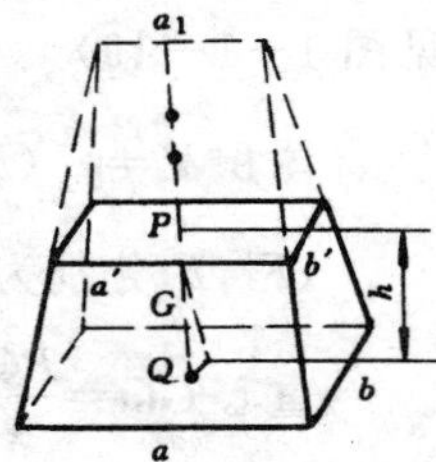

图 1－1－22　拟棱台

体积 $V=\frac{h}{6}[ab+(a+a')(b+b')+a'b']$

截头棱长 $a_1=\frac{a'b-ab'}{b-b'}$

重心 $GQ=\frac{PQ}{2}\frac{ab+ab'+a'b+3a'b'}{2ab+ab'+a'b+2a'b'}$

（P,Q 分别为上下底重心）

2)旋转体

(1)圆柱体(见图 1－1－23)

体积 $V=\pi r^2h$

表面积 $S=2\pi r(r+h)$

侧面积 $M=2\pi rh$

重心 $GQ=\frac{1}{2}h$（P,Q 分别为上下底圆心）

(2)圆锥体(见图 1－1－24)

体积 $V=\frac{\pi}{3}r^2h$

表面积 $S=\pi r(r+l)$

侧面积 $M=\pi rl$

母线 $l=\sqrt{r^2+h^2}$

重心 $GQ=\frac{1}{4}h$（Q 为底圆圆心）

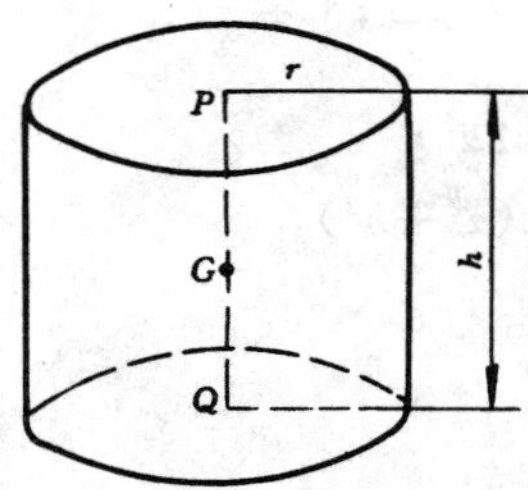

图 1—1—23 圆柱体

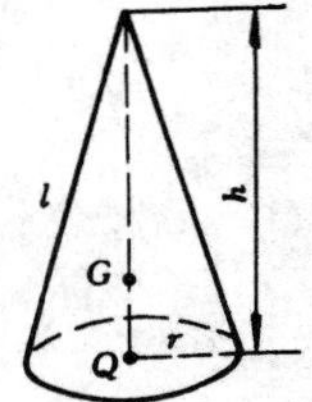

图 1—1—24 圆锥体

(3)圆台(见图 1—1—25)

体积 $V=\frac{\pi}{3}h(R^2+r^2+Rr)$

表面积 $S=M+\pi(R^2+r^2)$

侧面积 $M=\pi l(R+r)$

母线 $l=\sqrt{(R-r)^2+h^2}$

重心 $GQ=\frac{h}{4}\ \frac{R^2+2Rr+3r^2}{R^2+Rr+r^2}$

(4)球(见图 1—1—26)

体积 $V=\frac{4}{3}\pi r^3=\frac{\pi}{6}d^3$

表面积 $S=4\pi r^2$

重心 G 与球心重合。

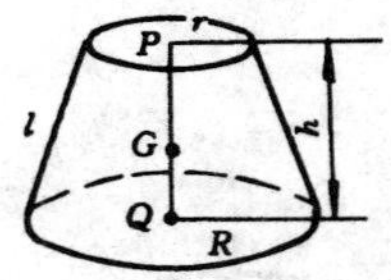

图 1—1—25 圆台

图 1—1—26 球

(5)球扇形(见图 1—1—27)

$$体积\ V=\frac{2}{3}\pi r^2h$$

$$表面积\ S=\pi r(2h+a)$$

$$侧面积(锥面部分)M=\pi ar$$

$$重心\ GO=\frac{3}{8}(2r-h)$$

(6)球冠(见图 1－1－28)

$$体积\ V=\frac{1}{6}\pi h(3a^2+h^2)=\frac{1}{3}\pi h^2(3r-h)$$

$$表面积\ S=\pi(2rh+a^2)=\pi(h^2+2a^2)$$

$$侧面积(球面部分)M=2\pi rh=\pi(a^2+h^2)$$

$$重心\ GO=\frac{3}{4}\frac{(2r-h)^2}{(3r-h)}$$

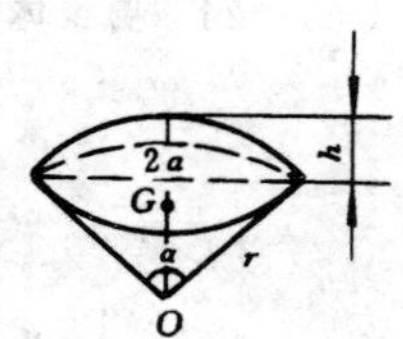

图 1－1－27　球扇形

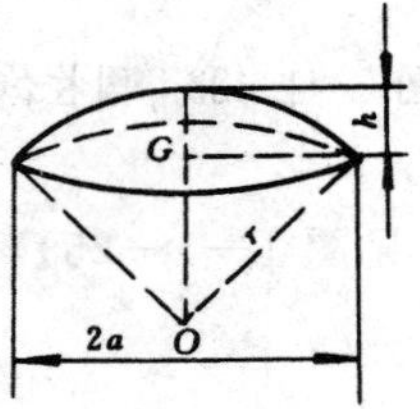

图 1－1－28　球冠

(7)球台(见图 1－1－29)

$$体积\ V=\frac{1}{6}\pi h(3a^2+3a'^2+h^2)$$

$$表面积\ S=\pi(2rh+a^2+a'^2)$$

$$侧面积\ M=2\pi rh$$

$$重心\ GO=\frac{3}{2h}\ \frac{a^4-a'^4}{3a^2+3a'^2+h^2}$$

$$GQ=\frac{h}{2}\ \frac{2a^2+4a'^2+h^2}{3a^2+3a'^2+h^2},(Q\ 为下底圆心)$$

3)椭球体(见图 1－1－30)

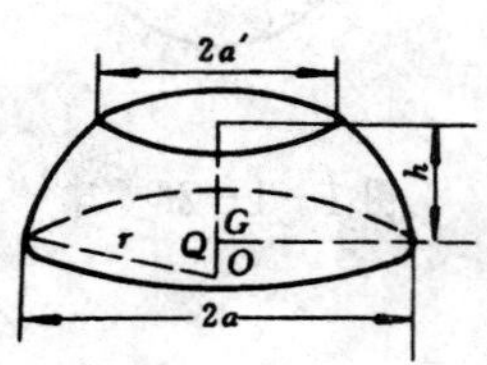

图 1－1－29　球台

图 1－1－30　椭球体

$$体积\ V=\frac{4}{3}\pi abc$$

重心 G 在椭球中心 O 上。

4)正多面体

设正多面体顶点数为 e，棱数为 k，面数为 f，则有欧拉公式：$e-k+f=2$。

又设体积为 V，表面积为 S，棱长为 a，则有表 1－1－2。

表 1－1－2　正　多　面　体

项　目	正四面体	正八面体	正十二面体	正二十面体
图　形	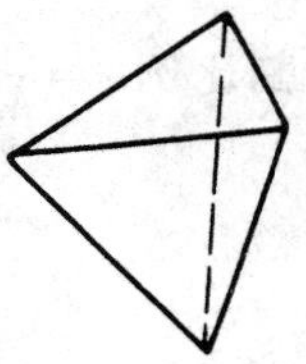	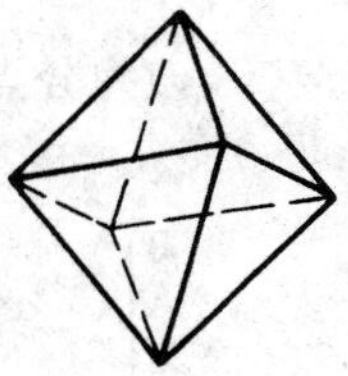	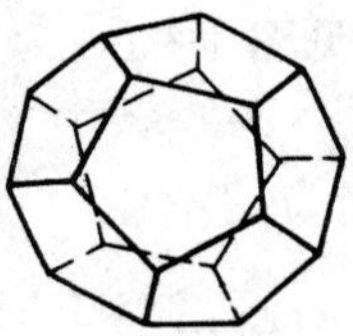	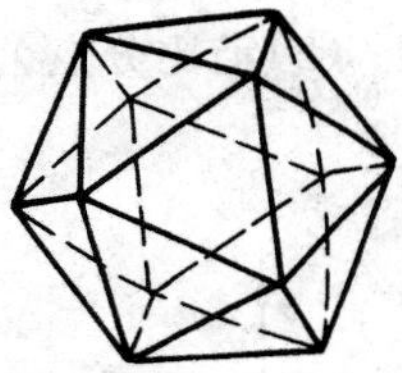
面　数 f	4	8	12	20
棱　数 k	6	12	30	30
顶点数 e	4	6	20	12
体　积 V	$0.1179a^3$	$0.4714a^3$	$7.6631a^3$	$2.1817a^3$
表面积 S	$1.7321a^2$	$3.4641a^2$	$20.6457a^2$	$8.6603a^2$

3. 圆锥曲线

1)椭圆(见图 1－1－31)

$$周长\ C\doteq 2\pi\sqrt{\frac{a^2+b^2}{2}}\quad(近似值)$$

$$=4aE(\pi(2,e))\ (精确值)$$

式中　E——第二类完全椭圆积分。

面积 $S=\pi ab$。

2)抛物弓形(见图 1－1－32)

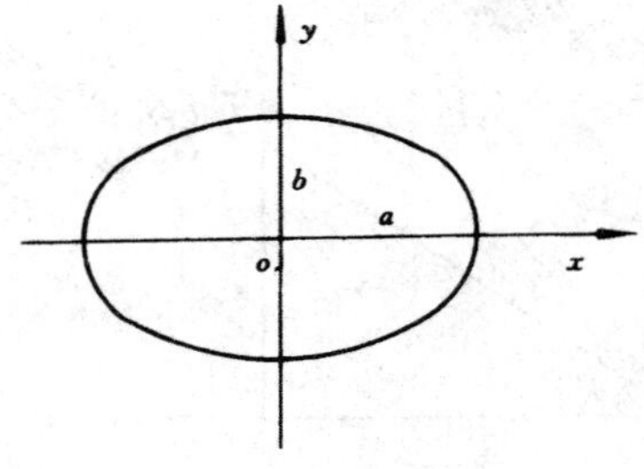

图 1－1－31　椭圆

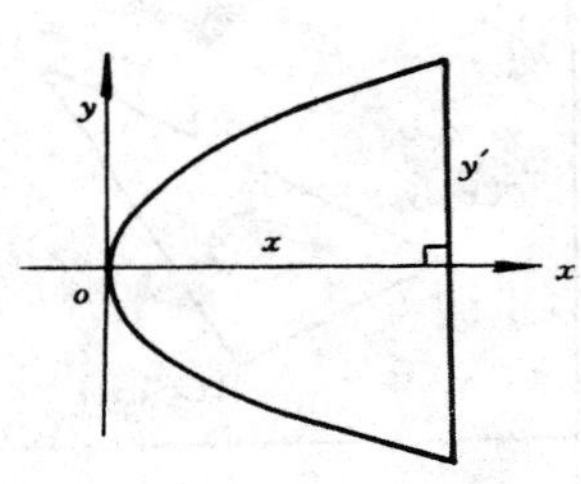

图 1－1－32　抛物弓形

抛物线弧长

$$s=\sqrt{4x^2+y^2}+\frac{y^2}{2x}\ln\left[\frac{2x+\sqrt{4x^2+y^2}}{y}\right]$$

面积 $S=\frac{4}{3}xy$。

(二)解析几何

1. 平面解析几何

1)基本公式

(1)两点间距离公式(见图1—1—33)

$$d=\sqrt{(x_2-x_1)^2+(y_2-y_1)^2}$$

(2)定比分点公式(见图1—1—34)设 $M(x,y)$ 为分点,分割比例 $\lambda=\frac{AM}{MB}$,则

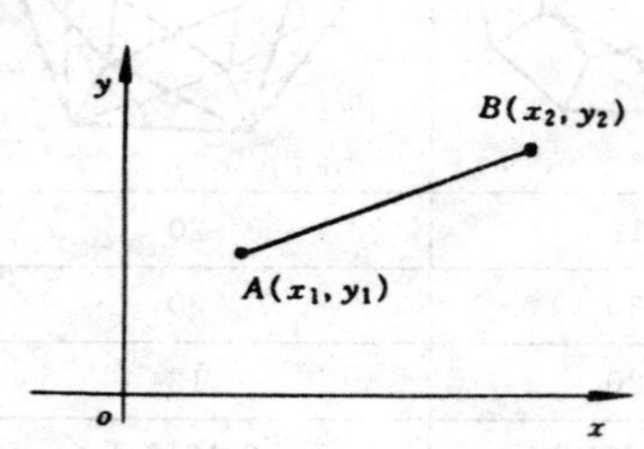

图1—1—33　两点间距离

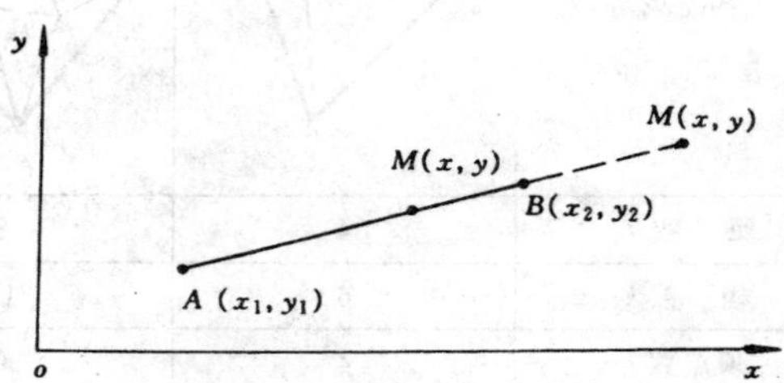

图1—1—34　定比分点

$$\begin{cases} x=\dfrac{x_1+\lambda x_2}{1+\lambda} \\ y=\dfrac{y_1+\lambda y_2}{1+\lambda} \end{cases} \quad (\lambda\neq-1)$$

(3)三角形面积公式(见图1—1—35)

$$S_{\triangle ABC}=\frac{1}{2}\begin{vmatrix} x_1 & y_1 & 1 \\ x_2 & y_2 & 1 \\ x_3 & y_3 & 1 \end{vmatrix}$$

当 $S_{\triangle ABC}=0$ 时,A,B,C 三点共线。

(4)极坐标与直角坐标的互换(见图1—1—36)

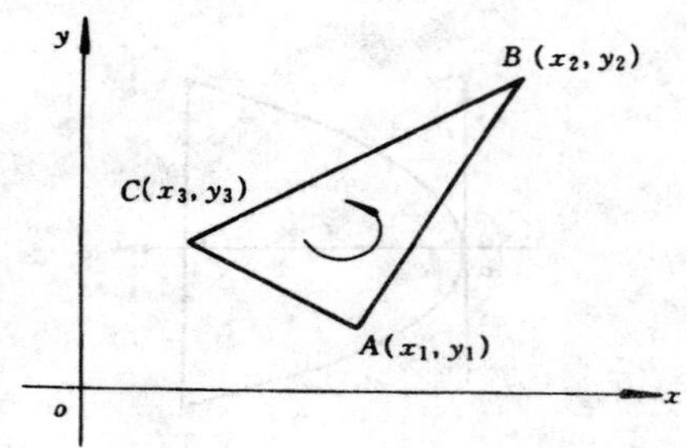

图1—1—35　三角形的面积

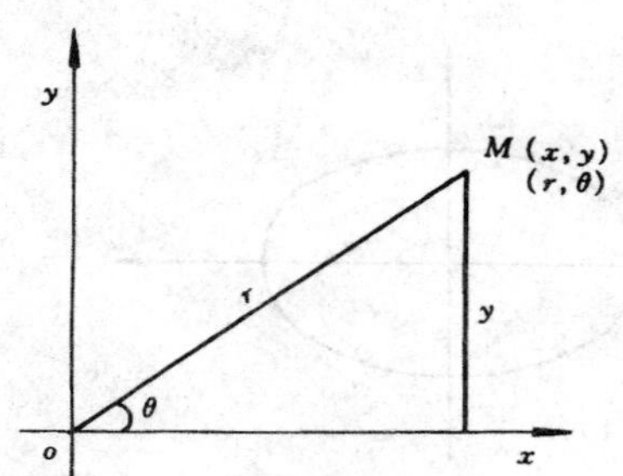

图1—1—36　直角坐标与极坐标

$$\begin{cases}x=r\cos\theta\\y=r\sin\theta\end{cases}$$

$$\begin{cases}r=\sqrt{x^2+y^2}\\ \theta=\begin{cases}\arctan\dfrac{y}{x} & (x>0)\\ \pi+\arctan\dfrac{y}{x} & (x<0)\end{cases}\end{cases}$$

(5)坐标变换(见图1－1－37)

$$\begin{cases}x=g+X\cos\alpha-Y\sin\alpha\\y=h+X\sin\alpha+Y\cos\alpha\end{cases}$$

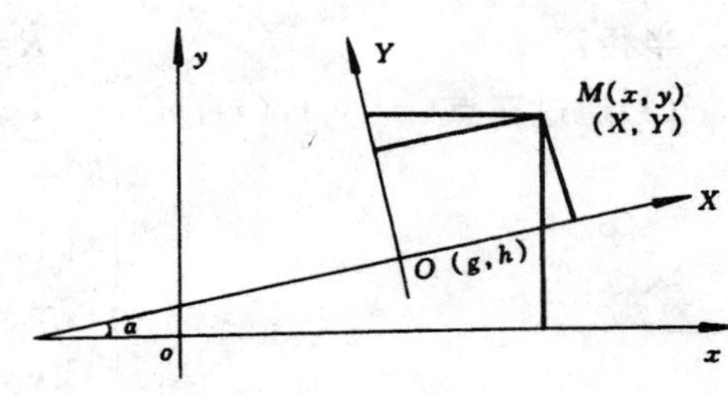

图1－1－37　坐标变换

2)直线方程与位置关系

(1)与 y 轴平行的直线：$x=a$

(2)与 x 轴平行的直线：$y=b$

(3)斜截式：$y=kx+b$

式中　k——直线斜率；

b——直线与 y 轴交点的纵坐标。

(4)截距式：$\dfrac{x}{a}+\dfrac{y}{b}=1$

式中　a——直线与 x 轴交点的横坐标。

(5)点斜式：$y-y_1=k(x-x_1)$

式中　x_1,y_1——直线上已知点的坐标。

(6)两点式：$\dfrac{y-y_1}{x-x_1}=\dfrac{y_1-y_2}{x_1-x_2}$

或
$$\begin{vmatrix}x & y & 1\\x_1 & y_1 & 1\\x_2 & y_2 & 1\end{vmatrix}=0$$

式中　$(x_1,y_1),(x_2,y_2)$——直线上二已知点的坐标。

(7)法线式：$x\cos\beta+y\sin\beta=p\quad(p>0)$，

式中　p——从原点到直线的垂线(法线)长；

β——法线与 x 轴正向的夹角。

(8)一般式：$Ax+By+C=0\quad(A^2+B^2\neq0)$，

其中 A,B,C 为常数，$k=-\dfrac{A}{B}$，$b=-\dfrac{C}{B}$。

(9)二直线 $A_1x+B_1y+C_1=0$ 与 $A_2x+B_2y+C_2=0$ 的夹角：

$$\tan\theta=(A_1B_2-A_2B_1)/(A_1A_2+B_1B_2)$$

二直线垂直：　$A_1A_2+B_1B_2=0$

二直线平行：　$A_1B_2-A_2B_1=0$

二直线与第三条直线 $A_3x+B_3y+C_3=0$ 共点：

$$\begin{vmatrix} A_1 & B_1 & C_1 \\ A_2 & B_2 & C_2 \\ A_3 & B_3 & C_3 \end{vmatrix}=0$$

3)圆

(1)圆心在(h,k),半径为R的圆的方程:

$$(x-h)^2+(y-k)^2=R^2$$

(2)圆的方程的一般式:

$$x^2+y^2+2dx+2ey+f=0$$

圆心: $(-d,-e)$

半径: $R=\sqrt{d^2+e^2-f}$

(3)通过三点(x_1,y_1),(x_2,y_2),(x_3,y_3)的圆的方程:

$$\begin{vmatrix} x^2+y^2 & x & y & 1 \\ x_1^2+y_1^2 & x_1 & y_1 & 1 \\ x_2^2+y_2^2 & x_2 & y_2 & 1 \\ x_3^2+y_3^2 & x_3 & y_3 & 1 \end{vmatrix}=0$$

(4)圆的极坐标方程:

$$r^2-2rr_0\cos(\theta-\theta_0)+r_0^2=R^2$$

式中 圆心(r_0,θ_0),半径$r=R$。

特殊地,圆心在$(R,0)$的圆的极坐标方程为:

$$r=2R\cos\theta$$

圆心在$(0,R)$的圆的极坐标方程为:

$$r=2R\sin\theta$$

4)二次曲线

(1)二次曲线的定义 从动点P到定点F的距离PF与到定直线l的距离PH之比为定值ε(即$PF:PH=\varepsilon$)时,

若$\varepsilon<1$,则动点P的轨迹称为椭圆,

若$\varepsilon=1$,则动点P的轨迹称为抛物线,

若$\varepsilon>1$,则动点P的轨迹称为双曲线。

这时,定点F称为焦点,定比ε称为离心率,定直线l称为准线。椭圆和双曲线(及其退化形式)称为有心二次曲线,抛物线(及其退化形式)叫做无心二次曲线。

(2)二次曲线的一般方程及类型判断 一般方程,$ax^2+2bxy+cy^2+2dx+2ey+f=0$。

设$S=a+c$ $T=ac-b^2$

$$D=\begin{vmatrix} a & b & d \\ b & c & e \\ d & e & f \end{vmatrix} \qquad I=d^2-af$$

类型判断见表1-1-3。

(3)二次曲线的标准方程 通过坐标变换,一般方程可化为标准方程(表1-1-3)。

(4)椭圆。

a. 将椭圆标准方程 $Ax^2+Cy^2+\frac{D}{T}=0$ 化为 $x^2/a^2+y^2/b^2=1$ 的形状。其中：$a=\sqrt{-\frac{D}{AT}}>0$，$b=\sqrt{-\frac{D}{CT}}>0$，且 $a>b$，则原点称为中心，坐标轴称为主轴，$A_1A_2=2a$ 称为长轴，$B_1B_2=2b$ 称为短轴（见图 1－1－38）。

表 1－1－3 二次曲线类型判断

<table>
<tr><th colspan="3">项 目</th><th>类 型</th><th>标 准 方 程</th></tr>
<tr><td rowspan="4">$T\neq0$
有心二次曲线</td><td rowspan="2">$T>0$</td><td>$D\neq0$</td><td>$D\cdot S<0$ 椭圆
$D\cdot S>0$ 虚椭圆</td><td rowspan="4">$AX^2+CY^2+\frac{D}{T}=0$
式中 $A=\frac{1}{2}[a+c+\sqrt{(a-c)^2+4b^2}]$
$C=\frac{1}{2}[a+c-\sqrt{(a-c)^2+4b^2}]$
A,C 是特征方程
$u^2-Su+T=0$ 的两个根</td></tr>
<tr><td>$D=0$</td><td>有一公共实点的一对虚直线</td></tr>
<tr><td rowspan="2">$T<0$</td><td>$D\neq0$</td><td>双曲线</td></tr>
<tr><td>$D=0$</td><td>相交两直线</td></tr>
<tr><td rowspan="2" colspan="2">$T=0$
无心二次曲线</td><td>$D\neq0$</td><td>抛物线</td><td>$Y^2=2pX$
式中 $p=\frac{ac-bd}{(a+c)\sqrt{a^2+b^2}}$</td></tr>
<tr><td>$D=0$</td><td>$I>0$ 平行两直线
$I=0$ 重合两直线
$I<0$ 一对虚直线</td><td>$(a+c)Y^2+2\frac{ad+be}{\sqrt{a^2+b^2}}Y+f=0$</td></tr>
</table>

b. 焦点 F_1，F_2 在 x 轴上，$OF_1=OF_2=\sqrt{a^2-b^2}$。$OF_1/OA_1=\sqrt{a^2-b^2}/a=\varepsilon$，$\varepsilon$ 称为离心率。对于椭圆 $\varepsilon<1$，$B_1F_1=OA_1$。

c. 从曲线上一点 P（x，y）到焦点的距离是 $F_1P=a-\varepsilon x$，$F_2P=a+\varepsilon x$。故对于椭圆，从曲线上任意的点到二焦点的距离之和一定。

d. 准线是与 y 轴平行的两条直线 $x=a/\varepsilon$，$x=-a/\varepsilon$。设从点 P 向准线引的垂足为 H_1 与 H_2，则 $PF_1:PH_1=PF_2:PH_2=\varepsilon$。

e. 在 P（x，y）处的切线与法线方程分别是

$$\frac{\zeta x}{a^2}+\frac{\eta y}{b^2}=1,\quad \frac{\zeta-x}{b^2x}=\frac{\eta-y}{a^2y}$$

式中 （ζ，η）为流动坐标。切线与法线二等分 F_1P 与 F_2P 的夹角。

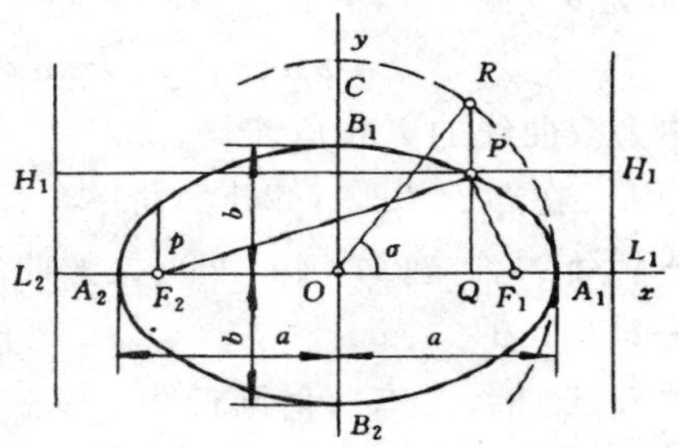

图 1－1－38 椭圆及其有关点线

f. 两端点在曲线上的线段称为弦，通过中心的弦称为直径。当一直径二等分另一直径的所有平行弦时，则称此二直径互相共轭。设 m_1，m_2 分别为互相共轭二直径的斜率，则 $m_1m_2=-b^2/a^2$。过一直径端点的切线与其共轭直径平行。

g. 以椭圆的中心为圆心作半径为 a 的圆，通过椭圆上一点 P（x，y）与 y 轴平行的直线与圆的交点设为 R，又设 OR 与 x 轴的夹角为 σ（见图 1－1－38），则 $x=a\cos\sigma$，$y=b\sin\sigma$。σ 叫做椭圆的离心角。

h. 在点 P（x，y）处的曲率半径是 $p=a^2b^2\ (x^2/a^4+y^2/b^4)^{3/2}$。在 A_1（a，0）处的曲率中心的坐标是（$a-b^2/a$，0），在 B_1（0，b）处的曲率中心的坐标是（0，$b-a^2/b$）。

i. 取焦点 F_1 为极点，F_1x 为极轴。则椭圆的极坐标方程为 $r=p/\ (1+\varepsilon\cos\theta)$；以 F_2 为极点，F_2x 为极轴时，方程为 $r=p/\ (1-\varepsilon\cos\theta)$。$p$ 为焦弦之半。

（5）双曲线

a. 方程的标准形是 $x^2/a^2-y^2/b^2=1$。这时的原点称为中心，坐标轴称为主轴，双曲线切割主轴之长度 $A_1A_2=2a$ 称为实轴，$2b$ 称为虚轴（见图1—1—39）。

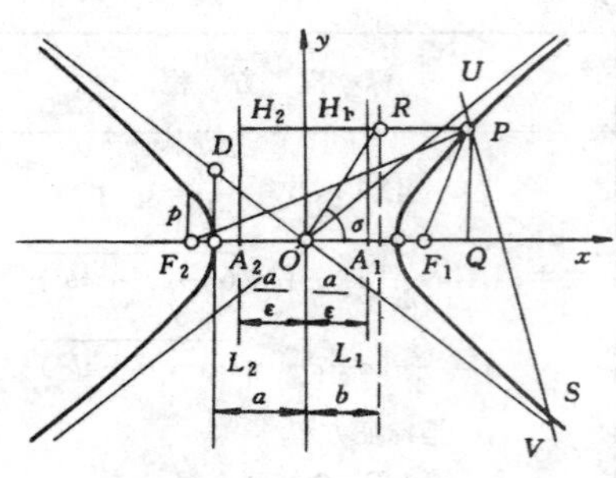

图1—1—39　双曲线及其有关点线

b. 焦点 F_1，F_2 在 x 轴上，$OF_1=OF_2=\sqrt{a^2+b^2}$。$OF_1/OA_1=\sqrt{a^2+b^2}/a=\varepsilon$，$\varepsilon$ 称为离心率。对于双曲线 $\varepsilon>1$。

c. 从曲线上一点 P（x，y）到焦点的距离是 $F_1P=-a+\varepsilon x$，$F_2P=a+\varepsilon x$（右叶）；$F_1P=a-\varepsilon x$，$F_2P=-a-\varepsilon x$（左叶）。对于双曲线，从曲线上任意的点到二焦点的距离之差一定。

d. 双曲线的准线也是与 y 轴平行的两条直线 $x=a/\varepsilon$，$x=-a/\varepsilon$。设从点 P 向准线引的垂足为 H_1 与 H_2，则 $PF_1:PH_1=PF_2:PH_2=\varepsilon$。

e. 在双曲线的 P（x，y）处切线与法线的方程分别是

$$\frac{\zeta x}{a^2}-\frac{\eta y}{b^2}=1,\quad \frac{\zeta-x}{b^2x}=-\frac{\eta-y}{a^2y}$$

f. 弦，直径，共轭直径的定义与（6）*d* 相同。设 m_1，m_2 分别为互相共轭二直径的斜率，则 $m_1m_2=b^2/a^2$。过一直径端点的切线与其共轭直径平行。

g. 以原点 O 为圆心，以 a 和 b 为半径作同心圆。通过双曲线上一点 P（x，y）作与 x 轴平行的直线，通过 T 作与 y 轴平行的直线设交于 S。令 OS 与 x 轴的夹角为 σ（图1—1—40），则

$$x=a\sec\sigma,\quad y=b\tan\sigma$$

σ 称为双曲线的离心角。

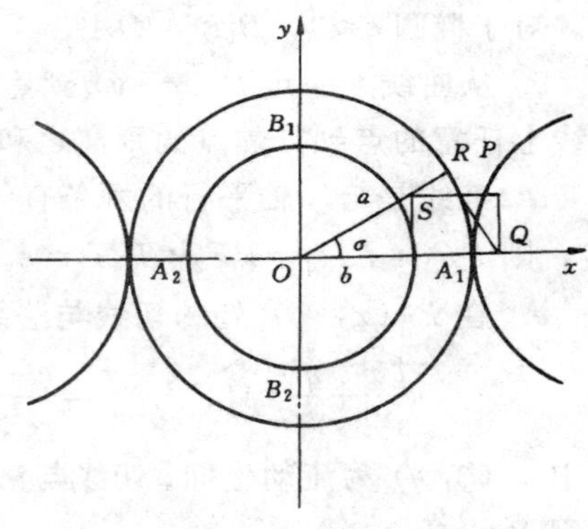

图1—1—40　双曲线及其参数

h. 在点 P（x，y）处的曲率半径为 $p=a^2b^2\ (x^2/a^4+y^2/b^4)^{3/2}$。在 A_1（a，0）处的曲率中心的坐标是（$a+b^2/a$，0）。

i. 双曲线具有一对渐近线 $x/a+y/b=0$，$x/a-y/b=0$。任意引与双曲线以及渐近线相交的直线 UV，则在曲线与渐近线之间的线段 UP 与 SV 相等（见图1—1—39），已知渐近线与曲线上一点时，可将此性质用于描绘曲线上。两端在渐近线上与 y 轴平行的线段被曲线内分，两部分之积等于 b^2，同理与 x 轴平行的线段被曲线外分，两部分之积等于 a^2。当渐近线垂直时，（$a=b$），称为等边双曲线。方程是 $x^2-y^2=a^2$。如果取渐近线代替主轴为坐标轴，则方程变为 $x'y'=a^2/2$。

j. 取焦点 F_1 为极点，F_1x 为极轴，则双曲线的方程为 $r=p/\ (1-\varepsilon\cos\theta)$，以焦点 F_2 为

极点，F_2x 为极轴时，$r=p/(1+\cos\theta)$。p 为焦弦之半。

(6) 抛物线

a. 方程的标准形是 $y^2=2px$；在这种情况下，坐标原点 O 称为顶点，x 轴称为主轴。焦点 F 在 x 轴上，$OF=p/2$；通过 F 的纵线半长等于 p。$2p$ 称为焦弦。准线是 y 轴的平行线 $x=-\frac{1}{2}p$。从抛物线上一点 $P(x, y)$ 向准线引的垂足设为 H，则 $PH=PF=x+\frac{1}{2}p$（见图 1－1－41）。

b. 在抛物线 $y^2=2px$ 的点 $P(x, y)$ 处的切线与法线的方程分别为 $\eta y=p(\zeta+x)$，$\eta-y=-(y/p)(\zeta-x)$，(ζ, η) 为流动坐标。切线平分 $\angle FPH$。设 T 为切线与 x 轴的交点，则 PT 被 y 轴平分。此外，$TQ=2x$，$QN=p$。

c. 两端点在曲线上的线段称为弦。抛物线的平行弦中点轨迹是与 x 轴平行的直线。这条直线叫做直径。与切线平行的各弦中点是过切点的直径。

d. 在 $P(x, y)$ 处的曲率半径是 $\rho=(p+2x)^{3/2}/\sqrt{p}$，在顶点 $\rho=p$。抛物线的渐缩线是 $\eta^2=8(\zeta-p)^3/27p$。

e. 取焦点 F 为极点，Fx 为极轴，则抛物线的方程是 $r=p/(1-\cos\theta)$。

5）其他平面曲线

(1) 摆线　半径 a 的圆沿定直线滚动时，圆周上定点描出的轨迹称为摆线。取定直线为 x 轴，则方程是

$$x=a(t-\sin t),\quad y=a(1-\cos t)$$

为画出摆线，取直线 OE 之长等于半圆弧 OD（见图 1－1－42），将二者 n 等分之，求交点 1，2，3。让 $1\alpha=A\,\mathrm{I}$，$2\beta=B\,\mathrm{II}$，$3\gamma=C\,\mathrm{III}$，则 α，β，γ 为曲线上的点。

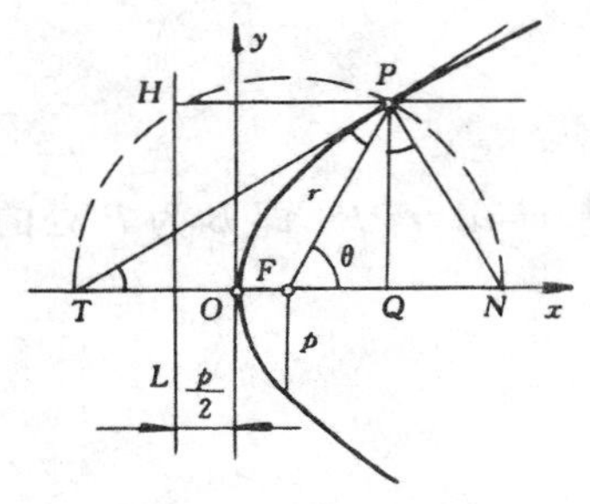

图 1－1－41　抛物线的有关点线

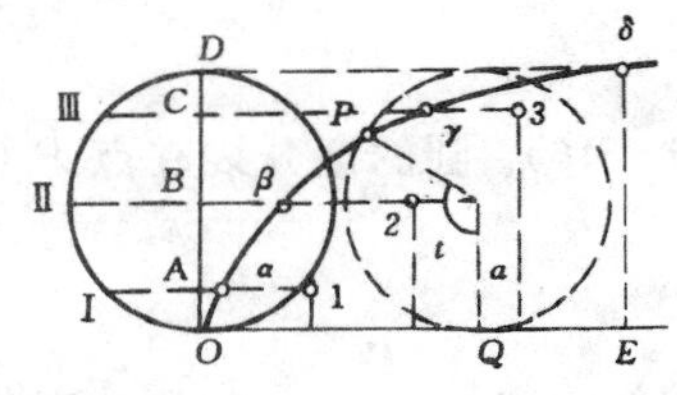

图 1－1－42　摆线

当滚动圆滚至 Q 时，设定点来到点 P，则摆线在 P 处的曲率半径是 $\rho=2PQ$。因此将线段延长至 R 使 $PR=2PQ$，则 R 为摆线在 P 处的曲率中心。

(2) 外摆线、内摆线　半径 a 的圆沿半径 b 的定圆在外侧或内侧滚动时，动圆上的定点描出的轨迹称为外摆线或内摆线（见图 1－1－43 和图 1－1－44）。方程是

$$x=(b\pm a)\cos\frac{a}{b}t\mp a\cos\frac{b\pm a}{b}t$$

$$y=(b\pm a)\sin\frac{a}{b}t-a\sin\frac{b\pm a}{b}t$$

为画出这些曲线，将半圆周 OD 以及 $\angle OM\delta=\pi a/b$ n 等分，求交点 1，2，3，使 $1\alpha=A$ Ⅰ，$2\beta=B$ Ⅱ，$3\gamma=C$ Ⅲ 即得曲线上点 α，β，γ。

内摆线当 $a=b/2$ 时变为 OM 方向上的直线，当 $a=b/4$ 时变为星形线（$x^{2/3}+y^{2/3}=a^{2/3}$）。又当 $a=b$ 时外摆线称为心形线，取 O 为极点，OM 为极轴的极坐标下，方程是 $r=2a(1+\cos\theta)$。

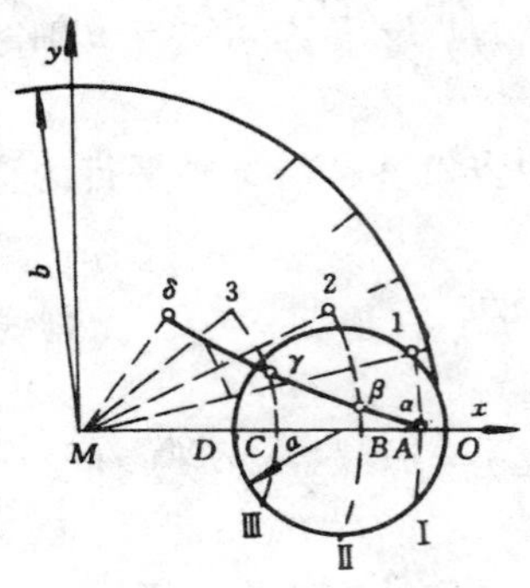

图 1－1－43 内摆线

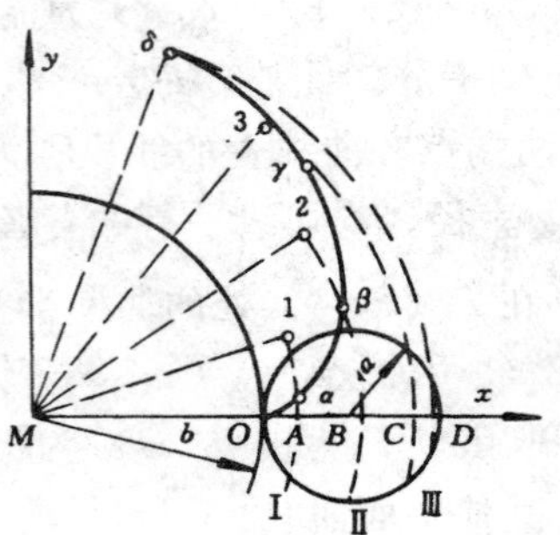

图 1－1－44 外摆线

心形线的曲率半径是 $\rho=(8/3)a\cos(\theta/2)$。星形线在点 $P(x, y)$ 处的曲率半径是 $\rho=3(axy)^{1/3}$。而星形线的渐缩线的方程是 $\zeta^{2/3}+\eta^{2/3}=(2a)^{2/3}$，仍为星形线。$\angle\zeta Ox=45°$（见图 1－1－45）

（3）圆的渐开线 将缠在圆柱上的线解开时，线的端点描出的曲线称为圆的渐开线。设圆的半径为 a，则方程是

$$x=a(\cos t+t\sin t)$$
$$y=a(\sin t-t\cos t)$$

（见图 1－1－46）。圆的渐开线在点 $P(t)$ 处的曲率半径是 $\rho=at=PB$，即 B 为 P 处的曲率中心。

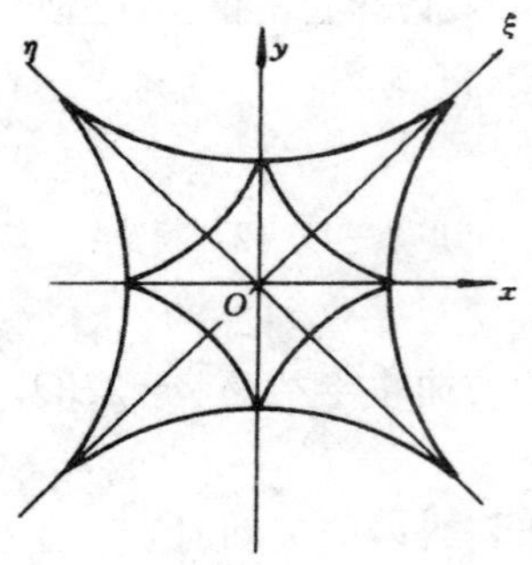

图 1－1－45 星形线

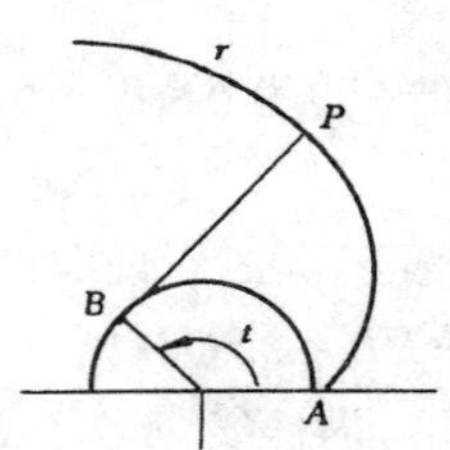

图 1－1－46 圆的渐开线

（4）悬链线　两端固定均质的绳，描出的曲线称为悬链线（见图1—1—47）。其方程是

$$y=\frac{a}{2}\ (e^{x/a}+e^{-x/a})\ =a\cosh\frac{x}{a}$$

设过点 P 的法线与 x 轴交于 N，则悬链线在 P 处的曲率半径是 $\rho=PN$，而在 P 处的曲率中心是 N 关于点 P 的对称点。

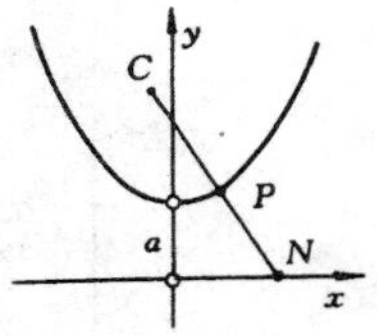

图1—1—47　悬链线

（5）螺线　运用极坐标（r，θ），设 $a>0$，则 $r=a\theta$ 是阿基米德螺线（见图1—1—48）。$r^2=a\theta$ 是抛物螺线（见图1—1—49）。$r\theta=a$ 是双曲螺线（见图1—1—50）。$r=ae^{p\theta}$（$p>0$）是对数螺线（见图1—1—51）。在后两种情况下，极点是渐近点。对数螺线的曲率半径 $\rho=r\sqrt{1+p^2}$。

（6）双纽线　从相隔距离 $2a$ 的二定点 F_1 与 F_2 到动点的距离之积等于 a^2 时，动点的轨迹称为双纽线（见图1—1—52）。直角坐标（x，y）的方程是 $(x^2+y^2)^2=2a^2\ (x^2-y^2)$，极坐标（$r$，$\theta$）的方程是 $r^2=2a^2\cos2\theta$。

双纽线在 P（r，θ）处的曲率半径 $\rho=2a^2/3r$。

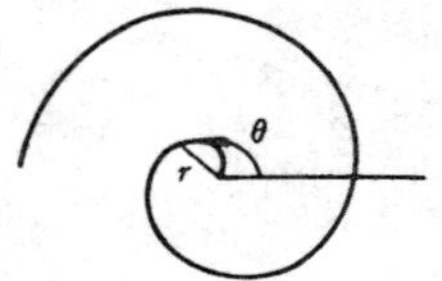

图1—1—48　阿基米德螺线

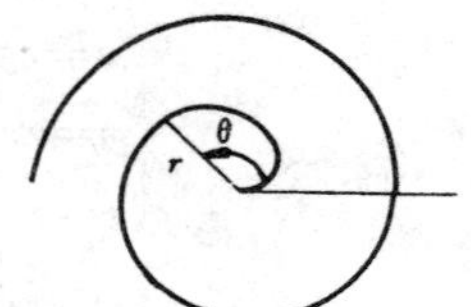

图1—1—49　抛物螺线

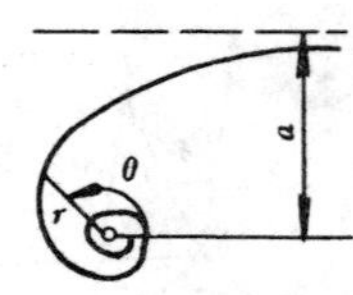

图1—1—50　双曲螺线

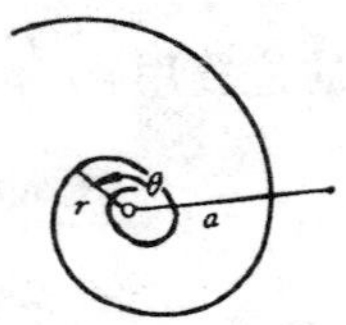

图1—1—51　对数螺线

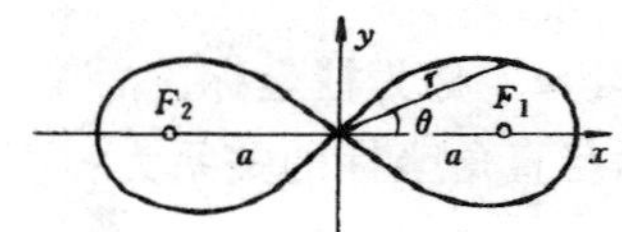

图1—1—52　双纽线

2. 空间解析几何

1）两点间距离公式（见图1—1—53）　设 A（x_1，y_1，z_1），B（x_2，y_2，z_2）为空间中两个已知点，则两点间距离

$$d=\sqrt{(x_2-x_1)^2+\ (y_2-y_1)^2+\ (z_2-z_1)^2}$$

2）定比分点公式（见图1—1—54）　设 M（x，y，z）为分点，分割比例 $\lambda=\frac{AM}{MB}$，则

$$\begin{cases}x=\dfrac{x_1+\lambda x_2}{1+\lambda}\\ y=\dfrac{y_1+\lambda y_2}{1+\lambda}\qquad(\lambda\neq-1)\\ z=\dfrac{z_1+\lambda z_2}{1+\lambda}\end{cases}$$

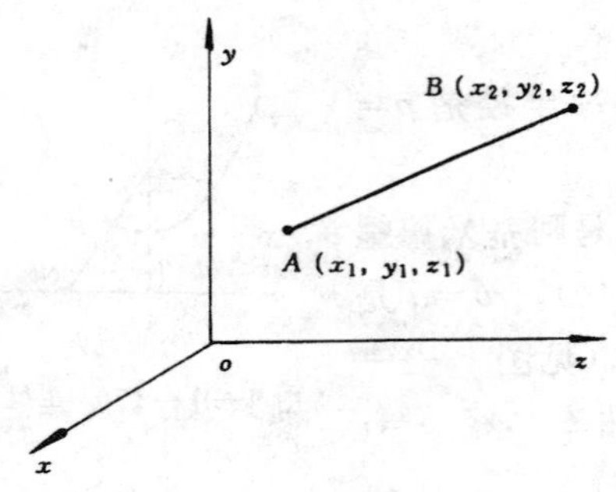

图 1—1—53　两点间距离

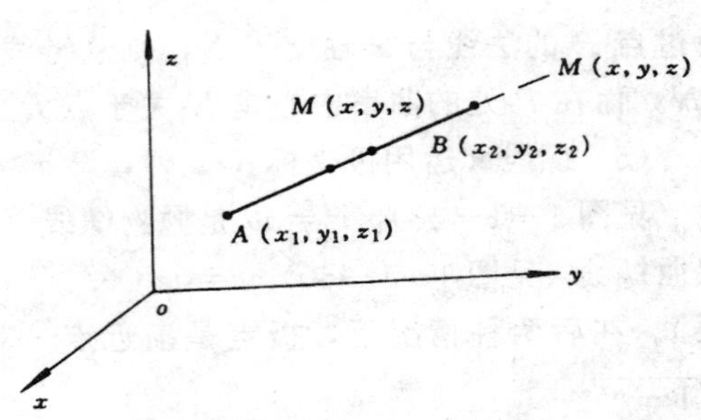

图 1—1—54　定比分点

3）球坐标与柱坐标（见图 1—1—55）　空间中点 P（x，y，z）的位置用极半径 r，余纬度 θ（$0\leqslant\theta<\pi$）以及方位角 φ（$0\leqslant\varphi<2\pi$）而决定的坐标（r，θ，φ）称为球坐标。

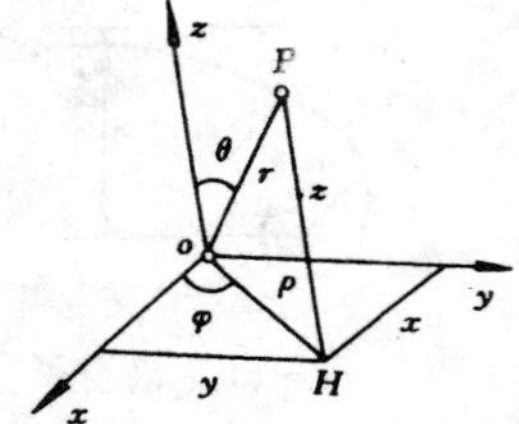

图 1—1—55　球坐标

球坐标与直角坐标的关系为：

$$\begin{cases}x=r\sin\theta\cos\varphi\\ y=r\sin\theta\sin\varphi\\ z=r\cos\theta\end{cases}$$

$$\begin{cases}r=\sqrt{x^2+y^2+z^2}\\ \theta=\arctan\left(\sqrt{x^2+y^2}/z\right)\\ \rho=\arctan\left(y/x\right)。\end{cases}$$

空间中点 P（x，y，z）的位置用 ρ，φ 与 z 而决定的坐标（ρ，φ，z）称为柱坐标。

柱坐标与直角坐标的关系为：

$$\begin{cases}x=\rho\cos\varphi\\ y=\rho\sin\varphi\\ z=z\end{cases}$$

$$\begin{cases}\rho=\sqrt{x^2+y^2}\\ \varphi=\arctan\left(y/x\right)\\ z=z。\end{cases}$$

4）方向角、方向余弦与方向数　连接二点 P_1（x_1，y_1，z_1）与 P_2（x_2，y_2，z_2）的线段 P_1P_2 与 x 轴，y 轴，z 轴的夹角分别为 α，β，γ，则

$$\cos\alpha=(x_2-x_1)/L$$
$$\cos\beta=(y_2-y_1)/L$$
$$\cos\gamma=(z_2-z_1)/L$$

式中　$L=\sqrt{(x_2-x_1)^2+(y_2-y_1)^2+(z_2-z_1)^2}=d$。则 α，β，γ 称为直线 P_1P_2 的方向角，$l=\cos\alpha$，$m=\cos\beta$，$n=\cos\gamma$ 称为 P_1P_2 的方向余弦，与方向余弦成比例的数组 a，b，c，即 $a:b:c=l:m:n$，称为 P_1P_2 的方向数。

方向余弦满足：　$l^2+m^2+n^2=1$

方向数与方向余弦间满足：

$$\begin{cases}\cos\alpha=a/\pm\sqrt{a^2+b^2+c^2}\\ \cos\beta=b/\pm\sqrt{a^2+b^2+c^2}\\ \cos\gamma=c/\pm\sqrt{a^2+b^2+c^2}\end{cases}$$

5）坐标变换　设同一点 P 的直角坐标关于旧坐标系为（x，y，z），关于新坐标系为（x'，y'，z'）。一般坐标变换可由下列两种特殊变换的组合得到：

（1）平移。新、旧坐标轴平行，新原点的旧坐标为（x_0，y_0，z_0）时，有

$$x=x'+x_0,\quad y=y'+y_0,\quad z=z'+z_0$$

（2）旋转。新、旧坐标有共同原点，新坐标轴关于旧坐标轴的方向余弦分别为（l_1，m_1，n_1），（l_2，m_2，n_2），（l_3，m_3，n_3）时，有

$$x=l_1x'+l_2y'+l_3z'$$
$$y=m_1x'+m_2y'+m_3z'$$
$$z=n_1x'+n_2y'+n_3z'$$
$$x'=l_1x+m_1y+n_1z$$
$$y'=l_2x+m_2y+n_2z$$
$$z'=l_3x+m_3y+n_3z$$

6）三点共线、四点共面　三点 P_1（x_1，y_1，z_1），P_2（x_2，y_2，z_2），P_3（x_3，y_3，z_3）共线的充要条件为

$$(x_2-x_1):(y_2-y_1):(z_2-z_1)=(x_3-x_1):(y_3-y_1):(z_3-z_1)$$

四点 P_i（x_i，y_i，z_i）（$i=1$，2，3，4）共面的充要条件为

$$\begin{vmatrix}x_1 & y_1 & z_1 & 1\\ x_2 & y_2 & z_2 & 1\\ x_3 & y_3 & z_3 & 1\\ x_4 & y_4 & z_4 & 1\end{vmatrix}=0$$

7）（空间）三角形面积与四面体体积　设三角形三顶点为 P_i（x_i，y_i，z_i）（$i=1$，2，3），则其面积

$$S=\frac{1}{2}\sqrt{\begin{vmatrix}y_1 & z_1 & 1\\ y_2 & z_2 & 1\\ y_3 & z_3 & 1\end{vmatrix}^2+\begin{vmatrix}z_1 & x_1 & 1\\ z_2 & x_2 & 1\\ z_3 & x_3 & 1\end{vmatrix}^2+\begin{vmatrix}x_1 & y_1 & 1\\ x_2 & y_2 & 1\\ x_3 & y_3 & 1\end{vmatrix}^2}$$

设四面体四顶点为 P_i（x_i，y_i，z_i）（$i=1$，2，3，4），则其体积

$$V=\pm\frac{1}{6}\begin{vmatrix}x_1 & y_1 & z_1 & 1\\ x_2 & y_2 & z_2 & 1\\ x_3 & y_3 & z_3 & 1\\ x_4 & y_4 & z_4 & 1\end{vmatrix}\quad(\text{负号表示取正值})$$

六、概率论与数理统计

（一）概 率

1. 集

a. 定义 具有某种特定性质的事物的全体就是集。普通用大写罗马字体A，B，C，…等表示集。集的各成员称为元素或元。一个元也不包含的集称为空集，记作∅。当某一事物x是集A的元时，就说x属于A，记作$x\in A$。当集A是具有某性质P的元素全体时，常常用下列记号表示A：

$$A=\{x|x具有性质P\}$$

若集A的元都是集B的元，就说A是B的子集，记作$A\subset B$或$B\supset A$。若$A\subset B$而且$B\subset A$，就说A与B相等，记作$A=B$。

b. 集的运算 至少是A，B之一的元而成的集，即由A的元与B的元全体而成的集称为A与B的并集或和集，记作$A\cup B$。属于A又属于B的元素全体作成的集称为A与B的交集，记作$A\cap B$。虽是A的元但不是B的元全体而成的集，即集A中不属于B的那些元全体作成的集叫做从集A减集B的差集，记作$A-B$。定义差集时不要求$A\supset B$。有时只讨论某个固定集的子集，这个固定集称为全体集，记作S。$S-A$以A^c或$\overline{A}$表示，称为A的余集。关于以上运算下列公式成立：

$$A\cup A^c=S,\ A\cap A^c=\varnothing$$

$$(A\cup B)\cap C=(A\cap C)\cup(B\cap C)$$

$$(A\cap B)\cup C=(A\cup C)\cap(B\cup C)$$

$$(A_1\cup A_2\cup\cdots\cup A_n)^c=A_1^c\cap A_2^c\cap\cdots\cap A_n^c$$

$$(A_1\cap A_2\cap\cdots\cap A_n)^c=A_1^c\cup A_2^c\cup\cdots\cup A_n^c$$

最后二公式称为德·摩尔根公式。

2. 样本空间与事件

有下列三种特点的试验称为随机试验，简称试验：

1）可以在相同条件下重复进行；

2）每次试验的可能发生结果不止是一个，但事先知道可能发生的所有结果；

3）进行一次试验之前不能肯定哪一个结果一定出现。

在随机试验中，有的事情可能出现也可能不出现，而在大量重复试验中却具有某种规律性，这样事情称为此随机试验的随机事件，简称事件。试验中可能发生的所有事件而成的集称为此试验的样本空间，记做S。样本空间的元也称样本点。事件E_1，E_2至少一个发生是一个事件，以$E_1\cup E_2$表示。事件E_1，E_2双方同时发生是一个事件，以$E_1\cap E_2$表示。事件E不发生也是事件，用E^c表示。有二事件E_1，E_2，当E_1发生时，E_2就不发生；反之，当E_2发生时，E_1就不发生，这样的E_1与E_2称为不相容事件。E_1与E_2不相容可用$E_1\cap E_2=\varnothing$表示。若在试验中，事件E_1与事件E_2必有一个发生而且只有一个发生，即事件E_1与E_2满足$E_1\cup E_2=S$，$E_1\cap E_2=\varnothing$时，就说E_1是E_2的对立事件，或E_2是E_1的对立事件。

3. 概率的定义与性质

1）概率的定义

设S为样本空间，P为样本空间中事件E的函数。当这个函数$P(E)$满足下列三条件时

就称为 S 中 E 的概率：

概率公理：(1) 对于任意事件 E，$P(E)\geqslant 0$，(2)$P(S)=1$，(3)若 $E_1, E_2, \cdots$ 是不相容事件，则 $P(E_1\cup E_2\cup\cdots)=P(E_1)+P(E_2)+\cdots$。

由此定义可得：若样本空间由 k 个样本点而成，各样本点的发生可能相同时，则各样本点的概率是 $1/k$。故任意事件 E 的概率是 $P(E)=(E$ 中所含各样本点的数目$)/k$。

2) 概率的一些性质

(1) 对于任意事件 E，$P(E^c)=1-P(E)$，

(2) 对于事件 E_1，E_2，…，E_n，

$$P(E_1\cup E_2\cup\cdots\cup E_n)=1-P(E_1^c\cap E_2^c\cap\cdots\cap E_n^c)$$

(3) 若 E_1，E_2，…，E_n 是两两不相容事件，则

$$P(E_1\cup E_2\cup\cdots\cup E_n)=P(E_1)+P(E_2)+\cdots+P(E_n)$$

(不相容事件的概率加法定理)。

(4) 设 E_1 与 E_2 为二事件，则

$$P(E_1\cup E_2)=P(E_1)+P(E_2)-P(E_1\cap E_2)。$$

3) 条件概率

在事件 E 发生了的条件下，事件 F 发生的概率称为条件概率，记作 $P(F|E)$。它的定义是 $P(F|E)=P(E\cap F)/P(E)$。由此可得 $P(E\cap F)=P(E)\cdot P(F|E)$(概率乘法定理)。推广之得公式 $P(E_1\cap E_2\cap E_3)=P(E_1)\cdot P(E_2|E_1)\cdot P(E_2|E_1\cap E_2)$。如果 $P(F|E)=P(F|E^c)=P(F)$，则称 F 关于 E 独立。可证明此时 E 也关于 F 独立。这时说二事件 E 与 F 独立。事件 E 与 F 为独立事件的充要条件是 $P(E\cap F)=P(E)\cdot P(F)$ 成立(独立事件的概率乘法定理)。

利用条件概率可由 $P(E)=P(A)\cdot P(E|A)+P(A^c)\cdot P(E|A^c)$ 计算任意事件的概率。

(二) 概率分布

1. 随机变量与概率分布

定义在样本空间上的实数值单值函数称为随机变量。由于试验的各个结果的发生有一定的概率，于是随机变量的取值也有一定的概率。这种取值的概率的表达式称为概率分布。当随机变量所取的值是孤立的值，则称此随机变量是离散型的；当取连续的值时，则称此随机变量是连续型的。离散型随机变量的分布称为离散分布，而连续型随机变量的分布称为连续分布。

以后为便于区别随机变量及其所取的值，用大写字母 X 表示随机变量，用小写字母表示它所取的值。

2. 离散分布

设离散型随机变量 X 所有可能取的值为 x_k ($k=1$，2，…)，X 取各个可能值的概率，即事件 $\{X=x_k\}$ 的概率为

$$P\{X=x_k\}=p_k,\ k=1,\ 2,\ \cdots$$

此式称为离散型随机变量 X 的概率分布或分布律。由概率的定义知，p_k 满足下式二条件。

(1) $p_k\geqslant 0$，$k=1$，2，…，

(2) $\sum\limits_k p_k=1$。

设 X 的概率分布为 $p(x)=P(X=x)$。对于 X 的任意函数 $g(x)$，定义 $g(X)$ 的数

学期望 $E(g(X))$ 为 $E(g(x))=\sum_{x} g(x)p(x)$。它表示 $g(x)$ 的平均值。

随机变量及其分布的数字特征有以下几种：

均值（或数学期望）

$$E(X)=\sum_{x} xp(x)$$

方差

$$D(X)=E[\{X-E(X)\}^{2}]$$

标准差(均方差)

$$\sigma(X)=\sqrt{DX}$$

k 阶原点矩

$$\mu'_{\mathrm{k}}=E(X^{\mathrm{k}})$$

k 阶中心矩

$$\mu_{\mathrm{k}}=E[\{X-E(X)\}^{k}]$$

$(k=1,2,\cdots)$。其中只有均值,方差,标准差常用。

离散分布的要例。分布律中的常数称为参数。以下就几种重要分布举出分布律，参数，均值 $E(X)$，方差 $D(X)$，以及服从这些分布的现象实例。

1）(0－1）分布　设随机变量 X 只可能取 0 和 1 两个值，它的概率分布是

$$P\{X=1\}=p,\ P\{X=0\}=1-p$$
$$(0<p<1)$$

就说 X 服从（0－1）分布，或 X 具有（0－1）分布。

$$E(X)=p, DX=p(1-p)$$

新生婴儿的性别登记，产品质量是否合格，电力消耗是否超过负荷都可用（0－1）分布的随机变量来描述。

2）超几何分布　设 x 是满足 $\max[0,(N-M)]\leqslant x\leqslant\min(n, M)$，超几何分布是

$$p(x)=\binom{M}{x}\binom{N-M}{n-x}\Bigg/\binom{N}{n}$$

参数是 N,M,n(N,M,n 是自然数,而且 $N>M,N>n$)。

$$E(X)=nM/N$$
$$D(x)=nM(1-M/N)(N-n)/[N(N-1)]$$

设在 N 个产品中有 M 个不合格的，从此 N 个产品中随机地取出 n 个产品时，其中不合格品的个数 X 的分布是参数 N，M，n 的超几何分布。

3）二项分布

$$p(x)=\binom{n}{x}p^{x}(1-p)^{n-x}$$
$$x=0,1,2,\cdots,n$$

参数是 n,p(n 是自然数,$0\leqslant p\leqslant 1$)。

$$E(X)=np, D(X)=np(1-p)$$

设某试验的结果只有“成功”、“失败”中的一种，成功的概率为 p。独立地作 n 次这种试

验时，n 次中成功次数 X 的分布是 n，p 的二项分布。二项分布可看做在超几何分布中让 $N\to\infty$（$M/N=p$）时的极限分布。

4）普阿松分布 设随机变量 X 所有可能取的值为 0，1，2，…，而取各值的概率为

$$p(x)=e^{-\lambda}\lambda^{x}/x!,\ x=0,1,2,\cdots,$$

参数是 λ（$\lambda>0$）。

$$E(X)=\lambda,D(X)=\lambda$$

以 n，p（$np=\lambda$）为参数的二项分布，当 $n\to\infty$ 时趋于以 λ 为参数的普阿松分布，即泊松分布可看做 n 大 p 小时二项分布的极限分布。故发生的概率小的事件，通过无限次试验出现的次数，即稀有现象发生次数的分布接近普阿松分布。电话交换台 1h 内收到的电话呼唤次数，纺纱车间大量纱绽在一个时间间隔中断头的个数等都服从普阿松分布。

5）几何分布

$p(x)=p(1-p)^{x}$，$x=0,1,2,\cdots$，参数是 $p(0\leqslant p<1)$。

$$E(X)=(1-p)/p$$
$$D(X)=(1-p)/p^{2}$$

如于 3）中所述试验一直到成功为止继续下去，一成功就停下来。这时，最初取得成功以前进行的试验回数的分布是参数 p 的几何分布。

6）负二项分布

$$p(x)=\binom{x+r-1}{x}p^{r}(1-p)^{x}$$
$$x=0,1,2,\cdots$$

参数是 r,p

$$E(X)=r(1-p)/p$$
$$D(X)=r(1-p)/p^{2}$$

如于 3）中所述试验一直到成功 r 次为止继续下去。其间发生的失败次数的分布是参数 r，p 的负二项分布。

3. 连续分布

1）概率密度

非离散型随机变量 X 的取值不能一一列举，而且取任意指定值的概率等于 0，因而研究随机变量所取的值落在一个区间中的概率：$P\{x_1<X\leqslant x_2\}$。但 $P\{x_1<X\leqslant x_2\}=P\{X\leqslant x_2\}-P\{X\leqslant x_1\}$，故只需知 $P\{X\leqslant x_2\}$ 和 $P\{x\leqslant x_1\}$ 就够了。

定义：设 X 是一个随机变量，x 是任意实数，函数 $F(x)=P\{X\leqslant x\}$ 叫做 X 的分布函数。对于某些随机变量 X 的分布函数 $F(x)$，存在非负函数 $f(x)$ 使得对于任意实数 x

$$F(x)=\int_{-\infty}^{x}f(t)\,\mathrm{d}t$$

则 X 称为连续型随机变量，而 $f(x)$ 称为 X 的概率密度函数，简称概率密度。概率密度 $f(x)$ 满足下列性质：

(1) $f(x)\geqslant 0$

(2) $\int_{-\infty}^{\infty}f(x)\,\mathrm{d}x=1$

(3) $P\{x_1<X\leqslant x_2\}=F(x_2)-F(x_1)=\int_{x_1}^{x_2}f(x)\,\mathrm{d}x$

(4) $F'(x)=f(x)$（当 x 为 $f(x)$ 的连续点时）

2）数字特性

设 X 的概率密度函数为 $f(x)$，对于 X 的任意函数 $g(x)$，定义 $g(X)$ 的数学期望 $E\{g(x)\}$ 为

$$E\{g(x)\}=\int_{-\infty}^{\infty}g(x)f(x)\,\mathrm{d}x$$

$E(X)$ 称为连续型随机变量 X 的数学期望或均值。$D(X)=E[\{X-E(X)\}^2]$，$\sigma(X)=\sqrt{D(X)}$，$\mu'_{\mathrm{k}}=E(X^{\mathrm{k}})$，$\mu_{\mathrm{k}}=E[\{X-E(X)\}^{\mathrm{k}}]$ 分别称为 X 的方差，标准差，k 阶原点矩，k 阶中心矩。

3）连续分布的例子

就重要分布列举概率密度 $f(x)$，参数，均值 $E(X)$，方差 $D(X)$ 以及服从这些分布的例子。

(1) 正态分布（高斯分布）

$$f(x)=(1/\sqrt{2\pi}\sigma)\exp[(-1/2\sigma^2)\times(x-\mu)^2]$$

μ，σ 是参数（$-\infty<\mu<\infty$，$0<\sigma$）。这种正态分布简记为 $N(\mu,\sigma^2)$。

$$E(X)=\mu,\ D(X)=\sigma^2$$

偶然误差的分布可看做服从 $N(0,\sigma^2)$（高斯误差法则）。因此，有时把正态分布 $N(0,\sigma^2)$ 的概率密度函数 $(1/\sqrt{2\pi}\sigma)\exp(-x^2/\sigma^2)$ 称为误差函数。在一定条件下生产的产品质量特性，测量某零件长度的误差，电子管或半导体器件中的热噪声电流或电压等都服从正态分布。

均值为 0，方差为 1 的正态分布称为标准正态分布。当 X 服从 $N(\mu,\sigma^2)$ 时，$(X-\mu)/\sigma$ 服从 $N(0,1)$。可见服从一般正态分布的随机变量能够变换成服从标准正态分布的随机变量。这种变换称为标准化。

(2) 对数正态分布　取 $X(>0)$ 的对数后服从正态分布时，则 X 的分布叫做对数正态分布。

$f(x)=1/(2\pi\sigma^2)^{1/2}(1/x)\exp[-(\ln x-\mu)^2/2\sigma^2]$，$0<x<\infty$。$\mu$ 与 σ^2（$-\infty<\mu<\infty$，$\sigma>0$）是参数。

$$E(X)=e^{\mu+\sigma^2/2},\ D(X)=e^{2\mu}(e^{2\sigma^2}-e^{\sigma^2})$$

(3) 指数分布

$$f(x)=\lambda e^{-\lambda x},\ 0<x<\infty$$

$\lambda(\lambda>0)$ 是参数。$E(X)=1/\lambda$，$D(X)=1/\lambda^2$。

由于偶然发生的原因才引起故障的产品的寿命，当某种变化以一定比例随机发生时发生变化的时间间隔的分布等可以看做服从指数分布。

(4) 威布尔（Weibull）分布　设随机变量 X 的概率密度为

$$f(x)=\begin{cases}(\beta/\eta)(x/\eta)^{\beta-1}e^{-(x/\eta)^\beta}, & x>0\\ 0 & x\leqslant 0\end{cases}$$

β，η（$\beta>0$，$\eta>0$）为参数，则称 X 服从威布尔分布。

$$E(X)=\eta\Gamma(1+1/\beta)$$

$$D(X)=\eta^2\{\Gamma(1+2/\beta)-[\Gamma(1+1/\beta)]^2\}$$

威布尔分布是可靠性理论的基本分布之一。产品的寿命分布服从这种分布。

(5) 均匀分布　设随机变量 X 在有限区间 (a,b) 取值，其概率密度为

$$f(x)=\begin{cases}1/(b-a), & a<x<b\\ 0, & \text{其他地点}\end{cases}$$

就说 X 在区间 (a,b) 上服从均匀分布。

$$E(X)=(a+b)/2$$

$$D(X)=(b-a)^2/12$$

电阻的阻值服从均匀分布。

(6) Γ 分布　随机变量 X 的概率密度为

$$f(x)=\begin{cases}(a^p/\Gamma(p))\,e^{-\alpha x}x^{p-1}, & x>0\\ 0 & x\leqslant 0\end{cases}$$

时则称 X 服从 Γ 分布。

α，β $(a>0,\ p>0)$ 是参数。当 $a=1/2$，$p=\phi/2$ 时，此分布变为自由度 ϕ 的 χ^2 分布。当 $p=1$ 时，变为参数 α 的指数分布。

$$E(X)=p/\alpha,\ D(X)=p/\alpha^2$$

某种产品的寿命可认为服从 Γ 分布。

(7) χ^2 分布　随机变量 X 的概率密度为

$$f(x)=\begin{cases}(1/2\Gamma(\phi/2))\,(x/2)^{\phi/2-1}e^{-x/2}, & x>0\\ 0 & x\leqslant 0\end{cases}$$

则称 X 服从 χ^2 分布。ϕ 是参数，称为自由度。

$$E(X)=\phi,\ D(X)=2\phi.$$

当 z_1，z_2，…，z_n 互相独立地服从 $N(0,1)$ 分布时，$\sum_{i=1}^{n}z_i^2$ 服从自由度为 n 的 χ^2 分布。χ^2 分布在寻求估计，假设检验时要用到。

(8) t 分布　设随机变量 X 的概率密度为

$$f(x)=[\Gamma((\phi+1)/2)/\{\Gamma(1/2)\sqrt{\phi}\sqrt{\pi}\}]\cdot(1+(\chi^2/\phi))^{-(\phi+1)/2},\ -\infty<x<\infty,$$

ϕ $(\phi=1,2,\cdots)$ 是参数，称为自由度。

$$E(X)=0,\ \nabla(X)=\phi/(\phi-2),\ (\phi>2)。$$

若 Z 服从 $N(0,1)$，Y 服从自由度 ϕ 的 χ^2 分布，而且 Y 与 Z 独立，则 $Z/\sqrt{Y/\phi}$ 服从自由度为 ϕ 的 t 分布。t 分布在寻求估计，假设检验时要用到。

(9) F 分布　设随机变量 X 的概率密度为

$$f(x)=\frac{\Gamma((\phi_1+\phi_2)/2)\,\phi_1^{\phi_1/2}\phi_2^{\phi_2/2}}{\Gamma(\phi_1/2)\,\Gamma(\phi_2/2)}\cdot\frac{x^{(\phi_1/2)-1}}{(\phi_1x+\phi_2)^{(\phi_1+\phi_2)/2}},\ x>0$$

$f(x)=0$，$x\leqslant 0$，ϕ_1，ϕ_2 $(\phi_1,\ \phi_2=1,2,\cdots)$ 是参数，就说 X 服从 F 分布。ϕ_1，ϕ_2 称为自由度，有时 ϕ_1 称为分子的自由度，ϕ_2 称为分母的自由度。

$$E(X)=\phi_2/(\phi_2-2),\ (\phi_2>0)$$

$$D(X)=\frac{2\phi_2^2(\phi_1+\phi_2-2)}{\phi_1(\phi_2-2)^2(\phi_2-4)},\ (\phi_2>4)$$

若 Y_1 服从自由度为 ϕ_1 的 χ^2 分布，Y_2 服从自由度为 ϕ_2 的 χ^2 分布，而且 Y_1 与 Y_2 互相独立，则 $(Y_1/\phi_1)/(Y_2/\phi_2)$ 服从自由度为 ϕ_1，ϕ_2 的 F 分布。F 分布在寻求估计，假设检验时要用到。

4）数表

对于一种分布，$P(X>a)=\alpha$ 的点 a 叫做右侧 $\alpha\times100$ 百分位点。标准正态分布 $N(0,1)$ 的右侧 $\alpha\times100$ 百分位点记做 K_α。表1－1－4是从 K_α 求 α 用的数表。对于一般正态分布计算概率时要实行标准化。今设 X 服从 $N(\mu,\sigma^2)$，则

$$P(a<X<b)=P\left(\frac{a-\mu}{\sigma}<\frac{X-\mu}{\sigma}<\frac{b-\mu}{\sigma}\right)$$

因为 $(X-\mu)/\sigma$ 服从 $N(0,1)$，所以此概率可用表1－1－4来计算。与此不同的有时使用

$$\mathrm{erf}\zeta=\frac{2}{\sqrt{\pi}}\int_0^\zeta e^{-u^2}\mathrm{d}u$$

的数表。这是因为计算正态分布的概率时遇到的积分可归结为如上类型的积分。

5）百分位点间的关系

自由度为 ϕ 的 χ^2 分布的右侧 $\alpha\times100$ 百分位点记做 $\chi^2(\phi,\alpha)$，自由度为 ϕ 的 t 分布的右侧 $\frac{\alpha}{2}\times100$ 百分位点记做 $t(\phi,\alpha)$，自由度 (ϕ_1,ϕ_2) 的 F 分布的右侧 $\alpha\times100$ 百分位点记做 $F(\phi_1,\phi_2,\alpha)$，则这些百分位点之间有下列关系。

$$\chi^2(\phi,\alpha)=\phi F(\phi,\infty,\alpha)$$

$$t(\phi,\alpha)=\sqrt{F(1,\phi,\alpha)}$$

$$K_\alpha=t(\infty,2\alpha)=\sqrt{F(1,\infty,2\alpha)}$$

故作为正态分布、χ^2 分布、t 分布、F 分布的百分位点表只要有 F 分布的一种就够了。表1－1－5～表1－1－7分别是 $F(\phi_1,\phi_2,\alpha)$ 表、χ^2 分布表及 t 分布表。

4. 二维分布

1）二维随机变量的分布函数

设 X，Y 为定义在样本空间上的随机变量，X 与 Y 的组 (X,Y) 称为二维随机变量。

二维随机变量 (X,Y) 可以看做平面上点的坐标，这个点称为随机点。随机点 (X,Y) 落在矩形域 $[x_1<x\leqslant x_2,y_1<y<y_2]$ 中的概率为

$$P\{x_1<X\leqslant x_2,y_1<Y\leqslant y_2\}$$
$$=P\{X\leqslant x_2Y\leqslant y_2\}-P\{X\leqslant x_2,Y\leqslant y_1\}+P\{X\leqslant x_1Y\leqslant y_1\}-P\{X\leqslant x_1,Y\leqslant y_2\}$$

函数 $F(x,y)=P\{X\leqslant x,Y\leqslant y\}$ 称为二维随机变量 (X,Y) 的分布函数。分布函数具有下列基本性质：

(1) $F(x,y)$ 是变量 x 或变量 y 的非减少函数。

(2) $0\leqslant F(x,y)\leqslant1$，而且对于任意固定的 y，$F(-\infty,y)=0$；对于任意固定的 x，$F(x,-\infty)=0$；$F(-\infty,-\infty)=0$，$F(+\infty,+\infty)=1$。

a. 离散型的随机变量　若二维随机变量 (X,Y) 的所有可能取的值组是有限组或可数无穷多组，就说 (X,Y) 是离散型的随机变量。

设二维离散随机变量（X，Y）的所有可能取值为（x_i，y_j）（i，j=1，2，…），则称 P（$X=x_i$，$Y=y_j$｝=p_{ij}，（i，j=1，2，…）为二维离散随机变量的概率分布或分布律，或 X 与 Y 的联合分布律。

表1-1-4 正 态 分 布 表

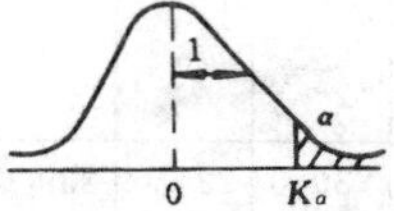

$K_a \to a$

K_a	0	1	2	3	4	5	6	7	8	9
0.0	0.5000	0.4960	0.4920	0.4880	0.4840	0.4801	0.4761	0.4721	0.4681	0.4641
0.1	0.4602	0.4562	0.4522	0.4483	0.4443	0.4404	0.4364	0.4325	0.4286	0.4247
0.2	0.4207	0.4168	0.4129	0.4090	0.4052	0.4013	0.3974	0.3936	0.3897	0.3859
0.3	0.3821	0.3783	0.3745	0.3707	0.3669	0.3632	0.3594	0.3557	0.3520	0.3483
0.4	0.3446	0.3409	0.3372	0.3336	0.3300	0.3264	0.3228	0.3192	0.3156	0.3121
0.5	0.3085	0.3050	0.3015	0.2981	0.2946	0.2912	0.2877	0.2843	0.2810	0.2776
0.6	0.2743	0.2709	0.2676	0.2643	0.2611	0.2578	0.2546	0.2514	0.2483	0.2451
0.7	0.2420	0.2389	0.2358	0.2327	0.2296	0.2266	0.2236	0.2206	0.2177	0.2148
0.8	0.2119	0.2090	0.2061	0.2033	0.2005	0.1977	0.1949	0.1922	0.1894	0.1867
0.9	0.1841	0.1814	0.1788	0.1762	0.1736	0.1711	0.1685	0.1660	0.1635	0.1611
1.0	0.1587	0.1562	0.1539	0.1515	0.1492	0.1469	0.1446	0.1423	0.1401	0.1379
1.1	0.1357	0.1335	0.1314	0.1292	0.1271	0.1251	0.1230	0.1210	0.1190	0.1170
1.2	0.1151	0.1131	0.1112	0.1093	0.1075	0.1056	0.1038	0.1020	0.1003	0.0985
1.3	0.0968	0.0951	0.0934	0.0918	0.0901	0.0885	0.0869	0.0853	0.0838	0.0823
1.4	0.0808	0.0793	0.0778	0.0764	0.0749	0.0735	0.0721	0.0708	0.0694	0.0681
1.5	0.0668	0.0655	0.0643	0.0630	0.0618	0.0606	0.0594	0.0582	0.0571	0.0559
1.6	0.0548	0.0537	0.0526	0.0516	0.0505	0.0495	0.0485	0.0475	0.0465	0.0455
1.7	0.0446	0.0436	0.0427	0.0418	0.0409	0.0401	0.0392	0.0384	0.0375	0.0367
1.8	0.0359	0.0351	0.0344	0.0336	0.0329	0.0322	0.0314	0.0307	0.0301	0.0294
1.9	0.0287	0.0281	0.0274	0.0268	0.0262	0.0256	0.0250	0.0244	0.0239	0.0233
2.0	0.0228	0.0222	0.0217	0.0212	0.0207	0.0202	0.0197	0.0192	0.0188	0.0183
2.1	0.0179	0.0174	0.0170	0.0166	0.0162	0.0158	0.0154	0.0150	0.0146	0.0143
2.2	0.0139	0.0136	0.0132	0.0129	0.0125	0.0122	0.0119	0.116	0.0113	0.0110
2.3	0.0107	0.0104	0.0102	0.0099	0.0096	0.0094	0.0091	0.0089	0.0087	0.0084
2.4	0.0082	0.0080	0.0078	0.0075	0.0073	0.0071	0.0069	0.0068	0.0066	0.0064
2.5	0.0062	0.0060	0.0059	0.0057	0.0055	0.0054	0.0052	0.0051	0.0049	0.0048
2.6	0.0047	0.0045	0.0044	0.0043	0.0041	0.0040	0.0039	0.0038	0.0037	0.0036
2.7	0.0035	0.0034	0.0033	0.0032	0.0031	0.0030	0.0029	0.0028	0.0027	0.0026
2.8	0.0026	0.0025	0.0024	0.0023	0.0023	0.0022	0.0021	0.0021	0.0020	0.0019
2.9	0.0019	0.0018	0.0018	0.0017	0.0016	0.0016	0.0015	0.0015	0.0014	0.0014
3.0	0.0013	0.0013	0.0013	0.0012	0.0012	0.0011	0.0011	0.0011	0.0010	0.0010

表1-1-5 F 分布表

自由度 ϕ_1,ϕ_2 的 F 分布

α

0 $F(\phi_1,\phi_2,\alpha)$

ϕ_1，ϕ_2，$\alpha\to F$（ϕ_1，ϕ_2，α）

α	ϕ_2 \ ϕ_1	1	2	3	4	5	6	8	10	12	20	30	∞	ϕ_1 / ϕ_2
$\alpha=0.05$	1	161.0	200.0	216.0	225.0	230.0	234.0	239.0	242.0	244.0	248.0	250.0	254.0	1
	2	18.5	19.0	19.2	19.2	19.3	19.3	19.4	19.4	19.4	19.4	19.5	19.5	2
	3	10.1	9.55	9.28	9.12	9.01	8.94	8.85	8.79	8.74	8.66	8.62	8.53	3
	4	7.71	6.94	6.59	6.39	6.26	6.16	6.04	5.96	5.91	5.80	5.75	5.63	4
	5	6.61	5.79	5.41	5.19	5.05	4.95	4.82	4.74	4.68	4.56	4.50	4.36	5
	6	5.99	5.14	4.76	4.53	4.39	4.28	4.15	4.06	4.00	3.87	3.81	3.67	6
	8	5.32	4.46	4.07	3.84	3.69	3.58	3.44	3.35	3.28	3.15	3.08	2.93	8
	10	4.96	4.10	3.71	3.48	3.33	3.22	3.07	2.98	2.91	2.77	2.70	2.54	10
	12	4.75	3.89	3.49	3.26	3.11	3.00	2.85	2.75	2.69	2.54	2.47	2.30	12
	14	4.60	3.74	3.34	3.11	2.96	2.85	2.70	2.60	2.63	2.39	2.31	2.13	14
	16	4.49	3.63	3.24	3.01	2.85	2.74	2.59	2.49	2.42	2.28	2.19	2.01	16
	18	4.41	3.55	3.16	2.93	2.77	2.66	2.51	2.41	2.34	2.19	2.11	1.92	18
	20	4.35	3.49	3.10	2.87	2.71	2.60	2.45	2.35	2.28	2.12	2.04	1.84	20
	22	4.30	3.44	3.05	2.82	2.66	2.55	2.40	2.30	2.23	2.07	1.98	1.78	22
	24	4.26	3.40	3.01	2.78	2.62	2.51	2.36	2.25	2.18	2.03	1.94	1.73	24
	26	4.23	3.37	2.98	2.74	2.59	2.47	2.32	2.22	2.15	1.99	1.90	1.69	26
	28	4.20	3.34	2.95	2.71	2.56	2.45	2.29	2.19	2.12	1.96	1.87	1.65	28
	30	4.17	3.32	2.92	2.69	2.53	2.42	2.27	2.16	2.09	1.93	1.84	1.62	30
	∞	3.84	3.00	2.60	2.37	2.21	2.10	1.94	1.83	1.75	1.57	1.46	1.00	∞
	ϕ_2 \ ϕ_1	1	2	3	4	5	6	8	10	12	20	30	∞	ϕ_1 / ϕ_2
$\alpha=0.01$	1	4052.0	5000.0	5403.0	5625.0	5764.0	5859.0	5982.0	6056.0	6106.0	6209.0	6261.0	6366.0	1
	2	98.5	99.0	99.2	99.2	99.3	99.3	99.4	99.4	99.4	99.4	99.5	99.5	2
	3	34.1	30.8	29.5	28.7	28.2	27.9	27.5	27.2	27.1	26.7	26.5	26.1	3
	4	21.2	18.0	16.7	16.0	15.5	15.2	14.8	14.5	14.4	14.0	13.8	13.5	4
	5	16.3	13.3	12.1	11.4	11.0	10.7	10.3	10.1	9.89	9.55	9.38	9.02	5
	6	13.7	10.9	9.78	9.15	8.75	8.47	8.10	7.87	7.72	7.40	7.23	6.88	6
	8	11.3	8.65	7.59	7.01	6.63	6.37	6.03	5.81	5.67	5.36	5.20	4.86	8
	10	10.0	7.56	6.55	5.99	5.64	5.39	5.06	4.85	4.71	4.41	4.25	3.91	10
	12	9.33	6.93	5.95	5.41	5.06	4.82	4.50	4.30	4.16	3.86	3.70	3.36	12
	14	8.86	6.51	5.56	5.04	4.70	4.46	4.14	3.94	3.80	3.51	3.35	3.00	14
	16	8.53	6.23	5.29	4.77	4.44	4.20	3.89	3.69	3.55	3.26	3.10	2.75	16
	18	8.29	6.01	5.09	4.58	4.25	4.01	3.71	3.51	3.37	3.08	2.92	2.57	18
	20	8.10	5.85	4.94	4.43	4.10	3.87	3.56	3.37	3.23	2.94	2.78	2.42	20
	22	7.95	5.72	4.82	4.31	3.99	3.76	3.45	3.26	3.12	2.83	2.67	2.31	22
	24	7.82	5.61	4.72	4.22	3.90	3.67	3.36	3.17	3.03	2.74	2.58	2.21	24
	26	7.72	5.53	4.64	4.14	3.82	3.59	3.29	3.09	2.96	2.68	2.50	2.13	26
	28	7.64	5.45	4.57	4.07	3.75	3.53	3.23	3.03	2.90	2.60	2.44	2.06	28
	30	7.56	5.39	4.51	4.02	3.70	3.47	3.17	2.98	2.84	2.55	2.39	2.01	30
	∞	6.63	4.61	3.78	3.32	3.02	2.80	2.51	2.32	2.18	1.88	1.70	1.00	∞

表1—1—6 χ^2 分 布 表

$$\int_{\chi_\alpha^2}^{\infty} px^2\ (x)\ \mathrm{d}x=\alpha$$

n	α														
	99.5	99.0	98.0	95.0	90.0	80.0	70.0	50.0	30.0	20.0	10.0	5.0	2.0	1.0	0.5
1	0.000039	0.00016	0.00063	0.00393	0.0158	0.0642	0.148	0.455	1.074	1.642	2.706	3.841	5.412	6.635	7.879
2	0.0100	0.0201	0.0404	0.1026	0.211	0.446	0.713	1.386	2.408	3.219	4.605	5.991	7.824	9.210	10.597
3	0.0717	0.115	0.185	0.352	0.584	1.005	1.424	2.366	3.665	4.642	6.251	7.815	9.837	11.341	12.838
4	0.207	0.297	0.429	0.711	1.064	1.649	2.195	3.557	4.878	5.989	7.779	9.488	11.668	13.277	14.860
5	0.412	0.554	0.752	1.145	1.610	2.343	3.000	4.351	6.064	7.289	9.236	11.070	13.388	15.086	16.750
6	0.676	0.872	1.134	1.635	2.204	3.070	3.828	5.348	7.231	8.558	10.645	12.592	15.033	16.812	18.543
7	0.989	1.239	1.564	2.167	2.833	3.822	4.671	6.346	8.383	9.803	12.017	14.067	16.622	18.475	20.278
8	1.344	1.646	2.032	2.733	3.490	4.594	5.527	7.344	9.524	11.030	13.362	15.507	18.168	20.090	21.955
9	1.735	2.088	2.532	3.325	4.168	5.380	6.393	8.343	10.656	12.242	14.684	16.919	19.697	21.666	23.589
10	2.156	2.558	3.059	3.940	4.865	6.179	7.267	9.342	11.781	13.442	15.987	18.307	21.161	23.209	25.188
11	2.603	3.053	3.609	4.575	5.578	6.989	8.148	10.341	12.899	14.631	17.275	19.675	22.618	24.725	26.757
12	3.074	3.571	4.178	5.226	6.304	7.807	9.034	11.340	14.011	15.812	18.549	21.026	24.054	26.217	28.299
13	3.565	4.107	4.765	5.892	7.042	8.634	9.926	12.340	15.119	16.985	19.812	22.362	25.472	27.688	29.819
14	4.075	4.660	5.368	6.571	7.790	9.467	10.821	13.339	16.222	18.151	21.064	23.685	26.873	29.141	31.319
15	4.601	5.229	5.985	7.261	8.547	10.307	11.721	14.339	17.322	19.311	22.307	24.996	28.259	30.578	32.801
16	5.142	5.812	6.614	7.962	9.312	11.152	12.624	15.338	18.418	20.465	23.542	26.296	29.633	32.000	34.267
17	5.697	6.408	7.255	8.672	10.085	12.002	13.531	16.338	19.511	21.615	24.769	27.587	30.995	33.409	35.718
18	6.265	7.015	7.906	9.390	10.865	12.857	14.440	17.338	20.601	22.760	25.989	28.869	32.346	34.805	37.156

续表

n	α														
	99.5	99.0	98.0	95.0	90.0	80.0	70.0	50.0	30.0	20.0	10.0	5.0	2.0	1.0	0.5
19	6.844	7.633	8.567	10.117	11.651	13.716	15.352	18.338	21.689	23.900	27.204	30.144	33.687	36.191	38.582
20	7.434	8.260	9.237	10.851	12.443	14.578	16.266	19.337	22.775	25.038	28.412	31.410	35.020	37.566	39.997
21	8.034	8.897	9.915	11.591	13.240	15.445	17.182	20.337	23.858	26.171	29.615	32.671	36.343	38.932	41.401
22	8.643	9.542	10.600	12.338	14.042	16.314	18.101	21.337	24.939	27.301	30.813	33.924	37.659	40.289	42.796
23	9.260	10.196	11.293	13.091	14.848	17.187	19.021	22.337	26.018	28.429	32.007	35.172	38.968	41.638	44.181
24	9.886	10.856	11.992	13.848	15.659	18.062	19.943	23.337	27.096	29.553	33.196	36.415	40.270	42.980	45.559
25	10.520	11.524	12.697	14.611	16.473	18.940	20.867	24.337	28.172	30.675	34.382	37.652	41.566	44.314	46.928
26	11.160	12.198	13.409	15.379	17.292	19.820	21.792	25.336	29.249	31.795	35.563	38.885	42.856	45.642	48.290
27	11.808	12.879	14.125	16.151	18.114	20.703	22.719	26.336	30.319	32.912	36.741	40.113	44.140	46.963	49.645
28	12.461	13.565	14.847	16.928	18.939	21.588	23.647	27.336	31.391	34.027	37.916	41.337	45.419	48.278	50.993
29	13.121	14.257	15.574	17.708	19.768	22.475	24.577	28.336	32.461	35.139	39.087	42.557	46.693	49.588	52.336
30	13.787	14.954	16.306	18.493	20.599	23.364	25.508	29.336	33.530	36.250	40.256	43.773	47.962	50.892	53.672
40	20.707	22.164	23.824	26.509	20.051	32.352	34.876	39.335	44.163	47.263	51.805	55.758	60.796	63.691	66.766
60	35.534	37.485	39.689	43.188	46.459	50.647	53.815	59.335	65.225	68.969	74.397	79.082	84.588	88.379	91.952
80	51.172	53.540	56.204	60.391	64.278	69.213	72.920	79.334	86.122	90.403	96.578	101.879	108.082	112.329	116.321
100	67.328	70.065	73.134	77.929	82.358	87.950	92.136	99.334	106.908	111.667	118.498	123.342	131.154	135.807	140.169
200	152.241	156.432	161.099	168.279	174.835	183.006	189.052	199.333	209.997	216.618	226.021	233.994	243.198	249.445	255.264

表1—1—7 t 分布表

$$\int_{t_a}^{\infty} p_i(x)\,dx=\frac{\alpha}{2}$$

n	α=0.10	α=0.05	α=0.02	α=0.01	n	α=0.10	α=0.05	α=0.02	α=0.01
1	6.314	12.706	31.821	63.657	18	1.734	2.101	2.552	2.878
2	2.920	4.303	6.965	9.925	19	1.729	2.093	2.539	2.861
3	2.353	3.182	4.541	5.841	20	1.725	2.086	2.528	2.845
4	2.132	2.776	3.747	4.604	21	1.721	2.080	2.518	2.831
5	2.015	2.571	3.365	4.032	22	1.717	2.074	2.508	2.819
6	1.943	2.447	3.143	3.707	23	1.714	2.069	2.500	2.807
7	1.895	2.365	2.998	3.499	24	1.711	2.064	2.492	2.797
8	1.860	2.306	2.896	3.355	25	1.708	2.060	2.485	2.787
9	1.833	2.262	2.821	3.250	26	1.706	2.056	2.479	2.779
10	1.812	2.228	2.764	3.169	27	1.703	2.052	2.473	2.771
11	1.796	2.201	2.718	3.106	28	1.701	2.048	2.467	2.763
12	1.782	2.179	2.681	3.055	29	1.699	2.045	2.462	2.756
13	1.771	2.160	2.650	3.012	30	1.697	2.042	2.457	2.750
14	1.761	2.145	2.624	2.977	40	1.684	2.021	2.423	2.704
15	1.753	2.131	2.602	2.947	60	1.671	2.000	2.390	2.660
16	1.746	2.120	2.583	2.921	120	1.658	1.980	2.358	2.617
17	1.740	2.110	2.567	2.898	∞	1.645	1.960	2.326	2.576

离散型随机变量 X 与 Y 的联合分布律具有

$$F(x,y)=\sum_{\substack{x_i\leqslant x\\ y_j\leqslant y}} p_{ij}$$

式中 对一切满足 $x_i\leqslant x, y_j\leqslant y$ 的 i,j 求和。

b. 连续型的随机变量 若对于任意的实数 x,y 存在非负函数 $f(x,y)$ 使得

$$F(x,y)=\int_{-\infty}^{y}\int_{-\infty}^{x} f(u,v)\mathrm{d}u\mathrm{d}v$$

则称 (X,Y) 为连续型的二维随机变量，函数 $f(x,y)$ 称为二维随机变量 (X,Y) 的概率密度。概率密度 $f(x,y)$ 具有以下性质：

(1) $f(x,y)\geqslant 0$

(2) $\int_{-\infty}^{\infty}\int_{-\infty}^{\infty} f(x,y)\mathrm{d}x\mathrm{d}y=F(+\infty,+\infty)=1$

(3)若 $f(x,y)$ 在点 (x,y) 连续，则 $\partial^2 F(x,y)/\partial x\partial y=f(x,y)$。

(4)设 Ω 是 xy 平面上的一个区域，随机点 (X,Y) 落在 Ω 中的概率为

$$P\{(X,Y)\in\Omega\}=\iint_{\Omega} f(x,y)\mathrm{d}x\mathrm{d}y$$

2)边缘分布

二维随机变量 (X,Y) 作为一个整体具有分布函数，而 X 与 Y 也都是随机变量，各有它们

自己的分布函数。X 的分布函数称为二维随机变量(X,Y)关于 X 的边缘分布函数，仿此有关于 Y 的边缘分布函数。边缘分布可以由(X,Y)的分布函数 $F(x,y)$如下决定。

对于离散随机变量，设 p_i 与 p_j 分别为(X,Y)关于 X 与关于 Y 的边缘分布律，则

$$p_i=\sum_{j=1}^{\infty}p_{ij},i=1,2,\cdots$$

$$p_j=\sum_{i=1}^{\infty}p_{ij},j=1,2,\cdots$$

对于连续型随机变量(X,Y)，设其概率密度为 $f(x,y)$，则 X 是一个连续型随机变量，其(边缘)概率密度为 $\int_{-\infty}^{+\infty}f(x,y)\mathrm{d}y$；$Y$ 也是一个连续型随机变量，其(边缘)概率密度为 $\int_{-\infty}^{+\infty}f(x,y)\mathrm{d}x$。

3)协方差与相关系数

二维随机变量(X,Y)的分布的数字特征除了 X 的均值 $E(X)$，方差 $D(X)$，Y 的均值 $E(Y)$，方差 $D(Y)$外，尚有反映 X,Y 之间互相依赖强弱的数值、协方差与相关系数。X 与 Y 的协方差为 $\mathrm{cov}(X,Y)=E\{[X-E(X)][Y-E(Y)]\}$而 X 与 Y 的相关系数是

$$\rho_{XY}=\mathrm{cov}(X,Y)/\sqrt{D(X)}\sqrt{D(Y)}$$

相关系数也称为标准协方差。

因为协方差受到单位选法的影响，所以主要使用相关系数。ρ_{XY}的性质有：

(1)$|\rho_{XY}|\leqslant 1$；

(2)当 $\rho_{XY}\to 1$，若 X 取大值，则 Y 也有取大值的倾向(正相关)；

(3)当 $\rho_{XY}\to -1$，若 X 取大值，则 Y 有取小值倾向(负相关)；

(4)$|\rho_{XY}|=1$ 的充要条件是 X 与 Y 按概率 1 有线性关系，即

$\rho\{Y=aX+b\}=1$，a，b 是常数

4)独立性

对于任意 x，y，若 $P\{X\leqslant x,Y\leqslant y\}=P\{X\leqslant x\}P\{Y\leqslant y\}$，则称随机变量 X,Y 是相互独立的。

对于离散型随机变量(X,Y)，设(X,Y)的所有可能取值为(x_i,y_j)，则 X 与 Y 相互独立等价于

$$P\{X=x_i,Y=y_j\}=P\{X=x_i\}P\{Y=y_j\}$$

对于连续型随机变量(X,Y)，设 $f(x,y)$，$f_X(x)$，$f_Y(y)$分别是(X,Y)的概率密度与边缘概率密度，则 X 与 Y 相互独立等价于 $f(x,y)=f_X(x)\times f_Y(y)$。

5)正态分布

二维正态分布的概率密度是

$$f(x,y)=(2\pi\sigma_1\sigma_2\sqrt{1-\rho^2})^{-1}\times\exp[-1/2(1-\rho^2)\{(x-\mu_1)^2/\sigma_1^2+(y-\mu_2)^2/\sigma_2^2-2\rho(x-\mu_1)\times(y-\mu_2)/\sigma_1\sigma_2\}]$$

$(\mu_1,\ \mu_2,\ \sigma_1^2,\ \sigma_2^2,\ \rho)$ 为参数；μ_1，μ_2 分别是 X 与 Y 的均值；σ_1^2，σ_2^2 分别是 X 与 Y 的方差；ρ 是 X 与 Y 的相关系数。关于 X 的边缘分布是 $N\ (\mu_1,\ \sigma_1^2)$，关于 Y 的边缘分布是 $N\ (\mu_2,\ \sigma_2^2)$。

5. n 个随机变量的情况

n 个随机变量 X_1，X_2，…，X_n 之和 $L=\sum_{i=1}^{n}X_i$ 的均值与方差为

$$E(L)=\sum_{i=1}^{n}E(X_i)$$

$$D(L)=\sum_{i=1}^{n}D(X_i)+2\mathrm{cov}(X_1, X_2)+\cdots+2\mathrm{cov}(X_{n-1}, X_n)$$

当 $X_1,\cdots,X_n$ 的分布是正态分布时，则 L 的分布也是正态分布。由以上推知，如 $X_1,\cdots,X_n$ 独立，则有

$$D(L)=\sum_{i=1}^{n}D(X_i)\text{（方差的可加性）}$$

（三）母函数

1）概率母函数　设 X 为取整数值 0，1，2，…的随机变量，概率分布律为 p_i。又设 θ 为参数，则

$$P(\theta)=E\{\theta^X\}=\sum_{i=0}^{\infty}\theta^i p_i$$

称为 X 的概率母函数。$P(\theta)$ 在 $0\leqslant\theta\leqslant1$ 的范围内存在。$P(\theta)$ 对 θ 求 k 次导数并且令 $\theta=1$ 得

$$P^{(k)}(1)=E\{X(X-1)\cdots(X-k+1)\}$$

在矩的计算上用这个关系很方便。

2)矩母函数　设 X 为随机变量，θ 为参数，则 $M(\theta)=E\{e^{\theta X}\}$ 称为 X 的矩母函数。$M(\theta)$ 对 θ 求 k 次导数并且令 $\theta=0$ 得

$$M^k(0)=E\{X^i\}$$

在矩的计算上用这个关系方便。

3)特征函数　对于随机变量 X，设 θ 为参数，则

$$\varphi(\theta)=E\{e^{iex}\}\text{（i 为虚数单位）}$$

称为 X 的特征函数。因为 $|\varphi(\theta)|\leqslant1$，所以对于任何随机变量，$\varphi(\theta)$ 恒存在。$\varphi(\theta)$ 对 θ 求 k 次导数并令 $\theta=0$ 得

$$\varphi^{(k)}(0)=i^k E\{X^k\}$$

这个关系便于用在矩的计算上。对于有的随机变量，矩母函数并不存在（定义中的级数或积分不收敛）。但特征函数对任何随机变量恒存在，故在理论上特征函数比矩母函数更为有用。

上述三个母函数（概率母函数，矩母函数，特征函数）的重要性质有："若两个分布的母函数一致，则分布也一致"。这一性质常用在求分布上。

（四）大数定律与中心极限定理

1. 大数定律

设 n_A 是 n 次独立试验中事件 A 发生的次数，n_A/n 称为事件 A 在这 n 次试验中出现的频率。关于事件的频率与概率之间有

1)贝努利定理　设 n_A 是 n 次独立试验中事件 A 发生的次数，p 是每次试验中发生的概

率，则对于任意正数 ε 有

$$\lim_{n\to\infty}P\left\{\left|\frac{n_A}{n}-p\right|<\varepsilon\right\}=1$$

$$\lim_{n\to\infty}P\left\{\left|\frac{n_A}{n}-p\right|\geqslant\varepsilon\right\}=0$$

当试验次数很大时可以用事件发生的频率代替事件的概率。

2)契比雪夫定理　设随机变量 $X_1,X_2,\cdots,X_n,\cdots$ 相互独立，而且具有相同的数学期望和方差：$E(X_k)=\mu,D(X_k)=\sigma^2(k=1,2,\cdots),Y_n=(1/n)\sum\limits_{k=1}^{n}X_k$，则对于任意正数 ε 有

$$\lim_{n\to\infty}P\{|Y_n-\mu|<\varepsilon\}=\lim_{n\to\infty}P\left\{\left|\frac{1}{n}\sum_{k=1}^{n}X_k-\mu\right|<\varepsilon\right\}=1$$

设 $Y_1,Y_2,\cdots,Y_n,\cdots$ 是一个随机变量序列，a 是一个常数。若对于任意正数 ε，$\lim\limits_{n\to\infty}P\{|Y_n-a|<\varepsilon\}=1$，就说序列 $Y_1,Y_2,\cdots,Y_n,\cdots$ 按概率收敛于 a。

契比雪夫定理说明，在定理的条件下，n 个随机变量的算术平均当 n 很大时几乎成为一个常数。

2. 中心极限定理

在客观实际中，许多随机变量是由大量相互独立的随机因素的综合影响而形成，而其中个别因素在总的影响中起的作用都是微小的。这种随机变量往往近似地服从正态分布。

1) 同分布的中心极限定理　设随机变量 X_1，X_2，…，X_n，…相互独立，服从同一概率分布，而且具有有限的数学期望与方差：$E(X_k)=\mu$，$D(X_k)=\sigma^2\neq0$ ($k=1$，2，…)，则对于任意 x，随机变量 $Y_n=\left(\sum\limits_{k=1}^{n}X_k-n\mu\right)/\sqrt{n}\,\sigma$ 的分布函数 $F_n(x)$ 满足

$$\lim_{n\to\infty}F_n(x)=\lim_{n\to\infty}P\left\{\left(\sum_{k=1}^{n}X_k-n\mu\right)/\sqrt{n}\,\sigma\leqslant x\right\}=\int_{-\infty}^{x}(1/\sqrt{2\pi})\ e^{-t^2/2}dt$$

2) 李雅普诺夫 (Lyapnov) 定理　设随机变量 X_1，X_2，…，X_n，…相互独立，而且具有有限的数学期望与方差：$E(X_k)=\mu_k$，$D(X_k)=\sigma_k^2\neq0$ ($k=1$，2，…)。令 $B_n^2=\sum\limits_{k=1}^{n}\sigma_k^2$，若存在正数 δ，使得当 $n\to\infty$ 时，

$(1/B_n^{2+\delta})\sum\limits_{k=1}^{n}E|X_k-\mu_k|^{2+\delta}\to0$，则对于任意 x，随机变量 $Z_n=\left(\sum\limits_{k=1}^{n}X_k-\sum\limits_{k=1}^{n}\mu_k\right)/B_n$ 的分布函数 $F_n(x)$ 满足

$$\lim_{n\to\infty}F_n(x)=\lim_{n\to\infty}P\left\{\left(\sum_{k=1}^{n}X_k-\sum_{k=1}^{n}\mu_k\right)/B_n\leqslant x\right\}=\int_{-\infty}^{x}(1/\sqrt{2\pi})\ e^{-t^2/2}dt$$

3) 德莫佛-拉普拉斯 (de Moivre-Laplace) 定理　设随机变量 η_n ($n=1$，2，…) 是具有参数为 n，p ($0<p<1$) 的二项分布，则对于区间 $(a,b]$，随机变量 $(\eta_n-np)/\sqrt{np(1-p)}$ 满足 $\lim\limits_{n\to\infty}P\{a<(\eta_n-np)/\sqrt{np(1-p)}\leqslant b\}=\int_a^b(1/\sqrt{2\pi})\ e^{-t^2/2}dt$

上列中心极限定理说明：在定理的条件下，随机变量 $\left(\sum\limits_{k=1}^{n}X_k-n\mu\right)/\sqrt{n}\,\sigma$，$\left(\sum\limits_{k=1}^{n}X_k-\sum\limits_{k=1}^{n}\mu_k\right)/B_n$，$(\eta_n-np)/\sqrt{np(1-p)}$ 在 n 很大时近似地服从正态分布 $N(0,1)$。

在数理统计中，中心极限定理是大样本统计推断的理论基础。

（五）随机过程

随机过程是为说明随时间变化的偶然现象而产生，是以时间为参数的随机变量的集$\{X(t)\}$，$t\in T$，（T是时间t的变化范围）。工程上有时把$X(t_1)$称为随机过程$X(t)$在$t=t_1$时的状态。

设$X(t)$是一个随机过程，对每一个固定的$t_1\in T$，$X(t_1)$是一个随机变量，它的分布函数一般与t_1有关，记为$F_1(x_1,t_1)=P\{X(t_1)\leqslant x_1\}$，它叫做随机过程$X(t)$的一维分布函数。若存在二元函数$f_1(x_1,t_1)$使

$$F(x_1,t_1)=\int_{-\infty}^{x_1}f_1(x,t_1)\mathrm{d}x$$

成立，则称$f_1(x_1,t_1)$为随机过程$X(t)$的一维概率密度。

为了说明随机过程$X(t)$在任意两个时刻t_1与t_2状态间的联系，引入二维随机变量$(X(t_1),X(t_2))$的分布函数，它一般与t_1，t_2有关，记为$F_2(x_1,x_2;t_1,t_2)=P\{X(t_1)\leqslant x_1,X(t_2)\leqslant x_2\}$，叫做随机过程$X(t)$的二维分布函数。若存在函数$f_2(x_1,x_2;t_1,t_2)$使

$$F(x_1,x_2;t_1,t_2)=\int_{-\infty}^{x_1}\int_{-\infty}^{x_2}f_2(x,y;t_1,t_2)\mathrm{d}x\mathrm{d}y$$

成立，则称$f_2(x_1,x_2;t_1,t_2)$为随机过程$X(t)$的二维概率密度。同理定义随机过程$X(t)$的n维分布函数$F_n(x_1,x_2,\cdots,x_n;t_1,t_2,\cdots,t_n)$与$n$维概率密度$f_n(x_1,x_2,\cdots,x_n;t_1,t_2,\cdots,t_n)$。$n$维分布函数（或概率密度）能够近似地描述随机过程$X(t)$的统计特性，而且$n$越大越好。一般，分布函数列$\{F_1,F_2,\cdots\}$或概率密度列$\{f_1,f_2,\cdots\}$完全决定随机过程的全部统计特性。

1. 马尔可夫过程

这类随机过程的特点是：已知过程现在（时刻t_0）的状态，下个时刻（t）事件的概率只依赖于现在的状态而与过去的状态无关，这种特性称为无后效性。用分布函数描述：如果对于时间t的任意n个数值$t_1<t_2<\cdots<t_n$（$n\geqslant 3$），在条件$X(t_i)=x_i$（$i=1,2,\cdots,n-1$）下$X(t_n)$的分布函数恰好等于在条件$X(t_{n-1})=x_{n-1}$下$X(t_n)$的分布函数，即

$$\begin{aligned}&F(x_n;t_n|x_{n-1},x_{n-2},\cdots,x_1;t_{n-1},t_{n-2},\cdots,t_1)\\&=F(x_n;t_n|x_{n-1};t_{n-1}),\ n=3,4,\cdots\end{aligned}$$

则称$X(t)$为马尔可夫过程或简称马氏过程。上左右端的条件分布函数$F(x;t|x';t')=P\{X(t)\leqslant x|X(t')=x'\}$，$t>t'$，称为马氏过程的转移概率。

状态和时间参数都是离散的马氏过程称为马尔可夫链。把可数个发生状态转移的时刻记作t_1，t_2，…，t_n，…。在t_n时发生的转移称为第n次转移。假设在各时刻t_n（$n=1,2,\cdots$）$X_n=X(t_n)$可能取的状态为a_1，…，a_N。这时，马氏过程的分布函数满足的条件可以写成：$P\{X_n=a_{i_n}|X_{n-1}=a_{in-1},\cdots,X_1=a_{i_1}\}=P\{X_n=a_{i_n}|X_{n-1}=a_{i_{n-1}}\}$。如果再假设：在$X_{n-1}=a_i$的条件下，第$n$次转移出现$a_j$即$X_n=a_j$成立的概率与$n$无关，这种马尔可夫过程称为齐次马氏过程或马尔可夫链，记此概率为p_{ij}，即

$$p_{ij}=P\{X_n=a_j|X_{n-1}=a_i\}$$

$$i,j=1,2,\cdots,n;\ n=1,2,\cdots$$

它称为马尔可夫链的转移概率。这时，又说$\{X_n\}$是具有稳定转移概率p_{ij}的马尔可夫链。以

p_{ij}为 i 行 j 列的矩阵称为转移概率矩阵。这个矩阵的元素 p_{ij}具有性质；$p_{ij}\geqslant 0$，$\sum_j p_{ij}=1$。具有稳定，转移概率的马尔可夫链由初始分布与转移概率矩阵完全决定。

马尔可夫过程和马尔可夫链在近代物理，生物，公用事业，信息处理，自动控制以及数字计算方法等方面都有重要应用。

2. 普阿松过程

一类随机过程在任一时间间隔上过程状态的改变并不影响未来任一时间间隔上状态的改变（也称为无后效性）。详细地说，设随机过程 $X(t)$，$t\geqslant 0$，当 $0\leqslant t_1<t_2$ 时 $X(t_2)-X(t_1)$是一个随机变量，称为在时间间隔$[t_1,t_2)$上 $X(t)$的增量，记作 $X(t_1,t_2)=X(t_2)-X(t_1)$。若对于时间 t 的任意 n 个值 $0\leqslant t_1<t_2<\cdots<t_n$，增量 $X(t_2,t_1),X(t_2,t_3),\cdots,X(t_{n-1},t_n)$是相互独立的，则称 $X(t)$为独立增量过程，它是一种特殊的马氏过程。

用 $N(t)$表示某事件在时间间隔$[0,t)$内发生的次数，于是 $N(t_1,t_2)=N(t_2)-N(t_1)$，$0\leqslant t_1<t_2$，表示在时间间隔$[t_1,t_2)$内发生的次数。在$[t_1,t_2)$内发生 k 次，即$\{N(t_1,t_2)=k\}$是一个事件，它的概率用 $P_k(t_1,t_2)$表示，即

$$P_k(t_1,t_2)=P\{N(t_1,t_2)=k\}$$
$$k=0,1,2,\cdots$$

当随机过程 $N(t)$，$t\geqslant 0$ 满足下列三条件时，则称 $N(t)$为普阿松过程：

1)对于任意时刻 $0\leqslant t_1<t_2<\cdots<t_n$，发生次数 $N(t_i,t_{i-1})$，$i=1,2,\cdots,n-1$，是相互独立的。

2)对于充分小的 Δt，

$$P_1(t,t+\Delta t)=P\{N(t,t+\Delta t)=1\}$$
$$=\lambda\Delta t+o(\Delta t)$$

式中　$o(\Delta t)$是 Δt 的高阶无穷小，常数 $\lambda>0$ 称为过程 $N(t)$的强度。

3)对于充分小的 Δt

$$\sum_{j=2}^{\infty}P_j(t,t+\Delta t)=\sum_{j=2}^{\infty}P\{N(t,t+\Delta t)=j\}=o(\Delta t)$$

在初始条件 $P_0(t_0,t_0)=1$ 下，满足上述1)、2)、3)三条件的在$[t_0,t)$内出现 k 次的概率是

$$P_k(t_0,t)=[\lambda(t-t_0)]^k e^{-\lambda(t-t_0)}/k!\ ,t>t_0$$
$$k=0,1,2,\cdots$$

此式说明：对于固定的 t，随机变量 $N(t)$服从参数为 $\lambda(t-t_0)$的普阿松分布。

在公共事业中，一定时间间隔$[0,t)$内到某商店去的顾客数，通过某交叉路口的汽车数；在电子技术中，散粒效应与脉冲噪声等通常都可用普阿松过程模拟。

3. 随机过程的数字特征

设 $X(t)$为一个随机过程。固定 t，则 $X(t)$是一个随机变量，它的均值或数学期望是

$$\mu_X(t)=E[X(t)]=\int_{-\infty}^{\infty}xf_1(x,t)\mathrm{d}x$$

式中　$f_1(x,t)$——随机过程 $X(t)$的一维概率密度。$D[X(t)]=E\{[X(t)-\mu_X(t)]^2\}$，$\sigma[X(t)]=\sqrt{D[X(t)]}$。$\mu'_X(t)=E[X^2(t)]$分别称为随机过程 $X(t)$的方差，均方差，二阶原点矩。

设 $X(t_1)$ 与 $X(t_2)$ 是随机过程 $X(t)$ 在任意两个时刻 t_1，t_2 的状态，$f_2(x_1,x_2;t_1,$

t_2）为相应的二维概率密度。二阶原点混合矩

$$E[X(t_1)X(t_2)]=\int_{-\infty}^{\infty}\int_{-\infty}^{\infty}x_1x_2f_2(x_1,x_2;t_1,t_2)\mathrm{d}x_1\mathrm{d}x_2$$

称为随机过程 $X(t)$的自相关函数,简称相关函数。$E\{[X(t_1)-\mu_X(t_1)][X(t_2)-\mu_X(t_2)]\}$称为自协方差函数,简称协方差函数。

随机过程 $X(t)$沿整个时间轴的时间平均

$$\langle X(t)\rangle=\lim_{T\to+\infty}\frac{1}{2T}\int_{-T}^{T}X(t)\mathrm{d}t$$

与

$$\langle X(t)X(t+\tau)\rangle=\lim_{T\to\infty}\frac{1}{2T}\int_{-T}^{T}X(t)X(t+\tau)\mathrm{d}t$$

分别称为随机过程 $X(t)$的时间均值与时间相关函数。

4. 平稳随机过程

许多随机过程的未来状态要受到现在状态与过去状态的影响，平稳随机过程就是其中最重要一类。它的统计特性不随时间的平稳而变化，或者说与时间原点的选择无关。数学语言是：若对于时间 t 的任意 n 个值 t_1，t_2，…，t_n 与任意实数 ε，随机过程 $X(t)$ 的 n 维分布函数满足

$$\begin{aligned}&F_n(x_1,x_2,\cdots,x_n;t_1,t_2,\cdots,t_n)\\&=F_n(x_1,x_2,\cdots,x_n;t_1+\varepsilon,t_2+\varepsilon,\cdots,t_n+\varepsilon)\\&\qquad n=1,2,\cdots\end{aligned}$$

时，则称 $X(t)$ 为平稳随机过程，简称平稳过程。对于一个随机过程，如果它的前后环境和主要条件都与时间无关，则一般就看做平稳过程。

平稳过程的均值是常数，自相关函数 $R_X(\tau)$ 是单变量（$\tau=t_2-t_1$）的函数。

给定随机过程 $X(t)$，如果 $E[X(t)]=$常数，$E[X^2(t)]<+\infty$，$E[X(t)X(t+\tau)]=R_X(\tau)$，则称 $X(t)$ 为宽平稳过程或广义平稳过程。而相对地按本段开始定义的平稳过程称为严平稳过程或狭义平稳过程。

一个严平稳过程只要均方值有界则必定也是宽平稳的，但反过来一般是不成立的。但一个宽平稳的正态过程是严平稳的。以后讲到平稳过程一词，除特别声明外，总是指宽平稳过程。

有二平稳过程 $X(t)$ 与 $Y(t)$，如果它们的互相关函数仅是单变量的函数，即 $R_{XY}(\tau)=E[X(t)Y(t+\tau)]$，就说 $X(t)$ 和 $Y(t)$ 是平稳相关的或联合宽平稳的。

例 1　设 Y 是随机变量，则随机过程 $X_1(t)=Y$ 是严平稳的，当 $E(Y^2)<+\infty$时亦是宽平稳的。而 $X_2(t)=tY$ 是非平稳的。

例 2　设 X_k，$k=\cdots,-2,-1,0,1,2,\cdots$是一列相互独立且有相同分布的随机变量，$E(X_k)=0$，$E(X_k^2)=\sigma^2$，$k=\cdots,-2,-1,0,1,2,\cdots$。离散参数随机过程（即随机变量序列）$X(t)=X_t$，$t\in\{\cdots,-2,-1,0,1,2,\cdots\}$ 是宽平稳的，也是严平稳的。

例 3　设 $s(t)$ 是一周期为 T 的函数，θ 是在 $(0,P)$ 上具有均匀分布的随机变量。$X(t)=s(t+\theta)$ 称为随机相位周期过程。这种随机过程是平稳的。

设 $T=(-\infty,\infty)$ 或 $[0,\infty)$。如果对于任何 $t\in T$，随机过程 $\{X(t),t\in T\}$ 满足 $\lim\limits_{h\to0}E$

〔$|X(t+h)-X(t)|^2$〕$=0$，就说此过程是均方连续的。

设$R_X(T)$是均方连续的宽平稳过程的相关函数，则存在唯一的右连续不减函数$F(\lambda)$满足：$\lim\limits_{\lambda\to-\infty}F(\lambda)=0$；对于一切$\tau$，$R_X(\tau)=\int_{-\infty}^{\infty}e^{i\tau\lambda}dF(\lambda)$。此式称为相关函数的谱展式，其中$F(\lambda)$称为过程的谱函数。

讨论宽平稳过程的一个统计问题。设$\{X(t),-\infty<t<\infty\}$是一个宽平稳过程。工程上常用下列办法根据一段时间上的观测数据去估计$E[X(t)]$和相关函数$R_X(\tau)$。如果$N-M$足够大，$\{x(t),M\leqslant t\leqslant N$是观测到的数据，则可用$\hat{o}=\frac{1}{N-M}\int_M^N x(t)\,dt$作为$E[X(t)]$的估计值。用$\frac{1}{N-\tau-M}\int_M^{N-\tau}x(t)\,\overline{x}(t+\tau)\,dt-|\hat{o}|^2$作为$R_X(\tau)$（$\tau\geqslant0$）的估计值。对于各态历经的宽平稳过程，这个办法是有根据的。

5．各态历经性

设$X(t)$是一平稳过程。

1）若$\langle X(t)\rangle=E[X(t)]$依概率1成立，则称过程$X(t)$的均值具有各态历经性(ergodicity)。

2）若$\langle X(t)X(t+\tau)\rangle=E[X(t)X(t+\tau)]$依概率1成立，则称过程$X(t)$的自相关函数具有各态历经性。特别当$\tau=0$时，就说均方值具有各态历经性。

3）若$X(t)$的均值与自相关函数都具有各态历经性，则称$X(t)$是（宽）各态历经过程，或$X(t)$是各态历经的。

a．均值各态历经定理　平稳过程$X(t)$的均值具有各态历经性的充要条件是

$$\lim_{T\to+\infty}\frac{1}{T}\int_{-\infty}^{\infty}\left(1-\frac{\tau}{2T}\right)[R_X(\tau)-\mu_X^2]d\tau=0$$

式中　$R_X(\tau)=E[X(t)X(t+\tau)]$。

b.自相关函数各态历经定理　平稳过程$X(t)$的自相关函数$R_X(\tau)$具有各态历经性的充要条件是

$$\lim_{T\to+\infty}\frac{1}{T}\int_0^{2T}\left(1-\frac{\tau_1}{2T}\right)[B(\tau_1)-R_X^2(\tau)]d\tau_1=0$$

式中　$B(\tau_1)=E[X(t+\tau+\tau_1)X(t+\tau_1)\times X(t+\tau)X(t)]$。

各态历经定理的重要价值在于：一个平稳过程$X(t)$只要满足定理中的条件或其等价条件，从一次试验所得的样本函数$x(t)$即可决定出该过程的均值与自相关函数。即

$$\lim_{T\to+\infty}\frac{1}{T}\int_0^T x(t)dt=\mu_X$$

$$\lim_{T\to+\infty}\frac{1}{T}\int_0^T x(t)x(t+\tau)dt=R_X(\tau)$$

（六）最小二乘法

设u是含m个参数$\theta_1,\theta_2,\cdots,\theta_m$与变量$x,y$的函数$u=f(\theta_1,\theta_2,\cdots,\theta_m;x,y)$。今对$u,x$与$y$作$n$次观测得$(x_1,y_1,u_1),(x_2,y_2,u_2),\cdots,(x_n,y_n,u_n)$。$u$的观测值$u_i$与计算值$f(\theta_1,\theta_2,\cdots,\theta_m;x_i,y_i)=f_i$之差为$u_i-f_i(i=1,2,\cdots,n)$。

最小二乘法就是要求上述n个差的平方和最小，即

$$Q=\sum_{i=1}^{n}[u_i-f_i(\theta_1,\cdots,\theta_m)]^2$$

最小。根据多元函数求极值的方法，当 Q 达到最小，$\theta_1,\cdots,\theta_m$ 是方程组。

$\partial Q/\partial\theta_1=0,\partial Q/\partial\theta_2=0,\cdots,\partial Q/\partial\theta_m=0$ 的解。因此，最小二乘法是通过试验决定参数的一种方法。从某种角度看，它是个好方案。

当 a 中函数 $f_1,\cdots,f_m$ 是 $\theta_1,\cdots,\theta_m$ 的一次式

$$f_1=c_{11}\theta_1+c_{12}\theta_2+\cdots+c_{1m}\theta_m$$

$$\cdots\cdots$$

$$f_m=c_{n1}\theta_1+c_{n2}\theta_2+\cdots+c_{nm}\theta_p$$

式中　$c_{11},c_{12},\cdots,c_{nm}$全是已知常数。这样的模型叫做线性模型。在线性模型下，容易用最小二乘法决定 $\theta_1,\cdots,\theta_m$ 的估计值。在这种情况下，Q 对 $\theta_1,\cdots,\theta_m$ 求导数，使之为 0 而得线性方程组

$$\left(\sum_i c_{i1}^2\right)\theta_1+\left(\sum_i c_{i1}c_{i2}\right)\theta_2+\cdots+\left(\sum_i c_{i1}c_{im}\right)\theta_m=\sum_i c_{i1}f_i$$

$$\cdots\cdots$$

$$\left(\sum_i c_{im}c_{i1}\right)\theta_1+\left(\sum_i c_{im}c_{i2}\right)\theta_2+\cdots+\left(\sum_i c_{im}^2\right)\theta_m=\sum_i c_{im}f_i$$

于是问题变为从此方程组来解 $\theta_1,\cdots,\theta_m$。这个方程叫做正规方程组。

(七)统　计

1. 统计推断

数理统计是以概率论为理论基础，根据试验或观测得到的数据对研究对象的客观规律性作出种种合理的估计和判断的理论和方法。在数理统计中把研究对象的全体称为总体，而组成总体的每个成员称为个体。为估计总体，从总体中随机抽出若干个个体叫做样本。样本中个体的数目称为样本容量。对总体作估计几乎都是假设了总体的某一数字指标服从某种类型的分布，只有参数是未知的，要估计的是这些未知参数。其分布是正态分布的总体称为正态总体。

用概率论阐述上节所述统计推断问题。对总体作独立的重复的随机试验称为简单随机抽样，简称抽样。设 X 为表示总体某种数字指标的随机变量，第 i 次随机试验的结果为 x_i，则简单随机抽样的结果是一列数：$x_1,x_2,\cdots,x_n$，即总体 X 的一组观测值。由于抽样的随机性与独立性，每个 x_i 都可以看作某一个随机变量 $X_i(i=1,\cdots,n)$所取的观测值。这里，$X_1,\cdots,X_n$ 相互独立，并且 X_i 与 X 具有相同的分布，因此，$(x_1,\cdots,x_n)$可以看作 n 维随机矢量$(X_1,\cdots,X_n)$的观测值。设 X 为具有分布函数 F 的随机变量，若 $X_1,\cdots,X_n$ 为具有相同分布函数 F 的相互独立随机变量，就说随机矢量$(X_1,\cdots,X_n)$是从分布函数 F(或总体 F，或总体 X)得到的容量为 n 的简单随机样本，简称样本。它们的观测值 $x_1,\cdots,x_n$ 叫做 X 的 n 个独立观测值。

用这些术语可叙述统计推断问题如下：有一个概率分布 $F(x,\theta)$(θ 为未知参数)，从此分布得到容量为 n 的样本$(X_1,\cdots,X_n)$的观测值$(x_1,\cdots,x_n)$，以此为基础估计未知参数。

设总体 X 的 n 个独立观测值按大小顺序排成 $x_1\leqslant x_2\leqslant\cdots\leqslant x_n$。若 $x_k\leqslant x<x_{k+1}$，则不大于 x 的观测值的频率为 k/n。因此，函数

$$F_n(x)=\begin{cases}0 & x<x_1\\ k/n, & x_k\leqslant x<x_{k+1}\\ 1 & x_n\leqslant x\end{cases}$$

是在 n 次重复独立试验中，事件$\{X\leqslant x\}$的频率。$F_n(x)$称为样本分布函数或经验分布函数。当

试验次数 n 很大时，样本分布函数 $F_n(x)$ 近似等于总体的分布函数。这是用样本推断总体的依据。

有了观测值的样本分布函数以后，可以计算它的数字特征，并冠以样本二字以示与总体数字特征的区别。例如样本均值是 $\overline{X}=\frac{1}{n}\sum\limits_{i=1}^{n}X_i$，样本方差是 $S^2=\frac{1}{n-1}\sum\limits_{i=1}^{n}(X_i-\overline{X})^2$。在样本方差 S^2 的定义里没让分母是 n 而是 $n-1$，目的是想使 S^2 变为总体的方差 σ^2 的无偏估计量。

设 $X_1,X_2,\cdots,X_n$ 为总体 X 的一个样本，$g(X_1,X_2,\cdots,X_n)$ 为不包含任何未知参数的连续函数，就说 $g(X_1,X_2,\cdots,X_n)$ 是一个统计量。因为 $X_1,X_2,\cdots,X_n$ 是随机变量，所以作为它的函数的统计量也是随机变量并且具有一定的分布规律。如果总体的分布已知，则统计量的分布是可以求得的。从样本估计总体是根据统计量作的，因此考虑各种统计量并且研究它们的分布是很重要的。

例：设 $(X_1,X_2,\cdots,X_n)$ 是从正态总体 $N(\mu,\sigma^2)$ 抽得的容量为 n 的样本。

(1) $\overline{X}$ 服从 $N\left(\mu,\frac{\sigma^2}{n}\right)$。即使总体分布不是正态分布，只要样本容量 n 较大（$n\geqslant5$ 即可），$\overline{X}$ 近似地服从 $N\left(\mu,\frac{\sigma^2}{n}\right)$。

(2) $\sum\limits_{i}^{n}(X_i-\overline{X})^2/\sigma^2$ 服从自由度 $(n-1)$ 的 χ^2 分布。

(3) 设 S^2 为样本方差时，$(\overline{X}-\mu)/\sqrt{\frac{S^2}{n}}$ 服从自由度 $(n-1)$ 的 t 分布。

2. 点估计

1) 估计法

已知总体 X 的分布函数，但它的一个或几个参数是未知数。用一组样本观测值估计总体的参数值叫做参数的点估计。一般用样本 $X_1,\cdots,X_n$ 算出的统计量 $\hat{\theta}=\hat{\theta}(X_1,\cdots,X_n)$ 来估计 θ。$\hat{\theta}$ 称为 θ 的估计量。对应于样本的一组观测值 $x_1,\cdots,x_n$，估计量 $\hat{\theta}$ 的值 $\hat{\theta}(x_1,\cdots,x_n)$ 称为 θ 的估计量，简记为 $\hat{\theta}$。故点估记问题就是选择估计量。最为常用的方法是用样本的数字特征估计相对应的总体数字特征，这种方法称为数字特征法。第二种方法是顺序统计量法。

还有一种方法称为极大似然估计法。设总体 X 的概率密度 $f(x,\theta)$ 已知，它只含一个未知参数。样本的一组观测值 $x_1,x_2,\cdots,x_n$ 及待估计参数 θ 的函数

$$L=L(x_1,x_2,\cdots,x_n;\theta)=\prod_{i=1}^{n}f(x_i,\theta)$$

称为似然函数。使似然函数为最大的 θ 值称为 θ 的极大似然估计值，记作 $\hat{\theta}$。即在 $\theta=\hat{\theta}$，$L(x_1,x_2,\cdots,x_n,\theta)=\max$。

2) 估计法的选择

以上三种总体参数的估计法都很常见。对于一个参数用不同方法估计得到不同的估计值，一般用下述三个标准来衡量其好坏：

(1) 一致性　设 $\hat{\theta}(X_1,X_2,\cdots,X_n)$ 为未知参数 θ 的估计量。当 $n\to\infty$ 时，若 $\hat{\theta}$ 依概率收敛于 θ，就说 $\hat{\theta}$ 是 θ 的一致估计量。意思是当样本容量很大时，样本的数字特征与总体的数字特征接近。

(2) 无偏性　设 $\hat{\theta}$ 为未知参数 θ 的估计量，若 $E(\hat{\theta})=\theta$，就说 $\hat{\theta}$ 是 θ 的无偏估计量。估计量

是随机变量，对不同的样本有不同的估计值，希望它在未知参数真值附近，即希望它的数学期望等于未知参数的真值。前边的 $S^2=\frac{1}{n-1}\sum_{i=1}^{n}(x_i-\overline{x})^2$ 就是总体方差 $D(X)$ 的无偏估计量。

(3)有效性　设 $\hat{\theta}_1,\hat{\theta}_2$ 是参数 θ 的两个无偏估计量。如果 $\hat{\theta}_1$ 较之 $\hat{\theta}_2$ 更密集在 θ 附近，就认为 $\hat{\theta}_1$ 比 $\hat{\theta}_2$ 理想。而估计量 $\hat{\theta}$ 密集在 θ 附近通常用平方平均误差 $E[(\hat{\theta}-\theta)^2]$ 来衡量。因为 $\hat{\theta}$ 是无偏的，所以 $E[(\hat{\theta}-\theta)^2]=D(\hat{\theta})$。从这个意义来说，无偏估计量以方差小者为好，即较为有效。

作点估计时持以下观点的人居多：一定选无偏估计量作估计量，并且选使估计量的方差为最小者。这样估计量叫做无偏最小方差估计量。

3.假设检验

对总体分布的未知参数提出某种说法叫做假设，然后通过样本检验假设再决定接受还是拒绝它。这样的推理方法称为假设检验。假设总体具有某种性质，把此假设记作 H_0。例如关于正态分布的均值 μ，想了解 μ 与过去的均值 μ_0 有无不同时，提出 μ 和过去的一样，即假设 $\mu=\mu_0$ 后再检验。这种假设记作 $H_0:\mu=\mu_0$。

检验假设的回答是“拒绝假设”及“接受假设”中的一个。本来符合假设的母体由于抽样结果作出拒绝假设的概率称为显著性水平，记作 a。这种概率要控制在一个小数以下。通常取 $a=0.05$，特殊情况是 $a=0.01$。满足这个条件的检验叫做显著性水平为 a 的检验。

两个总体的某个数字特征（如均值或方差）或分布被判断是不相同，就说二者在所考虑的特征方面有显著差异。如果这种差异是由某种因素引起的，就说这个因素对此数字特征（或分布）有显著影响。

为寻找显著性水平为 a 的检验，一种方法是考虑适当的统计量，求出假设正确时统计量的分布。对此分布，决定区域使统计量在这个区域中取值的概率是个小值 a。另外，取样本，从此样本计算的统计量的值若落在此区域中，则拒绝假设即可。此区域称为拒绝域。

4.区间估计

根据样本作一个区间，估计参数 θ 或 $g(\theta)$ 的真值以多大可靠性落在此区间中称为区间估计。设总体分布含有一个未知参数 θ。若由样本确定的两个统计量 $\underline{\theta}(x_1,x_2,\cdots,x_n)$ 与 $\overline{\theta}(x_1,x_2,\cdots,x_n)$，对于给定值 $a(0<a<1)$ 满足。

$P\{\underline{\theta}(x_1,x_2,\cdots,x_n)<\theta<\overline{\theta}(x_1,x_2,\cdots,x_n)\}=1-a$，随机区间 $(\underline{\theta},\overline{\theta})$ 称为 θ 的 $100(1-a)\%$ 置信区间，百分数 $100(1-a)\%$ 称为置信度。$a=0.05$ 时置信度为 95%。

5.各种情况的估计与检验公式

设 a 为检验的显著性水平，假设检验是给出拒绝域。设置信区间的置信度是 $(1-a)\times 100\%$。

1）一个正态分布的情况

在正态分布 $N(\mu,\sigma^2)$（μ,σ^2 未知）中 μ 与 σ 的估计。从此分布抽取一个容量为 n 的样本 $(X_1,\cdots,X_n)$。设样本平均值为 $\overline{X}$，样本方差为

$$S^2=\frac{1}{n-1}\sum_{i}^{n}(X_i-\overline{X})^2$$

(1)μ 的无偏最小方差估计量为 $\overline{X}$，

$$D(\overline{X})=\frac{\sigma^2}{n}$$

(2)σ^2 的无偏最小方差估计量为 S^2，

$$D(S^2)=\frac{2}{n-1}\sigma^4$$

(3)S 虽不是 σ 的无偏估计量，但实际上用 S 估计 σ。但希望 $n\geqslant 10$。

(4)μ 的置信度$(1-a)\times 100\%$的置信区间是

$$\overline{X}\pm t(n-1,a)\frac{S}{\sqrt{n}}$$

(5)σ^2 的置信度$(1-a)\times 100\%$的置信区间是

$$\left\{(n-1)S^2/\chi^2\left(n-1,\frac{a}{2}\right),(n-1)S^2/\chi^2\left(n-1,1-\frac{a}{2}\right)\right\}$$

(6)假设 H_0：$\mu=\mu_0$(μ_0 是一个确定值)的显著性水平 a 的检验的拒绝域是满足不等式 $|(\overline{X}-\mu_0)/S/\sqrt{n}|>t(n-1,a)$的点$(X_1,\cdots,X_n)_0$ 的集。

(7)假设 H_0：$\sigma^2=\sigma_0^2$(σ_0 是一个确定值)的显著性水平 a 的检验拒绝域是$(n-1)S^2/\sigma_0^2<\chi^2(n-1,1-a/2)$或$(n-1)S^2/\sigma_0^2>\chi^2(n-1,a/2)$。

2)二个正态分布的情况

在两个正态分布 $N(\mu_1,\sigma_1^2)$，$N(\mu_2,\sigma_2^2)$($\mu_1,\mu_2,\sigma_1^2,\sigma_2^2$ 都未知)里估计 $\mu_1,\mu_2,\sigma_1^2,\sigma_2^2$。设从 $N(\mu_1,\sigma_1^2)$得到容量 n_1 的样本，由此计算到的样本平均值为$\overline{X_1}$，样本方差为 S_1^2。又设从 $N(\mu_2,\sigma_2^2)$得到容量 n_2 的样本，由此计算到的样本平均值为$\overline{X_2}$，样本方差为 S_2^2。

(1)假设 H_0：$\sigma_1^2=\sigma_2^2$(等方差假设)的显著性水平 a 的检验的拒绝域是，取 S_1^2,S_2^2 的大者为分子，小者为分母(今设 $S_1^2>S_2^2$)时

$$S_1^2/S_2^2>F\left(n_1-1,n_2-1,\frac{a}{2}\right)$$

(2)在 $\sigma_1^2=\sigma_2^2$ 的前提下，假设 H_0：$\mu_1=\mu_2$(等均值假设)的显著性水平的拒绝域是

$$\frac{|\overline{X_1}-\overline{X_2}|}{\sqrt{\left(\frac{1}{n_1}+\frac{1}{n_2}\right)\left(\frac{(n_1-1)S_1^2-(n_2-1)S_2^2}{n_1+n_2-2}\right)}}>t(n_1+n_2-2,a)$$

6.回归分析

回归分析是一种数学方法，根据大量观测数据用此方法找出变量间关系的定量表达式。因为观测数据本身常常包括误差，故所求表达式亦不要求完全精确，只是从某种意义看是最佳的而已。

1)线性回归

例：在某产品表面腐蚀刻线，腐蚀时间与腐蚀深度之间得到一组试验数据如下表所示。试求它们之间的关系。

为探求两者间的关系，取腐蚀时间 x 为横坐标，腐蚀深度 y 为纵坐标，在直角坐标系中每一对数据(x_i,y_i)描成一点(见图 1-1-56，常称散点图)。

从图看出，这些点大致分布在一条直线附近。于是容易想到用 x 的一次式来表示 x 与 y 之间的关系。记此函数为 $Y(x)=ax+b$。此方程表达的直线叫做 y 对 x 的样本回归直线或简

称为回归直线。该方程叫做 Y 对 x 的回归方程[①]，b 叫做回归系数，a 为常数项。这样可用一次式大致表示的两个变量之间的关系叫做线性相关关系。

腐蚀时间 x(s)	5	5	10	20	30	40	50	60	65	90	120
腐蚀深度 y(μm)	4	6	8	13	16	17	19	25	25	29	46

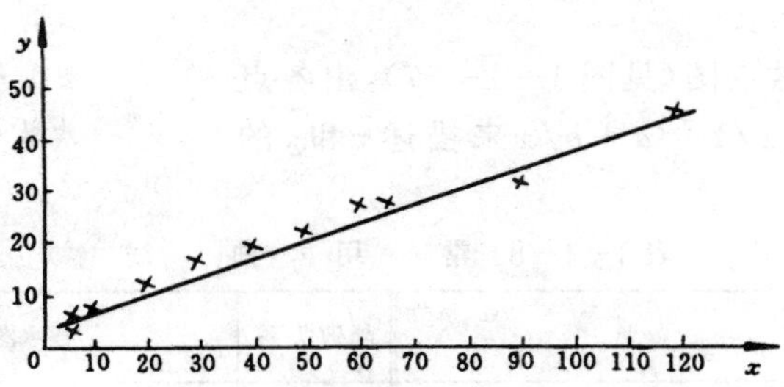

图 1－1－56　腐蚀时间与腐蚀深度散点图

平面上的直线很多，应使所选直线与全部观测数据 $y_i(i=1,\cdots,n)$ 的离差平方和 $\sum\limits_{i=1}^{n}(y_i-Y(x_i))^2$ 比任何其它直线与全部 y_i 的离差平方和都小。

2)回归直线的求法

设

$$\bar{x}=\sum_{i=1}^{n}x_i/n,\bar{y}=\sum_{i=1}^{n}y_i/n$$

$$L_{xy}=\sum_{i=1}^{n}(x_i-\bar{x})(y_i-\bar{y})$$

$$L_{xx}=\sum_{i=1}^{n}(x_i-\bar{x})^2$$

则

$$a=\bar{y}-b\,\bar{x},b=L_{xy}/L_{xx}$$

3)回归直线的检验

若变量 x 和 y 之间并不存在某种线性相关关系，则求回归直线是无意义的。检验回归直线是否有意义主要靠实践经验和专业知识。但数学上有一种辅助办法，就是考察 x 与 y 之间的相关系数的大小。相关系数的定义是 $r=L_{xy}/\sqrt{L_{xx}L_{yy}}$。当 r 的绝对值越接近于 1 时，x 与 y 的线性关系越好；若 r 的绝对值接近于 0，可以认为 x 与 y 之间没有线性关系。

4)非线性回归

当相关系数的绝对值 $|r|$ 较小时，不能用线性回归描述变量 x,y 之间的关系。这时可用下列方法确定变量 x 与 y 之间的关系：

(1)根据试验数据在 xy 坐标面上描散点图，从图上点的分布情况及特点选择适当曲线，或根据专业知识确定两变量间的关系。常用的曲线见表 1－1－8。

---

① 确切地说：x 值指定后，y 是一个随机变量，对应一个条件平均值 y_x，从而 y_x 是 x 的函数，叫做 y 关于 x 的回归函数或回归方程。

(2)在对数方格纸上描出点$(\ln x_i, \ln y_i)$若$\ln x$,$\ln y$线性相关,则y是x的幂函数,即$y=ax^b$。

(3)在半对数方格纸上描出点$(x_i, \ln y_i)$若x,$\ln y$线性相关,则y是x的指数函数,即$y=ae^{bx}$。

例:盛钢水的钢包在使用过程中由于钢水对耐火材料的浸蚀使容积不断增大。今积累了使用次数与钢包容积增大之间的15组数据见表1—1—9。试求使用次数x与增大容积y之间的关系。

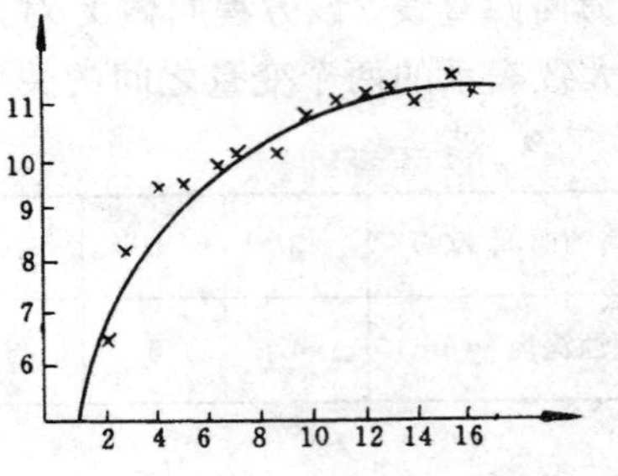

图1—1—57　钢包使用次数与增大容积散点图

根据表1—1—9作散点图(见图1—1—57),由各点的分布我们选用双曲线$1/Y=a+b/x$来描述x和y的

表1—1—8　常　用　曲　线

函数关系	图　形	函数关系	图　形
$y=ae^{bx}$	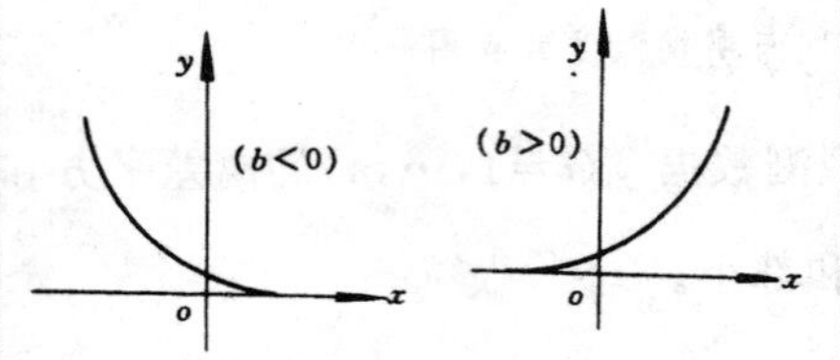 $(b<0)$　$(b>0)$	$y=a+b\ln x$	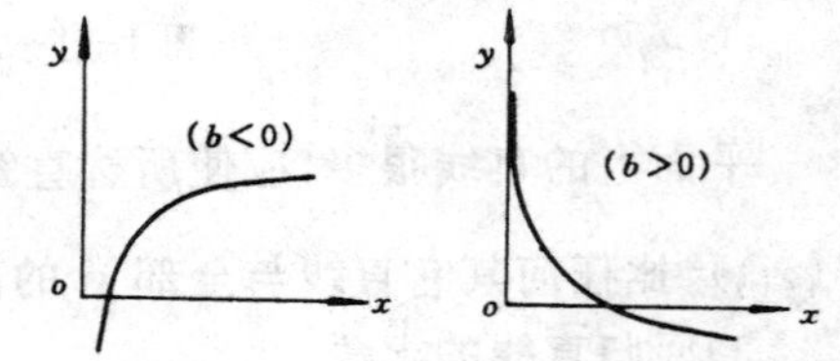 $(b<0)$　$(b>0)$
$\frac{1}{y}=a+\frac{b}{x}$	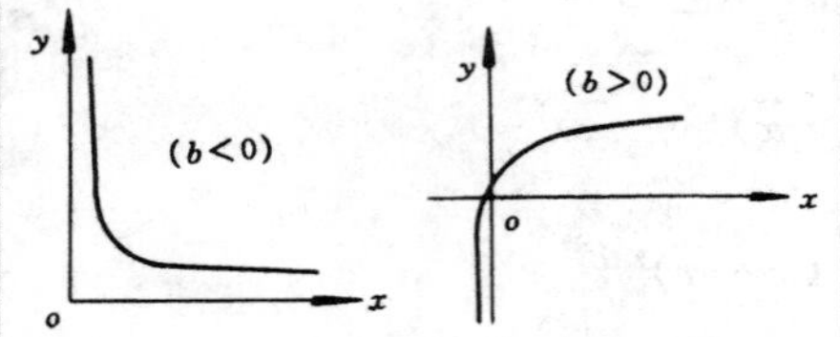 $(b<0)$　$(b>0)$	$y=ax^{b/x}$	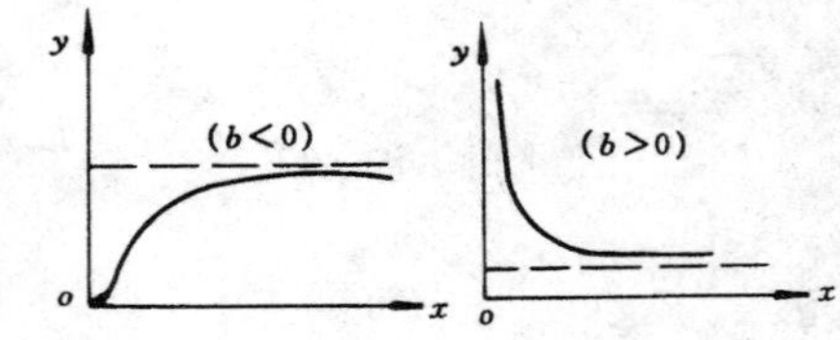 $(b<0)$　$(b>0)$
$y=ax^b$	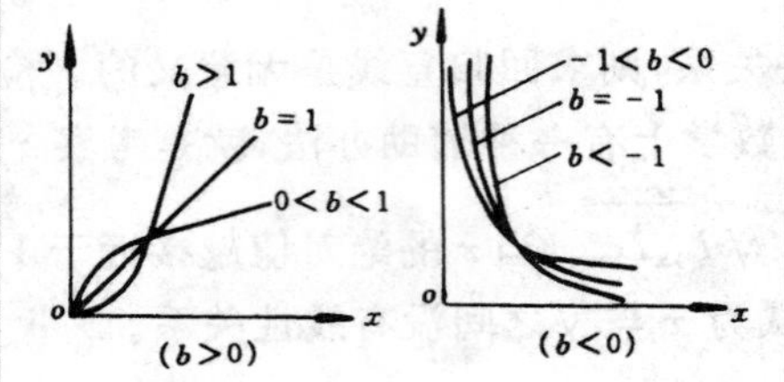 $b>1$, $b=1$, $0<b<1$ $(b>0)$　$-1<b<0$, $b=-1$, $b<-1$ $(b<0)$	$y=\frac{1}{a+bc^{-x}}$	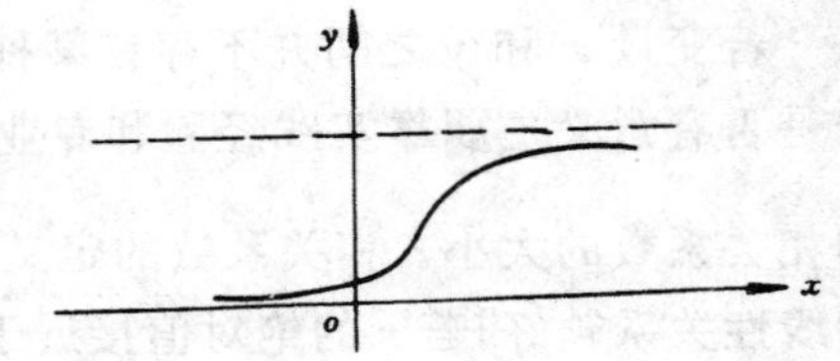

表1—1—9　钢包使用次数x与增大容积y

x	2	3	4	5	6	7	8	9	10	11	12	13	14	15	16
y	6.42	8.20	9.58	9.50	9.76	10.00	9.93	9.99	10.49	10.59	10.60	10.80	10.60	10.90	10.76

关系。为确定式中的常数 a 与 b 作变量变换 $Y_1=1/Y$，$x_1=1/x$，则上式变为 $Y_1=a+bx_1$。对 x_1，Y_1 而言，此式是直线方程。可用线性回归法得 $a=0.0823$，$b=0.1312$。即所求回归方程为

$$Y=\frac{x}{0.0823x+0.1312}$$

统计学上有方法说明这个方程是合适的。

7. 正交试验设计

在生产实践和科学实验中，人们需作各种试验。如果在试验中必须考虑的因素较多，而且要比较种种情况下各因素产生的结果时，想要全面试验是不必要的，甚至是不可能的。正交试验设计（或正交试验法）是一种数学方法解决如何用次数较少的试验决定下列各类问题。我们说每个因素的不同情况是不同的“水平”。

a. 对反映质量好坏的指标，哪个因素重要，哪个因素次要？

b. 在各因素中哪个水平好？

c. 各因素按何种水平搭配对指标影响好？

1）利用正交表安排试验

例：某厂为提高弹簧质量使弹簧的弹性越大越好。根据以往的经验确定了因素和水平（见表 1—1—10）。

表 1—1—10　因　素　水　平　表

因素 / 水平	*A* 回火温度（℃）	*B* 保温时间（min）	*C* 工件重量（kg）
1	440	3	7.5
2	460	4	9
3	500	5	10.5

这是一个三水平试验。试验方案可按表 1—1—11 去作。用 9 次试验代替全面试验 27 次。

这是一张较简单的正交表，记作 L_9（3^4）。L 的下标 9 表示该表有 9 行，括弧中的指数 4 表示该表有 4 列。括弧中的 3 表示各因素有 3 个水平。归纳起来，就是：

$$L_{\text{试验次数}}（\text{水平数}^{\text{因素数}}）$$

正交表的制作原则是每两个因素之间，各种水平之间搭配出现的次数一样，即所谓均衡搭配。正交表及其制作方法请参看正交试验设计的专著。

选择正交表安排试验，采取如下步骤：

(1) 根据试验次数，因素数，水平数等选择合适的正交表。

(2) 根据影响目标的因素设计表头。

(3) 根据正交表制订试验方案。

(4) 分析试验结果。

前例的试验方案决定见表 1—1—12。

因素 A 下的数字 1 是因素 A 的 1 水平所表示的具体条件，因素 C 下的数字 2 是因素 C 的 2 水平所表示的具体条件。其他类推。

表 1—1—11　L_0（3^4）

因素 试验号	A	B	C
1	1	1	1
2	1	2	2
3	1	3	3
4	2	1	2
5	2	2	3
6	2	3	1
7	3	1	3
8	3	2	1
9	3	3	2

表 1—1—12　试　验　方　案　表

因素 试验号	A	B	C
1	1 (440)	1 (3)	1 (7.5)
2	1 (440)	2 (4)	2 (9)
3	1 (440)	3 (5)	3 (10.5)
4	2 (460)	1 (3)	2 (9)
5	2 (460)	2 (4)	3 (10.5)
6	2 (460)	3 (5)	1 (7.5)
7	3 (500)	1 (3)	3 (10.5)
8	3 (500)	2 (4)	1 (7.5)
9	3 (500)	3 (5)	2 (9)

2）分析试验结果　根据试验方案作出试验结果（即弹性）。所得数据与分析结果一般和试验方案表并列（见表 1—1—13）。然后，

（1）求某因素第 i 个水平的试验数据之和，记作 K_i，

（2）求 $k_i=K_i/$（该因素第 i 个水平的试验次数），

（3）从 k_1，k_2，k_3 中最大的值减去最小的值而得之差称为该因素的极差，记作 R。将 K_i，k_i，R 依次列入表中（见表 1—1—13），人们发现因素 A 的极差最大，因素 C 次之，因素 B 最小。由该表可见，因素 A 以其第 1 水平 A_1（440℃）平均弹性最高，称此 A_1 为因素 A 的优水平，记入优水平栏中。同理 B 与 C 的优水平分别为 B_1 与 C_2。极差越大，即优水平表示好坏水平的差异对弹性的影响大，该因素的水平要认真考虑选取；极差越小表示好坏水平的差异影响小，该因素的水平可以随便选取。最后将优水平的组 $A_1B_1C_2$ 作为工艺条件投入生产。

有时优水平的组并未经过试验，也可能有好几组。在这种情况下要进行对比试验以决定工艺条件。

以上使用的方法只适用于因素间没有交互作用的情况。

表 1－1－14 为常用正交表。

表 1－1－13 试验方案与结果分析表

试验号 \ 因素	A	B	C	弹 性
1	1 (440)	1 (3)	1 (7.5)	377
2	1	2 (4)	2 (9)	391
3	1	3 (5)	3 (10.5)	362
4	2 (460)	1	2	350
5	2	2	3	330
6	2	3	1	320
7	3 (500)	1	3	326
8	3	2	1	302
9	3	3	2	318
K_1	1130	1053	999	
K_2	1000	1023	1059	
K_3	946	1000	1018	
k_1	377	351	333	
k_2	333	341	353	
k_3	315	333	339	
R	62	18	20	
优水平	A_1	B_1	C_2	

表 1－1－14 常 用 正 交 表

(1) L_4 (2^3)

试验号 \ 列号	1	2	3
1	1	1	1
2	1	2	2
3	2	1	2
4	2	2	1

续表

（2）L_3（2^7）

试验号＼列号	1	2	3	4	5	6	7
1	1	1	1	1	1	1	1
2	1	1	1	2	2	2	2
3	1	2	2	1	1	2	2
4	1	2	2	2	2	1	1
5	2	1	2	1	2	1	2
6	2	1	2	2	1	2	1
7	2	2	1	1	2	2	1
8	2	2	1	2	1	1	2

（3）L_{12}（2^{11}）

试验号＼列号	1	2	3	4	5	6	7	8	9	10	11
1	1	1	1	1	1	1	1	1	1	1	1
2	1	1	1	1	1	2	2	2	2	2	2
3	1	1	2	2	2	1	1	1	2	2	2
4	1	2	1	2	2	1	2	2	1	1	2
5	1	2	2	1	2	2	1	2	1	2	1
6	1	2	2	2	1	2	2	1	2	1	1
7	2	1	2	2	1	1	2	2	1	2	1
8	2	1	2	1	2	2	2	1	1	1	2
9	2	1	1	2	2	2	1	2	2	1	1
10	2	2	2	1	1	1	1	2	2	1	2
11	2	2	1	2	1	2	1	1	1	2	2
12	2	2	1	1	2	1	2	1	2	2	1

（4）L_{16}（2^{15}）

试验号＼列号	1	2	3	4	5	6	7	8	9	10	11	12	13	14	15
1	1	1	1	1	1	1	1	1	1	1	1	1	1	1	1
2	1	1	1	1	1	1	1	2	2	2	2	2	2	2	2
3	1	1	1	2	2	2	2	1	1	1	1	2	2	2	2
4	1	1	1	2	2	2	2	2	2	2	2	1	1	1	1
5	1	2	2	1	1	2	2	1	1	2	2	1	1	2	2
6	1	2	2	1	1	2	2	2	2	1	1	2	2	1	1
7	1	2	2	2	2	1	1	1	1	2	2	2	2	1	1
8	1	2	2	2	2	1	1	2	2	1	1	1	1	2	2
9	2	1	2	1	2	1	2	1	2	1	2	1	2	1	2
10	2	1	2	1	2	1	2	2	1	2	1	2	1	2	1
11	2	1	2	2	1	2	1	1	2	1	2	2	1	2	1
12	2	1	2	2	1	2	1	2	1	2	1	1	2	1	2
13	2	2	1	1	2	2	1	1	2	2	1	1	2	2	1
14	2	2	1	1	2	2	1	2	1	1	2	2	1	1	2
15	2	2	1	2	1	1	2	1	2	2	1	2	1	1	2
16	2	2	1	2	1	1	2	2	1	1	2	1	2	2	1

续表

(5) L_9 (3^4)

试验号 \ 列号	1	2	3	4
1	1	1	1	1
2	1	2	2	2
3	1	3	3	3
4	2	1	2	3
5	2	2	3	1
6	2	3	1	2
7	3	1	3	2
8	3	2	1	3
9	3	3	2	1

(6) L_{27} (3^{13})

试验号 \ 列号	1	2	3	4	5	6	7	8	9	10	11	12	13
1	1	1	1	1	1	1	1	1	1	1	1	1	1
2	1	1	1	1	2	2	2	2	2	2	2	2	2
3	1	1	1	1	3	3	3	3	3	3	3	3	3
4	1	2	2	2	1	1	1	2	2	2	3	3	3
5	1	2	2	2	2	2	2	3	3	3	1	1	1
6	1	2	2	2	3	3	3	1	1	1	2	2	2
7	1	3	3	3	1	1	1	3	3	3	2	2	2
8	1	3	3	3	2	2	2	1	1	1	3	3	3
9	1	3	3	3	3	3	3	2	2	2	1	1	1
10	2	1	2	3	1	2	3	1	2	3	1	2	3
11	2	1	2	3	2	3	1	2	3	1	2	3	1
12	2	1	2	3	3	1	2	3	1	2	3	1	2
13	2	2	3	1	1	2	3	2	3	1	3	1	2
14	2	2	3	1	2	3	1	3	1	2	1	2	3
15	2	2	3	1	3	1	2	1	2	3	2	3	1
16	2	3	1	2	1	2	3	3	1	2	2	3	1
17	2	3	1	2	2	3	1	1	2	3	3	1	2
18	2	3	1	2	3	1	2	2	3	1	1	2	3
19	3	1	3	2	1	3	2	1	3	2	1	3	2
20	3	1	3	2	2	1	3	2	1	3	2	1	3
21	3	1	3	2	3	2	1	3	2	1	3	2	1
22	3	2	1	3	1	3	2	2	1	3	3	2	1
23	3	2	1	3	2	1	3	3	2	1	1	3	2
24	3	2	1	3	3	2	1	1	3	2	2	1	3
25	3	3	2	1	1	3	2	3	2	1	2	1	3
26	3	3	2	1	2	1	3	1	3	2	3	2	1
27	3	3	2	1	3	2	1	2	1	3	1	3	2

续表

(7) L_{16} (4^5)

试验号＼列号	1	2	3	4	5
1	1	1	1	1	1
2	1	2	2	2	2
3	1	3	3	3	3
4	1	4	4	4	4
5	2	1	2	3	4
6	2	2	1	4	3
7	2	3	4	1	2
8	2	4	3	2	1
9	3	1	3	4	2
10	3	2	4	3	1
11	3	3	1	2	4
12	3	4	2	1	3
13	4	1	4	2	3
14	4	2	3	1	4
15	4	3	2	4	1
16	4	4	1	3	2

注：任两列的交互列是另外三列。

(8) L_8 (4×2^4)

试验号＼列号	1	2	3	4	5
1	1	1	1	1	1
2	1	2	2	2	2
3	2	1	1	2	2
4	2	2	2	1	1
5	3	1	2	1	2
6	3	2	1	2	1
7	4	1	2	2	1
8	4	2	1	1	2

续表

(9) L_{12} (3×2^4)

试验号 \ 列号	1	2	3	4	5
1	1	1	1	1	1
2	1	1	1	2	2
3	1	2	2	1	2
4	1	2	2	2	1
5	2	1	2	1	1
6	2	1	2	2	2
7	2	2	1	1	1
8	2	2	1	2	2
9	3	1	2	1	2
10	3	1	1	2	1
11	3	2	1	1	2
12	3	2	2	2	1

(10) L_{12} (6×2^2)

试验号 \ 列号	1	2	3
1	2	1	1
2	5	1	2
3	5	2	1
4	2	2	2
5	4	1	1
6	1	1	2
7	1	2	1
8	4	2	2
9	3	1	1
10	6	1	2
11	6	2	1
12	3	2	2

续表

(11) L_{16} (4×2^{12})

试验号 \ 列号	1	2	3	4	5	6	7	8	9	10	11	12	13
1	1	1	1	1	1	1	1	1	1	1	1	1	1
2	1	1	1	1	1	2	2	2	2	2	2	2	2
3	1	2	2	2	2	1	1	1	1	2	2	2	2
4	1	2	2	2	2	2	2	2	2	1	1	1	1
5	2	1	1	2	2	1	1	2	2	1	1	2	2
6	2	1	1	2	2	2	2	1	1	2	2	1	1
7	2	2	2	1	1	1	1	2	2	2	2	1	1
8	2	2	2	1	1	2	2	1	1	1	1	2	2
9	3	1	2	1	2	1	2	1	2	1	2	1	2
10	3	1	2	1	2	2	1	2	1	2	1	2	1
11	3	2	1	2	1	1	2	1	2	2	1	2	1
12	3	2	1	2	1	2	1	2	1	1	2	1	2
13	4	1	2	2	1	1	2	2	1	1	2	2	1
14	4	1	2	2	1	2	1	1	2	2	1	1	2
15	4	2	1	1	2	1	2	2	1	2	1	1	2
16	4	2	1	1	2	2	1	1	2	1	2	2	1

(12) L_{16} ($4^3\times2^6$)

试验号 \ 列号	1	2	3	4	5	6	7	8	9
1	1	1	1	1	1	1	1	1	1
2	1	2	2	1	1	2	2	2	2
3	1	3	3	2	2	1	1	2	2
4	1	4	4	2	2	2	2	1	1
5	2	1	2	2	2	1	2	1	2
6	2	2	1	2	2	2	1	2	1
7	2	3	4	1	1	1	2	2	1
8	2	4	3	1	1	2	1	1	2
9	3	1	3	1	2	2	2	2	1
10	3	2	4	1	2	1	1	1	2
11	3	3	1	2	1	2	2	1	2
12	3	4	2	2	1	1	1	2	1
13	4	1	4	2	1	2	1	2	2
14	4	2	3	2	1	1	2	1	1
15	4	3	2	1	2	2	1	1	1
16	4	4	1	1	2	1	2	2	2

续表

(13) L_{16} (8×2^8)

试验号＼列号	1	2	3	4	5	6	7	8	9
1	1	1	1	1	1	1	1	1	1
2	1	2	2	2	2	2	2	2	2
3	2	1	1	1	1	2	2	2	2
4	2	2	2	2	2	1	1	1	1
5	3	1	1	2	2	1	1	2	2
6	3	2	2	1	1	2	2	1	1
7	4	1	1	2	2	2	2	1	1
8	4	2	2	1	1	1	1	2	2
9	5	1	2	1	2	1	2	1	2
10	5	2	1	2	1	2	1	2	1
11	6	1	2	1	2	2	1	2	1
12	6	2	1	2	1	1	2	1	2
13	7	1	2	2	1	1	2	2	1
14	7	2	1	1	2	2	1	1	2
15	8	1	2	2	1	2	1	1	2
16	8	2	1	1	2	1	2	2	1

(14) L_{18} (2×3^7)

试验号＼列号	1	2	3	4	5	6	7	8
1	1	1	1	1	1	1	1	1
2	1	1	2	2	2	2	2	2
3	1	1	3	3	3	3	3	3
4	1	2	1	1	2	2	3	3
5	1	2	2	2	3	3	1	1
6	1	2	3	3	1	1	2	2
7	1	3	1	2	1	3	2	3
8	1	3	2	3	2	1	3	1
9	1	3	3	1	3	2	1	2
10	2	1	1	3	3	2	2	1
11	2	1	2	1	1	3	3	2
12	2	1	3	2	2	1	1	3
13	2	2	1	2	3	1	3	2
14	2	2	2	3	1	2	1	3
15	2	2	3	1	2	3	2	1
16	2	3	1	3	2	3	1	2
17	2	3	2	1	3	1	2	3
18	2	3	3	2	1	2	3	1

续表

(15) L_{18} (6×3^6)

试验号 \ 列号	1	2	3	4	5	6	7
1	1	1	1	1	1	1	1
2	1	2	2	2	2	2	2
3	1	3	3	3	3	3	3
4	2	1	1	2	2	3	3
5	2	2	2	3	3	1	1
6	2	3	3	1	1	2	2
7	3	1	2	1	3	2	3
8	3	2	3	2	1	3	1
9	3	3	1	3	2	1	2
10	4	1	3	3	2	2	1
11	4	2	1	1	3	3	2
12	4	3	2	2	1	1	3
13	5	1	2	3	1	3	2
14	5	2	3	1	2	1	3
15	5	3	1	2	3	2	1
16	6	1	3	2	3	1	2
17	6	2	1	3	1	2	3
18	6	3	2	1	2	3	1

七、线性规划及网络技术

(一) 线性规划

1. 线性规划问题的标准形式

线性规划问题的标准形式为

$$
\begin{aligned}
\min\quad & c_1x_1+c_2x_2+\cdots+c_nx_n \\
\text{s.t.}\quad & a_{11}x_1+a_{12}x_2+\cdots+a_{1n}x_n=b_1 \\
& a_{21}x_1+a_{22}x_2+\cdots+a_{2n}x_n=b_2 \\
& \cdots\cdots\cdots\cdots \\
& a_{m1}x_1+a_{m2}x_2+\cdots+a_{mn}x_n=b_m \\
& x_1,\ x_2,\ \cdots,\ x_n\geqslant 0
\end{aligned}
$$

它的矩阵向量表示式为

$$
\left.\begin{aligned}
\min\quad & c^{T}x \\
\text{s.t.}\quad & Ax=b \\
& x\geqslant 0
\end{aligned}\right\} \qquad (1-1-1)
$$

式中 $c=(c_1,\ c_2,\ \cdots,\ c_n)^T$ 称价值系数；$b=(b_1,\ b_2,\ \cdots,\ b_m)^T$ 为约束右端向量，一般 $b\geqslant 0$；而

$$A^{T}=\begin{bmatrix} a_{11} & a_{21} & \cdots & a_{m1} \\ a_{12} & a_{22} & \cdots & a_{m2} \\ \vdots & \vdots & & \vdots \\ a_{1n} & a_{2n} & \cdots & a_{mn} \end{bmatrix}$$

是 n 行 m 列的约束系数矩阵，$m<n$，且矩阵 A^{T} 的各个列向量线性无关，即 A 的秩为 m。

2. 线性规划的基本性质

1）基本概念

(1) 凸集。设集合 $D \subset R^{n}$，若对任意点 x，$y \in D$ 和数 a $(0 \leqslant a \leqslant 1)$ 都有 $ax+(1-a)y \in D$，则称 D 为凸集。

(2) 顶点。设点 x 属于凸集 D，若 D 中不存在两个不同的点 $x^{(1)}$ 和 $x^{(2)}$，使 $x=ax^{(1)}+(1-a)x^{(2)}$，$a \in (0, 1)$，则称 x 为凸集 D 的顶点。

(3) 基向量。$m \times n$ 阶矩阵 A 中 m 个线性无关的列向量称为基向量。A 中其余 $n-m$ 个列向量称非基向量。

(4) 基变量。相应于基向量的变量叫基变量，相应于非基向量的变量称为非基变量，基变量和非基变量分别用 x_{B} 和 x_{N} 表示。

(5) 基矩阵。由基向量构成的 $m \times m$ 阶非奇矩阵称为基矩阵，用 A_{B} 表示。矩阵 A 中除去 A_{B} 形成的 $m \times (n-m)$ 矩阵用 A_{N} 表示外，不妨设 $A=[A_{B}A_{N}]$。

(6) 基本解。由基变量和非基变量的定义，线性规划问题满足等式约束的解可表示为

$$x=\begin{pmatrix} x_{B} \\ x_{N} \end{pmatrix}=\begin{pmatrix} A_{B}^{-1}(b-A_{N}x_{N}) \\ x_{N} \end{pmatrix} \tag{1-1-2}$$

在 $x_{N}=0$ 时

$$x=\begin{pmatrix} A_{B}^{-1}b \\ 0 \end{pmatrix} \tag{1-1-3}$$

称为线性规划问题式（1-1-1）的一个基本解。

(7) 基本可行解。是基本解又是可行解，即 $A_{B}^{-1}b \geqslant 0$ 的基本解。

2）线性规划的性质

(1) 线性规划问题的可行域若非空即为凸集。

(2) 线性规划问题可行域的顶点坐标中至少有 $n-m$ 个零分量。

(3) 线性规划问题可行域的顶点与基本可行解一一对应。

(4) 线性规划问题的最优解在其可行域的顶点上取得。

(5) 线性规划的可行域若有界，则顶点数有限。

3. 单纯形法

1）单纯形法原理

单纯形法是在线性规划问题的基本可行解中，即在可行域的顶点中寻找问题的最优解。在一个基本可行解为非最优解时，单纯形法通过确定入基变量和出基变量，产生另一个使目标函数值有所下降的基本可行解。由此形成一个基本可行解序列 $\{x^{(k)}\}$，由于可行域有界的线性规划问题有有限个基本可行解，单纯形法一般必能经有限次迭代终止于问题的最优解。

2）最优解判定

设 $x_{B}^{(k)}=(x_{k_1}x_{k_2}\cdots x_{k_m})^{T}=A_{B}^{(k)-1}b$，$x_{N}^{(k)}=(x_{k_{m+1}}\cdots x_{k_n})^{T}=(0\cdots 0)^{T}$ 为相应于基矩阵 $A_{B}^{(k)}$

的基本可行解，$c_B^{(k)}=(c_{k_1}c_{k_2}\cdots c_{k_m})^T$。$B_k=\{k_1, k_2, \cdots, k_m\}$为基指标集合，$N_k=\{k_{m+1}, k_{m+2}, \cdots, k_n\}$为非基指标集合，若

$$\hat{c}_{k_i}=c_{k_i}-c_B^{(k)^T}A_B^{(k)^{-1}}a^{(k_i)}=c_{k_i}-c_B^{(k)^T}\hat{a}^{(k_i)}\geqslant 0$$

$$\forall\ k_i\in N_k \tag{1-1-4}$$

则$x^{(k)}$为线性规划问题的最优解，其中$a^{(k_i)}$，$k_1\in N_k$表示矩阵$A_N^{(k)}$中的列。

3）入基变量

若存在$\hat{c}_{k_i}<0$，$k_1\in N_k$，则基本可行解$x^{(k)}$为非最优解，取相应于

$$\hat{c}_{k_p}=\min\ \{\hat{c}_{k_i},\ k_1\in N_k\} \tag{1-1-5}$$

的变量x_{k_p}为入基变量。

4）可行域无界的判定

设x_{k_p}为入基变量，若矩阵$\hat{A}_N^{(k)}=A_B^{(k)-1}A_N^{(k)}$中相应于$x_{k_p}$的列向量$\hat{a}^{(k_p)}=A_B^{(k)^{-1}}a^{(k_p)}$的元素均非正，即$\hat{a}_{ik_p}\leqslant 0$，$i=1, 2, \cdots, m$，则线性规划问题的可行域无界。

5）出基变量

在列向量$\hat{a}^{(k_p)}$存在正分量时，取相应于

$$\hat{b}_q/\hat{a}_{qk_p}=\min\ \{\hat{b}_i/\hat{a}_{ik_p},\ \hat{a}_{ik_p}>0,\ i=1, 2, \cdots, m\} \tag{1-1-6}$$

的变量x_{k_q}为出基变量。

单纯形法一般采用单纯形表的形式以避免直接计算基矩阵的逆矩阵。它把问题中的数据首先列成如表1－1－15所示的初始数据表。这里为方便假定x_1，x_2，…，x_m为初始基变量，x_{m-1}，x_{m-2}，…，x_n为初始非基变量，系数矩阵A的前m列构成初始基矩阵$A_B^{(1)}$，后面$n-m$列构成$A_N^{(1)}$。对系数矩阵作行变换使$A_B^{(1)}$变换成单位矩阵I，$A_N^{(1)}$变换成$A_N^{(1)}=A_B^{(1)-1}A_N^{(1)}$，右端向量$b$变换成$\hat{b}=A_B^{(1)^{-1}}b$。这些变换包括：(1) 用一个适当的常数乘矩阵的某一行（包括右端向量的同行分量在内），使位于该行的主元素化为1；(2) 再把该行的适当常数倍加至另一行，使主元素所在列的其余元素逐个变为零；(3) 然后把目标函数系数行的每一分量，减去向量$c_B^{(1)}=(c_1c_2\cdots c_m)^T$与该分量所在列向量的内积，形成表1－1－16所示的初始单纯形表。这里为方便设x的前m个分量为基变量，后$n-m$个变量为非基变量。其中$\hat{c}_i=c_i-c_B^{(1)T}\hat{a}^{(i)}$，$i=m+1$，…，$n$，$\hat{a}^{(i)}$为$A_N^{(1)}$中相应于变量$x_t i\in N$的列向量，$-f=0-c_B^{(1)^T}\hat{b}$为目标函数在初始基本可行解处的函数值。初始单纯形表一经形成，最优性检验、入基变量确定、可行域是否有界及出基变量确定都可在单纯形表上进行。

表1－1－15 初 始 数 据 表

x_B	x_1	x_2	…	x_m	x_{m-1}	…	x_n	b
x_1	a_{11}	a_{12}	…	a_{1m}	$a_{1(m-1)}$	…	a_{1n}	b_1
x_2	a_{21}	a_{22}	…	a_{2m}	$a_{2(m-1)}$	…	a_{2n}	b_2
…	⋮	⋮		⋮	⋮		⋮	⋮
x_m	a_{m1}	a_{m2}	…	a_{mm}	$a_{m(m-1)}$	…	a_{mn}	b_m
c	c_1	c_2	…	c_m	c_{m-1}	…	c_m	0

表1-1-16 初始单纯形表

x_B	x_1	x_2	…	x_m	x_{m-1}	…	x_n	b
x_1	1	0	…	0	$\hat{a}_{1(m-1)}$	…	$\hat{a}_{1n}$	$\hat{b}_1$
x_2	0	1	…	0	$\hat{a}_{2(m-1)}$	…	$\hat{a}_{2n}$	b_2
…	⋮	⋮		⋮	⋮		⋮	⋮
x_m	0	0	…	1	$\hat{a}_{m(m-1)}$	…	$\hat{a}_{mn}$	b_m
$\hat{c}$	0	0	…	0	$\hat{c}_{m+1}$	…	$\hat{c}_n$	$-f$

单纯形法计算步骤：

(1) 输入已知数据，形成初始数据表，基变量指标集 $B^{(1)}$，非基变量指标集 $N^{(1)}$，再经必要的变换得初始单纯形表；置 $k=1$。

(2) 确定 $\hat{c}_{k_p}=\min\ \{\hat{c}_{k_i},\ \hat{k}_i\in N^{(k)}\}$。

(3) 若 $\hat{c}_{k_p}\geqslant 0$，输出最优解 $x_B^{(k)}=\hat{b}^{(k)}$，$\hat{x}_N^{(k)}=0$，终止迭代；否则选 x_{k_p}为入基变量。

(4) 若所有 $\hat{a}_{ik_p}^{(k)}\leqslant 0$，$i=1,2,\cdots,m$，可行域无界，终止进一步的迭代。

(5) 计算 $\hat{b}_q^{(k)}/\hat{a}_{ik_p}^{(k)}=\min\ \{\hat{b}_i^{(k)}/\hat{a}_{ik_p}^{(k)}/\hat{a}_{ik_p}^{(k)}>0,\ i=1,2,\cdots,m\}$，并选 x_{k_q}为出基变量。

(6) 交换单纯形表上 x_{k_p}与 x_{k_q}所在的列，以元素 $\hat{a}_{qk_p}$为主元素对系数矩阵作变换把新入基的列 $\hat{a}^{(k_p)}$变换成第 q 个分量为1其余分量为0的单位向量 $e_q=(0\cdots010\cdots0)^T$ 形成新的 $\hat{A}_N^{(k-1)}$，$\hat{b}^{(k-1)}$。

(7) 把目标函数系数行的各分量减去 $\hat{c}_B^{(k-1)}$ 与该分量所在列向量的内积，置 $k=k+1$，转步骤 (2)。

例1 用单纯形法求下列线性规划问题的解

$$\min\quad -2.2x_1+3.3x_2-4.4x_3+10x_4+20x_5$$

$$\text{s.t.}\quad \left.\begin{array}{l} x_1+2x_2+x_4=4 \\ 2x_1+2.5x_2-3x_3+x_5=6 \\ x_1,\ x_2,\ x_3,\ x_4,\ x_5\geqslant 0 \end{array}\right\}$$

解 取 x_4，x_5 为初始基变量，x_1，x_2，x_3 为非基变量，形成初始数据表1-1-17，$B^{(1)}=\{4,5\}$，$N^{(1)}=\{1,2,3\}$。

由于初始基矩阵已成单位矩阵，只需把目标函数系数行的每一分量减去 $c_B^{(1)^T}=(10,20)$ 与该分量所在列向量的内积，即计算 $\hat{c}_i^{(1)}=c_i-c_B^{(1)^T}\hat{a}^{(1)}$，$i=1,2,3$，得初始单纯形表1-1-18。

表1-1-17 初始数据表

x_B	x_4	x_5	x_1	x_2	x_3	A
x_4	1	0	1	2	0	4
x_5	0	1	2	2.5	3	6
c	10	20	−2.2	+3.3	−4.4	0

表 1-1-18 初始单纯形表

x_B	x_4	x_5	x_1	x_2	x_3	$\hat{b}$
x_4	1	0	1	2	0	4
x_5	0	1	2	2.5	3	6
$\hat{c}$	0	0	−52.2	−66.7	−64.4	−160

执行算法步骤（2）：有 $\hat{c}_2=\min(-52.2, -66.7, -64.4)=-66.7$。

执行算法步骤（3）：因 $\hat{c}_2=-66.7<0$，选 x_2 为入基变量。

执行算法步骤（4），（5）：因 $\frac{4}{2}<\frac{6}{2.5}$，选 x_4 为出基变量。

执行算法步骤（6），（7）：先交换变量 x_2 和 x_4 所在的列，可得中间数据表 1-1-19；再以元素 2 为主元素对系数矩阵行作变换，化列向量 $(2, 2.5)^T$ 为单位向量 $(1.0)^T$；再把目标函数系数行的每一分量减去向量 $c_B^{(2)}=(-66.7, 0)^T$ 与该分量所在列向量的内积，如 $c_1^{(2)}=\hat{c}_1^{(1)}-\hat{c}_B^{(2)T}\hat{a}^{(1)}=-52.2-0.5\times(-66.7)=-18.85$，计算结果得新的单纯形表（见表 1-1-20）。

表 1-1-19 中间数据表

x_B	x_2	x_5	x_1	x_4	x_3	$\hat{b}$
x_2	2	0	1	1	0	4
x_5	2.5	1	2	0	3	6
$\hat{c}$	−66.7	0	−52.2	0	−64.4	−160

表 1-1-20 新单纯形表

x_B	x_2	x_5	x_1	x_4	x_3	$\hat{b}$
x_2	1	0	0.5	0.5	0	2
x_5	0	1	0.75	−1.25	3	1
$\hat{c}$	0	0	−18.85	33.35	−64.4	−26.6

至此，第一次迭代执行完毕，得基本可行解 $x_1=0$，$x_2=2$，$x_3=0$，$x_4=0$，$x_5=1$。因相应于变量 x_1 与 x_3 的 $\hat{c}_1$，$\hat{c}_3$ 均小于零，此基本可行解非最优解。执行第二次迭代，选 x_3 为入基变量，x_5 为出基变量，交换相应的列后再进行相应的变换和运算，得单纯形表（见表 1-1-21），其基本可行解为 $x_1=0$，$x_2=2$，$x_3=1/3$，$x_4=x_5=0$，又因相应于 x_1 的 $\hat{c}_1=-2.675<0$。需继续执行迭代。选 x_1 为入基变量，x_3 为出基变量，经列交换及行的变换等运算可得单纯形表（见表 1-1-21）。因相应于非基变量 x_3，x_4，x_5 的 c_3，c_4，$\hat{c}_5$ 均非负，表 1-1-22 为最优单纯形表，最优解为 $x^*=(4/3, 4/3, 0, 0, 0)^T$，最优函数值为 $f^*=4.4/3$。

表 1-1-21 单纯形表

x_B	x_2	x_3	x_1	x_4	x_5	$\hat{b}$
x_2	1	0	0.5	0.5	0	2
x_3	0	1	0.25	−0.417	0.333	0.333
$\hat{c}$	0	0	−2.675	6.37	21.57	−5.033

表 1-1-22 最优单纯形表

x_B	x_2	x_1	x_3	x_4	x_5	$\hat{b}$
x_2	1	0	−2	4/3	−2/3	4/3
x_1	0	1	4	−5/3	4/3	4/3
$\hat{c}$	0	0	10.7	1.91	25.136	−1.47

4. 修正单纯形法

修正单纯形法通过直接计算基矩阵 A_B 的逆矩阵 A_B^{-1}，避免矩阵 $\hat{A}_N=A_B^{-1}$，A_N 的计算，以减少计算工作量，而 $A_B^{(k)^{-1}}$，$\hat{b}^{(k)}=A_B^{(k)^{-1}}b$，$c_B^{(k)^T}A_B^{(k)^{-1}}$ 可从 $A_B^{(k-1)^{-1}}$，$\hat{b}^{(k-1)}$，$c_B^{(k-1)^T}A_B^{(k-1)^{-1}}$ 利用修正公式产生。入基指标的确定采取对非基指标集合 N 中的指标 $j\in N$ 按顺序计算 $\hat{c}_j^{(k)}=c_j-c_B^{(k)^T}$，$A_B^{(k)^{-1}}$，$a^{(j)}$，并以第一个遇到的负分量指标作为入基指标。这里 $A_B^{(k)}$，$\hat{b}^{(k)}$，$c_B^{(k)}$ 分别表示第 k 次迭代的基矩阵、基变量取值和相应于基变量的价值系数形成的向量。

修正单纯形法计算步骤：

(1) 给定初始基矩阵 $A_B^{(1)}$，$c_B^{(1)}$，计算 $A_B^{(1)^{-1}}$，$\hat{b}^{(1)}=A_B^{(1)^{-1}}b$，$\pi^{(1)}=c_B^{(1)^T}A_B^{(1)^{-1}}$，置基变量和非基变量指标集 B，N，$k=1$。

(2) 对 $j\in N$，依次计算 $\hat{c}_j^{(k)}=c_j-\pi^{(k)}a^{(j)}$，若对所有 $j\in N$ 有 $\hat{c}_j^{(k)}\geqslant 0$，输出最优解 $x_B^{(k)}=\hat{b}^{(k)}$，$x_N^{(k)}=0$，否则选第一个使 $\hat{c}_j^{(k)}<0$ $j\in N$ 的指标 k_p 为入基变量指标。

(3) 计算 $\hat{a}^{(k_p)}=A_B^{(k)^{-1}}a^{(k_p)}$。若 $\hat{a}^{(k_p)}\leqslant 0$，可行域无界，终止计算。

(4) 选 $\hat{b}_q/\hat{a}_{ik_p}=\min\ \{\hat{b}_1/\hat{a}_{ik_p}|\hat{a}_{ik_p}>0\}$，取 B 中相应于 q 的指标 k_q 为出基变量指标。

(5) 计算

$A_B^{(k-1)^{-1}}=A_B^{(k)^{-1}}-\ (\hat{a}^{(k_p)}-e_q)\ e_q^TA_B^{(k)^{-1}}/\hat{a}_{qk_p}$，其中 $e_2=\ (0，\cdots，0，1，0，\cdots，0)^T$

$\hat{b}^{(k-1)}=\hat{b}^{(k)}-e_q^TA_B^{(k)^{-1}}b\ (\hat{a}^{(kp)}-e_q)\ /\hat{a}_{qk_p}$

$\pi^{(k-1)}=\pi^{(k)}+\ (\hat{c}_{k_p}-c_{k_q}-c_B^{(k-1)^T}\ (\hat{a}^{(kp)}-e_q)\ /\hat{a}_{qk_p})\ e_q^TA_B^{(k)^{-1}}$。

(6) 把 B 中的基指标 k_q 与 N 中的非基指标 k_p 交换，置 $k=k+1$，转步骤 (2)。

5. 对偶单纯形法

对偶单纯形法同单纯形法相反，它在对任意 $j\in N$ 保持 $\hat{c}_c\geqslant 0$ 的条件下，逐步调整基矩阵，使 $\hat{b}=A_B^{-1}\hat{b}$（基本解）中的负元素逐步变为非负而产生最优解。对偶单纯形法也采用单纯形表的形式，适用于目标函数的价值系数全为非负而约束右端向量有负元素的线性规划问题。

对偶单纯形法计算步骤：

(1) 输入已知数据，形成满足条件 $\hat{c}_{1_j}^{(1)}\geqslant 0$，$j=m+1$，…，$n$ 的初始单纯形表（见表 1-1-16），置 $k=1$。

(2) 计算 $\hat{b}_q^{(k)}=\min\ \{\hat{b}_i^{(k)},\ i=1,\ 2,\ \cdots,\ m\}$。

(3) 若 $\hat{b}_q^{(k)}\geqslant 0$，输出最优解 $x_B^{(k)}=\hat{b}^{(k)}$，$x_N^{(k)}=0$，终止迭代；否则选 x_{k_q} 为出基变量。

(4) 若所有 $\hat{a}_{qk_j}^{(k)}\geqslant 0$，$j=m+1$，…，$n$，则无可行解，终止计算。

(5) 确定 $\hat{c}_{k_p}/\hat{a}_{qk_p}=\max\ \{\hat{c}_{k_j}/\hat{a}_{qk_j}\,|\,\hat{a}_{qk_j}<0,\ j=m+1,\ \cdots,\ n\}$ 选 x_{k_p} 为入基变量。

(6) 交换单纯形表上第 q 列与第 p 列。

(7) 对新表中的系数矩阵行作行变换，以 $\hat{a}_{qk_p}$ 为主元素把新入基的列向量 $\hat{a}^{(k_p)}$ 变换成第 q 个分量为 1，其余分量为 0 的单位向量 e_q，形成新的 $\hat{A}_N^{(k+1)}$，$\hat{b}^{(k+1)}$。

(8) 把目标函数系数行的各分量减去向量 $\hat{c}_B^{(k-1)}$ 与该分量所在列向量的内积。置 $k=k+1$，转步骤 (2)。

例 2　用对偶单纯形法求下列线性规划问题的解。

$$\begin{aligned}\min\quad & 3x_1+4x_2+5x_3\\ \text{s.t.}\quad & x_1+2x_2+3x_3\geqslant 5\\ & 2x_1+2x_2+x_3\geqslant 6\\ & x_1,\ x_2,\ x_3\geqslant 0\end{aligned}$$

解　引入松弛变量 x_4，x_5 化为标准型

$$\begin{aligned}\min\quad & 3x_1+4x_2+5x_3\\ \text{s.t.}\quad & -x_1-2x_2-3x_3+x_4=-5\\ & -2x_1-2x_2-x_3+x_5=-6\\ & x_1,\ x_2,\ x_3,\ x_4,\ x_5\geqslant 0\end{aligned}$$

取 x_4，x_5 为基变量，x_1，x_2，x_3 为非基变量得初始单纯形表（见表 1－1－23），由表可确定 x_5 为出基变量，x_1 为入基变量：执行算法步骤 (6) ～ (8) 可得单纯形表（见表 1－1－24）。由于 $b_1=-2<0$，还未得最优解，选 x_4 为出基变量，x_2 为入基变量，再执行步骤 (6) ～ (8) 得单纯形表（见表 1－1－25）。由于已有 $b\geqslant 0$，得最优解 $x=(1,\ 2,\ 0)^T$，最优目标函数值为 11。

表 1－1－23　初始单纯形表

x_B	x_4	x_5	x_1	x_2	x_3	$\hat{b}$
x_4	1	0	−1	−2	−3	−5
x_5	0	1	−2	−2	−1	−6
c	0	0	3	4	5	0

表 1－1－24　单纯形表

x_B	x_4	x_1	x_5	x_2	x_3	$\hat{b}$
x_4	1	0	$-\frac{1}{2}$	−1	$-\frac{5}{2}$	−2
x_1	0	1	$-\frac{1}{2}$	1	$\frac{1}{2}$	3
c	0	0	$\frac{3}{2}$	1	$\frac{7}{2}$	−9

表1－1－25　最优单纯形表

x_B	x_2	x_1	x_5	x_4	x_3	$\hat{b}$
x_2	1	0	$\frac{1}{2}$	-1	$\frac{5}{2}$	2
x_1	0	1	-1	1	-2	1
c	0	0	1	1	1	-11

6. 灵敏度分析

灵敏度分析是研究线性规划问题的部分或全部系数发生变化时对最优解的影响，以及最优解发生变化时求新最优解的方法。

1）价值系数向量 c 变化的影响

设 c 的变化量为 Δc，其他系数不变，则可行域不变。在最优单纯形表上系数矩阵行不变，仅目标函数系数行变化，变化量为

$$\Delta\hat{c}_N=\Delta c_n-\hat{A}_N^T\Delta c_B,\quad -\Delta\hat{f}=-\Delta\, c_1^T\hat{b}$$

若 $\hat{c}_N+\Delta\hat{c}_N\geqslant 0$，则最优解不变，最优值变为 $\hat{f}+\Delta\hat{f}$，否则用 $\hat{c}_N+\Delta\hat{c}_N$，$-\hat{f}-\Delta\hat{f}$ 代替目标函数系数行的 $\hat{c}_N$ 与 $-\hat{f}$ 后用单纯形法继续迭代，这里 $\hat{c}_N=(\hat{c}_{k_{m-1}},\hat{c}_{k_{m-2}},\cdots,\hat{c}_{k_n})^T$，$\Delta\hat{c}_N=(\Delta\hat{c}_{k_{m-1}},\Delta\hat{c}_{k_{m-2}},\cdots,\Delta\hat{c}_{k_n})^T$。

2）右端向量 b 变化的影响

设 b 的变化量为 Δb，其他系数不变，在最优单纯形表上仅最后一列发生变化，改变量为

$$\Delta\hat{b}=A_B^{-1}\Delta b,\quad -\Delta\hat{f}=-c_B^TA_B^{-1}\Delta b=-c_B^T\Delta\hat{b}$$

若 $\hat{b}+\Delta\hat{b}\geqslant 0$，则最优基变量不变，最优解为 $x_B=\hat{b}+\Delta\hat{b}$，$x_N=0^m$，最优值为 $\hat{f}+\Delta\hat{f}$。若 $\hat{b}+\Delta\hat{b}$ 存在负分量，用 $\hat{b}+\Delta\hat{b}$，$-\hat{f}-\Delta\hat{f}$ 分别代替最后一列的 $\hat{b}$ 和 $-\hat{f}$ 后用对偶单纯形法继续迭代。

3）矩阵 A 变化的影响

(1) 只有一个非基变量 x_i 的列向量 $a^{(i)}$，$l\in N$ 有变化量 $\Delta a^{(1)}$，其他系数不变。在最优单纯形表上仅有 $\hat{A}_N$ 的列 $\hat{a}^{(1)}$ 与分量 $\hat{c}_i$ 有变化量 $\Delta\hat{a}^{(1)}=A_B^{-1}\Delta a^{(l)}$，$\Delta\hat{c}_i=-c_B^T\Delta\hat{A}^{(t)}$。若 $\hat{c}_l+\Delta\hat{c}_i\geqslant 0$，则最优解及最优值都保持不变，否则以 $\hat{a}^{(l)}+\Delta\hat{a}_{(l)}$，$\hat{c}_l+\Delta\hat{c}_l$ 代替 $\hat{a}^{(l)}$，$\hat{c}_i$ 后以 x_1 为入基变量继续用单纯形法迭代。

(2) 只有一个基变量 x_p 的列向量 $a^{(p)}$ 有变化量 $\Delta a^{(p)}$，其他系数不变。因基矩阵 A_B 发生变化，引起最优单纯形表上所有元素发生变化。为充分利用原最优解的信息，对原最优单纯形表作下列调整：

a. 给矩阵 $\hat{A}_N$ 增加一列 $\hat{a}^{(n-1)}=A_B^{-1}\ (a^{(p)}+\Delta a^{(p)})$，非基变量 x_{n-1}，取 $c_{n-1}=c_p$，$c_p=M$、M 为充分大的正数；

b. 用 M 代替 c_B 中的 c_p 后计算新的 c_N。调整完后继续用单纯形法迭代，最后所得最优单纯形表上 x_{n-1} 的取值即为 x_p 的最优解。

4）增加一个变量

记新增变量为 x_{n-1}，相应价值系数为 c_{n-1}，约束条件中列向量为 $a^{(n-1)}$。在原最优单纯形表的非基区域增加一列，其值分别为 $\hat{a}^{(n+1)}=A_B^{-1}a^{(n-1)}$，$\hat{c}_{n-1}=c_{n-1}-c_B^T\hat{a}^{(n-1)}$，若 $\hat{c}_{n-1}\geqslant 0$，则

最优解不变，否则以 x_{n+1}为入基变量继续用单纯形法进行迭代。

5）删去一个变量

若删去变量为非基变量，最优解不变。若删去变量为基变量，在最优单纯形表上以删去变量为出基变量，用对偶单纯形法确定入基变量，继续迭代。在删去变量出基后即从单纯形表上删去该变量所在的列。

6）增加一个约束

设新增约束为

$$a_{m-1.1}x_1+a_{m-1.2}x_2+\cdots+a_{m-1.n}x_n\leqslant b_{m-1}$$

引入松弛变量 x_{n+1}，便成

$$a_{m-1.1}x_1+a_{m-1.2}x_2+\cdots+a_{m-1.n}x_n+x_{n-1}=b_{m-1} \tag{1-1-7}$$

在原最优单纯形表上增加反映上述约束的一行（放在最后一行），把 x_{n-1}作为新入基变量得下述形式单纯形表（见表 1－1－26）。对表作行变换，化 $a_{m-1.k_1}$，…，$a_{m-1.k_m}$为 0，$a_{m-1.k_{m-1}}$，…，$a_{m-1.k_n}$，b_{m-1}，为 $\hat{a}_{m-1.k_{m-1}}$，…，$a_{m-1.k_n}$，b_{m-1}，其他值保持不变。若 $\hat{b}_{m-1}\geqslant 0$，则最优解保持不变，否则以 x_{n-1}为出基变量用对偶单纯形法继续迭代。

7）删去一个约束

设所删约束形如式（1－1－7），其中 x_{n-1}为松弛变量。若在最优单纯形表上 x_{n-1}为基变量，则删除该约束后最优解保持不变。若 x_{n-1}为非基变量，以 x_{n-1}为入基变量进行一次单纯形迭代后删除 x_{n-1}所标明的行和列，再根据最优性判别确定是否已得最优解或继续单纯形迭代。

表 1－1－26　新增一个约束后的单纯形表

x_B	x_{k_1}	x_{k_2}	…	x_{k_m}	x_{n+1}	$x_{k_{m+1}}$	…	x_{k_n}	b
x_{k_1}	1	0	…	0	0	$\hat{a}_{1.k_{m-1}}$	…	$\hat{a}_{1.k_n}$	$\hat{b}_1$
x_{k_2}	0	1	…	0	0	$\hat{a}_{2.k_{m-1}}$	…	$\hat{a}_{2.k_n}$	$\hat{b}_2$
⋮	⋮	⋮		⋮	⋮	⋮		⋮	⋮
x_{k_m}	0	0	…	1	0	$\hat{a}_{m.k_{m-1}}$	…	$\hat{a}_{m.k_n}$	$\hat{b}_m$
x_{n-1}	$a_{m-1\cdot k_1}$	$a_{m-1\cdot k_2}$	…	$a_{m+1.k_m}$	1	$a_{m+1.k_{m-1}}$	…	$\hat{a}_{m+1.k_n}$	$\hat{b}_{m+1}$
c	0	0	…	0	0	$\hat{c}_{k_{m+1}}$	…	$\hat{c}_{k_n}$	$-\hat{f}$

7. 线性规划的应用模型

1）资源分配问题

某矿生产原煤，历年亏损。为了扭转这种局面，现增加生产精煤的条件，欲将原煤加工成精煤出售，但国家要求该矿的原煤与精煤的总产量不得低于 205 万 t，同时允许该矿将超过国家计划 170 万 t 原煤的部分作为混煤出售，因而要综合考虑安排原煤、精煤、混煤的生产。另外，为了安排剩余劳动力，该矿还计划安排生产电炉钢与电石。各类产品需消耗的资源及可能获得的利润见表 1－1－27。

表 1—1—27　产品的资源与利润表

产品＼资源	劳动力 (工/t)	电力 (kW·h/t)	油脂 (t/万 t)	坑木 (m^3/万 t)	利润 (元/t)	计划 (万 t)
原煤 x_1	2	35	1	1.5	−2	不少于 170
精煤 x_2	0.6	22	4	0	20	不少于 30 不多于 40
电炉钢 x_3	30	1000	0	0	20	不小于 0.1
电石 x_4	50	4000	0	0	90	不小于 0
混煤 x_5	1	5	0	0	8	不小于 0
资源限额	400 万	80 (MkW·h)	350 (t)	350 (m^3)		
剩余变量	x_6	x_7	x_8	x_9		

按题意建立数学模型如下：

$$
\begin{cases}
\max Z=-2x_1+20x_2+20x_3+90x_4+8x_5 \\
\text{s.t.}\quad 2x_1+0.6x_2+30x_3+50x_4+x_5\leqslant 400 \\
35x_1+22x_2+1000x_3+4000x_4+5x_5\leqslant 8000 \\
x_1+4x_2\leqslant 350 \\
1.5x_1\leqslant 350 \\
x_1\geqslant 170 \\
x_2\geqslant 30 \\
x_2\leqslant 40 \\
x_3\geqslant 0.1 \\
x_4,\quad x_5\geqslant 0 \\
x_1+x_2\geqslant 205 \\
x_1-x_5=170
\end{cases}
$$

求解的结果如下：

原煤产量　$x_1=181$ (万 t)；

其中混煤　$x_5=11$ (万 t)；

精煤产量　$x_2=40$ (万 t)；

电 炉 钢　$x_3=1000$ (t)；

电石不宜生产　$x_4=0$；

可获得的总利润为　$Z=528$ (万元/a)。

由上述计算可以看出，该矿要想取得更好的经济效益理应从增加劳动力的安排和降低材料消耗入手。

2) 混合配制问题

要求配制混凝土的总量为 150 万 m^3，其中 100 号的要 40 万 m^3；150 号的要 60 万 m^3，200 号的要 50 万 m^3。现订购了两种水泥：325 号的 25 万 t；425 号的 20 万 t，共计 45 万 t 水泥。不同标号的混凝土需用水泥的量及有关资料列于表 1—1—28 中。问如何安排混凝土的配制方案，可使水泥费用最低？

解　令 $i=1, 2, 3$ 分别表示混凝土的三种标号；$j=1, 2$ 分别表示水泥的两种标号（325，425）。

设 x_{ij} 表示用 j 种水泥制成的 i 类混凝土的数量。于是，根据水泥的订货量可得：

$$0.253x_{11}+0.302x_{21}+0.362x_{31}\leqslant 25;$$

$$0.211x_{12}+0.257x_{22}+0.302x_{32}\leqslant 20$$

表 1-1-28　混凝土中的水泥用量表

混凝土标号	混凝土用量（万 m³）	水泥标号	325	425
		水泥量（万 t）	25	20
100	40	混凝土中的水泥用量（t/m³）	0.253	0.211
150	60		0.302	0.257
200	50		0.362	0.302
		水泥单价（元/t）	65	69

根据各类混凝土的用量要求，有：

$$x_{11}+x_{12}=40;$$

$$x_{21}+x_{22}=60;$$

$$x_{31}+x_{32}=50$$

所以目标函数是

$$\min Z=65\times(0.253x_{11}+0.302x_{21}+0.362x_{31})+69\times(0.211x_{12}+0.257x_{22}+0.302x_{32})$$

现在，将上述模型改写简化，简化时令

$$x_1=x_{11};\ x_2=x_{21};\ x_3=x_{31};\ x_4=x_{12};\ x_5=x_{22};\ x_6=x_{32},$$

则：

$$\begin{cases}\min Z=16.445x_1+19.63x_2+23.53x_3+14.559x_4+17.733x_5+20.838x_6\\ \text{s.t.}\quad 0.253x_1+0.302x_2+0.362x_3\leqslant 25\\ \qquad 0.211x_4+0.257x_5+0.302x_6\leqslant 20\\ \qquad x_1+x_4=40\\ \qquad x_2+x_5=60\\ \qquad x_3+x_6=50\\ \qquad x_1,\ x_2,\ x_3,\ x_4,\ x_5,\ x_6\geqslant 0\end{cases}$$

计算结果是：

配制标号为 100 的混凝土 40 万 m³ 需 325 号水泥 0t，425 号水泥 8.44 万 t；

配制标号为 150 的混凝土 60 万 m³ 需 325 号水泥 18.12 万 t，425 号水泥用量 0t；

配制标号为 200 的混凝土 50 万 m³ 需 325 号水泥 4.24 万 t，425 号水泥 11.56 万 t；

水泥的总费用为 $Z=2833.61$ 万元

3）成分混合问题

现有 A、B、C 三种煤炭，其有关资料列于表1－1－29中。

问如何混合使用，才能使混合后的煤炭含硫量不超过0.25%，发热量不低于21980700J/kg，同时价格又最低？

解 设 x_1、x_2、x_3 分别表示混合后的煤炭中的 A、B、C 三种煤的百分含量，根据题意建立如下的数学模型：

表1－1－29 煤 炭 特 性 表

煤 种	含硫量（%）	发热量（J/kg）	价 格 （元/t）
A	0.1	20934000	20
B	0.5	25120800	16
C	0.3	23027400	18.5

$$\begin{cases} \min Z = 20x_1 + 16x_2 + 18.5x_3 \\ \text{s.t.} \quad 0.1x_1 + 0.5x_2 + 0.3x_3 \leqslant 0.25 \times 100 \\ 20934000x_1 + 25120800x_2 + 23027400x_3 \leqslant 21980700 \times 100 \\ x_1 + x_2 + x_3 = 100 \\ x_1, \quad x_2, \quad x_3 \geqslant 0 \end{cases}$$

计算结果是：

B 种煤37.5%与 A 种煤62.5%混合使用即可达到各要求指标，价格为18.5元/t。

4）生产计划安排问题

某矿掘进工区下月必须完成 A、B、C、D 四项巷道、硐室工程的施工。该工区有三个掘进队 L、M、N，他们均可单独或结合起来完成任一项工程。在表1－1－30中列出了 L、M、N 三个掘进队单独完成某项所需班数、每班各队的成本及可用班数。已知每项工程既可由某一个掘进队施工亦可分开由两个队或三个队合作施工，如何安排各队的生产计划才可使总成本最低？

表1－1－30 掘 进 队 资 料 表

队 别	每项工程所需班数				每班成本（元）	可用班数
	A	B	C	D		
L	18	80	48	60	1600	90
M	20	75	45	65	1550	90
N	25	84	30	62	1580	90

解　设G_{ij}为j工程由i队进行施工的班数，则依照题意可建立数学模型如下：

$$\begin{cases} \min Z = 1600\ (x_{LA}+x_{LB}+x_{LC}+x_{LD}) \\ \quad +1550\ (x_{MA}+x_{MB}+x_{MC}+x_{MD}) \\ \quad +1580\ (x_{NA}+x_{NB}+x_{NC}+x_{ND}) \\ \text{s.t.}\quad x_{LA}+x_{LB}+x_{LC}+x_{LD} \leqslant 90 \\ \quad x_{MA}+x_{MB}+x_{MC}+x_{MD} \leqslant 90 \\ \quad x_{NA}+x_{NB}+x_{NC}+x_{ND} \leqslant 90 \\ \quad \frac{x_{LA}}{18}+\frac{x_{MA}}{20}+\frac{x_{NA}}{25}=1 \\ \quad \frac{x_{LB}}{80}+\frac{x_{MB}}{75}+\frac{x_{NB}}{84}=1 \\ \quad \frac{x_{LC}}{48}+\frac{x_{MC}}{45}+\frac{x_{NC}}{30}=1 \\ \quad \frac{x_{LD}}{60}+\frac{x_{MD}}{65}+\frac{x_{ND}}{62}=1 \end{cases}$$

$$x_{ij} \geqslant 0$$

计算结果是：

$x_{LA}=18$ 班——完成A工程
$x_{LD}=60$ 班——完成D工程 } 由L队承担；

$x_{MB}=75$ 班——M队完成B工程；

$x_{NC}=30$ 班——N队完成C工程；

共需支出总成本　$Z=288450$ 元。

各队尚剩余的工作班数：L剩 12 班；M剩 15 班；N剩 60 班，应作其他安排。

5）井型规划问题

某矿区按总体规划要求，应建立一个年产 1000 万 t 原煤的大型矿区，预计总投资需要 15 亿元。通过对该矿区的地质、地面条件、运输情况，储量分布等分析，可以建设的煤矿井型有 30、45、60、150、300 万 t/a 几种。由于各种井型的吨煤投资、吨煤利润均有所不同（见表 1－1－31），此外，为保证各种器材供应、资金周转，适于建成交通网，便于管理，各类矿井的总数应以 9 个至 11 个为好。问如何安排各类井型的建设规划，可使所得总利润最高？

表 1－1－31　不同井型的指标

指标 ＼ 井型（万 t/a）	30	45	60	150	300
吨煤投资（元/t）	150	150	170	150	140
吨煤利润（元/t）	3.24	3.5	3.6	2.5	3.0
可建的煤矿数	≤1	≤2	≤5	≤5	≤2

解　按题意，可建数学模型如下：

$$\begin{cases}\max Z=3.24\times30x_1+3.5\times45x_2+3.6\times60x_3+\\ \quad+2.5\times150x_4+3\times300x_5\\ \text{s.t.}\quad 30x_1+45x_2+60x_3+150x_4+300x_5\leqslant1000\\ \quad 30\times150x_1+45\times150x_2+60\times170x_3+\\ \quad +150\times150x_4+300\times140x_5\leqslant150000\\ \quad x_1\leqslant1\\ \quad x_2\leqslant2\\ \quad x_3\leqslant5\\ \quad x_4\leqslant5\\ \quad x_5\leqslant2\\ \quad x_1+x_2+x_3+x_4+x_5\geqslant9\\ \quad x_1+x_2+x_3+x_4+x_5\leqslant11\\ \quad x_1,\ x_2,\ x_3,\ x_4,\ x_5\geqslant0\end{cases}$$

计算结果表明，各类井型矿井应按以下方案规划：

年产能力（万 t/a）	矿井数（个）
30	1
45	2
60	5
150	0
300	2

最高总利润是：$Z=3228.2$（万元/a）。

6）灵敏度分析应用问题

某工厂原生产的产品有 A、B、C 三种，已知它们必须在Ⅰ、Ⅱ、Ⅲ三种设备上加工，且其所需台时与设备提供的台时数限额如表 1－1－32 所示。

表 1－1－32　产品需用台时及设备提供台时限额表

设　　备	单位产品所需台时数（台时）			设备的台时数限额（台时/月）
	A	B	C	
Ⅰ	8	2	10	300
Ⅱ	10	5	8	300
Ⅲ	2	13	10	420
单位产品利润（千元）	3	2	2.9	

问如何安排生产，才能充分发挥设备能力，获得最高利润？若为了增加产量，租用另一厂的设备Ⅱ进行生产，每月可租用 60 台时，租金 1.8 万元，问租用是否合理？

解　按照题意，设 x_1 为 A 的产量；x_2 为 B 的产量；x_3 为 C 的产量，建立数学模型如下：

$$\begin{cases} \max \quad Z = 3x_1 + 2x_2 + 2.9x_3 \\ \text{s.t.} \quad 8x_1 + 2x_2 + 10x_3 \leqslant 300 \\ 10x_1 + 5x_2 + 8x_3 \leqslant 300 \\ 2x_1 + 13x_2 + 10x_3 \leqslant 420 \\ x_1, \quad x_2, \quad x_3 \geqslant 0 \end{cases}$$

计算结果表明生产应按以下方案安排：

产品	生产量
A	4.2
B	13.2
C	24

可得利润为 $Z=10.86$ 万元。

各设备的影子价格为：

设备	影子价格（千元/台时）
Ⅰ	0.030
Ⅱ	0.267
Ⅲ	0.047

对于设备Ⅱ，如若租借另一厂的 60 台时，需租金 1.8 万元。但由于其影子价格是 0.267 千元/台时，只能获得利润 $60\times0.267=1.602$ 万元，这还不只以支付它的租金 1.8 万元。因此，再租借Ⅱ设备以扩大生产是不合理的。

7）产销不平衡问题

设有 3 个煤矿，年产量分别为 60、45、30 万 t，有两个销售地，销售量各为 60、70 万 t。总产量中还多余 5 万 t 暂时不售出，问如何安排运输才能使总运费最低？

解这个问题时应先假定虚销点 B_0，令它距各矿的距离均为零，即运输单价均为零（表 1－1－33）。

表 1－1－33 煤炭供销平衡表

销地 / 煤矿	B_1	B_2	B_3	年产量（万 t）
A_1	12	4	0	60
A_2	6	17	0	45
A_3	8	9	0	30
销售量（万 t）	60	70	(5)	135

在具体解题时，为了更快地找到最优解，利用最小元素法求初始解必须先从非零运价的最小值开始，到最后才落于零运价上（表 1－1－34）。

以上结果说明，A_1 的产量 60 万 t 全部运到 B_2；A_2 的产量 45 万 t 全部运到 B_1；A_3 的产量 30 万 t 中，15 万 t 运到 B_1，10 万 t 运到 B_2，而尚剩 5 万 t 便留给 A_3 自销，该调运方案总运费为 720，是最低的。

8）工业广场的平整问题

某矿建设的施工场地需要平整，经过简化的土方平衡表列于表 1－1－35 中。在该矿工业广场的范围内，有一较大的塘坑需要填平；在场地之外运距较大处有一矸石山 $B_{矸}$。运距的单位是 100m。问如何安排运输问题才能使费用最低？

本题应属不平衡问题按平衡问题处理的范畴。

表 1—1—34 优 化 过 程 表

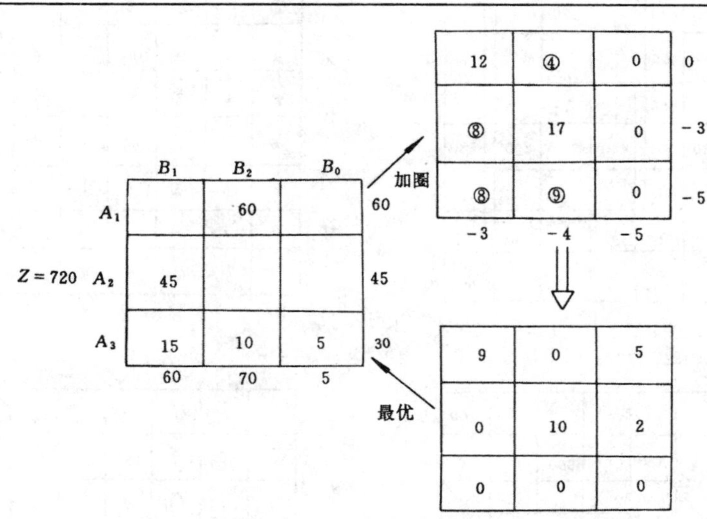

由表 1—1—35 中可以看出，不论主井、副井排出的矸石量有多大，除 B_3 塘坑需部分矸石或土方用以充填外，其余均可拉到场外的矸石山 $B_{矸}$ 处去堆积。因而 $5930+u_1+u_2=6120+V$。安排初始方案时，宜将井筒排出的矸石大量上矸石山。解题过程见表 1—1—36。

表 1—1—35 土 方 工 程 平 衡 表

洼地 / 高地	B_1	B_2	B_3 塘坑	B_4	B_5	B_6	$B_{矸}$	出土量（m³）
A_1	7	5	3	5	4	8	13	1200
A_2	3	8	4	6	2	7	15	1100
A_3	4	3	4	5	6	6	14	600
A_4	5	4	3	8	3	7	14	850
A_5	6	4	6	4	5	2	16	1480
A_6	2	6	3	5	4	4	17	700
$A_{主井}$	6	7	4	3	8	5	15	u_1
$A_{副井}$	4	5	6	4	7	6	15	u_2
填土量（m³）	320	260	4500	440	350	250	V	$5930+u_1+u_2$ $=6120+V$

计算结果表明以下的安排方案最为合理：副井所出矸石全部运上矸石山；主井所出矸石的 2520m³ 填坑，其余均上矸石山；B_3 塘坑尚需的土方由 A_2、A_4、A_6 几个高地补充；A_1、A_3 两高地所出土方全部上矸石山。

9）采煤工作面生产安排

表1-1-36　优　化　过　程　表

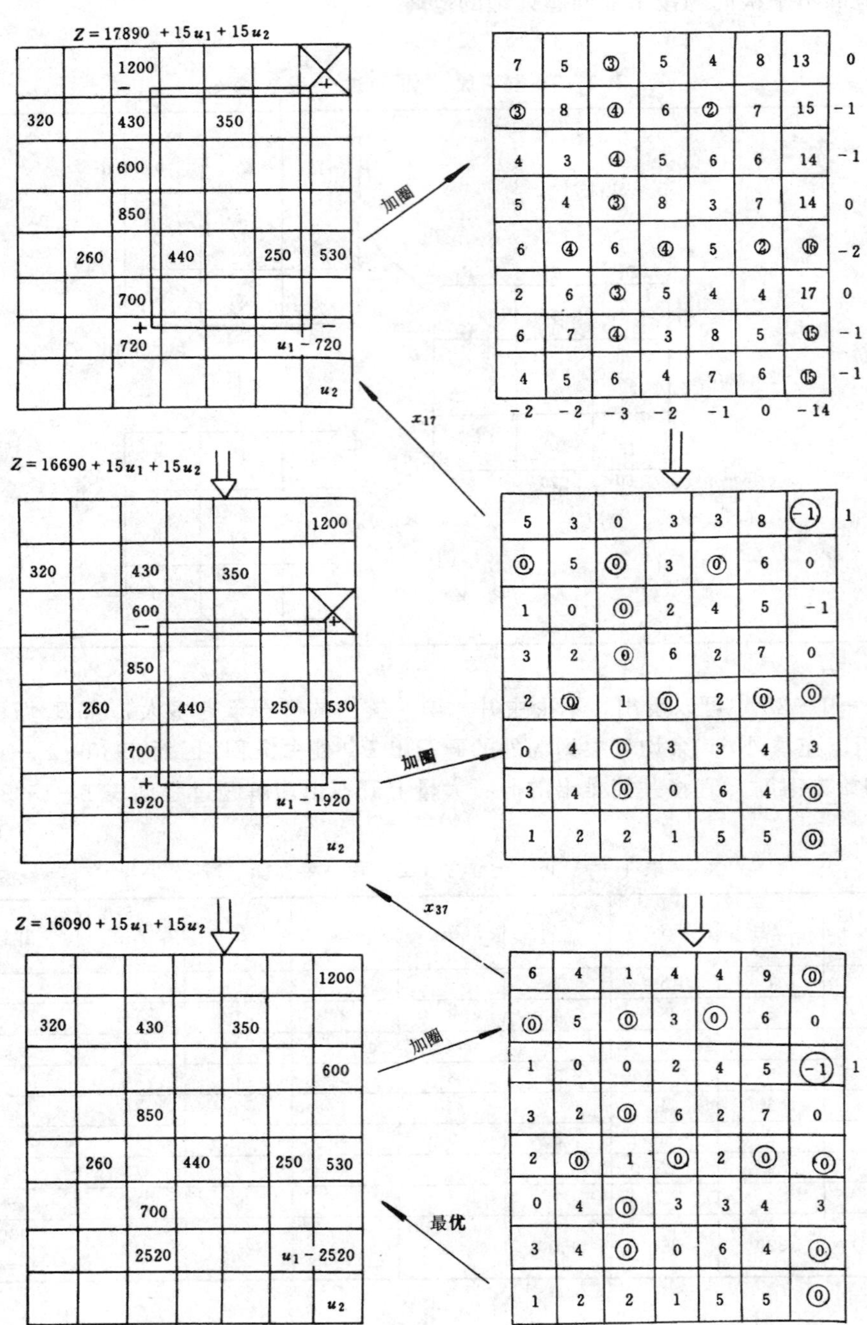

$Z=17890+15u_1+15u_2$

		1200 −				╳ +
320		430		350		
		600				
		850				
	260		440		250	530
		700				
		+ 720				− u_1-720
						u_2

7	5	③	5	4	8	13	0
③	8	④	6	②	7	15	−1
4	3	④	5	6	6	14	−1
5	4	③	8	3	7	14	0
6	④	6	④	5	②	⑯	−2
2	6	③	5	4	4	17	0
6	7	④	3	8	5	⑮	−1
4	5	6	4	7	6	⑮	−1
−2	−2	−3	−2	−1	0	−14	

$Z=16690+15u_1+15u_2$

						1200
320		430		350		
		600 −				╳ +
		850				
	260		440		250	530
		700				
		+ 1920				− u_1-1920
						u_2

5	3	0	3	3	8	(−1)	1
⓪	5	⓪	3	⓪	6	0	
1	0	⓪	2	4	5	−1	
3	2	⓪	6	2	7	0	
2	⓪	1	⓪	2	⓪	⓪	
0	4	⓪	3	3	4	3	
3	4	⓪	0	6	4	⓪	
1	2	2	1	5	5	⓪	

$Z=16090+15u_1+15u_2$

						1200
320		430		350		
						600
		850				
	260		440		250	530
		700				
		2520				u_1-2520
						u_2

6	4	1	4	4	9	⓪	
⓪	5	⓪	3	⓪	6	0	
1	0	0	2	4	5	(−1)	1
3	2	⓪	6	2	7	0	
2	⓪	1	⓪	2	⓪	⓪	
0	4	⓪	3	3	4	3	
3	4	⓪	0	6	4	⓪	
1	2	2	1	5	5	⓪	

某矿井在某一段时间内可同时开采四层煤，每层煤不同组的采面由于煤层条件的不同配备了不同的设备和选用了不同的采煤方法，各采面的吨煤成本 C_{ij} 也各不相同，同时各采面的产量因受运输等条件的限制存有一个最大允许量（表 1－1－37）。现在问如各采面进行配采，怎样才能保证矿井日产万 t 煤，且一半为炼焦煤，而成本又最低？

表 1－1－37 开 采 成 本 产 量 表

煤层及其特征		第一组开采面 一号分区 一号盘区采面	第二组开采面 一号分区 二号盘区采面	第三组开采面 二号分区 三号盘区采面	各煤层的日产量（t/d）
一号层	$m_1=15$（m） $\alpha_1=18°$ 炼焦煤 下山部分	壁式采煤法 综合机组 $C_{11}=7$（元/t） A_{11}（t）	全面采煤法 综合机组 $C_{12}=12$（元/t） A_{12}（t）	壁式采煤法 刨煤机 $C_{13}=10$（元/t） A_{13}（t）	3000
二号层	$m_2=1.1$（m） $\alpha_2=12°$ 炼焦煤 下山部分	壁式采煤法 刨煤机 $C_{21}=13$（元/t） A_{21}（t）	全面采煤法 浅截深采煤机 $C_{22}=18$（元/t） A_{22}（t）	壁式采煤法 刨煤机 $C_{23}=10$（元/t） A_{23}（t）	2000
三号层	$m_3=2.2$（m） $\alpha_3=10°$ 动力煤 上山部分	全面采煤法 综合机组 $C_{31}=11$（元/t） A_{31}（t）	全面采煤法 综合机组 $C_{32}=11$（元/t） A_{32}（t）	壁式采煤法 刨煤机 $C_{33}=8$（元/t） A_{33}（t）	3500
四号层	$m_4=0.8$（m） $\alpha_4=8°$ 动力煤 上山部分	全面采煤法 刨煤机 $C_{41}=19$（元/t） A_{41}（t）	全面采煤法 浅截深采煤机 $C_{42}=20$（元/t） A_{42}（t）	壁式采煤法 刨煤机 $C_{43}=16$（元/t） A_{43}（t）	1500
每组采面的合计产量（t/d）		4000	2500	3500	10000

求解过程见表 1－1－38。

题解的意义是很明确的：

$$A_{11}=3000\ (\text{t});$$
$$A_{21}=1000\ (\text{t});$$
$$A_{23}=1000\ (\text{t});$$
$$A_{32}=2500\ (\text{t});$$
$$A_{33}=1000\ (\text{t});$$
$$A_{43}=1500\ (\text{t})。$$

平均吨煤成本是：$C=10.35$（元/t）。

（二）网络技术（统筹方法）

1. 网络图的绘制

网络计划技术是一种从任务（如一项工程或一项科研任务）的总进度着眼，针对任务的组织计划，实施过程及其指挥调度，把任务完成过程所采取的技术上和组织上的设想及其内

表 1—1—38 优 化 过 程 表

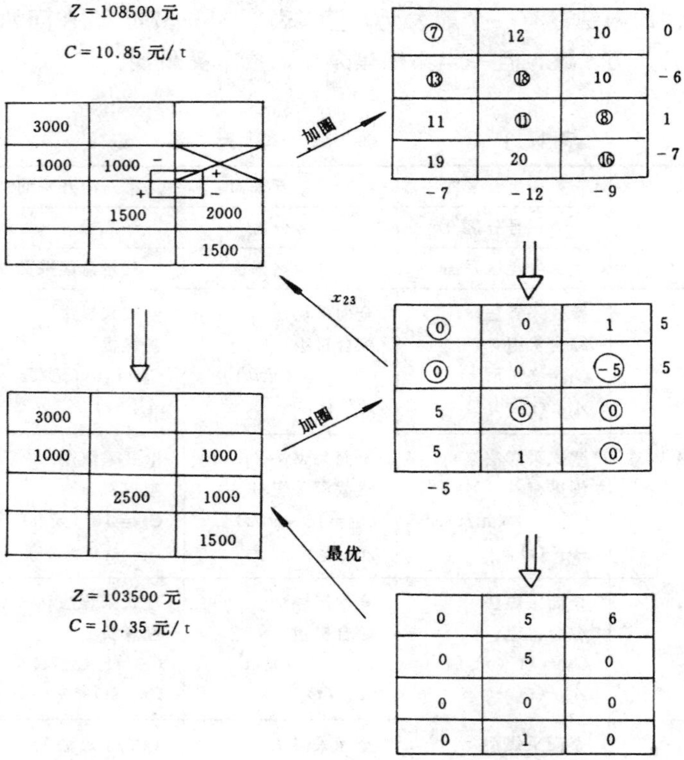

Z = 108500 元

C = 10.85 元/t

3000		
1000	1000 −	+
	+ 1500	− 2000
		1500

加圈

⑦	12	10	0
⑬	⑱	10	−6
11	⑪	⑧	1
19	20	⑯	−7
−7	−12	−9	

x_{23}

⓪	0	1	5
⓪	0	(−5)	5
5	⓪	⓪	
5	1	⓪	
−5			

加圈

3000		
1000		1000
	2500	1000
		1500

Z = 103500 元

C = 10.35 元/t

最优

0	5	6
0	5	0
0	0	0
0	1	0

在联系定量地描述出来，通过分析计算、建立严格的岗位责任制，以求在对技术，对人、财、物等资源的需要和可能之间不断加以协调平衡的组织管理方法。

网络图有两种表示方法，一种是用圆圈表示工序的单代号法；另一种是用箭杆来表示工序的双代号法。我国多用双代号方法。

任何一项任务都是由许多活动组成的，这些活动叫做工序或工作。对于相互之间存在着一定联系和相互制约关系的各工序来说，由于工艺上或组织上的要求，有的工序要求先做，有的工序要求后做，前面的工序不完成，后面的工序就无法开工；同时也有一些工序可以同时开工等等。如果我们用一个箭号来表示一个工序，有多少工序就用多少个箭号来表示，且把表示各工序的箭号按各工序间的工艺上和组织上的相互联系与相互制约关系，按先后顺序逻辑地排列起来并画成如图 1—1—58 所示的图，这就是一张网络图。

1）网络图的组成

网络图是由工序、事项和路三个部分组成。

（1）工序。工序是指一项有具体活动内容的，需要消耗一定的人力、物力，经过一定时间才能完成的生产劳动过程。有的过程或工序虽然不消耗原料、设备，但也需要一定的时间才能完成。如混凝土浇灌后要有一段养生的时间等，也应该看做是一个工序。

还有一种工序叫做虚工序，其既不消耗各种资源，也不需要时间。建立这一虚工序的目

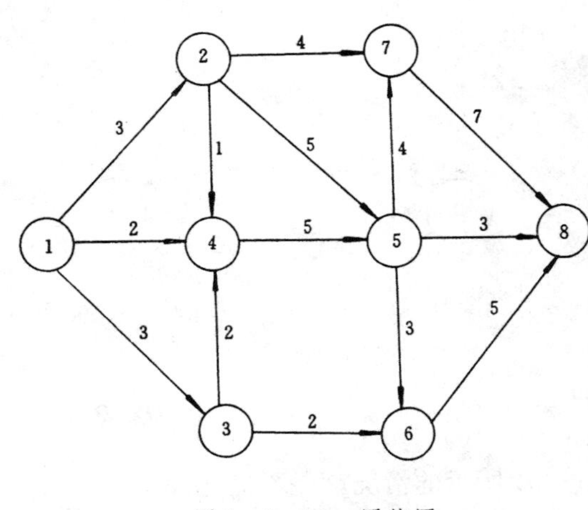

图 1—1—58 网络图

的是为了表示某一工序与另一工序之间的相互联系及相互制约的逻辑性关系。

一般将完成工序所需要的时间用数字标注于表示该工序的箭杆的上方或左方，而箭杆下方或右方则往往标注完成该工序所需资源的数量，如所需的劳动力数或投资额等。

表示工序的箭号是一种拟矢量，即其长度和方向并不表示实际意义。因此网络图可以按比例绘制，也可以不按比例绘制。

(2) 事项。有时也把事项叫事件或节点，在网络图上用圆圈来表示。事项表明其以前一项或几项工序的完成，并表明其以后的一项或几项工序可以开始。它决定的是一种状态而不是一个过程。

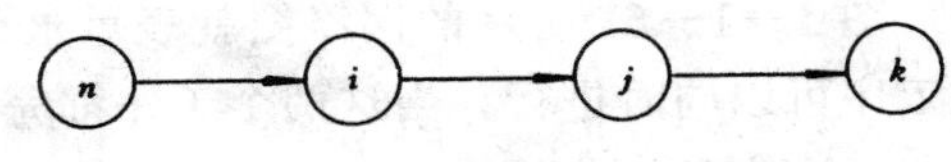

图 1—1—59 事项与工序的关系

一项工程除开工和完工事项外，每一个事项都有紧前（先行）和紧后（后继）工序，图 1—1—59 中事项 i 的紧前工序是 $n\rightarrow i$，紧后工序是 $i\rightarrow j$。一项工程的开工事项（也称初始事项或最初事项）没有紧前工序；一项工程的完工事项（也称结束事项或最终事项）没有紧后工序。当某一事项的所有紧前工序都完成时，认为该事项已实现。另外，每一个工序只能用二个事项来确定，表示工序从开工到完工。

(3) 路和关键线路。网络图中的路是指从起点开始沿箭头所指的方向，连续不断的到达终点的一条通路。如图 1—1—58 中的①→②→⑤→⑧，①→④→⑤→⑦→⑧等都是路。该图中一共有 14 条路。

路有路长，它的长度就是这条路上各工序的时间和。如图 1—1—58。

路①→②→⑤→⑧的长度为 3＋5＋3＝11，

路①→④→⑤→⑦→⑧的长度为 2＋5＋4＋7＝18，

路①→④→⑤→⑥→⑧的长度为 2＋5＋3＋5＝15。

在一个网络图中各条路的长度是不同的，经过比较总可以找到一条所需工时最长的路，这条路叫做关键线路。在网络图中用粗线，红色线或双线标出，以使其突出醒目。在关键线路上的工序称为关键工序。之所以把长度最大的一条路线称为关键线路，是因为它的完成时刻决定了整个工程的总工期，从时间因素的角度来看是整个工程的关键所在。

如图 1—1—58 中的关键线路是①→③→④→⑤→⑦→⑧，它的长度是 21，就表示完成该工程需 21d，关键线路上的 5 个工序，只要有一个工序延误一天，总工期就要推迟一天。

2) 网络图的画法

有了工序的名称和工序先后顺序的清单后，就可以依工序的先后顺序和逻辑关系进行网络图的绘制工作。从第一道工序开始，直到最后一道工序为止。在箭号与箭号的分界处画上圆圈，再在起始工序的箭尾处和终止工序的箭头处画上圆圈，一张网络图就绘制完毕了。

为了正确地画好网络图应注意以下各点：

(1) 在网络图上不应有“回路”出现。所谓“回路”就是从一点出发又回到原来点上的闭合线路。如图1－1－60*a*中的③→⑤→⑥→③就是一个“回路”。

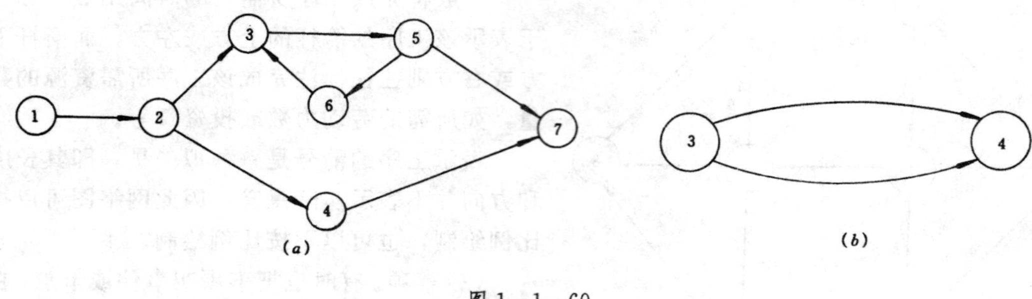

图1－1－60

(2) 两个事项间只能有一道工序。如图1－1－60*b*所示的情况就是不能允许的。

(3) 虚工序的应用。为了表示两个工序可以平行进行时，应引入虚工序。虚工序用虚线箭号表示，用来表明工序间的逻辑关系。

图1－1－61所示的网络图就表示永久提升绞车的安装和井筒内罐梁与罐道的安装这两项工序可以同时进行，当这两个工序都完成后才能进行提升系统的试运转。

(4) 交叉作业的表示方法。在许多实际工程活动中，有时为了加快进度并不需要等上一道工序全部完成后再开始下一道工序，这就是所谓的平行交叉作业。如掘进和砌碹可以在不同区段平行交叉进行，表示方法如图1－1－62所示。

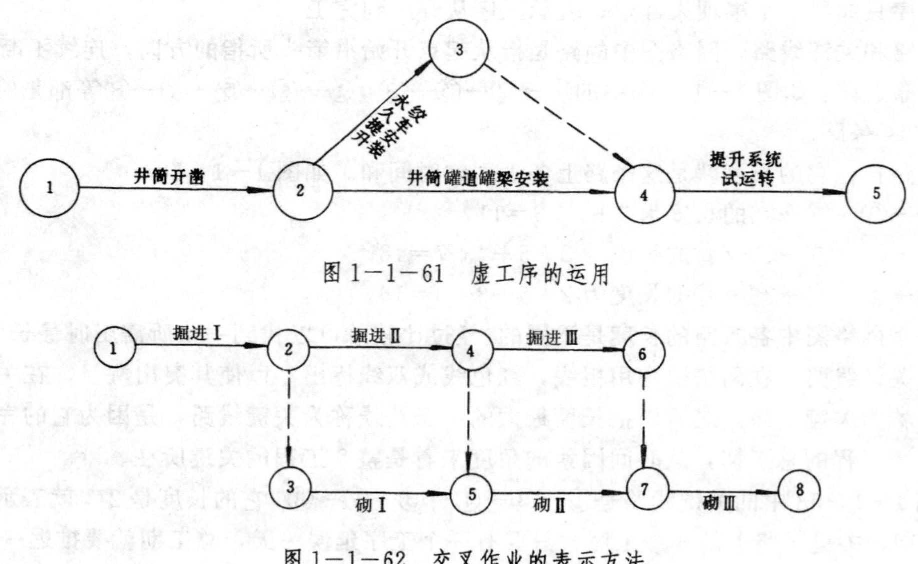

图1－1－61　虚工序的运用

图1－1－62　交叉作业的表示方法

(5) 网络图中不应出现“盲线路”。所谓“盲线路”就是指在线路中除起点和终点外还存在着没有紧前工序或紧后工序的事项的线路。图1－1－63中的③→④，⑦→⑧线路均为“盲线路”。

(6) 网络图中各箭号应尽量不相交。如果不可避免要相交时，应用“暗桥”处理，如图1—1—64*a*。不过，有时通过合理排列节点的位置是可以减少或避免箭号相交的，如图1—1—64*b*。

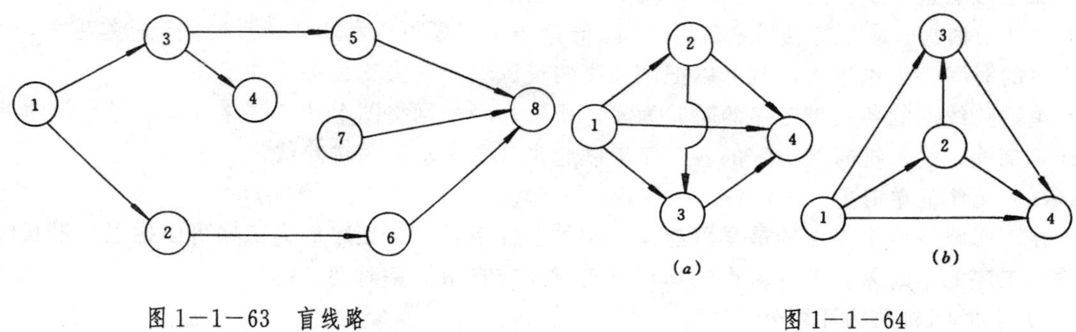

图1—1—63　盲线路

图1—1—64

网络图画好之后要对事项（节点）进行编号，既不许有重复号也不许出现漏编。编号一般应遵守箭尾事项的编号（i）小于箭头事项的编号（j）、即 $i<j$ 的原则。

2. 时间参数的计算

网络方法有众多分支，因而其时间参数的计算方法也各异。下面介绍的时间参数计算法主要是关键线路法的计算方法。

1）各时间参数的代号及定义

(1) 工序所需的时间——t（i，j）。

完成一个工序所需的时间就是工序时间，或简称工时。其单位可用小时、日、班、周、月等。

(2) 工序的最早可能开工时间——t_{ES}（i，j）。

一个工序必须在紧前工序完成后才能开工，在这之前是不具备开工条件的，这个时刻就叫工序的最早可能开工时间，或简称最早开工期。

(3) 最早可能完工时间——t_{EF}（i，j）。

工序的最早可能完工时间就是它的最早可能开工时间加上完成本工序所需的时间，简称最早完工期。

(4) 最迟必须开工时间——t_{LS}（i，j）。

一个工序的后面还有一些工序要完成，如果该工序开工时间太晚，在所剩时间内就会来不及完成其后的各工序，必将导致总工期延长。为了保证不延长总工期，每个工序都有一个最迟必须开工时刻，这个时刻就叫工序的最迟必须开工时间，或简称最迟开工期。

(5) 最迟必须完工时间——t_{LF}（i，j）。

工序的最迟必须完工时间就是它的最迟必须开工时间加上完成本工序所需要的时间，或简称最迟完工期。

(6) 事项的最早时间——t_L（i）。

一个事项的最早可能开始时间是指从开始点起到本事项的最长路上的各工序所需时间和。始点事项的最早可能开始时间 t（i）$=0$。

(7) 事项的最迟时间——t_L（j）。

一个事项的最迟必须完成时间是指在这一时间里事项若不完成，就要影响它后面工序的按时开工，从而导致总工期的延长。终点事项的最迟必须完成时间等于总工期。

(8) 工序的总时差——R $(i,\ j)$。

在不影响整个工程的完工期的情况下，一个工序的完成工期所可以推迟的最长时间称为该工序的总时差。总时差也叫总备用时间。时差表示工序可以利用的机动时间，时差越大，表明工序的时间潜力也越大，就可以把该工序的资源暂时调去支援关键性工序。

关键路线上的各关键工序的时差为零。所以，一个网络图上的关键路线常常是通过时差的计算来确定的，把时差为零的各工序串联起来就是所求的关键路线。

(9) 工序的单时差——r $(i,\ j)$。

在不影响下一个工序的最早可能开工期的条件下，一个工序的完工期可以推迟的最长时间称为工序的单时差。单时差也叫局部机动时间或自由储备时间。

2) 各时间参数的计算公式

(1) 工序的最早开工时间 t_{Ei} $(i,\ j)$。

始点工序的最早可能开工时间为 0，即：$t_{\mathrm{ES}}(o,j)=0$

工序的最早可能开工时间应等于紧前工序的最早可能开工时间和紧前工序的工时之和。当紧前工序有多个时，该工序的最早可能开工时间就应选取所有紧前工序的最早开工时间与其各自工时之和中的最大者，即：

$$t_{\mathrm{ES}}(j,k)=\max\{t_{\mathrm{ES}}(i,j)+t(i,j)\}$$

工序 $(i,\ j)$ 为工序 $(j,\ k)$ 的紧前工序（下文均按此规定）。

(2) 工序的最早可能完工时间 t_{EF} $(i,\ j)$。

工序的最早可能完工时间等于它的最早可能开工时间加上本工序的工时，即：

$$t_{\mathrm{EF}}(i,j)=t_{\mathrm{ES}}(i,j)+t(i,j)$$

(3) 工序的最迟必须开工时间 t_{LS} $(i,\ j)$。

工序的最迟必须开工时间等于它紧后工序的最迟开工时间减去本工序的工时。当紧后工序有多个时，则该工序的最迟必须开工时间就应选取所有紧后工序的最迟必须用工时间与各自工时之差中的最小者，即：

$$t_{\mathrm{LS}}(i,j)=\min\{t_{\mathrm{LS}}(i,k)-t(i,j)\}$$

终点工序或称完工工序的最迟必须开工时间应为总工期减去本工序的工时。

(4) 工序的最迟必须完工时间 t_{LF} $(i,\ j)$。

工序的最迟必须完工时间等于该工序的最迟必须开工时间加上本工序的工时，即：

$$t_{\mathrm{LF}}(i,j)=t_{\mathrm{LS}}(i,j)+t(i,j)$$

(5) 事项的最早时间 t_{E} (i)。

一个箭头事项的最早时间等于它的箭尾事项的最早时间加上本工序的工时。当一个箭头事项是几个工序的终点事项时，则该箭头事项的最早时间就应选取所有工序的箭尾事项的最早时间与相应工序工时之和中的最大者，即：

$$t_{\mathrm{E}}(j)=\max\{t_{\mathrm{E}}(i)+t(i,j)\}$$

始点事项的最早时间为 0，即：

$$t_{\mathrm{E}}(0)=0$$

(6) 事项的最迟时间 t_{L} (j)。

一个箭尾事项的最迟时间等于它的箭头事项的最迟时间减去本工序的时间。若从此箭尾事项同时发出的箭有几支，则该箭尾事项的最迟时间应选取所有箭指向的箭头事项的最迟时间与各自工序工时之差中的最小者，即：

$$t_L(i)=\min\{t_L(j)-t(i,j)\}$$

终点事项的最早时间就是它的最迟时间，即：

$$t_L(n)=t_E(n)$$

（7）工序的总时差 $R(i,j)$。

工序的总时差等于工序的最迟必须开始时间减去本工序的最早可能开始时间，或最迟必须完工时间减去本工序的最早可能完工时间，即：

$$R(i,j)=t_{LS}(i,j)-t_{ES}(i,j)$$

或

$$R(i,j)=t_{LF}(i,j)-t_{EF}(i,j)$$

（8）工序的单时差 $r(i,j)$。

工序的单时差等于其紧后工序的最早可能开始时间与本工序的最早可能完工时间之差，即：

$$r(i,j)=t_{ES}(j,k)-t_{EF}(i,j);$$

或

$$r(i,j)=t_{ES}(j,k)-t_{ES}(i,j)-t(i,j);$$

$$r(i,j)=t_E(j)-t_E(i)-t(i,j)。$$

3）网络图时间参数的计算方法

（1）图上计算法。图上计算法就是直接在网络图上进行时间参数的计算。

首先，从始点开始计算各事项的最早时间，并把计算出的结果填入该事项上方的□号中；然后，再从终点开始计算各事项的最迟时间，并把计算出的结果填入该事项上方的△号中，如图1—1—65所示。

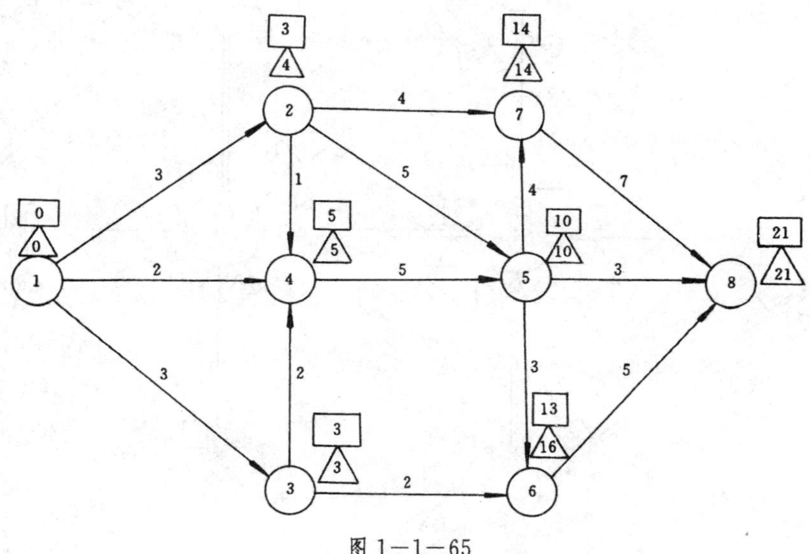

图1—1—65

各工序时间参数的计算也在图上直接进行。工序的最早可能开始时间标在表示工序的箭号的箭尾上方之□号内；最早可能完工时间则标在表示该工序的箭号的箭头上方之□号内。最早时间计算完之后，再从终点开始计算各工序的最迟必须开工及完工时间。最迟必须开工时间标于表示该工序的箭号的箭尾下方之△号中；最迟必须完工时间标在表示该工序的箭号的箭头下方之△号中，如图1－1－66所示。

工序总时差是工序的最迟必须开工时间与工序最早可能开始时间之差。即图1－1－66中箭头或箭尾对应位置上的△号中的数字减去▭中的数字。总时差为0的工序就是关键工序，图1－1－66中的关键路线为①→③→④→⑤→⑦→⑧。

(2) 表上计算法。首先制表，如表1－1－39所示，把工序编号及各工序的工时填好。现以上例来说明表上计算法的方法与步骤。

a. 计算工序的最早开工时间和最早完工时间。

对于以始点为箭尾事项的各工序来说，由于它们的最早开工时间都是0，所以表1－1－39中的第4列的1、2、3行均填上0。另外，由于其最早完工期就是各自工序的工时，因而将各自工序的工时填入表1－1－39中的第5列相应的行中即可，即在第5列的1、2、3行中分别填入3、3、2。依次计算后面工序的有关参数。已知一道工序的紧后工序的最早开工时间与该工序的最早完工时间相等，且当一道工序的紧前工序有多个时，其最早开工时间应选取所有紧前工序的最早完工时间中的最大者，所以，在填写下一道工序的最早开工时间时，只需将其所有紧前工序在第5列中的数值中的最大值填入本工序所在行的第4列中即可。有了最早开工期和本工序工时，将这两个数值相加即得该工序的最早完工时间，即表1－1－39中第5列的相应行值，顺序计算下去即可得出全部工序的最早开工与最早完工时间，即表1－1－39中的第4列和第5列中的相应行中数值。

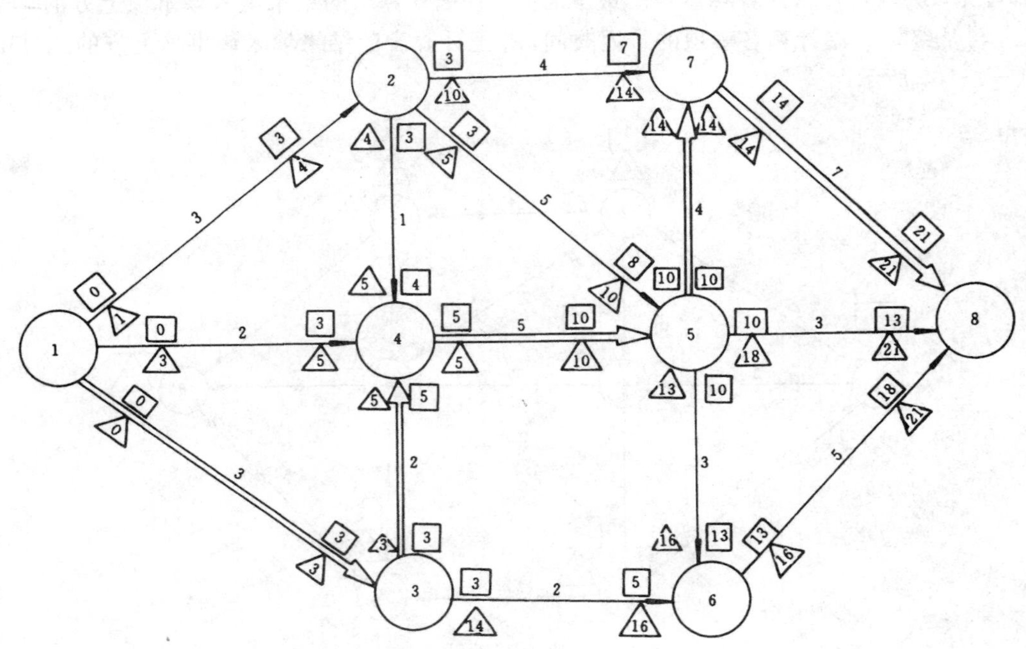

图1－1－66

表 1-1-39 时 间 参 数 表

工序		工序工时	最早开工	最早完工	最迟开工	最迟完工	总时差	单时差	关键工序
i	j	t	t_{ES}	t_{EF}	t_{LS}	t_{LF}	R	r	
1	2	3	4	5	6	7	8	9	10
1	2	3	0	3	1	4	1	0	
1	3	3	0	3	0	3	0	0	1→3
1	4	2	0	2	3	5	3	3	
2	4	1	3	4	4	5	1	1	
2	5	5	3	8	5	10	2	2	
2	7	4	3	7	10	14	7	7	
3	4	2	3	5	3	5	0	0	3→4
3	6	2	3	5	14	16	11	8	
4	5	5	5	10	5	10	0	0	4→5
5	6	3	10	13	13	16	3	0	
5	7	4	10	14	10	14	0	0	5→7
5	8	3	10	13	18	21	8	8	
6	8	5	13	18	16	21	3	3	
7	8	7	14	21	14	21	0	0	7→8

b. 计算工序的最迟必须开工时间和最迟必须完工时间。

从终点事项看，工程的最早可能完工时间和工程的最迟必须完工时间是同一数值，这样以终点为箭头事项的各工序的最迟完工时间就是其最早完工时间，即都为 21。因此，表中第 7 列的相应于工序⑤→⑧、⑥→⑧、⑦→⑧的行值均应为 21；对于这些工序的最迟开工时间，由于其值等于总工期减去它们各自的工时，因此，表 1－1－39 中第 6 列的相应于这些工序的行值应分别为 18、16、14。依次计算上一道工序的有关参数。由于一道工序的最迟必须完工时间与其紧后工序的最迟必须开工时间相等，工序的最迟必须开工时间等于该工序的最迟必须完工时间减去本工序的工时，所以，据此即可计算出上一道工序的有关参数值。例如，工序⑤→⑦的最迟必须完工时间就等于工序⑦→⑧的最迟必须开工时间，应为 14；而工序⑤→⑦的最迟必须开工时间则为 14－4＝10。在计算过程中还应当注意，当一道工序的紧后工序有几个时，其最迟必须完工时间应选取其所有紧后工序的最迟必须开工时间中的最小者。如此顺序地计算下去，直到以始点为箭尾事项的每一工序为止。

c. 计算工序总时差和单时差。

表 1－1－39 中的第 8 列表示工序的总时差，其值可由各工序在表中的第 6 列与第 4 列上的数字相减，或由第 7 列与第 5 列的数字相减求得。

表 1－1－39 中的第 9 列是工序的单时差，其值为紧后工序的最早开工时间减去本工序的最早完工时间所得值。所以这一列的数字是由表中第 5 列与第 4 列的相应数字相减而求得的。例如，工序①→④的紧后工序④→⑤的最早开工时间是 5，①→④的最早完工时间为 2，所以

r（1，4）＝5－2＝3。

d. 标出关键工序。

所有总时差为0的工序均为关键工序，在表中第10列标出。把关键工序串联起来，就是关键线路。

（3）利用电子计算机进行网络图的计算。在网络图的计算中，当工序的数目很大时，特别是要进行网络计划的优化和编制各种报表时，计算工作量是很大的，手算方法显得非常困难，往往必须借助于电子计算机。

应用电子计算机计算网络计划是按专门的程序进行的。国外许多电子计算机都配备有专门的网络计划方面的软件。近年来，随着我国电子计算机的普及和发展，我国也出现了一批功能较全的网络计划程序。由于计算机的发展，为应用网络方法创造了有利条件。

3. 时间估计和非肯定型

1）时间估计

估计为完成每一工序所需的延续时间叫作时间估计。通常这一时间的测量单位不使用人·日，而用工作日，也可用工作小时或工作周，整个网络图必须用同一种选定的时间单位。工作延续时间的估计不包括非常情况，如火灾、水灾等自然灾害和法令性停顿等。但按现行《安全规程》规定的预防各种情况的措施应在事先制定出来。

在进行时间估计时，应使网络图的结构更为准确，因为估计时间必须有更准确的工艺概念，并达到一定的详细程度，有些工序为使其表达的概念更为准确可能需要合并或分解。

2）非肯定型

如果工序的时间可以准确地估计或者只有不大的误差，则这种时间估计叫作肯定型的，如果时间估计在很大程度上是不确定的，则这种时间估计叫作非肯定型的。

前面所讲述的网络计划的时间参数计算方法的时间估计都是肯定型的，称为CPM方法，即关键线路法。如果时间估计是非肯定型的则称为计划协调技术，即PERT方法。

工序的时间估计工作，应当由最有专门知识和实际经验的专家、负责执行者或专门邀请的有关人员参加。

负责执行者只决定工作的延续时间，而不是日历上的完成日期。在确定时间估计时，应最大限度地利用已有的定额手册材料和已经进行过的类似的工作资料。

在进行时间估计时，如果一些工序的实现时间较长，如采区、巷道的开掘时间，其往往与编制的矿井建设网络计划相差达数年之久，则随着这一时间的增加，工序时间估计的不确定性也会增加。在这种情况下，可采用非肯定性的时间估计办法。即由负责执行者或有经验的专家提出三个可能的时间估计：最乐观的时间估计，最大可能完成的时间估计和最困难的时间估计。

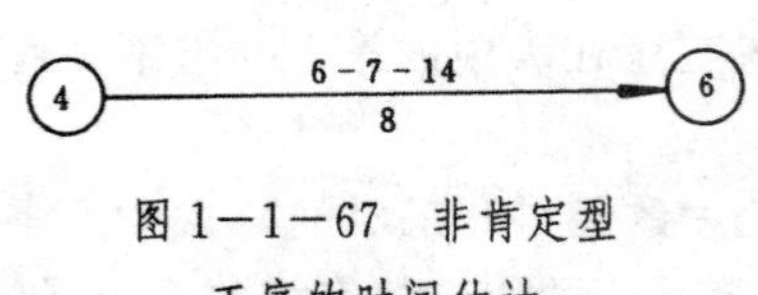

图1－1－67　非肯定型工序的时间估计

图1－1－67表示了工序④→⑥的非肯定型的时间估计，图中表示工序的箭号的上方数值分别表示最乐观的时间估计是6周；最大可能的时间估计是7周；最困难的时间估计是14周，箭号下面的数值表示的时间估计为平均周数。这一时间可由下式计算：

$$t_E=\frac{t_o+4t_m+t_p}{6}$$

式中　t_o——最乐观的时间估计，即完成该工序最短的时间估计；

t_m——最大可能的时间估计，即完成该工序最可能的时间估计；

t_p——最困难的时间估计，即完成该工序最长的时间估计。

计算出平均的时间估计后，即可把非肯定型问题化为肯定型问题来处理。在进行网络图的各项参数计算和确定关键线路等过程中均可按处理肯定型问题的办法来处理。

4. 网络计划的优化

在检查了网络计划中所有的工序在组织上和工艺上的联系，并确定了各工序的时间估计之后，即可计算出网络计划的时间参数，从而求得网络计划的初始方案。对于求得的网络计划的初始方案其是否符合要求这还需进行检查，如完成整个工程的总工期是否超出了预定的期限；各项资源的需要量是否均衡；能否保证在“峰值”时的资源供应等。如果不合要求就应对网络计划进行修改与调整。其目的是通过逐次调整来改善网络计划，使其能在指定的工期内完工，并在现有资源限制条件下，均衡地使用各种资源（人力、设备、材料、资金等），也就是尽量做到以最小的消耗来取得最大的经济效益。这一对网络计划逐步调整改善的过程就叫网络计划的最优化或优化过程，见图1—1—68。

1）网络计划的时间优化

初始网络计划的关键线路的长度，无论是小于还是大于规定的工期，都说明网络计划应进行调整。当关键线路的长度小于规定的工期时，意味着各工序的机动时间还可以增加，说明在进行网络计划的优化时，这些机动时间可用来增加个别关键工序的延续时间，从而使资源需要量的“峰值”降低，并减少单位时间资源需要的强度或降低工程费用。但比较多的情况是关键线路的长度大于规定的工期，所以按时间优化网络计划的主要方向是缩短处于关键线路上各工序的完工时间。其措施主要有：

(1) 采取组织措施增加关键工序的人力、物力。如改一班作业为二班作业或三班作业、改单机作业为多机作业等。

(2) 在关键工序上革新挖潜，尽量采用先进的设备和工艺，以缩短工期。

(3) 尽量采用平行作业和交叉作业。但这需要在网络图的结构上做相应地变动。

(4) 在非关键线路上挖掘潜力。非关键线路上的工序在时间上有一定的机动条件，可以从这些工序上抽出一定的人力、物力去支援关键工序，但这要保证在促使关键工序提前完工的同时不影响本工序的按时完工。

在缩短关键线路时，要注意有时有的非关键线路可能会上升为关键线路，所以在重新进行计算时，不仅要计算原有关键线路，同时还要计算其它路线，以避免出现选错关键线路的错误。经过计算得到的总完工期若仍超过规定工期，则应再进行调整并重新计算，直至满足要求。

在采取各种措施以缩短工期的过程中，有可能出现几种都能满足工期要求的不同方案，这时应该通过技术经济比较，从中选择最优方案。

如果采取各种措施后，所得到的工期仍然大于规定的工期，则应考虑合理改变工期。

2）网络计划的资源优化

在进行网络计划按时间优化的计算时，往往是从完成工程任务所需的资源不受限制这一点出发的，也就是说，如果某一时刻按网络逻辑可以开始某些工序，则这些工序都能同时开始（或至少是所有关键工序都能开始）。但实际上，在现代化的大型工程中不受资源条件限制的工程是不存在的。其一方面由于没有取得同时开始这些工序所需要的资源，而不得不将某些工序，甚至是关键工序的开始时间推迟，使整个工程的完工时间延长；另一方面就是初始的网络计划所需的各项资源在时间上的分布往往也极不均匀，这就给工程造成了很多困难并使成本有所增加。所以对网络计划应进行时间——资源优化。

在进行时间——资源优化时，通常把资源分为二类：一类是可存贮的资源。这是指那些暂时不用而一时多余，可以放到仓库中贮存起来，并且在另一时刻需要该种资源时又可以再用而不失效的资源。例如，一些不因贮存而损失的材料就是可存贮资源；另一类是不可存贮的资源。如机械设备的工作能力以及人力等都是不可存贮资源。在进行网络计划的时间——资源优化时，对不可贮存资源的平衡问题要给以足够的注意。

3）网络计划的成本优化

（1）最小成本加快法。网络计划的时间优化是以缩短工期为目的，没有考虑到条件的限制和工程成本；时间——资源优化考虑到了工程的完工期和资源供应的可能性与均衡性，但是也没有考虑到成本。在实际工作中，无论进行何种工程建设和生产活动都是要考虑经济效益的，既要使工程在规定的工期内保质保量地完成，又要使其花费最少。这就是成本最优化问题。

完成整个工程的总费用是由直接费用和间接费用二部分组成的。一般来说，为了缩短工程工期，总是要在技术上或组织上采取一定的措施，如采用新技术、新工艺、增加设备、增加人力、改一班作业为两班作业等。但随着工程工期的缩短，其直接费用在增加，间接费用在减少，如图1—1—69所示。

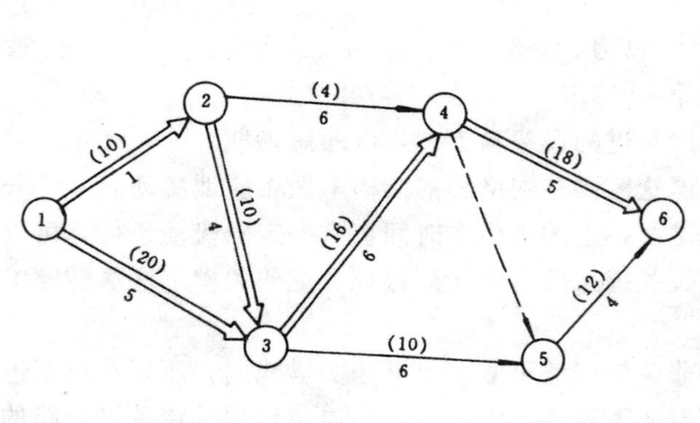

图1—1—68　经优化后的网络图

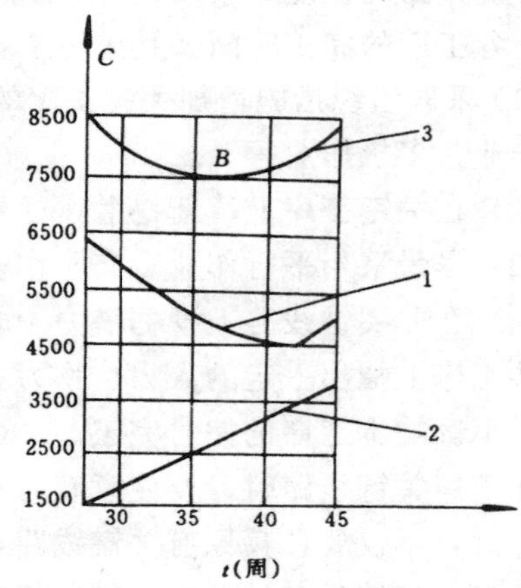

图1—1—69　工期与工程费用关系曲线

1—直接费用；2—间接费用；3—总费用

由图中可以看出，总费用曲线3总是有个最低点的（如B点），该点表示工程成本最低，亦即完成整个工程的最优工期。但到目前为止，对这种函数的变化关系仍未能找到满意的解决办法。因而成本最优化问题常常只能利用统计分析的方法来求近似解。

（2）时间费用问题的线性规划模型。时间费用方面的最小成本、最短周期问题也可以用线性规划方法或网络图的方法求解。其基本模型可视情况而有所不同。

第二节 常用力学公式

一、静力学、运动学、动力学

（一）静力学（表1—1—40）

表1—1—40 静 力 学

名称	基本公式	符号意义
力的合成与分解	平行四边形法： 作用于一点的两个力 P_1 与 P_2 的合力，可以此两力为邻接边，做出平行四边形，四边形的对角线即为合力 R 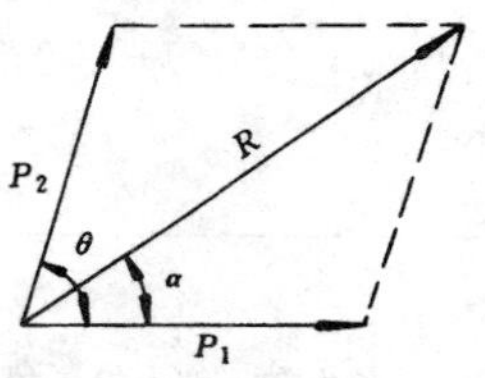 $R^2=P_1^2+P_2^2+2P_1P_2\cos\theta$ $\tan\alpha=\dfrac{P_2\sin\theta}{P_1+P_2\cos\theta}$	R—合力 P_1、P_2—作用于一点的两个力 θ—P_1 力与 P_2 力夹角 α—P_1 力与合力 R 的夹角
	解析法： 合力在 x 及 y 轴上的投影为各分力在 x 及 y 轴上投影的代数和，即： 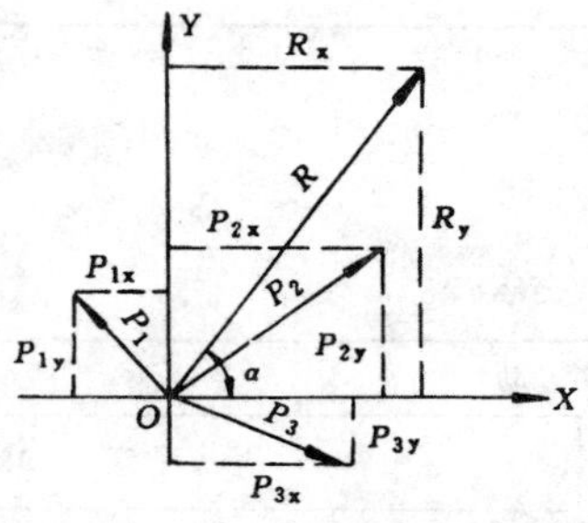 $R_x=\Sigma P_x$，$R_y=\Sigma P_y$ $R=\sqrt{R_x^2+R_y^2}$ $\tan\alpha=\dfrac{R_y}{R_x}$	R—合力 P_1、P_2、P_3—作用于一点的几个力 R_x、P_{1x}、P_{2x}、P_{3x}—力在 X 轴上的投影 R_y、P_{1y}、P_{2y}、P_{3y}—力在 Y 轴上的投影 α—合力 R 与 X 轴成的角度
	满足下列条件之一时，可用平行四边形法将已知力 R 分解为确定的两个分力： 已知两分力的方向；已知两分力的大小；已知一分力大小及方向；已知一分力的大小及另一分力的方向 图示斜面上物体重量 G 分解为垂直斜面的分力 P_1 及沿斜面方向的分力 P_2 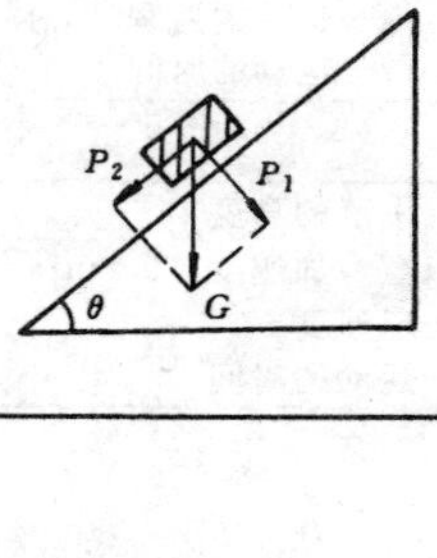 $P_1=G\cos\theta$ $P_2=G\sin\theta$	P_1，P_2—两个分力 G—物体重量 θ—斜面倾角

续表

名　称	基　本　公　式	符　号　意　义
力矩，力矩定理	力矩： 力 P 对定点 0 的力矩，等于力 P 和定点 0 到力作用线垂直距离的乘积，如图 a $M=P\cdot L$ 力矩以顺时针旋转为正，反时针旋转为负 矢量式　$\vec{M}=\vec{r}\times\vec{P}$ $L=r\sin(\vec{P},\vec{r})$ (a) 力矩定理：(共面力系) 合力对一点的力矩等于各分力对同一点的力矩代数和，如图 b $RL=P_1L_1+P_2L_2-P_3L_3+0$ (b)	M—力矩 P—力 L—定点 0 至力 P 的垂直距离，叫做 P 的力臂 r—力作用点至转轴距离 P_1，P_2，P_3，P_4—各分力 L_1，L_2，L_3—各分力的力臂，P_4 力臂为 0 L—合力 R 的力臂
力系平衡	共点平面力系平衡条件：各力在两个坐标轴上投影的代数和等于零，即： $\Sigma P_x=0\quad \Sigma P_y=0$ 平面一般力系平衡条件：各力在两个坐标轴上投影的代数和等于零及各力对一点的力矩代数和等于零，即： $\Sigma P_x=0$；$\Sigma P_y=0$；$\Sigma M=0$	ΣP_x—各力在 x 轴上投影的代数和 ΣP_y—各力在 y 轴上投影的代数和 ΣM—各力对一点力矩的代数和

（二）运动学（表 1—1—41）

表 1—1—41　运　动　学

名　称	基　本　公　式	符　号　意　义
	直　线　运　动	
等速运动 (v=常量)	$s=vt$	s—运动的路程 v—运动的速度 t—运动的时间
等加速度运动 (a=常量)	$s=v_0t+\frac{1}{2}at^2=\frac{v_t^2-v_0^2}{2a}=\frac{(v_t+v_0)\ t}{2}$ $v_t=v_0+at$ $a=\frac{v_t-v_0}{t}$	v_0—初速度 a—加速度 v_t—末速度 $\frac{v_t+v_0}{2}$—匀变速直线运动的平均速度 s—运动的路程 t—运动的时间
	落　体　运　动	
自由落体运动 ($v_0=0$)	$h=\frac{1}{2}gt^2=\frac{1}{2}v_t\cdot t$ $v_t=gt=\sqrt{2gh}$	h—下落的高度 g—重力加速度，9.8m/s^2 v_t—末速度 t—运动的时间

续表

落　体　运　动		
名　称	基　本　公　式	符　号　意　义
抛射体运动	抛射水平距离（x）和垂直距离（y）： 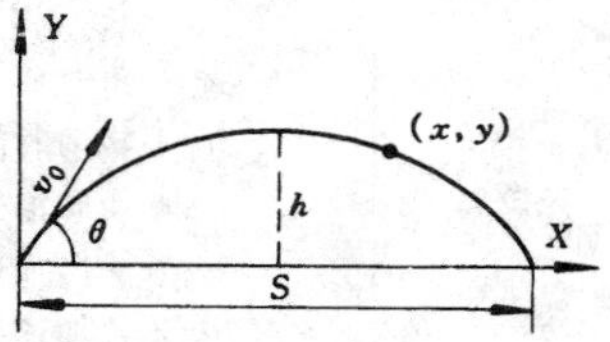 $x=v_0t\cos\theta$ $y=v_0t\sin\theta-\frac{1}{2}gt^2$ 抛射体轨迹方程： $y=x\tan\theta-\frac{gx^2}{2v_0^2\cos^2\theta}$ 抛射体达到最大高度的时间： $t_1=\frac{v_0\sin\theta}{g}$ 抛射最大高度： $h=\frac{1}{2g}v_0^2\sin^2\theta$ 抛射体的射程： $s=\frac{1}{g}v_0^2\sin2\theta$	θ—抛射角 v_0—初速度 t—运动的时间 g—重力加速度，9.8m/s²

定　轴　转　动		
名　称	基　本　公　式	符　号　意　义
等速转动 （ω=常量）	角位移： $\varphi=\omega\cdot t$ 转动物体上一点经过的弧长： $s=r\varphi$ 转动一周的时间： $t_0=\frac{2\pi}{\omega}$ 角速度和分转速的关系： $\omega=\frac{\pi n}{30}$ 角速度和线速度的关系： $v=\omega r=\frac{\pi nr}{30}$	φ—角位移（rad） ω—角速度（rad/s） t—转动的时间（s） r—动点离转动轴的距离，即转动半径（m） n—转速（r/min） v—线速度（m/s）

续表

定轴转动		
名称	基本公式	符号意义
等角加速度转动（β=常量）	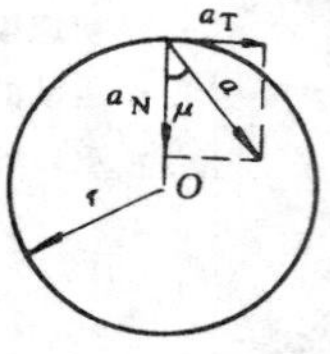 $\varphi=\omega_0 t+\frac{1}{2}\beta t^2=\frac{\omega_1^2-\omega_0^2}{2\beta}=\frac{(\omega_1+\omega_0)\ i}{2}$ $\omega_1=\omega_0+\beta t$ $a_T=\beta r$，$a_N=\omega^2 r=\frac{v^2}{r}$ $a=\sqrt{a_T^2+a_N^2}=r\sqrt{\omega^4+\beta^2}$ $\tan\mu=\frac{a_T}{a_N}=\frac{\beta}{\omega^2}$	ω_0、ω_t —初角速度、末角速度（rad/s） β —角加速度（rad/s^2） $\frac{\omega_t+\omega_0}{2}$ —等加速转动的平均角速度 φ —角位移（rad） t —转动时间（s） a_T—切向加速度（m/s^2） a_N—法向加速度（m/s^2） μ —合加速度 a 与法线的夹角（°） v —线速度（m/s）

（三）动力学（表1—1—42）

表1—1—42　动　力　学

名称	直线运动基本公式	定轴转动基本公式	符号意义
牛顿第二定律	物体受到外力作用时，物体的加速度（a）与作用在物体上的合外力（F）成正比，与物体的质量（m）成反比；加速度（a）的方向与合外力（F）的方向一致： $\vec{F}=m\vec{a}$		$m=\frac{G}{g}$—质量，千克或工程质量单位，（1工程质量单位＝9.8kg） G—重量，N g—重力加速度，取 $9.8m/s^2$
转动定律		刚体的角加速度（β）与它所受的合外力矩（M）成正比与刚体的转动惯量（J）成反比： $M=J\beta$	$J=mi^2$—物体对转轴的转动惯量，m 是物体的质量，i 是惯性半径①，m
功	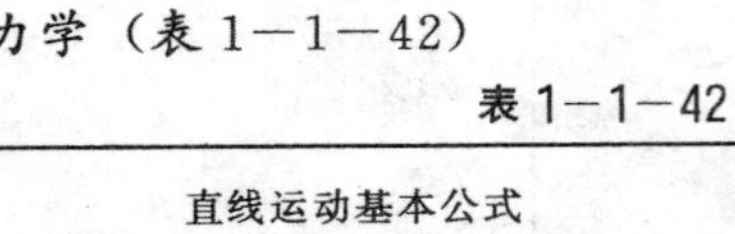 恒力（F）对物体所作的功（W）等于该力（F）与物体移动的路程（S）以及力和物体移动方向之间夹角（θ）余弦的乘积： $W=FS\cos\theta=F_1S$	恒力矩（M）对绕定轴转动的刚体所作的功（W），等于力矩（M）的大小与刚体转过的角位移（φ）的乘积： $W=M\varphi$	φ—刚体转过的角位移（rad）

续表

名　称	直线运动基本公式	定轴转动基本公式	符　号　意　义
动　能	物体的动能（E_K）等于物体的质量（m）和速度（v）的平方的乘积的一半： $E_K=\frac{1}{2}mv^2$	刚体的转动动能（E_K）等于刚体的转动惯量（J）与角速度（ω）的平方的乘积的一半： $E_K=\frac{1}{2}J\omega^2$	
	物体既有直线运动，本身又有回转运动，其总动能为： $E_K=\frac{1}{2}mv^2+\frac{1}{2}J\omega^2$		
重力位能	重力位能（E_P）等于物体所受的重力（mg）和它距参考水平面高度（h）的乘积： $E_P=mgh$		
弹性位能	弹簧伸长量为 x 时的弹性位能： $E_P=\frac{1}{2}Kx^2$		K—弹簧的倔强系数（N/m）
功　率	物体在单位时间内所作的功（W）叫做功率（N），即 $N=\frac{W}{t}=F_1\cdot\frac{S}{t}=F_1v$（W）	力矩的功率： $N=\frac{W}{t}$ $=M\frac{\Delta\varphi}{t}=M\omega$（W） 即力矩的功率（$N$）等于力矩（$M$）与角速度（$\omega$）的乘积	1. 在公式 $N=\frac{F_1v}{735}$ 和 $N=\frac{M\omega}{735}$ 中 F_1v 和 $M\omega$ 的单位都用 W（瓦） 2. n—转速（r/min）
重力的功	重力对质量（m）一定的物体所作的功（W）只由物体的起点和终点的位置（即距参考水平面的高度 h_1 和 h_2）所决定，而与物体所经过的路径无关，即 $W=mgh_1-mgh_2$ （重力做正功，物体的重力位能减小；重力做负功，物体的重力位能增加）		
动能定理	合外力对物体所做的功（W）等于该物体动能的增量（ΔE_K）： $W=\frac{1}{2}mv_2^2-\frac{1}{2}mv_1^2$	力矩对刚体所作的功（W），等于刚体转动动能的增量（ΔE_K）： $W=\frac{1}{2}J\omega_2^2-\frac{1}{2}J\omega_1^2$	
机械能守恒定律	物体系统在运动过程中，如果只有重力和弹性力作功，而其他力不做功，那么，物体系统的动能和位能可以相互转换，但它们的总和保持不变，即 $\frac{1}{2}mv_2^2+mgh_2$ $=\frac{1}{2}mv_1^2+mgh_1$		$\frac{1}{2}mv_1^2$—系统原来的动能（J 等） mgh_1—系统原来的重力位能（J 等） $\frac{1}{2}mv_2^2$—系统后来的动能（J 等）

续表

名　称	直线运动基本公式	定轴转动基本公式	符号意义
机械能守恒定律	$\frac{1}{2}mv_2^2+\frac{1}{2}kx_2^2$ $=\frac{1}{2}mv_1^2+\frac{1}{2}kx_1^2$		mgh_2—系统后来的重力位能（J等） $\frac{1}{2}kx_1^2$—系统原来的弹性位能（J等） $\frac{1}{2}kx_2^2$—系统后来的弹性位能（J等）
动量和动量矩	物体的质量（m）和速度（v）的乘积叫做动量（K）： $K=mv$	刚体的转动惯量（J）与角速度（ω）的乘积叫做动量矩或角动量（K_T）： $K_T=J\cdot\omega$	mv—动量（kgm/s等） $J\omega$—动量矩（kgm²/s等）
冲量和冲量矩	力（F）和时间（t）的乘积叫做冲量（I）： $\vec{I}=\vec{F}\cdot t$	力矩（M）与作用时间（t）的乘积叫做力对转轴的冲量矩（I_T）$\vec{I}_T=\vec{M}\cdot t$	Ft—冲量（N·s等） Mt—冲量矩（N·m·s等）
动量定理和动量矩定理	物体动量的增量等于物体所受到的冲量，即 $\vec{F}\cdot t=m\vec{v}_2-m\vec{v}_1$	刚体动量矩的增量等于刚体所受到的冲量矩，即 $\vec{M}\cdot t=J\vec{\omega}_2-J\vec{\omega}_1$	mv_2—作用后的动量 mv_1—作用前的动量 $J\omega_2$—作用后的动量矩 $J\omega_1$—作用前的动量矩
动量守恒定律和动量矩守恒定律	如果系统内各物体所受的合外力为零，那么系统的总动量保持不变，即 $m_1\vec{v}_1+m_2\vec{v}_2=m_t\vec{v}_{t_0}+m_2\vec{v}_{2_0}$	如果刚体所受的合外力矩等于零。或者说刚体不受外力矩作用，则刚体的动量矩保持不变，即 $J\omega$=恒量	m_1v_{10}和m_1v_1—物体A作用前后的动量 m_2v_{20}和m_2v_2—物体B作用前后的动量
惯性力	$\phi=-ma$	法向惯性力（离心力）： $\phi_N=-m\omega^2r$ 切向惯性力： $\phi_T=-mr\beta$	m—物体的质量（kg等） a—物体的加速度（m/s²等） ω—物体的角速度（rad/s等） r—物体离转动轴的垂直距离（m等） β—物体的角加速度（rad/s²等）
转动惯量平等轴定理		物体对z轴的转动惯量$J_c=J_c+mK_s^2$	J_c—物体对平行于z轴的并通过物体重心的c轴的转动惯量（kg·m²等） K_s—z轴与c轴间的距离（m等）

①惯性半径i：小直径杆件对杆端回转$i^2=\frac{1}{3}L^2$，对杆中央回转$i^2=\frac{1}{12}L^2$；圆盘或圆柱对圆心纵轴回转$i^2=\frac{1}{2}R^2r$圆环对圆心纵轴回转$i^2=\frac{1}{2}(R^2-r^2)$，一般飞轮常取$i^2=R^2$即$J=GD^2/4g$（L—杆长，R—外圆半径，r—内圆半径，D—外圆直径）。

二、工程力学

（一）拉伸（压缩）、剪切、扭转、弯曲等基本公式（表1—1—43，表1—1—44）

表1—1—43　拉伸（压缩）、剪切、扭转、弯曲等基本公式

载荷情况	计算公式	符号意义
中心拉伸和压缩 P　P　l c　P　P　l （当 $l<3c$）	纵向力作用下的正应力： $\sigma=\frac{P}{A}\leqslant[\sigma]_{拉}$（拉伸） $\sigma=\frac{P}{A}\leqslant[\sigma]_{压}$（压缩） 纵向绝对变形： $\Delta l=\frac{Pl}{EA}$ 纵向应变：$\varepsilon=\frac{\Delta l}{l}=\frac{\sigma}{E}$ 横向应变：$\varepsilon_1=-\mu\varepsilon$	P—纵向力（N） A—横截面面积（m^2） $[\sigma]$—材料容许应力（N/m^2） E—材料拉压弹性模量（N/m^2） μ—材料的泊松比
剪　切 2Q Q　Q	横向力作用下的剪切应力： $\tau=\frac{Q}{A}\leqslant[\tau]$ 剪应变： $\gamma=\frac{\tau}{G}$	Q—剪力（N） A—横截面面积（m^2） $[\tau]$—材料容许剪切应力（N/m^2） G—材料剪切弹性模量（N/m^2） $G=\frac{E}{2(1+\mu)}$
圆轴（或圆管）的扭转 $M_{扭}$　ϕ　$M_{扭}$　l	扭矩作用下的剪切应力： $\tau_{最大}=\frac{M_{扭}}{W_{扭}}\leqslant[\tau]$ 最大扭转角： $\phi=\frac{M_{扭}\cdot l}{G\cdot I_{极}}\cdot\frac{180}{\pi}\leqslant[\phi]$	$M_{扭}$—扭矩（N·m） $W_{扭}$—抗扭截面系数（m^3） $I_{极}$—极惯性矩（m^4） l—杆件长度（m） ϕ—刚度条件允许的扭转角（°/m）

续表

载荷情况	计算公式	符号意义
横向弯曲 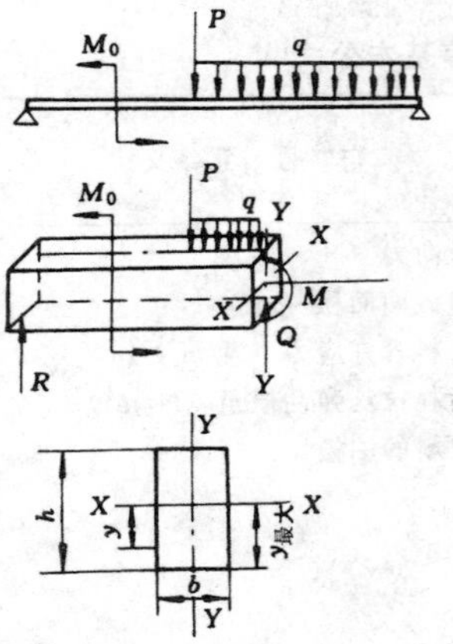	横截面上的正应力： $\sigma=\frac{M\cdot y}{l_x}$ 横截面上的剪应力： $\tau=\frac{QS_x}{l_x b}$ 最大正应力 $\sigma_{最大}=\frac{M_{最大}\cdot y_{最大}}{l_x}=\frac{M_{最大}}{W_x}\leqslant[\sigma]$ 最大剪应力： $\tau_{最大}=\frac{Q_{最大}\cdot S_{中}}{l_x\cdot b}\leqslant[\tau]$	M—梁某截面上的弯矩（N·m） Q—梁某截面上的剪力（N） $M_{最大}$，$Q_{最大}$—梁的最大弯矩及最大剪力 y—截面上某点至中性轴 $X—X$ 的距离（m） $y_{最大}$—截面边缘至中性轴 $X—X$ 的距离（m） b—截面宽度（m） S_x—截面上 y 点以外面积对中性轴 $X—X$ 的静矩（m^3） $S_{中}$—截面中性轴以上面积对中性轴 $X—X$ 的静矩（m^3） l_x—截面对中性轴 $X—X$ 的惯性矩（m^4） W_x—截面对中性轴 $X—X$ 的抗弯截面系数（m^3）
斜弯曲（双向弯曲） 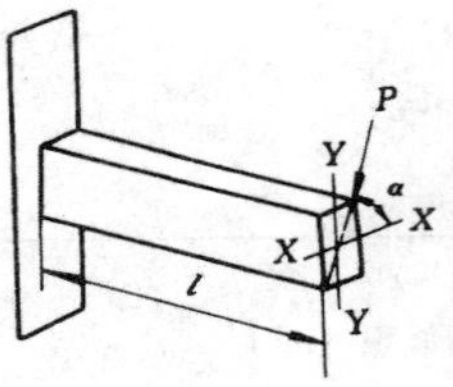	弯矩作用平面与截面主轴线 $X-X$、$Y-Y$ 不重合时，合应力为： $\sigma=\pm\frac{M\cdot\cos\alpha}{W_Y}\pm\frac{M\cdot\sin\alpha}{W_X}$ （式中的正负号代表拉伸或压缩应力，拉应力取＋、压应力取－）	M—弯矩（N·m） α—弯矩向量与 $X-X$ 轴的夹角 W_X—对 $X-X$ 轴的截面系数（m^3） W_Y—对 $Y-Y$ 轴的截面系数（m^3）
拉伸（或压缩）与弯曲 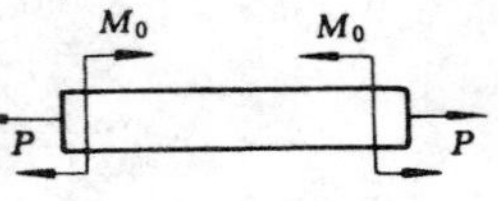	拉伸（或压缩）与弯矩联合作用下的正应力： $\sigma=\pm\frac{N}{A}\pm\frac{M}{W}$ （拉应力取＋、压应力取－）	N—截面上的轴力（N） M—截面上的弯矩（N·m） A—截面面积（m^2） W—抗弯截面系数（m^3）
弯曲与扭转 	弯矩与扭矩联合作用时 正应力：$\sigma=\frac{M}{W}$ 剪切应力：$\tau=\frac{M_{扭}}{W_{扭}}$ 按第三强度理论建立的强度条件： $\sigma_{合}=\sqrt{\sigma^2+3\tau^2}\leqslant[\sigma]$ （适用于钢材等塑性材料） 按第一强度理论建立的强度条件： $\sigma_{合}=\frac{\sigma}{2}+\sqrt{\frac{\sigma^2+4\tau^2}{2}}\leqslant[\sigma]$ （适用于铸铁等脆性材料）	M—截面上的弯矩（N·m） $M_{扭}$—截面上的扭矩（N·m） W—抗弯截面系数（m^3） $W_{扭}$—抗扭截面系数（m^3） $[\sigma]$—材料容许应力（N/m^2）

续表

载荷情况	计算公式	符号意义
纵向弯曲 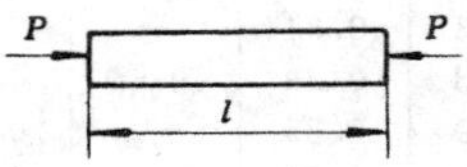 一端自由一端固定　两端绞链 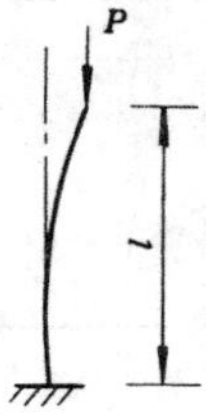 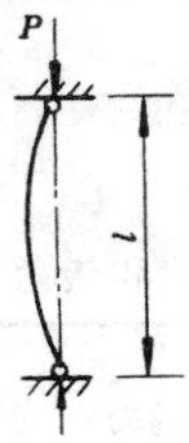 $\mu=2$　$\mu=1$ 一端绞链一端固定　两端固定 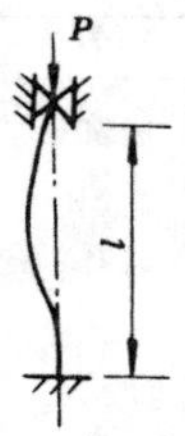 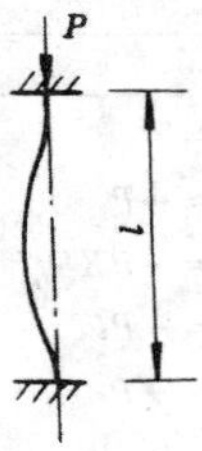 $\mu=\frac{1}{\sqrt{2}}$　$R=\frac{1}{2}$	当 A_3 钢杆件柔度 $\lambda=\frac{\mu l}{r_{最小}}>100$ 时可用欧拉公式计算杆件的临界载荷： $P_{载}=\frac{\pi^2 EI_{最小}}{\mu^2 l^2}$ 当 $\lambda<100$ 时，应按下式计算杆件的临界载荷： $P_{载}=(a-b\lambda)A$ 杆件的允许载荷： $P\leqslant=\frac{P_{载}}{[n]}$ 当杆件柔度 $\lambda<200$ 时，也可按下式直接计算杆件的允许载荷： $P\leqslant\phi[\sigma]_{压}A$	P—纵向力（N） A—杆件截面面积（m^2） l—压杆长度（m） μ—长度系数（随杆件两端约束情况而定） ϕ—纵向弯曲折减系数（见表1－1－44） $[\sigma]_{压}$—材料的容许压应力（N/m^2） E—材料的弹性模量（N/m^2） $I_{最小}$—截面最小惯性矩（m^4） $r_{最小}$—截面最小惯性半径（m） $r_{最小}=\sqrt{\frac{I_{最小}}{A}}$ $[n]$—稳定性系数 对于钢材支架构件取1.7～3 对于钢材传动及起重螺旋构件取3.5～5 对于铸铁构件取5～6.5 对于木材取3～3.5 a、b—系数，3号钢 $a=3360$，$b=14.7$；铸铁 $a=3387$，$b=14.83$ 木材 $a=293$，$b=1.94$ a、b 单位为 N/m^2
纵横弯曲 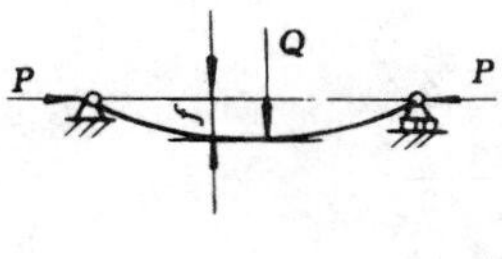	柔度 $\lambda>100$ 的杆件受纵向力后的总弯矩： $M_{最大}=M+\frac{Pf}{1-\alpha}$ 杆件的最大正应力： $\sigma=-\frac{M_{最大}}{W}-\frac{P}{\phi A}\leqslant[\sigma]_{压}$	P—纵向力（N） Q—横向力（N） M—横向力 Q 产生的弯矩（N·m） f—横向力 Q 作用下的最大挠度（m） $\alpha=\frac{P}{P_{临}}$—纵向力与杆件临界载荷之比 $P_{临}$—杆件临界载荷（N） ϕ—纵向弯曲折减系数 W—抗弯截面系数（m^3）

表 1-1-44 纵向弯曲折减系数 ϕ 值

柔度 λ	折减系数 ϕ 值					柔度 λ	折减系数 ϕ 值				
	碳素钢		合金钢	铸铁	木材		碳素钢		合金钢	铸铁	木材
	A_3	A_5					A_3	A_5			
10	0.99	0.97	0.98	0.97	0.99	110	0.52	0.44	0.39	—	0.25
20	0.95	0.95	0.95	0.91	0.97	120	0.45	0.33	0.34	—	0.22
30	0.94	0.92	0.93	0.81	0.93	130	0.40	0.33	0.29	—	0.18
40	0.92	0.89	0.90	0.69	0.87	140	0.36	0.29	0.25	—	0.16
50	0.89	0.85	0.83	0.57	0.80	150	0.32	0.26	0.23	—	0.14
60	0.86	0.82	0.73	0.44	0.71	160	0.29	0.24	0.21	—	0.12
70	0.81	0.76	0.71	0.34	0.60	170	0.26	0.22	0.19	—	0.11
80	0.75	0.70	0.63	0.26	0.18	180	0.23	0.19	0.17	—	0.10
90	0.69	0.60	0.54	0.20	0.38	190	0.21	0.18	0.15	—	0.09
100	0.60	0.51	0.45	0.16	0.31	200	0.19	0.16	0.13	—	0.08

（二）几种典型结构的静力计算公式及图表

1. 单跨等截面梁（见表 1-1-45）

表 1-1-45 单跨等截面梁的支座反力、剪力、弯矩、挠度和转角公式

P—集中载荷（N） q—均布载荷（N/m） M_0—外加力矩（N·m） R_A，R_B—A，B 点处的支座反力（N） M_A，M_B—A，B 点处的反力矩（N·m） Q_x—截面 X 处的剪力（N） M_x—截面 X 处的弯矩（N·m）	y—挠度（m） θ—截面转角（rad） l—梁的跨度（m） X—截面至坐标原点的距离（m） E—材料的弹性模量（N/m²） I—横截面对中性轴的惯性矩（m⁴）
悬臂梁	
集中载荷作用在自由端 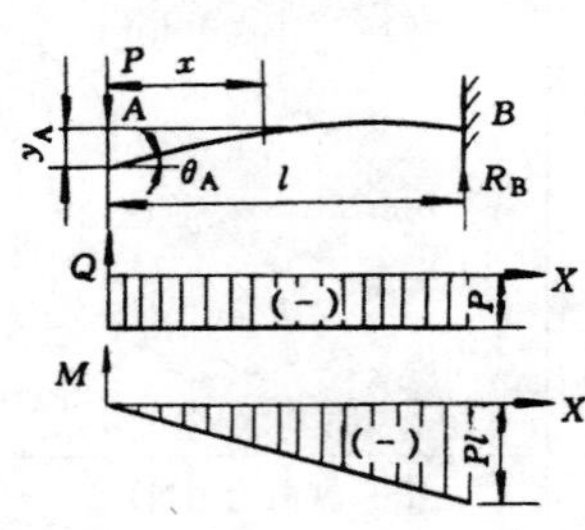	$R_B=P$ $Q_X=-P$ $M_X=-PX$ $M_B=-Pl$ $M_{最大}=-Pl$ $y_A=-\dfrac{Pl^3}{3EI}$ $\theta_A=-\dfrac{Pl^2}{2EI}$
连续均布载荷 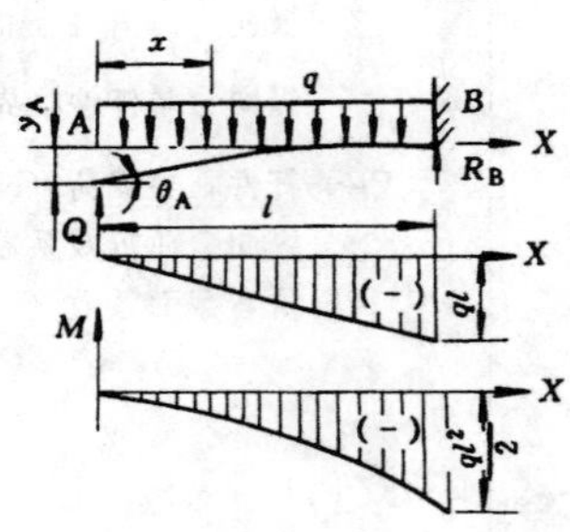	$R_B=ql$ $Q_X=-qX$（X 由 $0\to l$） $M_X=-\dfrac{qX^2}{2}$（X 由 $0\to l$） $M_B=-\dfrac{ql^2}{2}$ $M_{最大}=-\dfrac{ql^2}{2}$ $y_A=-\dfrac{ql^4}{8EI}$ $\theta_A=-\dfrac{ql^3}{6EI}$

续表

悬　臂　梁

力矩作用在自由端

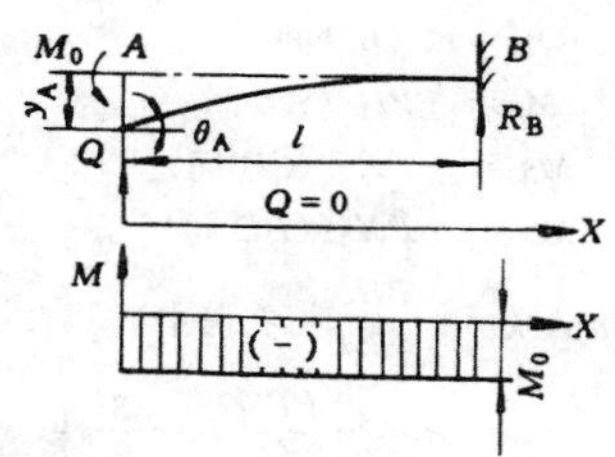

$R_B=0$

$Q_X=0$

$M_X=-M_0$（X 由 $0\to l$）

$M_B=-M_0$

$M_{最大}=-M_0$

$y_A=-\dfrac{M_0 l^2}{2EI}$

$\theta_A=-\dfrac{M_0\cdot l}{EI}$

两　端　自　由　支　承　梁

一个力作用在跨度间

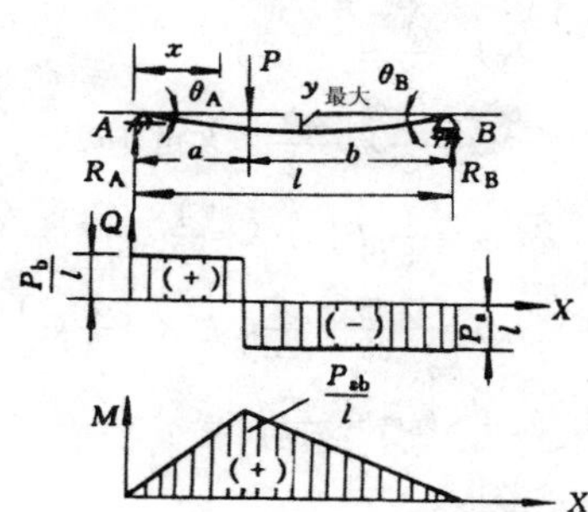

$R_A=\dfrac{Pb}{l}$；$R_B=\dfrac{Pa}{l}$；

$Q_X=R_A$（$X<a$ 时）；$Q_X=-R_B$（$X>a$ 时）

$M_X=\dfrac{Pb}{l}X$（X 由 $0\to a$）

$M_X=\dfrac{Pb}{l}(l-X)$（X 由 $a\to l$）

$M_{最大}=\dfrac{Pab}{l}$（在 $X=a$ 处）

$y_{最大}\approx-\dfrac{Pb}{48EI}(3l^2-4b^2)$

$\theta_A=-\dfrac{Pl^2}{6EI}\left(\dfrac{b}{l}-\dfrac{b^3}{l^3}\right)$

$\theta_B=\dfrac{P}{6EI}\left(2bl+\dfrac{b^3}{l}-3b^2\right)$

两个力作用在跨度间

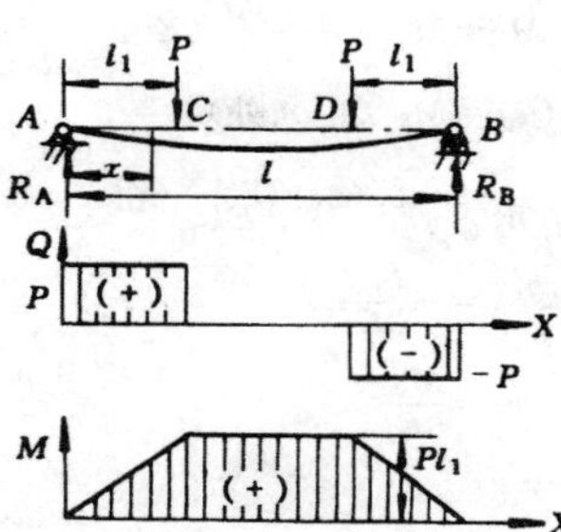

$R_A=R_B=P$

$Q_X=P$（AC 间）

$Q_X=0$（CD 间）

$Q_X=-P$（DB 间）

$M_X=PX$（AC 间）

$M_X=Pl_1$（CD 间）

$M_{最大}=Pl_1$

$y_{最大}=-\dfrac{Pl_1}{24EI}(3l^2-4l_1^3)$

$\theta_A=-\theta_B=-\dfrac{Pl_1(l-l_1)}{2EI}$

$\theta_C=-\theta_D=-\dfrac{Pl_1(l-2l_1)}{2EI}$

续表

两 端 自 由 支 承 梁	
两个力作用在外伸端 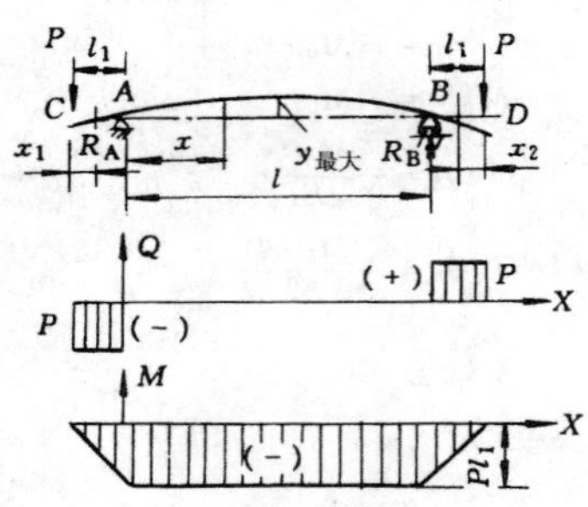	$R_A=R_B=P$ $Q_{X1}=-P$（CA 间） $Q_X=0$（AB 间） $Q_{X2}=P$（BD 间） $M_X=-Pl_1$（AB 间） $M_{X1}=-PX_1$（CA 间） $M_{X2}=-PX_2$（BD 间） $y_{最大}=-\frac{Pl^2l_1}{8EI}$（在跨中） $y_C=y_D=-\frac{Pl_1^2}{3EI}\left(l_1+\frac{3}{2}l\right)$ $\theta_A=-\theta_B=\frac{Pll_1}{2EI}$
连续均布载荷 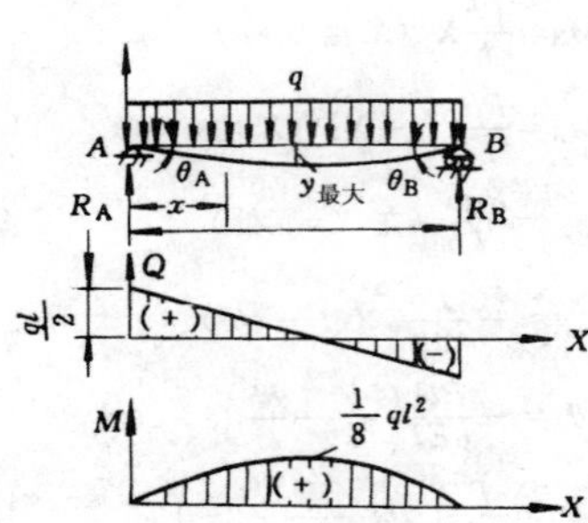	$R_A=R_B=\frac{ql}{2}$ $Q_X=\frac{ql}{2}-qX$（X 由 $0\to l$） $Q_{最大}=\frac{1}{2}ql$ $M_X=\frac{ql}{2}X-\frac{qX^2}{2}$（$X$ 由 $0\to l$） $M_{最大}=\frac{1}{8}ql^2\left(在\ X=\frac{1}{2}处\right)$ $y_{最大}=-\frac{5}{384}\cdot\frac{ql^4}{EI}\left(在\ X=\frac{l}{2}处\right)$ $\theta_A=-\theta_B=-\frac{ql^3}{24EI}$
力矩作用于支承端 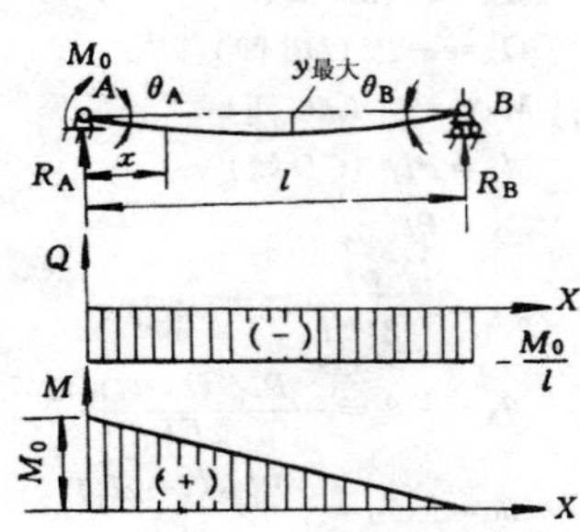	$R_A=-R_B=-\frac{M_0}{l}$ $Q_X=-\frac{M_0}{l}$ $M_X=M_0\left(l-\frac{X}{l}\right)$（$X$ 由 $0\to l$） $M_{最大}=M_0$（在 A 处） $y_{最大}\approx-0.0642\frac{M_0l^2}{EI}$（在 $X=0.422l$ 处） $\theta_A=-\frac{M_0l}{3EI}$ $\theta_B=\frac{M_0l}{6EI}$

续表

两 端 自 由 支 承 梁	
力矩作用于跨度间 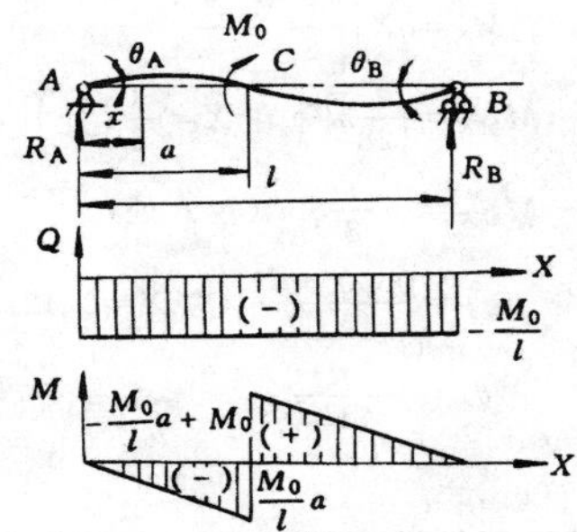	$R_A=-R_B=-\frac{M_0}{l}\quad Q_X-\frac{M_0}{l}$ $M_X=-\frac{M_0}{l}X$（AC 间） $M_X=M_0\left(1-\frac{X}{l}\right)$（$CB$ 间） $M_{最大}=-\frac{M_0}{l}a+M_0$（$C$ 点右一些） $-M_{最大}=-\frac{M_0}{l}a$（C 点左一些） $y=\frac{M_0}{6EI}\left[\left(6a-3\frac{a^2}{l}-2l\right)X-\frac{X^3}{l}\right]$ （AC 间） $y=-\frac{M_0}{6EI}\left[3a^2+3X^2-\frac{X^3}{l}-\left(2l+3\frac{a^2}{l}\right)X\right]$ （CB 间） $\theta_A=\frac{M_0}{6EI}\left(2l-6a+3\frac{a^2}{l}\right)$ $\theta_B=\frac{M_0}{6EI}\left(l-3\frac{a^2}{l}\right)$ $\theta_C=\frac{M_0}{EI}\left(a-\frac{a^2}{l}-\frac{l}{3}\right)$
一端自由支承，一端刚性固定的梁	
力作用在跨度间 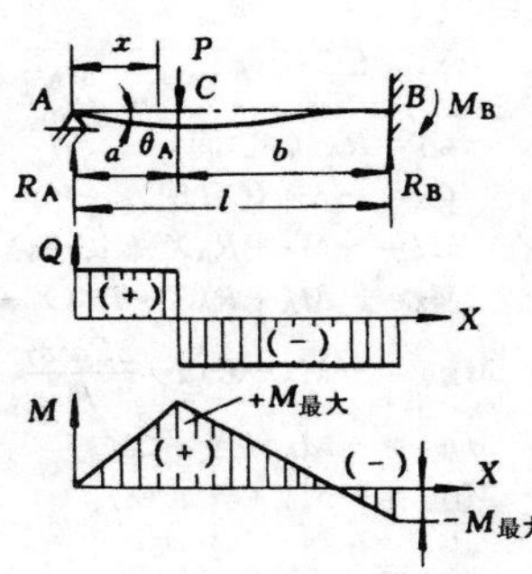	$R_A=\frac{P}{2}\left(\frac{3b^2l-b^3}{l^3}\right)$ $R_B=P-R_A$ $M_B=\frac{P}{2}\left(\frac{b^3+2bl^2-3b^2l}{l^2}\right)$ $Q_X=R_A$（AC 间） $Q_X=-R_B$（CB 间） $M_X=R_AX$（AC 间） $M_X=R_AX-P$（$X-l+b$）（CB 间） $M_{最大}=R_Aa$ $y=\frac{1}{6EI}$〔R_A（X^3-3l^2X）$+3Pb^2X$〕（AC 间） $y=\frac{1}{6EI}\{R_A(X^3-3l^2X)+P[3b^2X-(X-a)^3]\}$ （CB 间） $\theta_A=\frac{P}{4EI}\left(\frac{b^2}{l}-b^2\right)$

续表

一端自由支承，一端刚性固定的梁	
连续均布载荷 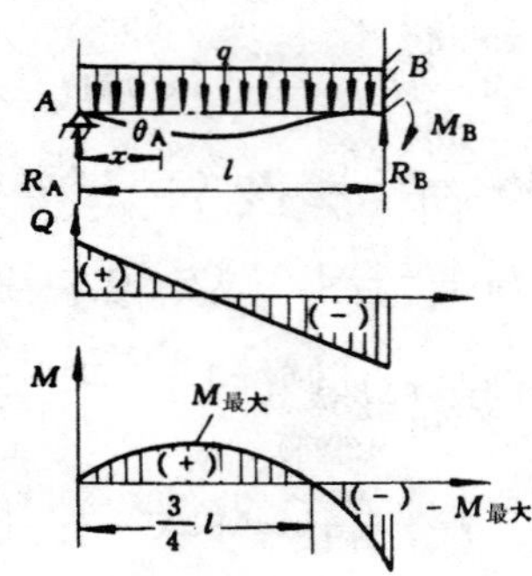	$R_A=\frac{3}{8}ql$ $R_B=\frac{5}{8}ql$ $M_B=\frac{1}{8}ql^2$ $Q_X=\frac{3}{8}ql-qX$ $M_X=qX\left(\frac{3}{8}l-\frac{X}{2}\right)$ $M_{最大}=\frac{9}{128}ql^2\left(在X=\frac{3}{8}l处\right)$ $-M_{最大}=-\frac{1}{8}ql^2$（在 B 处） $y_{最大}=\frac{0.0054ql^4}{EI}$（在 $X=0.4215l$ 处） $\theta_A=-\frac{ql^3}{48EI}$
力矩作用在自由支承端 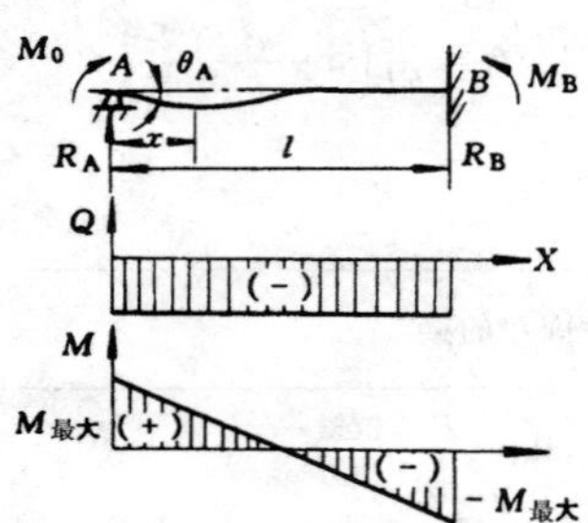	$R_A=-\frac{3}{2}\cdot\frac{M_0}{l}$　$R_B=\frac{3}{2}\cdot\frac{M_0}{l}$ $M_B=\frac{1}{2}M_0$　$Q_X=-\frac{3}{2}\cdot\frac{M_0}{l}$ $M_X=M_0-\frac{3}{2}\cdot\frac{M_0}{l}X$（$X$ 由 $0\to l$） $M_{最大}=M_0$（在 A 处） $-M_{最大}=-\frac{1}{2}M_0$（在 B 处） $y_{最大}=-\frac{M_0l^2}{27EI}\left(在X=\frac{1}{3}处\right)$ $\theta_A=-\frac{M_0l}{4EI}$
两　端　刚　性　固　定　的　梁	
力作用在跨度间 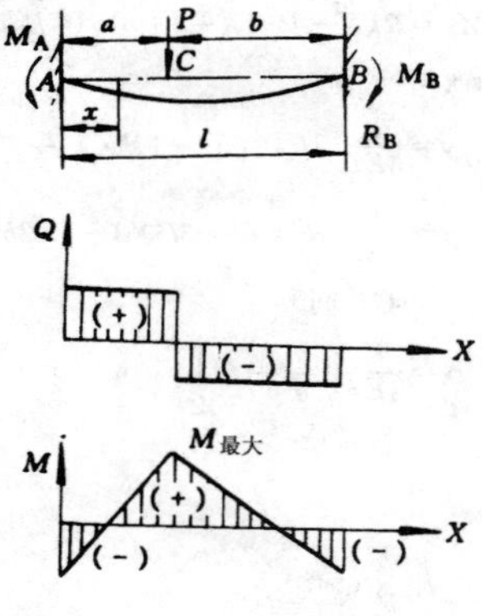	$R_A=\frac{Pb^2}{l^3}(3a+b)$　$M_A=P\frac{ab^2}{l^2}$ $R_B=\frac{Pa^2}{l^3}(3b+a)$　$M_B=P\frac{a^2b}{l^2}$ $Q_X=R_A$（AC 间） $Q_X=-R_B$（CB 间） $M_X=-M_A+R_AX$（AC 间） $M_X=-M_A+R_AX-P(X-a)$（CB 间） $M_{最大}=-M_A+R_Aa=\frac{2Pa^2b^2}{l^3}$（在 C 处） $-M_{最大}=-M_A$（当 $a<b$） $-M_{最大}=-M_B$（当 $a>b$） $y_{最大}=-\frac{2}{3}\frac{Pa^3b^2}{EI(3a+b)^2}$ $\left(在X=\frac{2al}{3a+b}处，当a>b\right)$ $y_{最大}=-\frac{2}{3}\frac{Pa^2b^3}{EI(3b+a)^2}$ $\left(在X=l-\frac{2bl}{3b+a}，当a<b\right)$

续表

两端刚性固定的梁	
连续均布载荷 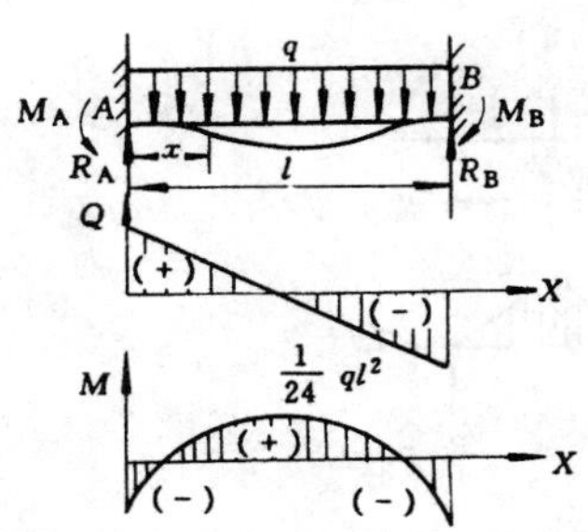	$R_A=R_B=\frac{ql}{2}$　$M_A=M_B=\frac{1}{12}ql^2$ $Q_X=\frac{ql}{2}\left(1-\frac{2X}{l}\right)$ $M_X=\frac{ql}{2}\left(X-\frac{X^2}{l}-\frac{l}{6}\right)$（$X$ 由 $0\to l$） $M_{最大}=\frac{1}{24}ql^2\left(X=\frac{l}{2}处\right)$ $-M_{最大}=\frac{-ql^2}{12}$（在 A 及 B 处） $y_{最大}=-\frac{ql^4}{384EI}\left(在\ X=\frac{l}{2}处\right)$
力矩作用在跨度间 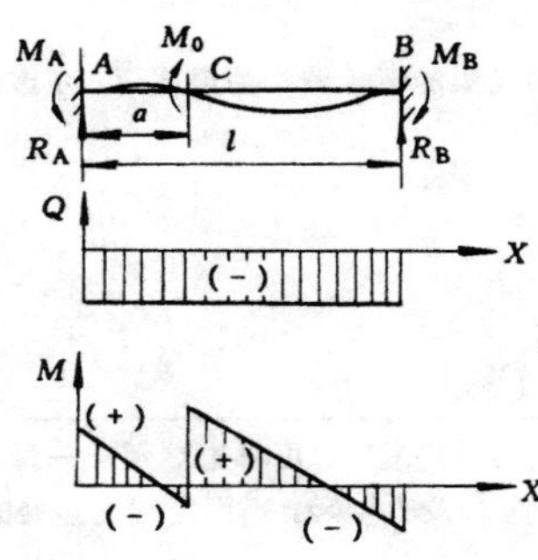	$R_A=-R_B=-\frac{6M_0}{l^3}(al-a^2)$ $M_A=-\frac{M_0}{l^2}(4la-3a^2-l^2)$ $M_B=\frac{M_0}{l^2}(2la-3a^2)$ $Q_x=R_A$ $M_x=-M_A+R_AX$（AC 间） $M_x=-M_A+R_AX+M_0$（CB 间） $M_{最大}=M_0\left(\frac{4a}{l}-\frac{9a^2}{l^2}+\frac{6a^3}{l^3}\right)$（$C$ 点右一些） $-M_{最大}=M_0\left(\frac{4a}{l}-\frac{9a^2}{l^2}+\frac{6a^3}{l^3}-1\right)$（$C$ 点左一些） $y=-\frac{1}{6EI}(3M_AX^2-R_AX^3)$（$AC$ 间） $y=-\frac{1}{6EI}[(M_0+M_A)(3X^2-6lX+3l^2)$ $-R_A(3l^2X-X^3-2l^3)]$（CB 间）

2. 连续梁

1）三弯矩方程式（表 1－1－46）

表 1-1-46　三弯矩方程式

计算图示	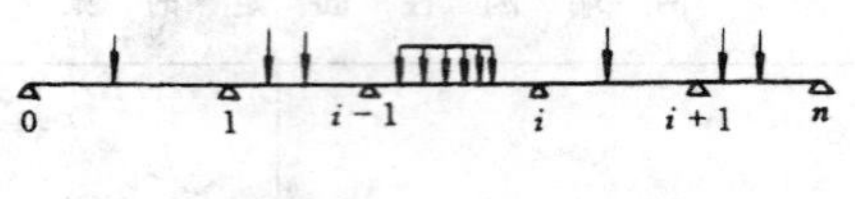 M_{i+1}　M_i　M_{i+1} 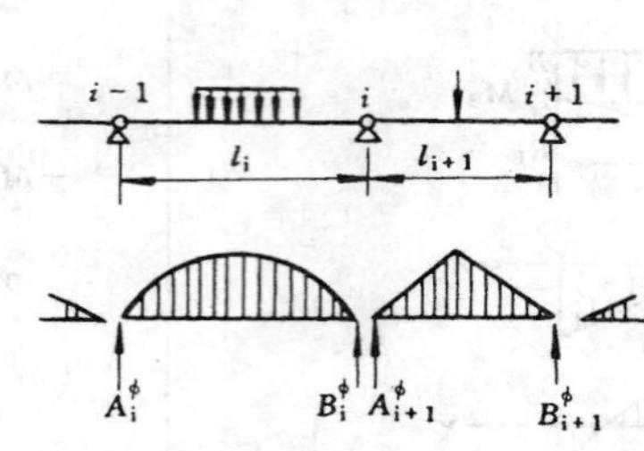
计算公式	对于跨内截面相同，而各跨的截面不相同的连续梁，如上图所示，支座 i 处的三弯矩方程式为： $$M_{i-1}\frac{l_1}{I_1}+2M_1\left(\frac{l_1}{I_1}+\frac{l_{i+1}}{I_{i+1}}\right)+M_{i+1}\frac{l_{i-1}}{I_{i+1}}=-6\left(\frac{B_i^\phi}{I_i}+\frac{A_{i+1}^\phi}{l_{i+1}}\right)$$ 当各跨度截面相同时： $$M_{i-1}l_i+2M_i(l_i+l_{i+1})+M_{i+1}l_{i+1}=-6(B_i^\phi+A_{i+1}^\phi)$$ 利用三弯矩方程可求得各支座的支座弯矩，然后用静力平衡方程式求支座反力及截面内力
符号说明	M_{i-1}，M_i，M_{i+1}—为 $i-1$，i 及 $i+1$ 支座处的弯矩 l_i，l_{i+1}—为 i 及 $i+1$ 跨的跨度 I_i，I_{i+1}—为 i 及 $i+1$ 跨的梁横截面对中性轴的惯性矩 B_i^ϕ—以 i 跨作为简支梁，以简支梁的弯矩图作为虚载荷，在虚载荷作用下，其右端支座的虚反力 A_{i+1}^ϕ—以 $i+1$ 跨作为简支梁，以简支梁的弯矩图作为虚载荷，在虚载荷作用下，其左端支座的虚反力
边端处理	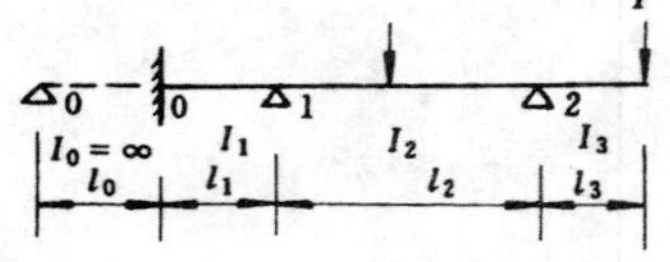 1. 边端为固定端时：可将边端延长一跨，此跨的跨度及惯性矩定为 l_0 及 $I_0=\infty$，则固定端支座处的三弯矩方程式为 $$2M_0\frac{l_1}{I_1}+M_1\frac{l_1}{I_1}=-6\frac{A_1^\phi}{I_1}$$ 2. 边端为外伸端时：可将外伸端支座处的已知弯矩代入方程式中的有关 M 项即可，如图示 $$M_2=-l_3P$$

2）等跨等截面连续梁支座弯矩计算公式（表 1－1－47）

$$R_i^{\phi}=B_i^{\phi}+A_{i+1}^{\phi}$$

表 1－1－47　等跨等截面连续梁支座弯矩计算公式

简　图	支座弯矩计算公式	
	各跨承受不同的载荷时	各跨都承受相同的载荷时
0　1　2；l　l	$M_1=-\frac{3}{2l}R_1^{\phi}$	$M_1=-\frac{3}{2l}\Omega$
0　1　2　3；l　l　l	$M_1=-\frac{2}{5l}(4R_1^{\phi}-R_2^{\phi})$ $M_2=\frac{2}{5l}(R_1^{\phi}-4R_2^{\phi})$	$M_1=M_2=-\frac{6}{5l}\Omega$
0　1　2　3　4；l　l　l　l	$M_1=-\frac{3}{28l}(15R_1^{\phi}-4R_2^{\phi}+R_3^{\phi})$ $M_2=\frac{3}{7l}(R_1^{\phi}-4R_2^{\phi}+R_3^{\phi})$ $M_3=-\frac{3}{28l}(R_1^{\phi}-4R_2^{\phi}+15R_3^{\phi})$	$M_1=M_3=-\frac{9}{7l}\Omega$ $M_2=-\frac{6}{7l}\Omega$
0　1　2　3　4　5；l　l　l　l　l	$M_1=-\frac{6}{209l}(56R_1^{\phi}-15R_2^{\phi}+4R_3^{\phi}-R_1^{\phi})$ $M_2=\frac{6}{209l}(15R_1^{\phi}-60R_2^{\phi}+16R_2^{\phi}-4R_4^{\phi})$ $M_3=-\frac{6}{209l}(4R_1^{\phi}-16R_2^{\phi}+60R_3^{\phi}-15R_4^{\phi})$ $M_4=\frac{6}{209l}(R_1^{\phi}-4R_2^{\phi}+15R_3^{\phi}-56R_4^{\phi})$	$M_1=M_4=-\frac{264}{209l}\Omega$ $M_2=M_3=-\frac{198}{209l}\Omega$

3）$B^{\phi}A^{\phi}$ 及 Ω 值计算公式（表 1－1－48）

表 1－1－48　B^{ϕ}、A^{ϕ}、Ω 值计算公式

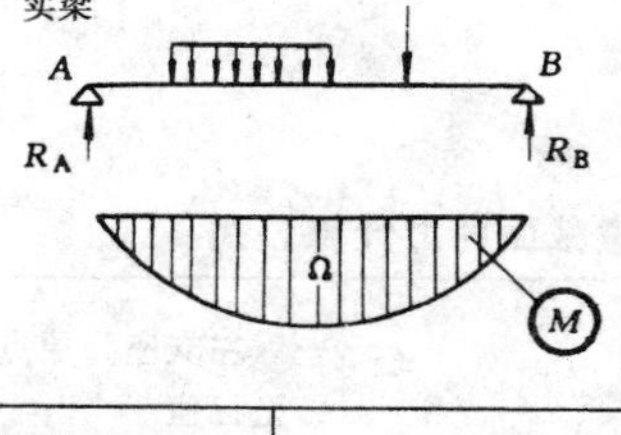

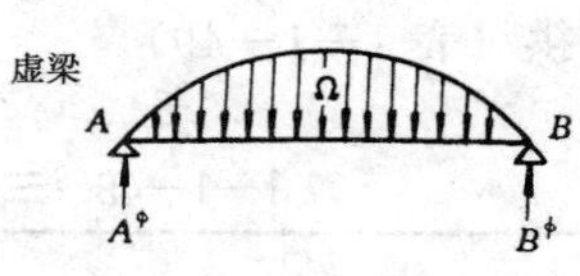

实梁荷载图	B^{ϕ}、A^{ϕ}、Ω	实梁荷载图	B^{ϕ}、A^{ϕ}、Ω
P；l/2　l/2；l	$\Omega=\frac{1}{8}Pl^2$ $A^{\phi}=B^{\phi}=\frac{1}{16}Pl^2$	P　P；l/3　l/3　l/3；l	$\Omega=\frac{2}{9}Pl^2$ $A^{\phi}=B^{\phi}=\frac{1}{9}Pl^2$

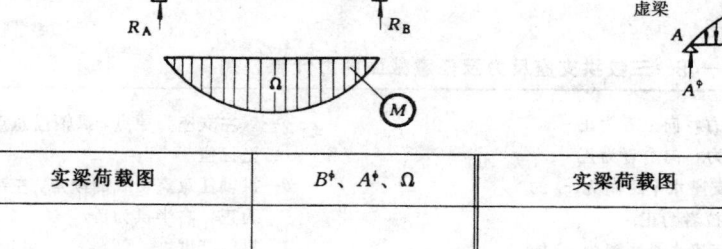

续表

实梁荷载图	B^{ϕ}、A^{ϕ}、Ω	实梁荷载图	B^{ϕ}、A^{ϕ}、Ω
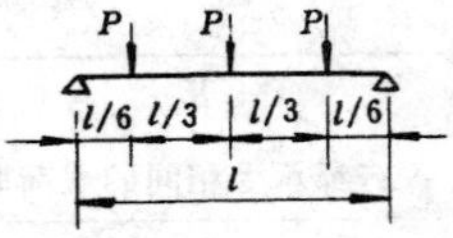 P P P；l/6 l/3 l/3 l/6；l	$\Omega=\frac{19}{72}Pl^2$ $A^{\phi}=B^{\phi}=\frac{19}{144}Pl^2$	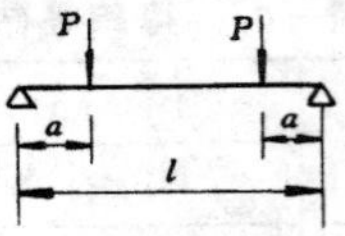 P P；a a；l	$\Omega=Pal\left(1-\frac{a}{l}\right)$ $A^{\phi}=B^{\phi}=\frac{1}{2}Pal\left(1-\frac{a}{l}\right)$
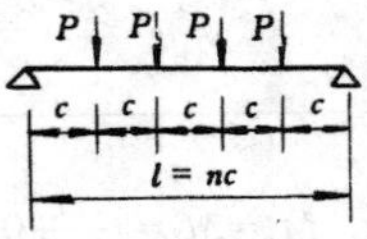 P P P P；c c c c c；l = nc	$\Omega=\frac{n^2-1}{12n}Pl^2$ $A^{\phi}=B^{\phi}=\frac{n^2-1}{24n}Pl^2$	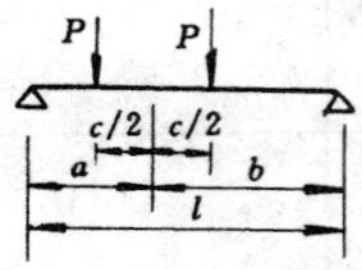 P P；c/2 c/2；a b；l	$\Omega=\frac{P}{4}\ (4al-4a^2-c^2)$ $A^{\phi}=\frac{Pl^2}{12}\left[4\frac{l^2b-b^3}{l^3}-3\frac{bc^2}{l^3}\right]$ $B^{\phi}=\frac{Pl^2}{12}\left[4\frac{l^2a-a^3}{l^3}-3\frac{ac^2}{l^3}\right]$
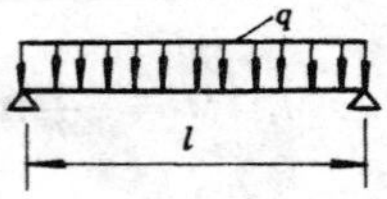 q；l	$\Omega=\frac{1}{12}ql^3$ $A^{\phi}=B^{\phi}=\frac{1}{24}ql^3$	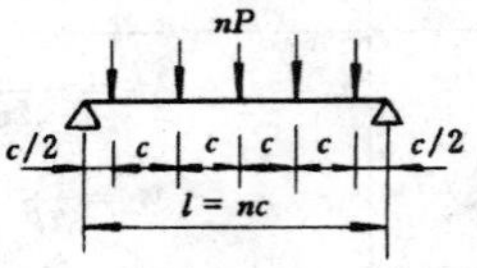 nP；c/2 c c c c c/2；l = nc	$\Omega=\frac{2n^2+1}{24n}Pl^2$ $A^{\phi}=B^{\phi}=\frac{2n^2+1}{48n}Pl^2$
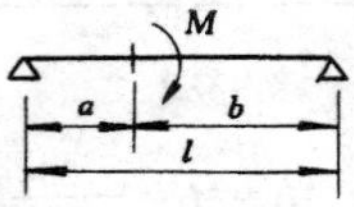 M；a b；l	$\Omega=\frac{M}{2}\ (b-a)$ $A^{\phi}=\frac{M}{6l}\ (3b^2-l^2)$ $B^{\phi}=-\frac{M}{6l}\ (3a^2-l^2)$	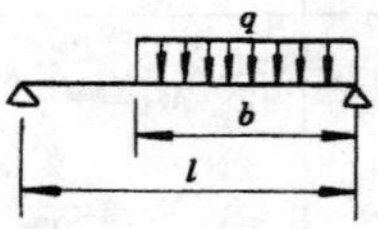 q；b；l	$\Omega=\frac{qb^2l}{12}\left(3-2\frac{b}{l}\right)$ $A^{\phi}=\frac{qb^2l}{24}\left(2-\frac{b^2}{l^2}\right)$ $B^{\phi}=\frac{qb^2l}{24}\left(2-\frac{b}{l}\right)^2$
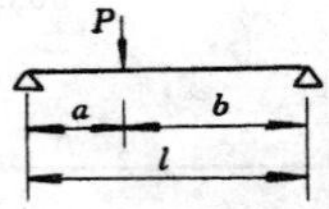 P；a b；l	$\Omega=\frac{1}{2}Pab$ $A^{\phi}=\frac{1}{6}Pab\left(1+\frac{b}{l}\right)$ $B^{\phi}=\frac{1}{6}Pab\left(1+\frac{a}{l}\right)$	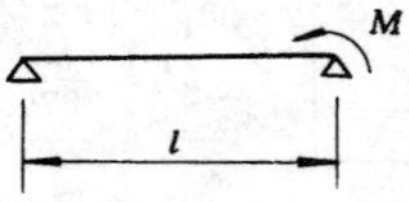 M；l	$\Omega=\frac{1}{2}Ml$ $A^{\phi}=\frac{1}{6}Ml$ $B^{\phi}=\frac{1}{3}Ml$

注：B^{ϕ}—虚梁右端支座 B 的虚反力；
A^{ϕ}—虚梁左端支座 A 的虚反力；
Ω—单跨简支梁弯矩图的面积，即虚荷载的总值。

3．拱

1）三铰拱（表 1－1－49）

表 1－1－49　三铰拱支座反力及任意截面内力计算公式

V_A，V_B—支座 A、B 的竖向反力，向上者为正

H_A，H_B，H—支座 A、B 的水平推力，向内者为正

M_X—拱圈任意截面（离左支座水平距离为 x）的弯矩，使拱圈内侧受拉者为正

N_X—拱圈任意截面（离左支座水平距离为 x）的轴力，受压者为正

Q_X—拱圈任意截面（离左支座水平距离为 x）的剪力

x、y—以左支座为原点，拱轴任意点的坐标值

θ—拱轴任意点切线的倾角，左半拱为正，右半拱为负

l—拱的跨度

f—拱的矢高

V^0、H^0、M^0、N^0、Q^0—代表比拟的简支梁相应的支座反力及任意截面的内力

续表

载荷类型	载荷示意图及比拟关系	支座反力	顶铰内力	任意截面内力
竖向载荷	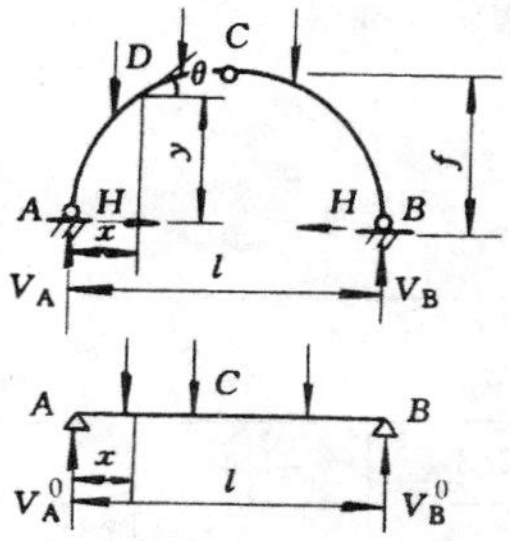	$H=\frac{M_C^0}{f}$ $V_A=V_{A0}$ $V_B=V_{B0}$	$N_C=\frac{M_C^0}{f}$ $Q_C=Q_C^0$	$M_X=H_X^0-Hy$ $N_X=Q_X^0\sin\theta+H\cos\theta$ $Q_X=Q_X^0\cos\theta-H\sin\theta$
对称水平载荷	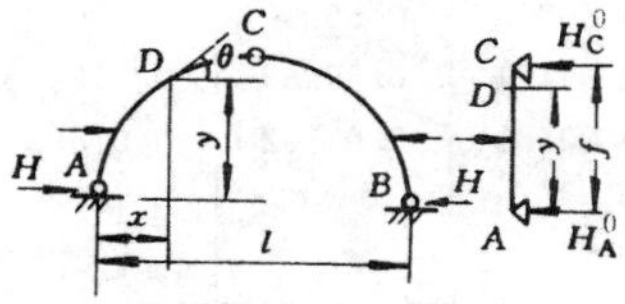	$H=-H_A^0$ $\left.\begin{matrix}V_A\\V_B\end{matrix}\right\}=0$	$N_C=H_C^0$ $Q_C=0$	$M_X=M_X^0$ $N_X=-Q_X^0\cos\theta$ $Q_X=Q_X^0\sin\theta$
单面水平载荷	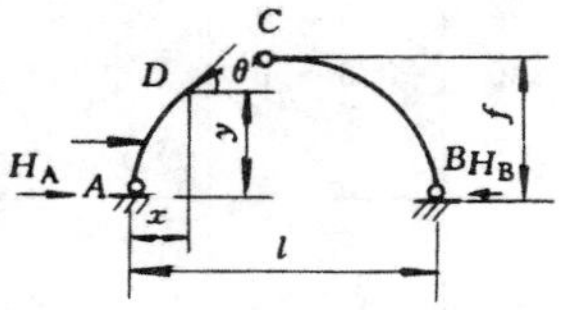 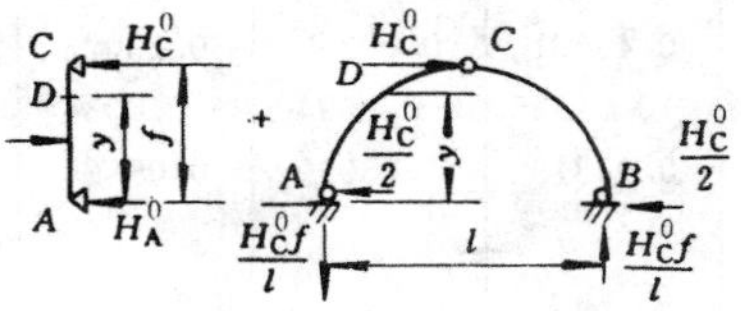	$H_A=-\left(H_A^0+\frac{H_C^0}{2}\right)$ $H_B=\frac{H_C^0}{2}$ $\left.\begin{matrix}V_A\\V_B\end{matrix}\right\}=\mp\frac{H_C^0 f}{l}$	$N_C=\frac{H_C^0}{2}$ $Q_C=-\frac{H_C^0 f}{l}$	AC 段： $M_X=M_y^0+\left(\frac{y}{2}-\frac{fx}{1}\right)H_C^0$ $N_X=-\left(Q_y^0+\frac{H_C^0}{2}\right)\cos\theta-\frac{H_C^0 f}{l}\sin\theta$ $Q_X=\left(Q_y^0+\frac{H_C^0}{2}\right)\sin\theta-\frac{H_C^0 f}{l}\cos\theta$ CB 段： $M_X=\left[f\left(1-\frac{x}{l}\right)-\frac{y}{2}\right]H_C^0$ $N_X=\frac{H_C^0}{2}\cos\theta-\frac{H_C^0 f}{l}\sin\theta$ $Q_X=-\frac{H_C^0}{2}\sin\theta-\frac{H_C^0 f}{l}\cos\theta$

注：1. 计算公式中的 θ 值及简支梁的内力值应带有正负号。

2. 凡是符合该类型的集中、或分布载荷都能适用上述公式。

2）双铰等截面圆拱（表 1－1－50）

计算双铰等截面圆拱的支座反力及拱顶截面的弯矩，由表中的系数乘以表中的乘数。

除图中所示者外，其他的符号为：

V_c、H_c、M_c——C 点的剪力、轴向力及弯矩；

G——半跨拱的自重；

d——等截面拱的厚度；

g——拱体材料的容重；

g_1——拱背充填材料的容重。

表 1－1－50　双铰等截面圆拱支座反力及拱顶截面弯矩计算

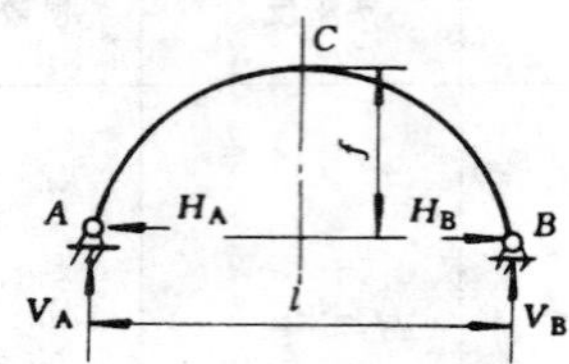

简　图	项目	f/l 0.1	0.2	0.3	0.4	0.5	乘数
q；A；B	V_A	0.50000	0.50000	0.50000	0.50000	0.50000	ql
$V_A=V_B=$；$V_C=0$；	H_A	1.24298	0.61053	0.39464	0.28269	0.21221	ql
$H_A=H_B=H_C$	M_C	0.00070	0.00289	0.00661	0.01192	0.01890	ql^2
$\frac{l}{2}$；q；A；B	V_A	0.25000	0.25000	0.25000	0.25000	0.25000	$ql/2$
$V_A=V_C$；$H_A=H_B=H_C$	H_B	0.75000	0.75000	0.75000	0.75000	0.75000	$ql/2$
	H_A	0.62149	0.30527	0.19732	0.14135	0.10611	$ql/2$
	M_C	0.00035	0.00145	0.00330	0.00596	0.00995	$ql^2/2$
G_1；G_1；A；B	V_A	1.00000	1.00000	1.00000	1.00000	1.00000	G_1
$V_A=V_B$；$V_C=0$；	H_A	1.40393	0.68587	0.43601	0.30750	0.23026	G_1
$H_A=H_B=H_C$	M_C	−0.01637	−0.01588	−0.01335	−0.00940	−0.00344	G_1l
	G_1	0.01640	0.03125	0.04313	0.05090	0.05365	g_1l^2
自重(2G)；A；B	V_A	1.00000	1.00000	1.00000	1.00000	1.00000	G
$V_A=V_B$；$V_C=0$；	H_A	2.45835	1.16714	0.71335	0.47213	0.31831	G
$H_A=H_B=H_C$	M_C	0.00087	0.00376	0.00843	0.01474	0.02404	Gdl
	G	0.51323	0.55173	0.61248	0.69161	0.78540	gdl
f；q；A；B；q	V_A	0	0	0	0	0	qf
$V_A=V_B$；$H_A=H_B$；	H_A	−0.42976	−0.42787	−0.42659	−0.42549	−0.42441	qf
$H_C=H_A+qf$	M_C	−0.00702	−0.01447	−0.02202	−0.02981	−0.03779	qfl

续表

简图	项目	$\frac{f}{l}$					乘数
		0.1	0.2	0.3	0.4	0.5	
$V_B=-V_A$；$V_C=V_A$；$H_C=H_A$	V_A	0.05000	0.10000	0.15000	0.20000	0.25000	qf
	H_A	0.28510	0.28616	0.28671	0.28726	0.28779	qf
	H_B	−0.71490	−0.71384	−0.71329	−0.71274	−0.71221	qf
	M_C	−0.00351	−0.00723	−0.01101	−0.01490	−0.01890	qfl
$V_A=V_B$；$H_A=H_B$；$H_C=H_A+qf/2$	V_A	0	0	0	0	0	$qf/2$
	H_A	−0.62597	−0.60259	−0.60112	−0.59996	−0.59883	$qf/2$
	M_C	−0.00407	−0.01282	−0.01966	−0.02668	−0.03392	$qfl/2$
$V_B=-V_A$；$V_C=V_A$；$H_C=H_A$	V_A	0.03333	0.06667	0.10000	0.13333	0.16667	$qf/2$
	H_A	0.18789	0.19871	0.19944	0.20002	0.20059	$qf/2$
	H_B	−0.81211	−0.80129	−0.80056	−0.79998	−0.79941	$qf/2$
	M_C	−0.00212	−0.00641	−0.00983	−0.01334	−0.01696	$qfl/2$
$V_A=V_B=V_C$；$H_A=H_B=H_C$	V_A	0.50000	0.50000	0.50000	0.50000	0.50000	P
	H_A	1.93700	0.94439	0.60412	0.42796	0.31831	P
	M_C	0.05630	0.06112	0.06876	0.07882	0.09085	Pl

3）无铰等截面圆拱（表1—1—51）

计算无铰等截面圆拱的支座反力及拱顶截面的弯矩，表中的系数乘以表中的乘数。

除图中所示者外，其他的符号为：

V_C、H_C、M_C——C点的剪力、轴向力及弯矩；

G——半跨拱的自重；

d——等截面拱的厚度；

g——拱体材料的容重；

g_1——拱背充填材料的容重。

表1-1-51 无铰等截面圆拱的支座反力及拱顶截面弯矩计算

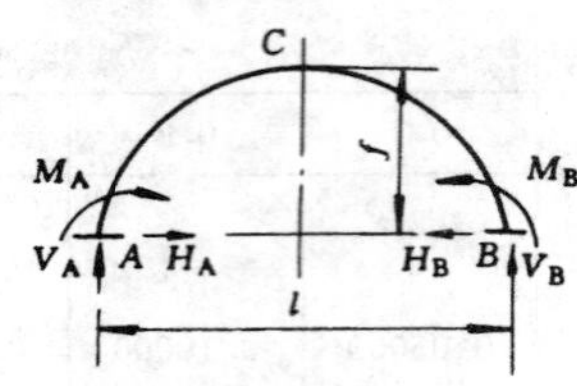

简图	项目	$\frac{f}{l}$ 0.1	0.2	0.3	0.4	0.5	乘数
$V_A=V_B$；$V_C=0$；$H_A=H_B=H_C$；$M_A=M_B$	V_A	0.50000	0.50000	0.50000	0.50000	0.50000	ql
	H_A	1.26093	0.63782	0.43421	0.33558	0.27583	ql
	M_A	0.00131	0.00414	0.00925	0.01649	0.02467	ql^2
	M_C	0.00022	0.00158	0.00399	0.00726	0.01175	ql^2
$V_A=V_C$；$H_A=H_B=H_C$	V_A	0.18853	0.19162	0.19680	0.20355	0.21101	ql
	V_B	0.81147	0.80838	0.80320	0.79645	0.78899	ql
	H_A	1.26093	0.63782	0.43421	0.33558	0.27583	ql
	M_A	0.03204	0.03333	0.03585	0.03971	0.04416	ql^2
	M_B	−0.02943	−0.02505	−0.01735	−0.00674	0.00517	ql^2
	M_C	0.00021	0.00158	0.00399	0.00726	0.01175	ql^2
$V_A=V_B$；$V_C=0$；$H_A=H_B=H_C$；$M_A=M_B$	V_A	1.00000	1.00000	1.00000	1.00000	1.00000	G_1
	H_A	1.09958	0.55637	0.38117	0.29819	0.25308	G_1
	M_A	−0.02641	−0.02206	−0.01419	−0.00397	0.00852	G_1l
	M_C	−0.01070	−0.01030	−0.00972	−0.00833	−0.00599	G_1l
	G_1	0.01640	0.03124	0.04313	0.05090	0.05365	g_1l^2
自重(2G)；$V_A=V_B$；$V_C=0$；$H_A=H_B=H_C$；$M_A=M_B$	V_A	1.00000	1.00000	1.00000	1.00000	1.00000	G
	H_A	2.48476	1.20645	0.77364	0.54391	0.40147	G
	M_A	0.00186	0.00582	0.01378	0.02200	0.03100	Gl
	M_C	−0.00005	0.00198	0.00435	0.00836	0.01330	Gl^2
	G	0.51323	0.55173	0.61248	0.69161	0.78540	gdl

续表

简　　图	项　目	$\frac{f}{l}$					乘　数
		0.1	0.2	0.3	0.4	0.5	
$V_A=V_B$；$H_A=H_B$；$H_C=H_A+qf$；$M_A=M_B$	V_A	0	0	0	0	0	qf
	H_A	−0.57184	−0.56746	−0.56888	−0.56350	−0.55300	qf
	M_A	−0.01151	−0.02237	−0.03383	−0.04364	−0.05044	qfl
	M_C	−0.00439	−0.00888	−0.01317	−0.01824	−0.02394	qfl
$V_A=-V_B$；$V_C=V_A$；$H_C=-H_A$	V_A	0.02486	0.04855	0.07063	0.0899	0.10532	qf
	H_A	0.21408	0.21453	0.21556	0.21825	0.22350	qf
	H_B	−0.78592	−0.78546	−0.78444	−0.78175	−0.77650	qf
	M_A	0.00682	0.01454	0.02277	0.03322	0.04630	qfl
	M_B	−0.01832	−0.03691	−0.05660	−0.07686	−0.09838	qfl
	M_C	−0.00216	−0.00410	−0.00659	−0.00912	−0.01279	qfl
$V_A=V_B$；$H_A=H_B$；$H_C=H_A+qf/2$；$M_A=M_B$	V_A	0	0	0	0	0	$qf/2$
	H_A	−0.75989	−0.75679	−0.75857	−0.75246	−0.73600	$qf/2$
	M_A	−0.01273	−0.02502	−0.03795	−0.04919	−0.05600	$qfl/2$
	M_C	−0.00378	−0.00699	−0.01038	−0.01488	−0.02193	$qfl/2$
$V_B=-V_A$；$V_C=V_A$；$H_C=H_A$	V_A	0.01311	0.02561	0.03736	0.04795	0.05821	$qf/2$
	H_A	0.12006	0.12020	0.12072	0.12377	0.13200	$qf/2$
	H_B	−0.87994	−0.87980	−0.87928	−0.87623	−0.86800	$qf/2$
	M_A	0.00375	0.00802	0.01234	0.01810	0.02593	$qfl/2$
	M_B	−0.01647	−0.03304	−0.05030	−0.06728	−0.08253	$qfl/2$
	M_C	−0.00170	−0.00322	−0.00526	−0.00743	−0.01097	$qfl/2$
$V_A=V_B=V_C$；$H_A=H_B=H_C$；$M_A=M_B$	V_A	0.50000	0.50000	0.50000	0.50000	0.50000	P
	H_A	2.34606	1.16774	0.77402	0.57689	0.45512	P
	M_A	0.03249	0.03526	0.04014	0.04663	0.05326	Pl
	M_C	0.04789	0.05171	0.05793	0.06587	0.07570	Pl
$H_B=-H_A$；$M_B=-M_A$	V_A	0.07444	0.14570	0.21105	0.26919	0.31975	P
	H_A	0.50000	0.50000	0.50000	0.50000	0.50000	P
	M_A	0.01278	0.02715	0.04452	0.06540	0.09015	Pl

4. 刚 架

1）“Π”形刚架（表1－1－52）

表1－1－52 “Π”形刚架支座反力及最大弯矩计算公式

		$\lambda=\dfrac{l}{h}$ $k=\dfrac{h}{l}\times\dfrac{I_2}{I_1}$ $\mu=3+2k$
	$\alpha=\dfrac{a}{l}$ $\beta=\dfrac{b}{l}$	$V_A=P\beta$；$V_B=Pa$ $H_A=H_B=\dfrac{3P}{2\mu}\lambda\dfrac{ab}{l^2}$ $M_1=M_2=\dfrac{3Pl}{2\mu}\cdot\dfrac{ab}{l^2}$
	$\alpha=\dfrac{a}{l}$ $\beta=\dfrac{b}{l}$ $\phi=\dfrac{2}{2\mu}$（$\beta-\alpha$）	$V_A=-V_B=-\dfrac{M}{l}$ $H_A=H_B=\dfrac{M}{h}\cdot\phi$ $M_1=M_2=-M\cdot\phi$
	$\phi=\dfrac{1}{2\mu}$（$6+5k$）	$V_A=-V_B=-\dfrac{qh^2}{2l}$ $\left.\begin{matrix}H_A\\H_B\end{matrix}\right\}=-\dfrac{qh}{2}\left(1\pm1-\dfrac{\phi}{2}\right)$ $\left.\begin{matrix}M_1\\M_2\end{matrix}\right\}=\dfrac{qh^2}{4}$（$1\pm1-\phi$）
		$V_A=V_B=\dfrac{1}{2}ql$ $H_A=H_B=\dfrac{ql}{4\mu}\lambda$ $M_1=M_2=\dfrac{ql^2}{4\mu}$
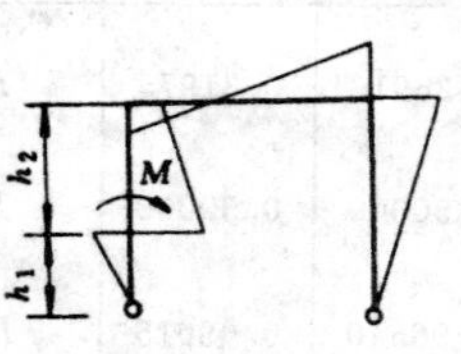	$\alpha=\dfrac{h_1}{h}$ $\phi=\dfrac{3}{\mu}$〔$1+k$（$1-a^2$）〕 当$h_1=0$，$\phi=\dfrac{3}{\mu}$（$1+k$） 当$h_2=0$，$\phi=\dfrac{3}{\mu}$	$V_A=-V_B=-\dfrac{M}{l}$ $H_A=H_B=\dfrac{M}{2h}\cdot\phi$ $\left.\begin{matrix}M_3\\M_4\end{matrix}\right\}=\dfrac{M}{2}$（$1\pm1-\phi$）

续表

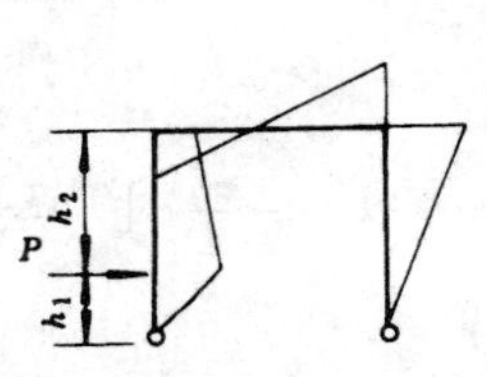	$\alpha=\frac{h_1}{h}$ $\phi=\frac{1}{\mu}〔3(1+k)-k\alpha^2〕$ $V_A=-V_B=-\frac{Ph_1}{l}$ $\left.\begin{matrix}H_A\\H_B\end{matrix}\right\}=-\frac{P}{2}(1\pm1-\alpha\cdot\phi)$ $\left.\begin{matrix}M_1\\M_2\end{matrix}\right\}=\frac{Phc}{2}(1\pm1-\phi)$ 当 $h_1=h_2$ $\left.\begin{matrix}H_A\\H_B\end{matrix}\right\}=\pm\frac{P}{2}$ $\left.\begin{matrix}M_1\\M_2\end{matrix}\right\}=\pm\frac{Ph}{2}$
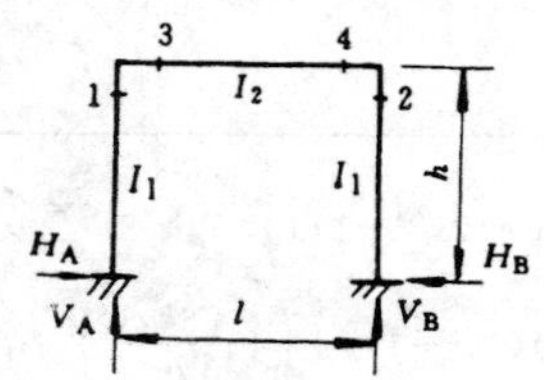	$k=\frac{h}{l}\times\frac{I_2}{I_1}$ $\mu_1=2+k$ $\mu_2=1+6k$
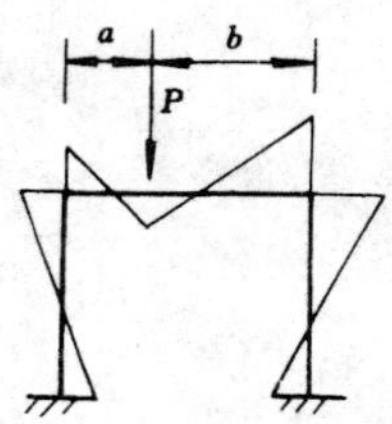	$\alpha=\frac{a}{l}$ $\phi=\frac{1}{\mu_2}(1-2\alpha)$ $H_A=H_B=\frac{3Pl}{2h\mu_1}\alpha(1-\alpha)$ $\left.\begin{matrix}M_A\\M_B\end{matrix}\right\}=\frac{Pl}{2}\left(\frac{1}{\mu_1}\mp\phi\right)\alpha(1-\alpha)$ $\left.\begin{matrix}M_1\\M_2\end{matrix}\right\}=-\frac{Pl}{2}\left(\frac{2}{\mu}\pm\phi\right)\alpha(1-\alpha)$
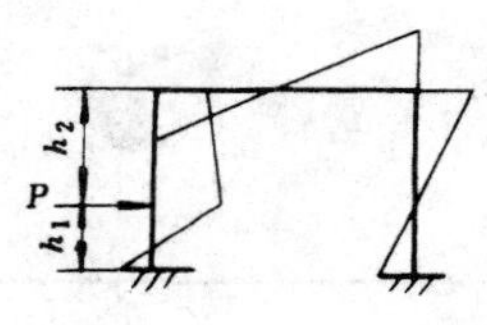	$\alpha=\frac{h_1}{h}$ $\beta=\frac{h_2}{h}$ $\left.\begin{matrix}H_A\\H_B\end{matrix}\right\}=-\frac{P}{2}\{1\pm1-\alpha-\frac{1}{\mu}〔k\alpha(1-\alpha^2)-(1+k)(\beta-\beta^3)〕\}$ $\left.\begin{matrix}M_A\\M_B\end{matrix}\right\}=-\frac{Ph}{2}\left\{\frac{1}{\mu_1}〔(1+k)(\beta-\beta^3)-k(\beta-\beta^2)〕\pm\alpha\left(1-\frac{3k\alpha}{\mu_2}\right)\right\}$ $\left.\begin{matrix}M_1\\M_2\end{matrix}\right\}=\frac{Ph}{2}k\alpha^2\left[\frac{1}{\mu_1}(1-\alpha)\mp\frac{3}{\mu_2}\right]$
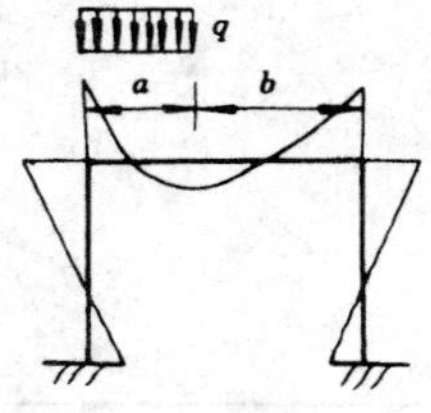	$\alpha=\frac{a}{l}$ $\phi=\frac{1}{\mu_1}(3a^2-2a^3)$ $H_A=H_B=\frac{ql^2}{4h}\cdot\phi$ $\left.\begin{matrix}M_A\\M_B\end{matrix}\right\}=\frac{ql^2}{12}\left[\phi\mp\frac{3}{\mu_2}(a-a^2)^2\right]$ $\left.\begin{matrix}M_1\\M_2\end{matrix}\right\}=-\frac{ql^2}{12}\left[2\phi\pm\frac{3}{\mu_2}(a-a^2)^2\right]$ 当 $a=l$　$\phi=\frac{1}{\mu_1}$
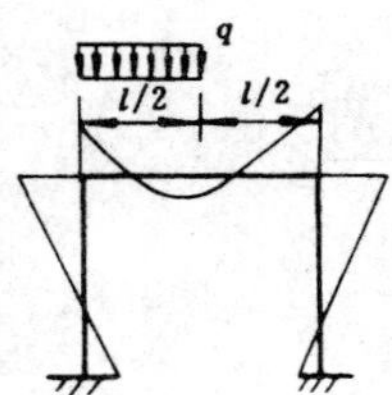	$H_A=H_B=\frac{ql^2}{8h\mu_1}$ $\left.\begin{matrix}M_A\\M_B\end{matrix}\right\}=\frac{ql^2}{24}\left(\frac{1}{\mu_1}\mp\frac{3}{8\mu_2}\right)$ $\left.\begin{matrix}M_1\\M_2\end{matrix}\right\}=-\frac{ql^2}{24}\left(\frac{2}{\mu_1}\pm\frac{3}{8\mu_2}\right)$

续表

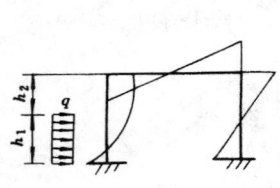

	$\alpha=\frac{h_1}{h}$　　$\left.\begin{matrix}H_A\\H_B\end{matrix}\right\}=-\frac{qh}{4}\left\{2\alpha\pm2\alpha-\alpha^2-\frac{1}{\mu_1}\left[k\left(\alpha^2-\frac{\alpha^4}{2}\right)-(1+k)\cdot\phi\right]\right\}$ $\beta=\frac{h_2}{h}$　　$\left.\begin{matrix}M_A\\M_B\end{matrix}\right\}=\frac{qh^2}{4}\left\{\frac{1}{3\mu_1}\left[(3+2k)\phi-k\left(\alpha^2-\frac{\alpha^4}{2}\right)\right]\pm\alpha^2\left(1-\frac{2k\alpha}{\mu_2}\right)\right\}$ $\phi=\frac{1}{2}-\beta^2\left(1-\frac{1}{2}\beta^2\right)$　　$\left.\begin{matrix}M_1\\M_2\end{matrix}\right\}=-\frac{qh^2k\alpha^3}{4}\left[\frac{4-3\alpha}{6\mu_1}\mp\frac{2}{\mu_2}\right]$ 当　$h_1=h$　　$\phi=\frac{1}{2}$
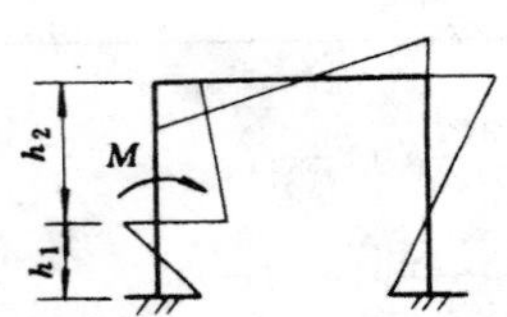	$\alpha=\frac{h_1}{h}$　$H_A=H_B=\frac{M}{2h}\left\{1-\frac{1}{\mu_1}[k(3\alpha^2-1)+(1+k)(3\beta^2-1)]\right\}$ $\beta=\frac{h_2}{h}$　$\left.\begin{matrix}M_A\\M_B\end{matrix}\right\}=-\frac{M}{2}\left\{\frac{1}{3\mu_1}[k(3\alpha^2-1)+(3+2k)(3\beta^2-1)]\pm\left(1-\frac{6k\alpha}{\mu_2}\right)\right\}$ $\left.\begin{matrix}M_3\\M_4\end{matrix}\right\}=\frac{Mk}{2}\left[\frac{1}{\mu_1}(2\alpha^2+\beta^2-1)\pm\frac{6\alpha}{\mu_2}\right]$ 当　$h_1=h$ $H_A=H_B=\frac{3M}{2h\mu_1}$ $\left.\begin{matrix}M_A\\M_B\end{matrix}\right\}=\frac{M}{2}\left(\frac{1}{\mu_1}\pm\frac{1}{\mu_2}\right)$ $\left.\begin{matrix}M_3\\M_4\end{matrix}\right\}=\frac{Mk}{2}\left(\frac{1}{\mu_1}\pm\frac{6}{\mu_2}\right)$

2）"□"形刚架（表1－1－53）

表1－1－53　"□"形刚架最大弯矩计算公式

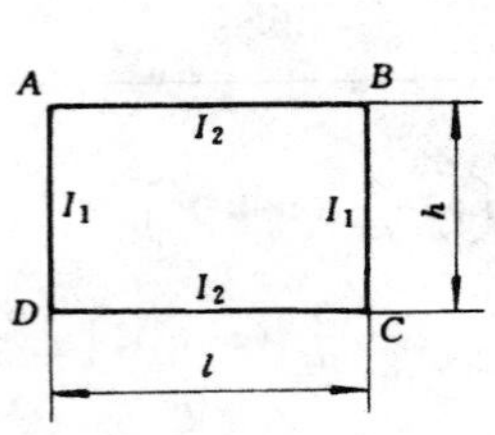	$k=\frac{h}{l}\times\frac{I_2}{I_1}$ $\mu=k^2+4k+3$
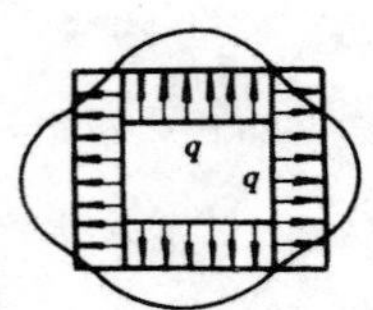	$M_A=M_B=M_C=M_D=\frac{q(h^2k+l^2)}{12(k+1)}$

续表

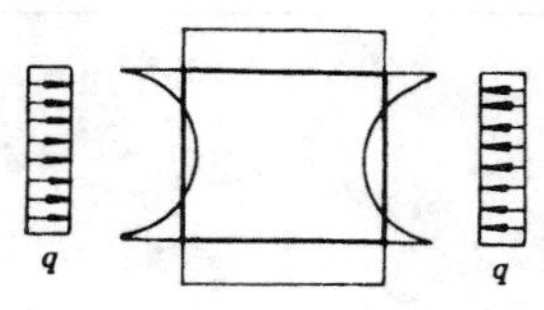	$M_A=-\dfrac{qh^2k}{12(k+1)}$ 当　$k=1$ $M_A=M_B=M_C=M_D=-\dfrac{qh^4}{24}$
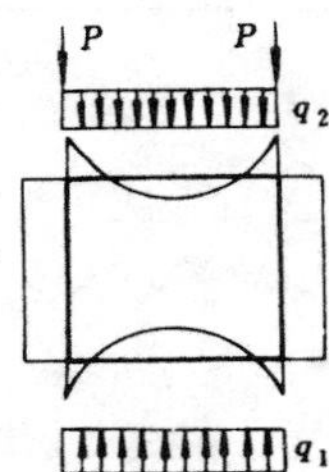	$P=\dfrac{(q_1-q_2)}{2}l$ 当　$q_1=q_2$ $M_A=M_B=M_C=M_D=-\dfrac{q_2l^2}{12(k+1)}$ 当　$q_1\neq q_2$ $M_A=M_B=-\dfrac{l^2[q_2(2k+3)-q_1k]}{12(k^2+4k+3)}$ $M_C=M_D=-\dfrac{l^2[q_1(2k+3)-q_2k]}{12(k^2+4k+3)}$
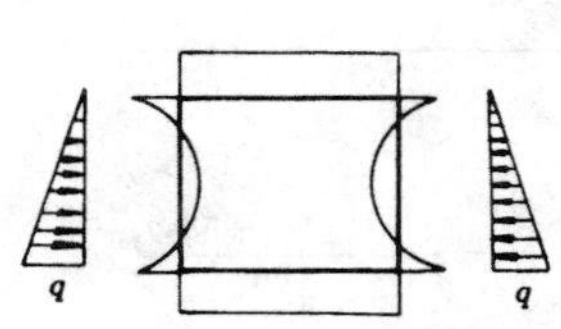	$M_A=M_B=-\dfrac{qh^2k(2k+7)}{60(k^2+4k+3)}$ $M_C=M_D=-\dfrac{qh^2k(3k+8)}{60(k^2+4k+3)}$ 当　$k=1$ $M_A=M_B=-\dfrac{3qh^2}{160}$ $M_C=M_D=-\dfrac{11qh^2}{480}$
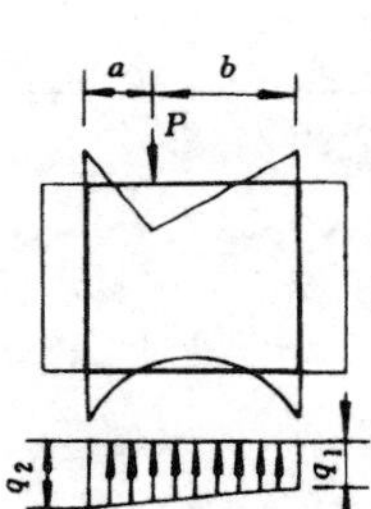	$\alpha=\dfrac{a}{l}$　　$\phi=\dfrac{3(1+8\alpha-30\alpha^2+20\alpha^3)}{10(1+3k)}$ $q_1=\dfrac{P}{l}(6\alpha-2)$　　$q_2=\dfrac{P}{l}(-6\alpha+4)$ $\left.\begin{matrix}M_A\\M_B\end{matrix}\right\}=-\dfrac{Pl}{12}\left\{\dfrac{1}{\mu}[6(\alpha-\alpha^2)(3+2k)-k]\pm\phi\right\}$ $\left.\begin{matrix}M_C\\M_D\end{matrix}\right\}=-\dfrac{Pl}{12}\left\{\dfrac{1}{\mu}[3+2k-6k(\alpha-\alpha^2)]\mp\phi\right\}$ 当　$a=b=\dfrac{l}{2}$　　$q_1=q_2=\dfrac{P}{l}$ $M_A=M_B=-\dfrac{Pl(4k+9)}{24(k^2+4k+3)}$ $M_C=M_D=-\dfrac{Pl(k+6)}{24(k^2+4k+3)}$ 若　$k=1$ $M_A=M_B=-\dfrac{13Pl}{192}$　　$M_C=M_D=-\dfrac{7Pl}{192}$

3）“○”形刚架（表 1－1－54）

表 1－1－54 “○”形刚架内力计算公式

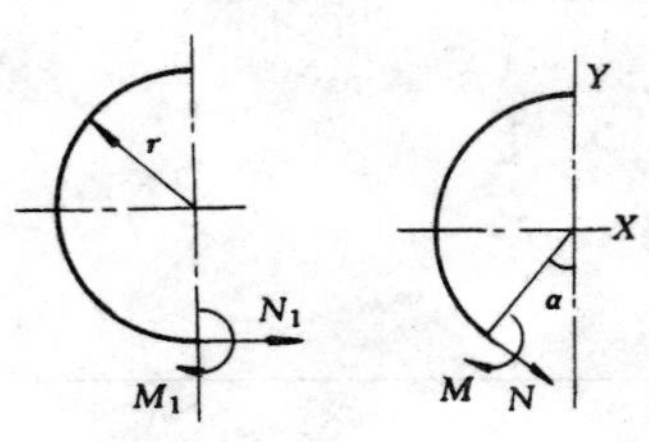	M_1，N_1—$\alpha=0$ 处截面上的弯矩及轴力 M_2，N_2—$\alpha=\frac{\pi}{2}$ 处截面上的弯矩及轴力 M，N—任意角 α 截面上的弯矩及轴力
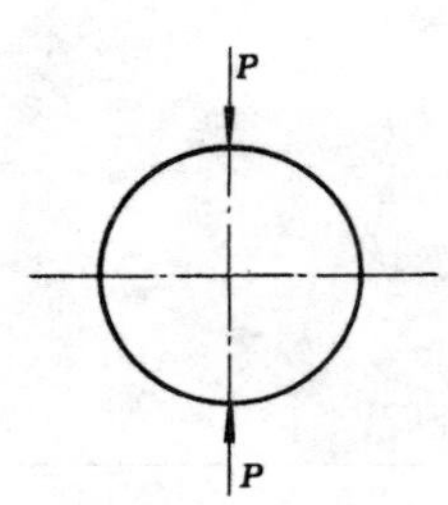	$M=Pr\left(\frac{1}{\pi}-0.5\sin\alpha\right)$ $N=-0.5P\sin\alpha$ 当 $\alpha=0$ M_1（M_{max}）$=0.3183Pr$ 当 $\alpha=\frac{\pi}{2}$ M_3（M_{min}）$=-0.1817Pr$
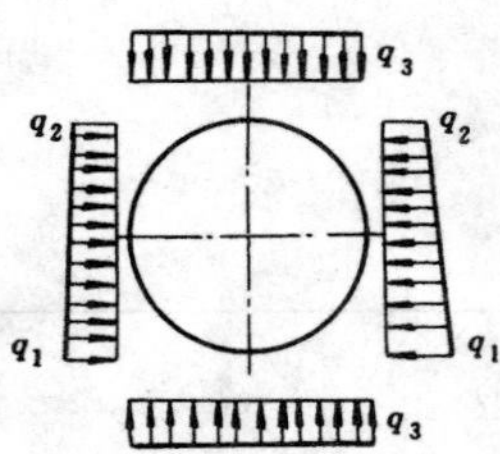	当 $\alpha=0$ $M_1=\frac{q_3r^2}{4}-\frac{r^2(7q_1+5q_2)}{48}$； $N_1=-\frac{r(11q_1+5q_2)}{16}$ 当 $\alpha=\frac{\pi}{2}$ $M_2=\frac{-q_3r^2}{4}+\frac{r^2(q_1+q_2)}{8}$； $N_2=-q_3r$ 若 $q_1=q_2=q$ $M_1=\frac{r^2(q_3-q)}{4}$； $N_1=-qr$ $M_2=-\frac{r^2(q_3-q)}{4}$； $N_2=-q_3r$
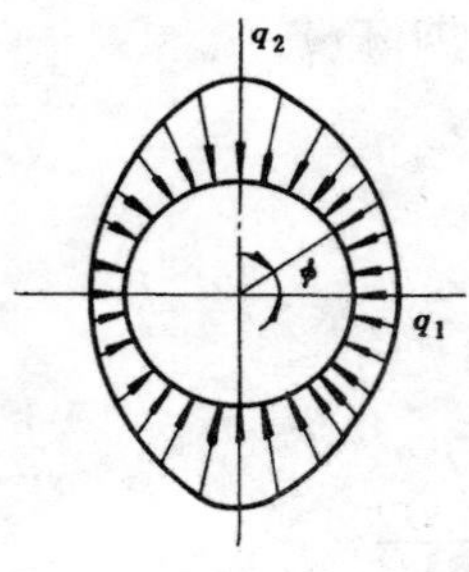	$m=\frac{q_2}{q_1}$；$0\leqslant\phi\leqslant\frac{\pi}{2}$ 荷载变化规律： $q=q_1[1+(m-1)\sin\phi]$ 当 $\alpha=0$ $M_1=0.1366q_1r^2(m-1)$； $N_2=-q_1r[1+0.5(m-1)]$ 当 $\alpha=\frac{\pi}{2}$ $M_2=-0.1488q_1r^2(m-1)$； $N_2=-q_1r\left[1+\frac{\pi}{4}(m-1)\right]$

续表

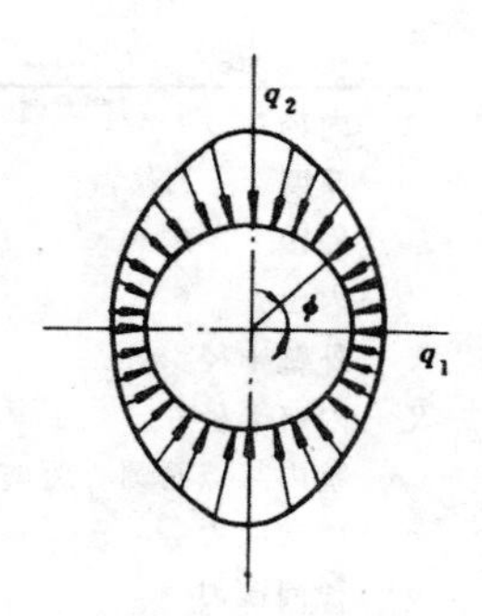	$n=\frac{q_1}{q_2}$；　　$0\leqslant\phi\leqslant\frac{\pi}{2}$ 荷载变化规律： $q=q_1+(q_2-q_1)\frac{2\phi}{\pi}$ 当　$\alpha=0$ $M_1=0.1366q_2r^2(1-n)$；$N_1=-q_2r\left[1-\frac{2(1-n)}{\pi}\right]$ 当　$\alpha=\frac{\pi}{2}$ $M_2=-0.1366q_2r(1-n)$；$N_2=-q_2r\left[n+\frac{2(1-n)}{2}\right]$

4）圆筒（表1—1—55）

表1—1—55　圆筒应力计算公式

薄　壁 $t\leqslant\frac{D}{20}$	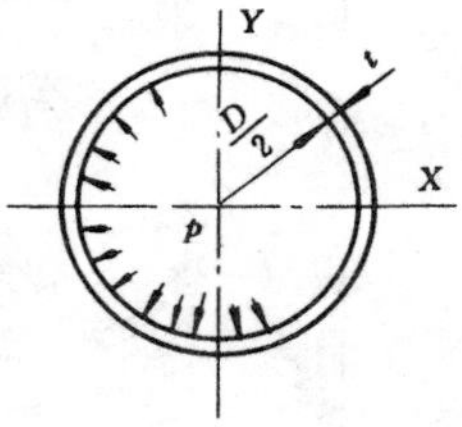	$\sigma_x=\frac{PD}{4t}$（闭口）；$\sigma_r=0$（开口） $\sigma_t=\frac{PD}{2t}$	D—内径 t—壁厚 P_1—外压 P_2—内压 R_1—外壁半径 R_2—内壁半径 r—壁内某点至圆心距离 σ_x—轴向应力 σ_t—周向应力 σ_r—径向应力
厚　壁 $t\geqslant\frac{D}{20}$或 $\frac{R_1}{R_2}>1.1$	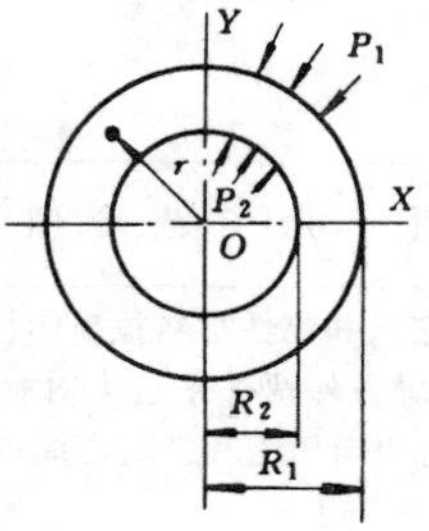 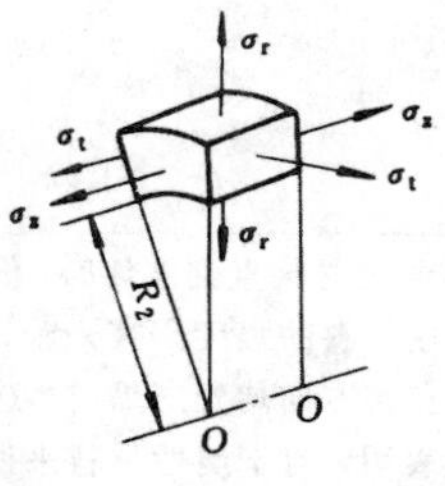	$\sigma_x=\frac{P_2R_1^2}{R_1^2-R_2^2}$（闭口）；$\sigma_z=0$（开口） $\sigma_t=\frac{P_2R_2^2-P_1R_1^2}{R_1^2-R_2^2}+\frac{(P_2-P_1)R_1^2R_2^2}{r^2(R_1^2-R_2^2)}$ $\sigma_r=\frac{P_2R_2^2-P_1R_1^2}{R_1^2-R_2^2}-\frac{(P_2-P_1)R_1^2R_2^2}{r^2(R_1^2-R_2^2)}$ 当$P_2=0$，$P_1\neq0$（只承受外压）时： $\sigma_t=-\frac{P_1R_1^2}{R_1^2-R_2^2}\left(1+\frac{R_2^2}{r^2}\right)$ $\sigma_r=-\frac{P_1R_1^2}{R_1^2-R_2^2}\left(1-\frac{R_2^2}{r^2}\right)$ 按第三强度理论（最大剪应力理论）强度条件为： $\frac{2P_1R_1^2}{R_1^2-R_2^2}\leqslant[\sigma]$	

5）圆球（表 1—1—56）

表 1—1—56 圆球应力计算公式

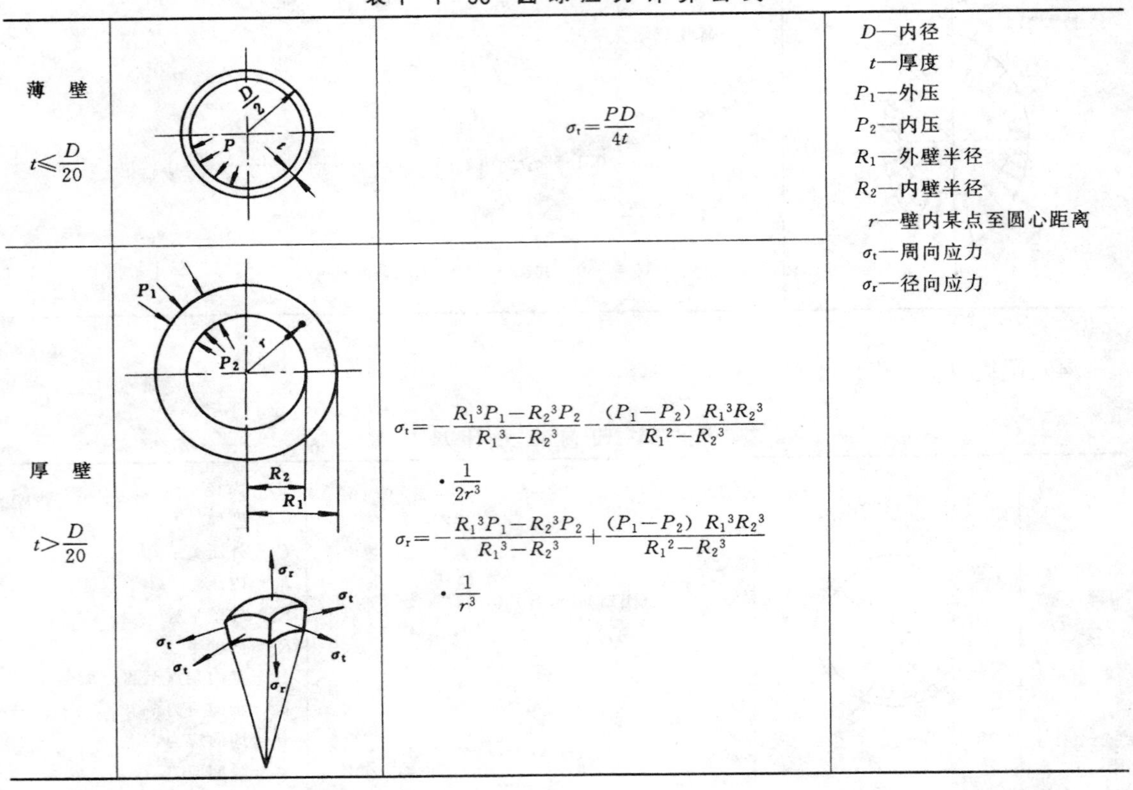

薄壁 $t \leqslant \frac{D}{20}$	（图）	$\sigma_t=\frac{PD}{4t}$	D—内径 t—厚度 P_1—外压 P_2—内压 R_1—外壁半径 R_2—内壁半径 r—壁内某点至圆心距离 σ_t—周向应力 σ_r—径向应力
厚壁 $t > \frac{D}{20}$	（图）	$\sigma_t=-\frac{R_1^3P_1-R_2^3P_2}{R_1^3-R_2^3}-\frac{(P_1-P_2)\ R_1^3R_2^3}{R_1^2-R_2^3}\cdot\frac{1}{2r^3}$ $\sigma_r=-\frac{R_1^3P_1-R_2^3P_2}{R_1^3-R_2^3}+\frac{(P_1-P_2)\ R_1^3R_2^3}{R_1^2-R_2^3}\cdot\frac{1}{r^3}$	

三、强度校核理论（表 1—1—57）

表 1—1—57 强度校核理论公式

名称		公式	适用范围
古典强度理论	最大拉应力理论（第一强度理论）	认为最大拉应力是引起材料断裂破坏的主要因素。其相应的破坏条件是： $\sigma_1=\sigma_t$ 式中 σ_1—最大拉应力 σ_t—拉伸强度极限 强度校核条件是： $\sigma \leqslant [\sigma]$ 式中 $[\sigma]$—许用应力（以下同），此处等于 σ_t 除以安全系数	实验指出，它只和脆性材料拉断的情况相符。这个理论没有考虑另外两个主应力对材料断裂破坏的影响，而且对单向压缩和三向压缩等没有拉应力的应力状态无法应用
	最大伸长线应变理论（第二强度理论）	认为最大伸长线应变是引起材料断裂破坏的主要因素。其相应的破坏条件是： $\varepsilon_1=\varepsilon_t=\frac{\sigma_t}{E}$	该理论同样假设材料直到破坏时，仍服从虎克定律。根据对塑性材料的强度研究来看，它和某些实验相矛盾，另在各方向均匀压缩时，这个理论也未被证实。实验表明，对于脆性材料来说，该理论常和实验结果相一致。因此它只适用于脆性材料

续表

名称		公式	适用范围
古典强度理论	最大伸长线应变理论 （第二强度理论）	式中　ε_1—最大伸长线应变 ε_t—拉伸时破坏的线应变 E—弹性模量 用应力表示的破坏条件是： $\sigma_1-\mu\ (\sigma_t+\sigma_3)\ =\sigma_t$ 强度校核条件是： $\sigma_1-\mu\ (\sigma_2+\sigma_3)\ \leqslant [\sigma]$ 式中　μ—材料的泊松比 $\sigma_1,\sigma_2,\sigma_3$—三向主应力	
	最大剪应力理论 （第三强度理论）	认为最大剪应力是引起材料流动破坏的主要因素。其相应的破坏条件是： $\tau_{max}=\tau_t$ 式中　τ_{max}—最大剪应力 τ_t—拉伸时的极限剪应力 用应力表示的破坏条件是： $\sigma_1-\sigma_3=\sigma_t$ 式中　σ_1，σ_3—分别为最大、最小主应力 σ_t—拉伸强度极限 强度校核条件是： $\sigma_1-\sigma_3\leqslant [\sigma]$	实验指出，最大剪应力理论对于塑性材料是相当符合的。在机械工程中得到广泛应用。但这个理论忽略了中间主应力 σ_2 的影响，使得在二向应力状态下计算结果偏于安全 在三向压应力状态下，亦宜于采用
能量强度理论	形状改变比能理论 （第四强度理论）	认为形状改变比能是引起材料流动破坏的主要因素。其相应的破坏条件是： $u_f=u_{f0}$ 式中　u_f—形状改变比能 u_{f0}—形状改变比能的极限值 用应力表示的破坏条件是： $\sqrt{\frac{1}{2}[(\sigma_1-\sigma_2)^2+(\sigma_2-\sigma_3)^2+(\sigma_3-\sigma_1)^2]}$ $=\sigma_t$ 强度校核条件： $\sqrt{\frac{1}{2}[(\sigma_1-\sigma_2)^2+(\sigma_2-\sigma_3)^2+(\sigma_3-\sigma_1)^2]}$ $\leqslant [\sigma]$ 式中　σ_1，σ_2，σ_3—三向主应力 σ_t—拉伸强度极限	对于塑性材料，它与实验结果基本上是符合的，在二向应力状态下，比第三强度理论更接近实际。在三向压应力状态下，亦宜于采用
联合强度理论	莫尔—库伦强度理论 （直线型包络线）	认为材料破坏的原因是由于材料体内某一截面上的剪应力 τ 到达一定限度，但同时又和该面上的正应力 σ 有关。即在极限状态下，滑动面上的剪应力达到了随着法向压力和材料特性而定的最大值。以所得最大主应力圆的包络线作为极限条件。根据库伦定律，材料的抗剪强度由内摩擦力和凝聚力两部分组成： $\tau_f=\sigma\tan\varphi+C$ 其应力表示式 $\tau_f=\frac{\sqrt{\sigma_c\sigma_t}}{2}\left(1+\frac{\sigma_c-\sigma_t}{\sigma_c\sigma_t}\cdot\sigma\right)$ 式中　τ_f—材料的抗剪强度 σ—作用在剪切面上的正应力 σ_c，σ_t—分别为材料单向抗压和抗拉强度极限	由于它把压缩、拉伸、剪切应力状态与材料强度条件结合起来，实质上是一联合强度理论。经实验指出，它与某些岩体破坏的情况比较符合，目前在岩石力学领域里得到广泛应用。土力学等工程领域亦可应用 由于它忽略了中间主应力 σ_2 的影响，与实际结果有一定的出入。同时，它也不适于材料的膨胀与蠕变破坏

续表

名称		公式	适用范围
断裂破坏强度理论	格列菲斯强度理论	认为材料体内含有一系列张开的扁平椭圆裂缝，在材料受力时，该裂缝周边将出现很高的拉应力（应力集中现象），当它超过材料的局部抗拉强度时，材料即发生破坏，其破坏条件是： 当 $\sigma_1+3\sigma_3<0$ 时，有： $\sigma_3=\sigma_t$，危险方向与 σ_1 方向一致 当 $\sigma_1+3\sigma_3\geqslant 0$ 时，有： $(\sigma_1-\sigma_3)^2+8\sigma_1(\sigma_1+\sigma_3)=0$，危险方向与 σ_1 斜交 式中 σ_1，σ_2，σ_3—三向主应力 σ_t—材料的单向抗拉强度极限	规定压应力为正值，并假设材料为弹性介质，且椭圆裂缝是彼此独立的，相邻裂缝之间不产生相互影响 由于提出时间尚短（1920 年），目前应用尚不普遍，有待更多的实践验证

四、各种形状截面的几何特性（表 1—1—58）

表 1—1—58 各种形状截面的几何特性

截面简图	截面积 (A)	形心至边缘距离 (y)	对于图示形心轴线的惯性矩、截面系数及回转半径（I、W 及 r）
X_0 X_0 a y a	$A=a^2$	$y=\frac{a}{2}$	$I_{x0}=\frac{1}{12}a^4$ $W_{x0}=\frac{1}{6}a^3$ $r_{x0}=0.289a$
a a X_0 X_0 y	$A=a^2$	$y=\frac{a}{\sqrt{2}}$	$I_{x0}=\frac{1}{12}a^4$ $W_{x0}=0.118a^3$ $r_{x0}=0.289a$
X_0 a a_1 X_0 a_1 a	$A=a^2-a_1^2$	$y=\frac{a}{2}$	$I_{x0}=\frac{1}{12}(a^4-a_1^4)$ $W_{x0}=\frac{1}{6a}(a^4-a_1^4)$ $r_{x0}=0.289\sqrt{a^2+a_1^2}$
a a_1 a a_1 X_0 X_0 y	$A=a^2-a_1^2$	$y=\frac{a}{\sqrt{2}}$	$I_{x0}=\frac{1}{12}(a^4-a_1^4)$ $W_{x0}=0.118\frac{a^4-a_1^4}{a}$ $r_{x0}=0.289\sqrt{a^2+a_1^2}$

续表

截 面 简 图	截 面 积 (A)	形心至边缘距离 (y)	对于图示形心轴线的惯性矩、截面系数及回转半径（I、W 及 r）
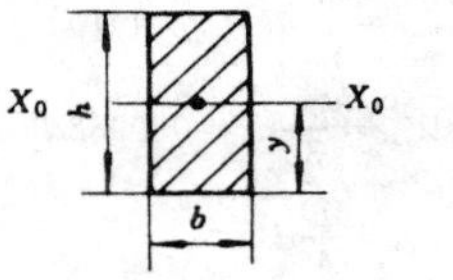	$A=bh$	$y=\frac{h}{2}$	$I_{x0}=\frac{1}{12}bh^2$ $W_{x0}=\frac{1}{6}bh^2$ $r_{x0}=0.289h$
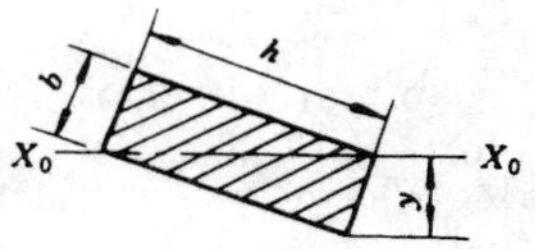	$A=bh$	$y=\frac{bh}{\sqrt{b^2+h^2}}$	$I_{x0}=\frac{b^3h^3}{6(b^2+h^2)}$
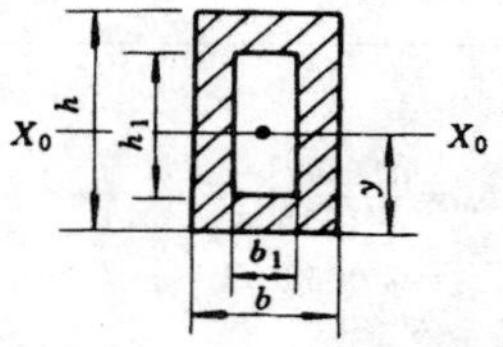	$A=bh-b_1h_1$	$y=\frac{h}{2}$	$I_{x0}=\frac{bh^3-b_1h_1{}^3}{12}$ $W_{x0}=\frac{bh^3-b_1h_1{}^3}{6h}$ $r_{x0}=0.289\sqrt{\frac{bh^3-b_1h_1{}^3}{bh-b_1h_1}}$
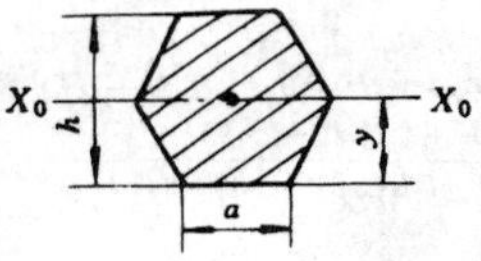	$A=\frac{3\sqrt{3}}{2}a^2$ $A=\frac{\sqrt{3}}{2}h^2$	$y=\frac{\sqrt{3}}{2}a$ $y=\frac{1}{2}h$	$I_{x0}=0.541a^4=0.0601h^4$ $W_{x0}=\frac{5}{8}a^3=0.120h^3$ $r_{x0}=0.456a=0.264h$
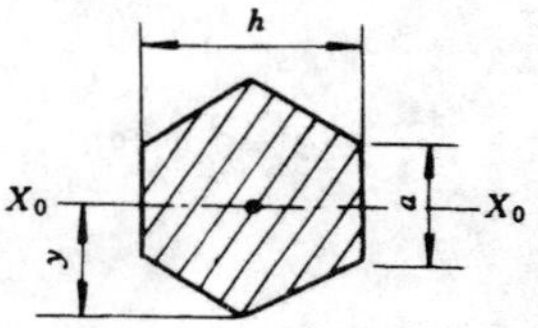	$A=\frac{3\sqrt{3}}{2}a^2$ $A=\frac{\sqrt{3}}{2}h^2$	$y=a$ $y=\frac{h}{\sqrt{3}}$	$I_{x0}=0.541a^4=0.0601h^4$ $W_{x0}=0.541a^3=0.104h^3$ $r_{x0}=0.456a=0.264h$
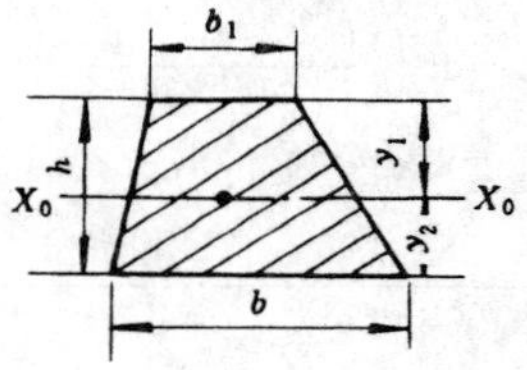	$A=\frac{h(b+b_1)}{2}$	$y_1=\frac{h(b_1+2b)}{3(b_1+b)}$ $y_2=\frac{h(b+2b_1)}{3(b+b_1)}$	$I_{x0}=\frac{h^3(b^2+4bb_1+b_1{}^2)}{36(b+b_1)}$
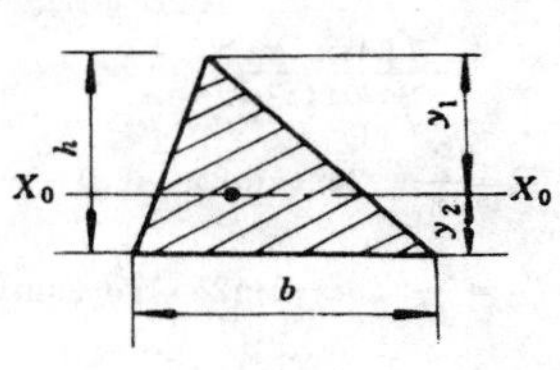	$A=\frac{1}{2}bh$	$y_1=\frac{2}{3}h$ $y_2=\frac{1}{3}h$	$I_{x0}=\frac{1}{36}bh^2$ $W_{x01}=\frac{bh^2}{24}$；$W_{x02}=\frac{bh^2}{12}$ $r_{x0}=0.236h$

续表

截面简图	截面积 (A)	形心至边缘距离 (y)	对于图示形心轴线的惯性矩、截面系数及回转半径（I、W 及 r）
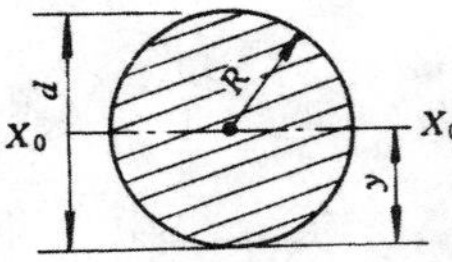	$A=\frac{\pi}{4}d^2=0.785d^2$ $A=\pi R^2=3.142R^2$	$y=\frac{d}{2}$ $y=R$	$I_{x0}=\frac{\pi}{64}d^4=0.0491d^4$ $W_{x0}=\frac{\pi}{32}d^4=0.0982d^4$ $r_{x0}=\frac{1}{4}d$
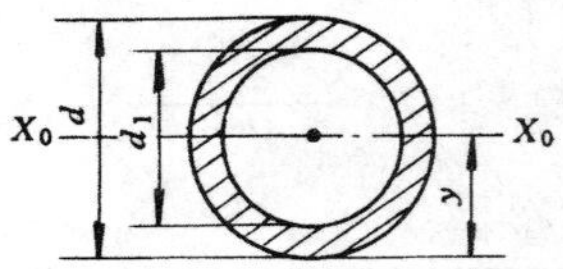	$A=\frac{\pi(d^2-d_1^2)}{4}$ $=0.785(d^2-d_1^2)$	$y=\frac{d}{2}$	$I_{x0}=\frac{\pi(d^4-d_1^4)}{64}$ $=0.0491(d^4-d_1^4)$ $W_{x0}=0.0982\frac{d^4-d_1^4}{d}$ $r_{x0}=\frac{\sqrt{d^2+d_1^2}}{4}$
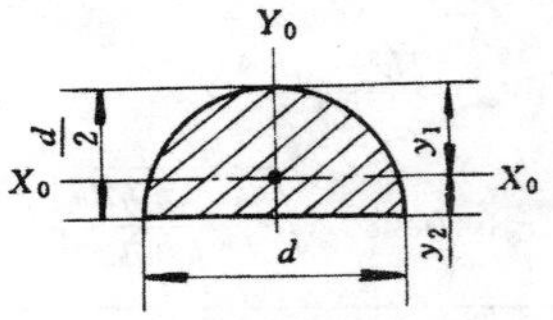	$A=\frac{1}{8}\pi d^2$ $=0.393d^2$	$y_1=\frac{d(3\pi-4)}{6\pi}$ $=0.288d$ $y_2=\frac{2d}{3\pi}$ $=0.212d$	$I_{x0}=\frac{d^4(9\pi^2-64)}{1152\pi}$ $=0.00686d^4$
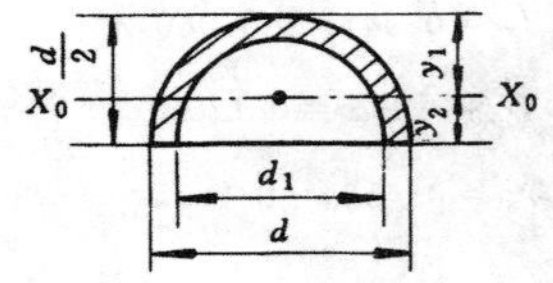	$A=\frac{\pi}{8}(d^2-d_1^2)$ $=0.393(d^2-d_1^2)$	$y_1=\frac{d}{2}-y_2$ $y_2=\frac{2}{3\pi}\times$ $\frac{(d^3-d_1^3)}{(d^2-d_1^2)}$	$I_{x0}=\frac{9\pi^2(d^4-d_1^4)(d^2-d_1^2)-64(d^2-d_1^3)^3}{1152\pi(d^2-d_1^2)}$
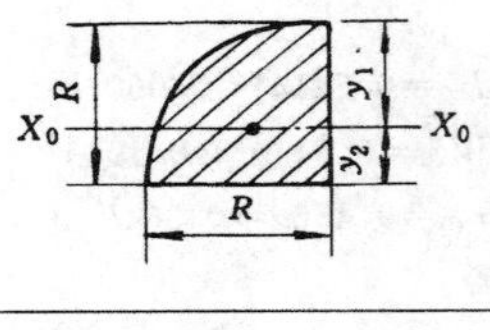	$A=\frac{\pi}{4}R^2$ $=0.785R^2$	$y_1=\left(1-\frac{4}{3\pi}\right)R$ $=0.576R$ $y_2=\frac{4}{3\pi}R$ $=0.424R$	$I_{x0}=\frac{9\pi^2-64}{144\pi}R^4=0.0549R^4$
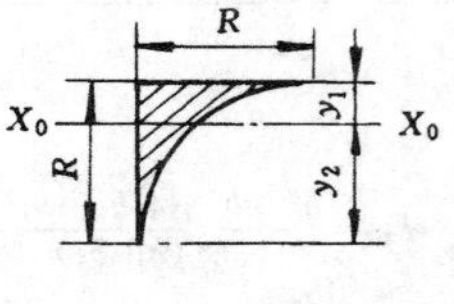	$A=R^2\left(1-\frac{\pi}{4}\right)$ $=0.215R^2$	$y_1=0.223R$ $y_2=\frac{R}{6\left(1-\frac{\pi}{4}\right)}$ $=0.777R$	$I_{x0}=R^4\left(\frac{1}{3}-\frac{\pi}{16}-\frac{1}{36-9\pi}\right)$ $=0.00755R^4$
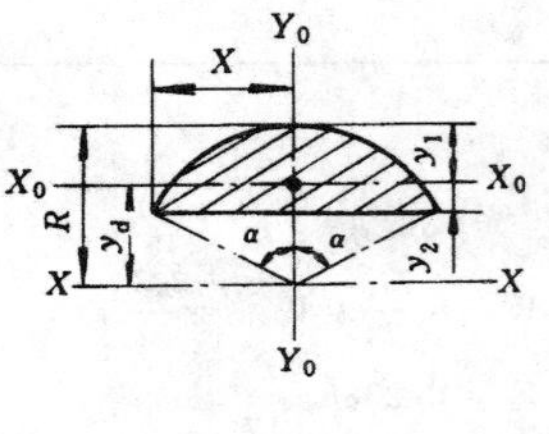 $X=R\sin\alpha$	$A=\frac{R^2}{2}(2\alpha-\sin2\alpha)$	$y_d=\frac{4R}{3}\times$ $\frac{\sin^3\alpha}{2\alpha-\sin2\alpha}$ $y_1=R-y_d$ $y_2=R(1-\cos\alpha)$ $-y_1$	$I_{x0}=\frac{R^4}{72}\left[18\alpha-9\sin2\alpha\cos2\alpha-\frac{64\sin^3\alpha}{2\alpha-\sin2\alpha}\right]$ $I_x=\frac{R^4}{8}(2\alpha-\sin2\alpha\cos2\alpha)$ $I_{r0}=\frac{R^4}{24}[6\alpha-\sin2\alpha(3+2\sin^2\alpha)]$

续表

截面简图	截面积 (A)	形心至边缘距离 (y)	对于图示形心轴线的惯性矩、截面系数及回转半径（I、W 及 r）
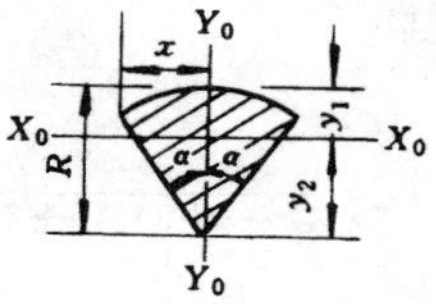 $X=R\sin\alpha$	$A=\alpha R^2$	$y_1=R-y_1$ $y_2=\frac{2}{3}\times\frac{R\sin\alpha}{\alpha}$	$I_{x0}=\frac{R^4}{4}\left(\alpha+\sin\alpha\cos\alpha-\frac{16\sin^2\alpha}{9\alpha}\right)$ $I_{r0}=\frac{R^4}{4}$ $(\alpha-\sin\alpha\cdot\cos\alpha)$
椭圆 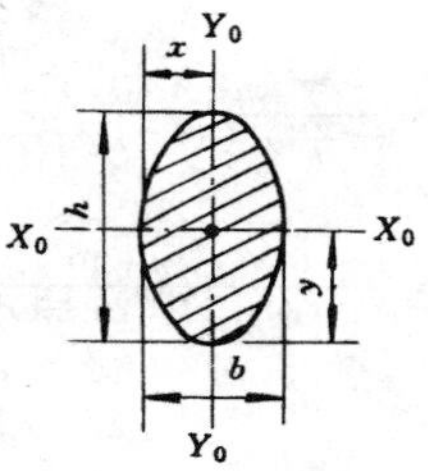	$A=\frac{\pi}{4}bh$ $=0.785bh$	$y=\frac{1}{2}b$ $z=\frac{1}{2}b$	$I_{x0}=\frac{\pi bh^3}{64}=0.0491bh^3$ $W_{x0}=\frac{\pi bh^2}{32}=0.0982bh^2$ $l_{x0}=\frac{1}{4}h$ $l_{r0}=\frac{\pi hb^3}{64}=0.0491hb^3$ $W_{r3}=\frac{\pi hb^2}{32}=0.0982hb^2$ $r_0=\frac{1}{4}b$
椭圆 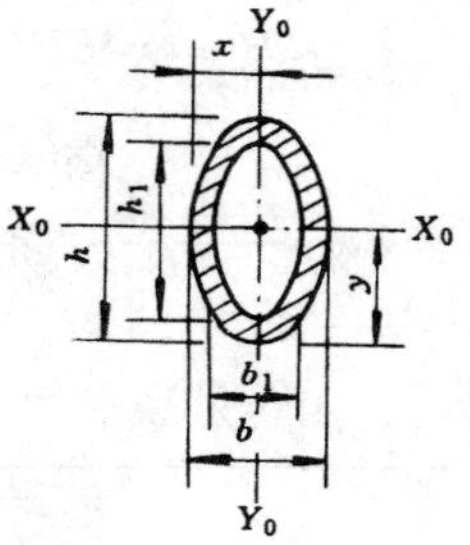	$A=\frac{\pi\ (bh-b_1h_1)}{4}$ $=0.785\ (bh-b_1h_1)$	$y=\frac{1}{2}h$ $z=\frac{1}{2}b$	$I_{x0}=\frac{\pi\ (bh^3-b_1h_1{}^2)}{64}$ $=0.0491\ (bh^3-b_1h_1{}^2)$ $I_{r0}=\frac{\pi\ (hb^3-h_1b_1{}^3)}{64}$ $=0.0491\ (hb^3-h_1b_1{}^3)$
二次抛物线 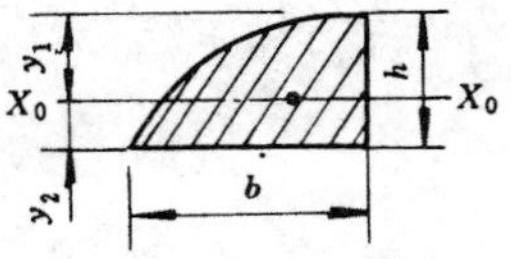	$A=\frac{2}{3}bh$	$y_1=\frac{5}{8}h$ $y_2=\frac{3}{8}h$	$I_{x0}=\frac{19}{480}bh^3$
二次抛物线 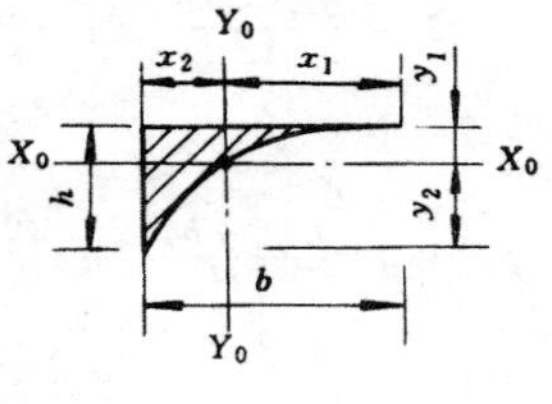	$A=\frac{1}{3}bh$	$y_1=\frac{1}{4}h$ $y_2=\frac{3}{4}h$ $z_1=\frac{7}{10}b$ $z_2=\frac{3}{10}b$	$I_{x0}=\frac{1}{80}bh^2$ $I_{r0}=\frac{37}{2100}hb^3$

续表

截面简图	截面积 (A)	形心至边缘距离 (y)	对于图示形心轴线的惯性矩、截面系数及回转半径（I、W及r）
n 次抛物线 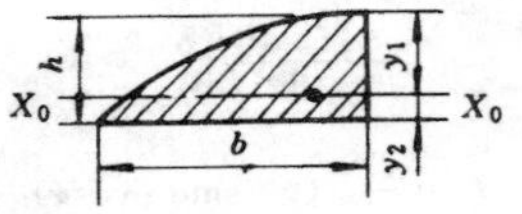	$A=\frac{n}{n+1}bh$	$y_1=\frac{n+3}{2(n+2)}h$ $y_2=\frac{n+1}{2(n+2)}h$	$I_{X0}=\frac{n(n^2+4n+7)bh^2}{12(n+3)(n+2)^2}$
n 次抛物线 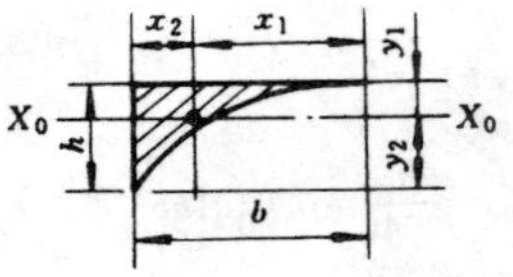	$A=\frac{1}{n+1}bh$	$y_1=\frac{1}{n+2}h$ $y_2=\frac{n+1}{n+2}h$ $x_1=\frac{3n+1}{2(2n+1)}b$ $x_2=\frac{n+1}{2(2n+1)}b$	$I_{X0}=\frac{bh^3}{(n+3)(n+2)^2}$ $I_{Y0}=\frac{(7n^2+4n+1)}{12(3n+1)(2n+1)^2}hb^2$
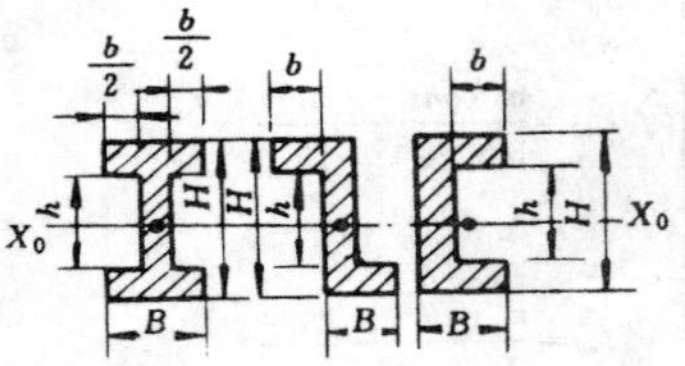	$A=BH-bh$	$y=\frac{H}{2}$	$I_{x0}=\frac{BH^3-bh^3}{12}$ $W_{x0}=\frac{BH^3-bh^2}{6H}$
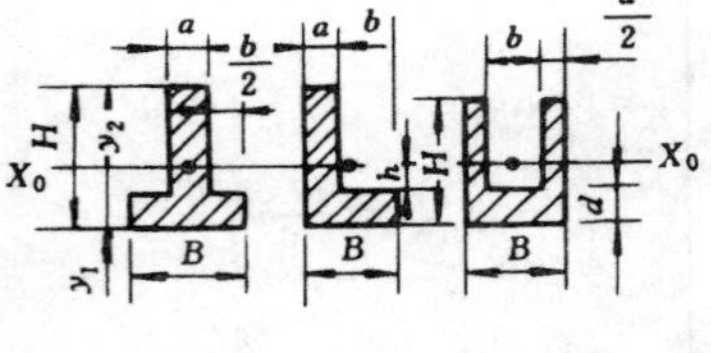	$A=BH-b(y_2+h)$	$y_1=\frac{aH^2+bd^2}{2(aH+bd)}$ $y_2=H-y_1$	$I_{x0}=\frac{1}{3}(By_1{}^3-bh^3+ay_2{}^2)$
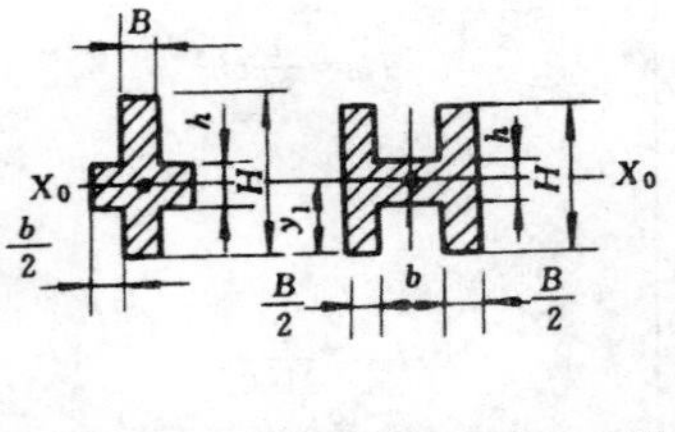	$A=BH+bh$	$y_1=\frac{H}{2}$	$I_{x0}=\frac{BH^3+bh^2}{12}$ $W_{x0}=\frac{BH^3+bh^3}{6H}$

注：表中轴线 X_0-X_0，Y_0-Y_0 通过截面形心；α 角度按弧度计算。

第二章　常用符号、计量单位及换算

第一节　字　母　表

拉丁字母、希腊文、俄文字母及罗马数字分别见表1—2—1～表1—2—3。

表1—2—1　拉　丁　字　母

字母		汉语		拉丁语	英语	德语
大写	小写	读音	名称	名称	名称	名称
A	a	啊	啊	啊	哀	啊
B	b	勃	玻诶	杯	比	杯
C	c	雌	雌诶	猜	西	猜
D	d	得	得诶	歹	低	歹
E	e	鹅	鹅	哀	衣	哀
F	f	拂	诶拂	诶拂	诶拂	诶拂
G	g	个	哥诶	哥诶	基	哥诶
H	h	赫	哈	啊是	诶去	哈
I	i	衣	衣	衣	啊哀	衣
J	j	基	街	哟特	街	哟特
K	k	克	科诶	卡	克诶	卡
L	l	勒	诶勒	诶勒	诶勒	诶勒
M	m	摸	诶摸	诶摸	诶姆	诶姆
N	n	讷	讷诶	讷诶	诶恩	诶恩
O	o	喔	喔	喔	欧	喔
P	p	泼	坡诶	配	批	配
Q	q	欺	丘	库	克由	克夫
R	r	日	阿儿	诶儿	啊而	诶而
S	s	思	诶思	诶思	诶思	诶思
T	t	特	特诶	特诶	梯	特诶
U	u	乌	乌	乌	由	由
V	v	维	物诶	物诶	维	维
W	w	乌	蛙	独勃勒维	达勃留	独勃勒维
X	x	希	希	衣克思	诶克司	衣克思
Y	y	衣	呀	衣格列克	外	宇普西隆
Z	z	资	资诶	贼特	资诶特	猜特

表 1－2－2　希腊文、俄文字母

希腊文						俄文					
大写	小写	名称	大写	小写	名称	大写	小写	名称	大写	小写	名称
Α	α	阿尔法	Ν	ν	纽	А	а	阿	Р	р	爱尔
Β	β	贝塔	Ξ	ξ	克西	Б	б	勃	С	с	爱斯
Γ	γ	伽马	Ο	ο	俄密克戎	В	в	窝	Т	т	特
Δ	δ	得尔塔	Π	π	派	Г	г	格	У	у	乌
Ε	ε	艾普西隆	Ρ	ρ	若	Д	д	德	Ф	ф	爱弗
Ζ	ζ	截塔	Σ	σ	西格马	Е	е	耶	Х	х	赫
Η	η	艾塔	Τ	τ	套乌	Ё	ё	尧	Ц	ц	侧
Θ	θ，ϑ	西塔	Υ	υ	宇普西隆	Ж	ж	日	Ч	ч	赤
Ι	ι	约塔	Φ	φ，ϕ	斐	З	з	兹	Ш	ш	什
Κ	κ	卡帕	Χ	χ	喜	И	и	伊	Щ	щ	什齐
Λ	λ	兰姆达	Ψ	ψ	普西	Й	й	依	Ь	ь	（软音符）
Μ	μ	缪	Ω	ω	欧米嘎	К	к	克	Ы	ы	唉
						Л	л	爱勒	Ъ	ъ	（硬音符）
						М	м	爱姆	Э	э	哎
						Н	н	恩	Ю	ю	龙
						О	о	奥	Я	я	呀
						П	п	坡			

表 1－2－3　罗马数字

罗马数字			阿拉伯数字	罗马数字			阿拉伯数字
I	Ⅰ	i	1	IX	Ⅸ	ix	9
II	Ⅱ	ii	2	X	Ⅹ	x	10
III	Ⅲ	iii	3	XX	ⅩⅩ	xx	20
IV	Ⅳ	iv	4	L	l		50
V	Ⅴ	v	5	D			500
VI	Ⅵ	vi	6	M			1000
VII	Ⅶ	vii	7	$\overline{X}$			10000
VIII	Ⅷ	viii	8	$\overline{M}$			1000000

注：罗马数字有七种基本符号：I－1，V－5，X－10，L－50，C－100，D－500，M－1000。两种符号并列时，小数放在大数的左边，表示大数对小数之差；小数放在大数的右边，则表示小数与大数之和。在符号上面加一短横线表示这个符号代表的数目增值 1000 倍。

第二节　常用计量单位及换算

一、中华人民共和国法定计量单位

中华人民共和国的法定计量单位（以下简称法定单位）包括：

1）国际单位制的基本单位（表 1－2－4）

2）国际单位制的辅助单位（表 1－2－5）

3）用国际单位制的基本单位表示的国际单位制的导出单位示例（表 1－2－6）

4）国际单位制中具有专门名称的导出单位（表 1－2－7）

表1—2—4　国际单位制的基本单位

量的名称	单位名称	单位符号	定　　义
长　　度	米	m	米是光在真空中1/2 99 792 458秒的时间间隔所行进的距离
质　　量	千克（公斤）	kg	千克是质量单位，等于国际千克原器的质量
时　　间	秒	s	秒是铯-133原子基态的两个超精细能级之间跃迁所对应的辐射的9 192 631 770个周期的持续时间
电　　流	安〔培〕	A	安培是一恒定电流，若保持在处于真空中相距1米的两无限长，而圆截面可忽略的平行直导线内，则在此两导线之间产生的力在每米长度上等于2×10^{-7}N
热力学温度	开〔尔文〕	K	热力学温度单位开尔文是水三相点热力学温度的1/273.16
物质的量	摩〔尔〕	mol	1. 摩尔是一系统的物质的量，该系统中所包含的基本单元数与0.012千克碳—12的原子数目相等 2. 在使用摩尔时，基本单元应予指明，可以是原子、分子、离子、电子及其它粒子，或是这些粒子的特定组合
发光强度	坎〔德拉〕	cd	坎德拉是一光源在给定方向上的发光强度，该光源发出频率为540×10^{12}Hz的单色辐射，且在此方向上的辐射强度为1/683W每球面度

表1—2—5　国际单位制的辅助单位

量的名称	单位名称	单位符号	定　　义
平面角	弧　度	rad	弧度是一圆内两条半径之间的平面角，这两条半径在圆周上截取的弧长与半径相等
立体角	球面度	sr	球面度是一立体角，其顶点位于球心，而它在球面上所截取的面积等于以球半径为边长的正方形面积

表1—2—6　用国际单位制的基本单位表示的国际单位制的导出单位示例

量的名称	单位名称	单位符号	量的名称	单位名称	单位符号
面　积	平方米	m^2	电流密度	安〔培〕每平方米	A/m^2
体　积	立方米	m^3	磁场强度	安〔培〕每米	A/m
速　度	米每秒	m/s	〔物质的量〕浓度	摩〔尔〕每立方米	mol/m^3
加速度	米每二次方秒	m/s^2	比体积	立方米每千克	m^3/kg
波　数	每米	m^{-1}	〔光〕亮度	坎〔德拉〕每平方米	cd/m^3
密　度	千克每立方米	kg/m^3			

表1—2—7　国际单位制中具有专门名称的导出单位

量的名称	单位名称	单位符号	其它表示式例
频　　率	赫〔兹〕	Hz	s^{-1}
力；重力	牛〔顿〕	N	$kg\cdot m/s^2$
压力，压强；应力	帕〔斯卡〕	Pa	N/m^2
能量：功；热	焦〔耳〕	J	N·m
功率：辐射通量	瓦〔特〕	W	J/s
电荷量	库〔仑〕	C	A·s

续表

量的名称	单位名称	单位符号	其它表示式例
电位；电压；电动势	伏〔特〕	V	W/A
电　容	法〔拉〕	F	C/V
电　阻	欧〔姆〕	Ω	V/A
电　导	西〔门子〕	S	A/V
磁通量	韦〔伯〕	Wb	V·s
磁通量密度，磁感应强度	特〔斯拉〕	T	Wb/m^2
电　感	亨〔利〕	H	Wb/A
摄氏温度	摄氏度	℃	
光通量	流〔明〕	lm	cd·sr
光照度	勒〔克斯〕	lx	lm/m^2
放射性活度	贝可〔勒尔〕	Bq	s^{-1}
吸收剂量	戈〔瑞〕	Gy	J/kg
剂量当量	希〔沃特〕	Sv	J/kg

5）用专门名称表示的国际单位制的导出单位（表1—2—8）

6）用国际单位制的辅助单位表示的国际单位制的导出单位示例（表1—2—9）

7）可与SI单位并用的法定计量单位（表1—2—10）

8）用于构成十进倍数和分数单位的词头（表1—2—11）

表1—2—8 用专门名称表示的国际单位制的导出单位示例

量的名称	单位名称	单位符号	用国际单位制的基本单位表示的表示式
〔动力〕粘度	帕〔斯卡〕秒	Pa·s	$m^{-1}\cdot kg\cdot s^{-1}$
力　矩	牛〔顿〕米	N·m	$m^2\cdot kg\cdot s^{-2}$
表面张力	牛〔顿〕每米	N/m	$kg\cdot s^{-2}$
热流密度，辐〔射〕照度	瓦〔特〕每平方米	W/m^2	$kg\cdot s^{-3}$
热容，熵	焦〔耳〕每开〔尔文〕	J/K	$m^2\cdot kg\cdot s^{-2}\cdot K^{-1}$
比热容，比熵	焦〔耳〕每千克开〔尔文〕	J/（kg·K）	$m^2\cdot s^{-2}\cdot K^{-1}$
比　能	焦〔耳〕每千克	J/kg	$m^2\cdot s^{-2}$
热导率（导热系数）	瓦〔特〕每米开〔尔文〕	W/（m·K）	$m\cdot kg\cdot s^{-3}\cdot K^{-1}$
能〔量〕密度	焦〔耳〕每立方米	J/m^3	$m^{-1}\cdot kg\cdot s^{-2}$
电场强度	伏〔特〕每米	V/m	$m\cdot kg\cdot s^{-2}\cdot A^{-1}$
电荷体密度	库〔仑〕每立方米	C/m^3	$m^{-3}\cdot s\cdot A$
电位移	库〔仑〕每平方平	C/m^2	$m^{-2}\cdot s\cdot A$
电容率（介电常数）	法〔拉〕每米	F/m	$m^{-3}\cdot kg^{-1}\cdot s^4\cdot A^2$
磁导率	亨〔利〕每米	H/m	$m\cdot kg\cdot s^{-2}\cdot A^{-2}$
摩尔能〔量〕	焦〔耳〕每摩〔尔〕	J/mol	$m^2\cdot kg\cdot s^{-2}\cdot mol^{-1}$
摩尔熵，摩尔热容	焦〔耳〕每摩〔尔〕开〔尔文〕	J/（mol·K）	$m^2\cdot kg\cdot s^{-2}\cdot K^{-1}\cdot mol^{-1}$

表1—2—9 用国际单位制的辅助单位表示的国际单位制的导出单位示例

量的名称	单位名称	单位符号
角速度	弧度每秒	red/s
角加速度	弧度每二次方秒	red/s^2
辐〔射〕强度	瓦〔特〕每球面度	W/sr
辐〔射〕亮度	瓦〔特〕每平方米球面度	W/（m^2·sr）

表 1-2-10 可与 SI 单位并用的我国法定计量单位

量的名称	单位名称	单位符号	与 SI 单位的关系
时 间	分	min	1min=60s
	[小] 时	h	1h=60min=3600s
	日，(天)	d	1d=24h=86400s
[平面] 角	度	(°)	1°= (π/180) rad
	[角] 分	(′)	1′= (1/60)°= (π/10800) rad
	[角] 秒	(″)	1″= (1/60)′= (π/648000) rad
体 积	升	l，L	$1l=1dm^3=10^{-3}m^3$
质 量	吨	t	$1t=10^3kg$
	原子质量单位	u	$1u\approx1.660540\times10^{-27}kg$
旋转速度	转每分	r/min	1 r/min= (1/60) s^{-1}
长 度	海里	n mile	1n mile=1852m (只用于航行)
速 度	节	kn	1kn=1n mile/h= (1852/3600) m/s (只用于航行)
能	电子伏	eV	$1eV\approx1.602177\times10^{-19}J$
级 差	分贝	dB	
线密度	特 [克斯]	tex	$1tex=10^{-6}kg/m$
面 积	公顷	hm^2	$1hm^2=10^4m^2$

注：1. 平面角单位度、分、秒的符号，在组合单位中应采用 (°)、(′)、(″) 的形式。例如，不用°/s 而用 (°) /s。

2. 升的两个符号属同等地位，可任意选用。

3. 公顷的国际通用符号为 ha。

表 1-2-11 用于构成十进倍数和分数单位的词头

所表示的因数	词头名称	词头符号	所表示的因数	词头名称	词头符号
10^{18}	艾〔可萨〕	艾	10^{-1}	分	分
10^{15}	拍〔它〕	拍	10^{-2}	厘	厘
10^{12}	太〔拉〕	太	10^{-3}	毫	毫
10^9	吉〔咖〕	吉	10^{-6}	微	微
10^6	兆	兆	10^{-9}	纳〔诺〕	纳
10^3	千	千	10^{-12}	皮〔可〕	皮
10^2	百	百	10^{-15}	飞〔母托〕	飞
10^1	十	十	10^{-18}	阿〔托〕	阿

说明：1. 周、月、年（年的符号为 a）为一般常用时间单位。

2. 〔 〕内的字，是在不致混淆的情况下，可以省略的字。

3. ( ) 内的字为前者的同义语。

4. 角度单位度分秒的符号不处于数字后时，用括弧。

5. 升的符号中，小写字母 l 为备用符号。

6. r 为“转”的符号。

7. 人民生活和贸易中，质量习惯称为重量。

8. 公里为千米的俗称，符号为 km。

9. 10^4 称为万，10^8 称为亿，10^{12}称为万亿，这类数词的使用不受词头名称的影响，但不应与词头混淆。

二、中华人民共和国法定计量单位名词解释

1. 计量单位

用以量度同类大小的一个标准量称为计量单位。

例如：把光在真空中299792458分之一秒所经过的行程作为量度长度的标准，并称为米，这个标准长度就是长度的计量单位。

2. 基本单位

在一个单位制中基本量的主单位称为基本单位。它是构成单位制中其它单位的基础。

而基本量是为确定一个单位制时选定的彼此独立的那些量。在国际单位制中是以长度、质量、时间、电流、势力学温度、物质的量、发光强度这七个量为基本量。

例如：选定了厘米、克、秒作为基本单位、可以构成力学领域的全部单位，也可以选定米、千克、秒作为基本单位来构成力学领域的全部单位。国际单位制的基本单位共有七个，可适应各个科学技术领域的需要。

3. 导出单位

在选定了基本单位之后，按物理量之间的关系，由基本单位以相乘、相除的形式构成的单位称为导出单位。

例如：国际单位制中，速度的单位“米每秒”就是由基本单位米除以基本单位秒构成的；密度的单位“千克每立方米”就是由基本单位千克除以基本单位米的三次方构成的。

4. 辅助单位

国际上把既可作为基本单位、又可作为导出单位的单位，单独作为一类称为辅助单位，在国际单位制中，平面角的单位弧度和立体角的单位球面度就是辅助单位。实用中根据方便，既可以用它的单位名称，也可以用纯数来表示平面角和立体角。

5. 单位制

在选定基本单位之后，按一定的物理关系可以构成一系列的导出单位。这样，基本单位和导出单位构成一个完整的体系，称为单位制。

单位制随基本单位的选择而不同。

例如：在确定厘米、克、秒为基本单位后，速度单位为厘米每秒；密度单位为克每立方厘米；力的单位为达因；功的单位为尔格等构成一个体系，称为厘米·克·秒制。同样，以米·千克·秒作为基本单位，可以构成另一套体系，其速度单位为米每秒；密度单位为千克每立方米；力的单位为牛顿；功的单位为焦耳等，而称之为米·千克·秒制。

6. 国际单位制

是指国际计量大会在1960年通过的，以：长度的米、质量的千克、时间的秒、电流的安培、热力学温度的开尔文、物质的量摩尔、发光强度的坎德拉七个单位为基本单位；以平面角的弧度、立体角的球面度两个单位为辅助单位的一种单位制。

由于它具有这七个基本单位和两个辅助单位，它可以构成不同科学技术领域中所需要的全部单位。它是在米制基础上发展起来的米制的现代化形式。

7. 组合形式的单位

可简称为组合单位。

指由两个或两个以上的单位用相乘、相除的形式组合而成的新单位。也包括只有一个单

位，但分子为1的单位。构成组合单位的单位可以是具有专门名称的导出单位和国家选定的非国际单位制单位，也可以是它们的十进倍数或分数单位。

例如：电量的单位“千瓦小时”，压力单位“牛顿每平方米”等。

8. 米　制

原名米突制，我国曾称为公制，现已被国际单位制所代替。

9. 词　头

又称为前缀、词冠。

在西方语言中，词头是加在另外一个词的前面，与那个词一起构成一个具有另外含义的新词的构词成分。词头都有特定的含义，但本身不是词，不能单独作为词使用。汉语中没有这种成分，只有某些汉字的偏旁部首与其类似。

在国际单位制中，用于构成单位的十进倍数和分数的词头，国际上称为SI词头。

10. 主单位

在国家制定的法定计量单位中，尽管一种物理量有大小若干个单位，但有独立定义的只有一个，这个单位称为主单位，而其余的单位则以这个单位为基础给予定义。

例如：1959年6月25日国务院命令中规定长度的主单位为米，而厘米、毫米等则按米给予定义。

在国际单位制中，基本单位、辅助单位、有专门名称的导出单位以及直接由以上这些单位构成的组合形式的单位（不能带有非1的系数）都是主单位。国际上规定称这些单位为SI单位。

例如：体积的SI单位是“立方米”，速度的SI单位是“米每秒”。

11. 倍数和分数单位

这是相对于主单位而言的。在国际单位制中是相对于SI单位而言的。

长度的SI单位是米，但只有米还满足不了需要，在许多情况下很不方便，还需要有千米（公里）、毫米、微米等。这就是它的倍数和分数单位。

在国际单位制中，十进倍数和分数单位只能由词头加在SI单位之前构成。只有质量单位例外，由词头加在克前构成。这样构成的单位也都是国际单位制中的单位。同样，也都是我国的法定计量单位。

12. 法定计量单位

由国家以法令形式规定允许使用的计量单位。

从事这种立法的国际协调组织是国际法制计量组织。

三、中华人民共和国法定计量单位使用方法

（一）总　则

1）中华人民共和国法定计量单位（简称法定单位）是以国际单位制单位为基础，同时选用了一些非国际单位制的单位构成的。

2）国际单位制是在米制基础上发展起来的单位制。其国际简称为SI。国际单位制包括SI单位、SI词头和SI单位的十进倍数与分数单位三部分。

按国际上的规定，国际单位制的基本单位、辅助单位、具有专门名称的导出单位以及直接由以上单位构成的组合形式的单位（系数为1）都称之为SI单位。它们有主单位的含义，并

构成一贯单位制。

3）国际上规定的表示倍数和分数单位的16个词头，称为SI词头。它们用于构成SI单位的十进倍数和分数单位，但不得单独使用。质量的十进倍数和分数单位由SI词头加在“克”前构成。

4）这里涉及的法定单位符号（简称符号），系指国务院1984年2月27日命令中规定的符号，适用于我国各民族文字。

5）把法定单位名称中方括号里的字省略即成为其简称。没有方括号的名称，全称与简称相同。简称可在不致引起混淆的场合下使用。

（二）法定单位的名称

6）组合单位的中文名称与其符号表示的顺序一致。符号中的乘号没有对应的名称，除号的对应名称为“每”字，无论分母中有几个单位，“每”字只出现一次。

例如：比热容单位的符号是J/（kg·K），其单位名称是“焦耳每千克开尔文”而不是“每千克开尔文焦耳”或“焦耳每千克每开尔文”。

7）乘方形式的单位名称，其顺序应是指数名称在前，单位名称在后。相应的指数名称由数字加“次方”二字而成。

例如：断面惯性矩的单位m^4的名称为“四次方米”。

8）如果长度的2次和3次幂是表示面积和体积，则相应的指数名称为“平方”和“立方”，并置于长度单位之前，否则应称为“二次方”和“三次方”。

例如：体积单位dm^3的名称是“立方分米”，而断面系数单位m^3的名称是“三次方米”。

9）书写单位名称时不加任何表示乘或除的符号或其它符号。

例如：电阻率单位Ω·m的名称为“欧姆米”而不是“欧姆·米”，“欧姆一米”，“[欧姆][米]”等。

例如：密度单位kg/m^3的名称为“千克每立方米”而不是“千克/立方米”。

（三）法定单位和词头的符号

10）在初中、小学课本和普通书刊中有必要时，可将单位的简称（包括带有词头的单位简称）作为符号使用，这样的符号称为“中文符号”。

11）法定单位和词头的符号，不论拉丁字母或希腊字母，一律用正体，不附省略点，且无复数形式。

12）单位符号的字母一般用小写体，若单位名称来源于人名，则其符号的第一个字母用大写体。

例如：时间单位“秒”的符号是s。

例如：压力、压强的单位“帕斯卡”的符号是Pa。

13）词头符号的字母当其所表示的因数小于10^6时，一律用小写体，大于或等于10^6时用大写体。

14）由两个以上单位相乘构成的组合单位，其符号有下列两种形式：

N·m　　Nm

若组合单位符号中某单位的符号同时又是某词头的符号，并有可能发生混淆时，则应尽量将它置于右侧。

例如：力矩单位“牛顿米”的符号应写成Nm，而不宜写成mN，以免误解为“毫牛顿”。

15）由两个以上单位相乘所构成的组合单位，其中文符号只用一种形式，即用居中圆点代表乘号。

例如：动力粘度单位“帕斯卡秒”的中文符号是“帕·秒”而不是“帕秒”、“[帕][秒]、“帕·[秒]、“帕一秒”、“（帕）（秒）”“帕斯卡·秒”等。

16）由两个以上单位相除所构成的组合单位，其符号可用下列三种形式之一：

$$kg/m^3 \qquad kg \cdot m^{-3} \qquad kgm^{-3}$$

当可能发生误解时，应尽量用居中圆点或斜线（/）的形式。

例如：速度单位“米每秒”的法定符号用 $m \cdot s^{-1}$ 或 m/s，而不宜用 ms^{-1}，以免误解为“每毫秒”。

17）由两个以上单位相除所构成的组合单位，其中文符号可采用以下两种形式之一：

$$千克/米^3 \qquad 千克 \cdot 米^{-3}$$

18）在进行运算时，组合单位中的除号可用水平横线表示。

例如：速度单位可以写成 $\frac{m}{s}$ 或 $\frac{米}{秒}$。

19）分子无量纲而分母有量纲的组合单位即分子为1的组合单位的符号，一般不用分式而用负数幂的形式。

例如：波数单位的符号是 m^{-1}，一般不用 1/m。

20）在用斜线表示相除时，单位符号的分子和分母都与斜线处于同一行内。当分母中包含两个以上单位符号时，整个分母一般应加圆括号。在一个组合单位的符号中，除加括号避免混淆外，斜线不得多于一条。

例如：热导率单位的符号是 W/（K·m），而不是 $W/_{(Km)}$ 或 W/K/m。

21）词头的符号和单位的符号之间不得有间隙，也不加表示相乘的任何符号。

22）单位和词头的符号应按其名称或者简称读音，而不得按字母读音。

23）摄氏温度的单位“摄氏度”的符号℃，可作为中文符号使用，可与其它中文符号构成组合形式的单位。

24）非物理量的单位（如：件、台、人、圆等）可用汉字与符号构成组合形式的单位。

（四）法定单位和词头的使用规则

25）单位与词头的名称，一般只宜在叙述性文字中使用。单位和词头的符号，在公式、数据表、曲线图、刻度盘和产品铭牌等需要简单明了表示的地方使用，也可用于叙述性文字中。应优先采用符号。

26）单位的名称或符号必须作为一个整体使用，不得拆开。

例如：摄氏温度单位“摄氏度”表示的量值应写成并读成“20摄氏度”，不得写成并读成“摄氏20度”。

例如：30km/h 应读成“三十千米每小时”。

27）选用SI单位的倍数单位或分数单位，一般应使量的数值处于0.1～1000范围内。

例如：1.2×10^4N 可以写成 12kN。

0.00394m 可以写成 3.94mm。

11401Pa 可以写成 11.401kPa。

3.1×10^{-8}s 可以写成 31ns。

某些场合习惯使用的单位可以不受上述限制。

例如：大部分机械制图使用的长度单位可以用“mm（毫米）”；导线截面积使用的面积单位可以用“mm^2（平方毫米）”。

在同一个量的数值表中或叙述同一个量的文章中，为对照方便而使用相同的单位时，数值不受限制。

词头 h、da、d、c（百、十、分、厘），一般用于某些长度、面积和体积的单位中，但根据习惯和方便也可用于其它场合。

28）有些非法定单位，可以按习惯用 SI 词头构成倍数单位或分数单位。

例如：mCi、mGal、mR 等。

法定单位中的摄氏度以及非十进制的单位，如平面角单位“度”、“［角］分”、“［角］秒”与时间单位“分”、“时”、“日”等，不得用 SI 词头构成倍数单位或分数单位。

29）不得使用重迭的词头。

例如：应该用 nm，不应该用 mμm；应该用 am，不应该用 μμm，也不应该用 nnm。

30）亿（10^8）、万（10^4）等是我国习惯用的数词，仍可使用，但不是词头。习惯使用的统计单位，如万公里可记为“万 km”或“10^4km”；万吨公里可记为“万 t·km”或 10^4t·km”。

31）只是通过相乘构成的组合单位在加词头时，词头通常加在组合单位中的第一个单位之前。

例如：力矩的单位 kN·m，不宜写成 N·km。

32）只通过相除构成的组合单位或通过乘和除构成的组合单位在加词头时，词头一般应加在分子中的第一个单位之前，分母中一般不用词头。但质量的 SI 单位 kg，这里不作为有词头的单位对待。

例如：摩尔内能单位 kJ/mol 不宜写成 J/mmol。

例如：比能单位可以是 J/kg。

33）当组合单位分母是长度、面积和体积单位时，按习惯与方便，分母中可以选用词头构成倍数单位或分数单位。

例如：密度的单位可以选用 g/cm^3。

34）一般不在组合单位的分子分母中同时采用词头，但质量单位 kg 这里不作为有词头对待。

例如：电场强度的单位不宜用 kV/mm，而用 mV/m；质量摩尔浓度可以用 mmol/kg。

35）倍数单位和分数单位的指数，指包括词头在内的单位的幂。

例如：$1cm^2=1\ (10^{-2}m)^2=1\times10^{-4}m^2$，而 $1cm^2\neq10^{-2}m^2$。$1\mu s^{-1}=1\ (10^{-6}s)^{-1}=10^6s^{-1}$。

36）在计算中，建议所有量值都采用 SI 单位表示，词头应以相应的 10 的幂代替（kg 本身是 SI 单位，故不应换成 10^3g）。

37）将 SI 词头的部分中文名称置于单位名称的简称之前构成中文符号时，应注意避免与中文数词混淆，必要时应使用圆括号。

例如：旋转频率的量值不得写为 3 千秒$^{-1}$。

如表示“三每千秒”，则应写为“3（千秒）$^{-1}$”（此处“千”为词头）；

如表示“三千每秒”，则应写为“3 千（秒）$^{-1}$”（此处“千”为数词）。

例如：体积的量值不得写为“2 千米^3”。

如表示“二立方千米”，则应写为“2（千米）^{3}”（此处“千”为词头）；
如表示：二千立方米”，则应写为“2 千（米）^{3}”（此处“千”为数词）。

四、计量单位换算（表 1－2－12）

表 1－2－12　计　量　单　位　换　算

物理量		法定单位			许用非法定单位			非许用单位		
名称	符号	名称	符号	换算	名称	符号	换算	名称	符号	换算
长度	l，(L)	米	m		埃	Å	$10^{-10}m$	英　里	mile	1609.344m
		海里	n　mile	1852m	秒差距	pc	$3.0857\times16^{16}m$	浪	furlong	201.168m
								测　链	chain	20.1168m
		千米，公里	km	1000m	天文单位距离	A	$1.49597870\times10^{11}m$	码	yd	0.9144m
					光年	l.y.	$9.46053\times10^{15}m$	英　尺	ft	0.3048m
								英　寸	in	0.0254m
面积	A，(S)	平方米	m^2		公亩	a	10^2m^2	平方英里	$mile^2$	$2.589988\times10^6m^2$
					公顷	ha	10^4m^2	平方英尺	ft^2	$9.290304\times10^{-2}m^2$
					［市］亩		$666.\dot{6}m^2$	平方英寸	in^2	$6.451600\times10^{-4}m^2$
					［市］分		$66.\dot{6}m^2$	英　亩	acre	$4.046856\times10^3m^2$
					［市］厘		$6.\dot{6}m^2$			
体积，容积	V	立方米	m^3					立方英尺	ft^3	$2.831685\times10^{-2}m^3$
		升	L，l	$10^{-3}m^3$				立方英寸	in^3	$1.63871\times10^{-5}m^3$
								英加仑	UK gal	4.546092L
								美加仑	US gal	3.78543L
								夸　脱	qt	1.136523L
								品　脱	pt	0.5682615L
								蒲式耳（英）	bsh，bu	36.368L
								蒲式耳（美）	bsh，bu	35.238L
质量	m	千克（公斤）	kg		［米制］克拉		$2\times10^{-4}kg$	磅	lb	0.453592kg
		吨	t	10^3kg				英吨	long ton	1016.0469kg
		原子质量单位	u	$1.66057\times10^{-27}kg$				美吨	sbort ton	907.18474kg
								英担	cwt	50.802345kg
								夸特	qt，qtr	12.700586kg
								盎司	oz	28.349523g
								格令	gr，gn	0.064799g
力 重力	F W，(P，G)	牛［顿］	N	$1m\cdot kg\cdot s^{-2}$				千克力	kgf	9.80665N
								吨力	tf	9.80665×10^3N
								达　因	dyn	$10^{-5}N$
								磅　达	pdl	0.138255N
								磅　力	lbf	4.44822N
压力，压强	p	帕［斯卡］	Pa	$1N/m^2$	巴	bar	10^5Pa	工程大气压	at	9.80665×10^4Pa

续表

物理量		法定单位			许用非法定单位			非许用单位		
名称	符号	名称	符号	换算	名称	符号	换算	名称	符号	换算
应力					标准大气压	atm	1.01325×10^5Pa	毫米汞柱	mmHg	133.322Pa
								毫米水柱	mmH_2O	9.80665Pa
								托	Torr	133.322Pa
								千克力每平方厘米	kgf/cm^2	9.80665×10^4Pa
								磅力每平方英尺	$1bf/ft^2$	47.8803Pa
热力学温度	*T*	开〔尔文〕	K					兰氏度	°R	9/5K
摄氏温度	*t*	摄氏度	℃	K−273.15				华氏度	℉	9/5K−459.67
能量	*E*,(*W*)	焦〔耳〕	J	1N·m				卡$_{蒸汽}$，卡	cal_{IT}，cal	4.1868J
功	*W*,(*A*)									
热	*Q*	电子伏	eV	1.602189×10^{-19}J				卡$_{热化学}$	cal_{th}	4.1840J
		千瓦〔小〕时	kW·h	3.6×10^6J				千克力米	kgf·m	9.80665J
								尔格	erg	10^{-7}J
								马力小时		2.64779×10^6J
								电工马力小时		2.68560×10^6J
								英马力小时		2.68452×10^6J
								英热单位	Btu	1055.06J
功率	*P*	瓦〔特〕	W	1J/s	伏安	V·A	1W	千克力米每秒	kgf·m/s	9.80665W
					乏	var	1W	马力		735.499W
								电工马力		746W
								英马力		745.700W
								卡每秒	cal/s	4.1868W
								英热单位每小时	Btu/h	0.293072W
平面角	*α*	弧度	rad					冈	gon	π/200rad
		〔角〕秒	″	π/648000rad						
		〔角〕分	′	π/10800rad						
		度	°	π/180rad						
立体角	Ω	球面度	sr							
时间	*t*	秒	s		年	a				
		分	min	60s	月					
		〔小〕时	h	3600s	周(星期)					
		天，〔日〕	d	86400s	回归年	a_{trop}	365.24220d=31556926s			

续表

物理量		法定单位			许用非法定单位			非许用单位		
名称	符号	名称	符号	换算	名称	符号	换算	名称	符号	换算
频率	$f,(\nu)$	赫〔兹〕	Hz	1 s^{-1}						
速度	u,v,w	米每秒 公里每小时 节	m/s km/h kn	 0.27m/s 0.514444 m/s				英尺每秒 英寸每秒 英里每小时	ft/s in/s mile/h	0.3048m/s 0.0254m/s 0.44704m/s
旋转速度	n	每秒 转每分	s^{-1} r/min	 $(1/60)s^{-1}$					rpm	$(1/60)s^{-1}$ =1r/min
加速度	a	米每二次方秒	m/s^2		伽	Gal	$10^{-2}m/s^2$	英尺每二次方秒	ft/s^2	$0.3048m/s^2$
力矩	M	牛〔顿〕米	N·m					千克力米 磅力英尺	kgf·m 1bf.ft	9.80665N·m 1.35582N·m
密度	ρ	千克每立方米	kg/m^3					磅每立方英尺	$1b/ft^3$	16.0185 kg/m^3
线密度	ρt	千克每米 特〔克斯〕	kg/m tex	 $10^{-6}kg/m$				旦〔尼尔〕 磅每英尺	denier 1b/ft	$0.111112\times10^{-6}kg/m$ 1.48816kg/m
比体积	v	立方米每千克	m^3/kg					立方英尺每磅	$ft^3/1b$	0.0624280 m^3/kg
质量流率	qm	千克每秒	kg/s					磅每秒	1b/s	0.453592 kg/s
体积流率	qv	立方米每秒	m^3/s					立方英尺每秒	ft^3/s	0.0283168 m^3/s
转动惯量	I	千克二次方米	$kg\cdot m^2$					磅二次方英尺	$1b\cdot ft^2$	0.0421401 $kg\cdot m^2$
动量	p	千克米每秒	kg·m/s					磅英尺每秒	1b·ft/s	0.138255 kg·m/s
角动量	L	千克二次方米每秒	$kg\cdot m^2/s$					磅二次方英尺每秒	$1b\cdot ft^2/s$	0.0421401 $kg\cdot m^2/s$
〔动力〕粘度	$\eta,(\mu)$	帕〔斯卡〕秒	Pa·s					泊 伯肃叶 千克力秒每平方米 磅力秒每平方英尺	P P1 $kgf\cdot s/m^2$ $1bf\cdot s/ft^2$	0.1Pa·s 1Pa·s 9.80665Pa·s 47.8803Pa·s
运动粘度	ν	二次方米每秒	m^2/s					斯〔托克斯〕 二次方英尺每秒	st ft^2/s	$10^{-4}m^2/s$ $9.29030\times10^{-2}m^2/s$

续表

物理量		法定单位			许用非法定单位			非许用单位		
名称	符号	名称	符号	换算	名称	符号	换算	名称	符号	换算
比能	*u*	焦〔尔〕每千克	J/kg					千卡每千克	kcal/kg	4186.8J/kg
								英热单位每磅	Btu/1b	2326J/kg
热容	*C*	焦〔耳〕每开〔尔文〕	J/K					卡诺	carnot	1J/K
比热容 比熵	*c* *s*	焦〔耳〕每千克开〔尔文〕	J/(kg·K)					千卡每千克开〔尔文〕 英热单位每磅华氏度	kcal/(kg·K) Btu/(1b·℉)	4186.8J/(kg·K) 4186.8J/(kg·K)
传热系数	*h*	瓦〔特〕每平方米开〔尔文〕	W/(m^2·K)					千卡每平方米〔小〕时开〔尔文〕 英热单位每平方英尺〔小〕时华氏度	kcal/(m^2·h·K) Btu/(ft^2·h·℉)	1.163W/(m^2·K) 5.67826W/(m^2·K)
热导率	*λ*	瓦〔特〕每米开〔尔文〕	W/(m·K)					千卡每米〔小〕时开〔尔文〕 英热单位每英尺〔小〕时华氏度	kcal/(m·h·K) Btu/(ft·h·℉)	1.163W/(m·K) 1.73073W/(m·K)
电流	*I*	安〔培〕	A							
电荷量	*Q*	库〔仑〕	C	1s·A						
电位 电压 电动势	*V*, *φ* *U* *E*	伏〔特〕	V	1W/A						
电容	*C*	法〔拉〕	F	1C/V						
电流线密度	*A*	安〔培〕每米	A/m					楞次	lenz	1A/m
电感	*L*, *M*	亨〔利〕	H	1Wb/A						
电阻	*R*	欧〔姆〕	Ω	1V/A						
电导	*G*	西〔门子〕	S	1A/V				姆欧	$Ω^{-1}$	1S
磁位差 磁通势	U_m *F*, F_m	安〔培〕						吉伯	Gb	0.7958安匝
磁通量密度 磁感应强度	*B*	特〔斯拉〕	T	1Wb/m^2				高斯 伽马	Gs, G γ	≙10^{-4}T ≙10^{-9}T（地磁场强度）
磁通量	*ϕ*	韦〔伯〕	Wb	1V·s				麦克斯韦	Mx	≙10^{-2}Wb
磁场强度	*H*	安〔培〕每米	A/m					奥斯特	Oe	≙（1000/4π）A/m
物质的量	*n*	摩〔尔〕	mol							
物质*B*的浓度	*CB*	摩〔尔〕每立方米 摩〔尔〕每升	mol/m^3 mol/L	 ≙10^3mol/m^3				克分子浓度 当量浓度	M N	1M≙1mol/L＝10^3mol/m^3 1N≙1mol/L×离子价数

第三章　采矿制图与图纸编号

第一节　制图一般规定

一、图纸幅面尺寸

图纸幅面尺寸（GB/T 14689－93 技术制图图纸幅面和格式）有如下规定：

(1) 绘制技术图样时，应优先采用表 1－3－1 所规定的基本幅面。

(2) 必要时，也允许选用表 1－3－2 和表 1－3－3 所规定的加长幅面。这些幅面的尺寸是由基本幅面的短边乘整数倍后得出，见图 1－3－1。

图 1－3－1 中粗实线所示为基本幅面（第一选择）；细实线所示为表 1－3－2 所规定的加长幅面（第二选择）；虚线所示为表 1－3－3 所规定的加长幅面（第三选择）。

表 1－3－1　图纸基本幅面尺寸　(mm)

幅面代号	尺寸 $B\times L$
A0	841×1189
A1	594×841
A2	420×594
A3	297×420
A4	210×297

表 1－3－2　允许的图纸幅面尺寸　(mm)

幅面代号	尺寸 $B\times L$
A3×3	420×891
A3×4	420×1189
A4×3	297×630
A4×4	297×841
A4×5	297×1051

表 1－3－3　图 纸 加 长 幅 面 尺 寸　(mm)

幅面代号	尺寸 $B\times L$	幅面代号	尺寸 $B\times L$
A0×2	1189×1682	A3×5	420×1486
A0×3	1189×2523	A3×6	420×1783
A1×3	841×1783	A3×7	420×2080
A1×4	841×2378	A4×6	297×1261
A2×3	594×1261	A4×7	297×1471
A2×4	594×1682	A4×8	297×1682
A2×5	594×2102	A4×9	297×1892

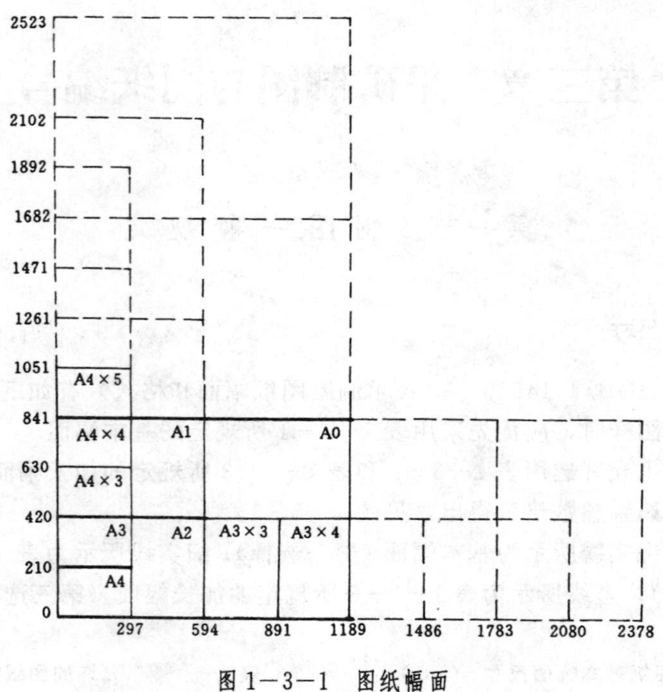

图1－3－1 图纸幅面

二、图框格式

图框格式（GB/T 14683－93 技术制图图纸幅面和格式）规定如下：

(1) 在图纸上必须用粗实线画出图框，其格式分为不留装订边和留有装订边两种，但同一产品的图样只能采用一种格式。

(2)不留装订边的图纸，其图框格式如图1－3－2、图1－3－3，尺寸按表1－3－4的规定。

(3)留有装订边的图纸，其图框格式如图1－3－4、图1－3－5，尺寸按表1－3－4的规定。

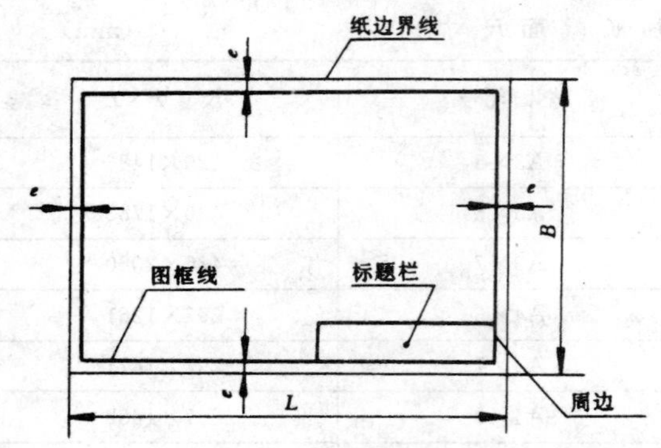

图1－3－2 不留装订边的图纸图框格式（一）

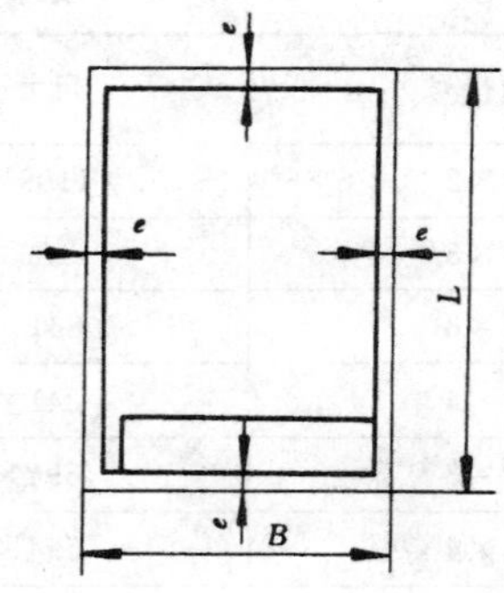

图1－3－3 不留装订边的图纸图框格式（二）

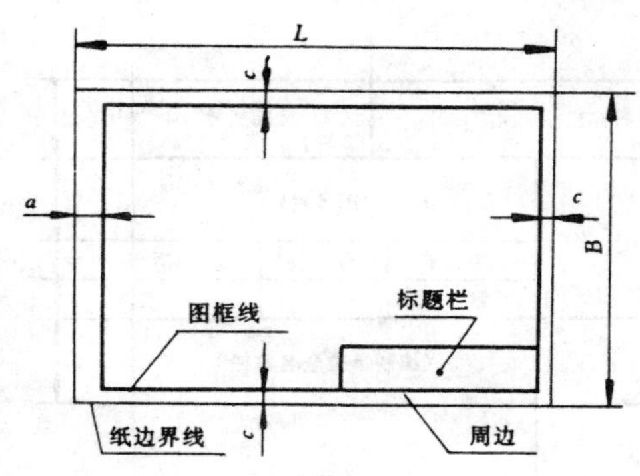

图 1—3—4 留装订边的图纸
图框格式（一）

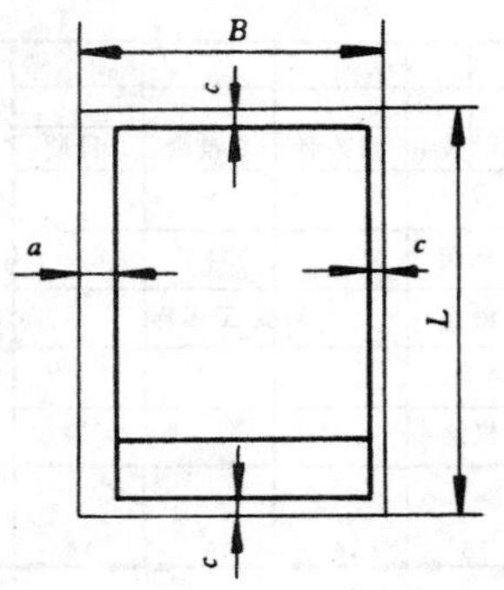

图 1—3—5 留装订边的图纸
图框格式（二）

表 1—3—4 图 框 尺 寸 (mm)

幅面代号	A0	A1	A2	A3	A4
$B\times L$	841×1189	594×841	420×594	297×420	210×297
e	20		10		
c	10			5	
a	25				

（4）加长幅面的图框尺寸，按所选用的基本幅面大一号的图框尺寸确定。例如 A2×3 的图框尺寸，按 A1 的图框尺寸确定，即 e 为 20（或 c 为 10），而 A3×4 的图框尺寸，按 A2 的图框尺寸确定，即 e 为 10（或 c 为 10）。

三、标题栏

1. 标题栏的方位

标题栏的方位（GB/T 14689—93 技术制图图纸幅面和格式）：

（1）每张图纸上都必须画出标题栏。标题栏的位置应位于图纸的右下角，如图 1—3—2～1—3—5。

（2）标题栏的长边置于水平方向并与图纸的长边平行时，则构成 X 型图纸，如图 1—3—2、图 1—3—4 所示。若标题栏的长边与图纸的长边垂直时，则构成 Y 型图纸，如图 1—3—3、图 1—3—5。在此情况下，看图的方向与看标题栏的方向一致。

2. 标题栏的格式

标题栏的格式见图 1—3—6。

3. 会签栏

（1）会签栏的位置：有装订边的图纸，会签栏的位置见图 1—3—7；图纸没有装订边时，会签栏一般置于标题栏附近。

（2）会签栏的格式见图 1—3—8。

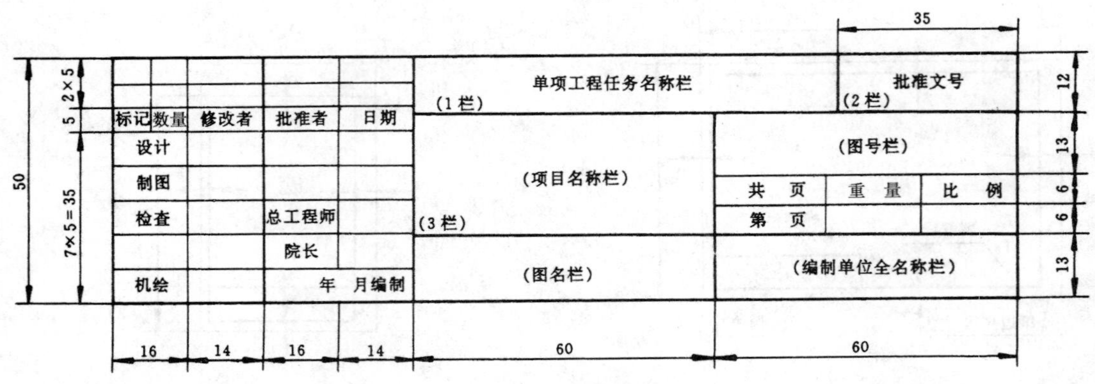

图 1—3—6　标题栏格式

说明：

1. 编制年、月，系指该项设计完成的日期，此栏由设计人员填写。
2. 项目名称栏内，如系总图则填写编制项目的全名称，如系零部件图则填写零部件的名称。
3. 图名栏内，按习惯填写总图、首图、平面图、布置图、剖面图、部件图、分部件图等，如系零件图，则此格填写零件材料代号，如 HT15—33 等。
4. 批准文号栏，在接到批准文后及时填写，此栏只在总图图签上填写，零部件图等不必填写。
5. 工程设计时，1 栏与 2 栏合并改为设计任务项目名称，3 栏改为单位工程或设备名称。

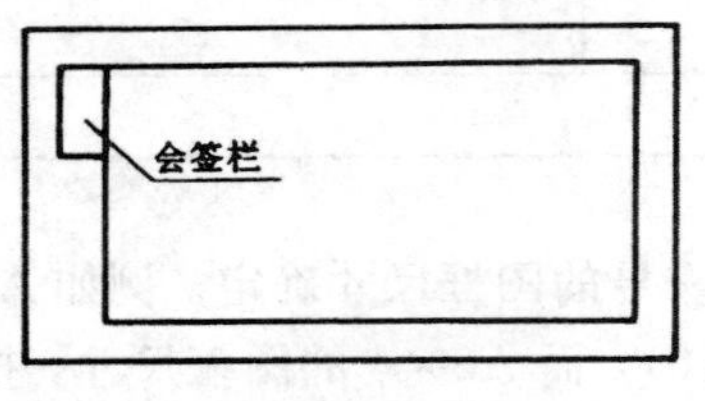

图 1—3—7　会签栏位置

专业	签名	日期

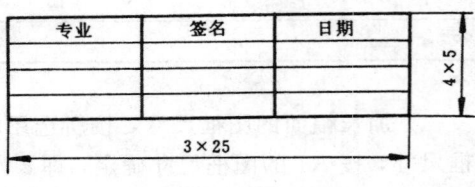

4×5　3×25

图 1—3—8　会签栏格式

第二节　比　　例

(1) 图样的比例，应为图形与实物相对应要素的线性尺寸之比，比例的大小是指比值的大小。

(2) 在同一幅图中，各个视图应采用相同的比例，并标注在标题栏中的比例栏内。当各个视图需要采用不同的比例时，应在图名标注线下居中位置标注，特殊情况亦可在右侧标注比例，但每套图应用一种方法标注。如：

$$\frac{\mathrm{I}}{2:1}\quad\frac{\text{A 向}}{1:100}\quad\frac{\text{B—B}}{2.5:1}\quad\frac{\text{硐室位置图}}{1:200}\quad\underline{\text{平面图}}1:100$$

(3) 绘图时所用的比例应根据设计阶段，图纸内图形的复杂程度，按表 1—3—5 采矿图纸比例选取。

(4) 在同一视图中图样的纵横比相差过大，而又要求详细标注尺寸时，纵向和横向可以采用两种不同比例绘制，在视图名称下方或右侧标注比例。如井底车场线路及水沟坡度图：

井底车场线路及水沟坡度图
横向比例1∶100竖向比例1∶50

必要时，图样的比例可采用比例尺的形式。一般可在图样中的铅垂或水平方向加画比例尺。

（5）说明书中的插图或用比例绘制有困难的某些图样，可不按比例绘制，但必须注明“×××示意图”的字样。

表1-3-5 采矿图纸比例

图名	常用比例	可用比例
矿区井田划分及开发方式图	平面1∶10000 剖面1∶2000	平面1∶50000 剖面1∶5000
井田开拓方式图、开拓巷道工程图、采区年进度计划图	平面1∶5000 剖面1∶2000	平面1∶10000,1∶2000 剖面1∶5000
采区布置及机械配备图	平面1∶2000 剖面1∶2000	平面1∶5000
井底车场布置图	平面1∶500 剖面1∶50	平面1∶1000
安全煤柱图	1∶2000	
井筒	1∶20，1∶50	1∶30，1∶100
硐室	平面1∶50，1∶100 断面1∶50 剖面1∶50，1∶100	平面1∶200 剖面1∶200
采区车场	平面1∶200 断面1∶50 剖面1∶200	平面1∶500，1∶100 剖面1∶100
各种详图	1∶2，1∶5，1∶10	1∶20，1∶1，2∶1

第三节 字母代号

在图纸上和技术文件中，对常用数量的名称，规定使用下列字母代号：

长度	L、l	角度	α、β、γ、δ、θ
宽度	B、b	质量	G、g
高度	H、h	经距	Y
厚度	M、m	纬距	X
直径	D、d、ϕ	标高	Z
半径	R、r	年产量	A
体积	V	密度	γ
面积	F	巷道净断面	S

巷道掘进断面	S_1	曲线长	K_P
巷道净周长	P	切线长	T
巷道壁厚	T	风　量	Q
巷道拱厚	d_0	风　速	v
充填厚度	δ	巷道摩擦阻力系数	α

第四节　图线及画法

一、图　线

（1）各种图线的名称、型式、代号宽度以及在图上的应用见表1－3－6。

（2）图线的宽度，分为粗细两种，粗线的宽度 b 应按图的大小和复杂程度，在0.7～2mm之间选择，细线的宽度约为 $b/3$。

（3）图线宽度的推荐系列为：0.25mm，0.35mm，0.5mm，0.7mm，1mm，1.4mm，2mm。

二、图线的画法

（1）同一幅图纸中，各图样比例相同时，同类图线的宽度应保持一致。虚线、点划线及双点划线的线段长度和间隔应各自大致相等。

（2）波浪线一般可用徒手绘制，如图1－3－9、表1－3－10图线一及图1－3－13、表1－3－14图线五和六；其他各种线条一律用仪器绘制。

（3）虚线和虚线或者点划线和点划线应交于线段中间，两端应以短线收尾，并应超出物体轮廓界线之外4～5mm，如图1－3－11a、b。

（4）直径小于12mm的图，其中心线可画成实线，如图1－3－11c。

（5）虚线成为实线的连接线时，应留出一段空隙，但两者成某一角度相交时，接合处不应留出空隙，如图1－3－12图线四。

表1－3－6　图　　线

序号	线　型	图线宽度	图线名称	图线使用举例
1	（粗实线）	b	粗实线	1. 主要可见轮廓线 2. 主要可见过渡线
2	（较细实线）	$b/2$	较细实线	1. 次要可见轮廓线 2. 次要可见过渡线
3	（细实线）	$b/3$	细实线	1. 尺寸线 2. 尺寸界线 3. 剖面或断面线 4. 引出线 5. 范围线
4	（波浪线）	$b/3$	波浪线	1. 断裂处的边界线 2. 视图和剖视的分界线

续表

序号	线　型	图线宽度	图线名称	图线使用举例
5		b/3	双折线	断裂处的分界线
6		b/3	虚线	1. 不可见轮廓线 2. 不可见过渡线
7		b	剖切线	剖面或断面的剖切线
8		b/3	细点划线	1. 轴　线 2. 中心线 3. 轨迹线
9		b/3	双点划线	1. 剖面图中表示被剖切去的部分形状的假想投影轮廓线 2. 运动件在极端位置或中间位置的轮廓线 3. 不属于本专业的物体位置轮廓线 4. 中断线
10		b	粗点划线	有特殊要求的线或表面的表示线

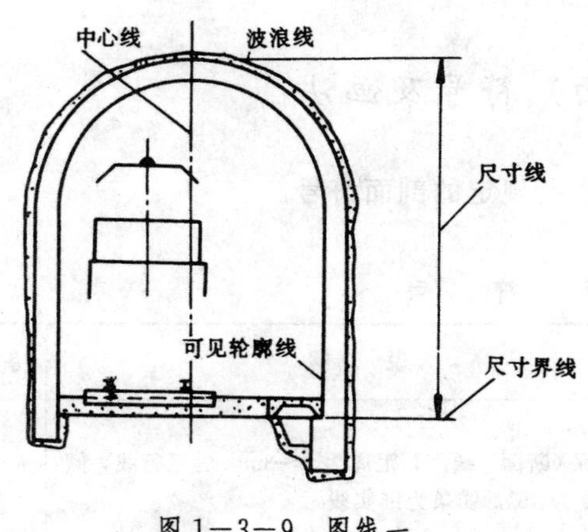

图 1-3-9　图线一

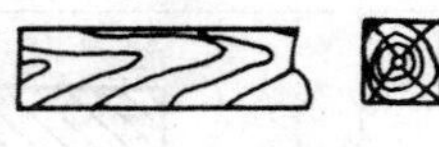

图 1-3-10　图线二

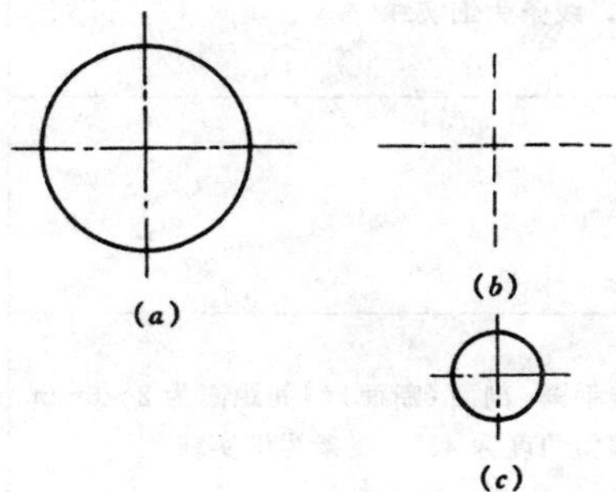

图 1-3-11　图线三

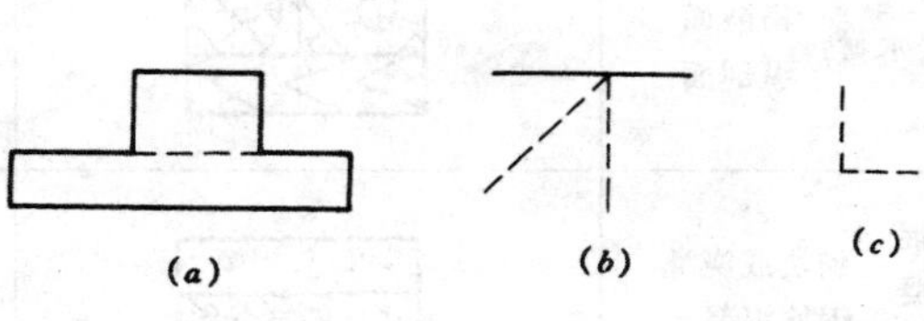

图 1-3-12　图线四

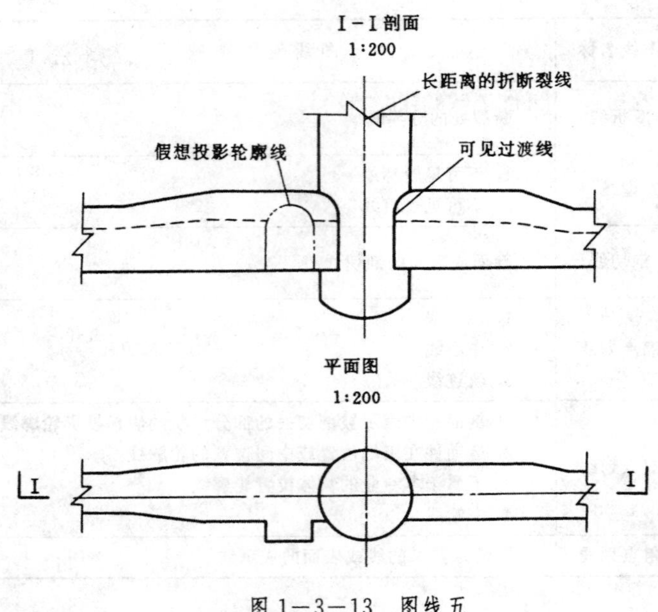

图 1—3—13　图线五

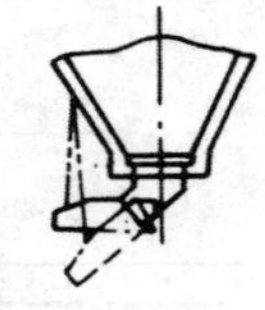

图 1—3—14　图线六

第五节　剖面（断面）符号及画法

（1）在剖视和剖面图中，应采用表 1—3—7 中所规定的剖面符号。

表 1—3—7　剖　面　符　号

材料名称	剖面（断面）线	说　明	备注
金　属		剖面（断面）线间，距离为 1～3mm 的平行线，倾斜角度为 45°，线条为细实线	
普通砖 耐火砖		剖面（断面）线间，距离为 2～6mm 的平行线，倾斜角度为 45°，线条为细实线	
木材：横断面 纵剖面		徒　手　画	
混凝土　砌块或浇灌 钢筋混凝土		点和小圆徒手画，剖面（断面）线间距离为 2～6mm 的平行线，倾斜角度为 45°，线条为细实线	

续表

材料名称	剖面（断面）线	说　明	备注
料　石		空　白	
非金属材料		已有规定剖面符号者除外	
基础周围的泥土			

（2）在同一金属零件图中，剖视图、剖面图的剖面线，应画成间隔相等，方向相同，而且与水平成45°的平行线。

当图形中的主要轮廓线与水平成45°时，该图形的剖面线应画成与水平成30°或60°的平行线，其倾斜的方向仍与其它图形的剖面线一致。

（3）金属的断面较小时，也可以用涂色代替剖面符号。

（4）沿井筒、巷道、硐室横向剖切的图形按采矿专业习惯称断面。沿井筒、巷道、硐室纵向剖切的图形以及沿井田、采区等剖切的图形，统称剖面。

（5）剖切面剖切到的物体和能直接看到的物体用实线绘制，剖切面前方不能直接看到的物体需表示时，用虚线绘制，剖切面后方的物体需表示时用双点划线表示。

剖切面的起讫处和转折处的剖切线用5～10mm长的粗实线表示，并不得与图样的轮廓相交，一般用罗马数字Ⅰ、Ⅱ、Ⅲ……编号，用箭头表示剖视方向。

第六节　尺寸标注方法

一、基本规则

（1）图中所注尺寸数据是确定工程的数量惟一依据，并必须与比例尺度量相符。

（2）图纸上的尺寸数字，规定以毫米或米为单位，（在1∶50～1∶500比例的图纸上采用毫米为单位，在1∶1000～1∶10000比例的图纸上采用米为单位），无需写明单位。如不按照上述规定时，则必须在各尺寸数字右边加注所采用计量单位，同时在图纸附注中均应注明单位。

（3）每个尺寸一般在图纸上标注一次，仅在特殊情况下或实际需要时方可重复标注。

二、尺寸数字、尺寸线和尺寸界线

1．尺寸数字

（1）线性尺寸的数字一般应注写在尺寸线的上面，也允许注写在尺寸线的中断处。

(2) 线性尺寸数字的方向，一般应采用第一种方法注写。在不致引起误解时，也允许采用第二种方法。但在一张图样中，应尽可能采用一种方法。

第一种方法：数字应按图1－3－15尺寸数字标注一所示的方向注写，并尽可能避免在图示30°范围内标注尺寸，当无法避免时可按图1－3－16尺寸数字标注二的形式标注。

第二种方法：对于非水平方向的尺寸，其数字可水平地注写在尺寸线的中断处（图1－3－17尺寸数字标注三）。

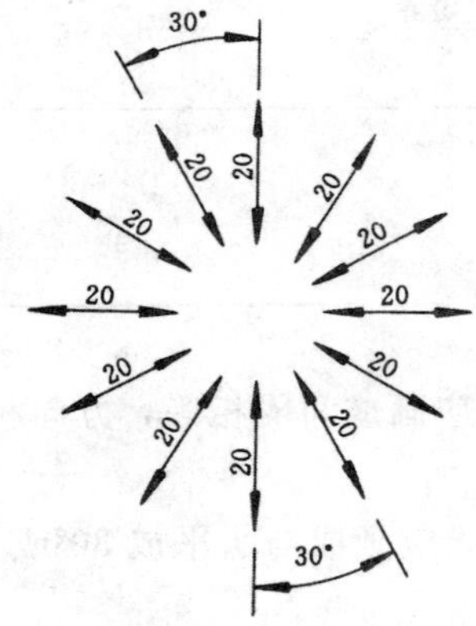

图1－3－15 尺寸数字标注一

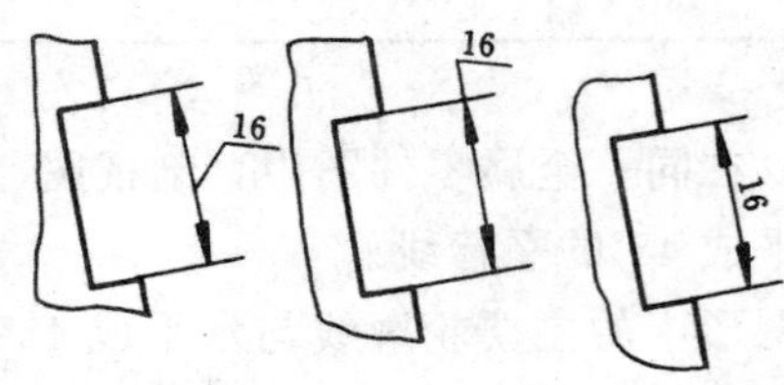

图1－3－16 尺寸数字标注二

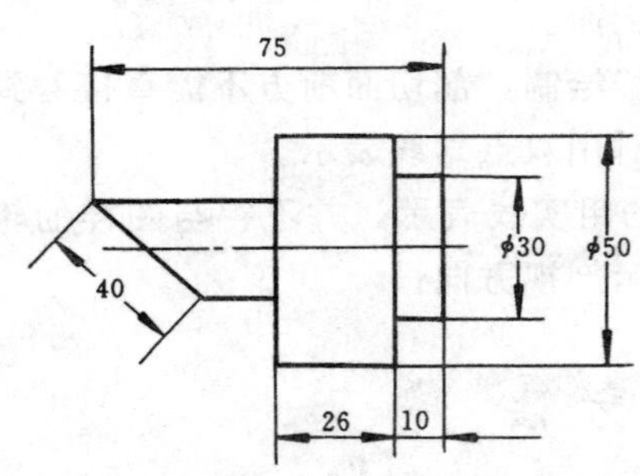

图1－3－17 尺寸数字标注三

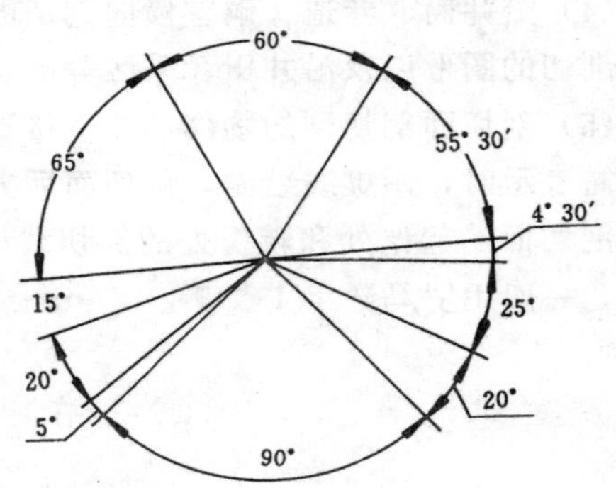

图1－3－18 尺寸数字标注四

(3) 角度的数字一律写成水平方向，一般注写在尺寸线的中断处（图1－3－18尺寸数字标注四）。必要时也可注写在尺寸线外侧或将角度引出注写。

(4) 标注标高时一律采用“米”为单位，即零点标高±0.000；正数标高＋5.000；负数标高－5.000。

(5) 标高符号应标注在图形右侧，标高符号采用倒三角形，右半边涂黑，将名称和数字依次写在横线上，如图1－3－19所示。

(6) 在一张图纸上有两个或两个以上图形时，尺寸应详尽标注在主要图形上，补助图形只标注相关位置尺寸；但上述补助图形不在一张图纸时，则在该图形上也应详尽标注尺寸。

2. 尺寸线

(1) 尺寸线用细实线绘制，其终端采用箭头，箭头的形式如图1－3－20。

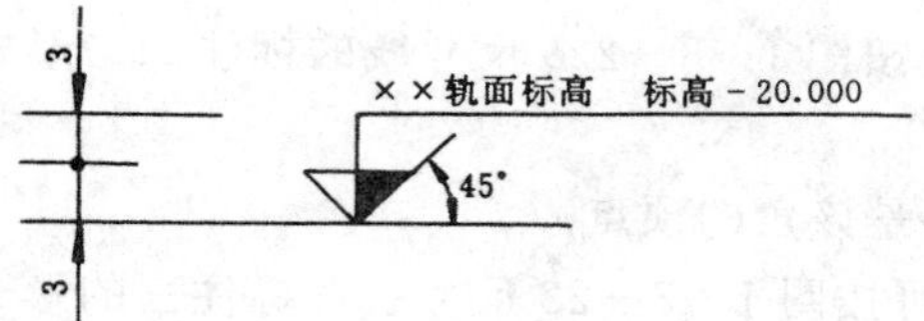

图 1—3—19　标高符号的标注

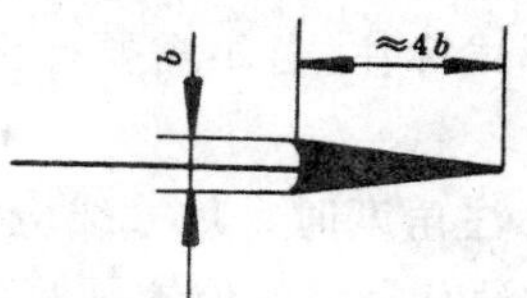

图 1—3—20　箭头形式

b 为粗实线的宽度

当尺寸线与尺寸界线相互垂直时，同一张图样中只能采用一种尺寸线终端的形式。当采用箭头时，在地位不够的情况下，允许用圆点代替箭头，见图 1—3—23 尺寸线的标注三。

(2) 标注线性尺寸时，尺寸线必须与所标注的线段平行。

尺寸线不能用其他图线代替，也不得与其他图线重合或画在其延长线上。

(3) 圆的直径和圆弧半径的尺寸线的终端应画成箭头，并按图 1—3—21 尺寸线的标注一所示的方法标注。

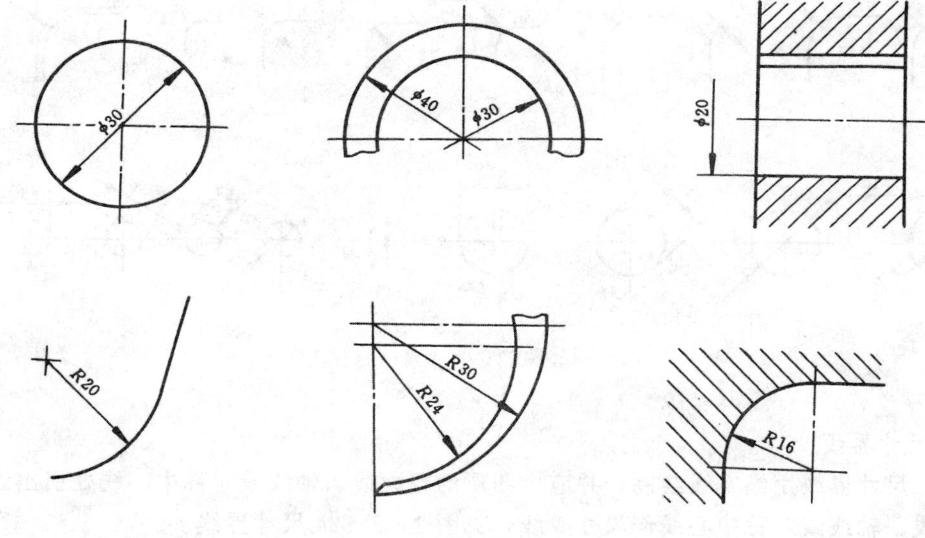

图 1—3—21　尺寸线的标注一

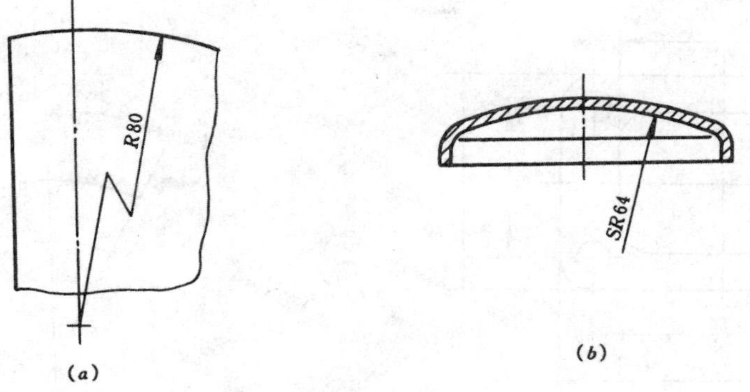

图 1—3—22　尺寸线的标注二

当圆弧的半径过大或在图纸范围内无法标出其圆心位置时，可按图 1－3－22*a* 尺寸线的标注二的形式标注。若不需要标出其圆心位置时，可按图 1－3－22*b* 尺寸线的标注二的形式标注。

(4) 标注角度时，尺寸线应画成圆弧，其圆心是该角的顶点。

(5) 在没有足够的位置画箭头或注写数字时，可按图 1－3－23 尺寸线的标注三的形式标注。

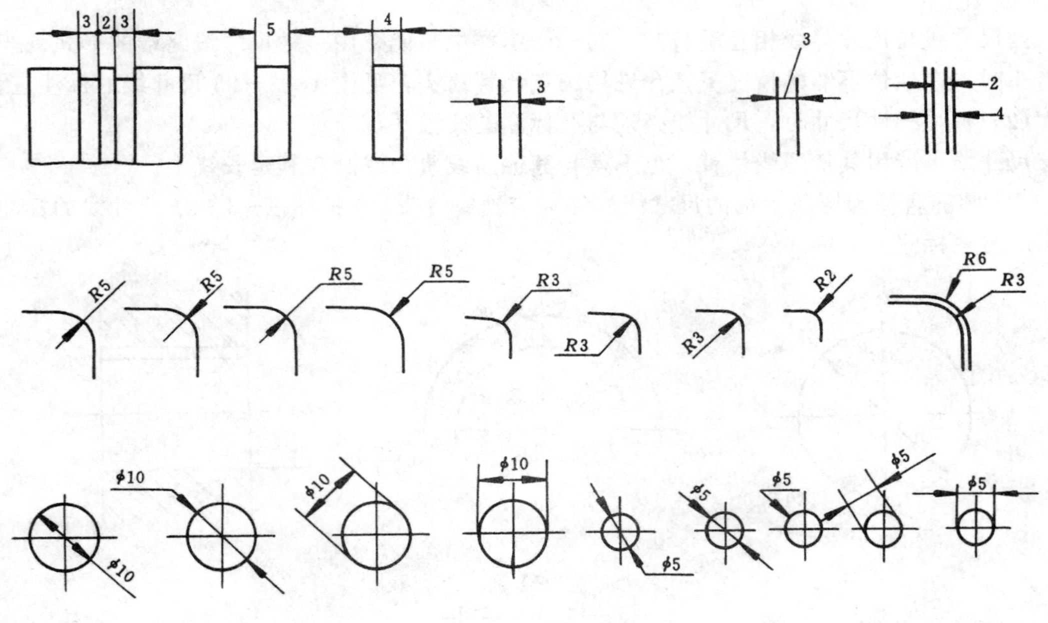

图 1－3－23　尺寸线的标注三

3. 尺寸界线

(1) 尺寸界线用细实线绘制，并应由图形的轮廓线、轴线或对称中心线处引出，也可利用轮廓线、轴线或对称中心线作尺寸界线，见图 1－3－24 尺寸界线一。

(2) 标注角度的尺寸界线应沿径向引出见图 1－3－25 尺寸界线二。标注弦长或弧长的尺

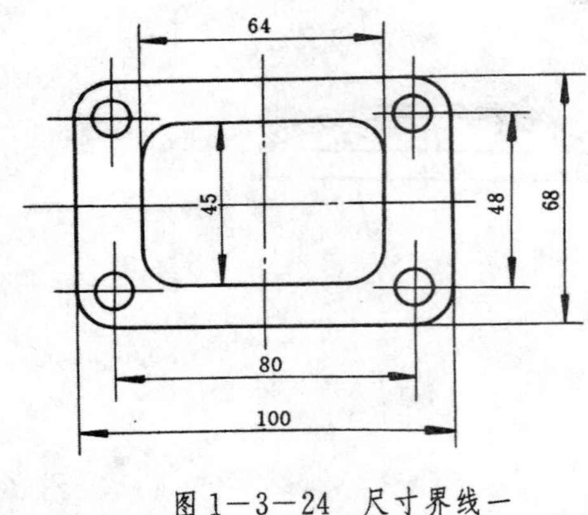

图 1－3－24　尺寸界线一

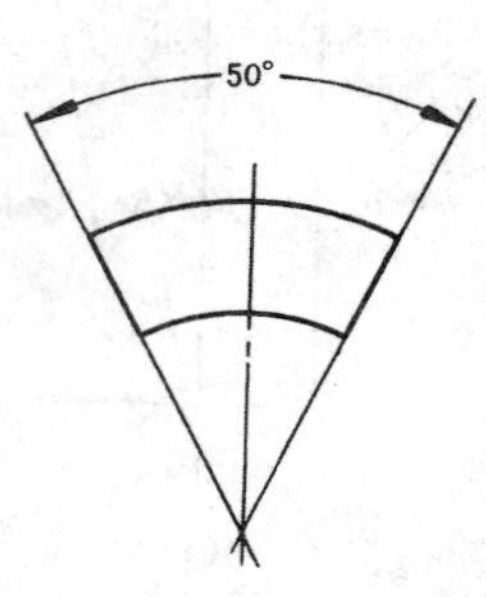

图 1－3－25　尺寸界线二

寸界线应平行于该弦的垂直平分线，见图 1－3－26、表 1－3－27 尺寸界线三和四，当弧度较大时，可沿径向引出，见图 1－3－28 尺寸界线五。

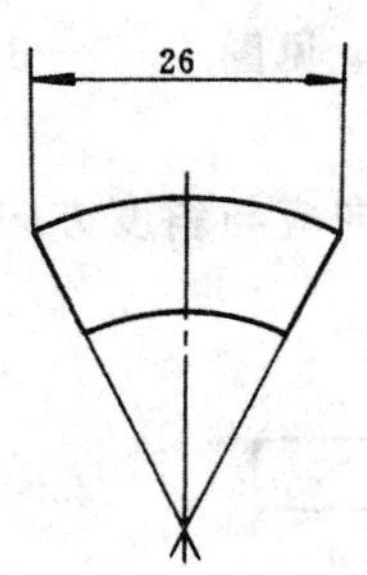

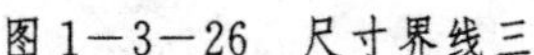

图 1－3－26　尺寸界线三

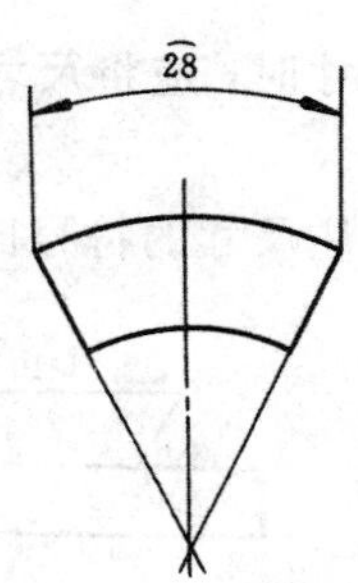

图 1－3－27　尺寸界线四

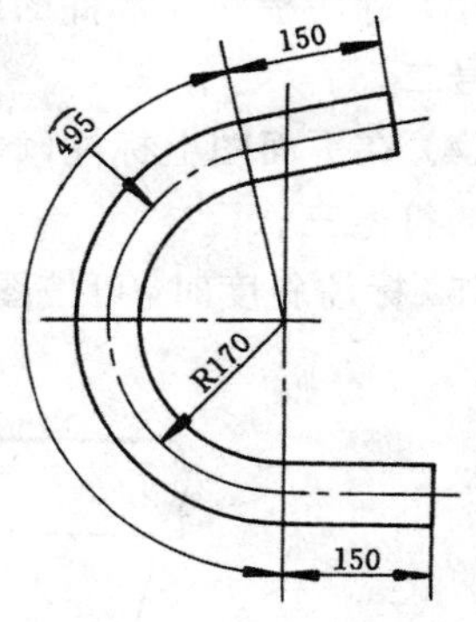

图 1－3－28　尺寸界线五

（3）曲线巷道的参数按图 1－3－29 标注。

三、标注尺寸的符号

（1）标注直径时，应在尺寸数字前加注符号“ϕ”或“D”；标注半径时，应在尺寸数字前加注符号“R”；标注球面的直径或半径时，应在符号“ϕ”或“R”前再加注符号“S”，见图 1－3－30 标注尺寸符号一。

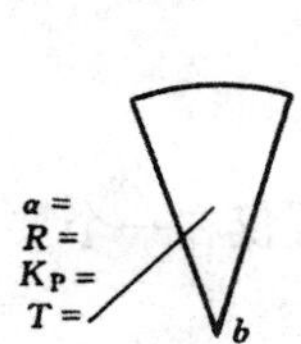

图 1－3－29　曲线巷道参数

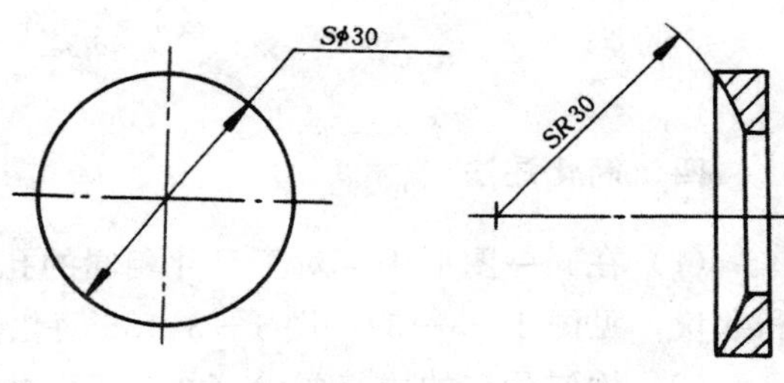

图 1－3－30　标注尺寸的符号一

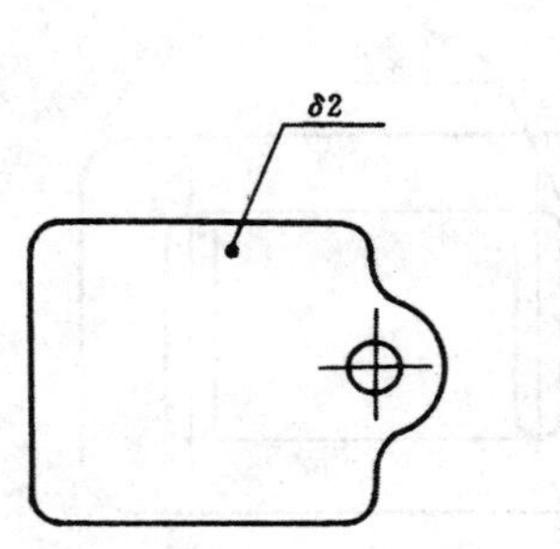

图 1－3－31　标注尺寸的符号二

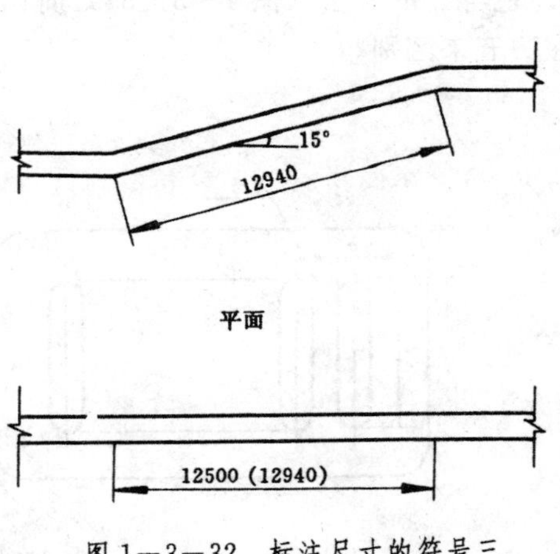

图 1－3－32　标注尺寸的符号三

（2）标注弧长时，应在尺寸数字上方加注符号“⌒”，见图1—3—28尺寸界线。

（3）标注板状零部件的厚度时，可在尺寸数字前加注符号“δ”，见图1—3—31标注尺寸的符号二。

（4）在平面图上标注倾斜巷道斜长尺寸时，应将尺寸数字加注括弧，见图1—3—32标注尺寸的符号三。

（5）标注斜度时，可按图1—3—33标注尺寸的符号四所示，符号方向应与斜度方向一致。

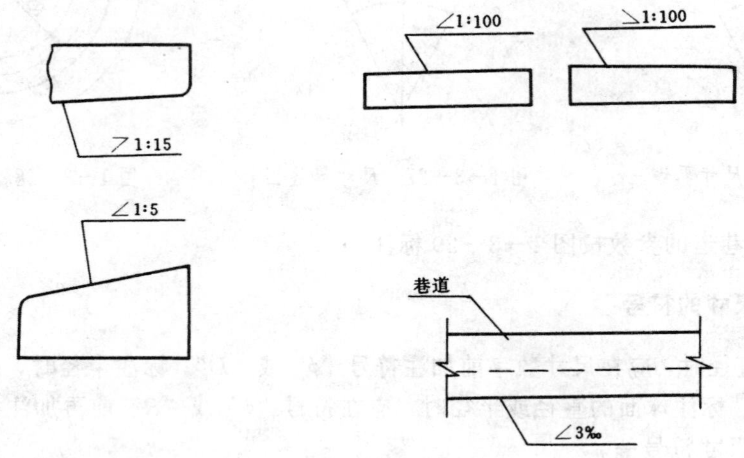

图1—3—33　标注尺寸的符号四

四、简化注法

（1）在同一图形中，对于尺寸相同的孔、槽等成组要素，可仅在一个要素上注出其尺寸和数量，见图1—3—34～图1—3—36简化注法一～三。

（2）均匀分布的成组要素（如孔等）的尺寸按图1—3—36简化注法三所示的方法标注。当成组要素的定位和分布情况在图形中已明确时，可不标注其角度，并省略“均布”两字。

（3）在同一图形中具有几种尺寸数值相近而又重复的要素（如孔等）时，可采用标记（如涂色等）的方法（图1—3—37）简化注法四，或采用标注字母的方法（图1—3—38）简化注法五来区别。

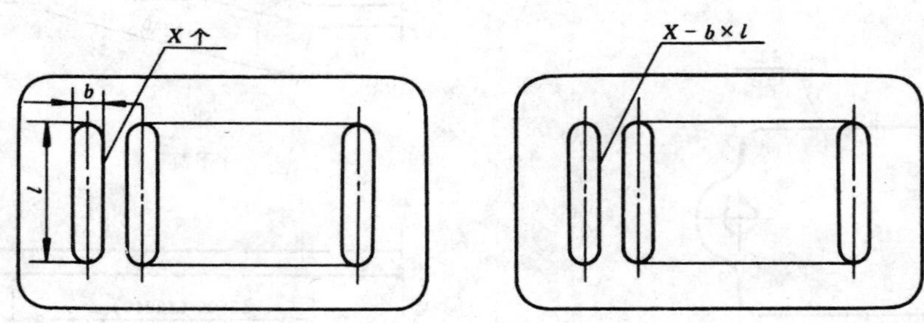

图1—3—34　简化注法一

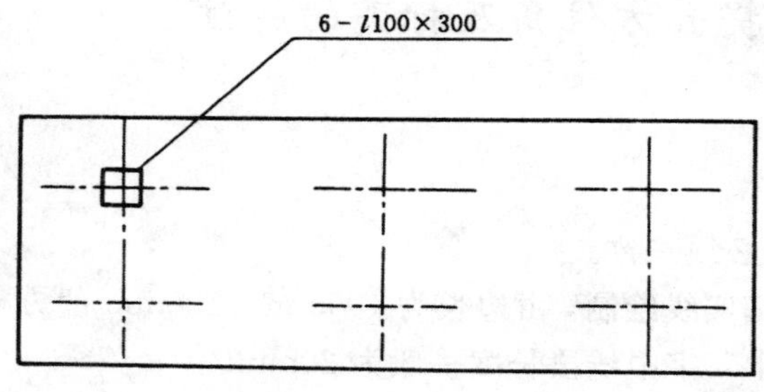

图 1—3—35 简化注法二

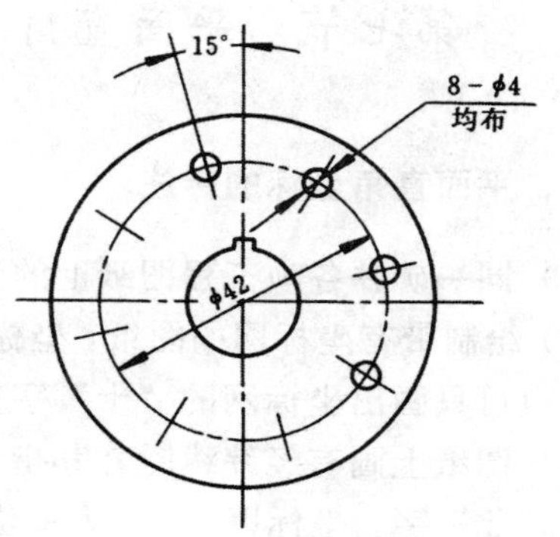

图 1—3—36 简化注法三

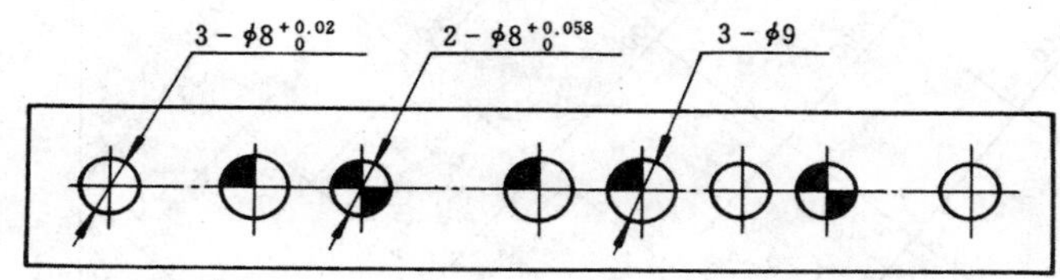

图 1—3—37 简化注法四

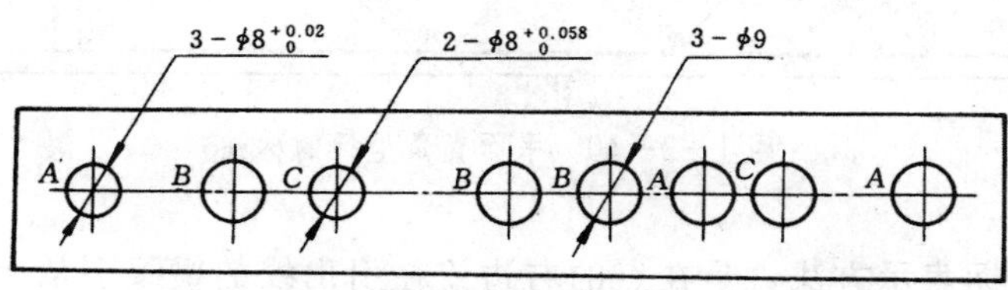

图 1—3—38 简化注法五

孔的尺寸和数量可直接标注在图形上（图 1—3—37、图 1—3—38）。

(4) 通风系统图、开拓系统图、复杂的采矿方法图等用正投影法不能充分表达设计意图时，可用轴侧投影法按比例或示意绘制；表示井巷可用一粗一细的两条线段表示，其粗实线在水平巷道中画在下侧和右侧，在倾斜巷道、垂直巷道中画在右侧，见图 1—3—39 简化注法六。

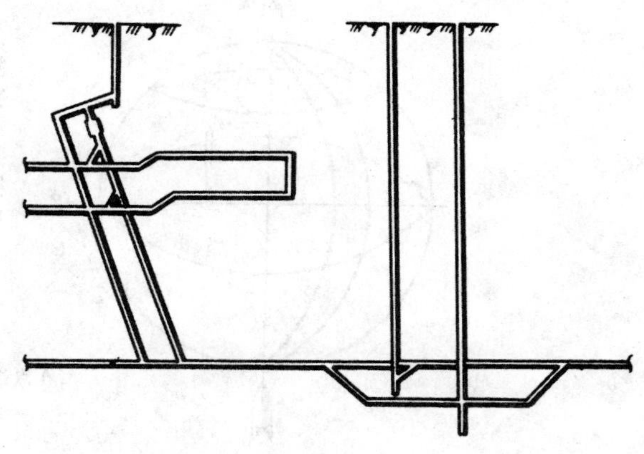

图 1—3—39 简化注法六

第七节　平面直角坐标、提升方位角及标高的标注

一、平面直角坐标的标注

(1) 同一矿井各项工程图纸上的坐标系统必须一致。

(2) 绘制带有坐标网的图纸，坐标网格用细实线绘制，由边长为 100mm×100mm 的方格组成，也可只画出坐标网的“十”字交点，“十”字中线段长度一般为 20mm。

(3) 图纸上画有经纬线时，其指北针应画在图纸的右上角、箭头正前方为正北方向，可不注写“北”字。坐标以“m”为单位，横坐标（经距 Y）为 8 位数，纵坐标（纬距 X）为 7 位数，按尺寸数字的标注方向标注（图 1－3－40）。

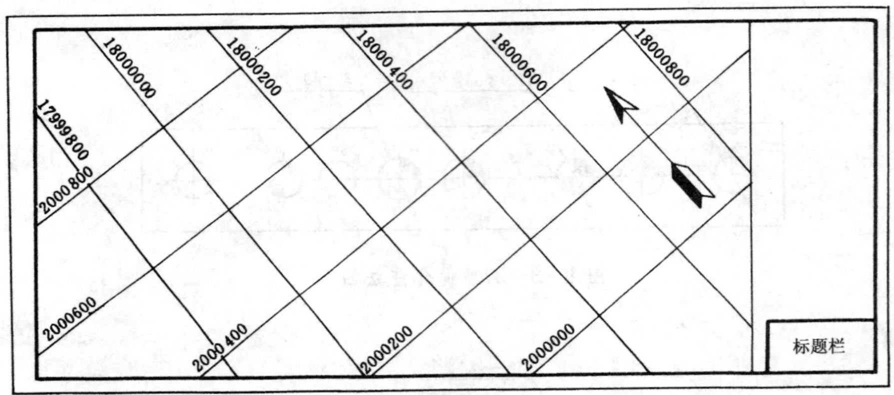

图 1－3－40　平面直角坐标的标注

(4) 一点的坐标表示方法，是在点的右边或在引出线的横线上从上向下分别写出纬距（X）、经距（Y）及标高（Z）的数值及代号，见图 1－3－41 点的坐标表示方法一。

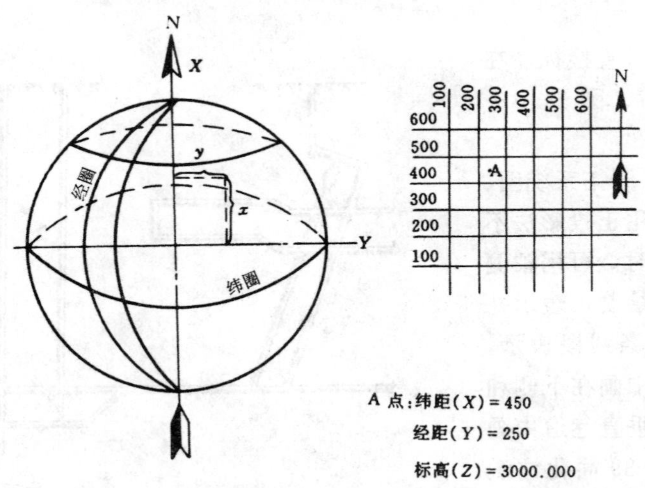

图 1－3－41　点的坐标表示方法一

(5) 图中标注的坐标较多，不便在坐标点附近直接标注时，可将坐标点用引出线编号，列表表示，见图 1－3－42 点的坐标表示方法二。

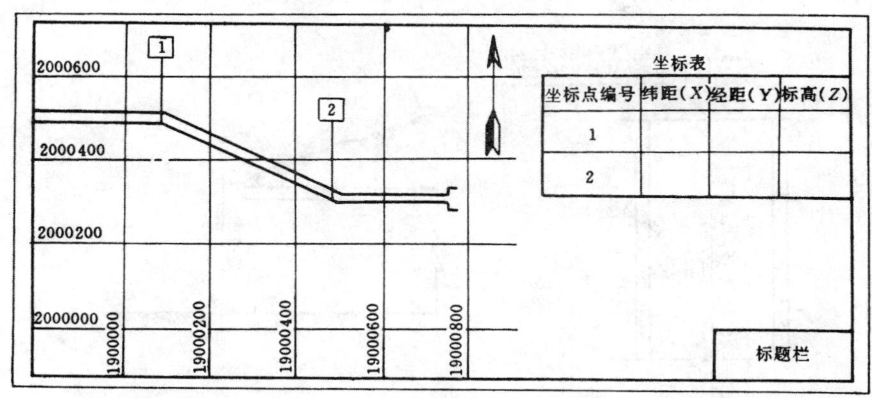

坐标点编号	纬距(X)	经距(Y)	标高(Z)
1			
2			

图 1－3－42 点的坐标表示方法二

(6) 井口平面直角坐标（X、Y）的标注：

①立井井筒井口坐标点，以立井井筒中心线的十字交点 A 为准，如图 1－3－43 所示。

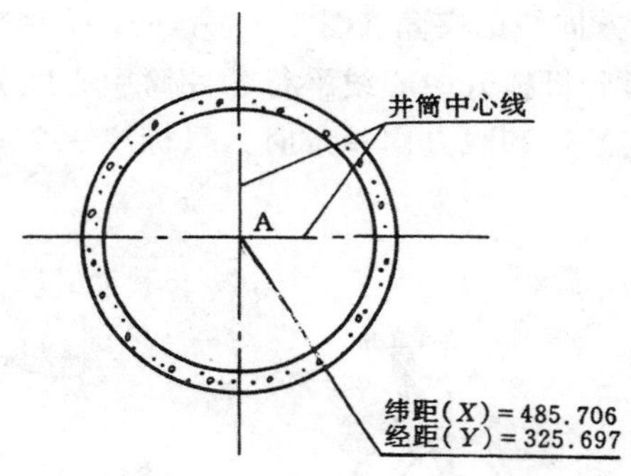

图 1－3－43 立井井筒井口坐标点的标注

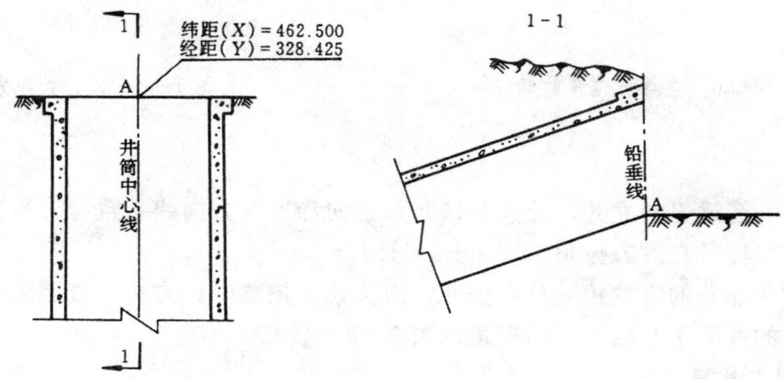

图 1－3－44 斜井井筒井口坐标点的标注

②斜井井筒井口坐标点，以斜井井筒中心线与井口处铅垂线的交点A为准，如图1—3—44所示。

③平硐硐口坐标点，以平硐中心线与硐口处铅垂线的交点A为准，如图1—3—45所示。

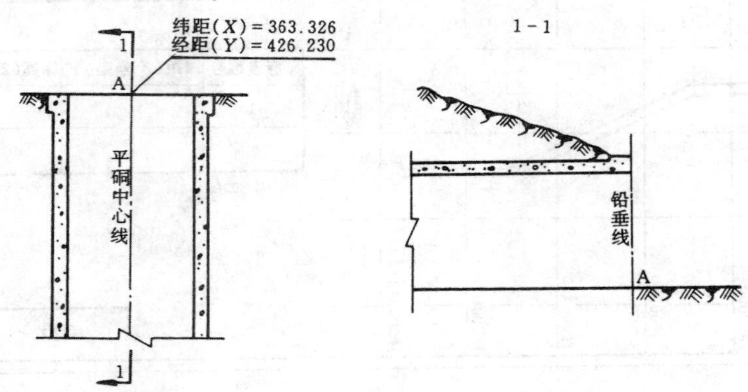

图1—3—45　平硐硐口坐标点的标注

二、井口方位角的标注

1. 立　井

(1) 有提升设备立井的方位角，采用塔式时，是以指北针箭头起，按顺时针方向，量至井口罐笼出车（或箕斗卸载）方向线的夹角（图1—3—46）。采用落地式时，是以指北针箭头起，按顺时针方向，量至与提升机提升中心线平行的井筒中心线为止的夹角。

有两套箕斗的立井，若其井口卸载方向一致时，只标注一个坐标方位角；不一致时，应标注各自的方位角（图1—3—47）。

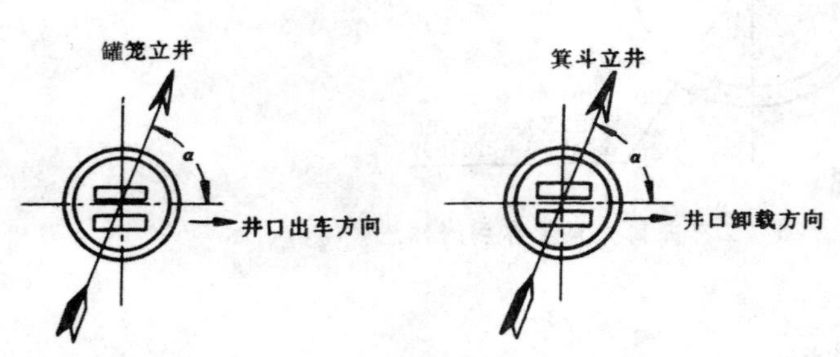

图1—3—46　立井方位角的标注一

图1—3—47　立井方位角的标注二

有一套箕斗和一套罐笼的立井，若其井口卸载方向和出车方向线一致时，标注一个方位角；不一致时，应标注各自的方位角（图1—3—48）。

(2) 无提升设备立井的方位角，是以指北针箭头起，按顺时针方向，量至风硐中心线或与梯子主梁相平行的井筒中心线为止的夹角（图1—3—49）。

2. 斜井、平硐方位角的标注

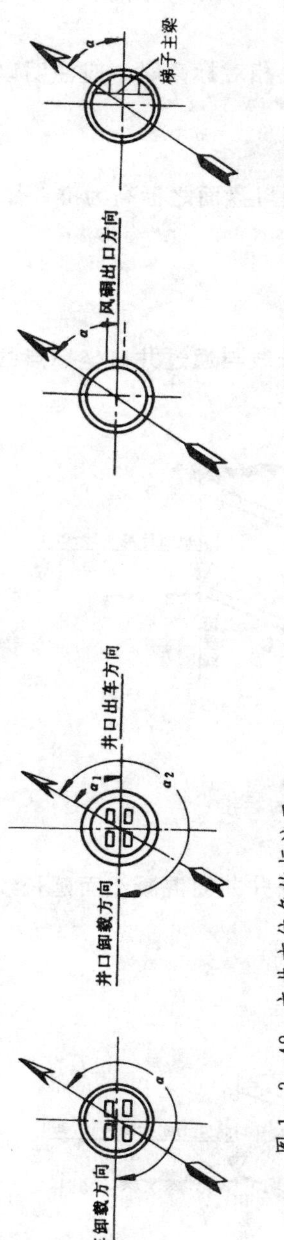

图 1—3—48　立井方位角的标注三

图 1—3—49　立井方位角的标注四

井筒中心线
斜井出口方向
α
井筒中心线
平硐出口方向
α

图 1—3—50　斜井、平硐方位角的标注

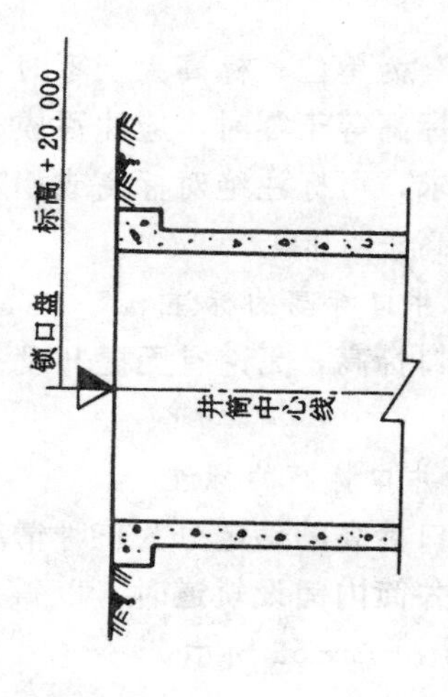

图 1—3—51　立井井筒井口标高的标注

斜井、平硐方位角，是以指北针箭头起，按顺时针方向，量至其出口方向线的夹角（图1—3—50）。

三、井口标高的标注

标高以“米”为单位。标高大于零时，标高前应冠“+”号；标高小于零时，在标高前应冠“—”号；标高等于零时，应注写成±0.000。

根据制图要求，可标注绝对标高或相对标高，但标注相对标高时，应注明以绝对标高××× 定为相对标高±0.000。

1. 立井井筒井口标高的标注

立井井筒井口标高，无论有无提升设备，均以井口锁口盘面之标高为准，如图1—3—51所示。

2. 斜井井筒井口标高的标注

斜井井筒井口标高的确定分为三种情况：

（1）当斜井井筒内铺设轨道时，以斜井井筒轨面延长线与通过井口坐标点的铅垂线的交点A为准，如图1—3—52所示。

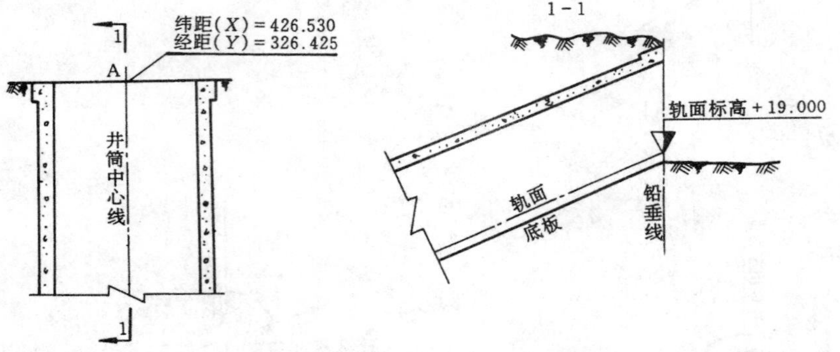

图1—3—52　斜井井筒井口标高的标注一

（2）当斜井井筒内不铺设轨道而铺设混凝土时，以斜井井筒混凝土面延长线与通过井口坐标点的铅垂线的交点A为准，如图1—3—53所示。

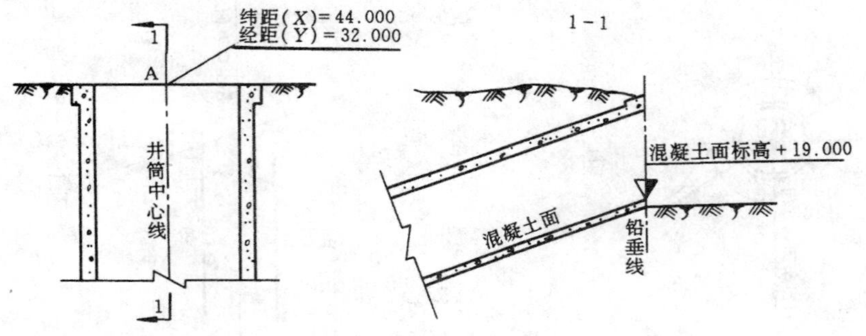

图1—3—53　斜井井筒井口标高的标注二

(3) 当斜井井筒内不铺设轨道和混凝土时，以斜井井筒底板面延长线与通过井口坐标点的铅垂线的交点A为准，如图1—3—54所示。

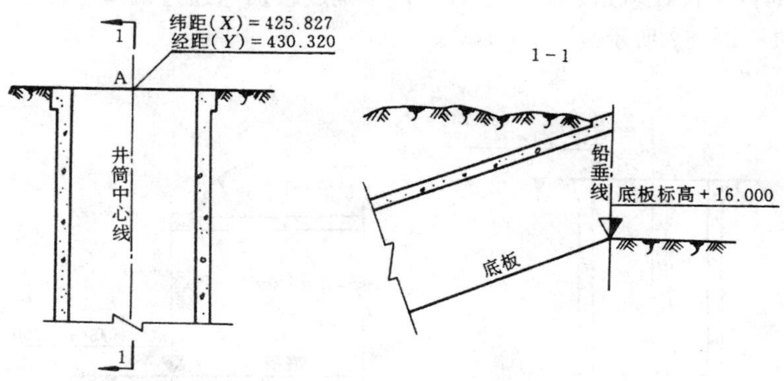

图1—3—54　斜井井筒井口标高的标注三

3. 平硐硐口标高的标注

平硐硐口标高的确定分三种情况：

(1) 当平硐内铺设轨道时，以平硐轨面与通过硐口坐标点的铅垂线的交点A为准，如图1—3—55所示。

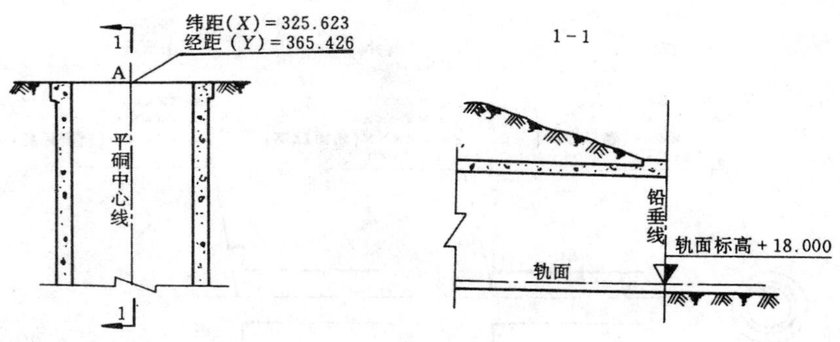

图1—3—55　平硐硐口标高的标注一

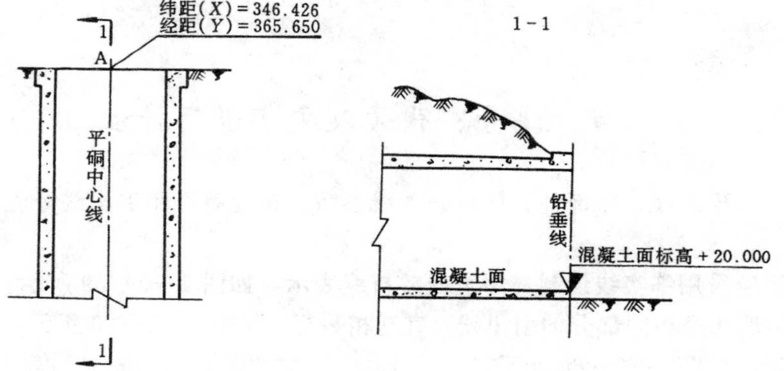

图1—3—56　平硐硐口标高的标注二

（2）当平硐内不铺设轨道而铺设混凝土时，以平硐混凝土面与通过硐口坐标点的铅垂线的交点 A 为准，如图 1－3－56 所示。

（3）当平硐内不铺设轨道和混凝土时，以平硐底板面与通过硐口坐标点的铅垂线的交点 A 为准，如图 1－3－57 所示。

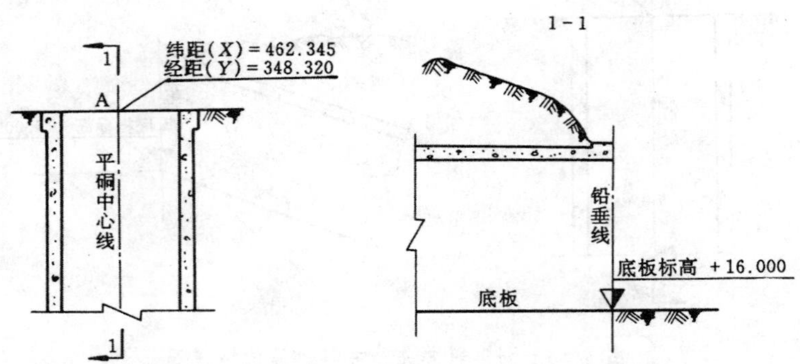

图 1－3－57 平硐硐口标高的标注三

四、井口坐标、提升方位角及标高的联合标注

井口坐标、提升方位角及标高的联合标注见图 1－3－58。

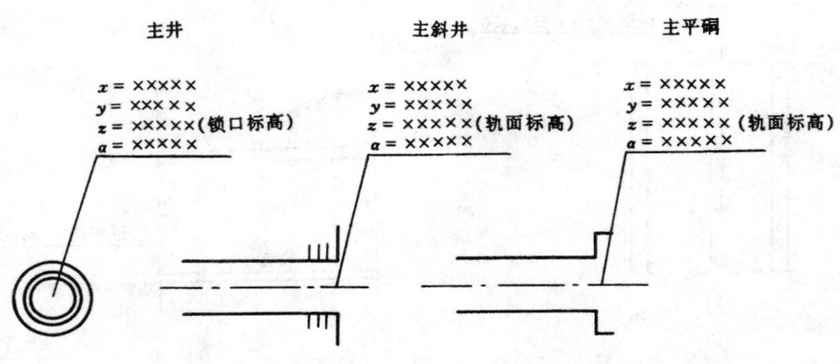

图 1－3－58 联合标注

第八节 编号、代号及文字说明标注

井巷名称、工程区段、零部件、构件、曲线参数、钢筋等可用引出线标注编号、代号及文字说明。

（1）引出线应采用细实线绘制，用直线或折线表示，如图 1－3－59 所示。

（2）同时引出几个相同部分的引出线，宜互相平行，如图 1－3－60 所示，也可画成集中于一点的放射线，如图 1－3－60 所示。

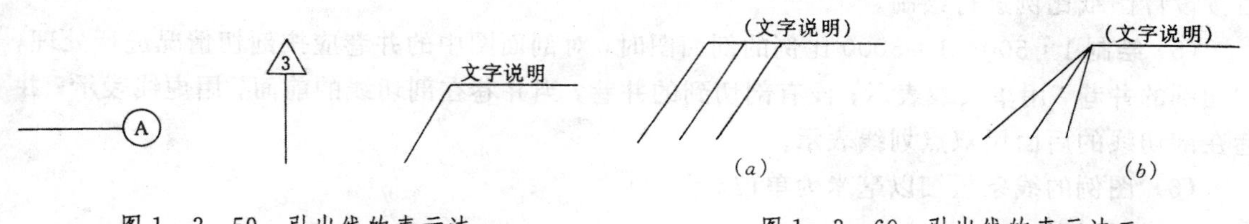

图 1—3—59 引出线的表示法一

图 1—3—60 引出线的表示法二

(3) 多层结构或联合结构的共用引出线，应通过各层。编号、代号及文字说明的排列顺序应与被标注的层次相互一致，由上至下或从左至右排列，见图 1—3—61 所示。

(4) 图样上的编号，应有规律的排列，可按顺时针方向或逆时针方向排列，每一行列尽可能排在一条直线上，相同的构件，必须用同一编号。编号的字体应比图纸上尺寸数字的字体大一号如图 1—3—62。

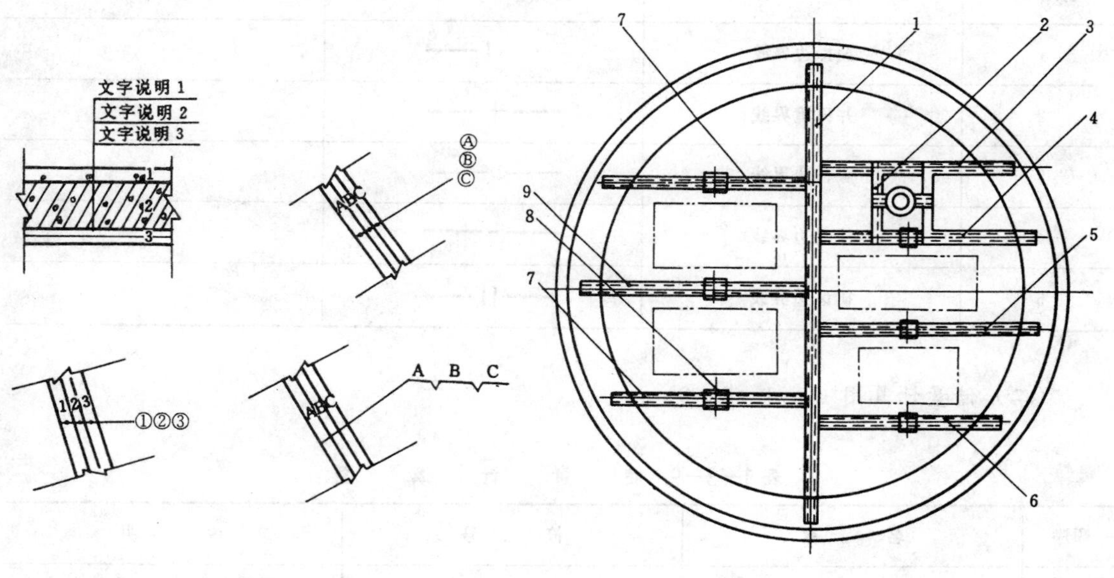

图 1—3—61 引出线的表示法三

图 1—3—62 引出线的表示法四

第九节 采矿图形符号

一、对采矿图形符号的几点要求

(1) 在复制地质图时，仍采用原地质图例进行复制；需要在复制图中增添设计内容时应按规定的图例绘制。

(2) 为了图纸美观，同一张图纸应采用统一的图例。

(3) 在采区布置及机械配备图中，为了区别移交生产和达到设计产量时两个阶段，除按规定图例绘制图纸外，可在达到设计产量的有关巷道部分涂上颜色，以示区别。

(4) 当绘制 1：50～1：500 比例的平面图时，对平面图中的巷道，应采用巷道的图例，然后按设计图纸比例进行绘制。

(5) 绘制 1：500～1：5000 比例的剖面图时，对剖面图中的井巷应按剖切情况进行处理，剖切到的井巷，用单实线表示；没有剖切到的井巷，当井巷在剖切线的前面，用虚线表示；井巷在剖切线的后面用双点划线表示。

(6) 图例的线条粗细以毫米为单位。

二、采矿图形符号规定

(一) 边界线

边界线符号见表 1—3—8。

表 1—3—8　边　界　线　符　号

顺　序	名　　称	符　　号	说　　明
1	勘探边界线	——‖——	
2	井田境界线	——+——	
3	煤柱边界线	——○——	
4	采区边界线	——-——	
5	矿区边界线	——‖——	

(二) 储量计算图 (表 1—3—9)

表 1—3—9　储　量　计　算　图

顺序	名　　称	符　　号	说　　明
1	煤层露头线及煤层氧化带和煤层风化带	a b c	*a*. 煤层露头线 *b*. 煤层风化带 *c*. 煤层氧化带
2	煤层等高线	a — +100 b - - - 100	*a*. 探　明 *b*. 推　断
3	平衡表内储量块段	25－A 2.45m　15° 394000m²	上部：块段号和级别； 中左：煤层真厚度； 中右：煤层平均倾角； 下部：块段水平面积
4	平衡表外储量块段		上部：块段号和级别； 中左：煤层真厚度； 中右：煤层平均倾角； 下部：块段水平面积

续表

顺序	名　　称	符　　号	说　　明
5	储量等级，A 级线		两储量块段相邻时，只用高一级块段的一线表示
6	储量等级，B 级线		两储量块段相邻时，只用高一级块段的一线表示
7	储量等级，C 级线		两储量块段相邻时，只用高一级块段的一线表示
8	储量等级，D 级线		两储量块段相邻时，只用高一级块段的一线表示
9	煤层高灰分区		向左成 45°倾斜的平行直线，三条一组
10	煤层不可采区		适用于储量图
11	煤层尖灭边界		
12	煤层高硫分区		向左成 45°倾斜的平行线，中间画“*S*”
13	采　空　区		按实际情况绘制，在范围内侧涂 5～10mm，黑色影线
14	煤层可采边界线	可采部分 不可采部分	
15	煤层合并边界线	分开部分 合并部分	
16	年度计划进度（按工作面）	②-3-1 7.5	开采年度—工作面编号—工作面衔接号 回采产量（万吨） →回采方向
17	年度计划进度（按采区）	Ⅱ-(26-28) (75-25)	开采单元编号—（开采起止年份） 开采区域可采储量（万吨）—开采单元年采掘煤量 →回采方向
18	指　北　针	N	根据图纸大小自行确定但箭头宽与长之比为 1∶3
19	村　庄		按实物缩制
20	河　流		按实物绘制，凡留有煤柱的沟、谷等均采用此符号表示

（三）井筒（表1—3—10）

表1—3—10　井　筒　符　号

顺序	名　称	比例 1∶200 1∶500	比例 1∶1000 1∶2000	比例 1∶5000 1∶10000	说明
1	圆形立井		6　4	4　2	
2	矩形立井		6　4	5　3	
3	斜　井	4　12°	3　2	2　1.5	
4	平　硐	2　2	4　3　2	2　1.5　1	
5	生产小窑	5		3	
6	报废小窑	5		3	
7	溜煤眼	5　5	3　3　2	2　2.5　2	

（四）巷道（表1—3—11）

表1—3—11　巷　道　符　号

顺序	名　称	比例 1∶50～1∶500	比例 1∶1000～1∶10000	说　明
1	煤层支架巷道			投影及倾斜巷道用虚线表示
2	煤层砌碹巷道			投影及倾斜巷道用虚线表示
3	煤层锚喷巷道			投影及倾斜巷道用虚线表示
4	岩层支架巷道			投影及倾斜巷道用虚线表示
5	岩层砌碹巷道			投影及倾斜巷道用虚线表示

续表

顺序	名　　称	比　　例		说　　明
		1：50～1：500	1：1000～1：10000	
6	岩层锚喷巷道			投影及倾斜巷道用虚线表示
7	利用的已施工巷道			投影及倾斜巷道用虚线表示
8	不利用的已施工巷道			投影及倾斜巷道用虚线表示

（五）采、掘、运机械设备

1. 采煤工作面支护机械图形符号（表1—3—12）

表1—3—12　采煤工作面支护机械图形符号

编　号	图　形　符　号	名　　称	说　　明
1		液压支架	一般符号
2		支撑式支架	
3		掩护式支架	
4		支撑—掩护式支架	
5		大倾角支架	
6		放顶煤支架	一般符号

续表

编　号	图　形　符　号	名　称	说　明
7	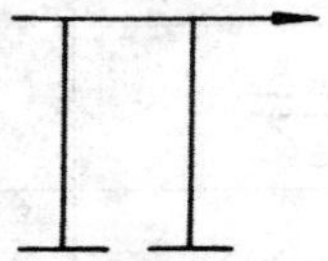	滑移顶梁支架	
8	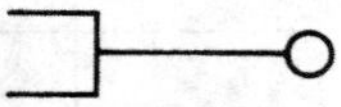	铰接顶梁	
9	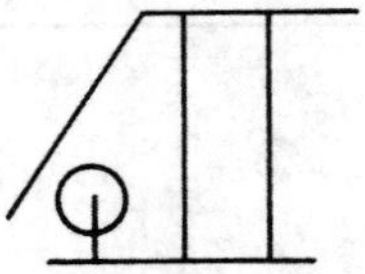	铺网支架	
10	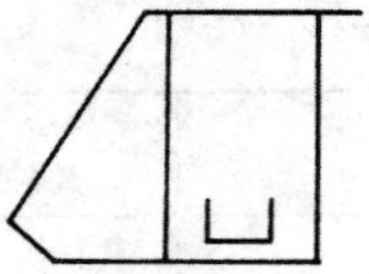	端头支架	
11	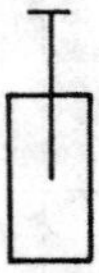	单体支柱	
12	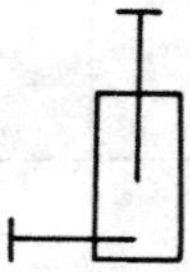	切顶支柱	
13	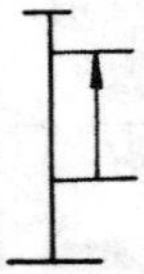	升柱器	一般符号

2. 采掘机械图形符号（表 1－3－13）

表 1－3－13　采掘机械图形符号

编号	图　形　符　号	名　称	说　明
1	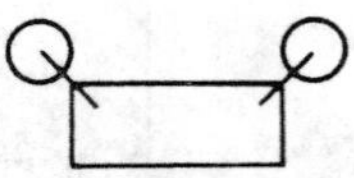	双滚筒采煤机	

续表

编号	图形符号	名称	说明
2	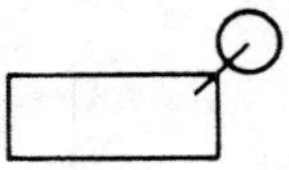	单滚筒采煤机	
3	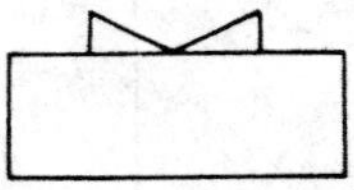	刨　煤　机	一般符号
4	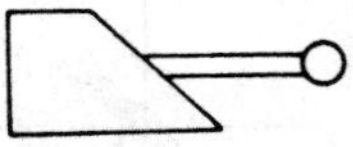	连续采煤机（掘采机）	
5	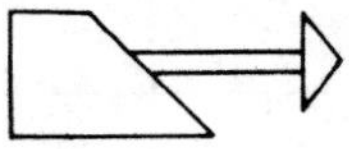	全断面掘进机	
6	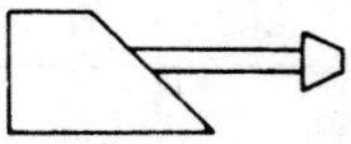	部分断面掘进机	
7		钻　井　机	
8		反井钻机	
9	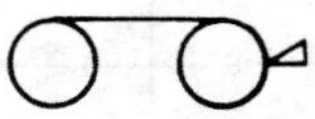	铲斗装载机	
10	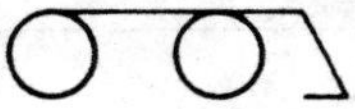	耙斗装载机	
11		侧卸式装载机	
12		扒爪装载机	
13		抓　岩　机	

续表

编号	图形符号	名称	说明
14	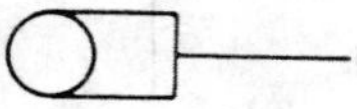	风镐	
15		岩石电钻	
16		煤电钻	
17		锚杆电钻	
18		注水电钻	
19		探水电钻	
20		凿岩机	
21	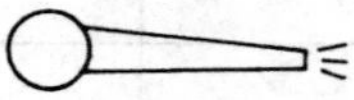	水枪	
22		喷浆机	
23	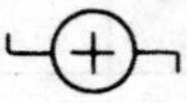	混凝土搅拌机	
24		混凝土喷射机	
25	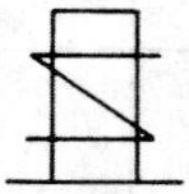	锚杆安装机	
26	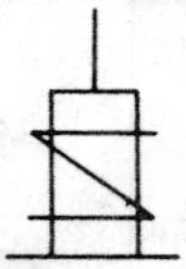	锚杆钻机	

续表

编号	图形符号	名　称	说　明
27	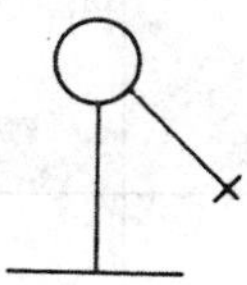	机械手	
28	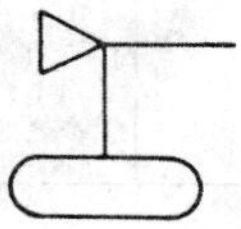	凿岩台车（钻车）	
29	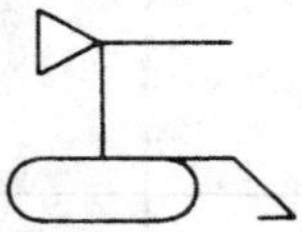	钻装机	

3. 井下运输机械图形符号（表1—3—14）

表1—3—14　井下运输机械图形符号

编　号	图形符号	名　称	说　明
1	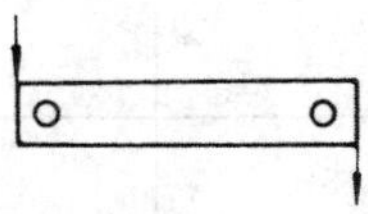	刮板输送机	单点卸料
2	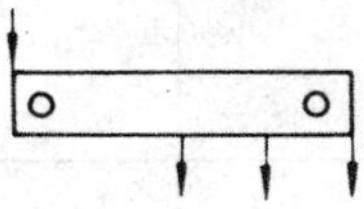	刮板输送机	多点卸料
3	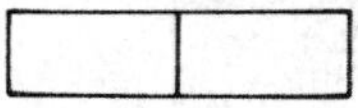	钢　溜　槽	
4	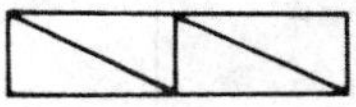	搪瓷溜槽	
5	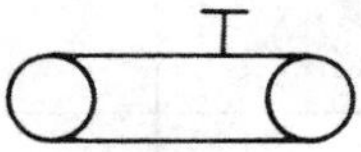	吊挂式带式输送机	
6	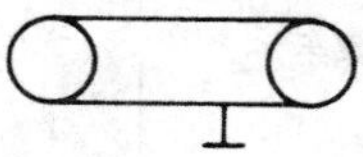	落地带式输送机	

续表

编号	图形符号	名称	说明
7	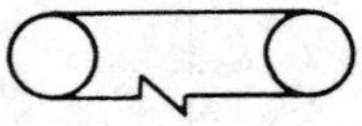	可伸缩带式输送机	一般符号
8	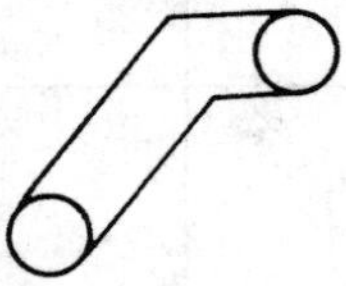	带式转载机	
9	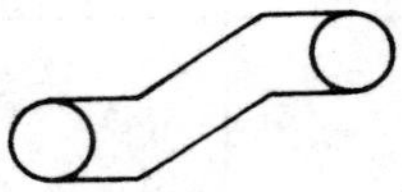	刮板转载机	一般符号
10	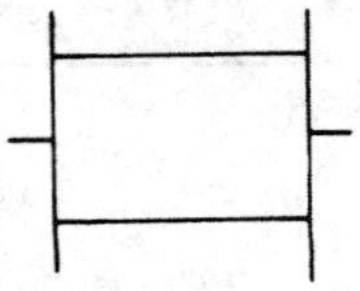	矿用绞车	（侧面） 一般符号
11	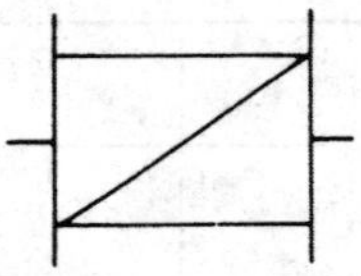	回柱绞车	
12	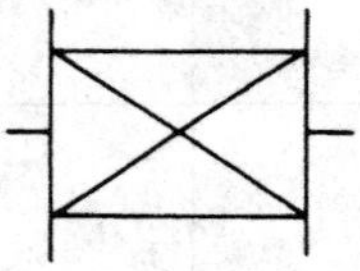	调度绞车	
13	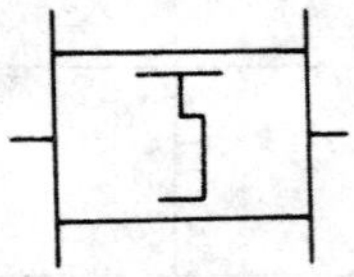	架空乘人绞车	
14	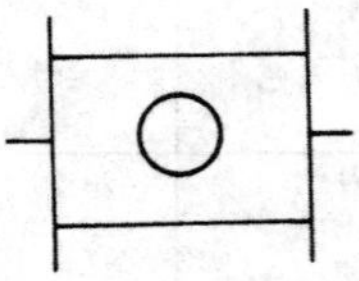	无极绳绞车	
15	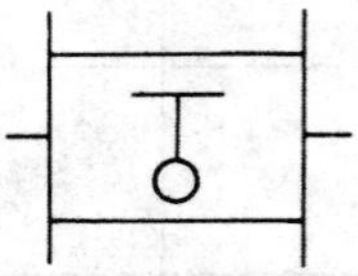	绳牵引单轨吊绞车	

续表

编　号	图 形 符 号	名　称	说　明
16	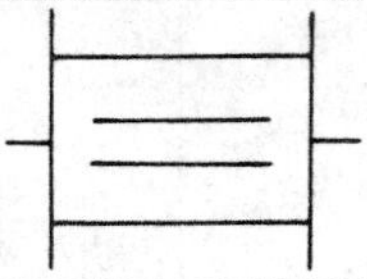	绳牵引卡轨车绞车	
17		架线式电机车	
18		蓄电池式电机车	
19		矿用内燃机车	
20		齿轨机车	一般符号
21	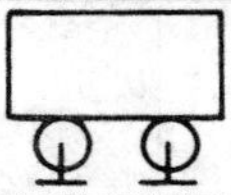	卡 轨 车	一般符号
22		轨道梭车	
23		胶轮梭车	
24		平巷人车	
25		斜井人车	
26	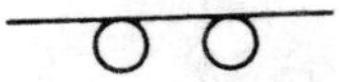	平 板 车	
27		材 料 车	

续表

编号	图形符号	名称	说明
28		单轨吊车	一般符号
29		单轨吊车道岔	一般符号
30		齿轨车道岔	一般符号

（六）采掘循环图表（表1—3—15）

表1—3—15　采掘循环图表

顺序	名称	符号	说明
1	打煤眼		
2	打岩眼		
3	放炮		
4	支柱		
5	运料		
6	回柱放顶		
7	移输送机		
8	装煤、运煤		
9	打密集支柱		
10	准备及检修		
11	移支柱		
12	移支架		
13	移风管		
14	支木垛		
15	回收木垛		
16	刨煤机刨煤		
17	开缺口		

续表

顺序	名　称	符　号	说　明
18	采煤机割煤		
19	采煤机下放		
20	风镐采煤		
21	铺金属网及底梁		

（七）压气、通风及排水机械图形符号（表1—3—16）

表1—3—16 压气、通风及排水机械图形符号

编　号	图　形　符　号	名　称	说　明
1	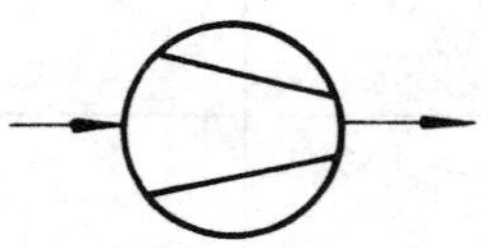	压风机	
2	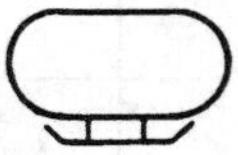	移动式风包	
3		固定式风包	
4		离心式通风机	一般符号
5		轴流式通风机	一般符号
6	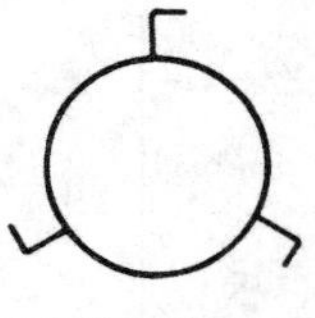	局部通风机	圆内填写功率特征

续表

编　号	图 形 符 号	名　　称	说　　明
7	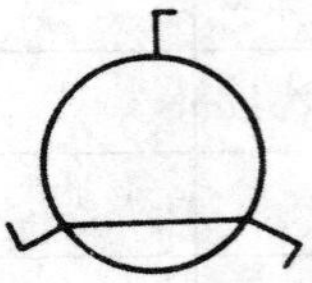	湿式除尘风机	
8	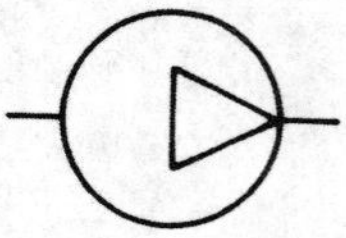	水　泵	
9	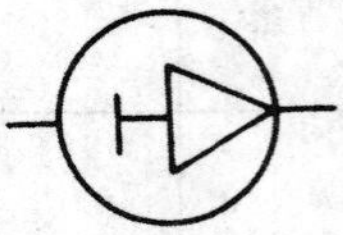	注水泵	
10	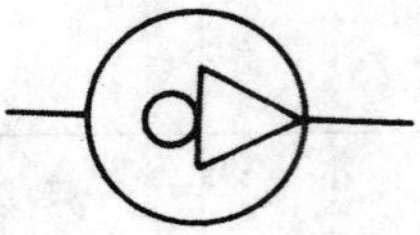	泥浆泵	
11	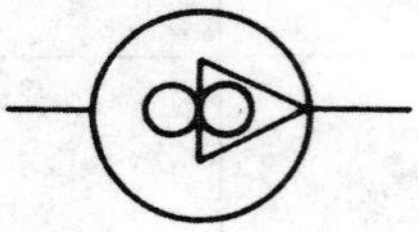	煤水泵	
12	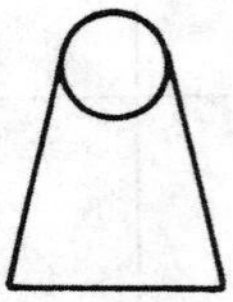	污水泵	
13	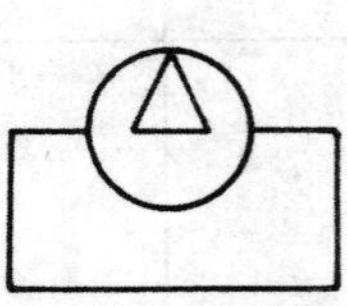	乳化液泵站	
14	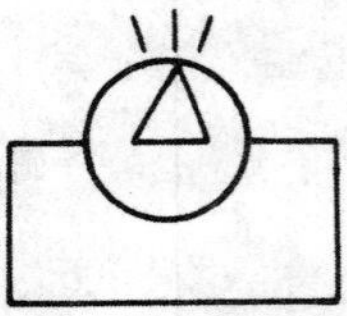	喷雾泵站	

（八）安全设施（表1—3—17）

表1—3—17 安全设施符号

顺序	名称	比例 1∶500	比例 1∶1000～1∶5000	说明
1	进风			
2	回风			
3	风门		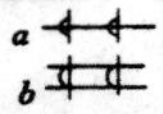 a b	a型用于通风系统图
4	调节风门	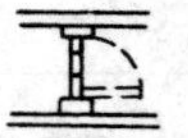	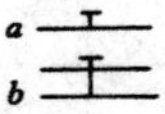 a b	
5	风帘	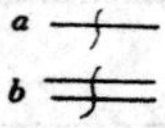 a b		
6	风桥	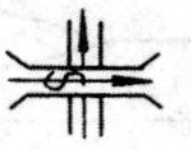	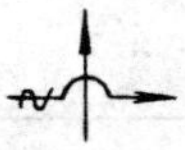	
7	密闭			
8	岩粉棚	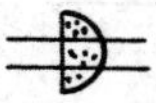		
9	水幕	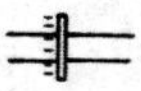		
10	水槽			
11	水袋	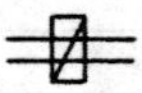		
12	防水闸门	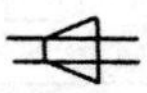		
13	防水墙	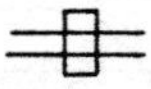		
14	栅栏门	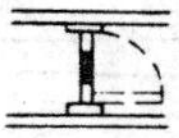	不表示	
15	防火门	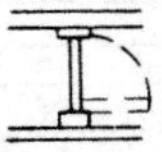	不表示	
16	密闭门		不表示	
17	栅栏防火两用门	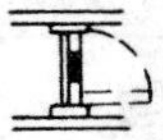	不表示	

（九）其它（表 1—3—18）

表 1—3—18 其　它　符　号

顺序	名　　称	符　　号	说　　明
1	煤的重车方向		
2	岩石的重车方向		
3	空车方向		
4	材料设备车方向		
5	工程量计算段号		
6	单开道岔		
7	对称道岔		
8	渡线道岔		
9	×× 道岔及手动扳道器	1	按操作方式划分； ××—道岔类型； 1、3、5—道岔编号
10	×× 道岔及电动扳道器	Z 3	
11	×× 道岔及弹簧扳道器	5	
12	推 车 机		
13	翻 车 机		
14	阻 车 器		
15	转 车 盘		
16	30kg/m 钢轨		用于轨道运输系统图粗线为移交生产，细线为达到设计产量
17	22kg/m 钢轨		用于轨道运输系统图粗线为移交生产，细线为达到设计产量
18	15kg/m 钢轨		用于轨道运输系统图粗线为移交生产，细线为达到设计产量
19	水沟纵断面坡度线		
20	轨道纵断面坡度线		
21	坡　　度	0.003	

续表

顺序	名　　称	符　　号	说　　明
22	巷道与轨道坡度段号		
23	金属网假顶	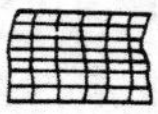	
24	塑料网假顶		
25	竹笆假顶	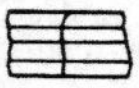	
26	荆笆假顶	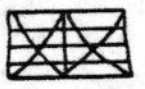	
27	冒顶区	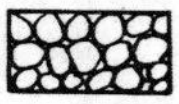	当面积大时，只涂范围内侧10～20mm
28	回采工作面推进方向		
29	矿井接替进度	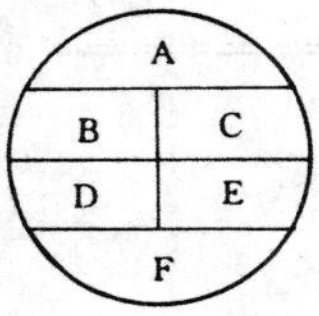 A B C D E F	A：矿井名称或编号 B：矿井可采储量 C：矿井服务年限 D：矿井设计生产能力 E：矿井开采起止年限 F：接替矿井名称
30	采区接替进度	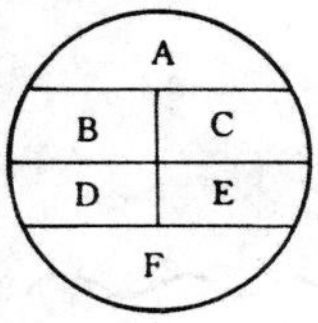 A B C D E F	A：采区编号 B：采区可采储量 C：采区服务年限 D：采区生产能力 E：采区开采起止年限 F：接替采区名称

三、常用地质图例（见表1－3－19～表1－3－24）

表1－3－19　地层产状及接触关系

编　号	名　　称	符　　号	说　　明
1	地层产状	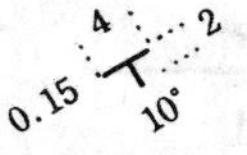 4　2　0.15　10°	横线表示地层走向，垂线表示地层的倾向，垂线的顶端注明实测倾角

续表

编号	名称	符号	说明
2	直立地层产状	2 1	箭头方向表示岩层顶面
3	水平地层产状	1 4	
4	倒转地层产状	2 2	
5	片理走向及倾向	4 1	
6	节理走向及倾向	(1) 4 0.8 2 (2)	(1) 煤层 (2) 顶板
7	实测整合地层界线	0.15	用于地形地质图、水平地质切面图、地质剖面图
8	推测整合地层界线	3 1 0.15	用于地形地质图、水平地质切面图
9	实测假整合地层界线	(1) 1 2 0.5 (2) 1 3 0.15	(1) 用于地形地质图、水平地质切面图 (2) 用于地质剖面图
10	推测假整合地层界线	1 2 6	
11	实测不整合地层界线	(1) 0.3 0.5 (2) 0.15	(1) 用于地质地形图、水平地质切面图 (2) 用于地质剖面图
12	推测不整合地层界线	6 1 0.5	

表 1-3-20 褶 皱

编号	名称	符号	说明
1	实测向斜轴	1.0 4	箭头表示岩层的倾斜方向。实测褶皱每100mm 为一组,组与组间距 10mm,推断褶皱每隔 5 节 (1 节 20mm) 绘一组,组与组间距 10mm

续表

编号	名　　称	符　　号	说　　明
2	推测向斜轴	1.0　2　20	
3	实测背斜轴	1.0	
4	推测背斜轴	1.0	
5	复式背斜	1.0　4　0.8	中间线粗 1mm，两端尖灭
6	复式向斜	1.0　4	
7	线状背斜	4	
8	梳状背斜	3	
9	箱状背斜	3	
10	实测倾没向斜轴	4	轴线箭头表示向斜的倾没方向
11	推测倾没向斜轴		轴线箭头表示向斜的倾没方向
12	实测倾没背斜轴		轴线箭头表示向斜的倾没方向
13	推断倾没背斜轴	1.0	

续表

编号	名称	符号	说明
14	实测倒转背斜轴	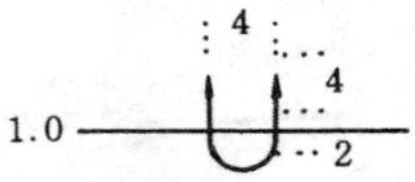 4 4 1.0 2	
15	推断倒转背斜轴	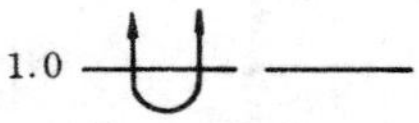 1.0	
16	实测倒转向斜轴	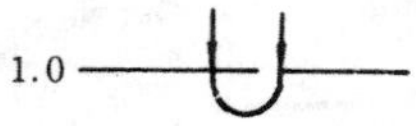 1.0	
17	推断倒转向斜轴	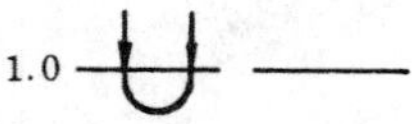 1.0	
18	穹窿		

表 1—3—21 断 裂

编号	名称	符号	说明
1	实测正断层	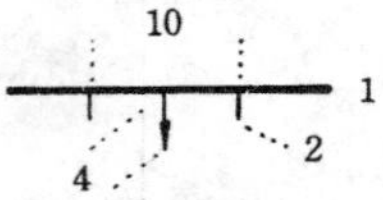 10 1 4 2	箭头表示断层面倾斜方向，短线指示地层下降的一侧。实测断层每隔 100mm 为一组，组与组间距 10mm，推断断层每 5 节(1 节 20mm)绘一组，组与组间距 10mm
2	推断正断层	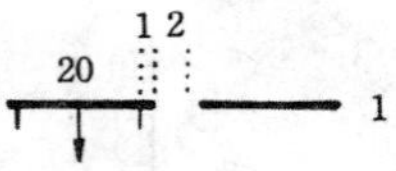 1 2 20 1	箭头表示断层面倾斜方向，短线指示地层下降的一侧。实测断层每隔 100mm 为一组，组与组间距 10mm，推断断层每 5 节(1 节 20mm)绘一组，组与组间距 10mm
3	实测逆断层	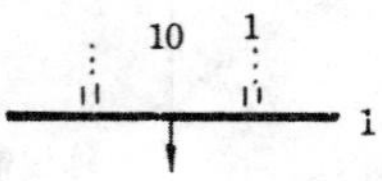 10 1 1	箭头表示断层面倾斜方向，短线指示地层下降的一侧。实测断层每隔 100mm 为一组，组与组间距 10mm，推断断层每 5 节(1 节 20mm)绘一组，组与组间距 10mm
4	推断逆断层	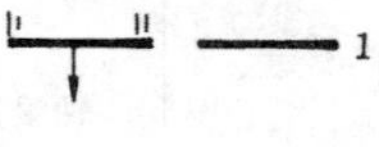 1	箭头表示断层面倾斜方向，短线指示地层下降的一侧。实测断层每隔 100mm 为一组，组与组间距 10mm，推断断层每 5 节(1 节 20mm)绘一组，组与组间距 10mm
5	实测逆掩断层	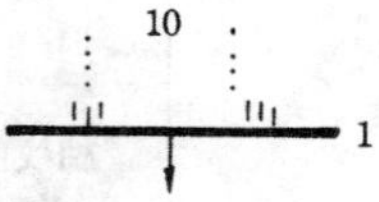 10 1	箭头表示断层面倾斜方向，短线指示地层下降的一侧。实测断层每隔 100mm 为一组，组与组间距 10mm，推断断层每 5 节(1 节 20mm)绘一组，组与组间距 10mm
6	推断逆掩断层	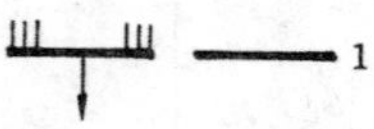 1	箭头表示断层面倾斜方向，短线指示地层下降的一侧。实测断层每隔 100mm 为一组，组与组间距 10mm，推断断层每 5 节(1 节 20mm)绘一组，组与组间距 10mm

续表

编号	名　称	符　号	说　明
7	实测平移断层	 1.0 1.0	箭头表示两盘位移的方向
8	推断平移断层	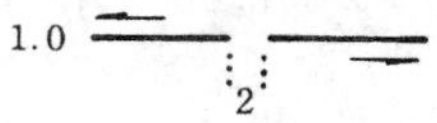 1.0 2	箭头表示两盘位移的方向
9	实测旋转断层	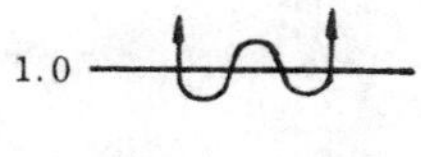 1.0	“Ω”符号表示旋转断层，箭头表示倾斜方向
10	推断旋转断层	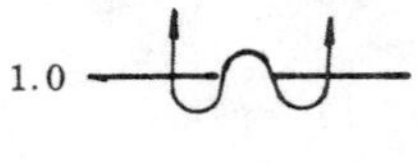 1.0	“Ω”符号表示旋转断层，箭头表示倾斜方向
11	性质不明断层	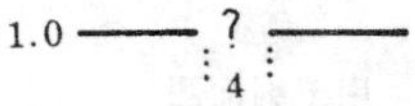 1.0 ? 4	表示断层性质还未探清
12	环状陷落	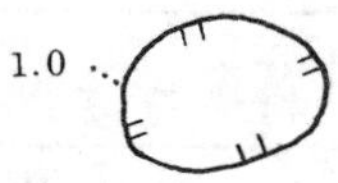 1.0	双短线表示岩层陷落方向
13	线性构造	 0.3	用于图像解释
14	隐伏断裂	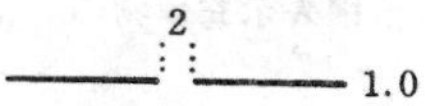 2 1.0	
15	断层编号及注记	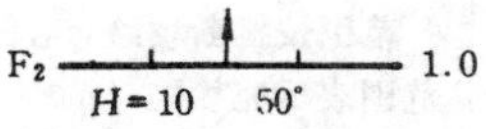 F_2 1.0 $H=10$ 50°	注记断层名称、倾角、落差（m）
16	断层上、下盘	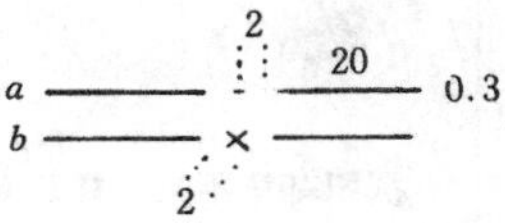 2 20 *a* 0.3 *b* 2	*a* 为上盘；*b* 为下盘
17	断层裂隙带	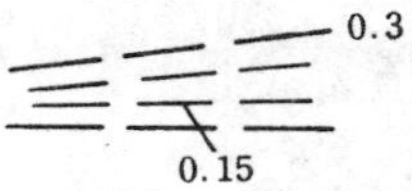 0.3 0.15	中间表示裂隙地带
18	断层破碎带	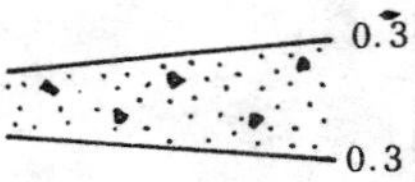 0.3 0.3	中间表示破碎地带
19	断　层	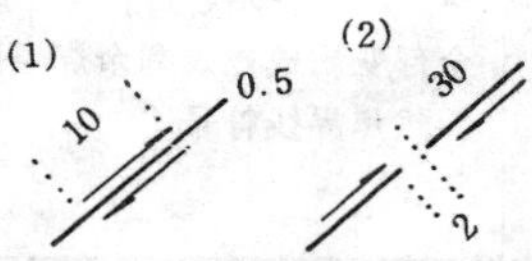 (1) 10 0.5 (2) 30 2	用于剖面：(1) 实测；(2) 推断

续表

编号	名　称	符　　号	说　　明
20	井巷实测断层	(1) 15 5 2.5 0.2 2 3　(2) 2.5 5 2 0.2 3 15	(1) 正断层；(2) 逆断层。用于采掘工程平面图。在矿井水平地质切面图上，走向粗 0.5mm
21	滑动构造	2 0.4	
22	推断滑动构造		
23	层间滑动构造	10 2 0.5	用于剖面图

表 1-3-22　其　它　构　造

编号	名　称	符　　号	说　　明
1	实测陷落柱	0.3	范围按实测填绘。蓝图可不着色。在剖面图上按实测范围表示充填物
2	推断陷落柱	0.3 10 3	范围按推断填绘，蓝图可不着色。在剖面图上按推断范围表示充填物
3	底　　鼓	0.3 1 4	沉积基底不平，煤层缺失区亦用此符号
4	古河床冲刷	0.3	按实际范围填绘岩石符号
5	岩浆岩侵入体及天然焦界线	0.3 0.15 2 10 3	侵入范围用红实线圈画，如沿断层侵入可画断层符号，内画侵入岩石符号。短线指向变质带一侧。凡煤层全部变质成焦或剩余煤层厚度不足可采厚度时，均可画天然焦界线符号

表 1-3-23 水 文 地 质

编号	名 称	符 号	说 明
1	渗透系数（m/d）	K	
2	单位涌水量（L/s·m）	q	
3	涌水量（L/s）	Q	
4	水位降深（m）	S	
5	矿化度（g/L）	M	
6	水 温	T	
7	岩层裂隙率	KT	
8	富水性极强的岩层	2	$q>10$L/s·m
9	富水性强的岩层	4	$q=1-10$L/s·m
10	富水性中等的岩层	4	$q=0.1-1$L/s·m
11	富水性弱的岩层	2	$q=0.01-0.1$L/s·m
12	富水性极弱的岩层	2	$q<0.01$L/s·m
13	实际上不含水的岩层	2	

表 1-3-24 钻 探 工 程

编号	符号 / 比例尺 / 名称	1∶500 和 1∶1000	1∶2000		说 明
			地 面	井 下	
1	设计钻孔		18 32.64 / 180.50 3.5	2.5	钻孔上方为孔号，左上方为孔口高程，左下为设计孔深

续表

编号	名称（符号＼比例尺）	1∶500 和 1∶1000	1∶2000 地面	1∶2000 井下	说明
2	见煤钻孔	3 4.5	3.5 2	2	在地形图上左边只注孔口高程；在煤层底板等高线图，储量计算图，采掘工程图上，左上为孔口高程，左下为底板高程，右边为煤层可采厚度、钻孔质量级别（采掘工程图可不注）
3	未见煤钻孔	3 4.5	3.5 2	2	左边为孔口高程。水平切面图采用此符号，但不注记高程。孔位指直孔或斜孔穿过本水平的位置
4	见煤斜孔	3 4.5　2	3.5 2　1.5	2	黑圆点为钻孔见煤点的投影位置，在地形地质图上钻孔涂黑；井下钻孔的虚线表示孔口至孔底的投影长度
5	未见煤斜孔	3 4.5　2	3.5 2　1.5	2	用于底板等高线及储量计算图，左边为孔口高程，小圆圈或黑点为本煤层的投影位置
6	报废孔	3 4.5	3.5 2	2	
7	测井基准孔	3 4.5	3.5		用于测井专用图
8	地震测井孔	3 4.5	3.5		用于测井专用图
9	一孔多用钻孔	85－8（瓦） 3 4.5	85－8（瓦） 3.5 2	85－8（瓦） 2	用于地质与其它兼用孔，如瓦斯采样孔，在孔号右边加注"瓦"
10	专用工程孔	3 4.5	85－9（电） 3.5 2	85－9（电） 2	孔号右边加注"电"、"风"、"排"、"灭"等字，分别表示输电、通风、排水、灭火等钻孔
11	"三带"观测孔	3 4.5	85－5（裂） 3.5 2	85－5（裂） 2	

续表

编号	符号 比例尺 名称	1∶500 和 1∶1000	1∶2000 地面	1∶2000 井下	说明
12	设计钻孔		4　6　0.2		用于剖面图
13	钻　孔		4　6　4		用于剖面图
14	投影钻孔		4　6　4　4　0.25		用于剖面图
15	剖面钻孔注记		85－10 / 22.70　－57.00　3.1(0.3)0.7　287.25		上方分子为孔号，分母为孔口高程，左边为煤层底板高程，右边为煤层及夹石层厚度（真厚），下方为终孔深度

第十节　设计图纸分类及符号

一、设计图纸的分类

设计图纸，按其使用目的不同，分为下列三类：

（1）工程勘察设计（包括总体及单项工程）

（2）通用设计

（3）标准设计

工程勘察设计图纸又根据不同要求分为下列阶段：

(1) 可行性研究

(2) 总体设计

(3) 初步设计

(4) 技术设计

(5) 施工图

二、各类图纸的符号及代号

各类图纸的编号采用统一形式。为了区别各类图纸，在每类图纸图号的号首，采用汉语拼音字母标注，其规定见表1—3—25。

总体及单项工程设计，又按工程类别规定代号见表1—3—26。

表1—3—25 各类图纸符号表

符号 图纸类别 / 设计阶段	工程设计	工程勘察	通用设计	标准设计
可行性研究	K	KK		
总体设计	Z	ZK		
初步设计	C	CK	TC	BC
技术设计	J		TJ	BJ
施工图	S	SK	TS	BS

注：1. 环境影响评价符号采用H。
2. 方案设计符号采用F。

表1—3—26 总体及单项工程分类代号表

工程类别名称	代号	工程类别名称	代号
总 体	0	电厂、输变电、通信工程	5
矿 井	1	铁路、公路、索道、码头、管道运输	6
选煤厂	2	给排水、供热、环保工程	7
矿区辅助、附属企业及设施	3	火药厂	8
露天矿	4	其它工程	9

注：其它工程系指本表0～8以外的单项工程设计。

三、图号组成

整个图号由号首、号干和号尾三部分组成，彼此间用短横线隔开。

例如 S1003—105·1—1

号首 号干 号尾

按其相应位置分成六段加以说明：

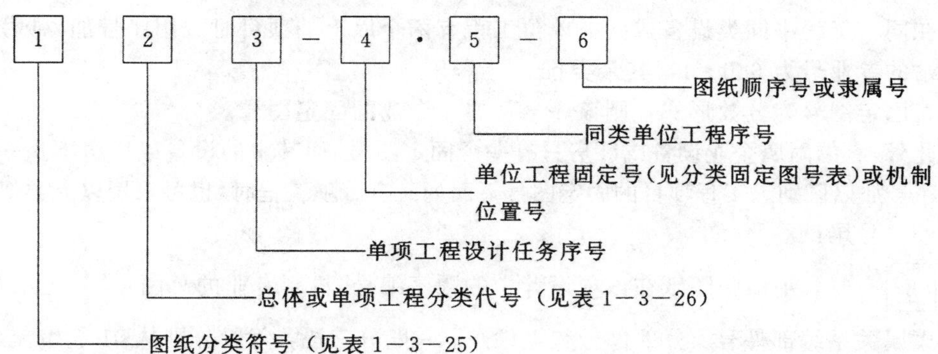

(1) 号首:由三段组成。

[1]——号首的第一段为图纸类别和设计阶段的符号,按表1—3—25选用。

[2]——号首的第二段为总体或单项工程分类代号,用一位数字0~9表示,按表1—3—26选用。

[3]——号首的第三段为工程设计任务的序号,用三位数字组成,由各设计单位计划部门按工程类别自行排定,从001起,按每一个任务号顺序排列。

部标准、通用设计的第[2][3]段用设计开始编制年份的后两位数字组成。

(2) 号干:由两段组成。

[4]——号干的第一段单位工程固定图号,按工程类别及各专业的单位工程或设备统一划分和排定,见各分类固定图号表。矿井设计固定图号由三位数字组成。其它单项设计固定图号由四位数字组成,其第一位数字除露天矿按历史习惯仍为1外,其它与单项工程分类代号取得一致。

各单位工程设计中,同类不同型的各种单位工程或设备,均采用同一的固定图号,如矿井设计中各种型式的筛分机固定图号为350。各专业单位工程图纸,如果在固定图号表中没有相同名称的固定号时,允许采用内容相近的固定图号,尽量避免补充新号。

专业之间配套的图纸,如矿井井下硐室、地面各种建筑物和构筑物的动力配电、照明、给排水、采暖、通风及机械设备安装等设计图纸,这一号段采用分数形式,分子为机电、水暖等专业的固定图号,分母为硐室、建筑物和构筑物的固定图号。

位置号是工程设计中机制专业的一种图纸编号方法,根据工艺系统对各结构部分统一排定的,因此在这些图纸的编号中,不用固定图号而以位置号编排图号。采用位置号时,为避免与固定图号相混,此类图号的号首和号干之间不用短横线而用圆点隔开。

标准、通用设计图纸,均采用单位工程的固定图号。

[5]——号干的第二段,表示系列品种的序号及同类设备或同类单位工程的序号。从1起编流水号,固定号与序号之间用圆点隔开。

如系部标准、通用设计,该系列品种的序号由编制单位提出或随任务布置下达。只有一个品种的,不编制系列项目,该序号省略。

在同一工程中同类设备或同类单位工程有两个以上的项目时，用序号加以区别，如第一转载站的专业号为 640·1，其余类推。

若固定图号为分数形式，则该序号从属于专业的固定图号。

此外，有的附属企业设备或厂房只有一个固定图号，而其中的设备或厂房不止一项时，也采用顺序号加以区别。工程项目的固定图号下面如又有分项工程时，也可采用以上类似办法编序。

(3) 号尾：

| 6 |——表示该张图纸在该项设计中的顺序编号。机制专业的总图，其号尾用 00 表示，以下按隶属关系编部件号、分部件号和零件号。一般分三段，每段分别从 01 起编流水号。其它专业图纸，号尾均由 1 起编流水号。

(4) 修改已批准的设计时，应在修改图图号上按修改范围（单项、单位或某张图），在相应号段后边加注 G，第一次修改为 G1，第二次修改为 G2，其余类推。

若一套设计中，仅个别图纸上有少数非原则性错漏现象需要修改时，则可不必在图号后边加注修改号，但必须在图纸修改处和图签的专用栏内注明。

(5) 改扩建工程和矿井延深工程的图号，参照第 4 条修改图纸的办法，在原工程图号的相应位置后边加注字母 GK（改扩建工程）或 Y（延深工程）。

(6) 施工图说明书、技术条件、计算书及预算书的图号，只在封面或首页写明号首与号干。

(7) 工程勘察除号首有相应符号外，号干也采用分数形式编号，分子表示勘察图号，分母为原单位工程的图号，以便明确某个单位工程的勘察图纸。补充勘察时，补充图的图号按补充范围（单项、单位），在相应图号段的后边加注 B，第一次补充为 B1，以后按顺序类推。施工期间验槽、监测的勘察，加注 YJ，方式同前。

(8) 几个单位工程合并出图时，用主要单位工程的固定图号。

(9) 图纸编号方法示例：

①环境影响评价：

H0003－005－1，为矿区总体环境影响评价第 3 项任务的第 5 项图纸的第 1 张。

H1003，为矿井环境影响评价。

H2003－2005－1，为选煤厂环境影响评介第 3 项任务的第 5 项图纸的第 1 张。

②可行性研究：

K0001－109－1，为总体可行性研究第 1 项任务，开拓方式图，第 1 张图。

K1001－109－1，为矿井可行性研究第 1 项任务，矿井开拓方式图，第 1 张图。

③总体设计：

Z0002－102－1，为总体设计第 2 项任务，矿区地质地形图，第 1 张图。

④单项工程设计：

C1003－121－1，为矿井初步设计第 3 项任务，井底车场布置图，第 1 张图。

F1003－121－1，为矿井方案设计第 3 项任务，井底车场布置图，第 1 张图。

S1002－121－1，矿井施工图设计第 2 项任务，井底车场布置图，第 1 张图。

⑤采用分数形式：

S1003－$\frac{214}{161}$－5，为矿井施工图第 3 项任务，采区变电所的电气设备布置图，第 5 张。

⑥通用设计：

TS87—$\frac{230}{653}$—2，为1987年开始编制的通用设计，办公楼照明图，第2张。

⑦标准设计：

BS87—364·5—00，为1987年开始编制的标准设计，矿车系列第5种（即5t矿车），机制总图。

⑧采用位置号：

S1003·25—010311，为矿井施工图第3项任务，位置号为25的第1部件，第3分部件，第11张零件图。

⑨工程勘察：

SK1007—$\frac{069}{447}$—0603，为矿井施工图勘察第7项任务，工业场地的工程地质剖面图，共6张图中的第3张图。

CK2005—$\frac{2027}{2700B1}$—0301，为选煤厂初设勘察第5项任务，居住区第1次补测1∶1000的地形图，共3张图中的第1张图。

SK4005—$\frac{1072}{1951YJ}$—0201，为露天矿施工图勘察第5项任务，边坡稳定工程施工监测勘察，大型直剪试验综合成果图表，共2张图中的第1张图。

⑩图纸修改：

S1004—121G1—1，为矿井施工图第4项任务，井底车场布置图第1次修改图，第1张图。

⑪改扩建设计：

C1001GK—116—1，为矿井改扩建初步设计第1项任务，副井井筒，第1张图。

⑫煤炭行业以外的设计图纸：

电厂初步设计第9项任务为：

C5009—以下采用电力系统编号。

煤气厂或焦化厂初步设计第2项任务为：

C9002—以下采用化工系统编号。

第十一节 固 定 图 号

一、矿井设计固定图号

001～020 环境影响评价

021～100 工程勘察

101～180 采 矿

181～200 施工组织

201～300 机 电

301～400 机 制

401～500 工艺布置和总图运输

501～600 其它或备用

601～800 土 建

801～900 水暖及环保工程

901～999 矿区行政、文教、卫生等附属设施

二、矿井设计采矿专业固定图号（表1—3—27）

表1—3—27 采矿专业固定图号

固定图号	图名	固定图号	图名
101	矿区交通位置图	142	密闭门硐室
102	区域或矿区地质地形图	143	等候室、避灾硐室
103	井田地形地质图	144	调度室、医疗室、井下办公室
104	地质剖面图	145	工具备品保管室
105	煤层底板等高线及储量计算图	146	防水闸门硐室
106	安全煤柱图	147	推车机及翻车机硐室或自卸矿车卸载站硐室
107	综合地质柱状图	148	井底煤仓及装载硐室
108	与邻近矿井关系图	149	井下材料换装站
109	开拓方式图	150	岩粉棚、隔爆水棚、隔爆水袋布置图
110	开拓巷道工程图	151	各种壁龛及机械设备（包括防火、洒水、照明、电气或油水分离器等）硐室
111	主井井筒	152	空气压缩机硐室
112	主井井筒与井底车场连接处	153	蓄电池电机车库及充电硐室
113		154	胶带输送机机头及转载硐室
114		155	清理井底撒煤及水窝泵房
115		156	采区水仓及沉淀池
116	副井井筒（包括人车存放线、矸石井筒）	157	采煤方法图
117	副井井筒与井底车场连接处	158	采区车场图（上、下山及盘区车场）
118	风井井筒（包括风硐、安全出口及防爆门框等）	159	井下绞车房（卡轨车、单轨吊等驱动硐室）
119	风井井筒与风道连接处	160	采区煤仓及溜煤眼
120	其他井筒	161	采区变电所
121	井底车场图	162	采区水泵房
122	巷道断面图	163	采区布置及机械配置图
123	巷道交岔点	164	采区年进度计划图
124	井下运输系统示意图	165	井巷工程数量总表
125		166	副井井底水窝及水窝泵房
126	矿区井田划分及开发方式图	167	
127	其他地质图	168	
128	液压站硐室	169	采区矸石仓
129	柴油机车库、修理间及加油硐室	170	
130	单轨吊车车库、修理间及加油硐室	171	通风系统图
131	主排水泵房	172	风门、风桥、密闭等硐室
132	主排水泵房管子道	173	瓦斯抽放工程
133	爆破材料发放硐室	174	井下安全监测布置
134	沉淀池硐室	175	
135		176	充填系统图
136	水仓及清理水仓硐室	177	水力提升硐室
137	主变电所	178	
138	架线电机车库及修理间	179	
139	消防材料库	180	
140	井下爆破材料库		
141	防火门及防火、栅栏两用门硐室		

续表

固定图号	图 名	固定图号	图 名
181	矿区交通运输及附属企业分布图	190	土建工程施工进度图
182	井筒掘进时期地面施工工业场地布置图	191	采矿、土建、机电工程综合进度表
183	巷道掘进时期地面施工工业场地布置图	192	矿井建设顺序及产量平衡表
184	井筒掘进设备布置及井口提升设备布置图	193	
		194	
185	风井掘进设备布置及井口提升设备布置图	195	
		196	
186	井巷工程施工进度图	197	
187	井底车场施工进度图	198	
188	移交生产时采区施工进度图	199	
189	机电设备安装工程施工进度图	200	

注：主井、副井及风井包括立、平、斜的井筒及暗井。

第四章　岩石性质与围岩分类

第一节　岩石和岩体的性质

一、岩石的物理力学性质（表1—4—1）

表1—4—1　岩石物理力学性质

类别	指标名称	物理意义	计算公式	符号说明	试验方法及标准名称
真密度	岩石真密度	单位体积的岩石（不包括孔隙）在105～110℃下干燥24h后的质量	$d=\frac{g}{g+g_2-g_1}\cdot d_s$	d—岩石真密度，kg/m³； g—岩样质量，g； g_1—比重瓶、岩样和蒸馏水合重，g； g_2—比重瓶和满瓶蒸馏水合重，g； d_s—室温下蒸馏水的密度，$d_2\approx 10^3$kg/m³	比重瓶法 MT39—87
视密度	岩石视密度	单位体积岩石（含孔隙）的质量			蜡封法和量积法 MT40—87
	干视密度	试件在105～110℃温度下干燥24h后的视密度	$\rho=\frac{g}{\frac{g_1-g_2}{d_2}-\frac{g_1-g}{d_1}}$	ρ—试件的干视密度，kg/m³； g—试件干重，g； g_1—蜡封试件在空气中重，g； g_2—蜡封试件在水中重，g； d_2—水的密度，kg/m³，取近似值$d_2\approx 10^4$kg/m³； d_1—石蜡密度，kg/m³	腊封法 MT40—87
			$\rho_2=\frac{g}{F\cdot h}=1000$		量积法 MT40—87
	饱和视密度	试件在饱和吸水状态下的视密度	$\rho_b=\frac{g_b}{\frac{g_1-g_2}{d_2}-\frac{g_1-g_b}{d_1}}$	ρ_b—试件的饱和视密度，kg/m³； g_b—水饱和试件在空气中的质量，g； g_1—水饱和试件蜡封后在空气中的质量，g； g_2—水饱和试件蜡封后在水中的质量，g； d_2—水的密度，kg/m³，取近似值$d_2\approx 10^3$kg/m³； d_1—石蜡密度，kg/m³	腊封法 MT40—87

续表

类别	指标名称	物理意义	计算公式	符号说明	试验方法及标准名称
视密度	饱和视密度		$\rho_b=\dfrac{g_b}{F\cdot h}\times1000$		量积法 MT40—87
	自然视密度	试件在制备后，在下部贮水的干燥器内存放1～2d的视密度	$\rho_2=\dfrac{g_z}{\dfrac{g_1-g_2}{d_s}-\dfrac{g_1-g_2}{d_1}}$	ρ_z—试件在自然含水状态下的视密度，kg/m^3； g_z—自然含水状态下的试件在空气中的质量，g； g_1—自然含水状态下的试件蜡封后在空气中的质量，g； g_2—自然含水状态的试件蜡封后在水中的质量，g； d_s—水的密度，kg/m^3，取近似值 $d_2\approx10^3kg/m^3$； d_1—石蜡密度，kg/m^3	腊封法 MT40—87
			$\rho_2=\dfrac{g_z}{F\cdot h}\times1000$		量积法 MT40—87
	天然视密度	试件在天然含水状态下的视密度	$\rho_1=\dfrac{g_t}{\dfrac{g_1-g_2}{d_s}-\dfrac{g_1-g_t}{d_1}}$	ρ_1—保持天然含水状态的试样视密度，kg/m^3； g_t—保持天然含水状态的试件在空气中的质量，g； g_1—保持天然含水状态的试件蜡封后在空气中的质量，g； g_2—保持天然含水状态的试件蜡封后在水中的质量，g； d_s—水的密度，kg/m^3，取近似值 $d\approx10^3kg/m^3$； d_1—石蜡密度，kg/m^3	腊封法 MT40—87
孔隙率	岩石孔隙率	岩石的孔隙体积与岩石总体积之比	$n=\left(1-\dfrac{\rho_t}{\rho}\right)\times100\%$	n—岩石的总孔隙率； ρ_t—岩石的干视密度； ρ—岩石的真密度	MT41—87
	岩石有效孔隙率	等于岩石强制（饱和）吸水率的数值	$n_y=\omega_q$	n_y—有效孔隙率； ω_q—强制吸水率	MT41—87
吸水率	自然吸水率	试件在大气压力作用下吸入水分的质量与试件的干质量之比	$\omega_z=\left(\dfrac{g_1}{g}-1\right)\times100\%$	ω_z—岩石的自然吸水率； g_1—试件自然饱和吸水后的质量，g； g—试件烘干后的质量，g	MT41—87
	强制吸水率	试件在真空或加压条件下吸入水分的质量与试件的干质量之比	$\omega_q=\left(\dfrac{g'_1}{g}-1\right)\times100\%$	ω_q—岩石强制吸水率； g'_1—试件强制吸水后的质量，g； g—试件烘干后的质量，g	MT41—87

续表

类别	指标名称	物理意义	计算公式	符号说明	试验方法及标准名称
含水率	含水率	岩石在天然状态下所含水分的质量与岩石烘干后的质量之比	$\omega=\frac{g_1-g_2}{g_2}\times100\%$	ω—岩石的天然含水率； g_1—保持天然水分的试件质量，g； g_2—烘干的试件质量，g	MT41—87
单向抗压强度	单向抗压强度	试件破坏时轴向破坏载荷与试件初始截面积之比	$R=\frac{P}{F}\times10$	R—试件单向抗压强度，MPa； P—试件破坏载荷，kN； F—试件初始截面积，cm^2	MT44—87
	水饱和试件单向抗压强度	饱和状态下测得的单向抗压强度			MT44—87
	干燥试件单向抗压强度	干燥状态下测得的单向抗压强度			MT44—87
	自然含水状态试件抗压强度	自然含水状态下测得的单向抗压强度			MT44—87
软化系数	软化系数	岩石（煤）的水饱和试件单向抗压强度与干燥试件（或自然含水状态试件）单向抗压强度的比值	$K_1=\frac{R_b}{R_g}$ $K_2=\frac{R_b}{R_z}$	K_1—干燥试件的软化系数； K_2—自然含水状态试件的软化系数； R_b—水饱和试件的单向抗压强度，MPa； R_g—干燥试件的单向抗压强度，MPa； R_z—自然含水状态试件的单向抗压强度，MPa	MT44—87
变形参数	应　力	和应变相对应的载荷与试件初始截面积之比	$\sigma=\frac{P_1}{F}\times10$	σ—应力，MPa； P_1—与应变相对应的载荷，kN； F—试件初始截面积，cm^2	MT45—87
	割线模量	单向抗压强度的50%与试件承受σ_{50}应力时的纵向应变值之比	$E_{50}=\frac{\sigma_{50}}{\varepsilon_{50}}$	E_{50}—割线模量，MPa； σ_{50}—单向抗压强度的50%，MPa； ε_{50}—试件承受σ_{50}，应力时的纵向应变值	MT45—87

续表

类别	指标名称	物理意义	计算公式	符号说明	试验方法及标准名称
变形参数	切线模量（弹性模量）	在应力－纵向应变曲线上直线段的斜率	$E_t=\frac{\sigma_b-\sigma_a}{\varepsilon_b-\varepsilon_a}$	E_t—切线（弹性）模量，MPa； σ_a—应力—应变曲线中直线段始点的应力，MPa； σ_b—应力—应变曲线中直线段终点的应力，MPa； ε_a—应力—应变曲线中直线段始点的应变值； ε_b—应力—应变曲线中直线段终点的应变值	MT45－87
	泊松比	应力－纵向应变和应力－横向应变两曲线上对应直线段部分纵向应变和横向应变的平均值之比	$\mu=\frac{\varepsilon_{dp}}{\varepsilon_{tp}}$	μ—泊松比； ε_{dp}—应力—横向应变曲线上对应直线段部分应变的平均值； ε_{tp}—应力—纵向应变曲线上对应直线段部分应变的平均值	MT45－87
抗拉强度	单向抗拉强度		$R_1=\frac{2P}{\pi DL}\times 10$	R_1—试件的抗拉强度，MPa； P—试件破坏载荷，kN； D—试件直径，cm； L—试件厚度，cm	劈裂法 MT47－87
抗剪强度	抗剪强度	试件剪断时的载荷与剪切面面积之比	$\tau_0=\frac{P}{2F}\times 10$	τ_0—试件的抗剪强度，MPa； P—试件剪断时的载荷，kN； F—剪切面面积，cm²，$F=\frac{\pi}{4}D^2$； D—试件直径，cm	MT48－87
膨胀率	膨胀率	岩石和水进行物理化学反应后随时间变化而产生体积增大现象，增大后的体积与岩石原体积的比率	$V=\frac{H_1-H_0}{H}\times 100\%$	V—膨胀率； H—试件原始高度，mm； H_0—试件膨胀前百分表读数，mm； H_1—试件膨胀稳定后的百分表读数，mm	MT171－87
膨胀应力	膨胀应力	岩石和水进行物理化学反应后随时间变化而产生体积增大现象，此时试件保持体积不变所需的压力	$P=(\mu_{\varepsilon 0}-\mu_\varepsilon)\times C\times 10/F$	P—试件浸水后的最大膨胀应力，MPa； $\mu_{\varepsilon 0}$—应变仪初始读数； μ_ε—试件膨胀稳定后的应变仪读数； C—压力传感器标定值，kN； F—试件面积，cm²	MT172－87

续表

类别	指标名称	物理意义	计 算 公 式	符 号 说 明	试验方法及标准名称
耐崩解性指数	耐崩解性指数	岩样在承受干燥和湿润两个标准循环之后，岩样对软化和崩解作用所表现出的抵抗能力	$I_d=\frac{C-D}{A-D}\times100\%$	I_d—试件的耐崩解性指数； C—第二循环后试验圆筒和试件残留部分的质量总和，g； A—测定前试验圆筒和试件的质量总和，g； D—试验圆筒的质量，g	MT173－87
耐冻性	耐冻性	坚硬岩石的耐冻性是它对冷冻破坏作用的抗抵性能。破坏作用取决于水可进入开型孔隙的体积、性质和分布情况。饱和系数可以作为判定岩石抗冻性的间接指标。 测定岩石耐冻性的方法：将试样慢慢浸水，使之饱和，然后在－25℃下冷冻。冻后融化，融后再冻，如此反复10～15次。 如试样不出现裂缝、片落、脱角和其他破坏现象时，认为是耐冻的岩石。也可以用耐冻试验前后试样的抗压强度关系或用饱水系数来判定岩石的耐冻性			

二、岩石的物理力学性质指标（表1－4－2～表1－4－6）

表1－4－2　岩石的主要物理性质指标

岩石名称	天然视密度 (g/cm³)	孔隙率 (%)	吸水率 (%)
花岗岩	2.3～2.8	0.04～2.80	0.10～0.70
正长岩	2.5～3.0		0.47～1.94
闪长岩	2.52～2.96	0.25左右	0.3～0.38
辉长岩	2.55～2.98	0.29～1.13	
斑　岩		0.29～2.75	
玢　岩	2.4～2.86		0.07～0.65
辉绿岩	2.53～2.97	0.29～1.13	0.80～5.0
玄武岩	2.6～3.1	0.3～21.8	0.30左右
砾　岩	1.9～2.3		1.0～5.0
砂　岩	2.2～2.6	1.6～28.3	0.2～7.0
页　岩	2.4～2.7	0.7～1.87	
石灰岩	1.8～2.6	0.53～27.0	0.10～4.45
泥灰岩	2.3～2.5	16.0～52.0	2.14～8.16
白云岩	2.1～2.7	0.3～25.0	
凝灰岩	0.75～1.4	25	
片麻岩	2.6～2.9	0.3～2.4	0.10～0.70
片　岩	2.3～2.6	0.02～1.85	0.10～0.20
板　岩	2.6～2.7	0.45左右	0.10～0.30
大理岩	2.7左右	0.1～6.0	0.10～0.80
石英岩	2.8～3.3	0.8左右	0.10～1.45
蛇纹岩	2.6左右	0.56左右	

表 1-4-3　岩石的吸水率和饱水系数

岩石名称	数值等级	吸水率（%）（以重量单位表示的百分比）				饱水系数	吸水率（%）（占水可进入的开型孔隙总体积百分比）			水可进入的孔隙的孔隙度（%）
		快速浸水	慢速浸水	真空饱和	压力下饱和		快速浸水	慢速浸水	真空饱和	
砂　岩	最大值	7.76	7.81	12.58	12.85	0.608	60.50	60.86	97.92	25.38
	平均值	4.13	5.23	5.52	5.85	0.894	70.59	89.47	94.43	13.87
	最小值	2.48	2.49	2.61	2.75	0.905	90.13	90.57	95.10	6.77
石灰岩	最大值	7.51	7.88	19.08	21.19	0.372	35.46	37.20	90.04	36.47
	平均值	2.20	2.41	3.71	4.58	0.526	48.15	54.03	81.10	11.50
	最小值	0.66	0.85	0.89	0.90	0.944	72.99	92.29	99.30	2.51
板　岩	最大值	1.04	1.10	1.80	2.16	0.509	48.19	51.11	83.33	5.66
	最小值	0.52	0.58	0.86	0.86	0.674	60.35	67.50	100.00	2.33
火山凝灰岩	最大值	22.11	23.41	30.25	33.75	0.694	65.51	69.37	89.64	45.14
	平均值	13.48	13.48	15.00	15.54	0.876	86.71	86.71	96.52	29.35
	最小值	9.00	9.20	11.39	12.29	0.749	73.23	74.83	92.70	24.47
玄武岩	最大值	1.07	1.07	1.17	1.17	0.915	91.14	91.43	100.00	3.37
	最小值	0.27	0.27	0.39	0.39	0.693	68.46	68.46	100.00	1.14
花岗岩	最大值	2.65	2.91	3.88	3.88	0.750	68.44	75.06	100.00	9.32
	平均值	0.74	0.74	0.98	1.31	0.565	56.46	56.46	74.53	3.34
	最小值	0.28	0.59	0.59	0.69	0.855	41.79	85.58	85.58	1.82
斑　岩	最大值	2.28	2.90	3.44	3.90	0.744	61.76	78.46	90.23	9.15
	平均值	1.43	1.67	1.72	1.95	0.856	78.10	85.51	88.27	4.89
	最小值	1.24	1.24	1.24	1.40	0.880	86.75	88.75	88.75	3.48

表 1-4-4　各类型岩石的软化系数

岩浆岩		沉积岩		变质岩	
岩石名称	软化系数	岩石名称	软化系数	岩石名称	软化系数
花岗岩	0.72～0.97	火山集块岩	0.6～0.8	片麻岩	0.75～0.97
闪长岩	0.60～0.80	火山角砾岩	0.57～0.95	石英片岩及角闪片岩	0.44～0.84
闪长玢岩	0.78～0.81	安山凝灰集块岩	0.61～0.74	云母片岩及绿泥石片岩	0.53～0.69
辉绿岩	0.33～0.90	凝灰岩	0.52～0.86	千枚岩	0.67～0.96
流纹岩	0.75～0.95	砾　岩	0.50～0.96	硅质板岩	0.75～0.79
安山岩	0.81～0.91	石英砂岩	0.65～0.97	泥质板岩	0.39～0.52
玄武岩	0.30～0.95	泥质砂岩，粉砂岩	0.21～0.75	石英岩	0.94～0.96
		泥　岩	0.4～0.6		
		页　岩	0.24～0.74		
		石灰岩	0.7～0.94		
		泥灰岩	0.44～0.54		

注：当软化系数小于 0.75 时，为易软化的岩石。

表 1-4-5　用饱和系数 K_ω 判定岩石的耐冻性

岩　石　种　类	耐冻岩石	不耐冻岩石
一般岩石的理论值	$K_\omega<0.9$	$K_\omega\geqslant0.9$
粒状结晶、孔隙均匀的岩石	$K_\omega<0.8$	$K_\omega\geqslant0.8$
孔隙不均匀或呈层状分布有粘土物质填充的岩石	$K_\omega<0.7$	$K_\omega\geqslant0.7$

表 1—4—6 岩石力学性质指标的经验数据

岩类	岩石名称	密度 ρ (g/cm³)	抗压强度 R_c (MPa)	抗拉强度 R_t (MPa)	静弹性模量 E (×10⁴MPa)	动弹性模量 E_d (×10⁴MPa)	泊松比 ν	纵波波速 V_p (m/s)	弹性抗力系数① K_0 (MN/m³)	似内摩擦角② φ	应力③ σ (MPa)
岩浆岩	花岗岩	2.63～2.73	75～110	2.1～3.3	1.4～5.6	5.0～7.0	0.36～0.16	600～3000	600～2000	70°～82°	3～4
		2.80～3.10	120～180	3.4～5.1		7.1～9.1	0.16～0.10	3000～6800	1200～5000	75°～87°	4～5
		3.10～3.30	180～200	5.1～5.7	5.43～6.9	9.1～9.4	0.10～0.02	6800	5000	87°	5～6
	正长岩	2.5	80～100	2.3～2.8		5.4～7.0	0.36～0.16	600～3000	600～2000	82°30′～85°	4～5
		2.7～2.8	120～180	3.4～5.1	1.5～11.4	7.1～9.1	0.16～0.10		1200～5000	82°30′～85°	4～5
		2.8～3.3	180～250	5.1～5.7		9.1～11.4	0.10～0.02	3000～6800	5000	87°	5～6
	闪长岩	2.5～2.9	120～200	3.4～5.7	2.2～11.4	7.1～9.4	0.25～0.10	3000～6000	1200～5000	75°～87°	4～6
		2.9～3.3	200～250	5.7～7.1		9.4～11.4	0.10～0.02	6000～6800	2000～5000	87°	6
	斑岩	2.8	160	5.4	6.6～7.0	8.6	0.16	5200	1200～2000	85°	4～5
	安山岩	2.5～2.7	120～160	3.4～4.5	4.3～10.6	7.1～8.6	0.20～0.16	3900～7500	1200～2000	75°～85°	4～5
	玄武岩	2.7～3.3	160～250	4.5～7.1		8.6～11.4	0.16～0.02	3900～7500	2000～5000	87°	5～6
	辉绿岩	2.7	160～180	4.5～5.1	6.9～7.9	8.6～9.1	0.16～0.10	5200～5800	2000～5000	85°	4～5
		2.9	200～250	5.7～7.1		9.4～11.4	0.10～0.02	5800～6800		87°	5～6
	流纹岩	2.5～3.3	120～250	3.4～7.1	2.2～11.4	7.1～11.4	0.16～0.02	3000～6800	1200～5000	75°～87°	4～6
变质岩	花岗片麻岩	2.7～2.9	180～200	5.1～5.7	7.3～9.4	9.1～9.4	0.20～0.05	6800	3500～5000	87°	5～6
	片麻岩	2.5	80～100	2.2～2.8	1.5～7.0	5.0～7.0	0.30～0.20	3700～5000	600～2000	78°～82°30′	3～4
		2.6～2.8	140～180	4.0～5.1		7.8～9.1	0.20～0.05	5300～6500	1200～5000	80°～87°	4～5
	石英岩	2.61	87	2.5	4.5～14.2	5.6	0.20～0.16	3000～6500	800～2000	80°	3
		2.8～3.0	200～360	5.7～10.2		9.4～14.2	0.15～0.10		2000～5000	87°	6
	大理岩	2.5～3.3	70～140	2.0～4.0	1.0～3.4	5.0～8.2	0.36～0.16	3000～6500	600～2000	70°～82°30′	4～5
	千枚岩 板岩	2.5～3.3	120～140	3.4～4.0	2.2～3.4	7.1～7.8	0.16	3000～6500	1200～2000	75°～87°	4～5
沉积岩	凝灰岩	2.5～3.3	120～250	3.4～7.1	2.2～11.4	7.1～11.4	0.16～0.02	3000～6800	1200～5000	75°～87°	4～6
	火山角砾岩 火山集块岩	2.5～3.3	120～250	3.4～7.1	1.0～11.4	7.1～11.4	0.16～0.05	3000～6800	1200～5000	80°～87°	4～6

续表

岩类	岩石名称	密度 ρ (g/cm³)	抗压强度 R_c (MPa)	抗拉强度 R_t (MPa)	静弹性模量 E (×10⁴MPa)	动弹性模量 E_d (×10⁴MPa)	泊松比 ν	纵波波速 V_p (m/s)	弹性抗力系数① K_0 (MN/m³)	似内摩擦角② φ	应力③ σ (MPa)
沉积岩	砾岩	2.2～2.5	40～100	1.1～2.8	1.0～11.4	3.3～7.0	0.36～0.20	3000～6500	200～1200	70°～82°30′	3～4
		2.8～2.9	120～160	3.4～4.5		7.1～8.6	0.20～0.16		1200～5000	75°～85°	4～5
		2.9～3.3	160～250	4.5～7.1		8.6～11.4	0.16～0.05		2000～5000	80°～87°	5～6
	石英砂岩	2.6～2.71	68～102.5	1.9～3.0	0.39～1.25	5.0～6.4	0.25～0.05	900～4200	400～2000	75°～82°30′	2～3
	砂岩	1.2～1.5	4.5～10	0.2～0.3	0.0005～0.0025	0.5～1.0	0.30～0.25	900～3000	30～50	27°～45°	1.2～2
		2.2～3.0	47～180	1.4～5.2	2.78～5.4	3.7～9.1	0.20～0.05	3000～4200	200～3500	70°～85°	2～4
	片状砂岩	2.76	80～130	2.3～3.8	6.1	5～8	0.25～0.05	900～4200	400～2000	72°30′	1.2～8
	碳质砂岩	2.2～3.0	50～140	1.5～4.1	0.6～2.2	4～7.8	0.25～0.08	4000～4150	300～2000	65°～85°	2～3
	碳质页岩	2.0～2.6	25～80	1.8～5.6	2.6～5.5	2.8～5.4	0.20～0.16	1800～5250	200～1200	65°～75°	2～4
	黑页岩	2.71	66～130	4.7～9.1	2.6～5.5	5.0～7.5	0.20～0.16	1800～5250	400～2000	75°	2～4
	带状页岩	1.55～1.65	6～8	0.4～0.6	0.0005～0.0025	0.7～0.9	0.30～0.25	1800	30～50	30°～40°	1.2～2
	砂质页岩 云母页岩	2.3～2.6	60～120	4.3～8.6	2.0～3.6	4.4～7.1	0.30～0.16	1800～5250	300～1200	70°～80°30′	2～4
	软页岩	1.8～2.0	20	1.4	1.3～2.1	1.9	0.30～0.25	1800	60～300	45°～65°	1.2～2
	页岩	2.0～2.7	20～40	1.4～2.8	1.3～2.1	1.9～3.3	0.25～0.16	1800～5250	60～400	45°～76°	2～3
	泥灰岩	2.3～2.35	3.5～20	0.3～1.4	0.38～2.1	0.5～1.9	0.40～0.30	1800～2800	30～200	9°～65°	1.2～2
		2.5	40～60	2.8～4.2		3.3～4.4	0.30～0.20	2800～5250	200～600	65°～76°	3～4
	黑泥灰岩	2.2～2.3	25～30	1.8～2.1	1.3～2.1	2.8～3.6	0.30～0.25	1800	200～400	65°～70°	2.5～3
	石灰岩	1.7～2.2	10～17	0.6～1.0	2.1～8.4	1.0～1.6	0.50～0.31	2500～2800	30～300	27°～60°	1.2～2
		2.2～2.5	25～55	1.5～3.3		2.8～4.1	0.31～0.25	3500～4400	120～800	60°～73°	2～2.5
		2.5～2.75	70～128	4.3～7.6		5.0～8.0	0.25～0.16	4800～6300	600～2000	70°～85°	2.5～3
		3.1	180～200	10.7～11.8		9.1～9.4	0.16～0.04	6700	1200～2000	85°	3.5～4
	白云岩	2.2～2.7	40～120	1.1～3.4	1.3～3.4	3.3～7.1	0.36～0.18	3000～6800	200～1200	65°～83°	3～4
		2.7～3.0	120～140	3.4～4.0		7.1～7.8	0.16		1200～2000	87°	4～5

注：①弹性抗力系数 k_0 是使岩层产生单位压缩变形所需施加的压力。

②似内摩擦角 φ 是考虑岩石的粘聚力在内的假想摩擦角。

③即承载力。

三、岩石的抗拉强度、抗剪强度和抗弯强度与抗压强度之间的经验关系（表1—4—7）

表1—4—7　岩石的抗拉强度、抗剪强度和抗弯强度与抗压强度之间的经验关系

岩石名称	$\frac{抗拉强度}{抗压强度}$	$\frac{抗剪强度}{抗压强度}$	$\frac{抗弯强度}{抗压强度}$
花岗岩	0.028	0.068～0.09	0.07～0.08
石灰岩	0.059	0.06～0.15	0.119
砂　岩	0.029	0.06～0.078	0.09～0.095
斑　岩	0.033	0.06～0.064	0.105

四、几种岩石力学强度的经验数据（表1—4—8）

表1—4—8　几种岩石力学强度的经验数据

岩石名称	地质年代	饱和抗压强度 (MPa)	摩擦系数 (f)	粘聚力 c (kPa)
花岗岩	燕山期	160	0.70	31
角闪花岗岩	白垩纪	106.5	0.57	
花岗闪长岩	三叠纪	116.1	0.64	5
辉绿岩		170	0.45	
云母石英片岩	前震旦纪	113	0.55	28
千枚岩	前震旦纪	8.9	0.78	25
大理岩	前震旦纪	63.7	0.60	51
石英砾岩	泥盆纪	126.2	0.69	10
石英砂岩	震旦纪	165.8	0.49	54
白云质泥灰岩	奥陶纪	87.2	0.67	5
薄层灰岩	奥陶纪	106.3	0.75	22
鲕状灰岩	奥陶纪	87.8	0.70	23
泥灰岩	石炭纪	128.3	0.60	21
石英砂岩	寒武纪	68.1	0.54	13
砂　岩	寒武纪	108.9	0.82	2
中粒砂岩	寒武纪	39.9	0.75	3
砂质页岩	侏罗纪	104.4	0.69	39
页　岩	侏罗纪	43.8	0.70	47

五、松软岩石的某些力学特性（表 1-4-9）

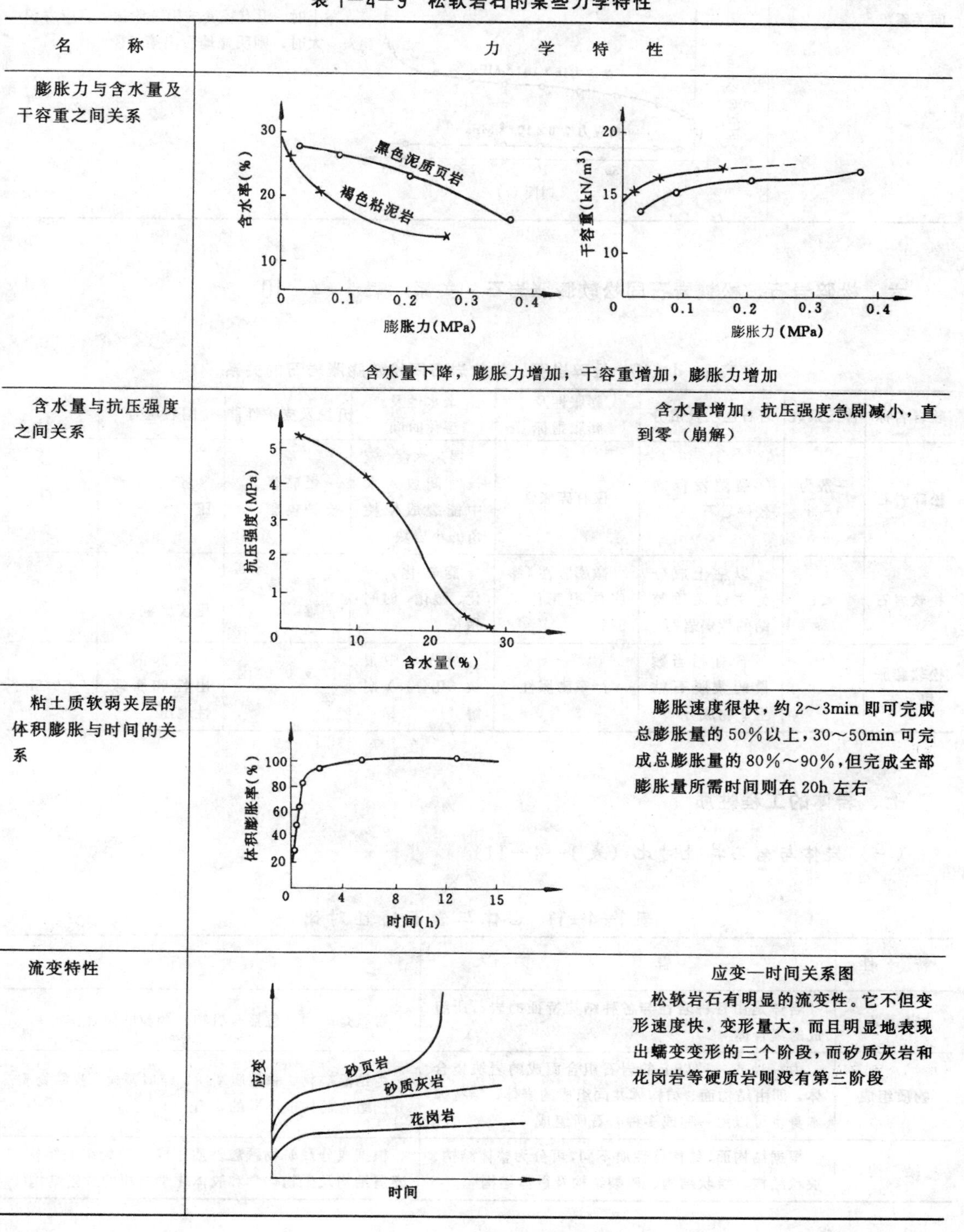

表 1-4-9　松软岩石的某些力学特性

名　　称	力　学　特　性
膨胀力与含水量及干容重之间关系	含水量下降，膨胀力增加；干容重增加，膨胀力增加
含水量与抗压强度之间关系	含水量增加，抗压强度急剧减小，直到零（崩解）
粘土质软弱夹层的体积膨胀与时间的关系	膨胀速度很快，约 2～3min 即可完成总膨胀量的 50%以上，30～50min 可完成总膨胀量的 80%～90%，但完成全部膨胀量所需时间则在 20h 左右
流变特性	应变—时间关系图 松软岩石有明显的流变性。它不但变形速度快，变形量大，而且明显地表现出蠕变变形的三个阶段，而砂质灰岩和花岗岩等硬质岩则没有第三阶段

续表

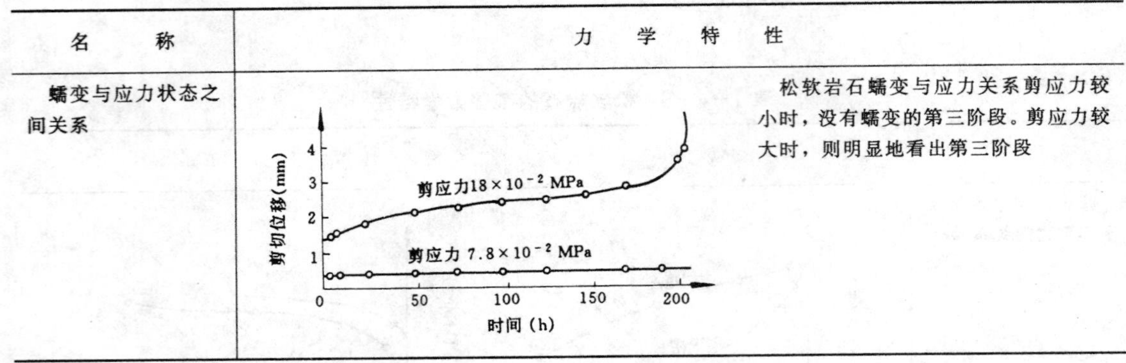

名　　称	力　学　特　性
蠕变与应力状态之间关系	松软岩石蠕变与应力关系剪应力较小时，没有蠕变的第三阶段。剪应力较大时，则明显地看出第三阶段

六、松碎岩石、松软岩石同松软膨胀岩石的关系（表 1－4－10）

表 1－4－10　松碎岩石、松软岩石同松软膨胀岩石的关系

软岩名称	普氏系数	岩石性状及成分	膨胀性及膨胀指标	亲水性及湿化时间	开挖及支护性能	围岩压力	围岩的自稳时间
松碎岩石	一般为1～3	裂隙发育的较硬岩石	仅有碎胀性	弱亲水性，较长时间放入水中能裂成带棱角的小岩块	爆破容易，支护较难	挤出性地压	＜6h
松软岩石	＜1	以粘土成分为主或泥质胶结的软弱岩石	微膨胀性（膨胀体积变化＜5%）	能软化、泥化、湿化，时间稍长	开挖易，支护难	挤出性地压较严重	＜2h
松软膨胀岩　石	＜1	含有相当数量的蒙脱石粘土矿物成分	严重膨胀性	放入水中很快（几分钟）崩解	支护极困难	强烈的挤出性和膨胀性地压	＜0.5h

七、岩体的工程性质

（一）岩体与岩石特性对比（表 1－4－11）

表 1－4－11　岩体与岩石特性对比

特　性	岩　　体	岩　　石
定　义	岩体是由各种岩性与各种结构特征的岩石所组成的集合体	岩石是矿物（包括有机物）颗粒的集合体
物质组成	由一种或一种以上的岩石组合而成的岩块集合体，即由结构面、结构体共同组成的岩体。结构体本身也可以由一种或多种岩石所组成	由结晶矿物、非晶质基质、碎屑颗粒、胶结物质分别组合而构成不同的岩石
结　构	根据结构面、结构体性质不同，可分为整体结构、块状结构、层状结构、碎裂结构及散体结构	根据成分及矿物颗粒性质不同可分为结晶结构、碎屑结构及生物化学和胶体化学沉积的致密结构

（二）岩体与岩石物理力学性质之间的关系

（1）岩体的抗压强度＝裂隙系数×岩石的抗压强度

（2）岩体的抗拉强度＝裂隙系数×岩石的抗拉强度

（3）岩体的抗剪强度与抗拉强度、抗压强度之间的关系

根据日本《隧道围岩强度分类》一书推荐，岩体抗剪强度可近似地用下式估计（当抗压强度/抗拉强度在6～20范围之内时）：

$$\tau=\frac{\sigma_{压}\cdot\sigma_{拉}}{2\sqrt{\sigma_{拉}\ (\sigma_{压}-\sigma_{拉})}}$$

（4）按岩石的极限抗压强度确定容许承载力（表1—4—12）

表1—4—12　按岩石的极限抗压强度确定容许承载力的方法

岩石种类	允许承载力		
	节理发育或节理较发育	节理发育	节理很发育
硬质岩石、软质岩	$\left(\frac{1}{6}\sim\frac{1}{10}\right)R_b$	$\left(\frac{1}{10}\sim\frac{1}{16}\right)R_b$	$\left(\frac{1}{16}\sim\frac{1}{18}\right)R_b$
极软岩	$\left(\frac{1}{5}\sim\frac{1}{7}\right)R_b$	$\left(\frac{1}{7}\sim\frac{1}{10}\right)R_b$	$\left(\frac{1}{10}\sim\frac{1}{12}\right)R_b$

注：R_b—饱和单轴极限抗压强度。

从上面的关系中不难看出，岩体性质中的重点是研究岩体结构。

（三）围岩节理（裂隙）发育程度的等级划分（表1—4—13）

表1—4—13　围岩节理（裂隙）发育程度等级划分

等级	裂隙系数 ε_a	节理（裂隙）特征	附注
不发育或稍发育	＞0.75	节理（裂隙）1～2组，规则，多为原生型或构造型，多数间距为1m以上，多闭合且延伸不长	对基础工程无影响，在不含水且无其它特殊不良因素时，对围岩稳定性影响不大
较发育	0.45～0.75	节理（裂隙）2～3组，呈X形，较规则，以构造型为主，多数间距大于0.4m，多闭合，部分张开（宽度大于2mm，下同），少有充填	对基础工程影响不大，对其他可能产生相当影响
发育	0.45～0.75	节理（裂隙）3组以上，不规则，呈X形或米字形，以构造型或风化形为主，多数间距小于0.4m，大部分张开，部分为粘性土充填，少量剪切节理面上可见擦痕	对工程建筑物可能产生较大影响
很发育	＜0.45	节理（裂隙）3组以上，杂乱，以构造形或风化形为主，多数间距小于0.2m，多张开和为粘性土充填，剪切节理面上多见明显擦痕	对工程建筑产生严重影响

$$裂隙系数\ \varepsilon_a=\frac{R_{岩体}}{R_{岩石}}\quad 或\ \varepsilon_a=\left(\frac{u}{v}\right)^2$$

式中　$R_{岩体}$——岩体的抗压强度；

$R_{岩石}$——岩体中岩石试件的抗压强度；

u——岩体的纵波波速，m/s；

v——岩石试件的纵波波速，m/s。

（四）岩石风化程度的划分（表1—4—14）

表1—4—14　岩体风化程度的划分

岩石类别	风化程度	野外观察的特征	开挖或钻探情况
硬质岩石	微风化	岩石表面和裂隙面稍有风化迹象。少量裂隙切割岩体，裂隙间距大于50cm	开挖需爆破。钢砂钻进、岩芯采取率大于75%
	中等风化	部分矿物风化变质，颜色变浅。岩体结构和构造清晰。裂隙较发育，将岩体切割成20～50cm的块体。锤击声脆，不易击碎	开挖用撬棍或爆破。钢砂钻进，岩芯采取率为40%～75%
	强风化	大部分矿物显著风化变质，部分长石、云母等已风化为粘土矿物。原岩结构、构造仍保存可辨。颗粒间的连结强度显著降低。裂隙发育，将岩体切割成2～20cm的岩块，岩块可用手折断	开挖用镐或撬棍。用土钻不易钻进
软质岩石	微风化	岩石表面和裂隙面稍有风化迹象。有少量裂隙切割岩体，裂隙间距大于50cm	开挖用撬棍或爆破，钨钢砂钻进，岩芯较完整
	中等风化	部分矿物风化变质，颜色变浅，裂隙附近的矿物多风化成土状。裂隙常被粘性土充填，裂隙发育，将岩体切割成20～50cm的岩块。锤易击碎	开挖用镐或撬棍。钨钢砂钻进，岩芯破碎
	强风化	含大量粘土矿物。平时多呈碎块状，浸水或干湿交替时可较快软化或泥化。在地表多呈数厘米的松散碎块	开挖用锹或镐，可用土钻钻进

（五）岩体的容许承载力（表1—4—15）

表1—4—15　岩体地基荷载试验代表性资料汇总

岩石名称	地质特征	推荐承载力（MPa）	附注
页岩	侏罗系，灰褐色泥质胶结，风化严重至极严重，手捏成土，潮湿至饱和	0.3	加荷载至0.5MPa下沉为8.24mm
	中三叠系，紫红色薄层状，节理发育，富含裂隙水，不易排除，压力方向与岩层斜交（岩层倾角约20°），试验在饱和水下进行	0.4～0.5	加荷载至1.3MPa未破坏
	第三系，棕红色，称粘土岩。垂直节理发育，具有一条约0.1mm的裂隙，岩石遇水易软化成粘土，干燥后较坚硬，裂隙水很发育，试验在半浸水下进行	0.5～0.6	破坏荷载1.42MPa

续表

岩石名称	地　质　特　征	推荐承载力(MPa)	附　注
页　岩	二叠系，紫褐色泥质胶结，致密。切面有滑感，风化颇重，节理发育，层理破碎，缝内有粘土充填及植物根伸入，浸水后强度显著降低，具粘土特点。$\gamma=2.36g/cm^3$，$W=11.34\%$，$E_{野外}=329.6MPa$	0.6	拐点不明显，加荷载至1.0MPa后沉降剧烈增加
	中三叠系，灰黄色薄层状，裂隙水甚发育，试验压力垂直于层面，在雨季有水浸湿中进行。$\gamma=2.73g/cm^3$，$W=10.5\%$，$E_{野外}=247.5MPa$	0.6～0.7	1.5MPa后有拐点，加荷载至1.8MPa未破坏
	第三系，属砂页岩互层的一部分（互层厚0.3～0.5m，个别厚1m），层面较平，倾角17°～20°。页岩泥质胶结，岩质较硬，节理发育，常年泡水。$\gamma=2.28～2.30g/cm^3$，$W=11.7\%$	0.8～0.9	在页岩上试验
砂　岩	第三系，褐黄色细砂岩，成岩度差潮湿密实，含长石、石英、云母，裂隙尚发育，地下水露头颇多。$\gamma=1.85g/cm^3$，$W=37.4\%$，$e=1$，$S_r=100\%$，比例界限$=0.36MPa$，破坏荷载0.72MPa，$n=50\%$	0.25	
	三叠系，紫红色、棕黄色和褐色，中至厚层状，岩层较潮湿，风化极严重，手可折断及拧碎，其中长石已风化成土状，节理尚发育，节理面有有机质，节理缝宽约1.5～10mm，缝内有粘土充填，属软石。$\gamma=2.07g/cm^3$，$W=9.46\%$，$e=0.39$，$S_r=63.5\%$，$E_{野外}=154.5MPa$，比例界限$=0.36MPa$，破坏荷载$=1.52MPa$，$n=28.1\%$	0.40	
	第三系，细粉砂岩，深灰色泥灰质、细粉粒、细砂粒沉积组成，层间有条带状粗砂，成岩度差，用镐可掘进，厚薄互层，地下水发育。$\gamma=2.04g/cm^3$，$W=22.79\%$，$e=0.577$，$S_r=100\%$，$n=36.58\%$，比例界限$=0.52MPa$	0.50	加荷载至0.72MPa未破坏
	长石砂岩，黄褐色，主要为粉砂质长石以及云母，少量石英，泥质胶结，用镐难刨，但能刨成块状，手可掰碎，属全风化带	0.60	加荷载至0.8MPa未破坏
花岗岩	细压碎带，褐黄色、灰白色风化严重，部分已成土状。节理发育，岩体十分破碎，开挖后成粒状、角粒状，主要矿物为长石、角闪石等，除石英外多已变质。$\gamma=2.41g/cm^3$，$W=3.11\%$，$E_{野外}=263.053MPa$，$n=12.36\%$，比例界限$=0.664MPa$	0.5～0.7	加荷载至1.9MPa无明显拐点（按比例极限应为>1.6MPa）
	细压碎带，褐黄色、灰白色风化严重。节理发育，有少量石英及辉绿岩脉，呈不规划分布，岩体十分破碎，开挖后呈2～3mm的角砾状，主要矿物为长石、石英、角闪石，除石英外均已变质。$\gamma=2.25g/cm^3$，$W=3.11\%$，$E_{野外}=163.358MPa$，$n=17.88\%$，比例极限$=0.86MPa$	0.6～0.8	加荷载至1.8MPa已明显拐弯（按比例极限应为>1.6MPa）
	强风化，岩石被风化成块状，结构松散，裂隙非常发育，碎块用手易于折断	1.8	加荷载至1.8MPa尚在直线阶段
	中风化，节理较发育，每组平均间距为0.5～0.8m，但用镐难于开挖，碎石用手难于折断	3.3	加荷载至6.0MPa以前为直线

续表

岩石名称	地质特征	推荐承载力（MPa）	附注
片岩	志留系云母片岩，灰黄绿色，含绢云母、绿泥石，节理发育岩层破碎，手捏成碎块，表面风化为土，风化严重，Ⅱ级普通土，$\gamma=2.21\mathrm{g/cm^3}$，$W=3.9\%$	0.50	破坏荷载 0.9MPa
片岩	志留系云母片岩，黄灰绿色，含绢云母、绿泥石、角闪石，风化严重，破碎，裂隙发育，总变形模量 109.6MPa	0.60	加荷载至 0.9MPa 出现裂缝

（六）岩石边坡坡度与高度参考数值（表 1－4－16）

表 1－4－16　岩石边坡坡度与高度参考数值

岩石种类及其特征		岩石的风化程度	岩石的破碎程度	边坡坡度与高度值 高 15m 以内	高 30m 以内	高 40m 以内
岩浆岩	酸中性岩类，坚固的花岗岩、正长岩、闪长岩及其过渡型岩石：全结晶细粒至中粒，单一或同时出现者或无岩脉侵入	微风化至中等风化	节理很少至节理较多	1∶0.1～1∶0.2	1∶0.1～1∶0.3	1∶0.2～1∶0.4
			节理发育	1∶0.2～1∶0.3	1∶0.2～1∶0.5	1∶0.5～1∶0.75
			节理极发育	1∶0.3～1∶0.5	1∶0.5～1∶0.75	
		强风化	节理很少至节理较多	1∶0.3	1∶0.3～1∶0.5	1∶0.75～1∶1
			节理发育	1∶0.5	1∶0.75	
			节理极发育	1∶0.75	1∶0.75～1∶1	
	基性侵入岩类，辉长岩、辉岩、辉绿岩；单一或多种同时出现，一次或多次侵入，块状坚硬	微风化至中等风化	节理很少至节理较多	1∶0.2～1∶0.3	1∶0.3～1∶0.5	1∶0.5
			节理发育	1∶0.3～1∶0.5	1∶0.5	1∶0.75
			节理极发育	1∶0.5	1∶0.75	
		强风化	节理很少至节理较多	1∶0.3	1∶0.5	1∶0.75～1∶1
			节理发育	1∶0.5	1∶0.75	
			节理极发育	1∶0.75	1∶1	
	喷出岩浆岩类，流纹岩、安山岩、玄武岩、凝灰岩	微风化至中等风化	节理很少至节理较多	1∶0.2～1∶0.3	1∶0.3～1∶0.5	1∶0.5
			节理发育	1∶0.3～1∶0.5	1∶0.5～1∶0.75	1∶0.75
			节理极发育	1∶0.5	1∶0.75	
		强风化	节理很少至节理较多	1∶0.3～1∶0.5	1∶0.5	1∶0.75～1∶1
			节理发育	1∶0.5	1∶0.75	
			节理极发育	1∶0.75	1∶1	
沉积岩	砂岩、砾岩：厚层块状钙铁硅质胶结，结构致密	微风化至中等风化	节理很少至节理较多	1∶0.1～1∶0.2	1∶0.2～1∶0.3	1∶0.3～1∶0.5
			节理发育	1∶0.2～1∶0.4	1∶0.3～1∶0.5	1∶0.5
			节理极发育	1∶0.4～1∶0.5	1∶0.5	
		强风化	节理很少至节理较多	1∶0.3～1∶0.4	1∶0.5	1∶0.75
			节理发育	1∶0.4～1∶0.5	1∶0.75	
			节理极发育	1∶0.5～1∶0.75	1∶0.75～1∶1	
	砂岩、砾岩：中薄层泥质钙质胶结不完整，结构不密实	微风化至中等风化	节理很少至节理较多	1∶0.3～1∶0.5	1∶0.5	1∶0.5～1∶0.75
			节理发育	1∶0.5	1∶0.5～1∶0.75	1∶0.75～1∶1
			节理极发育	1∶0.5～1∶0.75	1∶0.75～1∶1	
		强风化	节理很少至节理较多	1∶0.5	1∶0.5～1∶0.75	1∶0.75～1∶1
			节理发育	1∶0.75	1∶0.75～1∶1	
			节理极发育	1∶0.75～1∶1	1∶1～1∶1.25	

续表

岩石种类及其特征		岩石的风化程度	岩石的破碎程度	边坡坡度与高度值		
				高 15m 以内	高 30m 以内	高 40m 以内
沉积岩	薄层砂岩、页岩、砾岩互层或页岩多含泥质炭质及黄铁矿等有害矿物者	微风化至中等风化	节理很少至节理较多 节理发育 节理极发育	1∶0.5 1∶0.5～1∶0.75 1∶0.75～1∶1	1∶0.5～1∶0.75 1∶0.75～1∶1 1∶1～1∶1.25	1∶0.75 1∶1
		强风化	节理较多 节理发育 节理极发育	1∶0.5～1∶0.75 1∶0.75～1∶1 1∶1	1∶0.75 1∶1 1∶1.25～1∶1.5	1∶1
	中薄层砂质页岩或其与砂岩、砾岩的互层（无夹层者）	微风化至中等风化	节理较多 节理发育 节理极发育	1∶0.5 1∶0.5～1∶0.75 1∶0.75	1∶0.5～1∶0.75 1∶0.75 1∶0.75～1∶1	1∶0.75 1∶0.75～1∶1
		强风化	节理较多 节理发育 节理极发育	1∶0.5～1∶0.75 1∶0.75 1∶0.75～1∶1	1∶0.75 1∶0.75～1∶1 1∶1～1∶1.5	1∶0.75～1∶1
	石灰岩：厚层，块状致密，坚硬	微风化至中等风化	节理很少至节理较多 节理发育 节理极发育	1∶0.1～1∶0.2 1∶0.2～1∶0.3 1∶0.3～1∶0.5	1∶0.2～1∶0.3 1∶0.3～1∶0.5 1∶0.5	1∶0.3～1∶0.5 1∶0.5～1∶0.75
		强风化	节理很少至节理较多 节理发育 节理极发育	1∶0.2～1∶0.4 1∶0.4～1∶0.5 1∶0.5～1∶0.75	1∶0.5 1∶0.5～1∶0.75 1∶0.75～1∶1	1∶0.75
	白云岩、燧质、硅质、泥质、铁质石灰岩；磷灰岩或其互层；薄层、中层、致密	微风化至中等风化	节理很少至节理较多 节理发育 节理极发育	1∶0.2～1∶0.3 1∶0.3～1∶0.4 1∶0.4～1∶0.5	1∶0.3～1∶0.4 1∶0.4～1∶0.6 1∶0.6	1∶0.4～1∶0.5 1∶0.5～1∶0.75
		强风化	节理很少至节理较多 节理发育 节理极发育	1∶0.3～1∶0.5 1∶0.5 1∶0.75	1∶0.5 1∶0.75 1∶1	1∶0.75
	角砾岩及凝灰角砾岩：胶结不完整	微风化至中等风化	节理较多 节理发育 节理极发育	1∶0.3～1∶0.4 1∶0.4～1∶0.5 1∶0.5	1∶0.4～1∶0.5 1∶0.5～1∶0.75 1∶0.75	1∶0.5 1∶0.75～1∶1.0
		强风化	节理较多 节理发育 节理极发育	1∶0.5 1∶0.5～1∶0.75 1∶0.75～1∶1	1∶0.5～1∶0.75 1∶0.75～1∶1 1∶1～1∶1.25	1∶0.75～1∶1
	各种中薄层层状岩石：单一或互层	微风化至中等风化	节理较多 节理发育 节理极发育	1∶0.5 1∶0.5～1∶0.75 1∶0.75	1∶0.75 1∶0.75～1∶1 1∶1～1∶1.5	
		强化风	节理较多 节理发育 节理极发育	1∶0.75 1∶0.75～1∶1 1∶1～1∶1.25	1∶0.75～1∶1 1∶1～1∶1.25 1∶1.25～1∶1.5	

续表

岩石种类及其特征		岩石的风化程度	岩石的破碎程度	边坡坡度与高度值		
				高15m以内	高30m以内	高40m以内
变质岩	片麻岩、花岗片麻岩、磁铁片岩	微风化至中等风化	节理较多 节理发育 节理极发育	1∶0.25～1∶0.3 1∶0.3～1∶0.5 1∶0.5	1∶0.3～1∶0.5 1∶0.5 1∶0.5～1∶0.75	1∶0.5 1∶0.5～1∶0.75
		强风化	节理较多 节理发育 节理极发育	1∶0.3～1∶0.5 1∶0.5 1∶0.75	1∶0.5 1∶0.5～1∶0.75 1∶0.75～1∶1	1∶0.5～1∶0.75
	变质砂砾岩、石英岩、石英片岩、硅质板岩、大理岩及其互层	微风化至中等风化	节理较多 节理发育 节理极发育	1∶0.2～1∶0.3 1∶0.3～1∶0.5 1∶0.5	1∶0.3～1∶0.5 1∶0.5 1∶0.5～1∶0.75	1∶0.5 1∶0.5～1∶0.75
		强风化	节理较多 节理发育 节理极发育	1∶0.3～1∶0.5 1∶0.5 1∶0.5～1∶0.75	1∶0.5～1∶0.75 1∶0.75～1∶1 1∶1	1∶0.75
	千枚岩、云母、角闪、绿泥片岩、滑石片岩及其互层	微风化至中等风化	节理较多 节理发育 节理极发育	1∶0.5 1∶0.5～1∶0.75 1∶0.75～1∶1	1∶0.75 1∶0.75～1∶1 1∶1	
		强风化	节理较多 节理发育 节理极发育	1∶0.75 1∶0.75～1∶1 1∶1～1∶1.25	1∶1 1∶1～1∶1.25 1∶1.25～1∶1.5	

注：1. 取自建工出版社《工程地质手册》由于影响岩石边坡的因素甚多，如气象、地震、水文地质条件以及建筑物的重要程度等，应对所在地区具体情况综合研究确定。

2. 构造破碎带或残积风化带的各种岩石，一般节理极发育，在边坡高度小于20m时，一般可采用1∶1或1∶1～1∶1.5的边坡，个别的可采用1∶0.75的边坡。

3. 边坡数值栏有空白者，相应岩石边坡高度加以限制，避免发生可能的变形。

（七）岩石边坡容许坡度值（表1－4－17）

表1－4－17 岩石边坡容许坡度值

岩石类别	风化程度	边坡高度	
		8m以下	8～15m
硬质岩石	微风化 中等风化 强风化	1∶0.1～1∶0.20 1∶0.2～1∶0.35 1∶0.35～1∶0.50	1∶0.2～1∶0.35 1∶0.35～1∶0.50 1∶0.50～1∶0.75
软质岩石	微风化 中等风化 强风化	1∶0.35～1∶0.50 1∶0.50～1∶0.75 1∶0.75～1∶1.00	1∶0.50～1∶0.75 1∶0.75～1∶1.00 1∶1.00～1∶1.25

第二节　土的物理力学性质

一、土的物理力学性质指标

（一）土的基本物理性质指标及物理意义（表1—4—18、表1—4—19）

表1—4—18　土的基本物理性质指标及物理意义

指标名称	符号	单　位	物　理　意　义	试验项目及方法	取土要求
含水量	ω	%	土中水的质量与土粒质量之比 $\omega\%=\frac{m_\omega}{m_s}\times100$	含水量试验： 烘干法（温度100～105℃） 酒精燃烧法 比重瓶法 炒干法	保持天然湿　度
比　重	G_s	—	土粒质量与同体积的4℃时水的质量之比 $G_s=\frac{m_s}{V_s\cdot\rho_\omega}$ （ρ_ω—水的密度）	比重试验： 比重瓶法 浮称法 虹吸筒法	扰动土
质量密度（密度）	ρ	g/cm³	土的总质量与其体积之比即单位体积的质量 $\rho=\frac{m}{V}$	密度试验： 环刀法 蜡封法 注砂法	Ⅰ～Ⅱ级土试样
重力密度（重度）	γ	kN/m³	土的总重量与其体积之比，即质量密度乘以重力加速度 $\gamma=g\times\rho=9.8\times\rho\approx10\times\rho$		

表1—4—19　由含水量、比重、密度计算求得的基本物理性质指标

指标名称	符　号	单　位	物　理　意　义	基　本　公　式
干密度	ρ_d	g/cm³	$\rho_d=\frac{m_s}{V}=\frac{土粒质量}{土的总体积}$	$\rho_d=\frac{\rho}{1+0.01\omega}$ ω—水含量
孔隙比	e	—	$e=\frac{V_v}{V_s}=\frac{土中孔隙体积}{土粒体积}$	$e=\frac{G_s\cdot\rho_w(1+0.01\omega)}{\rho}-1$
孔隙率	n	%	$n=\frac{V_v}{V}\times100=\frac{土中孔隙体积}{土的总体积}\times100$	$n=\frac{e}{1+e}\times100$
饱和度	S_r	%	$S_r=\frac{V_w}{V_v}\times100=\frac{土中水的体积}{土中孔隙体积}\times100$	$S_r=\frac{\omega\cdot G_s}{e}$

（二）粘性土可塑性指标（表1—4—20、表1—4—21）

表1—4—20　粘性土可塑性指标的物理意义

指标名称	符　号	单　位	物　理　意　义	试验方法	取土要求
液　限	ω_L	%	土由可塑状态过渡到流动状态的界限含水量	圆锥仪法	扰动土
塑　限	ω_p	%	土由可塑状态过渡到半固体状态的界限含水量	搓条法	扰动土

表1—4—21　计算求得的可塑性指标

指标名称	符　号	物　理　意　义	计　算　公　式
塑性指数	I_p	土呈可塑状态时含水量的变化范围，代表土的可塑程度	$I_p=\omega_L-\omega_p$
液性指数	I_L	土抵抗外力的量度，其值愈大，抵抗外力的能力愈小	$I_L=\frac{\omega-\omega_p}{\omega_L-\omega_p}$
含水比	u	土的天然含水量与液限含水量之比	$u=\frac{\omega}{\omega_L}$
活动度	A	土的含水量变化时土的体积相应变化的程度，其值愈大，变化程度愈大	$A=\frac{I_P}{P_{0.002}}$

注：$P_{0.002}$—土中粒径<0.002mm的颗粒含量占全重的百分数；
其余符号意义同前。

二、土的物理力学性质指标的应用（表1—4—22）

表1—4—22　土的物理力学性质指标的应用

指　　标	符 号	实 际 应 用	土的分类	
			粘性土	砂　土
密　度 重　度 水下浮重	ρ γ ρ'	1. 计算干密度、孔隙比等其他物理性质指标 2. 计算土的自重压力 3. 计算地基的稳定性和地基土的承载力 4. 计算斜坡的稳定性 5. 计算挡土墙的压力	+ + + + +	+ + + + +
比　重	G_s	计算孔隙比等其他物理力学性质指标	+	+
含水量	ω	1. 计算孔隙比等其他物理力学性质指标 2. 评价土的承载力 3. 评价土的冻胀性	+ + +	+ + +
干密度	ρ_d	1. 计算孔隙比等其他物理性质指标 2. 评价土的密度 3. 控制填土地基质量	+ − +	+ + −

续表

指标		符号	实际应用	土的分类	
				粘性土	砂土
孔隙比 孔隙率		e n	1. 评价土的密度 2. 计算土的水下浮重 3. 计算压缩系数和压缩模量 4. 评价土的承载力	− + + +	+ + − +
饱和度		S_r	1. 划分砂土的湿度 2. 评价土的承载力	− −	+ +
可塑性	液限 塑限 塑性指数 溶性指数	ω_L ω_P I_P I_L	1. 粘性土的分类 2. 划分粘性土的状态 3. 评价土的承载力 4. 估计土的最优含水量 5. 估算土的力学性质	+ + + + +	− − − − −
	含水比	u	评价老粘性土和红粘土的承载力	+	−
	活动度	A	评价含水量变化时土的体积变化	+	−
颗粒组成	有效粒径 平均粒径 不均匀系数 曲率系数	d_{10} d_{50} C_u C_c	1. 砂土的分类和级配情况 2. 大致估计土的渗透性 3. 计算过滤器孔径或计算反滤层 4. 评价砂土和粉土液化的可能性	− − − +	+ + + +
最大孔隙比 最小孔隙比 相对密度		e_{max} e_{min} D_r	1. 评价砂土密度 2. 估价砂土体积的变化 3. 评价砂土液化的可能性	− − −	+ + +
渗透系数		k	1. 计算基坑的涌水量 2. 设计排水构筑物 3. 计算沉降所需时间 4. 人工降低水位的计算	+ + + +	+ + − +
击实性	最大干密度 最优含水量	ρ_{dmax} ω_y	控制填土地基质量及夯实效果	+	−
压缩性	压缩系数 压缩模量 压缩指数 体积压缩系数	$a_{1\sim2}$ E_s C_c m_v	1. 计算地基变形 2. 评价土的承载力	+ +	− −
	固结系数	C_v	计算沉降时间及固结度	+	−
	前期固结压力 超固结比	p_c OCR	判断土的应力状态和压密状态	+	+
抗剪强度	内摩擦角 粘聚力	φ c	1. 评价地基的稳定性、计算承载力 2. 计算斜坡的稳定性 3. 计算挡土墙的土压力	+ + +	+ + +
侧压力系数泊松比		ξ ν	1. 研究土中应力与应变的关系 2. 计算变形模量	+ +	+ +
孔隙水压力系数		A B	研究土中应力与孔隙水压力的关系	+	+

续表

指　标	符　号	实　际　应　用	土的分类	
			粘性土	砂　土
承载比	CBR	设计公路、机场跑道	+	+
无侧限抗压强度	q_u	1. 估价土的承载力 2. 估计土的抗剪强度	+ +	— —
灵敏度	S_t	评价土的结构性	+	—

注：表中“+”号表示相应的指标为表内所指的该类土所采用，“—”号表示这一指标不被采用。

三、有关土的物理力学性质的经验数据

（一）砂土最大最小密度与颗粒形状和成因的关系（表1—4—23）

表1—4—23　砂土最大最小密度与颗粒形状和成因的关系

颗粒形状和成因	松散状态		密实状态	
	最大孔隙率 n_{max}（%）	最大孔隙比 e_{max}	最小孔隙率 n_{min}（%）	最小孔隙比 e_{min}
棱角石英砂（d=0.25～0.7mm）	50.1	1.00	44.0	0.79
冲积砂（d=0.1～2.7mm）	41.6	0.71	33.9	0.51
浑圆的砂丘砂	45.8	0.85	38.9	0.64
理论等粒径球状体	47.6	0.91	25.9	0.35

（二）砂土最大最小密度与矿物成分和粒径的关系（表1—4—24）

表1—4—24　砂土最大最小密度与矿物成分和粒径的关系

粒　径 (mm)	石　英	正长石	白云母	石　英	正长石	白云母
	最大孔隙率 n_{max}（%）			最小孔隙率 n_{min}（%）		
2～1	47.63	47.50	87.00	37.90	45.46	80.46
1～0.5	47.10	51.98	85.18	40.61	47.88	75.20
0.5～0.25	46.98	54.76	83.71	41.09	49.18	72.16
0.25～0.1	52.47	58.46	82.74	44.82	51.62	66.30
0.1～0.06	54.60	61.22	82.98	45.31	52.72	68.98
0.06～0.01	55.99	62.53		45.68		65.33

（三）砂土的内摩擦角与矿物成分及粒径的关系（表1—4—25）

表1—4—25　砂土的内摩擦角与矿物成分及粒径的关系

矿物成分	具有下列粒径时的内摩擦角 φ (mm)				
	2~1	1~0.5	0.5~0.25	0.25~0.1	0.06~0.01
云　母	28	26	17.5	19	17
长　石			39		17
棱角石英	66	56	46	27	15
浑圆石英	61		27	28	18.5

（四）不同成因粘性土的物理力学性质指标（表1—4—26）

表1—4—26　不同成因粘性土的有关物理力学性质指标

土　类		指　标								
		孔隙比 e	液性指数 I_L	含水量 ω (%)	液　限 ω_L (%)	塑性指数 I_p	承载力 f (kPa)	压缩模量 E_s (MPa)	粘聚力 c (kPa)	内摩擦角 φ (°)
下蜀系粘性土		0.6~0.9	<0.8	15~25	25~40	10~18	800~800	>15	40~100	22~30
一般粘性土		0.55~1.0	0~1.0	15~30	25~45	5~20	100~450	4~15	10~50	15~22
新近沉积粘性土		0.7~1.2	0.25~1.2	24~36	30~45	6~18	80~140	2~7.5	10~20	7~15
淤泥或淤泥质土	沿　海						40~100	1~5		
	内　陆	1.0~2.0	>1.0	36~70	30~65	10~25	50~110	2~5	5~15	4~10
	山　区						30~80	1~6		
云贵红粘土		1.0~1.9	0~0.4	30~50	50~90	>17	100~320	5~16	30~80	5~10

（五）几种土的渗透系数（表1—4—27）

表1—4—27　几 种 土 的 渗 透 系 数

土　类	渗透系数 k (cm/s)	土　类	渗透系数 k (cm/s)
粘　土	$<1.2\times10^{-6}$	细　砂	$1.2\times10^{-3}\sim6.0\times10^{-3}$
粉质粘土	$1.2\times10^{-6}\sim6.0\times10^{-5}$	中　砂	$6.0\times10^{-3}\sim2.4\times10^{-2}$
粘质粉土	$6.0\times10^{-5}\sim6.0\times10^{-4}$	粗　砂	$2.4\times10^{-2}\sim6.0\times10^{-2}$
黄　土	$3.0\times10^{-4}\sim6.0\times10^{-4}$	砾　砂	$6.0\times10^{-2}\sim1.8\times10^{-1}$
粉　砂	$6.0\times10^{-4}\sim1.2\times10^{-5}$		

（六）土的平均物理、力学性质指标（表1—4—28）

（七）湿陷性黄土的物理力学指标（表1—4—29）

表1—4—28 土的平均物理、力学性质指标

土类			孔隙比 e	天然含水量 ω（%）	塑限 ω_p（%）	密度 ρ（g/cm³）	粘聚力 c（kPa）		内摩擦角 φ（°）	变形模量 E_0（MPa）
							标准的	计算的		
砂土	粗砂		0.4～0.5	15～18		2.05	2	0	42	46
			0.5～0.6	19～22		1.95	1	0	40	40
			0.6～0.7	23～25		1.90	0	0	38	33
	中砂		0.4～0.5	15～18		2.05·	3	0	40	46
			0.5～0.6	19～22		1.95	2	0	38	40
			0.6～0.7	23～25		1.90	1	0	35	33
	细砂		0.4～0.5	15～18		2.05	6	0	38	37
			0.5～0.6	19～22		1.95	4	0	36	28
			0.6～0.7	23～25		1.90	2	0	32	24
	粉砂		0.5～0.6	15～18		2.05	8	5	36	14
			0.6～0.7	19～22		1.95	6	3	34	12
			0.7～0.8	23～25		1.90	4	2	28	10
粉土	粉质粘土	粉土	0.4～0.5	15～18	<9.4	2.10	10	6	30	18
			0.5～0.6	19～22		2.00	7	5	28	14
			0.6～0.7	23～25		1.95	5	2	27	11
			0.4～0.5	15～18	9.5～12.4	2.10	12	7	25	23
			0.5～0.6	19～22		2.00	8	5	24	16
			0.6～0.7	23～25		1.95	6	3	23	13
粘性土		粘土	0.4～0.5	15～18	12.5～15.4	2.10	42	25	24	45
			0.5～0.6	19～22		2.00	21	15	23	21
			0.6～0.7	23～25		1.95	14	10	22	15
			0.7～0.8	26～29		1.90	7	05	21	12
			0.5～0.6	19～22	15.5～18.4	2.00	50	35	22	39
			0.6～0.7	23～25		1.95	25	15	21	18
			0.7～0.8	26～29		1.90	19	10	20	15
			0.8～0.9	30～34		1.85	11	08	19	13
			0.9～1.0	35～40		1.80	08	05	18	8
			0.6～0.7	23～25	18.5～22.4	1.95	68	40	20	33
			0.7～0.8	26～29		1.90	34	25	19	19
			0.8～0.9	30～34		1.85	28	20	18	13
			0.9～1.0	35～40		1.80	19	10	17	9
粘土			0.7～0.8	26～29	22.5～26.4	1.90	82	60	18	28
			0.8～0.9	30～34		1.85	41	30	17	16
			0.9～1.1	35～40		1.75	36	25	16	11
			0.8～0.9	30～34	26.5～30.4	1.85	94	65	16	24
			0.9～1.1	35～40		1.75	47	35	15	14

注：1. 平均比重取：砂—2.65，粉土—2.70，粉质粘土—2.71，粘土—2.74。

2. 粗砂与中砂的 E_0 值适用于不均匀系数 $c_u=3$ 时，当 $c_u>5$ 时应按表中所列值减少 2/3，c_u 为中间值时 E_0 值按内插法确定。

3. 对于地基稳定计算，采用内摩擦角 φ 的计算值低于标准值 2°。

表 1－4－29 湿陷性黄土的物理力学指标

地区	区	地带	黄土层厚度 (m)	湿陷性黄土层厚度 (m)	地下水位深度 (m)	物理力学指标（一般值）							
						含水量 W (%)	天然重度 γ (kN/m^3)	液限 W_L (%)	塑性指数 I_P	孔隙比 e	压缩系数 a_{1-2} (MPa^{-1})	湿陷系数 δ_s	自重湿陷系数 δ_{zs}
陇西地区Ⅰ		低阶地	5～20	4～12	5～15	9～18	14.2～16.9	23.9～28.0	8.0～11.0	0.90～1.15	0.13～0.59	0.027～0.090	0.005～0.052
		高阶地	20～60	10～20	20～40	7～17	13.3～15.5	25.0～28.5	8.4～11.0	0.98～1.24	0.10～0.46	0.039～0.110	0.007～0.059
陇东陕北地区Ⅱ		低阶地	5～30	4～8	4～10	12～20	14.0～16.0	25.0～28.0	8.0～11.0	0.97～1.09	0.26～0.61	0.034～0.079	0.005～0.035
		高阶地	50～150	10～15	4～60	12～18	14.3～16.2	26.4～31.0	9.0～12.2	0.80～1.15	0.17～0.59	0.030～0.084	0.006～0.043
关中地区Ⅲ		低阶地	5～20	4～8	7～15	15～21	15.0～16.7	26.2～31.0	9.5～12.0	0.94～1.09	0.24～0.61	0.029～0.072	0.003～0.024
		高阶地	50～100	6～12	20～40	14～20	14.7～16.4	27.3～31.0	10.2～12.2	0.95～1.12	0.17～0.59	0.030～0.078	0.005～0.034
山西地区Ⅳ	汾河流域区	低阶地	8～15	2～10	4～8	11～19	14.7～16.4	25.1～29.4	7.7～11.8	0.94～1.10	0.24～0.87	0.030～0.070	
		高阶地	30～100	5～16	50～60	11～18	14.5～16.0	26.5～31.0	9.5～13.1	0.97～1.18	0.17～0.62	0.027～0.089	0.007～0.040
	晋东南区		30～50	2～6	4～7	18～23	15.4～17.2	27.0～32.5	10.0～13.0	0.85～1.02	0.29～1.00	0.030～0.071	
河南地区Ⅴ			6～25	4～8	5～25	16～21	16.1～18.1	26.0～32.0	10.0～13.0	0.86～1.07	0.18～0.33	0.023～0.045	
冀鲁地区Ⅵ	河北区		8～30	2～6	5～12	14～18	15.5～17.0	25.0～28.7	9.0～13.0	0.85～1.00	0.18～0.60	0.024～0.048	
	山东区		3～20	2～6	5～8	15～23	16.4～17.4	27.7～31.0	9.6～13.0	0.85～0.96	0.19～0.51	0.020～0.041	
北部边缘地区Ⅶ	晋陕宁区		5～30	1～4	5～10	7～10	13.9～16.0	21.7～27.2	7.1～9.7	1.02～1.14	0.23～0.57	0.032～0.059	
	河西走廊区		5～10	2～5	5～10	14～18	15.5～16.7	22.6～32.0	6.7～12.0		0.17～0.36	0.029～0.059	

（八）膨胀土的物理力学性质指标（表1—4—30）

表1—4—30　膨胀土的物理力学性质指标

地　区	天然含水量 ω (%)	重　度 γ (kN/m^3)	孔隙比 e	液限 ω_L (%)	塑指 I_P (%)	液性指数 I_L	粘粒含量 $<2\mu$ (%)	自由膨胀率 F_s (%)	膨胀率 e_p (%)	膨胀力 p_p (kPa)	线缩率 e_{SL} (%)
云南　鸡街	24	20.2	0.68	50	25	<0	48	79	5.01	103	2.97
广西　宁明	27.4	19.3	0.79	55	28.9	0.07	53	68		175	6.44
广西　田阳	21.5	20.2	0.64	47.5	23.9	0.09	45			98	2.73
云南　蒙自	39.4	17.8	1.15	73	34	0.03	42	81	9.55	50	8.20
云南　文山	37.3	17.7	1.13	57	27	0.29	45	52		62	9.50
云南　建水	32.5	18.3	0.99	59	29	0.06	50	52		40	7.0
河北　邯郸	23.0	20.0	0.67	50.8	26.7	0.05	31	80	3.01	56	4.48
河南　平顶山	20.8	20.3	0.61	50.0	26.4	<0	30	62		137	
湖北　襄樊	22.4	20.0	0.65	55.2	24.3	<0	32	112		30	
山东　临沂	34.8	18.2	1.05	55.2	29.2	0.33		61		7	
广西南宁伞厂	35.0	18.6	0.98	62.2	33.2	0.15	61	56	2.6	34	3.8
安徽合肥工大	23.4	20.1	0.68	46.5	23.2	0.09	30	64		59	
江苏六合马集	22.1	20.6	0.62	41.3	19.8	0.05		56		85	
江苏南京卫岗	21.7	20.4	0.63	42.4	21.2	0.07	24.5				
四川成都川师	21.8	20.2	0.64	43.8	22.2	0.05	40	61	2.19	33	3.5
四川成都龙潭寺	23.3	19.9	0.61	42.8	20.9	0.01	38	90		39	5.9
湖北枝江	22.0	20.1	0.66	44.8	2.05	0.03	31	51		94	
湖北荆门	17.9	20.7	0.56	43.9	24.2	0.02	30	64		56	2.14
湖北郧县	20.6	20.1	0.63	47.4	22.3	<0		53	4.43	26	4.31
陕西安康	20.4	20.2	0.62	50.8	20.3	0	25.8	57	2.07	37	3.47
陕西汉中	22.2	20.1	0.68	42.8	21.3	0.10	24.3	58	1.66	27	5.8
山东泰安临沂	22.3	19.6	0.71	40.2	20.2	0.12		65	0.09	14	
广西金光农场	40	17.8	1.15	80	94	0.02	63	30	0.65	10	3.5
广西桂林奇峰镇	37	18.2	1.13	79	92	<0		24		47	2.4
贵州贵阳	52.7	16.8	1.57	90	94.6	0.13	54.5	33.3	0.76	14.7	9.38

续表

地　区	天然含水量 ω (%)	重　度 γ (kN/m^3)	孔隙比 e	液限 ω_L (%)	塑指 I_P (%)	液性指数 I_L	粘粒含量 $<2\mu$ (%)	自由膨胀率 F_s (%)	膨胀率 e_p (%)	膨胀力 p_P (kPa)	线缩率 e_{SL} (%)
广西武宣	36	18.3	0.99	68	94	<0		25	0.42		
广西来宾县城	29	18.5	0.89	58	88	0.04	30	44		9	1.5
广西贵县	32	19.2	0.91	67	92	<0	67	50		43	1.3
广西武鸣	27	18.5	0.90	72	87	<0	42	46		190	1.5
山东泗水泉林	32.5	18.4	0.98	60	92	0.18					1.7

注：本表所列数值均为平均值。

（九）土的侧压力系数和泊松比（表1—4—31）

表1—4—31　土的侧压力系数 ξ 和泊松比 ν

土的种类和状态	ξ	ν
碎石土	0.18～0.33	0.15～0.25
砂　土	0.33～0.43	0.25～0.30
粉　土	0.43	0.30
粉质粘土		
坚硬状态	0.33	0.25
可塑状态	0.43	0.30
软塑或流动状态	0.53	0.35
粘　土		
坚硬状态	0.33	0.25
可塑状态	0.53	0.35
软塑或流动状态	0.72	0.42

四、边坡稳定性指标

土（包括黄土、填土）边坡容许坡度值可按表1—4—32～表1—4—34确定，但凡遇下列情况之一时，不得采用表中数值：

（1）开挖土质边坡高度大于10m，黄土填土边坡高度大于15m时；

（2）坡体中地下水比较发育或有软弱结构面的倾斜地层时；

（3）岩层层面或主要结构面的倾向与边坡开挖面的倾向一致或二者走向的交角小于45°时。

表1—4—32 土质边坡容许坡度值

土的类别	密实度或粘性土的状态	坡度容许值（高宽比）	
		坡高5m以内	坡高5～10m
碎石土	密实	1∶0.35～1∶0.50	1∶0.50～1∶0.75
	中密	1∶0.50～1∶0.75	1∶0.75～1∶1.00
	稍密	1∶0.75～1∶1.00	1∶1.00～1∶1.25
粉土	稍湿	1∶1.00～1∶1.25	1∶1.25～1∶1.50
粘性土	坚硬	1∶0.75～1∶1.00	1∶1.00～1∶1.25
	硬塑	1∶1.00～1∶1.25	1∶1.25～1∶1.50

注：本表中的碎石土，其充填物为坚硬或硬塑状态的粘性土或稍湿的粉土。

表1—4—33 黄土边坡容许坡度值

年代	开挖情况	边坡高度		
		5m以内	5～10m	10～15m
次生黄土 Q_4	锹挖容易	1∶0.50～1∶0.75	1∶0.75～1∶1.00	1∶1.00～1∶1.25
马兰黄土 Q_3	锹挖较容易	1∶0.30～1∶0.50	1∶0.50～1∶0.75	1∶0.75～1∶1.00
离石黄土 Q_2	用镐开挖	1∶0.20～1∶0.30	1∶0.30～1∶0.50	1∶0.50～1∶0.75
午城黄土 Q_1	镐挖困难	1∶0.10～1∶0.20	1∶0.20～1∶0.30	1∶0.30～1∶0.50

注：本表不适用于新近堆积黄土。

表1—4—34 填土边坡容许坡度值

填土类别	压实系数 λ_c	边坡高度	
		8m以内	8～15m
碎石、卵石	0.94～0.97	1∶1.50～1∶1.25	1∶1.75～1∶1.50
砂夹石（其中碎石、卵石占全重30%～50%）		1∶1.50～1∶1.25	1∶1.75～1∶1.50
土夹石（其中碎石、卵石占全重30%～50%）		1∶1.50～1∶1.25	1∶2.00～1∶1.50
粘性土（$10<I_p<14$）		1∶1.75～1∶1.50	1∶2.25～1∶1.75

注：压实系数 λ_c 为土的控制干土重度 γ_d 与最大干土重度 γ_{dmax} 的比值。

第三节　围　岩　分　类

一、锚喷围岩分类

（一）煤矿井巷工程锚喷围岩分类（表1—4—35）

（二）国家标准《锚杆喷射混凝土支护技术规范》(GB50086—2001）围岩分类（表1—4—36）

表1—4—35　锚　喷　围　岩　分　类

围岩分类		岩层描述	巷道开掘后围岩的稳定状态（3～5m跨度）	岩种举例
类别	名称			
Ⅰ	稳定岩层	1. 完整坚硬岩层，R_b>60MPa，不易风化； 2. 层状岩层层间胶结好，无软弱夹层	围岩稳定，长期不支护无碎块掉落现象	完整的玄武岩、石英质砂岩、奥陶纪灰岩、茅口灰岩、大冶厚层灰岩
Ⅱ	稳定性较好岩层	1. 完整比较坚硬岩层R_b=40～60MPa； 2. 层状岩层，胶结较好； 3. 坚硬块状岩层，裂隙面闭合，无泥质充填物，R_b>60MPa	围岩基本稳定，较长时间不支护会出现小块掉落	胶结好的砂岩、砾岩、大冶薄层灰岩
Ⅲ	中等稳定岩层	1. 完整的中硬岩层，R_b=20～40MPa； 2. 层状岩层以坚硬层为主，夹有少数软岩层； 3. 比较坚硬的块状岩层，R_b=40～60MPa	能维持一个月以上稳定，会产生局部岩块掉落	砂岩、砂质页岩；粉砂岩、石灰岩、硬质凝灰岩
Ⅳ	稳定性较差岩层	1. 较软的完整岩层，R_b<20MPa； 2. 中硬的层状岩层； 3. 中硬的块状岩层，R_b=20～40MPa	围岩的稳定时间仅有几天	页岩、泥岩、胶结不好的砂岩、硬煤
Ⅴ	不稳定岩层	1. 易风化潮解剥落的松软岩层； 2. 各类破碎岩层	围岩很容易产生冒顶片帮	炭质页岩、花斑泥岩、软质凝灰岩、煤、破碎的各类岩石

注：1. 岩层描述将岩层分为完整的、层状的、块状的、破碎的四种：

(1) 完整岩层：层理和节理裂隙的间距大于1.5m。(2) 层状岩层：层与层间距小于1.5m。(3) 块状岩层：节理裂隙间距小于1.5m，大于0.3m。(4) 破碎岩层：节理裂隙间距小于0.3m。

2. 当地下水影响围岩的稳定性时，应考虑适当降级。

3. R_b为岩石的饱和抗压强度。

4. 本表引自（77）煤炭字第439号《煤矿井巷工程锚杆、喷浆、喷射混凝土支护设计试行规范》。

表1－4－36　锚喷围岩分级

围岩级别	主要工程地质特征							毛洞稳定情况
	岩体结构	构造影响程度，结构面发育情况和组合状态	岩石强度指标		岩体声波指标		岩体强度应力比	
			单轴饱和抗压强度（MPa）	点荷载强度（MPa）	岩体纵波速度（km/s）	岩体完整性指标		
Ⅰ	整体状及层间结合良好的厚层状结构	构造影响轻微，偶有小断层。结构面不发育，仅有两到三组，平均间距大于0.8m，以原生和构造节理为主，多数闭合，无泥质充填，不贯通。层间结合良好，一般不出现不稳定块体	＞60	＞2.5	＞5	＞0.75		毛洞跨度5～10m时，长期稳定，无碎块掉落
Ⅱ	同Ⅰ级围岩特征	同Ⅰ级围岩特征	30～60	1.25～2.5	3.7～5.2	＞0.75		毛洞跨度5～10m时，围岩能较长时间（数月至数年）维持稳定，仅出现局部小块掉落
	块状结构和层间结合较好的中厚层或厚层状结构	构造影响较重，有少量断层。结构面较发育，一般为三组，平均间距0.4～0.8m，以原生和构造节理为主，多数闭合，偶有泥质充填，贯通性较差，有少量软弱结构面。层间结合较好，偶有层间错动和层面张开现象	＞60	＞2.5	3.7～5.2	＞0.5		
Ⅲ	同Ⅰ级围岩特征	同Ⅰ级围岩特征	20～30	0.85～1.25	3.0～4.5	＞0.75	＞2	毛洞跨度5～10m时，围岩能维持一个月以上的稳定，主要出现局部掉块、塌落
	同Ⅱ级围岩块状结构和层间结合较好的中厚层或厚层状结构	同Ⅱ级围岩块状结构和层间结合较好的中厚层或厚层状结构特征	30～60	1.25～2.5	3.0～4.5	0.5～0.75	＞2	
	层间结合良好的薄层和软硬岩互层结构	构造影响较重。结构面发育，一般为三组，平均间距0.2～0.4m，以构造节理为主，节理面多数闭合，少有泥质充填。岩层为薄层或以硬岩为主的软硬岩互层，层间结合良好，少见软弱夹层、层间错动和层面张开现象	＞60（软岩，＞20）	＞2.5	3.0～4.5	0.3～4.5	＞2	
	碎裂镶嵌结构	构造影响较重。结构面发育，一般为三组以上，平均间距0.2～0.4m，以构造节理为主，节理面多数闭合，少数有泥质充填，块体间牢固咬合	＞60	＞2.5	3.0～4.5	0.3～0.5	＞2	
Ⅳ	同Ⅱ级围岩块状结构和层间结合较好的中厚层或厚层状结构	同Ⅱ级围岩块状结构和层间结合较好的中厚层或厚层状结构特征	10～30	0.42～1.25	2.0～3.5	0.5～0.75	＞1	毛洞跨度5m时，围岩能维持数日到一个月的稳定，主要失稳形式为冒落或片帮

续表

围岩类别	主要工程地质特征							毛洞稳定情况
	岩体结构	构造影响程度，结构面发育情况和组合状态	岩石强度指标		岩体声波指标		岩体强度应力比	
			单轴饱和抗压强度（MPa）	点荷载强度（MPa）	岩体纵波速度（km/s）	岩体完整性指标		
	散块状结构	构造影响严重，一般为风化卸荷带。结构面发育，一般为三组，平均间距0.4～0.8m，以构造节理、卸荷、风化裂隙为主，贯通性好，多数张开，夹泥，夹泥厚度一般大于结构面的起伏高度，咬合力弱，构成较多的不稳定块体	＞30	＞1.25	＞2.0	＞0.15	＞1	
Ⅳ	层间结合不良的薄层、中厚层和软硬岩互层结构	构造影响严重，结构面发育，一般为三组以上，平均间距0.2～0.4m，以构造、风化节理为主，大部分微张（0.5～1.0mm），部分张开（＞1.0mm），有泥质充填，层间结合不良，多数夹泥，层间错动明显	＞30（软岩，＞10）	＞1.25	2.0～3.5	0.2～0.4	＞1	毛洞跨度5m时，围岩能维持数日到一个月的稳定，主要失稳形式为冒落或片帮
	碎裂状结构	构造影响严重，多数为断层影响带或强风化带。结构面发育，一般为三组以上，平均间距0.2～0.4m，大部分微张（0.5～1.0mm），部分张开（＞1.0mm），有泥质充填，形成许多碎块体	＞30	＞1.25	2.0～3.5	0.2～0.4	＞1	
Ⅴ	散体状结构	构造影响很严重，多数为破碎带、全强风化带、破碎带交汇部位。构造及风化节理密集，节理面及其组合杂乱，形成大量碎块体，块体间多数为泥质充填，甚至呈石夹土状或土夹石状	—	—	＜2.0	—	—	毛洞跨度5m时，围岩稳定时间很短，约数小时至数日

注：1. 围岩按定性分级与定量指标分级有差别时，一般应以低者为准；

2. 本表声波指标以孔测法测试值为准。如果用其他方法测试时，可通过对比试验，进行换算；

3. 层状岩体按单层厚度可划分为：

厚　层：大于0.5m。

中厚层：0.1～0.5m。

薄　层：小于0.1m；

4. 一般条件下，确定围岩级别时，应以岩石单轴湿饱和抗压强度为准；当洞跨小于5m、服务年限小于10年的工程，确定围岩级别时，可采用点荷载强度指标代替岩块单轴饱和抗压强度指标，可不做岩体声波指标测试；

5. 测定岩石强度，做单轴抗压强度测定后，可不作点荷载强度测定。

二、普氏岩石分类（表 1－4－37）

表 1－4－37　普 氏 岩 石 分 类

类　别	坚硬程度	特　　征	普氏系数 f	极限抗压强度 R (MPa)	内摩擦角 φ	松散系数 K
Ⅰ	极硬岩石	极硬、极致密与韧性最大的石英岩与玄武岩，及其他特坚硬的岩石	20	200	87°08′	2.2
Ⅱ	很硬岩石	很硬的花岗岩、石英斑岩、硅质页岩，比上述石英岩略弱的石英岩，最硬的砂岩和石灰岩	15	150	86°11′	2.2
Ⅲ	硬岩石	花岗岩（紧密的）、花岗质岩石，很硬的砂岩和石灰岩，石英质矿脉，硬的砾岩，很硬的铁矿石	10	100	84°18′	2.2
$Ⅲ_a$	硬岩石	石灰岩（坚硬的），不硬的花岗岩，硬的砂岩，硬大理岩，黄铁矿、白云岩	8	80	82°53′	2.0
Ⅳ	相当硬的岩石	普通砂岩、铁矿石	6	60	80°32′	2.0
$Ⅳ_a$	相当硬的岩石	砂质页岩，片状砂岩	5	50	78°41′	2.0
Ⅴ	中硬岩石	硬质粘土页岩，不坚硬的砂岩和石灰岩，软的砾石	4	40	75°58′	2.0
$Ⅴ_a$	中硬岩石	各种不坚硬的页岩，致密的泥灰岩	3.0	30	71°34′	1.8
Ⅵ	相当软的岩石	软页岩与软的石灰岩，白垩、岩盐、石膏、冻土、无烟煤，普通的泥灰岩，破碎的砂岩，胶结的卵石和砂砾，掺石土	2.0	20	63°26′	1.6～1.7
$Ⅵ_a$	相当软的岩石	碎石土，破碎的页岩，结块的卵石和碎石，坚硬的煤，硬化粘土	1.5		56°19′	1.4～1.5
Ⅶ	软岩石	致密的粘土，中硬的煤，硬的冲积土，粘土质土壤	1.0		45°00′	1.3～1.4
$Ⅶ_a$	软岩石	轻砂质粘土，黄土、砾石，软煤（f=0.6～1）	0.8		38°40′	1.25～1.35
Ⅷ	土质岩石	腐殖土、泥煤，轻砂质粘土，湿砂	0.6		35°00′	1.2～1.3
Ⅸ	松散岩石	砂、岩屑、小砾石、堆积土，松散土，开采出的煤	0.5		30°58′	1.1～1.2
Ⅹ	流砂性岩石	流砂，沼泽土，含水黄土，其他含水土壤（f=0.1～0.3）	0.3		16°42′	1.05

表 1-4-38 铁路、公路隧道围岩分类

类别	围岩主要工程地质条件		围岩开挖后的稳定状态
	主要工程地质条件	结构特征和完整状态	
Ⅵ	硬质岩石（饱和抗压极限强度 R_b>60MPa），受地质构造影响轻微，节理不发育，无软弱面（或夹层）；层状岩层为厚层，层间结合良好	呈巨块状整体结构	围岩稳定、无坍塌，可能产生岩爆
Ⅴ	硬质岩石（R_b>30MPa），受地质构造影响较重，节理较发育，有少量软弱面（或夹层）和贯通微张节理，但其产状及组合关系不致产生滑动；层状岩层为中层或厚层，层间结合一般，很少有分离现象，或为硬质岩石偶夹软质岩石	呈大块状砌体结构	暴露时间长，可能会出现局部小坍塌；侧壁稳定；层间结合差的平缓岩层，顶板易塌落
	软质岩石（R_b≈30MPa），受地质构造影响轻微，节理不发育；层状岩层为厚层，层间结合良好	呈巨块状整体结构	
Ⅳ	硬质岩石（R_b>30MPa），受地质构造影响严重，节理发育，有层状软弱面（或夹层），但其产状及组合关系尚不致产生滑动；层状岩层为薄层或中层，层间结合差，多有分离现象；或为硬、软质岩石互层	呈块（石）碎（石）状镶嵌结构	拱部无支护时可产生小坍塌，侧壁基本稳定，爆破震动过大易塌
	软质岩石（R_b=5以上～30MPa），受地质构造影响严重，节理较发育；层状岩层为薄层、中层或厚层，层间结合一般	呈大块状砌体结构	
Ⅲ	硬质岩石（R_b>30MPa），受地质构造影响很严重，节理很发育，层状软弱面（或夹层）已基本被破坏	呈碎石状压碎结构	拱部无支护时，可产生较大的坍塌；侧壁有时失去稳定
	软质岩石（R_b=5以上～30MPa），受地质构造影响严重，节理发育	呈块（石）碎（石）状镶嵌结构	
	1. 略具压密或成岩作用的粘性土及砂性土 2. 一般钙质、铁质胶结的碎、卵石土、大块石土 3. 黄土（Q_1、Q_2）	1. 呈大块状压密结构 2. 呈巨块状整体结构 3. 呈巨块状整体结构	
Ⅱ	石质围岩位于挤压强烈的断裂带内，裂隙杂乱，呈石夹土或土夹石状	呈角（砾）碎（石）状松散结构	围岩易坍塌，处理不当会出现大坍塌，侧壁经常小坍塌；浅埋时易出现地表下沉（陷）或坍至地表
	一般第四系的半干硬～硬塑的粘性土及稍湿至潮湿的一般碎、卵石土，圆砾、角砾土及黄土（Q_3、Q_4）	非粘性土呈松散结构，粘性土及黄土呈松软结构	
Ⅰ	石质围岩位于挤压极强烈的断裂带内，呈角砾、砂、泥松软体	呈松软结构	围岩极易坍塌变形，有水时土砂常与水一齐涌出；浅埋时易坍至地表
	软塑状粘性土及潮湿的粉细砂等	粘性土呈易蠕动的松软结构砂性土呈潮湿松散结构	

注：表中“类别”和“围岩主要工程地质条件”栏，不包括特殊地质条件的围岩，如膨胀性盐岩、多年冻土等。

三、铁路、公路隧道围岩分类（表 1-4-38）

（一）铁路隧道围岩分类法

（1）层状岩层的层厚划分：

厚　层：大于 0.5m；

中厚层：0.1～0.5m；

薄　层：小于 0.1m。

(2) 风化作用对围岩分类的影响，可从以下两方面考虑：

结构完整状态方面：当风化作用使岩体结构松散、破碎、软硬不一时，应结合因风化作用造成的各种状况，综合考虑确定围岩的结构完整状态；

岩石类别方面：当风化作用使岩石成份改变，强度降低时，应按风化后之强度确定岩石类别。

(3) 遇有地下水时，可按下列原则调整围岩类别：

在Ⅵ类围岩或属于Ⅴ类的硬质岩石中，一般地下水对其稳定性影响不大，可不考虑降低；

在Ⅳ类围岩或属于Ⅴ类的软质岩石，应根据地下水的类型、水量大小和危害程度调整围岩类别，当地下水影响围岩稳定产生局部坍塌或软化软弱面时，可酌情降低 1 级；

Ⅲ类、Ⅱ类围岩已成碎石状松散结构，裂隙中并有粘性土充填物、地下水对围岩稳定性影响较大，可根据地下水的类型、水量大小、渗流条件、动水和静水压力等情况，判断其对围岩的危害程度，适当降低 1～2 级；

在Ⅰ类围岩中，分类已考虑了一般含水情况的影响，但在特殊含水地层（如处于饱水状态或具有较大承压水流时）需另作处理。

(4) 本表中“类别”和“围岩主要工程地质条件”栏，适用于单线、双线和多线隧道，但不适用于特殊地质条件的围岩（如膨胀性围岩、多年冻土等）。

(二) 围岩物理力学指标设计参数（表 1—4—39、表 1—4—40）

表 1—4—39　铁路隧道围岩分类

（按弹性波纵波速度划分）

围岩类别	Ⅵ	Ⅴ	Ⅳ	Ⅲ	Ⅱ	Ⅰ
围岩弹性波速度 V_p (km/s)	>4.5	3.5～4.5	2.5～4.0	1.5～3.0	1.0～2.0	<1.0 饱和状态的土<1.5

表 1—4—40　各类围岩的物理力学指标

围岩类别	容重 γ (kN/m³) (tf/m³)	弹性抗力系数 K (MPa/m) (tf/m³)	变形系数 E (GPa) (tf/m²)	泊松比 μ	计算摩擦角 φ
Ⅵ	26～28 (2.6～2.8)	1800～2800 〔(1.8～2.8)×10⁵〕	>50 (>5×10⁶)	0.1～0.15	>78°
Ⅴ	25～27 (2.5～2.7)	1200～1800 〔(1.2～1.8)×10⁵〕	20～50 〔(2.0～5.0)×10⁶〕	0.12～0.20	70°～78°
Ⅳ	23～25 (2.3～2.5)	500～1200 〔(0.5～1.2)×10⁵〕	5～25 〔(0.5～2.5)×10⁶〕	0.15～0.30	60°～70°
Ⅲ	19～22 (1.9～2.2)	200～500 〔(0.2～0.5)×10⁵〕	2～10 〔(0.2～1.0)×10⁶〕	0.20～0.35	50°～60°
Ⅱ	17～20 (1.7～2.0)	100～200 〔(0.1～0.2)×10⁵〕	<2 (<0.2×10⁶)	0.30～0.45	40°～50°
Ⅰ	15～17 (1.5～1.7)	<100 (<0.1×10⁵)	<1 (<0.1×10⁶)	0.35～0.50	30°～40°

注：本表数值不包括黄土地层。

四、缓倾斜、倾斜煤层回采巷道围岩分类（表1－4－41）

表1－4－41　缓倾斜、倾斜煤层回采巷道围岩分类及推荐支护措施

巷道围岩类别	围岩稳定状况	预计巷道顶底板移近率（%）	单一煤层及厚煤层一分层回采巷道推荐采用的支护措施					
			受一次采动影响的巷道				受二次采动影响的巷道	
			支护强度（kN/m²）	支护型式	主要支护参数	其他支护措施	巷内支护	巷旁支护
Ⅰ	非常稳定	<5	0～30	1.不支护 2.点柱 3.刚性锚杆	间距1.0m左右，1～2排； 锚固力50～70kN/根，锚杆长1.2～1.6m，锚杆密度1.0根/m²左右	在工作面前方10～20m范围内用点柱加强	同Ⅱ类受一次采动影响的巷道	整体浇注巷旁充填或砌块，支护强度3500～5000kN/m²左右。必要时，也可采取强制放顶措施
Ⅱ	稳定	5～10	30～70	1.刚性金属支架 2.刚性锚杆	棚距0.8m左右； 锚固力50～70kN/根，锚杆长度1.2～1.6m，锚杆密度1.0～1.2根/m²	间隔背板。在工作面前方采动影响区内，也可用中柱加强； 工作面前方采动影响区内用点柱或支架加强	同Ⅲ类受一次采动影响的巷道	整体浇注巷旁充填或砌块，支护强度3500～5000kN/m²，采高小于2m时也可采用矸石垛、巷旁密集支柱，巷旁密集支柱的支护强度500～1000kN/m²。必要时也可采用强制放顶措施
Ⅲ	中等稳定	10～20	70～150	1.梯形可缩支架 2.拱形可缩支架 3.刚性或可延伸锚杆	棚距0.6～0.8m，垂直可缩量200～400mm； 棚距0.6～0.8m，垂直、侧向可缩量均为200～400mm； 锚固力50～100kN/根，锚杆长度1.4～1.8m，锚杆密度1.2～1.5根/m²。采用可延伸锚杆时，锚杆的延伸量为150～300mm	工作面前方采动影响区内用中柱加强，间隔背板，架间用拉杆固定； 间隔背板，架间用拉杆固定； 与金属网、板梁联合使用，工作面前方采动影响区内，可用支架加强	同Ⅳ类受一次采动影响的巷道，支护强度和可缩量适当加大	$K<35\%$时可不用巷旁支护，但需有密闭采空区的技术措施，如密闭隔板、挂帘等。$K>35\%$时巷旁支护方式同Ⅱ类巷道
Ⅳ	不稳定	20～35	100～200	1.梯形可缩支架 2.拱形可缩支架	棚距0.6～0.8m，垂直可缩量400～600mm； 棚距0.6～0.8m，垂直、侧向可缩量均为400～600mm	工作面前方采动影响区内用中柱加强，密置背板，架间用拉杆固定，壁后填实；密置背板，架间用拉杆固定，壁后填实		

续表

巷道围岩类别	围岩稳定状况	预计巷道顶底板移近率（%）	单一煤层及厚煤层一分层回采巷道推荐采用的支护措施					
			受一次采动影响的巷道				受二次采动影响的巷道	
			支护强度（kN/m^2）	支护型式	主要支护参数	其他支护措施	巷内支护	巷旁支护
V	极不稳定	>35	150～250	1. 封闭可缩性支架	K＜40%时采用马蹄形支架；K＞40%围岩压力不均时用方环形、长环形支架；压力分布均匀时用圆形支架。棚距0.6m左右，支架垂直、侧向可缩量均为400～600mm；	背板或金属网背严，架间用拉杆固定，壁后填实；		
				2. 拱形可缩支架	棚距0.6m左右，支架垂直可缩量600～800mm，侧向可缩量600mm左右	背板或金属网背严，架间用拉杆固定，壁后填实。与防治底鼓的措施相结合，如打底板锚杆，砂浆或化学加固，卧底及其他措施		
倾斜分层一分层以下各分层回采巷道支护技术的选择			巷道受一次采动影响时： 1. 巷道内错布置于采空区下时，巷道围岩的稳定性类别不重新划分，其支护较一分层实体煤中维护的巷道有所加强，视不同情况增加支护强度，改刚性支架为可缩性支架或增加支架的可缩量，并注意背帮背顶防止漏矸； 2. 巷道外错布置于煤柱内，按煤柱护巷条件重新划分巷道类别，再按单一煤层及厚煤层一分层回采巷道支护技术确定支护措施				巷道受二次采动影响时（Ⅲ类围岩）： 1. 支护型式同一分层； 2. 支架型钢型号较一分层加大一级； 3. 棚距0.6m左右； 4. 支护强度较一分层加大50～100kN/m^2； 5. 支架垂直可缩量600～800mm，侧向可缩量600mm左右	

注：1. 金属支架型号、结构及具体参数从煤炭部部颁标准MT143—86中选取。
2. 表中所列预计巷道顶底板移近率系指采用非封闭支架，受一次采动影响条件下巷道顶底板的最终移近率。
3. K—非封闭支架条件下，巷道顶底板最终移近率。
4. 考虑到我国目前的巷道支护现状，对于暂时不能完全实现非木支护的矿井，在适宜使用刚性支护的巷道里，也可使用木支护（支架或点柱）；巷旁支护中也可考虑木垛。
5. Ⅳ类巷道中围岩稳定状况属下限的，也可考虑使用马蹄形可缩支架。

五、工程岩体分级标准（GB50218—94）

（一）符号（表1—4—42）

表1—4—42　符　　号

编　号	符　号	符号说明
1	γ	岩石重力密度
2	R_c	岩石单轴饱和抗压强度
3	$I_{s(50)}$	岩石点荷载强度指数

续表

编号	符号	符号说明
4	E	岩体变形模量
5	ν	岩体泊松比
6	φ	岩体或结构面内摩擦角
7	C	岩体或结构面粘聚力
8	K_v	岩体完整性指数
9	J_v	岩体体积节理数
10	K_1	地下水影响修正系数
11	K_2	主要软弱结构面产状影响修正系数
12	K_3	初始应力状态影响修正系数
13	f_0	基岩承载力基本值
14	η	基岩形态影响折减系数
15	BQ	岩体基本质量指标
16	$[BQ]$	岩体基本质量指标修正值

（二）岩石坚硬程度的定性划分与单轴饱和抗压强度的对应关系（表1—4—43）

表1—4—43 岩石坚硬程度的定性划分与单轴饱和抗压强度的对应关系

名称		定性鉴定	代表性岩石	单轴饱和抗压强度 R_c（MPa）
硬质岩	坚硬岩	锤击声清脆，有回弹，震手，难击碎； 浸水后，大多无吸水反应	未风化～微风化的： 花岗岩、正长岩、闪长岩、辉绿岩、玄武岩、安山岩、片麻岩、石英片岩、硅质板岩、石英岩、硅质胶结的砾岩、石英砂岩、硅质石灰岩等	＞60
	较坚硬岩	锤击声较清脆，有轻微回弹，稍震手，较难击碎； 浸水后，有轻微吸水反应	1．弱风化的坚硬岩； 2．未风化～微风化的： 熔结凝灰岩、大理岩、板岩、白云岩、石灰岩、钙质胶结的砂岩等	60～30
软质岩	较软岩	锤击声不清脆，无回弹，较易击碎； 浸水后，指甲可刻出印痕	1．强风化的坚硬岩； 2．弱风化的较坚硬岩； 3．未风化～微风化的： 凝灰岩、千枚岩、砂质泥岩、泥灰岩、泥质砂岩、粉砂岩、页岩等	30～15
	软岩	锤击声哑，无回弹，有凹痕，易击碎； 浸水后，手可掰开	1．强风化的坚硬岩； 2．弱风化～强风化的较坚硬岩； 3．弱风化的较软岩； 4．未风化的泥岩等	15～5
	极软岩	锤击声哑，无回弹，有较深凹痕，手可捏碎； 浸水后，可捏成团	1．全风化的各种岩石； 2．各种半成岩	＜5

（三）岩石风化程度的划分（表1—4—44）

表1—4—44　岩石风化程度的划分

名　称	风　化　特　征
未风化	结构构造未变，岩质新鲜
微风化	结构构造、矿物色泽基本未变，部分裂隙而有铁锰质渲染
弱风化	结构构造部分破坏，矿物色泽较明显变化，裂隙面出现风化矿物或存在风化夹层
强风化	结构构造大部分破坏，矿物色泽明显变化，长石、云母等多风化成次生矿物
全风化	结构构造全部破坏，矿物成分除石英外，大部分风化成土状

（四）岩体完整程度的定性划分及定量指标（表1—4—45）

表1—4—45　岩体完整程度的定性划分及定量指标

名　称	结构面发育程度		J_v（条/m^3）	K_v	主要结构面的结合程度	主要结构面类型	相应结构类型
	组数	平均间距(m)					
完　整	1～2	＞1.0	＜3	＞0.75	结合好或结合一般	节理、裂隙、层面	整体状或巨厚层状结构
较完整	1～2	＞1.0	3～10	0.75～0.55	结合差	节理、裂隙、层面	块状或厚层状结构
	2～3	1.0～0.4			结合好或结合一般		块状结构
较破碎	2～3	1.0～0.4	10～20	0.55～0.35	结合差	节理、裂隙、层面、小断层	裂隙块状或中厚层状结构
	＞3	0.4～0.2			结合好		镶嵌碎裂结构
					结合一般		中、薄层状结构
破　碎	＞3	0.4～0.2	20～35	0.35～0.15	结合差	各种类型结构面	裂隙块状结构
		＜0.2			结合一般或结合差		碎裂状结构
极破碎	无序		＞35	＜0.15	结合很差		散体状结构

注：平均间距指主要结构面（1～2组）间距的平均值。

（五）结构面结合程度的划分（表1—4—46）

表1—4—46　结构面结合程度的划分

名　称	结　构　面　特　征
结合好	张开度小于1mm，无充填物；
结合好	张开度1～3mm，为硅质或铁质胶结； 张开度大于3mm，结构面粗糙，为硅质胶结
结合一般	张开度1～3mm，为钙质或泥质胶结； 张开度大于3mm，结构面粗糙，为铁质或钙质胶结
结合差	张开度1～3mm，结构面平直，为泥质或泥质和钙质胶结； 张开度大于3mm，多为泥质或岩屑充填
结合很差	泥质充填或泥夹岩屑充填，充填物厚度大于起伏差

（六）岩体基本质量分级

1. 岩体基本质量分级（表1—4—47）

表1—4—47　岩体基本质量分级

基本质量级别	岩体基本质量的定性特征	岩体基本质量指标，*BQ*
Ⅰ	坚硬岩，岩体完整	＞550
Ⅱ	坚硬岩，岩体较完整； 较坚硬岩，岩体完整	550～451
Ⅲ	坚硬岩，岩体较破碎； 较坚硬岩或软硬岩互层，岩体较完整； 较软岩，岩体完整	450～351
Ⅳ	坚硬岩，岩体破碎； 较坚硬岩，岩体较破碎～破碎； 较软岩或软硬岩互层，且以软岩为主，岩体较完整～较破碎； 软岩，岩体完整～较完整	350～251
Ⅴ	较软岩，岩体破碎； 软岩，岩体较破碎～破碎； 全部极软岩及全部极破碎岩	＜250

表1—4—47中岩体基本质量指标（*BQ*），应根据分级因素的定量指标 R_c 的兆帕数值和 K_v，按下式计算：

$$BQ=90+3R_c+250K_v$$

使用上式时，应遵守下列限制条件：

(1) 当 $R_c>90K_v+30$ 时，应以 $R_c=90K_v+30$ 和 K_v 代入计算 *BQ* 值。

(2) 当 $K_v>0.04R_c+0.4$ 时，应以 $K_v=0.04R_c+0.4$ 和 R_c 代入计算 *BQ* 值。

2. 岩体基本质量指标的修正

岩体基本质量指标修正值（〔*BQ*〕），可按下式计算：

$$[BQ]=BQ-100(K_1+K_2+K_3)$$

式中　〔*BQ*〕——岩体基本质量指标修正值；

BQ——岩体基本质量指标；

K_1——地下水影响修正系数；

K_2——主要软弱结构面产状影响修正系数；

K_3——初始应力状态影响修正系数。

K_1、K_2、K_3 值，可分别按表1—4—48、表1—4—49、表1—4—50确定。无表中所列情况时，修正系数取零。〔*BQ*〕出现负值时，应按特殊问题处理。

表 1－4－48　地下水影响修正系数 K_1

K_1 / BQ / 地下水出水状态	>450	450～351	350～251	<250
潮湿或点滴状出水	0	0.1	0.2～0.3	0.4～0.6
淋雨状或涌流状出水，水压<0.1MPa 或单位出水量<10L/min・m	0.1	0.2～0.3	0.4～0.6	0.7～0.9
淋雨状或涌流状出水，水压>0.1MPa 或单位出水量>10L/min・m	0.2	0.4～0.6	0.7～0.9	1.0

表 1－4－49　主要软弱结构面产状影响修正系数 K_2

结构面产状及其与洞轴线的组合关系	结构面走向与洞轴线夹角<30° 结构面倾角 30°～75°	结构面走向与洞轴线夹角>60° 结构面倾角>75°	其它组合
K_2	0.4～0.6	0～0.2	0.2～0.4

表 1－4－50　初始应力状态影响修正系数 K_3

K_3 / BQ / 初始应力状态	>550	550～451	450～351	350～251	<250
极高应力区	1.0	1.0	1.0～1.5	1.0～1.5	1.0
高应力区	0.5	0.5	0.5	0.5～1.0	0.5～1.0

六、国外巷道围岩分类

（一）美国迪尔的按岩石质量指数的分类（表 1－4－51、表 1－4－52）

表 1－4－51　美国迪尔的按岩石质量指数（R、Q、D）的分类

按 R、Q、D（%）的分类	开挖隧道方法	可交替使用的支撑系统		
		钢拱	锚杆	喷混凝土
优质的 R、Q、D>90	掘进机法	不需要或轻型钢拱，岩石载荷高度（0～0.2）B	不需要	不需要或局部使用
	传统方法	不需要或轻型钢拱，岩石载荷高度（0～0.3）B	不需要	不需要或局部使用（厚 50～80mm）
良好的 75<R、Q、D<90	掘进机法	轻型钢拱，间距 1.6～2.0m，岩石载荷高度（0～0.4）B	间距 1.6～2.0m	不需要或局部使用
	传统方法	轻型钢拱，间距 1.6～2.0m，岩石载荷高度（0.6～1.3）B	间距 1.6～2.0m	局部需要厚（50～80mm）
好的 50<R、Q、D<75	掘进机法	轻型到中型钢拱，间距 1.6～2.0m，岩石载荷高度（0.4～1.0）B	间距 1.3～1.6m	拱顶厚 50～100mm
	传统方法	轻型到中型钢拱，间距 1.3～1.6m，岩石载荷高度（0.6～1.3）B	间距 1.0～1.6m	拱及边墙厚≥100mm

续表

按R、Q、D（%）的分类	开挖隧道方法	可交替使用的支撑系统		
		钢拱	锚杆	喷混凝土
差的 25<R、Q、D<50	掘进机法	中等圆形钢拱，间距1.0～1.3m，岩石载荷高度（1.0～1.6）B	间距0.65～1.3m	拱及边墙厚100～150mm与锚杆共同使用
	传统方法	中型或重型钢拱，间距0.65～1.3m，岩石载荷高度（1.3～2.0）B	间距0.65～1.3m	拱及边墙厚≥150mm与锚杆共同使用
很差 R、Q、D<25 （不包括挤入土及膨胀土）	掘进机法	中型或重型圆钢拱，间距0.65m，岩石载荷高度（1.6～2.2）B	间距0.65～1.3m	拱及边墙厚≥150mm，与钢拱共同使用
	传统方法	重型圆钢拱，间距0.65m，岩石载荷高度（2～2.8）B	间距1.0m	全断面厚≥150mm与钢拱共同使用
很差 （挤入土及膨胀土）	掘进机法	加重型钢拱，间距0.65m，载荷高度达75m	间距0.65～1.0m	拱及边墙厚≥150mm，与钢拱共同使用
	传统方法	加重型钢拱，间距0.65m，载荷高度达75m	间距0.65～1.0m	全断面厚≥150mm与钢拱共同使用

注：1. 岩石质量指数（R、Q、D）是以修正后（即不计入小于100mm的小块）的岩芯复原率为基础的。
2. 按R、Q、D的围岩分类适用于坑道直径5～10m。
3. 表中B为巷道宽度。

表1—4—52　R、Q、D与平均裂隙间距关系

平均裂隙间距（mm）	R、Q、D（%）	基本性质	平均裂隙间距（mm）	R、Q、D（%）	基本性质
<70	0～25	非常不好	170～280	75～90	好
70～100	25～50	不好	>280	90～100	非常好
100～170	50～75	较好			

（二）前苏联的围岩分类（表1—4—53）

表1—4—53　前苏联的围岩分类
（按稳定性分类1966年）

稳定性	岩层	物理力学性质	工程地质条件	稳定破坏现象	建议措施
稳定	砾岩 石灰岩 砂岩	$\sigma_c>50$ $f=4\sim6$ $H=0$	裂隙较少或没有，岩层干燥或含水，呈无压水	可能有少量坍落	用爆破开挖
较稳定	石灰岩 砂岩	$\sigma_c=25\sim50$ $f=2\sim4$ $H<5$	裂隙岩层，含水，呈有压水	离层下掉、坍落或10m³以内的坍方	坑道全面支护，盾构开挖
	粘土 砂粘土	$B\leqslant5$　$\varphi>18°$ $C>0.5$　$E>2.5$ $f=0.8\sim1.0$	裂隙很少或没有		

续表

稳定性	岩 层	物理力学性质	工程地质条件	稳定破坏现象	建 议 措 施
不充分稳定	粘 土 砂粘土	$B>5$ $\varphi=15\sim18°$ $C=0.2\sim0.5$ $f=0.6\sim0.8$ $E=20\sim25$	层状岩层，有裂隙,团粒结构，稍湿润	塌落或$10m^3$左右的坍方，粘土的塑性膨胀	小进度（<0.5m）的盾构开挖，坑道全断面支护，向衬砌背后压注速凝砂浆
	粘砂土	$a>30°$ $f=0.6$	有粘土砂岩夹层		
不稳定	粘砂土 砂	$f=0.3\sim0.6$ $H<5$	含饱和水的，流动的，呈有压水	水涌出，流砂。地面下沉，岩体变形	利用人工降水，压缩空气的盾构开挖，冻结法、沉箱配合降水法、矽化法等

注：σ_c—岩石抗压强度；f—普氏系数；H—水压；B—稠度指数；C—粘着力；φ—内摩擦角；E—变形系数；a—水中坡角。

第四节 煤层及其顶、底板分类

一、煤层分类（表1-4-54）

表1-4-54 煤 层 分 类

分 类 根 据	煤 层 名 称	特 征
按煤层倾角	近水平煤层 缓倾斜煤层 倾斜煤层 急倾斜煤层	<8° 8°～25° 25°～45° >45°
按煤层厚度	薄煤层 中厚煤层 厚煤层	≤1.3m 1.31～3.5m ≥3.5m
按厚度的稳定性	稳定煤层	煤层厚度变化很小，结构简单至较简单，全区可采或基本全区可采
	较稳定煤层	煤层厚度有一定变化，但规律性较明显，结构简单至复杂，全区可采或大部分可采，可采区内的厚度变化不大
	不稳定煤层	煤层厚度变化很大，无明显规律，结构复杂至极复杂。主要包括： 1. 煤层厚度变化很大，具突然增厚变薄现象，全区可采或大部分可采； 2. 煤层呈串珠状、藕节状，局部可采，可采边界线不规划； 3. 难以进行分层对比，但可进行层组对比的复煤层①
	极不稳定煤层	煤层厚度变化极大，呈透镜状、鸡窝状，一般不连续，很难找出规律，可采区分布零星；或无法进行分层对比，层组对比也有困难的复煤层

①复煤层：煤层的全层厚度较大，夹矸层数多，变化大，夹矸分层厚度在一定范围内往往大于煤层的最低可采厚度，在地质勘探和煤矿生产中应当做分层对比的煤层。

二、煤层构造分类（表1—4—55）

表1—4—55　煤 层 构 造 分 类

名　　称	特　　征
简单构造	含煤地层沿走向、倾向的产状变化不大，断层稀少，没有或很少受岩浆岩的影响。主要包括： 1. 产状近似水平，很少有缓波状起伏； 2. 缓倾斜至倾斜的简单单斜、向斜或背斜； 3. 为数不多和方向单一的宽缓褶皱
中等构造	含煤地层沿走向、倾向的产状有一定变化，断层较发育，有时受岩浆岩的一定影响。主要包括： 1. 产状平缓，沿走向、倾向均发育宽缓褶皱，或伴有一定数量的断层； 2. 简单的单斜、向斜、背斜，伴有较多断层，或局部有小规模的褶曲或倒转； 3. 急倾斜或倒转的单斜、向斜或背斜；或为形态简单的褶皱，伴有稀少断层
复杂构造	含煤地层沿走向、倾向的产状变化很大，断层发育，有时受岩浆岩的严重影响。主要包括： 1. 受几组断层严重破坏的断块构造； 2. 单斜、向斜或背斜中，次一级褶曲和断层均很发育； 3. 紧密褶皱，伴有一定数量的断层
极复杂构造	含煤地层产状变化极大，断层极发育，有时受岩浆岩的严重破坏。主要包括： 1. 紧密褶皱，断层密集； 2. 形态复杂特殊的褶皱，断层发育； 3. 断层发育，受岩浆岩的严重破坏

三、煤层结构分类（表1—4—56）

表1—4—56　煤 层 结 构 分 类

名　　称	特　　征
简单结构煤层	煤层中不含呈层状出现的较稳定的夹石层，但仍然有可能夹有不少较小的矿物透镜体或结核
复杂结构煤层	煤层中含有较稳定的夹石层一至数层，以至十几层。常见的夹石层为炭质页岩、粉砂岩，有时还见到油页岩、砂岩、石灰岩等。被夹石层所分隔的部分，称为煤分层

四、采煤工作面顶、底板分类

（一）煤层顶底板结构（表1—4—57）

表 1－4－57 煤层顶底板结构

顶底板名称	与煤层之间的位置关系及特征	图示
老顶（基本顶）	位于直接顶之上，有时也直接位于煤层之上的厚而坚硬的岩层，通常由厚层状砂岩、石灰岩、砂砾岩等岩层所组成。老顶在采空区常能维持相当大的悬露面积而不随直接顶垮落	
直接顶	位于伪顶或煤层（无伪顶时）之上的一层或几层岩层，通常是由泥岩、页岩、粉砂岩等比较容易垮落的岩层所组成，回采时一般随回柱或支架移动而自行垮落，有时则需人工放顶	
伪　顶	直接位于煤层之上，极易垮落的较薄的岩层，通常是由炭质页岩等强度较低的岩层所组成，厚度一般很薄，随落煤而同时垮落	(*a*)
直接底	直接位于煤层之下，通常是由泥岩、页岩、粘土岩等强度较低的岩层所组成。有时遇水后容易发生滑动，膨胀隆起（底臌和挤压支柱的现象）使巷道遭到破坏，如图（*a*）、（*b*）	
老　底	位于直接底板之下，通常是由砂岩、石灰岩等比较坚固的岩层所组成	(*b*)

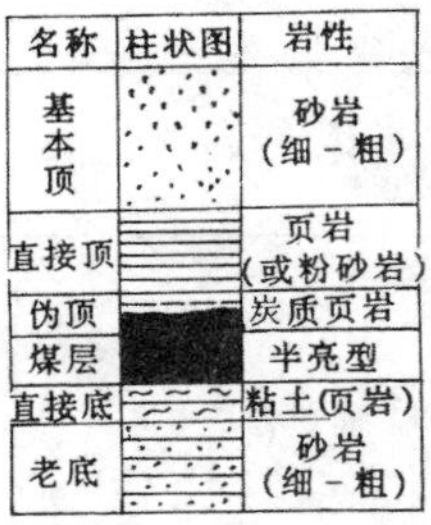

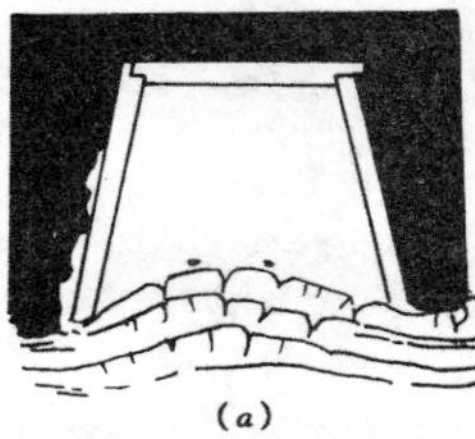

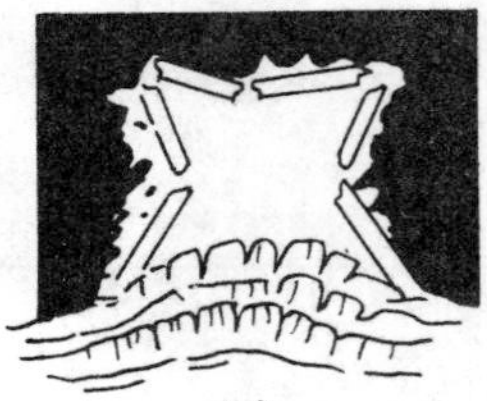

注：有的煤层只有老顶，而无伪顶和直接顶。

（二）缓倾斜煤层采煤工作面顶板分类（MT554—1996）

1. 术语及代号（表 1－4－58）

表 1－4－58 术 语 及 代 号

编 号	术语名称	代 号	单位符号	定 义 或 说 明
1	直接顶厚度	h_i	m	
2	直接顶平均分层厚度	h_0	m	直接顶下位岩层，其厚度相当于煤层厚度的部分中，按岩性和强度形成的各组岩层的分层厚度平均值
3	直接顶初次垮落距	l_r	m	GB/T 16414（直接顶初次垮落距按冒高超过 0.5m，沿工作面方向冒落长度超过工作面总长度的 50％时工作面煤壁至切眼煤帮之间的距离计算）
4	计算直接顶初次垮落距	l_{rc}	m	按给定公式计算得到的直接顶初次垮落距

续表

编 号	术语名称	代 号	单位符号	定 义 或 说 明
5	综合弱化常量	C_2	$\sqrt{m}\cdot MPa/MPa$	反映煤层顶板结构，分层厚度和裂隙分布对顶板稳定性综合影响的常量
6	基 本 顶			位于直接顶之上或直接位于煤层之上难垮落的岩层
7	基本顶初次来压步距	L_f	m	基本顶初次来压时，自开切眼到煤壁的距离
8	修正基本顶初次来压步距	L_{fe}	m	当基本顶初次来压步距超过工作面长度 1/2 时，需要将进行修正。修正后的 L_{fe} 称为修正基本顶初次来压步距
9	基本顶周期来压步距	L_p	m	基本顶相邻两次来压之间的距离
10	直接顶充填系数	N		直接顶厚度（h_i）与煤层采高（h_m）的比值
11	煤 层 采 高	h_m	m	

2. 直接顶分类

1）类别名称

采煤工作面直接顶类别按其在开采过程中表现的稳定程度进行划分。共分为 4 类。其中，1 类又分为 2 个亚类。类别代号及名称见表 1－4－59。

表 1－4－59 直接顶类别代号及名称

1 类		2 类	3 类	4 类
1a	1b			
不稳定		中等稳定	稳 定	非常稳定

2）分类指标和参考要素（表 1－4－60）

表 1－4－60 直接顶分类指标及参考要素

类 别		1 类		2 类	3 类	4 类
		1a	1b			
基本指标		$\tau_r\leqslant 4$	$4<\tau_r\leqslant 8$	$8<\tau_r\leqslant 18$	$18\leqslant\tau_r\leqslant 28$	$28\leqslant\tau_r\leqslant 50$
岩性和结构特征		泥岩、泥页岩、节理裂隙发育或松软	泥岩，碳质泥岩节理裂隙较发育	致密泥岩，粉砂岩，砂质泥岩节理裂隙不发育	砂岩，石灰岩节理裂隙很少	致密砂岩，石灰岩节理裂隙极少
主要力学参数参考区间	综合弱化常量	$C_z=0.163\pm 0.064$	$C_z=0.273\pm 0.09$	$C_z=0.30\pm 0.12$	$C_{zc}=0.43\pm 0.157$	$C_{zc}=0.48\pm 0.11$
	单向抗压强度	$R_c=27.94\pm 10.75$	$R_c=36\pm 25.75$	$R_c=46.3\pm 20$	$R_c=65.3\pm 33.7$	$R_c=89.4\pm 32.6$
	分层厚度	$h_c=0.26\pm 0.125$	$h_c=0.285\pm 0.13$	$h_c=0.51\pm 0.355$	$h_c=0.675\pm 0.34$	$h_c=0.72\pm 0.34$
	等效抗弯能力	$R_c\cdot h_o<7.52$	$R_c\cdot h_o=2.9\sim 11.4$	$R_c\cdot h_o=7.8\sim 29.1$	$R_c\cdot h_o=33\sim 104$	$R_c\cdot h_o=45.5\sim 139.4$

注：参考指标中，C_2，R_c，h_o 均为该类顶板各煤层相应参数的平均值加减均方差。

表 1－4－61　2 类直接顶的划分

代　号	基本指标区间
2a	$8<\tau_r\leqslant 12$
2b	$12<\tau_r\leqslant 18$

3）2 类直接顶的划分：

对于 2 类直接顶，可根据需要分为两个亚类，见表 1－4－61。

4）直接顶类别的确定方法

（1）已采多个工作面的煤层：

根据本煤层实测的直接顶初次垮落距，按式（1－4－1）求出其平均值 τ_r，查表 1－4－60 确定该煤层直接顶所属类别。

$$\tau_r=\sum_{i=1}^{n}l_{ri} \tag{1-4-1}$$

式中　l_{ri}——同一煤层已开采工作面的实测直接顶初次垮落距；

n——同一煤层已开采工作面数，一般应不少于 3。

（2）同一煤层由已采工作面推算未采工作面：

如已知煤层某工作面直接顶初次垮落距 l_r 可按式（1－4－2）计算其综合弱化常量，并进而按式（1－4－3）推算该煤层其他工作面初次垮落距 l_{rei}，取不少于 3 个工作面的平均值，然后按表 1－4－60，确定其直接顶类别。

$$C_z=\frac{0.1186l_{zc}}{\sqrt{R_{c1}\cdot h_{o1}}} \tag{1-4-2}$$

$$l_{rei}=8.94C_z\sqrt{R_{ci}\cdot h_{oi}} \tag{1-4-3}$$

式中　R_{c1}——已采工作面的单向抗压强度；

h_{o1}——已采工作面的直接顶分层厚度；

R_{ci}——某未采工作面的单向抗压强度；

h_{oi}——某未采工作面的直接顶分层厚度。

（3）当基本指标处在两类界线附近时，可根据岩性，结构特征，其他力学要素所处区间判定所属类别。

（4）未采煤层：

如果煤层尚未开采，可根据地质条件相近的相邻煤层的综合弱化常量（C_z）及钻孔岩芯的取样试验，确定直接顶下位岩层的单向抗压强度及直接顶平均分层厚度，按式 1－4－3 计算直接顶初次垮落距，由表 1－4－60 确定直接顶类别。

3. 基本顶分级

1）级别名称

根据基本顶压力显现强烈程度，将基本顶进行分级，共分为四级。其中，Ⅳ级又分为两个亚级。级别名称和代号见表 1－4－62。

2）分级指标

基本顶的分级指标是基本顶初次来压当量（P_e），其值由基本顶初次来压步距（L_f），直接顶充填系数（N）和煤层采高（h_m）按式（1－4－4）确定。基本顶的分级指标见表 1－4－63。

$$P_e=241.3\ln(L_f)-15.5N+52.6h_m \tag{1-4-4}$$

式中　P_e——基本顶初次来压当量，kN/m^2。

表 1－4－62　级别名称及代号

<table>
<tr><th rowspan="2">代　　号</th><th rowspan="2">Ⅰ 级</th><th rowspan="2">Ⅱ 级</th><th rowspan="2">Ⅲ 级</th><th colspan="2">Ⅳ 级</th></tr>
<tr><th>Ⅳa</th><th>Ⅳb</th></tr>
<tr><td>名称</td><td>不明显</td><td>明显</td><td>强烈</td><td colspan="2">非常强烈</td></tr>
</table>

表 1－4－63　基本顶分级指标

<table>
<tr><th rowspan="2">基本顶级别</th><th rowspan="2">Ⅰ 级</th><th rowspan="2">Ⅱ 级</th><th rowspan="2">Ⅲ 级</th><th colspan="2">Ⅳ 级</th></tr>
<tr><th>Ⅳa</th><th>Ⅳb</th></tr>
<tr><td>分级指标</td><td>$\overline{P}_e \leqslant 895$</td><td>$895 < \overline{P}_e \leqslant 975$</td><td>$975 < \overline{P}_e \leqslant 1075$</td><td>$1075 < \overline{P}_e \leqslant 1145$</td><td>$\overline{P}_e > 1145$</td></tr>
</table>

3）各级基本顶相应的典型地质技术条件的组合（表 1－4－64）

表 1－4－64　各级基本顶相应的典型地质技术条件组合表

<table>
<tr><th colspan="3" rowspan="2">基本顶级别</th><th colspan="2" rowspan="2">Ⅰ 级</th><th colspan="2" rowspan="2">Ⅱ 级</th><th colspan="2" rowspan="2">Ⅲ 级</th><th colspan="3">Ⅳ 级</th></tr>
<tr><th colspan="2">Ⅳa</th><th>Ⅳb</th></tr>
<tr><td colspan="3">分级界限（kN/m^2）</td><td colspan="2">$P_e \leqslant 895$</td><td colspan="2">$895 \leqslant P_e \leqslant 975$</td><td colspan="2">$975 < P_e \leqslant 1075$</td><td colspan="2">$1075 < P_e \leqslant 1145$</td><td>$P_e > 1145$</td></tr>
<tr><td rowspan="5">典型条件</td><td rowspan="5">L_f，m</td><td>N 区间</td><td>1～2</td><td>3～4</td><td>1～2</td><td>3～4</td><td>1～2</td><td>3～4</td><td>1～2</td><td>3～4</td><td>1～2</td></tr>
<tr><td>$h_m=1$</td><td>＜37</td><td>37～41</td><td>41～47</td><td>47～54</td><td>54～72</td><td>72～82</td><td>82～105</td><td>105～120</td><td>＞120</td></tr>
<tr><td>$h_m=2$</td><td>＜30</td><td>30～34</td><td>34～38</td><td>38～43</td><td>43～58</td><td>58～66</td><td>66～85</td><td>85～96</td><td>＞96</td></tr>
<tr><td>$h_m=3$</td><td>＜24</td><td>24～27</td><td>27～31</td><td>31～35</td><td>35～46</td><td>46～53</td><td>53～68</td><td>68～78</td><td>＞78</td></tr>
<tr><td>$h_m=4$</td><td>＜19</td><td>19～22</td><td>22～27</td><td>27～31</td><td>31～41</td><td>41～47</td><td>47～55</td><td>55～62</td><td>＞62</td></tr>
</table>

4）基本顶级别确定方法

(1) 计算初次来压步距：

当初次来压步距不超过工作面长度的 1/2 时，取其实测值作为式（1－4－4）的 L_f。如果初次来压步距超过工作面长度 1/2 时，实测的初次来压步距需按照式（1－4－5）～式（1－4－6）进行修正。将修正后的基本顶初次来压步距 L_{fc} 取代式（1－4－4）中的 L_f。

四周未采的工作面：

$$L_{fc}=\frac{L_f}{\sqrt{(1+k)\ /\ (1+\mu k)}} \tag{1－4－5}$$

一边采空或有走向断层的工作面：

$$L_{fc}=\frac{L_f}{\sqrt{2\ (2+k)\ /\ (4+3\mu k)}} \tag{1－4－6}$$

两侧已采的工作面：

$$L_{fc}=\frac{L_f}{\sqrt{2\ (1+k)\ /\ [3\ (1+\mu k)]}} \tag{1－4－7}$$

式中　$k=L_f/L_w$（L_w 为工作面长度）；

μ——基本顶岩石的波桑系数（一般可取：砂质页岩，$\mu=0.35$；砂岩，$\mu=0.2 \sim 0.3$；

砾岩，$\mu=0.2$）。

（2）用周期来压步距推算初次来压步距：

如已知基本顶周期来压步距（L_p），可用式（1－4－8）推算初次来压步距（L_f）：

$$L_f=2.45L_p \tag{1-4-8}$$

（3）直接顶充填系数计算：

直接顶充填系数 N 按式（1－4－9）计算：

$$N=h_i/h_m \tag{1-4-9}$$

a. 直接顶厚度确定原则：

当直接顶厚度小于6倍采高时，h_i 取实测直接顶厚度；

当直接顶厚度大于6倍采高时，取 $h_i=6h_m$。

b. 煤层采高（h_m）确定原则：

一次采全高的工作面，以煤层厚度作为煤层采高；

分层开采的工作面，以分层采高作为煤层采高。

（4）计算初次来压当量平均值$\overline{P}_e$及级别划分：

由已采工作面的 L_f，N，h_m，按式（1－4－4）计算初次来压当量平均值$\overline{P}_e$，然后对照表1－4－63，对该煤层基本顶级别进行判定。

（三）缓倾斜煤层采煤工作面底板分类（MT553—1996）

工作面底板按其允许底板载荷强度由小到大分为五个类别，即Ⅰ类（极软类），Ⅱ类（松软类），Ⅲ类（较软类），Ⅳ类（中硬类）和Ⅴ类（坚硬类），其中Ⅲ类底板又分为Ⅲa类（较软a类）和Ⅲb类（较软b类）。

工作面底板分类的基本指标是允许底板载荷强度。辅助指标是允许底板刚度。参考指标是允许底板单向抗压强度。各类底板的指标界限及参考岩性见表1－4－65。

表1－4－65 各类底板的指标界限及参考岩性

底板类别			基本指标	辅助指标	参考指标	参考岩性
名称	代号		允许底板载荷强度 p_p（MPa）	允许底板刚度 S_p（MPa/mm）	允许底板单向抗压强度 R_p（MPa）	
极软	Ⅰ		$p_p\leqslant3.0$	$S_p\leqslant0.3$	$R_p\leqslant8.5$	充填砂、泥岩、软煤
松软	Ⅱ		$3.0<p_p\leqslant6.0$	$0.3<S_p\leqslant0.7$	$8.5<R_p\leqslant13.2$	泥页岩、煤
较软	Ⅲ	Ⅲa	$6.0<p_p\leqslant10.0$	$0.7<S_p\leqslant1.2$	$13.2<R_p\leqslant19.6$	中硬煤、薄层状页岩
		Ⅲb	$10.0<p_p\leqslant16.0$	$1.2<S_p\leqslant2.0$	$19.6<R_p\leqslant29.1$	硬煤、致密页岩
中硬	Ⅳ		$16.0<p_p\leqslant32.0$	$2.0<S_p\leqslant4.1$	$29.1<R_p\leqslant54.6$	致密页岩、砂质页岩
坚硬	Ⅴ		$p_p>32.0$	$S_p>4.1$	$R_p>54.6$	厚层砂质页岩、粉砂岩、砂岩

第五章　煤的性质、分类及用途

第一节　煤　的　性　质

一、煤的物理性质

煤的主要物理性质有颜色、条痕色、光泽、真（相对）密度、视（相对）密度、硬度、脆性、断口、导电性、导热性、热稳定性、可磨性等，见表1—5—1。

二、煤的化学性质

煤的化学性质包括煤的氧化、煤的氢化、煤的卤化以及煤的水解、煤的胶体等性质。

煤的氧化指煤与氧反应的性质。根据氧化的速度和程度的不同，氧化分为四个阶段，见表1—5—2。

煤的氢化是指煤的加氢。根据加氢的目的和条件，分为破坏加氢和轻度加氢。

破坏加氢是氢气压力200大气压以上（有的高达1700大气压）、温度高于350℃，用蒽油和煤调成的浆状物，在催化剂存在下进行加氢。在这样的条件下，煤中的部分有机质遭到破坏、裂解成分子量较小的可溶于普通溶剂中的烃类。其目的是为了使固体燃料变成液体燃料，是煤液化的一种方法。

轻度加氢是在较低温度下，用氢来还原。由于条件比较和缓，煤的结构不会遭到很大破坏，煤中的芳香环氢化为氢化芳香环。这种方法用来研究煤的结构。

表1—5—1　煤　的　物　理　性　质

性质	含　义	褐煤	长焰煤	不粘煤	弱粘煤	1/2中粘煤	气煤	气肥煤	1/3焦煤	肥煤	焦煤	瘦煤	贫瘦煤	贫煤	无烟煤	影响物理性质的主要因素
颜　色	煤对不同波长的可见光的吸收结果	棕褐 褐黑	逐渐加深→			黑　色							逐渐加深→		黑灰 钢灰	变质程度
条痕色	用钢针刻划煤的表面或用镜质组条带在素烧瓷板上划出的条痕颜色	棕色	深棕色	→		棕黑色	稍深的棕黑色					黑色略带棕色			深黑 深灰	变质程度

续表

性质	含义	褐煤	长焰煤	不粘煤	弱粘煤	1/2中粘煤	气煤	气肥煤	1/3焦煤	肥煤	焦煤	瘦煤	贫瘦煤	贫煤	无烟煤	影响物理性质的主要因素
光泽	煤的新鲜断面对正常可见光的反射能力	暗淡光泽	沥青光泽	沥青至玻璃光泽		弱玻璃光泽	弱玻璃光泽至玻璃光泽			玻璃光泽	强玻璃光泽		强玻璃至金刚光泽	金刚光泽	似金属光泽	煤岩组分、变质程度、矿物质组成及其含量、成煤原始物质及积聚环境
真(相对)密度	指20℃时单位体积(不包括煤的内部孔隙、裂隙)煤的质量和同温度、同体积水的质量之比	1.24～1.45	1.25～1.35												1.35～1.90	煤岩组分、矿物质组成及其含量、变质程度
视(相对)密度	指20℃时单位体积(包括煤的内部孔隙、裂隙)煤的质量和同温度、同体积水的质量之比	1.10～1.30	1.20～1.30												1.35～1.80	煤岩组分、矿物质组成及其含量、变质程度
堆密度	单位容积所装载的散装煤炭的质量(t/m³)	小————→大														变质程度、粒度
硬度	煤抵抗外来机械作用的能力，常用压痕硬度度量煤的硬度	最低	————次　之————→												最高	煤化程度、岩相成分、矿物杂质含量及其成分的分布特性
脆性	指煤在装卸和运输过程中被破碎的倾向，亦称脆度	小	————→							最大		←————			小	煤化程度、煤岩显微组分

续表

性质	含义	褐煤	长焰煤	不粘煤	弱粘煤	1/2中粘煤	气煤	气肥煤	1/3焦煤	肥煤	焦煤	瘦煤	贫瘦煤	贫煤	无烟煤	影响物理性质的主要因素
断口	煤块受到外力打击后不沿层理面或裂隙面断口成为凹凸不平的表面称断口	参差状、平整状、块状					贝壳状，平整状，块状							方块状	贝壳状	岩相组成、变质程度
导电性	煤对电流的传导能力，通常以电阻率(ρ)的倒数电导率σ来表示	导电好、电导率高	←				电的不良导体，电导率低						→		良导体、电导率高	煤化程度、煤岩显微组分、矿物质的数量和组成成分、煤的结构和水分、孔隙度
导热性	煤的热传导性能，通常包括导热系数λ(kJ/m·h℃)和导温系数a(m^2/h)	导热性高	←							导热性低		→			导热性高	水分、粒度、变质程度、矿物质含量
热稳定性	一定粒度的煤样受热后保持原来粒度的性能，以TS_{+6}示之	差、TS_{+6}低	→				热稳定性好、TS_{+6}高				←				差、TS_{+6}低	变质程度、矿物组成
可磨性	煤被研磨成粉末的难易程度，以哈氏可磨性指数HGI表示	难磨、HGI低	→							易磨、HGI高		←			难磨、HGI低	煤化程度矿物质性质、数量、煤的结构、挥发分产率、水分

表1-5-2 煤氧化的阶段

氧化阶段	氧化条件	氧化结果
一	煤在空气或氧气中氧化，温度在100℃左右	轻度氧化作用只发生在表面，煤的颜色变浅，光泽变暗，强度降低，粘结性减弱，发热量降低，燃点降低
二	煤在空气或氧气中氧化，温度高于150℃或用氧化剂氧化。风化属于此阶段	产生能溶于碱的再生腐植酸

续表

氧化阶段	氧 化 条 件	氧 化 结 果
三	温度高于 200℃，用较强氧化剂氧化	煤的结构单元发生变化，多芳香环系统产生裂解，生成低分子量的羧酸
四	以空气或氧气、温度升至燃点完全氧化，或用强氧化剂作用较长时间氧化	煤变成 CO_2 和 H_2O

煤的卤化是指煤直接和卤素反应。卤化有两种方式：加成反应和取代反应。煤的卤化在煤的结构的研究上应用广泛，但在工业上一直没有得到更多的应用。

三、煤的工艺性质

1. 煤的热解

煤的热解，就是煤在隔绝空气加热时，其有机质在不同的温度下发生一系列变化，形成数量和组成不同的气态、液态和固态产物的过程。该过程亦称煤的干馏。

煤的热解分为六个阶段。其条件及特点详见表 1－5－3。

表 1－5－3 煤的热解阶段

阶 段	条 件 及 特 点
干燥阶段	120℃以前放出外在水分和内在水分
脱吸阶段	120～200℃放出吸附在小孔中的气体，如 CO_2、CO、CH_4 等
热解开始阶段	200～300℃放出热解水，开始形成气态产物，如 CO_2、CO、H_2O 等，并且有微量焦油析出
胶质体固化阶段	300～500℃大量析出焦油和气体，几乎全部的焦油均在此温度范围内析出。在这一阶段放出的气体中主要为 CH_4 及其同系物。此外，还有不饱和烃 C_nH_m、H_2 及 CO_2、CO 等，为热解的一次气体。粘结性的烟煤在这一阶段则经胶质状态转变为半焦
半焦收缩阶段	500～750℃半焦热解，析出大量含氢很多的气体，基本上不生成焦油，为热解的二次气体。半焦收缩产生裂纹
半焦转变为焦炭阶段	750～1000℃左右半焦进一步热分解，继续形成少量的气体（主要是 H_2），半焦变为高温焦炭

2. 煤的粘结性、结焦性

煤的粘结性和结焦性是煤的极为重要的性质。

煤的粘结性是指煤在干馏时粘结其本身或外加惰性物质的能力；煤的结焦性是煤经干馏结成焦炭的性能。煤的粘结性强是煤的结焦性好的必要条件，也就是说结焦性好的煤，它的粘结性必定也好；粘结性弱的煤，其结焦性一定很差；没有粘结能力的煤，不存在结焦性。由此可见，煤的粘结能力在一定程度上反映了煤的结焦性。但是，粘结性好的煤，其结焦性不一定也好。例如有的气肥煤，其粘结性很强，但其生成的焦炭裂隙多，机械强度差，故结焦性不好。

目前测定煤的粘结性和结焦性有如下的几种方法：

1）胶质层指数的测定

胶质层指数是由勒·姆·萨波日尼柯夫提出的一种表征烟煤结焦性的指标，以胶质层最大厚度 Y 值，最终体积收缩度 X 值等表示。

胶质层指数的测定是测定煤的胶质层最大厚度（以 Y 表示，简称 Y 值）、最终体积收缩度（以 X 表示，简称 X 值）和体积曲线类型等三个主要参数。

我国已公布测定标准 GB479。

2）罗加指数的测定

罗加指数（缩写为 R.I.）是波兰煤化学家罗加教授于 1949 年提出的一种表征烟煤粘结无烟煤能力的指标。由于本法所需煤样量少，测定方法较为简易可行，因而它目前是波兰煤分类的主要指标之一。我国从 1955 年引进该法以来，经过近 30 年的研究试验，已积累了大量的经验和测定数据，为实现罗加指数的国家标准方法奠定了坚实的基础。现已颁发了“烟煤罗加指数测定方法”国家标准（GB5449）。

3）烟煤粘结指数的测定

粘结指数是在规定条件下以烟煤在加热后粘结专用无烟煤的能力表征烟煤粘结性的指标。

烟煤粘结指数（$G_{R.I.}$ 或简称 G）是我国新的煤炭分类国家标准（GB5751－86）中烟煤主要分类指标之一。

方法要点：将一定重量的试验煤样和专用无烟煤，在规定的条件下混合，加速加热成焦，所得焦块在一定规格的转鼓内进行强度检验。以焦块的耐磨强度，即对抗破坏力的大小表示试验煤样的粘结能力。

4）焦炉转筒指数的测定

煤炭科学研究院北京煤化所提出，把测定挥发分产率后的焦渣放入罗加转鼓中进行转磨试验，以测定焦渣强度。强度大小以焦渣转鼓指数来表示。焦渣转鼓指数缩写为 J.Z.Z。

5）坩埚膨胀序数的测定

坩埚膨胀序数是以煤在坩埚中加热所得焦块膨胀程度的序号表征煤的膨胀性和粘结性的指标（缩写为 CSN），它是快速测定煤的粘结性的一种方法。虽然它的区分灵敏度不大，只有 1～9，但目前西欧和日本等国仍然感到它具有其他指标所不能及的优点，因此在炼焦煤的国际贸易中常用它来作为评定粘结性的指标。我国已发布了国家标准（GB5448）。

6）烟煤奥－阿膨胀度的测定

奥－阿膨胀度是由奥迪贝尔和阿尼二人提出的，以膨胀度 b 和收缩度 a 等参数表征烟煤膨胀性的指标。

烟煤奥－阿膨胀计试验的 b 值（%）是我国新的煤炭分类国家标准中区分肥煤与其它煤类的重要指标之一（与胶质层最大厚度 Y 值并列），已发布国家标准（GB5450）。

3. 粘结性指标

中国不同牌号煤主要粘结性指标一般变化范围，见表 1－5－4。

表 1-5-4　我国不同牌号煤主要粘结性指标的一般变化范围

煤的牌号	胶质层最大厚度 Y (mm)	粘结指数 $G_{R.I.}$	罗加指数 R.I.	奥一阿膨胀度 b (%)	坩埚膨胀序数 CSN	葛金焦型 G.K	基氏最大流动度 $\lg\alpha_{max}$	焦渣特征
泥炭	0(粉)	0	0	仅收缩	0	A	不软化	1
年轻褐煤	0(粉)	0	0	仅收缩	0	A	不软化	1
年老褐煤	0(粉)	0	0	仅收缩	0	A～B	不软化	1～2
长焰煤	0～5	0～25	0～15	仅收缩	0～2.5	A～C	<0.78	1～4
不粘结煤	0(粉)	0	0	仅收缩	0～0.5	A	不软～稍软	1～2
气煤	>5～25	>10～90	15～85	仅收缩～185	1.5～7.5	E～G_8	0.85～5.0	4～7
弱粘结煤	0(块)～9	9～48	5～50	仅收缩～5	1～4.5	B～D	0.30～1.6	3～6
1/3 焦煤	>8～25	>40～95	60～89	-20～200	4～9	G～G_8	2～5	5～7
肥煤	>25～60	>85～110	75～91	180～680	6～9	G_3～G_{18}	4.4～5.8	6～8
焦煤	>12～25	>60～95	60～85	0～200	5～9	G_1～G_8	1.8～4.6	5～8
瘦煤	0(块)～12	>5～60	5～60	仅收缩～30	1～7.5	C～G	0.3～1.5	4～7
贫煤	0(粉)	0～5	<5	不软化	0～1	A～C	不软～稍软	1～3
年轻无烟煤	0	0	0	不软化	0	A	不软化	1～2
典型无烟煤	0	0	0	不软化	0	A	不软化	1
年老无烟煤	0	0	0	不软化	0	A	不软化	1
石煤	0	0	0	不软化	0	A	不软化	1

注：表中的范围只适用于洗精煤和灰分小于 10% 的原煤。

四、煤的工业分析及元素分析

1. 有关术语

见表 1-5-5。

表 1-5-5　有　关　术　语

序号	术语名称	英文术语	定　义
1	无烟煤	anthracite	煤化程度高的煤。其挥发分低、密度大、燃点高、无粘结性、燃烧时多不冒烟
2	烟　煤	bituminous coal	煤化程度低于无烟煤而高于褐煤的煤。其特点是挥发分产率范围宽，单独炼焦时从不结焦到强结焦均有，燃烧时有烟
3	硬　煤	hard coal	欧洲对烟煤、无烟煤的统称。指恒湿无灰基高位发热量不低于 24MJ/kg，镜质组平均随机反射率不小于 0.6% 的煤
4	褐　煤	lignite，brown coal	煤化程度低的煤，其外观多呈褐色，光泽暗淡，含有较高的内在水分和不同数量的腐植酸
5	石　煤	stone-like coal	主要由菌藻类植物遗体在早古生代的浅海、泻湖、海湾环境下经腐泥化作用和煤化作用转变成的低热值、高煤化程度的固体可燃矿产。一般含大量矿物质，以外观似黑色岩石而得名
6	泥　炭	peat	又称"泥煤"。高等植物遗体，在沼泽中经泥炭化作用形成的一种松散富含水分的有机质聚积物
7	成煤作用	coal-forming process	植物遗体从聚积到转变成煤的作用。包括泥炭化或腐泥化作用和煤化作用

续表

序号	术语名称	英文术语	定　　义
8	煤化作用	coalification	泥炭或腐泥转变为褐煤、烟煤、无烟煤的地球化学作用。包括煤成岩作用和煤变质作用
9	煤成岩作用	coal diagenesis	泥炭或腐泥被掩埋后，在压力、温度等因素的影响下，转变为褐煤的作用
10	煤变质作用	coal metamorphism	褐煤在地下受温度、压力、时间等因素影响，转变为烟煤或无烟煤、天然焦、石墨等的地球化学作用
11	煤变质程度	degree of coal metamorphism	煤在温度、压力、时间等因素作用下，物理化学性质变化的程度
12	天然焦	natural coke carbonite	曾称"自然焦"。煤受岩浆侵入，在高温的烘烤和岩浆中热液、挥发气体等的影响下，受热干馏而成的焦炭
13	煤岩成分	lithotype of coal	腐植煤中宏观可识别的基本组成单元。即镜煤、亮煤、暗煤和丝炭
14	镜　煤	vitrain	光泽最强、均一、性脆、常具有内生裂隙的煤岩成分。在煤层中呈厚几毫米到2cm的凸镜状或条带状
15	亮　煤	clarain	光泽较强，具有纹理的煤岩成分。在煤层中以较厚分层出现
16	暗　煤	durain	光泽暗淡、致密、坚硬的煤岩成分。可含大量矿物质。在煤层中以较厚分层出现
17	丝　炭	fusain	又称"丝煤"。外观象木炭，具丝绢光泽和纤维结构、色黑、性脆的煤岩成分。在煤层中多呈厚几毫米的扁平体断续出现
18	煤显微组分	maceral, micropetrological unit	显微镜下可辨认的煤的有机成分。如结构镜质体
19	煤显微组分组	maceral group	成因和性质大体相似的煤显微组分的归类。硬煤分：镜质组、半镜质组、惰质组、壳质组；褐煤分：腐殖组、惰质组、稳定组
20	镜质组	vitrinite	主要由植物木质—纤维组织经凝胶化作用转化而成的显微组分组
21	腐殖组	huminite	主要由植物的木质—纤维组织经凝胶化作用转化而成的褐煤的显微组分组。与硬煤的镜质组相当，可细分为结构腐殖体、无结构腐殖体、碎屑腐殖体
22	稳定组	liptinite	又称"类脂组"。主要由高等植物的繁殖器官、树皮、分泌物和藻类等形成的反射力最弱的显微组分组。与硬煤的壳质组相当
23	显微煤岩类型	microlithotype of coal	显微组分的共生组合
24	〔煤显微组分〕反射率	reflectance of coal maceral	在油浸及546mm波长条件下显微组分的反射光强度与垂直入射光强度的百分比，以$R(\%)$表示
25	镜质组最大反射率	maximum reflectance of vitrinite	又称"镜质体最大反射率"。单偏光下，转动载物台所测得镜质组反射率的最大值
26	镜质组随机反射率	random reflectance of vitrinite	又称"镜质体随机反射率"。非偏光下，不转动载物台所测得的镜质组反射率
27	〔煤〕显微硬度	microhardness of coal	显微组分对承受的静压力的抵抗能力。根据用金刚石方锥压入显微组分表面所形成的压痕大小计算出的硬度称为"维氏硬度(Vickers' hardness)"

续表

序号	术语名称	英文术语	定　　义
28	毛　煤	run-of-mine，ROM，r. o. m. coal	煤矿生产出来未经任何加工处理的煤
29	原　煤	raw coal	从毛煤中选出规定粒度的矸石（包括黄铁矿等杂物）以后的煤
30	可选性	washability，preparability	通过分选改善煤的质量的难易程度
31	分　选密度±0.1曲线	near-density curve，difficulty curve	又称"邻近密度曲线"，表示不同分选密度时，邻近密度物含量与该密度的关系曲线。代表符号 $\delta\pm0.1$
32	可选性等级	class of washability	为评定煤炭可选性而人为划分的等级
33	可浮性	flotability	通过浮选提高煤泥质量的难易程度
34	浮选试验	flotation test	为确定煤泥的可浮性及浮选的最佳条件而进行的试验
35	水煤浆	coal water mixture，CWM；coal water slurry，CWS；coal water fuel，CWF	用一定细度的煤与水混合成的，可泵送、雾化，稳定的高浓度浆状燃料
36	油煤浆	coal oil mixture，COM	用一定细度的煤与油混合成的，可泵送、雾化，稳定的高浓度浆状燃料
37	超净化水煤浆	ultra-clean coal water fuel	用微细的超低灰分的煤调制成可作为内燃机燃料用的水煤浆
38	煤炭成浆性	coal slurry ability	煤炭加工成水煤浆或油煤浆的难易程度
39	炼焦用煤	coal for coking	用于配煤或单煤炼焦的煤，为炼焦煤和部分非炼焦煤的统称
40	炼焦煤	coking coal	能炼制成焦的单种烟煤
41	非炼焦煤	non-coking coal	通常条件下，不能以单种煤炼制成焦的褐煤、烟煤和无烟煤的统称
42	国际煤层煤分类	International Classification of Coal in Seam	联合国欧洲经济委员会制定的按煤阶、煤质品位和煤岩类型对煤层煤的分类系统
43	低煤阶煤	low rank coal	国际煤层煤分类中，含水无灰基高位发热量小于 24MJ/kg 的煤
44	中煤阶煤	medium rank coal	国际煤层煤分类中，镜质组平均随机反射率小于 2.0%，且含水无灰基高位发热量等于、大于 24MJ/kg 的煤
45	高煤阶煤	high rank coal	国际煤层煤分类中，镜质组平均随机反射率等于、大于 2.0% 的煤
46	国际中煤阶、高煤阶煤编码系　统	International Codification System for Medium and High Rank Coals	国际上对中煤阶、高煤阶煤的 14 位数的编码系统。这 14 位数依次按镜质组平均随机反射率、反射率直方图、煤岩显微组分指数、坩埚膨胀序数、无水无灰基样挥发分、干基灰分、干基全硫和无水无灰基高位发热量 8 个参数来编码
47	中阶褐煤	ortho-lignite	国际煤层煤分类中，含水无灰基高位发热量小于 15MJ/kg 的低煤阶煤。代表符号 LRC
48	高阶褐煤	meta-lignite	国际煤层煤分类中，含水无灰基高位发热量等于、大于 15MJ/kg 到小于 20MJ/kg 的低煤阶煤。代表符号 LRB
49	次烟煤	subbituminous coal	国际煤层煤分类中，含水无灰基高位发热量为等于、大于 20 到小于 24JM/kg 的低煤阶煤。代表符号 LRA

续表

序号	术语名称	英文术语	定　　义
50	低阶烟煤	para-bituminous coal	国际煤层煤分类中，含水无灰基高位发热量等于、大于24MJ/kg，且镜质组平均随机反射率小于0.6%的中煤阶煤。代表符号MRD
51	中阶烟煤	ortho-bituminous coal	国际煤层煤分类中，镜质组平均随机反射率等于、大于0.6%到小于1.0%的中煤阶煤。代表符号MRC表
52	高阶烟煤	meta-bituminous coal	国际煤层煤分类中，镜质组平均随机反射率等于、大于1.0%到小于1.4%的中煤阶煤。代表符号MRB
53	超高阶烟煤	per-bituminous coal	国际煤层煤分类中，镜质组平均随机反射率等于、大于1.4%，到小于2.0%的中煤阶煤。代表符号MRA
54	低阶无烟煤	para-anthracite	国际煤层煤分类中，镜质组平均随机反射率等于、大于2.0%到小于3.0%的高煤阶煤，代表符号HRC
55	中阶无烟煤	ortho-anthracite	国际煤层煤分类中，镜质组平均随机反射率等于、大于3.0%到小于4.0%的高煤阶煤。代表符号HRB
56	高阶无烟煤	meta-anthracite	国际煤层煤分类中，镜质组平均随机反射率等于、大于4.0%的高煤阶煤。代表符号HRA
57	中国煤炭分类	Chinese Coal Classification	按煤的煤化程度和工艺性能，对中国褐煤、烟煤和无烟煤进行的分类与编码
58	焦　煤	primary coking coal	变质程度较高的烟煤。单独炼焦时，生成的胶质体热稳定性好，所得焦炭的块度大、裂纹少、强度高
59	肥　煤	fat coal	变质程度中等的烟煤。单独炼焦时，能生成熔融性良好的焦炭，但有较多的横裂纹，焦根部分有蜂焦
60	1/3焦煤	1/3 coking coal	介于焦煤、肥煤和气煤之间的、含中等或较高挥发分的强粘结性煤。单独炼焦时，能生成强度较高的焦炭
61	气肥煤	gas-fat coal	挥发分高、粘结性强的烟煤。单独炼焦时，能产生大量的煤气和胶质体，但不能生成强度高的焦炭
62	气　煤	gas coal	变质程度较低，挥发分较高的烟煤。单独炼焦时，焦炭多细长、易碎，并有较多的纵裂纹
63	1/2中粘煤	1/2 medium caking coal	粘结性介于气煤和弱粘煤之间、挥发分范围较宽的烟煤
64	长焰煤	long flame coal	变质程度最低、挥发分最高的烟煤。一般不结焦，燃烧时火焰长
65	弱粘煤	weakly caking coal	变质程度较低、挥发分范围较宽的烟煤。粘结性介于不粘煤和1/2中粘煤之间
66	贫　煤	meager coal	变质程度高，挥发分最低的烟煤，不结焦
67	贫瘦煤	meager lean coal	变质程度高，粘结性较差，挥发分低的烟煤，结焦性低于瘦煤
68	瘦　煤	lean coal	变质程度高的烟煤。单独炼焦时，大部分能结焦。焦炭的块度大、裂纹少，但熔融较差，耐磨强度低
69	不粘煤	non-caking coal	变质程度较低、挥发分范围较宽、无粘结性的烟煤
70	煤的元素分析	ultimate analysis of coal	碳、氢、氧、氮、硫五个项目煤质分析的总称
71	煤的工业分析	proximate analysis of coal	水分、灰分、挥发分和固定碳四个项目煤质分析的总称

续表

序号	术语名称	英文术语	定义
72	全水分	total moisture	煤的外在水分和内在水分的总和
73	内在水分	inherent moisture, moisture in air-dried coal	在一定条件下煤样达到空气干燥状态时所保持的水分
74	外在水分	free moisture, surface moisture	在一定条件下煤样与周围空气湿度达到平衡时所失去的水分
75	最高内在水分	moisture holding capacity	煤样在温度30℃、相对湿度96%的条件下，达到平衡时测得的内在水分
76	空气干燥煤样水分	moisture in air-dried sample	用空气干燥煤样（粒度＜0.2mm）在规定条件下测得的水分
77	灰　分	ash	煤样在规定条件下完全燃烧后所得残留物
78	挥发分	volatile matter	煤样在规定条件下隔绝空气加热，并进行水分校正后的质量损失
79	焦渣特性	characteristic of char residue	煤样在测定挥发分后的残留物的粘结、结焦性状
80	固定碳	fixed carbon	从测定煤样的挥发分产率所得残渣中减去灰分后的残留物
81	煤的发热量	calorific value of coal	单位质量的煤完全燃烧时所产生的热值
82	弹筒发热量	bomb calorific value	煤在规定条件下在弹筒热量计中测得的热值
83	高位发热量	gross calorific value	煤的弹筒发热量减去硫和氮的校正值后的热值
84	低位发热量	net calorific value	煤的高位发热量减去煤燃烧后全部水的蒸发潜热后的热值
85	恒湿无灰基高位发热量	gross calorific value on moist ash-free basis	以假想含最高内在水分、无灰状态的煤为基准计算所得的高位发热量
86	恒容发热量	calorific value at constant volume	煤在恒定容积下燃烧时的热值
87	恒压发热量	calorific value at constant pressure	煤在恒定压力（压强，通常为一个大气压）下燃烧时的热值
88	全　硫	total sulfur	煤中无机硫、有机硫和元素硫的总称
89	有机硫	organic sulfur	煤中与有机物结合的硫
90	无机硫	inorganic sulfur	煤中矿物质的硫化物硫和硫酸盐硫的总称
91	元素硫	elemental sulfur	煤中以游离状态赋存的硫
92	硫化物硫	sulfide sulfur	煤中以各种金属硫化物形态存在的硫
93	硫酸盐硫	sulfate sulfur	煤的矿物质中以硫酸盐形态存在的硫
94	煤的热性质	thermal property of coal	煤的热传导性、导温系数和比热的总称
95	抗碎强度	shatter strength	曾称"机械强度"。一定粒度的煤样在规定条件下自由落下后抗破碎的能力
96	可磨性	grindability	煤样在规定条件下研磨成粉的难易程度
97	BTN可磨性指　数	BTN grindability index	专指用BTN法测定可磨性时，标准煤样与被测煤样由相同粒度研磨到同样细粒时所耗能之比
98	哈氏可磨性指数	Hardgrove grindability index	全称"哈德格罗夫可磨性指数"。在规定条件下用哈德格罗夫可磨性测定仪测得的可磨性指数

续表

序号	术语名称	英文术语	定　　义
99	透光率	transmittance	专指褐煤、长焰煤在规定条件下用硝酸与磷酸的混合液处理后所得溶液的透光百分率
100	灰熔融性	ash fusibility	曾称“灰熔点”。在规定条件下测得的随加热温度而变化的煤灰锥变形、软化、呈半球和流动的特性
101	变形温度	deformation temperature，DT	曾记作 T_1。灰熔融性测定中煤灰锥体尖端（或棱）开始弯曲或变圆时的温度
102	软化温度	softening temperature，ST	曾记作 T_2。灰熔融性测定中煤灰锥体弯曲至锥尖触及托板或变成球形时的温度
103	流动温度	flow temperature，FT	曾记作 T_3。灰熔融性测定中煤灰锥体熔化展开成高度小于1.5mm 薄层时的温度
104	灰粘度	ash viscosity	煤灰在熔融状态下流动阻力的量度
105	收到基	as received basis	曾称“应用基”，以收到状态的煤为基准，代表符号“ar”
106	干［燥］基	dry basis	以假想无水状态的煤为基准，代表符号“d”
107	干燥无灰基	dry ash-free basis	曾称“可燃基”，以假想无水、无灰状态的煤为基准，代表符号“daf”
108	干燥无矿物质基	dry mineral-matter-free basis	曾称“有机基”。以假想无水、无矿物质状态的煤为基准，代表符号“dmmf”
109	空气干燥基	air dried basis	曾称“分析基”，以与空气湿度达到平衡状态的煤为基准，代表符号“ad”
110	煤炭焦化	carbonization of coal	又称“煤的高温干馏”。将煤炭转化为焦炭，同时获得煤焦油、煤气，并回收其它化学产品的技术
111	塑　性	plastic property	煤在干馏时形成的胶质体的粘稠、流动、透气等性能
112	结焦性	coking property	煤经干馏结成焦炭的性能
113	粘结性	caking property	煤在干馏时粘结其本身或外加惰性物质的能力
114	膨胀性	swelling property	煤在干馏时体积发生膨胀或收缩的性能
115	奥—阿膨胀度	Audibert-Arnu dilatation	曾称“奥—亚膨胀度”。由奥迪贝尔和阿尼二人提出的、以膨胀度 b 和收缩度 a 等参数表征烟煤膨胀性的指标
116	格—金干馏试验	Gray-King assay	曾称“葛—金干馏试验”。由格雷和金二人提出的煤低温干馏试验方法，用以测定煤热分解产物产率和焦型
117	粘结指数	caking index	又称“G 指数”。以在规定条件下烟煤加热后粘结专用无烟煤的能力表征的烟煤粘结性指标
118	罗加指数	Roga index	由罗加提出的，以测定烟煤受热后粘结无烟煤的粘结力表征的烟煤粘结性指标
119	坩埚膨胀序数	crucible swelling number，free swelling index	以煤在坩埚中加热所得焦块膨胀程度的序号表征煤的膨胀性和粘结性的指标
120	胶质层指数	plastometer indices	由萨波日尼科夫提出的一种表征烟煤结焦性的指标，以胶质层最大厚度 Y 值，最终收缩度 X 值等表示
121	胶质层最大厚度	maximum thickness of plastic layer	烟煤胶质层指数测定中利用探针测出的胶质体上、下层面差的最大值。代表符号“Y”

续表

序号	术语名称	英文术语	定　　义
122	低温干馏	low-temperature pyrolysis	又称"低温热解"。将煤隔绝空气加热到最终温度500～700℃使其热解的过程
123	铝甑干馏试验	Fischer-Schräder assay	由费希尔和施拉德二人提出的煤低温干馏试验方法，用以测定焦油、半焦和热解水产率
124	焦油产率	tar yield	专指煤低温干馏试验中，焦油质量占煤样质量的百分率
125	半焦产率	char yeild	煤低温干馏试验中，半焦质量占煤样质量的百分率
126	总水产率	total water yield	专指煤低温干馏试验中总水质量占煤样质量的百分率
127	热解水产率	thermolysis water yield	专指煤低温干馏试验中热解水质量占煤样质量的百分率
128	冶金焦	metallurgical coke	用于冶炼的焦炭。特指用于高炉炼铁的焦炭
129	铸造焦	foundry coke	用于化铁炉熔铁的焦炭
130	煤炭气化	gasification of coal	在一定温度、压力条件下，用气化剂将煤中的有机物转变为煤气的过程
131	煤的反应性	reactivity of coal	在规定条件下，煤与不同气体介质（如二氧化碳、氧、水蒸汽）相互作用的反应能力
132	煤对二氧化碳的反应性	carboxy reactivity of coal	煤将二氧化碳还原为一氧化碳的能力
133	热稳定性	thermal stability	一定粒度的煤样在规定条件下受热后保持规定粒度的能力
134	碳转化率	efficiency of carbon conversion	单位质量煤生成煤气中的碳占单位质量煤中碳的百分率
135	煤炭液化	coal liquefaction	煤经化学加工直接或间接转化成烃类液体产物的过程

注：摘自全国科学名词审定委员会公布的《煤炭科技名词》，一九九六年版。

2. 煤的工业分析

煤的工业分析，是工业上经常使用的分析方法，工业分析的项目包括煤的水分、灰分、挥发分及固定碳。水分、灰分是煤的无机组成，挥发分和固定碳为有机组成，与煤中有机质的组成和性质有关。煤的工业分析为判断煤的种类及工业用途以及煤的加工利用效果，提供了科学依据。

煤的工业分析方法，已制订国家标准（GB/T212）。煤的工业分析项目、内容及其对工业应用的影响，详见表1－5－6。

以M_{ad}为例，煤的工业分析指标代表符号表示如下：

分析项目符号：M_{ad}

M——水分符号，英文Moisture，以大写M表示；

ad——空气干燥基符号，英文air dry的缩写，以每个单词的第一个字母顺序排列小写表示。

3. 煤的元素分析

煤中除含有无机矿物质和水分外，其余均为可燃的有机物质。这些有机物质是由各种不同的元素组成的。对煤的元素成分进行分析可知，煤中的有机物主要是由碳、氢、氧、氮和硫等五种元素组成。五个主要元素的变化，决定着煤的基本性质。

煤的元素组成对研究煤的变质程度，计算煤的发热量，估算煤的干馏产物均很重要。元素组成也是工业中以煤作燃料时进行热工计算的基础。

煤的元素分析包括碳、氢、氧、氮、硫五种元素含量的测定。通常仅对碳、氢、氮三个元素进行测定。氧含量可用差减法求得，硫含量通常用全硫结果代替，仅在全硫大于2%时进行成分硫的测定。

煤的元素组成见表1—5—7。

表1—5—6　煤的工业分析

项目	内容	对工业应用的影响
水分(M)	工业分析中所测的水分为空气干燥基水分，通常以M_{ad}表示	1. 水分过高增加不必要的运输量，造成装卸、分级、破碎、储存等困难，燃烧时消耗热量，炼焦时延长结焦时间，贮存时易风化自燃，冬季严寒时易冻结 2. 适量的水分可防止储运和燃烧时煤粉的损失，减少环境污染，改善炉膛的辐射效能
灰分(A)	一般需要测定煤灰组成，煤灰熔融性、煤灰粘度 灰分是评定煤质的重要指标之一	1. 灰分过高对运输、贮存、洗选加工利用带来负荷大、占地多、运输量增加等不利因素 2. 灰分过高应用时多耗燃料或原料，增加焦炭灰分，从而增加石灰石用量，降低高炉生产能力，增加炉渣排量等 3. 灰分直接影响煤的燃烧和转化加工的操作和产品质量，灰熔点（ST）低易造成结渣和堵塞，高灰焦炭强度低，含磷、硫焦炭炼铁使铁变脆 4. 灰组分中含硫化物和微量的汞，在燃烧气化时生成有害物质，造成对环境的污染。此外煤中其他有害元素的挥发也会造成对环境的污染
挥发分(V)	煤样在规定条件下隔绝空气加热并进行水分校正后的质量损失。亦即，1g煤样在900℃±10℃温度下隔绝空气加热7min，分解所逸出的气体和蒸汽状态产物的百分率，减去空气干燥煤样水分的百分含量	1. 是煤炭分类的重要指标，其高低与煤化程度关系密切 2. 作为制定工艺过程的依据，从而合理利用煤炭资源 3. 预测或估算一些工艺指标，计算发热量等
固定碳(FC)	从测定煤样的挥发分后的残渣中减去灰分后的残留物	根据残留焦渣的特征，可初步判断煤的粘结性

注：进行煤的工业分析时，一般采用空气干燥煤样为基准的水分（M_{ad}），干燥煤样为基准的灰分（A_d），干燥无灰基煤样为基准的挥发分（V_{daf}）。

表1—5—7　煤的元素组成

名　称	含　量	特点及对煤质的影响
碳（C_{daf}）	泥炭55%～63% 褐煤63%～77% 烟煤76%～92% 无烟煤90%～98%	煤中有机质的主要成分，其单质是最主要的可燃物质，碳的含量随变质程度的加深而增高
氢（H_{daf}）	泥炭5.5%～6.5% 褐煤4.5%～6.5% 烟煤4.4%～6.4% 无烟煤0.5%～4.0%	煤中有机质的组成成分。年轻煤的氢含量与成煤原始物质有关，随变质程度加深而减少

续表

名称	含量	特点及对煤质的影响
氧 (O_{daf})	泥炭 26%～35% 褐煤 15.6%～27.7% 烟煤 1%～16% 无烟煤 0.4%～3.3%	煤中有机质成分，其含量随变质程度加深而降低
氮 (N_{daf})	泥炭 1%～3.5% 褐煤 0.7%～2.3% 烟煤 0.6%～2.5% 无烟煤 0.3%～1.8%	煤中有机质成分，含量较少，燃烧时常呈游离状态逸出。干馏时，氮可转化为氨 (NH_3) 和其他氮的化合物，可回收制造化肥、硝酸等化工产品
硫 ($S_{st,ad}$)	变化较大、0.2%～15%，一般为 0.5%～3%	煤中的有害杂质，分为有机硫和无机硫两大类。煤燃烧时，硫以 SO_2 气体放出，腐蚀机械设备，污染环境；炼焦时，硫大部转入焦炭中，炼铁时又转入生铁中，严重影响焦炭及钢铁质量
磷 (P)	极少，一般为 0.001%～0.1%	煤中有害成分，主要是无机磷。燃烧时，磷转入煤灰中；炼焦时，磷进入焦炭，严重影响焦炭及钢铁质量。工业要求磷含量小于 0.05%
砷 (As)	一般 3～5g/t，高的可达 100g/t	主要以砷黄铁矿的形式存在。煤中砷燃烧后生成的 As_2O_3 是剧毒药物，酿酒和食品工业用煤要求砷含量小于 8g/t
氯 (Cl)	一般 0.01%～0.2%，高的可达 1%以上	多以碱金属氯化物的形式存在。煤中氯含量超过 0.3%而用于炼焦或燃烧时，会腐蚀各种管道及炉壁
稀有元素 锗 (Ge) 镓 (Ga) 钒 (V) 铀 (U)	微量，有时可达工业品位	是对煤进行综合评价的重要资源。一般 Ge、U 含量高的多是变质程度低的煤

4. 煤的发热量

单位质量的煤完全燃烧所产生的热量称煤的发热量通常以 MJ/kg 表示。

发热量是评价煤质的一项重要指标，是动力用煤的一个主要指标。根据纯煤发热量，可以大致推测煤的变质程度以及其他某些煤质特征，如粘结性、结焦性等。

由量热计测得的发热量称为弹筒发热量。从弹筒发热量中减掉硝酸和硫酸的生成热，称为高位发热量，以 Q_{gr}表示。从高位发热量中再扣除煤在空气中燃烧时水变成水蒸气逸出时所吸收的热量（潜能），称低位发热量，以 Q_{net}表示。低位发热量最接近于煤作为燃料时可以利用的发热量。煤的发热量一般常用的表示方法有下列五种：

(1) 空气干燥基弹筒发热量 $Q_{net,ad}$，测定发热量时的原始结果；

(2) 空气干燥基高位发热量 $Q_{gr,ad}$，报出结果时使用；

(3) 干燥基高位发热量 $Q_{gr,d}$，不同测试单位间比较测值准确性时使用；

(4) 干燥无灰基高位发热量 $Q_{gr,daf}$，主要用于科学研究；

(5) 收到基低位发热量 $Q_{net,ar}$，计算煤耗定额时使用。

使用发热量指标时必须搞清其类别和基准，否则会造成错误。评价燃烧用煤的质量时，必须采用收到基低位发热量 $Q_{net,ar}$。

把高位发热量换算成低位发热量的公式如下：

$$Q_{net,ar}=Q_{gr,ar}-25.1(M_{ar}+9H_{ar})$$

式中 $Q_{net,ar}$——收到基低位发热量，J/g；

$Q_{gr,ar}$——收到基高位发热量，J/g；

M_{ar}——收到基全水分，%；

H_{ar}——收到基氢含量，%。

例 已知煤样的 $Q_{gr,ar}=22\times10^3$J/g，$H_{ar}=4.12\%$，$M_{ar}=8.78\%$，求 $Q_{net,ar}$值。

按下列公式计算：

$$Q_{net,ar}=22\times10^3-25.1\ (8.78+9\times4.12)$$
$$=20849\ (J/g)$$

5. 分析结果的表示方法和基准换算

1）煤质分析项目代表符号

新旧对照见表 1—5—8。

2）煤质分析项目各种基准代表符号

新旧对照表见表 1—5—9。

3）煤质分析项目细划分下标代表符号

新旧对照见表 1—5—10。

4）不同基的换算

不同基的换算公式见表 1—5—11。

5）各指标与基准的关系

见图 1—5—1。

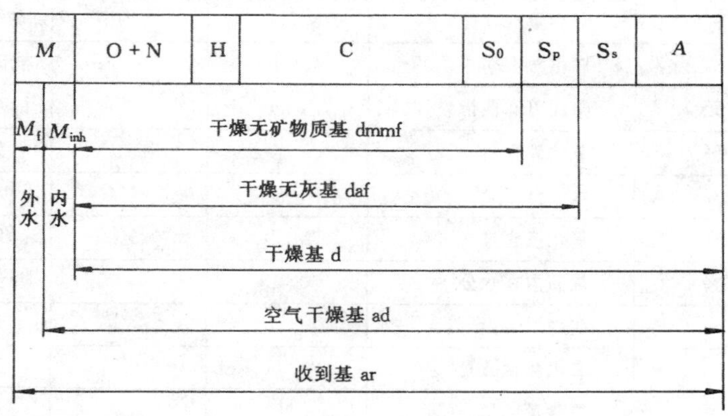

图 1—5—1 各指标与基准的关系

表 1－5－8　煤质分析项目新旧符号对照

新国标 GB483－87			旧国标 GB483－81		
符　号	单　位	名　　称	符　号	单　位	名　　称
a	%	收缩度			无
A	%	灰　分	A	%	灰　分
Al_2O_3	%	三氧化二铝含量	Al_2O_3	%	三氧化二铝含量
As	ppm	砷含量	As	ppm	砷含量
ARD	无	视（相对）密度			无
b	%	膨胀度	b	%	膨胀度
c	%	碳含量	c	%	碳含量
CaO	%	氧化钙含量	CaO	%	氧化钙含量
Cl	%	氯含量	Cl	%	氯含量
Clin	%	结渣率	Jz	%	结渣率
CO_2	%	二氧化碳含量	CO_2	%	二氧化碳含量
CR	%	半焦产率	K	%	半焦产率
CSN	无	坩埚膨胀序数			无
DT	℃	灰熔融性变形温度	T_1	℃	灰熔融性变形温度
E_B	%	苯萃取物产率	E_B	%	苯萃取物产率
F	ppm	氟含量			无
FC	%	固定碳含量	C_{GD}	%	固定碳含量
FT	℃	灰熔融性流动温度	T3	℃	灰熔融性流动温度
Fe_2O_3	%	三氧化二铁含量	Fe_2O_3	%	三氧化二铁含量
$G_{R.I.}$	无	粘结指数	$G_{R.I.}$	无	粘结指数
Ga	ppm	镓含量			无
Ge	ppm	锗含量			无
H	%	氢含量	H	%	氢含量
HA	%	腐植酸产率			无
HGl	无	哈氏可磨性指数	K_{HG}		可磨指数
K_2O	%	氧化钾含量			无
M	%	水　分	W	%	水　分
MgO	%	氧化镁含量	MgO	%	氧化镁含量
MHC	%	最高内在水分			无
MM	%	矿物质含量			无
MnO_2	%	二氧化锰含量			无
N	%	氮含量	N	%	氮含量
Na_2O	%	氧化钠含量			无
O	%	氧含量	O	%	氧含量

续表

新国标 GB483－87			旧国标 GB483－81		
符　号	单　位	名　　称	符　号	单　位	名　　称
P	%	磷含量	P	%	磷含量
P_2O_5	%	五氧化二磷含量			无
P_M	%	透光率	P_m	%	透光率
Q	J/g 或 MJ/kg	发热量	Q	卡/克或 大卡/公斤	发热量
R. I.	无	罗加指数	R. I.	无	粘结力
S	%	硫含量	S	%	硫含量
SiO_2	%	二氧化硅含量	SiO_2	%	二氧化硅含量
SO_3	%	三氧化硫含量	SO_3	%	三氧化硫含量
ST	℃	灰熔融性软化温度	T_2	℃	灰熔融性软化温度
Tar	%	焦油产率	T	%	焦油产率
TiO_2	%	二氧化钛含量	TiO_2	%	二氧化钛含量
TRD	无	真（相对）密度	d	无	真比重
TS	%	热稳定性	Rw	%	热稳定性指数
V	%	挥发分	V	%	挥发分
Water	%	干馏总水产率			无
X	mm	焦块最终收缩度	X	mm	焦块最终收缩度
Y	mm	胶质层最大厚度	Y	mm	胶质层最大厚度
α	%	二氧化碳转化率	α	%	二氧化碳转化率

表 1－5－9　煤质分析项目不同基新旧符号对照

新国际 GB483－87		旧国标 GB483－81	
符　　号	名　　称	符　　号	名　　称
ad	空气干燥基	f	分析基
ar	收到基	y	应用基
d	干燥基	g	干燥基
daf	干燥无灰基	r	可燃基
dmmf	干燥无矿物质基	j	有机基

若分析试验项目的符号最后一个字母为小写并与所采用的基的符号混淆时，则用逗号分开，如干燥基的镓以 $G_{a,d}$ 表示。

若有项目细划分符号的，标在细划分符号后面，并用逗号分开，如收到基低位发热量以 $Q_{net,ar}$ 表示。

表 1－5－10 煤质分析项目细划分下标符号新旧对照

新国际 GB483－87		旧国标 GB483－81	
符 号	名 称	符 号	名 称
f	外在或游离	WZ	外在或游离
inh	内 在	NZ	内 在
O	有 机	YJ	有 机
P	硫化铁	LT	硫化铁
S	硫酸盐	LY	硫酸盐
gr，v	恒容高位	GW	高 位
net，p	恒压低位		无
net，v	恒容低位	DW	低 位
t	全	Q	全

对各分析试验项目的进一步划分以及为区别不同基表示的煤质分析结果，新标准采用相应的英文名词的第一个字母或缩略字标在有关符号的右下角。

表 1－5－11 煤质分析各种基准换算

换算关系式 / 需求基 / 已知基	空气干燥基 (X_{ad})	收到基 (X_{ar})	干燥基 (X_d)	干燥无灰基 (X_{daf})	干燥无矿物质基 (X_{dmmf})
空气干燥基 (X_{ad})		$\frac{100-M_{ar}}{100-M_{ad}}$	$\frac{100}{100-M_{ad}}$	$\frac{100}{100-(M_{ad}+A_{ad})}$	$\frac{100}{100-(M_{ad}+MM_{ad})}$
收到基 (X_{ar})	$\frac{100-M_{ad}}{100-M_{ar}}$		$\frac{100}{100-M_{ar}}$	$\frac{100}{100-(M_{ar}+A_{ar})}$	$\frac{100}{100-(M_{ar}+MM_{ar})}$
干燥基 (X_d)	$\frac{100-M_{ad}}{100}$	$\frac{100-M_{ar}}{100}$		$\frac{100}{100-A_d}$	$\frac{100}{100-MM_d}$
干燥无灰基 (X_{daf})	$\frac{100-(M_{ad}+A_{ad})}{100}$	$\frac{100-(M_{ar}+A_{ar})}{100}$	$\frac{100-A_d}{100}$		$\frac{100-A_d}{100-MM_d}$
干燥无矿物质基 (X_{dmmf})	$\frac{100-(M_{ad}-MM_{ad})}{100}$	$\frac{100-(M_{ar}-MM_{ar})}{100}$	$\frac{100-MM_d}{100}$	$\frac{100-MM_d}{100-A_d}$	

利用表 1－5－11 对各种基准换算可用下式表示：

需求基＝已知基乘以换算关系式

五、中国不同牌号煤的主要指标

中国不同牌号煤主要工业分析、元素分析结果的一般变化范围，见表 1－5－12。

表 1—5—12　我国不同牌号煤主要工业分析、元素分析结果的一般变化范围

煤的牌号	M_{ad} (%)	V_{daf} (%)	$\bar{R}^{0}_{max}$ (%)	$Q_{gr,daf}$ (MJ/kg)	C_{daf} (%)	H_{daf} (%)	N_{daf} (%)	O_{daf} (%)	$T_{ar,daf}$ (%)
泥　　炭	5～30	55～70		20.91～25.09	55～62	5.3～6.5	1～3.5	27～34	3～12
年轻褐煤	10～28	50～65	<0.40	25.09～28.02	60～70	5.5～5.6	1.5～2.5	20～30	5～18
年老褐煤	5～15	37～50	0.4～0.50	28.02～30.53	70～76.5	4.5～6.0	1～2.5	15～30	5～15
长 焰 煤	3～12	37～55	0.51～0.71	30.11～33.45	77～81	4.5～6.0	0.7～2.2	10～15	8～15
不 粘 煤	3～15	24～37	0.54～0.90	28.64～33.87	78～85	3.5～5.0	0.8～1.5	10～15	1～6
1～3 号气煤	1～6	37～50	0.60～0.90	32.20～35.54	79～85	5.4～6.8	1～2.5	8～12	10～20
弱 粘 煤	0.5～5	22～37	0.74～1.3	32.62～36.17	84～89	4.5～5.6	1～1.6	7～12	2～10
肥 气 煤	0.8～3	30～37	0.80～1.2	34.29～35.96	82～88	4.8～5.9	1～2	4～9	8～15
焦　　煤	0.3～1.5	18～30	1.20～1.70	35.13～37.01	86.5～91	4.5～5.5	1～2	3.5～6.5	7～12
肥　　煤	0.3～2	25～48	0.90～1.30	34.71～36.80	84～89	4.9～6.0	1～2	4～8	8～18
瘦　　煤	0.4～1.8	14～20	1.55～1.90	34.92～36.59	88～92.5	4.3～5.0	0.9～2	3～5	4～8
贫　　煤	0.5～2.5	>10～20	1.70～2.5	34.71～36.38	88～92.7	4.0～4.7	0.7～1.8	2～5	1～5
年轻无烟煤	0.7～2.5	>6.5～10	>2.5～4.0	34.71～36.17	89～93	3.2～4.0	0.8～1.5	2～4	<2
典型无烟煤	1～3	>3.5～6.5	>4～6.5	34.29～35.13	93～95	2.0～3.2	0.6～1.0	2～3	<1
年老无烟煤	2～9.5	⩽3.5	>6.5～11	32.20～34.29	95～98	0.8～2.0	0.3～1.0	1～2	<0.5
石　　煤	1～4	2～15	>5	31.36～34.71	93～97	0.5～3.0	0.5～1.0	1～4	<0.5

注：1. 表中的范围只适用于洗精煤和灰分小于10%的原煤。

2. 高挥发分气肥煤的 $\bar{R}^{0}_{max}$ 一般仅为 0.68%～0.85%（镜煤平均最大反射率）。

3. cal/g×4.1816=J/g（焦/克）。

第二节　煤的分类及用途

一、中国煤炭分类

中国煤炭分类采用GB5751—86 标准，该标准于 1986 年 10 月试行，代替了一直沿用了近 30 年的“中国煤（以炼焦煤为主）分类方案”。

该项煤炭分类国家标准，见表 1—5—13；中国煤炭分类图，见图 1—5—2。

在煤炭分类标准中，采用了两位数的编码表示不同的煤类。如气煤的数字编码有 34、43、44 和 45 共四个，瘦煤的编码有 13、14 两个，而贫煤的数码只有 11 一个。数码越多的煤类，表示其分类指标的变化范围越宽。

在各类煤的数码编号中，十位数字代表挥发分的大小，如无烟煤的挥发分最小，十位数字为 0，褐煤的挥发分最大，十位数字为 5，烟煤类的十位数字介于 1～4 之间；个位数字对烟煤类来说，是表征其粘结性或结焦性好坏，如个位数字越大，表示其粘结性越强。如个位数字为 6 的烟煤类，都是胶质层最大厚度 Y 值大于 25mm 的肥煤或气肥煤类，个位数字为 1 的烟煤类，都是一些没有粘结性的煤，如贫煤、不粘煤和长焰煤。个位数字由 2～5 的烟煤，它们的粘结性随着数码的增大而增强。

需要说明的是，对褐煤和无烟煤来说，每个数码编号代表一个小类别煤，如 01～03 分别代表 1～3 号无烟煤，51 号及 52 号各代表 1 号及 2 号褐煤。但在烟煤阶段，每一数码编号并不代表 1 个小类煤。如瘦煤中的 13 号和 14 号，并不代表 1 号瘦煤和 2 号煤，不过从这里也可以看出，瘦煤中的 14 号部分其粘结性则要比 13 号的高。总之，同一烟煤类中的不同数码编号部分的性质是有所不同的。如焦煤类中的 24 号部分，其粘结性就低于 25 号，而焦煤中的 15 号部分，其挥发分就比 25 号和 24 号部分低。

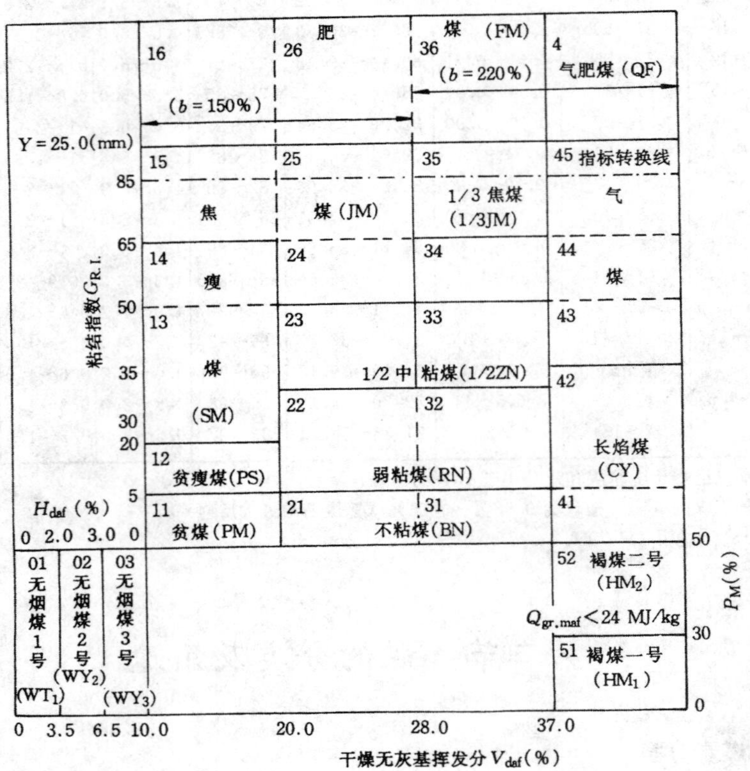

图 1—5—2 中国煤炭分类图

表 1—5—13 中国煤炭分类总表

(GB5751—86)

类别	代号	数码	分类指标						
			V_{daf} (%)	$G_{R.I.}$①	Y (mm)	b (%)	H_{daf} (%)②	P_M (%)③	$Q_{gr,maf}$ (MJ/kg)
无烟煤	WY	01	≤3.5				≤2.0		
		02	>3.5～6.5				>2.0～3.0		
		03	>6.5～10.0				>3.0		
贫　煤	PM	11	>10.0～20.0	0～5					
贫瘦煤	PS	12	>10.0～20.0	5～20					
瘦　煤	SM	13	>10.0～20.0	20～50					
		14	>10.0～20.0	50～65					

续表

类别	代号	数码	分类指标						
			V_{daf} (%)	$G_{R.I.}$①	Y (mm)	b (%)	H_{daf} (%)②	P_M (%)③	$Q_{gr,maf}$ (MJ/kg)
焦煤	JM	15	>10.0～20.0	>65	≤25.0	(≤150)			
		24	>20.0～28.0	50～65					
		25	>20.0～28.0	>65	≤25.0	(≤150)			
肥煤	FM	16	>10.0～20.0	>85	>25.0	(>150)			
		26	>20.0～28.0	>85	>25.0	(>150)			
		36	>28.0～37.0	>85	>25.0	(>220)			
1/3 焦煤	1/3JM	35	>28.0～37.0	>65	≤25.0	(≤220)			
气肥煤	QF	46	>37.0	>85	>25.0	(>220)			
气煤	QM	34	>28.0～37.0	50～65					
		43	>37.0	35～50					
		44	>37.0	50～65					
		45	>37.0	>65	≤25.0	(≤220)			
1/2 中粘煤	1/2ZN	23	>20.0～28.0	30～50					
		33	>28.0～37.0	30～50					
弱粘煤	RN	22	>20.0～28.0	5～30					
		32	>28.0～37.0	5～30					
不粘煤	BN	21	>20.0～28.0	0～5					
		31	>28.0～37.0	0～5					
长焰煤	CY	41	>37.0	0～5				>50	
		42	>37.0	5～35					
褐煤	HM	51	>37.0					≤30	<24
		52	>37.0					>30～50	

注：1. 当 $G_{R.I}>85$ 时，再用 Y 值（或 b 值）来区分肥煤、气煤与其他煤类。当 $Y>25.0$mm 时，如 $V_{daf}\leqslant37.0\%$，则划分为肥煤，如 $V_{daf}>37.0\%$，则划分为气肥煤；如 $Y\leqslant25.0$mm，则根据其 V_{daf} 的大小而划分为相应的其他煤类。当用 b 值来划分肥煤、气肥煤与其他煤类的界限时，如 $V_{daf}<28.0\%$，暂定 $b>150\%$ 的为肥煤，如 $V_{daf}>28.0\%$，则暂定 $b>220\%$ 的为肥煤或气肥煤（$V_{daf}>37\%$ 时）。当按 b 值划分的类别与 Y 值划分的类别有矛盾时，以后者为准。

2. 如用 V_{daf} 和 H_{daf} 划分出的小类有矛盾时，则以 H_{daf} 划分的小类为准。在已确定了无烟煤小类的生产厂矿的日常检测中，可以只按 V_{daf} 来分类，在煤田地质勘探工作中，对新区确定小类或生产矿、厂需要重新核定小类时，应同时测定 V_{daf} 和 H_{daf} 值，按规定确定出小类。

3. 对 $V_{daf}>37\%$，$G_{R.I.}\leqslant5$ 的煤，再以 P_M 来确定其为长焰煤或褐煤。如 $P_M>30\%\sim50\%$，再测 $Q_{gr,maf}$，如 $Q_{gr,maf}>24$MJ/kg，则应划分为长焰煤（地质勘探煤样，对 $V_{daf}>37.0\%$，焦渣特征为 1～2 号的煤，在不压饼的条件下测定，再用 P_M 来区分烟煤和褐煤）。

4. 分类用煤样，除 $A_d\leqslant10.0\%$ 的采用原煤外，凡 $A_d>10.0\%$ 的各种煤样，应采用 $ZnCl_2$ 重液选后的浮煤（对易泥化的低煤化度褐煤，可采用灰分尽可能低的原煤样），详见 GB474－83 煤样的制备方法。

二、国际煤炭分类

联合国欧洲经济委员会煤炭委员会固体燃料利用组，于 1987 年提出一个国际硬煤分类编码系统，以代替自 1956 年以来各国一直沿用的“国际硬煤分类标准”，该分类编码系统，选定 8 个参数说明煤的不同性质，即：

表1—5—14 国际硬煤编码系统

	镜质组随机反射率(%)		镜质组反射率分布图特性(标准差)		显微组分指数(无矿物质基,体积%)4=惰性组 5=稳定组				坩埚膨胀序数		挥发分(干燥无灰基,质量%)		灰分(干燥基,质量%)		全硫(干燥基,质量%)		高位发热量(干燥无灰基,MJ/kg)	
位数	1;2		3		4		5		6		7;8		9;10		11;12		13;14	
编码	02	0.20～0.29	0	≤0.1 无凹口	0	0～<10	0	—	0	$0\sim\frac{1}{2}$	48	≥48	00	0～<1	00	0.0～<0.1	21	<22
号数	03	0.30～0.39	1	>0.1～≤0.2 无凹口	1	10～<20	1	0～<5	1	$1\sim1\frac{1}{2}$	46	46～<48	01	1～<2	01	0.1～<0.2	22	22～<23
	04	0.40～0.49	2	>0.2 无凹口	2	20～<30	2	5～<10	2	$2\sim2\frac{1}{2}$	44	44～<46	02	2～<3	02	0.2～<0.3	23	23～<24
	05	0.50～0.59	3	1个凹口	3	30～<40	3	10～<15	3	$3\sim3\frac{1}{2}$	42	42～<44	03	3～<4	03	0.3～<0.4	24	24～<25
	06	0.60～0.69	4	2个凹口	4	40～<50	4	15～<20	4	$4\sim4\frac{1}{2}$	40	40～<42	04	4～<5	04	0.4～<0.5	25	25～<26
	07	0.70～0.79	5	2个以上凹口	5	50～<60	5	20～<25	5	$5\sim5\frac{1}{2}$	38	38～<40	05	5～<6	05	0.5～<0.6	26	26～<27
	08	0.80～0.89			6	60～<70	6	25～<30	6	$6\sim6\frac{1}{2}$	36	36～<38	06	6～<7	06	0.6～<0.7	27	27～<28
	09	0.90～0.99			7	70～<80	7	30～<35	7	$7\sim7\frac{1}{2}$	34	34～<36	07	7～<8	07	0.7～<0.8	28	28～<29
	10	1.00～1.09			8	80～<90	8	35～<40	8	$8\sim8\frac{1}{2}$	32	32～<34	08	8～<9	08	0.8～<0.9	29	29～<30
	11	1.10～1.19			9	≥90	9	≥40	9	9	30	30～<32	09	9～<10	09	0.9～<1.0	30	30～<31
	12	1.20～1.29									28	28～<30	10	10～<11	10	1.0～<1.1	31	31～<32
	13	1.30～1.39									26	26～<28	11	11～<12	11	1.1～<1.2	32	32～<33
	14	1.40～1.49									24	24～<26	12	12～<13	12	1.2～<1.3	33	33～<34
	15	1.50～1.59									22	22～<24	13	13～<14	13	1.3～<1.4	34	34～<35
	16	1.60～1.69									20	20～<22	14	14～<15	14	1.4～<1.5	35	35～<36
	17	1.70～1.79									18	18～<20	15	15～<16	15	1.5～<1.6	36	36～<37
	18	1.80～1.89									16	16～<18	16	16～<17	16	1.6～<1.7	37	37～<38
	19	1.90～1.99									14	14～<16	17	17～<18	17	1.7～<1.8	38	38～<39
	20	2.00～2.09									12	12～<14	18	18～<19	18	1.8～<1.9	39	≥39
	21	2.10～2.19									10	10～<12	19	19～<20	19	1.9～<2.0		
	22	2.20～2.29									09	9～<10	20	20～<21	20	2.0～<2.1		

续表

	镜质组随机反射率(%)		镜质组反射率分布图特性(标准差)		显微组分指数(无矿物质基,体积%)4=惰性组 5=稳定组				坩埚膨胀序数		挥发分(干燥无灰基,质量%)		灰分(干燥基,质量%)		全硫(干燥基,质量%)		高位发热量(干燥无灰基,MJ/kg)	
位数	1;2		3		4		5		6		7;8		9;10		11;12		13;14	
编码	23	2.30～2.39									08	8～<9			21	2.1～<2.2		
号数	24	2.40～2.49									07	7～<8			22	2.2～<2.3		
	25	2.50～2.59									06	6～<7			23	2.3～<2.4		
	26	2.60～2.69									05	5～<6			24	2.4～<2.5		
	27	2.70～2.79									04	4～<5			25	2.5～<2.6		
	28	2.80～2.89									03	3～<4			26	2.6～<2.7		
	29	2.90～2.99									02	2～<3			27	2.7～<2.8		
	30	3.00～3.09									01	1～<2			28	2.8～<2.9		
	31	3.10～3.19													29	2.9～<3.0		
	32	3.20～3.29													30	3.0～<3.1		
	33	3.30～3.39																
	34	3.40～3.49																
	35	3.50～3.59																
	36	3.60～3.69																
	37	3.70～3.79																
	38	3.80～3.89																
	39	3.90～3.99																
	40	4.00～4.09																
	41	4.10～4.19																
	42	4.20～4.29																
	43	4.30～4.39																
	44	4.40～4.49																
	45	4.50～4.59																
	46	4.00～4.69																
	47	4.70～4.79																
	48	4.80～4.89																
	49	4.90～4.99																
	50	≥5.00																

(1) 镜质组平均随机反射率 $\overline{R}r$%　2 位数
(2) 镜质组反射率分布特征图　1 位数
(3) 显微组分指数　2 位数
(4) 坩埚膨胀序数　1 位数
(5) 挥发分产率 V_{daf}（%）　2 位数
(6) 灰分产率 A_d（%）　2 位数
(7) 全硫含量 $S_{t,d}$（%）　2 位数
(8) 高位发热量 $Q_{gr,daf}$（MJ/kg）　2 位数

根据以上 8 个参数及给定的数码位数制订的国际硬煤分类编码系统见表 1－5－14。

例：某一种煤的特性如下：

镜质组平均反射率 $\overline{R}r$%	1.76	编码 17
镜质组反射率分布特征	S＝0.23，一个凹口	编码 3

显微组分参数%（体积）

惰性组	32	编码 33
稳定组	10	
坩埚膨胀序数	1	编码 1
挥发分产率 V_{daf}（%）	16.3	编码 16
灰分产率 A_d（%）	18.7	编码 18
全硫含量 $S_{t.d}$（%）	1.42	编码 14
高位发热量 $Q_{gr,daf}$（MJ/kg）	36.4	编码 36

则该煤样编码号为　17333116181436

三、主要煤质指标的分级及可选性、可浮性等级

1. 煤炭质量分级

1）煤炭灰分分级

已制订国家标准 GB/T15224.1－94，见表 1－5－15。

本标准规定了煤炭按干燥基灰分（A_d）范围分级及其命名。

本标准适用于煤炭勘探、生产和加工利用中对煤炭按灰分分级。

表 1－5－15　煤炭灰分分级

序　号	级别名称	代　号	灰分（A_d）范围（%）
1	特低灰煤	SLA	≤5.00
2	低灰分煤	LA	5.01～10.00
3	低中灰煤	LMA	10.01～20.00
4	中灰分煤	MA	20.01～30.00
5	中高灰煤	MHA	30.01～40.00
6	高灰分煤	HA	40.01～50.00

2）煤炭硫分分级

已制订国家标准GB/T15224.2—94，见表1—5—16。

表1—5—16　煤炭硫分分级

序　号	级别名称	代　号	硫分（$S_{t,d}$）范围（%）
1	特低硫煤	SLS	≤0.50
2	低硫分煤	LS	0.51～1.00
3	低中硫煤	LMS	1.01～1.50
4	中硫分煤	MS	1.51～2.00
5	中高硫煤	MHS	2.01～3.00
6	高硫分煤	HS	＞3.00

3）煤炭发热量分级

已制订国家标准GB/T15224.3—94，见表1—5—17。

本标准规定了煤炭按收到基低位发热量（$Q_{net,ar}$）范围分级及其命名。

本标准适用于动力用煤和民用煤。

表1—5—17　煤炭发热量分级

序　号	级别名称	代　号	发热量（$Q_{net,ar}$）范围（MJ/kg）
1	低热值煤	LQ	8.50～12.50
2	中低热值煤	MLQ	12.51～17.00
3	中热值煤	MQ	17.01～21.00
4	中高热值煤	MHQ	21.01～24.00
5	高热值煤	HQ	24.01～27.00
6	特高热值煤	SHQ	＞27.0

注：煤田地质勘探系统在按发热量分级时，可采用全水分（M_t）进行计算。

2. 煤的固定碳分级

已制订行业标准MT/T561—1996，见表1—5—18。

本标准规定了煤的固定碳分级的级别名称、代号和固定碳范围。

本标准适用于煤炭生产和使用中对煤的固定碳分级。

3. 煤的全水分分级

已制订行业标准MT/T850—2000，见表1—5—19。

本标准规定了煤的全水分（M_t,%）分级范围。

本标准适用于煤炭生产和使用中对煤的全水分分级。

4. 煤的挥发分产率分级

已制订行业标准MT/T849—2000，见表1—5—20。

本标准规定了煤的干燥无灰基挥发分产率（V_{daf}%）分级范围。

本标准适应于煤炭勘探、生产和加工利用中对煤的挥发分产率分级。

表 1-5-18　煤的固定碳分级

序　号	级别名称	代　号	分级范围（FC_d,%）	试验方法
1	特低固定碳煤	SLFC	≤45.00	GB/T212
2	低固定碳煤	LFC	>45.00～55.00	
3	中等固定碳煤	MFC	>55.00～65.00	
4	中高固定碳煤	MHFC	>65.00～75.00	
5	高固定碳煤	HFC	>75.00～85.00	
6	特高固定碳煤	SHFC	>85.00	

表 1-5-19　煤的全水分（M_t,%）分级

序　号	级别名称	代　号	分级范围（M_t,%）	试验方法
1	特低全水分煤	SLM	≤6.0	GB/T211
2	低全水分煤	LM	>6.0～8.0	
3	中等全水分煤	MLM	>8.0～12.0	
4	中高全水分煤	MHM	>12.0～20.0	
5	高全水分煤	HM	>20.0～40.0	
6	特高全水分煤	SHM	>40.0	

表 1-5-20　煤的挥发分产率（V_{daf},%）分级

序　号	级别名称	代　号	分级范围（V_{daf},%）	试验方法
1	特低挥发分煤	SLV	≤10.00	GB/T212
2	低挥发分煤	LV	>10.00～20.00	
3	中等挥发分煤	MV	>20.00～28.00	
4	中高挥发分煤	MHV	>28.00～37.00	
5	高挥发分煤	HV	>37.00～50.00	
6	特高挥发分煤	SHV	>50.00	

5. 煤中磷分分级

已制订行业标准 MT/T562—1996，见表 1-5-21。

本标准规定了煤中干燥基磷分分级的级别名称、代号和磷分范围。

本标准适用于煤炭勘探、生产和加工利用中对褐煤、烟煤和无烟煤的磷分分级。

6. 煤的热稳定性分级

已制定行业标准 MT/T560—1996，见表 1-5-22。

本标准规定了煤的热稳定性分级的级别名称、代号和热稳定性范围。

本标准适用于气化用块煤的热稳定性分级。

7．煤的哈氏可磨性指数分级

已制订标准 MT/T852－2000，见表 1－5－23。

本标准规定了煤的哈氏可磨性指数（HGI）分级范围。

本标准适用于作为粉状使用的煤的哈氏可磨性指数的分级。

表 1－5－21　煤中磷分分级

序号	级别名称	代号	磷分范围 P_d（%）	试验方法
1	特低磷煤	SLP	≤0.010	GB216
2	低磷分煤	LP	＞0.010～0.050	
3	中磷分煤	MP	＞0.050～0.100	
4	高磷分煤	HP	＞0.100	

表 1－5－22　煤的热稳定性分级

序号	级别名称	代号	热稳定性范围 TS_{+6}（%）	试验方法
1	低热稳定性煤	LTS	≤40	GB1573
2	较低热稳定性煤	RLTS	＞40～50	
3	中等热稳定性煤	MTS	＞50～60	
4	较高热稳定性煤	RHTS	＞60～70	
5	高热稳定煤	HTS	＞70	

表 1－5－23　煤的哈氏可磨性指数 *HGI* 分级

序号	级别名称	代号	分级范围 *HGI*	试验方法
1	难磨煤	DG	≤40	GB2565
2	较难磨煤	RDG	＞40～60	
3	中等可磨煤	MG	＞60～80	
4	易磨煤	EG	＞80～100	
5	极易磨煤	UEG	＞100	

8．煤灰熔融性分级

1）煤灰软化温度分级

已制订行业标准 MT/T8531.1，见表 1－5－24。

本标准规定了煤灰熔融性软化温度 *ST*（℃）分级范围。

本标准适用于固态排渣锅炉和煤气发生炉对煤灰熔融性软化温度的分级。

表 1—5—24　煤灰熔融性软化温度 *ST*（℃）分级

序　号	级别名称	代　　号	分级范围 *ST*（℃）	试验方法
1	低软化温度灰	LST	≤1100	GB/T219（注）
2	较低软化温度灰	RLST	＞1100～1250	
3	中等软化温度灰	MST	＞1250～1350	
4	较高软化温度灰	RHST	＞1350～1500	
5	高软化温度灰	HST	＞1500	

注：煤灰熔融性测定时炉内气氛为弱还原性。

2）煤灰流动温度分级

已制订行业标准 MT/T853.2—2000，见表 1—5—25。

本标准规定了煤灰熔融性流动温度 *FT*（℃）分级范围。

本标准适用于液态排渣锅炉和煤气发生炉对煤灰融性流动温度的分级。

9. 煤的抗碎强度分级

煤的抗碎强度，无分级标准，通常按以下四级分级见表 1—5—26。

10. 煤的粘结性指数分级

依据中国煤炭分类标准，通常使用表 1—5—27 分级。

表 1—5—25　煤灰熔融性流动温度 *FT*（℃）分级

序　号	级别名称	代　　号	分级范围 *FT*（℃）	试验方法
1	低流动温度灰	LFT	≤1150	GB/T219（注）
2	较低流动温度灰	RLFT	＞1150～1300	
3	中等流动温度灰	MFT	＞1300～1400	
4	较高流动温度灰	RHFT	＞1400～1500	
5	高流动温度灰	HFT	＞1500	

注：煤灰熔融性测定时炉内气氛为弱还原性。

表 1—5—26　煤的抗碎强度分级

序号	级别名称	＞25mm（%）
1	高强度煤	＞65
2	中强度煤	＞50～65
3	低强度煤	＞30～50
4	特低强度煤	≤30

表 1—5—27　煤炭粘结指数分级

序号	级别名称	粘结指数 $G_{R.I.}$ 范围
1	不粘结煤	≤5
2	弱粘结煤	＞5～20
3	中粘结煤	＞20～50
4	强粘结煤	＞50～85
5	特强粘结煤	＞85

11. 煤的胶质层最大厚度 *Y* 值分级

依据中国煤炭分类标准，通常使用表 1—5—28 分级。

12. 煤的焦油产率分级

尚无分级标准，通常使用表 1—5—29 分级。

表 1—5—28 煤炭胶质层最大厚度分级

序号	级别名称	胶质层最大厚度 Y (mm)
1	不粘结煤	0
2	弱粘结煤	>0～5
3	中粘结煤	>5～12
4	强粘结煤	>12～25
5	特强粘结煤	>25

表 1—5—29 煤的焦油产率分级

序号	级别名称	焦油产率 Tar (%)
1	高油煤	>12
2	富油煤	>7～12
3	含油煤	≤7

13. 煤炭可选性等级评定

已制订国家标准 GB/T16417—1996。

本标准规定了煤炭可选性评定方法、可选性等级的命名和划分指标。

本标准适用于大于 0.5mm 粒级的煤炭。

煤炭可选性评定采用“分选密度±0.1 含量法”（简称“δ±0.1 含量法”，下同）。所用浮沉试验资料应符合 GB478—87 或 MT320—93 的规定。

δ±0.1 含量的计算：

1）δ±0.1 含量按理论分选密度计算；

2）理论分选密度在可选性曲线上按指定精煤灰分确定（准确到小数点后二位）；

3）理论分选密度小于 1.70g/cm^3 时，以扣除沉矸（+2.00g/cm^3）为 100%计算 δ±0.1 含量；理论分选密度等于或大于 1.70g/cm^3 时，以扣除低密度物（—1.50g/cm^3）为 100%计算 δ±0.1 含量；

4）δ±0.1 含量以百分数表示，计算结果取小数点后一位。

按照分选的难易程度，把煤炭可选性划分为 5 个等级，各等级的名称及 δ±0.1 含量指标见表 1—5—30。

14. 煤炭可浮性等级评定

已制定部颁标准 MT259—91，见表 1—5—31。

本标准适用于粒度小于 0.5mm 烟煤及无烟煤。

引用标准 GB4757 选煤实验室单元浮选试验方法。

可浮性评价指标：

灰分符合要求条件下的浮选精煤可燃体回收率。

计算公式：
$$E_c=\frac{Y_c(100-A_{d.c})}{100-A_{d.f}}\times 100$$

式中 E_c——浮选精煤可燃体回收率，%；

Y_c——浮选精煤产率 %；

$A_{d.c}$——浮选精煤干燥基灰分，%；

$A_{d,f}$——浮选入料干燥基灰分，%。

计算结果取小数点后二位，修整后限小数点后一位。

浮选精煤产率按 GB4757 中浮选速度试验结果所绘制的精煤产率——灰分曲线确定。

表 1—5—30　煤炭可选性等级的划分指标

δ±0.1 含量（%）	可选性等级
≤10.0	易　选
10.1～20.0	中等可选
20.1～30.0	较难选
30.01～40.0	难　选
>40.0	极难选

表 1—5—31　可浮性等级

可燃体回收率 E_c（%）	可浮性等级
≤40.0	极难浮
>40.1～60.00	难　浮
>60.1～80.00	中等可浮
>80.1～90.00	易　浮
>90.1	极易浮

15. 煤的筛分级别及产品规格

已制定国家标准 GB/T17608—1998，产品类别品种和技术要求见表 1—5—32。

表 1—5—32　煤炭产品的类别、品种和技术要求

产品类别	品种名称	技术要求			
		粒　度（mm）	发热量 $Q_{net,ar}$（MJ/kg）	灰分 A_d（%）	最大粒度[1]上限（%）
1. 精煤	冶炼用炼焦精煤	<50，<100		≤12.50	
	其他用炼焦精煤	<50，<100		12.51～16.00	
2 粒级煤	洗特大块	>100			
	特大块	>100			
	洗大块	50～100，>50	无烟煤、烟煤：≥14.50 褐煤：≥11.00		不大于 5
	大　块	50～100，>50			
	洗中块	25～50，20～60			
	中　块	25～50			
	洗混中块	13～50，13～80			
	混中块	13～50，13～80			
	洗混块	>13，>25			
	混　块	>13，>25			
	洗小块	13～20，13～25	无烟煤、烟煤：≥14.50 褐煤：≥11.00		不大于 5
	小　块	13～25			
	洗混小块	6～20			
	混小块	6～20			
	洗粒煤	6～13			

续表

产品类别	品种名称	技术要求			
		粒度 (mm)	发热量 $Q_{net,ar}$ (MJ/kg)	灰分 A_d (%)	最大粒度[1] 上限 (%)
2 粒级煤	粒煤	6～13	无烟煤、烟煤：≥14.50 褐煤：≥11.00		不大于5
3 洗选煤	洗原煤	≤300			
	洗混煤	<50，<80或100			
	混煤	0～50			
	洗末煤	0～13，0～20，0～25			
	末煤	0～13，0～20，0～25			
	洗粉煤	0～6			
	粉煤	0～6			
4 原煤	原煤、水采原煤				
5 低质煤[2]	原煤	—	无烟煤、烟煤：<14.50 褐煤：<11.00	>40[3]	
	煤泥、水采煤泥	0～1.0，0～0.5		16.50～49	

1）取筛上物累计产率最接近，但不大于5%的那个筛孔尺寸，作为最大粒度。
2）如用户需要，必须采取有效的环保措施，不违反环保法规的情况下供需双方协商解决。
3）当发热量数据和灰分数据不能同时达到规定时，以灰分为准。

四、煤的特性及用途

1．主要煤炭的特性及用途

新的国标中各类煤的基本特性及主要用途如下：

1）无烟煤（WY）

无烟煤的特点是固定碳高，挥发分低，纯煤真（相对）密度高达1.35～1.90，无粘结性，燃点高，一般达360～420℃左右。燃烧时多不冒烟。这类煤又细分为01号（年老）、02号（典型）和03号（年轻）三个小类。其中北京、晋城和阳泉三矿区的无烟煤分别为01号、02号和03号无烟煤的代表。

无烟煤主要供民用和做合成氨造气的原料；低灰、低硫且质软易磨的无烟煤不仅是理想的高炉喷吹和烧结铁矿石用的还原剂与燃料，而且还可作为制造各种碳素材料（如碳电极、炭块、阳极糊和活性炭、滤料等）的原料；某些无烟煤制成的航空用型煤还用于飞机发动机和车辆马达的保温。

2）贫煤（PM）

贫煤是烟煤中变质程度最高的一小类煤，不粘结或呈微弱的粘结，在层状炼焦炉中不结焦。发热量比无烟煤高，燃烧时火焰短，耐烧，但燃点也较高，仅次于无烟煤，一般在350～360℃左右。主要作为电厂燃料，尤其与高挥发分煤配合，燃烧更能充分发挥热值高而又耐烧的优点。

3）贫瘦煤（PS）

贫瘦煤是炼焦煤中变质程度最高的一种，其特点是挥发分较低，但其粘结性仅次于典型瘦煤。单独炼焦时，生成的粉焦多；在配煤炼焦时配入较少的比例就能起到瘦煤的瘦化作用，对提高焦炭的块度起到良好的作用。这类煤也是发电、机车、民用及其他工业炉窑的燃料，山西省西山矿区以典型的贫瘦煤为主。

4）瘦煤（SM）

瘦煤是具有中等粘结性的低挥发分炼焦煤。炼焦过程中能产生相当数量的胶质体，Y 值一般在 6～10mm 左右。单独炼焦时能得到块度大、裂纹少、抗碎强度较好的焦炭，但其耐磨强度较差；以作为配煤炼焦使用较好。峰峰四矿是典型的瘦煤资源。高硫、高灰的瘦煤一般只用作为电厂及锅炉的燃料。

5）焦煤（JM）

焦煤是一种结焦性较强的炼焦煤，挥发分（V_{daf}）一般在 16%～28%之间。加热时能产生热稳定性很高的胶质体。单独炼焦时能得到块度大、裂纹少、抗碎强度和耐磨强度都很高的焦炭。但单独炼焦时膨胀压力大，有时易产生推焦困难。一般以作为配煤炼焦使用较好。峰峰五矿、淮北石台及古交、西曲等矿井是我国典型焦煤代表。

6）肥煤（FM）

肥煤是中等挥发分及中高挥发分的强粘结性炼焦煤，其挥发分多在 25%～35%左右。加热时能产生大量的胶质体。单独炼焦时能生成熔融性好、强度高的焦炭、耐磨强度比相同挥发分的焦煤炼出的焦炭还好。但单独炼焦时焦炭有较多的横裂纹，焦根部分常有蜂焦。它是配煤炼焦中的基础煤。我国的开滦、枣庄是生产肥煤的主要矿区。

7）$\frac{1}{3}$焦煤$\left(\frac{1}{3}\text{JM}\right)$

$\frac{1}{3}$焦煤是中等偏高挥发分的较强粘结性炼焦煤，相当于原分类中的 2 号肥气煤及部分 2 号肥焦煤，也有少量粘结性较好的 1 号肥气煤和 1 号肥焦煤，是一种介于焦煤、肥煤和气煤之间的过渡煤。在单煤炼焦时能生成熔融性良好、强度较高的焦炭。焦炭的抗碎强度接近肥煤，耐磨强度则又明显地高于气肥煤和气煤。因此它既能单煤炼焦供中型高炉使用，也是良好的配煤炼焦的基础煤。在炼焦时其配入量可在较宽范围内波动而能获得高强度的焦炭。我国淮南矿区产$\frac{1}{3}$焦煤。

8）气肥煤（QF）

气肥煤是一种挥发分和胶质体厚度都很高的强粘结性炼焦煤。有人称之为液肥煤。结焦性优于气煤而低于肥煤，胶质体虽多但较稀（即胶质体的粘稠度小）。单独炼焦时能产生大量的煤气和液体化学产品。它最适合于高温干馏制造城市煤气，也可用于配煤炼焦以增加化学产品的产率。这类煤的成因特殊，煤岩成分中以树皮质等稳定组分较多，且多形成于晚二叠世乐平统。江西乐平和浙江长广煤田是我国产典型气肥煤的矿区。

9）气煤（QM）

气煤是一种变质程度较低、挥发分较高的炼焦煤。气煤结焦性较弱，加热时能产生较高的煤气和较多的焦油；胶质体的热稳定性较差，能单独炼焦，但焦炭的抗碎强度和耐磨强度低于其他牌号炼焦用煤；焦炭多呈细长条而易碎，并有较多的纵裂纹。配煤炼焦时多配入气煤以增加煤气和化学产品的产率。有的气煤也可单独高温干馏来制造城市煤气。我国抚顺矿区老虎台、龙风等矿产典型的气煤。

10）$\frac{1}{2}$中粘煤$\left(\frac{1}{2}ZN\right)$

$\frac{1}{2}$中粘煤相当于原分类中的一部分 1 号肥焦煤和 1 号肥气煤以及粘结性较好的一些弱粘煤，因而它也是一种过渡煤。但这类煤的储量和产量都不多。它是一种挥发分变化范围较宽、中等结焦性的炼焦煤。其中有一部分煤在单煤炼焦时能结成一定强度的焦炭，故可作为配煤炼焦的原料。单独炼焦时的焦炭强度差、粉焦率高，故可作为气化或动力用煤。我国目前尚未发现单独生产 1/2 中粘煤的矿井。

11）弱粘煤（RN）

弱粘煤是一种粘结性较弱的从低变质到中等变质程度的非炼焦用烟煤。隔绝空气加热时产生的胶质体少，炼焦时有的能结成强度差的小块焦，有的只有少部分能凝结成碎屑焦，粉焦率很高。这种煤的成因也较特殊，在煤岩组分中有较高的丝质组及半丝质组成分，且多形成于古生代的早、中侏罗纪时期。一般适用于气化及动力燃料。我国山西大同矿区是典型的弱粘煤。

12）不粘煤（BN）

不粘煤是一种在成煤初期已经受到相当程度氧化作用的低变质到中等变质程度的非炼焦用烟煤。焦化时不产生胶质体。煤的水分大，纯煤发热量仅高于一般褐煤而低于所有烟煤，有的还含有一定数量的再生腐植酸，煤中含量大多在10%～15%左右。主要可作为发电和气化用煤，也可作为动力及民用燃烧，但由于这类煤的灰熔点低，最好与其他煤类配合燃烧，可充分利用其低灰、低硫、收到基低位发热量较高的优点。我国西北地区许多矿区（如靖远、神府、哈密等矿区）都是典型的不粘煤产地。

13）长焰煤（CY）

长焰煤是变质程度最低的高挥发分非炼焦烟煤，其煤化程度稍高于褐煤而低于其他各类烟煤。煤的燃点低，纯煤热植不高。从无粘结性到弱粘结性的均有，有的还含有一定数量的腐植酸。贮存时易风化碎裂。有的长焰煤加热时能产生一定数量的胶质体，也能结成细小的长条形焦炭，但焦炭强度差，粉焦率高。所以长焰煤一般不用于炼焦，多作为电厂、机车燃料以及工业炉窑燃料，也可作气化用煤，辽宁省的阜新矿区是我国最大的长焰煤矿区。

14）褐煤（HM）

褐煤是煤化度最低的矿产煤，其特点是水分大，孔隙度大，挥发分高，不粘结，热值低，含有不同数量的腐植酸。氧含量高到15%～30%左右，化学反应性强，热稳定性差。块煤加热时破碎严重，存放在空气中很易风化变质，破裂成小块甚至呈粉末状，使热值更加降低，灰熔点也普遍较低，煤灰中常含有较多的钙盐，其中有的来自腐植酸钙（金属有机化合物），也有来自碳酸钙和硅酸钙的。目前分为目视比色透光率 P_M 大于 30%～50%的 2 号年老褐煤和 P_M 小于或等于 30%的 1 号年轻褐煤。我国霍林河和小龙潭等都是有名的褐煤矿区。

褐煤主要用作发电燃料，粒度 6～50mm 的混块煤可用于加压气化制造燃料气和合成气。晚第三纪褐煤中有不少可作为提取褐煤蜡的原料，但侏罗纪褐煤蜡低而只可作为燃料或加氢液化原料。年轻褐煤也适于做腐植酸铵等有机肥料，用于农田和果园，能起增产作用。

2．其他煤炭资源的用途

目前在我国广泛使用的煤炭资源中尚有一些在国标GB5751－86中没有列入的泥煤、石煤、天然焦和半石墨等品种。

1）泥　煤

泥煤也常称做泥炭，系由地质年代最近的第四纪所形成，多赋存于离地表几米、十几米到几十米处。

泥煤具有明显的胶体结构，外观呈棕褐色者较多，密度小，水分大，其主要性质如表1－5－33。

泥煤碱化后可制成腐植酸钠，用于地质钻探的泥浆及蓄电池工业，也可作植物生长的刺激剂。此外，它还含有较多的氮、钾和磷，是很好的肥料，可制成高效肥料腐植酸铵，对农业增产和改良土壤都有显著效果。从泥煤中还可提取硝基腐植酸制成可染棉、毛和人造丝织物的优质染料。泥煤中还富集有可供工业提取的锗、镓、铀、镅等微量元素。

2）石　煤

石煤也称石炭、银炭、砂炭、石板煤、麻煤和泡炭等，它是一种生成于早古生代地层中腐泥质形成的高灰分、高变质的无烟煤，呈层状、似层状或透镜状。在我国南方分布比较广泛。

石煤密度大、硬度高、固定碳少，发热量低、燃点高。石煤的性质指标见表1－5－33。

石煤既是燃料，又是工业原料。有的石煤还伴生有钒、铀、钼、镍、铜等多种可供工业提取的元素。

3）天然焦

在我国不少产煤矿区中，那些古代火成岩活动频繁的矿点，除了赋存有一般的煤炭资源外，还常局部地蕴藏有数量不等的天然焦。

天然焦一般呈银灰色，外观与焦炭相似，但由于它是在高压的条件下受火成岩喷出的高温所形成的。因此它与焦炭比较，密度大，孔隙度较小，灰分较高，干燥无灰基挥发分产率

表1－5－33　泥煤、石煤性质指标

项目＼指标		单　位	泥　煤	石　煤	
				一　般	个　别
碳	C_{daf}	%	50～60	90～95	80
固定碳	FC_{ad}	%		10～40	
氢	H_{daf}	%	5～6	1～3	3
氧	O_{daf}	%	25～35		
氮	N_{daf}	%	1～3		
硫	$S_{t,d}$	%	＜1		
水分	M_t	%	＞60～90	＜2	
灰分	A_d	%		50～85	20～30
挥发分	V_{daf}	%	50～75	2～6	
发热量	$Q_{net,d}$	MJ/kg	6.28～17.58		
腐植酸	HA	%	10～20		
伴生元素				V、U、Mo、Ni、Cu	
煤灰成分				SiO_2为主，＞60%～80%	

不很稳定，随其生成的温度和压力的不同，其值为1%～10%。其燃点亦比无烟煤高，干燥无灰基高位发热量达 34.71～35.13MJ/kg 以上，其元素组成 C_{daf}为 90%～98%。

天然焦的用途颇广泛，除可作燃料外，还可供作造气及合成氨用。灰分较低者可作小高炉炼铁用。天然焦粉可用来压制型煤或做粉煤锅炉燃料。

天然焦常具有热爆性，受热即易爆裂成小块甚至成粉末。天然焦的灰分往往很难用洗选的方法大量脱除。

4）半石墨

半石墨也可叫超无烟煤或偏无烟煤，它是由无烟煤演变而成，常含有数量不等的灰分，外观呈鳞片状，多呈银灰色或钢灰色光泽。其元素组成 C_{daf}可达 98%～99%左右，H_{daf}多低于 0.5%，干燥无灰基高位发热量常在 33.45MJ/kg 左右，但随着灰分含量的增高而会有不同程度的降低。

半石墨导电性较好，燃点高，除可作民用燃料外，其中灰分较低者可作为制造电极、碳化硅、电石等高级碳素材料的原料。

3. 常见煤炭伴生有用矿物的用途

含煤地层或煤层中常见有用矿物伴生，主要有铀、锗、镓、钒等。

1）铀

是煤中富集的元素之一，一般不超过 5g/t，个别可达 500g/t 以上，含有 100～300g/t 的即有工业利用价值，主要用于原子能工业。

2）锗

一般含量小于 5g/t，个别可达 100～200g/t，工业可采品位为 20g/t。主要富集在镜质组中，如在同一煤层接近煤层顶底板部位含量高。主要用于半导体、雷达、无线电、导弹、红外线远距离探测仪材料等。

3）镓

一般含量为 10g/t，高达 250g/t，工业可采品位为 30g/t。在煤层顶底板及夹矸中含量高。主要用于制造半导体元件，砷化镓作为半导体激光元件、制造太阳能电池用于人造卫星等。此外，V_3Ga 是良好的超导材料。

4）钒

钒和镓常常一起存在于煤中。中国石煤中钒含量很高，现已进行工业性生产。工业可采品位为 0.5%～1.0%。主要用于制造优质合金钢，高效催化剂、陶瓷彩釉和油漆干燥剂等。

此外，含煤地层或煤层中还常见有造型粘土（$mAl_2O_3 \cdot nSiO_2 \cdot xH_2O$）、铁钒土（$Al_2O_3$，$Fe_2O_3$）、石灰岩（$CaCO_3$）、油页岩、铝土矿（$Al_2O_3$）等伴生有用矿物，有着重要的回收使用价值。

4. 煤炭的综合利用

煤炭的综合利用主要包括煤炭本身作为能源，煤炭作为制造二次能源，化工原料及工农业用原材料的原料等几个方面，它与能源、环保、化工、冶金、电力、材料、农业等学科的关系十分密切，其综合利用系统，见图 1—5—3。

由于煤炭转化加工过程所产生的污染严重，而以煤炭为原料制造的煤炭制品（煤质吸附剂和炭质离子交换剂）又具有良好的脱除污染的能力，所以“以煤净化煤”的课题将成为煤炭应用科学研究的重要内容。

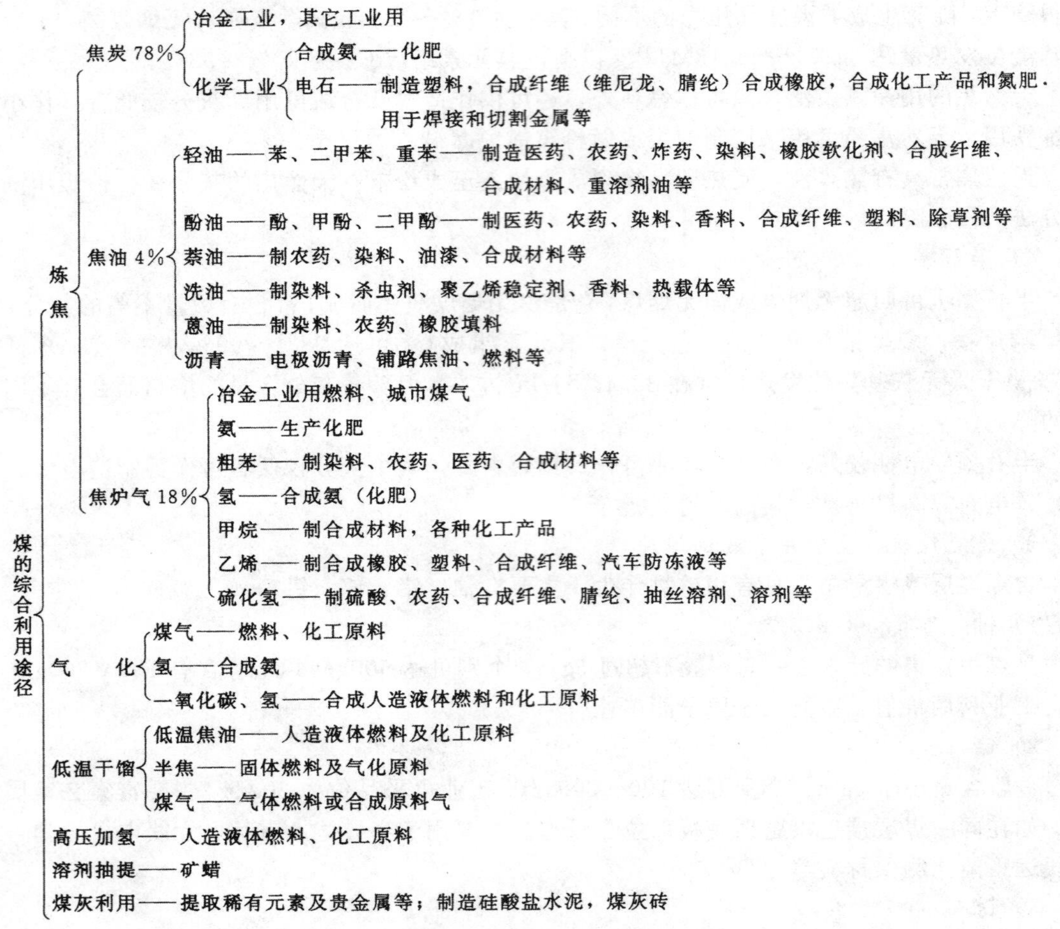

图 1－5－3 煤炭综合利用系统图

第三节 各种工业用煤的技术要求

一、炼焦用煤的质量要求

1. 冶金焦用煤

已制订国家标准 GB/T397－1998，见表 1－5－34。

(1) 本标准适用于冶金焦用煤，煤炭类别为气煤、1/3 焦煤、气肥煤、肥煤、焦煤、瘦煤。

(2) 用煤质量要求，见表 1－5－34。

2. 铸造焦用煤

已制订国家标准 GB/T 17609－1998，见表 1－5－35。

(1) 本标准适用于铸造焦用煤。煤炭类别为气煤、1/3 焦煤、气肥煤、肥煤、焦煤、瘦煤。

(2) 用煤质量要求，见表 1－5－35。

表 1—5—34 冶金焦用煤的质量要求

项 目	技 术 要 求	测 定 方 法
灰分 A_d（%）	1级：5.01～5.50 2级：5.51～6.00 3级：6.01～6.50 4级：6.51～7.00 5级：7.01～7.50 6级：7.51～8.00 7级：8.01～8.50 8级：8.51～9.00 9级：9.01～9.50 10级：9.51～10.00 11级：10.01～10.50 12级：10.51～11.00 13级：11.01～11.50[1)]	GB/T 212
全硫 $S_{t,d}$（%）	1级：≤0.5 2级：0.51～0.75 3级：0.76～1.00 4级：1.01～1.50[1)]	GB/T 214
全水分 M_t（%）	1级：≤9.0 2级：9.1～10.0 3级：10.1～12.0[1)2)]	GB/T 211

1）对于不符合表中灰分、全硫和全水分要求的部分煤炭，由供需双方协商决定。
2）东北、西北、华北地区冬季有火力干燥设备的选煤厂，冬季全水分（M_t）≤10.0%。
冬季一般指11月15日～3月15日，在特殊情况下，由供需双方协商，根据防冻的需要提前或延长。

表 1—5—35 铸造焦用煤的质量要求

项 目	技 术 要 求	测 定 方 法
灰分 A_d（%）	1级：5.01～5.50 2级：5.51～6.00 3级：6.01～6.50 4级：6.51～7.00 5级：7.01～7.50 6级：7.51～8.00 7级：8.01～8.50 8级：8.51～9.00[1)]	GB/T 212
全硫 $S_{t,d}$（%）	1级：≤0.50 2级：0.51～0.70 3级：0.71～1.00[1)]	GB/T 214
全水分 M_t（%）	1级：≤9.0 2级：9.1～10.0 3级：10.1～12.0[1)2)]	GB/T 211

1）对于不符合表中灰分、全硫和全水分要求的部分煤炭，由供需双方协商决定。
2）东北、西北、华北地区冬季有火力干燥设备的选煤厂，冬季全水分（M_t）≤10.0%。
冬季一般指11月15日～3月15日，在特殊情况下，由供需双方协商，根据防冻的需要提前或延长。

二、动力用煤的质量要求

1．发电煤粉锅炉用煤

已制订国家标准，见发电煤粉锅炉用煤质量GB/T7562－1998。

（1）本标准规定了火力发电厂用煤的类别、技术要求和测定方法。

本标准适用于固态排渣煤粉锅炉。

煤炭类别：无烟煤、烟煤（包括贫煤）、褐煤。

（2）用煤质量要求　见表1－5－36～表1－5－42。

表1－5－36　挥发分技术要求

符号	V_{daf}（%）	$Q_{net,ar}$（MJ/kg）	测定方法
V_1 1)	6.50～10.00	＞21.00	GB/T212、GB/T213
V_2	10.01～20.00	＞18.50	
V_3	20.01～28.00	＞16.00	
V_4	＞28.00	＞15.50	
V_5 2)	＞37.00	12.00	

1）不宜单独燃用。
2）适用于褐煤。

表1－5－37　发热量技术条件

符号	$Q_{net,ar}$（MJ/kg）	测定方法
Q_1	＞24.00	GB/T213
Q_2	21.01～24.00	
Q_3	17.01～21.00	
Q_4	15.51～17.00	
Q_5 1)	＞12.00	

1）适用于褐煤

表1－5－38　灰分技术条件

符号	A_d,%	测定方法
A_1	≤20.00	GB/T212
A_2	20.01～30.00	
A_3	30.01～40.00	

表1－5－39　全水分技术条件

符号	M_t（%）	V_{daf}（%）	测定方法
M_1	≤8.0	≤37.00	GB/T211、GB/T212
M_2	8.1～12.0	≤37.00	
M_3	12.1～20.0	＞37.00	
M_4	＞20.0 1)		

1）适用于褐煤

表1－5－40　硫分技术条件

符号	$S_{t,d}$（%）	测定方法
S_1	≤0.50	GB/T214
S_2	0.51～1.00	
S_3	1.01～2.00	
S_4	2.01～3.00	

表1－5－41　煤灰熔融性软化温度技术条件

符号	ST（℃）	测定方法
ST_1	＞1150～1250	GB/T219
ST_2	1260～1350	
ST_3	1360～1450	
ST_4	＞1450	

表1－5－42　煤的哈氏可磨性技术条件

符号	HGI	测定方法
HGI_1	＞40～60	GB/T2565
HGI_2	＞60～80	
HGI_3	＞80	

2. 水泥回转窑用煤

已制订国家标准，见GB/T7563－2000。

（1）本标准规定了水泥回转窑用煤的类别、技术要求和试验方法。

本标准适用于水泥厂回转窑烧成用煤。可作为矿区制定工业用煤标准、煤炭资源用途评价的依据。

（2）用煤质量要求见表1－5－43。

表1－5－43　煤的类别、技术要求和试验方法

项　目	技术要求	试验方法
煤炭类别	①一般用煤类别：弱粘煤、不粘煤、1/2中粘煤、气煤、1/3焦煤、气肥煤、焦煤、肥煤 ②可搭配使用煤类别：长焰煤、瘦煤、贫瘦煤、贫煤、褐煤、无烟煤 ③在条件允许时可单独使用贫煤、贫瘦煤、瘦煤、长焰煤、褐煤、无烟煤1)	GB 5751
煤炭粒度	①粉煤、末煤、混煤、粒煤 ②当粉煤、末煤、混煤、粒煤数量不足或不能满足质量要求时，可用原煤或其他粒度的煤	GB/T 189
灰分 A_d（%）	＜27.00	GB/T 212
挥发分 V_{daf}（%）	＞25.00	GB/T 212
发热量 $Q_{net,ar}$（MJ/kg）	＞21.00	GB/T 213
硫分 $S_{t,d}$（%）	＜2.002)	GB/T 214

1）该条不受表1中有些指标的限制

2）个别矿区 $S_{t,d}$ 达不到要求时，由供需双方协商解决

三、气化用煤的质量要求

1. 常压固定床煤气发生炉用煤

已制订国家标准，见GB/T9143－2001。

（1）本标准规定了常压固定床煤气发生炉用煤的类别、技术要求和试验方法。

本标准适用于常压固定床煤气发生炉用气，也可以作为制定矿区工业用煤标准、煤炭资源用途评价，煤炭开发与利用规划及常压固定床发生炉煤气站设计的依据。

本标准不适用于合成氨生产的水煤气发生炉用煤。

（2）用煤质量要求，见表1－5－44。

表 1－5－44　煤的类别、技术要求和试验方法

项　目	技　术　要　求	试　验　方　法
类　别	长焰煤、不粘煤、弱粘煤、1/2 中粘煤、气煤、1/3 焦煤、瘦煤、贫瘦煤、贫煤、无烟煤	GB 5751
粒度（mm）	①烟煤：25～50，50～100，25～80 ②无烟煤：13～25，25～50，50～100	GB/T189
块煤限下率（%）	≤18.0	MT/T1
含矸率（%）	≤3.0	MT/T1
灰分 A_d（%）	特级：≤12.00 一级：12.01～18.00 二级：18.01～24.00	GB/T212
煤灰熔融性软化温度 ST（℃）	①当 A_d≤12.00%时，＞1100 ②当 12.00＜A_d≤18.00%时，＞1150 ③当 A_d＞18.00%时，＞1250	GB/T219
全硫 $S_{t,d}$（%）	有煤气脱硫装置时，≤1.00	GB/T214
热稳定性 TS_{-6}（%）	＞60.0	BG/T1573
抗碎强度 SS（%）	＞60.0	GB/T15459
胶质层最大厚度[1)]Y（mm）	①无搅拌装置：≤12.0 ②有搅拌装置：≤16.0	BG/T479
发热量 $Q_{net,ar}$（MJ/kg）	①烟煤：＞21.00 ②无烟煤：＞23.00	GB/T213

1）为浮煤测试结果

注：当煤炭质量不能满足上述技术要求时，供需双方可协商解决，并采取适当措施。

2. 合成氨用煤

已制订国家标准，见 GB/T7561－1998。

（1）本标准适用于直径 2.26～3.60m 固定床气化炉的合成氨厂原料用煤。

（2）用煤质量要求见表 1－5－45。

表 1－5－45　合成氨用煤质量要求

名　称	技　术　要　求	试　验　方　法
类　别	无烟煤	GB5751 中国煤炭分类
品　种	块　煤	GB/T189
粒度 mm	大块＞50～100；中块＞25～50；小块＞13～25；洗混中块＞13～70；亚中块＞17～25	GB/T189
含矸率（%）	≤3	MT/T1
限下率（%）	大块≤12；中块≤15；小块≤18；洗混中块≤12；亚中块≤15	MT/T1

续表

名　称	技　术　要　求	试　验　方　法
水分 M_t（%）	≤6.0	GB/T211
挥发分 V_{daf}（%）	一级≤8.00；二级>8.00～9.00；三级 9.00～10.00	GB/T212
灰分 A_d（%）	一级≤15.00；二级>15.00～19.00；三级>19.00～22.00	GB/T212
固定碳 FC_d（%）	一级>75.00；二级>72.00～75.00；三级>68.00～72.00	GB/T212
全硫 $S_{t,d}$（%）	一级≤0.50；二级>0.50～1.00；三级>1.00～1.50	GB/T214
煤灰熔融性 软化温度 ST（℃）	≥1250	GB/T219
热稳定性 TS_{+6}（%）	≥70	GB1573
抗碎强度（>25mm）	≥65	GB/T15459

3．水煤气两段炉用煤

已制订国家标准，见 GB/T17610－1998。

（1）本标准规定了水煤气两段炉用煤的类别、技术要求和测定方法。

本标准适用于 1.2～3.6m，不带搅拌装置的水煤气两段炉。

（2）常用煤质量要求见表 1－5－46。

表 1－5－46　技术要求与测定方法

项　　目	技　术　要　求	测　定　方　法
粒度（mm）	>13～25，>25～50	GB/T189
煤块限下率（%）	13～25mm：<18 25～50mm：<15	MT/T1
灰分 A_d（%）	≤25.0	GB/T212
煤灰熔融性软化温度 ST（℃）	A_d>18%：>11250 A_d≤18%：>1150	GB/T219
热稳定性 TS_{+6}（%）	>70.0	GB/T1573
抗碎强度（>25mm）（%）	>60.0	GB/T15459
固定炭 FC_d（%）	褐煤、长焰煤、气煤：>40.00 不粘煤、弱粘煤：>50.00 瘦煤、贫瘦煤：>60.00	GB/T212
挥发分 V_{daf}（%）	>15.0	GB/T212
粘结指数 $G_{R.I.}$	V_{daf}≤28%：≤30 V_{daf}>28%：≤50	GB/T5447
全硫 $S_{t,d}$（%）	≤1.50	GB/T214

4．粉煤悬浮床气化炉及沸腾床气化炉用煤

通常使用的 K－T 气化炉对煤质要求不严，几乎什么样的煤都可以使用。例如高硫、低熔融性、易碎、粘结、加热膨胀的各种烟煤、无烟煤和褐煤均可使用。由于气化反应在不到一秒种内完成，因此煤的粒度越细越好，一般小于 200 网目的占 90.0%左右（褐煤可降到 80.0%），全水分在 1.0%～5.0%之间。

沸腾床气化炉用煤，可采用褐煤、长焰煤或不粘煤。粒度要求小于 8mm，其 0～1mm 级粉煤越少越好。灰熔点要求大于 1200℃，含硫小于 2.00%。

四、高炉喷吹用煤的质量要求

高炉喷吹用煤的质量标准正在制订中。表 1－5－47 为报批稿，仅供参考，以批准的《标准》为准。

（1）本标准规定了高炉喷吹用无烟煤的技术要求，煤样的采取、缩制和测定方法。

本标准适用于各种类型高炉喷吹用无烟煤。可作为矿区制定工业用煤标准、煤炭资源用途评价、煤炭合理分配调运与煤炭开发及加工规划的依据。

（2）用煤质量要求见表 1－5－47。

表 1－5－47 高炉喷吹用无烟煤的质量要求

名 称	技 术 要 求	测定方法
粒 度	＜25mm	GB189
灰分 A_d（%）	特级≤8.00；一级＞8～11； 二级＞11～14；三级＞14～17	GB212
全硫 $S_{t,d}$（%）	一级≤0.50；二级＞0.50～1.10	GB214
全水分 M_t（%）	筛选煤≤7.0 水采煤≤10.0 洗选煤≤12.0	GB211

五、其他工业用煤的质量要求

其他工业用煤包括烧结矿用煤、制造活性炭用煤、制造电石用煤等多种，其质量要求见表 1－5－48 和表 1－5－49。

表 1－5－48 其他工业用煤的质量要求

序号	其他工业用煤名称	用煤质量与技术要求
1	烧结矿用煤	煤炭类别：无烟煤 质量要求：灰分 A_d＜15%，硫分 $S_{t,d}$＜1%，粒度较细为好
2	制造活性炭用煤	煤炭类别：褐煤、无烟煤、弱粘结煤等 质量要求：灰分 A_d＜10%，越低越好，硫分越低越好
3	制造电石用煤	煤炭类别：无烟煤（或焦炭） 质量要求：见表 1－5－49
4	生产电极糊用煤	煤炭类别：无烟煤 质量要求：灰分 A_d 一级＜10%，二级＜12% 硫分 $S_{t,d}$一级＜2%，二级＜2% 水分 M_t 一级＜3%，二级＜3% 抗磨试验一级＜35%，二级＜25% （＞40mm 残留量）

续表

序号	其他工业用煤名称	用煤质量与技术要求
5	生产碳化硅用煤（避雷器用）	煤炭类别：无烟煤 质量要求：固定碳 FC_d>80%，灰分 A_d<13%，粒度>13mm（或>25mm）
6	生产人造刚玉用煤	煤炭类别：无烟煤 质量要求：固定碳 FC_d>77%，灰分 A_d<15%，粒度>13mm（或>25mm）
7	竖窑烧石灰用煤	煤炭类别：无烟煤 质量要求：固定碳 FC_d>60%，灰分 A_d<25%，粒度>13mm～100mm
8	制造碳粒砂用煤（送话器原料）	煤炭类别：无烟煤 质量要求：煤灰中 Fe_2O_3 含量低、灰分 A_d<2%；挥发分低，纯煤真密度不易很高
9	制造腐植酸肥料用煤	煤炭类别：泥炭、年轻褐煤、风化烟煤、严重风化的无烟煤 质量要求：灰分 A_d<40%，腐植酸产率 HA>30%；煤灰成分含 K_2O、P_2O_5 较高为宜
10	提取褐煤蜡用煤	煤炭类别：褐煤 质量要求：含蜡率 $E_{B,d}\geqslant 3\%$，灰分不宜太高
11	制备煤浆用煤	煤炭类别：烟煤 质量要求：内在水分越低、可磨性越高越好 其相关关系为： $D=7.5+0.5M_{ad}-0.05HGI$ 式中　D—成浆性难易指标，其分类如下： D<4 易成浆性煤； D=4～7 中等成浆性煤； D=7～10 难成浆性煤； D>10 很难成浆性煤； M_{ad}—空气干燥基水分，%； HGI—哈氏可磨性指数

表 1－5－49　电石炉用无烟煤质量要求

煤质指标	开启式炉	密闭式炉
A_d（%）	<7	<6
V_{daf}（%）	<8	<10
M_t（%）	<5	<2
P_d（%）	<0.04	<0.04
$S_{t,d}$（%）	<1.5	<1.5
密度 TRD	<1.45	>1.6
粒度（mm）	3～40	3～40

第六章 矿井开采抗震设计资料

第一节 概 述

一、地震烈度

我国地震烈度见表1—6—1。

表1—6—1 中国地震烈度表
(1980)

烈度	人的感觉	一般房屋		其他现象	参考物理指标	
		大多数房屋震害程度	平均震害指数		加速度 (mm/s^2)(水平向)	速度 (mm/s)(水平向)
Ⅰ	无感					
Ⅱ	室内个别静止中的人感觉					
Ⅲ	室内少数静止中的人感觉	门、窗轻微作响		悬挂物微动		
Ⅳ	室内多数人感觉;室外少数人感觉;少数人梦中惊醒	门、窗作响		悬挂物明显摆动、器皿作响		
Ⅴ	室内普遍感觉;室外多数人感觉;多数人梦中惊醒	门窗、屋顶、屋架颤动作响,灰土掉落,抹灰出现微细裂缝		不稳定器物翻倒	310 (220～440)	30 (20～40)
Ⅵ	惊慌失措,仓惶逃出	损坏—个别砖瓦掉落、墙体微细裂缝	0～0.1	河岸和松软土上出现裂缝,饱和砂层出现喷砂冒水,地面上有的砖烟囱轻度裂缝、掉头	630 (450～890)	60 (50～90)
Ⅶ	大多数人仓惶逃出	轻度破坏—局部破坏、开裂,但不妨碍使用	0.11～0.30	河岸出现坍方。饱和砂层常见喷砂冒水,松软土上地裂缝较多。大多数砖烟囱中等破坏	1250 (900～1770)	130 (100～180)

续表

烈度	人的感觉	一般房屋		其他现象	参考物理指标	
		大多数房屋震害程度	平均震害指数		加速度（mm/s²）（水平向）	速度（mm/s）（水平向）
Ⅷ	摇晃颠簸，行走困难	中等破坏—结构受损，需要修理	0.31～0.50	干硬土上亦有裂缝。大多数砖烟囱严重破坏	2500 (1780～3530)	250 (190～350)
Ⅸ	坐立不稳；行动的人可能摔跤	严重破坏—墙体龟裂，局部倒塌，复修困难	0.51～0.70	干硬土上有许多地方出现裂缝，基岩上可能出现裂缝。滑坡、坍方常见。砖烟囱出现倒塌	5000 (3540～7070)	500 (360～710)
Ⅹ	骑自行车的人会摔倒；处于不稳状态的人会摔出几尺远；有抛起感	倒塌—大部倒塌，不堪修复	0.71～0.90	山崩和地震断裂出现，基岩上的拱桥破坏，大多数砖烟囱从根部破坏或倒毁	10000 (7080～14140)	1000 (720～1410)
Ⅺ		毁 灭	0.91～1.00	地震断裂延续很长、山崩常见。基岩上拱桥毁坏		
Ⅻ				地面剧烈变化，山河改观		

注：该表摘自1994年中国建筑工业出版社出版《建筑抗震设计手册》。

1. Ⅰ～Ⅴ度以地面上人的感觉为主；Ⅵ～Ⅹ度以房屋震害为主，人的感觉仅供参考；Ⅺ、Ⅻ度以地表现象为主。Ⅺ、Ⅻ度的评定，需要专门研究。
2. 一般房屋包括用木构架和土、石、砖墙构造的旧式房屋和单层或数层的、未经抗震设计的新式砖房。对于质量特别差或特别好的房屋、可根据具体概况，对表列各烈度的震害程度和震害指数予以提高或降低。
3. 震害指数以房屋"完好"为0，"毁灭"为1，中间按表列震害程度分级。平均震害指数指所有房屋的震害指数的总平均值而言，可以用普查或抽查方法确定之。
4. 使用本表时可根据地区具体情况，作出临时的补充规定。
5. 在农村可以自然村为单位，在城镇可以分区进行烈度的评定，但面积以1km²左右为宜。
6. 烟囱指工业或取暖用的锅炉房烟囱。
7. 表中数量词的说明：个别：10%以下；少数：10%～50%；多数：50%～70%；大多数：70%～90%；普遍：90%以上。

二、震级与震中烈度之间的关系

1. 震级 M_L 的计算公式

$$M_L=\log Au+R\ (\Delta)$$

式中 Au——仪器记录图上量得的以微米（μm）为单位的水平向量大地动位移单振幅；

$R\ (\Delta)$——依震中距 Δ 而变化的起算函数。

2. 震级 M 与震源释放能量 E（尔格）之间的对应关系

$$\log E=1.5M+11.8$$

3. 震级 M 与震中烈度（I_0）的对应关系（表1—6—2）

表 1—6—2　震级与震中烈度的对应关系

M	$4\frac{3}{4}\sim5\frac{1}{4}$	$5\frac{1}{2}\sim5\frac{3}{4}$	$6\sim6\frac{1}{2}$	$6\frac{2}{4}\sim7$	$7\frac{1}{4}\sim7\frac{3}{4}$	$8\sim8\frac{1}{8}$	$8\frac{1}{2}$
I_0	6	7	8	9	10	11	12

三、岩石性质对地震烈度的影响

一般来说基岩比一般土壤的地震烈度约降低一度，但随岩石及土壤种类的不同地震烈度的差值亦异。不同岩石或土壤地震烈度的增值，可参考表 1—6—3。

表 1—6—3　不同岩石及土壤地震烈度相对增值

（以花岗岩为标准）

岩石及土壤	烈度相对增值（度）	岩石及土壤	烈度相对增值（度）
花岗岩	0	中　砂	1.3～1.6
石灰岩、页岩、致密片麻岩	0.2～0.4	细砂或粉砂	1.4～1.8
致密砂岩	0.5～0.8	粘　土	1.2～1.6
破损的石灰岩、页岩、砂岩	0.7～1.1	砂粘土	1.3～1.7
泥灰岩	0.7～1.0	粘砂土	1.4～1.8
卵石土	0.9～1.3	堆积土	2.3～2.6
砾砂或粗砂	1.2～1.4	种植土	2.6～3.0

四、水文地质条件对地震烈度的影响

地下水埋深在 1～5m，对地震烈度影响最明显，烈度增值可达 1 度左右；深度大于 5m 时，水位的影响则不明显（表 1—6—4）。

表 1—6—4　水文地质条件对地震烈度的增值

潜水深度（m）		0～1	4	10
烈度增值（度）	砂粘土、粘砂土	1	0.5	0
	卵石土	0.5	0.3	0

五、地震时砂土液化的地质特征（表 1—6—5）

松散的砂土受到震动时有变得更紧密的趋势，但饱和砂土的孔隙全部为水充填，因此这种趋于紧密的作用将导致孔隙水压力的骤然上升，而在地震过程的短暂时间内，骤然上升的孔隙水压力来不及消散，这就使原来由砂粒通过其接触点所传递的压力（有效压力）减小。当有效压力完全消失时，砂层会完全丧失抗剪强度和承载能力，变成像液体一样的状态，即通常所说的砂土液化现象。

砂土液化表示在静应力或周期应力作用下产生并保持很高的孔隙水压力，使有效压力降低到一个很小的数值，导致土在很低的、不变的残余强度或没有残余强度的情况下发生连续的变形。

颗粒细，结构疏松，上覆非液化盖层薄和地下水埋深浅的砂易于产生液化。近代河口三角洲砂体和近代河床堆积砂体往往是有史期或全新世形成的疏松沉积物，尤其是河口三角洲砂体是造成区域性砂土液化的主要砂体，部分地方砂土液化成因时代见表1－6－5。

表1－6－5　部分地方砂土液化成因时代

地　点	沉积时间（年）	地　质　特　征
新泻市（日本）	1000	地震砂土液化最强烈的地区，恰恰是近1000年内，信浓川河口堆积与人工堆积而成的沿海平原，其周围的轻微和非液化区，则为1000年前海边的几个砂质岛屿（河口沙坝）
海　城	5240	地震引起的强烈砂土液化区，主要位于浑河和辽河河口三角洲上，大部分为全新世海退平原；据研究其沉积时代为全新世（Q_4）绝对年龄测得为5240年
唐　山	3000	地震引起广泛砂土液化区，位于冀东平原，大部分是商代海岸线后退时形成的河口三角洲。液化的河床砂体，见于河漫滩沉积和一级阶地沉积（Q_4）

地震时，地基土液化可导致建筑物与结构物的破坏。因此，在一般情况下应尽量避免直接用可液化地基土作持力层，否则应进行人工处理。根据统计地震烈度7度时，可液化深度可达地面以下15m，8度时可达18m左右；9度时超过20m。

六、地形地质条件对地震烈度的影响

地形地貌复杂地区地震效应大，烈度随地形高度增加而提高。局部孤突地形，高差在30～80m之间，烈度一般增加0.5～1.0度，高差大于80m时，烈度增加1度左右，高度继续增加，则震害影响不明显。

七、建筑抗震设防分类及标准（摘自GB50223－95）

（一）建筑抗震设防分类原则

（1）社会影响和直接、间接经济损失的大小。

（2）城市的大小和地位、行业的特点、工矿企业的规模。

（3）使用功能失效后对全局的影响范围大小。

（4）结构本身的抗震潜力大小、使用功能恢复的难易程度。

（5）建筑物各单元的重要性有显著不同时，可根据局部的单元划分类别。

（6）在不同行业之间的相同建筑，由于所处地位及受地震破坏时产生后果及影响的不同，其抗震设防类别可不相同。

（二）建筑抗震设防类别

建筑抗震设防类别，根据其使用功能的重要性可分为甲类、乙类、丙类、丁类四个类别，其划分应符合下列要求。

甲类建筑，地震破坏后对社会有严重影响，对国民经济有巨大损失或有特殊要求的建筑。

乙类建筑，主要指使用功能不能中断或需尽快恢复，且地震破坏会造成社会重大影响和国民经济重大损失的建筑。

丙类建筑，地震破坏后有一般影响及不属于甲、乙、丁类的其它建筑。

丁类建筑，地震破坏或倒塌不会影响甲、乙、丙类建筑，且社会影响、经济损失轻微的建筑，一般为储存物品价值低、人员活动少的单层仓库等建筑。

（三）各类建筑的抗震设防标准

（1）甲类建筑，地震作用和抗震措施均应提高设防烈度一度设计。

（2）乙类建筑，地震作用应按本地区抗震烈度设防烈度计算。抗震措施，当设防烈度为6～8度时应提高一度设计，当为9度时，应加强抗震措施。对较小的乙类建筑，可采用抗震性能好经济合理的结构体系，并按本地区的抗震设防烈度采取抗震措施。

乙类建筑的地基基础可不提高抗震措施。

（3）丙类建筑，地震作用和抗震措施应按本地区设防烈度设计。

（4）丁类建筑，一般情况下，地震作用可不降低。当设防烈度为7～9度时，抗震措施可按本地区设防烈度降低一度设计，当为6度时可不降低。

八、建筑地震破坏等级

为判别建筑的地震破坏程度、估算直接经济损失，将建筑的地震破坏划分为基本完好（含完好）、轻微损坏、中等破坏、严重破坏、倒塌五个等级。其划分标准如下：

（1）基本完好：承重构件完好；个别非承重构件轻微损坏；附属构件有不同程度破坏。一般不需修理即可继续使用。

（2）轻微损坏：个别承重构件轻微裂缝，个别非承重构件明显破坏；附属构件有不同程度的破坏。不需修理或需稍加修理，仍可继续使用。

（3）中等破坏：多数承重构件轻微裂缝，部分明显裂缝：个别非承重构件严重破坏。需一般修理，采取安全措施后可适当使用。

（4）严重破坏：多数承重构件严重或部分倒塌，应采取排险措施；需大修、局部拆除。

（5）倒塌：多数承重构件倒塌。需拆除。

九、我国煤矿区地震烈度划分（表1—6—6）

表1—6—6 我国煤矿区地震烈度参考表

参考地震烈度	矿区（矿）名称
<6	晋城、南票、八道壕、蛟河、延边、和龙、鸡西、双鸭山、扎赉诺尔、大雁、萍乡、丰城、英岗岭、新密、资兴、白沙、林东、田坝、南桐、中梁山、松藻、永荣、广旺、长广、无锡、马田、湘永、永红、街洞、乐平、八景、花鼓山、杨桥、利村、高桥、桐梓、贵阳、轿子山、瓮安、遵义、后所、合山、罗城、东罗、红山、茂兰、松宜、梅县、梅田、连阳、南岭、准格尔、东胜、霍林河、珲春、伊敏河、攸洛-泉田、织纳、恩洪
6 （包括<6～6）	井陉、阳泉、兴隆、荫营、南庄、阜新、通化、营城、鹤岗、淄博、章丘、肥城、坊子、平顶山、义马、宜洛、观音堂、张村、涟邵、水城
6	蔡冲、一平浪、羊场、天府、芙蓉、大通、华蓥山、灵山、常州、苏州西山、韶山、煤炭坝、黔怀、都韵、龙岩、天湖山、永定、永安、新州、九条岭、黄石、东巩、蒲圻、马鞍山、七约山、嘉禾、四望嶂、红工、禹州、偃师、古交、乡宁、七台河、辽源、佳木斯

续表

参考地震烈度	矿区（矿）名称
7 （包括6～7）	峰峰、邢台、邯郸、下花园、八宝山、潞安、包头、抚顺、北票、铁法、沈阳、本溪、烟台、徐州、淮南、淮北、大屯、新汶、枣庄、莱芜、兖州、焦作、六枝、盘江、蒲白、铜川、澄合、石炭井、哈密
7	来宾、攀枝花、山丹、柳江、营盘弯、南京、镇江、艾维尔沟、乌鲁木齐、热水、稔子坪、华亭、天祝、大同、平朔、昭通、舒兰、龙口
8 （包括7～8）	北京、开滦、介休、西山、汾西、轩岗、东山、小峪、西峪、乌达、渤海湾、平庄、鹤壁、韩城、窑街、阿干镇、靖远、石嘴山
8	公乌素、黄县、灵武、小龙潭
9	阿图什、塔什库尔、霍县、临沂

注：本表系根据有关煤矿的资料汇编而成，仅供参考。在设计中仍需按国家有关规定执行。

十、煤炭生产建筑设防等级

煤炭工业的主厂房可按丙类建筑考虑。

煤炭工业的生产建筑抗震设防类别，应符合表1－6－7的规定。

表1－6－7　煤炭生产建筑抗震设防等级

类别	建筑名称
乙	年产90万t及以上的煤矿矿井提升系统、供水系统、排水系统、供电系统、通风系统、通讯系统、瓦斯排放系统的建筑 煤矿矿区救灾系统、供电系统、供水系统建筑

注：本表引自GB50223－95《建筑抗震设防分类标准》

十一、名词术语含义

基本烈度：我国1990年地震烈度区画图标明的地震烈度为50年限内，一般场地条件下，可能遭遇超越概率为10%的地震烈度；我国1977年地震烈度区画图标明的一个地区的基本烈度，是指该地区100年内，在一般场地条件下可能遭遇的最大地震烈度。

抗震设防烈度：按国家批准权限审定，作为一个地区抗震设防依据的地震烈度，一般情况可采用中国地震烈度区画图标明的地震烈度。

活断裂：地质历史上形成的晚更新世以来有活动，且将来有可能再度活动的断裂。活断裂可以分为发震断裂和非发震断裂两种。

发震断裂：具有一定程度的地震活动性，其破裂将引起设防中所考虑的地震的那些断裂，发震断裂的地震活动性表明，不论地表有无最新的地质活动的迹象，在该断裂上有显著的连续的活动。

非发震断裂：除发震断裂以外的断裂，在确定设防烈度或地震危险性时，并不认为它在工程设计基准期内会有活动的断裂。

建筑抗震有利地段：坚硬土或开阔平坦密实均匀的中硬土等。

建筑抗震不利地段：软弱土，液化土，条状突出的山嘴，高耸孤立的山岳，非岩质的陡坡，河岸和边坡边缘，平面分布上成因、岩性、状态明显不均匀的土层（如故河道、断层破碎带、暗埋的塘浜河谷及半填半挖地基）等。

建筑抗震危险地段：地震时可能发生滑坡、崩塌、地陷、地裂、泥石流等及发震断裂带上可能发生地表位错的部位。

砂土液化：地震引起饱和砂土和粉土的颗粒趋向紧密，同时孔隙水来不及排出，致使孔隙水压力增大，颗粒间的有效应力减小，到达一定程度，完全丧失抗剪能力，呈液体状态，称砂土液化。砂土液化导致地面喷水冒砂，地面沉陷，斜坡失稳、漂移和地基失效。

第二节　井巷工程震害与采矿抗震设计的有关规定

一、地震对井巷工程的影响

（一）震害与井巷深度的关系

根据对1976年唐山地震的调查，结合仪器的观测，地震烈度与深度的变化有如下的规律：

（1）矿井地下地震烈度随深度增加而迅速衰减，平均每200m可降一度。

（2）地震烈度与深度衰减关系曲线，上陡下缓，到500m以下地震烈度近于常数，说明靠近地表地震烈度衰减快，深200m以下显著减缓，其原因认为与地面波传播范围有关。

（3）深度渐增，震害减轻，震动幅度小，人的感觉轻。

（4）深度越大，地震声响音越大，振动和地声持续时间越长。

（二）矿井深部烈度的平面分布特点（以唐山矿－635m水平为例）

（1）发震构造两侧狭长范围内烈度高，与地面相差2度，而往两侧迅速衰减仅在700～800m范围内，就降低2度，大大的超过地面的衰减速度。

（2）井下平面烈度受活动断层的影响大，等震线呈条带状。

（3）井下亦有高烈度异常区，主要受顶、底板稳定程度，采空区的布局及采煤方法等因素的影响，如V号断层北侧有一个采煤工作面，因三面皆为采空区其顶板是分层开采过的伪顶，底板为软质的煤体，地震时支架坠落，顶板压力达到7500MP，顶板下沉1m多，煤落如雨，煤壁片帮、底臌，断面强烈变形，采面运输机抛离地（底）面0.2m，人反复摔倒。

（三）震害与井巷工程不同部位的关系

根据1976年唐山地震调查资料的统计，震害与井巷工程不同部位的关系见表1－6－8及表1－6－9。

从以上材料和其它资料分析，井巷工程的震害有以下特征：

（1）地下井巷工程的震害比对应的地面工程显著减轻。

（2）震害与工程地质条件密切相关；对松散地层、构造、破碎岩层、非均质岩层、含水岩层、上部岩层影响较大。

（3）对硐口及硐口处影响较大。

（4）在震害影响到的地方，井巷工程大多数为环向裂缝，纵向裂缝较小，并有不同程度的水平位移，有部分较轻的斜裂缝以及底臌等。

表 1—6—8　井巷工程不同部位的震害调查

井　筒	破坏深度，多在液化线之下 20m 以内，与冲积层厚度无直接联系，破坏部位多在中细砂中，个别为粘土、砂粘土层中。裂缝形态多为环形，竖向和 X 型次之，裂缝位置一般上多下少，井筒与巷道连接附近多，井壁用砖石砌筑较钢筋混凝土的多
井底车场	破坏多发生在下述部位：1. 连接交叉和断面变化的地方；2. 断面较宽高度较大，应力集中之处；3. 施工质量差，维护不好，支护薄弱的地方
硐　室	破坏多发生在下述部位：1. 硐室变断面及硐室与通道、壁龛相交的地方；2. 布置在煤层或靠近采空区下方者；3. 施工质量差或支护不当处；4. 断层破碎带附近
巷　道	震害部位多在：1. 穿过断层或较松软的岩层处；2. 受动压影响的采区巷道；3. 施工质量差的地方
支　护	岩石巷道破坏轻微，采区巷道破坏比例较高。整体性好，刚度大的锚喷、砌碹较其它支护形式好
涌 水 量	震后井下涌水量普遍增大，分别增加 1～5 倍，井下被淹

表 1—6—9　井　筒　震　害　调　查

（唐家庄矿）

井筒名称	施工时间（年）	井壁厚度（mm）	井壁结构	上覆建筑物	断裂处围岩情况	断裂处离地表高度（m）	井筒直径（m）
徐家楼新井	1971	500～1200	钢筋混凝土	井　塔	细　砂	13. 23	7. 7
南　　井	1959	600	素混凝土	防爆门	青灰色细砂	10. 2	5. 0
北　　井	1959	600	素混凝土	钢井架	青灰色细砂	11. 4	5. 0
某 风 井	1956	500	钢筋混凝土	钢井架	细砂土	18. 0	5. 0

（5）人防地道区裂缝大多数产生在接头部分（包括十字接头、丁字接头、结构形式变换处、出入口等），修建在河边、海岸边破坏较为严重。

二、采矿抗震设计的有关规定

根据煤炭工业部《抗震设计规定》，对采矿工程抗震设计有如下规定：

（1）新建井筒位置应尽量选择在基岩稳定、表土层薄、工程地质条件较好的地段，不宜选择在对工程抗震不利的地段，必须避开危险地段。

（2）矿区划分井田时，应尽量以地质构造，特别是活动断层作为井田的自然境界。

（3）在矿井井田内，应尽量以较大断层作为采区边界。

（4）井底车场、硐室、主要运输大巷（集中和分组），总回风巷和采区上（下）山等，应尽量选择在不受开采影响的稳定坚硬的岩层中。

（5）当设计烈度为 8 度、9 度时，处于表土段的新建立井井筒，在地表以下 20m 内（如表土段厚度小于 15m，还应包括筑进基岩 5m 的一段）必须采用钢筋混凝土结构。

当表土段在地表以下 20m 内夹有饱和砂土层时，对设计烈度为 7 度及以上的立井井筒，在地表以下 30m 内（如表土段厚度小于 25m，还应包括筑进基岩 5m 的一段）必须采用配双层钢筋的钢筋混凝土结构。

（6）井壁上各种硐口（风硐口、排水管道硐口、井筒与井底车场连接处、安全出口等）应尽量错开布置，避免在同一水平截面或竖直截面上将井壁削弱过多，必要时井壁应局部加强。

(7) 对于锚喷支护、钢筋混凝土碹、毛料石碹、U 形金属支架、梯形金属支架、预制钢筋混凝土支架、木支架等支护型式，除保证施工质量外，一般可不增加抗震措施，但在穿过断层时应适当加强。

(8) 主要巷道不宜穿过活动断层。如必须穿过时，应有防范措施，且在活动断层两侧应有通向安全出口的独立通道。

(9) 井下通道和安全出口的布置，应使井下各工作点的人员在地震时能安全迅速撤至地面。在技术经济条件上接近时，应尽量采用平硐、斜井作为安全出口。

(10) 作为安全出口的立井井筒必须设置梯子间。梯子间结构、材料应坚固，便于检修维护，不宜采用单根圆钢的梯级。

(11) 作为安全出口的立井井筒，当井深超过 300m 时，宜每隔 200m 左右设置一休息点。休息点可在井壁上开凿一硐室与梯子平台连通。

(12) 井下主排水泵房要有两个出口：一个用斜巷通往井筒，斜巷与井筒连接处应高出泵房地面 7m 以上，并应设置平台，平台尺寸应考虑发生事故时有增援和外运排水设施的可能性，斜巷设人行阶梯并铺设轨道，其净断面应保证敷设排水管路后，仍能通过水泵和电动机；另一个通到井底车场，通道内要设置容易关闭的密闭门。

(13) 作为安全出口的井筒、硐口，除应符合第 5 条的要求外，在出口处 10m（立井为垂高，斜井为斜长，平硐为水平长）范围内，当设计烈度为 8 度、9 度时，应采用钢筋混凝土结构；当设计烈度为 6 度、7 度时，可采用混凝土或砖石结构，砖石结构应采用不低于 75 号的混合砂浆砌筑。

(14) 当设计烈度为 8 度、9 度时，井下主排水泵房的布置，应考虑在震后涌水增加时有增设临时水泵的可能性，例如能利用泵房内的通道安装临时水泵等。

(15) 当设计烈度为 8 度、9 度时，应考虑震后在回风水平建立转排站时利用井筒原有排水管路的可能性。向下一水平延深的矿井，宜保留上水平的排水工程设施。

(16) 在条件适合时，压缩空气管路应能临时用作排水管路，设计中应有可以迅速转换的措施。

第三节　新建工程抗震设防有关规定

有关新建工程抗震设防的规定现从 (89) 建抗字第 586 号《新建工程抗震设防暂行规定》中摘录于下：

(1) 地震基本烈度六度以上地区（以下简称抗震设防区）所有新建工程都必须进行抗震设防。

(2) 建设项目设防烈度按国家颁布的地震基本烈度或经国家抗震主管部门批准的城市抗震防灾规划的设防区划执行。

(3) 经有权单位批准和颁发的工程抗震设防标准，各部门、团体和个人应在建设中遵照执行，不得随意提高或降低。

(4) 建设项目主管部门对新建工程进行厂址选择、可行性研究和编制计划任务书等文件时，应按有关规定提出抗震设防依据、设防标准等意见。

（5）所有工程项目的设计文件（包括文字说明和图件）应有抗震设防的内容，包括设防依据、设防标准、方案论证等。

（6）对建设项目的抗震设防，应作为可行性研究的内容之一，在审查初步设计和施工图时，主管审查部门应吸收抗震管理部门参加，或请抗震管理部门组织专题审查。

（7）各级抗震防灾主管部门，应加强对工程建设抗震问题的监督、检查。有关工程抗震设防、抗震设计方案审查、论证会等，项目主管部门应通知抗震防灾主管部门参加。

（8）施工单位应严格保证建设项目的抗震施工质量，各级质量监督部门，对所在地和所属工程建设抗震构造的施工质量进行监督、检查，对不符合抗震要求的工程应令其修补、返工、停工、直至追查责任及经济赔偿。

（9）建设项目主管部门对重要工程组织竣工验收时，邀请抗震防灾管理部门参加。

第七章　保护煤柱留设

第一节　基　本　概　念

岩层移动　指煤层地下开采后，采空区上覆岩层与底板岩层由于应力平衡状态遭到破坏，从而产生的移动。岩层移动的形式与剧烈程度，决定于岩石的物理力学性质、采煤方法和埋藏条件等因素。

地表移动　指随着采空区面积的扩大，岩层移动的范围也相应地增大，当采空区面积扩大到一定范围时，岩层移动向地表发展，使地表产生的移动。

冒落带　指采空区上方被破坏成碎块并向采空区冒落的那部分岩层带，见图1－7－1之Ⅰ带。

冒落带直接位于采空区的上方，其高度决定于被采出煤层的厚度、倾角、岩层的物理力学性质和采煤方法等因素。

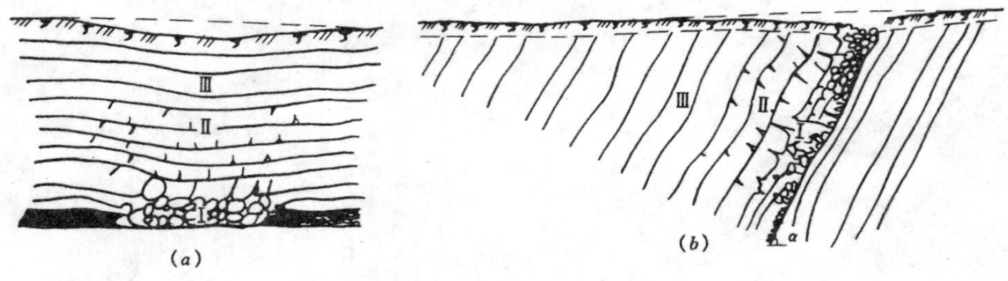

图1－7－1　岩层移动的三带分布

裂缝带　指冒落带上方已产生裂缝、离层及断裂但仍保持原有层位的那部分岩层带，即图1－7－1之Ⅱ带。其高度决定于被采出煤层的厚度、倾角、岩层力学性质和采煤方法等因素。

弯曲带　指裂缝带上方虽已产生弯曲但仍保持整体性和层状结构的那一部分岩层带，见图1－7－1之Ⅲ带。

移动盆地　指由于采矿的影响，在采空区上方的地表形成的凹地。当采空区呈矩形且煤层为水平埋藏时，则移动盆地大致呈椭圆形并位于采空区的正上方（图1－7－2*a*）。当采空区仍呈矩形但煤层为倾斜埋藏时，则移动盆地呈不对称的椭圆形并向采空区下山方向偏移（图1－7－2*b*）。移动盆地移动与变形的大小及分布规律，以及它们与地质采矿因素的关系乃是地表移动研究的主要对象。

危险变形区　指在移动盆地内，对各种建筑物和构筑物可能会有破坏作用的区域。

非危险变形区　指在移动盆地内，对各种建筑物和构筑物不会有破坏作用的区域。

移动盆地边界　指地表受开采影响的边界。它是根据实际观测来确定的，目前一般以下沉 10mm 的点作为圈定移动盆地边界的依据。

移动盆地的主断面　指通过下沉盆地最大下沉点所作的沿煤层倾向或走向的竖直剖面（图 1－7－2）。在移动盆地的主断面上移动盆地的尺寸最大，移动与变形的数值也最大，所以在研究地表移动问题时，总是首先研究主断面上的移动特性。

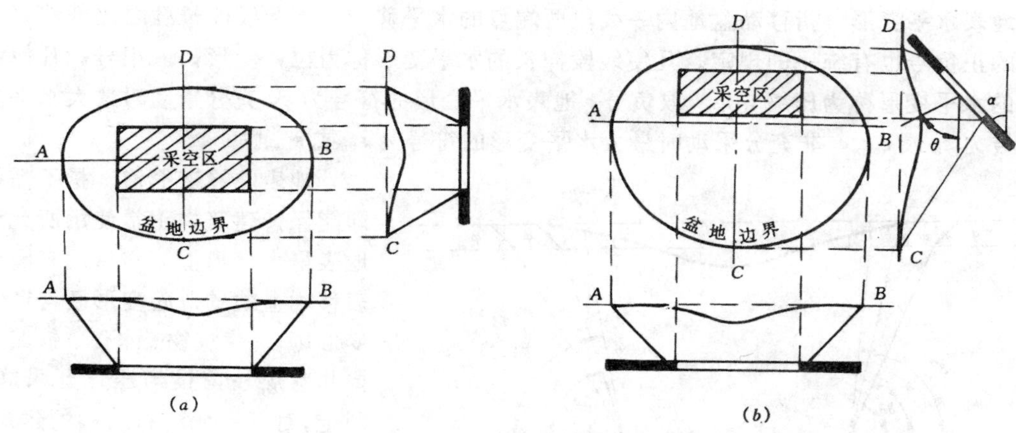

图 1－7－2　移动盆地示意图

地表非充分采动与地表充分采动　随着井下采空区面积的扩大，移动盆地的面积也扩大，其最大下沉值也随着增大，此时最大下沉点只有一个，移动盆地为尖底的"碗形"盆地，这种情况称为地表被非充分采动。当采空区面积扩大到一定数值后，移动盆地的最大下沉值就达到了此条件下的最大值，再继续扩大采空区的面积，虽然移动盆地的面积将继续扩大，但最大下沉值不再增加，此时最大下沉点不是一个点，而是多个点，因此移动盆地成为平底的"盘形"盆地，这种情况称为地表被充分采动。

采动系数　指采空区沿工作面倾斜方向或走向方向的实际长度与地表达到充分采动时同一方向上的最小长度之比。其中，倾斜方向采动系数的符号为 n_1，走向方向采动系数的符号为 n_3。地表充分采动时工作面倾斜方向与走向方向的最小长度一般可用工作面的平均深度 H_0 表示。因此，采动系数的计算公式可表示为：$n_1=K_1\dfrac{D_1}{H_0}$，$n_3=K_3\dfrac{D_3}{H_0}$。式中 K_1、K_3 为小于 1 的系数，具体数值可根据矿井实测资料求得。D_1、D_3 为采空区沿倾向与走向的实际长度。当 n_1 与 n_3 等于或大于 1 时，则地表为充分采动，否则地表为非充分采动。

地表移动的向量　指地表点在空间的移动量，即点的最初位置与最终位置的连线长度和方向。它可分解为垂直分量与水平分量。

地表下沉　指地表移动向量的垂直分量。地表下沉的符号为 W，充分采动时地表最大下沉值的符号为 W_0 或 W_{max}，非充分采动时地表最大下沉值的符号为 W_{fm}或 W^0_{max}。

地表水平移动　指地表移动向量的水平分量。地表水平移动的符号为 μ，充分采动时地表最大水平移动的符号为 μ_{fm}或 μ_{max}，非充分采动时地表最大水平移动的符号为 μ_{fm}或 μ^0_{max}。

地表倾斜　指移动盆地内一线段两端点的下沉高差与此线段长度之比。地表倾斜的符号为 i，充分采动时地表最大倾斜的符号为 i_0 或 i_{max}，非充分采动时地表最大倾斜的符号为 i_{fm}或 i^0_{max}。

地表曲率　指移动盆地内两相邻线段的倾斜差与此二线段长度的平均值之比。地表曲率的正负号是统一规定的。凡使地表向上凸起的曲率称为正曲率，取正号。凡使地表向下凹入的曲率称为负曲率，取负号。地表曲率的符号为 K，充分采动时地表最大曲率的符号为 K_0 或 K_{max}，非充分采动时地表最大曲率的符号为 K_{fm}或 K^0_{max}。

地表水平变形　指移动盆地内一线段两端点的水平移动差与此线段长度之比。地表水平变形的正负号也有统一的规定。凡使线段伸长的水平变形称为拉伸变形，取正号。凡使线段缩短的水平变形称为压缩变形，取负号。地表水平变形的符号为 ε，充分采动时最大水平变形的符号为 ε_0 或 ε_{max}，非充分采动时最大水平变形的符号为 ε_{fm}或 ε^0_{max}。

地表临界变形值　指不需维修即能保持建筑物正常使用所允许的地表最大变形值。它可用来圈定地表移动盆地的危险变形区与非危险变形区。《建筑物、水体、铁路及主要井巷煤柱留设与压煤开采规程》规定，对于一般砖石结构的建筑物，其临界变形值定为：$i=3$mm/m，$K=0.2\times10^{-3}$/m，$\varepsilon=2$mm/m。

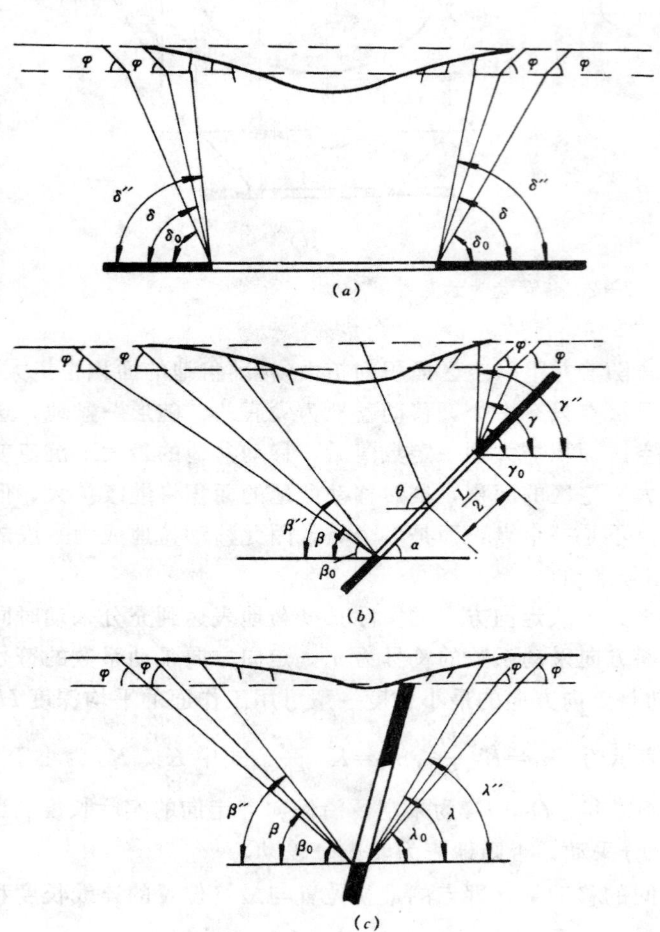

图 1—7—3　边界角、移动角、裂缝角、最大下沉角

边界角　指在充分采动或接近充分采动的情况下，移动盆地主断面上的盆地边界点和采空区边界的连线与水平线之间在煤壁一侧的夹角。下山边界角的符号为 β_0，上山边界角的符号为 γ_0。走向边界角的符号为 δ_0，急倾斜煤层底板边界角的符号为 λ_0（图 1—7—3）。

移动角　指在充分采动或接近充分采动的情况下，移动盆地主断面上临界变形值的点和采空区边界的连线与水平线之间在煤壁一侧的夹角。移动角分为表土（或冲积层）移动角和基岩移动角。表土移动角的符号为 φ，下山移动角的符号为 β，上山移动角的符号为 γ，走向移动角的符号为 δ；急倾斜煤层底板移动角的符号为 λ（图 1—7—3）。我国部分矿区的表土移动角与基岩移动角值见表 1—7—1。

表 1-7-1 我国部分矿区的表土移动角与基岩移动角值

矿区名称	煤田特征		采厚(m)	倾角(°)	采深(m)	采煤方法	基岩移动角(°)				表土移动角 φ(°)
	成煤年代	覆岩性质					β	γ	δ	λ	
开滦矿区	石炭二叠纪	以砂岩为主、其次是砂页岩、页岩	0.9～3.4	14～80	<600	走向长壁陷落法	$72-0.67\alpha$ 但不小于30	$55+0.5x(H'-50)$ $35°\leqslant\gamma\leqslant72°$	70		35～45
峰峰矿区	石炭二叠纪	砂岩和砂页岩为主	0.65～3.0	9～20	<260	走向长壁陷落法	$73-0.6\alpha$	73	73		58
阳泉矿区	石炭二叠纪	大部分为厚层砂岩,砂页岩	1.1～1.6	0～11	<240	走向长壁陷落法与刀柱法	$\alpha<10$ $\beta=72$ $\alpha\geqslant10$ $\beta=75-0.8\alpha$	72	72		
抚顺矿区	第三纪	厚层致密状油页岩和厚层绿色页岩及泥灰岩	20～50	20～35	<540	倾斜分层V形长壁水砂充填	$59-0.2\alpha$	62	65		45
阜新矿区	侏罗纪	砂页岩,砂岩、页岩为主	1.5～2.4	<30	<400	走向长壁陷落法	$\tau<10$ $\beta=73$ $\alpha<30$ $\beta=83-0.9\alpha$	75	72		40～50
绞河矿区	侏罗纪	页岩,砂岩为主	1.0～1.7	12～20	35～110	走向长壁陷落法	$75-0.8\alpha$	75	75		45
枣庄矿区	石炭二叠纪	砂岩,页岩为主	1.0～1.7	8～18	<600	走向长壁陷落法	$86.6-\alpha$	76	76		45
平顶山矿区	石炭二叠纪	冲积层占40%～70%基岩主要是砂岩,砂页岩	1.4～2.5	<20	<200	走向长壁陷落法	$67-17\times\frac{h}{H}$	$86-46\times\frac{h}{H}$	$74-11\times\frac{h}{H}$		
鸡西矿区	侏罗纪	砂岩,砂页岩为主	1.0～2.0	15～20	60～160	走向长壁陷落法	$78-0.7\alpha$	72	78		
南桐矿区	二叠纪	煤系地层以砂页岩为主,其上覆盖厚层灰岩	0.9～3.4	15～80	73～270	走向长壁陷落法	$78-38\frac{\alpha M}{H}$	70	70	54	
淮南矿区	石炭二叠纪	砂岩和砂页岩为主	1.8～4.2	20～84	<180	走向长壁陷落法或水平分层、掩护支架采煤法	$\alpha\leqslant45$ $\beta=75-0.65\alpha$ $\alpha>45$ $\beta=53-0.1\alpha$	75	75	$\alpha<85$ $\lambda=55$ $\alpha>85$ $\lambda=\beta$	40～45

续表

矿区名称	煤田特征		采厚(m)	倾角(°)	采深(m)	采煤方法	基岩移动角(°)				表土移动角φ(°)
	成煤年代	覆岩性质					β	γ	δ	λ	
徐州矿区	二叠纪	砂岩、页岩为主		15～30	90～140		西部 75−0.82α	75	75		40
							贾汪 75−0.82α	75	75		45
							董庄 70−0.72α	70	70		36
双鸭山矿区	晚侏罗世	砂岩、砂页岩为主	0.8～2.1	7～15	30～220	走向长壁陷落法	75−0.3α	68	70		45

注：表中确定移动角所用的临界变形值为 $\varepsilon=2\text{mm/m}$，$K=0.2\times10^{-3}/\text{m}$，$i=4\text{mm/m}$。
《煤矿测量规程》中已将临界变形值改为 $\varepsilon=2\text{mm/m}$，$K=0.2\times10^{-3}/\text{m}$，$i=3\text{mm/m}$。
h—表土层厚度，m；H—开采深度，m；M—采厚，m；H'—上山边界上覆岩层深度，m；α—煤层倾角（°）。

裂缝角　指在充分采动或接近充分采动的情况下，采空区上方地表最外侧的裂缝位置和采空区边界的连线与水平线之间在煤壁一侧的夹角。下山裂缝角的符号为 β''，上山裂缝角的符号为 γ''，走向裂缝角的符号为 δ''，急倾斜煤层底板裂缝角的符号为 λ''（图 1－7－3)。

最大下沉角　指在移动盆地的倾斜主断面上，采空区的中点与地表最大下沉点的连线与水平线之间在下山方向的夹角。最大下沉角的符号为 θ（图 1－7－3b)。

移动过程的总时间　指在充分采动或接近充分采动的情况下，下沉值为最大的地表点从移动开始至移动稳定所持续的时间。《煤矿测量规程》规定，当地表下沉值达到 10mm 时，即认为地表开始移动，六个月内地表下沉的累计值不超过 30mm 时，即认为移动稳定。地表移动总时间的长短，主要决定于岩层性质，开采深度和工作面推进速度等因素。

地表移动过程的三个时期　在地表移动过程总时间内，根据下沉速度的大小，一般可以划分为三个时期：

初始期　指从地表开始移动至地表下沉速度小于 50mm/月（煤层倾角小于 45°）或小于 30mm/月（煤层倾角大于 45°）的阶段；

活跃期　指地表下沉速度大于 50mm/月（煤层倾角小于 45°）或大于 30mm/月（煤层倾角大于 45°）的阶段；

衰退期　指地表下沉速度从小于 50mm/月（煤层倾角小于 45°）或小于 30mm/月（煤层倾角大于 45°）至移动稳定的阶段。

下沉系数　指在充分采动或接近充分采动的情况下，开采水平煤层时的地表最大下沉值与采厚之比。在开采缓倾斜和倾斜煤层的情况下，由于上覆岩层大致沿岩层法线方向弯曲，最大下沉区的移动基本上是法向移动，于是最大下沉值应为法向移动量的垂直分量，因此下沉系数的计算可以采用最大下沉值除以倾角的余弦与采厚的乘积。下沉系数的符号为 q 或 η。

水平移动系数　指在充分采动或接近充分采动的情况下，开采水平煤层时的地表最大水平移动与地表最大下沉之比。水平移动系数的符号为 b。

充分采动角　指在充分采动的情况下，移动盆地主断面上盆地平底边缘和工作面边界的连线与煤层面之间在采空区内侧的夹角。下山充分采动角的符号为 ψ_1，上山充分采动角的符号为 ψ_2，走向充分采动角的符号为 ψ_3（图 1—7—4）。

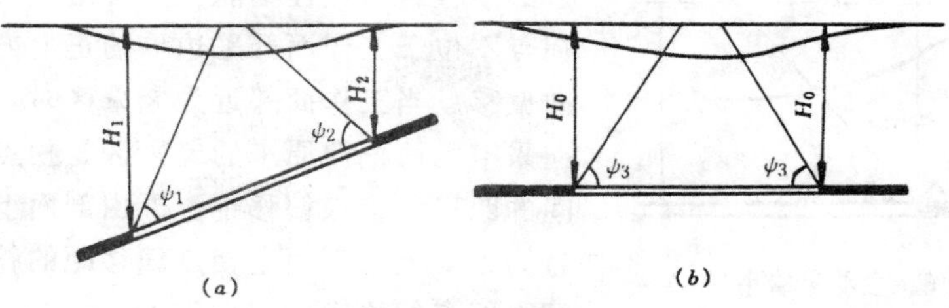

图 1—7—4 充分采动角

半盆地长 指在充分采动或接近充分采动的情况下，移动盆地主断面上最大下沉点至盆地边界的距离。下山半盆地长的符号为 L_1，上山半盆地长的符号为 L_2，走向半盆地长的符号为 L_3（图 1—7—5）。

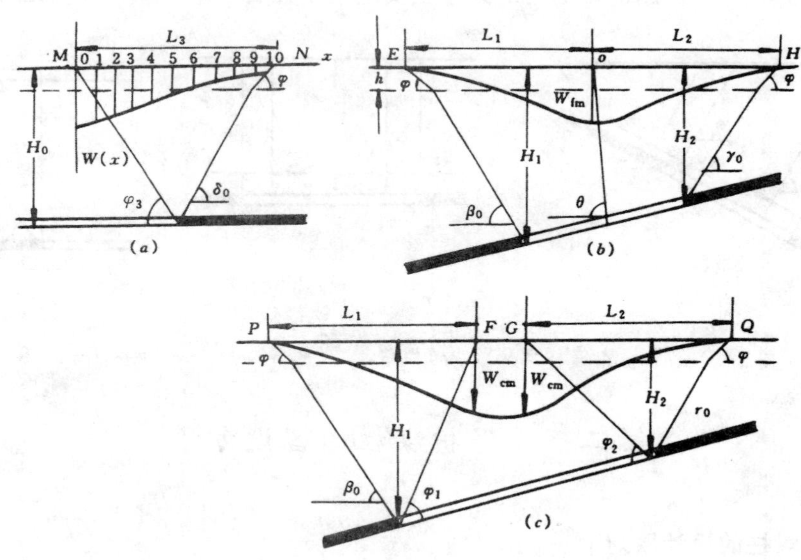

图 1—7—5 采区主断面图

a—走向主断面；*b*、*c*—倾向主断面

主要影响半径 指在充分采动或接近充分采动的情况下，移动盆地的最大下沉值与最大倾斜值之比。煤层地下开采后所引起的地表变形，主要将集中在开采边界上方宽度为二倍主要影响半径的范围内。主要影响半径的符号为 r 或 R（图 1—7—6）。

主要影响角的正切 指开采工作面的深度 H 与主要影响半径 r 之比。主要影响角正切的符号为 $\mathrm{tg}\beta$，其数值的大小主要决定于开采地区煤层上覆岩层的力学性质（图 1—7—6）。

下沉曲线的拐点 指在移动盆地主断面上，下沉曲线凹凸部分的分界点。在拐点上，地表的倾斜值为最大，曲率值为零。

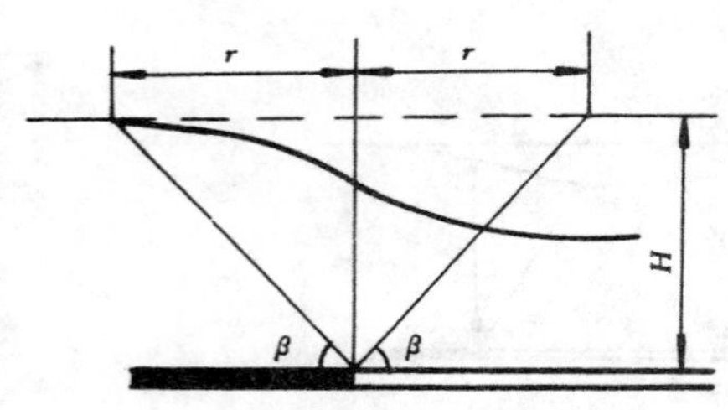

图 1—7—6　主要影响半径

拐点偏移距　下沉曲线的拐点，在理论上应位于工作面开采边界的正上方，但由于工作面开采边界附近的顶板岩石往往不能充分冒落，因此在一般情况下，拐点不位于工作面开采边界的正上方，而向采空区方向偏移。当工作面邻近为老采区时，拐点有可能不偏向采空区而偏向原来的老采区。拐点与工作面边界之间的距离称拐点偏移距。下山剖面上拐点偏移距的符号为 S_1，上山剖面上拐点偏移距的符号为 S_2，走向剖面上拐点偏移距的符号为 S_3（图 1—7—7）。拐点偏移距的大小主要决定于岩层性质、开采深度等因素。

影响传播角　指在倾斜方向主断面上，开采边界（考虑了拐点偏移距之后）和下沉曲线拐点的连线与水平线之间在下山方向的夹角。影响传播角的符号也为 θ（图 1—7—7a）或 θ_0。

超前影响角　指地表受采动影响之后，开始移动的地表点和工作面位置的连线与水平线之间在煤壁一侧的夹角。它可用来计算开始移动的地表点超前工作面的距离 d。超前影响角的符号为 ω（图 1—7—8）。超前影响角的大小主要决定于覆岩性质、工作面推进速度等因素。

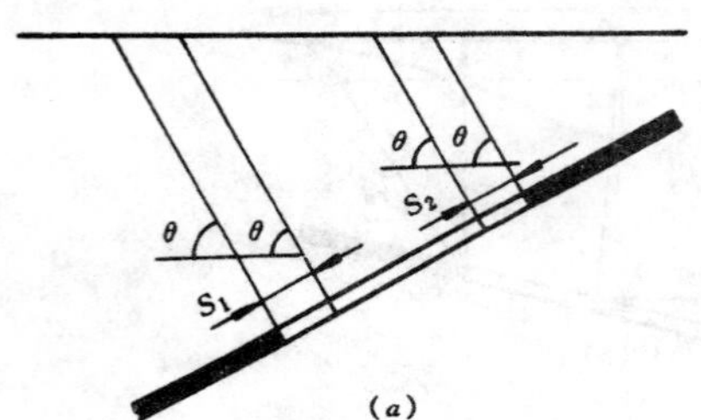

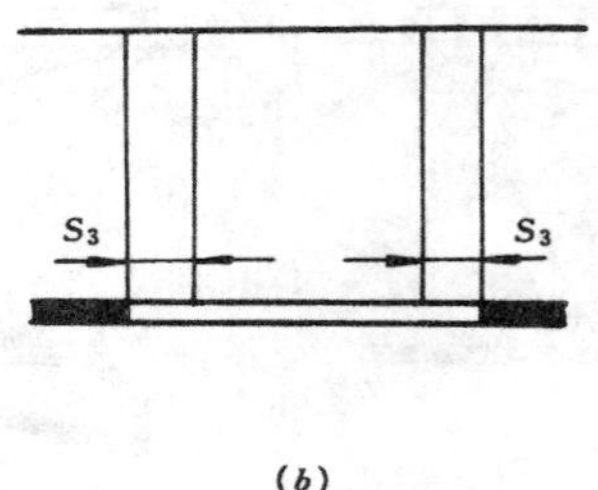

图 1—7—7　拐点偏移距及影响传播角

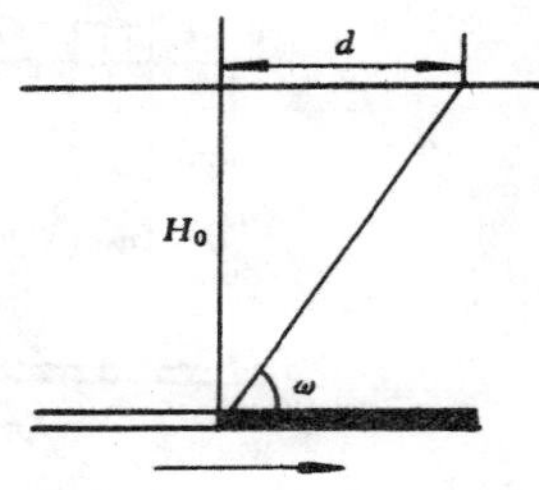

图 1—7—8　超前影响角

第二节　保护煤柱的留设方法

一、保护煤柱的设计原则

（1）在一般情况下，保护煤柱应根据受护面积边界和移动角值进行圈定。移动角值按建筑物下列允许变形值确定：

倾　斜　　$i=\pm 3\text{mm/m}$

曲　率　　$k=+0.2\times 10^{-3}/\text{m}$

水平变形　　$\varepsilon=+2\text{mm/m}$

（2）地面受护面积包括受护对象及其周围的围护带（表 1—7—2）。围护带宽度根据受护对象的保护等级而定，一般可按表 1—7—3 规定值选用。

表 1—7—2　建筑物、构筑物保护煤柱的围护带宽度

建筑物和构造物保护等级	围护带宽度（m）
Ⅰ	20
Ⅱ	15
Ⅲ	10
Ⅳ	5

表 1—7—3 矿区建（构）筑物保护等级划分

保护等级	主要建（构）筑物
Ⅰ	国务院明令保护的文物和纪念性建筑物；一等火车站，发电厂主厂房，在同一跨度内有两台重型桥式吊车的大型厂房，平炉，水泥厂回转窑，大型选煤厂主厂房等特别重要或特别敏感的、采动后可能导致发生重大生产、伤亡事故的建（构）筑物；铸铁瓦斯管道干线，大、中型矿井主要通风机房，瓦斯抽放站，高速公路，机场跑道，高层住宅楼等
Ⅱ	高炉，焦化炉，220kV 以上超高压输电线路杆塔，矿区总变电所，立交桥；钢筋混凝土框架结构的工业厂房，设有桥式吊车的工业厂房，铁路煤仓、总机修厂等较重要的大型工业建（构）筑物；办公楼，医院，剧院，学校，百货大楼，二等火车站，长度大于 20m 的二层楼房和三层以上多层住宅楼；输水管干线和铸铁瓦斯管道支线；架空索道，电视塔及其转播塔，一级公路等
Ⅲ	无吊车设备的砖木结构工业厂房，三、四等火车站，砖木、砖混结构平房或变形缝区段小于 20m 的两层楼房，村庄砖瓦民房；高压输电线路杆塔，钢瓦斯管道等
Ⅳ	农村木结构承重房屋，简易仓库等

注：凡未列入表内的建（构）筑物，可依据其重要性、用途等类比其等级归属。对于不易确定者，可组织专门论证，并报省、直辖市、自治区煤炭主管部门审定。

（3）当受护建筑物和构筑物面积较小时，应酌情加大其保护煤柱尺寸，使建筑物受护面积内地表变形值叠加后不超过允许地表变形值（见本章第三节实例八）。

（4）当受护边界与煤层走向斜交时，应根据基岩移动角求得垂直于受护边界线方向（即伪倾斜方向）的上山方向移动角 γ' 和下山方向移动角 β'。然后再确定保护煤柱。

γ' 和 β' 角值按下式计算：

$$\left.\begin{aligned}\cot\gamma' &= \sqrt{\cot^2\gamma\cos^2\theta+\cot^2\delta\sin^2\theta}\\ \cot\beta' &= \sqrt{\cot^2\beta\cos^2\theta+\cot^2\delta\sin^2\theta}\end{aligned}\right\} \tag{1—7—1}$$

式中 θ——受护边界与煤层走向方向所夹的锐角；

δ、γ、β——分别为走向方向、上山方向和下山方向的基岩移动角。

为了简化计算，可按式（1—7—1）制成诺谟图（图 1—7—9），根据 θ、δ 和 γ 或 β 角值直接在图中求得 γ' 和 β' 角值。

（5）受护对象的外侧边界，可以在平面图上通过受护对象角点作矩形，使矩形各边分别平行于煤层倾斜方向和走向方向，在矩形四周作围护带，或在平面图上作各边平行于受护对象总轮廓的多边形（或四边形），在多边形（或四边形）各边外侧作围护带，该围护带外边界即为受护面积边界。

（6）有滑坡危险的山区建筑物留设保护煤柱时，为了防止山体滑移，在建筑物上坡方向，移动角应减小 20°～25°，或者加大保护煤柱尺寸 0.5～1.0r（r 为主要影响半径）；在建筑物下坡方向，移动角应减小 5°～10°，或者加大保护煤柱尺寸 0.2～0.5r。

（7）其下有落差大于 20～30m 断层的建筑物留设保护煤柱时，应考虑沿断层面滑移的可能性，适当加大煤柱尺寸，使断层两翼均包括在保护煤柱范围之内（图 1—7—10）。

（8）立井保护煤柱应按其深度、用途、煤层赋存条件以及地形特点留设。立井深度大于或等于 400m 的，以边界角圈定；小于 400m 的，以移动角圈定；穿过急倾斜煤层的，在倾向剖面上以底板移动角圈定下山边界，在走向剖面上以移动角圈定。当穿过有滑移危险的软弱

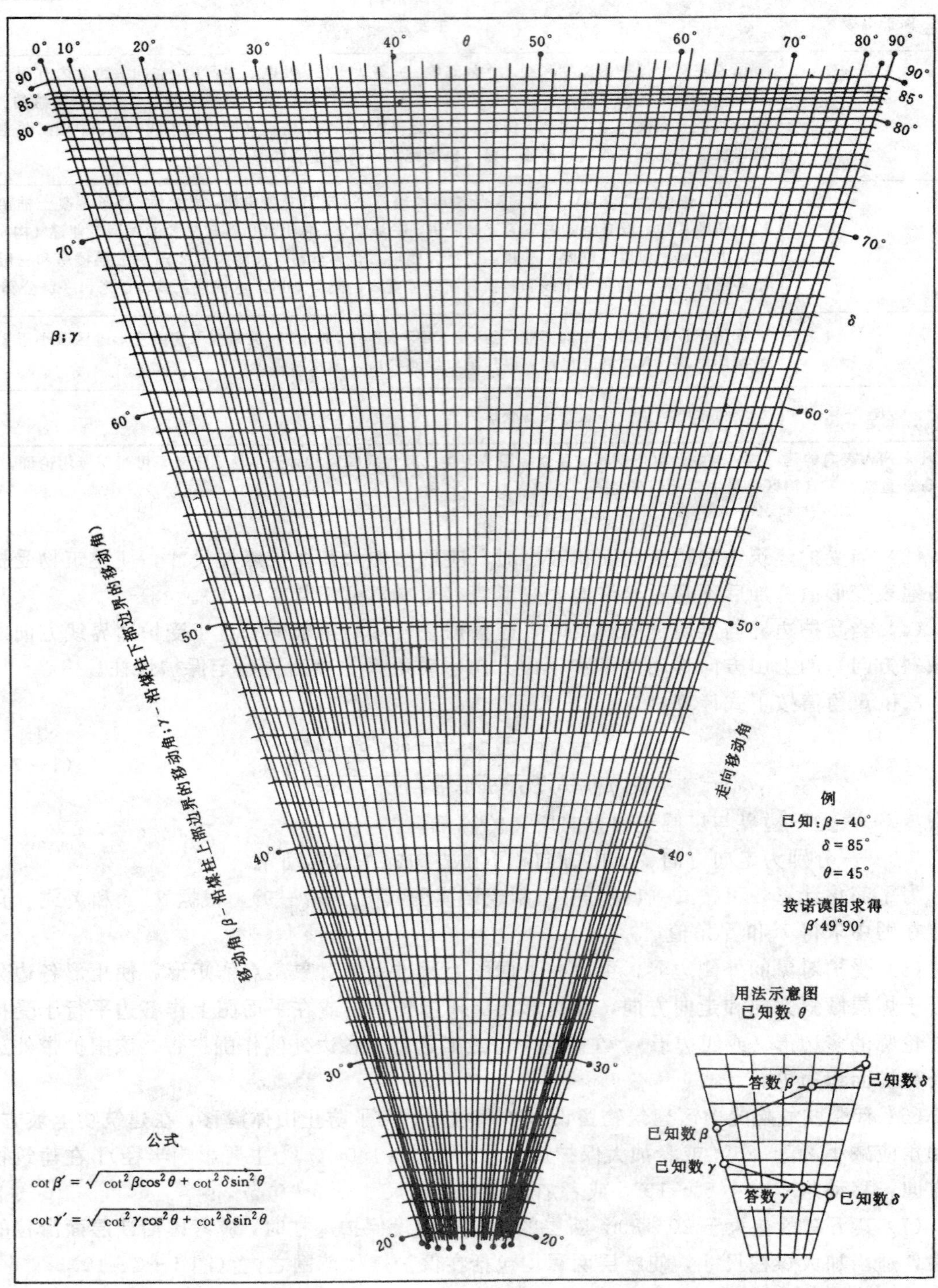

图 1—7—9　求 β' 和 γ' 角诺谟图

岩层、高角度断层和山区斜坡时，需考虑防滑煤柱和加大煤柱尺寸。

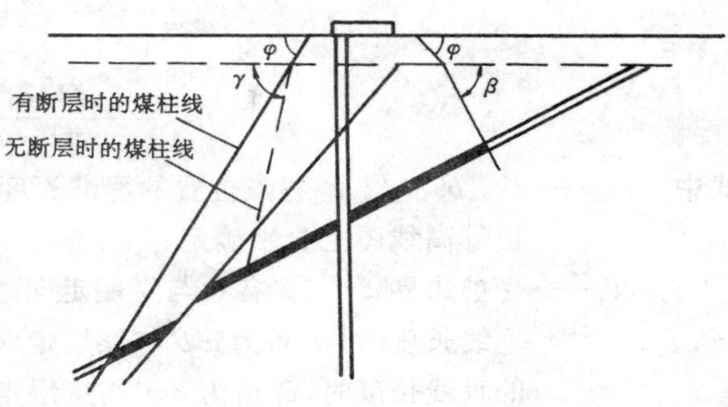

图 1—7—10 保护煤柱内有断层或立井穿过断层时保护煤柱留设方法

二、保护煤柱的设计方法

对于必须留设保护煤柱的建筑物和构筑物，当其形状规整，且长轴与煤层走向或倾向平行时，宜用垂直剖面法圈定保护边界；当保护对象形状复杂，且又与煤层走向斜交时，宜用垂线法圈定保护边界；同时应用上述两种方法确定保护煤柱边界时，其重叠部分为受护对象的最合理保护煤柱；当圈定延伸形建筑物或基岩面标高变化较大情况下的保护煤柱时，宜用数字标高投影法。

煤层为向、背斜构造时，保护煤柱的留设方法一般用垂直剖面法，但保护边界的圈定要根据保护对象所在的构造位置和构造性质而定。

（一）垂直剖面法

1. 确定受护边界

在平面图上（图 1—7—11）通过被保护对象轮廓的角点分别作平行于煤层走向和倾向的四条直线，得到矩形 $abcd$。再按保护等级留设围护带，得受护边界 $a'b'c'd'$。

2. 确定保护煤柱

(1) 通过建筑物中心，沿煤层倾向作剖面Ⅰ—Ⅰ（图 1—7—11），把建筑物及围护带投影到剖面图上，由围护带边缘点 m、n 作冲积层移动角 φ，与基岩面相交于 m_1、n_1 点。然后由 m_1 点作上山移动角 γ，由 n_1 点作下山移动角 β 分别交于煤层底板的 m_2 及 n_2 点。再将 m_2、n_2 点投到平面图上，得 M、N 点，通过 M、N 分别作与煤层走向平行的直线，此即保护煤柱在下山方向和上山方向的边界线。

(2) 通过建筑物中心，沿煤层走向作剖面Ⅱ—Ⅱ，把建筑物及围护带投影到剖面Ⅱ—Ⅱ上得 k、l 两点。由 k、l 点作表土层移动角 φ，与基岩面交于 k_1、l_1 点。再由 k_1、l_1 点作走向移动角 δ 分别交煤柱上边界线 k_2、l_2 点和下边界线 k_3、l_3 点。再将 k_2、l_2 及 k_3、l_3 点转投到平面图上，与由剖面Ⅰ—Ⅰ所确定的煤柱边界线投影相交于 A、B、C、D 四点，$ABCD$ 即为所求的保护煤柱边界。

（二）垂线法

1. 确定受护边界

在平面图上（图 1—7—12）按保护对象的保护等级平行于保护对象的轮廓线留设围护带，可得受护边界 $abcd$。

2. 确定保护煤柱

将受护边界 $abcd$ 绘在煤层底板等高线图上（图 1—7—12），由受护边界向外量出距离 $S=h\cot\varphi$（式中 h 为冲积层厚度；φ 为冲积层移动角），得在基岩面上的受护边界 $a'b'c'd'$。再从 a'、b'、c'、d' 四点向外作受护边界各边的垂线，各垂线在上山和下山方向的长度 q_i 和 l_i 分别按式（1—7—2）计算：

$$\left.\begin{aligned} q_i &= \frac{H_i \cot\beta'_i}{1+\cot\beta'_i \cos\theta_i \tan\alpha} \\ l_i &= \frac{H_i \cot\gamma'_i}{1-\cot\gamma'_i \cos\theta_i \tan\alpha} \end{aligned}\right\} \qquad (1-7-2)$$

式中　H_i——a'、b'、c'、d'各点位置的埋藏深度减去该点的冲积层厚度h，此值可在煤层底板等高线图上分别确定；

θ_i——受护边界$a'b'c'd'$各边与煤层走向之间所夹的锐角；当求垂直于受护边界$a'b'$的垂线长度时，θ_i角为$a'b'$与煤层走向线间所夹的锐角；当求垂直于受护边界$b'd'$的垂线长度时，θ_i角为$b'd'$与煤层走向线间所夹的锐角，求其余各垂线长度确定θ_i角的方法同上；

β'_1和γ'_1——所作各垂线方向的下山和上山移动角，可根据θ_i角值按式（1—7—1）计算或在图1—7—9中以图解求得。

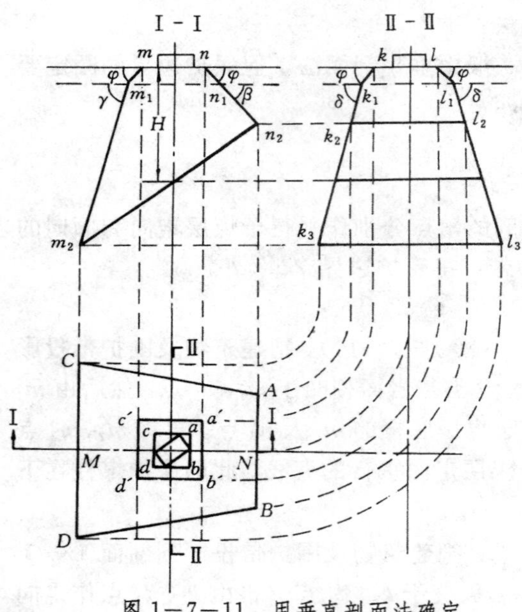

图1—7—11　用垂直剖面法确定建筑物下保护煤柱

然后，按计算结果分别在各垂线上量取q_i、l_i值，得A、A'、B、B'、C、C'、D、D'各点，分别连接A'B、AC、CD'、D'B′各线，并使其延长相交于1、2、3、4四点，则1234即为所求保护煤柱边界。

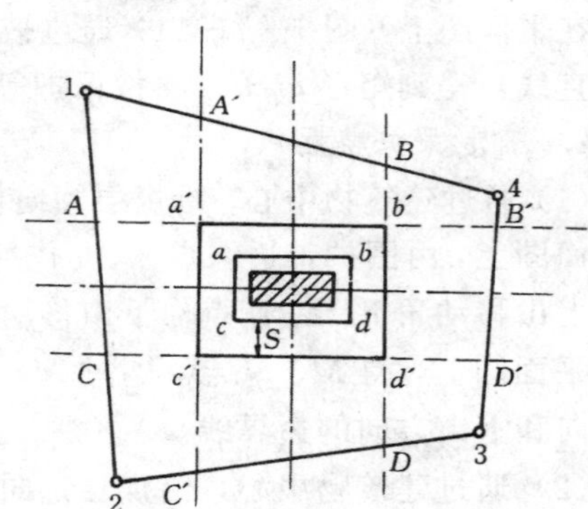

图1—7—12　用垂线法确定建筑物下保护煤柱

为了简化计算，令：

$$\left.\begin{aligned} q'_i &= \frac{\cot\beta'_i}{1+\cot\beta'_i \cos\theta_i \tan\alpha} \\ l'_i &= \frac{\cot\gamma'_i}{1-\cot\gamma'_i \cos\theta_i \tan\alpha} \end{aligned}\right\} \qquad (1-7-3)$$

按式（1—7—3）可绘制成诺谟图（图1—7—13和图1—7—14），应用时可根据α、θ、β'_i和γ'_i角值首先在诺谟图上用图解法求得q'_i和l'_i值，再按式（1—7—4）计算：

$$\left.\begin{aligned} q_i &= H_i q'_i \\ l_i &= H_i l'_i \end{aligned}\right\} \qquad (1-7-4)$$

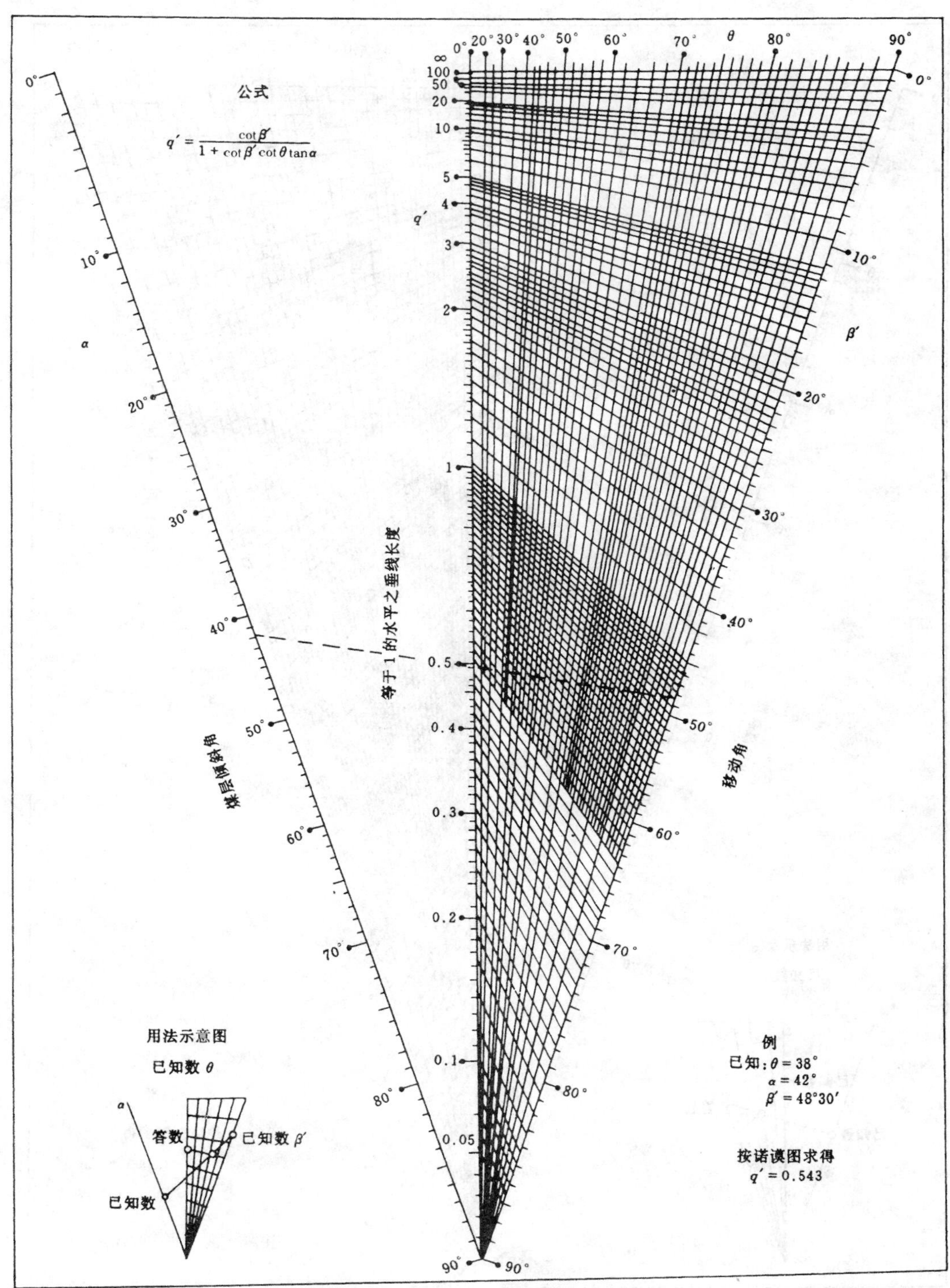

图 1—7—13　求 q' 值的诺谟图

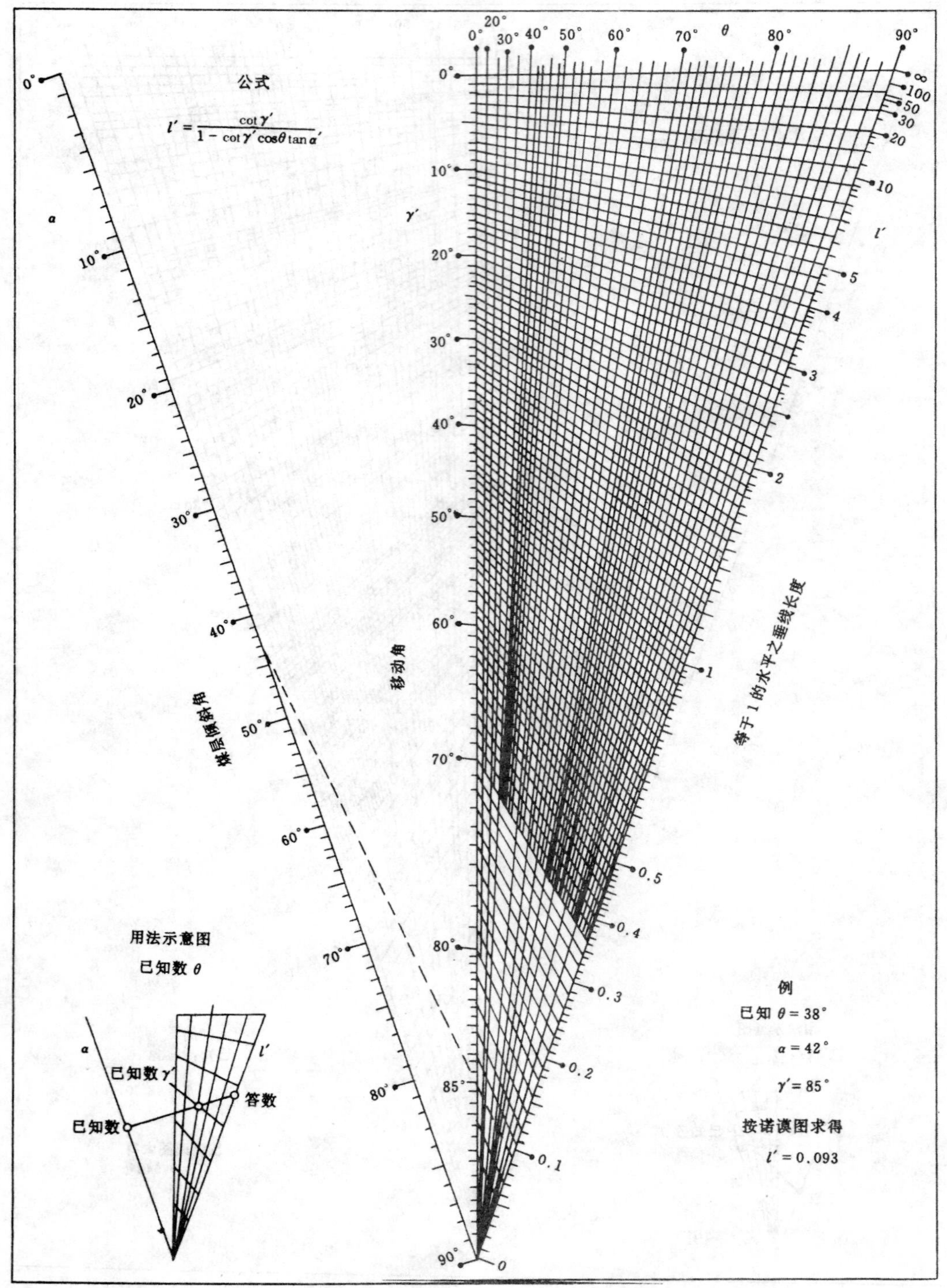

图 1-7-14　求 l' 值的诺谟图

在确定 θ 角值时，如果煤层走向变化较大，则应根据所求点，如图 1－7－11 中的 A，A'，B，B'……各点附近的煤层走向线和受护边界线确定。

同时应用垂直剖面法和垂线法确定保护煤柱时，其重叠部分为受护对象的最合理保护煤柱，如图 1－7－15 中粗实线所示。

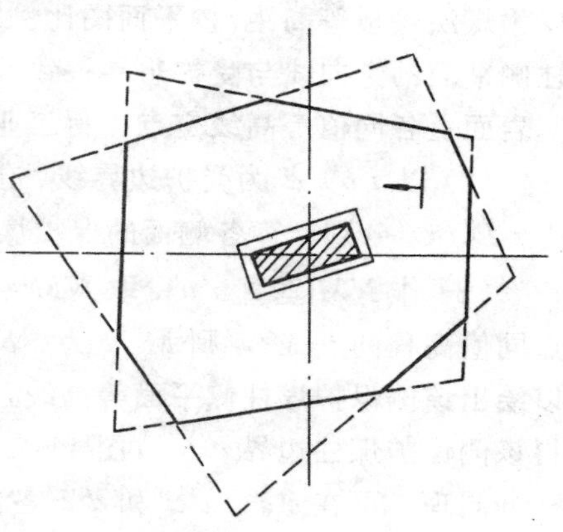

图 1－7－15 合理保护煤柱留法图

（三）数字标高投影法

1．确定受护边界

在平面图（图 1－7－16）上，按保护对象保护等级，平行于保护对象的轮廓线留设围护带，得受护边界 $abcd$。

2．确定保护煤柱

用数字标高投影法确定保护煤柱是根据煤柱空间体的侧平面（倾角分别为 φ、β'、γ' 的平面）上等高线的等高距应与煤层底板等高线（或基岩面等高线）的等高距相同的原则。具体作法如下：

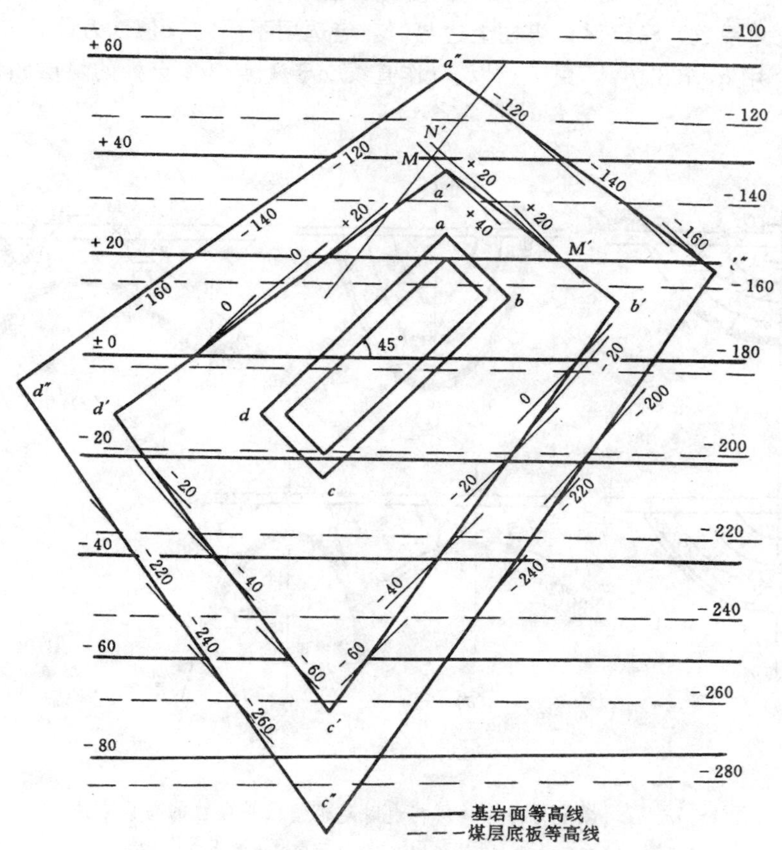

图 1－7－16 用数字标高投影法确定保护留柱

(1) 以 φ 角作保护煤柱空间体侧平面。相邻两等高线之间的水平距离为 $d_3=D\cot\varphi$。其中，D 为煤层底板等高距。按平面图比例尺绘出倾角为 φ 的保护煤柱侧平面的等高线，此时保护煤柱侧平面的走向线与受护边界一致，故所作等高线平行于受护边界。连接保护煤柱侧平面与基岩面上各同值等高线交点，得工业场地在基岩面上的保护煤柱边界 $a'b'c'd'$。

(2) 以 $a'b'c'd'$ 为受护边界线，在基岩内以 β' 和 γ' 角值作煤柱侧平面，并按 $d_1=D\cot\beta'$ 和 $d_2=D\cot\gamma'$ 分别计算各侧面的保护煤柱侧平面上相邻两等高线之间水平距离 d_1 和 d_2。

(3) 作 NM 垂直 $a'b'$，取 $NM=d_1$，若 M 点高程为 H，则 N 点高程为 $H-D$。连接与 N 点同值高程的点 M'，则 $M'N$ 为 $a'b'$ 一侧保护煤柱侧平面的走向线。根据该走向线和 d_1，可以绘出该侧保护煤柱侧平面等高线，连接保护煤柱侧平面与煤层层面上同值等高线的交点，即得该侧保护煤柱边界 $a''b''$（图 1－7－16）。

同理，可在 $b'c'$，$c'd'$ 和 $d'a'$ 各侧面分别求出保护煤柱边界 $b''c''$，$c''d''$ 和 $d''a''$，则 $a''b''c''d''$ 即为用数字标高投影法圈定的保护煤柱边界。

（四）煤层为向、背斜构造时建筑物保护煤柱的留设方法

1. 建筑物位于向斜轴部上方时（图 1－7－17a），保护煤柱边界的圈定

(1) 在煤层倾向剖面上由受护面积边界点 M、N，以 φ 角作直线至基岩面Ⅰ、Ⅰ点。

(2) 在基岩内，由于向斜翼上煤层倾角的变化，在采用 $\beta=\delta-k\alpha$（式中 δ 为走向移动角，α 为煤层倾角，k 为系数）确定保护煤柱上边界时，应选用不同的 β 值。为计算方便，按倾角相差 10°为间隔，用 α_{I} 求出 β_{I}，由 I 点以 β_{I} 作直线交于Ⅱ点（Ⅱ点处的煤层倾角 α_{II} 较Ⅰ点处 α_{I} 相差 10°）。

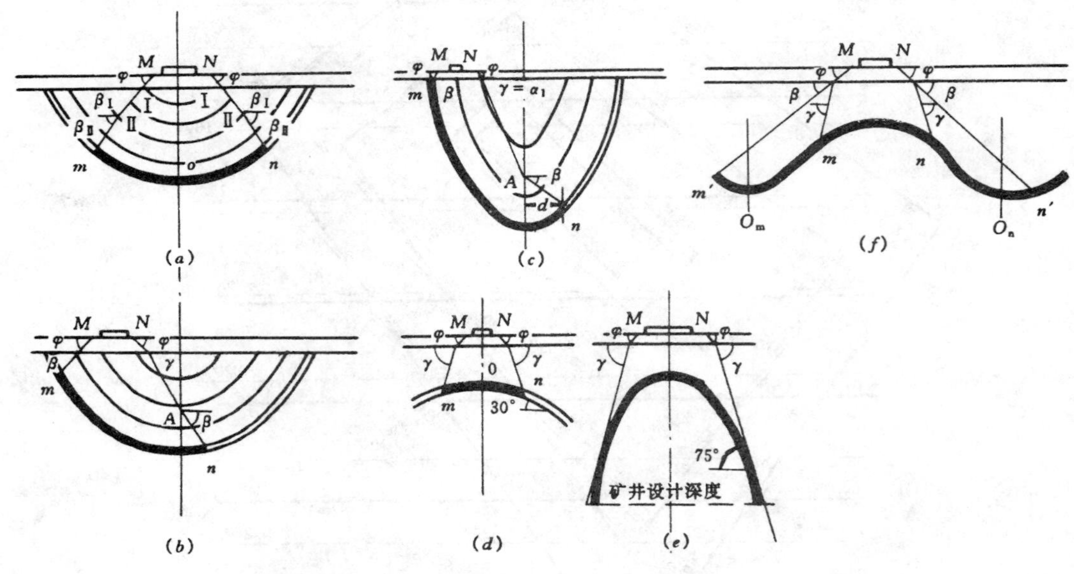

图 1－7－17　煤层为向、背斜构造时建筑物保护煤柱的留设方法

a—建筑物位于向斜轴部上方；b—建筑物位于向斜一翼上方（$\alpha\leqslant45°$）；
c—建筑物位于向斜一翼上方（$\alpha>45°$）；d—建筑物位于背斜上方（$\alpha\leqslant55°$）；
e—建筑物位于背斜上方（$\alpha>55°$）；f—背斜、向斜构造相连时

(3) 用α_{I}求出β_{I}，由Ⅱ点以β_{I}作直线至煤层底板m、n点。如果在Ⅱ点至煤层之间，岩层的倾角仍变化很大，则仍按上述原则确定出点Ⅲ、Ⅳ……直至煤层底板。m、n即为倾向剖面上保护煤柱的边界点。

(4) 煤层走向剖面上保护煤柱边界的圈定方法是过向斜轴面与煤层交点O处作走向剖面，以φ、δ角在松散层和基岩内作直线，得出保护煤柱的上、下边界。

2. 建筑物位于向斜一翼上方时，保护煤柱边界的圈定

1) 当向斜构造煤岩层的倾角小于或等于45°时（图1－7－17b）

(1) 在倾向剖面上，由M点在冲积层内以φ角作直线，在基岩内以β角作直线与煤层底板相交得m点，此点为保护煤柱上边界。

(2) 由N点在冲积层内以φ角作直线，在基岩内以γ角作直线与煤层底板相交得n点，此点为保护煤柱下边界。如果该直线与向斜轴面相交（如图1－7－17b中交点A），则由交点以β角作直线与煤层底板相交于n点，此点即为保护煤柱下边界。

(3) 走向剖面上保护煤柱边界圈定方法同前。

2) 当向斜构造煤岩层的倾角α＞45°时（图1－7－17c）

(1) 在倾向剖面上，保护煤柱上边界仍采用φ，β角圈定。

(2) 保护煤柱上边界圈定方法如图1－7－17c所示，由N点以φ角在表土层内作直线至基岩面。若有建筑物一翼的煤层平均倾角为α_1，则在基岩内以α_1角作直线至向斜轴面交于A点。由A点以β角作直线与煤层底板相交于n点，此点即为保护煤柱下边界。

(3) 为了防止保护煤柱在大倾角条件下出现滑移现象，保护煤柱应具有一定的平面尺寸，要求自保护煤柱下边界（n点）至向斜轴面的水平距离不小于d值。d值按式（1－7－5）计算：

$$d=H_{\mathrm{B}}\frac{(\sin\alpha_3-\cos\alpha_2\tan\rho')\ \cot\alpha_3}{2\ (\tan\rho'\cos\alpha_2+\sin\alpha_2)}=KH_{\mathrm{B}} \tag{1-7-5}$$

式中 ρ'——软弱面（有时为岩层与煤层的接触面）上的内摩擦角。当无实测值时，取$\rho'=13°$；

α_3——煤层露头至$\alpha=\rho'$的点其间煤层的平均倾角；

α_2——向斜无建筑物一翼的煤层倾角；

H_{B}——$\alpha=\rho'$的点处的煤层埋藏深度；

K——系数，可按表1－7－4确定。

表1－7－4 系 数 K 值

（当$\rho'=13°$时）

α_2 (°) \ α_3 (°)	14	16	20	25	30	39	45	51
1	0.145	0.377	0.692	0.922	1.047	1.119	1.095	1.030
5	0.113	0.295	0.542	0.721	0.819	0.876	0.857	0.807
10	0.090	0.234	0.428	0.571	0.648	0.693	0.678	0.638
15	0.075	0.194	0.357	0.475	0.539	0.577	0.564	0.531
25	0.057	0.148	0.272	0.362	0.411	0.440	0.430	0.405
35	0.047	0.123	0.225	0.300	0.341	0.364	0.357	0.335
45	0.041	0.108	0.197	0.263	0.299	0.319	0.321	0.294

3. 建筑物位于背斜轴部上方时，保护煤柱边界的圈定

1）背斜两翼煤层倾角 $\alpha \leqslant 55°$ 时（图 1—7—17*d*）

（1）在倾向剖面上，由受护面积边界以 φ 角在冲积层内作直线，以 γ 角在基岩内作直线，与煤层底板相交于 m、n 点，此二点即为保护煤柱边界。

（2）在走向剖面上，保护煤柱边界圈定方法同前。

2）背斜两翼煤层倾角 $\alpha > 55°$ 时（图 1—7—17*e*）

（1）在倾向剖面上，如果以 φ, γ 所作直线不与煤层相交，则以矿井设计深度作为保护煤柱下边界。

（2）在走向剖面上，保护煤柱边界圈定方法同前。

3）背斜、向斜构造相连时（图 1—7—17*f*）

（1）在倾向剖面上，由受护面积边界以 φ 角在表土层内作直线，以 γ 角在基岩内作直线，与背斜部分煤层底板相交于 m、n 点。再以 β 角在基岩内作直线，与向斜部分煤层底板分别相交于 m'、n' 点。若向斜轴面与煤层交点分别为 O_m 和 O_n，则 $m'O_m$ 和 $n'O_n$ 为向斜部分的保护煤柱，mn 为背斜部分的保护煤柱。

（2）在走向剖面上，保护煤柱边界圈定方法同前。

第三节 保护煤柱设计实例

一、立井井筒保护煤柱的设计

某矿立井井筒的地质条件及冲积层和基岩移动角值见表 1—7—5。保护煤柱边界的圈定如下（图 1—7—18）：

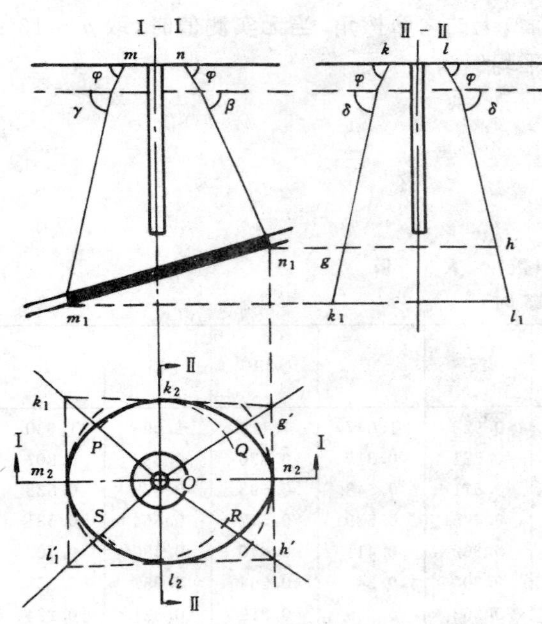

图 1—7—18 立井井筒保护煤柱的圈定

（1）通过立井井筒中心沿煤层倾向和走向分别作剖面Ⅰ—Ⅰ和Ⅱ—Ⅱ，按Ⅰ级保护建筑物在井筒周围留 20m 宽的围护带，在剖面图上得 m，n 及 k，l 各点。

（2）根据冲积层和基岩的移动角值，绘出保护煤柱的边界线，在剖面Ⅰ—Ⅰ上得 m_1，n_1 点，在剖面Ⅱ—Ⅱ上得 k_1，l_1 点。

（3）将 m_1、n_1、k_1、l_1 各点投影到平面图上，得 m_2、n_2、k_2、l_2 点。过 m_2、n_2 点分别作走向平行线，并截取线段 $k_1'l_1'$ 和 $g'h'$ 分别等于 k_1l_1 和 gh，得梯形 $k_1'l_1'g'h'$。连接对角线 Ok_1'，Og'，Ol_1' 和 Oh'。

（4）以井筒中心 O 为原点，分别以 Om_2、Ok_2、On_2、Ol_2 为半径画圆弧，并交于对角线上；在对角线上取两圆弧与之相交的中点，得 P，Q，R，S。

（5）用圆滑曲线连接 m_2、P、k_2、Q、n_2、

R、l_2、S 各点，即为立井井筒保护煤柱的边界。

表 1—7—5 某矿立井井筒地质条件及冲积层和基岩移动角值

井筒垂深 H (m)	煤层厚度 M (m)	煤层倾角 α (°)	φ (°)	γ (°)	β (°)	δ (°)	冲积层厚度 h (m)
300	2	20	45	70	60	70	20

二、急倾斜煤层群立井井筒保护煤柱设计

某矿开采急倾斜煤层群，煤层倾角 68°，各煤层厚度及间距如图 1—7—19。立井井筒位于煤系地层底板，其参数为 $\varphi=45°$，$\delta=78°$，$\lambda=55°$。

保护煤柱边界圈定方法如下（图 1—7—19）：

(1) 过工业场地角点作平行煤层走向和倾向的直线得四边形 1234。在四边形外围留 20m 宽围护带，得受护面积边界 1′2′3′4′。

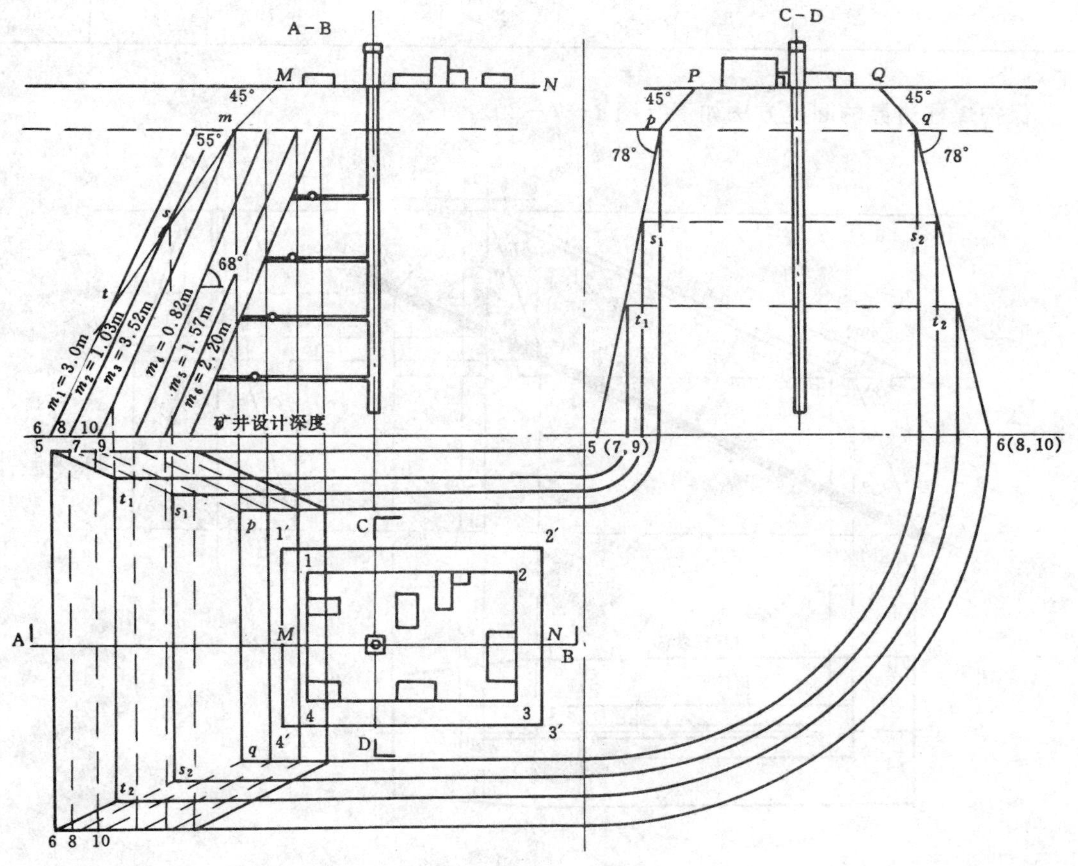

图 1—7—19 急倾斜煤层群立井保护煤柱的圈定

(2) 在过井筒中心的倾向剖面即 $A-B$ 剖面上，过 M 点以 $\varphi=45°$ 作直线，交基岩面上 m 点；由 m 点以 $\lambda=55°$ 作直线，分别交 m_1 和 m_2 煤层于 S 和 t 点，则此两点分别为两个煤层的开采下限。mst 直线及矿井设计深度以内所有煤层均为倾向剖面上的保护煤柱。

(3) 在过井筒中心的走向剖面即 $C-D$ 剖面上，由 P、Q 两点以 $\varphi=45°$ 作直线，交于基岩面 p、q 点；由 p、q 两点以 $\delta=78°$ 作直线，两直线与设计深度所圈定的煤层，为走向剖面上的保护煤柱。

(4) 在平面图上 $t_1t_2 65$ 为 m_1 煤层保护煤柱边界；$s_1s_2 87$ 为 m_2 煤层保护煤柱边界 $pq910$ 为 m_3 煤层保护煤柱边界，等等。

三、斜井井筒保护煤柱设计

某矿斜井井筒地质条件及冲积层和基岩移动角值见表 1—7—6。

表 1—7—6　某矿斜井井筒地质条件及冲积层和基岩移动角值

斜井斜长 L (m)	斜井倾角 (°)	煤层倾角 α (°)	煤层厚度 M (m)	围护带宽 (m)	φ (°)	γ (°)	δ (°)	β (°)
300	25	25	1	20	45	70	70	50

保护煤柱边界的圈定方法如下（图 1—7—20）：

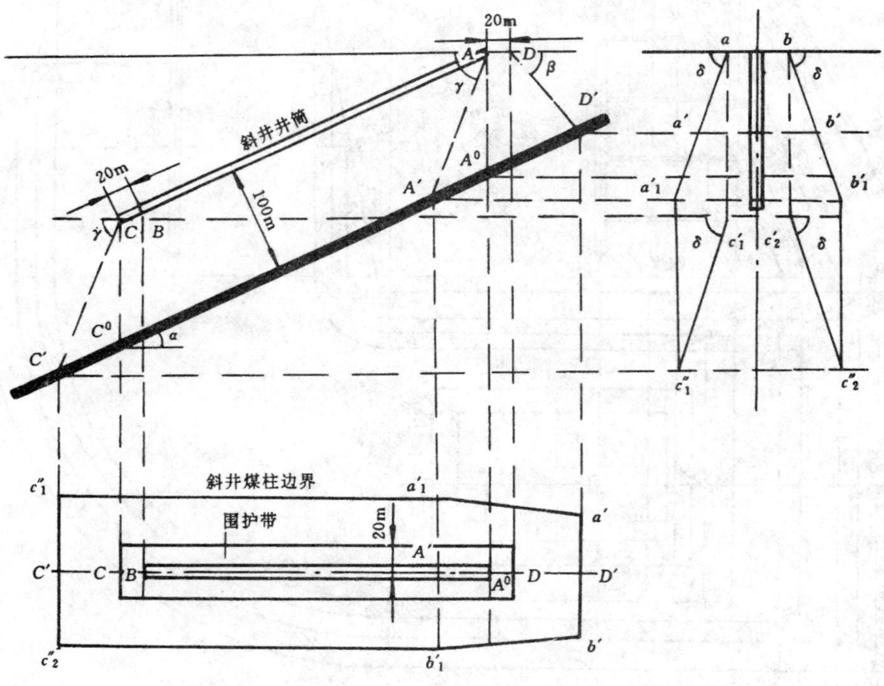

图 1—7—20　斜井井筒保护煤柱的圈定

（1）在倾向剖面上，自斜井 AB 的井底车场留 20m 宽的围护带，延长至 C 点，自 C 点按 $\gamma=70°$ 作直线交煤层于 C' 点。

（2）自斜井井口 A 向外，留 20m 围护带得 D 点，由 D 点以 $\beta=50°$ 作直线交于煤层 D' 点。

（3）由 A 点以 $\gamma=70°$ 作直线，交煤层于 A' 点。

（4）在走向剖面上，由围护带的边界 a、b 点以 $\delta=70°$ 作直线，与 D' 点投影线相交于 a'、b'，与 A' 点投影线相交于 a'_1、b'_1。由井底车场围护带的边界 C'_1、C'_2 以 $\delta=70°$ 作直线，与 C' 点投影线相交于 C''_1、C''_2。

（5）将倾向剖面上的 C'、A'、D' 点和走向剖面上的 $C''_1C''_2$、$a'_1b'_1$ 和 $a'b'$ 投影到平面图上。

（6）连接投影点 a'、a'_1、c''_1、c''_2、b'_1、b' 为斜井井筒保护煤柱边界。

四、反斜井井筒及工业场地保护煤柱设计

某矿反斜井地质条件及冲积层和基岩移动角值如表 1－7－7。

保护煤柱边界圈定方法如下（图 1－7－21）：

表 1－7－7　某矿反斜井井筒地质条件和基岩移动角值

斜井斜长 L (m)	斜井倾角 (°)	煤层倾角 α (°)	煤层厚度 M (m)	冲积层厚度 (m)	φ (°)	γ (°)	δ (°)	β (°)
415	23	11	2.2	15	45	75	75	70

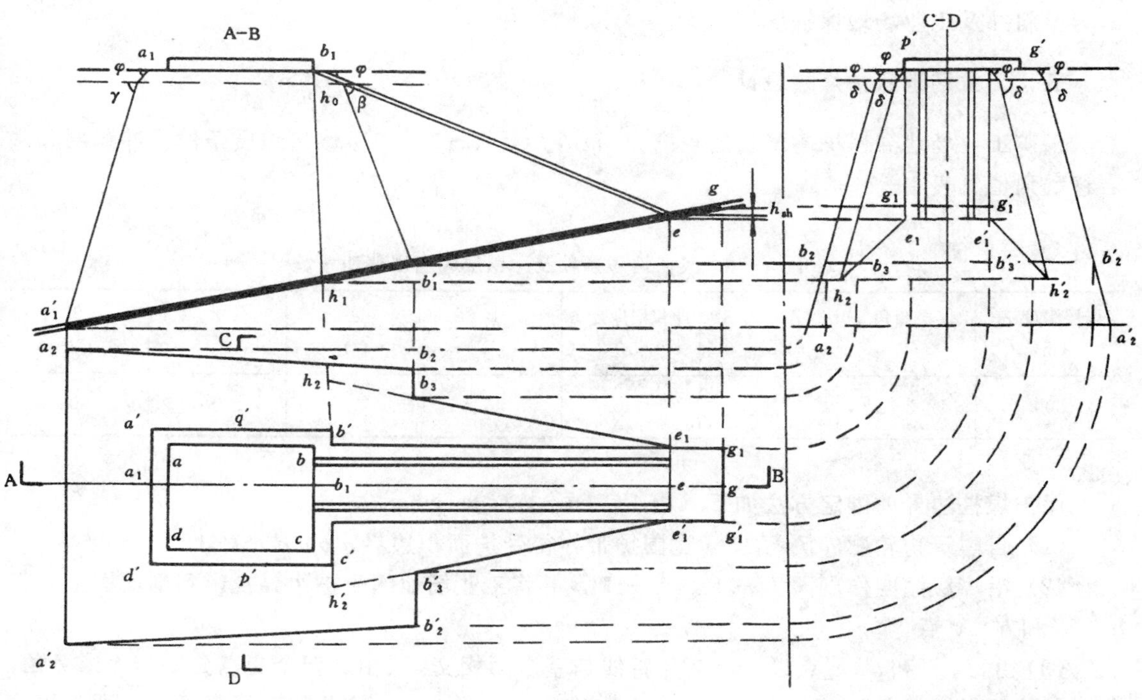

图 1－7－21　反斜井井筒及工业场地保护煤柱的圈定

(1) 在工业场地边界外侧留 15m 宽的围护带；在斜井两侧留 20m 宽的围护带，得受护面积边界 $a'b'e_1e_1'c'd'$。

(2) 过斜井轴线作倾向剖面 $A-B$。由工业场地受护边界 a_1、b_1 点以 $\varphi=45°$作直线与基岩面相交，由交点分别以 $\gamma=75°$和 $\beta=70°$作直线，与煤层底板相交分别得 a_1'、b_1' 点。

煤层与井筒在 e 点相交。由井底车场巷道顶板到煤层底板的垂高不应小于高度 h_{sh}。$h_{sh}=30-25\times\frac{\alpha}{\rho}=30-25\times\frac{11}{57.3}=25$ (m)。从而确定得煤层底板上的 q 点。

式中 30、25 均为回归的常数；α 为煤层倾角；ρ 为斜井落底处井底的曲线半径。

井口 h_0 在煤层上的垂直投影点 h_1 为斜井井筒保护煤柱下边界（当只留斜井保护煤柱时，仍由井口受护面积边界点按移动角圈定）。

$a'_1b'_1$ 为倾向剖面上工业场地保护煤柱边界。

h_1g 为倾向剖面上斜井和井底车场保护煤柱边界。

(3) 在走向剖面 $C-D$ 上，由 p'、q' 点以 $\varphi=45°$作直线与基岩面相交，由交点以 $\delta=75°$作直线，与倾向剖面上 a'_1、b'_1 点的投影线分别相交于点 a_2、a'_2 和 b_2、b'_2。$a_2a'_2$ 和 $b_2b'_2$ 为走向剖面上工业广场保护煤柱边界。

斜井井筒受护面积边界和倾向剖面上 g、e 点的投影线相交于点 g_1、g'_1 和 e_1、e'_1。$g_1g'_1$ 和 $e_1e'_1$ 为走向剖面井底车场保护煤柱边界。

由井口受护面积边界以 $\varphi=45°$作直线，与基岩面相交，由交点以 $\delta=75°$作直线，与倾向剖面上 h_1 点的投影线分别相交于点 h_2、h'_2。连接 e_1h_2 和 $e'_1h'_2$，与 $b_2b'_2$ 分别相交于点 b_3 和 b'_3。

(4) 将 a_2、a'_2、b_2、b'_2、b_3、b'_3、e_1、e'_1、g_1、g'_1 点投影到平面图上，则 $a_2b_2b_3e_1g_1g'_1e'_1b'_3b'_2a'_2$ 即为反斜井及工业场地保护煤柱边界。

五、工业场地保护煤柱设计

某矿工业场地需保护建筑物的轮廓为 $abcdef$（图 1－7－22）。该矿地质条件及冲积层和基岩移动角值见表 1－7－8。

表 1－7－8 某矿地质条件及冲积层和基岩移动角值

煤层深度 H (m)	煤层倾角 α (°)	煤层厚度 M (m)	冲积层厚度 h (m)	φ (°)	δ (°)	γ (°)	β (°)
300	25	2	30	45	75	75	50

保护煤柱边界的圈定方法如下（图 1－7－22）：

(1) 自建筑物轮廓外侧留 15m 宽围护带，得受护面积边界 $a'b'c'd'e'f'$。

(2) 沿煤层倾向作剖面 Ⅰ－Ⅰ，Ⅱ－Ⅱ，并将工业场地的受护边界投影到剖面图上，得 a'、f' 和 b'、c' 点。

(3) 由 a'、f' 和 b'、c' 点以 $\varphi=45°$作直线与基岩面相交。再由这四个交点分别作 β 或 γ 角，分别与煤层底板相交于 a_1、f_1 和 b_1、c_1 点。将 a_1、f_1 和 b_1、c_1 点投影到平面图上，即为煤柱在倾向上的边界点。

(4)沿煤层走向作剖面Ⅲ—Ⅲ，Ⅳ—Ⅳ，并将工业场地的受护边界投影到剖面图上，得 a'、b' 和 e'、c'。

(5)按给定的 φ、δ 角值和第3条所述的方法，可求得与煤层底板的交点 a_2、b_2 和 e_2、c_2。将 a_2、b_2 和 e_2、c_2 投影到平面图上，即为煤柱在走向上的边界点。

(6)在平面图上连接 a_1、b_1 和 b_2、c_2 点，并延长之；同时过 a_2、e_2、f_1、c_1 点作相应受护边界的平行线。则可得保护煤柱边界 $ABCDEF$。

注意事项：

(1)对形状不规则的受护边界，应在特征点处作剖面。如剖面Ⅰ—Ⅰ、Ⅳ—Ⅳ。

(2)对多煤层进行煤柱设计时，用上述方法按每个煤层分别设计。在一般情况下各煤层的煤柱边界线不应互相交叉。

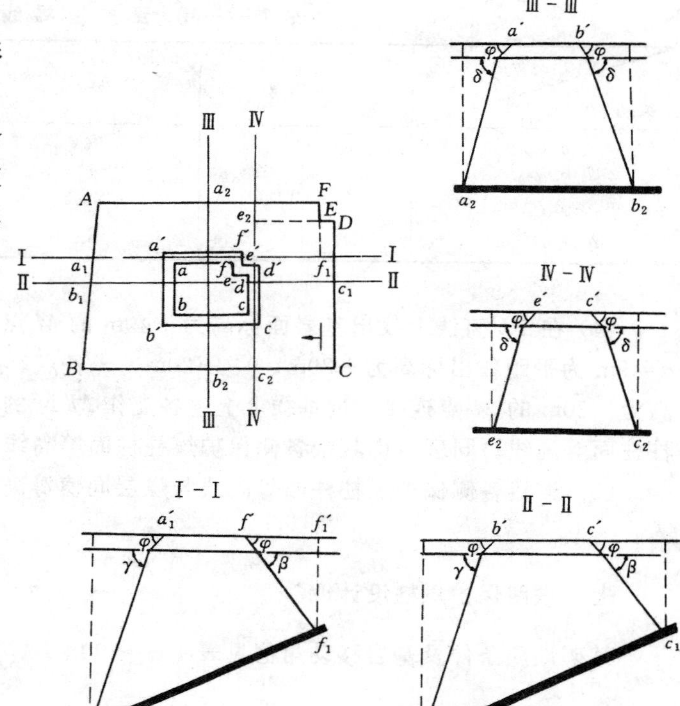

图1－7－22　工业场地保护煤柱的圈定

六、长方形工业场地保护煤柱设计

某矿工业场地为长方形，地面平坦，基岩面坡度大，且与煤层倾向一致。其地质条件和基岩移动角值如表1－7－9。基岩面等高线与煤层底板等高线如图1－7－16。

表1－7－9　某矿地质条件和基岩移动角值

煤层厚度 M (m)	煤层倾角 α (°)	围护带宽度 (m)	地面平均标高 (m)	φ (°)	δ (°)	γ (°)	β (°)
2	15	15	+80	45	73	73	64

保护煤柱边界的圈定方法如下（图1－7－16）。

(1) 由工业场地外围向外留15m宽的围护带 $abcd$。

(2) 计算 $d_3=D\text{ctg}\varphi$，取 $D=20$m，得 $d_3=20$m。按平面图比例尺，平行受护边界作水平距离为20m的等高线，并与基岩面上的同值等高线相交。连接诸交点得基岩面上保护煤柱边界 $a'b'c'd'$（d_3 为相邻两等高线之间的水平距离，D 为煤层底板等高线距）。

(3) 根据四边形 $a'b'c'd'$ 各边与煤层走向的夹角 θ，由图1－7－9或按式（1－7－1）求出各边的 β' 和 γ' 角值，并按 $d_1=D\text{ctg}\beta'$，$d_2=D\text{ctg}\gamma'$ 计算 d_1、d_2。计算结果得受护边界线参数如表1－7－10所示。

表 1－7－10　受护边界线参数

类别 \ 边号	$a'b'$	$b'c'$	$c'd'$	$d'a'$
θ（°）	37	56	55	37
β'（°）	66			44
γ（°）		73	73	
d_1 或 d_2（m）	9	6	6	9

（4）在 $a'b'$ 直线上找出基岩面标高为＋40m 的 M 点，过 M 点作 $a'b'$ 的垂线，在垂线上以 $d=9$m 为平距作出标高为＋20m、0、－20m……各点。将标高为＋20m 的 N 点与 $a'b'$ 边上标高为＋20m 的 M' 点连接。过垂线上上述各点作 $M'N$ 的平行线，这些平行线即为该侧保护煤柱柱面等高线。同理可得其余各侧保护煤柱柱面等高线。

（5）连接各侧保护煤柱柱面等高线与煤层同值等高线诸交点，则得保护煤柱边界 $a''b''c''d''$。

七、铁路保护煤柱设计

某矿地质条件及基岩移动角值见表 1－7－11。

表 1－7－11　某矿地质条件及基岩移动角值

煤层厚度 M（m）	煤层倾角 α（°）	围护带宽度（m）	β（°）	γ（°）	δ（°）
6	16	15	65	75	75

保护煤柱边界圈定方法如下（图 1－7－23）：

（1）由铁路路基向外留 15m 宽的围护带。

（2）按特征点作剖面 Ⅰ－Ⅰ、Ⅱ－Ⅱ、Ⅲ－Ⅲ、Ⅳ－Ⅳ、Ⅴ－Ⅴ。

（3）求出各剖面线与铁路中心线交点位置的煤层深度 H、各剖面线方向上的煤层伪倾角 α'、铁路中心线与煤层走向间所夹锐角 θ。再由图 1－7－9 或按式（1－7－1）求出各剖面位置的 β' 和 γ' 值，见表 1－7－12。

（4）按表 1－7－12 中的有关数据，绘制各剖面图，求出煤柱边界点 a、b、c、d、e、f、g、h、i、j。把各点投到平面图上，用曲线连接，即为所求的煤柱边界。

表 1－7－12　各剖面位置的 β 和 γ' 值

剖　面	H（m）	α'（°）	θ（°）	β'（°）	γ'（°）
Ⅰ－Ⅰ	64	15	21	66	75
Ⅱ－Ⅱ	89	15	20	66	75
Ⅲ－Ⅲ	95	16	0	65	75
Ⅳ－Ⅳ	89	15	27	66	75
Ⅴ－Ⅴ	51	13	33	67	75

八、铁路立交桥保护煤柱设计

某矿有铁路立交桥一座，桥上为矿区专用铁路线，桥下为国家Ⅱ级铁路线。立交桥长轴与煤层倾向一致。该矿地质条件和基岩移动角值见表1－7－13立交桥允许变形值$\varepsilon \leqslant$ 2mm/m。

表1－7－13 某矿地质条件和基岩移动角值

煤层厚度 M (m)	煤层倾角 α (m)	煤层深度 H (m)	冲积层厚度 (m)	φ (°)	δ (°)	γ (°)	β (°)
2.1	14	293	7	45	78	78	68

保护煤柱的圈定方法如下（图1－7－24）：

(1)以线路两侧路堑边缘为界，留15m宽的围护带。

(2)鉴于立交桥长轴与煤层倾向一致，本例只考虑煤层走向方向保护煤柱边界圈定。由走向剖面上的受护边界P、Q点以$\varphi=45°$作直线与基岩面相交，再由交点以$\delta=78°$作直线与煤层底板相交于p、q点。p、q点应为走向剖面上保护煤柱边界点，其距离$pq=204$m。

(3)由于受护面积边界较小，需验算立交桥的水平变形值应不超过允许变形值。计算参数为：

下沉系数$q=0.67$；主要影响角正切$\mathrm{tg}\beta=1.85$；拐点偏移距$S=0.1H$；水平移动系数$b=0.3$。

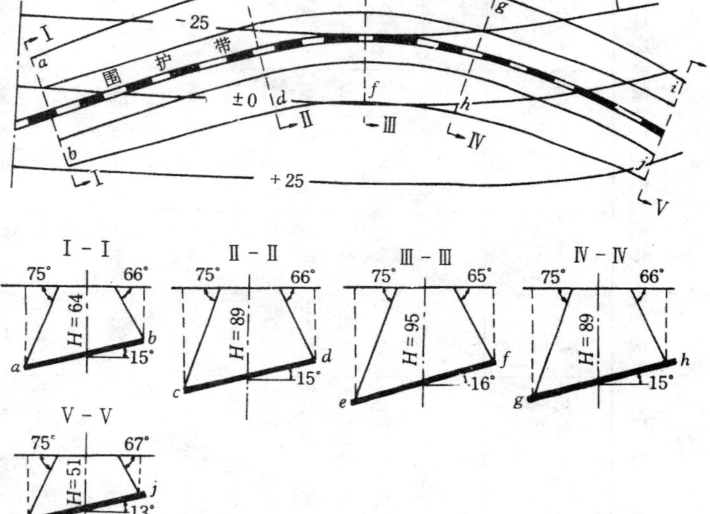

图1－7－23 铁路保护煤柱的圈定

计算得：

$$r_3=\frac{H}{\tan\beta}=\frac{293}{1.85}=158\text{m}$$

$$W_0=Mq\cos\alpha=2100\times0.67\times\cos14°=1365\text{mm}$$

$$\varepsilon_0=1.526\frac{W_0}{r_3}=1.52\times0.3\frac{1365}{158}=3.94\text{mm/m}$$

因为立交桥水平变形值为双向半无限叠加值，取$\varepsilon_x=\frac{2\text{mm/m}}{2}=1\text{mm/m}$。

以$\frac{\varepsilon_x}{\varepsilon_0}=\frac{1}{3.94}=0.254$为引数，查表1－7－14得$\frac{x}{r}=0.93$，即$x=0.93\cdot r=147$m，故计算应留保护煤柱宽度为$L=2\times147=294$m。实际应留保护煤柱宽度$l=L-2S=L-0.2H=294-0.2\times293=236$m。

表 1－7－14 半无限开采在地表产生的移动变形与最大值比值

$\frac{x}{r}$	$\frac{W_{(-x)}}{W_{max}}$	$\frac{W_{(x)}}{W_{max}}$	$\frac{T_x}{T_{max}}\left(\frac{u_x}{u_{max}}\right)$	$\frac{\varepsilon_x}{\varepsilon_{max}}\left(\frac{K_x}{K_{max}}\right)$	$\frac{x}{r}$	$\frac{W_{(-x)}}{W_{max}}$	$\frac{W_{(x)}}{W_{max}}$	$\frac{T_x}{T_{max}}\left(\frac{u_x}{u_{max}}\right)$	$\frac{\varepsilon_x}{\varepsilon_{max}}\left(\frac{K_x}{K_{max}}\right)$	$\frac{x}{r}$	$\frac{W_{(-x)}}{W_{max}}$	$\frac{W_{(x)}}{W_{max}}$	$\frac{T_x}{T_{max}}\left(\frac{u_x}{u_{max}}\right)$	$\frac{\varepsilon_x}{\varepsilon_{max}}\left(\frac{K_x}{K_{max}}\right)$	$\frac{x}{r}$	$\frac{W_{(-x)}}{W_{max}}$	$\frac{W_{(x)}}{W_{max}}$	$\frac{T_x}{T_{max}}\left(\frac{u_x}{u_{max}}\right)$	$\frac{\varepsilon_x}{\varepsilon_{max}}\left(\frac{K_x}{K_{max}}\right)$
0.00	0.5000	0.5000	1.0000	0	0.20	0.3081	0.6919	0.8819	0.7291	0.40	0.1581	0.8419	0.6049	1.0000	0.60	0.0664	0.9336	0.3227	0.8004
1	0.4900	0.5100	0.9997	0.0413	1	0.2994	0.7006	0.8706	0.7558	1	0.1522	0.8478	0.5897	0.9995	1	0.0633	0.9367	0.3107	0.7834
2	0.4800	0.5200	0.9987	0.0826	2	0.2907	0.7093	0.8589	0.7811	2	0.1463	0.8537	0.5745	0.9975	2	0.0602	0.9398	0.2989	0.7661
3	0.4700	0.5300	0.9972	0.1237	3	0.2822	0.7178	0.8469	0.8052	3	0.1407	0.8593	0.5594	0.9943	3	0.0573	0.9427	0.2874	0.7484
4	0.4601	0.5399	0.9950	0.1645	4	0.2738	0.7262	0.8345	0.8279	4	0.1352	0.8648	0.5443	0.9900	4	0.0545	0.9455	0.2762	0.7306
5	0.4501	0.5499	0.9922	0.2051	5	0.2655	0.7345	0.8217	0.8492	5	0.1298	0.8702	0.5293	0.9846	5	0.0518	0.9482	0.2652	0.7125
6	0.4402	0.5598	0.9888	0.2452	6	0.2574	0.7426	0.8087	0.8691	6	0.1246	0.8754	0.5144	0.9781	6	0.0492	0.9508	0.2545	0.6943
7	0.4304	0.5696	0.9847	0.2849	7	0.2494	0.7506	0.7953	0.8876	7	0.1195	0.8805	0.4996	0.9706	7	0.0467	0.9533	0.2441	0.6760
8	0.4206	0.5794	0.9801	0.3241	8	0.2415	0.7585	0.7817	0.9047	8	0.1146	0.8854	0.4849	0.9621	8	0.0443	0.9557	0.2339	0.6576
9	0.4108	0.5892	0.9749	0.3627	9	0.2337	0.7663	0.7678	0.9204	9	0.1098	0.8902	0.4703	0.9527	9	0.0420	0.9580	0.2241	0.6392
0.10	0.4011	0.5989	0.9691	0.4006	0.30	0.2261	0.7739	0.7537	0.9347	0.50	0.1052	0.8948	0.4559	0.9423	0.70	0.0398	0.9602	0.2145	0.6207
1	0.3914	0.6086	0.9627	0.4377	1	0.2187	0.7813	0.7394	0.9475	1	0.1007	0.8993	0.4417	0.9312	1	0.0377	0.9623	0.2052	0.6023
2	0.3818	0.6182	0.9558	0.4741	2	0.2113	0.7887	0.7249	0.9589	2	0.0963	0.9037	0.4276	0.9192	2	0.0357	0.9643	0.1962	0.5840
3	0.3723	0.6277	0.9483	0.5096	3	0.2042	0.7958	0.7103	0.9689	3	0.0921	0.9079	0.4138	0.9065	3	0.0338	0.9662	0.1875	0.5657
4	0.3629	0.6371	0.9403	0.5442	4	0.1971	0.8029	0.6955	0.9774	4	0.0881	0.9119	0.4001	0.8931	4	0.0320	0.9680	0.1790	0.5476
5	0.3535	0.6465	0.9318	0.5777	5	0.1903	0.8097	0.6806	0.9846	5	0.0841	0.9159	0.3866	0.8790	5	0.0302	0.9698	0.1708	0.5296
6	0.3442	0.6558	0.9227	0.6103	6	0.1835	0.8165	0.6655	0.9904	6	0.0803	0.9197	0.3734	0.8643	6	0.0285	0.9715	0.1629	0.5118
7	0.3351	0.6649	0.9132	0.6417	7	0.1770	0.8230	0.6505	0.9948	7	0.0767	0.9233	0.3603	0.8490	7	0.0270	0.9730	0.1553	0.4942
8	0.3260	0.6740	0.9032	0.6721	8	0.1705	0.8295	0.6353	0.9979	8	0.0731	0.9269	0.3476	0.8333	8	0.0254	0.9746	0.1479	0.4768
9	0.3170	0.6830	0.8928	0.7012	9	0.1643	0.8357	0.6201	0.9997	9	0.0697	0.9303	0.3350	0.8171	9	0.0240	0.9760	0.1408	0.4597

续表

$\frac{x}{r}$	$\frac{W_{(-x)}}{W_{max}}$	$\frac{W_{(x)}}{W_{max}}$	$\frac{T_x}{T_{max}}\left(\frac{u_x}{u_{max}}\right)$	$\frac{\varepsilon_x}{\varepsilon_{max}}\left(\frac{K_x}{K_{max}}\right)$	$\frac{x}{r}$	$\frac{W_{(-x)}}{W_{max}}$	$\frac{W_{(x)}}{W_{max}}$	$\frac{T_x}{T_{max}}\left(\frac{u_x}{u_{max}}\right)$	$\frac{\varepsilon_x}{\varepsilon_{max}}\left(\frac{K_x}{K_{max}}\right)$	$\frac{x}{r}$	$\frac{W_{(-x)}}{W_{max}}$	$\frac{W_{(x)}}{W_{max}}$	$\frac{T_x}{T_{max}}\left(\frac{u_x}{u_{max}}\right)$	$\frac{\varepsilon_x}{\varepsilon_{max}}\left(\frac{K_x}{K_{max}}\right)$	$\frac{x}{r}$	$\frac{W_{(-x)}}{W_{max}}$	$\frac{W_{(x)}}{W_{max}}$	$\frac{T_x}{T_{max}}\left(\frac{u_x}{u_{max}}\right)$	$\frac{\varepsilon_x}{\varepsilon_{max}}\left(\frac{K_x}{K_{max}}\right)$
0.80	0.0226	0.9774	0.1339	0.4428	1.00	0.0063	0.9937	0.0432	0.1786	1.20	0.0015	0.9985	0.0108	0.0538	1.40	0.0004	0.9996	0.0021	0.0123
1	0.0213	0.9787	0.1273	0.4262	1	0.0058	0.9942	0.0406	0.1694	1	0.0014	0.9986	0.0101	0.0503	1	0.0004	0.9996	0.0019	0.0113
2	0.0201	0.9799	0.1209	0.4100	2	0.0054	0.9946	0.0381	0.1605	2	0.0013	0.9987	0.0093	0.0470	2	0.0004	0.9996	0.0018	0.0104
3	0.0189	0.9811	0.1148	0.3940	3	0.0051	0.9949	0.0357	0.1520	3	0.0012	0.9988	0.0086	0.0439	3	0.0003	0.9997	0.0016	0.0096
4	0.0178	0.9822	0.1090	0.3784	4	0.0047	0.9953	0.0334	0.1438	4	0.0011	0.9989	0.0080	0.0409	4	0.0003	0.9997	0.0015	0.0088
5	0.0167	0.9833	0.1033	0.3631	5	0.0044	0.9956	0.0313	0.1350	5	0.0010	0.9990	0.0074	0.0381	5	0.0003	0.9997	0.0014	0.0081
6	0.0157	0.9843	0.0979	0.3481	6	0.0041	0.9959	0.0293	0.1284	6	0.0010	0.9990	0.0068	0.0355	6	0.0003	0.9997	0.0012	0.0075
7	0.0148	0.9852	0.0927	0.3335	7	0.0038	0.9962	0.0274	0.1212	7	0.0009	0.9991	0.0063	0.0331	7	0.0003	0.9997	0.0011	0.0069
8	0.0139	0.9861	0.0878	0.3193	8	0.0036	0.9964	0.0256	0.1144	8	0.0008	0.9992	0.0058	0.0308	8	0.0003	0.9997	0.0010	0.0063
9	0.0130	0.9870	0.0830	0.3055	9	0.0033	0.9967	0.0239	0.1078	9	0.0008	0.9992	0.0054	0.0286	9	0.0003	0.9997	0.0009	0.0058
0.90	0.0122	0.9878	0.0785	0.2920	1.10	0.0031	0.9969	0.0223	0.1016	1.30	0.0007	0.9993	0.0049	0.0266					
1	0.0114	0.9886	0.0742	0.2790	1	0.0029	0.9971	0.0208	0.0956	1	0.0007	0.9993	0.0046	0.0247					
2	0.0107	0.9893	0.0700	0.2663	2	0.0027	0.9973	0.0194	0.0900	2	0.0006	0.9994	0.0042	0.0229					
3	0.0100	0.9900	0.0661	0.2540	3	0.0025	0.9975	0.0181	0.0846	3	0.0006	0.9994	0.0039	0.0212					
4	0.0094	0.9906	0.0623	0.2420	4	0.0023	0.9977	0.0169	0.0795	4	0.0006	0.9994	0.0035	0.0197					
5	0.0088	0.9912	0.0587	0.2305	5	0.0021	0.9979	0.0157	0.0746	5	0.0005	0.9995	0.0033	0.0182					
6	0.0082	0.9918	0.0553	0.2194	6	0.0020	0.9980	0.0146	0.0700	6	0.0005	0.9995	0.0030	0.0168					
7	0.0077	0.9923	0.0520	0.2086	7	0.0018	0.9982	0.0136	0.0656	7	0.0005	0.9995	0.0027	0.0156					
8	0.0072	0.9928	0.0489	0.1983	8	0.0017	0.9983	0.0126	0.0614	8	0.0004	0.9996	0.0025	0.0144					
9	0.0067	0.9933	0.0460	0.1883	9	0.0016	0.9984	0.0117	0.0575	9	0.0004	0.9996	0.0023	0.0133					

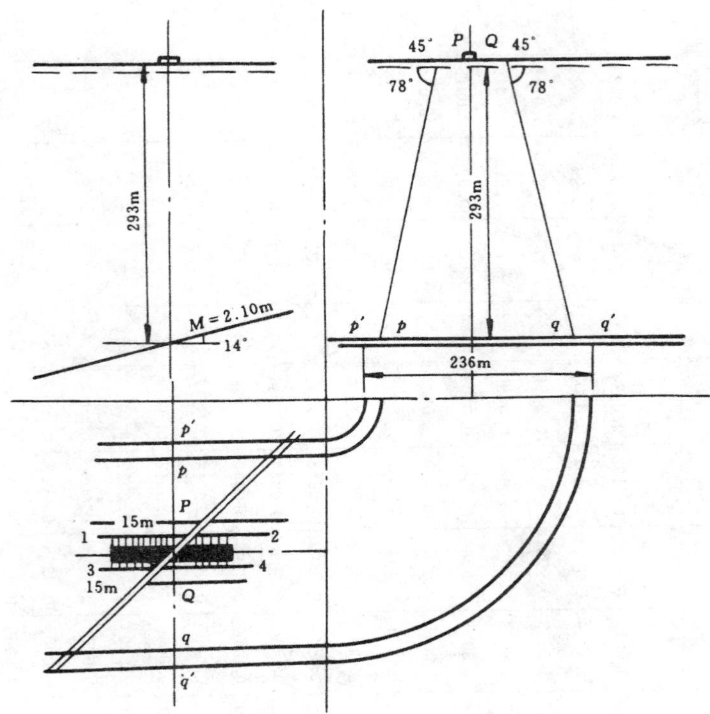

图 1－7－24　铁路立交桥保护煤柱的圈定

(4) 增大按移动角留设的保护煤柱宽度，每侧增加值为$\frac{1}{2}$（236－204）＝16m。增大后的$p'q'$即为保护煤柱宽度。

九、水体安全保护煤柱设计

某矿采区上方有水库一座，水库下方为含水砂砾层，厚 10m；基岩风化带垂深 10m，富水性强；覆岩性质中硬。

该矿地质条件及裂缝角和移动角值见表 1－7－15。

表 1－7－15　某矿地质条件及裂缝角和移动角值

煤层厚度 M (m)	围护带宽度 (m)	煤层倾角 α (°)	开采分层数 n	开采方法	δ'' (°)	φ (°)	δ (°)	γ (°)	β (°)
6.5	15	20	3	倾斜分层长壁下行陷落法	80	45	73	73	61

保护煤柱边界的圈定方法如下（图 1－7－25）：

(1) 由库坝外侧留 15m 宽的围护带，得受护面积边界 $abcd$。元库坝处仅考虑最高洪水位，不另加围护带。

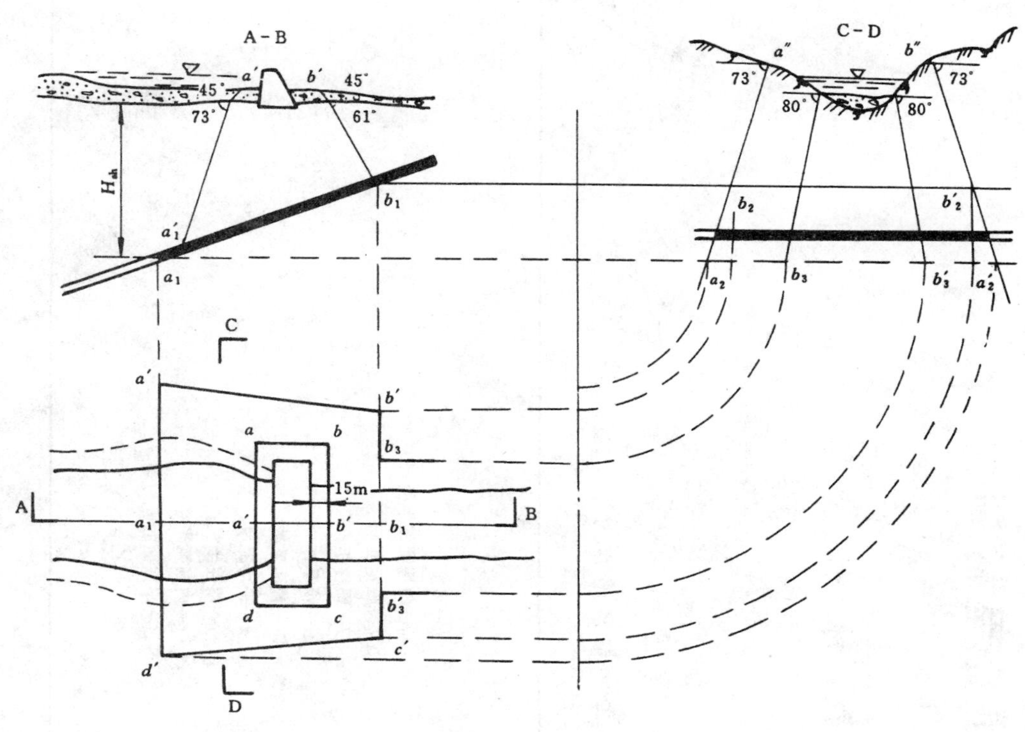

图 1-7-25 水体安全煤柱的圈定

(2) 通过水库底面最低标高处作煤层倾向剖面 $A-B$ 和走向剖面 $C-D$。

(3) 在 $A-B$ 剖面上，由受护边界 a'、b' 点以 $\varphi=45°$ 作直线与基岩面相交。由交点分别以 $\gamma=73°$ 和 $\beta=61°$ 作直线，分别与煤层底板相交于 a'_1、b_1 点。由于水库在煤层下山方向，尚需计算防水安全煤岩柱尺寸 H_{sh}。

导水裂缝带高度 $H_{Li}=\dfrac{100M}{1.6M+3.6}+5.6=\dfrac{100\times6.5}{1.6\times6.5+3.6}+5.6=52\text{m}$

保护层厚度 $H_b=\dfrac{6M}{n}=\dfrac{6\times6.5}{3}=13\text{m}$

基岩风化带深度 $H_{fe}=10\ (\text{m})$

则 $H_{sh}=H_{Li}+H_b+H_{fe}=75\text{m}$

由水库下砂砾层底部最低水平处向下量 75m，其端部水平线与煤层顶板交于 a_1 点。

由于 a_1 点在 a'_1 点下方，故 a_1、b_1 点为倾向剖面上保护煤柱边界。

(4) 在 $C-D$ 剖面上，以最高洪水位 a''、b'' 点为受护面积边界。由 a''、b'' 点以 $\delta=73°$ 作直线，与倾向剖面上 b_1 和 a_1 点的投影相交于 b_2、b'_2 和 a_2、a'_2。

(5) 在河床底部以裂缝角 $\delta''=80°$ 作直线，与煤层底板相交于 b_3、b'_3 点。

(6) 将 b_2、b'_2、b_3、b'_3、a_2、a'_2 投影到平面图上。则 $b_3b'a'd'c'b'_3$ 为水库保护煤柱边界。

第八章 常用工程材料

第一节 钢 铁 材 料

一、各种型钢的型号、规格尺寸、重量及有关参数

（一）热轧普通工字钢（表1—8—1）

表1—8—1 热轧普通工字钢规格尺寸

(GB706—88)

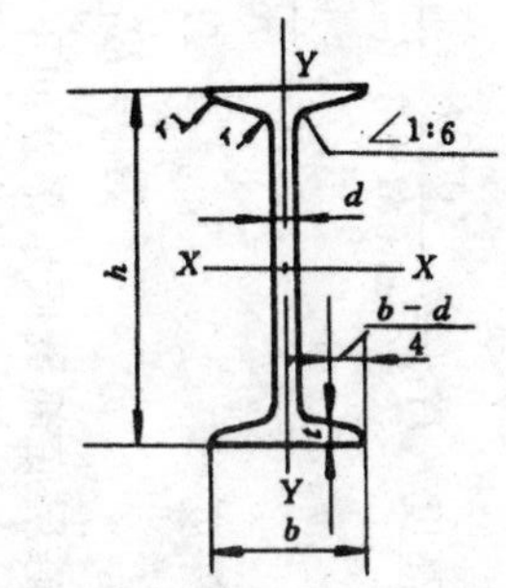

h—高度；
r_1—腿端圆弧半径；
b—腿宽度；
I—惯性矩；
d—腰厚；
W—截面系数；
t—平均腿厚；
i—惯性半径；
r—内圆弧半径；
S—半截面的静力矩

续表

型号	尺寸 (mm)						截面面积 (cm^2)	理论质量 (kg/m)	参考数值						
									X−X				Y−Y		
	h	b	d	t	r	r_1			$I_X(cm^4)$	$W_X(cm^3)$	$i_X(cm)$	$I_X:S_X$	$I_Y(cm^4)$	$W_Y(cm^3)$	$i_Y(cm)$
10	100	68	4.5	7.6	6.5	3.3	14.345	11.261	245	49	4.14	8.59	33.0	9.72	1.52
12.6	126	74	5	8.4	7.0	3.5	18.118	14.223	488	77.5	5.20	10.848	46.9	12.7	1.61
14	140	80	5.5	9.1	7.5	3.8	21.516	16.890	712	102	5.76	12.0	64.4	16.1	1.73
16	160	88	6.0	9.9	8.0	4.0	26.131	20.513	1130	141	6.58	13.8	93.1	21.2	1.89
18	180	94	6.5	10.7	8.5	4.3	30.756	24.143	1660	185	7.36	15.4	122	26.0	2.00
20a	200	100	7.0	11.4	9.0	4.5	35.578	27.929	2370	287	8.15	17.2	158	31.5	2.12
20b	200	102	9.0	11.4	9.0	4.5	39.578	31.069	2500	250	7.96	16.9	169	33.1	2.06
22a	220	110	7.5	12.3	9.5	4.8	42.128	33.070	3400	309	8.99	18.9	225	40.9	2.31
22b	220	112	9.5	12.3	9.5	4.8	46.528	36.524	3570	325	8.78	18.7	239	42.7	2.27
25a	250	116	8	13	10.0	5.0	48.541	38.105	5020	402	10.20	21.6	280	48.3	2.4
25b	250	118	10	13	10.0	5.0	53.541	42.030	5280	423	9.94	21.3	309	52.4	2.4
28a	280	122	8.5	13.7	10.5	5.3	55.404	43.492	7110	508	11.3	24.6	345	56.6	2.50
28b	280	124	10.5	13.7	10.5	5.3	61.004	47.888	7480	534	11.1	24.2	379	61.2	2.49
32a	320	130	9.5	15	11.5	5.8	67.156	52.777	11100	692	12.8	27.5	460	70.8	2.62
32b	320	132	11.5	15	11.5	5.8	73.556	57.741	11600	726	12.6	27.1	502	76	2.61
32c	320	134	13.5	15	11.5	5.8	79.956	62.765	12200	760	12.3	26.8	544	81.2	2.61
36a	360	136	10.0	15.8	12.0	6.0	76.480	60.037	15800	875	14.4	30.7	552	81.2	2.69
36b	360	138	12.0	15.8	12.0	6.0	83.680	65.689	16500	919	14.1	30.3	582	84.3	2.64
36c	360	140	14.0	15.8	12.0	6.0	90.880	71.341	17300	962	13.8	29.9	612	87.4	2.60
40a	400	142	10.5	16.5	12.5	6.3	86.112	67.598	21700	1090	15.9	34.1	660	93.2	2.77
40b	400	144	12.5	16.5	12.5	6.3	94.112	73.878	22800	1140	15.6	33.6	692	96.2	2.71
40c	400	146	14.5	16.5	12.5	6.3	102.112	80.158	23900	1190	15.2	33.2	727	99.6	2.65
45a	450	150	11.5	18.0	13.5	6.8	102.446	80.420	32200	1430	17.7	38.6	855	114	2.89
45b	450	152	13.5	18.0	13.5	6.8	111.446	87.485	33800	1500	17.4	38.0	894	118	2.84

续表

型号	尺寸 (mm)						截面面积 (cm^2)	理论质量 (kg/m)	参考数值						
									X－X				Y－Y		
	h	b	d	t	r	r_1			$I_X(cm^4)$	$W_X(cm^3)$	$i_X(cm)$	$I_X:S_X$	$I_Y(cm^4)$	$W_Y(cm^3)$	$i_Y(cm)$
45c	450	154	15.5	18.0	13.5	6.8	120.446	94.550	35300	1570	17.1	37.6	938	122	2.79
50a	500	158	12.0	20.0	14.0	7.0	119.304	93.654	46500	1860	19.7	42.8	1120	142	3.07
50b	500	160	14.0	20.0	14.0	7.0	129.304	101.504	48600	1940	19.4	42.4	1170	146	3.01
50c	500	162	16.0	20.0	14.0	7.0	139.304	109.354	50600	2080	19	41.8	1220	151	2.96
56a	560	166	12.5	21	14.5	7.3	135.435	106.316	65600	2340	22.0	47.7	1370	165	3.18
56b	560	168	14.5	21	14.5	7.3	146.435	115.108	68500	2450	21.6	47.2	1490	174	3.16
56c	560	170	16.5	21	14.5	7.3	157.835	123.9	71400	2550	21.3	46.7	1560	183	3.16
63a	630	176	13.0	22	15	7.5	154.658	121.407	93900	2980	24.6	54.2	1700	193	3.31
63b	630	178	15.0		15	7.5	167.258	131.298	98100	3160	24.2	53.5	1810	204	3.29
63c	630	180	17.0		15	7.5	180.858	141.189	102000	3300	23.8	52.0	1920	214	3.27
12①	120	74	5.0	8.4	7.0	3.5	17.818	13.987	436	72.7	4.95	10.3	46.9	12.7	1.62
24a①	240	116	8.0	13.0	10.0	5.0	47.741	37.477	4570	381	9.77	20.7	280	48.4	2.42
24b①	240	118	10.0	13.0	10.0	5.0	52.541	41.245	4800	400	9.57	20.4	297	50.4	2.38
27a①	270	122	8.5	13.7	10.5	5.3	54.554	42.825	6550	485	10.9	23.8	345	56.6	2.51
27b①	270	124	10.5	13.7	10.5	5.3	59.954	47.064	6870	509	10.7	22.9	366	58.9	2.47
30a①	300	126	9.0	14.4	11.0	5.5	61.254	48.084	8950	597	12.1	25.7	400	63.5	2.55
30b①	300	128	11.0	14.4	11.0	5.5	67.254	52.794	9400	627	11.8	25.4	422	65.9	2.50
30c①	300	130	13.0	14.4	11.0	5.5	73.254	57.504	9850	657	11.6	26.0	445	68.5	2.46
55a①	550	168	12.5	21.0	14.5	7.3	134.185	105.335	62900	2290	21.6	46.9	1370	164	3.19
55b①	550	168	14.5	21.0	14.5	7.3	145.185	113.970	65600	2390	21.2	46.4	1420	170	3.14
55c①	550	170	16.5	21.0	14.5	7.3	156.185	122.605	68400	2490	20.9	45.8	1480	175	3.08

注：1. 工字钢长度：型号 10～18，长度为 5～19m；型号 20～63，长度为 6～19m。

2. 标注示例：普通碳素钢 Q235—A，尺寸为 400×144×12.5mm 的热轧工字钢，标记为：热轧工字钢 $\frac{400\times144\times12.5\ \text{GB706—88}}{\text{Q235—A}\quad\text{GB700—88}}$。

3. ① 所列工字钢系经供需双方协定方能供应。

(二)热轧轻型工字钢 YB163—63(表 1—8—2)

表 1—8—2 热轧轻型工字钢规格尺寸

h—高度；
b—腿宽；
d—腰厚；
t—平均腿厚；
r—内圆弧半径；
r_1—腿端圆弧半径；
I—惯性矩；
W—截面系数；
i—惯性半径；
S—半截面的静力矩

型号	尺寸 (mm)						截面面积	理论质量	参考数值						
									x—x				y—y		
	h	b	d	t	r	r_1	(cm^2)	(kg/m)	I_x(cm^4)	W_x(cm^3)	i_x(cm)	S_x(cm^3)	I_y(cm^4)	W_y(cm^3)	i_y(cm)
10	100	55	4.5	7.2	7.0	2.5	12.0	9.46	198	39.7	4.06	23.0	17.9	6.49	1.22
12	120	64	4.8	7.3	7.5	3.0	14.7	11.5	350	58.4	4.88	33.7	27.9	8.72	1.38
14	140	73	4.9	7.5	8.0	3.0	17.4	13.7	572	81.7	5.73	46.8	41.9	11.5	1.55
16	160	81	5.0	7.8	8.5	3.5	20.2	15	873	109	6.57	62.3	58.6	14.5	1.70
18	180	90	5.1	8.1	9.0	3.5	23.4	18.4	1290	143	7.42	81.4	82.6	18.4	1.88
18a	180	100	5.1	8.3	9.0	3.5	25.4	19.9	1430	159	7.51	89.8	114	22.8	2.12
20	200	100	5.2	8.4	9.5	4.0	26.8	21.0	1840	181	8.28	104	115	23.1	2.07
20a	200	110	5.2	8.6	9.5	4.0	28.9	22.7	2030	203	8.37	114	155	28.2	2.32
22	220	110	5.4	8.7	10.0	4.0	30.6	24.0	2550	232	9.13	131	157	28.6	2.27
22a	220	120	5.4	8.9	10.0	4.0	32.8	25.8	2790	254	9.22	143	206	34.3	2.50

续表

型号	尺寸(mm)						截面面积 (cm^2)	理论质量 (kg/m)	参考数值						
									$x-x$				$y-y$		
	h	b	d	t	r	r_1			$I_x(cm^4)$	$W_x(cm^3)$	$i_x(cm)$	$S_x(cm^3)$	$I_y(cm^4)$	$W_y(cm^3)$	$i_y(cm)$
24	240	115	5.6	9.5	10.5	4.0	34.8	27.3	3460	289	9.97	163	198	34.5	2.37
24a	240	125	5.6	9.8	10.5	4.0	37.5	29.4	3800	317	10.1	178	260	41.6	2.63
27	270	125	6.0	9.8	11.0	4.5	40.2	31.5	5010	371	11.2	210	260	41.5	2.54
27a	270	135	6.0	10.2	11.0	4.5	43.2	33.9	5500	407	11.3	229	337	50.0	2.80
30	300	135	6.5	10.2	12.0	5.0	46.5	36.5	7080	472	12.3	268	337	49.9	2.69
30a	300	145	6.5	10.7	12.0	5.0	49.9	39.2	7780	518	12.5	292	436	60.1	2.95
33	330	140	7.0	11.2	13.0	5.0	53.8	42.2	9840	597	13.5	339	419	59.9	2.79
36	360	145	7.5	12.3	14.0	6.0	61.9	48.6	13380	743	14.7	423	516	71.1	2.89
40	400	155	8.0	13.0	15.0	6.0	71.4	56.1	18930	947	16.3	540	666	85.9	3.05
45	450	160	8.6	14.2	16.0	7.0	83.0	65.2	27450	1220	18.2	699	807	101	3.12
50	500	170	9.5	15.2	17.0	7.0	97.8	76.8	39290	1570	20.0	905	1040	122	3.26
55	550	180	10.3	16.6	18.0	7.0	114	89.8	55150	2000	22.0	1150	1350	150	3.44
60	600	190	11.1	17.8	20.0	8.0	132	104	75450	2510	23.9	1450	1720	181	3.60
65	650	200	12	19.2	22.0	9.0	153	120	101400	3120	25.8	1800	2170	217	3.77
70	700	210	13	20.8	24.0	10.0	176	138	134600	3840	27.7	2230	2730	260	3.94
70a	700	210	15	24.0	24.0	10.0	202	158	152700	4360	27.5	2550	3240	309	4.01
70b	700	210	17.5	28.2	24.0	10.0	234	184	175370	5010	27.4	2940	3910	373	4.09

（三）热轧普通工字钢连接方式及尺寸（表 1－8－3）

表 1－8－3　热轧普通工字钢连接方式及尺寸　mm

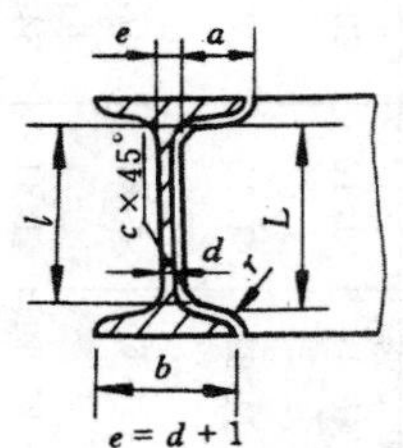

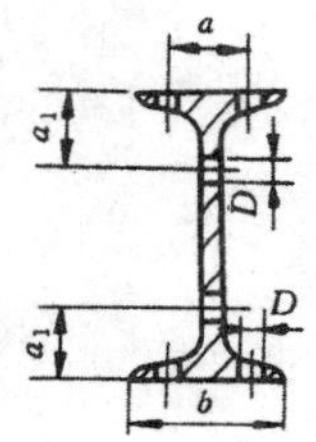

型号	焊接接头尺寸				螺栓、铆钉连接规线						最小弯曲半径			
											热弯		冷弯	
	L	l	a	c	e	b	a	a_1	D	t	R_1	R_2	R_1	R_2
10	88	77	32	4	5.5	68	36	—	12		210	305	815	1200
12.6	106	95	35		6.0	74	40				225	385	890	1510
14	126	113	38	5	6.5	80	44				245	430	960	1680
16	144	130	41		7.0	88	48		14		270	490	1055	1920
18	164	149	44	5	7.5	94	50	45	17		290	555	1130	2160
20a 20b	182	166	47		8.0 10.0	100 102	54	47			305 315	615	1200 1220	2400
22a 22b	202	185	52		8.5 10.5	110 112	60	48			340 345	675	1320 1345	2640
25a 25b	220	202	55		9 11	116 118	65	54	20		355 365	770	1390 1415	2995
28a 28b	248	229	58		9.5 11.5	122 124	66	56			375 380	860	1465 1490	3360
32a 32b 32c	308	288	61	6	10.5 12.5 14.5	130 132 134	75	58	22		400 405 410	985	1560 1585 1610	3840
36a 36b 36c	336	316	64		11.0 13.0 15.0	136 138 140	80	64			420 425 430	1105	1630 1655 1680	4320
40a 40b 40c	376	354	66	7	11.5 13.5 15.5	142 144 146	80	65	24		435 440 450	1230	1705 1730 1750	4800
45a 45b 45c	424	400	70		12.5 14.5 16.5	150 152 154	85	67			460 465 475	1380	1800 1825 1850	5395
50a 50b 50c	472	446	74		13.0 15.0 17.0	158 160 162	90	70			485 490 500	1535	1895 1920 1940	6000
56a 56b 56c	520	494	78	8	13.5 15.5 17.5	166 168 170	94	72	26		510 515 520	1720	1995 2015 2035	6720
63a 63b 63c	590	564	83		14.0 16.0 18.0	176 178 180	95	75			540 545 565	1935	2110 2135 2160	7560

(四)热轧普通槽钢(表 1—8—4)

表 1—8—4 热 轧 普 通 槽 钢

(GB707—88)

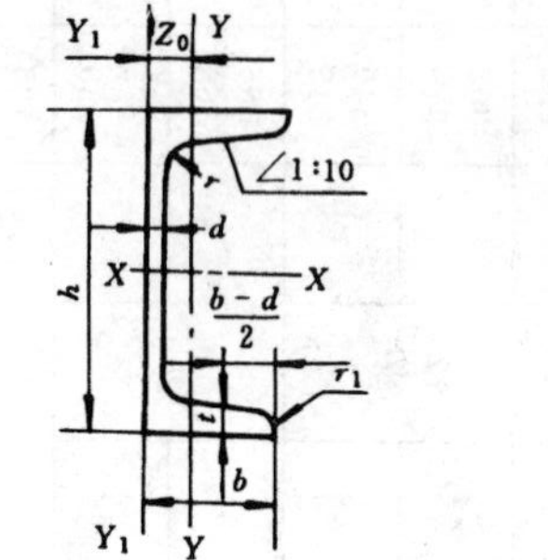

h—高度；
r_1—腿端圆弧半径；
b—腿宽度；
I—惯性矩；
d—腰厚度；
W—截面系数；
t—平均腿厚度；
i—惯性半径；
r—内圆弧半径；
Z_0—YY 轴与 Y_1Y_1 轴间距离

型号	尺寸 (mm)						截面面积 (cm^2)	理论质量 (kg/m)	参考数值							
									X—X			Y—Y			$Y_1—Y_1$	Z_0(cm)
	h	b	d	t	r	r_1			W_X(cm^3)	I_X(cm^4)	i_X(cm)	W_Y(cm^3)	I_Y(cm^4)	i_Y(cm)	I_Y(cm^4)	
5	50	37	4.5	7.0	7.0	3.50	6.928	5.438	10.4	26.0	1.94	3.55	8.3	1.10	20.9	1.35
6.3	63	40	4.8	7.5	7.5	3.75	8.451	6.634	16.1	50.8	2.453	4.50	11.92	1.19	28.4	1.36
8	80	43	5.0	8.0	8.0	4.0	10.248	8.045	25.3	101	3.15	5.79	16.6	1.27	37.4	1.43
10	100	48	5.3	8.5	8.5	4.25	12.748	10.007	39.7	198	3.95	7.80	25.6	1.41	54.9	1.52
12.6	126	53	5.5	9.0	9.0	4.5	15.692	12.318	62.1	391	4.953	10.2	38	1.57	77.1	1.59
14a	140	58	6.0	9.5	9.5	4.75	18.516	14.535	80.5	564	5.52	13.0	53.2	1.70	107	1.71
14b	140	60	8.0	9.5	9.5	4.75	21.316	16.733	87.1	609	5.35	14.1	61.1	1.69	121	1.67

续表

型号	尺寸 (mm)						截面面积 (cm²)	理论质量 (kg/m)	参考数值							
									X−X			Y−Y			Y_1-Y_1	Z_0(cm)
	h	b	d	t	r	r_1			W_X(cm³)	I_X(cm⁴)	i_X(cm)	W_Y(cm³)	I_Y(cm⁴)	i_Y(cm)	I_Y(cm⁴)	
16a	160	63	6.5	10.0	10.0	5.0	21.962	17.240	108	866	6.28	16.30	73.3	1.83	144	1.80
16	160	65	8.5	10.0	10.0	5.0	25.162	19.752	117	935	6.10	17	83.4	1.82	161	1.75
18a	180	68	7.0	10.5	10.5	5.25	25.699	20.174	141	1270	7.04	20.0	98.6	1.96	190	1.88
18	180	70	9.0	10.5	10.5	5.25	29.299	23.000	152	1370	6.84	21.5	111	1.95	210	1.84
20a	200	73	7.0	11.0	11.0	5.5	28.837	22.637	178	1780	7.86	24.2	128	2.11	244	2.01
20	200	75	9.0	11.0	11.0	5.5	32.831	25.777	191	1910	7.64	25.9	144	2.09	268	1.95
22a	220	77	7.0	11.5	11.5	5.75	31.846	24.999	218	2390	8.67	28.2	158	2.23	298	2.10
22	220	79	9.0	11.5	11.5	5.75	39.246	28.453	234	2570	8.42	30.1	176	2.21	326	2.03
25a	250	78	7.0	12	12	6	34.917	27.410	270	3370	9.82	30.6	176	2.24	322	2.07
25b	250	80	9.0	12	12	6	39.917	31.335	282	3530	9.41	32.7	196	2.22	353	1.98
25c	250	82	11.0	12	12	6	44.917	35.260	295	3690	9.07	35.9	218	2.21	384	1.92
28a	280	82	7.5	12.5	12.5	6.25	40.034	31.427	340	4760	10.9	35.7	218	2.33	388	2.10
28b	280	84	9.5	12.5	12.5	6.25	45.634	35.823	366	5130	10.6	37.9	242	2.30	428	2.02
28c	280	86	11.5	12.5	12.5	6.25	51.234	40.219	393	5500	10.4	40.3	268	2.29	463	1.95
32a	320	88	8.0	14	14	7	48.513	38.083	475	7600	12.5	46.5	305	2.50	552	2.24
32b	320	90	10.0	14	14	7	54.913	43.107	509	8140	12.2	49.2	336	2.47	593	2.16
32c	320	92	12.0	14	14	7	61.313	48.131	543	8690	11.9	52.6	374	2.47	643	2.09
36a	360	96	9.0	16	16	8	60.910	47.814	660	11900	14.0	63.5	455	2.73	818	2.44

续表

型号	尺寸 (mm)						截面面积 (cm²)	理论质量 (kg/m)	参考数值							
									X—X			Y—Y			Y_1-Y_1	Z_0(cm)
	h	b	d	t	r	r_1			W_X(cm³)	I_X(cm⁴)	i_X(cm)	W_Y(cm³)	I_Y(cm⁴)	i_Y(cm)	I_Y(cm⁴)	
36b	360	98	11.0	16	16	8	68.110	53.466	703	12700	13.6	66.9	497	2.70	880	2.37
36c	360	100	13.0	16	16	8	75.310	59.118	746	13400	13.4	70.0	536	2.67	948	2.34
40a	400	100	10.5	18	18	9	75.068	58.928	879	17600	15.3	78.8	592	2.81	1070	2.49
40b	400	102	12.5	18	18	9	83.068	65.208	932	18600	15.0	82.5	640	2.78	1140	2.44
40c	400	104	14.5	18	18	9	91.068	71.488	986	19700	14.7	86.1	688	2.75	1220	2.42
6.5①	65	40	4.8	7.5	7.5	3.75	8.547	6.709	17.0	55.2	2.54	4.59	12.0	1.19	28.3	1.38
12①	120	53	5.5	9.0	9.0	4.5	15.362	12.059	57.7	346	4.75	10.2	37.4	1.56	77.7	1.62
24a①	240	78	7.0	12.0	12.0	6.0	34.217	26.86	254	3050	9.45	30.5	174	2.25	325	2.10
24b①	240	80	9.0	12.0	12.0	6.0	39.017	30.628	274	3280	9.17	32.5	194	2.23	355	2.03
24c①	240	82	11.0	12.0	12.0	6.0	43.817	34.396	293	3570	8.96	34.4	213	2.21	388	2.00
27a①	270	82	7.5	12.5	12.5	6.25	39.284	30.838	323	4360	10.5	35.5	216	2.34	393	2.13
27b①	270	84	9.5	12.5	12.5	6.25	44.684	35.077	347	4690.1	10.3	37.7	239	2.31	428	2.06
27c①	270	86	11.5	12.5	12.5	6.25	50.084	39.316	372	5018.1	10.1	39.8	261	2.28	467	2.03
30a①	300	85	7.5	13.5	13.5	6.75	43.902	34.463	403	6047.9	11.7	41.1	260	2.43	467	2.17
30b①	300	87	9.5	13.5	13.5	6.75	49.902	39.173	433	6497.9	11.4	44.0	289	2.41	515	2.13
30c①	300	89	11.5	13.5	13.5	6.75	55.902	43.883	463	6947.9	11.2	46.4	316	2.38	560	2.09

注：1. 槽钢的长度：

型号	5～8	10～18	20～40
长度	5～12m	5～19m	6～19m

2. 标记示例：普通碳素钢 Q235—A，尺寸为 180×68×7mm 的热轧槽钢标记为：热轧槽钢$\dfrac{180\times68\times7\quad \text{GB707—88}}{\text{Q235—}A\quad \text{GB700—88}}$。

3. ① 表示此种型号经供需双方协议方可供应。

（五）热轧轻型槽钢 YB164—63（表 1—8—5）

表 1—8—5　热轧轻型槽钢

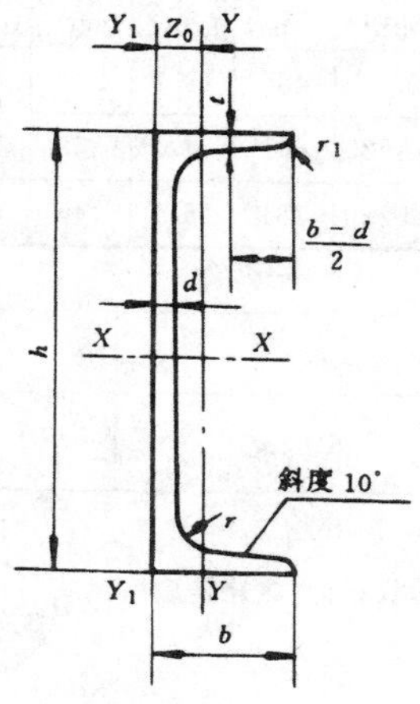

h—高度；
b—腿宽；
d—腰厚；
t—平均腿厚；
r—内圆弧半径；
Z_0—重心距离；
r_1—腿端圆弧半径；
I—惯性矩；
W—截面系数；
i—惯性半径；
S—半截面的静力矩

型号	尺寸(mm)						截面面积 (cm²)	理论质量 (kg/m)	参考数值								
									x—x				y—y			Z_0 (cm)
	h	b	d	t	r	r_1			I_x (cm⁴)	W_x (cm³)	i_x (cm)	S_x (cm³)	I_y (cm⁴)	W_y (cm³)	i_y (cm)	
5	50	32	4.4	7.0	6.0	2.5	6.16	4.84	22.8	9.10	1.92	5.59	5.61	2.75	0.954	1.16
6.5	65	36	4.4	7.2	6.0	2.5	7.512	5.90	48.6	15.0	2.54	9.00	8.70	3.68	1.08	1.24
8	80	40	4.5	7.4	6.5	2.5	8.98	7.05	89.4	22.4	3.16	13.3	12.8	4.75	1.19	1.31
10	100	46	4.5	7.6	7.0	3.0	10.90	8.59	174	34.8	3.99	20.4	20.4	6.46	1.37	1.44
12	120	52	4.8	7.8	7.5	3.0	13.30	10.4	304	50.6	4.78	29.6	31.2	8.52	1.53	1.54
14	140	58	4.9	8.1	8.0	3.0	15.60	12.3	491	70.2	5.60	40.8	45.4	11.0	1.70	1.67
14a	140	62	4.9	8.7	8.0	3.0	17.00	13.3	545	77.8	5.66	45.1	57.5	13.3	1.84	1.87
16	160	64	5.0	8.4	8.5	3.5	18.10	14.2	747	93.4	6.42	54.1	63.3	13.8	1.87	1.80
16a	160	68	5.0	9.0	8.5	3.5	19.50	15.3	823	103	6.49	59.4	78.8	16.4	2.01	2.00
18	180	70	5.1	8.7	9.0	3.5	20.70	16.3	1090	121	7.24	69.8	86.0	17.0	2.04	1.94
18a	180	74	5.1	9.3	9.0	3.5	22.20	17.4	1190	132	7.32	76.1	105	20.0	2.18	2.13
20	200	76	5.2	9.0	9.5	4.0	23.4	18.4	1520	152	8.07	87.8	113	20.5	2.20	2.07
20a	200	80	5.2	9.7	9.5	4.0	25.2	19.8	1670	167	8.15	95.9	139	24.2	2.35	2.28
22	220	82	5.4	9.5	10.0	4.0	26.7	21.0	2110	192	8.89	110	151	25.1	2.37	2.21
22a	220	87	5.4	10.2	10.0	4.0	28.8	22.6	2330	211	8.99	121	187	30.0	2.55	2.46
24	240	90	5.6	10.0	10.5	4.0	30.6	24.0	2900	242	9.73	139	208	31.6	2.60	2.42
24a	240	95	5.6	10.7	10.5	4.0	32.9	25.8	3180	265	9.84	151	254	37.2	2.78	2.67
27	270	95	6.0	10.5	11	4.5	35.2	27.7	4160	308	10.9	178	262	37.3	2.73	2.47
30	300	100	6.5	11.0	12	5	40.5	31.8	5180	387	12.0	224	327	43.6	2.84	2.52

续表

型号	尺寸(mm)						截面面积 (cm²)	理论质量 (kg/m)	参考数值							
									$x-x$				$y-y$			Z_0 (cm)
	h	b	d	t	r	r_1			I_x (cm⁴)	W_x (cm³)	i_x (cm)	S_x (cm³)	I_y (cm⁴)	W_y (cm³)	i_y (cm)	
33	330	105	7.0	11.7	13	5	46.5	36.5	7980	484	13.1	281	410	51.8	2.97	2.59
36	360	110	7.5	12.6	14	6	53.4	41.9	10820	601	14.2	350	513	61.7	3.10	2.68
40	400	115	8.0	13.5	15	6	61.5	48.3	15220	761	15.7	444	642	73.4	3.23	2.75

注：1. 长度：

型号	5～8	10～18	20～40
长度(m)	5～12	5～19	6～19

2. 标记示例：

Q235 碳素结构钢 A 级沸腾钢 180×70×5.1 热轧轻型槽钢的标记为：热轧轻型槽钢$\frac{180\times70\times5.1—YB164—63}{Q235—A\cdot F—GB700—88}$。

(六) 热轧普通槽钢连接方式及尺寸(表 1—8—6)

表 1—8—6 热轧普通槽钢连接方式及尺寸 mm

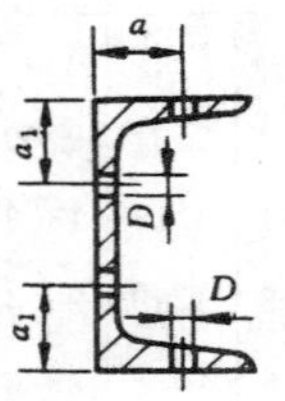

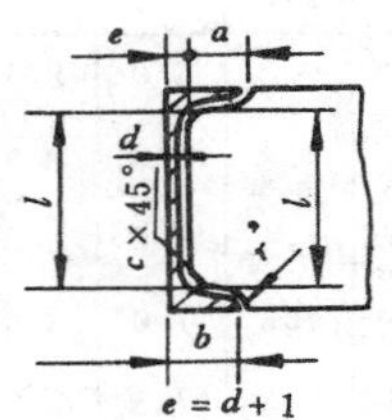

型号	焊接接头尺寸					螺栓、铆钉连接规线					最小弯曲半径					
											热弯			冷弯		
	L	l'	a	c	e	b	a	a_1	D	t	R_1	R_2	R_3	R_1	R_2	R_3
5	38	31	33	3	5.5	37	21	—	12		155	145	155	575	565	600
6.3	51	43	36	4	5.8	40	22				175	160	195	645	635	755
8	66	58	38	5	6.0	43	25	29	14		190	175	245	700	685	960
10	86	77	43		6.3	48	28	30			220	200	305	805	790	1200
12.6	104	94	48	6	6.5	53	30	34	18		250	230	385	910	890	1510
14a	124	114	52		7.0	58	35	36			270	250	430	1005	980	1680
14b					9.0	60					295	265		1065	1010	
16a	144	133	57		7.5	63	36	39	20		305	275	490	1105	1080	1920
16					9.5	65					320	290		1170	1140	
18a	162	150	61		8.0	68	38	40			335	305	555	1210	1180	2160
18					10.0	70					350	315		1270	1240	

续表

型号	焊接接头尺寸					螺栓、铆钉连接规线					最小弯曲半径					
											热弯			冷弯		
	L	l'	a	c	e	b	a	a_1	D	t	R_1	R_2	R_3	R_1	R_2	R_3
20a	182	169	66	7	8.0	73	40	41	22		360	325	615	1300	1270	2400
20					10.0	75					375	340		1370	1335	
22a	200	186	70		8.0	77	42	43			380	345	675	1380	1345	2640
22					10.0	79					400	360		1450	1410	
a	230	215	72	7	8	78	45	46	26		390	350	770	1415	1380	2995
25b					10	80					410	370		1485	1445	
c					12	82					430	385		1550	1505	
a	258	242	76		8.5	82	46	48			415	375	860	1505	1465	3360
28b					10.5	84					445	400		1575	1530	
c					12.5	86					455	410		1640	1595	
a	296	278	80	8	9	88	49	50			445	405	985	1620	1575	3840
32b					11	90					455	420		1690	1640	
c					13	92					485	435		1770	1710	
a	334	316	88	9	11.0	96	55	55	30		490	445	1105	1775	1720	4320
36b					12.0	98					505	455		1835	1795	
c					14.0	100					525	470		1890	1840	
a	370	352	90	10	11.5	100	60	59			515	460	1230	1855	1805	4800
40b					13.5	102					530	475		1915	1860	
c					15.5	104					555	490		1970	1915	

（七）等边弯曲槽钢（表1—8—7）

表1—8—7 等边弯曲槽钢（$h=b$）的形状及截面尺寸

（YB98—63）

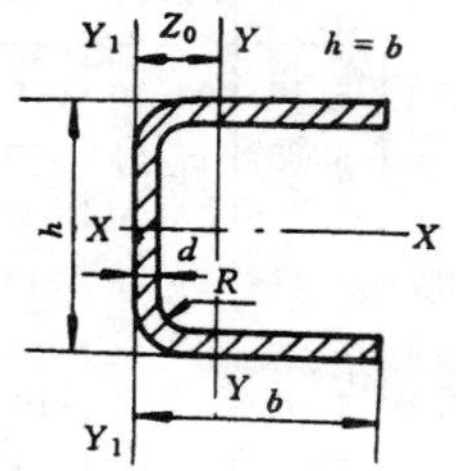

h—截面高度；
I—惯性矩；
b—腿宽；
W—截面系数；
d—截面厚度；
r—惯性半径；
R—内圆弧半径；
Z_0—轴心距离

型号	尺寸 (mm)				截面面积 (cm^2)	理论质量 (kg/m)	参考数值							
							$X-X$			$Y-Y$			Y_1-Y_1	Z_0 (cm)
	h	b	d	R			W_X (cm^3)	I_X (cm^4)	r_X (cm)	W_Y (cm^3)	I_Y (cm^4)	r_Y (cm)	I_{Y1} (cm^4)	
1.6	16	16	2.0	2.0	0.83	0.65	0.39	0.31	0.61	0.20	0.20	0.49	0.54	0.64
2.0	20	20	2.0	2.0	1.07	0.84	0.87	0.67	0.79	0.34	0.42	0.86	1.05	0.77

续表

型号	尺寸(mm)				截面面积 (cm^2)	理论质量 (kg/m)	参考数值							
							$X-X$			$Y-Y$			Y_1-Y_1	Z_0
	h	b	d	R			W_X (cm^3)	I_X (cm^4)	r_X (cm)	W_Y (cm^3)	I_Y (cm^4)	r_Y (cm)	I_{Y1} (cm^4)	(cm)
2.5	25	25	2.0	2.0	1.37	1.07	1.12	1.40	1.01	0.56	0.87	0.80	2.08	0.94
	25	25	2.5	2.5	1.67	1.31	1.30	1.63	0.99	0.68	1.04	0.79	2.61	0.97
3.2	32	32	2.0	2.0	1.79	1.40	1.95	3.12	1.32	0.94	1.91	1.03	4.36	1.17
	32	32	2.5	2.5	2.19	1.72	2.32	3.71	1.30	1.15	2.30	1.02	5.51	1.21
	32	32	3.0	3.0	2.58	2.02	2.64	4.22	1.28	1.35	2.66	1.01	6.56	1.23
4.0	40	40	2.0	2.0	2.27	1.78	3.18	6.36	1.67	1.50	3.83	1.30	8.54	1.44
	40	40	2.5	2.5	2.79	2.19	3.81	7.63	1.65	1.84	4.66	1.29	10.69	1.47
	40	40	3.0	3.0	3.30	2.59	4.39	8.78	1.63	2.18	5.45	1.28	12.87	1.50
5.0	50	50	2.0	2.0	2.87	2.25	5.14	12.84	2.11	2.36	7.64	1.63	16.63	1.77
	50	50	2.5	2.5	3.54	2.78	6.21	15.52	2.09	2.92	9.35	1.62	20.82	1.80
	50	50	3.0	3.0	4.20	3.30	7.21	18.03	2.07	3.46	10.97	1.61	25.04	1.83
6.0	60	60	2.0	2.0	3.46	2.72	7.56	22.67	2.56	3.43	13.41	1.96	28.81	2.11
	60	60	2.5	2.5	4.29	3.37	9.19	27.58	2.54	4.26	16.46	1.96	36.11	2.14
	60	60	3.0	3.0	5.10	4.00	10.68	32.05	2.51	5.05	19.39	1.95	43.18	2.16
	60	60	4.0	4.0	6.67	5.23	13.52	40.56	2.46	6.58	24.87	1.93	57.74	2.22
8.0	80	80	2.0	2.0	4.67	3.67	13.68	55.19	3.44	6.19	32.37	2.63	68.20	2.77
	80	80	2.5	2.5	5.79	4.54	16.90	67.62	3.42	7.69	39.91	2.62	85.52	2.81
	80	80	3.0	3.0	6.90	5.42	19.88	79.52	3.39	9.14	47.25	2.62	102.5	2.83
	80	80	4.0	4.0	9.07	7.12	25.45	101.8	3.35	11.97	61.28	2.60	136.5	2.88
	80	80	5.0	5.0	11.18	8.78	30.52	122.09	3.30	14.72	74.48	2.58	171.12	2.94
10.0	100	100	2.0	2.0	5.87	4.61	21.01	109.54	4.32	9.74	63.91	3.30	133.4	3.44
	100	100	2.5	2.5	7.29	5.72	26.95	134.75	4.30	12.10	79.02	3.29	166.8	3.47
	100	100	3.0	3.0	8.70	6.83	31.83	159.13	4.28	14.43	93.86	3.28	200.4	3.50
	100	100	4.0	4.0	11.47	9.00	41.08	205.42	4.23	18.97	122.37	3.27	266.92	3.55
	100	100	5.0	5.0	14.18	11.13	49.70	248.52	4.19	22.26	142.43	3.17	326.18	3.60
12.0	120	120	2.0	2.0	7.07	5.55	31.88	191.3	5.20	14.10	111.21	3.96	230.64	4.11
	120	120	2.5	2.5	8.79	6.90	39.33	236.0	5.18	17.51	137.8	3.96	287.7	4.13
	120	120	3.0	3.0	10.50	8.24	46.59	279.6	5.16	20.90	163.9	3.95	345.6	4.16
	120	120	4.0	4.0	13.87	10.89	60.45	362.7	5.11	27.58	214.6	3.93	461.6	4.22
	120	120	5.0	5.0	17.18	13.49	73.55	441.3	5.06	34.34	263.4	3.92	585.5	4.33
	120	120	6.0	6.0	20.42	16.03	85.89	515.3	5.02	40.40	310.24	3.90	693.09	4.33
16.0	160	160	2.0	2.0	9.47	7.43	57.43	459.5	6.96	25.00	266.0	5.30	546.2	5.44
	160	160	2.5	2.5	11.79	9.25	71.08	568.7	6.94	31.36	330.2	5.29	683.0	5.47
	160	160	3.0	3.0	14.10	11.07	84.46	675.7	6.90	37.49	393.6	5.28	820.2	5.50
	160	160	4.0	4.0	18.67	14.66	110.39	883.1	6.88	49.56	517.9	5.27	1092.9	5.55
	160	160	5.0	5.0	23.18	18.20	135.24	1081.9	6.83	61.41	638.6	5.25	1365.5	5.60
	160	160	6.0	6.0	27.62	21.68	159.05	1272.4	6.79	73.12	756.01	5.23	1640.8	5.66

注:用于支撑结构的宽厚比大于16的型钢,它的计算数据应根据需方专门规程的规定。

（八）热轧等边角钢（GB9787—88）（表 1—8—8）

表 1—8—8 等边角钢尺寸、截面面积、理论值及参考数值

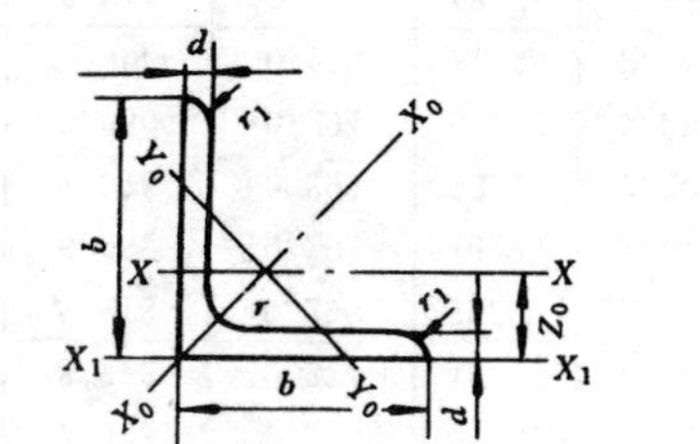

b—边宽；
d—边厚；
r—内圆弧半径；
r_1—边端内弧半径，$r_1=\frac{1}{3}d$；
I—惯性矩；
W—截面系数；
i—惯性半径；
Z_0—重心距离

型号	尺寸 (mm)			截面面积 (cm²)	理论质量 (kg/m)	外表面积 (m²/m)	参考数值										
							$X-X$			X_0-X_0			Y_0-Y_0			X_1-X_1	Z_0 (cm)
	b	d	r				I_X (cm⁴)	i_X (cm)	W_X (cm³)	I_{X_0} (cm⁴)	i_{X_0} (cm)	W_{X_0} (cm³)	I_{Y_0} (cm⁴)	i_{Y_0} (cm)	W_{Y_0} (cm³)	I_{X_1} (cm⁴)	
2	20	3	3.5	1.132	0.889	0.078	0.40	0.59	0.29	0.63	0.75	0.45	0.17	0.39	0.20	0.81	0.60
		4		1.459	1.145	0.077	0.50	0.58	0.36	0.78	0.73	0.55	0.22	0.38	0.24	1.09	0.64
2.5	25	3		1.432	1.124	0.098	0.82	0.76	0.46	1.29	0.95	0.73	0.34	0.40	0.33	1.57	0.73
		4		1.859	1.459	0.097	1.03	0.74	0.50	1.62	0.93	0.92	0.43	0.48	0.40	2.11	0.76
3.0	30	3	4.5	1.749	1.373	0.117	0.46	0.91	0.68	2.31	1.15	1.09	0.61	0.59	0.51	2.71	0.85
		4		2.276	1.786	0.117	1.84	0.90	0.87	2.92	1.13	1.37	0.77	0.58	0.62	3.63	0.89
3.6	36	3		2.109	1.656	0.141	2.58	1.11	0.99	1.09	1.39	1.61	1.07	0.71	0.76	4.68	1.00
		4		2.756	2.163	0.141	3.29	1.09	1.28	5.22	1.38	2.05	1.37	0.70	0.93	6.25	1.04
		5		3.382	2.654	0.141	3.95	1.08	1.56	6.24	1.36	2.45	1.65	0.70	1.09	7.84	1.07
4	40	3	5	2.359	1.852	0.157	3.59	1.23	1.23	5.69	1.55	2.01	1.49	0.79	0.96	6.41	1.09
		4		3.086	2.422	0.157	4.60	1.22	1.60	7.29	1.54	2.58	1.91	0.79	1.19	8.56	1.13
		5		3.791	2.976	0.156	5.53	1.21	1.96	8.76	1.52	3.10	2.30	0.78	1.39	10.74	1.17
4.5	45	3		2.659	2.088	0.177	5.17	1.40	1.58	8.20	1.76	2.58	2.14	0.89	1.24	9.12	1.22
		4		3.486	2.736	0.177	6.65	1.38	2.05	10.56	1.74	3.32	2.75	0.89	1.54	12.18	1.26
		5		4.292	3.369	0.176	8.04	1.37	2.51	12.74	1.72	4.00	3.33	0.88	1.81	15.2	1.30
		6		5.076	3.985	0.176	9.33	1.36	2.95	14.76	1.70	4.64	3.89	0.88	2.06	18.36	1.33

续表

型号	尺寸 (mm)			截面面积 (cm²)	理论质量 (kg/m)	外表面积 (m²/m)	参考数值										
							$X-X$			X_0-X_0			Y_0-Y_0			X_1-X_1	Z_0 (cm)
	b	d	r				I_X (cm⁴)	i_X (cm)	W_X (cm³)	I_{X_0} (cm⁴)	i_{X_0} (cm)	W_{X_0} (cm³)	I_{Y_0} (cm⁴)	i_{Y_0} (cm)	W_{Y_0} (cm³)	I_{X_1} (cm⁴)	
5	50	3	5.5	2.971	2.332	0.197	7.18	1.55	1.96	11.37	1.96	3.22	2.98	1.00	1.57	12.50	1.34
		4		3.897	3.059	0.197	9.26	1.54	2.56	14.70	1.94	4.16	3.82	0.99	1.96	16.69	1.38
		5		4.803	3.770	0.196	11.21	1.53	3.13	17.79	1.92	5.03	4.64	0.98	2.31	20.90	1.42
		6		5.688	4.465	0.196	13.05	1.52	3.68	20.68	1.91	5.85	5.42	0.98	2.63	25.14	1.46
5.6	56	3	6	3.343	2.624	0.221	10.19	1.75	2.48	16.14	2.20	4.08	4.24	1.13	2.02	17.56	1.48
		4		4.390	3.446	0.220	13.18	1.73	3.24	20.92	2.18	5.28	5.46	1.11	2.52	23.43	1.53
		5		5.415	4.251	0.220	16.02	1.72	3.97	25.42	2.17	6.42	6.61	1.10	2.98	29.33	1.57
		8		8.367	6.568	0.219	23.63	1.68	6.03	37.37	2.11	9.44	9.89	1.09	4.16	47.24	1.68
6.3	63	4	7	4.978	3.907	0.248	19.03	1.96	4.13	30.17	2.46	6.78	7.89	1.26	3.29	33.35	1.70
		5		6.143	4.822	0.248	23.17	1.94	5.08	36.77	2.45	8.25	9.57	1.25	3.90	41.73	1.74
		6		7.288	5.721	0.247	27.12	1.93	6.00	43.03	2.43	9.66	11.20	1.24	4.46	50.14	1.78
		8		0.515	7.469	0.247	34.46	1.90	7.75	54.56	2.40	12.25	14.33	1.23	5.47	67.11	1.85
		10		11.657	9.151	0.246	41.09	1.88	9.39	64.85	2.36	14.56	17.33	1.22	6.36	84.31	1.93
7	70	4	8	5.570	4.372	0.275	26.39	2.18	5.14	41.80	2.74	8.44	10.99	1.40	4.17	45.74	1.86
		5		6.875	5.397	0.275	32.21	2.16	6.32	51.08	2.73	10.32	13.34	1.39	4.95	57.21	1.91
		6		8.160	6.406	0.275	37.77	2.15	7.48	59.93	2.71	12.11	15.61	1.38	5.67	68.73	1.95
		7		9.424	7.398	0.275	43.09	2.14	8.59	68.35	2.69	13.81	17.82	1.38	6.34	80.29	1.99
		8		10.667	8.373	0.274	48.17	2.12	9.68	76.37	2.68	15.43	19.98	1.37	6.98	91.92	2.03
7.5	75	5	9	7.412	5.818	0.295	39.97	2.33	7.32	63.30	2.92	11.94	16.63	1.50	5.77	70.56	2.04
		6		8.797	6.905	0.294	46.95	2.31	8.64	74.38	2.90	14.02	19.51	1.49	6.67	84.55	2.07
		7		10.160	7.976	0.294	53.57	2.30	9.93	84.96	2.89	16.02	22.18	1.48	7.44	98.71	2.11
		8		11.503	9.030	0.294	59.96	2.28	11.20	95.07	2.88	17.93	24.86	1.47	8.19	112.97	2.15
		10		14.126	11.089	0.293	71.98	2.26	13.64	113.92	2.84	21.48	30.05	1.46	9.56	141.71	2.22
8	80	5		7.912	6.211	0.315	48.79	2.48	8.34	77.33	3.13	13.67	20.25	1.60	6.66	85.36	2.15
		6		9.397	7.376	0.314	57.35	2.47	9.87	90.98	3.11	16.08	23.72	1.59	7.65	102.50	2.19
		7		10.860	8.525	0.314	65.58	2.46	11.37	104.07	3.10	18.40	27.09	1.58	8.58	119.70	2.23
		8		12.303	9.658	0.314	73.49	2.44	12.83	116.60	3.08	20.61	30.39	1.57	9.46	136.97	2.27
		10		15.126	11.874	0.313	88.43	2.42	15.64	140.09	3.04	24.76	36.77	1.56	11.08	171.74	2.35

续表

型号	尺寸 (mm)			截面面积	理论质量	外表面积	参考数值										
							$X-X$			X_0-X_0			Y_0-Y_0			X_1-X_1	Z_0
	b	d	r	(cm^2)	(kg/m)	(m^2/m)	I_X (cm^4)	i_X (cm)	W_X (cm^3)	I_{X_0} (cm^4)	i_{X_0} (cm)	W_{X_0} (cm^3)	I_{Y_0} (cm^4)	i_{Y_0} (cm)	W_{Y_0} (cm^3)	I_{X_1} (cm^4)	(cm)
		6		10.637	8.350	0.354	82.77	2.79	12.61	131.26	3.51	20.63	34.28	1.80	9.95	145.87	2.44
		7		12.301	9.656	0.354	94.83	2.78	14.54	150.47	3.50	23.64	39.18	1.78	11.19	170.30	2.48
9	90	8	10	13.944	10.946	0.353	106.47	2.76	16.42	168.97	3.48	26.55	43.97	1.78	12.35	194.80	2.52
		10		17.167	13.476	0.353	128.58	2.74	20.07	203.90	3.45	32.04	53.26	1.76	14.52	244.07	2.59
		12		20.306	15.940	0.352	149.22	2.71	23.57	236.21	3.41	37.12	62.22	1.75	16.49	293.76	2.67
		6		11.932	9.366	0.393	114.95	3.10	15.68	181.98	3.90	25.74	47.92	2.00	12.69	200.07	2.67
		7		13.796	10.830	0.393	131.86	3.09	18.10	208.97	3.89	29.55	54.74	1.99	14.26	233.54	2.71
		8		15.638	12.276	0.393	148.24	3.08	20.47	235.07	3.88	33.24	61.41	1.98	15.75	267.09	2.76
10	100	10		19.261	15.120	0.392	179.51	3.05	25.06	284.68	3.84	40.26	74.35	1.96	18.51	334.48	2.84
		12		22.800	17.898	0.391	208.90	3.03	29.48	330.95	3.81	46.80	86.84	1.95	21.08	402.34	2.91
		14		26.256	20.611	0.391	236.53	3.00	33.73	374.06	3.77	52.90	99.00	1.94	23.44	470.75	2.99
		16	12	29.627	23.257	0.390	262.53	2.98	37.82	414.16	3.74	58.57	110.89	1.94	25.63	539.80	3.06
		7		15.196	11.928	0.433	177.16	3.41	22.05	280.04	4.30	36.12	73.38	2.20	17.51	310.64	2.96
		8		17.238	13.532	0.433	199.46	3.40	24.95	316.49	4.28	40.69	82.42	2.19	19.39	355.20	3.01
11	110	10		21.261	16.690	0.432	242.19	3.38	30.60	384.39	4.25	49.42	99.98	2.17	22.91	444.65	3.09
		12		25.200	19.782	0.431	282.55	3.35	36.05	448.17	4.22	57.62	116.93	2.15	26.15	534.60	3.16
		14		29.056	22.809	0.431	320.71	3.32	41.31	508.01	4.18	65.31	133.40	2.14	29.14	625.16	3.24

续表

型号	尺寸 (mm)			截面面积 (cm²)	理论质量 (kg/m)	外表面积 (m²/m)	参考数值										
							X−X			X_0-X_0			Y_0-Y_0			X_1-X_1	Z_0 (cm)
	b	d	r				I_X (cm⁴)	i_X (cm)	W_X (cm³)	I_{X_0} (cm⁴)	i_{X_0} (cm)	W_{X_0} (cm³)	I_{Y_0} (cm⁴)	i_{Y_0} (cm)	W_{Y_0} (cm³)	I_{X_1} (cm⁴)	
12.5	125	8	14	19.750	15.504	0.492	297.03	3.88	32.52	470.89	4.88	53.28	123.16	2.50	25.86	521.01	3.37
		10		24.373	19.133	0.491	361.67	3.85	39.97	573.89	4.85	64.93	149.40	2.48	30.62	651.93	3.45
		12		28.912	22.696	0.491	423.16	3.83	41.17	671.44	4.82	75.96	174.88	2.46	35.03	783.42	3.53
		14		38.367	26.193	0.490	481.65	3.80	54.16	763.73	4.78	86.41	199.57	2.45	39.13	915.61	3.61
14	140	10		27.373	21.488	0.551	514.65	4.34	50.58	817.27	5.46	82.56	212.04	2.78	39.20	915.11	3.82
		12		32.512	25.522	0.551	603.68	4.31	59.80	958.79	5.43	96.85	248.57	2.76	45.02	1099.28	3.90
		14		37.567	29.490	0.550	688.81	4.28	68.75	1093.56	5.40	110.47	284.06	2.75	50.45	1284.22	3.98
		16		42.539	33.393	0.549	770.24	4.26	77.46	1221.81	5.36	123.42	318.67	2.74	55.55	1470.07	4.06
16	160	10	16	31.502	24.729	0.630	779.53	4.98	66.70	1237.30	6.27	109.36	321.76	3.20	52.76	1365.33	4.31
		12		37.441	29.391	0.630	916.58	4.95	78.98	1455.68	6.24	128.67	377.49	3.18	60.74	1639.57	4.39
		14		43.296	33.987	0.629	1048.36	4.92	90.95	1665.02	6.20	147.17	431.70	3.16	68.24	1914.68	4.47
		16		49.067	38.518	0.629	1175.08	4.89	102.63	1865.57	6.17	164.89	484.59	3.14	75.31	2190.82	4.55
18	180	12		42.241	33.159	0.710	1321.35	5.59	100.82	2100.10	7.05	165.00	542.61	3.58	78.41	2332.80	4.89
		14		48.896	38.383	0.709	1514.48	5.56	116.25	2407.42	7.02	189.14	621.53	3.56	88.38	2723.48	4.97
		16		55.467	43.542	0.709	1700.99	5.54	131.13	2703.37	6.98	212.40	698.60	3.55	97.83	3115.29	5.05
		18		51.955	48.634	0.708	1875.12	5.50	145.64	2988.24	6.94	234.78	762.01	3.51	105.14	3502.43	5.13
20	200	14	18	54.642	42.894	0.788	2103.55	6.20	144.70	3343.26	7.82	236.40	863.83	3.98	111.82	3734.10	5.46
		16		62.013	48.680	0.788	2366.15	6.18	163.65	3760.89	7.79	265.93	971.41	3.96	123.96	4270.39	5.54
		18		69.301	54.401	0.787	2620.64	6.15	182.22	4164.54	7.75	294.48	1076.74	3.94	135.52	4808.13	5.62
		20		76.505	60.056	0.787	2867.30	6.12	200.42	4554.55	7.72	322.06	1180.04	3.93	146.55	5347.51	5.69
		24		90.661	71.168	0.785	3338.25	6.07	236.17	5294.97	7.64	374.41	1381.53	3.90	166.65	6457.16	5.87

注：截面图中的 $r_1=1/3d$ 及表中 r 值的数据用于孔型设计，不做交货条件。

(九)等边角钢连接方式及尺寸(表1—8—9)

表1—8—9 等边角钢连接方式及尺寸 mm

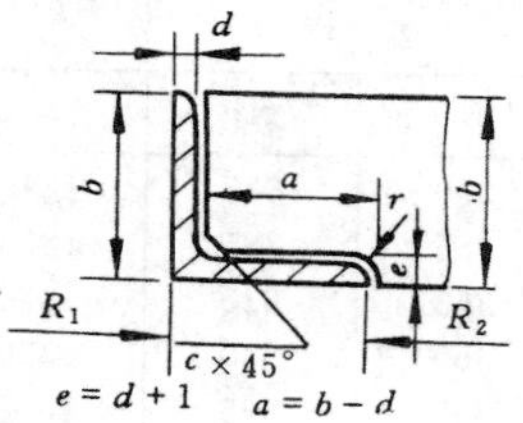

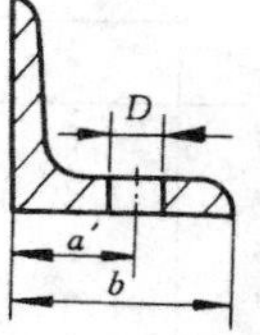

角钢尺寸		焊接接头尺寸			螺栓、铆钉连接规线		最小弯曲半径			
							热弯		冷弯	
b	d	a	e	c	a'	D	R_1	R_2	R_1	R_2
20	3	17	4	3	13	4.5	95	85	345	335
	4	16	5				90	85	335	325
25	3	22	4		15	5.5	120	110	435	425
	4	21	5				115	105	425	415
30	3	27	4	4	18	6.6	145	130	530	515
	4	26	5				140	130	520	505
36	3	33	4		20	9	175	160	640	625
	4	32	5				170	155	630	615
	5	31	6				170	145	620	605
40	3	37	4	5	22	11	195	180	735	715
	4	36	5				195	175	705	690
	5	35	6				190	170	695	680
45	3	42	4		25		220	200	810	790
	4	41	5				220	200	800	775
	5	40	6				215	195	790	770
	6	39	7				215	195	780	760
50	3	47	4		30	13	250	225	900	880
	4	46	5				245	220	880	860
	5	45	6				240	220	880	860
	6	44	7				240	220	870	850
56	3	53	4	6			280	255	1000	1090
	4	52	5				275	250	1000	980
	5	51	6				270	250	990	965
	8	48	9				265	240	965	940
63	4	59	5	7	35	17	310	285	1135	1105
	5	58	6				310	280	1120	1095
	6	57	7				305	280	1110	1085
	8	55	9				300	275	1090	1065
	10	53	11				295	270	1070	1045
70	4	66	5	8	40	20	350	315	1265	1235
	5	65	6				345	315	1255	1220
	6	64	7				340	310	1240	1210
	7	63	8				340	310	1230	1200
	8	62	9				335	305	1225	1195

续表

角钢尺寸		焊接接头尺寸			螺栓、铆钉连接规线		最小弯曲半径			
							热弯		冷弯	
b	d	a	e	c	a′	D	R_1	R_2	R_1	R_2
75	5	70	6	9	45	21.5	370	335	1345	1310
	6	69	7				365	335	1335	1305
	7	68	8				365	330	1330	1295
	8	67	9				360	330	1330	1285
	10	65	11				355	325	1300	1265
80	5	75	6				395	360	1440	1400
	6	74	7				395	360	1430	1390
	7	73	8				390	355	1420	1385
	8	72	9				385	350	1420	1375
	10	70	11				380	345	1390	1355
90	6	84	7	10	50	23.5	445	405	1615	1575
	7	83	8				440	400	1605	1565
	8	82	9				440	400	1600	1560
	10	80	11				435	395	1575	1535
	12	78	13				425	390	1555	1515
100	6	94	7	12	55		495	450	1815	1765
	7	93	8				495	450	1795	1745
	8	92	9				485	440	1780	1740
	10	90	11				485	440	1765	1720
	12	88	13				475	435	1740	1700
	14	86	15				470	430	1720	1680
	16	84	17				465	425	1705	1665
110	7	103	8		60	26	555	505	1980	1930
	8	102	9				550	490	1965	1915
	10	100	11				535	490	1945	1895
	12	98	13				530	480	1930	1880
	14	96	15				520	475	1910	1860
125	8	117	9	14	70	26	620	560	2245	2190
	10	115	11				610	555	2225	2170
	12	113	13				600	550	2205	2150
	14	111	15				600	545	2205	2150
140	10	130	11				690	625	2500	2440
	12	128	13				680	620	2485	2425
	14	126	15				675	615	2460	2400
	16	124	17				670	610	2440	2380
160	10	150	11	16			790	720	2875	2805
	12	148	13				785	715	2855	2785
	14	146	15				775	705	2840	2765
	16	144	17				775	705	2815	2745
180	12	168	13	16			890	805	3230	3150
	14	166	15				880	800	3210	3130
	16	164	17				875	795	3190	3110
	18	162	19				870	790	3160	3080
200	14	186	15	18			985	895	3575	3485
	16	184	17				980	890	3565	3475
	18	182	19				970	885	3535	3445
	20	180	21				965	880	3525	3435
	24	176	25				950	870	3470	3390

（十）热轧不等边角钢（GB9788—88）（表 1—8—10）

表 1—8—10　不等边角钢尺寸、截面面积、理论重量及参考数值

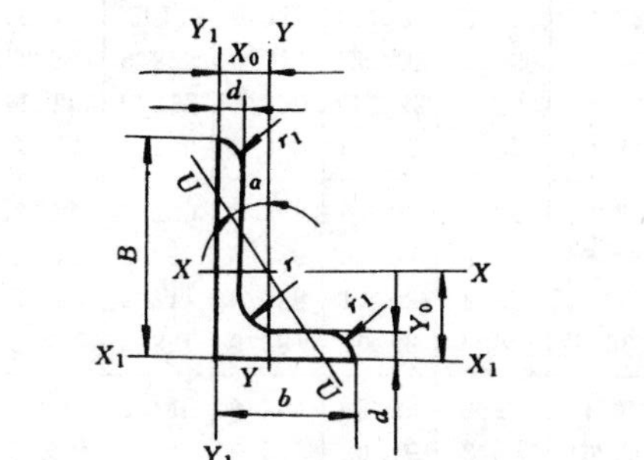

B—长边宽度；
b—短边宽度；
d—边厚；
r—内圆弧半径；
r_1—边端内弧半径，$r_1=\frac{1}{3}d$；
I—惯性矩；
i—惯性半径；
W—截面系数；
X_0—重心距离；
Y_0—重心距离

型号	尺寸 (mm)				截面面积	理论质量	外表面积	参考数值													
								X—X			Y—Y			$X_1—X_1$		$Y_1—Y_1$		U—U			
	B	b	d	r	(cm²)	(kg/m)	(m²/m)	I_X (cm⁴)	i_X (cm)	W_X (cm³)	I_Y (cm⁴)	i_Y (cm)	W_Y (cm³)	I_{X_1} (cm⁴)	Y_0 (cm)	I_{Y_1} (cm⁴)	X_0 (cm)	I_u (cm⁴)	I_u (cm)	W_u (cm³)	tgα
2.5/1.6	25	16	3	3.5	1.162	0.912	0.080	0.70	0.78	0.43	0.22	0.44	0.19	1.56	0.86	0.43	0.42	0.14	0.34	0.16	0.392
			4		1.499	1.176	0.079	0.88	0.77	0.55	0.27	0.48	0.24	2.09	0.90	0.59	0.46	0.17	0.34	0.20	0.381
3.2/2	32	20	3		1.492	1.171	0.102	1.53	1.01	0.72	0.16	0.55	0.30	3.27	1.03	0.82	0.49	0.28	0.43	0.25	0.382
			4		1.939	1.522	0.101	1.93	1.00	0.93	0.17	0.54	0.39	4.37	1.12	1.12	0.53	0.35	0.42	0.32	0.374
4/2.5	40	25	3	4	1.890	1.484	0.127	3.08	1.28	1.15	0.93	0.70	0.49	5.39	1.32	1.59	0.59	0.56	0.54	0.40	0.385
			4		2.467	1.936	0.127	3.93	1.36	1.49	1.18	0.69	0.63	8.53	1.37	2.14	0.63	0.71	0.54	0.52	0.381
4.5/2.8	45	28	3	5	2.149	1.687	0.143	4.45	1.44	1.47	1.34	0.79	0.62	9.10	1.47	2.23	0.64	0.80	0.61	0.51	0.383
			4		2.806	2.203	0.143	5.69	1.42	1.91	1.70	0.78	0.80	12.13	1.51	3.00	0.68	1.02	0.60	0.66	0.380
5/3.2	50	32	3	5.5	2.431	1.908	0.161	6.24	1.60	1.84	2.02	0.91	0.82	12.49	1.60	3.31	0.73	1.20	0.70	0.68	0.404
			4		3.177	2.494	0.160	8.02	1.59	2.39	2.58	0.90	1.06	16.65	1.65	4.45	0.77	1.53	0.69	0.87	0.402
5.6/3.6	56	36	3	6	2.743	2.153	0.181	8.88	1.80	2.32	2.92	1.03	1.05	17.54	1.78	4.70	0.80	1.73	0.79	0.87	0.408
			4		3.590	2.818	0.180	11.45	1.79	3.03	3.76	1.02	1.37	23.39	1.82	6.33	0.85	2.23	0.79	1.13	0.408
			5		4.415	3.466	0.180	13.86	1.77	3.71	4.49	1.01	1.65	29.25	1.87	7.94	0.88	2.67	0.78	1.36	0.404

续表

型号	尺寸 (mm)				截面面积	理论质量	外表面积	参考数值													
								X－X			Y－Y			X_1-X_1		Y_1-Y_1		U－U			
	B	b	d	r	(cm²)	(kg/m)	(m²/m)	I_X (cm⁴)	i_X (cm)	W_X (cm³)	I_Y (cm⁴)	i_Y (cm)	W_Y (cm³)	I_{X_1} (cm⁴)	Y_0 (cm)	I_{Y_1} (cm⁴)	X_0 (cm)	I_u (cm⁴)	I_u (cm)	W_u (cm³)	tgα
6.3/4	63	40	4	7	4.058	3.185	0.202	16.49	2.02	3.87	5.23	1.14	1.70	33.30	2.04	8.63	0.92	3.12	0.88	1.40	0.398
			5		4.993	3.920	0.202	20.02	2.00	4.74	6.31	1.12	2.71	41.63	2.08	10.80	0.95	3.76	0.87	1.71	0.396
			6		5.908	4.638	0.201	23.36	1.96	5.59	7.29	1.11	2.43	49.98	2.12	13.12	0.99	4.34	0.86	1.99	0.393
			7		6.802	5.339	0.201	26.53	1.98	6.40	8.24	1.10	2.78	58.07	2.15	15.47	1.03	4.97	0.86	2.29	0.389
7/4.5	70	45	4	7.5	4.547	3.570	0.226	23.17	2.26	4.86	7.55	1.29	2.17	45.92	2.24	12.26	1.02	4.40	0.98	1.77	0.410
			5		5.609	4.403	0.225	27.95	2.23	5.92	9.13	1.28	2.65	57.10	2.28	15.39	1.06	5.40	0.98	2.19	0.407
			6		6.647	5.218	0.225	32.54	2.21	6.95	10.62	1.26	3.12	68.35	2.32	18.58	1.09	6.35	0.98	2.59	0.404
			7		7.657	6.011	0.225	37.22	2.20	8.03	12.01	1.25	3.57	79.99	2.36	21.84	1.13	7.16	0.97	2.94	0.402
(7.5/5)	75	50	5	8	6.125	4.808	0.245	34.86	2.39	6.83	12.61	1.44	3.30	70.00	2.40	21.04	1.17	7.41	1.10	2.74	0.435
			6		7.260	5.699	0.245	41.12	2.38	8.12	14.70	1.42	3.88	84.30	2.44	25.37	1.21	8.54	1.08	3.19	0.435
			8		9.467	7.431	0.244	52.39	2.35	10.52	18.53	1.40	4.99	112.50	2.52	34.23	1.29	10.87	1.07	4.10	0.429
			10		11.590	9.098	0.244	62.71	2.33	12.79	21.96	1.38	6.04	140.80	2.60	43.43	1.36	13.10	1.06	4.99	0.423
8/5	80	50	5		6.375	5.005	0.255	41.96	2.56	7.78	12.82	1.42	3.32	85.21	2.60	21.06	1.14	7.66	1.10	2.74	0.388
			6		7.560	5.935	0.255	49.49	2.56	9.25	14.95	1.41	3.91	102.53	2.65	25.41	1.18	8.85	1.08	3.20	0.387
			7		8.724	6.848	0.255	56.16	2.54	10.58	16.96	1.39	4.48	119.33	2.69	29.82	1.21	10.18	1.08	3.70	0.384
			8		9.867	7.745	0.254	62.83	2.52	11.92	18.85	1.38	5.03	136.41	2.73	34.32	1.25	11.38	1.07	4.16	0.381
9/5.6	90	56	5	9	7.212	5.661	0.287	60.45	2.90	9.92	18.32	1.59	4.21	121.32	2.91	29.53	1.25	10.98	1.23	3.49	0.385
			6		8.557	6.717	0.286	71.03	2.88	11.74	21.42	1.58	4.96	145.59	2.95	35.58	1.29	12.90	1.23	4.13	0.384
			7		9.880	7.756	0.286	81.01	2.86	13.49	24.36	1.57	5.70	169.60	3.00	41.71	1.33	14.67	1.22	4.72	0.382
			8		11.183	8.779	0.286	91.03	2.85	15.27	27.15	1.56	6.41	194.17	3.04	47.93	1.36	16.34	1.21	5.29	0.380
10/6.3	100	63	6	10	9.617	7.550	0.320	99.06	3.21	14.64	30.94	1.79	6.35	199.71	3.24	50.50	1.43	18.42	1.38	5.25	0.394
			7		11.111	8.722	0.320	113.45	3.20	16.88	35.26	1.78	7.29	233.00	3.28	59.14	1.47	21.00	1.38	6.02	0.394
			8		12.584	9.878	0.319	127.37	3.18	19.08	39.39	1.77	8.21	266.32	3.32	67.88	1.50	23.50	1.37	6.78	0.391
			10		15.467	12.142	0.319	153.81	3.15	23.32	47.12	1.74	9.98	333.06	3.40	85.73	1.58	28.33	1.35	8.24	0.387
10/8	100	80	6		10.637	8.350	0.354	107.04	3.17	15.19	61.24	2.40	10.16	199.83	2.95	102.68	1.97	31.65	1.72	8.37	0.627
			7		12.301	9.656	0.354	122.73	3.16	17.52	70.08	2.39	11.71	233.20	3.00	119.98	2.01	36.17	1.72	9.60	0.626
			8		13.944	10.946	0.353	137.92	3.14	19.81	78.58	2.37	13.21	266.61	3.04	137.37	2.05	40.58	1.71	10.80	0.625
			10		17.167	13.476	0.353	166.87	3.12	24.24	94.65	2.35	16.12	333.63	3.12	172.48	2.13	49.10	1.69	13.12	0.622

续表

型号	尺寸 (mm)				截面面积 (cm^2)	理论质量 (kg/m)	外表面积 (m^2/m)	参考数值													
								X−X			Y−Y			X_1-X_1		Y_1-Y_1		U−U			
	B	b	d	r				I_X (cm^4)	i_X (cm)	W_X (cm^3)	I_Y (cm^4)	i_Y (cm)	W_Y (cm^3)	I_{X_1} (cm^4)	Y_0 (cm)	I_{Y_1} (cm^4)	X_0 (cm)	I_u (cm^4)	I_u (cm)	W_u (cm^3)	tgα
11/7	110	70	6	10	10.637	8.350	0.354	133.37	3.54	17.85	42.92	2.01	7.90	265.78	3.53	69.08	1.57	25.36	1.54	6.53	0.403
			7		12.301	9.656	0.354	153.00	3.53	20.60	49.01	2.00	9.09	310.07	3.57	80.82	1.61	28.95	1.53	7.50	0.402
			8		13.944	10.946	0.353	172.04	3.51	23.30	54.87	1.98	10.25	354.39	3.62	92.70	1.65	32.45	1.53	8.45	0.401
			10		17.167	13.476	0.353	208.39	3.48	28.54	65.88	1.96	12.48	443.13	3.70	116.83	1.72	39.20	1.51	10.29	0.397
12.5/8	125	80	7	11	14.096	11.066	0.403	227.98	4.02	26.86	74.42	2.30	12.01	454.99	4.01	120.32	1.80	43.81	1.76	9.92	0.408
			8		15.989	12.551	0.403	256.77	4.01	30.41	83.49	2.28	13.56	519.99	4.06	137.85	1.84	49.15	1.75	11.18	0.407
			10		19.712	15.474	0.402	312.04	3.98	37.33	100.67	2.26	16.56	650.09	4.14	173.40	1.92	59.45	1.74	13.64	0.404
			12		23.351	18.330	0.402	364.41	3.95	44.01	116.67	2.24	19.43	780.39	4.22	209.67	2.00	69.35	1.72	16.01	0.400
14/9	140	90	8	12	18.083	14.160	0.453	365.64	4.50	38.48	120.69	2.59	17.34	730.53	4.50	195.79	2.04	70.83	1.98	14.31	0.411
			10		22.261	17.475	0.452	445.50	4.47	47.31	140.03	2.56	21.22	913.20	4.58	245.92	2.12	85.82	1.96	17.48	0.409
			12		26.400	20.724	0.451	521.59	4.44	55.87	169.79	2.54	24.95	1096.09	4.66	296.89	2.19	100.21	1.95	20.54	0.406
			14		30.450	23.908	0.451	594.10	4.42	64.18	192.10	2.51	28.54	1279.26	4.74	348.82	2.27	114.13	1.94	23.52	0.403
16/10	160	100	10	13	25.315	19.872	0.512	668.69	5.14	62.13	205.03	2.85	26.56	1362.89	5.24	336.59	2.28	121.74	2.19	21.92	0.390
			12		30.054	23.592	0.511	784.91	5.11	73.49	239.06	2.82	31.28	1635.56	5.32	405.94	2.36	142.33	2.17	25.79	0.388
			14		34.709	27.247	0.510	896.30	5.03	84.56	271.20	2.80	35.83	1908.50	5.40	476.42	2.43	162.23	2.16	29.56	0.385
			16		39.281	30.835	0.510	1003.04	5.05	95.33	301.60	2.77	40.24	2181.79	5.48	548.22	2.51	182.57	2.16	33.44	0.382
18/11	180	110	10	14	28.373	22.273	0.571	956.25	5.80	78.96	278.11	3.13	32.49	1940.40	5.89	447.22	2.44	166.50	2.42	26.88	0.376
			12		33.712	26.464	0.571	1124.72	5.78	93.53	325.03	3.10	38.32	2328.38	5.98	538.94	2.52	194.87	2.40	31.66	0.374
			14		38.967	30.589	0.570	1286.91	5.75	107.76	369.55	3.08	43.97	2716.60	6.06	631.95	2.59	222.30	2.39	36.32	0.372
			16		44.139	34.649	0.569	1443.06	5.72	121.64	411.85	3.06	49.44	3105.15	6.14	726.46	2.67	248.94	2.38	40.87	0.369
20/12.5	200	125	12		37.912	29.761	0.641	1570.90	6.44	116.73	483.16	3.57	49.99	3193.85	6.54	787.74	2.83	285.79	2.74	41.23	0.392
			14		43.867	34.436	0.640	1800.97	6.41	134.65	550.83	3.54	57.44	3726.17	6.62	922.47	2.91	326.58	2.73	47.34	0.390
			16		49.739	39.045	0.639	2023.35	6.38	152.18	615.44	3.52	64.69	4258.86	6.70	1058.86	2.99	366.21	2.71	53.32	0.388
			18		55.526	43.588	0.639	2238.30	6.35	169.33	677.19	3.49	71.74	4792.00	6.78	1197.13	3.06	404.83	2.70	59.18	0.385

注：1. 括号内型号不推荐使用。

2. 截面图中的 $r_1=1/3d$ 及表中 y 值的数据用于孔型设计，不做交货条件。

(十一) 不等边角钢连接方式及尺寸(表 1—8—11)

表 1—8—11 不等边角钢连接方式及尺寸 mm

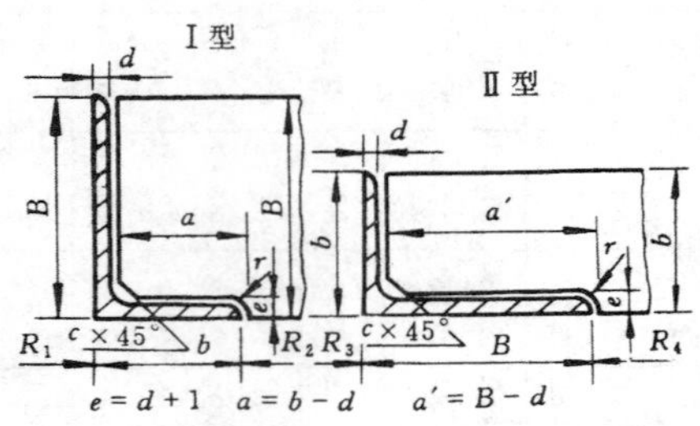

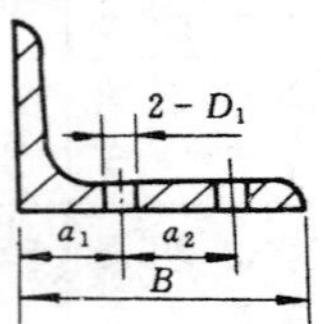

角钢尺寸			焊接接头尺寸				螺栓、铆钉连接规线						最小弯曲半径							
							孔并列			孔交错排列			朝小的翼缘方向				朝大的翼缘方向			
			Ⅰ	Ⅱ									热弯		冷弯		热弯		冷弯	
B	b	d	a	a′	e	c	a_1	a_2	D	a_1	a_2	D	R_1	R_2	R_1	R_2	R_3	R_4	R_3	R_4
25	16	3	13	22	4	3							80	75	290	285	110	100	400	395
		4	12	21	5								75	70	280	280	105	100	390	385
32	20	3	17	29	4	4							100	90	370	360	140	130	520	510
		4	16	28	5								100	90	360	360	140	130	510	500
40	25	3	22	37	4								130	115	470	470	180	180	655	655
		4	21	36	5								125	115	460	468	175	160	645	630
45	28	3	25	42	4	5							150	135	535	535	200	185	745	730
		4	24	41	5								145	130	520	525	200	185	735	720
50	32	3	29	47	4			22					170	150	610	610	225	210	835	815
		4	28	46	5								165	150	600	600	220	190	820	790
56	36	3	33	53	4		18		6.6	18	20	6.6	190	170	690	690	255	235	935	915
		4	32	52	5			25					190	170	680	680	250	230	925	905
		5	31	51	6								185	165	670	670	250	230	915	895
63	40	4	36	59	5	7							210	190	760	760	285	260	1045	1020
		5	35	58	6		20			20			210	185	755	750	285	260	1035	1005
		6	34	57	7								205	185	745	745	280	255	1025	1005
		7	33	56	8								200	180	730	730	275	255	1015	995
70	45	4	41	66	5								240	215	860	860	320	295	1165	1140
		5	40	65	6	8	25			25	28	9	235	215	850	850	315	290	1160	1135
		6	39	64	7								235	210	840	840	310	290	1145	1125
		7	38	63	8			32	9				230	210	830	830	310	285	1140	1115
75	50	5	45	70	6								260	235	945	945	340	315	1255	1225
		6	44	69	7								260	235	935	935	335	310	1240	1215
		8	42	67	9								252	230	915	915	330	305	1220	1195
		10	40	65	11	9	28			30			245	225	895	890	325	300	1200	1175
80	50	5	45	75	6								265	235	955	955	360	330	1325	1295
		6	44	74	7						35	11	260	235	945	945	355	330	1310	1285
		7	43	73	8								260	235	935	935	355	325	1305	1275
		8	42	72	9								255	230	925	925	350	325	1295	1265

续表

角钢尺寸			焊接接头尺寸				螺栓、铆钉连接规线						最小弯曲半径							
							孔并列			孔交错排列			朝小的翼缘方向				朝大的翼缘方向			
			Ⅰ	Ⅱ									热弯		冷弯		热弯		冷弯	
B	b	d	a	a'	e	c	a_1	a_2	D	a_1	a_2	D	R_1	R_2	R_1	R_2	R_3	R_4	R_3	R_4
90	56	5	51	85	6	10	30	40	11	30	40	13	300	265	1075	1075	405	375	1495	1460
		6	50	84	7								295	265	1065	1065	405	375	1485	1450
		7	49	83	8								290	260	1055	1055	400	370	1470	1440
		8	48	82	9								290	260	1045	1045	395	365	1460	1430
100	63	6	57	94	7	12	35			40			335	300	1205	1170	455	415	1660	1620
		7	56	93	8								330	295	1195	1160	450	415	1645	1615
		8	55	92	9								325	290	1185	1150	440	410	1635	1600
		10	53	90	11								320	290	1165	1130	440	405	1615	1585
100	80	6	74	94	7								410	370	1485	1490	475	435	1730	1690
		7	73	93	8								410	370	1480	1480	470	430	1720	1680
		8	72	92	9								405	365	1470	1460	470	430	1710	1670
		10	70	90	11								400	360	1445	1450	460	425	1690	1650
110	70	6	64	104	7			55	15		45	15	370	335	1340	1340	500	460	1835	1795
		7	63	103	8								370	330	1330	1335	495	460	1820	1780
		8	62	102	9								365	330	1325	1320	490	455	1810	1775
		10	60	100	11								360	325	1305	1305	485	450	1790	1750
125	80	7	73	118	8	14	45			55	35	23.5	425	380	1530	1530	570	525	2080	2035
		8	72	117	9								420	380	1520	1520	565	520	2070	2025
		10	70	115	11								415	375	1500	1500	555	515	2050	2010
		12	68	113	13								410	370	1480	1480	550	510	2030	1980
140	90	8	82	132	9			70	21	60	40		480	430	1720	1720	635	585	2330	2280
		10	80	130	11								470	420	1700	1700	630	580	2315	2265
		12	78	128	13								465	420	1680	1680	620	575	2290	2245
		14	76	126	15								460	415	1660	1660	615	570	2270	2225
160	100	10	90	150	11	16	55	75			70	26	530	475	1905	1910	720	660	2640	2580
		12	88	148	13								525	470	1900	1885	710	655	2600	2565
		14	86	146	15								515	465	1870	1870	705	655	2595	2545
		16	84	144	17								510	460	1845	1845	700	645	2575	2525
180	110	10	100	170	11			90	26	65	80		590	525	2115	2115	810	745	2980	2910
		12	98	168	13								580	520	2095	2095	800	740	2940	2880
		14	96	166	15								575	520	2075	2085	795	735	2930	2870
		16	94	164	17								510	510	2055	2055	790	730	2900	2840
200	125	12	113	188	13	18	70			80			665	595	3030	2390	900	830	3295	3225
		14	111	186	15								655	590	3025	2370	890	820	3275	3205
		16	109	184	17								650	590	3020	2350	890	815	3255	3190
		18	107	182	19								640	580	3015	2330	880	815	3240	3180

（十二）热轧圆钢和方钢（表1—8—12）

表1—8—12　热轧圆钢和方钢尺寸

（GB702—86）

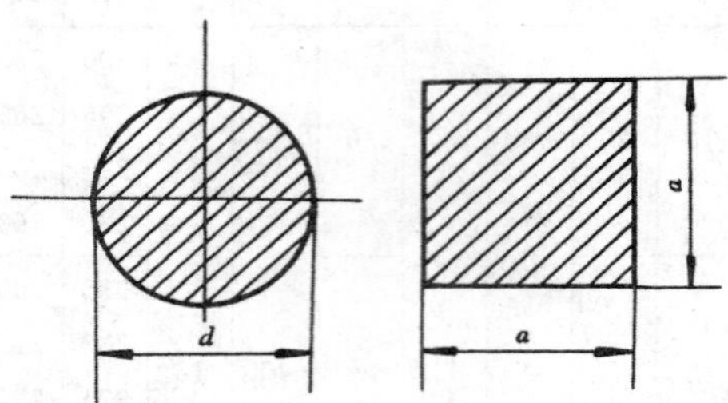

d—圆钢直径；a—方钢边长

d,a (mm)	理论质量(kg/m)		d,a (mm)	理论质量(kg/m)	
	圆钢	方钢		圆钢	方钢
5.5	0.186	0.237	35①	7.55	9.62
6	0.222	0.283	36	7.99	10.2
6.5	0.260	0.332	38	8.90	11.3
7	0.302	0.385	40	9.86	12.6
8	0.395	0.502	42	10.9	13.8
9	0.499	0.636	45	12.5	15.9
10	0.617	0.785	48	14.2	18.1
11①	0.746	0.950	50	15.4	19.6
12	0.888	1.13	53	17.3	22.0
13	1.04	1.33	55①	18.6	23.7
14	1.21	1.54	56	19.3	24.6
15	1.39	1.77	58①	20.7	26.4
16	1.58	2.01	60	22.2	28.3
17	1.78	2.27	63	24.5	31.2
18	2.00	2.54	65①	26.0	33.2
19	2.23	2.83	68①	28.5	36.3
20	2.47	3.14	70	30.2	38.5
21	2.72	3.46	75	34.7	44.2
22	2.98	3.80	80	39.5	50.2
23①	3.26	4.15	85	44.5	56.7
24	3.55	4.52	90	49.9	63.6
25	3.85	4.91	95	55.6	70.8
26	4.17	5.31	100	61.7	78.5
27①	4.49	5.72	105	68.0	86.5
28	4.83	6.15	110	74.6	95.0
29①	5.18	6.60	115	81.5	104
30	5.55	7.06	120	88.8	113
31①	5.92	7.54	125	96.3	123
32	6.31	8.04	130	104	133
33①	6.71	8.55	140	121	154
34	7.13	9.07	150	139	177

续表

d,a (mm)	理论质量(kg/m)		d,a (mm)	理论质量(kg/m)	
	圆　钢	方　钢		圆　钢	方　钢
160	158	201	200	247	314
170	178	227	220	298	
180	200	254	250	385	
190	223	283			

注：1. 表中的理论质量按密度为 $7.85g/cm^3$ 计算。

2. 方钢边长为 5.5～200mm。

3. 普通钢钢材长度，当 d 或 a 小于 25mm，为 4～10m；d 或 a 大于 25mm，为 3～9m；优质钢材的全部规格，其长度为 2～6m；工具钢材 d 或 a 大于 75mm 时，长度为 1～6m。

4. 标记示例：

用 40Cr 钢轧成的直径为 50mm、允许偏差为 2 组的圆钢，其标记为：圆钢 $\frac{50-2-GB702-86}{40Cr-GB3077-88}$。

用 45 钢轧成的边长为 75mm、允许偏差为 3 组的方钢，其标记为：方钢 $\frac{75-3-GB702-86}{45-GB699-88}$。

① 不推荐使用。

（十三）热轧六角钢和八角钢（表 1—8—13）

表 1—8—13　热轧六角钢和八角钢的尺寸规格

(GB705—89)

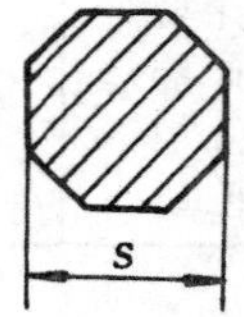

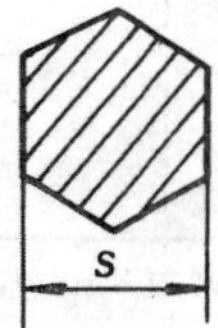

S—对边距离；r—圆角半径

S (mm)	允许偏差 (mm)			截面面积 A (cm^2)		理论质量 (kg/m)	
	1 组	2 组	3 组	六角钢	八角钢	六角钢	八角钢
8	±0.25	±0.35	±0.40	0.5543	—	0.435	—
9				0.7015	—	0.551	—
10				0.866	—	0.680	—
11				1.048	—	0.823	—
12				1.247	—	0.979	—
13				1.464	—	1.15	—
14				1.697	—	1.33	—
15				1.949	—	1.53	—
16				2.217	2.120	1.74	1.66
17				2.503	—	1.96	—
18				2.806	2.683	2.20	2.16
19				3.126	—	2.45	—
20				3.464	3.312	2.72	2.60

续表

S (mm)	允许偏差（mm）			截面面积 A（cm²）		理论质量（kg/m）	
	1组	2组	3组	六角钢	八角钢	六角钢	八角钢
21	±0.30	±0.40	±0.50	3.819	—	3.00	—
22				4.192	4.008	3.29	3.15
23				4.581	—	3.60	—
24				4.988	—	3.92	—
25				5.413	5.175	4.25	4.06
26				5.854	—	4.60	—
27				6.314	—	4.96	—
28				6.790	6.492	5.33	5.10
30				7.794	7.452	6.12	5.85
32	±0.40	±0.50	±0.60	8.868	8.479	6.96	6.66
34				10.011	9.572	7.86	7.51
36				11.223	10.731	8.81	8.42
38				12.505	11.956	9.82	9.39
40				13.86	13.25	10.88	10.40
42				15.28	—	11.99	—
45				17.54	—	13.77	—
48				19.95	—	15.66	—
50				21.65	—	17.00	—
53	±0.60	±0.70	±0.80	24.33	—	19.10	—
56				27.16	—	21.32	—
58				29.13	—	22.87	—
60				31.18	—	24.50	—
63				34.37	—	26.98	—
65				36.59	—	28.72	—
68				40.04	—	31.43	—
70				42.43	—	33.30	—

注：1. 通常长度：普通钢为 3～8m，优质钢为 2～6m。

2. 标记示例：用 20 号钢轧制的 22mm 六角钢的标记为：六角钢$\frac{22-GB705-89}{20-GB699-88}$。

用 T8 号钢轧制的 25mm 八角钢的标记为：八角钢$\frac{25-GB705-89}{T8-GB1298-86}$。

（十四）热轧扁钢（表 1－8－14）

二、常用钢板规格尺寸、重量及有关参数

（一）热轧钢板（表 1－8－15）

（二）花纹钢板（GB/T 3277－91）

花纹钢板其表面有突棱，有防滑作用，可用作地板、厂房扶梯、工作架踏板、船舶甲板、汽车底板等。花纹钢板的规格以基本厚度（突棱的厚度不计）表示，有 2.5～8.0mm 10 种规格。

1. 花纹钢板的尺寸规定

基本厚度：2.5，3.0，3.5，4.0，4.5，5.0，5.5，6.0，7.0，8.0mm。

宽度：600～1800mm，按 50mm 进级。

长度：2000～12000mm，按 100mm 进级。

表1—8—14　热轧扁钢的理论重量

(GB704—88)

宽度 (mm)	厚度 (mm)																							
	3	4	5	6	7	8	9	10	11	12	14	16	18	20	22	25	28	30	32	36	40	45	50	56	60
	理论重量 (kg/m)																							
10	0.24	0.31	0.39	0.47	0.55	0.63																			
12	0.28	0.38	0.47	0.57	0.66	0.75																			
14	0.33	0.44	0.55	0.66	0.77	0.88																			
16	0.38	0.50	0.63	0.75	0.88	1.00	1.15	1.26																	
18	0.42	0.57	0.71	0.85	0.99	1.13	1.27	1.41																	
20	0.47	0.63	0.78	0.94	1.10	1.26	1.41	1.57	1.73	1.88															
22	0.52	0.69	0.86	1.04	1.21	1.38	1.55	1.73	1.90	2.07															
25	0.59	0.78	0.98	1.18	1.37	1.57	1.77	1.96	2.16	2.36	2.75	3.14													
28	0.66	0.88	1.10	1.32	1.54	1.76	1.98	2.20	2.42	2.64	3.08	3.53													
30	0.71	0.94	1.18	1.41	1.65	1.88	2.12	2.36	2.69	2.83	3.30	3.77	4.24	4.71											
32	0.75	1.00	1.26	1.61	1.76	2.01	2.26	2.55	2.76	3.01	3.52	4.02	4.52	5.02											
35	0.82	1.10	1.37	1.65	1.92	2.20	2.47	2.75	3.02	3.30	3.85	4.40	4.95	5.50	6.04	6.87	7.69								
40	0.94	1.26	1.57	1.88	2.20	2.51	2.83	3.14	3.45	3.77	4.40	5.02	5.65	6.28	6.91	7.85	8.79								
45	1.06	1.41	1.77	2.12	2.47	2.83	3.18	3.53	3.89	4.24	4.95	5.65	6.36	7.07	7.77	8.83	9.89	10.60	11.30	12.72					
50	1.18	1.57	1.96	2.36	2.75	3.14	3.53	3.93	4.32	4.71	5.50	6.28	7.06	7.85	8.64	9.81	10.99	11.78	12.56	14.13					
55		1.73	2.16	2.59	3.02	3.45	3.89	4.32	4.75	5.18	6.04	6.91	7.77	8.64	9.50	10.79	12.09	12.95	13.82	15.54					
60		1.88	2.36	2.83	3.30	3.77	4.24	4.71	5.18	5.65	6.59	7.54	8.48	9.42	10.36	11.78	13.19	14.13	15.07	16.96	18.84	21.20			
65		2.04	2.55	3.06	3.57	4.08	4.59	5.10	5.61	6.12	7.14	8.16	9.18	10.20	11.23	12.76	14.29	15.31	16.33	18.37	20.41	22.96			
70		2.20	2.75	3.30	3.85	4.40	4.95	5.50	6.04	6.59	7.69	8.79	9.89	10.99	12.09	13.74	15.30	16.49	17.58	19.78	21.98	24.73			
75		2.36	2.94	3.53	4.12	4.71	5.30	5.89	6.48	7.07	8.24	9.42	10.60	11.78	12.95	14.72	16.48	17.66	18.84	21.20	23.55	26.49			
80		2.51	3.14	3.77	4.40	5.02	5.65	6.28	6.91	7.54	8.79	10.05	11.30	12.56	13.82	15.70	17.58	18.84	20.10	22.61	25.12	28.26	31.40	35.17	
85			3.34	4.00	4.67	5.34	6.01	6.67	7.34	8.01	9.34	10.68	12.01	13.34	14.68	16.68	18.68	20.02	21.35	24.02	26.69	30.03	33.36	37.37	40.04
90			3.53	4.24	4.95	5.65	6.36	7.07	7.77	8.48	9.89	11.30	12.72	14.13	15.54	17.66	19.73	21.20	22.61	25.43	28.26	31.79	35.32	39.56	42.39
95			3.73	4.47	5.22	5.97	6.71	7.46	8.20	8.95	10.44	11.93	13.42	14.92	16.41	18.64	20.88	22.37	23.86	26.85	29.83	33.56	37.29	41.76	44.74
100			3.92	4.71	5.50	6.28	7.06	7.85	8.64	9.42	10.99	12.56	14.13	15.70	17.27	19.62	21.90	23.55	25.12	28.26	31.40	35.32	39.25	43.96	47.10
105			4.12	4.95	5.77	6.59	7.42	8.24	9.07	9.39	11.54	13.19	14.84	16.48	18.13	20.61	23.08	24.73	26.38	29.67	32.97	37.09	41.21	46.16	49.46
110			4.32	5.18	6.04	6.91	7.77	8.64	9.50	10.36	12.09	13.82	15.54	17.27	19.00	21.59	24.18	25.90	27.63	31.09	34.54	38.86	43.18	48.36	51.81
120			4.71	5.65	6.59	7.54	8.48	9.42	10.36	11.30	13.19	15.07	16.96	18.84	20.72	23.55	26.38	28.26	30.14	33.91	37.68	42.39	47.10	52.75	56.52
125				5.89	6.87	7.85	8.83	9.81	10.79	11.78	13.74	15.70	17.66	19.62	21.58	24.53	27.48	29.44	31.40	35.32	39.25	14.16	49.06	54.95	58.88
130				6.12	7.14	8.16	9.18	10.20	11.23	12.25	14.29	16.33	18.37	20.41	22.45	25.51	28.57	30.62	32.66	36.74	40.82	15.92	51.02	57.15	61.23
140					7.69	8.79	9.89	10.99	12.09	13.19	15.39	17.58	19.78	21.98	24.18	27.48	30.77	32.97	35.17	39.56	43.96	49.46	54.95	61.54	65.94
150					8.42	9.42	10.60	11.78	12.95	14.13	16.48	18.84	21.20	23.55	25.90	29.44	32.97	35.32	37.68	42.39	47.10	12.99	58.88	65.94	70.65

表1—8—15 热轧钢板规格尺寸

(GB709—88)

公称厚度 (mm)	宽度 (m)																																	
	0.6	0.65	0.7	0.71	0.75	0.8	0.85	0.9	0.95	1.0	1.1	1.25	1.4	1.42	1.5	1.6	1.7	1.8	1.9	2.0	2.1	2.2	2.3	2.4	2.5	2.6	2.7	2.8	2.9	3.0	3.2	3.4	3.6	3.8
	最小长度和最大长度 (m)																																	
0.50～0.60	1.2	1.4	1.42	1.42	1.5	1.5	1.7	1.8	1.9	2	—	—	—	—	—	—	—	—	—	—	—	—	—	—	—	—	—	—	—	—	—	—	—	—
0.65～0.75	2	2	1.42	1.42	1.5	1.5	1.7	1.8	1.9	2	—	—	—	—	—	—	—	—	—	—	—	—	—	—	—	—	—	—	—	—	—	—	—	—
0.80、0.90	2	2	1.42	1.42	1.5	1.5	1.7	1.8	1.9	2	—	—	—	—	—	—	—	—	—	—	—	—	—	—	—	—	—	—	—	—	—	—	—	—
1.0	2	2	1.42	1.42	1.5	1.6	1.7	1.8	1.9	2	—	—	—	—	—	—	—	—	—	—	—	—	—	—	—	—	—	—	—	—	—	—	—	—
1.2～1.4	2	2	2	2	2	2	2	2	2	2	2	2.5 3	—	—	—	—	—	—	—	—	—	—	—	—	—	—	—	—	—	—	—	—	—	—
1.5～1.8	2	2	2	2 6	2 6	2 6	2 6	2 6	2 6	2 6	2 6	2 6	2 6	2 6	2 6	—	—	—	—	—	—	—	—	—	—	—	—	—	—	—	—	—	—	—
2.0、2.2	2	2	2 6	2 6	2 6	2 6	2 6	2 6	2 6	2 6	2 6	2 6	2 6	2 6	2 6	2 6	2 6	—	—	—	—	—	—	—	—	—	—	—	—	—	—	—	—	—
2.5、2.8	2	2	2 6	2 6	2 6	2 6	2 6	2 6	2 6	2 6	2 6	2 6	2 6	2 6	2 6	2 6	2 6	2 6	—	—	—	—	—	—	—	—	—	—	—	—	—	—	—	—
3.0～3.9	2	2	2 6	2 6	2 6	2 6	2 6	2 6	2 6	2 6	2 6	2 6	2 6	2 6	2 6	2 6	2 6	2 6	—	—	—	—	—	—	—	—	—	—	—	—	—	—	—	—
4.0～5	—	—	2 6	2 6	2 6	2 6	2 6	2 6	2 6	2 6	2 6	2 6	2 6	2 6	2 6	2 6	2 6	2 6	—	—	—	—	—	—	—	—	—	—	—	—	—	—	—	—
6、7	—	—	2 6	2 6	2 6	2 6	2 6	2 6	2 6	2 6	2 6	2 6	2 6	2 6	2 6	2 6	2 6	2 6	2 6	2 6	—	—	—	—	—	—	—	—	—	—	—	—	—	—
8～10	—	—	2 6	2 6	2 6	2 6	2 6	2 6	2 6	2 6	2 6	2 6	2 6	2 6	2 12	3 12	3 12	3 12	3 12	3 12	3 12	3 12	3 12	4 12	4 12	—	—	—	—	—	—	—	—	—
11、12	—	—	—	—	—	—	—	—	—	2 6	2 6	2 6	2 6	2 6	2 12	3 12	3 12	3 12	3 12	3 10	3 10	3 10	3 9	4 9	4 9	—	—	—	—	—	—	—	—	—
13～25	—	—	—	—	—	—	—	—	—	2.5 6.5	2.5 6.5	2.5 12	2.5 12	2.5 12	3 12	3 11	3.5 11	4 10	4 10	4 10	4.5 10	4.5 9	4.5 9	4 9	4 9	3.5 9	3.5 8.2	3.5 8.2	—	—	—	—	—	—
26～40	—	—	—	—	—	—	—	—	—	—	—	2.5 12	2.5 12	2.5 12	3 12	3 12	3.5 12	3.5 12	4 12	4 12	4 12	4.5 12	4.5 12	4 11	4 11	3.5 10	3.5 10	3.5 10	3.5 10	3 9.5	3.2 9.5	3.4 9.5	3.6 9.5	—
42～200	—	—	—	—	—	—	—	—	—	—	—	2.5 9	2.5 9	3 9	3 9	3 9	3.5 9	3.5 9	3.5 9	3.5 9	3.5 9	3.5 9	3.5 9	3.5 9	3.5 9	3 9	3 9	3 9	3 9	3 9	3.2 9	3.4 8.5	3.6 8	3.6 7
厚度尺寸系列 (mm)	0.50、0.55、0.60、0.65、0.70、0.75、0.80、0.90、1.0、1.2、1.3、1.4、1.5、1.6、1.8、2.0、2.2、2.5、2.8、3.0、3.2、3.5、3.8、3.9、4.0、4.5、5、6、7、8、9、10、11、12、13、14、15、16、17、18、19、20、21、22、25、26、28、30、32、34、36、38、40、42、45、48、50、52、55、60、65、70、75、80、85、90、95、100、105、110、120、125、130、140、150、160、165、170、180、185、190、195、200																																	

注：理论质量计算时，碳钢的密度为7.85g/cm³，其他钢种按相应标准规定。

2. 花纹的尺寸、外形及其分布

菱形花纹钢板如图1—8—1；扁豆形花纹钢板如图1—8—2；圆豆形花纹钢板如图1—8—3。

经供需双方协议，亦可供应其他形状的花纹钢板。

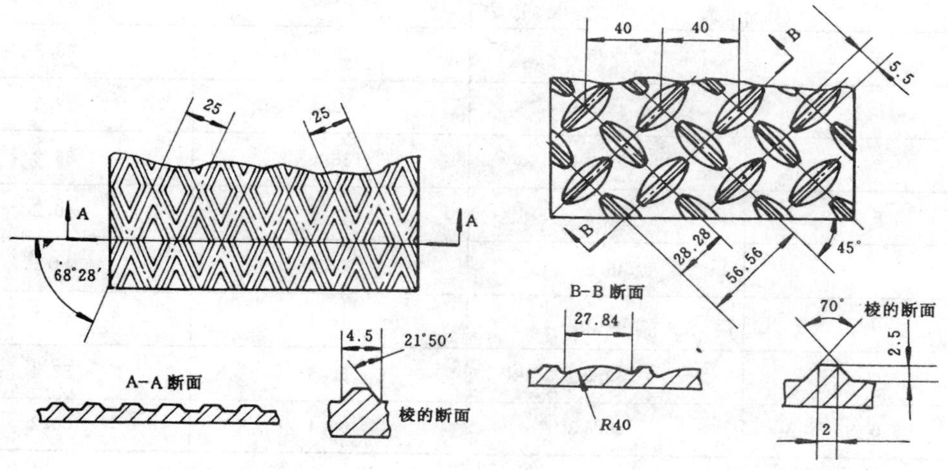

图1—8—1　　图1—8—2

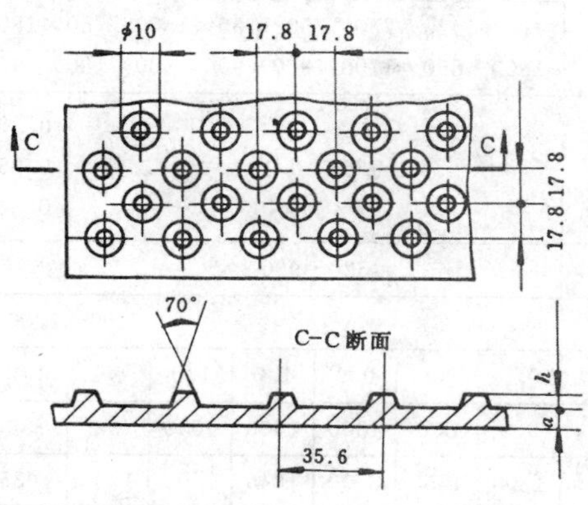

图1—8—3

3. 花纹钢板的基本厚度及理论质量（表1—8—16）

4. 标记示例

用Q235—A钢制成的，尺寸为4mm×1000mm×4000mm，圆豆形花纹钢板，其标记为：圆豆形花纹钢板Q235—A—4×1000×4000—GB/T3277—91。

（三）镀锌板、镀锡板、镀铅板（表1—8—17）

表 1—8—16　花纹钢板的基本厚度及理论质量

基本厚度	理论质量 (kg/m²)		
	菱形	扁豆	圆豆
2.5	21.6	21.3	21.1
3.0	25.6	24.4	24.3
3.5	29.5	28.4	28.3
4.0	33.4	32.4	32.3
4.5	37.3	36.4	36.2
5.0	42.3	40.5	40.2
5.5	46.2	44.3	44.1
6.0	50.1	48.4	48.1
7.0	59.0	52.6	52.4
8.0	66.8	56.4	56.2

表 1—8—17　镀锌板、镀锡板、镀铅板

(GB5066—85、GB2520—88、GB5065—85)　　单位：mm

<table>
<tr><td rowspan="2">单张热镀锌薄钢板
GB5066—85</td><td>厚度</td><td colspan="12">0.35　0.40　0.45　0.50　0.55　0.60　0.65　0.70　0.75　0.80　0.90　1.0　1.1　1.2　1.3　1.4　1.5</td></tr>
<tr><td>宽度×长度</td><td colspan="12">710×1420　750×750　750×1500　750×1800　800×800　800×1200　800×1600　850×1700　900×900　900×1800　900×2000　1000×2000</td></tr>
<tr><td rowspan="3">电镀锡薄钢板
GB2520—88</td><td>厚度</td><td colspan="6">0.15　0.18</td><td colspan="6">0.20　0.21　0.22　0.23　0.24　0.25　0.26　0.28　0.30　0.32　0.34　0.36　0.38　0.40　0.45　0.5</td></tr>
<tr><td>宽度</td><td colspan="6">520～900</td><td colspan="6">520～1050</td></tr>
<tr><td>长度</td><td colspan="12">400～1200</td></tr>
<tr><td rowspan="3">热镀铝合金冷轧碳素薄钢板
GB5065—85</td><td>厚度</td><td>0.5</td><td>0.9</td><td>0.9</td><td>1.0</td><td>1.0</td><td>1.2</td><td>1.2</td><td>1.2</td><td>1.2</td><td>1.2</td><td>1.5</td><td>2.0</td></tr>
<tr><td>宽度</td><td>900</td><td>800</td><td>1000</td><td>1000</td><td>1000</td><td>850</td><td>880</td><td>950</td><td>1000</td><td>1010</td><td>1000</td><td>1000</td></tr>
<tr><td>长度</td><td>1800</td><td>1550</td><td>2000</td><td>1640</td><td>2000</td><td>1700</td><td>1635</td><td>1840</td><td>2000</td><td>1600</td><td>2000</td><td>2000</td></tr>
</table>

注：1. 热镀锌板其钢号根据用途在 Q195、Q215 和 Q235 中选择，其化学成分应符合 GB700。

2. 镀锡原板应采用冷轧低碳薄钢板。电镀锡薄板用于冲制仪表机壳、玩具、罐头盒、热水瓶外壳等。

3. 热镀铝板用于制造油箱、贮油容器及其他防腐蚀零件，采用冷轧碳素薄钢板，其牌号为 08A1A 及 08A1，化学成分应分别符合 GB5213 和 GB710 的规定。

(四) 钢板每平方米面积理论质量 (表 1—8—18)

(五) 钢板网 (GB11953—89)

钢板网适用于建筑、防护、通风、隔离等工程。

表 1－8－18　钢板每平方米面积理论重量

厚　度 (mm)	理论质量 (kg)	厚　度 (mm)	理论质量 (kg)	厚　度 (mm)	理论质量 (kg)	厚　度 (mm)	理论质量 (kg)
0.2	1.570	1.50	11.78	10.0	78.50	29	227.70
0.25	1.963	1.6	12.56	11	86.35	30	235.50
0.27	2.120	1.8	14.13	12	94.20	32	251.20
0.30	2.355	2.0	15.70	13	102.10	34	266.90
0.35	2.748	2.2	17.27	14	109.90	36	282.60
0.40	3.140	2.5	19.63	15	117.80	38	298.30
0.45	3.533	2.8	21.98	16	125.60	40	314.00
0.50	3.925	3.0	23.55	17	133.50	42	329.70
0.55	4.318	3.2	25.12	18	141.30	44	345.40
0.60	4.710	3.5	27.48	19	149.20	46	361.10
0.70	5.495	3.8	29.83	20	157.00	48	376.80
0.75	5.888	4.0	31.40	21	164.90	50	392.50
0.80	6.280	4.5	35.33	22	172.70	52	408.20
0.90	7.065	5.0	39.25	23	180.60	54	423.00
1.00	7.850	5.5	43.18	24	188.40	56	430.60
1.10	8.635	6.0	47.10	25	196.30	58	455.30
1.20	9.420	7.0	54.95	26	204.10	60	471.00
1.25	9.813	8.0	62.80	27	212.00		
1.40	10.990	9.0	70.05	28	219.80		

1. 产品标记

1）标记

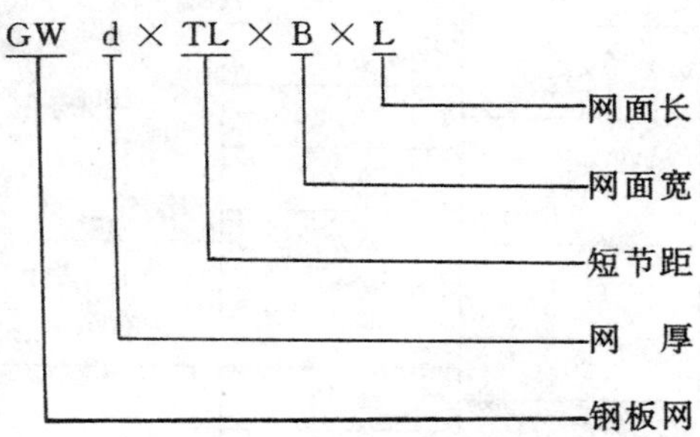

2）标记示例

板厚为 1.2mm，短节距为 12mm，网面宽度为 2000mm，网面长度为 4000mm 的钢板网。

GW　1.2×12×2000×4000

2. 规　格

规格尺寸见表 1－8－19、图 1－8－4。

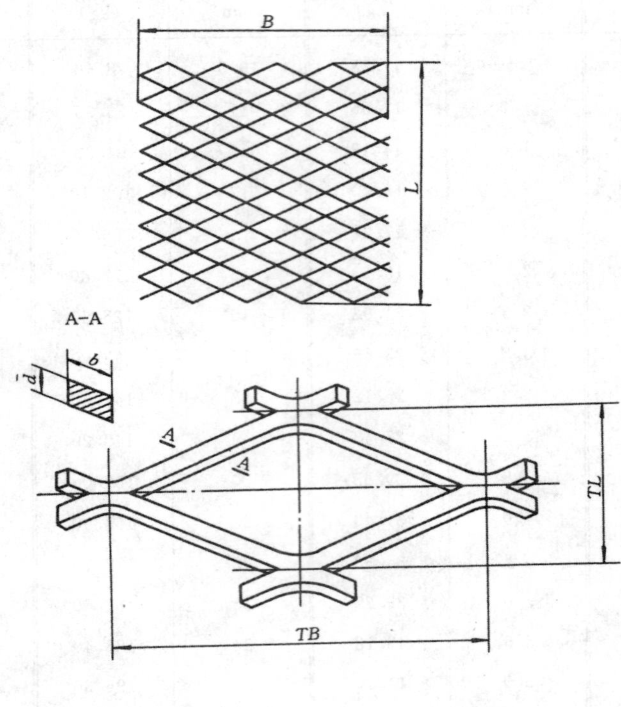

图 1—8—4

表 1—8—19　钢板网的规格尺寸

d	网格尺寸			网面尺寸		钢板网质量（理论）(kg/m²)
	TL	TB	b	B	L	
(mm)						
0.5	5	12.5	1.11	2000	1000	1.74
	10	25	0.96		600 1000	0.75
	14	25	0.62		600	0.35
			0.70		1000	0.39
	5	12.5	1.10	1000 或 2000	2000	1.73
	8	20	1.12		3000	1.08
	10	25			4000	0.88
	12	30	1.35			
0.8	10	25	0.96	2000	600	1.20
			1.14			
			1.12		1000	1.43
	12	30	1.35		4000	1.41
	15	40	1.68			

续表

<table>
<tr><th rowspan="2">d</th><th colspan="3">网 格 尺 寸</th><th colspan="2">网 面 尺 寸</th><th rowspan="3">钢板网质量
(理论)
(kg/m²)</th></tr>
<tr><th>TL</th><th>TB</th><th>b</th><th>B</th><th>L</th></tr>
<tr><th colspan="6">(mm)</th></tr>
<tr><td rowspan="5">1.0</td><td rowspan="3">10</td><td rowspan="3">25</td><td>1.10</td><td rowspan="25">2000</td><td>600</td><td>1.73</td></tr>
<tr><td>1.15</td><td>1000</td><td>1.81</td></tr>
<tr><td>1.12</td><td rowspan="3">4000</td><td>1.76</td></tr>
<tr><td>12</td><td>30</td><td>1.35</td><td>1.77</td></tr>
<tr><td>15</td><td>40</td><td>1.68</td><td>1.76</td></tr>
<tr><td rowspan="4">1.2</td><td>10</td><td>25</td><td>1.13</td><td rowspan="4">4000</td><td>2.13</td></tr>
<tr><td>12</td><td>30</td><td>1.35</td><td>2.12</td></tr>
<tr><td>15</td><td>40</td><td>1.68</td><td>2.11</td></tr>
<tr><td>18</td><td>50</td><td>2.03</td><td>2.12</td></tr>
<tr><td rowspan="4">1.5</td><td>15</td><td>40</td><td>1.69</td><td rowspan="14">4000 或 5000</td><td>2.65</td></tr>
<tr><td>18</td><td>50</td><td>2.03</td><td>2.66</td></tr>
<tr><td>22</td><td>60</td><td>2.47</td><td rowspan="2">2.64</td></tr>
<tr><td>29</td><td>80</td><td>3.25</td></tr>
<tr><td rowspan="5">2.0</td><td>18</td><td>50</td><td>2.03</td><td>3.54</td></tr>
<tr><td>22</td><td>60</td><td>2.47</td><td rowspan="4">3.53</td></tr>
<tr><td>29</td><td>80</td><td>3.26</td></tr>
<tr><td>36</td><td>100</td><td>4.05</td></tr>
<tr><td>44</td><td>120</td><td>4.95</td></tr>
<tr><td rowspan="3">2.5</td><td>29</td><td>80</td><td>3.26</td><td>4.41</td></tr>
<tr><td>36</td><td>100</td><td>4.05</td><td rowspan="2">4.42</td></tr>
<tr><td>44</td><td>120</td><td>4.95</td></tr>
<tr><td rowspan="4">3.0</td><td>36</td><td>100</td><td>4.05</td><td rowspan="2">5.30</td></tr>
<tr><td>44</td><td>120</td><td>4.95</td></tr>
<tr><td>55</td><td>150</td><td>4.99</td><td>5000</td><td>4.27</td></tr>
<tr><td>65</td><td>180</td><td>4.60</td><td>6400</td><td>3.33</td></tr>
</table>

续表

d	网格尺寸			网面尺寸		钢板网质量（理论）(kg/m²)
	TL	TB	b	B	L	
(mm)						
4.0	22	60	4.5	1500或2000	2200	12.85
	30	80	5.0		2700	10.47
	38	100	6.0		2800	9.92
4.5	22	60	5.0		2000	16.05
	30	80	6.0		2200	14.13
	38	100			2800	11.16
5.0	24	60			1800	19.63
	32	80			2400	14.72
	38	100	7.0		2400	14.46
	56	150	6.0		4200	8.41
	76	200			5700	6.20
6.0	32	80	7.0		2000	20.60
	38	100			2400	17.35
	56	150			3600	11.78
	76	200	8.0		4200	9.92
7.0	40	100			2200	21.98
	60	150			3400	14.65
	80	200	9.0		4000	12.36
8.0	40	100	8.0		2200	25.12
			9.0		2000	28.26
	60	150			3000	18.84
	80	200	10.0		3600	15.70

三、钢　管

（一）热轧结构用无缝钢管、输送流体用无缝钢管（GB8162—87、GB8163—87　表1—8—20）

（二）冷拔（冷轧）结构用无缝钢管、输送流体用无缝钢管（GB8162—87、GB8163—87　表1—8—21）

表 1－8－20 热轧结构用无缝钢管、输送液体用无缝钢管的尺寸、理论质量

外径 (mm)	壁厚 (mm)									
	2.5	3	3.5	4	4.5	5	5.5	6	6.5	7
	钢管理论质量 (kg/m)									
32	1.82	2.15	2.46	2.76	3.05	3.33	3.59	3.85	4.09	4.32
38	2.19	2.59	2.98	3.35	3.72	4.07	4.41	4.74	5.05	5.35
42	2.44	2.89	3.35	3.75	4.16	4.56	4.95	5.33	5.69	6.04
45	2.62	3.11	3.58	4.04	4.49	4.93	5.36	5.77	6.17	6.56
50	2.93	3.48	4.01	4.54	5.05	5.55	6.04	6.51	6.97	7.42
54		3.77	4.36	4.93	5.49	6.04	6.58	7.10	7.61	8.11
57		4.00	4.62	5.23	5.83	6.41	6.99	7.55	8.10	8.63
60		4.22	4.88	5.52	6.16	6.78	7.39	7.99	8.58	9.15
63.5		4.48	5.18	5.87	6.55	7.21	7.87	8.51	9.14	9.75
68		4.81	5.57	6.31	7.05	7.77	8.48	9.17	9.86	10.53
70		4.96	5.74	6.51	7.27	8.01	8.75	9.47	10.18	10.88
73		5.18	6.00	6.81	7.60	8.38	9.16	9.91	10.66	11.39
76		5.40	6.26	7.10	7.93	8.75	9.56	10.36	11.14	11.91
83			6.86	7.79	8.71	9.62	10.51	11.39	12.26	13.12
89			7.38	8.38	9.38	10.36	11.33	12.28	13.22	14.16
95			7.90	8.98	10.04	11.10	12.14	13.17	14.19	15.19
102			8.50	9.67	10.82	11.96	13.09	14.21	15.31	16.40
108				10.26	11.49	12.70	13.90	15.09	16.27	17.44
114				10.85	12.15	13.44	14.72	15.98	17.23	18.47
121				11.54	12.93	14.30	15.67	17.02	18.35	19.68
127				12.13	13.59	15.04	16.48	17.90	19.32	20.72
133				12.73	14.26	15.78	17.29	18.79	20.28	21.75
140					15.04	16.65	18.24	19.83	21.40	22.96
146					15.70	17.39	19.06	20.72	22.36	24.00
152					16.37	18.13	19.87	21.60	23.32	25.03
159					17.15	18.99	20.82	22.64	24.45	26.24
168						20.10	22.04	23.97	25.89	27.79
180						21.59	23.70	25.75	27.70	29.87
194						23.21	25.60	27.82	30.00	32.28
203								29.14	31.50	33.83
219								31.52	34.06	36.60
245									38.23	41.00
278									42.64	45.92
299										
325										
351										
377										
402										
426										
450										
(465)										
480										
500										
530										
(550)										
560										
600										
630										

续表

外径 (mm)	壁厚 (mm)									
	7.5	8	8.5	9	9.5	10	11	12	13	14
	钢管理论质量 (kg/m)									
32	4.53	4.74								
38	5.64	5.92								
42	6.38	6.71	7.02	7.32	7.60	7.88				
45	6.94	7.30	7.65	7.99	8.32	8.63				
50	7.86	8.29	8.70	9.10	9.49	9.86				
54	8.60	9.08	9.54	9.99	10.43	10.85	11.67			
57	9.16	9.67	10.17	10.65	11.13	11.59	12.48	13.32	14.11	
60	9.71	10.26	10.80	11.32	11.83	12.33	13.29	14.21	15.07	15.88
63.5	10.36	10.95	11.53	12.10	12.65	13.19	14.24	15.24	16.19	17.09
68	11.19	11.84	12.47	13.10	13.71	14.30	15.46	16.57	17.63	18.64
70	11.56	12.23	12.89	13.54	14.17	14.80	16.01	17.16	18.27	19.33
73	12.11	12.82	13.52	14.21	14.88	15.54	16.82	18.05	19.24	20.37
76	12.67	13.42	14.15	14.87	15.58	16.28	17.63	18.94	20.20	21.41
83	13.96	14.80	15.62	16.42	17.22	18.00	19.53	21.01	22.44	23.82
89	15.07	15.98	16.87	17.76	18.63	19.48	21.16	22.79	24.37	25.89
95	16.18	17.16	18.13	19.09	20.03	20.96	22.79	24.56	26.29	27.97
102	17.48	18.55	19.60	20.64	21.67	22.69	24.69	26.63	28.53	30.38
108	18.59	19.73	20.86	21.97	23.08	24.17	26.31	28.41	30.46	32.45
114	19.70	20.91	22.12	23.31	24.48	25.65	27.94	30.19	32.38	34.53
121	20.99	22.29	23.58	24.86	26.12	27.37	29.84	32.26	34.62	36.94
127	22.10	23.48	24.84	26.19	27.53	28.85	31.47	34.03	36.55	39.01
133	23.21	24.66	26.10	27.52	28.93	30.33	33.10	35.81	38.47	41.09
140	24.51	26.04	27.57	29.08	30.57	32.06	34.99	37.88	40.72	43.50
146	25.62	27.23	28.82	30.41	31.98	33.54	36.62	39.66	42.64	45.57
152	26.73	28.41	30.08	31.74	33.89	35.02	38.25	41.43	44.56	47.65
159	28.02	29.79	31.55	33.39	35.03	36.75	40.15	43.50	46.81	50.06
168	29.60	31.57	33.43	35.29	37.13	38.97	42.59	46.17	49.69	53.17
180	31.91	33.93	35.95	37.95	39.95	41.92	45.85	49.72	53.54	57.31
194	34.50	36.70	38.89	41.06	43.23	45.38	49.64	53.86	58.03	62.15
203	36.16	38.47	40.77	43.05	45.33	47.59	52.08	56.52	60.91	65.94
219	39.12	41.63	44.12	46.61	49.08	51.54	56.43	61.26	66.04	70.78
245	43.85	46.76	49.56	52.38	55.17	57.95	63.48	68.95	74.38	79.76
278	49.10	52.28	55.45	58.60	61.73	64.86	71.07	77.24	83.36	89.42
299	53.91	57.41	60.89	64.37	67.83	71.27	78.13	84.93	91.69	98.40
325	58.74	62.54	66.35	70.14	73.92	77.58	85.18	92.63	100.03	107.38
351		67.67	71.80	75.91	80.01	84.10	92.23	100.32	108.36	116.35
377				81.68	86.10	90.51	99.29	108.02	117.00	125.33
402				87.21	91.95	96.67	106.06	115.41	124.71	133.94
426				92.55	97.57	102.59	112.58	122.52	132.41	142.25
450				97.87	103.20	108.50	119.08	130.61	140.09	150.52
(465)				101.10	116.48	112.20	123.15	134.05	144.90	155.70
480				104.52	110.22	115.90	127.22	139.49	149.71	160.88
500				108.96	114.91	120.83	132.65	145.41	156.12	167.79
530				115.62	121.94	128.23	140.78	154.29	165.74	178.14
(550)				120.07	125.92	133.10	146.21	159.20	172.15	185.05
560				122.28	128.97	135.63	148.92	163.16	175.36	188.50
600				131.17	138.34	145.50	159.78	175.00	188.18	202.31
630				137.81	145.36	152.89	167.91	183.88	197.80	212.67

续表

外径 (mm)	壁厚 (mm)									
	15	16	17	18	19	20	22	(24)	25	26
	钢管理论质量 (kg/m)									
32										
38										
42										
45										
50										
54										
57										
60										
63.5										
68	19.61	20.52								
70	20.35	21.31								
73	21.46	22.49	23.48	24.41	25.30					
76	22.57	23.68	24.74	25.75	26.71					
83	25.15	26.44	27.67	28.85	29.99					
89	27.37	28.80	30.19	31.52	32.80	34.03	36.35	38.47		
95	29.59	31.17	32.70	34.18	35.61	36.99	39.61	42.02		
102	32.18	33.93	35.64	37.29	38.89	40.44	43.40	46.17		
108	34.40	36.30	38.15	39.95	41.70	43.40	46.66	49.72	51.17	52.58
114	36.62	38.67	40.57	42.62	44.51	46.36	49.91	53.27	54.87	56.43
121	39.21	41.43	43.60	45.72	47.79	49.82	53.71	57.41	59.19	60.91
127	41.43	43.80	46.12	48.39	50.61	52.78	56.97	60.96	62.89	64.76
138	43.65	46.17	48.63	51.05	53.42	55.73	60.22	64.51	66.59	68.61
140	46.24	48.93	51.57	54.16	56.70	59.19	64.02	68.66	70.90	73.10
146	48.40	51.30	54.08	56.82	59.51	62.15	67.27	72.21	74.00	70.94
152	50.68	53.66	56.60	59.48	62.32	65.11	70.59	75.76	78.30	80.79
159	53.27	56.43	59.53	62.59	65.60	68.56	74.33	79.90	82.62	85.23
168	56.60	59.98	63.31	66.59	69.82	73.00	79.21	85.23	88.16	91.05
180	61.04	64.71	68.34	71.91	75.44	78.92	85.72	92.33	95.56	98.74
194	66.22	70.24	74.21	78.13	82.00	85.28	93.32	100.62	104.19	107.72
203	69.54	73.78	77.97	82.12	86.21	90.26	98.20	105.94	109.74	113.40
219	75.46	80.10	84.69	89.23	93.71	98.15	106.88	115.42	119.61	123.75
245	83.08	90.36	95.59	100.77	105.00	110.98	120.99	130.80	135.64	140.42
273	95.44	101.41	107.33	113.20	119.02	124.79	136.18	147.38	152.90	158.38
299	105.06	111.67	118.23	124.74	131.20	137.61	150.29	162.77	168.93	175.05
325	114.68	121.93	129.13	136.28	143.38	150.44	164.39	178.15	184.96	191.72
351	124.29	132.19	140.03	147.82	155.66	168.26	178.50	193.54	200.99	208.39
377	133.91	142.44	150.93	159.36	167.75	176.08	192.61	208.93	217.02	225.06
402	143.15	152.30	161.40	170.45	179.45	188.40	206.16	223.72	232.42	241.08
426	152.04	161.78	171.47	181.11	190.71	200.25	219.19	237.93	247.23	256.48
450	160.90	171.24	181.52	191.76	201.94	212.08	232.20	252.12	262.01	271.85
(465)	166.46	177.16	187.81	198.41	208.97	219.47	240.34	261.00	271.26	281.47
480	172.00	183.08	194.10	205.07	216.00	226.87	248.47	269.88	280.51	291.09
500	179.40	190.97	202.48	213.95	225.37	236.74	259.32	281.72	292.84	303.91
530	190.50	202.80	215.06	227.27	239.42	251.53	275.60	299.47	317.50	323.14
(550)	197.90	210.70	223.44	236.14	248.80	261.40	286.45	311.31	323.66	335.97
560	201.60	214.64	227.64	240.58	253.48	266.33	291.88	317.23		
600	216.39	230.42	244.40	258.34	272.22	286.96	313.58	340.90		
630	227.49	242.26	256.98	271.66	286.28	300.85	329.85	358.66		

续表

外径 (mm)	壁厚 (mm)									
	28	30	32	(34)	(35)	36	(38)	40	(42)	(45)
	钢管理论质量 (kg/m)									
32										
38										
42										
45										
50										
54										
57										
60										
63.5										
68										
70										
73										
76										
83										
89										
95										
102										
108										
114										
121										
127	55.24									
138	59.38									
140	64.22									
146	68.36	71.76								
152	72.50	76.20	79.71							
159	77.84	81.38	85.23	88.88	90.63	92.33				
168	81.48	85.82	89.97	93.91	95.81	97.66				
180	85.82	90.26	94.70	98.94	100.99	102.99				
194	90.46	95.44	100.23	104.81	107.03	109.20				
203	96.57	102.10	107.33	112.36	114.80	117.19	121.83	126.27	130.51	136.50
219	104.06	110.98	116.80	122.42	125.16	127.85	133.07	138.10	142.94	149.82
245	114.63	121.33	127.85	134.16	137.24	140.27	146.19	151.91	157.44	165.36
273	120.33	127.99	134.94	141.70	145.00	148.26	154.62	160.78	166.75	175.33
299	131.89	139.83	147.57	155.12	158.82	162.47	169.62	176.58	183.33	193.10
325	149.84	159.67	168.09	176.92	181.26	185.55	193.99	202.22	210.26	221.95
351	169.18	179.78	190.19	200.40	205.43	210.41	220.23	229.85	239.27	253.03
377	187.13	199.02	210.71	222.20	227.87	233.50	244.59	255.49	266.20	281.88
402	205.09	218.25	231.23	244.00	250.31	256.53	268.94	281.14	293.13	310.73
426	223.04	237.49	251.74	265.80	272.76	279.66	293.32	306.79	320.06	339.59
450	240.99	256.73	272.26	287.61	295.20	302.77	317.69	332.44	346.99	368.44
(465)	258.24	275.21	291.18	308.55	316.76	324.92	341.10	357.08	372.86	396.16
480	274.83	292.98	310.93	328.69	337.49	346.27	363.61	380.77	397.74	422.82
500	291.38	310.72	329.84	348.79	358.19	367.53	386.08	404.42	422.56	449.43
530	301.74	321.21	341.69	361.37	371.13	380.85	400.13	419.22	438.11	466.07
(550)	312.10	332.91	353.52	373.94	384.08	394.17	414.19	436.01	453.64	482.72
560	325.91	347.71	369.30	390.71	401.34	411.92	432.93	453.74	474.35	504.91
600	346.62	369.90	392.92	415.87	427.23	438.55	461.04	483.34	505.42	538.20
630	360.43	384.70	406.76	432.64	444.30	456.31	479.79	503.06	526.15	560.40

注：1. 表中所列壁厚规格，为摘自标准中目前能生产的规格。

2. 热轧钢管长度为 3～12.5m。

3. 带括号的规格不推荐采用。

4. 目前生产规格外径范围为 ϕ57～ϕ325mm（不生产 ϕ203mm），管的最小壁厚为 4mm，最大壁厚为 45mm。

表1—8—21 冷拔（冷轧）结构用无缝钢管，输送流体用无缝钢管

外 径 (mm)	壁 厚 (mm)											
	0.25	0.30	0.40	0.50	0.60	0.80	1.0	1.2	1.4	1.5	1.6	1.8
	钢管理论质量 (kg/m)											
6	0.0354	0.0421	0.055	0.068	0.080	0.103	0.123	0.142	0.159	0.166	0.174	0.186
7	0.0416	0.0496	0.065	0.080	0.095	0.122	0.148	0.172	0.193	0.203	0.213	0.230
8	0.0477	0.057	0.075	0.092	0.110	0.142	0.173	0.202	0.227	0.240	0.253	0.275
9	0.054	0.064	0.085	0.105	0.125	0.162	0.197	0.231	0.262	0.277	0.292	0.319
10	0.060	0.072	0.095	0.117	0.139	0.182	0.222	0.261	0.296	0.314	0.332	0.363
11	0.066	0.079	0.105	0.129	0.154	0.201	0.247	0.290	0.331	0.351	0.371	0.407
12	0.072	0.087	0.115	0.142	0.169	0.221	0.271	0.320	0.365	0.388	0.411	0.452
(13)	0.079	0.094	0.124	0.154	0.184	0.241	0.296	0.349	0.400	0.425	0.451	0.496
14	0.085	0.101	0.134	0.166	0.199	0.260	0.321	0.379	0.434	0.462	0.490	0.541
(15)	0.091	0.109	0.144	0.179	0.214	0.280	0.345	0.400	0.468	0.499	0.520	0.585
16	0.097	0.116	0.154	0.191	0.228	0.300	0.370	0.438	0.503	0.536	0.568	0.629
(17)	0.103	0.124	0.164	0.203	0.244	0.320	0.395	0.468	0.537	0.573	0.608	0.674
18	0.109	0.131	0.174	0.216	0.258	0.340	0.419	0.497	0.572	0.610	0.647	0.717
19	0.115	0.138	0.183	0.228	0.274	0.359	0.444	0.527	0.606	0.647	0.687	0.762
20	0.122	0.146	0.193	0.240	0.288	0.379	0.469	0.556	0.642	0.684	0.726	0.806
(21)			0.203	0.253	0.303	0.399	0.493	0.586	0.675	0.721	0.767	0.851
22			0.212	0.265	0.318	0.419	0.518	0.616	0.710	0.758	0.806	0.895
(23)			0.222	0.277	0.333	0.438	0.543	0.645	0.745	0.795	0.846	0.940
(24)			0.236	0.290	0.347	0.458	0.567	0.674	0.779	0.832	0.885	0.984
25			0.242	0.302	0.363	0.478	0.592	0.703	0.813	0.869	0.925	1.03
27			0.262	0.327	0.392	0.516	0.641	0.762	0.882	0.943	1.00	1.12
28			0.272	0.340	0.406	0.536	0.666	0.792	0.916	0.98	1.04	1.16
29			0.282	0.352	0.418	0.553	0.691	0.823	0.951	1.02	1.076	1.22
30			0.292	0.364	0.436	0.576	0.715	0.851	0.986	1.05	1.12	1.25
32			0.311	0.389	0.466	0.615	0.765	0.910	1.053	1.13	1.20	1.34
34			0.331	0.413	0.496	0.655	0.814	0.968	1.122	1.20	1.28	1.43
(35)			0.341	0.426	0.510	0.675	0.838	0.998	1.159	1.24	1.32	1.47
36			0.350	0.438	0.525	0.695	0.863	1.027	1.192	1.28	1.36	1.52
38			0.370	0.464	0.555	0.734	0.912	4.087	1.26	1.35	1.44	1.61
40			0.390	0.487	0.585	0.774	0.962	1.146	1.33	1.42	1.52	1.69
42							1.010	1.208	1.41	1.50	1.60	1.79
44.5							1.070	1.281	1.48	1.59	1.65	1.88

续表

外径 (mm)	壁厚 (mm)											
	0.25	0.30	0.40	0.50	0.60	0.80	1.0	1.2	1.4	1.5	1.6	1.8
	钢管理论质量 (kg/m)											
45							1.090	1.295	1.51	1.61	1.71	1.91
48							1.160	1.382	1.61	1.72	1.83	2.05
50							1.21	1.44	1.68	1.79	1.91	2.14
51							1.23	1.47	1.71	1.83	1.96	2.18
53							1.28	1.53	1.78	1.91	2.03	2.27
54							1.31	1.59	1.82	1.94	2.07	2.31
56							1.36	1.62	1.89	2.02	2.15	2.40
57							1.38	1.65	1.92	2.05	2.18	2.45
60							1.46	1.74	2.02	2.16	2.31	2.58
63							1.53	1.83	2.13	2.27	2.42	2.71
65							1.58	1.89	2.20	2.35	2.50	2.80
(68)							1.65	1.98	2.30	2.46	2.62	2.93
70							1.70	2.03	2.37	2.53	2.70	3.02
73							1.78	2.12	2.47	2.64	2.82	3.16
75							1.82	2.18	2.54	2.71	2.90	3.24
76							1.85	2.21	2.57	2.76	2.94	3.29
80									2.71	2.90	3.09	3.47
(83)									2.82	3.02	3.21	3.60
85									2.88	3.08	3.29	3.69
(89)									3.02	3.24	3.45	3.86
90									3.05	3.27	3.49	3.91
95									3.21	3.46	3.68	4.13
100									3.40	3.64	3.88	4.35
(102)									3.46	3.73	3.97	4.45
108									3.67	3.95	4.21	4.72
110									3.74	4.03	4.28	4.81
120										4.36	4.66	5.25
125												5.46
130												
133												
140												
150												

续表

外径 (mm)	壁厚 (mm)											
	2.0	2.2	2.5	2.8	3.0	3.2	3.5	4.0	4.5	5.0	5.5	6.0
	钢管理论质量 (kg/m)											
6	0.197											
7	0.247	0.260	0.277									
8	0.296	0.315	0.339									
9	0.345	0.369	0.401	0.427								
10	0.395	0.423	0.462	0.496	0.518	0.536	0.561					
11	0.444	0.477	0.524	0.566	0.592	0.615	0.647					
12	0.493	0.532	0.586	0.635	0.666	0.694	0.734	0.789				
(13)	0.543	0.585	0.647	0.703	0.740	0.774	0.820	0.888				
14	0.592	0.640	0.709	0.772	0.814	0.852	0.906	0.986				
(15)	0.641	0.694	0.771	0.841	0.888	0.932	0.993	1.09	1.17	1.23		
16	0.691	0.747	0.832	0.91	0.962	1.01	1.08	1.18	1.28	1.35		
(17)	0.740	0.802	0.894	0.98	1.04	1.09	1.17	1.28	1.39	1.48		
18	0.789	0.856	0.956	1.05	1.11	1.17	1.25	1.38	1.50	1.60		
19	0.838	0.910	1.02	1.12	1.18	1.25	1.34	1.48	1.61	1.73	1.83	1.92
20	0.888	0.965	1.08	1.19	1.26	1.33	1.42	1.58	1.72	1.85	1.97	2.07
(21)	0.937	1.02	1.14	1.26	1.33	1.41	1.51	1.68	1.83	1.97	2.10	2.22
22	0.986	1.07	1.20	1.33	1.41	1.49	1.60	1.77	1.94	2.10	2.24	2.37
(23)	1.04	1.13	1.26	1.39	1.48	1.57	1.68	1.87	2.05	2.22	2.37	2.52
(24)	1.09	1.18	1.33	1.46	1.55	1.64	1.77	1.97	2.16	2.34	2.51	2.66
25	1.13	1.24	1.39	1.53	1.63	1.72	1.88	2.07	2.28	2.47	2.64	2.81
27	1.23	1.34	1.51	1.67	1.78	1.88	2.03	2.27	2.50	2.71	2.92	3.11
28	1.28	1.40	1.57	1.74	1.85	1.96	2.11	2.37	2.61	2.84	3.05	3.26
29	1.33	1.47	1.63	1.83	1.92	2.02	2.20	2.47	2.72	2.96	3.19	3.40
30	1.38	1.51	1.70	1.88	2.00	2.12	2.29	2.56	2.83	3.08	3.32	3.55
32	1.48	1.62	1.82	2.02	2.15	2.28	2.46	2.76	3.05	3.33	3.59	3.85
34	1.58	1.72	1.94	2.15	2.29	2.43	2.63	2.96	3.27	3.58	3.87	4.14
(35)	1.63	1.78	2.00	2.22	2.37	2.51	2.72	3.06	3.38	3.70	4.00	4.29
36	1.68	1.83	2.07	2.29	2.44	2.59	2.81	3.16	3.50	3.82	4.14	4.44
38	1.78	1.94	2.10	2.43	2.59	2.75	2.98	3.35	3.72	4.07	4.41	4.74
40	1.87	2.05	2.31	2.56	2.74	2.91	3.15	3.55	3.94	4.32	4.68	5.03
42	1.97	2.16	2.44	2.70	2.89	3.07	3.32	3.75	4.16	4.56	4.95	5.33
44.5	2.10	2.29	2.59	2.89	3.07	3.25	3.54	4.00	4.44	4.87	5.29	5.70

3.2	3.5	4.0	4.5	5.0	5.5	
13.53	15.38	17.25	19.09	20.96	22.79	160
14.31	16.31	18.35	20.30	22.31	24.27	170
15.20	17.30	19.50	21.59	23.67	25.75	180
	18.29	20.60	22.80	25.02	27.22	190
	19.67	21.65	24.00	26.38	28.70	200

续表

外　径 (mm)	壁　厚　(mm)											
	2.0	2.2	2.5	2.8	3.0	3.2	3.5	4.0	4.5	5.0	5.5	6.0
	钢管理论质量　(kg/m)											
45	2.12	2.32	2.62	2.91	3.11	3.31	3.58	4.04	4.49	4.93	5.36	5.77
48	2.27	2.48	2.81	3.11	3.33	3.54	3.84	4.34	4.83	5.30	5.76	6.21
50	2.37	2.59	2.93	3.25	3.48	3.70	4.01	4.54	5.05	5.55	6.04	6.51
51	2.42	2.64	2.99	3.32	3.55	3.79	4.10	4.64	5.16	5.67	6.17	6.66
53	2.52	2.76	3.11	3.46	3.70	3.94	4.27	4.83	5.38	5.92	6.44	6.95
54	2.56	2.81	3.18	3.53	3.77	4.02	4.36	4.93	5.49	6.04	6.58	7.10
56	2.66	2.92	3.30	3.66	3.92	4.17	4.53	5.13	5.71	6.29	6.35	7.40
57	2.71	2.97	3.36	3.74	4.00	4.25	4.62	5.23	5.83	6.41	6.99	7.55
60	2.86	3.13	3.55	3.94	4.22	4.49	4.88	5.52	6.16	6.78	7.89	7.99
63	3.01	3.30	3.72	4.15	4.44	4.73	5.13	5.81	6.49	7.14	7.77	8.41
65	3.11	3.40	3.85	4.29	4.59	4.89	5.31	6.02	6.71	7.40	8.07	8.73
(68)	3.26	3.57	4.04	4.49	4.81	5.12	5.57	6.31	7.05	7.77	8.48	9.17
70	3.35	3.68	4.16	4.63	4.96	5.28	5.74	6.51	7.27	8.01	8.75	9.47
73	3.50	3.84	4.35	4.84	5.18	5.52	6.00	6.81	7.60	8.38	9.16	9.91
75	3.60	3.95	4.46	4.97	5.32	5.68	6.17	7.00	7.82	8.62	9.41	10.18
76	3.65	4.00	4.53	5.05	5.40	5.75	6.26	7.10	7.93	8.75	9.56	10.36
80	3.84	4.22	4.77	5.32	5.69	6.07	6.60	7.49	8.37	9.24	10.07	10.01
(83)	4.00	4.37	4.96	5.52	5.92	6.31	6.86	7.79	8.71	9.62	10.51	11.30
85	4.09	4.48	5.08	5.66	6.06	6.46	7.04	7.98	8.93	9.86	10.75	11.65
(89)	4.29	4.70	5.33	5.94	6.36	6.77	7.38	8.38	9.38	10.38	11.33	12.28
90	4.34	4.76	5.30	6.01	6.43	6.88	7.47	8.47	9.49	10.47	11.42	12.39
95	4.59	5.02	5.70	6.36	6.81	7.26	7.90	8.98	10.04	11.10	12.14	13.17
100	4.83	5.30	6.00	6.70	7.17	7.65	8.32	9.46	10.59	11.71	12.77	13.87
(102)	4.93	5.40	6.13	6.84	7.32	7.81	8.50	9.67	10.82	11.96	13.09	14.21
108	5.23	5.74	6.50	7.25	7.77	8.20	9.02	10.26	11.49	12.70	13.90	15.09
110	5.32	5.84	6.62	7.39	7.92	8.43	9.19	10.46	11.70	12.93	14.19	15.40
120	5.83	6.38	7.24	8.07	8.66	9.22	10.06	11.44	12.93	14.30	15.31	16.89
125	6.06	6.64	7.54	8.42	9.02	9.61	10.50	11.91	19.37	14.80	16.15	17.55
130			7.86	8.73	9.40	10.00	10.92	12.43	13.92	15.43	16.88	18.35
133			8.05	8.93	9.59	10.25	11.18	12.75	14.26	15.75	17.29	18.79
140					10.11	10.79	11.80	13.42	15.05	16.65	18.24	19.83
150					10.85	11.52	12.65	14.39	16.11	17.85	19.55	21.25

续表

外　径 (mm)	壁　　厚　　(mm)											
	6.5	7.0	7.5	8.0	8.5	9	9.5	10	11	12	13	14
	钢　管　理　论　质　量　(kg/m)											
20												
(21)												
22												
(23)												
(24)	2.81	2.93										
25	2.97	3.11										
27	3.29	3.45										
28	3.45	3.68										
29	3.61	3.80	3.98									
30	3.77	3.97	4.16	4.34								
32	4.09	4.32	4.53	4.74								
34	4.41	4.66	4.90	5.13								
(35)	4.57	4.83	5.09	5.33								
36	4.73	5.01	5.27	5.52								
38	5.05	5.35	5.64	5.92	6.18	6.44						
40	5.37	5.70	6.01	6.31	6.60	6.88						
42	5.69	6.04	6.38	6.71	7.02	7.32						
44.5	6.09	6.47	6.84	7.20	7.55	7.88						
45	6.17	6.56	6.94	7.30	7.65	7.99	8.32	8.63				
48	6.65	7.08	7.49	7.89	8.28	8.66	9.02	9.37				
50	6.97	7.42	7.86	8.29	8.70	9.10	9.49	9.86	10.59	11.25		
51	7.13	7.60	8.05	8.48	8.91	9.32	9.72	10.11	10.85	11.54		
53	7.45	7.94	8.42	8.88	9.33	9.77	10.19	10.60	11.39	12.13		
54	7.61	8.11	8.60	9.08	9.54	9.99	10.43	10.85	11.67	12.43		
56	7.93	8.40	8.97	9.47	9.96	10.43	10.90	11.34	12.21	13.02		
57	8.10	8.63	9.16	9.67	10.17	10.65	11.13	11.59	12.48	13.32	14.11	
60	8.58	9.15	9.71	10.26	10.80	11.32	11.83	12.33	13.29	14.21	15.07	15.83
63	9.04	9.57	10.23	10.81	11.40	11.96	12.49	13.05	14.07	15.09	—	—

续表

外 径 (mm)	壁 厚 (mm)											
	6.5	7.0	7.5	8.0	8.5	9	9.5	10	11	12	13	14
	钢 管 理 论 质 量 (kg/m)											
65	9.38	10.01	10.65	11.25	11.84	12.43	13.00	13.56	14.65	15.68	—	—
(68)	9.86	10.53	11.19	11.84	12.47	13.10	13.71	14.30	15.46	16.57	17.53	18.64
70	10.18	10.88	11.56	12.23	12.89	13.54	14.17	14.80	16.01	17.16	18.27	19.33
73	10.66	11.39	12.11	12.82	13.52	14.21	14.88	15.54	16.82	18.05	19.24	20.37
75	10.96	11.71	12.48	13.17	13.91	14.61	15.30	15.99	17.31	18.65	—	—
76	11.14	11.91	12.67	13.42	14.15	14.87	15.58	16.28	17.63	18.94	20.20	21.41
80	11.75	12.59	13.39	14.15	14.96	15.71	16.45	17.22	18.66	20.10	—	—
(83)	12.26	13.12	13.96	14.80	15.62	16.42	17.22	18.00	19.53	21.01	22.44	23.82
85	12.55	13.45	14.31	15.13	16.01	16.85	17.63	18.45	20.01	21.60	—	—
(89)	13.22	14.16	15.07	15.93	16.87	17.76	18.63	19.48	21.16	22.79	24.37	25.89
90	13.35	14.31	15.22	16.11	17.05	17.95	18.79	19.67	24.43	23.08		
95	14.19	15.19	16.18	17.16	18.13	19.09	20.03	20.96	22.79	24.56		
100	14.95	16.03	17.09	18.09	19.15	20.15	21.15	22.19	24.14	26.04		
(102)	15.31	16.40	17.48	18.55	19.60	20.64	21.67	22.69	24.69	26.63		
108	16.27	17.44	18.59	19.73	20.86	21.97	23.08	24.17	26.31	28.41		
110	16.60	17.75	19.00	20.08	21.30	22.50	23.54	24.70	26.85	29.00		
120	18.20	19.50	20.85	22.10	23.40	24.70	25.89	27.20	29.57	31.96		
125	19.02	20.35	21.73	23.08	24.42	25.75	27.06	28.36	30.92	33.44		
130	19.80	21.20	22.70	24.10	25.50	26.90	28.23	29.70	32.27	34.92		
133	20.28	21.75	23.21	24.66	26.10	27.52	28.93	30.33	33.10	35.81		
140	21.40	22.96	24.51	26.04	27.57	29.08	30.57	32.06	34.99	37.88		
150	23.00	24.68	26.36	28.01	29.66	31.29	32.91	34.52	37.71	40.84		
160	24.60	26.41	28.20	29.99	31.76	33.51	35.26	36.99	40.42	43.80		
170	26.21	28.14	30.05	31.96	33.85	35.73	37.60	39.46	43.13	46.76		
180	27.81	29.87	31.91	33.93	35.95	37.95	39.95	41.92	45.85	49.72		
190	29.41	31.59	33.75	35.90	38.04	40.17	42.28	44.39	48.56	52.67		
200	31.02	33.32	35.60	37.88	40.14	42.39	44.63	46.85	51.27	55.63		

注：1. 冷拔（冷轧）管长度为2～10.5m。

2. 带括号的规格，不推荐采用。

3. 冷拔（冷轧）管以热处理状态交货。

（三）低压流体输送用焊接钢管（GB/T3092－93）

低压流体输送用焊接钢管适用于输送水、煤气、空气、油和取暖蒸汽等一般较低压力流体和其他用途的焊接钢管。其材质一般采用碳素结构钢或易焊接的软钢，用炉焊或电焊的方法制造。本钢管也称一般焊管，俗称黑管。钢管的规格用公称口径（毫米）表示，它是内径的近似值。习惯上，常用英寸表示黑管的规格。低压流体输送用焊接钢管除直接用于输送流体外，还大量用作低压流体输送用镀锌焊接钢管的原管。

1. 分 类

（1）钢管按壁厚分为普通钢管和加厚钢管。

（2）钢管按管端形式分为不带螺纹钢管（光管）和带螺纹钢管。

2. 尺寸及理论质量

1）外径和壁厚：

带螺纹和不带螺纹钢管的直径和壁厚及其允许偏差、理论质量（表1－8－22）

表1－8－22 带螺纹和不带螺纹钢管的直径和壁厚及其允许偏差、理论重量

公称口径		外径		普通钢管			加厚钢管		
				壁厚		理论质量(kg/m)	壁厚		理论质量(kg/m)
mm	in	公称尺寸(mm)	允许偏差	公称尺寸(mm)	允许偏差(%)		公称尺寸(mm)	允许偏差(%)	
6	1/8	10.0	±0.50mm	2.00	+12 −15	0.39	2.50	+12 −15	0.46
8	1/4	13.5		2.25		0.62	2.75		0.73
10	3/8	17.0		2.25		0.82	2.75		0.97
15	1/2	21.3		2.75		1.26	3.25		1.45
20	3/4	26.8		2.75		1.63	3.50		2.01
25	1	33.5		3.25		2.42	4.00		2.91
32	$1\frac{1}{4}$	42.3		3.25		3.13	4.00		3.78
40	$1\frac{1}{2}$	48.0		3.50		3.84	4.25		4.58
50	2	60.0	±1%	3.50		4.88	4.50		6.16
65	$2\frac{1}{2}$	75.5		3.75		6.64	4.50		7.88
80	3	88.5		4.00		8.34	4.75		9.81
100	4	114.0		4.00		10.85	5.00		13.44
125	5	140.0		4.00		13.42	5.50		18.24
150	6	165.0		4.50		17.81	5.50		21.63

注：表中的公称口径系近似内径的名义尺寸，不表示公称外径减去两个公称壁厚所得的内径。

2）钢管的通常长度为4～10m。

3）钢管应能承受下列规定的水压试验：

普通钢管 2.5MPa

加厚钢管 3.0MPa

（四）低压流体输送用镀锌焊接钢管（GB/T 3091－93）

低压流体输送用镀锌焊接钢管适用于输送水、煤气、空气、油和取暖蒸汽等一般较低压力流体或其他用途的热浸镀锌焊接（炉焊或电焊）钢管。本钢管俗称白管。

1. 分　类

(1) 钢管按壁厚分为普通镀锌钢管和加厚镀锌钢管。

(2) 钢管按管端形式分为不带螺纹镀锌钢管和带螺纹镀锌钢管。

2. 尺寸及质量

1) 外径和壁厚

钢管在镀锌前（以下简称黑管）的规格尺寸见表1－8－23。

表1－8－23　低压流体输送用镀锌焊接钢管镀锌前的规格尺寸

公称口径①		外　径		普通钢管			加厚钢管		
				壁　厚		理论质量(kg/m)	壁　厚		理论质量(kg/m)
mm	in	公称尺寸(mm)	允许偏差	公称尺寸(mm)	允许偏差(%)		公称尺寸(mm)	允许偏差(%)	
6	1/8	10.0	±0.50mm	2.00	+12 −15	0.39	2.50	+12 −15	0.46
8	1/4	13.5		2.25		0.62	2.75		0.73
10	3/8	17.0		2.25		0.82	2.75		0.97
15	1/2	21.3		2.75		1.26	3.25		1.45
20	3/4	26.8		2.75		1.63	3.50		2.01
25	1	33.5		3.25		2.42	4.00		2.91
32	$1\frac{1}{4}$	42.3		3.25		3.13	4.00		3.78
40	$1\frac{1}{2}$	48.0		3.50		3.84	4.25		4.58
50	2	60.0	±1%	3.50		4.88	4.50		6.16
65	$2\frac{1}{2}$	75.5		3.75		6.64	4.50		7.88
80	3	88.5		4.00		8.34	4.75		9.81
100	4	114.0		4.00		10.85	5.00		13.44
125	5	140.0		4.00		13.42	5.50		18.24
150	6	165.0		4.50		17.81	5.50		21.63

注：①公称口径，表示近似内径的参考尺寸。对各种规格的钢管，其外径决定于YB822所规定的尺寸。每种规格的实际内径随着管壁厚度而变化。公称口径不等于外径减2倍壁厚之差。

2) 长　度

钢管的通常长度为4～9m。

3) 交货重量

镀锌钢管的每米重量（钢的密度为7.85kg/dm³）按下式计算：

$$W=C\ [0.02466\ (D-S)\ S]$$

式中　W——镀锌钢管的每米重量，kg/m；

C——镀锌钢管比黑管增加的重量系数，见表1－8－24；

D——黑管的外径，mm；

S——黑管的壁厚，mm。

表 1—8—24　镀锌钢管比黑管增加的重量系数

公称口径		外　径	镀锌钢管比黑管增加的重量系数 C	
mm	in	mm	普通钢管	加厚钢管
6	1/8	10.0	1.064	1.059
8	1/4	13.5	1.056	1.046
10	3/8	17.0	1.056	1.046
15	1/2	21.3	1.047	1.039
20	3/4	26.8	1.046	1.039
25	1	33.5	1.039	1.032
32	$1\frac{1}{4}$	42.3	1.039	1.032
40	$1\frac{1}{2}$	48.0	1.036	1.030
50	2	60.0	1.036	1.028
65	$2\frac{1}{2}$	75.5	1.034	1.028
80	3	88.5	1.032	1.027
100	4	114.0	1.032	1.026
125	5	140.0	1.028	1.023
150	6	165.0	1.028	1.023

（五）冷拔无缝等壁厚钢管

1. 冷拔无缝方型钢管的规格尺寸 GB3094—82（表 1—8—25）

表 1—8—25　冷拔无缝方形钢管的规格尺寸

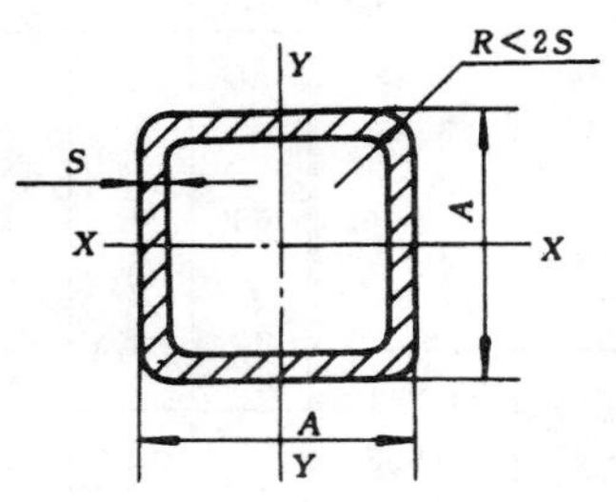

D—1 方形钢管

基本尺寸 (mm) A	S	截面面积 F (cm²)	理论质量 G (kg/m)	惯性矩 $J_X=J_Y$ (cm⁴)	截面模数 $W_X=W_Y$ (cm³)	基本尺寸 (mm) A	S	截面面积 F (cm²)	理论质量 G (kg/m)	惯性矩 $J_X=J_Y$ (cm⁴)	截面模数 $W_X=W_Y$ (cm³)
12	0.8	0.348	0.273	0.0739	0.123	16	1.0	0.583	0.458	0.222	0.278
	1.0	0.423	0.332	0.0873	0.146		1.5	0.832	0.653	0.300	0.374
14	1.0	0.503	0.394	0.144	0.206	18	1.0	0.663	0.521	0.324	0.360
	1.5	0.712	0.559	0.192	0.274		1.5	0.952	0.747	0.442	0.491
							2.0	1.21	0.952	0.535	0.595

续表

基本尺寸 (mm) A	基本尺寸 (mm) S	截面面积 F (cm^2)	理论质量 G (kg/m)	惯性矩 $J_X=J_Y$ (cm^4)	截面模数 $W_x=W_Y$ (cm^3)
20	1.0	0.743	0.583	0.453	0.453
	1.5	1.07	0.841	0.624	0.624
	2.0	1.37	1.08	0.763	0.763
	2.5	1.64	1.29	0.874	0.874
22	1	0.823	0.646	0.612	0.556
	1.5	1.19	0.936	0.850	0.773
	2	1.53	1.20	1.05	0.953
	2.5	1.84	1.45	1.21	1.10
25	2.5	2.14	1.68	1.86	1.49
	3	2.49	1.95	2.08	1.57
30	2.5	2.64	2.08	3.41	2.27
	3	3.01	2.42	3.86	2.58
	3.5	3.50	2.75	4.25	2.83
	4	3.89	3.05	4.58	3.05
32	2.5	2.84	2.23	4.21	2.63
	3	3.33	2.61	4.79	3.00
	3.5	3.78	2.97	5.29	3.31
	4	4.21	3.30	5.73	3.58
35	2.5	3.14	2.47	5.54	3.22
	3	3.69	2.89	6.45	3.68
	3.5	4.20	3.30	7.16	4.09
	4	4.69	3.68	7.78	4.45
	5	5.58	4.38	8.79	5.02
36	2.5	3.24	2.55	6.18	3.43
	3	3.81	2.99	7.07	3.93
	3.5	4.34	3.41	7.87	4.37
	4	4.85	3.81	8.56	4.76
	5	5.75	4.53	9.70	5.39
40	2.5	3.64	2.86	8.68	4.341
	3	4.29	3.37	9.98	4.993
	3.5	4.90	3.85	11.16	5.583
	4	5.49	4.31	12.21	6.111
	5	6.58	5.16	13.98	6.99
	6	7.55	5.93	15.34	7.67
42	2.5	3.84	3.02	10.15	4.83
	3	4.53	3.55	11.70	5.57
	3.5	5.18	4.07	13.10	6.24
	4	5.81	4.56	14.37	6.84
	5	6.98	5.48	16.56	7.87
	6	8.03	6.30	13.22	8.58

基本尺寸 (mm) A	基本尺寸 (mm) S	截面面积 F (cm^2)	理论质量 G (kg/m)	惯性矩 $J_X=J_Y$ (cm^4)	截面模数 $W_X=W_Y$ (cm^3)
45	3.5	5.60	4.40	16.43	7.30
	4	6.23	4.94	18.07	8.03
	5	7.58	5.95	20.90	9.29
	6	8.75	6.87	23.19	10.31
	7	9.81	7.30	24.97	11.10
	8	10.8	8.44	26.30	11.59
50	4	7.09	5.56	25.56	10.22
	5	8.58	6.73	29.81	11.93
	6	9.95	7.81	33.35	13.34
	7	11.21	8.80	36.23	14.49
	8	12.35	9.70	38.51	15.41
55	4	7.89	6.19	34.87	12.58
	5	9.58	7.52	40.95	14.89
	6	11.15	8.75	46.13	16.77
	7	12.51	9.90	50.47	18.35
	8	13.95	10.95	54.04	19.65
60	4	8.69	6.82	46.21	15.4
	5	10.58	8.30	54.57	18.19
	6	12.35	9.69	61.82	20.61
	7	14.01	11.00	68.03	22.68
	8	15.55	12.21	73.28	24.43
65	4	9.49	7.45	59.78	18.39
	5	11.58	9.07	70.92	21.82
	6	13.55	10.64	80.72	24.84
	7	15.41	12.10	89.27	27.46
	8	17.15	13.47	96.64	29.74
70	4	10.29	8.08	75.78	21.65
	5	12.58	9.87	90.26	25.79
	6	14.7	11.58	103.1	29.47
	7	16.81	13.19	114.5	32.72
	8	18.75	14.72	124.5	35.57
75	4	11.09	8.70	94.4	25.17
	5	13.58	10.66	112.8	30.08
	6	15.95	12.52	129.4	34.50
	7	18.21	14.29	144.2	38.44
	8	20.35	15.98	157.3	41.94

续表

基本尺寸 (mm) A	S	截面面积 F (cm^2)	理论质量 G (kg/m)	惯性矩 $J_X=J_Y$ (cm^4)	截面模数 $W_x=W_Y$ (cm^3)	基本尺寸 (mm) A	S	截面面积 F (cm^2)	理论质量 G (kg/m)	惯性矩 $J_X=J_Y$ (cm^4)	截面模数 $W_X=W_Y$ (cm^3)
80	4	11.89	9.33	115.9	28.96	100	5	18.58	14.58	282.8	56.57
	5	14.58	11.44	138.9	34.72		6	21.95	17.23	328.2	65.54
	6	17.15	13.46	159.7	39.93		7	25.21	19.79	370.2	74.04
	7	19.61	15.39	178.5	44.63		8	28.35	22.26	408.9	81.78
	8	21.95	17.23	195.4	48.85						
92	5	16.98	13.33	217.1	47.19	110	7	28.01	21.99	503.4	91.54
	6	20.03	15.72	251.1	54.59		8	31.55	24.77	557.9	101.4
	7	22.97	18.03	282.3	61.38		9	34.98	27.46	608.4	11.60
	8	25.79	20.25	310.9	67.58						

注：理论质量 G 的计算：

$$G=0.0157S\ (A+A-2.8584S)$$

式中　G—每米钢管的质量，kg/m；

A—方形钢管的边长，mm；

S—方形钢管的公称壁厚，mm。

此为以钢管 $R=1.5S$ 时，钢的密度为 7.85 的计算公式。

2. 冷拔无缝矩形钢管的规格尺寸 GB3094—82（表 1—8—26）

表 1—8—26　冷拔无缝矩形钢管的规格尺寸

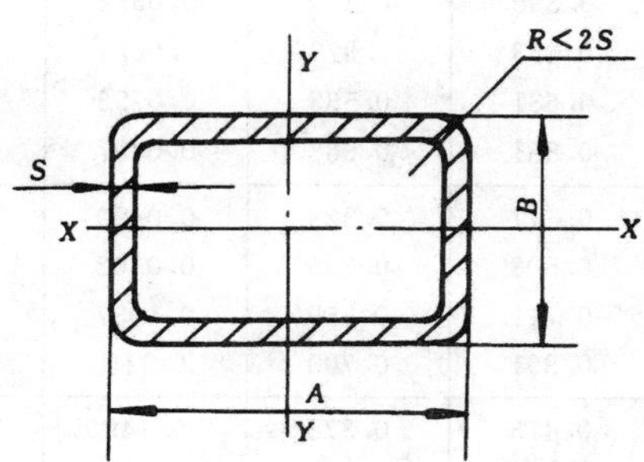

D—2 矩形钢管

基本尺寸 (mm) A	B	S	截面面积 F (cm^2)	理论质量 G (kg/m)	惯性矩 (cm^4) J_X	J_Y	截面模数 (cm^3) W_X	W_Y
10	5	0.8	0.203	0.160	0.0074	0.0239	0.0297	0.0478
		1	0.243	0.191	0.0082	0.0270	0.0329	0.0547
12	5	0.8	0.235	0.185	0.0088	0.0388	0.0354	0.0646
		1	0.283	0.222	0.0099	0.0449	0.0395	0.0748
	6	0.8	0.251	0.197	0.0139	0.0438	0.0462	0.0730
		1	0.303	0.238	0.0157	0.0509	0.0524	0.0849

续表

基本尺寸（mm）			截面面积 F (cm²)	理论质量 G (kg/m)	惯性矩（cm⁴）		截面模数（cm³）	
A	B	S			J_X	J_Y	W_X	W_Y
14	6	0.8	0.283	0.223	0.0160	0.0654	0.0535	0.0935
		1	0.343	0.269	0.0182	0.0767	0.0608	0.110
		1.5	0.471	0.370	0.0215	0.0973	0.0715	0.139
	7	0.8	0.299	0.235	0.0233	0.0724	0.0665	0.104
		1	0.363	0.285	0.0268	0.0852	0.0765	0.122
		1.5	0.501	0.394	0.0324	0.109	0.0927	0.156
	10	0.8	0.347	0.273	0.0545	0.0934	0.109	0.133
		1	0.423	0.332	0.0640	0.111	0.128	0.158
		1.5	0.591	0.464	0.0818	0.144	0.164	0.206
		2	0.731	0.574	0.0925	0.167	0.185	0.238
15	6	0.8	0.299	0.235	0.0171	0.0784	0.0571	0.105
		1	0.363	0.285	0.0195	0.0922	0.0651	0.123
		1.5	0.501	0.394	0.0230	0.118	0.0768	0.157
		2	0.611	0.480	0.0240	0.133	0.0799	0.177
16	8	0.8	0.347	0.273	0.0362	0.111	0.0905	0.139
		1	0.423	0.332	0.0421	0.132	0.105	0.165
		1.5	0.591	0.464	0.0525	0.173	0.131	0.216
		2	0.731	0.574	0.0579	0.200	0.145	0.250
	12	0.8	0.411	0.323	0.0941	0.148	0.157	0.186
		1	0.503	0.395	0.112	0.177	0.186	0.222
		1.5	0.711	0.559	0.147	0.236	0.244	0.295
		2	0.891	0.700	0.170	0.279	0.284	0.349
18	9	0.8	0.395	0.310	0.0532	0.162	0.118	0.180
		1	0.483	0.379	0.0624	0.194	0.139	0.215
		1.5	0.681	0.535	0.0796	0.258	0.177	0.287
		2	0.851	0.668	0.0897	0.304	0.199	0.337
	10	0.8	0.411	0.323	0.0680	0.174	0.136	0.194
		1	0.503	0.395	0.0802	0.208	0.161	0.231
		1.5	0.711	0.559	0.1037	0.278	0.207	0.309
		2	0.891	0.700	0.119	0.329	0.237	0.366
	14	0.8	0.475	0.373	0.149	0.222	0.213	0.246
		1	0.583	0.458	0.178	0.266	0.255	0.296
		1.5	0.831	0.653	0.239	0.360	0.341	0.400
		2	1.051	0.825	0.283	0.432	0.404	0.480
20	8	0.8	0.411	0.323	0.0445	0.197	0.111	0.197
		1	0.503	0.395	0.0520	0.236	0.130	0.236
		1.5	0.711	0.559	0.0654	0.315	0.164	0.315
		2	0.891	0.700	0.0728	0.373	0.182	0.373
	10	0.8	0.443	0.348	0.0748	0.227	0.150	0.227
		1	0.543	0.426	0.0884	0.272	0.177	0.272
		1.5	0.771	0.606	0.115	0.367	0.229	0.367
		2	0.971	0.763	0.132	0.438	0.263	0.438

续表

基本尺寸（mm）			截面面积 F (cm²)	理论质量 G (kg/m)	惯性矩（cm⁴）		截面模数（cm³）	
A	*B*	*S*			J_X	J_Y	W_X	W_Y
20	12	0.8	0.475	0.373	0.114	0.256	0.190	0.256
		1	0.583	0.458	0.136	0.308	0.226	0.308
		1.5	0.831	0.653	0.180	0.418	0.300	0.418
		2	1.05	0.825	0.211	0.503	0.352	0.503
		2.5	1.24	0.976	0.231	0.565	0.385	0.565
22	9	0.8	0.459	0.361	0.0640	0.271	0.142	0.246
		1	0.563	0.442	0.0753	0.325	0.167	0.295
		1.5	0.801	0.629	0.0967	0.440	0.215	0.400
		2	1.011	0.794	0.110	0.527	0.244	0.479
		2.5	1.19	0.936	0.117	0.589	0.259	0.536
	14	0.8	0.539	0.423	0.177	0.361	0.253	0.328
		1	0.663	0.520	0.212	0.435	0.303	0.396
		1.5	0.951	0.746	0.286	0.598	0.408	0.543
		2	1.21	0.951	0.341	0.727	0.487	0.661
		2.5	1.44	1.13	0.381	0.828	0.544	0.753
24	12	0.8	0.539	0.423	0.134	0.403	0.224	0.336
		1	0.663	0.520	0.160	0.487	0.267	0.406
		1.5	0.951	0.747	0.213	0.669	0.355	0.557
		2	1.21	0.951	0.252	0.815	0.419	0.679
		2.5	1.44	1.13	0.277	0.928	0.462	0.774
25	10	0.8	0.523	0.411	0.0918	0.399	0.184	0.320
		1	0.643	0.505	0.109	0.482	0.217	0.386
		1.5	0.921	0.723	0.142	0.660	0.284	0.528
		2	1.17	0.920	0.164	0.802	0.329	0.642
		2.5	1.39	1.09	0.178	0.910	0.355	0.728
	15	1	0.743	0.583	0.279	0.626	0.372	0.501
		1.5	1.07	0.841	0.379	0.868	0.505	0.694
		2	1.37	1.08	0.457	1.07	0.609	0.854
		2.5	1.64	1.29	0.515	1.23	0.637	0.983
28	11	1	0.723	0.567	0.151	0.683	0.274	0.488
		1.5	1.04	0.818	0.200	0.945	0.363	0.675
		2	1.33	1.05	0.235	1.16	0.426	0.828
		2.5	1.59	1.25	0.257	1.33	0.468	0.951
	14	1	0.783	0.615	0.263	0.792	0.376	0.566
		1.5	1.13	0.888	0.356	1.10	0.509	0.788
		2	1.45	1.14	0.428	1.36	0.612	0.973
		2.5	1.74	1.37	0.482	1.58	0.688	1.13
	16	1	0.823	0.646	0.357	0.865	0.447	0.618
		1.5	1.19	0.935	0.489	1.21	0.612	0.863
		2	1.53	1.20	0.595	1.50	0.743	1.07
		2.5	1.84	1.45	0.676	1.74	0.845	1.24

续表

基本尺寸（mm）			截面面积 F (cm²)	理论质量 G (kg/m)	惯性矩（cm⁴）		截面模数（cm³）	
A	B	S			J_X	J_Y	W_X	W_Y
28	22	1	0.943	0.740	0.744	1.08	0.677	0.774
		1.5	1.37	1.08	1.04	1.52	0.945	1.09
		2	1.77	1.29	1.29	1.90	1.17	1.36
		2.5	2.14	1.63	1.50	2.23	1.36	1.59
		3	2.49	1.95	1.67	2.50	1.52	1.79
		3.5	2.80	2.20	1.80	2.72	1.64	1.94
30	12	1.5	1.13	0.888	0.263	1.19	0.439	0.796
		2	1.45	1.14	0.312	1.48	0.520	0.984
		2.5	1.74	1.37	0.347	1.71	0.578	1.14
		3	2.01	1.57	0.369	1.89	0.614	1.26
32	13	1.5	1.22	0.959	0.339	1.48	0.521	0.927
		2	1.57	1.23	0.406	1.84	0.624	1.15
		2.5	1.90	1.49	0.454	2.14	0.699	1.34
		3	2.19	1.72	0.488	2.39	0.751	1.49
	16	1.5	1.31	1.03	0.553	1.69	0.691	1.07
		2	1.69	1.33	0.674	2.11	0.842	1.32
		2.5	2.04	1.60	0.768	2.47	0.961	1.54
		3	2.37	1.86	0.840	2.77	1.05	1.73
	25	1.5	1.58	1.24	1.57	2.32	1.26	1.45
		2	2.05	1.61	1.97	2.92	1.58	1.83
		2.5	2.49	1.96	2.31	3.45	1.85	2.16
		3	2.91	2.28	2.60	3.91	2.08	2.44
35	14	1.5	1.34	1.05	0.439	1.96	0.627	1.12
		2	1.73	1.36	0.530	2.45	0.757	1.40
		2.5	2.09	1.64	0.599	2.86	0.856	1.64
		3	2.43	1.90	0.649	3.21	0.928	1.84
		3.5	2.73	2.14	0.683	3.50	0.975	2.00
36	18	1.5	1.49	1.17	0.811	2.46	0.901	1.37
		2	1.93	1.52	0.998	3.10	1.11	1.72
		2.5	2.34	1.84	1.15	3.65	1.28	2.03
		3	2.73	2.14	1.27	4.13	1.41	2.29
		3.5	3.08	2.42	1.37	4.53	1.52	2.51
	28	2	2.33	1.83	2.85	4.26	2.04	2.36
37	15	2	1.85	1.45	0.661	2.96	0.881	1.60
		2.5	2.24	1.76	0.753	3.47	1.00	1.88
		3	2.61	2.05	0.821	3.91	1.09	2.12
		3.5	2.94	2.31	0.870	4.28	1.16	2.31
		4	3.25	2.55	0.901	4.58	1.20	2.48
40	16	2	2.01	1.58	0.832	3.77	1.04	1.89
		2.5	2.44	1.92	0.953	4.46	1.19	2.23
		3	2.85	2.23	1.05	5.05	1.31	2.52
		3.5	3.22	2.53	1.12	5.55	1.40	2.77
		4	3.57	2.80	1.16	5.97	1.46	2.98

续表

基本尺寸（mm）			截面面积 F (cm²)	理论质量 G (kg/m)	惯性矩（cm⁴）		截面模数（cm³）	
A	B	S			J_X	J_Y	W_X	W_Y
40	20	2	2.17	1.70	1.41	4.35	1.41	2.18
		2.5	2.64	2.07	1.64	5.16	1.64	2.58
		3	3.09	2.42	1.83	5.87	1.83	2.93
		3.5	3.50	2.75	1.99	6.48	1.99	3.24
		4	3.86	3.05	2.11	7.01	2.11	3.50
	25	2	2.37	1.86	2.39	5.07	1.91	2.54
		2.5	2.89	2.27	2.82	6.04	2.25	3.02
		3	3.39	2.66	3.18	6.90	2.54	3.45
		3.5	3.85	3.02	3.49	7.65	2.79	3.83
		4	4.29	3.36	3.75	8.31	2.99	4.15
42	30	2	2.65	2.08	3.83	6.53	2.55	3.11
45	30	2	2.77	2.18	4.07	7.73	2.71	3.44
		2.5	3.39	2.66	4.83	9.26	3.22	4.12
		3	3.99	3.13	5.51	10.65	3.57	4.73
		3.5	4.55	3.57	6.11	11.90	4.07	5.29
		4	5.09	3.99	6.62	13.01	4.42	5.78
48	30	2	2.89	2.27	4.30	9.06	2.87	3.77
		2.5	3.54	2.78	5.12	10.87	3.41	4.53
50	32	2	3.05	2.40	5.18	10.48	3.24	4.19
		2.5	3.74	2.94	6.18	12.60	3.86	5.04
		3	4.41	3.46	7.07	14.55	4.42	5.82
55	38	2	3.49	2.74	8.36	14.93	4.40	5.43
		2.5	4.29	3.37	10.04	18.03	5.29	6.56
		3	5.07	3.98	11.58	20.91	6.09	7.60
		3.5	5.81	4.56	12.97	23.57	6.83	8.57
		4	6.53	5.12	14.23	26.01	7.49	9.46
60	40	3.5	6.30	4.95	15.84	30.41	7.92	10.14
		4	7.09	5.56	17.42	33.66	8.71	11.22
		5	8.57	6.73	20.15	39.41	10.07	13.14
70	50	4	8.69	6.82	34.05	58.35	13.52	16.67
		5	10.57	8.30	39.98	69.11	15.99	19.75
		6	12.34	9.69	45.04	78.51	18.02	22.43
		7	14.00	10.99	49.29	86.64	19.71	24.75
80	60	4	10.29	8.07	58.79	92.76	19.60	23.19
		5	12.57	9.87	69.75	110.7	23.25	27.68
		6	14.74	11.57	79.40	126.8	26.47	31.70
		7	16.80	13.19	87.81	141.1	29.27	35.28
90	60	4	11.09	8.70	65.07	123.7	21.59	27.48
		5	13.57	10.65	77.33	148.2	25.78	32.93
		6	15.94	12.52	88.18	170.4	29.39	37.86
		7	18.20	14.29	97.70	190.3	32.57	42.30

续表

基本尺寸（mm）			截面面积 F (cm²)	理论质量 G (kg/m)	惯性矩（cm⁴）		截面模数（cm³）	
A	B	S			J_X	J_Y	W_X	W_Y
100	70	5	15.57	12.22	122.0	215.2	34.86	43.04
		6	18.34	14.40	140.1	248.6	40.04	49.73
		7	21.00	16.48	156.4	279.3	44.68	55.86
		8	23.54	18.48	170.9	307.1	48.83	61.43
110	75	5	17.07	13.40	155.8	285.8	41.54	51.96
		6	20.14	15.81	179.5	331.4	47.87	60.25
		7	23.10	18.13	201.0	373.4	53.61	67.89
		8	25.94	20.36	220.4	412.1	58.79	74.92
120	80	6	21.94	17.22	225.6	430.6	56.40	71.76
		7	25.20	19.78	253.4	486.6	63.35	81.10
		8	28.34	22.25	278.7	538.5	69.67	89.75
		9	31.37	24.63	301.6	586.5	75.41	97.74
130	85	6	23.74	18.64	278.9	547.8	65.63	84.28
		7	27.30	21.43	314.07	620.5	73.90	95.47
		8	30.74	24.13	346.3	688.4	81.49	105.9
		9	34.07	26.75	375.8	751.6	88.43	115.6
140	80	7	28.00	21.98	290.8	715.1	72.70	102.2
		8	31.54	24.76	320.3	794.1	80.08	113.4
		9	34.97	27.45	347.3	867.8	86.81	124.0
		10	38.29	30.05	371.7	936.4	92.92	133.8
150	75	7	28.70	22.53	266.0	814.6	70.93	108.6
		8	32.34	25.39	292.6	905.3	78.03	120.7
		9	35.87	28.16	316.8	990.1	84.47	132.0
		10	39.29	30.84	338.6	1069.3	90.29	142.6
160	65	8	32.34	25.39	220.9	975.4	67.97	121.9
		9	35.87	28.16	238.1	1066.8	73.27	133.3
		10	39.29	30.84	253.4	1152.0	77.98	144.0
		11	42.59	33.43	266.9	1231.2	82.13	153.9

注：理论质量 G 的计算：

$$G=0.0157S\ (A+B-2.8584S)$$

式中　G—每米钢管的质量，kg/m；

A、B—矩形钢管的长与宽，mm；

S—矩形钢管的公称壁厚，mm。

此为以钢管 $R=1.5S$ 时，钢的密度为 7.85 的计算公式。

四、矿用钢

（一）热轧矿用工字钢 YB2006—78（表 1—8—27）

表 1－8－27　矿用工字钢的截面面积、理论重量及参考数值

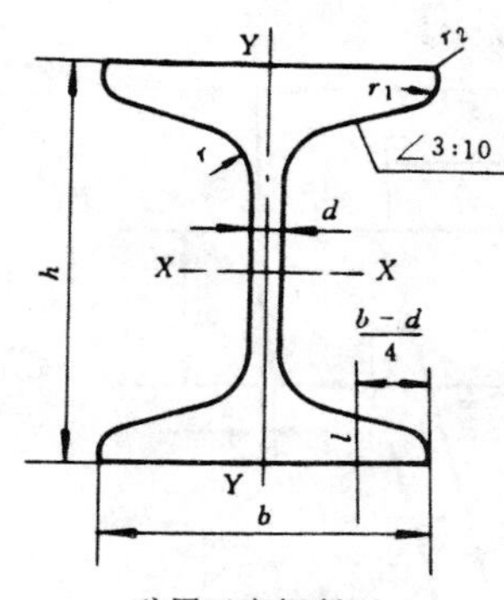

矿用工字钢断面

h—高度；
b—腿宽；
d—腰厚；
l—平均腿厚；
r—内圆弧半径；
r_1、r_2—腿端圆弧半径；
I—惯性矩；
W—截面系数；
i—惯性半径；
S—半截面的静力矩

型号	h	b	d	l	r	r_1	r_2	截面面积	理论质量	参考数值						
										$X-X$				$Y-Y$		
	(mm)							(cm²)	(kg/m)	I_X (cm⁴)	W_X (cm³)	i_X (cm)	X_X (cm³)	I_X (cm⁴)	W_Y (cm³)	i_Y (cm)
9	90±2.0	76±2.5	8±0.8	10.9	12	4	1.5	22.54	17.69	281.0	62.5	3.53	37.8	62.5	16.5	1.67
11	110±2.0	90±2.5	9±0.8	14.1	12	5	1.5	33.18	26.05	623.7	113.4	4.34	68.5	127.7	28.4	1.96
12	120±2.0	95±2.5	11±0.8	15.3	15	5	1.5	31.72	31.18	867.1	144.5	4.67	87.9	178.2	37.5	2.12

注：1. 平均腿厚的允许偏差为±0.06t。
2. 腿的外缘斜度（单腿和双腿）不得不大于2.5%。
3. 矿用工字钢长度为6～10m。

（二）矿山巷道支护用热轧U型钢（GB4697—91）

1. 型钢的截面尺寸（图1－8－5～图1－8－7和表1－8－28）

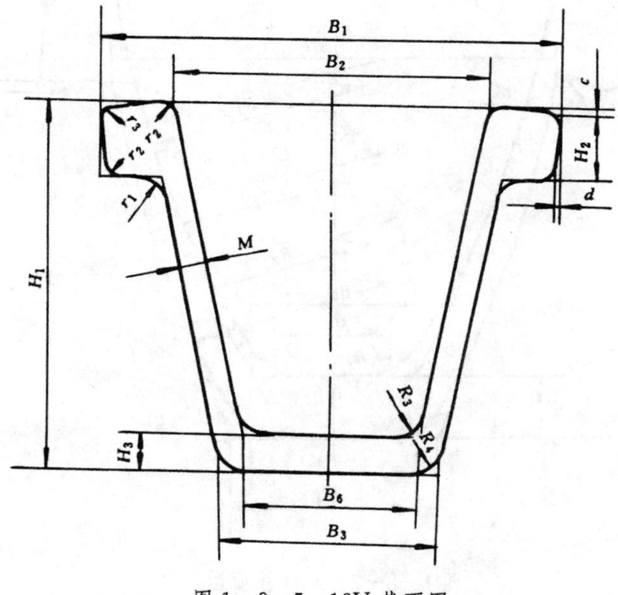

图1－8－5　18U截面图

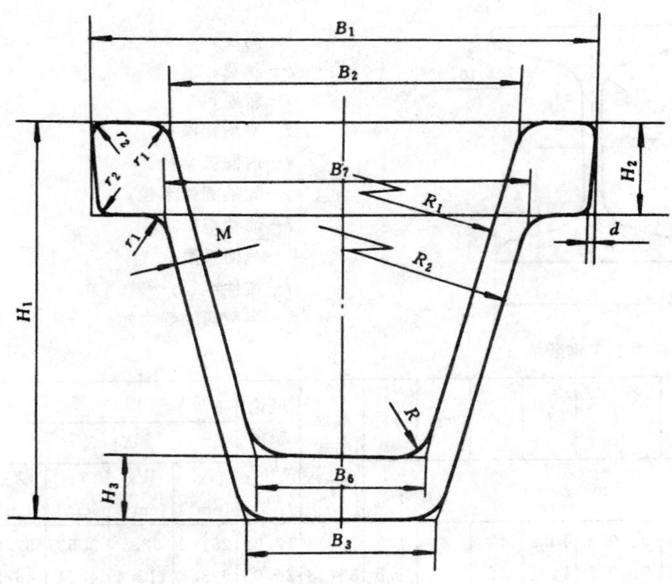

图 1－8－6　25U 截面图

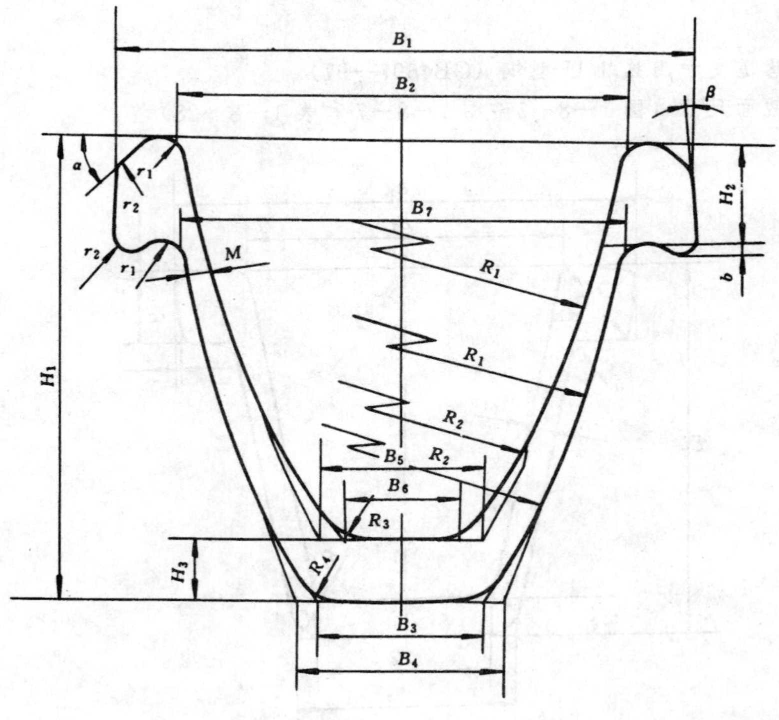

图 1－8－7　29U 截面图

表 1—8—28　型钢的截面尺寸　mm

型　号	H_1	H_2	H_3	B_1	B_2	B_3	B_4	B_5	B_6	B_7	M	b
18U	99	18	10	122	84	57	—	—	46.2	—	7.5	—
25U	110	26	17	134	92	50.8	—	—	45	94.1	6.6	—
29U	124	28.5	16	150.5	116	44	53	42	30	116.6	7.2	3
型　号	c	d	R_1	R_2	R_3	R_4	r_1	r_2	r_3	α	β	
18U	2	2	—	—	9	9	8	4	2	—	—	
25U	0	2.5	400	400	12	10	7	2	—	—	—	
29U	—	—	450	185	15	16	7	4	—	40°	3°	

注：36U 参数见 GB4697—84。

2. 型钢的截面面积、理论重量及截面参数（表 1—8—29）

表 1—8—29　型钢的截面面积、理论重量及截面参数

型　号	截面面积 (cm^2)	理论质量 (kg/m)	截面参数						
			X—X				Y—Y		
			I_x (cm^4)	W_x (cm^3)	ix (cm)	S_x (cm)	I_y (cm^4)	W_y (cm^3)	iy (cm)
18U	24.15	18.96	284.26	56.29 57.43	3.43	75.40	331.35	54.32	3.70
25U	31.54	24.76	451.70	81.68 82.58	3.78	110.90	508.70	75.92	4.02
29U	37.00	29.00	612.00	106.00 92.00	4.07	212.91	771.00	102.00	4.57

3. 长　度

型钢的通常长度为 5～12m。

（三）新型矿用工字钢

为了降低支护钢材消耗量，降低支护成本，煤炭科学研究总院北京开采所设计出新型矿用工字钢，并于 1994 年试轧成功。新型矿用工字钢截面见图 1—8—8，新、旧系列矿用工字钢的主要技术经济指标见表 1—8—30。

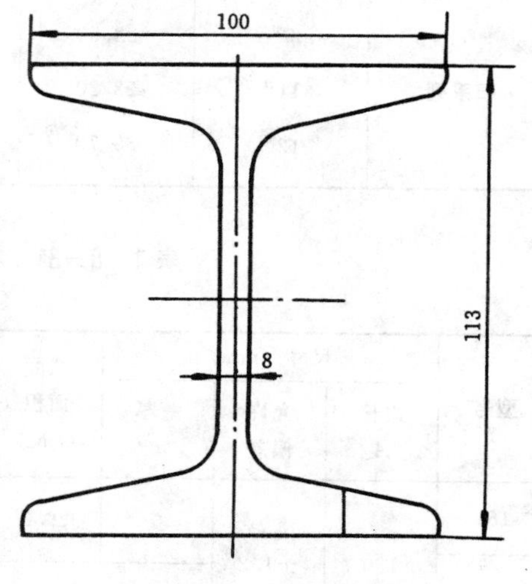

图 1—8—8　新型矿用工字钢（24H）截面

（四）立井罐道用冷弯方管和罐道梁用冷弯矩管

立井罐道用冷弯方管和罐道梁用冷弯矩管是经济截面高效型钢材料，其优点为：解决了型钢组合罐道的大量焊接加工与加工后质量难以控制的问题，从而保证了罐道的高质量；冷弯方管罐道比同等长度同等抗弯抗变形能力的槽钢组合罐道减轻四分之一的重量；其截面为封闭形，亦可将两端头封

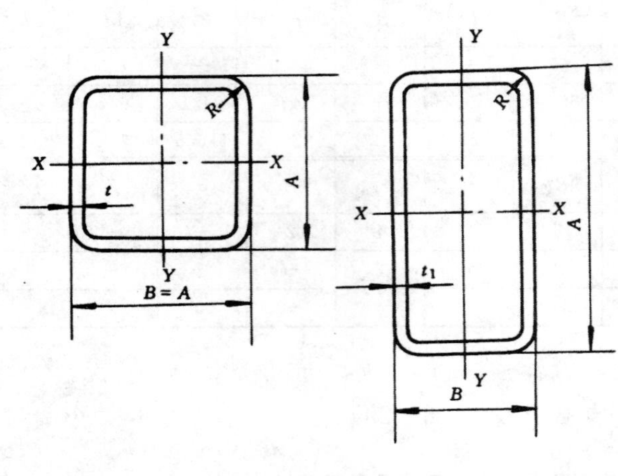

图 1－8－9

闭，因此抗腐蚀寿命可延长一倍。冷弯方管和冷弯矩管将成为型钢组合罐道（梁）的更新换代型。目前，中煤建设集团总公司开发生产的冷弯方形罐道 DF 系列有 DF16、DF18、DF18b、DF20、DF20b、DF22c。

冷弯方管型号、规格及参考数值，冷弯方管罐道选型及其名义长度，冷弯方（矩）管与组合型钢对照及外形尺寸见表 1－8－31～表 1－8－33 及图 1－8－9。

（五）W 型钢带及钢护板

W 型钢带及钢护板是一种新型矿山支护材料，它可与各种锚杆共同组成组合锚杆支架，用于煤矿井下巷道及工作面开切眼支护，亦可用于巷道交岔点及硐室的支护。

该型钢是利用材质为 Q235－16Mn 的带钢经多组轧辊连续进行冷弯成型的型钢产品。由

表 1－8－30　新、旧系列矿用工字钢的主要技术经济指标

系　列	型　号	截面面积 (cm^2)	理论质量 (kg/m)	抗弯截面模量 (cm^3) W_X	W_Y	材料利用率 (cm^3/kg/m)
新系列	16H	20.03	15.7	63.2	17.1	5.11
	24H	21.60	24.0	113.7	31.5	6.05
	28H	36.68	28.8	145.4	38.5	6.39
旧系列	9#	22.50	17.7	62.5	16.5	4.46
	11#	23.20	26.1	113.4	28.4	5.43
	12#	39.70	31.2	144.5	37.5	5.83

表 1－8－31　冷弯方管型号、规格及参考数值

（MT/T557－1996）

型号	尺寸 (mm) 边长 A	允许偏差	壁厚 t	截面面积 (cm^2)	理论质量 (kg/m)	惯性矩 (cm^4) $I_X=I_Y$	回转半径 (cm) $i_X=i_Y$	截面模量 (cm^3) $H_X=H_Y$	扭转参数 I_t (cm^4)	W_t (cm^3)
16a	160	±1.2	6	36.0	28.3	1405	6.25	176	2235	284
16			8	46.4	36.5	1741	6.23	218	2887	366

续表

型号	尺寸（mm）			截面面积（cm^2）	理论质量（kg/m）	惯性矩（cm^4）	回转半径（cm）	截面模量（cm^3）	扭转参数	
	边长 A	允许偏差	壁厚 t			$I_X=I_Y$	$i_X=i_Y$	$H_X=H_Y$	I_t（cm^4）	W_t（cm^3）
18	180	±1.3	8	52.8	41.5	2546	6.94	283	4177	470
18b			10	63.7	50.0	2945	6.79	327	5051	567
20	200		8	59.2	46.5	3567	7.75	357	5803	586
20b			10	71.7	56.3	4162	7.61	416	7055	711
22b	220	±1.4	10	79.7	62.6	5675	8.43	516	9524	871
22c			12.5	97.0	76.2	6674	8.29	607	11480	1055

表 1—8—32 冷弯方管罐道选型及其名义长度

罐道所受水平力 $\frac{正向}{侧向}$（kN）	罐道梁层间距/每节罐道名义长度（m）							备注
	DF16	DF18	$DF18_b$	DF20	DF20b	DF22b	DF22c	
$\frac{18.3}{14.7}$	5/10	6/12						
$\frac{25.0}{20.0}$	4/12	5/10	6/12					相当三层四车 1.5t 宽罐笼
$\frac{30.8}{24.7}$	4/12	5/10	5/10	6/12				相当 16t 箕斗
$\frac{38.3}{30.7}$	—	4/12	5/10	5/10	5/10			相当 20t 箕斗
$\frac{48.3}{38.7}$	—	—	4/12	4/12	5/10	6/12		相当 25t 箕斗
$\frac{56.7}{45.3}$	—	—	—	4/12	4/12	5/10	6/12	相当 30t 箕斗
$\frac{62.5}{50.0}$	—	—	—	—	4/12	5/10	5/10	相当 32t 箕斗
$\frac{80.0}{64.0}$	—	—	—	—	—	4/12	4/12	相当 40t 箕斗

注：1. 当前推荐的冷弯方管罐道型号为 DF20（含 DF20b）和 DF18（含 DF18b）两种。

2. DF16（含 16a）型罐道主要适用于旧井更换罐道，一般不适用于新井。

表 1—8—33 冷弯方（矩）管与组合型钢对照表

项目	型号	罐道用冷弯方管、罐道梁用冷弯矩管截面技术特征表							常用（拟被替代）罐道、罐道梁截面技术特征表					
		规格尺寸 $A\times B\times t-R$ (mm)	截面面积 (cm^2)	理论质量 (kg/m)	惯性矩 (cm^4)		截面模量 (cm^3)		规格尺寸 $A\times B\times t$ (mm)	理论重量 (kg/m)	惯性矩 (cm^4)		截面模量 (cm^3)	
					I_X	I_Y	W_X	W_Y			I_X	I_Y	W_X	W_Y
冷弯方管罐道	DF18	180×180×8—20	52.8	41.5	2546		283		180×170×8.5（2［16+150×10）	54.2	2705	3092	272	343
									180×188×9.5（球扁钢组合罐道）	46.7	2694	3230	257	358
	$DF18_b$	180×180×10—30	63.7	50.0	2945		327							
	DF20	200×200×8—20	59.2	46.5	3567		357		180×190×9（2［18b+160×10）	61.7	3875	3566	351	396
	$DF20_b$	200×200×10—30	71.7	56.3	4162		416		200×210×9（2［20b+180×10）	69.2	3586	5028	439	503
	DF22	220×220×10—30	79.7	62.6	5675		516							
冷弯矩管罐道梁		200×120×8—20	46.4	36.5	2386	1079	239	180	160×130×8.5（2［16）	39.5	1869	1302	234	200
		200×120×10—30	55.7	43.7	2717	1230	272	205	180×140×9.0（2［18）	46.0	2740	1782	304	255
		220×140×10—30	63.7	50.0	3910	1945	355	278	200×150×9.0（2［20b）	51.5	3827	2310	383	308
		250×150×10—30*	71.7	56.3	5687	2584	455	345	220×158×9.0（2［22）	56.9	5143	2850	468	361

说明：1. 表中 A、B 为冷弯方矩管（拟被替代的型钢组合截面）的边长，t 为壁厚，R 为弯曲角外圆弧半径。

2. 冷弯方矩管一般采用 Q235—A·F—GB700—88 牌号钢制造，其 $\sigma_s=235N/mm^2$，$\sigma_b=375\sim460N/mm^2$，$\delta_5=26\%$。

3. *规格为推荐型冷弯矩管。

于冷弯成型过程中的硬化效应可使型钢强度提高10%～15%，冷弯成型成才率高（98%），与冲压及热轧型钢相比，可节约钢材10%～30%。其技术特征见图1—8—10、表1—8—34及图1—8—11、表1—8—35。

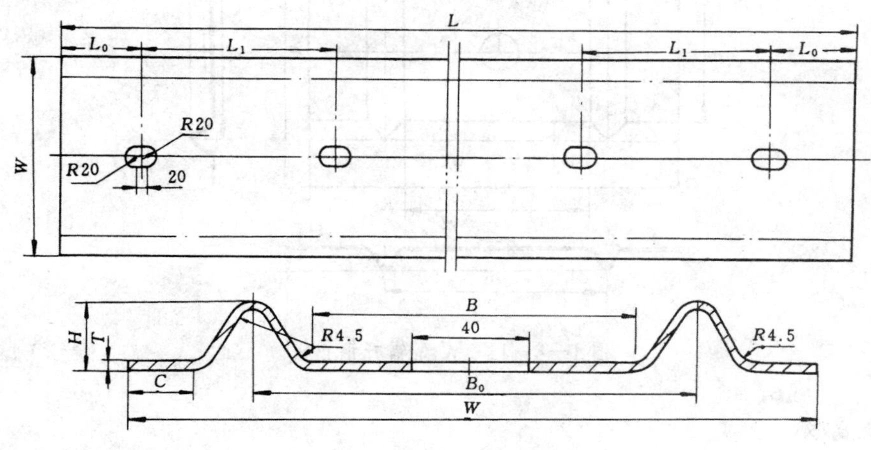

图1—8—10　矿用W型钢带

表1—8—34　W型钢带技术特征

型　号	展宽 W_0 (mm)	宽 W (mm)	平宽 B (mm)	厚 T (mm)	高 H (mm)	孔径 R (mm)	边孔距 L_0 (mm)	截面积 S (mm^2)	拉断力 F (kN)	惯性矩 J (mm^4)	重量 G (kg/m)	生产厂
BHW—280—3.00	310	280	155.6	3.00	24.64	20	150	810	353.97	40644	7.25	煤炭科学总院北京开采所　新汶矿务局机械总厂
BHW—280—2.75	310	280	155.6	2.75	24.64	20	150	742	324.47	37947	6.65	
BHW—280—2.50	310	280	155.6	2.50	24.64	20	150	675	294.98	35146	6.05	
BHW—250—3.00	280	250	135.7	3.00	24.64	20	150	720	314.64	38911	6.55	
BHW—250—2.75	280	250	135.7	2.75	24.64	20	150	660	288.42	36338	6.01	
BHW—250—2.50	280	250	135.7	2.50	24.64	20	150	600	262.20	33663	5.56	
BHW—220—3.00	252	220	115.7	3.00	24.64	20	150	636	277.93	36928	5.90	
BHW—220—2.75	252	220	115.7	2.75	24.64	20	150	593	254.77	34498	5.41	
BHW—220—2.50	252	220	115.7	2.50	24.64	20	150	530	231.61	31969	4.91	

表1—8—35　W型锚杆钢护板

型　号	展宽 W_0 (mm)	宽 W (mm)	平宽 B (mm)	厚 T (mm)	高 H (mm)	孔径 ϕ (mm)	截面积 S (mm^2)	长度 L (mm)	支护面积 A (mm^2)	重量 G (kg/m)
BHW—280—3.00	310	280	150	2.75	24.64	42	742	400	0.112	7.25
BHW—280—2.75	310	280	150	3.00	24.64	42	810	400	0.112	6.65

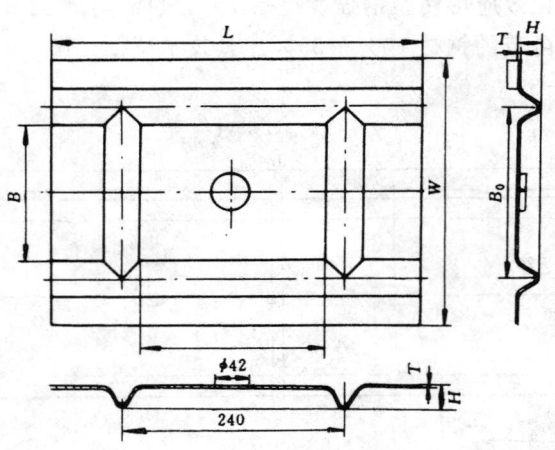

图 1－8－11　W 型锚杆钢护板

（六）球扁钢

球扁钢用于组合罐道，目前尚无专用标准，一般系按造船用球扁钢品种选用。常用规格、重量及参考数值见表 1－8－36。

表 1－8－36　球扁钢截面尺寸、截面面积、理论质量及截面特性参数

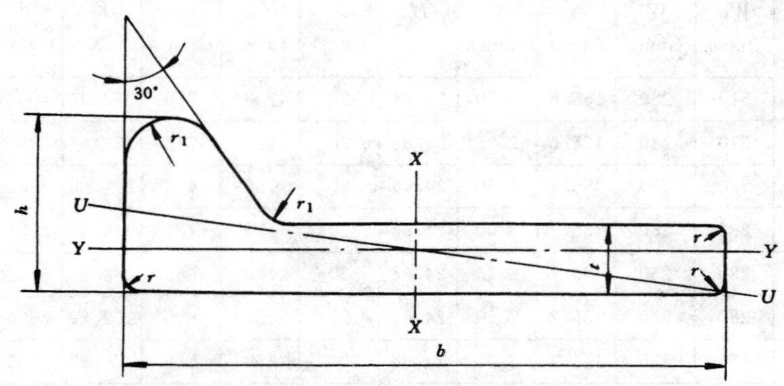

常用球扁钢的型号、尺寸及参考数值（GB9945－88）

h—高度；b—宽度；t—腹板厚度；r_1—球端圆角半径、球斜面与腹板间的圆角半径；

r—球顶面与腹板间的圆角半径；I—惯性矩；i—惯性半径；

X_0—重心距离；Y_0—重心距离

型号	尺寸（mm）					截面面积 (cm^2)	理论质量 (kg/m)	X－X		Y－Y		U－U			重心距离	
	b	h	t	r_1	r			I_X (cm^4)	i_x (cm)	I_Y (cm^4)	i_y (cm)	I_U (cm^4)	i_u (cm)	轴的斜角 tgα	X_0 (cm)	Y_0 (cm)
14a	140	33	7	6	≤2.0	14.14	11.10	274	4.42	9.12	0.81	6.00	0.65	0.10	0.79	8.82
14b	140	35	9	6		16.94	13.30	321	4.37	11.12	0.81	8.00	0.69	0.10	0.84	8.55
16a	160	36	8	7		18.05	14.17	468	5.10	13.67	0.87	10.00	0.74	0.09	0.86	9.95
16b	160	38	10	7		21.25	16.68	527	5.00	16.36	0.88	13.00	0.78	0.09	0.91	9.75
18a	180	40	9	7		22.29	17.50	724	5.84	19.45	0.94	15.00	0.82	0.09	0.93	11.15
18b	180	42	11	7		25.89	20.32	837	5.70	23.02	0.94	17.00	0.81	0.09	0.98	10.81

续表

型号	尺　寸 (mm)					截面面积 (cm^2)	理论质量 (kg/m)	X—X		Y—Y		U—U			重心距离	
	b	h	t	r_1	r			I_X (cm^4)	i_x (cm)	I_Y (cm^4)	i_y (cm)	I_U (cm^4)	i_u (cm)	轴的斜角 tgα	X_0 (cm)	Y_0 (cm)
20a	200	44	10	8	≤3.0	27.49	21.58	1078	6.37	29.60	1.04	21.00	0.88	0.09	1.02	12.40
20b	200	46	12	8		31.49	24.72	1265	6.35	34.00	1.04	24.00	0.88	0.09	1.08	12.06
22a	220	48	11	8.5		32.96	25.87	1611	7.00	41.11	1.12	30.00	0.96	0.09	1.10	13.50
22b	220	50	13	8.5		37.36	29.33	1795	6.95	46.82	1.12	35.00	0.97	0.09	1.16	13.20

注：①表中理论重量按密度为 7.85g/cm^3 计算。

②截面面积 $=bt+0.2887\ (h-t)^2+1.5774\ (h-t)\ r_1-0.2146r_1^2$。

③r、r_1 尺寸在车削轧辊时检查。

五、钢轨及附件

(一) 钢　轨

轻轨和重轨规格尺寸见表 1－8－37、表 1－8－38。

表 1－8－37　轻　轨　规　格　尺　寸

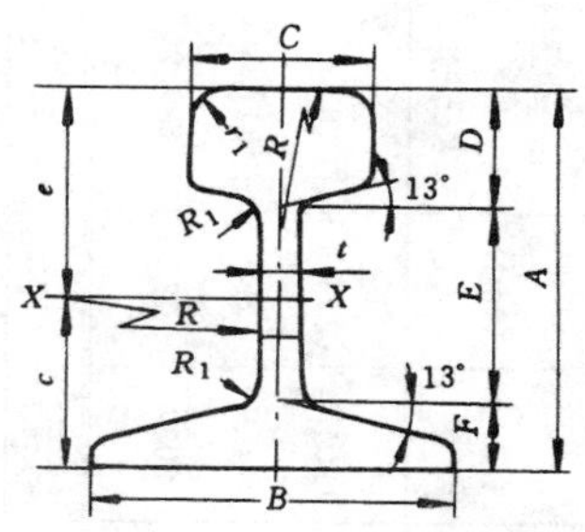

钢轨端部侧视图

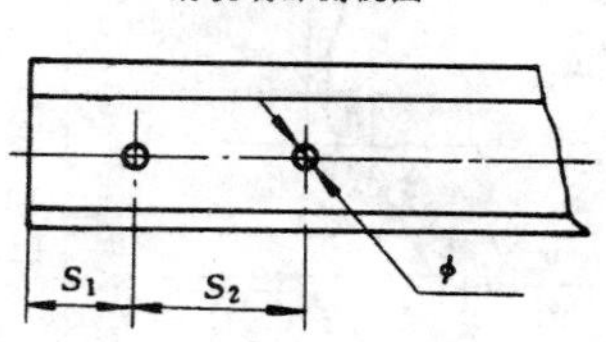

轻轨 (GB11264－89)

型　号 (kg/m)	截　面　尺　寸 (mm)									
	轨　高 A	底　宽 B	头　宽 C	头　高 D	腰　高 E	底　高 F	腰　厚 t	S_1	S_2	ϕ
9	63.50	63.50	32.10	17.48	35.72	10.30	5.90	50.8	101.6	16
12	69.85	69.35	38.10	19.85	37.70	12.30	7.54	50.8	101.6	16
15	79.37	79.37	42.86	22.22	43.65	13.50	8.33	50.8	101.6	20
22	93.66	93.66	50.80	26.99	50.00	16.67	10.72	63.5	127	24
30	107.95	107.95	60.33	30.95	17.55	19.45	12.30	60.5	127	24

型　号 (kg/m)	截面尺寸 (mm)			截面面积	理论质量	截面特性参数				
						重心位置		惯性矩	截面系数	回转半径
	R	R_t	r	A (cm^2)	W (kg/m)	c (cm)	e (cm)	I (cm^4)	Z (cm^3)	i (cm)
9	304.8	4.70	6.35	11.39	8.91	3.00	3.20	62.41	19.10	2.33
12	304.8	6.35	6.35	15.54	12.20	3.40	3.50	98.82	27.60	2.51
15	304.8	6.35	7.94	19.33	15.20	3.80	4.05	150.10	38.60	2.83
22	304.8	6.35	7.94	28.39	22.30	4.52	4.85	339.00	69.60	3.45
30	304.8	6.35	7.94	38.32	30.10	5.21	5.50	606.00	108.00	3.98

表1-8-38 重轨规格尺寸

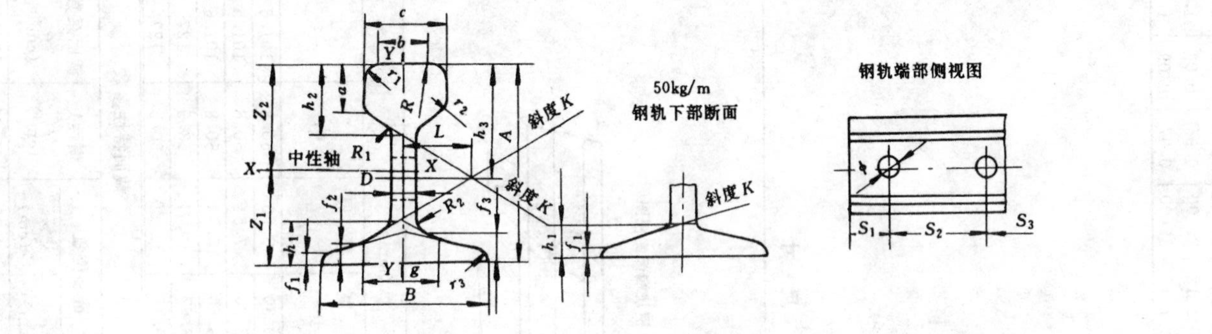

重轨（GB183－63、GB182－63、GB181－63）

钢轨型号 (kg/m)	主要尺寸（mm） A	B	C	D	截面面积 F (cm^2)	重心距 至轨底 Z_1 (cm)	至轨顶 Z_2 (cm)	惯性矩 J_X (cm^4)	J_Y (cm^4)	截面系数 轨底 $W_1=\frac{J_X}{Z_1}$ (cm^3)	轨顶 $W_2=\frac{J_X}{Z_2}$ (cm^2)	$W_3=\frac{J_Y}{B/2}$ (cm^3)	斜度 K	理论质量 (kg/m)	通常长度 (m)	标准号
38	134	114	68	13	49.5	6.67	6.73	1204.4	209.3	180.6	178.9	36.7	1∶3	38.733	12.5，25	GB183－63
43	140	114	70	14.5	57.0	6.85	7.15	1489	260	217.3	208.3	45	1∶3	44.653	12.5，25	GB182－63
50	152	132	70	15.5	65.8	7.10	8.10	2037	377	287.2	251.3	57.1	1∶4	51.514	12.5，25	GB181－63

钢轨型号 (kg/m)	尺寸（mm） h_1	h_2	h_3	a	b	g	f_1	f_2	f_3	r_1	r_2	r_3	S_1	S_2	S_3	ϕ	R	R_1	R_2	L
38	24	39	74.5	27.7	43.9	79	9	10.8		13	4	4	56	110	160	20	300	7	7	
43	27	42	77.5	30.4	46	78	11	14		13	2	4	56	110	160	20	300	5，10	15	
50	27	42	83.5	33.3	46		10.5			13	2.5	4	66	150	140	31	300	5，12	20	

注：重轨钢号有 U71、U74、U71Cu、U71Mn、U70MnSi、U71MnSiCu、其抗拉强度 σ_b 为 785～885MPa，化学成分和力学性能均应符合 GB2586－81 的规定。

（二）钢轨附件（表 1—8—39～表 1—8—45，图 1—8—12、图 1—8—13）

表 1—8—39　重轨用鱼尾板规格尺寸

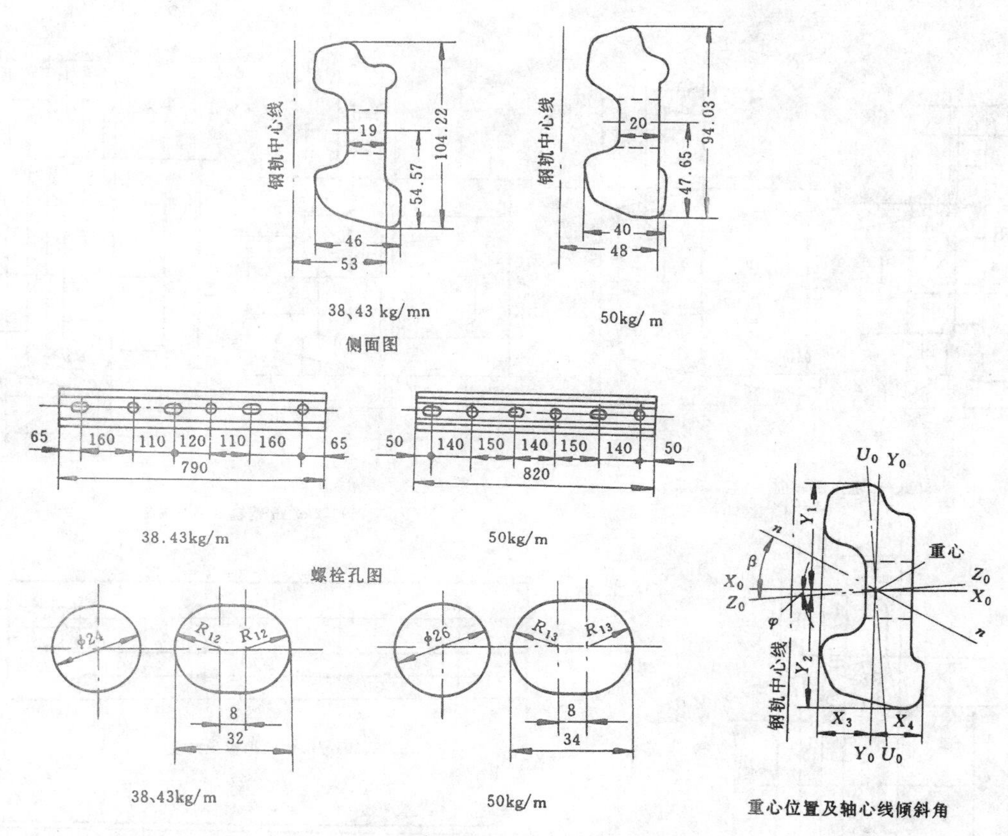

重轨用鱼尾板横截面图

钢轨类型 (kg/m)	鱼尾板长度 (mm)	横截面面积 (cm^2)	理论重量 (kg)			重心至各处的距离 (cm)				轴心线的倾斜角度	
			每米长度的重量	每块重量		至顶部的距离 Y_1	至下部的距离 Y_2	至内侧的距离 X_3	至外侧的距离 X_4	Z_0 轴与水平轴的夹角 φ	中性轴与 Z 轴的夹角 β
				未扣除螺栓孔	扣除螺栓孔						
38、43	790	26.01	20.37	16.09	15.57	4.89	4.51	2.09	1.88	4°03′	27°11′
50	820	30.05	23.53	19.29	18.72	5.37	5.05	2.38	2.18	4°39′	30°15′

钢轨类型 (kg/m)	惯性力矩 (cm^4)				离心惯性矩 I_{XY} (cm^4)	截面系数 (cm^3)				鱼尾板标准号
	对 X_0 轴 I_X	对 Y_0 轴 I_Y	对主轴			对顶部边缘 W_1	对下部边缘 W_2	对内侧边缘 W_3	对外侧边缘 W_4	
			I_Z	I_U						
38、43	190.0	27.1	160.8	26.3	−11.6	38.9	42.1	13.0	14.4	GB185—63
50	281.0	40.9	282.6	39.3	−19.7	52.2	55.4	17.2	18.8	GB184—83

注：鱼尾板材料：B6、B7。其热处理后的力学性能为：

σ_b (kg/mm²)	σ_s (kg/mm²)	δ_5 (%)	ψ (%)	HB	冷　弯 (30°)
≥80	≥53	≥9	≥20	227～388	良　好

表 1-8-40　轻轨接头夹板规格尺寸

9kg/m 轨夹板 A 向　　12kg/m 轨夹板 A 向　　15kg/m 轨夹板 A 向　　22kg/m 轨夹板 A 向

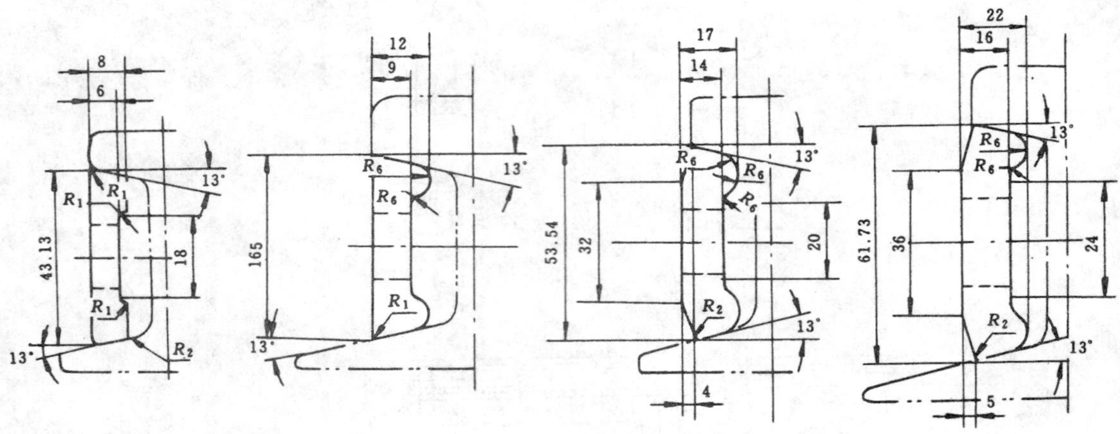

30kg/m 轨夹板 A 向

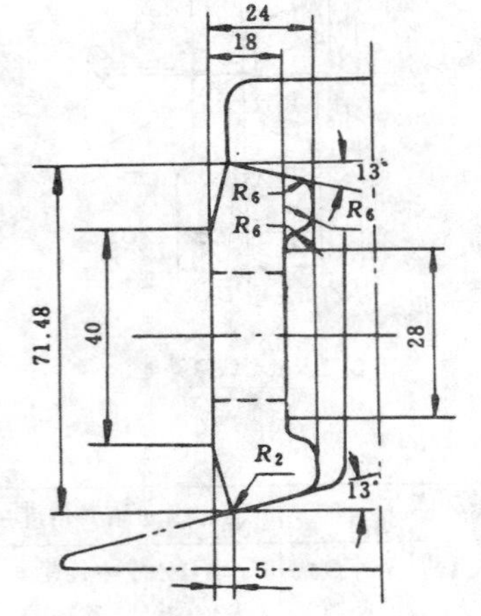

9、12kg/m 钢轨用接头夹板

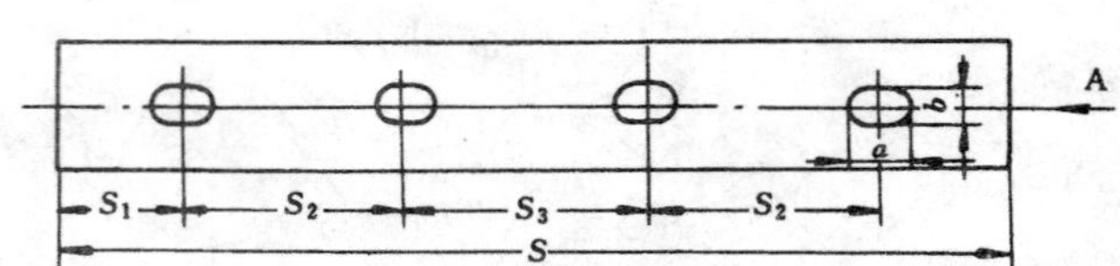

15、22、30kg/m 钢轨用接头夹板

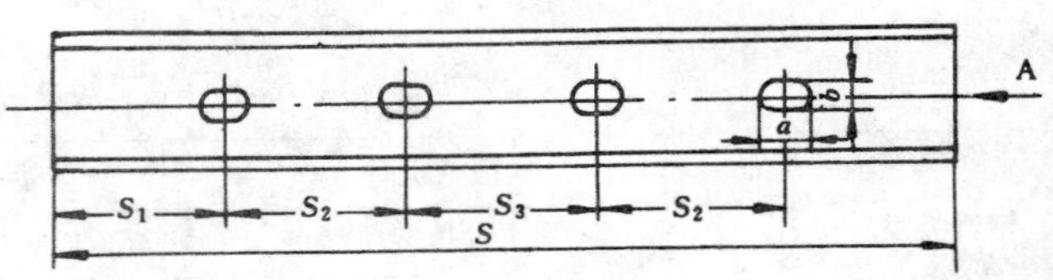

轻轨接头夹板（GB11265－89）

夹板型号	尺寸 (mm)						抗拉强度 σ_b (MPa)	化学成分	理论质量 (kg/块)
	S	S_1	S_2	S_3	a	b			
9kg/m 轨用	385	38	102	105	18	14	375～460	应符合 GB700 中 Q235－A 的规定	0.81
12kg/m 轨用	409	50	102	105	18	14			1.39
15kg/m 轨用	409	50	102	105	24	18			2.20
22kg/m 轨用	510	63	127	130	29	22	410～510	应符合 GB700 中 Q255－A 的规定	3.80
30kg/m 轨用	561	90	127	127	29	22			5.54

表1－8－41　轻轨用垫板规格尺寸（GB11266－89）

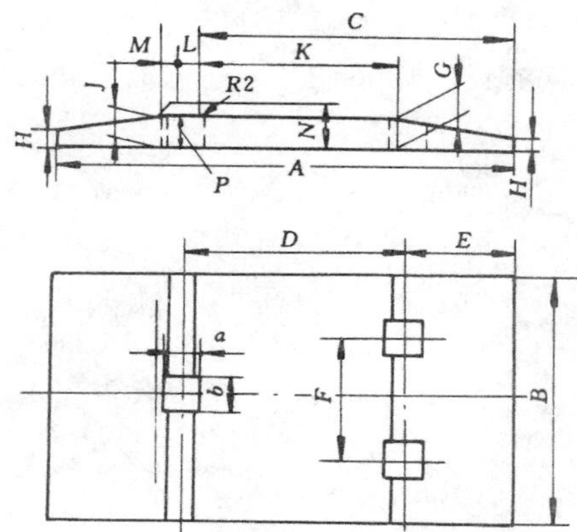

垫板型号	尺寸 (mm)																理论质量 (kg/块)
	A	*B*	*C*	*D*	*E*	*F*	*G*	*H*	*J*	*K*	*L*	*M*	*N*	*P*	*a*	*b*	
15kg/m 轨用	180	100	126	92	40	50	11	8	11.9	80	10	5	18	13	16	14	1.5
22kg/m 轨用	200	120	141	108	40	60	12	8	12.3	94	10	7	20	15	18	16	2.2
30kg/m 轨用	220	130	160	122	45	70	12	8	12.3	108	10	7	20	15	18	16	2.7

表1－8－42　重轨用垫板规格尺寸（GB187－63、GB186－63）

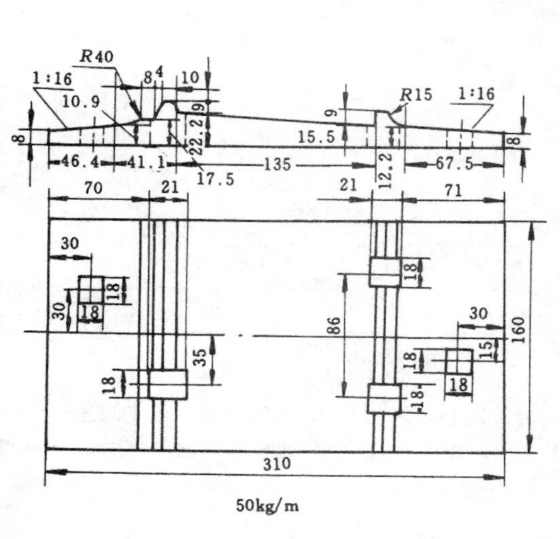

50kg/m

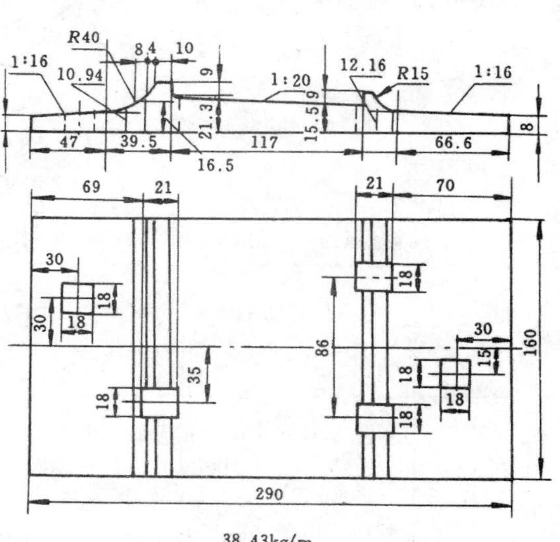

38、43kg/m

钢轨类型	垫板断面面积 (cm²)	理论质量			垫板标准号	垫板用材料		
		垫板轧件的重量 (kg/m)	每块垫板重量 (kg)			钢类	化学成分 (%)	
			未扣除道钉孔	扣除道钉孔			C≥	P≤
38、43kg/m	43.63	34.25	5.48	5.25	GB187－63	转炉钢	0.12	0.085
50kg/m	48.04	37.71	6.03	5.80	GB186－63	平炉钢	0.16	0.05

六、钢丝绳及绳具

(一) 几种常用钢丝绳规格、重量及抗拉强度

1. 6×7 类钢丝绳（GB/T8918—1996 表 1—8—43、图 1—8—12）

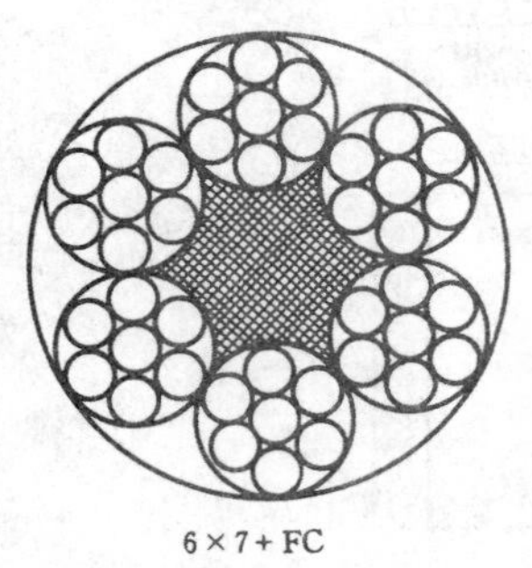

6×7+FC

6×7+IWS

直径 2～36mm

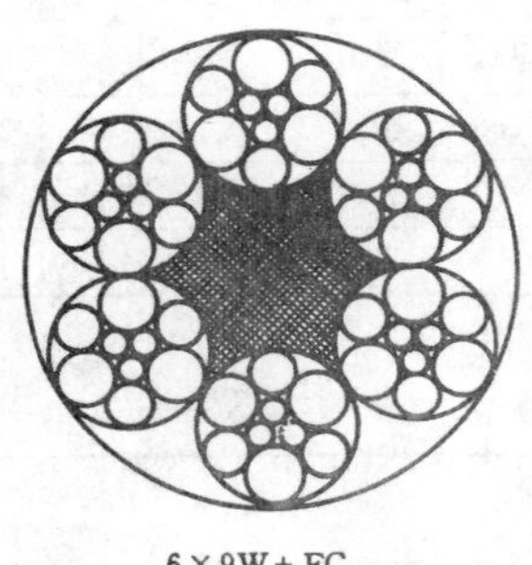

6×9W+FC

6×9W+IWR

直径 14～36mm

图 1—8—12 6×7 类钢丝绳

表 1—8—43

钢丝绳结构：6×7+FC 6×7+IWS 6×9W+FC 6×9W+IWR 力学性能

钢丝绳公称直径		钢丝绳近似重量 (kg/100m)			钢丝绳公称抗拉强度 (MPa)									
					1470		1570		1670		1770		1870	
					钢丝绳最小破断拉力 (kN)									
d (mm)	允许偏差 (%)	天然纤维芯钢丝绳	合成纤维芯钢丝绳	钢芯钢丝绳	纤维芯钢丝绳	钢芯钢丝绳	纤维芯钢丝绳	钢芯钢丝绳	纤维芯钢丝绳	钢芯钢丝绳	纤维芯钢丝绳	钢芯钢丝绳	纤维芯钢丝绳	钢芯钢丝绳
2	+8	1.40	1.38	1.55	1.95	2.11	2.08	2.25	2.21	2.39	2.35	2.54	2.48	2.68
3	0	3.16	3.10	3.48	4.39	4.74	4.69	5.07	4.98	5.39	5.28	5.71	5.58	6.04
4	+7	5.62	5.50	6.19	7.80	8.44	8.33	9.01	8.87	9.59	9.40	10.10	9.93	10.70
5	0	8.77	8.60	9.68	12.20	13.10	13.00	14.00	13.80	14.90	14.60	15.80	15.50	16.70
6		12.60	12.40	13.90	17.50	18.90	18.70	20.20	19.90	21.50	21.10	22.80	22.30	24.10
7		17.20	16.90	19.00	23.90	25.80	25.50	27.60	27.10	29.30	28.70	31.10	30.40	32.80
8		22.50	22.00	24.80	31.20	33.70	33.30	36.00	35.40	38.30	37.60	40.60	39.70	42.90

续表

钢丝绳公称直径		钢丝绳近似重量(kg/100m)			钢丝绳公称抗拉强度(MPa)									
					1470		1570		1670		1770		1870	
					钢丝绳最小破断拉力(kN)									
d (mm)	允许偏差(%)	天然纤维芯钢丝绳	合成纤维芯钢丝绳	钢芯钢丝绳	纤维芯钢丝绳	钢芯钢丝绳	纤维芯钢丝绳	钢芯钢丝绳	纤维芯钢丝绳	钢芯钢丝绳	纤维芯钢丝绳	钢芯钢丝绳	纤维芯钢丝绳	钢芯钢丝绳
9		28.40	27.90	31.30	39.50	42.70	42.20	45.60	44.90	48.50	47.50	51.40	50.20	54.30
10		35.10	34.40	38.70	48.80	52.70	52.10	56.30	55.40	59.90	58.70	63.50	62.00	67.10
11		42.50	41.60	46.80	59.00	63.80	63.00	68.10	67.00	72.50	71.10	76.80	75.10	81.20
12		50.50	49.50	55.70	70.20	75.90	75.00	81.10	79.80	86.30	84.60	91.50	89.40	96.60
13		59.30	58.10	65.40	82.40	89.10	88.00	95.20	93.70	101.00	99.30	107.00	104.00	113.00
14	+6	68.80	67.40	75.90	95.60	103.00	102.00	110.00	108.00	117.00	115.00	124.00	121.00	131.00
16	0	89.90	88.10	99.10	124.00	135.00	133.00	144.00	141.00	153.00	150.00	162.00	158.00	171.00
18		114.00	111.00	125.00	158.00	170.00	168.00	182.00	179.00	194.00	190.00	205.00	201.00	217.00
20		140.00	138.00	155.00	195.00	211.00	208.00	225.00	221.00	239.00	235.00	254.00	248.00	268.00
22		170.00	166.00	187.00	236.00	255.00	252.00	272.00	268.00	290.00	284.00	307.00	300.00	324.00
24		202.00	198.00	223.00	281.00	303.00	300.00	324.00	319.00	345.00	338.00	366.00	357.00	386.00
26		237.00	233.00	262.00	329.00	356.00	352.00	381.00	374.00	405.00	397.00	429.00	419.00	453.00
28		275.00	270.00	303.00	382.00	413.00	408.00	441.00	434.00	470.00	460.00	498.00	486.00	526.00
(30)		316.00	310.00	348.00	439.00	474.00	469.00	507.00	498.00	539.00	528.00	571.00	558.00	604.00
32		359.00	352.00	396.00	499.00	540.00	533.00	577.00	567.00	613.00	601.00	650.00	635.00	687.00
(34)		406.00	398.00	447.00	564.00	610.00	602.00	651.00	640.00	693.00	679.00	734.00	717.00	776.00
36		455.00	446.00	502.00	632.00	683.00	675.00	730.00	718.00	776.00	761.00	823.00	804.00	870.00

注：1. 最小钢丝破断拉力总和＝钢丝绳最小破断拉力×1.134（纤维芯）或1.214（钢芯）。
2. 新设计设备不得选用括号内的钢丝绳直径。

2. 17×7类钢丝绳（GB/T8918－1996表1－8－44、图1－8－13）

17×7＋FC

17×7＋IWS

直径6～44mm

18×7+FC

18×7+IWS

直径 6～44mm

18×19W+FC

18×19W+IWS

直径 14～44mm

18×19S+FC

18×19S+IWS

直径 10～44mm

18×19+FC

18×19W+IWS

直径10～44mm

图 1－8－13

表 1－8－44

钢丝绳结构：

17×7＋FC　17×7＋IWS　18×7＋FC　18×7＋IWS

18×19W＋FC　18×19W＋IWS　18×19S＋FC　18×19S＋IWS

18×19＋FC　18×19＋IWS　力学性能

钢丝绳公称直径		钢丝绳近似重量 (kg/100m)	钢丝绳公称抗拉强度 (MPa)				
			1470	1570	1670	1770	1870
d (mm)	允许偏差 (%)		钢丝绳最小破断拉力 (kN)				
6		14.00	17.30	18.50	19.70	20.90	22.00
7		19.10	23.60	25.20	26.80	28.40	30.00
8		25.00	30.80	32.90	35.00	37.10	39.20
9		31.60	39.00	41.70	44.30	47.00	49.60
10		39.00	48.20	51.40	54.70	58.00	61.30
11		47.20	58.30	62.30	66.20	70.20	74.20
12		56.20	69.40	74.10	78.80	83.60	88.30
13		65.90	81.40	87.00	92.50	98.10	103.00
14		76.40	94.50	100.00	107.00	113.00	120.00
16		99.80	123.00	131.00	140.00	148.00	157.00
18	＋6	126.00	156.00	166.00	177.00	188.00	198.00
20	0	156.00	192.00	205.00	219.00	232.00	245.00
22		189.00	233.00	249.00	265.00	280.00	296.00
24		225.00	277.00	296.00	315.00	334.00	353.00
26		264.00	325.00	348.00	370.00	392.00	414.00
28		306.00	378.00	403.00	429.00	455.00	480.00
(30)		351.00	433.00	463.00	492.00	522.00	552.00
32		399.00	493.00	527.00	560.00	594.00	628.00
(34)		451.00	557.00	595.00	633.00	671.00	709.00
36		505.00	624.00	667.00	709.00	752.00	794.00
(38)		563.00	696.00	743.00	790.00	838.00	885.00
40		624.00	771.00	823.00	876.00	928.00	981.00
(42)		688.00	850.00	908.00	966.00	1020.00	1080.00
44		755.00	933.00	996.00	1060.00	1120.00	1180.00

注：1. 最小钢丝破断拉力总和＝钢丝绳最小破断拉力×1.283 其中 17×7 为 1.250。

2. 新设计设备不得选用括号内的钢丝绳直径。

3. 密封钢丝绳（GB352－88 表 1－8－45）

表1—8—45 密封钢丝绳力学性能

典型结构	钢丝绳公称直径(mm)	参考重量(kg/100m)	钢丝绳公称抗拉强度 (N/mm²)					
			1180	1270	1370	1470	1570	1770
			钢丝实测破断拉力总和(kN)(不小于)					
一层Z型丝的密封钢丝绳	16	139	200.5	216	233	250	267	301
	17	156	225.5	242.5	261.5	280.5	300	338
	18	174	251.5	270.5	292	313.5	334.5	377.5
	19	194	279	300.5	324	348	371.5	419
	20	219	315	339	365.5	392.5	419	472.5
	21	240	346	372.5	401.5	431	460	519
	22	263	378.5	407	439	471	503.5	567.5
	24	310	447	481.5	519	557	595	671
	25	336	484	520.5	561.5	602.5	643.5	725.5
	26	362	522	561.5	606	650	694.5	782.5
	28	425	612	658.5	710.5	762.5	814	918
	30	485	699	752	811.5	870.5	929.5	
	32	549	791.5	851.5	918.5	986	1055	
	34	614	885	952.5	1025	1100	1175	
	36	686	989	1065	1150	1230	1315	
一层Z型和一层梯型丝的密封钢丝绳　两层Z型钢丝的密封钢丝绳	24	327	467.5	503	542.5	582.5	622	701
	25	353	505.5	544	587	630	672.5	758.5
	26	381	545	586.5	633	679	725.5	817.5
	28	448	641	690	744	798.5	853	961.5
	30	512	732	788	850	912	974	
	32	579	828.5	892	962	1030	1105	
	34	650	931	1000	1080	1160	1240	
	36	725	1040	1120	1205	1295	1380	
	38	819	1170	1260	1360	1460	1560	
	40	903	1295	1390	1500	1610	1720	
	42	991	1420	1530	1650	1770	1890	
	45	1131	1620	1745	1880	2020	2155	
	48	1276	1830	1970	2125	2280	2435	
	50	1381	1980	2130	2300	2465	2635	

续表

典型结构	钢丝绳公称直径 (mm)	参考重量 (kg/100m)	钢丝绳公称抗拉强度 (N/mm²)					
			1180	1270	1370	1470	1570	1770
			钢丝实测破断拉力总和 (kN) (不小于)					
一层 Z 型和两层梯型　两层 Z 型一层梯型	48	1323	1890	2035	2195	2355	2515	
	50	1430	2045	2200	2370	2545	2720	
	53	1608	2295	2470	2665	2860	3055	
	56	1786	2555	2750	2965	3180	3395	
	60	2036	2910	3135	3380	3625		
	63	2234	3195	3440	3710	3980		
	67	2512	3595	3870	4175	4480		
	71	2805	4020	4325	4665	5005		
三层 Z 型一层梯型　两层 Z 型和两层梯型	60	2082	2970	3195	3450	3700		
	63	2287	3265	3515	3790	4065		
	67	2572	3670	3950	4265	4575		
	71	2873	4105	4420	4765	5115		

续表

典 型 结 构	钢丝绳公称直径(mm)	参考重量(kg/100m)	钢丝绳公称抗拉强度 (N/mm^2)					
			1180	1270	1370	1470	1570	1770
			钢丝实测破断拉力总和（kN）（不小于）					
半密封钢丝绳	20	219	315.0	339.0	365.5	316.0	419.0	472.5
	21	241	345.5	372.0	401.0	430.5	460.0	518.5
	22	263	377.5	406.0	438.0	478.0	502.0	566.0
	24	311	448.0	482.5	520.5	558.5	596.5	672.5
	25	332	476.5	513.0	553.0	593.5	634.0	715.0
	26	364	525.0	565.0	609.5	654.0	698.5	787.5
	28	465	611.0	657.5	709.5	761.0	813.0	
	30	489	695.0	748.0	806.5	865.5	924.5	
	32	547	788.0	848.0	915.0	981.5	104.5	
	34	611	880.0	947.0	1020	1095	117.0	
	36	693	997.0	1070	1155	1240	1325	
	38	771	1105	1190	1285	1380	1475	
	40	853	1225	1320	1425	1530	1630	
	42	936	1345	1450	1565	1680	1790	
	45	1078	1550	1665	1800	1930	2060	
	48	1231	1770	1905	2055	2205	2355	
	50	1324	2020	2175	2350	2520	2690	

注：1. 标记举例：公称直径为 20mm，由一层 Z 型钢丝和线接触绳芯构成的，强度级别为 $1470N/mm^2$，密封绳韧性为 T 级的右捻镀锌密封钢丝绳标记为，密封钢丝绳 20Zn－18Z＋6/6＋6＋1－1470TZ、GB352－88 或 20Zn－Z－1470TZ、GB352－88。

2. 密封绳捻向按最外层钢丝捻向确定，分为左捻（S）和右捻（Z）两种。如无特殊要求，均按右捻供货。

3. 密封钢丝绳适用于架空索道及矿井罐道。

（二）绳具（表1—8—46）

1. 钢丝绳夹（GB5976—86）

2. 船用索具开式螺旋扣（GB561—65表1—8—47）

表1—8—46　钢丝绳夹规格尺寸

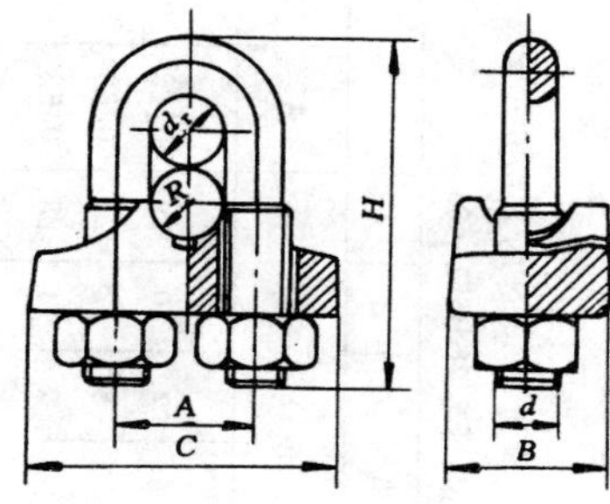

U型螺栓材料：Q235—A

标记示例：钢丝绳为右捻6股，公称尺寸为20mm（钢丝绳公称直径d_r>18～20mm），夹座材料为KTH350—10的钢丝绳夹：

绳夹20KTH　GB5976—86

钢丝绳为左捻8股时：绳夹20—8左KTH GB5976—86

钢丝绳为右捻8股时：绳夹20—8KTH GB5976—86

绳夹公称尺寸（钢丝绳公称直径d_r）(mm)	尺寸 (mm)					螺母 GB6170—86	单组重量 (kg)
	A	B	C	R	H	d	
6	13.0	14	27	3.5	31	M6	0.034
8	17.0	19	36	4.5	41	M8	0.073
10	21.0	23	44	5.5	51	M10	0.140
12	25.0	28	53	6.5	62	M12	0.243
14	29.0	32	61	7.5	72	M14	0.372
16	31.0	32	63	8.5	77	M14	0.402
18	35.0	37	72	9.5	87	M16	0.601
20	37.0	37	74	10.5	92	M16	0.624
22	43.0	46	89	12.0	105	M20	1.122
24	45.5	46	91	13.0	113	M20	1.205
26	47.5	46	93	14.0	117	M20	1.244
28	51.5	51	102	15.0	127	M22	1.605
32	55.5	51	106	17.0	136	M22	1.727
36	61.5	55	116	19.5	151	M24	2.286
40	69.0	62	131	21.5	168	M27	3.133
44	73.0	62	135	23.5	178	M27	3.470
48	80.0	69	149	25.5	196	M30	4.701
52	84.5	69	153	28.0	205	M30	4.897
56	88.5	69	157	30.0	214	M30	5.075
60	98.5	83	181	32.0	237	M36	7.921

注：本标准适用于起重机、矿山运输、船舶和建筑业等重型工况中，使用的GB1102—74圆股钢丝绳的绳端固定或连接。

表 1－8－47 船用索具开式螺旋扣规格尺寸

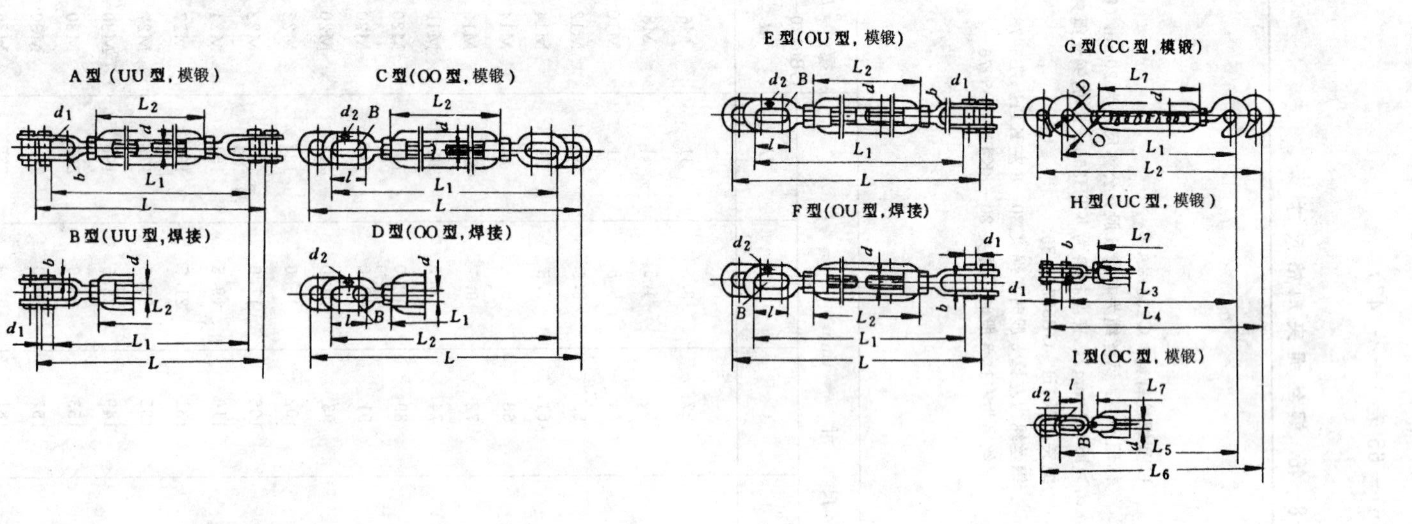

材料：Q255A

标记示例：许用负荷为 27500N 的 E 型开式索具螺旋扣：E2.7GB651－65

型号 A、C、E	型号 B、D、F	许用负荷 (N)	最大钢索直径	左右螺纹 d	L (mm) A、B型	L (mm) C、D型	L (mm) E、F型	L_1 (mm) A、B型	L_1 (mm) C、D型	L_1 (mm) E、F型	L_2 (mm)	b (mm)	d_1 (mm)	d_2 (mm)	B (mm)	l (mm)	重量 (kg) A	重量 (kg) C	重量 (kg) E	重量 (kg) B	重量 (kg) D	重量 (kg) F
0.1	—	1000	3.3	M6	230	244	237	155	169	162	100	10	6	4	10	19	0.15	0.12	0.14	—	—	—
0.2	—	2500	4.8	M8	324	344	334	212	232	222	150	12	8	5	12	24	0.38	0.33	0.36	—	—	—
0.4	—	4000	6.6	M10	341	365	353	229	253	241	150	14	10	7	14	28	0.52	0.4	0.46	—	—	—

续表

型号 A、C、E	型号 B、D、F	许用负荷 (N)	最大钢索直径 (mm)	左右螺纹 d (mm)	L (mm) A、B型	L (mm) C、D型	L (mm) E、F型	L_1 (mm) A、B型	L_1 (mm) C、D型	L_1 (mm) E、F型	L_2 (mm)	b (mm)	d_1 (mm)	d_2 (mm)	B (mm)	l (mm)	重量 (kg) A	重量 (kg) C	重量 (kg) E	重量 (kg) B	重量 (kg) D	重量 (kg) F
0.6	—	6000	8.5	M12	421	449	435	281	309	295	190	16	12	8	16	34	0.9	0.73	0.82	—	—	—
0.9	—	9000	9.5	M14	434	466	450	294	326	310	190	18	14	9	18	40	1.07	0.84	0.96	—	—	—
1.2	—	12500	11	M16	524	558	541	356	390	373	230	22	16	11	22	47	1.81	1.56	1.69	—	—	—
1.7	—	17500	13	M18	542	582	562	374	414	394	230	25	18	12	24	55	2.24	1.76	2.0	—	—	—
2.1	2.1	21000	15.5	M20	603	653	628	418	468	443	260	27	20	14	26	60	3.07	2.61	2.82	3.56	3.06	3.31
2.7	2.7	27500	17.5	M22	629	681	655	444	496	470	260	30	23	16	30	70	3.67	2.94	3.28	4.1	3.44	3.77
3.5	3.5	35000	19.5	M24	719	787	753	507	575	541	310	32	26	18	32	80	5.75	4.81	5.28	6.14	5.22	5.69
4.5	4.5	45000	22.5	M27	757	821	789	545	609	577	310	36	30	20	36	90	6.88	5.53	6.21	7.29	5.95	6.71
6	6	60000	26	M33	881	949	915	633	701	667	370	40	32	23	40	100	12	10.4	11.8	12.7	11.1	11.9
—	7.5	75000	28.5	M36	900	976	938	652	728	690	370	44	36	26	44	105	—	—	—	15.1	12.5	13.7
—	9.5	95000	31	M39	987	1033	1035	722	818	770	410	49	40	29	48	120	—	—	—	21.3	18.1	19.3
—	11	110000	35	M45	1027	1121	1074	762	856	809	410	52	45	32	52	130	—	—	—	25.6	20.2	22.2
—	14	140000	39	M48	1133	1231	1182	843	941	892	460	58	50	36	56	140	—	—	—	35.9	29.9	32.9
—	17.5	175000	43.5	M56	1159	1261	1210	869	971	920	460	63	55	39	62	150	—	—	—	43.8	36	40.9
—	21	210000	48.5	M60	1247	1391	1319	939	1083	1011	500	68	60	43	66	170	—	—	—	57.2	46.2	52.1

型号 G、H、I	许用负荷 (N)	最大钢索直径 (mm)	左右螺纹 d (mm)	L_1 (mm)	L_2 (mm)	L_3 (mm)	L_4 (mm)	L_5 (mm)	L_6 (mm)	L_7 (mm)	D (mm)	O (mm)	重量 (kg) G	重量 (kg) H	重量 (kg) I
0.1	1000	3.3	M6	161	236	158	233	165	240	100	10	8	0.15	0.14	0.15
0.2	2500	4.8	M8	248	360	230	342	240	352	150	16	13	0.44	0.42	0.5
0.4	4000	6.6	M10	271	383	250	362	262	374	150	20	16	0.6	0.54	0.68
0.6	6000	8.5	M12	321	461	301	441	315	455	190	22	18.5	1.04	0.95	1.17
0.9	9000	9.5	M14	332	472	313	453	329	469	190	24	20	1.18	1.06	1.29
1.2	12500	11	M16	390	558	373	541	390	553	230	28	24	1.99	1.86	2.16

注：1. 用于起重设备时，螺旋扣型号自0.9开始，应加大一档选用。

2. G、H、I型中b、d_1、B、l、d_2尺寸同A、C、E型。

第二节　石、砂材料

一、石　料

（一）石料种类

砌筑用石料分为毛石、料石两类。

毛石又分乱毛石、平毛石。乱毛石系指形状不规则的石块；平毛石系指形状不规则，但有两个平面大致平行的石块。

料石按其加工面的平整程度分为细料石、半细料石、粗料石和毛料石四种。

料石各面的加工要求，应符合表1－8－48的规定。

表1－8－48　料石各面的加工要求

项　次	料石种类	外露面及相接周边的表面凹入深度	叠砌面和接砌面的表面凹入深度
1	细料石	不大于2mm	不大于10mm
2	半细料石	不大于10mm	不大于15mm
3	粗料石	不大于20mm	不大于20mm
4	毛料石	稍加修整	不大于25mm

注：1. 相接周边的表面系指叠砌面、接砌面与外露面相接处20～30mm范围内的部分。
2. 如设计对外露面有特殊要求，应按设计要求加工。

料石加工的允许偏差应符合表1－8－49的规定。

表1－8－49　料石加工的允许偏差

项　次	料石种类	允许偏差	
		宽度、厚度（mm）	长　度　（mm）
1	细料石、半细料石	±3	±5
2	粗料石	±5	±7
3	毛料石	±10	±15

注：如设计有特殊要求，应按设计要求加工。

料石规格一般为300mm×250mm×200mm或350mm×200mm×200mm。

（二）石料技术要求

1. 质量密度

石料按其质量密度大小分为轻石和重石两类：质量密度不大于1800kg/m^{3}者为轻石；质量密度大于1800kg/m^{3}者为重石。

2. 强度等级

根据石料的抗压强度值，石料强度等级有MU100、MU80、MU60、MU50、MU40、MU30、MU20、MU15和MU10。

3. 抗冻性

石料抗冻性指标是用冻融循环次数表示，在规定的冻融循环次数（15、20 或 50 次）时，无贯穿裂缝，重量损失不超过 5%，强度减少不大于 25%时，则抗冻性合格。

二、石 子

由天然岩石或卵石经破碎、筛分而得的，粒径大于 5mm 的岩石颗粒，称为碎石或碎卵石。岩石由于自然条件作用而形成的，粒径大于 5mm 的岩石颗粒，称为卵石。

普通混凝土用石子的技术要求：

1. 颗粒级配

碎石或卵石的颗粒级配，一般应符合表 1－8－50 的要求。

混凝土用的粗骨料，其最大颗粒粒径不得大于结构截面最小尺寸的 1/4，同时不得大于钢筋间最小净距的 3/4。

混凝土实心板，允许采用最大粒径为 1/2 板厚的颗粒级配，但最大不得超过 50mm。

表 1－8－50 碎石或卵石的颗粒级配

级配情况	公称粒级 (mm)	累计筛余，按重量计（%）											
		筛孔尺寸（圆孔筛）（mm）											
		2.5	5	10	15	20	25	30	40	50	60	80	100
连续粒级	5～10	95～100	80～100	0～15	0								
	5～15	95～100	90～100	30～60	0～10	0							
	5～20	95～100	90～100	40～70		0～10	0						
	5～30	95～100	90～100	70～90		15～45		0～5	0				
	5～40		95～100	75～90		30～65			0～5	0			
单粒级	10～20		95～100	85～100		0～15	0						
	15～30		95～100		85～100			0～10	0				
	20～40			95～100		80～100			0～10				
	30～60				95～100			75～100	45～75		0～10	0	
	40～80					95～100			70～100		30～60	0～10	0

注：1. 公称粒级的上限为该粒级的最大粒径。单粒级一般用于组合成具有要求级配的连续粒级。它也可与连续粒级的碎石或卵石混合使用，以改善它们的级配或配成较大粒度的连续粒级。

2. 根据混凝土工程和资源的具体情况，进行综合技术经济分析后，在特殊情况下允许直接采用单粒级，但必须避免混凝土发生离析。

2. 针、片状颗粒含量及含泥量

碎石或卵石中针、片状颗粒含量，应符合表1—8—50的要求。碎石及卵石中的含泥量（即颗粒小于0.080mm的尘屑、淤泥和粘土的总含量）也应符合表1—8—51的规定，但不宜含有块状粘土。

表1—8—51 碎石或卵石中的含泥量

混凝土强度等级	高于或等于C30	低于C30
针、片状颗粒含量（按重量计）不大于（%）	15	25
含泥量（按重量计）不大于（%）	1.0	2.0

注：1. 针、片状颗粒的定义是：凡颗粒的长度大于该颗粒所属粒级的平均粒径2.4倍者称为针状颗粒；厚度小于平均粒径0.4倍者称为片状颗粒：平均粒径是指该粒级上下限粒径的平均值。
2. 对有抗冻、抗渗或其他特殊要求的混凝土，其所用碎石或卵石的含泥量不应大于1%。
3. 如含泥基本上是非粘土质的石粉时，其总含量可由1.0%及2.0%分别提高到1.5%和3.0%。
4. 对C10或低于C10的混凝土用碎石或卵石，其针、片状颗粒含量可放宽到40%；其含泥量可酌情放宽。

3. 强　度

碎石或卵石的强度，可用岩石立方体强度和压碎指标两种方法表示。在选择采石场或对粗骨料强度有严格要求或对质量有争议时，宜用岩石立方体强度作检验，对经常性的生产质量控制则用压碎指标值检验较为简便。

用立方体强度作检验时，碎石或卵石制成的5cm×5cm×5cm立方体（或直径与高均为5cm的圆柱体）试件，在水饱和状态下，其极限抗压强度与所采用的混凝土强度等级之比不应小于1.5，但在一般情况下，火成岩试件的强度不宜低于78.4N/mm²（800kgf/cm²），变质岩不宜低于60N/mm²，水成岩不宜低于30N/mm²。

碎石或卵石的压碎指标值按表1—8—52的规定采用。

表1—8—52 碎石或卵石的压碎指标值

岩石品种	混凝土强度等级	压碎指标值（%）	
		碎石	卵石
水成岩	C60～C40	10～12	<9
	C30～C10	13～20	10～18
变质岩或深成的火成岩	C60～C40	12～19	12～18
	C30～C10	20～31	19～30
喷出的火成岩	C60～C40	<13	不限
	C30～C10	不限	不限

注：1. 水成岩包括石灰岩、砂岩等。变质岩包括片麻岩、石英岩等。深成的火成岩包括花岗岩、正长岩、闪长岩和橄榄岩等。喷出的火成岩包括玄武岩和辉绿岩等。
2. 压碎指标值中，接近较小值者，适用于较高强度等级混凝土；接近较大值者，适用于较低强度等级混凝土。

4. 坚固性

当采用硫酸钠溶液法作坚固性检验时，其指标应符合表1—8—53的规定。

表 1—8—53　石子的坚固性检验指标

混凝土所处的环境条件	在硫酸钠溶液中的循环次数	循环后的重量损失不宜大于（%）
在干燥条件下使用的混凝土	5	12
在寒冷地区室外使用，并经常处于潮湿或干湿交替状态下的混凝土	5	5
在严寒地区室外使用，并经常处于潮湿或干湿交替状态下的混凝土	5	3

注：1. 严寒地区系指最寒冷月份里的月平均温度低于−15℃的地区。寒冷地区则指最寒冷月份里月平均温度处在−5～−15℃之间的地区。

2. 在干燥条件下使用，但有抗疲劳、耐磨、抗冲击等要求，或混凝土在 C40 以上时，其骨料的坚固性要求应是经 5 次循环后的重量损失不应大于 5%。

3. 除注 2 要求外，一般在干燥条件下使用的混凝土，仅在发现粗骨料有显著缺陷（指风化状态及软弱颗粒过多）时，方进行坚固性检验。

4. 对同一产源的碎石或卵石，在类似的气候条件下，使用已有可靠的经验时，可不作坚固性检验。

5. 有害物质含量（表 1—8—54）

表 1—8—54　石子中的有害物质含量

项　　目	质 量 标 准
硫化物和硫酸盐含量（折算为 SO_3）按重量计，不宜大于（%）	1
卵石中有机质含量（用比色法试验）	颜色不应深于标准色，如深于标准色，则应以混凝土进行强度对比试验，予以复核

注：碎石或卵石中如含有颗粒状硫酸盐或硫化物，则要求经专门检验，确认能满足混凝土耐久性要求时方能采用。

当怀疑碎石或卵石中因含有无定形二氧化硅而可能引起碱—骨料反应时，应根据混凝土结构或构件的使用条件，进行专门试验，以确定是否可用。

骨料应按品种、规格分别堆放，不得混杂。骨料中严禁混入煅烧过的白云石或石灰块。

三、砂

（一）砂的分类

由自然条件作用而形成的，粒径在 5mm 以下的岩石颗粒，称为天然砂。按其产源不同，天然砂可分为河砂、海砂和山砂。按砂的粒径又可分为粗砂、中砂、细砂和特细砂四种，目前均以平均粒径或细度模数（M_x）来区分：

粗砂：平均粒径为 0.5mm 以上，细度模数 M_x 为 3.7～3.1。

中砂：平均粒径为 0.35～0.5mm，细度模数 M_x 为 3.0～2.3。

细砂：平均粒径为 0.25～0.35mm，细度模数 M_x 为 2.2～1.6。

特细砂：平均粒径为 0.25mm 以下，细度模数 M_x 为 1.5～0.7。

（二）混凝土用砂的技术要求

1. 颗粒级配

对细度模数为3.7～1.6的砂，按0.63mm筛孔的累计筛余量（以重量百分率计）分成三个级配区，见表1－8－55。砂的颗粒级配应处于表1－8－55中的任何一个级配区以内。

表1－8－55　砂颗粒级配区

筛孔尺寸 (mm)	级配区		
	1区	2区	3区
	累计筛余（%）		
10.00	0	0	0
5.00	**10～0**	**10～0**	**10～0**
2.50	35～5	25～0	15～0
1.25	65～35	50～10	25～0
0.63	**85～71**	**70～41**	**40～16**
0.315	95～80	92～70	85～55
0.16	100～90	100～90	100～90

砂的实际颗粒级配与表中所列的累计筛余百分率相比，除5和0.63mm筛号（表中黑体字所标数值）外，允许稍有超出分界线，但其总量不应大于5%。

2．含泥量

砂的含泥量（即粒径小于0.080mm的尘屑、淤泥和粘土的总含量）应符合表1－8－56的规定。

表1－8－56　砂的含泥量

混凝土强度等级	高于或等于C30	低于C30
含泥量，按重量计不大于（%）	3	5

注：1．对有抗冻、抗渗或其他特殊要求的混凝土用砂，其含泥量不应大于3%；

2．对C10或C10以下的混凝土用砂，其含泥量可酌情放宽。

3．坚固性

砂的坚固性，用硫酸钠溶液法检验，试样经5次循环后，其重量损失应不大于10%。

当同一产源的砂、在类似的气候条件下使用已有可靠的经验时，可不作坚固性检验。

4．有害物质含量

砂中如含有云母、轻物质（视比重小于2.0，如煤和褐煤等）、有机物、硫化物及硫酸盐等有害物质，其含量应符合表1－8－57的规定。

表1－8－57　砂中有害物质含量指标

项目	质量指标
云母含量，按重量计，不宜大于（%）	2
轻物质含量，按重量计，不宜大于（%）	1
硫化物及硫酸盐含量，按重量计（折算成SO_2），不大于（%）	1
有机质含量（用比色法试验）	颜色不应深于标准色，如深于标准色，则应配成砂浆，进行强度对比试验，予以复核

注：1．对有抗冻、抗渗要求的混凝土，砂中云母含量不应大于1%。

2．砂中如含有颗粒状的硫酸盐或硫化物，则要求经专门检验，确认能满足混凝土耐久性要求时方能采用。

第三节 水泥及水泥砂浆

一、水 泥

(一) 各种水泥的适用范围（表1—8—58）

表1—8—58 各种水泥的适用范围

项次	水泥名称	水泥标准编号	基本用途	可用范围	不适用范围	使用注意事项
1	硅酸盐水泥	GB175—85	混凝土、钢筋混凝土和预应力混凝土的地上、地下和水中结构		受侵蚀水（海水、矿物水、工业废水等）及压力水作用的结构	使用加气剂可提高抗冻能力
2	普通硅酸盐水泥	GB175—85				
3	矿渣硅酸盐水泥	GB1344—85	混凝土和钢筋混凝土的地上、地下和水中的结构以及抗硫酸盐侵蚀的结构		需早期发挥强度的结构	加强洒水养护，冬期施工注意保温
4	火山灰质硅酸盐水泥	GB1344—85		高湿条件下的地上一般建筑	1. 受反复冻融及干湿循环作用的结构 2. 干燥环境中的结构	加强洒水养护，冬期施工注意保温
5	粉煤灰硅酸盐水泥	GB1344—85	混凝土和钢筋混凝土的地上、地下和水中的结构；抗硫酸盐侵蚀的结构；大体积水工混凝土		需早期发挥强度的结构	加强洒水养护，冬期施工注意保温
6	抗硫酸盐水泥	GB748—83	受硫酸盐水溶液侵蚀、反复冻融及干湿循环作用的混凝土及钢筋混凝土结构	受硫酸盐（SO_4^{-}离子浓度在2500 mg/L以下）水溶液侵蚀的混凝土及钢筋混凝土结构		配制混凝土的水灰比应小些
7	高抗硫酸盐水泥			受硫酸盐（SO_4^{-}离子浓度在2500～10000mg/L）水溶液侵蚀的混凝土及钢筋混凝土结构		严格控制水灰比
8	快硬硅酸盐水泥	GB199—79	要求快硬的混凝土、钢筋混凝土和预应力混凝土结构			
9	高强硅酸盐水泥		要求快硬、高强的混凝土、钢筋混凝土和预应力混凝土结构			1. 贮存过久，易风化变质 2. 需强烈搅拌，并最好采用预报和加压振捣

续表

项次	水泥名称	水泥标准编号	基本用途	可用范围	不适用范围	使用注意事项
10	矾土水泥（高铝水泥）	GB201—63（GB201—81）	1. 耐热（$<1300℃$）混凝土 2. 抗腐蚀（如弱酸性腐蚀、硫酸盐、镁盐腐蚀）的混凝土和钢筋混凝土	1. 特殊需要的抢修抢建工程 2. 在$-5℃$以上施工的工程	1. 蒸汽养护的混凝土 2. 连续浇筑的大体积混凝土 3. 与碱液接触的工程	1. 后期强度有下降。混凝土应以最低强度稳定值作为设计强度（可以50℃热水养护14d确定该值，或以公式 $R=\frac{179}{W/C}-195$ 估算，式中R为混凝土强度；W/C为水灰比） 2. 不得与硅酸盐水泥、石灰及碱性物质混合 3. 未经试验不得使用外掺剂 4. 钢筋混凝土结构的钢筋保护层应加大1～2cm 5. 不宜制作薄壁构件 6. 在混凝土硬化过程中，环境温度不得超过30℃
11	硅酸盐膨胀水泥	建标55—61	1. 有抗渗性要求的混凝土及砂浆 2. 预制构件的接缝及接头 3. 浇灌地脚螺栓及修补加固		环境温度高于40℃的结构	1. 加强早期养护，养护期不少于14d 2. 易风化，贮存期不宜过长
12	石膏矾土膨胀水泥	JC56—68			1. 与碱性介质接触的结构 2. 环境温度高于80℃的结构 3. 受反复冻融循环的结构	1. 不得在负温下施工 2. 不得与石灰及各种硅酸盐水泥混用 3. 贮存时严格防潮 4. 施工时养护期不少于14d 5. 施工温度超过30℃时，凝固时间显著缩短，应采取相应措施
13	无收缩性不透水水泥	建标58—61	喷射砂浆防水层		非潮湿环境中的结构	
14	石膏矿渣水泥	建标31—61	1. 水中或潮湿环境中的混凝土结构 2. 地下、水中或井下的抗硫酸盐侵蚀的混凝土结构 3. 大体积混凝土		1. 受反复冻融作用的混凝土结构 2. 需早期发挥强度的结构 3. 钢筋混凝土结构	1. 不得与各种硅酸盐水泥混合使用 2. 加强养护，养护期至少14～21d，在最初7d内不得受水浸泡或受水冲刷 3. 宜选用较小的坍落度（1～5cm），严格控制水灰比 4. 不宜在10℃以下的温度中施工 5. 贮存期不宜过久

续表

项次	水泥名称	水泥标准编号	基本用途	可用范围	不适用范围	使用注意事项
15	浇筑水泥		1. 钢筋混凝土预制构件之间的锚固连接（浆锚法） 2. 抢修及修补工程的灌孔、接缝、填充补强等		要求膨胀量大的混凝土不宜使用浇筑水泥	1. 未经试验不得掺入其他外加剂 2. 可与硅酸盐水泥混合，但混合后即失去其原有特性，不得与其他水泥混用 3. 使用温度不得低于 5℃，不得高于 40℃ 4. 水泥严防受潮

（二）常用水泥的标号和各龄期的强度要求（表 1—8—59）

表 1—8—59 常用水泥的标号和各龄期的强度要求

品 种	标 号	抗压强度 kgf/cm² (MPa)			抗折强度 kgf/cm² (MPa)		
		3d	7d	28d	3d	7d	28d
硅酸盐水泥	425	180(17.7)	270(26.5)	425(41.7)	34(3.3)	45(4.5)	64(6.3)
	425R	224(22.0)	—	425(41.7)	42(4.1)	—	64(6.3)
	525	230(22.6)	340(33.3)	525(51.5)	42(4.1)	54(5.3)	72(7.1)
	525R	275(27.0)	—	525(51.5)	50(4.9)	—	72(7.1)
	625	290(28.4)	430(42.2)	625(61.3)	50(4.9)	62(6.1)	80(7.8)
	625R	326(32.0)	—	625(61.3)	56(5.5)	—	80(7.8)
	725R	377(37.0)	—	725(71.1)	63(6.2)	—	88(8.6)
普通水泥	275	—	160(15.7)	275(27.0)	—	33(3.2)	50(4.9)
	325	120(11.8)	190(18.6)	325(31.9)	25(2.5)	37(3.6)	55(5.4)
	425	160(15.7)	250(24.5)	425(41.7)	34(3.3)	46(4.5)	64(6.3)
	425R	214(21.0)	—	425(41.7)	42(4.1)	—	64(6.3)
	525	210(20.6)	320(31.4)	525(51.5)	42(4.1)	54(5.3)	72(7.1)
	525R	265(26.0)	—	525(51.5)	50(4.9)	—	72(7.1)
	625	270(26.5)	410(40.2)	625(61.3)	50(4.9)	62(6.1)	80(7.8)
	625R	316(31.0)	—	625(61.3)	56(5.5)	—	80(7.8)
	725R	367(36.0)	—	725(71.1)	63(6.2)	—	88(8.6)
矿渣硅酸盐水泥 火山灰质硅酸盐水泥 粉煤灰硅酸盐水泥	275	—	130(12.8)	275(27.0)	—	28(2.7)	50(4.9)
	325	—	150(14.7)	325(31.9)	—	33(3.2)	55(5.4)
	425	—	210(20.6)	425(41.7)	—	42(4.1)	64(6.3)
	425R	193(19.0)	—	425(41.7)	41(4.0)	—	64(6.3)
	525	—	290(28.4)	525(51.5)	—	50(4.9)	72(7.1)
	525R	234(28.0)	—	525(51.5)	47(4.6)	—	72(7.1)
	625R	285(28.0)	—	625(61.3)	53(5.2)	—	80(7.8)

二、水泥砂浆

（一）砂浆强度等级

表 1－8－60　砌筑砂浆的强度指标

强度等级	抗压极限强度（MPa）
M0.4	0.4
M1	1.0
M2.5	2.5
M5	5.0
M7.5	7.5
M10	10.0
M15	15.0

砌筑砂浆强度等级用尺寸为 7.07cm×7.07cm×7.07cm 立方体试块，经 20±5℃及正常湿度条件下的室内不通风处养护 28d 的平均抗压极限强度（MPa）而确定的。砂浆强度等级有 M15、M10、M7.5、M5、M2.5、M1 和 M0.4。相应的强度指标见表 1－8－60。

（二）砂浆配合比的计算

砂浆配合比应采用重量比，也可折算成体积比。

砂浆配合比计算步骤如下：

1. 确定水泥用量

当砂浆强度等级和水泥标号已知时，每立方米砂浆中的水泥用量可按下式计算：

$$Q_c=\frac{M}{KR_c}\times 10^4$$

式中　Q_c——每立方米砂浆中的水泥用量，kg；

M——砂浆强度等级；

R_c——水泥标号；

K——调整系数，其值随砂浆强度等级与水泥标号而变化，可按下列经验公式计算：

$$K=1.1\frac{\lg(10M)}{\lg R_c}+4\frac{M}{R_c}$$

其值列于表 1－8－61 中。

表 1－8－61　K　值

水泥标号	砂浆强度等级			
	M10	M5	M2.5	M1
425	0.953	0.811	0.632	0.480
325	0.989	0.842	0.690	0.495
275	1.048	0.890	0.732	0.524
225	—	0.932	0.766	0.550

2. 确定石灰膏用量

每立方米砂浆中的石灰膏用量可按下式计算：

$$D=350-Q_c$$

式中　D——每立方米砂浆中石灰膏用量，kg；

Q_c——每立方米砂浆中水泥用量，kg。

3. 确定砂用量

对于含水率为 2%左右的中砂，每立方米砂浆用 1m³ 砂。如用含水率为零的砂，则每立方米砂浆用 0.9m³ 砂。

4. 确定用水量

为满足砂浆的稠度要求，可用逐次加水的办法确定。

如换算为体积配合比，则分别用水泥质量密度（1200～1300kg/m^3）、石灰膏质量密度（1300～1500kg/m^3）、砂质量密度（1400～1600kg/m^3）除砂浆的重量配合比，即得砂浆的体积配合比。

例：用325号普通水泥，含水率为2%的砂配制M2.5水泥混合砂浆，试计算每立方米砂浆中水泥、石灰膏和砂的用量。

（1）水泥用量

$$Q_c=\frac{M}{KR_c}\times 10^4=\frac{2.5}{0.690\times 325}\times 10^4=112\text{kg}$$

（2）石灰膏用量

$$D=350-Q_c=350-112=238\text{kg}$$

（3）砂用量

砂用量1m^3，设砂质量密度为1500kg/m^3，则砂重量为1500kg。

重量配合比为：

$$水泥：石灰膏：砂=112：238：1500$$

以水泥比值为1，则配合比为：

$$水泥：石灰膏：砂=\frac{112}{112}：\frac{238}{112}：\frac{1500}{112}=1：2.1：13.4$$

体积配合比的换算：

设水泥质量密度为1300kg/m^3，石灰膏质量密度为1350kg/m^3。则：

$$水泥体积=\frac{112}{1300}=0.086$$

$$石灰膏体积\frac{238}{1350}=0.176$$

体积配合比为：

$$水泥：石灰膏：砂=\frac{0.086}{0.086}：\frac{0.176}{0.086}：\frac{1}{0.086}=1：2.1：11.2$$

水泥用量也可根据已知水泥标号和所需配制的砂浆强度等级，由表1－8－62查得。

表1－8－62　水泥用量、水泥标号与砂浆强度等级关系

水泥用量(kg)	水泥标号										
	275	300	325	340	360	380	400	425	445	465	480
	砂浆强度等级										
100	1.5	1.6	1.7	1.8	1.9	2.0	2.1	2.2	2.3	2.4	2.5
110	1.7	1.8	2.0	2.1	2.2	2.3	2.4	2.5	2.6	2.7	2.9
120	1.9	2.1	2.2	2.3	2.5	2.6	2.7	2.8	3.0	3.1	3.2
130	2.2	2.3	2.5	2.6	2.8	2.9	3.1	3.2	3.3	3.5	3.6
140	2.4	2.6	2.8	2.9	3.1	3.3	3.4	3.6	3.7	3.9	4.1
150	2.7	2.9	3.1	3.2	3.4	3.6	3.8	4.0	4.1	4.3	4.5
160	3.0	3.2	3.4	3.6	3.8	4.0	4.2	4.4	4.6	4.8	5.0
170	3.3	3.5	3.7	3.9	4.1	4.4	4.6	4.8	5.0	5.2	5.5

续表

水泥用量 (kg)	水泥标号										
	275	300	325	340	360	380	400	425	445	465	480
	砂浆强度等级										
180	3.6	3.8	4.0	4.3	4.5	4.8	5.0	5.2	5.5	5.7	6.0
190	3.9	4.1	4.4	4.7	4.9	5.2	5.4	5.7	5.9	6.2	6.5
200	4.2	4.5	4.8	5.0	5.3	5.6	5.9	6.2	6.4	6.7	7.0
210	4.5	4.8	5.1	5.4	5.7	6.0	6.3	6.6	6.9	7.2	7.5
220	4.9	5.2	5.6	5.8	6.2	6.4	6.8	7.2	7.5	7.8	8.1
230	5.3	5.6	5.9	6.3	6.6	7.0	7.3	7.7	8.1	8.4	8.7
240	5.6	6.0	6.4	6.8	7.1	7.5	7.9	8.2	8.6	9.0	9.4
250	6.0	6.4	6.8	7.2	7.6	8.0	8.4	8.8	9.2	9.6	10.0
260	6.4	6.8	7.2	7.7	8.1	8.5	9.0	9.4	9.8	10.2	10.6
270	6.8	7.3	7.7	8.2	8.6	9.1	9.5	10.0	10.5	10.9	11.3
280	7.2	7.7	8.2	8.7	9.1	9.6	10.1	10.6	11.0	11.5	12.0
290	7.6	8.2	8.7	9.2	9.7	10.2	10.7	11.2	11.7	12.2	12.8
300	8.1	8.6	9.2	9.7	10.2	10.8	11.3	11.9	12.4	13.0	13.5

注：表中所列数值是根据实践经验整理出来的，因此它与公式计算出来的数值有些差异。

根据上列公式计算所得砂浆配合比，往往水泥用量偏低，因此，在实际应用时应通过试验进行调整。

常用砌筑砂浆重量配合比列表1－8－63～表1－8－65。

（三）井下常用砂浆强度等级（表1－8－66）

表1－8－63　水泥砂浆配合比

水泥标号	砂浆强度等级			
	M10	M7.5	M5	M2.5
425	1∶5.5	1∶6.7	1∶8.6	1∶13.5
325	1∶4.8	1∶5.7	1∶7.1	1∶11.5
275		1∶5.2	1∶6.8	1∶10.5

注：砂的质量密度按1500kg/m³计。

表1－8－64　水泥石灰砂浆配合比

水泥标号	砂浆强度等级			
	M10	M7.5	M5	M2.5
425	1∶0.3∶5.5	1∶0.6∶6.7	1∶1∶8.6	1∶2.2∶13.6
325	1∶0.1∶4.8	1∶0.3∶5.7	1∶0.7∶7.1	1∶1.7∶11.5
275		1∶0.2∶5.2	1∶0.6∶6.8	1∶1.5∶10.5

表1－8－65　水泥粉煤灰砂浆参考配合比

砂浆强度等级	水泥标号	重量配合比 水泥∶粉煤灰∶砂
M5	325	1∶1.5∶8.34
	425	1∶1.5∶10.02
M7.5	325	1∶1.1∶5.96
	425	1∶1.1∶7.29
M10	325	1∶0.8∶4.63
	425	1∶0.8∶5.62

表 1－8－66　井下常用砂浆强度等级

使用条件	喷射砂浆	注眼砂浆	井下砌筑砂浆
常用强度等级	≥M10	≥M20	M5、M7.5、M10

第四节　混凝土及钢筋混凝土

一、混凝土

（一）混凝土强度设计值、标准值、弹性模量、疲劳变形模量（表 1－8－67）

表 1－8－67　混凝土强度设计值、标准值、弹性模量、疲劳变形模量

混凝土强度等级	强度设计值			强度标准值			弹性模量	疲劳变形模量
	轴心抗压	弯曲抗压	抗拉	轴心抗压	弯曲抗压	抗拉		
	f_c	f_{cm}	f_t	f_{ck}	f_{cmk}	f_{tk}	E_c	E_c^f
	MPa						1000MPa	
C7.5	3.7	4.1	0.55	5.0	5.5	0.75	14.5	
C10	5.0	5.5	0.65	6.7	7.5	0.9	17.5	
C15	7.5	8.5	0.9	10.0	11.0	1.2	22.0	
C20	10.0	11.0	1.1	13.5	15.0	1.5	25.5	11.0
C25	12.5	13.5	1.3	17.0	18.5	1.75	28.0	12.0
C30	15.0	16.5	1.5	20.0	22.0	2.0	30.0	13.0
C35	17.5	19.0	1.65	23.5	26.0	2.25	31.5	14.0
C40	19.5	21.5	1.8	27.0	29.5	2.45	32.5	15.0
C45	21.5	23.5	1.9	29.5	32.5	2.6	33.5	15.5
C50	23.5	26.0	2.0	32.0	35.0	2.75	34.5	16.0
C55	25.0	27.5	2.1	34.0	37.5	2.85	35.5	16.5
C60	26.5	29.0	2.2	36.0	39.5	2.95	36.0	17.0

注：1. 混凝土强度等级按立方体抗压强度标准值确定。立方体抗压强度标准值指在温度为 15～20℃，相对湿度不小于 90%的湿雾条件下，经 28d 养护的边长为 150mm 的立方体试件，在中心受压下以每秒为 0.15～0.25N/mm² 的加载速度，加压测得的具有 95%保证率的抗压强度；

2. 计算现浇钢筋混凝土轴心受压及偏心受压构件时，如截面的长边或直径小于 300mm，表中的强度设计值应乘以系数 0.8；当构件质量（如混凝土成型，截面和轴线尺寸等）确有保证时，可不受此限；

3. 离心混凝土的强度设计值按有关专门规定取用。

（二）混凝土线膨胀系数、泊松比、剪变模量、疲劳强度设计值

线膨胀系数：$\sigma_c=1\times10^{-5}$（以每摄氏度计，当温度在 0℃到 100℃范围内时）；

泊松比：$\nu_c=0.2$；

剪变模量：G_c 按表 1－8－67 中混凝土弹性模量乘 0.4 采用；

疲劳强度设计值：为表 1－8－67 中混凝土强度设计值与相应的疲劳强度修正系数 γ_ρ 的

乘积。γ_ρ 按表 1－8－68 采用。

表 1－8－68　不同 ρ' 值时混凝土的疲劳强度修正系数 γ_ρ

ρ'	$\rho'<0.2$	$0.2\leqslant\rho'<0.3$	$0.3\leqslant\rho'<0.4$	$0.4\leqslant\rho'<0.5$	$\rho'\geqslant0.5$
用于重级工作制吊车	0.74	0.8	0.86	0.93	1.0
用于中级工作制吊车	0.81	0.88	0.95	1.0	

注：1. $\rho'=d_{c,\min}/d_{c,\max}$，$d_{c,\min}$和 $d_{c,\max}$为构件疲劳验算时，截面同一纤维上的混凝土最小应力和最大应力；

2. 如采用蒸汽养护时，养护温度不宜超过 60℃；如超过时，应按计算需要的混凝土强度设计值提高 20％。

二、钢筋化学成分

（一）热轧钢筋化学成分（表 1－8－69）

表 1－8－69　钢筋的化学成分

（熔炼分析）

品种 外形	品种 钢筋级别	牌号	化学成分（%） C	Si	Mn	V	Ti	Nb 不大于	P 不大于	S 不大于
光圆钢筋	Ⅰ	A_3、AY_3	0.14～0.22	0.12～0.30	0.35～0.65				0.045	0.050
带肋钢筋	Ⅱ	20MnSi	0.17～0.25	0.40～0.80	1.20～1.60				0.045	0.045
		20MnNbb	0.17～0.25	≤0.17	1.00～1.50			0.05		
	Ⅲ	20MnSiV	0.17～0.25	0.20～0.80	1.20～1.60	0.04～0.12				
		20MnTi	0.17～0.25	0.17～0.37	1.20～1.60		0.02～0.05		0.045	0.045
		25MnSi	0.20～0.30	0.60～1.00	1.20～1.60					
	Ⅳ	$40Si_2MnV$	0.36～0.46	1.40～1.80	0.70～1.00	0.08～0.15				
		45SiMnV	0.40～0.50	1.10～1.50	1.00～1.40	0.05～0.12			0.045	0.045
		$45Si_2MnTi$	0.40～0.48	1.40～1.80	0.80～1.20		0.02～0.08			

注：本表中钢筋的牌号系采用 GBJ10—89《混凝土结构设计规范》中的资料，碳素结构钢牌号（GB700—88）已有变化，使用时请注意《混凝土结构设计规范》的变化。

（二）热处理钢筋的化学成分（表 1－8－70）

表 1－8－70　热处理钢筋的化学成分

（熔炼分析）

牌号	化学成分（%） C	Si	Mn	Cr	P 不大于	S 不大于
$40Si_2Mn$	0.36～0.45	1.40～1.90	0.80～1.20	—	0.045	0.045
$48Si_2Mn$	0.44～0.53	1.40～1.90	0.80～1.20	—	0.045	0.045
$45Si_2Cr$	0.41～0.51	1.55～1.95	0.40～0.70	0.30～0.60	0.045	0.045

注：1. 成品钢筋化学成分的允许偏差应符合 GB1591—79 的有关规定。成品 Cr 的允许偏差应不大于±0.05％；

2. $40Si_2Mn$、$48Si_2Mn$ 钢中 Cr、Ni 残余含量各不得大于 0.20％，Cu 残余含量不得大于 0.30％；45SiCr 钢中 Ni、Cu 残余含量各不得大于 0.30％。供方可不进行残余元素分析，但应保证符合以上规定。

三、钢筋力学性能

（一）热轧、冷拉、热处理钢筋的力学性能（表 1—8—71）

表 1—8—71 热轧、冷拉、热处理钢筋的力学性能

品种			公称直径 (mm)	屈服点 σ_3 (MPa)	抗拉强度 σ_b (MPa)	伸长率 δ_5 (%)	冷弯	
	钢筋级别	牌号		不小于			弯曲角度	弯心直径
热轧钢筋	Ⅰ	A_3、AY_3	8～25	235	370	25	180°	d
			28～50				180°	2d
	Ⅱ	20MnSi 20MnNbb	8～25	335	510	16	180°	3d
			28～40		490		180°	4d
	Ⅲ	20MnSiV 20MnTi 25MnSi	8～25	370	570	14	90°	3d
			28～40				90°	4d
	Ⅳ	$40Si_2MnV$ 45SiMnV $45Si_2MnTi$	10～25	540	835	10	90°	5d
			28～32				90°	6d
冷拉钢筋	Ⅰ		≤12	280	370	11	180	3d
	Ⅱ		≤25	450	510	10	90°	3d
			28～40	430	490	10	90°	4d
	Ⅲ		8～40	500	570	8	90°	5d
	Ⅳ		10～28	700	835	6	90°	5d
热处理钢筋		$40Si_2Mn$	6	1425	1470	6		
		$48Si_2Mn$	8.2					
		$45Si_2Cr$	10					

注：1. 热处理钢筋屈服点栏应为屈服强度（$\sigma_{0.2}$），N/mm^2；

2. 冷拉与热处理钢筋伸长率栏应为 δ_{10}；

3. Ⅲ、Ⅳ级冷拉钢筋 $d>25$mm 时，冷弯弯心直径增加 1d；

4. 钢筋表面不得有裂纹、结疤和折叠。钢筋表面允许有凸块，但不得超过横肋的高度。钢筋表面上其他缺陷的深度和高度不得大于所在部位尺寸的允许偏差。热轧钢筋试样按规定冷弯或反向弯曲试验时，弯曲部位表面不得有裂纹。冷拉钢筋冷弯弯曲后，不得有裂缝、裂断、起层等现象。

（二）冷拔低碳钢丝力学性能（表 1—8—72）

表 1—8—72 冷拔低碳钢丝的力学性能

钢丝级别	直径 (mm)	抗拉强度（MPa）		伸长率 δ_{10}	反复弯曲 180°（次数）
		Ⅰ组	Ⅱ组		
		不小于			
甲	5	650	600	3	4
	6	700	650	2.5	
乙	3～5	550		2	4

（三）冷拉钢丝力学性能（表1—8—73）

表1—8—73 冷拉钢丝的力学性能

公称直径（mm）	抗拉强度σ_b（MPa）	屈服强度$\sigma_{0.2}$（MPa）	伸长率δ_{10}	弯曲次数	
				次数	弯曲半径R（mm）
	不大于				
4	1670	1255	3	4	10
5	1470	1100	3	5	15
	1570	1180	3	5	15
	1670	1255	3	5	15

（四）刻痕钢丝力学性能（表1—8—74）

表1—8—74 刻痕钢丝力学特性

公称直径（mm）	抗拉强度σ_b（MPa）	屈服强度$\sigma_{0.2}$（MPa）	伸长率δ_{10}	弯曲次数		松弛		
				次数	弯曲半径R（mm）	初始应力相当于公称强度的（%）	1000h应力损失不大于（%）	
	不小于						Ⅰ级松弛	Ⅱ级松弛
5	1180	1000	4	4	15	70	8	2.5
	1470	1255		4	15			

（五）钢绞线力学性能（表1—8—75）

表1—8—75 钢绞线的力学性能

公称直径（mm）	强度级别（MPa）	整根钢绞线的破坏负荷（kN）	屈服负荷（kN）	伸长率（%）	1000h松弛值（%）不大于			
					Ⅰ级松弛		Ⅱ级松弛	
					初始负荷			
					70%破断负荷	80%破断负荷	70%破断负荷	80%破断负荷
		不小于						
9.0	1670	83.10	70.66	3.5	8.0	12	2.5	4.5
	1770	88.00	74.77	3.5				
12.0	1570	138.96	118.09	3.5				
	1670	147.59	125.44	3.5				
15.0	1470	203.74	173.17	3.5				
	1570	217.36	184.73	3.5				

注：1. Ⅰ级松弛即普通松弛级，Ⅱ级松弛即低松弛级；

2. 屈服负荷是整根钢绞线破断负荷的85%；

3. 预应力钢绞线的代号：Ⅰ级松弛代号为Ⅰ；Ⅱ级松弛代号为Ⅱ；如公称直径为12mm，强度级别为1570N/mm^{2}的Ⅰ级松弛预应力钢绞线标记为：预应力钢绞线12.0—1570—Ⅰ—GB5224—85。

（六）钢筋强度设计值、标准值及弹性模量（表 1—8—76）

表 1—8—76 钢筋强度设计值、标准值及弹性模量 MPa

钢筋类别		符号	强度设计值		强度标准值	弹性模量
			受拉 f_y 或 f_{py}	受压 f'_y 或 f'_{py}	f_{yk}或 f_{pyk}或 f_{ptk}	
热轧钢筋	Ⅰ级（A_3、AY_3）	ϕ	210	210	235	210×10^3
	Ⅱ级（20MnSi、20MnNbb） $d\leqslant25$ $d=28\sim40$	Φ	 310 290	 310 290	 335 315	200×10^3
	Ⅲ级（25MnSi）	Φ	340	340	370	
	Ⅳ级（$40Si_2MnV$、45SiMnV、$45Si_2MnTi$）	Φ	500	400	540	
冷拉钢筋	Ⅰ级（$d\leqslant12$）	ϕ^l	250	210	280	210×10^3
	Ⅱ级 $d\leqslant25$ $d=28\sim40$	Φ^l	380 360	310 290	450 430	180×10^3
	Ⅲ级	Φ^l	420	340	500	
	Ⅳ级	Φ^l	580	400	700	
热处理钢筋	$40Si_2Mn$（$d=6$） $48Si_2Mn$（$d=8.2$） $45Si_2Cr$（$d=10$）	Φ^t	1000	400	1470	200×10^3

注：1. 在钢筋混凝土结构中，轴心受拉和小偏心受拉构件的钢筋、各种构件箍筋的抗拉强度设计值 f_{yv} 大于 310N/mm² 时，仍应按 310N/mm² 取用，其他构件的钢筋抗拉强度设计值大于 340N/mm² 时，仍应按 340N/mm² 取用；对于直径大于 12mm 的Ⅰ级钢筋，如经冷拉，不得利用其冷拉后的强度；

2. 当Ⅱ级钢符合《钢筋混凝土用热轧带肋钢筋》（GB1499—91）时，$d=28\sim40$mm 的 f_y 与 f'_y（f_{py} 与 f'_{py}）可取 310N/mm²；

3. 当钢筋混凝土结构的混凝土强度等级为 C10 时，光面钢筋的强度设计值应按 190N/mm² 取用，变形钢筋（包括月牙纹钢筋和螺纹钢筋）的强度设计值应按 230N/mm² 取用；

4. 构件中配有不同种类的钢筋时，每种钢筋根据其受力情况应采用各自的强度设计值。

（七）钢丝、钢绞线强度设计值、标准值及弹性模量（表 1—8—77）

表 1—8—77 钢丝、钢绞线强度设计值、标准值及弹性模量

钢筋种类		符号	强度设计值		强度标准值	弹性模量
			受拉 f_y；f_{py}	受拉 f'_y；f'_{py}	f_{yk} f'_{pyk}	
			MPa			1000MPa
碳素钢丝	$\phi4$ $\phi5$	ϕ^s	1130 1070	400	1670 1570	200
刻痕钢丝	$\phi5$	ϕ^k	1000	360	1470	180
钢绞线	$d=9.0$（$7\phi^3$） $d=12.0$（$7\phi^4$） $d=15.0$（$7\phi^5$）	ϕ^j	1130 1070 1000	360	1670 1570 1470	180

续表

<table>
<tr><td rowspan="3" colspan="2">钢 筋 种 类</td><td rowspan="3">符 号</td><td colspan="2">强度设计值</td><td>强度标准值</td><td rowspan="2">弹性模量</td></tr>
<tr><td>受拉
f_y；f_{py}</td><td>受拉
f'_y；f'_{py}</td><td>f_{yk}
f'_{pyk}</td></tr>
<tr><td colspan="3">MPa</td><td>1000MPa</td></tr>
<tr><td rowspan="2">冷拔低
碳钢丝</td><td>甲级：
ϕ^4
ϕ^5</td><td rowspan="2">ϕ^b</td><td>Ⅰ组 Ⅱ组
460 430
430 400</td><td>400</td><td>Ⅰ组 Ⅱ组
700 650
650 600</td><td rowspan="2">200</td></tr>
<tr><td>乙级：ϕ^3～ϕ^5
用于焊接骨架和焊接网时
用于绑扎骨架和绑扎网时</td><td>
320
250</td><td>
320
250</td><td>
550</td></tr>
</table>

注：1. 冷拔低碳钢丝用作预应力钢筋时，应按表中规定的强度标准值逐盘进行检验，其强度设计值按甲级采用；乙级冷拔低碳钢丝可分批检验，宜用作焊接骨架、焊接网、架立筋、箍筋和构造钢筋；

2. 当碳素钢丝、刻痕钢丝、钢绞线的强度标准值不符合表中规定时，其强度设计值应进行换算。

（八）钢筋混凝土结构中钢筋的疲劳设计强度（表1—8—78）

（九）预应力钢筋的疲劳强度设计值（表1—8—79）

表1—8—78 钢筋混凝土结构中钢筋的疲劳强度设计值 MPa

疲 劳 应 力 比 值	f'_y		
	Ⅰ级钢筋	Ⅱ级钢筋	Ⅲ级钢筋
$-1.0\leqslant\rho^f<-0.8$	85		
$-0.8\leqslant\rho^f<-0.6$	95		
$-0.6\leqslant\rho^f<-0.4$	105		
$-0.4\leqslant\rho^f<-0.2$	115		
$-0.2\leqslant\rho^f<0$	135		
$0\leqslant\rho^f<0.1$	155	175	175
$0.1\leqslant\rho^f<0.2$	165	185	185
$0.2\leqslant\rho^f<0.3$	175	200	205
$0.3\leqslant\rho^f<0.4$	185	210	220
$0.4\leqslant\rho^f<0.5$	195	225	235
$0.5\leqslant\rho^f<0.6$		235	255
$0.6\leqslant\rho^f<0.7$		250	275
$0.7\leqslant\rho^f<0.8$		260	290
$0.8\leqslant\rho^f<0.9$		275	305

注：当纵向受拉钢筋采用闪光接触对焊接头时，其接头处钢筋疲劳强度设计值应按表中数值乘以系数0.8。

表 1-8-79 预应力钢筋的疲劳强度设计值 MPa

<table>
<tr><th rowspan="3">疲劳应力比值</th><th colspan="7">f'_{py}</th></tr>
<tr><th colspan="2">冷拉Ⅱ级钢筋</th><th rowspan="2">冷拉Ⅲ级钢筋</th><th rowspan="2">冷拉Ⅳ级钢筋</th><th colspan="2">碳素钢丝</th><th>刻痕钢丝</th></tr>
<tr><th>$d\leqslant25$</th><th>$d=28\sim40$</th><th>ϕ^4</th><th>ϕ^5</th><th>ϕ^5</th></tr>
<tr><td>$0.7\leqslant\rho^f<0.8$</td><td>315</td><td>300</td><td>355</td><td>450</td><td>850</td><td>800</td><td>675</td></tr>
<tr><td>$0.8\leqslant\rho^f<0.9$</td><td>335</td><td>320</td><td>335</td><td>485</td><td>935</td><td>880</td><td>750</td></tr>
</table>

注：1. 当采用闪光接触对焊接头的冷拉Ⅱ级、冷拉Ⅲ级钢筋作为预应力钢筋时，其接头处预应力钢筋的疲劳强度设计值，应按表中数值乘以系数 0.8；

2. 当 $\rho^f\geqslant0.9$ 时，不必验算钢筋的疲劳强度。

四、混凝土与钢筋应用要求

（一）结构用混凝土的强度等级（表 1-8-80）

（二）钢筋应用要求（表 1-8-81）

表 1-8-80 混凝土强度等级应用要求

	应 用 场 合	常用强度等级	规范规定最低等级
1	非受力部位，如基础垫层	C7.5 C10	
2	小型工程现浇钢筋混凝土构件	C10 C15	
3	非受力部位，如板间填缝混凝土	C15	
4	大块式基础	C20 C15	
5	一般工程现浇钢筋混凝土构件如圈梁、构造柱、芯柱等	C15	宜≥C15
6	钢筋混凝土扩展基础	C15 C20	宜≥C15
7	钢筋混凝土带形、格形、筏形、箱形、壳体基础	C20 C25	
8	一级抗震等级现浇钢筋混凝土结构梁、柱、核心区	C30 C40	宜≥C30
9	二、三、四抗震等级现浇钢筋混凝土结构板、梁、柱、核心区，一级抗震等级现浇钢筋混凝土结构板	C20 C25	应≥C20
10	多层工业厂房、高层民用建筑	C20 C25 C30	
11	特种结构，如烟囱、水塔、筒仓、通廊、井塔、井架等	C20 C25 C30	
12	预制钢筋混凝土结构构件	C20 C25 C30	
13	预应力混凝土结构，一般情况	C30	宜≥C30
14	预应力混凝土结构，当采用碳素钢丝、钢绞线、热处理钢筋作预应力钢筋时	C40	宜≥C40
15	采用Ⅲ级钢筋或承受重复荷载的构件		应≤C20
16	采用Ⅱ级钢筋的构件		宜≥C20

表 1-8-81 钢 筋 应 用 要 求

	应用场合	常用钢筋类别	规范规定类别
1	一般钢筋混凝土构件主要受力钢筋	Ⅱ、Ⅲ级	宜采用左栏所列各钢筋类别
2	圈梁、构造柱、芯柱、小型构件主要受力钢筋	Ⅰ、Ⅱ级	
3	独立柱基础受力钢筋	Ⅰ、Ⅱ级	
4	钢箍、架立钢筋	Ⅰ、Ⅱ级，乙级冷拔低炭钢丝	
5	预应力钢筋	碳素钢丝、刻痕钢丝	
		钢绞线、热处理钢筋	
		冷拉Ⅱ、Ⅲ、Ⅳ级	
6	中小型构件中的预应力钢筋	可采用甲级冷拔低碳钢丝	

五、混凝土保护层最小厚度（表 1-8-82）

表 1-8-82 混凝土保护层最小厚度 单位：mm

环境条件	构件类别	混凝土强度等级		
		≤C20	C25 及 C30	≥C35
室内正常环境	板、墙、壳	15		
	梁和柱	25		
露天或室内高湿度环境	板、墙、壳	35	25	15
	梁和柱	45	35	25

注：1. 处于室内正常环境由工厂生产的预制构件，当混凝土强度等级不低于 C20 时，其保护层厚度可按表中规定减少 5mm；处于露天或室内高湿度环境的预制构件，当表面另作水泥砂浆（≥M10）抹面层且有质量保证措施时，保护层厚度可按表中室内正常环境中构件的数值采用；

2. 预制钢筋混凝土受弯构件，钢筋端头的保护层厚度宜为 10mm；预制的肋形板，其主肋的保护层厚度可按梁考虑；

3. 处于露天或室内高湿度环境中的结构，其混凝土强度等级不宜低于 C25，当非主要承重构件的混凝土强度等级采用 C20 时，其保护层厚度可按表中 C25 的规定值取用；

4. 板、墙、壳中分布钢筋的保护层厚度不应小于 10mm；梁、柱中箍筋和构造钢筋的保护层厚度不应小于 15mm；

5. 要求使用年限较长的重要建（构）筑物和受沿海环境侵蚀的建（构）筑物的承重结构，当处于露天或室内高湿度环境时，其保护层厚度应适当增加；

6. 有防火要求的建（构）筑物，其保护层厚度尚应符合国家现行有关防火规范的规定；

7. 建（构）筑物遭受腐蚀性介质作用时，其保护层厚度尚应符合国家现行有关防腐蚀设计规范的要求。

六、钢筋混凝土构件纵向钢筋最小配筋百分率（表1—8—83）

表1—8—83 钢筋混凝土构件纵向受力钢筋最小配筋百分率 %

类别	混凝土强度等级	
	≤C35	C40～C60
轴心受压构件全部受压钢筋	0.4	0.4
偏心受压及偏心受拉构件的受压钢筋	0.2	0.2
受弯构件、偏心受压构件、大偏心受拉构件的受拉钢筋，小偏心受拉构件每一侧的受拉钢筋	0.15	0.2

注：1. 受压钢筋和偏心受压构件的受拉钢筋的最小配筋百分率按构件的全截面面积计算；其余的受拉钢筋的最小配筋百分率按全截面面积扣除位于受压边或受拉较小边翼缘面积 $(b'_f-b)\ h'_f$ 后的截面面积计算；

2. 当温度，收缩等因素对结构产生较大影响时，构件的最小配筋百分率应适当增加。

七、常用混凝土配合比参考表（表1—8—84～表1—8—86）

表1—8—84 使用材料：325号水泥、碎石、中砂

混凝土强度等级	石子粒径(mm)	坍落度(cm)	每立方米混凝土材料用量(kg)				
			水	水泥	砂	石子	木钙
C15	5～40	4～6	192	315	665	1238	—
	5～40	4～6	177	290	679	1264	0.725
	5～40	7～9	202	331	639	1238	—
	5～40	7～9	184	302	655	1271	0.755
C20	5～25	4～6	203	390	659	1166	—
	5～25	4～6	185	356	716	1164	0.890
	5～25	7～9	215	413	644	1148	—
	5～25	7～9	194	373	636	1167	0.933
	5～40	4～6	193	371	612	1243	—
	5～40	4～6	177	340	646	1256	0.85
	5～40	7～9	203	390	585	1240	—
	5～40	7～9	185	356	619	1260	0.89

表1—8—85

使用材料：425号水泥、碎石、中砂、二级粉煤灰

混凝土强度等级	石子粒径(mm)	坍落度(cm)	每立方米混凝土材料用量(kg)					
			水	水泥	粉煤灰	砂	石子	木钙
C15	5～40	4～6	191	262	—	702	1247	—
	5～40	7～9	201	275	—	693	1232	—
C20	5～25	4～6	202	326	—	714	1167	—
	5～25	4～6	184	297	—	754	1176	0.743
	5～25	7～9	213	344	—	705	1149	—
	5～25	7～9	194	313	—	742	1161	0.783

续表

混凝土强度等级	石子粒径(mm)	坍落度(cm)	每立方米混凝土材料用量（kg）					
			水	水　泥	粉煤灰	砂	石　子	木钙
C20	5～40	4～6	192	310	—	667	1240	—
	5～40	4～6	177	285	—	684	1255	0.713
	5～40	7～9	202	326	—	639	1242	—
	5～40	7～9	184	297	—	656	1274	0.743
	5～40	14～16	200	323	—	785	1101	0.808
	5～40	14～16	200	291	48	736	1101	0.808
C30	5～25	4～6	204	434	—	625	1163	—
	5～25	4～6	185	394	—	686	1166	0.985
	5～25	7～9	216	460	—	593	1159	—
	5～25	7～9	195	415	—	658	1165	1.038
	5～40	4～6	194	413	—	566	1260	—
	5～40	4～6	178	379	—	618	1258	0.948
	5～40	7～9	204	434	—	583	1254	—
	5～40	7～9	185	394	—	591	1261	0.985
	5～40	14～16	203	432	—	691	1101	1.080
	5～40	14～16	203	389	65	622	1101	1.080

表 1-8-86

使用材料：525 号水泥、碎石、中砂　二级粉煤灰

混凝土强度等级	石子粒径(mm)	坍落度(cm)	每立方米混凝土材料用量(kg)					
			水	水　泥	粉煤灰	砂	石　子	木　钙
C20	5～25	4～6	201	283	—	747	1169	—
	5～25	7～9	212	299	—	736	1154	—
	5～40	4～6	191	269	—	697	1243	—
	5～40	7～9	201	283	—	691	1225	—
	5～40	14～16	199	280	—	820	1100	0.70
	5～40	14～16	199	238	63	781	1100	0.70
C30	5～25	4～6	203	369	—	683	1162	—
	5～25	4～6	185	336	—	722	1179	0.84
	5～25	7～9	214	389	—	654	1159	—
	5～25	7～9	194	352	—	711	1182	0.88
	5～40	4～6	193	351	—	639	1239	—
	5～40	4～6	177	322	—	654	1269	0.805
	5～40	7～9	203	369	—	609	1240	—
	5～40	7～9	185	336	—	645	1257	0.84
	5～40	14～16	200	364	—	757	1099	0.91
	5～40	14～16	200	309	82	690	1099	0.91

注：1. 本表适用于粗骨料为连续级配的混凝土配合比设计。若粗骨料为间断级配，则细骨料和粗骨料的比例（重量比）可按 3∶7、4∶6 的比例配制。具体情况可根据粗细骨料的级配曲线分析予以试配而定。

2. 表中坍落度为 4～6cm 的混凝土适用于浇筑预制构件；7～9cm 适用于一般现场混凝土搅拌浇筑；14～16cm 适用于泵送混凝土。

3. 配制大流动性泵送混凝土时，砂率应提高为 40～43%（中砂）；用水量增加至 210～220kg；石子用量应为石子与水泥加砂子之比为 103%左右，即 $\frac{石子}{水+砂子}\times100\%=103\%$。一般为 1050kg/m^3，不超过 1100kg/m^3。

4. 表中材料均为干料，标准应符合有关技术规程。

5. 粉煤灰超量系数取 $k=1.5$。

八、常用混凝土外掺剂及其配方

（一）早强剂（表1—8—87）

表1—8—87 早强剂配方参考表

项次	早强剂名称	使用掺量（占水泥重量的%）	适用范围	使用效果
1	氯化钙($CaCl_2$)	2	低温或常温硬化	7d强度与不掺者对比均可提高20%～40%
2	硫酸钠	1～2	低温硬化	7d强度可提高23%～24%
3	硫酸钾	0.5～2	低温硬化	7d强度可提高20%～40%
4	三乙醇胺〔$N(C_2H_4OH)_3$〕	0.05	常温硬化	3～5d可达到设计强度的70%
5	三异丙醇胺〔$N(C_3H_6OH)_3$〕 硫酸亚铁($FeSO_4 \cdot 7H_2O$)	0.03 0.5	常温硬化	5～7d可达到设计强度的70%
6	硫酸钠(Na_2SO_4) 亚硝酸钠(N_2NO_2)	3 4	低温硬化	在－5℃条件下，28d可达到设计强度的70%
7	三乙醇胺 硫酸钠 亚硝酸钠	0.03 3 6	低温硬化	在－10℃条件下，1～2月可达到设计强度的70%
8	硫酸钠 石膏($CaSO_4 \cdot 2H_2O$)	2 1	蒸汽养护	蒸汽养护6h，与不掺者对比，强度均可提高30%～100%
9	硫酸钠 亚铁·钙($C_{12}H_{22}O_{11} \cdot C_2O_2$)	2 0.05	常温硬化	3～5d可达设计强度的70%

注：1. 以上配方均可用于混凝土及钢筋混凝土工程中。
2. 使用氯化钙或其他氯化物作早强剂时，尚应遵守施工验收规范的有关规定。

（二）减水剂（表1—8—88）

表1—8—88 常用减水剂的种类及掺量参考表

种类	主要原料	掺量（占水泥用量的%）	减水率（%）	提高强度（%）	增加坍落度（cm）	节约水泥（%）	适用范围
木质萘磺酸钠	纸浆废液	0.2～0.3	10～15	10～20	10～20	10～15	大体积混凝土、普通混凝土
MF减水剂	聚次甲基萘硫酸钠	0.3～0.7	10～30	10～30	2～3倍	10～25	早强、高强、耐碱混凝土
N系减水剂	工业萘	0.5～0.8	10～17	10		8～12	
NNO减水剂	亚甲基二萘硫酸钠	0.5～0.8	10～25	20～25	2～3倍	10～20	增强、缓凝、引气
NF减水剂	精萘	1.5	20			5～25	高强混凝土
UNF减水剂	油萘	0.5～1.5	15～20	15～30	10～15	10～15	
FDN减水剂	工业萘	0.5～0.75	16～25	20～50		20	早强、高强、大流动性混凝土
JN减水剂	萘残油	0.5	15～27	30～50	8～11	10～17	
SN－Ⅱ减水剂	萘	0.5～1.0	14～25	15～40	15～20	15～20	
磺化热油减水剂	煤焦油	0.5～0.75	10	35～37		5～10	
糖密减水剂	废油	0.2～0.3	7～11	10～20	4～6	5～10	
AU减水剂	蒽油	0.5～0.75	15～20	10～36		10～15	
HM减水剂	纸浆废液	0.2	5～10	⩾10		5～8	
SM减水剂	密胶树脂	0.2～0.5	10～27	30～50			高强混凝土
建减水剂		0.5～0.7	10～30			10～25	

注：技术经济效果指相对而言，在水泥用量、坍落度保持不变时，可减少用水量和提高强度；在水灰比和强度保持不变时，可增大坍落度；在强度和坍落度保持不变时，可节约水泥用量。

（三）速凝剂

711 型速凝剂：是一种灰色粉末，由磨细矾土、纯碱、石灰混合烧成熟料后，再加无水石膏磨细而成。掺量约为水泥重量的 2.5%～3.5%，水灰比以 0.4 左右为宜。711 速凝剂的掺入，可使水泥在 5min 之内初凝，10min 之内终凝。掺入 711 速凝剂的混凝土，抗渗性、抗冻性和粘结能力都有所提高，前 7d 的强度比不掺者高，7d 以后的强度则较不掺者低。对钢筋和皮肤均有一定的腐蚀性，运输、保管要严防受潮。

红星 1 型速凝剂：系由纯碱、铝氧烧结块（主要成分为铝酸钠）和生石灰制成。掺量约为水泥重量的 2.5%～4%，水灰比为 0.4 左右。掺入后初凝约 1～5min，终凝约 2～10min。对新出厂的硅酸盐水泥、普通硅酸盐水泥效果较好，对火山灰质水泥和矿渣水泥效果较差，对陈旧水泥效果也不好。掺入后前 3d 的强度比不掺者高，3d 后的强度则较不掺者低。对钢筋和皮肤均有一定的腐蚀性，运输、保管时要严防受潮。

（四）《建跃》牌 BR 型系列增强防水剂

BR 型系列增强防水剂，在能源、水电、交通、军工及民用建筑等十多个行业被广泛应用。该防水剂性能可靠，无毒、无味，对人体无危害，对环境无污染；掺 BR 防水剂的混凝土早期抗压强度大幅度提高，后期抗压强度明显增加；抗渗指标成数倍增长；制品安定性良好，无龟裂，不翘曲，耐腐蚀，对钢筋无锈蚀。采用 BR 防水剂施工可达到高强度、自防水的目的。该产品已在开滦、西山等矿务局广泛应用于井筒、井巷、岩巷锚喷、堵漏等防水防渗工程。目前生产的系列型号有：堵漏型(BR－1)、速凝型(BR－2)、普通型(BR－3)、缓凝型(BR－4)、注浆型(BR－CA 型和 BR－CE 型)等，其技术指标与性能见表 1－8－89 和表 1－8－90。

表 1－8－89 技术指标

项目 \ 型号		BR－1～4	BR－C	
			BR－CA	BR－CE
细度		0.08mm 标准筛时筛余量＜10%		
颜色		灰白色粉末		
含水量		＜2%		
结石率			96%～100%	
流动度			增加 70%	
凝固时间	缓凝型	初凝：3h30min 终凝：8h	凝胶时间： 10min～7h50min	凝胶时间： 30min～13h20min
	速凝型	初凝：20min 终凝：8h		
抗压强度 （与混凝土基准件比）		7d 增强 40% 28d 增强 8%	24h 增加 100% 28d 增加 20%	
抗渗标号 （混凝土基准件为 B4）		掺量为水泥重量 20% 时混凝土试件≥B15	B15（用标准混凝土 试模做净浆试验）	
耐腐蚀性		盐酸浸泡 28d 损失 5%	无 腐 蚀	
抗折强度 （与混凝土基准件比）			24h 增加 100% 28d 增加 80%	

表 1－8－90　BR 系列增强防水剂性能及适用条件

型号	施用范围	BR 防水剂占水泥重量比（%）			水灰比	凝固时间		抗压强度（比混凝土基准件）		抗渗标号（混凝土基准件）	生产厂
		BR	溶液	专用粉		初凝	终凝	7d	28d		
1 型	堵漏	20			干法施工	2～4min	5～7min	5min 锚固力 8t		$\geqslant B_{15}$	山西建华化工厂（山西万荣县）
2 型	锚喷	10～15		2～3.5	0.3～0.4	3～5min	6～8min	增 40%	增 10%	$\geqslant B_{15}$	
	砂浆	16～20		2	0.4～0.5	4～7min	10～15min	增 57%	增 23%	$\geqslant B_{8}$	
	净灰	16～20		3.5	0.25～0.3	1.5～2min	5～7min	增 40%	增 10%	$\geqslant B_{10}$	
	混凝土	18		3	干法施工	3～5min	4～10min	增 40%	增 10%	$\geqslant B_{15}$	
3 型	混凝土	10～20	0.05		0.45～0.55	2h30min	4h30min	增 40%	增 20%	$\geqslant B_{15\sim20}$	
	砂浆	10～20	0.05		0.3～0.4	2h30min	4h30min	增 40%	增 20%	$\geqslant B_{8\sim12}$	
4 型	混凝土	10～20	0.05		0.5～0.6	5h40 分	8h40min	增 50%	增 34%	$\geqslant B_{15\sim25}$	
	砂浆	10～20	0.05		0.35～0.4	5h40 分	8h40min	增 50%	增 34%	$\geqslant B_{8\sim12}$	
C 型 CA	注浆封水	10～20		1～5	0.6～1	凝胶时间 10min～7h50min		1d 增 100%	增 20%	B_{15}	
C 型 CE	注浆封水	10～20	0.05	2～6	0.6～1	凝胶时间 30min～13h20min		1d 增 100%	增 20%	B_{15}	

九、矿用菱镁混凝土制品

氯氧镁材料是以苛性氧化镁和氯化镁为主要原材料，加水调制成的一种工程材料，国际上称其为索瑞尔（Sorel）水泥，国内常将这两种主要原料加一定量的有机或无机混合填料，加水配制的材料称为氯氧镁混凝土或菱镁混凝土。它有许多优于普通硅酸盐水泥混凝土的优点，如强度高（可达 80～100MPa）、韧性好、视密度小、耐磨、耐油、抗碱和硫酸盐的侵蚀，加之其可模性好，不需湿养护等特点、材料来源丰富、生产工艺简单、生产过程无环境污染。菱镁混凝土制品是一种既可代用木材又可代用钢材的材料。矿用菱镁混凝土制品的技术要求及物理化学性能见表 1－8－91。目前矿用菱镁混凝土制品有梯形支架、拱形支架、窄轨轨枕、背板、沟盖板和挡煤板、单体液压支柱柱鞋、代垛木、锚杆托盘等。以上制品已先后在肥城矿务局曹庄、大封、白庄煤矿，大屯煤电公司姚桥、龙东、徐庄、孔庄煤矿，徐州矿务局张双楼、庞庄、新河煤矿，莱芜翟里煤矿，汾西矿务局水峪煤矿，大同矿务局四、五、六矿使用，均获得良好技术经济（仅为同等条件的钢筋混凝土制品价格 60%～90%）和社会效益。

表 1－8－91　矿用菱镁混凝土技术要求及物理化学性能表

类　别	项　目	指　标
化学成分	氧化镁 MgO	≥75%
	活性氧化钙 CaO	≤2%
	烧失量	≤12%

续表

类　别	项　目		指　标
物理性能	细度（125μm 筛通过率）		>97%
	凝结时间	初凝	≥40min
		终凝	≤7h
	安定性		无翘曲 无龟裂
力学性能	净浆试件 3d 抗压强度		≥29MPa
技术要求	抗压强度		≥22MPa
	视密度		$\leqslant 1.9\times10^3 kg/m^3$
	锈蚀指数		$\leqslant 3mg/cm^2$

（一）梯形支架（MT/T375·2—94）

菱镁混凝土梯形支架由配筋菱镁混凝土顶梁和柱腿组成。其技术性能及适用条件见表1—8—92。

表 1—8—92　菱镁混凝土梯形支架技术性能及适用条件

项　目	名　称	指　标	适用条件	生　产　厂
抗弯破坏荷载（kN/m）	顶　梁	≥35	矿压小于 0.025MPa 的矿山静压巷道支护	肥城矿务局曹庄矿多种经营公司菱镁制品厂
	柱　腿	≥25		
破坏荷载极限	挠度（配钢筋）	>L/50		
	挠度（配竹筋）	>L/40		

（二）拱形支架（MT/T375·4—94）

菱镁混凝土拱形支架由配筋菱镁混凝土顶梁和柱腿组成，其技术性能及适用条件见表1—8—93。

表 1—8—93　菱镁混凝土拱形支架技术性能及适用条件

项　目	名　称	指　标	适用条件	生　产　厂
抗弯破坏荷载（kN/m）	顶　梁	≥40	矿压小于 0.03MPa、侧压小、无底鼓的矿山静压巷道支护	铁法矿务局大兴矿劳动服务公司菱镁制品厂
	柱　腿	≥25		
破坏荷载极限	挠度（配钢筋）	>L/50		
	挠度（配竹筋）	>L/40		

（三）窄轨轨枕（MT/T375·3—94）

菱镁混凝土窄轨轨枕由配筋菱镁混凝土制成，按轨距分为三类，即 600mm、762mm、900mm 轨枕；按形式分为六种，其各类尺寸范围见表 1—8—94。

该制品生产厂有：

1. 莱州菱镁粉供应基地菱镁制品科技开发中心
2. 肥城矿务局曹庄矿多种经营公司菱镁制品厂
3. 邢台矿务局显得旺矿菱镁制品厂

表 1－8－94 菱镁混凝土轨枕系列规格尺寸

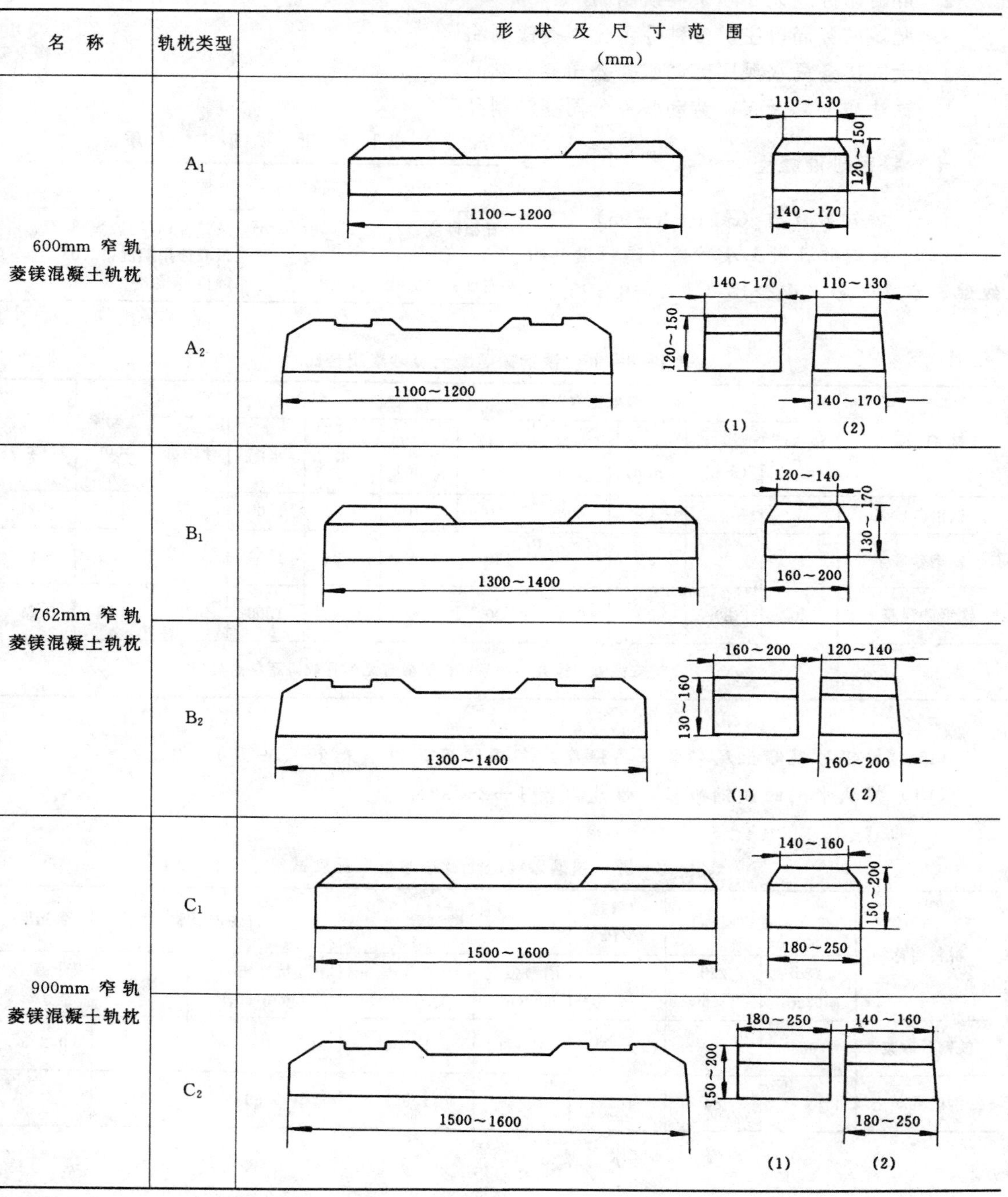

名 称	轨枕类型	形状及尺寸范围 (mm)
600mm 窄轨菱镁混凝土轨枕	A_1	1100～1200；110～130；120～150；140～170
	A_2	1100～1200；(1) 140～170，120～150；(2) 110～130，140～170
762mm 窄轨菱镁混凝土轨枕	B_1	1300～1400；120～140；130～170；160～200
	B_2	1300～1400；(1) 160～200，130～160；(2) 120～140，160～200
900mm 窄轨菱镁混凝土轨枕	C_1	1500～1600；140～160；150～200；180～250
	C_2	1500～1600；(1) 180～250，150～200；(2) 140～160，180～250

（四）背板、沟盖板和挡煤板

菱镁混凝土背板、沟盖板和挡煤板均由配筋菱镁混凝土制成，分别用于巷道支架护帮，覆盖巷道水沟和井下带式输送机阻挡煤滑落。

其生产厂有：

1. 莱州菱镁粉供应基地菱镁制品科技开发中心
2. 邢台矿务局显德旺矿菱镁制品厂
3. 肥城矿务局曹庄矿多种经营公司菱镁制品厂
4. 大同矿务局水泥厂劳动服务公司菱镁制品厂
5. 铁法矿务局大兴矿劳动服务公司菱镁制品厂

十、铁钢砂混凝土

（一）铁钢砂性质（表1—8—95）

（二）铁钢砂混凝土及砂浆（高强度）的级配、水灰、砂灰配合比（表1—8—96）

表1—8—95　铁钢砂性质

特性	
显微硬度：1250～1300kg/mm³ 密度：2.15～2.33t/m³	空隙率：47.6%～43.2% 最高使用温度：1300℃ 颜色：灰红色

表1—8—96　铁钢砂混凝土及砂浆配合比

材料名称	砂粒级配比（%）						配合比（重量）			流动量（mm）	密度（t/m³）
	20～10（mm）	10～6（mm）	5～3（mm）	3～2（mm）	2～1（mm）	1～0.5（mm）	水	水泥	铁钢砂		
铁钢砂砂浆			45	35	10	10	0.35	1.00	3.00	100	3.21
铁钢砂砂浆		35	35	30			0.35	1.00	3.00	100	3.21
铁钢砂混凝土	20	30	20	30			0.35	1.00	3.00	105	3.29
生产厂	安徽省当涂县砂制品厂、安徽省无为县蛟矶磨料磨具厂										

（三）铁钢砂混凝土及砂浆（高强度）各项强度试验（表1—8—97）

（四）掺减水剂的铁钢砂砂浆性能（表1—8—98）

表1—8—97　铁钢砂混凝土及砂浆各项强度试验

材料名称	抗压强度（MPa）		抗劈拉（MPa）	抗冲磨试验		抗冲击试验		磨光度
	28d 7.07cm³	28d 15cm³	28d	耐磨强度（h/cm）	磨损率（g/cm²h）	抗冲击（kgcm/cm³）	脆度	摩擦系数 f
铁钢砂砂浆	96		3.55	1.613	1.956			0.295
铁钢砂混凝土		84	4.95	1.724	1.952	0.69	1217	

表 1－8－98　掺减水剂的铁钢砂砂浆性能

外加剂掺量（%）	流动度（mm）	配合比	每方材料用量（kg）			抗压强度（MPa）	抗折强度（MPa）	抗冲磨强度（h/cm）	密　度（t/m³）
		水：水泥：砂	水	水泥	砂	28d	28d	28d	
0	120	0.32：1：2	298	931	1862	96.7	13.0	1.57	3.09
0.5	120	0.32：1：3	240	750	2250	103.1	13.22	1.64	3.24

十一、喷射混凝土

（一）喷射混凝土原料及配合比

水泥：喷射混凝土常用的是普通硅酸盐水泥，也可采用矿渣硅酸盐水泥或火山灰质硅酸盐水泥，必要时采用特种水泥，水泥标号不低于 32.5MPa。

骨料：砂子宜用中或粗砂，细度模数宜大于 2.5。干法喷射时，砂的含水率宜控制在 5%～7%；当采用防粘料喷射机时，砂的含水率可为 7%～10%。

石子可采用卵石或碎石，以卵石较好，粒径不宜大于 15mm；当使用碱性速凝剂时，不得使用含有活性二氧化硅的石材。

喷射混凝土用水应使用与普通混凝土要求的非污水，不得使用污水及 pH 值小于 4 的酸性水和含硫酸量 SO_4 计算超过水重 1%的水。

混合料的配合比：干法喷射水泥与砂、石之重量比为 1.0：4.0～1.0：4.5；水灰比宜为 0.4～0.45；湿法喷射水泥与砂、石之重量比宜为 1.0：3.5～1.0：4.0；水灰比宜为 0.42～0.50，砂率宜为 50%～60%。

喷射混凝土常用配比：水泥：砂：石子为 1：2：2 或 1：2.5：2，初喷时可适当减少石子掺量。

速凝剂掺量应根据产品性能通过试验确定，一般常用外加剂见表 1－8－99。

（二）喷射混凝土的强度等级

一般井巷工程采用 C15，重要工程不应低于 C20。

表 1－8－99　煤矿常用喷射混凝土外加剂

项目 / 名称	掺量（占水泥重量的%）	初凝（min）	终凝（min）	pH	与不掺速凝剂的混凝土比抗压强度（%）		一次喷层厚　度（mm）	回弹量	粉尘降低（%）	减水率（%）	对钢材腐蚀性	生　产　厂
					R1 保存率	R28						
8604－2 速凝剂	3～5	2～4	4～10	7～8		94～116	拱 130 帮 200	少	37		无	河南巩义特种建材厂
Fa－92 速凝剂	3～6	≤3	≤8	10～11	＞100	＞90	150～200					锦西市南票水泥速凝剂厂
XPM 外加剂	Ⅰ型 11 Ⅱ型 5.7				Ⅰ型＞5MPa Ⅱ型＞8MPa	≥30MPa	拱≥200 帮≥300	＜15%	40～50	28～33	无	太原混凝土新型材料厂
N93 无碱速凝剂	4～6	3～5	5～10			100			10～20	10～20	无	煤科总院南京研究所
FP 增强剂	0.25～0.75				R7 27～44			降 7～11%	10	19～22		兖州矿务局济东指挥部土建科

（三）喷射混凝土的抗压强度（表1—8—100）

表1—8—100　喷射混凝土的试验抗压强度

水泥品种	配比 水泥：砂：石子	速凝剂掺量 （%）	抗压强度（MPa）		
			28（d）	60（d）	150（d）
普硅425号	1：2：1.5	0	35～43	40～48	45～53
普硅425号	1：2：2	0	30～40	35～45	40～50
矿渣325号	1：2：2	0	25～30	30～35	35～40
普硅425号	1：2：2	2.5～4.5	20～25	22～28	—

（四）喷射混凝土的抗拉强度（表1—8—101）

表1—8—101　喷射混凝土的抗拉强度
（试验值）

水泥	配比 水泥：砂：石子	速凝剂掺量 （%）	抗拉强度（MPa）	
			28（d）	150（d）
普硅425号	1：2：2	0	2.0～3.5	3.0～4.0
矿渣325号	1：2：2	0	1.8～2.5	2.5～3.0
普硅425号	1：2：2	2.5～4.0	1.5～2.0	2.0～2.5

（五）喷射混凝土的抗剪强度（表1—8—102）

表1—8—102　喷射混凝土的抗剪强度
（试验值）

水泥	配比 水泥：砂：石子	速凝剂掺量 （%）	抗剪强度 （MPa）
普硅425号	1：2.5：1.5	2	3.68
普硅425号	1：2：2	3	3.67
普硅425号	1：2：2	2.5～4.0	3.0～4.0

（六）喷射混凝土的弹性模量（表1—8—103）

表1—8—103　喷射混凝土的弹性模量
（试验值）

喷射混凝土的抗压强度 （MPa）	弹性模量 （MPa）
20.0	$2.0～2.3\times10^4$
25.0	$2.3～2.5\times10^4$
30.0	$2.5～2.7\times10^4$
35.0	$2.7～3.0\times10^4$

十二、冻结井壁低温早强高强硅粉混凝土

硅粉混凝土是采用普通混凝土中掺加硅粉和高效减水剂配制成的早强高强混凝土。硅粉是在冶炼工业硅或硅铁合金时，从高温电炉中排出的一种工业尘埃，由吸尘器捕集而得。硅粉混凝土在各龄期强度都比普通混凝土有大幅度提高，其力学性能、干缩、抗渗及抗碳化等

性能都优于普通混凝土。

由中国矿业大学、兖州矿务局七十二工程处、中煤国际工程集团南京设计研究院、上海市建筑科学研究院共同研究、并在济宁二号风井井筒及任楼风井井壁冻结段应用了硅粉混凝土，其中在济宁二号风井井筒－288～－388m 的 100m 段，井壁厚度由 1200mm 减到 720mm，每米井筒减少了掘进体积 11.95m^3，节省水泥 500t，节约工程投资 43.4 万元，加快了建井速度，缩短了建井工期。

目前生产硅粉的厂家有：天津铁合金厂；兰州封登西北铁合金厂；山西忻州铁合金厂；遵义铁合金厂；宁夏石嘴山铁合金厂等。

硅粉与减水剂掺量，硅粉混凝土强度（用 255$^{\#}$普通硅酸盐水泥），工地试浇硅粉高强混凝土强度，几种高强混凝土物理力学性能比较详见表 1－8－104～表 1－8－107。

表 1－8－104 硅粉—高效减水剂对应掺量

编号	水泥用量 (kg/m^3)	W/C	坍落度范围 (cm)	硅粉 (%)	0	2.5	5	7.5	10	15
1	340	0.532	3.1～3.8	高效减水剂 (%)	0	0.16	0.31	0.43	0.69	0.98
2	340	0.477	3.0～3.6		0.38	0.62	0.83	0.95	1.19	1.55
3	340	0.413	3.0～4.0		0.86	1.16	1.38	1.57	2.06	
4	460	0.388	3.2～4.0		0	0.24	0.43	0.57	0.74	1.09
5	460	0.323	3.0～4.0		0.48	0.78	0.97	1.09	1.41	1.85
6	460	0.287	3.0～4.2		1.14	1.38	1.71	1.85	2.20	

表 1－8－105 硅粉混凝土强度 单位：MPa

编号	水泥用量 (kg/m^3)	W/C	坍落度范围 (cm)	硅粉 (%)					
				0	2.5	5	7.5	10	15
1	340	0.532	3.1～3.8	35.2	38.7	41.9	43.9	44.0	45.4
2	340	0.477	3.0～3.6	41.4	43.6	43.5	44.2	49.2	52.8
3	340	0.413	3.0～4.0	41.7	48.2	54.6	52.8	57.0	63.3
4	460	0.388	3.2～4.0	49.8	49.3	55.9	57.8	61.5	61.7
5	460	0.323	3.0～4.0	59.2	60.8	66.7	72.4	75.0	77.4
6	460	0.287	3.0～4.2	65.6	70.3	72.1	73.5	77.5	85.6

表 1－8－106 工地试浇硅粉高强混凝土强度

编号		Si－66 (任楼工地)	Si－117 (任楼工地)	Si－217 (济宁Ⅱ号井)
水泥用量 (kg/m^3)		403	400	420
硅粉/NF (%)		5/1.0	7/1.0	7/1.2
坍落度 (cm)		6.0	6.0	4.4
抗压强度 (MPa)	R_1	27.6	32.3	/
	R_3	40.8	39.5	41.2
	R_7	57.6	61.9	/
	R_{28}	71.0	71.0	67.7

表 1－8－107 几种高强混凝土物理力学性能比较

编 号	Si－315	Si－316	Si－128	Si－129	Si－443	Si－441
水泥标号/实际强度（kg/cm²）	525/565	525/565	525/629	525/629	525/576	525/576
水泥用量（kg/m³）	550	350	430	430	460	460
硅粉/SN－Ⅱ（%）	0/0	7.5/1.25	0/0	10/1.5	0/1.75	7.5/1.75
坍落度（cm）	3.5	3.4	3.8	3.3	5.0	5.5
R_{28}(MPa)	62.5	66.0	67.3	94.3	65.2	87.9
轴压强度(MPa)	48.3	58.5	61.4	84.3	54.5	73.0
抗折强度(MPa)	6.42	6.30	5.71	8.55	7.09	11.97
劈拉强度(MPa)	3.78	4.58	3.02	5.77	3.78	4.80
钢筋粘结强度（MPa）	4.46	5.66	5.46	5.52	6.15	6.43
静弹性模量（MPa）	3.64×10^4	3.74×10^4	4.60×10^4	4.81×10^4	4.22×10^4	4.35×10^4

十三、混凝土标号与强度等级换算表以及钢筋常用数据表（表 1－8－108～表 1－8－112）

1. 规范 TJ10－74 的混凝土标号与规范 GBJ10－89 的混凝土强度等级换算（表 1－8－108）

表 1－8－108 规范 TJ10－74 的混凝土标号与规范 GBJ10－89 的混凝土强度等级换算表

TJ10－74 混凝土标号	100	150	200	250	300	400	500	600
GBJ10－89 混凝土强度等级	C8	C13	C18	C23	C28	C38	C48	C58

2. 每米板宽内的钢筋截面面积（表 1－8－109）

表 1－8－109 每米板宽内的钢筋截面面积表

钢筋间距（mm）	当钢筋直径（mm）为下列数值时的钢筋截面面积（mm²）													
	3	4	5	6	6/8	8	8/10	10	10/12	12	12/14	14	14/16	16
70	101	179	281	404	561	719	920	1121	1369	1616	1908	2199	2536	2872
75	94.3	167	262	377	524	671	859	1047	1277	1508	1780	2053	2367	2681
80	88.4	157	245	354	491	629	805	981	1198	1414	1669	1924	2218	2513
85	83.2	148	231	333	462	592	758	924	1127	1331	1571	1811	2088	2365
90	78.5	140	218	314	437	559	716	872	1064	1257	1484	1710	1972	2234
95	74.5	132	207	298	414	529	678	826	1008	1190	1405	1620	1868	2116
100	70.6	126	196	283	393	503	644	785	958	1131	1335	1539	1775	2011

续表

钢筋间距 (mm)	当钢筋直径(mm)为下列数值时的钢筋截面面积(mm^2)													
	3	4	5	6	6/8	8	8/10	10	10/12	12	12/14	14	14/16	16
110	64.2	114	178	257	357	457	585	714	871	1028	1214	1399	1614	1828
120	58.9	105	163	236	327	419	537	654	798	942	1112	1283	1480	1676
125	56.5	100	157	226	314	402	515	628	766	905	1068	1232	1420	1608
130	54.4	96.6	151	218	302	387	495	604	737	870	1027	1184	1366	1547
140	50.5	89.7	140	202	281	359	460	561	684	808	954	1100	1268	1436
150	47.1	83.8	131	189	262	335	429	523	639	754	890	1026	1183	1340
160	44.1	78.5	123	177	246	314	403	491	599	707	834	962	1110	1257
170	41.5	73.9	115	166	231	296	379	462	564	665	786	906	1044	1183
180	39.2	69.8	109	157	218	279	358	436	532	628	742	855	985	1117
190	37.2	66.1	103	149	207	265	339	413	504	595	702	810	934	1058
200	35.3	62.8	98.2	141	196	251	322	393	479	565	668	770	888	1005
220	32.1	57.1	89.3	129	178	228	292	357	436	514	607	700	807	914
240	29.4	52.4	81.9	118	164	209	268	327	399	471	556	641	740	838
250	28.3	50.2	78.5	113	157	201	258	314	383	452	534	616	710	804
260	27.2	48.3	75.5	109	151	193	248	302	368	435	514	592	682	773
280	25.2	44.9	70.1	101	140	180	230	281	342	404	477	550	634	718
300	23.6	41.9	65.5	94	131	168	215	262	320	377	445	513	592	670
320	22.1	39.2	61.4	88	123	157	201	245	299	353	417	481	554	628

注：表中钢筋直径中的 6/8、8/10、…等系指两种直径的钢筋间隔放置。

3. 钢筋的截面积、质量、周边长度（表 1—8—110）

表 1—8—110 钢筋的截面积、质量、周边长度

直径 (mm)	截面积 (mm^2)									每米质量 (kg)	周边长度 (mm)
	一根	二根	三根	四根	五根	六根	七根	八根	九根		
2.5	4.9	9.8	14.7	19.6	24.5	29.4	34.4	39.2	44.1	0.039	7.9
3	7.1	14.1	21.2	28.3	35.3	42.4	49.5	56.5	63.6	0.055	9.4
4	12.6	25.1	37.7	50.2	62.8	75.4	87.9	100.5	113	0.099	12.6
5	19.6	39	59	79	98	118	138	157	177	0.154	15.7
6	28.3	57	85	113	142	170	198	226	255	0.222	18.9
8	50.3	101	151	201	252	302	352	402	453	0.395	25.1
10	78.5	157	236	314	393	471	550	628	707	0.617	31.4
12	113.1	226	339	452	565	678	791	904	1017	0.888	37.7
14	153.9	308	461	615	769	923	1077	1230	1387	1.208	44.0
16	201.1	402	603	804	1005	1206	1407	1608	1809	1.578	50.3
18	254.5	509	763	1017	1272	1526	1780	2236	2290	1.998	56.5

续表

直径(mm)	截面积 (mm^2)									每米质量(kg)	周边长度(mm)
	一根	二根	三根	四根	五根	六根	七根	八根	九根		
20	314.2	628	941	1256	1570	1884	2200	2513	2827	2.466	62.8
22	308.1	760	1140	1520	1900	2281	2661	3041	3421	2.984	69.1
25	490.9	982	1473	1964	2454	2945	3436	3927	4418	3.85	78.5
28	615.3	1232	1874	2463	3079	3695	4310	4926	5542	4.83	88
30	706.9	1413	2121	2827	3534	4241	4948	5655	6362	5.55	94.3
32	804.3	1609	2418	3217	4021	4826	5680	6434	7238	6.31	100.5
36	1017.9	2036	3054	4072	5089	6107	7125	8143	9161	7.99	113.1
40	1256.1	2513	3770	5027	6283	7540	8796	10053	11310	9.865	126

4. 钢筋弯钩长度及排成一行时的最小梁宽度（表 1－8－111）

5. 弯起钢筋长度（表 1－8－112）

表 1－8－111　钢筋弯钩长度及排成一行时的最小梁宽度

直径(mm)	下列根数钢筋排成一行时最小梁宽度 b (mm)						弯钩长度 (mm)	
	3根	4根	5根	6根	7根	8根	6.25d	12.5d
4							30	50
6							40	80
8							60	100
10							70	130
12	150	200/180	250/220				80	150
14	180/150	200/180	250/220				90	180
16	180	220/200	300/250	350/300			110	200
18	180	220/200	300/250	350/300	400/350		120	230
20	180	250/220	300	350	400/350	450/400	130	250
22	180	250/220	300	350	400	450/400	140	280
25	200/180	250	300	400/350	450/400	500/450	170	310
28	200	300	350	400	450	550	180	350
30	220	300	350	450	500	550	200	380
32	250	300	350	450	500	600	210	400
36						650	240	450
40							260	500

注：表中分子项与分母项分别为梁上部与下部钢筋排成一行时的最小梁宽度。

表 1-8-112 弯 起 钢 筋 长 度

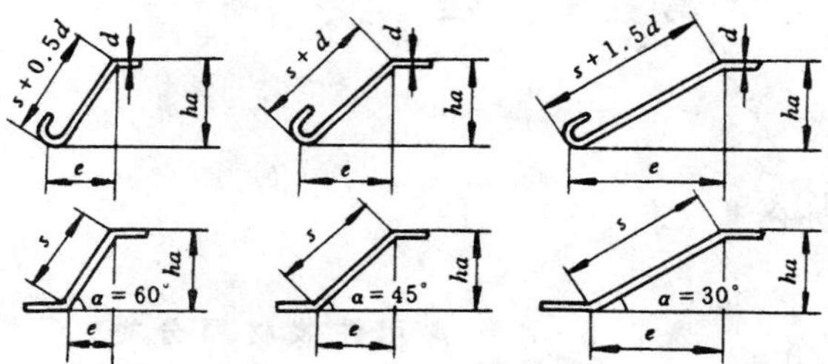

$e=0.58ha, s=1.5ha; e=ha, s=1.41ha; e=1.73ha, s=2ha$。

弯折高度 ha (mm)	α=60°		α=45°	α=30°		折高长 ha (mm)	α=60°		α=45°	α=30°	
	e	s	s	e	s		e	s	s	e	s
40	25	50	60	70	80	650	380	750	920	1120	1300
50	30	60	70	90	100	680	390	780	960	1180	1360
60	35	70	90	100	120	700	410	810	990	1210	1400
70	40	80	100	120	140	730	420	840	1030	1260	1460
80	50	90	110	140	160	750	440	860	1060	1300	1500
90	55	100	130	160	180	780	450	900	1100	1350	1560
100	60	120	140	170	200	800	460	920	1130	1380	1600
110	65	130	160	190	220	830	480	950	1170	1440	1660
120	70	140	170	210	240	850	490	980	1200	1470	1700
130	80	150	180	230	260	880	510	1010	1240	1520	1760
150	90	170	210	260	300	900	520	1040	1270	1560	1800
170	100	200	240	300	340	930	540	1070	1310	1610	1860
200	120	230	280	350	400	950	550	1090	1340	1640	1900
230	130	260	320	400	460	980	570	1130	1380	1700	1960
250	150	290	350	430	500	1000	580	1150	1410	1730	2000
280	160	320	390	480	560	1030	600	1180	1450	1780	2060
300	170	350	420	520	600	1050	610	1210	1480	1820	2100
330	190	380	470	570	660	1080	630	1240	1520	1870	2160
350	200	400	490	610	700	1100	640	1270	1550	1900	2200
380	220	440	540	660	760	1130	660	1300	1590	1950	2260
400	230	460	560	690	800	1150	670	1320	1620	1990	2300
430	250	490	610	740	860	1180	680	1360	1660	2040	2360
450	260	520	630	780	900	1200	700	1380	1690	2080	2400
480	280	550	680	830	960	1230	710	1420	1730	2130	2460
500	290	580	710	870	1000	1250	730	1440	1760	2160	2500
530	310	610	750	920	1060	1280	740	1470	1800	2220	2560
550	320	630	780	950	1100	1300	750	1500	1830	2250	2600
580	340	670	820	1000	1160	1330	770	1530	1870	2300	2660
600	350	690	850	1040	1200	1380	800	1590	1940	2380	2760
630	370	720	890	1090	1260	1430	830	1640	2000	2470	2860

第五节　注　浆　材　料

一、一般概念

（一）常用注浆材料分类（表1—8—113）

表1—8—113　常用注浆材料分类

无机系	单液水泥类	水泥氯化钙浆液，水泥—三乙醇胺—氯化钠浆液；……
	水泥—水玻璃类	水泥—水玻璃双浆液
	粘土类	
	水玻璃类	水玻璃—氯化钙浆液；水玻璃—铝酸钠浆液；……
	水泥粘土类	
	其他类	
有机系	丙烯酰胺类	
	木质素类	纸浆废液—重铬酸钠（铬木素）浆液；纸浆废液—过硫酸铵（硫木素）浆液；……
	尿醛树脂类	尿醛树脂—硫酸浆液；尿素—甲醛—三氯化铁浆液；尿素—甲醛—纸浆废液—硝酸铵（木铵）浆液；……
	聚氨酯类	水溶性聚氨酯浆液；油溶性聚氨酯浆液；
	糠醛树脂类	糠醛—尿素浆液；糖醛—丙酮浆液；……
	环氧树脂类	
	甲基丙烯酸甲酯类	
	其他类	

（二）浆液浓度（表1—8—114）

表1—8—114　各类浆液浓度表示法

浆液	溶液型				悬浊液型	
	溶液为固体	溶质为液体	溶质为溶液	水玻璃	水泥浆	水泥粘土浆
浓度表示法及计算公式	$\frac{质量}{体积}=(\%)$	1.双液注浆用体积比 2.单液注浆用质量比	1.主剂为溶液可直接或稀释后使用 2.助剂为溶液按体积配比	$Be'=145-\frac{145}{d}$	$\rho=\frac{W_w}{W_c}$ 加入之附加剂按占水泥重量百分数计算	$W_c:W_a:W_w$ 加入之附加剂按占水泥重量百分数计算
备注与说明	1.丙烯酰胺类 2.纸浆废液、干粉 3.固体尿醛按此原则配浆	1.糠醛树脂类用体积比 2.聚氨酯类、环氧树脂类、甲基丙烯酸甲脂类用质量比	1.主剂 液体尿醛纸浆废液 2.助剂 硫酸、盐酸乙二醛、铝酸钠等	Be'—波美度 d—比重 固体水玻璃待煮沸溶解后亦按此法	ρ—水灰比 W_w—水的质量 W_c—水泥质量 实际上也是质量比表示法	W_c—水泥质量 W_a—粘土质量 W_w—水质量

（三）渗透系数

渗透系数系指浆液固化后结石体透水性的高低或抗渗性强弱（表1—8—115）

表 1—8—115 几种注浆材料的渗透系数

浆液名称	渗透系数 (cm/s)	测定方法
单液水泥类	$10^{-1}\sim10^{-3}$	混凝土渗透仪或土工渗透仪
水泥—水玻璃类	$10^{-2}\sim10^{-3}$	
水玻璃类	10^{-2}	
丙烯酰胺类	$10^{-5}\sim10^{-6}$	
铬木素类	$10^{-3}\sim10^{-6}$	
脲醛树脂类	$10^{-2}\sim10^{-4}$	
聚氨酯类	$10^{-4}\sim10^{-6}$	
糠醛树脂类	$10^{-4}\sim10^{-5}$	

（四）抗压强度及其测定方法（表 1—8—116）

表 1—8—116 几种注浆材料的抗压强度及其测定方法

浆液名称	试块成型方法	测定仪器及方法	抗压强度 (MPa)
单液水泥浆类 水泥—水玻璃类 脲醛树脂类 糠醛树脂类	结石体为刚性，使用纯浆液，在 4cm×4cm×4cm 方型试模中成型试块	试块均放在 20±5℃水中养护，测定 1 天、3 天、14 天、28 天抗压强度，每组 3 块、取平均值，仪器使用 1～5t 压力机或高分子材料万能试验机	5～25 5～20 2～8 1～6
水玻璃类 丙烯酰胺类 铬木素类	结石体为弹性，用浆液加标准砂、在 4cm×4cm×4cm 方型试模中成型试块		＜3 0.4～0.6 0.4～2
聚氨酯类（PM 型）	因发泡膨胀，在内径 40mm 有机玻璃管内先放入标准砂并用水饱和，上下有孔板浆液从下面压入，待固化后取径高比为 1 的圆柱体		6～10

二、无机系浆液

（一）水泥浆类

1. 纯水泥浆的基本性能（表 1—8—117）

表 1—8—117 纯水泥浆的基本性能

水灰比（质量比）	粘度 (s)	密度 (g/cm³)	结石率 (%)	凝胶时间 初凝 (h:min)	凝胶时间 终凝 (h:min)	抗压强度 (MPa) 3d	7d	14d	28d	备注
0.5:1	139	1.86	99	7:41	12:36	4.14	6.46	15.3	22	采用 500 号普通硅酸盐水泥，测定数据为平均值
0.75:1	33	1.62	97	10:47	20:33	2.43	2.6	5.54	11.27	
1:1	18	1.49	85	14:56	24:27	2.0	2.4	2.42	8.9	
1.5:1	17	1.37	67	16:52	34:47	2.04	2.33	1.78	2.22	
2:1	16	1.30	56	17:7	48:15	1.66	2.56	2.1	2.8	

2. 单液水泥浆液基本性能（表 1—8—118）

表 1—8—118 单液水泥浆液基本性能

水灰比	附加剂		凝胶时间		抗压强度(MPa)				备 注
	名 称	掺量(%)	初 凝(h : min)	终 凝(h : min)	1d	3d	7d	28d	
1 : 1	0	0	14 : 56	24 : 27	0.8	2.0	5.9	8.9	1. 水泥用 500 号普通硅酸盐水泥 2. 附加剂用量为占水泥质量的百分数 3. 氯化钙用量一般为水泥量的 5%以下 4. 水玻璃用量一般为水泥量的 3%以下
1 : 1	水玻璃	3	7 : 20	14 : 30	1.0	1.8	5.5	—	
1 : 1	氯化钙	2	7 : 10	15 : 04	1.0	1.9	6.1	9.5	
1 : 1	氯化钙	3	6 : 50	8 : 13	1.1	2.0	6.5	9.8	
0.4 : 1	“711”	3	0 : 1	0 : 2	15.1	—	30.9	47.8	
0.4 : 1	“711”	5	0 : 4	0 : 5	19.8	—	35.9	47.1	
0.4 : 1	阳泉一型	2	0 : 3	0 : 6	0.6	—	—	34.1	
1 : 1	三乙醇胺/氯化钠	0.05/0.5	6 : 45	12 : 35	2.4	3.9	7.2	14.3	
1 : 1	三乙醇胺/氯化钠	0.1/1.0	7 : 23	12 : 58	2.3	4.6	9.8	15.2	
1 : 1	三异丙醇胺/氯化钠	0.05/0.5	11 : 03	18 : 22	1.4	2.7	7.4	12	
1 : 1	三异丙醇胺/氯化钠	0.1/1.0	9 : 36	14 : 12	1.8	3.5	8.2	13.1	

3. 水泥浆可注性试验数（表 1—8—119）

表 1—8—119 水泥浆可注性试验数据

水 灰 比	0.6	0.8	1.0	2.0	4.0	6.0	8.0	10.0	12.0
可注入的平均缝宽（mm）	0.53	0.47	0.48	0.43	0.39	0.39	0.38	0.33	0.28

4. 水泥浆液的现场配制（表 1—8—120～表 1—8—124）

表 1—8—120 纯水泥浆（无附加剂）现场配制表

水灰比	水 泥(袋)	水(L)	制成浆量(m^3)	备 注
0.5 : 1	24	600	1.000	每袋水泥 50kg，水以〈L〉计
0.6 : 1	22	600	1.026	
0.75 : 1	19	712	1.029	
1 : 1	15	750	1.000	
1.25 : 1	13	812	1.029	
1.5 : 1	11	825	1.008	
2 : 1	9	900	1.050	

表 1－8－121 水泥浆（加 3%氯化钙）现场配制表

水灰比	水泥（袋）	50%氯化钙溶液（桶）	水（L）	制成浆量（m^3）	备注
0.5:1	25	5	525	1.000	水泥每袋 50kg 氯化钙溶液每桶 15L
0.6:1	22	4.5	593	1.026	
0.75:1	19	4	652	1.029	
1:1	15	3	705	1.000	
1.25:1	13	2.5	774	1.029	
1.5:1	11	2	795	1.008	
2:1	9	2	870	1.056	

表 1－8－122 水泥浆（加 4.5%水玻璃）现场配制表

水灰比	水泥（袋）	40Be′ 水玻璃（桶）	水（L）	制成浆量（m^3）	备注
0.5:1	24	2.5	563	1.000	水泥每袋 50kg 水玻璃每桶 15L 水泥浆加入水玻璃后有变稠现象影响可注性
0.6:1	22	2	630	1.026	
0.75:1	19	2	682	1.029	
1:1	15	1.5	727	1.000	
1.25:1	13	1.5	790	1.029	
1.5:1	11	1	810	1.003	
2:1	9	1	885	1.005	

表 1－8－123 水泥浆（加三乙醇胺与氯化钠混合溶液）现场配制表

水灰比	水泥（袋）	三乙醇胺与氯化钠混合液（L）	水（L）	制成浆量（m^3）	备注
0.5:1	24	30	570	1.000	水泥每袋 50kg 混合液浓度为 20%氯化钠与 2%三乙醇胺
0.6:1	22	28	632	1.026	
0.75:1	19	24	688	1.029	
1:1	15	19	731	1.000	
1.25:1	13	16	796	1.029	
1.5:1	11	14	811	1.008	
2:1	9	11	889	1.050	

表 1－8－124 水泥粘土浆液的配比、用量及性能表

水灰比	粘土用量（占水泥的%）	粘度（s）	重度（g/cm^3）	凝胶时间		结石率（%）	抗压强度（MPa）			
				初凝（h:min）	终凝（h:min）		3d	7d	14d	28d
0.5:1	5	滴流	1.84	2:42	5:52	99	11.85	—	33.2	13.6
0.75:1	5	40	1.65	7:50	13:1	93	4.05	6.96	7.94	7.89
1:1	5	19	1.52	8:30	14:30	87	2.41	5.17	4.28	8.12
1.5:1	5	16.5	1.37	5:11	23:50	66	1.29	3.45	3.24	7.36
2:1	5	15.8	1.28	13:53	51:52	57	1.25	2.58	2.58	7.85
0.5:1	10	不流动	—	2:24	5:29	100	—	—	20.3	—
0.75:1	10	65	1.68	5:15	9:38	99	2.93	6.96	5.12	—

续表

水灰比	粘土用量（占水泥的%）	粘度（s）	重度（g/cm³）	凝胶时间		结石率（%）	抗压强度（MPa）			
				初凝（h：min）	终凝（h：min）		3d	7d	14d	28d
1：1	10	21	1.56	7：24	14：10	91	1.68	4.55	2.88	—
1.5：1	10	17	1.43	8：12	20：25	79	1.56	2.79	3.3	—
2：1	10	16	1.32	9：16	30：24	58	1.25	1.58	2.52	—
0.75：1	15	71	1.70	4：35	8：50	99	0.4	2.4	2.95	—
1：1	15	23	1.62	6：20	14：13	95	1.3	1.56	2.18	—
1.5：1	15	19	1.51	7：45	24：5	80	0.85	0.97	1.4	—
2：1	15	16	1.34	9：50	29：16	60	0.73	1.13	2.24	—

注：1. 采用500号普通硅酸盐水泥。
2. 采用峰峰粘土配成50%浓度粘土浆使用。

（二）水泥—水玻璃类浆液

水泥—水玻璃浆液亦称CS浆液。C代表水泥，S代表水玻璃。

水泥—水玻璃浆液是以水泥和水玻璃为主剂，两者按一定的比例配制而成，采用双液方式注入，必要时加入速凝剂或缓凝剂。水泥—水玻璃浆液组成及配方见表1—8—125～表1—8—126。

双液注浆适宜于0.2mm以上裂隙和1mm以上粒径的砂层使用。

（三）CL—C型粘土水泥浆

表1—8—125　水泥—水玻璃浆液组成及配方

原　料	规 格 要 求	作　用	用量比例	主 要 性 能
水　泥	400号或500号普通或矿渣硅酸盐	主　剂	1	1. 凝胶时间可控制在几秒至几十分钟范围内
水玻璃	水泥模数：2.4～3.4 浓度：30～45Be′	主　剂	0.5～1	
氢氧化钙	工　业　品	速凝剂	0.05～0.2	2. 抗压强度为5～20MPa
磷酸氢二钠	工　业　品	缓凝剂	0.01～0.03	3. 结石体渗透系数为10^{-3}cm/s

表1—8—126　配制$1M^3$低浓度水玻璃的加水量和高浓度水玻璃用量表

原水玻璃浓度（Be′）		45		50		51		52		53		54		55		56	
原水玻璃比重 d		1.450		1.526		1.543		1.559		1.571		1.593		1.611		1.630	
预制水玻璃浓度（Be′）	预制水玻璃比重 d	水（L）	水玻璃（L）	水（L）	水玻璃（L）	水（L）	水玻璃（L）	水（L）	水玻璃（L）	水（L）	水玻璃（L）	水（L）	水玻璃（L）	水（L）	水玻璃（L）	水（L）	水玻璃（L）
25	1.208	588	462	605	395	617	383	629	371	639	361	650	350	660	340	670	330
30	1.261	420	580	504	496	582	418	534	466	548	452	560	440	572	428	586	414
35	1.318	294	706	395	605	415	585	432	562	449	551	464	536	480	520	495	505
36	1.330	277	723	372	628	392	608	410	590	428	572	443	557	460	540	476	524
37	1.342	240	760	350	650	370	630	389	611	407	593	423	577	440	560	457	543
38	1.355	211	789	325	675	346	654	366	634	385	615	402	598	420	580	437	563
39	1.368	182	818	302	698	322	678	343	657	362	638	379	621	400	600	417	583
40	1.381	153	847	276	724	298	702	319	681	340	660	357	643	379	621	396	604

CL－C 型粘土水泥浆由粘土、水泥、添加剂（S 水玻璃）和水组成。

粘土是该浆液的主要成分，粘土矿物有：高岭土、蒙脱石和伊利石。配制 CL－C 型粘土水泥浆可以用高岭土、多种粘土矿物的粘土和含大量高岭土的亚粘土。

水泥采用 425 号、525 号普通硅酸盐水泥。

CL－C 型粘土水泥浆的浆液配方范围为：

粘土浆比重：1.13∶1.30

水泥用量：100～200kg（$1m^3$ 浆液中水泥的重量）

粘土的物理化学性质、比重、主要技术参数及经济效果等见表 1－8－127～表 1－8－133。（其资料由煤科总院建井所提供）

表 1－8－127　粘土的物理化学性质测定结果

pH 值	蒙脱石（%）	液限（%）	塑限（%）	塑性指数	交换阳离子成分（me/100g土）				盐基总量（me/100g）
					Ca^{++}	Mg^{++}	K^{+}	Na^{+}	
8.03	29.82	74.0	37.5	36.5	40.50	5.53	0.53	1.36	47.92

表 1－8－128　配制 $1m^3$ 粘土浆所需粘土用量

粘土浆比重	1.13	1.15	1.18	1.21	1.24	1.27	1.30
粘土用量（kg）	220	275	330	385	440	495	550
用 水 量（L）	900	875	850	825	800	775	750
粘土浆粘度（s）	15.5	16	17	18	18.3	20	35

表 1－8－129　CL－C 型粘土水泥浆的比重

粘土浆比重 / CL－C 浆的比重 / $1m^3$ 浆水泥用量（kg）	1.13	1.15	1.18	1.21	1.24	1.27	1.30	1.35
100	1.19	1.21	1.24	1.27	1.30	1.33	1.36	1.41
125	1.21	1.23	1.26	1.28	1.31	1.34	1.37	1.42
150	1.22	1.24	1.27	1.30	1.33	1.36	1.39	1.43
200	1.25	1.27	1.30	1.33	1.36	1.39	1.41	1.46

表 1－8－130　试 验 台 主 要 技 术 参 数

性能指标	最大注浆压力（MPa）	模拟静水压力（MPa）	耐压试验最大水压（MPa）	裂 隙 特 征			测压距离（m）
				开度（mm）	宽度（mm）	长度×节数（m×n）	
数值	16.0	0～10.0	16.0	0.3～15	93	0.5×20	0.5～3.25
备注	可调	可调	可调	可调	不可调	可调节数	
	注浆流量 1.25～4800ml/h，可计量						

表 1－8－131　CL－C 型粘土水泥浆模型注浆试验结果

裂隙开度 (mm)	浆液配方			注浆压力 (MPa)	浆液注入量 (ml)	浆液承受水压能力 (MPa)		备注
	粘土浆比重	水泥用量 (kg/m³)	S 型添加剂掺量 (L/m³)			裂隙开始渗水时的反压压力	最大反压压力	
0.5	1.15	100	25	15	1056	9.4	9.4	在试验压力条件下浆液均未被挤出裂隙
0.7	1.15	100	25	15	2530	未见渗水	大于 15	
1.5	1.15	100	25	15	4664	13.5	14.5	
3.0	1.15	100	25	15	5412	未见渗水	大于 14	
8.0	1.17	150	25	15	4006	11.0	14.5	

表 1－8－132　节约水泥计算表

项目 \ 浆液名称	单液水泥浆	CL－C 型粘土水泥浆
1m³ 浆液水泥用量 (kg)	750	100～200
1m³ 浆液节约水泥 (kg)		550～650
每米井筒水泥用量 (kg)	9750	1300～2600
每米井筒节约水泥 (kg)		7150～8450
水泥节约率 (%)		73.3～86.7
备注	①单液水泥浆水灰比取 1∶1；②每米井筒浆液注入量取 13m³	

表 1－8－133　采用粘土水泥浆注浆部分井筒注浆效果

矿井名称	注浆时间	起止深度 (m)	注浆量 (m³)	水泥用量 (t)	节约水泥 (%)	注浆前/后涌水量 (m³/h)
枣庄西风井	1991.5～12	110～269	1796	235.65	80.87	238.13/9.6
高庄井	1991.5～12	135～277	1921	260.70	79.76	153/1.0
谢李主井	1992.7～1993.8	40～490	7380	1260.53	79.10	800/3.67
峰峰大淑村副井	1992.12～1993.12	22～703.5	12879			388.94/8.85
冷泉主井	1993.6～1994.3	245～743	6357	1153.5	73.34	250/7.97
冷泉副井	1993.6～1994.3	238～754	6835	1196.59	73.3	270/4.39
张集主井	1993.8～1995.2	340～732	8466	1383		
副井	1993.8～1994.9	340～674	7711	1347		
风井	1993.11～1994.8	345～650	7882	1485		
平顶山十三矿主井	1993.1～9	98～132.8	5067	926.85		227/3.05
副井	1992.12～1993.6	20～134	5843	1058.15		225/1.69
梁北矿主井	1993.9～1994.5	40～125.2	5773	1195		282/5.9
副井	1993.9～1994.4	40～125.5	4807	1026		358/5.8

三、有机化学浆液材料

（一）丙烯酰胺类浆液

丙烯酰胺类浆液亦称MG－646化学浆液，其组成、配方及主要性能见表1－8－134。

表1－8－134 MG－646化学浆液组成、配方及主要性能表

体系	原料名称	作用	简称	配方重量（%）	主要性能			备注
					粘度	凝胶时间	抗压强度	
甲液	丙烯酰胺	主剂	AAM } MG－646	9.5	1.2cp	十几秒至几十分	0.4～0.6 MPa	凝胶体渗透系数为10^{-5}～10^{-6}cm/s
	NN′－亚甲基双丙烯酰胺	交联剂	MBAM } MG－646	0.5				
	β－二甲氨基丙腈	还原剂	DMAPN	0.3～1.2				
	硫酸亚铁	强还原剂	Fe	0～0.16				
	铁氰化钾	缓凝剂	KFe	0～0.05				
乙液	过硫酸铵	氧化剂	AP	0.3～1.2				

（二）铬木素类浆液

铬木素类浆液由纸浆废液和一定量的固化剂组成。浆液组成及配方见表1－8－135～表1－8－138。

表1－8－135 纸浆废液－重铬酸钠浆液组成、配方及主要性能

体系	原料	作用	分子式	浓度（%）	用量（体积比）	注入方式	凝胶时间	抗压强度（MPa）
甲液	纸浆废液	主剂		20～45	1	双液	几分至几小时	0.4～1.0
乙液	重铬酸钠	固化剂	$Na_2Cr_2O_7$	100	0.1～1			

注：1. 甲、乙两液等体积注入。
2. 重铬酸钠用量不足部分加入。

表1－8－136 纸浆废液－三氯化铁－重铬酸钠浆液组成及性能

体系	原料	作用	分子式	浓度（%）	用量（体积比）	注入方式	凝胶时间	抗压强度（MPa）
甲液	纸浆废液	主剂		20～45	1	双液	十几秒至几十分	0.4～1.0
乙液	重铬酸钠	固化剂	$Na_2Cr_2O_7$	100	0.1～0.5			
	三氯化铁	促进剂	$FeCl_3$	100	0.1～0.5			

注：1. 甲、乙两液等体积注入，乙液不足部分加水。
2. $FeCl_3$量增加会降低强度。

表 1－8－137　纸浆废液－铝盐及铜盐－重铬酸钠浆液组成及性能

体系	原　料	作　用	分子式	浓　度 (%)	用　量 (体积比)	注入方式	凝胶时间	抗压强度 (MPa)
甲液	纸浆废液	主　剂		40～50	1			
乙液	重铬酸钠	固化剂	$Na_2Cl_2O_7$	100	0.15～0.2	双　液	几分～几十分钟	＜2.0
	硫酸铝	促进剂	$Al_2(SO_4)_4$	50	0.2～0.4			
	硫酸铜	促进剂	$CuSO_4$	20	0.1～0.25			

注：1. 甲、乙液等体积注入，不足部分用水代替。
　　2. 采用氯化铝、硫酸铜亦可。

表 1－8－138　铬　渣　木　素　配　方

序号	原　　料	配　比 (100mL)	基　本　性　能
配方Ⅰ	废液（43%）	50	1. 室温 14℃时初凝 1min25s～41min；终凝 1min40s～48min
	铬渣上澄液（g/mL）	25	2. 固砂强度最大为 0.65MPa
	三氯化铁（50%）	10～20	3. 粘度为 45s
	水	加至 100	
配方Ⅱ	废液（40%）	50	1. 室温 8.5℃时初凝 1min40s～2h30min；终凝 2min～3h15min
	酸化铬渣上澄液（g/mL）	30～56	2. 固砂强度最大为 0.88MPa
	三氯化铁（50%）	10～20	3. 粘度 47s
	水	加至 100	

（三）聚氨酯类浆液

聚氨酯是一种粘结强度高，可用于钻井护壁，封堵漏水的新型化学注浆材料。聚氨酯类浆液分为非水溶性（简称 PM 型浆液）和水溶性（简称 SPM 型浆液）两种。

1. PM－311 型和 PM－21 型浆液配方（表 1－8－139 和表 1－8－140）

表 1－8－139　PM－311　浆　液　配　方

原　　料	用　量 (质量比)	发泡灵用量 (占总体系重)	三乙胺用量 (占总体系重)
甲苯二异氰酸酯	3	0.1%～0.5%	0.1%～3.0%
丙二醇聚醚 N－204	1		
丙三醇聚醚 N－303	1		
邻苯二甲酸二丁酯	1		
丙　　酮	1		

表 1－8－140　PM－21　浆　液　配　方

原　　料	用　量 (质量比)	发泡灵用量 (占总体系重)	三乙胺用量 (占总体系重)
甲苯二异氰酸酯	2	0.1%～0.5%	0.1%～3.0%
丙三醇聚醚 N－303	1		
邻苯二甲酸二丁酯	0.4		
丙　　酮	0.4		

2. SPM 浆液（表 1—8—141）

表 1—8—141　SPM 浆液组成、配方及主要性能

原　　料	作　　用	用　　量（质量比）	凝胶时间	抗压强度（MPa）
甲苯二异氰酸酯聚醚	制成预聚体为主剂	1	<2min 可调节	<1.0
邻苯二甲酸二丁酯	溶　剂	0.15～0.5		
丙　　酮	溶　剂	0.5～1		
2,4—二氨基甲苯	催化剂	适　量		
水	反应剂兼溶剂	5～10		

（四）常用糊缝粘结材料

在注浆前对渗漏水缝必须进行糊堵，以便获得理想的注浆效果。

常用糊缝粘结材料有塑胶泥、石膏—水泥、环氧沥青水泥砂浆，其配制及主要性能，见表 1—8—142～表 1—8—144。

表 1—8—142　塑胶泥的配制及主要性能

原　料	规　格　要　求	操作方法	硬化时间（min）	一天强度（MPa）		
				抗压	抗拉	粘结力
水　泥 水玻璃	500 号普通硅酸盐水泥 模数：2.6～2.7 浓度>50Be′	人工搅拌调成泥状	3～5	28.2	1.7	1.32

表 1—8—143　石膏—水泥配方表

名　　称	比　　例	备　　注
500 号普通硅酸盐水泥 石膏粉 水	100 100 80	初凝时间为 3～5min

表 1—8—144　环氧沥青水泥砂浆的配制及主要性能

原　　料	规　　格	配　比（质量比）	主要性能	操　作　方　法
环氧树酯 煤沥青 邻苯二甲酸二丁酯 乙二胺 水泥砂（1∶3）	6101 软化点 35～40℃	100 15 10～15 7～12 300～400	硬化时间 0.5～1.0h 抗压强度 30～40MPa	先将环氧树脂与沥青加热至 70～80℃，搅拌均匀，待温度降至 40℃时加入邻苯二甲酸二丁酯和乙二胺，搅拌均匀，最后加入水泥和砂子，再搅拌均匀即可

四、注浆材料的选择

注浆材料的选择和成分、性能等见表1－8－145～表1－8－147。

表1－8－145　各种浆液材料适用范围

类别	浆液名称	砾石 大	砾石 中	砾石 小	砂粒 粗	砂粒 中	砂粒 细	粉粒	粘粒
无机系	单液水泥类	—	—	—	—				
	水泥粘土类	—	—	—	—				
	水泥－水玻璃类	—	—	—	—				
	水玻璃类	—	—	—	—	—	—		
有机系	丙烯酰胺类	—	—	—	—	—	—	—	—
	铬木素类	—	—	—	—	—	—	—	
	脲醛树脂类	—	—	—	—	—	—		
	聚氨酯类	—	—	—	—	—	—	—	
	糠醛树脂类	—	—	—	—	—	—	—	
粒径（mm）		10	4	2	0.5	0.25	0.05	0.005	
渗透系数（cm/s）			10^{-1}	10^{-2}		10^{-3}	10^{-4}	10^{-6}	

表1－8－146　按地质条件及施工目的选择注浆材料参考表

地质条件			堵水	加固	充填	防渗	备注
岩层	裂隙		单液水泥浆 水泥－水玻璃浆	—			细小裂隙用化学浆
	孔隙		MG－646铬木素				
松散砂层			MG－646、水玻璃、铬木素、聚氨酯、糠醛树脂		—	MG－646	砾石、卵石层可用水泥浆
特殊地层			（骨料）＋单液水泥浆 （骨料）＋水泥－水玻璃浆 （骨料）＋水泥粘土浆			—	根据地层内有无充填物及空洞大小选择骨料
混凝土结构物	壁内		MG－646、铬木素、聚氨酯、水泥－水玻璃浆		—	MG－646	大裂缝用水泥浆小裂缝用化学浆
	壁后	砂层	MG－646、铬木素、聚氨酯、糠醛树脂		—		
		岩石层	单液水泥浆、水泥－水玻璃浆				充填注浆可掺加粘土、炉渣等

表 1－8－147　各种注浆材料的基本成分、性能、适应范围综合参考表

浆液名称	粘　度	注入最小粒径（mm）	渗透系数（cm/s）	凝胶时间	抗压强度（MPa）	注入方式	扩散半径（mm）	适用范围	主要成分
单液水泥浆	15～140（s）	1	10^{-1}～10^{-3}	6～15h	10～25	单液	200～300	基岩裂隙地面预注浆或工作面预注浆、壁后充填加固	水泥、其他附加剂
水泥水玻璃	15～140（s）	1	10^{-2}～10^{-3}	十几秒～几十分	5～20	双液	200～300	基岩裂隙地面预注浆和工作面预注浆、壁后注浆、堵特大涌水等	水泥、水玻璃
水玻璃类	3～4（cp）	0.1	10^{-2}	瞬间～几十分	＜3	双液	300～400	地基加固、冲积层注浆	水玻璃、其他外加剂
铬木素类	3～4（cp）	0.03	10^{-3}～10^{-5}	十几秒～几十分	0.4～2	单或双液	300～400	冲积层注浆壁内或壁后注浆	亚硫酸盐纸浆废液、重铬酸钠、过硫酸铵、其他
丙烯酰胺	1.2（cp）	0.01	10^{-5}～10^{-6}	十几秒～几十分	0.4～0.6	双液	500～600	冲积层堵水防渗、壁内壁后注浆	丙烯酰胺、过硫酸铵、NN′－亚甲基双丙烯酰胺、β－二甲氨基丙腈
PM 型浆液	十几～几百（cp）	0.03	10^{-4}～10^{-5}	十几秒～几十分	6～10	单液	400～500	冲积层或裂隙中堵水加固	甲苯二异氰酸脂、聚醚树脂、溶剂催化剂、表面活性剂等
糠醛树酯类	＜2（cp）	0.01	10^{-4}～10^{-5}	十几秒～几十分	1～6	双液	500～600	冲积层或小裂隙、堵水加固	糠醛树脂、脲素、硫酸等
脲醛树脂	5～6（cp）	0.06	10^{-3}～10^{-4}	十几秒～几十分	2～8	单或双液	300～400	冲积层注浆、钻孔堵漏	脲醛树脂或脲素甲醛、酸或酸性盐

第六节　其　他　材　料

一、铸　石

（一）铸石的分类（表 1－8－148）

表 1－8－148　铸　石　的　分　类

分　类	品　名
按品种	管材、板材、粉材
按生产铸石原料	辉绿岩铸石、玄武岩铸石、工业废渣铸石
特种铸石	炉渣铸石、浅色铸石、高耐火度铸石、烧结铸石

(二) 各种铸石的物理化学性能(表1—8—149)

表1—8—149 各种铸石的物理化学性能

项目			铸石类别				
			熔铸辉绿岩铸石	熔铸玄武岩铸石	烧结辉绿岩铸石	热态渣直接浇注	
						钼铁渣铸石	硅锰渣铸石
物理性能	容重(g/cm^3)		2.9~3.0	2.9~3.0	2.5~2.7	3.0	3.0
	硬度(莫氏)		7~8	7~8	7~8	—	—
	拉压强度(MPa)		330	500~800	850	300~400	—
	抗折强度(MPa)		45	35~65	122	—	—
	抗冲击强度(J/cm^2)		8.24	6.6~7.5	5.0~10.5	5.0~12.0	10.0~24.6
	耐磨系数(g·cm)		0.4~0.6	0.18~0.42	0.2	0.6~0.52	0.2~0.4
化学性能	耐磨蚀性(%)	酸	99.5~99.9	95~99.9	99.82	99.4~99.7	—
		碱	99.5	97	98.81	99.4~99.7	—
制品矿相			普通辉石	普通辉石	茨青石、斜长石	铁铸普通铸石	钙锰辉石

(三) 铸石制品的品种、用途及优缺点(表1—8—150)

表1—8—150 铸石制品的品种、用途及优缺点

品种		用途	优缺点	
			优点	缺点
板材	各种异形板及特异形板	1. 输送固体物料,如煤炭、焦炭用的运输槽及溜槽的衬板; 2. 建筑物、构筑物、设备等基础的耐腐蚀保护层; 3. 耐腐蚀地坪、墙裙、踢脚、明暗沟的耐腐蚀面层; 4. 煤水管道内衬; 5. 耐磨耐腐蚀要求特高的构件或面层; 6. 各种化工管道、塔、罐等的内衬	1. 可加工成各种异形构件; 2. 抗压强度高、耐磨性优良; 3. 耐腐蚀性强、对酸碱均能抗蚀	1. 色泽不美观; 2. 制品表面不十分平整,但很光滑; 3. 性脆、抗冲击强度低; 4. 加工性能差、热稳定性差、高温不宜超过200℃
	标准板			
	矩形板			
	弧形板			
	扇形板			
	锥形板			
	圆形板			
	耐酸板			
管材	普通式、承插式	强腐蚀性介质、强摩擦性介质的化工管路、石油管路矿渣管路、排灰管路等;给排水工程中,长铸石管代替钢管		
粉材		配制耐腐蚀胶泥混凝土及用作铸石制品的胶结材料;打制各种输液槽、蓄酸碱池、酸碱洗槽;涂抹各种防腐蚀的化工工具和设备,堵塞各种酸碱容器漏洞。 铸石生产中的结晶废品磨粉,可在浇铸机械零件中作石墨的代用品		

（四）铸石制品的产品规格（表1—8—151）

表1—8—151　铸石制品的产品规格

名称		规格　(mm)			说明
板材	标准板	180×110×15～20			1. 铸石产品规格、式样、品种繁多，目前尚无统一规格。左列规格，系各生产单位一般产品的大概范围，特综合列出，供作参考 2. 铸石硬度高、性脆、不易切割加工，故各地生产单位，均采取按照订货单位的图纸及要求进行加工的办法来生产。因此详细规格，本表不再一一列举 3. 生产厂：承德市铸石厂
	通用板材	凡500×400×60以内者均可			
	普异形板	凡500×400×50以内者均可			
	异形板	凡300×250×40以内者均可			
	特异形板	凡300×250×40以内者均可			
普通耐酸砖		(115～230)×(110～115)×(50～70)			
管材	直管	壁厚(28～30)×外径(65～390)×长度(120～600)			
	承插管	壁厚(50)×外径(150～350)×长度(500～1000)			
	异形管	各种规格			
铸石粉	规格	100目 (1600孔/cm² 筛)	140目 (3200孔/cm² 筛)	175目 (4900孔/cm² 筛)	
	筛余量	不大于8	不大于10	不大于13	

二、树　脂

（一）环氧树脂

凡含有环氧基团的高分子聚合物统称环氧树脂。它是一种新型的合成树脂。环氧树脂种类很多，在各类环氧树脂中，因二酚基丙烷环氧树脂产量最大，用途最广，所以称二酚基丙烷环氧树脂为标准环氧树脂，简称环氧树脂。环氧树脂的物理机械性能见表1—8—152；二酚基丙烷环氧树脂的规格、用途及性能见表1—8—153。

表1—8—152　环氧树脂的物理机械性能

项目	数据	项目	数据
抗拉强度(MPa)	65～80	耐热性(℃，马丁法Martin)	105～130
抗弯强度(MPa)	90～130	击穿电压(kV/mm，室温)	35～45
抗压强度(MPa)	110～130	损耗因数(kV/mm，50周/s)	0.007～0.009
抗冲强度(J/cm²)	1～2	体积电阻(Ω·cm)	10^{14}～10^{15}

表1—8—153　二酚基丙烷环氧树脂(E型)指标、性能及用途

项目	E—51 (618)	E—44 (6101)	E—42 (634)	E—20 (601)	E—12 (604)	E—31 (638)	E—35 (637)	E—06 (607)	E—03 (609)
环氧值(当量/100g)	0.48～ 0.54	0.41～ 0.47	0.38～ 0.45	0.18～ 0.22	0.09～ 0.14	0.23～ 0.38	0.30～ 0.40	0.04～ 0.07	0.02～ 0.045
软化点(℃)	—	12～20	21～27	64～76	85～95	40～55	20～35	110～135	135～155
无机氯值(当量/100g)	≤0.001	≤0.001	≤0.001	≤0.001	≤0.001	≤0.005	≤0.005		
有机氯值(当量/100g)	≤0.02	≤0.02	≤0.02	≤0.02	≤0.02	≤0.02	≤0.02		
挥发份(%)	≤2	≤1	≤1	≤1	≤1	≤1	≤1		
粘度(cp/40℃)	≤2500	—	—	—	—	—	—		

续表

<table>
<tr><th>项　　目</th><th>E—51
(618)</th><th>E—44
(6101)</th><th>E—42
(634)</th><th>E—20
(601)</th><th>E—12
(604)</th><th>E—31
(638)</th><th>E—35
(637)</th><th>E—06
(607)</th><th>E—03
(609)</th></tr>
<tr><td>性　　能</td><td colspan="5">具有很高的粘合强度，能粘合各种金属和非金属材料。固化后的E型环氧树脂，耐化学稳定性好，对各种酸、碱以及有机溶剂都很稳定，收缩性小，机械强度高，耐热性好，能作各种耐腐蚀涂料，电绝缘性能好</td><td colspan="4">具有良好的加工工艺性，高度的粘合性，收缩性小，稳定性好，并有优良的电绝缘性能及较高的机械强度</td></tr>
<tr><td>用　　途</td><td>能作高强度的电绝缘材料、光弹性材料和光学仪器的粘合剂</td><td colspan="2">用于各种材料的粘合、密封、层压及浇铸</td><td colspan="2">用于配制防腐蚀涂料及绝缘漆等</td><td>粘度比E—35略高，主要用于浇注</td><td>用于粘合、浇注、密封、层压等</td><td colspan="2">用于配制耐腐蚀涂料及绝缘材料</td></tr>
<tr><td>生　产　厂</td><td colspan="9">上海树脂厂、上海新华树脂厂</td></tr>
</table>

（二）聚酯树脂

聚酯树脂分饱和聚酯树脂和不饱和聚酯树脂两种。

不饱和聚酯树脂在煤炭系统用于固定井筒装备和井巷支护中，其品种有40多种，目前常用的有307—2、115—2、115—3等型号，其技术指标、性能、用途见表1—8—154。

表1—8—154　几种不饱和聚酯树脂技术指标、性能、用途

<table>
<tr><th>树脂型号</th><th>外　观</th><th>酸值
(mgKOH/g)</th><th>粘　度
(s/25℃)</th><th>树脂固体含　量
(%)</th><th>凝胶时间
(min)</th><th>热稳定性</th><th>性　能</th><th>用　　途</th></tr>
<tr><td>307—2/4</td><td>黄到深黄色液体</td><td>≤34</td><td>≤170</td><td>64～68</td><td>25℃
5～9</td><td rowspan="3">20℃以下3个月以上</td><td rowspan="3">抗水性能好、强度高</td><td>井筒、平巷、基础、涂料、玻璃钢制品</td></tr>
<tr><td>115—2</td><td rowspan="2">浅黄色透　明液　体</td><td>30±5</td><td>50～200</td><td>58～62</td><td>25℃
7～15</td><td>井筒、平巷、基础、树脂胶泥、玻璃钢制品抗震加固</td></tr>
<tr><td>115—3</td><td>30±5</td><td>100～300</td><td>60～64</td><td>25℃
9～14</td><td>井筒、平巷、基础</td></tr>
</table>

三、树脂锚杆锚固剂

树脂锚杆锚固剂由树脂胶泥与固化剂两部分组成，包装成卷形，简称锚固剂。混合后能使杆体与岩石粘结在一起。

（一）分　类

按凝胶时间与固化时间的不同分为四类，各类锚固剂的凝胶及固化时间、规格尺寸，见表1—8—155、表1—8—156。

表 1－8－155　各类锚固剂的凝胶及固化时间

类　型	特　性	凝胶时间 (min)	固化时间（min）		备　注
			粉状固化剂	糊状固化剂	
CK	超快速	0.5～1	≤5		在 20～25℃环境温度条件下测定
K	快　速	1.5～2.5	≤7		
Z	中　速	3～6	≤12		
M	慢　速	10～20	≤30		

（二）规格尺寸（表 1－8－156）

表 1－8－156　锚固剂的规格尺寸

直　径（mm）	35			28			23		
适用孔直径（mm）	42			32			28		
长　度（cm）	40	35	30	35	30	25	35	30	25
体　积（cm^3）	384	336	288	205	175	145	140	120	100
容　重（g/cm^3）	1.8～2.2								

注：用户特殊需要时，可生产其他规格的锚固剂。

（三）型　号

锚固剂型号表示方法如下：

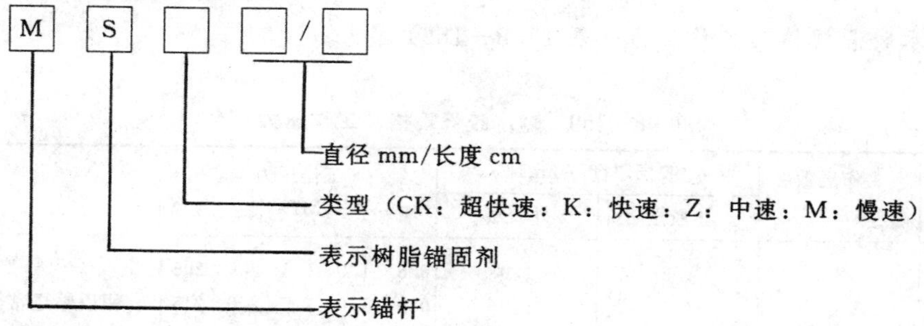

示例：MSZ35/35——表示 Z 型中速固化，直径为 35mm，长度为 35cm 的树脂锚固剂

（四）技术要求（MT146.1－1995）

1. 树脂胶泥稠度

不小于 1.5cm（详见 MT146.1－1995《树脂锚杆、锚固剂》6.4 条）。

2. 有效期

不小于三个月。

3. 抗压强度、锚固力

在环境温度为 20～25℃条件下，不同类型锚固剂在表 1－8－157 规定的龄期，抗压强度不小于 40MPa；锚固力不小于 50kN。

表1－8－157　各类锚固剂的龄期

类　型	CK	K	Z	M
龄期（min）	10	15	30	60

（五）锚固剂主要技术参数（表1－8－158）

表1－8－158　锚固剂主要技术参数

性　能	指　标	性　能	指　标
抗压强度	＞60MPa	适用环境温度	－30℃～＋60℃
剪切强度	＞35MPa	生产厂	淮南矿务局合成材料厂 邢台矿务局树脂锚固剂厂 西山矿务局机电修造厂 大同矿务局合成材料厂 铁法矿务局晓南油脂化工厂 潞安矿务局王庄矿五金机械厂 晋城矿务局王台铺矿综合开发公司
密　度	1.9～2.2g/cm³		
弹性模量	＞1.6×10⁴MPa		
粘接强度	对混凝土＞7MPa，对螺纹钢＞16MPa		
振动疲劳	＞800万次		
泊桑比	＞0.3		
贮存期（＜25℃）	＞9个月		
适用环境温度	－30℃～＋60℃		

四、胶　管

（一）输水胶管规格及工作压力（表1－8－159）

表1－8－159　输水胶管规格及工作压力

内径尺寸（mm）	夹布层数（层）	胶层厚度（mm）		工作压力（MPa）	用　途
		内胶层	外胶层		
13	3	1.2	1.0	0.5　1.0　1.5　2.0　2.5	用以输送常温下的水，以及浓度不大于20%的无机酸、碱溶液
16	3	1.2	1.0	0.5　1.0　1.5　2.0　2.5	
19	3～4	1.2	1.0	0.5　1.0　1.5　2.0　2.5	
25	3～5	1.6	1.2	0.5　1.0　1.5　2.0　2.5	
32	3～5	1.6	1.2	0.5　1.0　1.5　2.0	
38	3～5	1.6	1.2	0.5　1.0　1.5	
51	4～6	1.6	1.2	0.5　1.0　1.5	
64	4～7	1.6	1.2	0.5　1.0	
76	4～8	1.6	1.2	0.5　1.0	
89	4～9	1.6	1.2	0.5	
102	4～9	2.0	1.5	0.35	
127	4～10	2.0	1.5	0.35	
152	6～10	2.0	1.5	0.35	

（二）压气胶管规格及工作压力（表 1－8－160）

表 1－8－160 压气胶管规格及工作压力

内径尺寸 (mm)	夹布层数 (层)	胶层厚度 (mm)		工作压力 (MPa)	用途
		内胶层	外胶层		
13	3～6	2.0	1.0	0.5 1.0 1.5	用以输送压力在 0.5～1.5MPa 以内的各种气体，如空气、二氧化碳、氮气或其它惰性气体
16	3～7	2.0	1.2	0.5 1.0	
19	3～8	2.0	1.2	0.5 1.0	
25	4～8	2.3	1.5	0.5 1.0	
32	4～8	2.3	1.5	0.5 1.0	
38	5～9	2.5	1.5	0.5 1.0	
51	6～10	2.5	1.5	0.5 1.0	
64	6～12	2.5	1.5	0.5 0.8	
76	7～12	2.5	1.5	0.5 0.8	

（三）高压软管（带节头）

高压软管规格尺寸见表 1－8－161。

表 1－8－161 高压软管规格尺寸

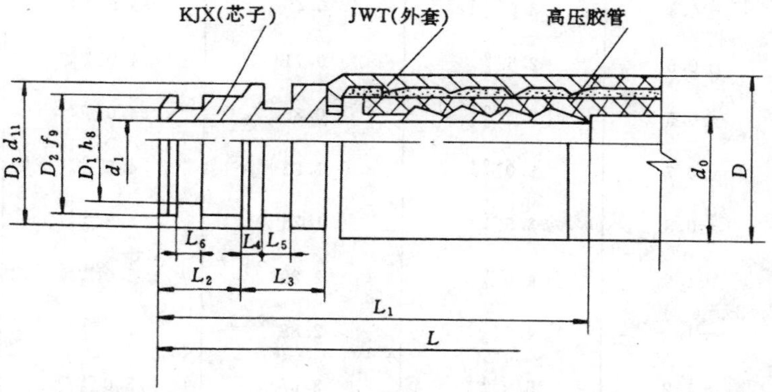

序号	代号 / 型号	d_0	d_1	D	D_1	D_2	D_3	L	L_1	$L_2^{+(0.5)}$	L_3	L_4	L_5	L_6
1	KJR6－600/L	6	4	18	8	11	15	自选	64	12	14	$4_{-0.2}^{0}$	4.5	$3.8_{0}^{+0.1}$
2	KJR8－420/L	8	5	20	10	13	18	自选	66	12	14	$4_{-0.2}^{0}$	4.5	$3.8_{0}^{+0.1}$
3	KJR10－380/L	10	7	22	11	15	18	自选	66	12	14	$4_{-0.2}^{0}$	4.5	$4.5_{0}^{+0.1}$
4	KJR13－300/L	13	9	26	14	18	22	自选	66	12	14	$4_{-0.2}^{0}$	4.5	$4.5_{0}^{+0.1}$
5	KJR16－210/L	16	12	29	16	20	25	自选	76	14	16	$4_{-0.2}^{0}$	5.5	$4.5_{0}^{+0.1}$
6	KJR19－180/L	19	15	32	20	24	28	自选	80	15	16	$4_{-0.2}^{0}$	5.5	$4.5_{0}^{+0.1}$
7	KJR25－150/L	25	20	39	25	30	35	自选	83	15	16	$4_{-0.2}^{0}$	5.5	$5.6_{0}^{+0.15}$
8	KJR32－110/L	32	26	46	32	38	42	自选	91	15	16	$4_{-0.2}^{0}$	5.5	$6.2_{0}^{+0.15}$

生产厂：沈阳橡胶四厂。

五、塑料制品

(一) 硬聚氯乙烯管材

硬聚氯乙烯管材按使用压力可分为：轻型、重型。在常温下，其使用压力轻型管为 0.6MPa，重型管为 1.0MPa。其规格尺寸及性能指标见表 1—8—162、表 1—8—163。

表 1—8—162 硬聚氯乙烯管材规格尺寸

外径 (mm)	外径公差 (mm)	轻型		重型	
		壁厚及公差 (mm)	近似重量 (kg/m)	壁厚及公差 (mm)	近似重量 (kg/m)
10	±0.2	—	—	$1.5^{+0.4}_{-0.0}$	0.06
12	±0.2	—	—	$1.5^{+0.4}_{-0.0}$	0.07
16	±0.2	—	—	$2.0^{+0.4}_{-0.0}$	0.13
20	±0.3	—	—	$2.0^{+0.4}_{-0.0}$	0.17
25	±0.3	$1.5^{+0.4}_{-0.0}$	0.17	$2.5^{+0.5}_{-0.0}$	0.27
32	±0.3	$0.5^{+0.4}_{-0.0}$	0.22	$2.5^{+0.5}_{-0.0}$	0.35
40	±0.4	$2.0^{+0.4}_{-0.0}$	0.36	$3.0^{+0.6}_{-0.0}$	0.52
50	±0.4	$2.0^{+0.4}_{-0.0}$	0.45	$3.5^{+0.6}_{-0.0}$	0.77
63	±0.5	$2.5^{+0.5}_{-0.0}$	0.71	$4.0^{+0.8}_{-0.0}$	1.11
75	±0.5	$2.5^{+0.5}_{-0.0}$	0.85	$4.0^{+0.8}_{-0.0}$	1.34
90	±0.7	$3.0^{+0.6}_{-0.0}$	1.23	$4.5^{+0.9}_{-0.0}$	1.81
110	±0.8	$3.5^{+0.7}_{-0.0}$	1.75	$5.5^{+1.1}_{-0.0}$	2.71
125	±1.0	$4.0^{+0.8}_{-0.0}$	2.29	$6.0^{+1.1}_{-0.0}$	3.35
140	±1.0	$4.5^{+0.9}_{-0.0}$	2.88	$7.0^{+1.2}_{-0.0}$	4.38
160	±1.2	$5.0^{+1.0}_{-0.0}$	3.65	$8.0^{+1.4}_{-0.0}$	5.72
180	±1.4	$5.5^{+1.1}_{-0.0}$	4.52	$9.0^{+1.6}_{-0.0}$	7.26
200	±1.5	$6.0^{+1.1}_{-0.0}$	5.48	$10^{+1.1}_{-0.0}$	8.95
225	±1.8	$7.0^{+1.2}_{-0.0}$	7.20	—	—
250	±1.8	$7.5^{+1.3}_{-0.0}$	8.56	—	—
280	±2.0	$8.5^{+1.5}_{-0.0}$	10.88	—	—
315	±2.5	$9.5^{+1.6}_{-0.0}$	13.68	—	—
355	±3.0	$10^{+1.8}_{-0.0}$	17.05	—	—
400	±3.5	$12^{+2.0}_{-0.0}$	21.94	—	—

表 1—8—163 硬聚氯乙烯管材性能指标

指 标 名 称	指 标	指 标 名 称	指 标
容重(t/m³)	1.40～1.60	沿长度方向不超过	±4.0
腐蚀度(g/m³)		沿直径方向不超过	±2.5
盐酸、硝酸不超过	±2.0	扁 平	压至外径 1/2,无裂缝、破裂现象,外径≤200mm,按此项检验
硫酸、氢氧化钠不超过	±1.5		
60±2℃液压(允许应力 13MPa)	保持 1h 不破裂,不渗漏		
20±2℃液压(允许应力 35MPa)	保持 1h 不破裂,不渗漏	丙酮浸泡	无发毛、脱皮现象,外径≥225mm,按此项检验
尺寸变化率(%)			

（二）软聚氯乙烯管材

软聚氯乙烯管材的性能指标及规格尺寸见表 1—8—164、表 1—8—165。

表 1—8—164 软聚氯乙烯管材性能指标

指 标 名 称	指 标	用 途
拉伸强度 (MPa) ≥	8.0	管材按用途分为：电器套管和流体输送管，在常温下电器套管可用于保护电线、电缆；流体输送管可用于输送某些液体及气体 其使用压力：内径 3～10mm 者为 0.25MPa，内径 12～50mm 者为 0.2MPa
断裂伸长率 (%) ≥	200	
液压试验 (2 倍使用压力)	保持 5min 无破裂渗漏现象	
颜 色	一般为本色和黑色	
长 度	管材长度每根不少于 4m	

表 1—8—165 软聚氯乙烯管材规格及尺寸

外 径 (mm)	外径公差 (mm)	壁厚及公差 (mm)	近似重量 (kg/m)
5	±0.1	$0.5^{+0.2}_{-0.0}$	0.007
6	±0.1	$0.5^{+0.2}_{-0.0}$	0.008
8	±0.2	$1.0^{+0.3}_{-0.0}$	0.020
10	±0.2	$1.0^{+0.3}_{-0.0}$	0.026
12	±0.3	$1.5^{+0.3}_{-0.0}$	0.046
16	±0.3	$2.0^{+0.4}_{-0.0}$	0.081
20	±0.4	$2.0^{+0.4}_{-0.0}$	0.104
25	±0.4	$2.0^{+0.5}_{-0.0}$	0.133
32	±0.5	$2.5^{+0.5}_{-0.0}$	0.213
40	±0.5	$3.0^{+0.6}_{-0.0}$	0.320
50	±0.5	$4.0^{+0.8}_{-0.0}$	0.532
63	±0.8	$5.0^{+0.8}_{-0.0}$	0.838

（三）煤矿井下用塑料网假顶

煤矿井下用塑料网假顶由双抗（抗静电、抗燃）聚丙烯塑料带编制成六边形或井字形网眼而成。可用于采煤工作面铺设人工假顶和巷道的护顶、护帮及挡矸等。塑料网假顶防腐蚀性，柔性均比金属网好，其重量和价格均为金属网的三分之一，铺设和运输都比较方便。

塑料网假顶的物理机械性能、阻燃性和抗静电性均应符合MT141－86《煤矿井下用塑料网假顶检验规范》的要求，其主要技术特征见表1－8－166所示。

表1－8－166　塑料网假顶技术特征

塑料带（mm）		塑料网（m）		网孔（mm）		抗拉强度（MPa）	伸长率（%）
宽	厚	长	宽	形状	尺寸		
13，14 15，16	0.7～1.2	5～25	0.7～1.2	六方孔 井字孔	25～40	＞160	＜25

目前，河北成安县福利公司塑料厂、邯郸京峰矿用塑料制品总厂和淮南矿务局新庄孜煤矿贵详综合厂均生产多种规格的塑料网假顶，其中有每捆长度10m，宽1m，重量为8kg等规格。

六、保温隔热材料

（一）泡沫塑料制品（表1－8－167）

表1－8－167　常用泡沫塑料的品种、规格、特性及用途

名称		规格（mm）	技术指标					主要特点及应用
			密度（kg/m³）	导热系数（kcal/m·h·K）	吸水性（kg/m²）	强度（MPa）		
						抗压	抗拉	
聚苯乙烯泡沫塑料	板材	长：400～2000 宽：400～1000 厚：10～100	20～50	0.03～0.04	≤0.1 （≤1%）	≥0.15	≥0.12	质轻、保湿、隔热，广泛用于建筑保温材料及制冷设备、管道的绝热材料 有可发性和乳液聚苯乙烯两种，后者比前者硬度大，耐热度高，强度大
	管壳	内径：20～219 外径：95～800 壁厚：25～100 长度：500～1000	20～50	0.03～0.04	≤0.1 （≤1%）	≥0.15	≥0.12	
聚氨酯泡沫塑料	硬质板	长：2000～5000 宽：600～1200 厚：2～300	30～40	0.019～0.047	≤0.2	≥0.25	≥0.2	质轻，柔软，弹性好，导热系数小，耐化学腐蚀性好，吸油、吸水性强。用于建筑上隔热、隔音材料，以及制冷设备和管道的绝热材料 有聚氨型和聚酯型两种，前者价格低廉
	软质板	长：2000～5000 宽：600～1200 厚：2～300	30～42	0.02～0.04		≥0.1	≥0.08	
聚氯乙烯泡沫塑料	硬质板	长：480～620 宽：450～570 厚：15～80	40～50	0.03～0.037	≤0.2	≥0.15	≥0.4	比重轻，导热系数低，不吸水，不燃烧，有良好保温隔热性能，价格较贵 硬质板一般均为闭孔结构。用于建筑上隔热隔音材料 软质板有开孔、闭孔两种结构。开孔可作为建筑保温材料；闭孔常用作防震材料
	软质板	长：450～600 宽：450～500 厚：40～65	≤60	0.032～0.045	≤1.0	≥0.1	≥0.5	

注：1. 制品的规格形状可通过协议进行订货。
2. 制品使用温度为－80～＋70℃。

（二）轻质保温材料

常用新型轻质保温材料有膨胀珍珠岩和膨胀蛭石。膨胀珍珠岩和膨胀蛭石保温隔热材料的一般性能、特点及应用见表1－8－168。

表1－8－168　膨胀珍珠岩和膨胀蛭石制品的种类、性能及应用

制品种类		密度（kg/m³）	常温导热系数（kcal/m·h·K）	使用温度（℃）	强度（MPa）		主要用途
					抗压	抗折	
膨胀珍珠岩散料	特级	＜80	0.016～0.025	＜1200			呈松散颗粒状，它既可单独充填于隔热夹层，也可用胶合剂制成各种形状的制品
	一级	81～120	0.025～0.029	＜1200			
	二级	121～160	0.029～0.033	＜1200			
	三级	161～300	0.040～0.053	＜1200			
水泥膨胀珍珠岩制品		300～400	0.050～0.075	＜600	0.5～1.0	＞0.3	绝热性能好，成本低，但容重大。用于各种热工设备及工程设施中的保温隔热
水玻璃膨胀珍珠岩制品		200～300	0.048～0.056	＜650	0.6～1.2		用于高温窑炉和管道设备的保温隔热
磷酸盐膨胀珍珠岩制品		200～250	0.038～0.045	＜1000	0.6～1.0		
膨胀蛭石散料		80～200	0.04～0.06	1000～1100			容重轻，绝热性好，耐火防腐，是优良保温隔热材料
水泥膨胀蛭石制品		300～500	0.065～0.090	＜600	0.2～1.0		用于设备、工业设施及管道的保温隔热，也常用于建筑物的围护结构
水玻璃膨胀蛭石制品		300～400	0.068～0.072	＜800	0.25～0.65		
沥青膨胀蛭石制品		350～330	0.07～0.09	－20～＋80		0.2～0.25	

七、煤矿假顶用菱形金属网（MT314—92）

菱形金属网由一般用途热镀锌低碳钢丝（扁圆形螺旋丝）逐根绕联在一起，网孔呈菱形的金属网，如图1－8－14所示。

（一）金属网的规格参数

（1）丝径：4.50mm，4.00mm，3.50mm，3.00mm，2.80mm，2.50mm，2.20mm。

（2）网孔边长：30mm，40mm，50mm，60mm，70mm，80mm。

（3）丝径与网孔边长的组合见表1－8－169。

（4）网片宽度一般为0.8～2.0m。

（5）网孔角度一般为90°，有特殊要求时不受此限。

（6）网片重量一般为15～30kg。

（7）网片厚度一般为14～20mm。

（二）技术要求

（1）网丝的抗拉强度为300～500MPa。

（2）钢丝伸长率（标距为100mm时）不小于12%。

（3）钢丝的表面不得有未镀锌的地方，表面应有基本一致的光泽。

（4）网片中的网丝之间不得有脱扣现象。

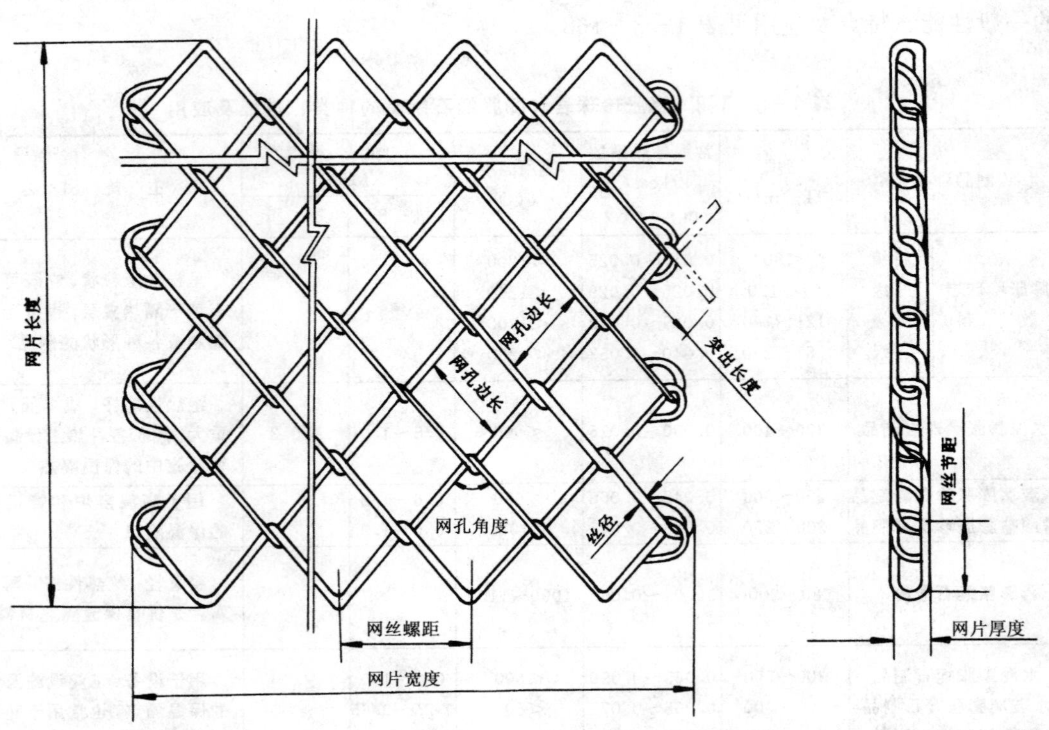

图 1—8—14 菱形金属网

表 1—8—169 菱形金属网丝径与网孔边长组合 mm

丝径 \ 网孔边长	30	40	50	60	70	80
4.50	—	—	*	*	*	*
4.00	—	*	*	*	*	*
3.50	*	*	*	*	*	*
3.00	*	*	*	*	*	—
2.80	*	*	*	*	—	—
2.50	*	*	*	—	—	—
2.20	*	*	*	—	—	—

注：带“*”号者为优先选用组合。

八、煤矿用风筒

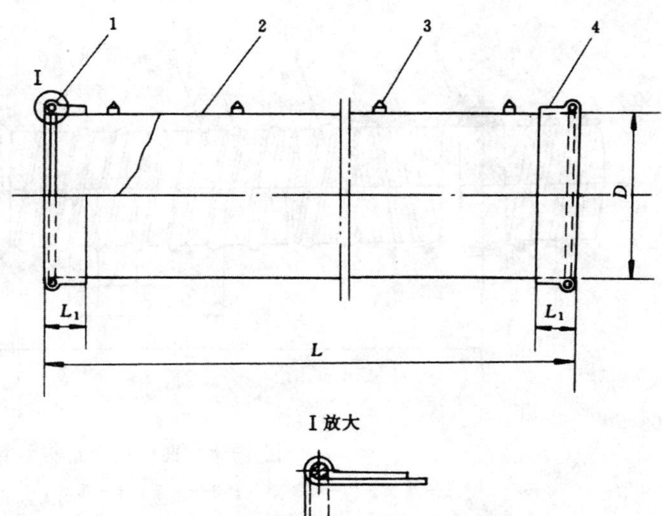

图 1－8－15　风筒结构示意图

1—端圈；2—吊环安装线；3—吊环；4—反边

煤矿用风筒以玻璃纤维织物、玻璃织物、合成纤维等为骨架材料，以橡胶、塑料或橡塑混合物为涂覆层组成。

煤矿用风筒涂覆布及骨架的物理机械性能、阻燃性、抗静电性、耐热、耐寒性应符合 MT383－1995《煤矿用风筒涂覆布技术条件》的要求。

煤矿用风筒按用途分为正、负压两种风筒。

煤矿用风筒生产厂有：天津市橡胶制品三厂、北京化学建材厂等。

（一）正压风筒

正压风筒结构及规格见 MT164－95 及图 1－8－15，表 1－8－170 及表 1－8－171。

表 1－8－170　正压风筒规格尺寸　　单位：mm

项　目	公　称　尺　寸	允　许　偏　差
风筒内径（D）	300，400，(450)，500，600，800，1 000	$^{+6}_{0}$
风筒长度（L）	5×10^3，10×10^3，20×10^3	$^{+100}_{0}$

注：特殊形状的风筒、弯头、三通等，由生产厂按需方要求制造。

表 1－8－171　正压风筒百米风阻

风筒内径（mm）	百米风阻（$N\cdot s^2/m^8$）	百米漏风率（%）
300	≤811.0	≤4.0
400	≤196.0	
(450)	≤122.0	
500	≤54.0	
600	≤24.0	
800	≤6.0	
1 000	≤2.0	

（二）负压风筒

负压风筒结构及规格见 MT165－95 图 1－8－16，表 1－8－172 及表 1－8－173。

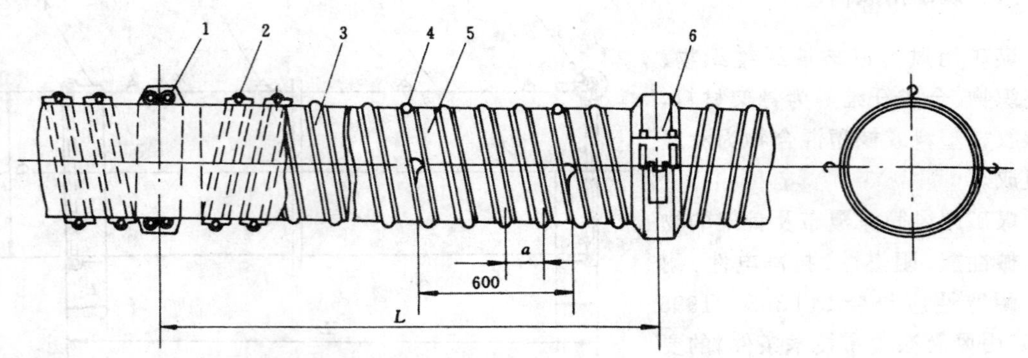

图 1—8—16　风筒结构示意图

1—端圈；2—螺旋钢丝；3—压条；4—吊环；5—涂覆布；6—连接软带

表 1—8—172　负压风筒规格尺寸　　单位：mm

风筒内径		端圈外径		螺旋节距		弹簧钢丝直径	风筒长度	
内径	允许偏差	外径	允许偏差				长度	允许偏差
300	+6 0	330	+3 0	100	150	3	3×10^3，5×10^3，10×10^3	+150 0
400		430		100	150	4		
500		530		100	150	5		
600		630		100	150	6		
800		830		100	—	6		

注：特殊形状的风筒、弯头、三通等，由生产厂按需方要求制造。

表 1—8—173　负压风筒百米风阻

风筒内径（mm）	百米风阻（$N\cdot s^2/m^8$）	百米漏风率（%）
300	≤1728.0	≤5.0
400	≤410.0	
500	≤134.0	
600	≤54.0	
800	≤13.0	

注：每条风筒长度为 10m 时。

九、煤矿用隔爆水槽和隔爆水袋

隔爆水槽是阻止可燃气体、煤尘爆炸的盛水的倒梯形脆性塑料槽；隔爆水袋是阻止可燃气体、煤尘爆炸的盛水的柔性塑料袋。

（一）技术要求

《煤矿矿用隔爆水槽和隔爆水袋通用技术条件》(MT167—1996)技术要求如下:

(1) 水槽、水袋的规格尺寸应符合表1—8—174的要求。

表1—8—174 水槽、水袋规格尺寸

<table>
<tr><th>名称 \ 型号 \ 项目</th><th></th><th>公称容积
(L)</th><th>长度
(mm)</th><th>宽度
(mm)</th><th>高度
(mm)</th><th>尺寸偏差
(mm)</th></tr>
<tr><td rowspan="3">水槽</td><td>GS40—4A</td><td rowspan="2">40</td><td>上平面 570
下平面 510</td><td>上平面 390
下平面 350</td><td rowspan="2">210</td><td rowspan="7">±10</td></tr>
<tr><td>PGS—40</td><td>上平面 610
下平面 563</td><td>上平面 386
下平面 340</td></tr>
<tr><td>GS80—4A</td><td>80</td><td>上平面 760
下平面 690</td><td>上平面 470
下平面 410</td><td>260</td></tr>
<tr><td rowspan="4">水袋</td><td>GD30</td><td>30</td><td>450</td><td>400</td><td>250</td></tr>
<tr><td>GD40</td><td>40</td><td>600</td><td>400</td><td>250</td></tr>
<tr><td>GD60</td><td>60</td><td>900</td><td>400</td><td>250</td></tr>
<tr><td>GD80</td><td>80</td><td>800</td><td>500</td><td>300</td></tr>
</table>

(2) 水袋试件的燃烧性能应符合MT113—86的要求。

(3) 试件的表面电阻值不得大于$3\times10^{8}\Omega$。

(4) 水槽破碎所需爆炸压力不得大于16kPa;水袋动作所需爆炸压力不得大于12kPa。

(5) 形成最佳水雾的动作时间不得大于150ms。

(6) 最佳水雾持续时间:对水槽不得小于250ms;对水袋不得小于160ms。

(7) 最佳水雾分散长度不得小于5m。

(8) 最佳水雾分散宽度不得小于3.5m。

(9) 最佳水雾分散高度不得小于3m。

(10) 隔爆性能:从爆源算起爆炸火焰不得超过140m。

(二) 生产厂

1. 隔爆水袋

开滦唐山矿橡胶制品厂

西山局官地矿多种经营公司

山家林煤矿远东实业开发总公司风筒厂

新疆矿山救护基地隔爆设施厂

煤科总院重庆分院

阜宁县人造革厂

建湖县金陵工矿塑料制品厂

2. 隔爆水槽

煤科总院重庆分院

十、玻璃钢及其复合材料

(一) 玻璃钢的性能和特点

玻璃钢是一种新型复合材料，它以树脂为基体，玻璃纤维布（丝）为增强材料，再加上一些辅助材料即可成型玻璃钢制品，玻璃钢是一种轻质高强度塑料，与普通塑料、钢铁材料相比，它具有以下优点：

1. 轻质、高强度

玻璃钢的密度为钢铁的1/4，但它的比强度（即强度与密度之比值）可超过钢合金和钢材，虽然玻璃钢的密度比一般塑料大一些，但其强度要高出一般塑料3倍以上；玻璃钢的密度比木材大1倍多，而强度却高出木材3倍以上。以上几种材料强度比较见表1－8－175。

表1－8－175 玻璃钢与各种材料强度比较表

材料名称	玻璃钢	缠绕成型玻璃钢	普通塑料	铝合金	钛合金	钢	钢合金	松木
密度 (g/cm^3)	1.5～2.1	1.8～2.1	0.9～1.4	2.8	4.8	7.8	8.3	0.85
拉伸强度 (N/cm^2)	10000～40000	70000～140000	10000以下	20000～60000	40000～160000	30000～70000	20000～60000	4400
比拉伸强度 (N/cm^2)	8000～20000	40000～70000	7000～11000	12000～23000	9000～32000	4000～9000	2500～7000	5170

2. 耐腐蚀性能好

玻璃钢制品耐腐蚀性能优异，它不像金属那样易生锈，也不像木材易朽烂。耐水性能优良的189聚酯树脂197号、323号双酚A型不饱和聚酯树脂是加工、制造矿山设备较理想的树脂材料。

紫外线照射是使玻璃制品老化的主要因素之一。由于井下无紫外线照射的条件，因而玻璃钢制品的老化速度缓慢，作为井筒装备其寿命可达30年。

3. 设计灵活、成型简便

玻璃钢制品不受形状的限制，奇形怪状的物件也可用玻璃钢加工成型，工艺也较简单，加工周期短。

玻璃钢有以下缺点：

1）弹性模量低、刚性差。矿用玻璃钢制品的受力件可采用钢材来增强。

2）耐热性比金属差。玻璃钢制品一般只能在100℃以下的环境中使用，此点对井下影响较小。

3）阻燃性差，易燃烧。对此矿山用玻璃钢制品必须加入阻燃剂，且符合MT113－85《煤矿井下用非金属（聚合物）制品安全性能》的要求。

采矿行业是从1978年前后开始使用玻璃钢材料的，最早用它加工立井井筒梯子间栅栏，现已发展有玻璃钢风筒、压风管、水管、梯子、踏板、栅栏、罐道梁及罐道等，部分煤矿的风井已实现了全井筒玻璃钢化。

（二）玻璃钢复合材料梯子间

见第四篇第二章。

（三）立井井筒钢、玻璃钢复合材料罐道

由江苏煤研所、中国矿大、淮北矿务局设计处、邹城市玻璃钢厂于1993年开发研制成功了钢、玻璃钢复合材料罐道，其截面型式采用目前国内大型矿井常用的全封闭型钢组合截面。

根据罐道所承受的最大水平力的大小，按其强度和刚度的要求，选用 4～6mm 厚度的钢板焊成（或轧制）方形（或矩形）做钢芯，在其外表面敷上一层一定厚度的掺加抗磨、阻燃材料的玻璃钢做防腐、耐磨层，钢芯内灌浇一层防腐树脂。其截面型式见图 1－8－17。

1—4～6mm 钢芯
2—4mm 玻璃钢

图 1－8－17

经测试该罐道技术性能如下：

（1）钢材与玻璃钢共同抗拉强度为 194.0～247.4MPa。

（2）钢材与玻璃钢共同抗弯强度为 570.7～581.5MPa。

（3）钢与玻璃钢复合材料弹性模数为 1.40×10^4MPa。

（4）经对试件 900 万次（相当于 30 年提升次数）磨损试验，滚动磨损 0.18～0.31mm，滑动磨损 1.42～2.16mm，罐道壁厚 8～10mm，磨损量只有 1/5～1/4。

（5）抗静电、阻燃材料达到煤矿井下非金属制品使用标准。

目前采用钢、玻璃钢复合材料罐道装备的已有四个井筒：邯郸矿务局郭二庄矿副井井筒；枣庄矿务局付村新井副井井筒；徐州矿务局张小楼新井；济宁北矿区许厂矿新井。

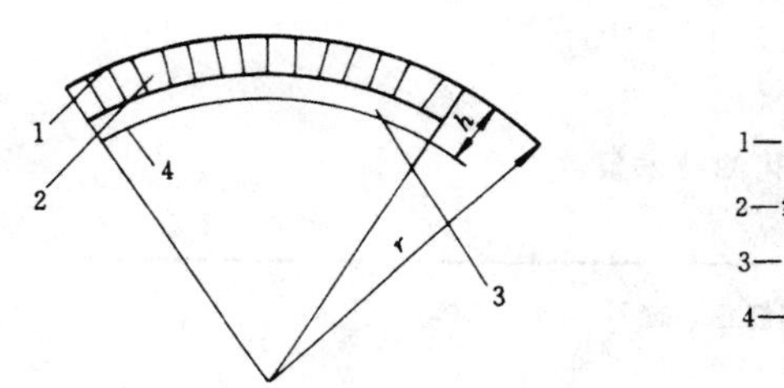

图 1－8－18　管壁结构剖面图

（四）GKB 型矿用耐磨高压复合材料管

GKB 型矿用耐磨高压复合材料管是由玻璃丝毡、玻璃纤维、耐磨材料通过浸胶缠绕到管梯上，经过固化、脱模而成的。它具有高强度、耐磨损、高压力、耐腐蚀、阻燃抗静电、重量轻等特点，是煤矿井下或井筒中排水、压风、注浆和煤泥输送等较理想的管道。

1. 结构及规格

矿用高压复合材料管的结构见图 1－8－18。

矿用高压复合材料管的规格（内径）：100、150、200、250、300、400 等，管子长度为 6～8m。

2. 技术性能

抗拉强度	156MPa
抗压强度	80MPa
抗弯强度	166MPa
冲击韧性	2.54×10^5J/m^2
管刚度	8458kPa
管径向变形率	3.6%
单位面积吸水率	0.056kg/m^2
静电耐压力	6.0MPa
阻　　燃	10.8MPa
表面电阻	2.0×10^8～$1.0\times10^8\Omega$

3. 研究单位

江苏省煤矿研究所

宜兴市鹅州环境保护设备厂

山东微山玻璃钢厂

十一、液压支架用乳化油

乳化油能与水形成水包油型乳化液，可用于液压支架液压传动介质。

（一）乳化油品种

乳化油按对水质硬度的适应性有 4 个牌号（表 1－8－176）。

表 1－8－176　液压支架用乳化油品种

品　　种	M－5	M－10	M－15	M－T
适应水质硬度（mg・equ/L） 水质类型	≤5 低硬度	＞5，≤10 中硬度	＞10，≤15 高硬度	≤15 各种硬度

（二）液压支架用乳化油的技术条件（表 1－8－177）

表 1－8－177　液压支架用乳化油技术条件
（MT76—83）

项目		指标
外　观		橙红色至棕红色、透明、均一流体
运动粘度（50℃）		≤60mm²/s
闪点（开口杯法）		≥100℃
凝固点		≤－5℃
耐冻融能		经－16℃冻凝，并经室温融化，循环 5 次，恢复原状
自乳化性		滴入水中，均匀分散
pH		与蒸馏水形成 5%浓度乳化液的 pH 值 7.5～9.0
稳定性	室温稳定性	168h，析油、皂量≤0.1%
	热稳定性	70℃、168h，析油、皂量≤0.1%
	振荡稳定性	无油、皂析出
防锈性	铸铁表面点滴	室温、24h，无锈蚀
	盐水浸泡	60℃、24h，钢无锈蚀，铜无色变
乳化液的橡胶溶胀性		70℃、168h，体积变化 0%～6%，不允许收缩

（三）液压支架用乳化油的组成（表 1－8－178）

表 1－8－178　液压支架用乳化油的组成

基础油	是乳化油的基本组成，作为各种添加剂的载体，形成水包油型乳化液的分散相。在乳化油的配方中，基础油一般占 50%左右。基础油是经过精制的、不含杂质和水溶性酸碱、粘度较低、苯胺点较高的轻质机械油

续表

乳化剂	在两种不相溶的液体（如水和油）中加入乳化剂，使其中之一成为细小液滴，均匀地分散于另一种液体中，这种方法称乳化。所形成的相对稳定的两相体系叫乳化液。若油分散在水中，则称为水包油乳化液，以O/W表示，反之称油包水乳化液，以W/O表示。乳化剂是使水、油乳化的关键性添加剂。它能强烈地吸附在液体表面，并显著地改变液体性能。常用的乳化剂是阴离子型和非离子型乳化剂。前者包括动植物脂肪酸、松香酸、环烷酸的钾、钠、三乙醇胺皂，石油磺酸钠和烷基苯磺酸钠等；后者为高级醇聚氧乙烯醚、壬基酚聚氧乙醚、失水山梨醇硬脂酸酯聚氧乙烯醚等
防锈剂	亦称缓蚀剂，用于乳化油的，主要是油溶性防锈剂、以及部分水溶性防锈剂。如石油磺酸盐具有优良的抗氯离子及抗潮湿的特性，且随使用浓度增大而加强，但浓度过高时，易引起铜合金变色 环烷酸锌有良好的抗盐水能力和抗湿热性，且随浓度提高，防锈效果增强。此外，其含锌量对防锈性有重要影响。环烷酸锌对钢、铜、紫铜、铝等金属均能适应，但会引起铸铁腐蚀。为克服这一缺点，可与石油磺酸盐复合使用 多元醇酯，人工合成的多元醇酯类含多羟基，防锈效果好。如单油酸甘油酯、季戊四醇酯、失水山梨醇酸酯等都是有效的防锈剂 苯骈三氮唑是铜和铜合金的特效缓蚀剂 水溶性防锈剂有三乙醇胺、二乙醇胺、一乙醇胺（亦为气相缓蚀剂）以及苯甲酸盐与六次甲基四胺（乌洛托品）等
其他添加剂	偶联剂及络合剂。应用偶联剂的目的在于使乳化油中的皂类借偶联剂的附着作用与其他添加剂充分互溶，以降低乳化油粘度和改善乳化油的稳定性。常用的偶联剂有乙醇、乙二醇、正丁醇、甲酚、二乙二醇单丁醚、二甘醇、异丙醇等。此外，聚氧乙烯烷基酚醚非离子型表面活性剂也有偶联剂的作用。为提高乳化液抗硬水能力，可以在乳化油中引入能与钙、镁等离子形成稳定常数大、水溶性络合物的络合剂，如乙二胺四乙酸（或其钠盐）

（四）配制乳化液时对水的要求

配制乳化液时对水的要求及各种硬度单位的换算关系见表1－8－179及表1－8－180。

表1－8－179 配制乳化液对水的要求

硬 度	配制乳化液时应根据当地水的硬度来选择乳化油 我国煤矿液压支架乳化油用水的硬度以水中钙、镁等盐类含量（mg/L）多少来划分： 软　水　　硬度＜2mg·equ/L以下 低硬水　　2mg·equ/L＜硬度≤5mg·equ/L 中硬水　　5mg·equ/L＜硬度≤10mg·equ/L 高硬水　　10mg·equ/L＜硬度≤15mg·equ/L 特硬水　　硬度＞15mg·equ/L 表示水硬度的其他单位同我国规定的单位（mg·equ/L）换算关系见表1－8－180
pH值	对乳化液影响十分显著，当pH值很低时，可以使乳化液破乳 对于pH值＜6的酸性水，必须加以适当中和后方可使用
硫酸根与氯根	硫酸根与氯根含量过高都会使水呈酸性，有侵蚀性。当氯离子含量＞6mg·equ/L，而通过试验对乳化液的稳定性有影响时，这种水不宜使用
机械杂质及悬浮物	要求水应为无色，透明，无臭味，不能含机械杂质和悬浮物。水中的机械杂质与悬浮物会引起液压系统中滤网的堵塞及系统的磨损，特别在非饮用水（如矿井水）中杂质含量较高时，对水质必须加以处理

表 1-8-180　各种硬度单位的换算关系

硬度单位	符　号	mg·equ/L	德国度	法国度	ppm
1mg·equ/L		1	2.804	5.005	50.045
1 德国度	DH°	0.35663	1	1.7848	17.847
1 法国度	FH°	0.19982	0.5603	1	10
1ppm		0.01998	0.0560	0.1	1

第九章　采掘设备及部分煤矿专用设备

第一节　采　煤　机　械

一、滚筒式采煤机

（一）滚筒式采煤机主要技术特征

1. MG 系列滚筒式采煤机技术特征（表 1—9—1）

表 1—9—1　采煤机主要技术特征表

技术特征	单　位	采煤机型号				
		MG100(BM_1—100)	MG100(B_1M—100)	MGD100(BM_1D—100)	MG150B	MGD150B
采　高	m	1.0～1.3	0.8～1.3	0.8～1.0	1.0～1.5	0.85～1.45
适应煤质硬度(或煤的坚固性系数)	kg/cm^2(或 f)	f=1～3	f≤2.5	f=1～3	f=1～3	f=1～3
煤层倾角	(°)	≤25	<25	≤25	≤30	≤30
截　深	mm	630、730、800	600、800	630、730、800	630、800、1000	630、800、1000
滚筒直径	m	0.8、0.9、1.0	0.8、0.9	0.8、0.9、1.0	0.85、1.0	0.85、1.0
牵引方式		锚链	有链	锚链	锚链	锚链
牵引力	kN	117.6	120	117.6	160	160

续表

技术特征		单位	采煤机型号				
			MG100(BM_1-100)	MG100(B_1M-100)	MGD100(BM_1D-100)	MG150B	MGD150B
牵引速度		m/min	0～6	0～6	0～6	0～6	0～6
链条规格(或无链牵引形式)		mm	ϕ18×64	ϕ18×64	ϕ18×64	ϕ22×64	ϕ22×64
滚筒中心距		mm	5929	5929	单滚筒	6179	单滚筒
机面高度		mm	670	670	627	720	640
卧底量		mm	85	145	85	110	110
电动机	型号		JDMB－100S/100	JDMB－100S	JDMB－100S/100	YBCS－150/150	YBCS－150/150
	功率	kW	100	100	100	150	150
	台数	台	1	1	1	1	1
	电压	V	660	660	660	660/1140	660/1140
耗水量/水压		L/min/MPa	200/2.5	200/2.5	200/2.5	200/2.5	200/2.5
喷雾灭尘方式			内、外喷雾	内、外喷雾	内、外喷雾	内、外喷雾	内、外喷雾
控顶距		mm	1800		1800	1900	1900
最大不可拆卸件尺寸(长×宽×高)/质量		mm/t	1825×923×350/2.9	2390×765×135/0.546	3855×757×85/0.7	2047×1531×400/2.8	2047×831×400/2.8
总重		t	13	13	7.5		
设计单位			哈煤研所，鸡西厂	哈煤研所，鸡西厂	哈煤研所，鸡西厂	哈煤研所，鸡西厂	哈煤研所，鸡西厂
制造厂			鸡西煤机厂	辽源煤机厂	鸡西煤机厂	鸡西煤机厂	鸡西煤机厂

续表

技术特征		单位	采煤机型号				
			MG150 (MG2×150)	MG150－W (MG2×150－W)	MG150－W (MG2×150－W_1)	MG150－AW	MGD150－NW
采高		m	1.4～3.0	1.4～3.0	1.4～3.0	1.1～2.5	2～2.8
适应煤质硬度(或煤的坚固性系数)		kg/cm^2(或 f)	f≤3	f≤3	f≤3	f≤3	f≤3.5
煤层倾角		(°)	≤20	<30	<30	<30	<25
截深		mm	600、630	600、630	600、630	600、630	600
滚筒直径		m	1.25、1.4、1.6	1.25、1.4、1.6	1.25、1.4、1.6	1.1、1.25、1.4	1.6
牵引方式			圆环链牵引(液压)	无链(液压)	无链(液压)	无链(液压)	液压传动无链牵引
牵引力		kN	220	250	250	250	250
牵引速度		m/min	0～6	0～5.5	0～5.5	0～5.5	0～6
链条规格(或无链牵引形式)		mm	Φ24×86	销轮－齿条	齿轮－销排	销轮－齿条	销轮齿条式
滚筒中心距		mm	7674(8724)	6574(7624)	6574(7624)	6574	
机面高度		mm	1150	1150	1174	887	1612
卧底量		mm	136、211、311	136、211、311	158、288、338	120、195、270	363
电动机	型号		JDM_2B－150S (C)	JDM_2B－150S (C)	JDM_2B－150S (C)	JDM_2B－150S (C)	DMB－150S(C)
	功率	kW	150	150	150	150	150
	台数	台	1(2)	1(2)	1(2)	1	1
	电压	V	660/1140	660/1140	660/1140	660/1140	660/1140
耗水量/水压		L/min/MPa	200/2.5	30/2.5	30/2.5	30/2.5	30/2.5
喷雾灭尘方式			内、外喷雾	内、外喷雾	内、外喷雾	内、外喷雾	内、外喷雾
控顶距		mm	1955	2000	1855	2000	2263
最大不可拆卸件尺寸(长×宽×高)/质量		mm/t	3080×850×430	3139×850×480	2556×907×442	3069×850×210	3000×850×775/2.5
总重		t	～20.5	～21	～20	～18	15.4
设计单位			上海分院	上海分院	上海分院	上海分院	上海分院
制造厂			无锡采煤机械厂 上海冶金矿山机械厂	无锡采煤机械厂	无锡采煤机械厂 上海冶金矿山机械厂	无锡采煤机械厂	辽源煤机厂

续表

技术特征		单位	采煤机型号				
			MGD150－N	MG2×200QW	MG200W₁	MG200W	MG2×200W
采高		m	1.6～2.4	1.6～3.0	1.5～3.0	1.5～3.0	1.5～3.0
适应煤质硬度(或煤的坚固性系数)		kg/cm²(或 f)	f≤3.5	f=1～3	f=1～3	f=1～3	f=1～3
煤层倾角		(°)	<25	≤35	≤35	≤35	≤35
截深		mm	600	630	630	630	630
滚筒直径		m	1.6	1.4、1.6、1.8	1.4、1.6、1.8	1.4、1.6、1.8	1.4、1.6、1.8
牵引方式			液压传动有链牵引	无链	无链	无链	无链
牵引力		kN	250	450	260	450	450
牵引速度		m/min	0～6	0～5.5	0～8	0～5.5	0～5.5
链条规格(或无链牵引形式)		mm	Φ26×92	摆线轮销轨	销轮齿轨	摆线轮销轨	摆线轮销轨
滚筒中心距		mm		8826	7626	7626	9156
机面高度		mm	1430	1200	1200	1200	1200
卧底量		mm	545	240	240	240	240
电动机	型号		DMB 150S (C)	DMB200S/170	DMB200S/200	DMB－200S/200	DMB－200S/200
	功率	kW	150	200×2	200	200	200×2
	台数	台	1	2	1	1	2
	电压	V	660/1140	1140	1140	1140	1140
耗水量/水压		L/min/MPa	30/2.5	200/2.0	200/2.0	320/2.0	320/2.0
喷雾灭尘方式			内、外喷雾	内、外喷雾	内、外喷雾	内、外喷雾	内、外喷雾
控顶距		mm	1841	2280	2200	2200	2200
最大不可拆卸件尺寸(长×宽×高)/质量		mm/t	3000×750×570/2.3	3003×1576×800/5.46	3003×1576×890/5.46	3003×1567×890/5.461	3003×1567×890/5.461
总重		t	15.4	29.8	22	28	29.8
设计单位			上海分院	上海分院、鸡西厂	鸡西煤机厂	上海分院、鸡西厂	上海分院、鸡西厂
制造厂			辽源煤机厂	鸡西煤机厂	鸡西煤机厂	鸡西煤机厂	鸡西煤机厂

续表

技术特征		单位	采煤机型号				
			MG200QW	MG200－BW	MG200(250)－WX	MG250(200－WX)	4MG200－W_1
采高		m	1.5～3.0	1～1.8	1.4～2.8	1.4～2.5	1.4～3.0
适应煤质硬度(或煤的坚固性系数)		kg/cm²(或 f)	f=1～3	f≤3	f≤3	f≤3	f≤3
煤层倾角		(°)	≤55	<35	≤35	≤35	<30
截深		mm	630	630	630	600、630	600、630
滚筒直径		m	1.4、1.6、1.8	1.0、1.25	1.25、1.4、1.6	1.25、1.4、1.6	1.25、1.4、1.6
牵引方式			无链	液压牵引	液压牵引	液压牵引	无链(液压)
牵引力		kN	450	250	250	250	250
牵引速度		m/min	0～5.5	0～6	0～6.3	0～6	0～5.5
链条规格(或无链牵引形式)		mm	摆线轮销轨	齿轮销排	齿轮销排	齿轮销排	齿轮销排
滚筒中心距		mm	7626	8059	7366	7266	6574
机面高度		mm	1200	740	1200	1200	1174
卧底量		mm	240	82	317	194	158,288,338
电动机	型号		DMB－200S/200	YBCS－200(B)	DMB－200S	DMB－200S	YBCS－200A/200
	功率	kW	200	200	200	200	200
	台数	台	1	1	1	1	1
	电压	V	1140	660/1140	660/1140	660/1140	1140
耗水量/水压		L/min/MPa	320/2.0	200/6	250/6	250/6	200/
喷雾灭尘方式			内、外喷雾	内、外喷雾	内、外喷雾	内、外喷雾	内、外喷雾
控顶距		mm	2200	1987	1942	1886	
最大不可拆卸件尺寸(长×宽×高)/质量		mm/t	3003×1567×890/5.461	1820×850×420/3.5	1500×8200×500/2.6	2060×820×500/3.2	2556×907×442
总重		t	28	18	25	20	～20.2
设计单位			上海分院、鸡西厂				上海分院
制造厂			鸡西煤机厂	辽源煤机厂	辽源煤机厂	辽源煤机厂	无锡采煤机械厂 上海冶金矿山机械厂

续表

技术特征		单位	采煤机型号				
			MG300W (MG2×300W)	$MG300W_1$ ($MG2×300W_1$)	$MG300W_1$ ($MG2×300GW_1$)	MG300A W_1	MG2X300A W_1
采高		m	2.1～3.6	2.0～3.5	2.1～4.3	1.5～3.0	1.5～3.0
适应煤质硬度(或煤的坚固性系数)		kg/cm^2(或 f)	$f=1～3$	$f=1～3$	$f=1～3$	$f=1～3$	$f=1～3$
煤层倾角		(°)	≤35	≤35	≤17	≤35	≤35
截深		mm	630	630	630	630	630
滚筒直径		m	1.6、1.8、2.0	1.6、1.8、2.0	2.24	1.25、1.4、1.6	1.25,1.4,1.6
牵引方式			无链	无链	无链	无链	无链
牵引力		kN	440(463)	440、320	440、320	360	360
牵引速度		m/min	0～6(0～5.2)	0～6,0～8	0～6,(0～8)	0～6	0～6
链条规格(或无链牵引形式)		mm	销轮齿轨	摆线轮销轨	摆线轮销轨	销轮齿轨	销轮齿轨
滚筒中心距		mm	8389(9589)	9990(11190)	10630(11830)	8934	10134
机面高度		mm	1600	1488	1750	1200	1200
卧底量		mm	316	286	250	225	225
电动机	型号		YSKBC－300/300 (YSKBC－200A/200)	YSKBC－300/300	YSKBC－300/300	YSKBC－300/300	YSKBC－300/2×300
	功率	kW	300(300×2)	300(2×300)	300(300×2)	300	300×2
	台数	台	1(2)	1(2)	1(2)	1	2
	电压	V	1140	1140	1140	1140	1140
耗水量/水压		L/min/MPa	320/2.0	320/2.0	320/2.0	320/2.0	320/2.0
喷雾灭尘方式			内、外喷雾	内、外喷雾	内、外喷雾	内、外喷雾	内、外喷雾
控顶距		mm	2445	2275	2610	2455	2455
最大不可拆卸件尺寸(长×宽×高)/质量		mm/t	3260×1275×1039/8.572	7600×1085×950/6.9	7600×1085×850/6.9	3250×1150×635/8.001	3250×1150×635/8.001
总重		t	40(44)	40.8(45)	41.6(45.6)	34	38
设计单位			上海分院	鸡西煤机厂	鸡西煤机厂	上海分院	上海分院
制造厂			鸡西煤机厂	鸡西煤机厂	鸡西煤机厂	鸡西煤机厂	鸡西煤机厂

续表

技术特征		单位	采煤机型号				
			MG350－PWD	MG360W	MG360WS	MG360	MG375－AW
采高		m	0.9～1.6	2.1～3.4	2.1～3.5	2.1～3.4	1.2～2.6
适应煤质硬度(或煤的坚固性系数)		kg/cm^2(或 f)	f<4	f<3	f<3	f<3	f=2～4
煤层倾角		(°)	<35	<25(>16 用防滑绞车)	<25(>16 用防滑绞车)	<25(>16 用防滑绞车)	0～35
截深		mm	800	600	600	600	630～800
滚筒直径		m	0.94、1.25	1.6、1.8	1.6、1.8	1.6、1.8	1.1、1.25、1.4、1.8
牵引方式			交流电牵引	液压传动无链牵引	液压传动无链牵引	液压传动有链牵引	液压、双牵引、无链
牵引力		kN	440	250	500	250	2×225
牵引速度		m/min	0～7.8	0～8.5	0～8.5	0～8.5	0～6.1
链条规格(或无链牵引形式)		mm	齿轮、齿条式	齿轮销排式	齿轮销排式	Φ26×92	齿销
滚筒中心距		mm	5270	6600	9180	6600	8370
机面高度		mm	719	1450	1450	1450	950
卧底量		mm	172	300	300	300	230、305、380、480
电动机	型号		DM_4BC150 (A) (B)	YBCS2－150、YBQYS－60	YBCS2－150、YBQYS－60	YBCS2－150、YBQYS－60	
	功率	kW	150、25	150、60	150、60	150、60	375
	台数	台	2+2	2+1	2+2	2+1	1
	电压	V	1140	660、1140	660、1140	660、1140	1140
耗水量/水压		L/min/MPa	250/6				320/2.5
喷雾灭尘方式			内、外喷雾	外喷雾	外喷雾	外喷雾	内、外喷雾
控顶距		mm	2350	2375	2355	2294	2484
最大不可拆卸件尺寸(长×宽×高)/质量		mm/t	3680×970×550/9.1	4940×1020×760/2.970	6100×1020×760/3.9	4940×1020×970/2.97	
总重		t	20.6	23	26	23	35
设计单位			辽源煤机厂	辽源煤机厂	辽源煤机厂	辽源煤机厂	上海分院、西安煤机厂
制造厂			辽源煤机厂	辽源煤机厂	辽源煤机厂	辽源煤机厂	西安煤机械厂

续表

技术特征		单位	采煤机型号				
			MG375BW (MG2×375BW)	MG375W	5MG200－B	MG375－W	MG375－W1
采高		m	1.25～2.1(1.3～2.1)	1.5～2.6	1.0～1.8	1.8～3.6	1.5～3.1
适应煤质硬度(或煤的坚固性系数)		kg/cm^2(或 f)	$f \leqslant 4.5$	$f \leqslant 4.5$	$f \leqslant 3$	硬	硬
煤层倾角		(°)	≤35	≤35	<20	<35	<35
截深		mm	630、800	630	800	630	630
滚筒直径		m	1.25、1.40	1.45	1.0、1.1、1.25	1.6～2.0	1.4～1.8
牵引方式			无链	无链		无链	无链
牵引力		kN	333、383、400	349、395	200	500	500
牵引速度		m/min	0～8.3、0～7.2、0～6.5	0～7.46、0～6.46	0～5.5	0～6.1	0～6.1
链条规格(或无链牵引形式)		mm	摆线轮销轨	摆线轮销轨	$\phi 22 \times 86$	齿轮－销排	齿轮－销排
滚筒中心距		mm	7652	8306	6390	8432	8432
机面高度		mm	920(1020)	1100	840	1394	1200
卧底量		mm	210	203	100、150、225	250～500	250～500
电动机	型号		YBCSZ－375/375	YBCSZ－375/375	YBCS180(200)	YBCS375	YBCS375
	功率	kW	375(2×375)	375	200	375	375
	台数	台	1(2)	1	1	1	1
	电压	V	1140	1140	660、1140	1140	1140
耗水量/水压		L/min/MPa	320/2.5	320/2.5	160/5.5	250/5.5	250/5.5
喷雾灭尘方式			内、外喷雾	内、外喷雾	内、外喷雾	内、外喷雾	内、外喷雾
控顶距		mm	2494	2364	2265	2250～2450	2250～2450
最大不可拆卸件尺寸(长×宽×高)/质量		mm/t	2961×1600×650/6.8	3290×1520×500/6.9	4720×775×230	3290×1545×500/7.5	3290×1545×500/7.5
总重		t	26.9(32)	27.7	16	35	33
设计单位			鸡西煤机厂	鸡西煤机厂	上海分院	上海分院	上海分院
制造厂			鸡西煤机厂	鸡西煤机厂	无锡采煤机厂	无锡采煤机厂	无锡采煤机厂

续表

技术特征		单位	采煤机型号				
			MG375—GW	MG375—AW	4MG250—W_1	MG250—BW	MG2×375—WC
采高		m	2.3～4.5	1.5～2.6	1.4～3.0	0.85～1.5	1.8～3.7
适应煤质硬度(或煤的坚固性系数)		kg/cm²(或 f)	硬	硬	硬	$f\leqslant 4$	$f\leqslant 4$
煤层倾角		(°)	<35	<35	≤30	<30	≤35
截深		mm	630	630	600、630	630、800、1000	630
滚筒直径		m	2.0～2.3	1.1～1.6	1.25、1.4、1.6	0.85、1.0	1.6、1.8、2.0
牵引方式					无链	无链	液压牵引(无链)
牵引力		kN	500	500	320	250(300)	450
牵引速度		m/min	0～6.1	0～6.1	0～5.5	0～5.5	0～6.8
链条规格(或无链牵引形式)		mm	齿轮—销排	齿轮—销排	齿轮—销排	齿轮—销排	链轮齿轨
滚筒中心距		mm	9307	8432	6574	6168	9572
机面高度		mm	1750	950	1174	700	1503
卧底量		mm	250～500	250～500	158、288、338	100、175	200、300、400
电动机	型号		YBCS375	YBCS375	YBCS—250	YBCS—250CY	YBCS—375
	功率	kW	375	375	250	250	2×375
	台数	台	1	1	1	1	2
	电压	V	1140	1140	660、1140	1140	1140
耗水量/水压		L/min/MPa	250/5.5	250/5.5	200/5.5		250/6
喷雾灭尘方式			内、外喷雾	内、外喷雾	内、外喷雾	内、外喷雾	内、外喷雾
控顶距		mm	2250～2450	2200～2450	2000	2260	2424
最大不可拆卸件尺寸(长×宽×高)/质量		mm/t	3290×1545×500/7.5	3290×1545×500/7.5	3139×850×480		3500×1100×500/6
总重		t	40	25	21	15	45
设计单位			上海分院	上海分院		上海分院	辽源煤机厂
制造厂			无锡采煤机厂	无锡采煤机厂	无锡采煤机厂	无锡采煤机厂	辽源煤机厂

续表

技术特征		单位	采煤机型号				
			MG375－W (MG2×375－W)	MG375－AW_2	MG2×375－HW	MG400W (MG2×400W)	MG200(250) /475(575)－W
采高		m	1.8～3.6	1.5～3.2	2.2～4.5	1.8～3.6	1.8～3.5
适应煤质硬度(或煤的坚固性系数)		kg/cm^2(或 f)	f≤4	f≤4	f≤4	f=1～3	f=2～3
煤层倾角		(°)	≤35	≤35	≤25	≤35	≤35
截深		mm	680、630	680、630	630	630、800	630、800
滚筒直径		m	1.6、1.8、2.0	1.6、1.8、2.0	2.0、2.2	1.6、1.8、2.0	1.4、1.6、1.8
牵引方式			液压牵引(无链)	液压牵引(无链)	液压牵引(无链)	无链	无链
牵引力		kN	450	450	450	500、250、420、224	450
牵引速度		m/min	0～6.1	0～6.1	0～6.1	0～6、0～8、0～15	0～5.8
链条规格(或无链牵引形式)		mm	齿轮销排	齿轮销排	齿轮销排	摆线轮销轨	摆线轮销轨
滚筒中心距		mm	8432(9632)	8432	10582	9598(10998)	9324
机面高度		mm	1396	1200	1943	1480	1403.5
卧底量		mm	300、400、500	382	296	192、292、392	185、285、385
电动机	型号		YBCS－375	YBCS－375	YBCS－375	YBCSZ400/400	YBCS4－200，YBPS75－4
	功率	kW	375(2×375)	375	2×375	400(400×2)	(250)200×2＋75
	台数	台	1(2)	1	2	1(2)	3
	电压	V	1140	1140	1140	1140	1140
耗水量/水压		L/min/MPa	250/6	250/6	250/6		320/2.0
喷雾灭尘方式			内、外喷雾	内、外喷雾	内、外喷雾	内、外喷雾	内、外喷雾
控顶距		mm	2289	2341	2554	2616	2421
最大不可拆卸件尺寸(长×宽×高)/质量		mm/t	3500×1700×500/6	3500×1700×500/6	4500×1900×500/8	3519×2064×1480/9.12	2500×980×800/5.6
总重		t	35(38)	33	40	45.7(49)	33
设计单位			辽源煤机厂	辽源煤机厂	辽源煤机厂	上海分院	上海分院
制造厂			辽源煤机厂	辽源煤机厂	辽源煤机厂	鸡西煤机厂	上海冶金矿山机械厂

续表

技术特征		单位	采煤机型号				
			MG463DW	MG2×400GW	MG680WD	MG880WD	MG400/985WD
采高		m	2.0～3.5	2.5～4.5	1.8～3.6	1.8～3.7	1.9～3.75
适应煤质硬度(或煤的坚固性系数)		kg/cm²(或 f)	$f\leqslant3$	$f\leqslant3$	≤3	≤3	$f\leqslant4$
煤层倾角		(°)	≤35	≤17	≤35	≤35	≤15(35)
截深		mm	630、800	630	630、800	630、800	630、800
滚筒直径		m	1.6、1.8	1.8、2.0、2.24	1.6、1.8、2.0	1.6、1.8、2.0	1.6、1.8、2.0
牵引方式			无链(交流变频)	无链	交流电牵引(无链)	交流电牵引(无链)	交流电牵引(无链)
牵引力		kN	450/280、505/312	500/250、420/224	540、495、317	532、452、312	620/360、506/304
牵引速度		m/min	0～6.2/10、0～5.7/9.2	0～6/12、0～8/15	0～7、0～8、0～12	0～7、0～8、0～12	0.7～12/0～8.6/14.5
链条规格(或无链牵引形式)		mm	摆线轮销轨	摆线轮销轨	摆线轮销轨	摆线轮销轨	摆线轮销轨
滚筒中心距		mm	9834	11700	7780	8180	10280
机面高度		mm	1300	1985	1479	1499	1570
卧底量		mm	140、240	370	200、300、400	200、300、400	326、426、526
电动机	型号		YBCSZ－200/200	YBCSZ400/400	YSKBC300－4	YMCB－400	$YBCS_2$－400/400
	功率	kW	200×2+26×2+55×2	400×2	2×300+2×40	2×400+2×40	2×400+2×45+75+20
	台数	台	6	2	4	4	6
	电压	V	1140	1140	1140	1140	1140
耗水量/水压		L/min/MPa	320/2.0	200/2.0	320/2.0	320/2.0	320/2.0
喷雾灭尘方式			内、外喷雾	内、外喷雾	内、外喷雾	内、外喷雾	内、外喷雾
控顶距		mm	2294	2616	2466	2643	2730
最大不可拆卸件尺寸(长×宽×高)/质量		mm/t	2070×1236×936/5.7	8500×1195×1332/9.5	8780×1170×816/8	9180×1257×816/8.3	2500×1380×900/8.6
总重		t	40	51	50.3	59	55.5
设计单位			鸡西煤机厂	上海分院	上海分院	上海分院	鸡西煤机厂
制造厂			鸡西煤机厂	鸡西煤机厂	鸡西煤机厂	鸡西煤机厂	鸡西煤机厂

续表

技术特征		单位	采煤机型号				
			MGT375/750	6MG200－W	MGTY400/900－3.3D	MGTY250－600(300－700)－1.1D	MFTY300/730－1.1D
采高		m	1.8～3.5(2.3～4.2)	1.4～2.5	2.2～3.5	2～3.5	2～3.5
适应煤质硬度(或煤的坚固性系数)		kg/cm²(或 f)	f≤4.5	f≤4	f≤4.5	硬煤层	f≤4.5
煤层倾角		(°)	≤25	≤35	≤16	≤16	≤25
截深		mm	630、686、800	600	600、800	800	800
滚筒直径		m	1.6、1.8、2.0	1.4	1.8	1.8	1.8
牵引方式			液压无链	液压无链	电牵引，无链	电牵引，无链	电牵引，无链
牵引力		kN	350	350	500～300	580～350	750
牵引速度		m/min	0～6.5	0～6.5	0～9～15	0～7.7～12.8	0～7.7～12.8
链条规格(或无链牵引形式)		mm	链轮－销排	齿轮－销轨	变频调速，销轨或销排	变频调速，链轮销排	变频调速，销排
滚筒中心距		mm	10073(水平位置)	6323～6660	11856(水平位置)	11958(水平位置)	11856(水平位置)
机面高度		mm	1190	1150	1593	1548	1593
卧底量		mm	200	250	250	300	250
电动机	型号						
	功率	kW	2×375(1×375)	200(250)	2×400＋2×40＋20	600(700)(总功率)	730(总功率)
	台数	台	2(1)	1	5	5	5
	电压	V	1140	1140(660)	3300	1140	3300
耗水量/水压		L/min/MPa					
喷雾灭尘方式			内、外喷雾＋文丘里	内、外喷雾	内、外喷雾	内、外喷雾	内、外喷雾
控顶距		mm					
最大不可拆卸件尺寸(长×宽×高)/质量		mm/t				4505×1350×1483	
总重		t	40	21	52	47	
设计单位							
制造厂			太原矿山机器集团有限公司	太原矿山机器集团有限公司	太原矿山机器集团有限公司	太原矿山机器集团有限公司	太原矿山机器集团有限公司

续表

技术特征		单位	采煤机型号				
			MGTY400/930－3.3D	MGTY500/1200－3.3D	MGTY250/600－1.1CD	MG100/255－BW	MG132/315－WD
采高		m	2～3.5	2～4.5(改后可达5)	2～3.5	0.85～1.5	0.95～1.7
适应煤质硬度(或煤的坚固性系数)		kg/cm²(或 f)	f≤4.5	f≤4.5	硬煤层	f≤4	f≤4
煤层倾角		(°)	≤25	0～16	≤16	≤30	≤35
截深		mm	800	800	800	0.6、0.7、0.8	0.6、0.7、0.8
滚筒直径		m	1.8	2.2	1.8	0.8、0.9、1.0	0.95、1.0、1.05
牵引方式			电牵引，无链	电牵引，无链	电牵引，无链	液压无链	电牵引、无链
牵引力		kN	750	750～450	580～350	220	280
牵引速度		m/min	0～7.7～12.8	0～7.7～12.8	0～7.7～12.8	0～6	0～6.2
链条规格(或无链牵引形式)		mm	变频调速，销排	变频调速，销排	开关磁阻电机调速，销排	摆线轮，销排	摆线轮，销排
滚筒中心距		mm	11856(水平位置)	13215(水平位置)	11958(水平位置)	4000	4200
机面高度		mm	1593	2029	1548	720	830
卧底量		mm	250	400	300	50	80
电动机	型号						
	功率	kW	930(总功率)	500×2+55×2+20+70	600(总功率)	255(总功率)	315(总功率)
	台数	台	5	6	5		
	电压	V	3300	3300	1140	660/1140	1140
耗水量/水压		L/min/MPa					
喷雾灭尘方式			内、外喷雾	内、外喷雾	内、外喷雾	内、外喷雾	内、外喷雾
控顶距		mm					
最大不可拆卸件尺寸(长×宽×高)/质量		mm/t					
总重		t		75	47	13	13
设计单位							
制造厂			太原矿山机器集团有限公司	太原矿山机器集团有限公司	太原矿山机器集团有限公司	鸡西煤矿机械有限公司	鸡西煤矿机械有限公司

续表

技术特征		单　位	采　煤　机　型　号				
			MG200/490－W (MG200/500－WD)	MG250/590－W (MG250/600－WD)	MG300/690－W (MG300/700－WD)	MG500/1250－WD	MG450/1020－WD
采　高		m	1.9～3.8	1.9～3.8	1.9～3.8	2.5～5.0	1.8～4.0
适应煤质硬度(或煤的坚固性系数)		kg/cm²(或 f)	$f\leqslant 4$	$f\leqslant 4$	$f\leqslant 4$	$f\leqslant 4$	硬或中硬
煤层倾角		(°)	≤40	≤40	≤40	≤15	≤18
截　深		mm	0.63、0.8	0.63、0.8	0.63、0.8	0.8、1.0	0.63、1.0
滚筒直径		m	1.6、1.8、2.0	1.6、1.8、2.0	1.6、1.8、2.0	2.24、2.5	1.6、1.8、2.0、2.24
牵引方式			电液互换，无链	电液互换，无链	电液互换，无链	电牵引，无链	交流电牵引
牵 引 力		kN	550、450	550、450	550、450	744/446	700～420
牵引速度		m/min	5.4、6.6(7.1、8.7)	5.4、6.6(7.1、8.7)	5.4、6.6(7.1、8.7)	0～9	7.35、12.26
链条规格(或无链牵引形式)		mm	销轨	销轨	销轨	销轨	摆线轮－销轨无链
滚筒中心距		mm	6220	6220	6220	7780	
机面高度		mm	1450	1450	1450	2100	1573
卧 底 量		mm	264	364	464	327	
电动机	型　号						单出轴、注意水质、防爆
	功　率	kW	490(500)(总功率)	590(600)(总功率)	690(700)(总功率)	2×500＋2×70＋90＋20	2×450＋2×50＋20
	台　数	台	3(5)	3(5)	3(5)	6	
	电　压	V	1140	1140	1140	3300	3300
耗水量/水压		L/min/MPa					
喷雾灭尘方式			内、外喷雾	内、外喷雾	内、外喷雾	内、外喷雾	内、外喷雾
控 顶 距		mm					
最大不可拆卸件尺寸(长×宽×高)/质量		mm/t					
总　重		t	41	41	41	68	46
设计单位							
制 造 厂			鸡西煤矿机械有限公司	鸡西煤矿机械有限公司	鸡西煤矿机械有限公司	鸡西煤矿机械有限公司	天地股份

续表

技术特征		单位	采煤机型号				
			HG250/600－WD1	HG300/675－W	HG250/575－W		
采高		m	2.0～3.5	1.8～3.65	1.4～2.8		
适应煤质硬度(或煤的坚固性系数)		kg/cm²(或 f)	中硬	硬或中硬	硬或中硬		
煤层倾角		(°)	≤18	≤35	≤35		
截深		mm	0.63	0.6、0.8	0.63、0.8		
滚筒直径		m	1.6、1.8、2.0	1.4、1.6、1.8	1.4、1.6、1.8		
牵引方式			交流电牵引	液压	液压		
牵引力		kN	515/320	440	400		
牵引速度		m/min	6/10,7.9/13.2	6.2	6.2		
链条规格(或无链牵引形式)		mm	摆线轮－销轨	齿轮销轨无链	齿轮销轨无链		
滚筒中心距		mm	10984				
机面高度		mm	1380,1445	1420	1100		
卧底量		mm	269.5,368.5,468.5	527	230		
电动机	型号		YBCS3－250				
	功率	kW	2×250＋18.5	2×300＋75	2×250＋75		
	台数	台					
	电压	V	1140	1140	1140		
耗水量/水压		L/min/MPa					
喷雾灭尘方式			内、外喷雾	内、外喷雾	内、外喷雾		
控顶距		mm					
最大不可拆卸件尺寸(长×宽×高)/质量		mm/t					
总重		t	43	34	33		
设计单位							
制造厂			天地股份	天地股份	天地股份		

2. MX 系列滚筒式采煤机技术特征（表 1—9—2）

表 1—9—2 采煤机主要技术特征表

技术特征		单位	采煤机型号			
			MXA—300/3.2（MXA—600/3.2）	MXA300C/3.2（MXA600C/3.2）	MXA—300/3.5	MXA—600/3.5
采高		m	1.7～3.2	1.7～3.2	2～3.5	2～3.5
适应煤质硬度（或煤的坚固性系数）		kg/cm^2（或 f）	f=2～4	f=2～4	f=2～4	f=2～4
煤层倾角		(°)	0～40	0～40	0～40	0～40
截深		mm	656	656	656	656
滚筒直径		m	1.6	1.6	1.8(1.6)	1.8(1.6)
牵引方式			液压、双牵引、无链	液压、双牵引、无链	液压、双牵引、无链	液压、双牵引、无链
牵引力		kN	400	400	400	400
牵引速度		m/min	0～8.35	0～8.1	0～8.35	0～8.35
链条规格（或无链牵引形式）		mm	齿销	齿条 t=191.5 Z=5	齿销	齿销
滚筒中心距		mm	9056(10256)	9056(10256)	9056	10256
机面高度		mm	1400	1460(1510)	1605	1655
卧底量		mm	250	240	194	194
电动机	型号		DMB—300S	DMB—300S	DMB—300S	DMB—300S
	功率	kW	300	300	300	300
	台数	台	1(2)	1(2)	1	2
	电压	V	1140	1140	1140	1140
耗水量/水压		L/min/MPa				
喷雾灭尘方式			内、外喷雾	内、外喷雾	内、外喷雾	内、外喷雾
控顶距		mm	2278	2435	2244	2284
最大不可拆卸件尺寸（长×宽×高）/质量		mm/t	3605×1182×211/2.07（3605×1152×211/2.07）	3605×1182×211/2.07（3605×1151×211/2.07）	3605×1121×309/2.37	3605×1151×309/2.3
总重		t	39.2(50.5)	39.2	40.3	45.4
设计单位			西安煤矿机械厂	西安煤矿机械厂	西安煤矿机械厂	西安煤矿机械厂
制造厂			西安煤矿机械厂	西安煤矿机械厂	西安煤矿机械厂	西安煤矿机械厂

续表

技术特征		单位	采煤机型号			
			MXA－380E/3.5(4.5)	MXA－680E/3.5(4.5)	MXA－300/3.5A	MXA－600/3.5A
采高		m	2～3.5(4.5)	2～3.5(4.5)	2～3.5	2～3.5
适应煤质硬度(或煤的坚固性系数)		kg/cm^2(或 f)	$f=2\sim4$	$f=2\sim4$	$f=2\sim4$	$f=2\sim4$
煤层倾角		(°)	≤25	≤25	0～40	0～40
截深		mm	656	656	656	656
滚筒直径		m	1.8、2.0	1.8、2.0	1.8(1.6)	1.8
牵引方式			直流电牵引	直流电牵引	液压、双牵引、无链	液压、双牵引、无链
牵引力		kN	352～562	352～562	500	400
牵引速度		m/min	0～12.3	0～12.3	0～6.6	0～8.5
链条规格(或无链牵引形式)		mm	销轨	销轨	齿销	齿销
滚筒中心距		mm	10898	12740	9056	11526
机面高度		mm	1640	1640	1620	1640
卧底量		mm	200	200	180	400
电动机	型号				DMB－300S	DMB－300S
	功率	kW	300＋2×40	2×300＋2×40	300	300
	台数	台	3	4	1	2
	电压	V	1140	1140	1140	1140
耗水量/水压		L/min/MPa				
喷雾灭尘方式			内、外喷雾	内、外喷雾	内、外喷雾	内、外喷雾
控顶距		mm			2238	2279
最大不可拆卸件尺寸(长×宽×高)/质量		mm/t			3605×1121×225/2.13	3617×1110×293/2.58
总重		t			39.2	50
设计单位			艾可夫一西安厂联合研制	艾可夫一西安厂联合研制	西安煤矿机械厂	西安煤矿机械厂
制造厂			西安煤矿机械厂	西安煤矿机械厂	西安煤矿机械厂	西安煤矿机械厂

续表

技术特征		单位	采煤机型号			
			MXA－300/3.5B	MXA－300C/3.5	MXA－600C/3.5	MXA－300/4.5
采高		m	1.9～3.3	1.9～3.5	1.9～3.5	2.3～4.45
适应煤质硬度(或煤的坚固性系数)		kg/cm^2(或 f)	$f=2\sim4$	$f=2\sim4$	$f=2\sim4$	$f=2\sim4$
煤层倾角		(°)	0～40	0～40	0～40	0～25
截深		mm	656	656	656	656
滚筒直径		m	1.6	1.8	1.8	2.0
牵引方式			液压、双牵引、无链	液压、双牵引、无链	液压、双牵引、无链	液压、双牵引、无链
牵引力		kN	500	380	380	400
牵引速度		m/min	0～6.6	0～8.6	0～8.6	0～8.50
链条规格(或无链牵引形式)		mm	齿销	齿条 $t=191.5$ $Z=8$	齿条 $t=191.5$ $Z=8$	齿销
滚筒中心距		mm	9056	9056	10256	10326
机面高度		mm	1512	1578	1628	1905
卧底量		mm	187	220	220	185
电动机	型号		DMB－300S	DMB－300S	DMB－300S	DMB－300S
	功率	kW	300	300	300×2	300
	台数	台	1	1	2	1
	电压	V	1140	1140	1140	1140
耗水量/水压		L/min/MPa				
喷雾灭尘方式			内、外喷雾	内、外喷雾	内、外喷雾	内、外喷雾
控顶距		mm	2247	2435	2435	2342
最大不可拆卸件尺寸(长×宽×高)/质量		mm/t	3605×1121×225/2.13	3605×1121×309/2.37	3605×1151×309/2.3	3605×1241×450/2.94
总重		t	42.8	40.3	42.8	48.3
设计单位			西安煤矿机械厂	西安煤矿机械厂	西安煤矿机械厂	西安煤矿机械厂
制造厂			西安煤矿机械厂	西安煤矿机械厂	西安煤矿机械厂	西安煤矿机械厂

续表

技术特征		单　位	采　煤　机　型　号			
			MXA－600/4.5	MXA－300/4.5A	MXA－600/4.5A	MXA－300/4.5R
采　高		m	2.3～4.45	2.3～4.23	2.3～4.15	2.5～4.5
适应煤质硬度(或煤的坚固性系数)		kg/cm²(或 f)	$f=2\sim4$	$f=2\sim4$	$f=2\sim4$	$f=2\sim4$
煤层倾角		(°)	0～25	0～25	0～25	0～25
截　深		mm	656	656	656	656
滚筒直径		m	2.0	2.0	2.0	2.0
牵引方式			液压、双牵引、无链	液压、双牵引、无链	液压、双牵引、无链	液压、双牵引、无链
牵 引 力		kN	400	400	400	480
牵引速度		m/min	0～8.5	0～8.5	0～8.5	0～8.627
链条规格(或无链牵引形式)		mm	齿　销	齿　销	齿　销	φ26×92
滚筒中心距		mm	11526	10326	11526	10326
机面高度		mm	1955	1905	1955	2083
卧 底 量		mm	170	427	185	250
电动机	型　号		DMB－300S	DMB－300S	DMB－300S	DMB－300S
	功　率	kW	300×2	300	300×2	300
	台　数	台	2	1	2	1
	电　压	V	1140	1140	1140	1140
耗水量/水压		L/min/MPa				
喷雾灭尘方式			内、外喷雾	内、外喷雾	内、外喷雾	内、外喷雾
控 顶 距		mm	2342	2339	2342	2339
最大不可拆卸件尺寸(长×宽×高)/质量		mm/t	3605×1090×450/2.67	3567×1241×450/2.66	3605×1090×450/2.67	3567×1241×450/2.66
总　重		t	49.4	48	51.5	48
设计单位			西安煤矿机械厂	西安煤矿机械厂	西安煤矿机械厂	西安煤矿机械厂
制 造 厂			西安煤矿机械厂	西安煤矿机械厂	西安煤矿机械厂	西安煤矿机械厂

续表

<table>
<tr><th colspan="2" rowspan="2">技术特征</th><th rowspan="2">单 位</th><th colspan="7">采 煤 机 型 号</th></tr>
<tr><th>MXA—600/4.5</th><th colspan="2">MXG—350</th><th colspan="2">MXP—240W</th><th colspan="2">MXG—350</th></tr>
<tr><td colspan="2">采 高</td><td>m</td><td>2.3～4.5</td><td colspan="2">1.45～3.00</td><td colspan="2">1.35～2.84</td><td colspan="2">1.45～3.00</td></tr>
<tr><td colspan="2">适应煤质硬度(或煤的坚固性系数)</td><td>kg/cm²(或 f)</td><td>f=2～4</td><td colspan="2">f=2～4</td><td colspan="2">f=1～3</td><td colspan="2">f=2～4</td></tr>
<tr><td colspan="2">煤层倾角</td><td>(°)</td><td>0～25</td><td colspan="2"><35</td><td colspan="2">0～25</td><td colspan="2"><35</td></tr>
<tr><td colspan="2">截 深</td><td>mm</td><td>656</td><td colspan="2">630</td><td colspan="2">500(600)</td><td colspan="2">630</td></tr>
<tr><td colspan="2">滚筒直径</td><td>m</td><td>2.0</td><td colspan="2">1.4,1.6</td><td colspan="2">1.25(1.4)</td><td colspan="2">1.4(1.6)</td></tr>
<tr><td colspan="2">牵引方式</td><td></td><td>液压、双牵引、无链</td><td colspan="2">无链双牵引</td><td colspan="2">液压、单牵引、无链</td><td colspan="2">双牵引、无链</td></tr>
<tr><td colspan="2">牵 引 力</td><td>kN</td><td>200～400</td><td colspan="2">324</td><td colspan="2">196</td><td colspan="2">324</td></tr>
<tr><td colspan="2">牵引速度</td><td>m/min</td><td>0～8.6</td><td colspan="2">0～6</td><td colspan="2">0～7.5</td><td colspan="2">0～6</td></tr>
<tr><td colspan="2">链条规格(或无链牵引形式)</td><td>mm</td><td>齿 销</td><td colspan="2">齿 销</td><td colspan="2">齿 销</td><td colspan="2">齿 销</td></tr>
<tr><td colspan="2">滚筒中心距</td><td>mm</td><td>11526</td><td colspan="2"></td><td colspan="2">6120</td><td colspan="2"></td></tr>
<tr><td colspan="2">机面高度</td><td>mm</td><td>1640</td><td colspan="2">1200</td><td colspan="2">1200</td><td colspan="2">1200</td></tr>
<tr><td colspan="2">卧 底 量</td><td>mm</td><td>500</td><td colspan="2">220</td><td colspan="2">140</td><td colspan="2">220</td></tr>
<tr><td rowspan="4">电动机</td><td>型 号</td><td></td><td>DMB—300S</td><td colspan="2"></td><td>DMQB—40S</td><td>JDM2B—100S</td><td>YBQYS50</td><td>YBCS150</td></tr>
<tr><td>功 率</td><td>kW</td><td>300、600</td><td>50</td><td>150</td><td>40</td><td>100</td><td>50</td><td>150(横摆)</td></tr>
<tr><td>台 数</td><td>台</td><td>2</td><td>1</td><td>2</td><td>1</td><td>2</td><td>1</td><td>2</td></tr>
<tr><td>电 压</td><td>V</td><td>1140</td><td colspan="2">1140</td><td colspan="2">660</td><td colspan="2">1140</td></tr>
<tr><td colspan="2">耗水量/水压</td><td>L/min/MPa</td><td></td><td colspan="2"></td><td colspan="2"></td><td colspan="2"></td></tr>
<tr><td colspan="2">喷雾灭尘方式</td><td></td><td>内、外喷雾</td><td colspan="2">内、外喷雾</td><td colspan="2">内、外喷雾</td><td colspan="2">内、外喷雾</td></tr>
<tr><td colspan="2">控 顶 距</td><td>mm</td><td>2247</td><td colspan="2">2025</td><td colspan="2">1981</td><td colspan="2">2025</td></tr>
<tr><td colspan="2">最大不可拆卸件尺寸(长×宽×高)/质量</td><td>mm/t</td><td>3605×1241×450/2.67</td><td colspan="2">2300×810×423/1.26</td><td colspan="2">2035×824×810/0.89</td><td colspan="2">2300×810×423/1.26</td></tr>
<tr><td colspan="2">总 重</td><td>t</td><td>48.3、51.3</td><td colspan="2">25</td><td colspan="2">15</td><td colspan="2">25</td></tr>
<tr><td colspan="2">设计单位</td><td></td><td>西安煤矿机械厂</td><td colspan="2">北京开采所、西安煤矿机械厂</td><td colspan="2">西安煤矿机械厂</td><td colspan="2">北京开采所、西安煤机厂</td></tr>
<tr><td colspan="2">制 造 厂</td><td></td><td>西安煤矿机械厂</td><td colspan="2">西安煤矿机械厂</td><td colspan="2">西安煤矿机械厂</td><td colspan="2">西安煤矿机械厂</td></tr>
</table>

续表

技术特征		单位	采煤机型号			
			MXD－300	MXA－380E/4.5	MXA－380E/3.5	MXA－480E/4.5
采高		m	1.4～3.0	<4.5	<3.5	<4.5
适应煤质硬度(或煤的坚固性系数)		kg/cm²(或 f)	$f=2\sim4$	⩽3	⩽3	⩽3
煤层倾角		(°)	0～40	⩽35	⩽35	⩽35
截深		mm	656	630、800	630、800	630、800
滚筒直径		m	1.4(1.6)	1.8、2.0	1.8、2.0	1.8、2.0
牵引方式			液压、单牵引、无链	无链电牵引	无链电牵引	无链电牵引
牵引力		kN	200	$574(V<7.5)\sim360(V>7.5)$	$562(V<7.7)\sim352(V>7.7)$	$574(V<7.5)\sim360(V>7.5)$
牵引速度		m/min	0～8.35	0～7.5～12	0～7.7～12.3	0～7.5～12
链条规格(或无链牵引形式)		mm	齿销	齿轮销轨	齿轮销轨	齿轮销轨
滚筒中心距		mm	8470			
机面高度		mm	1170	1940.8	1635	1940.8
卧底量		mm	240	90、190	184、284	90、190
电动机	型号		DMB－300S			
	功率	kW	300	300＋2×40	300＋2×40	400＋2×40
	台数	台	2	3	3	3
	电压	V	1140	1140	1140	1140
耗水量/水压		L/min/MPa				
喷雾灭尘方式			内、外喷雾	内、外喷雾	内、外喷雾	内、外喷雾
控顶距		mm	1708			
最大不可拆卸件尺寸(长×宽×高)/质量		mm/t	1500×960×720/2.716			
总重		t	35	53	53	54
设计单位			西安煤矿机械厂			
制造厂			西安煤矿机械厂	西安煤矿机械厂	西安煤矿机械厂	西安煤矿机械厂

续表

技术特征		单位	采煤机型号			
			MXA－480E3.5	MXB－480	MXB－800	MXB－880
采高		m	＜3.5	＜4.0	2.0～4.0	≤4.0
适应煤质硬度(或煤的坚固性系数)		kg/cm^2(或 f)	≤3	≤3	2～4	≤3
煤层倾角		(°)	≤35	≤35	≤35	≤35
截深		mm	630、800	800、1000	800、1000	800、1000
滚筒直径		m	1.8、2.0	1.8、2.0	2.0	1.8、2.0
牵引方式			无链电牵引	无链电牵引		无链电牵引
牵引力		kN	562(V＜7.7)～352(V＞7.7)	576～360	577	576～360
牵引速度		m/min	0～7.7～12.3	0～7.5～12	0～12	0～7.5～12
链条规格(或无链牵引形式)		mm	齿轮销轨	齿轮销轨		齿轮销轨
滚筒中心距		mm				
机面高度		mm	1630	1685		1685
卧底量		mm	184、284	255、355		255、355
电动机	型号					
	功率	kW	400＋2×40	400＋2×40	400×2＋40×2	2×400＋2×40
	台数	台	3	3	4	4
	电压	V	1140	1140	1140	1140
耗水量/水压		L/min/MPa				
喷雾灭尘方式			内、外喷雾	内、外喷雾	内、外喷雾	内、外喷雾
控顶距		mm				
最大不可拆卸件尺寸(长×宽×高)/质量		mm/t			2300×960×600/5.1	
总重		t	55	50	56	50
设计单位						
制造厂			西安煤矿机械厂	西安煤矿机械厂	西安煤矿机械厂	西安煤矿机械厂

续表

技术特征		单位	采煤机型号			
			MXB－930	MXG－450	MXG－500(MXG－700)	MXH1200
采高		m	≤4.0	≤3.5	≤3.5	≤4.6
适应煤质硬度(或煤的坚固性系数)		kg/cm²(或 f)	≤3	≤3	≤3	≤3
煤层倾角		(°)	≤35	≤35	≤35	≤35
截深		mm	800、1000	600、800	630、800	800、1000
滚筒直径		m	1.8、2.0	1.4、1.6、1.8	1.6、1.8	2.0、2.3
牵引方式			无链电牵引	无链电牵引	无链电牵引	无链电牵引
牵引力		kN	576～360	415(V=4)	550(V>7.4)～360(V>7.4)	576(V=7.5)
牵引速度		m/min	0～7.5～12	8(T=2.8kN)	0～7.4～12	12(T=360kN)
链条规格(或无链牵引形式)		mm	齿轮销轨	齿轮销轨	齿轮销轨	齿轮销轨
滚筒中心距		mm				
机面高度		mm	1685		1428.53	1600
卧底量		mm	255、355	210、310	300、400	210、350
电动机	型号					
	功率	kW	2×425＋2×40	200×2＋50	2×200(2×300)＋2×40＋185	500×2＋40×2＋20＋100
	台数	台	4	3	5	6
	电压	V	1140	1140	1140	1140
耗水量/水压		L/min/MPa				
喷雾灭尘方式			内、外喷雾	内、外喷雾	内、外喷雾	内、外喷雾
控顶距		mm				
最大不可拆卸件尺寸(长×宽×高)/质量		mm/t				
总重		t	50	30	40	60
设计单位						
制造厂			西安煤矿机械厂	西安煤矿机械厂	西安煤矿机械厂	西安煤矿机械厂

续表

技术特征	单位	采煤机型号				
		MXG－475	MXG－150/350D	MXG－300/700D		
采高	m	1.7～3.5	1.5～2.95	1.8～3.5		
适应煤质硬度(或煤的坚固性系数)	kg/cm²(或 f)	$f=2$～4	$f=2$～4	$f=2$～4		
煤层倾角	(°)	≤35	≤30	≤40		
截深	mm	630、800	630、800	800		
滚筒直径	m	1.6、1.8	1.4、1.6	1.8、2.0		
牵引方式		无链	电牵引,无链	电牵引,无链		
牵引力	kN	385	385	500～300		
牵引速度	m/min	0～7	0～5.5	0～8.3～13.9		
链条规格(或无链牵引形式)	mm	齿销	电磁调速			
滚筒中心距	mm					
机面高度	mm					
卧底量	mm	300	220	300		
电动机 型号						
电动机 功率	kW	2×200＋75	2×150＋2×22＋5.5	700(总功率)		
电动机 台数	台	3	5	5		
电动机 电压	V	1140	1140	1140		
耗水量/水压	L/min/MPa					
喷雾灭尘方式		内、外喷雾	内、外喷雾	内、外喷雾		
控顶距	mm					
最大不可拆卸件尺寸(长×宽×高)/质量	mm/t	5180×1145×378/6.815	2440×1570×810/3	2490×2130×730/6		
总重	t	38.8	25	45		
设计单位						
制造厂		西安煤矿机械厂	西安煤矿机械厂	西安煤矿机械厂		

3. AM系列滚筒式采煤机技术特征（表1—9—3）

表1—9—3　采煤机主要技术特征表

技术特征		单　位	采　煤　机　型　号		
			AM500(/3.5)	AM500/4.5	AM500 (/3.5齿轮-销排)
采　高		m	2.2～3.5	3.3～4.5	2.2～3.5
适应煤质硬度(或煤的坚固性系数)		kg/cm²(或 f)	f≤4.5	f≤4.5	f≤4.5
煤层倾角		(°)	0～12	0～10	0～5
截　深		mm	686	660	686
滚筒直径		m	1.6、1.8、2.0	2.2	1.6、1.8、2.0
牵引方式			液压无链	液压无链	液压无链
牵引力		kN	360	500	280
牵引速度		m/min	0～7.2	0～5	0～8.2
链条规格(或无链牵引形式)		mm	滚轮—齿条	滚轮—齿条	齿轮—销排
滚筒中心距		mm	10073	10119	10073
机面高度		mm	1532	2670～2890	1559
卧底量		mm	200	250	200
电动机	型　号		DMB—375	DMB—375	DMB—375
	功　率	kW	375	375	375
	台　数	台	2	2	2
	电　压	V	1140	1140	1140
耗水量/水压		L/min/MPa			
喷雾灭尘方式			内、外喷雾及文丘里系统	内、外喷雾及文丘里系统	内、外喷雾及文丘里系统
控顶距		mm	2421	2458	2421
最大不可拆卸件尺寸(长×宽×高)/质量		mm/t	7625×1269×929/9 或3813×1269×929/4.5	7625×1300×855/8	7625×1269×929/9
总　重		t	～40	～60	～40
设计单位			引进英国安德逊公司技术	太矿在引进技术基础上改型设计	太矿在引进技术基础上改型设计
制造厂			太原矿山机器厂	太原矿山机器厂	太原矿山机器厂

续表

技术特征		单位	采煤机型号		
			AM500(大截深)	AM500/1.4	AM500/4.5Q
采高		m	2.2～3.5	1.4～2.5	3.2～4.5
适应煤质硬度(或煤的坚固性系数)		kg/cm²(或 f)	f≤3	f≤4.5	f≤4.5
煤层倾角		(°)	0～12	0～12	0～10
截深		mm	845	680	660
滚筒直径		m	1.6,1.8	1.4	2.2
牵引方式			液压无链	液压无链	液压无链
牵引力		kN	360	300	500
牵引速度		m/min	0～7.2	0～6.5	0～5
链条规格(或无链牵引形式)		mm	滚轮－齿条	滚轮－齿条	滚轮－齿条
滚筒中心距		mm	10073	8525	10073
机面高度		mm	1545	1160	2250～2750
卧底量		mm	200	150	190
电动机	型号		DMB－375	DMB－375	DMB－375
	功率	kW	375	375	375
	台数	台	2	1	2
	电压	V	1140	1140	1140
耗水量/水压		L/min/MPa			
喷雾灭尘方式			内、外喷雾及文丘里系统	内、外喷雾及文丘里系统	内、外喷雾及文丘里系统
控顶距		mm	2580	2464	2458
最大不可拆卸件尺寸(长×宽×高)/质量		mm/t	7625×1269×929/9 或 3813×1269×929/4.5	6145×1192×677/5.5	3815×1258×1527/5.6
总重		t	～40	～31	～50.5
设计单位			太矿在引进技术基础上改型设计	太矿设研所	太矿设研所
制造厂			太原矿山机器厂	太原矿山机器厂	太原矿山机器厂

4. 其他系列滚筒式采煤机技术特征（表 1—9—4）

表 1—9—4 采煤机主要技术特征表

技术特征		单 位	采 煤 机 型 号		
			DY150	MDY—150(100)A	MZS—150
采 高		m	1.1～2.5	1.1～2	1.3～2.5
适应煤质硬度(或煤的坚固性系数)		kg/cm^2(或 f)	$f \leqslant 3$	$f<3$	$f=2\sim3$
煤层倾角		(°)	≤15	<15	0～25
截 深		mm	100、800、600	600	600
滚筒直径		m	1.4、1.25、1.1	1.1	1.25
牵引方式			液压链牵引	有链	液压、单牵引、有链
牵 引 力		kN	125	120	205.8
牵引速度		m/min	0～8.2	0～6	0～8.6
链条规格(或无链牵引形式)		mm	$\phi22\times86$	$\phi22\times86$	$\phi22\times86$
滚筒中心距		mm			6730
机面高度		mm	1070、890	870	1190、1220
卧 底 量		mm	≥150	100	165
电动机	型 号		JDM_2B—150S(A)	JDM_2B—150S(100)	JDM_2B—150S
	功 率	kW	150	150(100)	150
	台 数	台	1	1	1
	电 压	V	660	660、1140	660
耗水量/水压		L/min/MPa	120/		
喷雾灭尘方式			内、外喷雾	内、外喷雾	内、外喷雾
控 顶 距		mm	1800	1745	1958
最大不可拆卸件尺寸(长×宽×高)/质量		mm/t	2000×760×235/1.457	1995×760×200/1.5	2020×760×430/1.0
总 重		t	12.5	12	22
设计单位			上海分院 无锡采煤机厂	煤科院上海分院	西安煤矿机械厂
制 造 厂			无锡采煤机械厂	辽源煤机厂	西安煤矿机械厂

5. 国外部分采煤机技术特征（表 1—9—5）

表 1—9—5　采煤机主要技术特征表

技术特征		单　位	采　煤　机　型　号			
			EDW－230/250－2L－2W	EDW－300－LN	EDW－450/1000－L	SL300
采　高		m	1.6～4.5	1.0～2.0	2.2～4.4	1.4～3.3
适应煤质硬度(或煤的坚固系数)		kg/cm²(或 f)				
煤层倾角		(°)				<22.5
截　深		mm	850～1000	800～1000	850～1000	850～1000
滚筒直径		mm	1500～2000	900～1800	1800～2500	1500～2000
牵引方式			电牵引	电牵引	电牵引	电牵引
牵 引 力		kN	≤278	≤277	≤581	≤609
牵引速度		m/min	≤14.3	≤18	≤11.9	≤24.5
链条规格(或无链牵引形式)		mm				
滚筒中心距		mm				10700、10900、11312
机面高度		mm				
卧 底 量		mm				
电动机	型　号					
	功　率	kW	511/551	335	1080	300×2、7.5×2、35×2
	台　数	台	3			6
	电　压	V	1000	1000	3300	1100/3300
耗水量/水压		L/min/MPa				200～400/1.5～10
喷雾灭尘方式						
控 顶 距		mm				
最大不可拆卸件尺寸(长×宽×高)/质量		mm/t				3065×2008×760/8
总　重		t	35	25	72	35～46
设计单位						
制 造 厂			艾柯夫兄弟机器制造与铸造有限公司			

续表

技术特征		单 位	采煤机型号			
			SL500	EL600	EL100/2000	EL3000
采 高		m	1.8～5.2	1.2～3.0	1.7～5.0	1.7～5.0
适应煤质硬度(或煤的坚固系数)		kg/cm²(或 f)		f=1～5	250～500	250～500
煤层倾角		(°)	<22.5	0～45	0～45	0～45
截 深		mm	850～1200	800～1200	600～850/850～1200	850～1200
滚筒直径		mm	1800～2500	1.15～2.0	1.0～2.6	1.0～2.6
牵引方式			电牵引	电牵引	电牵引	电牵引
牵 引 力		kN	≤998	490	392～980	392～980
牵引速度		m/min	≤28	0～20	0～24	0～36
链条规格(或无链牵引形式)		mm		无链牵引	无链牵引	无链牵引
滚筒中心距		mm	11970、12570	11100	12925	12925
机面高度		mm		880～1400	1227	1227
卧 底 量		mm		200～250	200～250	200～250
电动机	型 号			EL1220FF	EL1220FF	EL1220FF
	功 率	kW	500×2、22×2、54×2	200～375	600～1400	750～1400
	台 数	台	6	5	6～7	6～7
	电 压	V	3300、1000、315	1140～3300	1140～3300	1140～3300
耗水量/水压		L/min/MPa	200～400/1.5～10	135/1.7	135/1.7	135/1.7
喷雾灭尘方式				内、外喷	内、外喷	内、外喷
控 顶 距		mm				
最大不可拆卸件尺寸(长×宽×高)/质量		mm/t	3050×1168×2370/9.8	3210×1989×862/11.3	3890×1546×913/11.3	3890×1546×913/11.3
总 重		t	55～75	36～45	36～85	36～85
设计单位				安德森		
制 造 厂			艾柯夫兄弟机器制造与铸造有限公司	安德森		

续表

技术特征		单位	采煤机型号				
			6LS	MCLE300－DR6565	MCLE300－DR7575	MCLE600－DR102102	EL－3000
采高		m	1.8～4.5	1.4～4.2	0.8～1.8	1.9～4.5	2.2～4.5
适应煤质硬度(或煤的坚固系数)		kg/cm^2(或 f)					f≤6
煤层倾角		(°)					≤45
截深		mm	760～1020	760	800	1000	最大 1200
滚筒直径		mm	1.83～2.44	1600～2100	800	1600～2300	最大 2.7
牵引方式			电子牵引	无链	无链	电牵引	用户选择
牵引力		kN	414	294(有链)、568(无链)	294	588	850
牵引速度		m/min	0～12	≤13	≤8	≤18	0～26.4
链条规格(或无链牵引形式)		mm					用户选择
滚筒中心距		mm	13.3	10500	6038	12998	14700
机面高度		mm	1524	520	460	655	1350～2200
卧底量		mm			244	303	250
电动机	型号						
	功率	kW	1005	300	300	680	2×850+2×100+300+44
	台数	台	7			3	6
	电压	V	3300	1140	1140	3300	3300
耗水量/水压		L/min/MPa	大于 380/1.4				380/4.5
喷雾灭尘方式			内、外喷雾				内、外喷雾
控顶距		mm					
最大不可拆卸件尺寸(长×宽×高)/质量		mm/t					4500×1600×1300/30
总重		t	65	38	21	60	90
设计单位							德国 DBT 公司
制造厂			JOY 制造公司	日本三井三池制作所			德国 DBT 公司

（二）滚筒式采煤机产品型号编制方法

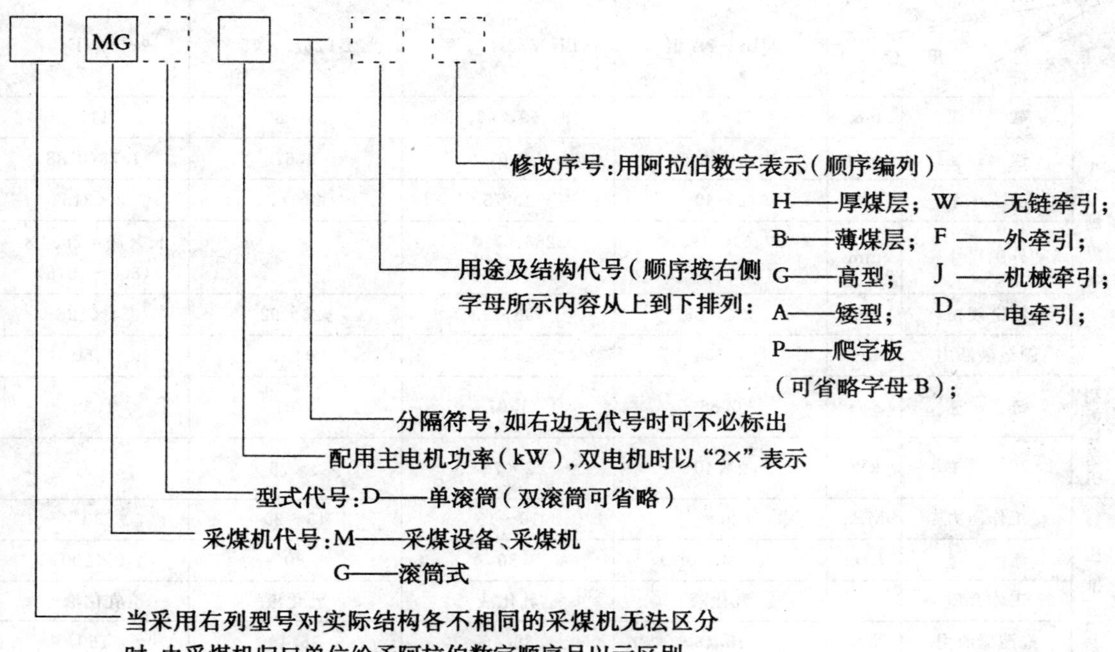

注:①当采煤机产品的用途及结构属于中厚煤层、基型、骑输送机、圆环链或钢丝绳牵引、内牵引、液压牵引时,其用途及结构的代号字母可省略。

②上述各虚线框在需要时方可编列。

（三）型号示例

电动机功率为300kW，用于中厚煤层基型，带无链牵引的双滚筒采煤机表示为：MG300－W。

电动机功率为150kW，用于中厚煤层的单滚筒采煤机表示为：MGD150。

电动机功率为150kW，用于薄煤层、爬底板结构的双滚筒采煤机表示为：MG150－P。

用两台电机，单机功率为200kW，用于中厚煤层的无链电牵引双滚筒采煤机表示为：MG2×200－WD。

二、刨煤机

（一）技术特征（表1－9－6）

表1－9－6　刨煤机主要技术特征表

技术特征 \ 型号	单位	MBJ－2A型	BH26/2×75型	BT26/2×75	9－34VE4.7
机组长度	m	200	150	150	200
生产率	t/h	200	250	250	900

续表

技术特征 \ 型号		单位	MBJ－2A 型	BH26/2×75 型	BT26/2×75	9－34VE4.7
刨煤	截　深	mm	50～80	40、50、60、80	50～80	110
	速　度	m/s	0.42	0.67	0.67	1.76/0.88
	功　率	kW	2×40	2×75	2×75	2×315
	外廓尺寸	mm	2740×1193×(380～860)	2286×710×(730～1230)		长×高＝2554×(800～1675)
	刨链规格	mm	ϕ24×86	ϕ26×92	ϕ26×92	34×126
	刨链破断力	kN	≥706	≥833	≥833	1450
刮板输送机	链　速	m/s	0.86	1.07	1.07	1.32
	功　率	kW	2×40	2×75	2×75	2×315
液压推进系统	工作压力	MPa	9.8	10～15	15～20	30
	流　量	L/m	45	80	80	2×200
	工作介质		乳化液	乳化液	乳化液	乳化液
	推溜器收力	kN	38.46	38.46	38.46	160
	推溜器行程	mm	700	700	700	750
机组总功率		kW	173	370	370	1260
供电电压		V	660	660/1140	660	1140
机组总重		t	93.7	127	550（含刮板机）	550（含刮板机）
生产厂			张家口煤机厂	张家口煤机厂	淮南矿山机器厂	德国 DBT 公司

（二）型号含义

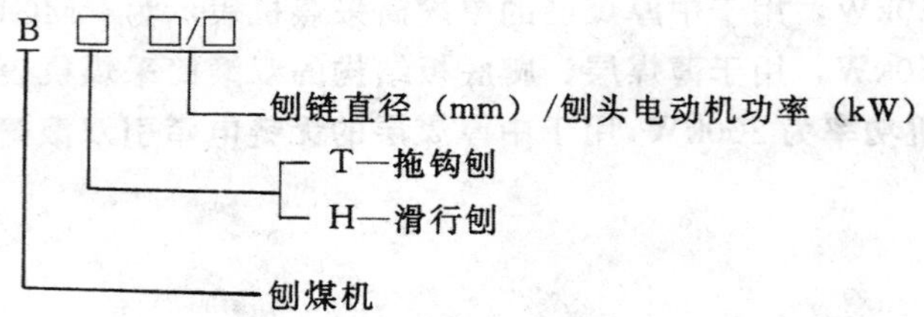

（三）使用范围

用于煤质中硬以下，顶底板较稳定的缓倾斜薄煤层采煤工作面完成落煤、装煤、运煤工序。

三、连续采煤机

1. 美国朗艾道（LONG－AIRDOX）公司

美国朗艾道公司为房柱式采煤法提供的连续采煤机成套设备包括：连续采煤机、顶板锚杆机、蓄电池运煤车、给料破碎机、蓄电池铲斗车、连续运输系统，其技术规格见表 1－9－

7～表1－9－11。

1）连续采煤机（表1－9－7）

表1－9－7　连续采煤机主要技术规格

项　目＼型　号	单位	CM－800	CM－728	CM－525
最大采高	mm	3708	3048	2159
截割宽度	mm	3150	3302	3302
截割滚筒直径	mm	965～1118	965～1118	724
运输机宽	mm	762	914	762
运输机速度	m/s	2.36	2.36	2.36
行走速度	m/min	21.35	21.35	21.35
对地比压	MPa	0.16	0.16	0.16
底盘高度	mm	312	229	152
卧底量	mm	254	273	273
工作电压（AC，50Hz）	V	1140/660	1140/660	1140/660
总装机容量	kW	664	690	534
外形尺寸（L×W×H）	mm	10744×3302×1220	10897×3302×1245	11670×3302×1118
重　量	t	47	49.9	39

2）顶板锚杆机（表1－9－8）

表1－9－8　顶板锚杆机主要技术规格

项　目		单位	RB1－50L	RB2－52A	RB2－88A
钻臂	给进量	mm	1320	1524	2235
	推　力	kg	3856	4540	4540
	摆动角度（内/外）	X°	18/18	13/43	16/57
钻杆	扭　矩	N－M	420	420	422
	转速（标准/可选）	RPM	514/614	514/614	514/614
底盘高度		mm	114	152	229
行走速度（无级变速）		m/min	0～36.6 0～18.3	0～39.6 0～19.8	0～39.6 0～19.8
转弯半径（内/外）		mm	小于机身长度	2896/6553	2896/6553
工作电压（50Hz）		V	660	660	660
电机功率		KW	37.3	60	60
外形尺寸（L×W×H）		m	5.99×2.34×0.74	7.62×3.09×0.813	7.67×3.07×1.37
重　量		t	～14	～16	～17

3）蓄电池运煤车（表1—9—9）

表1—9—9 蓄电池运煤车主要技术规格

运煤车型号	车体两段连接方式	总长（mm）	总宽（mm）	驾驶蓬高		转弯半径		轮距（mm）	空车重量（kg）	装载量	
				全部降下（mm）	全部升起（mm）	内径（mm）	外径（mm）			平斗容量（m^3）	满载容量（m^3）
CH810A	补偿连接	9982.2	3200.4	990.6	1397	3733.8	7645.4	5232.4	20 003	8.21	11.64
CH810B	球铰接	9982.2	3200.4	990.6	1397	3733.8	7645.4	5232.4	20 003	8.21	11.64
CH818	球铰接	10464.8	3098.8	1524	1778	3708	7366	5029.2	25 310	12.66	17.05

4）给料破碎机（表1—9—10）

表1—9—10 1030给料破碎机主要技术规格

项目		单位	1030	注
受料斗	容积	m^3	6.5	
	宽度	mm	3632	
处理能力		t/min	2.3/4.5	液压驱动
刮板输送机	宽度	mm	1270	
	速度	m/min	2.3/4.5	可调
卸载端对地高度		mm	432	
破碎滚	直径	mm	457	
	转速	r/min	111	
行走速度		m/min	14	液压驱动
履带对地比压		MPa	0.12	履带板宽381mm
电源电压（50Hz）		V	660	
电机功率	输送机	kW	56	
	破碎滚	kW	75	
外形尺寸（L×W×H）		m	9.14×3.36×0.94	
重量		t	16.32	

5）蓄电池铲斗车（表1—9—11）

表 1－9－11　蓄电池铲斗车主要技术规格

铲车型号	两段车体连接方式	总　长 (mm)	总　宽 (mm)	轮　距 (mm)	转弯内径 (mm)	转弯外径 (mm)	空载重量－不包括蓄电池 (kg)
482LA	球铰接	7924.8	2794	3327.4	2895.6	6604	8278.2
488LA	球铰接	8458.2	2921	3632.2	3542	6886	12746.16

6）连续运输系统

连续运输系统由 MBC 转载机、PB36C 驮运桥及 RFM 皮带机尾架组成，其主要技术规格见表 1－9－12～表 1－9－14。

表 1－9－12　MBC 转载机主要技术规格

型　　号		单　位	MBC27C	MBC30C
连续运输能力（最大）		t/min	11	15
输送机槽宽		mm	686	762
输送机链速		m/s	1.52	1.52
行走速度		m/min	16.76～19.8	16.76～19.8
履带对地比压（两端搭桥）		MPa	0.1	0.1
工作电压（50Hz）		V	660	660
电机功率	输送机	kW	15	15
	行　走	kW	30	30
对地间隙		mm	152	152
外形尺寸（L×W×H）		mm	8230×2515×648	8306×2648×826
重　　量		t	9.08	9.98

表 1－9－13　PB36C 驮运桥主要技术规格

项目		单位	数值	项目		单位	数值
机身（包括中部槽）长		mm	13100	刮板运输机	速　度	m/min	91.46
中部槽长		mm	3048	运输能力（最大）		t/min	30
连接销轴中心距（带中部槽）		mm	12192	工作电压（50Hz）		V	660
每侧可摆动角度		(°)	90°	电机功率		kW	2×15
刮板输送机	槽　宽	mm	914	外形尺寸（L×W×H）		m	13.1×1.77×1.22
	槽帮高	mm	355	重　　量		t	～5

表 1－9－14　RFM 皮带机尾架主要技术规格

项目	单位	数值	项目	单位	数值
连接皮带机的带宽	m	0.9，1.2	机尾滚筒直径	mm	203～508
标准架长×重量	m×kg	2.7×544	滑　橇　高	mm	101
中间架长×重量	m×kg	2.7×272	机　架　高	mm	360，500

2. 美国久益（JOY）公司

美国久益公司提供的连续采煤机及其配套设备有顶板锚杆打眼机、装载机、运煤车、可伸缩运输列车，其技术规格见表1－9－15～表1－9－19。

表1－9－15 连续采煤机主要技术规格

项目 \ 型号	12HM10	12CM11－9		12CM18－10B	14CM12		15CM2	
		A型	B型		A型	B型	A型	B型
最大采高（mm）	6000	3560	3660	3680	3000	3070	1524	1829
采煤能力（t/min）	10～15	8～12	8～12	8～23	8～12	8～12	4～8	4～8
最大截割高度/宽度（mm）	6000/3350	3657/2895	3657/2895	3680/3300	3048/3150	3070/3150	1524/2743	1829/2743
截割滚筒直径（mm）	1524	914	914	915	812	914	686	686
对底板压力（MPa）	0.24	0.17	0.17	0.17	0.176	0.176	0.155	0.155
工作电压(50Hz)（V）	1000				660	660	660	660
总装机容量（kW）		309	309	373	301	301	268	268
行走机构	履带	履带	履带	履带	履带	履带	履带	履带
开切口速度（m/min）	0～7	4.57	4.57	4.60	0～10.7	0～10.7		
灭尘方式	集尘器	喷水	喷水	喷水	集尘器	集尘器	喷水	喷水
外形尺寸（长×宽×高）(mm)	11278×3150×2080	10000×2743×1321	10000×2743×1321	10820×3150×997	10890×3048×648	10890×3048×724	10670×2743×584	10670×2743×660
总重量（t）	75	39.5	39.5	54	42.6	42.6	30.6	30.6

表1－9－16 顶板锚杆打眼机主要技术规格

项目 \ 型号	RBD－8B－1A	RBD－8B－1B	RBD－8B－2A	RBD－8B－2B
机架高度（mm）				
连控制臂	1035	1118	1092	1651
不连控制臂	844	927	1092	1651
长 度（mm）	＜7900	＜7900	＜9160	＜9160
宽 度（mm）	2200	2200	2260	2260
重 量（t）	8.6	8.6	8.6	8.6
行驶速度（m/min）	58	58	58	58
电机功率（kW）	36.75	36.75	36.75	36.75
钻孔范围（mm）				
水 平	＜6400	＜6400	＜6400	＜6400
垂 直	＜4400	＜4400	＜6000	＜6000
钻头推进速度（m/min）	0～6.7	0～6.7	0～8.53	0～8.53

表 1—9—17 14BU10—11 装载机主要技术规格

项目＼型号	14BU10—11A	14BU10—11B	14BU10—11C	14BU10—11D
装载能力（t/min）	10～18	10～23	10～23	10～23
适应煤层高度（m）	＞0.71	＞0.96	＞1.1	＞1.25
外型尺寸（mm）	8280×2400×610	8280×2400×838	8280×2400×965	8280×2400×1092
重量（t）	13.15	14.74	15.65	15.42
传送带宽度（mm）	762	762	762	762
电动机电压（50Hz）（V）	660	660	660	660
电动机总容量（kW） 其中 牵引用 泵用 装载头用	86.41 27.58 7.35 51.48	108.48 27.58 7.35 73.55	108.48 27.58 7.35 73.55	108.48 27.58 7.35 73.55

表 1—9—18 运煤车主要技术规格

型号＼项目		传送带宽度（mm）	装载能力（m^3）（无侧板）	最小转弯半径（mm）		外型尺寸（mm）长×宽×高	空车重量（t）	行驶速度（km/h）满载/空车
				内侧	外侧			
10SC22B	40B	1016	6.5	2464	6500	8382×2438×1524	16.33	7.2/8
	48B	1219	7.5	2464	6650	8382×2642×1524	16.33	7.2/8
	56B	1422	8.5	2464	6800	8382×3845×1524	16.33	7.2/8
21SC2—A 薄层煤车	48A	1219	2.83	2540	6650	7798×2921×813	11.60	
	56A	1422	3.39	2440	6730	7798×3124×826	11.60	
	64A	1625	3.82	2330	6790	7798×3327×864	11.60	

表 1—9—19 2FCT—1BH 灵活的可伸缩运输列车主要技术规格

项目	单位	规格
传送带长度	m	150
传送带运输能力	t/min	10
传送带速度	m/min	152
电动机总容量 其中 驱动胶带 4 台 牵引驱动 4 台 桥式装载机驱动 1 台	kW	90 18.4×4 2.2×4 7.35×1

第二节　煤矿支护设备

一、液压支架

（一）液压支架类型及其适用条件（表1—9—20）

表1—9—20　液压支架类型及其适用条件

支架类型	图　示	结构特点及其适用条件
支撑（节）式	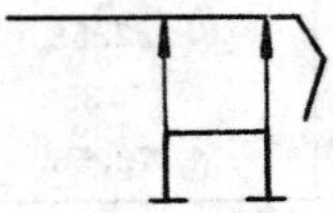	每节支架由两根立柱、顶梁、移架千斤顶等组成。支撑力较大，切顶能力强，遮盖顶板面积约65%左右。支架稳定性差。对破碎、不稳定顶板，大采高、大倾角适应性很差
支撑（垛）式	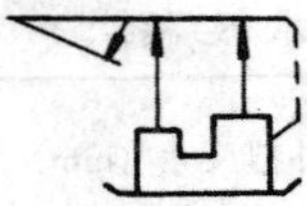	支架由4～6根立柱、顶梁、底座、移架千斤顶等组成。支撑力集中在后部，切顶力较强，但端部支护阻力小，抗水平推力较差。顶板遮盖率约85%，不适于不稳定顶板
插腿掩护式（短顶梁）	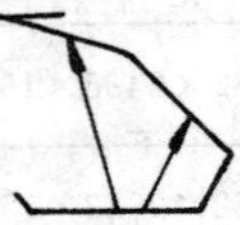	支撑力靠近煤壁，顶梁最短，顶板反复支撑次数最少，底板比压最小；支架稳定性好，顶板遮盖率高，支架造价低。切顶力小，通风断面小。适用于不稳定顶板
插腿掩护式（长顶梁）		基本特点同前，是一种掩护式支架，但端部支撑力小于前一种，通风断面高于前者。支撑效率较低（与支撑式比较），约为70%。适用于不稳定顶板
掩护式	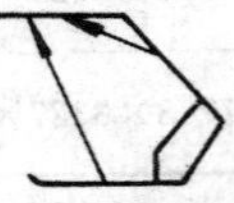	顶板遮盖率较高（90%）以上，支撑力较高，抗水平剪切能力较大，支架的纵、横向稳定性好，对不稳定顶板适应性强。对软底板，底座前端有陷入可能
四柱支撑掩护式	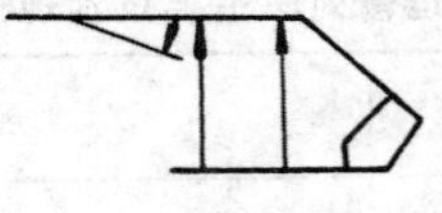	支架支撑力较高，端部支撑能力及切顶能力较强，支架抗水平力较大，纵向、横向稳定性好，顶板遮盖率较高。对底板适应性高于掩护式，但对不稳定顶板适应性略低
支撑掩护式（混合式）	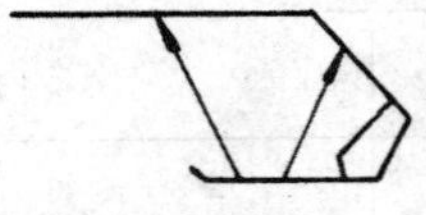	基本特点同四柱支撑掩护式，但支撑力低于前者，结构较复杂
放顶煤工作面用	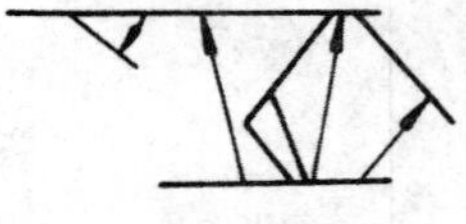	基本结构接近前一种支架，但附加了掩护梁及放煤窗口的可调千斤顶。支撑力较高，对不稳定顶板适应性较好。对大倾角适应性差，造价高

（二）液压支架技术特征

1. 掩护式液压支架技术特征（表 1－9－21）

表 1－9－21 掩护式液压支架技术特征

支架型号	支架型式	支撑高度 (m)	适用条件 煤层厚度 (m)	煤层倾角 (°)	顶板 老顶 (级)	顶板 直接顶 (类)	工作阻力 (kN)	初撑力 (kN)	操作方式	外形尺寸 (长×宽×高) (mm)	支架中心距 (mm)	支护强度 (MPa)	对底板最大比压 (MPa)	泵站工作压力 (MPa)	安全阀开启压力 (MPa)	支架移架步距 (mm)	支架重量 (t)	最大不可拆卸件 外形尺寸 (长×宽×高) (mm)	最大不可拆卸件 重量 (t)	生产厂
QY200－5.5/17	掩护式	0.55～1.70	0.8～1.5	＜30	Ⅰ，Ⅱ	1，2	2000	948		4035×1570×550		0.244～0.39	2.34	27.5			6.10	2820×1400×400	1.68	郑州煤机厂
BY200－06/15	掩护式	0.6～1.5	0.8～1.3	≤25			1650	1620	邻架	3760×1420（长×宽）	1500	0.38	0.90 1.12	31.4	38.67	600	6.00			北京煤机厂
ZYL2200－09/20	掩护式	0.9～2.0	1.1～1.8	≤15	Ⅱ	2	1841～2251	1573～1924	本架	4435×1420×900	1500	0.34～0.44	1.84	29.4	34.4	700	7.5	3340×1390×400	2.1	重庆庆江机械厂
ZY2400/10/26	掩护式	1.0～2.60	2.4	≤25	Ⅱ	2	2400	1256	邻架	4850×1430×1000	1500	0.45	2.56	20	38.1	700	8.5			平阳机械厂
BY300－11/28	掩护式	1.1～2.8	1.3～2.8	＜30	Ⅰ，Ⅱ	1，2	3000	1632～2014	邻架	4833×1420×1100	1500	0.55	1.17 2.48	31.5	43.3	600	9.24			北京煤机厂
ZY2600/12/28	掩护式	1.2～2.8	2.6	≤7	Ⅱ	2	2600	2175	邻架	4000×1400×1200	1500	0.52	0.84	31.4	37.5	700	11.00			平阳机械厂
ZY3000－12/28	掩护式	1.2～2.8	1.4～2.6	≤25	Ⅲ	2	2060～2854	1355～1877	本架	4030×1420×1200	1500	0.37～0.58	2.1～2.5	31.5	47.7	700	10.2	2240×1265×590	1.9	重庆庆江机械厂
ZYG3200－13/32A	掩护式	1.3～3.2	1.5～3.0	≤35	Ⅱ	1	2826～2940	2293～2388	本架	4900×1390×1300	1500	0.6～0.65	0.54～1.28	31.5	38.5	700	12.1	2906×1348×460	2.6	重庆庆江机械厂
ZY3200/13/32	掩护式	1.3～3.2	3.0	≤35	Ⅱ	2	3200	2400	邻架	5000×1400×1300	1500	0.61	2.56	31.4	42	700	9.5			平阳机械厂
ZY3300－13/33	掩护式	1.34～3.29					3300	2618	本架	4000×1430（长×宽）		0.62		31.5		600	10.99			北京煤机厂

续表

支架型号	支架型式	支撑高度(m)	适用条件				工作阻力(kN)	初撑力(kN)	操作方式	外形尺寸(长×宽×高)(mm)	支架中心距(mm)	支护强度(MPa)	对底板最大比压(MPa)	泵站工作压力(MPa)	安全阀开启压力(MPa)	支架移架步距(mm)	支架重量(t)	最大不可拆卸件		生产厂
			煤层厚度(m)	煤层倾角(°)	顶板 老顶(级)	顶板 直接顶(类)												外形尺寸(长×宽×高)(mm)	重量(t)	
QY200—14/31	掩护式	1.4~3.1	1.6~2.9	≤25	Ⅱ	2	1746~1952	1118~1245	本架	4330×1420×1440	1500	0.42~0.47	1.73 2.36	31.5	49.0	700	6.3	2540×1390×610	1.2	重庆庆江机器厂
QY200—14/31	掩护式经济型	1.4~3.1	1.7~2.9	<25	Ⅰ，Ⅱ		1960	1140~1270	邻架	4330×1420(长×宽)	1500	0.48	1.76 2.41	31.4		600	6.1			北京煤机厂
QY200—14/31	掩护式	1.4~3.1	1.7~3.0	<25	Ⅰ，Ⅱ	1，2	1960	1140~1270		4330×1420×1400	1500	0.431~0.485	1.7~2.4	31.4			6.45	2540×1390×610	1.21	郑州煤机厂
ZY3600—14/32	掩护式	1.4~3.2	1.6~3.0	≤35	Ⅲ	1	3430~3633	2487~2635	本架	5550×1430×1400	1500	0.6~0.64	1.1~1.6	31.5	43.3	700~900	14.0	3310×1398×560	3.2	重庆庆江机械厂
ZYQ1800—14.5/32	掩护式	1.45~3.2	1.5~3.0	≤35	Ⅱ	2	1431~1658	1023~1185	本架	3987×1420×1400	1500	0.40~0.47	1.4~2.03	31.5	43.9	700	5.3	2290×1390×590	1.0	重庆庆江机械厂
ZYY3600/1.5/26	掩护式	1.55~2.60	2.4	<15	Ⅰ，Ⅱ	1，2	3600	3000		4120×1430×1550		0.64	1.23	31.36			13.00	2720×1300×820	2.85	郑州煤机厂
ZY5000/15.5/26	掩护式	1.55~2.6	2.4	<15	Ⅰ，Ⅱ	1，2	3600	3000		4120×1430×1550		0.64	1.23	31.36			13.00	2720×1300×820	2.85	郑州煤机厂
ZY5000/16/27.5	掩护式	1.6~2.76	中厚	<15	Ⅰ，Ⅱ	1，2	5000	3078.7		5600×1420×1600		0.6~0.73	1.60~2.0	25			15.95	3875×1380×490	4.88	郑州煤机厂
ZY3500/16/38	掩护式	1.6~3.8	3.6	≤20	Ⅱ	2	1750	1304	邻架	5400×1430×1600	1500	0.7	1.40	31.4	41.2	700	15.30			平阳机械厂
BY$_{3A}$3200—17/35	掩护式	1.7~3.5	三软煤层	≤35	Ⅰ，Ⅱ	1，2	2658~2952	2157~2363	邻架	4785×1400×1700	1500	0.59~0.64	1.18 1.27	31.38	49.06		10.94			北京煤机厂
ZY2500—15/37	掩护式	1.7~3.7	1.7~3.5	≤35	Ⅱ	1	2196~2588	1732~2042	本架	3957×1420×1500	1500	0.43~0.5	0.58 1.93	31.5	39.8	700	9.0	3030×1402×420	2.1	重庆庆江机械厂
QY320—20/38	掩护式	2.0~3.8	中厚	<35	Ⅰ，Ⅱ	1，2	3200	2650		4560×1430×2000	1500	0.671	2.1	31.4			10.09	2120×1200×980	1.62	郑州煤机厂

续表

支架型号	支架型式	支撑高度(m)	适用条件				工作阻力(kN)	初撑力(kN)	操作方式	外形尺寸(长×宽×高)(mm)	支架中心距(mm)	支护强度(MPa)	对底板最大比压(MPa)	泵站工作压力(MPa)	安全阀开启压力(MPa)	支架移架步距(mm)	支架重量(t)	最大不可拆卸件		生产厂
			煤层厚度(m)	煤层倾角(°)	顶板													外形尺寸(长×宽×高)(mm)	重量(t)	
					老顶(级)	直接顶(类)														
ZYY4410/23/42	掩护式	2.3~4.2	三软煤层				4410	3884	邻架	6160×1430(长×宽)	1500	0.64	1.1	31.5		600	18.87			北京煤机厂
ZYX3400/23/45	掩护式	2.3~4.5	4.3	<=35	Ⅱ	2	3400	2608	邻架	5470×1430×2300	1500	0.58	1.34	31.4	40.9	750	22.00			平阳机械厂
BY3600−25/50	掩护式	2.5~5.0	3.0~4.8	<25	Ⅱ_2		3600	3092	邻架	6020×1430(长×宽)	1500	0.61~0.53	1.31	31.5		600	22.00			北京煤机厂
ZY6000/25/50	掩护式	2.5~5.0					6000	5048	本架	6670×1430×2500(运输尺寸)	1500	0.827~0.864	1.61~3.80	31.4		1000	23			北京煤矿机械厂(已用于神东矿区)
ZY6400/09/20D(电液控制)	掩护式	0.9~2.0					6400	5066	电液控制	长×宽=5430×1440	1500	0.773~0.995	2.5	31.5	39.8	600				北京煤矿机械厂(已用于兖矿集团)
ZY5000/25/50	掩护式	2.5~5.0					5000	3867			1500	0.73~0.76	2.7~2.7				22.88			天地公司
XZ7000/22/43	履带行走	2.2~4.3					7000	5665		6530×2300×2200		0.76~0.78	2.4	23			42			天地公司(与连采机配套)
XZ7000/24/45	履带行走	2.4~4.5					7000	5665		5845×2300×2300		0.82~0.96	2.4	23			42			天地公司(与连采机配套)

注："型号"一栏中凡"Z"字打头的支架型号均为行业统一编号，其余为未统一之前各厂家自己的编号。

2. 支撑掩护式液压支架技术特征（表1—9—22）

表1—9—22 支撑掩护式液压支架技术特征

支架型号	支架型式	支撑高度（m）	适用条件 煤层厚度（m）	适用条件 煤层倾角（°）	适用条件 顶板 老顶（级）	适用条件 顶板 直接顶（类）	工作阻力（kN）	初撑力（kN）	操作方式	外形尺寸（长×宽×高）（mm）	支架中心距（mm）	支护强度（MPa）	对底板最大比压（MPa）	泵站工作压力（MPa）	安全阀开启压力（MPa）	支架移架步距（mm）	支架重量（t）	最大不可拆卸件 外形尺寸（长×宽×高）（mm）	最大不可拆卸件 重量（t）	生产厂
ZZ5000/7/14	支撑掩护式	0.7～1.4	1.2	≤15	Ⅱ～Ⅲ	2～3	5000	4652	邻架	4890×1420×700	1500	0.76	2.98	31.4	30.1	900	8.1			平阳机械厂
ZZ4000/9/21	支撑掩护式	0.9～2.1	2	≤25	Ⅱ	2	4000	3326		5120×1500×2100（运输尺寸）		0.57 0.42	1.59	27.5			10.8	3095×1420×500	2.7	郑州煤机厂
ZZ5100/10/17.5	支撑掩护式	1.0～1.75	1.5	≤15	Ⅱ～Ⅲ	2～3	5100	3452	邻架	4295×1440×1000	1500	0.83	1.67	31.4	40.6	900	10.5			平阳机械厂
BZY520—1.0/1.75	支撑掩护式	1.0～1.75	1.2～1.55	≤15	Ⅲ	4	5100	3946	邻架	4765×1440×1000	1500	0.78 0.83	1.87	31.5	40.6	700～900	10.2	2380×1440×505	2.8	重庆庆江机器厂
ZZ5200—11/18	支撑掩护式	1.1～1.8	1.3～1.6	≤20	Ⅲ	3	5100	3958		4945×1450×1100	1500	0.7～0.8	2.0	31.5	40.6	700～900	12.5	2650×1400×757	2.8	重庆庆江机器厂
ZY500—12/19	支撑掩护式	1.2～1.9	中厚	＜15	Ⅰ，Ⅱ	1，2	4900	4072		4500×1400×1200（运输尺寸）		0.81	1.80	25.5			11.6	2555×1440×520	2.5	郑州煤机厂
BC560—12/19	支撑掩护式	1.2～1.9	1.5～2.0	≤15	Ⅲ	2，3	5500	3958	邻架	5200×1400（长×宽）	1500	0.96	3.04	31.4		600	12			北京煤机厂
ZZS5600—14/28	支撑掩护式	1.4～2.8	1.6～2.6	≤20	Ⅳ	3	5600	4810	先导邻架	5830×1450×1400	1500	0.73～0.98	2.9	24.5	28.5	700～900	17.4	4750×1450×375	5.6	重庆庆江机器厂
ZY560—16.5/26	支撑掩护式	1.65～2.65	中厚	＜10	Ⅱ，Ⅲ	2，3	5600	4736		3530×1400×1650（运输尺寸）		0.84	2.00	28.5			14.6	3053×1400	4.2	郑州煤机厂

续表

支架型号	支架型式	支撑高度(m)	适用条件				工作阻力(kN)	初撑力(kN)	操作方式	外形尺寸(长×宽×高)(mm)	支架中心距(mm)	支护强度(MPa)	对底板最大比压(MPa)	泵站工作压力(MPa)	安全阀开启压力(MPa)	支架移架步距(mm)	支架重量(t)	最大不可拆卸件		生产厂
			煤层厚度(m)	煤层倾角(°)	顶板													外形尺寸(长×宽×高)(mm)	重量(t)	
					老顶(级)	直接顶(类)														
ZZ5600/16.5/26.5	支撑掩护式	1.65～2.65	2.5	≤25	Ⅰ～Ⅲ	2～3	5600	4736	邻架	5040×1400×1650	1500	0.84	2.48	28	33.7	750	14.0			平阳机械厂
FJ4×457－1.64/3.5	支撑掩护式	1.64～3.5	1.85～3.3	≤18	Ⅲ	3	4479	3712	邻架	5900×1400×1640	1500	0.83	1.96	30.1	37.4	775	13.8	3430×1400×350	2.7	重庆庆江机器厂
ZZ4000/17/35	支撑掩护式	1.7～3.5	3.3	≤25	Ⅰ～Ⅲ	2	4000	1884	邻架	5673×1420×1700	1500	0.78	2.15	25	31.84	700	10.5			平阳机械厂
ZZ4000/17/35	支撑掩护式	1.7～3.5	2.1～3.5	＜15			4000	1884	邻架本架	5900×1420(长×宽)		0.73	1.17	24.5		600	13			北京煤机厂
ZZ560K－17/35	支撑掩护式	1.7～3.5	1.7～3.30	≤30	Ⅳ	3	5484	4637	邻架	5869×1430×1700	1500	0.91	1.8～2.0	27.9	33.0	700	14.6	2520×1250×1097	2.5	重庆庆江机器厂
ZY35－17/35	支撑掩护式	1.7～3.5	中厚	＜25	Ⅱ	2	4000	1884		5678×1420×1700(运输尺寸)		0.73	1.82	14.7			12.0	2275×1428×700	2.8	郑州煤机厂
ZZX35.0	支撑掩护式	1.7～3.5		≤30	Ⅰ，Ⅲ	2，3	4000	3510		4300×1430×1700	1500	0.8～0.85	1.65	28	35		14.64			张家口市千斤顶厂
ZZS6000－17/37	支撑掩护式	1.7～3.7	1.9～3.5	≤15	Ⅳ	4	6000	5105		5725×1450×1700	1500	0.81～0.91	1.9	26	30.6	900～1100	19.0	4575×1450×700	5.9	重庆庆江机器厂
ZZ5500－17.5/29.5	支撑掩护式	1.75～2.95	1.95～2.75	≤15	Ⅳ	3	5393	3941	邻架	4960×1420×1750	1500	0.85	2.96	31.5	42.9	750	12.3	2470×1420×490	2.7	重庆庆江机器厂
ZZ4400/18/38	支撑掩护式	1.8～3.8	3.6	≤15	Ⅱ	2	4400	3080	邻架	5850×1450×1800	1500	0.77	2.56	24.5	35	700	15.2			平阳机械厂

续表

支架型号	支架型式	支撑高度(m)	适用条件				工作阻力(kN)	初撑力(kN)	操作方式	外形尺寸(长×宽×高)(mm)	支架中心距(mm)	支护强度(MPa)	对底板最大比压(MPa)	泵站工作压力(MPa)	安全阀开启压力(MPa)	支架移架步距(mm)	支架重量(t)	最大不可拆卸件		生产厂
			煤层厚度(m)	煤层倾角(°)	顶板													外形尺寸(长×宽×高)(mm)	重量(t)	
					老顶(级)	直接顶(类)														
TZ720—20.5/32	支撑掩护式	2.05~3.2	3.25	≤15	Ⅱ，Ⅲ	3，4	7200	5320		3610×1420×2050（运输尺寸）		1.03	4.35	31.4			17.0	2620×1420×647	4.2	郑州煤机厂
ZZ7200/20.5/32	支撑掩护式	2.05~3.2	3.0	≤15	Ⅱ～Ⅲ	2~3	7200	5216	邻架	3625×1420×2050	1500	1.03	4.35	31.4	43.3	750	17.0			平阳机械厂
TZ720—20.5/32.4	支撑掩护式	2.05~3.24	2.25 3.05	≤15	Ⅳ	4	7057	5217	邻架	4841×1420×2050	1500	1.03	4.03	31.5	42.4	750	16.5	2760×1420×610	3.8	重庆庆江机器厂
ZZ6000/21/35	支撑掩护式	2.1~3.5	3.3	≤15	Ⅱ～Ⅲ	2~3	6000	5209	邻架	5100×1420×2100	1500	0.84	3.26	31.4	35.4	750	14.0			平阳机械厂
ZZ5600/23/47（B）	支撑掩护式	2.3~4.7		<15			5600	5000	邻架	6100×1500（长×宽）		0.98		31.5		700	19.5			北京煤机厂
ZZ10000/29/47	支撑掩护式	2.9~4.7	4.5	<15	Ⅱ	1，2	10000	6895		1660×4700×2900（运输尺寸）		1.10	3.22	31.5			25.68	2780×1500×1793	5.9	郑州煤机厂
ZZ6000/25/50	支撑掩护	2.5~5.0		<20			6000	5643	本架	长×宽＝6000×1430	1500	0.89~0.97	0.87	31.4		700	24.518			北京煤矿机械厂（已用于沈阳、双鸭山矿区）
ZZS5600A/14/28	支撑掩护	2.8~1.4	1.5~2.7	≤15	Ⅱ～Ⅳ	Ⅰ～Ⅲ	5600	4800	邻架先导	5830×1450×1400		0.98	2.9	31.5			17.3			天地公司
ZZ5200/11/18	支撑掩护	1.8~1.1	1.2~1.75	≤10	Ⅱ～Ⅳ	Ⅰ～Ⅲ	5100	3958	本架及邻架电液	4945×1450×1100		0.798~0.702	2.04	31.5						天地公司（已用于大同局马脊梁矿）

3. 支撑式液压支架技术特征（表1—9—23）

表1—9—23 支撑式液压支架技术特征

支架型号	支架型式	支撑高度(m)	适用条件				工作阻力(kN)	初撑力(kN)	操作方式	外形尺寸(长×宽×高)(mm)	支架中心距(mm)	支护强度(MPa)	对底板最大比压(MPa)	泵站工作压力(MPa)	安全阀开启压力(MPa)	支架移架步距(mm)	支架重量(t)	最大不可拆卸件		生产厂
			煤层厚度(m)	煤层倾角(°)	顶板													外形尺寸(长×宽×高)(mm)	重量(t)	
					老顶(级)	直接顶(类)														
ZD1600/7/13 (BZZC)	支撑式	0.7～1.32					1569.6	559		3400×900×700	1200	0.365	1.04	14.7			2.43			
ZD4000/9/17 (TZIB)	支撑式	0.91～1.715					3924	1236		3200×1256×1715	1500	0.739	3.64 4.18	10.2			3.7			
ZD 2400/13/22 (BZZC)	支撑式	1.3～2.245					2354	602		3798×1040×1500	1200	0.51	2.07	10.2			4.18			

4. 特种用途液压支架技术特征

1）放顶煤液压支架技术特征（表1—9—24）

表1—9—24 放顶煤液压支架技术特征

支架型号	支架型式	支撑高度(m)	适用条件				工作阻力(kN)	初撑力(kN)	操作方式	外形尺寸(长×宽×高)(mm)	支架中心距(mm)	支护强度(MPa)	对底板最大比压(MPa)	泵站工作压力(MPa)	安全阀开启压力(MPa)	支架移架步距(mm)	支架重量(t)	最大不可拆卸件		生产厂
			煤层厚度(m)	煤层倾角(°)	顶板													外形尺寸(长×宽×高)(mm)	重量(t)	
					老顶(级)	直接顶(类)														
FY400—14/28		1.4～2.8	5～15	<12	Ⅱ	2	3921	2508		4680×1430×1400		0.656～0.715	1.4～1.49	31.4			11.2	2500×1330×855	2.12	郑州煤机厂
ZFS2800/15/28		1.55～2.80	5～14	≤15	Ⅱ	2	2800	2000		2700×1430×1550		0.511	1.16～1.3	31.36			10.0	2550×1414×260	1.95	郑州煤机厂

续表

支架型号	支架型式	支撑高度(m)	适用条件				工作阻力(kN)	初撑力(kN)	操作方式	外形尺寸(长×宽×高)(mm)	支架中心距(mm)	支护强度(MPa)	对底板最大比压(MPa)	泵站工作压力(MPa)	安全阀开启压力(MPa)	支架移架步距(mm)	支架重量(t)	最大不可拆卸件		生产厂
			煤层厚度(m)	煤层倾角(°)	顶板													外形尺寸(长×宽×高)(mm)	重量(t)	
					老顶(级)	直接顶(类)														
ZFS4000/15/32		1.5~3.2		≤25	Ⅰ~Ⅱ	2	4064	3694	邻架	5000×1430×1550	1500	0.70	1.43	29.4	32.3	800	16.0			平阳机械厂
ZFSB3200/16/28		1.6~2.8	6~15	0~30	Ⅰ，Ⅱ	1，2	3126	2486		5750×1428×1600		0.55	1.08	24.5			13.9	1150×1428×420	2.69	郑州煤机厂
ZFSB2200/16/24A		1.6~2.4	5~12	<15			2200	1600	本架	3890×1470×1600	1500	0.4~0.48	1.20	31.4			6.80			兰州煤矿机械厂
ZFS3000/15/30 (FZ300－15/30)	支掩式	1.56~3.04					2940	2509			1500	0.436~0.50	1.2	31.4			11.1			
ZFS4800－16/26B	支撑掩护式	1.6~2.6		≤35			4800	3958	本架	6012×1420×1600	1500	0.91	1.29	31.5		600	18.59			北京煤机厂
ZFS4000/16/28 (FYC400－16/28)	支掩式	1.6~2.8					3920	3680			1500	0.729~0.745	1.1~1.4	29.3			12.0			
ZFD5600/24/32		1.6~3.2	中厚	≤15	Ⅰ，Ⅱ	1，2	2578	1897		5210×1434×1600		1.008	1.11	31.36			15.2	3105×1320×910	4.03	郑州煤机厂
ZFS5400/17/26		1.7~2.6	6~15	<15	Ⅱ	2	5292	3940		5200×1430×1700		0.79	1.40	31.36			18.7	3952×1300×1030	5.66	郑州煤机厂
ZFS4000/17/28C		1.7~2.8		≤15	Ⅰ~Ⅱ	2	4020	3950	邻架	6080×1430×1700	1500	0.67	1.80	31.4	31.9	700	16.5			平阳机械厂
ZYF4000/17/30		1.7~3.0	6	≤25	Ⅱ	2	4000	2623		6455×1450×1700		0.98	1.22	28			15.3	2953×1310×750	3.37	郑州煤机厂
ZFP5400－17/32		1.7~3.2	2~20	≤15	Ⅳ	3	5400	5200	邻架	6500×1430×1700	1500	0.74	1.93	31.5	32.5	700	19.10	3024×1430×443	4.1	重庆庆江机械厂

续表

支架型号	支架型式	支撑高度(m)	适用条件				工作阻力(kN)	初撑力(kN)	操作方式	外形尺寸(长×宽×高)(mm)	支架中心距(mm)	支护强度(MPa)	对底板最大比压(MPa)	泵站工作压力(MPa)	安全阀开启压力(MPa)	支架移架步距(mm)	支架重量(t)	最大不可拆卸件		生产厂
			煤层厚度(m)	煤层倾角(°)	顶板													外形尺寸(长×宽×高)(mm)	重量(t)	
					老顶(级)	直接顶(类)														
ZZP4800/17/33F(铺网放顶煤)		1.7~3.3		≤15	Ⅱ	1，2	4800	3958	本架	5000×1420(长×宽)	1500	0.65	1.98	31.5		800	19.00	2730×1180×1120	2.98	北京煤机厂
ZFS400—17/35		1.7~3.5	中厚	≤15	Ⅱ，Ⅲ	2，3	3920	3000		5170×1428×1700		0.64	1.57	24.5			15.5	3987×1428×450	2.70	郑州煤机厂
ZFS3000/19/28（A）		1.9~2.8	5~15	≤15	Ⅰ，Ⅱ	1，2	2940	2572		4870×1598×1900		0.67~0.75	0.65 1.44	31.36			10.49	3000×1598×647	2.79	郑州煤机厂
ZFS6000/20/30		2.0~3.0	5~15	<12	Ⅱ	2	6000	5313		6429×1430×2000		0.96	1.25	31.36			19.0	3850×1350×1030	5.70	郑州煤机厂
ZFS6200/18/35	低位放顶煤	1.8~3.5	6.0~10.0	<20	Ⅰ~Ⅱ	Ⅰ~Ⅱ	6200	5232	本架邻架		1500	0.8~0.86	1.9	31.5			21.695			北京煤矿机械厂(已用于兖矿集团)
ZZF5200/19/32S	低位放顶煤	1.9~3.2					5200	4652				0.668	1.88	31.5			18.4			天地公司
ZF3700/17/28	支掩式放顶煤	1.7~2.8	4~12				3700	3196				0.69~0.70	1.1				11.3			天地公司
ZF4800/17/28H	大插板放顶煤	1.7~2.8	5~15				4800	3946				0.72~0.73	0.5				16.5			天地公司

2）铺网液压支架技术特征（表1－9－25）

表1－9－25 铺网液压支架技术特征

支架型号	支架型式	支撑高度（m）	适用条件				工作阻力（kN）	初撑力（kN）	操作方式	外形尺寸（长×宽×高）（mm）	支架中心距（mm）	支护强度（MPa）	对底板最大比压（MPa）	泵站工作压力（MPa）	安全阀开启压力（MPa）	支架移架步距（mm）	支架重量（t）	最大不可拆卸件		生产厂
			煤层厚度（m）	煤层倾角（°）	顶板													外形尺寸（长×宽×高）（mm）	重量（t）	
					老顶（级）	直接顶（类）														
ZZP4000/14/30		1.4～2.98	中厚	≤15	Ⅱ，Ⅲ	2，3	4000	3141		6430×1430×1400		0.59～0.626	1.81	24.5			14.43	2898×1420×450	3.16	郑州煤机厂
ZYP3200/14.5/32				≤10	Ⅰ～Ⅱ	2	3308	2748	邻架	4150×1420×1450	1500	0.66	2.60	31.4	38.5	700	12.5			平阳机械厂
ZZP5200/17/35		1.7～3.5	中厚	≤15	Ⅱ，Ⅲ	2，3	5200	4410		5800×1600×1700		0.8667	1.8	27.5			15.4	4140×1430×460	3.80	郑州煤机厂
BC400－17/35P	掩护式	1.7～3.5	2～3.5	≤12	Ⅱ	1，2	3930	3080	邻架本架	5400×（1400～1600）	1500	0.73	1.82	24.5			13.00			北京煤机厂
ZZP5100/17/35（B）	支撑掩护式	1.7～3.5	2～3.5	＜15	Ⅲ	2	5100	3941	邻架	5970×1420	1500	0.87	2.20	31.5		600	15.00			北京煤机厂
PLZ6000B－19.5/31		1.95～3.1	中厚	≤15	Ⅳ	4	5880	5210		3550×1420×1950		0.852	3.43	31.36			17.6	3000×1420×570	3.62	郑州煤机厂
ZZ5200/19.5/42	支撑掩护式	1.95～4.2		≤15	Ⅰ，Ⅱ	2，3	5200	4364		6200×1400	1500	0.89	1.99	31.5		600	16.5	2750×1420×750	3.87	北京煤机厂

3）铺网放顶煤液压支架技术特征（表1—9—26）

表1—9—26 铺网放顶煤液压支架技术特征

支架型号	支架型式	支撑高度（m）	适用条件				工作阻力（kN）	初撑力（kN）	操作方式	外形尺寸（长×宽×高）（mm）	支架中心距（mm）	支护强度（MPa）	对底板最大比压（MPa）	泵站工作压力（MPa）	安全阀开启压力（MPa）	支架移架步距（mm）	支架重量（t）	最大不可拆卸件		生产厂
			煤层厚度（m）	煤层倾角（°）	顶板 老顶（级）	顶板 直接顶（类）												外形尺寸（长×宽×高）（mm）	重量（t）	
FZ250—15/28		1.5～2.86	三软	<15	Ⅰ	1	2500	2000		4500×1430×1500		0.433	0.9	24.4			11.98	2308×1482×470	2.0	郑州煤机厂
ZFP5200/17/32		1.7～3.2	中厚	≤15	Ⅰ，Ⅱ	1，2	5200	4552		5363×1430×1700		0.76	1.93	27.4			18.00	2540×1250×1080	3.1	郑州煤机厂
ZZPF4800—17/35		1.7～3.5	6	≤15		2	4800	4000		5100×1430×1700		0.71	1.81	31.5			17.00	3100×1430×450	3.2	郑州煤机厂

4）大倾角液压支架技术特征（表1—9—27）

表1—9—27 大倾角液压支架技术特征

支架型号	支架型式	支撑高度（m）	适用条件				工作阻力（kN）	初撑力（kN）	操作方式	外形尺寸（长×宽×高）（mm）	支架中心距（mm）	支护强度（MPa）	对底板最大比压（MPa）	泵站工作压力（MPa）	安全阀开启压力（MPa）	支架移架步距（mm）	支架重量（t）	最大不可拆卸件		生产厂
			煤层厚度（m）	煤层倾角（°）	顶板 老顶（级）	顶板 直接顶（类）												外形尺寸（长×宽×高）（mm）	重量（t）	
ZYS9600/14/32	掩护式	1.4～3.1	1.7～3.0	35～55	Ⅰ，Ⅱ	2，3	3200	2600			1500	0.54～0.63	1.4～2.7	31.4			9.9			
ZYJ3200/14/32（G）	掩护式	1.4～3.5	1.4～3.5	35～55			3140	2600	邻架	4820×1380（长×宽）	1500	0.54～0.60	1.06～2.55	31.4			12.16			北京煤机厂

5）端头液压支架技术特征（表1－9－28）

表1－9－28 端头液压支架技术特征

支架型号	支撑高度(m)	适用条件				工作阻力(kN)	初撑力(kN)	操作方式	外形尺寸(长×宽×高)(mm)	支架中心距(mm)	支护强度(MPa)	对底板最大比压(MPa)	泵站工作压力(MPa)	安全阀开启压力(MPa)	支架移架步距(mm)	支架重量(t)	最大不可拆卸件		备注	生产厂
		煤层厚度(m)	煤层倾角(°)	顶板													外形尺寸(长×宽×高)(mm)	重量(t)		
				老顶(级)	直接顶(类)															
PDZ	1.6～3.8	中厚	<30	Ⅱ	2	9000	7070				0.51	0.64	24.5			33.57	2448×1594	2.34		郑州煤机厂
DOZ	1.7～2.4	中厚	10～40	Ⅰ，Ⅱ	1，2	3654～5321	2961～4718				0.64	2.42	31.36			40.00	3030×1550	3.61		郑州煤机厂
ZTF5440－17/27	1.7～2.7	1.9～2.5	≤15	Ⅱ	2	5440	3864	本架	13878×2330×1700	2500	0.27	0.40	31.5	44.2	700	24.60	4180×950×410	1.7	放顶煤	重庆庆江机器厂
ZTFZ8000－17/30	1.7～3.0	1.9～2.8	≤15	Ⅲ	2	8000	6390	本架	13755×2600×1700	2800	0.32	0.43	31.5	39.3	700	19.50	4650×1200×534	3.20	放顶煤	重庆庆江机器厂
$ZT_113000/17/32$	1.7～3.2	中厚	<15	Ⅱ，Ⅲ	2，3	13000	11380				0.52	1.30	27.4			44.00	3204×1430×450	3.80		郑州煤机厂
$ZT_1P_28000/17/35$	1.7～3.5	中厚	≤25	Ⅰ，Ⅱ	2，3	8000	6280				0.46	0.61	25.0			35.00	4080×1374	2.11		郑州煤机厂
SDA	1.84～3.49	2.1～3.3	≤25	Ⅰ	2	4416	3787	本架	8920×2680×1840	2500	0.32～0.4	0.43	31.5	36.6	700	19.50	4470×1600×446	3.2		重庆庆江机器厂
D_1ZY35	2.0～3.0	中厚	<10	Ⅱ	2	8000	5024				0.53	0.67	15			35.00	2800×1140×800	2.44		郑州煤机厂

5. 滑移支架技术特征（表 1—9—29）

表 1—9—29　滑移支架技术特征

支架型号	支架型式	支撑高度（m）	适用条件				工作阻力（kN）	初撑力（kN）	操作方式	外形尺寸（长×宽×高）（mm）	支架中心距（mm）	支护强度（MPa）	对底板最大比压（MPa）	泵站工作压力（MPa）	安全阀开启压力（MPa）	支架移架步距（mm）	支架重量（t）	最大不可拆卸件		生产厂
			煤层厚度（m）	煤层倾角（°）	顶板													外形尺寸（长×宽×高）（mm）	重量（t）	
					老顶（级）	直接顶（类）														
HJ22		1.585～2.335		<20			1200	472～628			500～800	0.42 0.67		15～20		600 800				兰州煤矿机械厂
HJH22		1.554～2.304		<20			1200	472～628			500～800	0.45 0.72		15～20		600 800				兰州煤矿机械厂
ZJH800/7/9		0.7～0.9					800	377～503				0.23		15		900				广东煤矿液压机械厂
ZJH1200/14/22							800										0.959			苏南煤矿机械厂
DHL1250/16/23 (H7)			1.8～2.2	≤10				785	本架	3600×200（长×宽）							0.761			北京煤矿机械厂
ZJH1800/16/25		1.6～2.5					1250										1.224			苏南煤矿机械厂
ZJH1250/16/23		1.6～2.3					250×5	(118～157)×5		4600×200（长×宽）		2.5		15～20			0.7507			广东煤矿液压机械厂
ZJH1200/16/32		1.6～2.3					1200	628									0.6～0.7			泰安煤矿机械厂
ZJH1500/16/32		1.6～2.3					1500	750									0.9～1.1			

6. XDY 悬移顶梁支架技术特征（表 1—9—30）

表 1—9—30　XDY 悬移顶梁支架技术特征

部标型号	原型号	支架型式	支撑高度(m)	适用条件					工作阻力(kN)	初撑力(kN)	操作方式	外形尺寸(长×宽×高)(mm)	支架中心距(mm)	支护强度(MPa)	对底板最大比压(MPa)	泵站工作压力(MPa)	安全阀开启压力(MPa)	支架通风断面(m^2)	支架移架步距(mm)	支架重量(t)	最大不可拆卸件		生产厂
				地质构造	煤层厚度(m)	煤层倾角(°)	顶板 老顶(级)	顶板 直接顶(类)													外形尺寸(长×宽×高)(mm)	重量(t)	
ZJH1200/14/30(X—1TZ)	XDY—1TZ	并列	1.0～2.7	片帮严重的煤层	1～10	0～45	Ⅰ，Ⅱ	1，2，3	1200～1800	600～900	注液或集控	(2060～2460)×680×(1000～2000)	900～1100	0.44～0.97	4.2(f>0.5)	19.6	38.2	5.0～6.0	600～900	0.8～1.2	(2060～2460)×260×250	0.13～0.16	北京矿务局液压支架总厂
ZJH1200/14/30(X—1TY)	XDY—1TY	并列	1.0～2.7	冒顶严重的顶板	1～10	0～45	Ⅰ，Ⅱ	1，2，3	1200～1800	600～900	注液或集控	(2060～2460)×680×(1000～2000)	900～1100	0.44～0.97	4.2(f>0.5)	19.6	38.2	5.0～6.0	600～900	0.8～1.2	(2060～2460)×260×250	0.13～0.16	
ZJH1200/14/30(X—1T_2)	XDY—1T_2	并列	1.0～2.7	三软煤层	1～10	0～45	Ⅰ，Ⅱ	1，2，3	1200～1800	600～900	注液或集控	(2060～2460)×680×(1000～2000)	900～1100	0.44～0.97	4.2(f>0.5)	19.6	38.2	5.0～6.0	600～900	0.8～1.2	(2060～2460)×260×250	0.13～0.16	
ZJH1200/14/30(X—1B)	XDY—1B	并列	1.0～2.7	硬煤放顶煤	3	0～45	Ⅰ，Ⅱ	1，2，3	1200～1800	600～900	注液或集控	(2060～2460)×680×(1000～2000)	900～1100	0.44～0.97	4.2(f>0.5)	19.6	38.2	5.0～6.0	600～900	0.8～1.2	(2060～2460)×260×250	0.13～0.16	
ZJH1200/14/30(X—1D)	XDY—1D	并列	2.5	顶板破碎铺网	2.5	0～25	Ⅰ，Ⅱ	破碎	1200～1800	600～900	注液或集控	(2060～2460)×680×(1000～2000)	900～1100	0.44～0.97	4.2(f>0.5)	19.6	38.2	5.0～6.0	600～900	0.9～1.4	(2060～2460)×260×250	0.13～0.16	
ZJH1200/14/30(X—1JF)	XDY—1JF	并列	1.5～2.7	机采放顶煤用	1.5～10	0～25	Ⅰ，Ⅱ	1，2，3	1200～1800	600～900	注液或集控	(2060～2460)×680×(1000～2000)	900～1100	0.38～0.81	4.2(f>0.5)	19.6	38.2	6.0～6.7	600～900	0.9～1.38	(2460～2860)×260×250	0.16～0.18	
ZJH1200/14/30(X—1G)	XDY—1G	并列	2.5	高压力需切顶的工作面	2.5	0～25	坚硬顶板		2500	1250	注液或集控	(2060～2260)×280×(1000～2000)	900～1100	1.0～1.35	5.9(f>1.5)	19.6	38.2	4.5～4.9	700～900	1.0～1.3	(2060～2260)×260×250	0.13～0.14	

7. 引进的主要国外液压支架技术特征（表1—9—31）

表1—9—31 引进的主要国外液压支架技术特征

序号		1	2	3	4	5
型号		德国赫姆夏特公司				
		G320 6/17.5	G320 9.5/28	G320 13/32	G320 13/32	G320 20/36
架型		两柱掩护	两柱掩护	两柱掩护	两柱掩护	两柱掩护
初撑力	每柱（kN）	1176	1176	1176	1176	1176
	整架（kN）	2352	2352	2352	2352	2352
工作阻力	每柱（kN）	1568	1568	1568	1568	1568
	整架（kN）	3136	3136	3136	3136	3136
支架高度（mm）		600～1750	950～2800	1300～3200	1300～3200	200～3600
支架中心距离（mm）		1500	1500	1500	1500	1500
支护面积（m^2）		5.25/5.4	5.1	4.8	4.8	4.88
外形尺寸（长×宽）（mm）		3000×1420	3400×1420	3200×1420	3200×1420	3250×1420
泵站压力（MPa）		31.36	31.36	31.36	31.36	31.36
支柱数		2	2	2	2	2
操作方式		单向邻架	单向邻架	单向邻架	单向邻架	单向邻架
总质量（t）		6.6	10.8	11	11.1	12.8

序号		6	7	8	9	10
型号		德国赫姆夏特公司		德国威斯特伐利亚公司		
		G320 23/45	G4400 13/32	WS1.7—0.7/1.8	WS1.7—1.2/2.8	WS1.7—1.3/3.2
架型		两柱掩护	四柱掩护	两柱掩护	两柱掩护	两柱掩护
初撑力	每柱（kN）	1176	1176	1227	1227	1166.2
	整架（kN）	2252	4704	3087	3087	3087
工作阻力	每柱（kN）	1568	1372	1568	1568	1862
	整架（kN）	3136	5488	3930.6	3675	4900
支架高度（mm）		2300～4500	1300～3200	700×1800	1200×2800	1300×3200
支架中心距离（mm）		1500	1500	1500	1500	1500
支护面积（m^2）		4.65	4.5	4.5	5.17	4.87
外形尺寸（长×宽）（mm）		3100×1420	3150×1400	4300×1370	5200×1370	
泵站压力（MPa）		31.36	31.36	30.67	30.87	30.87
支柱数		2	4	2	2	
操作方式		单向邻架	单向邻架	简单邻架	简单邻架	简单邻架
总质量（t）		14.3	12.8	8.954	9.125	12.08

序号		11	12	13	14	15
型号		德国威斯特伐利亚公司		德国贝考瑞特公司		
		WS1.7—2.0/3.5	BS21P—1.8/3.8	X型贝考瑞特	贝考瑞特	贝考瑞特
架型		掩护式	四柱支撑掩护	四柱支撑掩护	两柱掩护	两柱掩护
初撑力	每柱（kN）	969.2	1068.2	517.4	1191.7	1191.7
	整架（kN）		4103.3	3087	3087	3087

续表

序　　号	11	12	13	14	15
工作阻力　每柱（kN）	1538.6	1274	679	1564	1564
工作阻力　整架（kN）		5000.9	4116	4116	4116
支架高度（mm）	2000×3500	1800×3800	700×1800	1300×3200	2000×3700
支架中心距离（mm）	1500	1500	1500	1500	1500
支护面积（m²）		5.85			
外形尺寸（长×宽）（mm）					
泵站压力（MPa）	30.87	30.87	30.87	30.87	30.87
支柱数	2	4	4	2	4
操作方式	简单邻架	简单邻架	简单邻架	简单邻架	简单邻架
总质量（t）	11.495	13.6	6	10.7	11.1
序　　号	16	17	18	19	20
型　　号	英国道梯	英国伽立克	日　本	前苏联	波　兰
	4×550	4×457	三井三池 4×560	OKП	法佐斯 1.2/2.8
架　　型	支撑掩护	四柱掩护	支撑掩护	掩护式	两柱掩护
初撑力　每柱（kN）	955.5	980	1166.2	394	764.4
初撑力　整架（kN）	3792.6		4664.8		2×764.4
工作阻力　每柱（kN）	1102.5 1141.7	1176	1372	784	1470
工作阻力　整架（kN）	5390		5488		2940
支架高度（mm）	2190×3500		1650×2650	2040×3000	1200×2800
支架中心距离（mm）	1500	1500	1500	1100	1500
支护面积（m²）	4.8		5.03	1.98	4.6
外形尺寸（长×宽）（mm）	3050×1362		3050×1360	3500×1050	4830×1355
泵站压力（MPa）	31.36	22.9	29.4	19.6	24.5/19.6
支柱数	4	4	4	1	2
操作方式	双向邻架	单向邻架	单向邻架	邻　架	
总质量（t）	11.8	13.2	13.4	3.6	11
序　　号	21	22	23	24	25
型　　号	波　兰	波　兰	波　兰	波　兰	匈牙利
	法佐斯—15/31—oz	法佐斯—17/27	立尼克—08/22—cz	帕尔马 18/37—cz	VHP—732
架　　型	掩护式	支撑掩护	掩护式	掩护式	掩护式放顶煤
初撑力　每柱（kN）	785	500	1100	1472/603	
初撑力　整架（kN）	1570	2000	2200	2944/1206	
工作阻力　每柱（kN）	1500	800	1300	2060/840	1000
工作阻力　整架（kN）	3000	3200	2600	4120/1680	4000
支架高度（mm）	1500×3100	1700×2700	800×2200	1800×3700	2600×3000
支架中心距离（mm）	1500	1500	1500	1500	1500
支护面积（m²）					2.7

续表

序号		25	26	27	28	
型号		德国DBT公司				
		大柳塔矿	活鸡免矿	补连塔矿	寺河矿	
架型		三柱掩护式	二柱掩护式	二柱掩护式	二柱掩护式	
初撑力	每柱（kN）	2457	2508	2933.4	2909.5	
	整架（kN）	4914	5016	5867	5819	
工作阻力	每柱（kN）	3354	3678.5	4302	4267	
	整架（kN）	6708	7357	8604	8534	
支架高度（mm）		2200/4500	2200/4500	2400/5000	2550/5500	
支架中心距离（mm）		1750	1750	1750	1750	
支护面积（m^2）						
外形尺寸（长×宽）（mm）		7400×1665	7020×1650	7339×1650	7515×1650	
泵站压力（MPa）		31.5	31.5	31.5	31.5	
支柱数		2	2	2	2	
操作方式		PM4电液控制	PM4电液控制	PM4电液控制	PM4电液控制	
总质量（t）		20.8	23.35	25	25.5	

（三）产品型号编制方法及代号说明

1. 液压支架的命名

原煤炭工业部部标准MT－154.5－87《煤矿用液压支架产品型号编制方法》规定如下：

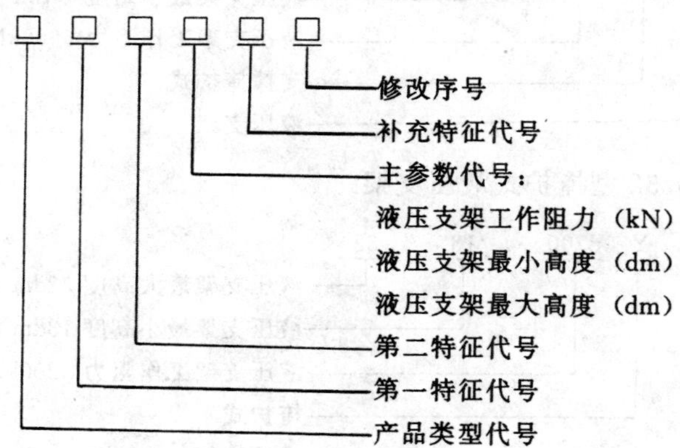

2. 特征代号说明（表1－9－32）

表1－9－32　特征代号说明

产品类型代号	第一特征代号	第二特征代号	补充特征代号	备注
Z	D			垛式液压支架
	J			节式液压支架
	J	H		节式滑移顶梁液压支架
	Z			支撑掩护式液压支架

续表

产品类型代号	第一特征代号	第二特征代号	补充特征代号	备注
Z	Z	X		支撑掩护式液压支架，立柱X形布置
	Z	P		支撑掩护式铺网液压支架，手工连网
	Z	P	L	支撑掩护式铺网液压支架，机械连网
	Y			掩护式液压支架，2立柱支在顶梁上
	Y	T		掩护式液压支架，2立柱支在掩护梁上
	Y	T	C	掩护式液压支架，2立柱支在掩护梁上，插腿式
	Y	Y		掩护式液压支架，2立柱支在顶梁上，后立柱支在掩护梁上
	Y	P		掩护式铺网液压支架，手工连网
	Y	P	L	掩护式铺网液压支架，机械连网
	F	S		放顶煤液压支架，双输送机天窗式放煤
	F	S	B	放顶煤液压支架，双输送机插板式放煤
	F	D		放顶煤液压支架，单输送机天窗式放煤
	C	S		充填液压支架，水沙充填
	C	F		充填液压支架，风力充填
	X			倾斜煤层液压支架，沿倾斜开采
	Y	X		倾斜煤层掩护式液压支架，沿走向≤35°
	Y	J		急倾斜煤层掩护式液压支架，45°≤沿走向<60°
	T			工作面端头支架组

3. 液压支架型号编制示例

例1：ZZ5600/17/35型支撑掩护式液压支架

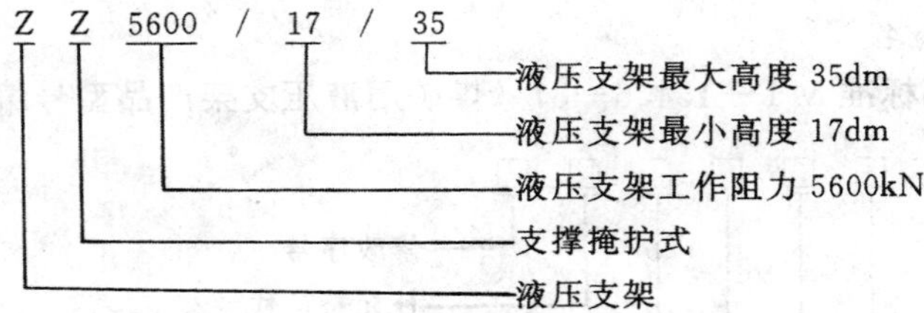

例2：ZY3200/13/32型掩护式液压支架

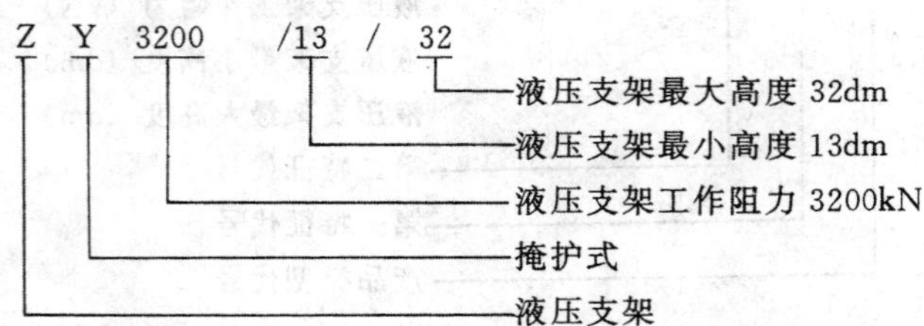

例3：ZFS4000/16/28C型放顶煤液压支架

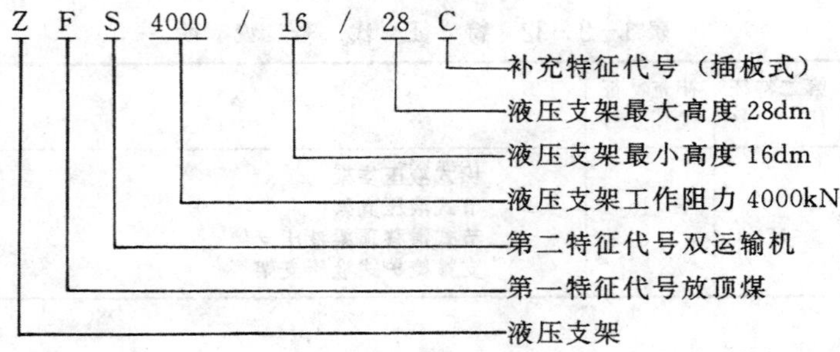

二、单体支柱

（一）摩擦式金属支柱

1. HZWA 型金属支柱主要技术特征（表1—9—33）

表1—9—33 HZWA型金属支柱主要技术特征

型号与规格	支柱高度（mm）		工作阻力（kN）		破坏载荷（kN）	超载试验载荷（kN）	支柱可缩量（mm）	重量（kg）
	最大	最小	初	终				
HZWA—1400	1400	872	245±29.4	$343^{+39.2}_{-19.6}$	1156.4	441	400	42
HZWA—1700	1700	1022	245±29.4	$343^{+39.2}_{-19.6}$	791.8	441	400	47
HZWA—2000	2000	1172	245±29.4	$343^{+39.2}_{-19.6}$	626.2	441	400	52
HZWA—2300	2300	1322	245±29.4	$343^{+39.2}_{-19.6}$	466.5	441	400	57
HZWA—2600	2600	1502	196±29.4	$294^{+39.2}_{-19.6}$	338	313.6	400	62
生产厂	淮南、西北、六盘水、兖州、佳木斯、湖南煤机厂、峰峰金属支架厂							

2. HZWA 型金属支柱适用条件（表1—9—34）

表1—9—34 HZWA型金属支柱适用条件

项目		适用条件
煤层	倾角	小于25°，采取一定安全措施时，也可用于25°～35°工作面
	采高	工作面采高1.3～2.5m，支柱规格可按下式选定： 1. 最大高度 H_{max} $H_{max}=M_{max}-\delta$，mm 式中 M_{max}为工作面最大采高按实测，取消个别最大值和最小值，mm，δ为顶梁梁身厚度，mm 2. 最小高度 H_{min} $H_{min}=M_{min}-L-a-\delta$，mm 式中 M_{min}为工作面最小采高，mm；L为靠采空区侧顶板平均下沉量，mm；a为安全卸载高度，一般为30～50mm
顶板条件		1. 顶板冒落状况 不影响支柱回撤 2. 有周期来压的工作面也可使用，但支柱的压缩量应在允许的可缩量范围之内，有冲击地压的工作面一般不宜使用 3. 煤层中的夹石和冒落的伪顶，弃置工作面后不致影响支柱回撤 4. 有地质破坏（如遇断层的工作面）使用时应采取安全措施
底板条件		底板不宜太软，支柱压入底板深度以不恶化顶板状况和不影响支柱回撤为前提

（二）金属顶梁

HDJA 型金属铰接顶梁主要技术特征（表 1－9－35）。

表 1－9－35　HDJA 型金属铰接顶梁主要技术特征

型号规格	长　度（销孔中心距）(mm)	每次接长根　数（根）	许用载荷 (kN)		许用弯矩 (kN·m)		外形尺寸 长×宽×高 (mm)	调整角度不小于 (°)				重　量 (kg)
			梁　体	铰接部	梁　体	铰接部		上	下	左	右	
HDJA－800	800	1～2					890×165×138					21.19
HDJA－1000	1000	1～2	250	115	43.7	20	1090×165×138	7		3		24.84
HDJA－1200	1200	1					1290×165×138					28.94
HDJB－800	800						890×165×138					22.90
HDJB－1000	1000		＞3000	＞400	52.2	30	1090×165×138	7		3		26.93
HDJB－1200	1200						1290×165×138					30.95
适用范围	1. 煤层倾角 25°以下，采高 1.0～2.4m 2. 煤层顶板比较平整，没有较大原生阶梯落差 3. 瓦斯矿亦可使用，但必须加强瓦斯检查，采取适当措施和严格安全制度 4. 配合使用的单体支柱其顶盖必须为铰接式的活顶盖或球面形顶盖，顶盖柱爪与顶梁配合尺寸为 $86^{+1.5}_{-0.7}$mm 5. 顶板管理可采用大冒落、部分冒落、部分充填或缓慢下沉 6. 可适应各种类型的采煤机落煤或爆破落煤，以及与之相适应的各类工作面输送机											
生产厂	兖州、六盘水、徐州、西北、鸡西煤机厂、湖南省煤机厂、峰峰金属支架厂											

注：1. 梁体许用载荷为支点跨距 700mm 时，梁体中部的集中载荷。
2. 重量不包括调角楔重量。

（三）单体液压支柱

1. 内注式单体液压支柱

1）技术特征（表 1－9－36）

表1－9－36　技　术　特　征

<table>
<tr><th rowspan="2">序号</th><th rowspan="2">型　号</th><th colspan="2">支撑高度（mm）</th><th rowspan="2">工作行程（mm）</th><th rowspan="2">额定工作阻　力（kN）</th><th rowspan="2">额定工作液　压（MPa）</th><th rowspan="2">初撑力（kN）</th></tr>
<tr><th>最　大</th><th>最　小</th></tr>
<tr><td>1</td><td>NDZ06－25/80</td><td>650±10</td><td>510</td><td>140±10</td><td rowspan="7">250</td><td rowspan="7">50</td><td>40</td></tr>
<tr><td>2</td><td>NDZ08－25/80</td><td>800±10</td><td>590</td><td>210±10</td><td rowspan="3">50</td></tr>
<tr><td>3</td><td>NDZ10－25/80</td><td>1000±10</td><td>720</td><td>280±10</td></tr>
<tr><td>4</td><td>NDZ12－25/80</td><td>1200±10</td><td>870</td><td>330±10</td></tr>
<tr><td>5</td><td>NDZ14－25/80</td><td>1400±10</td><td>1000</td><td>400±10</td><td rowspan="5">70～80</td></tr>
<tr><td>6</td><td>NDZ16－25/80</td><td>1600±20</td><td>1100</td><td>500±20</td></tr>
<tr><td>7</td><td>NDZ18－25/80</td><td>1800±20</td><td>1250</td><td>550±20</td></tr>
<tr><td>8</td><td>NDZ20－30/90</td><td>2000±20</td><td>1360</td><td>640±20</td><td>300</td><td>47.2</td></tr>
<tr><td>9</td><td>NDZ22－30/90</td><td>2240±20</td><td>1540</td><td>700±20</td><td>300</td><td>47.2</td></tr>
</table>

<table>
<tr><th rowspan="2">序号</th><th rowspan="2">型　号</th><th colspan="2">手把上的作用力（kN）</th><th rowspan="2">底座面积（cm²）</th><th rowspan="2">支柱质量（kg）</th><th rowspan="2">油缸直径（mm）</th><th rowspan="2">生　产　厂</th></tr>
<tr><th>升　柱</th><th>回　柱</th></tr>
<tr><td>1</td><td>NDZ06－25/80</td><td rowspan="4"><0.20</td><td rowspan="9"><0.2</td><td rowspan="7">102</td><td>22</td><td rowspan="7">80</td><td rowspan="9">衢州煤矿机械厂</td></tr>
<tr><td>2</td><td>NDZ08－25/80</td><td>24.5</td></tr>
<tr><td>3</td><td>NDZ10－25/80</td><td>28</td></tr>
<tr><td>4</td><td>NDZ12－25/80</td><td>32</td></tr>
<tr><td>5</td><td>NDZ14－25/80</td><td rowspan="3"><0.25</td><td>35</td></tr>
<tr><td>6</td><td>NDZ16－25/80</td><td>38</td></tr>
<tr><td>7</td><td>NDZ18－25/80</td><td>42</td></tr>
<tr><td>8</td><td>NDZ20－30/90</td><td><0.30</td><td rowspan="2">129</td><td>50.5</td><td rowspan="2">90</td></tr>
<tr><td>9</td><td>NDZ22－30/90</td><td><0.30</td><td>55</td></tr>
</table>

2）型号含义

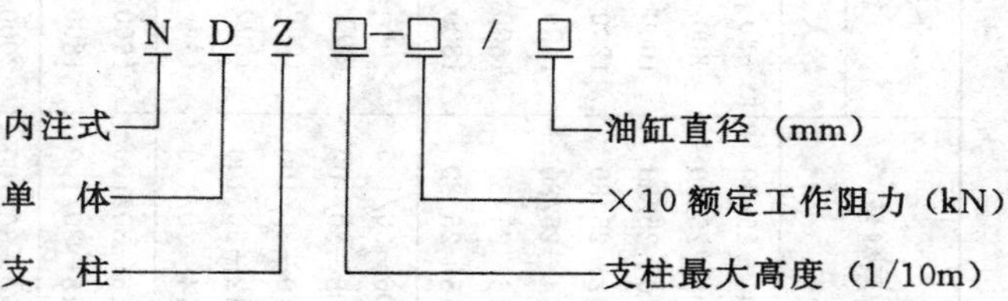

3）使用范围

用于高档普采工作面顶板支护和综采工作面的端头支护，适合于煤层倾角小于25°缓倾斜回采工作面，采取措施亦可用于25°～35°的回采工作面支护。与金属铰接顶梁配套使用。

2. 外注式单体液压支柱

1）技术特征（表1—9—37）

表1—9—37 技 术 特 征

标准型号	原型号	支撑高度（mm）		伸缩行程（mm）	额定工作阻力（kN）	额定工作液压（MPa）	初撑力（kN）	泵站压力（MPa）	油缸直径（mm）	底座面积（cm²）	支柱质量（kg）		生产厂
		最大	最小								有液	无液	
DZ06—25/80	DZ06—25/80	630	450	180								22.15	
DZ08—25/80	DZ08—25/80	800	545	255								23.1	
DZ10—25/80	DZ10—25/80	1000	655	345								28	
DZ12—25/80	DZ12—25/80	1200	765	435	250	50	75～100	15～20	80	113		31.5	①②③⑥⑭
DZ14—25/80	DZ14—25/80	1400	870	530								34.55	
DZ16—25/80	DZ16—25/80	1600	980	620								37.55	
DZ18—25/80	DZ18—25/80	1800	1080	720								40.7	
DZ06—30/100	DZ06—30/100	630	485	145							26	25.1	
DZ08—30/100	DZ08—30/100	800	578	222							27.3	26.2	①②③④⑤⑥⑧⑨
DZ10—30/100	DZ10—30/100	1000	685	315							32.9	32	⑩⑪⑫⑬⑭⑮⑯⑰⑱
DZ12—30/100	DZ12—30/100	1200	792	408							37.5	36.3	㉑㉔
DZ14—30/100	DZ14—30/100	1400	900	500	300	38.2					41.5	40	
DZ16—30/100	DZ16—30/100	1600	1005	595							45.3	43.5	①②③④⑤⑥⑧⑨⑩⑪⑫⑬⑭⑮⑯⑰⑱
DZ18—30/100	DZ18—30/100	1800	1110	690			118～157		100	109	49.1	47	⑲㉔
DZ20—30/100	DZ20—30/100	2000	1240	760							52	48	①②③④⑤⑥⑧⑨
DZ22—30/100	DZ22—30/100	2240	1440	800				15～20			60	55	⑩⑪⑫⑬⑭⑮⑯⑰⑱
DZ25—25/100	DZ25—25/100	2500	1700	800							63	58	⑲⑳㉑㉔
DZ28—25/100	DZ28—25/100	2800	2000	800	250	31.8					75	70	①②③⑧⑨⑩⑪⑫⑭⑯⑰⑱⑲㉔
	DZ28	2800	2000	800									㉖
	DZ31	3150	2300	850								103	
	DZ34	3400	2550	850	300	31.6	142～190			120		108	①
	DZ35	3500	2650	850								110	

续表

标准型号	原型号	支撑高度(mm)		伸缩行程(mm)	额定工作阻力(kN)	额定工作液压(MPa)	初撑力(kN)	泵站压力(MPa)	油缸直径(mm)	底座面积(cm²)	支柱质量(kg)		生产厂
		最大	最小								有液	无液	
DZ06－25/80G	DZG06－25/80	630	450	180								22.15	
DZ08－25/80G	DZG08－25/80	800	545	255								23.1	
DZ10－25/80G	DZG10－25/80	1000	655	345								28	
DZ12－25/80G	DZG12－25/80	1200	765	435	250	50	75～100	15～20	80	113		31.5	②⑭
DZ14－25/80G	DZG14－25/80	1400	870	530								34.55	
DZ16－25/80G	DZG16－25/80	1600	980	620								37.55	
DZ18－25/80G	DZG18－25/80	1800	1080	720								40.7	
DZ06－30/100G	DZG06－30/100	630	485	145								26	
DZ08－30/100G	DZG08－30/100	800	578	222								27.3	
DZ10－30/100G	DZG10－30/100	1000	685	315								32.9	⑧⑪⑬⑭⑮⑯⑰㉒
DZ12－30/100G	DZG12－30/100	1200	792	408	300	38.2			100	109		37.5	㉓㉔㉕
DZ14－30/100G	DZG14－30/100	1400	900	500								41.5	
DZ16－30/100G	DZG16－30/100	1600	1005	595			118～157	15～20				45.3	
DZ18－30/100G	DZG18－30/100	1800	1110	690							49.1	47	
DZ20－30/100G	DZG20－30/100	2000	1240	760	300	38.2					52	48	⑧⑪⑬⑭⑮⑯⑰㉒
DZ22－30/100G	DZG22－30/100	2240	1440	800			118～157	15～20	100	109	60	55	㉓㉔㉕
DZ25－25/100G	DZG25－25/100	2500	1700	800	250	31.8					63	58	
DZ28－25/100G	DZG28－25/100	2800	2000	800	250	31.8					75	70	⑧⑪⑭⑯⑰㉒㉓㉕

续表

标准型号	原型号	支撑高度 (mm)		伸缩行程 (mm)	额定工作阻力 (kN)	额定工作液压 (MPa)	初撑力 (kN)	泵站压力 (MPa)	油缸直径 (mm)	底座面积 (cm^2)	支柱质量 (kg)		生产厂
		最大	最小								无液	有液	
	DZG25	2500	1700	800	250	31.8					57	62	
	DZG22	2240	1440	800							54	59	
	DZG20	2000	1240	760							47	51	
	DZG18	1800	1110	690							46	48	
	DZG16	1600	1005	595					80	109	43	45	
	DZG14	1400	900	500	300	38.2	118～157	15～20			39	41	㉖
	DZG12	1200	792	408							36	37	
	DZG10	1000	685	315							32	32.5	
	DZG08	800	578	222							26	27	
	DZG06	630	485	145							25	26	
DZ06—30/100S	EDA06—30/100	630	485	145							26	25.1	
DZ08—30/100S	EDA08—30/100	800	578	222							27.3	26.2	
DZ10—30/100S	EDA10—30/100	1000	685	315							32.9	32	
DZ12—30/100S	EDA12—30/100	1200	792	408							37.5	36.3	
DZ14—30/100S	EDA14—30/100	1400	900	500	300	38.2					41.5	40	
DZ16—30/100S	EDA16—30/100	1600	1005	595							45.3	43.5	③⑱
DZ18—30/100S	EDA18—30/100	1800	1110	690			118～157	15～20	100	109	49.1	47	
DZ20—30/100S	EDA20—30/100	2000	1240	760							52	48	
DZ22—30/100S	EDA22—30/100	2240	1440	800							60	55	
DZ25—25/100S	EDA25—25/100	2500	1700	800	250	31.8					63	58	
DZ28—25/100S	EDA8—25/1002	2800	2000	800	250	31.8					75	70	

续表

标准型号	原型号	支撑高度 (mm)		伸缩行程 (mm)	额定工作阻力 (kN)	额定工作液压 (MPa)	初撑力 (kN)	泵站压力 (MPa)	油缸直径 (mm)	底座面积 (cm²)	支柱质量 (kg)		生产厂
		最大	最小								无液	有液	
DZ06—20/80Q	QDZ630	630	480	150							16	18	
DZ08—20/80Q	QDZ800	800	565	235							17.2	19.8	
DZ10—20/80Q	QDZ1000	1000	675	325	200	39	73.5	14.70	80	113	18.9	22.3	
DZ12—20/80Q	QDZ1200	1200	785	415							20.6	24.8	
DZ14—20/80Q	QDZ1400	1400	885	515							22.1	27	
DZ16—25/100Q	QDZ1600	1600	980	620							30	33	
DZ18—25/100Q	QDZ1800	1800	1080	720							32.5	36	
DZ20—25/100Q	QDZ2000	2000	1240	760	250	31.16	153.5	19.60	100	154	35.5	39.5	通化市煤矿机械厂
DZ22—25/100Q	QDZ2200	2200	1440	760							39	44	
DZ25—25/100Q	QDZ2500	2500	1740	760							43	50	
DZ28—25/110Q	QDZ2800	2800	2000	800							54.5	60.5	
DZ30—25/110Q	QDZ3000	3000	2200	800	250	25.87	185.22	19.60	110	219	57	63	
DZ31.5—25/110Q	QDZ3150	3150	2350	800							59	65	
DZ35—20/110Q	QDZ3500	3500	2700	800	200	20.65	185.22	19.60	110	219	63	69	

续表

标准型号	原型号	支撑高度(mm)		伸缩行程(mm)	额定工作阻力(kN)	额定工作液压(MPa)	初撑力(kN)	泵站压力(MPa)	油缸直径(mm)	底座面积(cm²)	支柱质量(kg)		生产厂
		最大	最小								无液	有液	
DZ14－15/80QK	QKZ1400	1400	920	480	150	29.30	73.5	14.70	80	104	20.5	22.8	通化市煤矿机械厂
DZ16－14/80QK	QKZ1600	1600	1040	560	140	27.34					21.9	24.5	
DZ18－13/80QK	QKZ1800	1800	1150	650	130	25.38					23.2	26.1	
DZ20－12/80QK	QKZ2000	2000	1300	700	120	23.42					24.4	27.9	
DZ22－11/80QK	QKZ2200	2200	1450	750	110	21.46					25.7	30	
DZ25－10/80QK	QKZ2500	2500	1700	800	100	19.50					27.4	32.2	
	LZ38－20/110	3800	3000	800	200	21.6	147～196	15～20	110	227	78	84	国营平阳机械厂
	LZ35－25/110	3500	2700	800	250	26.3					70.5	76.5	
	LZ31－30/110	3100	2350	800	300	31.6					66.5	72.5	
	LZ28－35/110	2800	2000	800	350	36.8					62.5	68.5	

注：①郑州煤矿机械厂；②衢州煤矿机械厂；③广东省煤矿液压机械厂；④焦作风动机械厂；⑤焦作矿务局机电总厂；⑥徐州矿务局液压支架厂；⑦鸡西煤矿专用设备厂；⑧杨村煤矿机械厂；⑨泰安煤矿机械厂；⑩佳木斯煤矿机械厂；⑪湖南省汉寿煤矿机械厂；⑫峰峰金属支架厂；⑬前锋机械厂；⑭四川煤矿机械厂；⑮昌乐矿山机械厂；⑯太仓煤矿机械厂；⑰上海永红机器厂；⑱广东省煤矿液压支架厂；⑲北京煤矿机械厂；⑳昆仑机械厂；㉑常州科研试制中心；㉒张家口煤矿机械厂；㉓广东省南海煤矿机械厂；㉔昆明煤矿机械总厂；㉕南京江南机械厂；㉖国营平阳机械厂。

2）型号含义

标准型号：

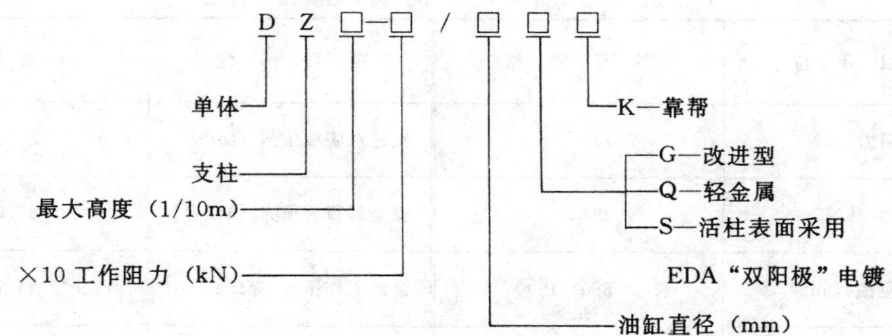

3）使用范围

用于高档普采工作面顶板支护和综采工作面的端头支护，适合于煤层倾角小于25°缓倾斜回采工作面，采取措施亦可用于25°～35°回采工作面支护。与金属铰接顶梁配套使用。

（四）液压切顶支柱

1. QD型液压切顶支柱主要技术特征（表1—9—38）

表1—9—38　QD型液压切顶支柱主要技术特征

技术特征	立柱						推移千斤顶		
	QD08	QD10	QD12	QD14	QD16	QD18	Ⅰ型	Ⅱ型	Ⅲ型
额定工作阻力 kN（tf）	980～1176（100～120）								
额定工作压力 MPa（kgf/cm²）	31.16（318）								
泵站压力 MPa（kgf/cm²）	19.6（200）						19.6		
初撑力 kN（tf）	617.4（63）						153.9（推力）		
降柱力 kN（tf）	88.2（9）						98（拉力）		
最大高度（mm）	800	1000	1200	1400	1600	1800	2060	2400	2800
最小高度（mm）	522	592	657	900	1000	1100	1330	1500	1700
工作行程（mm）	278	408	543	500	600	700	730	900	1100
其中液压行程（mm）	120	180	250	500	600	700			
其中机械行程（mm）	158	228	293	0	0	0			
对顶板比压 MPa（kgf/cm²）	12.18（124.3）			10.2（104）					
对底板比压 MPa（kgf/cm²）	2.97（30.3）			2.33（23.8）					
适应煤层倾角（°）	≤15								
对顶板适应情况	直接顶中等稳定以上								
泵站流量（L/min）	>70								
重量（kg）	268.8	286.8	304.8	354.3	373.3	391.4	76	85	95

2. FZ、YED型液压切顶支柱主要技术特征（表1—9—39、表1—9—40）

表1—9—39　FZ15—80/160主要技术特征

项目单位	型号规格	项目单位	型号规格
支柱工作阻力（kN）	784.5	支柱对底板压强（MPa）	2.3
支柱初撑力（kN）	294.2	安全阀释放压力（MPa）	39.0
支柱调高范围（mm）	880～1530	泵站工作压力（MPa）	14.7
支柱适应倾角（°）	14～22	总重量（kg）	620
支柱对顶板压强（MPa）	6.3	生产厂	石家庄煤矿机械厂

表1—9—40　YED主要技术特征

项目单位	型号规格			
	Ⅰ	Ⅱ	Ⅲ	Ⅳ
支柱工作阻力（kN）	784.5	784.5	784.5	784.5
支柱初撑力（kN）	460.9	460.9	460.9	460.9
支柱调高范围（mm）	460～750	560～1050	700～1390	950～1750
支柱适应倾角（°）	0～15	0～15	0～15	0～15
支柱对顶板压强（MPa）	5.6	5.6	5.6	5.6
支柱对底板压强（MPa）	2.6	2.6	2.6	2.6
安全阀释放压力（MPa）	25.0	25.0	25.0	25.0
泵站工作压力（MPa）	14.7	14.7	14.7	14.7
总重量（kg）	335	365	380	440
生产厂	石家庄煤矿机械厂			

3. ZQF 型防倒防滑液压切顶支柱主要技术特征（表 1—9—41）

表 1—9—41　ZQF 型防倒防滑切顶支柱主要技术特征

主要技术特征 / 型号	支柱高度 (mm)		工作行程 (mm)	工作阻力 (kN)	顶盖形式	适用煤层倾角	附注
	最大	最小					
ZQF23/980	2300	1400	900	980	球铰式顶盖	15°～25°	允许用调高范围为 270mm 的机械加长杆
ZQF21/980	2100	1300	800				
ZQF19/980	1900	1200	700				
ZQF17/980	1700	1100	600				
ZQF15/980	1500	1000	500				

生产厂：苏州煤矿机械厂。

4. ZQS 型双伸缩液压切顶支柱主要技术特征（表 1—9—42）

表 1—9—42　ZQS 型（双伸缩立柱）切顶支柱主要技术特征

主要技术特征 / 型号	支柱高度 (mm)		工作行程 (mm)		工作阻力 (kN)	顶盖形式	附注
	最大	最小	一级缸	二级缸			
ZQS14/800	1400	685	361	353	800	球铰式顶盖	亦可选用钢绳式顶盖，此时支柱最小高度缩短 42mm
ZQS12/800	1200	619	295	287			
ZQS10/800	1000	552	228	220			
ZQS08/800	800	485	161	153			

生产厂：苏州煤矿机械厂。

5. ZQS 型双柱式切顶支柱（表 1—9—43）

表 1—9—43 ZQS 型双柱式切顶支柱

型号＼主要技术特征	支柱高度 (m)		工作行程 (mm)		工作总阻力 (kN)	泵压 (MPa)	千斤顶规格	适应煤层倾角及厚度 (°)	对顶板适应情况	附注	生产厂
	最大	最小	液压	机械							
ZQS2400—9.5/15	1.50	0.95	360	190	2400						
ZQS2400—10.6/17	1.70	1.06	380	260	2400					带挡矸板	
ZQS2400—12/17	1.70	1.20	500		2400					带挡矸板	
ZQS1400—12/18	1.80	1.20	600		1400		推力 240kN 拉力 130kN 行程 700mm			带挡矸板	
ZQS2400—15/22	2.20	1.50	700		2400	20				带挡矸板	
ZQS2400—16/23	2.30	1.60	700		2400			<15 中厚煤层	中硬以上顶板	带挡矸板	
ZQS2400—16/23W	2.30	1.60	700		2400					带挡铺底网用	苏州煤矿机械厂
ZQS2400—17/25	2.50	1.70	800		2400					带挡矸板	
ZQS1200—12/18	1.84	1.20	640		1200 (1500)	15					
ZQS1200—14/23	2.30	1.43	770		1200 (1500)	5	行程 1250mm				
ZQS1200—17/28	2.80	1.70	1100		1200	20					
ZQS2400—19/30	3.00	1.90	1100		2400	20	行程 700mm	<10	中硬以上顶板	带挡矸板	

三、其他支护设备

（一）注液枪

1. 技术特征（表 1—9—44）

表 1—9—44　技　术　特　征

型　号	额定工作压力（MPa）	注液时手把力（N·m）	外形尺寸 长×宽×高（mm）	质　量（kg）	操作方式	生　产　厂
DZ—Q1	10～25	<30	162×205×65	2	扳动手把进行注液	常州煤矿机械厂
	31.5		245×210×64	2.3	手动	国营庆江机器厂

2. 型号含义

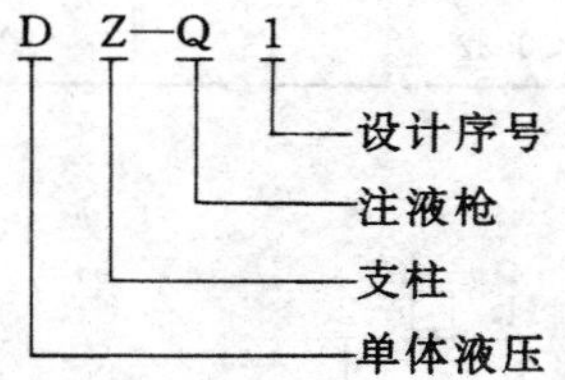

3. 使用范围

是用来作外注式单体液压支柱注液的工具。

（二）液压升柱器

1. 技术特征（表 1—9—45）

表 1—9—45　技　术　特　征

型号	额定支撑力（kN）	额定压力（MPa）	活塞直径（mm）	泵芯直径（mm）	额定手柄作用力（kN）	最大支撑高度（mm）	手柄长度（mm）	底座尺寸 长×宽（mm）	贮油量（kg）	质量（kg）	参考价格（元）	生产厂
HSY—3	30	44.9	30	12	<0.343		400	100×94		6.7	83	张家口市千斤顶厂
HSY—5	50	48.2	36	12	<0.343		450			7.6		张家口市千斤顶厂 南京江南机械厂
	50	48.2	36	12	<0.343	120	450	105×104	0.12	7.6	95	临安矿山机械厂
	50	43.2	36	12	<0.343		450			7.1		石首市金属支柱厂
	50	69.4	30	10						7		张家口市煤矿机械厂

2. 型号含义

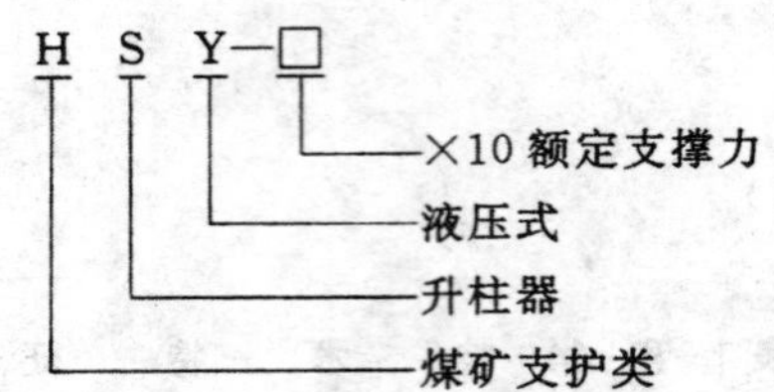

3. 使用范围

专供HZWA、HZJA型金属支柱支护时升柱撑紧顶板之用。

(三) 回柱器

1. 技术特征(表1—9—46)

表1—9—46 技 术 特 征

型 号	拉拔力 (kN)	拉拔距离 (m)	手柄力 (kN)	质 量 (kg)	参考价格 (元)	生 产 厂
HH1—2	10	2	<0.35	7	150	张家口市煤矿机械一厂
HH2—2	20	2	<0.32	13	230	

2. 型号含义

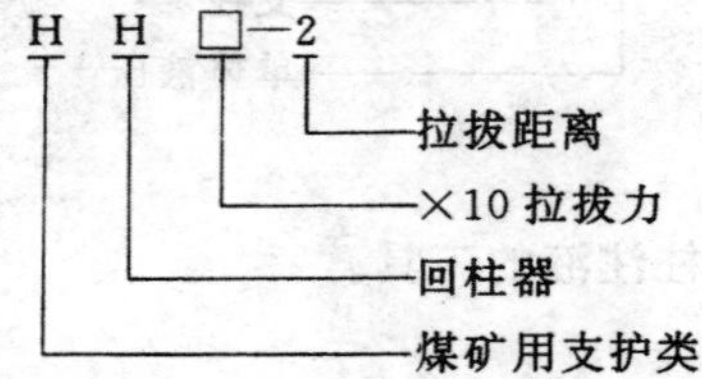

3. 使用范围

用于煤矿井下拉拔金属支柱、单体液压支柱及其他器件而专门设制的回柱工具。

(四) 液压推溜器

1. 技术特征(表1—9—47)

表1—9—47 技 术 特 征

型 号	工作行程 (mm)	流 量 (L/min)	工作压力 (MPa)	推 力 (kN)	缸体内径 (mm)	活塞杆直径 (mm)	推溜器长 度 (mm)	适应采煤机截深 (mm)	质 量 (kg)	生产厂
YT—77A/700	700						1130～1830	600	67	张家口煤矿机械厂
YT—77A/900	900	45	9.8	76.98	100	70	1330～2230	800	72	张家口市煤矿机械一厂
YT—77A/1100	1100						1530～2630	1000	77	张家口市千斤顶厂

续表

型 号	工作行程(mm)	流 量(L/min)	工作压力(MPa)	推 力(kN)	缸体内径(mm)	活塞杆直径(mm)	推溜器长 度(mm)	适应采煤机截深(mm)	质 量(kg)	生产厂
YT－77B/700	700						1130～1830	600	66.5	
YT－77B/900	900						1330～2230	800	71.5	
YT－77B/1100	1100						1530～2630	1000	76.5	张家口煤矿机械厂 张家口市煤矿机械一厂 张家口市千斤顶厂
YT－77C/700	700	45	9.8	76.98	100	70	1130～1830	600	65	
YT－77C/900	900						1330～2230	800	70	
YT－77C/1100	1100						1530～2630	1000	75	
YT－116A/700	700						1130～1830	600		
YT－116A/900	900						1330～2230	800		
YT－116A/1100	1100						1530～2630	1000		
YT－116B/700	700						1130～1830	600		
YT－116B/900	900		14.7	115.64	100	70	1330～2230	800		张家口煤矿机械厂 张家口市煤矿机械一厂 张家口市千斤顶厂
YT－116B/1100	1100						1530～2630	1000		
YT－116C/700	700						1130～1830	600		
YT－116C/900	900						1330～2230	800		
YT－116C/1100	1100						1530～2630	1000		

2. 型号含义

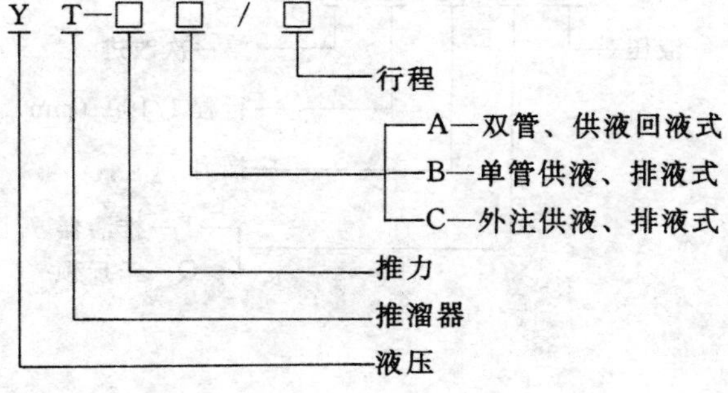

3. 使用范围

适用于煤矿井下炮采或普采工作面输送机的推移，如更换底座等零部件，可用于刨煤机的推移。亦可完成工作面支柱的回收工作。

（五）手动液压推溜器

1. 技术特征（表1—9—48）

表1—9—48 技术特征

型号	额定推力 (kN)	额定拉力 (kN)	推移距离 (mm/次)	回收距离 (mm/次)	手柄作用力 (N)	最大行程 (mm)	贮油量 (kg)	质量 (kg)	生产厂
YQ4—6A	39.24	9.32	17	73	594	600	3.7	36	张家口市千斤顶厂
YT4—6A							3.3	32.5	张家口市煤矿机械一厂
YQ4—8A						800	5	40	张家口市千斤顶厂
YT4—8A							3.86	38	张家口市煤矿机械一厂
YQ8—6A	78.4	18.65	6.8	28.6	561	600	3.3	36.4	张家口市千斤顶厂
Y8—8A						800	3.86	42	张家口市煤矿机械一厂

2. 型号含义

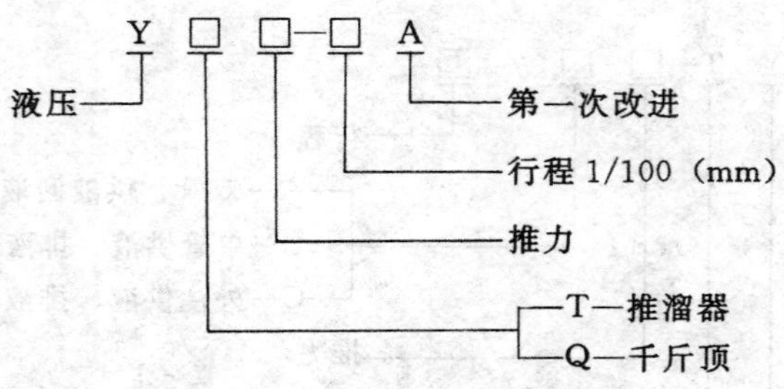

3. 使用范围

主要用于炮采或普采工作面刮板输送机的推移。

第三节　综采工作面配套设备

一、破碎机

破碎机主要技术特征见表1－9－49。

表1－9－49　破碎机主要技术特征

技术特征 \ 序号		1	2	3	4	5	6
标准型号		PCM132	PCM110	PEM1000×650	PEM1000×1000	PCM110Ⅱ	PEM1000×650Ⅲ
原型号		PCM132	PCM110	PEM1000×650	PEM1000×1000	PCM110Ⅱ	PEM1000×650Ⅲ
结构特点		锤　式	锤　式	颚　式	颚　式	锤　式	颚　式
过煤能力（t/h）		1200	1000	1100	1200	1100	1100
破碎能力（t/h）		1200	1000	450	500	1000	450
进料口宽度（mm）		800	700	1000	1000	700	1000
进料口高度（mm）		800	700	650	1000	700	650
出料粒度（mm）		300	300	40～370	40～370	300	40～370
电动机	型　号	KBY550－132	KBY－550/110	DSB－55QⅡ	DSB－55QⅡ	KBY－550/110	DSB－55QⅡ
	功　率（kW）	132	110	55	55	110	55
	电　压（V）	1140	660/1140	660/1140	660/1140	660/1140	660/1140
配套转载机型号		SZB－830/180	SZB－764/132	SZZ－764/132 或SZZ－764/160	SZZ－764/132 或SZZ－764/160	SZZ－764/132 或SZZ－764/160	SZB－730/40 SZB－730/75
外形尺寸（长×宽×高 mm）		4560×2095×1742	4560×2025×1808	3270×2260×1430	3270×2260×1770	4559×2025×1808	3270×2260×1430
质　量（t）		14.8	14.692	10.7	13.3	14.524	12.847
生产厂		张家口煤机厂	张家口煤机厂	张家口煤机厂	张家口煤机厂	张家口煤机厂	张家口煤机厂

续表

技术特征 \ 序号	7	8	9	10	11	12
标准型号	PEM1000×650Ⅱ	PEM1000×650Ⅳ	PCM110Ⅲ	LPS500	LPS1000	GP460/150
原型号	PEM1000×650Ⅱ	PEM1000×650Ⅳ	PCM110Ⅲ			
结构特点	颚式	颚式	颚式	轮式连续	轮式连续	
过煤能力（t/h）	700	1100	1100	500	1000	460
破碎能力（t/h）	450	600	1000	500	1000	
进料口宽度（mm）	1000	1000	700	700	900	
进料口高度（mm）	650	650	700	600	800	
出料粒度（mm）	40～370	40～370	300	150～300	150～300	
电动机 型号	JBY91－4/55	JBY91－4/55	KBY－550/110	DSB－75	YSB－110	YB2805－4－75B35
电动机 功率（kW）	55	55	110	75	110	75＋75
电动机 电压（V）	1140	660/1140	660/1140	660/380	1140	660/1140
配套转载机型号	SZB－764/132Ⅱ	SZB－730/75	SZZ－764/160	SZD－630/75	SZD（Z）－730/160 SZD（Z）－764/160	
外形尺寸（长×宽×高 mm）	3270×2260×1430	3270×2260×1430	6000×2025×1822	3255×1755×1500	4500×1970×1820	
质量（t）	13.63	14.492	14.8	8.12	14	26.9
生产厂	张家口煤机厂	张家口煤机厂	张家口煤机厂	西北一厂	西北一厂	天地科技公司（与连采机配套）

二、乳化液泵站

（一）乳化液泵技术特征（表1—9—50）

表1—9—50　乳化液泵技术特征

序号	型　号	公称压力 (MPa)	公称流量 (L/min)	电动机 功率 (kW)	电动机 转速 (r/min)	外形尺寸 长×宽×高 (mm)	配套液箱型号	质　量 (kg)	生　产　厂
1	RBZ—80/200	20	80	45	1470	1800×750×847	MRXⅡ	1200	石家庄煤矿机械厂
2	MRB—125/31.5	31.5	125	90		2166×858×920	MRXⅠ		
3	MRB125/31.5A	31.5	125	75 (90)	1470	2166×858×920 (2100×858×950)	X10RX或X10.2RX	1560 (1650)	无锡煤矿机械厂
4	MRB160/31.5A		160	110		2180×852×955		1820	
5	XRB2B80/150	16	80	30		1928×760×935	XRXTA (B、C) 或RX80/6.3	1200	
6	XRB2B80/200	20		37					
7	XRB2B80/35	35		55					
8	WRB63/20	20	63	30	1470	1928×760×935		1200	
9	WRB63/35～50	35～50		45～75					
10	XRB25/250	25	25	15		1605×896×670	X4RX	900	
11	XRB40/200	20	40					900	
12	XRB50/125	12.5	50			1440×900×670			
13	XRB110/320	31.5	110	75		1900×812×977	X10RX或X10.2RX	1630	
14	WRB200/31.5	31.5	200	132		2445×970×980	RX200/12.5	2600	

续表

序号	型号	公称压力(MPa)	公称流量(L/min)	电动机		外形尺寸 长×宽×高(mm)	配套液箱型号	质量(kg)	生产厂
				功率(kW)	转速(r/min)				
15	FRB200/40	40	200	110(分级卸载) 160(流量卸载)		2250×970×1020	RX200/12.5	2600 3000	无锡煤矿机械厂
16	QRB−80/20	20	80	37	1470	1764×760×843	RXT	1146	鸡西煤矿专用设备厂
17	QRB−80/35	35		55		1830×760×820		1199	
18	RB45/100	10	45	11	1460	1520×660×635	RX−400	660	南京豪辛柯机械制造有限公司
19	RB80/15	15	80	30	1480	1840×840×735	RX−640	1050	
20	RB80/20	20		37		2000×840×795		1100	
21	RB80/35	35		55		2000×840×855		1275	
22	RB125/25	25	125	75		2088×810×875	RX−1000	1440	
23	RB125/31.5	31.5	125	75		2088×810×875		1440	
24	RB160/31.5	31.5	160	110	1485	2300×850×1070	GRX−1500	2124	
25	DRB200/31.5	31.5	200	125	1485	2360×960×1030		<3000	
26	PRB5−80/31.5	31.5	80	75	1475	780×630×410	液箱无单独型号，直接与泵组成泵站，二泵一箱	1120	平顶山煤矿机械厂
27	PRB6−125/31.5		125	90		850×700×450		1467	
28	PRB7−200/23/100/31.5	23 31.5	200 100	90		930×700×450		1532	
29	HRB80/200	20	80	55	1470	1830×772×848	HRX80/200	1100	淮海机械厂

（二）乳化液箱技术特征（表1—9—51）

表1—9—51　乳化液箱技术特征

序号	型　号	容积 (L)	公称压力 (MPa)	公称流量 (L/min)	卸载阀 调定压力 (MPa)	卸载阀 恢复压力 (MPa)	蓄能器 充气压力 (MPa)	外形尺寸 长×宽×高 (mm)	质量 (kg)	生产厂
1	MRXⅠ	1000	31.5	125	31.5	24	15～20	2400×800×1135	820	石家庄煤矿机械厂
2	MRXⅡ	640			10～35	调定压力的70%	泵站公称压力的25%～60%	2100×720×1000	520	
3	X4RX	400		50	10～35	调定压力的60%	泵站调定压力的54%	1780×708×845	1000	无锡煤矿机械厂
4	X10RX	1000		160	10～35	调定压力的75%～85%	20.7～22.7	2668×800×1176	1000	
5	X10.2RX							2860×812×1266		
6	XRXTA	640	35	80	10～35	调定压力的60%	泵站调定压力的54%	2130×720×1030	600	
7	XRXTB							2130×720×1010		
8	XRXTC							2330×720×1033		
9	RX80/6.3	630						2600×781×1055	600	
10	RX200/12.5	1250		200	10～40	调定压力的75%～85%	21～25	2580×800×1100	1000	无锡煤矿机械厂
11	RXT	640	35	80	10～35	调定压力的70%	泵站公称压力的63%	2130×720×1040	547	鸡西煤矿专用设备厂
12	RX—400	400	≤4.5	60	10	调定压力的60%	泵站压力的54%	1650×630×750	330	南京豪辛柯机械制造有限公司
13	RX—640	640	≤35	80	15～35	调定压力的70%	9～21	2100×550×990	500	
14	RX—1000	1000	≤31.5	125	20～31.5		泵站压力的60%	2450×930×1223	700	
15	RX—1500A	1500	≤31.5	200	31.5			2860×930×1223	1000	
16	HRX80/200	640	20	80	10～35		泵站压力的63%	2165×730×1050	500	淮海机械厂

（三）型号含义

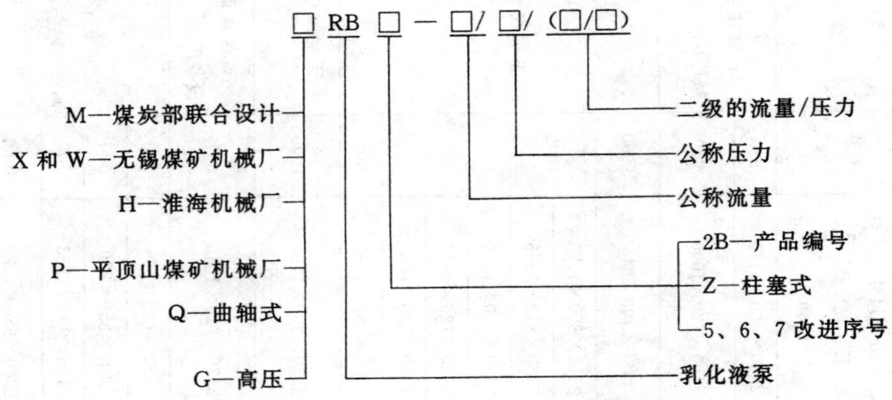

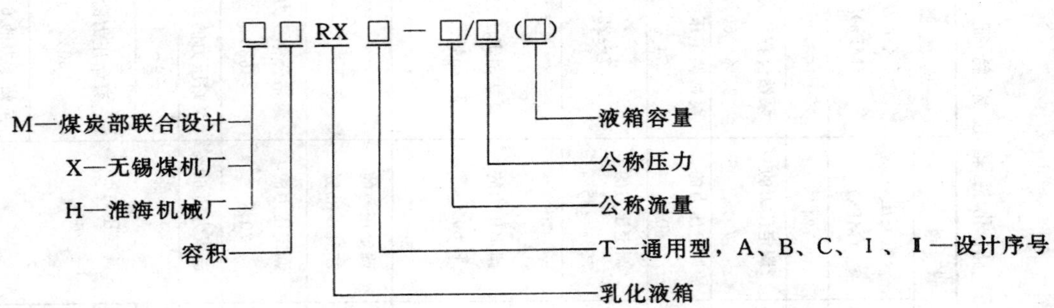

三、喷雾泵站

（一）喷雾泵技术特征（表1—9—52）

表1—9—52 喷雾泵技术特征

型号	公称压力 (MPa)	公称流量 (L/min)	功率 (kW)	外形尺寸 长×宽×高 (mm)	质量 (kg)	生产厂
WPZ320/6.3	6.3	320	45	2500×890×958	1800	无锡煤矿机械厂
WPZ125/5.5	5.5	125	15	1820×755×830	1000	
WPZ50/10	10	50	11	1175×605×366	700	
XPB250/5.5	5.5	250	30	1680×750×745	1100	
XPB200/5.5		200	22		1000	
XPB160/5.5		160				

续表

型　　号	公称压力（MPa）	公称流量（L/min）	功率（kW）	外形尺寸 长×宽×高（mm）	质　量（kg）	生　产　厂
PB320/5.5－6.3	5.5－6.3	320	55			
PB250/5.5－6.3	5.5－6.3	250	37	2826×810×900	1600	
PB200/5.5－6.3	5.5－6.3	200	30			南京豪辛柯机械制造有限公司
PB120/4.5－6.3	4.5－6.3	120	11	1800×680×770	760	
PB80/6.3	6.3	80	11	1800×680×770	760	

（二）过滤器组

1．技术特征（表1－9－53）

表1－9－53　过滤器组技术特征

型　号	公称压力（MPa）	公称流量（L/min）	过滤精度（目/英寸）
XPA	5.5	250	80
型　号	外型尺寸 长×宽×高（mm）	重　　量（kg）	生产厂
XPA	1500×750×890	400	无锡煤矿机械厂

2．适用范围

过滤器组与喷雾泵组成泵站，主要起低压进水的过滤作用和对泵输出液体加以控制。

3．型号含义

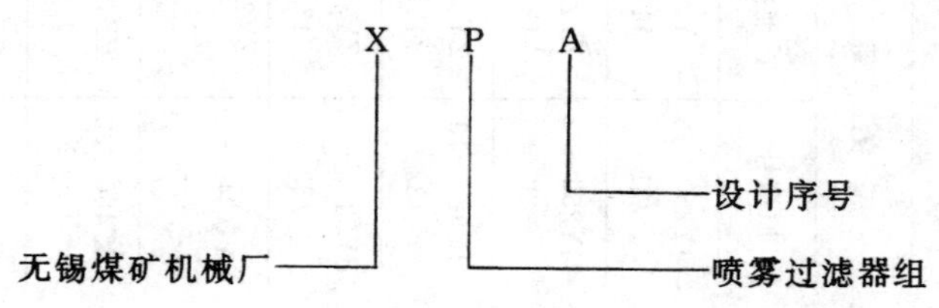

第四节 综合机械化采煤工作面配套设备实例

综合机械化采煤工作面配套设备实例见表1－9－54。

表1－9－54 综合机械化采煤工作面配套设备表

综采工作面配套设备						使用条件							使用情况	
液压支架		采煤机		刮板输送机		煤层厚度(m)	煤层硬度 f	煤层倾角(°)	直接顶类别	老顶级别	工作面长度(m)	采煤方法	使用地点	最高月产(t)
原型号	标准型号	原型号	标准型号	原型号	标准型号									
QY250－14/31	ZY2500/14/31	MLS_3－170	MG170	SGD－730/180	SGD－730/180	4～6	2～3	8～15	1～2	Ⅱ	140～160	走向长壁	义马常村矿	113,898
QY250－13/32	ZY2500/13/32	MLS_3－170	MG170	SGD－730/180	SGD－730/180	2.6～3	0.5～1	10～16	1～2	Ⅰ～Ⅱ	130～160	走向长壁	淮北朱庄	70,934
JY320－13/32	ZY3200/13/32	MLS_3－170	MG170	SGD－730/180	SGD－730/180	2.7	1.5	12	2	Ⅱ	152	俯采	鸡西二道河子矿	85,000
BY3300－13/33	ZY3300/13/33	MXA－300/3.5		SGZ－730/320	SGZ－730/320	5.07	2～3	22～25	2	Ⅱ	102	走向长壁	大屯龙东矿	110,000
BY_{3A}240－17/35	ZY2400/17/35(3R)	MLS_3－170	MG170	ML－722Ⅱ		6.5	1.5～2.0	5～12	2	Ⅱ	180	走向长壁	平顶山一矿	90,000
BC480－22/42	ZZ4800/22/42	MXA－300/4.5		SGZ－764/264	SGZ－764/264A	4.2	1.5	3～8	3	Ⅱ	140	走向长壁	西山杜儿坪矿	161,967
	ZZ5600/25/47	MXA－300/45		SGZ－764/320	SGZ－764/320D								双鸭山新安矿	118,900
PY3200－17/35	ZYP3200/17/35	MG300－W	MG300－W	SGZ－764/320	SGZ－764/320D	8～16	2～3	8～15	1～2	Ⅱ	140～160	倾分	义马常村矿	110,178
PYC4000/17/35	ZYP4000/17/35C	MXA－300/3.5		SGZ－764/264W	SGZ－764/264A	6.6～7.2	1.5～2.0	3～5	2		165	倾分	潞安王庄矿	120,000

续表

综采工作面配套设备						使用条件							使用情况	
液压支架		采煤机		刮板输送机		煤层厚度(m)	煤层硬度 f	煤层倾角(°)	直接顶类别	老顶级别	工作面长度(m)	采煤方法	使用地点	最高月产(t)
原型号	标准型号	原型号	标准型号	原型号	标准型号									
$BC_{7A}400$ —17/35	ZZP4000 /17/35	MXA—300 /3.5		SGZ—764 /264W	SGZ—764 /264A	6	3.8～4.2	3～5	2	Ⅱ	165	倾分	晋城凤凰矿	163,031
	ZZP4400/ 17/35	EDW—450/ 1000—L		EKF—1000 HB280								倾分	晋城古书院矿	180,000
	ZFS4400 /16/26	MG360—W	MG360—W	SGWD—730/ 180SG WD—730/ 180PB	SGD—730/180 SGD—730/180	6	2.5～3	3～10			141	放顶煤	阳泉三矿	142,999
	ZFS4800/ 18/32B	AM500/3.5		SGB—764/264 SGB—764/264	SGB—764/264 SGB—764/264								晋城凤凰山矿	140,000
ZZP4800/ 17/33F	ZZPF4800 /17/33	MXA—300 /3.5D		SGZ—764/500 SGZ—764/400	SGZ—764/500 SGZ—764/400	6.6～7.2	1.5～2.0	3～5	2		200	放顶煤	潞安王庄 矿	280,000
QY3500 —23/45	ZY3200/ 23/45	MXA—300 /4.5		SGZ—764/ 320W	SGZ—764/ 320D		3～4		1～2	1～Ⅱ			神府东胜 矿	120,000
BYD3200 —23/45	ZY3200 /23/45	MXA—300 /4.5		SGZ—730 /320W	SGZ—730 /320	5.4	2～2.5	7～9	1	Ⅱ	156	走向长壁	邢台东庞 矿	110,000
ZY3500 —25/47	ZY3500 /25/47	MXA—300 /4.5		SGZ—730 /320	SGZ—730/320	4～5	2～3	8～15	1～2	Ⅱ	140～160	走向长壁	义马耿村 矿	112,103
RY3400 —25/47	ZY3400/ 25/47(3R)	MXA—300 /4.5		SGZR—764 /264	SGZ—764 /264R	4.5	1	8	1	Ⅱ	108	走向长壁	徐州权台 矿	42,015
BY3600 —25/50	ZY3600 /25/50	MXA—300 /4.5		SGZ—730 /320	SGZ—730/320	4.4～4.7	中硬	2～6	灰岩和页岩	灰岩	128	走向长壁	邢台东庞 矿	142,000

续表

综采工作面配套设备						使用条件							使用情况	
液压支架		采煤机		刮板输送机		煤层厚度(m)	煤层硬度 f	煤层倾角(°)	直接顶类别	老顶级别	工作面长度(m)	采煤方法	使用地点	最高月产(t)
原型号	标准型号	原型号	标准型号	原型号	标准型号									
	ZZ3000/10/22	MG200－W	MG200－W	SGZ－730/320	SGZ－730/320		～1		1～2	1～Ⅱ			双鸭山局	90,000
ZY28	ZZ3150/14.5/28	MLS_{3PH}－170	MG170H	SGD－630/180	SGD－630/180	2.5	1.6	14	2	Ⅲ	226	倾斜长壁	鸡西城子河矿	85,001
ZZ5500J－17.5/29.5	ZZ5500/17.5/29.5	AM500		SGB－764/264	SGB－764/264	4.8	3.4～3.6		砾岩	Ⅱ	120	走向长壁	大同四老沟矿	44,000
TZ720－20.5/32.4	ZZ7200/20.5/32.4	MXA－300/3.5		SGZ－764/264	SGZ－76/264	2.8	3.4～3.6	3～5	粉砂岩	Ⅱ	120	走向长壁	大同云岗矿	118,000
ZY35	ZZ4000/17/35	AM500		SGB－764/264W	SGB－764/264	6	3.8～4.2	3～5	2	Ⅱ	160	倾分	西山杜儿坪矿	
	ZZ4000/17/35	MLS_{3H} 2×170	2MG2×200	SGZ－730/320	SGZ－730/320	2.6～3.3	0.5～0.7	8～16	1～2	1～Ⅱ	120～170	走向长壁	淮北朔里矿	102,016
ZY560K－17/35	ZZ5600/17/35	AM500		SGB－764/264W	SGB－764/264	2.5	4	3	砂岩	Ⅲ	140	走向长壁	大同云岗矿	110,000
FJ4×457	ZZ4500/16.4/35	AM500		ML－722		6.1		5～7			145	倾分	兖州鲍店矿	
ZY35	ZZ4000/17/35	AM500		SGZ－764/264	SGZ－764/264A	3.64	1.5	3～8	2	Ⅱ	150	走向长壁	西山杜儿坪矿	162,469
	ZZ6000/21/35	MG2×300－W	MG2×300－W	SGB－764/264W	SGB－764/264	3.8～3.9	3	2	灰粉砂岩		136	走向长壁	大同燕子山矿	130,469
ZY33	ZZ4000/18/38	MXA－300/3.5		SGZ－730/320W	SGZ－730/320	3.2		18			123	走向长壁	淮南矿矿局	
ZY38	ZZ4000/18/38	MG300－W	MG300－W	SGZ－764/264W	SGZ－764/264A	4.2～4.7	3～5	5～16	Ⅰ	Ⅱ	133	单一长壁	兖州兴隆庄矿	59,000

第五节 掘进、装载机械

一、掘进机

（一）技术特征（表 1—9—55）

表 1—9—55 掘进机技术特征表

主要技术特征 \ 序号		1	2	3	4	5	6
标准型号		EL—90	AM—50	EBJ—65/48	EBH—132	EBH—160	
原型号							ELMB—55
生产能力（m³/h）		125	100	154	200	200	64
掘进断面积（m²）		8～22	6～18.1	5.7～15.5	4.5～24.8	22	6～12
切割高度（m）		3.76	4	3.48	4/4.2	4	3.5
切割宽度（m）		6.23	4.8	4.76	6.3	6	4.7
切割硬度系数 f		≤6	≤7	≤6	≤8	≤8	≤4（局部为 5）
适应坡度（°）		±16	±16.2	±16	±18	±16	±12
接地比压（MPa）		0.126	0.13	0.106	0.135	0.167	0.12
最小转弯半径（m）		10	10	6	10	10	10
质量（t）		37.2	26.8	17.2	35.5	50	22.5
截割部	切割头型式	纵轴式	横轴式	纵轴式	横轴式	纵轴式	纵轴式
	电机功率（kW）	90	100	65/48（双速电机）	132	160	55
	转速（r/min）	21.3/60.3	74.4	69/34.3	75.83	42	56
装运部	刮板机速度（m/s）	0.95	0.9	0.9	1.3	0.85	0.849
	铲板宽度（m）	2.8	2.5 （可供选择 2 或 3）	2.5	3.0 （可供选择 2.5 或 3.5）	3.5	2；2.5
行走部	电机功率（kW）	11.4×2	15×2	10.2×2（液压马达）	19×2（液压马达）	液压马达	P=16MPa Q=42L/min 约 9kW/16.6kW
	行走速度（m/s）	0.037	0.083	0.0305/0.0686	0.076/0.167 （无级调速）	0.035/0.150	0.048/0.084
电气系统	电机总功率（kW）	145.8	174	110	217	292	100
	电　压（V）	660	660	660	660/1140	660/1140	660
设计单位		煤科总院太原分院 淮南煤机厂研究所	奥钢联	煤科总院太原分院	淮南煤机厂研究所	煤科总院上海分院 淮南煤机厂研究所	煤科总院上海分院
制造厂家		淮南煤机厂	淮南煤机厂	淮南煤机厂	淮南煤机厂	淮南煤机厂	南京晨光机器厂

续表

主要技术特征		7	8	9	10	11	12
标准型号				EBJ−132	EBZ−75	AM75−D	ABM20
原型号		ELMB−75	ELMB−75B		EZ−75		
生产能力（m³/h）		64	60	69	煤 80～100，岩最低 15		
掘进断面积（m³）		6～12	6～16	8～24	4.7～16	8～32.5	10.78～18.2
切割高度（m）		3.6	3.55	4.5	3.84	4.7	3.5
切割宽度（m）		5.0	4.66	5.74	5.59	5.62	5.2
切割硬度系数 f		≤5	<5	≤6（局部 7～8）	≤7～8	<10	<5
适应坡度（°）		±12	±12	±16	±16	±18	±16
接地比压（MPa）		0.12	0.14	0.12	0.133	0.13	0.20
最小转弯半径（m）		10	6.5	7.0		2.8（巷宽 4.0）	6.0（巷宽 4.9）
质量（t）		21.6；23.5	23	36	26	50	75
截割部	切割头型式	纵轴式	纵轴式	纵轴式	轴向（横轴）切割外伸缩式	横轴式	滚筒式
截割部	电机功率（kW）	75	75	132	75	160/200	275
截割部	转速（r/min）	50	50	47/30	48.37		
装运部	刮板机速度（m/s）	0.849	0.847	0.8	0.79	1.1	2.0
装运部	铲板宽度（m）	2；2.5	2；2.5	2.2；3.0	2；2.5	2.8～5.62	4.6～5.2
行走部	电机功率（kW）	P=16MPa，Q=42L/min 约 9kW/16.6kW	P=16MPa，Q=42L/min 约 9kW/16.6kW	P=16MPa，Q=2×110L/min 约 50kW	15.5×2	26×2	36×2
行走部	行走速度（m/s）	0.043/0.086	0.043/0.086	0.17	2～2.5	4.2～8.8	8～20
电气系统	电机总功率（kW）	120	130	242	150	287/342	542
电气系统	电　压（V）	660	660	660；1140	660	可选定	1000
设计单位		煤科总院上海分院	煤科总院上海分院	煤科总院上海分院	煤科总院唐山分院	奥钢联	奥钢联
制造厂家		南京晨光机器厂	南京晨光机器厂	南京晨光机器厂	内蒙古第二机械制造总厂	奥钢联	奥钢联

续表

主要技术特征 \ 序号		13	14	15	16	17	18	19
标准型号		S－100	S－200M	EBJ－75	EBJ－160	EBH/J－132	EBJ－132A	EBJ－160SH
原型号								
生产能力(m^3/h)		200	260	180	260			
掘进断面积(m^2)		21	33	18	9～24	18		24
切割高度(m)		4.5	5.1	3.6	4.35	4.4	4.5	4.2
切割宽度(m)		5.1	6.5	4.7	5.78	5.8	6.0	5.8
切割硬度系数 f		≤6	≤8	≤6	≤8	≤6	≤6	100MPa
适应坡度(°)		±16	±16	±16	±16	±16	±16	±16
接地比压(MPa)		0.13	0.14	0.13	0.14		0.14	0.16
最小转弯半径(m)			8		8			
质量(t)		27	56	25	60	39	4.2	48
截割部	切割头型式	纵轴式	纵轴式	纵轴式	纵轴式	纵、横互换式	纵轴式	
	电机功率(kW)	100/60	200/110	75	160	132	132	160
	转速(r/min)	46/55	23/46	46	33/66		33	27
装运部	刮板机速度(m/s)	0.817	1.0	0.9	1.0		0.8	
	铲板宽度(m)	2.8		2.5/1.8				
行走部	电机功率(kW)	17×2 液压马达	25×2 液压马达	30 液压马达	30×2 液压马达		NHM175A 液压马达	
	行走速度(m/s)	0.13	0.13	0.11	0.13		0.13	0.042/0.126
电气系统	电机总功率(kW)	145	295.5	124	265	247	242	314
	电压(V)	660	1140	660	1140	1140	660/1140	1140
设计单位		日本引进国产化	日本引进国产化	佳木斯煤机厂	佳木斯煤机厂			
制造厂家		佳木斯煤机厂	佳木斯煤机厂	佳木斯煤机厂	佳木斯煤机厂	煤科院太原分院	煤科院太原分院	

（二）型号含义

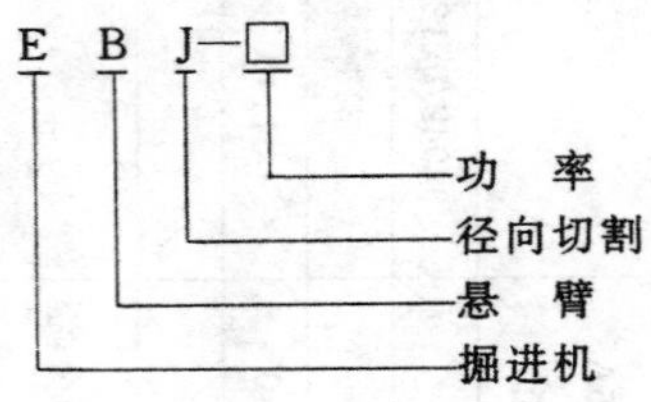

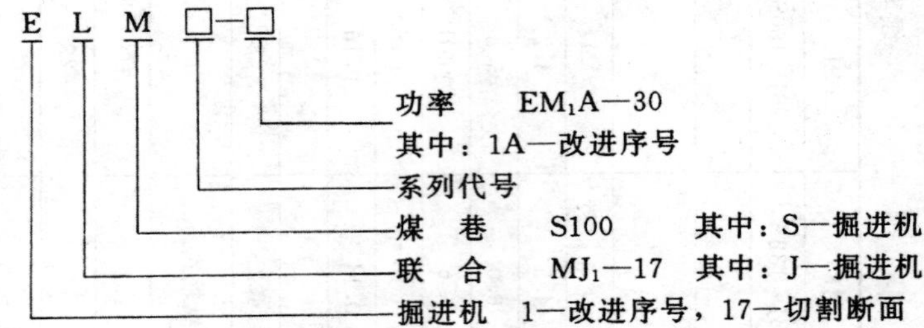

（三）使用范围

主要用于煤矿井下煤巷及半煤岩巷道的掘进。可用于有煤尘及瓦斯环境中。

二、全液压双臂履带掘进钻车

（一）技术特征（表1—9—56）

表1—9—56 技 术 特 征

型号	孔径 (mm)	行走速度 (km/h)	孔深 (mm)	一次推进行程 (mm)	适应断面 (m^2)	钻孔角度	配套凿岩机型号	钻孔速度 (m/min)	装机容量 (kW)	推进补偿 (mm)	外形尺寸 长×宽×高 (mm)	质量 (t)	生产厂
CTH10—2F	27～41	3	2100	2023	4～17.12	仰角、俯角+55°、～16°；水平摆角外47°、内14°；推进器仰角、俯角+15°、～105°；推进摆角内外各45°	HYD200	0.8～2	45	1500	7175×1000×1600	8	宣化采掘机械厂
LC12—2B	20～45	2.7	2000 2200 2500	2500	矩形：2×2～5×4.2 拱形：2.6×3～6.15×4.2	钻臂水平向上57°，向下14°；水平摆角向外45°，向内15°；推进器仰角俯角1～105°；推进水平摆角左右各45°	HYD200	0.8～2.5	55	1500	7810×1200×1880	10	煤科总院北京建井所 宣化—英格索兰公司

（二）使用范围

适用于煤炭、冶金、化工等行业井下4～17m^2断面岩石巷道掘进工程的钻凿爆破孔。后配套可采用履带式侧卸装岩机、转载机、矿车或梭车进行有轨运输；也可采用装运机或铲运机进行无轨运输。

三、全液压钻车

（一）技术特征（表1—9—57）

表 1－9－57　技　术　特　征

型　号	钻孔直径(mm)	一次钻孔深度(mm)	行走速度(km/h)	爬坡能力(°)	用水量(L/min)	配套凿岩机型号	电动机		外形尺寸 长×宽×高(mm)	质量(t)	生产厂
							功率(kW)	电　压(V)			
LC10－2B	36～45	2000～2800	2.5	14	20	CYY20	45	380/660	7140×1040×1645	8	衢州煤矿机械厂

（二）型号含义

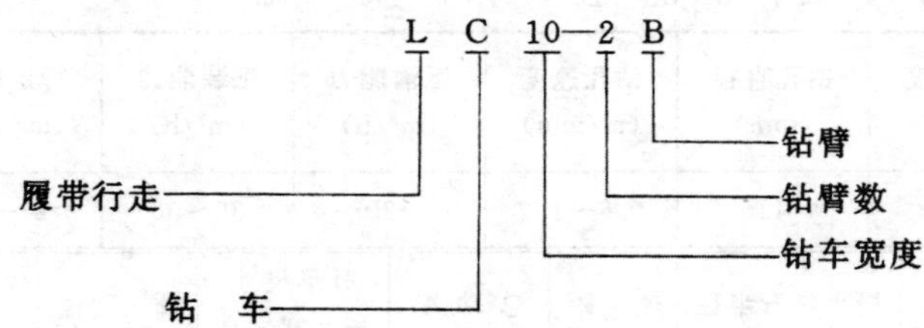

（三）使用范围

用于矿山、铁路、水利等巷道工程中钻凿爆破孔和锚杆孔。适用于断面高 2～4m，宽 2～5m 的中硬岩巷道。

四、全液压钻装锚机

（一）技术特征（表 1－9－58）

表 1－9－58　技　术　特　征

型　号	行走速度(m/s)	左右钻臂伸缩距离(mm)	吊斗臂伸缩距离(mm)	轨距(mm)	最小转弯半径(m)	液压凿岩机			耙斗绞车		
						型　号	钻孔直径(mm)	钻孔深度(m)	形　式	容积(m^3)	能力(m^3/h)
JZZ8/12Y	0.88 0.74	800	2000	600 762 900	12	YYG－90A	36～54	2～2.5	液压马达传动行星轮式	0.35	55～75

型　号	刮板机运输能力(m^3/h)	电　动　机			重量(t)	外形尺寸 长×宽×高(m)	生　产　厂
		型　号	功率(kW)	电压(V)			
JZZ8/12Y	140	YB2DDL－4	2×30	380/660	15	10.5×1.6×2.1	湘潭煤矿机械厂

（二）型号含义

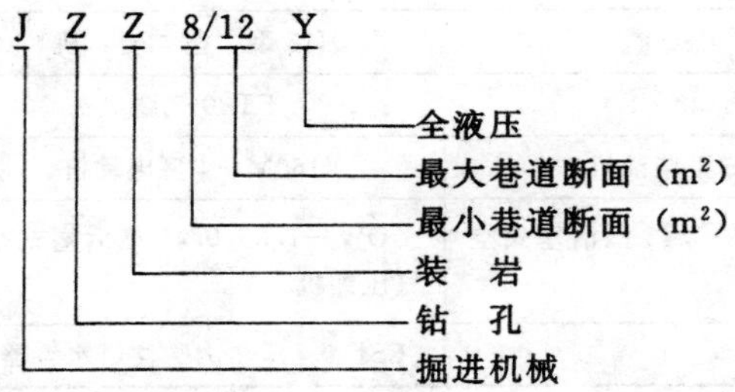

（三）使用范围

用于煤矿、金属及非金属矿山的岩石巷道断面（8～12m²）的掘进。能完成钻眼、打锚杆眼，耙矸，转载工作。

五、双臂液压钻装机

（一）技术特征（表1—9—59）

表1—9—59　技　术　特　征

型　号	钻孔深度(mm)	钻孔直径(mm)	钻孔速度(m/min)	运输能力(m^3/h)	耙装能力(m^3/h)	行走速度(m/min)	最小风压(MPa)
JZZ－2	2000	42	0.8～1.2	120	35～50	0～15	0.15

型　号	最小水压(MPa)	最小转弯半径(m)	轨　距(mm)	总功率(kW)	外形尺寸 长×宽×高(m)	质　量(t)	生　产　厂
JZZ－2	0.4	12	600	72.31	10×1.5×2	18	广东省煤矿机械厂

（二）型号含义

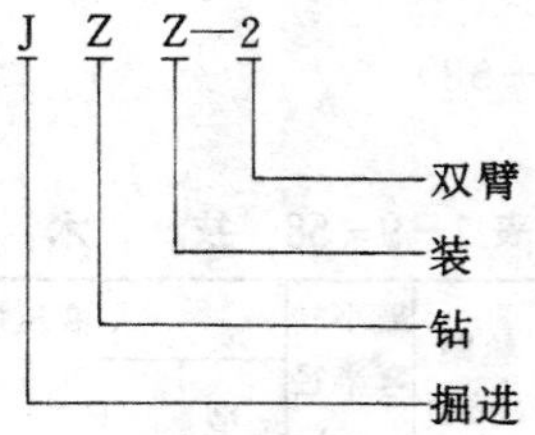

（三）使用范围

适用于8～12m² 断面的岩石平巷打爆破孔、锚杆孔、扫道、装岩等。全液压操作双臂液压冲击钻、耙斗装岩。

六、凿岩机组

（一）配套形式（表1—9—60）

表1—9—60　配　套　形　式

机组型号	QJ15CW	QJ15DW	QJ15CH
凿岩机	QJ15型 凿 岩 机		
气　腿	FT80气腿		
动力机	S195型柴油机	Y160M－4型电动机	S195型柴油机
空气压缩机	CW－1.35/0.45型活塞式空气压缩机	DW－1.35/0.45型活塞式空气压缩机	HP－1.2/0.45－C型滑片式空气压缩机
压力注水器	FS100 压 力 注 水 器		

（二）型号含义

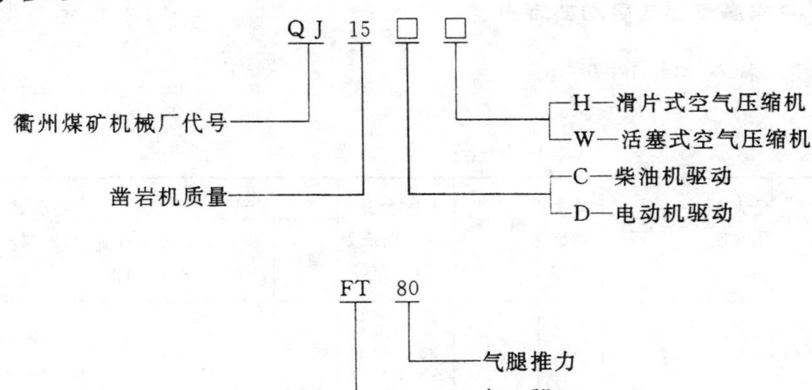

FT 80

气腿推力

气 腿

（三）使用范围

适用于无瓦斯及无爆炸性粉尘环境的小矿山、小水利探矿采石、交通、地质及军事工程。

（四）技术特征（表1—9—61～表1—9—64）

表1—9—61 凿岩机技术特征

型号	长度(mm)	缸径(mm)	行程(mm)	冲击次数(min^{-1})	耗气量(m^3/min)	气管内径(mm)	水管内径(mm)	针尾尺寸(mm)	质量(kg)
QJ15	550	58	45	1900	1.35	19	8	22×108	15

表1—9—62 气腿技术特征

型号	推力(N)	收缩状态长度(mm)	推进长度(mm)	质量(kg)
FT80	800	1425	950	13

表1—9—63 活塞式空气压缩机技术特征

型号	排气量(m^3/min)	排气压力(MPa)	转速(r/min)	缸径(mm)	行程(mm)	缸数	外形尺寸(mm)	质量(kg)
W—1.35/0.45	1.35	0.45	1150	90	80	3	1010×630×1017	290

表1—9—64 滑片式空气压缩机技术特征

型号	排气量(m^3/min)	排气压力(MPa)	缸径(mm)	转子直径(mm)	转速(r/min)	滑片数	质量(kg)	外形尺寸 长×宽×高(mm)
HP—1.2/0.45	1.2～1.3	0.45	120	105	2000	8	290	1270×580×960

七、矿用隔爆支腿式电动凿岩机

(一) 技术特征(表1—9—65)

表1—9—65 技 术 特 征

型 号	凿孔直径(mm)	最大凿孔深度(m)	凿孔速度(mm/s)	冲击频率(Hz)	扭 矩(N·m)	冲击能(J)	水力支腿推力(N)	电动机				外形尺寸长×宽×高(mm)	质量(kg)	生产厂
								型号	功率(kW)	电压(V)	电流(A)			
YD2A	38～43	4	2.5	44	15	30	1400		2	127	15	625×333×225	31.5	无锡煤矿电动凿岩机厂

(二) 型号含义

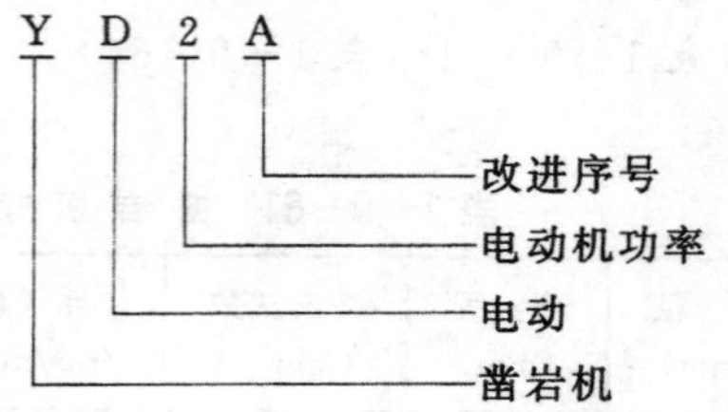

(三) 使用范围

主要用于有甲烷与煤尘爆炸危险的矿井钻凿岩石炮孔，也可以作地质勘探、水利建设、石质地带修筑道路以及石方工程等的凿岩工具。

八、气腿式凿岩机

(一) 技术特征

1. 凿岩机(表1—9—66)

表1—9—66 凿岩机技术特征

型 号	缸 径(mm)	行 程(mm)	冲击次数(min^{-1})	耗气量(m^3/min)	气管内径(mm)	水管内径(mm)	钎尾尺寸(mm)	质量(kg)	生产厂
ZY24	70	70	1800	2.8	19	13	22×108	24	衢州煤矿机械厂

2. 气腿(表1—9—67)

表1—9—67 气腿技术特征

型 号	推 力(N)	收缩状态长度(mm)	推进长度(mm)	质 量(kg)	生 产 厂
FT110	1100	1430	995	13	衢州煤矿机械厂

（二）型号含义

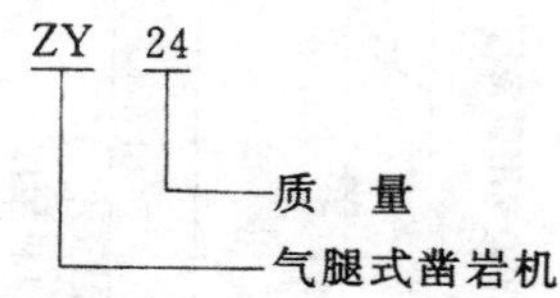

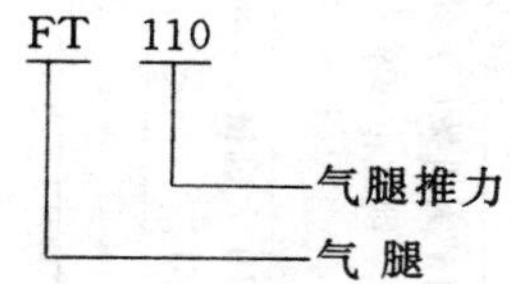

（三）使用范围

可在软、中、硬各类岩石上钻凿爆破炮孔，其直径为32～42mm，深度可达4m，适用于矿山巷道掘进和各类基建工程。

九、旋转式岩石电钻

（一）技术特征（表1—9—68）

表1—9—68　技　术　特　征

型　　号	额定功率(kW)	额定电压(V)	额定电流(A)	相数	自动推进速度(mm/min)	最大推进力(N)	钻孔深度(mm)
EZ2—2.0	2.0	380 127	4.4 13	3	368 470 545	6860	1500～2000

型　　号	钻头直径(mm)	外形尺寸 长×宽×高（mm）		质　量(kg)		生　产　厂
		电　　钻	跑　　道	电　钻	跑　道	
EZ2—2.0	36～45	650×320×280	3020×108×220	50	45	抚顺矿灯厂

（二）型号含义

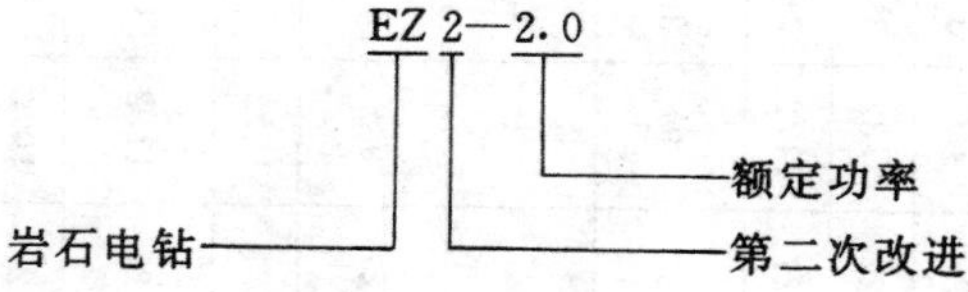

（三）使用范围

用于有瓦斯、煤尘爆炸危险的矿井中，供岩石钻孔用。适用岩石硬度（普氏）$f\leqslant10$。

十、煤电钻

（一）技术特征（表1—9—69）

表1—9—69 技　术　特　征

型　号	额定功率(kW)	额定电压(V)	额定电流(A)	相数	电机转速(r/min)	主轴转速(r/min)	主轴转矩(N·m)	注水压力(MPa)	钻孔直径(mm)	外形尺寸长×宽×高(mm)	质量(kg)	生　产　厂
MZ—12	1.2	127	9	3	2820	640	18		38～45	340×318×220	15.5	抚顺矿灯厂，温县煤矿机械厂，中国矿大机械厂，吴县煤炭防爆电机厂，渭南地区煤矿机械厂，洪江市煤矿专用设备厂
MZ—12A	1.2	127	9	3	2820	520	22		38～45	340×318×220	15.5	抚顺矿灯厂，温县煤矿机械厂，中国矿大机械厂，渭南地区煤矿机械厂，洪江市煤矿专用设备厂
MSZ—12	1.2	127	9.5	3	2800	630	16.7		36～45	310×300×200	13.5	洪江市煤矿专用设备厂
GMZ—12	1.2	127	8.32	3	2840	520	22		38～45	340×318×220	15.5	渭南地区煤矿机械厂
MZ—15	1.5	127	11.2	3	2800	640			38～45	343×250×335	16	吴县煤炭防爆电机厂
ZMS—12A	1.2	127	9	3	2800	640	16.8	0.2～0.8	38～45	343×335×250	15.4	抚顺矿灯厂，吴县煤炭防爆电机厂
ZMS—12B	1.2	127	9	3	2820	640	16.7	2～4	38～45	350×318×220	16	温县煤矿设备厂，渭南地区煤矿机械厂，洪江市煤矿专用设备厂
ZMS—12	1.2	127	9.5	3	2800	630	16.7	0.5～1.5	38～45	352×300×205	14.5	洪江市煤矿专用设备厂，平顶山市煤矿专用设备厂
ZMS—15	1.5	127	11.2		2820	640	22		38～45	380×332×220	15.5	洪江市煤矿专用设备厂
ZMS—15A	1.5	127	11.2	3	2800	640	22	0.2～0.8	38～45	343×250×335	16.5	吴县煤炭防爆电机厂
SKZ—15	1.5	127	10.6			580	25.2		38～45	325×305×240	14	无锡煤矿电动凿岩机械厂
ZM12D	1.2	127	9	3	2820	640	18.3		38～45	340×332×220	15.5	天津煤矿专用设备厂、中国矿业大学机械厂
ZM12D（A）	1.2	127	9	3	2820	520	22		38～45	340×332×220	15.5	
ZM12S	1.2	127	9	3	2820	425	25.4		38～45	380×332×220	16.0	天津煤矿专用设备厂
ZMS12Q	1.2	127	9	3	2820	520	22	≤0.4	38～45	350×332×220	15.5	
ZM15D	1.5	127	11.2	3	2820	640	22.4		38～45	350×375×220	16.4	
ZM15Q	1.5	127	11.2	3	2820	520	27.56		38～45	350×375×220	16.4	

（二）型号含义

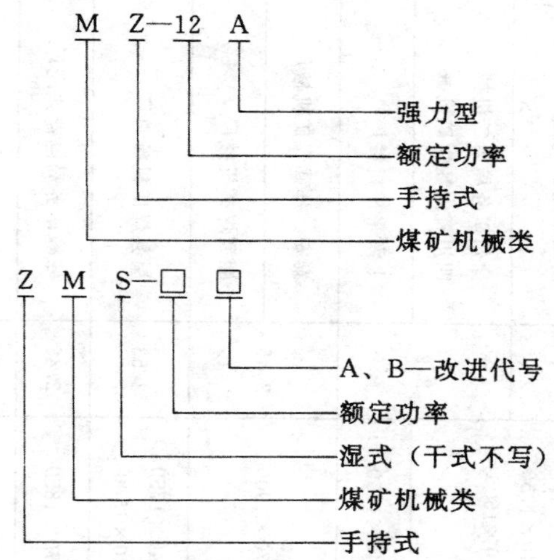

MSZ—12：其中S—手持式，Z—电钻 GMZ—12：其中G—高效电机 SKZ—15：其中K—矿用

（三）使用范围

适用于有瓦斯，煤尘爆炸危险的矿井中，供回采及掘进工作面煤层及软岩钻孔。MZ—12，MZ—12A，ZMS—12型及MSZ—12型煤电钻适用于中硬及软煤层钻孔。GMZ—12型适用于中硬以上煤层钻孔。

十一、风 镐

（一）技术特征（表1—9—70）

表1—9—70 技 术 特 征

型 号	使用气压(Pa)	冲击能量(Nm)	冲击次数(次/min)	气缸直径(mm)	活塞行程(mm)	耗气量(m^3/min)	气管直径(mm)	钎尾规格(mm)	全长(mm)	机体宽度(mm)	质量(kg)	生产厂
FG—8.3	50	29.2	145	38	51.5	1.2	19.1	24×70	445	210	8.3	辽宁省煤矿机械厂

（二）型号含义

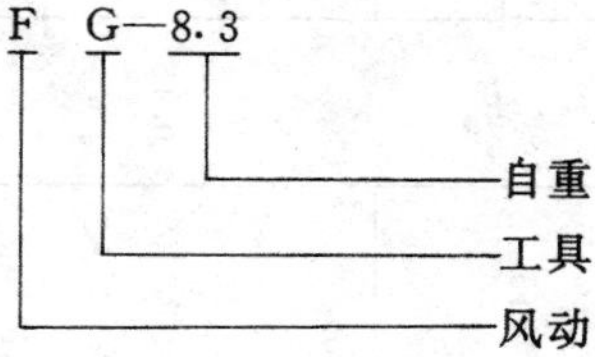

（三）使用范围

适用于煤矿及其他矿山开采、开拓巷道。

十二、耙斗装岩机

（一）技术特征（表1—9—71）

1. P、PZ、LP、QLP、XZB、GYP、ZYC、KSBZ型

表1—9—71 技术特征

型号	生产能力 (m^3/h)	耙斗容积 (m^3)	轨距 (mm)	钢绳直径	电动机 型号	电动机 功率 (kW)	电动机 电压 (V)	外形尺寸 工作时：运输时：长×宽×高 (mm)	质量 (t)	生产厂
P—15B (SBZ—11)	15～20	0.15	600、762 900	12.0	KBY—11	11	380/660	4700×1040×1750 1900×870×1500	2.5	衡阳市煤矿机械厂
	15		600	9.9	JB12—4				2.2	徐州矿务局第二机械厂 四川省内江煤矿机械厂
			600 762	10～12.5	YBB11—4			4700×1040×1750		上海采矿机械厂
P—15BⅡ	15～25		600	12.5				5000×1170×1900	2.45	泰安、邵武煤矿机械厂
										湘潭煤矿机械厂
								4700×1040×1750 1900×870×1500	2.53	温县煤矿机械总厂
							660	5000×1170×1850	2.45	峰峰矿务局电器修配厂
P—15BⅡA					$JBB11-4J_1$			5030×1080×1800 1900×870×1500	2.9	黄石煤矿机械厂
PZ—15				11				1200×1156×1800 1900×870×1500	3.05	焦作矿务局机电总厂
P—25BA	25	0.25		8.7	YB160M—4				1.6	焦作市风动机械厂
P—30B (A)	30～50	0.30	600，900	12.5	YBB17—4A	17		6600×2045×2000	4.7	黄石煤矿机械厂

续表

型号	生产能力 (m³/h)	耙斗容积 (m³)	轨距 (mm)	钢绳直径	电动机 型号	电动机 功率 (kW)	电动机 电压 (V)	外形尺寸 工作时：运输时：长×宽×高 (mm)	质量 (t)	生产厂
P－30B (ZYP－17)	35～50	0.3	600	12.5～14	DZ_3B－17	17	380/660	6600×2045×1950 2400×2045×1950	4.5	泰安煤矿机械厂
		0.3	600,762 900	12.5						广东省煤矿机械厂
			600							徐州矿务局第二机械厂 四川省内江煤矿机械厂
			600 900							黄石煤矿机械厂
	30～50		600,762 900		YBB17－4					湘潭、邵武煤矿机械厂
	35～50		600		DZ_3B－17					郑州煤矿机械厂
			600,762 900		KBY－18.5	18.5				衡阳市煤矿机械厂
			600,900		DZ_3B－17	17				温县煤矿机械总厂
			600,762 900	12.5～14	YBB17－4					上海采矿机械厂
			600,900	15.5	DZ_3B－17					徐州煤矿采掘机械厂
			600,762 900	12.5～14						通化矿务局机电总厂
	30～50		600					6600×2045×1950 3250×1050×1620		沈阳矿务局本溪机电总厂
P－60B (ZYP－30)	70～105	0.6	600,762 900	15.5～17	JDSB－30	30		9800×2750×2220	6.52	广东省煤矿机械厂
	70～110				YBB30－4			7090×1850×2350	6.6	福建省煤矿机械厂
					JDSB－30			7825×1850×2327	5.42	郑州煤矿机械厂

续表

型号	生产能力 (m^3/h)	耙斗容积 (m^3)	轨距 (mm)	钢绳直径	电动机			外形尺寸 工作时：运输时：长×宽×高 (mm)	质量 (t)	生产厂
					型号	功率 (kW)	电压 (V)			
P—60B (ZYP—30)	70～110	0.6	600 900	15.5～17	YBB30—4	30	380/660	7825×1850×2327 7090×1850×2350	7.5	黄石煤矿机械厂
									8.4	邵武煤矿机械厂 温县煤矿机械总厂
	70～100		600,762 900	14～16					7.2	上海采矿机械厂
			600 900	15.5				9800×2750×2220	6.45	徐州矿务局第二机械厂 徐州煤矿采掘机械厂
	70～105			14～16	JDSB—30					沈阳矿务局本溪机电总厂
QLP—15	20～30	0.15		11,12.5		11		4050×1200×1250	1.8	焦作矿务局机电总厂
LP—15B	15～25		无轨		YBB14—4			4050×1160×1165	1.98	泰安煤矿机械厂
XZP—30B	40～55	0.3	600,762 900	12.5	YB180M—4	18.5		6755×1500×1940	4.5	湘潭煤矿机械厂
GYP—30	35～50				KBY—18.5			6600×2045×1950 2400×1500×1650	4.0	衡阳市煤矿机械厂
ZYC—21—1	30～40	0.2	900		DZB13	13		2450×1643×1533	5.8	郑州煤矿机械厂
ZYC—21—2	30～45		600		DZB15	15		2370×1604×1518	1.16	
KSBZ—3		0.15		12.5		10		4700×1075×1700	2.4	辽源矿务局机电总厂

2. PD、YPD 型（表 1—9—72）

表 1—9—72 技 术 特 征

型号	生产能力 (m^3/h)	耙斗容积 (m^3)	轨距 (mm)	钢丝绳直径 (mm)	调车盘 纵向气缸推力 (kN)	调车盘 横向气缸推力 (kN)	调车盘 工作压力 (kN/cm^2)	调车盘 长×宽 (mm)
PD—30B	40～60	0.3	600	15.5	6.9	6.9	0.04	4800×2245
PD—60B	80～110	0.6	600，762，900					5250×2245
PD—60B	80～110	0.6	600					4800×2245
YPD—60A	80～100							

型号	电动机 型号	电动机 功率 (kW)	电动机 电压 (V)	外形尺寸 工作时：长×宽×高 运输时：(mm)	质量 (t)	生产厂
PD—30B	$DZ_3B1—7$	17	380/660	6600×2045×1950	6.5	徐州煤矿采掘机械厂
PD—60B	YBB30—4	30		9700×2650×2350	8.5	福建省煤矿机械厂
PD—60B	YBB30—4	30		9800×2750×2220	8.45	徐州煤矿采掘机械厂
YPD—60A	$BJQO_2—72—4$			8930×1850×2380	8.365	

（二）型号含义

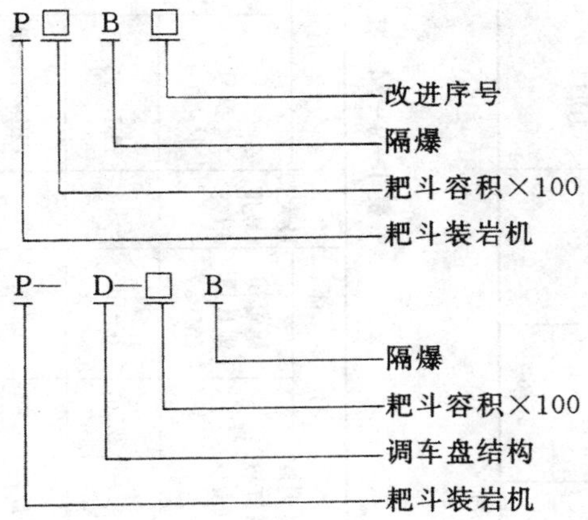

（三）使用范围

适用于平巷及倾角不大于 30°的斜巷掘进装岩，容积量 15 的型号用于净高大于 1.8m，净断面大于 4.5m^2 的巷道；容积量 30 的型号用于净高大于 2m、净断面大于 5m^2；容积量 60 的型号用于净高大于 2.4m，净断面大于 9m^2 的掘进巷道。

十三、铲斗装岩机

（一）技术特征

1. Z—20B、Z—30B 型（表 1—9—73）

2. ZCD、ZLC、ZCLZ 型（表 1—9—74）

表1—9—73 技 术 特 征

型号	生产能力 (m^3/h)	铲斗容积 (m^3)	装载宽度 (mm)	轨距 (mm)	电动机			外形尺寸 长×宽×高 (mm)	质量 (kg)	生产厂
					型号	功率 (kW)	电压 (V)			
Z—20B	30～40	0.2	2000	600 762 900	JBI—10.5	10.5×2	380/660	2395×1516 ×1426	4100	上海采矿机械厂
Z—30B	45～60	0.3	2350		JBI15—8	15×2		2660×1400 ×1455	5000	
			2675							福建省煤矿机械厂

表1—9—74 技 术 特 征

型号	生产能力 (m^3/h)	铲斗容积 (m^2)	最大卸载高度 (m)	行走部		最大爬坡度 (°)	行走电机			油泵电动机		外形尺寸 长×宽×高 (铲斗放下) (mm)	质量 (kg)	生产厂
				速度 (m/s)	履带接地比压 (MPa)		型号	功率 (kW)	电压 (V)	功率 (kW)	工作压力 (MPa)			
ZCD75R(ZC—2)	90	0.75	1.5	0.86	0.099		YBI—15—8	15	380/660	18.5	14	1290×1850×2053	9200	浙江小浦煤矿机械厂
ZCD60R(ZC—3)	70	0.60	1.7	0.80	0.095		YBI—15—8	15	380/660	18.5	14	4505×1600×2180	8400	煤科总院北京建井所
ZLC—60B	90	0.60	1.3	0.83		10		15×2		22			7430	太原矿山机器厂
ZCLZ—60B	70	0.60	1.65	0.78	0.099				380/660	18.5	14	1500×2340×2180	8000	上海采矿机械厂
ZC—7	100～120	1～1.2	≥1.70	0.80	0.83～0.97	±14				55.0	25	5100×2000×1650	10500	煤科总院北京建井所 浙江小浦煤矿机械厂

（二）型号含义

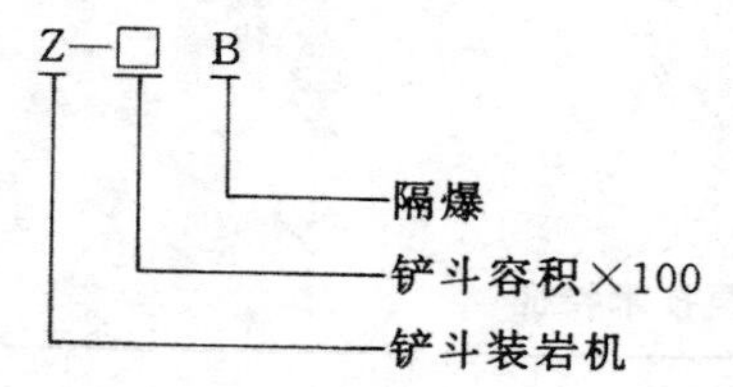

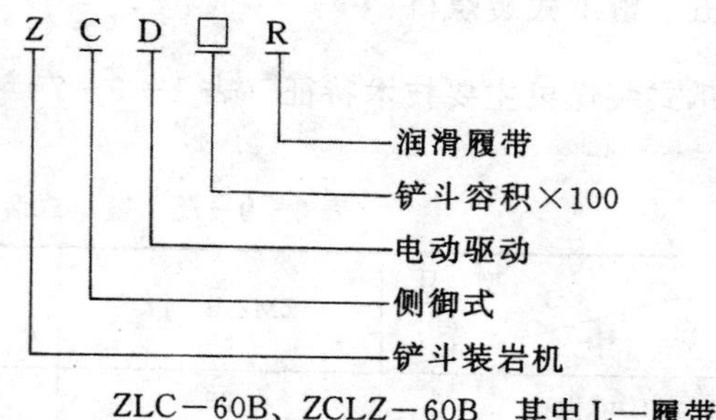

ZLC－60B、ZCLZ－60B　其中 L—履带

（三）使用范围

适用于平巷掘进装岩。Z－20、Z－30 型用于净高大于 2.4m，净断面大于 $9m^2$，其余型号用于净高大于 3.5m，净断面大于 $10m^2$ 的掘进巷道。

十四、立爪装岩机

（一）技术特征（表 1－9－75）

表 1－9－75　技　术　特　征

型　号	生产能力 (m^3/h)	适应断面 宽×高 (m)	装载宽度 (m)		轨距 (mm)	行走速度 (m/s)	最小弯转半径 (m)	最大装载距离 (m)	扒取高度 (m)
			最　大 (m)	最　小 (m)					
ZMY－1	100	5.8～10	3.84	2.54	600	0.033～0.416	12	2.87	1.2
LZY100	100	5.8～10	3.84	2.54	600	0.033～0.416	12		1.2

型　号	机体摆角 (°)	运输倾角 (°)	电　动　机			外形尺寸 长×宽×高 (mm)	质量 (kg)	生　产　厂
			型　号	功率 (kW)	电压 (V)			
ZMY－1	±16	18.5	YB180M－4	18.5×2	660	5560×1300×1850	8000	哈尔滨煤矿机械厂
LZY100		18.5		18.5×2	660	5960×1300×1850	8000	黄石煤矿机械厂

（二）型号含义

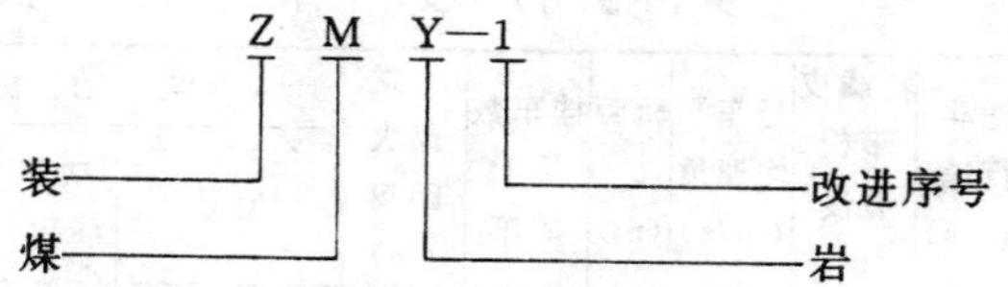

（三）使用范围

适用于煤矿、冶金矿山的巷道及工程隧道掘进装岩。可将爆破所产生的煤、煤岩和各种硬度的岩石装入转载设备或矿车中。

十五、蟹爪式装煤机

蟹爪式装煤机主要技术特征（表1－9－76）

表1－9－76　蟹爪式装煤机主要技术特征

项目		ZMZ_2B-17	ZMZ_3-17	ZMZ_5-40	使用条件
生产能力（m^3/h）		60	60	90	用于煤巷及半煤岩巷道掘进时，向矿车或其他运输工具中装煤或半煤岩，可在有瓦斯和煤尘的条件下作业
适应断面（m^2）		≥5	≥5	≥7	
煤块粒度（mm）		≤500	≤500		
行走部分	履带行走速度（m/s）	0.91	0.29	0.30	
	履带对地比压（MPa）	0.095	0.093	0.093	
装载部分	耙取宽度（mm）	1450	1520	1800	
	耙取次数（次/min）	45	40	40	
运煤部分	溜槽回转角度（°）	左右各30	左右各30	左右各30	
	溜槽提升角度（°）	18	15		
	溜槽宽度（mm）	530	530	600	
	溜槽尾部高度（mm）	1090～2200	2180	2050	
油泵部分	电机型号	YBC－12/80	YBC－12/80		
	工作压力（MPa）	4.41	4.41		
电气部分	电机型号	DZ_2B-17	DZ_2B-17	MDB11.4，DZ_2B-17	
	电机功率（kW）	28.5/17	28.5/17	共40	
外形尺寸长×宽×高	工作时（mm）	6400×1650×1090～2200	6892×1520×2180	7800×1770×1460	
	运输时（mm）	6400×1460×1200	6892×1480×1140		
重量（kg）		4100	5100	8000	
生产厂		黄石煤矿机械厂	黄石、北京煤矿机械厂	广东煤矿机械厂	

十六、煤巷装运机

（一）技术特征（表1－9－77）

表1－9－77　技　术　特　征

型号	耙斗容积（m^3）	耙装能力（t/h）	耙斗行速（m/s）	转载皮带机宽度（m）	行车平均速度（m/s）	轨距（m）	挂车数量1t矿车	运送最大距离（m）	电动机型号	电动机功率（kW）	电动机电压（V）	外形尺寸（长×宽×高）（m）	质量（t）	生产厂
ZYP－345	0.3	30～50	平均1.1	0.5	1.2	0.6	4	500	BJO_2-62-4	17	380/660	14.6×1.7×1.6	7	温县黄河煤矿机械厂

（二）型号含义

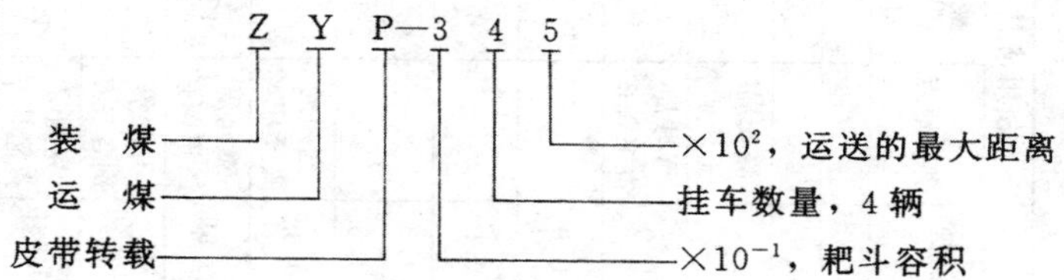

（三）使用范围

将煤巷掘进中的装煤、运煤和进料三工序统一起来实现机械化，用于起伏坡度 5°以下每次弯曲 25°以内各种断面的巷道中，在掘进中可装半煤岩或全岩。

十七、水仓清理机

水仓清理机主要技术特征（表 1—9—78）

表 1—9—78　水仓清理机主要技术特征

项　目＼型　号	Z6—17	Z6—17
生产能力（t/h）	100	90
履带行走速度（m/s）	0.29	0.29
机器最小转弯半径（m）	10	
刮板机宽度（mm）	500	
刮板机链速（m/s）	0.817	0.817
刮板机倾角（°）	17°42′	17°50′
卸料端距地板高度（mm）	1790	
卸料口距地板高度（mm）	1445	
刮板机有效长度（mm）	5030	
齿轮油泵型号	YBC45/80	
油泵系统压力（MPa）	3.92～4.41	4.41
电　机　型　号	DZ_2B—17	DZ_2B—17
电机功率（kW）	17	17
电　　压（V）	380	380
机器质量（kg）	3700	3640
外形尺寸：工作时（mm） 运输时（mm）	5260×3800×2030 5260×1300×1800	5460×3800×1500
适　用　条　件	水仓断面宽度为 4.1，3.6，3.1m 三种；微量瓦斯及潮湿环境作业	
生　　产　　厂	黄石煤矿机械厂	北京煤矿机械厂

第六节 综合机械化掘进设备配套实例

综合机械化掘进设备配套实例见表1—9—79。

表1—9—79 综合机械化掘进设备配套表

综掘配套设备						使用条件						使用情况	
掘进机		转载机		输送机		综合生产能力 (m^3/h)	掘进断面积 (m^2)	接地比压 (MPa)	煤岩硬度 f	最大坡度 (°)	链速 (m/s)	使用地点	最高月进尺 (m)
标准型号	原型号	标准型号	原型号	标准型号	原型号								
EL—90		ES—650		SSJ650/2×22	SJ—44	125	8～22	0.126	≤6	±16	0.95		
EL—90		ES—650		SGB—620/40	SGW—40	125	8～22	0.126	≤6	±16	0.95		
AM—50		QZP—160A		SSJ650/2×22 Ⅱ SSJ800/2×40 Ⅰ	SJ—44 Ⅱ SJ—80 Ⅰ	100	6～18.1	0.13	≤7	±16.2	0.9	潞安局 王庄矿	
AM—50		QZP—160A		SSJ650/2×22 SSJ800/2×40	SJ—44 SJ—80	100	6～18.1	0.13	≤7	±16.2	0.9	晋城局 古书院矿	
EBJ—65/48		QZP—160A		SSJ650/2×22 SSJ800/2×40	SJ—44 SJ—80	154	5.7～15.5	0.106	<6	±16	0.9		
EBJ—65/48		QZP—160A		SSJ650/2×22 Ⅱ SSJ800/2×40 Ⅰ	SJ—44 Ⅱ SJ—80 Ⅰ	154	5.7～15.5	0.106	<6	±16	0.9		
EBH—132		SZQ11/800		SSJ800/2×40	SJ—80	200	4.5～24.8	0.135	≤8	±18	1.3		
EBH—132		SZQ11/800		SSJ800/2×40 Ⅰ	SJ—80 Ⅰ	200	4.5～24.8	0.135	≤8	±18	1.3		
S100—41		QZP—160		SSJ650/2×22 SSJ800/2×40	SJ—44 SJ—80	180	21	0.12	≤10	±15	0.98	兖州局 兴隆庄矿	857
S100—41		QZP—180		SSJ650/2×22 SSJ800/2×40	SJ—44 SJ—80	180	21	0.12	≤10	±15	0.98	鸡西局 二道河矿	1250
EBJ—75	EZ—75	QZP—160		SSJ650/2×22	SJ—44	100	4.7～16	0.133	≤7～8	±16	0.79	开滦局 荆各庄矿	450
EBJ—100			SZ—2S	SGB—520/44 SSD800/2×40	SGW—44 SD—80	69	8～21	0.14	≤1.5～6	±16	0.849	兖州局 兴隆庄矿	542.6
EBJ—132			SZ—2S2		SJ—650	69	8～24	0.12	≤2～6	±16	0.8	平顶山局 一 矿	423.4
	ELMB—55		SZ—2	SSJ650/2×22 SGB—520/44	SJ—44 SGW—44	64	8～11	0.12	≤3.6	±12	0.849	峰峰局 牛儿庄矿	1263
	ELMB—75		SZ—2	SSJ800/2×40	SJ—150 SJ—80	64	9.3	0.12	≤1～3	±12	0.849	平顶山局 十 矿	1031
	ELMB—75B		SZ—2D2	SSJ800/2×40	SJ—80	60	5.57～7.82	0.14	≤3～4	±12	0.847	大同局 忻州窑矿	515.3

第七节　煤矿井巷工程设备

一、单体锚杆钻机

单体锚杆钻机技术特征见表1—9—80。

表1—9—80　单体锚杆钻机技术特征

项目 \ 型号		MYT—115DⅠ	MYT—115DⅡ	MYT—115DⅢ	MYT—115QI	MYT—115QⅡ	MYT—115QⅢ	QYM2/63	FB—Ⅰ	MZ—Ⅱ	QYM1/63	SDZ22/*
型式	动力源	液压	液压	液压	液压	液压	液压	液压旋转	电动	液压	液压旋转	电动回转
	灭尘方式	湿式	湿式	湿式	湿式	湿式	湿式	湿式	干式捕尘	湿式	湿式	水质液压
	推进型式	液压缸推进	液压缸推进	液压缸推进	液压缸推进	液压缸推进	液压缸推进	液压	齿条	液压缸钢丝绳	液压	
适用范围	巷道高度(m)	1.8～2.5	2.0～2.9	2.5～3.8	1.6～2.5	2.0～2.9	2.9～3.8	最小高度1.1	1.9～2.3		最小高度1.5	1.8～3.2
	钻孔直径(mm)	28,43	28、43	28、43	28、43	28、43	28、43	27,40	38	28	27、42	28～43
	岩石 f 值	≤8	≤8	≤8	≤8	≤8	≤8	≤10,≤7	≤6	≤8	≤7	≤8
技术特征	一次成孔深度(m)	1.0	1.2	1.6	1.0	1.2	1.6	1.0	0.6～1.0	1.6	1.0	
	钻机转速(r/min)	380	380	380	380	380	380	500	143～190	400	500	430
	扭矩(N·m)	115	115	115	115	115	115	100	50～70	120	100	45
	推进力(kN)	8.6	8.6	8.6	8.6	8.6	8.6	22		9.5	22	
	最大支撑力(kN)									12		
	系统工作压力(MPa)	14	14	14	14	14	14	12.5		10	12.5	3
	电动机功率(kW)	11	11	11	11	11	11		1.2	7.5		2.2
	质量:泵　站(kg)	220	220	220	220	220	220			220		
	操纵架(kg)								60	24		
	主　机(kg)	58	65	72	59	66	73	40		69	35	46
	钻孔角度(°)	75～90	75～90	75～90	0～90	0～90	0～90					
研制单位、生产厂		河北省正定县煤矿机械厂	河北省正定县煤矿机械厂	河北省正定县煤矿机械厂	河北省正定县煤矿机械厂	河北省正定县煤矿机械厂	河北省正定县煤矿机械厂	煤炭科学研究总院南京研究所	无锡煤矿扇风机厂	苏州煤矿机械厂	煤炭科学研究总院南京研究所	煤炭科学总院南京研究所

二、台车式锚杆打眼安装机

台车式锚杆打眼安装机技术特征见表1－9－81。

表1－9－81　台车式锚杆机技术特征

项　　目	MGJ－Ⅰ	MGJ－Ⅱ(原CGM40型)	YM－26
生产能力(根/h) 钻臂水平摆角 机器回转一侧最大工作宽度(mm)(帮孔) 工作机构前倾、后仰角度	8～9 ±45°～50° 2644 60°	8～10 ±37° ±2229～2793 94°	 ±110°* 2100 120°
钻眼机构　型式 功率(kW) 主轴转速(r/min)	旋转式岩石电钻 2 203	液压旋转、电动或风动冲击旋转式 2(电动) 290～550(液压),230(电动)	风动冲击旋转式
推进装置　型式 一次推进最大行程(mm) 推进速度(m/min) 退钻速度(m/min) 最大推进力(kN)	油缸—链条式 1700 1.18 4.2 8.5	油缸—钢丝绳式 1780 0～1.18 4.2 9	油缸—钢丝绳式 1650 9.9
安装锚杆 装锚杆(注浆管)速度(m/min) 退注浆管速度(m/min)	 4.2 4.2	 4.2 4.2	
注浆罐　容积(L) 工作风压(MPa)	8 0.4～0.45	8 0.4～0.5	
行走机构 轨距(mm) 轴距(mm) 行走速度(m/s)	 600(900) 1100 0.74	 600 1100 0.5	 600 800 0.83
液压系统 油泵型号、数量 工作压力(MPa) 油箱容积(L) 油缸数量 油马达型号、台数	 YBC－12/80,1台 6 63.3 6	 CB－F25/11C－FL,2台 10 169 11 1QJM21－0.63,1台;BM1－10,1台	 YB12,1台 6.3 7 YMC－40,1台
电动机功率 钻眼电动机型号,台数 行走电动机型号,台数 油泵电动机型号,台数 总功率(kW)	 EZ_2－2.0,1台,2kW BJO_2－31－4,1台,3kW BJO_2－32－4,1台,3kW 8	 BJO_2－52－4,1台,10kW 10	 BJO_2－32－6,1台 3
外形尺寸(mm) 质量(kg)	运行状态 4532×1200×1815 3500	5019×1000×1740 3520	运行状态 3000×980×1800 1820
适用条件	用于$f\leqslant8$,巷道断面为8～14m²的巷道钻装锚杆	$f\leqslant8$时,配用ZYG－10型液压旋转钻和ZDG－7型电动旋转钻,$f\geqslant8$时配用YG40型凿岩机 适用巷道断面8～14m²	配用YGP28型风动凿岩机,可在6～12m²的中、小断面巷道中钻凿锚杆眼
生产厂	广东煤矿机械厂 许昌煤矿机械厂	广东煤矿机械厂	浙江温州煤矿设备厂

* ±110°是指回转式钻臂绕自身轴线向两侧回转的角度。

三、MFC 系列风动单体锚杆钻机

MFC 系列风动单体锚杆钻机技术特征见表 1—9—82。

表 1—9—82　MFC 系列风动单体锚杆钻机技术特征

技术参数＼型号	MFC—1094/2465	MFC—1218/2962	MFC—1392/3657
压缩空气压力（MPa）	0.4～0.70		
耗气量（m^3/min）	<3.1（在 0.56MPa 时）		
静力失速扭矩（N·m）	>=110（在 0.56MPa 时）		
空载转速（r/min）	>580		
支腿缩回高度（mm）	1094	1218	1392
支腿伸出高度（mm）	2465	2962	3657
最大推进力（kN）	6.2（在 0.56MPa 时）		
冲洗水压力（MPa）	0.6～1.2		
输气管内径（mm）	25.4		
输水管内径（mm）	13		
重　　量（kg）	40	43	49
生　产　厂	石家庄煤矿机械厂		

四、锚杆拉力计

（一）技术特征（表 1—9—83）

表 1—9—83　锚杆拉力计技术特征表

型　号	空心千斤顶						
	最大拉力（kN）	公称压力（MPa）	活塞行程（mm）	油　量（L）	中心孔径（mm）	外形尺寸直径×高（mm）	质 量（kg）
ML—10	10	70	80	0.4	32	115×167	9
ML—20	20	70	100	0.4	42	115×204	12

型　号	手动油泵						生 产 厂
	低压压力（MPa）	额定压力（MPa）	柱塞行程（mm）	排油量（L/每次）	手摇力（N）	质量（kg）	
ML—10	1	70	20.5	0.0125	500	9	广东省煤矿机械厂
ML—20	1	70	20.5	0.0125	500	9	

（二）型号含义

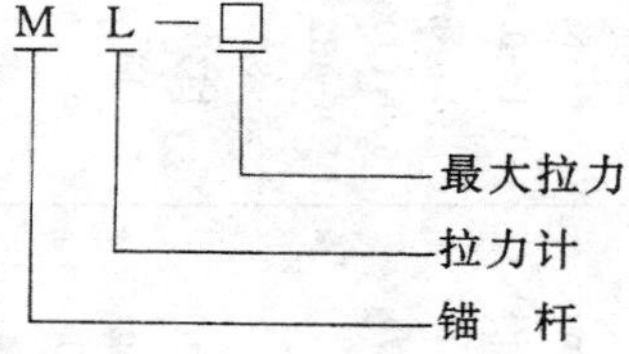

（三）使用范围

是用于测定锚杆锚固力的一种检测工具。

五、干式混凝土喷射机

干式混凝土喷射机的型号及其技术特征见表1—9—84。

表1—9—84 干式混凝土喷射机类型及技术特征

项目	双罐式			转体式						螺旋式
	WG—25g	泰山—75	冶建—65	转子—Ⅰ	转子Ⅱ (ZPG—Ⅱ ZP—2)	SP—2	HPH_6 (PH30—74)*	HPH7	ZP—Ⅱ	LHP—701
生产能力(m^3/h)	4～5	4	4	6	5～7	4～5	2,4,6	5～7	5～7	3～5
骨料最大直径(mm)	25	25	25	25	25	25	30	25	25	30
输料管内径(mm)	50		50	50	50	50	50	50	50	
压气消耗量(m^3/min)	6～8	10	7～8	10	5～8	5～10	10	7～8	5～8	5～8
压气工作压力(MPa)	0.1～0.6	0.1～0.6	0.1～0.6		0.15～0.4	0.1～0.6	0.1～0.6	0.3～0.5	0.15～0.4	0.15～0.3
行走方式	轨轮				轨轮		轨轮			轨轮
轨距(mm)	600,(900)				600					
电动机型号	BJO_2—32—4	BJO_2—41—6	JO51—6	BJO_2—51—4/L_3	BJO_2—51—6	JO_2—42—6/T_2	JO_2—51—4/T_2		YB132M1—6	BJO_2—41—4
电动机容量(kW)	3	3	2.8	7.5	5.5	4	7.5	5.5	4	4
电动机转数(r/min)	1440		960		960	960	1450	960		1440
喂料盘转数(r/min)	13		10.3	8	11	10	8.3	11		
水平输料距离(m)	400～500	400～500	400～500	240	300	200	250	300	300	8～15
垂直向上输料距离(m)	40	40	40	＜30°上山50	60	60	100	60	60	5～10
垂直向下输料距离(m)	800～1000	800～1000	800～1000	＜30°下山200						
外形尺寸(mm)	1500×830×1470	1504×830×1620	1650×850×1630	1540×800×1480	1500×755×1122	1250×750×1435	1500×1000×1600	1322×744×1110	1500×755×1120	1330×730×750
重量(kg)	1000	1000	1000	1070	960	650	800	920	960	415
生产厂家	焦作矿业学院实习工厂	山东矿业学院实习工厂	冶金工业部建筑研究院	徐州矿务局机修厂	江西煤矿机械厂、广东煤矿机械厂、泰安机械厂、江苏武进县通用机械厂	冶金工业部长沙矿山研究院	扬州机械厂、无锡第六通用机械厂	焦作市建工机械厂	湘潭煤矿机械厂	广东煤矿机械厂、煤炭科学研究总院建井研究所

* PH30—74型可用于半湿混合料。

六、潮(湿)式混凝土喷射机

潮(湿)式混凝土喷射机技术特征见表1－9－85。

表1－9－85 潮(湿)式混凝土喷射机技术特征

项目	SPJ	HPC－V	SP－77	JP*	PZ－5B	PC6小型	PZ－5型	HPZ5U转V
生产能力(m^3/h)	4～6	4～6	3～4	5～6	5～5.5	5～6	5	4～5
骨料最大粒径(mm)	20	25	25	25	15	20	20	19
耗风量(m^3/min)	5～8	5～8		8～10	7～8	5～8	7～8	5～8
工作风压(MPa)	0.1～0.4	0.4	0.3～0.6	0.15～0.45	0.2～0.4	0.15～0.4	0.2～0.4	0.12～0.14
最大输送距离(水平)(m) (向上)(m)	40	200 40	120 30	潮喷100, 干喷200	200	100 30	潮喷200 湿喷50	200 50
电动机型号			AJO_2或BJO_2	BJO_2－51－4	YB132M2－6	YB112M－4		YB132M1－6
电动机功率(kW)		5.5	7.5	7.5	5.5	4.0	5.0	4.0
电动机转数(r/min)			960	1450	960			
外形尺寸(mm)	2700×960×1650	1400×740×1300	1872×820×1538	1380×890×1310	1250×780×1075	1330×720×1130	1400×780×1200	1255×754×1276
质量(kg)	<1500	775	1300	700	700	570	700	543
生产厂	江苏武进通用机械厂		山东泰安煤矿机械厂	阜新矿业学院机械厂	许昌煤矿机械总厂	南京煤研所淄博矿务局机厂	鹤壁矿务局总机厂	山东泰安煤矿机械厂

* JP型为转体式,干湿两用。

七、螺旋式混凝土搅拌机

螺旋式混凝土搅拌机技术特征见表 1－9－86。

表 1－9－86　螺旋式混凝土搅拌机型号和技术特征

项　　目	安 Ⅲ	P4	安 Ⅳ	LJP－Ⅰ	LJP－Ⅰ
轨　　距(mm)	600	600	600	600(900)	600(900)
生产能力(m^3/h)	6.5	7.5～8.5	5.1～8.6	4～6	4～6
水泥喂料器					
直　　径(mm)	88	88	88	450×360	
导　　程(mm)		90	70		
转　　数(r/min)		209	141.4		
砂石喂料器					
直　　径(mm)	118	124	118	620×540	
导　　程(mm)		110	94		
转　　数(r/min)		157	176.7		
搅拌输送器					
直　　径(mm)	194	197	198		
导　　程(mm)		155	160		
转　　数(r/min)	118	209	141.4		
电动机型号	BJO_2－42－4	BJO_2－42－4	BJO_2－42－4	$YB100L_1$－4	
电动机功率(kW)	5.5	5.5	5.5	2.2	3.0
电动机电压(V)	380	380,660	380,660	380,660	
电动机转数(r/min)	1430	1440	1440		
减速器传动比	12.16	12.16	12.22	33	
授料口高度(mm)	1050	850～1600	850～1600	1100～1300	1100
贮料斗容积					
水泥斗(m^3)	0.1243	0.148	0.148		
砂石斗(m^3)	0.2105	0.222	0.222		
总容积(m^3)	0.3348	0.37	0.37		
外形尺寸最大(mm)		2650×1100×1950	2650×1100×1950	2445×780×2070	
外形尺寸最小(mm)	1900×1000×1245	2420×1100×1255	2420×1100×1255	2445×780×1575	1990×780×1650
质量(kg)	1045	1100	1100	460	500
生 产 厂	江西省煤矿机械厂	湘潭煤矿机械厂	江西省煤矿机械厂、平顶山市专用煤矿设备厂、江苏省煤矿设备配件公司	许昌煤矿机械厂	鹤壁矿务局总机厂

八、蜗浆式混凝土搅拌机

蜗浆式混凝土搅拌机技术特征见表1—9—87。

表1—9—87　蜗浆式混凝土搅拌机型号及技术特征

项　　目	JW—200	J41—375	JW—375
生产率（m^3/h）	5	10～12	12.5
料斗容量（L）	110	375	375
搅拌蜗桨转速（r/min）	38.5	36	36
电动机型号	BJO_2—42—4	JO_2—61—4	JO_2—52—4
电动机功率（kW）	5.5	13	10
电动机转数（r/min）		1460	1450
配水箱容量（L）		50	50
移动方式	轨　轮	轮　胎	轮　胎
骨　料			
最　大（mm）	40	40	40
卵石最大（mm）	60	60	60
轨距或轮距（mm）	600	轮距1280	轮距1280
上料绞车			
滚筒直径（mm）	ϕ120		
滚筒转速（r/min）	40.8		
钢绳直径（mm）	7.7		
绳　速（m/s）	0.26		
上料速度（m/s）	0.13		
外形尺寸（mm）	2450×1200×1960	3820×1870×2385	4000×1865×3120
重　量（kg）	1850	2550	2200

九、喷射混凝土液压机械手

（一）技术特征（表1—9—88）

表1—9—88　技　术　特　征

型号	自行速度(m/min)	料管直径(mm)	外形尺寸（mm）				液压系统		电动机		质量(kg)	生产厂
			运行时长×宽×高	前伸最大长度	喷头最大高度	水平回转一侧最大宽度	油泵型号	工作压力(MPa)	型号	功率(kW)		
FS—1	0～50	51	3420×1000×1230	5500	3725	2510	YBC—12/80	7	YB100 L_2—4	3	1090	广东省煤矿机械厂

（二）型号含义

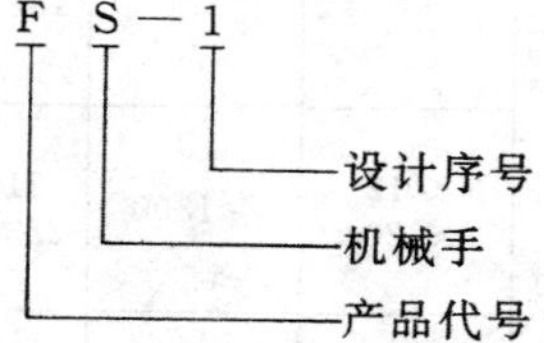

（三）使用范围

用于4～14m^2断面巷道硐室、隧道建筑工程的锚喷支护和结构补强施工作业中配合各种喷射机进行机械化喷射混凝土作业。

十、矿用滑片移动式空气压缩机

（一）技术特征（表1—9—89）

表1—9—89　技　术　特　征

型　号	排气量 (m^3/min)	排气压力 (MPa)	转速 (r/min)	排气温度 (℃)	轴功率 (kW)	轨距 (mm)	电动机			外形尺寸 长×宽×高 (m)	质量 (t)	生产厂
							型　号	功率 (kW)	电压 (V)			
HPY18—10/7—K	10	0.7	1470	≤110	<70	600 762 900	YB280S—4 DQBH—660/200	75	660 380	2.592×1×1.616	2.5	衢州煤矿机械厂
HPY19—10/7—K	10	0.7			75						2.5	

（二）型号含义

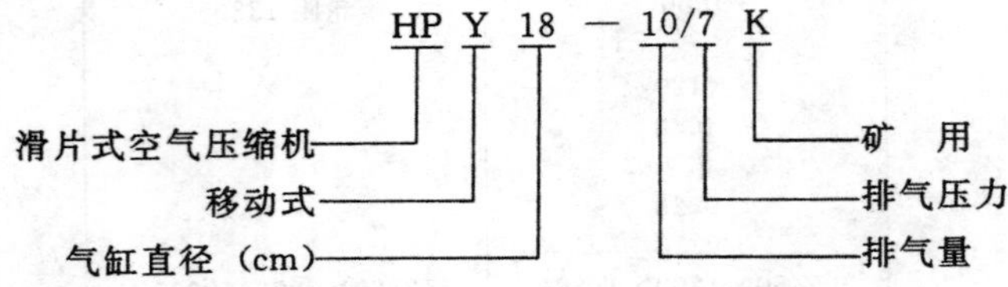

（三）适用范围

用于煤矿井下掘进工作面，向凿岩机或锚喷作业供气。亦可用于其他矿山和工程巷道施工。

十一、发爆器

（一）技术特征（表1—9—90）

表1—9—90　技　术　特　征

型　号	额定引爆发数	额定负载电阻 (Ω)	输出冲量 ($A^2·ms$)	供电时间 (ms)	充电时间 (s)	峰值电压 (V)	外形尺寸 长×宽×高 (mm)	质量 (kg)	生　产　厂
MFB50—2	50	320	≥8.7	≤4	≤10	≥800	202×135×56 161×111×88.5	1.6 ≤2	渭南煤矿专用设备厂，奉化煤矿设备厂
MFB—50									开封市煤矿仪表厂
MFB—100	100	620			≤12 ≤20	≥1800	216×144×56 223×163.5×63	1.8 ≤2.5	渭南煤矿专用设备厂 开封市煤矿仪表厂，奉化煤矿设备厂
MFB—150	150	920			≤15	1900	216×144×56	1.8	渭南煤矿专用设备厂
MFB—200	200	1220			≤20	2500	263×164×61.5	2.6	渭南煤矿专用设备厂
FBD—100	100	620			≤20	≥1800	165×190×80	1.8	天津煤矿专用设备厂

（二）型号含义

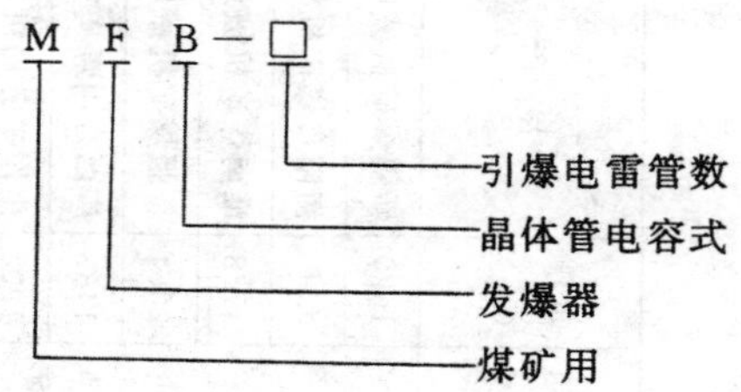

（三）适用范围

是专供引爆电雷管的电源变换装置。适用于含有瓦斯或煤尘爆炸危险的矿井中；也可用于冶金、矿山、修路、国防、水利等其它爆破工程中。

十二、激光指向仪

（一）技术特征（表1—9—91）

表1—9—91　技　术　特　征

型　号	最大有效距离(m)	激光管	输入电压		最大回转角		工作方式	外形尺寸 长×宽×高 (mm)	质量(kg)	生产厂
			电压(V)	误差(%)	水平(°)	垂直(°)				
JZB—1	500	He—Ne气体激光器	127	+10 −30	±2	±2	连续	445×200×250	12	吴江煤矿电器厂
			380	+10 −30						

（二）型号含义

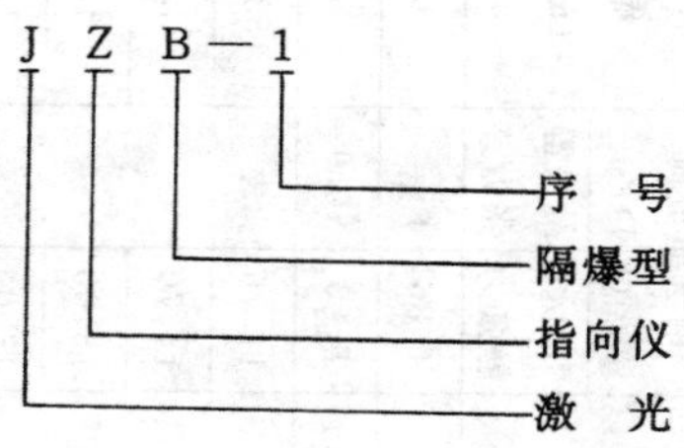

（三）适用范围

主要用于有爆炸性气体和煤尘矿井中为钻爆法掘进时给定中腰线；配合适当的接收靶，亦可为岩石掘进机进行导向。

第八节 矿井小绞车

一、滚筒式提升绞车

（一）单滚筒提升绞车

单滚筒提升绞车主要技术特征（表1－9－92）

表1－9－92 单滚筒提升绞车主要技术特征

型号	钢丝绳负荷(kN)		绳速(m/s)	滚筒尺寸(mm)		绳径(mm)	容绳量(m)	电动机			外形尺寸 长×宽×高(mm)	使用范围	重量(kg)	生产厂
	最大静张力	最大静张力差		直径	宽度			型号	功率(kW)	电压(V)				
JT450/525	6.86		0.98	450	540	11	250	JZR_222-6	7.5	380	1720×1240×1180	用于煤矿倾斜巷道作提升和下放物料	1020	新疆煤矿机械厂
JT－500/400－26/11	9.80	0.9	0.75	500	400	12.5	270	Y(B)180L－8	11.0	380/660	1483×1040×910		600	衡阳市煤矿机械厂
JT－800/630	11.76		1.163,1.545	800	600	15.5	480	YB225S－8	18.5	220/380	2083×1300×1224		1788	淮南煤矿机械厂
	14.70		1.01				480	JZR_251-8	22.0	380	2110×1325×1220		2064	新疆煤矿机械厂
	15.00		1.01				280	JRO_281-8		380	2083×1300×1220		1433	广西合山煤矿机械厂
	15.00		1.01				480	BJO_2-81-8		380/660	2100×1300×1200		1800	焦作矿务局机电总厂
	15.00		1.01				485			380			1469	江西煤矿机械厂
JT800×600－30	12.00	12.00	1.10	800	600	15.0	375	JRD_281-8	22.0	380	2080×1300×1220		1400	桐乡煤矿机械厂
JT－800－630B	14.70		1.01	800	600	15.5	480	JZR_2-51-8	22.0	380	2178×1480×1220		1480	西安矿院实习工厂
JT－800/610	12.00	10.00	0.73	800	600	15.5		JZR_2-42-8	16.0	380	2080×1300×1120		2341	辽宁省煤矿机械厂
JT－800/600A	11.76		0.98,1.38	800	600	15.5	375		22.0				1196	北票矿山机械厂
JT－800/600－32/20	15.00	12.50	1.10	800	600	14.0	480	YB225M－8	22.0	380/660	2030×1300×1200		1800	衡阳市煤矿机械厂
JT800×600－30B	15.00	15.00	1～1.35	800	600	16.0	480	YB225M－8	22.0	380/660			2020	湘潭煤矿机械厂
JT800×600－30B	15.00	15.00	1.01	800	600	15.5	480	JRO_281-8	22.0	380/660	2110×1325×1220		2020	湖南省煤矿机械厂

续表

型号	钢丝绳负荷（kN）		绳速（m/s）	滚筒尺寸（mm）		绳径（mm）	容绳量（m）	电动机			外形尺寸 长×宽×高（mm）	使用范围	重量（kg）	生产厂
	最大静张力	最大静张力差		直径	宽度			型号	功率（kW）	电压（V）				
JT800×600—30C	15.00	15.00	1.01	800	600	15.5	480	$JRO_281—1$	30.0	380/660	2110×1325×1220	用于煤矿倾斜巷道作提升和下放物料	2020	湖南省煤矿机械厂
JT0.8	14.70	14.70	1.01	800	600	16.0	480	JR—72—6	22.0	380/660	2110×1300×1200		1500	开封矿山设备厂
LJT800/630B	12.00	12.00	1.16,1.5	800	600	15.5	480	$YB200L_2—6$	17,22	380/660	2080×1300×1220		1560	江西煤矿机械厂
LBT800/600—31	15.00	15.00	1.31	800	600	15.5	492	$BJO_271—6$	22.0	380/660	1700×1385×1175		1953	湖南省煤矿机械厂
JTB—0.8	14.70		1.30	1200	800	15.5	480	$YB200L_2—6$	22.0	380/660	2194×1300×1131		1450	江西云山煤矿机械厂
JT1200/1028	24.50	14.70	2.2	1200	1000	17.0	560	$YR355S_1—6$	75.0	380	4476×2920×2095		6308	淮南煤矿机械厂
JT1200/1028	24.50		2.2	1200	1000	18.5	480	JR115—6	75.0		4653×2707×1300		6300	新疆煤矿机械厂
JT1200/1024	30.00	30.00	2.0	1200	1050	21.5	470	JR91—6	55	380	4905×3872×4228		6416	广西合山煤矿机械厂
GKT1.2×1—24	30.00	30.00	1.84,1.5	1200	1000	20.0	660	JR92—8,6	55,75	220/380	4607×3000×2265		5650	桐乡煤矿机械厂
JT1200×1000B	25.00	25.00	1.94	1200	1000	18.5	620	JR92—8	55	380/660	4660×3065×2345		5418	湖南省煤矿机械厂
JT—1.2	29.40	29.40	1.84	1200	1000	20.5	660	JR—92—6	75	380/660	5150×4500×1530		7490	开封矿山设备厂
LJT1200/1032	25.00	25.00	1.6,1.9	1200	1000	18.5	660	$BJO_2—92—8$	55	380/660	4780×2700×2100		7628	江西煤矿机械厂
JTY1.2/1B	30.00	30.00	0～2.5	1200	1000	20.5	690	YB315—6	90	380/660	4700×3100×2400		9000	湖南株洲煤矿机械厂
JTY1.2/1.2B	30.00	30.00	0～2.5	1200	1200	20.5	828	YB315—6	90	380/660	4700×3400×2400		9500	
KBT—1.2	30.00	30.00	1.84,2.5	1600	1200	20.5	660	BJO_2A101	55,75	380/660	4772×3432×1900		5691	桐乡煤矿机械厂
JK—1600/1224G	39.20	24.50	2.6	1600	1200	25.0	605	JR126—8	110	380/660	5681×3818×2645		10808	淮南煤矿机械厂
JT—1.6	44.10	44.10	2.51	1600	1200	24.5	880	JR126—8	110	380/660	7000×6000×1800		11000	开封矿山设备厂
JT1600×1200—24	40.00	40.00	2.60	1600	1200	24.5	605	JR126—8	110	380	5690×3800×2600		8500	
GKT1.6×1.2—24	45.00	45.00	3.06,2.5	1600	1200	24.5	880	JR126—10,8,6	95,110,155	380	5877×5700×1540		10500	桐乡煤矿机械厂
GKT1.6×1.2—20	45.00	45.00	3.06,2.5	1600	1200	24.5	880	JR127—10,8,6	115,130,185	380	5877×5700×1540		10500	
JTY1.6/1.2B	45.00	45.00	0～3	1600	1200	24.5	880	YB355—6	160	380/660	5600×3500×2600		14500	湖南株洲
JTY1.6/1.5B	45.00	45.00	0～3	1600	1500	24.5	1130	YB355—6	160	380/660	5600×3800×2600		15200	煤矿机械厂

（二）双滚筒提升绞车

双滚筒提升绞车主要技术特征见表1－9－93。

表1－9－93　双滚筒提升绞车主要技术特征

型　号	钢丝绳负荷(kN)		绳速(m/s)	滚筒尺寸(mm)		绳径(mm)	容绳量(mm)	电动机			外形尺寸 长×宽×高(mm)	使用范围	重量(kg)	生　产　厂
	最大静张力	最大静张力差		直径	宽度			型　号	功率(kW)	电压(V)				
2JT0.8	14.70	9.80	1.35	800	460	16	340	BJO_2－72－6	22		2110×2160×1220	用于煤矿倾斜巷道作提升和下放物料	2000	开封矿山设备厂
2JT800×450－30	15.00	10.00	1.10	800	450	15.5	290	$JRO_2$81－8	22	380	2080×1745×1220		2380	桐乡煤矿机械厂
2JT－800/530	14.70	9.80	1.01	800	500	15.5	400	$JZR_2$51－8	22	380	2110×2135×1220		2400	新疆煤矿机械厂
GKT_2×1.2×0.8－30	30.00	20.00	1.84,1.5	1200	800	20.0	520	JR82－8,6	28,40	220/380	5207×3000×2265		7300	桐乡煤矿机械厂
2JT－1200/1024	30.00	20.00	2.5,1.8	1200	1000	21.5	670	JR115－6,8	75,60	380	5995×3872×4128		7306	广西合山煤矿机械厂
GKT_2×1.2×0.8－24	30.00	20.00	1.84,1.5	1200	800	20.0	520	JR91－8,6	40,55	220/380	5207×3000×2265		7300	桐乡煤矿机械厂
2JT1200×800－28	25.00	15.00	2.5,2.2	1200	800	18.5	410	JR91－6	55	220/380	5608×3139×3070		7000	
2JT1200×800－24	25.00	15.00	2.5,2.2	1200	800	18.5	410	JR91－6	55	220/380	5608×3139×3070		7000	
2JT－1.2	29.40	19.60	1.86	1200	800	20.5	520	JR91－6	55	380/660	5530×4500×1530		8690	开封矿山设备厂
2JTY1.2/0.8B	30.00	20.00	0～2.5	1200	800	20.5	552	YB315－6	75	380/660	4700×4100×2400		10600	湖南省株洲煤矿机械厂
2JTY1.2/1B	30.00	20.00	0～2.5	1200	1000	20.5	690	YB315－6	75	380/660	4700×4500×2400		11600	
2JT－1.6	44.10	29.40	3.06	1600	900	24.5	640	JR125－8	95	380/660	7800×600×1800		13200	开封矿山设备厂
2JT1600×800－24	40.00	25.00	2.6,3.1	1600	800	24.5	390	JR117－8	80	380	6090×3800×2600		12200	桐乡煤矿机械厂
GKT_2×1.6×0.9－24	45.00	30.00	2.5,3.06	1600	900	24.5	640	JR117－10,8,6	65,80,115	380	6645×6360×1540		11000	
GKT_2×1.6×0.9－20	45.00	30.00	2.5,3.06	1600	900	24.5	640	JR125－10,8,6	80,95,130	380	6645×6360×1540		11000	
2JTY1.6/0.9B	45.00	30.00	0～3	1600	900	24.5	660	YB355－6	132	380/660	5600×4200×2600		17500	湖南省株洲煤矿机械厂
2JTY1.6/1.2B	45.00	30.00	0～3	1600	1000	24.5	880	YB355－6	132	380/660	5600×4500×2600		18900	

（三）型号含义

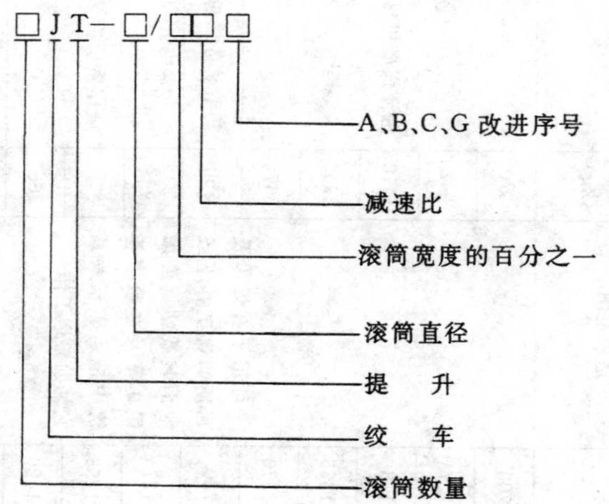

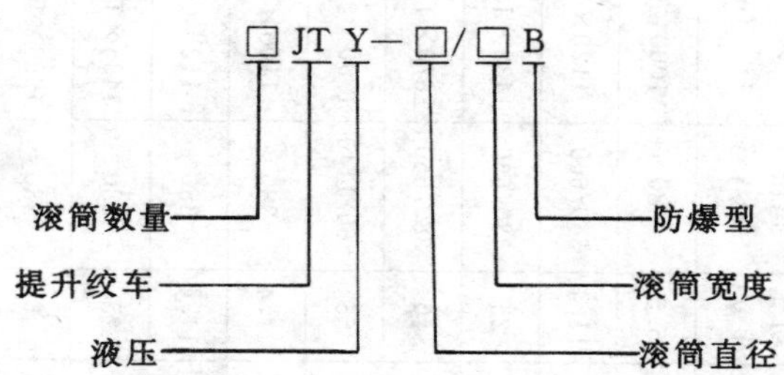

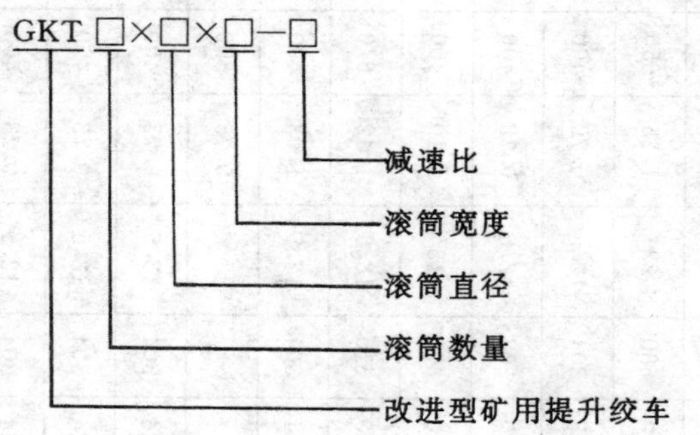

JT□/□—30/22 或 26/11：其中 30、26—减速比；22、11—功率。

LJT□/□：其中 L—行星轮系；J—机械调速。

JBT800×600—31：其中 B—行星齿轮减速器；800—滚筒直径；600—滚筒宽度；31—减速比。

JTB—0.8：其中 B—隔爆型；0.8—滚筒直径。

KBT—□：　其中 K—矿用；B—隔爆型。

（四）使用范围

用于煤矿、金属矿、非金属矿在倾斜巷道作提升和下放物料。

二、调度绞车

调度绞车主要技术特征见表1—9—94。

表1—9—94 调度绞车主要技术特征

型号	牵引力 (kN)	滚筒 (m)		钢丝绳直径 (mm)	平均绳速 (m/s)	容绳量 (m)	电动机			外形尺寸 长×宽×高 (mm)	适用范围	重量 (kg)	生产厂
		直径	宽度				型号	功率 (kW)	电压 (V)				
JD—0.5	5	200	300	9	0.70	150	YB132S—4	5.5	380	1000×540×700	可用于有煤尘及瓦斯的煤矿井下或地面装载站调度编组矿车及在顺槽巷道中拖运矿车及其它辅助搬运工作	370	湘潭煤矿机械厂
JD—1	10	224	307	12	1.00	400	JBJ—11.4	11.4	380/660	1120×766×727		542	
JD—1.6	16	310	400	16	1.20	400	JBJL—25	25	380/660	1438×1217×1186		1470	
JD—2.5	25	620	580	20	1.25	400	JBL—40	40	380/660	2670×1794×1375		2700	
JD—4	40	600	680	22	1.25	650	YD280M—6	55	660/1140	1900×2480×1370		5674	
JD—11.4	10	225	304	12.5	0.70	400	JBJ—11.4	11.4	380	1100×765×730		550	鹤壁矿务局总机厂
JD—1	10	220	307	12.5	0.73	400	YBJ—11.4	11.4	380	1120×766×727		542	焦作重型机械厂
JD—25	18	310	400	15	1.10	400	YBJ—25	25	380	1435×1217×1255			
JD—40A	30	620	610	18.5	1.42	670	YBJ—40	40	380	1985×1500×1420		2655	
JD—1	10	224	304	12.5	1.03	400	JBJ—11.4	11.4	380/660	1100×766×727		550	江西省煤矿机械厂
JD—7.5	10				0.75	300		7.5		1112×540×750		536	
JD—11.4	10	224	304	12.5	0.73	400	JBJ—11.4	11.4	380/660	1120×766×727		542	许昌煤矿机械总厂
JD—11.4	10	224	304	12.5	0.73	400	JBJ—11.4	11.4	380/660	1120×766×727		542	西安矿院实习工厂
JD—11.4	10	224	304	12.5	0.73	400	JBJ—11.4	11.4	380/660	1120×766×727		542	黄石煤矿机械厂

三、回柱绞车

回柱绞车主要技术特征见表1—9—95。

表1—9—95 回柱绞车主要技术特征

型号	牵引力 (kN)	滚筒 (m)		钢丝绳直径 (mm)	平均绳速 (m/s)	容绳量 (m)	电动机			外形尺寸 长×宽×高 (mm)	使用范围	重量 (kg)	生产厂
		直径	宽度				型号	功率 (kW)	电压 (V)				
JH_2—5	49.0	276	272	16.0	0.17	80	$JBJT_3$—7.5	7.5	380/660	1510×624×515	用于煤矿薄及中厚煤层单一长壁回采工作面和急倾斜煤层工作面回柱放顶拖运物料等	633	淮南煤矿机械厂
JH—8	78.4	280	230	15.5	0.102	80	YB160M—6	7.5	380/660	1605×530×677		672	
JH_2—5	49.0	276	272	16.0	0.17	80	$JBJ_2$51—4	7.5	380/660	1510×624×515		633	焦作矿务局机电总厂，广东煤矿机械厂
JH_2—5	49.0	276	272	16.0	0.17	80		7.5	380/660	1510×624×515		633	峰峰矿务局电器修配厂
JH_2—5	57.5	276	272	15.5	0.16	80	JBJ—7.5	7.5	380/660	1550×515×630		633	黄石煤矿机械厂
JH—8	80.0	280	230	15.5	0.099	80	YB160M—6	7.5	380/660	1550×530×590		650	
JH—8	80.0	180	290	16.0	0.167	80	YB160M—4	11.0	380/660	1870×720×912		960	开滦矿务局机电修配厂
JH_2—14	137.2	400	300	22.0	0.13	150	JBO_2—71—6	17.0	380/660	1817×930×910		1678	焦作矿务局机电总厂
JHC—14	140.0	435	300	22.0	0.095	125	YB160L—6	11.0	380/660	1568×765×869		1157	沈阳矿务局本溪机电总厂
JH—20A	196.0	430	530	24.5	0.106	170	JBO_2—72—69	22.0	380/660	2560×968×797		2500	徐州华东机械厂，徐州矿务局第二机械厂

四、风动回柱绞车

风动回柱绞车主要技术特征见表1—9—96。

表1—9—96 风动回柱绞车主要技术特征

型号	牵引力(kN)	空气压力(kPa)	耗气量(m^3/min)	风动机形式	额定功率(kW)	空载转速(r/min)	额定转速(r/min)	牵引链			外形尺寸长×宽×高(m)	使用范围	重量(kg)	生产厂
								规格(mm)	长度(m)	空载链速(m/s)				
JFY—10	98	490	2.5	叶片式	1.84	8200	4100	φ14×43	9	0.056	525×304×350	用于巷道回收棚架和工作面回柱	80	南京煤矿机械厂

五、慢速绞车

慢速绞车主要技术特征见表1—9—97。

表1—9—97 慢速绞车主要技术特征

型号	牵引力(kN)	平均绳速(m/s)	滚筒(mm)		钢丝绳直径(mm)	容绳量(m)	电动机			外形尺寸长×宽×高(mm)	使用范围	重量(kg)	生产厂
			直径	宽度			型号	功率(kW)	电压(V)				
JM_2—4	137.2	0.137	400	300	22	150	YD225S—8	18.5	380/660	2655×978×988	用于煤矿回采工作面回柱放顶，也可以用于拖运重物和调度车辆	2477	淮南煤矿机械厂
JM—28	280	0.167	510	515	≥30	≤160	YB280M—8	45.0	380	3130×1040×1090		4018	
JM—28	110	0.367	510	515	≥21.5	≤310	YB280M—8	45.0	660	3130×1040×1090		4018	
JM—14	14	0.137	400	400	22	150	BJO_2—72	17	380	2697×988×998		2471.5	双鸭山局机电总厂

六、双速多用绞车

双速多用绞车主要技术特征见表1—9—98。

表1—9—98 双速多用绞车主要技术特征

型号 \ 参数		牵引力 (kN)	绳速 (m/min)	钢绳 直径 (mm)	钢绳 容绳量 (m)	电机 型号	电机 功率 (kW)	外形尺寸 (长×宽×高) (mm)	重量 (含电机) (kg)	使用范围	生产厂家
SDJ—8	慢速	100	3.9～7.7	ϕ17	250	YB—160M—6	7.5	2120×660×700	915	用于综采工作面设备安装及搬迁液压支架、刮板运输机和采煤机等；也可用于普采工作面回柱放顶及移溜	江苏省无锡南泉煤矿设备厂
	快速	14	29.2～56.7								
SDJ—14	慢速	140	7.9～10.8	ϕ21.5	200	YB—200M—6	18.5	2500×720×785	1900		
	快速	21	47.6～70.3								
SDJ—20	慢速	200	5.9～10.6	ϕ26	300	YB—200L—6	22	2880×875×935	2980		
	快速	29	47.3～85.5								
SDJ—28	慢速	280	7.1～12.4	ϕ26	450	YB—250M—6	37	3200×983×1116	3950		
	快速	40	56.5～99.2								
SDJ—8	慢速	80	7.0～10.5	ϕ17	210	YB—160M—6	7.5	2000×570×680	915	用于井下回采工作面回柱放顶及移溜	黄石煤矿机械厂
	快速	13	41.5～62.9								

七、无极绳绞车

无极绳绞车主要技术特征见表1－9－99。

表1－9－99 无极绳绞车主要技术特征

型号	钢丝绳载荷(kN)		绳速(m/s)	钢丝绳直径(mm)	滚筒直径(mm)	电动机			外形尺寸 长×宽×高(mm)	使用范围	重量(kg)	生产厂
	最大静张力	最大静张力差				型号	功率(kW)	电压(V)				
JW_2－500/33	12	10	1.2	13	500	YB180L－6	15	380/660	1669×738×623	用于煤矿水平巷道或小于20°的上下山运输，JW2－500/33型可供中间巷道分顶车和拖车两种方式使用	837	淮南煤矿机械厂
JW_2－950/48	25	20	0.75 1	18.5	950	YB225M－8，6	23/30		2060×1295×993		2624	淮南煤矿机械厂 广西合山煤矿机械厂
JW_2－1200/60	35	30		21.5	1200	YB250M－8，6	30/37		2568×1448×1320		3626	
JW_2－1600/80	60	50		28	1600	YB250M－8，6	55/75		3485×1720×1672		5020	
JW－2100/100	120	96		34	2100	JR125－8，6	95/130		5585×3900×1605		17571	淮南煤矿机械厂

八、乘人器运输绞车

乘人器运输绞车主要技术特征见表1－9－100。

表1－9－100 乘人器运输绞车主要技术特征

型号	最大净张力(kN)	最大张力和(kN)	名义绳速(m/s)	绳轮直径(mm)	钢绳直径(mm)	电动机			外形尺寸 长×宽×高(m)	使用范围	重量(kg)	生产厂
						型号	功率(kW)	电压(V)				
JCJ1.25－30	18.23	58.8	1～0.75	1250	18.5～20.5	YB225M－6	30	380/660	L×1330×890	用于井下斜巷输送工作人员上下班	9.75	西安矿院实习工厂
JCJ1.25－22	18.23	58.8	1～0.75	1250	18.5～20.5	YB225M－8	22	380/660	L×1330×890		9.75	

九、液压安全绞车

液压安全绞车是供采煤机防滑用。一般煤层倾角大于15°时，使用链牵引的采煤机必须配备安全绞车。

常用的YAJ－$\frac{13}{22}$型液压安全绞车，对于轻型采煤机（机重6t以下），可适用到煤层倾角45°以下；对中型采煤机（机重21t以下），可适用到31°以下；对重型采煤机（机重25t），可用到28°以下。

YAJ－13型及YAJ－22型安全绞车主要技术特征见表1－9－101。

表1－9－101　安全绞车主要技术特征

项　　　目	YAJ－13	YAJ－22
安全力范围（采煤机下行）(kN)	11.6～79	16.44～113
最大缠绳力（采煤机上行）(kN)	64	90.88
最大制动力（kN）	130	230
牵引速度（m/min）	0～10	
卷筒直径（mm）	460	650
卷筒绳径（mm）	ϕ22，ϕ24，ϕ26	ϕ30，ϕ32，ϕ34
卷筒容绳量（m）	290，230，215	260，245，235
电动机型号	BJO_2－61－4	BJO_2－71－4
电动机功率（kW）	13	22
电动机转速（r/min）	1460	1460
油泵型号	B_1－725	B_1－725
油马达型号	NJM－2	NJM－4
液压系统工作压力（MPa）	13	13
质量（kg）	3800	5755
外形尺寸（mm）		2000×1500×1357
生　产　厂	鸡西煤矿机械厂	

第九节　工　业　泵

一、采掘工作面小水泵

采掘工作面小水泵技术特征见表1－9－102

表1－9－102　采掘工作面小水泵技术特征

序号	型　号	流量 (m^3/h)	扬程 (m)	电机功率 (kW)	额定电压 (V)	排出口直径 (mm)	重量 (kg)	外形尺寸 (mm)	生　产　厂
1	KWQX15－18－1.5	15	18	1.5	380/660	50	41	ϕ321×570	扬州金陵泵业有限公司
2	KWQX10－24－1.5	10	24	1.5	380/660	50	41	ϕ321×555	扬州金陵泵业有限公司

续表

序号	型　号	流量 (m^2/h)	扬程 (m)	电机功率 (kW)	额定电压 (V)	排出口直径 (mm)	重量 (kg)	外形尺寸 (mm)	生　产　厂
3	KWQX10－15－1.5	10	15	1.5	380/660	50	39	ϕ315×520	扬州金陵泵业有限公司
4	KWQX15－10－1.5	15	10	1.5	380/660	50	39	ϕ315×540	扬州金陵泵业有限公司
5	KWQX15－15－2.2	15	15	2.2	380/660	50	41	ϕ321×555	扬州金陵泵业有限公司
6	KWQX25－10－2.2	25	10	2.2	380/660	50	41	ϕ321×570	扬州金陵泵业有限公司
7	KWQX10－34－2.2	10	34	2.2	380/660	50	39	ϕ315×520	扬州金陵泵业有限公司
8	KWQX15－26－2.2	15	26	2.2	380/660	50	39	ϕ315×540	扬州金陵泵业有限公司
9	KWQB12－45－4	12	45	4	380/660	50	90	ϕ410×710	扬州金陵泵业有限公司
10	KWQD70－10－4	70	10	4	380/660	100	115	ϕ560×675	扬州金陵泵业有限公司
11	KWQD30－22－5.5	30	22	5.5	380/660	65	100	ϕ450×665	扬州金陵泵业有限公司
12	KWQX18－32－5.5	18	32	5.5	380/660	50	105	ϕ320×675	扬州金陵泵业有限公司
13	KWQB12.5－75/3－5.5	12.5	100	5.5	380/660	50	120	ϕ355×885	扬州金陵泵业有限公司
14	KWQB12.5－100/4－7.5	12.5	50	7.5	380/660	50	136	ϕ355×985	扬州金陵泵业有限公司
15	KWQB20－50/4－5.5	20	50	5.5	380/660	64	109	ϕ355×937	扬州金陵泵业有限公司
16	KWQB20－75/5－5.5	20	75	5.5	380/660	64	131	ϕ355×1032	扬州金陵泵业有限公司
17	KWQB32－30/2－5.5	32	30	5.5	380/660	75	103	ϕ355×937	扬州金陵泵业有限公司
18	KWQB32－45/3－7.5	32	45	7.5	380/660	75	121	ϕ355×1015	扬州金陵泵业有限公司
19	KWQB50－24/2－7.5	50	24	7.5	380/660	100	107	ϕ355×925	扬州金陵泵业有限公司
20	KWQB20－36/3－7.5	20	36	7.5	380/660	100	126	ϕ355×1105	扬州金陵泵业有限公司
21	WQ20－15	20	15	2.2	380				吉林市水泵厂
22	BQX15－30－4	15	30	4.0	380/660	50	85		淄博潜水泵厂
23	BQX25－10－2.2	25	10	2.2	380/660	50			淄博潜水泵厂
24	KWQ50－160	20	30	4.0	380/660		52		杭州沾桥纺织机械厂
25	KWQ50－150	20	24	3.0	380/660		52		杭州沾桥纺织机械厂
26	BQK－15/20A	15	20	2.2	380/660			398×300×452	常州市风动水泵厂
27	YDB－10/15	10	15	1.2	127		15.5	491×310×212	洪江市煤矿专用设备厂

二、污水泵

（一）技术特征（表1－9－103）

表 1-9-103　技　术　特　征

型　号	流量 (m^3/h)	扬程 (m)	功率 轴功率 (kW)	功率 配带功率 (kW)	转速 (r/min)	效率 (%)	允许吸上真空度 (m)	吸入口直径 (mm)	排出口直径 (mm)	外形尺寸 长×宽×高 (mm)	质量 (kg)	生产厂
25WG/WGF	3 4.25 7.25	11.5 11 8.5	0.36 0.41 0.45	1.1	1700	26 31 37	5 6 6.5	32	25	492×265×360	39	禹州市煤矿水泵厂
	3.6 5.46 9.25	19.5 18.5 15.3	0.72 0.79 0.9	1.5	2860	28 35 43	4.4 6.6 7			799×335×360	39	
	4.8 7 12	32 30 23.5	1.6 1.73 2.02	3	2860	26 33 38	6 7 6.5			865×390×360	39	
80WG/WGF	20 39.2 53	11.6 10.8 10.7	1.33 1.79 2.16	3	1440	47 64 68	8	100	80	1003×445×481	70	
	25 50.4 70	19 17.8 16.5	2.78 3.82 4.62	5.5	1850	46.5 64 68	8 7.8 7.5			609×325×441	70	
	32 63.5 37	32 28.4 27	6.19 8.04 9.81	11	2940	45 61 65	7.5 7 6.5			1227×490×481	70	
	40 80 110	48 45 42.5	10.9 15.3 18.5	22	2940	48 64 69	7.5 7 6.5			1297×606×481	70	
100WG/WGF	76 108.8 130.6	13.6 12.6 12	5.24 5.78 6.42	11	970	53.7 64.5 66.5	7.6 7.4 7.4	150	100	1478×505×601	180	
	115 165 190	31 29 27.5	16.3 20.1 21.6	30	1470	59.5 65 66	7.7 6.5 6	150	100	1608×575×601	180	
70WB—13	38	13	18	7.5	1450	58	5.5	80	70	1100×400×430	65	义马矿务局机电修配厂
70WB—11	60	12	2.5	4	1440	62	7.2			870×350×340	65	
70WB—26	90	26	11	13	2960	58	5.5			1050×400×430	65	

（二）型号含义

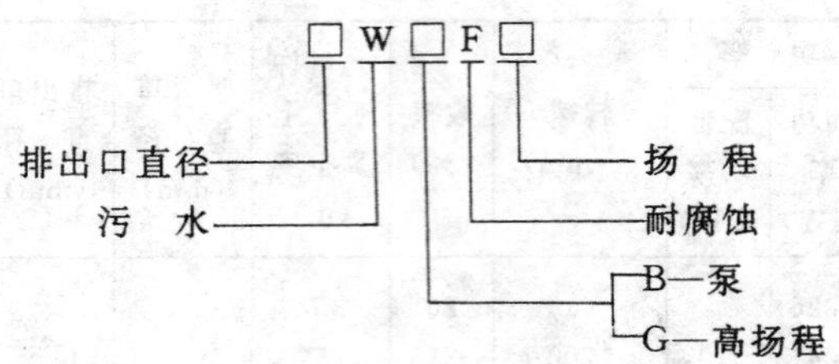

（三）使用范围

适用于煤矿、造纸、化工等部门排送80℃以下的污水或带有纤维、纸屑等悬浮物的液体。

三、风动潜水泵

（一）技术特征（表1—9—104）

表1—9—104 技 术 特 征

<table>
<tr><th>型 号</th><th>流量
(m³/h)</th><th>扬程
(m)</th><th>公称
转速
(r/min)</th><th>工作
风压
(MPa)</th><th>耗风量
(m³/min)</th><th>进风管
内 径
(mm)</th><th>排水管
内 径
(mm)</th><th>噪音
(dB)</th><th>质量
(kg)</th><th>外形尺寸
长×宽×高
(mm)</th><th>生产厂</th></tr>
<tr><td>BFW35/18A</td><td>8～28</td><td>5～60</td><td>4500</td><td>0.3～0.6</td><td>3～4.7</td><td rowspan="4">25</td><td rowspan="2">50</td><td rowspan="2"><88</td><td>30.5</td><td>高×直径
428×274</td><td rowspan="2">湘潭煤矿机械厂</td></tr>
<tr><td>BFW32/25</td><td>20～35</td><td>10～40</td><td>4700</td><td>0.3～0.5</td><td>3.8～4.1</td><td>34.5</td><td>高×直径
510×312</td></tr>
<tr><td>BQF—Ⅰ</td><td>5
8
13
17</td><td>70
60
50
40</td><td rowspan="2">3870</td><td rowspan="4">0.4～0.5</td><td rowspan="2">4.5～5</td><td rowspan="3">38</td><td rowspan="4"><95</td><td>25</td><td>302×275×370</td><td rowspan="4">常州市风动水泵厂</td></tr>
<tr><td>BQF—Ⅱ</td><td>15
21
25
28</td><td>50
40
30
20</td><td>25</td><td>302×275×370</td></tr>
<tr><td>BQF—Ⅲ</td><td>8.5
15
22
25</td><td>30
20
10
5</td><td>4500</td><td>3</td><td>19</td><td>14</td><td>251×220×358</td></tr>
<tr><td>BQF—Ⅳ</td><td>9
15
19</td><td>15
10
5</td><td>3000</td><td>1.5</td><td>13</td><td>25</td><td>10</td><td>230×200×350</td></tr>
</table>

（二）型号含义

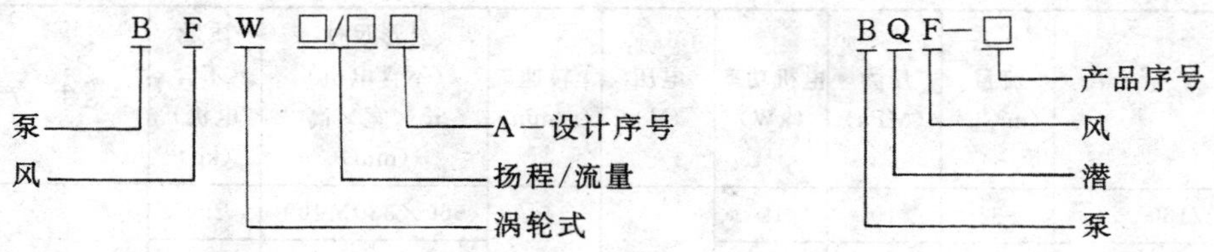

（三）使用范围

适用于有压缩空气的井巷开拓、竖井施工、硐室工程及工作面排水工程。适用于有瓦斯、煤尘的危险场所。排放介质可为清水、泥浆、煤渣水等。

四、煤水泵

（一）技术特征（表1－9－105）

表1－9－105　技　术　特　征

型　号	流量 (m^3/h)	扬程 (m)	粒度 (mm)	效率 (%)	转速 (r/min)	配用功率 (kW)	外形尺寸 长×宽×高 (mm)	质量 (kg)	参考价格	生产厂
KMA	450 300	150 200	≤50	61 62	1480	500 680	2050× 1120×1050	3500		常州市武进通用机械厂

（二）型号含义

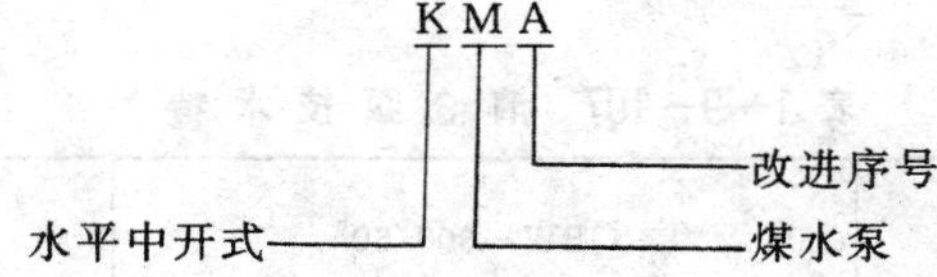

（三）使用范围

适用于水力采煤提升煤炭或电厂远距离输送煤灰渣。

五、煤层注水泵

（一）技术特征（表1－9－106）

表1－9－106　技　术　特　征

型　号	流量 (m^3/h)	压力 (MPa)	电机功率 (kW)	电压 (V)	转速 (r/min)	外形尺寸（不含电机）长×宽×高 (mm)	质量（不含电机）(kg)	生　产　厂
5D－2/150	2	15	12			500×320×400	92	四川煤矿机械厂 奉化煤炭机械厂
5BD－1.5/30	1.5	3	2.2	380/660	1000	880×305×400	60	四川煤矿机械厂
5BD－2.5/45	2.5	4.5	5.5			420×260×310	80	

续表

型　号	流量 (m^3/h)	压力 (MPa)	电机功率 (kW)	电压 (V)	转速 (r/min)	外形尺寸（不含电机）长×宽×高 (mm)	质量（不含电机）(kg)	生　产　厂
7BZ－3/100	3	10	12	380/660	1000	660×330×400	194	四川煤矿机械厂
7BZ－3/80	3	8	10			660×330×400	194	
7BZ－4.5/130	4.5	13	22			680×360×460	261	
7BZ－4.5/160	4.5	16	30					
7BG－4.5/130	4.5	13	22			680×360×460	261	
7BG－4.5/160	4.5	16	30			680×360×460	261	
5BG－2/160	2	16						奉化煤炭机械厂
7BG－3.6/160	3.6	16						
MZB－100/150A	6.0	15	30		1470	1738×710×840		石家庄煤矿机械厂

（二）使用范围

主要用于井下煤层注水，亦可用作乳化液泵供液压支柱或试验站用。还可以作为压力机械的液压源，或其它设备的清洗泵、喷雾泵。

六、清仓泵

清仓泵技术特性见表1－9－107。

表1－9－107　清仓泵技术特性

型　号	QBW－600/60	QBW－850/50
流量 (m^3/h)	36	51
压力 (MPa)	6	5
功率 (kW)	100	
缸径 (mm)	130	140
外形尺寸 (mm)	2975×1120×2050	
重量 (kg)	2850	
生产厂家	石家庄煤矿机械厂	
使用范围	清除煤矿井下沉淀池或水仓中沉积的煤泥等	

七、YD系列煤矿井下移动式瓦斯抽放泵

（一）技术特征（表1－9－108）

表 1－9－108 技 术 特 征

型号	抽放量 (m^3/min)	极限真空度 (%)	耗水量 (L/min)	功率 (kW)	电压 (V)	重量 (kg)	外形尺寸 (mm)	生产厂
YD－1	4.5	－94.66	30	11	380/660	1000	2000×1050×1400	煤科总院抚顺分院矿业产品制造厂
YD－2	7.5	－94.66	35	15	380/660	1100	2000×1050×1400	
YD－3	15.0	－81.00	70	30	380/660	1200	2000×1300×1400	
YD－4	20.0	－81.00	75	35	380/660	1400	2000×1300×1400	

（二）适用范围

适用于小型矿井或采区工作面局部瓦斯抽放；煤与瓦斯突出防治；处理工作面上隅角等局部瓦斯积聚；放顶煤工作面与顶板岩巷配合抽放；也可用于地面钻孔抽放瓦斯。

第十节 通风、除尘设备

一、矿用隔爆型局部通风机

（一）技术特征（表 1－9－109）

表 1－9－109 技 术 特 征

型 号	通风机				电动机			噪音 (dB)	外形尺寸 直径×高 (mm)	质量 (kg)	生产厂
	风量 (m^3/s)	风压 (Pa)	轮径 (mm)	效率 (%)	功率 (kW)	电压 (V)	转速 (r/min)				
BKY65－1X	1.61～2.73	1401～862	390	86	4	380/660	2915	83	535×822	165	萍乡南方煤机厂
BKY60－4X	2.8～6	2156～1400	460	85	11		2950	84	600×1200	270	
YBT－2.2	0.91～1.7	961～500	345	83	2.2		2900	85	400×520	56	郴州煤矿机械厂

（二）型号含义

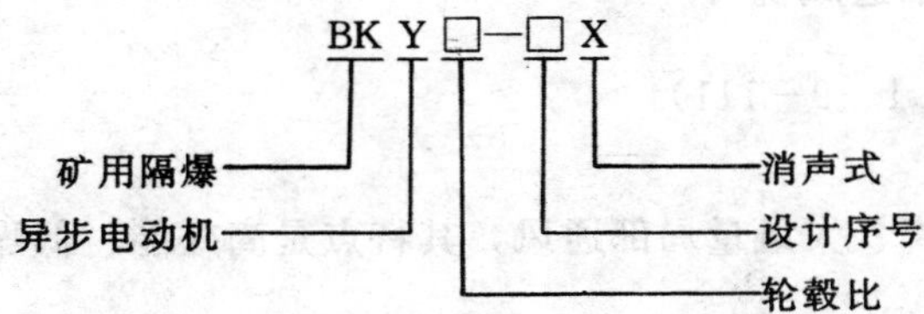

YBT－2.2：其中 Y—异步电动机，B—隔爆，T—通风机，2.2—功率

（三）使用范围

用于有甲烷和煤尘爆炸危险的环境中，为井下掘进和采煤巷道局部通风。

二、斜流式通风机

（一）技术特征（表1—9—110）

表1—9—110　斜流式通风机主要技术特征

型　号	电动机主要参数							
	额定功率 (kW)	额定电压 (V)	额定电流 (A)	额定频率 (Hz)	相数	转速 (r/min)	功率因素	效率 (%)
YBT—2.2	2.2	380/660	4.70/2.71	50	3	2900	0.86	82
YBT—5.5	5.5	380/660	10.77/6.22	50	3	2900	0.88	85.5
YBT—11	11	380/660	20.8/12	50	3	2915	0.88	87.2
YBT—11X	11	380/660	20.8/12	50	3	2915	0.88	87.2
YBT—28	28	380/660	30.66/17.65	50	3	2915	0.89	90

型　号	通风机主要参数					
	叶轮直径 (mm)	全风压 (Pa)	风量 (m^3/min)	全压效率 (%)	整机重量 (kg)	外形尺寸 (mm)
YBT—2.2	ϕ355	961～550	55～101	＞80	50	ϕ400×520
YBT—5.5	ϕ400	1700～800	90～186	＞80	120	ϕ510×756
YBT—11	ϕ500	2250～1300	130～240	＞80	170	ϕ600×969
YBT—11X	ϕ500	2601～767	133～297	＞80	200	ϕ600×1230
YBT—28	ϕ560	3200～700	250～390	＞80	300	ϕ660×1285
生产厂	湖南郴州煤矿机械厂					

（二）使用范围

用于煤矿井下远距离、大风量局部通风。

三、对旋轴流式局部通风机

（一）技术特征（表1—9—111）

（二）使用范围

用于煤矿井下远距离、大风量局部通风，其特点是高效能、低噪音。

四、矿用建井风机

矿用建井风机主要技术特征见表1—9—112。

表 1—9—111 技 术 特 征

型号	电机功率 (kW)	全风压 (Pa)	风量 (m^3/min)	转速 (r/min)	全压效率 (%)	噪声 (dB)	风筒直径 (mm)	送风距离 (m) 单机	送风距离 (m) 双机	外形尺寸 长×宽×高 (mm)	质量 (kg)	生产厂家
KDF—5	5.5×2	300～2900	250～150	2900	>78	<85	500	800	1500	1606×650×900	405	煤科总院北京煤研矿山设备厂
DSF_A—5/11	5.5×2	310～3070	242～157	2900	>80	≤85	500		1000	1606×650×660	390	煤科总院重庆分院机电所
FD—Ⅰ№5/11	5.5×2	500～3200	210～150	2950	>81	≤85	500		>800	1632×650×1040	400	煤科总院重庆分院机电所
KDF—5	7.5×2	350～3500	270～136	2900	>78	<85	500	800	1500	1606×650×900	405	煤科总院北京煤研矿山设备厂
FD—Ⅰ№5/15	7.5×2	700～3600	250～190	2900	>80	≤85	500		>1000	1632×650×1040	420	煤科总院重庆分院机电所
KDF—6.3	11×2	400～4200	330～185	2930	>79	<85	500	1500	2000	2025×786×1060	830	煤科总院北京煤研矿山设备厂
FD—Ⅰ№5.6/22	11×2	1000～3800	350～240	2940	>80	≤85	560		>1200	2049×730×925	600	煤科总院重庆分院机电所
DSF—5.6/22	11×2	330～3800	380～185	2900	>80	≤90	560		1300	2100×750×961	672	四川成都风机厂
KDF—6.3	15×2	450～4950	450～230	2930	>80	<85	630	2000	2500	2025×786×1060	830	煤科总院北京煤研矿山设备厂
FD—Ⅰ№6/30	15×2	1500～4500	400～300	2930	>80	≤85	600		>1500	2649×790×950	750	煤科总院重庆分院机电所
DSF—6.3/30	15×2	440～5300	420～260	2900	>80	≤90	630		1500	2679×810×820	910	四川成都风机厂
FD—Ⅰ№6/44	22×2	1600～5000	520～380	2940	>80	≤85	600		>2000	2650×850×950	900	煤科总院重庆分院机电所
KDF—6.3	30×2	900～6500	625～350	2930	>80	≤85	630	2500	3500	2860×786×1060	1340	煤科总院北京煤研矿山设备厂
FD—Ⅰ№6.3/60	30×2	2000～5800	600～430	2950	>80	≤85	630		>2500	2842×1056×837	1300	煤科总院重庆分院机电所
DSF—6.3/60	30×2	800～6300	400～610	2900	>80	≤90	630		2000	2880×820×1021	1302	四川成都风机厂

表 1－9－112　矿用建井风机主要技术特征

项目 \ 型号	K265					K265－9
风　压 (Pa)	1471	1373	1079	833	637	1470～637
风　量 (m^3/min)	905	1005	1156	1250	1300	905～1300
主轴转速 (r/min)	1460	1460	1460	1460	1460	1480
电机功率 (kW)	37					55
效　率 (%)	85	85	87	83	80	＞85
噪　声 (dB)						≤90
生产厂	山东省章丘鼓风机厂					
使用条件	可用于建井后期或长距离开拓巷道通风					

五、湿式除尘风机

（一）技术特征（表 1－9－113）

表 1－9－113　技　术　特　征

<table>
<tr><th rowspan="2">型 号</th><th rowspan="2">最大除尘能力 (kg/h)</th><th colspan="2">除尘效率 (%)</th><th rowspan="2">最大处理风量 (m^3/s)</th><th rowspan="2">最高静压 (Pa)</th><th rowspan="2">主电机功率 (kW)</th><th rowspan="2">外形尺寸 长×宽×高 (mm)</th><th rowspan="2">质量 (kg)</th><th rowspan="2">生产厂</th></tr>
<tr><th>可吸入粉尘</th><th>全尘</th></tr>
<tr><td>SCF－5</td><td>18</td><td rowspan="5">94</td><td rowspan="5">99</td><td>2.4</td><td>1568</td><td>11</td><td>2180×960×903</td><td>720</td><td rowspan="5">镇江煤矿专用设备厂</td></tr>
<tr><td>SCF－6</td><td rowspan="3">35</td><td>3.75</td><td rowspan="3">1936</td><td>18.5</td><td>2961×974×1340</td><td>1320</td></tr>
<tr><td>SCF－6A</td><td rowspan="2">3.75</td><td rowspan="2">18.5</td><td rowspan="2">2961×974×1190</td><td rowspan="2">1100</td></tr>
<tr><td>SCF－6B</td></tr>
<tr><td>SCF－7</td><td>85</td><td>6.8</td><td>2998.8</td><td>37</td><td>3615×1260×1740</td><td>2200</td></tr>
</table>

注：表中所列各种型号湿式除尘机噪音 (dB) 为≤85。

（二）型号含义

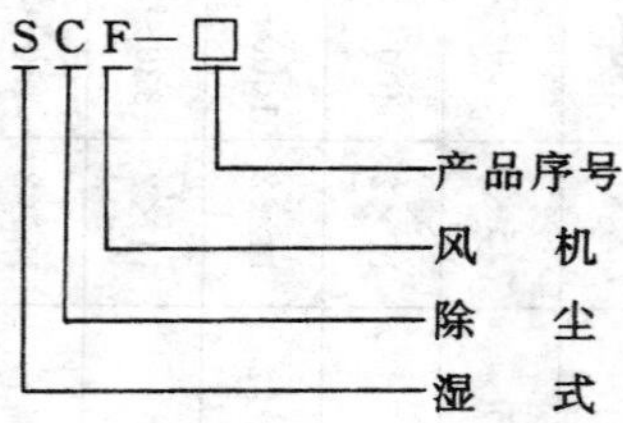

（三）使用范围

适用于粉尘较高场所。可在地面或井下安装使用，也可与井下掘进机配套除尘，还可用于局部通风除尘。

第十一节 钻 机

一、TXU 钻机

（一）技术特征（表 1—9—114）

表 1—9—114 技 术 特 征

型 号	钻孔深度 (m)	开孔直径 (mm)	终孔直径 (mm)	钻孔角度范围	立轴扭矩 (Nm)	绞车提升速度 (m/s)
TXU—75	75	89	50	360°	250 150 85	0.22 0.374 0.672
TXU—75A	75	89	50	360°	330	0.22 0.374 0.672
TXU—150	150～200	89	50	360°	330	0.25 0.45 0.79

型 号	绞车提升能力 (kN)	外形尺寸 长×宽×高 (mm)	电动机 功率 (kW)	电动机 电压 (V)	质量 (kg)	生 产 厂
TXU—75	7.50 6.00 3.35	1150×600×1080	4	380/660	515	黑龙江矿业学院工厂 奉化煤炭机械厂
TXU—75A	7.4	1150×600×1080	4	380/660	515	石家庄煤矿机械厂黑龙江矿业学院工厂
TXU—150	107.95	1250×640×1265	5.5	380/660	520	石家庄煤矿机械厂

（二）型号含义

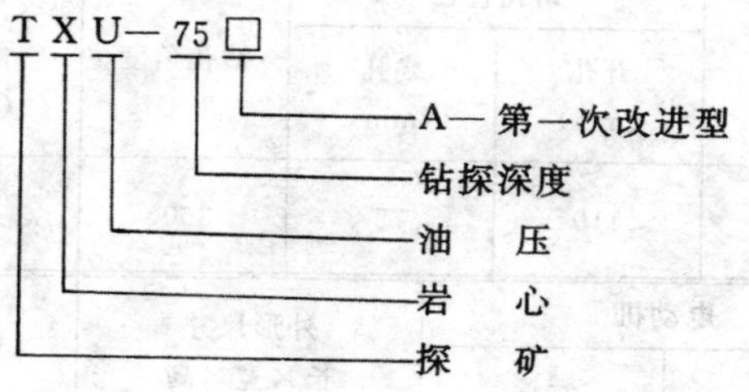

（三）适用条件

主要用于井下煤层巷道掘进中探水、探煤、探瓦斯、防注水及其它用途的工程钻孔。

二、MYZ 钻机

（一）技术特征（表 1—9—115）

表 1—9—115 技 术 特 征

型号	钻孔深度(m)	钻杆直径(mm)	开孔直径(mm)	终孔直径(mm)	钻孔角度	电机功率(kW)	质量(kg)	外形尺寸 长×宽×高(mm)	生产厂
MYZ—200	200(取芯 300)	50	115 87	65	0°～90°	22	1340	2200×600×940	镇江煤矿专用矿设备厂
MYZ—150	150	42	115 87			15	1200	2089×800×3350	
MYZ—150B	150	42	115 87			15	780	2147×420×500	徐州煤矿采掘机械厂
MYZ—100	100	42	115 87			11	1060	2174×600×940	镇江煤矿专用设备厂
MYZ—50	50	42	89			7.5	1000	1560×600×2013	
MYZ—20	20	80(螺旋)	86		0°～10°	7.5	(带车)1400	2230×1050×1310	

(二) 型号含义

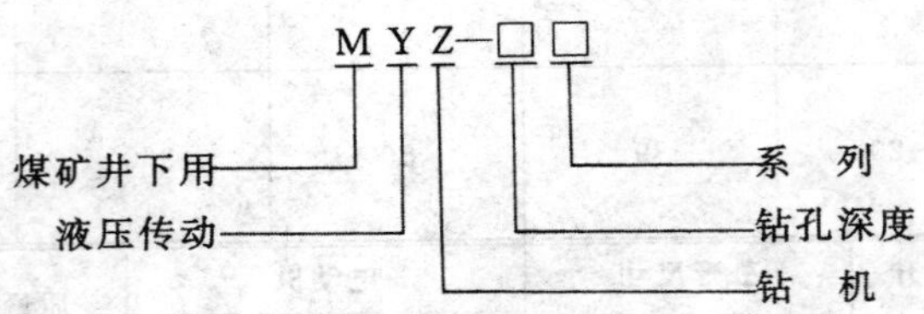

(三) 使用范围

适用于煤矿井下瓦斯抽放，煤层注水孔、通风孔、灭火孔、电缆孔等工程钻孔及勘探地质构造孔。

三、MAZ—200 钻机

(一) 技术特征(表 1—9—116)

表 1—9—116 技 术 特 征

型号	钻孔深度(m)	钻孔直径 开孔(mm)	钻孔直径 终孔(mm)	钻孔角度	绞车提升能力(kN)	钢丝绳 直径(mm)	钢丝绳 容绳量(m)
MAZ—200	200	110	75	360°	10	8.7	30

型号	电动机 功率(kW)	电动机 转速(r/min)	外形尺寸 长×宽×高(mm)	质量(kg)	生产厂
MAZ—200	11	1460	1450×900×1520	1000	鸡西煤矿专用设备厂

（二）型号含义

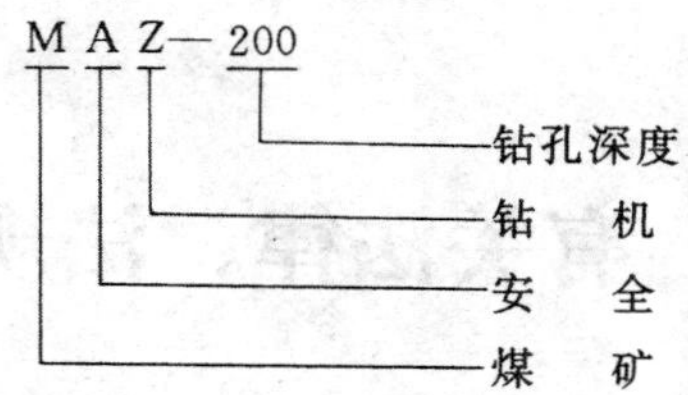

（三）使用范围

用于钻探深度为200m以内的各种角度的抽放瓦斯孔、灭火孔、探水孔及其他各种工程用孔。

四、反井钻机

反井钻机技术特性（表1—9—117）

表1—9—117　反井钻机技术特性

项目 \ 型号	LM—90	LM—120	LM—200	ZFYD—1200 低矮经济型	ZFYD—1500 低矮经济型	ZFYD—2500 低矮经济型	ATY—1500
导孔直径(mm)	190	244	216	200	250	250	250
扩孔直径(mm)	900	1200	1400,2000	1200	1500	1500	1500,1800
钻孔深度(m)	90	120	200,150	100	100	80～100	120
钻孔倾角(°)	60～90	60～90	60～90	60～90	60～90	60～90	60～90
出轴转速(r/min)	0～45	0～36	0～36	0～68	0～68	0～33	0～36
出轴扭矩(kN·m)	7～15	15～30	35～70	2.67～21.5	22～44	8.4～69	21～42
推力(kN)	150	250	350	196	338	350	380
拉力(kN)	380	500	850	440	1154	1470	900
总功率(kW)	45.5	62.5	82.5	50.5	118	160	118.5
重量(t)	6	8	10	2.8(4.8)	5.34	7.83	6.2
运输尺寸(mm)	1900×950×1115	2290×1110×1430	2950×1370×1700	2160×940×1295	2309×1142×1659	2473×1420 2070	2530×1000×1775
工作尺寸(mm)	2380×1275×2847	2977×1422×3277	3230×1770×3448	1915×1020×2300	2265×1245×2364	2690×1590×2473	2180×1250×2590
生产厂	煤科总院北京建井研究所 江苏省苏南煤矿机械厂			煤科总院南京研究所 山东济宁矿山机械厂			煤科总院南京研究所 济南重型机械厂
适用条件	适用于井下煤仓、暗立斜井、通风孔、泄水孔、管路孔、电缆孔等施工作业						

第十章　有关法律、法规及标准

第一节　有关法律、法规目录

有关法律、法规目录见表1－10－1。

表1－10－1　法律、法规目录

序号	法律、法规名称	发布日期	备　注
1	中华人民共和国矿产资源法	1986年3月19日发布 1996年8月29日修正	1986年3月19日第六届全国人民代表大会常务委员会第十五次会议通过，根据1996年8月29日第八届全国人民代表大会常务委员会第二十一次会议《关于修改〈中华人民共和国矿产资源法〉的决定》修正
2	中华人民共和国矿产资源法实施细则	1994年3月26日	中华人民共和国国务院令第152号发布
3	中华人民共和国煤炭法	1996年8月29日	中华人民共和国第八届全国人民代表大会常务委员会第二十一次会议通过
4	中华人民共和国矿山安全法	1992年11月7日发布 1993年5月1日实施	1992年11月7日第七届全国人民代表大会常务委员会第二十八次会议通过，1992年11月7日中华人民共和国主席令第65号公布
5	中华人民共和国环境保护法	1989年12月26日	1989年12月26日第七届全国人民代表大会常务委员会第十一次会议通过，1989年12月26日中华人民共和国主席令第22号公布
6	中华人民共和国大气污染防治法	1987年9月5日通过 1995年8月29日修正	1987年9月5日第七届全国人民代表大会常务委员会第二十二次会议通过，据1995年8月29日第八届全国人民代表大会常务委员会第十五次会议《关于修改〈中华人民共和国大气污染防治法〉的决定》修正
7	中华人民共和国水污染防治法	1984年5月11日通过并发布 1984年11月1日实施 1996年5月15日修正	1984年5月11日第六届全国人民代表大会常务委员会第五次会议通过，根据1996年5月15日第八届全国人民代表大会常务委员会第十九次会议《关于修改〈中华人民共和国水污染防治法〉的决定》修正
8	中华人民共和国固体废物污染环境防治法	1995年10月30日通过	1995年10月30日第八届全国人民代表大会常务委员会第十六次会议通过

第二节　有关规程规范目录

有关规程、规范目录见表1—10—2。

表1—10—2　有关规程、规范目录

序号	规程规范名称	规程、规范编号	备　注
1	煤矿安全规程	2001年9月28日国家煤矿安全监察局发布，自2001年11月1日起施行	
2	乡镇煤矿安全规程	［87］煤地方字第192号文发布	
3	煤炭工业矿区总体设计规范	MT5006—94	
4	煤炭工业矿井设计规范	GB50215—94	
5	煤炭工业小型煤矿设计规定	能源基［1992］885号文发布	
6	煤炭工业抗震设计规定（试行）	（78）煤设672号	
7	煤炭工程设计暂行规定	煤基设（1996）第214号文	
8	关于基本建设新建项目开工的规定	（90）中煤总基字第400号文	
9	关于新建工程抗震设防的规定	（90）中煤总基字第351号文	
10	矿井防灭火规范（试行）	［88］煤字第237号文	
11	《煤炭工业环境保护设计规范》（煤矿、选煤厂）及条文说明	能源部［1992］1229号文	
12	建筑物、水体、铁路及主要井巷煤柱留设与压煤开采规程	煤行管字［2000］第81号	
13	煤炭资源地质勘探规范	储发［1986］147号文	
14	矿山井巷工程施工及验收规范	GBJ213—90	
15	锚杆喷射混凝土支护技术规范	GB50086—2001	
16	树脂锚杆固定立井井筒装备设计规范、施工规程及质量验收标准	［81］煤基字第882号文	
17	缝管锚杆支护技术规程	YBT228—91	
18	矿井地质规程（试行）	（84）煤生字第607号文	
19	矿井水文地质规程（试行）	（84）煤生字第550号文	
20	矿井通风安全监测装置使用管理规定	煤安字［1995］第562号	
21	煤矿井下粉尘防治规范（试行）	（90）中煤总安字第171号文	
22	关于配备自救器的通知	（90）中煤总安字第397号文	
23	锚喷支护工程质量检测规程	MT/T5015—96	
24	煤矿立井井筒装备防腐技术规范	MT/T5017—96	
25	矿井抽放瓦斯工程设计规范	MT/T5018—96	
26	煤矿瓦斯抽放技术规范	MT/T692—1997	

续表

序号	规程规范名称	规程、规范编号	备 注
27	煤矿井下热害防治设计规范	MT/T5019－96	
28	工程建设标准强制性条文（矿山工程部分）	建标［2001］92号文	
29	煤炭工业半地下储仓设计规范	MT/T5002－1998	
30	露天煤矿工程设计规范	GB50197－94	
31	防治煤与瓦斯突出细则	煤安字［1995］第30号文	
32	600mm轨距巷道断面系列和基本参数	MTJ3－80	
33	600mm轨距巷道交岔点系列标准	MTJ5－82	
34	煤矿矿井巷道断面及交岔点设计规范	MT/T5024－1999	
35	煤矿矿井斜井井筒及硐室设计规范	MT/T5025－1999	
36	煤矿矿井立井井筒及硐室设计规范		
37	煤矿矿井井底车场设计规范	MT/T5027－1999	
38	煤矿矿井井底车场硐室设计规范	MT/T5026－1999	
39	煤矿采区车场和硐室设计规范	MT/T5028－1999	
40	建设高产高效矿（井）暂行管理办法	（1994）煤生字第295号文	

第三节 有关采矿专业设计标准目录

有关采矿专业设计标准目录见表1－10－3。

表1－10－3 有关采矿专业设计标准目录

序号	标 准 名 称	标 准 编 号	备注
1	工程岩体分级标准	GB50218－94	
2	固体矿产资源储量分类	GB/T17766－1998	
3	中国煤层煤分类	GB/T17607－1998	
4	缓倾斜煤层采煤工作面底板分类	MT553－1996	
5	缓倾斜煤层采煤工作面顶板分类	MT554－1996	
6	矿井通风安全装备标准	MT/T5016－96	
7	钻井井筒永久支护通用技术条件	MT/T518－95	
8	树脂锚杆、金属锚杆及其附件	MT/T146.2－95	
9	高水充填材料	MT/T420－95	
10	地下水质量标准	GB/T14848－93	
11	煤矿假顶用菱形金属网	MT314－92	
12	矿用菱镁混凝土制品、窄轨轨枕	MT/T375.3－94	
13	煤矿用带式输送机设计计算	MT/T467－1996	

续表

序号	标　准　名　称	标　准　编　号	备注
14	煤炭矿井选煤厂工程项目建设工期定额	（88）建标字第412号	
15	煤炭井巷工程质量检验评定标准	MT5009－94	
16	关于印发煤矿“矿井地质条件分类”结果的通知	中煤总生字（1991）第338号文	
17	关于印发统配煤矿“矿井水文地质分类”的通知	中煤总生字（1992）第57号文	
18	技术术语　煤田地质与勘探	GB/T15663.1－95	
19	煤矿技术术语　井巷工程	GB/T15663.2－95	
20	煤矿技术术语　地下开采	GB/T15663.3－95	
21	煤矿技术术语　露天开采	GB/T15663.4－95	
22	煤矿技术术语　提升运输	GB/T15663.5－95	
23	煤矿技术术语　矿山测量	GB/T15663.6－95	
24	煤矿技术术语　开采沉陷	GB/T15663.7－95	
25	煤矿技术术语　煤矿安全	GB/T15663.8－95	
26	煤矿技术术语	GB/T15663.9－95	
27	煤矿技术术语	GB/T15663.10－95	
28	煤矿科技术语　岩石力学	GB/T16414－1996	
29	煤岩术语	GB/T12937－1995	
30	煤质及煤分析有关术语	GB/T3715－1996	
31	采矿制图标准	MTJI－81	
32	煤矿机械技术文件用图形符号	GB/T18024.1～18624.7－2000	
33	煤炭科技名词	全国自然科学名词审定委员会（1996）	

主要参考资料

1. 数学手册编写组编．数学手册．北京高等教育出版社，1979
2. 煤矿总工程师工作指南编委会．煤矿总工程师工作指南．煤炭工业出版，1991
3. 机械工程手册电机工程手册编委会．机械工程手册（基础理论类）．机械工业出版社，1996 年
4. 徐灏主编．机械设计手册．机械工业出版社，1991
5. 沈季良等编．建井工程手册．煤炭工业出版社，1985
6. 常用计量单位辞典．计量出版社，1984
7. 科技计量单位新词典．机械工业出版社，1990
8. 机械制图 GB4457～4459－84．国家标准局批准
9. 煤炭工业部规划设计院编制．采矿制图标准 MTJ1－81
10. 国家技术监督局发布．技术制图图纸和幅面尺寸 GB/T14689－93
11. 国家技术监督局发布．技术制图比例 GB/T－14690－93
12. 国家技术监督局发布．技术制图字体 GB/T－14691－93
13. 西安矿业学院起草．煤矿机械图形符号 ZBD90001～90007－88 中国标准出版社
14. 煤矿地质测量图例．煤炭工业出版社，1989
15. 北京煤炭设计研究院等主编．煤炭工业工程勘探设计图纸编号．煤炭工业出版社，1990
16. 铁道部第一勘测设计院主编．铁路工程地质技术规范 TBJ12－85 中国铁道出版社，1986
17. 常士骠、张苏民等主编．工程地质手册．中国建筑工业出版社，1992
18. 工程岩体分级标准 GB50218－94．中国计划出版社，1995
19. 缓倾斜煤层采煤工作面底板分类 MT553－1996．煤炭工业部发布
20. 缓倾斜煤层采煤工作面顶板分类 MT554－1996．煤炭工业部发布
21. 白浚仁、刘凤歧、姚星一、陈文敏编．煤炭分析（修订本）．煤炭工业出版社，1990
22. 陈文敏、张自劭主编．煤化学基础．煤炭工业出版社，1993
23. 朱之培、高晋生编著．煤化学．上海科学技术出版社，1984
24. 煤炭科学研究院北京煤化学研究室编著．煤炭化验手册（修订本）．煤炭工业出版社，1981
25. 全国自然科学名词审定委员会．煤炭科技名词．科学出版社，1996
26. 煤炭科学研究院北京煤化学研究所编．煤炭试验方法标准及其说明．1991
27. 建筑抗震设防分类标准 GB50223－95．中国建筑工业出版社，1995
28. 煤炭工业抗震设计规定．煤炭工业出版社，1978
29. 龚思礼主编．建筑抗震设计手册．中国建筑工业出版社，1994
30. 李善、傅达聪主编．煤炭工业企业总平面设计手册．煤炭工业出版社，1992
31. 中国统配煤矿总公司生产局组织修订．煤矿测量手册．煤炭工业出版社，1990
32. 煤炭科学研究院北京开采研究所编著．煤矿地表移动与覆岩破坏规律及其应用．煤炭工业出版社，1986
33. 建筑物、水体、铁路及主要井巷煤柱留设与压煤开采规程．煤炭工业出版社，1986
34. 王壮飞、江正荣等主编．建筑施工手册（第二版）．中国建筑工业出版社，1992
35. 徐灏等主编．机械设计手册第一卷．机械工业出版社，1991
36. 成大生主编．机械设计手册第一卷．化学工业出版社，1993

37. 中国煤炭学会煤矿建筑工业委员会编．钢筋混凝土建筑物与构筑物构造手册
38. 邢福康、蔡坫、刘玉堂等编著．煤矿支护手册．煤炭工业出版社，1993
39. 武同振、赵宏珠、吴国华主编．综采综掘高档普采设备选型配套图集．中国矿业大学出版社，1993
40. 煤矿机电产品目录（第一册）．煤炭工业出版社，1991
41. 赵忠海编．矿用钢丝绳．原统配煤矿总公司物资供应局编，1991
42. 钢丝绳 GB/T8918－1996
43. 熊中实、倪文杰主编．钢材大全．中国建材工业出版社，1994

第二篇

矿区开发和井田开拓

编写单位　煤炭工业部济南设计研究院
主　　编　冯长松
副 主 编　戴良发
编 写 人　冯长松　刘宪邦　郭俊生(第一章)
冯长松　刘宪邦　臧桂茂(第二章)
刘宪邦　冯长松　张荣营(第三章)
何国纬　付小敏　谢海峰(第四章)
何国纬　何芳现　张荣营(第五章)
付小敏　冯长松　张荣营(附　录)

第二篇 矿区开发和井田开拓

第一章 矿区、矿井设计程序、依据及内容

第一节 矿区设计程序、依据及内容

为适应国家经济体制改革，加强基本建设管理和与国际接轨的发展需要，80年代以来，我国基本建设的设计程序有了相应的调整和改变。

一、矿区设计程序

20世纪70年代前，我国新矿区建设的设计程序为：矿区总体方案设计、矿区总体设计任务书（或称计划任务书）、矿区总体设计。

矿区总体方案设计是编制矿区总体设计任务书的基础和依据。设计任务书批准后据此进行矿区总体设计。

80年代至20世纪末，新矿区建设的设计程序为：项目建议书、可行性研究、设计任务书、矿区总体设计。

国家计委规定，从1991年12月4日起将现行国内投资项目设计任务书和利用外资项目的可行性研究报告统称可行性研究报告，取消设计任务书。

2001年5月9日国家发展计划委员会以特急计基础［2001］782号文《国家计委关于进一步加强煤炭基本建设大中型项目管理有关问题的通知》：

"各省、自治区、直辖市及计划单列市计委，神华集团公司：

按照中央和国务院有关文件精神，全国煤炭工业管理体制和机构改革工作已基本完成。为了适应新的管理体制要求，进一步理顺、规范和加强煤炭基本建设大中型项目管理，促进煤炭工业健康发展，根据国家投融资体制改革的要求和国家关于严格执行建设程序，确保建设前期工作质量等有关规定，现就加强煤炭工业基本建设大中型项目管理的有关问题通知如下：

（1）按照《中华人民共和国矿产资源法》、《中华人民共和国煤炭法》等有关法律和行政法规的规定，煤炭资源开发应当根据国民经济和社会发展计划编制矿区综合开发规划（矿区总体规划）。经批准的矿区总体规划，是矿区开发的指导性文件，投资者必须在总体规划指导下依法从事资源开发和生产经营活动。

（2）矿区总体规划属政府行为。规划的编制工作，请你们会同有关部门共同研究安排。

总体规划应在矿区资源进行普查和必要的详查基础上进行，其主要内容包括：矿区开发的目的、必要性、指导思想和原则；矿区资源状况、井田划分及建设规模，开发顺序初步设想；水源、电源、交通运输及材料供应等外部建设条件；矿区综合开发思路及配套项目情况；

矿区公用工程建设；环境保护等。

(3) 矿区总体规划审批程序是：大中型矿区（矿区总规模200万t/年及以上）由矿区所在省（区、市）计委报国家计委，由国家计委商有关部门审批；总规模在200万t/年以下的矿区总体规划，由省级计委会同有关部门审批。

(4) 除新矿区要编制矿区总体规划外，目前正在生产、建设的煤炭矿区，如对原规划进行适当调整和修改，也要结合矿区实际情况，编制矿区总体规划，并按上述程序报批。

(5) 煤矿建设项目应当符合煤炭矿区综合开发规划（矿区总体规划）和煤炭产业政策的要求，并严格执行建设程序，按照国家现行规定履行报批手续。

现行基本建设前期工作程序包括：项目建议书、可行性研究报告、初步设计、开工报告和竣工验收等工作环节。只有在完成上一环节后方可转入下一环节。除国家特别批准外，各地方、部门和企业不得简化项目建设程序。根据上述规定，考虑到煤炭行业的具体情况，煤炭项目的审批程序按下列规定执行。

①在矿区总体规划批准后，方可进入单项工程阶段。单项工程必须编报项目建议书和可行性研究报告。

②大中型（建设总规模60万t/年及以上）煤矿和选煤厂项目建议书和可行性研究报告，根据项目单位隶属关系，分别由各省（区、市）、计划单列市计委和计划单列企业集团初审后报国家计委，由国家计委直接审批或报请国务院审批。

③矿区综合开发项目（煤的加工、转化和综合利用等），按照国家现行限额规定执行，限额以上项目由国家计委直接审批或报请国务院审批。

④对不能独立经营的非生产性配套工程，要纳入生产主体项目，今后原则上不再单列非生产性配套工程。

⑤大中型（或限额以上）项目的初步设计概算、开工报告由各省（区、市）、计划单列市计委和计划单列企业集团初审后报国家计委核定审批，项目的竣工验收由国家计委（或委托地方计委）组织。

(6) 在国家投融资体制改革方案出台之前，煤炭矿区综合开发规划和基本建设项目暂按上述规定程序执行。任何部门、地方和企业，不得越权擅自审批，或以“化整为零”等方式申报上级主管部门审批。”

随着国家改革开放和体制改革，矿区设计程序、审批程序可能有新的规定，设计应按国家新的规定程序进行。

二、矿区综合开发规划（矿区总体规划）

（一）矿区综合开发规划的编制依据

(1) 矿区总体规划设计委托书。由于矿区总体规划属政府行为，由各省（区、市）、计划单列市计委和计划单列企业集团或有关政府部门委托。

(2) 矿区资源普查地质报告和必要的详查地质报告以及审批文件。

(3) 矿区环境影响评价大纲及审批文件。

(4) 各省（区、市）国民经济和社会发展五年计划及远景目标纲要。

(5) 煤炭行业及相关电力、化工、交通、建材等行业的五年计划及远景规划。

（二）矿区综合开发规划的编制内容

1. 总说明

(1) 矿区位置、编制依据、基础资料。

(2) 矿区综合开发规划的指导思想和主要原则。

(3) 矿区综合开发的必要性、合理性和优势。

(4) 矿区综合开发规划确定的技术面貌及主要技术经济指标。

(5) 存在的主要问题和建议。

2. 矿区概况及建设条件

(1) 矿区地理位置、地形地貌、气象、地震动参数及区域经济简况。

(2) 矿区建设外部条件。阐明交通、电源、通讯、水源及建设材料等情况。

(3) 矿区建设资源条件。阐明矿区地质特征（地层、地质构造、煤层、煤质，水文地质条件及开采技术条件），资源/储量及分析，矿区资源评价，勘查程度和勘查存在问题及对下步勘查建议。

(4) 对矿区内伴生有益矿物的赋存情况及开采的经济价值做出评价。

3. 矿区开发

(1) 概述矿区内或邻近矿区现有生产、建设矿井（露天）的情况，老窑分布情况。

(2) 确定矿区开发的指导思想，总体框架和主要原则。

(3) 对矿区井田划分进行技术经济分析论证并确定最佳方案。

(4) 对各井田的开发方式（井工或露天）、设计生产能力、井口位置、开拓水平和初期采区位置等进行技术经济分析和论证，并推荐主导方案。

(5) 确定矿区的建设规模，论证可行性和合理性。

(6) 提出矿区开发建设计划，各矿井（露天）开发顺序，开工时间，达到矿区规模的时间，均衡生产时间和矿区服务年限。

4. 煤的用途及洗选加工

(1) 阐明矿区各矿井各煤层的煤质、煤类、可选性，并作出评价。

(2) 初步确定煤的用途和用户。根据煤类和煤质确定各矿井煤是作为动力煤、炼焦煤还是气化或液化用煤等。分析矿区煤进入国际市场、国内市场的前景和竞争能力，阐明本省、本地区煤炭供需情况并进行供需预测。

(3) 根据煤的用途和用户，提出矿区各矿井煤的产品方案和加工方式，经多方案技术经济分析比较，推荐主导方案，经分析比较初步确定煤的加工方法、选煤厂的类型等。

5. 电　厂

（由于目前矿区总体规划一般都有坑口火力发电厂或低热值燃料热电厂，所以将电厂的内容列出）

(1) 根据矿区所在省和地区的电力五年计划和远景规划，概述本省本地区电力生产、建设、供给和消费现状，电厂建设和电网建设的规划情况，分析论述在本矿区建电厂的必要性、合理性和优势。

(2) 根据煤的用途和产品加工方案，确定矿区电厂的类型和电厂规模，初步选择各电厂锅炉的类型和发电机组的能力。

(3) 选择各电厂的厂址，电厂燃料的运输方式。

(4) 根据电厂的规模确定电厂的补给用水量，对矿区水源进行分析比较，初步确定电厂水源。

(5) 根据各电厂所消耗的燃料种类和燃料量，计算各电厂灰渣量，并初步确定灰渣的处理方式，灰渣应尽量考虑综合利用。

(6) 根据矿区所在省（区）的电网规划和本地区电力盈余情况，初步确定矿区电厂与电网的接入系统。

6. 化工（焦化、气化、液化）、铁路、港口、航运、建材等综合开发项目

应根据矿区实际情况决定项目，并按各行业的规划要求编写，一般应包括以下内容：

(1) 根据矿区所在省（区）有关行业的规划，概述有关行业、生产、建设供给和消费现状，分析预测矿区所建综合开发项目在国内外市场竞争中的前景，论证其开发建设的必要性和合理性。

(2) 初步确定所建综合开发项目的规模，厂址（线路）选择及初步的建设计划。

(3) 简述所建综合项目的生产工艺，产品和副产品数量，需要引进技术和设备等关键问题。

7. 矿区配套工程

(1) 矿区运输。铁路运量、流向，铁路接轨方案和专用线走径方案，经技术经济比较推荐主导方案，矿区铁路总长度。矿区公路的现状，矿区公路走向方案，矿区公路等级和长度。

(2) 矿区供电。矿区附近电力系统现状，矿区电力负荷估算，提出矿区电源及供电系统方案，经技术经济比较推荐主导方案。

(3) 矿区通信网络。矿区公用通信现状，提出矿区通信网络方案经比选推荐主导方案。

(4) 矿区给排水及供热。矿区水源情况，经分析论证初步选择矿区水源，估算矿区用水量。矿区排水方式及排水量。矿区各矿井、选煤厂、辅助及附属企业供热方式及热负荷。

8. 矿区地面布置及地面设施

(1) 简述矿区各矿井、电厂等综合开发项目的井口位置及厂址选择，提出矿区指挥中心、辅助、附属企业和居住区的位置方案，经比选推荐主导方案。

(2) 概述矿区防洪排涝工程现状，提出矿区防洪工程措施和建议，初步确定各矿井的井口标高。

(3) 矿区辅助、附属企业及设施。根据地面改革，调查研究，充分发挥老矿区潜力，不搞重复建设，面向市场，实事求是地初步确定矿区各辅助、附属企业项目及建设规模。

(4) 矿区指挥中心和居住区。根据改革、精简、高效原则，初步确定矿区指挥机构和人员，矿区不再设文教、卫生等机构和设施。居住区根据住房改革的精神，只列建筑指标，占地面积等，不列投资。

9. 矿区环境保护及综合利用

(1) 矿区环境保护。概述矿区环境现状，采用的环境保护标准，阐述矿区主要污染源（污水、烟尘、固体废弃物，噪声等）及其防治措施，初步确定矿区环境管理机构和专项投资。

(2) 村庄搬迁和小城镇规划。矿区开采时对地面村庄的影响，结合小城镇建设提出村庄搬迁规划，提出塌陷区综合治理的途径。

(3) 综合利用。对伴生有益矿物开采和利用提出综合开采规划，对煤炭加工产生的副产品（煤泥、矸石、电厂灰渣等）提出综合利用途径，对煤炭深加工和洁净煤技术提出利用方向。

10. 技术经济评价

(1) 初步确定达到设计规模时职工人数和劳动生产率。

(2) 估算矿区基价投资和逐年投资，估算矿区的总投资。

(3) 按矿井及选煤厂、电厂、煤化工、铁路、港口、建材等项目分别估算生产成本、产品销售收入及利润，并作出初步的财务评价。

(4) 对矿区作出综合财务评价并作宏观经济效益分析。

(5) 矿区主要技术经济指标。

11. 附图

矿区交通位置图、矿区地质地形图、地层综合柱状图、各主要煤层底板等高线及储量计算图、矿区井田划分方案图、井田开拓方式图、矿区地面总布置图。

第二节　矿井设计程序、依据及内容

一、矿井设计程序

经批准的矿区总体规划，是矿区开发的指导性文件，煤矿建设项目开发应当符合煤炭矿区综合开发和煤炭产业政策要求。矿井设计一般程序为：项目建议书→可行性研究→初步设计（包括安全专篇）→施工图设计。

二、矿井设计依据及内容

（一）矿井项目建议书

矿井项目建议书应根据批准的矿区综合开发规划进行编制，批准的项目建议书是矿井可行性研究报告的依据，项目建议书应包括以下内容：

(1) 建设项目提出的必要性和依据，引进技术和进口设备时，要阐明国内外技术和设备差距，说明引进理由。

(2) 产品方案、拟建规模和建设地点的初步设想。

(3) 资源情况、建设条件、协作关系和引进技术设备的国别、厂商的初步分析。

(4) 投资估算和资金筹措设想，利用外资项目要说明利用外资的可能性以及偿还贷款能力的测算情况。

(5) 项目的进度安排。

(6) 经济效益和社会效益的初步分析。

（二）矿井可行性研究报告

矿井可行性研究是对矿井建设必要性、主要技术原则方案和技术经济合理性的全面论证和综合评价，是矿井立项决策的依据。矿井可行性研究报告应在批准的矿区总体规划和矿井项目建议书的指导下进行编制，编制依据的基础资料必须是批准的矿井勘探（精查）地质报告。可行性研究报告包括以下内容：

1. 总说明

(1) 概述：矿井位置、隶属关系、设计依据及编制过程。

(2) 矿井建设综合评价：主要特点、资源可靠性、用户、外部协作配套条件、推荐方案的技术经济效益。综合评述。

(3) 存在的主要问题及建议。

2. 井田概况及建设条件

(1) 井田概况：交通、自然地理、地震动参数、矿区建设与规划概况、区域经济。

(2) 矿井建设外部条件：运输、电源、水源条件评述，建筑材料供应、协作项目有关问题及其评述。

(3) 矿井建设的资源条件：地质构造及煤层特征、水文地质、开采条件评述，查明矿产资源、勘查程度评价及补充勘查意见。

(4) 市场供应情况：市场前景预测（包括进入国际市场前景分析）。

3. 井田开拓与开采

(1) 井田境界及可采储量：井田境界的合理性、井田尺寸与面积、资源/储量与可采储量计算及其分析。

(2) 矿井设计生产能力及服务年限：矿井工作制度、矿井设计生产能力的论证与确定、矿井与水平服务年限。

(3) 井田开拓：开拓方式的论证与确定，井筒数量与用途、井口与工业场地位置、水平划分、运输大巷与总回风巷布置、通风方式等的方案比选，采区划分与开采顺序评述。

(4) 井筒、井底车场及大巷运输：井筒装备与布置，大巷运输方式论述与设备选型，井底车场型式确定。

(5) 井下开采：采煤方法选择，采煤机械选型论证与配置，工作面尺寸与生产能力确定，移交及达到设计能力时采区、工作面数目、位置的方案比选确定，采掘生产接替安排，移交及达到设计能力时井巷工程量。

(6) 通风与安全：通风系统与风量确定，瓦斯、煤尘、自燃、煤与瓦斯突出、水害、冲击地压、热害等灾害分析与预防措施以及安全装备。

4. 矿井主要设备

(1) 提升设备：提升方式的方案比选及设备选型。

(2) 通风设备：通风设备选型。

(3) 排水设备：排水方式比选及设备选型。

(4) 压风设备：压风系统设备选型。

5. 地面设施

(1) 主井地面工艺布置：煤质特征、用户要求、产品方案及加工方式；地面生产系统方案比选及主要设备选型。

(2) 副井地面工艺布置：辅助运输方式、工艺布置及设备选型、排矸方式确定。

(3) 地面运输：地面运输方式比选，标准轨铁路运输时运网衔接方案比选。

(4) 工业场地总平面布置：工程地质、洪水位与井口标高确定，总平面布置方案比选，占地指标及场地平整。

(5) 供电：电力负荷估算、供电方案与系统衔接比选。

(6) 供水：生产与生活用水量估算、水源方案比选与供水系统确定。

(7) 供热：生产与生活热力负荷估算、供热方案与系统布置、设备选型。

(8) 工业、行政、公共建筑：主要建（构）筑物的结构型式，各类建筑总面积。

(9) 居住区：位置比选、平面布置方案比选、与地方城镇建设规划协调问题评述。

(10) 环境保护与综合利用：环境影响评价与治理措施（烟、尘、噪声、塌陷区、污水、矸石等），工业场地与居住区绿化。煤、矸石等其它有益矿产的综合利用。

(11) 重大改迁、保护工程：河流、国铁、区域电源线路、城镇与文物、大型水利工程设施的改迁与保护的论述。

6. 建井工期

(1) 建井工期：施工准备，主要工程施工方法方案比选与确定，井巷主要连锁工程确定，三类工程综合进度表，建井工期估算。

(2) 产量递增安排及达产时间。

7. 技术经济分析与评价

(1) 企业组织、劳动定员及劳动生产率：项目管理体制，机构设置，劳动定员配置方案，对技术和管理人员的素质要求，人员培训计划。

(2) 投资估算和资金筹措：建设资金估算范围、依据、方法及总投资估算，逐年投资分配，流动资金估算，贷款利息计算，资金来源。

(3) 生产成本估算：估算依据与估算结果。

(4) 产品销售：售价与销售收入。

(5) 财务评价：计算出财务内部收益率，投资回收期、偿还期，投资利润率、利税率，年利润总额和利税总额。

(6) 国民经济评价。

(7) 不稳定性分析：盈亏平衡点分析，敏感性分析，抗风险能力分析。

(8) 技术经济总评价：综合论述矿井建设的技术经济合理性，矿井主要技术经济指标。

8. 附　图

主要有矿井交通位置图、矿井地质地形图、各主要煤层的地质图、矿井水文地质图、井田开拓图、移交采区布置图、地面主要生产工艺系统图、工业场地总平面图、矿井地面总布置图、井巷和土建及机电安装综合进度图表。

(三) 矿井初步设计内容

矿井初步设计是指导矿井建设的技术经济文件，经批准后是安排矿井建设计划和组织实施的依据。初步设计应能指导施工图设计，作为控制工程投资、设备选型订货及矿井验收移交与生产考核的依据。

在矿井初步设计中编制的主要内容如下：

1. 总说明

(1) 初步设计编制依据，编制情况；

(2) 设计指导思想；

(3) 矿井（井田）特点、设计确定的主要技术原则及主要技术经济指标；

(4) 存在的主要问题和建议。

2. 井田概况及地质特征

(1) 概述井田自然地理、交通、电源、水源、区域经济和建设材料。

(2) 概述井田地质构造、地层、煤层与煤质情况，水文地质、开采技术条件以及其他有益矿产的开采与利用评价。重点对地质报告进行全面分析研究，应对勘探程度，开采技术条件与资源可靠性等作出评价并提出补充勘探意见。

3. 井田开拓

井田开拓是矿井设计的重要部分，对矿井生产经营有长远影响，关系矿井地面与井下整体布局，对建设工程量、建设工期、基建投资、生产技术面貌和经济效益有重大作用，需经全面技术经济方案论证并综合政策、经验、技术、经济诸多因素决定。

按矿井初步设计编制要求，它包括下列内容：

(1) 井田境界与资源/储量的确定；

(2) 矿井设计年生产能力与服务年限的确定；

(3) 选择井田开拓方式，井筒位置、数目与用途，水平划分，主要运输大巷与总回风巷布置，采区划分与配采安排；

(4) 井筒、井底车场及硐室布置。

4. 大巷运输及设备

(1) 运输方式选择：煤炭及辅助运输方式的比较和选定。

(2) 主要运输设备选型：当煤炭采用矿车运输时，计算机车类型和数量及相配套附属设备（矿车、整流设备等）型号和数量。当煤炭采用胶带输送时，应对输送机型号、长度、带宽、运输速度、运输能力、输送机功率等进行选择和计算。

(3) 辅助运输设备选型：分别计算运送人员、设备、材料、矸石等机车的类型、型号和数量。

5. 采区布置及装备

(1) 采煤方法：根据地质构造、煤层稳定性和开采条件分析比较选择采煤方法，选择工作面采煤、装煤、运煤方式和设备选型，确定工作面顶板管理方式，选择计算支架设备。

(2) 采区布置：初期采区数目，位置选择，移交采区巷道布置，采区特征和采区煤炭、矸石和辅助运输方式及设备选型。

(3) 采煤工作面布置：移交时采煤工作面布置、数量、工作面的长度、推进度、产量。

(4) 巷道掘进：移交生产和达到设计能力时掘进工作面的数量、组数。掘进机械设备配备，巷道断面和支护方式，移交时井巷总工程量。

6. 通风和安全

(1) 概述邻近矿井及本井田瓦斯、煤尘、自燃、煤和沼气突出、突水及地温等情况。

(2) 矿井通风：通风方式和通风系统选择及其依据，矿井风量计算及依据，矿井风压和等积孔计算。附矿井通风系统图。

(3) 灾害预防及安全装备：预防瓦斯和瓦斯突出的措施，采用抽放瓦斯时，应说明瓦斯来源、涌出量、压力和邻近矿井的情况，论述抽放的必要性和可能性、抽放方式及系统的选择、设备选型，预计抽放效果。预防井下火灾的措施，采用灌浆防火时，说明系统及设备选择、灌浆系数、灌浆材料选择及来源，浆液制备的要求，灌浆范围和耗水量。采用注氮防火时，说明注氮防火系统的选择，注氮强度计算及设备选择，注氮工艺和效果监测。预防井下粉尘综合防治措施。预防井下水灾的措施。矿井降温措施及设备选型，采用机械降温时，说明地质报告中有关地热及原岩热的情况，论述采取机械降温的必要性和可行性，机械降温系统选择和设备选型，并预测降温技术经济效果。防治矿井冲击地压的措施。井下安全监控系统和设备选型。

7. 提升、通风、排水和压缩空气设备

(1) 提升设备：提升方式的方案比选，主提升容器、钢丝绳、绞车电动机、电控的选型计算、并验算提升能力，采用摩擦轮提升时，要作防滑验算；当采用胶带输送机提升时，要选择和计算输送机的型号、长度、带宽、提升速度、能力、电动机功率、驱动装置等；副提升设计同主提升设备，还需做出最大班作业提升时间平衡表。附速度图、力图和提升系统图（或胶带输送机提升系统图）。

(2) 通风设备：通风设备方案比选，通风机、电动机、电控设备的选型计算，对大型电动机要作起动验算。附通风系统特性曲线图。

(3) 排水设备：排水系统的确定和方案比选，水泵台数和型号选择，电动机和电控设备选型并对大型电动机起动验算，排水管路趟数和管材、规格选型。附主排水泵工作状况特性曲线图、排水系统图。

(4) 压缩空气设备：压缩空气供给方案选择，压缩空气需要量计算，压缩机选型方案比选，附属设备选型，压缩空气管道系统及管材的选择。

8. 地面生产系统

(1) 煤质及其用途：阐明各可采煤层的煤质资料，煤的用途和用户。

(2) 煤的加工：根据煤质和用户要求，提出选矸及筛分方案，通过比选确定工艺流程。选煤车间可参照选煤厂设计内容编制。

(3) 生产系统：包括主井生产系统、副井生产系统和矸石系统。

(4) 辅助设施：包括矿井机电设备修理车间、坑木加工房、煤样室、化验室等主要设备的选型、数量、承担的任务、建筑面积和设置地点。

9. 地面运输

(1) 概况：概述现有铁路、公路和其它交通运输情况，线路主要技术条件，运输能力及发展规划。设计线路经过地带的地形、地貌、工程地质、水文地质及农田水利规划简况。批准的矿区总体规划中所确定的运输方案。批准的可行性研究报告确定的方案。

(2) 标准轨距铁路：接轨点及线路走向方案的比选，提出推荐方案的依据，专用线的主要工程数量和占地数量，专用线的主要技术条件。装车站站型方案比选，车站的主要技术条件。桥涵和隧道方案的比选。铁路的经营方式。

(3) 场外公路：简述由工业场地至矿区公路（或地区公路网）等公路方案的比选，各公路的主要技术条件及主要工程数量，公路桥涵设计简况。

(4) 其它运输：包括场外窄轨铁路、水运、架空索道等运输方案的比选情况及确定的依据，各运输方式主要技术条件，设备选型及工程量。

10. 总平面布置及防洪排涝

(1) 概况：简述工业场地的地形、地貌、工程地质、水文、气象等概况。选定的工业场地位置与风井、居住区、矿区中心区等及与其它企业、相邻市镇的相互关系。

(2) 平面布置：平面布置的原则，提出总平面布置的方案，经比选确定出主导方案，主导方案的主要技术经济指标。

(3) 竖向设计及场内排水：根据地形条件，结合防洪排水要求，简述竖向布置的原则，井口及主要建筑物标高的确定，土石方工程量，排水方式及排水系统选择。

(4) 场内运输：运输量及运输方式的确定。窄轨铁路布置，牵引方式和主要技术特征。场内道路布置及主要技术条件，道路规格及长度。

(5) 管线综合布置：工业场地工程管线的种类，工程管线综合布置的原则，工程管线敷设方式，特殊条件下的管线布置。

(6) 防洪排涝：井田范围内河流（或内涝）情况，最大洪水流量，洪水位标高等原始资料。推算规定频率的计算流量及水位，确定工业场地及井口标高，防洪排涝措施。

11. 电　气

(1) 供电电源：矿区电网现状及规划情况，选定电源情况，与电业部门达成协议或协商情况，热电联供时，应阐明供电系统与热电厂的关系。

(2) 电力负荷：设备总台数、设备工作台数。设备总容量、设备工作容量。有功功率、无功功率，功率因数。补偿用电容器容量。补偿后无功功率，功率因数。吨煤耗电量。

(3) 送变电：矿井供电系统的技术特征及供电方案选择。送电线路技术特征。地面变电所位置选择，主接线方式，主变选型及布置，所用电及操作电源，防雷和接地，短路电流计算。

(4) 地面供配电：地面配电系统，高压配电系统及低压配电系统的特点，变压器选择。工业场地建筑物及构筑物防雷保护。工业场地及建筑物照明、照明供电、控制方式。生产系统的配电系统和各配电点的位置、容量及设备选型。

(5) 井下供配电：井下负荷及井筒电缆选择，井下主变电所接线系统、设备选型。井下高、低压配电系统。

(6) 监控与计算机管理：井下环境监测系统，生产监控系统和计算机网络系统。

(7) 矿井通信：外部通信概况，通信系统与通信设备选型，信道类型确定，线路的路径选择，敷设和架设方式。

12. 地面建筑物和构筑物

(1) 设计原始资料和建筑材料：气象条件，工程地质及地震资料，建筑材料与构配件，现场施工条件和施工单位情况。

(2) 工业建筑与构筑物：主要建（构）筑物的结构型式和建筑布置的技术经济比较，地基与基础的设计原则，其它辅助生产建筑物项目和面积指标，特殊工程地质条件下的地基处理，主要建（构）筑物的抗震措施。

(3) 生产管理和生活福利建筑：生产管理和生活福利建筑指标和建筑面积确定，以副井为中心的生活福利建筑物的方案比选，生产管理和公共建筑物的建筑结构布置，立面处理、建筑装修原则及整体构思。

(4) 居住区：居住区位置选择及方案比选，建筑标准、面积、层数、建筑密度，居住区总平面布置。

13. 给水与排水

(1) 给水：给水范围及用水量，水源选择，给水系统的方案选择及给水净化工艺的选择；设备选型。

(2) 排水：各种污水废水的来源、性质和水量，排水系统、处理方法的选择，设备选型。

(3) 室内给排水：各建筑物室内给水排水设施的设置原则。

(4) 消防及洒水：消防水源的选择、消防水量、升压和降压的措施。井下消防、供水及洒水系统选择、管路布置原则和设备选型，地面消防系统和消防设施的选定。

14. 采暖、通风及供热

(1) 采暖与通风：采暖范围及采暖方式，热媒性质和工作参数，散热器选择，各建筑物耗热量。食品冷藏制冷量，冷冻设备选型、冷藏面容积。各建筑物通风方式和设备选型。

(2) 井筒防冻：根据井筒进风量和室外温度计算加热空气耗热量，空气加热器温升和所需加热面积，空气加热方式，空气加热器和通风机的选型，设备组合与布置。

(3) 锅炉房设备：总热负荷、热媒性质，锅炉选型及台数，锅炉燃料制备，供应方式及除灰，锅炉给水、水处理方式及设备选型，烟气除尘方式及设备选型。

(4) 室外热力管网：工业场地与居住区的管道布置原则、敷设方式，管道材料及保温措施。

15. 职业安全卫生

(1) 概述：国家、地方政府和主管部门的有关规定。采用的主要技术规范、规程、标准和其它依据，概述生产过程中主要产生的危害。

(2) 地面建筑及设施危害因素分析及主要防范措施，场地自然条件，如气象、地质、雷电、暴雨、洪水、地震等危害因素分析及防范措施。地面锅炉房、沼气抽放站、压缩空气站、油脂库等易燃易爆建筑物对职工安全卫生的影响及防范措施。地面产生烟尘，有害气体的工艺，产品原料、设备等的危害及防范措施。地面救护队，消防队、急救站、医疗室、休息室等设置情况。

(3) 井下职业危害因素分析及防范措施，对井下造成职工危害严重的瓦斯、粉尘、自燃发火、顶板冒落、地压、地温、水灾、运输事故等进行分析，并提出可靠的预防措施，选择有效的设备，设置相应机构，配备管理人员，投入专项资金。

16. 环境保护

(1) 概述自然环境及环境质量现状，环境影响报告书及报告书的审批意见，资源开发可能引起的生态变化，主要污染源及污染物的种类、名称、数量及浓度，设计采用的环境保护标准。

(2) 各种污染的防治措施：矸石的种类、成分、数量和综合利用途径及防治污染的措施。污水、废水的种类和来源，污水的水质，处理的方式，工艺流程，处理后水质标准及利用方式，复用率及排放方式。锅炉类型、数量、排出烟尘。SO_2总量及浓度，选用除尘器效率，净化后烟尘排放量及排放浓度。主要噪声源、防治标准及措施。露天储煤场的位置，周围环境与风向的关系，污染防治措施。建设项目所在地水土流失概况，防止水土流失的措施。绿化布置设计的原则及绿化系数。

(3) 地面塌陷治理：地表塌陷预计、塌陷区的位置、范围、地面塌陷深度和速度，对地面村庄建筑物和构筑物的影响，破坏情况预测，需要搬迁村庄数、户数、人口及搬迁时间安排，建筑物和构筑物加固的措施和方法。

(4) 机构设置及专项投资：环境保护管理机构和监测机构的设置。环境保护专项投资数量，占矿井投资的比例。

17. 建筑防火

(1) 概述防火设计依据。

(2) 总平面布置防火采取的措施及消防设施的配备。

(3) 建筑结构防火措施：建筑物的耐火，建筑物主要承重构件的耐火性能，防火安全疏散，装修材料防火要求。

(4) 地面消防给排水及灭火设施：消防给水水源和给水管网、灭火设施。

(5) 电气防火：设备选型、事故照明、疏散指示，防雷和防静电措施。

18. 节 能

阐述建筑、供电、机电设备、供热、给排水及环保等节能设计和节能措施。

19. 建井工期

(1) 建井工期：施工准备的内容与进度，一次建成或分期建成方案比选，井巷施工平均成巷指标，确定井巷主要联锁，三类工程施工顺序和施工组织的基本原则，建井工期预计，对移交生产后遗留工程主要安排的建议。

(2) 产量递增计划：达到设计产量的时间，产量逐年递增计划和安排。

20. 技术经济

(1) 生产组织、劳动定员及劳动生产率：生产管理体制、机构设置，按岗位编制劳动定员和各劳动生产率，编制人员培训计划。

(2) 建设资金与筹措：基建投资的范围，投资计算的依据，建设投资基价。资金筹措及建设期利息计算，项目经营期铺底流动资金计算，矿井建设总资金并进行分析比较。

(3) 原煤生产成本估算与分析：按生产费用项目编制原煤设计生产成本估算表，说明计算依据，并对各项费用进行分析比较。

(4) 经济评价与分析：煤的用户、产品种类及销售收入，进行项目财务评价，盈亏平衡分析，敏感性分析，抗风险能力分析，并进行综合评价。

(5) 矿井主要技术经济指标。

矿井初步设计还要编制“主要机电设备和器材目录”、“概算书”和设计附图，详见1990年5月原能源部颁布的“煤炭工业矿井初步设计编制内容”。随着国家管理体制和机制及投融资体制的改革，编制的内容可能随着形势的发展而变化，设计应按新的规定和要求进行编制。

(四) 矿井初步设计安全专篇

2001 年 6 月 27 日，国家煤矿安全监察局以煤安监监一字［2001］52 号文“关于发布《煤矿初步设计安全专篇编制内容（试行）》的通知”，要求各煤矿建设、设计单位要按《安全专篇》要求，在初步设计阶段认真编写“安全专篇”，设计部门在报批初步设计时同时报批“安全专篇”，各有关审查部门应按“煤安监政法字［2001］第 14 号”文要求审查“安全专篇”。“安全专篇”规定的安全设施必须和主体工程同时设计、同时施工、同时投入生产和使用。按照《煤矿初步设计安全专篇编制内容（试行）》要求，“安全专篇”编写的主要内容如下：

1. 前言

阐明编制设计的依据，设计的指导思想，设计的主要特点及安全评价，待解决的主要问题，编制依据的法规、条例、规程、规范、细则。

2. 矿井概况及安全条件

(1) 井田概况。交通位置、地形、地貌，地面水系、气象、地震、其它主要自然灾害，矿区开发史，矿区水源、电源及通信情况。

(2) 安全条件。地质特征，地层构造，煤层和煤质，矿井瓦斯等级，煤尘爆炸指数，煤层自燃情况，煤与瓦斯突出危险性，地温情况，水文地质，对矿井地质勘探安全条件资料的评价及存在问题。

（3）矿井设计概况。井田开拓开采，提升、通风、排水和压缩空气设备，井上下主要运输设备，地面生产系统，供电及通讯系统，工业场地布置，防洪排涝工程及地面建筑，给水、排水、采暖及通风，环境保护，技术经济。

3. 矿井通风

（1）概况。井田瓦斯、粉尘、煤和瓦斯突出及地温情况，随着开采深度增加对各水平瓦斯等级及地温变化的预测。

（2）矿井通风。通风方式和通风系统，风井数量、位置、服务范围及时间，采掘工作面及硐室通风，矿井风量，风压及等积孔，通风设备及反风，矿井通风系统的合理性、可靠性和抗灾能力分析。

（3）降温措施及设备选型。地质报告中有关地热、热水分布及岩石热物理性质说明，矿井热源散热量计算，预测达到设计能力时，采掘工作面及主要硐室出风口的最高月平均温度，各种降温措施的经济比较及设备选型。

4. 粉尘灾害防治

（1）粉尘。煤尘爆炸指数，游离的二氧化硅含量、粉尘的职业危害。

（2）防尘措施。回采、掘进工作面除尘，煤层注水防尘，采空区灌水防尘，井下消防、洒水及综合防尘措施。

（3）防爆措施。井下电气设备防爆措施，撒布岩粉。

（4）隔爆措施。隔爆设施、隔爆水棚、隔爆岩粉棚。

（5）地面生产系统防尘。简介地面防尘系统，防尘措施和装备。

5. 瓦斯灾害防治

（1）瓦斯。矿井瓦斯赋存状况，各煤层瓦斯含量，矿井瓦斯涌出量，矿井瓦斯等级、瓦斯含量梯度。

（2）防爆、隔爆措施。

（3）开采煤与瓦斯突出煤层防突措施。煤与瓦斯突出的可能性分析，设计中防突措施，开采时防突措施，其它防突措施，煤与瓦斯突出预测仪器，避灾硐室。

（4）矿井瓦斯抽放。建立瓦斯抽放系统、抽放瓦斯的必要性指标和抽放瓦斯的可能性指标，矿井年抽放量及抽放年限，抽放瓦斯的方法，抽放管路系统及抽放设备选型，抽放瓦斯站设计，抽放瓦斯的安全措施。

6. 矿井防灭火

（1）概况。矿井自燃级别，采煤方法及采掘设备，设计拟采用的防火措施等。

（2）开采煤层自燃预测及防治措施。煤的自燃预测及分析，煤的自燃预防措施，各种防灭火方法，灌浆防灭火系统，氮气防灭火系统，阻化剂防灭火系统，凝胶防灭火设计，均压防灭火设计，束管监测系统。

（3）井下外因火灾防治及装备。电气事故引发的火灾防治措施及装备，胶带输送机着火防治措施及装备，其它火灾的防治措施及装备，井下消防洒水系统，井下防火构筑物。

7. 矿井防治水

（1）矿井水文安全条件分析。矿井开采水文地质条件评价，矿井水害类型及导水通道分析。

（2）矿井防治水措施。防水煤（岩）柱留设，井下探放水措施，疏水降压措施，注浆堵水措施，地表防治水措施。

(3) 井下防治水安全设施。排水设施，防水设施，安全出口设施。

8. 井下其它灾害防治

(1) 顶板灾害防治及装备。影响矿山压力显现基本因素分析，一般顶板冒落灾害的防治措施及装备，坚硬顶板垮落灾害的防治措施。

(2) 开采冲击地压煤层的措施。影响冲击地压发生的因素分析，冲击地压的预测，冲击地压的防治措施，预测冲击地压仪器、设备选型。

(3) 提升运输事故防治措施及装备。提升事故的防治措施及装备，运输事故的防治措施及装备，其它事故防治措施及装备。

(4) 电气事故防治措施及装备。井下电气设备的选择，供电线路及地面变电所事故，防止电气设备引起的瓦斯、煤尘爆炸和触电等事故的措施。

9. 矿井集中安全监测监控

(1) 概述。安全监测监控系统选择，设计的依据及主要内容。

(2) 监测地点的确定。回采工作面传感器选型及配置，掘进工作面传感器选型及配置，串联通风工作面传感器选型及配置，其它地点传感器选型及配置。

(3) 井下各类传感器装备量。井下传感器装备标准，各类传感器装备量。

(4) 安全监测、监控和传输设备选择。监测系统设备选择，监控系统设备选择，传输设备及器材选择。

(5) 矿井安全监测监控系统运行可靠性分析。对系统选择的合理性、先进性、传输系统的可靠性、传感器的灵敏度进行分析。

10. 矿井安全检测及其它装备、矿山救护队

(1) 矿井安全检测及其它装备。根据《煤矿安全规程》，参照《矿井通风安全装备标准》配备矿井通风、瓦斯、其它气体、粉尘、矿山压力、地质测量、救护等检测仪表、设备。

(2) 矿山救护。简述矿区救护大队的现状，根据矿井生产能力，灾害情况等确定矿井矿山救护队的编制。

(3) 矿山保健设施。井口保健站，井下急救站的设置。

11. 劳动定员和概算

(1) 劳动定员。按岗位编制劳动定员，安全培训计划。

(2) 概算。工程设施项目及费用，事故处理机构费用、事故处理应急流动资金。

(3) 概算汇总表。

12. 附　图

矿井地质和水文地质图、井上下对照图、采区巷道布置及机械配备平面图、通风系统及通风网络图、井下运输系统图、安全监测装备布置图、各种管路系统图、井上下供电系统、通信系统图、井下避灾路线图、矿井生产监控、监视系统图、安全监测系统井下传感器布置图。

第二章　矿区、矿井地质资料分析评价与现场调查研究

第一节　矿区、矿井地质资料分析评价

一、地质报告的重要性及设计与地质的配合

（一）地质报告的重要性

地质资料包括煤炭资源勘探地质报告和本矿区及邻近矿区的基建、生产地质资料以及区域性的有关资料。前者是矿区（矿井）设计的主要依据，后者是编制设计的主要参考资料。

煤炭资源勘探是煤矿建设和生产的一项十分重要的基础工作，地质报告是资源勘探的成果，是煤矿设计的重要依据。地质报告的精度和可靠性直接关系到矿区（矿井）设计、建设和生产能否顺利进行，达到预期效果。新中国成立50余年的经验证明，地质资料与实际情况往往出入较大，造成基建矿井工期延长、投资增加，长期不能达产，导致矿区建设规模难以按计划实现，经济损失严重，甚至矿井报废的情况不是个别现象。如龙口矿区地方小井程家煤矿，两个斜井已经打下去，由于地质构造复杂，找不到连续开采的煤层，使矿井报废。兴隆矿区的火神庙煤矿由于火成岩的影响造成矿井报废。莱芜矿区的潘东煤矿，矿井建成移交才一个月，工作面推进20余米，由于底板奥陶系底鼓突水造成整个矿井淹没。生产矿井因井下地质情况不清而造成打废巷和工作面布置不合理。综采工作面碰到未知断层或陷落柱而停产搬家等现象更是屡见不鲜。因此加强地质勘探使其地质报告符合国家规范要求和勘探质量标准，使其资源/储量准确、可靠是非常必要的。

（二）设计与地质配合

1. 设计与地质配合的必要性

地质报告的第一用户是设计，因此，地质报告首先要满足设计的要求。为了使地质报告满足设计要求，在地质勘探设计和地质勘探的过程中，设计都要与地质部门密切配合。正如《煤炭工业技术政策》所规定的，“在编制精查勘探设计时，应有上级指定的设计单位参加”，即使在详查阶段，也应有设计部门参加，特别是对其中一二个井田的精查勘探阶段。

根据多年来设计单位与地质部门配合的经验，设计单位与地质部门配合有如下的优点：

(1) 可以提高地质报告的质量。设计单位在矿区总体方案和矿区总体设计的基础上，根据多年设计的经验，首先提出井田的范围、井口位置、第一水平和初期采区的位置，使地质部门可以主次分明、力量集中、重点突出的进行勘探。

(2) 可以节约勘探工程量，加快勘探速度，获得好的经济效果。在不影响矿区开发、矿井设计生产能力和总的开拓布局的前提下，勘探工程量的布置应首先满足第一水平的需要，特别是初期采区一定要搞清楚。因为有重点的勘探，可以节约勘探工程量，加快勘探的速度。如

济宁三号矿井，在80年代初，只用钻探一种勘探手段，平均每平方公里只有2.3个钻孔（兖州矿区各矿井每平方公里都在4个钻孔以上），而在初期采区每平方公里平均达到5个以上。全井田的高级储量（A+B级）为41.3%；第一水平的高级储量为73.7%；初期采区的高级储量为93.4%，而A级又占A+B级的84.5%。每吨煤的勘探费用仅0.0129元。

（3）有利于提高设计质量，加快设计进度。由于设计与地质配合，设计可以及时掌握勘探的情况，了解勘探中的问题，在勘探过程中就可酝酿开发（开拓）方案，不但提高了设计质量，也加快了设计进度。如济宁三号矿井，在精查地质勘探的过程中，设计与地质部门先后正式研究过8次。设计根据各阶段勘探提出的资料，反复酝酿矿井开采方案，并对勘探提出进一步要求，使勘探成果更符合生产建设的需要，在井田精查勘探工作大部分完成、地质主要问题基本查清的基础上，设计即开始进行初步方案。1983年12月地质部门提出三号井精查报告并经审查批准后，1984年1月设计单位即提出方案设计，1984年3月完成三号井矿井及选煤厂可行性研究报告，5月份原煤炭部批准可行性研究报告。

2. 设计与地质配合的内容

设计与地质配合，总的应根据《煤炭资源地质勘探规范》的要求结合勘探区的实际情况从勘探设计到地质报告提交的全过程，都自始至终密切配合。根据勘探的不同阶段设计应向地质部门提出开发设计的设想方案。

（1）详查阶段：设计应根据普查地质报告，在规划方案的基础上提出井田划分、各矿井设计生产能力、井口位置和第一水平位置等开发设想方案。

（2）精查阶段：设计部门应根据详查地质报告并在批准的总体设计的基础上，在进行井田精查勘探设计时，提出井型、井口位置、水平标高、大巷和初期采区的可能位置等井田开拓布置方案意见，并根据矿井开采技术条件特点提出勘探的重点和要求。

随着精查勘探施工的进展和对井田地质条件分析、确定、认识的变化，应不断修改完善矿井开拓布置方案，并对地质勘探工作提出调整意见，使勘探成果更符合设计、建设和生产的需要。

二、地质报告分析评价内容及方法

地质报告分析评价应根据《煤炭资源地质勘探规范》，同时结合本矿区（井田）的具体地质条件，有重点地分析评价。一般应着重分析评价以下内容。

（一）煤 层

1. 煤层对比的可靠性

（1）标志层是肉眼易于辨别、层位和厚度稳定、分布广泛的岩层。标志层愈明显，煤层对比就愈可靠。区域性标志层（如某些凝灰岩层、石灰岩层、铝土矿层等）在大范围内比较稳定，可用于一个煤田的煤层对比。局部性标志层（如某些粉砂岩层、泥岩层、成分单纯的石英砂岩层、硅质岩层等）因稳定性有限只能用于一个或几个井田的煤层对比。

（2）化石层位对比法是应用较多的方法之一。当化石层较多时，应区别其化石种类、组合关系及其完整程度。这些特征愈显著，煤层对比也愈可靠。

（3）结核是煤系中常见的沉积构造。煤层对比时，应区别各结核层的结核形状、成分、结构、数量、成层特点等。这些特征差别越大，煤层对比也越可靠。

（4）不能只靠单一方法来对比煤层，近海型煤系的煤层对比方法不应少于2～3种，内陆型煤系则不应少于3～4种（其中主要的煤层对比方法不应少于两种）。

利用测井曲线进行煤层对比时，首先应进行当地地质资料和测井资料的比较，了解各岩、煤层不同物性的差异及变化规律，选择物性标志层，经试验认为可靠后，才能采用。

2. 煤层结构

结构复杂的煤层，应搞清夹石的岩性、厚度、形状、层数及其变化规律。夹石层的划分直接影响煤层厚度及可采厚度的计算，影响储量计算的准确性。

3. 煤层变化规律

地质报告应交待煤田或井田内煤层结构及厚度在走向、倾向及垂直方向上的变化规律，即：

(1) 原生沉积的规律；

(2) 后生变化（河流冲刷、岩浆岩侵入、构造变动）的规律；

(3) 对厚度变化幅度大的煤层，应要求地质部门提供煤层等厚线图，特别是在达产采区内的煤层厚度变化较大时，更应深入分析研究。

(二) 构 造

煤田及井田的构造是影响井田划分、井田开拓、井口位置、生产能力、采准巷道布置、采煤方法、经济效益的最重要地质因素之一。绝大多数矿井实际的地质构造都比精查地质报告复杂，由此将引起各种程度不同的变化：有的引起采准巷道布置等一系列工程设计的修改，有的引起井口位置、水平标高的修改，甚至采区报废、矿井报废，必须予以重视。设计人员分析地质报告时，一定要抓住地质构造这一重点，将交待不清、证据不足、相互矛盾的问题提出来，供地质部门考虑并弄清楚。

目前《煤、泥炭地质勘查规范》对构造研究程度的要求是基本的。设计部门在分析研究勘探设计和地质报告时，可以根据实际情况提出一些适当的要求。

适宜于建设大中型矿井的井田，可要求地质部门提供构造控制程度图。

分析构造的方法和步骤大致如下：

(1) 褶曲两翼的岩层层序是否搞清，特别是直立、倒转翼的岩层层序是否搞清。在层理不清楚、沉积韵律不明显、化石贫乏，或虽有化石但生物群演化缓慢而沉积巨厚的地区，应分析地质部门确定岩层层序的方法，进而推敲层序确定的可靠性。

(2) 分析构造形态。一般情况下，浅部的小构造是受深部大构造控制的，二者具有一致性。掌握了浅部小构造的规律，便可有效地判断煤田或井田深部的大型构造。

(3) 分析断层依据。断层的标志可以表现在岩层或构造线不连续、岩层产状突变、牵引现象、地层缺失与重复、断层角砾岩的出现、断层面的出露、地形地貌的变化等方面。

在显露式煤田，地面可见到断层面，其产状、延展都较易搞清。在隐伏煤田，地面见不到断层面，只能依靠钻探、物探等手段探测与追索断层。

一条断层最少应有三个不在一条直线上的控制点。控制点不足，就有多解性。

(4) 分析各断点之间的关系。断层面产状、断层破碎带岩性、断层落差等性质相同（相似）的断点一般是同一条断层。但是，有时也会在近距离范围内出现性质相近的一些断点，可能作出几种判断。

(5) 分析构造之间的联系，包括断层与褶曲、断层与断层、褶曲与褶曲之间的时空关系。一般情况下，同期构造的构造线方向大体是一致的。

（6）分析陷落柱规律，包括形状、柱高、倾角、长轴短轴尺寸、面积、钻孔控制程度、充填情况、导水性等内容。

高分辨率地震勘探是查明地质构造的重要手段，也是提高煤矿经济效益，减少投资风险的重要保障。因此，原国家能源投资公司1991年下发了“关于基本建设矿井补做地震工作的通知”，要求凡列入基本建设的矿井项目，有条件的一律补做地震工作……。在地震工作没有完成之前，不准进入采区施工……。初步设计尚未批复的项目，不完成地震工作不设计；正在精查的项目要求全井田做地震补勘工作。“八五”期间的60多对矿井均进行了采区地震补充勘探工作，1995年国家开发银行转原煤炭石油信贷局“关于基本建设矿井达产采区补做高分辨率地震勘探工作情况的报告”中指出，今后凡需贷款建设的新矿井，有条件进行采区地震勘探工作的，必须安排采区地震勘探，提高对小构造的控制程度，有条件的矿井均进行三维地震勘探，否则不予评审。现在不但基建矿井而且生产矿井都积极开展三维采区地震勘探。

目前，煤炭工业还没有经国家正式批准的新的煤田地震勘探规范，但有一个待审批的送审稿。现将有关内容介绍如下：

1. 地震勘探阶段划分及相应地质任务

地震勘探可划分为概查（找煤）、普查、详查、精查和采区勘探五个阶段。

1）详查

应在普查的基础上，按照煤炭工业规划的需要，选择资源条件较好，开发比较有利的地区进行。其地质任务及工作程度要求：

（1）查明勘探区的构造形态，控制勘探区边界和区内或能影响井田划分的构造，评价勘探区构造复杂程度。查明落差大于50m的断层性质及其延伸情况，其平面位置误差不大于150m；

（2）主要煤层底板的深度解释误差不大于5%；

（3）控制煤层隐伏露头位置，其平面位置误差不大于150m；

（4）覆盖层厚度大于200m时，其解释误差不大于7%；小于200m时，解释误差不大于14m；

（5）了解古河床、古隆起、岩浆岩等对主要煤层的影响范围；

（6）初步了解主要煤层厚度变化趋势；

（7）了解勘探区内煤层（成）气的赋存情况。

2）精查

精查工作的主要地段是矿井的第一水平（或先期开采地段）和初期采区。其地质任务及工作程度要求：

（1）查明井田边界构造及与矿井第一水平有关的边界构造；

（2）查明第一水平内落差等于和大于20m的断层，断层平面位置误差不大于100m；基本查明初期采区内落差大于10m的断层（地震地质条件复杂的地区应基本查明落差不大于15m的断层），并对小构造的发育程度、分布范围作出评述；

（3）控制第一水平内主要煤层的底板标高，其深度解释误差不大于3%；

（4）查明第一水平或初期采区内主要煤层露头位置，其平面位置误差不大于100m；

（5）覆盖层厚度大于200m时，其解释误差不大于5%；小于200m时解释误差不大于

10m；

（6）圈出第一水平内主要煤层受古河床、古隆起、岩浆岩等的影响范围；

（7）研究第一水平范围内主要煤层厚度变化；

（8）对区内可能有利用前景的煤层（成）气的赋存情况作出初步评价。

3）采区勘探

采区勘探是为矿井设计、生产矿井准备采区设计提供地质资料，其地质构造成果能满足井筒、水平、主要运输巷、总通风巷及采区和工作面布置的需要，勘探范围由矿井建设单位或生产单位确定。其地质任务及工作程度的一般要求为：

（1）二维勘探应查明落差 10m 以上的断层，其平面位置误差应控制在 50m 以内；三维勘探应查明落差 5m 以上的断层（地震地质条件复杂地区查明落差 8m 以上断层），其平面位置误差应控制在 30m 以内；

（2）进一步控制主要煤层底板标高，其深度误差二维勘探不大于 2%，三维勘探不大于 1.5%；

（3）查明采区主要煤层露头位置，其平面位置误差二维勘探不大于 50m；三维勘探不大于 30m；

（4）当覆盖层厚度大于 200m 时，其解释误差不大于 3%；小于 200m 时解释误差不大于 6m；

（5）进一步圈出区内主要煤层受古河床、古隆起、岩浆岩等的影响范围；

（6）解释区内主要煤层厚度变化；

（7）解释较大陷落柱等其它地质现象。

2. 地震测线布置

1）测线布置原则

（1）地震主测线位置尽量垂直地层走向或主要构造走向，并在垂直主测线方向布置联络测线。测线长度应能控制勘探区边界和边缘构造；

（2）地震主测线应尽可能与地质勘探线重合；

（3）综合勘探时，地震主测线线距原则上应为地质勘探线距的二分之一；

（4）三维采用线束状观测系统时，线束方向一般宜垂直地层走向或主要构造走向。

2）测网密度，依据地质任务要求而定。不同的勘探阶段的基本测网密度见表 2—2—1。

表 2—2—1 各勘探阶段基本测网密度

勘探阶段	主测线线距（m）	联络测线线距（m）
概查	≥2000	≥4000
普查	1000～2000	2000～4000
详查	250～1000	500～2000
精查	125～500	250～1000
采区勘探	125～250	125～500
	三维地震勘探的 CDP 网络为（5～10）×（10～20）	

注：构造复杂地区勘探宜采用三维地震勘探。

（三）岩浆岩

岩浆岩在煤系中的出现，使得煤田（井田）的构造复杂化，并给煤层煤质以破坏性的影响。在以往的地质工作中，对岩浆岩的工作程度往往低于规范要求。今后对有岩浆岩的煤田（井田），在布置勘探工程时，应要求地质部门查明：

（1）岩浆岩的岩性及其产状；

（2）岩浆岩在纵向及横向上的分布及其规律；

（3）岩浆岩与构造的关系；

（4）岩浆岩对煤系、煤层、煤质的影响及其规律；

（5）岩浆岩的含水性及其与其他含水层的水力联系；

（6）岩浆岩的物理力学性质，煤层上覆岩浆岩岩床的稳定性（岩浆岩顶板的可冒落性）。

一般情况下岩浆活动在大区域范围内是有规律的，但在一个煤田或井田内，其规律性往往是不明显的。在资源勘探时期要详细查清岩浆活动规律及其对煤系、煤层、煤质的影响确实存在一定的困难。目前地质报告对岩浆岩的研究是一个薄弱环节，存在的普遍问题是只能孤立地描述所见点的岩性，或者只描述一个个岩浆岩体，而缺乏对岩浆岩规律性的研究，尤其是缺乏对煤层、煤质影响规律的研究。由于岩浆岩的影响，有的使储量减少，有的使井型降低，因此在分析地质报告时，要特别注意岩浆岩。

（四）煤　质

煤质资料是决定煤的用途、用户及洗选加工方式的基础资料，有时甚至会成为影响矿井建设的决定性因素。

分析地质报告的煤质部分时，应注意下列几点：

（1）采样点的分布是否合理。一般情况下，井田内的采样点应大致均匀分布，一水平稍密，二水平、三水平稍稀。

（2）不同煤质、煤种区域都应有采样点。

（3）采样点有无代表性。采样点应布置在正常地段，不能布置在断层带、岩浆岩及放射性元素富集带附近。

（4）采样方法是否符合规程规定。

①煤芯煤样应根据煤的物理性质及夹石情况进行分层，分层厚度通常为1m左右。若煤层厚度小于2m或煤层上下部煤质变化不大，则可按一个煤层作为一个煤样。

②煤层煤样包括分层煤样和可采煤样，可在探巷、探井、掘进工作面或回采工作面采取。

分层煤样是从每一煤炭自然分层分别来取的。当煤层厚度小于1m时，厚度小于20mm的夹石层可并入相邻的煤分层；当煤层厚度超过1m时，厚度小于30mm的夹石层可并入相邻的煤分层。采样时按煤的自然分层自上而下分别采取。

可采煤样应按开采厚度分别采取。可采煤样包括采煤时应采的煤分层及其夹石层。但伪顶伪底及采煤时不采的煤分层及其夹石层不得采入煤样内。

（5）煤质试验项目及数量是否达到要求。一般情况下，应略高于规范（详见本篇附录二）要求，不应低于规范要求。

（6）煤质、煤种分界线圈定的根据是否充足。煤质、煤种分界线不能按照总的变化趋势来推断，应有勘探工程控制（普查、找煤阶段除外）。

（7）煤质、煤种变化原因是否查清。

(8) 灰分及硫、磷等含量变化大的煤层，可要求地质部门提供灰分等值线图、硫含量等值线图、磷含量等值线图等。

(五) 水文地质及工程地质

1. 水文地质

水文地质条件是影响矿井开采的一个重要因素。华北地区的第四系砂层水及奥陶系岩溶水，江南龙潭煤系底部的茅口组岩溶水，可称为我国煤田的三大水患地层，必须予以重视。

从以往的资料来看，资源勘探阶段对孔隙充水矿床的勘探程度较高，准确性也较好；而裂隙充水矿床和岩溶充水矿床的勘探程度往往较低，准确性也较差。地下水影响生产甚至威胁安全的矿井，绝大多数都是属于裂隙水和岩溶水矿床（尤其是底板岩溶承压水矿床）。因此遇到这两类充水性质的矿床时，应予以特别注意，否则，势必给施工和生产带来严重后果。

煤田（井田）的详查（精查）地质报告，应提供下列水文地质资料：

(1) 煤田（井田）的气象资料，包括气温（最冷月平均、最热月平均、极端最高、极端最低）、降水量（年总量、日最大量、小时最大量），年蒸发量、主导风向、最大冻结深度等。如果煤田（井田）附近没有气象观测站的资料，或者煤田（井田）附近虽有气象观测资料但煤田（井田）与气象站的气象条件相差甚大时，则应在资源勘探过程中由地质部门建立气象观测站，以便为设计提供必要的气象资料。

(2) 当地最高洪水位及洪水频率，河流最大流量，水库、湖泊最大及最小库容量、死库容量。

(3) 第四系地下水流向及等水位图。在第四系巨厚强含水层地区，应尽量提供第四系含水层等厚线图。

(4) 划分基岩含水层与隔水层，在水文地质条件复杂的井田，应提供详细的水文地质剖面及平面图。

(5) 地下水类型及水质类型。各含水层的补给来源及其相互间的水力联系。

(6) 断层的导水性及其与各含水层的水力联系。

(7) 隔水层的岩性、厚度及隔水性能，受采动影响后隔水性能的预计。

(8) 煤层底板有承压水的煤田（井田），应提供煤层至承压含水层的距离及其岩性、机械强度，底板承压含水层的岩性、厚度、泾流带、补给来源及水头压力。莱芜矿区潘东矿，矿井设计生产能力 0.15Mt/a。移交生产一个月，工作面推进 20 余米时，顶板初次来压，引起底鼓，底部奥陶系岩溶承压水突破煤层底板 20 余米的岩柱进入采空区，涌水量达到 $177m^3/min$ ($10620m^3/h$)，仅一天多的时间就把整个矿井淹没。造成事故的原因是对底板承压水没有搞清。关于底板因承压水突水淹井的事故，在焦作、峰峰、淄博等矿区也曾多次发生，应引起高度重视。

(9) 老窑积水的调查及实测资料，包括开采范围、水质、水量、积水区最低标高和准确范围。湖南铜角湾矿井投产后，曾多次发生较大的老窑透水事故，共排放老窑积水 $56000m^3$，其中 1963 年 6 月 5 日在 −70m 水平东北煤大巷碰老窑透水，一次排水量达 $16309m^3$。事故的原因主要是老窑的分布情况没有查清。

(10) 钻孔封闭情况，在精查勘探过程中或结束前，一个井田最少应抽查 3～5 个钻孔的封闭情况。以往由于未封或封闭不良而造成钻孔透水的教训是有的，如肥城陶阳矿，因钻孔导水使涌水量由 $30～40m^3/h$ 增加到 $600～800m^3/h$。

(11) 煤炭资源勘探的同时，应进行供水水源勘探，水源勘探报告应与煤炭资源勘探报告同时提交与审批。在缺水地区，更应该注意这个问题，以免矿区建设已全面铺开甚至矿井投产多年，供水问题仍得不到解决。

(12) 预计矿井正常及最大涌水量。尽可能采用两种以上方法计算，以便互相验证计算结果。

2. 工程地质

(1) 对不稳定层的要求

井田精查地质勘探应对不稳定层（软土、膨胀土、湿陷性黄土、流砂）、砂土液化、滑坡、泥石流、陷落柱、岩溶、沼泽、沙漠、永久冻土等工程地质现象进行勘探，查清其性质、成因、分布范围、活动规律、发展趋势，分析其对矿井建设、生产可能造成的危害。

(2) 对岩层的要求

在井田精查阶段，地质部门应提供以下资料：

①井筒地质剖面的岩石物理性质及力学性质。

②井底车场、主要硐室、主要运输巷道及回风巷道的岩石物理性质及力学性质。

(3) 提供地震地质的资料

对发震断层、活动断层提供其分布、影响范围及活动趋势等资料。

(六) 开采技术条件

分析地质报告的开采技术条件部分时，应着重抓住以下问题：

(1) 煤层顶底板岩样、瓦斯煤样、煤尘煤样、煤的自燃煤样是否采全，采样点布置是否合理，试验项目是否齐全。

(2) 煤层顶底板的破碎性及含水性，坚硬顶板的可冒落性，泥质岩顶板的再生性及底板的膨胀性潮解性等，是否作过试验并提出了资料。

(3) 影响回采工艺的煤层夹石、结核、包体的岩性、厚度及其变化规律是否查清，岩石力学性质是否经过试验。

(4) 了解瓦斯采样和测定的方法，分析其可靠性。目前使用的密封式岩芯采取器和集气式岩芯采取器采取瓦斯煤样，方法简单，应用方便，可获得瓦斯成分资料；缺点是采样时有部分瓦斯散失。

精查报告应提供主要可采煤层的瓦斯压力、储量、矿井瓦斯涌出量及瓦斯等级等资料。

(5) 地温正常和地温异常的高温区，均应提供地温梯度值。

(6) 各勘探阶段均应对煤田（井田）内及其附近的铁路、桥梁、河流、湖泊、水库、高压及超高压输电线路、输油（气）管道、名胜古迹、村庄等重要建筑物进行测绘，准确绘入地形图。在详查、精查地质报告说明书中应将它们的规模、范围、结构、保护级别加以阐述。

(七) 煤炭资源/储量分类及计算

资源/储量是地质勘探的综合成果，其可靠程度直接影响到矿井设计、施工、生产。如果资源/储量不可靠，就可能引起设计的修改、返工，甚至造成某些井巷工程或整个矿井的报废。

设计部门分析资源/储量计算成果时，应着重抓住以下内容。

1. 煤层厚度

煤层厚度的确定，不能凭单一手段。目前经常同时采用钻探与测井两种手段。当岩层的物性反映明显、区内岩性曲线的规律确已掌握时，方可以测井曲线为主来确定煤层厚度。

2. 煤层最低可采厚度

缺煤地区最低可采厚度由有关省（区）煤炭主管部门规定，但这部分资源在设计表中应单独列出，并加以说明。有的地区为了获得较多的资源/储量把本来属于一般地区的也视为缺煤地区，从而降低了最低可采厚度，这是不合适的。

当煤层厚度、灰分、硫分、发热量的变化规律已经查明时，方可采用插入法确定最低可采厚度。

3. 煤层采用厚度

煤层中夹矸单层厚度小于0.05m时，可与煤分层合并计算采用厚度，但并入夹矸以后全层的灰分（或发热量）、硫分应符合计算指标的规定。

煤层中夹矸厚度等于或大于煤层最低可采厚度时，煤分层应分别视为独立煤层，分别计算（或不计算）资源/储量；夹矸厚度小于煤层最低可采厚度时，且煤分层厚度均等于或大于夹矸厚度时，可将上下煤分层厚度相加，作为采用厚度。

夹矸层数多而单层厚度很小的复杂结构煤层，当夹矸的总厚度不大于煤分层总厚度的1/2时，以各煤分层的总厚度作为煤层的采用厚度；当夹矸的总厚度大于煤分层总厚度的1/2时，按上述的规定处理。

受岩浆岩侵入影响的煤层，查明煤质分界面后，方可确定其采用厚度。

4. 资源/储量块段的划分

块段划分的原则，一是煤层厚度变化不大；二是煤质相近、煤类相同；三是不能跨越断层带和煤层缺失区（尖灭、吞蚀、冲刷）圈定探明或控制的块段；四是块段不宜过大。

小构造或陷落柱发育的块段，不应划定探明的或控制的块段。探明的或控制的块段不得直接以推定的老窑采空区边界、风化带边界或插入划定的煤层可采边界为界。

5. 资源/储量分布

探明的和控制的资源/储量应该主要分布在先期开采地段，应是连续分布，不应呈零星块段出现，先期开采地段资源/储量比例应符合《煤、泥炭地质勘查规范》附录E的建议指标。

6. 资源/储量计算方法

应根据不同的煤层赋存形态，采用不同的资源/储量计算方法，尽可能推广和使用国内外先进的科学技术，全方位地实现计算的微机化处理。资源/储量的计算结果以万吨为单位，不得留小数。

7. 密度的确定

密度的计算应采用加权平均法。当灰分及密度变化较大时，应分别采用不同的密度值。

8. 资源/储量计算的准确程度

计算的准确程度主要取决于勘查程度、勘查质量、参数选择及资源/储量计算方法。

设计部门分析资源/储量时，可选用适合于该地条件的计算方法对部分煤层或部分块段进行复核。所得结果与地质报告之误差不超过10%，则承认地质报告中的资源/储量，超过10%则应要求地质部门重新计算。

9. 资源/储量的分类

根据《固体矿产资源/储量分类》(GB/T17766—1999) 定义，固体矿产资源按照地质可靠程度可分为查明矿产资源和潜在矿产资源。矿产资源依据其地质可靠程度和可行性评价所得的不同的经济意义，可分为储量、基础储量和资源量三大类十六种类型。

储量依据地质可靠程度和可行性评价阶段不同，可分为可采储量和预可采储量。基础储量是经详查、勘探（精查）所获控制的探明的并通过可行性研究、预可行性研究认为属于经济的、边际经济的部分。可分为探明的（可研）经济基础储量、探明的（预可研）经济基础储量、控制的经济基础储量、探明的（可研）边际经济基础储量、探明的（预可研）边际经济基础储量、控制的边际经济基础储量。资源量是经过可行性研究或预可行性研究证实为次边际经济的矿产资源及经过勘查而未进行可研或预可研的内蕴经济的矿产资源以及经过预查后预测的矿产资源。可分为探明的（可研）次边际经济资源量、探明的（预可研）次边际经济资源量、控制的次边际经济资源量、探明的内蕴经济资源量、控制的内蕴经济资源量、推断的内蕴经济资源量和预测的资源量。

有关矿产资源/储量的适用范围、定义、分类、类型和编码等，请详见中华人民共和国国家标准《固体矿产资源/储量分类》（附录三）。如何套改，各行业和各省（区）都有不同的规定。设计如何使用储量、基础储量和资源量，怎样具体计算可采储量，有待煤炭工业设计规范的修改确定。

（八）地质报告评价及要求

国土资源部即将发布的《煤、泥炭地质勘查规范》是编制、审查地质报告的依据。设计人员在分析研究地质报告时，必须严格遵照上述政策和规范，实事求是地评价地质报告，提出存在问题，并对今后的地质工作提出建议，以供主审机关参考。

1. 对地质报告的评价

对地质报告进行全面分析研究后，即可作出总的评价。如果勘探目的已经达到，地质结论符合客观实际，储量可靠；或者是勘探目的大多数已经达到，地质结论基本符合客观实际，储量基本可靠，尚未解决的地质问题只需补充少量工作即可解决，这些问题又不至于引起矿井开拓方式、井筒（平硐）位置、生产能力、水平划分、通风方式、采掘装备等重大设计原则的变化，这样的地质报告即可作为设计的依据。

从我国50余年煤矿设计的经验、教训来看，对矿井设计、施工、生产影响最大的是构造、岩浆岩、水文地质及储量四大问题，其影响程度如前已述。除此之外，每份地质报告可能还有其特殊的地质问题，需要在分析研究地质报告时加以注意。例如，有的是煤层对比不清，有的是瓦斯资料不足，有的是地温测定工作不够，有的是对伴生矿产重视不够，没有获得综合勘探成果等等。

2. 对今后地质工作的要求

为了满足设计、施工、生产的要求，应对今后的地质工作提出要求。

一部分是属于因地质勘探程度不足而提出的，如构造问题、水文地质问题、探明的和控制的资源/储量比例不足问题、探明的和控制的资源/储量分布不合理的问题等。这些问题应由地质部门继续解决。

另一部分是为满足施工、生产要求而提出的，如各种井筒检查钻孔、井底车场及主要硐室工程钻孔、主要运输大巷控制钻孔、初期采区上下山及回采工作面内的验证钻孔等。设计单位提出要求后，应由建设单位组织有关部门解决。

第二节 现场调查研究

矿区、矿井设计都必须进行现场调查研究，收集、核查与各阶段有关的各项资料，必要时还要进行社会调查。本节归属矿井开发内容，为叙述方便列于本章内。一般说，矿区内现有生产、在建矿井情况也应作为矿井设计的依据。

一、矿区内现有生产、在建矿井（露天矿）情况

设计需了解收集的主要内容包括以下部分：

(1) 井田范围；

(2) 地质特征；

(3) 煤层与储量；

(4) 矿井生产能力与服务年限；

(5) 开拓部署与开采工艺，装备情况；

(6) 历年产量、投产与报废年限；

(7) 生产经营的主要技术经济指标；

(8) 生产矿井的发展规划。

二、邻近矿区生产建设的基本情况

设计需了解收集的主要内容包括下列部分：

(1) 矿区范围；

(2) 矿区地质特征；

(3) 煤层与储量；

(4) 矿区建设规模及服务年限；

(5) 矿区生产经营与施工建设的主要经验；

(6) 矿区生产经营的主要技术经济指标。

第三章 矿 区 开 发

第一节 矿区开发设计原则

矿区开发设计是对矿区井田划分，井田开发方式（露天或井工），矿井设计生产能力、开拓方式与井口位置，矿区建设规模、均衡生产年限及矿区建设顺序和环境保护等进行的全面技术经济研究和综合评价。它是矿区总体设计的主要组成部分，也是进行矿区运输、供电、辅助企业与附属设施、矿区总平面布置等设计的主要依据，对矿区开发建设、生产经营和经济效益均有重大作用和深远影响。

为了矿区合理规划布局和开发，矿区开发设计一般应遵循下列原则：

(1) 贯彻执行国家发展煤炭工业的方针政策和发展战略，符合有关法规、规程和规范的规定；

(2) 结合具体条件充分考虑国民经济和区域经济发展需要（国内外市场需求）；择优开发合理利用煤炭资源，对国家稀缺煤种实行保护性开采；

(3) 为矿区的合理开发创造良好的建设条件，保证矿区规划布局的合理性和稳定性，矿区建设、城乡规划和环境保护同步发展；

(4) 矿区的井田划分，要统筹全局处理好相邻矿区和相邻矿井间的（境界）关系，如矿井与露天矿、生产井与新建井、浅部井与深部井，对国有重点煤矿与地方矿井应统一规划合理布局；

(5) 综合分析借鉴国内外矿区开发经验与发展趋势，采用先进科学技术，不断提高矿区现代化水平；

(6) 发挥资源优势和地理优势，择优开发资源丰富、开采条件优越、交通方便和缺煤地区，有露天矿开采条件的应优先开发露天矿；

(7) 要以经济效益为中心，以相对较少投资，较短时间，实现少投入，多产出，取得矿区建设的最大经济效益；

(8) 对矿区有工业价值的其他有益矿物，应规划开发和利用，提高经济效果；

(9) 适应经济发展和科学技术进步，适当为矿区扩建与发展留有余地；

(10) 贯彻安全生产方针，努力改善劳动条件。

本章仅对井田划分、矿井设计生产能力、矿区建设规模与均衡生产年限、矿区建设顺序、煤炭工业环境保护等加以阐述。

第二节 井 田 划 分

井田划分是确定矿区建设规模与矿区布局的基础，也是合理开发煤炭资源，取得稳定发展和较好经济效益的重要条件，故此，井田划分是矿区开发设计的一项重要任务。为了做好井田划分，在对矿区特点分析基础上结合矿区开发原则，编制体现矿区特点的井田划分方案，并经技术经济比选和综合论证后，推荐井田划分主导方案。

对于矿区特点分析，一般围绕矿区自然与地质条件、资源分布和开采条件、地理优势与建设条件及经济发展需要（国内外市场需求）等进行分析论述。

一、井田划分考虑的主要因素

（一）矿区地质条件

矿区地质条件是煤田开发和井田划分的基础。设计应详细分析评价矿区地质条件，对地质构造形态（注意可作为井田境界的地质构造），煤层赋存条件、储量与煤质分布规律，开采技术条件，矿区水文地质及地形地物（城镇、水体、洪涝灾害）特征等因素进行分析研究，这是划分井田应考虑的最基本的因素。如，兖州矿区、潘谢矿区都具有煤层层数多，煤质好、储量丰富、煤层倾角平缓、第四系冲积层厚度大、涌水大等特点，加上地处华东经济发达的缺煤地区，客观上适合于建设大型井，也需要建设大型井，所以在这二个矿区都划分为面积较大的大型和特大型矿井。

（二）矿区开发强度

开发强度是关系矿区全局性的大问题，直接影响井田划分。一般情况下，开发强度大，需多划分井田，意味着井田尺寸小，矿井数目多，服务年限短；反之，开发强度小则意味着井田尺寸大，矿井数目少，服务年限长。

我国“一五”、“二五”计划期间（1953～1963年）建设的新矿区（多数为浅部区），为满足经济发展的需要，普遍加大了开发强度，其井田划分的特点是，井田尺寸小（特别是走向长度），井型小，矿井密度大，见表2—3—1。这些矿区对满足50年代、60年代国民经济发展需要发挥了重要作用。但随着科学技术进步，采煤工艺的变革，原井田尺寸小限制了生产的发展。矿区留有后备储量的，在发展中对矿井井田境界进行调整（如大同口泉区），但有不少矿区的矿井生产水平和采区接替紧张，生产系统环节多，经济效益和劳动效率低。因此井田划分不但要考虑矿区开发强度，同时也要考虑技术进步。

表2—3—1 20世纪50年代部分矿区井田尺寸表

矿区	矿区走向长度（km）	矿井数（个）	矿井平均走向长度（km）	备注
淮南	12.5	7	1.8	八公山区新井
鹤岗	26	12	2.2	老区新井
平顶山	38	13	2.9	平顶山区新井
大同	22	10	2.2	口泉区新老井

（三）统一规划，正确处理深浅部各矿井的相邻关系

划分井田时，必须统一规划处理好相邻矿井间的（境界）关系。包括矿井与露天矿、生

产井与新建井、浅部井与深部井、国有重点煤矿与地方井之间关系，应统一规划合理布局，不要因为一个井田的划分使另一个井田境界的划分不合理（如形成单翼开采，上下煤层开采相互影响等）。注意发挥各自井田特点和优势。

浅部井与深部井的井田划分是矿井间关系的重要问题，可划归四种类别：

（1）浅部为露天矿。其与深部井田境界，待露天矿经济剥采比确定后，露天矿与矿井的境界即可划定。实际上，每个露天煤矿的最大经济合理剥采比都是根据地质条件（围岩性质、煤种与煤质、水文地质条件等）、开采工艺及装备、开采成本等条件确定。

根据我国目前露天煤矿开采技术条件和实际经验，“露天煤矿工程设计规范”（1994 年）对经济剥采比规定见表 2－3－2。

表 2－3－2 最大经济剥采比

煤类	最大经济剥采比	初期生产剥采比
褐煤	5	4
非炼焦煤	8	6
炼焦煤	10	8

我国部分露天煤矿设计的最大经济合理剥采比见表 2－3－3。

表 2－3－3 部分露天矿最大经济剥采比

名称	煤种	最大经济剥采比 (m^3/t)	名称	煤种	最大经济剥采比 (m^3/t)
抚顺西露天矿	长焰煤	10	霍林河露天矿	褐煤	6
阜新海州露天矿	长焰煤	7	平朔露天矿		8
平庄西露天矿	褐煤	7	准格尔露天矿	长焰煤	8

（2）浅部是生产矿井。应根据生产矿的具体条件为其生产发展留有余地。必要时可扩大井田范围，扩展方向或沿煤层走向或沿煤层倾斜向深部扩展或向上下煤层组扩展。国内外普遍认为，采取生产矿井改扩建增加生产能力的途径，不仅投资节省（比新建同等生产能力的矿井投资省 30%左右），而且能在短时间内提高产量，经济效益显著。但以往有的设计对此考虑不周，存在一定的问题。如峰峰东大井、铜川三里洞立井，在浅、深部井田划分上，均未很好考虑生产矿井的充分利用，未划给生产矿井足够的储量。

（3）浅部生产井与深部新井相结合的联合开拓，在条件具备时深部新井充分利用浅部生产井的工程设施，可节省建设投资，缩短建井工期，取得较好经济效益。比较典型的实例是淮南谢李深部井，该井田采取分区通风、集中出煤的分区开拓方式，见图 2－3－1。

谢李深部井位于谢李区 5 个生产井（谢一、谢二、谢三、李一、李二）的深部，开采深部－660～－1200m，井田走向长 8.1m，平均倾斜宽 2.4km，面积 19.6km^2。可采煤层 17 层，

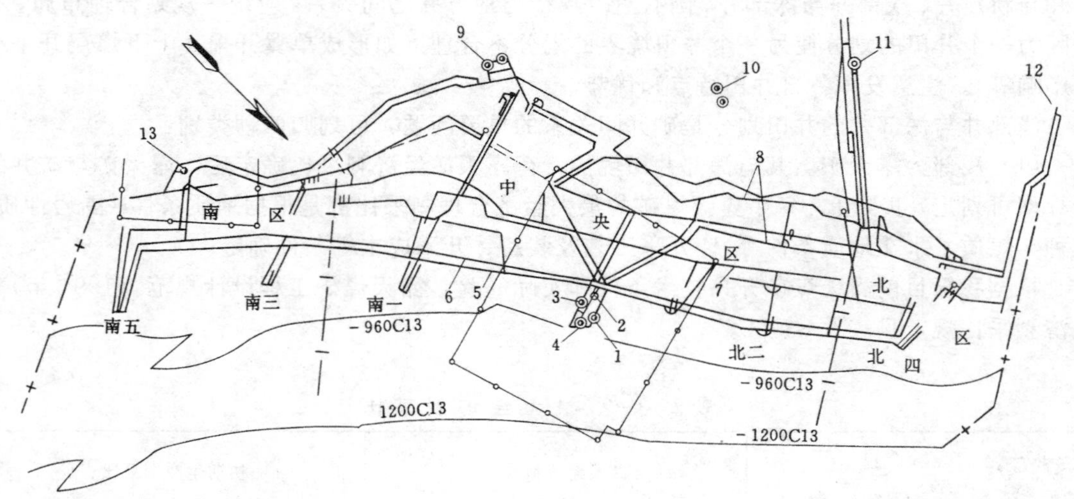

图 2-3-1　谢李深部井分区开拓系统平面图

1—主井；2—中央风井；3—副井；4—预留副井；5——960mB10 底板运输大巷；6——950B10 底板胶带大巷；7——780B10 底板运输大巷；8——660m 回风大巷；9—李一矿；10—谢三矿；11—谢一矿；12—北风井；13—东风井

平均总厚度 34.6m，煤层倾角一般为 11°～26°，为高瓦斯、煤与瓦斯突出矿井，地温偏高，有自然发火倾向及煤尘爆炸危险。

谢李浅部原有的生产井总设计生产能力 4.05Mt/a，除谢一、李一矿尚能继续生产 10 余年外，其余三个矿井于 1995 年前后相继报废。考虑到谢李深部利用浅部老矿井工程，有利于深部开拓和安全生产，遂采用深浅部联合开拓方式。

矿井设计生产能力 3Mt/a，深部划分为中央区、南区和北区三个分区。中央区利用并扩大望峰岗选煤厂工业场地新建主井、副井和中央风井。主井担负全矿井煤的提升和中央区的部分进风；副井担负全矿井的辅助提升和中央区的主要进风；中央风井担负中央区的全部回风。北区利用谢一矿斜井和新开－660 至－780、－960m 两暗斜井向北区进风，由谢一矿北部回风井回风。南区利用李一矿斜井并新开－660 至－780、－960m 两暗斜井，向南区进风；新开东风井回风。

(4) 浅部与深部同时建新井。这种情况应依据一般的井田划分方法划分井田，并在划定境界时留有矿井发展的余地。如潞安矿区的常村矿（浅部）与屯留矿（深部）就是同时建设的矿井。常村矿第一水平标高＋520m，矿井设计生产能力 4Mt/a。屯留矿第一水平标高＋400m，矿井设计生产能力 6Mt/a，分两期建设，第一期生产能力 3Mt/a。两矿的井田划分是以经线 384020000、3840400 及纬线 40240000 人为界线划分。常村矿走向长 17.0km，倾斜宽 7.4km，面积 102.6km^2，地质储量 1058Mt，立井开拓。屯留矿走向长 16.0km，倾斜宽 10km，面积 160km^2，地质储量 1528Mt，立井开拓。两井田划分与开拓见图 2-3-2。

（四）井口与工业场地位置的选择

划分井田时应考虑井筒（平硐）与工业场地位置的选择，使有利于井田开拓与初期采区布置，有利于矿井建设施工和工业场地布置。在地形地貌复杂的矿区尤应特别注意，有时井筒(平硐)与工业场地位置的选择会成为划分井田的决定性因素。在特殊地形地貌条件下，除根据矿区煤层赋存条件、构造形态、煤质分布及开采技术条件等因素考虑井田划分外，矿区铁路走线和地面布置的可行性与经济合理性，往往成为井田划分的重要因素。如山西古交矿区，地处高山区，东有石千峰、南有马鞍山，地面河谷纵横，汾河东西横贯，并有大川河、原平河、屯兰河等汇入。井筒（平硐）与工业场地只能沿河流、沟谷两岸台阶地选择，井筒（平硐）与工业场地位置成为直接影响井田划分的决定因素。如沿汾河两岸选择西曲平硐、东曲平硐和镇城底斜井的工业场地，沿屯兰河两岸选择马兰斜井和屯兰立井的工业场地，相应划分为西曲、东曲、马兰、屯兰和镇城底井田。详见图2—3—15。

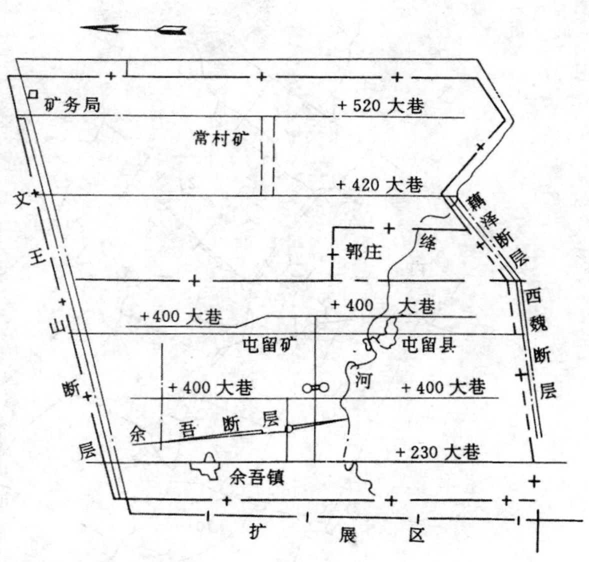

图2—3—2 常村矿、屯留矿井田划分与开拓图

再如，准格尔矿区、神府东胜矿区（见图2—3—4），均因地形复杂，铁路线路、井口与工业场地只能沿沟谷与河滩阶地布置，大多数井田都是结合铁路站场、井口与工业场地布置进行划分。

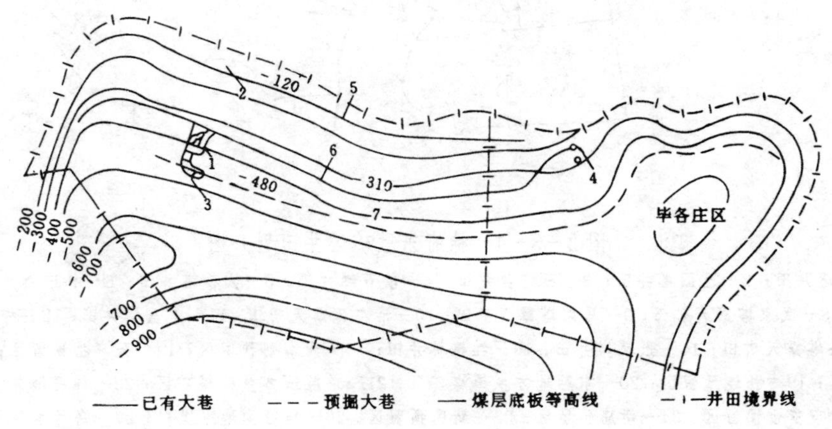

图2—3—3 范各庄与毕各庄井田合并改扩示意图

1—范各庄矿一水平主副井；2—范各庄矿风井；3—新打主井；4—新打风井；5—范各庄矿一水平回风巷；6—范各庄矿一水平大巷；7—二水平大巷

（五）留有后备区

从我国矿区生产建设实践看，在有条件的矿区划出一部分备用储量作为后备区，以适应

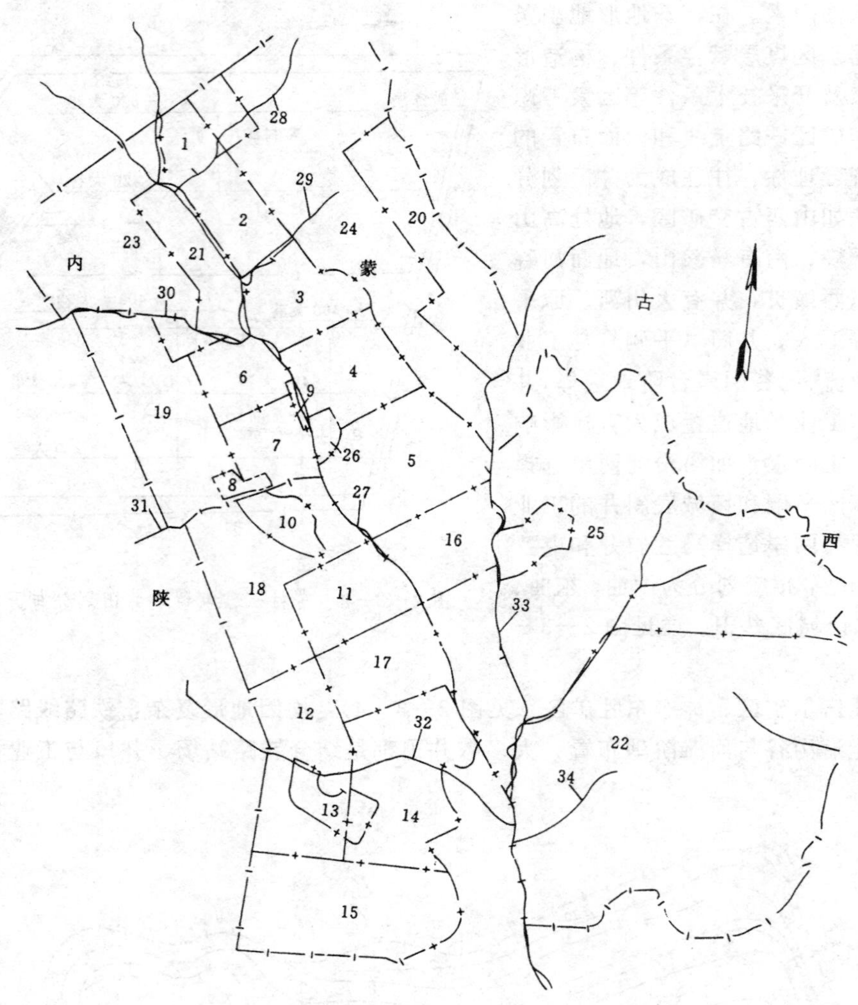

图 2-3-4　神府东胜矿区井田划分图

1—韦龙湾井田；2—巴图塔井田；3—石圪台井田；4—前石畔井田；5—大柳塔井田；6—朴连塔井田；7—上湾井田；8—武家塔露天矿田；9—马家塔露天矿田；10—活鸡兔露天矿田；11—朱盖塔井田；12—拧条塔井田；13—拧条塔露天矿田；14—张家峁井田；15—红柳林井田；16—大海则预留区；17—孙家岔预留区；18—活鸡兔预留区；19—朴连预留区；20—东胜地方乡镇煤矿区；21—东胜地方乡镇煤矿区；22—神府地方、乡镇煤矿区；23—布尔台预留区；24—新庙预留区；25—新民预留区；26—哈拉沟地方煤矿；27—乌兰木伦河；28—公穆尔吉沟；29—考考赖沟；30—呼合乌素沟；31—活鸡兔沟；32—考考乌素沟；33—特牛川；34—黄羊城沟

地质情况的变化和为矿区生产发展留有余地，这对矿区生产稳定发展起到了很大作用。当矿区开发受铁路运力限制时，划出一些后备井田更是必要。

后备区布局的好处是，为井田之间（境界）关系留有协调发展的余地，并为邻近生产矿井扩大能力充分发挥生产矿井作用创造了条件。国内外矿区均有由生产矿井对相邻新区实行分区开拓，集中出煤的实际经验。如开滦矿务局范各庄煤矿对相邻拟建的毕各庄井田进行合并改扩建，使其井田平均走向长度由 4.8km 增加到 12km，储量增加 74%（2.3 亿 t 工业储量），矿井面积达 $38.5km^2$，工业储量 4.7 亿 t。扩建后的开拓系统（见图 2—3—3），在毕各庄区新建一对风井（分区通风），在范各庄区新建一个二水平（—490m）混合提升井。矿井设计生产能力由 180 万 t/a 扩大为 400 万 t/a，节省建设投资 30%左右，工期缩短约二年，少占地 340 亩，少留煤柱 3700 万 t，效果十分显著。

近年来，许多矿区总体设计都已注意到了这一点。如山东龙口矿区，对地质构造和勘探程度较差，建井条件不够的区域划作三个后备区（远景区），储量达 24000 万 t，见图 2—3—8。神府东胜矿区和准格尔矿区，由于煤田范围宽广，储量丰富，且矿区开发受外部铁路运力不足的制约，在井田划分中留了较多的备用井田。如神府东胜矿区在大柳塔井田南侧、朱盖塔井田东侧划有大海则后备区，在朱盖塔井田南侧与张家峁井田之间划有孙家岔后备区等，详见图 2—3—4。

（六）统筹全局，全面规划，追求综合经济效益

在市场经济条件下，评价井田划分方案应以经济效益为中心，使矿井建设、城乡发展和环境建设同步规划、同步实施、同步发展。在井田划分中，应力求做到相对井巷工程量少，投资省，建设工期短，达产快，利润高，并应使生产持续稳定发展。

二、井田划分方法

根据矿区特点和开发原则和井田划分考虑的主要问题，一般按自然境界和人为境界来划分井田。

（一）按自然境界划分

1. 按地质构造因素划分

利用煤田地质构造作为划分井田的自然境界，是设计中最常用的井田划分方法，即利用大断层、褶曲轴线、岩浆岩侵入带、古河床冲刷带等地质构造划分井田。如铁法矿区、沈阳矿区、晋城矿区、潞安矿区、兖州矿区、济（宁）北矿区、龙口矿区及丰沛、宿县、潘谢、峰峰、平顶山等矿区，都广泛地利用地质构造作为井田境界划分井田。

图 2—3—5 所示为济（宁）北矿区利用自然境界划分井田方案。

济（宁）北矿区是济宁煤田的北半部分，矿区面积 $322km^2$，东起孙氏店断层，西至嘉祥断层，北起 17 层煤露头，南到兖（州）新（乡）铁路，东西长 17～24km，南北宽 12～20km。煤田构造形态，整体上是“地堑构造”，自东向西有四条南北方向区域大断裂：孙氏店断层—八里铺断层—济宁断层—嘉祥断层，形成向西沉降的台阶状三大块段。就上述构造形态，设计相应划分为许厂井田—岱庄井田（包括何岗矿）—唐口井田（包括葛亭矿、运河矿）。

许厂与岱庄井田的划界，除八里铺断层组自然境界因素外，同时又是 $3_上$（$3_下$）主采煤层的古河床冲刷无煤带，其宽度约 6km。

图 2—3—6 所示，为湖南五亩冲井田与竹山塘井田利用褶曲向斜轴线作为井田境界。另如松藻矿区逢春井田与打通二井田，林东昌沙井田与敖凡冲井田之间，华亭矿区柳河与大庄井田之间，亦均以向斜轴线划分井田。

2. 按煤层赋存形态划分

为了有利矿井生产管理、巷道布置和减少采煤方法的多样性，一般常将产状不同的煤层区域分别划分为不同井田。如辽宁红阳矿区，其北部为向斜构造，倾斜～急倾斜煤层，肥煤

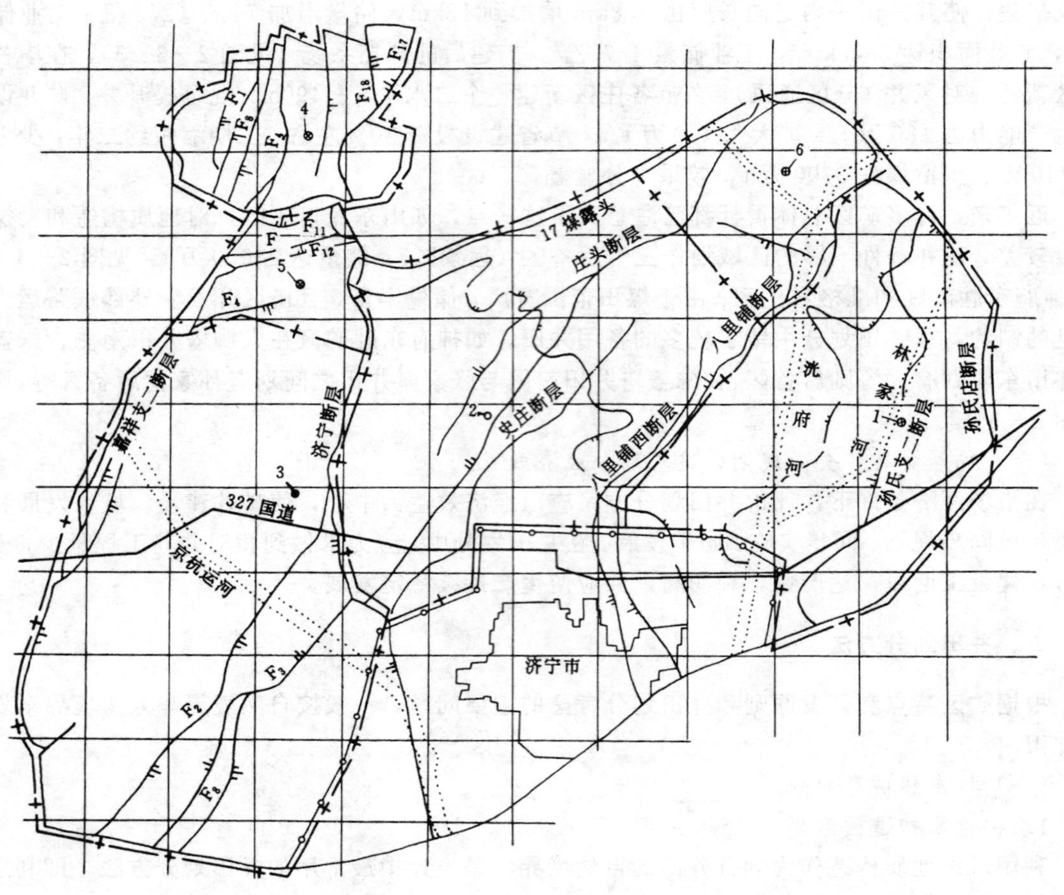

图 2—3—5　济（宁）北矿区井田划分

1—许厂矿；2—岱庄矿；3—唐口矿；4—葛亭矿；5—运河矿；6—何岗矿

为主；中部为单斜构造，倾斜煤层，焦煤为主；中西部为宽缓背斜构造，贫煤和瘦煤为主。设计根据此产状分别划分为一井、二井与三井，见图 2—3—7。

3. 按煤层组与储量分布情况划分

根据煤层组（煤层）与储量分布情况划分井田，在煤层生产能力高、储量多且集中的区域多划分建设大型、特大型矿井；在煤层生产能力低、储量少而分散的区域，一般多划分建设中小型矿井。例如。山东兖州矿区根据上下煤层组的特点，将煤田划分二大区，即上煤组（大槽）区和下煤组（小槽）区。上煤组（二叠系山西组）特点是，含有 3 号特厚煤层，平均厚 8m（俗称大槽），煤层厚且储量多；而下煤组（石炭系太原组）属薄～中厚煤层（俗称小槽），煤层薄储量少。然后再根据二个区的地质构造特征划分井田。大槽区进一步划分为南屯、鲍店、兴隆与东滩四对年产 210～400 万 t/a 的大型、特大型矿井，小槽区划分为北宿、杨村等 7 对中小型矿井，见图 2—3—13。

又如，龙口矿区根据煤层数，厚度与储量分布特点，中村河以西区为煤田聚煤中心，煤层数多、厚度大、储量丰富，适合建大中型矿井，设计划分为 3 对年产 90～180 万 t/a 的矿

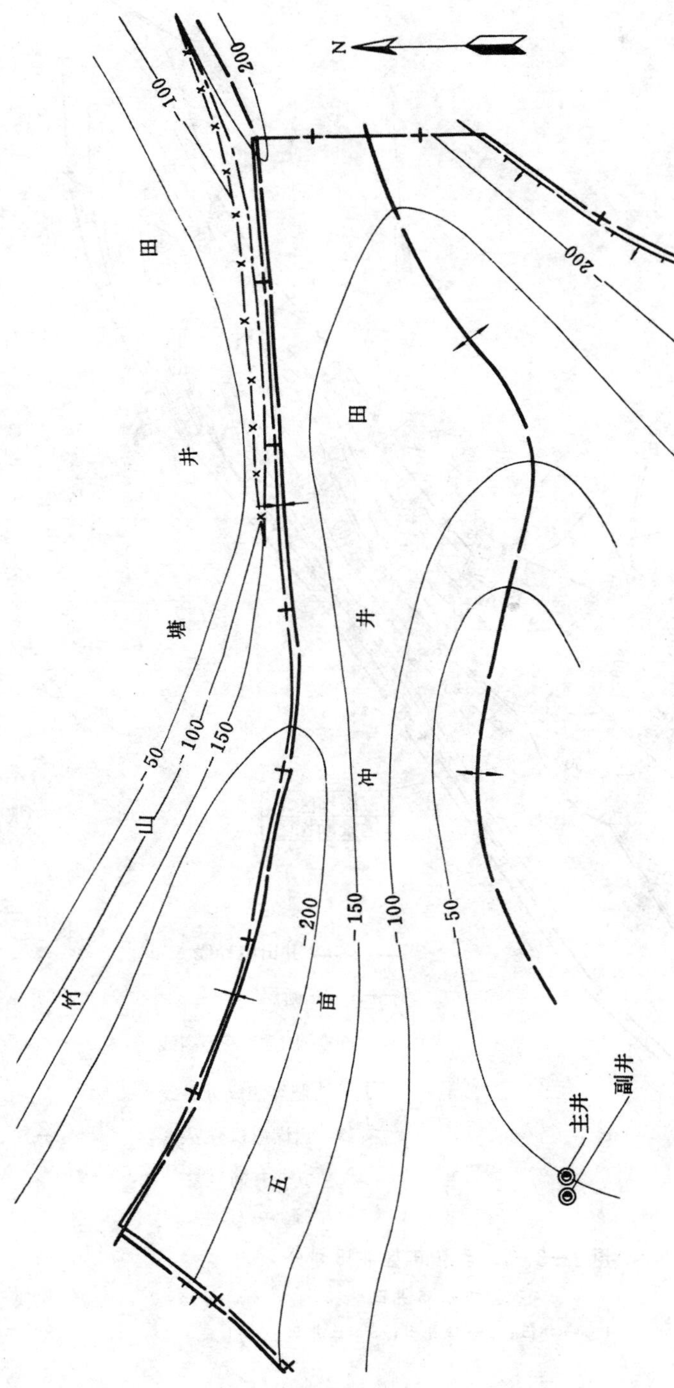

图2—3—6　五亩冲井田与竹山塘井田境界

井；中村河以东至黄水河区，煤层数减少、厚度变薄、储量相对减少，宜建设中型矿井，划分为两对年产 60 万 t/a 矿井。黄水河以东的东部区，煤层仅一层可采，且为薄煤层，储量少，划为一个年产 21 万 t/a 的小型矿井，见图 2—3—8。

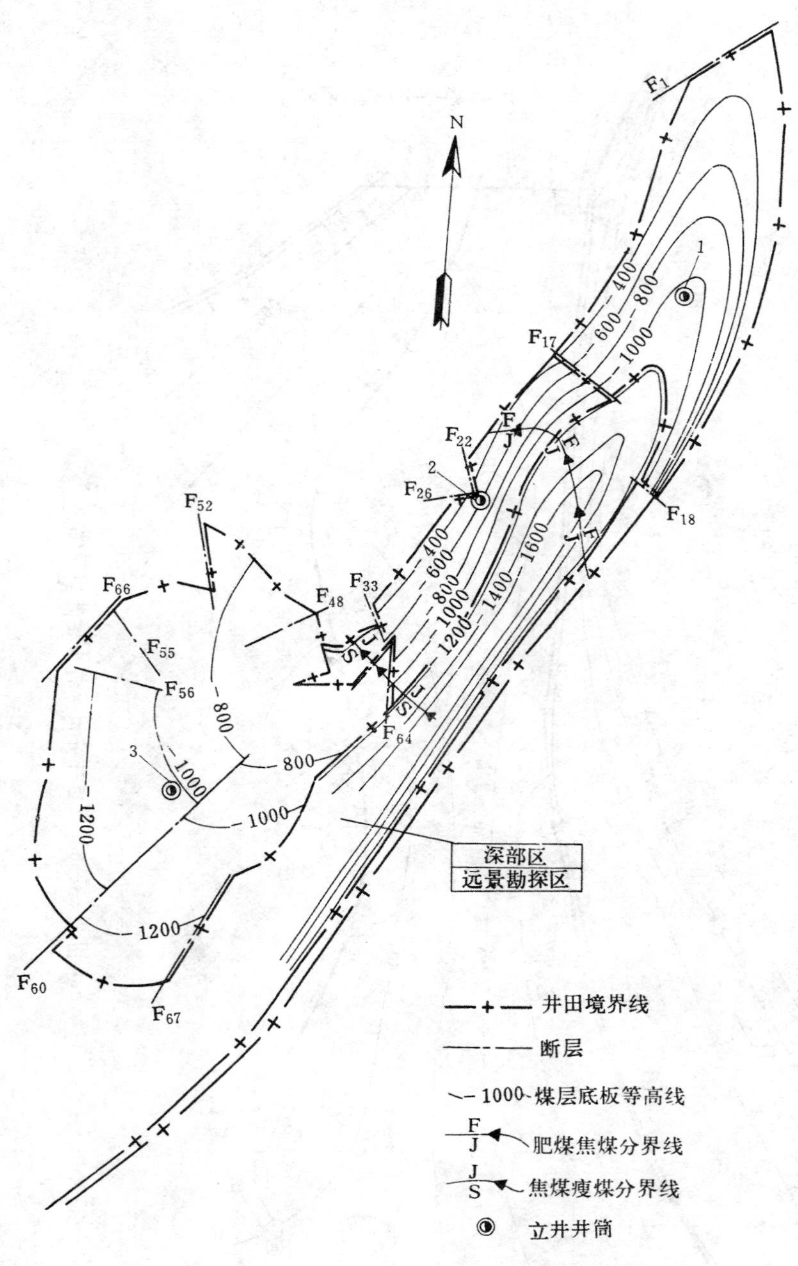

图 2—3—7　红阳矿区井田划分

（不包括 4、5 井田）

1—一井田；2—二井田；3—三井田

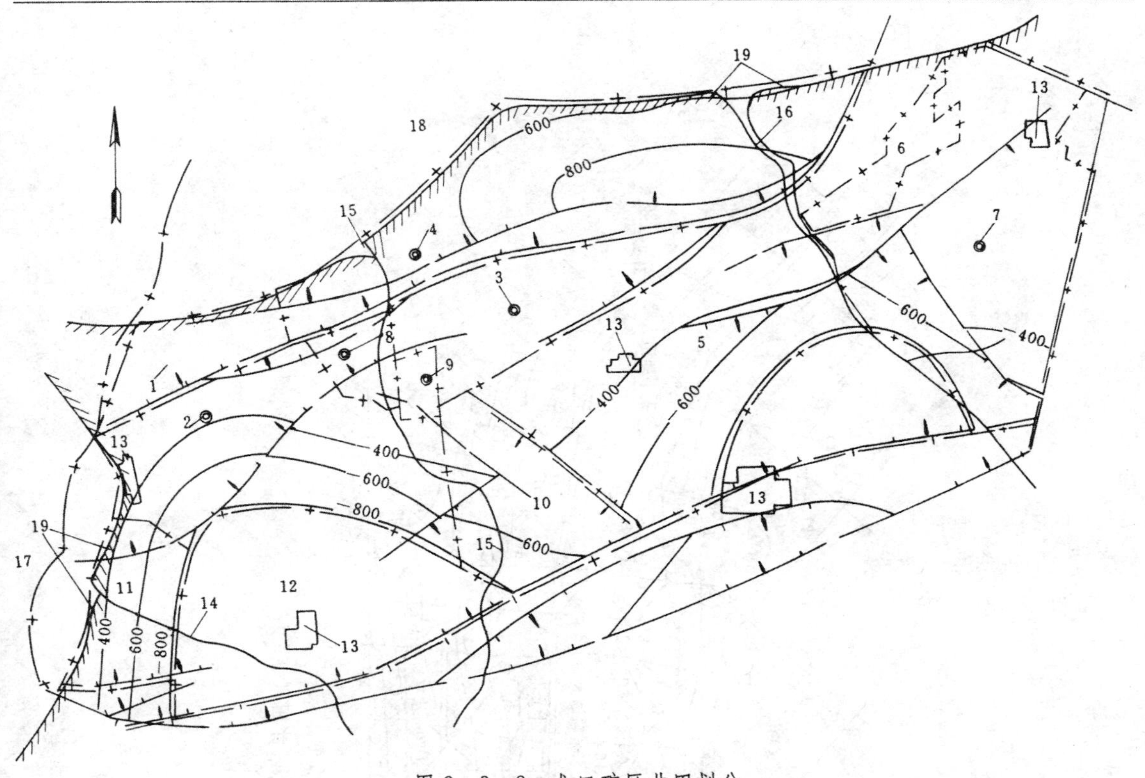

图 2—3—8 龙口矿区井田划分

1—北皂矿；2—梁家矿；3—洼里矿；4—柳海矿；5—乡城井田；6—程家地方煤矿；7—北沟地方煤矿；8—洼西地方煤矿；9—洼东地方煤矿；10—郑家后备区；11—海岱后备区；12—北马预测区；13—村、镇建筑；14—北马河；15—中村河；16—黄水河；17—渤海；18—海下预测区；19—海岸区

4. 按煤种、煤质分布规律划分

在煤种、煤质变化比较大的矿区，为了保证煤种、煤质和减少同一矿井煤种的种别，减少因分采分运与加工而造成的生产系统与设施的复杂性，可利用煤种、煤质的分界线作为井田划分的境界。如，山西离（石）柳（林）矿区为国家实行保护性开采的主焦煤矿区。设计对该矿区井田划分考虑尽可能以煤种、煤质分布规律及地质构造进行分界。如该矿区的三交区，从北至南依次划分为三交一号、三交二号、三交三号井田，矿井设计生产能力均为 400 万 t/a，见图 2—3—9。其一号与二号井田之间以 10 号勘探线划界，二号与三号井田之间以 18 号勘探线划界。一号、二号井田煤种均以 1/3 焦和焦煤为主，但煤质可选性差异较大，一号井精煤回收率仅 64 万 t/a，二号井精煤回收率 202.8 万 t/a。三号井以肥煤为主，煤质好，精煤回收率 246.3 万 t/a。又如，抚顺龙凤井田与北龙凤井田是以气煤与长焰煤的分界线（—400m）作为井田境界的，见图 2—3—10。

5. 按地形地物界线划分

当地面有河流、铁路、城镇等需要留设保安煤柱时，应尽量利用此类保安煤柱线作为井田境界，以降低煤炭损失，减少开采技术困难。如抚顺矿区胜利矿，其北部的地面是抚顺市区，包括抚顺发电厂等重要建筑及设施。为了保护地面建筑及设施，胜利矿北部境界即以抚顺发电厂等城市建筑的保安煤柱边界线作为井田境界，见图 2—3—11。

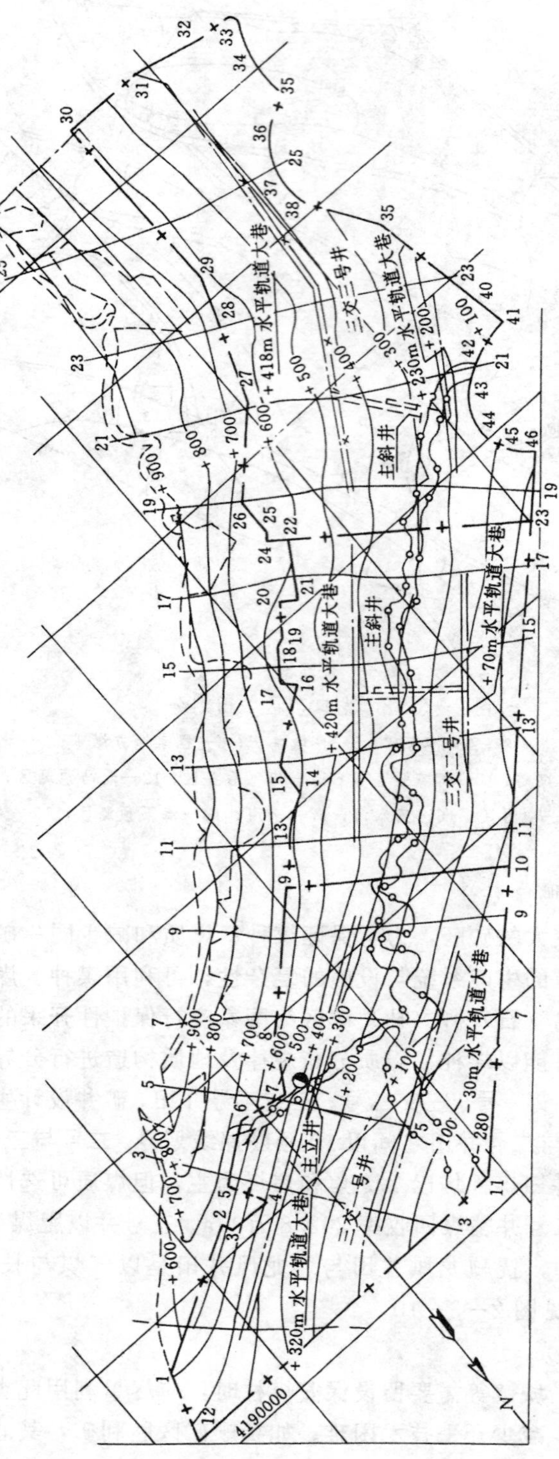

图2－3－9　南柳矿区三交区井田划分

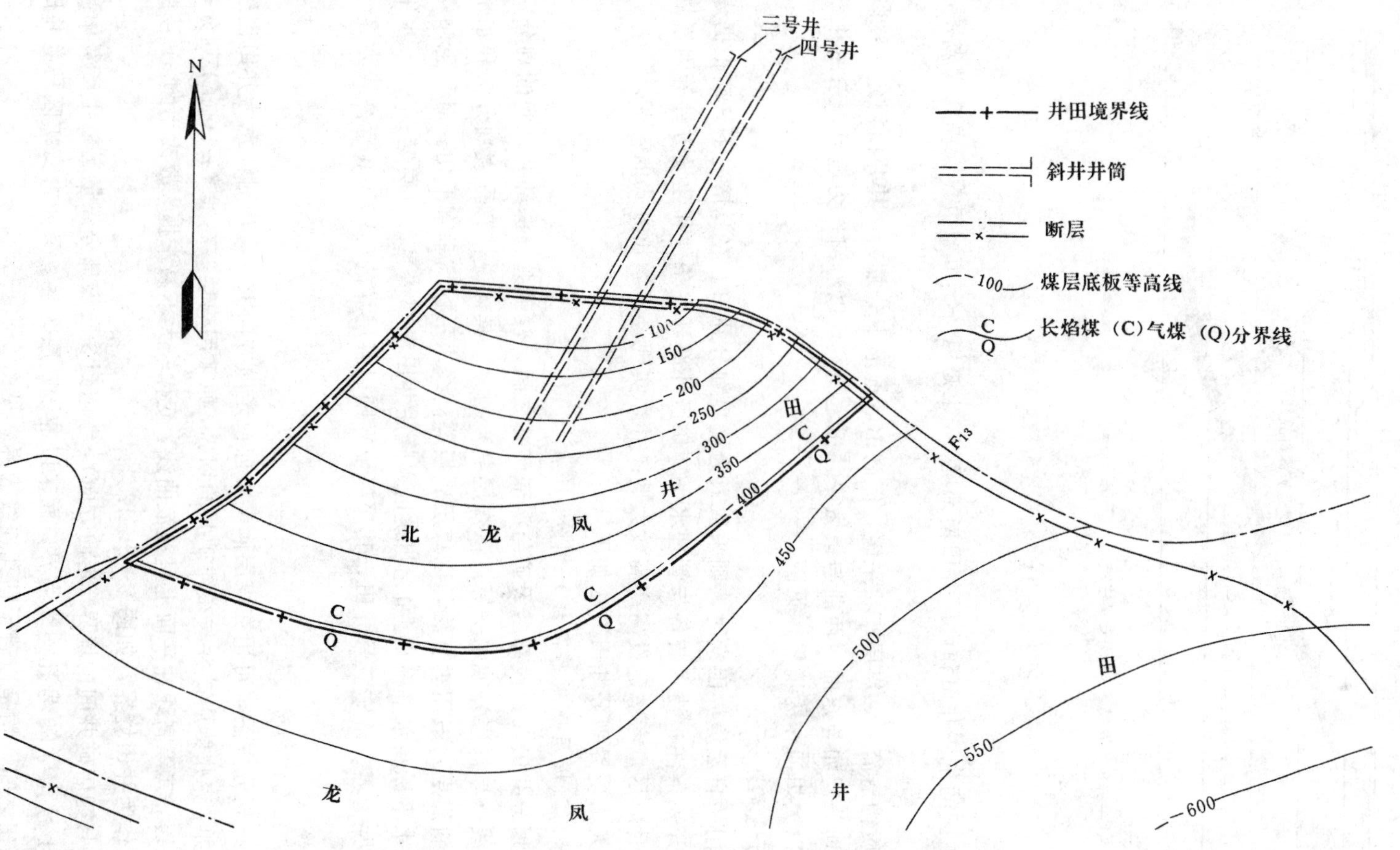

图2—3—10 抚顺龙凤井田与北龙凤井田境界

—400m以上为长焰煤（C），划归北龙凤井田；—400m以下为气煤（Q），划归龙凤井田

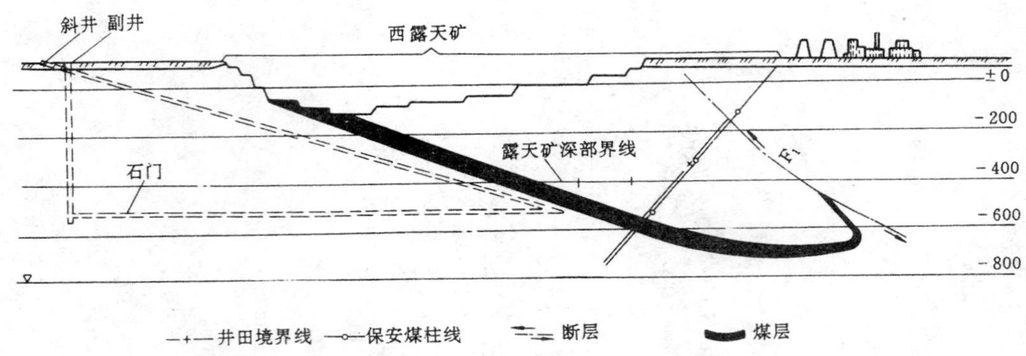

图 2—3—11 抚顺胜利矿北部境界

济（宁）北矿区的岱庄井田和许厂井田南部境界，也是以济宁市城市保安煤柱线为界，见图 2—3—5。

古交矿区地质构造简单，煤层产状平缓，但高山区地形十分复杂，其井田划分主要以地面河流作为井界划分。如与东曲、西曲与镇城底井田之间，均以汾河作为境界；东曲井田与屯兰井田之间，以大川河作为境界，见图 2—3—15。

（二）按人为境界划分

在没有可利用的自然境界因素时，则采取人为境界划分井田。在此情况下，应根据煤田资源分布、煤层开采条件、技术装备与管理水平、矿区外部开发条件和建设方针等因素划分井田，条件可能时应尽量考虑建设高产高效大型矿井，实现经济增长方式的转变。

一般，采用人为境界划分井田方法如下：

1. 按水平标高（煤层底板等高线）划分

沿煤层倾斜划分井田，如浅部露天矿与深部矿井之间，浅部井与深部井之间的划分，常以煤层底板等高线（单煤层）或水平标高（煤层群）划界。具体说，有垂直划分法和水平划分法。对于缓倾斜煤层一般用垂直法，以煤层底板等高线水平标高垂直下切。对于急倾斜或倾斜煤层一般以水平标高水平横切。如兖州矿区兴隆庄井田深部境界以 3 层煤－450m 水平垂直下切与东滩矿井为界。济宁三号井田，其深部境界则以各层煤的－1000m 等高线为界（水平横切）。

2. 按地质钻孔连线划分

地质钻孔连线划分方法，可用在煤层倾斜方向或走向方向上，应用时注意为井田创造较好开采条件。例如，兖州鲍店矿井与东滩矿井的划界，原采用煤层等高线（－500m）划分，后鉴于煤层倾角平缓，其等高线在平面上呈波浪曲线，变化较大不易掌握，故改用鲍 61 号钻孔与 204 钻孔连线作为井田境界，如图 2—3—12。

兴隆庄矿井与鲍店矿井间的境界（走向方向），考虑到 3 层煤部分煤量运输生产费用高的原因，采用 C—1 号孔与 35 号孔连线为界，而未以铺子断层为界。又如古交矿区马兰井田与镇城底、屯兰井田之间，均是以若干钻孔连线为界，见图 2—3—15。

3. 按经纬线划分

采用以经纬线划分井田方法，可用在煤层走向上，也可用在倾斜方向上，也是常用的人

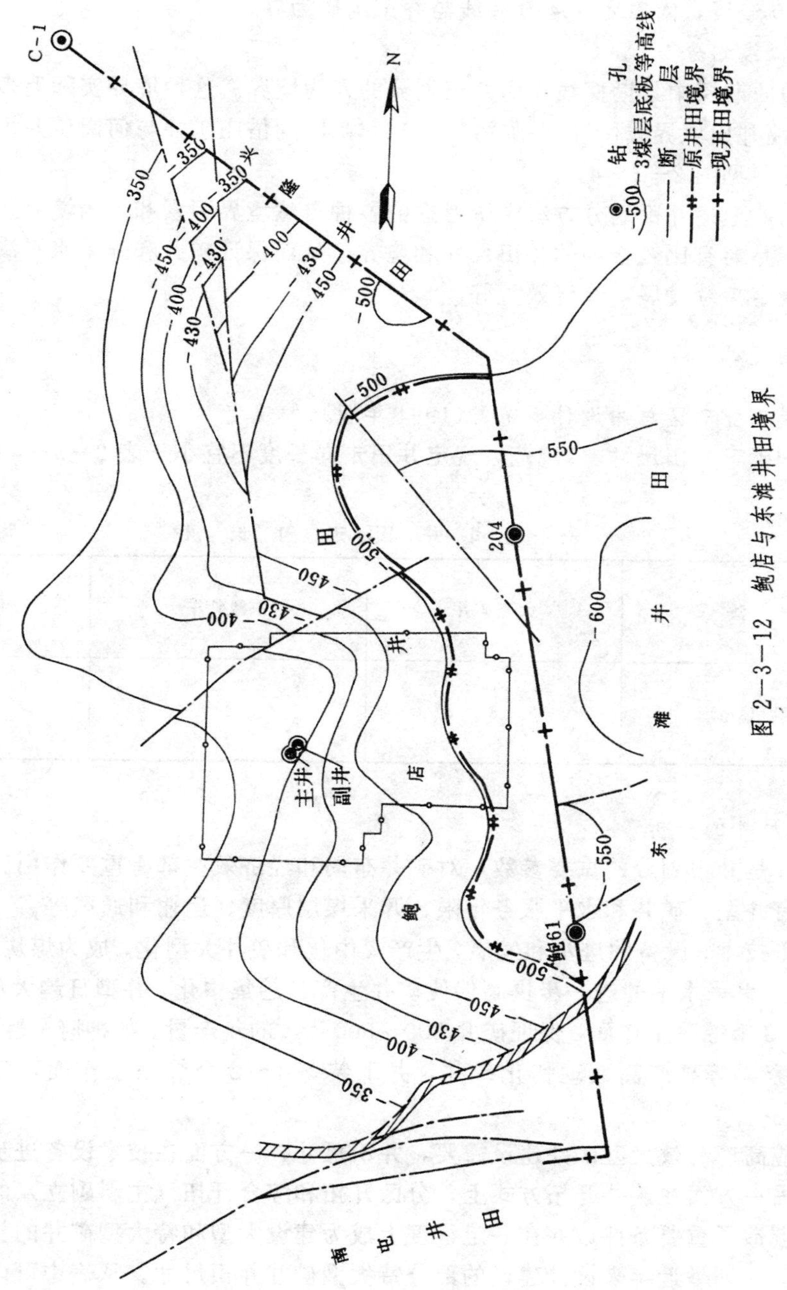

图2—3—12 鲍店与东滩井田境界

为境界划分方法。如济宁三号矿井，北以 3910000 纬线与济宁二号井为界，南以 3900000 纬线与第四勘探区分界。又如离柳矿区朱家店矿井的境界西以 37511250 经线，东以 37515000 经线与 37517550 经线，南以 4140480 纬线与乔家沟矿为界。

4. 按勘探线划分

以煤田地质勘探中某勘探线作为井田划分的人为境界。这种境界实际上多是以直线划分（以坐标点标注井田境界线位置）。如济（宁）北矿区的岱庄矿井与何岗矿井境界即是以第八勘探线划分的，见图 2－3－4。

应该指出，上述井田划分方法中所考虑的各种自然境界因素和人为境界因素都是相互联系的，其目标是要有比较合理的井田尺寸和境界，从而保证矿井和开采水平满足规定的服务年限，生产稳定持续发展，经济效益好。

三、井田尺寸

1.《煤炭工业矿区总体设计规范》(1994 年版）的规定

为了合理确定井田尺寸、《规范》规定井田走向长度不宜小于表 2－3－4 的数值。

表 2－3－4　井　田　走　向　长　度

井　　型	大型矿井	中型矿井	小型矿井
走向长度（km）	8	4	未规定

2. 井田尺寸的分析

井田尺寸是井田划分的重要参数，对矿井布局和经济效益都有重要作用。影响井田尺寸的主要因素有井型、矿井和水平服务年限、开采煤层厚度、运输和通风等。

随着开采技术、设备的进步和发展，生产集中化和矿井大型化，成为煤炭工业发展方向。进入 90 年代，综采水平的进一步提高促使矿井生产日趋集中化，井型日趋大型化，实现了只用 1 个或 2～3 个综采工作面，保证矿井 300～600 万 t 的年产量。如神府东胜矿区的活鸡兔、大柳塔、榆家梁等高产高效现代化矿井，井下装备 1～2 个综采工作面，年产量达到 6～9Mt。

为了适应高产高效大型矿井建设需要，井田尺寸，一方面在技术设备进步推动下，有明显的扩大；另一方面在矿井开拓方式上，分区开拓和综合开拓（主斜副立）的应用，为井田尺寸的扩大创造了重要条件，并在一定程度上成为建设大型和特大型矿井的技术方向。

表 2－3－5 列举近年来设计建设的部分特大型矿井井田尺寸。从表中可以看出，井田走向和倾斜长度，一般在 10km 左右，最大走向长度达到 22km。

关于井田尺寸的数学分析方法，由于资料数据的限制及影响因素非常复杂，数学分析方法在实际工作中难以应用。一般在具体方案比较中结合井田地质与自然条件及技术等因素，依吨煤建设费用和吨煤生产成本最小的原则，进行综合分析确定。

表 2－3－5 部分特大型矿井井田尺寸表

矿井名称（局、矿）	设计生产能力（万 t/a）	服务年限（a）	地质储量（万 t）	可采煤层数	平均总厚度（m）	煤层倾角（°）	井田走向长（km）	井田倾斜长（km）	井田面积（km^2）	开拓方式
西山、东曲	400	116	84365	10	13.4	3～8	11.0	8.0	88.0	分区开拓
西山、屯兰	400	106	110456	13	15.7	5～10	11.0	12.0	80.0	分区开拓
潞安、屯留	600	87	152800	4	8.73	3～10	16.0	10.0	160.0	分区开拓
乡宁、王家岑	600	117	206128	5	11.1	3～5	11.0～22.0	5.5～10.3	192.8	分区开拓
大同、四台	500	82	76500	12	17.5	1～7	13.0	6.5	84.5	分区开拓
兖州、济宁三号	500	81	88334	8	10.44	5～9	10.0	10～13.0	110	分区开拓
神府、大柳塔	600	118	141908	3	14～19	1	10.4	13.8	131.5	联合开拓
西山、马兰	400	182	146200	6	11.43	0～25	18	5～12	120.0	综合开拓
大同、燕子山	400	110	92096	13	18.5	2～5	8.8	7.05	62.1	综合开拓

3. 不同时期井型的实际井田尺寸

据原煤炭部生产司对近 200 个矿井的统计，各类型矿井设计井田尺寸见表 2－3－6。

从表 2－3－6 中可以看出：

（1）50 年代建设的矿井，其井田尺寸普遍偏小，大、中、小型矿井井田平均走向长度分别为 4.66km、3.62km、2.78km，平均倾斜宽分别为 2.26km、1.67km、1.07km。

60 年代建设的大、中、小型矿井平均走向长度分别为 8.03km、5.99km、3.47km，平均

表 2－3－6 不同时期各种类型矿井设计井田尺寸

年代	生产能力（万 t/a）	走向长度（km）	倾斜宽（km）	面积（km^2）	备注
50 年代矿井	120～150	3.5～6.0 / 4.66	1.4～3.7 / 2.26	8.3～19.24 / 11.36	
	45～90	1.8～5.6 / 3.62	0.65～3.3 / 1.67	1.61～10.38 / 6.73	
	21～30	1.2～5.7 / 2.78	0.43～2.23 / 1.07	0.52～7.6 / 3.06	
60 年代矿井	120～150	4.4～13.0 / 8.03	2～4.30 / 2.80	8.8～39.0 / 22.0	
	45～90	3.0～10.3 / 5.99	0.65～3.9 / 2.15	2.7～29.7 / 13.12	
	15～30	0.95～5.75 / 3.47	0.65～1.8 / 1.38	0.8～1.35 / 5.48	

续表

年　代	生产能力 (万 t/a)	走向长度 (km)	倾斜宽 (km)	面　积 (km^2)	备　注
70年代以后 矿　井	300～600	6.4～22.0 11.01	3～13.8 6.82	21.2～135.0 71.7	
	120～240	3.5～18.0 9.13	2.05～8.5 3.83	11.75～60.2 33.63	
	45～90	3.15～16.0 7.6	0.71～6.5 2.71	4.64～46.5 20.5	
	9～30	0.7～8.0 3.83	0.35～3.5 1.32	0.4～27.3 5.87	

注：走向长，倾斜宽，面积栏内分子表示变化范围，分母表示平均值。

倾斜宽分别为 2.80km、2.15km、1.38km；并分别比 50 年代矿井走向长度增大 0.72 倍、0.65 倍、0.25 倍，倾斜宽分别增大 0.25 倍、0.29 倍、0.29 倍。

70 年代以后建设的大、中型矿井，其平均走向长度分别为 9.13km、7.6km，平均倾斜宽分别为 3.83km、2.71km；并分别比 60 年代矿井走向长度增大 0.13 倍、0.26 倍，倾斜宽分别增大 0.37 倍、0.26 倍，其井田面积也分别比 60 年代矿井增大 0.53 倍、0.56 倍。

(2) 在同类型矿井中，煤层层数多，相应的储量多，煤层厚度大，井田尺寸则较小；煤层层数少和煤层厚度小，相应的储量少，井田尺寸则较大。

(3) 70 年代以后建设的大型、特大型矿井，其井田倾斜宽度增加较大。主要原因，一是开发的矿区多数是缓倾斜和近水平煤层，二是运输技术和设备的进步与发展所致。如神府东胜矿区大柳塔矿井和济东矿区济宁三号矿井，其倾斜宽度分别为 13.8km 和 10～13.0km。

(4) 70 年代以后建设的大型矿井，其走向长度与 60 年代矿井比较增长较小。应该指出，井田走向长度也不是越大越好，要从煤炭运输和通风条件的实际出发，进行技术经济分析比较后综合确定。

四、井田划分与矿井设计生产能力方案比较方法

（一）方案比较内容

1. 一般要求

井田划分与矿井生产能力是矿区开发设计要研究解决的主要技术原则问题。矿井生产能力是与井田划分紧密联系并相互适应的，因此考虑井田划分时应同时考虑矿井设计生产能力而提出二者相应的方案。实际设计工作中对井田划分常根据煤田大构造形态、煤层赋存状况和自然地理条件，先划分为几个大区域后，再对每个区域进一步按自然境界或人为境界划分若干井田和提出相应的矿井设计生产能力方案。如兖州矿区、潘谢矿区和永夏矿区（参见五、井田划分实例）的井田划分就是这样作法。

在煤田每个具体区域的井田划分和矿井设计生产能力方案基础上，根据煤田特点与条件便可组成全煤田（矿区）的井田划分和矿井设计生产能力方案。一般要求所编制的设计方案不少于三个，为了对井田划分与矿井设计生产能力方案选择最优方案，需经方案比较确定。推

荐的最优（主导）方案应符合技术先进、经济效益高、生产安全可靠的原则。

2. 比较内容

根据参加比较的方案特点、需要解决的问题性质和范围，确定方案比较的具体项目与内容。通常情况下，应比较的主要项目和内容如下：

(1) 工程量：包括井巷工程量（长度与掘进体积）；地面建筑工程量（结构物与建筑物面积、体积，铁路和线路长度）；机电设备与安装工程量；其他工程量（占用土地、平场土方量、村庄迁移等）。

(2) 基本建设投资：分别计算井巷、地面建筑、机电设备和安装及其他工程费用。并应注意计算初期基建投资。

(3) 建设工期与达产时间。

(4) 生产经营费用。

(二) 方案比较方法

方案比较方法的实质就是对不同的方案进行全面认真的技术经济分析、综合论证，从中选出最优（主导）方案。其具体程序步骤如下：

1. 提出可行方案和技术分析

这是方案比较的基础和重要步骤，应注意的是不要遗漏可行方案。在大方案比较之前，应先选出合理的局部方案，再进行大方案比较。对方案进行技术分析，比较优缺点，特别要抓住关键技术筛选出若干技术可行方案，再进行经济比较，从而推荐主导方案。

2. 经济比较

对方案进行经济计算与比较。在经济计算与比较中应注意消耗费用上、价格指标上和时间因素上的可比性，即在同等的经济计算基础上进行比较。对相同费用项目和影响小的费用项目，视条件与要求也可不进行比较。

对于井田划分和矿井设计生产能力方案，常用的经济比较方法有：净现值法、差额投资内部收益率法、最小费用法、静态差额投资收益率和回收期法。

关于经济比较方法的内容，参见第十篇矿井技术经济。

对于局部方案的经济比较方法，一般可采用静态方法：折算费用法（计算费用法）和投资回收期法，其方法内容参见井田开拓部分的方案比较。

3. 综合分析评价

方案比较中常出现技术与经济效果相矛盾及结果影响大小不同的问题，这就需要综合分析评价，即综合技术分析与经济比较结果，权衡各方案的利弊，抓住关键问题，确定出体现方针政策和发展战略、技术先进、经济效益高的主导方案。

五、井田划分实例

(一) 兖州矿区

兖州矿区位于山东省西南部，兖州、邹城市境内。矿区南北长 26km，东西宽 16km，面积约 375km²。区内地形平坦，泗水河、白马河穿越矿区。煤系属石炭系太原群和二叠系山西组。含可采煤层 7 层，其中 3 号层属特厚煤层，平均厚度 8m，其余为薄到中厚煤层，一般累计可采厚度为 12～14m。煤种为气煤。煤田为向北倾伏的滋阳向斜构造，倾角平缓，一般为 3°～10°，断层比较发育。煤田东部、东北部为区域性大断层切割，西部、南部为煤层露头，区内第四系冲积层普遍发育，厚 20～220m，含水性强。矿区储量丰富，总工业储量达330996 万 t，适合机械化开采。根据煤田情况，分为南部、西部、北部三大区域。

1. 南部区

东以峄山断层为界，北以皇甫断层为界，西以马家楼断层为界，南以煤层露头为界。本区第四系冲积层最薄（22～80m），是矿区最先开发的区域。该区以较大断层分界，划分南屯、北宿、唐村、落陵 4 个井田。70 年代建成了北宿、唐村、落陵 3 个中小型矿井和南屯 1 个年产 150 万 t（原规划为 210 万 t）的大型矿井。矿井布局比较合理。

2. 西部区

东以马家楼断层为界，南、西、北均以 17 煤层露头为界。由于马家楼断层落差大，且具有导水性，自然形成了本区井田的深部境界。

鉴于本区走向长达 17.5km，中部又被皇甫断层切割，不仅断层导水性强，且断层带宽达 50m，因此，划分成两个井田，即皇甫断层西北部为辛集井田，东南部为里彦井田。根据煤层赋存及储量分布，建设两对年产 60 万 t 中型矿井。

3. 北部区

北东以滋阳断层、峄山断层为界，南以马家楼断层、皇甫断层为界，西以煤层露头为界。平均倾斜宽 10.5km，走向长 7～17.5km，形似扇形。

本区第四系冲积层厚 80～227m，直接覆盖于煤层露头之上。地面有泗水河通过煤层浅部，津浦铁路穿过东北部，村庄较多。根据该区地质条件及煤层赋存特点，划分为东滩、兴隆庄、鲍店、田庄、杨村、兖州 6 个井田，其主要理由是：

（1）划分井田时，曾考虑将津浦铁路以东，－500m 以上部分单独划为一个井田。但井田走向短（去掉工业场地及风井煤柱，走向长不足 4km），减少了铁路以西井田走向长度和储量，以及由于第四系冲积层厚，存在一水平井深等问题，未予采纳；

（2）鲍店井田浅部小槽煤－250m 水平以上单独建井，虽基建投资增加，但生产费用低，对生产、管理都比较有利；

（3）兴隆庄井田浅部小槽煤－250m 水平以上，铺子断层以西部分，划给杨村集中开采，节省井巷工程费，生产费用也较低；

（4）小槽煤区域走向长 15.4km，主要可采煤层仅两个薄煤层，南部构造复杂区划给田庄地方煤矿，北部划给兖州地方煤矿，尚余井田走向长度 9km 左右，用杨村一对矿井开采，生产能力确定为 60 万 t/a，生产管理较为方便；

（5）兴隆庄井田深部，曾考虑以 3 煤层－500m 水平垂直划分，即－450～－500m 水平的储量由兴隆庄开采比东滩开采能节省生产经营费用，但考虑东滩井筒位置已定，不宜再作改动，故仍以－450m 水平垂直划界；

（6）兴隆庄与鲍店的境界，曾提出以铺子断层为界的方案，铺子断层落差较大，导水性强，小槽煤与奥陶系灰岩相接触，影响开采安全；以铺子断层为界，可避免两个井田互相穿越断层开采的问题。缺点是 3 煤层部分井下运输、井巷维护和通风距离增长，生产费用高。故 3 煤层仍以 C－1 孔与 35 号孔连线为界，小槽煤以铺子断层为界；

（7）田庄、杨村的深部境界，曾考虑过－300m、－400m 水平两个方案。通过比较，鲍店浅部定在－400m 水平，比－300m 水平既节省井巷工程量又节省生产费用，兴隆庄生产费用虽多花一些，但可节省较多井巷工程费，结合兴隆庄第一水平开采小槽煤不过铺子断层的优

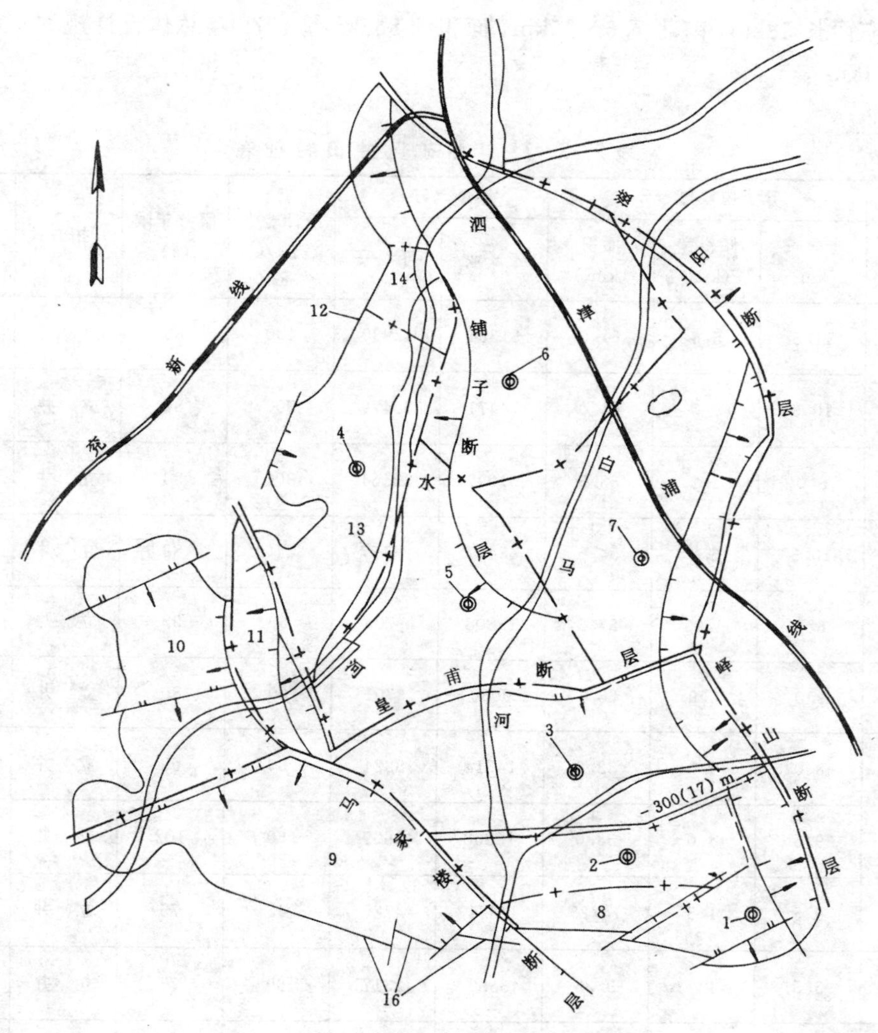

图 2—3—13 兖州矿区井田划分

1—唐村矿；2—北宿矿；3—南屯矿；4—杨村矿；5—鲍店矿；6—兴隆庄矿；7—东滩矿；8—落陵井田；9—里彦井田；10—辛集井田；11—田庄井田；12—17 号层露头；13—3 号层露头；14—兖州地方煤矿

点，田庄、杨村深部境界确定为 17 煤层－400m 水平。

根据煤层发育情况，将厚而稳定的 3 煤层分布的地区划分为 4 对大型、特大型矿井，将有薄、中厚煤层的小槽煤分布地区划为 7 对中、小型矿井。井田划分充分利用断层确定井田境界。设计确定的井田划分、矿区规模、矿井开拓方式及建设顺序均较合理。全矿区划分为十一个井田，如图 2—3—13，总建设规模 1525 万 t/a，井田特征见表 2—3—7。

（二）潘谢矿区

潘（集）谢（桥）矿区位于安徽省北部、淮河中游北岸。该矿区基本特点与兖州矿区相似，煤层埋藏深、煤层层数多、煤质好、储量丰富、煤层倾角平缓，第四系冲积层厚度大、含水丰富，凿井困难，且地处经济发达缺煤的华东区，即适合建大型井，也需要建大型井。因此，矿区井田划分以大型、特大型矿井为主。

矿区东西长58km，南北宽6～25km，面积约865km²。1978年总体设计规划9对矿井，含煤面积474km²。

表2—3—7 兖州矿区井田特征表

矿井名称	井田尺寸			储量（万t）		设计能力（万t/a）	服务年限（a）	开拓方式	备注
	走向长（km）	倾斜宽（km）	面积（km²）	工业	可采				
东滩	11.5	5.6	64.0	81364	47930	400	82	立井	1989年投产
兴隆庄	10.6	5.5	61.0	74471	35479	300	84	立井	1981年投产
鲍店	8.0	4.2	33.5	61997	33564	300	80	立井	1986年投产
南屯	10.5	5.2	54.6	45427	24157	210	82	立井	1973年投产
田庄	6.4	4.25	27.2	15808	7701	60	92	立井	划地方开采
杨村	9.0	2.9	26.1	9030	6701	60	80	立井	1989年投产
里彦	8.0	4.0	32.0	14314	8324	60	99	立井	划地方开采
辛集	9.5	4.0	38.0	15868	8609	60	102	立井	划地方开采
北宿	9.5	1.5	14.25	7324	4720	45	75	立井	1976年投产
唐村	5.5	1.7	9.35	3380	2317	30	75	立井	划地方开采
落陵				2013	1055				地方煤矿
全矿区				330996	180557	1525			

注：本表系根据1973年9月编制的兖州总体摘录的。原总体南屯设计能力为210万t/a，实际按150万t/a建设；小槽煤区域原总体划分杨村、田庄两个井，实际将南部划给田庄地方矿，北部划给兖州地方矿，中部由杨村开采；里彦、辛集两个井划给地方开采，但本表未进行修改。

区内为淮河冲积平原，地形平坦。第四系冲积层厚120～564m，水文地质复杂。西淝河穿越矿区。主要含煤地层为二叠系，可采煤层（含局部可采）10～16层，总厚度24.53～32.20m。主要煤种为1/3焦煤和气煤。地质储量（规划474km²内）925201万t。本区为次级的背斜、向斜构造。东部为潘集—丁集背斜区，走向断层发育；中部顾桥区为一扭曲带，单斜构造，倾斜断层发育；西部谢桥区为不对称向斜构造。矿区地温较高，瓦斯较大。

根据地质构造特点，煤田分为东部、中部、西部三大区域。

1．东部区（潘集一丁集区）

西起15勘探线，东到F1—9断层及C_{13-1}—800m等高线，东西长28～33km，南北宽5～10km，面积225.4km²。冲积层厚120～563.8m。该区是矿区最先开发的区域。

按构造形态和断层划分为潘一、潘二、潘三、潘四和丁集五个井田。井型均为300万t/a，本区规模1500万t/a。

2．中部区（顾桥一桂集区）

北自15勘探线，南到F11断层，南北走向平均长12.4km，东西倾斜平均宽11.3km，面积140km²。冲积层厚251.8～560m。可采煤层11层，总厚度24.5m，其中主要可采煤层5层，厚度20.5m。煤层倾角平缓，5°～10°，地质储量263520万t。该区两端构造较复杂，经一个井田和二个井田的井田划分方案分析，推荐二个井田方案（浅部顾桥，深部桂集），井型均为400万t/a，本区规模800万t/a。浅部井水平－600m，深部井水平－750m。

3．西部区（谢桥一张集区）

东自F11断层，西到F5断层，东西走向长约22km，倾斜宽5.5km，面积99km²。经比较确定以F9断层为界划分为张集、谢桥二个井田。谢桥井型400万t/a，张集井型400/600（二期）万t/a。本区规模可达800～1000万t/a。

全煤田划分9对矿井，见图2—3—14。总建设规模3100～3300万t/a，矿井特征见表2—3—8。

表2—3—8 潘谢矿区矿井特征表

顺序	矿井名称	走向长(km)	倾斜宽(km)	井田面积(km²)	地质储量(万t)	可采储量(万t)	设计能力(万t/a)	服务年限(a)
1	潘集一号井	6.8～7.2	4.6～7.6	40.4	85864	58448	300	139
2	潘集二号井	12	2.5～4.0	35	59915	37744	300	89.9
3	潘集三号井	9.3	5.8	54	93568	60808	300	145
4	潘集四号井	14.2	2.8	40	62241	37349	300	89
5	丁　集	8	4.2	33.6	87442	43697	300	105
6	顾　桥	11.8	5.1	60.3	134811	65907	400	118
7	桂　集	15	5.33	29.7	128708	70880	400	126
8	张　集	10	5.5	55	183773	117444	400/600	209/140
9	谢　桥	12	4.5	54	88879	58660	400	105

注：1978年总体设计后规划变化情况

1．潘二矿井投产后，鉴定为“双突矿井”，由此，井型由300万t/a改为210万t/a；

2．顾桥一桂集区，经1985年投标设计论证确认用一个井田开发较为优越，能力800/1000万t/a。

图 2—3—14　潘谢矿区井田划分

1—潘一矿；2—潘二矿；3—潘三矿；4—潘四井；5—丁集井；6—顾桥井；
7—张集井；8—谢桥矿；9—新集井；10—刘庄井田

表 2—3—9　古交矿区矿井特征表

顺序	矿井名称	走向长 (km)	倾斜宽 (km)	井田面积 (km^2)	工业储量 (万 t)	可采储量 (万 t)	设计能力 (万 t/a)	服务年限 (a)
1	西　曲	9	7	60	77800	53300	300	130
2	镇城底	6.5	3.5	25	37900	24700	150	117
3	屯　兰	10	8	80	110400	77300	400	138
4	东　曲	9.5	7.4	73	81300	57100	400	102
5	马　兰	18	5～12	120	146200	102000	400	182
6	矿　区			358	453600	314400	1650	

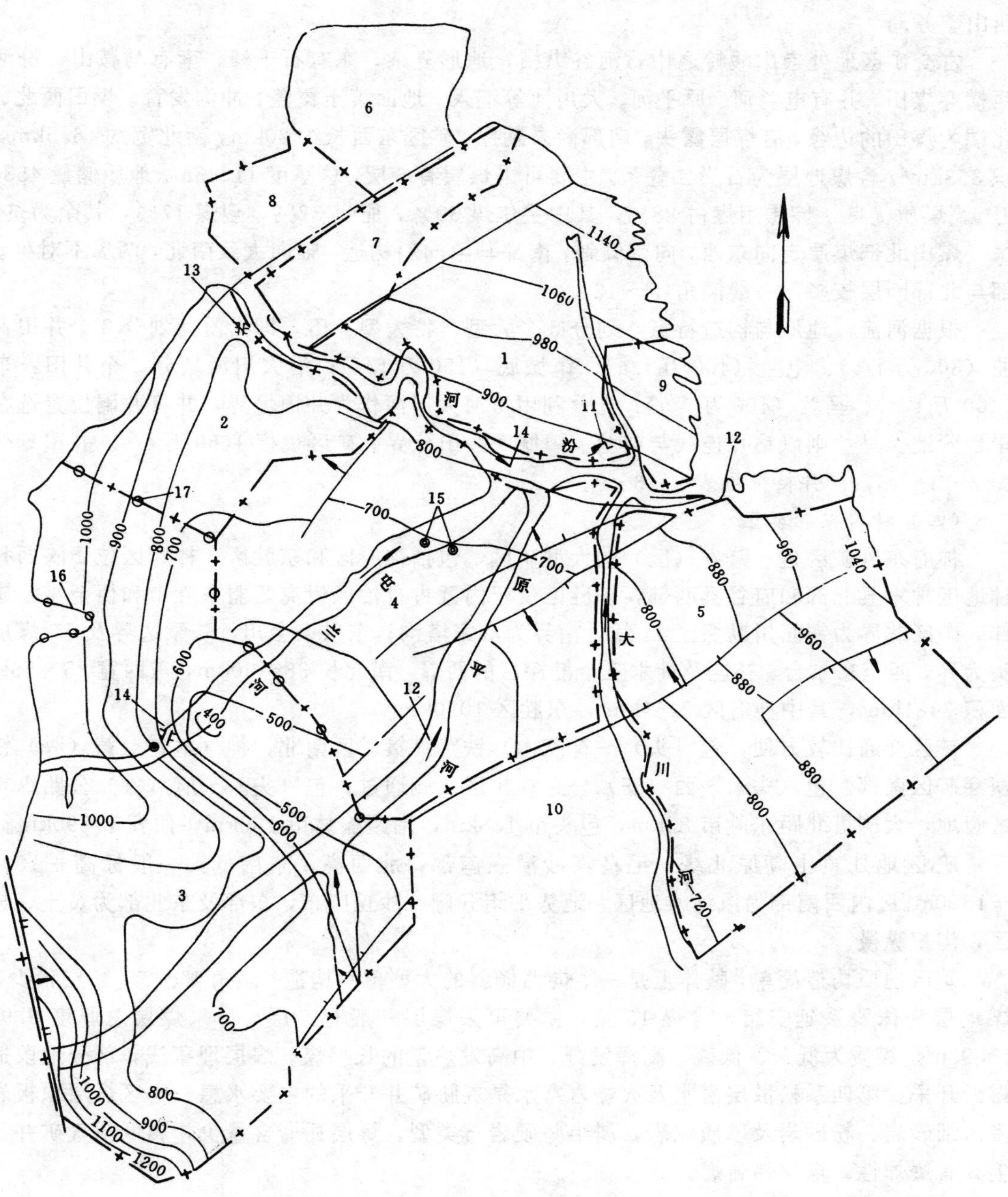

图2—3—15　古交煤田井田划分图

1—西曲井田；2—镇城底井田；3—马兰井田；4—屯兰井田；5—东曲井田；6—嘉东泉地方矿；7—炉峪地方矿；8—梭峪地方矿；9—小西曲地方矿；10—邢家庄勘探区；11—西曲平硐；12—东曲平硐；13—镇城底斜井；14—马兰斜井；15—屯兰立井；16—无煤区；17—钻孔

（三）古交矿区

古交矿区位于山西省古交市，属太原西山煤田的一部分，东南与西山局井田相邻，隶属西山矿务局。

古交矿区地处崇山峻岭之中，河谷纵横，地形复杂，东有石千峰，南有马鞍山，汾河东西横穿煤田，并有屯兰河、原平河、大川河等汇入。地面黄土覆盖，冲沟发育。煤田西北、东北端为煤田的边缘，有煤层露头，南部尚未勘探。矿区东西长约 20km，南北宽约 16.5km，面积 358km^2。含煤地层为石炭二叠系，主要可采煤层有 6 层，总厚度 11.43m。地质储量 453600 万 t。煤质优良，炼焦用煤占 88%。其中主焦煤 39%，肥煤 32%，瘦煤 17%，其余为贫煤。

煤田北部煤层走向东西，向南倾斜，南部马兰向斜构造，轴向大致南北，两翼不对称。东部与北部断层较多，一般倾角 4°～12°。

根据河流、地形与构造特点，划分 5 个大型、特大型井田。即沿汾河划分 3 个井田：西曲（300 万 t/a）、屯兰（400 万 t/a）、镇城底（150 万 t/a）；沿大川河划分 2 个井田：东曲（400 万 t/a）、马兰（400 万 t/a）；充分利用汾河大川河作为井田境界，并将井硐位置选在河岸台阶地。马兰则以钻孔连线与屯兰、镇城底井田分界。矿区规模 1650 万 t/a。井田划分见图 2－3－15，矿井特征见表 2－3－9。

（四）神府东胜矿区

神府东胜矿区是一跨省（区）的大型矿区，包括神府区和东胜区。神府区位于陕西省榆林地区神木县北部和府谷县西部，东胜区位于内蒙古自治区伊克昭盟东胜市和伊金霍洛旗南部。矿区北界为铜匠川勘探区 11 线，南界为麻家塔沟；东以束会川、陕蒙边界及 5^{-2}煤层露头为界，西至布尔台、补连及神木三个勘探区的西界，南北长 38～90km，东西宽 35～55km，面积 3481km^2，其中神府区 2461km^2，东胜区 1020km^2。

矿区交通比较方便，包（头）～神（木）铁路纵贯矿区南北，神（木）～黄（骅）铁路横穿矿区南部。包（头）～西（安）公路在矿区西侧通过；包（头）～府（谷）公路纵贯矿区腹地，大柳塔北距东胜市 83km，包头市 188km，南距榆林市 180km，西安市 890km。

矿区地处黄土高原北缘，毛乌素沙漠东南部，北西高，东南低，一般标高＋1000～＋1300m。区内西南部为风沙滩地区，地势平坦开阔，沙丘广布，东部及东北部为黄土、丘陵区，沟壑纵横。

矿区地质构造简单，整体上是一个向西倾斜的大型单斜构造，倾角 1°～2°，断层稀少。含煤地层为侏罗系延安组，含煤 15 层，主要可采煤层一般有 5 层，可采煤层总厚度 9.95～18.93m。煤质为低灰、低硫、高挥发分、中高发热量的长焰煤。煤层埋藏浅，部分地段适于露天开采。第四系松散层潜水及火烧岩富水是威胁矿井开采的主要水患。本区煤层顶板岩性多为细砂岩、粉砂岩及砂质泥岩，属半坚硬岩石类型。煤层瓦斯含量少，属低沼气矿井。煤尘具有爆炸性，煤层易自燃。

矿区探明储量 353.45 亿 t，其中神府区 224.37 亿 t，东胜区 129.08 亿 t。

矿区井田划分系根据煤田和所在地区特点、资金筹措的可能性、开发管理水平等，划分为国有重点煤矿、地方煤矿和乡镇煤矿开采范围，并相对集中，分片开发，不宜相互交叉在一起，以免相互干扰，影响安全生产。国有重点煤矿井田面积不宜划分太小，应大力采用综合机械化开采，合理加大矿井生产能力，实行一次设计，分期建设。

根据矿区特点和井田划分原则，结合煤层赋存条件、地形特点、运输条件及地面工业场地位置等因素，经多方案比选，神府区划分为十个井田和一个地方、乡镇煤矿开采区。东胜区划分为六个井田和一个地方、乡镇煤矿开采区并留有充分发展的余地，详见图2—3—4。矿区生产规模和矿井特征详见表2—3—10。

表2—3—10 神府东胜矿区矿井主要技术特征表

顺序	矿井名称	井田尺寸			矿井储量（万t）		设计生产能力（万t/a）		服务年限(a)	开拓方式	备注
		长(km)	宽(km)	面积(km^2)	地质	可采	一、二期	远期			
一	神府区			1112.37	1157754	510428	2180	4680			
（一）	国家开采区			797.87	1011873	708311	1905	4150			
1	石圪台矿井	8.5	8.0	65.7	103047	72133	300	300	111	斜井	最终500万t/a
2	瓷窑湾矿井	2.4	2.3	5.5	4000	2800	45	45	44	斜井	
3	前石畔矿井	9.8	8.3	81.3	99688	69782	400	400	125	斜井	
4	哈拉沟矿井	4.0	2.2	8.8	6572	4600	30	30	65	斜井	最终60万t/a
5	郭家湾矿井	6.0	4.5	28.0	7077	4954	30	30	69	平硐	最终60万t/a
6	大柳塔矿井	13.8	10.4	131.5	141908	99336	600	600	118	平斜	
7	活鸡兔矿井	8.0	7.5	60.56	98688	69082	500	500	99	平斜	平硐
8	朱盖塔矿井	18.5	7.8	140.0	125302	87711		400	111	平斜	最终600万t/a
9	张家峁矿井	15.0	9.0	137.78	147269	103088		600	123	平斜	
10	柠条塔矿井	17.0	8.9	138.73	278322	194825		1200	116	斜井	
（二）	地方、乡镇开采			314.5	145881	102117	275	575			现规化区最终375万t/a
二	东胜区			309.69	430417	303176	1420	1870			
（一）	国家开采区			186.99	293038	207011	1120	1420			
1	转龙湾矿井	5.9	4.7	27.7	32341	22989		300	117	斜井	扩大区储量37632万t
2	巴图塔矿井	10.1	5.3	53.2	73263	51284	400	400	92	斜井	
3	补连塔矿井	7.0	6.5	45.6	91024	63717	300	300	99	斜井	最终500万t/a
4	上湾矿井	7.6	7.0	53.3	88368	61658	300	300	96	斜井	最终500万t/a
5	马家塔露天矿			2.2	1466	1392	60	60	18	露天	
6	武家塔露天矿	2.3	2.2	4.99	6076	5771	60	60	53	露天	最终120万t/a
（二）	地方、乡镇开采区			122.7	137379	96165	300	450			现规划区最终810万t/a
	矿区总计			1422.06	1588171	1113604	3600	6550			

（五）巨野矿区

巨野矿区位于山东省西南部，地跨菏泽、济宁两市。巨野矿区包括巨野煤田和梁宝寺煤田。巨野煤田北起汶泗断层，南到煤系地层底界露头；东起田桥断层，西至煤系地层底界露头。南北长约80km，东西宽平均约12km，面积约960km^2。梁宝寺煤田北起F_{24}断层，南至煤系地层底界露头；东起F_1断层，西至田桥和巨野断层，东西长18km，南北宽约14km，面积约250km^2。

巨野矿区交通便利。京九铁路从矿区西北部通过，新（乡）兖（州）石（臼所）铁路在矿区中间穿过，至石臼所煤港422km。连云港至菏泽的327国道横穿矿区中部，滨州至郑州的220国道从矿区西北部斜插通过，日照至东明的高速公路也在矿区中部横穿而过，各县市、乡镇间均有沥青公路相通，公路纵横交错，四通八达。矿区中部西距菏泽市40km，东距济宁市65km。

矿区地处黄河冲积平原，地形平坦，地势略呈西高东低，自然地形坡度0.2‰～1‰。区内多为人工挖掘河渠，纵横交错，构成水利系统。地面村庄稠密，土地肥沃，是国家和山东省的粮棉油生产基地。

巨野矿区为一全隐蔽型的煤田，上部被第三、第四系所覆盖，新生界松散层的厚度440～790m，平均在600m左右。含煤地层为二迭系的山西组和石炭系的太原组，含煤25层，可采或局部可采5～6层，可采煤层平均总厚度11.35m，其中最上部主要可采的3煤层平均厚6.63m。煤质主要是低灰、低硫、低磷、高挥发分、高发热量、粘结性能强、结焦性能好的气煤、1/3焦、肥煤。矿区地质构造从总体上看是走向大致呈南北走向、向东倾斜的单斜构造，其间又发育着若干次一级褶曲并伴生一定数量的断层，局部地段有岩浆岩侵入。矿区构造程度属中等。水文地质条件为开采上组煤时属裂隙、岩溶类简单～中等类型，开采下组煤时属岩溶类复杂型。矿区地温较高，全区地层平均梯度2.82℃/100m；3煤层底板平均温度40.9℃。瓦斯含量普遍偏低，属低瓦斯矿区。煤尘有爆炸危险性，煤层有自然发火倾向。

巨野矿区的地质储量55.7亿t，其中巨野煤田48.7亿t，梁宝寺煤田7.0亿t。主要可采的3（$3_{上}$）、$3_{下}$煤层地质储量38.15亿t，占总地质储量的68.5%。

梁宝寺煤田中间有一个无煤带，很自然地将煤田划分为梁宝寺井田和彭庄井田。

巨野煤田基本为一南北方向延展的狭长条带，根据煤层赋存特点、火成岩的分布、地质构造和勘查进展情况，由南向北将巨野煤田划分成五个井田。万福和龙固井田之间是以85～420m落差的邢庄断层为界，龙固和赵楼井田之间是以0～260m落差的陈庙断层为界，赵楼和

表2-3-11 巨野矿区建设规模特征表

矿井名称	井田尺寸			地质储量(Mt)	工业储量(Mt)	可采储量(Mt)	建设规模(Mt/a)	服务年限(a)
	南北长(km)	东西宽(km)	面积(km^2)					
万福	21.5	5.0	108	500.35	325.97	201.31	1.8	70
龙固	12.0	17.0	205	1683.35	810.43	520.80	6.0	67
赵楼	9.5	16.0	152	1000.66	373.13	273.12	3.0	61
郭屯	14.0	16.0	222	782.86	286.86	203.30	2.4	60
郓城	23.2	11.8	273	902.59	539.56	295.68	2.4	77
梁宝寺	20.0	9.0	180	569.10	340.26	167.00	1.8	66
彭庄	7.0	10.0	70.0	131.71	88.96	46.16	0.6	52
合计			1210	5570.62	2765.17	1707.37	18.0	

郭屯井田之间是以 3925000 纬线和大片的天然焦为界，郭屯和郓城井田之间是以 25 勘探线为界。若将龙固和赵楼井田划分为一个井田，实行分区开拓，集中出煤，在技术上也是可行的。

巨野矿区井田划分见图 2—3—16，井田特征见表 2—3—11。

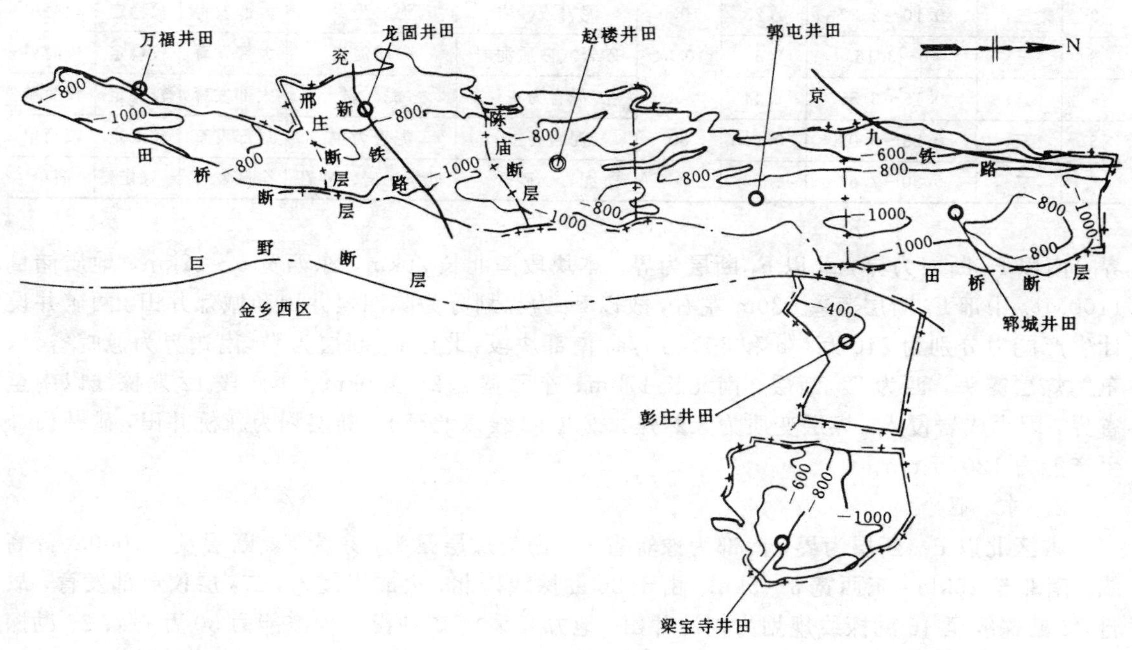

图 2—3—16 巨野矿区井田划分图

（六）*永夏矿区*

永夏矿区位于河南省东部，南北长 55km，东西宽 25km，面积 572km²（—1000m 以上）。区内地形平坦，包河、浍河、王引河、沱河流经矿区。含煤地层为二叠系山西组和石盒子组，可采煤层 4～5 层，总厚度 5～6m。其中山西组煤为主采煤层，全区发育，赋存稳定，平均厚度 2.55m，石盒子组（三煤组）为薄及中厚煤层，详见表 2—3—12，煤质为无烟煤。

煤田内第三、四系沉积层平均厚 312.9m，最厚 546.7m。构造类型中等。矿区主体构造为永城复式背斜，全长 60km，地层倾角 10°～20°，西翼倾角较缓，东翼倾角较大，次级褶曲比较发育。地质储量 255636 万 t，另有天然焦 59347 万 t，远景储量 60148 万 t，总体设计规划利用工业储量 193545 万 t。

矿区主要可采煤层稳定、储量丰富、表土层较厚，且邻近缺煤的华东工业区，根据其经济地理位置优越的特点，井田划分为大、中型矿井。结合煤层分布，在煤层群的开采程序上，采用"上行"开采顺序，先采煤质好煤层厚的二$_2$煤，而后开采三煤组，取得了较好的技术经济效果。

按煤田构造、煤层分布等特点，分为永城背斜西区，东区和北区三个区。

1. 西　区

按断层分布，本区划为南、北二个块段。北部块段，东以煤层露头为界，西以 F_2 断层为

表2－3－12　可采煤层特征表

序号	煤层	厚度（m）		层间距（m）	顶底板岩性		发育程度	稳定性	结构
		最小～最大	平均		顶板	底板			
1	三$_5$	0～1.9	1.11		泥岩或砂岩	泥岩	局部发育	较稳定	较简单
2	三$_4$	0.10～2.22	1.23	10.0	泥岩或砂岩	泥岩为主	大部发育	较稳定	较简单
3	三$_3$	0～3.16	1.59	10.34	砂岩或砂质泥岩	砂质泥岩	大部发育	较稳定	较简单
4	三$_2$	0.16～3.55	1.44	5.8	泥岩为主	泥岩	大部发育	较稳定	较简单
5	三$_1$	0.25～2.03	0.94	80	泥岩为主	泥岩为主	局部发育	较稳定	较简单
6	二$_2$	0.30～7.67	2.55		泥岩、砂岩	砂质泥岩、砂岩	全区发育	稳定	简单

界，南以F_{20}断层为界，北以F_{11}断层为界。本块段南北长20km，东西宽5～12km，地质储量1100Mt。中部F_6断层落差130m左右，故以F_6为界划分为陈四楼井田和城郊井田。两矿井设计生产能力分别为240万t/a和300万t/a。南部块段，北以F_{20}断层为界，南边界为豫皖省界，东为煤层露头，西为F_{200}断层，南北长17km，东西宽1.2～4.0km。本区段12勘探线以南至省界，因火成岩侵入，煤层变质为天然焦，故以12线以北至F_{20}断层划为新桥井田，矿井设计生产能力120万t/a。

2. 东　区

本区北以F_{101}断层为界，南部为豫皖省界，西为煤层露头，东为F_{201}断层及－1000m等高线。南北长25km，东西宽3～5km。由于26勘探线以北，火成岩侵入，二$_2$层仅局部发育，故自32勘探线至46勘探线规划为刘河井田（地方开采），矿井设计生产能力30万t/a；26勘探线以南，煤层赋存稳定，规划为车集井田，矿井设计生产能力180万t/a。

3. 北　区

本区北、西、东，以－1000m等高线和F_{101}断层为界，南为煤层露头线。因本区勘探程度低，煤层埋藏深，不具备近期建井条件，规划二对后备井田。F_{112}断层落差210～270m，可构成井田自然境界。F_{112}断层东，范围小，煤层较浅，划为丁楼井田（地方开采），矿井设计生产能力30万t/a；断层西划为薛湖井田，矿井设计生产能力90万t/a。

矿区井田划分见图2－3－17，井田特征见表2－3－13。

设计确定的井田划分，矿区规模及建设顺序均比较合理，对矿区建设起到了指导作用。

（七）华亭矿区

华亭矿区位于甘肃省东部华亭、崇信县境内，由华亭、安新、赤诚3个煤田组成。华亭煤田位于华亭县城周围。安新煤田距华亭县城东20km，崇信县西端。赤诚煤田位于安新煤田以东赤诚乡。

华亭县城南距宝鸡154km，宝（鸡）－中（卫）铁路从矿区通过，交通方便。

矿区地形复杂，属西部六盘山区和东部陕甘宁黄土高原之间过渡带，为一起伏不平的黄土高原和低山丘陵，山川多北西西走向，冲沟发育，地势西北高，东南低。华亭煤田海拔高1400～1750m，安新煤田海拔高1250～1650m。

矿区内自北向南有策底河、北纳水河，南纳水河、南川河、神峪河，均由西向东流入黄河支流。河谷形成的开阔川地可供厂矿选址。

华亭矿区各煤田含煤地层属中下侏罗系、煤质为长焰煤。矿区总地质储量3370Mt，其中

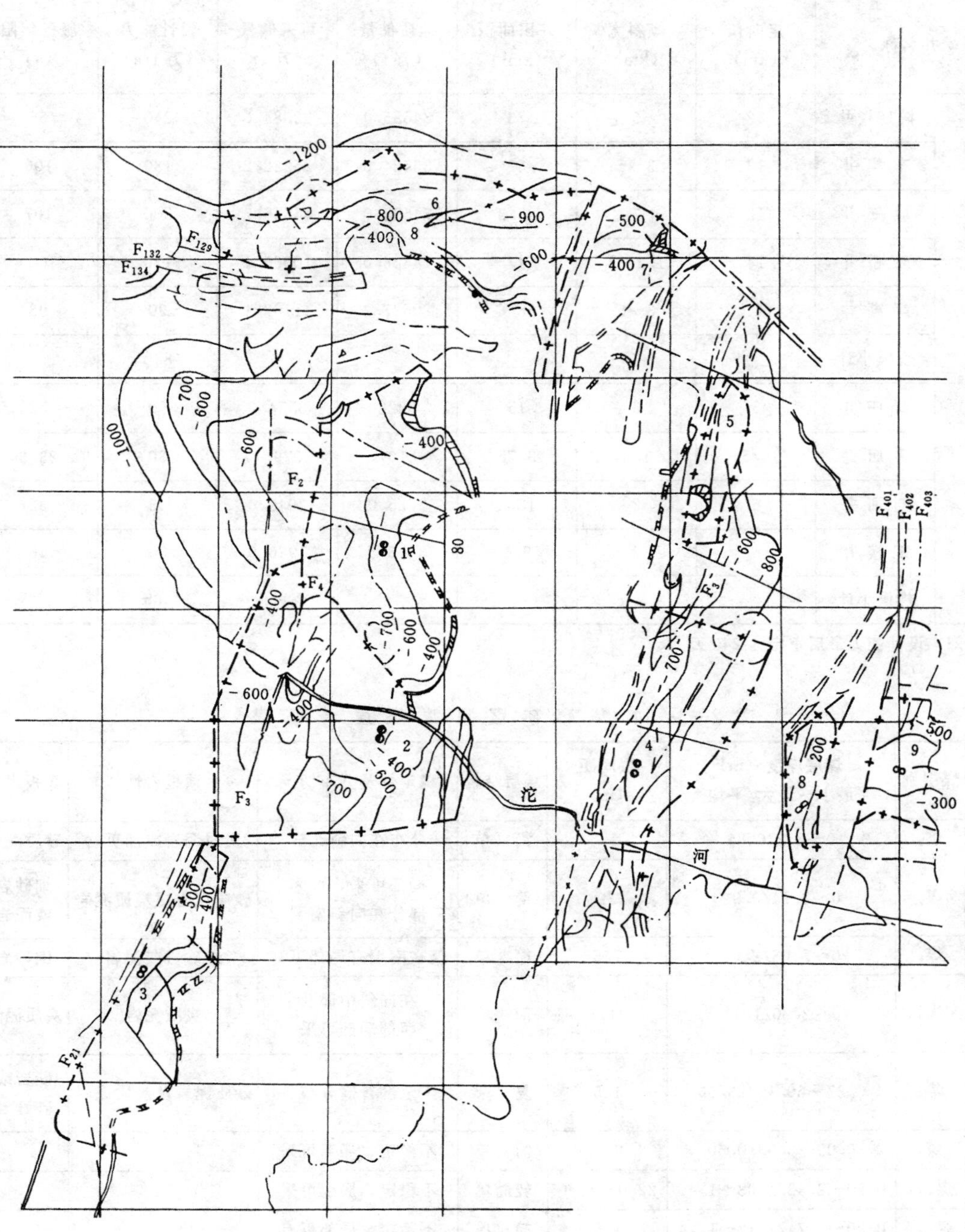

图 2-3-17　永夏矿区井田划分图

1—陈四楼矿；2—城郊矿；3—新桥井田；4—车集井田；5—刘河井田；6—薛湖井田；7—丁桥井田；8—葛店井田；9—新庄井田

表2－3－13　永夏矿区井田特征表

矿井名称		走向长（km）	倾斜宽（km）	井田面积（km^2）	地质储量（万 t）	可采储量（万 t）	设计能力（万 t/a）	服务年限（a）
国营重点矿	陈四楼井	12	6	73	34555.0	22084.0	240	65
	车集井	13	3～5	57	35624.6	25222.2	180	100
	城郊井	12	7	85.3	74595.0	44666.5	300	107
	新桥井	14	1.2～4	43	14426.0	10066.1	120	60
	薛湖井	14	3～5	68.6	20577.2	11767.1	90	93
	规模小计						840	
地方矿	新庄井	5	3	15	8622	6554.2	90	52
	葛店井	6.5	1.5	9.75	2107	979.1	30	23.3
	刘河井	6	2	12.4	3725.0	2049.0	45	32
	丁楼井	5	2	9.6	3313.5	1926.0	30	46
	规模小计						165	

注：城郊矿设计能力最后审定为240万 t/a。

表2－3－14　华亭矿区可采煤层特征表

煤田别	煤层别	煤层厚度（m）最小～最大/平均	层间距（m）	煤层结构	稳定性及分布情况	顶板岩性	底板岩性
华亭煤田	煤$_5$	0～2.2/0.85		简　单	分布在向斜北部	炭质泥岩或油页岩	砂质泥岩
	煤$_7$	0～2.74/0.92	39	简　单	局部可采，可采部分在向斜南翼	砂质泥岩或炭质泥岩	细砂岩或泥岩
	煤$_8$	0～7.08/2.69	7.5	简　单	仅在南端有局部可有	细砂岩或泥岩	细砂岩
	煤$_9$	0～2.00/1.14	17	简　单	在向斜中部及西部局部可采	炭质泥岩	炭质泥岩
	煤$_{10}$	0.22～60.19/23.00	1.5	复　杂	全区普遍分布	砂质泥岩及炭质泥岩	砂岩或砂砾岩
安新煤田	煤$_5$	0.09～0.93/0.60		简　单	不稳定，局部可采		
	煤$_{4-4}$	0.90～2.42/1.08～1.46	22.0～15.0	较简单	不稳定，局部可采		
	煤$_{4-3}$	0.20～1.74/1.12～1.24	1.5	简　单	不稳定，局部可有		
	煤$_{4-2}$	0.81～5.90/3.00～3.27	1.0	较复杂	较稳定，全井田可采		
	煤$_{4-1}$	0～1.05/0.64	3.2	较复杂	不稳定，局部可采		
	煤$_2$	0～6.21/3.74～4.00	29.5～14.0	较复杂	较稳定，全井田可采		
	煤$_1$	0.08～17.55/9.50～12.85	3.5	较复杂	稳定，全井田可采		

华亭煤田地质储量（详查）1930Mt，安新煤田地质储量（详查）1340Mt。矿区地震基本烈度为七度。

矿区总体设计于1990年编制完成，国家计委于1991年批准，并决定一期开发建设勘探程度高、开发条件好的华亭煤田，二期开发安新煤田，赤诚煤田为后备区。

1. 华亭煤田

煤田南北长15km，东西宽2～6km，面积54km²。煤田构造形态为北西向不对称的复式向斜构造，东翼倾角45°左右，西翼倾角一般30°～40°，局部达50°左右，向斜轴走向，由北往南，由北北西转为北东，再转为北西方向，呈一反“S”型。在向斜的西北部与东南部各发育一个次一级近南北的小向斜，凹陷较深。向斜轴部为宽缓的平台，倾角0°～15°，煤层埋深500～600m，两端收缩封闭。向斜西翼为唐家山F_1逆断层切割，断距北为10m左右，南为200m左右，倾角80°，为华亭煤田西部境界。

可采煤层有煤$_5$、煤$_7$、煤$_8$、煤$_9$、煤$_{10}$等5层，平均总厚度28.7m，煤$_{10}$为主要可采煤层，全区发育，赋存稳定，平均厚度23m。煤层特征见表2－3－14。

根据煤田构造形态与煤层赋存特点，为充分发挥各隶属体制建矿的积极性，按照统筹规划、合理安排的原则，在保留现有省、地、县及乡镇煤矿条件下，规划将煤田浅部划归地方煤矿开采。对煤田中深部，储量丰富、开采条件好，适合综合机械化开采，规划结合地形低山丘陵和矿区铁路选线的合理性，适当加大井田范围建设现代化国营重点煤矿。

经多方案井田划分比选，确定煤田中深部划分3对矿井。

（1）砚北矿井，其井田境界，南以向斜南部煤$_{10}$＋950m等高线，北以纬线3908000及煤$_{10}$＋1290m；东以煤$_{10}$＋1300m，＋1150m及＋1140m等高线，西以煤田向斜轴和煤$_{10}$＋1100m，＋700等高线及纬线3904000为界。井田面积14.35km²，地质储量658Mt。矿井设计生产能力300万t/a。

（2）白草峪矿井，其井田境界南以煤$_{10}$＋950m、＋1200m等高线及华亭县城煤柱线；北以纬线3908000；东以砚北矿井境界，西以F_1逆断层及煤$_{10}$＋950m等高线为界。井田面积25.28km²，地质储量947Mt，矿井设计生产能力400万t/a。

（3）陈家沟矿井，其井田境界南以煤$_{10}$＋1200m等高线，北以煤$_{10}$＋950m等高线；东以华亭县城煤柱线；西以F_1逆断层及煤$_{10}$＋950m等高线为界。井田面积2.05km²，地质储量60Mt，矿井设计生产能力45万t/a。

本区开发规模970万t/a，其中国有重点煤矿规模745万t/a，井田划分见图2－3－18，井田特征见表2－3－15。

2. 安新煤田

煤田南北长18km，东西宽1～10km，面积64km²。煤田构造为北西走向，向南倾伏的不对称向斜构造。向斜北部、中部较为对称，西翼倾角20°～30°，东翼30°～50°，向斜轴部8°～15°。南部有新窑向斜，党庄背斜，麦子坪向斜和周家寨背斜，倾角20°～30°。区内F_7断层较大，倾向西，南部落差350m，向北延续2.9km消失。

可采煤层有煤$_5$、煤$_{4-4}$、煤$_{4-3}$、煤$_{4-2}$、煤$_{4-1}$、煤$_2$、煤$_1$等，平均总厚度20～27.5m，煤$_1$为主要可采煤层，平均厚度9.50～12.05m，煤层特征见表2－3－14。

根据煤田构造与煤层赋存条件，将煤田北部与浅部划归地方煤矿开采。中、深部范围，经井田划分方案比选，确定划分二对矿井。

表 2—3—15 华亭矿区华亭煤田井田特征表

矿井名称	隶属	井田尺寸			储量（万 t）		设计能力（万 t/a）	服务年限（a）	开拓方式	备注
		走向长（km）	倾斜宽（km）	面积（km²）	地质	可采				
砚北	国有重点	11.30	1.21	14.35	65840.60	42631.59	300	101	斜井	在建井
白草峪	国有重点	11.50	2.15	25.28	94726.04	55116.58	400	98	立井	规划井
陈家沟	省属	4.10	0.50	2.05	6054.40	3187.95	45	51	斜井	生产井
东峡	省属	2.40	0.45	1.08	4216.25	2787.54	30	66	斜井	生产井
华亭	省属	1.91	0.53	0.56	2613.84	1722.25	45	27	斜井	生产井
策底	地、县煤矿	2.0～4.30	1.5～1.2	5.40	3698.26	1539.54	15	73	斜井	生产井
福利	地、县煤矿	0.72	0.50	0.36	871.54	636.40	9	51	斜井	在建井
煤沟	地、县煤矿	0.67	0.18	0.12	702.48	504.85	9	40	斜井	生产井
豹子沟	地、县煤矿	0.80	0.20	0.16	930.00	659.60	21	23	斜井	生产井
蔡家庄	地、县煤矿	1.00	0.20	0.20	409.00	306.75	9	24	斜井	在建井
华南	地、县煤矿	1.75	0.70	1.22	4565.00	2673.75	45	42	斜井	接续井
陇洲沟	地、县煤矿	1.40	0.40	0.56	2004.95	1403.00	15	67	斜井	在建井
东华	地、县煤矿	2.70	0.24	0.65	1708.15	645.16	21	22	斜井	生产井

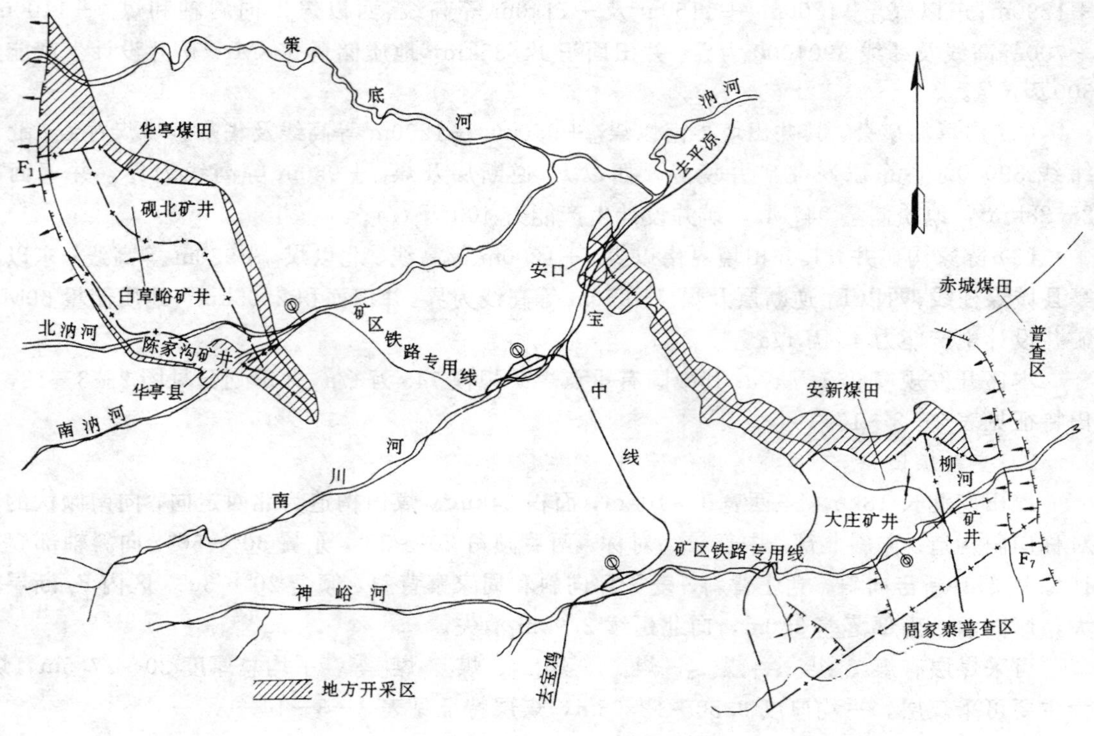

图 2—3—18 华亭矿区井田划分图

(1) 大庄矿井，井田境界南以一号勘探线；北以煤$_1$+950m 等高线；东以后河煤柱线及向斜轴线；西以煤层露头线为界。矿井设计生产能力 150 万 t/a。

(2) 柳河矿井，井田境界南以一号勘探线；北以煤$_1$+950m 等高线；东以 F_7 及煤$_1$+950m 等高线，西以后河煤柱线及向斜轴线为界。矿井设计生产能力 120 万 t/a。

本区开发规模 561 万 t/a，其中国有重点煤矿规模 270 万 t/a，井田划分见图 2—3—18，井田特征见表 2—3—16。

表 2—3—16 华亭矿区安新煤田井田特征表

矿井名称	隶属	井田尺寸			储量（万 t）		设计能力（万 t/a）	服务年限（a）	开拓方式	备注
		走向长（km）	倾斜宽（km）	面积（km^2）	地质	可采				
大庄	国有重点	5.85	4.36	25.21	69253.59	34138.13	150	162	立井	规划井
柳河		5.10	4.32	22.04	30400.00	15620.00	120	93	立井	规划井
马蹄沟	省属	3.80	0.5～1.7	3.80	6046.37	4534.38	45	72	斜井	生产井
安口		2.20	0.5～0.7	1.20	2564.64	720	30	17	斜井	生产井
杨家沟		2.50	0.80	2.0	3550.00	901.80	30	21	斜井	生产井
新窑	地、县煤矿	0.8～2.10	0.4～1.0	1.81	5625.90	3131.05	45	50	斜井	生产井
新柏		2.60	0.70	1.82	5722.18	4024.43	45	63	斜井	生产井
净石沟		1.0～2.79	0.25～0.85	1.12	2830.79	1364.90	30	33	斜井	生产井
西沟门		2.70	0.90	2.43	2352.00	1447.37	15	69	斜井	在建井
周家寨		3.00	0.26～0.98	1.95	4840.31	1840.70	30	44	斜井	规划井

第三节 矿井设计生产能力

矿井设计生产能力是与井田划分紧密联系的，并相互适应，是矿区开发规划研究解决的重要原则问题。矿井设计生产能力反映矿井生产技术面貌和生产建设的规模，应根据地质条件、国民经济发展需要和国内外市场需求，技术装备和管理水平，充分考虑科学技术进步等因素，依照投资少、出煤快、经济效益好的原则合理确定。

一、矿井井型分类

矿井井型是依矿井设计生产能力大小划分的矿井类型，分大型、中型、小型矿井三种。《煤炭工业矿井设计规范》(1994 年版) 对矿井井型的规定见表 2—3—17。

新建矿井按规定不应出现上述两种井型之间的中间井型。

表 2－3－17　矿井井型分类

分类	井型 (Mt/a)
大型	1.2，1.5，1.8，2.4，3.0，4.0，5.0，6.0 及以上
中型	0.45，0.6，0.9
小型	0.3 及以下

二、确定矿井设计生产能力的主要因素

（一）资源/储量

资源/储量是井田范围内供开采的煤炭及其他矿产资源的数量。它是确定矿井设计生产能力的基础；以保证有足够（规定）的矿井和水平服务年限。

现将计算资源/储量的两种规定和方法介绍如下。

1.《煤炭工业矿井设计规范》(1994 年版）规定

编制矿井初步设计，应计算下列储量：

(1) 矿井地质储量：勘探（精查）地质报告的储量，包括“能利用储量”和“暂不能利用储量”；

(2) 矿井工业储量：勘探（精查）地质报告的“能利用储量”中 A、B、C 三级储量，A、B、C 级储量的计算方法，应符合现行国家标准《煤炭资源地质勘探规范》的规定；

(3) 矿井设计储量：矿井工业储量减去设计计算的断层煤柱、防水煤柱、井田境界煤柱和已有的地面建筑物、构筑物需留设的保护煤柱等永久性煤柱损失量后的储量；

(4) 矿井设计可采储量：矿井设计储量减去工业场地保护煤柱、矿井井下主要巷道及上、下山保护煤柱后乘以采区回采率的储量；

(5) 矿井采区回采率，应符合下列规定：厚煤层不应小于 75%；中厚煤层不应小于 80%；薄煤层不应小于 85%。

2.《固体矿产资源/储量分类》(GB/T17766—1999)

根据《固体矿产资源/储量分类》和《煤、泥炭地质勘查规范》（报批稿）规定，固体矿产资源勘查地质报告，应提出查明矿产资源和潜在矿产资源。依据地质可靠程度和相应的可行性评价所获不同的经济意义，将固体矿产资源/储量分为储量、基础储量和资源量三大类十六种类型，见表 2－3－18。

查明矿产资源：是指经勘查工作已发现的固体（煤炭）矿产资源的总和。

潜在矿产资源：是指根据地质依据和物化探异常预测而未经查证的那部分固体矿产资源。

储量：是指基础储量中的经济可采部分。在预可行性研究、可行性研究或编制年度采掘计划当时，经过了对经济、开采、选冶、环境、法律、市场、社会和政府等诸因素的研究，结果表明在当时是经济可采的部分。用扣除了设计、开采损失的可实际开采数量表述，依据地质可靠程度和可行性评价阶段不同，又可分为可采储量和预可采储量。

基础储量：是查明矿产资源的一部分。它能满足现行采矿和生产所需的指标要求（包括品位、质量、厚度、开采技术条件等）是经过详查、勘探所获得控制的并通过可行性研究、预可行性研究认为属于经济的、边界经济的部分，用未扣除设计、开采损失的数量表述。

资源量：是指查明矿产资源的一部分和潜在矿产资源，包括经可行性研究或预可行性研

究证实为边际经济的矿产资源以及经过勘查而进行可行性研究或预可行性研究的内蕴经济的矿产资源量以及经过预测的矿产资源。

表 2—3—18 固体矿产资源/储量分类表

<table>
<tr><td rowspan="6">查明矿产资源</td><td rowspan="2">储　量</td><td>可采储量</td><td>111</td></tr>
<tr><td>预可采储量</td><td>121、122</td></tr>
<tr><td rowspan="2">基础储量</td><td>经济基础储量</td><td>111b、121b、122b</td></tr>
<tr><td>边际经济基础储量</td><td>2M11、2M21、2M22</td></tr>
<tr><td rowspan="2">资 源 量</td><td>次边际经济资源量</td><td>2S11、2S21、2S22</td></tr>
<tr><td>内蕴经济资源量</td><td>331、332、333</td></tr>
<tr><td>潜在矿产资源</td><td>资 源 量</td><td>预测的资源量</td><td>334?</td></tr>
</table>

注：表中所用编码(111～334)，第 1 位数表示经济意义：1＝经济的，2M＝边际经济的，2S＝次边际经济的，3＝内蕴经济的，?＝经济意义未定的；第 2 位数表示可行性研究阶段：1＝可行性研究，2＝预可行性研究，3＝概略研究；第 3 位数表示地质可靠程度：1＝探明的，2＝控制的，3＝推断的，4＝预测的。b＝未扣除设计、采矿损失的可采储量。

可采储量：是探明的经济基础储量的可采部分。即探明的经济基础储量扣除设计、采矿损失的数量，是矿井设计生产能力的主要依据。

为了保证矿井特别是矿井先期开采块段资源/储量的可靠性和准确性，《煤、泥炭地质勘查规范》（报批稿）建议勘探（精查）阶段先期开采地段的资源/储量比例见表 2—3—19。

表 2—3—19 勘探阶段先期开采地段资源/储量比例表

<table>
<tr><td rowspan="2">地质开采条件
井型
比例（%）</td><td colspan="3">简　单</td><td colspan="3">中　等</td><td colspan="2">复　杂</td></tr>
<tr><td>大型井</td><td>中型井</td><td>小型井</td><td>大型井</td><td>中型井</td><td>小型井</td><td>中型井</td><td>小型井</td></tr>
<tr><td>先期开采地段探明的和控制的资源/储量占本地段资源/储量总和的比例</td><td>≥80</td><td>≥70</td><td>≥50</td><td>≥70</td><td>≥60</td><td>≥40</td><td colspan="2">不作具体规定</td></tr>
<tr><td>先期开采地段探明的资源/储量占本地段资源/储量总和的比例</td><td>≥60</td><td>≥40</td><td>≥20</td><td>≥50</td><td>≥30</td><td colspan="2">不作具体规定</td><td>不要求</td></tr>
</table>

根据《固体矿产资源/储量分类》和《煤、泥炭地质勘查规范》（报批稿）规定，勘查地质报告应经可行性评价提出不同经济意义的固体矿产资源/储量分类计算成果，也就是说不但勘查单位要对勘查范围采用各种勘查手段和方法提出不同的地质可靠程度成果，而且设计单位也要对勘查范围的矿产资源作出可行性评价，共同提出不同可靠程度的、不同经济意义的矿产资源/储量计算成果。因此勘查单位和设计单位不但要密切配合，而且应该在思想观念和机制方面进行改革，以适应新的发展形势的要求。

另外，由于上述两种规定在名词的定义、范围、分类、计算方法等方面有很大差别，为了与世界接轨，现行的（煤炭工业矿井设计规范）必须根据国家颁布的《固体矿产资源/储量分类》标准进行修改，矿井设计则应按照新的《煤炭工业矿井设计规范》进行设计。

（二）地质和开采条件

地质和开采条件是确定矿井设计生产能力的基本条件。煤层赋存稳定、构造简单、开采条件好，则为采用先进工艺、技术、设备，建设现代化大型矿井提供了客观条件。

根据我国矿区生产建设实践和经验，对于煤田范围广阔、储量丰富、地质构造简单、煤层生产能力大、开采技术条件好的矿区，宜建设大型矿井，如神府东胜矿区。对于煤层赋存深、构造较简单、储量丰富、冲积层厚度大且含水丰富，井筒需用特殊施工方法凿井时，为扩大井田开采范围，减少开凿井筒数目，降低吨煤投资，亦宜建设大型矿井，如兖州矿区、潘谢矿区、开滦矿区等。对于地形地貌复杂、构造简单、储量丰富、煤层生产能力较大的矿区，因井筒、工业场地的选择和布置比较困难，井田范围亦宜划得大些，以建设大型矿井为宜，如古交矿区等。对于地质构造比较复杂、储量不很丰富、煤层生产能力不大或储量较丰富，但多为薄煤层、开采条件较差的矿区，宜建设中小型矿井。此外，煤层瓦斯涌出量、煤与瓦斯突出与否，冲击地压、涌水量与突水威胁及自然发火等因素均制约着矿井设计生产能力，设计时必须综合考虑这些不利因素的影响。

为了实现生产集中化，提高经营效益，减少初期工程量和基建投资，并及早投产，根据地质和开采条件，一般以一个开采水平保证矿井设计能力，且每翼同时生产的采区数目，一般不宜超过2个。

（三）技术装备与管理水平

技术装备是提高矿井生产能力的技术手段。矿井设计生产能力的基础是采煤工作面的单产和数目。技术装备水平不同，采煤面的单产水平不同。当前，中国普通机械化采煤面单产水平为30～60万t/a，普通综合机械化采煤面单产水平90～150万t/a；大功率高产高效综采面单产水平300万t/a以上。例如，设计一个年产300万t/a矿井，只需装备1个高产高效工作面，而普通综采工作面需2～4个。

管理水平对矿井设计生产能力发挥有着重要作用，应重视培训。设计在确定矿井设计生产能力时，对技术装备与管理水平应充分考虑科学技术进步的因素。

（四）矿井与水平服务年限

为发挥投资效益和保证矿井正常生产接替与稳定发展，矿井与第一开采水平的设计服务年限不应小于表2－3－20的数值。

表2－3－20 矿井及第一开采水平设计服务年限

矿井设计生产能力 (Mt/a)	矿井设计服务年限 (a)	第一开采水平设计服务年限 (a)		
		煤层倾角＜25°	煤层倾角25°～45°	煤层倾角＞45°
3.0及以上	60～70	30～35	—	—
1.2～2.4	50～60	25～30	20～25	15～20
0.45～0.9	40～50	20～25	15～20	10～15

《煤炭工业技术政策》规定，对缺煤地区上述服务年限可适当缩短。对于年产30万t/a以下矿井服务年限由各省自定。

矿井与水平服务年限计算公式如下：

$$T=\frac{Z_m}{A \cdot K}$$

式中 T——设计计算服务年限，年；

Z_m——可采储量，万 t；

A——年产量，万 t/a；

K——储量备用系数，宜采用 1.3～1.5。

《煤炭工业技术政策》关于改扩建矿井的服务年限规定，见表 2—3—20。

表 2—3—20 改扩建矿井服务年限下限的规定

井 型	改造后矿井设计能力（万 t/a）	改造后服务年限（a）
大 型	300 及以上	40～50
	120～240	30～40
中 型	45～90	20～30
小 型	30 及以下	由各省煤炭局（厅）自定

近年来，我国设计建设的部分大型矿井服务年限见表 2—3—5。

20 世纪 70 年代以来，国外主要采煤国家为适应科技进步、技术装备更新周期缩短的发展趋势，矿井设计服务年限趋向缩短，其大型矿井服务年限约为 50 年左右，见表 2—3—21。

表 2—3—21 国外部分大型矿井的服务年限

矿井名称	矿井设计生产能力（万 t/a）	服务年限（a）	备 注
英国赛尔比	1000	40	
前苏联多尔然	420	45	
前苏联红军矿	400	42	
前苏联萨兰斯卡亚	1100	55	
波兰皮雅斯特	720	71	
德国瓦恩特	300	30	
美国莫朗二号	220	25	
美国莫斯三号	750	25	
日本夕张新矿	150	43	

（五）国家和市场对煤炭的需要与经济效益

国家或地区经济发展需要（或国内外市场需求），是确定矿井设计生产能力的重要前提，有市场才有经济效益。在按矿井自身条件，其可能的生产能力比较大，远超过市场需求时，应降低矿井设计生产能力，留有后期改扩条件或实行分期建设；并非储量多、构造简单、地质开采条件较好，只要服务年限符合规定就越大越好，还要结合具体条件研究其最经济合理的建设规模。相反，据矿井自身条件其生产能力不适应建设和市场需求时，应根据地质开采条件，经济合理地确定矿井设计生产能力。

经济合理主要指吨煤基建投资少、建设周期和达产时间短、吨煤生产费用低、利润高、投资回收期短等。总之在市场经济条件下，要保证最少投入，获取最大的产出和效益。为此，设计应努力减少井巷工程量，改革开拓部署、多做煤巷，缩短井巷贯通距离，依靠科学技术进步，积极采用先进工艺、技术、设备和材料。

矿井设计生产能力与服务年限实际资料见表2—3—5、表2—3—7、表2—3—8、表2—3—9、表2—3—10、表2—3—12。

第四节 矿区建设规模与均衡生产年限

一、矿区建设规模

矿区建设规模是矿区开发建设的重大决策和主要技术经济指标，是决定矿区辅助企业、附属企业、行政机构、文教卫生设施、矿区运输、供电、信息网络、供水、排水、环境保护等建设规模及矿区地面总布置的重要依据；它关系到矿区建设规划布局的合理性和稳定性，也关系到矿区投资效益或区域性经济的发展。

（一）确定的原则

应根据资源条件、外部建设条件、国家经济发展需要、投资效果和均衡生产年限等进行全面分析，综合论证确定。

(1) 资源条件。系指煤田范围、煤层赋存条件、储量、地质构造、水文地质、开采技术条件及地形地貌等。对储量丰富、煤层赋存较浅、地质构造、水文简单、开采技术条件较好的煤田，应以建设大型和特大型矿井为主，兼顾建设一批中小型矿井，形成大中小矿井相结合的矿区，其建设规模大于10Mt/a的。如大同、古交、平顶山、鹤岗等矿区。

对储量较少、煤层赋存较浅、地质构造和水文较复杂、开采技术条件较差的煤田，应建设中、小型矿井，如四川松藻、湖南袁家、浙江的长广等矿区，其建设规模宜小于3Mt/a。

对于储量丰富、煤层赋存较深、冲积层厚、地质构造和水文条件简单、开采条件较好的煤田，应建设大型和特大型矿井，如开滦、兖州、潘谢等矿区，其建设规模宜大于10Mt/a。

(2) 外部建设条件。系指矿区的运输、供电、供水、信息网、当地建设材料、邻近矿区生产建设经验等，受外部建设条件制约时，矿区规模应适当缩小。如中国西部矿区常因铁路运输能力的制约而缩小建设规模或实行分期建设。

(3) 国民经济或区域经济发展需要。这是矿区开发建设的前提和确定矿区规模的重要依据。要根据国家经济发展计划对煤炭的需求量（包括产量、煤种、煤质），特别要认真调查和预测区域经济发展对煤炭的需求量，不调查不研究盲目建设会给国家和企业带来巨大经济损失。

(4) 投资效果。投资效果好这是企业追求的目标，建设投资少、施工工期短、生产成本低、生产效率高、投资偿还期短的矿区可适当加大矿区建设规模，反之应缩小。在确定矿区建设规模时，可留有扩建发展的条件。

(5) 符合均衡生产年限的规定。矿区建设规模应使矿区均衡生产年限符合《煤炭工业技术政策》和《煤炭工业矿区总体设计规范》的规定，保证矿区长期稳定供应煤炭和投资效益。

（二）确定的方法

在矿区可行性研究或矿区总体设计中，根据矿区开发原则和指导思想，首先对矿区井田进行合理划分，再根据已划分的井田方案、外部建设条件、国家需要、投资效果和矿井合理的服务年限等，通过技术经济综合论证确定矿井（露天矿）设计生产能力。一般来说，由大型矿井组成的矿区，矿井年设计生产能力的总和即为矿区建设规模。由中、小型矿井组成的矿区，浅部小型矿井常为深部大、中型矿井所接替，这时需要根据矿区均衡生产年限的要求规划矿井接替关系，在矿区均衡生产年限内的各矿井设计生产能力总和才构成矿区建设规模。

（三）矿区建设规模的划分

为了合理的确定矿区的辅助企业、附属企业、行政机构、文教卫生设施、居住区、矿区运输、供电、信息网、供水、排水、环保等工程的建设规模与标准，将矿区建设规模划分为＜2Mt/a、2～5Mt/a、5～10Mt/a、10～15Mt/a、＞15Mt/a 以上 5 种规模。

矿区建设规模系指矿区均衡生产的规模，在均衡生产时期内的产量，上下波动幅度一般不大于 15%。

二、矿区均衡生产年限

矿区均衡生产年限是矿区年产量长期保持建设规模的生产年限，是决定矿区建设规模的重要原则和依据。矿区建设规模确定偏大，均衡生产年限就偏短；反之，建设规模偏小，均衡生产年限就偏长。

（一）矿区均衡生产年限的规定

为了保证矿区能够较长时期地均衡供应煤炭，使矿区的综合工业设施和建筑物等有合理的服务年限，发挥矿区工程的投资效益，保证矿区建设规划布局的合理性和稳定性，矿区必须有合理的均衡生产年限。根据我国的国情，规定矿区建设规模和均衡生产年限，见表 2－3－22。

表 2－3－22 矿区均衡生产年限表

矿区建设规模（Mt/a）	＞15	10～15	5～10	2～5	＜2
均衡生产年限（a）	70～90	70～80	60～70	50～60	40～50

我国规定的矿区均衡生产年限比西方主要产煤国家均衡生产年限要长些。一般说，矿区均衡生产年限在没有特殊条件限制时（特殊煤种的保护开采）不宜过长。在缺煤地区，矿区均衡生产年限可以适当缩短，但不宜小于表中规定的 85%。改扩建矿区，其均衡生产年限可根据国家需要，结合矿区具体情况适当缩短。

（二）矿区均衡生产年限确定方法

由编制的矿井建设顺序及产量规划表求出。编制矿井建设顺序及产量规划表的方法是将矿区中每个矿井按建设的先后顺序逐次排出施工准备时间、建井时间及逐年的产量规划横格数字表。从表中可以求出矿区均衡生产年限，也可以看出矿区产量递增年限、产量递减年限

名称	井型 (Mt/a)	建井工期 (月)	服务年限 (a)	1992	1993	1994	1995	1996	1997	1998	1999	2000	2001	2002	2003	2004	2005	2006	2007/2010	2011/2020	2021/2030	2031/2040	2041/2050	2051/2060	2061/2070	2071/2080	2081	2082	2083	2084	2085	2086/2090	2091/2095	2096/2100
				矿井建设顺序及产量规划 (Mt/a)																														
许厂	1.5	60	86	×---	---×	——	——	——	——	0.3	1.2	1.5	1.5	1.5	1.5	1.5	1.5	1.5	1.5	1.5	1.5	1.5	1.5	1.5	1.5	1.5	1.5	1.5	1.5	1.2	0.3			
黛庄	1.5	60	76		×---	----	×——	——	——	——	——	0.3	1.2	1.5	1.5	1.5	1.5	1.5	1.5	1.5	1.5	1.5	1.5	1.5	1.5	1.2	0.7	0.3						
唐口	4.0	84	88				×---	----	---×	——	——	——	——	——	——	1.0	2.0	3.0	4.0	4.0	4.0	4.0	4.0	4.0	4.0	4.0	4.0	3.0	3.0	3.0	3.0	3.0	2.0	1.0
葛亭	0.6	60	71								×---	---×	——	——	——	——	——	0.3	0.6	0.6	0.6	0.6	0.6	0.6	0.6	0.3	0.3	0.3						
矿区	规模 7.6Mt/a		年限 103a																															
矿区合计	矿区产量比例%									3.9	15.8	23.7	35.5	39.5	39.5	52.6	65.8	82.9	100	100	100	100	100	100	100	92.1	85.5	67.1	59.2	55.2	47.4	39.5	26.3	13.2

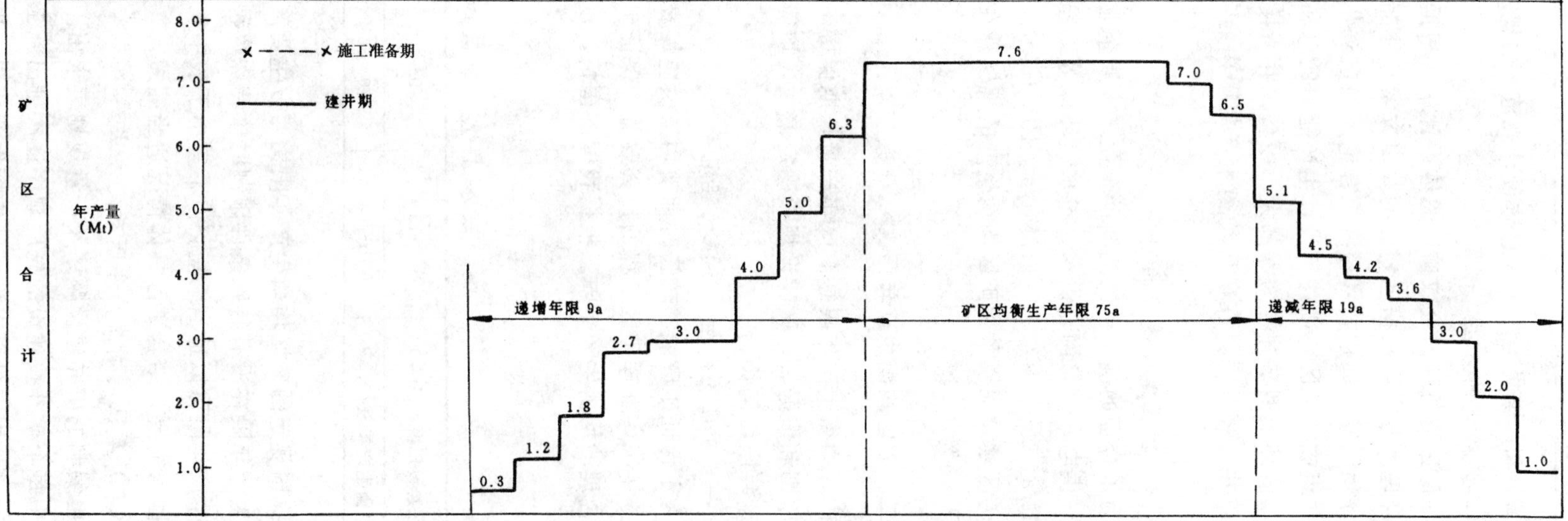

表 2—3—23　济宁北矿区矿井建设顺序及矿区产量规划表

和矿区整个服务年限。

矿区服务年限为矿区从第一对矿井建成投产到矿区最后一对矿井报废的整个生产年限。矿区产量递增年限为矿区第一对矿井建成投产至达到矿区建设规模的85%产量间的年限。矿区均衡生产年限为矿区产量长期保持建设规模不低于85%的产量的生产年限。矿区产量递减年限即为矿区产量从低于矿区建设规模85%到最后一对矿井报废的年限。矿区开发规划要求矿区产量递增年限（达产期）和矿区产量递减年限（减产期）尽量缩短，矿区均衡生产年限（稳产期）尽量加长。

济宁北矿区矿井建设顺序及产量规划，见表2—3—23。

兖州矿区矿井建设顺序及产量规划，见表2—3—24。

平顶山矿区矿井建设顺序及产量规划，见表2—3—25。

第五节 矿区建设顺序

矿区建设顺序系指矿区内各矿井（露天矿）及其它矿区工程建设实施的优化安排。

矿区建设是个复杂的系统工程，包括矿井、露天矿、选煤厂等主体生产企业；机电修理厂、总器材库等辅助、附属企业；矿区中心及行政、文教、卫生设施；地面运输、供电、信息网络、给水、排水、防洪排涝、环境治理等配套工程。这些工程建设顺序安排的总目标是保证矿区建设尽快形成生产能力，使矿区生产持续、稳定、协调发展。矿区辅助、附属企业及配套工程，必须与矿区主体生产企业同步建设，形成相应的综合生产能力。有些要提前建成，以便为建设期间服务，减少临时工程费用，提高矿区建设的经济效益。

一、编制矿区、矿井建设顺序的原则

矿井（露天矿）建设顺序是矿区建设顺序的主体，它决定整个矿区建设的总工期。编制矿井建设顺序，一般应根据下列主要原则：

（1）先浅后深。当煤田沿倾斜方向划分为数个井田时，应先建设浅部矿井，后建设深部矿井，如平顶山煤田，先建设浅和较浅的一、二、三、四、五、七、十二矿，再建设较深和深部的六、八、十三矿。对矿区迅速形成一定的生产规模起到了重要作用。

（2）先小后大。当矿区内有不同矿井设计生产能力的矿井时，一般应先建设小型、中型矿井，后建设大型或特大型矿井。如兖州矿区，先建设落陵、唐村小型、中型矿井，取得建设经验后，再建设南屯、兴隆庄、鲍店、东滩等大型和特大型矿井。

（3）先易后难。从施工方面看，先建设外部开发条件（交通、水源、电源、场地等）好、施工条件（表土层厚度、涌水量等）简单的矿井。从生产方面看，先建设地质构造简单、煤层赋存稳定、开采技术条件简单的矿井，后建设外部开发条件差、施工条件复杂、地质条件复杂的矿井，如平顶山矿区，先开发建设外部条件好、地质构造比较简单的平顶山煤田区的矿井，后开发建设条件比较差的韩梁煤田的矿井。

（4）先平硐、再斜井、后立井。如果一个矿区有平硐、斜井和立井时，应先建设施工条件简单、投资少、建设快的平硐或斜井，后建设立井，如阳泉矿区的三矿，先建设不需提升、排水设备、投资少、建设快的七尺平硐，再建设施工设备简单、施工容易的四尺斜井，最后建设施工设备复杂、施工较难的丈八立井。又如沈阳矿区沈北煤田，先建设北部的前屯和清

水台斜井，后建设蒲河和大桥立井。

在一个矿区有露天和井工开采时，先建设工期短、产量大、达产快、效率高、成本低的露天矿，再建设井工矿，如阜新矿区先建设海州和新丘东露天矿，再建设五龙立井，新邱立井。又如准格尔矿区先建设黑岱沟露天矿，再建设用井工开发的矿井。

(5) 先改扩建，再新建。在矿区总体设计中，如果有生产矿井改扩建，则应先安排改扩建矿井，后安排新建矿井。如平顶山矿区，从1974年起，对二、三、五、九等矿井进行了技术改造，对一、四、六、七、十、十二矿进行了改扩建，提高了矿井的技术装备水平，扩大了矿区生产能力（六对矿井扩大生产能力580万t/a)。

(6) 先急需后一般。在不同煤质、不同煤种的矿井之间安排建设顺序时，应先建设国家急需的煤质、煤种所在的矿井，后建一般煤质、煤种所在的矿井，如红阳矿区，二井赋存辽宁短缺的焦煤，矿区建设将二井列为第一对矿井开发建设。

(7) 同时建设的矿井不能太多。矿区同时建设矿井的数量主要是根据国民经济对煤炭需求的大小，地质勘探程度、资金筹措情况，器材供应条件、施工队伍的数量以及外部协作条件等因素择优确定。从我国40余年的矿区建设经验看，矿区同时建设的矿井数量要根据当时当地的实际情况确定，为了集中人力、物力、财力加快矿井建设，一般大型矿井以不超过三对为宜。

二、编制矿井建设顺序的依据

(1) 市场需求：依据国民经济发展和区域经济发展有对煤炭产量、质量煤种的需求计划，煤炭行业对这种需求，有进一步的计划安排，矿区应尽量满足国家计划安排，以促进整个国民经济的发展。

(2) 外部开发条件：其它条件相同，外部开发条件相差较大时，应先建设交通、电源、水源、场地条件好，并容易落实的矿井，以缩短施工准备期。

(3) 材料、设备供应条件：能够容易落实材料、设备供应和施工队伍的矿井应安排在先期施工。

(4) 勘探程度：矿井建设顺序应考虑到地质部门提交精查地质报告时间顺序，矿井初步设计必须有批准的精查地质报告作为设计依据，矿井建设必须严格按照基本建设程序。

矿井的建设顺序在市场经济条件下，应以矿区投资的最佳经济效益来安排矿井建设顺序。在矿区建设期内，以矿区及矿井的综合经济效益为目标，以矿区资源为约束条件，从实际出发，统筹考虑，综合分析，编制出符合实际的矿井建设顺序。

第六节　煤炭工业环境保护

一、煤炭工业环境保护的原则

为防治环境污染和生态破坏，保障人体健康，促进煤炭工业健康发展，在矿区开发建设中必须贯彻保护环境这一基本国策。坚持经济建设、城乡建设、环境建设同步规划、同步实施、同步发展的方针，坚持预防为主、防治结合、综合治理的原则。

煤炭工业环境保护的主要任务是：合理开发利用煤炭及与煤共生、伴生的矿产资源，依靠科学技术进步，推行清洁生产，防治矿区生态破坏和环境污染，发展洁净煤技术，提供清洁能源。

因此，矿区开发建设应结合区域环境承载能力，确定开发强度，优化产业和产品结构，合理布局，并使矿区污染防治由末端治理转变为生产全过程控制。

二、煤炭工业建设项目环境管理

（1）煤炭地质勘探单位在煤田勘探过程中，应调查、收集和监测有关环境背景资料和数据，并保护勘探区内生态环境。

（2）煤炭工业建设项目，包括新建、改建、扩建项目，技术改造项目和区域开发项目等，在预可行性研究（项目建议书）中，应根据建设项目的性质、规模和区域环境特点，简要说明建设项目投产后可能造成的环境影响，主要内容包括：

①所在地区的环境现状；

②可能造成的环境影响分析；

③当地环保部门的意见和要求；

④存在的问题。

（3）煤炭工业建设项目应在可行性研究阶段提出环境影响报告书或环境影响报告表，经有关环境保护部门审批后，编制初步设计。建设项目中防治污染及其它公害的设施，必须与主体工程同时设计、同时施工、同时投产。

（4）煤炭工业建设项目可行性研究报告应包含环境保护的专门论述，主要内容包括；

①建设地区的环境现状；

②主要污染源和主要污染物；

③资源开发可能引起的生态变化；

④采用的环境保护标准；

⑤控制污染和生态的初步方案；

⑥环境保护投资估算；

⑦环境影响评价的结论或环境影响分析；

⑧存在的问题及建议。

（5）矿区总体设计及各单项工程初步设计编制环境保护篇（章），应落实环境影响报告书或环境影响报告表及其审批意见中所确定的各项环保措施。

环境保护篇（章）由设计部门的环境保护专业编制，可单独或与设计文件成册报送有关部门，凡不按上述要求编制的，主管部门不予审批设计。

施工图设计按批准的初步设计文件及其环境保护篇（章）所确定的各种措施和要求进行。

（6）设计单位在设计中应按环境功能的要求，采用清洁生产工艺和综合整治措施，做到合理开采资源，减轻对环境的影响。

（7）煤炭工业建设项目的环境保护实施所需的投资、设备、材料与主体工程同时列入年度计划，不得以任何理由削减或挪用。

（8）施工单位应保护工业场地周围的环境，保证建设项目环境保护设备设施的建筑安装质量，在施工进度和竣工报告中对其施工情况应设专篇叙述。项目竣工后，应修整和恢复在建设过程中受到破坏的环境。

(9) 建设单位在项目正式投产或使用前，应向原审批环境影响报告书的环境保护行政主管部门提交环境保护设施竣工验收报告，经验收合格后，方可投入生产或使用。

三、矿区环境治理

(一) 保护土地资源，综合防治地表沉陷

(1) 土地是不可再生的资源，而矿区开发和矿井建设又不可能避免占用土地。因此，一方面应尽可能减少工业场地占地面积，另一方面应尽可能考虑不占用良田。例如英国农业部将土地划分为四级，一般情况下，工业场地尽量选在使用受到较大限制的三、四级土地上。

(2) 改革开拓部署，利用分区开拓方式，集中出煤，减少占地。如德国的鲁尔矿区，为了保护土地、地下水源和文化古迹，把各矿井井下互相贯通，尽量利用现有生产矿井的井筒来提升煤炭，而新建的矿井，只需副井即可进行通风、上下人员和运送材料。在井下，利用现代化的输送系统将煤从 20km 以外运到原先已有的井筒。这样新建的卫星矿所占用的土地面积仅为常规矿井的 15%，其所需开凿的井筒数也只有常规矿井的 25%。虽然这种方式在经济技术上可能不很合理，但减少了对环境的负面影响，保护了宝贵的不可再生资源。

(3) 根据实际情况选择有效的开采方法，实行保护开采。采用厚煤层、多煤层的协调开采、限厚开采、留设保安煤柱开采、条带开采、房柱式开采、全部充填开采等，控制上覆岩层的移动和地表变形，减小对地面的破坏，保护地面建筑物。如英国塞尔比矿区规定开采后地面最大下沉量不能超过 0.99m，虽然该区有 5 层可采煤层，为了满足下沉量的要求，目前只能开采其中的巴恩斯利层。

(4) 根据国家制定的有关环境保护及土地复垦规定，结合矿区（矿井）具体情况，因地制宜地采取相应的综合治理措施，恢复治理塌陷地。

①在低潜水位塌陷地，地表无积水，可采用平整土地、改造成梯田等修整法复垦利用。

②在潜水位不太高、地表下沉不大，且正常的排水措施和地表整修工程能保证恢复利用的塌陷区，可采用疏干法，经排水和必要的整修后，恢复利用土地。

③在塌陷较深、有积水的中、高潜水位地区，可利用挖深，形成水塘，取出的土方充填塌陷浅的区域形成耕地，达到水产养殖和农业种植并举的利用目标。

④当有大量煤矸石、粉煤灰等材料，且无污染或污染可经济有效防治时，可作为充填材料充填塌陷地复田，既解决了塌陷地复垦，又解决了矿山固体废弃物的排放。

⑤对于大面积的塌陷地，特别是大面积积水或积水很深的水域以及未稳定塌陷地或暂难复垦的塌陷地，可根据塌陷地现状因地制宜地直接加以利用，发展水产养殖。

⑥利用生态工程复垦，将土地复垦工程技术与生态工程技术结合起来，综合利用生物学、生态经济学、环境科学、农业技术以及系统工程学等理论，运用生态系统的物种共生和物质循环再生等原理，结合系统工程方法对破坏土地设计多层次利用工艺技术。其目的是促进各生产要素的优化配置，实现物质、能量的多级分层利用，不断提高其循环转化效率和土地生产力，获得较大的经济、生态和社会综合效益，具有很大的发展前景。

(5) 对于地表沉陷及地表沉陷对环境的影响，矿井可行性研究或初步设计应进行预计，并作出治理地表沉陷及其影响的工程设计。对地表沉陷引起的房屋破坏，视其影响程度，可采取加固、维修、就地建抗变形结构房屋等措施，经技术经济比较后也可采取搬迁或留设保护煤柱、采用条带开采、房柱式开采等措施。对于地面铁路、公路、高压输电线等设施也应视

具体情况，采取相应措施，使之符合有关规定。

（二）综合治理煤矸石

（1）减少矸石的产生量：

①采准巷道布置力争多做煤巷，少做岩巷，有条件时采用全煤巷布置。

②在回采工作面，使用传感器，以保证在开采煤层时不截割顶底板岩石；及时支护顶板，防止冒顶；放顶煤开采中选择最佳的放煤工艺，减少矸石混入；含矸煤层合理分层开采等措施。在掘进工作面，利用光爆锚喷技术，尽可能减少出矸量。

（2）减少出井矸石量：

①采用巷旁充填技术。

②把矸石作为充填材料充填采空区。该方法既能减少出井矸石量，减少矸石堆占用土地，又可控制地表沉陷，减少对土地及地面建筑物的破坏，是一种减少公害的较好方法，所以研制高效的充填设备，发展充填技术是很有必要的。

（3）把废矸石作为二次能源充分利用。对含硫高或热值较高的煤矸石，可回收硫或作为低热值燃料。对热值很低、不易自燃的矸石，在经过处理达到排放标准后，可用于铺筑公路、修建堤坝或充填采石场、采空的塌陷坑和塌陷区等，也可加工为建筑材料。

（4）对地面的矸石堆进行设计，考虑用作各种场地、发展农业、林业或作为风景区等。如兴隆庄矿，在矸石山上复土植树，修筑石路、亭阁，作为园林景观，有效地改善了煤矿环境。

（三）综合防治大气污染

（1）对于含硫量不同的煤层采取不同措施，以控制 SO_2 的排放量，如含硫份大于3%的煤层应禁止开采。

（2）提高煤岩洗选比例，推广型煤生产，采用先进的燃烧技术。

（3）改造或更新落后的锅炉和窑炉。

（4）治理矸石山的自燃和扬尘。

（5）矿区应逐步实行集中供热，热电联供。

（6）生活用能应逐步实现煤气化、瓦斯化及型煤化。

（7）减少井下废气污染：

①对高瓦斯矿井，在生产过程中预先抽放煤层中的瓦斯，加以综合利用，可以有效地减少生产中瓦斯涌出量。

②注意防止煤层自燃，对自燃煤层采取措施进行治理。

③井下使用内燃机车运输时，应采取净化措施，如采取推迟喷油、提高喷油速度、减少转速等机内净化措施和对废气进行水洗、喷淋、稀释等外净化措施。

（四）其　他

污水、粉尘、噪声、振动等方面，也应采取综合措施，尽量减小其污染和危害，并符合有关规定。

四、环境监测

按规定建立健全环境监测机构，配备监测人员和设备，加强对排放的监督和控制，加强对矿区环境的监测，研究导致环境质量变化的因素和规律，加强管理并及时采取措施，以保护人类健康，维持矿区生态平衡。

总之，随着各种环保法律、法规的健全和实施及科学技术的不断发展，洁净煤技术及煤炭开发中的洁净生产技术将逐步提高和发展。把提高效率与控制污染的洁净煤技术贯穿在煤炭开发和利用的全过程，将会逐步改变煤炭工业脏、乱、差的形象，使其持续稳定地发展，为保护生态环境和国民经济的发展做出更大贡献。

关于煤炭工业煤矿及选煤厂的环保问题，详见附录四《煤炭工业环境保护设计规范（煤矿、选煤厂）》。

第四章　井　田　开　拓

井田开拓设计是研究确定由矿井地面进入煤层（或矿体）通达地下开采区的主要井巷布置和开掘工程。它要保证矿井生产时开采、掘进、运输、提升、通风安全、排水和动力供应等各系统能正常高效的运行。

开拓设计关系到整个矿井的生产技术面貌和长远发展，直接影响基本建设时的建设工程量、工期、投资、质量和矿井投入生产后能否尽快达产、高产高效及安全生产等。

开拓设计编制的主要依据是经国家批准的矿区总体规划和勘探（精查）地质报告以及有关的基础资料。独立的矿井开拓设计要有批准的可行性研究报告和勘探（精查）地质报告以及有关的基础资料。

开拓设计的内容一般包括：开拓方式（开拓井筒的形式）；井筒位置及数量；开采水平的划分及上下山开采；主要巷道布置；采区划分和开采顺序；矿井延深及技术改造。

第一节　开　拓　方　式

一、开拓方式分类

开拓方式主要是指井筒的形式。按照井筒的倾角不同（水平、倾斜、垂直）分为平硐开拓、斜井开拓、立井开拓和综合开拓方式（平、斜、立井中的任何二或三种形式相结合进行开拓）等四种方式。开拓方式依据井筒（或平硐）与煤层位置的不同又有若干分类，见表2—4—1。

在各种井筒开拓形式中又有单一水平和多水平之分，在每个水平上又有上山、下山开采和上下山开采之分。在多煤层开采的水平大巷中又有分层大巷、分组集中大巷、集中大巷的

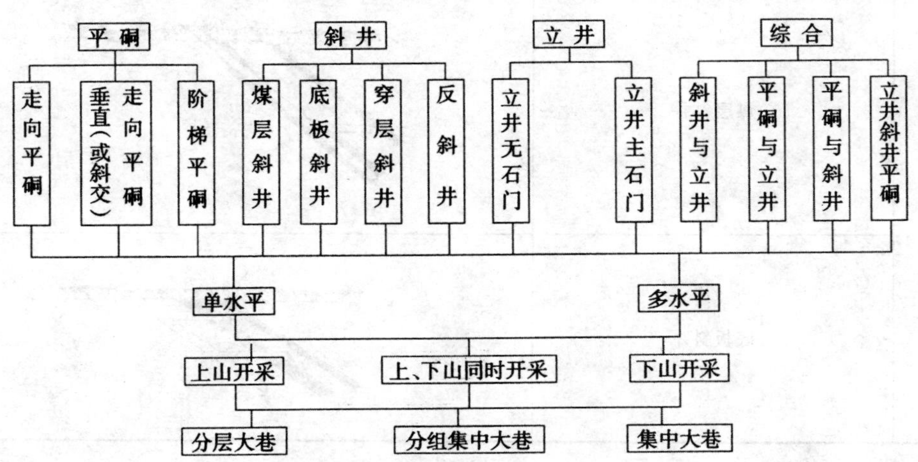

区分。在上下山和大巷位置中又有开拓在煤层中和岩层中之分。

我国国有重点煤矿矿井开拓系统基本型式及应用概况见表 2－4－2。

表2－4－1　开 拓 方 式 分 类

开拓方式分类			图示
平硐开拓	走向平硐		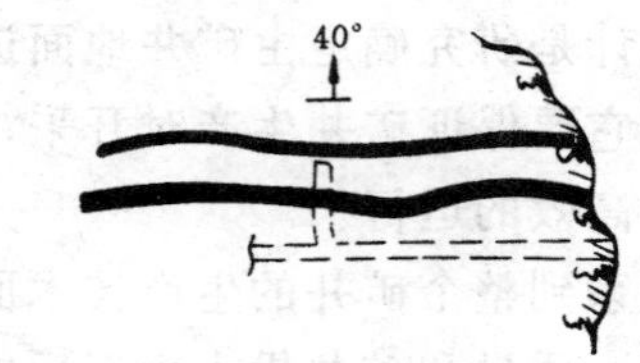
平硐开拓	垂直（或斜交）走向平硐	顶板平硐	
平硐开拓	垂直（或斜交）走向平硐	底板平硐	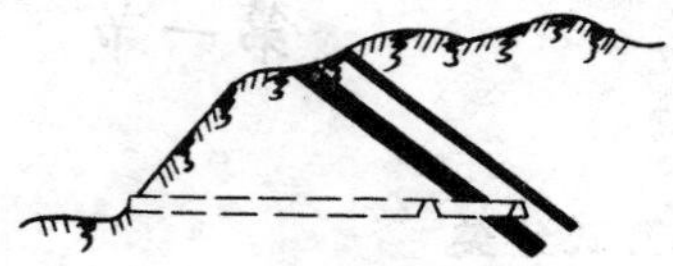
平硐开拓	阶梯平硐		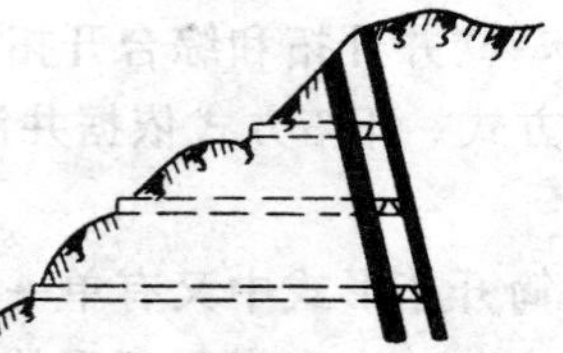
斜井开拓	煤层斜井		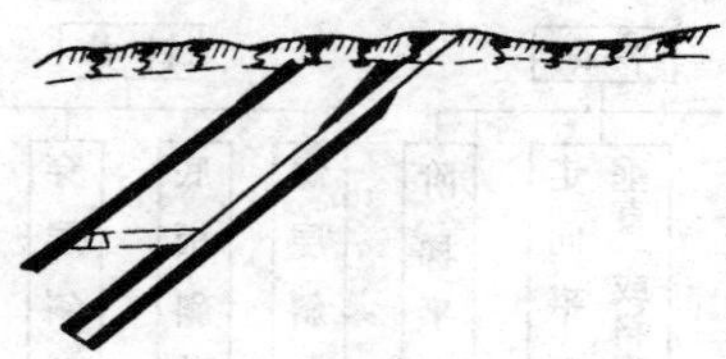
斜井开拓	底板斜井		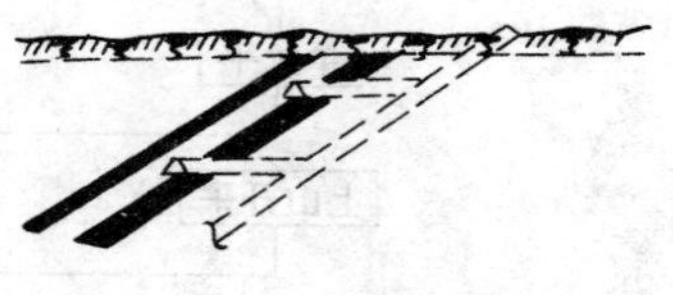

续表

开拓方式分类			图示
斜井开拓	穿层斜井		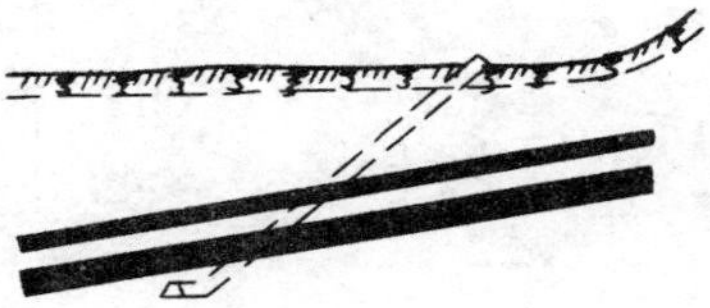
	反斜井		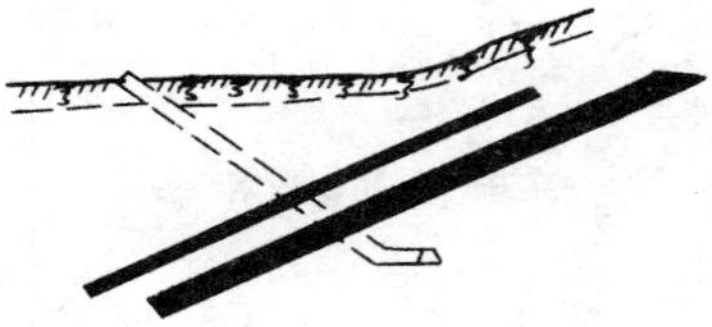
立井开拓	立井无石门		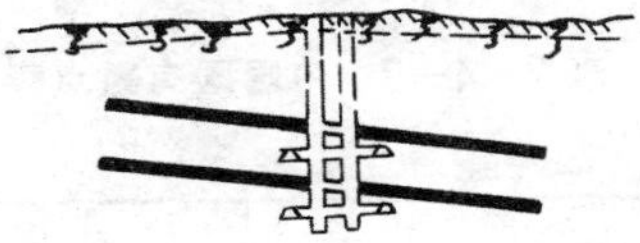
	立井主石门	顶板石门	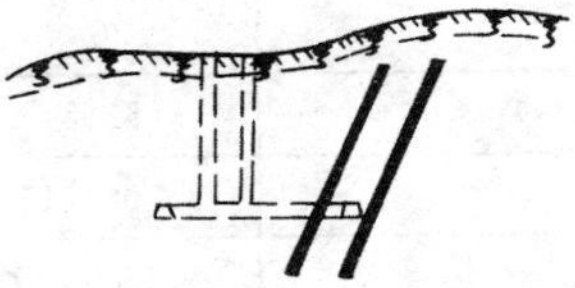
		底板石门	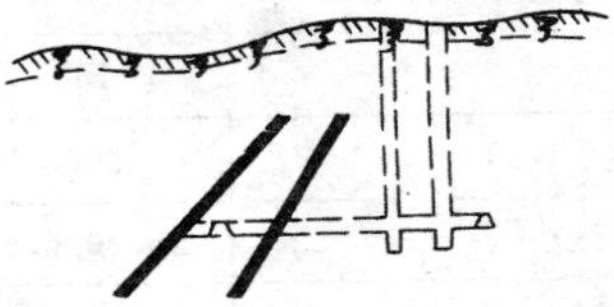
综合开拓	斜井与立井		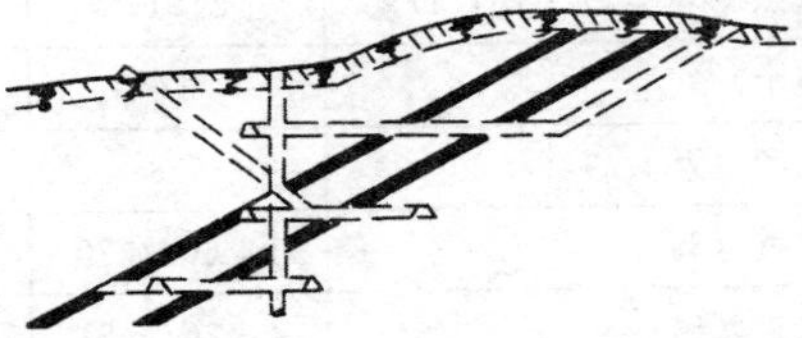
	平硐与立井		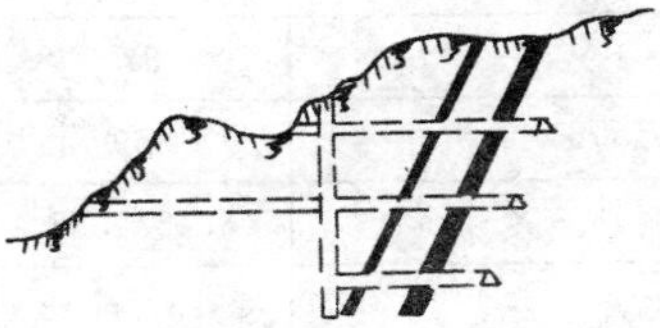

续表

开拓方式分类		图示
综合开拓	平硐与斜井	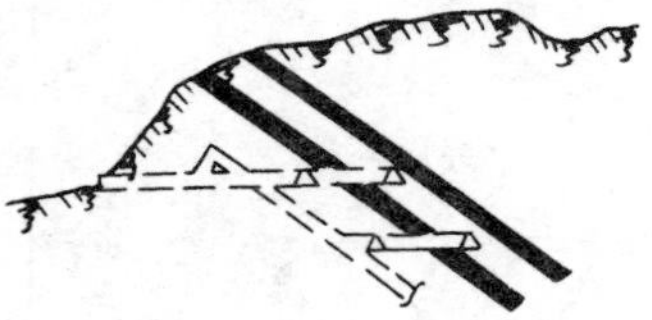
	立井、斜井、平硐	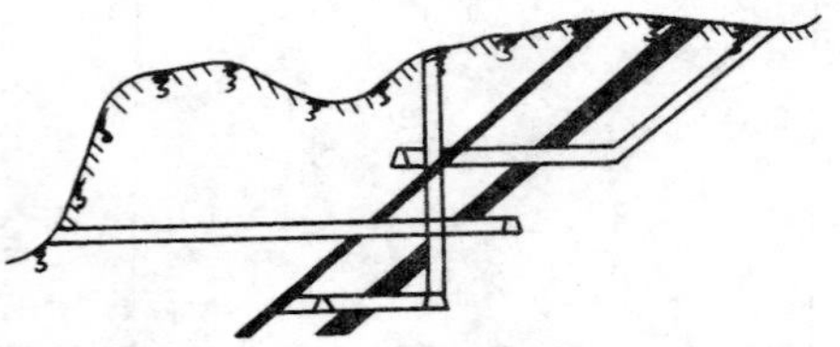

表 2-4-2　中国国有重点煤矿矿井开拓系统基本型式及目前应用概况

(1995 年)

开拓系统基本型式分布比重		矿井设计能力 A（万 t/a）				国有重点煤矿
		$A<45$	$45\leqslant A<120$	$120\leqslant A<300$	$A\geqslant 300$	
立井开拓	数量（个）	25	88	53	9	175
	能力之和（万 t/a）	535	5930	7805	3000	17270
	能力比重（%）	3.10/1.15	34.34/12.74	45.19/16.77	17.37/6.45	100.00/37.11
	数量比重（%）	14.29/4.17	50.29/14.69	30.29/8.85	5.14/1.50	100.00/29.22
	国有重点平均能力（万 t/a）	21.4	67.39	147.26	333.33	98.69
斜井开拓	数量（个）	145	59	30	3	237
	能力之和（万 t/a）	3065	3702	4350	1000	12117
	能力比重（%）	25.30/6.59	30.55/7.96	35.90/9.35	8.25/2.15	100.00/26.04
	数量比重（%）	61.18/24.21	24.89/9.85	12.66/5.01	1.27/0.50	100.00/39.57
	国有重点平均能力（万 t/a）	21.14	62.75	145.00	333.33	51.13
平硐开拓	数量（个）	27	26	7	1	61
	能力之和（万 t/a）	558	1755	1110	400	3823
	能力比重（%）	14.60/1.20	45.91/3.77	29.03/2.39	10.46/0.86	100.00/8.22
	数量比重（%）	44.26/4.51	42.62/4.34	11.48/1.17	1.64/0.17	100.00/10.18
	国有重点平均能力（万 t/a）	20.67	67.5	158.57	400.00	62.67
综合开拓	数量（个）	37	50	26	13	126
	能力之和（万 t/a）	859	3594	4130	4740	13323
	能力比重（%）	6.45/1.85	26.98/7.72	31.00/8.88	35.38/10.19	100.00/28.63
	数量比重（%）	29.37/6.18	39.67/8.35	20.63/4.34	10.32/2.17	100.00/21.04
	国有重点平均能力（万 t/a）	23.22	71.88	158.85	364.61	105.74

续表

开拓系统基本型式分布比重		矿井设计能力 A（万 t/a）				国有重点煤矿
		A＜45	45≤A＜120	120≤A＜300	A≥300	
共计	数量（个）	234	223	116	26	599
	能力之和（万 t/a）	5017	14981	17395	9140	46533
	能力比重（%）	10.78	32.19	37.33	19.64	100.00
	数量比重（%）	39.07	37.23	19.37	4.34	100.00
	国有重点平均能力（万 t/a）	21.44	67.18	149.96	351.54	77.68

注：能力和数量比重分成：在本开拓方式中的比重/在国有重点煤矿中的比重。

二、主要开拓方式的选择

开拓方式的选择应全面考虑各种因素，主要因素包括：

井田地质和水文地质条件（特别是表土层情况）；

煤层赋存和开采技术条件；

地形地貌和地面外部条件；

技术装备和工艺系统条件；

施工技术和设备条件；

总体设计和矿井生产能力要求等。

对以上各种因素要综合研究，通过系统优化和多方案技术经济比较确定。我国国有重点煤矿各种开拓方式的有关特征见表 2－4－3。

表 2－4－3 我国国有重点煤矿各种开拓方式的有关特征

特征 \ 开拓方式			立井开拓	斜井开拓	平硐开拓	综合开拓	国有重点煤矿
倾角/比重①②	近水平煤层	数量	13.43/4.19	16.22/5.58	8.70/0.93	28.43/6.74	/17.44
		能力	18.91/6.98	20.49/5.15	22.88/2.06	49.89/14.44	/28.63
	缓斜煤层	数量	59.70/18.60	57.43/19.77	41.30/4.42	37.25/8.84	/51.63
		能力	62.27/22.98	61.42/15.44	41.48/3.74	30.24/8.75	/50.91
	倾斜煤层	数量	18.66/5.81	19.59/6.74	36.96/3.95	11.76/2.80	/19.30
		能力	13.51/4.98	12.37/3.11	27.13/2.45	7.09/2.05	/12.59
	急斜煤层	数量	8.21/2.56	6.76/2.33	13.04/1.40	22.55/5.35	/11.63
		能力	5.31/1.96	5.72/1.44	8.50/0.77	12.78/3.70	/7.86
表土层平均厚度（m）	特大型矿井		165.83	14.50		16.05	64.02
	大型矿井		97.72	13.57	22.50	16.94	42.88
	中型矿井		56.92	31.35	60.25	34.35	29.49
	小型矿井		30.41	19.89	11.94	22.00	8.28
	国有重点矿井		75.84	22.08	34.58	25.89	25.30

续表

特征		立井开拓	斜井开拓	平硐开拓	综合开拓	国有重点煤矿
平均开采深度(m)	特大型矿井	639.22	191.67	260.00	393.15	449.96
	大型矿井	573.53	318.80	354.29	462.35	469.50
	中型矿井	496.78	358.10	447.00	451.78	444.20
	小型矿井	462.12	357.74	405.93	466.65	391.68
	国有重点煤矿	522.40	350.80	415.11	452.28	428.83
目前最大开采深度(m)		1199.0（沈阳彩屯）	942.0（新汶华丰）	940.0（广旺旺苍）	1160.0（开滦赵各庄）	1199.0
最终最大开采深度(m)		1449.0（沈阳彩屯）	1330.0（通化道清北）	1483.0（一平浪抗八）	1432.0（鸡西小恒山）	1483.0
井田尺寸③	特大型矿井	9.49×4.59	8.67×4.43	11.0×8.00	9.00×6.19	9.21×5.50
	大型矿井	7.99×3.54	6.80×3.26	8.24×3.87	7.99×3.96	7.70×3.58
	中型矿井	6.25×2.70	4.65×2.63	5.81×2.60	7.02×2.69	5.95×2.67
	小型矿井	4.63×1.66	3.39×1.84	6.03×1.46	6.01×1.75	4.24×1.76
	国有重点煤矿	6.71×2.90	4.20×2.25	6.27×2.33	7.13×3.04	5.76×2.61

注：①其中倾角/比重，表土层厚度按部分矿井统计；②本开拓方式的比重/国有重点煤矿中的比重；③走向长度（km）×倾斜长度（km）。

（一）平硐开拓

在侵蚀基准面以上的山岭或丘陵地区赋存的煤层，由地面开凿通向煤层的平硐可利用平硐开拓煤田的全部或一部分。平硐的上下山部分应有保证其合理服务年限的可采储量，其服务年限可参照同类井型第一水平上山的服务年限确定。

平硐开拓是井工开采中最简单的开拓方式，有很多突出优点。平硐开拓布置灵活，施工简单，工程量少，施工速度快，工期短，投资省。平硐运输环节少，系统简单，能力大，辅助运输也方便，自然坡度排水，通风亦简单，因而总的成本低，安全好。同时，硐口无井架、绞车房等建筑，生产系统简单，占地少，投资和成本低。因此，只要条件适宜，均应优先考虑平硐开拓，或初期采用平硐开拓，或以平硐为主的综合开拓。

根据主平硐与煤层相对位置的不同，平硐开拓可分为走向平硐开拓和垂直（或斜交）走向平硐开拓。

1. 走向平硐开拓

当可布置平硐口的沟谷与煤层走向垂直或斜交时，平硐可沿煤层走向开凿，可开在煤层中或煤层底板。本开拓方式工程量少、出煤快、投资少、效益好。但该方式相当于单翼开采，较一般双翼开采同时生产的采区数目受限，接续较频繁。在缓倾斜条件下可采用上下山同时开采以扩大同时开采范围。

例：西山东曲矿井，位于山西省古交镇东南，1991 年投产，矿井设计生产能力 4.0Mt/a。根据煤层赋存状况及地形条件，用一对走向平硐开拓整个井田，如图 2—4—1 所示。

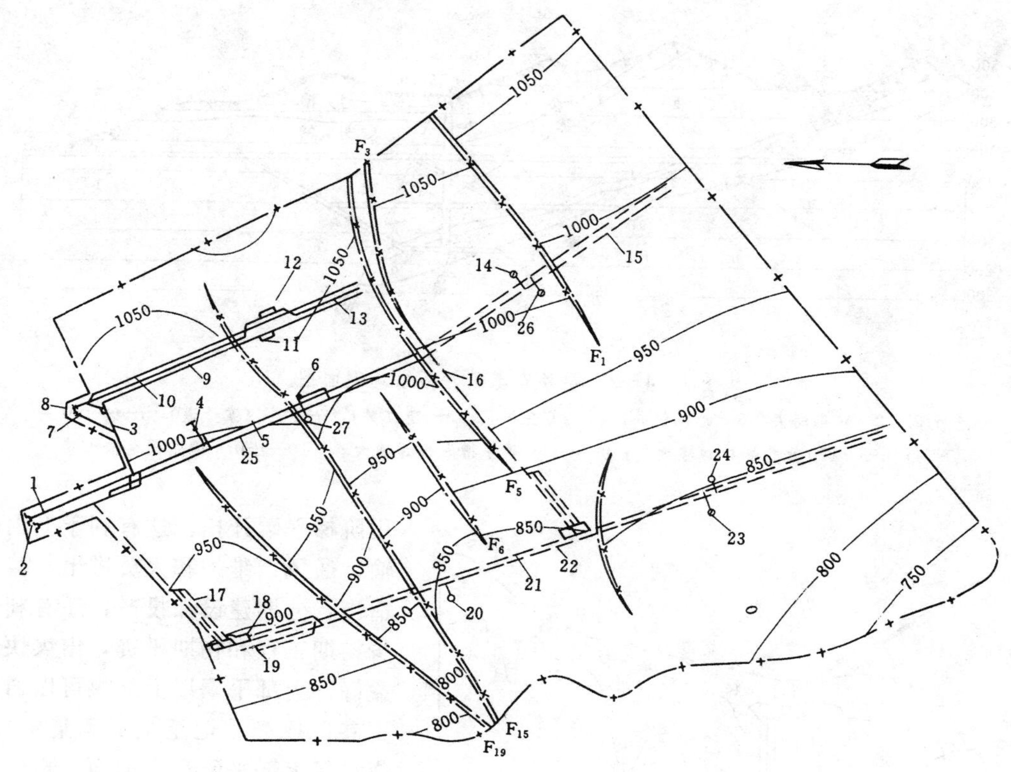

图 2—4—1　西山东曲矿开拓系统平面图

1—东平硐；2—西平硐；3—东石门；4—长峪沟回风井；5—＋973 西大巷；6—小砂岩回风井；7—矸石井；8—管线井；9—＋973 东大巷；10—分区辅助运输巷；11—黄台峰进风井；12—黄台峰回风井；13—分区回风大巷；14—局家崖回风井；15—回风大巷；16—西二石门；17—暗斜井；18—劳山沟进风井；19—劳山沟回风井；20—南梁沟回风井；21—＋800 运输大巷；22—＋800 回风大巷；23—许家山进风井；24—许家山回风井；25—二分区回风巷；26—局家崖进风井；27—小砂岩进风井

2. 垂直（或斜交）走向平硐开拓

由适于平硐口处向煤层开拓与煤层走向垂直或斜交的平硐通至煤层，然后可两翼开拓。根据平硐处于煤层底板或顶板又可分为：顶板平硐、底板平硐和阶梯平硐。

1）顶板平硐

例 1：萍乡安源煤矿在修复老矿井平硐的基础上，逐步改造形成了顶板平硐、暗斜井、暗立井的开拓方式，如图 2—4—2 所示。

2）底板平硐

例 2：神府活鸡兔矿井，为新建矿井，矿井设计生产能力 5.0Mt/a，采用底板平硐开拓第一水平，开采上组煤，如图 2—4—3 所示。

3）阶梯平硐

当煤层赋存于高山峻岭之中，地形高差大而且主平硐之上煤层的垂直高差很大，倾斜过长时，为顺利开采主平硐以上全部上山煤层，在地形和工程地质、水文等条件允许时，可采

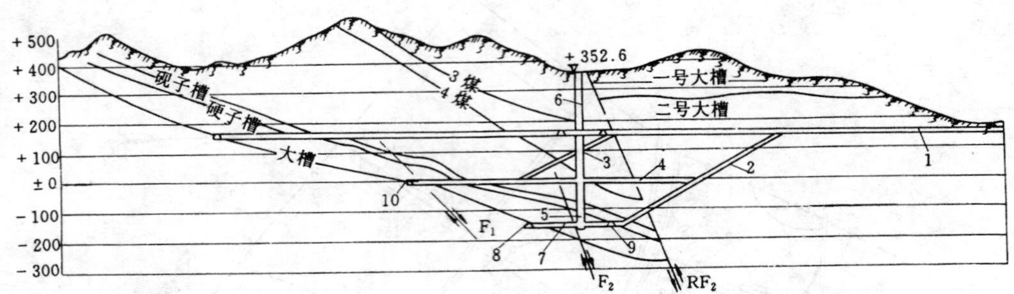

图 2—4—2　萍乡安源矿开拓系统剖面图

1—平硐；2—暗副斜井；3—暗主斜井；4—±0 主石门；5—暗立井；6—小井（索子道）；7——150 主石门；8——150 大槽底板运输大巷；9——150 硬子槽底板运输大巷；10—±0 大槽底板运输大巷

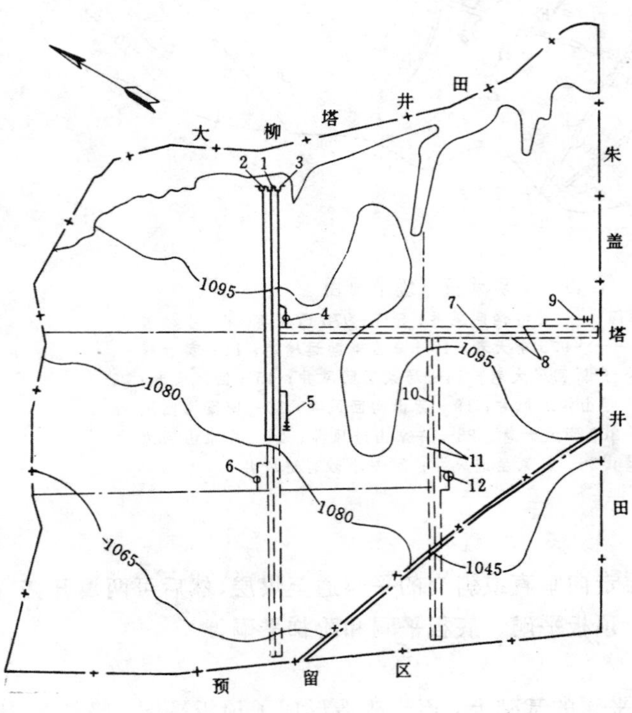

图 2—4—3　神府活鸡兔矿开拓平面图

1—主平硐；2—一号副平硐；3—二号平硐；4—进风立井；5—回风斜井；6—后期进风立井；7—南翼胶带运输大巷；8—南翼辅助运输大巷；9—后期回风斜井；10—南侧胶带运输大巷；11—南侧辅助运输大巷；12—后期进风立井

用阶梯平硐开拓。这有利于上山的运输、通风、维护和人员进出。若布置适当，分期建设和投产，还有利于减少初期工程和初期投资，出煤快，效益好。上部平硐以上的煤可以通过井下巷道或溜井运至主平硐集中外运，亦可经上部平硐运出地面，再经斜坡下放至矿井地面生产系统加工、装车。

例 1：华蓥山绿水洞矿，1981 年投产，设计生产能力 60 万 t/a。根据地形、井田地质构造及煤层出露，采用垂直煤层走向的阶梯平硐开拓，共开凿四个平硐。绿水洞矿开拓系统平剖面图见图 2—4—4。

例 2：松藻逢春矿井，井田地面受两河口、三岔河、羊叉河的强烈切割，采用垂直走向阶梯平硐开拓，见图 2—4—5 所示。

以上所述平硐的形式主要依据煤层赋存条件和地面地形条件而定。表 2—4—4 是我国不同形式平硐开拓矿井的地区分布情况。

3. 平硐硐口位置和平硐数目

硐口位置主要与地形和煤层条件有关，在确定硐口时要注意下列因素：(1) 要求在硐口水平以上拥有尽可能多的储量保证较长的服务年限，以体现平硐开拓的主要优越性。(2) 硐

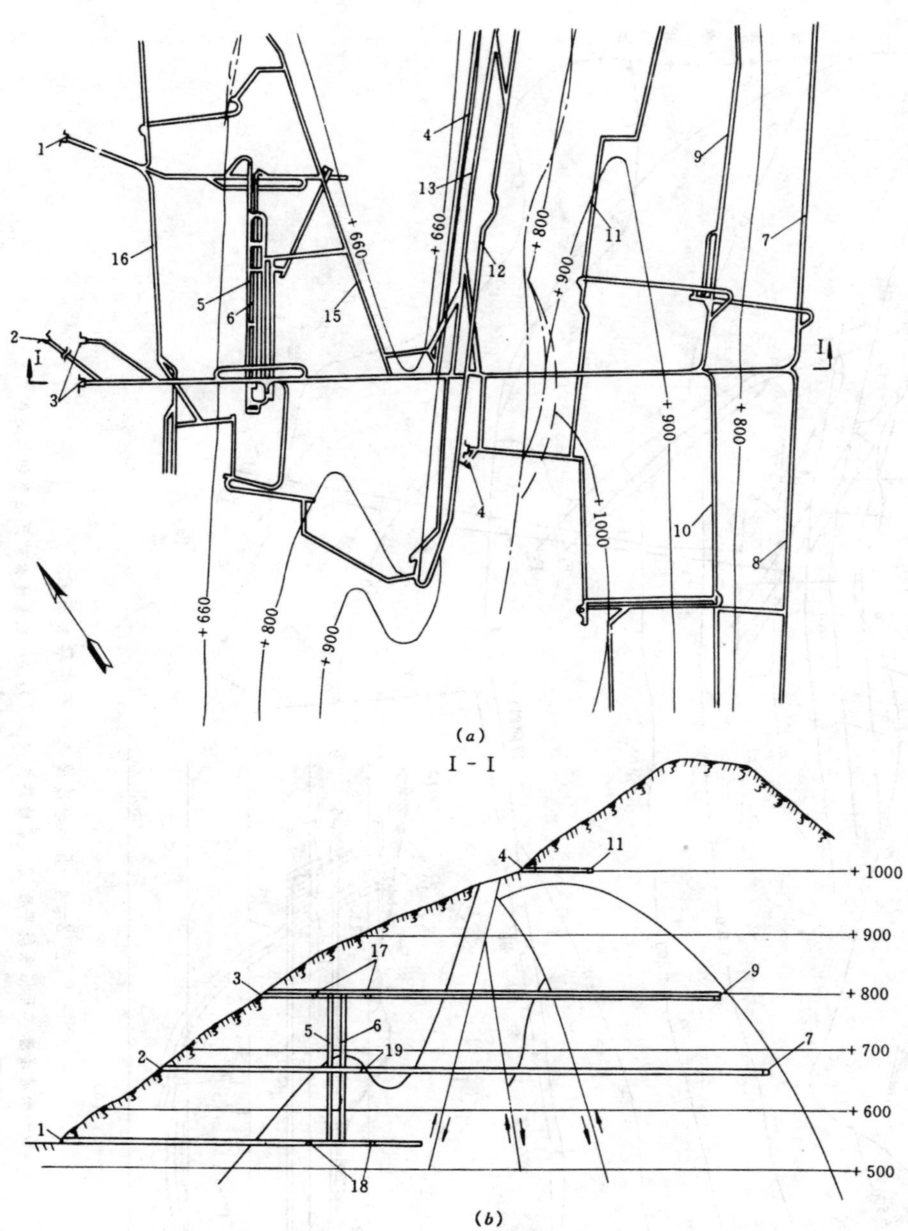

图 2－4－4 华蓥山绿水洞矿开拓平剖面图

a—开拓系统平面图（局部）；b—开拓系统剖面示意图

1—＋528m 平硐；2—＋660m 平硐；3—＋790m 平硐；4—＋999m 平硐；5—集中轨道上山；6—集中溜煤上山；7—＋660m 东翼北大巷；8—＋660m 东翼南大巷；9—＋790m 东翼北大巷；10—＋790m 东翼南大巷；11—东翼回风大巷；12—＋904m 回风大巷；13—＋790m 西翼北大巷；14—＋660m 西翼北大巷；15—621 大巷；16—＋522m 运输大巷；17—＋790m 水平绕道；18—＋528m 水平绕道；19—集中上山与＋660m 平硐联络巷

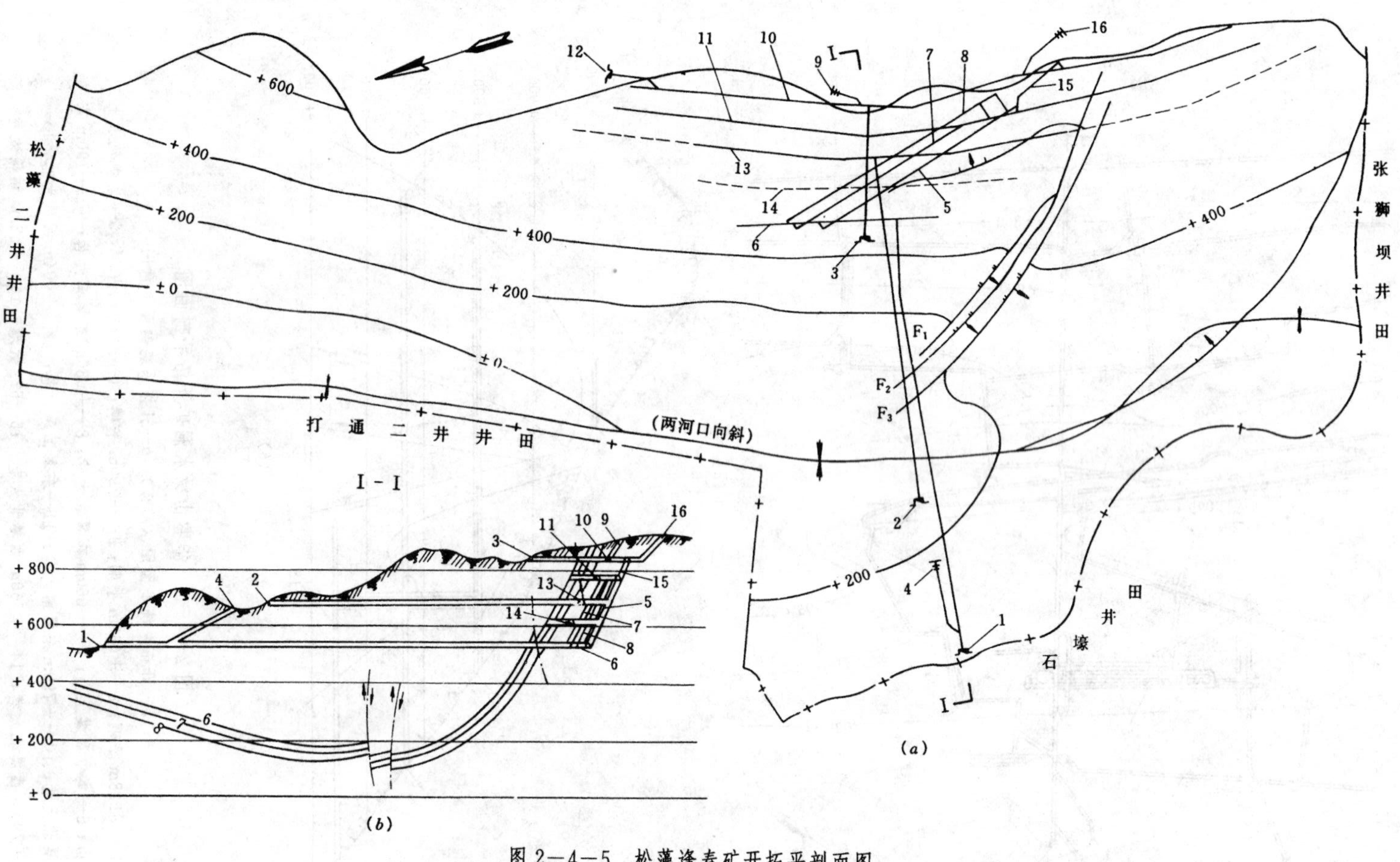

图 2—4—5　松藻逢春矿开拓平剖面图

a—松藻逢春矿开拓系统平面图（沿倾斜方向展开）；*b*—松藻逢春矿开拓系统剖面图

1—+523m 平硐；2—+670m 平硐；3—+830m 施工平硐；4—排矸斜井；5—行人上山；6—+523m 水平运输大巷；7—集中运煤上山；8—集中轨道上山；9—灌浆斜井；10—+830m 水平总回风巷；11—+750m 水平运输大巷；12—+835m 北翼回风平硐；13—+670m 水平运输大巷；14—+600m 水平运输大巷；15—矸石斜坡道；16—+915m 南翼回风斜井

口在最高洪水位之上，同时避开工程地质恶劣的地段（如滑坡、流砂、雪崩、塌陷）。(3) 平硐穿过的地段，地质和水文地质条件应较好，尽量避开大的构造、不稳定岩层、溶洞和强含水层等地带。(4) 便于布置地面建筑物、构筑物。(5) 便于外部运输（铁路、公路）的进入。(6) 有可能尽量双翼均衡开采。

表 2—4—4 我国不同形式平硐开拓矿井的地区分布 处—万 t/a

形式 \ 地区	西 北	东 北	华 东	华 北	中 南	西 南	合 计
走向平硐	5—339			6—730	3—90	9—462	23—1621
垂直走向平硐	4—205	1—75	2—105	7—702	4—156	16—743	34—1986
阶梯平硐						4—216	4—216
合 计	9—544	1—75	2—105	13—1432	7—246	29—1421	61—3823

主平硐是单平硐或多平硐主要依据矿井生产能力和运输方式。采用轨道运输的中小型矿井和个别大型矿井用单平硐开拓，另有回风井。大部分轨道运输的大型矿井和特大型矿井采用平硐（两个或两个以上）开拓，其数目需要作具体的技术经济比较。对于生产能力大，采用带式运输机运煤的，则除了运煤平硐外，还需要设置辅助运输平硐（1～2 个），见表 2—4—5 和表 2—4—6。

表 2—4—5 部分单平硐矿井的平硐特征

矿务局、矿	平硐形式	生产能力（万 t/a）	长度（m）	断面（m^2）	支护形式	运输设备
永定 牛栏山*	走向	12	1000	7.70	锚 喷	架线机车，1t 矿车
陕西煤建公司 苍村	走向	15	2000	8.06	砌 碹	1t 矿车
永定 铜锣坪*	垂直	15	2300	8.50	锚 喷	架线机车，1t 矿车
林东 南山*	走向	15	2537	8.30	裸 喷	8t 蓄电池
林东 桐梓*	走向	15	2320	8.66	裸	蓄电池
阿干 阿井	走向	21	2280	14.2/10	砌 碹	电机车，2t 矿车
资兴 宇字矿下平硐	垂直	30	610	8.00	锚 喷	架线机车，1tU 型矿车
广旺 南江	走向	30	1450	8.30	料石碹	
永定 瓦窑坪	走向	35	2500	12.00	砌 碹	架线机车，1t 矿车
攀枝花 小宝鼎	垂直	45	3300	11.70	锚 喷	1t 矿车
轩岗 黄甲堡	走向	60	600	10.20	砌 碹	10t 电机车，1t 矿车
萍乡 安源	垂直	60	1428	8.23	砌 碹	1.5t 矿车
艾维尔沟矿 一九三零平硐	垂直	60	40	15.00	锚 喷	电机车 1.5t 矿车
窑街一矿一号平硐	垂直	90	1560	11.15	砌 碹	
铜川 陈家山	走向	150	6170	12.30	锚喷、碹	
山西 王坪煤矿	垂直	180	2864	13.64	碹、锚喷	电机车，3t 底卸

* 地方国营煤矿。

表 2—4—6 部分多平硐矿井的平硐特征及应用情况

矿务局、矿	开拓类型	设计能力(万 t/a)	平硐名称	平硐用途	长度(m)	坡度(‰)	断面(m^2)	运输设备
永荣 永川矿六井	垂直	18	平硐	运输	250		10.00	
			平硐	进风	275		10.85	
			平硐	行人	208		4.00	
松藻 逢春	阶梯，垂直	20	平硐	运输、进风、行人	1630	3	11.54	
			平硐	运输、进风、行人	1120	3	8.30	
			平硐	施工用	280	3	5.50	
芙蓉 白皎	垂直	60	主平硐	运煤、矸、料	540	3	12.30	10t 架线机车，900mm 轨距
			副平硐	行人、进风	527	3	9.50	10t 架线机车，900mm 轨距
华蓥山 绿水洞	阶梯，垂直	60	528 平硐	行人、运料、进风	1578	3	13.80	
			660 平硐	运煤、矸、料	1262	3	13.80	
			790 平硐	进风、出矸	942	3	13.8	
芙蓉局 芙蓉	阶梯，走向	75	上平硐	行人、运料、进风	1580	3	7.3	蓄电池机车，900mm 轨距
			中平硐	运煤、出矸、运料	3860	3	11.70	架线式机车，900mm 轨距
			下平硐	运煤、出矸、运料	5460	3	11.50	蓄电池机车，900mm 轨距
北京 大安山	垂直	50	550 平硐	运煤、料、人、通风			7.64	架线式机车，3t 矿车
			920 平硐	运煤、设备、人、通风	450	3	7.64	架线式机车，3t 矿车
			1030 平硐	运料、人、通风	50	3	7.64	架线式机车，3t 矿车
			1050 平硐	运料、人、通风	400	3	6.96	架线式机车，3t 矿车
			1150 平硐	运料、人、通风	50	3	6.96	架线式机车，3t 矿车
平庄 风水沟	垂直	90	主平硐	运煤，进风	1050	4	18.00	10t 架线机车，3t 底卸矿车
			副平硐	运料、进风	910	4	14.10	10t 架线机车，1t 矿车
西山 西铭	走向	240	玉门平硐		2018	3	11.60	10t 架线机车，3t 底卸矿车
			二号平硐		1918	3	11.60	10t 架线机车，3t 底卸矿车
			1018 平硐		1800	3	13.70	20t 架线机车，5t 底卸矿车
西山 东曲	走向	400	主平硐		1500	3	15.70	TL—26T 机车
			副平硐		1500	3	15.70	TL—26T 机车
山西 黄陵一号	走向	420	主平硐	运煤	1127	3	10.50	胶带输送机，功率 3×380kW
			1号副平硐	运料、出矸	1127	3	14.70	柴油机车，600mm 双轨，8t 矿车
			2号副平硐	进风、行人	1127	3	16.30	
神府 活鸡兔	垂直	500	主平硐	运煤	3500			胶带输送机
			一、二号副平硐	辅助运输	3500			柴油机车、胶轮车

（二）斜井开拓

对于表土层较薄、煤层赋存较浅、水文地质条件简单的煤田，一般都可以采用斜井开拓。由于带式输送机运煤方式的广泛应用，对于煤层赋存较深，但只要斜井能通过表土层，往往也采用斜井或以斜井为主的综合开拓方式。特别是大型和特大型矿井，井下全部采用带式输送机运煤，则可实现从工作面到地面的连续运输，有力地保证矿井高产高效。

斜井井筒的倾角：

当串车提升时　不大于 25°；

当箕斗提升时　25°～35°；

当普通带式输送机提升时，不大于 16°～17°（用大倾角带式输送机时不受此限）。

斜井开拓有很多突出优点，它较之立井开拓在施工技术、设备器材、地面设施、井筒装备和井底车场方面比较简单、工程量少。因而建设速度快，出煤早、投资少，并宜于开拓延深、改扩建和多水平生产。当采用带式输送机时，效率高、效益好。

目前斜井开采深度统计见表 2—4—7。

表 2—4—7　斜井开采深度统计表

目前开采深度 (m)	矿井个数	占矿井总数百分比 (%)	设计能力 (万 t/a)	占设计能力总和百分比 (%)
采深小于 100	6	2.53	210	1.73
采深 101～200	39	16.46	2158	17.81
采深 201～300	60	25.32	3361	27.74
采深 301～400	62	26.16	3531	29.14
采深 401～500	27	11.39	1207	9.96
采深 501～600	20	8.44	744	6.14
采深 601～700	16	6.75	741	6.12
采深大于 700	7	2.95	165	1.36

按 1995 年的统计，全国国有重点煤矿各地区斜井应用情况及分布见表 2—4—8。

表 2—4—8　斜井开拓按地区分布统计表

（237 处）

斜井开拓分布地区	矿井处数	占矿井总数比例 (%)	设计能力 (万 t/a)	所占比重 (%)
西　北	32	13.50	1731	14.29
华　北	62	26.16	5045	41.69
华　东	25	10.55	889	7.34
中　南	28	11.81	1146	9.45
东　北	70	29.54	2603	21.48
西　南	20	8.44	703	5.80

斜井开拓在各种倾角的煤层中都得到了应用，特别在缓斜煤层中应用比例较大，斜井开拓在不同倾角煤层中的应用分布如表2－4－9所示。

表2－4－9 斜井按煤层倾角分布统计

煤层种类	矿井处数	占矿井总数百分比	设计能力（万 t/a）	所占比重（%）
近水平煤层	40	16.88	2377	19.62
缓斜煤层	114	48.10	6876	56.75
倾斜煤层	51	21.52	1778	14.67
急倾斜煤层	32	13.50	1086	8.96

斜井与立井相比，其缺点是：当表土深，有较厚的含水冲积层或流砂时，斜井通过较复杂、较昂贵；同样开采水平，斜井比立井长，维护费用高，当围岩条件差时维护困难；采用绞车提升时，速度低，能力小，钢绳磨损严重，动力消耗大，提升费用高。当井田倾斜很长需要多段提升时则转换环节多，系统复杂，效率低，成本高；由于斜井较长，因此各种管线敷设长度大，通风阻力大，增加了费用；人员进出井和材料设备等辅助运输时间长。上述这些缺点都随着开采深度和斜井斜长的加大而逐步突出。

设计规范规定，“煤层赋存较浅，表土层较薄、水文地质条件简单的缓倾斜、倾斜煤层宜采用斜井开拓方式”。但是，近20年来，现代化大型带式输送机的发展和广泛运用，新型辅助运输方式的逐步推广，以及长距离斜巷掘进技术的改进，使斜井开拓方式的优越性更为突出，使用范围大为扩展，装备带式输送机的斜井显示了以下的突出优点：

（1）提升能力大：带式输送机斜井的能力不仅不逊于立井，而且可以适应比一般立井能力更大的运量。如英国赛尔比年产10Mt，用两个胶带斜井运煤，其中北斜井为钢丝绳胶带输送机，带宽1.05m，最大速度7.6m/s，运量为2750t/h。南斜井为夹钢芯胶带输送机，带宽1.3m，最大速度8.4m/s，运量为3220t/h。又如美国西麋鹿矿年产5～6Mt，斜井带式输送机带宽1.5m，速度3.67m/s，运量为3500t/h。我国济宁三号矿井西部带式输送机大巷，倾角10°，带式输送机带宽1.4m，速度4m/s，运量为2500t/h。国内外实践证明，装备带式输送机的斜井，很适合大型和特大型矿井运提煤。

（2）运输距离长，提升高度大，改变了用钢丝绳提升矿车（或斜井箕斗）的斜井只适用于埋藏较浅煤层的情况。胶带斜井最大提升高度增大到868m（日本夕张新矿），最大单机长度达5620m（德路易森塔尔矿），因此，斜井装备带式输送机也适宜中深部开拓。

（3）延深改造和扩大生产能力较为简单：在矿井开采不断延深时，胶带斜井可在基本上不影响生产的情况下延深改造，较之立井延深方便容易。如新汶协庄矿井，原设计生产能力1.2Mt/a，现已扩建到180Mt/a，斜井延深到垂深712m，斜井胶带总长2877m（三条），扩建时仅换了浅部能力较小的带式输送机。

（4）可以实现煤炭从工作面到地面的连续运输，效率高，成本低。在多水平生产时优点更为突出。同时，斜井在运输大型设备、器材时较立井罐笼简单，基本上可以不解体。

（5）一井可以两用：在美国，有的斜井一个井筒分成上下两格。上部为带式输送机，下部为辅助运输（有轨或无轨）。英国塔矿的一条斜井内，一边为带式输送机，另一边为钢绳牵引的卡轨车，节省了主要开拓井筒。

此外，作为人员安全出口，斜井较立井更为便利。

(6) 在环境方面：立井井塔（井架）很高，而斜井则低矮。在广场四周筑堤植树，可将广场遮掩起来，减少了矿井建筑对其周围风景的影响。在风景区，斜井的优点是显而易见的。

因此，即使煤层赋存深，只要斜井能够通过表土层，斜井开拓或以斜井为主（胶带运输）的综合开拓仍具有很大的优越性，应和立井一样作为主要方案之一，加以全面比较。

根据斜井与煤层赋存的位置，又可分为以下几种主要开拓类型：

1. 煤层斜井开拓

在地质构造简单、煤层条件较好、井筒易于通过表土和覆岩，无小窑积水或其他水患威胁，无严重自然发火威胁，无煤和瓦斯突出，顶底板比较稳定，倾角适宜（与提、运设备倾角相适应），而沿倾斜无较大构造和起伏的条件下，斜井井筒宜开凿在煤层中。煤层斜井的优点是施工容易、工程量少，仅穿过覆岩层时有岩石工程量，减少了出矸量、矸石占地和环境污染、工程单价低，因而投资少，出煤快（通过覆盖层和煤层露头就开始出煤），建设工期短。同时，在建井过程中能进一步摸清地质和水文地质情况，有利于建成后的生产。

煤层斜井的缺点是需留较大的井筒煤柱且需加强井筒维护。但只要符合上述条件，采用煤层斜井是适宜的。若集中开采煤层群时，斜井布置在下部稳定的煤层中较好。

例：潞安漳村矿，该矿采用煤层斜井多水平开拓方式，矿井的主斜井、副斜井和人行斜井都沿3层煤开凿，图2—4—6为该矿开拓剖面图。

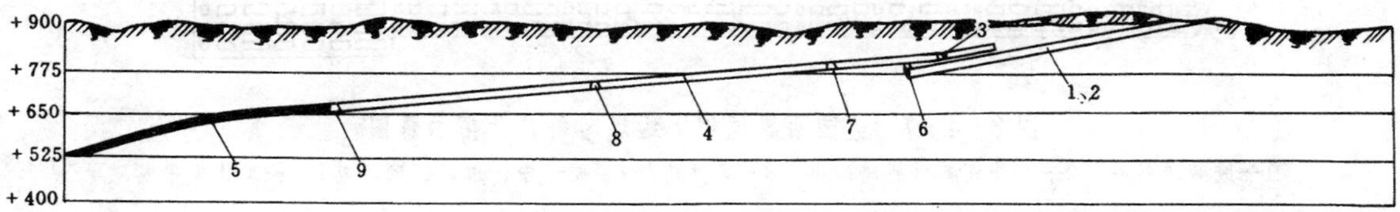

图2—4—6 潞安漳村矿开拓剖面图

1、2—主、副斜井；3—北翼运输巷；4—暗斜井；5—3号煤层；6—中央2号煤仓；7—运输巷；8—下运输巷；9—运输巷

例：美国西麋鹿矿，有可采煤层3层，由上而下分别为F层、E层（上组煤）和B层（下组煤）。1981年开始建井，沿F煤层露头开掘5条斜井，并在F煤层投产。由于煤质差，效益欠佳，1990年转入开拓煤质好的B煤层。从F层主巷开两条8°斜井达B层煤，见图2—4—7。

2. 底板斜井开拓

当煤层斜井的某些条件不具备时，则可考虑布置在煤层底板稳定的岩石中。这种开拓方式，巷道稳定，不留井筒保护煤柱，不受自然发火、煤和瓦斯突出等威胁，且可配合提、运设备较方便地选择井口和井筒倾角，不受煤层不稳定和构造起伏的影响。

但这种开拓方式岩石工程量大。与煤层斜井比较，投资较大、建设工期较长、经营费用较高，需地面处理矸石。

例：水城大河边矿井，该矿井设计生产能力 60 万 t/a，井田属单斜构造，煤层煤质松软，且具有自然发火倾向，用煤层斜井是不适宜的，该矿将主副斜井、井底车场及硐室、运输大巷布置在煤系底板坚硬的玄武岩中，矿井开拓剖面图如图 2－4－8 所示。

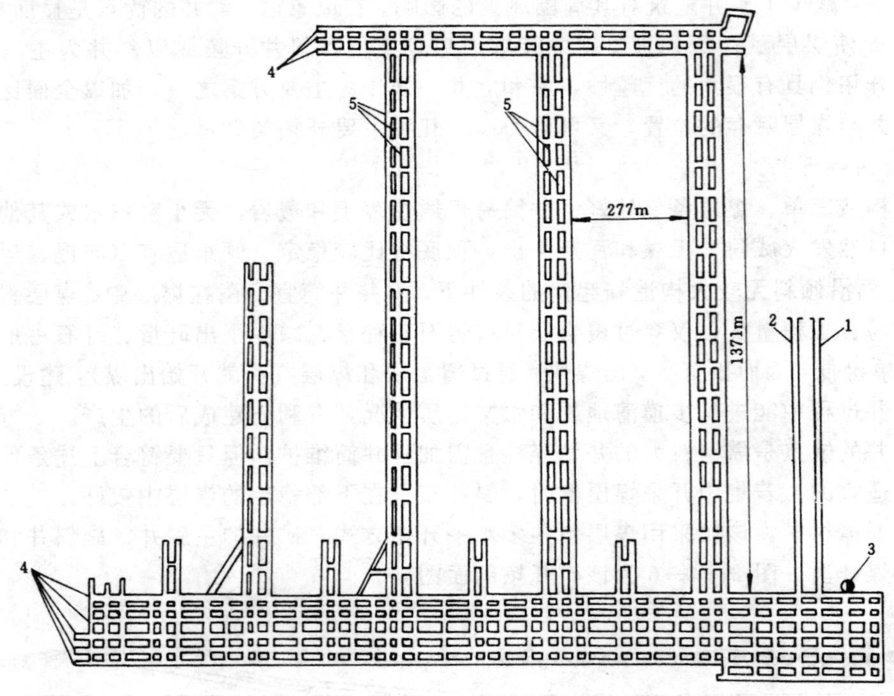

图 2－4－7　美国西麋鹿矿下组煤暗斜井开拓示意图

1—胶带暗斜井；2—人员设备材料暗斜井；3—风井；4—主要运输、进风、回风巷；5—工作面平巷

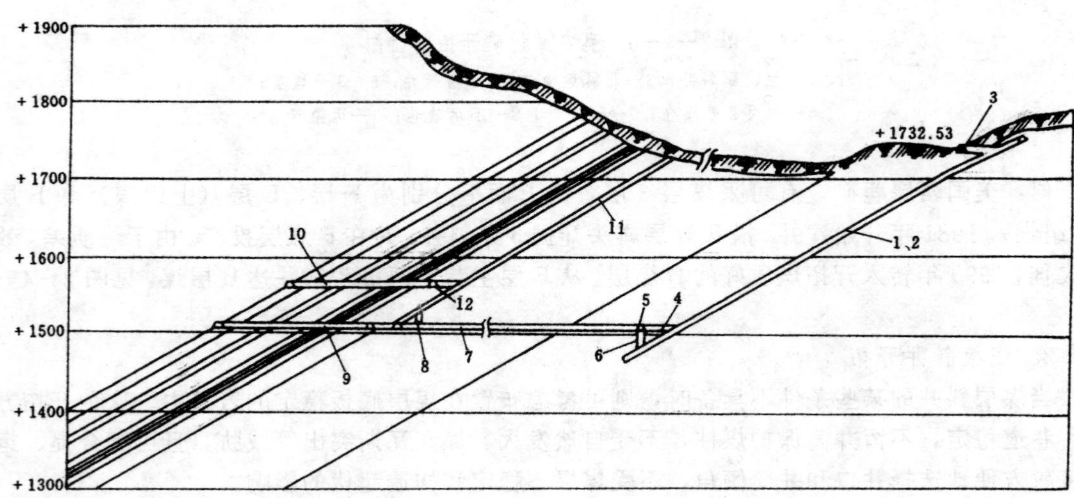

图 2－4－8　水城大河边矿开拓剖面图

1、2—主、副斜井；3—短平硐；4—井底车场；5—＋1500 水平运输大巷；6—井底煤仓；7—采区石门；8—采区煤仓；9—采区运输石门；10—区段石门；11—采区上山；12—绕道

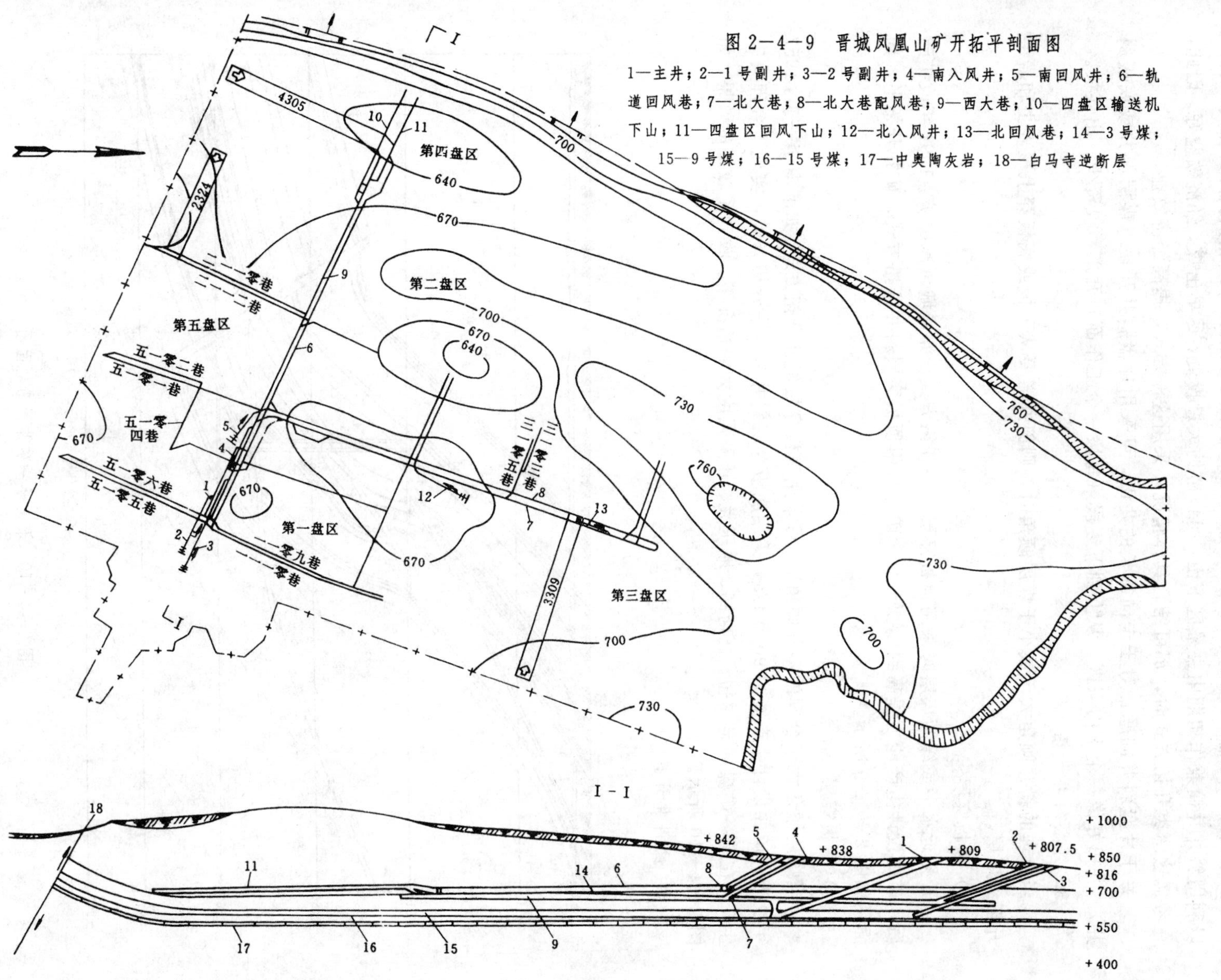

图 2-4-9 晋城凤凰山矿开拓平剖面图

1—主井；2—1号副井；3—2号副井；4—南入风井；5—南回风井；6—轨道回风巷；7—北大巷；8—北大巷配风巷；9—西大巷；10—四盘区输送机下山；11—四盘区回风下山；12—北入风井；13—北回风巷；14—3号煤；15—9号煤；16—15号煤；17—中奥陶灰岩；18—白马寺逆断层

关于斜井井筒兼作初期中央采区下山的问题：在适于煤层斜井或底板斜井开拓时，都可以利用斜井井筒兼作初期中央采区下山，可以节约大量投资，尽早出煤，经济效益好。因此，在考虑这两类开拓方式时，都可结合具体情况，采用这种方式，提高经济效益。

关于片盘斜井问题：对于走向不长的井田，可采用片盘斜井开拓（煤层斜井或底板斜井）。井田好像一个下山采区，从上到下逐段（每段一个工作面）开采，投资少、出煤快。

3. 穿层斜井开拓

当合理的斜井倾角大于或小于煤层倾角时，则斜井需要从顶板或底板穿上覆表土和岩层开拓到煤层。

1）顶板穿层

开拓近水平或缓倾煤层时采用顶板穿层斜井开拓方式。如晋城凤凰山矿，1991 年改扩建后，矿井设计生产能力提高到 4.0Mt/a，矿井采用顶板穿层斜井开拓方式，矿井开拓平、剖面图如图 2—4—9 所示。

2）底板穿层

当煤层倾角大于合理的斜井倾角时，可采用底板穿层斜井开拓方式。如淮南李一矿，1957 年投产，矿井设计生产能力 90 万 t/a，采用底板穿层斜井多水平开拓方式，实现了合理集中生产，在李一矿煤层走向短、瓦斯高、地压大、开采强度大的情况下，收到了较好的效果，如图 2—4—10 所示。

4. 反斜井开拓

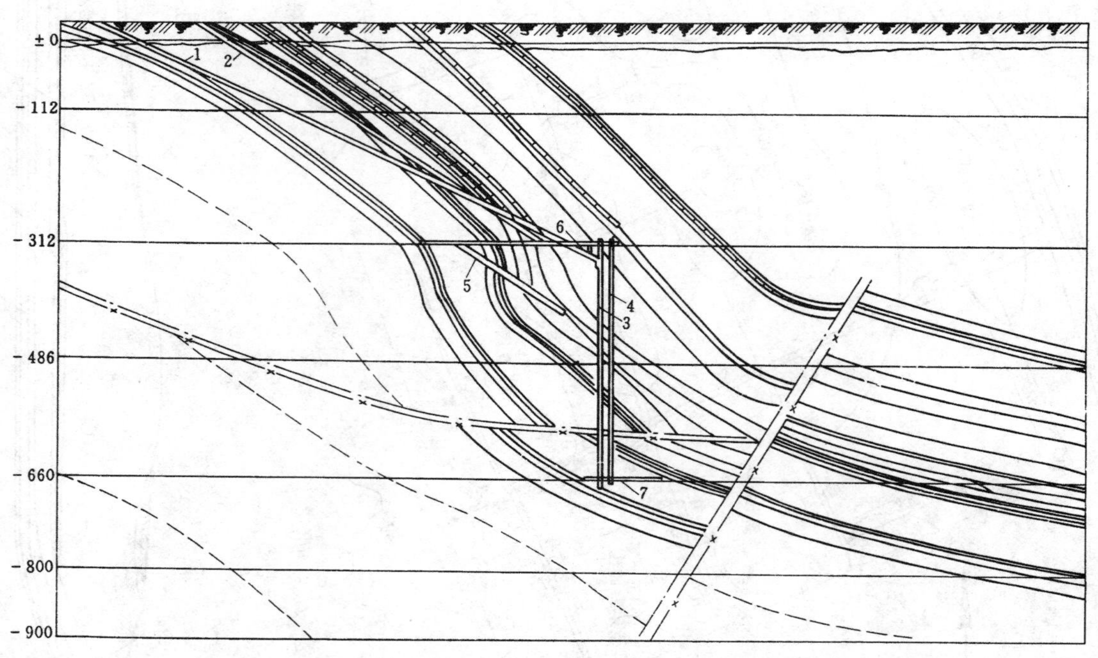

图 2—4—10　淮南李一矿井开拓剖面图

1—一号主斜井；2—四号副斜井；3—暗主立井；4—暗副立井；5—中央下山；6—二水平井底车场；7—三水平井底车场

井筒倾斜方向与煤层倾斜方向相反。采用这种方式，一般的情况下，井筒压煤多，多水平开采时系统复杂。但当上述各类型斜井井口选择困难或有其他特殊条件时也可选用，如乌达五虎山矿井采用反斜井，地面广场不压煤；井下地面均无反向运输；井下采准巷道布置合理，同时避开了浅部诸多小煤窑采空区的包围，取得了良好的技术经济效果，如图 2－4－11 所示。又如铜川东坡矿黄土岭上难以选择工业广场，如图 2－4－12 所示。他们采用反斜井开拓都收到了斜井井筒短、开拓费用省、减少维护和提升费用等效果。

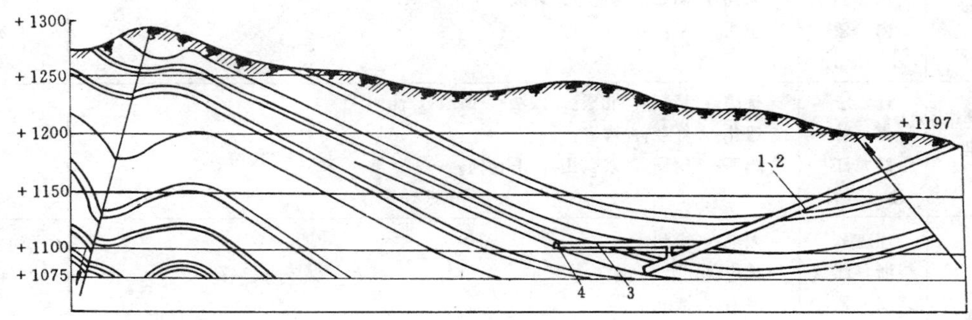

图 2－4－11　乌达局五虎山矿开拓剖面图

1、2—主斜井、副斜井；3—主石门；4—南大巷

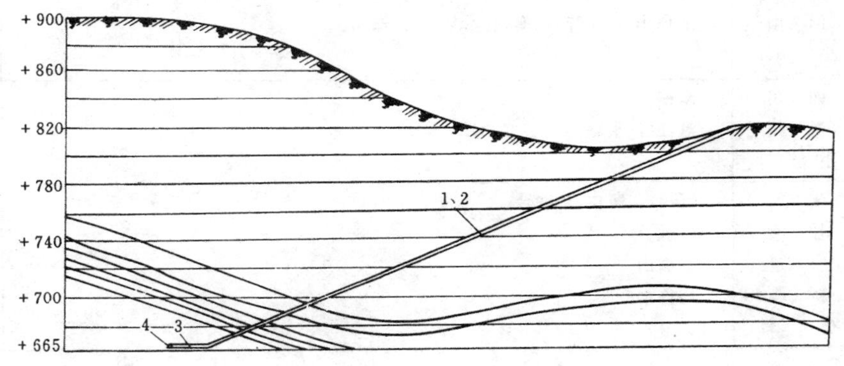

图 2－4－12　铜川东坡矿开拓剖面图

1、2—主、副斜井；3—井底车场；4—大巷

（三）立井开拓

立井开拓适应性很强，可用于各种地质条件，同时，在技术上也成熟可靠。因此，在地质条件不能使用平硐开拓又不利于斜井开拓时均可采用立井开拓。

我国国有重点煤矿立井开拓的地区分布见表 2－4－10，部分特大型矿井立井开拓方式及主要技术特征见表 2－4－11。

一般在表土厚、煤层赋存深时，应采用立井开拓。当水文地质复杂（如覆盖有厚表土含水砂岩或厚含水岩层），需用特殊施工方法开凿井筒时（如用冻结法、钻井法或注浆法等），则立井是首选的方式。多水平开采的急倾斜煤层应优先考虑立井开拓。从表 2—4—12 可见我国目前各种开拓形式、通过表土层厚度和开采深度情况。

表 2—4—10　国有重点煤矿立井开拓矿井地区分布表

行政区	省名	矿务局及立井开拓矿井数	合计（处）
华北	河北	开滦$_{8}$，峰峰$_{6}$，井陉$_{2}$，兴隆$_{1}$，邢台$_{3}$，邯郸$_{2}$	22
	山西	大同$_{3}$，阳泉$_{1}$，潞安$_{1}$，轩岗$_{1}$	6
	内蒙	包头$_{1}$，平庄$_{1}$	2
	小计		30
东北	辽宁	抚顺$_{1}$，阜新$_{3}$，北票$_{2}$，铁法$_{7}$，南票$_{3}$，沈阳$_{6}$	22
	吉林	通化$_{2}$，舒兰$_{1}$，珲春$_{1}$	4
	黑龙江	鸡西$_{5}$，鹤岗$_{3}$，双鸭山$_{2}$，七台河$_{2}$	11
	小计		37
华东	江苏	大屯$_{4}$，徐州$_{14}$	18
	浙江	长广$_{4}$	4
	安徽	淮南$_{5}$，淮北$_{12}$	17
	山东	淄博$_{1}$，枣庄$_{3}$，肥城$_{3}$，兖州$_{6}$，龙口$_{2}$，坊子矿$_{1}$，新汶$_{1}$	17
	江西	萍乡$_{2}$，乐平$_{1}$	3
	小计		59
中南	江西	萍乡$_{2}$，东平$_{1}$	3
	湖南	涟邵$_{6}$，资兴$_{1}$，白沙$_{3}$	10
	河南	平顶山$_{6}$，焦作$_{6}$，鹤壁$_{6}$，义马$_{3}$，郑州$_{4}$	25
	小计		38
西南	四川	南桐$_{1}$	1
	贵州	盘江$_{1}$，水城$_{1}$	2
	小计		3
西北	陕西	铜川$_{4}$，蒲白$_{1}$，澄合$_{1}$	6
	甘肃	靖远$_{1}$	1
	宁夏	石嘴山$_{2}$	2
	新疆	乌鲁木齐$_{2}$	2
	小计		11

1）按立井与所开拓煤层的位置关系，立井可分为三种主要类型：

（1）立井无石门：

一般立井开拓，特别是缓倾斜和倾斜煤层，井筒开拓都是直穿煤层，在煤层（或煤层群，或近煤层的底板）中建立水平。

例：平顶山七矿，井筒和水平运输大巷沿煤层向斜轴布置，利用煤组之间间距划分水平，如图 2—4—13 所示。

（2）顶板立井：

在急倾斜煤层常用此种方式。整个立井井筒开在煤层顶板中，不压或少压煤，例如乌鲁木齐六道湾煤矿，主、副立井布置在煤层群顶板，风井布置在煤层群底板，以中央运输石门和中央回风石门贯穿全部煤层，如图 2—4—14 所示。

表 2－4－11　部分特大型矿井立井开拓方式及主要技术特征表

项目＼矿井名称	兖州矿区 东滩矿	兖州矿区 兴隆庄矿	潞安矿区 常村矿	淮南矿区 潘集一号矿	淮南矿区 张集矿	铁法矿区 大兴矿	济东矿区 济宁三号矿	济北矿区 唐口矿
设计生产能力（万 t/a）	400	300	400	300	400	300	500	300
矿井可采储量（万 t）	37255.7	32161.6	39376	43469.5	68500	49636.7	52621	29892
服务年限（a）	79	97.9	87	147	122.5	101	81	71
煤层倾角（°）	0～16	2～14	3～6	7～20	2～10	<25	1～9	1～15
可采煤层总厚/层数（m/层）	12.92/7	13.74/7	11.25/17	29.68/15	29.62/12	23～39/10	10.44/8	12/7
矿井涌水量，正常/最大（m^3/h）	720/1042	250/300		160/220	500/870	100/150	550	379
瓦斯等级	低瓦斯矿	低瓦斯矿	高瓦斯矿	高瓦斯矿、高地温，有煤及瓦斯突出矿	高瓦斯矿	高瓦斯矿	低瓦斯矿	低瓦斯矿
开采深度：目前/最终（m）	710/1050	499/750	—	645/822	626/1026	780/1073	556/1038	1029/1239
井田尺寸：走向/倾向（m）	12.4/4.8	10.6/5	17.0/5.4	9/5.3	7/8.5	6.4/3.2	10/10～13	12～13/4.5～8
矿井投产日期	1989 年 12 月	1981 年 12 月	1995 年 9 月	1983 年 12 月	2001 年 11 月	1990 年 11 月	2000 年 12 月	正在建设

续表

项目 \ 矿井名称	兖州矿区 东滩矿	兖州矿区 兴隆庄矿	潞安矿区 常村矿	淮南矿区 潘集一号矿	淮南矿区 张集矿	铁法矿区 大兴矿	济东矿区 济宁三号矿	济北矿区 唐口矿
矿井开拓方式	立井开拓，二水平暗斜井，延伸副立井	立井上下山开拓	立井开拓、一水平 520m、二水平 420m	立井多水平上下山开拓	立井分区开拓	立井多水平上下山开拓	立井分区开拓	立井分区开拓
大巷运输方式	带式输送机运煤，1.5t 矿车辅助运输	带式输送机运煤，架线电机车辅助运输	5t 底卸式矿车，10t 架线电机车双机牵引	5t 底卸式矿车运煤，1.5t 矿车辅助运输	带式输送机运煤，10t 架线电机车辅助运输	带式输送机运煤，蓄电池电机车辅助运输	带式输送机运煤，无轨胶轮车辅助运输	带式输送机运煤，架线电机车辅助运输
通风方式	对角式通风，北翼和西翼各设风井	中央对角式	南翼分区进、回风，北翼中央对角式	中央和对角式混合通风系统	前期中央并列式	混合式	前期中央并列式	前期中央并列式
井筒数目（个）	4	4	5	5	3	5	3	3
表土层及流沙层厚度（m）	124/60～80	190/47. 8		120～450/0～88		5～25/5～8	121～233/180	156～239/213
地形及地面标高（m）	平原，+44.7	平原，+49.2	高原河谷平原区，标高 +890～+1060	平原，+22.5	平原，+25	平原，+73	平原，+32.53～+37.78	平原，+35～+38
表土层施工方法	冻结法	冻结法	普通凿井	冻结滑模	冻结法	普通凿井	冻结法	冻结法
2000 年产量（万 t）	668	621	311	260		280	510（2001 年）	

表 2—4—12 各种开拓方式表土层厚度和开采深度表

特征	开拓系统	立井开拓	斜井开拓	平硐开拓	综合开拓
表土层平均厚度（m）	特大型矿井	165.83	14.50		16.05
	大型矿井	97.72	13.57	60.25	16.94
	中型矿井	56.92	31.35	60.25	34.35
	小型矿井	30.41	19.89	11.94	22.00
	国有重点矿井	75.84	22.08	34.58	25.89
平均开采深度（m）	特大型矿井	639.22	191.67	260.00	393.15
	大型矿井	573.53	318.80	354.29	462.35
	中型矿井	496.78	358.10	447.00	451.78
	小型矿井	462.12	357.74	405.93	466.65
	国有重点矿井	522.40	350.80	415.11	452.28

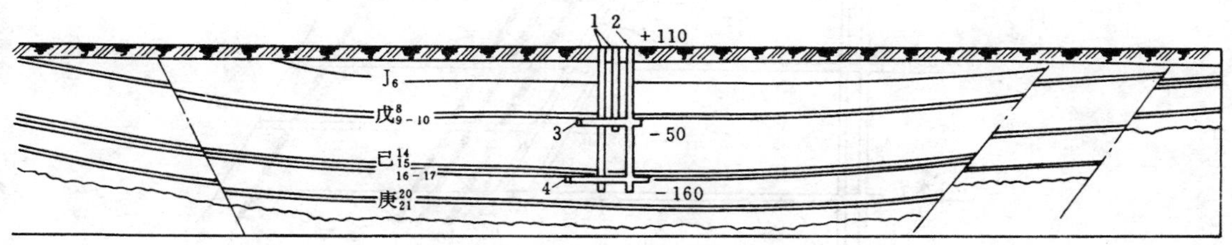

图 2—4—13 平顶山七矿开拓剖面图

1—主井；2—副井；3——50m 水平运输大巷；4——160m 水平运输大巷

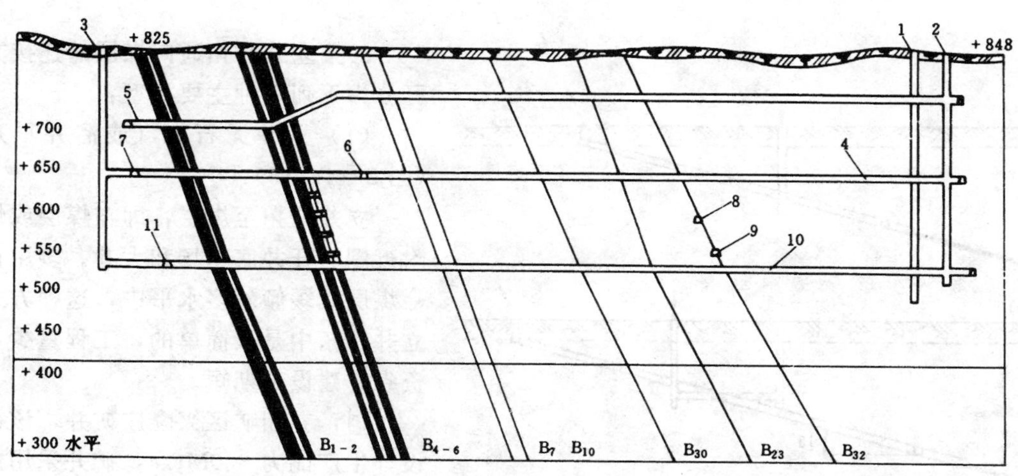

图 2—4—14 乌鲁木齐六道湾煤矿开拓剖面图

1—主井；2—副井；3—风井；4—＋650m 回风石门；5—＋710m 水平石门；6—B_7 底板运输大巷；7—＋650m 回风大巷；8—＋600m 煤层运输巷；9—＋550m 煤层运输巷；10—＋540m 中央运输石门；11—＋540m 运输大巷

(3) 底板立井：

在煤层倾斜角度很大的矿井，为了不压煤层或底板岩石较好时，整个立井井筒放在底板。例如北票台吉矿，主、副、风井均布置在煤层群底板岩石中，如图 2—4—15 所示。

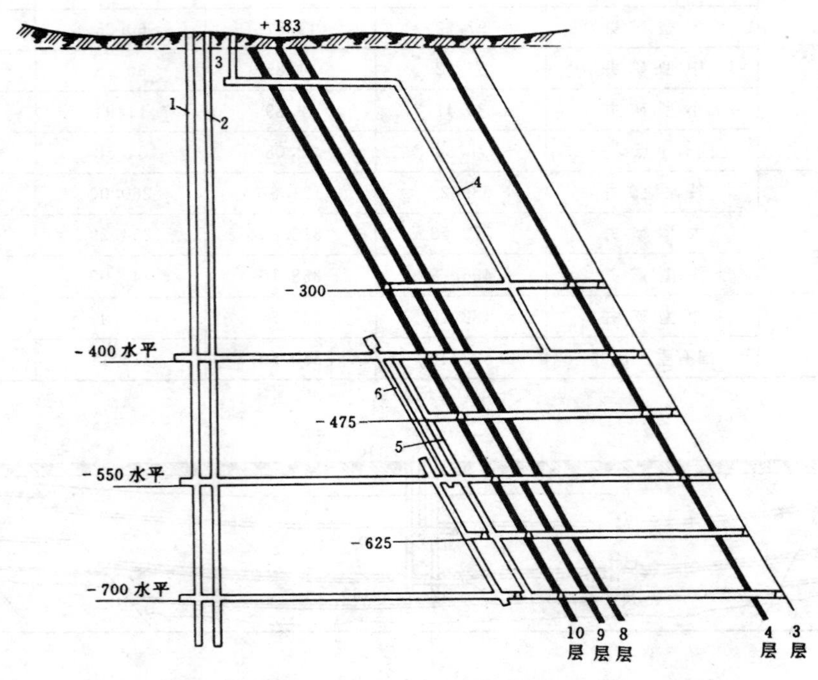

图 2—4—15 北票台吉立井采区上山布置示意图

1—主井；2—副井；3—风井；4、5—风道；6—采区上山；—475、—625 为辅助水平

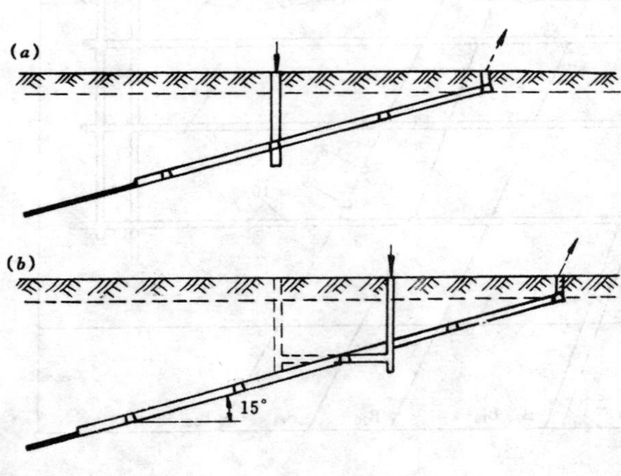

图 2—4—16 立井开拓

a—井底车场布置在煤层中；b—井底车场布置在岩石中

2)按立井开拓通向煤层的连接方式可分为下列六种主要类型：

(1) 立井无石门（或溜井）开拓（图 2—4—16）：

立井开拓至煤层，即在煤层或煤层附近围岩开井底车场和大巷。多用在单一煤层或缓倾斜多水平中，这种方式在立井开拓中是最简单的，工程量少，投资省，建设工期短。

例：兖州矿区兴隆庄矿井，该矿井设计生产能力 3.0Mt/a，矿井采用立井无石门开拓，如图 2—4—17 所示。

例：波兰皮雅斯特矿，矿井设计生产能力为 7.2Mt/a；可采煤层 8 层，煤层厚度为 1.0～7.5m，煤层呈东西方向的盆地状，倾角 5°左右，共开凿 4 个立井，井下建立－500m 和－600m 两个水平，同时生产，见图 2－4－18。

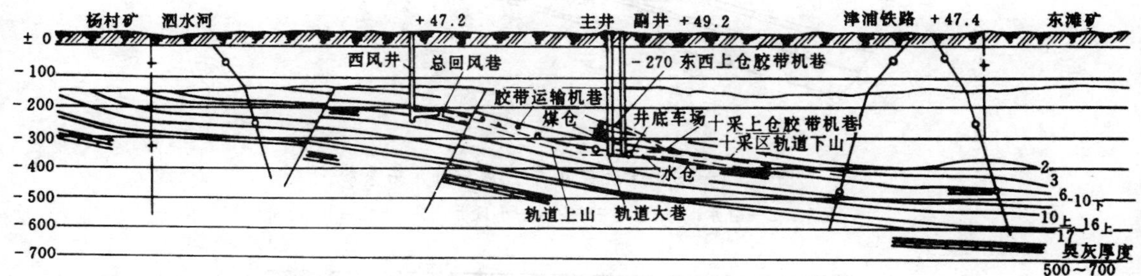

图 2－4－17　兖州矿区兴隆庄矿井剖面图

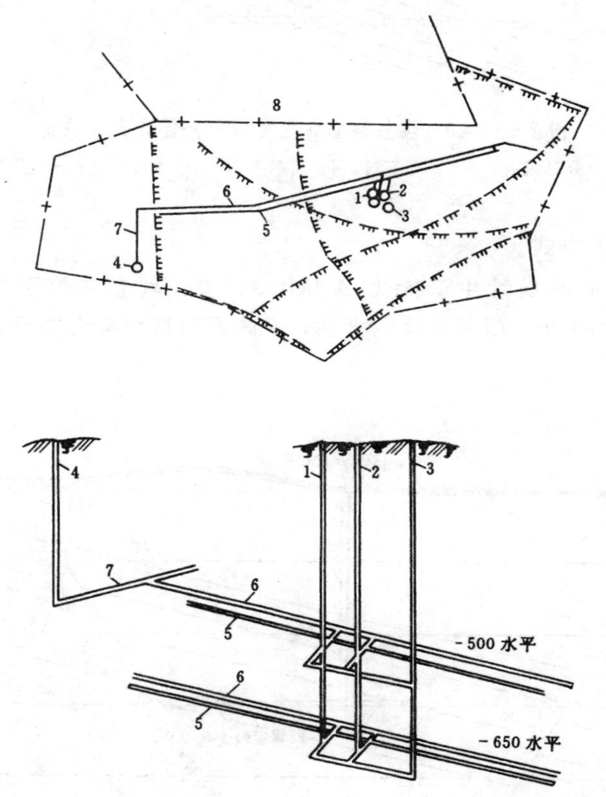

图 2－4－18　波兰皮雅斯特矿开拓系统示意图

1—Ⅰ号井；2—Ⅱ号井；3—Ⅲ号井；4—Ⅳ号井；5—胶带输送机大巷；6—轨道运输大巷；7—南大巷；8—谢莫维特矿

(2) 立井主石门开拓（图 2－4－19、图 2－4－20）：

用立井开拓煤层群时，立井开拓至煤层群中，建井底车场并通过主石门通向各煤层，是

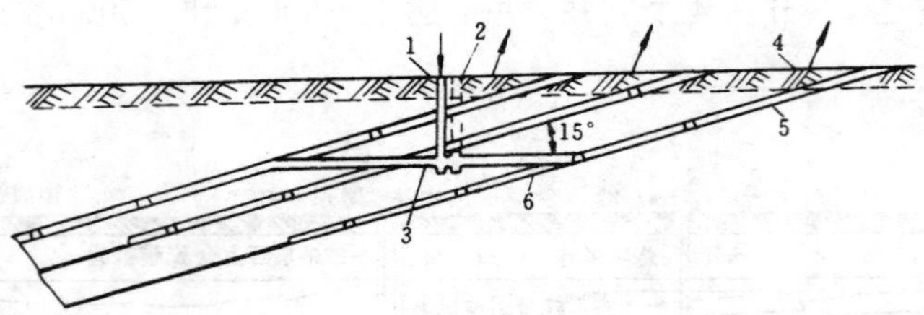

图 2—4—19　煤层群立井主要石门开拓系统

1—主井；2—副井；3—主要石门；4—小风井；5—上山；6—下山

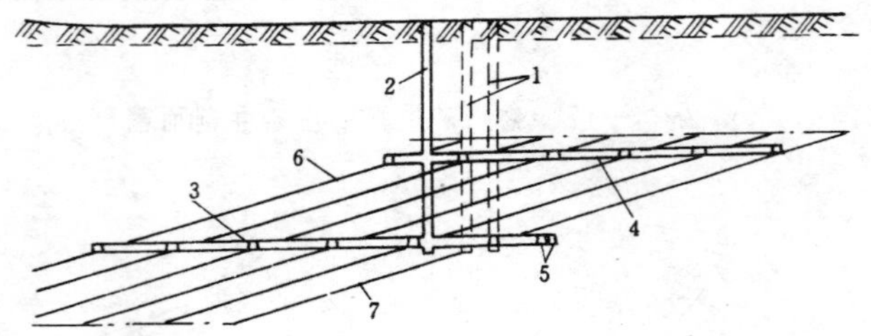

图 2—4—20　煤层群立井主要石门分区式开拓系统

1—主井；2—分区风井；3—主要石门；4—回风石门；5—主要大巷；6—上山；7—下山

开拓煤层群时最简单的方式。

例：鸡西城子河矿井设计生产能力 2.4Mt/a，主、副立井位于井田中部，第一水平标高－400m，以石门连接东、西两翼运输大巷，采区石门贯穿各煤层开拓，如图 2—4—21 所示。

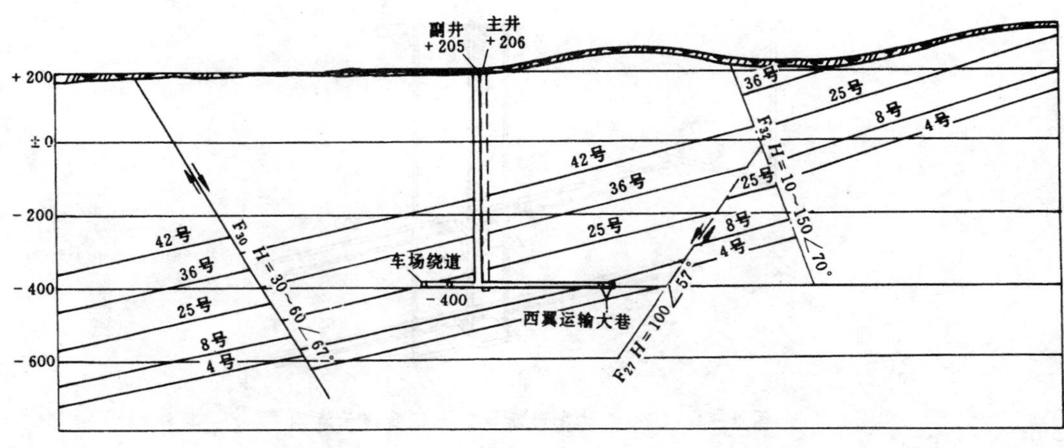

图 2—4—21　鸡西城子河矿剖面图

（3）立井多水平石门开拓（图 2—4—22、图 2—4—23）：

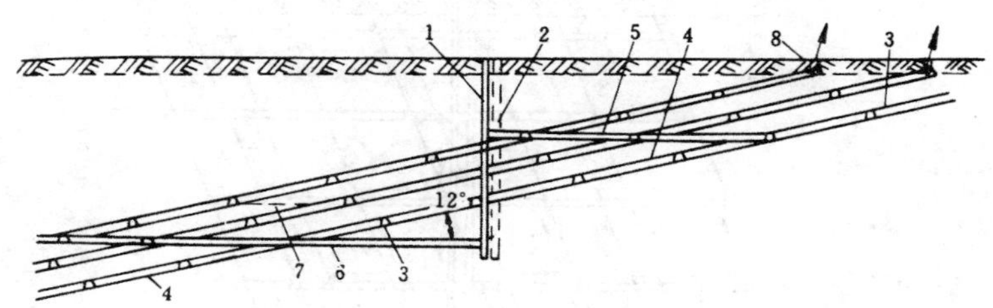

图 2-4-22 煤层群立井主要石门开拓系统

1—主井；2—副井；3—上山采区；4—下山采区；5—第一水平的石门；6—第二水平的石门；7—回风石门；8—小风井

当井田倾斜很长时，沿倾斜将井田划分若干水平。由上而下顺序延深井筒，掘到每一水平时用水平石门开拓煤层。

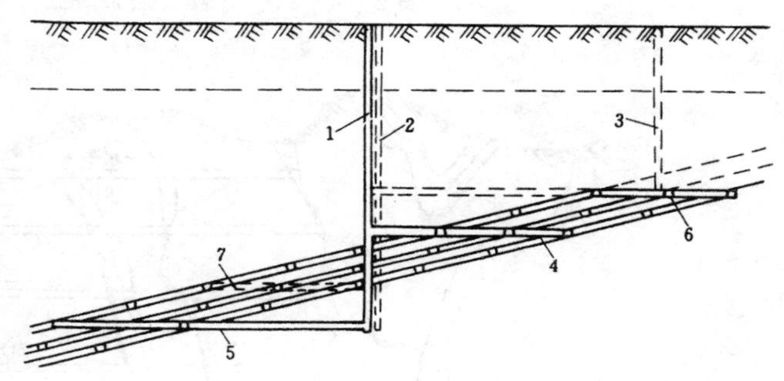

图 2-4-23 煤层群立井两水平石门开拓系统

1—主井；2—副井；3—风井；4—第一水平的运输石门；5—第二水平的运输石门；6—第一水平的回风石门；7—第二水平的回风石门

例：淮南谢李矿，浅部为即将逐步报废的5对老矿井，开采这5对矿井的深部，设计能力3.0Mt/a，采用立井多水平分区域开拓，如图2-4-24所示。

(4) 立井阶段石门开拓（图2-4-25）：

当开采急倾斜煤层时可使用这种方式。

例：萍乡青山矿，采用立井分阶段石门开拓，如图2-4-26所示。

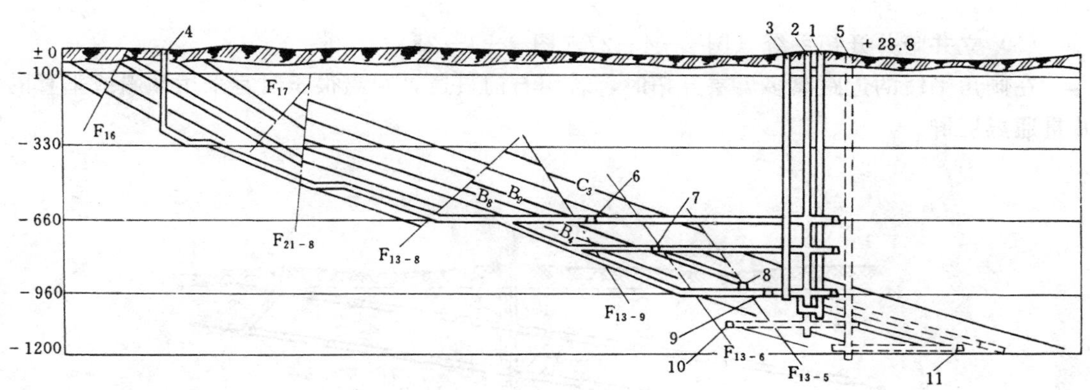

图 2-4-24 淮南谢李矿开拓系统图

1—主井；2—副井；3—中央风井；4—谢二矿南风井；5—预留后期副井；6——660mB_{10}底板岩石回风大巷；7——780mB_{10}底板轨道大巷；8——950mB_{10}底板胶带机大巷；9——960mB_{10}底板轨道大巷；10——1080mB_{10}底板轨道大巷；11——1200mB_{10}底板轨道大巷

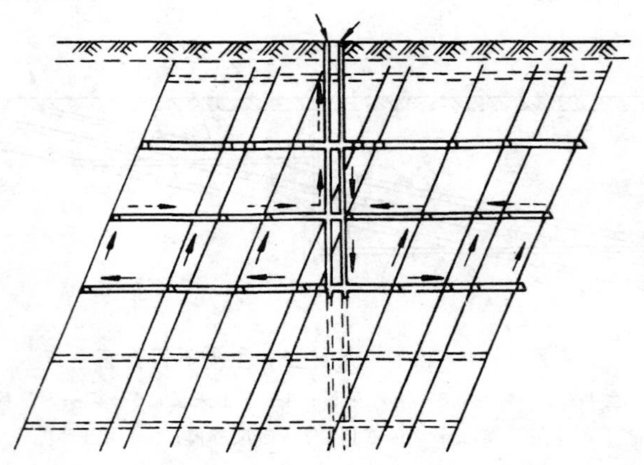

图 2—4—25　急倾斜煤层群立井阶段石门开拓系统

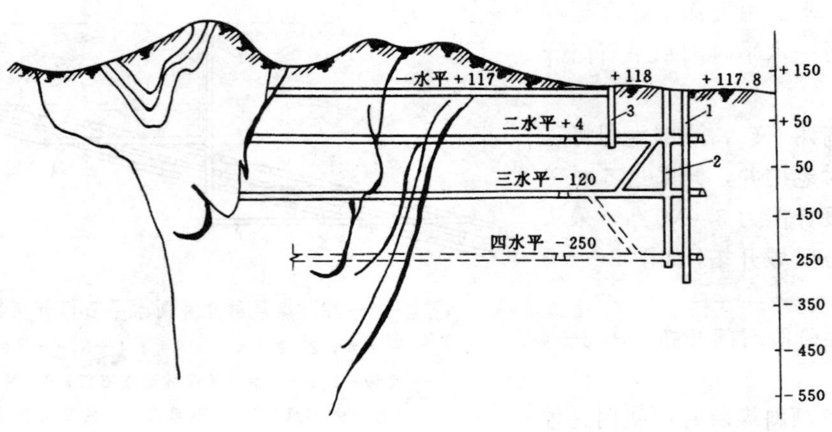

图 2—4—26　萍乡青山矿开拓示意图

1—主井；2—副井；3—中央风井

(5) 立井暗井开拓系统（图 2—4—27、图 2—4—28）

在倾角平缓的近距离多煤层开拓时，若用石门贯通，距离很长时宜采用倾斜或垂直的暗井贯通煤层群。

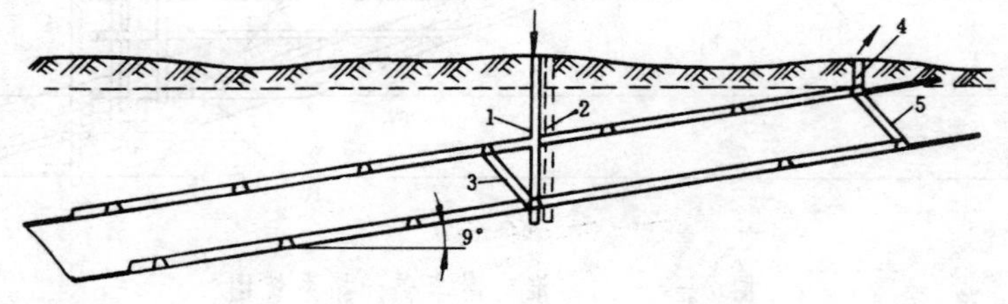

图 2—4—27　两层煤的立井主要溜井开拓系统

1—主井；2—副井；3—主要溜井；4—小风井；5—回风斜巷

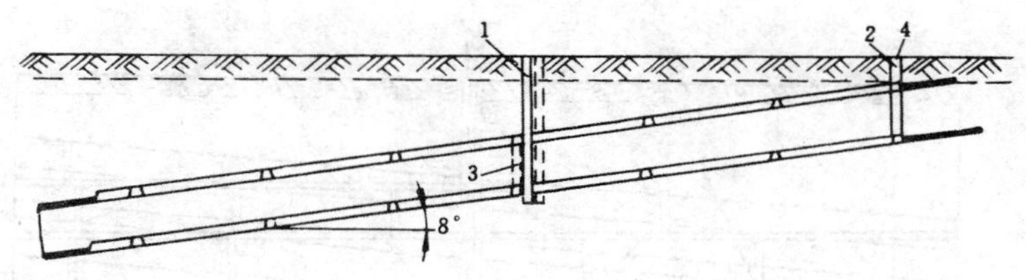

图 2—4—28 两层煤的立井主要暗井开拓系统

1—主井；2—副井；3—主要暗井；4—风井

例：开滦林南仓矿，第一水平（—400m）采用立井开拓，延深到第二水平（—750m）时，采用暗斜井开拓，如图 2—4—29 所示。

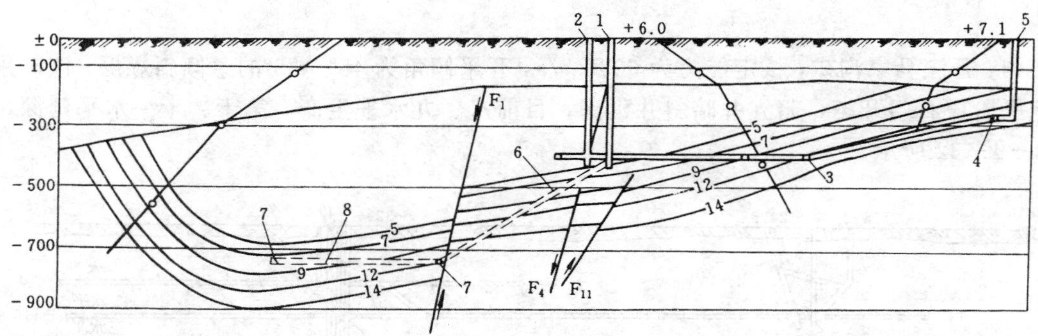

图 2—4—29 开滦林南仓矿开拓剖面图

1—主井；2—副井；3—−400m 水平运输大巷；4—回风大巷；5—风井；
6—设计第二水平暗斜井；7—第二水平（−750m）运输大巷；8—−750m 水平运输石门

（6）立井多水平暗井开拓系统（图 2—4—30、图 2—4—31）：

在缓倾斜和近水平煤层群的开拓中，国外采用立井多水平暗井开拓较多。有时也可依据水平分为两大类——单水平和多水平。每大类又可分上山开拓和下山开拓两类。

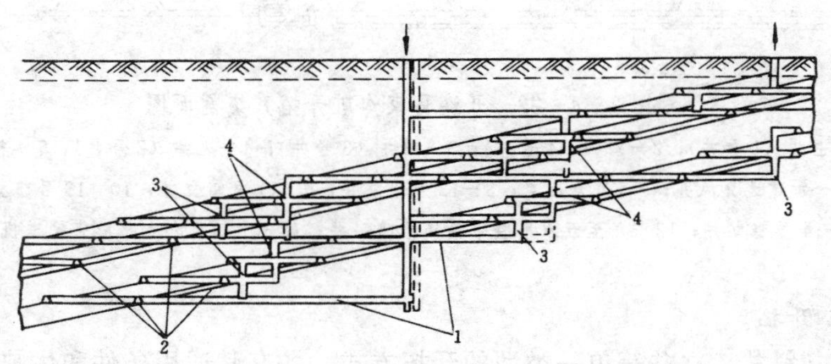

图 2—4—30 煤层群立井多水平石门及集中暗井开拓系统

1—沿水平石门；2—集中大巷；3—集中暗井；4—回风暗井

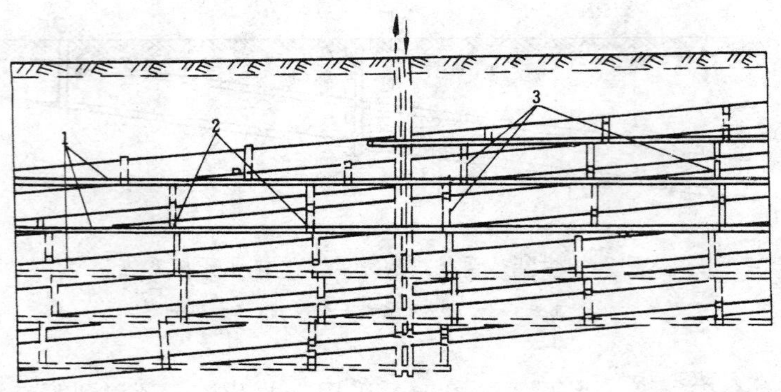

图 2—4—31 煤层群立井多水平石门、岩石大巷和暗井开拓系统

1—沿水平石门；2—岩石大巷；3—暗井

例：开滦马家沟矿，核定能力为 60 万 t/a，开采倾角为 45°～85°的急倾斜煤层。该矿采用多水平阶段石门开拓，暗立井暗斜井延深，目前八、九水平生产，第十、十一水平延深，如图 2—4—32 所示。

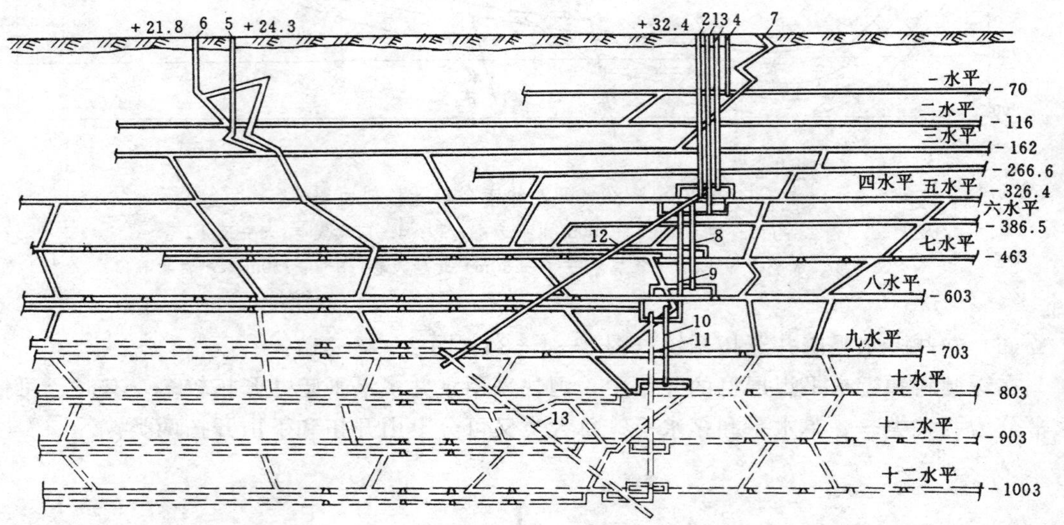

图 2—4—32 开滦马家沟矿开拓系统剖面图

1—主井（1 号井）；2—副井（4 号井）；3—副井（3 号井）；4—风井（2 号井）；5—老风井；6—新建边界风井；7—安全出口；8—12 号暗立井；9—11 号暗立井；10—13 号暗立井；11—14 号暗立井；12—九至五水平胶带输送机暗斜井；13—十二至九水平胶带输送机暗斜井

（四）综合开拓

上述平硐、斜井、立井等单一类型的开拓方式，各有其适用条件和优缺点。在一定的条件下采用某一类开拓方式，技术经济上不尽合理时，可采用两种或三种方式联合，发挥其各自的优点，这时就需要综合开拓。

我国国有重点煤矿综合开拓矿井按地区分布情况见表2—4—13。

1. 以斜井为主（运煤）的综合开拓

带式输送机在斜井中越来越广泛的应用，特别是在大型现代化矿井中显示了很大的优越性。它可实现由工作面到地面的连续化运输，技术、经济、安全均十分有利，系统简单，易实现全矿主运输系统的集中控制。从表2—4—14、表2—4—15中可以看到国内外胶带斜井的发展。

表2—4—13　综合开拓矿井地区分布表

地区名称	矿井数目（处）	总设计能力（万t/a）	矿井名称和生产能力（万t/a）
东北区	12	1656	抚顺老虎台（300），辽源西安矿（90），通化湾沟矿（60），鸡西穆林二斜井（33），鸡西小恒山（240），鹤岗南山矿（240），鹤岗富力矿（108），双鸭山七星矿胶带井（120），七台河新建矿胶带斜井（120），七台河桃山矿胶带斜井（105），七台河铁东矿胶带斜井（120），七台河新兴矿胶带斜井（120）
西北区	13	901	乌达苏赫图矿（120），铜川下石节（60），铜川金华山矿（90），蒲白白水矿（105），蒲白南桥矿（60），澄合权家河矿（60），澄合二矿（45），韩城下峪口矿（90），韩城象山矿（21），崔家沟矿平硐（120），窑街二矿四井（30），石炭井二矿（90），乌鲁木齐小红沟矿（10）
华北区	40	7051	北京门头沟矿（120），北京大台矿（60），北京王平村矿（105），北京杨坨矿（30），开滦赵各庄矿（230），峰峰二矿（60），井陉一矿（90），邯郸王凤矿二坑（30），邯郸郭二庄矿（105），邯郸陶一矿（30），大同煤峪口矿（150），永定庄矿（120），四老沟矿（300），挖金湾矿（90），晋华宫矿（315），大斗沟矿（45），大同王村矿（180），大同四台矿（500），大同燕子山矿（400），大同云岗矿（270），大同马脊梁矿（180）阳泉一矿七尺平硐（75），阳泉一矿4尺斜井（45），阳泉一矿丈八斜井（120），阳泉二矿胶带斜井（435），阳泉三矿裕公斜井（45），阳泉四矿胶带斜井（90），阳泉五矿贵石沟大井（400），西山杜儿坪矿（300），官地矿（330），西曲矿（300），马兰矿（400），汾西两渡矿河溪沟井（21），汾西高阳矿（120），潞安石圪节矿（60），潞安王庄矿（360），轩岗焦家寨（150），霍州白龙矿（120），荫营矿（120），阳泉固庄矿（150）
华东区	16	923	徐州义安矿（60），长广公司牛头山一矿（30），牛头山六矿（30），牛头儿八矿（10），长广公司新槐树矿（10），长广公司大西矿（6），淮南新庄孜矿（270），萍乡高坑矿（60），萍乡巨源矿杉坡里斜井（22），乐平沿沟矿（30），淄博西河矿（30），淄博夏庄矿二立井（21），新汶孙村矿（60），新汶张庄矿（75），肥城陶阳矿（90），新汶协庄矿（120）
中南区	21	1469	平顶山一矿（400），平顶山二矿（21），平顶山六矿（210），平顶山十二矿（90），平顶山大庄矿（90），平顶山高庄矿（45），鹤壁八矿（60），义马跃进矿（60），义马杨村矿（60），义马观音堂矿（36），郑州米村矿（150），涟邵金竹山矿一平硐（30），利民矿（60），恩口三井（21），资兴宝源南平硐（30），白沙沈家湾井（10），湘永铜角湾（15），广旺白水矿（15），广旺唐家河矿（15），广旺赵家坝矿（21），广旺代祠坝矿（30）
西南区	24	1323	芙蓉杉木树矿（90），芙蓉巡场矿（30），攀枝花太平矿（75），攀枝花大宝鼎（90），南桐东林矿（30），南桐砚石台矿（45），南桐三立井（30），南桐三平硐（15）、南桐红岩矿（81），三汇坝二矿（60），三汇坝三矿（30），松藻矿一井（60），松藻打通一矿（150），松藻石壕矿（90），中梁村南矿（60），中梁山北矿（60）永荣曾家山一矿（21），六枝地宗矿（45），六枝四角田矿（15），水城那罗寨矿（90），云南羊场杨家矿（21），云南田南二号井（60），天府磨心坡矿（45），天府刘家沟矿（30）

表 2-4-14 我国部分带式输送机大型斜井主要技术特征

矿务局、矿	开拓方式	设计能力(万 t/a)	斜井特征		斜井带式输送机	
			斜长(m)	倾角(°)	小时能力(t/h)	设备型号
辽源 西安	主斜副立	90	2400	16	400	GDS－1000
肥城 陶阳	主斜副立	90	3300	6～17	440	GDS－1000
西山 马兰	主斜副立副斜	400	1114	14		
铜川 金华山	主斜副立	90	1111	17	140	2JK－2.5A
淄博 西河	主斜副立	30	1470	14.6		
蒲白 白水	主斜副立	105	1060	16.5	300	
潞安 王庄	主斜副立副斜	360	1318	16	700	
大同 晋华宫	主斜副立	315	1137	16	863	JRQ－1510－8
北京 大台	主斜副立	60	1140	14	318	DX－400
开滦 赵各庄	主斜副立	230	3730	17	733	
北京 门头沟	主斜副立	120	1400	16	414	GDS－100
峰峰 二矿	主斜副立	60	2400	18	560	TD75G * 2500
大同 四老沟	主斜副立副斜	300	1104	14.85	900	GX4000
萍乡 高坑	主斜副立	60	1400	17	470	JD62－1000
鹤壁 八矿	主斜副立副斜	60	1540	14.6	400	GS－100
石炭井 二矿	主斜副立副斜	110	1036	16.5	250	JDS－1000/2
淮南 新庄孜	主斜副立	270	1428	16.5	686	
云南 田坝二井	主斜副立	60	1260	16.5	321	钢绳芯胶带机
云南 羊场杨家	主斜副立	21	1380	16	214	
抚顺 老虎台	主斜副立	300	2555	17.5	720	1350 胶带机 JSG147－8

表 2-4-15 国外部分大型胶带斜井主要技术特征

国家	矿井名称	矿井生产能力(万 t/a)	斜井特征			斜井胶带输送机			
			斜长(m)	提升高度(m)	倾角	小时能力(t/h)	胶带宽度(mm)	带运速(m/s)	电机功率(kW)
美国	皮博迪十号矿	500	530	110	16°	—	1220	—	—
美国	韦巴希矿	330	815	244	17°30′	1360	1220	—	—
前苏联	拉斯帕特斯卡亚矿	750	1269	—	11°20′	1100	—	—	—
前苏联	萨兰斯卡亚深部矿	1100	4000	1200	18°	2225×2	—	—	—
英国	塞尔比矿	1000	3200	365	14°	2000×2	1220	4	2×2000
英国	朗格内特联合矿	240	764	326	14°	800	1220	3.05	1470
德国	路易森塔尔矿	150	5620	733	11°52′	500	800	2.5	1600
德国	恩斯多夫矿	250	3500	610	11°	—	—	—	—
日本	三井三池矿	600	2020	550	12°	1300	1200	—	2180
日本	太平洋钏路矿	250	3420	406	5°～15°	900	1050	2.9	1700
日本	夕张新矿	150	3154	868	16°	780	960	2.5	2800

根据国内外的经验，我国矿井，特别是大型矿井只要条件许可开凿斜井的，无论在深度、斜长和能力上都应优先采用胶带斜井运煤。但是斜井在辅助提升和通风上就不如立井有利。因此国内外许多大型矿井采用了斜井胶带运煤，立井辅助提升及通风的综合开拓方式。

例：阳泉贵石沟矿井设计生产能力 4.0Mt/a，根据地面地形和井下煤层赋存条件，矿井设计采用立斜综合开拓方式。主斜井安装 1.4m 钢芯强力带式输送机运煤，副立井安装两套绞车专提设备、材料和人员，在井田中央设置排矸进风井和回风井，用作中央区的通风和提升全矿井矸石，如图 2－4－33 所示。

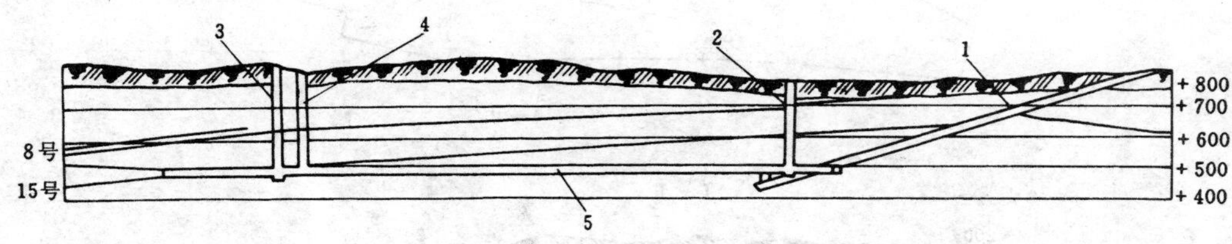

图 2－4－33　阳泉贵石沟矿井开拓示意图

1—主斜井；2—副立井；3—排矸进风井；4—中央风井；5—＋520m 水平运输石门

例：日本夕张新矿，矿井设计生产能力 1.5Mt/a，开采深度自－650m 到－1025m。矿井开拓采用主斜井、副立井的混合开拓方式，共开凿 4 个井筒，见图 2－4－34。

综合开拓中的主斜井在多数情况下是和立井（一个或多个），有时也有与辅助斜井相结合的方式开拓的。但在地形情况适宜时也有主斜井与平硐相结合开拓的。我国部分主斜井－副立井、主斜井－副立井－副斜井、主斜井－副平硐开拓系统的矿井特征见表 2－4－16、表 2－4－17、表 2－4－18。

例：西山西曲矿井设计生产能力 3.0Mt/a，1984 年建成，采用主斜井、副平硐开拓方式，分区布置大巷，如图 2－4－35 所示。

2．以平硐为主（运煤）的综合开拓

如前所述，凡地形和煤层赋存条件适宜时，应优先采用平硐开拓方式。但在平硐水平以下的煤层，若倾斜很长时，就需要考虑用斜井或立井或兼而有之来辅助开拓平硐以下的煤层。而在平硐以上的煤层，有时也因地制宜的开辅助立、斜井作为通风和其他辅助用途。我国部分主平硐－副立井、主平硐副斜井开拓系统的矿井特征见表 2－4－19、表 2－4－20。

1）主平硐和副立井开拓

例：天府刘家沟矿位于重庆北 41km 的北碚区天府镇，矿井设计生产能力 30 万 t/a，1967 年投产，根据矿井地面地形条件及地质构造，矿井开拓方式采用主平硐、副立井综合开拓方式，如图 2－4－36 所示。

2）主平硐和副斜井开拓

例：铜川下石节矿位于陕西省铜川市耀县西北，矿井设计生产能力 60 万 t/a，矿井地表山峦重叠，沟谷纵横，井田开拓方式为主平硐－主斜井－副斜井综合开拓，其开拓方式剖面图如图 2－4－37 所示。

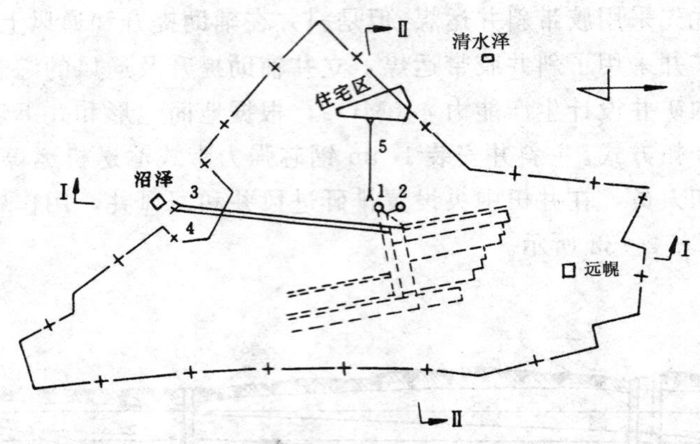

Ⅰ－Ⅰ

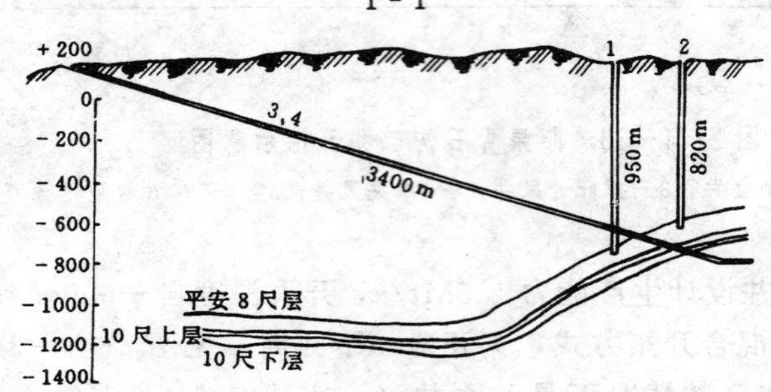

Ⅱ－Ⅱ

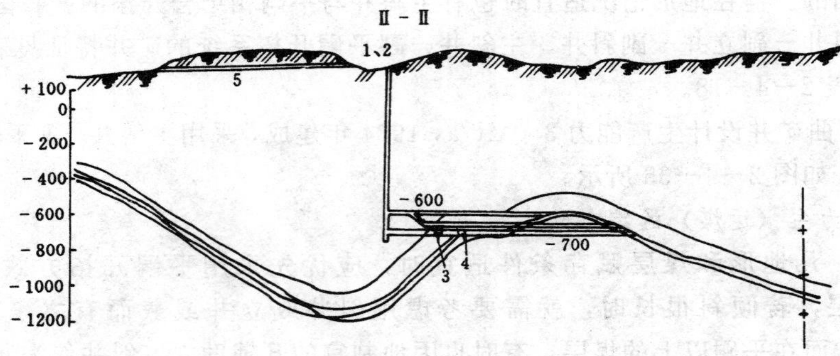

图 2－4－34　日本夕张新矿开拓系统示意图

1—1 号立井；2—2 号立井；3—胶带斜井；4—材料斜井；5—地面通洞（长 1184m）

表 2－4－16　部分主斜井副立井开拓的矿井特征表

矿务局、矿	井田尺寸			煤层倾角 (°)	投产时间	设计能力 (万 t/a)	水平数目	开采深度 (m)	最高年产量 (万 t/年份)
	走向 (km)	倾向 (km)	面积 (km²)						
辽源　西安	3.7	1.5	5.55	0～90	1955.12	90	3	673.9	181/1973
邯郸　陶一	8.0	0.5～1.7	6.5	8～15	1976.9	30	1	287	45.25/1985
澄合　权家河	9.0	1.1～3.5	17.31	5～25	1976.3	60	2	292	73.0/1980

续表

矿务局、矿	井田尺寸			煤层倾角(°)	投产时间	设计能力(万 t/a)	水平数目	开采深度(m)	最高年产量(万 t/年份)
	走向(km)	倾向(km)	面积(km^2)						
澄合 二矿	4.1	3.0	12.3	5～14	1970	45	3	284	55/1999
汾西 两渡矿河溪沟井	4.5	2.1	9.8	5	1958.12	21	2	202	37.7/1991
铜川 金华山	5.0	4.5	23.0	5～10	1963.10	90	3	404	
鸡西 小恒山	5.0	6.0	30.0	10～25	1955.8	240	4	882.2	217/1986
峰峰 二矿	3.8	1.3	5.35	7～23	1983.7	60	2	585	65.3/1991
云南 田坝二井	14.8	0.7	8.14	30～80	1990.9	60	2	291	21.74/1992
云南 羊场杨家	9.9	1.4	13.9	42	1969	21	4	400	72/1972
涟邵 恩口三井	10.5	0.45	4.72	60～80	1970	21	2	505	17/1979
七台河 桃山胶带斜井	5.0	1.5	7.5	20～70	1958	105	2	582	105.1/1991
七台河 新建胶带斜井	11.0	5.5	60.5	5～30	1962	120	2	457	155.9/1988
潞安 石圪节	6.9	3.8	26.22	3～5	1959	60	1	146	150/1986
大同 煤峪口	10.5	1.6	17.76	1～5	1957.12	150	2	467	261/1988
北京 大台矿	10.9	1.37	14.9	41～88	1958.5	60	7	560	125.7/1960
郑州 米村矿	9.0	1.7～3.2	18.2	8～12	1970.12	150	2	483	142.9/1990
肥城 陶阳矿	4.6	4.31	19.81	6～30	1965.12	90	3	689	102.4/1990
萍乡 高坑	5.0	2.8	11.75	15～30	1955.9	60	5	539	153.9/1978
平顶山 一矿	5.0	5.5	27.5	8～12	1959	400	2	669	
阳泉 五矿贵石沟大井	11.0	6.0	66.0	1～15	1991.12	400	1	358	101.5/1992
开滦 赵各庄	9.05	1.764	15.965	25～90	1910	230	5	1160	462/1915
抚顺 老虎台	4.95	2.0～2.5	10.0	25	1907	300	7	844	646.3/1959

表 2—4—17 部分主斜井—副立井—副斜井开拓矿井特征表

矿务局、矿	井田尺寸			煤层倾角(°)	投产时间	设计能力(万 t/a)	水平数目	开采深度(m)	最高年产量(万 t/年份)
	走向(km)	倾向(km)	面积(km^2)						
大同 燕子山	8.8	7.05	62.1	2～5	1988.12	400	1	193	300/1992
新汶 张庄	7.0	2.9	20.3	17～25	1957.12	75	4	628	120/1979
潞安 王庄	11.0	4.64	51.0	3～5	1966.12	360	2	315	460.1/1988
西山 马兰	12.0	5～8	78.0	0～25	1990.6	400	3	328	/1992
淄博 夏庄二立井	10.0	4.2	42.0	13～21	1958	21	4	609	74.8
邯郸 郭二庄	12.0	3.7	45.2	15～25	1946	105	3	256	108.2/1985
大同 四台	13.5	6.1	82.5	1～15	1991.12	500	1	188	
大同 四老沟	6.2	5.9	36.6	3～5	1952	300	2	383	300/1988
鹤壁 八矿	5.15	0.815	4.2	24	1960	50	2	555	73.1
石炭井 二矿	4.0	1.75	7.0	23	1961	110	3	540	114.2/1991

表2—4—18　我国采用主斜井—副平硐开拓矿井特征表

矿井名称	井田尺寸			煤层倾角(°)	投产时间	生产能力(万t/a)	最高年产量(万t)	水平数目	开采深度(m)
	走向(km)	倾斜(km)	面积(km^2)						
西山　西曲矿	6.5	6.0	39.5	3～15	1984.12	300		2	189
阳泉　一矿丈八斜井	14.5	5.8	83.6	1～15	1979.10	120			201
阳泉　二矿胶带斜井	8.0	7.8	62.4	1～15	1951	435			367
阳泉　三矿裕公斜井	7.0	8.0	56.0	1～15	1958.10	45			213
阳泉　四矿胶带斜井	6.3	2.6	16.5	1～15	1956	90			168
西山　杜儿坪	10.0	6.3	63.1	2～8	1957	300	340.16		530
西山　官地	12.6	6.0	73.2	3～10	1957.7	330	413.75		430
涟邵　金竹山一平硐	4.0	1.2	4.91	21	1965	30			450
涟邵　利民	9.0	1.5	13.5	14～33	1975.1	60	45.94	2	565
广旺　白水	5.8	3.5	20.4	17～37	1960.6	15	31.4		540
广旺　唐家河	8.2	1.2	10.3	8～51	1958	15	26.35		357
广旺　代祠坝	8.25	0.7	5.74	38～53	1979.8	30	33.5	2	500
芙蓉　杉木树	14.5	3.2	47.3	15～17	1972.4	90	93.84	3	354
南桐　砚石台	6.4	1.1	7.55	25～80	1959.10	45	46.52		760
天府　三汇坝三矿	6.9	0.57	3.5	35～40	1975	30	39	4	510.9
韩城　象山	2.5	1.5	3.75	<10	1975	21	52		178

表2—4—19　部分主平硐—副立井开拓矿井特征表

矿务局、矿	井田尺寸			煤层倾角(°)	投产时间	设计能力(万t/a)	最高年产量(万t/年份)	水平数目个	开采深度(m)
	走向(km)	倾斜(km)	面积(km^2)						
天府　磨心坡	7.0	0.61	4.62	56～59	1958.1	45	62.1/1960	7	635
天府　刘家沟	7.014	0.829	4.2	64	1967	30	32.04/1988	7	610
中梁山　南矿	0.495	0.65	2.178	60	1959.1	60	47.44/1978	4	484
中梁山　北矿	5.1	0.65	2.55	60	1959.10	60		3	457
韩城　下峪口	9.0	4.5	40.5	0～20	1975.12	90	130.4/1990	3	450
北京　王平村	5.4	2.5	13.5	10～60	1960	105	113.29	6	398
乐平　沿沟	4.0	1.2	4.8		1969	30			365
轩岗　焦家寨	3.6	3.4	16.3	10～20	1966.10	150	81.055		465

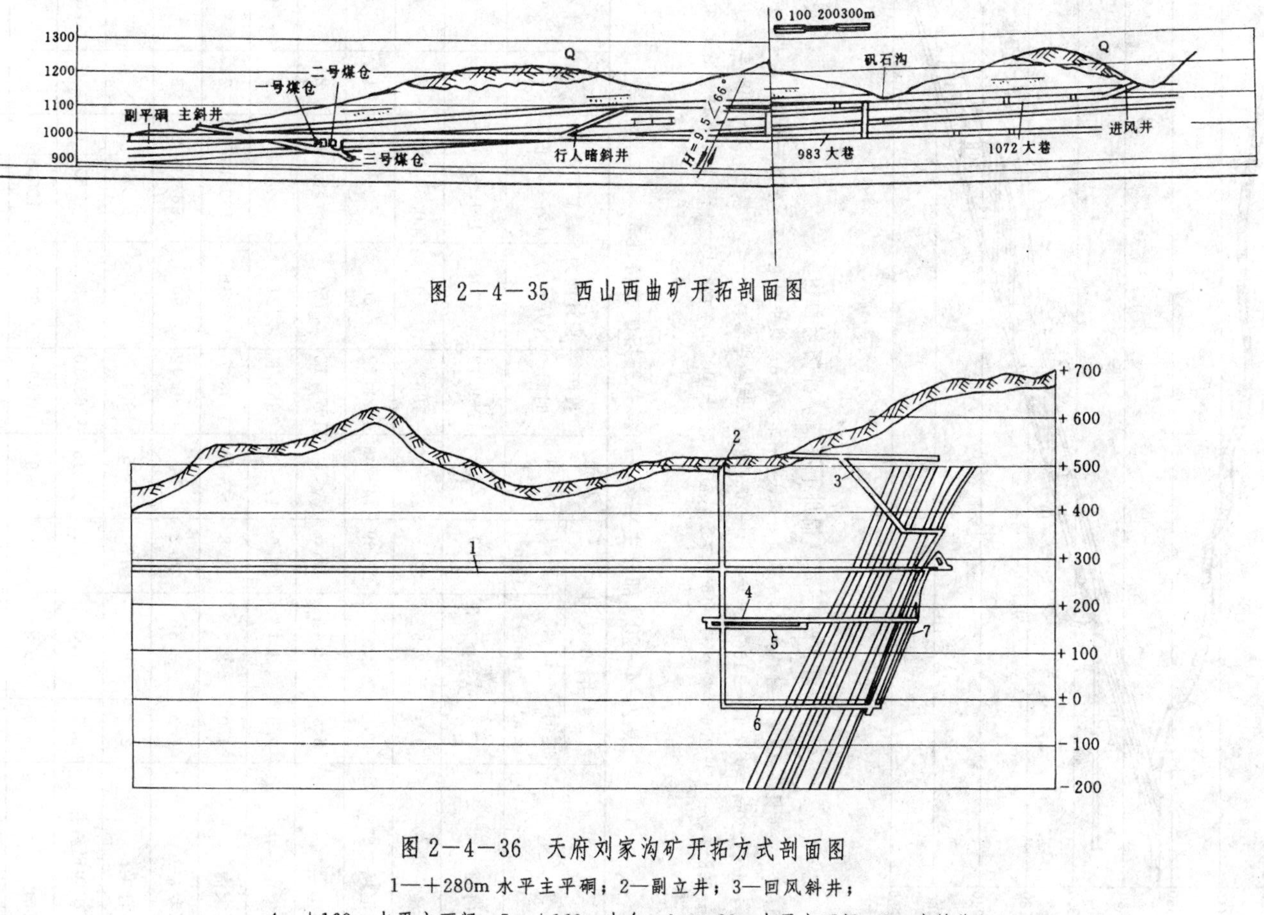

图 2－4－35　西山西曲矿开拓剖面图

图 2－4－36　天府刘家沟矿开拓方式剖面图

1—＋280m 水平主平硐；2—副立井；3—回风斜井；
4—＋160m 水平主石门；5—＋160m 水仓；6—－20m 水平主石门；7—暗斜井

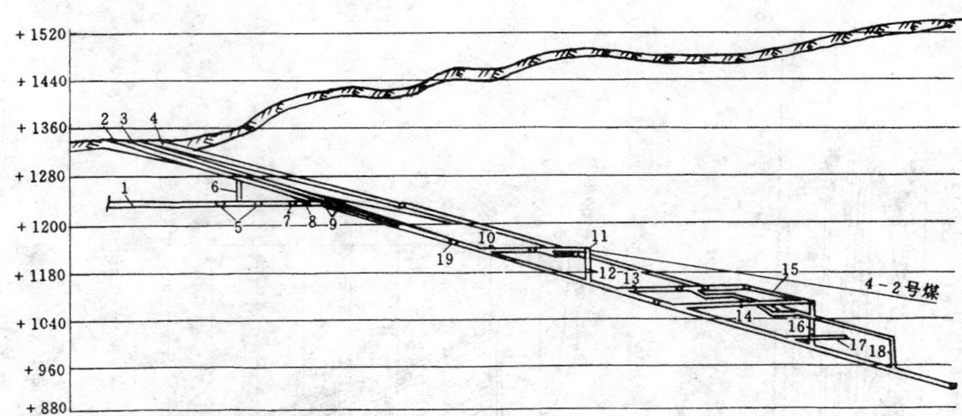

图 2－4－37　铜川下石节矿开拓剖面图

1—平硐；2—胶带机斜井；3—副斜井；4—风井；5—平硐车场；6—集中煤仓；7—东岩石大巷；8—西岩石大巷；9—1230m 车场；10—1156m 车场；11—203（204）运输中巷；12—三号煤仓；13—206 车场；14—208 车场；15—206 运输斜巷；16—二号煤仓；17—＋1000m 车场；18—一号煤仓；19—通道

表 2－4－20　部分主平硐—副斜井开拓矿井特征表

矿务局、矿	井田尺寸			煤层倾角（°）	投产时间	设计能力（万 t/a）	最高年产量（万 t/年份）	水平数目（个）	开采深度（m）
	走向（km）	倾斜（km）	面积（km^2）						
乌达　苏海图	5.0～6.0	1.3～2.3	11.0	8	1959.12	120	171.1/1979		141
松藻　松藻一井	9.0	2.5	22.5	22～30	1958	60	60.02/1989	2	658
天府　三汇坝二矿	12.2	2.27	27.69	14～46	1988.12	60		1	870
阳泉　固庄	6.5	2.4	15.6	＜5	1971.12	150	68.56/1989	2	187
永荣　曾家山一井	9.0	3.1	27.9	12～26	1952.6	21		3	641
陕西　崔家沟	4.0	3.7	14.8	5～16	1958.7	120	130/1979	2	300
水城　那罗寨	7.2	3.5	25.2	14	1988.12	90	56/1992	3	142
大同　马脊梁	2.7	6.3	17	1～5	1994.7	180	165		331
阳泉　一矿四尺斜井	8.5	6.0	51.0	1～15	1965.10	45	65		325
通化　湾沟	5.0	0.8	4.0	5～90	1959	60	100.56		575
资兴　宝源矿北平硐	3.0	3.5	10.5	20	1958	30	30.0		593
攀枝花　大宝鼎	6.5	3.8	24	10～90	1971.12	90	96.4		568
南桐　三平硐	4.3	0.7	3.01		1974	15			564

3. 以立井为主（提煤）的综合开拓

在一定煤层赋存条件下，经过比较，立井提升更为有利，其他形式作为辅助提升。我国部分主立井－副斜井开拓的矿井特征见表 2－4－21。

例：窑街二矿，采用主立井－主斜井－副斜井开拓方式，如图 2－4－38 所示。

表 2－4－21 部分主立井副斜井开拓方式矿井一览表

矿务局、矿	井田尺寸			投产时间	设计能力（万 t/a）	最高年产量（万 t/年份）	水平数目（个）	开采深度（m）
	走向（km）	倾向（km）	面积（km²）					
鸡西 穆棱	8.0	4.5	36.0	1925	33	34.8/1969	1	496
蒲白 南桥	10.3	2.7	28.2	1983.11	60	40.05/1991	1	324
南桐 二立井	5.0	1.0	5.0	1938	30		6	534
乌鲁木齐 小红沟	1.2	0.5	0.6	1956	10		2	275
义马 观音堂	8.3	0.7	6.48	解放前	36	59.3/1958	2	222
窑街 二矿四井	4.2	0.36	1.5	1960.6	30	42.5/1973	3	295
白沙 湘永煤矿铜角湾井	3.0	1.0	3.0	1958	15	16.5/1960	6	533
白沙 红卫煤矿沈家湾井	3.0	1.8	5.4	1966.8	10		2	410
长广煤矿公司 八矿	3.0	1.0	3.0	1985	10		2	513
平顶山 二矿	5.0	2.0	10.0	1957.10	21		2	207
平顶山 十二矿	3.7	2.8	10.62	1960	90			365
平顶山 大庄矿	3.8	3.0	11.58	1973	90			273
鹤岗南山	4.2	2.3	9.66	1970	240			490

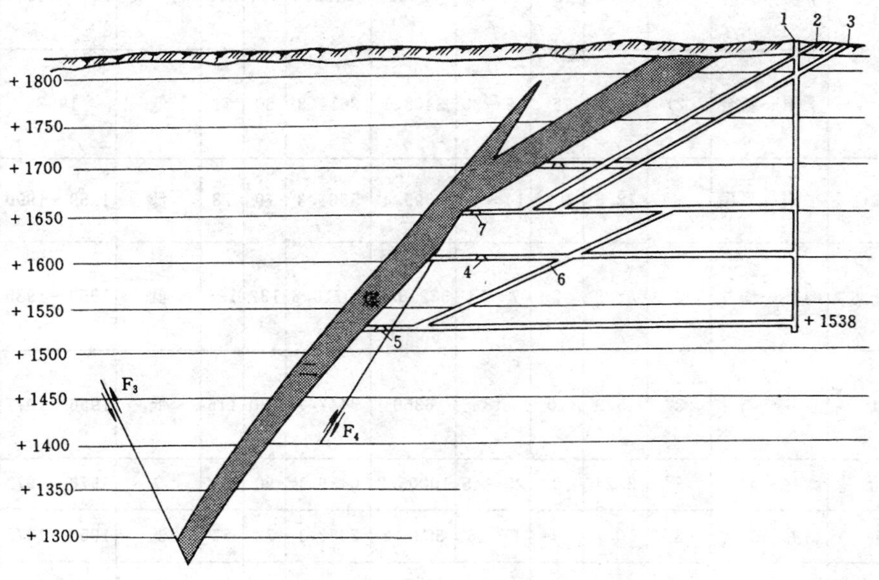

图 2－4－38 窑街二矿开拓方式剖面图

1—主立井；2—主斜井；3—副斜井；4—1600m 大巷；5—1525m 大巷；6—副暗斜井；7—1650m 大巷

(五) 联合开拓和分区开拓

上述四类开拓方式（平、斜、立、综合）已经概括了井田开拓的各类方式。在运用上述方式开拓井田时还有两种颇具特色的形式。

1. 联合开拓

在一个井田中用两个或两个以上独立的开拓系统，井下生产系统相对独立，在地面合用一个生产系统。我国部分联合开拓矿井基本情况见表 2－4－22。

例：神府大柳塔矿，矿井设计生产能力为 6.0Mt/a，上组煤由平硐开拓，分担设计能力 3.6Mt/a，下组煤由斜井开拓，分担设计能力 2.4Mt/a；都是采用带式输送机运煤，分别运送到地面进入同一生产系统，见图 2－4－39 所示。

在使用片盘斜井群开拓某一煤田时，各片盘各用一对斜井开拓，而地面共用同一生产系统、工业场地及有关设施时，也是联合开拓的一种形式。

表 2－4－22 我国部分联合开拓矿井基本情况表

矿务局、矿	联合形式	联合井数目（处）	井田面积（km^2）	开采煤层（层）	煤层倾角（°）	矿井储量（万 t）		矿井生产能力（万 t/a）		瓦斯等级	建井时间（年）	备注
						地质	可采	设计	核定			
鸡西 穆棱	斜井－综合	4	75	6	6～37	11840.4	4560.5	84	72	高	1925～1958	3 个斜井 1 个综合
鸡西 城子河	斜井－立井	2	37.2	18	8～36	29563.4	18367.3	27	261	高、突	1939～1979	1 个立井 1 个斜井
韩城 桑树坪	平硐－斜井	2	66.5	3	3～12	72313	52429.6	400	210	高、突	1977～1979	1 个平硐 1 个斜井
资兴 宝源	平硐－综合	2	14.9	5	15～23	3408.1	2614.8	60	51	低	1958	1 个平硐 1 个综合
新疆 艾维尔沟	平硐－平硐	3	18.5	11	14～47	7599.4	5361.3	79	78	低	1959～1990	3 个平硐
扎赉诺尔 灵北	斜井－斜井	3	66.8	2	7～14	53210.8	30719.8	132	124	低	1969～1985	2 个斜井 1 个片盘
平庄 元宝山	立井－斜井	3	15.9	10	18	6350	3447.7	120	115	低	1956～1977	1 个立井 2 个斜井
平庄 古山	斜井－斜井	3	5.24	9	25～45	10005.2	6486.1	90	91	高	1970～1979	
平庄 王家	斜井－斜井	3	10.7	9	8～16	3936.2	2053.1	72	57	低	1959～1972	
阜新 高德	斜井－斜井	3	19.8	4	25	2265.5	860.9	65	65	高	1958～1961	

续表

矿务局、矿	联合形式	联合井数目(处)	井田面积(km^2)	开采煤层(层)	煤层倾角(°)	矿井储量(万t)		矿井生产能力(万t/a)		瓦斯等级	建井时间(年)	备注
						地质	可采	设计	核定			
阜新 平安	斜井—立井	4	45.6	12	14～20	9587.5	4955.2	66	60	高	1936～1971	1个立井3个斜井
阜新 五龙	立井—立井	2	19.3	14	18	13051.4	5640.6	180	160	高	1952	
阜新 东梁	斜井—斜井	5	47.5	3	3～40	11840.9	6693.7	102	87	高	1966～1973	
阜新 清河门	立井—斜井	4	19.5	21	8～21	12775.5	6129	130	111	高	1953～1968	1个立井3个斜井
阜新 艾友	斜井—斜井	3	27.8	9	8～15	15572.9	1993.7	45	42	高	1958～1970	
辽源 西安	斜井—立井	3	5.6	2	5～75	1849.4	1403.3	90	120	高	1950	
辽源 梅河	片盘井群	8	11.72	12	8	10730.3	7832.1	186	165	高	1970～1989	
沈阳 前屯	片盘井群	2	6.5	1	12～35	3097.7	1805.7	42	36	低	1958	
阳泉 一矿	综合—综合	3	83.6	4	1～15			240	335	高、低	1954～1958	
阳泉 三矿	综合—斜井—立井	4	约100	3	1～15	49605.1	32409.5	330	365	高、低	1955～1960	1综合1个立井2个斜井
神府 大柳塔	平硐—斜井	2	131.5	3	5	136941	99498	600		低	1987	1个平硐1个斜井
西山 西铭	平硐—平硐	3	48	7	5	48054	21514.2	240	240	低	1957	
鹤岗 富力	片盘井群	7	4.3	13	19～31	4751	3196		108	低	1958	
盘江 火铺	平硐—斜井	2	19.5	17	17～37	75069.4	20507.4	120	120	平硐低，斜井突出	1970～1973	
水城 汪家寨	平硐—斜井	2	22	10	8～46	21421.4	19737.9	150	150	煤与瓦斯突出	1970	
南桐 南桐	综合—斜井	3	15.51	4	30～60	4000	2700	75	72	高、突	1938～1974	2个综合1个斜井

*表中部分联合矿井为历史数据。

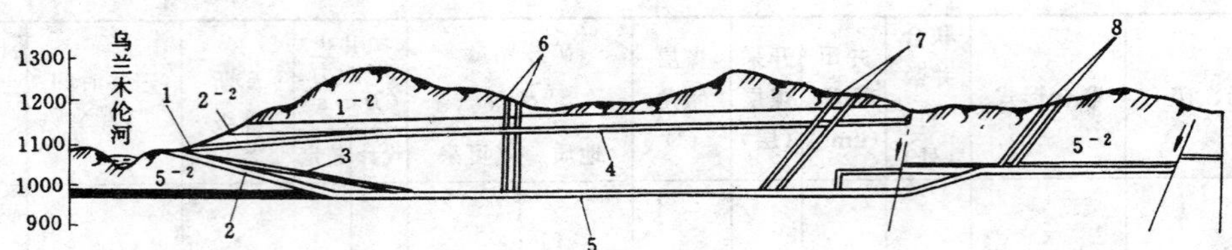

图 2—4—39　大柳塔联合矿井开拓剖面图

1—平硐；2—主斜井；3—副斜井；4—2^{-2}煤层中央大巷；5—5^{-2}煤层中央大巷；6—双沟进回风井；7—白家沟进回风井；8—蛮免沟进回风井

2. 分区开拓

随着煤矿科技进步，在煤层赋存条件具备时，矿井设计生产能力向大型化发展。由此井田尺寸加大，同时辅助工作量和通风量等也增大，因此出现了分区开拓的要求。我国分区开拓矿井情况见表 2—4—23。

最具典型的是英国塞尔比矿。该矿井田走向长 24km，倾斜宽 16km，倾角 3°～5°，煤层埋藏深度 250～1300m，总储量约 2000Mt，矿井设计年生产能力 10.0Mt/a。该矿由中部开凿的 2 个斜井集中出煤（带式输送机）。整个井田划分为 5 个分区，每个分区开 2 个立井，作为该分区辅助提升和通风之用，每分区设计年生产能力为 2.0Mt/a，煤炭由两翼集中运输巷（带式输送机）运至中央斜井集中运出地面，如图 2—4—40 所示。

例：多尔然矿井是前苏联顿巴斯矿区的大型矿井，矿井设计生产规模 420 万 t/a。井田呈

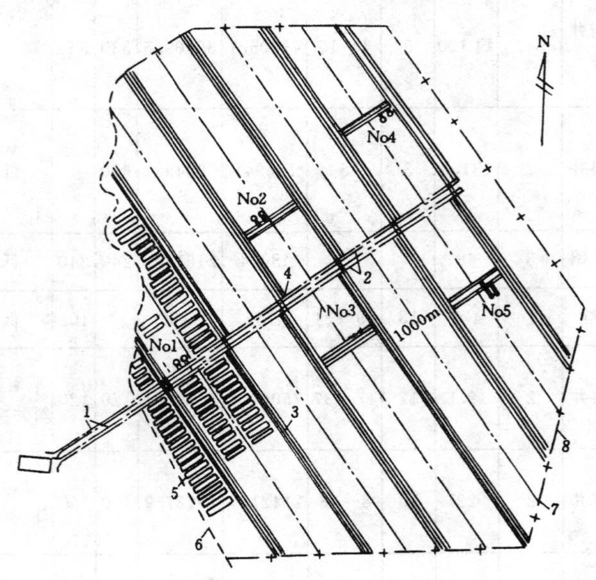

图 2—4—40　英国塞尔比矿分区式开拓示意图

1—双主斜井；No1、No2、No3、No4、No5—分区副立井（进、回风井）；2—双岩石运输大巷；3—分区主要大巷；4—煤仓；5—倾斜长壁回采工作面；6—煤层露头；7—分区境界；8—井田境界

表 2—4—23 我国分区开拓矿井情况表

矿井名称（矿务局、矿）		大同 燕子山	西山 东曲	西山 西曲	阳泉 三矿	西山 屯兰	阳泉 贵石沟	淮南 张集	淮南 顾桥	淮南谢李 深部井	淮南 刘庄	枣庄 柴里	开滦 唐山
生产能力(万 t)		400	400	300	900	400	400	400	500～1000	300	400	240	210～462
服务年限(a)		110	116	97	85	106	84	130	204/85	68	119	63	30
地质储量(万 t)		92096.4	84365.3	77850.8	142049.7	110456.2		146027.8	220200.0	55227.0	156100.0	16200.0	51820.0
可采储量(万 t)		62050.1	65022.4	54211.9	105330.4	59441.8	72448.7	74707.2	119935.4	28669.5	66760.0	11890.0	13810.0
可采煤层层数		13	10	8	9	13	10	12	9	7	13	5	8
平均总厚度(m)		18.5	13.4	14.1	16.5	15.7	16.7	29.0	22.8	34.6	27.6	10.0	18.8
煤层倾角(°)		2～5	3～8	5	6～10	5～10	5～7	3～10	10	11～26	3～20	0～15	0～90
井田走向长(km)		8.8	11.0	6.5	12.8	11.0	11.0	8.3	10.0	8.1	16.0	8.7	14.6
井田倾斜长(km)		7.0	8.0	6.0	7.0	12.0	6.0	8.4	10.0	2.4	3.5～7.0	3.3	3.5
井田面积(km^2)		62.1	88.0	39.5	91.0	80.0	66.0	70.0	120.0	19.6	90.0	21.83	50.75
井田划分区数(个)		8	6	4	9	3	3	3	4	3	2	2	7
同时开采分区数(个)		2	2	2	4～5	2～3	1～2	2	2	3	2	2	7
分区特征	走向长(km)	2.0～4.5	3.2～4.5	0.8～2.0	2.5	11		2.0～6.0	3～7.3	1.2～3.0	3.5～8.0	4.5～4.7	1.4～4.5
	倾斜宽(km)	2.0	1.0～2.0	1.2～1.3	2.5	2.0～2.1		4.0～6.0	3.6～10	2.4	3.5～7.0	1.5～1.8	3.5
	可采储量(万 t)	7750.0	5473～ 16487	1220～ 11870	16034～ 2908	17444～ 22163		11529～ 12171	29983.9	7400.4～ 140834.8	331910.0～ 33709.0		1328.8～ 4271.1
	生产能力(万 t)	100～200	180～200	150	100～200	180～200	200～400	160～240	200～300	60～180	200	100～140	60～120
	服务年限(a)	20～54	20～55		40～50	96～103		30～130	44～85	68		63	30
	区域内划分方式	带区	带区	带区	带区	盘区	带区	带区、盘区	带区、采区	采区	采区	采区	采区
	采煤方法	倾斜长壁	倾斜长壁	倾斜长壁	倾斜长壁	走向长壁	倾斜长壁	倾斜、 走向长壁	倾斜、 走向长壁	走向长壁	走向长壁	走向长壁	走向长壁
井硐形式		斜—立	平硐	平—斜	斜—立	斜—立	斜—立	立井	立井	立井	立井	立井	立井
备　注			扩建					初设	初设		初设	扩建	

续表

矿井名称 (矿务局、矿)		潞安 屯留	淮南 新庄孜	大同 云岗	黄陵 一号井	乡宁 王家岭	乡宁 台头	西山 官地	铁法 大兴	离柳 沙曲	淮南 谢桥	大同 四台	开滦 范各庄	潞安 王庄
生产能力(万 t)		600	240	270～600	420	600	400	330/600	300	300/500	400	450	400	360/450
服务年限(a)		87	67	40	86	117	74	81	101	182	99	82		38
地质储量(万 t)		134132.0	32500.0	43453.8	68065.3	260128.3	65027.6	135995.0	71418.2	201372.0	87800.0	76500.0	42233.9	
可采储量(万 t)		67871.0	18400.0	30824.4	47645.8	98330.7	41678.4	93855.0	49636.7	127574.0	55600.0	50500.0	26660.8	39236.7
可采煤层层数			12	13	1	5	4	6	41	17	13	12	7	5
平均总厚度(m)			31.2	23.2	2.0	11.1	6.9	18.8	17.0～25.0	15.4	28.5	17.5	14.4	6.7
煤层倾角(°)			15～45	5～7	3～5	3～5	3～5	5～7	5～42	3～7	8～15	1～7		3～5
井田走向长(km)		15.3	5.6	14.0	11.0～24.0	10.0～22.0	12.0	8.0～10.0	6.4	22.0	11.5	13.0	13.8	11.0
井田倾斜长(km)		10.0	3.2	5.75	11.0～16.0	5.5～10.3	8.0	7.0～12.0	3.3	4.5～8.0	4.5	6.5	2.8	4.6
井田面积(km^2)			17.9	80.5	242.5	192.8	98.0	103.0	21.2	135.0	52.0	84.5	38.3	51.0
井田划分区数(个)		6	3	2	4	5	3	3	2	2	2	14	2	2
同时开采分区数(个)		2	3	2	2	2	3	3	2	2	1～2	4	2	2
分区特征	走向长(km)	4～8.5	2～3.5	4.6～7.4		6.0～12.0	5.9～12.0	1.5～3.0	3.2	5～9	3.5～8	2.0～2.5		11.0
	倾斜宽(km)	3～6.0	3.2	3.0～5.5		2.1～3.4	3.2～8.0	7～12	3.3	6～8	4.5	2.0	2.8	
	可采储量(万 t)	5033.7～ 11325.8	9200.0	13729.0～ 170953.0	8623.1～ 13619.5	9936.2～ 29680.0	6946.2～ 42378.2	23463～ 46927.0	15163.5	63787.0	15528～ 40072.0			
	生产能力(万 t)	250～350	80～120	300	120～300	200～600	115～400	100～300	100～200	120～180	150～250	100～150		
	服务年限(a)	20～40	67	35～44	35～61	24～39	30～105	81	101	182	99			17～18
	区域内划分方式	采区	采区	盘区、带区	盘区	盘区	盘区	带区	采区	采区	采区	盘区	采区	盘区
	采煤方法	走向长壁	走向长壁	走向、倾 斜长壁	房柱	走向长壁	走向长壁	倾斜长壁	走向长壁	走向长壁	走向长壁	走向长壁	走向长壁	走向长壁
井硐形式		立井	斜一立	立井	平硐	平硐	平硐	平一斜	立井	斜一立	立井	斜一立	立井	斜一立
备　　注		初设		扩建		初设	初设	扩建		初设				

簸箕状向斜构造，走向长 12km，倾斜宽 4～7km；两层主要煤层（L_6^B 层厚 1.1m，L_3 层厚 0.62m）。矿井采用立井分区开拓，倾斜条带开采，见图 2—4—41。

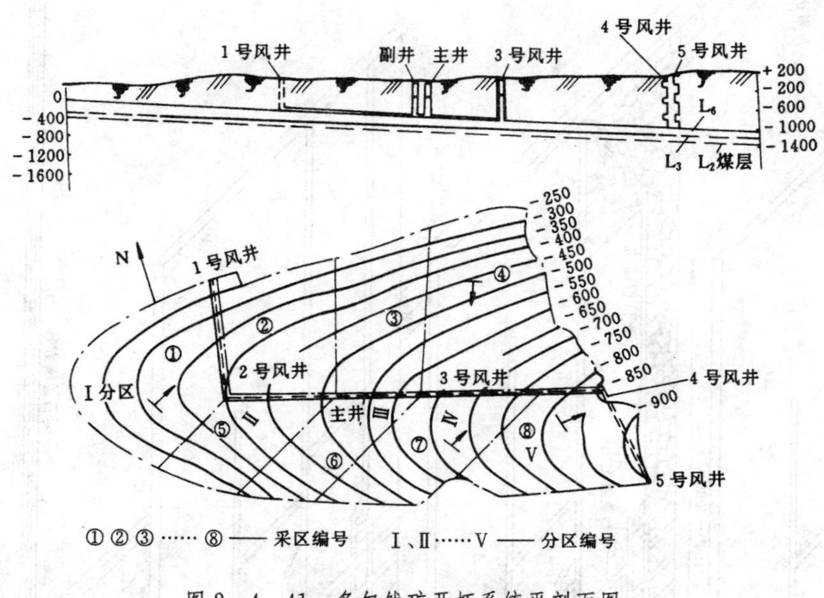

图 2—4—41 多尔然矿开拓系统平剖面图

例：拉斯巴德斯卡娅矿，矿井设计生产能力 7.5Mt/a，含 17 层煤。采用综合开拓方式，全矿井分为 3 个区，每个区内均建立井，井筒内安装有运煤的螺旋溜槽。井筒底布置集中岩石运输大巷，该大巷和通向地面的运煤斜井相连通，集中出煤。见图 2—4—42。图中仅表示一个分区的开拓系统。

有些高瓦斯矿井为满足通风要求，也采用分区开拓。例如，铁法矿区的大兴矿井，位于铁法矿区的西南部，南北走向长 6.4km，东西倾斜宽 3.3km，井田面积 20.48km^2；可采储量 375.9Mt，矿井设计生产规模为 3.0Mt/a，服务年限 89.5a。由于该矿井属高瓦斯矿井，经抽放后，瓦斯涌出量仍在 20m^3/td 以上。若使风流中的瓦斯含量达到规程要求，总回风量需达到 522m^3/s。这些风量若集中由一个副井井筒进风，则井筒直径在 9m 以上，井下南翼（为全矿井产量的 2/5）需要进、回风巷各三条；且随着采区不断地远移，通风线路的加长、阻力的增大，后期负压将大于 4500Pa。这在经济、技术上都不合理。因此，该矿井采用了分区开拓的布局。根据矿井的储量分布情况，将井田划分为 2 个分区：北部分区（1.8Mt/a）由主、副井进风，中央风井回风；南部分区（1.2Mt/a）由南入风井进风，南回风井回风。矿井分两期建设。这种分区通风开拓的优点，一是疏解了风流、缩短了风路、降低了负压，二是减少了进、回风开拓巷道，节省了初期工程量，三是有利于接续采区的准备。

总之，由于煤田地质和水文地质，地面地形以及有关条件的千差万别，因此每一个矿井井田开拓也都各具特点，并且科技的发展和新装备的出现也直接影响合理开拓方式的选择，不可能有固定不变的方式。因此，矿井开拓设计人员必须根据当时、当地的实际条件，同时也要展望国内外科技发展的趋势，具体研究平、斜、立井的单独或综合使用，以期获得建设和生产的最佳效益。

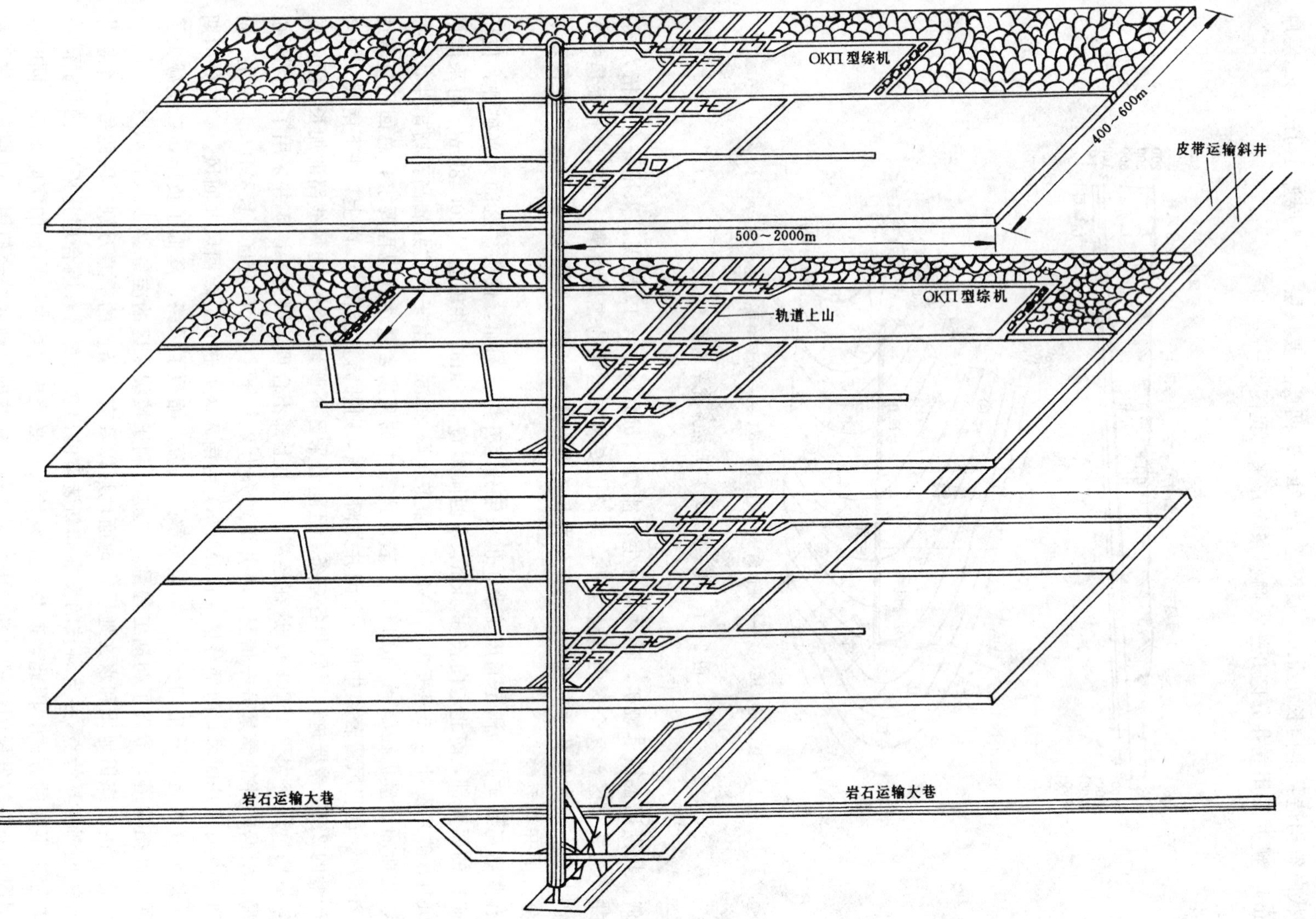

图2—4—42　拉斯巴德斯卡娅矿开拓和准备系统图

（六）深井开拓

我国目前矿井的开采深度平均约400m。一般认为开采深度小于400m为浅部矿井。400～800m为中深部矿井，800m以上为深部矿井，大于1200m为特深矿井。1995年统计的国有重点煤矿目前开采深度及最终开采深度分布情况见表2－4－24及表2－4－25。

目前采深大于800m的深井见表2－4－26。

最终采深超过1000m的矿井见表2－4－27及表2－4－28。

表2－4－24 我国国有重点煤矿生产矿井开采深度的分布情况

（1995年初统计）

矿井类型	目前采深范围（m）	矿井数目		平均采深（m）
		处数	比重（%）	
浅矿井	<400	300	50.08	273.34
其中：	0～99	6	1.00	66.83
	100～199	53	8.85	165.66
	200～299	104	17.36	247.78
	300～399	137	22.87	344.22
中深矿井	400～<800	274	45.74	553.27
其中：	400～499	93	15.53	447.47
	500～599	85	14.19	538.79
	600～699	71	11.85	640.15
	700～799	25	4.17	749.32
深矿井	800～<1200	25	4.17	930.80
其中：	800～899	11	1.84	841.27
	900～999	8	1.34	937.13
	1000～1099	4	0.67	1040.00
	1100～1199	2	0.33	1179.50
总计	0～1200	599	100.00	428.83

表2－4－25 我国国有重点煤矿生产矿井最终开采深度的分布情况

（1995年初）

矿井类型	最终采深范围（m）	矿井数目		平均采深（m）
		处数	比重（%）	
浅矿井	<400	149	24.87	274.67
其中：	0～99	1	0.17	50.00
	100～199	25	4.17	157.16
	200～299	53	8.85	245.40
	300～399	70	11.69	342.01
中深矿井	400～<800	279	46.58	586.14
其中：	400～499	70	11.69	443.44
	500～599	77	12.85	535.38
	600～699	70	11.69	642.26
	700～799	62	10.35	746.94

续表

矿井类型	最终采深范围(m)	矿井数目		平均采深(m)
		处数	比重(%)	
深矿井	800～<1200	141	23.54	947.00
其中：	800～899	53	8.85	845.49
	900～999	41	6.84	945.27
	1000～1099	33	5.51	1029.97
	1100～1199	14	2.34	1140.79
特深矿井	1200～1600	30	5.01	1283.63
其中：	1200～1299	20	3.34	1234.10
	1300～1399	6	1.00	1340.33
	1400～1499	4	0.67	1446.25
总　计	0～1600	599	100.00	628.54

表 2－4－26　我国部分重点煤矿目前采深≥800m 的生产矿井开拓特征简况

(1995 年初)

序号	矿务局、矿	目前采深(m)	煤层倾角(°)	总层厚(m)	井田尺寸(km)		井田面积(km^2)	生产能力(万 t/a)		开拓方式
					走向长	倾斜长		设计	核定	
1	鸡西　大通沟	802	14～20	1.1～1.3	3.00	2.60	7.80	24	18	片盘斜井
2	沈阳　红菱	812	25～45	6.5	8.00	1.50	12.00	150	150	立井多水平
3	北京　长沟峪	826	0～90	12.56	14.00	0.67	9.38	30	45	平　硐
4	开滦　吕家坨	828	7～40	10.5	8.50	4.60	39.70	150	250	立井多水平
5	徐州　权台	833	5～60	8.41	5.90	3.90	23.46	90	110	立井多水平
6	抚顺　龙凤	834	0～50	51～3	5.00	2.50	12.50	180	110	立井多水平
7	抚顺　老虎台	844	25	45	4.90	2.00	10.00	300	250	综合　主斜副立
8	舒兰　营城九台立井	856	0～15	12	6.00	1.50	9.00	75	75	立井多水平
9	北京　木城涧	869	30～65	24.1	8.70	3.53	30.70	90	90	平　硐
10	天府　三汇二矿	870	14～46/30	4.48	12.20	2.20	27.69	60	69	综合(主平副斜)
11	鸡西　小恒山	880	10～25	15	5.00	6.00	30.00	240	240	综合(主斜副立)
12	开滦　林西	900	18～30	13	8.20	4.00	32.80	230	100	立井多水平

表 2－4－27　我国最终采深 1000～1200m 的部分生产矿井开拓特征简况

(1995 年初)

序号	矿务局、矿	最终采深(m)	煤层倾角(°)	总层厚(m)	井田尺寸(km)		井田面积(km^2)	设计生产能力(万 t/a)	核定生产能力(万 t/a)	服务年限(a)	开拓方式
					走向长	倾斜长					
1	平顶山　一矿	1000			5.00	5.50	27.50	400	400		综合(主斜副立)
2	新汶　张庄矿	1000	17～25	12.75	7.00	2.90	20.30	75	60	26.00	综合(主斜副立)
3	七台河　富强矿立井	1000			4.50	3.50	16.00	90	90		立　井
4	平顶山　六矿	1000			5.70	3.60	21.00	210	210		综合(主斜副立)

续表

序号	矿务局、矿	最终采深(m)	煤层倾角(°)	总层厚(m)	井田尺寸(km)		井田面积(km^2)	设计生产能力(万 t/a)	核定生产能力(万 t/a)	服务年限(a)	开拓方式
					走向长	倾斜长					
5	七台河　东风矿七斜井	1002			6.50	5.40	35.70	21	25		斜　井
6	峰峰　二矿	1005	7～23	13.03	3.80	1.30	5.35	60	40	24.90	综合(主斜副立)
7	鸡西　城子河矿立井	1006	8～36/18	14	6.70	4.00	26.80	240	240	70.00	立井单水平
8	水城　大河边矿	1010	25～30	10.05	5.50	2.00	11.00	60	60	100.00	斜　井
9	南桐　砚石台矿	1010	25～80	5.7	6.40	1.10	7.55	45	30	17.40	综合(主斜副平)
10	舒兰　舒兰街矿一斜井	1018	7～35	21	3.20	2.40	7.68	30	30	50.00	片盘斜井
11	舒兰　营城矿九台立井	1019	0～15	12	6.00	1.50	9.00	75	75	48.00	立井多水平
12	南桐　鱼田堡矿	1020	20～90	3.28～7.13	4.20	2.50	10.50	90	90	24.00	立井多水平
13	鸡西　麻山矿杏花立井	1026	4～30/15	5.7～14.45	8.20	4.20	35.00	120	120	81.00	立井多水平
14	淮南　新庄孜矿	1027	14～45	32.94	5.60	3.20	17.90	270	270	67.00	综合(主斜副立)
15	鸡西　滴道矿立井	1028	22～30	18	7.50	1.80	13.50	60	40	80.00	立井多水平
16	淮南　孔集矿	1029	60～90	29.11	8.70	1.10	9.97	90	35	99.00	立　井
17	淄博　夏庄矿二立	1029	13～21	5.7	10.00	4.20	42.00	21	18	30.00	综合(双斜双立)
18	徐州　垞城矿马坡立井	1035			4.50	3.30	15.00	30	15		立　井
19	大屯煤电公司　姚桥矿	1036	5～25/15	10	13.00	4.30	56.70	120	120	76.10	立　井
20	大屯煤电公司　孔庄矿	1036	18～32	13.5	14.00	2.70	38.00	105	105	50.00	立井多水平
21	大屯煤电公司　徐庄矿	1036	15～28	10.13	10.00	3.00	30.00	90	90	97.00	立井多水平
22	徐州　三河尖矿	1037	0～37		15.00	4.25	63.75	120	120	85.80	立井单水平
23	大屯煤电公司　龙东矿	1037	2～35	7.08	13.00	2.50	33.00	90	90	51.70	立　井
24	徐州　垞城矿垞城立井	1037	22～45	6.96	9.20	2.90	27.00	45	55	41.00	立　井
25	徐州　张小楼矿	1038	17～32	8.72	13.00	3.30	44.00	120	120	105.00	立　井
26	徐州　张集矿	1043	10～65	9.74	9.50	2.50	24.00	45	45	48.00	立井多水平
27	平顶山　八矿	1043			12.50	4.20	53.00	300	180		立　井
28	七台河　铁东矿胶带	1048			8.30	1.50	12.45	120	120		综合(主斜副立)
29	兖州　东滩矿	1050	0～16	12.92	12.50	4.80	60.00	400	400	79.00	立井多水平
30	南桐　南桐矿二立井	1070			5.00	1.00	5.00	30	30		综合(主立副斜)
31	南桐　南桐矿一斜井	1070	40	4.6	5.00	1.50	7.50	30	30	31.50	斜　井
32	阜新　王家营矿	1071	6～24	43.7	2.60	3.70	9.80	120	120	83.00	立井单水平
33	铁法　大兴矿	1073	＜25	45	6.40	3.20	20.48	300	300	89.90	立井多水平
34	平顶山　十矿	1100			3.80	5.00	19.00	180	180		立　井
35	天府　三汇一矿	1100			4.10	2.00	8.20	30	30		平　硐
36	平顶山　十一矿	1125			3.70	2.80	10.76	60	50		立　井
37	新汶　华丰矿	1128	26～45	12.6	7.70	2.10	16.90	90	90	40.00	斜　井
38	肥城　陶阳矿	1129	6～30	8.88	4.60	4.30	19.81	90	80	52.00	综合(主斜副立)

续表

序号	矿务局、矿	最终采深(m)	煤层倾角(°)	总层厚(m)	井田尺寸(km)		井田面积(km^2)	设计生产能力(万 t/a)	核定生产能力(万 t/a)	服务年限(a)	开拓方式
					走向长	倾斜长					
39	北京　门头沟矿	1132	5～90	8.83	8.20	2.00	16.40	120	55	60.00	综合(主斜副立)
40	鸡西　东海矿	1134	12～60	14.55	11.50	3.00	34.50	90	90	45.00	斜　井
41	广旺　旺苍矿	1140	37～45	2.4～4.4	8.20	1.80	15.50	10	9	21.00	平　硐
42	华蓥山　李子垭矿	1150	0～80	2.1	7.80	3.20	25.70	75	75	38.00	平　硐
43	新汶　孙村矿	1150	10～13	12.8	4.00	3.20	12.80	60	70	40.00	综合(主斜副立)
44	新汶　良庄矿	1150	12～17	8.22	3.70	3.30	12.50	120	110	20.00	斜　井
45	广旺　广元矿	1167	20～47	2.87	7.80	1.50	12.15	15	21	9.50	斜　井
46	淄博　岭子矿一斜井	1175	8～12	8	7.50	6.00	45.00	21	35	20.00	斜　井
47	鹤岗　大陆矿	1191			2.00	3.50	7.00	30	70		斜　井

表 2-4-28　我国最终采深 1200m 以上的部分生产矿井开拓特征简况

(1995 年初)

序号	矿务局、矿	最终采深(m)	煤层倾角(°)	总层厚(m)	井田尺寸(km)		井田面积(km^2)	设计生产能力(万 t/a)	核定生产能力(万 t/a)	服务年限(a)	开拓方式
					走向长	倾斜长					
1	新汶矿务局　翟镇矿	1200			5.80	4.00	23.20	120	120		立　井
2	华蓥山矿务局　绿水洞矿	1200			10.00	3.30	33.38	60	60		平　硐
3	广旺矿务局　白水矿	1200	17～37	1.35	5.80	3.50	20.40	15	21	34.62	综合(主斜副平)
4	新汶矿务局　协庄矿	1212	5～34	8.97	13.10	2.90	37.94	120	135	72.00	综合(主斜副立)
5	北京矿务局　木城涧矿	1220	30～65	24.1	8.70	3.53	30.70	90	90		平　硐
6	开滦矿务局　钱家营矿	1220	7～16	19.74	12.70	3.30	42.60	400	400	60.00	立井多水平
7	开滦矿务局　唐山矿	1227	0～90	15.8	14.50	3.50	50.75	210	270	60.00	立井多水平
8	开滦矿务局　吕家坨矿	1229	7～40	10.5	8.50	4.60	39.70	150	250	55.00	立井多水平
9	新汶矿务局　潘西矿	1230	22～28	5.2	6.00	2.90	18.05	30	35		斜　井
10	沈阳矿务局　红菱矿	1232	25～45	6.5	8.00	1.50	12.00	150	150	42.00	立井多水平
11	开滦矿务局　马家沟矿	1233	45～85	14.8	8.90	2.10	19.60	90	60	67.00	立井多水平
12	徐州矿务局　义安矿	1237	10～85	8.35	4.50	1.30	6.00	60	45	47.90	综合(主立副斜立)
13	沈阳矿务局　林盛矿	1238	20～75	18.5	9.00	3.00	27.00	90	90	59.00	立井多水平
14	徐州矿务局　庞庄矿张小楼立井	1238			5.00	3.00	15.00	45	45		立　井
15	徐州矿务局　夹河矿	1243	16～26	8.3	5.50	3.50	19.25	45	90		立　井
16	开滦矿务局　林西矿	1250	18～30	13	8.20	4.00	32.80	230	120	125.00	立井多水平
17	开滦矿务局　赵各庄矿	1254	25～90	482	9.00	1.70	15.96	230	165		综合(主斜副立)
18	松藻矿务局　松藻矿一井	1258	22～30	4.39	9.00	2.50	22.50	60	60	91.00	综合(主平副斜)

续表

序号	矿务局、矿	最终采深(m)	煤层倾角(°)	总层厚(m)	井田尺寸(km)		井田面积(km²)	设计生产能力(万 t/a)	核定生产能力(万 t/a)	服务年限(a)	开拓方式
					走向长	倾斜长					
19	北票矿务局 台吉矿立井	1272	42～75	14.18	7.80	2.20	17.16	75	70	45.70	立井多水平
20	长广煤矿公司 牛头山七矿	1289			12.00	1.50	18.00	45	45		立 井
21	北票矿务局 冠山矿	1310	35～75	15.2	9.20	2.20	20.20	81	90	38.00	立井多水平
22	通化矿务局 砟子矿四立	1325	10～70	4.11～40.61	2.50	1.70	4.25	45	45	28.18	立井多水平
23	通化矿务局 道清矿北斜	1330	25～58	8.15	2.80	1.80	5.06	15	18	48.00	片盘斜井
24	徐州矿务局 旗山矿	1333	10～60	6.3	7.50	4.50	34.00	60	110	48.00	立井多水平
25	天府矿务局 三汇二矿	1350	14～46/30	4.48	12.20	2.20	27.69	60	60	72.00	综合(主平副斜)
26	抚顺矿务局 老虎台矿	1394	25	45	4.90	2.00	10.00	300	250	53.60	综合(主斜副立)
27	北京矿务局 房山矿	1421	0～90	9.785	7.50	2.50	18.75	90	30	120.0	平 硐
28	鸡西矿务局 小恒山矿	1432	10～25	15	5.00	6.00	30.00	240	240		综合(主斜副立)
29	沈阳矿务局 彩屯矿	1449	5～18	7.24	7.80	2.40	19.30	150	120	54.00	立井多水平
30	一平浪煤矿 抗八矿	1483	15～51/38	3.69	6.00	2.80	17.00	45	40	16.00	平 硐

深井采用的开拓方式和浅及中深部井一样，都是立、斜、平和综合等开拓方式。但是由于井深，立井开拓的比重增大，特别是新建的深部井田基本上是立井为主，而且尽可能是单一水平。综合开拓方式也占相当的比重，主要是浅部和中深部矿井由斜井、平硐开拓，继续延深到深部时，在深部再打立井，形成综合开拓，各种方式比重见表 2－4－29、表 2－4－30 及表 2－4－31。

表 2－4－29 我国不同深度类型矿井的开拓方式

矿井类型	最终采深变化范围(m)	立井开拓		斜井开拓		平硐开拓		综合开拓		合 计	
		矿井数处	比重(%)	矿井数处	比重(%)	矿井数处	比重(%)	矿井数处	比重(%)	矿井数处	比重(%)
浅矿井	＜400	18	12.08	87	58.39	13	8.72	31	20.81	149	100
中深矿井	400～＜800	76	27.24	116	41.58	30	10.75	57	20.43	279	100
深矿井	800～＜1200	65	46.10	32	22.69	14	9.93	30	21.28	141	100
特深矿井	1200～1600	16	53.33	2	6.67	4	13.33	8	26.67	30	100
总 计		175		237		61		126		599	

表 2－4－30 我国不同深度类型矿井井筒深度（长度）情况

矿井类型	最终采深变化范围(m)	立井开拓			斜井开拓		
		矿井数处	井筒平均深度(m)	比较(%)	矿井数处	井筒平均长度(m)	比较(%)
浅矿井	＜400	18	218.5	100	63	571.2	100
中深矿井	400～＜800	76	273.7	125.3	89	767.7	134.4
深矿井	800～＜1200	65	495.6	226.8	27	1070	187.3
特深矿井	≥1200	16	601.7	275.4	5	2046.2	358.2
总计		175			184		

注：表中特深矿井斜井开拓项内包括综合开拓中的斜井。

表 2－4－31 我国近期开凿的部分深立井的井筒情况
（1994 年统计）

深度范围(m)	矿务局、矿	井筒功能	井筒净径(m)	井筒深度(m)	注
800～1000	北票 台吉	副 井	7.0	893.3	已建成
	阜新 王营	主 井	5.5	905.5	已建成
	北票 台吉	主 井	6.0	925.3	已建成
	淮南 谢李深部	主 井	6.5	986.5	在 建
	淮南 谢李深部	中央风井	8.0	998	在 建
＞1000	淮南 谢李深部	副 井	8.5	1022.2	在 建
	北票 冠山	副 井	7.6	1025.5	已建成
	徐州 张小楼	新主井	5.7	1037.5	已建成
	新汶 孙村	风 井	6.5	1052.0	已建成
	徐州 张小楼	新副井	7.0	1057.5	已建成
	北票 冠山	主 井	6.2	1059.0	已建成
	北票 郑家	风 井	6.2	1072.0	已建成

表 2－4－32 我国国有重点煤矿现有不同深度类型生产矿井生产能力比重
（1995 年初统计）

矿井类型	最终采深变化范围(m)	矿井数		设计生产能力			
		数目处	比重(%)	生产能力合计(万 t/a)	占总能力比重(%)	平均值(万 t/a)	比较(%)
浅矿井	＜400	149	24.87	11026	23.71	74	107.24
中深矿井	400～＜800	279	46.58	19251	41.40	69	100.00
深矿井	800～＜1200	141	23.54	12831	27.59	91	131.88
特深矿井	1200～1600	30	5.01	3390	7.30	113	163.77
总计		599	100.00	46498	100.0	78	

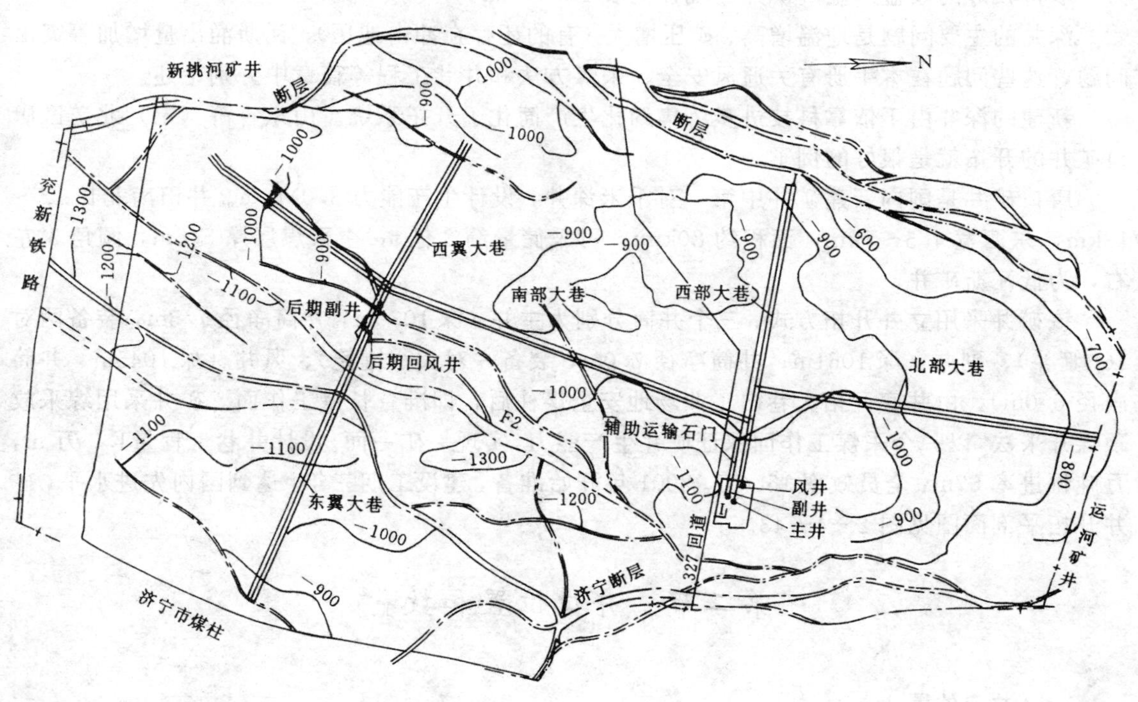

图 2－4－43a 唐口矿井开拓方式平面图

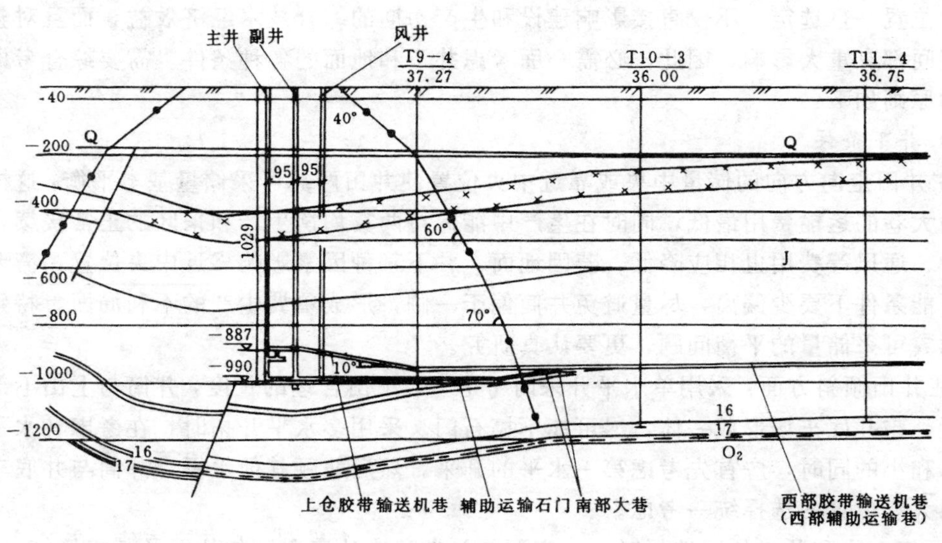

图 2－4－43b 唐口矿井开拓方式 I －I 剖面图

深井的设计生产能力，由于基本建设投资大，在储量和地质条件允许时，尽可能加大能力，取得较好的效益。生产矿井的统计见表2－4－32。

深井的主要问题是地温增高、矿压增大（有的还存在冲击地压）、瓦斯涌出量增加等突出问题，这些问题在本手册有关通风安全、采煤方法和井巷工程等篇章中分别论述。

新建的深井由于依靠科技进步、集约化生产简化了开拓系统。山东省济（宁）北矿区唐口矿井的开拓就是很好的例子。

唐口矿井是国内新建矿井中第一对千米深井，设计生产能力3.0Mt/a。井田南北长12～13km，东西宽4.5～8km，面积约80km²，可采储量约3亿t，主采煤层厚5.5m，倾角5°左右，为低瓦斯矿井。

该矿井采用立井开拓方式，三个井筒分别为主井（深1030m，井筒净径7.5m，装备两对16t箕斗）、副井（深1061m，井筒净径7.0m，装备一对大小罐笼）、风井（深1045m，井筒净径6.0m）。由井底开拓大巷出工业场地安全煤柱后，即准备长壁工作面。矿井采用综采放顶煤开采法，以一个采煤工作面保证矿井生产能力，实现一矿一面。设计井巷工程量1.7万m，万吨掘进率57m，全员效率15t/工。2001年开始准备，建设工期三年，达到国内先进水平，矿井开拓平剖面图见图2－4－43。

第二节　井口位置和数量

一、井口位置

井口位置的选择是井田开拓的重要组成部分。在选择开拓方式（井筒形式及其用途）的同时，就要考虑各种可能的井口位置。井口位置与开拓方式要相互协调，经综合比选后择优确定。特别是提、运煤炭的主井位置还要与地面生产系统、工业场地布置相匹配。井口及工业场地的位置一旦选定，不仅直接影响建设和生产初期的综合技术经济效益，而且对整个矿井生产期间都有重大影响，因此，必需全面考虑井下和地面的各种条件。需要综合考虑的主要因素和原则如下：

（一）井下条件

1）在井田走向方向的储量中央或靠近中央位置使井田两翼可采储量基本平衡，这样可使走向运输大巷的运输费用最低，同时在生产中能保持两翼均衡生产和采区的正常接续，而且巷道维护、通风等费用也相应降低。若因地面、井下某种因素影响靠近中央位置，需要偏离时，在可能条件下要少偏离，尽量避免井筒偏于一侧，形成单翼生产的不利局面，特别是第一水平两翼可采储量的平衡问题，更要认真研究。

2）在井田倾斜方面：采用单水平开采时考虑上、下山合理的长度，井筒与上山下部运输大巷靠近，与井底车场形成一体，尽可能不搞石门。采用多水平开拓时，在考虑各水平石门工程量总和小的同时，应首先考虑第一水平的开采，然后兼顾其他水平。井筒与井底车场及主要运输大巷位置的选择统一考虑。

3）开拓方式和井口位置选择时，一定要与初期移交达产采区的位置及其接续统一考虑。初期采区要选择在地质（特别是构造，煤层厚度及稳定性，顶底板）和水文条件好、煤层储量丰富、勘探程度高、地面无建筑物或少量易迁建筑物、便于迅速达产和增产的地段，同时尽量靠近井田中部。井筒应靠近初期移交、达产采区。使井筒到底，巷道掘出井筒场地保护煤柱后即可掘进准备采区和工作面，使基建工程量少和贯通连锁工程短，达到投资少、建井工期短的好效果。

4）井筒应尽量避开或少穿地质及水文复杂的地层或地段。如厚冲积层、含水沙层、强含水岩层和喀斯特溶洞、大断层、构造破碎带、煤和瓦斯突出煤层、软弱膨胀性大的地层、老井采空区等。同时应将井底车场（包括巷道、硐室、井底水窝等）置于地质和水文条件好的稳定岩层中，并注意不受底部强含水层承压水威胁。

5）尽量减少井筒及工业场地煤柱数量，特别是少压或不压前期开采条件好的煤层。有条件时可放在无煤带和煤层无开采价值的地带。

（二）地面条件

1）井筒位置应选在比较平坦的地方。在山区、丘陵地带要结合地面生产系统，充分利用地形尽量减少土石方工程量。

2）井口应满足防洪设计标准。附近有河流或水库（特别是上游水库）时要考虑避免一旦决堤后的威胁及防范措施。

3）井口要避开地面滑坡、岩崩、雪崩、泥石流、流砂等危险地区。工业场地要尽可能在没有砂土液化等工程地质条件好的地段，强震、多震地区的工程地质条件尤应重视。

4）井口及工业场地位置必须符合环境保护的要求。

5）工业场地要少占或不占良田。

6）井口位置要与矿区总体规划的交通运输、供电、水源、居住区、辅助企业等布局相协调，使之有利生产，方便生活。

（三）综合确定井口位置

影响确定井口位置的因素很多，需要全面考虑。但对每一个具体的矿井，一般只有几个条件直接影响井口位置选择。在全面详细掌握和分析研究资料的基础上提出2～3个方案经技术经济比较后确定。有时，某个条件突出，成为主要矛盾时，经技术经济分析即可决定井口位置而毋需比较。

二、井筒数量

一个井田可以采用两个井筒、三个井筒或多个井筒。

（一）两个井筒

根据《煤矿安全规程》规定，一个矿井必须有两个通向地面的出口，以策安全和通风需要。一般主井担负提煤和回风，副井担负升降人员、材料、设备、矸石等辅助作业和进风。两个井筒工程量少、投资省，但漏风多，通风费用大，一般用于低瓦斯的中小型矿井。有的矿井，一个井筒即可完成主、副提升工作时，另一井筒作回风用，则可避免漏风大的问题出现。当开拓表土厚，煤层赋存很深的井田时，井筒投资很大。大型矿井为节约初期投资，也可在初期采用两个井筒开拓，开采离井筒不太远的前期采区。待开采若干年后，再开风井。例：安徽新集煤矿初期仅开凿主、副立井，如图2－4－44a所示。

大雁三矿一井，由于井田面积小，煤层埋藏浅，则用主、副两个斜井开拓全井田，见图2－4－44b。

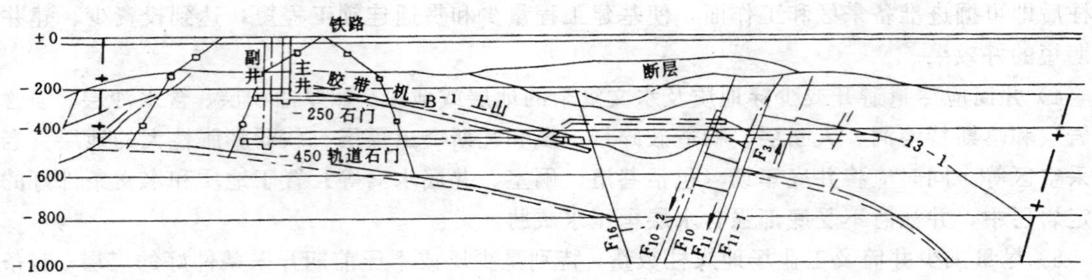

图 2-4-44a　新集煤矿剖面图

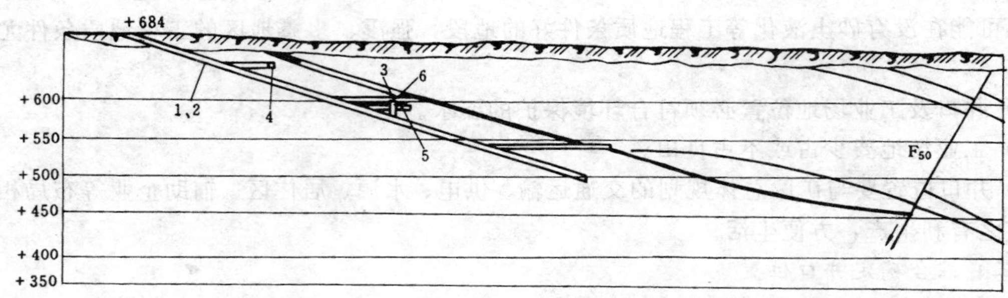

图2-4-44b　大雁三矿一井开拓剖面图

1、2—主、副斜井；3—集中运输巷；4—总回风巷；5—片盘石门；6—一分层运输巷

（二）三个井筒

主井提煤，副井辅助提升和进风，风井回风。克服了两个井筒在通风方面的缺点。三个井筒开拓的一个突出优点是可以缩短整个矿井的建设工期。在建设期间，风井一般断面小，无装备，建设时间短，见煤层后，可提前开拓采区。同时主副井与风井对头掘进贯通，缩短工期。在主、副井停止提升进行安装时，风井可以使井下掘进继续进行。因此，目前大型矿井多采用此方式，在建设时缩短工期，在生产中有利通风。风井的位置可以和主、副井同在一个工业场地，为中央并列式布置；另一种方式是风井设在井田上部边界，为中央边界式布置。两者各有优缺点，需要在具体矿井中根据地面、井下布置情况具体比较确定。

例：兖州集团公司济宁三号矿井，设计生产能力 5.0Mt/a，是新建井，于 2000 年投产，该矿井主、副、风井均布置在工业场地内，如图 2—4—45 所示。

义马新安矿井，矿井生产能力 150 万 t，井田面积 50km²，煤层赋存浅，地表覆盖层薄。为了减少工业场地压煤，设计以一主两副三个井筒，两个水平，上下山开拓全井田，见图 2—4—46。

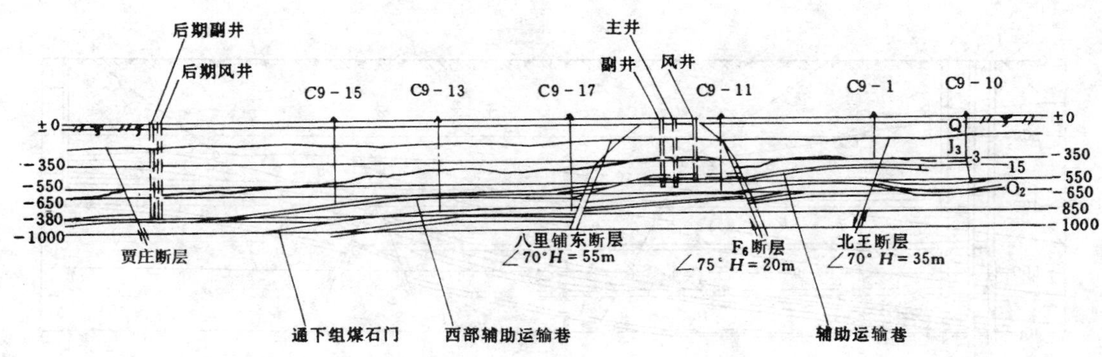

图 2—4—45 济宁三号矿井开拓剖面图

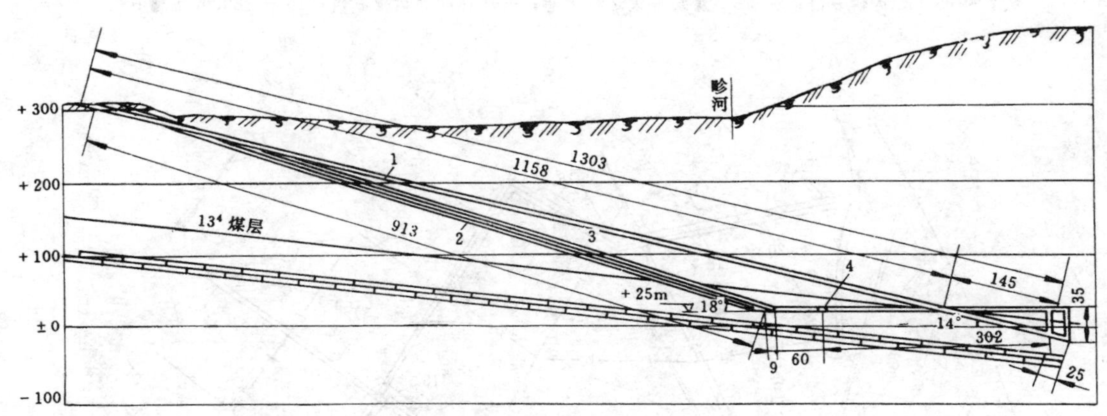

图 2—4—46 义马新安矿开拓系统剖面图

1—主斜井；2—1 号副斜井；3—2 号副斜井；4—＋25m 运输大巷

（三）多个井筒

分下面两种情况：一种情况是通风需要，除主、副井外，开凿两个或两个以上的风井。当两翼采区通风线路长或瓦斯很大时，根据通风方案确定两翼各开风井的对角式通风方式。当煤层露头很浅时，也可在每个采区露头部分打采区风井，既通风方便，线路短阻力小，又可在建设期间几个采区同时施工，大大加快矿井建设速度。另一种情况是特大型矿井井田分区开拓的需要，应用多井筒开拓，已如前述。

例：淮南潘一矿，在工业场地内布置主、副、风三个立井，还在井田东部布置了东风井，开拓剖面图如图 2—4—47 所示。

西山西曲矿井，全井田划分为南、东、中、北四个分区，由 2 个分区保证矿井300 万 t/a 的生产能力，利用多个斜井开拓整个井田，见图 2—4—48。

近年来，在开拓施工深厚表土和松软地层时常采用钻井法施工。在矿井生产能力很大，需要两套提升设备而钻井井筒净断面仅能满足一套提升设备布置时，则需采用两个主井。例如

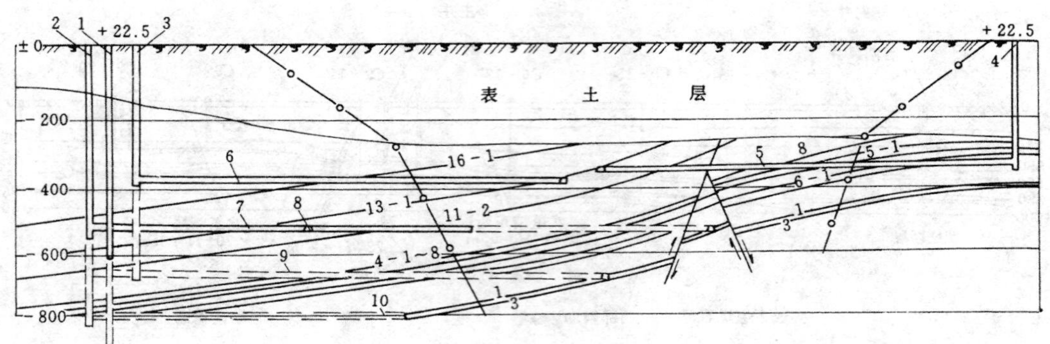

图 2-4-47　淮南潘一矿开拓剖面图

1—主井；2—副井；3—中央风井；4—东风井；5—-350m 回风石门；6—-380m 回风石门；7—-530m 运输石门；8—13_{-1}煤层底板运输大巷；9—-670m 运输石门；10—-800m 运输石门

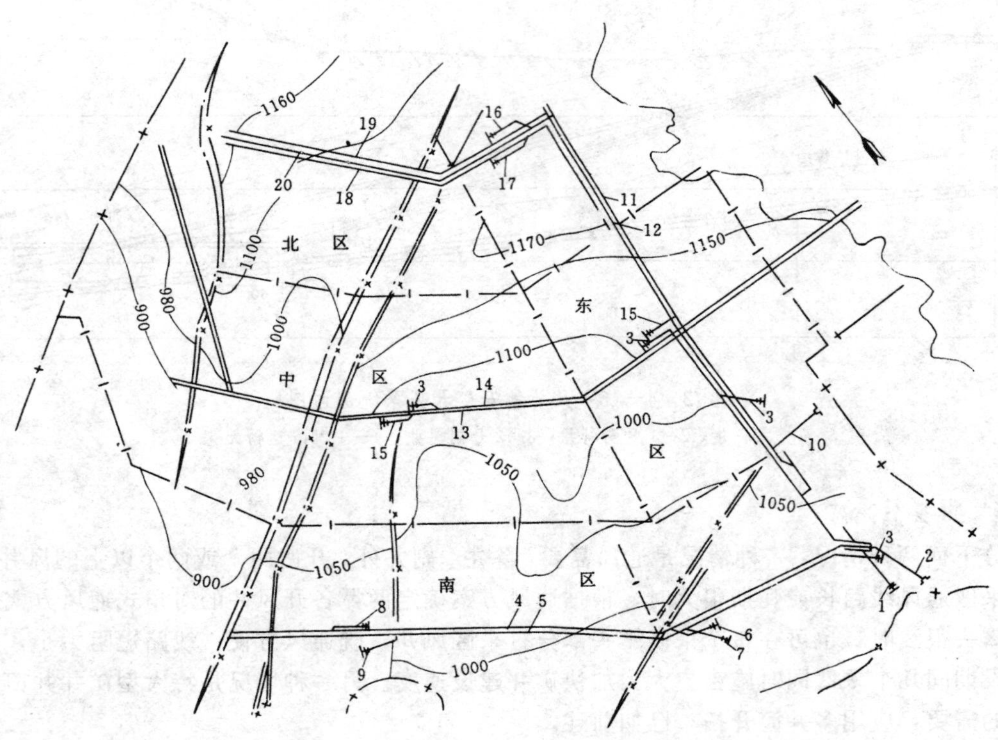

图 2-4-48　西曲矿第一水平开拓方式平面图

1—主斜井；2—平硐；3—回风斜井；4—南翼运输大巷；5—南翼回风大巷；6—南翼进风斜井；7—南翼回风斜井；8—南翼后期进风斜井；9—南翼后期回风斜井；10—矸石平硐；11—北翼运输大巷；12—1022m 回风大巷；13—北西运输大巷；14—西辅助大巷；15—进风斜井；16—北翼后期进风斜井；17—北翼后期回风斜井；18—回风大巷；19—1090m 胶带巷；20—1415m 轨道巷

巨野矿区龙固矿井，设计生产能力6.0Mt/a，钻井深度600m左右，采用钻井法施工的两个主井，各装备一对32t箕斗。工业场地内有一个副井、两个主井、一个风井。

三、井口坐标计算、提升方位角及井筒方位角

井口位置均用直角坐标表示。采用国家统一坐标网，以赤道当作直角坐标的Y轴，中央子午线当作X轴，见图2—4—49。

井筒中心A用纬距（纵坐标）X（即A点到赤道的长度）和经距（横坐标）Y（即A点到中央子午线的长度）确定。

小型矿井与小煤矿如果与国家统一坐标网联系，也可以按矿区坐标网确定。但是，同一矿井所用的坐标系统必须一致。

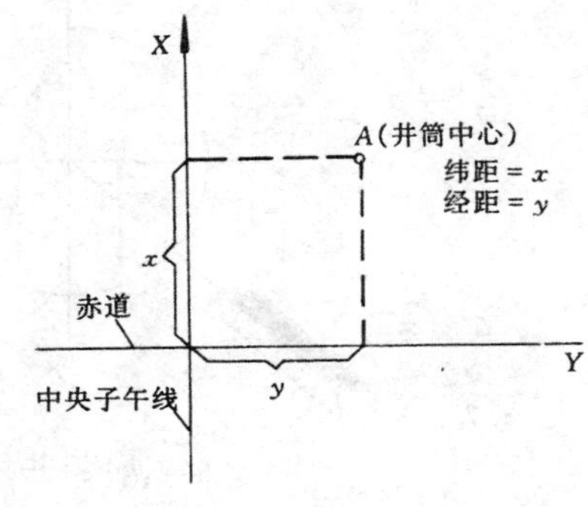

图2—4—49 直角坐标

凡根据图面选定或计算得出的井筒坐标，在最后确定之前必须在现场根据实际地形、地物进行核对，地形复杂的，要先进行草测，给上中心线。如发现地形、地物与图面有出入，应及时调整。

井筒中心坐标是井上、下施工图设计和闭合测量的基准点，经常依靠它反复核实其它测点位置，要求准确到小数点以后三位数字，达到±1mm精度。

立井普遍按井筒中线计算坐标位置。斜井和平硐一般按提升中线和井（硐）口轨面标高计算，这样既便于井上下两端连接又可避免断面变化对中线位置发生影响。

为了表示井筒与井底车场及地面提升卸载方向，需要给出井筒方位角。

无提升设备的斜井或平硐方位角，是指通过井（硐）口坐标的经线北轴起按顺时针旋转到井筒中线的夹角，如图2—4—50所示。

采用落地式提升机（包括单绳与多绳）的立井，从井口坐标经线北轴起，顺时针旋转到与提升机提升中线平行的井筒中心线的夹角为方位角。斜井则从井口坐标经线北轴起，顺时针旋转到提升机提升中心线的夹角为方位角。如图2—4—51所示。

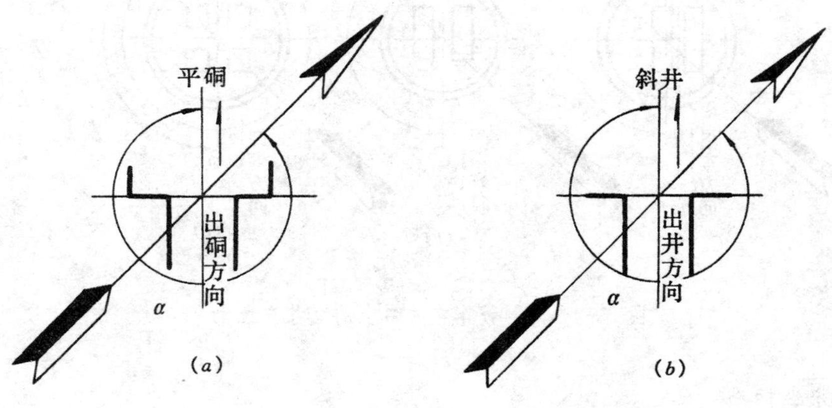

图2—4—50 无提升设备井筒方位角

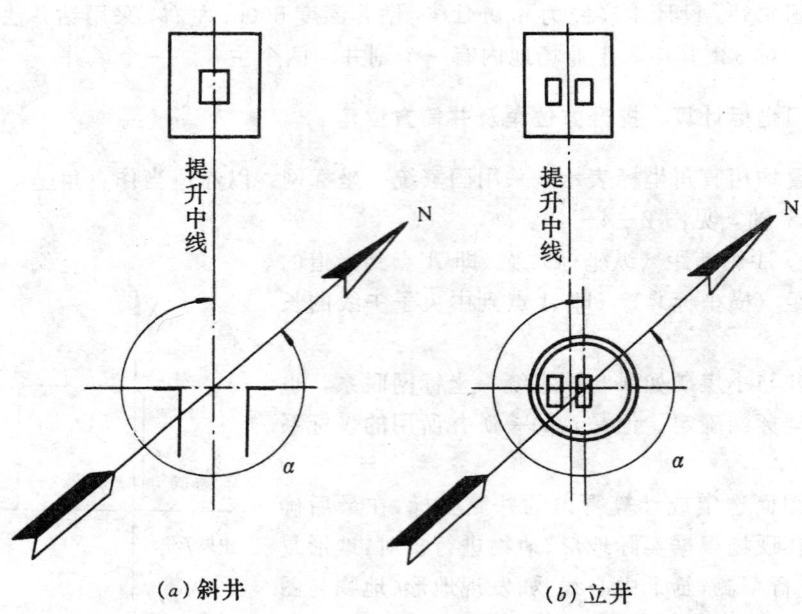

图 2—4—51　落地绞车井筒方位角

提升机设在井塔上的立井方位角，是从井口坐标经线北轴起，顺时针旋转到与箕斗提升中线的卸煤方向平行的井筒中线为止的夹角；如为罐笼提升，应按顺时针旋转到与罐笼提升中线地面出车方向相平行的井筒中心线为止的夹角，如图 2—4—52 所示。

无提升设备的立井方位角是从井口坐标经线北轴起顺时针旋转到风硐中线或与梯子主梁相平行的井筒中线止的夹角，如图 2—4—53 所示。

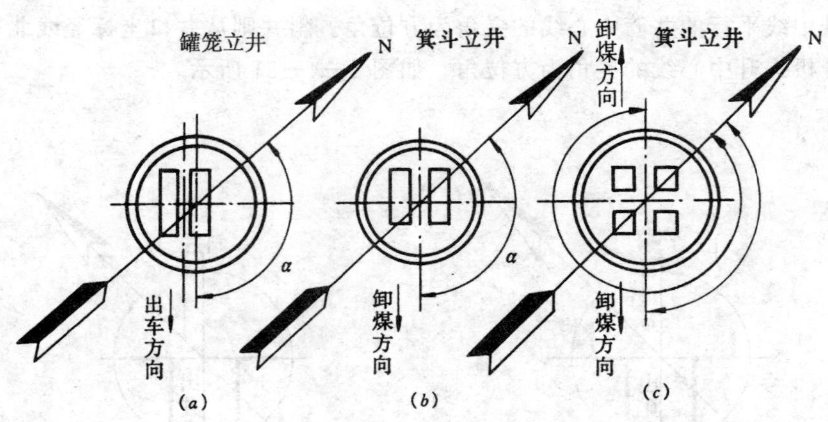

图 2—4—52　绞车在井塔上的立井方位角

（一）立井坐标

每个矿井最少有两个井筒，如处在同一工业场地，必有一个井筒（多数为主井）坐标是

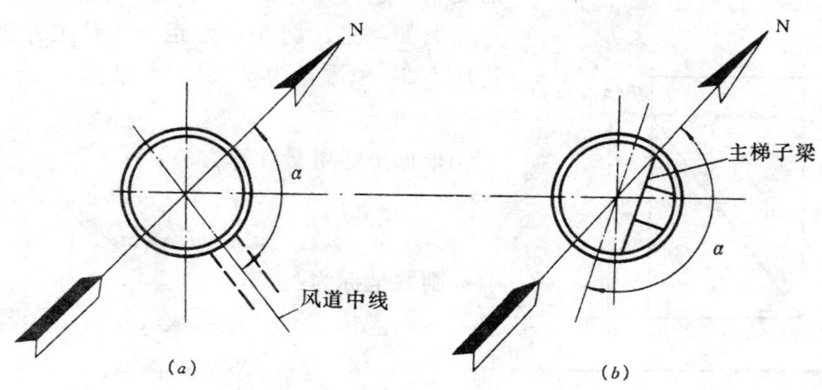

图 2—4—53 无提升设备的立井方位角

在图面上直接给出的。

设计时，首先根据井下开拓及地面生产系统把拟定的主井位置点画在 1∶5000 地质地形图上，如图 2—4—54 中 A。

过 A 点作平行于 x 轴和 y 轴的直线 eg 和 fh，然后分别量出：

$$ae=32\text{m}$$
$$af=220\text{m}$$

则 A 点坐标为：

$$\begin{aligned}x_A&=x_a+af\\&=58400+220\\&=58620\text{m}\\y_A&=y_a+ae\\&=24600+32\\&=24632\text{m}\end{aligned}$$

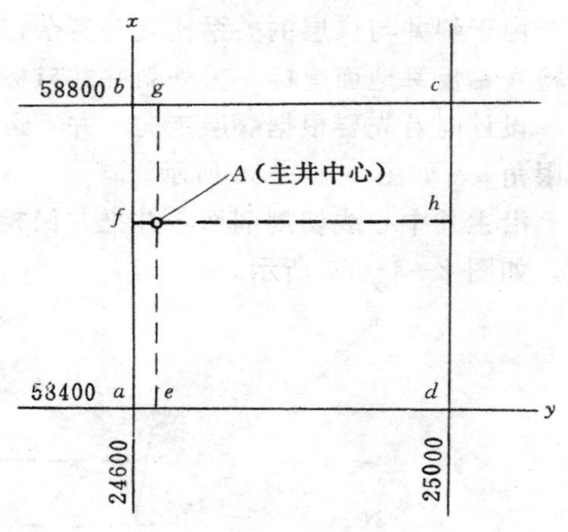

图 2—4—54 主井坐标

还应同时量出距离 ed 和 fb，作为校核。

由于图纸收缩，量出的网格边不等于标准网格时，需要考虑图纸伸缩影响。这时，A 点坐标可按以下公式计算。

$$x_A=x_a+\frac{400}{af+fb}\times af$$

$$y_A=y_a+\frac{400}{ae+ed}\times ae$$

由于图纸精度限制，选定主井坐标时应尽量取整数。

为了准确确定井筒与煤层的相对关系，必须沿井筒中心线与井下石门方向预先画出剖面图，并把井口附近的实际地形包括在内，以便确定井口标高。

副井或其他邻近井筒坐标，要根据各自与主井距离的远近和中心连线的象限角（与 x 轴

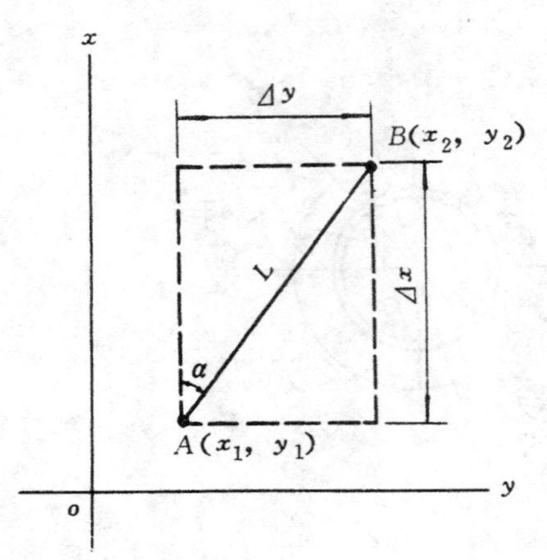

图 2—4—55 副井坐标计算

的交角）进行计算。

例如，主、副井中心距为 L，主井坐标 A（x_1，y_1）已知，象限角为 α，求副井坐标 B（x_2，y_2），见图 2—4—55。

根据坐标增量计算方法：

$$\Delta x = L \cdot \cos\alpha$$

$$\Delta y = L \cdot \sin\alpha$$

副井坐标为：

$$x_2 = x_1 \pm \Delta x$$

$$y_2 = y_1 \pm \Delta y$$

（二）斜井坐标

目前斜井井筒多数设于煤层底板坚硬岩层内与煤层保持一定距离，仅有些小型井仍沿煤层开凿，个别也有在煤层顶板开凿穿层斜井、反斜井以及沿伪倾斜布置的斜井。

由于斜井与煤层的关系比立井复杂，不少斜井为了保持与煤层相对位置准确，常根据井筒检查钻反算地面坐标。另外斜井井口标高变化对坐标亦发生影响。

设计时首先要根据煤层走向、井下运输巷道或石门位置与地面专用线的方位确定井筒的象限角 α，如图 2—4—56 所示。

沿主井中心线切割剖面，并把井筒检查钻 P_1、P_2 的见煤深度和距离 L 按比例画在剖面上，如图 2—4—57 所示。

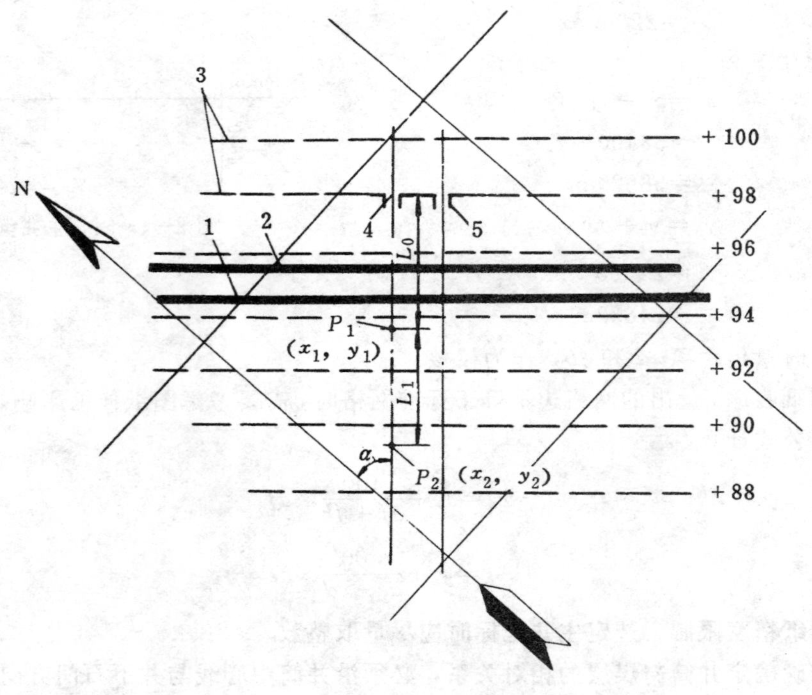

图 2—4—56 斜井平面

1—1 号煤层；2—2 号煤层；3—地形等高线；4—主井井口；5—副井井口

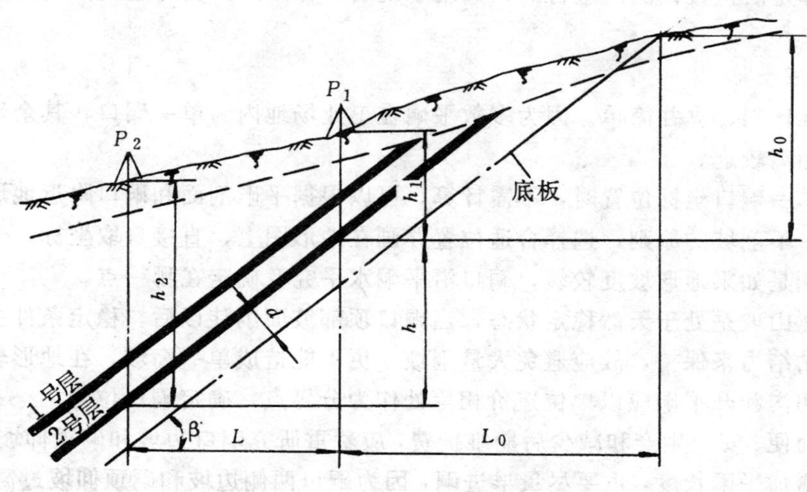

图2—4—57 斜井剖面

若煤层倾角小于25°，把井筒设在煤层底板，与2号层距离为d，井口和井底能分别满足地面生产系统与井底车场布置要求，井筒检查钻见煤点坐标P_1为（x_1，y_1），P_2为（x_2，y_2），见2号层深度分别为h_1、h_2。可按检查钻实际控制煤层位置反算井筒底板中线与地面交点坐标。

已知：

$$L=\sqrt{(x_2-x_1)^2+(y_2-y_1)^2}$$

$$h=h_2+h_3-h_1$$

$$\tan\beta=\frac{h}{L}$$

井口坐标为：

$$x=x_1+L_0\cos\alpha$$

$$y=y_1+L_0\sin\alpha$$

L_0需按下式计算：

$$L_0=\frac{h_0}{\tan\beta}$$

h_0要由剖面图直接量取。

所以井口坐标为：

$$x=x_1\pm\frac{h_0}{\tan\beta}\cdot\cos\alpha$$

$$y=y_1\pm\frac{h_0}{\tan\beta}\cdot\sin\alpha$$

其中井筒倾角β是设计确定的，也可以按检查钻见煤深度计算。但在量取h_0高度时要比较仔细，避免产生较大误差。因为1：2000～1：5000地形图和剖面图的标高误差很容易达到1～2m。

以上计算是沿检查钻剖面进行的，只用于说明计算方法，实际主副井应布置在检查钻剖面两侧。

（三）平硐坐标

平硐坐标比斜、立井简单。因为多数平硐在工业场地内为单一硐口，其余硐口一般在山腰或山顶，距离较远。

在确定单一硐口坐标位置时，不需计算，可以根据平硐剖面和硐口附近地形，按照少开沟、早进硐、不削坡的原则，选择合适位置并画在地形图上，直接量取坐标。

关键问题是如果地形坡度较缓，硐口沿平硐水平究竟确定在哪一点。

通常自然山坡是处于天然稳定状态，当硐口顶部坡面削陡以后，稳定条件主要依靠地层的摩擦力和粘结力来保持，故应避免大量削坡，更不能造成单一高坡。在地形较缓时，从经济上认为开明沟和开平硐应以单位造价相等处作为分界点，确定硐口位置。

为施工简便、安全生产和减少后期维护费，应着重研究硐口边坡和硐顶仰坡的稳定条件。原则上宁愿增加平硐长度，也要尽量早进硐，因为硐口两侧边坡和硐顶仰坡过高，维护费大，不安全，影响生产。在东北、西北等高寒山区，明沟部分冬季容易发生风雪掩埋事故。

（四）不同坐标网换算

有些矿区过去设有矿区独立坐标网，尽管目前已经不再使用，但有大量井巷工程和图纸仍然存在。在这些矿区设计开拓延深工程，遇到新旧坐标网换算问题是难免的。

坐标网换算分三种情况：

1. 坐标原点移动，经纬线平移（图2—4—58）

设 x_A，y_A 为原始坐标系统中 A 点坐标，x'_A，y'_A 为该点在新坐标系统中的坐标；a、b 为新坐标原点在原始坐标系统中的坐标，则：

$$x'_A = x_A - a$$

$$y'_A = y_A - b$$

2. 坐标轴旋转一个角度 θ

如图2—4—59所示，坐标原点不变，而新 x' 轴与原来 x 轴交角为 θ。

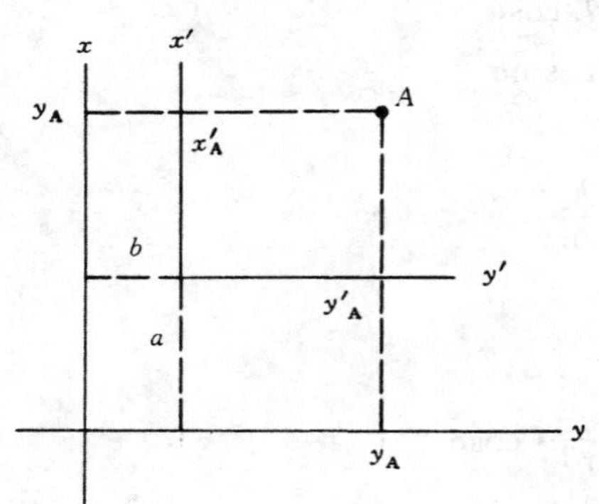

图2—4—58　坐标原点移动

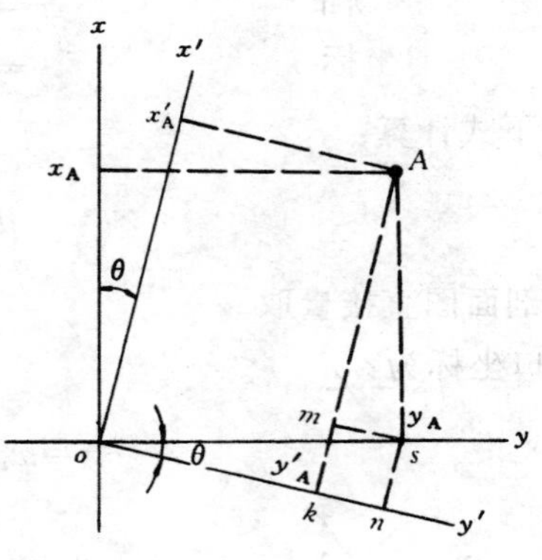

图2—4—59　坐标轴旋转

由图得出：

$$\begin{cases} x'_A = Am + mK = Am + Sn \\ y'_A = On - Kn = On - mS \end{cases}$$

$$\begin{cases} x'_A = x_A\cos\theta + y_A\sin\theta \\ y'_A = y_A\cos\theta - x_A\sin\theta \end{cases}$$

以及

$$\begin{cases} x_A = x'_A\cos\theta - y'_A\sin\theta \\ y_A = x'_A\sin\theta + y'_A\cos\theta \end{cases}$$

3. 坐标轴旋转和原点移动同时发生

如图 2－4－60，这是前两种情况的综合。

$$\begin{cases} x'_A = (y_A - b)\sin\theta + (x_A - a)\cos\theta \\ y'_A = (y_A - b)\cos\theta - (x_A - a)\sin\theta \end{cases}$$

$$\begin{cases} x_A = a + x'_A\cos\theta - y'_A\sin\theta \\ y_A = b + y'_A\sin\theta + y'_A\cos\theta \end{cases}$$

应用上面两组公式可以确定彼此以 a、b 和 θ 相联系的不同平面直角坐标系统中 A、B 两点坐标增量间的关系，对于原点移位和坐标轴旋转的一般情况：

$$x_B = a + x'_B\cos\theta - y'_B\sin\theta$$

$$x_A = a + x'_A\cos\theta - y'_A\sin\theta$$

$$y_B = b + y'_B\sin\theta + y'_B\cos\theta$$

$$y_A = b + y'_A\sin\theta + y'_A\cos\theta$$

分别相减得

$$\Delta x = \Delta x'\cos\theta - \Delta y'\sin\theta$$

$$\Delta y = \Delta x'\sin\theta + \Delta y'\cos\theta$$

同理可以求得相反关系

$$\Delta x' = \Delta y\sin\theta + \Delta x\cos\theta$$

$$\Delta y' = \Delta y\cos\theta - \Delta x\sin\theta$$

有时因特殊原因新旧坐标原点资料遗失，可根据三角网中一个测点的新旧坐标和设计选定的井筒位置，按旧坐标换算新坐标。抚顺北龙凤斜井曾根据矿区 39 号测点换算井口新坐标，如图 2－4－61 所示。

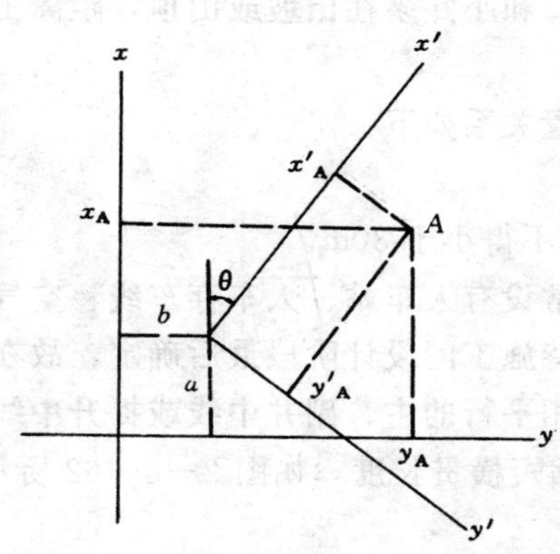

图 2－4－60 坐标原点移动与坐标轴旋转

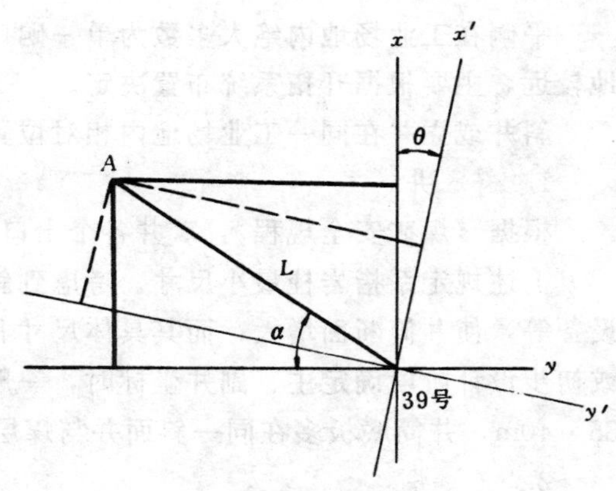

图 2－4－61 新旧坐标换算

实例：已知 39 号测点：

$$旧坐标为\begin{cases}x_1=1427.713\\ y_1=9927.636\end{cases}$$

$$新坐标为\begin{cases}x'_1=4636637.142\\ y'_1=21582139.163\end{cases}$$

新旧网夹角 $\theta=6°7'54.8''$（旧网磁北偏西）

A 为北龙凤一号斜井旧网中坐标

$$x_2=2280.178$$

$$y_2=9163.003$$

A 点与 39 号点距离为：

$$\begin{aligned}L&=\sqrt{(x_2-x_1)^2+(y_2-y_1)^2}\\&=\sqrt{(1427.713-2280.178)^2+(9927.636-9163.003)^2}\\&=1145.14637\text{m}\end{aligned}$$

$$\alpha=\arctan\frac{2280.178-1427.713}{9163.003-9927.636}=48°6'32''$$

$$\alpha-\theta=48°6'32''-6°7'55''=41°58'37''$$

A 点新坐标为：

$$\begin{aligned}x'_2&=4636637.142+1145.146\times\sin41°58'37''\\&=4637403.052\end{aligned}$$

$$\begin{aligned}y'_2&=21582139.163-1145.146\times\cos41°58'37''\\&=21581287.84\end{aligned}$$

井筒方位角为：

$$119°50'-6°7'55''=113°42'5''$$

（五）主、副井相对位置

在具体确定主、副井位置时，必须了解井底车场和地面生产系统布置原则以及防火安全、施工安装等各方面要求与规定，尤其是主、副井本身在功能上有那些特殊要求，应予以全面考虑。

平硐在工业场地内绝大多数为单一硐口，其余硐口和小井多在山坡或山顶，距离工业场地较远，主要根据开拓系统布置决定。

斜井或立井在同一工业场地内相对位置的一般位置关系如下：

1. 斜　井

根据《煤矿安全规程》，矿井各个出口之间的距离不得小于 30m。

上述规定系指岩柱最小尺寸。考虑到斜井井口经常设有人车站、人车存车线、空气加热设备等，使井筒断面增大，而其具体尺寸和结构需等待施工图设计阶段最后确定，故在方案或初步设计阶段确定主、副井坐标时，一般使两个互相平行的主、副井中线或提升中线相距 35～40m。井筒底板多在同一斜面并与煤层平行以便缩短横贯长度，如图 2－4－62 所示。

2. 立　井

主、副井之间距离按规定同样不得小于 30m。设计时主、副井实际距离远大于 30m，因为考虑井上、下生产流程能合理衔接以及井塔、井架施工安装和设备布置需要，主、副井中心距约变动于50～100m。

主、副井采用单绳落地式提升绞车，井架高度低，井筒检查钻要求距离井筒不大于25m，所以经常取主、副井中心距为50m，中间打一个检查钻供两个井筒使用。

近年来，由于设计采用多绳提升机提升，井架高度显著增加。为把提升机吊至提升机大厅，需要大型起重悬吊设备，占用空间增加，主、副井间距逐步增大，目前多数60～80m，有的已达100m。

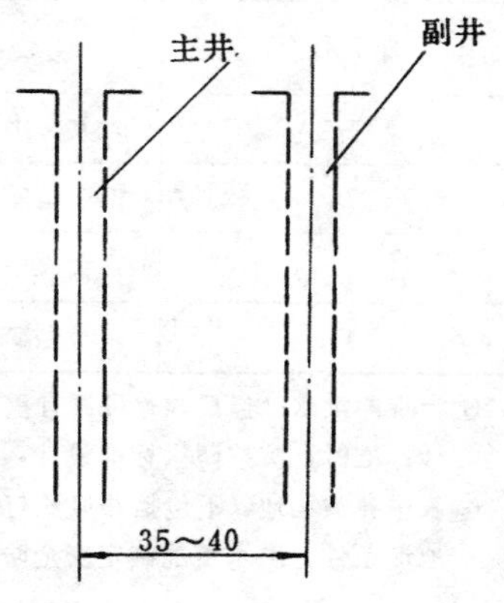

图2－4－62　主副井相对位置

主、副井相对位置，要根据井下运输大巷（或石门）及地面铁路专用线的方向、位置和选用的井底车场形式综合研究、确定。

如果主、副井均采用罐笼提升，铁路可不受提升方位及井底车场进出车方向限制。主、副井应以井底车场和井上装卸罐笼及调车编组方便为准。

四、井口标高及洪水位标高

矿井井口位置与标高是根据开拓方式与井筒提升方位，结合地面场地合理布置进行确定，使井上下相互协调。确定井口标高应考虑以下几个方面：

(1) 满足矿井开拓要求，使井下工程量最省，井筒最短。

(2) 井口标高的选择应有利于井口开凿。山区丘陵地带，平硐硐口和斜井井口标高的确定，要考虑地表开挖不宜过高，并应位于岩石或土质坚硬的部位，使平硐硐口和斜井井口顶部和明槽边坡稳定，开口方便、安全。

(3) 井口标高的确定应兼顾地面生产系统布置，场内外运输联系及场地平整的合理性，在许可范围内，也可调整井口标高使之与场地竖向布置相适应。

(4) 符合《煤矿安全规程》、《煤炭工业矿井设计规范》中有关防洪、排水的有关规定。规程、规范规定：

①《煤矿安全规程》(2001) 第254条规定：煤矿企业必须查清矿区及其附近的地面水流系统的汇水、渗漏情况、疏水能力和有关水利工程的情况，并掌握当地历年降水量和最高洪水位资料，建立疏水、防水和排水系统。

②《煤矿安全规程》第255条规定：井口和工业场地内建筑物的高程，必须高出当地历年最高洪水位；在山区还必须避开发生泥石流、滑坡的地段。

井口及工业场地内建筑物的高程低于当地历年最高洪水位时，必须修筑堤坝、沟渠，或采取其他防排水措施。

③矿井设计中，防洪设计的洪水流量及相应的最高洪水位应采用当地水文站（或地质报告）的实测资料，根据表2－4－33的规定推算。

缺乏实测资料时，应和有关部门配合深入实际进行调查，按形态法或当地水利部门的经验公式，以及表2－4－33的规定推算。

流域情况已有改变或有水利、交通、城镇等规划时，应一并考虑其影响。

④防洪设计标高应按设计频率的计算水位（包括壅水和风浪袭击高度）加安全高度计算。

表2－4－33　防洪设计标准

序　号	企业规模及工程性质	设计频率	校核频率
1	大、中型矿井井口	1/100	1/300
2	小型矿井井口	1/50	1/200
3	大、中型矿井工业场地	1/100	
4	小型矿井工业场地	1/50	

注：①当观测洪水（包括调查可靠有重现可能的历史洪水）高于上述标准时，应按观测洪水设计，当观测洪水低于防洪设计标准时，应按防洪标准设计；

②表中各类场地（不包括井口及与井筒相连的通道口）当工程量大或其它原因不能满足防洪设计标准要求时，应根据地形条件、洪水情况制定安全防洪措施报主管部门审定。

安全高度在平原地区为0.5m；山区为1.0m。井口设计标高应按校核频率检验，按二者的大值确定。

⑤矿井地面变电所、通风机房、主、副井提升机房，以及与矿井井筒相连的如风道、人行道等，应按同类型矿井井口防洪标准采取防洪措施。其他建（构）筑物及场地，位于平原内涝地区，填土困难，经技术经济比较并报请上级主管部门批准后，可适当降低防洪标准。

（5）洪水位：洪水位是确定井口标高的主要资料。我国水文站较少。多数河流的水文观测年代较短，有些尚未设站观测。特别是矿区内中、小河流的暴雨洪水综合观测资料更感缺乏，能够直接应用于工程上的不多。因此，必须在煤田勘查的同时进行洪水调查。

矿井井口如果处于河流两岸阶地、低洼易涝平原、水库附近或紧靠堤坝边缘，容易受到洪水侵袭地区，必须要求在勘探（精查）地质报告书中提出有关洪水位的详细资料，包括井田范围内的洪水淹没区、井口处淹没水深、洪水重现期以及洪水的形成条件，并附有历史洪水调查和进行形态观测的基础数据以及从邻近水文站、气象站引用的资料。

如果矿井与水库、堤坝临近，还应收集包括水库、堤坝的设计资料。其中有最大库容、正常库容、死库容以及与各种库容相对应的水位标高、溢洪道标高、坝顶标高、设计洪水位、校核洪水位和堤坝结构等。

矿井如果位于低洼易涝平原，径流排泄不畅，年雨量和短历时暴雨强度较大，应着重收集水文气象资料，其中包括历年小时降雨量、日降雨量和最大3日连续降雨量以及地面土质植被种类、渗入情况、径流观测资料与河网渠系的排洪能力。

为了避免发生淹井事故，确定井口标高时要根据矿井水文环境进行认真分析。因为地质报告书提供的历史洪水位不可能完全符合矿井要求的防洪设计标准。

在缺乏水文资料地区，设计洪水水位的推算有下列三种方法，即水文调查法（又称形态法）、间接法（经验公式法）及暴雨径流法，有些矿区人烟稀少，很难取得资料，也可以几种方法并用互相补充。

设计时，为了了解当地水文环境和气象特征，一定要深入现场实地进行踏勘调查，并作洪痕访问，认真核对原始资料。

（6）内涝平原井口标高的确定：内涝平原一般面积较大，沟渠坡度很小，排洪能力低。

在选择井口标高时，应尽量寻找地形较高之处，并根据设计频率的暴雨量计算积水深度，适当采取提高井口和场地标高办法解决。如果用斜井开拓，可加长井颈使井口位于最大积水深度以上。但井颈支护、人行通道、风硐、反风道、热风道及管线出入口等凡与井筒连通处均应按防洪要求统一考虑措施。

当内涝或洼地积水有可能浸入井下时，可采用拦截疏导、压实防渗、填矸造田或建泵站排出等措施，并应结合当地农田水利规划统一考虑。

(7) 水库或堤坝下游井口标高的确定：水库地区的防洪设计，应符合下列规定：

矿井场地应按水库修建后对河道水文要素、岸坡稳定及河道泥沙冲刷的影响采取相应措施：

矿井位于水库下游，当水库洪水设计频率低于矿井井口及场地洪水设计频率时，应与有关部门协商，采取必要的措施。

第三节 开拓水平划分及上、下山开采

当煤层赋存为倾斜状态时，一般由浅部向深部开采，以达到工程量少，建设速度快，投资少，成本低的效果。根据煤层赋存条件和倾斜长度，一个井田可以单水平开采，亦可多水平开采（从上到下逐水平开采）。每个开采水平设井底车场和运输大巷供该水平各采区煤的外运、辅助运输和通风用。一般水平上部设回风大巷或风井为各采区回风。运输大巷水平以上的为上山开采，水平以下的为下山开采。近年来随着科技进步，上、下山开采有很大的发展，直接影响水平的选择及垂高的确定，因此，在本手册叙述顺序上把上、下山开采放在前面，然后再谈水平划分和确定阶段垂高的问题。

一、上、下山开采

我国早期煤矿，大多数开采水平是采用上山开采，而很少采用下山开采。因此，水平（阶段）垂高也多指上山，多水平开拓很普遍。20世纪80年代以来，我国煤矿科技进步有了迅猛发展，在高度机械化基础上实现高度集中化是主要发展方向。综合机械化工作面年产量从几十万t到100万t以上，目前已出现年产300万t以上的综采工作面（1996年兖州南屯煤矿一个面产量350万t/a，兴隆庄煤矿一个面产量300万t/a，这两个矿也都是采用一个水平，上、下山开采的）。

高产高效矿井要求集中在一个水平，1～2个工作面生产。这就要求加大工作面、采区和水平的走向及倾斜尺寸，要求水平有丰富的资源/储量和较长的开采年限。与此同时，近年来国内外运输设备有很大发展，带式输送机的使用越来越普遍，17°以内的斜井和下山煤炭运输已经实现了大能力、长运距。而且，近年来新建和改扩建的大型矿井基本上都是缓倾斜煤层，而且绝大多数在16°以下，因而这些矿井能普遍推行上、下山开采，并取得很好的效益。早在1981年我国第一对新建的特大型矿井兖州兴隆庄矿（年产300万t），投产移交时两个综采工作面的布置就是一个在上山采区，一个在下山采区。目前年产2000万t的兖州矿区各矿井都是单水平上、下山开采，保证了稳产高产。

国内外近年来，发展了大倾角带式输送机，美国一个大型立井，垂高330英尺（约100m），就是采用垂直带式输送机提升煤炭。国内地面已有倾斜70°上运煤炭或散装物料的带式输送机。随着大倾角带式输送机的应用，下山开采将进一步突破倾角的限制。对于缓倾斜

煤层，也可因地制宜用岩石下山、穿层下山、伪斜下山等方式使下山斜巷在17°以内形成普通带式输送机使用的条件。

在沿倾斜辅助运输方面，在国外有多种适用于各种条件的辅助运输方式，国内辅助运输也正在改革发展。即使是传统的钢丝绳提升，已有直径2.5m的防爆绞车，倾斜也可达到斜长800～1000m。至于下山排水，这是缺点，不如上山自流，但采用集中或分区排水是可以解决的。即使在涌水量很大、高瓦斯的矿井，也可采用上、下山的开采方式。如焦作矿区的许多矿井，煤层赋存稳定，煤层倾角小于10°，涌水量20～60m³/min，且为高瓦斯双突矿井，也都采用上、下山的开采方式。为抽放瓦斯，先在顶板开凿岩石下山，进行瓦斯抽放，然后在采区下山的最低处开一条排水平巷，并兼作辅助运输巷。这样，下山开采时风向上回，煤向上运，水向下流并集中排到主要运输大巷，同时还满足了辅助运输系统的要求。

总的来说，只要条件具备，水平用上、下山开采方式是优越的，可保证生产合理集中化，稳定生产，节省总井巷工程量，经济效益好。虽然下山通风、排水及向上运输都比上山条件差一些，但从整体的技术经济效果上看，一个水平上、下山开采还是优于单一上山开采。上、下山开采方式可在缓倾斜煤层推广，缓倾斜煤层产量比重很大，1990年占全国统配煤矿总产量的86.85%。近年来新建的大型和特大型矿井基本上倾斜都在17°以下，随着大倾角带式输送机的逐步应用，下山适用的倾角将进一步扩大范围。因此，使用上、下山开采的意义很大。至于一个水平上、下山开采的顺序可以是先采上山部分，后采下山，也可以是上山和下山同时开采，也可以先采一段时间上山，然后再上、下山同时开采。采用哪一种开采顺序，需要根据每个矿井的各种具体条件分析比较确定。

二、水平（或阶段）垂高

根据《煤炭科技术语》一书定义，“阶段：沿一定标高划分的一部分井田”。“开采水平——简称‘水平’。运输大巷及井底车场所在的水平位置及所服务的开采范围”。“辅助水平：在开采水平内，因生产需要而增设有运输大巷的水平位置及所服务的开采范围”。“阶段垂高：又称‘阶段高度’。阶段上下边界之间的垂直距离”。“开采水平垂高又称‘水平高度’。开采水平上下山边界之间的垂直距离”。

在实际工作中，“水平”的运输大巷及井底车场所服务的开采范围和“阶段”作为沿一定标高划分的一部分是一致的。设计中经常习惯用“水平”表达。特别是近水平煤层和缓倾斜煤层的上、下山开采，用“水平”更容易概括。

水平（阶段）垂高随着生产和科技发展逐步增大。每个水平（阶段）应有足够的储量以保证必要的服务年限，对于大型矿井不仅产量大而且要求水平有丰富的储量和更长的服务年限以保证长期稳定生产，避免接续紧张。现行矿井设计规范对第一水平设计服务年限的规定见表2－4－34。

因此，要求在井田走向加长（常有地质构造和赋存形态等方面的限制）的同时，在水平的倾斜方面要加长（垂高加大），以获得足够的储量，保证规定的水平服务年限。根据1995年的不完全统计，我国各类开拓方式的开采水平垂高见表2－4－35。

同时，由于运输、提升等技术设备的发展，给加大水平（阶段）的垂高及斜长提供了技术保证。现行矿井规范对缓倾斜、倾斜煤层的阶段垂高规定为150～250m；急倾斜煤层的阶段垂高为100～150m。

表 2-4-34 第一水平设计服务年限规定表

矿井设计生产能力 (Mt/a)	第一水平服务年限 (a)		
	煤层倾角 <25°	煤层倾角 25°~45°	煤层倾角 >45°
6.0 及以上	40	—	—
3.0~5.0	35	—	—
1.2~2.4	30	25	20
0.45~0.9	25	20	15

注：计算设计服务年限时，储量备用系数宜采用 1.30~1.5。

表 2-4-35 各种开拓方式的开采水平垂高* m

项目 \ 开拓系统		立井开拓	斜井开拓	平硐开拓	综合开拓	国有重点煤矿
按井型	特大型矿井	186.67	160.00		177.33	179.75
	大型矿井	194.04	153.42	184.33	244.00	193.71
	中型矿井	194.09	155.28	141.06	160.45	170.80
	小型矿井	168.89	149.44	186.25	163.18	158.19
按倾角	近水平煤层	162.17	143.43	107.00	135.36	140.26
	缓斜煤层	192.79	169.75	177.91	203.00	185.46
	倾斜煤层	219.50	171.50	179.00	181.13	188.36
	急斜煤层	140.00	121.30	113.00	153.42	138.40
国有重点煤矿		191.33	151.63	161.42	174.61	170.84

* 按 310 个矿井统计。

但在实际工作中，大量新井和老井水平延深已经比上述规定有较大的提高。对若干缓倾斜与近水平的大型矿井水平垂高增加到 200~400m，急倾斜的也有超过 150m 的。

因此，水平的垂高及斜长需根据实际情况综合分析确定。在适合运用带式输送机进行上下山开采的矿井，水平垂高可再加大。

为合理增加水平的垂高和服务年限以及解决煤层赋存不规则等情况，可以在正式开采水平之上或之下设立辅助水平。

（一）开采水平之上设辅助水平

缓倾斜和倾斜的上山煤层赋存不规则（露头的高低差大、断层褶皱构造的影响、山地地形高低等），为保证水平开采年限，有的上山过长需设置辅助水平。

例：邢台矿第一水平－320m 之上设－255m 和－260m 水平，如图 2－4－63 所示；攀枝花大宝鼎矿地处高山区，山峦、沟谷影响着工业场地布置和主平硐位置的选择，主平硐口只得开在干巴塘沟谷处，以桥涵与工业场地相通。主平硐标高＋1400m 为走向平硐，为便于开

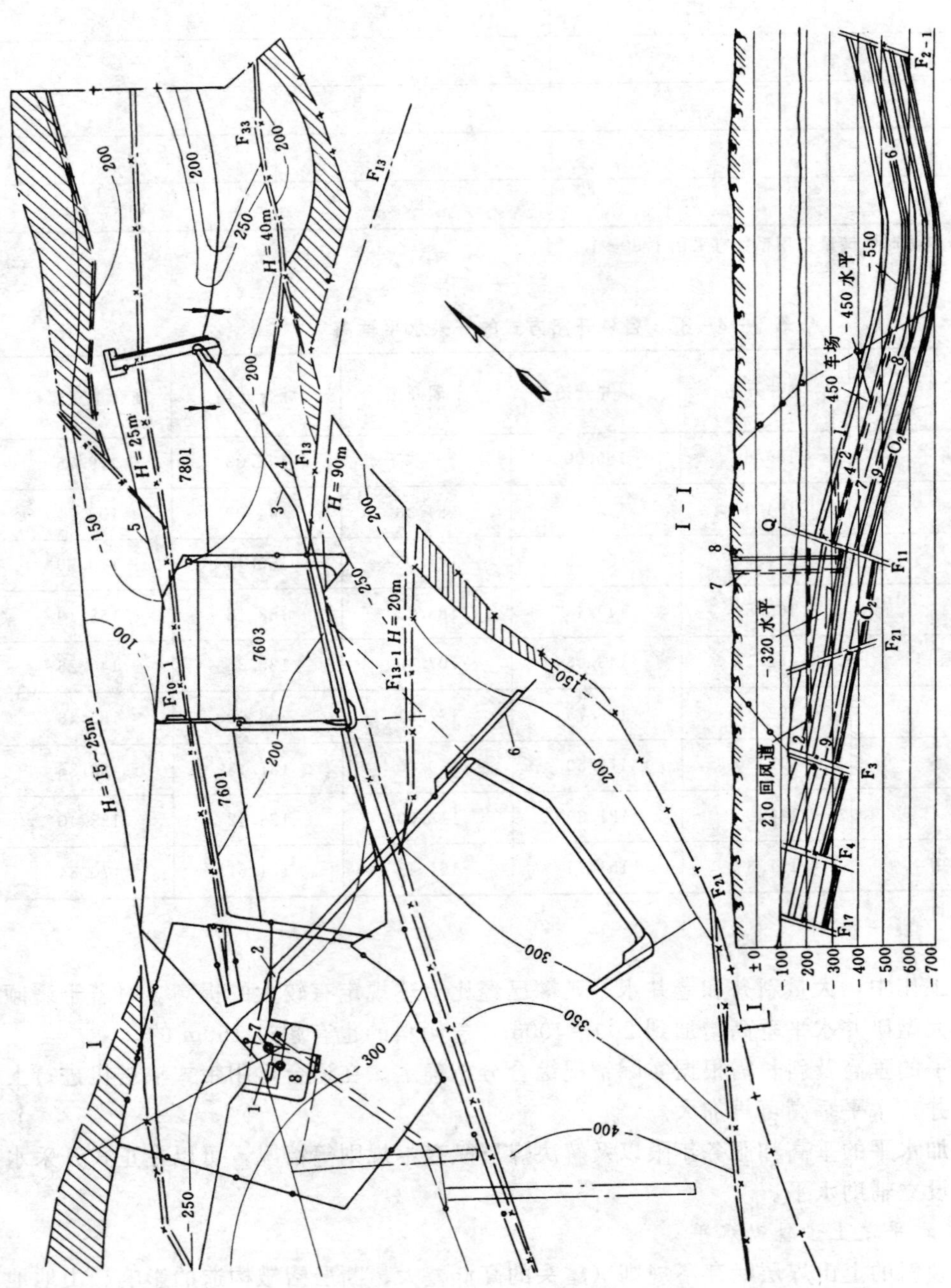

图2—4—63 邢台矿东翼北区开拓系统示意图

1—-320m水平车场；2—六采区胶带输送机巷；3—-255m胶带输送机巷；4—-260m辅助运输巷；5—-210m东翼回风巷；6—东翼南采区；7—主井；8—副井

采，在+1600m标高设辅助水平，上山开采，主、辅水平之间通过集中运输上山和集中轨道上山联系，如图2－4－64所示。攀枝花花山矿主平硐在+1220m水平，将主平硐标高以上的上组煤层分为两段，在两段之间设辅助水平，以一对集中上山与主水平联系，既减少了后期主要石门开掘工程量，加快了建井速度，又能最大限度地扩大主平硐的开采范围，增加水平储量，如图2－4－65所示。

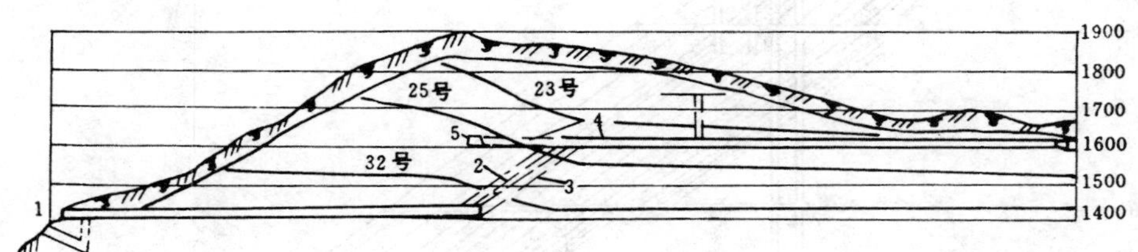

图2－4－64 大宝鼎矿开拓系统剖面图

1—干巴塘主平硐；2—溜煤上山；3—轨道上山；4—1600m运输巷；5—1600m石门

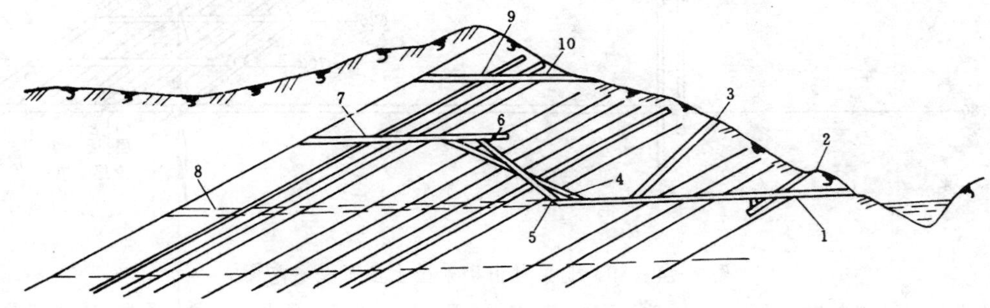

图2－4－65 花山矿设辅助水平的开拓剖面图

1—主平硐；2—运煤斜井；3—进风斜井；4—集中运煤上山；5—集中轨道上山；6—辅助水平运输大巷；7—辅助水平石门；8—后期主石门；9—回风石门；10—回风平硐

在急倾斜煤层中为增加水平服务年限和垂高，而设辅助水平。例如北票冠山矿井，－300m以上已由3对斜井开采完，井田下部开采边界为－1100m。采用立井多水平上山开拓，第一水平－540m，第二水平－780m，最终水平－1100m，在第一水平设置－380m、－460m两个辅助水平，第二水平设置－620m、－700m两个辅助水平，如图2－4－66所示。

（二）开采水平之下设辅助水平

一般是为了加大开采斜长，避免水平延深。有的因为延深工程量大，时间长，干扰生产等。有的是为避免穿过下部强含水层。

例：鹤壁六矿为立井开拓方式，共分3个开采水平。第一水平标高在－150m，阶段垂高150m。第二、三水平之间的垂高达到300m，第二阶段斜长1100m，故于第二水平（－300m）标高之下－450m处设辅助水平，如图2－4－67所示。

三、水平的设置

前面论述了水平上（下）山开采、阶段垂高、辅助水平等问题，总的趋向是尽量加大一

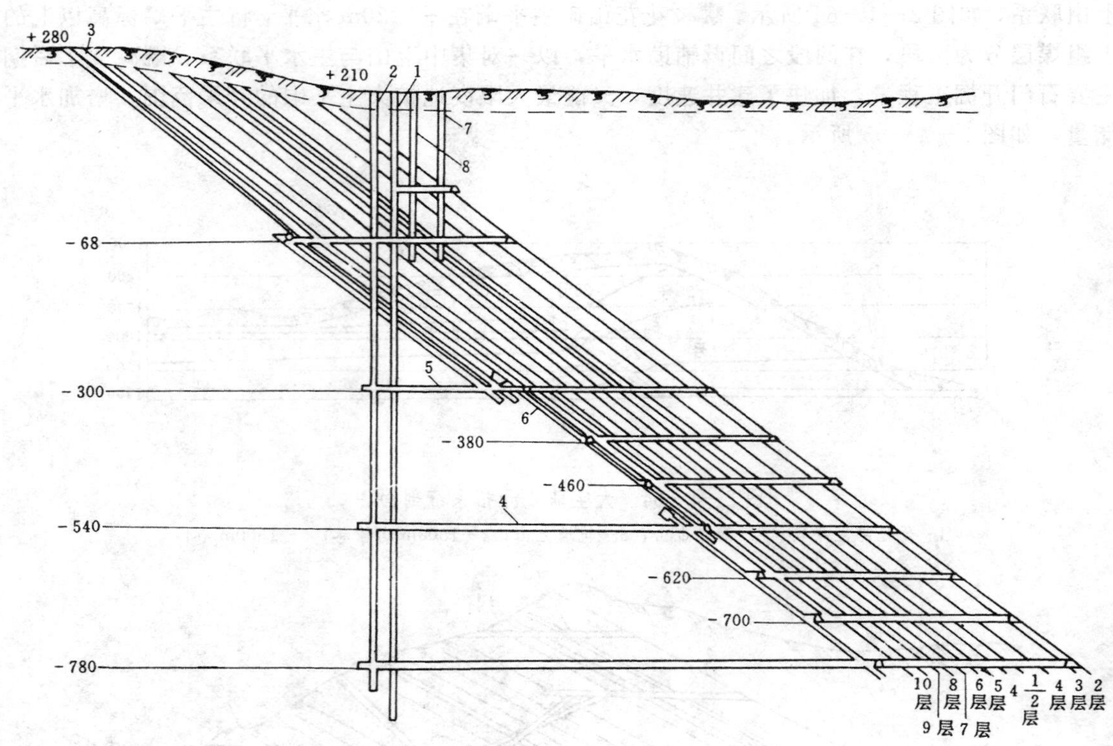

图 2－4－66　北票冠山矿采区上山布置示意图

1—主井；2—副井；3—风井；4——540 运输石门；5—回风石门；6—采区上山；7—原一号井；8—原二号井；－380、－460、－620、－700—辅助水平

个水平的开采范围、资源/储量和服务年限，使之适应高产高效、集中化生产的要求。同时，尽量减少水平的设置，特别是在立井或立井为主的综合开拓时。因为一个新水平开拓延深和准备好新的水平的采区、工作面需要相当长的时间，从已有经验看需要 3～5a，两个水平的过渡至少也需要 2～3a，总的水平生产接替时间一般需 5～8a，甚至更长些。一方面需要大量的基建投资，另一方面生产和基建之间，上、下水平生产之间长时间的交叉干扰很大，直接影响生产和效益。因此，加大上、下山长度，设立辅助水平等虽然使一些辅助性费用有所增加，但是加长了水平服务年限，减少或不搞水平接替的巨大优越性超过了这些辅助费用的增加。因此在最近十几年来，新建和新设计的大型和特大型矿井（基本上在近水平和缓倾斜的煤层中）绝大多数都是单水平上、下山开拓，必要时加辅助水平。即使多水平的也不过 2～3 个水平，而且集中一个水平生产，第一水平服务年限很长。对于急倾斜和倾斜煤层的矿井，在目前尚不能发展下山开采时，则通过增加辅助水平、增加阶段垂高来加大水平服务年限减少水平数目。当煤层下部有强含水层，井筒难以延深的立井更应如此。

例如，济宁三号矿井，设计生产能力为 5.0Mt/a，井田露头－350m，深部边界－1000m，垂直高差 650m，倾斜长 10000m，煤层深部地面为南阳湖，煤层下部为太原统徐家庄灰岩和

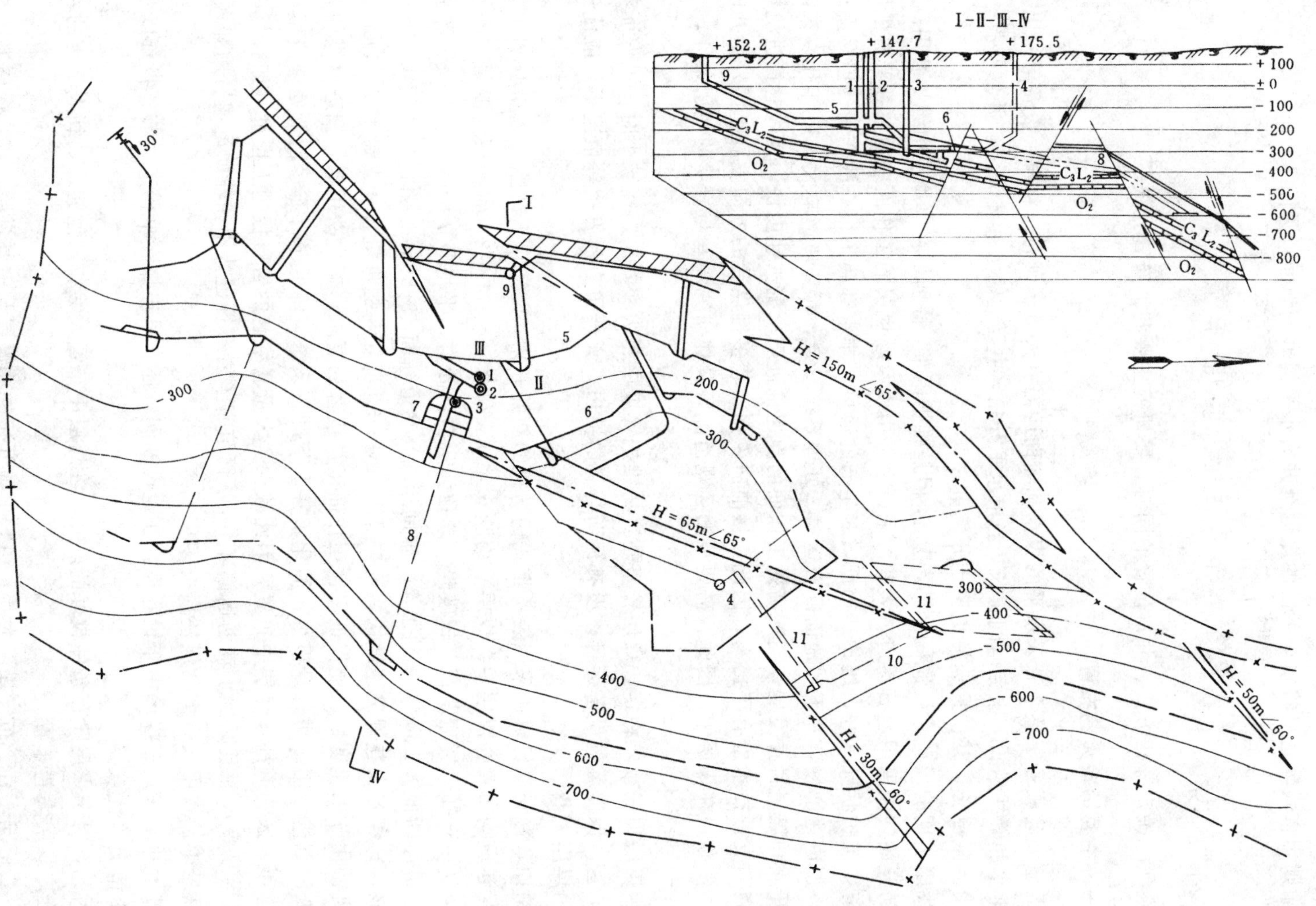

图 2—4—67 鹤壁六矿开拓系统示意图

1—主井；2—副井；3—新副井；4—东风井；5—一水平大巷；6—二水平大巷；7—-300 水平车场；8—-300～-600 主要下山；9—中央风井

奥陶纪灰岩强含水层。设计采用了单水平上、下山开拓。因为下山很长，设辅助水平，但煤的运输则用带式输送机将整个下山的煤运至井底水平提升到地面，见图2－4－45。

第四节　主要巷道布置

在研究确定开拓方式、井口位置的同时，要研究主要巷道布置方式。

一、主要运输大巷布置

运输大巷服务于整个开采水平的煤炭和辅助运输（人员、矸石、材料、设备等）以及通风、排水和管线敷设，服务时间很长。当单水平开拓，主要运输大巷要为全矿井生产服务时，其使用年限更长，其位置选择更要十分慎重。

我国早期的煤矿，大都采用煤层巷道，但是维护困难，特别是在厚煤层中维护费用高。60年代初开始转向采用岩石巷道。大巷、采区上下山以及厚煤层的工作面中间巷都普遍采用岩石巷道，维护状况良好，维护费用低，对生产的通风、排水都起了很好的作用。但是掘进费用高，掘进速度慢，井下和地面矸石运输、处理系统复杂，对环境影响大。80年代以来随着改革开放和煤炭科技发展，高产高效工作面的高速推进要求掘进速度快，而煤巷掘进机械化程度高，支护技术也有了提高，因此，目前向少掘岩巷多掘煤巷的方向发展。国外矿井的巷道也大多布置在煤层中。因此，需要根据客观情况，具体研究煤巷与岩巷的使用条件。

（一）煤层大巷

当煤层顶底板较稳定，煤层较坚硬，易维护，煤层起伏和断层、褶皱小时，可保证巷道较为平直，保证运输设备运行；没有瓦斯与煤的突出，无严重自然发火等情况下，应优先考虑采用煤层大巷。

例如，潞安漳村煤矿采用装备带式输送机的斜井开拓，设计年生产能力2.0Mt以上，该矿所有巷道均布置在煤层中。煤层平均厚6.42m，硬度$f=1.5\sim2$，直接顶为泥岩，平均厚2.5m，$f=3\sim5$，裂隙发育，较破碎。老顶为灰白色砂岩，平均厚7.7m，$f=4\sim6$。带式输送机巷道净断面8.56m^2，单轨吊车（辅助运输）巷道断面13.56m^2，护巷煤柱尺寸40m。其优点显著：煤层大巷掘进速度快，该矿采用AM－50型煤巷掘进机，月成巷400～600m，能满足机械化开采速度快、能保证采区工作面正常接替的要求；掘进费用低，掘进出煤的售价就能抵消掘进费用；排矸量很少，简化了井上下矸石系统，降低了矸石运输及处理费用；由于大巷和采区巷道都在煤层中布置，因此减少了大量联络巷的岩石掘进工程量（如石门、斜巷、溜煤眼等），而且减少了辅助运输环节，从而节省了岩石掘进费用和辅助运输费用和人员。其缺点是维护费用大，大巷煤柱损失多。

对于新矿井，在煤层中布置巷道，在建设期间，还有早出煤、早投产、节省投资以及探明地质情况等优点。

因此，对于煤层赋存条件较好的矿井，在煤层中布置大巷和其他巷道是利大于弊的，应尽量推广煤层大巷布置。

下列情况，宜于布置煤层大巷：（1）单独开拓的薄煤层及中厚煤层。（2）煤层群中相距较远的单个薄煤层和中厚煤层，走向不大，资源/储量有限、服务年限短的。（3）煤层群（组）下部的薄及中厚煤层中开集中大巷的。（4）煤层坚硬，围岩稳定，维护简单，费用不高的煤层。(5) 煤系底部有强含水层或富含水的岩溶时，不宜布置底板大巷的。(6) 煤层坚硬而顶底板松软或膨胀，难以维护的。

(二) 岩石大巷

它的优点很多，如维护条件好，费用少。大巷方向、坡度可根据运输等功能要求选定，而较少受地质构造的影响。可不留（或少留）护巷煤柱，煤的损失少，安全条件好，受煤和瓦斯突出以及自然发火等影响小。它的缺点主要是岩石工程量大，掘进速度慢，投资费用高，建设工期长。因此，在具体矿井条件下是采用岩石大巷或煤层大巷，需要做全面细致的方案比较才能合理的确定。

岩石大巷位置的选择视大巷至煤层的距离以及岩层的岩性而定，为避开开采形成支承压力的不利影响，大巷应与煤层保持一定距离。根据我国经验，按围岩的性质，煤层赋存的深度，管理顶板的方法等不同，岩石大巷距煤层的距离一般为 10～30m。同时还要认真选择岩石大巷所处层位的岩性，避免在岩性松软、吸水膨胀、易于风化、强含水的岩层中布置大巷。

对于急倾斜煤层还要注意使大巷避免其下部开采时底板滑动的影响，应将巷道布置在底板滑动线外，并要留出适当的安全岩柱，其宽度 b 可取 10～20m（α 为岩层底板滑动角，β 为岩层移动角）。大巷的位置见图 2－4－69、图 2－4－70。

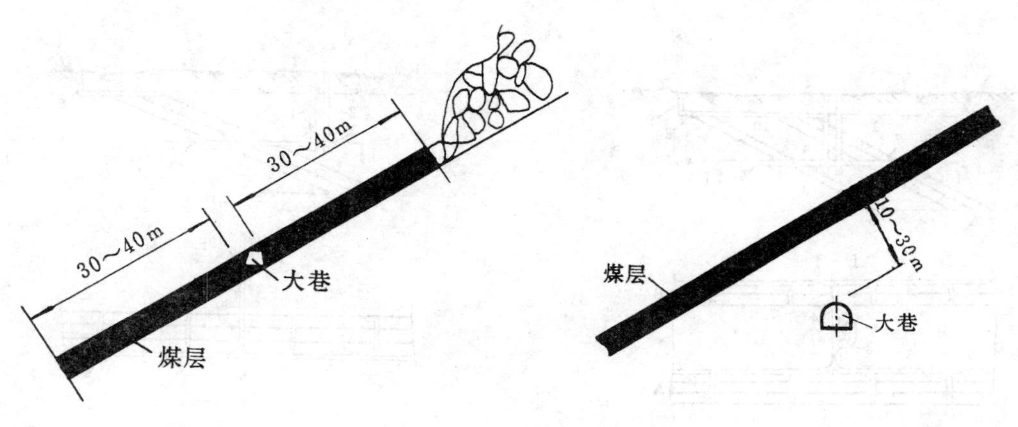

图 2－4－68 大巷与保护煤柱　　图 2－4－69 大巷与煤层距离

为了保护大巷不受破坏，一定要留有足够的大巷保护煤柱（见图 2－4－68)。煤柱的宽度应根据大巷的最大垂深、煤层倾角、煤层厚度、煤的单向抗压强度、煤层至大巷的法线距离、其间的岩石性质等进行计算。计算方法参见《建筑物、水体、铁路及主要井巷煤柱留设与压煤开采规程》(2000 年版)。

(三) 主要巷道布置方式

在煤层群开拓时一般可分为三类。

1. 单层布置

自井底车场开掘主要石门后，分煤层设置水平运输大巷，如图 2－4－71。

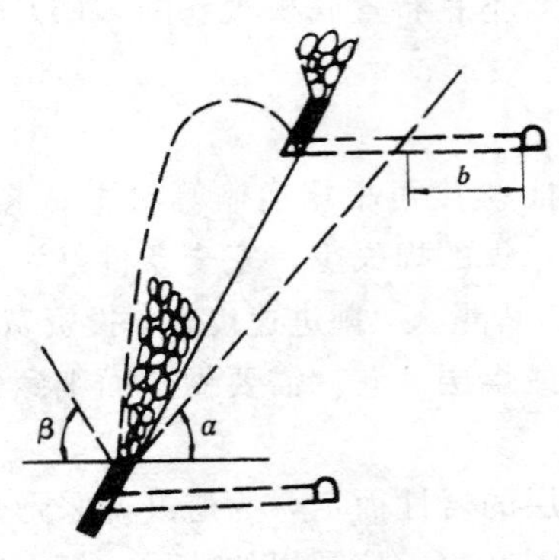

图 2—4—70　急倾斜煤层的岩石运输大巷布置

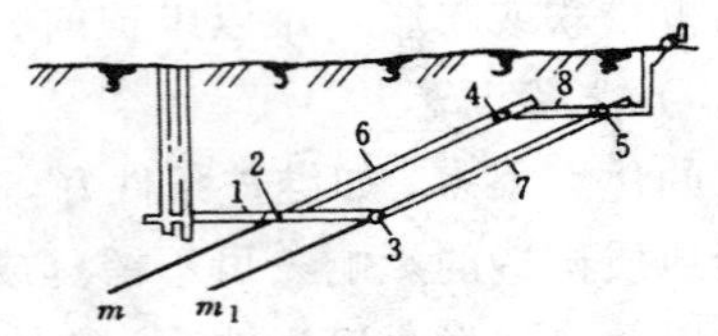

图 2—4—71　分层大巷和主要石门布置

1—主要石门；2—上煤层运输大巷；3—下煤层运输大巷；4—上煤层回风大巷；5—下煤层回风大巷；6—上煤层采区上山；7—下煤层采区上山；8—主要回风石门

2. 分组集中布置

在煤层群中，相近的煤层为一组设集中大巷，由集中运输大巷开采区石门与各层煤联系。自井底车场开掘主石门与各分组集中大巷贯通，如图 2—4—72。

3. 集中布置

在开采近距离煤层群时，只开掘一条水平集中运输大巷，用采区石门联系各煤层，如图 2—4—73。

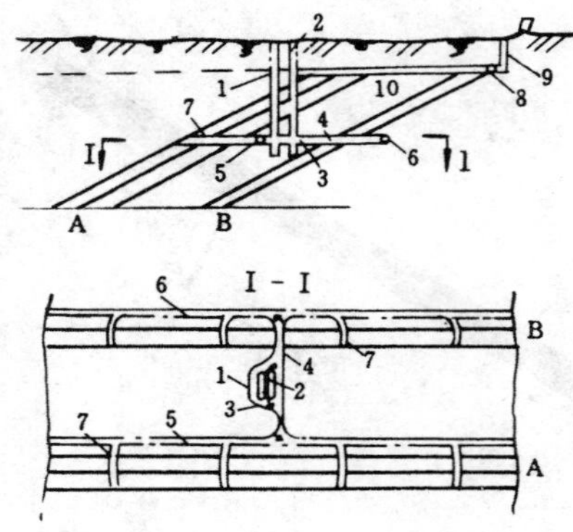

图 2—4—72　分组集中运输大巷

1—主井；2—副井；3—井底车场；4—主要石门；5—A 煤组集中运输大巷；6—B 煤组集中运输大巷；7—采区石门；8—回风大巷；9—回风井；10—回风石门

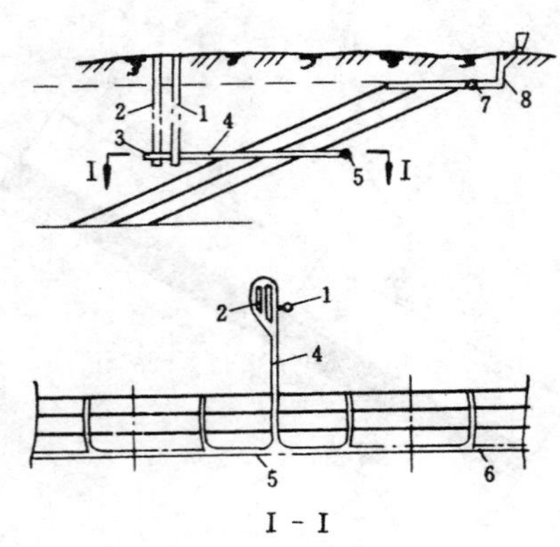

图 2—4—73　集中运输大巷和采区石门布置

1—主井；2—副井；3—井底车场；4—主要石门；5—集中运输大巷；6—采区石门；7—集中回风大巷；8—回风井

三种布置的优缺点见表 2—4—36。

二、总回风巷道布置

总回风巷道的位置需在矿井开拓和通风系统中统一考虑。

在井田开拓中，第一水平总回风道一般布置在第一水平上山采区的上部，沿井田走向的上部边界。下一水平的总回风巷道常可利用上水平的运输大巷。在上、下水平交替期间仍可

表 2-4-36 水平大巷布置的类型及其对比

	分层布置	分组布置	集中布置
优点	岩巷工程量很少； 初期工程量较少； 采区准备工程量少、准备时间短，煤层大巷，容易施工； 初期投资较少； 建井速度较快	总的巷道工程量较少； 生产比较集中； 采区巷道分组联合布置； 大巷维护容易，运输条件好	大巷工程量少； 生产区域比较集中，运输条件好； 采区巷道集中联合布置，开采程序比较灵活，开采强度大； 大巷维护容易
缺点	总的开拓巷道工程多，占用管线长； 总的采区数目多； 总的巷道维护工程量大； 煤柱损失多	石门长度较大	总的石门长度大； 初期工程量大； 建井时间较长； 有反向运输
适用条件	开采单一的薄及中厚煤层或间距大的煤层群； 近水平煤层群的分层开拓； 井田走向及服务年限短的小型矿井； 煤层牌号不同，要求分采分运	可采煤层数目多，间距大小不同； 采区巷道为分组联合布置，煤层分组间距大； 井底车场在煤层群上部或中间时，初期工程少，工期短	煤层间距小； 井田走向长度大，服务年限长； 下部煤层底板有坚硬岩层，采区尺寸大，石门长度短

利用上一水平的总回风巷道。

第一水平（或全井田）沿走向的总回风巷道尽可能标高一致，以便于掘进和维护。若因露头深浅不一，开采高度不同而上部边界标高相差较大时，总回风道可按不同标高分段布置，但应尽量减少分段数。分段之间由斜巷连接。当需要总回风巷道进行辅助运输时，应考虑相应的提运设施。

当多水平同时生产时，应使上水平的进风与下水平的回风互不干扰。一般要在上下水平间布置一条与运输大巷平行的下水平总回风巷道，也可利用掘进运输时的配风巷。平行的运输大巷和总回风巷的间距一般应大于 30m，并采取措施以减少漏风。

在煤层埋藏浅、冲积层不厚、不含水、能用普通方法掘进小风井（斜或立井）时，可采用采区风井或几个采区共用风井通风，不设或只设一段总回风巷。

在煤层上覆有含水冲积层时，在井田浅部开采边界要留设防水煤柱。第一水平总回风巷可设在防水岩柱内。在避免工作面开采动压影响的条件下，要靠近采区上部第一个工作面的回风道。

近水平及缓倾斜煤层的总回风道，常与运输大巷平行并列布置。当开拓煤层群时，根据开拓方式，运输大巷与总回风巷可放在同一层位，也可放在不同层位。在同一层位时，两者应有必要的间距（不小于 30m）以减少漏风。在不同层位时两者可上下重迭布置以减少煤柱损失。

缓倾斜煤层群的总回风巷一般可设在煤层群下部稳定的煤层或底板中。层间距较大，倾角较小时，也可把总回风巷设在煤层群的上部。

对于倾斜或急倾斜煤层，总回风巷一般应设在最下一个可采煤层底板不受开采影响的稳定岩层中。有条件的倾斜煤层也可将总回风巷设在最下的可采煤层中。

采用多井筒分区开拓的矿井，不设全矿井的总回风巷。根据各分区的开拓部署，设置各自的总回风巷。

第五节　采区划分与接替计划

在矿井开拓方式、井口位置及水平确定之后，就需要按合理的煤层开采顺序将井田和水平划分为若干采区（或盘区，条带开采时也要划分若干区段）（以下同）。根据矿井生产能力的要求和采区工作面生产能力逐年地安排采区工作面的接替计划，以保证矿井投产后，长时期稳定的生产。采区的接替要安排好第一水平的规划，一般均在20年以上，有时甚至需要考虑到整个井田。

一、采区划分的原则

（1）采区走向长度或斜倾条带的倾斜长度应根据煤层地质条件、开采机械化水平、集中化生产的要求、开拓及采准巷道布置综合考虑。根据接替要求，一般应保证机械化连续回采1年以上。按照目前我国集中化采煤水平，综合机械化回采面的一翼长度不小于1000～2000m，普采不小于500～1000m。世界上有的高产高效综采面一翼长达2000～3000m以上，个别达5000m。倾斜长度与水平（或阶段）划分相一致。合理的采区、工作面走向和倾斜长度的确定参见第三篇第三章和第五章。

（2）在全井田和第一水平采区划分时，要详细研究地质和地面条件确定采区界限，特别是工作面回采不应逾越的各种特殊条件，如落差较大的断层或断层带、无煤区（或冲刷带）、火成岩体或天然焦不可采区的边界、煤质分界（需要分采分运时）、煤层结构复杂区、地堑地垒构造、向背斜轴、需不同开采方法的变换区（例如由于煤厚不同一次采全高需变换为分层开采或放顶煤开采、由于倾角转为急倾斜而使采煤方法改变区）、永久煤柱、需要“三下”采煤的区域、前期留煤柱而后期再开采（例如大的村庄煤柱、河流煤柱、干线煤柱等）、老采空区界限，强含水层威胁的区域，瓦斯异常的地带等。

（3）初期投产和达产的采区应尽量靠近主、副井（安全煤柱），以求尽量缩短工期和降低投资。在选择井口位置时，就应考虑初期采区具有好的开采条件和丰富的储量，使其服务年限长。投产后能长期稳定的生产，取得好的技术经济指标。

（4）有条件时，中央双翼采区是优越的方案，中央采区上（下）山带式输送机运煤直达井底煤仓，辅助运输上（下）山直通井底车场。此方案出煤快，投资省，效益高。在地质条件优越、机械化装备好的情况下，两翼走向长度均应尽可能长一些。中央双翼采区可同时进行两个工作面的生产。若只需一个工作面生产，则服务年限长，更能保证稳定生产。

（5）在矿井两翼布置单翼还是双翼采区，需进行技术经济比较。过去在工作面产量不大（特别是普采工作面），一翼走向不太长时，双翼采区具有可加大采区能力减少掘进率、节省投资等优点，因此采区（盘区）以双面布置为宜。近年来，综采高产高效工作面发展较快。在主客观条件均具备时，一个综采工作面可达年产百万吨到几百万吨的产量，工作面走向长度加长（条件好的达到2000～3000m以上）。若用双面布置，则开掘时间长，并有折返运输。这时单翼采区（上、下山靠近井底车场一面）更为有利。因此，必须根据具体条件经技术经济比较后确定单翼或双翼采区。总的来说，只要条件适宜，加大采区条带长度和采区能力（集中化）是未来的发展趋势（参见第三篇）。

（6）开发多煤层的井田，对近距离煤层经比较后可布置联合采区。

（7）在全井田和第一水平采区划分时，要和采区接续统一考虑，应安排两翼较为均衡的生产。尽可能避免两翼（或多方向）产量变化太大，甚至后期形成单翼生产，以保证合理的均衡生产。分区的风井或其他通道的位置也要与采区划分和接替互相适应。

（8）在煤层倾角小于12°，条件适宜时，可采用倾斜长壁布置。在有条件布置倾斜条带开采的井田中，哪部分用采区或盘区准备方式开采，哪部分用条带准备方式开采，必须做方案比较。往往在一个井田中既有采区、盘区又有条带准备方式。例如，某矿井靠工业场地煤柱布置中央采区，一翼下山布置条带，两个工作面投产后均取得了很好的效益。

二、开采顺序和接替计划

（1）矿井第一水平采区开采和接续的顺序一般是前进式，由靠近井筒的采区向井田边界推进。这样投资省、出煤快、效益好。采区内的工作面推进是后退式，由采区边界向采区上（下）山推进，并能保证回采面稳定生产。

（2）在煤层群中，上下煤层或煤组的开采顺序，一般采用下行式。先采上层（组），后采下层（组）。

（3）当上层（组）煤与下层（组）煤的一部分没有压茬关系，或煤层群的上下煤层（组）间距很大，开采下层（组）煤不影响上层（组）煤时，可根据矿井具体情况进行综合的技术经济比较，既可先采下层（组）煤，也可与上组煤同时或交叉开采。

（4）特殊情况下，也采用上行开采顺序。如开采煤及瓦斯突出煤层，为保证安全，先采下部解放层。在上行开采时应有一定条件（参见第三篇第二章），不允许上层煤遭受严重破坏，稳定后要仍能进行正规开采。

（5）开采急倾斜近距离煤层群时，先采上层也能对下面的煤层产生影响，如图2—4—74为免除影响，可将阶段划为小分段，按小分段下行交叉顺序开采如图2—4—75。

（6）按照合理的开采顺序，编制矿井第一水平的开采计划，矿井两翼产量、分区开拓时的分区产量、上下山的产量的安排要统筹考虑，以保证一水平长期稳定均衡的生产及顺利地过渡到下一水平。

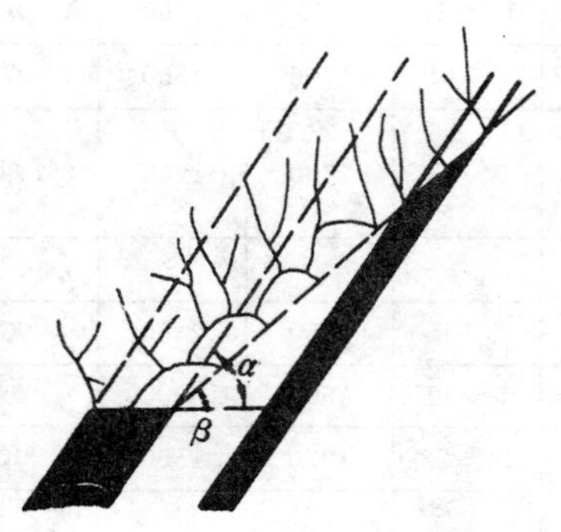

图2—4—74　急倾斜煤层开采上层对下层的影响

α—煤层倾角；β—底板移动角

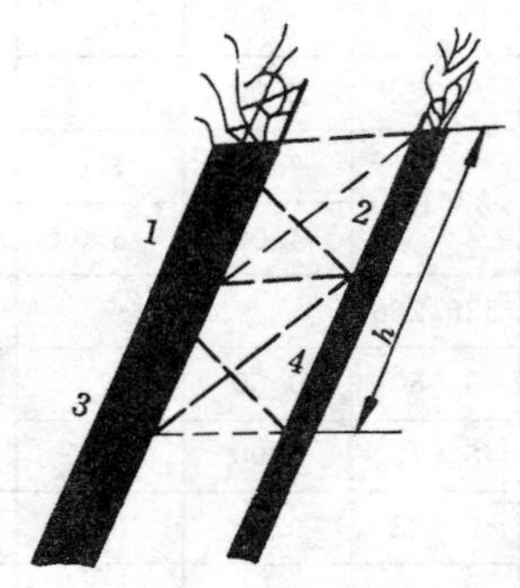

图2—4—75　急倾斜煤层将阶段划成小分段

1，2，3，4—小分段回采顺序

(7) 开采计划中注意搞好煤种、煤质搭配，厚、薄搭配，难、易搭配，缓、急搭配，以保证用户需要和长期稳定生产。但初期投产、达产采区，应布置在条件好的区段，以易于迅速达产、稳产，满足用户需求，提高经济效益。

(8) 在条件许可时，应尽量集中生产，减少同时生产的采区和工作面，以提高经济效益。国内外有的条件好的矿井实现了一矿一面。多采区工作面生产时，尽可能错开接替时间。

(9) 安排计划时要注意开采特殊要求，例如预排瓦斯、开采解放层，提前疏水、水砂充填等的详细安排落实，不要出现脱节。

(10) 若煤层条件好，提升等主要环节能力富裕时，在市场需求时，矿井产量将会有很大的增长，因此，在安排第一水平计划时要考虑一旦矿井产量大幅度增长时的接续措施。

三、实　例

华亭矿区的白草峪矿井，设计生产能力400万t，矿井采区储量及接续表，见表2－4－37和表2－4－38。该矿井全井田划分为13个采区。采区开采顺序为前进式（由井筒向边界方向推进）。初期投产为东一、西一采区，两采区均为中央采区（该矿井开采条件及采区划分图，参见本篇第五章第四节方案比较实例）。

表2－4－37　华亭矿区白草峪矿井采区储量及特征表

序号	采区名称	采区可采储量(Mt)	设计能力(Mt/a)	服务年限(a)	开采煤层	煤层厚度(m)	煤层倾角(°)	倾斜长度(m)	走向长度(m)	备　注
1	东　一	76.114	2.00	27.2	煤5层	32.41～47.16	5～11	1560	1450	单翼开采,首采区
2	东　二	104.498	2.00	37.3	煤5层	27.17～41.83	5～10	1460	2500	双翼开采
3	西　一	56.051	2.00	20.0	煤5层	18.52～41.54	5～11	1720	1250	单翼开采,首采区
4	西　二	80.553	1.50	11.8	煤5层	30.87～68.05	5～15	1200	2580	双翼开采
			2.00	19.9						
5	西　三	24.981	2.00	8.9	煤5层	0.80～68.05	0～45	900	2100	双翼开采
6	西　四	40.493	2.00	14.5	煤5层	19.12～28.89	13～26	900	2600	双翼开采
7	西　五	31.511	2.00	11.2	煤5层	0.80～61.85	12～26	850	2350	双翼开采
8	西　六	12.050	2.00	4.3	煤5层	0.80～19.12	17～26	750	1500	单翼开采
9	南　一	76.895	2.00	27.4	煤5层	23.58～45.97	7～14	1700	1550	单翼开采
10	南　二	33.120	2.00	1.0	煤5层	2.56～32.52	5～13	1700	1200	单翼开采
			4.00	5.0						
煤5层小计		536.266								
11	东二(上)	3.560	0.50	5.1	煤3层	0.80～1.36	5～8	1050	2450	双翼开采
12	西二(上)	8.872	2.00	3.1	煤3层	0.83～3.88	5～20	1500	3000	双翼开采
13	西五(上)	6.728	0.50	6.7	煤3层	0.80～2.43	14～28	1020	1500	单翼开采
煤3层小计		17.160								
全井田小计		553.426								

表 2-4-38 华亭矿区白草峪矿井采区接替表

序号	采区名称	采区可采储量(Mt)	生产能力(Mt/a)	服务年限(a)	接续采区	服务时间(a)												
						0.0～20.0	20.1～23.1	23.2～27.2	27.3～28.2	28.3～34.9	35.0～54.8	54.9～64.5	64.6～66.0	66.1～80.5	80.6～84.8	84.9～91.9	92.0～93.7	93.8～98.8
1	东一	76.114	2.00	27.2	东二													
2	东二	104.498	2.00	37.3	南一													
3	南一	76.895	2.00	27.4	南二													
4	南二	33.12	2.00	1.8	南二													
			4.00	5.0														
5	西一	56.051	2.00	20.0	西二(上)													
6	西二(上)	8.872	2.00	3.1	西二、东二(上)													
7	东二(上)	3.560	0.50	5.1	西五(上)													
8	西五(上)	4.728	0.50	6.7	西二													
9	西二	80.553	1.0	11.8	西二													
			2.00	19.9	西五													
10	西五	31.511	2.00	11.2	西四													
11	西四	0.03	2.00	14.5	西六													
12	西六	12.050	2.00	4.3	西三													
13	西三	24.981	2.00	8.9	南二													
	同时生产采区个数					2	2	3	3	3	2	2	2	2	2	2	2	1
	矿井生产能力合计					4.00	4.00	4.00	4.00	4.00	4.00	4.00	4.00	4.00	4.00	4.00	4.00	4.00

第六节　改扩建矿井开拓

多年来，我国在进行新井建设的同时也对部分生产矿井进行了改扩建。若干国外重点产煤国家则以改扩建为主来保证市场需求和提高其经济效益，增强其在市场上的竞争力。

矿井改扩建要建立在用先进技术对各系统进行技术改造的基础上才能获得最大的效益。

在我国国民经济发展和产业结构优化升级中，用高新技术和先进适用技术改造提升传统产业是国家的一项重要政策。煤矿依靠科技进步进行技术改造，建设高产高效矿井已取得了很大的成绩和丰富的经验。例如兖州矿区兴隆庄煤矿是80年代初建成的第一对年产3.0Mt的矿井，到90年代初已达4.0Mt/a左右。后来，由于开发应用了综采放顶煤的先进技术，工作面产量由不足2.0Mt/a提高到3.0Mt/a以上。围绕这一核心技术，对全矿各相关系统（巷道布置、掘进和支护、运输、提升、供电等)进行技术改造。使全矿煤炭产量从1997年的4.03Mt大幅度地提高到1999年的6.06Mt，达到了高度集中化、大型化。原煤成本由1997年的95.23元/t，降低到1999年的79.77元/t。3年上缴利润8.19亿元。在1999年煤价大幅度下滑，煤矿普遍亏损的情况下，依然实现利润2.11亿元，夺得了全行业同类矿井经济效益的第一名，达到了同类矿井的国际先进水平。实践证明根据矿井的条件，开展科技创新进行技术改造，可以用很少的资金，很短的时间取得很大的效益。因此，建设高产高效矿井首先要考虑技术改造。

但是，对于矿井的技术改造，常会遇到需要改扩建矿井开拓系统的问题。譬如各系统技术改造后可以大幅度增产而原矿井井田内资源/储量不够，需要扩大井田范围，合并井田等。又如原矿井主要开拓井巷（立井、斜井、平硐）及其装备（立、斜井提升设备或斜井、平硐的运输设备）经挖潜改造后仍不能满足大幅度增产需要时。或者能力提高后，通风安全要求新开拓井巷等情况。此时，矿井就需要改扩建开拓系统才能满足高产高效和安全的需要。本章、节主要是叙述改扩建矿井的开拓。矿井开拓的改扩建和各系统技术改造密切结合就能取得优异的成果。广义的矿井技术改造也包括改扩建矿井开拓的内容。根据一些国家统计，改扩建矿井净增产量的吨煤投资仅为新建矿井的三分之一。据1995年前中国部分重点煤矿统计表明：改扩建工程可节省投资34%，缩短工期38%左右。近年来，由于扩建工程与运用先进技术更紧密的结合，效果更加显著。神东矿区榆家梁矿井就是一个突出例证。

榆家梁矿原为一个0.21Mt/a的小井，由于资源/储量丰富、煤层条件好，改扩建后能力达到6.0～8.0Mt/a，设计装备一套全部引进的现代化高产高效综采（JOY6LS－S型采煤机）及配套设备，工作面能力在6.0Mt/a以上，还引进两套连续采煤机。新增开了主斜井和副平硐。斜井装备宽1.6m的胶带输送机长600m，平硐辅助运输为无轨胶轮车。该矿井2000年初设计，2000年底建成。建设时间仅用了9个月，吨煤投资只有51元/t，而且投产当月就实现了达产。走出了一条租赁经营地方小煤矿及大规模改扩建矿井的新路子，达到了国际同类矿井的先进水平。1976～1995年国有重点煤矿改扩建情况见表2－4－39。

一、改扩建的条件和要求

（1）资源/储量丰富、可靠。

能保证扩大生产能力后必要的服务年限，使矿井能够长期稳定生产并取得良好的经济效

表 2—4—39 1976～1995 年国有重点煤矿改扩建情况

时间	投产矿井数目（个）	能力（万 t/a）			产量（万 t）	
		改扩建前	改扩建后	净增	改扩建前	改扩建后
1976～1980	21	1317	2310	993	1372	2600
1981～1985	17	1215	2460	1245	1532	2909
1986～1990	37	3219	6596	3377	4086	5856
1991～1995	35	3033	5560	2527	2269	3907
合计	110	8784	16926	8142	9259	15272

益。现行设计规范还要求，扩建后的矿井设计生产能力，应在原设计生产能力或核定生产能力的基础上，按规定的各级设计生产能力（即 0.3、0.45、0.6、0.9、1.2、1.5、1.8、2.4、3.0、4.0、5.0、6.0Mt/a 等）升两级差及以上。例如原为 1.5Mt/a，扩建后能力应为 2.4Mt/a 及以上。同时，扩建矿井设计工作制度和新建矿井一样。

扩建后的矿井服务年限不应小于表 2—4—40 的规定。

表 2—4—40 扩建后矿井服务年限表

扩建后矿井设计生产能力（Mt/a）	服务年限（a）
3.0 及以上	40～50
1.2～2.4	30～40
0.45～0.9	20～30
0.3 及以下	由各省煤局（厅）自定

同时，现行规范要求“改建矿井应有适当的服务年限，并不得低于同类型新建矿井的 50%”。我国部分改扩建矿井的生产能力及服务年限见表 2—4—41。

（2）开采条件好。

为了提高产量，达到更好的经济效益，要求井田构造（断层、褶皱、冲刷、火成岩侵入、

表 2—4—41 部分改扩建矿井生产能力与服务年限

矿务局、矿	扩建前设计生产能力（万 t/a）	扩建后设计生产能力（万 t/a）	扩建后的服务年限（a）
西山 官地矿	330	600	81
晋城 古书院矿	120	180	60
晋城 王台铺矿	90	210	45
汾西 水峪矿	90	300	70
开滦 范各庄矿	180	400	40～50
鹤岗 兴安矿	210	360	73
鹤岗 竣德矿	150	300	58.3
潞安 王庄矿	120	360	31.7
鸡西 城子河矿	120	240	51.2
徐州 张集矿	45	120	49
铁法 大隆矿	90	180	44
徐州 旗山矿	60	150	35.4

陷落柱等）不复杂。煤层赋存（煤层厚度、倾角、稳定性、结构、顶底板、层数、层间距等）适于机械化开采，便于集中生产。矿井的涌水量、自然发火性、瓦斯大小、煤尘爆炸危险和瓦斯是否突出等开采技术条件较好。

（3）现有生产情况良好，已达到矿井设计生产能力并有较大潜力。

如果一个矿井虽然资源/储量丰富，开采条件好，有扩建的物质条件，但由于管理等原因产量上不去，也暂不宜改扩建。

（4）市场条件：

通过市场预测，了解当前和较长时间市场需求。若需求迫切，则应加速扩建。反之，若供大于求，则应暂不改扩建。

（5）外部条件要配套，能保证产量的提高。例如铁路运输，如果相当一段时间不能畅通，增产的煤运不出去，那么改扩建就没有意义。

（6）各方筹集有足够的改扩建资金，以免资金不足，建建停停，不能迅速形成能力，效益低。

（7）依靠科技进步，在提高机械化的基础上生产集中化，提高效率和效益，降低投资和成本。这是对改扩建的主要要求。在改扩建前应进行技术方案的比选和全面的经济论证。

（8）充分合理利用原有生产矿井的设施（生产、辅助生产、公用工程和生活服务等设施）以节省投资，缩短工期。

（9）各生产环节的生产能力要协调配套并符合安全生产要求，改扩建后不能出现新的薄弱环节。采煤、掘进、运输、通风、提升、排水等主要环节应结合改扩建进行技术改造。

（10）改扩建不能影响正常生产。要制定周密的措施计划和改扩建的施工组织设计，保证在改扩建期间能正常进行生产并有可能增产和提高效益。

二、改扩建矿井井田开拓系统的主要类型

改扩建矿井要大幅度地提高生产能力就需要有足够的可采储量。因而一般都要扩大井田范围或合并井田。井田开拓系统主要类型有下列几种：

（一）有丰富资源/储量的矿井改扩建开拓

这种类型矿井主要是本矿资源/储量丰富或其深部有发展余地，能够满足提高生产能力后的服务年限要求。

如潞安王庄矿，矿井储量丰富（地质储量5.33亿t），先后两次改扩建。第一次从0.9Mt/a扩建到1.2Mt/a，第二次扩建到3.6Mt/a，1990年出煤4.6Mt/a。

1. 矿井原开拓系统

投产时矿井开拓方式为主立井、副斜井的综合开拓，划分为两个水平：第一水平＋740m，第二水平＋630m，每个水平均为石门盘区开采；在主井北侧布置中央风井，为中央并列式通风系统。其开拓系统（包括改扩建）如图2－4－76所示。

2. 第一次改扩建

由于副斜井提升能力不足，人员与材料设备等在同一井筒内提升不安全。1974年进行第一次改扩建，新开凿一个副立井和一个南风井，并延长＋740m大巷，新增一个盘区，1978年投产，使扩建后生产能力达到1.2Mt/a，当年生产原煤1.3Mt/a。

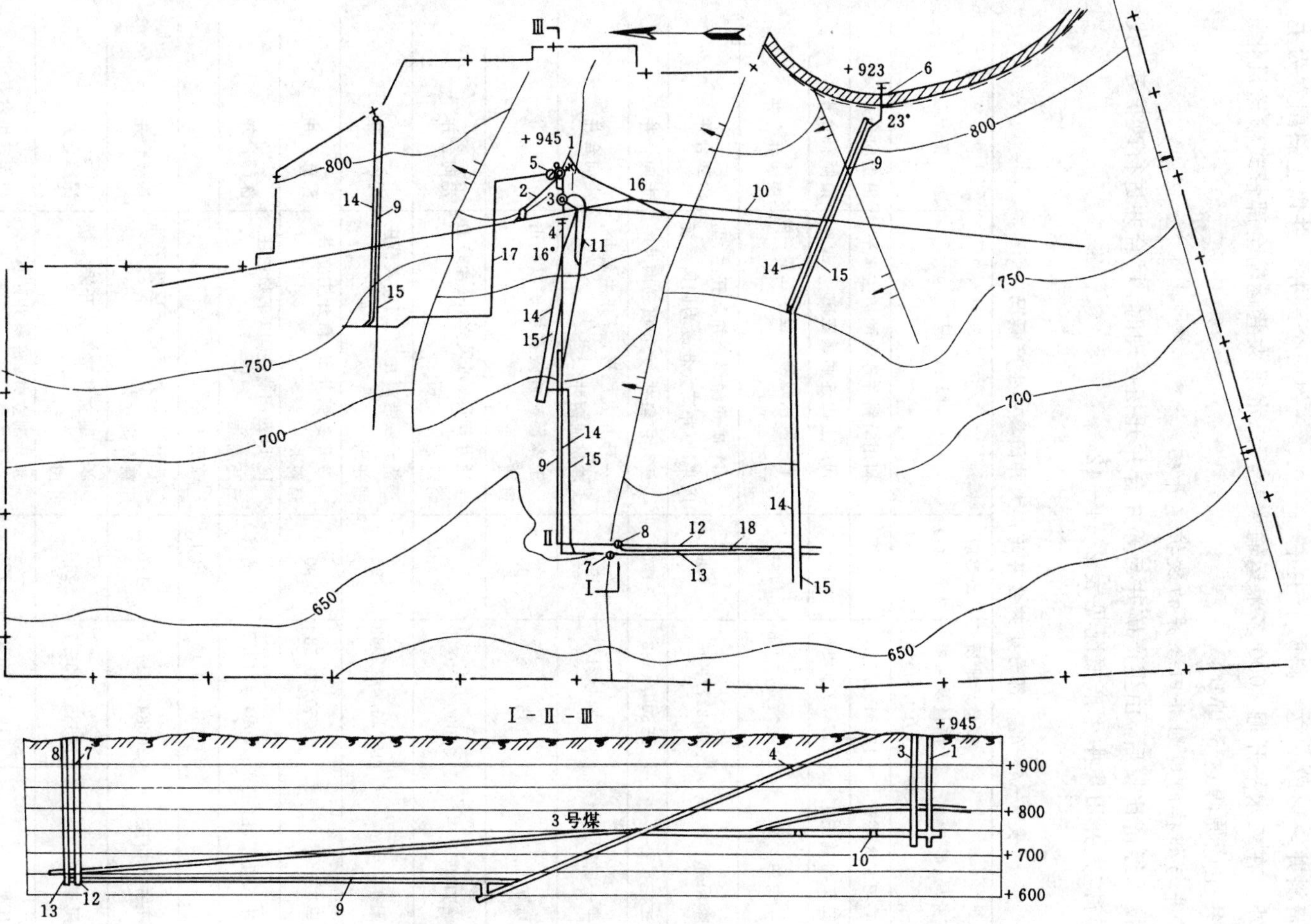

图 2—4—76　潞安王庄矿开拓系统平剖面图

1—主立井；2—副斜井；3—副立井（扩建）；4—主斜井（扩建）；5—中央风井；6—南风井（扩建）；7—进风立井（扩建）；8—回风立井（扩建）；9—中央或采区石门；10——740m 水平大巷；11—行人暗斜井；12——630m 水平胶带输送机大巷；13——630m 水平轨道大巷；14—采区运输上（下）山；15—采区轨道上（下）山；16—上仓胶带输送机巷；17—北翼总回风巷；18—南翼总回风巷

3. 第二次改扩建

结合二水平开拓延深进行了矿井二次改扩建，主要为：新开拓副立井、进回风立井、材料暗斜井、行人暗斜井，形成一立一斜两个主井，一立、一斜两个副井，并以主斜副立为主的综合开拓。另外，在二水平开掘4000多米运输大巷，二水平大巷运输全部带式输送机化。1988年投产，当年生产原煤达5.0Mt。

（二）生产矿井与邻接的规划井田合并的改扩建开拓

当经过全面技术经济比较后，由生产矿井与邻井合并开拓合理时，可合并进行改扩建。我国部分矿井合并与扩大井田集中生产概况见表2－4－42。

表2－4－42　部分矿井合并与扩大井田集中生产概况

合并形式	矿务局、矿	调整后地质储量及面积（万t/km²）	调整后生产能力（万t/a）	概　况	备　注
生产矿井之间合并	峰峰　三矿与北大峪矿	18381.3/11.2	70	利用暗斜井连通两矿主水平	沿走向合并
	峰峰　通二矿与姚庄矿	20889.9/20	140	利用上山连通姚庄矿	沿倾斜合并
	峰峰　羊一与羊二矿	18277.4/12.6	155	羊一利用暗斜井提羊二煤，羊二延至－400m	深浅井合并
	淮南　谢李深部	55227/9.6	300	5个矿井深部合并新开主、副风井，原井筒大巷改为回风系统	深部合并
	邯郸　郭二庄矿	25800/45.2	150	新开主斜井，大巷贯通两井	走向合并
	新汶　华丰一、二号井	9944/21	90	一号并入二号，新开主斜井，大巷贯通两井	走向合并
	萍乡　高坑矿	3145.7/8.1	90	王家源矿并入高坑矿以上山贯通	
生产矿井与规划新井田合并	韩城　下峪口矿	32030.7/40.5	150	新开排矸、回风立井、合并上峪口燎原井田	走向合并
	肥城　陶阳矿	13340.4/19.68	90	新开胶带斜井、石门进入董庄铺井田	走向合并
	龙口　洼里矿	10050/70.58	90	合并乡城井田，新开主立井、暗斜井	深部合并
	肥城荣庄并入查庄、白庄	14994.4/13.2	150(查庄)	F_7以西归查庄，以东归白庄，新开副井	深部合并
		15449.2/15	90(白庄)	改造主井	
	新汶　韩庄并入协庄	20684.9/17.5	180	新开暗斜井穿过断层开采韩庄新开副立井	深部合并
	枣庄　柴里矿	19655.7/35.7	240	新开副立井暗斜井开采宋楼井田	深部合并
	淮北　杨庄矿	11023.2/29	180	新开副立井、暗斜井延深，合并部分洪庄	相邻井田合并
	汾西　水峪矿	48796/44.1	300	合并汪家垣井田，新开主副斜井	相邻井田合并
	开滦　范各庄矿	52967.1/38.4	400	合并毕各庄井田，新开混合井、进回风井	走向合并

续表

合并形式	矿务局、矿	调整后地质储量及面积（万 t/km²）	调整后生产能力（万 t/a）	概况	备注
片盘斜井群深部合并集中开拓	鸡西 恒山矿	11220.8/24.2	110	新开主斜井，大巷贯通各片盘井田	深部合并
	鸡西 小恒山矿	22388/49	240	大巷贯通各片盘斜井井田，新开立井	深部合并
	七台河 桃山	7071.5/55.5	105	新开集中主斜井、水平大巷贯通各片盘井田	深部合并
分层建井的合并	阳泉 二矿	99000/61	360	利用穿层石门、大巷贯通各分煤组井田	
	阳泉 四矿	10000/16	90	取消二井合并至一井，四尺煤下放到丈八煤	
	西山 官地一、二号平硐	145520/97.5	330	一号平硐合并到二号平硐	上组煤并入下组
单个矿井扩大井田范围	大同 煤峪口矿	17809.4/17.8	170	水平合并集中，环节改造	走向方向扩大范围
	大同 忻州窑矿	18461.6/17.4	160	水平集中	走向方向扩大范围
	大同 挖金湾矿	24365.9/42.11	170	新开主斜井，原平硐改为副井	走向方向扩大范围
	平顶山 一矿	44789/27.5	400	新开主斜井，改造各系统	深部扩大范围
	鹤岗 兴安矿	61285/25	400	新开混合立井，改造各系统	深部扩大范围
	淄博 岭子一矿	2713.1/40	35	新开箕斗斜井、暗斜井开拓三水平	深部扩大范围
	新汶 孙村矿	7343.8/10	75	新开主斜井、改造暗斜井	深部扩大范围
	峰峰 牛儿庄矿	9769.8/7.8	70	新开暗斜井	深部扩大范围

例：开滦范各庄矿原设计生产能力 1.8Mt/a，投入生产后，很快达到设计能力，为加强资源开发，将相邻规划的毕各庄井田合并，扩大井田面积，增加储量，使矿井改扩建后的设计生产能力提高到 4.0Mt/a，服务年限 84a。其主要技术经济比较如表 2－4－43 所示。

改扩建后的开拓系统为：全矿划分 4 个开采水平，其标高分别为－310m、－490m、－620m、－800m。以立井、多水平、上山开采（第四水平开采部分下山）。如图 2－4－77 所示，开拓第一水平（－310m）时，主副井及风井井筒位置均偏向北翼，采用立式环形车场，－310m水平大巷布置在距 12 号煤层 13～15m 的底板岩石中，一直通往毕区。大巷运输方式：北翼为 3t 固定矿车、14t 架线机车牵引；南翼采用胶带输送机运输，通风方式为中央边界抽出式。

第二水平开拓：新开凿一个混合立井至－490m，用作主辅提升，并在毕区开凿进、回风立井；第三水平开拓：新开暗主斜井及暗副立井。二水平北翼采用单轨巷道，运输设备和矸石；另外单开胶带输送机运输巷；南翼采用单轨双巷 900mm 轨距、双机牵引 5t 底卸式矿车运煤，3t 矿车运输矸石、设备和材料。二水平采用分区通风。

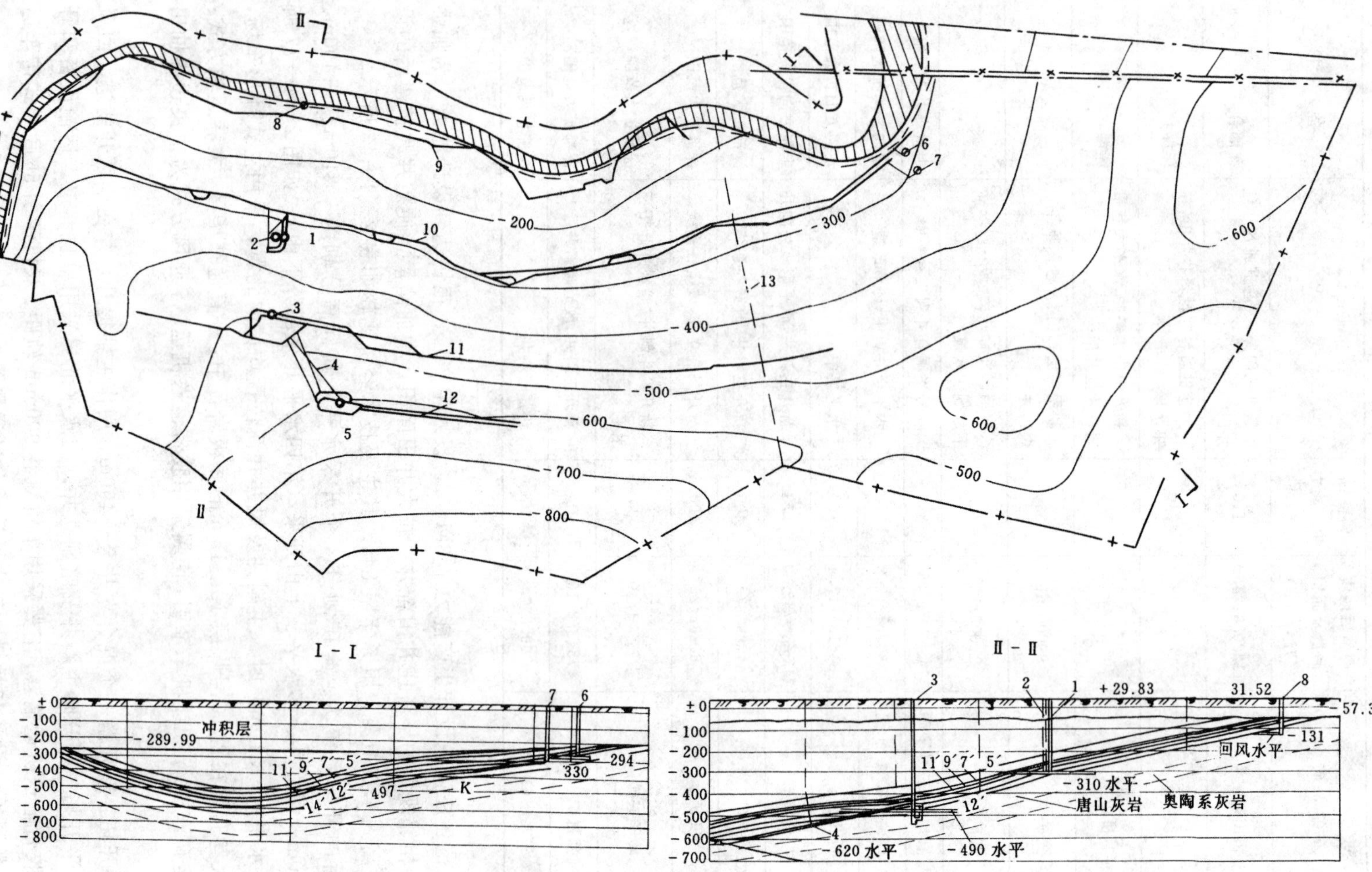

图 2—4—77　开滦范、毕矿合并开拓系统

1—主立井；2—副立井；3—混合立井；4—暗主斜井；5—暗副立井；6—毕区进风井；7—毕区回风井；8—风井；9—回风大巷；10—-310m 水平大巷；11—-490m 水平大巷；12—-620m 水平大巷；13—原范毕两矿井田境界

表 2－4－43 开滦范、毕两区合并扩建比较

项 目	范、毕两区合并改建	毕区单独建矿	比 较
新开井筒(个)	3	3	
总投资(万元)	6129	9109	－2980
吨煤投资(元/t)	26.63	44.50	－17.87
建井工期(a)	5	7	－2
矿井设计生产能力(万 t/a)	400	2×180	＋40
煤柱损失(万 t)	758	4200	－3442
铁路工程(km)		7	－7
建筑面积(m^2)	15917	50917	－35000
占地面积(m^2)	40000	266666	－226666
机构人员(人)	＋2240	＋4500	－2260

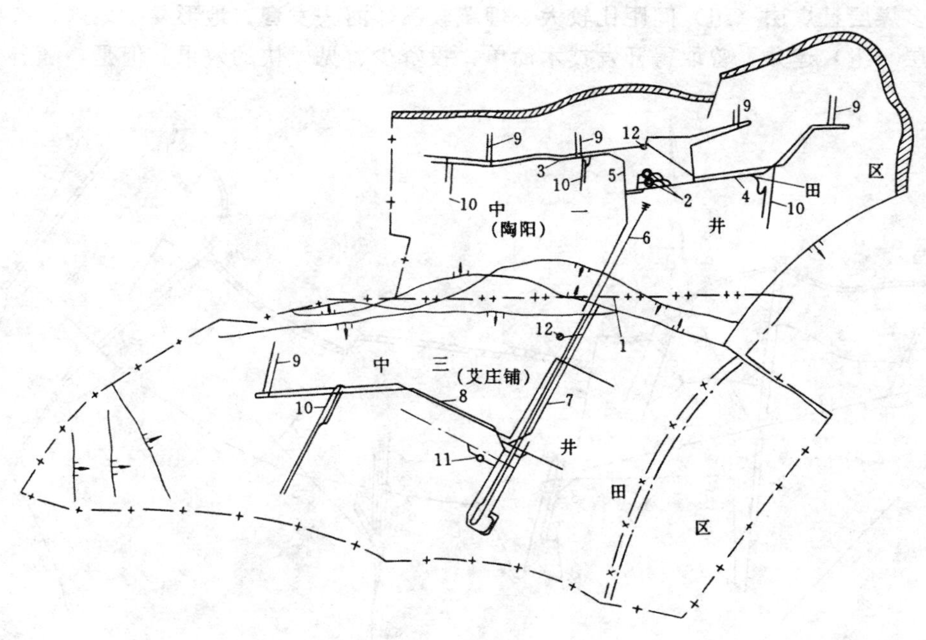

图 2－4－78 肥城陶阳矿井合并艾庄铺井田示意图

1—原井田境界；2—主副井；3—一水平东大巷；4—一水平西大巷；5—石门；6—新主斜井；7—暗副斜井；8—二水平大巷；9—采区上山；10—采区下山；11—新副立井；12—风井

范各庄矿原开拓方式及改扩建后的开拓方式均为立井开拓，这主要是受第四系冲积层厚度（50～400m）及含水层的影响。大巷运输采用两种运输方式，是由于井筒位置偏向一翼，形成一翼长、一翼短的不等翼井田，长的一翼大巷采用轨道运输；短的一翼采用带式输送机运煤，直接进入井底煤仓。

（三）生产矿井与深部规划井田合并开拓

例如，肥城陶阳矿井设计能力30万t/a，为立井开拓。但由于可采储量不多（仅1452万t）而矿井实际生产能力又增加到70万t/a左右，服务年限大为缩短。经技术经济比较，决定原深部规划的董庄铺矿井不另建井，将其划归陶阳矿井，可采储量8569.3万t，扩建后的生产能力为90万t/a。矿井开拓概况如图2－4－78所示。

（四）生产矿井合并集中生产的改扩建开拓

一般相邻生产矿井在浅部开采时，井田走向储量和生产能力较小，随着科技进步及开采向中深部发展，改扩建集中开拓中深部成为发展趋势。集中开拓有以下主要方式：

1. 片盘斜井群合并集中生产的扩建开拓

鸡西恒山矿井的井田合并如图2－4－79所示。经过大规模矿井技术改造，取得了优异的成绩，见表2－4－44。通过集中合并，减少了大量的设备及井田间煤柱损失，也减少了大量井巷的维修；更主要的是适应了新技术、新装备、新工艺的要求，充分发挥其能力，挖掘了矿井潜力。

2. 分煤层生产矿井合并集中生产的改扩建开拓

对于多煤层且煤层（组）间距比较大、埋藏较浅、露头发育、地形复杂地区，有些矿区采取分煤层（组）建井，曾取得开发技术简单、投资少、见效快的效果。但是，随着开采深

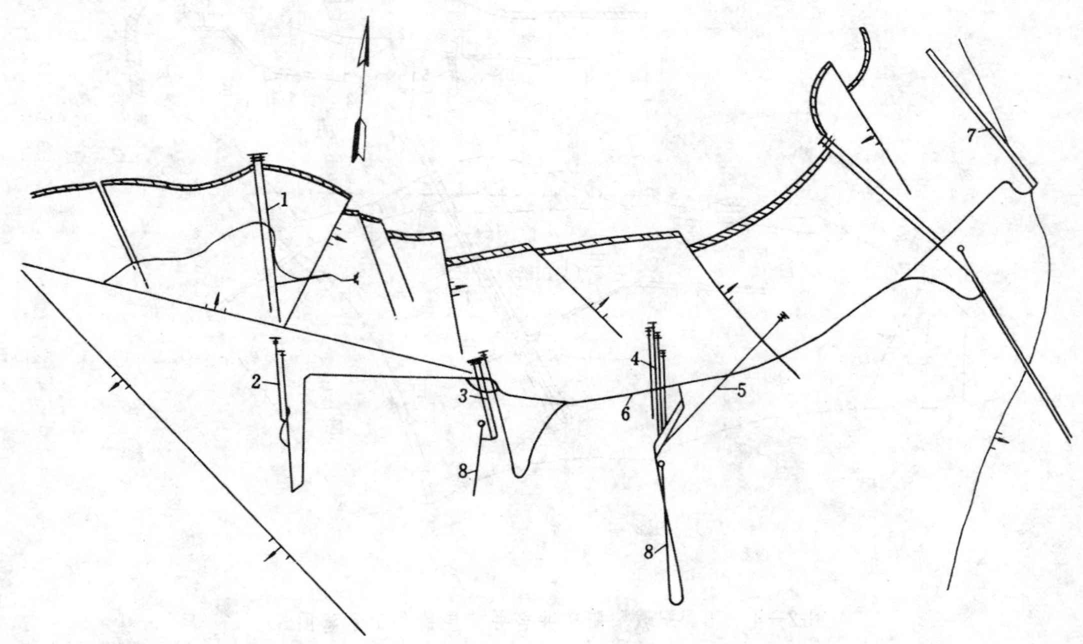

图2－4－79　鸡西恒山片盘斜井群合并

1—九井一斜；2—九井二斜；3—7井；4—6井；5—合并后集中井；6—＋15大巷；7、8—采区上山

表 2－4－44　鸡西恒山矿片盘斜井群合并前后对比

技术经济指标	集中合并前（1974 年）	集中合并后（1985 年）
总产量（万 t/a）	68	203
矿井数（个）	7	1
平均矿井生产能力（万 t/a）	60	210
采煤工作面单产（t/月）	7355	37543
采煤机械化程度（%）	26.2	100
生产掘进率（m/万 t）	235	131
采煤工作面个数（个）	10.39	3.75
全员效率（t/工）	0.821	1.75

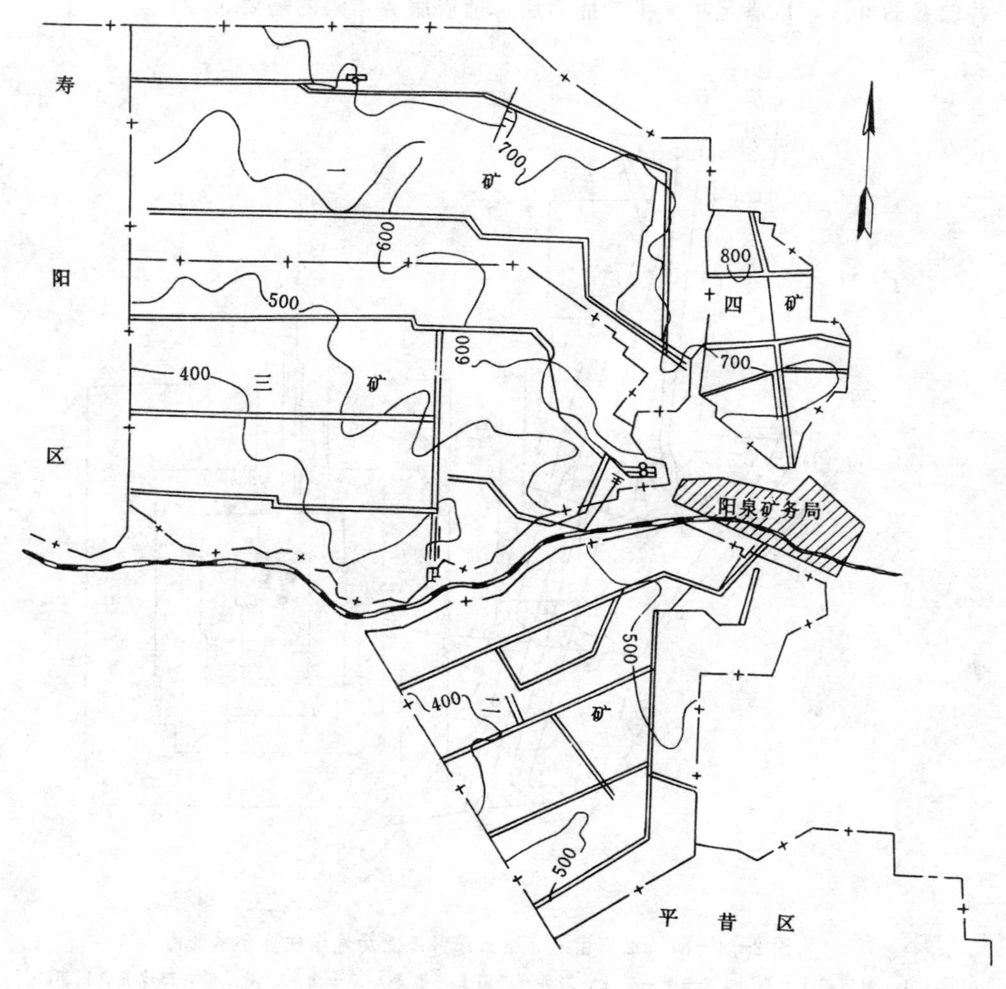

图 2－4－80　阳泉一、二、三、四矿扩大井田范围

度的增加，技术装备的进步，这种方式已越来越不适应生产的需求，必须进行合并集中改造。例如，阳泉一、二、三、四矿分层建井开采 3 号（七尺）、12 号（四尺）、15 号（丈八）煤层，就是比较典型的分煤层（组）建井与实现合并集中改造的矿井。

解放前，阳泉矿区多为沿露头小窑，主要开采下部厚煤层（丈八煤），平均年产 20 余万 t。1954～1965 年，按主要可采煤层，分煤层新建、改建矿井 12 对，七尺煤井 5 对，矿井设计生产能力合计 3.0Mt/a；四尺煤井 5 对，设计生产能力 1.5Mt/a，形成由多井口组成的矿井群，而每个矿井的地面生产系统都是集中的，也就是联合矿井开拓。

如果这些矿井的深部仍然按分层建井开拓延深，由于上组煤的下水平与下组煤的生产水平标高近似，就不如合并开拓以节省大量工程量。此时，只需将上组煤的延深水平与下组煤的生产水平用石门联系起来，便可减少一个水平的工程量。

阳泉矿区在 60、70 年代对当时的 4 个矿井进行扩大勘探和矿井改扩建设计，逐步实现分煤层生产矿井合并，集中生产，而且除煤层组间合并外，也采取了向矿井周围扩大范围、增加矿井储量的办法，以满足扩大生产能力后，适应服务年限的需要。

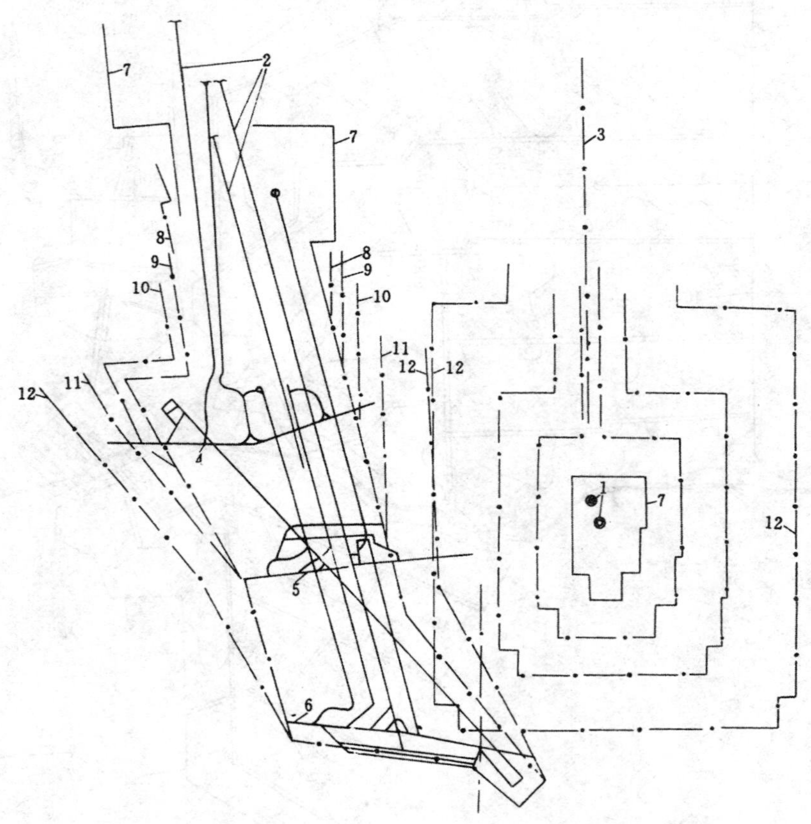

图 2—4—81　淮南谢一、谢三深部工业场地煤柱重合示意图

1—谢三矿主、副井；2—谢一矿主、副井（矸石箕斗井等）；3—谢一、谢三矿井田境界；4、5、6—谢一矿—320m、—480m、—662m 水平；7—工业场地界线；8、9、10、11—谢一矿—350m、—320m、—370m、—480m 保护煤柱界线；12—谢一、谢三矿—662m 水平煤柱保护界线

其中，一矿向西北扩区，合并“皇后井田”；二矿向西南扩区，合并“桑掌井田”；三矿向西扩区，合并“旧街井田”；并调整了一、三矿向西扩区的边界；但是四矿井田有限，面积小，只能调整井田境界，将属于一矿的济生区划归四矿开采。调整扩大后各井田的分布如图2－4－80所示。

对于分层建井实现合并集中的开拓工程，主要是新建或改建一个主提升井；在井下采用集中石门贯通各煤（组）层；或者利用暗斜井及上、下组间煤仓联系各煤层（组）。例如，阳泉二矿是采用石门联系，而三矿、四矿等则采用暗斜井及煤仓联系方式。同时相应地用新技术装备各生产系统。

3. 浅部生产矿井合并，结合深部资源/储量联合扩建开拓

这是结合开拓延深进行深部合并扩建常见的一种方式。如淮南谢家集一、三矿两个矿井间的深部合并。谢一矿是1952年投产的矿井，经改造后，能力核定为90万t/a，1980年核定能力为120万t/a，实际产量一直保持在160～185万t/a；其井田走向长度随着水平的延深逐渐变短，一、二、三、四水平的走向长度分别为4.4km、3.3km、2.7km、2.68km，而实际有效长度，－320m水平以下只有1.5km。谢三矿是1965年投产的矿井，设计能力90万t/a，实际产量达100万t/a以上，进入80年代后期，产量逐渐下降，其井田走向长度，一水平为2.5km，二水平为1.8km。两井田在－520m水平处工业场地煤柱相重合，见图2－4－81。1976年确定合并延深设计，生产能力为180万t/a。合并后，由谢一矿出煤，关闭谢三矿，采出谢三矿煤柱，延长井田有效开采长度。合并后深部开采及分段划分，如图2－4－82所示。

两矿合并后，谢一矿工业储量增加2243.88万t，服务年限增加15.7a，产量保持在180～200万t/a，解放一个矿井的3000多万t的煤柱。

随着再向深部延深，淮南谢李矿区进一步合并集中开采：先由5个矿合并为3个（谢一、二、三矿并为谢一、谢二矿；李郢孜一、二矿并为李一矿）；再由3个矿并为2个矿（谢二并入谢一，李一）；然后二并一（谢李深部立井开拓）。

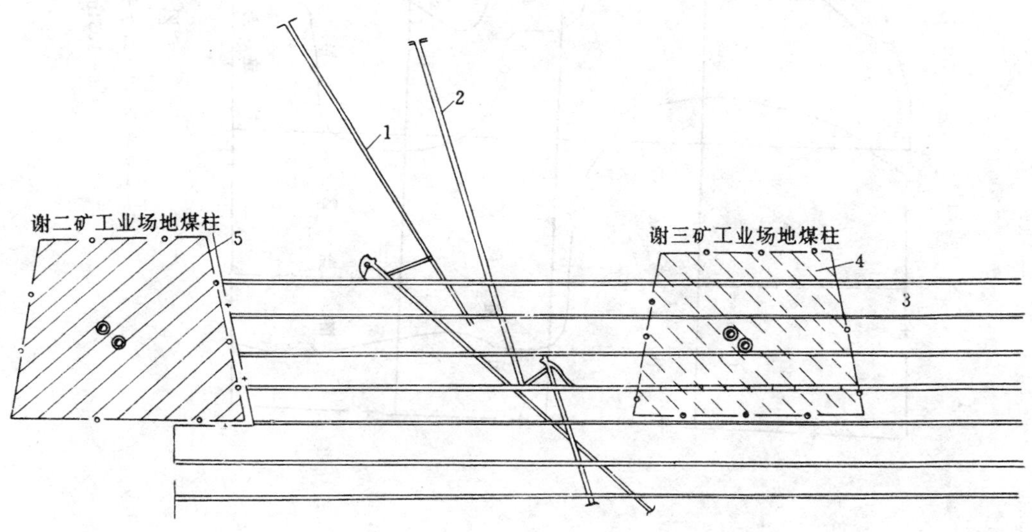

图2－4－82 淮南谢一四水平开采示意图

1—主斜井及暗主斜井；2—副斜井及暗副斜井；3—分段；4—谢三矿工业场地煤柱；5—谢三矿工业场地煤柱

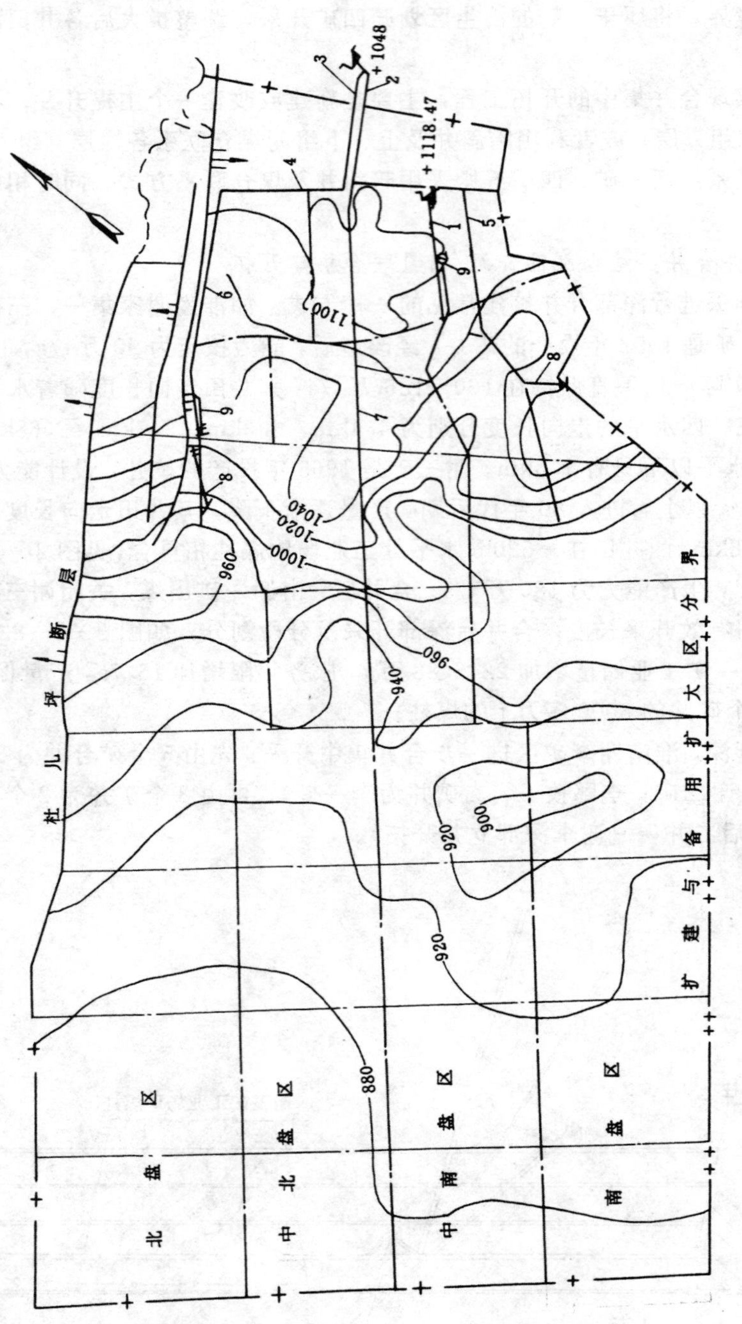

图2—4—83 西山官地矿改扩建开拓系统图

1—一号平硐；2—二号平硐；3—二号副平硐；4—1051m水平大巷；5—1051m水平南石门；6—1051m北石门；7—1051m中石门；8—进风井；9—回风井

三、矿井改扩建开拓方式实例

生产矿井在改扩建时，由于大幅度提高生产能力，往往需要新打井筒（硐）。同时改扩建常常与水平开拓延深结合起来。由于矿井原开拓系统及地质条件等各不相同，因此改扩建的形式种类很多。下面分类选择一些实例供设计时参考。

（一）由地面新建井筒（硐）方式

1. 新建平硐方式

例：西山官地矿扩建。官地矿是由小窑恢复改建的矿井，先后进行过三次扩建，生产能力由 90 万 t/a，增大到 600 万 t/a。

前两次改扩建及环节改造主要是：将原来两个井合并，新建二号平硐，做为全矿的主井；因投产后不久，实际产量超过设计能力 180 万 t/a，平硐通过能力不足，在二号平硐一侧，平行开凿一条副平硐，与 1051m 水平大巷相连接，原一号平硐改为辅助平硐，其改扩建开拓系统平面图见 2－4－83。

2. 新建立井方式

例：大屯姚桥矿井改扩建。该矿原设计生产能力 120 万 t/a，采用立井多水平开拓。扩建后矿井设计生产能力为 300 万 t/a，其开拓系统改造为：在工业场地北部新打一对主、副立井

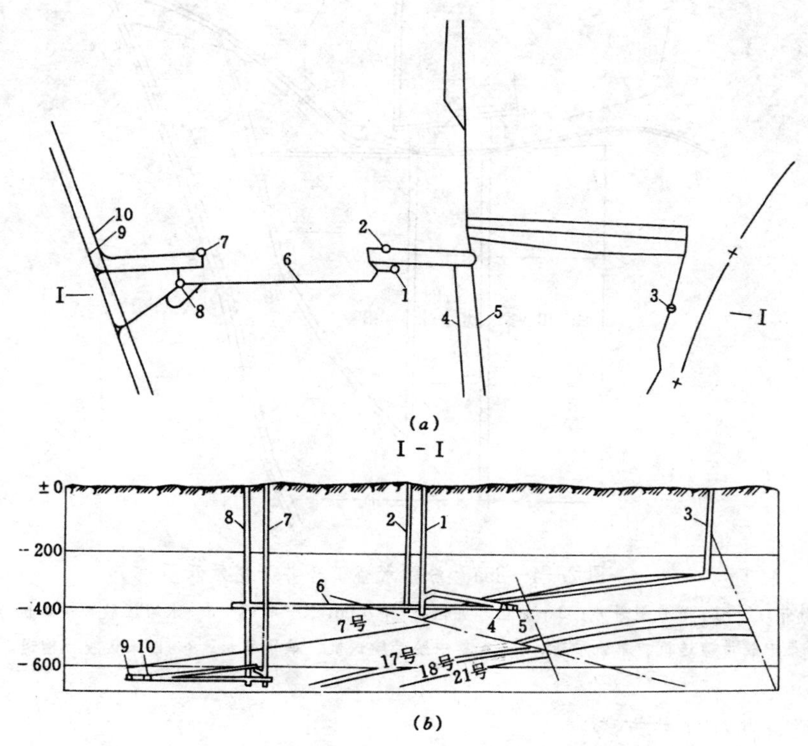

图 2－4－84　大屯姚桥矿新开一对立井延深

a—平面图；*b*—剖面图

1—主井；2—副井；3—东风井；4——400m 水平轨道大巷；5——400 水平胶带运输大巷；6——400m 水平石门；7—新主井；8—新副井；9——650m 水平胶带运输大巷；10——650m 水平轨道大巷

至－650m 水平，在东部微山湖边建新的回风立井，见图 2－4－84。

3. 新建斜井方式或新建主斜井副平硐方式

新建斜井，例如汾西水峪煤矿改扩建。该矿于 1960 年 1 月投产，矿井设计生产能力为 90 万 t/a。1983 年 12 月改扩建，1989 年 12 月投产，扩建后矿井设计生产能力为 300 万 t/a。

水峪矿原来为斜井两水平开拓，由于一水平所剩储量不多，故结合二水平延深进行改扩建，为增加储量将相邻的田家坦井田合并。合并后由于原主副斜井偏离储量中心较远，为此在原工业场地内新建主副斜井，并新开新东风井、南风井。其合并前后开拓示意图见 2－4－85a。

新建主斜井副平硐方式，例如神东矿区榆家梁矿井，2000 年由 0.21Mt/a 地方小井改扩建为 6.0Mt/a 特大型矿井。即新建主斜井（装备带式输送机）副平硐（无轨胶轮车）开拓方式。开拓示意见图 2－4－85b。

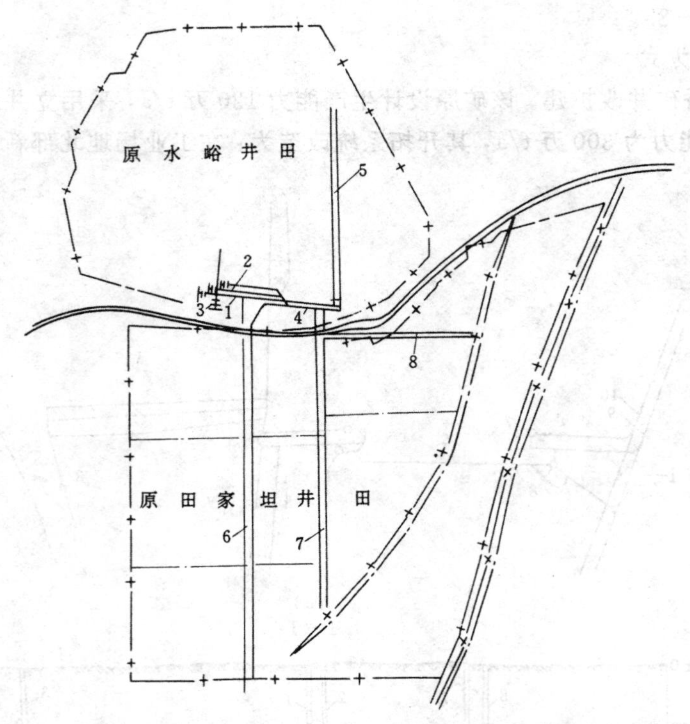

图 2－4－85a　汾西水峪矿合并开拓示意图

1—主斜井；2—1、2 号副斜井；3—原生产井；4—＋700m 水平石门；5—水峪区胶带输送机与单轨吊巷；6—西集中胶带输送机、单轨吊巷；7—东集中胶带输送机、单轨吊巷；8—四采区胶带输送、单轨吊巷

4. 新建斜井和立井方式

例：潞安王庄矿改扩建。该矿于 1966 年 12 月投产，矿井设计生产能力 90 万 t/a，经两次改扩建后，生产能力扩大为 360 万 t/a。

王庄矿井原开拓系统为主立井、副斜井的综合开拓，划分两个水平，中央风井回风，第一次改扩建时新开副立井和一个南风井。第二次改扩建结合二水平延深，主要内容是：新开

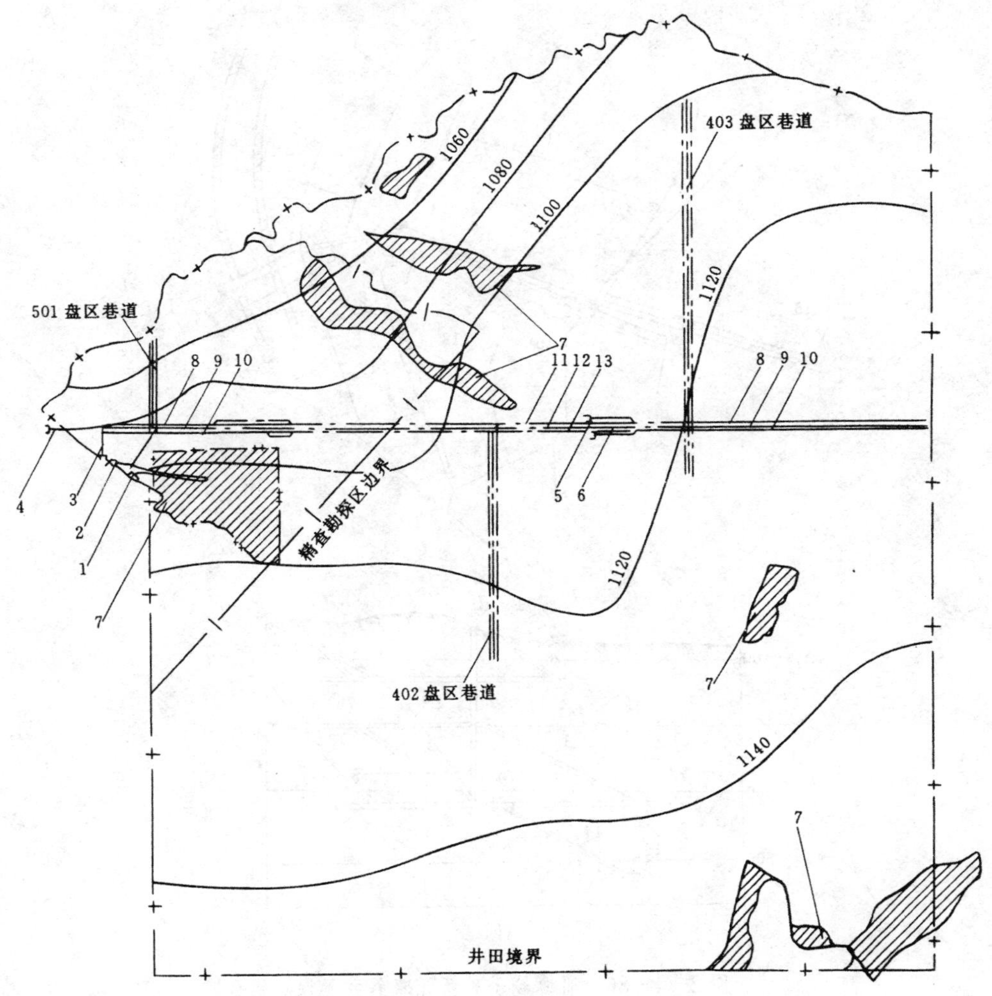

图 2-4-85b　神华集团神东公司榆家梁矿井开拓方式平面图

1—回风斜井（初期）；2—一号回风平硐；3—副平硐；4—主斜井；5—进风平硐；6—二号回风平硐；7—小井或小井采空；8—5^{-2}煤辅助运输大巷；9—5^{-2}煤胶带输进机大巷；10—5^{-2}煤回风大巷；11—4^{-2}煤辅助运输大巷；12—4^{-2}煤胶带输送机大巷；13—4^{-2}煤回风大巷

主斜井、进回风立井、材料暗斜井、行人暗斜井，形成一立一斜两个主井，一立一斜两个副井，并以主斜副立为主的综合开拓。其开拓系统示意图见图 2—4—76。

（二）由地面新建井筒结合暗井或直接延深方式

1. 新建主斜井结合副暗井斜井延深方式

例：淄博岭子矿。设计生产能力 21 万 t/a，改扩建到 60 万 t/a，为开采该井田的深部煤层，掘 3 条平行暗斜井至二水平（—350m），三水平（—580m）仍用 3 条平行暗斜井延深，垂高 230m。为适应扩建后的提升能力，自地面新凿一条主斜井，其开拓系统见图 2—4—86。

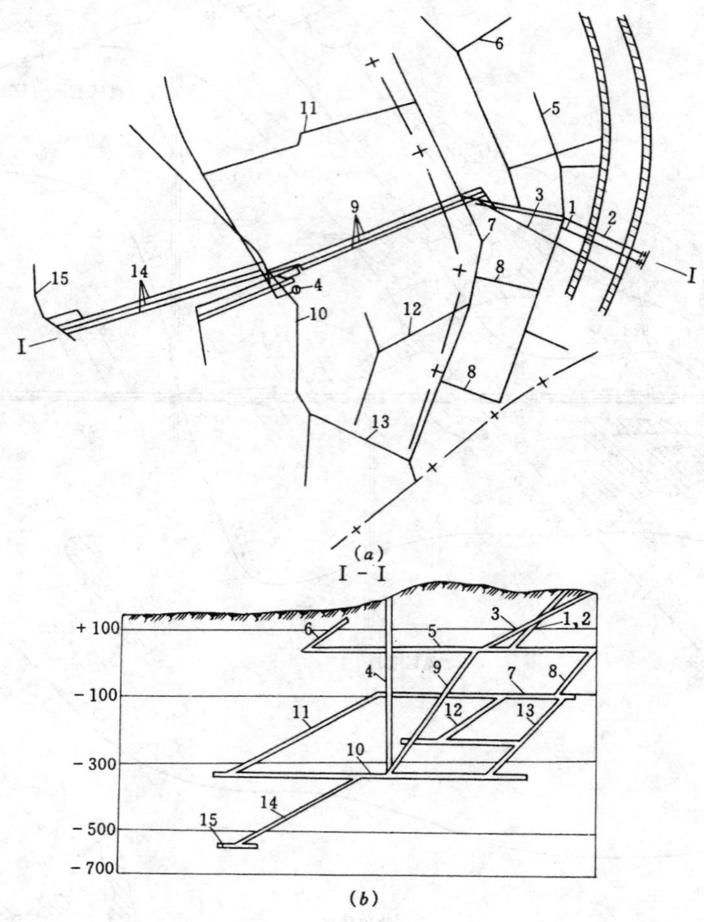

图 2—4—86　淄博岭子矿新开暗斜井延深

1—主井；2—副井；3—箕斗斜井；4—风井；5—五行东大巷；6—530 上山；7——120m 水平大巷；8—西上山；9—二水平暗斜井；10——350m 水平大巷；11—790 下山；12—710 下山；13—710 上山；14—三水平暗斜井；15——550m 水平大巷

2. 新建副立井结合主暗斜井延深方式

例：龙口洼里矿井。原设计生产能力 30 万 t/a，扩建后为 90 万 t/a。井田深部开采－300m 水平，采用立井多水平开拓。新凿一立井作辅助提升，打一条胶带暗斜井与一水平生产系统相连，作为主提升；另打一暗斜井回风。其开拓系统图见 2—4—87。

3. 新建主斜井和进、回风井结合副井暗斜井延深方式

例：新汶孙村矿井。设计生产能力 60 万 t/a，改扩建后为 120 万 t/a，采用斜井多水平开拓方式，现生产－600m 四水平，延深－800m 五水平。

1974～1979 年新建至－210m 水平主斜井，改造原－210m～－400m 主暗斜井，并延深至－600m 水平。新建－210～－600m 副暗斜井及－400～－600m 水平管子道斜井。1977～1981

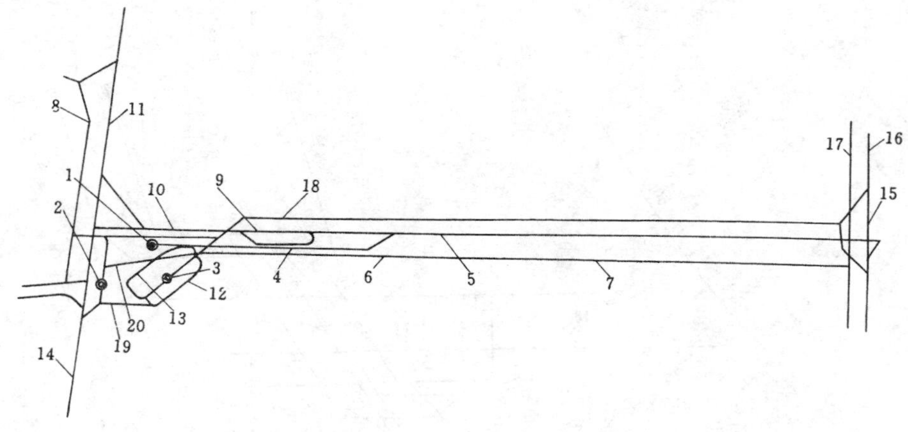

图 2—4—87　龙口洼里矿新开副立井暗斜井延深

1—主井；2—副井；3—新副井；4—胶带暗斜井上段；5—胶带暗斜井下段；6—回风暗斜井上段；7—回风暗斜井下段；8——95m 水平东翼回风巷；9——108m 水平主井车场；10——108m 水平主石门；11——108m 水平东翼回风巷；12——108m 水平新副井井底车场；13——250m 水平新副井井底车场；14——108m 水平西翼运输巷；15——250m 水平卸载站车场；16——250m 水平东翼运输巷；17——250m 水平东翼回风巷；18——250m 水平主石门；19—入风巷；20—回风石门

新建回风立井。1988 年又新建至－800m 水平进风井，为矿井深部开采的通风、排矸、降温创造了条件。见图 2－4－88。

4. 新建混合立井结合暗斜井延深方式

例：徐州权台矿新开混合立井、暗斜井延深。该矿原设计生产能力 45 万 t/a，由－330m 水平向－600m 水平延深时，从地面新开一混合立井，设计提升能力 90 万 t/a。又从－330m 水平向－600m 水平新建 2 条暗斜井，与原主副井构成另一套主副提升系统，承担生产能力 30 万 t/a，全矿井合计生产能力 120 万 t/a，其开拓系统见图 2－4－89。

5. 新建副立井，延深主斜井方式

例：淮南新庄孜矿井新开副井延深主井。该矿井为主斜井副立井多水平开拓，延深四水平时设计生产能力从 120 万 t/a 提高到 150 万 t/a。从地面新开一个立井作副井，原主斜井继续延深，见图 2－4－90。

6. 浅部新建集中出煤斜井结合深部新水平新建主副暗斜井方式

例：通化松树镇矿井浅部由 3 个小矿井分别开采，其方式有片盘斜井开拓和斜井多水平开拓等。新建一个主斜井集中出煤，深部二水平（＋400m）延深到＋200m 水平时，另开主、副暗斜井分别与原有的主、副斜井相连接，使矿井实现了合理集中生产，见图 2－4－91。

（三）暗井延深方式

1. 暗斜井延深方式

例：新汶良庄矿井改扩建。良庄矿井是 1957 年建成投产的矿井，设计生产能力为 30 万 t/a。1962 年核定能力为 45 万 t/a。1976 年 12 月开始扩建，矿井设计生产能力为 120 万 t/a。

该矿原为斜井多水平开拓。改扩建采取一次设计分期施工：第一期新开一条主斜井至

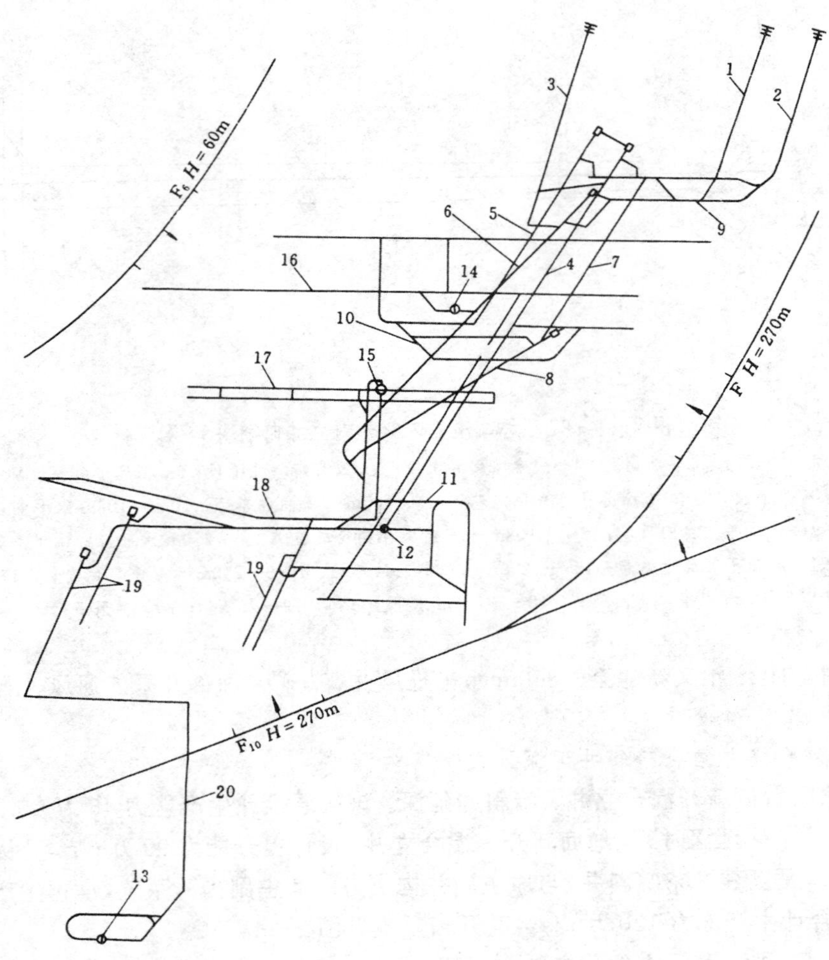

图 2—4—88　新汶孙村新开斜井、立井、暗斜井延深

1—1#副井；2—2#副井；3—新开胶带斜井；4—胶带暗斜井；5——400m 副暗斜井；6——600m 副暗斜井；7——400m 水平管子道；8——600m 水平管子道；9——210m 水平车场；10——400m 水平车场；11——600m 水平车场；12—煤仓；13——800m 水平风井；14——400m 水平风井；15——600m 水平风井；16——400m 水平前组大巷；17——600m 水平后组大巷；18——600m 水平前组大巷；19——800m 水平下山；20——800m 水平石门

—195m 水平，改造了原主、副井，生产能力达到 100 万 t/a。第二期改扩建主要开拓延深三水平，由—195m 至—350m 开凿 3 条暗斜井：一为暗主井，另一条为暗副斜井，第三条为人车暗斜井；为解决三水平通风，又新开了北立风井；生产能力达到并 120 万 t/a。其开拓系统如图 2—4—92。

2. 暗立井延深方式

例：开滦唐山矿暗立井延深。该矿用立井多水平开拓，设计能力 210 万 t/a，实际产量在

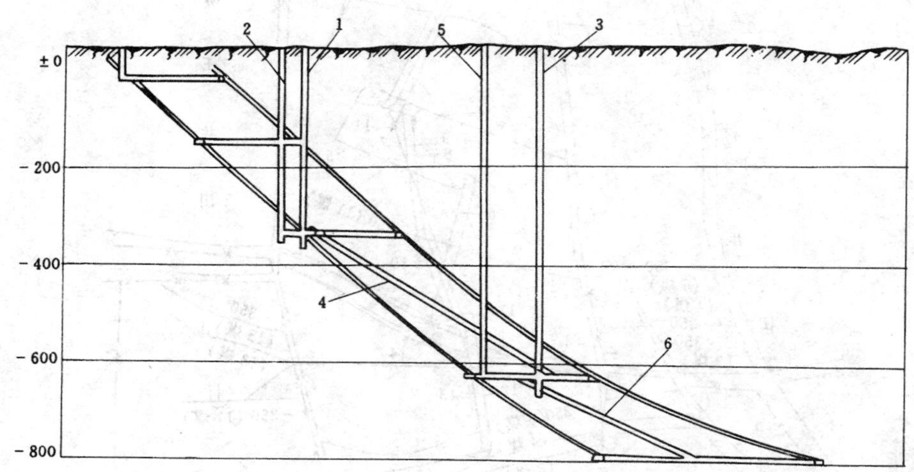

图 2-4-89 徐州权台矿新开混合井暗斜井延深

1—主井；2—副井；3—混合立井；4—三水平暗斜井；5—东风井；6—四水平暗斜井

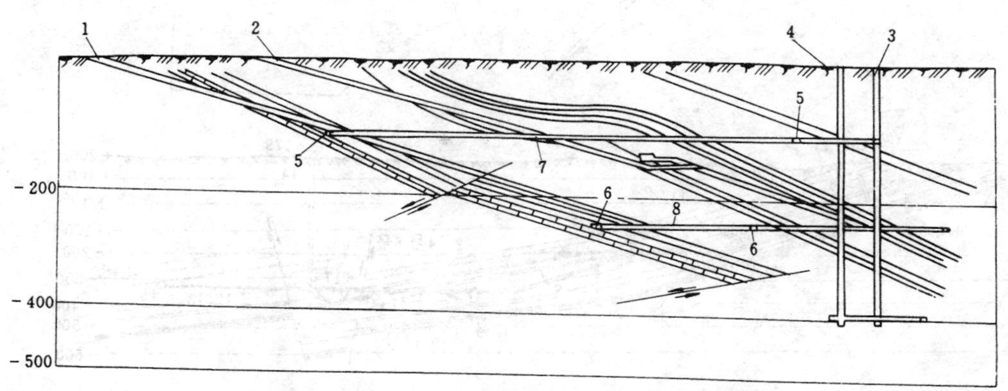

图 2-4-90 淮南新庄孜矿新开副立井延深主斜井

1—原三号主斜井；2—原二号斜井；3—老八号副立井；4—新八号副立井；5—二水平运输大巷；6—三水平运输大巷；7—-112m 水平中央石门；8—-262m 水平中央石门

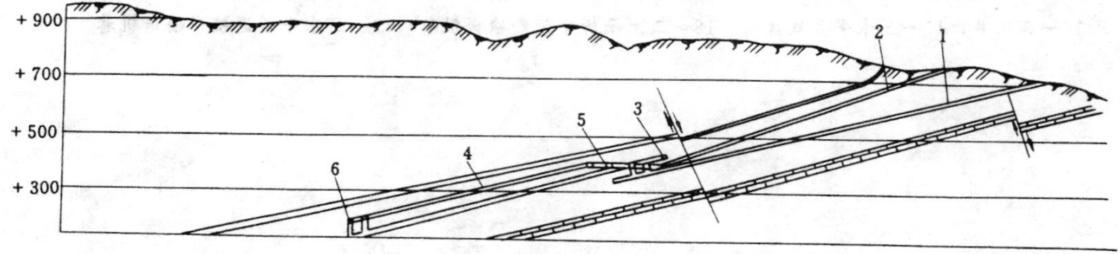

图 2-4-91 通化松树镇矿深部集中开拓

1—主斜井；2—副斜井；3—暗主斜井；4—暗副斜井；5—+400m 水平大巷；6—+200m 水平大巷

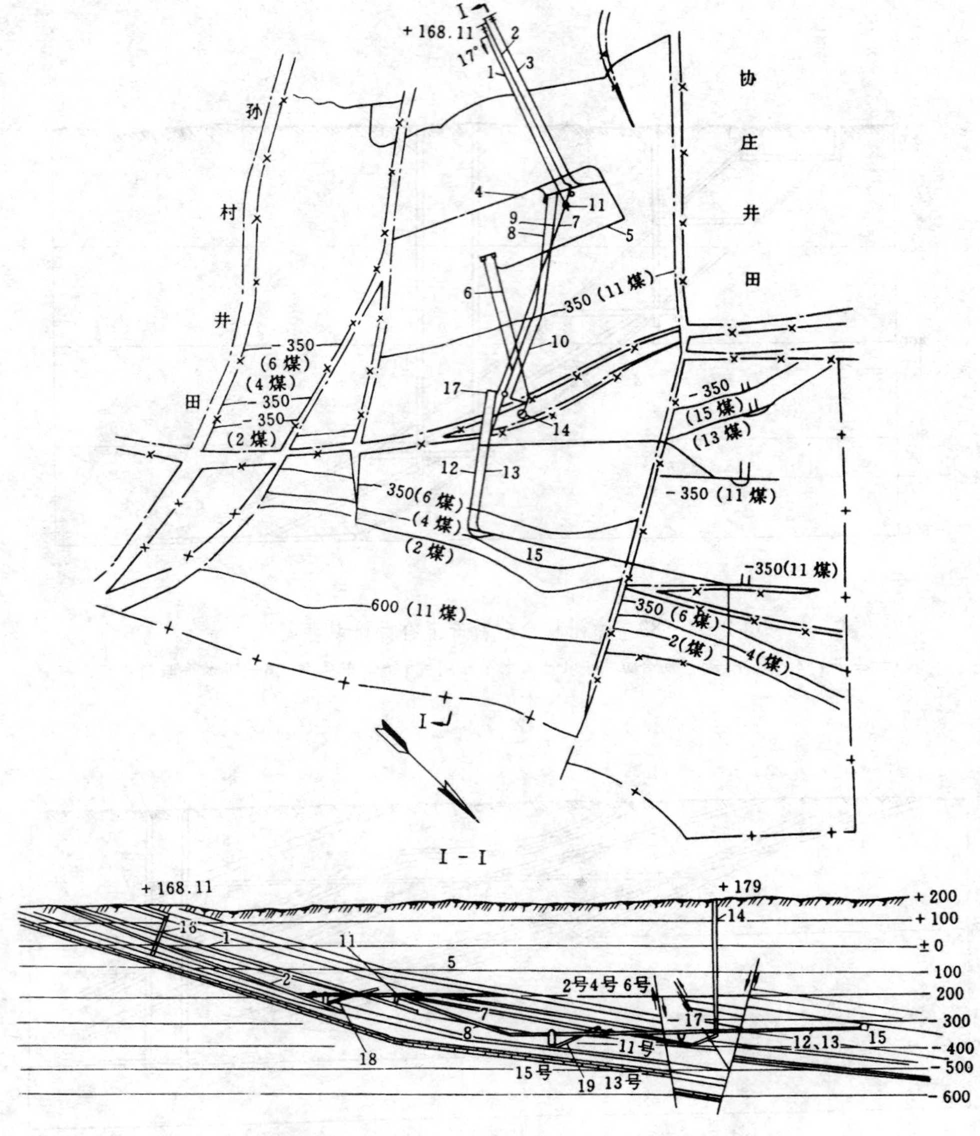

图 2－4－92　新汶良庄矿改扩建开拓系统图

1—主斜井；2—副斜井（提矸）；3—副斜井（提人）；4—通风行人巷；5—－195m 运输巷（6 层）；6—投产采区上山（2、4、6 联合）；7—暗主斜井；8—暗副斜井；9—暗副斜井（人）；10—－350m 石门车场；11—二水平井底煤仓；12—运输石门（胶带）；13—轨道石门；14—北风井；15—－350m 运输大巷；16—南风井；17—三水平井底煤仓；18—二水平折返胶带输送机巷；19—三水平折返胶带输送机巷

300 万 t/a 以上。矿井分 14 个水平，主井（一号）和副井（二号）用四号暗立井（副井）和六号暗立井（主井），由 9 水平（－470m）一次延深到 11 水平（－600m），由 11 水平用五号暗立井（副井）延深到 12 水平（－700m），由 12 水平用七号暗立井延深到 13 水平（－800m）。见图 2－4－93。

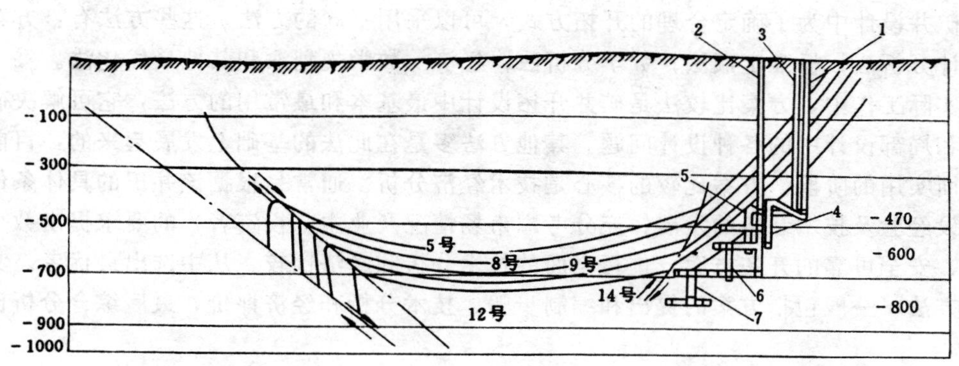

图 2－4－93　开滦唐山矿暗立井延深

1—主井（一号）；2—主井（二号）；3—副井（二号）；4—六号暗立井（主井）；
5—四号暗立井（副井）；6—五号暗立井（副井）；7—七号暗立井（主井）

第五章　井田开拓方案比较

在矿井设计中为了确定合理的开拓方式，可以采用不同的方法。这些方法有：方案比较法；统计分析法；标准定额法；数学分析法；经济—数学规划法和其他最优化法。

在实际工作中，方案比较法是矿井开拓设计中最基本和最常用的方法，它可解决矿井开拓总体和局部设计中的各种设计问题。其他方法多是在此法的基础上发展起来的，目前尚未达到全面实用的阶段。方案比较的核心是技术经济分析。通常是根据该井田的具体条件结合生产建设经验及技术装备的发展，充分考虑市场情况及业主（投资者）的要求提出数个技术上可行、安全可靠的开拓方案，进行全面的技术分析和经济比较，从中选出最优者。其工作内容和方法，一般包括方案的提出和编制步骤、技术分析和经济评价，最后综合分析比较作出决策。

第一节　方案编制步骤及技术分析

一、方案编制步骤

方案编制步骤包括分析基础资料、提出可行方案、筛选方案、经济比较、综合审定和进一步优化方案六个阶段。

（1）全面系统地分析矿井开拓设计所需的各种基础资料（勘探地质资料，地面工程地质，矿区总体规划等），找出影响井田开拓的各种地质因素和地面条件，特别是有决定性影响的重大因素。

（2）在认真分析资料的基础上依靠科技进步和创新提出技术上可行、安全上可靠的各种方案。此阶段必须十分细致，尽可能征求有经验人员的意见，避免遗漏任何可行的方案。

（3）筛选方案。对技术上可行的若干方案进行分析研究，删除技术、安全和经济上明显不合理的方案。筛选后的方案一般不少于三个。

（4）经济比较。对筛选出的方案进行经济比较，计算出各方案的工程量和基本建设投资、建设工期、生产经营费用、收益率和回收期等各项主要指标进行比较。

（5）综合审定。根据国家政策、市场情况、路网运力、技术分析、经济指标等全面地衡量各方案的经济效益、社会效益和环境效益。通过专家集体评审，选出最优方案作为采用的主导方案。

（6）主导方案确定后，需对每个分支的中、小方案进一步研究优化，使整体方案更加优越。

二、技术分析

技术分析是决定开拓设计方案的技术基础。当各方案经济效益相差不大时，技术分析常常成为决定方案的依据。

（一）技术分析的主要内容

（1）结合井田划分煤层赋存特征，分析保证矿井设计生产能力的可靠性和稳定性。初期能否迅速地出煤和达到设计能力；达产后是否能保持长期稳定的生产和增产；两翼能否均衡生产，厚薄煤层及各煤种的搭配；水平是否有足够的服务年限等。

（2）有利于安全生产。在开拓方案中应充分考虑到防水、防火、防瓦斯煤尘爆炸和突出，高温热害处理。开拓系统要与通风系统统一考虑，保证生产安全可靠。

（3）详细研究井巷穿过地层的地质水文条件。特别注意含地下水的厚表土、石灰岩或其他富含水岩层、喀斯特溶洞、老空区、膨胀软岩或松散岩层及大的断裂构造。它是选择开拓方式的重要因素之一。

（4）分析煤层条件，选好初期采区及回采工作面的位置，以保证迅速达产、高产高效。开拓方式和井口位置要与初期采区统筹考虑，以达到工期短、投资少、达产快、效益好。

（5）开拓方案要在矿井使用先进技术的基础上，实行集中生产达到高效益。

（6）有条件时井口应选在地形平坦便于工业场地布置的地带，并距首采区最近。要综合考虑防洪、排涝，同时要避开滑坡、岩崩、雪崩、泥石流等自然灾害。工程地质要有利于防震、抗震，尽量避开砂土液化地带。

（7）开拓布置要考虑初期不迁或少迁村庄，尽量不占良田或少占地。

（8）少压煤，不压煤或少压开采条件好的煤是开拓方案技术分析的重要内容。此外也要保证国家规定的重要建筑物和构筑物以及江河湖海下安全开采的可能性与经济性。

（9）满足建矿地区环境保护的要求。有时对开拓开采方式的选择有重大影响。

（10）要符合矿区总体设计（供电、供水、运输、居住区、辅助企业等）要求及其他外部条件的影响。

以上诸因素直接或间接地对经济效益产生重大影响。有的因素可以定量地表现为经济效益。有的只能定性，但有时却是选择开拓方式的决定性因素。如在含地下水的厚表土的矿井只能用立井开拓；有时根据地区环境保护要求，井筒位置要离开经济合理的地点；若井底为含水丰富的石灰岩时，井底水平应在其上部设置，并使井筒底部不受承压水威胁等。全面考虑和具体分析影响开拓方式的各种因素，找出一个或几个确定开拓方式的关键性因素，再配合经济比较就能合理地确定开拓方案。这种技术分析工作是任何用数学方法选择开拓方案的方法所不能代替的。相反，只有在全面技术分析的基础上各种数学方法才能在其特定的范围内发挥应有的作用。

（二）技术分析要综合考虑的问题

为了从总体上保证矿井开拓方式的科学性、先进性和经济性，使矿井开拓设计成为整个矿井设计重要的有机组成部分，在进行开拓方案设计时，必须考虑到矿井设计各主要生产系统的优化及各主要系统对开拓方式的要求。根据近20年来大型矿井设计和建设的生产实践，无论新建还是改扩建矿井都需要综合考虑以下10个方面的问题。

（1）生产高度集中化：国内外矿井的发展趋势是向集中化方向发展，并且已经出现了若干一井一面高度集中的大型现代化矿井。对每个矿井都需要根据它的客观条件进行具体地分析，确定合理的集中化生产。要从工作面、采区、水平和矿井生产能力等四个方面进行集中化的研究。首先要研究工作面的能力，这是集中化的基础，根据开采的具体条件，吸取同类条件工作面开采的先进经验，采用先进开采技术和装备，最大限度地提高单产水平，尽量减少矿井工作面个数。国内条件好的综采工作面年产百万吨到几百万吨，最高达 800 万 t 左右，达到了国际先进水平。

随着工作面和采区生产能力的增加，采区的范围也必须扩大。由于高产高效工作面的高速推进，要求采区（盘区）的走向和倾斜加长。过去一般综采单翼推进长度为 1000～1500m，现在，只要地质条件允许，综采采区单翼推进长度向 2000m 以上发展。

过去一些矿井采用多水平生产。随着集中化的发展，要求集中在一个水平生产，近年来，国内外设计和建设的大型矿井基本上都是一个水平生产，由于带式输送机的发展，一个水平上、下山生产已普遍应用。

矿井生产能力大型化是国内外矿井生产发展的必然趋势。只要井田有丰富的资源/储量和良好的地质赋存条件，在运用先进技术装备的基础上加大矿井的生产能力，可使矿井获得好的经济效益。对有条件的改扩建矿井要考虑通过井田扩大或合并增加资源/储量，增加矿井生产能力，提高效益。

根据实际条件，正确确定工作面、采区、水平和矿井生产四个方面的集中化是矿井高产高效的基础。条件优越，有可能时，一矿一面是矿井设计的最佳选择。

（2）开采系统合理化：通过多方案比较，合理地选择开拓方式、井筒位置和个数、水平和大巷位置、采区和工作面布置。在集中化生产的基础上尽量简化开采系统。初期采区要选择条件好、容易实现高产的地段。初期达产的采区和工作面要布置在井口及工业场地煤柱的周围，风井尽可能靠近采区。在确保生产能力的前提下，尽可能地减少工程量和缩短建井工期。第一水平的采区按前进式布置的原则，同时要兼顾后期开采系统的合理性。改革巷道布置，尽量多做煤巷，少做岩巷。多做煤巷不仅节约投资，而且重要的是能利用综掘技术的快速掘进保证高产高效工作面的接续，提高综合效益。

（3）采掘综合机械化：凡是有条件的煤层都应推广综合机械化开采技术，这是生产集中化高产高效的主要技术保证。在地质条件不适于综合机械化开采时，积极推广高档普采和炮采方式中的各种先进经验。在煤巷掘进中积极推广综机掘进，有条件的也可采用连续采煤机掘进，以保证综采工作面接续。

（4）煤流运输连续化：尽量利用带式输送机运煤，使煤炭运输从工作面到地面（平硐和斜井）或井底（立井）实现连续的带式输送机运煤，以保证工作面、采区和矿井的高产高效。即使在条件不适合带式输送机的矿井，其煤炭运输系统设计也应充分考虑机械化工作面生产的不间断性，转载环节要有缓冲措施。

（5）辅助运输单一化：选择合理的辅助运输方式（有轨的或无轨的），创造矿井人员、材料、设备等从井底到工作地点的单一化运输条件，尽量减少转换环节，简化运输系统，缩短运输时间，减少辅助运输的人员，提高运输效率。

（6）提升系统自动化：选择先进的提升及电控设备，实现主、副井提升系统的自动化或半自动化，以保证矿井高效、安全、可靠生产。在资源/储量很丰富，开采条件又好，将来有可能大幅度提高生产能力的矿井，在提升设备的选择上要考虑不更换主要设备就能提高提升能力的可能性。

（7）辅助生产机械化：各辅助生产环节如井口操车设备、机修厂、设备材料库的装卸等各种辅助工作全部实现机械化，以消除笨重体力劳动，提高工效。

（8）地面布置合理化：生产、生活合理分区；矿井地面工业场地，根据功能、流程合理布局；

尽量缩小工业场地。同时,工业场地的位置、形式也要考虑有利于开拓和初期采区布置。

(9) 监测监控管理网络化：建立井下安全监测系统、生产过程监控系统、矿井科学管理系统，使各项管理工作和安全监测集中化、现代化、科学化。

(10) 安全环保文明化：认真贯彻安全规程，采取各种综合措施，防治各种煤矿灾害。要高度重视环境保护，按国家规定设置相应的工程和设施，并尽可能地绿化、美化工业场地环境，消除或减少污染。

第二节　设计方案的经济比较

方案经济比较是寻求合理的经济和技术决策的必要手段，也是项目经济评价的重要组成部分。在项目可行性研究过程中进行各项主要经济和技术决策（如生产规模、产品方案、工艺流程和主要设备选择、原材料和燃料供应方式、场址选择、场地布置以及资金筹措等）时，均应根据实际情况提出各种技术上、安全上可能的方案进行分析筛选，并对筛选出的几个方案进行经济测算，衡量各方案的经济效益。然后根据国家政策、市场情况，结合社会效益和环境效益，以及其他因素详细论证、综合比较，做出抉择。

一、方案比较的原则及注意事项

(1) 经济测算结果是方案比选的主要依据，方案比选原则是应通过国民经济评价结果来确定。但对产出物基本相同、投入物构成基本一致的方案进行比选时，为了简化计算，在不会与国民经济评价结果发生矛盾的前提条件下，也可通过财务评价结果来确定。

(2) 方案比选应遵循效益与费用计算口径一致的原则,必要时应考虑相关效益和相关费用。

(3) 方案比选应注意各个方案间的可比性。

①方案比选可按各个方案所含的全部因素（相同因素和不同因素）计算各方案的全部经济效益和费用，进行全面的比较（如矿区总体、井田划分、矿区规模、矿井开拓方式、矿井规模），也可仅就不同因素（不计相同因素）计算相对经济效益和费用进行局部比较（如矿井井下运输方式、提升、排水、通风等方案的比选）。

②各方案设计深度相同。

③各方案效益和费用的计算范围一致。

④各方案效益和费用的计算基础资料可比，包括售价、设备、材料、工资价格、经营成本等为同一年度价格水平。投资估算所采用的指标、定额及相关规定一致。

⑤计算期的起始年一致。

⑥经济比较方法相同。

(4) 方案比选应注意在某些情况下，使用不同指标导致相反结论的可能性。根据方案的实际情况（计算期是否相同，资金有无约束条件及效益是否相同等）选用适当的比较方法。

二、设计方案的经济比较方法

目前国内外常用的方案经济比较方法有两大类：考虑资金时间价值的动态分析方法和不考虑资金时间价值的静态分析方法。根据我国煤炭行业建设的特点，常用的动态分析方法有净现值法、差额内部收益率法、最小费用法。静态分析方法有静态差额投资收益率和静态差额投资回收期法（以下方法和实例引自《煤炭工业建设项目经济评价方法与参数》一书）。

（一）净现值法（NPV）

净现值（NPV）是工程项目在规定使用期限内，总收益现值和总费用之差，也就是在工程项目计算期内，按一定的折现率，将各年的净现金流量折现到建设起点的现值之和。净现值的评价原则是：$NPV \geqslant 0$ 时，该工程项目在经济上是可行的，反之是不可行的。而在应用净现值指标来评价多方案时，当多个方案计算期相同，投资额相同时，选择净现值较大的方案。投资额不同的方案，用净现值率来衡量，以净现值率大的方案为优。

表达式为：

$$NPV=\sum_{t=1}^{n}(CI-CO)_t(1+i)^{-t}$$

式中　CI——现金流入；

CO——现金流出；

$CI-CO)_t$——t 年净现金流量；

i——财务基准收益率或社会折现率。

净现值率是净现值与投资现值之比，其含义是除确保投资计划有基准收益率或社会折现率收益外，每单位投资尚可获得额外收益。

其表达式为：

$$NPVR=\frac{NPV}{I_P}$$

式中　I_P——方案的全部投资的现值。

例：某矿井有两个方案，其投资、经营成本及效益见表 2－5－1。若 $i=8\%$，对它们作全面的技术经济比较。

表 2－5－1　投资方案净现值　　万元

年	方案一				方案二			
	投资	成本	效益	合计	投资	成本	效益	合计
0	－1000			－1000	－1000			－1000
1		－350	650	300		－300	650	350
2		－300	700	400		－300	700	400
3		－230	750	520		－300	750	450

计算净现值指标：

$NPV_1=-1000+300\ (P/F,\ 8\%,\ 1)\ +400\ (P/F,\ 8\%,\ 2)\ +520\ (P/F,\ 8\%,\ 3)$
$=33.47$（万元）

$NPV_2=-1000+350\ (P/F,\ 8\%,\ 1)\ +400\ (P/F,\ 8\%,\ 2)\ +450\ (P/F,\ 8\%,\ 3)$
$=24.20$（万元）

$NPV_1>NPV_2$

净现值率：

$$NPVR_1=\frac{33.47}{1000}=0.033$$

$$NPVR_2=\frac{24.20}{1000}=0.024$$

$$NPVR_1>NPVR_2$$

从以上可以看出，一方案净现值较大为可取方案；一方案的净现值率也较高是推荐方案。

（二）差额投资内部收益率法

内部收益率是指工程项目在计算期内各年净现金流量现值累计等于零时的折现率。差额投资内部收益率是两个方案年净现金流量差额的现值之和等于零的折现率。项目的差额投资内部收益率可用试差法求得，适用于不同规模的互斥方案的比较。

其计算表达式为：

财务评价时：

$$\sum_{t=1}^{n}[(CI-CO)_2-(CI-CO)_1]_t(1+\Delta FIRR)^{-t}=0$$

式中　$(CI-CO)_2$——投资大的方案的年净现金流量；

$(CI-CO)_1$——投资小的方案的年净现金流量；

$\Delta FIRR$——差额投资财务内部收益率；

n——计算期；

国民经济评价时：

$$\sum_{t=1}^{n}[(B-C)_2-(B-C)_1]_t(1+\Delta EIRR)^{-t}=0$$

式中　$(B-C)_2$——投资大的方案的年净效益流量；

$(B-C)_1$——投资小的方案的年净效益流量；

$\Delta EIRR$——差额投资经济内部收益率。

进行方案比较时，可按上述公式计算差额投资内部收益率，并与财务基准收益率（财务评价时）或社会折现率（国民经济评价时）进行对比。若 $\Delta FIRR\geqslant i_C$ 财务基准收益率或 $\Delta EIRR\geqslant i_S$ 社会折现率时，以投资大的方案为优，反之，以投资小的方案为优。

多个方案进行比较时，要先按投资大小由小到大排序，再依次就相邻方案进行比较，从中选出最优方案。

例：某矿井有两个方案，它们的净现金流量如表 2－5－2，求差额投资内部收益率，财务基准收益率按 12％计。

表 2－5－2　差额净现金流量表　　万元

方案＼年份	1	2	3	4	5	6	7	8
一	－2000	－4000	－5000	－1000	3000	3000	3000	3000
二	－2500	－4500	－5000	－2000	3500	3500	3500	3500
差额	－500	－500	0	－1000	500	500	500	500
方案＼年份	**9**	**10**	**11**	**12**	**13**	**14**	**15**	
一	3000	3000	3000	3000	3000	3000	5000	
二	3500	3500	3500	3500	3500	3500	5500	
差额	500	500	500	500	500	500	500	

当时 $i=15\%$　　　$\Delta NPV=111.59$（万元）

当时 $i=17\%$　　　$\Delta NPV=-35.78$（万元）

所以　$\Delta FIRR=15\%+\dfrac{111.59}{111.59+35.78}\times(17\%-15\%)=16.51\%$

项目的差额投资内部收益率为16.51%，大于基准收益率12%，所以投资额较大的方案二较为优越。

（三）最小费用法

在多方案比较时，当多个方案的效益相同或基本相同，而且，方案的效益又难以具体量化估算时，为了方便计算，通常采用最小费用法，其评价准则，以最低费用实现目标者为优。最小费用包括：费用现值比较法和年费用比较法。

1. 费用现值比较法（*PW*）

费用现值比较法是把项目寿命期内的费用按一定的折现率计算成现值，并与投资值相加，然后比较各方案费用现值的大小，来决定方案的优劣。费用现值低的方案是可行的方案。其计算公式为：

$$PW=\sum_{t=1}^{n}(I+C'-S_V-W)_t\,(P/F,\ i,\ t)$$

式中　I——全部投资（包括固定资产和流动资金等）；

C'——年经营费用；

S_V——计算期末回收的固定资产余值；

W——计算期末回收流动资金；

$(P/F,\ i,\ t)$——折现系数；

i——基准收益率（财务评价）或社会折现率（国民经济评价）；

n——计算期。

例：某矿井井筒位置方案选择，有5个方案，各方案的技术数据和费用见表2—5—3及表2—5—4。

从表看，第二方案费用现值最小，为可取方案。

2. 年费用比较法（*AC*）

年费用比较法就是将各个方案在经济寿命期内、不同时间上发生的费用按规定的折现率折现，然后换算成等额的年费用，根据年费用的大小来决定项目的优劣。其评价原则是年费用较低的方案为可行的方案。计算期不同的方案宜采用年费用比较法。

其表达式：

$$AC=\left[\sum_{t=1}^{n}(I+C'-S_V-W)_t(P/F,i,t)\right](A/P,i,n)$$

式中　$(A/P,\ i,\ n)$——资金回收系数。

依上例计算 i 为10%，n 为20年，$(A/P,\ i,\ n)$ 为0.1175，则各方案的年费用如下：

项目	单位	方案一	方案二	方案三	方案四	方案五
年费用	万元	1221.75	1086.52	1276.91	1131.47	1133.75

用以上方法进行比较时，须注意其使用条件。在不受资金约束的条件下，一般可采用差额投资内部收益率法、净现值法或年值法。当有明显的资金限制时，一般宜采用净现值率法。

计算期相同的方案可直接选用以上方法；计算期不同的方案进行比较时，宜采用年费用比较法。如要采用其他方法，则要对各方案的计算期进行处理（最小公倍数或最短计算期）后再进行计算比较。

（四）静态差额投资收益率和静态差额投资回收期

1. 静态差额投资收益率（R_a）

是静态的简便的方案比较方法之一，它是静态差额投资回收期的倒数，其计算公式为：

$$R_a=\frac{C_1-C_2}{I_2-I_1}\times 100\%$$

表 2-5-3　某矿井井口位置方案技术经济比较表

比较方案			方案一			方案二			方案三		
			数量	单位	费用(万元)	数量	单位	费用(万元)	数量	单位	费用(万元)
一、基本投资	井筒工程	1. 主井(φ5.5m)	680.40	m	1299.86	680.40	m	1487.26	680.40	m	1487.82
		2. 副井(φ7.5m)	625.00	m	1847.85	625.00	m	2117.98	625.00	m	2117.98
		3. 进风井(φ5.0m)	602.60	m	1239.94		m		602.60	m	1239.94
		4. 回风井(φ6.0m)	577.60	m	1377.22	577.40	m	1290.46	577.60	m	1377.22
		小计	2485.60	m	5764.87	1882.80	m	4896.26	2485.60	m	6222.96
	主要巷道工程				5434.35	23957.70	m	5119.91	23897.70	m	5029.75
	地面工程	1. 铁路专用线	5.4	km	810.00	8.30	km	1245.00	8.30	km	1245.00
		2. 铁路桥		座		1	座	268.80	1	座	268.80
		3. 新建、改建公路		km		1.20	km	20.00	1.20	km	70.00
		4. 风井占地	1000	m²	25.50	2500	m²	6.40	10000	m²	25.50
		5. 输变电设施	1×3.2	套.km	54.20	1×0.65	套.km	38.90	1×1.5	套.km	44.00
		6. 运输设备	1	台	44.50	3	台	33.40	3	台	33.40
		小计			934.20			1612.50			1636.70
	基本投资合计				12133.42			11628.67			12889.41
二、建井工期			7	年		8	年		7	年	
三、生产运营费	地面年运输费	第一年			38.70			19.30			42.19
		第二年			129.78			133.61			140.64
		第三年至第十五年			155.70			168.77			168.77
	井下年运输费	第一年			44.70			14.06			30.79
		第二年			148.86			87.90			103.39
		第三年至第十五年			178.64			111.04			124.07
四、现值($i=10\%$)					10397.90			9246.96			10867.31

续表

比较方案			方案四			方案五		
			数量	单位	费用(万元)	数量	单位	费用(万元)
一、基本投资	井筒工程	1. 主井(φ5.5m)	681.00	m	1603.20	680.40	m	1299.86
		2. 副井(φ7.5m)	625.60	m	2281.11	625.60	m	2281.11
		3. 进风井(φ5.0m)						
		4. 回风井(φ6.0m)	577.60	m	1377.22	577.60	m	1377.22
		小计	1884.20	m	5261.53	1883.60	m	4958.19
	主要巷道工程		22397.70	m	4671.05	25792.50	m	5491.91
	地面工程	1. 铁路专用线	8.50	km	1275.00	5.40	km	810.00
		2. 铁路桥	1	座	268.80			
		3. 新建、改建公路	1.80	km	36.00	1.2	km	24.00
		4. 风井占地				13000	m^2	331.50
		5. 输变电设施				1×3.2	套.km	54.20
		6. 运输设备	2	台	22.30	6	台	32.50
		小计			1102.10			1252.50
	基本投资合计				11534.68			11702.80
二、建井工期			7	年		8	年	
三、生产运营费	地面年运输费	第一年			39.38			25.97
		第二年			131.27			86.58
		第三年至第十五年			157.52			103.89
	井下年运输费	第一年			24.94			41.75
		第二年			85.38			140.26
		第三年至第十五年			102.45			168.32
四、现值($i=10\%$)					9629.56			9648.93

表 2-5-4 井筒位置方案费用现值比较表　　万元

方案	费用＼年份	合计	1	2	3	4	5	6
一	固定资产投资	12133.42	3657.10	2929.96	1352.45	1485.01	1011.73	952.16
	流动资金							
	经营费用							
	费用合计		3657.10	2929.96	1352.45	1485.01	1011.73	952.16
	费用现值	10397.90						

续表

方案	费用＼年份	合计	1	2	3	4	5	6
二	固定资产投资	11628.67	3162.28	2558.25	915.87	922.35	922.35	960.36
	流动资金							
	经营费用							
	费用合计		3162.28	2558.25	915.87	922.35	922.35	960.35
	费用现值	9246.96						
三	固定资产投资	12889.41	4038.37	3167.14	1297.04	1401.25	1118.16	1058.59
	流动资金							
	经营费用							
	费用合计		4038.37	3167.14	1297.04	1401.25	1118.16	1058.59
	费用现值	10867.31						
四	固定资产投资	11534.68	3454.96	2722.07	1151.27	1234.34	1112.92	1053.35
	流动资金							
	经营费用							
	费用合计		3454.96	2722.07	1151.27	1234.34	1112.92	1053.35
	费用现值	9629.56						
五	固定资产投资	11702.80	3218.53	2736.08	1439.28	1551.51	1079.23	1019.66
	流动资金							
	经营费用							
	费用合计		3218.53	2736.08	1439.28	1551.51	1079.23	1019.66
	费用现值	9648.93						

方案	费用＼年份	7	8	9	10	11～18	19	20
一	固定资产投资	745.01						－200
	流动资金		47	37				－84
	经营费用		83.40	278.64	334.34	334.34×8	334.34	334.34
	费用合计	745.01	130.40	315.64	334.34	334.34×8	334.34	50.34
	费用现值							
二	固定资产投资	1094.76	1092.45					－180
	流动资金			35	35			－70
	经营费用			33.36	221.51	279.81×8	279.81	279.81
	费用合计	1094.76	1092.45	68.36	256.51	279.81×8	279.81	29.81
	费用现值							
三	固定资产投资	808.86						－210
	流动资金		37	37				－74
	经营费用		72.98	244.03	292.84	292.84×8	292.84	292.94
	费用合计	808.86	109.98	281.03	292.84	292.84×8	292.84	8.84
	费用现值							

续表

方案	年份 费用	7	8	9	10	11～18	19	20
四	固定资产投资	805.77						−170
	流动资金		30	35				−65
	经营费用		64.32	216.65	259.97	259.97×8	259.97	259.97
	费用合计	805.77	94.32	251.65	259.97	259.97×8	259.97	24.97
	费用现值							
五	固定资产投资	348.81	309.70					−180
	流动资金			30	38			−68
	经营费用			67.72	226.84	272.21×8	272.21	272.21
	费用合计	348.81	309.70	97.72	264.84	272.21×8	272.21	24.21
	费用现值							

当两个方案产量相同时，C_1 和 C_2 分别为两个比较方案的年经营成本；I_1 和 I_2 分别为两个比较方案的投资。

当两个方案产量不同时，C_1 和 C_2 分别为两个比较方案的单位产品经营成本；I_1 和 I_2 分别为两个方案的单位产品投资。

静态差额投资收益率大于基准收益率时，投资大的方案较为优越。

2. 静态差额投资回收期（P_a）

是静态差额投资收益率的倒数。其表态式为：

$$P_a=\frac{I_2-I_1}{C_1-C_2}\times 100\%$$

静态投资回收期小于基准回收期时，投资大的方案较为优越。

例：某矿井通风机选型，设计考虑两个方案，一方案选用CF473−112.5D型离心式通风机，二方案选用2K−60N0.24轴流式通风机。一方案需投资19.4万元，年经营费用20.26万元；二方案需投资33.20万元，年经营费用19.76万元。

$$R_a=\frac{20.26-19.76}{33.20-19.40}\times 100\%=3.62\%$$

$$P_a=\frac{33.20-19.40}{20.26-19.76}=27.6\text{（年）}$$

该基准收益率为5%，基准投资回收期20年；本项目静态差额投资收益率为3.62%，低于5%；差额投资回收期27.6年，超过20年，所以投资小的一方案较优。

三、参数的选取计算

（一）计算期

计算期包括项目的建设期和生产期。各比较方案的经营期或使用期相同时，生产期取其经营期或使用期；各比较方案计算期不同时，以采用年值法和年费用法较为简便。如果要采用现值法、费用现值法或其他方法时，若需对诸比较方案的计算期作适当处理，处理方法有两种：一是以诸方案计算期的最小公倍数作为比较方案的计算期；二是以诸方案中最短的计算期作为比较方案的计算期。

（二）年经营费用的组成

矿井生产经营费是矿井设计（包括新建矿和老矿扩建或技术改造）中进行方案比较的一个重要方面。

矿井生产经营费用是用于经营与维修的货币支出。它由以下几部分组成。

(1) 原辅材料费：指企业为进行生产而耗用，一切向外购进的原料及主要材料、半成品、辅助材料，修理用备品备件、火工品、低值易耗品等。

(2) 燃料及动力费：指企业为进行生产而耗用的向外购进的各种燃料及动力所发生的费用。

(3) 工资：指企业应计入生产费的职工工资，包括按规定包括在工资总额内并应计入成本的各项奖金，不包括各项专用基金开支的工资、奖金和列入营业外支出的工资等。

(4) 提取的职工福利费：指企业按照规定从生产成本中提取的职工福利费。

(5) 修理费：指企业按照规定的大修理提存率提取的固定资产修理费。

(6) 其他支出：指不属于以上各项而应由经营费用负担的费用支出。

（三）年经营费用的计算

1. 材料费

材料费按下面公式计算：

$$材料费=\Sigma（某种材料消耗量\times 单价）$$

材料消耗量根据项目设计方案详细计算，也可参考临近矿区或类似矿井的实际消耗资料；单价按项目所在地实际综合单价，或可参照相邻矿区的实际综合单价。

2. 燃料及动力费

燃料及动力费根据项目设计提供的燃料动力消耗量，采用项目所在地综合单价计算燃料动力费，其公式为：

$$燃料及动力费=原煤燃料及动力消耗量\times 综合单价$$

3. 工　资

平均工资单价由下面公式计算：

$$工资=主要工资+其他工资$$

$$年工资总额=工资人员\times 年平均工资单价$$

值得注意的是，年平均工资单价应随方案的不同，机械化程度、生产效率不同而有所区别。

4. 职工的福利费

职工福利费按年工资总额的14%计算。

5. 修理费

修理费按照设备及其安装工程的固定资产原值的提存率计算。公式如下：

$$修理费=项目固定资产原值\times 提存率$$

式中，提存率综机设备为5%，除综机设备外，其他固定资产为2.5%。

多方案比较时，同时存在国产设备和国外引进设备，应分别计算修理费，国产设备按上述公式及提存率计算，国外引进设备按实际统计资料综合考虑。

6. 其他支出

其他支出包括劳动保险费、待业保险费、工会经费与职工教育经费、其他费用等。

劳动保险费、待业保险费、工会经费与职工教育经费按工资的27.6%计算。

其他费用可参照临近矿区或类似矿井实际发生费用综合计算。

第三节　井田开拓方案比较内容

井田开拓方案比较内容包括：矿井设计生产能力、井筒（平硐）位置与形式、水平划分、运输大巷布置、总回风道布置等项。以下列出各项方案比较的主要内容。在实际工作中往往是几项综合在一起比较，这时就需要综合各项的内容，进行统一的技术分析和经济比较。

一、矿井设计生产能力方案比较内容

一个矿井的设计生产能力若出现不同方案，可按表2—5—5的内容，抓住影响生产能力的几个主要环节进行方案比较，即可确定矿井设计生产能力。

表2—5—5　矿井设计生产能力方案比较内容

项　　目	主要比较内容
矿井设计生产能力	生产能力； 服务年限、均衡生产年限、第一水平服务年限
采区及工作面	初期移交生产和达到设计能力的采区数量、位置、探明的和控制的储量、服务年限，采区接续； 初期移交生产和达到设计能力的回采工作面数目、分布及其装备水平、长度、年进度； 回采工作面总长度
提　升　系　统	主、副井井筒（或平硐）数量、长度和布置； 提升容器及数量； 提升能力
通　风　系　统	风井数量及工程量； 总回风道及工程量； 通风设备及构筑物
压　风　系　统	压风设备及构筑物
供　电　系　统	供电负荷； 输变电线路及设备
地　面　运　输	铁路接轨点，线路选择及长度； 公路线路选择及长度； 桥涵设置
地　面　建　筑	行政生活建筑； 居住区建筑及设施； 通勤设备

续表

项　　目	主 要 比 较 内 容
工业场地及占地	工程地质条件、工业场地布置； 供电、水、通讯、公路、排矸系统； 环境保护措施； 井（硐）口及工业场地占地； 铁路、公路占地； 防洪排涝占地； 居住区占地； 其他占地及迁村等
井 巷 工 程 量	移交生产时井巷工程量（长度、体积）； 达到设计生产能力时总井巷工程量（长度、体积）
劳　动　定　员	原煤生产人员、服务人员、其他人员； 矿井总定员
劳 动 生 产 率	全员效率
基建投资（万元）	移交生产时投资； 达到设计生产能力时总投资； 吨煤投资
建　设　工　期	移交生产时连锁工程工期、总工期
原　煤　成　本	吨煤成本
返　本　期	基建投资返本期

二、井筒（平硐）形式和井口位置方案比较内容

当开拓井筒形式不同时，形式和位置的方案应结合在一起全面比较。形式相同的方案，则位置需单独比较。无论形式或位置比较时，都要包括井筒（平硐）数量的比较。

井筒形式方案比较的内容，见表2—5—6。

表2—5—6　井筒形式方案比较内容

项　　目	比 较 内 容
井筒（平硐）特征及装备	井筒（平硐）位置、用途、数目、深度（长度）； 井筒（平硐）断面、支护形式及深度（长度）； 井筒（平硐）装备（设施）
采区及工作面	初期移交生产和达到设计能力的采区数量、位置、服务年限，采区接续； 初期移交生产和达到设计能力的回采工作面数目、分布及其装备水平、长度、年进度； 回采工作面总长度
提　升　系　统	提升容器类型及数量； 装、卸载设备； 提升设备及能力； 井塔（井架）结构及建筑体积； 大型设备及长材料的提升

续表

项　目	比 较 内 容
井底车场及硐室	井底车场形式、调车方式及通过能力； 主井系统硐室（翻笼硐室、底卸矿车卸载坑、煤仓及装载硐室、清理撒煤硐室）； 副井系统硐室（副井井筒与井底车场连接处、推车机硐室，矸石系统的车场巷道及硐室、清理井底硐室）
运输大巷（石门）	大巷（石门）断面及支护； 大巷（石门）布置方式（分组或集中）及长度； 大巷（石门）煤柱
通 风 及 安 全	通风方式； 风井数量及特征（初期、后期）； 总回风道布置、断面及长度； 通风网路及风压； 安全出口
施工技术条件	冲积层厚度、岩性、涌水量； 工业场地的工程地质条件、稳定性及基岩含水性，井筒通过强含水层的技术措施；水、电等的输送条件； 井筒延深的方式； 主要施工方案及装备
煤　　柱	井筒（平硐）及工业场地煤柱量； 煤质、煤类
占　　地	工业场地占地及居住区占地； 铁路、公路占地； 迁村数量及户数
工 程 量	井筒、井底车场及硐室、运输大巷（石门）工程量； 铁路、公路及工业场地土（石）方工程量
建 设 工 期	施工准备工期，井巷连锁工程工期，总工期
基建投资（万元）	井巷工程投资（初期、后期）； 设备费、安装费； 建筑及其他费用
生产经营费	井筒提升费（万元/a）； 大巷（石门）运输费（万元/a）； 井筒排水费（万元/a）； 通风费（万元/a）； 地面运输费（万元/a）； 可比部分总生产经营费（万元/a，元/t）

井筒（平硐）位置与井筒形式及其用途是密切相关的，其方案比较内容有些是与井筒形式一致的。表 2－5－7 是井筒（平硐）位置方案的独立比较内容。

表2—5—7 井筒（平硐）位置方案比较内容

项　　目	比 较 内 容
井 下 运 输	各水平两翼资源/储量、分布； 各水平煤及矸石的平均运距，运输量； 运输大巷（石门）位置； 井底车场形式
采区及工作面	初期移交生产和达到设计能力的采区数量、位置、服务年限，采区接续； 初期移交生产和达到设计能力的回采工作面数目、分布及其装备水平、长度、年进度； 回采工作面总长度
水 平 划 分	水平标高，阶段划分； 水平资源/储量及服务年限
煤　　柱	井筒（平硐）煤柱量及其与首采区关系； 工业场地煤柱量； 大巷（石门）煤柱量
施工技术条件	冲积层厚度、成分、涌水量； 老空、岩溶喀斯特、滑坡性质、构造及影响； 井筒延深方式； 施工技术措施
地 面 运 输	铁路接轨点，线路选择及长度； 公路线路选择及长度； 桥涵设置
防洪排涝条件	井口（硐口）标高； 防洪排涝措施（填方、筑堤、改河、疏渠）
工 业 场 地	工程地质条件、工业场地布置； 供电、水、通讯、公路、排矸系统； 环境保护措施
占　　地	井（硐）口及工业场地占地； 铁路、公路占地； 防洪排涝占地； 居住区占地； 其他占地及迁村等
工 程 量	井筒（平硐）工程量（初期、后期）； 井底车场及硐室工程量（初期、后期）； 运输大巷（石门）工程量（初期、后期）； 风井、总回风道及石门工程量（初期、后期）
建 设 工 期	井巷连锁工程长度、工期，总工期
基建投资（万元）	井巷工程投资； 设备费、安装费； 地面运输投资； 土地购置费； 地面建筑； 其　他

续表

项　　目	比 较 内 容
生产经营费（万元/a）	井筒提升费； 井下运输费； 井筒排水费； 地面运输费； 提升费、排水费、通风费
其　　他	水源、地面铁路、管线的维护条件等； 通勤条件

三、水平划分方案比较内容（见表2—5—8）

表2—5—8　水平划分方案比较内容

项　　目	比 较 内 容
水 平 划 分	水平标高； 阶段垂高及斜长
储量及服务年限	水平上、下山资源/储量及比例； 水平上、下山服务年限； 水平均衡生产年限及接替
工　程　量	井筒、井底车场及硐室工程量（初期、后期）； 运输大巷（石门）、总回风道工程量（初期、后期）； 采区准备巷道（石门、煤仓、上下山）工程量
基建投资（万元）	井巷工程投资（初期、后期）； 设备费、安装费
建 设 工 期	井巷连锁工程工期，总工期
生产经营费（万元/a）	井筒提升费、排水费； 大巷（石门）运输费； 井巷维护费

四、运输大巷布置方案比较内容

开采煤层群可用集中运输大巷或设分组运输大巷，高瓦斯矿井采用大断面单巷或者小断面双巷，薄煤层井田采用煤层大巷或者岩石大巷等等，有时需要通过方案比较确定，其比较内容见表2—5—9。

表2—5—9　运输大巷布置方案比较内容

项　　目	比 较 内 容
大 巷 位 置	大巷所处层位岩性，有无动压影响
大 巷 特 征	断面、支护形式及数量，大巷运输方式、设备、煤柱

续表

项　目	比较内容
工程量	大巷工程量（初期、后期）
建设工期	井巷连锁工程工期、总工期
基建投资（万元）	大巷投资（初期、后期）
生产经营费（万元/a）	大巷维护费

五、总回风道布置方案比较内容（见表 2—5—10）

表 2—5—10　总回风道布置方案比较内容

项　目	比较内容
布置方式	总回风道数量、位置、标高与防水煤（岩）柱的关系
工程量	巷道断面、支护形式； 巷道长度、掘进体积
施工工期	井巷工程工期
基建投资（万元）	巷道投资
生产经营费（万元/a）	巷道维护量、维护费
其他	安全性

第四节　井田开拓方案比较实例

近几年来，在招标中，有关专家评议华亭矿区白草峪矿井开拓设计方案比较做得较好、较完整，做为实例介绍如下（实例中可采储量、地质储量等仍用原来的概述）。

一、概　况

井田走向长约 4.10～8.45km，倾斜宽 1.40～4.40km，面积 24.52km²，地处六盘山东麓，地形复杂，沟谷纵横，广为黄土层覆盖，为一全隐蔽式煤田。

主要开采煤 5 层真厚度 0.02～83.03m，平均厚度 32.65m，结构复杂，厚薄变化大，依据该层赋存特点将其分为四个区，分别描述如下：

（1）东区：煤层倾角 6°～9°，平均采用厚度 35.46m，夹矸 3～10 层，面积 9.74km²，可采储量 317.216Mt，占 59.14％，是井田内煤层最好的一个块段，宜优先开发。

（2）北区：煤层倾角 10°～25°，平均采用厚度 18.78m，夹矸少于 10 层，面积 5.05km²，可采储量 84.054Mt，占 15.67％，是井田内煤层较好块段，为理想的接替区。

（3）西区：煤层急剧分叉区，呈马尾状赋存，位于西部向斜轴两翼，其东翼倾角尚缓，一般在 9°～18°，西翼倾角变陡达 42°，可分为煤 5—1、煤 5—2、煤 5—3 三个主要分层。面积 3.40km²，可采储量 24.981Mt，占 4.6％。是井田最复杂的块段，宜最后开采。

（4）南区：井田南部北汭水河及其沿岸村庄之下，煤层倾角 5°～11°。平均采用厚度 31.90m，夹矸 10～20 层，面积 5.48km²，地面村庄密集，设计采用限厚法开采，是井田较好的接替区。

次要开采煤3层，真厚度0～4.48m，平均1.57m。在首采区范围内分布不连续，不稳定，且煤层变薄、灰分高、开发价值低，不宜开采。而在井田的北部及西北部连续赋存，煤层增厚，有一定开发价值，应考虑开采，可采储量17.16Mt。

煤5层地质储量888.22Mt，占97%，可采面积23.67km^2；煤3层地质储量27.55Mt，占3%，可采面积13.94km^2；全井田地质储量915.78Mt，其中A级：183.86Mt，占20%；A+B级：493.76Mt，占53.9%；C级：422.02Mt，占46.1%，可采储量553.42Mt。

煤5层属特低灰、特低硫、低磷、中高发热量长焰煤。煤3层为中灰、低硫、低磷中等发热量长焰煤，均是理想的动力和化工煤种。

本矿井属低瓦斯、煤尘有爆炸危险，煤层易自然发火（发火期3～6个月）、无热害矿井。矿井水文地质条件简单，正常涌水量110m^3/h，最大涌水量135m^3/h。第三系甘肃群下部的砾岩、砂砾岩、砂岩层胶结疏松、含水丰富，井筒施工有一定困难，需注浆治理。煤5层顶底板岩性为泥岩、粉砂岩、细砂岩，属易破碎冒落，不稳定顶板。

二、矿井设计生产能力

对矿井设计生产能力提出了年产300万t、400万t和500万t三个方案，经分析比较论证，矿井设计生产能力确定为4.00Mt/a，其理由如下：

(1) 井田内煤层赋存稳定，储量丰富，可采储量达553.42Mt，且主要集中在煤5层。煤5层真厚度为0～83.03m，平均32.65m，实际开采厚度0.95～72.15m，平均31.84m，仅在井田西部边界附近局部不可采，范围很小，影响甚微；煤3层局部可采，煤层厚度较小，且主要集中在井田北部，初期基本上不存在压茬问题，故井田有建设4.00Mt/a矿井的煤层和资源条件。

(2) 井田内地质构造及水文地质条件较简单。井田内探明的构造有四处，即西部边界的F_3断层和边界附近的向斜构造，中部的背斜构造和东部边界的向斜构造。由于F_3断层距煤层可采边界最小距离达160m～170m，因此不会对矿井开采带来影响；向、背斜两翼地层较为宽缓，其倾角一般为6°～15°；主要可采煤层以裂隙充水为主，水量较小，水文地质条件属简单类型；煤层瓦斯含量仅为0～1.85m^3/tf，属低瓦斯矿井。上述条件均有利于采用综合机械化开采，故井田有建设4.00Mt/a矿井的开采技术条件。

(3) 具有良好的铁路外运条件。新建的宝中电气化铁路从矿区中部通过，矿区铁路专用线在安口站接轨，矿井铁路专用线工程的初步设计已获有关部门的批准，铁路运输有保障，有建设大型矿井的外部运输条件。

(4) 井田内煤质好，煤炭用户落实。华亭矿区建设管理委员会已分别与陕西省宝鸡第二发电厂和甘肃平凉电厂签定了供煤协议，市场有保障。随着经济建设重点西移战略方针的实现，本区经济将会有大的发展，必将需要更多的能源。

(5) 矿井有较好的投资效益和较合理的服务年限。设计曾对3.00Mt/a、4.00Mt/a及5.00Mt/a三种不同的井型进行了采区个数、回采工作面个数、井巷工程量、建井工期、单位生产成本、矿井服务年限、吨煤投资等方面的技术经济比较。3.00Mt/a与4.00Mt/a相比，移交生产时均需两个采区两个回采工作面，井巷工程量和建井工期基本相同，但万吨掘进率、单位生产成本和吨煤投资显然前者较高，投资回收期长，因此4.00Mt/a时，投资效益较好。5.00Mt/a与4.00Mt/a相比，移交生产时5.00Mt/a，一般需三个采区三个回采工作面同时生产，吨煤投资和单位生产成本基本相同，但井巷工程量、万吨掘进率较高，初期投资多，建井工期较长，投资回收期长，经济效益较差。

井型确定为 3.00Mt/a 时，服务年限达 131.8a，与规范规定的 70a 相比，服务年限偏长，不能充分利用已勘探的资源，积压储量；井型确定为 5.00Mt/a 时，服务年限仅 79.1a，刚满足规范下限要求，服务年限偏短，开发强度过大，特别是将来若南部村庄下采煤不能实现时，服务年限仅 63.2a，服务年限过短；井型确定为 4.00Mt/a 时，服务年限为 98.8a，与规范相比，服务年限较合适。

(6) 近 10 年来，我国已有数十座大型矿井相继投产，已积累了较丰富的设计、建设和生产管理经验，有能力设计、建设和管理好年产 4.00Mt/a 的大型矿井。

经上述分析论证，矿区总体设计所确定的 4.00Mt/a，井型是合理的。

根据本井田的开采技术条件及规范要求，储量备用系数取 1.4，经计算矿井服务年限为 98.8a，满足规范要求。

三、井田开拓方案比较

本井田为全隐蔽式煤田，煤系地层被第四系、第三系甘肃群和中侏罗统延安组第三段所覆盖，煤层埋藏深，主要可采煤层煤 5 层覆盖层厚度达 410～1150m；可供选择矿井工业场地的北汭水河一带，覆盖层厚度最小处在井田背斜的轴部，为 436m，其余厚度一般均在 500m 以上；北汭水河一带第三系厚度为 112.18～159.60m，岩石强度低，且含水性较强，井筒需用特殊方法施工，因此设计推荐采用立井开拓方式，同时结合不同的工业场地位置，也进行了主斜副立井综合开拓方式的比较。

(一) 影响井口及工业场地位置选择的主要因素

(1) 井田地处六盘山东麓，井田北部为丘陵区，地形复杂，基本无建井条件；南部为北汭水河阶地，有较好的选择井口及工业场地的条件。

(2) 第三系甘肃群底部主要由砂岩、砂砾岩、砾岩组成，胶结程度低、松散，透水性和富水性较强，对井筒施工有一定影响。为减少施工难度和节省投资，井口应选择在甘肃群第一段较薄处。

(3) 矿井铁路专用线从东南方向砚北矿井装车站咽喉区接轨后，沿南汭水河、北汭水河逆流而上至矿井工业场地，井口及工业场地位置的选择应使矿井铁路专用线的长度较短。

(4)井田高级储量区基本分布在第 9 勘探线、第 4 勘探线与经线 36375000、经线 36376500 的范围内，首采区应布置在其范围内。

(5) 煤 5 层是井田内的主要可采煤层，其结构、厚度、煤质等在井田内的变化均较大。东部结构简单，夹矸层数少，厚度小，而西部结构复杂，夹矸层数多厚度大；东部煤层厚度大，变化幅度小，地质报告提供的纯煤厚度为 33.62～47.16m，而西部变化略有减小；原煤水分由南向北、由东向西逐渐变大。为提高矿井的经济效益，首采区应尽量选择在煤层、煤质条件较好的东南部。为减少初期工程量，选择井口位置时，宜尽量靠近首采区。

(6) 煤 3 层厚度小，生产能力低，局部可采，井口位置应利于解决煤 3 层的压茬问题。

(7) 井田南部村庄较大，且分布较密，工业场地应尽可能少占良田，避开村庄，以不迁村或迁户不迁村为原则。

(8)受地形条件和煤层产状的限制，工业场地井口位置不可能选择在井田储量的中心。因此，工业场地及井口位置应尽量接近前期开采储量的中心。

(9) 矿井生产及生活用水取自井田以西北洳水河上游的王峡口水库；电源取自东南方向和砚北矿井工业场地附近的110kV变电所；矿井辅助附属企业布置在井田以南的西华中心区；矿井居住区与矿区居住区合建于西华中心区，工业场地选择时应统筹考虑，处理好与水源、电源、西华中心区的位置关系。

(10) 井田面积较小，但煤层厚度大，埋藏深，井筒及工业场地压煤量较大。工业场地应选择在压煤量较少的地方。

(11) 应有利于井底车场主要硐室位于较好的岩层中。

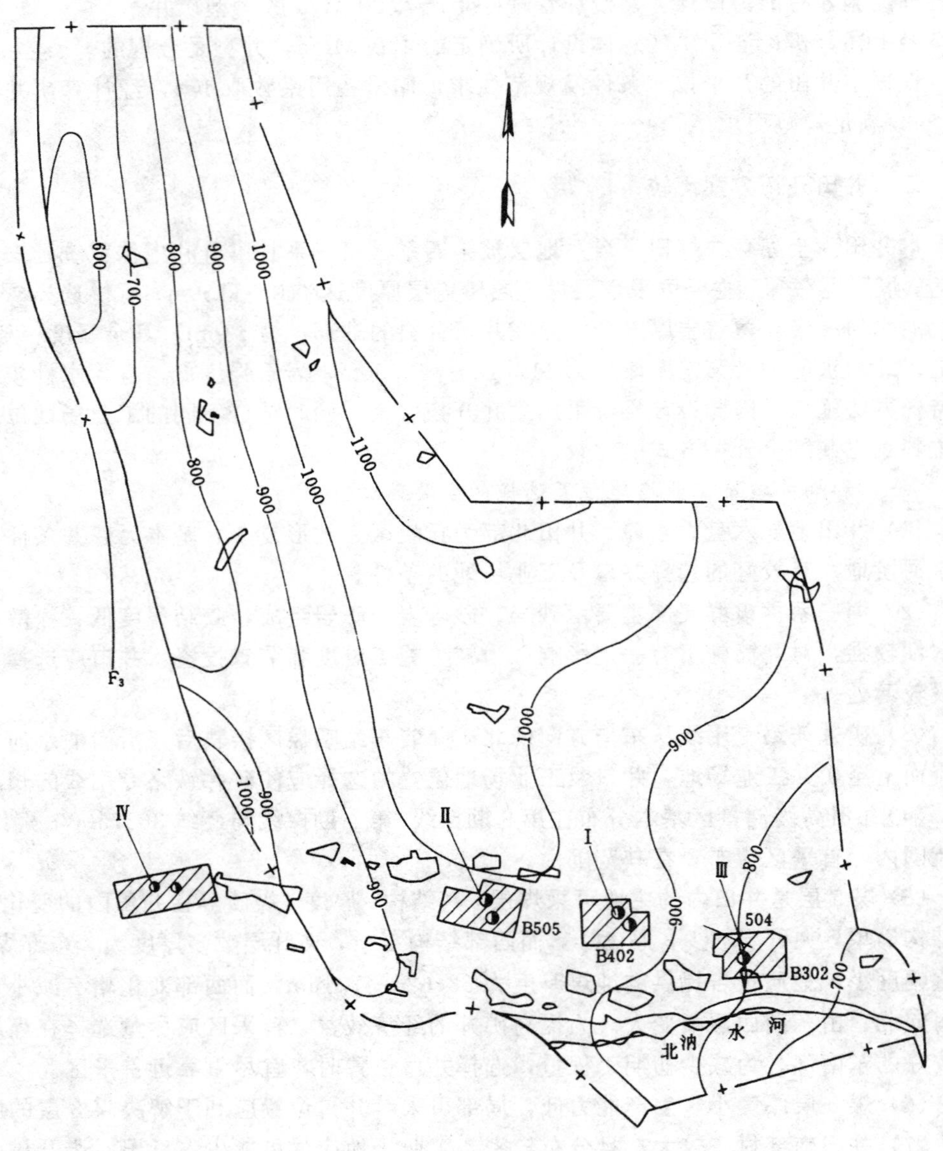

图2-5-1　井口及工业场地位置方案图

Ⅰ—庞家磨场地；Ⅱ—何家庄场地；Ⅲ—曹园场地；Ⅳ—任家磨场地

（二）井口、工业场地位置及开拓方案

根据上述影响井口及工业场地位置选择的因素，提出了四个井口及工业场地位置（详见图 2—5—1），以及相应的开拓方案，进行技术经济比较，现将各方案分述如下：

1. 方案一

方案一为立井开拓。工业场地及主、副井口选择在北洒水河北岸 B402 号钻孔北侧，即庞家磨村以北，何家沟以东的阶地上，自然地形标高＋1458.0～＋1468.6m，高差 10.6m。

本工业场地较为开阔，地形平坦，场内建筑物依现有的公路布置，分区明确，布局合理，功能齐全，既便于各分区系统的联系，相互干扰又小。

矿井铁路专用线逆北洒水河西上，长约 3.4km；矸石排放场地选择在工业场地北侧的韩家沟内，排矸运距 1.5km。

主井井口标高为＋1464.2m，井底标高＋930.0m，井筒垂深 534.2m，净直径 ϕ6m，箕斗提升；副井井口标高＋1464.8m，车场水平标高＋930.0m，井筒垂深 534.8m，净直径 ϕ6.6m，罐笼提升，井筒内装备有梯子间，兼做矿井主要进风井和安全出口。

采用＋930m 单水平开发全井田。主、副井落底后，设＋930m 水平环形车场。主井箕斗装载硐室采取全上提式，井底清理撒煤系统为本水平清理。

根据井田形状、煤层产状、开采技术条件和井口位置等具体条件，井下设三组大巷，即在井田中部背斜的东西两翼各设一组南北向的大巷，在井田南中部黎家庄、何家庄、庞家庄煤柱下设一组联接东西部的大巷。＋930m 水平轨道大巷按 3‰流水坡度掘进，胶带大巷沿煤 5 层底板布置，回风大巷沿煤 5 层中部布置。大巷与井底车场间采用轨道石门、进风石门和上仓胶带巷联接。

矿井移交生产时，采用中央并列式通风系统、抽出式通风方式。回风立井选择在 B503 钻孔附近，井口标高＋1476.1m，井底标高＋953.0m，井筒垂深 523.1m，净直径 ϕ5m，井筒内装备梯子间，兼做矿井的安全出口，矿井后期采用分区式通风系统，即在井田北部郭家梁村东侧，再开凿一对 ϕ5.0m 进、回风立井。

全井田共划分为 13 个采区，其中煤 5 层 10 个，煤 3 层 3 个，矿井移交的首采区为井底车场附近的东一、西一两个采区。

井田开拓方式平、剖面图详见图 2—5—2、图 2—5—3、图 2—5—4。

2. 方案二

方案二也为立井开拓。工业场地及主、副井井口位置选择在北洒水河北岸何家庄南侧的 B505 号钻孔附近阶地上，自然地形标高＋1472.2～＋1483.5m，高差 11.3m。

工业场地较开阔，场地东北角为何家沟中沟，分区较明确，功能较合理。

矿井铁路专用线沿北洒水河西上，长约 4.2km；矸石排矸场地选择在工业场地东北侧的何家沟内，排矸运距 1.5km。

主井井口标高＋1477.5m，井底标高＋1030.0m，井筒垂深 447.5m，净直径 ϕ6m，箕斗提升。副井井口标高＋1477.0m，车场水平标高＋1030.0m，井筒垂深 447.0m，净直径 ϕ6.6m，罐笼提升，井筒内装备梯子间，兼做矿井的进风井和安全出口。

采用＋1030m 水平和＋930m 辅助水平开发全井田。主、副井落底后设＋1030m 水平环形井底车场，主井箕斗装载硐室采用全上提式，井底清理撒煤系统为本水平清理。

在井田中部背斜的轴部附近，设南北向的＋1030m 水平轨道大巷，沿煤 5 层底板设胶带

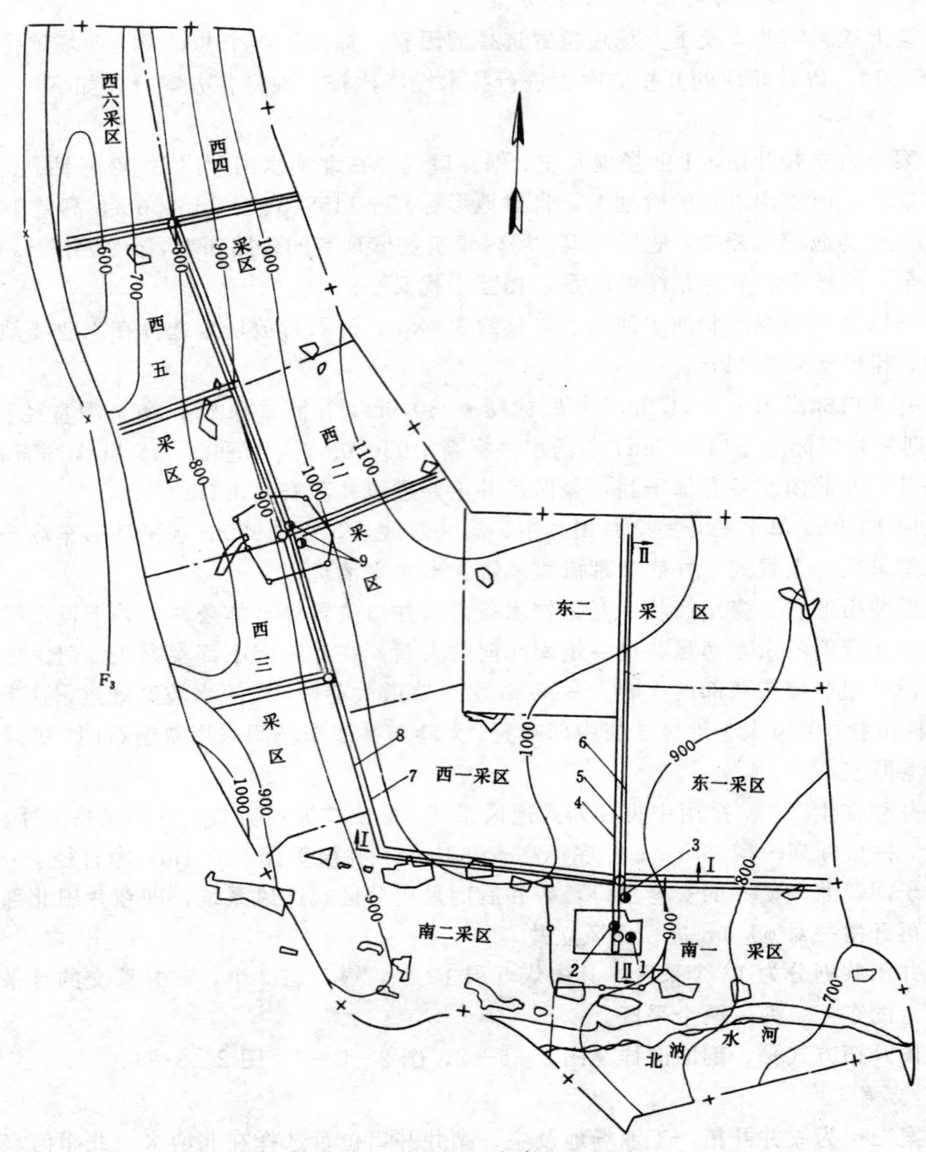

图 2-5-2 井田开拓方案Ⅰ平面图

1—主立井；2—副立井；3—回风立井；4—+930 水平东部轨道大巷；
5—东部带式输送机大巷；6—东部回风大巷；7—+930 水平西部轨道大巷；
8—西部带式输送机大巷；9—后期进、回风立井

大巷，沿煤 5 层中部设回风大巷。

+930m 辅助水平设于井田北部，与+1030m 水平间的主运输利用北四采区的集中胶带下山连接，辅助运输采用+930m 水平轨道石门，以暗斜井联接。+930m 水平轨道大巷按 3‰ 流水坡度掘进，胶带大巷沿煤 5 层底板布置。

+1030m 水平大巷与井底车场间采用轨道石门、进风石门和上仓胶带巷连接。

矿井移交生产时，采用中央并列式通风系统、抽出式通风方式。回风立井选择在 B604 号

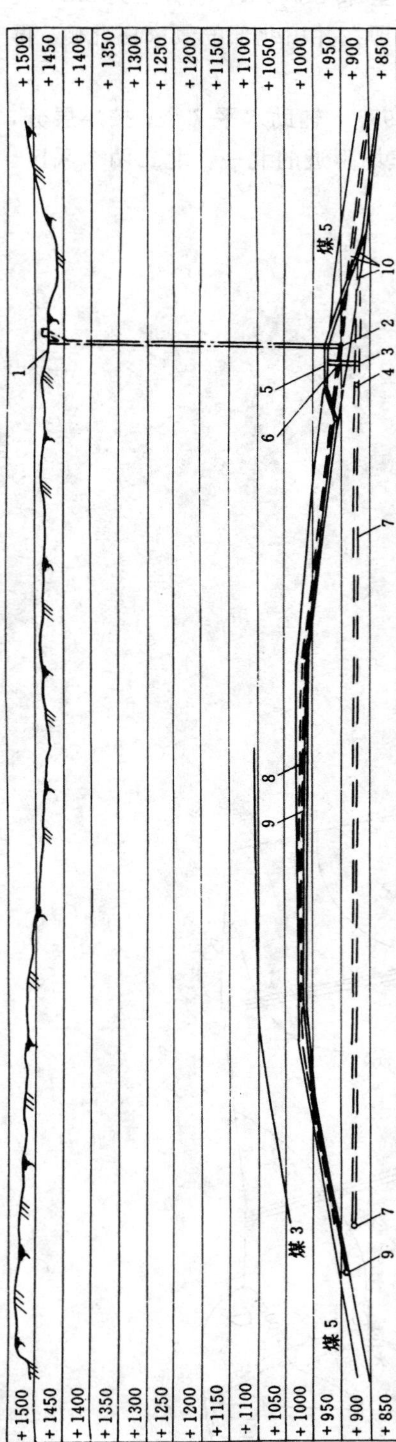

图2—5—3 井田开拓方案Ⅰ Ⅰ—Ⅰ剖面图

1—回风立井；2—东部回风大巷；3—上仓带式输送机巷；4—+930水平东部轨道大巷；5—东部带式输送机大巷；6—分区煤仓；7—+930水平西部轨道大巷；8—西部回风大巷；9—西部带式输送机大巷；10—东一采区下山

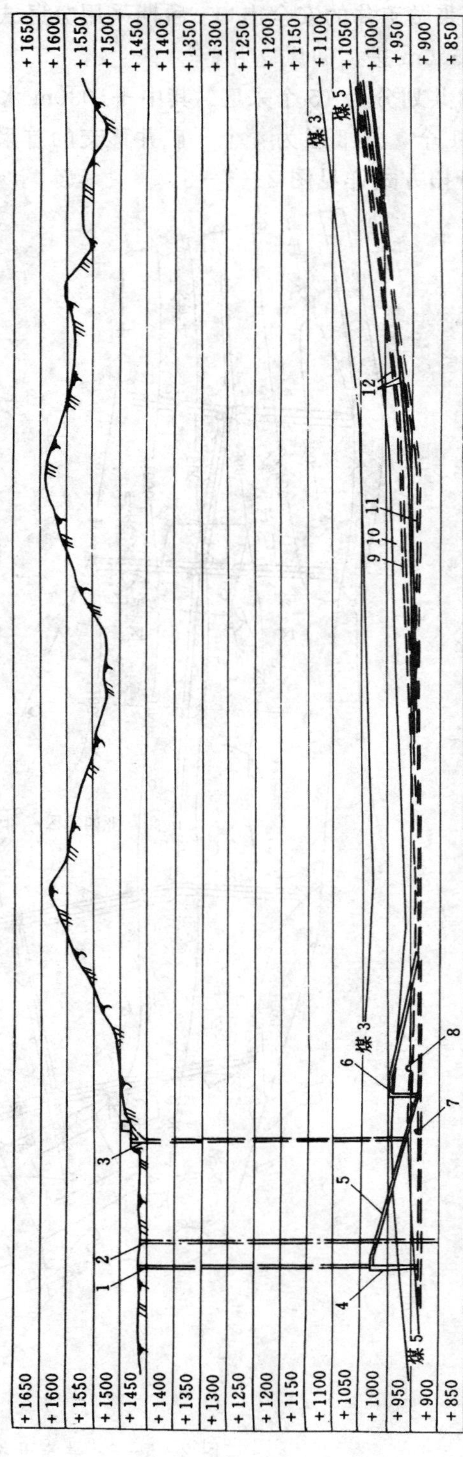

图2—5—4 井田开拓方案Ⅰ Ⅱ—Ⅱ剖面图

1—主立井；2—副立井；3—回风立井；4—井底煤仓；5—上仓带式输送机巷；6—分区煤仓；7—+930水平西部轨道大巷；8—西部回风大巷；9—东部回风大巷；10—东部带式输送机大巷；11—+930水平东部轨道大巷；12—东二采区上山

钻孔附近，井口标高＋1480.0m，井底标高＋1030.5m，井筒垂深449.5m，净直径为5m，装备梯子间，兼做矿井的安全出口。后期采用分区式通风系统，即在井田北部的景家庄北侧，再开凿一对ϕ5.0m进、回风立井。

全井田共划分为15个采区，其中＋1030m水平8个，＋930m辅助水平7个；按煤层分，煤5层为11个，煤3层为4个。矿井移交的首采区为井底车场附近的北一、北二两个采区。

井田开拓方式详见图2－5－5。

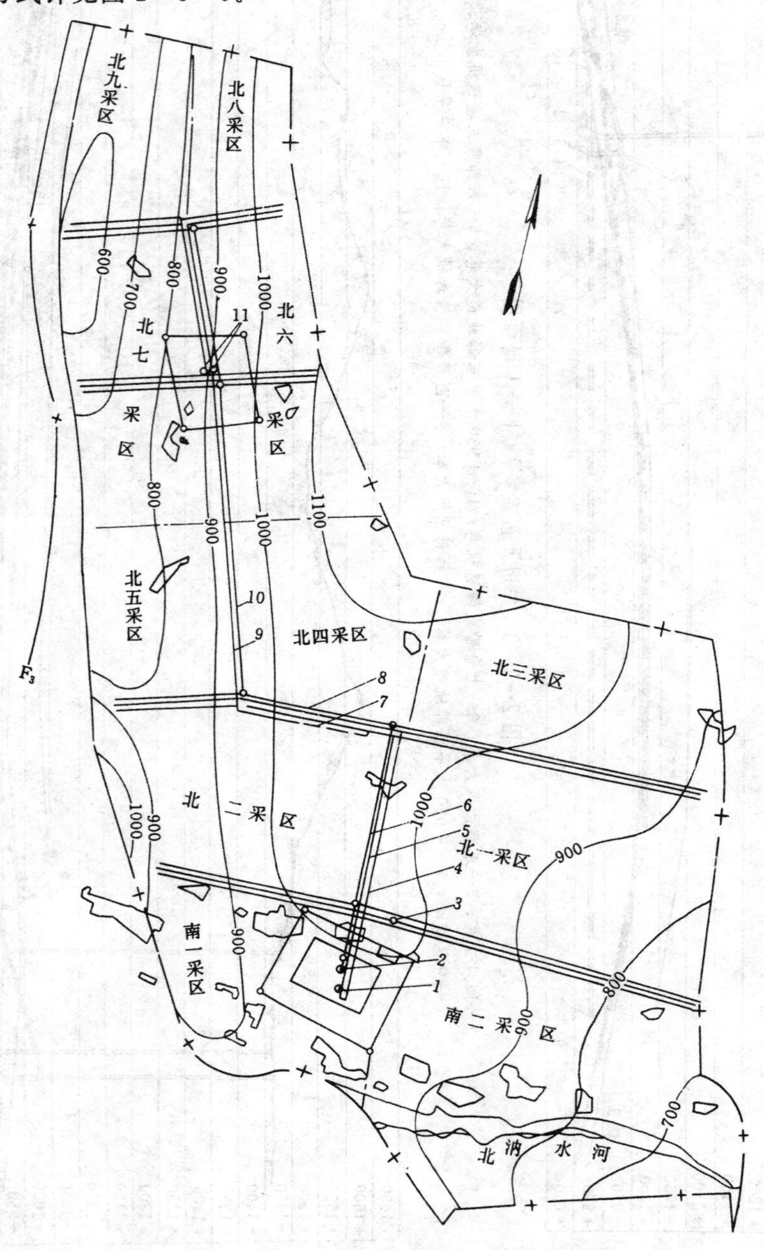

图2－5－5 井田开拓方案Ⅱ平面图

1—副立井；2—主立井；3—回风立井；4—回风大巷；5—1030水平轨道大巷；6—带式输送机大巷；7—＋930水平材料暗斜井；8—集中带式输送机下山；9—＋930水平轨道大巷；10—北部带式输送机大巷；11—后期进、回风立井

3. 方案三

方案三为主斜井、副立井综合开拓方式。工业场地及主斜井、副立井井口选择在北汭水河北岸504号钻孔与B302号钻孔之间的阶地上。自然地形标高+1434.0～+1456.0m，高差22.0m。

工业场地较为狭窄，地形高差较大，且需搬迁曹园的一个自然村（约30户）。工业场地依地形分三个台阶布置，分区较明确，功能较合理，但三个台阶的布置方式不便于使用。

矿井铁路专用线沿北汭水河西上，长约2.2km；矸石排放场地选择在工业场地西北侧的何家沟内，排矸运距3.0km。

主斜井井口标高+1446.0m，井底标高+930.0m，倾角25°，斜长1221.0m，井筒内装备大倾角胶带输送机和绳式卡轨车，兼做矿井的进风井和安全出口。副立井井口标高+1445.5m，车场水平标高+930.0m，井筒垂深515.5m，净直径ϕ6.6m，罐笼提升，井筒内装备梯子间，兼做矿井的进风井和安全出口。

采用+930m单水平开发全井田。副立井落底后，设+930m水平环形井底车场，并由轨道石门、进风石门与水平大巷联接。主斜井井底煤仓为上提式，井筒落底后，通过平巷与+930m水平轨道大巷联接。

井田开拓方式详见图2—5—6。

4. 方案四

方案四为立井开拓。工业场地及主、副井井口位置选择在井田西部陈家沟井田外的任家磨村北侧阶地上，工业场地位于井田之外，自然地形标高+1500.5～+1513.5m，高差13.0m。工业场地地形高差较大，四周村庄较密，为避免村庄搬迁，工业场地呈窄条状布置，分区较明确，功能较合理。工业场地四周均为村庄。

矿井铁路专用线沿北汭水河展线西上，长约6.4km；矸石排放场地选择在工业场地东北部的何家沟内，排矸运距3.0km。

主井井口标高+1508.0m，井底标高+930.0m，井筒垂深578.0m，净直径ϕ6m，箕斗提升。副井井口标高+1509.0m，车场水平标高+930.0m，井筒垂深579.0m，净直径ϕ6.6m，罐笼提升，装备梯子间，兼做矿井的进风井和安全出口。

采用+930m单水平开发全井田。主、副井落底后，设+930m水平环形井底车场，主井箕斗装载硐室采取全上提式，井底清理撒煤系统为本水平清理。

井下设一组大巷，即在井田中部背斜的西翼，基本沿煤层走向设+930m水平轨道大巷，沿煤5层底板布置胶带大巷，沿煤5层中部布置回风大巷。在大巷东侧，布置有两条东西向的轨道石门，穿过背斜轴，分别服务于北二、北四两采区，以加快辅助运输速度，大巷与井底车场间采用轨道石门、进风石门和胶带石门联系。

矿井移交生产时，采用中央并列式通风系统、抽出式通风方式。回风立井选择在黎家庄的西北侧，4307号钻孔附近，井口标高+1530.0m，井底标高+930.0m，井筒垂深600.0m，净直径ϕ5m，井筒内装备梯子间，兼做矿井的安全出口，后期采用中央边界式通风系统，即在井田东部803号钻孔北侧和井田北部冯家山北侧各开凿一个净直径ϕ5m的回风立井。

全井田共划分为15个采区，其中煤5层11个，煤3层4个。矿井移交的首采区为北一、北三两个采区。

井田开拓方式详见图2—5—7。

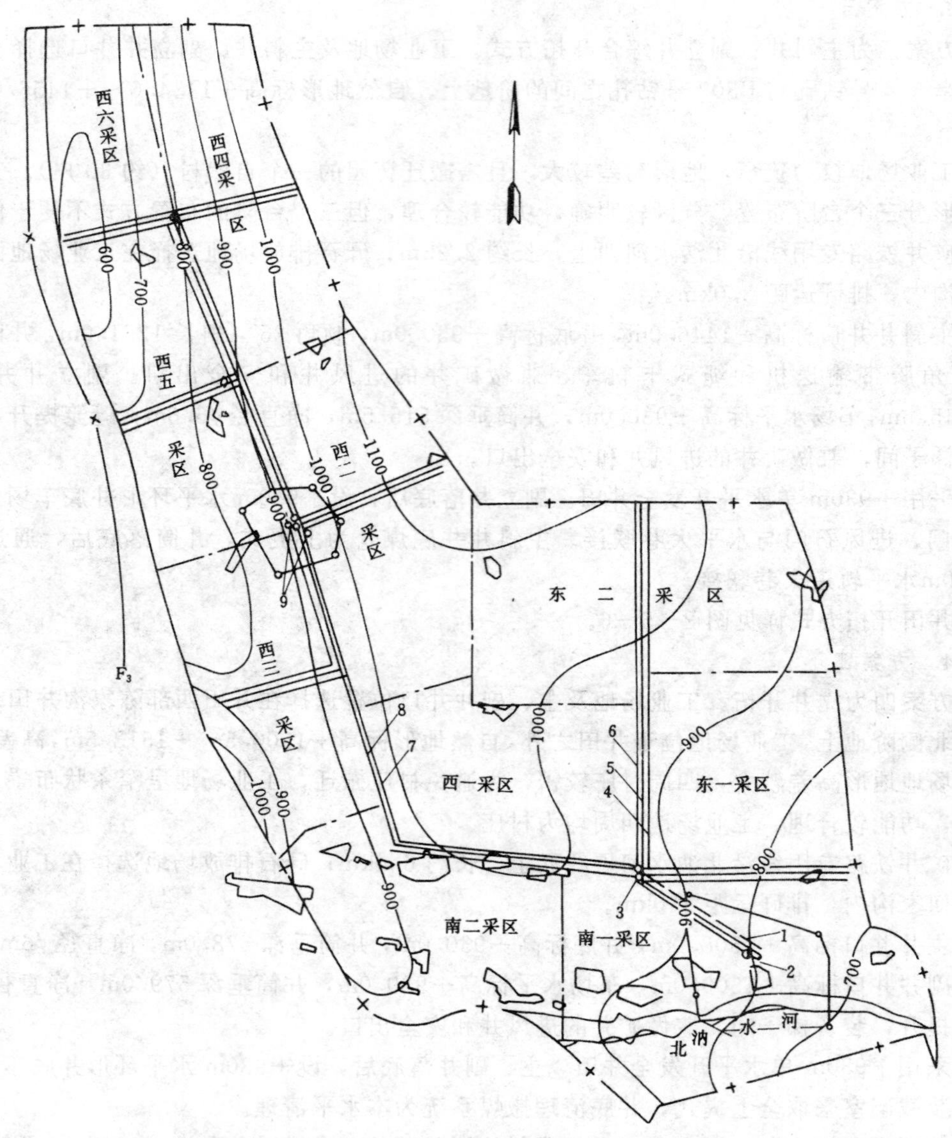

图 2-5-6　井田开拓方案Ⅲ平面图

1—主斜井；2—副立井；3—回风立井；4—+930 水平东部轨道大巷；5—东部回风大巷；6—东部带式输送机大巷；7—+930 水平西部轨道大巷；8—西部带式输送机大巷；9—后期进、回风立井

（三）方案比较

各方案井口、工业场地位置及开拓方式特征详见表 2-5-11；可比工程量及投资比较详见表 2-5-12，为使各方案比较口径统一，设备部分均按国产设备进行比较；生产运营费比较详见表 2-5-13，优缺点比较详见表 2-5-14。

经过较全面的技术经济比较，井口、工业场地位置及井田开拓方式推荐方案一，即井口及工业场地选择在 B402 号钻孔北侧，庞家磨村以北、何家沟以东的阶地上，采用立井开拓方式。

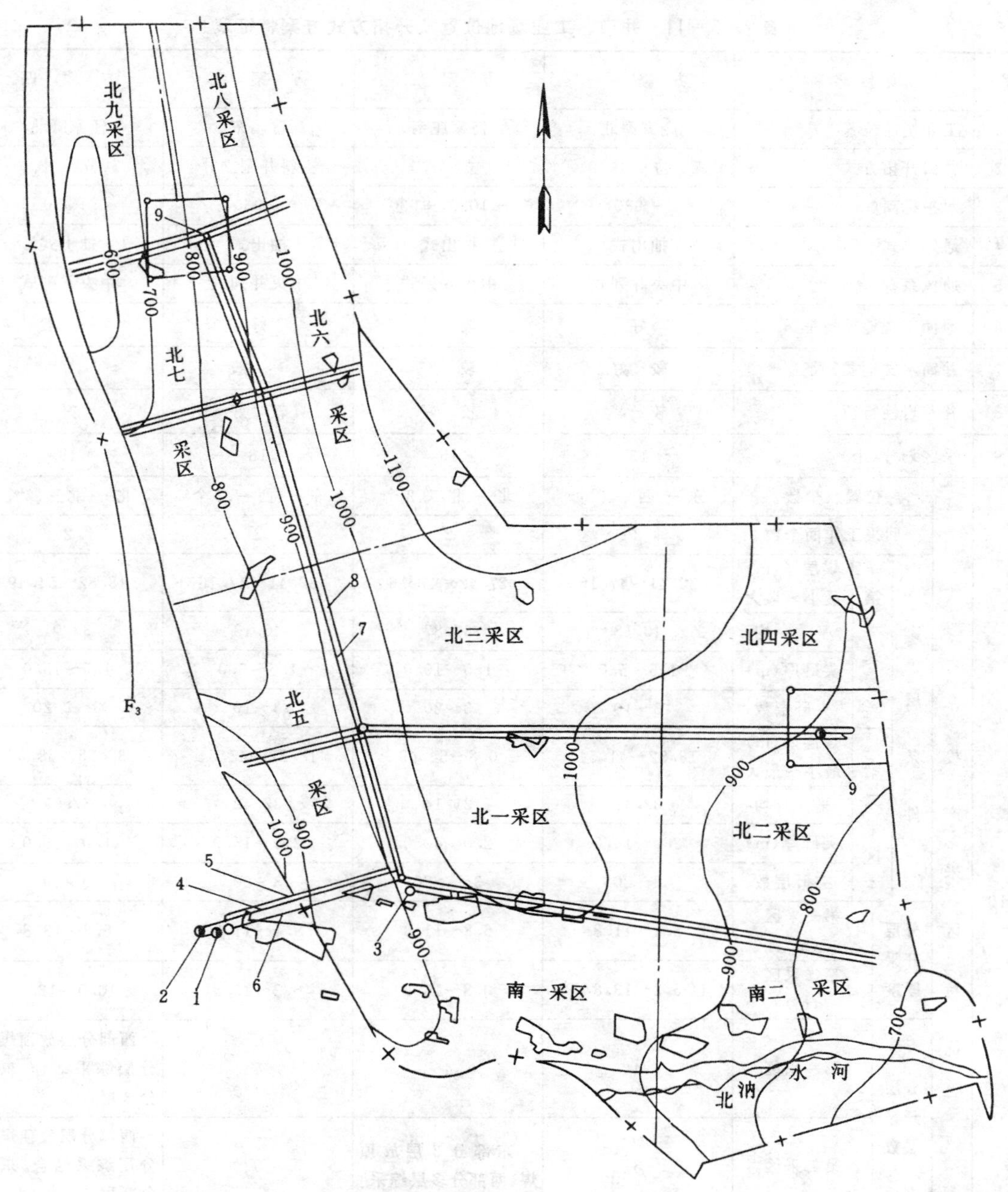

图 2-5-7 井田开拓方案Ⅳ平面图

1—主立井；2—副立井；3—回风立井；4—＋930 水平东部轨道石门；5—＋930 水平进风石门；6—＋930 水平带式输送机石门；7—＋930 水平轨道大巷；8—＋930 水平带式输送机大巷；9—后期进、回风立井

为进一步论证推荐方案的合理性，设计利用已通过煤炭部鉴定的《近水平煤层矿井设计方案优化》计算机软件，对上述 4 个开拓方案进行了优化，8 项主要指标的多目标综合优化决策结果详见表 2－5－15。据优化结果，方案一综合评价指标最低，说明方案一为最优方案。

表2-5-11 井口、工业场地位置及开拓方式方案特征表

序号	项目名称				方案一	方案二	方案三	方案四
1	工业场地位置				庞家磨北	何家庄南	曹园东	任家磨北
2	井田开拓方式				立井	立井	主斜井副立井	立井
3	水平标高(m)				+930	+1030,+930	+930	+930
4	通风方式				抽出式	抽出式	抽出式	抽出式
5	通风系统				中央并列式	中央并列式	中央并列式	中央并列式
6	地面工程地质特征				好	较好	好	一般
7	井筒水文地质特征				较好	较好	一般	好
8	井巷岩性特征				较好	较好	较好	好
9	采区划分(个)				13	15	13	15
10	投产采区特征	位置及个数			东一、西一、2个	北一、北二、2个	东一、西一、2个	北一、北三、2个
		回采工作面个数			2	2	2	2
		煤层条件	第一采区	煤层厚(m)最小～最大	32.41～47.16	27.42～47.16	32.41～47.16	18.52～54.49
				平均	40.13	37.87	40.13	33.01
				夹矸厚(m)	1.5～5.0	1.5～10.0	1.5～5.0	1.5～15.0
				夹矸层数	3～10	3～20	3～10	3～>20
			第二采区	煤层厚(m)最小～最大	18.52～41.54	0.8～54.49	18.52～41.54	32.73～68.05
				平均	32.42	21.14	32.42	37.95
				夹矸厚(m)	2.0～15.0	2.0～40.0	2.0～15.0	1.0～20.0
				夹矸层数	3～20	3～>20	3～20	0～20
		分层开采厚度	第一采区(m)		8.1～11.8	6.8～11.8	8.1～11.8	6.2～13.8
			第二采区(m)		6.2～13.8	0.8～13.8	6.2～13.8	10.9～12.0
		分层开采层数	第一采区		4	4	4	西部分层放顶煤与分层综采结合、东部分3层
			第二采区		3	东部分3层放顶煤,西部分多层综采	3	西部分层放顶煤与分层综采结合、东部分3层
		采区服务年限	第一采区(a)		27.2	42.8	26.4	20.2
			第二采区(a)		20.0	16.6	20.0	35.7
11	压煤量	工业场地(Mt)			22.74	20.85	32.88	0
		初期风井场地(Mt)			4.50	4.20	6.20	5.02
		合计(Mt)			27.24	25.05	39.08	5.02
12	建井工期(月)				46	48	52	56

表 2-5-12 井口、工业场地位置及开拓方式可比工程量投资比较表

序号	项目名称			方案一（庞家磨场地）		方案二（何家庄场地）		方案三（曹园场地）		方案四（任家磨场地）	
				数量	投资（万元）	数量	投资（万元）	数量	投资（万元）	数量	投资（万元）
1	井巷工程	井筒	主　井(m)	534.2	1832.84	448.0	1537.09	1221.0	1968.23	578.0	1983.12
			副　井(m)	566.0	2290.76	479.0	1938.65	551.0	2230.05	611.0	2472.89
			风　井(m)	523.1	1319.92	454.0	1145.56	532.0	1342.38	605.0	1526.58
		井底车场（投资含井底车场硐室）(m)		835.8	2242.11	835.8	2242.11	882.0	2366.05	835.8	2242.11
		主要运输道及回风道(m)		2490.0	1891.03	2770.0	2103.68	4000.0	3037.80	7690.0	5840.17
		采区准备巷道(m)		3000	1692.09	4055.0	2287.14	3151.2	1777.37	4480.0	2506.85
		井筒装备			862.79		696.27		607.07		904.49
		合　计		7949.1	12131.54	9041.8	11950.50	10337.2	13328.95	14799.8	17496.21
2	工业场地	占地面积(ha)		14.48	863.32	15.40	918.17	16.30	971.83	14.20	846.63
		土石方工程量(m^3)		112600	41.83	122800	45.62	351000	130.39	103000	38.26
		拆迁民房(m^2)		323	3.96			4000	44.00	100	0.80
		拆迁水井（眼）		1	15.00						
		防洪排涝工程			223.99		44.03		393.13		254.21
		输电通信线路改造(m)		1250	2.53	3530	14.44			2120	16.74
		合　计			1150.63		1022.26		1539.35		1156.64
3	铁路工程	铁路专用线(km)		3.423	4758.00	4.179	5514.00	2.170	3255.00	6.444	8632.80
		铁路站场	站场铺轨及道岔(km)	3.580	602.48	3.388	570.17	3.340	562.09	3.400	572.19
			土石方工程量(m^3)	82620	66.14	119991	96.06	90715	72.62	89010	71.26
			占地面积(ha)	4.185	250.38	4.153	248.47	4.663	278.98	4.208	251.76
		合　计			5677.0		6428.70		4168.69		9528.01
4	场外公路(km)			1.87	126.01	2.36	159.03	1.98	133.42	3.50	336.85
5	35kV 供电线路(km)			13.2	185.90	15.3	215.48	10.9	153.51	18.2	256.32
6	通信线路(km)			6.0	26.43	7.0	30.84	5.0	22.03	9.5	41.85
7	供水管路(km)			11.6	540.06	9.6	446.95	13.6	633.18	5.3	246.91
8	提升设备	主井（均以国产设备为基础比较）		两对 16t 箕斗	2562.00	两对 16t 箕斗	2557.00	B=1200 大倾角胶带输送机	2527.50	两对 16t 箕斗	2565.00
		副　井		一宽一窄一对罐笼	1138.93	一宽一窄一对罐笼	1135.93	一宽一窄一对罐笼	1138.23	一宽一窄一对罐笼	1140.53
	基建投资总计（万元）				23538.50		23946.69		23644.86		32768.32
	各方案与方案一之差（万元）						+408.19		+106.36		+9229.82

表 2－5－13 各开拓方案投产20年内可比生产运营费（静态）比较表 万元/a

序号	项目	方案一	方案二	方案三	方案四
1	矿井提升费	721.89	661.95	735.94	769.94
2	矿井主排水费	122.33	108.59	119.61	128.99
3	矿井采区辅助排水费	20.57	45.24	21.48	30.17
4	矿井通风费	127.89	131.91	158.48	167.74
5	矿井胶带输送机运营费	311.33	450.44	214.14	631.52
6	矿井巷道维护费	371.14	423.45	434.15	501.28
7	矿井辅助运输费	124.48	158.18	166.62	167.10
8	合计	1799.63	1979.76	1850.42	2396.74
9	各方案与方案一之差		＋180.13	＋50.79	＋594.11
10	吨煤生产运营费（元/t）	4.50	4.95	4.63	5.99

表 2－5－14 井口、工业场地位置及开拓方式各方案优缺点比较表

	方案一（庞家磨场地）	方案二（何家庄场地）	方案三（曹园场地）	方案四（任家磨场地）
优点	1.首采区储量丰富、煤层厚度大、变化小，有利于采用放顶煤的开采工艺，对达产有利 2.首采区煤质较好，有利于矿井经济效益的提高 3.铁路专用线较短 4.井巷工程量少、贯通距离短，建井工期短 5.可长期实现矿井的双翼同时生产，有利于矿井的稳产高产 6.上、下山煤量比例及上、下山长度适中 7.辅助运输环节少，效率高 8.井上、下反向运输量较少 9.距西华中心区及县城较近，矿区生产服务及职工上、下班较方便 10.基建投资省 11.矿井生产运营费低	1.井筒短 2.井巷工程量较少，贯通距离较短，建井工期较短 3.工业场地压煤量较少 4.井下反向运输量较少	1.铁路专用线短 2.首采区储量丰富、煤层厚度大、变化小，有利于采用放顶煤的开采工艺，对达产有利 3.首采区煤质较好，有利于矿井经济效益的提高 4.主斜井安装速度快、检修容易、能耗低，做为矿井的安全出口，安全性较好 5.上、下山煤量比例及上、下山的长度适中 6.距西华中心区及县城近，矿区生产服务及职工上、下班方便	1.压煤量少 2.井巷工程围岩较好井筒水文地质条件较好 3.给水管路短

续表

	方案一(庞家磨场地)	方案二(何家庄场地)	方案三(曹园场地)	方案四(任家磨场地)
缺点	1.压煤量较大 2.后期风井启用较早,需在投产后的20年启用	1.移交生产的北二采区煤层结构复杂,大部分在分岔区或接近分岔区,分层厚度变化较大,对矿井达产和稳产不利 2.北二采区煤质较差,会影响矿井经济效益 3.+1030m水平均为下山采区,下山煤量多 4.下山长度过大,采区内辅助运输不易解决,辅助排水环节多 5.设+1030m水平和+930m辅助水平,辅助运输环节多 6.矿井后期为单翼生产,对矿井稳产高产不利 7.基建投资较高,矿井生产运营费较高	1.主斜井大倾角、大运量、长距离的胶带输送机提升,可靠性差,成功的经验尚不足 2.斜井过第三系含水层困难大、投资高、工期长 3.搬迁工程量大,社会关系不易协调和处理 4.压煤量多 5.斜井及轨道石门斜切南一采区,对开采不利 6.井巷工程量较大 7.主、副、风井落底点距离较远,贯通距离较长,建井工期较长 8.工业场地防洪工程量大,地形条件差,需分台阶布置,不利场内运输及管线布置 9.基建投资较高,矿井生产运营费较高	1.两个首采区煤层结构均复杂,分层厚度变化,对矿井达产和稳产不利 2.铁路专用线长 3.井巷工程量大 4.井上、下反向运输量大 5.贯通距离大,施工工期长 6.距西华中心区及县城远,不利矿区生产服务和职工上、下班 7.基建投资高,矿井生产运营费高

表2-5-15 矿井设计方案多目标综合优化决策表

方案	井型(Mt/a)	服务年限(a)	回采率(%)	折算费用(元/t)	初期可比投资(万元)	初期主要工程量(m)	建井工期(a)	占地面积(ha)	综合评价指标
一	4.0	98.80	60.4	10.28	23101.99	8086.5	5.3	14.48	0.0134
二	4.0	98.30	60.0	10.85	23605.53	9178.4	5.5	15.40	0.0729
三	4.0	97.00	59.3	10.43	23183.30	10337.2	5.8	16.30	0.1408
四	4.0	101.70	62.2	14.07	32334.02	14936.4	6.2	14.20	0.4753
最优方案:一				指标:0.0134					

(四)水平标高的确定

水平标高的确定主要考虑了以下几个因素:

(1)合理的采区上、下山长度。就现阶段国内外的设备和生产矿井的实际情况而言,采区上、下山长短对主运输已无大的影响,但若上、下山长度过长,特别是本井田煤层倾角一般为6°～15°,采区辅助运输就不易解决,因此上山的长度不宜超过1500～2000m,下山长度以1500m左右为宜。

(2)水平设置时,以煤5层的开采为主,兼顾煤3层的开采。

(3)合理的上、下山煤量比例。

(4)井底车场及其主要硐室尽量处于较好的岩层内。

根据上述因素,设计提出+945m、+930m和+915m三个水平标高方案,详见图2-5-8,方案比较见表2-5-16。

综观井田内的围岩情况，在开采水平附近除煤5层较厚外，其它岩层单层厚度均较薄，岩石强度也较低，煤5层底部三叠系粉砂岩、泥岩及泥质胶结的砂岩，遇水后有膨胀现象，煤5层底板K_3层胶结松散，遇水后也有膨胀现象；煤5层内部结构也较复杂，其顶板下3m处，也有厚度约4m的软煤，其强度约5MPa。三叠系细砂岩抗压强度相对较高，为34.29MPa，次之为泥岩、粉砂岩，强度为20.42～22.70MPa，中砂岩和粗砂岩抗压强度较小，仅11.72～29.2MPa；煤5层抗压强度差异较大，属中强度煤层。水平设置时，主要硐室应尽量避开遇水有膨胀性的岩层和煤5层上部的软煤。

井田内岩层走向变化较大，倾角较小，岩层单层厚度较薄，因此水平轨道大巷穿层较多，特别是东西向的轨道大巷，其围岩情况不宜做为确定水平标高的依据。

副井井筒与井底车场连接处、主井箕斗装载硐室是矿井的咽喉工程，断面较大，支护困难，施工难度也较大，因此有必要选择在较好的岩层中。

从表2－5－16和图2－5－8可以看出，＋945m水平方案的副井井筒与井底车场连接处的围岩条件较差，箕斗装载硐室围岩条件较好；＋930m水平方案的两个硐室围岩条件均较好；＋915m水平方案两个硐室的围岩条件均较差。

再结合投产采区上、下山长度，井田上、下山可采储量的比例，开采水平标高推荐＋930m。但由于井田内水平附近岩层单层厚度较薄，岩层相变较严重，参考钻孔与井筒位置相距又较远，为可靠起见，尚需待井筒检查孔完成后，对水平标高进行一些微调。

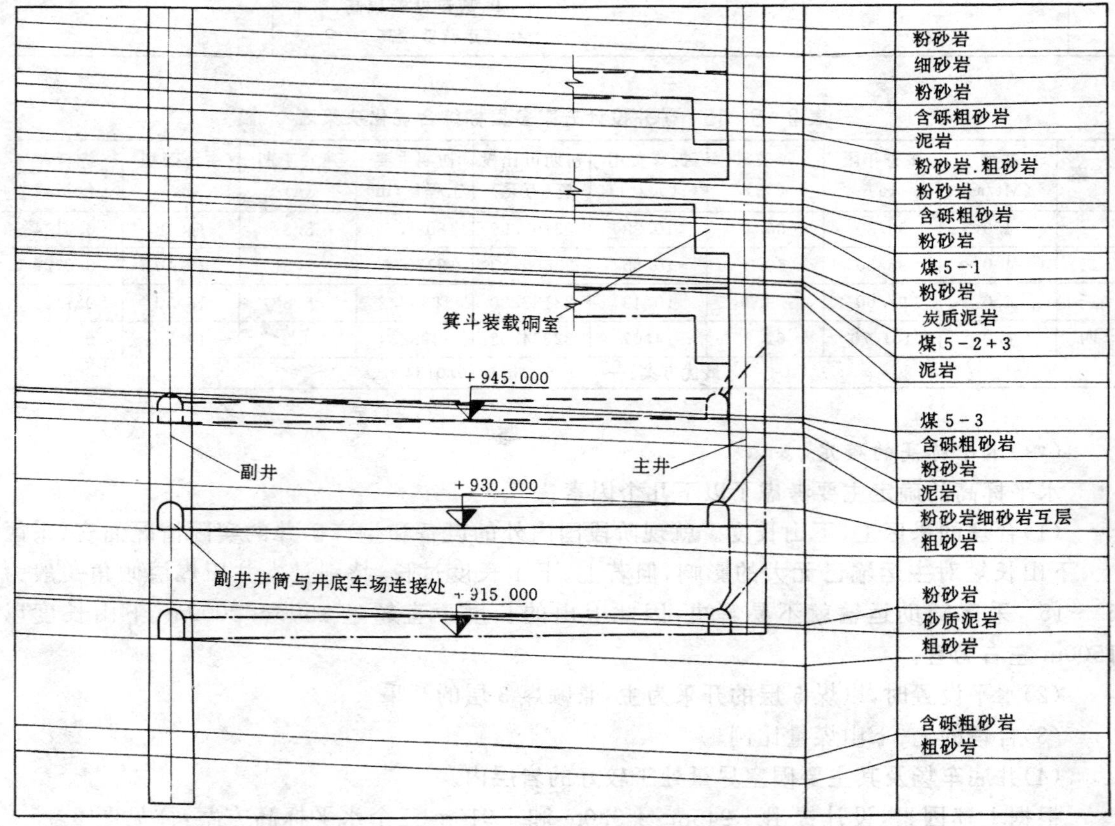

图2－5－8　水平标高方案层位剖面图

表 2—5—16　水平标高比较表

项目	特征	方案一 +945	方案二 +930	方案三 +915	备注
首采区上、下山长度（m）	东一采区（下山）	1700	1560	1420	
	西一采区（上山）	1580	1720	1860	
上山与下山可采储量（Mt）	东一采区	83.94	76.11	69.28	
	西一采区	49.22	56.05	62.88	
	全井田上山储量	257.96	281.59	308.23	不含煤 3 层
	全井田下山储量	278.30	254.67	228.03	不含煤 3 层
主要硐室所处层位岩性	副井井筒与井底车场连接处	下部为粉砂岩、细砂岩互层，中部为泥岩，上部为含砾粗砂岩（K_3），顶部为煤 5 层	下部为粉砂岩，中上部为粗砂岩，顶部为粉砂岩、细砂岩互层	下部为粉砂岩，上部为砂质泥岩、粉砂岩	
	主井箕斗装载硐室	+990	+975	+960	

附录一

煤 田 地 质

一、地层与地质时代

(一) 地层划分 (附表1—1)

1. 岩石地层划分

依据岩性特征把地壳的地层层序系统地划分为能反映出岩性特征和变化的单位称岩石地层单位。不同级别的岩石地层单位用不同的术语，分为群、组、段、层四级。

1) 群——是最大的岩石地层单位。由两个或两个以上经常伴随在一起而又具有某些统一的岩石学特点的组联合构成，如石千峰群（包括孙家沟组、刘家沟组及和尚沟组)。一大套地层厚度巨大，岩类复杂，又因受构造扰动致使原始顺序无法重建时，也可视为一个特殊的群。

2) 组——是划分岩石地层的基本单位。组的重要含义在于具有岩性、岩相和变质程度的一致性。组或者由一种岩石构成，或者以一种主要岩石为主，夹有重复出现的夹层；或者由两三种岩石交替出现所构成，还可能以很复杂的岩石组分为一个组的特征，而与其他比较单纯的组相区别。

3) 段——是组内的次一级岩石地层单位。由于它具有与组内相邻岩层不同的岩石特征，可以作为次一级的单位。

4) 层——是最小的岩石地层单位。指组内或段内的一个明显的特殊单位层。

2. 生物地层划分

依据化石内容和分布把岩层层序的含化石部分划分为具有不同化石特征和分布的单位称生物地层单位。它是以含有相同的化石内容和分布为特征，并与邻层化石有别的三度空间岩层体。生物地层单位的术语包括各种生物带，例如组合带、延限带、顶峰带等。

1) 组合带——指其所含的化石或其中的某一化石，从其整体来看，构成一个自然组合，并以此区别于相邻地层内的生物组合。

2) 延限带——是指任一生物分类单位在其整个延续范围之内所代表的地层体。它们是按生物分类，如种、属、科……来划分的。

3) 顶峰带——某些化石种、属最繁盛的一段地层叫顶峰带。它不包括出现数量不多时的地层，也不包括后期逐渐稀少时的地层。

3. 年代地层划分（附表1—2)

依据岩石的不同特征或属性将岩层层序划分为各类地层单位以后，归入与之相对应的地质时间间隔（地质年代单位）内，这样就形成了年代地层单位。这种单位代表地史中一定时间范围内形成的全部岩石，其顶、底界线都是以等时面为界的，这类单位的术语包括宇、界、系、统、阶和时间带。

1) 宇——是最大的年代地层单位，是宙的时期内形成的地层。

附表 1-1 地层划分的种类和各类地层单位术语表

地层划分的种类	主要地层单位术语
岩石地层学的	群 组 段 层
生物地层学的	生物带 组合带 延限带 顶峰带 其它各种带
年代地层学的	宇 界 系 统 阶 时间带
其它地层划分的依据（矿物学的、环境的、地震的、地磁的等）	

注：如有增加级别的必要，可在单位术语前加“超”或“亚”字，但注意避免使术语过分复杂。

附表 1-2 年代地层单位与地质年代单位对应关系

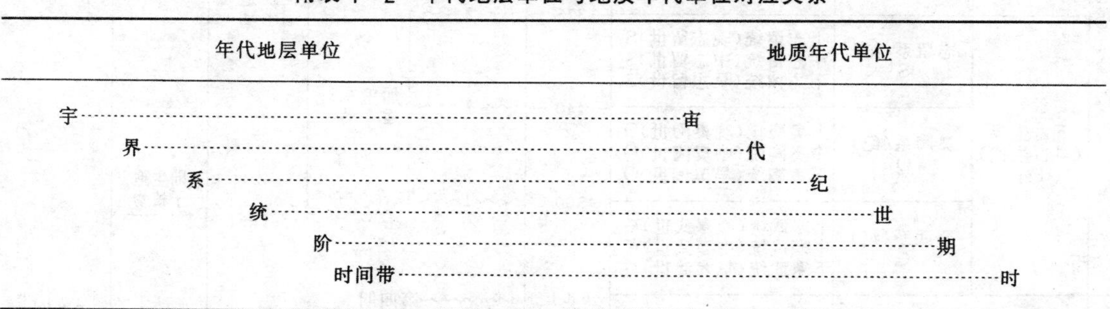

年代地层单位	地质年代单位
宇	宙
界	代
系	纪
统	世
阶	期
时间带	时

2）界——是世界标准年代地层表中大于系、小于宇的单位。一个界代表在一个代的时间内形成的全部地层。

3）系——级别小于界，大于统。界分为系，系是界的一部分，是世界标准年代地层表的主要参考单位。系代表一个纪的时间内所形成的全部地层。

4）统——年代地层级别仅次于系的单位。一个系可分为两个或更多的统。统是系的一部分，代表一个世的时间内所形成的全部地层。

5）阶——是年代地层术语等级中较小的单位。代表一个期的时间内形成的全部地层。阶一般只适用于大区。

6）时间带——在年代地层术语中，时间带是级别最低的一个单位，代表一个时的时间内形成的地层。

附表 1－3　年代地层与地质年代表

界(代)		系(纪)	统(世)	距今年数(百万年)	地壳运动分期	开始繁殖的植物	开始繁殖的动物
新生界(代) K_Z		第四系(纪) Q	全新统(世)Q_h 更新统(世)Q_p	2～3	喜马拉雅运动（中、新生代阶段的构造运动）		
		第三系(纪) R：上第三系(新第三纪) N	上新统(世)N_2 中新统(世)N_1				
		第三系(纪) R：下第三系(老第三纪) E	渐新统(世)E_3 始新统(世)E_2 古新统(世)E_1	80	燕山运动 Ⅱ	被子植物	哺乳动物
中生界(代) M_Z		白垩系(纪) K	上白垩统(晚白垩世)K_2 下白垩统(早白垩世)K_1	140	燕山运动 Ⅰ		
		侏罗系(纪) J	上侏罗统(晚侏罗世)J_3 中侏罗统(中侏罗世)J_2 下侏罗统(早侏罗世)J_1	195	印支运动		
		三叠系(纪) T	上三叠统(晚三叠世)T_3 中三叠统(中三叠世)T_2 下三叠统(早三叠世)T_1	230	印支运动；华力西运动 Ⅲ（古生代阶段的构造运动）		爬行动物
古生界(代) P_Z	上古生界(晚古生代) P_{Z2}	二叠系(纪) P	上二叠统(晚二叠世)P_2 下二叠统(早二叠世)P_1	270	华力西运动 Ⅱ	裸子植物	
		石炭系(纪) C	上石炭统(晚石炭世)C_3 中石炭统(中石炭世)C_2 下石炭统(早石炭世)C_1	320	华力西运动 Ⅰ		两栖动物
		泥盆系(纪) D	上泥盆统(晚泥盆世)D_3 中泥盆统(中泥盆世)D_2 下泥盆统(早泥盆世)D_1	375	加里东运动 Ⅲ		鱼　类
	下古生界(早古生代) P_{Z1}	志留系(纪) S	上志留统(晚志留世)S_3 中志留统(中志留世)S_2 下志留统(早志留世)S_1	440	加里东运动 Ⅱ		
		奥陶系(纪) O	上奥陶统(晚奥陶世)O_3 中奥陶统(中奥陶世)O_2 下奥陶统(早奥陶世)O_1	500	加里东运动 Ⅰ	陆生孢子植物	
		寒武系(纪) ∈	上寒武统(晚寒武世)$\in_3$ 中寒武统(中寒武世)$\in_2$ 下寒武统(早寒武世)$\in_1$	600±	第四期（相当北方震旦纪范畴的构造运动）		
元古界(代) P_t	上元古界(晚元古代) P_{t2}	震旦系(纪) Z	上震旦统(晚震旦世)Z_3 中震旦统(中震旦世)Z_2 下震旦统(早震旦世)Z_1	1700±	第三期；第二期(晋宁运动)；第一期(东安运动)（相当北方震旦纪范畴的构造运动）；第三期(吕梁运动)（前震旦纪阶段的构造运动）	菌藻类	无脊椎动物
	下元古界(早元古代) P_{t1}			2050±	第二期(五台运动)		
太古界(代) A_r	上太古界(晚太古代) A_{r2}			2400～2500	第一期（前震旦纪阶段的构造运动）		
	下太古界(早太古代) A_{r1}			2700			
地球初期发展阶段				约 4500			

（二）年代地层与地质年代

岩石地层单位和生物地层单位使用全名，不使用符号，年代地层单位的名称、符号及其相对应的地质年代见附表 1－3。

中国主要含煤地层见附表 1－4。

附表 1－4　中国主要含煤地层

地质时代		分布及特征
新生代	第三纪	我国新生代早、晚第三纪均有重要含煤地层。早第三纪含煤地层主要发育于我国北方尤其是东北，南岭以南及滇西也有分布；晚第三纪含煤地层则主要集中于南方尤其是云南，北方也有零星分布 早第三纪含煤地层有辽宁的老虎台组、栗子沟组、古城子组、吉林的舒兰组、珲春组及山东的黄县组 晚第三纪含煤地层主要典型是云南开远的小龙潭组，其他如河北的斗军湾组、内蒙的老梁底组、福建的佛昙群等均是 第三纪含煤地层对比见附表 1－5
中生代	早白垩世，晚侏罗世	我国晚侏罗世、早白垩世地层主要为陆相沉积，黑龙江东部近年来发现夹有海相层。含煤地层主要分布在北方，如辽宁阜新组、黑龙江穆棱组、内蒙霍林河组等。有关侏罗、白垩纪地层的划分对比目前存在较大分歧，有待今后进一步详细研究，附表 1－6 只是一个初步方案
	早、中侏罗世	我国早、中侏罗世含煤地层主要分布在北方，如北京门头沟群、山西大同组、新疆水西沟群等 我国南方早侏罗世含煤地层位于下侏罗统下部，如广东的板湾段、湖南、江西的唐垄组、造上组。中侏罗世基本不含煤层，仅鄂西等局部地区有早、中侏罗世煤系。早、中侏罗世含煤地层对比见附表 1－7
	晚三叠世	我国晚三叠世含煤地层主要集中于华南各地。华南东部晚三叠世含煤地层称安源组，主要含煤层位在下段的红卫坑组或紫家冲段。西南地区的主要含煤层位在普家村组、罗家大山组或小塘子组 我国西北新疆晚三叠世小泉沟组及其相当层位、陕北瓦窑堡组均含有具有一定工业价值的煤层 我国晚三叠世含煤地层对比见附表 1－8
晚古生代	二叠纪	华北地区及西北地区的东部，下二叠统可分为下部的山西组及上部的下石盒子组；上二叠统可分为上石盒子组及石千峰组。下石盒子组为华北南部重要含煤地层，上石盒子组仅在豫西、两淮地区含有煤层 华南地区下二叠统分为栖霞阶及茅口阶。栖霞阶底部有含煤沉积，称梁山段，一般厚 10m 左右，含不稳定薄煤层。华南各地上二叠统的下部为龙潭组含煤系，是重要的含煤地层 我国二叠纪含煤地层对比见附表 1－9、附表 1－10
	石炭纪	我国石炭纪含煤地层在南、北方有显著差别。华南含煤地层主要发育于下石炭统的大圹阶；华北含煤地层为上石炭统太原组，中石炭统本溪组仅少数地区含可采煤层；西北东部基本上与华北相同。下石炭统含煤地层对比见附表 1－11
	泥盆纪	晚泥盆世含煤地层在我国分布较为广泛，长江下游、鄂西、湘中、皖南、浙北等地相当于五通群的地层中均有煤层发现，有的具有煤线

附表1—5 中国第三系含煤地层对比

（据《中国煤田地质学》，1980）

地层＼地区	内蒙 集宁	河北 张北	山西	辽宁 赤峰	辽宁 抚顺	吉林 舒兰	吉林 珲春	黑龙江 虎林密山	黑龙江 伊春	辽宁 下辽河	河北 保定	河南 西部	河南 东西北部	山东 东部	西藏 拉萨	西藏 藏北	西藏 昌都	四川 西昌	云南 滇西	云南 滇中东	广西 百色	广西 南宁	广东 茂名	广东 三水	广东 海南岛 长昌	广东 海南岛 长坡	福建	浙江	台湾 西部（北部）
上覆地层	第四系	第四系	第四系	第四系	第四系	第四系	第四系	第四系	第四系	第四系	第四系	第四系	第四系	第四系	第四系	第四系	第四系	第四系	第四系	第四系	第四系	第四系	第四系	第四系	第四系	第四系	第四系	第四系	第四系
上第三系 上新统				赤峰玄武岩组	玄武岩	船底山玄武岩	船底山玄武岩	玄武岩组	大罗勒密玄武岩组	邱家屯组		上第三系	明化镇组	上玄武岩组	宗恰组	丁青组	拉屋拉群	昔格达组	三营组；吕合组	河头组			高棚岭组；老虎岭组	砂砾岩层	白色碎屑岩组	绿色岩组	佛县组	嵊县组	嵙岽山组；卓兰组；锦水页岩组
上第三系 中新统	汉诺坝组	汉诺坝组		老梁底组		水曲柳组	土门子组	砂泥岩组	孙吴组	明化镇组；馆陶组	斗军湾组		馆陶组	山旺组～下玄武岩组		伦坡拉群；牛堡组			双河组	小龙潭组			尚村组；黄牛岭组			长坡组			上：桂竹林组、南庄组；中：南港组、湊合组、石底组；下：大寮组、木山组、五指山组
下第三系 渐新统	渐新统含煤组	渐新统含煤组	繁峙组		抚顺群：耿家街组					东营组；沙河街组		十里铺组	东营组；沙河街组				贡觉群		芒回组	小屯组	公康组：建都岭段、伏平段、上百岗段	上含煤段；不含煤段			长昌组		赤石群	长河组	乌来群：水长流组
下第三系 始新统					古城子组	舒兰组	珲春组	虎林组	达连河组	杨连屯组；木梳屯组	灵山组	项城组	孔店组	五图组；黄县组					丽江群？	路美邑组	那读组：下百岗段、田东段、“那读段”	下含煤段；“那读段”	油柑窝组	华涌组					白冷组；西村组
下第三系 古新统					栗子沟组；老虎台组				黄花组											香坡山组	红色岩组	红色岩组	铜鼓岭组	西埔组；埔心组；大塱山组	昌头组				
下伏地层	太古界	太古界	太古界	黑依哈达组 K_2	白垩系	白垩系	下白垩统	白垩系	白垩系	寒武系或太古界	石炭二叠系或下古生界	侏罗系？	侏罗系或太古界	寒武系 太古界	罗尼组 K_1	白垩系	香堆群 J_3-K_1	白垩系	白垩系或三叠系	白垩系	中三叠系	泥盆系	白垩系	上白垩统	白垩系	白垩系	白垩统	白垩系	

附表1—6 中国北方上侏罗、下白垩统含煤地层对比

（据《中国煤田地质学》，1980）

地层 \ 地区	新疆 准噶尔	甘肃 武威 靖远 兰州	甘肃 巴彦喀拉、秦岭	陕西	内蒙 大青山	内蒙 东胜、乌审旗	内蒙 中东部	内蒙 东部	内蒙 呼伦贝尔盟	辽宁 建昌 凌源	辽宁 阜新	吉林 中部西	吉林 中部东	黑龙江 鸡西	黑龙江 虎林	山东 鲁西	山东 鲁东
上覆地层	东沟组（艾里克组）	固原组（西宁组）	下第三系	新生界	新生界	新生界	新生界	新生界	青云岗组 K_2	新生界	新生界	大安组 (N_1)	泉头组 (K_1)	桦山群 K_1	桦山群	新生界	王氏组 K_2
下白垩统	吐谷鲁群	河口组	东河群	志丹群：泾川段、罗汉铜段	固阳群	志丹群	巴彦花群	霍林河组	札赉诺尔群：伊敏组	水沟组	孙家湾组 阜新组	营城组 九台组	金家屯组 长安组（金州岗组） 安民组（辽源组）	穆棱组	上部含煤组	青山组	青山组
上侏罗统	喀拉扎组 齐古组	享堂组（苦水峡组）	化垭群	志丹群：环河华池段、洛河段、宜群段	大青山组		兴安岭群	中基性火山岩 宝石组	札赉诺尔群：大磨拐河组 兴安岭群	九佛堂组 义县群：建昌组、金刚山组	沙海组 义县群：吐呼鲁组、金刚山组	沙河子组 火石岭组	久大组（仙人沟组） 德仁组	城子河组 滴道组	中部含煤组	蒙阴组	莱阳组
下伏地层	头屯河组	王家山组	龙家沟群	安定组	长汉沟组	安定组	马尼特庙组	付家洼子组	彦家沟群	土城子组	震旦系	石炭二叠系	太阳岭组	震旦系或前震旦系	下部含煤组	坊子组	坊子组或太古界

附表1—7 中国北方下中侏罗统含煤地层对比

（据《中国煤田地质学》，1980）

地区		上覆地层	中下侏罗统：中侏罗统下部	中下侏罗统：下侏罗统	下伏地层
新疆 北疆	玛纳斯、乌鲁木齐	头屯河组 J_{2+3}	水西沟群：西山窑组	水西沟群：三工河组、八道湾组	小泉沟群 T_2
新疆 南疆	库车	七克台组 J_{2+3}	克拉苏群：克孜勒努尔组	克拉苏群：阳霞组、阿合组	塔里奇克群（T_{2+3}）
青海	柴达木北缘（欧龙布鲁克）	采石岭组 J_2	红柳沟群：大煤沟组	红柳沟群：大煤沟组、小煤沟组	震旦系
青海	祁连山木里、热水	杂色泥砂岩	木里群：江仓组	木里群：江仓组、娘姆吞组	默勒群（T_3）
甘肃		享堂群 J_{2+3}、王家山组	窑街组	窑街组、大西沟组	震旦系、前震旦系
宁夏		安定组、直罗组、木葫芦沟组	汝箕沟组（延安组）	汝箕沟组（延安组）	延长群
陕西		安定组、直罗组	延安组	延安组、富县组	延长群
山西		天池河组、云岗组	大同组	大同组、永定庄组	铜川组或上石盒子组
河南		马凹组	义马组	义马组	延长群（鞍腰组）
山东		三台组	坊子组	坊子组	凤凰山组、太古界、寒武系
河北		九龙山组	门头沟群：哈拉沟组、下花园组	门头沟群：下花园组；粗碎屑岩	震旦亚界
北京		九龙山组	门头沟群：龙门组、窑坡组	门头沟群：窑坡组；蔡家岭组、南大岭组、杏石口组	双泉组
辽宁	北票、赤峰	兰旗组、海房沟组	北票组	北票组；兴隆沟组、砂砾岩	震旦亚界
辽宁	本溪	三个岭子组 J_{2+3}	大堡组	长梁子组、北庙组	林家组
内蒙	大青山	石拐子群	石拐子群	石拐子群	太古界
内蒙	白云鄂博	长汉沟组、召沟组	五当沟组	五当沟组	太古界
内蒙	锡林郭勒盟	阿拉坦合力群（马尼特庙群）	阿拉坦合力群（马尼特庙群）	阿拉坦合力群（马尼特庙群）	火山岩 P_2
吉林	西部（洮安）	巨宝组、万宝组	红旗组	红旗组	凝灰岩 $P_?$
吉林	东部（浑江）		小营子组	小营子组	北山组或石千峰组
黑龙江	（兴安岭）	兴安岭组、颜家沟组	查依河组	查依河组	二叠系

附表1—8 中国南方上三叠统下侏罗统含煤地层对比

（据《中国煤田地质学》，1980）

地层＼地区	广东 粤北	广东 粤东	福建 闽西南	福建 闽北	湖南 湘东南	湖南 湘东	湖南 湘西南	江西 赣西	江西 赣中	江西 赣东	浙江 浙西	浙江 浙南	苏 南	皖 南	湖北 鄂东南	湖北 鄂西	广西 桂东北	广西 桂西南	四川 四川盆地	四川 盐源	四川 西昌会理	四川 渡口	云南 永仁	云南 滇东	云南 滇一平浪	云南 中祥云	贵州	西藏 东部昌都	西藏 唐古拉山
上覆地层	百足山群	漳平群	漳平群	漳平群	石鼓组	白垩系	石溪江组	白垩系	白垩系	白垩系	鱼尖山组	火山岩 / 毛弄组			自流井组	自流井组	石梯组	那荡组	自流井组	第四系	新村组	（新村组）张河组	（新村组）张河组			张河组			色哇组？
下侏罗统	金鸡组：桥沅段 / （天门坳段） / （菊石沟段） / 板湾段	兰塘群；金鸡组	梨山组	梨山组	茅仙岭组 / 心田门组 / 唐垅组	门口山组 / 造上组	冯家冲段 / 观音滩组；塔坝口段 / 排家冲段	门口山组	门口山组：高峰段 / 竹园段	门口山组	马涧组	火山岩 / 龚铺组 / 火山岩 / 枫坪组	象山群 J_1+J_2	象山群 J_1+J_2	武昌组	香溪组	西湾群；大岭组 / 天堂组	百姓组	J_{1+2} / 自田坝组 J_{1+2}		益门组	（益门组）冯家河组	（益门组）冯家河组	禄丰群 J_2	禄丰群 J_1	冯家河组	自流井组	察雅群	黑色砂页岩炭质页岩
上三叠统	艮口群：头木冲组 / 小水组 / 红卫坑组	兰塘群；大顶组（狭义）	文宾山组 / 大坑组	焦坑组	杨梅垅组 / 出炭垅组	安源组：三丘田段 / 三家冲段 / 紫家冲段	杨柏冲组	安源组：三丘田段 / 三家冲段 / 紫家冲段	安源组：高家段 / 龙王寨段 / 大禾山段	熊岭段 / 石塘圩段	乌灶组		范家圹组	拉梨尖组	鸡公山组	沙镇溪组		扶隆坳群 / 扶隆群；平洞组	须家河组：上段 / 下段；小塘子组 / 跨洪洞组	东瓜岭组：上段 / 下段；博大组 / 舍木笼组	白果湾组：三段 / 二段 / 一段	那拉菁群：大菁组 / 大荞地组	上段 / 下段 / 大荞地组	舍资组 / 干海子组 / 火把冲组 / 乌格组	舍资组 / 平浪群：干海子组 / 普家村组	白土田组 / 罗家大山组 / 云南驿组	二桥组 / 火把冲组 / 把南组	巴贡组 / 波里拉组 / 甲丕拉组	土门格拉组 / 结扎群
下伏地层	石炭系或二叠系	石炭系或二叠系	安仁组 T_1	太古界	石炭系	石炭系或二叠系	石炭系或二叠系	大冶组	二叠系	元古界	太古界	太古界	黄马青组或元古界	黄马青组或二叠系	蒲圻组	巴东组	马脚岭组或石炭、二叠系	平而关组	天井山组或雷口坡组	白山组	会理群	丙南组	丙南组	法郎组	昆阳群	未见底	法郎组	瓦拉寺组	康南组

附表1—9　中国北方石炭二叠系含煤地层对比

（据《中国煤田地质学》，1980）

地层＼地区		新疆 塔里木	新疆 北天山准噶尔东部	青海	甘肃	宁夏 西部	宁夏 东部	内蒙 伊克昭盟	内蒙 大青山	陕西	山西	北京	河北 兴隆一带	河北 开平盆地	河北 其它地区	辽宁	吉林 浑江一带	山东	河南	江苏	安徽
上覆地层		下三叠统	下三叠统	下三叠统	下三叠统	下三叠统	下三叠统	下三叠统	下三叠统	和尚沟组 刘家沟组	二马营群 和尚沟组 刘家沟组	下侏罗统	丁家沟组T_1	第四系	刘家沟组	林家组T_1	北山组T_1	坊子组 J_{1+2}	二马营群	侏罗—白垩系	第四系
二叠系	上统	沙井子组	下苍房沟组	诺音河组	窑沟组	窑沟组	石千峰组	石千峰组	脑包沟组	石千峰组（孙家沟组）	石千峰组（孙家沟组）	双泉组	石千峰组	石千峰组（洼里组）	? 石千峰组	或石千峰组	石千峰组	凤凰山组	"石千峰组" 平顶山组	石千峰组	石千峰组
			上芨芨槽组				上石盒子组	上石盒子组	上石叶湾组	上石盒子组	上石盒子组	红庙岭组	上石盒子组	上石盒子组（古冶组）	上石盒子组	上石盒子组 ｜ 彩家组	上石盒子组	上石盒子组 ｜ 孝妇河段、奎山段、万山段	上石盒子组	上石盒子组 ｜ 夏桥组	上石盒子组
	下统	卡伦达尔组	下芨芨槽组	巴音河组	大黄沟组	大黄沟组	下石盒子组	下石盒子组	下石叶弯组	下石盒子组	下石盒子组	杨家屯群：阴山沟组	下石盒子组	下石盒子组（唐家庄组）	下石盒子组	下石盒子组 ｜ 彩家组	下石盒子组	下石盒子组（黑山组）	下石盒子组	下石盒子组 ｜ 夏桥组	下石盒子组
		巴立克立克组			山西组	山西组	山西组	山西组	杂怀沟组	山西组	山西组	杨家屯群：岔儿沟组	山西组	山西组（大苗庄组）	山西组	山西组（柳圹组）	山西组	山西组（淄川组）	山西组	山西组（小湖组）	山西组
石炭系	上统	康克林组 卡拉达坂组	平梁组	太原组	太原组	太原组	太原组	太原组	栓马桩组	太原组	太原组	杨家屯群：灰峪组	太原组	太原组 ｜ 赵各庄组 开平组	太原组	太原组（黄旗组）	太原组	太原组（博山组）	太原组	太原组（屯头组）	太原组
	中统	别根塔乌组	石钱滩组 卡拉岗组 哈尔加乌组	克鲁克群	羊虎沟组 靖远组	麦垛山组 碱沟山组 大石头井组	羊虎沟群	本溪组		本溪组	本溪组	杨家屯群：清水涧组	本溪组	本溪组（唐山组）	本溪组	本溪组 ?	本溪组	本溪组（章邱组）	本溪组	本溪组（泉旺头组）	本溪组
	下统	努拉古克斯克组	南明水组	怀头他拉群	臭牛沟组	臭牛沟组															

附表1—10 中国南方二叠系含煤地层对比

（据《中国煤田地质学》，1980）

地区	上覆地层	上二叠统	下二叠统
福建	大冶组	长兴组 翠屏山组	童子岩组(加福组)：第三段、第二段、第一段 文笔山组
浙西	大冶组	大隆组 杂色层组	丁家山组：礼贤煤系段、石门堂段、石煤层段、东坪里段 "茅"口组
赣东北	大冶组	大隆组 雾林山组	湖塘组：童家段、彭家段、湖塘段 "茅"口组
广东 粤东	大冶组	长兴组 翠屏山组	文笔山组（含煤组）
广东 粤中广州龙县	大冶组	杂色层组	上煤组 中部海相层 下煤组 无煤组 "茅"口组
广东 海南岛	上三叠统 下侏罗—		南龙组 峨顶组
湖南 连阳	大冶组	长兴组 合山组	茅口组
湖南 曲仁 湘南 湘中南	大冶组	大隆组 龙潭组	官山段 当冲组
湖南 湘中北段	大冶组	长兴组 龙潭组	茅口组
湖南 湘北西	大冶组	长兴组 吴家坪组	茅口组
江西 赣中	大冶组	长兴组 龙潭组：王潘里段、狮子山段、老山段	官山段 茅口组(鸣山组)
江西 赣西北	大冶组	长兴组 吴家坪组	茅口组
皖南 西部	下三叠统	大隆组 龙潭组	孤峰组
皖南 东部	下三叠统	大隆组 龙潭组	堰桥组 孤峰组
苏南浙北	青龙群	大隆组 / 长兴组 龙潭组	堰桥组 孤峰组
苏北 洪泽滨海	新生界	长兴组 龙潭组	丁家山组？ 孤峰组
湖北	大冶组	保安组 / 长兴组 吴家坪组	茅口组
四川 川北	飞仙关组	大隆组 / 长兴组 吴家坪组	茅口组
四川 川南	飞仙关组	长兴组 龙潭组	茅口组
四川 川西南	飞仙关组	龙潭组	茅口组
广西	罗楼组	大隆组 合山组	茅口组
贵州 黔中南	飞仙关组	长兴组 合山组	茅口组
贵州 黔北	飞仙关组	长兴组 龙潭组	茅口组
贵州 黔西	飞仙关组	汪家寨组 龙潭组 峨嵋山组	茅口组
云南 滇东	卡以头组	宣威组 峨嵋山组	茅口组
云南 滇西	下三叠统	长兴组 黑泥哨组 峨嵋山组	茅口组
昌都地区	普水桥组	夏牙村安山卡组 卡香达组 妥坝组	交嘎组
唐古拉山	康鲁组	热觉茶卡组？	

附表 1—11 中国下石炭统含煤地层对比

（据《中国煤田地质学》，1980）

地层 \ 地区	西藏 唐古拉山	西藏东部 / 云南西部	云南 东部	贵州	广西	广东 粤北 粤中	广东 粤东	湘中南	江西 赣西	江西 赣中、南	福建	浙西	湖北	安徽北 浙北	江苏	新疆 准噶尔	新疆 塔里木	青海 柴达木北缘	甘肃	宁夏 碱沟山以西	陕南	河南南部	安徽西部
中石炭统		鹜曲组	威宁群	威宁组 滑石板组	大埔组	壶天群	壶天群	壶天群	黄龙组	黄龙组	黄龙组	上新桥组	黄龙组	黄龙组	黄龙组	石钱滩组 卡拉岗组 哈尔加马组	别根塔马组	克鲁克组	羊虎沟组	麦垛山组 碱沟山组 羊虎沟群	草凉驿群（二峪河群）	田冲岭组	梅山群
下石炭统 大塘阶	下石炭统煤系	马查拉组	上司组 石寿山组	摆佐组 上司组 旧司组	罗城段 寺门段 黄金段	梓门桥段 测水段 石磴子段	忠信组	梓门桥段 测水段 石磴子段	梓门桥段 测水段 石磴子段	梓山组：上段 中段 下段	林地组	叶家塘组：煤上段 C段 B段 A段	大塘阶	高骊山组	和州组 高骊山组	南明水组	努古斯克拉克组	怀头他拉群	靖远组 臭牛沟组	大石头井组 臭牛沟组		杨山组	
下石炭统 岩关阶		马青纳组		岩关阶	岩关阶	孟公坳组		孟公坳组：刘家塘段 孟公坳段 邵东段	横龙组	华山岭组		珠藏坞组	岩关阶	金陵组	金陵组	黑山头组		城墙沟组	前黑山组			大杨山组 花园墙组	
上泥盆统		羌格组 卓戈洞组	上泥盆统	上泥盆统	融县组	帽子峰组	南靖群	锡矿山组	锡矿山组	锡矿山组	南靖组	西湖组	写经寺组	五通组	五通组	上泥盆统	上泥盆统	上泥盆统	上泥盆统	上泥盆统			

二、煤 层

（一）煤层厚度的变化

煤层厚度的变化就其成因而言，可以分为原生变化和后生变化，见附表1—12。

（二）煤层对比

在地质勘探、矿井建设和生产中，常用的煤层对比方法见附表1—13。

附表1—12 煤层厚度变化分类

类别	厚度变化原因	图示	主要特征及规律
原生变化	地壳不均衡沉降	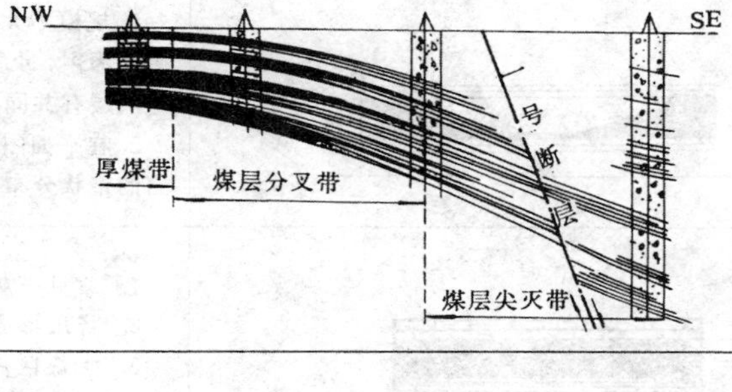NW SE 一号断层 厚煤带 煤层分叉带 煤层尖灭带	1. 煤层分叉、变薄、尖灭，煤层与夹矸相互交替 2. 煤层层数增多，厚度变薄，分叉的方向常是地壳沉降幅度和速度增大的方向 3. 向着沉降幅度和速度增大的方向，煤系总厚度及煤层中矿物杂质的含量有增大的趋势
原生变化（沉积环境及古地形）	泥炭沼泽基底不平	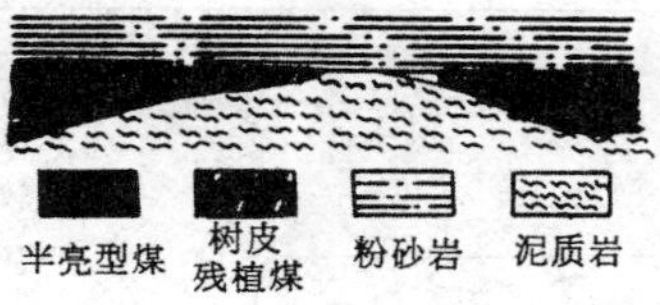半亮型煤 树皮残植煤 粉砂岩 泥质岩	1. 煤层底板起伏不平；顶板与煤层接触面平整 2. 煤层变薄的方向就是底板突起的方向，其厚度是渐变的，低处煤层厚，高处薄，基底高出水面时，煤层尖灭；沼泽周围为隆起高地时，煤层向四周尖灭 3. 煤分层或夹矸被基底隆起地段所隔开而呈现不连续
原生变化（沉积环境及古地形）	滨海平原沼泽	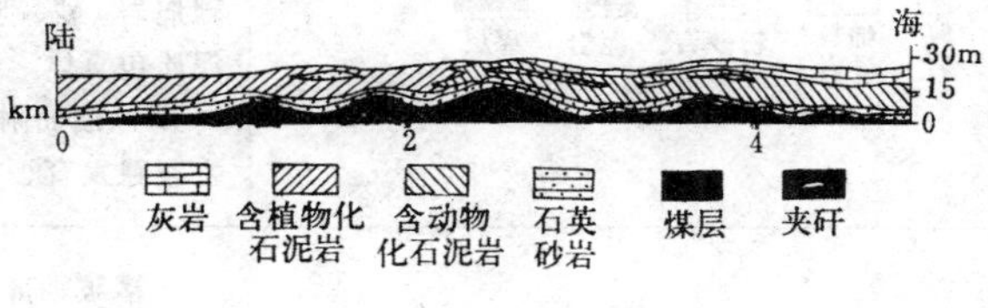陆 海 30m 15 0 km 0 2 4 灰岩 含植物化石泥岩 含动物化石泥岩 石英砂岩 煤层 夹矸	1. 呈层状、似层状、厚度较稳定 2. 煤层向海洋和陆地方向逐渐变薄、尖灭
原生变化（沉积环境及古地形）	内陆湖盆	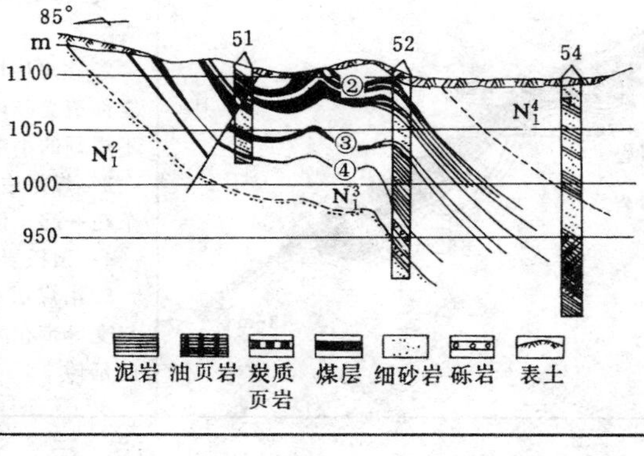85° m 51 52 54 1100 1050 1000 950 ② ③ ④ N_1^2 N_1^3 N_1^4 泥岩 油页岩 炭质页岩 煤层 细砂岩 砾岩 表土	1. 大型湖盆形成的煤层向湖心方向变薄、尖灭 2. 面积较小的湖沼中形成的煤层，有时在中部出现厚煤层

续表

类别	厚度变化原因		图示	主要特征及规律
原生变化	沉积环境及古地形	开阔河谷、河漫滩洼地、牛轭湖等基础上发展起来的泥炭沼泽	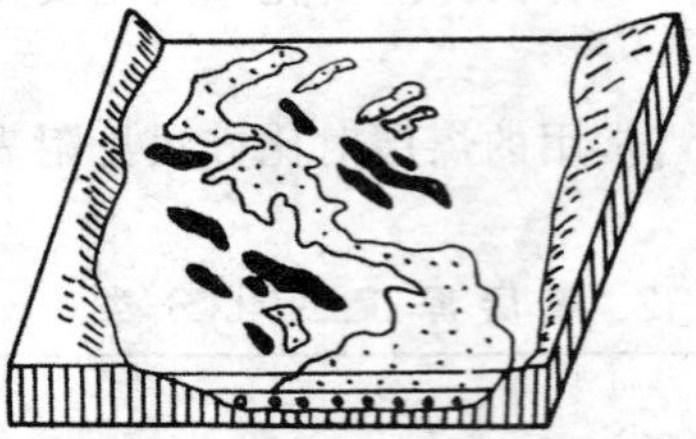	1. 泥炭堆积时间短促，形成煤层往往为不连续的小型透镜体，短距离内迅速变薄或尖灭 2. 沿河流延伸方向，往往形成一系列富煤带和贫煤带
	河流同生冲蚀		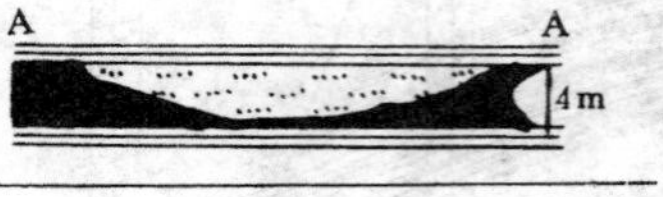 A A 4m	1. 规模不大。冲蚀带岩石成分以砂质岩为主，砂质岩中常有煤的碎块并与煤层有共同的顶板 2. 在平面图上，冲蚀带常呈弯弯曲曲的带状分布
	海水同生冲蚀			1. 常见石灰岩为直接顶板 2. 煤层形成冲蚀凹坑或槽沟 3. 无煤区往往方向不定，范围较广，呈块状散布
后生变化	河流后生冲蚀		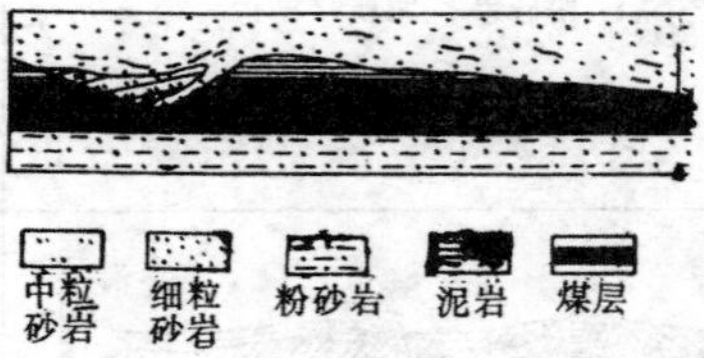 中粒砂岩 细粒砂岩 粉砂岩 泥岩 煤层	1. 冲蚀发生在煤层顶板形成以后，煤系形成过程中或形成之后。规模比较大，不仅冲蚀煤层，而且煤层顶板甚至底板也受破坏 2. 在平面图上，无煤带或薄煤带呈较宽条带，延展较长 3. 顶板受冲蚀后，出现河床相粗粒碎屑岩（砂、砾岩等）底部常含砾石、泥质包裹体，呈定向排列 4. 冲蚀面附近，煤的光泽暗淡，后生裂隙发育
	褶皱构造变动		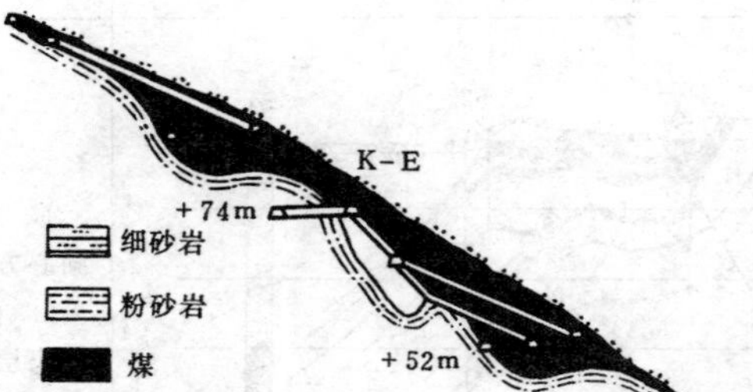 K-E +74m +52m +36m 细砂岩 粉砂岩 煤	1. 褶皱轴部煤层增厚，两翼变薄甚至尖灭，有时可形成串珠状或藕节状煤层 2. 在煤层增厚或变薄处，煤层结构全部遭受破坏，可见光滑的挤压面和不规则的小褶曲 3. 煤层中夹石层常和煤炭物质混杂在一起，使煤的灰分增高 4. 顶板岩层多不完整、裂隙发育 5. 沿煤层走向或倾向，煤的增厚带与变薄带相间交替出现，并沿褶皱轴向延伸

续表

类别	厚度变化原因	图示	主要特征及规律
后生变化	断裂构造变动	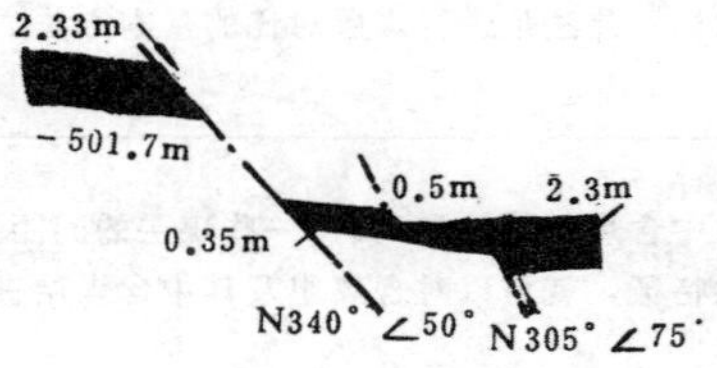 2.33m -501.7m 0.5m 2.3m 0.35m N340° ∠50° N305° ∠75°	1. 压性断层与强烈褶皱形变共生，煤层局部增厚，影响范围较大 2. 张性断裂常使煤层拖长变薄，影响范围较小 3. 断层的牵引作用造成煤层局部变化，沿断层走向呈窄条带延展 4. 由于岩石力学性质的差异，在同一应力场中，出现不同形变，煤层顶底板产生脆性断裂而煤层为柔性流动。一系列小断层延伸到煤层中消失变为小褶皱，煤层局部压薄造成"压顶"现象或"底鼓"现象
	岩浆侵入	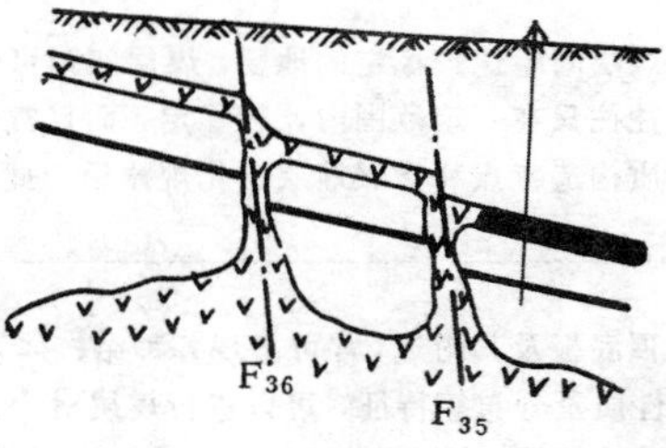 F_{36} F_{35}	1. 侵入体一般为浅成岩，主要是脉状岩墙和层状岩床 2. 岩墙切穿煤层及其顶底板，在平面图上呈条带状，宽度几毫米至几米，有时可达几十米；长度几十米至几公里。对煤层的破坏限于岩墙两侧5～10余米的范围 3. 岩床侵入体与煤层、岩层层面近似平行，侵入体主要为层状，可顺煤层底板或顶板侵入，也可沿煤层中间侵入或吞蚀整个煤层；有的呈大大小小透镜体在煤层中断续分布；有的呈不规则的指状，掌状 4. 岩浆侵入往往受构造断裂控制，以断裂为通道侵入
	岩溶陷落柱	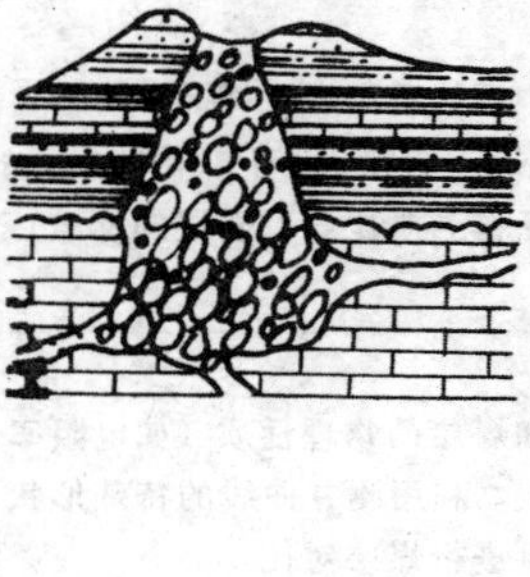	1. 多见于石灰岩为基底或底板的地区 2. 陷落柱与围岩接触界面明显，多呈锯齿状 3. 陷落柱一般下大上小，形成不规则的圆锥体，大者可至几百米，小者几米 4. 煤层顶底板非常破碎，有时伴生小断层 5. 受构造和水文地质条件控制，常沿构造线排布，在两组断裂交汇处发育

附表1—13　常用的煤层对比方法

<table>
<tr><th colspan="2">对比方法</th><th>简要内容及适用条件</th></tr>
<tr><td rowspan="9">根据煤系特征的对比方法</td><td>化石层位对比法</td><td>在富含古生物化石的含煤地层中，通过对动植物化石，特别是对标准化石的鉴定，可以搞清含煤地层的时代，同时根据化石种属的组合特征又可将含煤地层分为若干更细的层带。掌握化石层带与煤层的关系，就可以帮助合理划分含煤段和进行煤层对比。此法是进行煤层对比的基本方法，实际工作中应用广泛</td></tr>
<tr><td>含煤组对比法</td><td>有些煤系中含煤层数较多，其中一些煤层的间距又很小，自然构成若干煤组。根据各煤组的特征，就可以对含煤组及其中含煤层进行对比。这种方法简便易行</td></tr>
<tr><td>标志层对比法</td><td>煤系地层中常含一些成层不厚、岩性特殊、分布广泛而稳定的标志层。认识并掌握这些标志层与煤层的关系，即可控制煤层层位，进行煤层对比，煤矿中常选择石灰岩、铝质层、菱铁矿层以及岩性特殊易于辨别的泥质岩、碎屑岩等作为标志层</td></tr>
<tr><td>顶底板对比法</td><td>煤层顶底板的岩性特征，直接反映了成煤前后的沉积条件。详细研究各煤层顶底板的岩性特点及其所含动植物化石，即可对比煤层</td></tr>
<tr><td>煤层间距对比法</td><td>在一些煤层间距比较稳定的地区，煤层间距可作为煤层对比的根据之一。由于煤层间距往往只在一定范围内比较稳定，而且常受地质构造的影响，因此，只有掌握了地质构造特点和含煤地层变化规律后，此方法才便于运用</td></tr>
<tr><td>结核对比法</td><td>在煤层顶底板及其附近，常可出现各种结核体，根据结核的物质成分、形态、大小、表面性质及分布等特征，可以进行煤层对比。一般在近煤层岩层中常见黄铁矿、菱铁矿等结核，远离煤层则出现石灰质—铁白云石等钙质结核，出现地球化学的韵律变化，这些可作为煤层对比的辅助标志</td></tr>
<tr><td>重矿物对比法</td><td>煤层沉积条件不同，其顶底板岩石中所含重矿物的种类和数量也就有所不同，因而分析了煤层顶底板中所含重矿物的种类和含量后，即可利用不同地点的资料对比煤层。在某些陆相煤系的煤层对比工作中，采用此法效果较好</td></tr>
<tr><td>岩矿显微特征对比法</td><td>在含煤地层中系统采集岩石样品、磨制成薄片，在显微镜下观察岩石的矿物成分及其颜色、外形、含量、次生变化和岩石的结构、构造、胶结类型等显微特征，将这些显微特征作为对比煤、岩层的标志，常可收到一定效果</td></tr>
<tr><td>测井曲线对比法</td><td>由于各岩层和煤层的物理性质（如电阻率、密度等）不同，因而在测井曲线上就有不同的反映。利用测井曲线的特殊形状、组合特征、特殊物性标志层，并配合其它方法，可进行煤层对比</td></tr>
</table>

续表

对比方法		简要内容及适用条件
根据煤层特征的对比方法	岩相旋回特征对比法	含煤地层普遍存在沉积旋回现象。相同沉积条件下形成的旋回结构类型具有相当的一致性和水平方向的稳定性，而在垂直剖面上，每个旋回又各有其特点，煤层在旋回中的分布也有一定的层位规律，因而可以选择标准旋回或控制旋回作为煤层对比标志
	主要煤层对比法	厚度较大，分布稳定的煤层称主要煤层。确定了主要煤层的层位及与其它煤层的关系，就可以依据它们之间的层序关系进行对比
	煤层厚度对比法	煤层厚度稳定，各煤层厚度有较大差异的条件下，可根据煤层本身的厚度进行煤层对比
	夹层包裹体对比法	煤层所含的岩石夹层和矿物包裹体的成分、性质、厚度及分布特点，在一定范围内比较稳定时，可以作为对比煤层的标志
	利用煤的物理性质对比法	煤的颜色、光泽、硬度、结构、节理、裂隙等物理性质，可作为识别煤层的标志。煤层中有时夹有特别类型的煤，如烛煤、藻煤、富含树脂、树皮的残植煤薄层等，亦可作为煤层对比标志
	利用煤的化学性质对比法	利用煤的化学分析数据可以对比煤层，如煤层中含硫量的特殊变化，就是良好的对比标志。一般海陆交替相煤系中的煤层含硫较高，以无机硫为主：陆相煤系中煤层含硫较低，以有机硫为主。煤的灰分含量、灰成分及其含量的变化，也可作为煤层对比的辅助标志
	煤岩特征对比法	同一煤层的煤岩组分大致相同，不同煤层的煤岩组分往往有显著差异。根据煤层的宏观煤岩类型，显微煤岩 组分特征及含量变化，可对比煤层。这是比较直接而有效的对比方法
	孢粉分析对比法	不同煤层中所含的孢子和花粉的种类和含量均有一定差异性，分析和鉴定各煤中所含孢子、花粉的种属和形态，并统计其百分比，即可用以对比煤层。此法用于中、新生代煤系效果较好。由于此方法比较繁琐，且在受岩浆和构造破坏严重和变质程度高的煤层中孢子和花粉不易保存，因而应用不广泛
	光谱分析对比法	对煤灰中的稀有元素和其它金属元素，用光谱分析法进行定性定量测定，找出可以作为对比的标志，用以对比煤层。此法需样品较少，取得成果较快，是值得注意的对比方法
光密度对比法		煤的光密度（苯提取物的透光程度）反映了煤的变质程度和粘结性，利用各煤层光密度的差异可作为对比煤层的依据之一
煤层综合对比方法		不同地区不同时代的含煤地层和煤层各有其特点，在实际工作中，应根据具体的地质条件，选择最有效的对比方法，并辅以其他方法，综合运用，多法比较，最后得出正确的对比结果，此外运用数字地质方法也可取得一定效果

（三）煤的变质作用

煤的变质作用分类，见附表1—14。

附表1—14　煤的变质作用分类

类型		图示	变质作用	影响程度
区域变质	煤质的垂直分带	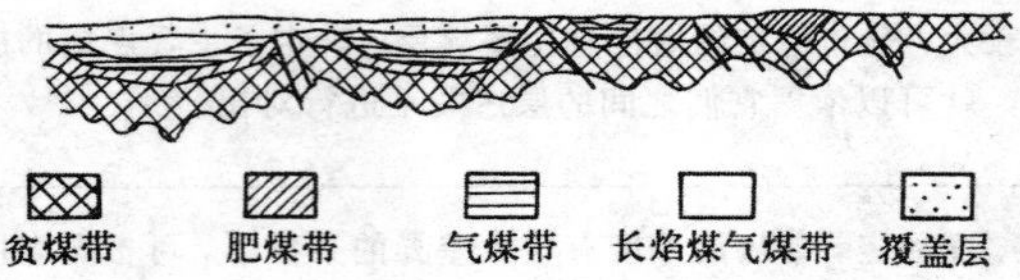 贫煤带　肥煤带　气煤带　长焰煤气煤带　覆盖层	煤系沉降至地壳深处由于地热和上复岩系的静压力而引起的变质作用称区域变质作用。在同一煤田大致相同的构造条件下，煤的挥发分产率向地壳深处依次逐渐减少的规律叫希尔特定律	影响范围最广，是引起煤变质程度普遍升高的最重要的作用。山西某些地区每下降100m，V^r 降低 1.4%、2%、3%；山东某地为4%；鲁尔煤田为2.3%；顿巴斯为 0.5%～1.8%
	煤质的水平分带	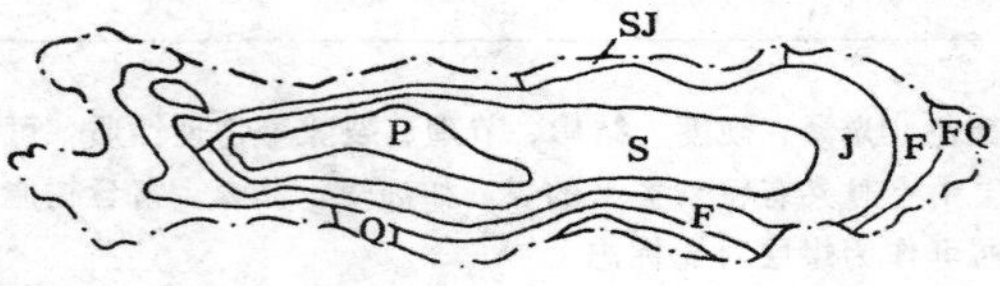 SJ　P　S　J　F　FQ　QI　F		
接触变质	浅成岩　岩墙岩脉	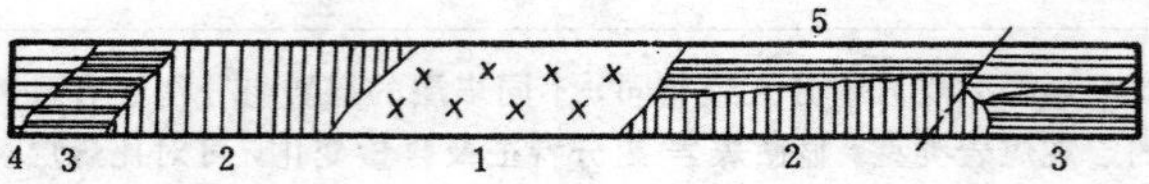 1—辉绿岩；2—天然焦；3—无烟煤；4—贫煤；5—泥岩	浅成岩和煤层直接接触的地方，由于较高的温度和较低的压力，常使与其接触的数厘米或数十厘米内的煤发生剧烈变质	常垂直或斜穿一层或多层煤，使其两侧的煤变为天然焦。变质带宽度一般不超过数十厘米至数米，或为岩墙、岩脉本身宽度的1～3倍
	浅成岩　岩床	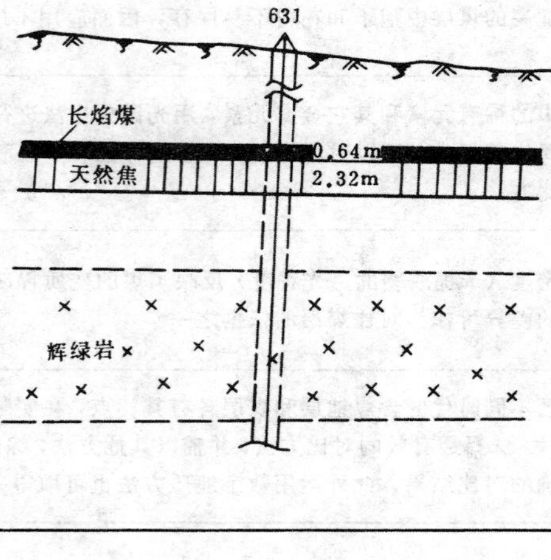 63J　长焰煤　0.64m　天然焦　2.32m　辉绿岩		岩浆沿煤层贯入呈岩床状，相邻处皆变为天然焦。变质程度决定于岩床厚度、岩床距煤层远近、围岩的物理性质（导热系数、比热、孔隙性）。据马克—法尔林观察，接触变质带的总厚度约相当于岩床厚度的60%

续表

类型		图示	变质作用	影响程度
接触变质	深成岩	低变质煤 中变质煤 高变质煤 无烟煤 辉长岩	侵入或接近煤系的深成岩体，可使煤形成较大范围的接触变质带。在变质带内距侵入体越近，煤变质程度越高，以致形成环绕侵入体分布的煤变质带	影响范围和煤变质程度升高决定于侵入体的大小及距煤层的远近
动力变质			是地壳发生构造运动而引起煤的变质作用	在某些大的逆断层或逆掩断层带附近形成和断裂带一致的狭长的动力变质带，影响范围比较局部

区域变质作用除引起煤变质外，还能使围岩产生相应的变化。区域变质作用范围广，规律性明显。根据煤质的垂直分带及水平分带规律，可以预测煤类，指出寻找与勘探所需煤类的方向。

接触变质作用因侵入体出没无常，很难找出其分布规律。接触变质作用不但使煤质变坏，破坏煤层的产状和厚度，有时甚至完全代替了煤层，所以多数情况下是产生不良后果，只有当接触变质作用使低变质煤增高了变质程度以致出现粘结性时才是有利的，但这种情况不仅可能性小，而且即使有，其范围也是有限的。

动力变质作用因影响范围狭窄，在煤田勘探及开发中，均不被人们注意。

三、构 造

沉积岩层和煤层在形成时，一般都是水平或近似水平的。同时，在一定范围内分布也是连续完整的。由于后来受到地壳运动的影响，岩层产生褶皱和断裂改变了岩层和煤层的原始形态和产状，形成了单斜构造、褶曲构造、断裂构造等基本构造形态（附图 1—1）。

（一）褶皱构造

岩层在应力作用下，主要由于岩层塑性变形而发生的没有丧失其原有连续性的一系列波状弯曲构造，称为褶皱构造。

褶皱构造的基本单位，也就是岩层的一个弯曲叫褶曲（附图 1—2）。

1）褶曲的基本形态（附表 1—15）

2）褶曲分类（附表 1—16）

3）褶曲在各种图上的表达形式（附表 1—17）

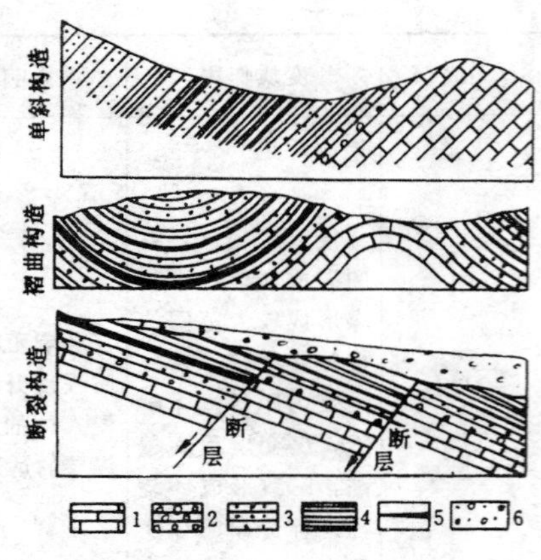

附图 1—1　地质构造基本形态

1—石灰岩；2—砾岩；3—砂岩；4—页岩；5—煤层；6—冲积层

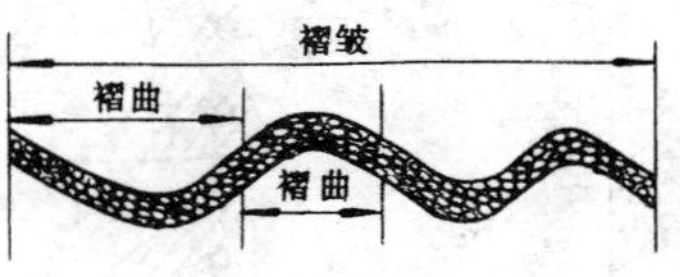

附图 1—2　褶曲与褶皱

附表 1—15　褶曲的基本形态

名　称	涵　义	图　示
背　斜	在剖面上岩层面向上凸起的弯曲，在平面上核部是老岩层，两翼是新岩层	新 老 新
向　斜	在剖面上岩层面向下凹陷的弯曲，在平面上核部是新岩层，两翼是老岩层	老 新 老

附表 1—16　褶　曲　分　类

分类原则	褶曲名称	图　示	主 要 特 征
横剖面形态及褶曲轴位置	对称褶曲	W E A P A P A P	轴面直立、两翼对称。又称直立褶曲
	歪斜褶曲	W E A P A P A P	轴面倾斜，两翼岩层倾向相反，倾角不等。又称不对称褶曲

续表

分类原则	褶曲名称	图示	主要特征
横剖面形态及褶曲轴位置	倒转褶曲	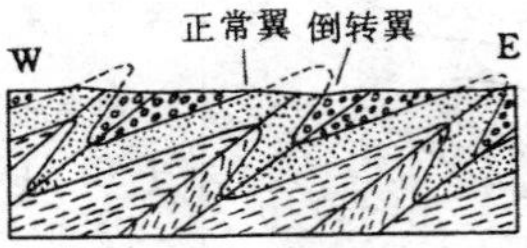 W 正常翼 倒转翼 E	两翼岩层向同一方向倾斜，一翼正常，一翼倒转
	平卧褶曲	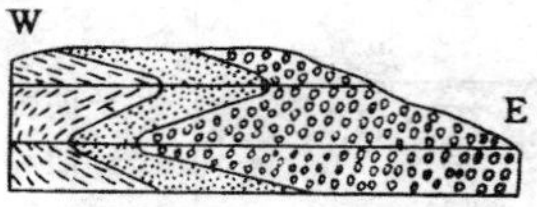 W E	轴面近于水平，两翼岩层产状平缓，一翼正常，一翼倒转
	扇形褶曲	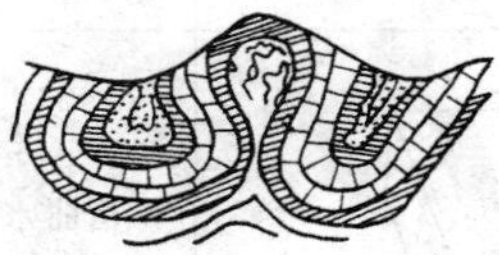	两翼岩层均倒转，背斜两翼岩层向轴面倾斜，向斜两翼岩层由轴面向两侧倾斜
	箱形褶曲 屉形褶曲	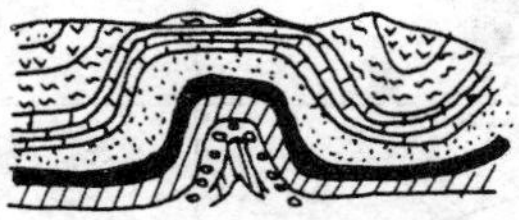	箱形褶曲为背斜，其顶部平缓开阔；屉形褶曲为向斜，其槽部平缓开阔
	翻转褶曲	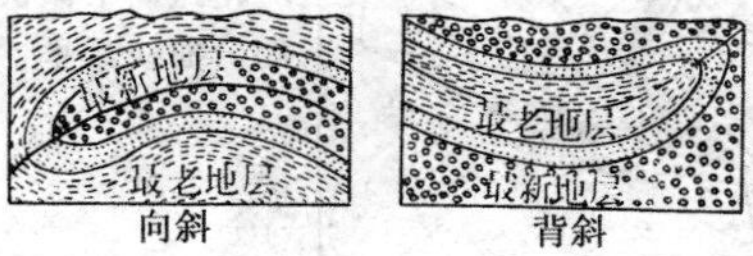 最新地层 最老地层 向斜；最老地层 最新地层 背斜	轴面倾斜剧烈，并发生弯曲，其前端倒转向下，使其形态更复杂
	挠曲 构造阶地	 挠曲；构造阶地 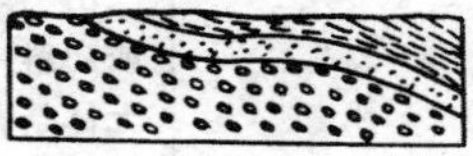	平缓岩层中局部陡峻倾斜岩层称挠曲。倾斜地层局部地呈水平产状的区域称构造阶地
平面图上的褶曲形态	线形褶曲		褶曲向一定方向延伸很远，长与宽之比大于10∶1
	短轴褶曲	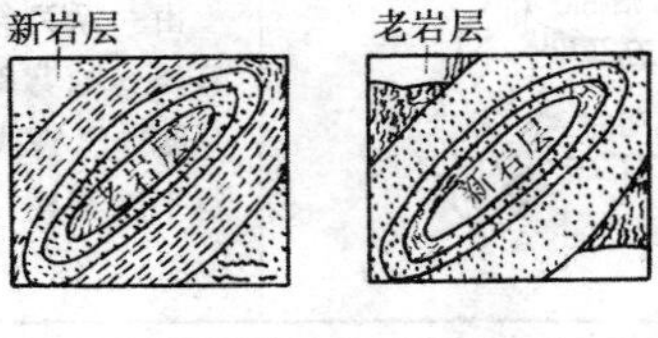 新岩层 老岩层；老岩层 新岩层	褶曲枢纽从高点向两端作显著而迅速地倾伏或抬起，其长度与宽度之比介于3∶1～2∶1之间

续表

分类原则	褶曲名称	图　示	主要特征
平面图上的褶曲形态	长轴褶曲	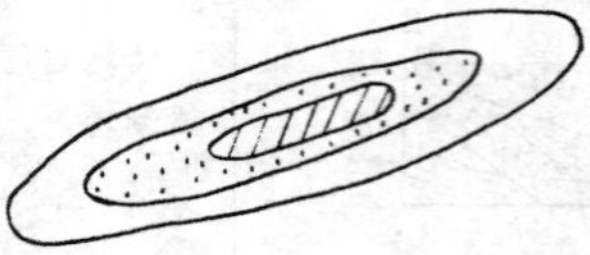	褶曲轴向两端倾伏或抬起，长与宽之比介于10∶1～5∶1之间
	穹窿和构造盆地	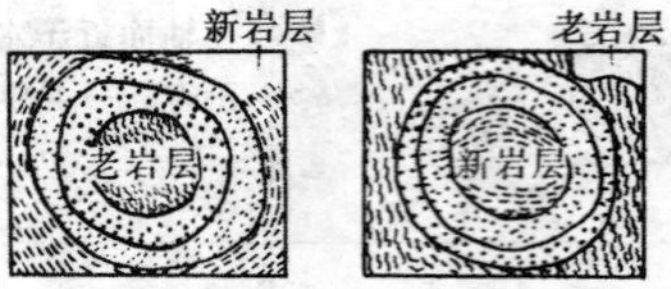 新岩层 老岩层 老岩层 新岩层	平面上成浑圆状的短轴褶曲。其长与宽之比近似相等。此类背斜称穹窿，向斜则称为构造盆地
褶曲轴	水平褶曲	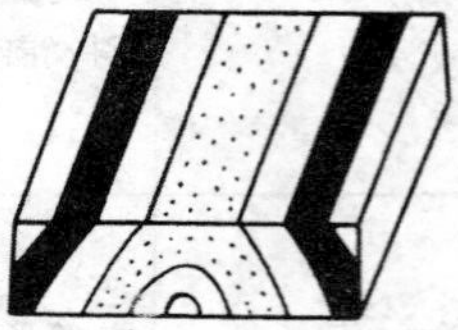	褶曲水平延伸，枢纽水平，两翼岩层界线在平面图上互相平行
	倾伏褶曲	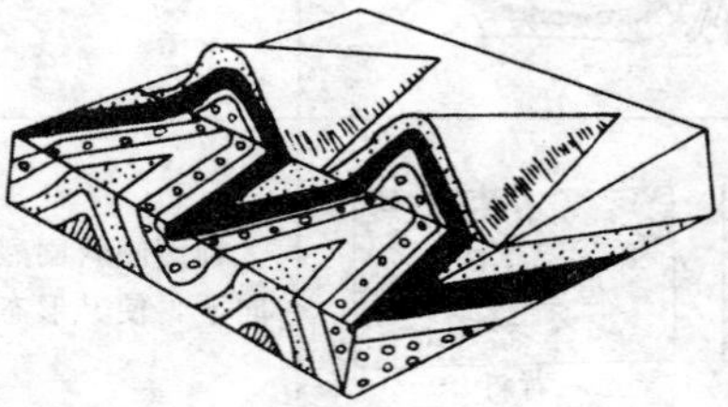	枢纽向下倾伏或向上抬起，岩层界线为不闭合曲线，呈“之”字形
横剖面上褶曲的组合形态	复（式）背斜、复（式）向斜	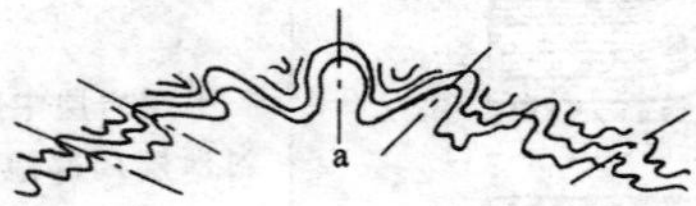 a a—复式背斜 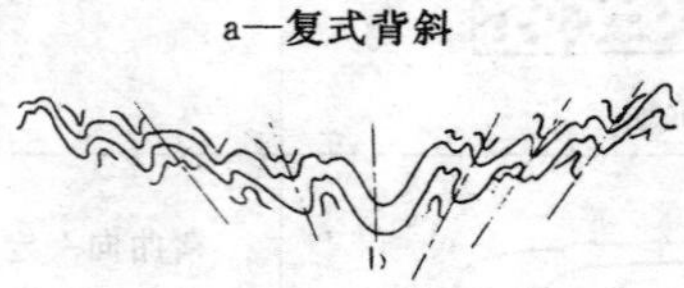 b b—复式向斜	由一系列大规模的褶曲组成，在大的背斜或向斜中发育很多次一级的背斜或向斜，如大体是背斜者称为复（式）背斜，大体是向斜者称为复（式）向斜
	隔挡式、隔槽式褶曲	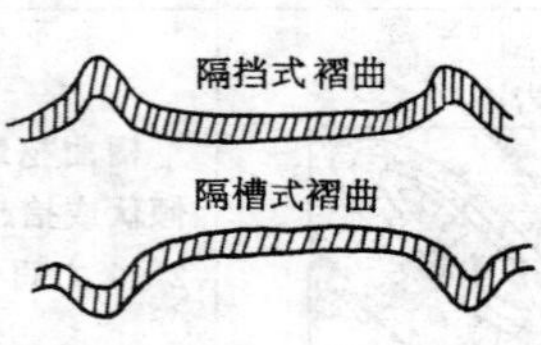 隔挡式褶曲 隔槽式褶曲	由一系列箱形褶曲和脊形褶曲排列而成，隔挡式的背斜是褶曲的背斜紧凑、向斜平缓开阔，隔槽式的向斜是褶曲的向斜紧凑、背斜平缓开阔

续表

分类原则	褶曲名称	图示	主要特征
不同岩性形成不同的几何形态	上薄褶曲	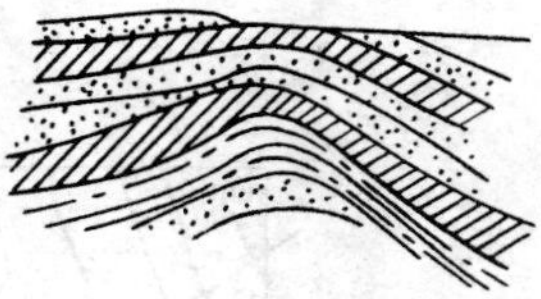	褶曲顶部之厚度比翼部薄
	拖拉褶曲	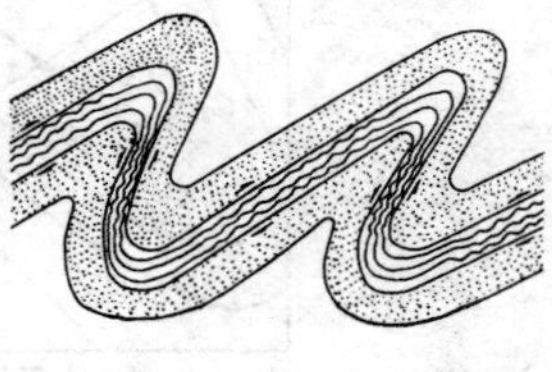	大褶曲中的一系列小褶曲，其轴面产状基本一致，它是由组成大褶曲的坚硬岩层中的软岩层在褶皱过程中，上下岩层相互滑动，产生力偶作用形成的，轴面与上下硬岩层面斜交
	破碎褶曲	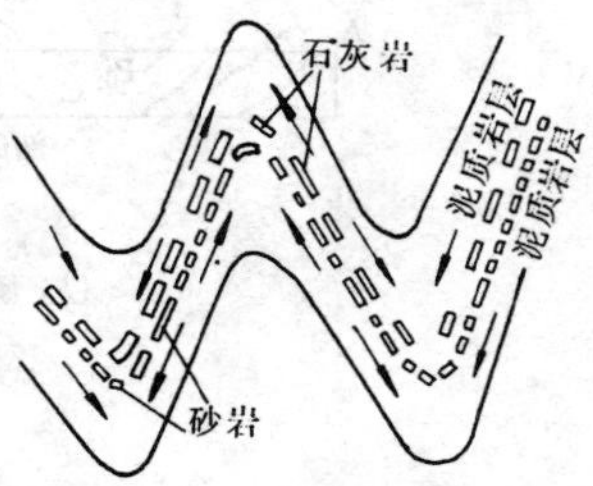	当脆性岩层夹于柔性岩层中，遭受强烈褶皱变形时，塑性岩层发生柔性变形而伸长，脆性岩层受摩擦力引张破裂而形成断块
	底辟构造	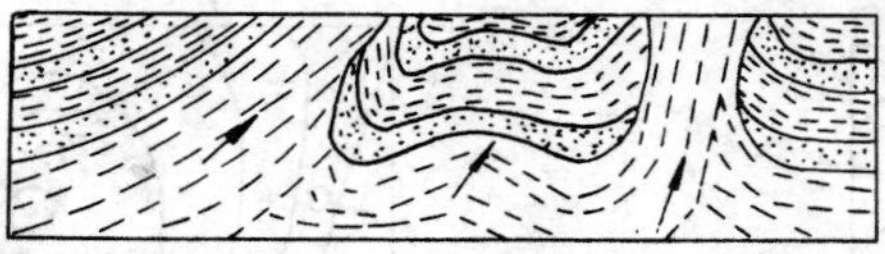	是褶曲和断裂兼有的一种构造，是塑性岩层如煤层、岩盐、石膏、粘土及岩浆等经受构造运动影响，沿上部脆性岩层的软弱部分（如裂隙）穿入，使顶部岩层隆起而成

附表 1－17 褶曲在各种地质图上的表达形式

图名	特征及图示
地形地质图	1. 根据岩层的新老顺序鉴别背斜或向斜，核部是老岩层，两翼是新岩层时为背斜。反之，则是向斜 2. 凡属倾伏褶曲，地层界线均呈“之”字形弯曲 3. 褶曲倒转时，两翼岩层向同一方向倾斜，则一翼正常，一翼倒转 4. 穹窿和构造盆地的地质界线呈近圆形封闭曲线 5. 由于地形起伏，图上的地质界线也呈弯曲状，在分析图件时应注意“V”字形法则，分析岩层界线和地形等高线间的关系（如下表）

岩层产状	岩层倾斜方向与地面倾斜方向	岩层出露界线与等高线关系
水平岩层		二者平行或重合
倾斜岩层	相同（岩层倾角＜地面坡度角）	二者弯曲方向相同
	相同（岩层倾角＞地面坡度角）	二者弯曲方向相反
	相反	二者弯曲方向相同
直立岩层		地质界线为一直线并切割等高线

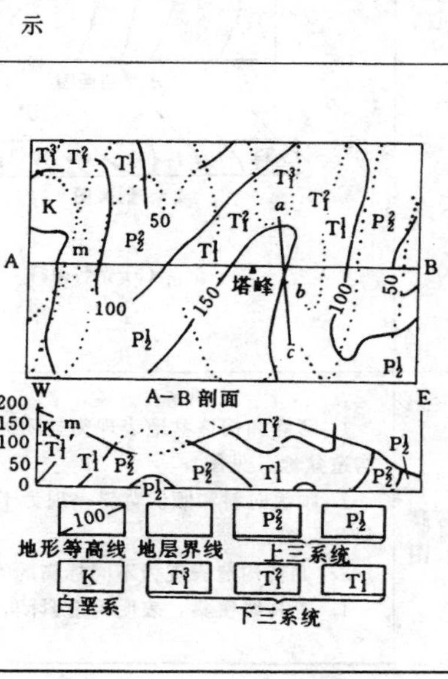

续表

图名	特　征　及　图　示
水平切面图	四种构造形态的水平切面示意图： 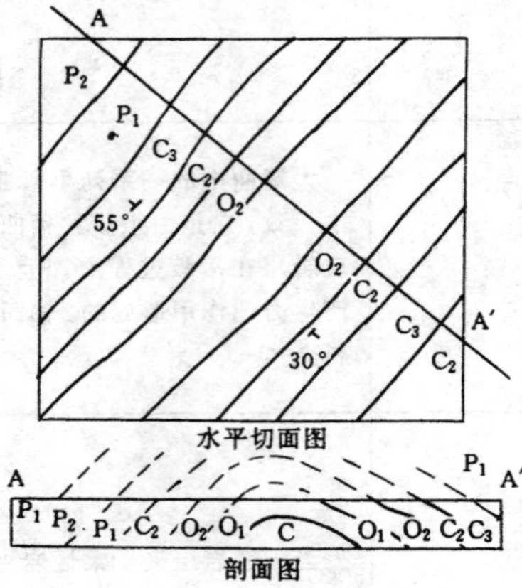 水平切面图　剖面图 (*a*) 水平褶曲 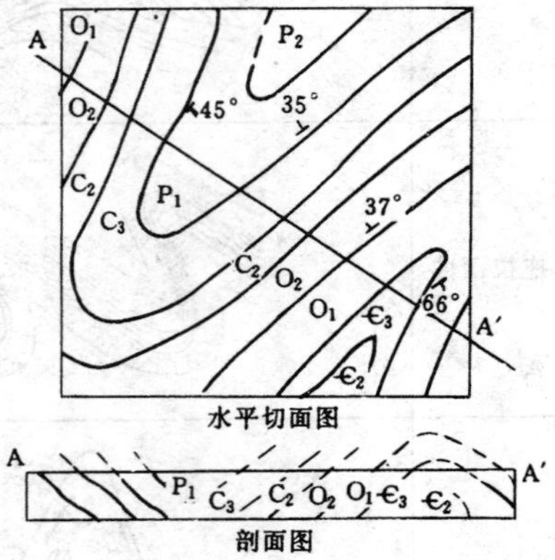 水平切面图　剖面图 (*b*) 倾伏褶曲 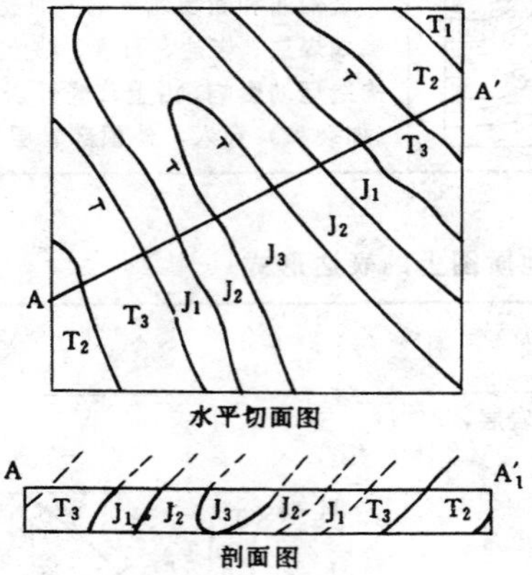 水平切面图　剖面图 (*c*) 倒转向斜 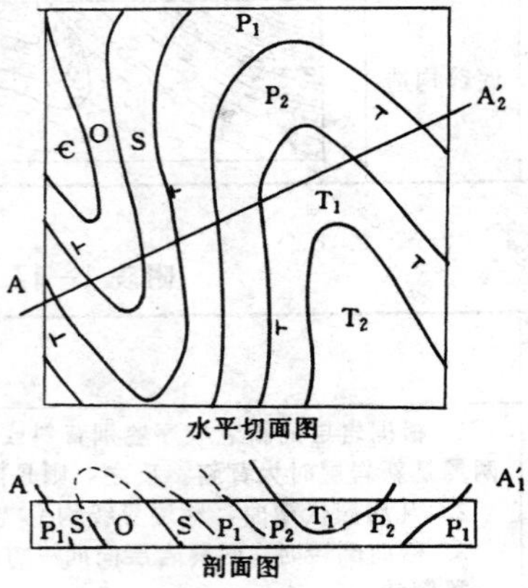 水平切面图　剖面图 (*d*) 倒转背斜
煤层底板等高线图	1. 穹窿和构造盆地表现为封闭的曲线。由边缘向中间，如等高线标高逐渐增高时为穹窿，如逐渐降低则为构造盆地，见图 *a* 2. 倾伏向斜和倾伏背斜表现为不封闭曲线。等高线转折端指向标高增大值时为倾伏向斜，反之则为倾伏背斜，见图 *b* 3. 倒转构造表现为不同标高的等高线彼此交叉，见图 *c* 4. 等高线密集，表明构造紧闭，等高线稀疏，表明构造开阔，如图 *d* 表明背斜紧闭，向斜开阔

续表

图名	特征及图示
煤层底板等高线图	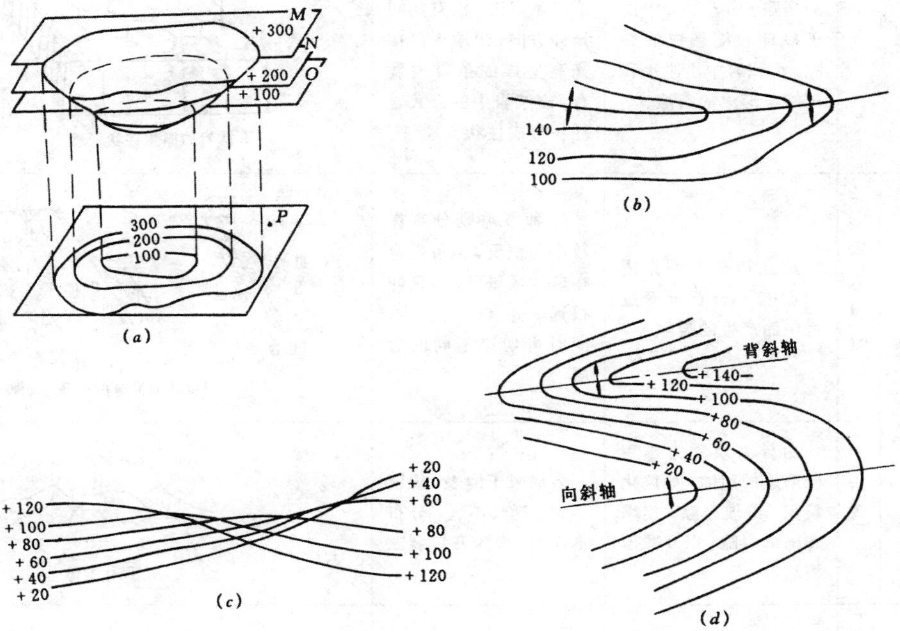 *a*—构造盆地；*b*—倾伏背斜；*c*—倒转构造；*d*—背斜紧闭，向斜开阔

（二）断裂构造（附表1—18）

附表1—18 断裂构造种类

概念	岩层受力产生形变，当应力超过其强度时，岩层发生断裂失去连续完整性，而形成断裂构造	
种类	裂隙（节理）	断裂后的两侧岩层或岩体没有发生显著位移者，称裂隙或节理。常见的裂隙有开口的、闭口的和隐蔽的三种 裂隙呈有规则的组合时，叫作节理系统
	断层	断裂后两侧岩层或岩体发生显著位移者，称断层

裂隙分类及特征见附表1—19。断层分类见附表1—20。断层标志见附表1—21。断层在各种地质图上的表现见附表1—22。

（三）我国的主要构造体系

主要纬向构造带见附表1—23。主要经向构造带见附表1—24。主要扭动构造体系见附表1—25。

附表1—19　裂隙分类及特征

裂隙分类			涵义及成因	特　征	图　示
按成因分	原生裂隙		在成岩过程中形成的裂隙，如岩浆岩中由于冷却收缩形成的裂隙，沉积岩中由脱水和压缩所形成的裂隙	在沉积岩中常见的原生裂隙，延伸不远，形状不规则，没有共同延伸方向，煤层中仅在光亮型煤的条带内发育，岩浆岩中的玄武岩往往形成柱状节理	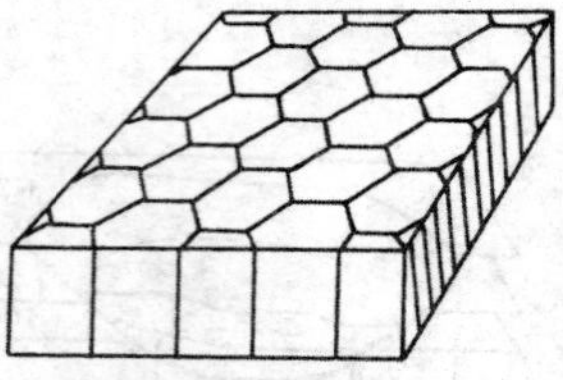 玄武岩的原生柱状岩理
	次生裂隙	构造裂隙	是在构造变动作用的影响下岩石形变过程中而产生的裂隙	这种裂隙既分布在较小面积里，也可发育在广大区域里，可延伸很远、并有一定规律，同时可切穿不同的岩层	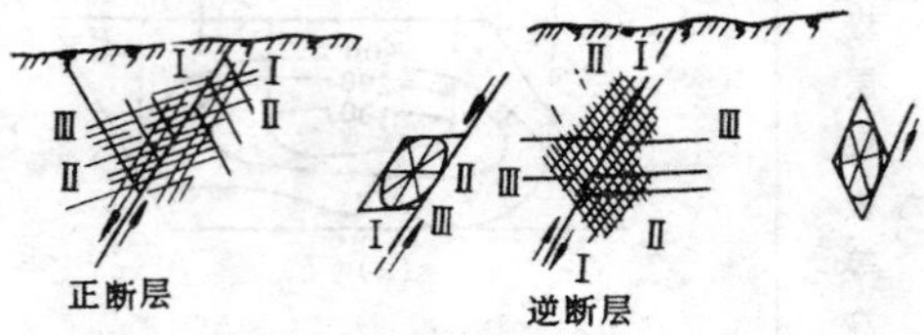 正断层　逆断层 断层两侧发育的劈理、裂隙
		非构造裂隙	由外力及重力作用所形成的裂隙，如风化裂隙、滑坡裂隙、崩塌和陷落裂隙、以及减压裂隙等	多局限于地表，规模不大，延长不远，分布不规则，多为开口裂隙	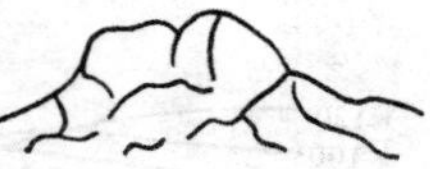 风化裂隙
按作用力的性质分	剪切裂隙		岩石受剪应力作用而形成。在岩层中常有两组同时出现，构成共轭剪裂隙系“×”型裂隙系	裂缝平直而紧闭，延伸方向稳定，在砾岩中常可见切割砾石，在柔性岩层（如煤、页岩等）中常出现光滑的裂面和擦痕	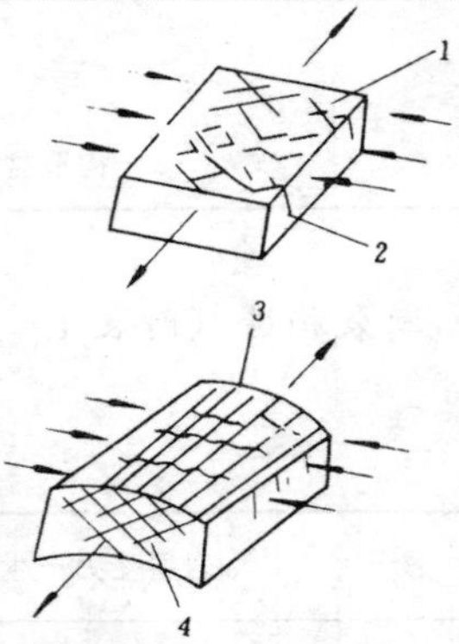 1—前期×裂隙　2—张裂隙 3—纵向张裂隙　4—后期×裂隙
	张裂隙		由张应力引起的裂隙，在褶曲岩层中多在轴部发育并与岩层面近于垂直或沿已形成的剪切面发育成锯齿状裂隙	裂口稍微张开，此种裂隙广泛发育于褶曲岩层中，也常发生在断层附近，裂隙面粗糙不平，一般无擦痕，通常延伸不远，砾岩的裂口是绕砾石而过，裂隙常被某些物质充填	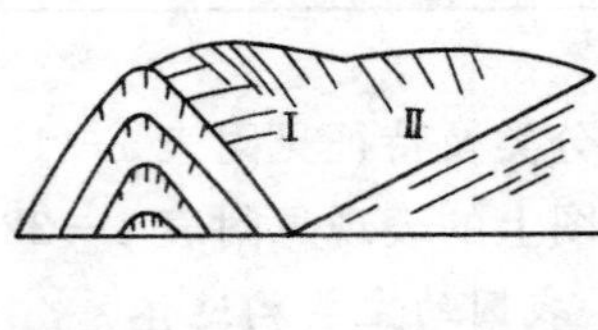 Ⅰ—张裂隙（纵裂隙）　Ⅱ—张裂隙（横裂隙）

续表

裂隙分类		涵义及成因	特征	图示
按裂隙走向与岩层走向的关系分	走向裂隙	裂隙走向与岩层走向平行	裂隙面粗糙，一般没有擦痕，延伸性较差，裂面常开口	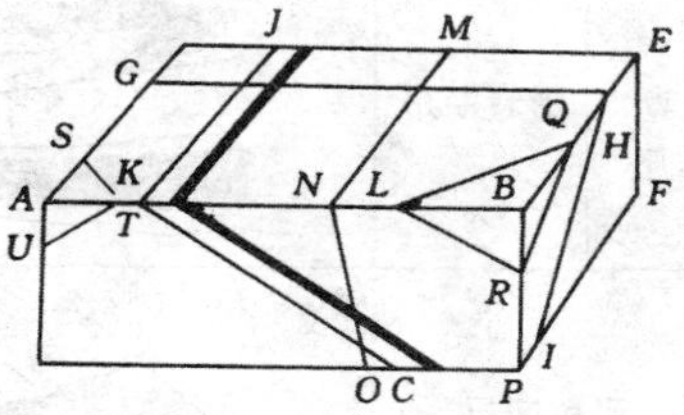 MNO—走向裂隙；GHI—倾向裂隙；STU—斜交裂隙
	倾向裂隙	裂隙走向与岩层走向垂直	裂隙面多粗糙开口，延伸不长，并常有矿脉充填	
	斜交裂隙	裂隙走向与岩层走向斜交	与剪切裂隙同	
按裂隙走向与褶曲轴向关系分	纵裂隙	裂隙走向与褶曲轴向一致	裂隙与岩层面直交，在横剖面中或纵剖面中成扇状分布，其生成与岩层弯曲和枢纽的倾向有关，多为局部性张裂隙	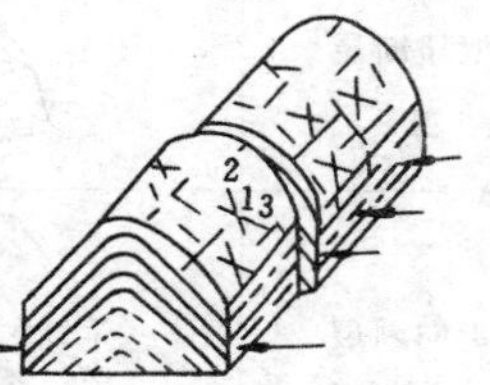 1—斜裂隙；2—纵裂隙；3—横裂隙
	横裂隙	裂隙走向与褶曲轴向正交		
	斜交裂隙	裂隙走向与褶曲轴向斜交	与剪切裂隙同	

附表1－20 断 层 分 类

断层分类		图示	涵义及特征	
按断层两盘相对位移分	正断层	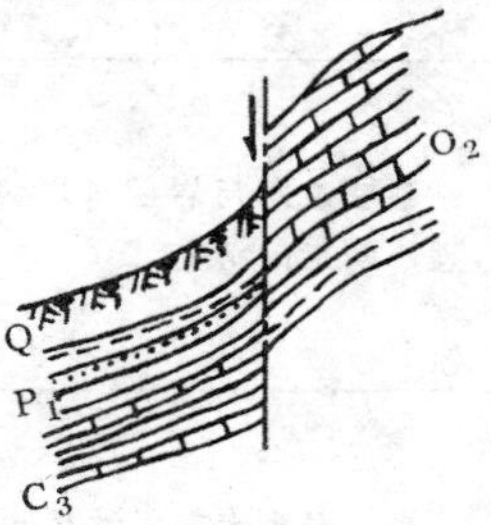	上盘相对下降，下盘相对上升。多由升降运动或水平运动张应力作用造成。断层面倾角常大于45°，断层面较平整	
	逆断层 冲断层	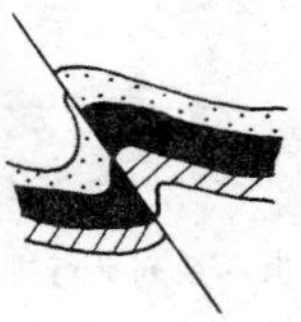	上盘相对上升 下盘相对下降	在挤压力的作用下岩层沿剪切面破裂而形成，常与褶曲相伴生，断层面倾角常大于45°
	逆断层 逆掩断层	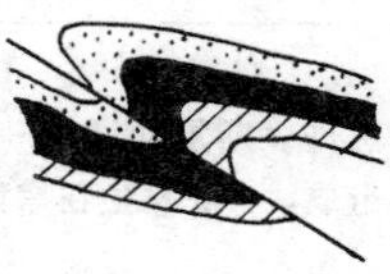		断层面倾角在25°～45°之间，一般是由倒转褶曲发展而成

续表

<table>
<tr><th colspan="3">断层分类</th><th>图示</th><th colspan="2">涵义及特征</th></tr>
<tr><td rowspan="3">按断层两盘相对位移分</td><td>逆断层</td><td>辗转断层</td><td> 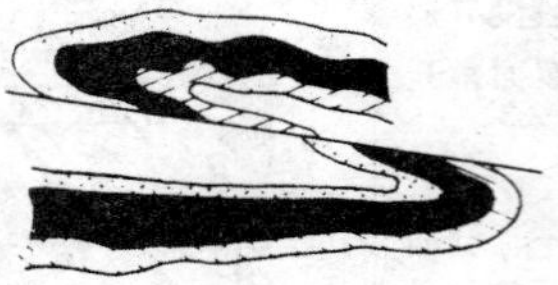</td><td>上下盘相对上下升降</td><td>断层面倾角小于25°，规模巨大，延展范围广</td></tr>
<tr><td colspan="2">平移断层</td><td></td><td colspan="2">断盘沿断层面走向位移的断层，又叫平推断层，平错断层、扭断层或捩断层</td></tr>
<tr><td colspan="2">枢纽断层</td><td></td><td colspan="2">以垂直断层面中部某点的直线为旋转轴作旋转运动的断层。在旋转轴两侧，一侧为正断层，一侧为逆断层
如旋转轴位于断层末端，一侧表现为明显的转动，则称捩转断层</td></tr>
<tr><td rowspan="3">按断层走向与岩层走向关系分</td><td colspan="2">走向断层</td><td></td><td colspan="2">断层走向与岩层（岩浆岩流线、流面、变质岩片理）的走向基本平行</td></tr>
<tr><td colspan="2">倾向断层</td><td></td><td colspan="2">断层走向与岩层（岩浆岩体流线、流面、变质岩片理）的走向大致直交</td></tr>
<tr><td colspan="2">斜交断层</td><td></td><td colspan="2">断层走向与岩层（岩浆岩体流线、流面、变质岩片理）的走向斜交</td></tr>
<tr><td rowspan="3">断层组合</td><td rowspan="3">在平面上的形态</td><td>平行断层</td><td> 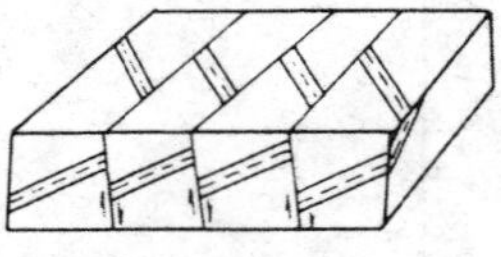</td><td colspan="2">由一系列走向大致相同的断层组成，往往局限于一条窄带内，构成一个断层带</td></tr>
<tr><td>雁行断层</td><td> 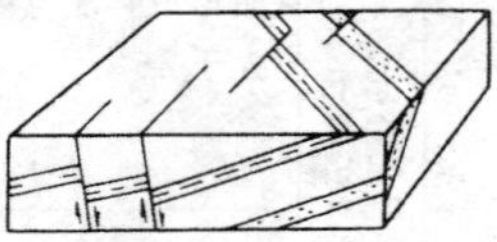</td><td colspan="2">由一系列平行排列、相互错开的断层组成</td></tr>
<tr><td>环状断层</td><td> 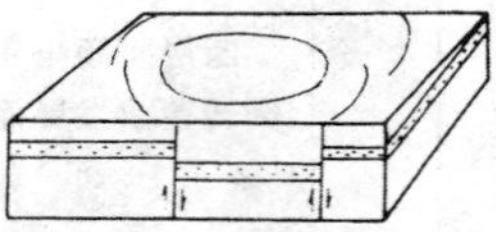</td><td colspan="2">由许多断层面围绕一个中心成圆形或弧形分布的断层组成，一般发生在穹窿、短轴背斜或褶曲倾状的周围</td></tr>
</table>

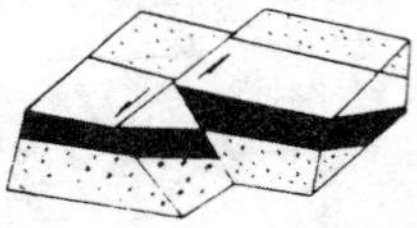

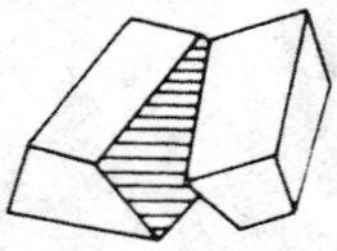

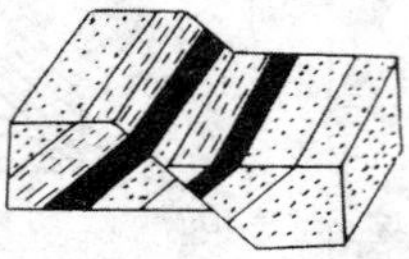

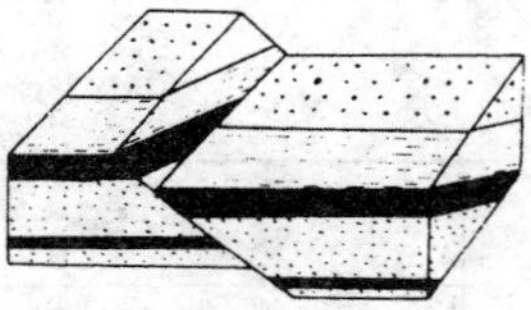

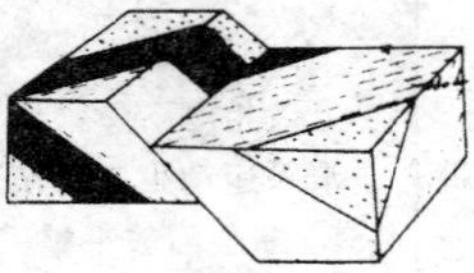

续表

断层分类			图示	涵义及特征
断层组合	在平面上的形态	辐射状断层		由许多断层面从一个中心向四周呈放射状分布的断层组成，一般发生在穹窿、短轴背斜或褶曲倾伏端周围
断层组合	在剖面上的形态	阶梯状断层		正断层上盘常常成阶梯状下降，组成一系列大致平行倾向一致的正断层，形似阶梯
		地堑、地垒		通常由两条以上走向大致平行的正断层组成。断层倾向相向，中间断块下降，两侧相对上升，称地堑。断层倾向相背，中间断块上升，两侧下降，称地垒
		迭瓦状构造		由一系列平行排列的逆断层组成，断层面倾向一致，断盘一盘压一盘，形如迭瓦

附表 1-21 断 层 标 志

主要标志		图示	地质现象
构造标志	岩层或构造线不连续		断层常将岩层、煤层、岩脉、矿脉及构造线切断错开，使岩层及构造线突然中断。这是断层的直接标志
	岩层产状突变		由于断层的错动使岩层产状突然变化，离断层愈近，岩层倾角愈陡，甚至直立或倒转
	节理、劈理、片理加强		由于断层的错动影响，断层附近岩石经常发生强烈的节理化、劈理化、片理化。这种构造向断层带中心依次加密加强
	牵引现象		由于断层两盘相对位移使两盘岩层牵引弯曲的现象叫牵引现象（拖曳现象）

续表

主要标志		图　　示	地　质　现　象
地层标志	地层重复或缺失	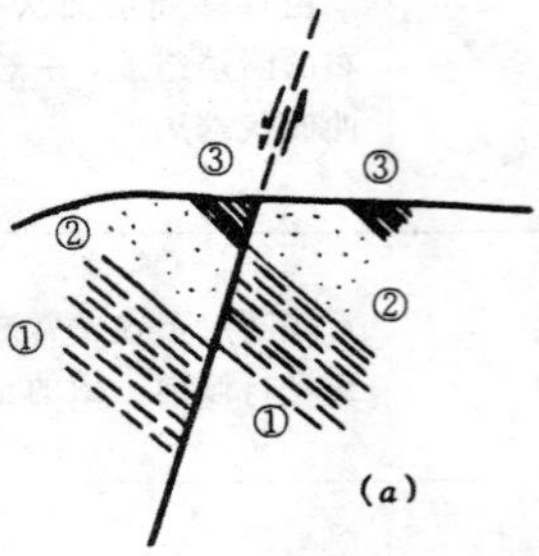 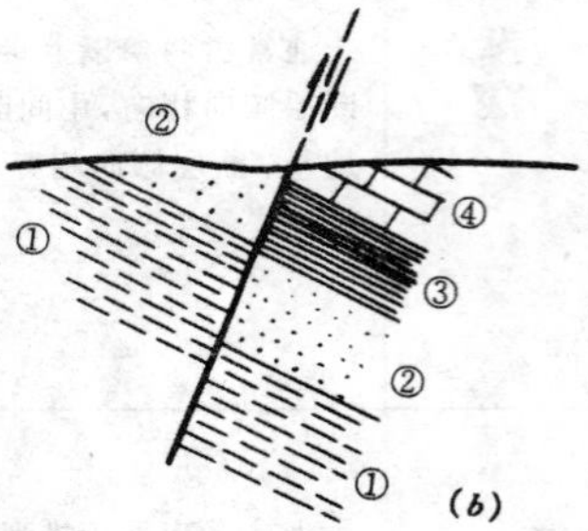 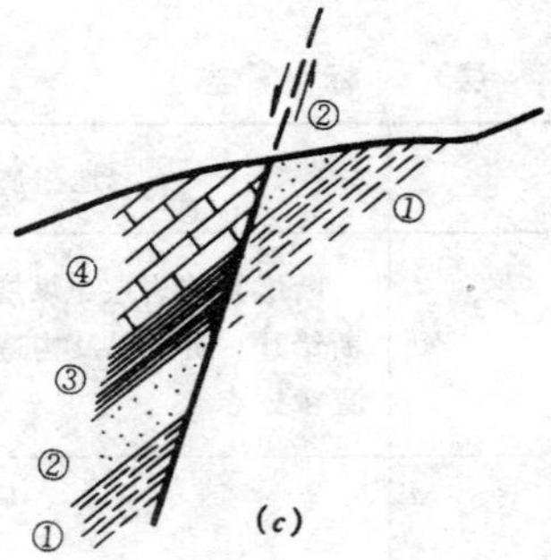 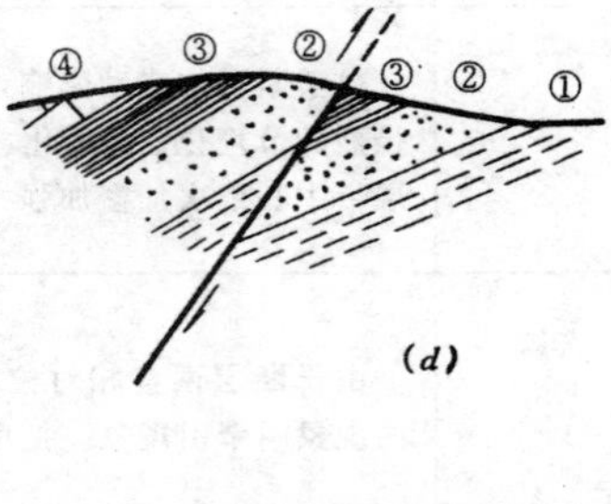 ③ ③ ② ② ① ① (a) ② ④ ① ③ ② ① (b) ② ① ④ ③ ② ① (c) ④ ③ ② ③ ② ① (d)	地层重复与缺失，是判断断层的重要标志。主要是由走向（纵向）正断层或逆断层（或部分斜交断层）造成的 地层重复与缺失的规律，决定于断层类型、断层产状与地层产状的关系： 1.若断层面倾向与地层倾向相反，则正断层造成重复（a），逆断层造成缺失（b）； 2.若断层面倾向与地层倾向相同，且断层倾角大于地层倾角。则正断层造成缺失（c），逆断层造成重复（d）； 3.若断层面倾向与地层倾向相同，且倾角小于地层倾角，则正断层造成重复，逆断层造成缺失。 上述规律主要适用于走向断层，对斜交断层也基本适用

续表

主要标志		图示	地质现象
构造岩标志	断层（构造）角砾岩	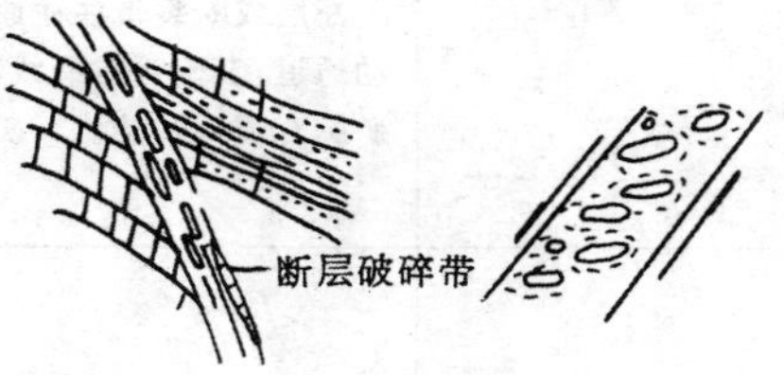 断层破碎带	断层错动过程中，岩石发生碎裂搓动，形成大小不等的碎块；胶结物为压碎研磨的细粉和粉末状的破碎基质。角砾来自断层两侧岩石，沿断层呈带状分布
	碎裂岩		岩石经强烈挤压，破碎成碎块，甚至其组成矿物也被挤压成微粒，形成碎裂结构、糜棱结构，叫碎裂岩、糜棱岩 松软泥土状的碎裂岩、糜棱岩称为“断层泥”
	千糜石		在断裂过程中，矿物颗粒既被破碎，又发生了显著的重结晶作用的糜棱岩、叫千糜岩。能形成一系列新生矿物如绢云母、绿泥石、绿帘石、石英、方解石、钠长石等
岩相标志	岩相突变	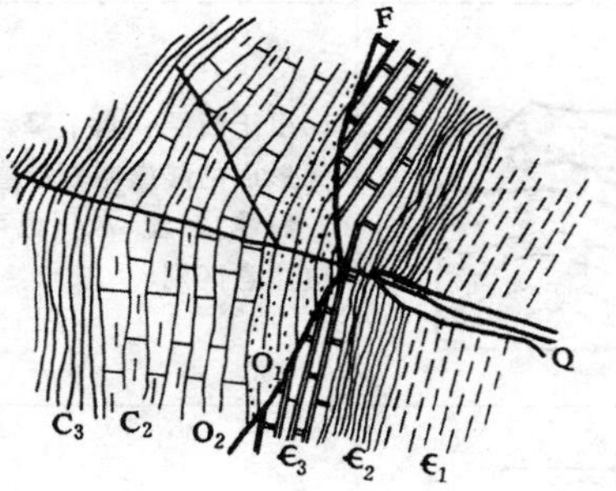 F、Q、C_3、C_2、O_2、O_1、ϵ_3、ϵ_2、ϵ_1	沉积岩岩相在走向上突然变化，如石灰岩与粗砂岩突然变化，而无中间过渡相，其间可能为断层
断层面标志	镜面		断层面因摩擦而被碾平磨光，形成十分光滑的镜面，称“摩擦镜面”或“镜面”。镜面上常见铁锰氧化物薄膜、碳酸盐类或硅质薄膜
	擦痕	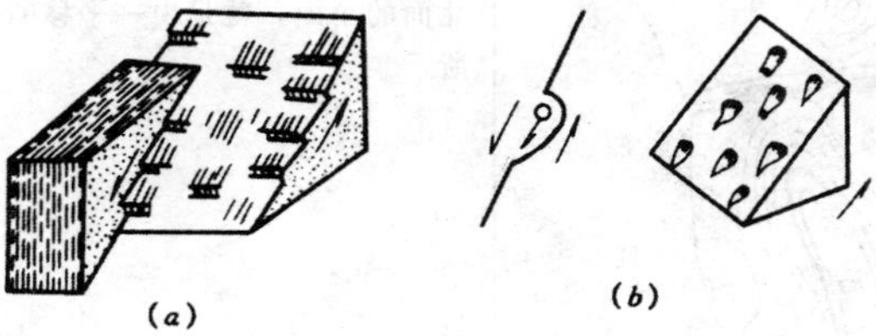 (a) (b)	擦痕是断层两盘位移时在断层面上留下的许多平行的线状滑槽或钉头状的小沟、擦坑，其延展方向表示断层滑动的方向
	阶步	*a*—断层下盘断面上阶步和擦痕（指示上盘下滑）；*b*—断层面上擦坑	在断层擦痕面上，有时出现许多垂直滑动方向的小陡坎叫阶步。阶步的缓坡至陡坡方向即对盘位移方向

续表

<table>
<tr><th colspan="2">主要标志</th><th>图　　示</th><th>地　质　现　象</th></tr>
<tr><td>侵入体标志</td><td>线状岩脉、矿　脉</td><td></td><td>断层或断裂带往往成为岩浆和热液（汽）的活动通道，其附近常有线状或条带状侵入体、岩脉、矿脉充填以及硅化、矿化（蚀变）现象</td></tr>
<tr><td rowspan="3">地形标志</td><td>沟谷河流</td><td> 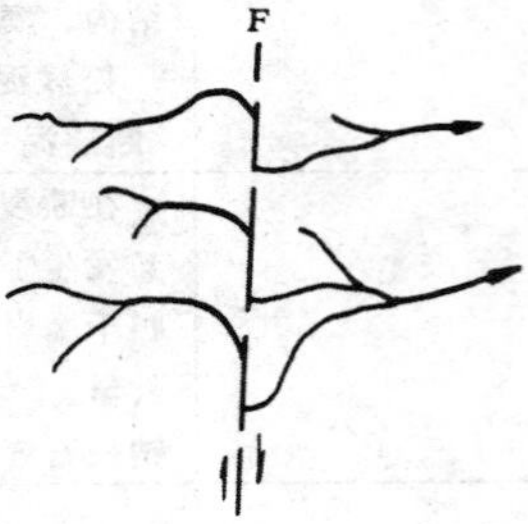F</td><td>断层破碎带的岩石易于风化形成沟谷、河流。直而狭长的峡谷或冲沟，直角转弯的水系，横穿山脉走向的河流，均可能是由于断层造成的</td></tr>
<tr><td>断层崖</td><td> 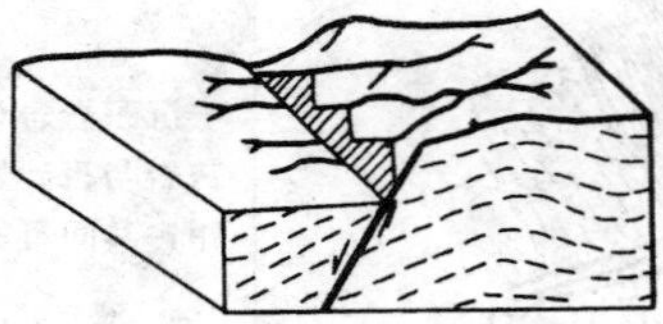</td><td>由于断层一盘下降，一盘上升，沿断层面在地面形成的陡崖叫断层崖
海蚀、河流、冰川也可形成类似断层崖的陡崖，应注意区别</td></tr>
<tr><td>截脊、错脊</td><td> 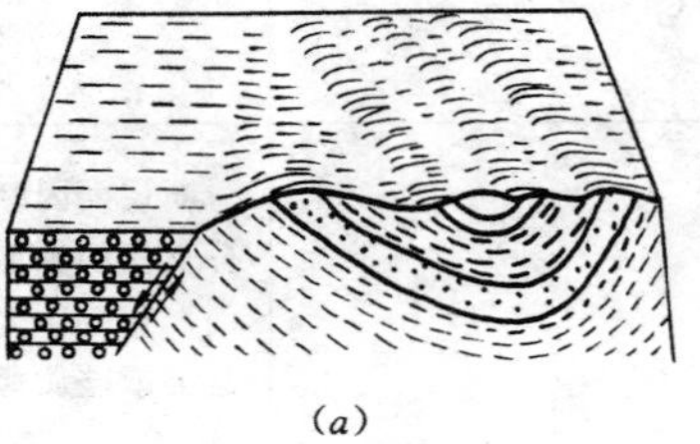(a) 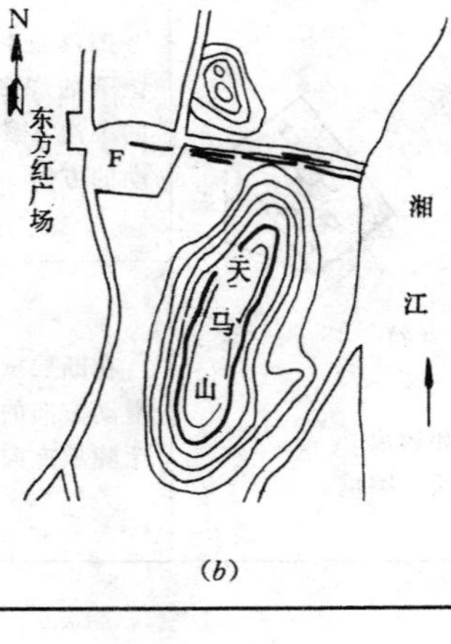
N
东方红广场
F
湘江
天马山
(b)</td><td>大山沿延长方向被山前平原直线切断（截脊），表示有断层存在，如图 a 所示
一条或一系列山脉，由于断层而互相错开，形成错断山脊（错脊），如长沙市河西区天马山和它北面的小山，就是由一平移断层所错开，如图 b 所示</td></tr>
</table>

续表

主要标志		图　示	地 质 现 象
地形标志	湖泊、洼地及泉	Ⅰ—南北构造带；Ⅱ—山字型构造带	一系列湖泊、洼地或泉出现在一条线上，则可能是断层造成的。如昆明附近一系列湖泊的出现，大都是由断层造成的
	植被分布		断裂带及其两侧因岩性不同，可造成截然不同的植被分布，可以作为追索断层的标志

附表 1—22　断层在各种地质图上的表现

图名	表　现
地形地质图	一般表现为一条线，称断层线。该线于图上可以是直线，也可以是曲线。曲线弯曲情况决定于地形和断层本身。右图 *a* 中逆断层由于受地形影响，断层线与地形等高线二者弯曲的方向相同。但断层线于图上只表示断层的大致延伸方向，并不能反映断层真实走向。右图 *b* 中正断层真实走向为断层线上标高相同的两点连线 Mn 或 GH 的方向 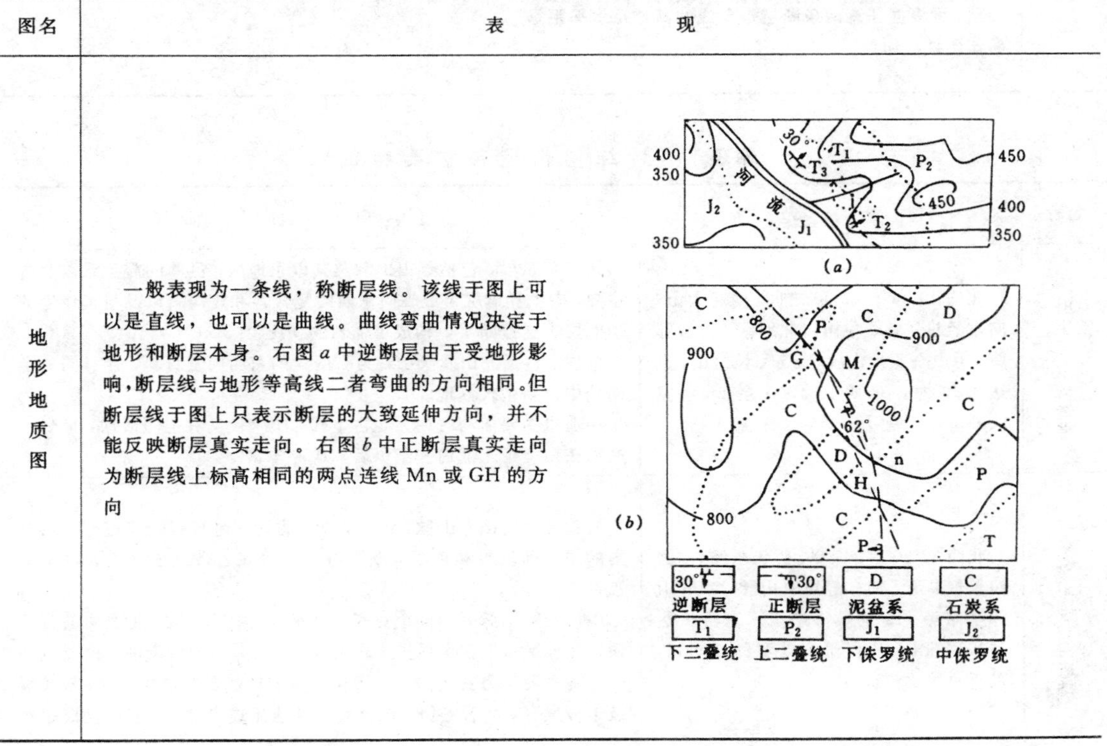

续表

图名	表　　现
水平切面图	与在地形地质图上表现相似，但其断层线表示了该断层的真实走向 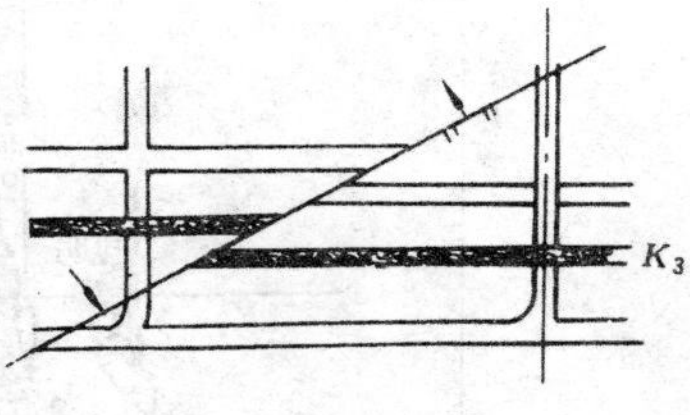
煤层底板等高线图	1. 正断层表现为等高线中断缺失，中断缺失部位为无煤带、逆断层表现为等高线重叠，重叠部分为煤层上下重复区 2. 正断层铅直断距（落差），如右图 a，可将 +140m 等高线从一盘交面线上的 a'' 点延长到另一盘交面线的 b'' 点，则 a''、b'' 两点的标高差即为该断层的铅直断距（落差）从图中可知其落差 $H=30$m 3. 逆断层铅直断距，如右图 b，+140m 等高线与两条交面线（aa'、bb'）交点 c、d 则 c、d 两点的标高差即为该逆断层的铅直断距，从图中可知其落差 $H=30$m 4. 断层面产状的确定方法：断层两盘同一标高的等高线与两条断层交面线分别有两个交点，其联线即为该断层面的走向（如图 b 中 $A'B'$）。断层面的倾角，可根据任意两条断层走向线的高差及水平距离作图计算而得 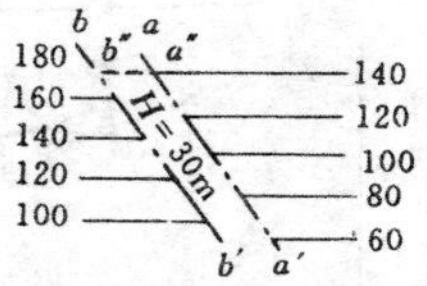 （a） 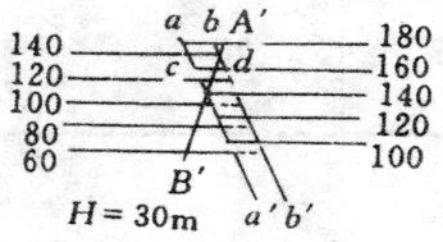 （b）

附表 1－23　纬向构造带主要特征

名称	位置及范围	主要特征
阴山—天山构造带	北纬 40°30′～42°30′之间。西起天山，向东经星星峡、狼山以北地区、白云鄂博、阴山—燕山山脉、辽宁、长白山，直达日本海。东西长 4000 余 km，宽 200km	构造带东段，包括燕山山脉及其以东地区，巨厚的震旦系以及古生界、中生界地层组成轴向东西的复背斜和复向斜以及与其伴生的逆断层、逆掩断层，构成了强烈的挤压带 西段，包括北山及天山，为一巨大的东西向复背斜，伴有同一走向的中、新生代盆地 构造带主要活动时期为晚古生代，中生代又有强烈活动，最晚一次约在白垩纪末或白垩纪以后。矿产丰富
秦岭—昆仑构造带	北纬 32°30′～34°30′。西起东经 74°的帕米尔高原，向东经昆仑山脉，秦岭山脉至东经 119°的黄海之滨。东西长达 3600 余 km，中段最窄处宽约 200km，东西两端比较宽	构造带西段昆仑山脉，由元古界、古生界地层以及规模巨大的密集的逆冲断层带和东西向条带分布的岩浆岩带组成强烈的挤压褶皱带 中段秦岭山脉分为两个亚带：北亚带（秦岭北坡）主要由前震旦系、震旦系和下古生界变质岩组成；南亚带（秦岭南坡）由震旦系～三叠系经动力变质的一套海相地层和构造岩浆岩带组成。复式褶皱十分发育，多为等斜、倒转褶皱及迭瓦式构造，岩浆活动极强烈

续表

名称	位置及范围	主要特征
秦岭—昆仑构造带		东段由秦岭往东分为两支：北支由于受新华夏构造体系的干扰，嵩山以东即被掩埋在新生界之下；南支在伏牛山、大别山一带因受淮阳山字型构造的推移，向南弯曲，经大别山和苏北没于东海 该构造带在地史及自然地理方面，均是我国南北分界的明显界线。自震旦纪以来，构造运动频繁(新构造运动也明显)，地震频繁，矿产丰富
南岭构造带	北纬 24°～25°30′之间，个别地段北纬 26°仍可见其踪迹。西起横断山脉附近，往东经南岭诸山脉，东至台湾海峡，绵延 2000km	构造带西段，因受其它构造体系干扰，往往以东西向的局部褶皱和断裂以及横跨较古老褶皱的东西向隆起带表现出来 东段在罗浮山、龙山、九连山、大庾等地，为由古生界和部分中生界组成东西向的等斜、倒转褶皱、断裂构造很发育；往东主要以东西向断裂带形式出现；再往东，构造带在台湾北部也有显示 南岭构造带出现一系列弧顶朝南的山字型构造，如滇南山字型、广西山字型、粤北山字型、梅县山字型 经历了多次构造运动，新构造运动表现强烈。矿产丰富，内生矿产尤盛

附表 1—24 经向构造带主要特征

名称	位置及范围	主要特征
滇缅南北构造带	东经 99°～100°30′之间，四川、云南西部，大致是怒江、澜沧江、金沙江流经地区。北自江达、甘孜，向南进入缅甸	主体是由一系列走向南北复杂的褶皱带和断裂带组成。沿复背斜和断裂带有中酸性～超基性岩体的侵入和喷发活动。燕山运动以来历经多次构造变动，在地貌上形成雄伟壮观的横断山脉 因其活动历史长，构造变动剧烈，为成矿提供了有利条件
川滇南北构造带	东经 102°～103°之间的川中、滇中地区，大雪山～贡嘎山为其主体，北自若尔盖，南经哀牢山进入越、老、泰境内	前震旦纪变质岩系组成强烈的紧密褶皱，中生界为主的上覆地层多组成宽缓褶皱。与褶皱平行分布的压性断裂非常发育，不仅规模巨大，而且活动期多、继承性明显。构造带活动性强，影响地壳深度大，酸性、基性、超基性岩多次侵入，是成矿的有利地带，现今仍未停止活动
黔桂南北构造带	东经 106°40′～108°之间，北起四川武隆、黔北的道真，南至老迷河、红水河一带，以大娄山和乌江流域为主体	是一套由寒武系至三叠系地层组成的复式褶皱构造。褶皱与压性断裂皆为南北走向；局部地段受新华夏构造体系的干扰，但总体仍呈南北向延伸。构造带主要形成于燕山期
湘桂南北构造带	东经 110°～113°之间，湖南中部至广西东部，湖南耒阳～临武地区是该带的一个主要部分	发育在下古生界龙山群至老第三系地层中，褶皱构造的轴向呈南北向延伸，以宽背斜和窄向斜形式出现。南北走向的挤压断裂带和逆断层很发育 古生代时期开始形成褶皱，印支运动完成了构造带的基本轮廓，燕山运动仍有强烈活动
赣南南北构造带	东经 115°左右，沿赣江东岸，北自吉安，南至赣县以东	走向南北的逆冲断层比较发育，构成赣南南北构造带

附表 1－25　扭动构造体系主要特征

名称		图示	位置及范围	主要特征
多字型构造体系	新华夏构造体系（新华夏系）		位于亚洲东部和大陆濒太平洋地带	由几条呈北北东方向延伸的隆起带和沉降带（一级构造）构成。在隆起带和沉降带中发育一系列北北东向（18°～25°）的褶皱、压性（或压扭性）断裂和与它成直角的张性（或张扭性）断裂及两组斜交扭性断裂。两组扭性断裂中，一组走向北东东，北盘向北东移动，南盘向南西移动，具压扭性特征，称为泰山式构造；另一组走向北北西，东盘向北西移动，西盘向南东移动，具张扭性，称为大义山式构造。北西西－南东东向为挤压应力，北北东－南南西向为拉伸应力。界于二者间的是两组扭应力。由此说明新华夏系的形成是由于发生了太平洋相对往北、亚洲大陆相对往南的运动 其构造由东向西分为： 1. 岛弧隆起带，由千岛群岛、日本群岛、琉球群岛、台湾、吕宋、巴拉望到加里曼丹岛上的北东－南西向诸山脉组成 2. 浅海沉降带。由鄂霍茨克海、日本海、黄海、东海、南海组成沉降褶皱带 3. 陆缘隆起带，由朱格朱尔山脉、锡霍特山脉、张广才岭、老爷岭、长白山、斜贯朝鲜半岛的紧密褶皱带、辽东半岛、山东半岛、东海沿海丘陵组成 4. 平原沉降带，由黑龙江下游流域、松辽平原、渤海、华北平原、江汉平原等构造盆地组成 5. 内陆隆起带，包括大兴安岭、太行山、湘黔边境诸山脉 6. 盆地沉降带，包括呼伦－巴音和硕盆地、鄂尔多斯盆地、四川盆地三个构造盆地 新华夏系从三叠纪开始活动，侏罗纪以后尤其白垩纪时达到了高潮，有些地方至今仍在活动。从空间看，西部沉降带形成较早然后向东发展，愈往东愈剧烈 一级隆起带是我国著名多金属、非金属矿成矿带，一级沉降带是我国东部石油、天然气、煤的重要成矿区
	华夏构造体系和华夏式构造体系（华夏系和华夏式）	附图 1－3	在我国东南地区，规模较大的是雪峰山－九岭山－天目山复式背斜带，其次有福建建阳复背斜、广西云开山复背斜、川滇拗陷带、龙门山构造带。大兴安岭、张广才岭直至辽东半岛，也有出露	由走向北东（45°左右）的褶皱、压性和压扭性断裂或片理、劈理以及与它们垂直的张性断裂及两组斜交的扭性断裂构成。其中一组扭性断裂的走向为北东东～近东西，北盘向东运动，南盘向西运动；另一组扭性断裂的走向近南北，东盘向北运动，西盘向南运动。以上说明北西－南东方向为挤压应力，北东－南西方向为拉伸应力，介于二者间的是两组扭应力 华夏系的运动方式和力学成因都和新华夏系相似，不同点是：形成时代较早，主要在晚古生代，甚至更早；构造线的走向是北东 45°左右，比新华夏系构造线走向更偏东 在白垩纪、第三纪地层中，有时可见走向北东－南西的褶皱、压性和压扭性断裂。以及与其直交的张性断裂及界于其间的两组扭性断裂，其配置形式与华夏系完全相同，称为华夏式构造体系（简称华夏式）

续表

名称		图示	位置及范围	主要特征
多字型构造体系	河西构造体系（河西系）	附图 1－4	位于西北地区，西起托来南山与布尔汉布达山东端 东至甘肃酒泉－民乐盆地	由北北西方向延伸的隆起带和拗陷带构成。其中发育一些走向北西 330°～350°的褶皱、压性及压扭性断裂，以及与其直交的张性断裂及两组斜交的扭性断裂构造。其应力作用是北东－南西向为挤压应力，北西－南东向为拉伸应力。介于二者之间的两组为扭应力 河西系为反多字型构造，其形成与区域性南北方向顺时针扭动有关，与我国东部新华夏系多字型构造遥相对应。其内部构造由西向东分别是： 1. 布尔汉布达山东端－托来南山隆起带 2. 阿米夏江－走廊南山隆起带 3. 甘肃五台山－大板山东端隆起带 4. 共和－酒泉沉降带 5. 化隆－民乐沉降带 河西系大体是中生代末才开始出现的，主要活动时期是新生代，较新华夏系略晚
山字型构造体系	祁吕—贺兰山字型构造体系		位于阴山－天山与秦岭－昆仑两纬向构造带之间。两翼在东经 95°～120°。脊柱位于东经 106°左右。是我国最大的山字型构造	前（面）弧弧顶居于陕西中部，即渭河中游宝鸡附近。宝鸡以东由汾渭地堑、陕西盆地东南边缘的古生代褶皱带组成前弧，宝鸡以西由天水到武山的褶皱与断裂组成前弧 东翼主要由吕梁山－恒山褶皱带组成，沿陕西盆地东南边缘，自西南向东北，由古生界地层构成了相当强烈的褶皱和冲断层。西翼由一系列褶皱带呈斜列式作北西向展布，构成祁连山褶皱带，从宝鸡到敦煌西南在地理上和东翼相对称，并约略成反“S”形 脊柱出现在祁吕弧形褶皱带的正北，从平凉向北至河套地区，走向南北的褶皱与巨大冲断层带组成一个狭长的复式褶皱带，统称贺兰褶皱带，其主要褶皱和冲断层面走向近于南北 该山字型的构造成分，大体是在侏罗纪才开始发展的。根据现有地震资料，证明至今仍有显著的活动性
	淮阳山字型构造体系	附图 1－5	位于长江中下游湖北黄陵、房县、襄樊、江汉平原广济，安徽安庆、铜陵至江苏南京一带以及大别山一带	前弧弧顶在湖北广济一带，在广济的西、北、东三面，三叠系以下的地层构成了一个向南凸出的弧形构造带，在其间的纵向、横向断裂中，侵入了燕山期火成岩 东翼沿长江流域的安庆、铜陵、无为、和县，古生界、中生界地层成线状褶皱，部分向东南方向倒转和逆冲。线状褶皱成雁行状排列。西翼自圻州至鄂城、黄岗西北的古生界、中生界构成一系列紧密褶皱，越过江汉平原、大洪山脉构成西翼主干。前震旦系，古生界和中生界地层形成一系列雁行状排列的线形褶皱和纵向冲断层 脊柱位于东经 116°、北纬 32°～32°30′的皖豫交界的四十里长山和大别山的商城、金寨、罗母、英山一带，由走向南北的强烈褶皱冲断层及侵入岩墙组成，整个脊柱呈现北宽南窄、北强南弱的特点 西翼反射弧内黄陵短轴背斜东、西两侧，大致对称地存在两个由侏罗纪香溪煤系组成的当阳盆地、秭归盆地

续表

名称		图示	位置及范围	主要特征
山字型构造体系	粤北山字型构造体系		分布在广东北部连县、阳山、连江口、翁源、九连山、韶关、乐昌一带	前弧弧顶位于连江口、英德一带，主要由褶皱及伴随产生的冲断层形成的一个向南突出的弧形构造所组成 东翼从连江口向东到翁源、连平直至粤赣交界处，主要断层和褶皱由北东东向逐渐变成北东向，构成前弧东翼 西翼由连江口至阳山，北西向的冲断层和背斜、向斜构造均很发育，褶皱构造和挤压性断层多呈雁行排列，构成前弧西翼 脊柱位于韶关、乐昌及乳源以西的瑶山山脉，由南北向的复式背斜和挤压断裂带组成 该山字型构造形成于燕山运动时期
棋盘格式构造体系		附图1－6		此类构造又叫网状构造体系。大部分分布在地层比较平缓的地区，由两组交叉的扭性断裂组成。其交叉角度多数是一对为锐角，另一对为钝角，个别情况为直角。多数情况下，锐角等分线方向即为主压应力方向；但在岩层有塑性的条件下，或在强烈压力作用下，钝角等分线方向即为主压应力方向 大型或巨型棋盘格式构造的两组扭裂面，大多数与地表垂直或近于垂直，小型棋盘格式构造的两组扭裂面一般与岩层层面垂直 形成此类构造的应力可以是单向挤压应力或单向引张应力，也可以是力偶
人字型构造体系		附图1－7		在扭性或带扭性的断裂，特别是大型的平移断层或逆掩断层的旁侧，往往发育着一些低序次的派生构造。它们与主干断裂的关系是相接而不相切，形如"人"字，故名为人字型构造 按分支构造的力学性质，人字型构造分三类 1. 张性分支人字型构造，分支构造属张性、张扭性断裂构造，它们与主干断裂的锐角夹角尖指向分支断裂所在盘沿主干断裂的错动方向 2. 压性分支人字型构造，分支构造属压性、压扭性的褶皱或断裂构造，它们与主干断裂的锐角夹角尖指向分支构造所在盘的对盘沿主干断裂的错动方向 3. 扭性分支人字型构造，分支构造属扭性断裂构造。扭性分支断裂分两组：一组是分支断裂与主干断层夹角较小的，二者间所夹的锐角尘指向分支断裂所在盘的运动方向；另一组分支断裂与主干断层夹角较大，二者间所夹的锐角尖指向分支断裂相邻一盘的运动方向

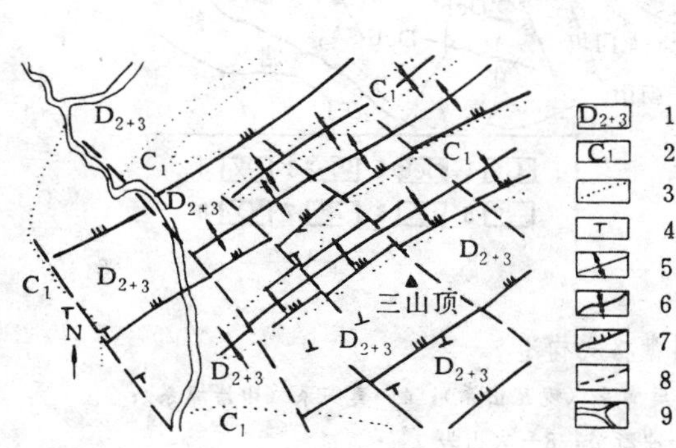

附图1—3　阳山与古母水之间华夏构造体系

1—中、上泥盆统灰岩；2—下石炭统灰岩；3—岩层界线；4—岩层产状；5—背斜轴；6—向斜轴；7—冲断层；8—横断层；9—地表河流

附图1—4　甘青交界一带河西系构造体系

1—基岩出露界线；2—新生代盆地；3—花岗岩；4—河西系压扭性断裂带；5—褶皱；6—挤压带

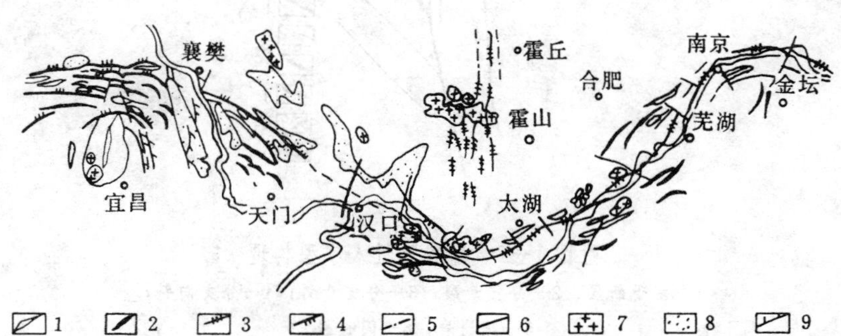

附图1—5　淮阳山字型构造体系

1—向斜；2—背斜；3—挤压带；4—压性断裂；5—隐伏断裂；6—横张断裂；7—花岗岩；8—中新生代盆地；9—扭性断层

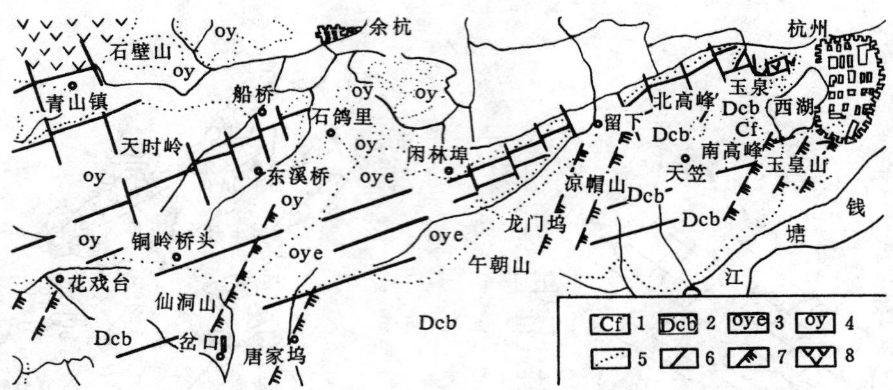

附图1-6　杭州地区棋盘格式构造

1—石炭—二叠系飞来峰灰岩；2—泥盆系千里岗砂岩；3—奥陶系（砚瓦山系）；4—奥陶系（印渚埠系）；5—地层界线；6—扭性断层；7—冲断层；8—火山岩

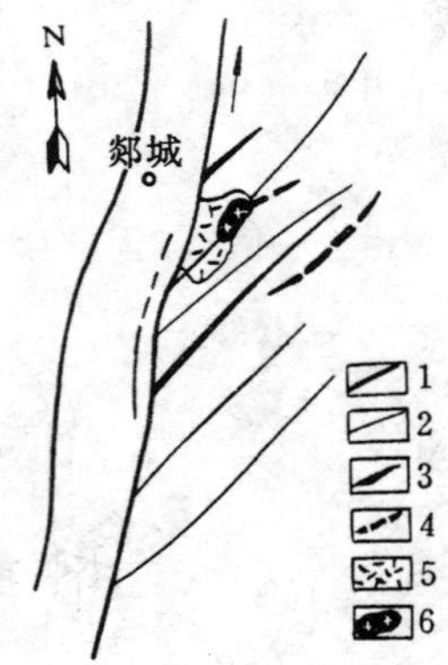

附图1-7　郯城附近人字型构造

1—主干断层；2—分支断裂；3—分支背斜；4—分支向斜；5—花岗岩；6—闪长岩

附录二

DZ

中华人民共和国地质矿产行业标准

DZ/T ××××—××××

煤、泥炭地质勘查规范

（报批稿）

××××—××—××发布　　　　××××—××—××实施

中华人民共和国国土资源部　发布

DZ/T ××××－××××

前　　言

《煤炭资源地质勘探规范》1986 年 12 月由全国矿产储量委员会颁布，《泥炭地质普查勘探规定》（试行）1983 年 9 月由地质矿产部和煤炭工业部颁布，两个文件的实行（试行）对于规范煤、泥炭地质勘查工作，起到了积极的推动作用。

为使煤和泥炭资源勘查符合当前我国社会、经济发展的要求，并与《固体矿产资源/储量分类》（GB/T17766—1999）相一致，有必要对《煤炭资源地质勘探规范》和《泥炭地质普查勘探规定》（试行）进行修订。

本标准在总结煤、泥炭资源地质勘查经验教训的基础上，经过反复征求意见，讨论和修改后形成。

本标准发布后，全国矿产储量委员会颁发的《煤炭资源地质勘探规范》和地质矿产部、煤炭工业部颁布的《泥炭地质普查勘探规定》（试行）自行废止。

本标准的附录 A 是标准的附录，附录 B、C、D、E、F、G、H、J、K 是提示的附录。

本标准由国土资源部矿产资源储量司提出。

本标准由全国地质矿产标准化技术委员会归口。

本标准起草单位：中国煤田地质总局。

本标准起草人：倪斌、张子光、林大扬、高洪烈、时作舟、钱大都、田绍东、宋全祥。

本标准委托国土资源部储量司负责解释。

目 次

中华人民共和国地质矿产行业标准

煤、泥炭地质勘查规范

DZ/T ××××－××××

1 范 围

本标准规定了煤、泥炭地质勘查的目的、任务、阶段划分、工作程度要求、勘查方法原则，煤、泥炭资源/储量分类条件和计算原则等。

本标准适用于煤、泥炭地质勘查各阶段的设计编制、勘查施工、地质研究、地质报告编制和审批，煤、泥炭资源/储量计算、评估，也可作为矿业权转让、勘查开发融资等的评价依据。

2 引用标准

下列标准包含的条文，通过本标准的引用而构成本标准的条文。在标准出版时，所示版本均为有效。所有标准都会被修订，使用本标准的各方应探讨使用下列标准最新版本的可能性。

GB/T17766－1999	固体矿产资源/储量分类
GB/T××××－××××	固体矿产地质勘查规范总则
GB/50215－94	煤炭工业矿井设计规范
GB/50197－94	露天煤矿工程设计规范
GB/T12719－91	矿区水文地质工程地质勘探规范

3 煤炭地质勘查的目的任务

煤炭地质勘查的任务是为煤炭建设远景规划、矿区总体发展规划、矿井（露天）初步设计提供地质资料。

4 煤炭地质勘查的基本原则

4.1 煤炭地质勘查工作必须从勘查区的实际情况和煤矿生产建设实际需要出发，正确、合理地选择采用勘查技术手段，注重技术经济效益。以合理的投入和较短的工期，取得最佳的地质成果。

4.2 煤炭地质勘查工作必须以现代地质理论为指导，采用先进的技术装备和勘查方法，提高勘查成果精度，适应煤矿建设技术发展的需要。

4.3 煤炭地质勘查必须坚持“以煤为主、综合勘查、综合评价”的原则，做到充分利用、

中华人民共和国国土资源部××－××－××批准　　　　××－××－××实施

合理保护矿产资源，做好与煤共伴生的其它矿产的勘查评价工作，尤其要做好煤层气和地下水（热水）资源的勘查研究工作。

5　煤炭地质勘查的工作程度

5.1　阶段划分

煤炭地质勘查工作划分为预查、普查、详查、勘探四个阶段。根据工作区的具体情况和探矿权人（勘查投资者，如国家、煤矿企业、业主、建设单位、地质勘查单位等，以下同）的要求，勘查阶段可以调整。即可按四个阶段顺序工作，也可合并或跨越某个阶段。详查、勘探阶段地质勘查工作各项要求由探矿权人参照本标准确定。

5.2　预查

5.2.1　预查应在煤田预测或区域地质调查的基础上进行，其任务是寻找煤炭资源。预查的结果，要对所发现的煤炭资源是否有进一步地质工作价值作出评价。预查发现有进一步工作价值的煤炭资源时，一般应继续进行普查；预查未发现有进一步工作价值的煤炭资源，或未发现煤炭资源，都要对工作地区的地质条件进行总结。

5.2.2　预查工作程度要求

a. 初步确定工作地区地层层序，确定含煤地层时代。

b. 了解工作地区构造形态。

c. 了解含煤地层分布的范围，煤层层数，煤层的一般厚度和埋藏深度；了解煤类和煤质的一般特征。

d. 初步了解其它有益矿产情况。

e. 估算煤炭预测的资源量。

5.3　普查

5.3.1　普查是在预查的基础上，或已知有煤炭赋存的地区进行。普查的任务是对工作区煤炭资源的经济意义和开发建设可能性作出评价，为煤矿建设远景规划提供依据。

5.3.2　普查工作程度一般要求

a. 确定勘查区的地层层序，详细划分含煤地层，研究其沉积环境特征和聚煤特征。

b. 大致查明勘查区构造形态；初步评价勘查区构造复杂程度。

c. 大致查明可采煤层层位、厚度和主要可采煤层的分布范围；大致确定可采煤层煤类和煤质特征；初步评价勘查区可采煤层的稳定程度。

d. 调查勘查区自然地理条件，第四纪地质和地貌特征；了解勘查区水文地质条件。调查环境地质现状。

e. 大致了解勘查区开发建设的工程地质条件和煤的开采技术条件。

f. 大致了解其它有益矿产赋存情况。

g. 计算各可采煤层推断的和预测的资源量。推断的资源量占总资源量的比例参照附录E确定。另有要求的按要求确定。

5.3.3　在煤炭资源条件较差、地质条件较复杂只能提交普查（最终）报告的井田，其普查（最终）工作程度的一般要求是：

a. 基本查明井田的构造形态和初期采区内的主要构造。详细了解井田构造复杂程度。

b. 详细了解可采煤层的层数、层位、厚度、结构及可采范围。适当加密控制初期采区范围内煤层的可采边界。

c. 详细了解可采煤层的煤质特征，基本确定煤类及其分布。详细了解其它有益矿产的工业价值。

d. 水文地质条件及其它开采技术条件等方面的勘查工作程度，参照5.5.2.1条并按实际情况调整后确定。

e. 计算可采煤层的推断的和预测的资源量，其中推断的资源量的比例参照附录E确定。

5.4 详查

5.4.1 详查的任务是为矿区总体发展规划提供地质依据。凡需要划分井田和编制矿区总体发展规划的地区，应进行详查；凡不涉及井田划分的地区、面积不大的单个井田，以及不需编制矿区总体发展规划的地区，均可在普查的基础上直接进行勘探，不出现详查阶段。

5.4.2 详查工作程度一般要求

a. 基本查明勘查区构造形态；控制勘查区的边界和勘查区内可能影响井田划分的构造；评价勘查区的构造复杂程度。

b. 基本查明可采煤层层位、层数、厚度和可采范围，控制主要可采煤层露头位置；了解对破坏煤层连续性和影响煤层厚度的岩浆侵入、古河流冲刷、古隆起等，并大致查明其范围；评价可采煤层的稳定程度和可采性。

c. 基本查明可采煤层煤质特征和工艺性能，确定可采煤层煤类，评价煤的工业利用方向；初步确定主要可采煤层风化带界线；评价可采煤层煤质变化程度。

d. 基本查明勘查区水文地质条件；了解主要可采煤层顶底板工程地质特征、煤层瓦斯、地温等开采技术条件；对可能影响矿区开发建设的水文地质条件和其它开采技术条件作出评价。初步评价勘查区环境地质条件。

e. 对勘查区内可能有利用前景的地下水资源作出初步评价。

f. 了解其它有益矿产赋存情况，作出有无工业价值的初步评价。

g. 计算各可采煤层的控制的、推断的、预测的资源/储量，其中控制的资源/储量分布应符合矿区总体发展规划的要求，占总资源量的比例参照附录E确定。另有要求的按要求确定。

5.4.3 在煤炭资源条件较差、地质条件较复杂只能提交详查（最终）报告的井田，其详查（最终）工作程度的一般要求是：

a. 查明井田的构造形态和初期采区内的主要构造。对井田边界构造应作适当控制。

b. 基本查明主要可采煤层的层数、层位、厚度、结构和可采范围。在先期开采地段范围内，适当加密控制可采煤层的可采边界。控制主要可采煤层的露头位置。

c. 基本查明可采煤层的煤质特征，确定煤类及其分布。详细了解其它有益矿产的工业价值。

d. 水文地质条件及其它开采技术条件等方面的勘查工作程度，参照5.5.2.1条并按实际情况调整后确定。

e. 计算可采煤层的控制的、推断的和预测的资源/储量，其中控制的资源/储量比例参照附录E对小型井的要求确定。

5.5 勘探

5.5.1 勘探的任务是为矿井建设可行性研究和初步设计提供地质资料。勘探以井田为单位进行。勘探的重点地段是矿井的先期开采地段[①]（或第一水平，下同）和初期采区[②]。勘探成果要满足确定井筒、水平运输巷、总回风巷的位置，划分初期采区，确定开采工艺的需要；要保证井田境界和矿井设计能力不因地质情况而发生重大变化，保证不致因煤质资料影响煤的洗选加工和既定的工业用途。

5.5.2　勘探的工作程度，应根据拟建矿井的井型大小、机械化程度的高低及其它开采技术条件等因素研究确定。勘探工作程度一般要求是：

5.5.2.1　对于拟建中型和中型以上机械化程度较高的矿井的井田，勘探工作程度的一般要求：

a. 控制井田边界构造。其中与矿井的先期开采地段有关的边界构造线的平面位置，应控制在150m以内。

b. 查明先期开采地段内落差等于和大于30m的断层，查明初期采区内落差等于和大于20m（地层倾角平缓、构造简单、地震地质条件好的地区为15～10m）的断层；对小构造的发育程度、分布范围及对开采的影响作出评述。

c. 控制先期开采地段范围内主要可采煤层的底板等高线。煤层倾角小于10°时，应控制初期采区内等高距为10～20m的煤层底板等高线。

d. 查明可采煤层层位及厚度变化，控制先期开采地段内各可采煤层的可采范围（包括煤层因受岩浆侵入、古河流冲刷、古隆起、陷落柱等的影响使煤层厚度和可采性发生的变化）。对厚度变化较大的主要可采煤层，应控制煤层等厚线。

e. 严密控制与先期开采地段或初期采区有关的主要可采煤层露头位置。在掩盖区，隐蔽煤层露头线在勘查线（测线）上的平面位置应控制在75m以内。控制先期开采地段范围内主要可采煤层的风氧化带界线。

f. 查明可采煤层的煤类、煤质特征及其在先期开采地段范围内的变化。着重研究与煤的开采、洗选、加工、运输、销售以及环境保护等有关的煤质特征和工艺性能，并作出相应的评价。

g. 查明井田水文地质条件，评价矿井充水因素，预算先期开采地段涌水量；预测开采过程中发生突水的可能性及地段。评述开采后水文地质、工程地质和环境地质条件的可能变化。评价矿井水的利用可能性及途径。

h. 详细研究先期开采地段和初期采区范围内主要可采煤层顶底板的工程地质特征、煤层瓦斯、煤的自燃趋势、煤尘爆炸危险性及地温变化等开采技术条件，并作出相应的评价。

i. 详细调查老窑、小煤矿和生产矿井的分布和开采情况，划出其采空范围。对老窑的采空区应尽可能地控制，并评述其积水情况。详细调查生产矿井和小煤矿的涌水量、水质及其动态变化，分析其充水因素。

j. 计算各可采煤层的探明的、控制的、推断的资源/储量。在先期开采地段范围内探明的和控制的比例的一般要求，可参照附录E确定；在初期采区范围内，主要可采煤层一般应全

---

① 先期开采地段（第一水平）：地层倾角平缓，不以煤层埋深水平划分，而采用分区开拓方式的矿井，满足矿井设计生产能力和相应服务年限的开采分区范围，为先期开采地段，它相当于按煤层埋深布置开采水平时，一般以一个生产水平来保证矿井设计生产能力和该水平服务年限，其最浅的水平，即第一水平。

② 初期采区：达到矿井生产能力最先开采（或最先同时开采）的采区，为初期采区，亦称首采区。

部为探明的。

5.5.2.2 对于拟建小型矿井的井田，勘探的工作程度可根据矿井建设的实际需要，参照5.5.2.1条并加以简化和调整。资源/储量的比例要求参照附录E中对小型井的要求确定。

5.5.2.3 现有生产矿井为了扩大井田范围，超出原已批准的地质报告范围的部分，其工作程度应视扩大区所处的井田部位，依据矿井改扩建设计对扩大（延深）范围的要求，由探矿权人与地质单位商定。

5.5.2.4 对于拟建中型以上机械化程度较高的露天矿，其勘查工作程度一般除应参照5.5.2.1条的要求外，根据露天开采的特点，还应符合下列要求：

a. 复煤层按分煤层基本对比清楚。

b. 严格控制先期开采地段煤层露头的顶、底界面及煤层露头被剥蚀后的形态。露天开采的最下一个煤层的露头，其底板深度的误差应控制在5m以内。

c. 查明先期开采地段内落差大于10m的断层；控制褶曲的产状，褶曲轴部的标高应控制在10m以内。查明作为露天边界的断层，以及露天境界以外可能影响露天边坡稳定性的断层。

d. 查明各煤层的夹矸层数、厚度、岩性，对不能分层剥离的夹矸和在开采时可能混入煤中的顶、底板岩石，均应了解其灰分、硫分、发热量和真密度及视密度等质量特征。

e. 了解剥离岩层中赋存的其它有益矿产。对具有工业价值的其它矿产，应提出必要的地质资料。

f. 查明露天开采的最下一个可采煤层顶板以上各含水层，以及煤层底板以下的直接充水含水层的分布、厚度及水文地质特征。计算露天开采第一水平的正常涌水量和最大涌水量。评价露天疏干的难易程度。

g. 初步查明露天边坡各岩层的岩性、厚度、物理力学性质、水理性质；详细了解软弱夹层的层位、厚度、分布及其物理力学特征，评价影响边坡稳定性的主要地质因素。初步查明露天剥离物的岩性、厚度、分布及其物理力学性质。

h. 先期开采地段探明的和控制的资源/储量比例，应比附录E的要求提高10%。

6 煤炭地质勘查的控制程度

6.1 煤炭地质勘查工作必须根据地形、地质及物性条件，合理选择和使用地质填图、物探、钻探、采样测试等勘查手段。预查、普查阶段的勘查工程控制程度，原则上应按本章的规定执行。详查和勘探的勘查工程控制程度，参照本章的各条规定研究确定。

6.2 凡裸露和半裸露地区，均应在槽井探及必要的其它地面物探方法的配合下进行地质填图。地质填图的比例尺一般为：

预查 1∶50,000或1∶25,000

普查 1∶25,000或1∶50,000,也可采用1∶10,000

详查 1∶10,000,也可采用1∶25,000或1∶5,000

勘探 1∶5,000,也可采用1∶10,000

槽井探和地面物探的布置，按有关规程的规定执行。

6.3 凡地形、地质和物性条件适宜的地区，应以地面物探（主要是地震，也包括其它有效的地面物探方法）结合钻探为主要手段，配合地质填图、测井、采样测试及其它手段，进行各阶段的地质工作。地震主测线的间距：预查阶段一般为2～4km，普查阶段一般为1～2km。详查阶段一般为0.5～1km，勘探阶段一般为250～500m，其中初期采区范围内为125～250m或实施三维地震勘查。

预查阶段钻孔应根据地震勘查成果验证与定位的需要，有针对性地进行布置。其它阶段钻探工程控制程度可参照附录D确定。

6.4　凡不适于使用地震勘查的地区及裸露和半裸露地区，应在槽探、井探、浅钻、地面物探和地质填图的基础上开展钻探工作。预查阶段，根据需要适当布置钻孔。其它阶段钻探工程控制程度可参照附录D确定。

6.5　所有钻孔都必须进行测井工作；

6.6　预查、普查阶段钻孔中达到附录E规定厚度的煤层应全部采取煤芯煤样；各种煤样的采取及其测试项目，参考附录F研究确定。

详查和勘探阶段钻孔中各种煤样的采取及煤样的测试项目，以及其它各种煤样的采取及其测试项目，参考附录F研究确定。

6.7　露天勘查的工程控制程度，根据露天开发建设的需要，一般应在露天初期采区范围内采用平行等距剖面进行加密，其剖面间距可为同类型井田勘探阶段先期开采地段基本线距的1/2。

6.8　各勘查阶段以及露天勘查的水文地质、工程地质、环境地质工作，均参考附录G研究确定。

6.9　各勘查阶段勘查工作研究的技术要求参照附录B确定。

6.10　各种地质勘查工程质量按相应勘查工程质量标准要求执行。

7　煤炭资源/储量分类及类型条件

7.1　资源/储量分类依据

资源/储量分类依据是经济意义、可行性评价程度和地质可靠程度。

7.1.1　可行性评价程度：可行性评价程度分为概略研究、预可行性研究和可行性研究三种，见附录K。

7.1.2　经济意义：是对煤类资源经过不同阶段的可行性评价的结果。分为经济的、边际经济的、次边际经济的和内蕴经济的四种。

7.1.2.1　经济的：其数量和质量是依据符合市场价格的生产指标计算的。在可行性研究或预可行性研究当时的市场条件下开采，技术上可行、经济上合理、环境等其它条件允许，即每年开采煤炭的平均价值能满足投资回报的要求。或在政府补贴或其它扶持条件下，开发是可能的。通常把未来矿山企业的年平均内部收益率大于煤炭行业基准内部收益率10%、净现值大于零的煤炭资源划为经济的。

7.1.2.2　边际经济的：在可行性研究或预可行性研究当时，其开采是不经济的，但接近于盈亏边界。只有在将来由于技术、经济、环境等条件的改善或政府给予其他扶持的条件下才可变成经济的。通常把未来矿山企业的年平均内部收益率大于零而低于煤炭行业基准内部收益率10%、净现值等于零或接近于零的煤炭资源划为边际经济的。

7.1.2.3　次边际经济的：在可行性研究或预可行性研究当时，开采是不经济的或技术上不可行，需大幅度提高矿产品价格或技术进步使成本降低后，方能变为经济的。通常把未来矿山企业的年平均内部收益率和净现值小于零的煤炭资源划为次边际经济的。

7.1.2.4　内蕴经济的：仅通过概略研究做了相应的投资机会评价，未做可行性研究或预可行性研究。由于不确定因素多，无法区分其是经济的、边际经济的、还是次边际经济的。

7.1.3　地质可靠程度：分为预测的、推断的、控制的和探明的四种。

7.2　煤炭资源/储量分类及类型条件

煤炭资源/储量分为十六类，见附录A。

7.2.1　探明的煤炭资源/储量

探明的煤炭资源/储量在地质可靠程度方面必须符合下列条件：

a．煤层的厚度、结构已经查明，煤层对比可靠；煤类、煤质特征及煤的工艺性能已经查明；岩浆岩对煤层、煤质的影响已经查明。

b．煤层底板等高线已严密控制；落差等于和大于30m的断层已经查明（在地震地质条件好的地区，落差等于和大于20m的断层已经查明）。

c．各项勘查工程（物探、钻探、采样及其它等）已达到勘探阶段的控制要求。

探明的煤炭资源/储量按其可行性研究程度和经济意义又可分为九类：

可采储量（111）：探明的经济基础储量的可采部分。勘查工作程度已达到勘探阶段的工作程度要求，并进行了可行性研究，证实其在计算当时开采是经济的、计算的可采储量及可行性评价结果，可信度高。

探明的（可研）经济基础储量（111b）：同111唯一的差别在于本类型是用未扣除设计、采矿损失的数量表述。

预可采储量（121）：同111的差别在于本类型只进行了预可行性研究，计算的可采储量可信度高。可行性评价结果的可信度一般。

探明的（预可研）经济基础储量（121b）：同121的差别在于本类型是用未扣除设计、采矿损失的数量表述。

探明的（可研）边际经济基础储量（2M11）：勘查工作程度已达到勘探阶段的工作程度要求。可行性研究表明，在确定当时，开采是不经济的，但接近盈亏边界，只有当技术、经济等条件改善后才可变成经济的。计算的基础储量和可行性评价结果的可信度高。

探明的（预可研）边际经济基础储量（2M21）：同2M11的差别在于本类型只进行了预可行性研究，计算的基础储量可信度高，可行性评价结果的可信度一般。

探明的（可研）次边际经济资源量（2S11）：勘查工作程度已达到勘探阶段的工作程度要求。可行性研究表明，在确定当时，开采是不经济的，必须大幅度提高矿产品价格或大幅度降低成本后，才能变成经济的。计算的资源量和可行性评价结果的可信度高。

探明的（预可研）次边际经济资源量（2S21）：同2S11的差别在于本类型只进行了预可行性研究，资源量计算可信度高，可行性评价结果的可信度一般。

探明的内蕴经济资源量（331）：勘查工作程度已达到勘探阶段的工作程度要求。但未做可行性研究或预可行性研究，仅作了概略研究，经济意义介于经济的—次边际经济的范围内，计算的资源量可信度高，可行性评价可信度低。

7.2.2　控制的煤炭资源/储量

控制的煤炭资源/储量在地质可靠程度方面必须符合下列条件：

a．煤层的厚度、结构已基本查明，煤层对比可靠；煤类、煤质特征及煤的工艺性能已基本查明；岩浆岩对煤层、煤质的影响已基本查明。

b. 煤层底板等高线已基本控制；落差等于和大于 50m 的断层已经查明。

c. 各项勘查工程（物探、钻探、采样及其它等）已达到详查阶段的控制要求。

控制的煤炭资源/储量按其可行性研究程度和经济意义，又可分为五类：

预可采储量（122）：勘查工作程度已达详查阶段的工作程度要求，预可行性研究结果表明开采是经济的，计算的可采储量可信度较高，可行性评价结果的可信度一般。

控制的经济基础储量（122b）：同 122 的差别在于本类型是用未扣除设计、采矿损失的数量表述。

控制的边际经济基础储量（2M22）：勘查工作程度达到了详查阶段的工作程度要求，预可行性研究结果表明，在确定当时，开采是不经济的，但接近盈亏边界，待将来技术经济条件改善后可变成经济的。计算的基础储量可信度较高，可行性评价结果的可信度一般。

控制的次边际经济资源量（2S22）：勘查工作程度达到了详查阶段的工作程度要求，预可行性研究表明，在确定当时，开采是不经济的，需大幅度提高矿产品价格或大幅度降低成本后，才能变成经济的。计算的资源量可信度较高，可行性评价结果的可信度一般。

控制的内蕴经济资源量（332）：勘查工作程度达到了详查阶段的工作程度要求。未做可行性研究或预可行性研究，仅做了概略研究，经济意义介于经济的～次边际经济的范围内，计算的资源量可信度较高，可行性评价可信度低。

7.2.3 推断的煤炭资源量

推断的煤炭资源量在地质可靠程度方面必须符合下列条件：

a. 煤层的厚度、结构已大致查明，煤层对比基本可靠；煤类和煤质特征已大致确定。

b. 煤层产状已大致查明，煤层底板等高线已大致控制。

c. 各项勘查工程（物探、钻探、采样及其它等）已达到普查阶段的控制要求。

推断的煤炭资源量按其可行性研究程度和经济意义只有一类：

推断的内蕴经济资源量（333）：勘查工作程度达到了普查阶段的工作程度要求。未做可行性研究或预可行性研究，仅做了概略研究，经济意义介于经济的一次边际经济的范围内，计算的资源量可信度低，可行性评价可信度低。

7.2.4 预测的煤炭资源量（334)?：

预测的资源量（334)?：勘查工作程度达到了预查阶段的工作程度要求。在相应的勘查工程控制范围内，对煤层层位、煤层厚度、煤类、煤质、煤层产状、构造等均有所了解后，所计算的资源量。

预测的资源量属于潜在煤炭资源，有无经济意义尚不确定。

8 煤炭资源/储量计算

8.1 煤炭资源量计算指标

煤炭资源量的计算指标见附录 E。煤炭资源贫缺地区的资源量计算指标，由有关省（区）煤炭工业主管部门规定，但这部分资源量在有关统计表中应单列，并加以说明。储量、基础储量计算指标由可行性研究或预可行性研究后确定。

8.2 各类型资源量计算块段划分的基本要求：

8.2.1 划分各类型块段，原则上以达到相应控制程度的勘查线、煤层底板等高线或主要构造线为边界。相应的控制程度，是指在相应密度的勘查工程见煤点连线以内和在连线之外以本种基本线距（钻孔间距）的 1/4～1/2 的距离所划定的全部范围。

8.2.2　跨越断层划定探明的和控制的块段时，均应在断层的两侧各划出 30～50m 的范围作为推断的块段。断层密集时，不允许跨越断层划定探明的或控制的块段。

8.2.3　小构造或陷落柱发育的地段，不应划定探明的或控制的块段。探明的或控制的块段不得直接以推定的老窑采空区边界、风化带边界或插入划定的煤层可采边界为边界。

8.2.4　露天勘查各级别块段的划分，不受初期采区内平行等距剖面加密的影响。

8.3　资源/储量计算的一般要求

8.3.1　预查、普查阶段计算的垂深，一般为 1000m，最大不超过 1200m；只适于建小型井的地区一般为 600m，最大不超过 1000m。详查和勘探阶段资源/储量计算的范围，应与所划定的勘查区或井田的范围一致。

8.3.2　煤类或煤的工业用途不同时应分别计算。如硫分、灰分变化大时应按含硫量、灰分含量级别分别计算；煤层的风化带要圈出，但一般不予计算，但若风化煤中总腐植酸含量大于 20%时，应估算其资源/储量；炼焦用煤还应圈出其氧化带，并单独计算其资源/储量。详查和勘探阶段是否计算风化带和氧化带的资源/储量，应与探矿权人商定。

8.3.3　资源/储量计算中所利用的各项勘查工程（工作）成果和基础资料的质量应当可靠。

8.3.4　煤层倾角小于 60°时，在平面投影图上计算资源/储量；当倾角等于或大于 60°时，则应在立面投影图或立面展开图上进行计算。

8.3.5　煤层倾角小于 15°时，可以利用煤层的伪厚度和水平投影面积计算资源/储量；倾角等于或大于 15°时，则必须以煤层的真厚度和斜面积进行计算。

8.3.6　对煤层厚度的特厚点、变薄点或不可采点，均应分析其原因，根据具体情况作适当处理。

8.3.7　资源/储量的计算方法和各项计算参数，都应根据具体情况合理确定。尽可能推广和使用国内外先进的科学技术，全方位地实现计算的微机化处理。资源/储量计算的结果以万吨为单位，不保留小数。

8.4　有夹矸的煤层采用厚度的确定方法

8.4.1　煤层中单层厚度小于 0.05m 的夹矸，可与煤分层合并计算采用厚度，但并入夹矸以后全层的灰分（或发热量）、硫分应符合计算指标的规定。

8.4.2　煤层中夹矸厚度等于或大于煤层最低可采厚度时，煤分层应分别视为独立煤层，分别计算（或不计算）资源/储量；夹矸厚度小于煤层的最低可采厚度，且煤分层厚度均等于或大于夹矸厚度时，可将上下煤分层厚度相加，作为采用厚度。

8.4.3　结构复杂煤层和无法进行煤分层对比的复煤层，当夹矸的总厚度不大于煤分层总厚度的 1/2 时，以各煤分层的总厚度作为煤层的采用厚度；当夹矸的总厚度大于煤分层总厚度的 1/2 时，按 8.4.1 条和 8.4.2 条的规定处理。

8.5　露天勘查煤层的夹矸和剥离物的计算

8.5.1　煤层夹矸的计算要求：

a. 各可采煤层应分别计算含矸率。

b. 对煤层中厚度等于或大于 1m 的夹矸和小于 1m 的夹矸，应分别计算其含矸率。

8.5.2　剥离物的计算要求：

a. 按确定的露天边界，分别计算第四系、煤层上覆岩层的剥离量。

b. 开采多煤层的露天矿，对煤层之间的剥离物，应单独计算剥离量。

c. 按计算的剥离量与开采煤层的资源/储量，计算出最大、最小及平均的剥采比。

9 煤层气和其它有益矿产勘查工作

9.1 煤层气和其它有益矿产的勘查，一般利用各种探煤工程进行，确有必要时也可布置部分专门勘查工程和测试研究工作。各阶段勘查工作中所发现的有一定前景的煤层气资源和其它各种有益矿产，均应在地质报告中加以评述。对证实具有开发前景的煤层气资源和其它有益矿产，必要时应提交专门性地质资料。

9.2 各阶段对煤层气和其它有益矿产的勘查工作要求，参照附录C的规定。评价指标应按有关矿种的规定执行。进行专门性勘查时，应执行有关矿种的规范和技术标准。

10 泥炭地质勘查

10.1 泥炭地质勘查工作的任务是查明资源、评价质量，为开发利用提供地质依据。

10.2 泥炭的地质勘查工作，必须根据国家、地方的需要和经济技术条件进行。首先开展区域性的预查、普查工作，然后根据开发建设的需要选择规模大，质量好，易开采，交通方便的矿区进行详查和勘探。

10.3 泥炭的地质勘查工作是开发利用泥炭资源的基础工作。既要注意地质效果，又要做到经济技术合理，以较少的工作量取得最大的地质成果。

10.4 泥炭预查

依据区域地质资料或预测资料，进行初步野外观测和极少量工程验证，提出可供普查的地区。有足够依据时可估算预测的资源量。

10.5 泥炭普查

10.5.1 目的

初步了解泥炭资源的分布、资源量和质量，为进一步详查提供依据。

10.5.2 任务

a. 大致查明区内泥炭的分布面积、矿层层数及其厚度、质量情况；

b. 初步了解泥炭赋存的地质、地貌及水文地质条件和泥炭的成因类型；

c. 计算推断的和预测的资源量，其中规模较大的矿床推断的资源量比例参照附录E确定。

d. 初步评价泥炭的开采利用技术经济条件。

10.5.3 工作方法

a. 收集资料：查阅前人有关工作成果。研究区域地质、水文地质和第四纪地质及航片、卫片等有关资料。确定成矿远景区；

b. 访问、踏勘、了解泥炭资源的分布和开发利用情况，编制普查工作设计；

c. 野外工作底图，一般可选用1：50,000的地形图（有条件地区可选较大比例尺）或水文地质图、第四纪地质图、较大矿区要圈定范围。

10.5.4 勘查手段和施工要求

必须从地质目的和经济效果出发，根据地质、地形及泥炭埋藏条件，矿层厚度，因地制宜选择探矿工具和手段。

根据野外具体情况和取孢粉、C^{14}样品等需要，可布置适当的探坑与探井；

有条件的地区可采用遥感技术、配合一定的地面工程，提高普查工作的速度。工程控制程度参见附录D。

10.5.5 取样和样品分析

a. 取样数量：含矿面积小于0.5km² 的矿点取1～3个；大于0.5km² 的矿点不应少于3个，以能确定泥炭质量及进行综合利用初步评价为原则。对含矿面积小于0.1km² 的矿点，如有参考数据或经肉眼鉴别大致能确定泥炭质量的，一般可以不取样。但要注意样品的代表性。

b. 取样方法：根据具体情况可采用探坑（井）刻槽或钻孔取样，并要作详细的取样记录。对较薄的矿层（小于1m），可取混合样。当矿层较厚，质量变化较明显时，应进行分层取样。取孢粉、C^{14}样品以探坑（井）为宜。必须保证样品的质量，切忌污染。

c. 样品重量：现代沼泽中的裸露泥炭，样品湿重不应少于2kg，埋藏泥炭样重不应少于1kg。

d. 包装与送样：样品包装一般用塑料袋或其它不易污染的材料，样品标签放于两层塑料袋之间或折扎于样品袋上部，并在外面贴上编号胶布。理化分析样要及时阴干后送交分析化验。

e. 泥炭样品的采样数量和一般分析项目：主要根据综合利用评价的需要而定。普查阶段所取的泥炭样品，一般应进行物化性质分析测试。一般分析项目包括：颜色、自然含水量、吸湿水、干容量、纤维含量、pH值（水浸、盐浸）、全硫、发热量、粗灰分、有机质、总腐植酸、全氮、全磷、全钾。

为了合理利用泥炭，在普查区内还应选择少量有代表性的样品进行硫成分、灰成分（Si、Al、Fe、Ca、Mg、K、Na等的氧化物）分析，有机组成（总腐植酸、黄腐酸、棕+黑腐酸、沥青A、纤维素、半纤维素、木质素）分析，微量元素光谱半定量分析、元素组成（C、H、N、O、S）分析。

此外，还应选择有代表性的少量剖面系统采样进行孢粉、植物残体分析，有条件尽可能进行C^{14}年代测定。

10.6 泥炭详查

对普查圈定的详查区通过大比例尺地质填图及多种勘查方法和手段，比普查阶段密的系统取样，对详查区泥炭资源作出是否具有工作价值的评价。必要时，圈出勘探范围。并计算控制的、推断的和预测的资源/储量。其中控制的资源/储量比例参照附录E确定。

10.7 泥炭勘探

10.7.1 目的：在泥炭详查圈出的范围内查明矿体的规模、储量和质量，作出综合评价。为开采提供必要的技术设计资料。

10.7.2 任务：

a. 查明泥炭分布范围、面积和矿层厚度、层数及泥炭质量变化规律。

b. 查明泥炭赋存的地质、地貌及水文地质特征，确定泥炭的成因类型和形成时代。

c. 准确圈定矿体边界，控制矿层变化。计算探明的、控制的、推断的资源/储量，其中探明的比例参照附录E确定。

d. 评价泥炭开采利用技术经济条件。

10.7.3 工作要求

a. 地形地质测量

地形底图比例尺一般以 1∶5,000～1∶10,000 为宜（有条件的可选用更大比例尺）。

地质填图：基本查明矿区地层层序、岩性组合、层位时代；观察点密度以能基本控制地质体为原则。

b. 进行水文地质调查工作，查明地下水和地表水的补给、排泄条件，计算涌水量。

c. 工程网度

要求按达到探明的资源/储量标准的工程网度进行施工（见附录D之表D3），为避免漏掉埋藏较深的泥炭层，应打1～2个深孔，如普查或详查阶段已有深孔控制，则可不再施工。

矿体边界的确定，在地形变化不明显的地段，其外侧要在2个以上钻孔均不见矿时，方可圈定。

10.7.4 取样方法和样品分析，按自然分层或等距方式取样，样长一般不大于1m。分析项目数量见附录F。孢粉样品应选择矿区内有代表性的剖面进行系统采样（包括顶底板），一般采样间距为0.05～0.2m。泥炭样重50g，顶底板样重不少于200g。样品要密封，及时分析鉴定。

C^{14}样品测定是确定泥炭成矿时代的重要手段，应在泥炭层顶、底部和泥炭层中变化明显的层位采样，样厚不超过0.1m，样重不少于500g。在普查阶段已有C^{14}成果，详查、勘探阶段可不作或少作。

10.8 资源/储量计算

10.8.1 泥炭品级和资源/储量

a. 泥炭品级决定于有机质的含量。分为有机质含量30%～50%的准泥炭和大于50%的泥炭两个品级。

b. 根据泥炭矿产资源本身的特殊性，其资源/储量分类条件如下（按其可行性研究程度和经济意义分类参照7.1和7.2条）：

探明的——是矿区开采设计依据的资源/储量，其条件为：

控制矿体形状、产状及厚度变化，能准确圈定边界。

划分泥炭品级、掌握泥炭质量变化规律。

查清影响矿体储量的夹层。

查明覆盖层厚度，岩性和岩相变化。

控制的——是确定进一步部署勘探和制定泥炭资源开发利用规划的依据，其条件为：

基本控制矿体形状、产状及矿层厚度变化、主矿体边界必须用工程控制。

基本确定品级和质量变化。

对影响矿体较大的泥沙、腐木等夹层已查明。

初步了解覆盖层厚度、岩性和岩相变化。

推断的——为进一步布置地质详查和矿山建设所探求的远景规划量。要求对矿体范围、矿层厚度、产状和质量有初步了解。

预测的——对具有赋存泥炭资源的地区经过预查，有足够的资料、数据估算出的资源量。

10.8.2 资源/储量计算的一般规定

a. 计算指标

泥炭有机质含量≥30%。切忌将有机质含量＜30%的腐泥、腐殖土、黑土等列入泥炭。

泥炭层厚度，裸露泥炭（不包括现代沼泽地表的草根层）≥0.3m。埋藏泥炭层厚度≥

0.5m。

剥采比应小于3。

b. 复杂结构矿体的计算，当夹层≥0.1m，应当剔除，并分层计算。

c. 泥炭资源/储量是按实际探得的资源计算，计算不包括采空区。

d. 计算单位以干重（万吨）计。

11 资料编录、综合研究和报告编制

11.1 对原始资料编录工作的基本要求是：

11.1.1 按勘查设计的要求和有关规程的规定，各种勘查工程的原始记录和数据资料必须齐全、准确、真实、可靠。

11.1.2 对自然露头和各种勘查工程所揭露的地质、水文地质现象，都必须按规定的内容和要求，进行观测、鉴定和描述。各种观测、测量记录资料，都应及时进行处理、解释和整理。

11.1.3 原始资料编录的工作程序、格式、内容、表达形式、术语等，均应符合有关标准的规定。

11.1.4 各种原始记录、原始编录资料以及岩芯、样品、标本等实物资料，必须按有关规定的要求妥善保管，建立完整的原始资料档案。

11.2 按照“边勘查施工，边分析研究资料，边调整修改设计”的原则，对各种勘查技术手段所取得的资料均应进行及时且充分的分析研究和利用。地质报告应综合反映各种勘查技术手段和研究方法所取得的成果。

11.3 各阶段地质报告的编制，原则上应按有关地质报告编写规范规定的要求进行。在实际编制工作中，应根据勘查区（井田）的实际情况，对有关规定的要求进行适当的调整和补充，以使报告内容的重点突出，方便使用。

附 录 A

（标准的附录）

固体矿产资源/储量分类表

<table>
<tr><td rowspan="2">地质可靠程度
分类类型
经济意义</td><td colspan="3">查 明 矿 产 资 源</td><td>潜在
矿产资源</td></tr>
<tr><td>探 明 的</td><td>控 制 的</td><td>推 断 的</td><td>预 测 的</td></tr>
<tr><td rowspan="4">经 济 的</td><td>可采储量
(111)</td><td></td><td></td><td></td></tr>
<tr><td>基础储量
(111b)</td><td></td><td></td><td></td></tr>
<tr><td>预可采储量
(121)</td><td>预可采储量
(122)</td><td></td><td></td></tr>
<tr><td>基础储量
(121b)</td><td>基础储量
(122b)</td><td></td><td></td></tr>
<tr><td rowspan="2">边际经济的</td><td>基础储量
(2M11)</td><td></td><td></td><td></td></tr>
<tr><td>基础储量
(2M21)</td><td>基础储量
(2M22)</td><td></td><td></td></tr>
<tr><td rowspan="2">次边际经济的</td><td>资 源 量
(2S11)</td><td></td><td></td><td></td></tr>
<tr><td>资 源 量
(2S21)</td><td>资 源 量
(2S22)</td><td></td><td></td></tr>
<tr><td>内蕴经济的</td><td>资 源 量
(331)</td><td>资 源 量
(332)</td><td>资 源 量
(333)</td><td>资 源 量
(334)?</td></tr>
<tr><td colspan="5">说明：表中所用编码（111－334）
第 1 位数表示经济意义：1＝经济的，2M＝边际经济的，2S＝次边际经济的，
3＝内蕴经济的，? ＝经济意义未定的；
第 2 位数表示可行性评价阶段：1＝可行性研究，2＝预可行性研究，3＝概略研究；
第 3 位数表示地质可靠程度：1＝探明的，2＝控制的，3＝推断的，4＝预测的，
b＝未扣除设计、采矿损失的可采储量。</td></tr>
</table>

附　录　B

(提示的附录)

勘查工作研究的技术要求

B1　煤质研究

B1.1　预查、普查阶段的煤质工作，除按5.2.2和5.3.2条的要求外，还应研究煤的原始物质、煤岩组分和煤的成因类型，研究各主要煤层的煤质特征及其变化规律和煤中有害元素的变化规律，对煤变质因素进行初步分析。

B1.2　详查阶段要全面研究勘查区内各可采煤层的物理、化学特征及变化规律，研究煤类分布规律，对煤的综合利用方向作初步评价。

B1.3　勘探阶段应根据开发建设的要求，着重研究与煤的开采、洗选、加工、销售、环境保护等有关的煤质特征和工艺性能，并作出相应的评价。

B1.4　采样和测试是煤质研究的基础。煤质采样点的布置及所采取的样品，都必须具有充分的代表性。采样、制样及试验工作，均应符合有关标准和规程的规定。不符合要求的采样点及其试验成果，不得用于煤质的研究评价。采样及测试工作量参见附录F。

B1.5　各阶段都必须充分收集和研究利用勘查区内或邻近的生产矿井和小煤矿的煤质资料。

B1.6　大孔径采样、群孔采样、探巷采样等专门性采样工作，应根据探矿权人的要求有针对性地在详查或勘探阶段进行布置。

B2　勘查区（井田）水文地质条件勘查研究

B2.1　勘查区（井田）水文地质勘查工作应与地质勘查工作结合进行。水文地质勘查工作应在研究地质和区域水文地质条件的基础上，把含水层的富水性、导水性、补给排泄条件及向矿井充水途径视为一个整体进行勘查和研究。对于水文地质条件复杂的大水矿区（每昼夜涌水量超过100,000m^3的井田），工作范围宜扩大为一个完整的水文地质单元。

B2.2　水文地质勘查工作必须根据煤矿床水文地质类型和勘查区的具体条件，明确本次工作应着重研究的问题，因地制宜地综合运用各种勘查技术手段（包括钻孔简易水文地质—工程地质观测、水文地质测绘、水文物探、水文地质钻探、抽水试验、长期观测与采样及其它有效手段）。

B2.3　对各类充水矿床一般都应进行动态观测。水文地质条件复杂的大水井田（矿区）应建立地下水动态长期观测网。

B2.4　勘探阶段的抽水试验钻孔，应结合矿井建设的需要，重点布置在初期采区或先期开采地段范围内直接充水含水层富水性强和断裂比较发育的地段或补给边界附近。

B2.5　大流量、大降深的孔组（群孔）抽水试验，应在地下水自然流场已经控制的条件下，布置在强富水地段。观测孔的布置应控制不同的边界条件、来水方向、强径流带及各径流分区，并注意到区域上的控制。

B2.6　断裂带抽水试验，应根据井田（勘查区）断裂构造发育情况及其水文地质特征，一般布置在主要井巷穿过主要断层带部位，井田内可能沟通各主要含水层或沟通地下水与地表水的主要断裂带附近，以及对井田水文地质条件有重要意义的补给边界断裂两侧。

B2.7 矿井涌水量预算

B2.7.1 勘探阶段应根据井田水文地质特征，分析边界条件和矿井充水方式，合理选择参数及计算方法，预算第一水平正常涌水量和最大涌水量，预测矿井涌水量的变化趋势。对含水性弱的小型井，可以预算全井田正常涌水量和最大涌水量。水文地质条件简单至中等的井田，区内或邻近有水文地质条件相似的生产矿井时，一般可用比拟法预算矿井涌水量。

B2.7.2 预算矿井涌水量时，应充分估计到开采后自然流场的变化，某些岩层的渗透性能的改变等因素。开采浅部煤层时，要考虑大气降水、地表水及老窑水沿塌陷区的渗入对矿井充水的影响。

B2.7.3 对矿井地下水的综合利用的可能性和途径进行研究和评价，估算其可供利用的水量。

B3 工程地质勘查工作

B3.1 工程地质勘查的任务是查明勘查区（井田）的工程地质条件，评价煤层顶底板工程地质特征、井巷围岩或露天采矿场岩体质量和稳固（定）性，预测可能发生的工程地质问题。

B3.2 工程地质勘查应进行必要的工程地质观测及钻孔工程地质编录，还应充分发挥地面物探和数字测井的作用，有针对性地布置采样测试工作。

工程地质测绘应与水文地质测绘同时进行。除探矿权人另有要求外，测绘的比例尺应与同阶段水文地质测绘相同。

B3.3 详查阶段一般应选择2～3条倾向剖面和一条走向剖面上的钻孔取芯，做工程地质观测。在主要可采煤层顶板以上30m至底板以下20m的范围内，系统地分层采取岩样，进行物理力学性质试验。

B3.4 勘探阶段应根据探矿权人的要求，在第一水平或初期采区范围内，布置3～4条工程地质剖面，并结合矿井的设计方案，在主要运输大巷、主要石门及其它主要井巷工程附近，布置一定数量的工程地质钻孔，进行工程地质观测与编录，确定不同岩组的RQD值。

在主要可采煤层顶板以上30m至底板以下20m的范围内，系统地分层采取岩样，进行物理力学性质测试。

区内或邻近有生产矿井资料可供利用时，可酌情减少采样及测试工作。

B3.5 露天边坡勘查工作的重点是先期开采地段中的长久性边邦地段。露天边坡的分类及勘查工程布置，可根据探矿权人的意见并参照附录H进行。

B3.6 露天剥离物强度勘查的重点是先期开采地段，同时对全区作适当控制。露天剥离物的分类及勘查工程的布置应根据探矿权人的意见并参照附录H进行。

B3.7 露天边坡勘查和剥离物强度勘查，均应结合地质、水文地质勘查进行。以充分利用地质、水文地质勘查钻孔，一孔多用。只是在没有地质、水文地质钻孔可供利用时，才布置专门勘查钻孔。露天工程地质勘查应综合使用工程地质测绘、钻孔工程地质观测、岩石物理力学性质试验、物探测井等手段。综合研究各种物性参数和物理力学试验指标之间的相互关系。建立工程地质—水文地质综合柱状进行岩石强度、弱层、弱面的分析对比。在地形条件较复杂的地区、应调查滑坡、崩塌等物理地质现象，研究自然边坡的稳定性。

B4　环境地质工作

B4.1　环境地质工作的任务，是在综合研究勘查区（井田）的自然地理、地质环境现状的基础上，对在煤矿建设和生产过程中可能产生的生态环境问题及环境污染进行预测和评价。

B4.2　环境地质工作应尽量与地质、水文地质和工程地质勘查同时进行，工作范围一般应大于勘查区（井田），工作比例尺应与水文地质测绘相同。

B4.2.1　普查阶段要调查区域及勘查区的自然地理及地质环境现状，了解区域性历史地震及近代地震烈度，新构造活动，了解已有工业对环境的影响程度，必要时可对污染源（物）采取少量代表性样品进行分析化验。

B4.2.2　详查阶段应结合水文地质、工程地质勘查，了解勘查区内环境地质现状，了解造成环境污染的主要因素及其危害程度，并对勘查区内已有的污染源（物）采取代表性的样品进行分析化验。对勘查区环境地质作出初步评价。

B4.2.3　勘探阶段应进行以下工作

B4.2.3.1　区域稳定性调查，应着重收集矿区附近历史地震资料，调查矿区（井田）地震烈度和新构造活动特征，对区域稳定性作出初步评价。

B4.2.3.2　详细调查井田内的滑坡、崩塌、泥石流（洪水泛滥）等自然地质灾害，对开采后可能产生的滑坡、塌陷、地面下沉、水位下降、海水入侵、污水倒灌及生态环境改变等环境地质问题，及其发展趋势进行定性预测，提出防治建议。

B4.2.3.3　基本查明井田内地表水、地下水以及煤层、矸石和围岩中的有害物质的含量。对已存在的污染，应查明污染源和污染途径，采取一定数量的样品进行化验，对其污染程度进行评价，提出防治建议。

B4.2.3.4　当井田内有热水（气）时，应当调查其分布、水质、水温、水量、水中气体及其化学成分，了解热水（气）的补给、径流、排泄条件及其成因。

B4.3　煤层瓦斯

B4.3.1　各阶段对煤层瓦斯的勘查研究工作，既要为煤矿设计和建设提供瓦斯地质资料，对煤与瓦斯突出的可能性进行预测；又要将煤层瓦斯作为重要的气体能源矿产进行勘查和研究，并作出相应的评价。

B4.3.2　普查阶段应有 2 条勘查线上的钻孔，分别在不同深度采取各可采煤层的瓦斯煤样，测定煤层的瓦斯成分和含量，初步划出各主要可采煤层二氧化碳——氮气带的下限。

B4.3.3　详查阶段应在不少于 3 条勘查线上选择钻孔，系统采取各可采煤层的瓦斯煤样，测定各煤层的瓦斯成分和含量。初步确定各主要可采煤层的二氧化碳——氮气带、氮气——沼气带与沼气带的分界，了解煤层瓦斯成分和含量在垂向上的差异。采样点的密度一般应为 0.2～0.4 点/km^2。

B4.3.4　勘探阶段的瓦斯工作应根据不同情况分别对待。

B4.3.4.1　详查阶段初步确定属二氧化碳——氮气带，各种气体成分的总量不超过 $5m^3/t$ 煤的井田，勘探阶段基本可不再补充采样工作。

B4.3.4.2　详查阶段初步确定属氮气——沼气带的井田，勘探阶段在井田倾向上的控制应不少于 3 条勘查线，采样点密度为 0.5～1.5 点/km^2。采样点应着重布置在第一水平。

B4.3.4.3　详查阶段已初步确定属沼气带的井田、氮气——沼气带与沼气带并存的井田及二

氧化碳含量大于 $5m^3/t$ 煤的井田，应对其沼气（或二氧化碳）含量高的主要可采煤层严格加密取样控制，采样点数应占见煤钻孔数的 50%以上。采样点应着重布置在第一水平。

B4.3.4.4　属上述 B4.3.4.2 条和 B4.3.4.3 条情况者，勘探阶段应详细研究各主要可采煤层的瓦斯成分、含量及其变化梯度，进一步划分瓦斯带。结合井田构造、含煤地层岩性、煤层厚度及煤质、水文地质、地温及其它地质条件，分析影响瓦斯赋存的地质因素。对其中主要的含瓦斯煤层以及背斜轴部、主要构造带附近、厚煤包等适于瓦斯富集的地段，应适当加密采样。必要时应采取煤层直接顶、底板样，了解围岩中瓦斯赋存情况。

B4.3.5　瓦斯煤样分析测试项目的一般要求：

B4.3.5.1　所有瓦斯煤样均应作煤的工业分析，测定气体成分和含量。

B4.3.5.2　属 B4.3.4.2 条和 B4.3.4.3 条情况者，勘探阶段应增测下列项目，每个主要可采煤层不少于 5 个点（对面积不足 $5km^2$ 的小井田，按实际需要确定）：

煤的坚固性系数（f）；

瓦斯放散初速度（Δp）；

煤对沼气的吸附等温线试验（a，b）；

煤孔隙率和渗透率；

煤层瓦斯压力（钻孔中测定）。

B4.3.5.3　所有瓦斯煤样均应进行煤体结构的详细描述。

B4.4　煤尘爆炸性的鉴定工作在勘探阶段进行。各可采及局部可采煤层均应有 2～3 个样品进行煤尘爆炸性鉴定，测定其火焰长度及最低岩粉用量，作出有无爆炸危险性的明确结论。有生产矿井资料可供利用的煤层，可酌情少做采样试验工作。

B4.5　煤的自燃趋势的试验工作，在勘探阶段进行。各可采和局部可采煤层，均应采取 3～6 个样品，确定煤的自燃等级。结合井田内或毗邻生产矿井或小煤矿的有关资料，对煤的自燃趋势和引起自燃的因素作出评价。

B4.6　地温

B4.6.1　普查阶段应收集和分析区内外有关地温资料，根据具体情况选择少部分钻孔进行简易测温。测温钻孔的分布应尽量考虑对不同构造部位和深度的控制。

B4.6.2　详查阶段应在地温异常区或可能出现高温的地区，选择不少于 50%的钻孔进行简易测温，并在其中选择 2～4 个钻孔进行近似稳态测温。

普查阶段未发现地温偏高，条件类似的相邻地区亦未发现有高温的生产矿井，且煤层埋藏深度小于 500m 时，本阶段一般可不做地温工作。

B4.6.3　勘探阶段的地温工作，应根据不同情况分别对待。

B4.6.3.1　前阶段已确定为无高温异常的地区，一般不再做测温工作。

B4.6.3.2　前阶段初步确定属以地温梯度正常为背景的高温地区，应在井田深部的少数钻孔以及选择部分穿过断层或见岩浆岩的钻孔进行简易测温，并选择少量有代表性的钻孔做近似稳态测温，进一步了解地温变化。

B4.6.3.3　在以地温异常为背景的高温区，勘查钻孔一般应做简易测温，并选择 2～3 个钻孔做近似稳态测温，以查明区内不同深度以及各构造部位的地温变化和地温梯度，并圈定高温区的范围。

B4.6.3.4　由地下热水引起高温的地区，应结合水文地质勘查工作，了解热水的水量、水质、水温及其补给、径流和排泄条件等。

B4.6.4　测温钻孔一般应布置在向、背斜轴部、大断裂两侧、含煤地层基底的隆起部位、岩浆岩侵入体边缘和勘查区深部等不同部位，并注意在面上的控制和编制地温剖面图、等温线平面图等的需要。

附　录　C

（提示的附录）

煤层气及其它有益矿产的勘查研究

C1　煤层气的勘查评价

C1.1　在预查阶段，应开展野外和邻近矿井煤层气地质调查，了解煤层割理发育情况及方向，调查邻近矿井瓦斯情况。

C1.2　对煤层气勘查研究的重点在普查阶段。煤层气的勘查评价工作应与煤的普查同时部署，同时进行。要着重了解勘查区内煤层气赋存的基本特征，并对其进一步工作的前景作出评价。

C1.3　当发现勘查区主要可采煤层的煤层甲烷含量等于和大于 $8m^3/t$ 时，应选择钻孔对主要煤层进行试井，测试煤层的渗透率、储层压力及地应力，并采取煤芯进行含气量测定，镜煤反射率测定和吸附试验，以获得煤层甲烷地面开发可能性的数据。必要时还应进行泥浆录井（气测井）工作。

C1.4　发现具有一定资源前景的煤层气时，应在地质报告中加以评述；必要时应提交煤层气勘查的专门性地质资料。

C2　其它有益矿产的勘查评价

C2.1　预查和普查阶段，应在详细研究区内和邻区有关资料的基础上，对已知的矿层和可能具有某种工业意义的岩层，进行描述、鉴定和采样分析化验，分别大致了解和初步了解有益矿产的种类及其分布范围、厚度和品位。对具有含矿特征的岩层和可能用作建筑材料的岩层、松散沉积物等，进行详细的分层描述，并采取样品进行分析试验。选择部分探槽、探井、小煤矿和少量钻孔，对所有煤层（包括夹矸和顶底板）、炭质泥岩进行系统采样，先作光谱分析，然后根据微量元素的含量进行定量分析。还应选择1～2个钻孔，对所有岩层分别采样作光谱分析，发现有价值的元素作定量分析。

C2.2　在详查阶段，对已初步确定达到工业品位的矿产，利用自然露头、小煤矿和钻孔，布置一定数量的采样点进行采样分析，了解其厚度和品位变化，作出有无工业价值的初步评价。

C2.3　在勘探阶段，对具有工业价值的有益矿产，应根据探矿权人的要求，有针对性地进行采样试验，圈定符合工业品位和可采厚度要求的范围。根据实际达到的工作程度，计算其资源/储量，并对开发利用的可能性和途径作出评价。若需要进行专门性的勘查工作，参照有关矿种规范研究确定。

附　录　D

（提示的附录）

构造复杂程度、煤层稳定程度类型划分及钻探工程基本线距

D1　构造复杂程度划分为四种类型

D1.1　简单构造：含煤地层沿走向、倾向的产状变化不大，断层稀少，没有或很少受岩浆岩的影响。主要包括：

D1.1.1　产状接近水平，很少有缓波状起伏。

D1.1.2　缓倾斜至倾斜的简单单斜、向斜或背斜。

D1.1.3　为数不多和方向单一的宽缓褶皱。

D1.2　中等构造：含煤地层沿走向、倾向的产状有一定变化，断层较发育，有时局部受岩浆岩的一定影响。主要包括：

D1.2.1　产状平缓，沿走向和倾向均发育宽缓褶皱，或伴有一定数量的断层。

D1.2.2　简单的单斜、向斜或背斜，伴有较多断层，或局部有小规模的褶曲或倒转。

D1.2.3　急倾斜或倒转的单斜、向斜或背斜；或为形态简单的褶皱，伴有稀少断层。

D1.3　复杂构造：含煤地层沿走向、倾向的产状变化很大，断层发育，有时受岩浆岩的严重影响。主要包括：

D1.3.1　受几组断层严重破坏的断块构造。

D1.3.2　在单斜、向斜或背斜的基础上，次一级褶曲和断层均很发育。

D1.3.3　紧密褶皱，伴有一定数量的断层。

D1.4　极复杂构造：含煤地层的产状变化极大，断层极发育，有时受岩浆岩的严重破坏。主要包括：

D1.4.1　紧密褶皱、断层密集。

D1.4.2　形态复杂特殊的褶皱，断层发育。

D1.4.3　断层发育，受岩浆岩的严重破坏。

表D1　构造复杂程度类型钻探工程基本线距表

构造复杂程度	各种查明程度对构造控制的基本线距（m）	
	探　明　的	控　制　的
简　　单	500～1000	1000～2000
中　　等	250～500	500～1000
复　　杂		250～500
注：极复杂构造只宜边探边采，线距不作具体规定。		

D2 煤层稳定程度划分为四种类型

D2.1 稳定煤层：煤层厚度变化很小，变化规律明显，结构简单至较简单；煤类单一，煤质变化很小。全区可采或大部分可采。

D2.2 较稳定煤层：煤层厚度有一定变化，但规律性较明显，结构简单至复杂；有两个煤类，煤质变化中等。全区可采或大部分可采。可采范围内厚度及煤质变化不大。

D2.3 不稳定煤层：煤层厚度变化较大，无明显规律，结构复杂至极复杂；有三个或三个以上煤类，煤质变化大。包括：

D2.3.1 煤层厚度变化很大，具突然增厚、变薄现象，全区可采或大部分可采。

D2.3.2 煤层呈串珠状、藕节状，一般连续，局部可采，可采边界不规则。

D2.3.3 难以进行分层对比，但可进行层组对比的复煤层。

D2.4 极不稳定煤层：煤层厚度变化极大，呈透镜状、鸡窝状，一般不连续，很难找出规律，可采块段分布零星；或为无法进行煤分层对比，且层组对比也有困难的复煤层；煤质变化很大，且无明显规律。

表 D2 煤层稳定程度类型钻探工程基本线距表

煤层稳定程度	各种查明程度对煤层控制的基本线距（m）	
	探 明 的	控 制 的
稳 定	500～1000	1000～2000
较稳定	250～500	500～1000
不稳定		*375
		250
注：*只适合 D2.3.1。极不稳定煤层只宜边探边采，线距不作具体规定。		

D3 选择钻探工程基本线距时，应注意以下几点：

D3.1 认真研究井田（勘查区）的构造复杂程度和煤层稳定程度，按其中勘查难度较大的一个因素，选择井田（勘查区）钻探工程的基本线距。

D3.2 构造复杂程度类型的划分，原则上以井田（勘查区）为单位。当井田（勘查区）内的不同地段有显著差异时，应当根据实际情况区别对待。

D3.3 当一个井田（勘查区）内有两种或两种以上煤层稳定程度类型时，应以资源/储量或厚度占优势的那一部分煤层稳定程度类型，选择基本线距。

D3.4 运用地面物探手段即能基本满足构造控制要求的井田（勘查区），钻探工程基本线距应根据煤层稳定程度类型进行选择。表 D1 主要适用于不能使用地面物探和地面物探不能取得有效成果的地区。

D3.5　在裸露和半裸露地区，钻探工程基本线距的选择，应充分考虑地质填图和其它地面地质工作的成果。

D3.6　以线形构造为主的地区，基本线距可根据构造的特点，沿构造线走向方向适当放稀。

D4　泥炭勘查工程控制程度

根据泥炭矿床规模、形态特征、埋藏状况以及圈定矿体的难易程度等，划分为二种勘查类型，即简单型和复杂型。

简单型：矿区规模大，矿体裸露地表或埋藏浅，形态规则，结构简单，矿层为水平层状，厚度稳定。

复杂型：矿区规模较小，矿体深埋，形态不规则，结构复杂，矿层厚度变化大。

上述不同勘查类型的施工网度参见表 D3。

在研究地质特征的基础上，综合分析各种因素，确定勘查类型和相应的工程网度。对于较大矿点，可视其所处的地形、分布面积及矿体形态，首先布置穿越矿体中心的纵、横两条勘查线，然后按工程网度进行施工。

钻探施工时，遇到矿层变化大，可采用插入法或结合地形特征补打追索孔，以基本查明矿体变化和圈定矿体边界为原则。

表 D3　工　程　网　度　表

资源量类型 / 线距×孔距（m） / 勘查类型	探　明　的	控　制　的
简　单　型	200×200～100	400×400～200
复　杂　型	100×100～50	200×200～100

附 录 E

（提示的附录）

建议的资源/储量比例及资源量计算指标

各阶段的比例要求，原则上由勘查投资者确定。投资者无明确要求时，可参照以下要求确定：

E1 普查阶段：推断的资源量一般应占总资源量的30%～40%；普查（最终）应不少于50%。

E2 详查阶段：控制的资源/储量一般应占总资源/储量的20%～30%，推断的和控制的应占70%以上；详查（最终）参照表E1对小型井的要求确定。

E3 勘探阶段先期开采地段资源/储量比例，参见表E1。

E4 泥炭勘查：普查阶段规模较大的矿床，推断的资源量一般不少于70%；详查阶段控制的资源/储量一般不少于30%；勘探阶段探明的资源/储量一般不少于30%。

E5 煤炭资源量计算指标，参见表E2。

表E1 勘探阶段先期开采地段资源/储量比例表

地质及开采条件 / 井型 / 比例（%）	简单			中等			复杂	
	大型井	中型井	小型井	大型井	中型井	小型井	中型井	小型井
先期开采地段探明的和控制的资源/储量占本地段资源/储量总和的比例	≥80	≥70	≥50	≥70	≥60	≥40	不作具体规定	
先期开采地段探明的资源/储量占本地段资源/储量总和的比例	≥60	≥40	≥20	≥50	≥30	不作具体规定		不要求

表E2 煤炭资源量计算指标

指标 / 煤类 / 项目				炼焦用煤	长焰煤、不粘煤、弱粘煤、贫煤	无烟煤	褐煤
煤层厚度（m）	井采	倾角	＜25°	≥0.7	≥0.8		≥1.5
			25°～45°	≥0.6	≥0.7		≥1.4
			＞45°	≥0.5	≥0.6		≥1.3
	露天开采			≥1.0			≥1.5
最高灰分 A_d（%）				40			
最高硫分 $S_{t,d}$（%）				3			
最低发热量 $Q_{net,d}$（MJ/kg）				—	17.0	22.1	15.7

附 录 F

(提示的附录)

采样及测试工作量

F1 各阶段煤样采取的种类和数量，参见表F1。

F2 各阶段煤样的分析试验项目及数量，参见表F2、F3。

F3 勘探阶段泥炭采样数量和分析试验项目，参见表F4。

表F1 各阶段煤样采取的种类和数量表

煤样种类		采取的数量和要求
煤芯煤样		达到储量/资源量计算规定厚度的见煤点全部采取
煤层煤样		有条件的勘查区（井田）应尽量采取
体重煤样		有条件的勘查区（井田）应采取1～2个点
筛分煤样、浮沉煤样、煤和矸石泥化试验样		根据采样条件和需要确定，凡进行筛分的煤样，必须同时做浮沉试验、煤和矸石泥化试验
煤芯可选性试验样和矸石泥化试验样		见煤点不少于10%～20%。勘探阶段的先期开采地段（第一水平）应达到30%，露天矿拉沟地段应达到50%～100%
煤岩煤样		选择1～2个标准孔的可采见煤点，全部作煤岩组分鉴定和镜质体最大反射率测定。有特殊要求时还应增测
风氧化带测定煤样	沿露头的带状风化	在小煤矿中采取1～2组，无小煤矿的勘查区应有两条剖面控制可采煤层的风氧化带，钻孔穿过风氧化带的可采煤层点全部取样
	沿层面的面状风化	穿过风氧化带的可采煤层点全部取样，勘探阶段（包括露天勘查）在先期开采地段内，风化带界线在勘查线上的摆动范围应控制在100～125m以内

表 F2　各阶段煤样基本分析试验项目及数量表

试验项目		试　验　数　量
工业分析	原煤	全　测
	浮煤	
全水分	原煤	煤层煤样、筛分浮沉样、生产煤样均应测定
最高内在水分	浮煤	区分褐煤与长焰煤时应全测，其它煤不测
全　硫	原煤	全　测
	浮煤	
各种硫	原煤	50%，凡原煤全硫大于 1%的应全测
	浮煤	
发热量	原煤	动力用煤 100%，其它可根据需要
	浮煤	根据需要
元素分析	原煤	根据需要
	浮煤	20%
煤灰成分	原煤	动力用煤 50%，其它 30%
灰熔融性		
粘结指数	浮煤	褐煤、不粘煤、贫煤、无烟煤不测，其它煤全测
胶质层	浮煤	褐煤、长焰煤、不粘煤、弱粘煤、贫煤、无烟煤不测，其它煤当 G＞85 时全测，G≤85 时不测
奥亚膨胀度		
坩埚膨胀序数	浮煤	褐煤、不粘煤、贫煤、无烟煤不测，其它煤根据需要确定
基氏塑性		
有害元素	原煤	全　测
	浮煤	50%
微量元素	原煤	全　测
碳酸盐二氧化碳	原煤	CO_2＞2%者应全测，CO_2＜2%者不测
苯萃取物	原煤	褐煤全测，其它煤不测
腐植酸	原煤	褐煤全测，其它煤的风化煤全测
透光率	浮煤	为区分褐煤与长焰煤时应全测，其它煤不测
真密度	原煤	根据需要确定
视密度	原煤	10%

表 F3　详查、勘探阶段增加的分析试验项目及数量表

<table>
<tr><th colspan="2">试验项目</th><th>试验数量</th></tr>
<tr><td>煤灰粘度</td><td rowspan="2">原煤</td><td rowspan="2">动力燃料煤和气化原料煤测 10%～20%，其它煤按需要确定</td></tr>
<tr><td>煤灰结渣性</td></tr>
<tr><td>抗碎强度</td><td>原煤</td><td>有取样条件时需测定</td></tr>
<tr><td>热稳定性</td><td>原煤</td><td>不具粘结性的煤类测 10%～20%</td></tr>
<tr><td rowspan="2">煤对 CO_2 反应性</td><td>原煤</td><td>10%～20%，强粘结煤按需要确定</td></tr>
<tr><td>浮煤</td><td>按需要确定</td></tr>
<tr><td rowspan="2">可磨性</td><td>原煤</td><td>10%～20%</td></tr>
<tr><td>浮煤</td><td>按需要确定</td></tr>
<tr><td rowspan="2">低温干馏</td><td>原煤</td><td>V_{daf}＞28%时，测定 50%</td></tr>
<tr><td>浮煤</td><td>按需要确定</td></tr>
<tr><td>200kg 焦炉炼焦试验</td><td>浮煤</td><td>可作为炼焦配煤的强粘结煤有条件时应作配煤炼焦试验</td></tr>
</table>

表 F4　勘探阶段泥炭采样数量和分析试验项目表

<table>
<tr><th rowspan="3">取样种类</th><th colspan="2">取样柱状剖面数（个）</th><th colspan="2">分析项目和样数</th><th rowspan="3">备注</th></tr>
<tr><th colspan="2">含矿面积（km^2）</th><th rowspan="2">项目</th><th rowspan="2">样数</th></tr>
<tr><th>＜0.5</th><th>＞0.5</th></tr>
<tr><td rowspan="5">一般分析化验</td><td rowspan="5">3～5</td><td rowspan="5">＞5</td><td>10.5.5 条 e 款的一般分析项目</td><td>全测</td><td rowspan="5"></td></tr>
<tr><td>泥炭组成元素分析</td><td rowspan="4">1个
（剖面样）</td></tr>
<tr><td>灰成分分析</td></tr>
<tr><td>有机组成分析</td></tr>
<tr><td>光谱定量分析</td></tr>
<tr><td>植物残体孢粉样</td><td>1</td><td>1</td><td>植物残体、孢粉分析鉴定</td><td>1个剖面的连续分层样</td><td></td></tr>
</table>

附 录 G
（提示的附录）
水文地质勘查类型的划分及勘查工作量

G1 水文地质勘查类型的划分

G1.1 按直接充水含水层含水空间特征，把煤矿床水文地质勘查划分为三个类：
G1.1.1 第一类 以孔隙含水层为主的矿床，称孔隙充水矿床。
G1.1.2 第二类 以裂隙含水层为主的矿床，称裂隙充水矿床。
G1.1.3 第三类 以岩溶含水层为主的矿床，称岩溶充水矿床。并按其充水方式不同，分为两个亚类：
G1.1.3.1 第一亚类 顶板进水为主的岩溶充水矿床。
G1.1.3.2 第二亚类 底板进水为主的岩溶充水矿床。
G1.2 按直接充水含水层的富水性及补给条件，并结合煤层与当地侵蚀基准面的关系等其它因素，把各类矿床划分为三个型：
G1.2.1 第一型 水文地质条件简单的矿床，主要包括以下情况：

煤层位于地下水位以上或季节变化带内，以大气降水为主要充水水源。

直接充水含水层单位涌水量$q<0.1L/s\cdot m$。

G1.2.2 第二型 水文地质条件中等的矿床主要包括以下情况：

直接充水含水层单位涌水量$0.1\leqslant q\leqslant 1.0L/s\cdot m$。

直接充水含水层单位涌水量$1.0<q\leqslant 2.0L/s\cdot m$，但补给条件不好，与地表水体联系不密切；或直接充水含水层与煤层之间的隔水岩层较稳定，隔水性能较好，水头压力不高，断裂带导水弱。

G1.2.3 第三型 水文地质条件复杂的矿床，主要包括以下情况：

直接充水含水层单位涌水量$q>2.0L/s\cdot m$。

直接充水含水层单位涌水量$1.0<q\leqslant 2.0L/s\cdot m$，但补给条件好，与地表水体联系密切；或直接充水含水层与煤层之间的隔水岩层不稳定，水头压力较高，断裂带导水性强。

G2 水文地质勘查工程量

各类型充水矿床在各阶段所需的基本工程量以满足相应的工作程度要求为原则，一般可参照表G1、G2。具体布置工程时，应注意以下几点：

G2.1 多煤层、多含水层的井田（勘查区），应逐层分析各主要可采煤层的直接充水含水层对矿井充水的影响，确定主要的直接充水含水层，并按其类型布置工程量。对其它直接充水含水层，可适当布置工程量予以控制。

G2.2 表中所列抽水试验工程量为一般要求。对拟建大、中型井的井田（勘查区），所控制的面积，详查阶段约为50～100km²，勘探阶段约为10～20km²。结合勘查面积的大小，可酌情增减工程量。

G2.3 拟建小型井的井田（勘查区），水文地质条件简单的一般可不布置抽水试验和钻孔长期观测；水文地质条件中等的可参照表中所列同类矿床的简单型；水文地质条件复杂的可参照表中所列同类矿床的工程量酌情减少。

G2.4 井田（勘查区）内或邻近地区有水文地质条件相似的生产矿井资料时，抽水试验工程量可适当减少。

G2.5 表中所列勘探阶段揭露煤层底板直接充水含水层的钻孔数量，对大型井为初期采区范围的要求；对中、小型井则为第一水平范围内的要求。上述范围以外的其它地段，可布置少量钻孔进行控制。

G3 露天煤矿的水文地质勘查类型划分

划分为孔隙、裂隙、岩溶三个类；并按其疏干的难易程度划分为三个型。

G3.1 第一型 水文地质条件简单，不需要专门疏干的矿床：

地形有利于自然排水，地下水补给量极少；

直接充水含水层 $q<1$ L/s·m，无难于疏干的强持水岩层。

G3.2 第二型 水文地质条件中等，易于疏干的矿床：

直接充水含水层 $1<q<10$L/s·m，含水层持水性小；

直接充水含水层 $10<q\leqslant20$L/s·m，但补给来源缺乏。

G3.3 第三型 地质条件复杂，难于疏干的矿床：

直接充水含水层 $q>10$L/s·m，附近有较大的地表水体，并与地下水有水力联系；或者补给条件虽然不好，但 $q>20$L/s·m；

露天直接充水含水层厚度大、分布广、持水性强，易产生流沙等工程地质问题，不易疏干。

G4 露天煤矿勘查的抽水试验工程量，参见表G3

表G1 孔隙、裂隙类充水矿床一般所需基本工程量表

项目 \ 工作量		类型	孔隙类			裂隙类		
			简单	中等	复杂	简单	中等	复杂
水文地质测绘		预普详	1∶50000～1∶25000			同左		
		勘探	1∶10000～1∶5000					
钻孔简易水文地质、工程地质观测		普详勘探	全部钻孔均进行观测，根据实际需要选择观测项目					
抽水试验（次）	单孔	详	直1～2	直2～4，间1～2	直4～6，间2～3	直1～2	直2～4，间1～2	直4～6，间2～3
		勘探	直1～2	直2～3，间1～2	直3～4，间2～3	直1～2	直2～3，间1～2	直3～4，间2～3
	孔组（群孔）	勘探	—	—	直1～2组	—	—	直1～2组
	大径孔组（群孔）	勘探	—	—	必要时直1～2组	—	—	必要时直1组
长期观测	钻孔	详勘探	—	—	直6～8，间1～2	—	—	直6～8，间1～2
	生产矿井	普	进行一般性了解			同左		
		详勘探	系统地详细收集资料					
	井泉	普详勘探	选择有代表性的点					
	地表水	普	有必要时设站观测					
		详勘探	对开采有影响的地段设足够的站进行观测					
	物理地质现象	普详勘探	对开采可能有影响的地段设站观测					
揭露底板直接充水含水层的地质钻孔（孔/km²）		普详	少量			少量		
		勘探	累计0.5	累计0.6	累计0.7	累计0.4	累计0.5	累计0.6
第四系加密孔		详勘探	煤层隐伏露头附近加密到			同左		
			500～750m		250～500m			
岩、土样		详勘探	除工程地质勘探线上的钻孔外，选择有代表性的钻孔分层取样			按要求选择有代表性的点分层取样		
水样		普详勘探	选择有代表性的点取样			同左		
地面物探		普详勘探	一般应进行地面物探					
水文测井		详勘探	第四系加密孔，专门水文孔均应进行水文测井					

注：表G1、G2中的直——直接充水含水层；间——间接充水含水层。

表G2 岩溶类充水矿床一般所需基本工程量表

<table>
<tr><th colspan="2" rowspan="2">工作量 项目</th><th rowspan="2">类 型</th><th colspan="3">顶板进水为主</th><th colspan="3">底板进水为主</th></tr>
<tr><th>简 单</th><th>中 等</th><th>复 杂</th><th>简 单</th><th>中 等</th><th>复 杂</th></tr>
<tr><td colspan="2" rowspan="2">水文地质测绘</td><td>预普详</td><td colspan="3">1：50000～1：25000</td><td colspan="3" rowspan="3">同 左</td></tr>
<tr><td>勘 探</td><td colspan="3">1：10000～1：5000</td></tr>
<tr><td colspan="2">钻孔简易水文地质、工程地质观测</td><td>普详勘探</td><td colspan="3">全部钻孔均进行观测，根据实际需要选择观测项目</td></tr>
<tr><td rowspan="4">抽水试验(次)</td><td rowspan="2">单 孔</td><td>详</td><td>直3～4
间1～2</td><td>直4～6，
间2～3</td><td>直6～8，
间3～5</td><td>直3～5
间2～3</td><td>直5～8，
间3～5</td><td>直8～10，
间5～6</td></tr>
<tr><td>勘 探</td><td>直1～2</td><td>直2～3，
间1～2</td><td>直3～4，
间2～3</td><td>直1～2</td><td>直3～4，
间2～3</td><td>直4～5，
间2～3</td></tr>
<tr><td>孔组(群孔)</td><td>勘 探</td><td>—</td><td>直1组</td><td>—</td><td>—</td><td>直1～2组</td><td>—</td></tr>
<tr><td>大径孔组(群孔)</td><td>勘 探</td><td>—</td><td>—</td><td>直1～2组</td><td>—</td><td>—</td><td>直1～2组</td></tr>
<tr><td rowspan="8">长期观测</td><td>钻 孔</td><td>详勘探</td><td>—</td><td>—</td><td>直6～8，
间1～2</td><td>—</td><td>—</td><td>直6～8，
间1～2</td></tr>
<tr><td rowspan="2">生产矿井</td><td>普</td><td colspan="3">进行一般性了解</td><td colspan="3" rowspan="7">同 左</td></tr>
<tr><td>详勘探</td><td colspan="3">系统地详细收集资料</td></tr>
<tr><td>井 泉</td><td>普详勘探</td><td colspan="3">选择有代表性的点</td></tr>
<tr><td rowspan="2">地表水</td><td>普</td><td colspan="3">有必要时设站观测</td></tr>
<tr><td>详勘探</td><td colspan="3">对开采有影响的地段设足够的站进行观测</td></tr>
<tr><td>物理地质现象</td><td>普详勘探</td><td colspan="3">对开采可能有影响的地段设站观测</td></tr>
<tr><td colspan="2" rowspan="3">揭露底板直接充水含水层的地质钻孔(孔/km²)</td><td>普</td><td colspan="3" rowspan="3">—</td><td colspan="3">少 量</td></tr>
<tr><td>详</td><td>0.1～0.2</td><td>0.2～0.4</td><td>0.3～0.6</td></tr>
<tr><td>勘 探</td><td>累 计
0.5～1.0</td><td>累 计
1.0～1.5</td><td>累 计
1.5～2.5</td></tr>
<tr><td colspan="2">第四系加密孔</td><td>详勘探</td><td colspan="3">煤层隐伏露头附近加密到
500～750m　　250～500m</td><td colspan="3">同 左</td></tr>
<tr><td colspan="2">岩、土样</td><td>详勘探</td><td colspan="3">选择有代表性的钻孔分层取样</td><td colspan="3">揭露底板含水层孔数20%取化学分析样</td></tr>
<tr><td colspan="2">水 样</td><td>普详勘探</td><td colspan="3">选择有代表性的点取样</td><td colspan="3" rowspan="2">同 左</td></tr>
<tr><td colspan="2">地面物探</td><td>普详勘探</td><td colspan="3">一般应进行地面物探</td></tr>
<tr><td colspan="2">水文测井</td><td>详勘探</td><td colspan="3">第四系加密孔，专门水文孔均应进行水文测井</td><td colspan="3">底板含水层段要测井，其它同左</td></tr>
</table>

表 G3　露天抽水试验工程量表

类	型	直接充水含水层		
		单　孔	群　孔(组)	大口径群孔(组)
孔隙充水矿床	第一型	2～3		
	第二型	3～5	1～2	0～1
	第三型	5～8	2～3*	2～3
裂隙充水矿床	第一型	2～3		
	第二型	3～6	1～2	0～1
	第三型	6～9		1～2
岩溶充水矿床	第一型	2～3		
	第二型	5～7	1～2	1～2
	第三型	7～10		2～3

* 只适用于第三类第二种情况

附 录 H
（提示的附录）
露天边坡、剥离物分类及勘查工程布置

H1 按构成露天边坡岩层的岩性、物理力学性质和结构面的发育程度，露天边坡分为三类

H1.1 第一类 松散岩石类，主要包括：

H1.1.1 一型 岩性比较单一，不含水或者虽含水但易于疏干。

H1.1.2 二型 岩性组合比较复杂，各岩层的渗透性能差别较大，含水层不易疏干，泥岩遇水极易软化变形。

H1.2 第二类 半坚硬岩石类，主要包括：

H1.2.1 一型 岩性比较单一，构造简单，岩层不含水，或者含水但易于疏干，软弱夹层不甚发育。

H1.2.2 二型 岩性组合比较复杂，含多个软弱夹层，各类结构面发育，岩层含水，水压较高。

H1.3 第三类 坚硬岩石类，主要包括：

H1.3.1 一型 岩层倾角平缓，各类结构面不发育，地下水位深，含水不丰富，软弱夹层（面）较少。

H1.3.2 二型 岩层倾角较陡，各类结构面发育，含水层含水丰富，水压高，软弱夹层（面）发育。

H2 露天边坡勘查工作布置

H2.1 第一、第二类边坡地区，可垂直非工作帮走向布置勘查剖面，其中一型地区可布置1～2条剖面；二型地区2～3条剖面，每条剖面上一般可布置2～3个钻孔；垂直于端帮可布置1～2条勘查剖面，每条勘查剖面上2～3个钻孔。

边坡勘查钻孔深度，一般应超过最下一个可采煤层底板50m，并有适量钻孔布置在地表边坡线以外，以控制上覆松散沉积物及非工作帮煤层底板岩层的露头地段。

H2.2 第三类边坡地区，非工作帮可布置一条勘查剖面，或沿非工作帮走向布置3个钻孔，端帮布置2～3个钻孔。

H3 按剥离岩层的岩性和物理力学性质，将剥离物分为三类

H3.1 第一类 松散岩层及软岩类：岩层抗压强度一般均小于6MPa，可以采用连续开采工艺。

H3.2 第二类 中硬岩类：岩层的抗压强度值一般在拟选择的开采工艺及设备能力的临界值附近。主要包括：

H3.2.1 一型 剥离物强度比较均一，岩层（岩组）对比比较容易，岩层强度在平面上变化较小，或者具有明显的规律性。

H3.2.2 二型 剥离物强度不均一，岩层（岩组）对比比较困难，岩石强度在平面上变化较

大，且硬岩含量较高。

H3.3 第三类硬岩类：岩层的抗压强度值一般均在 15MPa 以上，不能采用连续开采工艺。

H4 露天剥离物勘查工程布置

勘查线应沿岩石强度变化的主导方向布置，勘查线距视岩石强度均匀程度决定。在先期开采地段内，第一类地区可选择少量地质、水文地质钻孔取芯，进行采样试验，必要时组成工程地质剖面；二类一型地区线距为 800～1200m，二类二型地区线距 400～800m，三类地区线距 2000～3000m。

附　录　J
（提示的附录）
小煤矿勘查工作

J1　在煤炭资源贫缺地区，对于确认只宜建年产9万吨以下（不含9万吨）小煤矿的井田，可以按本附录的要求进行工作。

J2　小煤矿勘查，应在大比例尺地质填图或普查的基础上，按一次勘查完毕的原则进行，提交小煤矿勘查报告。

J3　小煤矿勘查的工作程度，应根据探矿权人的实际需要，参照普查最终的工作程度研究确定。计算推断的和预测的资源量，其中推断的资源量的比例一般可为20％～50％。推断的资源量应分布在浅部和首先开采的地段。

J4　地质填图是小煤矿勘查的基础工作。在基岩裸露或覆盖层不厚的地区，应配合槽井探、浅钻，以及老窑和生产井调查等，充分地进行地面地质研究。地质填图的比例尺一般为1：5，000。在没有对地面地质进行充分研究之前，不应开展钻探和坑探等工作。

J5　凡地形和地质条件适宜的地区，应以坑探为小煤矿勘查的重要手段。坑探的布置应考虑以后能为小煤矿开发所利用。

J6　钻探工程的布置，应根据小煤矿勘查的特点，有针对性地布置在煤层浅部的先期开采地段或井口位置附近，以提高对煤层和构造的控制。

J7　对于拟建年产3万吨以下小煤矿的井田，一般只进行地面地质工作。确有必要时，可以布置少量控制性钻孔。

J8　所有勘查钻孔中的可采煤层均应采取煤芯煤样，并应从探井或已有小煤矿中采取煤层煤样。测试项目主要是原、浮煤的工业分析、全硫、发热量、浮煤的粘结指数、胶质层，以及视比重等，必要时可增测其它项目。一般不作筛分浮沉试验，确有必要时，可采取简易可选性试验煤样。

J9　小煤矿勘查的水文地质工作，应根据勘查区的具体情况确定。一般应进行水文地质测绘（比例尺为1：5，000）。勘查钻孔应进行简易水文地质观测。必要时可选择有代表性的井泉和小煤矿进行长期观测。一般不作抽水试验，确有必要时，可对直接充水含水层进行1～2次抽水试验。

J10　对其它开采技术条件的研究，应充分利用邻近的老窑和已有小煤矿的资料。确有必要时，可在先期开采地段的钻孔中采取顶底板岩石的物理力学试验样，煤层的瓦斯样及其它样品。

附　录　K
（提示的附录）
可行性研究的主要内容

为使地质勘查与矿山建设紧密衔接，避免地质勘查和矿山开发的投资失误，提高地质勘查和开发的经济效益与社会效益，在普查、详查、勘探三个阶段，都需进行相应的可行性评价。可行性评价工作分为概略研究，预可行性研究和可行性研究三种。

K1　概略研究

是指对矿床开发经济意义的概略评价，通常是在收集分析该矿产资源国内、外市场供需状况的基础上，分析已取得的普查或详查、勘探地质资料，类比已知矿床，结合矿区的自然经济条件，环境保护等，以我国类似企业经验的技术经济指标对矿床作出技术经济评价。从而为矿床进一步勘查或开发、为制定长远规划决策提供依据。

概略研究可由承担勘查工作的地质勘查单位完成。

K2　预可行性研究

是对矿床开发经济意义的初步评价。通常应在详查或勘探后进行。需要比较系统地对国内、外该矿种的资源储量、生产、消费进行调查和初步分析，并对国内、外市场的需求量、产品品种、质量要求和价格趋势作出初步预测。根据矿床规模和矿床地质特征以及矿区地形地貌，借鉴类似企业的实践经验，初步研究并提出项目建设规模、产品种类、矿区总体建设轮廓和工艺技术的原则方案；参照类似企业，选择适合评价当时市场价格的技术经济指标，初步提出建设总投资、主要工程量和主要设备以及生产成本等。通过初步经济分析，计算不同的资源/储量类型。从总体上、宏观上对项目建设的必要性、建设条件的可行性以及经济效益的合理性作出评价，为是否进行勘探以及推荐项目和编制项目建议书提供依据。

预可行性研究工作应由具有一定资质的单位完成。

K3　可行性研究

是对矿床开发经济意义的详细评价。通常应在勘探后进行。首先对国内、外该矿种的资源储量、生产、消费要认真调查、统计和分析；并对国内、外市场的需求量、产品品种、质量要求、价格、竞争能力进行分析研究和预测。工作中对资源条件进行分析研究，充分考虑地质、工程、环境、法律和政府的经济政策等各种因素的影响。对企业生产规模、开采方式、开拓方案、选冶工艺流程、产品方案、主要设备的选择、供水供电、总体布局和环境保护等方面进行调查研究、分析计算和多方案比较，并依据评价当时的市场价格确定投资、生产经营成本、销售收入、利润和现金流入流出等。其结果可以详细评价拟建项目的技术经济可靠性，计算不同的资源/储量类型，得出拟建项目是否应该建设以及如何建设的基本认识。

通过可行性研究的论证和评价，为有关部门投资决策、编制和下达设计任务书、确定工程项目建设计划等提供依据。

可行性研究工作应由具有一定资质的单位完成。

附录三

ICS73－010

D10

GB

中华人民共和国国家标准

GB/T 17766－1999

固体矿产资源/储量分类

Classification for resources/reserves of solid fuels and mineral commodities

1999－06－08 发布　　　　1999－12－01 实施

国家质量技术监督局　发布

GB/T 17766—1999

前 言

为使我国沿用多年的矿产储量分类分级适应国际上公认的分类标准，以促进国际交流，按我国的GB 13908—1992《固体矿产地质勘探规范总则》中有关分类分级的规定，主要参考了《联合国国际储量/资源分类框架》（联合国经济和社会委员会ENERGY/WP.1/R.70号文件）和美国矿业局、地质调查局编制的《1980年矿产资源和储量的分类原则》，结合我国国情，制定了本标准。

本标准发布以后，我国固体矿产标准、规范、指南的制订、修订，有关矿产资源/储量分类部分均应符合本标准的规定。其他标准、规范中的相关内容，凡与本标准相抵触者，按本标准规定执行。

本标准附录A、附录B、附录C是提示的附录。

本标准由国土资源部提出并归口。

本标准起草单位：国土资源部储量司、地质勘查司，国家冶金工业局、国家石油和化学工业局、国家有色金属工业局。

本标准起草人：钱大都、严铁雄、李书乐、周圣华、白洪生、李学仁、杨建功。

本标准由国土资源部储量司负责解释。

中华人民共和国国家标准

固体矿产资源/储量分类

GB/T 17766—1999

Classification for resources/reserves of solid fuels and mineral commodities

1 范　围

本标准规定了我国固体矿产资源/储量分类的适用范围、定义、分类、类型、编码等。

本标准适用于固体矿产资源勘查、开发各阶段编制设计、部署工作、计算储量（资源量）、编写报告；也适用于固体矿产资源/储量评估、登记、统计，制定规划、计划，制订固体矿产资源政策，编制矿产勘查规范、规定、指南；也可作为矿业权转让、矿产勘查开发筹资融资等活动中评价、计算矿产资源/储量的依据。

2 定　义

本标准采用下列定义：

2.1　固体矿产资源：在地壳内或地表由地质作用形成具有经济意义的固体自然富集物，根据产出形式、数量和质量可以预期最终开采是技术上可行、经济上合理的。其位置、数量、品位/质量、地质特征是根据特定的地质依据和地质知识计算和估算的。按照地质可靠程度，可分为查明矿产资源和潜在矿产资源。

2.1.1　查明矿产资源：是指经勘查工作已发现的固体矿产资源的总和。依据其地质可靠程度和可行性评价所获得的不同结果可分为：储量、基础储量和资源量三类。

2.1.2　潜在矿产资源：是指根据地质依据和物化探异常预测而未经查证的那部分固体矿产资源。

2.2　矿产勘查①工作分为预查、普查、详查、勘探四个阶段。

2.2.1　预查：依据区域地质和（或）物化探异常研究结果、初步野外观测、极少量工程验证结果、与地质特征相似的已知矿床类比、预测，提出可供普查的矿化潜力较大地区。有足够依据时可估算出预测的资源量，属于潜在矿产资源。

2.2.2　普查：是对可供普查的矿化潜力较大地区、物化探异常区，采用露头检查、地质填图、

---

①联合国国际储量/资源分类框架中的地质研究阶段分为详细勘探、一般勘探、普查、踏勘四个阶段，据定义对比，前三个分别相当于我国的勘探，详查、普查，而“踏勘”在我国矿产勘查阶段划分中没有，经对比，该阶段应在普查之前，为普查提供依据的工作，按我国习惯改名为“预查”，相当于联合国分类框架中的“踏勘”。

国家质量技术监督局 1999－06－08 批准　　　　1999－12－01 实施

数量有限的取样工程及物化探方法，大致查明普查区内地质、构造概况；大致掌握矿体（层）的形态、产状、质量特征；大致了解矿床开采技术条件；矿产的加工选冶性能已进行了类比研究。最终应提出是否有进一步详查的价值，或圈定出详查区范围。

2.2.3 详查：是对普查圈出的详查区通过大比例尺地质填图及各种勘查方法和手段，比普查阶段密的系统取样，基本查明地质、构造、主要矿体形态、产状、大小和矿石质量，基本确定矿体的连续性，基本查明矿床开采技术条件，对矿石的加工选冶性能进行类比或实验室流程试验研究，作出是否具有工业价值的评价。必要时，圈出勘探范围，并可供预可行性研究、矿山总体规划和作矿山项目建议书使用。对直接提供开发利用的矿区，其加工选冶性能试验程度，应达到可供矿山建设设计的要求。

2.2.4 勘探：是对已知具有工业价值的矿床或经详查圈出的勘探区，通过加密各种采样工程，其间距足以肯定矿体（层）的连续性，详细查明矿床地质特征，确定矿体的形态、产状、大小、空间位置和矿石质量特征，详细查明矿体开采技术条件，对矿产的加工选冶性能进行实验室流程试验或实验室扩大连续试验，必要时应进行半工业试验，为可行性研究或矿山建设设计提供依据。

2.3 地质可靠程度① 反映了矿产勘查阶段工作成果的不同精度。分为探明的、控制的、推断的和预测的四种。

2.3.1 预测的：是指对具有矿化潜力较大地区经过预查得出的结果。在有足够的数据并能与地质特征相似的已知矿床类比时，才能估算出预测的资源量。

2.3.2 推断的：是指对普查区按照普查的精度大致查明矿产的地质特征以及矿体（矿点）的展布特征、品位、质量，也包括那些由地质可靠程度较高的基础储量或资源量外推的部分。由于信息有限，不确定因素多，矿体（点）的连续性是推断的，矿产资源数量的估算所依据的数据有限，可信度较低。

2.3.3 控制的：是指对矿区的一定范围依照详查的精度基本查明了矿床的主要地质特征、矿体的形态、产状、规模、矿石质量、品位及开采技术条件，矿体的连续性基本确定，矿产资源数量估算所依据的数据较多，可信度较高。

2.3.4 探明的：是指在矿区的勘探范围依照勘探的精度详细查明了矿床的地质特征、矿体的形态、产状、规模、矿石质量、品位及开采技术条件，矿体的连续性已经确定，矿产资源数量估算所依据的数据详尽，可信度高。

2.4 可行性评价分为概略研究、预可行性研究、可行性研究三个阶段。

2.4.1 概略研究，是指对矿床开发经济意义的概略评价。所采用的矿石品位、矿体厚度、埋藏深度等指标通常是我国矿山几十年来的经验数据，采矿成本是根据同类矿山生产估计的，其目的是为了由此确定投资机会。由于概略研究一般缺乏准确参数和评价所必需的详细资料，所估算的资源量只具内蕴经济意义。

2.4.2 预可行性研究：是指对矿床开发经济意义的初步评价。其结果可以为该矿床是否进行勘探或可行性研究提供决策依据。进行这类研究，通常应有详查或勘探后采用参考工业指标求得的矿产资源/储量数，实验室规模的加工选冶试验资料，以及通过价目表或类似矿山开采

① 地质可靠程度分为预测的、推断的、控制的、探明的，分别相当于联合国分类框架的踏勘的、推测的、推定的、确定的。

对比所获数据估算的成本。预可行性研究内容与可行性研究相同（见附录C），但详细程度次之，当投资者为选择拟建项目而进行预可行性研究时，应选择适合当时市场价格的指标及各项参数，且论证项目尽可能齐全。

2.4.3　可行性研究：是指对矿床开发经济意义的详细评价，其结果可以详细评价拟建项目的技术经济可靠性，可作为投资决策的依据。所采用的成本数据精确度高，通常依据勘探所获的储量数及相应的加工选冶性能试验结果，其成本和设备报价所需各项参数是当时的市场价格，并充分考虑了地质、工程、环境、法律和政府的经济政策等各种因素的影响，具有很强的时效性。可行性研究的内容见附录C。

2.5　经济意义：对地质可靠程度不同的查明矿产资源，经过不同阶段的可行性评价，按照评价当时经济上的合理性可以划分为经济的、边界经济的、次边界经济的、内蕴经济的。

2.5.1　经济的：其数量和质量是依据符合市场价格确定的生产指标计算的。在可行性研究或预可行性研究当时的市场条件下开采，技术上可行，经济上合理，环境等其它条件允许，即每年开采矿产品的平均价值能足以满足投资回报的要求。或在政府补贴和（或）其它扶持措施条件下，开发是可能的。

2.5.2　边际经济的：在可行性研究或预可行性研究当时，其开采是不经济的，但接近于盈亏边界，只有在将来由于技术、经济、环境等条件的改善或政府给予其它扶持的条件下可变成经济的。

2.5.3　次边际经济的：在可行性研究或预可行性研究当时，开采是不经济的或技术上不可行，需大幅度提高矿产品价格或技术进步，使成本降低后方能变为经济的。

2.5.4　内蕴经济的：仅通过概略研究作了相应的投资机会评价，未做预可行性研究或可行性研究。由于不确定因素多，无法区分其是经济的、边际经济的，还是次边际经济的。

经济意义未定的：仅指预查后预测的资源量，属于潜在矿产资源，无法确定其经济意义。

定义中名词及词汇的中英文对照见附录A。

3　分类及编码

3.1　分类依据：矿产资源经过矿产勘查所获得的不同地质可靠程度和经相应的可行性评价所获不同的经济意义，是固体矿产资源/储量分类的主要依据。据此，固体矿产资源/储量可分为储量[①]、基础储量、资源量三大类十六种类型，分别用三维形式（图1）和矩阵形式（表1）表示。

3.2　分类（见图1、表1及附录B）：

3.2.1　储量：是指基础储量中的经济可采部分。在预可行性研究，可行性研究或编制年度采掘计划当时，经过了对经济、开采、选冶、环境、法律、市场、社会和政府等诸因素的研究及相应修改，结果表明在当时是经济可采或已经开采的部分。用扣除了设计、采矿损失的可实际开采数量表述，依据地质可靠程度和可行性评价阶段不同，又可分为可采储量和预可采储量。

---

① 联合国国际储量/资源分类框架将矿产资源分为储量和矿产资源两类，美国将其分为储量、储量基础、资源三类。我国的储量与联合国、美国的储量相当；我国的资源量与联合国的矿产资源、美国的资源相当；我国的基础储量包含在联合国的矿产资源、美国的储量基础中（见附录B）。

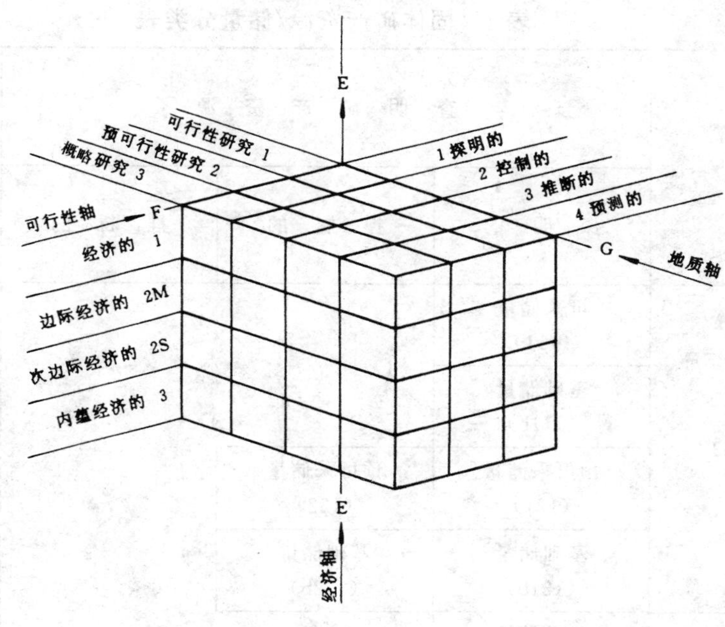

图 1 固体矿产资源/储量分类框架图

3.2.2 基础储量：是查明矿产资源的一部分。它能满足现行采矿和生产所需的指标要求（包括品位、质量、厚度、开采技术条件等），是经详查、勘探所获控制的、探明的并通过可行性研究、预可行性研究认为属于经济的、边际经济的部分，用未扣除设计、采矿损失的数量表述。

3.2.3 资源量：是指查明矿产资源的一部分和潜在矿产资源。包括经可行性研究或预可行性研究证实为次边际经济的矿产资源以及经过勘查而未进行可行性研究或预可行性研究的内蕴经济的矿产资源；以及经过预查后预测的矿产资源。

3.3 编码：采用（EFG）三维编码，E、F、G 分别代表经济轴、可行性轴、地质轴（见图 1）。

编码的第 1 位数表示经济意义：1 代表经济的，2M 代表边际经济的，2S 代表次边际经济的，3 代表内蕴经济的；第 2 位数表示可行性评价阶段：1 代表可行性研究，2 代表预可行性研究，3 代表概略研究；第 3 位数表示地质可靠程度：1 代表探明的，2 代表控制的，3 代表推断的，4 代表预测的。变成可采储量的那部分基础储量，在其编码后加英文字母“b”以示区别于可采储量。

3.4 类型及编码：依据地质可靠程度和经济意义可进一步将储量、基础储量、资源量分为 16 种类型（见表 1）。

3.4.1 储量：有 3 种类型。

3.4.1.1 可采储量（111）：探明的经济基础储量的可采部分。是指在已按勘探阶段要求加密工程的地段，在三维空间上详细圈定了矿体，肯定了矿体的连续性，详细查明了矿床地质特征、矿石质量和开采技术条件，并有相应的矿石加工选冶试验成果，已进行了可行性研究，包括对开采、选冶、经济、市场、法律、环境、社会和政府因素的研究及相应的修改，证实其

表 1　固体矿产资源/储量分类表

<table>
<tr><td rowspan="2">地质可靠程度
分类类型
经济意义</td><td colspan="3">查明矿产资源</td><td>潜在矿产资源</td></tr>
<tr><td>探明的</td><td>控制的</td><td>推断的</td><td>预测的</td></tr>
<tr><td rowspan="4">经济的</td><td>可采储量
(111)</td><td rowspan="2"></td><td rowspan="6"></td><td rowspan="6"></td></tr>
<tr><td>基础储量
(111b)</td></tr>
<tr><td>预可采储量
(121)</td><td>预可采储量
(122)</td></tr>
<tr><td>基础储量
(121b)</td><td>基础储量
(122b)</td></tr>
<tr><td rowspan="2">边际经济的</td><td>基础储量
(2M11)</td><td></td></tr>
<tr><td>基础储量
(2M21)</td><td>基础储量
(2M22)</td></tr>
<tr><td rowspan="2">次边际经济的</td><td>资源量
(2S11)</td><td></td><td></td><td></td></tr>
<tr><td>资源量
(2S21)</td><td>资源量
(2S22)</td><td></td><td></td></tr>
<tr><td>内蕴经济的</td><td>资源量
(331)</td><td>资源量
(332)</td><td>资源量
(333)</td><td>资源量
(334)?</td></tr>
<tr><td colspan="5">注：表中所用编码（111—334），第 1 位数表示经济意义：1＝经济的，2M＝边际经济的，2S＝次边际经济的，3＝内蕴经济的，?＝经济意义未定的；第 2 位数表示可行性评价阶段：1＝可行性研究，2＝预可行性研究，3＝概略研究；第 3 位数表示地质可靠程度：1＝探明的，2＝控制的，3＝推断的，4＝预测的。b＝未扣除设计、采矿损失的可采储量。</td></tr>
</table>

在计算的当时开采是经济的。计算的可采储量及可行性评价结果，可信度高。

3.4.1.2　预可采储量（121）：探明的经济基础储量的可采部分。是指在已达到勘探阶段加密工程的地段，在三维空间上详细圈定了矿体，肯定了矿体连续性，详细查明了矿床地质特征、矿石质量和开采技术条件，并有相应的矿石加工选冶试验成果，但只进行了预可行性研究，表明当时开采是经济的。计算的可采储量可信度高，可行性评价结果的可信度一般。

3.4.1.3　预可采储量（122）：控制的经济基础储量的可采部分。是指在已达到详查阶段工作程度要求的地段，基本上圈定了矿体三维形态，能够较有把握地确定矿体连续性的地段，基本查明了矿床地质特征、矿石质量、开采技术条件，提供了矿石加工选冶性能条件试验的成果。对于工艺流程成熟的易选矿石，也可利用同类型矿产的试验成果。预可行性研究结果表明开采是经济的，计算的可采储量可信度较高，可行性评价结果的可信度一般。

3.4.2 基础储量：有6种类型。

3.4.2.1 探明的（可研）经济基础储量（111b）：它所达到的勘查阶段、地质可靠程度、可行性评价阶段及经济意义的分类同3.4.1.1所述，与其唯一的差别在于本类型是用未扣除设计、采矿损失的数量表述。

3.4.2.2 探明的（预可研）经济基础储量（121b）：它所达到的勘查阶段、地质可靠程度、可行性评价阶段及经济意义的分类同3.4.1.2所述，与其唯一的差别在于本类型是用未扣除设计、采矿损失的数量表述。

3.4.2.3 控制的经济基础储量（122b）：它所达到的勘查阶段、地质可靠程度、可行性评价阶段及经济意义的分类同3.4.1.3所述，与其唯一的差别在于本类型是用未扣除设计、采矿损失的数量表述。

3.4.2.4 探明的（可研）边际经济基础储量（2M11）：是指在达到勘探阶段工作程度要求的地段，详细查明了矿床地质特征、矿石质量、开采技术条件，圈定了矿体的三维形态，肯定了矿体连续性，有相应的加工选冶试验成果。可行性研究结果表明，在确定当时，开采是不经济的，但接近盈亏边界，只有当技术、经济等条件改善后才可变成经济的。这部分基础储量可以是覆盖全勘探区的，也可以是勘探区中的一部分，在可采储量周围或在其间分布。计算的基础储量和可行性评价结果的可信度高。

3.4.2.5 探明的（预可研）边际经济基础储量（2M21）：是指在达到勘探阶段工作程度要求的地段，详细查明了矿床地质特征、矿石质量、开采技术条件，圈定了矿体的三维形态，肯定了矿体连续性，有相应的矿石加工选冶性能试验成果，预可行性研究结果表明，在确定当时，开采是不经济的，但接近盈亏边界，待将来技术经济条件改善后可变成经济的。其分布特征同2M11，计算的基础储量的可信度高，可行性评价结果的可信度一般。

3.4.2.6 控制的边际经济基础储量（2M22）：是指在达到详查阶段工作程度的地段，基本查明了矿床地质特征，矿石质量、开采技术条件，基本圈定了矿体的三维形态，预可行性研究结果表明，在确定当时，开采是不经济的，但接近盈亏边界，待将来技术经济条件改善后可变成经济的。其分布特征类似于2M11，计算的基础储量可信度较高，可行性评价结果的可信度一般。

3.4.3 资源量：有7种类型。

3.4.3.1 探明的（可研）次边际经济资源量（2S11）：是指在勘查工作程度已达到勘探阶段要求的地段，地质可靠程度为探明的，可行性研究结果表明，在确定当时，开采是不经济的，必须大幅度提高矿产品价格或大幅度降低成本后，才能变成经济的，计算的资源量和可行性评价结果的可信度高。

3.4.3.2 探明的（预可研）次边际经济资源量（2S21）：是指在勘查工作程度已达到勘探阶段要求的地段，地质可靠程度为探明的，预可行性研究结果表明，在确定当时，开采是不经济的，需要大幅度提高矿产品价格或大幅度降低成本后，才能变成经济的。计算的资源量可信度高，可行性评价结果的可信度一般。

3.4.3.3 控制的次边际经济资源量（2S22）：是指在勘查工作程度已达到详查阶段要求的地段，地质可靠程度为控制的，预可行性研究结果表明，在确定当时，开采是不经济的，需大幅度提高矿产品价格或大幅度降低成本后，才能变成经济的。计算的资源量可信度较高，可行性评价结果的可信度一般。

3.4.3.4　探明的内蕴经济资源量（331）：是指在勘查工作程度已达到勘探阶段要求的地段，地质可靠程度为探明的，但未作可行性研究或预可行性研究，仅作了概略研究，经济意义介于经济的—次边际经济的范围内，计算的资源量可信度高，可行性评价可信度低。

3.4.3.5　控制的内蕴经济资源量（332）：是指在勘查工作程度已达到详查阶段要求的地段，地质可靠程度为控制的，可行性评价仅作了概略研究，经济意义介于经济的—次边际经济的范围内，计算的资源量可信度较高，可行性评价可信度低。

3.4.3.6　推断的内蕴经济资源量（333）：是指在勘查工作程度只达到普查阶段要求的地段，地质可靠程度为推断的，资源量只根据有限的数据计算的，其可信度低。可行性评价仅作了概略研究，经济意义介于经济的—次边际经济的范围内，可行性评价可信度低。

3.4.3.7　预测的资源量（334）?：依据区域地质研究成果、航空、遥感、地球物理、地球化学等异常或极少量工程资料，确定具有矿化潜力的地区，并和已知矿床类比而估计的资源量，属于潜在矿产资源，有无经济意义尚不确定。

附 录 A

（提示的附录）

术语和词汇中英文对照表

固体矿产资源	Solid fuels and mineral resouroes
查明矿产资源	total identified mineral resources
潜在矿产资源	undiscovered resources
储量	extractable reserve
可采储量	proved extractable reserve
预可采储量	probable extractable reserve
基础储量	basic reserve
资源量	resource
预查	reconnaissance
普查	prospecting
详查	general exploration
勘探	detailed exploration
矿化潜力	mineralization potential
地质可靠程度	geological assurance
预测的	reconnaissance
推断的	infered
控制的	indicated
探明的	measured
可行性评价	leasibliity assessment
概略研究	geologicat stady
预可行性研究	prefeasibility study
可行性研究	feasibility study
采矿报告	mining report
经济意义	degree of economic viability
经济的	economic
边际经济的	marginal economic
次边际经济的	submarginal economic
内蕴经济的	intrinsic economic
经济意义未定的	economic—interest undefined

附　录　B

（提示的附录）

国内外矿产资源主要分类概略对比表

表 B1　国内外矿产资源主要分类概略对比表

<table>
<tr><td>标准名称</td><td colspan="5">分　类　对　比</td></tr>
<tr><td rowspan="3">本标准
(1999)</td><td colspan="4">查　明　矿　产　资　源</td><td>潜在矿产资源</td></tr>
<tr><td>储　量</td><td colspan="2">基础储量</td><td>资 源 量</td><td rowspan="2">预测的资源量</td></tr>
<tr><td>可采储量
预可采储量</td><td>经济基础储量</td><td>边际经济基础储量</td><td>次边际经济资源量、内蕴经济资源量</td></tr>
<tr><td rowspan="2">《固体矿产地质勘探规范总则》中华人民共和国国家标准 GB13908—92</td><td rowspan="2"></td><td colspan="2">能利用储量</td><td rowspan="2">尚难利用储量</td><td rowspan="2"></td></tr>
<tr><td>a 亚　类</td><td>b 亚　类</td></tr>
<tr><td rowspan="2">《联合国国际储量/资源分类框架》(1997)</td><td colspan="5">矿　产　资　源　总　量</td></tr>
<tr><td>证实矿产储量
概略矿产储量</td><td colspan="2">可行性矿产资源
预可行性矿产资源
确定的矿产资源</td><td>推定的矿产资源
推测的矿产资源</td><td>踏勘矿产资源</td></tr>
<tr><td>CMMI 系统 (1997)</td><td>证实矿产储量
概略矿产储量</td><td>确定矿产资源</td><td>推定矿产资源</td><td>推测矿产资源</td><td>矿产潜力</td></tr>
<tr><td rowspan="2">《矿产资源和储量分类原则》(美国地质调查局，1980)</td><td colspan="4">查　明　资　源</td><td>未经发现资源</td></tr>
<tr><td>经济储量
边际经济储量</td><td colspan="2">经济一边际经济储量基础</td><td>次经济资源</td><td>假定资源
假想资源</td></tr>
</table>

附 录 C

(提示的附录)

可行性研究的主要内容

工业项目的可行性研究，一般要求具备以下主要内容。

C1 总论

C1.1 项目提出的背景（改扩建项目要说明企业现有概况），投资的必要性和经济意义。

C1.2 研究工作的依据和范围。

C2 需求预测和拟建规模

C2.1 国内、外需求情况的预测。

C2.2 国内现有工厂生产能力的估计。

C2.3 销售预测、价格分析、产品竞争能力，进入国际市场的前景。

C2.4 拟建项目的规模、产品方案和发展方向的技术经济比较和分析。

C3 资源、原材料、燃料及公用设施情况

C3.1 经过储量委员会正式批准的资源储量、品位、成分以及开采、利用条件的评述。

C3.2 原料、辅助材料、燃料的种类、数量、来源和供应可能。

C3.3 所需公用设施的数量、供应方式和供应条件。

C4 建厂条件和厂址方案

C4.1 建厂的地理位置、气象、水文、地质、地形条件和社会经济现状。

C4.2 交通、运输及水、电、气的现状和发展趋势。

C4.3 厂址比较与选择意见。

C5 设计方案

C5.1 项目的构成范围（指包括的主要单项工程）、技术来源和生产方法、主要技术工艺和设备选型方案的比较，引进技术、设备的来源、国别，设备的国内外分交或与外商合作制造的设想。

改扩建项目要说明对原有固定资产的利用情况。

C5.2 全厂布置方案的初步选择和土建工程量估算。

C5.3 公用辅助设施和厂内外交通运输方式的比较和初步选择。

C6 环境保护

调查环境现状，预测项目对环境的影响，提出环境保护和三废治理的初步方案。

C7 企业组织、劳动定员和人员培训（估算数）

C8　实施进度的建议

C9　投资估算和资金筹措

C9.1　主体工程和协作配套工程所需的投资。

C9.2　生产流动资金的估算。

C9.3　资金来源、筹措方式及贷款的偿付方式。

C10　社会及经济效果评价

附录四

中华人民共和国能源部制定

煤炭工业环境保护设计规范及条文说明

（煤矿、选煤厂）

本书“条文说明”略。

关于颁发《煤炭工业环境保护设计规范（煤矿、选煤厂）》的通知

能源基［1992］1229号

各有关单位：

环境保护是我国一项基本国策。根据《中华人民共和国环境保护法》等环境保护法规，特制定《煤炭工业环境保护设计规范（煤矿、选煤厂）》，现颁发执行。在执行过程中如有问题和意见，请及时告部基本建设司和主编单位。

该《规范》自颁发之日起执行，解释权属于能源部。

中华人民共和国能源部

1992年12月28日

煤炭工业环境保护设计规范

（煤矿、选煤厂）

主　编　单　位： 北京煤炭设计研究院
主要编写人员： 谢晓文　彭　德　李中和
王勉煊　王金庄　王玉芳

目　　录

第一章　总　　则

第 1.1 条　为保证建设项目在规划和设计中贯彻执行环境保护这一基本国策，根据《中华人民共和国环境保护法》、《建设项目环境保护管理办法》、《建设项目环境保护设计规定》等环境保护法规，制定本规范。

第 1.2 条　环境保护设计要从“经济建设、城乡建设和环境建设同步规划、同步实施、同步发展”和“经济效益、社会效益、环境效益三者统一”的基本指导思想出发，积极防治污染，促进经济发展。

第 1.3 条　本规范内容包括煤矿（含矿区、矿井）、选煤厂、煤机厂各阶段设计工作中对环境保护的要求，对于专业性强的建设项目（如露天矿、电厂、建材厂、化工厂、焦化厂等）的环保设计规范按照各有关专业设计规范中环境保护部分的内容设计，本规范的条文与国家级的规范有抵触时，以国家级规范为准。

第 1.4 条　环境保护设计是建设项目工程设计的重要组成部分，应贯穿于设计的全过程（初步可行性研究、可行性研究、初步设计及施工图设计等阶段），真正做到防治污染的工程设施与主体工程同时设计、同时施工、同时投产。

第 1.5 条　环境保护设计应在技术上保证建设项目的污染物达到国家或省、自治区、直辖市规定的排放标准或环境总量控制的规定数值。对于有些确因技术水平限制而达不到标准的，宜妥善处理，并预留以后进一步处理的场地，但必须征得主管部门和地方环境保护部门的同意。

第 1.6 条　环境保护设计要适合我国煤炭行业的具体条件，应体现先进性、可靠性和经济性，不能因投资限制而削减或取消环境保护项目，降低污染防治标准。

第 1.7 条　引进项目（包括外资、合资经营项目）必须符合我国环境保护有关规定，不得引进污染严重又无防治措施的项目。在考察和谈判引进建设项目时，必须将环境保护作为一项重要内容，同时考虑引进或采用先进的污染处理技术和设备。

第二章　选　　址

第 2.1 条　煤矿及附属企业、居住区的选址或铁路、公路等选线，必须全面考虑建设地区的自然环境和社会环境，对选址或选线地区的地理、地形、地质、水文、气象、名胜古迹、城乡规划、土地利用、工农业布局、自然保护区现状及其发展规划等因素进行调查研究，并在收集建设地区的大气、水体、土壤等基本环境要素背景资料的基础上进行技术、经济、环境综合分析论证，制定出最佳的规划设计方案。

第 2.2 条　凡排放有毒有害废水、废气、废渣（液）、噪声、放射性元素的矿井、选煤厂、机厂及附属企业，严禁在城市规划确定的生活居住区、文教区、水源保护区、名胜古迹、风景游览区、温泉、疗养区和自然保护区界区内选址。

铁路、公路等的选线，应尽量减轻对沿途自然生态的破坏和污染。

第 2.3 条　环境保护设施用地应与主体工程用地同时选定。

第三章　地表沉陷影响及其治理措施

第 3.1 条　煤矿可行性研究或初步设计应包括下列三内容：

一、地表沉陷预计；

二、地表沉陷对环境影响的预计；

三、治理地表沉陷及其影响的工程设计。

第 3.2 条　根据矿井的具体地质采矿条件，参照《建筑物、水体、铁路及主要井巷煤柱留设与压煤开采规程》附录 4 及附录 5 中提出的地表移动变形预计方法及参数求算方法，计算地下煤层开采后（开采一个主要煤层）地表最大下沉值 W_{max}、最大倾斜值 i_{max}、最大曲率值 K_{max}、最大水平移动值 U_{max}、最大水平变形值 ε_{max} 及最大下沉速度值 V_{max} 等。

第 3.3 条　在条件成熟的地方，可估计开采急倾斜煤层时煤层露头处出现塌陷漏斗、开采浅部厚煤层时地表出现塌陷坑和台阶式裂缝的可能性。

第 3.4 条　预计首采区可采煤层全部开采后地表沉陷范围、最大下沉值及导水裂隙带高度。

第 3.5 条　预计首采区沉陷的积水面积、积水深度、对地形、地貌、农作物、景观等的影响，并根据表 1 预计砖石混合结构房屋可能受到的破坏程度。

第 3.6 条　根据地表移动变形值预计首采区地表沉陷对交通运输及工程管线等的影响，包括：

一、影响铁路的范围，在此范围内出现突然性下沉和非连续变形的可能性；

表 1　砖石结构建筑物的破坏等级

破坏等级	建筑物可能达到的破坏程度	地表变形值			处理方式
		倾　斜 i (mm/m)	曲　率 K (10^{-3}/m)	水平变形 ε (mm/m)	
Ⅰ	墙壁上不出现或仅出现少量的宽度小于 4mm 的细微裂缝	⩽3.0	⩽0.2	⩽2.0	不修
Ⅱ	墙壁上出现 4～12mm 宽的裂缝，门窗略有歪斜，墙皮局部脱落，梁支承处稍有异样	⩽6.0	⩽0.4	⩽4.0	小修
Ⅲ	墙壁上出现 16～30mm 宽的裂缝，门窗严重变形，墙身倾斜，梁头有抽动现象，室内地坪开裂或鼓动	⩽10.0	⩽0.6	⩽6.0	中修
Ⅳ	墙身严重倾斜、错动、外鼓或内凹，梁头抽动较大、屋顶、墙身挤坏，严重者有倒塌危险	>10.0	>0.6	>6.0	大修、重建或拆　除

二、对铁路高路堤、桥梁、涵洞及车站的影响；

三、对公路的影响；

四、对地下管线的影响；

五、对输电及通讯线路的影响。

第3.7条　预计首采区地表沉陷对地面水体、水体上的水力技术设施（水闸、码头等）、河堤等的影响。

第3.8条　地表沉陷破坏了矿区原有的地形、地貌、影响农业耕种、交通、人民生活和景观，必须依据国家制定的有关环境保护及土地复垦规定，根据地面规划及矿区具体情况制定出相应的综合治理规划。

第3.9条　地表沉陷后如地表积水无法排出，严重影响农业耕种和人民生活时，应因地制宜采取土地平整、覆土造田或综合治理措施，治理方向及技术要求参见表2。

表2　覆土造田的治理方向及技术要求

治理方向	用　途	技术要求
恢复农业用地	耕地、菜园	土地平整，铺设表土层。对粮食作物表土层厚不小于0.8m。充填材料不能含有害元素，如含有害元素，则需铺设隔离层，土层厚不小于0.4m，需夯实。水力条件好，要求表土层内可溶硫酸钠和硫酸镁含量不超过5%；氯化物不超过0.01%；pH值为6～8
恢复林业用地	栽种树木、果园	地形可有适当坡度。需铺设表土层，层厚不小于1.5m，其中沃土层厚不小于0.3～0.5m。充填材料如含有有害元素，需铺设0.4m厚的土隔离层，需夯实
建设生活、生产用地	蓄水池、养鱼池	岸边坡度不宜过陡
民用和工业建筑用地	民用或工业用地	土地需很好夯实，房屋适当采取加固措施
建设文化娱乐场所	休养所、疗养院、体育场、公园、游泳池等	土地需很好夯实，房屋适当采取加固措施

第3.10条　覆土造田的方案主要依据当地实际情况，在技术经济合理条件下确定治理后的用途。

第3.11条　地表沉陷可能引起的房屋破坏，视房屋受到的破坏程度，可分别采用采前加固、采后维修、就地重建抗变结构房屋措施或井下采取适当开采措施。当采用上述措施后仍不能保证房屋正常使用，应采取搬迁或留保护煤柱措施。

第3.12条　地表沉陷影响铁路正常运行时，视具体情况，可采取起垫路基、调整坡度、调整轨缝和轨距加宽或加高路基、限制行车速度、加强巡视观测等措施。并符合有关规定的要求。

第3.13条　地表沉陷影响公路正常运行时，视具体情况，可采取垫路基、维修路面等措施。

第3.14条　地表沉陷影响高压输电及通讯线路正常运行时，应视具体情况采取措施，以符合有关规定的要求。

第 3.15 条　地表沉陷影响地下管线时，应采取措施使之符合有关规定的要求。

第 3.16 条　地表沉陷影响地表水体及其水力技术设施时，应采取措施使之符合有关规定的要求。

第 3.17 条　对地表出现的塌陷坑、台阶式裂缝及大裂缝应及时采取措施治理。以免影响人身安全、交通、农业耕种和景观。

第四章　大气污染防治

第 4.1 条　煤矿企业中防治大气污染的设计项目是指煤炭、矸石等物料贮、装、运过程中产生的粉尘、煤尘以及锅炉、各种炉窑排放的烟气、烟尘等可能对大气环境造成的排放源进行治理的工程设计。

第 4.2 条　在总平面布置上，应将危害最大的污染源置在远离生活居住区的地段，对那些排放有毒有害气体的项目，应布置在生活居住区污染系数最小方位的上风侧，应按规定设置卫生防护距离及绿化带，并尽量考虑有利于废气的扩散；矿井、选煤厂及总机厂的各车间应避免相互污染和影响；产生有毒有害气体、烟雾、粉尘的车间，不宜布置在常年主导风向的同一轴线上，防止共同作用增大危害。

第 4.3 条　在各类区域内，锅炉应执行《锅炉大气污染物排放标准》或地方标准，各类炉窑应执行《工业炉窑烟排放标准》或地方标准。

第 4.4 条　地处城区、旅游区、风景区、名胜古迹区内的煤矿及附属企业均不准设置沸腾炉。

第 4.5 条　新建、改建和扩建的点源烟囱（或排气筒）高度必须高于它所从属建筑物高度的 2 倍，并且不得直接污染邻近建筑物。烟囱出口处的烟速不得低于该高度处平均风速的 1.5 倍，必要时可在砖砌烟囱出口处采取缩小口径的措施。

第 4.6 条　在新建锅炉房烟囱周围半径 200m 的距离内有建筑物时，烟囱高度应高出最高建筑物 3m；凡在丘陵山区等地形复杂区域内的煤矿、选煤厂等的锅炉房，其烟囱不得建于山脚或山坡下部，宜建在山谷中央空旷地区。

第 4.7 条　对除尘装置所收集的粉尘应进行妥善处理，防止二次污染。

第 4.8 条　一般条件下，新建项目应实现集中供热，改扩建项目也应逐步实现联片供热。

第 4.9 条　在条件允许的情况下，应优先利用矿井瓦斯或建煤气站。如条件不具备时，宜推广使用型煤。在设计中落实的民用燃煤，其硫分宜低于 1.5%，灰分低于 15%。

第 4.10 条　燃用煤含硫量大于 2.5%时，宜用于有脱硫、固硫措施或装置的锅炉。

第 4.11 条　在煤炭贮、装、运、破碎及筛分过程中，应采取产尘较少的工艺方法，并于操作区设置抑尘设施，避免敞开式操作。其他干物料在贮、装、运过程中，也应采取相应的抑尘措施。

第 4.12 条　露天贮煤场应布置在对居住区、工业场地及其他关心点污染较小的地点。露天贮煤场内应设置洒水、喷水等抑尘和防止自燃设施，必要时可添加抑尘剂。其周围应留出空地，种植树木，形成隔尘绿化带或设置围墙，防止煤粉的散失、飞扬。在强风干燥地区不宜采用露天贮煤场。

第 4.13 条 排矸场地宜设有防止粉尘污染大气的措施。当矸石有自然发火倾向时，宜考虑采用拣选可燃物、硫铁矿的工艺，减少自燃因素，或设其他行之有效的处理系统。

停用的排矸场地应覆土绿化。

第 4.14 条 在建造露天煤泥晾干场时，应注意防止干煤泥产生二次扬尘。

第 4.15 条 煤矸石砖瓦厂以及机修厂内生产性粉尘作业区必须设除尘装置或净化装置，其排气筒除满足工艺要求的高度外，自地面算起不得小于 15m。

第 4.16 条 凡不通过排气筒或排气筒高度小于 15m 的废气排放，均属无组织排放。煤矿及附属企业应采用合理的生产工艺流程，最大限度地减少无组织排放量。

第 4.17 条 无组织排放有害气体或颗粒状物质的生产区厂房或车间的边界与居住区边界之间应设卫生防护距离，其计算方法应按国家《制定地方大气污染物排放标准的技术方法》中的规定执行。

第 4.18 条 煤矿机械制造厂、机修厂及相似类型的厂、车间设计中，对含有易挥发物质的液体原料、成品、车间产品等的贮存，应设吸收、稳定、冷凝、密封等措施。尽量减少易挥发有害物质逸入大气。

第五章 水污染防治

第 5.1 条 煤矿废（污）水工程设计必须从保护水资源的目的出发，坚持合理回收、重复利用的原则。

第 5.2 条 废（污）水的输送设计，应根据水质、水量、处理方法及用途要求等因素，通过综合比较，合理划分废（污）水的输送系统。

第 5.3 条 煤矿井下排水及其他废（污）水，应根据水质、水量、用途，通过技术、经济、环境论证，以确定最佳处理方法和流程。

第 5.4 条 外排的废（污）水，应达到《污水综合排放标准》或当地环保部门有关规定。在城区及其附近的煤矿、选煤厂应将废（污）水排入城市下水道，其水质必须符合《污水排入城市下水道水质标准》。

第 5.5 条 选煤厂内的生产废水均应汇集并引入煤泥水处理系统，净化后循环使用。水循环利用率不得低于 90%，缺水地区的水循环利用率还应提高。一般选煤厂均应设事故水池，大厂应优先采用浓缩机代为事故水池，事故浓缩机宜与正常工作浓缩机同型号。

第 5.6 条 厂区、工业场地以及居住区应设置完善的生活污水排水系统。根据各地接纳水体的实际情况以及财力和能源条件，其污水净化处理一般应以一级处理为主。根据当地条件和实际需要采用二级及二级以上处理工艺时，应选用那些高效、低能耗、管理较为简单并能开展综合利用的工艺流程。

污泥处理是污水处理厂的重要组成部分，必须与污水处理同步实施。

医院排放的污水必须达到《医院污水综合排放标准》。

第 5.7 条　所有水处理工艺均应选取高效、无毒、低毒的水处理药剂，不得排出有害废渣，严禁造成二次污染。

第 5.8 条　经常受有害物质污染的装置、作业场所的墙壁和地面的冲洗水以及受污染的雨水，应排入相应的废水管网。

第 5.9 条　输送有毒有害或含有腐蚀性物质的废水的沟渠、地下管线检查井等，必须采取防渗漏和防腐蚀的措施。

第 5.10 条　严禁采用渗井、渗坑、废矿井或用净水稀释等手段排放有毒有害废水。

第六章　固体废物处置及治理

第 6.1 条　煤矿、选煤厂的固体废物，应首先作为二次资源加以综合利用，只能排放时，必须遵守国家有关规定。

第 6.2 条　新建、扩建的煤矿、选煤厂一般不设永久性矸石山；基建期的矸石宜作公路路基、填垫工业场地及铁路护坡等用途；生产期的矸石宜进行综合利用。

第 6.3 条　当煤矸石含硫量大于或等于 6%时，应经技术经济论证，确定是否建设硫铁矿回收车间。

第 6.4 条　煤矸石的综合利用，宜首先从其中分选出热值在 6300kJ/kg 的煤矸石，作为低热值燃料；热值在 6300～8400kJ/kg 时，宜作沸腾炉燃料。

第 6.5 条　对热值较低的煤矸石，可参考表 3 作为建筑材料的原料。

表 3　煤矸石用途分类表

顺序	成分 用途	SiO_2	Al_3O_3	$FeO+Fe_2O_3$	CaO	MgO	SO_2	P_2O_5	其他条件
1	砖瓦类	50～70	10～30	2～8	<2	<3	<1		以泥岩为主，软化系数>0.85
2	水泥类	55～65	20～25	3～6		0.5～2			
3	加气混凝土类	60～65	20～25	4～6	<2	<2			
4	铸石类	45～55	20～30	9～14	2～4	2～3	<1	<1	
5	矿棉类	45～50	14～18	<10			<1	<1	

第 6.6 条　对热值很低、不易自燃而又无其他利用价值的矸石，要做出规划，通过回填塌陷区和山沟、覆土造田、植树绿化等措施，尽量达到废物利用，少占土地，不占良田，恢复生态，保护环境。对不易风化的中硬以上的矸石，可用作铁路、公路的路基材料。

第 6.7 条　在利用煤矸石作低热值燃料、生产建筑和提取化工产品时，应防止产生二次污染。综合利用过程中排放的烟尘，有害气体、废渣、废水均应达到地方或国家的有关排放标准。

第 6.8 条　设置临时矸石山时，应符合下列规定：

一、选择在便于运输、堆存和今后进行综合利用的地点；

二、不得设置在饮用水水源地，不宜影响农田水利设施；

三、当沿沟谷、山坡排弃矸石时，应考虑地形、地质条件，防止发生滑坡而冲毁农田、沟渠和道路等，必要时应该设置挡墙；

四、对于有自燃倾向的临时矸石山，应布置在工业场地和居住区主导风向的下风向且对其污染影响最小的地点。矸石山边界与居住区的距离不宜小于500m，与进风井的距离不得小于80m，与标准轨距的铁路以及公路的距离不宜小于40m。

第6.9条　矸石不应弃于自然水体中，当必须利用河滩弃置矸石时，应采取防止淤塞河道和影响河道功能作用的措施，并征得有关水利部门的同意。

第6.10条　根据矸石淋浴试验结果，确定对矸石山是否采取防止污染水体的措施。对易于自燃的矸石山，应采取灌浆、覆盖、碾压等行之有效的防燃措施。

第6.11条　对含有天然放射性元素的矸石及废渣，放射性大于1×10^{-7}居里/kg者，应按放射性废物处理，同时要考虑防止扩散、流失等措施。

第6.12条　生活垃圾每人每天按1～1.5kg计算（燃用煤气、瓦斯地区可减半计算）。居民区每50户左右设一个带盖的垃圾桶（箱），服务半径一般为50～100m，以密封自装自卸的垃圾车统一收运。

生活垃圾处置地点应选择距居民区至少800m以外地区干燥的地方，并不得污染水源，同时应有防扩散措施。有条件的矿区可设集中垃圾处理场。

第6.13条　矿井、选煤厂不设灰堆场。锅炉、窑炉的灰渣应加以利用，不能利用的可排至矸石系统。

第七章　噪声、振动及防噪减振措施

第7.1条　新建、改建和扩建的煤矿、选煤厂必须有噪声控制设计，并应符合《工业企业噪声控制设计规范》有关规定。

第7.2条　对生产过程和设备产生的噪声，应首先从声源上进行控制，以低噪声的工艺和设备代替高噪声的工艺和设备；如仍达不到要求，则应采取隔声、消声、吸声、隔振以及综合控制等噪声控制措施。

第7.3条　噪声控制设计，应对工艺生产、操作维修、降噪效果进行综合考虑，力求获得最佳的效果。

第7.4条　厂址选择必须避开居住、医疗、文教等噪声敏感区域。对厂界噪声限制值，工业场地及辅助企业区应按工业集中区计算，居住区应按一类混合区计算。

第7.5条　厂区及工业场地的总平面布置，在满足工艺流程与生产运输的前提下，结合功能与工艺合理地进行分区，并注意发挥建筑物、构筑物的屏蔽与缓冲作用及绿化带的噪声与隔声作用。在高噪声与低噪声区之间，宜布置辅助车间、仓库、料场、堆场等。

第7.6条　煤矿及选煤厂的竖向布置应充分利用地形、地物隔挡噪声；主要噪声源宜低位布置，噪声敏感区宜布置在自然屏障的声影区中。

第7.7条 交通运输线路设计时，应符合下列规定：

一、不宜穿过人员稠密区；

二、在生活区及其他噪声敏感区中布置道路宜采用尽端式布置；

三、铁路站场的设置，应充分利用周围的建筑物、构筑物隔声；

四、铁路边界噪声值应符合有关规定。

第7.8条 车间噪声应根据声源性质的不同采取隔声、消声、吸声、隔振等单一或综合措施，常见降噪设施的降噪效果可见表4。

表4 常见降噪设施降噪效果一览表

降噪设施	降噪效果 dB（A）	应用部位实例	备注
消声器	10～30	鼓风机及压风机排气管道	1. 安装在鼓风机管口时消声20dB（A） 2. 安装在靠近鼓风机处消声10～15dB（A）
固定密封型隔声罩	30～40	压风机	可自行设计，也可用隔声板组装
活动密封型隔声罩	15～30	真空泵	
敞开式隔声罩	10～20	破碎机	
带通风消声器的隔声罩	15～25	电动机	
隔声室	20～30	水泵房、鼓风机房、集控室	用隔声板组装
吸声体	5～7	悬挂在混响较强的部位	一般不超过12dB（A）

第7.9条 对于可将噪声局限于部分空间范围的场合，可采取隔声措施。对声源进行隔声设计，可采用隔声罩的结构型式；对接受者进行隔声设计，可采用隔声间（室）的结构型式；对噪声传播途径进行的隔声设计，可采用隔声屏障的结构型式。必要时也可同时采用上述几种结构型式。

第7.10条 对于煤矿通风机、空气压缩机、锅炉房的鼓风机以及选煤厂的鼓风机、破碎机、振动筛等，均应采取消声措施。

第7.11条 混响较强的车间，应采取室内吸声减噪措施。

第7.12条 对于产生较强振动或冲击，从而引起固体声传播及振动辐射噪声的机械设备，应根据相应的噪声标准采取隔振降噪措施。当振动对操作者、机械设备运行或周围环境产生影响与干扰时，也应按国家有关振动标准进行隔振设计。

第八章 绿　　化

第8.1条 绿化是煤矿环境保护的重要措施之一，绿化设计是矿区总体设计和矿井设计的重要组成部分。

第8.2条 绿化设计要因地制宜，符合实用、经济、养观的原则。如有可能应保留施工现场有价值的大乔木及移植珍贵幼树；改建、扩建项目宜保留已有的绿地和树木，对原规划设计的绿地也不宜随意占用，如因需要占用时，可采用垂直绿化等手段弥补减少的绿地面积。

第8.3条 对矿区建设涉及到的风景林、名胜古迹和革命纪念地的林木、自然保护区的森林及自然保护区以外的珍贵林木和有特殊价值的植物资源，均应认真保护，确因建设需要采伐的，应按《中华人民共和国森林法》有关规定办理。

第8.4条 绿化必须与环境保护密切配合，做到普遍绿化。为保证绿化的实施，矿井工业场地的绿化占地系数一般不小于10%，选煤厂等厂区内绿化占地系数一般不小于15%，居住区的绿化占地系数一般不小于20%。

第8.5条 矿区绿地规划应与矿区开发规划有机结合，综合考虑：

一、绿化的内容和规模：应根据煤矿企业的规划、规模及当地自然环境条件，考虑设置企业本身必要的防护林带、绿地、矿区公园等集中绿化区；对由行政、文教、卫生、医疗设施及居住区组成的城镇区，应参照国家建委《城市规划定额指标暂行规定》中有关内容及定额进行规划；

二、固体废物的排弃场、大规模开挖的弃土和取土区，应结合覆土造田进行绿化，不得闲置不予处理；

三、在进行矿区绿化规划时，宜结合当地农林和环保部门的发展计划，使其协调一致。

第8.6条 工业场地及工厂企业内的绿地布置，应综合考虑总平面布置、竖向布置、土方施工、综合管网，做到统一安排，全面规划，分期实现。

第8.7条 树木的种植不得影响建筑物的采光和通风；树木与建筑物、构筑物、地下管线、架空电线的最小间距，可参照表5～表7的规定确定。

表5 树木与建（构）筑物水平间距表

建(构)筑物名称	最小间距(m)		建(构)筑物名称	最小间距(m)	
	至乔木树干中心	至灌木树干中心		至乔木树干中心	至灌木树干中心
有窗建筑物外墙	3.0	1.50	体育用场地	3.0	3.0
无窗建筑物外墙	2.0	1.50	邮筒、路牌、车站标志	1.2	1.2
道路侧面外缘，挡土墙顶部或墙角、陡坡	1.0	0.5	警亭	3.0	2.0
人行道	0.75	0.50	测量水准点	2.0	1.0
高2m以下的围墙	1.0	0.75	准轨铁路中心	5.0	3.5
高2m以上的围墙	2.0	1.00	窄轨铁路中心	3.0	2.0
冷却池外缘	40.0	不限	排水明沟边缘	1.0	0.5
冷却塔	淋水装置高的1.5倍	不限	天桥栈桥的柱及架线塔、电线杆中心、烟囱基础边缘	2.0	不限

表 6　树木与地下管线水平间距表

地下管线名称	最小间距(m)		地下管线名称	最小间距(m)	
	至乔木中心	至灌木中心		至乔木中心	至灌木中心
给水管、闸井	1.5	不限	乙炔、氧气管	2.0	2.0
污水管、雨水管、探井	1.0	不限	压缩空气管	2.0	1.0
电力电缆、探井、照明电缆	1.5	不限	石　油　管	1.5	1.0
热　力　管	2.0	1.0	天然瓦斯管	1.0	不限
弱电电缆沟，电力、电讯杆，路灯电杆	2.0	不限	排水盲管	1.0	不限
消防龙头	1.2	1.2	易燃、可燃液体管	1.5～2.0	1.5
煤气管探井	1.5	1.5	地上管架基础边缘	1.5～2.0	1.0

表 7　树木与架空电线间距参考表

电线电压	树木至电线的水平距离(m)	树冠至电线的垂直距离(m)
1kV 以下	1.0	1.0
1～2kV	3.0	3.0
35～110kV	4.0	4.0
150～200kV	5.0	5.0

第九章　环　境　监　测

第 9.1 条　煤炭工业环境监测是环境管理的重要手段，直接为煤炭企业的环境规划、污染防治和科学研究提供依据。

第 9.2 条　新建矿区的环境监测站属于“三同时”工程，应在矿区总体设计时作为附属机构列入设计内容。

第 9.3 条　年生产能力为 3Mt 及以上的矿务局，必须设立环境监测站，年生产能力小于 3Mt 的矿务局，可视实际情况设立环境监测站或监测组。矿区规模较大，地域辽阔，下属生产单位又分散，可在适当地点的企业内建立环境监测分站。

第 9.4 条　煤炭系统管理的煤炭－电力、煤炭－煤气、煤炭－焦化以及煤炭－建材等独立的联合企业，均应建立环境监测站。

矿区所属重点矿、厂，应配备一定的环境监测手段，并进行日常性工业污染物排放监测。

第 9.5 条　矿区环境监测站规模应与矿区生产规模、地理布局、环境污染程度相适应(见表 8)。

第 9.6 条　单独设立的煤机厂、选煤厂的环境监测组（室）和矿区下属厂、矿的环境监测井组（室）建筑，以满足常规监测任务需要为准，建筑面积一般不大于 $80m^2$。

第 9.7 条　监测站实验楼宜独立建筑，以避免交叉影响和互相干扰。在条件许可时，可安排不小于 $400m^2$ 的场地进行大气监测、气象参数测试以及其他监测试验工作。

表8 环境监测站规模

矿区生产规模（Mt/a） \ 项目	类别	建筑面积（m²）	矿区生产规模（Mt/a） \ 项目	类别	建筑面积（m²）
＞10	一类监测站	800～1000	＞3	三类监测站	300～500
≥5～10	二类监测站	500～800	其他	监测组	150～300

注：1. 其他多种经营企业或需建立环境监测分站时，可参照本标准建立二类或三类监测站。
2. 各类监测站面积中包括实验室面积、内部办公用房面积、库房面积、车库面积和其他辅助面积。

因故与其他用房联合建筑的监测站实验室，在设计时要充分考虑功能分区，实行人员通道、给排水、通风采暖、电力供应的相对分离。

第9.8条 环境监测站的实验室建筑设计应能满足开展工作的需要，解决好通风、控温、排烟、防火、防爆、防尘、防振、防噪、防电磁干扰等技术环节。

第9.9条 环境监测站实验室的设置可参考表9，其仪器、设备的配置标准可参考表10。

第9.10条 新建的产生废水、烟气的生产设施，其排放水道、管路和烟囱上应设计永久性污染源监测采样、计量点，并建立明显标志。旧有污染排放源应结合技术改造逐步建立该源的监测采样、计量点。

表9 环境监测站基本实验室设置

序号	实验室名称	一般使用面积（m²）	应有数量（间）			备注
			一类站	二类站	三类站	
1	烟气测试室	15～25	1	1	1	
2	大气监测室	30～50	1	1	—	三类站烟气、大气室合用
3	水质监测室	30～50	2	1	1	
4	噪声、振动、放射性测试室	15～25	2	1	—	三类站利用其他实验室进行此项工作
5	大型仪器室	15～25	6	4	2	
6	计算机室	15～25	1	1	—	
7	天平室	10～20	1	1	1	
8	高温室	10～20	1	1	1	
9	暗　室	10～20	1	1	—	

说明：1. 本表为参考推荐表。
2. 各实验室具体建筑要求（如通风、采光、套间、隔断、内装修等）按有关技术条件执行。
3. 表中标准参照冶金部有关标准及现有监测站调研资料。

表10 环境监测站基本仪器设备标准

序号	仪器名称	主要技术性能指标要求	代表型号	应有数量（台、套）				备注
				一类站	二类站	三类站	监测组	
1	烟气测定仪	流量 0～2L/min	待定	4	2	2	—	
2	烟尘测定仪	流量 0～40L/min		4	2	2	—	

续表

序号	仪器名称	主要技术性能指标要求	代表型号	应有数量（台、套）				备注
				一类站	二类站	三类站	监测组	
3	粉尘采样器	流量 80～120L/min		4	2	2	—	
4	大流量飘尘采样器	流量 1～1.5m^3/min		2	1	1	—	
5	大气采样器	自动定时，流量 0～2L/min 可采双样		4	2	2	—	
6	酸雨观测仪	自动采样、测定、记录结果		1	1	1	1	视所在地区而定
7	精密酸度计	范围 0～14±0.1pH		4	3	2	—	
8	数字式离子计	范围 0～1999.9mV		2	2	1	—	
9	林格曼烟度计	可配打印、照相		2	2	1	1	
10	CO 测定仪	0～50ppm		1	1	1	—	
11	COD 测定仪	0～3000ppm		1	1	1	—	
12	BOD 测定仪	0～200		1	1	—	—	
13	BOD 培养箱	250L 20℃+0.5℃		1	1	1	—	
14	TOC 测定仪	0～10～50～200ppm		1	1	1	—	
15	TOD 测定仪	0～10～50～200ppm		1		—	—	
16	水质综合测定仪	测 pH、溶解氧、电导、水温		2	2	1	1	
17	气象综合观测仪	测风向、风速、温度、湿度、气压		1	1	1	—	固定安装
18	轻便综合气象观测仪	测风向、风速、温度、湿度、气压		1	1	1	—	
19	水量流速仪	可在水深 0.3m 条件下工作		1	1	1	1	
20	水中油份测定仪	0～50～500mg/L		1	1	1	—	
21	可见光分光光度计	波长范围 360～800nm 数字显示		4	3	2	—	
22	紫外分光光度计	波长范围 200～100nm 数字显示		1	1	1	—	
23	红外分光光度计			1	—	—	—	
24	荧光分光光度计			1	1	—	—	
25	气相色谱仪	带热导、氢焰、电子捕获、火焰光度检测器		1	1	1	—	
26	离子色谱仪			1	1	1	—	
27	极谱仪			1	1	1	—	
28	原子吸收分光光度计	单光束		1	1	—	—	
29	微量天平	感量 0.01mg、称量 200g		2	1	1	—	
30	分析天平	感量 0.05mg、称量 200g		4	3	2	1	

续表

序号	仪器名称	主要技术性能指标要求	代表型号	应有数量(台、套)				备　注
				一类站	二类站	三类站	监测组	
31	精密声级计	带倍频程滤波器 25～140dB		2	1	1	—	
32	脉冲声级计			1	1	1	—	
33	普通声级计	40～120dB		4	3	2	1	
34	生物显微镜	25～1600 倍		2	1	1	—	
35	高压电离室	检出下限不大于 $1\mu\gamma/h$		1	1	1	—	二者取一即可
36	γ照射量率仪	检出下限不大于 $1\mu\gamma/h$		1	1	1	—	
37	电　冰　箱	容积≥150L		3	2	1	1	
38	环境监测车	载运人员、仪器		2	1	1	—	
39	烟气监测车	配备烟气源测试专用仪器		1	1	—	—	
40	空　调　机	制冷量 10500～14600kJ/h		6	4	2	—	
41	恒温恒湿机			2	2	1	—	

说明：1. 本标准依照《全国环境监测管理条例》有关规定和“‘七五’环境监测工作规划”要求而定。

2. 监测组的仪器、设备配置、可根据具体任务从上表中选用。

第十章　环境保护管理及投资

第 10.1 条　各级煤炭企业应按工作需要设置环境保护管理机构。其基本任务是负责组织、落实、监督本企业的环境保护工作。

第 10.2 条　环境保护机构的设置：

一、10Mt 及以上年生产规模的矿务局，环保专职人员编制为 6～10 人；

二、5Mt～10Mt 年生产规模的矿务局，环保专职人员编制为 5～7 人；

三、5Mt 以下年生产规模的矿务局，环保专职人员编制 3～5 人。

第 10.3 条　部直属煤机厂、联合企业和矿区内重点厂（矿），环保专职人员编制为 2～3 人。

第 10.4 条　一般厂（矿）可参照上述规定设置环境保护管理机构，配备环保专职人员。

第 10.5 条　各类环境监测站人员定员见表 11

表 11　监测站人员定员表

监测站类别	一类站	二类站	三类站	监测组*
总定员（人）	20～25	15～20	10～15	3～5

* 监测组定员可采用兼职形式。

第 10.6 条　煤矿及矿区附属、辅助企业，应配备绿化专业人员，负责日常管理工作，人数可按厂（场）区占地面积大小进行估算：面积小于 100000m²，按 2～3 人考虑；面积大于 100000m²，按 2 人/100000m² 考虑；场外道路按 1～2 人 km 考虑。

第 10.7 条 绿化专用设备及绿化设施，应视矿井及企业规模，在绿化设计时逐项列出，并计入总投资中。

第 10.8 条 环境保护投资按下列原则划分：

一、凡属于污染治理和保护环境所需的装置、设备、监测手段和工程设施等投资均属于环境保护投资；

二、凡矿井（厂）移交生产所必须具备的各项环境工程及设施所需投资，应列入基建投资。

第 10.9 条 各种生产工艺中排放烟尘的烟囱建设投资，不论烟囱高度是否由于保护大气环境质量的要求而增高，均不计入环保投资。

随生产设备和装置配套供应，并且未单列价格的除尘、降噪等设施的投资不列入环保投资。

第 10.10 条 绿化投资一般包括以下各项：树苗购置费、施工运杂费、设备购置费、其他及未预计费用。

附录 本规范用词说明

一、执行本规范条文时，要求严格程度的用词，说明如下，以便在执行中区别对待。

1. 表示很严格，非这样做不可的用词：

正面词一般采用“必须”；

反面词一般采用“严禁”。

2. 表示严格，在正常情况下均应这样做的用词：

正面词一般采用“应”；

反面词一般采用“不应”或“不得”。

3. 表示允许稍有选择，在条件许可时首先应这样做的用词：

正面词一般采用“宜”或“可”；

反面词一般采用“不宜”。

二、条文中必须按指定的标准、规范或其他有关规定执行的写法为“按……执行”或“符合……要求”。非必须按所指的标准、规范或其他规定执行的写法为“参照……”。

主要参考资料

1．煤矿矿井采矿设计手册编写组．煤矿矿井采矿设计手册．煤炭工业出版社，1984

2．陈炎光、陈冀飞主编．中国煤矿开拓系统．中国矿业大学出版社，1996

3．陈炎光、王玉浚主编．中国煤矿开拓系统图集．中国矿业大学出版社，1992

4．国家煤矿安全监察局．煤矿安全规程．煤炭工业出版社，2001

5．中华人民共和国煤炭工业部．煤炭工业设计规范（合订本）．煤炭工业出版社，1997

6．中华人民共和国煤炭工业部．煤炭工业技术政策．煤炭工业出版社，1988

7．北京煤炭设计研究院等．煤炭工业五项设计编制内容（试行）．煤炭工业出版社，1990

8．中国煤炭地质总局．煤、泥炭地质勘探规范（报批稿）．

9．刘国恒主编．可行性研究辞典．学术期刊出版社，1989

10．煤矿总工程师工作指南编委会编著．煤矿总工程师工作指南．煤炭工业出版社，1988

11．中国煤炭工业技术经济咨询中心．煤炭工业建设项目经济评价方法与参数．煤炭工业出版社，1997

12．北京煤炭设计研究院主编．煤炭工业环境保护设计规范（矿井与选煤厂）及条文说明．煤炭工业出版社，1992

第三篇

采煤方法和采区巷道布置

编写单位　中煤国际工程集团武汉设计研究院
　　　　　煤炭工业西安设计研究院
主　　编　王升鸿　孟　融
副 主 编　于新胜　沈　明
编 写 人　方雨生　于新胜　章立本　杜　锋（第一章、第四章）
　　　　　孟　融　沈　明　杜　锋　薛留才
　　　　　晏学功　蒋铭铸　周秀隆　张正华
　　　　　辛德林（第二章）
　　　　　张雪樵　张正华　杜　锋　王建青（第五章）
　　　　　王永忠　于新胜　金维棕　蔡晓川
　　　　　严建川　梅红波　杜根生　杜　锋（第三章）
　　　　　戴天全（第六章）（北京煤炭设计研究院）

第三篇

采煤方法和采区巷道布置

第一章　采区布置及主要参数

采区是煤矿煤炭开采活动集中的地段，采区布置就是在采区范围之内开掘一系列巷道，建立完整的采掘、运输、通风、供电和排水系统以保证正常的矿井生产。采区布置是一个复杂的综合性技术经济问题，一般要通过技术经济多方案比较，才可确定。

第一节　采区布置设计依据及要求

一、采区布置设计依据

（一）地质资料

采区内可采煤层层数、厚度、倾角、层间距、顶底板岩性及厚度。

煤的牌号、煤质及用途。

储量及分布规律、煤层对比情况。

对开采有一定影响的地质构造、陷落柱和岩浆侵入煤体情况。

水文地质特征、煤层顶底板含水性、涌水量。第四系冲积层厚度、含水情况、有无隔水层及隔水性能、含水层同煤系地层的水力联系。

煤层露头、风氧化带界线、小窑开采边界、局部可采煤层的分布。

沼气等级、是否有煤与瓦斯突出危险、自然发火情况及发火期。

地形图、煤层底板等高线图、勘探线剖面图、钻孔柱状图、水文地质图等。

（二）设计资料

矿井年生产能力、技术装备要求、开拓方式及开采计划图、通风方式、运输及回风水平位置、大巷运输方式、防水煤柱图、工业场地和风井煤柱图等。

（三）邻近矿井或条件类似矿井的生产情况

采煤方法、采（盘）区巷道布置方式、瓦斯涌出量、工作面和采区生产能力及有关经济技术指标、建筑物下、水体下和铁路下的开采方法和有关参数，以及有关矿压测定资料和正在施工的矿井所揭露的地质情况。

对于改扩建矿井采区设计时更应该详细了解、掌握现有生产采区的上述有关资料，同时应注意新采区布置与原有生产系统等相适应和协调合理。

二、采区布置要求

（一）一般原则

1. 合理集中生产

(1) 采煤工作面合理集中。通过合理选择采煤方法，发展机械化采煤及适当加大工作面长度和加快工作面推进度来获得。

(2) 采区合理集中。通过改革采区巷道布置系统，合理加大采区尺寸来实现。

2. 合理确定采区生产能力

根据地质条件、煤层生产能力、开采技术条件及机械装备标准，综合考虑合理确定采区生产能力。

采区应具有足够的可采储量和合理的服务年限。

3. 良好的经济效果

工程量省、投资少、投产快、巷道维护量少、回采率和生产效率高、采区生产成本低。

4. 合理的通风、运输系统

通风、运输系统要简单、安全、可靠。

5. 其　它

(1) 合理配采。

(2) 便于采后密闭。

(3) 施工方便，尽量避免长距离单孔掘进。

(4) 在采区布置时应统一考虑有开采价值的其它有益矿物。

(二) 初期开采位置选择的要求

(1) 煤层埋藏较浅，煤层开采技术条件好，能迅速达到设计生产能力。

(2) 初期采区内高级储量比例高于第一水平的高级储量比例，并有足够的经济可采* 储量满足生产能力和服务年限的要求。各类储量划分数量比例要求应符合《固体矿产资源/储量分类》(GB/T17766—1999) 规定。

(3) 尽量布置在井筒附近，以利缩短井巷贯通距离和减少初期井巷工程量。

(4) 尽量避免动迁村庄，躲开主要铁路、桥梁、重要建筑物、水体、地质构造复杂区、热害区等。

(三) 储量分析及围岩性质判断

采区布置时应着眼于主采煤层的完整可靠块段。一般综采采区选择在地质构造简单、储量大、小断层和陷落柱少的块段。

储量分析要结合煤田的特点，可由以下几个方面进行分析。

1. 主采煤层与非主采煤层

主采煤层是指在保证生产能力中起骨干作用的煤层。

2. 完整稳定块段

一般指能够布置完整采区，并能够保证生产、储量可靠稳定的块段。

3. 瓦斯、煤尘和自然危害较大或不大的安全划分标准

按照各煤层间相对的危害程度进行选定。

4. 围岩性质

围岩性质的判断应从以下几方面考虑：①顶底板岩体的岩石强度；②相变结构和各种断裂、节理、层面结构；③覆盖层厚度突变。我国在生产矿井中试行的是岩体强度指数判断法，

* 经济可采储量是指依据现有开采技术、装备，结合具体的开采条件，以及市场销售可否取得企业和社会效益的储量。

国外推行的是岩石质量指标（RQD）等，两者均可用来判定围岩性质，后者以岩芯采取率为基础，在新区矿井设计时，便于采用。

生产实践中，认真积累和研究有关基础数据，不断提高储量分析水平，使设计建立在可靠储量分析基础之上。

当采用放顶煤开采时，还应进行煤层可放性分级评判。

第二节　采煤工作面长度

一、采煤工作面长度的确定

综合机械化采煤工作面长度，一般为150～220m，如开采技术条件许可工作面长度可达250～300m，每个工作面长度尽可能保持一致。普通机械化采煤工作面的长度，一般宜为120～160m，对拉工作面，其总长度一般为200～300m。炮采工作面长度一般为80～150m；当受断层等构造影响时，根据实际情况决定其长度。急倾斜煤层采用伪倾斜柔性掩护支架采煤法的工作面长度一般为30～60m。水砂充填采煤的工作面长度，可参照条件类似的分层下行陷落采煤法工作面长度的数值确定。

放顶煤开采，当工作面端头受条件限制无法放煤时，应适当增加工作面长度。对于日产万吨的高产高效放顶煤工作面，当煤层厚度较小、采煤机割煤时间大于放顶煤时间时，工作面长度以180～200m为佳；当煤层厚度较大、放煤时间较长时，工作面长度以150～180m为宜。

二、影响采煤工作面长度的因素

（一）地质因素

(1) 煤层厚度。煤层薄，工作面行人运料不便时，工作面不宜太长。煤层厚度较大时，工作面长度应与采煤工艺开采厚度是否分层及其厚度、开采能力相适应。

放顶煤工作面长度除受到与单一煤层和分层开采煤层工作面具有共同的制约因素外，还受到顶煤厚度的影响。设备能力一定的情况下，顶煤厚度加大，采放比提高时，工作面长度应适当缩短。对于厚及特厚煤层，一次开采厚度大的放顶煤工作面，当工作面产量主要由放煤能力决定时，工作面长度不宜太大。煤层厚度较大，采用普通支柱时，采高大于2.5m，顶板支护困难，或顶板垮落有推倒放顶煤处支柱的危险，应打斜撑柱，工作面不宜太长。

(2) 倾角。煤层倾角大于30°行人运料很不方便。特别是急倾斜煤层，工作面作业条件比较困难，劳动强度大，为了安全起见，防止滑落煤和岩块砸伤人员或冲倒支架，工作面宜短不宜长。

(3) 围岩性质。顶板松软破碎的工作面，放顶时矸石易窜入工作空间影响作业，工作面越长、暴露顶板面积越大，采场压力越大，对采场生产和安全都不利。因此，顶板松软破碎或坚硬时，工作面不宜太长。

(4) 地质构造。地质构造主要包括断层、褶曲、陷落柱与岩浆侵入，其中以断层和陷落柱影响为最大。

不同的回采工艺方式，对地质构造的适应性有所不同。一般来说机械化程度越高，对地质构造的适应性则较差。

（二）技术因素

1. 采煤机

滚筒式采煤机或刨煤机采煤比爆破落煤的进度快、效率高、产量大。条件相同时机采工作面长度应大于炮采工作面长度。工作面愈长，相对减少了辅助工作时间，同时也相应减少了采区区段数目和工作搬家次数，节约了工程量。

2. 输送机

设计选用输送机的运输能力和有效铺设长度应满足工作面长度、产量和进度要求。

3. 顶板管理

顶板不稳定时，工作面不应过长，综采工作面长度一般情况下是不受顶板管理要求的限制，故条件相同时综采工作面长度一般应大于普采工作面。

4. 工作面通风

一般情况下工作面长度与通风无直接关系。瓦斯涌出量较大的煤层，需要用来冲淡瓦斯的风量愈大。工作面风速大，引起煤尘飞扬，所以在高瓦斯矿井中，应按采煤工作面的通风能力确定工作面长度：

$$L \leqslant \frac{60VBmC_f}{q_b S_N P \varphi} \tag{3-1-1}$$

式中 L——依工作面通风能力确定的工作面最大长度，m；

V——工作面内允许的最大风速：4m/s；

B——工作面最小控顶距，m；

m——工作面采高，m；

C_f——风流收缩系数，取 0.9～0.95；

q_b——生产吨煤所需风量，m^3/min；

S_N——循环进度，m；

P——煤层生产率，即单位面积上出煤量，$P=m\gamma c$，t/m^2；

γ——煤的视密度，t/m^3；

c——工作面回采率；

φ——昼夜循环数，个。

5. 巷道布置

在煤层群联合布置采区，由于各煤层的赋存条件和开采技术条件不同，根据工作面生产技术条件所确定的合理工作面长度也不尽相同。这时，应在分析各煤层合理工作面长度的基础上，以主要开采煤层为主，兼顾其它煤层，统筹考虑选定一个对采区内各煤层都比较合理的工作面长度。

（三）经济因素

由于工作面长度与地质因素和技术因素关系十分密切，直接影响生产效益，所以应根据条件，以产量高、效率高为原则选取合理的工作面长度。合理的工作面长度应以生产成本最低、经济效益最好为目标。

三、确定采煤工作面长度参考资料

设计工作面长度和国内生产矿井工作面指标见表 3—1—1～表 3—1—5、表 3—1—13。

对于高产高效低位综采放顶煤开采工作面，年产量达到200万t以上，工作面一般每年最多搬家一次，工作面长度走向长度范围内储量Q应满足（3－1－2）式要求：

$$Q \geqslant LH_1L_t + \gamma\eta_1 + (L - L_1)(H - H_1)(L_t - L_{t1})\gamma\eta_2 \qquad (3-1-2)$$

式中　L，L_1——工作面长度和不放煤长度，m；

H，H_1——煤厚、机采高度，m；

L_t，L_{t1}——工作面推进距离和不放煤长度，m；

γ——煤的视密度，t/m^3；

η_1，η_2——底、顶煤采出率，%。

四、区段长度

（一）近水平、缓倾斜及倾斜煤层的区段斜长

对于近水平、缓倾斜及倾斜煤层走向长壁开采，采区沿倾斜划分若干区段进行回采，一般一个区段内安排一个采煤工作面或一对拉工作面。

当采区斜长不受限制时，区段数目的确定主要应考虑采区上、下山设备的选型和生产能力。大型矿井的采区倾斜长度一般为1000～1500m左右，兖矿（集团）公司兴隆庄矿采区倾斜长度达3200m，南屯矿采区倾斜长达4750m。

（二）急倾斜煤层的分阶段高度

急倾斜煤层分阶段高度见表3－1－5。

根据淮南矿区的经验，采用煤组联合布置的急倾斜煤层群，分阶段高度采用30～40m，可以满足煤组内各煤层采用几种不同的采煤方法的要求。当煤层赋存稳定、地质构造简单时，分阶段高度设计也有达60m左右的。

五、工作面连续推进长度

影响综采工作面连续推进长度的主要经济因素是搬家费和巷道掘进费。在我国当前设备技术条件下，工作面连续推进方向长度以不小于1000～1200m为宜；高产高效综采工作面连续推进长度可取1000～3000m。根据潞安矿区高产高效矿井生产经验，单面年产在200万t以上，工作面年最多搬家一次，工作面长180～200m，工作面连续推进长度以1000～2300m为宜。

表3－1－1　部分矿井设计工作面长度

矿井名称	工作面生产能力（kt/a）	采　高（m）	倾　角（°）	采煤工艺	工作面长度（m）	设计日期
神华大柳塔矿	2440～3000	3.8～4.0	1～3	综　采	220	1993
神华活鸡兔矿	1840～2450	2.7～3.6	1	综　采	230	1993
神华榆家梁矿	7700	4.0	1～3	综　采	240	2000
神华补连塔矿	1050	4.5	1～3	综　采	180	1993
神华上湾矿	2450	3.2	1～3	综　采	240	1994
潞安屯留矿	1040～1800	2～3.5、6.0	3～15	综采、综放	200	1996

续表

矿井名称	工作面生产能力（kt/a）	采高（m）	倾角（°）	采煤工艺	工作面长度（m）	设计日期
华晋沙曲矿	900～1300	2.5～4.0	3～7	综采	200	1993
晋城寺河矿	800～1650	3.1～3.2	2～10	综采	200	1996
大同塔山矿	2440	16.2	2～3	综放	150	1996
阳泉韩庄矿	1500	2.8～3.1	3～6	综采	200	1996
灵武羊场湾矿	1370～1500	2～2.2	10～15	综采	225	1993
兖州济宁三号矿	1240～2190	5.2～6.84	1～5	综放	170～200	
淮南谢桥矿	800～1200	3.2、5.2	8～15	综采、综放	150	
淮南张集矿	1200～1400	4.4	5～10	综放	180	
淮南市新集矿	750	3.3	8～22	综采	150	1992
淮北许疃矿	310、820	1.8、3.1	8～16	普采、综采	160	1997
平顶山十三矿	270、690	2.2、3.0	10～25	普采、综采	130	1996
郑州告成矿	900	5.1	10～17	综放	150	1996
临沂古城矿	310、550	2.5、6.1	10～20	普采、普放	110	1996
下花园宣东二号井	890	3.5	5～15	综采	180	1996
济宁许厂矿	1550		2～8	综采	155	1996
蔚县崔家寨矿	900		3～5	综采	180	1996
鸡西西鸡西井	200		22～28	普采	160	1997

表 3－1－2 国内生产矿井采煤工作面指标

年度	平均面长（m/个）	月进度（m/个/月）	月产量（t/个/月）			工作面效率（t/工）	煤层生产能力（t/m^2）
			平均	综采	普采		
1986	99.00	39.82	12197	37163	15661	5.184	3.094
1987	99.62	41.89	13082	39419	16078	5.536	3.135
1988	100.94	43.32	13941	42341	16166	5.858	3.188
1989	102.15	45.02	14907	43507	17051	6.133	3.242
1990	103.52	47.52	16040	45642	17719	6.460	3.261
1991	104.20	50.57	17126	47541	18662	6.920	3.250
1992	107.00	53.80	18942	50412	19498	7.536	3.290
1993	107.06	54.73	19514	52339	19739	8.036	3.330
1994	110.04	54.85	50562	26881	20241	8.359	3.407
1995	109.47	55.18	21004	59719	20552	8.712	3.477
1996	108.41	57.04	21879	64233	21617	9.164	3.538
1997				65402			

表 3－1－3　1996 年度国有重点煤矿采煤工作面指标（一）

采煤方法	产量构成比（%）	工作面平均指标				煤层生产能力（t/m²）
		工作面数（个）	平均面长（m/个）	月进度（m/个/月）	月产量（t/个/月）	
单一长壁采煤法	69.01	960.47	119.84	57.37	23492	3.417
其中：单一走向长壁采煤法	43.16	780.21	118.15	53.75	18086	2.848
单一倾斜长壁采煤法	8.65	71.52	131.89	81.61	39534	3.673
一次采全厚采煤法	14.75	84.72	130.49	62.54	56908	6.973
倾斜分层采煤法	24.79	321.54	116.82	57.79	25204	3.733
其中：金属网假顶倾斜分层	17.22	200.81	120.81	61.26	28011	3.789
水力采煤法	1.38	20.78	23.19	187.55	21716	4.993
巷柱式采煤法	1.81	88.41	30.40	53.67	6691	4.101
其他采煤法	3.01	103.09	59.77	37.54	9542	4.253
合　计	100.00	1494.29	108.41	57.04	21879	3.538
其中：放顶煤采煤法	12.29	66.25	114.59	60.39	60671	8.768

表 3－1－4　1996 年度国有重点煤矿采煤工作面指标（二）

煤层厚度与倾斜度	构成比（%）	工作面平均指标			
		工作面数（个）	平均面长（m/个）	月进度（m/个/月）	月产量（t/个/月）
1.3m 以下	7.32	258.12	122.39	48.68	9276
1.3m～3.5m	48.41	753.65	110.21	57.68	21002
3.5m 以上	44.26	482.52	98.13	61.49	29990
12°以下	57.32	560.66	126.65	68.64	33427
12°～25°	30.07	520.29	113.49	50.96	18897
25°～45°	8.87	262.34	94.05	42.76	11052
45°以上	3.73	150.99	48.15	41.53	8084
合　计	100.00	1494.29	108.41	57.04	21879

表 3－1－5　急倾斜煤层分阶段高度

采煤方法	分阶段高度（m）	备注
倒台阶	45～60	
单一长壁和倾斜分层	30	分阶段斜长 40～60m
水平分层和斜切分层	15～20	条件适合可达 30m
伪倾斜柔性掩护支架	16～10	适用于煤厚为 2～5m

（一）采煤工作面年推进度

采煤工作面年推进度，可按所选采煤设备的技术性能、采煤循环作业图表计算。

年推进度=日循环进度×设计年工作日×正规循环率 (m)

式中 正规循环率一般取 0.9。

一般厚度大于 3.2m 一次采全高的煤层及厚度小于 1.4m 的薄煤层综合机械化采煤工作面年推进度，不宜小于 1000m；煤层厚度 1.4～3.2m 的综合机械化采煤工作面年推进度不宜小于 1500m；普通机械化采煤工作面年推进度不小于 700m 为宜。

急倾斜煤层选用伪倾斜柔性掩护支架采煤法，年推进度一般不小于 450m。

一般炮采工作面年推进度通常在 420m 以上。

生产矿井采煤工作面月推进度见表 3－1－2～表 3－1－4。

(二) 保证工作面连续推进长度的几种方式

(1) 条件允许时，采用跨上、下山的方式布置采煤工作面。

(2) 条件允许时，采用往复式、旋转式的方式推进采煤工作面。

六、同时回采工作面错距

为了确保采煤工作面的安全与正常生产，采区内同一区段同一翼的上、下煤层（或厚煤层的上、下分层)，同一煤层的两个相邻区段同时回采时，工作面之间应保持一定的距离，其错距应满足以下要求：

(1) 下层回采所引起的岩层移动，不致波及影响上层工作面回采；

(2) 上层（上区段）回采所引起的顶板活动和垮落，不影响下层（下区段）工作面回采；

(3) 上、下层（上、下区段）的采掘作业不互相影响。

采用下行式开采顺序，上层采煤工作面超前下层采煤工作面的最小距离，即上下层工作面的安全错距，可用（3－1－3）式计算：

$$X_{\min} = \frac{M}{\tan\delta} + L + b \tag{3-1-3}$$

式中 $X_{\min}$——上、下煤层工作面的安全错距，m；

M——两煤层间距，m；

δ——层间岩石移动角，坚硬岩石为 60°～75°；软岩为 45°～55°；

L——考虑到两层工作面推进速度不均衡所附加的备用距离，一般为下煤层工作面一个月的推进距离；

b——上煤层工作面的最大控顶距，m。

当煤层间距较小时，上层采空区垮落可能影响下层采煤工作面，最小超前距还必须考虑上层煤顶板垮落稳定之后，才能在下煤层进行开采工作。对于中硬和软弱岩层，采动影响剧烈期一般为 4～6 个月；对于坚硬岩层，时间稍长。

实际生产中，工作面错距主要根据经验确定。联合布置采区中，同一区段同一翼上、下煤层工作面的错距，一般不小于 50～60m。对于不是联合布置开采的近距离煤层群，上、下层工作面的错距，一般应保持 30～50m 以上。

厚煤层下行垮落法人工假顶分层同采时，一般情况下，第一、二分层应相隔 1.5～2 个月，再采下分层，即炮采工作面保持 60～80m 错距；机组工作面推进速度快，错距保持 100～120m 左右。第二分层以下各分层工作面，由于顶板活动影响范围较小，分层工作面错距一般有20～40m 即可。但因第二分层以下各分层平巷，一般是在上分层铺设的假顶下，超前工作面随采随掘，超前平巷应滞后上分层工作面20～30m，保持1～2个联络巷道与集中平巷相通。因此，第二分层以下分层工作面错距应在120m左右。同一煤层两个相邻区段同时回采的工作面错距，一般应在40～50m以上。

七、上行开采层间距

如下情况，煤层或煤组间可考虑采用上行式开采：

上部煤层有煤与瓦斯突出危险，先采下层煤可以使上煤层的一部分瓦斯从下层采空区泄出，并减小上煤层所承受的岩层压力，从而避免煤与瓦斯突出；

上部煤层有冲击地压或剧烈周期来压的危险；

上部煤层为薄煤层或劣质煤层；

上部煤层开采后，对建筑物、铁路和水体的影响较大。

当煤层层间距离较大，采用上行式开采，下部煤层或煤组的开采不致影响和破坏上煤层或上煤组的正常开采，其最小层间距可按下列公式进行计算：

（一）受单个煤层上行开采采动影响

$$H > 1.14m^2 + 4.14 + \Delta m \tag{3-1-4}$$

式中 H——最小层间距，m；

m——下部煤层的采厚，m；

Δm——安全系数（或附加值），一般取$\Delta m \leqslant 1.0$m，或不考虑。

（二）受多个煤层上行开采采动影响

$$H = \frac{1}{\frac{1}{K_1} + \frac{1}{K_2} + \cdots\cdots + \frac{1}{K_n}} > 6 \tag{3-1-5}$$

式中 K_1、K_2、……K_n——分别为下部煤层的岩柱与采厚比。

当层间距较大，层间岩性较坚硬，或岩层有韧性时，对上行开采比较有利。为避免下层开采对上层的影响，采下层煤时可将采空区充填。上层煤开采应避开下部煤层采动剧烈影响期，对于中硬及软岩层为4～6个月，对于坚硬岩层则更长些。

上行开采实例，见表3－1－6、表3－1－7。

表3－1－6 受一个煤层采动影响的上行开采实例

矿井名称	上层煤层名（采厚，m）/ 下部煤层名（采厚，m）	煤层倾角（°）	层间距（m）	柱厚采厚比	层间岩性	采煤间隔时间（年）	上层煤开采情况
六枝大用矿	上7(0.3～2.2) / 下9(0.5～1.0)	30	20～35	20～50	石灰岩一层砂岩、页岩互层	4.2～7.3	正常
鸡西立新三井	上5,6(1.2;0.9) / 下4(2.0)	18	30	15	坚硬砂岩	0.3	正常
蛟河四井	上2(2.4) / 下4(1.2)	11	17	14.2	砂岩为主	2	正常
蛟河六井	上5(1.8) / 下6(1.6)	10～12	30	19	砂岩、页岩互层	一个月	压力大，底鼓，伪顶脱落

续表

矿井名称	上层煤层名（采厚，m）	煤层倾角（°）	层间距（m）	柱厚采厚比	层间岩性	采煤间隔时间（年）	上层煤开采情况
	下部煤层名（采厚，m）						
蛟河六井	上 5(1.6) 下 6(2.2)	10～12	55	25	砂岩、页岩互层	三个月	正常，掘进回采时伪顶易脱落
本溪煤矿	上 5(1.2) 下 7.8(3.6)	15～20	64	17.3	砂岩、砂页岩、页岩	4	正　常
中梁山南井	上 1(3.0) 下 2(0.8)	55	6.0	7.5	砂岩、页岩互层	1.5	局部地区煤层脱离顶板，底板有裂缝
中梁山南井	上 1(2.7) 下 2(0.7)	65	5.5	7.9	砂岩、页岩互层	2.0	正　常
南桐东林	上 4(2.1) 下 6(1.6)	65～70	38～40	23.8～25	石灰岩、页岩互层	3.5	间隔 8～12 个月以上开采正常
南桐二井	上 4(2.7) 下 5(1.0)	33	24～25	24～25	石灰岩、页岩互层	1.0	间隔 8～12 个月以上开采正常

表 3-1-7　受多个煤层采动影响的上行开采实例

矿井名称	上煤层	煤层倾角（°）	单层柱厚采厚比				综合柱厚采厚比	层间岩性	采煤间隔时间（年）	上层煤开采情况
	下部煤层		$\frac{H_1}{M_1}$	$\frac{H_2}{M_2}$	$\frac{H_3}{M_3}$	$\frac{H_4}{M_4}$				
蛟河六井、一、二斜	上 2 下 3 下 4	14～18	$\frac{8}{1.5}=5.3$				3.7	砂岩为主	15 15	采空区边界上方有裂隙局部伪顶脱落
鸡西红旗大队小井	上 5 下 4 下 3 中 下 3 上 下 3 下	18	$\frac{30}{1.8}=16.7$	$\frac{58}{1.8}=32.2$	$\frac{61}{2.4\sim2.7}=25.4\sim22.6$	$\frac{63}{1.6\sim1.7}=39.4\sim37$	6.3	砂岩为主	9 2 2 2	开采正常

第三节　采　区　尺　寸

一、采区尺寸范围

(1) 采区准备时，采区上山长度一般不超过 1500m，采区下山不宜超过 1200m。用采区石门和溜煤眼开采时，采区斜长可按具体条件确定。

(2) 采区（盘区）宜采用双翼布置。当受地质构造限制或在安全上有特殊要求时可单翼布置。采区走向长度应适当加大，减少设备搬家次数。有条件的可采用跨上山或石门连续回采。综采采区单翼布置时，走向长度一般不小于1000m；当双翼布置时，走向长度一般不小于2000m。高产高效综采矿井采区（盘区）一翼长度已扩大到2000m以上，薄煤层及跨上山开采可适当减小；高档普采的双翼采区，其走向长度一般为1000～1500m。采用沿大巷两侧直接布置工作面时，工作面沿推进方向的长度应根据具体条件确定。对于顶底板松软、巷道难于维护、地质构造复杂或自然发火期短的煤层，及装备水平低的小型矿井，采区走向长度可适当缩短。当受煤层赋存条件、地质构造限制时可单翼布置。

(3) 煤层倾角小于12°，条件适宜时，可采用倾斜长壁布置，上山部分倾斜长度宜为1.0～1.5km，下山部分倾斜长度宜为0.7～1.2km。

根据调查部分矿井资料统计，炮采双翼采区走向长度为800～1000m。急倾斜煤层单翼采区走向长度为200～300m；双翼采区为400～600m。

对于顶底板松软、巷道难于维护，地质构造复杂或自然发火期短的煤层，以及装备水平低的小型矿井，采区走向长度可适当缩短。

随着采、掘、运设备的发展，采区走向长度有逐渐加大的趋势。

二、影响采区尺寸的因素

采区尺寸主要指采区倾斜长度和走向长度。当煤层倾角较大时，采区倾斜长度由水平高度确定；当煤层走向起伏变化较小，采用盘区布置时，盘区的倾斜长度常常受辅助运输方式的限制，但应尽量避免出现多段辅助运输；采用倾斜长壁采煤法时，采区尺寸主要是指采区倾斜长度。

选择合理的采区走向长度（或倾斜长度）应考虑以下因素：

（一）地质条件

(1) 地质构造；

(2) 围岩稳定程度；

(3) 自然发火程度；

(4) 再生顶板形成时间；

(5) 煤层倾角；

(6) 煤层厚度。

（二）开采技术装备

近年来，我国采煤机械装备发展迅速，高产高效矿井逐年增多。1997年年产超百万吨的综采队和采煤工作面已达76个之多，普通机械化工作面年产超过40万t工作面已达52个，炮采工作面年生产量超过35万t的工作面已有17个。国有重点煤矿综采面个数已达286个，井下煤炭运输已基本实现胶带化，辅助运输由过去单一的绞车（无极绳）运输已发展到齿轨车、单轨吊、卡轨车及无轨胶轮车等多种运输方式。

区段平巷一般选用胶带输送机运煤。目前多采用可伸缩胶带输送机运输，输送机铺设长度500m～2500m/台，大同马脊梁矿井国产设备单机多点驱动胶带输送机铺设长度已达到3000m/台，对一些中小型矿井，工作面巷道运输有可能采用无极绳或绞车运输的条件下，采区一翼长度一般宜在300～800m左右。

辅助运输设备、方式及运力等也可能影响到采区尺寸，随着单轨吊、无轨胶轮车、齿轨卡轨车等设备的引入，采区辅助运输方式，对采区尺寸的制约影响得到了一定程度的解决，采区尺寸才能有条件增大。例如采用无轨胶轮车作为辅助运输的大柳塔矿井，采区一翼长度达到 3000m。济宁三号井投产采区走向长度、倾斜宽度分别达到 1700～2300m 和 1000～2500m，保证每一区段工作面连续推进一年，年推进 1500m 以上。

对一些中、小型矿井，如果区段巷道坡度起伏较大，工作面巷道需采用绞车运输时，不适合采用新型辅助运输形式，采区尺寸不宜过大。

当无移动变电站时，采区走向长度还要考虑电压降的影响。当采用 660V 电压等级的供电系统时，最大供电距离一般不超过 1000m；采用 380V 电压等级的供电系统时，最大供电距离一般不超过 300m。

采区走向长度还与自移支架检修周期有关。一般以一年左右检修一次作为倒面周期，也有的矿检修周期定为两年（设备较新）。国内高产高效综采面连续推进达 1000～3000m 以上。

（三）采区生产能力和采区接替

生产能力大的近距离煤层群联合布置时采区走向长度应适当加长。

走向长度短，会导致采区接替紧张，增加搬家倒面次数和采掘准备工程量，若采区走向长度太长，将使采区准备工期延长，巷道维护时间加长，增加巷道维护工作量。

（四）经济因素

采区走向长度的变化将引起采区的掘进费、维护费和运输费等吨煤费用的变化，为此采区长度还应从经济方面进行比较和优化。

三、采区走向长度的优化

采区走向长度是确定采区范围的一个重要参数，需要根据煤层地质条件，开采机械化水平，采区巷道布置类型和可能取得的技术效果决定。目前，一般采用类比法。中国矿业大学在采区走向长度优化方面进行了大量调查研究，并建立了优化模型和计算程序，从理论上做了一些有益的研究工作。

四、采区尺寸设计参考资料

矿井设计采区尺寸参见表 3－1－8。

表 3－1－8　矿井设计采区尺寸、生产能力及服务年限

矿井名称	生产能力 (kt/a)		投产采区个数	采区同采面数	采区服务年限	采区尺寸 (m)			设计日期
						走向长度		倾斜长度	
	矿井	采区				双翼	单翼		
神华大柳塔矿	9000	9000	1	1			3500～6000	3000～6500	2001
神华活鸡兔矿	5000	5000	1	1		5500～5800		2150～2400	1993
神华榆家梁矿	8000	8000	2	综 1					2000
神华补连塔矿	3000	1000、2000	2	综 2	19、18	2500～3000		1500	1993
神华上湾矿	3000	600、2400	2	综 1	6、26	5600	660	1300～2300	1994

续表

矿井名称	生产能力 (kt/a)		投产采区个数	采区同采面数	采区服务年限	采区尺寸 (m)			设计日期
						走向长度		倾斜长度	
	矿井	采区				双翼	单翼		
潞安屯留矿	6000	900～1800	4	综 1	6～10		1260～1590	1150～2300	1996
华晋沙曲矿	5000		2	综 1	3、5	1500～2000		1300～2100	1993
晋城寺河矿	4000		3	综 1		3500	1100～1600	2000～2500	1996
大同塔山矿	4000	4000	1	综 2		1600～2000		2700	1996
阳泉韩庄矿	3000	1500	2	综 1					1996
灵武羊场湾矿	3000		1	综 1	23	3500～4500		1000～1300	2001
兖州济宁三号矿	5000		3	综 1	10	1700～2300		1000～2500	
淮南谢桥矿	4000	800～1200	4	综 1	8～10	2150～2250		670～780	
淮南张集矿	4000	1200～1400	3	综 1	6～8	900～2400		1000～2200	
淮南市新集矿	1500	1500	1	综 2	6	4500		900	1992
淮北许疃矿	1200	400、800	2	普 1 或综 1	19、16	1600～2100		700～1300	1997
平顶山十三矿	1800	750、1050	2	综 1 或综普各 1	12、6	2200～3100		780～800	1996
郑州告成矿	900	900	1	综 1		1100～2000		1250	1996
临沂古城矿	900	900	1	普 2	7	550～1100		800～1100	1996
下花园宣东二号井	900	900	1	综 1	10		1500	2400	1996
济宁许厂矿	1500	1500	1	综 1		3000～3450		1400～2100	1996
蔚县崔家寨矿	1800	900	2	综 1		1300～1500		2000	1996
鸡西西鸡西井	600	600	1	普 3		600～370			1997

第四节　采区生产能力

采区生产能力是采区内同时生产的采煤工作面和掘进工作面产量的总和，是矿井和采区集中化的标志之一。

一、影响采区生产能力的因素

影响采区生产能力的因素主要是煤层赋存状况和地质构造及开采技术条件，回采工艺和装备水平等，设计中正确地确定采区有关参数和采煤方法是保证采区生产能力的前提。近年来，随着采煤、运输设备制造水平的高度发展，大大地提高了综采设备生产能力，因此在矿井综合开采条件许可时，应尽可能提高工作面单产，创造一井一面的高产大型矿井，从而使矿井生产工艺系统，设备配置更加完善，使矿井获得高的生产率，高的综合效益，使矿井生产经营达到一个新的水平。

二、确定采区生产能力的方法

（一）采煤工作面单产计算

按照确定的工作面长度，选取工作面进度以及采高进行计算。

$$A = LL_1M\gamma C \tag{3-1-6}$$

式中　A——工作面日产量，t/d；

L——工作面长度，m；

L_1——工作面日进度，m/d；

M——采高，放顶煤开采时为每次采放总厚度，m；

γ——煤的视密度，t/m³；

C——工作面回采率。

机采工作面日产量可用下式计算：

$$A = NLSM\gamma C \tag{3-1-7}$$

式中　L——工作面长度，m；

S——截深，m；

M——采高；放顶煤开采时，为每次采放总厚度 m；

γ——煤的视密度，t/m³；

C——工作面回采率；

N——采煤机日进刀数；放顶煤开采时 N 为日采放总进尺

$$N = \frac{60k_1(24 - t_1)}{t_d}$$

k_1——事故响应系数，0.6～0.8；

t_1——准备时间，h；

t_d——截割一刀所需时间，min。

单向采煤时：

$$t_d = k_2(L - l)\left(\frac{1}{V_1} + \frac{1}{V_2}\right) + t_2$$

双向采煤时：

$$t_d = k_2(L - l)\frac{1}{V_1} + t_2$$

式中　l——缺口长度，m；

V_1——采煤机工作速度，m/min；

V_2——采煤机清煤速度，m/min；

t_2——进刀时间，包括移机头及自开缺口，一般为 30～90min；

k_2——每刀辅助时间（包括交接班、处理大块煤等采煤机合理停顿时间）系数，约 1.3～1.5。

故双向采煤时：

$$A = \frac{60k_1(24 - t_1)}{k_2 \cdot \dfrac{L - l}{V_1} + t_2}$$

由上述可知，为提高工作面产量，应合理选择工作面参数（如 L、S、M 等）；采取合理的工作制度，减少准备时间（t_1）；加强机电维护减少事故影响，增加开机率，提高采煤机的截煤速度。东滩矿设备完好率达到 98%，工作面开机率达到 97.5%以上，从而大大提高了采面产量，矿井日提升达到20.5h，日产超1.8万t，1998年11月份井下设备检修仅用15h，创历史最短。

（二）采区内同采工作面数目

采区内同时生产的综采工作面宜为一个面，不应超过两个面；普采工作面宜为两个面，不应超过三个面。

矿井设计采区内同时生产的采煤工作面数，参见表3-1-8。

（三）采区生产能力计算

采区生产能力应以提高工作面单产为目标。

采区内同时回采工作面数目及其工作面单产确定后，可按下式计算采区生产能力。

$$A_B = \Sigma A + \Sigma A_1$$

或

$$A_B = k_1 k_2 \Sigma A \tag{3-1-8}$$

式中　A_B——采区生产能力，t/d；

A——回采工作面日产量；

A_1——煤巷掘进工作面日产量，t/d；

k_1——工作面产量不均衡系数。采区内同采两个工作面，取0.95；采区内同采三个工作面，取0.9；

k_2——采区内掘进出煤系数，取1.1；

ΣA——采区内同时回采工作面日产量之和。

（四）采区生产能力验算

初步确定采区生产能力后，还应验算运输、通风、采区车场能力等生产环节的能力。

1．采区上（下）山运输能力

为保证采区生产能力，要求采区上（下）山运输设备的小时生产能力应与回采工作面设备能力相适应。

对中、小矿井，采区运输设备设计能力为：

$$A_n \geqslant \frac{1.25 A_B}{2 \times 5.5 \times \eta} \tag{3-1-9}$$

即：

$$A_B \leqslant 8.8 \eta A_n$$

式中　A_n——运输设备的设计能力，t/h；

1.25——产量不均衡系数；

2×5.5——昼夜工作小时数，即两班出煤，每班工作5.5h；

η——运转不连续性系数。一般采用绞车时为0.8～0.9；采用输送机时为0.7～0.8。

2．采区的通风能力

采区的生产能力应和通风能力相适应。根据矿井瓦斯等级，进回风上（下）山数目、断面和允许的最大风速，验算通风允许的最大采区生产能力为：

$$A_B \leqslant \frac{60VS}{Q} \tag{3-1-10}$$

式中　V——巷道允许最大风速，m/s；

S——进风或回风巷道净断面，m^2；

Q——日产一吨煤所需风量，m^3/min。

3. 采区车场通过能力

大巷采用矿车运输时，应考虑采区车场的通过能力。采区车场能力主要受车场线路布置，调车方式、煤仓容量和大巷运输设备的影响。就目前各矿所采用的采区车场型式，其通过能力一般较大，已不再限制采区生产能力。

为了保证采区正常生产接替，采区生产能力要与采区的储量相适应，使采区具有合理的服务年限。根据调查资料，采区生产能力与采区服务年限的关系，如表 3－1－8 所示。

三、确定采煤工作面生产能力参考资料

1996 年国内创水平采煤队有 142 个，其中年产 150 万 t 以上的综采队 21 个；年产60 万 t 以上的普采队 10 个；年产 40 万 t 以上的炮采队 9 个。

1997 年国内创水平采煤队有 145 个，其中年产 150 万 t 以上的综采队 20 个，平均年产为 200 万 t 以上的综采队共 12 个，平均单面年产 261.198 万 t，最高 410.18 万 t；年产 60 万 t 以上的普采队 8 个，40 万 t 以上队 52 个；年产 35 万 t 以上的炮采队 17 个，最高产量51.16 万 t，平均 37.33 万 t，见表 3－1－9a～表 3－1－9c 所示。

1999 年国内创水平综采队 71 个，见表 3－1－10 所示。

表 3－1－9a　1997 年度创水平综采队

序号	局、矿、队	采煤方法	采高（m）	产量（t）	效率（t/工）
1	兖矿集团东滩矿综二队	综放	6.0	4101808	203.9
2	兖矿集团南屯矿综采队	综放	3.2	3468680	185.0
3	新集集团新集矿综采队	综放	7.9	3195800	85.7
4	兖矿集团兴隆庄矿综采一队	综放	7.9	3011288	135.7
5	兖矿集团鲍店矿综采二队	综放	5.8	2634888	116.3
6	铁法局晓南矿综采一队	综采	3.5	2249951	129.1
7	潞安局王庄矿综采二队	综放	7.2	2236308	120.1
8	铁法局大隆矿综采队	综采	3.1	2205568	121.7
9	潞安局漳村矿综采队	综放	6.6	2168118	69.0
10	潞安局王庄矿综采一队	综放	6.3	2053393	110.3
11	邢台局东庞矿综采队	综采	4.2	2017717	108.3
12	平顶山集团六矿综采一队	综采	3.3	2000200	55.3
13	潞安局常村矿综采一队	综采	2.9	1927376	132.4
14	神华集团大柳塔矿综采队	综采	4.5	1890000	109.0
15	新集集团花家湖矿综采一队	综采	3.5	1628000	105.0
16	甘肃华亭县华亭矿综采队	综放	2.3	1580000	75.5
17	铁法局大兴矿综采一队	综采	3.7	1550900	92.3
18	铁法局小康矿综放队	综放	7.3	1550000	84.4
19	龙口局梁家矿综采队	综采	4.0	1512200	48.0
20	大同局马脊梁矿综采二队	综采	1.6	1508399	60.7
21	平顶山集团一矿综采三队	综采	3.0	1403966	59.9
22	潞安局五阳矿综采队	综放	6.9	1361888	47.9
23	西山集团马兰矿综采一队	综采	3.2	1351056	38.9
24	晋城局凤凰山矿综采一队	综采	2.8	1322969	35.4

续表

序号	局、矿、队	采煤方法	采高（m）	产量（t）	效率（t/工）
25	枣庄局蒋庄矿综采队	综采	3.3	139198	47.0
26	铁法局晓明矿综采队	综采	3.0	1307534	93.2
27	晋城局古书院矿综采三队	综放	3.1	1259019	37.3
28	淮北局朔里矿综采队	综采	3.2	1248052	28.8
29	安徽皖北局百善矿综一队	综采	2.9	1242828	22.8
30	兖矿集团鲍店矿综采一队	综采	3.1	1239666	54.9
31	大同局燕子山矿高产高效队	综采	3.5	1222300	44.4
32	晋城局凤凰山矿综采二队	综采	2.8	1200898	35.3
33	大同局云岗矿综采三队	综采	2.6	1188503	54.7
34	大屯公司龙东矿综采队	综采	2.5	1184066	75.1
35	阳泉局二矿综采六队	综放	5.9	1161132	41.6
36	徐州局张双楼矿综采一队	综采	4.6	1160016	31.3
37	大同局云岗矿综采二队	综采	2.4	1157016	54.7
38	阳泉局四矿综采二队	综放	5.2	1124846	31.3
39	大同局马脊梁矿综采一队	综采	3.3	1110663	54.0
40	西山集团东曲矿综采二队	综采	2.3	1107327	51.3
41	阳泉局二矿综采四队	综放	5.6	1102119	47.0
42	西山集团杜儿坪矿综采二队	综采	3.2	1101954	42.7
43	铁法局大明一矿综采队	综采	3.0	1081634	20.1
44	郑煤集团米村矿综采队	综放	2.5	1075891	45.0
45	平顶山集团一矿综采二队	综采	3.6	1072707	43.8
46	义马局耿村矿综采二队	综采	6.0	1071696	50.1
47	大雁局二矿综采队	综放	4.3	1065060	76.8
48	徐州局旗山矿综采一队	综放	3.5	1061147	32.8
49	新集集团花家湖矿综采二队	综采	2.3	1056000	67.2
50	晋城局凤凰山矿综采三队	综采	3.2	1055666	32.0
51	铁法局大兴矿综采二队	综采	3.2	1052680	65.9
52	开滦集团钱家营矿综采二队	综采	4.0	1052386	51.6
53	西山集团西铭矿综采一队	综采	3.2	1051369	38.9
54	西山集团杜儿坪矿综采一队	综采	6.4	1046571	41.0
55	徐州局三河尖矿综采一队	综放	3.0	1042856	46.0
56	大同局四老沟矿综采二队	综采	4.0	1038479	52.6
57	西山集团西曲矿综采一队	综采	2.1	1037769	51.5
58	大同局云岗矿综采一队	综采	5.0	1036871	46.6
59	义马局常村矿综采队	综采	2.9	1028392	38.3
60	潞安局常村矿综采二队	综采	3.5	1027431	116.1
61	石炭井局白芨沟矿综采队	综采	3.3	1026165	37.2
62	开滦集团钱家营矿综采四队	综采	2.9	1023888	53.4
63	义马局杨村矿综二队	综采	5.8	1019975	63.2
64	大屯公司姚桥矿综放队	综放	2.4	1018632	50.1
65	平顶山集团一矿综采四队	综采	3.0	1016127	45.7
66	大同局同家梁矿综采一队	综采	3.0	1014374	41.6
67	开滦集团钱家营矿综采一队	综采	2.9	1013578	52.0
68	铁法局小青矿综采队	综采	3.9	1012533	76.7
69	邢台局邢台矿综采队	综采	7.9	1010901	64.5
70	兖矿集团兴隆庄矿综采二队	综放	3.1	1007602	46.3
71	大同局燕子山矿中厚煤层队	综采	2.5	1006300	32.0

续表

序号	局、矿、队	采煤方法	采高（m）	产量（t）	效率（t/工）
72	郑煤集团超化矿综采队	综采	5.5	1002396	33.0
73	阳泉局三矿综采五队	综放	3.0	1000796	26.8
74	晋城局古书院矿综采一队	综放	3.2	1000501	56.9
75	平顶山集团四矿综采一队	综采	6.8	1000352	38.3
76	阳泉局一矿综采五队	综放		1000202	33.2

表 3－1－9b　1997 年度创水平高普队

序号	局、矿、队	采煤方法	采高（m）	产量（t）	效率（t/工）
1	新汶局协庄矿机采队	长壁	2.5	744896	20.3
2	峰峰局万年矿第 1301 队	长壁	2.0	720151	18.7
3	汾西局水峪矿采四队	长壁	2.0	707616	34.4
4	新汶局翟镇矿采一队	长壁	2.7	683462	19.7
5	平顶山集团八矿采二队	长壁	2.0	663085	23.0
6	新汶局协庄矿采二队	长壁	2.5	658128	16.5
7	新汶局协庄矿采六队	长壁	2.4	612788	19.3
8	新汶局翟镇矿采二队	长壁	2.3	600956	17.2
9	西山集团镇城底矿采二队	长壁	2.3	558615	19.9
10	徐州局夹河矿采一队	长壁	2.3	553527	16.2
11	大屯公司孔庄矿水采队	水采	4.4	540246	22.1
12	鹤岗局富力矿第 276 队	分长	2.0	535100	4.9
13	枣庄局蒋庄矿高档队	长壁	2.0	533668	18.8
14	开滦集团吕家坨矿第 721 队	水采	2.8	522191	25.2
15	峰峰局薛村矿第 901 队	长壁	2.3	512507	15.4
16	新汶局汶南矿采一队	长壁	1.8	512162	11.6
17	新汶局良庄矿采二队	长壁	1.7	510833	13.0
18	平顶山集团大庄矿采四队	倾分	2.0	502369	18.0
19	峰峰局九龙矿第 1503 队	长壁	2.5	500787	15.9
20	鹤壁局三矿高二队	长壁	2.0	500427	12.3
21	峰峰局牛儿庄矿采 802 队	长壁	1.9	500242	12.5
22	峰峰局万年矿第 1302 队	长壁	1.9	500188	16.4
23	盘江公司土城矿第 531 队	长壁	2.3	492221	8.4
24	扎赉诺尔局灵泉矿第 522 队	长壁	2.2	490208	13.9
25	徐州局夹河矿采五队	长壁	2.3	489619	14.5
26	轩岗局刘家梁矿采三队	长壁	2.0	480820	9.0
27	阜新局艾友五井第 265 队	长壁	2.0	479135	11.9
28	邯郸局陶二矿采一队	长壁	1.9	470542	8.8
29	平顶山集团四矿采二队	长壁	2.1	470448	23.6
30	徐州局权台矿采五队	倾分	2.0	469912	15.8
31	西山集团西铭矿采一队	长壁	2.0	465866	21.7
32	西山集团镇城底矿采一队	长壁	2.3	464588	18.3
33	大雁局一矿第 623 队	长壁	2.1	455670	18.0
34	平顶山集团二矿采一队	长壁	1.9	455201	11.1
35	开滦集团范各庄矿第 621 队	长壁	2.0	452593	11.7
36	西山集团官地矿采五队	长壁	2.4	451687	14.2

续表

序号	局、矿、队	采煤方法	采高 (m)	产量 (t)	效率 (t/工)
37	枣庄局柴里矿采六队	长壁	2.0	446628	14.1
38	开滦集团吕家坨矿第 741 队	水采	2.8	437654	26.8
39	鹤壁局四矿高普队	长壁	2.2	435300	12.5
40	珲春局英安矿第 102 队	长壁	1.8	420321	12.5
41	皖北局刘桥二矿采二队	长壁	2.3	415960	14.9
42	龙口局洼里矿采一队	长壁	2.2	415464	16.4
43	韩城局象山矿采煤队	长壁	1.9	411822	12.7
44	新汶局孙村矿采一队	长壁	2.0	408156	12.2
45	太原煤气公司嘉乐泉矿采一队	长壁	2.3	404222	15.1
46	大雁局一矿采二队	长壁	2.4	403459	11.7
47	峰峰局小屯矿第 1401 队	长壁	1.6	402611	16.7
48	开滦集团范各庄矿第 631 队	长壁	2.0	402067	10.3
49	枣庄局田陈矿采一队	长壁	2.2	402050	17.9
50	鹤壁局六矿高三队	长壁	2.1	401865	10.1
51	肥城局查庄矿采二队	长壁	2.4	400895	11.2
52	汾西水峪矿采一队	长壁	2.0	400198	19.6

表 3－1－9c 1997 年度刨水平炮采队

序号	局、矿、队	采煤方法	采高 (m)	产量 (t)	效率 (t/工)
1	新汶局华丰矿采三队	分层	2.1	511572	11.2
2	郑煤集团大平矿采二队	长壁	2.0	471621	8.6
3	郑煤集团王庄矿炮采队	长壁	2.0	424455	11.2
4	平顶山集团五矿有四队	倾分	1.8	407258	10.0
5	新汶局华丰矿采四队	分层	2.1	405822	11.6
6	郑煤集团裴沟矿炮采队	长壁	2.0	405450	11.5
7	平顶山集团高庄矿采一队	长壁	2.0	400500	16.9
8	皖北局刘桥一矿炮采三队	长壁	2.3	400403	9.8
9	郑煤集团大平矿采一队	长壁	2.0	398803	8.9
10	邯郸局陶二矿采二队	长壁	2.1	379624	7.6
11	顶山集团十一矿采二队	长壁	1.9	377079	8.8
12	开滦集团荆各庄矿第 811 队	长壁	2.1	375670	12.1
13	淮北局临涣矿采四队	长壁	1.9	373277	16.9
14	兖矿集团杨村矿采一队	长壁	1.2	371012	12.4
15	淮北局芦岭矿采三队	长壁	2.2	362960	10.3
16	平顶山集团大庄矿采三队	倾分	2.0	354372	18.0
17	平顶山集团十二矿采一队	长壁	1.9	350500	12.4

近十几年来，美国、德国煤炭综采生产技术指标，见表 3－1－11、表 3－1－12。1974～1997 年国有重点煤矿综采工作面指标见表 3－1－13。

表 3－1－10 1999 年度创水平综采队名单

（71 个）

序号	局、矿、队	采煤方法	采 高	产 量	效 率
1	兖州东滩矿综采队	综放	5.80	5057861	230.24
2	神东大柳塔矿综采队	综采	4.00	4058000	385.80
3	兖州兴隆庄矿综采一队	综放	8.30	4002198	243.62
4	兖州鲍店矿综采二队	综采/综放	3.20～8.70	3505680	164.74
5	兖州南屯矿综采队	综放	5.70	3001680	148.40
6	新集一矿综采队	综放	8.50	2970176	79.06
7	兖州济宁二矿综采一队	综放	6.90	2830000	59.74
8	神东补连塔矿综采队	综采	4.60	2657000	293.00
9	邢台东庞矿综采队	综采	4.31	2240810	113.17
10	潞安王庄矿综采二队	综放	6.50	2117768	113.77
11	潞安漳村矿综采队	综放	7.06	2100960	80.00
12	铁法大隆矿综采队	综采	3.00	2055573	104.01
13	铁法晓南矿综采队	综采	3.30	2047254	96.62
14	潞安常村矿综采一队	综放	5.90	2036819	142.99
15	潞安王庄矿综采一队	综放	6.50	2036105	109.38
16	兖州兴隆庄矿综采二队	综放	7.30	2001685	155.26
17	平顶山六矿综一队	综采	3.31	1884500	63.03
18	晋城成庄矿综采一队	综采	2.85	1822947	72.68
19	沈阳红阳三矿综采二队	综采	3.00	1730540	47.09
20	平顶山一矿综三队	综采	2.98	1615858	70.75
21	义马耿村矿综一队	综放	7.00	1581859	86.75
22	铁法晓明矿综采队	综采	3.00	1569468	51.37
23	开滦钱家营矿综采三队	综采	3.60	1555799	80.36
24	大同马脊梁矿综采一队	综采	3.40	1501177	67.34
25	铁法小康矿综放队	综放	7.65	1471879	88.00
26	枣庄蒋庄矿综采队	综采	3.30	1456684	51.95
27	铁法大兴矿综采一队	综采	3.00	1454826	86.53
28	龙口梁家矿综采队	综采	3.80	1435192	38.26
29	阳泉二矿综采六队	综放	5.41	1404083	47.98
30	西山杜儿坪矿综采一队	综采	3.20	1400991	62.70
31	铁法小青矿综采队	综采	2.80	1331416	81.60
32	淮北朔里矿综采队	综采	3.20	1319805	34.69
33	永城陈四楼矿综采队	综采	2.40	1304524	30.00
34	邢台邢台矿综采队	综采	3.00	1298179	69.06
35	阳泉一矿综采五队	综放	6.85	1277388	43.92
36	抚顺老虎台矿综采三队	综放	45.00	1258695	48.80
37	西山杜儿坪矿综采二队	综采	3.20	1243251	62.77
38	大同四台矿综采四队	综采	3.30	1236820	39.65
39	大屯姚桥矿采煤一队	综采/综放	4.30	1217718	45.77
40	皖北百善矿综采一区	综采	2.97	1195715	26.50
41	新集二矿综采一队	综采	3.50	1186009	90.39
42	大同同家梁矿综采一队	综采	3.23	1183400	35.04
43	阳泉三矿综采五队	综放	6.01	1158441	41.76
44	晋城古书院矿综采三队	综采	2.80	1153834	35.98
45	潞安五阳矿综采队	综放	6.45	1136376	45.92
46	铁法大兴矿综采二队	综采	3.60	1124936	70.13

续表

序号	局、矿、队	采煤方法	采 高	产 量	效 率
47	大同四老沟矿综采三队	综采	3.20	1121256	39.44
48	大同四台矿综采二队	综采	3.30	1104657	35.78
49	郑州超化矿综采队	综采	2.50	1104498	26.30
50	大同燕子山矿综采一队	综采	3.30	1083125	49.09
51	大屯龙东矿综采队	综采	2.65	1076091	44.51
52	平顶山一矿综四队	综采	2.50	1070168	47.96
53	西山屯兰矿综采一队	综采	3.12	1063747	78.22
54	抚顺老虎台矿综采一队	综放	23.97	1056101	28.23
55	晋城凤凰山矿综采一队	综采	2.80	1058998	36.48
56	兖州鲍店矿综采一队	综采/综放	3.20～6.00	1045180	51.39
57	开滦唐山矿综采二队	综采	2.50	1030579	72.65
58	大屯姚桥矿采煤二队	综放	4.90	1024327	34.26
59	晋城凤凰山矿综采二队	综采	2.80	1020999	37.06
60	潞安常村矿综采二队	综采	2.80	1018148	113.89
61	晋城古书院矿综采二队	综采	2.80	1012000	63.92
62	平顶山四矿综一队	综采	3.06	1018000	37.86
63	义马杨矿二综采队	综采	3.00	1011167	63.39
64	晋城凤凰山矿综采三队	综采	2.80	1008888	38.34
65	新集二矿综采二队	综采	3.50	1008160	81.47
66	阳泉一矿综采四队	综放	7.05	1005950	36.22
67	平顶山八矿综一队	综采	2.09	1005000	39.94
68	平顶山十矿综三队	综采	2.39	1003009	85.01
69	西山官地矿综采二队	综采	3.20	1002875	37.00
70	大同晋华官矿综采一队	综采	3.50	1002578	41.50
71	西山马兰矿综采一队	综采	3.10	1000093	37.80

表 3-1-11 美国综采生产技术指标

指 标	单 位	1980 年	1985 年	1990 年	1992 年	1994 年	1995 年
矿井煤炭总产量	Mt	307	318	385	369	318	35
矿井全员效率	t/工	8.78	13.55	19.54	22.34	24.88	26.31
装备综采矿井个数	个		90	78	75	72	
其中:一矿一面	%		75	77	82	88	
综采产量比重	%	10.50	25.40	29.10	32.44	36	
综采工作面个数	个	100	108	96	90	81	72
平均日产量	t/a		3261	5456	6039	8034	
工作面效率	t/工		73	187	202	266	
面 长	m		172	223	233	244	247
推进方向长度	m		1256	1754	1863	2044	2362
采 高	m		1.8	1.93	2.06	2.43	

注:表中数据系根据所产商品煤量计算。

表 3-1-12　德国综采生产技术指标

指　　标	单　位	1980 年	1985 年	1990 年	1991 年
矿井煤炭总产量	Mt	158	156	132	126
矿井全员效率	t/工	6.51	8.57	9.63	9.97
矿井个数	个	40	34	27	26
综采机械化程度	%	96.8	99.2	100	100
综采产量比重	%	92	92	94	93
综采工作面个数	个	229	185	147	134
平均日产量	t/d	2656	3278	3467	3731
工作面效率	t/工	37.6	48.6	52.5	54.1
面　长	m	226	241	256	261
推进方向长度	m	947	1018	1213	1219
采　高	m	1.54	1.47	1.44	1.45

注：表中数据系根据年产原煤数量计算。

表 3-1-13　1974～1997 年国有重点煤矿分年度综采工作面指标

统计年度	综采产量（t）	构成比（%）	期末在籍工作面		工作面平均指标					采煤面积（m²）	煤炭生产能力（t/m²）	综采面工作效率	
			个数	总长度（m）	个数	总长度（m）	面长（m/个）	月进度（m/个·月）	单产（t/个·月）			（t/工）	工日数
1974	760880	0.38							20126				
1975	7503278	3.20	39	5213	24.81	3404	137.20		25202	3031483			
1976	10057215	4.40	40	5162	35.31	4713	133.47	50.47	23735	2854635	3.523		
1977	8435802	3.35	43		32.44	4331	133.51	45.59	21670		3.561	6.401	
1978	12371015	4.33	55		43.80	5453	124.50	51.75	23537		3.653	7.044	
1979	18944822	6.36	77		57.02	7290	127.85	58.47	27687		3.704	9.605	
1980	37738866	13.16	123		93.58	12423	132.75	65.73	33607	9798241	3.852	11.233	3359621
1981	49363283	17.67	144	19474	122.54	16591	135.39	61.44	33570	12232438	4.035	12.440	3968166
1982	56120515	19.36	159	20699	135.39	18181	134.29	62.11	34543	13549671	4.142	13.327	4210906
1983	61901873	20.62			144.64	19321	133.58	64.37	35664	14924380	4.148	13.289	4658132
1984	66513685	20.73			154.94	20674	133.43	64.91	35774	16103233	4.130	14.008	4748217

续表

统计年度	综采产量 (t)	构成比 (%)	期末在籍工作面		工作面平均指标					采煤面积 (m²)	煤炭生产能力 (t/m²)	综采面工作效率	
			个数	总长度 (m)	个数	总长度 (m)	面长 (m/个)	月进度 (m/个·月)	单产 (t/个·月)			(t/工)	工日数
1985	73982044	22.46	198	26415	172.32	23484	136.28	63.37	35777	17858419	4.143	14.789	5002435
1986	86050715	25.65	218	29395	192.96	26277	136.18	64.83	37163	20441205	4.210	15.471	5562011
1987	99061662	29.06	235	31582	209.42	28726	137.17	67.46	39419	23255795	4.260	16.051	6171608
1988	109874109	31.36	248	34165	216.25	29902	138.27	70.80	42341	25402941	4.325	16.827	6529541
1989	122532192	33.31	274	36576	234.70	31851	135.71	73.61	43507	28136204	4.355	17.333	7069221
1990	135045619	35.47	291	38726	246.57	33093	134.21	77.53	45642	30788970	4.386	18.223	7410732
1991	145368124	37.56	280	37292	254.81	33895	133.02	81.00	47541	32945988	4.412	19.508	7451787
1992	156507384	41.07	297	39530	258.71	34386	132.91	84.93	50412	35044171	4.466	21.236	7369822
1993	157262244	43.80	280	36958	250.39	33408	133.42	86.21	52339	34561384	4.550	22.322	7045235
1994	165572291	44.75	269	36415	242.57	33438	137.85	86.73	56881	34800878	4.758	23.879	6933749
1995	174519842	46.66	273	36670	243.53	33412	137.20	90.18	59719	36158070	4.827	25.077	6959334
1996	185102731	47.18	263	36283	240.14	33291	133.63	93.43	64233	37326049	4.959	26.135	7082626
1997	187145110	48.38	286	38817	238.46	33164	139.08	95.32	65402	37933937	4.933	27.171	6887764

近十几年来，国内创百万吨水平综采队情况见图 3—1—1 及表 3—1—14～表 3—1—16。

表 3—1—14　1981～1997 年全国创百万吨水平综采队　万 t

年　度	1981	1982	1983	1984	1985	1986	1987	1988	1989
创水平队数	2	5	8	6	9	11	19	26	34
队最高产量	118.60	115.10	115.70	107.60	110.01	140.30	170.17	180.16	171.40
队平均产量	113.30	108.40	105.30	104.00	102.50	110.50	108.60	110.80	109.00
年　度	1990	1991	1992	1993	1994	1995	1996	1997	
创水平队数	46	47	48	46	53	65	73	76	
队最高产量	161.60	182.02	225.60	253.00	272.36	315.67	350.19	410.18	
队平均产量	106.30	107.24	113.97	123.28	127.33	133.07	139.28	140.12	

表 3-1-15　1981～1997年国有重点煤矿创百万吨水平综采队

（不含放顶煤）

万 t

序号	局、矿、队名	次数	1981	1982	1983	1984	1985	1986	1987	1988	1989	1990	1991	1992	1993	1994	1995	1996	1997
1	大同永定庄综四队		118.55	104.00	100.03														
2	大同同家梁综一队		104.04	114.06	115.67	106.01	102.30	101.25	100.34	113.91	113.01		102.66	116.52	101.90	100.05	102.59	107.72	101.44
3	开滦荆各庄综一队			115.12	109.45	107.58													
4	开滦唐山综一队			108.82	110.33	100.94	100.10												
5	开滦荆各庄综二队			100.01															
6	潞安王庄综一队				103.00	103.40	101.63	140.26	170.18	109.67	102.64		100.11						
7	西山官地综二队				102.10									100.89					
8	西山杜儿坪综二队				101.28								106.08	106.44	108.10	101.25	106.32	100.87	110.20
9	开滦范各庄综三队				100.47														
10	大同煤峪口综三队									112.90									
11	平顶山一矿综四队					105.02										104.38			
12	潞安王庄综二队					100.93	102.10	120.27	101.10	108.54	100.02	113.43	100.46						
13	晋城古书院综一队						110.01	131.16	124.00	180.16	100.85	161.60	154.00	123.87	200.00	156.00	149.41	121.09	
14	平顶山四矿综一队						100.38			103.10								129.86	100.04
15	潞安漳村综一队						105.28	103.00	102.06	110.03	105.42	111.37							
16	晋城凤凰山综一队						101.04		106.00	131.28	100.22	103.69	107.04	120.01	106.02	102.70	107.32	120.00	132.30
17	鹤岗南山综一队						100.03												
18	兖州南屯综二队							107.26	104.01	128.05	133.77	136.16	140.77	133.91	136.77				
19	平顶山西矿综二队							106.45	107.01		101.06								
20	潞安石圪节综二队							105.37	110.18	100.10									
21	义马耿村综二队							100.56	100.60	100.01	101.35	103.08			101.54	103.00	118.62	121.32	107.17

续表

序号	局、矿、队名	次数	1981	1982	1983	1984	1985	1986	1987	1988	1989	1990	1991	1992	1993	1994	1995	1996	1997
22	鸡西小恒山161队							100.21			100.59		100.51						
23	兖州兴隆庄综三队							100.06	119.83	103.76	100.10		103.46	100.19	102.75				
24	平顶山一矿综五队								108.98	102.39	115.85	124.74	116.73						
25	晋城凤凰山综二队								105.67	105.68	101.19		101.11	101.01	101.73				120.09
26	义马常村综采队								101.12		101.16	102.00	105.88	121.20	120.23	150.01	150.00	150.00	102.84
27	潞安漳村综二队								100.81	110.02	101.10	105.52							
28	兖州南屯综一队								100.80	103.22	100.89	105.35	100.95	101.21	116.42				
29	晋城王台铺综一队								100.45	101.40	112.90	116.84	102.56	103.50	100.06	100.20	107.71	101.49	
30	潞安五阳综二队								100.20			105.73							
31	晋城古书院综二队								100.00	105.71	171.40		100.00	103.07	100.00		102.99	151.08	
32	潞安王庄综三队									122.12	120.10	112.47		101.33					
33	潞安王庄综四队									111.95	100.01		100.10						
34	邢台东庞综一队									106.12						100.50			
35	兖州兴隆庄综四队									105.87	106.45			100.09					
36	西山西铭综一队										134.53		100.49		117.74	128.70	125.03	114.29	105.14
37	晋城王台铺综二队									100.36	122.37	102.09	101.69						
38	铁法晓南综一队										118.10	120.03	150.06	150.35	151.20	151.27		161.22	225.00
39	大同云岗综二队										114.82	107.74	107.13	124.97	116.36	118.64	107.15	102.09	115.70
40	平顶山十矿综二队										113.57	115.71	123.33	121.27	131.21	141.20	100.29	100.01	
41	潞安五阳综一队										104.70	105.63	121.00						
42	邢台东庞综二队										102.74		109.18	106.12	141.74	103.12	173.96	219.73	201.77

续表

序号	局、矿、队名	次数	1981	1982	1983	1984	1985	1986	1987	1988	1989	1990	1991	1992	1993	1994	1995	1996	1997
43	双鸭山双阳综二队										101.52	101.71							
44	晋城凤凰山综三队										101.29	101.90	101.28	110.00	101.86	102.67	125.29	115.00	105.57
45	邢台邢台综一队									101.50	101.22	102.05					100.71		101.09
46	大同雁崖综采队									103.62									
47	枣庄柴里综一队									100.16									
48	兖州兴隆庄综二队														103.94	101.62			
49	阳泉一矿北丈八机采队										100.19								
50	西山西曲综一队										100.15						116.41	120.56	103.78
51	鸡西城子河 145 队										100.10		100.52	135.86		100.08			
52	乌达五虎山综二队											103.88	101.01						
53	双鸭山新安综二队											102.80	103.00	107.55					
54	大同云岗综三队											102.49	103.15	120.14	120.41	114.11	100.26	117.57	118.85
55	阳泉四矿综二队											102.47							
56	兖州鲍店综三队											102.38		103.67					
57	义马杨村综二队											101.90	102.94		111.14	109.83		113.46	102.00
58	阳泉二矿综三队											101.51							
59	阳泉三矿综五队											101.4							
60	铁法晓明综一队												106.09						
61	潞安石圪节综采队												104.63		114.35	122.10			
62	大同云岗综一队												103.70	124.55	138.33	114.65		100.68	103.69
63	邢台邢台综二队												102.26	102.25					

续表

序号	局、矿、队名	次数	1981	1982	1983	1984	1985	1986	1987	1988	1989	1990	1991	1992	1993	1994	1995	1996	1997
64	兖州鲍店综一队												101.32			104.44	110.45	151.81	123.97
65	铁法晓青综一队												101.12	101.58	100.03	103.00	130.51	110.05	101.25
66	大同晋华宫综二队												100.68	101.57	100.64	112.59		100.00	
67	大同忻州窑综二队												100.17	100.39					
68	鹤岗兴安综一队												100.03	100.76					
69	七台河富强综一队												100.03						
70	鸡西正阳 185 队												100.02	100.10					
71	义马耿村五四队												102.58						
72	西山西曲综三队													106.97	103.80				
73	大同燕子山综四队													104.23	110.80	135.73	221.69	202.00	122.23
74	兖州东滩综一队													104.22	151.79	204.15	205.52		
75	兖州鲍店综二队													102.89	188.69				
76	平顶山一矿综三队													101.63		153.01	177.00	166.81	140.40
77	阜新五龙综一队													101.16					
78	铁法晓明综二队													101.08	102.44	104.44	101.22	103.84	130.75
79	大雁一矿综一队													100.60	100.41	107.30	108.22	120.34	
80	大屯龙东综采队													100.55	100.60	101.11	100.52	104.72	118.41
81	大同晋华宫综三队													100.10	100.64				
82	鸡西平岗 1202 队													100.03					
83	鸡西二道河 179 队													100.01					

续表

序号	局、矿、队名	次数	1981	1982	1983	1984	1985	1986	1987	1988	1989	1990	1991	1992	1993	1994	1995	1996	1997
84	大同马脊梁综一队														101.04	103.89	104.17	111.95	111.07
85	大同燕子山综二队														103.50	106.00	108.31	105.58	100.63
86	大同燕子山综三队														101.25	100.70			
87	大同同家梁综二队														104.83		101.18	102.47	
88	开滦范各庄综一队														102.61				
89	枣庄蒋庄综一队															112.24		122.15	131.92
90	开滦钱家营综三队															108.29	111.63	127.00	
91	西山西曲综二队															104.70	100.46	129.73	
92	平顶山六矿综一队															103.48	169.95	195.51	200.02
93	淮北朔里综采队															100.86	143.35	149.31	124.81
94	平顶山一矿综二队																121.56	121.59	107.27
95	大同马脊梁综二队																105.02	135.46	150.84
96	铁法局晓南 651 队																152.06		
97	义马杨村综一队																109.53		
98	西山马兰综一队																103.09	115.01	135.11
99	铁法大明一矿综采队																102.38	120.16	108.16
100	徐州张双楼综一队																102.11	116.93	116.00
101	西山官地综一队															101.60	100.87		
102	铁法大隆综采队																100.49	171.80	220.56
103	平顶山四矿综一队																100.43		

续表

序号	局、矿、队名	次数	1981	1982	1983	1984	1985	1986	1987	1988	1989	1990	1991	1992	1993	1994	1995	1996	1997
104	铁法大兴综一队																	150.40	155.09
105	西山东曲综二队																	109.82	(110.73)
106	安徽皖北百善综采队																	105.24	124.28
107	龙口梁家综一队																	103.28	151.22
108	淮南潘集一矿综一队																	102.87	
109	石炭井白芨沟综采队																	101.48	102.62
110	郑州超化综采队																	100.03	100.23
111	潞安局常村矿综一队																		192.38
112	潞安常村综二队																		102.74
113	神安大柳塔综采队																		189.00
114	新集花家湖综一队																		162.80
115	新集花家湖综二队																		105.60
116	阳泉二矿综四队																		110.21
117	铁法大兴综二队																		105.27
118	开滦钱家营综二队																		105.24
119	开滦钱家营综四队																		102.34
120	开滦钱家营综一队																		101.36
121	西山杜儿坪综一队																		104.66
122	大同四老沟综二队																		103.85
123	平顶山一矿综四队																		101.61

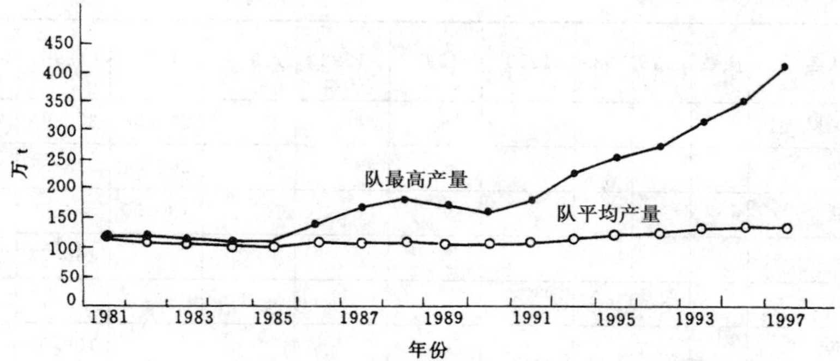

图 3－1－1　1981～1997 年全国综采生产创百万吨水平队动态图

表 3－1－16　1988～1997 年国有重点煤矿创百万吨水平综放队分年度动态统计表　　万 t

序号	局、矿、队名	次数	1988	1989	1990	1991	1992	1993	1994	1995	1996	1997
1	平顶山一矿综二队							126.44				
2	淮南新集综一队								136.15	238.78	288.85	319.58
3	潞安漳村综一队					182.01	206.62	213.09	238.51	206.29	212.88	216.81
4	潞安王庄综二队					130.05						
5	潞安王庄综一队						225.61	235.01	225.92	214.95	222.90	205.34
6	潞安五阳综一队						112.06			129.89	124.38	136.19
7	潞安王庄综二队							170.19	215.85	210.30	217.72	223.63
8	潞安石圪节综采队									109.78		
9	晋城凤凰山综二队								127.40	134.08	145.00	
10	晋城古书院综二队								100.00			125.90
11	阳泉一矿综七四队				104.02	104.15		125.74				
12	阳泉四矿综二队					135.01	125.74	110.13	102.00	102.55	106.66	112.48
13	阳泉二矿西丈八综四队					120.05						
14	阳泉三矿综五队					101.07	126.29	148.00	130.80	107.23		100.08
15	阳泉一矿北丈八 4 队						106.18		137.50			
16	阳泉一矿综四队									104.91	112.72	
17	阳泉一矿综五队									144.36	106.72	100.02
18	阳泉二矿综六队									105.21	101.01	116.11
19	阳泉二矿综四队									104.90	110.79	
20	阳泉三矿综三队										100.41	
21	大雁二矿综采队							109.92	119.12	109.30	114.47	106.51
22	铁法小康综放队									101.02	104.28	106.11
23	徐州旗山综一队									101.02	104.28	106.11
24	徐州三河尖综一队									101.01	104.24	104.29
25	兖州鲍店综二队							188.70	220.49	245.79	230.79	263.49

续表

序号	局、矿、队名	次数	1988	1989	1990	1991	1992	1993	1994	1995	1996	1997
26	兖州兴隆庄综一队								272.36	300.60	202.49	301.13
27	兖州南屯综二队								202.64	315.67	350.18	346.87
28	兖州东滩综二队								130.50			
29	兖州东滩综二队									166.77	261.31	410.19
30	兖州东滩综一队										204.83	
31	枣庄蒋庄综采队									109.03		
32	兖州柴里综一队									100.08	100.65	
33	郑州米村综一队									100.09	113.22	107.59
34	甘肃华亭综采队									101.44	161.49	158.00
35	兖州兴隆庄综二队										190.76	100.76
36	西山东曲矿综二队											110.73
37	大屯姚桥矿综放队											101.86
38	晋城古书院矿综一队											100.05

第五节 采区煤柱及回采率

一、采区煤柱

采区煤柱包括采区范围内的巷道煤柱，以及采区边界煤柱，断层煤柱，隔水煤柱、火烧边界煤柱等。按其作用和性质可分为护巷煤柱和隔离煤柱两大类。

（一）采区煤柱的留设

主要石门、大巷及上、下山保护煤柱的留设，按照《建筑物、水体、铁路及主要井巷煤柱留设与压煤开采规程》的相应条款的规定执行（现行2000年版为第78、86～90条）。当采区煤柱边界与采区上方建筑物、水体、铁路等煤柱相结合一并考虑留设时，必须按该规程相应条款规定留设。

据调查，一般煤层大巷保护煤柱两侧各宽50～100m；上、下山保护煤柱，其间宽20～40m，两侧各宽50～80m。

（二）采区边界和区段巷道煤柱

采区边界煤柱宽度一般为10～20m（两个采区之间），当采区边界亦为井田边界时，煤柱尺寸大小按井田边界煤柱要求留设；区段巷道煤柱宽度为5～20m，厚煤层者取上限。护巷煤柱（如大巷、采区上下山等）留设时在使用安全的前提下，还应便于煤柱回收。

当采区处于带压开采（如受岩溶水威胁）时，所留煤柱还必须满足隔水要求，在突水危险区域开采时，所留煤、岩柱必须是安全的隔水厚度，具体留设方法、要求必须按照《矿井水文地质规程》（试行）规定执行。

二、工作面回采率

工作面采出煤量占工作面动用储量的百分率称作工作面回采率。工作面动用储量计算公式如下：

$$\text{工作面动用储量}=a\times b\times m\times \gamma$$

式中　a——工作面沿走向实测长度，m。

b——工作面沿倾斜实测长度，m；

γ——煤的视密度，t/m^3；

m——工作面内平均煤厚，m，对于分层开采的厚及中厚煤层，指设计采高。

《煤炭工业矿井设计规范》中规定采煤工作面的回采率：厚煤层不应小于93%；中厚煤层不应小于95%；薄煤层不应小于97%。根据调查统计，在煤层冒放性较好和良好的放顶煤采煤工作面，其工作面回采率为85%。

为使采用放顶煤等特殊采煤方法的工作面回采率计算较为可靠，工作面的实际采出量计算，通常采用以统计产量为基础，对含矸、水分，灰分三项指标改正后计算实际采出量的间接方法来计算工作面和采区回采率。

回采率的计算公式：

$$\text{采出量}=\text{统计产量}-\text{水分改正量}-\text{含矸改正量}-\text{灰分改正量}$$

其中：

$$\text{灰分改正量}=\text{统计产量}\times\frac{\text{原煤实际灰分}-\text{煤样灰分}}{\text{矸石灰分}-\text{煤样灰分}}$$

$$\text{水分改正量}=\text{统计产量}\times\left(1-\frac{100-\text{原煤实测全水分}}{100-\text{煤样水分}}\right)$$

$$\text{含矸改正量}=\text{统计产量}\times\text{原煤实际含矸率（统计产量统一规定为毛煤产量）}$$

工作面实际采出量分两种采煤作业情况计算：

1. 当割煤和放煤平行作业时

$$\text{工作面实际采出量}=\text{工作面统计产量}-\text{灰分改正量}-\text{水分改正量}-\text{含矸改正量}$$

2. 当割煤和放顶煤循环交替作业时

$$\text{工作面实际采出量}=\text{割煤计算出煤量}+\text{放顶煤量}$$

其中：

$$\text{割煤计算出煤量}=\text{工作面实际割煤进度}\times\text{平均割煤厚度}\times\text{煤的视密度}\times\text{工作面长度}$$

$$\text{放顶煤量}=\left(\text{放顶煤统计产量}-\text{灰分改正量}-\text{水分改正量}-\text{含矸改正量}\right)\times\text{改正系数}$$

其中：

$$\text{改正系数}=\text{割煤计算出煤量}\div\left(\text{割煤统计产量}-\text{灰分改正量}-\text{水分改正量}-\text{含矸改正量}\right)$$

$$\text{工作面回采率}=\frac{\text{工作面采出量}}{\text{工作面动用储量}}\times 100\%$$

三、采区储量损失

采区储量损失包括工作面损失、煤柱损失和其他损失。一般厚煤层的开采损失主要是采区内的各种煤柱损失，其中一些损失是不可避免的，甚至是必要的。

（1）工作面设计损失包括：设计上规定的与采煤方法有关的损失；即开采损失。

（2）采区设计损失包括：工作面设计损失；设计上规定的与采煤方法（如采区巷道布置）有关的损失。采区设计损失即设计允许的损失。

在开采过程中实际发生的损失量，则称作实际损失量。

因此，设计（或实际发生）采出煤量低于采区或工作面的储量。

储量损失多少通常用损失率表示，即损失煤量占动用储量的百分率。

四、采区回采率（采出率）

采区采出煤量占动用储量的百分率，称作采区回采率。采区储量是指采区内的矿井设计储量减去工业场地地面建筑物和构筑物、井下主要巷道及上、下山保护煤柱煤量所得的储量。

《煤炭工业矿井设计规范》中规定采区回采率：厚煤层不应小于75%；中厚煤层不应小于80%；薄煤层不应低于85%。水力采煤的采区回采率，厚煤层不应低于70%；中厚煤层不应低于75%；薄煤层不应低于80%。

采用无煤柱开采，实施沿空掘巷和沿空留巷等措施来提高回采率。

生产矿井实际采区回采率见表3—1—17。

表3—1—17　1986—1996年度国有重点煤矿原煤生产技术经济指标

年度	工效（t/工）			采区回采率（%）				原煤主要材料消耗			
	全员效率	回采工效	掘进工效	综合	薄煤层	中厚煤层	厚煤层	坑木（m^3/万t）	火药（kg/万t）	钢材（t/万t）	电力（kW·h/t）
1986	1.001	4.544	0.114	77.54	84.16	77.57	76.01	58.39	2735	11.27	27.37
1987	1.053	4.881	0.117	77.39	83.14	77/40	76.17	53.24	2565	10.66	27.56
1988	1.092	5.158	0.118	78.65	85.47	79.86	76.32	47.56	2536	11.12	27.94
1989	1.146	5.421	0.118	78.77	85.52	80.11	76.49	43.71	2530	12.01	27.98
1990	1.217	5.716	0.119	78.08	84.05	79.58	75.81	39.79	2788	13.10	25.51
1991	1.259	6.093	0.123	78.90	85.53	79.62	76.81	36.94	2750	12.60	29.82
1992	1.330	6.667	0.125	79.11	86.62	80.42	76.58	33.14	2600	11.92	30.79
1993	1.398	7.104	0.125	78.98	86.28	80.23	76.67	31.44	2597	8.70	31.40
1994	1.590	7.969	0.127	78.40	87.16	79.88	75.82	30.24	2579	8.12	31.19
1995	1.780	8.265	0.131	78.73	86.82	79.66	76.74	30.00	2579	8.42	30.97
1996	1.923	8.636	0.136	78.76	86.75	79.97	76.43	29.44	2562	8.18	31.29

第二章　采　煤　方　法

第一节　采煤方法、工艺及设备选择

一、采煤方法分类及其选择

按照煤层厚度和倾角，并结合工艺特点及装备水平，我国目前地下开采实际采用的采煤方法主要分为长壁垮落采煤法，放顶煤采煤法，急倾斜采煤法，充填采煤法，水力采煤法以及连续采煤机房柱式采煤法等，详见图 3－2－1。

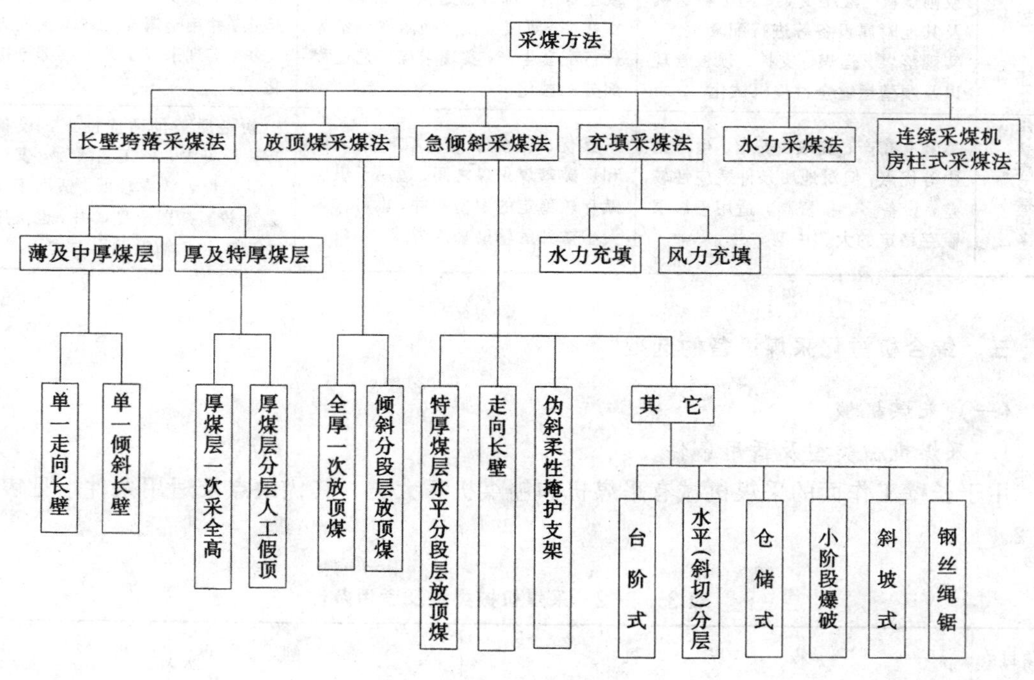

图 3－2－1　采煤方法分类

采煤方法的选择，应根据煤层赋存情况、开采技术条件、地面保护要求、设备供应状况以及安全、产量、效率、成本和煤的回收率等因素，经综合技术经济比较后确定。

二、长壁采煤工艺特征及适用条件

我国采煤方法及其工艺的发展，大体经历了三个阶段：第一阶段是解放初期，改革采煤方法，推行长壁工作面，回采工作面采用刮板输送机；第二阶段是60年代，改革煤的破、装、运等回采工序，实现了落煤、装煤、运煤的机械化；第三阶段是70年代，推行综合机械化采煤，实现了落煤、装煤、运煤、支护及放顶的综合机械化。使长壁垮落采煤法在我国得到了广泛的应用。

我国长壁采煤的发展促进了采煤机械的发展，采煤机械化的发展又巩固了长壁采煤法的主导地位。据1996年度全国国有重点煤矿按采煤方法分类的回采产量，长壁采煤法占93.80%，巷柱式采煤法占1.81%，水采占1.38%，其他采煤法占3.01%。随着煤层开采深度不断增加和长壁采煤技术、装备的日臻完善，长壁采煤法的使用将越来越普遍。

长壁工作面采煤工艺有：综合机械化采煤、普通机械化采煤和爆破落煤采煤等，其采煤工艺特征及适用条件，见表3－2－1。

表3－2－1　长壁工作面采煤工艺特征及适用条件

项目	综合机械化采煤	普通机械化采煤	爆破落煤采煤
工艺特征	简称综采，即采用滚筒式采煤机或刨煤机、液压支架、刮板输送机及其他附属设备等进行配套生产，实现落煤、运煤、支护、顶板管理以及顺槽运输全过程机械化	简称普采，即采用滚筒式采煤机或刨煤机、刮板输送机、单体液压支柱、金属顶梁及其他附属设备等进行配套生产，实现采煤工艺过程部分机械化	简称炮采，即利用打眼放炮落煤，人工装煤、刮板输送机或溜槽运煤，并用金属支柱或木支柱进行支护，实现采煤工艺过程部分机械化
优缺点及适用条件	具有高产、高效、安全、生产集中等优点；但对地质条件适应性较差，设备多，投资高，适用于煤层赋存稳定的大、中型矿井	其优缺点介于综合机械化采煤和爆破落煤采煤之间、适用于煤层赋存较稳定的中型矿井，也可作为大型矿井的辅助采煤方式	对地质条件适应性强，设备简单，投资少；但工艺落后，安全性差，产量和效率较低。适用于地质条件较复杂或小型矿井，也可用作中型矿井的辅助采煤方式

三、综合机械化采煤设备的选型

（一）采煤机械

1. 采煤机械类型及适用条件

用于长壁工作面的采煤机械有采煤机和刨煤机两大类，其优缺点及适用条件，见表3－2－2。

表3－2－2　采煤机械类型及适用条件

项目	采　煤　机	刨　煤　机
优缺点	适用地质条件广，生产率高；但投资较高，能耗较大	结构简单，投资较低，能耗较少，块煤产率高，粉煤及煤尘少，司机不用跟机操作，安全性好；但对地质条件适用范围较窄，生产率较低
适用条件	1. 煤层稳定，构造简单，不含坚硬夹矸及较大的黄铁矿结核； 2. 顶底板良好，起伏不大； 3. 能用于各种硬度的煤层； 4. 开采煤层厚度为0.8～4.5m，倾角0°～55°	1. 煤层稳定，构造简单，不含坚硬的夹矸和较大的黄铁矿结核； 2. 顶板比较稳定； 3. 煤层中硬以下； 4. 开采煤层厚度在2m以下，倾角小于25°（最好在15°以下）

选择采煤机时，应考虑使用条件和生产率的要求：

一般在厚度小于 0.8m 的煤层中，宜采用爬底板采煤机；在 0.8～1.3m 的煤层中可采用骑溜式或爬底板式采煤机；在大于 1.3m 的煤层中，采用骑溜式采煤机。

普采工作面，当采高 1.1～1.9m 时，一般选用单滚筒采煤机；当采高 1.3～2.5m 时，可采用大功率单滚筒或双滚筒采煤机；综采工作面采用大功率双滚筒采煤机。

采煤机的牵引形式有锚链式，适用于倾角 0°～35°的回采工作面；无链齿销式，适用于倾角 0°～55°的回采工作面。采煤机的牵引形式应根据回采工作面倾角大小并结合其它要求进行选择。

采煤机装机功率，根据工作面煤质硬度、采高及生产率等要求，参考同类型采煤机的使用条件，一般可采用类比法确定，见表 3－2－3。

表 3－2－3 不同采高的采煤机功率

采高（m）	采煤机功率（kW）	
	单滚筒	双滚筒
0.6～0.9	～50	～100
0.9～1.3	50～100	100～200
1.3～2.0	100～150	200～400
2.0～4.5	150～200	400～1000（注）

注：必要时可选用更大功率采煤机。

2. 采煤机械生产率计算

1）采煤机工作面生产率计算

$$Q_{采}=60MBV_{采}\gamma K \qquad (3-2-1)$$

式中 $Q_{采}$——采煤机工作面实际生产率，t/h；

M——采高，m；

B——截深，m；

$V_{采}$——给定条件下采煤机最大可能的牵引速度，m/min；

γ——煤的实体视密度，t/m³；

K——总时间利用系数；

$$K=\frac{t_1}{t_1+t_2+t_3+t_4}$$

t_1——每个工作循环中采煤机的工作时间，min；

t_2——每个工作循环中采煤机消耗的辅助时间，min；

t_3——排除采煤机故障所耗时间，min；

t_4——因技术原因和劳动组织原因引起的停机时间，min。

由于采煤机常因各种原因停机，故目前总时间利用系数约为 0.4 左右。

2）刨煤机工作面生产率计算

$$Q_{刨}=MIS_{刨}N\gamma, \quad t/h \qquad (3-2-2)$$

式中 M——采高，m；

L——工作面长度，m；

$S_{刨}$——每次往返刨深之和，m；

N——每小时刨煤往返次数；

$$N=\frac{K\times 60}{t_1+t_2+t_3}$$

K——工时利用率，约为 0.35；

t_1——每次往返刨煤时间，min；

$$t_1=\frac{2\ (L-j)}{V_{刨}}$$

j——缺口长，m；

$V_{刨}$——刨速，m/min；

t_2——刨煤换向时间，约 1min；

t_3——移机头、机尾、防滑梁（约 30min）分配在每次往返中的时间，min；

γ——煤的实体视密度，t/m³。

（二）刮板输送机

（1）刮板输送机的输送能力必须与采煤机或刨煤机的生产能力相匹配，输送机的输送能力应大于采煤机或刨煤机的生产能力。

（2）刮板输送机结构形式，应与采煤机和液压支架相配套。为配合滚筒采煤机自开缺口的需要，应优先选用短机头和短机尾结构形式的可弯曲刮板输送机。

（3）刮板链的结构形式及数目，根据负荷情况和煤质硬度进行选择。并且链速可调，以满足不同输送量的需要。

（4）传动装置布置方式，综采工作面刮板输送机通常采用多电机驱动，一般 2～4 台。优先选用双电机双机头驱动方式。当顶板条件较好，也可选用单机头、双电机的布置方式。

（5）为了配合采煤机有链牵引或钢丝绳牵引的需要，在机头和机尾部应附设采煤机牵引机构的张紧装置及其固定装置。而与无链牵引的采煤机配套时，机身应附设齿条与采煤机的行走轮齿相啮合。

（6）刮板输送机与转载运输机联结方式建议采用十字联结侧向卸载方式，转载机应具有自移功能，以利于随工作面前进迅速推移和改善工作面端头维护。

（三）液压支架

1. 顶底板分类

对回采工作面煤层顶底板岩石进行分类，其目的是确定顶板岩石的稳定性和底板岩石承载能力，指导与加强回采工作面的顶底板管理工作；确定单体支柱和液压支架的支护强度，为单体支柱和液压支架的优化设计和选型提供科学依据，为提高回采工作面的安全程度，减少顶板事故，提高工效和降低成本创造条件。

（1）直接顶分类。

根据顶板岩石的强度特征（主要是单轴抗拉强度 R_L 及抗压强度 R_O）、顶板岩层强度沿厚度的分布及层间粘结强度和顶板岩体的完整程度等，将直接顶稳定性分为四类，见表 3－2－4。

直接顶稳定性分类方案实例，见表 3－2－5。

表3-2-4 直接顶稳定性分类

类别	1类(不稳定)		2类(中等稳定)		3类(稳定)	4类(非常稳定)
	1_a(极不稳定)	1_b(较不稳定)	2_a(中下稳定)	2_b(中上稳定)		
指标	$L_z \leqslant 4$	$4 < L_z \leqslant 8$	$8 < L_z \leqslant 12$	$12 < L_z \leqslant 18$	$18 < L_z \leqslant 32$	$32 < L_z \leqslant 50$
	$L_{zo} \leqslant 4$	$4 < L_{zo} \leqslant 8$	$8 < L_{zo} \leqslant 12$	$12 < L_{zo} \leqslant 18$	$18 < L_{zo} \leqslant 32$	$32 < L_{zo} \leqslant 50$
岩性描述	泥岩、泥岩岩，节理发育或松软，分层厚度0.1～0.5m，岩石强度小于40MPa	泥岩、炭质泥岩，层理较发育，分层厚度0.2～0.5m，岩石强度20～50MPa	致密泥岩，粉涛岩、节理不发育，分层厚度0.3～0.7m，岩石强度30～60MPa	粉砂岩、砂泥岩、砂岩，节理不发育，分层厚度0.4～0.9m，岩石强度40～70MPa	砂岩、石灰岩、节理很少，分层厚度0.5～1.2m，岩石强度50～120MPa	致密砂岩、石灰岩，节理很少，分层厚度1.0～3.0m，岩石强度50～120MPa
分类要素 C_{zcc}	0.163	0.265	0.320	0.375	0.460	0.530
区间 $R_c h_o$	≤75.2	28.5～113.8	7.8～175.6	12.95～290.7	33.02～104.3	45.5～139.2

注：C_{zcc}—平均综合弱化系数；
R_c—岩石单向抗压强度，MPa；
h_o—下层直接顶平均分层厚度，m；
L_z—直接顶平均实测初次垮落步距，m；
L_{zo}—直接顶初次垮落步距，m。

(2) 老顶分级。

根据老顶初次垮落步距 L_0、直接顶厚度和采高的比值 N，将老顶矿压显现分为四级，见表 3-2-6。

$$P_{mo}=305.6+71.7M+1.67L_0-25.3N$$

或

$$P_{mo}=P_0+K_z\cdot S_{mo}$$

式中 P_{mo}——老顶初次来压时的循环末阻力，kN/m^2；

$$D_H=L_0-15.2N+42.9M$$

或

$$D_H=0.6P_{mo}-183$$

式中 D_H——老顶来压强度当量；

M——采高，m；

N——直接顶充填系数，即直接顶厚度 h_1 与采高 M 的比值；

L_0——老顶初次垮落步距，m；

K_z——支架压缩刚度；

S_{mo}——初次来压时的支架压缩量，mm。

表 3-2-5 直接顶稳定性分类方案实例

1类（不稳定）		2类（中等稳定）		3类（稳定）	4类（非常稳定）
1_a（极不稳定）	1_b（较不稳定）	2_a（中下稳定）	2_b（中上稳定）		
鹤壁二矿二$_1$	铁法大隆 7 号	大屯姚桥 7 号	肥城陶阳 2 号	大屯姚桥 7 号	肥城白庄 3 号
一 矿 一	晓南 1 号	孔庄 7 号	国庄 3 号	肥城曹庄 3 号	新汶协庄 1 号
开滦赵各庄 12 号	徐州张小楼 $2_下$	肥城查庄 2 号	大屯龙东 7 号	国庄 3 号	大同（8913）4 号
唐家庄 12 号	旗山 3 号	国庄 4 号	西山西曲 2 号	白庄 3 号	（8112）7 号
徐州大黄庄 3 号	新河 9 号	郑州卢沟 2－1	鹤壁五矿二$_1$		（8802）3 号
权台 3 号	董庄 1 号	鹤壁八矿 2－1	六矿二$_1$		（81016）3 号
夹河 2 号	张集 7 号	焦作九里山 2－1	四矿二$_1$	鹤壁一矿二$_1$	（8711）3 号
淮南潘一C13－1	焦作吴村二$_1$	中马村 2－1	平顶山八矿 J_{5-6}	五矿二$_1$	（81004）7 号
谢一C13	冯营二$_1$	来村 2－1	五矿 J_6	八矿二$_1$	（8202）7 号
平顶山三矿已$_{16-17}$	演马庄二$_1$	平顶山八矿 J_{5-6}	十一矿 J_5	平顶山三矿庚$_2$0	（8809）11 号
	义马常村 2－3	八矿戊$_{9-10}$	十一矿戊$_{9-10}$	阳泉一矿 12 号	（81006）11 号
十矿已$_{15}$	千秋 2－1	八矿已$_{15}$	阳泉四矿 15 号	阳泉二矿 12 号	（81517）14 号
淄博西河 7 号	耿村 1－2	十二矿已$_{15-16}$	三矿 15 号	阳泉三矿 12 号	（8712）14 号
肥城高余 5 号	耿村 2－1		三矿 6 号	徐州夹河 7 号	
淮北张庄 3 号	郑州东沟 2－1	十矿 J_6	开滦范各庄 5 号	张集 7 号	
	东平 2－1	二矿已$_{15}$	范各庄 7 号	开滦林西 11 号	
	向阳 2－1	西矿戊$_8$	唐家庄 9 号	林西 7 号	
	超化 2－1	七矿已$_{15}$	赵各庄 9 号	唐山 5 号	
	肥城高余 6 号	六矿 J_{5-6}	赵各庄 7 号	新汶孙村 4 号	
	国庄 3 号	六矿戊$_8$	淮北张庄 3 号	双鸭山七星 6 号	

续表

1类（不稳定）		2类（中等稳定）		3类 （稳定）	4类 （非常稳定）
1_a （极不稳定）	1_b （较不稳定）	2_a （中下稳定）	2_b （中上稳定）		
	淮北朱仙庄 8 号	兖州东滩 3 号	朱仙庄 10 号	肥城曹庄 2 号	
	石台 3 号	开滦吕矿 7 号	新汶张庄 15 号	官地 2 号	
	张庄 3 号	林西 12 号	华丰 4 号	西铭 2 号	
	朔里 5 号	林西 7 号		平顶山二矿庚 20	
	朔里 4 号	赵各庄 5 号		兖州南屯 3 上	
		范各庄 7 号		南屯 3 号	
		范各庄 11 号			

老顶来压显现强度分级准则的使用说明：

①必须准确搜集工作面及本煤层的地质、技术和矿压显现资料。特别是采高 M，直接顶厚度 h_1，老顶初次来压步距 L_0，直接顶充填系数 N。

②计算老顶来压强度当量值 $D_H=L_0-15.2N+42.9M$，确定其所在的不等式区间。从而确定该工作面所属的老顶来压级别。如果一个煤层的几个工作面所在级别不同，可以按多数工作面的所属级别确定。

③直接顶厚度是指直接位于煤层之上的易垮落，即能够随采随冒落的岩层厚度。当比值 $N=h_1/M>6$ 时，可取 $N=6$。

表 3-2-6 老顶矿压显现分级和适用条件

项　目	老顶显现级别			
	Ⅰ　级	Ⅱ　级	Ⅲ　级	Ⅳ　级
分级基础	$P_{mo}<440$	$440<P_{mo}\leqslant 520$	$520<P_{mo}\leqslant 620$	$P_{mo}>620$
来压当量	80.5	128.4	188.3	>188.3
分级界限	$D_H<80.5$	$80.5<D_H\leqslant 128.4$	$128.4<D_H\leqslant 188.3$	$L_0<D_H\leqslant 188.3$
适应地质技术条件举例	$M=1$　$M=2$　$M=3$	$M=1$　$M=2$　$M=3$	$M=1$　$M=2$　$M=3$	$M=1$　$M=2$　$M=3$
	$N=1$　$N=1$…… $L_0<53$　$L_0<10$	$N=1$　$N=1$　$N=1$ $L_0=53$　$L_0=10$　$L_0<15$ ~100　~57	$N=1$　$N=1$　$N=1$ $L_0=100$　$L_0=57$　$L_0<15$ ~160　~117　~74	$N=1$　$N=1$　$N=1$ $L_0=160$　$L_0>177$ $L_0>74$
	$N=2$　$N=2$…… $L_0<67$　$L_0<24$	$N=2$　$N=2$　$N=2$ $L_0=67$　$L_0=24$　$L_0<30$ ~115　~173	$N=2$　$N=2$　$N=2$ $L_0=115$　$L_0=72$　$L_0=30$ ~175　~132　~89	$N=2$　$N=2$　$N=2$ $L_0>17$　$L_0>132$ $L_0>89$
	$N=3$　$N=3$…… $L_0<83$　$L_0<39$	$N=3$　$N=3$　$N=3$ $L_0=82$　$L_0=39$　$L_0<45$ ~130　~80	$N=3$　$N=3$　$N=3$ $L_0=87$　$L_0=45$ ~147　~104	$N=3$　$N=3$ $L_0>147$　$L_0>104$
	$N=1$　$N=4$　$N=4$ $L_0<97$　$L_0<54$　$L_0<11$	$N=4$　$N=4$　$N=4$ $L_0=97$　$L_0=54$　$L_0=11$ ~145　~102　~60		

④按本方案，在直接顶厚度不变的条件下，老顶级别将随采高变化而改变。因而任何煤层，当采高改变时，必须及时调整老顶来压显现级别，重新考虑支架选型及岩层控制措施。

老顶来压显现强度分级实例，见表3－2－7。

表3－2－7　老顶来压显现强度分级实例

老顶来压显现级别							
Ⅰ级		Ⅱ级		Ⅲ级		Ⅳ级	
徐州旗山2号	2110	义马千秋2－1		开滦昌家坨7号	4073	邢台东庞7号	2101
西山官地8号	8014	21033		徐州夹河7号	7605	大同14号	8151
铜川	5－1号	21049			74111	11号	8313
淮北朔里	3111	11042		兖州鲍店3号	2301－1	7号	8809
朱仙庄	24106	21007		西山官地8号	18301		8804
阜新五龙	212	开滦范各庄5号	1353	西铭2号	2801		8802
本溪彩屯	3196	唐山	5387—B		4205	8号	8101
开滦荆各庄	1192N—2	徐州权台3号	3109	邢台东庞2号	2702		8311
大同煤峪11	8907	义安2号	2101		2018	11号	8803
徐州义安7号	7012	韩桥1号	109	邢台7号	7205—顶		8403
阳泉一矿	11032	西山官地2号	2015		7805—顶	四矿2号	8203
阳泉　3号		淮南　5号			7401—顶		
12号		4号		阳泉三矿5号	80611		
淮北　4号		17号		大同11号	81006		
铁法　7号		平顶山四矿	171	7号	8101		
双鸭山七星矿	3542	阜新5号		兖州鲍店3号	4303－1		
大同燕子山	8911	清河门6号		阜新五龙	234		
		开滦范各庄7号	130	阳泉15号	2308－1		
		兖州兴隆庄3号－1	2300				
		鸡西小恒山3号	162				
		晋城古书院3号	8303				

（3）底板分类。

根据岩层基本指标——底板容许比压 q_c、底板容许刚度 K_0、辅助指标——底板容许穿透度 β 及参考指标——底板容许单轴抗压强度 R_c 等，将回采工作面底板分为五类，见表3－2－8。

（4）围岩类型与支架选型。

对于典型的顶底板组合，建议的液压支架初步选型，可参考表3－2－9。

2. 支架的选择

1）基本要求

（1）具有合理的工作阻力及初撑力，支撑力的分布要适应围岩情况，即架型选择合理。

（2）能可靠地支撑靠近煤壁处无立柱空间的顶板，有较大的顶板遮盖率。

（3）能采取合理的移架方式，能随着采煤及时支护，液压系统简单可靠。

（4）具有与围岩冒落矸石相适应的挡矸或掩护机构，清矸量少，移步中不漏矸。

（5）稳定性好，防倒、防滑、防水平推力性能良好。

（6）支架能可调，当顶底板、煤厚、倾角变化时亦能正常移动。

(7) 构件要有足够强度，支架有足够的伸缩余量，且便于搬装。

(8) 要有足够的通风断面，尤其是对高瓦斯及薄煤层工作面。

2) 支架的选择

液压支架的选择内容为支架的型式、支架的工作阻力及初撑力和支架的结构高度等。

表 3-2-8 回采工作面底板分类方案

底板类别		基本指标		辅助指标	参考指标	一般岩性
名称	代号	容许比压 q (MPa)	容许刚度 K_o (MPa/mm)	容许穿透度 β (mm^{-1})	容许单轴抗压强度 R_c (MPa)	
极软	Ⅰ	<3.0	<0.035	<7.22	充填砂、泥岩、软煤	
松软	Ⅱ	3.0<6.0	0.035～0.32	0.20～0.40	7.22～10.80	泥页岩、煤
较软	$Ⅲ_a$	6.0～9.7	0.32～0.67	0.40～0.65	10.80～15.21	中硬煤、薄层状页岩
	$Ⅲ_b$	9.7～16.1	0.67～1.27	0.65～1.08	15.21～22.84	硬煤，致密页岩
中硬	Ⅳ	16.1～32	1.27～2.76	1.08～2.16	22.84～41.79	致密页岩，砂质页岩
坚硬	Ⅴ	>32	>2.76	>2.16	>41.79	厚层砂质页岩 粉砂岩，砂岩

说明

1. 本表主要适用于缓倾斜煤层，对急倾斜开采或放顶煤开采可参考试用；
2. 基本指标 q 与 K_1 有紧密的相关关系，底板分类时可选任一指标或互相参照；
3. 基本指标 q_c 的数值是按公式 $Q_c=0.75q_m$ 计算的，q_m 为底板第一极限比压，是同一煤层底板各测站底板第一极限比压测定值的统计平均值；
4. 基本指标 K_c 的数值是按回归公式 $K_m=0.094q_m-0.247$ 及公式 $K=0.75K_m$ 计算的，K_m 为底板表层第一极限刚度；
5. 辅助指标 β 的数值是按回归公式 $q_m=14.85\beta_m$，及公式 $\beta_m=0.75\beta_m$ 计算的，β_m 为底板穿透度；
6. 参考指标 R_L 的数值暂时按回归公式 $q_m=0.839K_m-3.06$ 及公式 $R=0.75R_m$ 计算，R_m 为底板岩石单轴抗压强度。此回归公式需通过进一步实验予以确定；
7. 处在各类分界处的数据按四舍五入的方式，并考虑生产实践经验判断归入就近一类；
8. 长期浸水工作面底板的极限比压约降为无水条件下的$\frac{1}{3}$，可按公式 $q_m=0.3$、q_m 调整类级。q_m、q_{mt}分别为长期浸水与无水条件下的底板极限比压；
9. 相同条件下的机采工作面底板极限比压 q_m 比炮采工作面底板极限比压 q_m 约提高 25%以上，可按公式$q_m=1.25q_{mp}$调整类级

表 3-2-9 围岩类型与支架选型

直接顶类别		1		2		3		4
老顶级别		Ⅰ	Ⅱ	Ⅰ	Ⅲ	Ⅰ Ⅱ Ⅲ	Ⅱ Ⅲ	Ⅳ
底板类别		Ⅰ Ⅱ	Ⅰ Ⅱ	Ⅰ Ⅱ	Ⅰ Ⅱ	Ⅰ Ⅱ	Ⅲ Ⅳ	Ⅳ Ⅴ
综采支架选型	1	插底掩护型	支掩掩护型	支掩掩护型	支撑掩护型	支撑掩护型	支撑掩护型	强力支撑掩护型
	2	轻型支掩掩护型	支顶掩护型	支顶掩护型	支顶掩护型	支顶掩护型	支顶掩护型	短顶梁、大流量安全阀
	3	轻型支顶掩护型	支顶掩护型	支顶掩护型				
单体支柱底板	型式	分离式		分离式		分离式	装配式	现有生产底座系列
	面积 (cm^2)	250～500	300～600	250～600	350～700	250～700	93.3～154	78.5～93.3

(1) 支架型式的选择。

按液压支架与顶板岩石的相互作用，支架型式可分为支撑型、掩护型和支撑掩护型。各类型支架的结构特点及适用条件，见表3－2－10。

表3－2－10　液压支架分类

支架类型	支架形式	结构特点	适用条件
支撑型	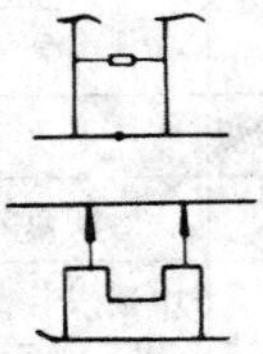	支架无掩护梁，支柱直接支撑于顶梁上，顶梁支撑着整个回采空间的顶板	支架工作阻力高，支撑与切顶能力强，通风断面大，支架重量轻，成本较低，但顶梁较长，控顶距大，反复支撑次数多，顶板易破碎。梁端支撑能力低，易产生冒顶，漏矸，对老塘和顶板的挡矸能力差、抗水平能力低。适用于厚度小于2.5m，倾角小于10°的煤层，较完整的中等稳定顶板和坚硬顶板的支护，目前已少选用
掩护型	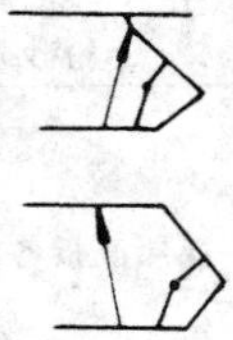	支架只有单排立柱支撑在顶梁或掩护梁上。支架以掩护采空区已冒落的矸石为主，而对机道上方的顶板支撑为铺	支架掩护性和稳定性较好，调高范围大，对破碎顶板适应性强，但支撑能力一般较小。适用于厚度2～3m，倾角小于15°的煤层；松散破碎的不稳定或中等稳定顶板的支护
支撑掩护型	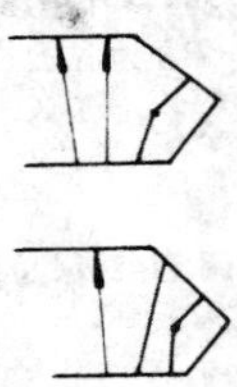	支架具有双排立柱，且有掩护梁，以支撑板为主，兼有掩护式的特点，靠支撑和掩护作用来维持一定空间	支架支撑能力大，切顶能力强，抗水平推力强，底板比压较均匀，适应性强，但支架较重，成本高。适用于厚度2.5～4.5m，倾角小于15°的煤层，中等稳定或稳定的顶板支护
放顶煤支架	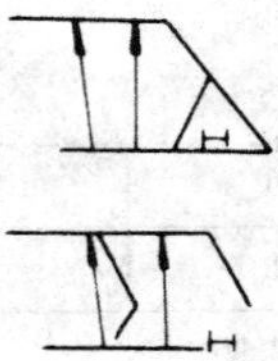	支架掩护梁或尾梁上有放煤口，由放煤千斤顶控制开关，顶煤可放入支架前部或后部输送机内	支架除满足支护工作面顶板的要求外，还具有放出冒落的顶煤的功能，适用于采用综合机械化放顶煤采煤工作面的支护
端头支架	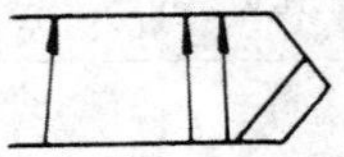	前探梁伸人巷道内较长，前柱与中间柱有较大控制	用于综采工作面上、下顺槽端头，与工作面一起形成工作面全封闭型支护，上、下端头各设一组(2架)

注：掩护型支架按立柱支撑在顶梁或掩护梁两种不同部位，可分为支顶掩护型和支掩掩护型两种型式。

(2) 支架阻力的选择。

液压支架的阻力是支架设计中最基本的参数，支架所有结构的强度都由此决定。它在一定程度上显示支架工作的能力和特征。所以，根据地质条件和煤层赋存状况，合理地选择支架的工作阻力是很重要的。

支架阻力主要指支架的初撑力和工作阻力。目前主要采用现场观测，然后根据观测数据进行估算或折算。

估算法首先考虑支撑冒落带岩层的重量：

$$P=9.8S\gamma\Sigma h\cos\alpha \tag{3-2-3}$$

式中 P——支架承受的荷载，kN；

S——支架支护的顶板面积，m^2；

γ——顶板岩石视密度，t/m^3；

Σh——冒落带岩石的高度（直接顶厚度），m；

$$\Sigma h=\frac{M}{K-1}$$

M——采高，m；

K——岩石碎胀系数，取 1.25～1.5；

α——煤层倾角，(°)。

上式可写成：

$$P=(2\sim4)\times9.8S\gamma M\cos\alpha$$

一般用上限，即

$$P=4\times9.8S\gamma M\cos\alpha$$

计算中再考虑支架受力不均衡衡量的安全系数 1.5～2，则

$$P=(6\sim8)\times9.8S\gamma M\cos\alpha \tag{3-2-4}$$

一般情况下，支架承受的荷载可取 6～8 倍采高的岩石柱重量。根据现场观察和对观测资料的分析：以中等稳定、中等坚固的岩石为界，低者取 6～8 倍，高者取 9～11 倍。

折算法是按相似条件的回采工作面所用的单体支架的工作阻力，来确定自移式液压支架所需阻力：

$$P=\frac{n_0P_0S}{n} \tag{3-2-5}$$

式中 P——支架最大工作阻力，kN/根；

n_0——单体支柱支护密度，根/m^2；

P_0——单体支柱平均最大工作阻力，kN/根；

n——液压支架的柱数，根；

S——液压支架的支护面积，m^2。

上述折算法和估算法均为近似计算，在最后确定时都应考虑到支架的力学特性，支架反复支撑，卸载、移架的特点，周期来压以及煤层倾角等对支架载荷的影响，采取必要的安全系数。

由液压支架工作面的实测可知，液压支柱工作于增阻期占很大比重。因此，提高支柱初撑力，并使支架很快达到工作阻力，从而减少顶板下沉，改善顶板维护状况，如能将初撑力提

高到工作阻力的60%～70%，则较为理想。

（3）支架结构高度的选择。

合适的结构高度是支架正常工作的关键，支架的最大及最小高度可按下式确定，见图3－2－2。

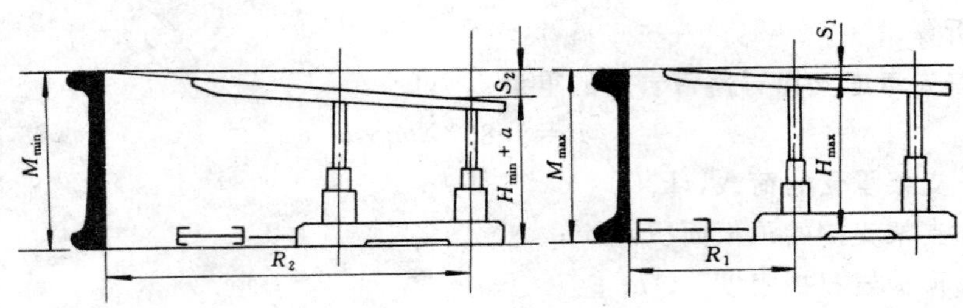

图3－2－2　支架结构高度计算

$$H_{max}=M_{max}-S_1 \quad (3-2-6)$$

$$H_{min}=M_{min}-S_2-a \quad (3-2-7)$$

式中　H_{max}、H_{min}——支架的最大及最小结构高度，m；

M_{max}、M_{min}——支架后柱处的最大、最小下沉量，其值为$S_2=k\times M_{max}\times R_2$（mm），$R_2$为后柱到煤壁距离，m；

S_1——前柱处的最小下沉量，即在移架后还未形成循环下沉量以前前柱的顶板下沉量，其值为$S_1=k\times M_{max}\times R_1$（mm），$R_1$为前柱到煤壁的距离，m；

k——考虑顶板级别的系数，对Ⅰ、Ⅱ、Ⅲ级顶板分别为0.04、0.025、0.015；

a——支架卸载前移时的可缩余量，当层厚小于0.8m，$a\geqslant0.03$m，层厚大于0.8m时，$a\geqslant0.04$m，平均可取$a=0.05$m。

在实际使用中，通常所选用的支架的最大结构高度比最大采高大200mm左右，即：

$$H_{max}=M_{max}+0.2,\ \mathrm{m}$$

最小结构高度应比最小采高小250～350mm，即：

$$H_{min}=M_{min}-(0.25\sim0.35),\ \mathrm{m}$$

以上这些参数之间有着紧密的内在联系，同时，它们又随着地质条件和生产条件的变化而变化。选择时，应综合各项因素，进行全面分析，才能比较正确合理。

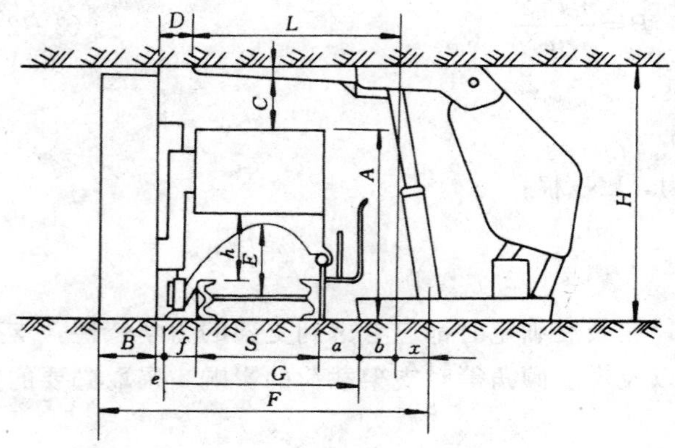

图3－2－3　综采设备的配套尺寸关系

（四）综采工作面设备配套

为了实现综采工作面高产、高效和安全生产，要求采煤机、刮板输送机和自移式液压支架之间，在工作面空间尺寸、结构参数和性能参数等方面，必须互相匹配，具有良好的配套性能。

1. 空间尺寸的配套

采煤机、刮板输送机和液压支架的配套尺寸，如图 3—2—3 所示。

(1) 支架前柱至煤壁的无立柱空间宽度 F。

$$F=B+e+G+b+X,\ \mathrm{mm} \qquad (3-2-8)$$

式中 B——截深，即采煤机滚筒的宽度，mm；

e——煤壁与铲煤板之间的空隙距离，$e=100\sim200$mm；

X——立柱的水平投影长度，可按立柱最大高度的投影计算，mm；

G——输送机宽度，$G=f+S+a$，mm；

f——铲煤板宽度，一般为 150～240mm；

S——输送机中部槽宽度，由输送机型号定，mm；

a——电缆槽和导向槽的宽度，通常为 360mm；

b——前柱与电缆槽之间的距离，应大于 200～400mm。

(2) 前柱至梁端的长度 L。

$$L=F-B-D-x,\ \mathrm{mm} \qquad (3-2-9)$$

式中 D——支架梁端与煤壁间无支护的间隙，为 200～400mm，煤层薄时取小值，厚时取大值。

(3) 支架最小高度 H。

$$H=A+C+t,\ \mathrm{mm} \qquad (3-2-10)$$

式中 t——支架顶梁厚度，mm；

A——采煤机机身高度，输送机高度和采煤机底托架高度 h（自输送机中部计算起）之和，但底托架高度要保证过煤高度 $E>250\sim300$mm；

C——采煤机机身上部至顶梁的高度，其最小值应为 90mm～250mm 之间。

(4) 支架宽度。

支架宽度应与输送机中部槽相一致，推移千斤顶的行程应较截深大 100～200mm。

2. 生产能力配套

采煤机、液压支架和输送机（包括工作面刮板输送机、转载机、破碎机及胶带输送机）组成了工作面生产系统。为保证采煤工作面最大生产能力，各设备生产能力必须匹配。

(1) 刮板输送机的输送能力，必须大于采煤机的生产能力。

破碎机、转载机、胶带输送机以及其它外部运输设备的输送能力，应大于前段运输能力，以保证运输畅通无阻，发挥最大效率。

(2) 支架沿工作面的移架速度，应跟上采煤机的工作牵引速度。

3. 配套实例

国内部分煤矿综采工作面采煤机，液压支架及刮板输送机的配备情况及有关生产技术指标见表 3—2—11。部分创百万吨综采工作面设备配套情况见表 3—2—12。

(五) 辅助系统

在综采工作面平巷内，配有转载、破碎、运输设备、乳化液泵站、信号通讯控制台、加

表 3—2—11　国内部分煤矿综采工作面

序号	单位名称	矿井概况			工作面条件								综采	
		生产能力(万 t/a)	煤层厚度(m)	可采储量(万 t)	工作面编号	采煤方法	走向长度(m)	工作面长度(m)	采高(m)	采放比	煤层倾角(°)	煤层硬度 f	液压支架 型号	液压支架 数量(架)
1	铁法局大隆矿	180	3.3	2466	E702	单一	1120	191	3.3		7	2	ZZ—4400/17/35	136
2	平煤集团六矿	210	3.3	3600	J—22040	单一	1200	142	3.3		3～12	1.5	仿西贝	94
3	鸡西局小恒山矿	240	1.8	52.5	E2133	单一	760	160	2.4		11	2	G320—9.5/2.8	106
4	鹤岗局南山矿	240	3.5	8868	二—53	单一	690	195	3.5		24	0.8	ZY35	130
5	晋城局古书院矿	300	6	10378	12303下	分层	1027	209	2.9		3～5	3～4	ZZP4400—17/35	140
6	石炭井局白芨沟矿	140	17.2	5828	4321五	分层	960	155	3		17～10	3～5	PY—400/1.7/3.5	200
7	西山局西铭矿	240	4	22108	28105	采全高	790	145	4		2～7	1.5	BC—480	97
8	邢台局东庞矿	180	4.9	10800	2703	采全高	1400	155	4.9		11	2	BY3600—21/50	103
9	西山局西曲矿	300	4	40967	18106	采全高	1040	148	4		3～7	4	BC480—2.2/4.2	100
10	开滦局钱家营矿	400	3.8	65490	1277	采全高	935	150	3.8		8	0.7	ZY3600—2.0/4.5	100
11	徐州局张双楼矿	120	4.5	15539	9404	采全高	788	146	4.5		22	2～2.5	BY3600—25/50B	97
12	郑煤集团米村矿	150	6.45	5348	18051	综放	822	105	6.9	1/1.76	10	1	ZFS3600—19/28	70
13	兖州集团鲍店矿	300	5.76	3814	2305—2南	综放	1031	135	5.8	1/0.86	4	2～3	FDT4×550K	91

各种典型采煤方法生产技术指标

设备配套情况				生产情况					备注
采煤机		刮板输送机		生产起止日期	工作面总产量（万 t）	平均单产（t/个·月）	工作面效率（t/工）	工作面回收率（%）	
型号	牵引方式	型号	卸载方式						
MG－2×400W	无链	SGZC－880/2×400	端卸	1997.7～1997.12	115.5	192498	126.3	99	
MXA－300	无链	SGZ－764/320	端卸	1996.1～1996.2	31.7	158652	58.9	97	
EDW－170L	有链	EKF－3/E72V	端卸	1982.6～1982.12	51.15	73000	25.5	95.6	
KWB－3RDUW	无链	SGZ－730/400	端卸	1986.12～1987.8	63.3	70300	14	90.4	
EDW－450/1000L	电牵引	1000HB280	侧卸	1996.3～1997.3	102.5	85433	54.2	98	
MXA－600/3.5	无链	SGZC－730/320	侧卸	1997.1～1997.12	103	85834	37.2	99	
MXA－300	无链	SGZ－764/264	端卸	1989.5～1989.9	65.1	112110	48.89	93.2	
MXA－300	无链	SGZ－764/500	侧卸	1996.1～1997.12	223	185700	127	97	
AM500	无链	SGZ－764/500	端卸	1995.8～1996.4	79.1	88838	23.6	93	
KGB－324/B	无链	SGZ－730/320	端卸	1995.10～1996.5	76.1	95172	62.2	95.5	
MG－2×300W	无链	SZB－730/75	端卸	1995.11～1996.7	65.8	93950	34.6	97.7	
MLS_3－170	有链	SGZ－730/320	端卸	1996.1～1996.12	113.2	96280	60.3	85.2	
AM500	无链	SGB－764/264	端卸	1996.10～1997.4	85.8	143068	89.04	97.4	

序号	单位名称	矿井概况			工作面条件									综采	
														液压支架	
		生产能力(万t/a)	煤层厚度(m)	可采储量(万t)	工作面编号	采煤方法	走向长度(m)	工作面长度(m)	采高(m)	采放比	煤层倾角(°)	煤层硬度f		型号	数量(架)
14	兖州集团东滩矿	400	5.38	10331	43上02	综放	1781	206	5.4	1/0.68	5	2～3		ZFS5100—17/35	139
15	潞安局王庄矿	440	6.65	17858	6111	综放	2250	181	6.7	1/1.22	3～6	3		ZZP4800/17/33F	118
16	新集集团新集煤矿	300	7.5	32105	1307	综放	1820	150	7.5	1/2.0	10	1		FSB4400—18.2/2	94
17	石炭井局乌兰矿	90	12.7	92	5333	综放	533	122	13	1/4.5	22	1.2		ZFSB3200—16/28	82
18	窑街局三矿	60	30	3727	5521—3	综放	410	55	13	1/4.0	50	1.2		FY280—14/28	36
19	乌局六道湾矿	90	42	35.9	中央东翼	综放	500	35	18	1/6.2	70	2～3		ZFSB2800—16/28	22
20	辽源局梅河矿	60	15～70	1551	0507—8	综放	710	47	23	1/8.0	45～60	1.5		FYC400—16/28	30
21	松藻局打通一矿	90	1	2328	S1714W	薄煤层	1350	140	1.1		0～12	1.2		HB4—160B	112
22	大同局燕子山矿	400	1.3—5	30799	四8906	薄煤层	1051	130	1.3		0～2	3		ZYB—4400	85
23	大同局同家梁矿	250	1.2	13070	八8805	薄煤层	875	130	1.2		1～4	3.4		ZYB—4400—8.5/18	81
24	双鸭山局七星矿	180	1.2	20	3531	薄煤层	530	124	1.2		12	1～2		4L325	80
25	徐州局权台矿	110	2.5～5.3	4322	34219	分层	664	150	2.4		5～10	0.8		QY240—1.0/2.6	101

续表

设备配套情况				生产情况					备注
采煤机		刮板输送机		生产起止日期	工作面总产量(万t)	平均单产(t/个·月)	工作面效率(t/工)	工作面回收率(%)	
型号	牵引方式	型号	卸载方式						
AM500	无链	SGB—764/400	端卸	1995.5～1996.11	314.5	174739	98.11	83.47	
AM—300/3.5		SGZ—764/500 SGZ—730/401	端卸	1992.10～1994.2	328.9	233501	111.9	87.3	
MG300—W1	无链	SGZ—764/500	端卸	1995.7～	328.2	208600	83.25	84.4	
MXP—350	无链	SGZ—730/160 SGD—630/110	端卸	1997.1～1997.12	78.9	49300	50.9	82.8	
MLS_{3pH}—170	有链	SGD—630/180 SGW—40	端卸	1997.1～1997.12	43	37085	20.1	83.3	
MGD—150NW	无链	SGB—730/112	端卸	1996.1～1996.11	33.6	30000	12.3	93.53	
MGY—150	有链	SGD—630/180	端卸	1995.4～1996.9	95.22	52902	60.1	85.6	
MG—150	有链	SGB—630/80	端卸	1995.7～1997.3	30.1	12870	6.02	97	
MG—344	电牵引	SGB—730/220	端卸	1996.5～1996.12	23.7		70.57	97	
5MG—200—B	有链	SGD—630/200W	端卸	1996.3～1998.7	15.1	33489	14.03	99	
B61	有链	AFC—112	端卸	1996.4～1996.8	10	25000	10	97	
4MG—200W1	无链	SGB—630/220W	端卸	1995.12～1996.5	33.26	66512	31.74	97.98	

表 3—2—12 部分百万吨工作面设备配套情况

序号	局、矿、队	采煤方法	采高 (m)	原煤产量 (万 t)	工作面效率 (t/工)	综采设备型号			备注
						液压支架	采煤机	工作面输送机	
1	兖矿集团南屯矿综二队	综放/综采	3.1	350.18	181.1	ZFS5100/ZY5600	AM500/DR102102	SGB—764/500WK	首次达到 350 万 t
								AFC—1000/3×375	
2	淮南市新集团新集矿综采队	综放	7.5	288.85	80.00	ZFS4000—19/28	MG300	SGB—730/400	首次达到 300 万 t
3	兖矿集团东滩矿综二队	综放	6.0	261.31	123.9	ZFS5100—17/35	AM500	SGZ—764/400	首次达到 200 万 t
								SGZ—704/400	
4	兖矿集团鲍店矿综二队	综放	7.7	230.79	107.87	ZFP5200	AM500	SGB—764/500WK	
								SGZ—764/400	
5	潞安局王庄矿综一队	综放	6.0	222.90	121.07	ZZP4800—17/32	MXA300	SGZ—764/500	首次达到 200 万 t
6	邢台局东庞矿综采队	长壁	5.0	219.73	124.14	ZY3600—13/32	MXA300/4.5	SGZC—730/320	
7	潞安局王庄矿综二队	综放	6.0	217.72	118.26	ZZP4800—17/32	MXA300	SGZ—764/500	
8	潞安局漳村矿综采队	综放	6.6	212.88	85.00	ZFY4000—1.7/3.5	MXA300	SGZ—330/630	
9	兖矿集团东滩矿综一队	综放	6.3	204.83	94.40	ZZ5500/22/35	AM500	SGZ—764/400	
10	兖矿集团兴隆庄矿综一队	综放	8.3	202.49	89.04	ZFS5200	AM500	SGZ—764/500	
11	大同局燕子山矿高产高效队	长壁	3.1	202.00	92.44	ZZS6000	DR102101(日本)	LM—1000/2250	首次达到 200 万 t
12	平煤集团六矿综一队	长壁	3.3	195.51	53.33	ZY3200—17/37	MXA380/3SE	SGZ—764/400W	
13	兖矿集团兴隆庄矿综二队	综放	5.5	190.76	88.20	ZFS5100	AM500	SGZ—764/400	
14	铁法局大隆矿综采队	长壁	3.0	171.80	112.92	ZY35—17/35	MG300	SGZ—764/400	
15	平煤集团一矿综三队	长壁	2.98	166.81	73.91	ZY2400—14/32	MG200	SGZ764/400	
16	甘肃华亭县华亭煤矿综采队	综放	12.0	161.49	75.50	ZFS2200	4MG200W	SGD—603	
17	铁法局晓南矿综采一队	长壁	3.3	161.22	147.35	ZZ4000—17/35	MG2×400	SGZ—880/2×400	
18	兖矿集团鲍店矿综一队	倾分	3.1	151.81	75.17	ZZ5500—22/35	AM500	SGB—764/264	

续表

序号	局、矿、队	采煤方法	采高 (m)	原煤产量 (万 t)	工作面效率 (t/工)	综采设备型号			备注
						液压支架	采煤机	工作面输送机	
19	晋城局古书院矿综二队	长壁	6.0	151.08	52.01	ZZ4000—12/23	ESW450/1000	SGB—764/264	
20	铁法局大兴矿综一队	长壁	4.2	150.40	86.72	ZY—35	MG2×300	SGZ—830/630	
21	义马局常村矿综采队	长壁	3.3	150.00	50.30	ZYP3200—17/35	MG400	SGZC—764/500	
22	淮北局朔里矿综采队	长壁	3.0	149.31	48.79	ZY35	MXA300	SGD—730/320	
23	晋城局凤凰山矿综二队	综放	6.0	145.00	59.5	ZY35	AM500	SGB—764/264	
24	大同局马脊梁矿综二队	长壁	1.6	135.46	37.09	ZZ5200	4LS	LW—1500/830	
25	平顶山煤业集团四矿综一队	长壁	3.3	129.86	43.81	ZY3200—17/37	MG475	SGZ—764/400	
26	西山局西曲矿综二队	长壁	2.7	129.73	39.44	ZZ4800/22/42	AM500	SGZ—764/320	
27	开滦局钱家营矿综三队	长壁	3.3	127.00	63.68	ZY3600—20/45	KGS—320(波兰)	SGD—730/320	
28	潞安局五阳矿综一队	综放	6.0	124.38	39.89	ZFP4400—17/32	MXA300	SGZ—764/500	
29	枣庄局蒋庄矿综一队	长壁	3.6	122.15	52.50	PIOMA—18/37	AM500	SGZ—764/400	
30	平顶山煤业集团一矿综二队	长壁	2.8	121.59	50.42	ZY2000—14/31	MG200	SGZ—764/320	
31	义马局耿村矿综二队	长壁	2.7	121.32	47.698	ZY3500—25/47	MA600/4.5	LW(英国)	
32	晋城局古书院矿综一队	长壁	3.0	121.09	75.65	ZZP4400—17/35	AM500	EKF—1000/HB280	
33	西山局西曲矿综一队	长壁	3.3	120.56	37.70	ZZ4800—22/42	AM500	SGZ—764/320	
34	大雁局一矿综一队	长壁	3.4	120.34	35.60	ZFSL4000—13/32	MG2×300	SGZ—764/400	
35	铁法局大明一矿综采队	长壁	2.9	120.16	75.05	ZY35—17/35	MG300	SGZ—764/400	
36	晋城局凤凰山矿综一队	长壁	3.0	120.00	48.66	ZY3500	EDW600	SGBZ—764/264	
37	大同局云岗矿综三队	长壁	2.8	117.57	57.39	ZZ7200	AM500	SEB—764/264	
38	徐州局张双楼矿综采队	长壁	4.5	116.93	30.02	ZY3600—25/50	MG2×300	SGZ—764/400	

续表

序号	局、矿、队	采煤方法	采高 (m)	原煤产量 (万 t)	工作面效率 (t/工)	综采设备型号			备注
						液压支架	采煤机	工作面输送机	
39	西山局马兰矿综一队	长壁	3.0	115.01	30.97	ZZ400−17/35	AM500	SGZ−764/320	
39	西山局马兰矿综一队	长壁	3.0	115.01	30.97	ZZ400−17/35	AM500	SGZ−764/320	
40	晋城局凤凰山矿综三队	长壁	3.0	115.00	51.94	ZYP4000−17/35	AM500	SGB−764/264	
41	大雁局二矿综采队	综放		114.47	77.00	ZFSL400−15/32	MG600	SGZ−764/400	
42	西山局西铭矿综一队	长壁	3.2	114.29	41.89	ZZ4800−22/42	MXA300	SGZ−764/500	
43	铁法局小康矿综放队	综放	7.6	114.17	67.10	ZFS4000−17/28	MG300	SGZ−764/400	
44	义马局杨村矿综二队	长壁	2.7	113.46	62.43	ZY3500	MLS_3-170	SGD−730/250	
45	郑州局米村矿综一队	综放	5.9	113.22	30.60	ZFS4000−19/28	MLS_3-170	SGZ−739/320	
46	阳泉局一矿综四队	综放	6.0	112.72	41.28	ZFS4400−17/26	KGS−320(波兰)	SGZ−764/320	
47	大同局马脊梁矿综一队	长壁	3.3	111.95	31.61	ZZ6000	AM500	SGB−764/264	
48	阳泉局二矿综四队	综放	6.0	110.79	37.09	ZS4400−17/26	KGS320B	SGZ−764/320	
49	铁法局小青矿综一队	长壁	2.9	110.05	75.34	ZY3500	MG300	SGZ−764/400	
50	西山局东曲矿综二队	长壁	2.9	109.82	34.73	WS1.7−1.2/2.8	MG300	SGZ−764/264	
51	大册局同家梁矿综一队	长壁	3.0	107.72	42.93	ZZ6000	MXA600	SGB−764/264	
52	阳泉局一矿综五队	综放	6.0	106.72	39.86	ZFS5400−17/26	AM500	SGZ−764/500	
53	阳泉局四矿综二队	综放	6.0	106.66	29.83	ZFS400−17/26	KWB−3RDUW(波兰)	SGZ−764/320	
54	大同局燕子山矿综采队	长壁	3.1	105.58	50.96	ZZ6000	MG2×300	SGB−764/264	
55	安徽皖北局百普矿综采队	长壁	2.8	105.24	33.61	ZZ4000−17/35	MG200	SGZ−730/320	
56	大屯公司龙东矿综采队	长壁	2.7	104.72	66.21	ZYX3300−13/33	MG200−475W	SGZ−764/400W	

续表

序号	局、矿、队	采煤方法	采高(m)	原煤产量(万 t)	工作面效率(t/工)	综采设备型号			备注
						液压支架	采煤机	工作面输送机	
57	徐州局旗山矿综一队	综放	4.5	104.28	44.4	ZFS3000—153/26	4MG200	KWB—3RDUW SGB—630/220	
58	徐州局三河尖矿综一队	综放	6.1	104.23	46.53	ZFS3600—16/28	MG200	SGB—630/220	
59	铁法局晓明矿综二队	长壁	3.2	103.84	89.55	ZY35—17/35	MG300	SGZ—764/400	
60	龙口局梁家矿综一队	综采	4.5	103.28	34.00	ZY4400—23/42	AM500	SGZ—764/320	
61	淮南局潘集一矿综一队	倾分	3.3	102.87	28.51	ZZ4000—17/35	MXA300	SGZ—730/400	
62	大同局同家梁矿综二队	长壁	2.4	102.47	40.81	ZY5600	MXA2×300	SGB—764/264	
63	大同局云岗矿综二队	长壁	2.4	102.09	53.13	ZY5600	AM500	SGB—764/264	
64	晋城局五台铺矿综一队	长壁	3.0	101.49	47.61	ZZP4000—17/35	MA600	SGB—764/264	
65	石炭井局白芨沟矿综采队	倾分	3.6	101.48	32.90	ZYP4000—1.7/3.5	MXA600	SGZ—730/320	
66	阳泉局二矿综六队	综放	6.0	101.01	29.29	ZFS4400—17/26	KGS320B	SGZ—764/320	
67	西山局杆儿坪矿综三队	长壁	2.8	100.87	33.25	ZZP4000—17/35	AM500	SGZ—830/630	
68	大同局云岗矿综一队	长壁	2.4	100.68	42.11	ZZ5600	MG600	SGB—764/264	
69	枣庄局柴里矿综一队	综放	7.0	100.65	33.77	ZFS5400—17/33	AM500	SGZ—764/264	
70	阳泉局三矿综三队	综放	6.0	100.41	24.33	WS1.7—12/28	MG200	SGZ—764/264	
71	郑煤集团超化矿综采队	综放	12.0	100.03	37.40	ZFS3600—17/28	MG200	SGZ—730/320	
72	平煤集团十矿综二队	长壁	3.2	100.01	40.53	ZY3800	MG475	SGZ—764/400	
73	大同局晋华宫矿综二队	长壁	2.9	100.00	52.47	ZZ7200	MG2×300	SGZ—764/400	
	合计			10028.29					

压水泵站及配电等设备。这些设备与工作面采煤机、刮板输送机及液压支架配套，组成了综采生产系统。下面仅介绍与采矿有关的辅助设备的选型。

1. 运煤系统

1）转载机

(1) 转载机的运输能力，应大于工作面刮板输送机的输送能力；它的溜槽宽度与链速，一般应大于工作面刮板输送机溜槽宽度与链速。

(2) 转载机的传动装置，应根据运量和运距大小确定电动机台数及功率，并尽量与工作面刮板输送机相同，以便通用。

(3) 转载机的机尾部与工作面输送机的连接要配套，并保证工作面刮板输送机机头有600～700mm的卸载高度。

(4) 桥式转载机机尾与工作面运输机联接。目前已逐渐推广十字联接，侧向卸载，并随工作面推进自行移动，使工作面端头支护简化，更有利于综采工作面快速推进。

2）破碎机

(1) 为保证运输通畅，在桥式转载机中部需安装一台破碎机。

(2) 破碎机的类型和破碎能力，应满足工作面生产可能产生的大块煤、岩等的要求。通常破碎煤质不硬的块煤时，可选用夹板式破碎机；需要破碎硬煤或夹矸时，宜选用鄂式破碎机。

3）可伸缩胶带输送机

(1) 配合机采工作面平巷运输，一般选用可伸缩胶带输送机，其输送能力应与转载机相匹配，并根据运量选择带宽和带速。

(2) 运输平巷胶带输送机的铺设长度，一般为每台500～1000m。当一台长度不够时，可两台搭接。靠转载机一台选用可伸缩式，另一台选用固定非伸缩式。

(3) 胶带分为普通胶带和阻燃胶带，应选用阻燃的高强度尼龙芯胶带。

(4) 可伸缩胶带输送机的机身结构有：钢丝绳吊挂式、钢梁吊挂式和钢架落地式等。

钢丝绳吊挂式和钢梁吊挂式胶带输送机，钢材用量少，设备简单，适于底板软，容易积水的条件，但缩短机尾比较复杂。钢架落地式胶带输送机，结构简单，拆装方便，有利于使用和维护，但机身钢材用量较大，底板变化对输送机的安装和使用有影响。

上述各类胶带输送机，可根据具体条件选用。

2. 乳化液泵站

乳化液泵站由乳化液泵与乳化液箱组成。它为综合机械化采煤工作面或普通机械化采煤工作面支护设备提供高压乳化液，亦可作为其他液压设备的动力源。

(1) 乳化液泵站输出的液流压力，应满足液压支护设备额定工作压力的需要，并考虑管路阻力所造成的压降，可根据工作面液压支护设备的性能要求来确定。

(2) 乳化液泵的单机额定流量和泵的台数，应满足工作面液压支护设备操作的需要。对快速移架的液压支架供液或多架支架同时作业时，需要较大的流量。

乳化液箱的容量应满足多台同时运行的需要。

3. 喷雾泵站

喷雾泵站由喷雾泵和过滤器组成，主要用于与滚筒式采煤机配套，为采煤工作面提供喷雾降尘和冷却的压力水。

采煤机各部水路的工作压力和耗水量，见表3－2－13。

喷雾泵和过滤器可根据所选采煤机及其他需要提供喷雾降尘压力水的设备性能要求进行选择。

表3－2－13 采煤机各水路的工作压力和耗水量

项 目	工作压力（MPa）	试验压力（MPa）	耗水量（L/min）
电 动 机	1.47	4.41	16～20
牵引部冷却器	1.96	6.37	20～30
滚筒及挡煤板	1.96	4.41	100～160

4. 其他附属设备

(1) 中国现有的有链牵引采煤机都是用于开采缓倾斜煤层，其最大牵引力一般是按用于16°倾角设计的。因此，当工作面倾角大于16°时，必须在采煤机上设防滑装置，当工作面倾角小于15°时，应采用无链牵引采煤机。若采用有链牵引采煤机时，必须配有液压安全绞车，同时绞车与采煤机的牵引速度必须保持同步。

(2) 倾角大于16°时（大采高支架工作面倾角大于10°），刮板输送机必须设置防滑锚固装置。

(3) 倾角大于18°时（大采高支架工作面倾角大于10°），液压支架必须带防倒防滑及调架装置。

四、普通机械化采煤设备的选型

（一）采煤机、刮板输送机及辅助设备

普通机械化采煤工作面采煤机，刮板输送机及辅助设备的选型与配套，可参考本章综合机械化采煤设备的选型。

（二）支 架

普通机械化采煤工作面，一般采用单体液压支柱和金属顶梁进行支护，也可采用悬（滑）移支架支护。

1. 单体液压支柱

1）支柱种类及适用条件

单体液压支柱的种类有外注式和内注式两种，各有不同特点，一般多选用外注式支柱。

单体液压支柱的适用条件为：

(1) 用于煤层倾角小于25°的缓倾斜回采工作面，若采取一定措施，也可用于25°～35°回采工作面。

(2) 底板不宜过软，支柱压入底板以不恶化顶板状况，不影响支柱回收为限。

(3) 顶板冒落情况良好，不影响支柱回收。

(4) 可用于有明显周期来压工作面，在有冲击地压的工作面使用时，需要更换适用于冲击地压的安全阀。

2）支柱规格的选择

(1) 支柱的最大高度 H_{max}。

$$H_{max}=M_{max}-b+e, \text{ mm} \tag{3-2-11}$$

式中　M_{max}——工作面最大采高，mm；

b——顶梁高度，mm；

e——为避免支柱在完全抽出状态下而留的活柱富裕行程，一般为100mm。

如果在直接顶与煤层之间存在有300～500mm以下的伪顶，则支柱最大高度还应考虑伪顶厚度 c，即：

$$H_{max}=M_{max}+c-b+e, \text{ mm} \tag{3-2-12}$$

(2) 支柱最小高度 H_{min}。

$$H_{min}=M_{min}-S-b-a, \text{ mm} \tag{3-2-13}$$

式中　M_{min}——工作面最小采高，mm；

S——顶板在最大控顶距处平均最大下沉量，mm，

$$S=\eta MR;$$

M——煤层厚度，mm；

R——最大控顶距，mm；

η——系数，0.04～0.05；

a——支柱卸载高度（一般≥1），mm。

2. 金属顶梁

1) 金属绞接顶梁

该型铰接顶梁可与带铰接顶盖的各种类型单体金属支柱配合组成金属支架，供水平及缓倾斜回采工作面支护用。

金属绞接顶梁的适用条件：

(1) 煤层倾角25°以下，采高1.0～2.4m的回采工作面；

(2) 顶板较平整，无较大原生阶梯落差；

(3) 顶板管理方法为大冒落、部分冒落、部分充填和缓慢下沉的回采工作面；

(4) 顶梁的长度应与工作面每次推进度相同，或成整数倍。

2) π型钢顶梁

π型钢顶梁是目前国内生产的新型顶梁，可与各种类型单体金属支柱配合组成金属支架，供水平及缓倾斜回采工作面支护用。

3. 悬（滑）移支架

悬（滑）移支架是介于单体液压支柱和自移式液压支架之间的一种回采工作面支护设备，既有一定整体性，又具有重量轻、易操作、可自行迈步、拆移运输方便等优点。可用于机采、炮采、放顶煤开采等长壁工作面。

1) 选型依据

一般应以下列因素作为选型的主要依据：直接顶（煤）的稳定性（硬度）、老顶矿压影响的岩层范围及来压强度、煤层厚度及倾角、底板松软程度、地质构造和瓦斯含量。

2) 选型原则

顶板松软、老顶来压强度较高，煤层倾角大于15°时，应选用悬移支架；顶板较硬，老顶来压强度高，可选用滑移支架，支架的额定工作阻力要根据采场围岩组成及顶板结构进行计

算。

五、爆破落煤采煤设备的选型

爆破落煤工作面的回采工艺为：破煤、装煤、运煤、支护和回柱放顶。

（一）破 煤

根据顶板稳定程度、煤层厚度、煤质硬度及节理裂隙等情况，采用合理的钻眼爆破参数，使用煤电钻进行打眼放炮。

（二）装 煤

目前多采用人工装载，少数矿井采用装煤机装载。

（三）运 煤

工作面运输方式主要根据煤层倾角及落煤方式来确定：缓倾斜煤层采用刮板输送机；倾斜煤层采用铁溜槽，当煤层倾角 20°～25°时，应尽量采用搪瓷溜槽。

（四）支 架

爆破落煤采煤工作面以往常用摩擦式金属支柱和金属顶梁配合组成金属支架，进行工作面支护。因摩擦支柱工作可靠性差，已淘汰。应选用单体液压支柱和金属顶梁配合进行工作面支护。

金属支柱规格的选择：

支柱最大高度 $$H_{max}=M_{max}-b-\delta,\ \mathrm{mm} \qquad (3-2-14)$$

支柱最小高度 $$H_{min}=M_{min}-S-b-a,\ \mathrm{mm} \qquad (3-2-15)$$

式中 M_{max}、M_{min}——工作面最大和最小采高，mm；

b——顶梁厚度，mm；

δ——柱靴厚度，mm；

S——顶板在最大控顶距处平均最大下沉量，mm；

a——支柱卸载高度，一般取 50mm。

表 3－2－14 气垛支架主要技术参数

项目	型号		
	PS0.8－57/5	PS1.0－100/5	PS1.2－120/5
工作高度（mm）			
最大 H_{max}	800	1000	1200
最小 H_{min}	300	400	500
初撑力（kN）			
气压 0.4MPa	104～350	180～360	127～360
气压 0.5MPa	130～440	220～450	160～450
外形尺寸（mm）			
长	1400	1400	1400
宽	800	800	800
高	300	400	500
最大末阻力（kN）	570	1000	1200
设计质量（kg）	70	100	110

注：适用条件为缓慢下沉稳定顶板、各类底板、煤层倾角 0°～90°。

气垛支架是用于薄煤层工作面的一种新型支护设备，它具有支撑阻力高，抗冲击能力强，伸缩行程大，对煤层厚度及倾角变化适应性强等特点。气垛支架结构和技术参数见表3—2—14。

气垛支架可用于薄煤层回采工作面中取代木垛，在中等稳定以上的顶板条件下，可作为基本支护设备。

第二节　缓及倾斜煤层长壁垮落采煤法

中国的煤炭储量比较丰富，煤层赋存条件也多种多样。据1988年统计，中国统配煤矿的可采储量中，按煤层厚度分，薄煤层上占17.36%，中厚煤层占37.84%，厚煤层占44.80%；按煤层倾角分，缓倾斜煤层占85.95%，倾斜煤层占10.16%，急倾斜煤层占3.89%。中国煤炭产量中约85%来自缓倾斜煤层。

开采缓及倾斜煤层，一般采用走向长壁垮落采煤法。当煤层倾角小于12°，且条件适合时，也可采用倾斜长壁垮落采煤法。

一、薄及中厚煤层采煤法

薄及中厚煤层基本上采用单一长壁垮落法开采，按照机械化装备水平的差异，分为综采、普采和炮采三种：

（一）单一长壁综合机械化采煤

自70年代中国成套引进国外综采设备以来，综合机械化采煤有了较大的发展。现在中国已经能够自行设计、制造缓倾斜薄及中厚煤层和厚煤层倾斜分层工作面的综采设备以及缓倾斜厚煤层的大采高综采设备，设备的主要技术性能达到了国外80年代先进水平，并已取代了引进设备而成为我国综采的主力。已有不少使用国产设备的综采队，原煤年产量突破了百万吨的水平。近年来，国内、外综采设备发展很快，采煤机、刮板输送机主要向电牵引、大功率和重型化方向发展；液压自移支架配置了电磁阀解决了带压擦顶快速移架，从而有效地配合了大功率采煤机的功能发挥；工作面刮板运输机与转载机采用十字联接侧向运煤，转载机具备自移功能，使整个采运设备连锁配合，采煤遥控遥测技术得到很快发展。矿井向着高产高效、高度集中化生产发展，国内单一长壁采煤工作面的原煤生产能力，采用国产大功率配套综采设备，年产量已达到230万t（潞安常村矿，1997年），采用国外成套引进的先进综采设备的年产量已达到803万t（大柳塔煤矿，2000年），使一井一面的大型现代化矿井在国内成为现实。代表国际领先水平的美国科罗拉多州二十英里矿，仅以一个综采工作面保证年产量，另配一套连续采煤机掘进巷道，1997年6月，创造了月产商品煤914699t世界纪录。具有国际先进采煤技术装备的神东矿区大柳塔煤矿创造了日产4.2万t，月产100.5万t。一个综采工作面，另配套连续采煤机组成的生产单元，2001年生产原煤923.5万t，全员工效107t/工的全国最高水平。

1. 适用条件

煤层的赋存稳定，构造简单，厚度0.8～3.5m，顶、底板良好，煤层倾角35°以下（采用倾斜长壁采煤法时，煤层倾角不宜超过12°）。

2. 采煤工艺

综采工作面的工序为：割煤——移架——推移输送机。

1）割煤

采煤机的工作方式有：单向割煤和双向割煤。采煤机的进刀方式主要分为：有缺口进刀和无缺口进刀，使用双滚筒采煤机常采用无缺口斜切进刀方式。

在工作面长度较短，顶板条件较差，且工作面两端头作业时间长的条件下，宜选用单向割煤方式，即中部斜切进刀单向割煤或端部斜切进刀单向割煤工艺。对于工作面长度较大，顶板条件中等稳定以上，端头支护状况良好，移机头顺利的工作面，应选用端部斜切进刀双向割煤工艺；若停机等待移机头（尾）的时间大于采煤机空程的运行时间，为了提高割煤刀数，对于采煤机牵引速度快的工作面，采用单向割煤比采用双向割煤增产的幅度更大。

2）移架及推移输送机

为了对割煤后的悬露顶板和煤壁及时进行支护，一般采用跟机移架。手动阀门控制移架。随着采煤机功率的加大和截割速度加快，现在多采用大流量阀和电磁阀实现快速移架。

3）煤炭运输

煤炭经工作面刮板输送机、工作面运输巷转载机和可伸缩胶带输送机运出。目前国产综采工作面的刮板输送机与转载机一般采用直接搭接、端部卸载的方式，端头维护困难，作业时间较长，影响采煤机的开机率和生产能力的发挥；高产综采面的刮板输送机与转载机之间

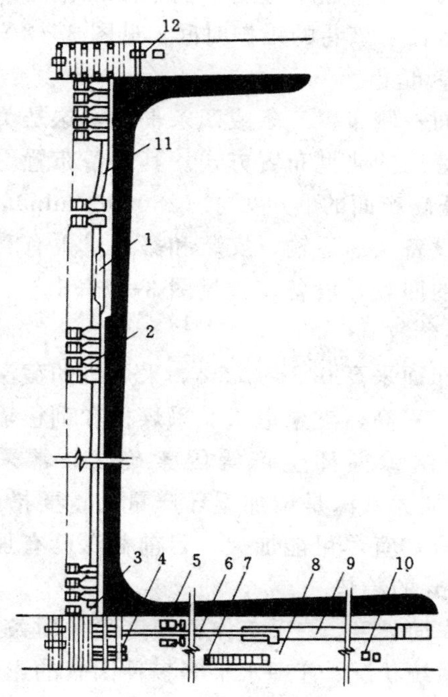

图 3—2—4 综采工作面单巷布置

1—采煤机；2—液压支架；3—排头支架；4—端头支架；5—转载机堆移装置；6—转载机；7—液压泵站，开关 8—千斤顶；9—可伸缩胶带输送机；10—变压器 11—可弯曲刮板输送机；12—绞车

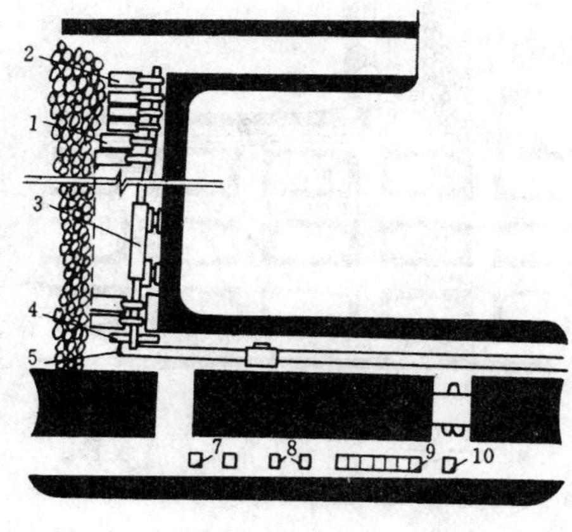

图 3—2—5 综采工作面双巷布置

1—支架；2—锚固支架；3—采煤机；4—锚头支架；5—转载机；6—可伸缩胶带输送机；7—液压泵站；8—油箱；9—开关；10—变压器

则多采用固定十字联结侧向卸煤，转载机与工作面输送机具备连锁自移功能，大大缩短了端头支架维护长度，简化了端头支护，缩短了端头作业时间，使端头支护能与工作面支护协调，保证综采工作面快速推进。

4）顶板支护与管理

工作面采用液压支架支护顶板，全部垮落法管理顶板。上、下出口一般各采用一组端头支架，加强支护。

3. 工作面布置及主要参数

1）工作面布置方式

（1）单巷布置。

工作面运输侧和回风侧各布置一条巷道。转载机及推移装置，可伸缩胶带输送机，乳化液泵站及移动变电站等均布置在运输巷内。这种布置是国内以往工作面常用布置形式。设备比较集中。工作面巷道断面大且有良好的支护，如图3—2—4所示。

（2）双巷布置。

双巷布置就是在运输巷一侧共布置两条巷道，即输送机主巷和副巷。运输巷仅铺设转载机、可伸缩胶带输送机。副巷及其相连的横贯内布置移动变电站、泵站等设备。这样分开布置，改善了行人，通风和运输条件，并且副巷还可作为下个工作面的回风巷，只是增长了该巷的维护时间。见图3—2—5。

（3）多巷布置。

即工作面一侧布置三条或四条平巷，这是美国长壁工作面巷道的典型布置方式。其设备布置更加灵活，可保证高产面的通风要求（2500m³/min），有利于工作面设备快速运输、安装和搬迁，也有利于护巷宽煤柱的回收。设备布置见图3—2—6。

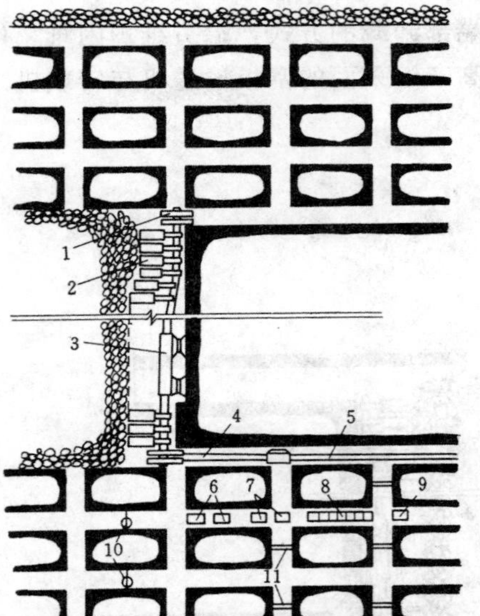

图3—2—6　综采工作面多巷布置

1—端头支架；2—液压支架；3—采煤机；4—转载机；5—可伸缩胶带输送机；6—液压泵站；7—油箱；8—开关；9—变压器；10—风障；11—永久性风墙

2）主要参数

（1）工作面采高0.8～3.5m。采煤机的截深根据顶板条件、采高、支架形式、采煤机和刮板输送机的能力及组织循环生产等因素确定，常采用0.6m。由于加大截深是增加循环产量的重要措施，只要条件适合，宜尽可能加大，目前截深已有加大到0.8～1.0m的趋势。

（2）工作面长度。综采工作面长度受地质条件、设备性能、系统状况、管理水平等多种因素的影响，但一般不宜小于160m。根据国内、外综采面的生产实践，创造高产的工作面长度多在200～250m，煤层开采技术条件好的已达到335m，而且还有进一步加大的趋势。对于薄煤层和受地质条件影响的综采面，其长度可适当缩短。

（3）工作面年推进度。综采面年推进度根据《煤炭工业矿井设计规范》的规定为：当煤层厚度小于1.4m及大于3.2m一次采全厚时，不应小于1000m；当煤层厚度为1.4～3.2m

时，不应小于1200m。大柳塔煤矿综采工作面年推进度已超过3000m。设计800万t/a的综采工作面推进度为6000m/a。

(4) 工作面推进长度。根据地质构造、煤层厚度、采煤工艺、设备性能等确定。如果不受地质构造的限制，国产综采面一般按满足一年的推进度要求确定，推进长度为1500～3000m；美国综采面1994年的工作面平均走向长度为2044m，其中最大为3962m，1997年6月创月产商品煤世界纪录914699t的美国二十英里矿综采工作面长250m，走向长度5280m。

4. 劳动组织

综采工作面的劳动组织，是根据工作面循环作业图表的工序和工种，按照专业工种还是综合工种，分段或是追机的作业形式确定。

国内高产高效综采面大多采用分段追机的劳动组织形式，要求工人具备服务分段内各项工序及工种的综合技能。国内部分高产高效的工作面的作业方式及劳动组织见表3—2—15。

表3—2—15 高产高效综采工作面作业方式及劳动组织

矿井名称	工作面编号 / 工作面长，采高	回采工艺过程	作业方式	劳动组织	在册人数
铁法晓南矿	709 / 180m，3.4m	端头斜切进刀，双向割煤	双九一六*	分段追机	123
兖州南屯矿	3307 / 219m，3.15m	端头斜切进刀，双向割煤	四六	分段追机	120
平顶山一矿	戊$_{8-10}$21501 / 146m，2.8m	端头斜切进刀，双向割煤移架滞后采煤机3～5m，移输送机滞后15m左右	四六	分段追机	86
大同燕子山矿	8911 / 200m，3.4m	端头斜切进刀，双向割煤	四六	追机	168
大屯龙东矿	7144 / 132m，2.6m	中部斜切进刀，双向割煤输送机弯曲段长度不小于20m	四六	追机	134

* 采煤班工作时间为9h，准备班为6h。

美国煤矿工作面的劳动分工非常严密，其生产组织管理很讲实效性和科学性。操作人员必须具备较好的技术素质和多工种的工作技能。其液压支架采用微型电机电液阀或电磁电液控制系统，工作面生产班每班仅配备10～11人，其中采煤机司机2人、支架工2人、电机检修工2人、杂工1人，运输平巷4人(其中转载机司机1人、带式输送机司机1人、杂工1人、工长1人)。

以工作面所有设备始终保持完好为前提，结合矿井的工作制度来确定工作面的作业形式。中国的高产综采面一般为“四六”作业，三班生产，一班检修准备，也有采用“三八”制作业，二班生产，一班检修准备。考虑到煤矿井下工作条件的特点，今后宜向每班纯工作6h的四班工作制过渡，逐步减轻工人体力劳动，提高效率。德国、波兰、法国、俄罗斯等国，也都采用四班作业、三班生产一班准备。

5. 单一长壁综合机械化采煤工作面实例

1) 铁法晓南矿西一北708综采工作面

（1）工作面概况。

晓南矿 708 工作面位于西一采区北部，所采煤层厚度 2.9m～3.8m，倾角 3°～5°，煤的普氏系数 $f=2\sim3$，节理发育。煤层伪顶为泥岩，厚 1.3～3.0m，直接顶为粉砂岩，厚 0.39～3.45m，老顶为砂岩和砂砾岩，厚 14～36m，平均厚度 22.2m，底板为粉砂岩，平均厚度 3.57m。煤层地质构造简单，瓦斯绝对涌出量 12.2m^3/min，煤层自然发火期 1～3 个月。

工作面采用倾斜长壁后退开采，仰斜推进。工作面长度 204m，工作面走向长度 657m，工作面采高 3.5m。

（2）工作面主要设备配备。

708 工作面装备中国研制成功的日产 7000t 高产高效成套设备，该套设备生产能力为 1500t/h，采煤机、输送机的单机功率达 400kW（工作面供电电压为 1140V），液压支架移动速度达 6～8m/min 以上。工作面主要设备配备如下：

滚筒式采煤机	MG2×400—W
液压支架	ZZ4400—17/35，137 架
端头支架	ZZ4400—17/35D，4 架
刮板输送机	SGZ—800/2×400
桥式转载机	SZZ—1100/200
可伸缩胶带输送机	SSJ1200/2×200
乳化液泵	WRB—200/31.5，3 台
乳化液箱	R×200/16，2 台
喷 雾 泵	PRB320/6.3

（3）工作面回采工艺。

采煤机双向割煤，截深 0.8m。一刀一循环，即循环进尺为 0.8m，端头斜切进刀，追机作业，全部垮落法管理顶板。

工作面回采工艺为：采煤机端头进刀→割煤→移架→推移刮板输送机→采煤机在另一端头进刀。工作面端头则先推移刮板输送机而后移架。

（4）工作面劳动组织。

工作面采用“双九一六”工作制，即两班采煤，每班作业时间为 9h，一班检修，作业时间为 6h。每采煤班进 4 刀，即完成 4 个循环，班进尺 3.2m。工作面劳动组织见表 3－2－16。

表 3－2－16　晓南矿西一北 708 工作面劳动组织

工　种	工　长	组　长	采煤机司机	液压支架工	电　工	钳　工	端头工	合　计
检修班	1	1	3		3	6		14
一　班	1	1	3	4	1		4	14
二　班	1	1	3	4	1		4	14
备　注	圆班出勤 42 人，轮休 14 人							

（5）工作面经济技术指标。

708 工作面成套设备经过连续 3 个月井下工业性试验，经受了工作面顶板初次来压、周期来压、煤层赋存条件变化和过旧巷的考验。试验期由于受煤炭滞销限产、提升能力及采场接续等因素的影响，工作面生产能力并未得到充分发挥，在试生产的85天中，工作面累计出煤50.015万t，推进427.5m，平均月产16.672万t，最高日产9206t，平均工效156.224t/工，最高工效214.039t/工，有30天日产超过了7000t，达到了鉴定考核指标。工作面在试验期（1995年1～3月）主要经济技术指标见表3－2－17。

表3－2－17 晓南矿西一北708工作面主要经济指标

名 称	指 标			
	1 月	2 月	3 月	合 计
产 量（t）	165103	160047	175000	500150
进 尺（m）	142.8	135.7	149.0	427.5
直接工效（t/工）	155.464	153.981	159.164	156.220
最高工效（t/工）	214.093	186.465	164.465	214.093
生产天数（d）	29	26	30	85
平均日产（t）	5693	6155.6	5836	5885
最高日产（t）	9206	8018	7072	9206
开机率（%）	61.4	62.7	60.8	61.6
截齿消耗（个/万t）	48.5	53.7	55.0	52.4
油脂消耗（kg/万t）	153	169	163	161.7

708工作面的生产实践表明，中国研制的日产7000t的综采成套设备总体配套合理，设备间的主要技术参数匹配，空间配合关系协调，供电、供液、供水等系统完善。各单机功率大，生产能力大，运行正常，性能优良，可以满足工作面快速推进、高产高效、日产7000t的要求。

2）兖州南屯矿3307综采工作面

（1）工作面概况。

兖州南屯矿是高产高效矿井之一，1995年工作面单产创全国第一，为315万t/a。3307综采工作面是该矿唯一的生产工作面，该工作面1995年6～9月平均月产超过28.7万t。

工作面开采3号煤层，该煤层平均倾角4°，平均厚度3.15m。

直接顶为粉砂岩，厚3.27m，老顶为细砂岩，厚8.0m。有5条落差在1.6～2.5m的断层穿过工作面。煤的瓦斯含量低，煤的自然发火期3～6个月，煤尘有爆炸危险。

3307工作面采用长壁全部垮落采煤法，平均采高3.15m，工作面长219m，走向长度1510m。

（2）工作面主要设备配备。

采煤机：日本产MCLE600—DR102102型采煤机，截深1.0m，采高2.4～4.0m，电机功率680kW，牵引速度10～15m/min，配用美国凯南麦特滚筒。

刮板输送机：英国产AFC34/100，电机功率3×375kW，输送能力2000t/h

破碎机：英国产IC—1605，160kW，能力2200t/h

液压支架：SZY560—1.75/3.5型，140架，初撑力4760kN，工作阻力5600kN

端头支架：SGZ600—1.9/3.3，工作阻力6000kN

可伸缩胶带输送机：SSJ—1200/3×200型，能力800t/h

(3) 工作面回采工艺。

采煤机端头斜切进刀，截深1.0m，双向割煤，每班割煤3刀，日进9刀，日推进9.0m。

工作面回采工艺为:采煤机在机头进刀→割煤→移架→推移输送机→采煤机在机尾进刀。工作面采用分段追机作业，全工作面分为3段，移架滞后于采煤机割煤，推移输送机滞后于移架。

工作面正规循环作业图表如图3—2—7所示。

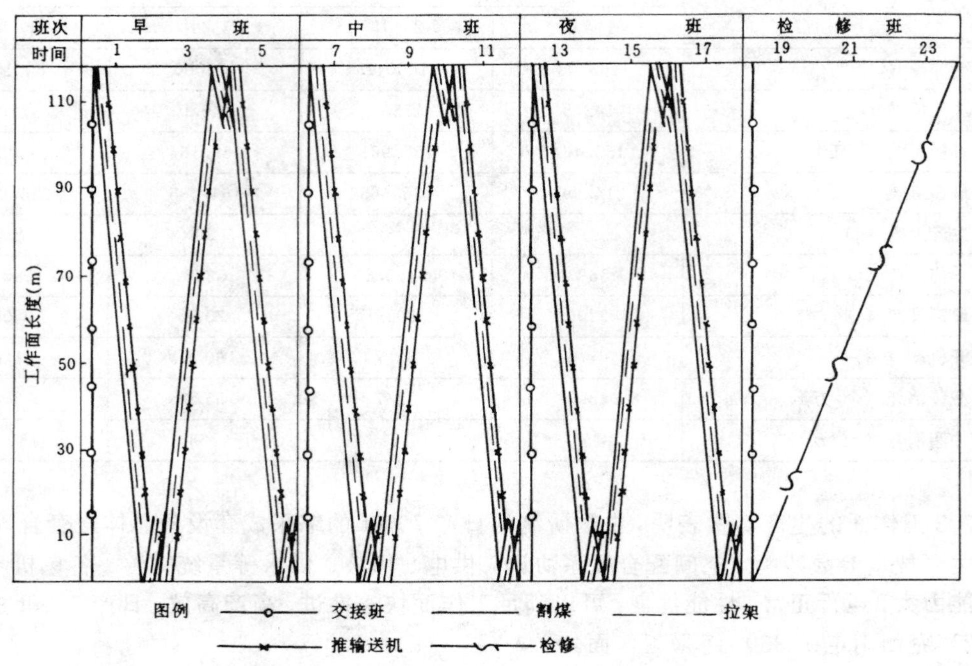

图3—2—7　兖州南屯矿3307高产高效综采工作面循环作业图

(4) 工作面劳动组织。

工作面采用“四六”工作制，每日4班，3个班生产，1个班检修，每班工作时间6个小时。工作面劳动组织见表3—2—18。

(5) 工作面主要技术经济指标。

3307工作面主要技术经济指标见表3—2—19。

由于工作面平巷输送机运输能力仅为800t/h，500t的煤仓起不到缓冲作用，采煤机的牵引速度平均只能达到4m/min左右（不到其最高速度的一半）。

3) 美国科罗拉多州二十英里矿高产高效综采工作面

二十英里矿位于美国科罗拉多州北部雅木帕河谷煤田，属塞普路斯矿业公司，可采储量1.27亿t，全矿装备一个综采面回采，配一套连续采煤机开掘巷道。矿井运输系统无轨化，大巷及主运输胶带机带宽1.52m，带速3.7m/s，输送能力3000t/h。矿井人员、材料、设备运输及工作面搬家采用无轨胶轮柴油机车。1994年产煤526万t，其中综采面产煤408万t。全矿职工331人，全员工效101t/工。

表 3-2-18 南屯矿 3307 综采工作面劳动组织

序号	工 种	出勤人数				合 计
		一班	二班	三班	检修班	
1	采煤机司机	3	3	3	5	14
2	端头工	6	6	6		18
3	电 工	1	1	1	6	9
4	泵站工	1	1	1	2	5
5	转载工	1	1	1	4	7
6	输送机司机	1	1	1	4	7
7	支架工	8	8	8	4	28
8	班 长	3	3	3	3	12
9	验收员	1	1	1	1	4
10	其他人员	1	1	1	4	7
11	管理人员					9
	合 计	26	26	26	33	120

表 3-2-19 南屯矿 3307 综采工作面主要技术经济指标

序号	项 目	单 位	数 量
1	工作面长度	m	219
2	推进长度	m	1510
3	煤层采高	m	3.15
4	循环进度	m	1.0
5	日循环数	个	9
6	日生产能力	t	7963
7	月平均产量	t/人/月	300000
8	日出勤工数	工	104
9	全员工效	t/工	80
10	直接工效	t/工	179.33
11	坑木消耗	m^3/万 t	2.2
12	油脂消耗	kg/万 t	80.03
13	乳化液消耗	kg/万 t	149
14	截 齿	个/万 t	3.1
15	工作面回采率	%	98

(1) 工作面概况。

工作面开采煤层厚度 2.9m，倾角 6°，煤层靠近底板处有一层炭质页岩夹矸，实际采高 2.54m。煤质较硬，其抗压强度为 28.5～35.7MPa。节理发育。

煤层顶板较为破碎，直接顶为泥岩有粘土夹层厚 0.46m，极不稳定，直接顶之上为 9m 厚的砂岩，埋藏稳定，整体性好。

煤层埋深 335m，瓦斯及涌水量较小。

工作面长度 256m，走向长度 2744m，工作面平巷按三巷式布置，平巷断面 5.5m×2.9m，全部采用锚杆支护。

(2) 工作面主要设备。

工作面主要装备有：英国安德森公司的 Wlectra－1000 型电牵引采煤机，总装机功率 1020kW，供电电压 2300V，截割电机功率 2×375kW，ϕ2m 吸尘滚筒，截深 0.84m，最大牵引速度 35m/min，牵引力 300kN，链轨式牵引系统，装有自动记忆调高系统（Mimic）和机载红外线引动液压支架升降推移系统；德国威斯特伐利亚公司的刮板输送机 PF－4 型，运输能力 2200t/h，装机功率 2×450kW，电压 2300V，双中链 ϕ34mm，链速 1.34m/s。交叉侧卸机头，封底溜槽长宽高 150mm×1005mm×315mm；德国威斯特伐利亚公司二柱掩护式液压支架，工作阻力 680t，装有 PM4 系列电液控制快速推移系统；运输平巷可伸缩带式输送机安装长度 2700m，装机总功率 4×255kW，(包括中间驱动装置) 带宽 1.22m，带速 3.4m/s，运输能力 2500t/h。

(3) 工作面采煤工艺特点。

工作面煤层裂隙多，极易片帮，直接顶十分破碎，很不稳定。工作面支架前漏顶，顶板很难控制。经多年实践摸索，创造出特有的割煤程序，保证了工作面的高产高效。

采煤机首先从工作面刮板输送机尾部以 60%截深（约 0.45m）和 80%采高（约 2.3m）下行割煤，此时前滚筒沿煤层中间截割，后滚筒沿煤层底板截割并清装浮煤（因前滚筒割后留下的顶煤已有局部冒落），一直割至近机头第 20 号支架处（割煤行程 225m）。

在第 20 号支架处，升高前滚筒至沿煤层顶板，后滚筒继续沿底板，同时将工作面输送机溜槽推进，使之弯曲贴近煤壁，从而使采煤机割全截深（约 0.75m）至机头，并随之移第 1 至第 20 号支架，立即支护工作面上部近机头处暴露出的顶板。同时将第 20 号至第 170 号支架的输送机溜槽推前 40%截深（0.30m）。

采煤机割到机头后，将前滚筒降至底板，将后滚筒升高至顶板，随之翻转挡煤板，采煤机调头上行向机尾割剩下的 40%截深及顶煤。紧随采煤机滚筒割落顶煤后，立即移架支护暴露出的顶板，并随后将输送机溜槽推前 60%截深（0.45m）。

采煤机割至机尾后立即将后滚筒降至沿底板，而前滚筒则略有升高，并翻转挡煤板以便准备调头进行下一刀割煤，此时完成整个割煤循环。

整个割煤程序循环时间约 22min，循环进尺 0.8m。采煤机正常割煤牵引速度为 25m/min，相应每分钟移 17 架支架，即约每 3s 移一架。

(4) 工作面劳动组织。

工作面采用“双十一四”作业方式，即两班生产，每班作业时间 10h，一班检修，作业时间 4h。工作面劳动组织见表 3－2－20。

(5) 工作面主要技术经济指标。

表 3-2-20 二十英里矿综采工作面劳动组织

工种	工长	采煤机司机	伸缩带式输送机司机	液压支架工	电工	杂工	转载机司机	合计
检修班	1	1			3	1		6
一班	1	2	1	2	2	2	1	11
二班	1	2	1	2	2	2	1	11
备注	每周 6d 生产，两个生产班连续不间断采煤，不停机交接班							

二十英里矿仅以一个综采工作面保证矿井产量，配一套 12CM 型连续采煤机掘巷，在工作面平巷三巷制条件下，班进达到 128m 的记录。工作面最高小时产量达 3000t，最高班产达 16307t，平均班产 10000t，日产 2 万 t，1994 年工作面产煤 408 万 t。1995 年 9 月产商品煤 54.5 万 t，1995 年 12 月月产煤 62.5 万 t，平均日产 31250t。

1996 年 4 月，二十英里矿装备朗艾道—安德森公司制造的改进型 EL3000 型强力重型电牵引采煤机（装机总功率达 1426kW），德国采矿技术公司（DBT）制造的 PF4 型刮板输送机（功率 2250kW，运量 4500t/h），工作面 1996 年 8 月创日产 48978t 的世界纪录，到 1996 年 12 月工作面产煤 368 万 t，1997 年 6 月创月产 914699t 商品煤的世界纪录。这表明，在不稳定破碎顶板条件下，综采工作面仍能实现高产高效。

4）美国西麋鹿矿高产高效综采工作面

西麋鹿矿位于美国西部科罗拉多州塔盆地煤田，属阿科煤炭公司。该矿有 3 层可采煤层，可采储量为 1.5 亿 t，目前只开采煤质较好的 B 层煤，可采储量为 6500 万 t，煤层厚度 7m，为取得最佳技术经济效益，只开采顶部煤质较好的原 3.5～4m 的分层。该矿只有一个长壁综采面回采，配两套连续采煤机掘巷，矿井运输系统全部无轨化，煤炭运输采区内带式输送机带宽 1.8m，带速 3.6m/s，运输能力 5000t/h，大巷、斜井带宽 2.1m，带速 4.2m/s，运输能力 6000t/h。设备、材料及人员输送和工作面搬家应用无轨胶轮柴油机车。矿井 1994 年产商品煤 400 万 t，1995 年产商品煤 520 万 t。全矿职工 302 人，全员工效 105t/工。

（1）工作面概况。

工作面开采 B 煤层上部 3.5～4m 厚度，实际采高 4.4m，工作面长 290m，走向长度 2744m，采深 335～427m。工作面开巷沿 B 煤层顶板开掘，采用多巷制，平行开掘 3 条，巷宽 5.2～6.1m，巷高 2.4～3m，全部采用树脂锚杆支护。根据直接顶情况选用 1.5～3.6m 长的锚杆，在顶板条件复杂的地段采用金属网护顶和侧帮锚杆支护。掘巷主要装备为 1 台乔伊公司（JOY 公司）制造的 12CM 连续采煤机，1 台费莱彻公司制造的双臂自行锚杆打眼安装机和 2 台杰费里公司制造的 4114 型 10t 柴油机自行推卸矿车。班平均掘巷 40m。

（2）工作面主要设备。

采煤机：美国乔伊(JOY)公司制造 6LS 型，采高 2.5～4.5m，装机总功率 1117kW，供电电压 2300V，截割电机功率 2×450kW，滚筒直径 ϕ2.2m，截深 1m，最大牵引速度 9.1/15.2m/min，牵引力 423/590kN，采用链轨式牵引系统，机上装有红外线引动滚压支架自动推移系统(SIR5A)和水平控制系统。刮板输送机：德国威斯特伐利亚公司制造 PF4 型，运输能力 3200t/h，装机功率 3×525kW，供电电压 2300V，双中链 ϕ42/46mm，链速 1.55m/s，交叉侧卸机头，封底溜槽长宽高为 1750mm×1132mm×330mm；转载机槽宽 1332mm，链速 2.38m/s。

液压支架：德国赫姆夏特公司制造G890—1879/4572型，二柱双伸缩掩护式，工作阻力890t，支撑高度1.89～4.57m，推移步距1.0m，支柱缸径ϕ360/270mm，架宽1.75m，架重25t，装有Hetronic－100/611型电液控制系统。

(3) 工作面主要技术经济指标。

1994年以前该矿以销定产工作面每天一班（10h）生产，综采面平均班产1.2万t，最高班产19398t。1995年改为每周5d，每天二班生产，1995年9月工作面最高日产达41155t，最高月产54.5万t（24d），月平均日产2.27万t。1996年5月月产70.86万t（23d），平均日产30687t。

5）铁法小青煤矿刨煤机薄煤层综采工作面

铁法煤业集团公司小青煤矿设计规模150万t/a，矿井采用立井开拓，“一井二面”生产，综合机械化采煤。2001年1月，矿井引进德国DBT采矿技术公司生产的高效长壁连续开采智能型GH9.34VE/4.7薄煤层刨煤机（在德国鲁尔矿区1.3m厚的煤层中工作面平均日产13500t，最高日产18900t）装备综采工作面。

首先在W_1E703工作面进行了试采，然后回采了WIW712薄煤层工作面，至2001年12月底，成功回采了多个工作面。

(1) W_1E703刨煤机试采工作面。

A. 工作面概况。

W_1E703刨煤机综采试采工作面位于矿井井田西部的WIE采区，工作面布置方式与中厚煤层综采工作面基本相同。工作面走向长度905m，面长150m，回采625m后，工作面长度增加为195m。煤层厚度1.0～1.58m，平均1.3m，煤层倾角5°～8°，伪顶为泥岩、直接顶为粉砂岩，底板为泥质粉砂岩。2001年1月5日开始试生产，至5月中旬采完试采工作面全部煤量，共推进905m，回采煤炭32.5万t。

工作面巷道采用矩形断面，锚网支护，局部加锚索提高支护强度。

B. 主要设备特征。

刨煤机工作面装备的技术特点是机、电、智一体，技术密集，关联性复杂、工艺先进、自动化程度高。按照设备自动化控制的从属关系，工作面设备划分为两类。

第一类为自动化控制系统设备，即PROMOS系统和VRT32系统，分别由德国PROMOS公司、德国DBT公司提供。它们分别与所对应的受控设备有着复杂的智能关联，在人工指令下或在接收受控设备反馈信息的过程中，自动监控采场设备的工作。

第二类为受控设备，是在PROMOS系统和VRT32系统的控制下自动工作，并分别向所对应的控制系统连续反馈工作状态、条件信息，受控主要设备技术特征见表3－2－21。工作面设备配套见表3－2－22。

表3－2－21　小青矿W_1E703刨煤机试采工作面主要受控设备技术特征

设备名称	型　号	技 术 特 征	单位	数量	受控隶属	备注
刨煤机	Gleithobel 9－34ve/4.7	刨体：2562mm×（800～1678）mm； 额定生产能力：9000t/h； 电机功率：2×315kW，双速，水冷； 刨深：≤120mm	台	1	PROMOS	德国DBT

续表

设备名称	型 号	技术特征	单位	数量	受控隶属	备注
运输机	PF2.30/732	额定生产能力：900t/h； 电机功率：2×315kW； 刨头滑行轨道可弯曲角度：水平1.1°，垂直6.0°	部	1	PROMOS	德国DBT
转载机	SZZ－764/160	长度：38m			PROMOS	国产
破碎机	PEM650×1000		部	1	PROMOS	国产
液压支架	ZY6400－0.9/2.0D		组	135	VRT32中的PM4	国产
馈电开关	KE1004		台	2	控制系统中的部件	德国

表3－2－22 W_1E703刨煤机工作面设备配套表

设备名称	设备型号	单位	数量	设备制造厂
端头支架	ZZ9900/17/30	台	4	北京煤矿机械厂
过渡支架	ZGY6400/09/20	台	1	北京煤矿机械厂
液压支架	ZY6400/09/200	台	139	北京煤矿机械厂
刨煤机 运行轨道 电液控制系统	GH9.34VE/4.7 PF2.30/732 PM4	套	1	德国DBT采矿技术公司
转载机	SZZ－764/160	台	1	张家口煤矿机械厂
破碎机	PEM650×1000	台	1	张家口煤矿机械厂
胶带机	SDJ－150	台	2	西北煤矿机械二厂
胶带机	SSJ－10000/2×160	台	1	兖州煤矿机械厂
乳化液泵站	GRB－315/31.5	套	2	无锡煤矿机械厂
喷雾泵站	WPB－320/2.5	套	1	无锡煤矿机械厂
移动变电站	KSGZY－1250/6	台	2	通化变压器厂
移动变电站	KSGZY－630/6	台	2	通化变压器厂
多功能组合开关	QJZ－4×315/11400	台	2	徐州煤矿机械厂
运行轨道电动机	YBSD－315/160	台	2	西北电机厂

C. 刨煤机开采技术参数。

刨煤机开采技参数的确定与采煤工作面地质条件、设备性能、系统能力等因素有关，W_1E703刨煤机开采工作面技术参数见表3－2－23。

表 3—2—23 小青矿 W_1E703 刨煤机试采面工作参数

刨煤机	上行刨煤	刨 深 (mm)	120
		刨 速 (m/s)	1.76
	下行刨煤	刨 深 (mm)	70
		刨 速 (m/s)	0.88
	采 高 (m)		1.30
	进刀方式		"Z" 字型
运输机溜槽刮板速度 (m/s)			0.66
工作面空顶 (mm)			680
支架和运输机推移步距			同刨深

D. 采、运、移自动化。

刨煤机在 PROMOS 控制下，沿刨头的滑行道自动往返刨煤，刨削的煤流自然落进刮板机运走；工作面运输机的推移和支架的操作分别由 PROMOS 和 PM4 控制，尾随刨煤机同步向工作面推进方向推移，推移量等于刨煤机刨深。支架每三架设一套 PM4 控制，PM4 信息由 PROMOS 传输，提供刨头位置，使支架实现推溜、降柱、移架、升柱等动作。刨煤机工作期间的电动机及减速机的冷却及跟踪刨体进行喷雾及工作面生产系统由 PROMOS 系统监控。

引进德国 DBT 公司薄煤层刨煤机开采设备、技术、W_1E703 工作面技术配置实现了计算机远程控制和自动化操作。正常工作状态下，回采工作面实现了无人作业。

刨煤过程中遇到底板纵向起伏大，指令停机，技术人员进入工作面对输送机调斜千斤顶进行调整。

(2) W_1W712 工作面刨煤机综采技术。

A. W_1W712 工作面基本条件。

W_1W712 刨煤机综采工作面位于矿井井田西部，工作面走向长 720m，倾斜长 196m。开采的 7^{-1} 号煤层平均厚度 1.44m。

煤层赋存条件：W_1W712 刨煤机综采工作面煤层为单斜构造、倾角 2°～5°，7^{-1} 号煤层为单一煤层，构造简单，厚度最大 1.60m，最小 1.25m，一般厚度 1.44m，煤层特征见表 3—2—24。

表 3—2—24 煤 层 特 征 表

项 目		单 位	指 标	备 注
煤层厚度		最大～最小/平均，m	1.6～1.25/1.44	
煤层倾角		°	2.5	
煤层硬度		f	2～3	
煤层层理		发育程度	发 育	
煤层节理		发育程度	发 育	
煤 质	灰 分	%	14.5～19.3	
	视密度	t/m^3	1.65	

续表

项目	单位	指标	备注
自然发火期	月	3～6	
相对瓦斯量	m^3/t	5.16	
煤尘爆炸指数	%	36.82～39.9	有爆炸危险

煤层顶底板条件：

伪顶：为灰黑色泥岩，层理发育、松软、破碎、易冒落，吸水性强，遇水膨胀。厚度较稳定，分布范围广，厚度0.5m左右，局部被冲刷消失。

直接顶：为砂岩互层，以粉砂岩、细砂岩为主，泥质胶结、岩性以石英，长石为主，厚度大于5m。

底板：为灰黑色粉砂岩、泥质胶结，易碎，吸水性强，遇水软化、膨胀。岩性以石英、长石为主，层理发育。

B. W_1W712刨煤机综采工作面技术参数。

W_1W712刨煤机综采工作面采用倾斜长壁式布置，俯斜推进，倾斜长壁刨煤机综合机械化开采，工作面长196m，平均采高1.44m，刨煤机落煤，后退式回采，垮落法管理顶板。

工作面主要设备配备有：

DBT公司生产9.34VC/4.7型滑型刨煤机，PF2.30/732型工作面运输机，SZZ－764/160型转载机，PEM－650/1000型破碎机。液压支架配备为中间架ZY6400－0.9/2.0D型，机头侧端头架ZY3500，机尾侧端头ZY6400型支架，W_1W712工作面设备配备见表3－2－25。

表3－2－25 W_1W712工作面设备一览表

设备名称	规格型号	单位	数量	备注
刨煤机	Gleihodel 9.34VE/4.7	台	1	
运输机	PF2.30/732	台	1	
转载机	SZZ－764/400	台	1	
破碎机	PEM－650×1000	台	1	
液压支架	ZY6400－0.9/2.0D	组	130	中间架
	ZY3500	组	3	前端头架
	ZY6400	组	2	后端头架
矿用隔爆型移变	KBEGY－1250/6	台	2	
矿用隔爆型真空馈电开关	DKZB－400/1140	台	2	
真空磁力起动器	QJZ－300/1140	台	5	
真空馈电开关	KBZ－630/1140	台	1	
多功能真空起动器	QJZ－4×315/1140D	台	1	输送机开关
双速双回路真空起动器	QSSBH－2×200/1140	台	1	转载机开关
电钻变压器装置	$KSGZ_1$－4.0	台	1	PM4电源

续表

设备名称	规格型号	单位	数量	备注
刨煤机开关	KE1004	台	4	
五柱塞泵	GRB－315/31.5	台	2	
乳化液箱	RX－400/25	个	1	
喷雾泵	WPB－320/2.5	台	2	
水箱	QX－360/30	个	1	
控制室		个	1	
电　缆	UCPQ－3×95＋1×25＋3×6	m	560	刨煤机高速
	UCPQ－3×95＋1×25＋3×6	m	560	输送机高速
	UCPQ－3×70＋1×16＋3×6	m	560	输送机高速

C. 回采工艺。

刨煤：刨煤机双向刨煤，上行刨煤深度120mm，刨速1.75m/s；下刨煤深度70mm，刨速0.88m/s。采高1.44m，刨煤机采用“Z”字型进刀。

支架、移溜：工作面采用随机同步向工作面推进方向推移，推移量同刨煤机刨深。支架、刮板运输机移设由PM4控制系统操作完成。

作业方式：W_1W712刨煤机综采面采用“双九”、“一六”工作制，即每天两班采煤，每班9h；一班维修，班作业6h。

D. W_1W712工作面经济技术指标见表3－2－26。

表3－2－26　W_1W712工作面经济指标表

编号	项目	单位	指标
1	工作面长度	m	196
2	煤层生产能力	t/m²	1.92
3	上行刨煤最大深度	m	0.12
4	下行刨煤最大深度	m	0.07
5	每循环进度	m	0.5
6	月循环个数	个	525
7	月循环进度	m	262.5
8	日产量	t	3285
9	月产量	t	98537
10	回采工效	t/工	52.98
11	坑木消耗	万t	5
12	火药消耗	kg/万t	20
13	雷管消耗	个/万t	100
14	金属网	m²/万t	170

续表

编号	项目	单位	指标
15	锚杆	根/万 t	140
16	托盘	个/万 t	140
17	工作面回采率	%	97
18	循环产量	t	188

注：1. 正规循环率 75%，非正规循环率 50%

2. 循环产量＝196×0.5×1.44×1.33＝187.7t

铁法小青煤矿刨煤机综采面 2001 年 1 月至 8 月末，在原有采区能力受限的情况下，共采出煤炭 45.73 万 t，平均日产 3417t，最高日产 5300t，工作面达到了年产 120～150 万 t 的水平。

刨煤机刨煤上行、下行刨煤速度 1.76m/s、0.88m/s，分别为中厚煤层采煤机滚筒线速度 50%、30%左右。刨煤机为静力破煤定高开采。工作面粉尘浓度低，外在灰分混入少。

采用刨煤机自动化系统采煤，减少了原煤生产人员，提高了劳动效率、降低了生产成本，实现了采煤工作面无人作业，达到了安全经济、高产高效目标，为我国薄煤层开采开辟了一条新的技术途径。

铁法小青煤矿全自动化刨煤机开采技术的使用成功，使我国成为继德国、美国之后，第三个拥有全自动化刨煤机先进技术的国家。采用引进德国薄煤层刨煤机，运行轨道及电液控制系统的核心技术与国产设备相配套，进行薄煤层开采，可以实现高产高效，使我国薄煤层综采单产可以达到超百万吨水平。

（二）单一长壁普通机械化采煤

1. 技术特征

单一长壁普通机械化采煤技术特征，见表 3－2－27。

表 3－2－27 单一长壁普采技术特征

项目	技术特征
工作面布置及主要参数	单一长壁普通机械化采煤工作面布置，见图 3－2－8 及图 3－2－9。 工作面主要参数 1）工作面采高：0.6～3.2m 2）工作面长度：普通机械化采煤工作面长度，薄煤层不宜小于 120m，中厚煤层不宜小于 140m 3）工作面年推进度：不小于 700m
回采工艺	工作面采用采煤机或刨煤机割煤，采煤机的超前机窝一般采用爆破落煤，机头端长为 3～5m，机尾端长为 8～10m，深度为截深的 2～4 倍 工作面煤炭的运输方式同综采 工作面采用单体液压支柱和金属顶梁进行支护，也可以采用悬（滑）移支架支护，一般排距 0.8～1.2m，柱距 0.6～0.8m。支架的布置：顶板特别完整，采用戴帽点柱；顶板完整，压力不大，采用顶梁长与截深相等的齐梁直线柱布置，见图 3－2－10，顶板破碎易冒落，采用错梁直线布置，顶板比较稳定时，亦可用错梁交错柱（三角形）布置，见图 3－2－11；顶压大时，可用一梁二柱布置，一般用无密集放顶，垮落法管理顶板

2. 劳动组织

资兴唐洞矿普采工作面，采用采煤机割煤，两班生产，一班准备，其工作面劳动组织见表 3－2－28。

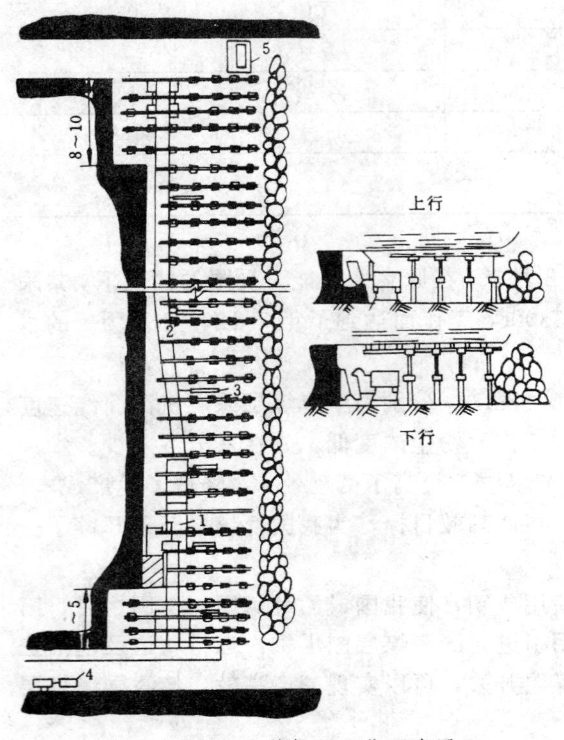

图 3－2－8　滚筒机组工作面布置

1—采煤机；2—可弯曲刮板输送机；3—移溜千斤顶；4—油泵；5—回柱绞车

表 3－2－28　资兴唐洞矿单一长壁普采面劳动组织

工种	班次 一	班次 二	班次 三	小计
超前组	6	6		12
截煤组	6	6		12
移输送机组	5	5		10
攉煤组	7	7		14
支架组	14	14		28
输送机司机	2	2		4
放顶组			24	24
机维修组	1	1	3	5
班长	1	1	1	3
合计	43	43	28	114

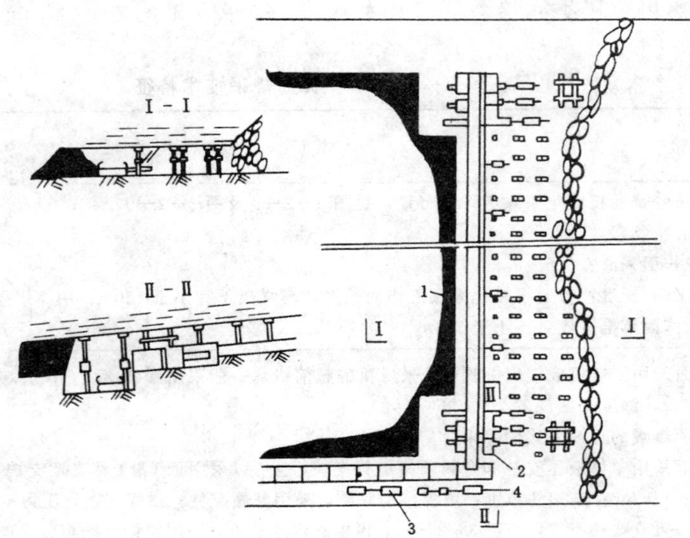

图 3－2－9　刨煤机组工作面布置

1—刨头；2—刨煤机牵引部；3—油泵站；4—控制设备

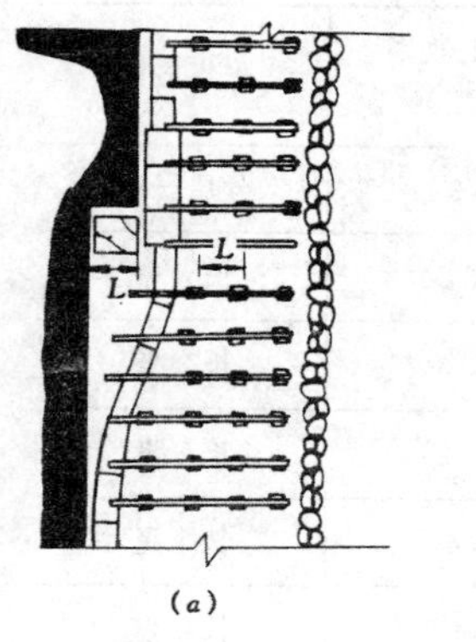

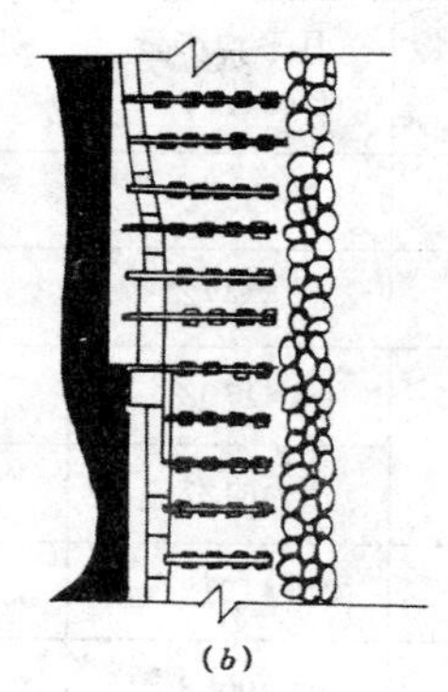

图 3—2—10 齐梁式支护

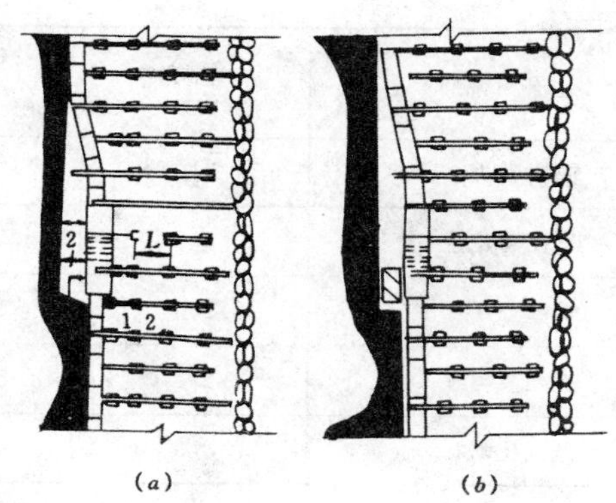

图 3—2—11 错梁式支护

1—临时柱；2—正式柱

平顶山一矿普采工作面，采用刨煤机割煤，工作面三班采煤，每班分成 3 个作业小组分段作业，其劳动组织见表 3—2—29。

3. 技术经济指标

单一长壁普通机械化采煤工作面技术经济指标实例，见表 3—2—30。

表 3—2—29 平一矿单一长壁普采面劳动组织

工种	班次			小计
	一	二	三	
开缺口工	4	4	4	12
采煤工	34	34	34	102
机电工	7	7	7	21
检修工		4	8	12
辅助工	3	3	3	9
维修工		3		3
班长	3	3	2	8
合计	51	58	58	167

表 3—2—30 高档普采工作面技术经济指标实例

矿井名称	采高 (m)	年产量 (t)	月平均产量 (t)	回采工效率 (t/工)	采煤方法
新汶协庄矿	2.5	744896	62075	20.3	长壁
峰峰万年矿	2.0	720151	60013	18.7	长壁
汾西水峪矿	2.0	707616	58968	34.4	长壁
平顶山八矿	2.0	663085	55257	23.0	长壁
西山镇城底矿	2.3	558515	46551	19.9	长壁

续表

矿井名称	采高 (m)	年产量 (t)	月平均产量 (t)	回采工效率 (t/工)	采煤方法
鹤岗富力矿	2.0	535100	44592	4.9	分层长壁
枣庄蒋庄矿	2.0	533668	44472	18.8	长　壁
鹤壁三矿	2.0	500427	41702	12.3	长　壁
徐州夹河矿	2.3	553527	46127	16.2	长　壁
盘江土城矿	2.3	492221	41018	8.4	长　壁
轩岗刘家梁矿	2.0	480820	40068	9.0	长　壁

注：此表为1997年统计资料。

（三）单一长壁爆破落煤采煤

1. 技术特征

单一长壁爆破落煤采煤技术特征，见表3－2－31。

2. 劳动组织

工作面一般为日进两排柱，进度1.6～2.4m，每日一循环的作业方式。工作面采用分段作业，由装煤、支柱、移溜组或组成综合组，完成本段装煤、支柱、移溜工作。

3. 技术经济指标

单一长壁爆破落煤采煤工作面技术经济指标实例，见表3－2－32。

表3－2－31　单一长壁爆破落煤采煤技术特征

项　目	技　术　特　征
适用条件	适用于构造较复杂、赋存不稳定，厚度0.6～2.5m，倾角35°以下的煤层（采用倾斜长壁采煤法时，煤层倾角不宜大于12°）
工程面布置及主要参数	工作面布置同普通机械化采煤 工作面主要参数 （1）工作面采高：0.6～2.5m （2）工作面长度：薄煤层工作面选用可弯曲刮板输送机或其他轻型输送机时为80～100m；中厚煤层工作面选用可弯曲刮板输送机时为100～150m （3）工作面年推进度：420～540m
回采工艺	1. 工作面采用爆破落煤、人工装煤，炮眼布置根据采高、煤层硬度来确定，常用的有单排、双排及三排眼，见图3－2－12 炮采一般每次进0.8～1.2m，采用每眼少装药，一次多放炮 2. 工作面采用单体液压支柱和金属顶梁进行支护，其布置原则为： （1）顶板完整，压力不大，可用带帽金属点柱； （2）采高较大，伪顶易冒落或顶板破碎时，采用金属支柱和顶梁支护； （3）支架排距0.8～1.2m，柱距0.6～0.8m，齐梁直线柱布置，无密集放顶

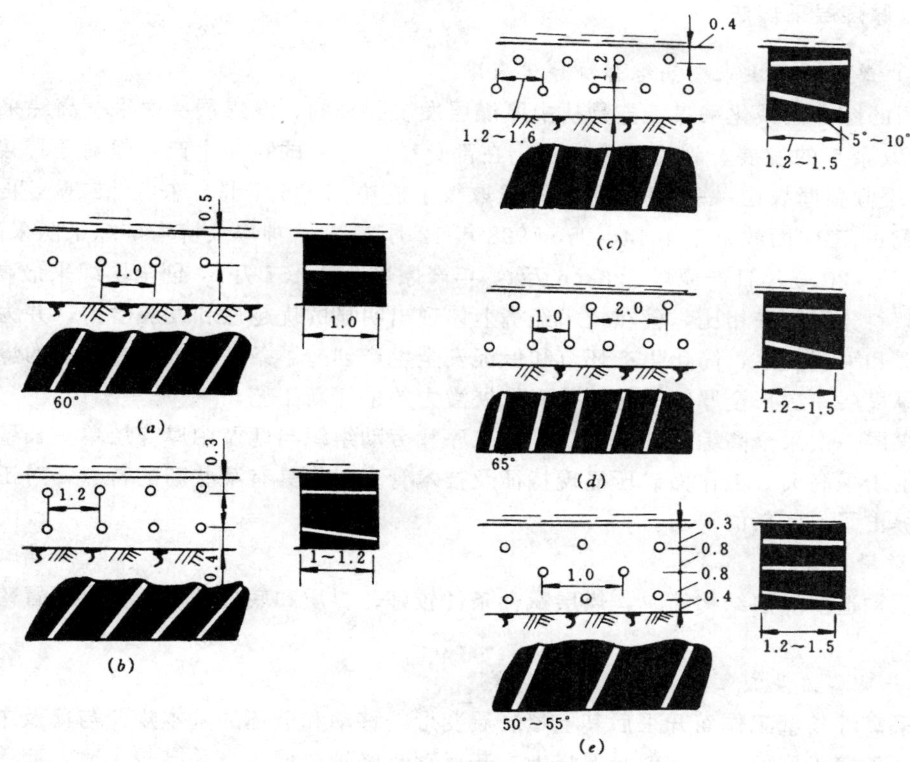

图 3－2－12 炮眼排列

a—单排眼；*b*—对眼；*c*—三花眼；*d*—三角眼；*e*—五花眼

表 3－2－32 炮采工作面技术经济指标实例

矿井名称	采高 (m)	年产量 (t)	月平均产量 (t)	回采工效率 (t/工)	采煤方法
新汶华丰矿	2.1	511572	42631	11.2	分层长壁
郑州大平矿	2.0	471621	39302	8.6	长 壁
郑州王庄矿	2.0	424455	35371	11.2	长 壁
平顶山五矿	1.8	407258	33938	10.0	倾斜分层
新汶华丰矿	2.1	405822	33819	11.6	分层长壁
郑州裴沟矿	2.0	405450	33788	11.5	长 壁
平顶山高庄矿	2.0	400500	33375	16.9	长 壁
皖北刘桥一矿	2.3	400403	33367	9.8	长 壁
邯郸陶二矿	2.1	379624	31635	7.6	长 壁
开滦荆各庄矿	2.1	375670	31306	12.1	长 壁
淮北临涣矿	1.2	371012	30918	12.4	长 壁

注：此表为 1997 年统计资料。

二、厚煤层采煤法

（一）厚煤层一次采全高综合机械化采煤

中国的综合机械化采煤工艺是从中厚煤层发展起来的，厚煤层一次采全高综采工艺虽然经过了20余年的发展，到目前为止还仍在部分矿区进行试验和生产，但对于厚度为3.5～5.0m的缓倾斜厚煤层，一次采全厚综采已取得了成功。1996年邢台东庞综二队，采高5m，年产2.19Mt，工作面效率124.14t/工，1998年12月11日，神华大柳塔矿综采队采高4m，日产煤3万t，2000年日产原煤3.6846万t，年产原煤803.457万t，创全国综采最高记录。与厚煤层倾斜分层综采相比，已在技术经济上体现出明显的优越性和发展潜力，并为降低掘进进率，缓和采掘关系，简化生产环节和保证安全生产创造了条件。因此在合适的煤层地质条件下，厚煤层一次采全厚综采是一种有发展潜力的采煤新工艺。

厚煤层一次采全高综采的采煤工艺、工序和劳动组织与薄及中厚煤层单一长壁综采基本相同。由于采高大，工作面矿压显现特征及技术管理工作具有某些新的特点，对工作面设备性能也提出了一些新的要求。

1. 适用条件

地质构造及煤层结构简单，煤层赋存条件较好、煤质和底板较硬、直接顶冒落后能充满采空区。

2. 大采高综采工作面的矿压显现规律

大采高综长壁工作面开采后其上覆岩层变形，移动和破坏的基本规律与薄及中厚煤层全部垮落法长壁工作面基本相似。但煤上方若赋存有坚硬岩层，当采高较大时，垮落的直接顶岩石不能充满采空区，而在坚硬老顶的下方出现较大的空间。折断后的老顶岩梁往往难以形成“砌体梁”式的平衡，将对下位岩层和工作面支架形成冲击载荷并在工作面前方的煤体中形成较高的支承压力，使工作面引起强烈的周期来压。因此，大采高综采工作面老顶来压更为剧烈，架前局部冒顶和煤壁片帮现象更为严重。所以选用液压支架的结构和性能应具有较好的防片帮能力和较高的初撑力。

3. 大采高综采工作面的生产技术措施

1）合理确定工作面的采高

采高大小必须与煤层地质条件、目前的综采设备技术水平及采煤工艺各环节的配套能力相适应。在我国煤矿的具体条件和当前的技术装备情况下，厚煤层一次采全厚综采面的最大采高不宜超过5.0m。

2）工作面长度的选择

大采高综采工作面的长度，主要取决于工作面刮板输送机的能力和最大运输距离。在大采高综采工作面，由于采煤机割煤时的煤量较大，当输送机满载停机或煤壁片帮造成压埋输送机时，输送机应能够变速重载启动和有足够的输送能力保证采煤机的最大生产能力发挥。根据我国部分局矿大采高综采的生产实践经验及当前设备技术水平，采用国产大采高综采成套设备的工作面长度以150～180m为宜；采用国外成套引进或“三机”引进的大采高综采设备的工作面长度以250～300m为宜。

3）工作面的煤壁管理

随着采高的增大，煤壁片帮深度将增加，煤壁片帮使得支架端面距增大，往往引起端面顶板冒落，造成事故。因此控制煤壁片帮搞好煤壁管理是大采高综采工作面生产技术管理的重要内容之一。根据我国一些大采高综采工作面的成功经验，防止煤壁片帮主要采取如下措施：

(1) 提高液压支架的初撑力，以求改善近煤壁处围岩的应力状态，减小端面顶板的下沉量及减轻煤壁片帮程度。

(2) 及时支护端面顶板和煤壁。

(3) 加快工作面推进速度，缩短端面顶板及煤壁悬露时间，减少煤体及端面顶板的累计变形量，提高煤壁的稳定性。

(4) 在地质条件允许时，尽量使工作面俯斜推进，可减轻煤壁片帮程度。

(5) 必要时，可采用楔形木锚杆或尼龙绳锚杆加固煤壁。

4) 工作面支架的防倒及输送机防滑

由于大采高综采面的设备吨位大，当工作面倾角稍大时，输送机和支架的下滑及支架倾倒问题将很突出。为解决这些问题，根据一些大采高综采面的成功经验，可采取以下措施：

(1) 工作面呈伪斜推进，使工作面下端超前于上端，同时在工作面单向推移输送机。即当采煤机上行割煤时，输送机推移工作沿工作面倾斜方向由下而上顺序进行；当采煤机下行割煤时，可沿工作面倾斜方向自上而下分段推移输送机，在每一段内仍由下而上地顺序推移。这样推移输送机时，可使输送机产生一定的上窜量，若工作面伪斜角度选择得比较恰当，可使得推移输送机时产生的上窜量刚好补偿因重力作用而使输送机产生的下滑量，从而防止输送机下滑。

(2) 及时调整液压支架的位置，使支架及推移千斤顶与输送机呈垂直状态，液压支架与工作面输送机互相制约，防止下滑。

(3) 严格控制顶板，防止支架空顶。一旦出现顶板冒落时，应及时在支架顶部用木料拉顶、背严刹紧，避免因支架顶部约束力减小而引起支架失稳倾倒。

(4) 对工作面排头、排尾各三架液压支架，用顶梁千斤顶、底座及后座千斤顶进行锚固，组成锚固站，防止倒架。当工作面倾角大于10°时，可在每10架液压支架范围内增设一个斜拉防倒千斤顶；当倾角大于20°时，每5架增设一个防倒千斤顶。

支架安装时，必须保证留够设计的架间距，以便于移架过程中调架。移架时尽量擦顶移架。若采取降架移架，则降架高度不得大于侧护板高度的三分之二，以防支架倾倒。

4. 大采高综采工作面的劳动组织和技术经济指标

厚煤层一次采全高综采工作面作业方式及劳动组织见表3—2—33。

表3—2—33 厚煤层一次采全厚综采工作面作业方式及劳动组织

矿井名称	工作面编号 工作面长，采高	回采工艺过程	作业方式	劳动组织	在册人数
铁法晓南矿	西一南708 121，4.5m	端头斜切进刀，双向割煤	双九 一六	分段 追机	
西山西铭矿	28104 128m，4.0m	端头斜切进刀，双向割煤，移架滞后采煤机10～15m左右	四六	分段 追机	118
邢台东庞矿	2703 150m，4.5m	端头斜切进刀，双向割煤，开始采高3.5m，而后调整至4.5m	三八	分段 追机	72
神华大柳塔矿	201 220m，4.0m	端头斜切进刀，双向割煤	三八	分段 追机	50

厚煤层一次采全高综采工作面技术经济指标见表3－2－34。

表3－2－34　厚煤层一次采全厚综采工作面技术经济指标

矿井名称	采高(m)	倾角(°)	工作面长度(m)	年产量(t)	月平均产量(t)	回采工效率(t/工)
铁法晓南矿	4.5	5～8	121	2345160	195430	181.9
邢台东庞矿	4.6	13	152	2197320	183110	124.1
神华大柳塔矿	4.0	0～3	220	8033457	669500	543.68
铁法大兴矿	3.7			1550900	129242	92.3
龙口梁家矿	4.0			1512200	126017	48.0
徐州张双楼矿	4.6			1160016	96668	31.3
平顶山一矿	3.6			1072707	89392	43.8
开滦钱家营矿	4.0			1052386	87699	51.6
大同四老沟矿	4.0			1038479	86540	52.6
大同云岗矿	5.0			1036871	86406	46.6
枣庄蒋庄矿	3.6			1221504	101792	52.2

5. 厚煤层一次采全高综采工作面实例

1）邢台东庞煤矿4.5～5.0m煤层一次采全高综采技术

邢台东庞煤矿开拓方式为立井，矿井设计生产能力180万t/a，装备国产4.5～5.0m煤层一次采全高综采设备，1996年综采工作面产量达到219.73万t，2000年综采面产量实现日产万吨。矿井目前达到一井一面高产高效生产。

(1) 地质条件。

矿井开采煤层为太原组及山西组煤层。主采2号、9号煤层，赋存较为稳定。目前开采的2号煤层平均厚度4.38m。煤层倾角一般为8°～20°，煤的硬度系数$f=1\sim2$，煤层直接顶一般为2～6m厚深灰色粉砂岩，泥质胶结，老顶为8～12m厚的中细砂岩，分布稳定，硬度$f=6\sim10$。顶板属Ⅱ级2类中等稳定顶板，底板为0.6m左右的深灰色泥质粉砂岩，老底为2m厚灰白色细砂岩，底板为Ⅳ类，比压中等。

(2) 工作面布置。

4.5～5.0m采高综采工作面沿煤层顶部贴顶板布置运输巷（顺槽），布置形式为单巷式，运输巷布置在工作面下侧（下顺槽，回风），辅助运输巷布置在工作面上侧（上顺槽，进风），工作面运输巷采用锚网（索）支护，矩形断面，运输巷长度1700m。工作面长度150～180m，工作面一般采用俯斜推进，也可以采用仰斜推进。

(3) 工作面主要设备。

4.5～5.0m综采面配套设备类型基本同普通综采工作面，主要区别是液压支架和采煤机截割高度不同，设备配套原则是满足系统生产能力，作业安全的要求，东庞矿4.5～5.0m综采工作面主要设备有BY320—23/45或BY2600—25/50型液压支架，MXA—300/45(MXA—500/4.5D）采煤机和SGZ—730/320输送机，工作面设备配备见表3－2—35。

表3－2－35 4.5～5.0m综采工作面设备配备表

序号	设备名称	型 号	数量
1	液压支架	BY320－23/45，BY3600－25/50	
2	采煤机	MXA－300/4.5或MXG－500/4.5D	1
3	刮板输送机	SGZ－730/320，SGZC－764/500或X(68)1500－800/750	1
4	转载机	SZZ－730/160或LX（68）1500－800/160	1
5	运输巷胶带输送机	DSP－1080/1000	1
6	乳化液泵	WRB－200/31.5	2
7	乳化液箱	X10RX	1
8	喷雾泵	PB－320/63	2
9	移动变电站	630kVA	2
10	移动变电站	500kVA	1

主要设备技术特征：

采煤机：MXG－500/4.5D电磁调速电牵引采煤机，适应煤层厚度1.8～4.5m，主要技术特征：

最大计算生产能力	t/h	1000（h＝4.5m，V＝4.0m/min）
采 高	m	1.8～4.5
装机功率	kW	2×2000＋2×40＋18.5＝498.5
供电电压	V	1140
滚筒直径	mm	ϕ2000，ϕ2200
截 深	mm	800
牵引力	kN	530
牵引速度	m/min	7
主机外形尺寸	mm	11080×1340×1685
主机重量	t	50
最大不可拆卸件尺寸	mm	2706×1932×880
最大不可拆卸件重量	t	7.5

液压支架：工作面液压支架配置有中间架（基本架）、过渡架、端头架三种，上、下端头各配置一组端头架和一个过渡支架，其余为中间架。支架类型为二柱掩护式，各类支架技术特征如下：

中间架：

项　目	BY320—23/45	BY3600—25/50
最小高度（m）	2.3	2.5
最大高度（m）	4.5	5.0
最小长度（m）	5.6	6.02
支架重量（t）	16.7	19.7
支护方式	二柱掩护式	

机头处端头支架：

ZJ6000—23/45，工作阻力	6000kN
工作压力	31.5MPa
额定工作压力	31.5MPa
额定初撑力	4800kN
最大/最小高度	4500/2300mm
中心距	1500mm
最大最小支护宽度	1601/1416mm
推移溜步距	600mm
平均支护强度	0.6MPa
支护面积	9.75m²

机尾处端头支架：

ZL6000—23/45	
额定工作阻力	6000kN
额定工作压力	31.5MPa
额定初撑力	4800kN
最大/最小支护高度	4500/2300mm
中心距	1800mm
最小/最大支护宽度	1700/1880mm
支护面积	5.64m²
支护强度	0.85MPa

过渡支架：上下端头各布置1个过渡支架，架宽1200mm，支护高度3500mm。

BY3600—25/50型液压支架供液采用WRB—200/31.5型乳化液泵双回路供、回液系统，四泵二箱组，供液流量为2×125L/min，工作面移架时间20～40s/架。

采用BY3600—25/50型支架后，工作面刮板机、转载机、破碎机改用引进英国长壁公司的刮板输送机、转载机。主要技术特征见表3－2－36。

表3－2－36　引进长壁公司刮板输送机、转载机、破碎机主要特征

名　称	型　号	功　率（kW）	电　压（V）	运　量（t/h）
刮板输送机	LX（68）1500－800/750	2×375	3300	1500
转载机	LX（68）1500－800/160	160	1140	1500
破碎机	SBL1650－800/160	160	1140	1650

(4) 回采工艺。

回采工艺：采用走向长壁后退式（俯采或仰采），一次采全高综采，全部垮落法管理顶板，采用“四·六”制作业，三班采煤，一班维修。正规循环每班割煤3～4刀。

①割煤：采煤机采用双向割煤。采煤机自工作面端头斜切进刀（长20m），上行割煤至上辅助运输巷外帮（机尾处），下行割煤至下运输巷内帮，采煤机采高4.0～4.8m，每刀截深600mm，割煤速度3.0～4.0m/min，最大牵引速度8.7m/min。MXG－500/4.5D型采煤机截深800mm，功率500kW，电压等级1140V，牵引速度7m/min。

②移架：一般情况下，当采煤机后滚筒割过3～5m后开始移架，顺序操作，若遇顶板破碎，煤壁片帮，顶板悬顶面积大，可采用超前移架，及时维护煤壁及端面直接顶。

③推移输送机：采煤机割煤过后10～15m开始推移刮板输送机，输送机头与转载机“十字”交叉联接，侧向卸煤。

④端头支护：工作面上、下巷采用锚梁网支护。端头液压支架护顶。

(5) 技术经济指标。

4.5～5.0m煤层一次采全高综合机械化开采，工作面长度130～180m，推进长度1750m。采煤机截深800mm，支架支护高度4.5～5.0m，采高4.8m，支架移架速度20～40s/架，双回路供液。国产MXA－300/4.5（或MXG—500/4.5D）型采煤机，BY320－23/4.5（或BY3600—25/50）型液压支架与进口的刮板机、转载机、破碎机组成的综采设备机组，系统能力达到1500t/h，实现了日产万吨目标，年产量220～280万t，矿井实现“一井一面”高度集中化生产。

(6) 大采高综采设备使用特点。

4.0～5.0m厚煤层一次采全高综采设备，由于支架重心高，装备吨位重及外形尺寸大，使用中掌握工作面矿压规律，防止煤壁片帮和顶板冒顶，控制支架下滑和倾倒，是回采工艺管理的技术关键和难点。

①防止倒架措施。

在4.0～5.0m采高情况下，大采高工作面必须采取防止支架的倾倒及发生倒架措施，可以采用排头锚固架、中间架的防倒千斤顶组成锚固站，中间架增设斜拉千斤顶；保证移架质量，移架数。防止相邻支架脱离，坚持每移必调。

②防止片帮的措施。

随着采高的增大，煤壁的片帮深度也随之增加。煤壁的片帮将加大梁端距，引起顶板离层、漏矸、架前冒顶。BY3200－23/45型支架护帮效果不理想，BY3600－25/50型支架护帮功能改进较大。为有效防止煤壁片帮，在合理选择设备的同时，设备使用管理方面可以采取：支架前伸缩梁和护帮板做到晚收快伸，即采煤机前滚筒处一架提前收回，以能通过采煤机为原则，前滚筒割过后立即伸出；割煤速度和移架速度相协调，当支架移设较慢时，不能及时护壁，可能会造成片帮，也就是割煤应服从移架。当片帮严重时，可采用煤壁打锚杆固结煤壁，防止片帮，但该方法费工费时，操作较困难，煤壁锚杆影响采煤机割煤，增加了煤中杂质量，影响煤质，实践证明，工作面采用俯斜推进，对防止煤壁片帮效果较好。

③防止支架和刮板输送机下滑的措施。

综采工作面支架和输送机下滑，是经常遇到，而且较难解决的问题。东庞矿综采工作面BY3600－25/50型支架加大了锚固千斤顶能力，提高抗滑能力。

工作面采用输送机头超前机尾8～18m左右伪斜布置，以减少输送机下滑量。

工作面运输机与转载机采用“十字”交叉固定，提高连接整体性，防止输运机下滑。

采用自下至上割煤移溜，可提高输送机抗滑能力。自下而上单向割煤，有利提高设备防滑能力。

生产实践证明，东庞煤矿采取工作面伪斜布置，输送机与转载机“十字”交叉联接，改进支架锚固力等措施，有效的提高了4.5～5.0m大采高综采面设备系统防滑能力，实现了煤层倾角10°～25°，工作面长150m的2703综采面的顺利回采。

4.5～5.0m大采高综采技术，在东庞煤矿十几年的应用，实现了工作面长度130～180m，俯斜、仰斜推进开采。同时进行工作面对接，扇形推进，过断层破碎带、跨巷等特殊地质条件下开采，取得了良好的经济效果。

2）神华大柳塔矿4m煤层一次采全高综采工作面

（1）工作面概况。

大柳塔矿平硐主要开采侏罗系2^{-2}煤，煤层厚度4.0～4.5m，平均4.28m，倾角小于3°。煤层顶板为$Ⅱ_2$级顶板，直接顶多为粉砂岩，部分为泥岩和泥质砂岩，稳定性较好，老顶为砂岩，泥质胶结。底板以粉砂岩、泥岩为主，层理较发育，强度低，稳定性差。

工作面上覆基岩厚度20.8～61.5m，一般50m左右，基岩之上为厚30m左右的松散层，主要是风积砂，部分为粘土和砾石。砾石层和基岩风化层为含水层，工作面正常涌水量为$42.17m^3/h$。

2^{-2}煤层属于低瓦斯煤层，煤尘具有爆炸危险，煤的自然发火期为3个月，煤的普氏系数$f=2～3$。

工作面上下平巷均采用双巷布置，工作面长度220m，走向长度2600～3000m，采高4.0m。工作面巷道布置见图3－2－13。

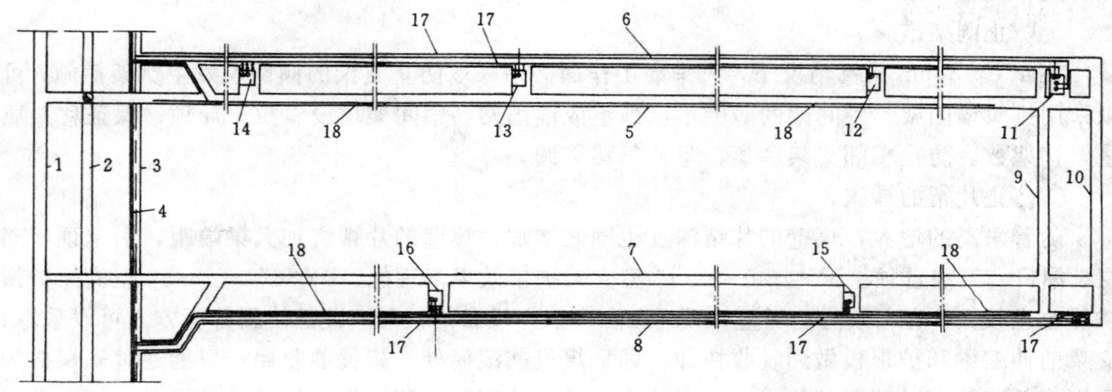

图3－2－13　2^{-2}煤层综采工作面双平巷布置

1—2号煤总回风巷；2—2号煤胶带大巷；3—2号煤辅助运输大巷；4—排水沟；5—1号运输平巷；6—2号运输平巷；7—1号回风平巷；8—2号回风平巷；9—新开切眼；10—原开切眼；11—1号水仓；12—1号水窝；13—2号水窝；14—3号水窝；15—4号水窝；16—5号水窝；17—排水管；18—供水管

（2）工作面主要设备。

201工作面全套引进高产高效采煤设备，该套设备为当前世界高产高效采煤的先进设备。

采煤机：美国JOY公司生产的6LS－5型双滚筒电牵引采煤机，截割高度2.3～4.5m，滚筒截深850mm，牵引速度0～15m/min，6台电动机驱动，总功率1005kW，工作电压3300V。

液压支架：德国D.B.T公司生产的WS1.7型掩护式液压支架，支撑高度2.1～4.5m，支架中心距1.75m，初撑力4908kN，工作阻力6708kN，总重量为19.2t，端头支架重19.8t。

刮板输送机：英国原长壁公司（现JOY公司）生产的LX（2A）型重型刮板输送机，溜槽为铸钢封底式，能力2000t/h，输送长度250m，链速1.26m/s，电机功率2×525kW，中部槽尺寸1750mm×1000mm×222mm，交叉侧卸。

转载机：英国原长壁公司（现JOY公司）生产，长度2600mm，输送能力2500t/h，电机功率200kW，其最大特点是在破碎机和鹅颈槽之间设置了旋转槽。

破碎机：英国原长壁公司（现JOY公司）生产的旋转冲击式破碎机，最大能力2500t/h，电机功率200kW，破碎块煤尺寸大150～300mm。

带式输送机：英国原F.S.W公司（现JOY公司）生产的可伸缩强力带式输送机，带宽1200mm，带速4m/s，能力2000t/h，电机功率2×800kW。

乳化液泵：英国Bolton公司生产，型号S200TRIMAX，流量227L/min，压力35.5MPa，功率150kW。

喷雾泵：英国Bolton公司生产，型号S200TRLMAX，流量423L/min，压力3.5MPa，功率112kW。

(3) 回采工艺。

采煤机双向割煤，端头斜切进刀，进刀长度50m，采煤机截深850mm，分段追机作业。

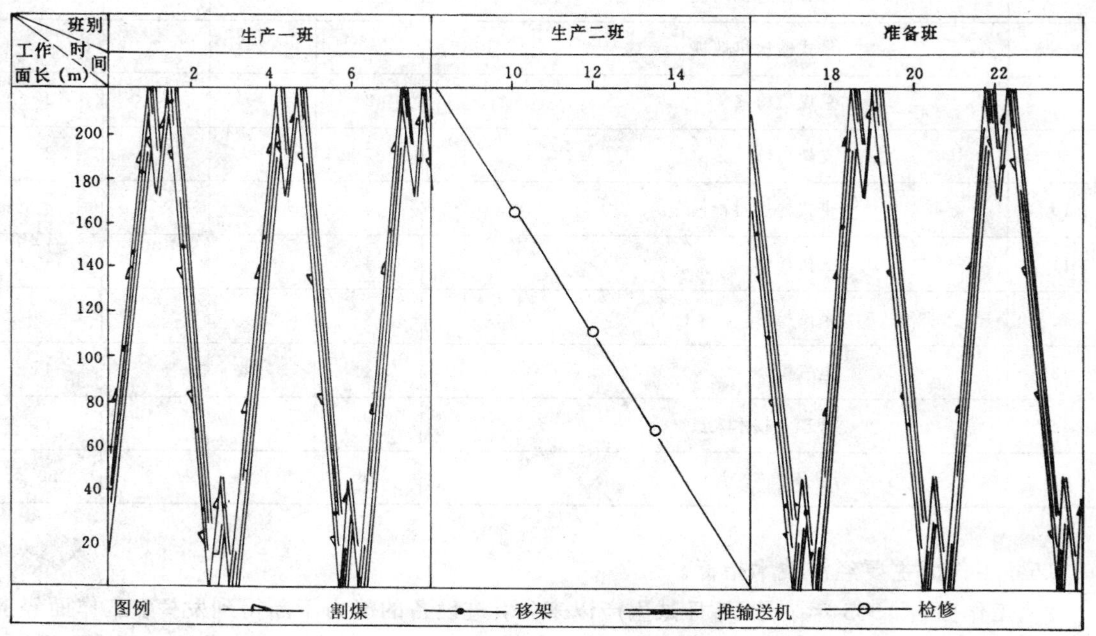

图3－2－14 神府大柳塔矿201高产高效综采工作面循环作业图

回采工艺为：采煤机端头进刀→割煤→移架→推移输送机→采煤机在另一端头进刀。移架方式为成组整体顺序移架（当采煤机割煤速度小于5m/min时，采用单回顺序移架），在正常情况下移架滞后采煤机后滚筒5m，顶板破碎或过断层时，移架滞后采煤机前滚筒5m，推移输送机滞后采煤机后滚筒20m。

工作面生产班班进5刀，每日完成10个循环，日进尺8.5m，每循环产量965t，日产量9650t。工作面正规作业循环图见图3－2－14。

（4）工作面劳动组织。

工作面采用“8772”工作制，即每日3班生产，其中有一班生产8h，两班生产7h，检修1h。采取全动态的生产组织方式，设备实施“强制保养”、“动态监测”，检修在综采工作面修机时间进行，工作面劳动组织见表3－2－37。

表3－2－37　大柳塔矿 2^{-2} 综采工作面劳动组织表

序号	工　　种	出勤人数			小　计
		早班	中班	夜班	
1	班　　长	1	1	1	3
2	采煤司机		2	2	4
3	支架工		2	2	4
4	端头工		2	2	4
5	值班电工		2	2	4
6	带式输送机司机		1	1	2
7	带式输送机巡视		2	2	4
8	采煤机检修	2			2
9	支架检修	2			2
10	带式输送机检修	4			4
11	三机检修	4			4
12	泵站检修	2			2
13	电气检修	4			4
14	管理及技术人员	7			7
	合　　计	26	12	12	50

（5）工作面主要经济技术指标。

2^{-2} 工作面自1995年7月10日试生产以来，引进设备的能力不断得到发挥。工作面经济技术指标也不断攀高。1996年2月17日该工作面创小班割煤10刀，生产原煤9520t，1998年12月11日，日生产19h，共割煤29刀，日产达到3万t。2000年7月31日综采面日产原煤 36846t，7 月份综采面月产原煤 867262t，综采面 2000 年生产原煤 803.3457 万 t。2001 年 3 月综采面月产达到 900725t，创历史最高纪录。工作面主要经济技术指标见表 3－2－38。

表 3－2－38 大柳塔矿 201 综采工作面主要技术经济指标

序号	项　　目	单位	指标	备　　注
1	工作面长度	m	220	
2	采　　高	m	4.0	
3	煤的密度	t/m^3	1.28	
4	工作面平均开机率	%	87.1	
5	截　　深	m	0.85	
6	截　　深	m	0.85	
7	日进刀数		27～30	
8	每刀产量	t	965	
9	日平均产量	t	25221	
10	最高日产量	t	36846	2000 年 7 月 31 日
11	工作面月平均产量	t	669500	2000 年
12	工作面最高产量	t	900725	2001 年 3 月
13	工作面回采工效	t/工	543.68	按 50 人算，2000 年指标
14	综采直接成本	元/t	2.53	2000 年指标

3）神华大柳塔矿斜井开采设计

大柳塔矿井地处神府矿区，属神华集团神东公司管理。

矿井上组煤采用平硐开拓，下组煤采用斜井开拓。上组煤平硐于 1996 年 1 月建成，开采 2 号煤层。目前矿井按照一井一面，装备一个生产单元的模式集中生产，保证矿井产量 900 万 t/a。2000 年矿井一个长壁综采面和房柱式连续采煤机工作面组成的一个单元生产原煤 920 万 t，其中长壁综采面产煤 803 万 t，房柱式连续采煤机工作面和掘进面共产煤 117 万 t，矿井全员工效 92.33t/工。

设计接续上组煤平硐的下组煤斜井开采 5^{-2}煤层，工作面布置为大巷条带式，首采的 501 盘区布置一个生产单元，即引进国外设备的一个综采工作面，一个连续采煤机开采工作面和一个连续采煤机掘进工作面。

（1）采煤方法：

矿井平硐开采 2^{-2}煤层，采用留顶煤一次采全高，采高 4.0m，最高年产量 920 万 t，达到国内外先进水平。

斜井主采 5^{-2}煤层，上距 2^{-2}煤层 150m 左右，厚度 4.3～8.44m，平均 6.08m，上部结构简单，下部含有夹矸。采煤方法选用上、下分层长壁综采，上分层采厚 4.0～4.5m，下分层采厚 2.8～3.5m。

(2) 工作面参数:

工作面长度 250m，采高 4.5m。501 盘区工作面推进长度设计为 4000m。

(3) 采掘设备特征:

①综采设备:

采煤机: 功率 1500kW，截深 0.85m，采高 2.2～4.5m，电压 3.3kV，设备能力 2800t/h，JOY 公司的 6LS 5 型采煤机。

刮板输送机: 功率 2×700kW，输送能力 2500t/h，铺设长度 250m，槽宽 1000mm，电压 3.3kV，ACE 或 DBT 公司产品。

转载机: 功率 300kW，电压 1140V，设备能力大于 2500t/h，JOY 或 DBT 公司产品。

破碎机: 功率大于 315kW，电压 1140V，设备能力 3000t/h，冲击式破碎。JOY 或 DBT 公司产品。

胶带输送机: 功率 3×375kW，传动方式 CST，配 3×CST420KDS 驱动装置，电压 1140V，带宽 1.4m，带速 3.5m/s，输送长度 4000m，运输能力 2500t/h，ACE 或 DBT 公司产品。

液压支架: 架型为二柱掩护式，支撑高度 2.2～4.5m，支护强度 1.05MPa，立柱类型为双伸缩式，支架中心距 1.75m，推移行程 900～950mm，电液阀控制，移架时间小于 8s，选用 DBT 或 JOY 公司液压支架。

乳化液泵: 流量大于 270L/min，压力 37.26MPa，液箱容积 4090L，功率 187kW，三泵一箱，自动配液，电子自动卸载，选用 RM1 或豪辛克公司。

喷雾泵站: 流量大于 423L/min，压力 14.5MPa，功率 2×112kW，水箱容积 1600L，配带水过滤站。

②连采设备:

连续采煤机开采工作面（简称连采面）采高 2.6～4.6m，能力 15～27t/min，总功率 553kW，截割功率≥2×170kW，电压 1140V。选用 JOY 或 DBT 公司产品。

连续采煤机掘进工作面（简称连掘面）掘进高 1.57～3.7m，能力 15～27t/min，总功率 553kW，截割功率≥2×170kW，电压 1140V，选用 JOY 或 DBT 公司。连续采煤机配有吸尘风筒和喷雾灭尘系统。

运煤车: 用于连掘工作面。蓄电池动力，斗容 18t，总功率 64.8kW，电控 LA2000。选用 DBT 或 JOY 公司产品。

给料破碎机: 用于连掘工作面。设备能力 450t/h，总功率 131kW，电压 660/1140V，卸料高度 1.2m，选用 DBT 公司产品。

四钻臂锚杆机: 用于连掘工作面的锚杆机适应采高 1.6～3.7m，电压 660/1140V，功率 60kW，干式除尘系统，JOHNFDILAY 或 JOY 公司产品。

连采工作面用的锚杆机: 适应采高 2.2～4.5m，电压 660/1140V，功率 60kW，干式除尘系统，JOHNFDIL AY，DBT 或 JOY 公司产品。

(4) 工作面设计产量:

综采工作面生产能力:

$$\begin{aligned}A_1 &= L \cdot h \cdot l \cdot \gamma \cdot K \cdot 10^4 \\ &= 6000 \times 4.5 \times 250 \times 1.28 \times 0.93 \times 10^4 \\ &= 804 \text{ 万 t/a}\end{aligned}$$

式中 L——工作面年推进长度，m；

h——工作面采高，m；

l——工作面长度，m；

γ——煤的视密度，t/m³；

K——工作面回采率。

连采工作面设计生产能力： $A_2=60$ 万 t/a

连掘工作面设计生产能力： $A_3=40$ 万 t/a

单元生产能力 $A=A_1+A_2+A_3=804+60+40=904$ 万 t/a

4）神华榆家梁矿井开采技术

概况：

榆家梁矿井地处陕西省榆林神木县东北方向，距县城25km。矿井属神华集团神东公司管理。

榆家梁矿井2000年3月开工，2001年1月18日建成。矿井采用主斜井—副平硐综合开拓方式，装备一套全部引进的现代化高产高效综采长壁工作面和两套连续采煤机采、掘工作面，形成一井一面生产模式，设计生产能力800万t。井田东西10.5km，南北8km，面积59.88km²。井田地质储量5.31亿t。

采用主斜井—副平硐联合、单水平、“一”字形巷道布置系统开拓系统，矿井按照“一井一区一面，一个生产单元”模式装备。建成投产时开采501盘区的5^{-2}煤层，能力800万t/a。

(1) 开采条件：

矿井主采5^{-2}煤层为厚煤层，平均厚4.5m。

5^{-2}煤单轴抗压强度237～567kg/cm²，一般小于300kg/cm²，抗拉强度3.91～6.87kg/cm²，一般大于5kg/cm²，坚固性系数3～5。

煤层顶底板条件：煤层顶底板岩性为粉砂岩、中粒砂岩、细砂岩等。属较稳定～稳定顶板；底板多为粉砂岩、中粒砂岩，稳定性属Ⅰ—Ⅱ型。

瓦斯：主采煤层瓦斯含量低。

煤尘：爆炸指数超过10%，具有爆炸危险性。

自燃性：矿井开采的侏罗纪的煤层易自然发火。

(2) 工作面技术参数及回采设备：

① 长壁综采工作面技术参数及回采设备：

工作面长240m，平均采高4m。回采率93%，工作面日产2.3万t，年产量770万t，年推进6633m。采煤机正常割煤速度8m/min，截深0.8m，开机率75%。

采煤机：JOY公司6LS5型。采高1.8～4.5m；截深0.8m；牵引速度0～20m/min，齿排式无链电牵引，功率1500kW；额定电压3300V，频率50Hz。

刮板输送机：运量2500t/a；环节富余系数1.2；运输长度255m，运力2500t/h，交叉侧卸机头，双速电机牵引，额定电压3300V，频率50Hz。

转载机：运力2500t/h，额定电压1140V。

破碎机：运车2500t/h，额定电压1140V。

液压支架：掩护式，支撑高度2.2～4.5m，支护强度＞0.95MPa，工作阻力＞600t，移架步距＞0.9m，支架中心距1.75m，电液阀控制与采煤机联动，移架速度＜10s。

工作面运输巷胶带输送机：运量2500t/h，带速3.5m/s，运输长度3000m，带宽1400mm，带强1800N/mm，电机功率3×375kW。

② 连续采煤机工作面技术参数及设备：

每日两班生产，班进尺50m，日产量2528t，年产量78.4万t，两套连续采煤机年产量100～120万t。

连续采煤机：JOY－12CM18－10D型。技术特征：采高2.657～4.420m，能力8～24t/min；装机总功率459kW，其中截割功率2×140kW，额定电压1140V；滚筒直径915mm，宽度3.302m，转速50r/min；外形尺寸10.9m×3.3m×1.75m，重量55.384t。

锚杆机：美国朗艾道公司双臂式TD2－43型锚杆机2台。锚固高度1.6～3.6m，支架臂升降高度3.043m，钻臂升降高度2462m，机身尺寸7.607m×2.867m×1.517m，电机功率2×29.8kW，额定电压660V；重量14.2t。

铲车：美国朗艾道公司488型蓄电池铲车2台。铲斗斗容4.0t，外形尺寸8.0518m×2.7422m×1.0668m，转弯半径（内/外）3530.6/6654.8mm，底板比压0.8544MPa，重量17.88t。

(3) 回采工艺：

长壁综采工作面采用双向割煤，推溜移架平行作业。采煤机斜切进刀（长度50m），后退式回采。

连采面完成掘进和煤柱回收（回采），采用5巷式布置。端头掘进6m后推出，进入下一条巷掘进，进行该巷道的支护。工作面推进2～3个煤柱（20m×30m）后，向前移动破碎机和配电中心。每台采煤机配2台运煤车。煤柱采用双柱单袋式（或双袋式）回收。

(4) 巷道布置：

长壁综采工作面巷道采用双巷式布置，即两条进风巷（一条兼作胶带输送机巷），两条回

表3－2－39　2001年1月至9月产量表

月　份	产　量 （万t）	生产工效 （t/工）	综合生产成本 （元/t）	备　注
1	12.95		180.16	生产18d
2	35.51	66.37	74.82	
3	51.13	112.38	44.09	
4	57.89	135.80	61.37	
5	63.46	140.06	61.78	
6	66.29	161.07	61.50	
7	71.63	163.71	61.82	
8	75.55	161.71	61.89	
9	27.38		61.50	生产10d
合计	461.79			

风巷（一条兼作辅助运输巷）。

连采面采用5巷式布置，一条胶带输送机巷，二条辅助运输巷和两条回风巷。

（5）技术经济指标：

榆家梁矿井2001年1月建成，按照“一井一面”模式集中生产，矿井共248人。长壁综采工作面生产班15人，检修班7人。“四·六”工作制。三班采煤，一班检修。2001年1月至9月投产8个月，一个生产单元共产煤炭461.8万t。矿井已形成年产800万t产量的生产能力。2001年1月至9月产量见表3—2—39。

榆家梁矿井单元式生产，装备世界先进水平设备，实现高产的经验，可以做为建设高起点、高产量、高效率、高效益、高度集中化矿井的基本模式，对类似矿井工作面的设计具有借鉴价值。

5）铁法晓南矿西一南708工作面

（1）工作面概况。

晓南矿西一南708工作面位于该井田西一采区南部，开采煤层厚度3.75～5.6m，平均4.53m，煤层倾角5°～8°，煤的普氏系数$f=2$，煤质为长焰煤，煤的容重为1.7t/m³。煤层伪顶为泥岩，厚0.40～0.83m，直接顶为粉砂岩、砂质泥岩，厚6.54～14.57m，老顶为粉砂岩、粗砂岩、砂砾岩，厚6.79～37.37m，底板为细砂岩、粉砂岩，厚5.28～21.32m。

工作面长121m，推进长度625m，可采储量57.85万t，后退式倾斜长壁仰斜开采，自然垮落法管理顶板。

（2）工作面主要设备。

工作面选用国产厚煤层一次采全高成套设备，主要设备如下：

采煤机	MG－2×400型
中间支架	ZZ6400－24/47型，110架
过渡支架	ZZ6400－24/47G型，6架
端头支架	ZTZ12800－18.5/38型，4架
刮板输送机	SGZ－880/2×400型
转载机	SZZ－880/200型桥式转载机
破碎机	PCM160型锤式破碎机
可伸缩带式输送机	SSJ1200/2×200型
乳化液泵站	WRB－200/31.5型，两泵一箱
移动变电站	KSGZY－1250、KSGZY－1000、KSGZY－800型各一台

（3）工作面主要经济技术指标。

西一南708工作面4.5m厚煤层一次采全高综采技术不但有效地解决分层开采的工序复杂问题，减少了内错煤柱损失，从根本上避免了分层开采存在的煤层自然发火和CO超限的隐患，更重要的是，一次采全高技术已取得了良好的效果，西一南708工作面曾创出最高月产20.3000万t，平均月产19.5430万t，最高日产8728t，平均日产6662t，最高回采工效189.70t/工，平均回采工效181.91t/工的指标。该工作面1997年9～11月份主要经济技术指标见表3—2—40。

表3-2-40　晓南矿西一南708工作面主要经济技术指标

项　目	指　标			
	9月份	10月份	11月份	合　计
产　量（t）	203000	201135	182166	586301
生产天数（d）	29	29	30	88
回采工数（工·d）	1068	1075	1080	3228
回采工效（t/工）	190.07	187.10	168.67	181.91
平均日产（t）	7000	6936	6072	6662
吨煤成本（元/t）	106.91	82.01	80.91	89.94
吨煤售价（元/t）	119.50	124.86	121.32	121.89
产　值（万元）	2425.85	2511.37	2210.14	7147.26
利　润（万元）	255.58	861.86	736.13	1853.57

（二）缓斜厚煤层倾斜分层开采综合机械采煤

中国厚煤层产量比重约占原煤产量45%左右，主要采用倾斜分层下行垮落采煤法。自1974年在开滦矿务局唐山矿试验成功缓斜厚煤层倾斜分层下行垮落金属网假顶综合机械化采煤以后，分层开采的综合机械化采煤工艺又有了进一步发展。近年来，缓斜厚煤层分层综合机械化采煤工艺已在十多个矿务局得到广泛应用。例如，晋城古书矿综采一队，1988年在顶分层运用铺顶网综合机械化采煤工艺创造了年产180万t/a的纪录：开滦唐山矿综采一队在网下分层采用综合机械化采煤工艺，连续三年年产超过100万t/a，最高月产14.3万t，工作面效率为26t/工。1995年兖州东滩矿综一队倾斜分层开采，采高2.9m，年产205万t/a，工作面效率为77.7t/工。

1. 适用条件

适用于不宜采用一次采全厚及放顶煤等采煤法的缓倾斜厚煤层。

2. 回采工艺

缓斜厚煤层倾斜分层下行垮落综合机械化采煤工艺，与缓斜中厚煤层采煤工艺相比，由于顶板管理上的差异而有不同的工艺特点。为了保证下部分层的回采，通常在分层间要铺设人工假顶，或对直接顶冒落岩块注水、灌浆，促使其形成再生顶板而增加相应的工序。分层工作面铺网与否和如何铺网就成为分层开采综合机械化采煤工艺的主要特点。

分层开采综合机械化采煤的假顶材料与铺设假顶方式是确定工艺特征的重要因素。中国分层综采常采用的人工假顶材料有经纬金属网，菱形金属、塑料网等；按铺设金属网的方式又可分为人工铺网及机械化铺网；按金属网的铺设方法分为铺底网和顶网两种。

1）金属网选择

多年来，厚煤层分层开采采用的金属网假顶一直沿用经纬金属网，由于经纬金属网存在综合承载力较低，易并丝等缺点，目前已逐渐被菱形金属网所取代。与经纬金属网相比菱形网有如下优点：菱形网强度高、网格均匀、整体性强、自锁好、耐冲击、受力均匀；采用穿条与螺肇套联网技术使联网方便、牢固、快速；铺设时托网、吊网、撤网容易，移架时不易撕网，护顶安全可靠；菱形网的网捆小、重量轻、易折叠、便于装运，使用方便。但网卷较短，续网工作量增加。

2）铺顶网工艺

人工铺网是顶网铺设的唯一方法，目前国内尚无铺顶网的机械。网的材料一般选用长10m、宽1.0～1.2m的金属网。网卷沿工作面倾斜方向展开，两张网片沿倾斜搭接为0.3m。沿工作面推进方向铺设单层金属网时，两网搭接宽度为0.2m或对接。铺设双层金属网时，上、下两网搭接宽度为0.5～0.6m。铺网时应注意把新网铺在原有金属网的下方，以保证推移液压支架时不致把新网片搓起来。网片的连接，用12号或14号铁丝的单丝或双丝每隔0.08m或0.1m人工连扣。初始铺网时是在开切眼内用煤矸将网边压好或用木锚杆把网边固定在煤底上，或在煤底挖地沟将半边网卷埋入压好或锚固，在支架安装过程中，把网片联结起来，并在顶梁前端留出网片接头。正常回采时金属网为吊挂式铺设和联结。

铺顶网既解决了下分层回采的假顶，还可以起到防止上分层回采时顶板破碎漏矸，在顶板破碎的条件下，对提高煤质和保证工作面安全是有利的。但铺网工作是在支架端靠机道侧进行，铺联网速度慢时，会影响采煤机的正常运行；此外，铺好的金属网要等到工作面推进4～6刀后才能落到底板上，当采空区冒落大块矸石时，易砸坏架尾后部的金属网，网片吊挂不当或支架推移后梁头的网头太长，可能造成采煤机截割网片；支架推移不当，还可能发生前梁戳穿金属网或使金属网变形，降低金属网的护顶性能；工作面压力大时，支架需要带压移架，也易将网搓坏。

3）铺底网工艺

中国自1985年开始，根据不同地质条件先后研制了多种机械化铺底网支架，按其铺网方式可分为架后、架中、架前铺网。

(1) 架后铺网工艺。

铺网机构和网卷放在液压支架掩护梁下的铺底网工艺称为架后铺网。架后铺底网综采工作面的工序是：割煤——移架——推移输送机——铺网联网。铺底网支架与一般支撑掩护式支架的不同点是在掩护梁上加了尾梁，长度加长，前后连杆距离加大，使续网有足够的空间。金属网垂直工作面铺设，网卷装在支架后端的掩护梁下，网卷分为架中网和架间网，两网接前后排交替间隔安放，网边搭接，网卷随支架前移自动展开，在刮板输送机推移过后由人工进行联网。安装接续网卷时两网卷短边亦搭接。初次铺联网在工作面切眼支架安装好后进行，并用锚杆将网端固定在底板上。采用这种铺网工艺的有潞安矿务局漳村矿等。

这种铺网工艺与人工铺顶网相比，它的铺网工序由机械完成，人工联网工序是在掩护梁下进行，因而操作较安全，方便，减轻了工人的劳动强度，同时联网作业与其他工序不互相干扰。但是这种铺网装置的联网作业是由人工在支架尾梁下进行，由于该处空间狭小，作业仍较费力，劳动条件未得到根本改善。

(2) 架前铺网工艺。

针对在液压支架掩护梁下铺网的缺点，推出了架前自动铺网的新工艺。铺联网机构均设置在液压支架底座臬前端与刮板输送机之间，架中网超前架间网0.8m左右，网卷均固定在各自的铺网机架上，并垂直工作面铺设。初次铺网时，先将架中网和架间网挂在铺网机构上，并将架中网穿过铺网机构的过网间隙，在连网机构扣面将架中网的端齿插入架间网的网孔，并压死：平行工作面煤壁的网端边全部向上窝300mm，呈双层网，并把与工作面等长的钢丝绳包在窝间的网内，用铁丝固定，在中部每逢网片搭接处用锚杆和压板将其固定在底板上。随着工作面向前推进，进行续网工作。采用这种铺网工艺的有大同矿务局永定庄矿、煤峪口矿等。

采用架前铺网工艺时，宜选用菱形网。因为经纬网难以经受移架时底座产生的摩擦力，纬丝容易生产并丝现象，加上推移杆挂丝等原因，较难保证架后网的完整，对下分层开采不利。

（3）架中铺网工艺。

架中铺网方式，铺网机构及网卷在液压支架中部，铺网装置结构上能保证工作面网卷彼此间有0.2m搭接量，网卷沿工作面推进方向逐步展开。为了避免金属网在支架中形成一道网墙，液压支架前后座箱是分离的，在支架前座箱扣部设有一个悬臂梁，可以使架中的网卷与相邻的架间网卷在纵向平面上错开一定距离，当两网在横向交叉情况展开时，网片之间自动搭接。另外，在支架中间有0.6m的搭接段裸露在煤底上，方便进行联网。这种联网机械架中仍有0.6m的空间作为人行道和运网、续网、联网的作业空间。中国为大同四老沟矿开发研制垛式支架机械化铺底网的第一代产品，这种铺网工艺的网片间拼缝搭接效果较差。

综合机械化采煤工作面的铺网工序，在铺底网工作面已基本上实现机械化，但联网工序除架前铺底网外，目前还未能机械化，有待进一步研究解决。

3. 主要参数确定

1）分层工作面长度

分层综采工作面长度应根据煤层条件、设备性能及生产管理水平等因素综合确定。由于网下各分层工作面是在假顶下回采，顶板管理比较困难，因此在确定工作面长度时应注意：区段内上下各分层工作面长度不要相差太大，应尽量一致，以减少网下分层开采的困难，巷道布置上应尽量采用重叠式或水平式布置，以保持工作面长度一致。

据统计，1988年中国60个分层综采等级队中工作面长度在120～160m之间的有46个占76.9%，结合中国现有设备的能力及技术和管理水平，分层综采工作面的长度在140～180m之间较为合适。当煤层和顶板条件很差时，工作面长度可适当减少，但是工作面太短，就很难发挥综采设备的效能。

2）分层采高

加大分层采高、减少分层数目，能够减少巷道掘进量，降低材料消耗和生产成本。综采分层工作面，由于设备能力强化，为加大分层采高提供了技术、物质保证。从中国综采设备条件、煤层条件和技术管理水平分析，高产分层综采工作面的采高一般应控制在2.5～3.5m范围内。

3）分层采高控制

在厚煤层分层开采中，控制工作面的开采高度、保持分层开采厚度是保证工作面正常开采的关键。因此应重视生产中的勘探，以便准确地掌握工作面煤层的厚度及其变化情况。有的矿井采用在工作面内和上下平巷中，用钻机探测煤层总厚度，钻孔布置根据煤层稳定程度一般每隔50m布置一个，然后按探得的煤层厚度资料编绘等厚线图，分层采高按煤层等厚线图分段确定并加以控制。

4）合理确定铺网层数

分层金属网假顶的铺设层数直接影响金属网的消耗量及吨煤成本。目前，国内各矿在铺网层数，是否每分层铺网等方面不尽一致。

铺单层网工艺简单，劳动强度小，只是当网一旦在液压支架推移时被扯破，补网困难，对顶板管理不利；在第一分层中铺双层网，增加了网的强度及防撕保险系数，但铺双层网的工作量大，材料消耗成倍增加，且网的厚度大，移架时网也容易扯破。事实上双层网各层的受力并不均匀，承托能力并非成倍增加，因此铺网层数应根据具体条件合理确定。一般情况下，当煤层分两层开采时，铺单层网较好：当分三层开采时，第一分层宜铺双层网，第二、三分层开采时不铺网为最佳；当分四层开采时，第一、三分层铺双层金属网，第二、四分层不铺网。

通常在靠近工作面上、下端头各20m左右范围内金属网网丝氧化锈蚀严重，因此，应加强该区间内网片弥补工作。对于只铺一层网的工作面，上、下端头20m范围内应铺设双层网或铺一层较粗丝的网片。也可在回采下分层工作面以前，在上、下两巷注浆，可有效防止网的锈蚀。

4. 技术经济指标

部分矿井厚煤层分层综采工作面技术经济指标见表3－2－41。

表3－2－41　部分矿井厚煤层分层综采工作面技术经济指标

矿井名称	采高/煤厚度（m）	倾角（°）	工作面长度（m）	年产量（t）	月平均产量（t）	回采工效率（t/工）	备注
晋城古书院矿	2.8/6.0	3～5	222	2000013	166668	105.1	
晋城王台铺矿	3.0/6.0			1223733	101978	62.78	
潞安王庄矿	3.2/6.5			1201025	100085	55.95	
平顶山一矿	2.18/6.0			1247420	103952	53.69	
兖州兴隆庄矿	2.5/8.65			1064471	88706	29.37	
潞安章村矿	3.3/6.5			1113665	92805	55.75	
义马耿村矿	2.76/4.5			1013524	84460	31.30	
潞安五阳矿	3.0/6.5			1056341	88028	26.79	
邢台局邢台矿	2.95/6.8			1020503	85042	44.14	
阳泉一矿	3.1/5.9			1001933	83494	34.88	
晋城凤凰山矿	3.1/6.0			1018970	849142	63.69	

注：除古书院矿为1994年资料外，其余矿为1989、1990年统计资料。

5. 厚煤层分层综合机械化采煤工作面实例（晋城古书院矿11303工作面）

（1）工作面概况。

古书院矿11303工作面开采山西组3号煤上分层，煤层厚度3.3～6.61m，倾角3°～5°，局部达8°，煤层普氏系数f=1.7～4.6。煤层直接顶为砂质泥岩，厚约2.4m，属于2类中等稳定顶板，老顶为中粒砂岩，厚约4.2m，胶结良好，属Ⅱ级顶板。煤层直接底为炭质泥岩，厚约1.0m，老底为砂质泥岩。

11303工作面长222m，走向长2391m，平均采高2.8m，循环进尺0.8m。选用菱形金属网作人工顶板，金属网采用10号铁丝编制，规格为10×0.98m。工作面瓦斯最大涌出量为23.1m^3/min，工作面布置有瓦斯排放巷。

（2）工作面主要设备。

11303 工作面采用国产设备与进口设备配套。主要设备如下：

采煤机：EDW－450/1000L 型双滚筒电牵引采煤机，从德国引进，总装机功率 1080kW，供电电压 3300kV，截深 800mm，截割能力 1500t/h，总重 70t。

液压支架：北京煤机厂生产的 ZZP4400－17/35 型支撑掩护式铺底网支架。

刮板输送机：EKF1000－HB280 型侧卸式双速刮板输送机，从德国引进，供电电压为 3.3kV。

转载机：从德国引进的 EKF1000－HB28 型桥式转载机。

破碎机：从德国引进的 SK－11/14 型破碎机。

可伸缩带式输送机：淮南煤机厂生产的 SSJ－1200/2×200 型带式输送机。

乳化液泵站：从德国引进的 S200 型乳化液泵站。

(3) 工作面回采工艺。

工作面采用端头斜切进刀，双向割煤，其工艺流程为：采煤机在端头进刀→割煤→移架→推移输送机→联网→清煤。工作面两端作业流程为：割煤→移机头（尾）→清煤→移架→联网。端头斜切进刀长度 40m，移架作业距采煤机后滚筒 6～15m，推移输送机距采煤机后滚筒 12～40m，推移输送机后立即清煤和联网。

采煤机割煤牵引速度为 8m/min，空程牵引速度 10m/min，移架速度为 7.5m/min（单架移架时间 12s/架），移架赶不上采煤机时采取隔架移架方法，推移输送机速度在 15m/min 以上。除移机头机尾工序外，其他工序均为割煤工序平行作业。采煤机割一刀煤的时间平均为 56.75min，每生产班最高完成 5 个循环，每日最高 15 个循环。工作面最高日产量时循环作业图表见图 3－2－15，工作面各工序作业时间或速度见表 3－2－42。

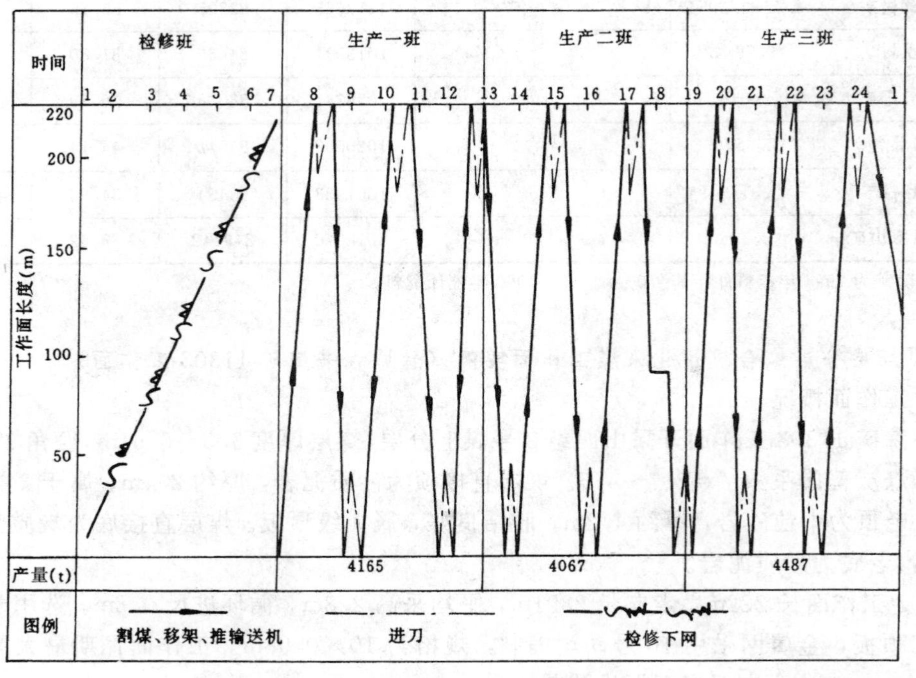

图 3－2－15　11303 工作面双向割煤循环图表

表 3－2－42 11303 工作面各工序作业时间或速度

工　序	割煤时间（min）	空牵引时间（min）	移架速度（min/架）	推输送机速　度（m/min）	续网速度（min/卷）	联网速度（m/min）	移机头机尾时　间（min）
作业时间或速度	32.75	4	0.2	15	2	11.25	20

（4）工作面劳动组织。

工作面采用“四六”工作制，三班生产，一班检修，每班工作 6h。工作面采用追机作业方式，采煤机管理人员 7 名，合计在册人数 96 人。工作面劳动组织见表 3－2－43。

表 3－2－43 11303 工作面劳动组织配备表

工　种		出勤		在册	工　种		出勤		在册
		小班	圆班				小班	圆班	
生产班	采煤机司机	3	9		检修班	采煤机检修工	2		
	移架推移输送机工	2	6			支架检修工	2		
	输送机司机	1	3			三机检修工	2		
	控制台司机	1	3			电气检修工	3		
	联网工	5	15			质检员	1		
	机电维护工	1	3			工　长	1		
	质检员	1	3						
	上下出口维护工	3	9						
	工　长	1	3						
	小　计	18	54	74		小　计	11		15

（5）工作面主要经济技术指标。

11303 工作面 1992 年 9 月 1 日回采，1994 年 3 月 31 日结束，共生产 478d，生产原煤 3040335t。工作面主要经济技术指标见表 3－2－44。

表 3－2－44 11303 工作面经济指标

序号	项目	单位	数量	序号	项目	单位	数量
1	年产量	t	2000013	4	最高日产量	t	12719
2	最高月产量	t	216896	5	平均工效	t/工	105.1
3	平均日产量	t	6362				

第三节　放顶煤采煤法

放顶煤采煤法是一种近年迅速发展和推广的厚及特厚煤层采煤技术，特别是综合机械化放顶煤（简称综放）是厚及特厚煤层开采技术的新发展。在条件适宜，措施得当时，具有高产、高效，掘进率低，生产成本少，经济效益好的优点。放顶煤采煤法目前在条件具备的厚及特厚煤层的开采中已较为普遍采用，并取得了良好的经济效益，目前已成为厚及特厚煤层采煤方法的发展方向之一。

这些年来，缓倾斜，急倾斜厚及特厚煤层在适宜条件下，采用放顶煤开采技术，取得了突出的技术经济指标，发展迅速。兖州矿区、潞安矿区、阳泉矿区以发展放顶煤采煤技术为先导，带动采煤、掘进、开拓、安全、机电、运输、通风、管理等相关技术的发展。在中国发展和推广放顶煤开采的矿区，在装备配套改进、放顶煤工艺改革、优化巷道布置、改善运输方式、瓦斯排放系统，工作面除尘、防止煤层自燃，提高顶煤回采率，以及放顶煤生产技术措施与管理办法配套等方面，进行了一系列探索实践，明显地改变了生产面貌，取得了良好效果。在具有放顶煤开采条件的矿区、矿井已普遍使用。

放顶煤开采不仅在厚及特厚缓倾斜中硬煤层的开采中被普遍使用，而且也在类似郑州矿区“三软”不稳定煤层和大同矿区“两硬”煤层的开采中试验成功。如郑煤集团米村矿“三软”煤层综采放顶煤开采产量1997年达到107.6万t，跨入全国创水平综采队行列，使放顶煤开采技术使用范围一步扩大。再如甘肃华亭煤矿在急倾斜（倾角45°）特厚煤层（36～62m）中采用水平分层综采放顶煤采煤法于1997年单面年产量达到158.0万t，位居全国1997年度创水平综采队排行第16名。此外，滑移顶梁支架以及π型梁单体支柱等放顶煤技术的使用，进一步扩大了放顶煤开采技术使用领域，并且解决了以往传统采煤法不易解决和无法解决的一些开采问题。因此，可以认为放顶煤开采技术不仅适用于一般情况下的厚及特厚煤层开采，而且也可以用于一些难采煤层（如“两硬”、“三软”煤层，极软煤层，不易或不能分层的结构复杂煤层等）的开采。

近几年来，放顶煤采煤技术，特别是综采放顶煤开采技术，有了迅速发展和重大突破。1994年全国有52个综采队年产量超过100万t，其中超过200万t的7个综采队中有6个是综放队，当年兖矿（集团）公司兴隆庄综采一队放顶煤产量达到272.4万t。1997年全国共有76个综采队年产量超百万吨，其中综采放顶煤采煤队24个。超过200万t的12个综采队中，综放队占8个。8个综放队年共产煤2287.03万t，平均单面年产达到285.88万t，是全国创水平综采队平均产量的2.04倍，见表3－2－45。兖矿集团兴隆庄煤矿已将综放工作面长度加大到300m，推进长度2000～3000m、工作面年产600万t。

表3－2－45　1994、1997年度产量超200万t综采队

序号	综采队名称	1994年产量(万t)	1997年产量(万t)	采煤工艺
1	兖矿集团东滩综二队		410.2	综放
2	兖矿集团南屯综二队	202.6	346.9	综放
3	淮南新集综一队		319.6	综放

续表

序号	综采队名称	1994年产量(万t)	1997年产量(万t)	采煤工艺
4	兖矿集团兴隆庄综一队	272.4	301.1	综放
5	兖矿集团鲍店综二队	220.5	263.5	综放
6	铁法局晓南矿综一队		225.0	综采
7	潞安王庄矿综二队	215.9	223.6	综放
8	铁法局大隆矿综采队		220.6	综采
9	潞安漳村矿综一队	238.5	216.8	综放
10	潞安王庄矿综一队	225.9	205.3	综放
11	邢台东庞矿综二队		201.8	综采
12	平顶山集团六矿综一队		200.02	综采
13	兖矿集团东滩综一队	204.2		综采
14	合　　计	1580.0	3134.4	

1997年，兖矿（集团）公司东滩煤矿综采二队，放顶煤开采单面年产达4101808t，创造了全国综采放顶煤的新纪录。1998年10月该矿综采放顶煤单面月产突破50万t大关，年产超过500万t，2001年综放面生产原煤542万t，使中国综采放顶煤开采居世界领先水平。

从中国放顶煤开采技术水平现状和发展情况分析，放顶煤开采技术的日益完善，对于以往认为阻碍放顶煤开采发展的瓦斯、粉尘、防灭火和回采率等四大技术难题的研究和实践已取得了阶段性成果，当前放顶煤开采技术正向扩大综采放顶煤使用范围发展，以使综放开采成为条件适宜矿井提高工作面单产的主导开采技术。

放顶煤开采按照工作面装备和回采工艺的不同，分为综采放顶煤采煤法、普采放顶煤采煤法和炮采放顶煤采煤法。

一、综采放顶煤采煤法

（一）综采放顶煤采煤法的优点

综采放顶煤采煤法就是采用滚筒式采煤机，放顶煤液压支架、刮板输送机（一部或两部）及其他附属设备进行配套联合生产，实现采煤工艺全过程机械化，与一般综采相比，综采放顶煤开采具有以下优点：

（1）综采放顶煤采煤法是比较容易实现高产的厚煤层采煤方法。

（2）综采放顶煤开采巷道掘进率低，据统计比分层综采巷道掘进率要低50%～60%，特厚煤层开采，巷道万吨掘进率降低更明显；巷道维护条件有所改善。可以明显地缓和矿井采掘关系。

（3）单位进度采煤能力加大，工作面搬家次相对减少。

（4）占放顶煤工作面煤量一半以上的顶煤基本是利用地压破煤，依靠自重放煤的，所以综采放顶煤采煤法是一种动力消耗最小的综合机械化采煤方法。

（5）与一般的综采相比，综采放顶煤采煤成本明显降低。

（6）综采放顶煤开采过程中，由于其顶煤是利用地压破碎，依靠自重有控制的放煤，块煤量与机采割煤相比有所增加，对于有些煤种经济效益是比较明显的。

(7) 综采放顶煤对地质构造较复杂、厚度变化较大煤层的开采，比一般综采更灵活和适用。

(二) 综采放顶煤采煤法和适用条件

(1) 顶煤的冒放性好或较好。顶煤冒放性与煤层赋存条件、煤及其顶板的力学性质、其层理发育状况及夹矸层特性等多种因素有关。顶煤冒放性评价的方法和步骤，详见本节附录。

(2) 煤层厚度：缓倾斜煤层 5m～10m 为宜。煤层厚度超过 15m，一般采用分层综放开采；煤层厚度变化较大，但最小厚度在 2.5m 以上，当条件适宜时可考虑采用综采放顶煤开采。急倾斜煤层采用水平分段综采放顶煤采煤法开采时，煤层厚度应在 15m 以上。

(3) 煤层倾角：综采放顶煤开采适宜的煤层倾角一般为 0°～15°，采取相应措施后可以达到 25°。倾角大于 35°的倾斜煤层应采用水平分层综采放顶煤开采。

(4) 煤的硬度和节理：当煤的普氏系数 f 值小于 3 时，可以采用综采放顶煤开采；当煤的普氏系数大于 3，但节理裂隙发育时，在采取一定的技术措施后，也可以考虑采用综采放顶煤开采。

(5) 煤层顶底板岩性：煤层顶板能随采随冒，冒落充填高度不小于采放高度；煤层底板岩性较硬，适宜及时支架。

(6) 煤层结构：顶煤中夹矸单层厚度一般不大于 300mm，其强度不影响顶煤冒落。

(7) 煤层无煤与瓦斯（二氧化碳）突出。煤的自然发火期一般不小于 3 个月。特殊情况需要采用综采放顶煤开采时，必须经省级主管部门批准。

(8) 煤层地质构造较复杂的小块段和条件适宜的煤柱回收可采用综采放顶煤开采。

(三) 放顶煤支架的主要类型及特点

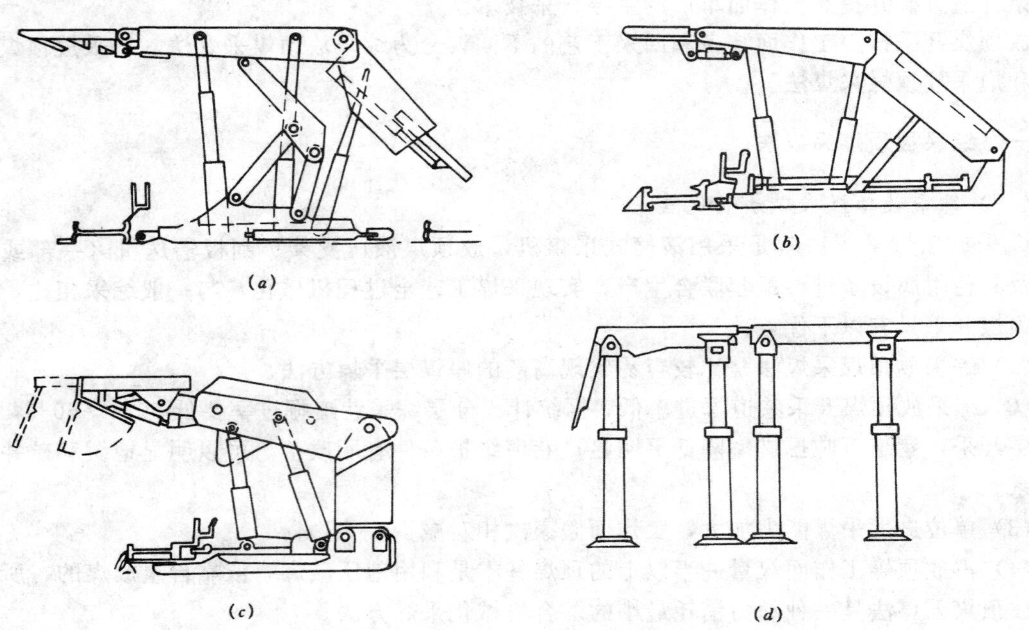

图 3-2-16　放顶煤液压支架类型

a—低位放煤口液压支架；b—中位放煤口液压支架；

c—高位放煤口液压支架；d—滑移顶液压支架

综采放顶煤支架除了具有一般综采支架所具备的功能之外，与一般综采支架的最大区别就是具有放煤功能。依照支架在工作面的布置方式和工作性质可分为基本支架（又称正常架或中间架）、过渡支架和端头支架；按照支架放煤口的位置可分为高位放煤、中位放煤和低位放煤支架；根据支架与刮板输送机的配套方式又分为单输送机和双输送机放顶煤液压支架。支架类型如图 3－2－16，放顶煤支架类型及特点见表 3－2－46、表 3－2－47。

表 3－2－46 综采放顶煤液压支架类型

序号	放顶煤支架型号	适用倾角	支护强度（MPa）	重量（t）	主要特点
1	ZFS2400/15/25C	缓倾斜	0.47～0.57	9.2	双输送机、插板式、四连杆
2	ZFSB2800/14/28	≤15°	0.50～0.52	8.8	双输送机、插板式、四连杆
3	ZFS1800/16/24B	≤25°	0.45～0.57	3.75	双输送机、单摆式、四连杆
4	ZFS2200/16/24B	≤15°	0.36～0.42	8.2	双输送机、单摆插板式、四连杆
5	ZFBZ2200/16/24	≤20°	0.54～0.62	5.5	双输送机、单摆插板式、四连杆
6	ZFSB2200/16/24A	≤20°	0.40～0.48	6.8	双输送机、单摆插板式、四连杆
7	ZFS2400/16/24B/A	≤20°	0.42～0.46	8.7	双输送机、单摆插板式、四连杆
8	YFY200/16/26	≤15°	0.57～0.71	7.7	双输送机、开天窗、单铰接
9	YFB280/14/28	≤15°	0.49～0.50	9.2	双输送机、双门开启式、四连杆
10	ZFQ2000/16/24	缓倾斜	0.51	3.5	双输送机、双门开启式、四连杆
11	ZFS3000/19/28	≤15°	0.73～0.75	10.4	双输送机、开天窗、单铰接
12	ZFC4000/16/28B	≤15°	0.73～0.75	12.5	双输送机、开天窗、四连杆
13	ZFS4400/19/28	≤15°	0.73～0.78	11.2	双输送机、开天窗、四连杆
14	ZFSG4400/16/28	≤25°	0.80～0.83	13.5	双输送机、开天窗、单铰接
15	ZFSC4000/16/28	≤25°	0.73～0.75	12.0	双输送机、开天窗、四连杆
16	ZGYD4400/26/32	≤25°	0.55～0.89	13.0	单输送机、开天窗、单铰接
17	ZGSB3600/17/28	≤25°	0.64～0.68	13.5	双输送机、插板式、四连杆
18	ZFSB4000/17/27	≤25°	0.58～0.60	14.0	双输送机、插板式、四连杆
19	ZFSB4000/17/28	≤20°	0.61	13.8	双输送机、插板式、四连杆
20	ZFSB5000/17/28	≤12°	0.76～0.81	14.5	双输送机、插板式、四连杆
21	ZFSB5600/17/35A	≤25°	0.90～0.91	17.2	双输送机、插板式、四连杆
22	ZFSB2800/16/24	≤15°	0.48～0.52	11.5	双输送机、插板式、四连杆
23	ZFSB3000/15/26	≤25°	0.55～0.56	12.0	双输送机、插板式、四连杆
24	ZFSF3200/15/26	≤15°	0.50～0.55	12.0	双输送机、插板式、四连杆
25	ZFSB3000/15/26A	≤25°	0.50～0.52	12.8	双输送机、插板式、四连杆
26	ZFSB4400/16/28	≤15°	0.60～0.62	17.1	双输送机、插板式、四连杆
27	ZFSB4800/17/28B	≤25°	0.65～0.69	16.2	双输送机、插板式、四连杆
28	ZFSB3200/16/28	≤25°	0.54～0.55	13.9	双输送机、插板式、四连杆
29	ZFS5400/17/26	≤15°	0.79	18.7	双输送机、开天窗、四连杆

续表

序号	放顶煤支架型号	适用倾角	支护强度 (MPa)	重量 (t)	主 要 特 点
30	ZFY4000/17/30	≤25°	0.98	15.3	单输送机、开天窗、四连杆
31	ZFS6000/20/30	≤15°	0.96	19.0	双输送机、开天窗、单铰接
32	ZFD4000/17/30	≤25°	0.76	1.70	单输送机、开天窗、四连杆
33	ZFS4400/16/26	≤15°	0.81	14.2	双输送机、开天窗、单铰接
34	ZFD5600/24/32	≤25°	1.01	18.4	单输送机、开天窗、四连杆
35	FD250/15/28	≤15°	0.43	12.0	双输送机、插板式、四连杆
36	FZ300/15/30	≤30°	0.44～0.50	11.1	双输送机、插板式、四连杆
37	$ZFSS_A4000/16/26$			12.5	双输送机、开天窗、单铰接
38	ZFS5200/16/32			18.4	双输送机、插板式、四连杆
39	ZFS4800/16/26B		0.91	18.6	双输送机、开天窗、单铰接
40	ZFS4400/16/28B		0.87	17.7	双输送机、开天窗、单铰接
41	ZFD4000/17/33	缓倾斜	0.76		单输送机、开天窗、单铰接
42	FY400/14/28	缓倾斜	0.66～0.72		双输送机、插板式、四连杆
43	FYA450/16/26	缓倾斜	0.82～0.85		单输送机、开天窗、四连杆
44	ZFY3000/16/26	缓倾斜	0.55～0.57		单输送机、开天窗、四连杆
45	BC480/20/30	缓倾斜	0.88		双输送机、开天窗、四连杆
46	FYB420/16/26	缓倾斜	0.79		双输送机、开天窗、四连杆
47	BC600/14/26	缓倾斜	0.71～0.78		双输送机、开天窗、四连杆

表 3-2-47 滑移顶梁液压支架类型

序号	滑移顶梁支架型号	适用倾角	支护强度 (MPa)	重 量 (kg)	立柱根数	特 点
1	ZBHL1800－16/25	≤35°	0.486	1576	6	并列式
2	ZBHF1800－16/25	近水平	0.486	1665	6	并列式
3	ZBHF2200－16/25	近水平	0.573	1665	6	并列式
4	ZBHD1800－16/25	倾 斜	0.486	1576	6	并列式、端头支架
5	HJ22－15/22	≤20°		700	4	单排列
6	ZFTL－16/32	≤15°			5	单排列
7	DTL－16/32	≤15°			5	单排列、端头支架
8	SSZJ－1	近水平		630	3	单排列、伸缩式
9	HJH22－4×300/800	近水平		617	4	单排列、采高 16～23m
10	HDY－1	≤25°	0.43～0.72	800	3/4/5	单排列

续表

序号	滑移顶梁支架型号	适用倾角	支护强度(MPa)	重量(kg)	立柱根数	特点
11	HDY-2	≤25°	0.45～0.68	800	4/5/6	单排列
12	HDY-3	≤25°	0.76～0.92	700	5/6	单排列
13	HDY-4	≤25°	0.65～0.78	800	5/6	单排列
14	HLY	≤15°		670	4	单排列
15	BS-16/24	≤15°	0.58	1750	4	并列式

(四) 近水平、缓及倾斜煤层综采放顶煤采煤法

1. 综采放顶煤采煤法的基本类型

依照煤层厚度的不同，近水平、缓及倾斜厚煤层综采放顶煤采煤法有下面三种类型：

(1) 一次采全厚综采放顶煤采煤法，一般用在煤层厚度小于12～15m的近水平和缓倾斜煤层的开采，是中国目前普遍采用的，也是综采放顶煤采煤法的主要形式。

(2) 预采顶分层综采放顶煤采煤法，一般用于厚度在10m以上，直接顶板坚硬不易冒落或煤层瓦斯（沼气）含量大，需要预先排放瓦斯的厚煤层的开采，目前应用尚少，且具有特定条件。

(3) 倾斜分层综采放顶煤采煤法，一般用于煤层厚度大于15～20m的缓倾斜煤层的开采(国内目前尚无厚煤层倾斜分层综放开采的生产实例。甘肃华亭矿区白草峪矿井倾斜分层综放开采厚30～40m的缓倾斜特厚煤层，现已完成了初步设计，尚未实施)。

2. 综采放顶煤采煤法主要参数及工艺

1) 工作面主要参数及其确定

综采放顶煤采煤工作面主要参数包括：工作面走向长度，工作面长度，采厚与采放比、放煤方式，放煤步距、初次放煤距离，分层厚度等。

(1) 工作面走向长度。

随着工作面单产的提高，工作面推进速度相应加快，为减少工作面搬家次数，提高工作面连续推进长度，近年来工作面走向长度，不断增加，由早期放顶煤工作面走向长度不超过1000m发展到了1500～2000m，如潞安王庄矿的6111工作面可采走向长度已达2300m。加长工作面走向长度可以加大工作面可采储量，增加工作面连续生产时间，有利于工作面产量、工效和回采率的提高，但走向长度过大会带来回采巷道的掘进、维护和采区运输、防灭火等方面的困难。据调查，在目前技术条件下，综采放顶煤工作面走向长度以1500～2000m为宜，最短不应小于1000m，设计时应考虑工作面的具体条件，同时应从巷道维护、工作面运输巷设备要求采煤机大修、煤层自然发火期及工作面指标等方面考虑工作面走长的要求；做到经济合理和技术可行。

在确定工作面走向长度时，还应考虑井田采区（盘区）的合理划分及地质条件允许情况。

(2) 工作面长度。

工作面的长度受多种因素的影响，诸如采煤技术、设备、地质、生产管理等。工作面长度和工作面走向长度是相互关联的。合理的工作面长度与有效合理的推进度的最佳组合可保

证工作面的产量最大、效率最高、效益最好。综采放顶煤工作面推进与一般综采相比相对较慢，因此，在工作面长度选择上要小于单一长壁综采工作面，工作面太短，辅助工时相对增加，工作面太长，设备故障率增加，我国综采放顶煤工作面的长度目前一般在120～200m左右，部分矿井工作面加大到250m。合理的综采放顶煤工作面长度应是在地质条件允许的前提下综合考虑，可以按照以下几种方法确定：

①以合理的推进度确定工作面长度。

工作面推进速度，一般是根据采煤工艺要求，劳动组织和煤层的自然发火期等因素确定的，目前国内综采放顶煤工作面的放煤步距由于受到支架放煤速度和采煤机截深的制约，一般为0.8～1.2m，工作面日推进度一般在3.6～4.8m之间，可按下式估算工作面长度：

$$L=\frac{q}{S\cdot H\cdot C\cdot \gamma}$$

式中　q——工作面要求的日产量，t；

S——工作面日推进度，m/d，一般取3.6～4.8m/d；

H——一次采厚，m，$H<5$m；

C——工作面回采率，一般为80%～85%；

γ——所采煤的视密度，t/m³。

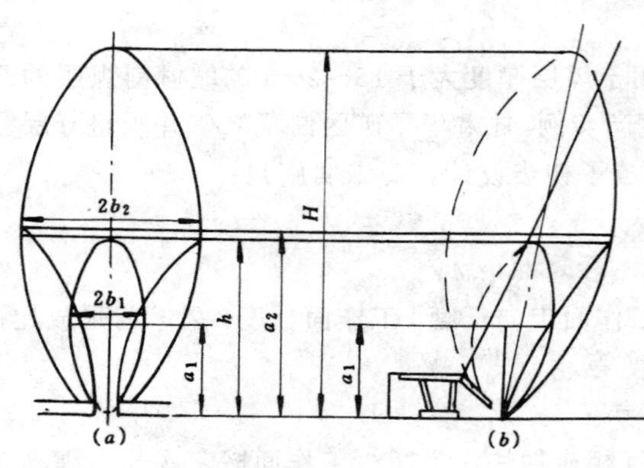

图3－2－17　放煤椭球体及松动椭球体

a—无限边界；b—有固定帮影响

放煤当中，支架后部的顶煤已冒落成散体煤，虽然松散的煤体间还存在一定的粘结力，理论研究和实际观测证明，支架后部的松散煤体放落过程形似松散体的运行，在放落过程中形成近似椭球旋转体，如图3－2－17所示。如果放煤高度为h，椭球体的长轴$2a$，近似放煤高度h，此时形成的椭球短轴为$2b_1$。在放煤过程中，放煤高度h处煤岩分界面逐渐下降形成一个漏斗体，放出椭球体的长短轴间的关系可表示为：

$$b_a=\frac{h}{2}\sqrt{1-\varepsilon^2},\ h=2a_1$$

式中　ε——为放煤椭球体偏心率。

放煤引起顶煤以上岩层松动高度一般为放煤高度的2.2～2.5倍。图3－2－17中H和h的关系可表示如下：$H=(2.2\sim2.5)h$。

根据吴健公式计算工作面长度：

计算公式　　$L=\eta nTB/t$　　(3－2－16)

式中　L——工作面计算长度，m；

η——工作时间利用系数，$\eta=0.5\sim0.6$；

n——工作面同时放煤支架数，$n=2\sim3$；

T——放煤总时间，min；

B——支架宽度　$B=1.5$m；

t——支架所需放煤时间，min/架。

$$t=0.17K\frac{h^{2.5}}{F}(1-\varepsilon^2)$$

式中　h——放煤高度，m；

F——支架放煤口面积，m^2，$F=0.9\sim1.2$；

K——修正系数，$K=2\sim2.5$；

ε——放煤椭球体偏率，与放煤工艺有关，根据生产经验，ε 值大致可按下式确定：

$$\sqrt{1-\varepsilon^2}=0.25\sim0.3$$

②以产量最高为准则确定工作面长度。

放顶煤工作面由采煤机割煤和放顶煤两部分组成，要实现工作面高产高效，应是采煤机割煤与放顶煤工序平行作业，放顶煤工作面的顶煤一般情况下冒放性较好。采煤机的割煤时间大于放顶煤作业时间，即工作面产量主要由采煤机的割煤量与工作面的合理长度确定，两者之间的关系式为：

$$L=-a+\sqrt{a^3\cdot\frac{1-b_0}{b}} \tag{3-2-17}$$

其中：

$$a=2L_s+L_m+(3T_d+D_t)\cdot V_c$$

式中　b_0——与工作面长度无关的环节故障率；

b——与工作面长度有关的环节影响率；

L_s——工作面输送机弯曲段长度，一般 $L_s=15\sim20$m；

L_m——采煤机两滚筒中心距，一般 10m；

T_d——采煤机返回时间，min；

D_t——放煤影响时间，min；

V_c——采煤机平均割煤速度，m/min。

上式表明，影响工作面长度的主要因素是系统的可靠性。

③以吨煤费用最低为准则确定工作面长度。

工作面长度变化，直接影响到吨煤生产费用。与之有关的诸如工作面搬家频率，设备数量与折旧等都相应随工作面长度变化而变化，例如在产量一定情况下，工作面缩短，推进度加快，一定时间内工作面搬家次数相应增加，搬家费用增高，也将造成工作面产量下降；工作面长度增加，工作面如支架架数，刮板输送机长度等增加，这些设备的折旧和维修费用也随之增加，所以，工作面长度与吨煤费用间必有一最佳组合，通常称吨煤费用最低时求得的工作面长度为最佳经济长度，用下式表示：

$$G(L)=\frac{F(L)+F_0}{A}+G_0+K(L) \tag{3-2-18}$$

式中　$G(L)$——吨煤费用，元/t；

$F(L)$——随工作面长度增加而增加的工作面设备折旧机维修费，元/d；

F_0——与工作面长度无关的工作面设备折旧和维修费，元/d；

A——考虑工作面搬家影响后的工作面平均日产量，t/d；

$K(L)$——回采巷道掘进和维护费用，元/t；

G_0——随工作面产量增加而增加的费用，包括电费、材料费、人员工资等费用，元/t。

④以刮板输送机的最大铺设长度来确定工作面长度。

工作面长度确定时，应考虑现有设备的规格、能力的要求和设备制造水平，例如国产的刮板输送机的出厂长度目前可达250m，因此工作面长度通常不宜大于250m。

根据兖州、潞安、阳泉等矿务局统计，综采放顶煤工作面长度在160～200m之间时，吨煤生产成本最低，对于日产7000t高产工作面，工作面长度以160～180m为宜，对于日产万吨的高产高效工作面，当煤层厚度较小，放煤时间比采煤机割煤时间短时，综采放顶煤工作面的长度以180～200m为宜，当煤层厚度较大，放顶煤时间比采煤机割煤时间长时，工作面长度以150～180m为宜，兖州矿业（集团）几个矿长壁综采放顶煤工作面长度及有关数据统计见表3－2－48。

表3－2－48　兖州长壁综采放顶煤工作面统计

矿井名称	煤层厚度(m)	开采厚度(m)	工作面长度(m)	走向长度(m)	采煤机型号	液压支架柱数/支护能力	工作输送机型号	输送机宽度(mm)	原煤产量(t/a)	统计时间(a)	备注
南屯矿	6.5	3.1	210	1700	AM500	ZFS5100 4/520	30TIB 2×200	764	3156000	1996	
兴隆庄矿	8.0		165	1700	AM500	ZFS5200 4/520	30TIB 2×200	764	3006000	1996	
鲍店矿	8.5		171	1300	AM500	ZFP5200 4/520	30TIB 2×200	764	2458000	1996	
东滩矿	6.25	2.8	194	2066	AM500	ZFP5400 4/540	SGZ830 /630	830	4101808	1997	综采二队

(3) 采煤机割煤高度与采放比的确定。

放顶煤回采工作面的出煤量由采煤机割煤和放顶煤两部组成。增大采高，可以增加工作面割煤量，使采放比减小，有利于顶煤的冒放和回收，但随着采煤机割煤高度的加大，矿山压力的显现加剧，要求的支护强度、支架吨位和重量也明显加大，使工作面搬迁和拆装难度加大，支架的稳定性变差；同时，随着采高的增加，顶煤放煤量减小，加大了采煤能耗，提高了生产成本，煤壁的片帮量也明显增加，特别是对比较松散煤层片帮深度增加更大，增加了工作面支护管理难度，影响工作面生产。所以，选择合理的割煤高度，确定合适的采放比是放顶煤开采实现工作面高产的重要前提条件，选择采煤机割煤高度可以从以下几个方面考虑：

①所选采煤机割煤高度应有利提高回采工作面的产量。

②割煤高度应能满足工作面通风的要求，可用下式进行估算：

$$H_g \geqslant \frac{Q_f}{60 \cdot B_z \cdot V_{fmax} \cdot \phi} \quad (3-2-19)$$

式中　H_g——采煤机割煤高度，m；

Q_f——工作面供风量，m^3/min；

V_{fmax}——工作面最大风速，m/s；

B_z——液压支架最小长度，m；

ϕ——工作面过风断面系数。

由于放顶煤工作面出煤点多，工作面粉尘高于普通综采工作面的粉尘，因此，放顶煤工作面的风速不宜过高，以免给防尘带来不利。一般V_{fmax}不应超过 2.5～3m/s；工作面过风断面系数取 0.5～0.7，一般可按 0.6 进行估算。

③使工作面具有合理的工作空间。

放顶煤开采要求工作面具有足够的工作空间，以使顶煤能够顺利放出。高产综采放顶煤回采工作面产量高，放煤量大，要求后部刮板输送机能力较大，其设备尺寸也相应增加，因此要求液压支架后部具有较大的空间，以利于放顶煤。根据潞安、阳泉、兖州等局的经验，当后部刮板输送机槽宽度为 630mm、730mm、740mm、830mm、900mm 或 1000mm 时，支架的正常工作高度一般在 2.8m 以上，以 3.0～3.2m 为较多。按照综放采煤设备条件，煤层赋存特点，采煤机割煤高度以 2.8～3.0m 为宜。

放顶煤采煤法是否能够实现高产高效，其关键就是看能否以最低能源动力消耗采出最大煤量。顶煤能否顺利放出和回收是衡量放顶煤开采的主要标准，在煤层厚度一定的情况下，如果采煤机开采（割煤）高度过大，顶煤厚度过小，不利于顶煤冒放，且混矸明显增加，另外，如果采煤机割煤高度偏小，留出顶煤厚度过大，顶煤的冒放性变差，放煤困难，亦不利于顶煤的回收。

由于放顶煤采煤中顶煤主要是利用地压破碎，依靠自重放煤的，所以顶煤在放出过程中破碎松散需要一定的空间，因此，采煤机割煤高度与留出的顶煤厚度间必然存在一种合理的比例关系，称之为采放比（或放采比），即放顶煤采煤法，下部工作面采高与上部放顶煤高度之比。根据目前放顶煤采煤经验，当采煤机采高在 2.5～3.0m 时，低位放煤支架的顶煤厚度不宜超过 8～10m，也就是说一次采全厚综放采煤的总采高不宜超过 15m，以 12m 为宜。

采放比的大小与开采煤层的厚度，煤层结构，顶煤的冒放性等因素有关，根据我国从 1984 年第一套综采放顶煤开采试验至今十多年来对缓倾斜厚煤层的开采经验分析，采放比大小与煤层的硬度有着直接关系。当煤质中硬以下，节理发育时，采放比以 1∶1～2.4 为宜，即采煤机割煤高度 2.5～3.0m，顶煤放落高度 3.0～7.2m。总采高 5.5～10m；当煤质较硬，节理发育，采放比以 1∶1～1.7 为宜，即采高 2.5～3.0m，顶煤放落高度 3.0～5.2m，总采厚度为 5.5～8.0m。

缓倾斜厚煤层一般情况下开采高度为采煤高度与放煤高度之和即煤层全厚。这种放顶煤开采称之为一次采全厚放顶煤开采，这是中国目前厚煤层放顶煤开采的主要方法。对于厚度在 12m 以上的特厚煤层，一般应采用分层综采放顶煤开采，其分层厚度也应按照合理的采放比大小确定。表 3－2－49 是我国一些高产高效综采放顶煤工作面的采放比统计值。

表 3－2－49　高产高效综放顶采放比

工作面	煤层厚度（m）	采煤机割煤高度（m）	放顶煤高度（m）	采放比
漳村矿 1406	6.4～6.5	3.0	3.4～3.5	1∶1.73
王庄煤矿 6111	6.86	3.0	3.86	1∶1.29
阳泉一矿 8701	6.00			1∶1
阳泉一矿 8603	5.4～7.93	2.4～2.6	3.0～5.33	1∶1～2

续表

工　作　面	煤层厚度 (m)	采煤机割煤高度 (m)	放顶煤高度 (m)	采　放　比
阳泉二矿 8208	5.81～7.05	2.4～2.6	4.30	1∶1.72
阳泉二矿 80601	7.34	2.4～2.6	4.84	1∶1.936
兴隆庄矿	8.65	3.0	5.65	1∶1.9
潞安常村 S_2－2	5.95	2.9	3.05	1∶1.05
东滩煤矿 $43_上03$	6.25	2.8	3.49	1∶1.23

2）放煤工艺

(1) 放煤步距与采煤机截深。

放煤步距就是相邻两次放落顶煤的间隔距离。放煤步距是确定工作面回采率和含矸率的重要因素，放煤步距过大过小都将造成回采率的下降或含矸率的提高。根据放煤椭球体理论，合理的放煤步距应该是与顶煤放落椭球体短轴半径和放顶煤高度相匹配，使顶部矸石和采空区矸石同时到达放煤口，达到丢煤最少，含矸率最低。实践证明，放煤步距太大时，顶煤上部矸石将先于采空区矸石到达放煤口，脊背煤损失大；当放步距太小时，采空区方向的矸石将先于上部顶煤到达放煤口，使得上部一部分顶煤被关在放煤口之外，不利于顶煤的回收，只有合理的放煤步距才能取得煤炭较高回收率而含矸率最低。采煤实践和测试研究证明：放煤步距大于或基本等于支架煤口沿工作面推进方向（放煤口沿支架纵向）水平投影长度，至少使第二次放煤时放煤口上方全部为煤时，顶煤回收率最高，含矸率最低。为了简化采煤工艺，方便作业，放顶煤的步距应该是采煤机截煤深度（移架步距）的整数倍，一般情况下，当采用小截深（0.5～0.6m）时，割 2 刀放 1 次顶煤，放煤步距为 2 倍的采煤机截深，即为 1.0～1.2m；当采用大截深（0.8～1.0m）时，采用割 1 刀放 1 次顶煤，放煤步距等于采煤机截深，即为 0.8～1.0m。根据放顶煤工作面的实际统计，也可以用下面经验公式估算放煤步距：

$$d = (0.15 \sim 0.2)\,h \qquad (3-2-20)$$

式中　d——放煤步距，m；

h——放煤高度，可近似取顶煤高度，m。

兖州东滩煤矿综采放顶煤开采经验认为，当回采工作面采放比为 1∶1 左右时，宜采用割 1 刀放 1 次顶煤的“一采一放”采煤工艺，此时放煤步距与采煤机截深相等；当回采工作面采放比为 1∶2 左右或更大时，宜采用割 2 刀放 1 次顶煤的“两采一放”采煤工艺，此时放煤步距为两倍的采煤机截深。放煤步距与工作面回采率，放落顶煤中含矸率关系见图 3－2－18。

(2) 初次放煤距离。

放顶煤工作面回采之初，为了防止老顶突然来压对工作面造成威胁，开始只进行机采而不放顶煤，待工作面推进一段距离后再开始工作面全长第一次放煤，称为初次放煤，此时工作面推进的距离称为初次放煤距离，阳泉局在综采试验之初，初放距离为 14m，后逐渐改为 5m，兖州局综放面初次放煤距离一般为 8～10m，济宁三号井（5.0Mt/a）设计综采放顶煤工作面初次放煤距离为 5.0m。为缩短初次放煤距离，提高顶煤采出率，部分生产矿井的做法是在综采放顶工作面机采开切眼上方贴煤层顶板（或每分层顶部）掘一条与开切眼平行的切顶煤巷道（或称顶板切眼），在顶板切眼内打孔破煤，可在顶煤尚未破碎跨落前进行爆破，提前切割顶煤，使之易于放落，提前初放时间，减小初采顶煤丢损，缩短初次放煤距离。

(3) 放煤方式。

按照综采放顶煤采煤法的实际生产工艺，中国目前综采放顶煤生产工作面的放煤方式基本可以归纳为单轮顺序放煤、多轮顺序放煤和单轮间隔放煤以及多轮间隔放煤等方式。

单轮顺序放煤就是将工作面支架依次按顺序排列编号，从第1架起放煤至最后一架结束。单轮顺序放煤方式简单易行，但是由于前一已放煤支架上部的矸石易串入下一支架放煤口，使顶煤过早的混入矸石，若实行“见矸关门”的原则，煤炭损失太大，否则矸石混入量严重，影响煤质，所以这种放煤方式目前已基本不再使用。

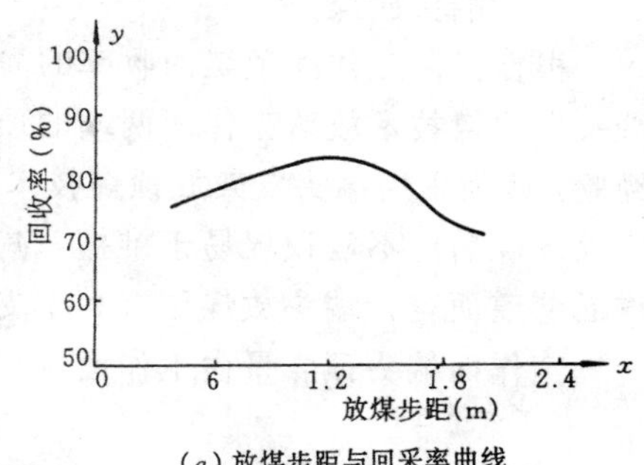

(*a*) 放煤步距与回采率曲线

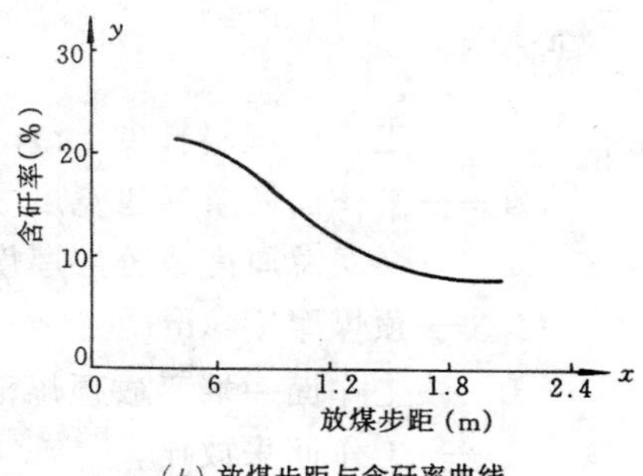

(*b*) 放煤步距与含矸率曲线

图 2—3—18 放煤步距与采出率含矸率关系曲线
(阳泉四矿综放工作面观测结果)

多轮顺序放煤和多轮间隔放煤，统称为多轮放煤，采用多轮放煤的目的是通过小量多次放煤（通常每次放煤1/3)，使顶部煤岩原始分界按照每次放出的煤量分段均匀下沉，提高顶煤的回收率，以减少煤的损失，但是实际上由于顶煤放落过程中椭球体漏斗的形成是很复杂的，在放煤的同时，椭球体漏斗周围的煤岩混杂体随多轮放煤过程进行同时也混入松散的顶煤中，另外每次每架的放煤量很难做到相同，加之沿工作面煤层厚度，坡度等也有所变化，实际上各放煤口很难做到均匀下降，反而形成高低不平，使顶煤丢失更多。放煤次数越多，矸石混入越多，在见矸关门的原则下，顶煤的丢损也就更多，另外，多轮放煤方式放煤次数多，放煤过程中其他一些辅助操作占用时间增多，放煤时间长。更有甚者，有些情况下出现采煤机等待割煤，从而影响了开机率，不利工作面实现高产高效，因此，多轮放煤方式有逐渐被淘汰的趋势。

单轮间隔放煤：鉴于单轮顺序放煤和多轮顺序及多轮间隔放煤方式都存在煤损严重，混矸多的缺点，阳泉局首先改变以往放煤方式，采用单轮间隔放煤，实践证明，就顶煤丢损而言，单轮间隔放煤煤损最少，混矸少，是颇受生产矿井欢迎的一种放煤方式，也亦成为我国高产高效综采放顶煤工作面普遍采用的主要放煤方式。多口放煤，有利于工作面实现高产高效，根据统计，对日产万吨的高产综采放顶煤工作面要满足割煤速度、工作面推进速度的要求，同时放煤口不宜少于2个，部分生产矿井采用“双人双口”或“三人三口”平行作业，同时放煤，效果较好，不仅提高了顶煤放出率，又实现了多架同时放煤。

每个矿井的放煤方式，应根据其煤层的赋存条件、煤层结构、顶底板岩性，工作面装备，采煤比等因素通过试验确定，随着开采条件的变化适时调整，选择出适合本矿井的最佳放煤方式。

在中国正在使用或使用过其他一些放煤方式，但归纳起来实质亦基本属于上述四种的演变，此处不再赘述。

(4) 端头放煤。

根据提高工作面顶煤回收率的需要和端头支架的改进，目前一般综采放顶煤工作面采用端头放顶煤技术放落工作面两端的顶煤。根据兖州局、阳泉局、石炭井局等矿局的实际生产经验，认为采用端头支架放顶煤技术，不但提高了顶煤回收率，而且改善了端头维护条件，端头处放煤后比不放顶煤易于维护，减少了端头维护难度。另外，对于采用金属支架支护的工作面巷道而言，端头放煤更有利于支架的回收。

工作面端头顶煤量占工作面总煤量的比例可以按照下式估算：

$$K_{端}=\frac{2LH_2}{L_0H+BH_2}$$

或

$$K_{端}=\frac{2L}{L_0(1+K)+B} \tag{3-2-21}$$

式中　L_0——工作面倾斜长度，m；

B——工作面两条巷道宽度之和，m；

H——煤层总厚度或分层厚度，m；

H_2——顶煤厚度，m；

L——工作面一端不放顶煤范围长度，m；

K——工作面采放比；

$K_{端}$——放顶煤工作面端头顶煤占工作面总煤量的比例，%。

例如，某放顶煤工作面长度(L_0)为 180m，两端头长度为 10m($2L$)，工作面运输巷道及回风巷道宽度之和(B)为 9m，采放比为 3∶7，则工作面端头顶煤占工作面总煤量的比例为：

$$K_{端}=\frac{2L}{L_0(1+K)+B} \tag{3-2-22}$$

$$=\frac{10}{180(1+3/7)+9}$$

$$=3.8\%$$

因此综采放顶煤工作面应尽可能实现端头放煤，以减少丢煤。

(5) 工作面末采。

工作面邻近停采线，即将结束回采前的一段时间的采煤称之为末采。像初采一样，末采期间也存在是否放煤的问题。阳泉局丈八煤综采放顶煤工作面一般在距停采线 12～18m 时，开始铺网，12～14m 时即停止放煤；石炭井局乌兰矿、华煤集团华亭煤矿综采放顶煤工作面在距离停采线 8m 时停止放煤。因此，在生产中可根据采煤工作面的具体条件，在顶板条件允许的前提下，尽量缩短末采停止放煤的距离。

3) 提高综采放顶煤开采煤炭采出率的途径与措施

中国十几年来放顶煤开采的实践证明，对于厚度变化大，构造复杂的难采厚煤层综采放顶煤开采的工作面煤炭采出率明显高于普通综采工作面回采率；对于赋存稳定，易于分层开采的厚煤层，综采放顶煤工作面回采率略低于普通综采，但是普遍分层综采，分层次数增多，回采率明显下降，随着综采放顶煤采煤法技术的不断发展，使这一高产的先进采煤技术日趋完善，综采放顶煤开采的回采率也将随之得到提高。生产实际统计，一般情况下，综采放顶煤工作面回采率已达 80%～85%，较好的工作面可达 87%，甚至更高，基本接近普通综采工作面回采率；就全国综采放顶煤开采而言，工作面的回采率还有待进一步提高。表 3－2－50

表 3－2－50　阳泉、兖州局部分综放工作面采出率

矿　　名	工作面	走向长 (m)	倾斜长 (m)	煤　厚 (m)	密　度 (t/m^3)	地质储量 (t)
阳泉一矿	8603	861	116	6.48	1.42	919019
阳泉三矿	80606	1041	115	5.85	1.43	927678
阳泉四矿	8312	522	11.3	5.30	1.43	447055
兖州东滩矿	14308	1250	192	8.75	1.35	2835000
兖州兴隆庄	5317	1471	185	8.50	1.35	3122749
兖州兴隆庄	4320	1545	166	8.08	1.35	2797595

矿　　名	可采储量 (t)	推进长度 (m)	工作面动用储量 (t)	工作面采出煤量 (t)	工作面回采率 (%)	备　　注
阳泉一矿	854688	625.0	667116	565580	84.78	1990 年 1～8 月
阳泉三矿	923274	230.3	219630	181939	82.8	1990 年 1～8 月
阳泉四矿	415761	466.0	398624	357138	89.6	1990 年 1～8 月
兖州东滩矿		218	494424	458110	92.7	1998 年 9 月 28d 进尺
兖州兴隆庄		157.20	333716	312060	93.5	1998 年 9 月 28d 进尺
兖州兴隆庄		73.65	132370	120508	91.04	1998 年 9 月 28d 进尺

注：表内阳泉局一、三、四矿资料摘自《高产高效综合机械化采煤技术与装备》上册表 1－3－29。

列出了部分综采放顶煤工作面的回采率。

放顶煤开采的理论和实践证明，提高综放工作面的采出率可从以下面几方面采取措施：

(1) 适当加大工作面几何尺寸。

综采放顶煤工作面初采、末采、端头损失等是工作面损失的主要部位，设计应根据工作面地质条件、设备配备及开采技术水平，适当加大工作面的几何尺寸，相对减少丢煤，提高回采工作面煤炭采出率。根据兖州、阳泉、潞安等局的经验，对于高产高效工作面，工作面长度以 160～200m 为宜，工作面走向长度以 1200～1500m 为宜，也可适当加长到 2000m 左右，工作面几何尺寸应以工作面生产获得最佳经济效益为目标。

(2) 合理选择放煤工艺。

提高放顶煤开采的工作面煤炭采出率是放顶煤采煤法的发展方向，十多年来综放开采的经验证明，合理选择放煤工艺对提高放顶煤开采的回采率具有十分重要的意义。合理选择放煤工艺就是要合理选择初始和终了采放煤工艺，放煤步距，放煤方式和端头放煤等工艺。

按照每个矿井的具体条件寻找出最佳初始放煤距离。根据目前的开采经验认为，初始放煤距离宜控制在 5～10m 左右，应采取措施尽量缩短初始放煤距离，同样终采停止放煤距工作面停采线（终采线）的距离不宜大于 15m，并根据情况缩短终采停止放煤距离，如：石炭井乌兰矿、华亭煤矿综采放顶煤工艺面末采停止放煤的距离已缩短为 8m。

放煤步距应根据煤层厚度，冒放性，支架放煤功能（如放煤口高低，尺寸大小等）确定，当煤层较厚，采放比较大时，放煤步距应适当加大，否则宜采用小步距放煤，东滩矿开采过程中体会到：采放比在 1∶1 左右时，“一采一放”效果好；采放比在 1∶2 左右时，宜采用

"两采一放"，顶煤回收率可提高10%左右，当煤层厚度>6m，采煤机割煤高度2.8～3.0m，在东滩矿3号煤层中，宜采用大步距放煤，放煤步距"两采一放"顶煤，当煤厚<6m时，宜采用小步距放顶煤，放煤步距为"一采一放"。

根据目前的综采放顶煤开采情况看，放煤方式虽有单轮顺序放煤，多轮顺序放煤，多轮间隔放煤和单轮间隔放煤等多种放煤方式，但就生产实际情况分析，单轮间隔放煤效果最好，简单易行，脊背煤损最小。

(3) 扩大端头放煤范围。

端头放煤工艺仍是中国放顶煤开采有待进一步解决和完善的问题。在现有条件下，应完善端头放煤支架，实现端头全部放煤。目前许多工作面端头3～5架支架不放煤，使工作面煤炭损失达到3%～17%。阳泉局工作面长度较大，若仅2架支架不放煤，其顶煤损失率已达1.7%～2.65%；石炭井局乌兰矿5321，5335综采放顶煤工作面采用ZFSB3200－16/28型放顶煤液压支架（中间架）及ZFG3400－20/30放顶煤液压支架（过渡架）和ZTE8900－20/30型放顶煤端头支架，采用端头放煤后比端头不放煤时顶煤回收率提高2%～4%。再如华煤集团华亭煤矿21104综采放顶煤工作面，采用ZFS2400－16/24B型支撑掩护式低位放顶煤支架和ZTF8400－20/128B型端头放顶煤支架，实现端头放煤后，使工作面回采率提高了5%左右，工作面回采率超过90%。

(4) 合理选择工作面巷道布置，减少煤柱尺寸。

采区内煤柱损失是采区煤炭损失的主要原因，直接影响采区煤炭回采率。在条件允许的情况下，尽可能简化巷道布置方式，减小护巷煤柱尺寸。工作面采用单巷布置还是双巷或三巷布置，对采区煤炭回采率的影响较明显。

对于综采放顶煤开采，欲使采区获得较高的回采率（>80%），尽可能减小相邻工作面巷间煤柱，或在条件允许经济合理的前提下采用无煤柱开采。

区段煤柱宽度占区段煤量的比例统计值见表3－2－51，关系曲线见图3－2－19。

表3－2－51　区段煤柱宽度与区段宽度百分比关系表

回采巷道条数 / 煤柱宽度(m) / 工作面长度(m)	工作面运输、回风巷各一条					工作面运输、回风巷各两条				
	5	10	15	20	25	30	35	40	45	50
100	4.76	9.09	13.04	16.67	20.0					
150	3.23	6.25	9.09	11.76	14.29					
180	2.70	5.26	7.69	10.0	12.20	14.29	16.28	18.18	20.0	
200	2.44	4.76	6.98	9.09	11.11	13.04	14.89	16.67	18.37	20.0
220	2.22	4.35	6.38	8.33	10.20	12.00	13.73	15.38	16.98	18.52
250	1.96	3.85	5.66	7.41	9.09	10.07	12.28	13.79	15.25	16.67

(5) 合理选择回采工作面推进方向，提高综采放顶煤工作面的回采率。

像普通综采工作面一样，综采放顶煤开采工作面的布置方式也有走向长壁或倾斜条带等方式。根据潞安局14个综采放顶煤工作面的开采实践，认为放顶煤开采的工作面仰斜推进时，不利于提高顶煤的回收率；俯斜回采时顶煤回收率比走向回采时可提高1.6%，比仰斜开采时顶煤回收率可提高2.3%。随着煤层厚度增加，采放比加大，俯斜开采时顶煤的回收率提高还会加大。因此，确定综采放顶煤工作面回采方向时，在条件允许（如工作面涌水小，煤层倾角适合条带式推进）、经济合理的情况下，宜首先考虑俯斜回采。

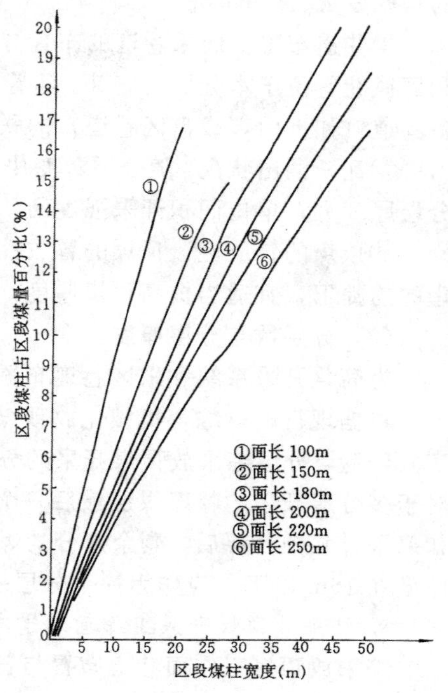

图 3-2-19 区段煤柱宽度与区段总宽度关系曲线

4）合理选择分层厚度及分层数

缓倾斜特厚煤层，当其厚度超过12m时，一般应采用分层综采放顶煤开采。当采煤机合理的割煤高度确定之后，分层厚度则取决于采煤机割煤高度空间内能够形成的松散顶煤的厚度。对于顶煤冒放性较好的煤层，顶煤冒落后能充分松散的采放高度比（K）可以按照下式估算

$$K=\frac{h\ (K_s-1)}{h_1-h'} \qquad (3-2-23)$$

式中 K_s——煤的破碎松散系数（或称破胀系数）$K=1.15\sim1.3$；

h_1——采煤机割煤高度，m；

h'——支架放煤口高度，m。

对于ZFS系列双运输插板式低位放顶煤支架，由于顶梁长度较大（>3500mm），顶梁上方的煤体在支架前移的反复支撑作用下，到达放煤口上方时能够充分破碎，形成较大的松散顶煤厚度。根据有关科研部门的观测试验研究成果，此时顶煤所能够形成的最大松散顶煤厚度可采用下式确定：

$$h=\frac{h_1K_1}{K_s-1} \qquad (3-2-24)$$

式中 h——最大松散顶煤厚度，m；

h_1——采煤机割煤高度，m；

K_s——煤的碎胀系数，$K_s=1.15\sim1.3$；

K_1——架型系数，$K_1=0.35\sim0.95$，对于高位放顶煤单运输机开天窗支架，$K_1=0.35$，对于低位放顶煤双运输机插板式支架，$K_1=0.95$。

各分层厚度的确定还应注意：

（1）分层综采放顶煤分层开采厚度的确定。

分层综采放顶煤的第一分层可与一次采全厚综采放顶煤开采等同进行有关参数的确定。分层综采放顶煤开采的分层厚度确定还受到下列因素的影响：

①煤层总厚度：确定综采放顶煤开采的分层数和第一分层的厚度；

②煤层结构：煤层夹矸层的厚度、层数及层位，如果有厚层夹矸，应尽可能作为分层综采放顶煤开采的某一分层底板；

③有自燃倾向的煤层：顶煤不宜过厚，否则将影响工作面的推进速度，不利于防止煤层

的自燃发火；

④巷道布置：回采巷道的布置方式与一次采全厚综采放顶煤完全相同，即工作面运输巷和回风巷等位于本分层的底部。随着分层层数，分层厚度的变化，回采巷道与采区（盘区）准备巷道（如上山，或盘区巷道）的联接方式会有所不同，但应减少环节，简化系统。

⑤瓦斯涌出状况：随分层数变化和每分层厚度的不同，工作面瓦斯绝对涌出量也会不同，分层厚度大，单位面积开采强度高，工作面绝对瓦斯涌出量大。

⑥顶煤的冒放性：顶煤的冒放性直接影响到顶煤的可能冒放高度，在技术可行，经济合理的前提下，宜适当提高顶煤厚度，加大分层厚度。

(2) 分层数与分层厚度。

为简化开采系统和采区巷道布置方式，节约开采成本，对同一煤层，分层数以最少为佳。

根据现行的《综合机械化放顶煤开采技术暂行规定》的要求以及我国综采放顶煤开采的实际经验，分层综采放顶煤开采的分层厚度以10～12m为宜，最大不宜超过15m。在设计中对于多分层开采的特厚煤层最后一个分层（最底分层）的厚度应根据煤层底板条件进行确定。如果采过几个分层后，剩余部分的煤层厚度在15～20m之间，可按两层开采，如果剩余煤层厚度在15m以下，应作为一个分层一次回采。

3. 综采放顶煤开采工作面巷道布置

综采放顶煤工作面巷道布置与普通综采工作面巷道布置基本相同，也有单巷、双巷和多巷布置等。

1) 单巷式布置

工作面两侧各布置一条巷道，其中一条为工作面运输巷（一般兼进风），另一条为工作面回风巷。这种布置方式工程量省，掘进率低，巷道维护量小，系统简单，管理方便，是综采放顶煤工作面巷道布置的基本形式。但是运输巷靠近工作面一侧材料、设备等运输不便，特别是煤质松软断面太大维护困难。不宜采用机轨合一的布置方式。

另外，兖州矿区和潞安局部分综采放顶煤工作面采用工作面胶带输送机运输巷回风，轨道运输巷进风的顺流通风，大大改善了工作面的作业环境。

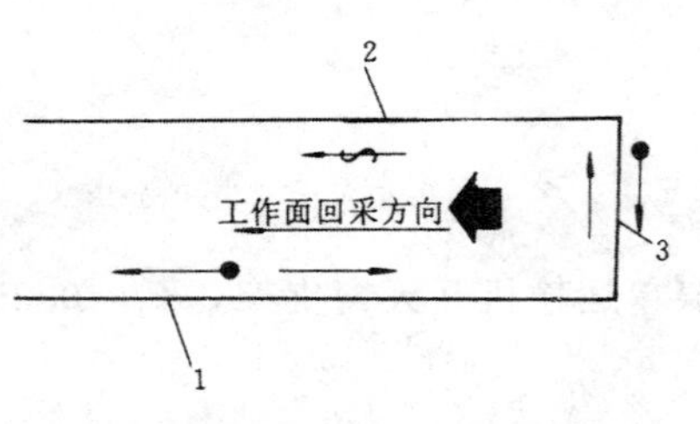

图3-2-20　单巷布置方式

1—工作面运输巷；2—工作面回风巷；3—开切眼

综采放顶煤工作面一进一回单巷布置巷道系统见图3-2-20。

单巷布置可以实现无煤柱布置，可以提高煤炭回收率，有利于防止煤层自燃发火，这种布置方式在中国综采工作面开采中已经积累了成熟的丰富经验。

2) 多巷布置

多巷布置方式按照工作面巷道位置及条数可以分为以下几种形式：

(1) 工作面一侧布置双巷、通风方式二进一回或两回一进。

综采放顶煤开采工作面，运输巷道内因胶带输送机、转载机、破碎机、泵站及移动变电站等电气设备布置的要求，巷道断面一般比较大（>12m^2），当大断面巷道维护有困难时，可在工作面一侧平行布置两条断面较小的巷道，即一侧单巷，另一侧双巷布置方式。靠工作面一侧为胶带输送机运输巷，外侧内可以布置泵站，移动变电站等电气设备，如图3-2-21所示。

目前一般工作面大多采用胶带输送机巷及与之平行的巷道进风，工作面另一侧巷道——工作面回风巷回风，即两进一回通风方式，在一些低瓦斯矿井，也可采用胶带输送机巷回风，工作面另一侧轨道运输巷（或称辅助运输巷）进风的顺流通风的二进一回通风方式。

与单巷布置相比，工作面掘进率高，巷道维护时间长。

工作面一侧布置双巷，另一侧单巷通风方式为一进两回。

如图 3－2－22 所示的布置方式，工作面共有三条巷道，第一条为工作面运输巷，一般兼作进风；第二条为工作面回风巷，其内通常铺设轨道，进行辅助运输；第三条为工作面瓦斯排放巷，一般内错 10m 左右布置在工作面回风巷一侧的顶煤之中。

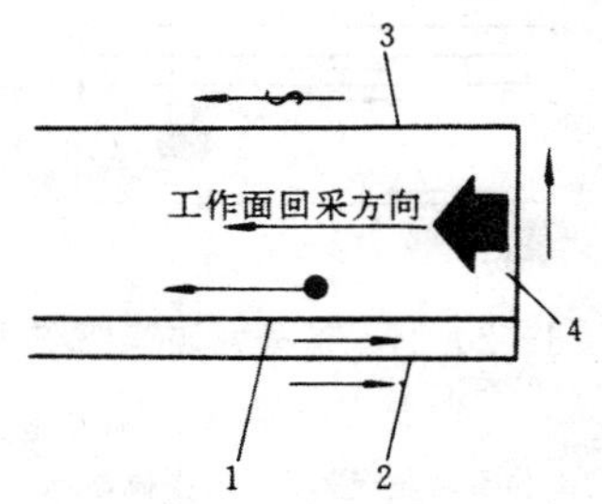

图 3－2－21　工作面一侧双巷布置

1—工作面运输巷；2—工作面进风巷；3—工作面回风巷；4—开切眼

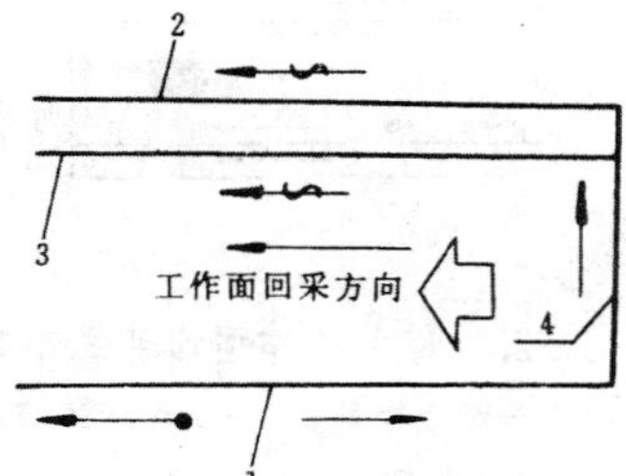

图 3－2－22　综放工作面三巷布置

1—工作面运输巷；2—工作面回风巷；3—瓦斯排放巷；4—开切眼

按照现行的《综合机械化放顶煤开采技术暂行规定》有关条款要求，瓦斯涌出量大的综放工作面应沿顶掘一条回风巷，以利排放瓦斯，瓦斯排放巷的通风瓦斯浓度一般允许达到 2%～3%。

三巷式布置方式有效地解决了综采放顶煤工作面，特别是工作面上隅角的瓦斯超限问题，通风系统比较简单，根据潞安局各矿，阳泉局各矿及石炭井乌兰矿井的综采放顶煤工作面的实际开采经验，实践证明三巷式布置适用于瓦斯涌出量较大的综采放顶煤工作面，能够满足高产高效综采放顶煤工作面的生产要求。另外，三条巷布置方式在工作面准备期间，还可以利用一侧大巷中的外侧一条巷道如：瓦斯排放巷对顶煤进行注水，利用瓦斯排放巷施工初放时顶板切眼，缩短初放距离，但是三巷式布置，虽然较好的解决了综采放顶煤工作面的上述问题，但是这种布置方式工作面运输机巷设备移运，材料搬移等也存在单巷式布置所存在的问题。

(2) 工作面两侧布置双巷，即工作面共布置四条巷道；通风方式采用两进两回。

综采放顶煤工作面如果由于通风，排水及运输方式的需要，也可以在工作面左、右两侧均布置为相互平行的双巷。双巷布置方式有利于煤层起伏较大的工作面排水，有利于走向长度较大（2000～2500m）的工作面掘进、回采期间的通风，但是双巷布置巷道掘进率高（是单巷布置的 1.75～2.0 倍），维护工作量大。其中一侧的双巷中的一条作为工作面瓦斯排放巷，一般内错 10m 左右布置在回风巷一侧的顶煤之中，用来排放工作面的瓦斯。另外，在工作面准备期间，也可以通过瓦斯排放巷对顶煤进行预注水。如图 3－2－23 所示。

这种方式既解决了工作面辅助运输不便的问题，也较好地解决了综采放顶煤工作面，特别是上隅角的瓦斯超限问题，能够满足高产高效综采放顶煤工作面的生产要求，另外，在工作面生产准备期，也可以利用其中一条巷道施工初放时顶板切眼，缩短初放距离。与上述其他布置方式相比，四巷布置工作量最大，掘进率最高。

陕西铜川矿务局根据具体条件，在综采放顶煤工作面巷道布置时，对四巷布置进行了改进。即在工作面一侧布置一条运输巷，铺设胶带输送机运煤，同时向工作面进风；在综放工作面的另一侧共布置三条巷道，即回风巷、进风巷和瓦斯排放巷。由辅助进风巷向瓦斯排放巷适当供风，较好地解决了瓦斯排放巷瓦斯浓度超限的问题。如图 3－2－24 所示。

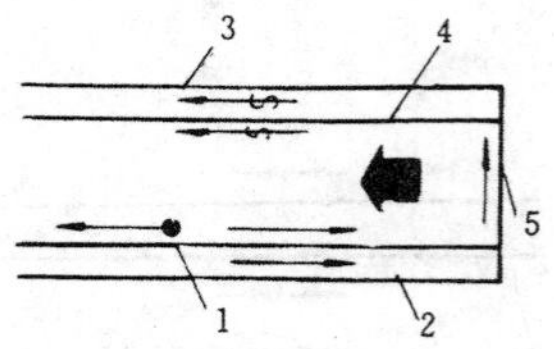

图 3－2－23　综放工作面四巷式布置（一）
1—工作面运输巷；2—工作面进风巷；3—工作面回风巷；4—工作面瓦斯排放巷；5—开切眼

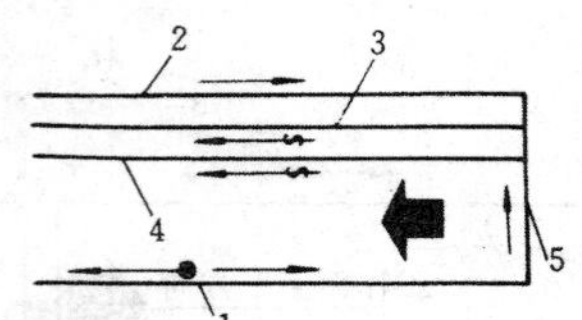

图 3－2－24　综采放顶煤工作面四巷式布置（二）
1—工作面运输巷；2—工作面进风巷；3—工作面回风巷；4—瓦斯排放巷；5—开切眼

生产中，有些矿井为了解决或降低工作面上隅角和瓦斯巷内的瓦斯浓度，采取在采区巷道与工作面回风巷相联处的新鲜风流中，安装局部通风机，通过架设在回风巷道内的风筒向综采放顶煤工作面上隅角适当供风的办法，不但达到了降低瓦斯浓度的目的，而且将图 3－2－24中回风巷侧进风巷省掉，减少了巷道工程量，使工作面巷道布置由四巷式布置变为三巷式布置。

对于综采放顶煤工作面巷道布置方式，应根据工作面的具体条件，生产实践经验和使用习惯合理选择，使巷道布置适应本工作面、本矿井的具体条件，达到系统简单、生产安全，有利于实现高产高效、经济效益好的目的。

工作面巷道支护，应积极采用锚喷、挂网钢带（钢梁）或联合支护形式，为综采放顶煤工作面实现高产高效创造条件。

缓倾斜煤层综采放顶煤采煤工作面技术经济指标见表 3－2－52～表 3－2－54。

表 3－2－52　缓倾斜煤层综采放顶煤采煤面技术经济指标实例

矿井名称	采高（或煤厚）(m)	放顶煤高度(m)	煤层倾角(°)	工作面长度(m)	月进度(m)	月产量(t)	回采工效率(t/工)	坑木消耗(m^3/万t)	炸药消耗(kg/万t)	采区回采率(%)	备　注
兖州南屯矿	3.1					291820	181.1				
淮南新集矿	7.5					240710	80.0				

续表

矿井名称	采高(或煤厚)(m)	放顶煤高度(m)	煤层倾角(°)	工作面长度(m)	月进度(m)	月产量(t)	回采工效率(t/工)	坑木消耗(m^3/万t)	炸药消耗(kg/万t)	采区回采率(%)	备注
兖州鲍店矿	7.7		2—15	153		192325	107.9	0.1	82.7		
潞安王庄矿	6.0					185750	121.1				
潞安漳村矿	6.6		4—6	159	150	177400	85.0		86.8	75.7	
晋城凤凰山矿	6.0		3—7	101	182	120833	59.5		83.8		
铁法小康矿	7.6					95150	67.1				
郑州米村矿	5.9					94355	30.6				
阳泉一矿	6.0		3—5	116	124	93933	41.3		84.1		
徐州三河尖矿	6.1					86858	46.5				
枣庄柴里矿	7.0					83875	33.8				
平顶山一矿	2.8—3.0	4.2—4.4	7—9	87	51	36317	21.1	2.37		75.0	
沈阳蒲河矿	2.5	7.5—11.5	5—14	65	30	28475	18.0	3.79		75.0	

表 3—2—53　1997 年度创水平综放队

序号	局、矿、队	采煤方法	采高(m)	产量(t)	效率(t/工)
1	兖矿集团东滩矿综二队	综放	6.0	4101808	203.9
2	兖矿集团南屯矿综采队	综放	3.2	3468680	185.0
3	新集集团新集矿综采队	综放	7.9	3195800	85.7
4	兖矿集团兴隆庄矿综采一队	综放	7.9	3011288	135.7
5	兖矿集团鲍店矿综采二队	综放	5.8	2634888	116.3
6	潞安局王庄矿综采二队	综放	7.2	2236308	120.1
7	潞安局漳村矿综采队	综放	6.6	2168118	69.0
8	潞安局王庄矿综采一队	综放	6.3	2053393	110.3

表 3－2－54 部分高产高效综采放顶煤采煤队生产情况及设备

序号	局、矿、队	采厚 (m)	原煤产量 (万 t)	回采工效 (t/工)	主要采煤设备		
					支架	采煤机	刮板输送机
1	兖州东滩矿综采队	6.5	166.7 260 410.2	63.4 105.8 200	ZFS5400－17/35	AM500	SGZ－830/630S SGZ－830/630C
2	兖州兴隆庄矿综采一队	8.0	300.60	96.7	ZFS5200－17/35	AM500	SGZ－764/400 SGZ－764/500D
3	兖州局南屯矿综采队	8.5	315～350	165～181	SZY560－17/35	MCLE600－DR102102	AFC34/160
4	潞安局常村矿综采队	6.5	192.7	132.4	ZZP4800－17/35	EL－1000	FAC－600
5	兖州鲍店矿综采二队	8.5	245.8	72.7	ZFP5200	AM500	SGB－764/500WK SGZ－764/400
6	兖州鲍店矿综采二队	5.8	263.49	116.3	ZFP5200	AM500	SGB－764/500WK SGZ－764/400
7	淮南市新集矿综采队	7.5	238.78	36.3	ZFS4000－19/28	MG300	SGZ－730
8	潞安王庄矿综采一队	5.5	214.95	113.1	ZZP4800－17/32	MXA300	SGZ－764/500 SGZ－764/320
9	潞安王庄矿综采二队	6.0	213.0	110.7	ZZP4800－17/32	MXA300	SHZ－764/500 SGZ－730/320
10	潞安王庄矿综采二队	6.86	253	110.86	ZZP4800－17/32	MXA－300/3.5W	SGZ－764/500 SGZ－732/320
11	潞安漳村矿综采队	6.4	206.29	67.2	ZYF4000－17/32	MXA300/3.5W	SGZ－830/630
12	潞安漳村矿综采队	6.6	216.8	69.0	ZYF4000－17/32	MXA300/3.5W	SGZ－830/630
13	新集集团新集矿综采队	7.9	319.6	85.7			

4. 近水平、缓及倾斜煤层综采放顶煤开采实例

1）兖州东滩矿综采放顶煤开采

东滩煤矿设计能力400万t/a，主采煤层为二叠系3号煤层，厚约8m，倾角0°～15°（平均3°～5°），煤的普氏系数$f=2.2\sim2.5$（局部达3.9），煤层顶板为二级Ⅳ类顶板。低瓦斯，自然发火期3～6个月，煤尘具有爆炸危险。矿井2个工作面生产，采煤方法为一次采全厚综采放顶煤采煤法。

（1）$43_{上}03$综采放顶煤工作面概况。

$43_{上}03$工作面为一走向长壁一次采全厚综采放顶煤工作面，地质构造简单，煤层赋存稳定，煤层埋深700m左右。煤层含有2层夹矸，煤层厚度5.32～7.25m，倾角0°～15°，平均6°，煤的普氏系数$f=2.2\sim2.5$。直接顶为粉砂岩，厚0～7.25m，初次垮落距离10～14m，老顶为中、细砂岩、厚14.9～30m，初次垮落距离50～55m，周期来压步距15～20m，伪顶为炭质泥岩，厚0～0.5m，直接底为粉砂岩，厚2.88～6.63m。

工作面正常涌水量$15m^3/h$，最大涌水量$30m^3/h$。

工作面胶带输送机运输巷（兼回风）、轨道运输巷（进风）及开切眼沿煤层底板布置。

$43_{上}03$工作面长度195m，走向长度2066m，采煤机割煤高度2.8m，顶煤放落高度2.52～4.45m，平均3.485m，采放比为0.9～1.59，平均1∶1.23。采用AM500采煤机和ZFP5400—17/35低位放顶煤支架。

（2）工作面主要设备配备。

采煤机	AM500，功率375×2kW，截深686mm
端头支架	ZTF5400—22/32，4组
液压支架	ZFP5400—17/35，131架
刮板输送机	前SGZ—830/630S，后SGZ—830/630，功率315×2kW，能力120t/h，中部槽规格830×1500mm
转载机	SZZ—1000/400S，功率69kW，能力2500t/h
破碎机	PLM—3000，功率200kW，能力3000t/h
胶带输送机	SSJ—1200/3×200，功率3×200kW，能力1600t/h，带速3.15m/min，多点驱动
乳化液泵	GRB—315/31.5，流量315L/min，压力31.5MPa，2台 MRB—125/31.5，流量125L/min，压力31.5MPa，1台
喷雾泵	XPB—160，流量160L/min，压力8MPa，功率8kW，2台

（3）工作面回采工艺。

采煤机截深为0.6m，双向割煤，割一刀放一次顶煤，放煤步距为0.6m，割底煤与放顶煤平行作业。

循环工艺流程为：采煤机由机头进刀→由机头向机尾割煤→移架→推移前部输送机→放顶煤→推移后部输送机→采煤机由机尾进刀。

采煤机采用端头斜切进刀，进刀长度25m左右，移架滞后采煤机后滚筒3～5m，追机作业，滞后移架10～15m推移前部输送机，输送机弯曲段长度不小于15m，推移步距0.6m。采煤机割煤时，滞后采煤机放顶煤，其滞后距离不小于20m，以免两工序相互影响。

采用双轮循环顺序放煤，当矸石量占放出物的1/3时即停止放煤，遇到大块煤不易放出时，反复伸缩插板，小幅度上下摆动尾梁，使底煤破碎后顺利放出。放完顶煤后，滞后支架

10～15m 推移后部输送机，步距为 0.6m，弯曲段长度不小于 15m。

(4) 工作面劳动组织。

工作面采用“四六”作业制，三班生产、一班检修，每个生产班割煤 2 刀，放 2 次顶煤。工作面劳动组织配置见表 3—2—55。

表 3—2—55 东滩矿 $43_{上}$ 03 工作面劳动组织

工 种	一班	二班	三班	检修班	合 计
班 长	2	2	2	2	8
采煤机司机	3	3	3	3	12
刮板输送机司机	3	3	3	4	13
转载机司机	1	1	1	2	5
胶带输送机司机	1	1	1	2	5
支 架 工	2	2	2	3	9
放 煤 工	2	2	2		6
泵 站 工	1	1	1	2	5
电 钳 工	1	1	1	4	7
浮煤清理工	4	4	4		12
送 饭 工	1	1	1	1	4
端 头 工	5	5	5	8	23
运 料 工	2	2	2	2	8
油脂、铁工					2
材 料 工					2
地面装卸工					8
验 收 员					3
技 术 员					2
书记区长					4
合 计	28	28	28	32	141

(5) 工作面经济技术指标。

$43_{上}$ 03 工作面工作面地质储量 325 万 t，可采储量 260 万 t，可采期 13.4 个月，回采率 97.8%。平均循环产量 1312t，日产量 7872t，月产量 19 万 t，96 年产量 232 万 t，采煤机正常割煤速度为 4.6m/min，开机率为 75%。工作面主要技术经济指标见表 3—2—56。1997 年，东滩煤矿使用全套国产设备，综采放顶煤开采，单面年产量达到 4101808t，一举刷新了全国综放开采单面产量新纪录，树立了我国煤炭工业开采的又一个里程碑。

东滩矿采用国产设备，连续三年单产水平年递增 100 万 t。1997 年度直接工效达到 200t/工以上，工作面开机率提高到 97.5%，工作面回采率提高到 97.9%；端头支架放煤试验成功，解决了综采放顶煤开采的一系列难题，工作面每推进一米，多放煤 52t，节约金属网 $9m^2$。1998 年 10 月份，综采放顶煤工作面单面月产超过 50 万 t，为全国单面月产最高纪录。1998 年综放单面年产 500.12 万 t，2001 年综放单面年产 542 万 t。矿井全员效率突破 14t/工。

2) 兖州兴隆庄矿 4314 综采放顶煤工作面

(1) 工作面概况。

兖州兴隆庄矿设计能力 3.0Mt/a。主采 3 号煤层，该煤层平均倾角 4°，平均厚度 8.65m。

表 3-2-56 东滩矿 $43_{上}$ 03 工作面主要技术经济指标

名称	指标	名称	指标
平均日产（t）	7872	直接成本（元/t）	
最高日产（t）		灰 分（%）	17.48
平均月产（t）	190000	坑木（m^3/万 t）	5
最高月产（t）		截齿（个/万 t）	40
平均日推进度（m）	3.6	乳化液（kg/万 t）	270
工作面回采率（%）	97.9	油脂（kg/万 t）	400
采区回采率（%）	80	金属网（m^2/万 t）	60
回采工率（t）	105.8	黄土（m^3/万 t）	50

直接顶为粉砂岩，厚约 3m，老顶为细砂岩，厚 8.0m。

该矿属低瓦斯矿井，煤的自然发火期 3～6 个月，煤尘具有爆炸危险。

4314 工作面采用综采放顶煤开采，采煤机割煤高度 3.0m，放煤高度 5.65m，采放比 1：1.9。

（2）工作面主要设备配备。

采煤机	AM500 采煤机，2×375kW，截深 686mm
刮板输送机	前部 SGZ－764/400，功率 2×200kW，能力 900t/h
	后部 SGZ－0764/500D，功率 2×250kW，能力 1100t/h
转载机	SZZ830/200，功率 200kW，能力 1500t/h
破碎机	LPS－1500，功率 150kW，能力 1500t/h
液压支架	ZFS5200－1.7/3.5 型 初撑力 4410kN，工作阻力 5200kN
可伸缩胶带输送机	SSJ－1200/2×200，功率 2×200kW，能力 1500t/h

（3）工作面回采工艺。

工作面采用“二刀一放”追机作业，采煤机在工作面端头斜切进刀，截深 600mm，双向割煤。

工作面回采工艺为：采煤机端头进刀→割煤→移架→推移输送机→采煤机在机尾进刀→割煤→移架→推移输送机。工作面在第二刀开始割煤随采随放，移架滞后于采煤机割煤，推移输送机滞后于移架。

工作面采用单轮顺序折返补放法的放煤方式，即在放完一架后，再补放上一架，直至见矸为止。

兴隆庄矿的生产证明：“二刀一放单轮顺序折返补放法放煤”适合本矿井煤层条件，其特点是：

①相邻两架同时放煤可将大块煤放出，加快了放煤速度；

②可以把上次未放完的煤放完，提高回收率 3%左右；

③简便易行，方法灵活；

④采、放完全平行作业，提高了开机率，充分发挥了设备的效能。

（4）工作面劳动组织。

工作面采用“四六”工作制，每日 4 班，3 个班生产，1 个班检修，每班工作 6h。

(5) 工作面主要技术经济指标

工作面回采工效率为86.99t/工，工作面回采率为86.41%。

1994年该工作面创年产272万t的当年全国最高记录，1995年又产煤300.6万t。

3) 潞安王庄矿6111综采放顶煤工作面

(1) 工作面概况。

王庄矿6111工作面为61盘区上山南翼东面第一个综采工作面，开采3号煤层，煤层埋藏深度243～265m，煤层厚为6.23～7.44m，平均厚度6.86m，煤层中有五层夹矸，总厚0.51m，煤层倾角2°～6°，视密度为1.35t/m^3，硬度$f=2\sim3$，煤尘爆炸指数为27.12%。

煤层伪顶为炭质泥岩，厚度0.1m，直接顶为泥岩，厚度2.67m，老顶为中砂岩，厚度15.8m，直接底为2.35m厚的细砂岩，直接顶垮落步距为10～13m，老顶初次来压步距28～35m，周期来压步距13.5m。

(2) 工作面参数及工艺。

6111工作面长度180m，走向长度2300m，采煤机割煤高度3.0m，顶煤放落高度平均3.86m，采放比为1∶1.29。采用ZZP4800－17/33F低位放顶煤支架，支架阻力4800kN。

工作面采用走向长壁、综合机械化放顶煤全部垮落采煤法。采煤机斜切进刀方式为端部进刀双向割煤，放煤方法为单轮顺序放煤法。回采工序依次为割煤、移架、推溜、放煤、拉后溜，割煤与放煤平行作业、采煤机采用双向割煤端头斜切进刀方式，割煤和放顶煤均为追机平行作业，即机组割煤和放顶煤都集中在工作面同一部位。采煤机截深0.8m，采一刀放一次顶煤，放煤步距为0.8m。

按照采煤机在工作面割煤时的速度变化情况，工作面大致可分为上、下两部分，采煤机由上半部分向下半部分割煤时，割煤速度逐渐加快；由下半部分向上半部分割煤时，割煤速度逐渐放慢。

当采煤机在端头进刀时，放顶煤作业也在端部进行。但当采煤机斜切进刀割透煤墙后，端头进刀段尚未移架放煤，割放煤顺序作业，采煤机等待进刀段支架前移并放完煤后进行反向割煤。

(3) 工作面主要设备。

6111工作面支架为ZZP4800/17/32型双输送机低位放顶煤液压支架，采煤机为MXA－300型采煤机，工作面刮板输送机有SGZ－764/500型前部刮板机，还有承运顶煤的后部SGZ－730/320型刮板输送机，主要设备详见表3－2－57。

表3－2－57　6111工作面主要设备

设备名称	单位	数量	型　号	主要技术特征
采煤机	台	1	MXA－300/3.5W	功率300kW，牵引速度0～8.6m/min　采高3.5m，滚筒直径1800mm
端头支架	套	2	ZT14400/23/32	
排头架	组	4	ZPZ4800/17/32	工作阻力4800kN，高度1.7～3.2m　初撑力3958，窗口610×820mm^2

续表

设备名称	单位	数量	型 号	主要技术特征
中 间 架	组	116	ZZP4800/17/32	工作阻力4800kN，高度1.7～3.2m 初撑力3958kN，本架操作
前运输机	部	1	SGZ－764/500	长度184m，链速0.93m/s 电机功率500kW，生产能力900t/h
后运输机	部	1	SGZ－730/320	长度184m，链速0.93m/s 电机功率400kW，生产能力730t/h
转 载 机	部	1	SZZ－764/160	长度44m，功率160kW 生产能力1000t/h
破 碎 机	部	1	LPS－1000	功率110kW，生产能力1000t/h 粒度15～30cm
带式输送机	部	2	SST－1200/2×200	铺设长度1400m，带速2.5m/s 功率400kW，生产能力1000t/h
乳化液泵	台	2	WRB－200/31.5	流量200L/min，功率125kW 压力31.5MPa

（4）工作面生产能力及影响因素。

①工作面循环时间。采煤机平均循环割煤时间为85.5min，其中由于机头的机尾处的卧底量不足采煤机斜切进刀时，增加了一段卧底的往返时间3.2min，因此，如果增加采煤机的卧底量，提高工作面平巷运输设备能力，采煤机的割煤速度提高到2.8m/min，采煤机的循环割煤时间为71.7min，两个放煤工同时放煤的放煤时间为72min。因此每个循环时间可降至72min。

②开机率。按日进6刀计算，采煤班的采煤机平均开机率为47.5%。由于转载机、破碎机能力小、端头支架过桥的过煤空间小造成大块煤炭堵塞，据统计，大块煤矸造成前部运输机停机，停溜时间31.3min，占采煤班时间的5.3%，如果考虑采煤机起动等因素，大块煤矸堵塞使开机率降低了7～8个百分点。工作面端头作业，特别是机头处的端作业对生产影响较大。因此，采取有效措施、减小端头作业和大块煤矸对生产的影响时间，采煤机开机率可提高到55%～60%。

③工作面生产能力。按目前的状况，工作面平均日进6刀达到日产7000t水平，如果对现有设备的薄弱环节进行改造、采取有效的端头支护措施，使采煤机的平均割煤速度达到2.8m/min，开机率达到60%，可实现工作面平均日产万吨。

经对6111综采放顶煤工作面回采工艺实测分析，可以看出：

①采煤机割煤速度为1.78m/min，平均错刀时间为33min，每个循环纯割煤时间为115min，采煤机的潜力很大。

②前部输送机能满足采煤机在平均速度1.78m/min和最大速度3.5m/min时的运输要求。

③工作面液压支架的移架平均速度为25s/架＝3.6m/min，能够满足采煤机在3.5m/min的要求。

④工作面割煤和放煤在机组速度为1.78m/min情况下循环时间相当，工序衔接较为紧凑

合理。

⑤后部输送机运输能力为730t/h，正常放煤时两个放煤口的煤量达到534t/h，最大时达到780t/h左右，后部输送机运输能力较低。

⑥工作面转载机额定生产能力为1000t/h，实际生产中最大煤流量1417t/h，比设备额定生产能力大41.7%，这是工作面的薄弱环节。

通过以上分析可以看出，王庄矿6111工作面外部运输环节能够有所改进，后部刮板输送机和转载机及破碎机能力适当提高些，如加大到1200t/h，在工艺方面，如采煤机割煤方式（单向割煤，双向割煤）和放煤方式（改单轮顺序放煤为单轮间隔放煤）等工艺流程进一步完善，工作面产量将会有较大提高。有关研究结论认为：该工作面采煤机采取中部进刀割煤，作业循环时间可以缩短15min左右，在各环节运行状况良好的条件下，机组的配套能力可高12%左右。

(5) 工作面经济指标。

王庄矿6111工作面平均班产量2100t，平均日产6000～7000t，平均月产20.9万t，1993年该工作面创年产253万t的全国最高记录。其主要技术经济指标见表3－2－58。1997年综采放顶煤工作面年产223.6万t，回采工效达到120.1万t/工。

表3－2－58 王庄矿6111工作面主要技术经济指标

名　称	指　标	名　称	指　标
平均日产（t）	6973	回采工效（t/工）	110.860
最高日产（t）	14368	最大月推进度（m/月）	178
平均月产（t）	209186	平均日推进度（m/d）	4.6
最高月产（t）	274032	工作面回采率（%）	91.8
直接工效（t/工）	140.198	采区回采率（%）	79.1

4)阳泉二矿80601高瓦斯综放工作面

(1) 矿井概况。

阳泉二矿设计生产能力360万t/a，矿井共五个综采工作面生产，其中两个综放工作面，三个综采工作面。目前实际生产能力为435万t/a。

主采煤层为15号煤，厚约7～8m，倾角3°～10°，煤质为无烟煤，高瓦斯矿井，煤层有自然发火现象，无煤尘爆炸危险。

(2) 80601工作面概况。

80601工作面长150m，工作面走向

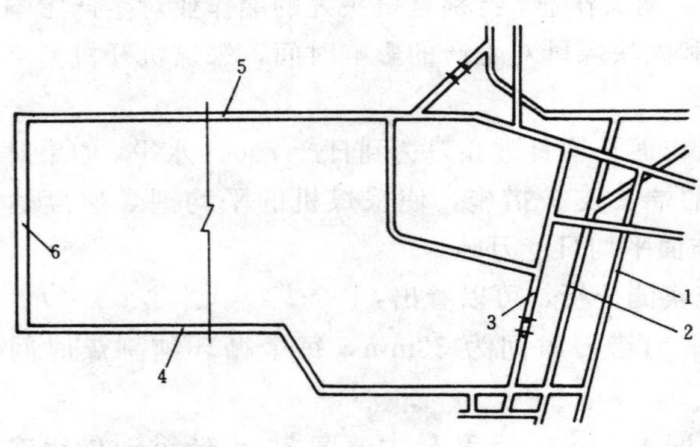

图3－2－25 阳泉二矿80601工作面巷道布置系统

1—采区胶带输送机巷；2—采区轨道巷；3—采区回风巷；4—工作面运输巷；5—工作面回风巷；6—开切眼

长467m，开采15号煤层，煤层厚度平均7.34m，含夹矸两层（最厚约0.2m)。煤的普氏系数 $f=2\sim3$，有自然发火现象。煤层倾角3°～10°，赋存稳定。工作面工业储量724975t，可采储量616229t。

直接顶为黑色页岩，厚1.5m左右，较软易碎，随采随冒，属2类中等稳定顶板。老顶为深灰色石灰岩与黑灰色页岩互层，厚8～12m，属Ⅱ级顶板。底板为深灰色砂质页岩、岩性较硬，厚2～6m。

工作面巷道开切眼沿煤层底板布置。工作面巷道布置如图3—2—25。

本面采用走向长壁综合机械化放顶煤采煤法，采煤机割煤高度2.4～2.6m，顶煤放落高度4.84m，采放比为1：1.936。

采用MG—360/B采煤机和ZFSB4200/17/28低位放顶煤支架。

(3) 工作面主要设备配备。

采煤机	MG—360/B，功率360kW，截深600mm
液压支架	ZFSB4200—17/28，97架，工作阻力4200kN
过液架	ZFSG4800/17/28，4架，工作阻力4800kN
刮板输送机	前SGZ—764/264，功率132×2kW
	后SGZ—764/264，功率315×2kW
转载机	SGW—150，功率2×75kW
胶带输送机	SSJ—1200/2×200，功率2×200kW
乳化液泵	WRB200/31.5，流量315L/min，压力31.5MPa，2台，125kW
喷雾泵	RS200，流量315L/min，功率112kW，1台

(4) 工作面回采工艺。

工作面采煤机截深为0.6m，双向割煤，一刀一放循环作业，放煤步距为0.6m，割煤与放煤平行作业。

循环工艺流程为：采煤机割煤→拉后部输送机、移架→推移前部输送机→放顶煤→机组端头斜切进刀。

采用端头斜切进刀，滞后采煤机后滚筒3～5m移架，追机作业，滞后移架3～5m推移前部输送机，输送机弯曲段长度15～20m，推移步距0.6m。放顶煤采用追机滞后采煤机7～10m进行。放煤方式间隔多轮循环放煤方式，放煤口出现1/3矸石即停止放煤。

(5) 工作面劳动组织。

工作面采用“三八”作业制，二班生产，一班检修。生产班割煤2.5刀，生产检修班割煤1刀，放煤步距为“一采一放”工作面作业循环见图3—2—26。工作面劳动组织配置见表3—2—59。

表3—2—59 阳泉二矿80601工作面劳动组织

工种	一班	二班	检修班	合计
班长	1	1	1	3
采煤机司机	3	3	3	9
刮板运输机司机	4	4	5	13
电工	2	2	4	8

续表

工　种	一班	二班	检修班	合　计
拉架工	2	2	2	6
放煤工	4	4	4	12
端头维护工	4	4	8	16
清理工	5	5	5	15
打大块工	2	2	2	6
探眼工			2	2
皮带司机	4	4	5	13
接车工	1	1	1	3
看配件库	1	1	1	3
输液工	1	1	1	3
送饭工	1	1	2	4
下料工				6
泵站工	1	1	1	3
计工员	1	1	1	3
合　计	37	37	54	128

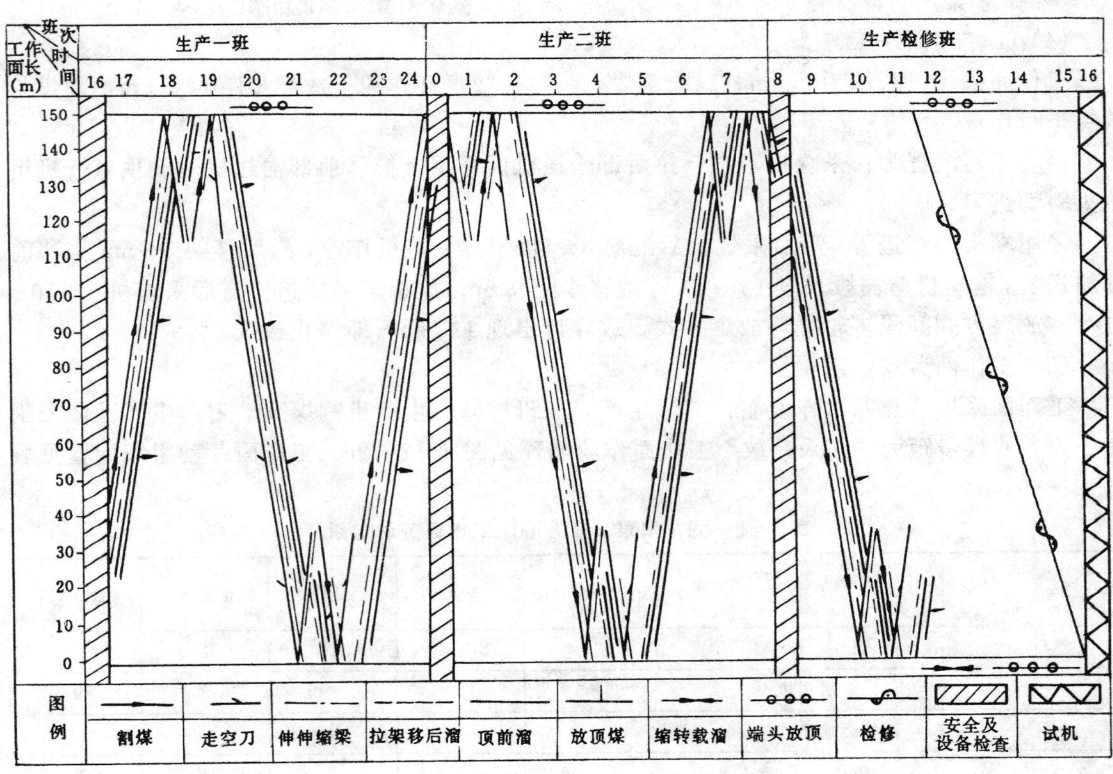

图 3－2－26　阳泉二矿 80601 工作面正规循环作业图

(6) 工作面经济技术指标。

80601 工作面工业储量 724975t，可采储量 616229t。平均循环产量 4750.37t，日产量 8322.64t，月产量 12.83 万 t。工作面主要技术经济指标见表 3－2－60。

表 3－2－60　阳泉二矿 80601 工作面主要技术经济指标

名　　称	指　　标	名　　称	指　　标
平均日产（t）	28502.22	直接工效（t/工）	
最高日产（t）		日出勤数（个）	128
平均月产（t）	12.83	坑木（m^3/万 t）	4
最高月产（t）		截齿（个/万 t）	30
平均日推进度（m）	3.6	乳化液（kg/万 t）	1200
回采率（%）	85	油脂（kg/万 t）	120
顶煤回采率（%）		火药（kg/万 t）	3
回采工效（t/工）	37.11	雷管（个/万 t）	20

5）石炭井乌兰矿 5321 大倾角综采放顶煤工作面

(1) 工作面概况。

乌兰矿 5321 综采放顶煤工作面位于北一采区二阶段的 3 号煤层，工作面斜长 24.5m，走向长 166.6m，煤层平均厚度 6.79m，倾角 17°～37°，煤的硬度 $f=0.6\sim1.2$，视密度 1.45t/m^3，可采储量 67855t，工作面最大涌水量 0.21m^3/min，煤尘具有爆炸危险性，爆炸指数为 32%，瓦斯绝对涌出量 0.34m^3/min，瓦斯含量 3.38～5.8m^3/t，煤层自然发火期为 18 个月。

3 号煤层直接顶泥质粉砂岩。呈褐灰色薄层状，平均厚度 4.36m，老顶为浅灰色中厚层状细砂岩，平均厚度 6.38m，底板为细砂岩、粉砂岩，工作面岩层如图 3－2－27 所示。

名称	柱状	厚度(m)	岩性
老顶		13.7	中粗粒砂岩
顶板		5.62	粉细粒砂岩
煤		5.85	$2_{下}$ 层煤已采
顶板		10.74	泥质粉砂岩
煤		6.79	3 号煤层
底板		7.21	细砂岩、粉岩

图 3－2－27　乌兰矿 5321 工作面柱状图

(2) 工作面主要设备。

5321 工作面共设 29 架 ZFSB3200－16/28 低位放顶煤液压支架（基本支架），4 架 ZFG3400－20/30 过液支架和 2 架 ZTEF3900－20/30 型低位放煤端头支架。采煤机采用窄机身 MXP240 型双滚筒采煤机，滚筒直径为 1.6m，前后运输机均为 SGD630/110 型。

设备配备如表 3－2－61 所示。

(3) 工作面回采工艺。

5321 综采放顶煤工作面“三八”制作业形式，即两班采煤，一班准备。采煤机截深为 0.6m，割两刀放一次顶煤，放煤步距为 1.2m。采煤机割煤高度为 2.5m，放煤高度平均为 4.3m，采放比为 1∶1.6。

5321 工作面倾角最大 37°，为了防止运输机下滑，支架下移，采煤机采取由下向上单向割

表 3-2-61 工作面主要设备表

名 称	型 号	单位	5321 面	备 注
基本支架	ZFSB3200－16/28	架	29	郑州煤机厂，低位放煤支架
过渡支架	ZFG3400－20/30	架	2	郑州煤机厂，低位放煤支架
端头支架	ZTE8900－20/30	架	2	郑州煤机厂，低位放煤支架
采煤机	MXP－240	台	1	西安煤机厂
前部刮板输送机	SGD－630/110	台	1	
后部刮板输送机	SGD－630/110	台	1	
运输巷胶带输送机	DSP－1063/1000	台	1	
乳化液泵	RB－320/60	台	2	
喷雾泵	Pb－250/63	台	2	
乳化液箱	GRX－1500	台	1	
移动变电站	KBSGZY－500	套	2	
通讯控制装置	CK－2	套	1	

煤，由上至下装煤。采煤机在工作面下部 15m 处斜切进刀，往返为一个采煤循环。

工作面回采工艺流程为：采煤机向上割煤、移架→采煤机向下装煤→移溜→斜切进刀→移溜。放顶煤上割煤交叉作业，同时进行。工作面正规循环作业图如图 3－2－28 所示。

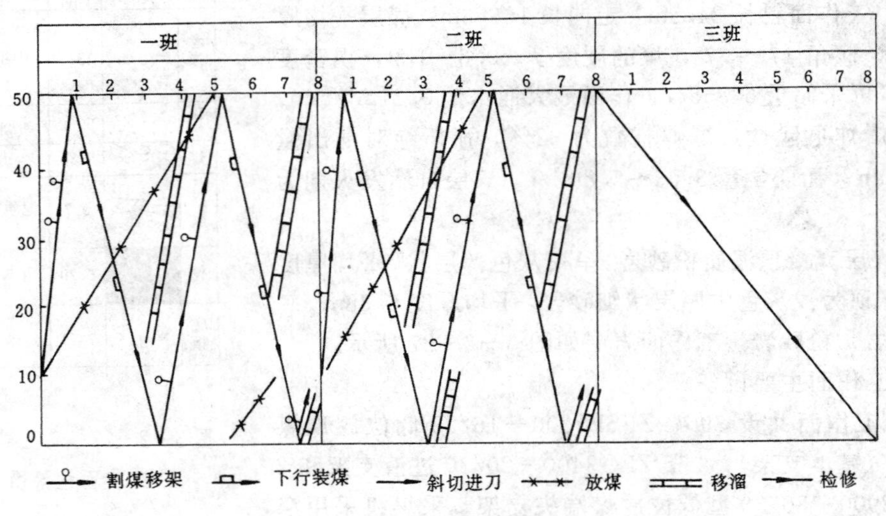

图 3－2－28 乌兰矿综采放顶煤工作面正规循环作业图表

工作面采用由下向上割煤，追机移架的作业方式。移架时滞后采煤机后滚筒不超过 2 架，以防止顶煤从架前冒落。

5321 工作面采用采煤机由下往上单向割煤，单轮顺序放煤，从下向上推移工作面刮板输送机，支架由下向上追机移动，有效地解决了设备下滑问题，但是采用上行割煤，下行装煤，占用作业时间长。

(4) 主要技术经济指标。

5321工作面立产量已达3万t以上，最高月产量为1288t，回采工效率19.44t/工。1995年综放面产量达到55.4万t。

乌兰矿在5321综采放顶煤工作面开采的实践证明：在煤层倾角为17°～37°的煤层中布置综放工作面时，按照3°伪倾斜角推进，工作面支架、运输机等“既不下滑，也不上移”。生产经验认为在煤层倾角平均27°左右的工作面，按照3°～5°的伪倾斜推进，对支架防倒防滑较为有效，能够较好地解决倾斜条件下综采放顶煤工作面的设备防滑问题。工作面布置见图3－2－29。

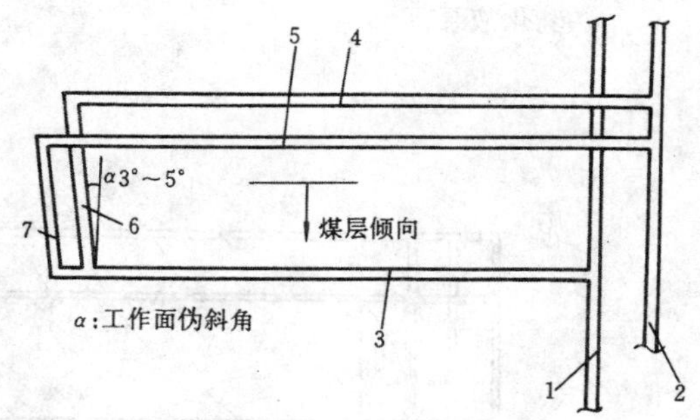

图3－2－29 乌兰矿5321综采放顶煤工作面巷道布置方式图

1—采区运输巷；2—采区回风巷；3—工作面运输巷；4—工作面回风巷；5—工作面瓦斯排放巷；6—工作面开切眼；7—工作面顶板切眼

6)大同忻州窑矿“两硬特厚”煤层综采放顶煤

(1) 工作面概况。

忻州窑矿8911工作面开采11号～12号－2煤层，煤层埋藏深度为310～350m，倾角1°～7°，煤层厚度5.20～9.31m，平均7.06m，煤的普氏系数f=3.5～5。煤层结构较复杂，煤层顶部和底部均有不连续的夹矸层分布，夹矸层厚度0.05～0.5m。

煤层伪顶为粉砂岩，厚0.1～0.25m，直接顶为粉砂岩，厚1.2～3.5m，老顶为中～粗砂岩、粉～细砂岩，钙质胶结，致密坚硬，厚5.3～30.2m，底板为粉砂岩。

工作面瓦斯绝对涌出量为3.0m^3/min，属高瓦斯煤尘具爆炸危险，爆炸指数为27%～36%，煤层自然发火期为4～6个月。

(2) 工作面回采巷道布置。

8911工作面沿伪倾斜方向布置四条回采巷道，其中沿煤层底板布置工作面运输巷和回风巷，沿煤层顶板布置两条措施巷，用于顶煤弱化和顶煤预爆破。

工作面运输巷进风巷采用11号工字钢架梯形棚支护，棚距1.2m，棚间采用四排锚杆支护；工作面回风巷采用11号工字钢架梯形棚支护，棚距1.0m，棚间采用三排锚杆支护，1，2号措施巷采用锚杆支护，锚杆排距0.8m，间距0.9m；工作面切眼采用矩形木棚支护，棚腿两端采用锚杆配合预应力托板固定，棚距0.8m。

工作面长度150m，走向长度559m，巷道布置如图3－2－30所示。

(3) 工作面设备。

综采放顶煤支架是根据“两硬特厚”煤层冒放特性，专门设计的新型支撑掩护式放顶煤支架。工作面主要设备如下：

采煤机	MXA－6003.5，功率2×300kW，能力800t/h
基本支架	ZFS6000－22/35，初撑力5218kN，工作阻力6000kN，长×宽4510m×1460m
端头支架	ZFS5600－22/35，初撑力5050kN，工作阻力5600kN
过液支架	ZFS6000－22/33，初撑力5218kN，工作阻力6000kN
前部刮板输送机	SGZ0－764/400，功率2×300kW，能力800t/h

后部刮板输送机	SGZ－764/630，功率 2×300kW，能力 1200t/h
转 载 机	SZZ－800/220，功率 110kW，能力 1800t/h
破 碎 机	PCM－160，功率 160kW，能力 1000t/h
可伸缩胶带输送机	DSP－1080/3×20C，功率 160kW，能力 660t/h
乳化液泵	WRB－200/31.5，功率 125kW，流量 200L

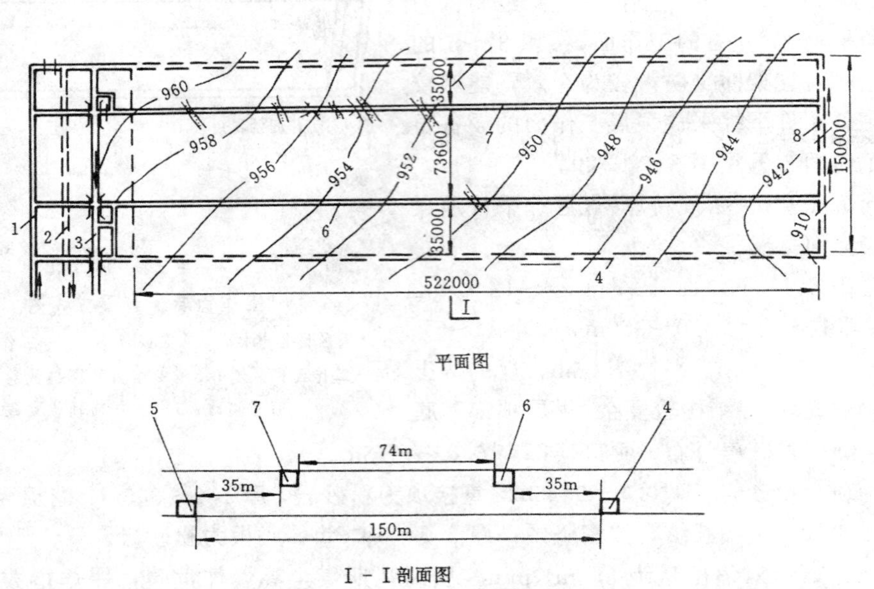

图 3－2－30　8911 工作面巷道布置图

1—集中轨道运输巷；2—集中胶带输送机运输巷；3—集中回风巷；4—工作面运输巷；5—工作面回风巷；6—1 号措施巷；7—2 号措施巷；8—开切眼

(4)“两硬”煤层“硬”变“软”的具体措施及效果。

经观测和分析，8911 工作面顶板的初次来压距离为 37m，周期来压步距为 20.6m。

在综采放顶煤试验过程中发现，顶煤的活动规律是：5m 顶煤中下位 3m 呈压缩变形，上位 2m 呈悬臂变形，压裂区后移至煤壁后方 2m，放落区后移至煤壁后方 6～10m，顶煤呈倒台阶形式冒落，冒落角 45°～70°，顶煤和顶板有明显离层。顶煤压裂经历压实、加密、扩展、强化、碎裂、软化六个过程。工作面因采深不足顶煤支承压力降低，仅经历了前四个进程，碎碎程度不够，大块采出率达 60%左右，所以采取措施对顶煤预爆破“软”化处理。顶板的活动规律是：顶板为分层分次破断，破断分层厚 5～6m，不规则冒落带高度 4～5m，规则冒落带高度 10～12m，冒落带总厚度为煤厚的二倍，破胀系数平均 1.21。为防止顶板大面积冒落，发生顶板事故，提高顶煤回放率，在使顶煤变“软”的同时，对顶板也进行了变“软”处理。

顶煤“软”化：8911 工作面共采用了四个方案进行顶煤预爆试验，其中对顶煤爆破破碎效果较好的方案钻孔布置如图 3－2－31 所示，在 1，2 号措施巷两帮布孔，为单层孔，三花布置，无空孔，孔深 30m、34m 两种，孔径 63mm，孔间水平距 1.0m。爆破位置距工作面不小于 20m。

顶板"软"化：在对顶煤"软"化的同时，对煤层顶板也进行了预爆破弱化处理，顶板预爆破钻孔布置见图3—2—31～图3—2—33。

(5)忻州窑矿8911工作面在煤普氏硬度系数达到3.5～5，煤层顶板岩石的普氏硬度值超过10的"两硬"特厚煤层中采用一次采全厚综采放顶煤开采的经验证明，对顶煤及其顶板采

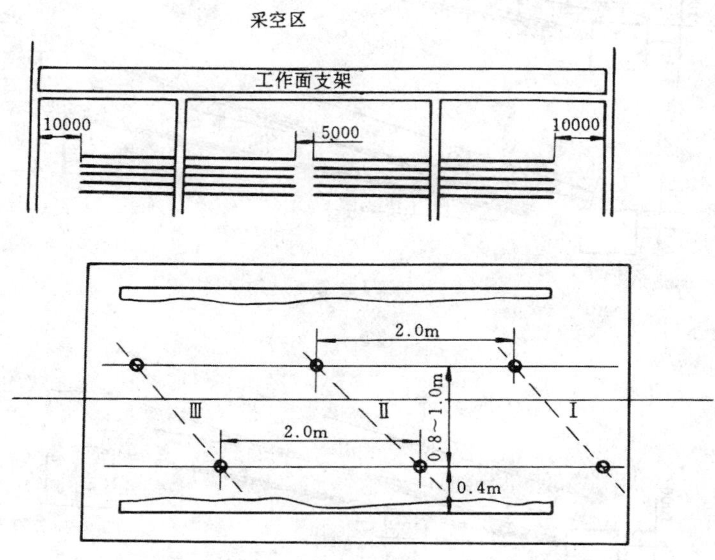

图3—2—31 顶煤预爆破钻孔布置图

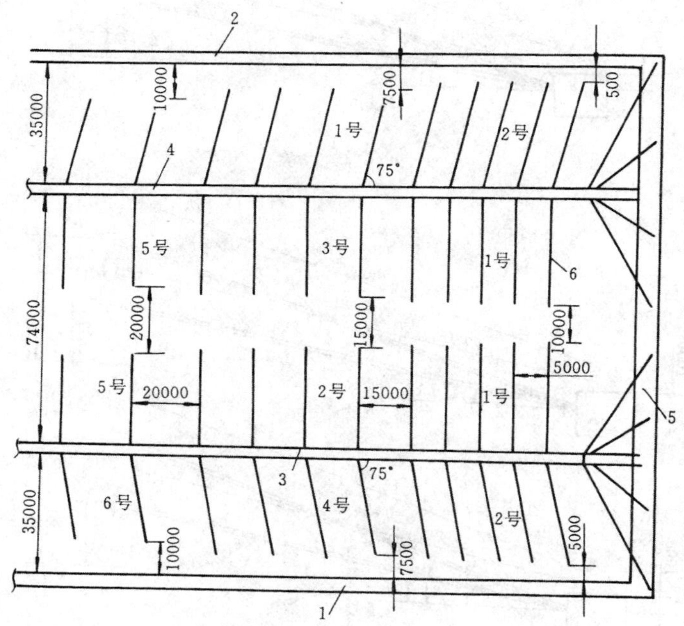

图3—2—32 煤层顶板预爆破钻孔布置图

1—工作面运输巷；2—工作面回风巷；3—一号措施巷；4—二号措施巷；5—开眼巷；6—钻孔

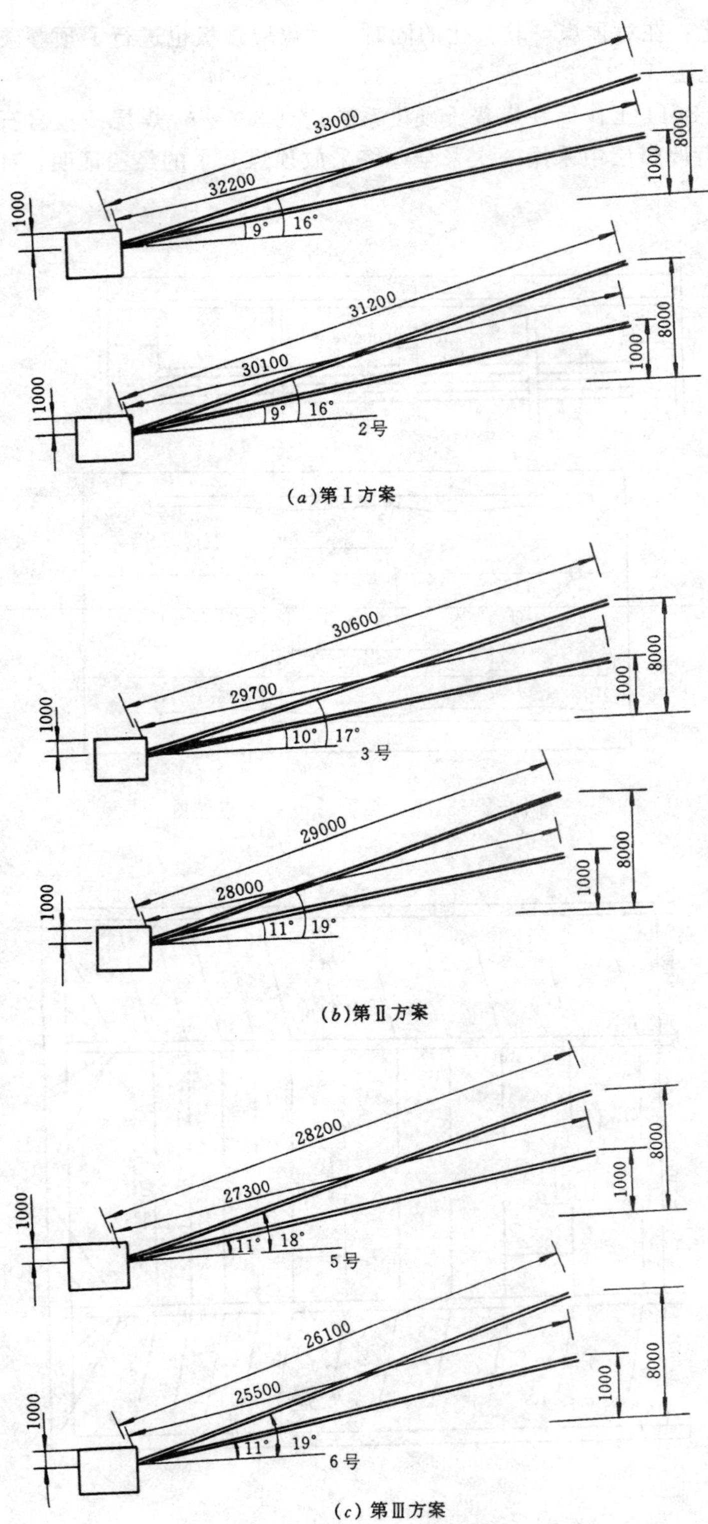

图 3－2－33　煤层顶板预爆破钻孔布置剖面图

取钻孔预爆破顶等措施进行“软”化、使其“硬”变“软”后，是可以进行综采放顶煤开采的；预爆破弱化顶煤是提高顶煤回收率的有效途径，“两硬”条件下采用放顶煤开采的关键是如何将不适应综采放顶煤开采的“两硬”转化为可适应综采放顶煤的条件，采取措施后，煤的普氏系数 $f>3$ 也是可以进行综采放顶煤开采的。

7）华亭矿区白草峪矿井倾斜分层综采放顶煤采煤法设计实例

白草峪矿井设计生产能力 400 万 t/a，两个采区两个综采放顶煤工作面保证生产。采用分层综采放顶煤采煤法，主采的 5 号煤层厚度 18.5～47m 左右，平均厚度 40m，煤层赋存平稳，倾角一般 6°～20°，矿井首采区煤层赋存平缓，倾角<10°，5 号煤层属易自燃煤层，自然发火期 3～6 个月。

煤层直接顶板以中——薄层状灰黑色泥岩、砂质泥岩为主，厚度 0.7～20m，岩石度系数 $f=1.2\sim2.2$，机械强度低，极易冒落，老顶为粉砂岩及砂岩，厚度 1.5～28m，岩石硬度普氏系数 3.8～3.9，平均 4.4 左右。

煤层底板岩性较为复杂，灰质泥岩、泥岩、粉砂岩及砂岩皆有分。厚度 0.7～20m 之间。

回采工作面长 180m，走向长 1000m。

采区布置为采区，条带混合式布置，回采工作面共布置三条巷道，即工作面运输巷、工作面回风巷及工作面瓦斯排放巷，如图 3－2－34 所示。

工作面主要设备：

综采支架（中间架）为双运输机 ZFS 5200－17/35 型低位综采放顶煤支架，共 118 架，配备 2 架 ZFG5200－18/32 型过渡支架，端头支架为 ZTF－S12000/22/32 型可放煤端头支架，2 架。

采煤机为 AM500 型双滚筒采煤机一台；SGZC－764/400 型前部刮板输送机一部，SGZC－764/500 型后部刮板输送机一部，SZZ－830/200 型转载机一台，LPS1500 型破碎机一台，工作面运输巷配备有 SJJ1200/2×250 型可伸缩胶带输送机一台；DRB200/31.5 型乳化液压泵 2 套；工作面设备系统配套生产能力为 1500t/h。

首采区 5 号煤层平均厚度在 40m 左右，采用三至四个分层综采放顶煤开采，分层厚度 10m，其中采煤机割煤高度 3m，放顶煤高 7m，采放比 1∶2.33。

回采工作面采用“两采煤一准备”三八制作业方式，“两采一放”回采工艺，放煤步距 1.2m，年推进距离 1000m，工作面单产 7270t/d，年产煤 2.02Mt。

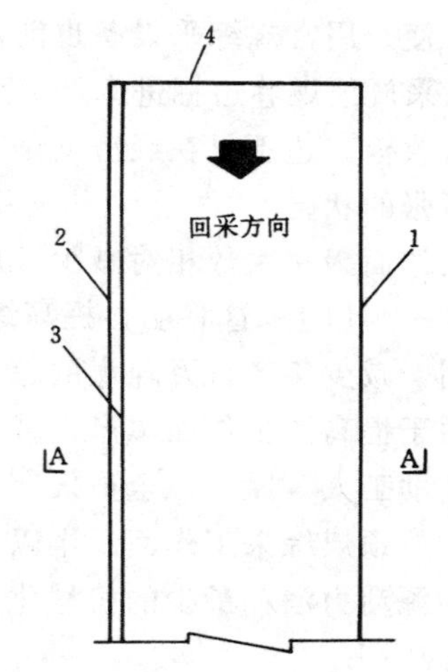

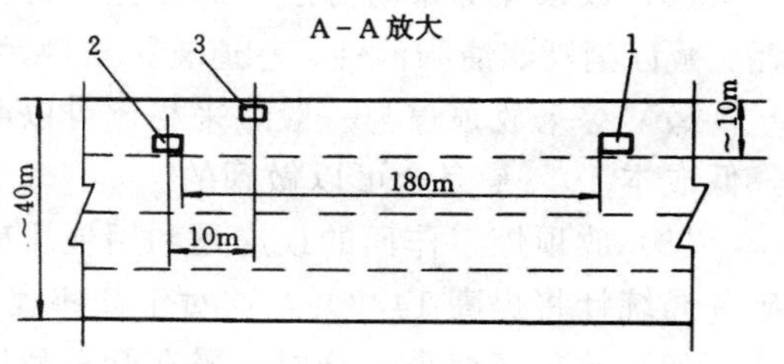

图 3－2－34 白草峪矿井综采放顶煤工作面巷道布置图

1—工作面运输巷；2—工作面回风巷；3—工作面瓦斯排放巷；4—开切眼

从白草峪矿井分层综采放顶煤设计实例看，分层综放除具有一般综放（一次采全厚综放）具备的共同特点外，其核心是要确定合适的分层厚度，根据现有经验分析，分层厚度以不超过15m为宜，10～12m对该矿井较为合适；根据该矿井开采煤层条件分析，从充分发挥设备能力，提高产量，工效和回采率考虑，鉴于国内综采放顶煤采煤工作面走向长度一般已在2000m左右，因此白草峪矿井综采放顶煤工作面走向长度在采区划分及地质条件允许的情况下宜放在1200～1500m左右；充分考虑煤层坡度变化对顶煤回收率的影响，采用“采区、条带”混合布置，灵活方便，有利于提高顶煤回收率。

5. 近水平、缓倾斜厚煤层综采放顶煤开采评价

在近水平、缓倾斜（倾角<25°），厚度为5～8m，中硬（$f<2.5$）的厚及特厚煤层的开采中，综采放顶煤开采法取得了十分显著和成绩，达到了令人满意的效果，以兖州矿业（集团）公司东滩煤矿为代表的中国综采放顶煤开采技术和取得的成绩，显示出综采放顶煤采煤法的特点和优势。从全国综采放顶煤开采的情况看，也取得了不少经验和成绩，也不同程度地存在一些问题和不足。

缓倾斜厚煤层放顶煤综采具有以下优点：

(1) 综采放顶煤是比较容易实现高产的厚煤层采煤方法，只要条件合适，支架架型选择恰当，设备配套合理，优化工艺参数及劳动组织后，由于它比一般综采工作面可以多1～2个出煤点，即使是用常规综采设备也能做到综采工作面产量在原有基础上有很大提高。

(2) 综采放顶煤巷道掘进率低，万吨掘进率比分层开采一般要低50%～70%，巷道维护条件也有所改善。这不仅在经济上是有利的，而且可以明显缓和煤矿采掘衔接，特别是综采采掘衔接紧张的状况。

(3) 工作面搬家次数相对减少，放顶煤工作面每生产百万吨煤的工作面搬家次数比分层开采可减少一半以上，这将明显提高综采成套设备的有效使用率，提高单套设备的年产量，减少搬家费用，减少年产百万吨煤的综采设备占有率。

(4) 由于提高了工作面单产，减少了掘进队伍和综采搬家队伍，以及由于全矿生产集中而减少了辅助工人等原因，全员效率、井下效率和工作面效率都将明显地提高。

(5) 占放顶煤综采工作面一半以上的顶煤基本上是利用地压破煤、依靠自重放煤的，所以是一种能源动力消耗最少的机械化采煤工艺，据阳泉矿务局估算，它比一般综采吨煤可节省电1.32kW·h。

(6) 放顶煤综采与分层综采相比，材料消耗将大量减少，其中包括金属网消耗、坑木消耗、截齿消耗、油脂消耗、巷道支护材料消耗以及其它消耗，吨煤的设备租赁也大幅度降低。

(7) 综采放顶煤与一般综采相比可以明显降低吨煤成本，只要技术措施得当，实践证明降低成本10%是完全可以做到的。

(8) 放顶煤工作面的顶煤是利用地压破碎的，粒径大于25mm的块煤明显增多，据阳泉矿务局统计将提高14.2%，这对于某些煤种是具有很重要的经济效益的。

(9) 放顶煤综采比分层综采在开采特厚煤层时有更大的适应性。目前中国多数放顶煤综采工作面是在比较复杂的不适宜使用分层综采的条件下（如断层较多、工作面较短、边缘地带三角区、残余煤柱区）使用的，并取得了很多经验。

(10) 对于高瓦斯厚煤层开采，设置高位瓦斯排放巷，实现了工作面立体“E”形通风，解决了高瓦斯综采工作面排放瓦斯、通风难的问题。

除了上述一些优点外，放顶煤开采还存在一些比较严重的不足，需要在实际生产中密切注意并不断加以改进。这些问题是：

（1）工作面放煤时，一部分煤将不可避免地会丢失在采空区；一部分煤和矸石混杂，放煤时不可避免地会将矸石放出。当煤炭放到一定程度后，继续放煤，则含矸率会急剧增加；不继续放煤，则煤炭损失多。从理论上讲，放顶煤开采的工作面回收率也将比分层开采（不留煤皮）减少5%～10%。如储量管理不严，放煤参数及放煤工艺不合理，回收率将更低。

（2）在采空区丢失的煤炭增加，引起采空区煤炭自然发火的危险就更大。

（3）工作面产量增加，瓦斯绝对涌出量和风流中瓦斯含量都可能增加；煤尘的相对含量也会增加。

（五）急倾斜特厚煤层水平分段综采放顶煤采煤法

中国厚煤层和特厚煤层的储量、产量占煤层总储量和产量的40%以上；急倾斜煤层储量和产量均占4%左右，且特厚煤层居多。开采急倾斜厚及特厚煤层的采煤方法较多，近十多年来发展起来的放顶煤开采法，特别是工作面单产有了很大提高，巷道掘进率、生产成本有了明显降低，生产安全有了明显好转，已成为开采急倾斜特厚煤层行之有效的成功的采煤方法。

1. 急倾斜特厚煤层综采放顶煤采煤

1）工作面布置及主要技术参数

对于厚度大于15m及以上的急倾斜煤层，采用综采放顶煤开采时，由于煤层倾角较大，通常将煤层划分为水平分层（段），将工作面的运输巷和工作面回风巷分别沿水平分层顶板、底板布置。分层（段）高度以10～15m为宜，采煤机采高2.5m，放顶煤高度7.5～12.5m，工作面长度等于煤层水平厚度，采放比一般可取1∶2.5～5。

2）回采工艺

工作面主要设备配备及回采工艺与缓倾斜煤层综采放顶煤采煤法基本相似。工作面先由采煤机截割分段底煤，然后放落分段顶煤，回采工艺，一般为：

（1）割煤和进刀：采煤机斜切进刀，割深0.6m；

（2）移架：随采煤机割过后，顺序移架，移距同采煤机截深；

（3）移输送机：工作面设备两部输送机，前部输送机一般滞后采煤机6～9m移置，后部输送机应在移架前拉移；

（4）放顶煤：工作面割过两刀后，由底板向顶板方向依次放落顶煤，放煤方式一般为多轮放煤，放煤时，相邻两架同时进行。

2. 急倾斜特厚煤层水平分段综采放顶煤开采实例

现以华亭煤矿急倾斜特厚易自燃煤层水平分段综采放顶煤开采为例将急倾斜水平分段综放开采技术要求、工艺参数简述如下。

1）概况

甘肃平凉华煤（集团）公司华亭煤矿设计生产能力300万t/a，1998年实际产量为250万t。矿井采用斜井开拓，主斜井铺设25°大倾角胶带输送机提煤，副斜井安装JK－2.5/20A单钩绞车提升系统，目前矿井由两个采区两个综采放顶煤工作面生产，保证年产300万t原煤产量。

华亭煤矿所采煤层为中生代下侏罗统华亭组煤层，主采煤层为煤10层，属长焰煤。煤10层厚度为33.86～68.72m，平均51.5m，倾角平均45°。煤10层下部结构简单，上部结构复杂，夹矸一般达4～5层。

煤层顶底板岩性：

煤10层伪顶岩性为炭质泥岩及砂岩，赋存不稳定；直接顶为砂岩或粉砂岩，厚度1.26～19.5m，易冒落，块度大，属Ⅰ级顶板；老顶为粉砂岩及细砂岩。煤层底板为泥质胶结中－粗砂岩。煤岩层柱状如图3－2－35所示。

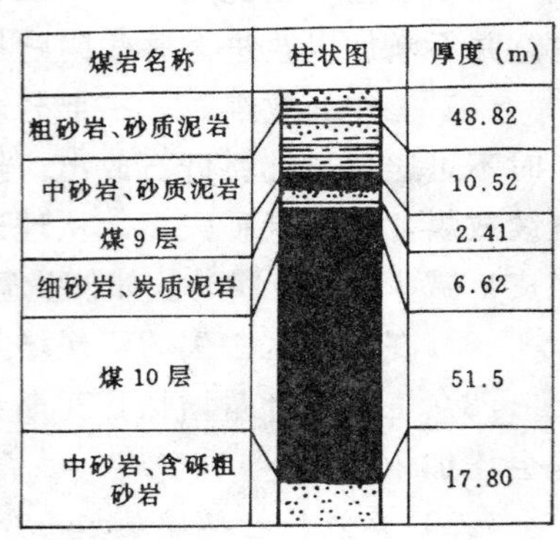

煤岩名称
柱状图
厚度（m）
粗砂岩、砂质泥岩
48.82
中砂岩、砂质泥岩
10.52
煤9层
2.41
细砂岩、炭质泥岩
6.62
煤10层
51.5
中砂岩、含砾粗砂岩
17.80

图3－2－35　煤岩层柱状图

煤10层煤的视容重为1.36t/m³（13.3kN/m³），煤的硬度系数$f=2\sim3$。

矿井所采煤层属容易自燃煤层开采过程中煤的自然发火期最短缩至28d。一般情况下煤的自然发火期为2～3个月。

华亭煤矿地质构造简单，区内无大的褶曲和断层出现，煤10层全区可采，赋存稳定，属急倾斜易自燃特厚煤层。煤层瓦斯含量低。

2）回采工艺

采煤方法：水平分段综采低位放顶煤采煤法。水平分段高度12m～15m，其中机采割煤高度2.2～2.3m，采放比1：6～5.5开采实践证明，在煤10层中采用1：5采放比效果较好。

回采工艺：机采割煤→移架前部刮板输送机→放煤（生产称为小放）→机采割煤→移架→放顶煤。

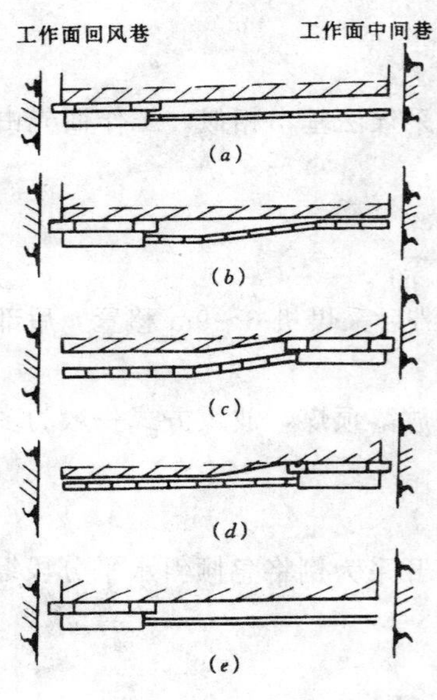

图3－2－36　采煤机进刀方式

a—采煤机截割到工作面顶头；
b—移刮板输送机到移不动；
c—采煤机后退，割一段煤；
d—移刮板输送机到顶头；
e—采煤机向前截割到头

（1）割煤。采用4MG－200W型采煤机组从工作面中部斜切进刀割煤，往返一次割完一刀，进尺0.6m。每循环割2～3刀，循环进尺1.2～1.8m，采高2.2～2.3m。采煤机进刀方式如图3－2－36所示。

（2）运煤。工作面采落的煤通过前部刮板输送机运至转载机上，后部放出的煤通过后部刮板输送机运至转载机上，由转载机转载到胶带机上运至采区煤仓。工作面前部刮板输送机型号为SGD－630/220型，后部刮板输送机型号为SZD－730/320型，转载机型号为SZZ－730/110型，胶带机型号为SWJ－1080/1000型。

（3）推移刮板输送机。采煤机割过15m后，开始推移前部刮板输送机，推移步距为0.6m。

（4）移架。移架一般在推移完前部刮板输送机之后进行。移架方式采用单架依次顺序式擦顶带压移架，以便维护顶板和提高移架速度。

（5）放顶煤。底煤割完2～3刀后，进行放煤，即割2～3刀放一次顶煤为一个循环，循环进尺1.2～1.8m。

（6）顶板管理。工作面采用40架ZFS2800/16/24B型低位放顶煤液压支架及2架ZFSG4200/17/25B型过渡支架支护顶板，下部端头采用一套ZTF8400/20/28B型放顶煤端头支架维护下出口位置。工作面最大控顶距4260mm，最小控顶距 3660mm。上下平巷超前支护采用单体支柱配合十字铰接顶梁支护，支护长度 15～20m。采空区顶板管理采用全部垮落法。工作面生产循环如图 3－2－37 所示。综采放顶煤工作面作业循环图表如图 3－2－38 所示。

放煤步距为 1.2m，即割二刀放一次顶煤。初次放煤距离为 5～6m，工作面回采至停采线

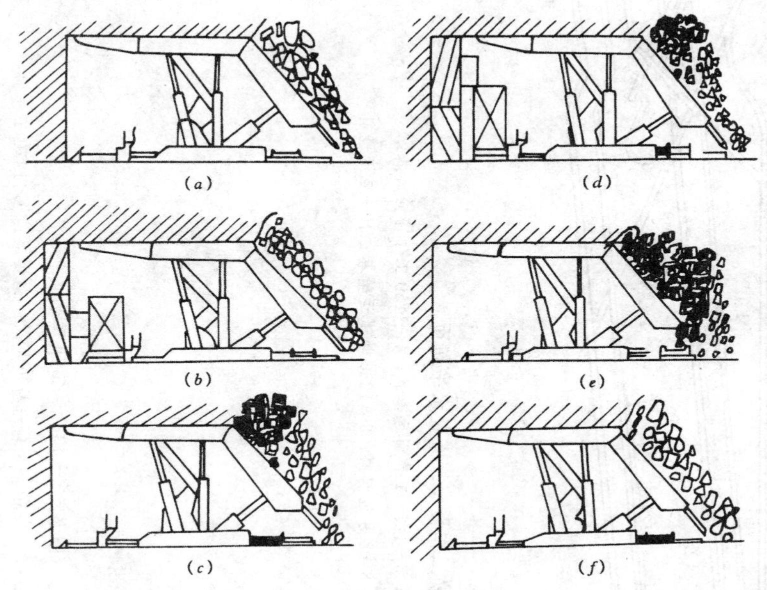

图 3－2－37　工作面生产循环示意图

a—初始位置；*b*—割第一刀；*c*—移架、推前部刮板输送机；*d*—移后部刮板输送机；*e*—移架、放顶煤；*f*—移前部刮板输送机，恢复初始位置

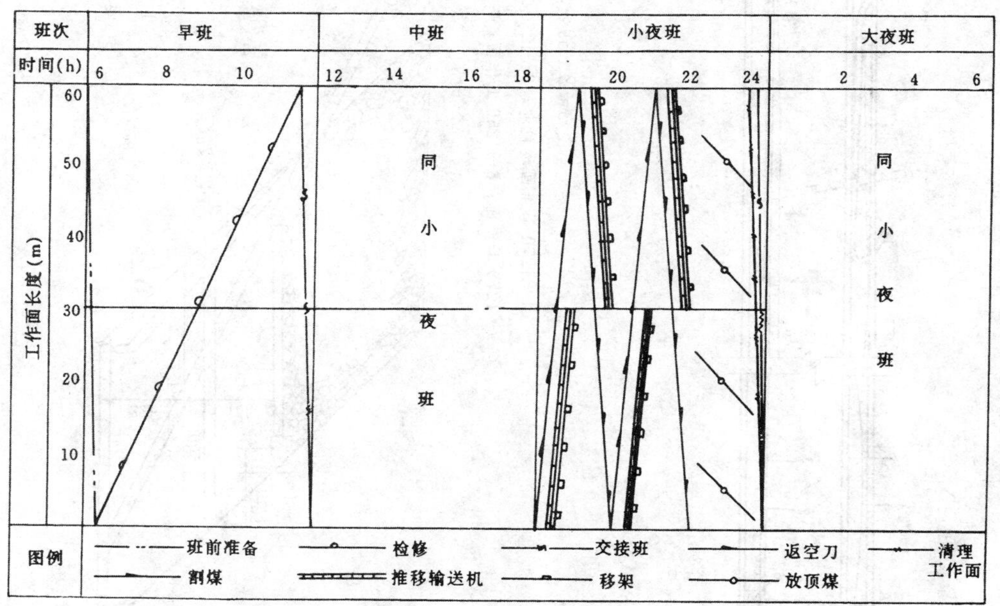

图 3－2－38　综采放顶煤工作面作业循环图表

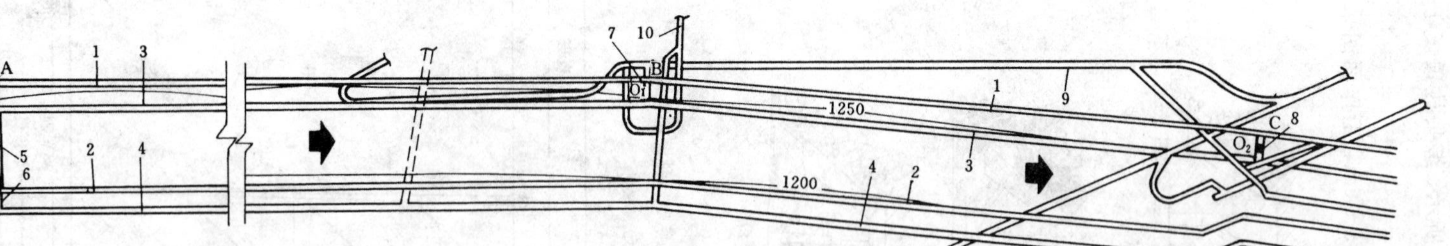

图 3－2－39 华亭煤矿综放工作面巷道布置水平切面图

1—1270 工作面运输巷；2—1270 工作面回风巷；3—1250 工作面运输巷；4—1250 工作面回风巷；5—1270 工作面；6—1250 工作面；7—1 号溜煤眼；8—2 号溜煤眼；9—1230 轨道运输巷；10—回风上山

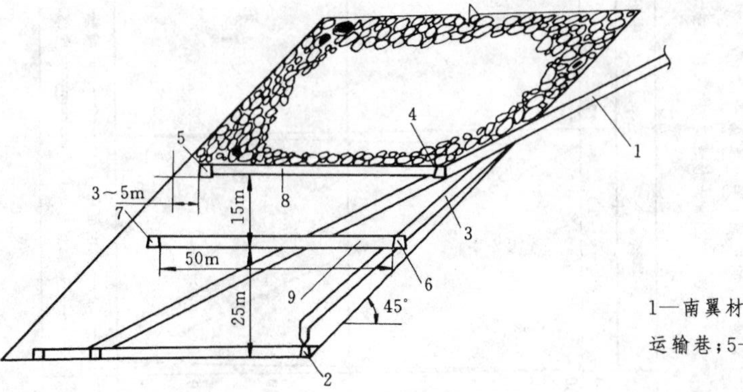

图 3－2－40 巷道布置剖面图

1—南翼材料上山；2—1230 胶带输送机大巷；3—溜煤眼；4—11270 工作面运输巷；5—＋1270 工作面回风巷；6—＋1250 工作面运输巷；7—＋1250 工作面回风巷；8—＋1270 工作面；9—＋1250 工作面

8m 左右时便停止放顶煤。

放煤方式：为充分利用顶板压力破碎顶煤，采取从底板向顶板 2～3 轮放完顶煤的多轮隔架（间隔）放煤方式。放煤过程中采取不一次放完顶煤，不在一架上长时间放煤、防止卸压放煤等措施后，放煤率明显提高，生产证明在华亭矿煤 10 层中，分段高度达到 12～15m 时，采用多轮放煤效果较好。

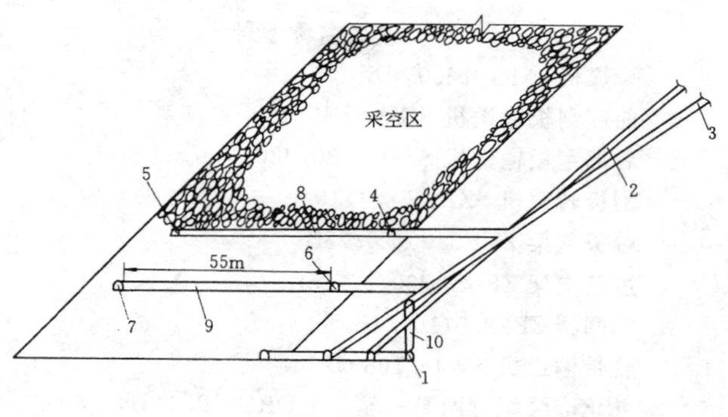

图 3－2－41

1—1230 胶带输送机大巷；2—轨道上山；3—回风上山；4—1270 工作面运输巷；5—1270 工作面回风巷；6—1250 工作面运输巷；7—1250 工作面回风巷；8—1270 工作面；9—1250 工作面；10—溜煤眼

3）巷道布置

采区布置采用无煤柱开采技术，优化采区设计，取消原来采区间的隔离煤柱（40m），将原有采区合二为一，采区走向长度（工作面推进长度）增加到 1460m，工作面运输巷紧贴煤层底板直线布置，工作面长度 55～65m，工作面回风平巷距顶板 3～5m 直线布置，分段高度 12～15m，工作面巷道布置如图 3－2－39～图 3－2－41 所示。

巷道布置的特点：巷道布置时充分考虑煤 10 层赋存稳定，顶、底板略有起伏、变化甚微；煤层靠近底板煤质较坚硬，靠近顶板有一层 3～5m 厚的亮煤，节理发育，松软易冒落的特点，将工作面运输巷贴底板直线布置，工作面回风巷离开顶板 3～5m 直线布置，既保证了综采工作面长度不受顶板起伏变化影响，又避免了顶板侧松软煤顶板岩石窜入顶煤中而影响煤质，实践证明这种布置在煤 10 层的开采中效果较好。

采区走向长度由 800m 加大到 1460m 后，鉴于工作面月推进一般 150m 左右，1460m 走向长度需要推进大约 1 年时间，而煤层的自然发火期一般不超过 6 个月，为了防止工作面煤巷发火，减少煤巷掘进后暴露时间，生产中采取了工作面走向长度分段准备，连续回采的方法，即先准备图 3－2－42 中的 A、B 段，在 AB 段回采过程中再掘进 BC 段，BC 段回采时，将工作面运输巷溜煤眼设在 Q_2 处，此时工作面来煤的流向为 $B \to C$ 方向。

4）采掘设备配套

1994 年 1 月，在 HMZ1102 工作面投入使用的（第一套综放）主要设备配置及技术指标如下：

设备名称、型号	数　量
放顶煤液压支架 ZFSZ200/16/24B	40 架
采煤机 MXP－Z40 型	1 台
工作面刮板输送机 SGD－630/180	2 台
刮板式转载机 SZD－630/75	1 台
胶带输送机 DSP－1040/800	1 台
工作面走向长度	1430m
工作面长度（工作面煤层水平切面厚度）	60m
水平分段高度（机采高 2.2m，放顶厚 9.8m）	12m

1996 年到 1997 年矿井在进行 300 万 t/a 规模改扩建中，装备了华亭矿第三套综采放顶煤

配套设备，工作面主要设备配置数量及技术指标如下：

设备名称型号	数　量
采煤机 6MG－200W 型	1 台
前部刮板输送机 SGD－630/220	1 台
后部刮板输送机 SZD－730/320	1 台
刮板转载机 SZZ－730/110	1 台
端头支架 ZTF8400/20/28B	1 套
过渡支架 ZFSG4200/17/25B	2 架
中间架 ZF2800/16/24B	40 架
胶带输送机 SWJ－1080/1000	1 台
乳化液泵站（两泵一箱组）DRB－200/31.5	1 套
喷雾泵站 PB－120/5.5	1 套
移动变电站 KBSGZY－800/6	1 台
工作面长度（煤层水平切面厚度）	50～65m
工作面水平分段高度（机采高 2.2～2.3m）	12～15m

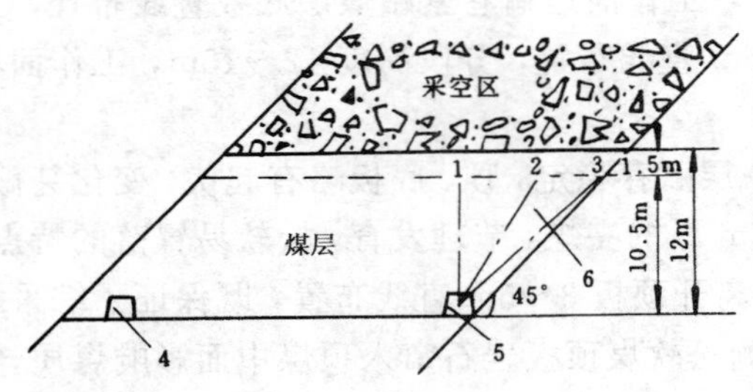

图 3－2－42　三角煤爆破回收钻孔布置图
1、2、3—钻孔；4—回风平巷；
5—运输平巷；6—底板三角煤

5）提高煤炭采出率的措施

（1）正确选择采煤方法。

华亭煤矿 1993 年采用水平分段走向长壁综采放顶煤跨上山无煤柱开采以来，使工作面煤炭采出率比水平分段滑移顶梁放顶煤开采时有较大幅度提高，煤炭采出率由 78%提高到 86%以上。

（2）回收三角煤。

急倾斜特厚煤层水平分段开采中，底板处三角煤一般不易放落，形成采空区丢煤。华亭矿生产实际证明，当煤层倾角 $\alpha=45°\sim55°$时，底板上部三角层煤是比较多的，目前在实现了端头放顶煤之后，三角煤损已成为工作面顶煤丢损的主要原因。因此生产中采用深孔爆破回收技术，有效的回收了底板三角煤，并且缓解了由于三角煤丢弃造成采空区残余浮煤自然发火问题。三角煤爆破回收钻孔布置如图 3－2－42 所示。

底板三角煤爆破钻孔每 1 组 3 个，每组钻孔间距为 6m，钻孔超前工作面 30m，向工作面方向布置，爆破参数见表 3－2－62。

表 3－2－62　三角煤爆破钻孔参数及装药量表

孔　号	孔深（m）	倾角（°）	方位角与巷道中线夹角（°）	装药量（kg）	每组钻孔间距（m）
1	14	45	0	5.0	6
2	15	40	35	5.5	6
3	17	35	45	6.0	6

（3）深孔松动爆破顶煤，提高顶煤采出率，改善顶煤冒放性。

生产过程中鉴于煤10层煤体强度较高，煤质较硬（$f=2\sim3$），块度较大，分段高度已达12～15m，为使工作面顶煤顺利放落，改善顶煤的冒放性，提高采区采出率，采取在工作面沿上、下平巷打深孔预先爆破松动顶煤的方法来提高顶煤采出率，以实现高产。从爆破工艺可分为工作面前方超前预先爆破顶煤和工作面松动爆破两种方式。

工作面前方超前深孔爆破：在上下平巷超前工作面20～50m范围内打深孔并进行爆破，以破碎顶煤。

爆破工艺。在上下平巷超前工作面20m处布置钻孔，使用TXU－75型钻孔打钻，钻孔直径50mm。炮孔布置如图3－2－43所示。沿工作面推进方向每10m布置一组钻孔，爆破材料为煤矿铵锑炸药，特制药卷规格为ϕ42mm×500mm，用2～5段毫秒延期雷管起爆。

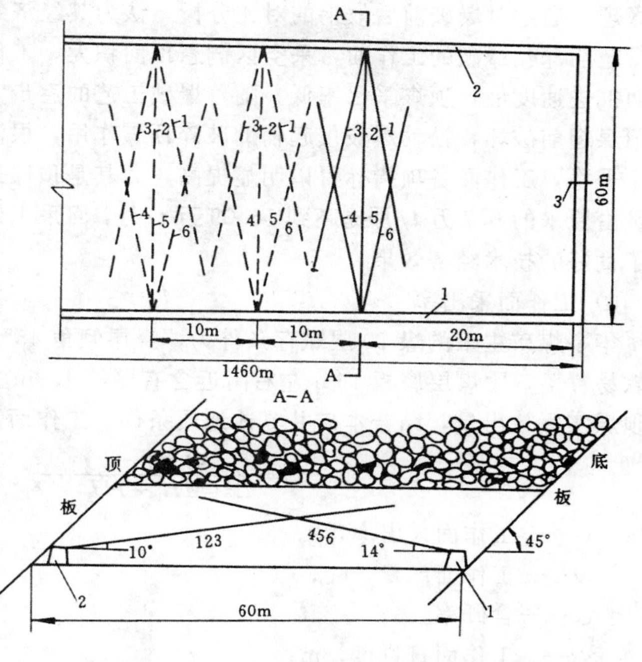

图3－2－43 顶煤深孔爆破炮孔布置

1—工作面运输巷；2—工作面回风巷；3—开切眼

装药量。炮眼的装药量直接影响深孔爆破效果，装药量过多，会导致工作面管理困难，甚至发生架前冒顶事故；装药量过小，爆破效果不理想。经实践证明爆破装药量Q可按以下公式计算：

$$Q=(R/20)^{1/2}K_cK_bK_dqV$$

式中 R——煤的单轴拉压强度20～30MPa；

q——煤爆破单位体积耗药量，松动爆破，取0.1kg/m³；

K_c——煤层顶底板夹矸系数，取1；

K_b——煤岩结构系数，取1；

K_d——炸药换算系数，取1；

V——每排炮孔设计爆破体积，100m³。

代入上式计算得：$Q=12.25$kg。起爆时，一组3个炮眼同时起爆，单孔装药量4.1kg。

工作面松动爆破：超前爆破后的顶煤进入工作面后，在稳定状态下承受上部岩体压力和支架的支撑力，但仍有部分顶煤未能破碎。工作面松动爆破的目的就是使顶煤引进一步破碎，以减少顶煤块度，使其顺利地从支架放煤口放出。其工艺为：根据顶煤进入支架上方的完整性，在支架间隙处用煤电钻打眼，眼孔向采空区方向呈75°左右，孔深4～6m，每孔装药量1kg左右。

(4) 爆破效果分析。

工作面顶煤通过实施松动爆破，不但提高了顶煤的可放性和采出率，而且减小了顶板来压的剧烈程度，使得工作面在正常回采过程中周期来压时间短，频率高，有利于工作面的生产管理。通过对爆破前后效果的对比分析，认为其经济效益显著，具有推广应用价值。在未进行超前深孔爆破的工作面，采空区侧悬顶面积大，工作面压力大，难以支护且质量差，工作面推进速度慢，顶煤采出率低，随着爆破工艺的逐步实施与成熟，运用超前深孔爆破，促使顶煤超前破坏，松动爆破仅起辅助破碎顶煤作用，根治了采空区悬顶问题，工作面压力也趋于平稳，工作面各项指标得以明显提高，尤其是顶煤采出率由原来的75%提高到86.7%，产量由原来的6.7万t/月提高到16.09万t/月，回采工效由原来的24t/工提高到84t/工，取得了良好的技术经济效果。

6）工作面采出率

华亭煤矿主采的煤10层赋存条件为，煤层倾角45°，节理发育，强度较低，顶板侧煤体松软易冒落，距煤层底板15m左右附近含有厚约1.0m的油页岩，条件特殊，所以生产中根据顶煤实际放出量，结合本矿井具体地质条件，工作面煤炭采出率可按下式计算：

$$C=\frac{Q\ (1-\&)}{L\ (ML_1+HL_2)\ \gamma}\times 100\%$$

式中 C——工作面采出率，%；

Q——工作面产量，t；

$\&$——含矸率，%；

L——工作面日进度，m；

M——工作面采高，m；

H——放顶煤高度，m；

L_1——工作面净长，m；

L_2——工作面可放煤长度，m；

γ——煤的视密度，t/m³。

上式计算结果经实践证明比较接近实际采出率，近年来分析研究表明，本矿井工作面煤炭损失主要是底板侧“死煤三角”，顶板三角煤损和上分层采煤机割煤时残留底煤等放煤工艺及参数损失，如图3－2－44所示。实践证明底板侧“死煤三角”损失为工作面主要损失，回采过程中各种损失总计约占工作面动用储量的10%～15%，实际采出率略高于计算结果。

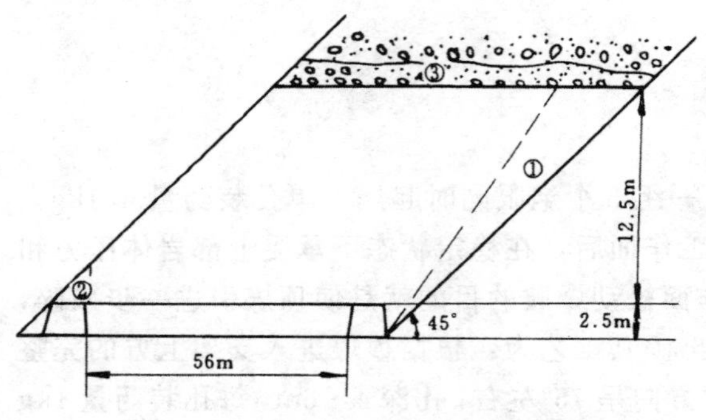

图3－2－44　工作面丢煤示意图

①—底板三角丢煤；②—顶板三角丢煤；③—上分层遗留底煤

7）技术经济指标

华亭煤矿在生产中与科研设计单位通力合作，在综采放顶煤面安装了ZTF8400/20/28B工作面端头放顶煤支架，解决了工作面端头支护和三角煤回收难题，实现了急倾斜特厚煤层综采放顶煤开采工作面端头放煤。工作面支架更新为ZFS2800/16/24B型，采用6MG－200型无链牵引采煤机，同时增大了与之配套的工作面前、后部刮板输送机、转载机、胶带输送机的能力，工作面设备系统配置能力提高到400t/h，工作面年生产能力已超过150万t，实现了高产高效集约化生产。1966年一井一面综放开采，单面年产161.49万t，1997年矿井生产原煤226万t，综采放顶煤单面年产158万t，矿井全员效率15.8t/工；1998年综放工作面日生产12h，三个综放面（其中一个备用）共产原煤250万t。1998年矿井实际生产全员效率为19.6t/工，工作面直接工效为84t/工。

工作面最高月产16.09万t，班产平均为1700～1800t，最高班产量达到2600～2700t。

综放工作面转载机、胶带输送机开机率一般为80%。

矿井采用“四·六”制作业，三班生产，一个班准备，每个生产班由回采工作面到采区煤仓上口全部人员总数为20人，在籍人数为23人，出勤率为85%。

生产班人员构成见表3－2－63。

表3－2－63 生产班人员构成表

岗位	人数（个）	备注
采煤机正副司机	2	
移架及放煤	4	
刮板输送机司机	1	兼2台输送机
端头支护	6	
转载机司机	1	
胶带输送机司机	2	
泵站及其他	2	
技术员	1	
班长	1	
合计	20	

1997年华亭煤矿主要生产技术经济指标如下：

煤层厚度（m）	51.51
煤层倾角（°）	45
吨煤投资（元）	50.2
煤炭产量（万t）	226
工业总产值（万元）	14005
在职职工人数（人）	1236
全员劳动生产率（元）	112500
利税（万元）	5516
吨煤成本（元）	25.55
全员工效（t/工）	15.8
综采放顶煤程序（%）	100
综掘机械化程序（%）	100
万吨煤坑木消耗（m^3）	8.4
吨煤电耗（kW·h）	5.38
万吨煤掘进率（m）	39.8
百万吨死亡率（人）	0
资本增值率（%）	154.26
资本效率率（%）	27.2

产品销售利润率（%）	33.61
科技贡献率（%）	51

3. 急倾斜特厚煤层水平分段综采放顶煤采煤法的适用条件及特点

1）适用条件

最适宜采用急倾斜分段放顶煤采煤法的条件是煤层倾角大于45°，煤层厚度大于20m，煤层中硬（$f<2$）及中软（$f>0.8$），开采范围内无较大断层，埋藏较稳定。

2）采煤工艺特点及参数选择

急倾斜水平分段放顶煤开采的工作面长度大于40～60m时，除矿压显现略有不同外，其采煤工艺及工作面劳动组织与缓倾斜长壁放顶煤工作面基本相同。

当工作面长度小于40m，煤质中硬（$f>2$），顶煤厚度大于15m时，放煤一般易出大块，需采用打眼或药室爆破预先松动的措施。可以从巷道向顶煤打扇形钻孔，利用深孔爆破松动。

放煤方式可采用多轮顺序、单轮间隔等方式。放煤顺序是从底板向顶板。

煤炭损失主要有“死煤三角”，端头损失和放煤工艺及参数损失三项。前两项在水平分段放顶煤工作面的煤炭损失中，有时是最主要的部分。当煤层倾角$\alpha<40°\sim45°$，特别是当煤层厚度不大或分段高度定的过高时，煤炭损失是严重的，这种损失将变得难以接受。由于水平分段工作面短，特别是靠底板几道架支架顶煤量大，若两侧端头支架不能放煤，将造成相当大的顶煤损失。所以除应尽量选用可放煤的端头支架以减少顶煤损失外。还包括当减小分段高度并在放煤工艺上加以改进。

水平分段放顶煤采煤方法参数选择大多与缓倾斜放顶煤工作面相同。

（1）底层工作面采高一般取2.5m左右；

（2）采放比及水平分段高度实际是合理确定顶煤厚度问题。顶煤厚度应取决于倾角大小和底部工作面采后能提供保证顶煤有条件自由破碎松散的空间。

采用低位放煤插板式放顶煤支架的水平分段高度应为≤11.2m～19.5m。采放比应为≥1/3.5～7.8；

采用高位放煤单运输机支架，水平分层高度应为≤5.9m～9m，采放比应为≥1/1.3～2.7；

确定松软煤层分段厚度时可不受以上参数约束。乌鲁木齐矿务局在煤厚40m，$f=1.6\sim1.8$，倾角60°～88°条件下的采煤经验是：为维持回收率达到80%以上，分段高度不宜超过15～20m。

4. 急倾斜特厚煤层水平分段综采放顶煤开采的评价

用水平分段综采放顶煤开采急倾斜特厚煤层比用其它任何正规的和非正规的采煤方法都有着十分明显的优点。综采放顶煤开采与其它急倾斜厚煤层采煤方法相比较具有如下优点：

（1）产量得到大幅度提高，如华亭煤矿提高了6～8倍。矿井生产集中，有利于提高矿井整体效益，机械化程度高。

（2）煤巷掘进率大幅度降低，不仅节省了大量分层平巷（与水平分层采煤法比较），例华亭煤矿煤巷万吨掘进率降到39.8m，而且节省了各种小眼、横穿、斜巷。大量降低了掘进费用和掘进材料消耗，也大大缓和了采掘衔接紧张的局面。

（3）比分层开采减少了铺网工序和材料消耗。

（4）提高了劳动生产率，降低了成本。工作面效率华亭矿提高15倍左右。

（5）煤炭损失比非正规采煤法有较大幅度降低。

水平分段综采放顶煤开采的主要缺点是：

（1）适应条件差，对于煤层厚度沿走向变化较大，交叉走向断层较多和断距较大的煤层不宜采用。

（2）初期设备投资较大。

总之，目前综采放顶煤在急倾斜中硬和中软（硬度系数 $f=0.8\sim2.0$）的特厚煤层（厚度大于 20m）的试验是成功的，取得了比一般急倾斜特厚煤层采煤工艺更好的技术经济效益。部分采用水平分段综采放顶煤开采的矿井工作面技术经济指标归纳于表 3－2－64。

表 3－2－64 部分急倾斜煤层水平分段放顶煤采煤面技术经济指标实例

矿井名称	采高（m）	放顶煤高度（m）	倾角（°）	工作面长度（m）	月进度（m）	月产量（t）	回采工效率（t/工）	坑木消耗（m³/万 t）	炸药消耗（kt/万 t）	采区回采率（%）	采煤方法及放煤方式
甘肃华亭煤矿	2.0	10.0	45	60	120	134575	75.5		180	87	综采天窗式（中位）
华亭陈家沟矿	2.0	5.0	25～32	60	130	54000	13.18	20	2000	75	综采天窗式（中位）
辽源梅河矿	2.5	14.5	55	74	24.8	35123	18.95	9.86	111	88.6	综采天窗式（中位）
窑街二矿	2.5	7.5	55	25	90	27326	16.87	0.9	224	80	综采插板式（低位）
乌鲁木齐六道湾矿	2.5	7.5	64～71	38～43	54	22950	11.9	5.0	80	80	综采天窗式（中位）
包头阿刀亥矿	2.0	8.0	72～85	35～40	90	30000	18.73				普采放顶煤

二、普采放顶煤采煤法

普采放顶煤采煤即采用滚筒式采煤机、悬（滑）移液压支架、刮板输送机（2 部）及其他附属设备等进行配套生产，实现采煤工艺过程部分机械化。

（一）适用条件

（1）顶煤的冒放性好或较好。

（2）煤层厚度：缓倾斜煤层 5～10m；急倾斜煤层 15m 以上，一般不宜小于 20m。

（3）煤层倾角：0°～35°缓及倾斜厚煤层和急倾斜特厚煤层。

（4）采深 H（m）与煤层单向抗压强度 R_c（MPa）的比值：$H/R_c \geqslant 17$。

（5）煤层顶底板岩性：直接顶板能随采随冒，顶煤放出后能及时充填放出空间，岩性以泥岩、页岩、粉砂岩等中等稳定以下为好；综合考虑老顶来压强度和破煤效果，岩性以中粗砂岩、细砂岩等中等稳定以上为好。

底板岩性以支架不钻底，能较好发挥支架支撑能力的岩性为宜。

（6）采放高度比：适宜的采放高度比为 1∶1.5～2.0。顶煤较碎时，可适当加大放煤高度。

（7）煤层结构：当夹矸强度大于煤层强度时，以夹矸厚度小于 0.3m 为宜。

（8）其他适于选用普采放顶煤采煤法的煤层：

①煤层厚度变化大，采用分层开采无法布置工作面或开采效益不好。

②煤层厚度变化虽小，但影响工作面推进的断层多，无法布置分层开采工作面。

③煤层厚度 3m 左右，不具备一次采全高的条件。

悬（滑）移顶梁放顶煤是中国发展起来的普通机械化放顶煤采煤方法的主要方式，自从80年代初试验至今在一定范围得到应用。实践证明，悬（滑）移顶梁支架放顶煤开采是一种投资比较少，见效快，布置灵活，安全性较高，适合用于地方煤矿的一种比较先进的采煤方法，在陕西、甘肃、辽宁、四川、新疆等省区的工作面开采中，取得了比较好的经济效益。悬（滑）移顶梁支架放顶煤采煤方法已发展成为厚及特厚煤层开采的一个重要分支。

在缓倾斜特厚煤层及急倾斜特厚煤滑移顶梁支架铺金属顶网放顶煤工作面的布置和回采工艺与综采放顶煤工作面基本相似。即在支架前后各布置工作面刮板输送机，机采落煤，在支架间开口放煤。

（二）技术特征

1. 工作面布置及主要参数

工作面布置与单一长壁普通机械化采煤基本相似。

工作面采高	2.0～2.5m
工作面放顶煤高度	4.0～8.0m

2. 回采工艺

回采工艺的落煤、运煤、支护、顶板管理等工序与单一长壁普通机械化采煤基本相似，不同之处增加了放煤工序。具体可以归纳为：落煤→挂顶网→移运输机→移架→放煤。

落煤：采煤机落煤或爆破落煤两种。

放煤步距：一般取采煤机截深的整数倍，主要有两种：采用一刀一放的工作面，放煤步距为0.8～1.0m；采用二刀一放的工作面放顶步距为1.2m。

放煤间距：应与支架间距相适应，一般在1.0～1.5m之间，放煤时将靠采空区侧顶网垂下部位0.3m处剪一宽0.6m，高0.7m的放煤口放煤；

放煤顺序：工作面倾角在10°～20°之间时，可采用由上往下的放煤顺序；当倾角大于20°时，应采用由下往上的放煤顺序。

放煤方式根据顶煤厚度、顶煤冒落性及煤层倾角等因素选择，工作面采用采煤和放煤平行作业时，放煤工作必须在采煤机工作点上下方10m以外进行。

（三）普采放顶采煤法实例

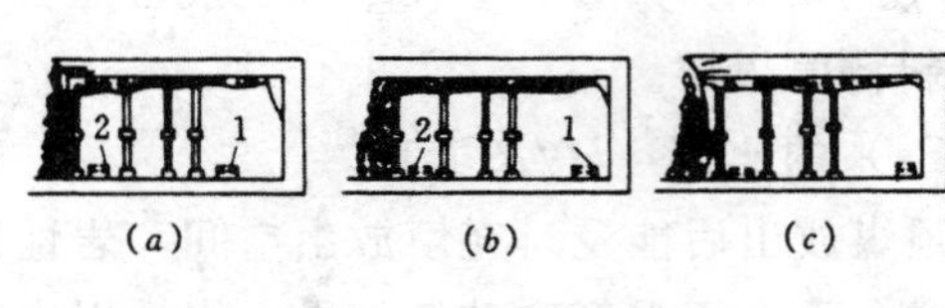

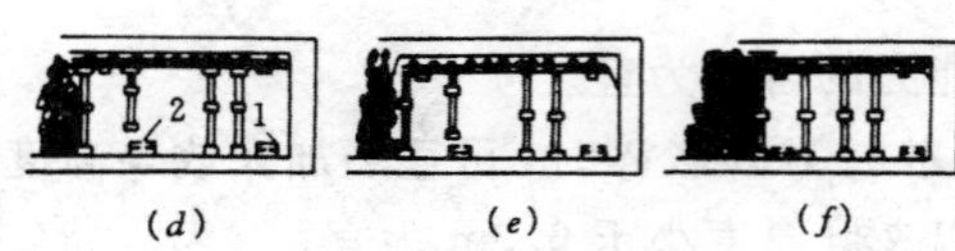

图3－2－45　开采工序图

a—装煤；*b*—移输送机（1）；*c*—提前梁柱；*d*—提后梁柱、移输送机（2）；*e*—提后梁后柱；*f*—滑移后梁支柱

华亭煤矿急倾斜特厚易自燃煤层水平分段滑移顶梁放顶煤开采

1）概况

甘肃平凉华煤（集团）公司华亭煤矿原设计生产能力45万t，矿井于1986年开始进行滑移顶梁放顶煤采煤法开采。后于1989年装备了第一个高档普采放顶煤工作面（滑移顶梁机采放顶煤工作面）。

华亭煤矿开采的煤10层厚度一般33.86～68.72m，平均51.5m，倾角45°，煤的普氏硬度系数为$f=2\sim3$。

煤10层伪顶厚约1m，岩性为炭质泥岩，不稳定，直接顶为砂岩或粉砂岩，厚度一般1.3～

19.5m，易冒落，属Ⅰ级顶板；底板为泥岩胶结的中粗砂岩，较稳定。

煤10层易自然发火，发火期2～3个月。煤尘具有爆炸危险性。瓦斯含量低。

2）回采工艺

采煤方法：水平分段滑移顶梁支架放顶煤采煤法，分段高度8～10，其中开采厚度2.0m，放煤厚度6～8m，采放比1∶3～4。

回采工艺：开帮割煤→挂网、移前溜→移支架，拉后溜→放顶煤→清理工作面，具体过程步骤如图3－2－45所示。

放煤步距：一采一放，放煤步距放炮落煤时为0.8m，采煤机落煤时为一个采煤截深，即0.6m。

放煤方式：从底板向顶板采用双人双口间隔多轮（2～3轮）放煤，放煤口间距一般为1.4m，即隔两架剪网开口放煤。

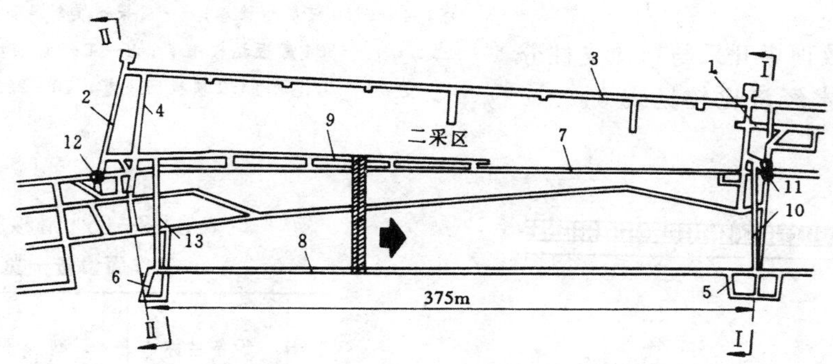

图3－2－46 华亭煤矿二采区巷道布置水平切面图

1—二采区材料上山；2—三采区材料上山；3—1362岩石回风巷；4—3号行人上山；5—2号顶板通风上山；6—3号顶板上山；7—1334底板运输中巷；8—工作面1339顶板回风巷；9—工作面1340底板运输巷；10—2号溜煤斜巷；11—2号溜煤眼；12—3号溜煤眼；13—222工作面开切眼

3）巷道布置

滑移顶梁放顶煤开采时，将本分段工作面运输巷、回风巷分别沿煤层底板侧和顶板侧布置，运输巷兼作工作面进风，工作面长度55～70m，走向长200～800m，后退式回采，全部垮落法管理顶板。巷道布置方式如图3－2－46～图3－2－48所示。

4）工作面主要配套设备

华亭煤矿于1989年装备了第一个普采滑移顶梁放顶煤工作面，支架为HDY－2型，采煤机为MXP－240型，前、后部刮板输送机分别为SGB－150C和SGB－620/40T，铺设长度70m，工作面为4～5部SGB－620/40T型刮板输送机搭接运输，设

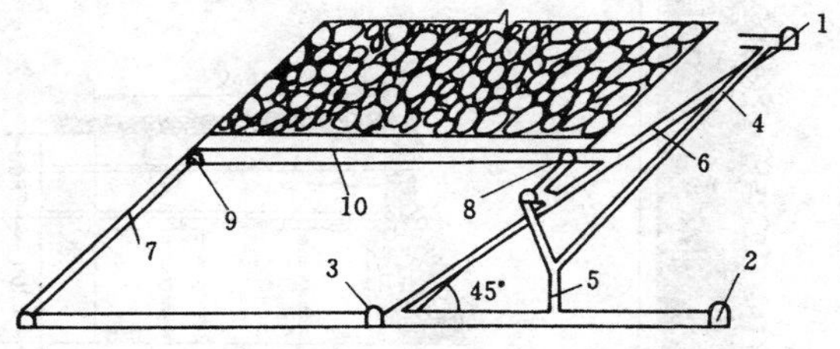

图3－2－47 华亭煤矿二采区巷道布置Ⅰ号剖面图

1—1362岩石回风巷；2—1310岩石运输巷；3—1310煤层运输巷；4—2号溜煤斜巷；5—2号溜煤眼；6—2号材料上山；7—2号顶板上山；8—工作面1340底板运输巷；9—工作面1339顶板回风巷；10—222工作面

备型号、数量见表3－2－65，设备布置详见图3－2－49。

5）经济技术指标

华亭矿从1986年开始使用滑移顶梁液压支架放顶煤开采到1989年改用综采放顶煤开采为止，期间8年时间共回采完毕10个工作面，累计生产原煤294.3万t，平均单产2.05万t/月，回采效率8.7t/工，采出率87%。单面最高月产2.8万t，最高日产1100t，矿井滑移顶梁放顶煤开采历年主要技术经济指标见表3－2－66。

滑移顶梁放顶煤开采与单体支柱分层开采方法技术经济比较见表3－2－67。

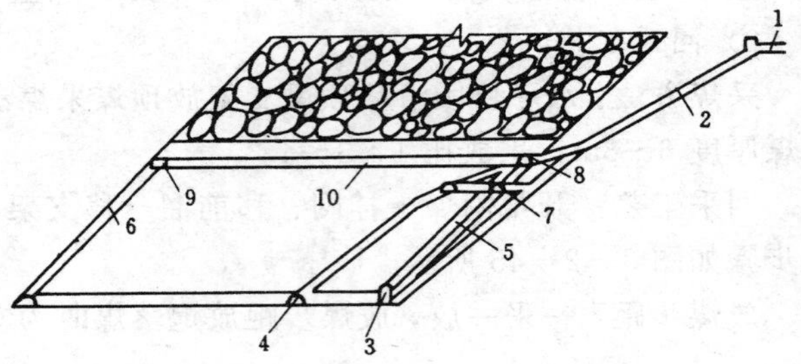

图3－2－48　华亭煤矿二采区巷道布置Ⅱ号剖面图

1—1362岩石回风巷；2—3号行人上山；3—1310岩石运输巷；4—1310煤层运输巷；5—3号溜煤斜巷；6—3号顶板上山；7—1334底板运输中巷；8—工作面1340底板运输巷；9—工作面1339顶板回风巷；10—222工作面

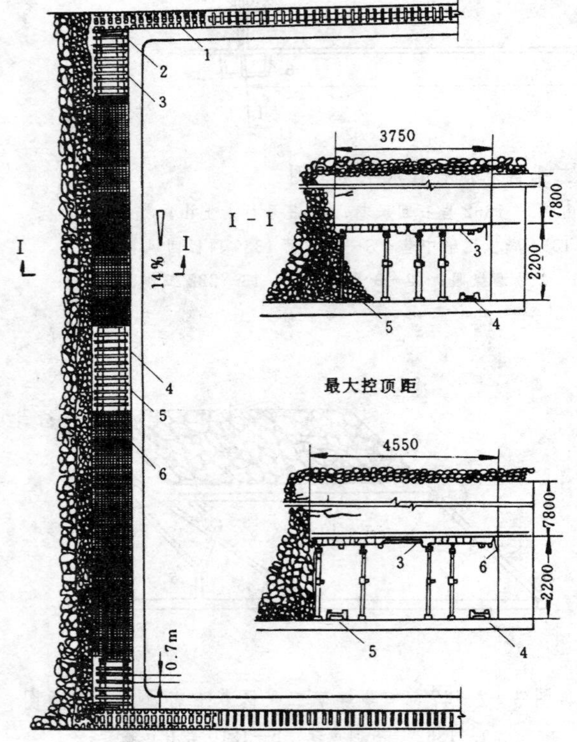

图3－2－49　华亭煤矿滑移顶梁放顶煤工作面布置图

1—十字铰接顶梁支架；2—抬棚；3—滑移顶梁液压支架；4—前刮板输送机；5—后刮板输送机；6—金属网假顶

表3－2－65　滑移放顶煤工作面设备一览表

序号	设备名称	型　号	单位	数量
1	滑移支架	HDY－2	架	100
2	前部刮板机	SGB－630/150C	台	1
3	后部刮板机	SGB－620/40T	台	1
4	采煤机	MXP－240	台	1
5	乳化泵	RB－80/200	套	1
6	喷雾泵	XRB－250/55	套	1
7	运输巷刮板机	SGB－620/40T	台	5
8	十字铰接梁	600mm	根	30
9	铰接梁	600mm	根	34
10	铰接梁	800mm	根	48
11	单体液压支柱	DZ22	根	100

表 3—2—66 1986～1993 年滑移放顶煤工作面主要技术经济指标统计表

项目/年度	年产量(万 t)			机械化程度(%)	掘进度(m)			工效(t/工)		掘进率	生产成本(元/t)			职工人数	工亡人数	实现利税	企业电耗
	矿井	滑放	其它		合计	滑放	其它	原煤生产人员	回采工作面	(m/t)	矿井	滑放	其它	(人)	(人)	(万元)	(度/t)
1986	22.60	1.90	20.70	0	978	20	958	1.43	6.78	225.60	17.87	5.53	—	731	0	45.22	8.67
1987	24.40	22.68	1.72	0	241.6	241.6	0	1.47	7.90	72.74	16.45	4.20	—	753	0	61.80	6.30
1988	22.20	20.45	1.75	0	363.3	363.3	0	1.31	7.40	46.14	20.29	4.21	—	773	0	76.00	6.70
1989	35.00	33.27	1.73	25.5	410.0	410.0	0	2.17	7.81	47.34	21.36	4.86	—	843	0	602.73	5.70
1990	44.29	42.53	1.76	56.2	463.8	463.8	0	2.65	7.99	72.16	27.85	5.34	—	952	0	605.86	5.53
1991	47.00	45.83	1.17	51.8	536.1	536.1	0	2.79	7.85	50.02	23.13	4.07	—	1020	0	581.64	5.88
1992	47.22	45.97	1.27	52.1	639.8	639.8	0	2.96	7.95	54.30	28.03	4.17	—	1057	0	598.95	6.35
1993	51.00	48.80	2.20	51.3	700.0	700.0	0	3.19	7.81	50.40	22.25	5.40	—	1097	0	633.70	6.50
1994	91.79	23.57	68.22	74.3	1180	400.0	780.0	8.13	综 43.11	32.30	19.10	4.70	3.02	1121	0	967.67	5.50
1995(1～4)	35.91	9.30	26.61	73.0	413.0	110.0	303.0	8.50	综 46.29	43.64	20.10	4.93	3.15	1146	0	405.80	5.50

项目/年度	回采工作面名称	开采期限	工作面长度	走向长度	采放比	可采储量	采出煤量	分层层数	平均单产	回采工效	回采率	平均月推进度	煤层生产能力	直接生产成本	炸药消耗		雷管消耗		其它	生产天数	备注
			(m)	(m)		(t)	(t)	(层)	(t/月)	(t/工)	(%)	(m)	(t/m^2)	(元/t)	(kg/万 t)	(元/t)	(发/万 t)	(元/t)	(元/t)	(d)	
1986	212(炮)	1986.8—1989.5	74	378	2/6	297622	336000	1	18500	6.78	95.0	16.2	12.75	4.20	1373	0.01	3828	0.03	4.16	542	回收上部残煤 53259t
1987	222(炮)	1988.6—1989.2	74	215	2/6	169282	153200	2	19400	7.90	90.5	22.7	10.10	4.21	1488	0.01	4130	0.04	4.16	258	由发火留 10m 煤柱
1988	213(机)	1989.2—1992.4	68	778	2/8	703623	742900	1	20140	8.49	93.7	19.5	14.32	4.17	670	0.01	1977	0.02	4.04	1090	回收上部残煤 83605t
1989	214(机)	1992.7—1994.5	65	740	2/7	575757	498217	3	22646	8.15	86.5	32.0	10.43	3.81	656	0.01	1875	0.02	3.78	639	因发火 10m 未放顶煤
1990	215(炮)	1994.6—1995.4	55	350	2/8	256025	212600	4	18487	8.99	83.0	29.6	11.37	3.25	1243	0.02	3650	0.04	3.19	308	回发火留 10m 煤柱
1991	122(炮)	1989.6—1990.1	55	155	2/8	113383	128400	1	19650	6.91	94.5	19.4	15.06	5.01	1146	0.01	3564	0.03	4.97	210	回收上部残煤 21253t
1992	123(炮)	1990.1—1990.8	55	200	2/6	117040	182600	2	20290	7.99	96.5	23.8	16.60	4.93	1331	0.02	3783	0.04	4.87	270	回收上部残煤 69656t
1993	312(炮)	1991.1—1992.4	70	435	2/6	323988	278763	1	18584	7.85	86.0	23.0	9.15	3.91	1335	0.02	4449	0.04	3.85	445	因发火留有 15m 宽煤柱
1994	313(炮)	1992.4—1993.6	70	435	2/8	404985	295310	2	21094	7.81	72.9	30.0	9.70	3.50	1435	0.02	4426	0.05	3.43	396	因发火留有 25m 宽煤柱
1995(1～4)	314(炮)	1993.7—1993.12	65	250	2/5	151288	114946	3	19158	7.84	75.9	34.0	7.07	3.45	1131	0.03	3210	0.05	3.37	170	留 45m 保护煤柱

注：工作面名称括号中的（炮）为滑移炮采放顶煤，（机）为滑移机采放顶煤。

表 3-2-67　滑移顶梁放顶煤与单体支柱采煤方法经济指标对比

对比项目	单　位	滑移顶梁放顶煤法	摩擦支柱采煤法
工作面长度	m	70	70
分层厚度	m	10	2
平均月产量	t/月	20200（机）19500（炮）	7587
回 采 率	%	87	75.9
回采工效	t/工	8.49（机）7.90（炮）	4.23
掘 进 率	m/万 t	50	204
坑木消耗	m^3/万 t	1.09	19.42
炸药消耗	kg/万 t	663（机）1331（炮）	4191
雷管消耗	发/万 t	1979（机）3783（炮）	12313
回采成本	元/t	4.58	7.33

华亭煤矿从 1986 年开始，用 3 年的时间，首创了特厚易自燃煤层滑移顶梁液压支架放顶煤采煤法，使矿井年生产能力由 15 万 t 提高到 53 万 t，回采工效提高到 8t/工，回采率提高到 87%。开采实践证明，滑移顶梁放顶煤采煤法是地方中小型矿井实现机械化高产高效的有效途径之一。

三、炮采放顶煤采煤法

炮采放顶煤采煤法即利用爆破落煤、人工装煤、刮板输送机（1 部或 2 部）运煤，并用悬（滑）移液压支架或单体液压支柱配合 π 型钢梁进行支护，实现采煤工艺过程部分机械化。

（一）适用条件

炮采放顶煤采煤法的适用条件，除煤层倾角、煤厚、顶底板岩性、煤与瓦斯（二氧化碳）突出、煤的自然发火期及煤的冒放性等要求，与综采或普采放顶煤采煤的要求一致外，在下列条件下，也可考虑采用：

（1）地质构造复杂区，如断层密集的窄条不规则地带、采区边角煤、火成岩侵入区等难以分层开采的地区。

（2）厚煤层分层开采残留煤。

（3）小煤柱的回收。

（二）技术特征

1. 炮采放顶煤工作面布置及主要技术参数

炮采放顶煤开采工作面布置与以往的分层炮采工作面基本相同，其区别在于增加了放煤工序。

2. 回采工艺

回采工艺：打眼爆破落煤→装运支护→移架放煤→移溜整架。回采工艺亦与普通分层炮采工作面回采工艺基本相同，不同之处在于增加了放顶煤工艺，简述为采（放）、装、运、支、管几个环节。

放煤：工作面移架后，移溜前最小控顶时进行。

放煤方式：一般采用工作面分段，多轮顺序放煤，宜采用单轮间隔放煤。放煤口距底板0.3m～0.5m，工作面分段长度一般为15m左右。

放煤步距：一般采用一采一放。

放煤口间距一般为一个支架间距，单轮间隔放煤时，放煤口间距一般可取2个支架间距。开帮落煤也可以与放煤平行作业。

（三）技术经济指标

炮采放顶煤工作面技术经济指标实例见表3－2－68。

表3－2－68　炮采放顶煤采煤面技术经济指标实例

矿井名称	采高（或煤厚）(m)	放顶煤高度(m)	煤层倾角(°)	工作面长度(m)	月进度(m)	月产量(t)	回采工效率(t/工)	坑木消耗(m^3/万t)	炸药消耗(kg/万t)	工作面回采率(%)	支架型式
郑州超化矿	2.0～23 一般6～10		6～20	90	32	30000	15.0				单体液压支架，π型钢梁
郑州小超化矿	1～23 平均12		15～30	90	26	28000 ～ 30000	20.6			80～82	单体液压支柱，π型钢梁
郑州市大峪沟矿	11.64		7～14	81	21	22500	11.54			86.2	单体液压支柱，π型钢梁
甘肃华亭矿	2	4	45	74	24	11790	6.33	2.18	1198.5	82	滑移支架
白焦矿	4.7		48	95	30	6600	3.9				单体液压支柱，π型钢梁

四、放顶煤开采安全技术

放顶煤开采是一个复杂的综合采煤技术，开采中由于增加了放煤工序，加大了一次采厚，单位面积内采出的煤量已是以往传统的分层开采的几倍，而同时也使采煤工作面瓦斯、煤尘、煤层自燃等问题更加复杂。因此对放顶煤采煤法开采安全技术要求就更高。十多年来放顶煤开采技术的发展，在安全生产方面已积累了丰富经验，才得以使放顶煤开采特别是综采放顶煤开采实现高产高效，居世界先进水平。

（一）综合防尘措施

放顶煤开采的放煤过程中，产生大量煤尘，因此，除尘降尘成为放顶煤开采的主要安全生产环节，应当十分重视，采取综合防尘措施（详见第八篇）。

通过预先向煤壁注水，降低煤体在采、放、运过程的煤尘产生，这是一项降低、除尘的根本措施。潞安局等统计表明，煤层注水后，工作面煤尘下降了80%以上，效果明显；另外，也有洒水、喷雾、抽尘、导尘和工作面顺流通风等措施来降低，减少煤尘。放顶煤综采支架开采采用低位放煤，也是降尘主要措施之一。

（二）防灭火措施

减少采空区丢煤，防止丢弃在采空区内浮煤的自燃，已成为放顶煤开采的主要防火要求。为此，煤层可以采取以下几种防灭火措施：

（1）防止采空区漏风，减少供氧量；

(2) 黄泥灌浆；

(3) 阻化剂防火；

(4) 均压通风防火；

(5) 注氮防灭火；

(6) 加快回采工作面推进速度，减少采空区空气流动，防止采空区内浮煤氧化。

如：兖矿（集团）的几个高产放顶煤工作面由于月进度超过100m，开采过程中未发生过采空区着火。

（三）防止瓦斯积聚措施

由于放顶煤（特别是综采放顶煤）工作面采出的煤量多，采空区空间大，瓦斯涌出量和瓦斯积聚量相对也较大，特别是工作面端部的采空区顶部瓦斯易于积聚。因此，加强采区瓦斯管理十分重要，为此可以采取下列措施来防止瓦斯积聚：

(1) 合理通风，保证风量。

(2) 减少工作面的风阻，降低工作面两端压差，采取均压通风，减少抑制工作面瓦斯涌出。

(3) 合理布置采区，降低采区通风负压，减少采空区瓦斯涌出量。

(4) 合理布置工作面巷道，减少隅角瓦斯积聚，如配工作面瓦斯专用排放巷等。

(5) 加强监测，防止瓦斯积聚。

（四）加强顶板管理

(1) 加强对老顶来压的“预测、预报、预防”。

(2) 监测滑移顶梁（悬移顶梁）支架的稳定性，特别是对于煤层倾角较大的工作面更应加强防滑、防倒措施。

(3) 正确选择综采支架架型和支撑阻力（特别是初撑力）。

（五）“三软”条件下放煤的安全措施

当煤层及顶底岩石较软，松散破碎（如煤层近乎呈粒、粉状松散体），放煤开采过程中支架后部顶煤易起拱，不冒落，导致支架与煤壁压力增大；当煤壁含水较大时更易起拱，还有煤壁片塌，架前冒顶也是经常发生的问题，采用非综采技术放顶煤法回采时，片帮冒顶更为普遍，虽然架后起拱，架前易冒顶，煤壁多片帮是软、极软煤层放顶煤开采过程中的特殊问题，在一般条件下放煤时也应值得重视。

(1) 适当增加放煤高度，降低落煤高度，端面超前支护，增强煤壁稳定性，防止、减少片帮和架前冒顶。当采用爆破落煤时，可使煤壁呈一定倾角（一般为75°～85°），增加煤壁稳定。

(2) 采用非综采支架放煤开采时，可以加大支柱底座尺寸，防止切入底板（或底煤），适当缩小支架、支柱间距，减少网兜、防止撕网。

(3) 合理选择放煤步距，放煤方式。一般宜采用间隔放煤，减少顶煤冒落起拱的可能。

(4) 起拱后可以采取调整支护强度、高度，促使顶煤破坏、顺利下放。

(5) 合理选择架型，选用掩护支架，以减少底板单位压力和增加可伸缩顶梁和采取防片帮措施。

(6) 合理布置优化工作面巷道系统，避免积水，同时采取有效的巷道排水措施，防止软煤更软，改善采场工作环境。

总之，放顶煤开采的安全技术是一项复杂的综合技术，在生产中，应制定出行之有效的综合防治措施，实现安全、高效、高产。

五、放顶煤开采中顶煤冒放性评价方法及步骤

（一）影响顶煤冒放性的主要因素

影响顶煤易放性的自然因素主要有开采深度、煤层厚度、煤层结构、夹矸层数多少及其硬度和厚度、煤层顶板岩性及其厚度、老顶岩性及其厚度和岩、煤体裂隙发育程度，还有煤岩层交界面地质结构整合程度等。

1. 开采深度的影响

当开采深度（H）<100m 时，顶煤冒放性差，当 H>400m 时，开采深度对顶煤的冒放性影响程度减弱。总的趋势是顶煤冒放性随开采深度增加而加强，开采深度>400m 时，顶煤是易于冒落的。

2. 煤层厚度和煤的硬度的影响

一般来说，过厚的顶煤其上部是难以达到充分松动，国内外综采放顶煤工作面的实测和有关科研院所试验结果证明顶煤冒放性随煤层厚度的增大而减弱，同时证明综采放顶煤开采的最大临界煤层厚度（或分层厚度）为 12.5～15m，从国内综采放顶煤工作面的实际生产经验和实际情况考虑，设计时每次开采厚度不宜大于 15m。

根据国内对以综采放顶煤工作面为主的放顶煤开采工作面的实测统计研究结果，表明煤层强度是影响顶煤冒放性的关键因素。山西矿业学院等单位对同一开采条件下不同强度煤层进行试验证明：软煤层为柱状冒落，椭球体放出，顶煤垮落角 88°，放出率 83.9%；中硬煤层为半圆拱式冒落，椭柱体放出，垮落角 67°，放出率 73.1%，硬煤为拱桥式冒落，抛物体放出，垮落角 55°，放出率仅为 13.4%，按照顶煤的强度与破坏关系的理论计算，一般情况下，当煤的强度值 R_c>20MPa 时，顶煤的破坏程度降低，其冒落性渐差，因此，在大同“两硬”条件下放顶煤开采中，采取了使“两硬”变“两软”的弱化措施，才使顶煤顺利冒放。

3. 顶煤节理裂隙对冒放性的影响

顶煤节理裂隙发育程度直接影响到顶煤的冒放性，节理裂隙发育的煤层、顶煤在支承压力的作用下易于破碎，节理裂隙越发育，顶煤的冒放性就越好，就越易于放出。若果某一煤层的顶煤裂隙发育较差，不易放落时，可以通过降低顶煤厚度或采取顶煤注水软化等辅助措施，改善顶煤的冒放性。

4. 煤层夹矸对顶煤冒放性的影响

若果煤层中，特别是顶煤中存在坚硬而厚的夹矸，将会严重影响顶煤的冒放性。一方面，夹矸在顶煤中形成“骨架”，使顶煤不易垮落；另一方面，即使顶煤垮落，夹矸形成大块，影响顶煤冒放过程中的流动性，易堵口无法放出，因此，夹矸的存在，特别是厚而坚硬的夹矸，对放顶煤的开采是很不利的，在这样情况对特厚煤层，分层放顶煤开采时，宜以夹矸层作为分层顶板或底板。

5. 顶板对煤层冒放性的影响

影响煤层冒放性的煤层顶板包括直接顶和老顶两部分。直接顶对顶煤压裂无直接影响，但直接顶能够随采随冒，能充满采空区，以防老顶冲击来压。并促使顶煤放出，因此具有一定的厚度是放顶煤开采顶煤破碎冒落后顺利放出的基本条件，否则不利于顶煤的回收。无论从

矿压角度还是从顶煤采出率考虑直接顶的最小厚度应能够充满采出煤厚的空间。另外，根据国内一些矿井的生产实践经验，在综放开采过程中，导致一部分老顶一起冒落而充满采出煤后形成的空间。

此外，影响顶煤冒放性的因素，还有支架的选型，采放比的确定等等，对生产井而言，何以借鉴相邻条件类似矿井的开采（放煤）经验，结合本矿井的具体条件，进行试验，寻找出顶煤冒放最佳方法、参数，对新区，采用放顶煤开采时，应对煤层的冒放性进行专题研究对其冒放性作出合理评价。

（二）顶煤冒放性评价的方法步骤

（1）根据采场条件，对照表3－2－69～表3－2－77，选取各影响因素对顶煤冒放性的隶属度（隶属度是指影响因素对评判目标的影响程序）。

（2）将各隶属度代人公式 $\mu=\Sigma A_i\mu_i$ 中计算出采场顶煤整体冒放性的隶属度，其中 A_i 表示各影响因素的权重，查表3－2－76。

（3）根据计算出的采场顶煤冒放性隶属度值，查表3－2－77确定冒放性。

（4）当隶属度值在0.65～0.8之间时，顶煤冒放性属“一般”，要想取得较好的放煤效果，需针对表3－2－69～表3－2－77中 μ_i 值低的项或表3－2－76中 A_i 值高的项，采取有效措施，以提高整体冒放性。采取的方法根据现场具体条件而定，一般有：煤层超前预注水、架间松动爆破、超前深孔预爆破、预采顶分层、降低采放高度比等。采取措施的效果应通过现场试验和测试，确保措施的可靠性和有效性。

（5）表3－2－69～表3－2－77主要适用于综采和普采放顶煤采煤面顶煤冒放性的评价，对于炮采放顶煤采煤面也可参考使用。

表3－2－69　采深与煤层强度之比值与隶属度值

$\frac{H}{R_c}$	<5.5	5.5～10.0	10.1～15.0	15.1～20.0	20.1～30.0	30.1～40.0	>40.0
μ_1	0.2	0.3	0.7	0.8	0.85	0.9	0.95

注：H—采深，m；R_c—煤层单向抗压强度，MPa。

表3－2－70　直接顶岩性与隶属度值

直接顶类别	1类（不稳定）	2类（中等稳定）	3类（稳定）	4类（非常稳定）
初次放顶步距（m）	≤8	8～18	18～32	32～50
μ_2	0.9	0.8	0.7	0.4

表3－2－71　老顶级别与隶属度值

老顶级别	Ⅰ级	Ⅱ级	Ⅲ级	Ⅳ级
P_{mo}	<440	440～520	520～620	>620
D_H	<80.5	80.5～128.4	128.4～188.3	>188.3
μ_3	0.4	0.6	0.7	0.8

注：P_{mo}、D_H—见表3－2－6。

表 3－2－72 采放比与隶属度值

煤体强度	$f\geqslant2.5$					$f<2.5$				
采放比	1∶0.5	1∶0.5～1	1∶1～1.5	1∶1.5～2	1∶2～4	1∶0.5	1∶0.5～1	1∶1～1.5	1∶1.5～2	1∶2～4
μ_4	0.5	0.7	0.9	0.85	0.6	0.4	0.5	0.7	0.9	0.8

表 3－2－73 煤层节理裂隙间距 d 与隶属度值

煤体强度（MPa）	≤10	11～15	16～20	21～30	＞30
节理裂隙间距 d	＜0.18	0.19～0.30	0.31～0.40	0.41～0.47	＞0.47
μ_5	0.90	0.85	0.80	0.50	0.30

表 3－2－74 夹矸层厚度与隶属度值

夹矸层厚度（mm）	＜100	100～200	200～300	＞300
μ_6	1.0	0.8	0.5	0.1

表 3－2－75 夹矸层强度与冒放性隶属度值

夹矸层强度（MPa）	＜10	10～20	20～30	＞30
μ_7	1.0	0.8	0.4	0.2

表 3－2－76 顶煤冒放性影响因素权重分配

因　素	$\frac{H}{R_c}$	直接顶岩性	老顶级别	采放比	煤层节理裂隙间距	夹矸层厚度	夹矸层强度 R_c
权重 A_i	$A_1=0.23$	$A_2=0.12$	$A_3=0.10$	$A_4=0.14$	$A_5=0.14$	$A_6=0.12$	$A_7=0.15$

表 3－2－77 顶煤冒放性分类

μ 值	0.9～1.0	0.8～0.9	0.65～0.8	0.5～0.65	＜0.5
冒放性	很　好	好	一　般	差	极　差

第四节　急倾斜煤层采煤法

一、急倾斜特厚煤层水平分段放顶煤采煤法

中国急倾斜煤层储量和产量均占4％左右，又以特厚煤层居多。近年来急倾斜水平分段放顶煤采煤法试验成功，取得工作面单产高、巷道掘进率低、坑木消耗少、成本降低、安全状

况良好等明显效果。是急倾斜采煤法及其回采工艺的重大改革。因此，在急倾斜特厚煤层条件下，是应首选的采煤方法，但在推广过程中，还应注意改进和解决放顶煤开采中的回收率、煤尘、自燃发火和瓦斯积聚等问题。

关于急倾斜特厚煤层水平分段放顶煤采煤法的适用条件、工艺特点、工作面技术参数以及优缺点在前面相关章节已作了介绍，此处不再赘述。

二、急倾斜煤层走向长壁采煤法

中国一些矿区在急倾斜煤层条件下，坚持采用单一走向长壁和倾斜分层走向长壁下行垮落采煤法取得了一定成熟经验，但由于急倾斜的具体条件各项指标都难以与缓倾斜比较，这种采煤法一般多用于倾角小于55°的急倾斜煤层。由于倾角大、地质条件复杂等因素影响，急倾斜煤层采煤机械化的发展远较缓倾斜煤层缓慢，因此，中国急倾斜煤层走向长壁采煤方法，目前仍以炮采为主，急倾斜煤层采煤工作面可以实现自溜运输，一般使用全部垮落法管理顶板，故机械化采煤主要是解决落煤和支护机械化。在落煤机械化方面我国试验了滚筒采煤机、刨煤机及钢丝绳煤锯。为了解决支护机械化也试验了综采液压支架及气垛支架。

（一）单一走向长壁

应用较多的有开滦、淮南、六枝、北京、北票等矿区及一些地方煤矿。一般多用于倾角小于55°，厚度小于2m～2.5m的煤层。

开滦马家沟矿和六枝煤矿工作面长度为40～60m，煤厚1.5～1.7m，其主要技术经济指标为：工作面月进度40～50m，工作面月产量5000～7000t，回采工效率3.5～5.5t/工，坑木消耗130～210m^3/万t，采区回采率约90%。

淮南李嘴孜矿煤层倾角53°，厚度1.68m，顶板中等稳定，采用单一走向长壁采煤法，工作面长度78m，采用顶板棚子支护平均月单产8327t，回采工效率3.68t/工，坑木消耗84m^3/万t，采区回采率可达90%。

（二）分层走向长壁

采用倾斜分层走向长壁采煤法开采急倾斜煤层的有开滦马家沟矿，窑街二矿及南通柳新矿等。

马家沟矿在倾角小于50°的急倾斜厚煤层（9^{-2}煤，12煤）中采用金属网假顶倾斜分层采煤法。9^{-2}煤厚度4.5m，12煤厚度约6.5m分别划分为两个和三个采高为2.0～2.2m的分层，按下行顺序，分采分运，区段斜长为40～60m。各分层回风巷采用内错式布置，运输平巷采用水平式布置。采用放炮落煤。分层工作面普通支架一般采用一梁二柱顺板棚子，马家沟矿在网下分层工作面中采用上行连锁横板棚子。特殊支架采用木垛，木垛间距5～8m。

根据马家沟矿和窑街二矿的经验，急倾斜煤层倾斜分层工作面长40～60m时，工作面平均月产为6000～7000t，回采工效率为2.5～4.0t/工，坑木消耗120～70m^3/万t，掘进率141～154m/万t。

南通柳新煤矿开采7号煤层，煤层倾角31°～54°，煤层厚度3.1m，埋藏较稳定。采用倾斜分层走向长壁下行垮落采煤法，工作面长度122m，走向推进长度310m，顶板为灰色中厚层状泥质粉砂岩，致密性脆，底板为灰色薄层条带状泥质粉砂岩。顶分层采高为2m，当煤层倾角大于45°时，采高为1.8m。工作面采用爆破落煤，使用单体液压支柱配合金属绞接顶梁支护顶板。一梁一柱走向棚，支柱支撑在顶梁中央，棚距0.6m，支护密度1.62根/m^2。工作面月推进度 45m，月产量可达 2.2 万 t，回采工效率为 5.4t/工，坑木消耗 107.4m^3/万 t，炸药消耗 195.2kg/万 t，雷管消耗 6278 个/万 t，采区回采率达到 90%。

（三）机械化采煤

北京大台矿、资兴宇字矿等矿井在急倾斜煤层单一走向长壁开采中，试验采用滚筒采煤机落煤。

湖南资兴矿务局宇字矿煤层倾角 35°～50°，煤层厚度 1.8m。赋存稳定，直接顶为深红色砂质泥岩。工作面长度 95m，采用 MLQ—80 型采煤机，SGW—40T 型可弯曲刮板输送机，HZWA2300 型摩擦金属支柱。采用爆破做缺口，采煤机在缺口内直接进入，双向割煤往返一次进一刀，上行割顶煤，下行割底煤，输送机运煤。工作面支护采用金属柱木板梁倾斜棚子支架，顶、底各一根梁，一梁三柱，排距 0.6m，柱距 0.7m，工作面最大控顶距 4.6m，最小控顶距 3.4m，采用机械回柱辅以人工回柱。放顶时在切顶线增设“品”字丛柱，丛柱间距 2.1m。

工作面月产量达 1～1.6 万 t，回采工效为 4.46t/工，坑木消耗为 89m^3/万 t。

近年来北京局大台矿、南桐局鱼田堡矿，攀枝花局太平矿在急倾斜薄及中厚煤层中先后试验了综合机械化采煤。

三、伪倾斜柔性掩护支架采煤法

伪倾斜柔性掩护支架采煤法是我国急倾斜煤层采煤方法的一个创举。它已成为我国开采急倾斜煤层的一种主要采煤方法，60 年代在淮南大通矿试验取得成功。此种采煤方法不仅在淮南矿区得到应用，同时也在开滦、徐州矿区、四川天府、中梁山、南桐等煤矿、新疆六道湾、苇湖梁和乐山矿、广东的南岭、曲仁和梅田矿务局、浙江长广的千井湾矿以及青海的大通矿等得到推广使用。90 年代初此种采煤方法的煤炭产量占全国统配煤矿急倾斜煤层总产量的 17.1%。

（一）采区巷道布置及参数

伪倾斜柔性掩护支架采煤法的采区一般采用双翼布置，采区一翼走向长度取 200～500m

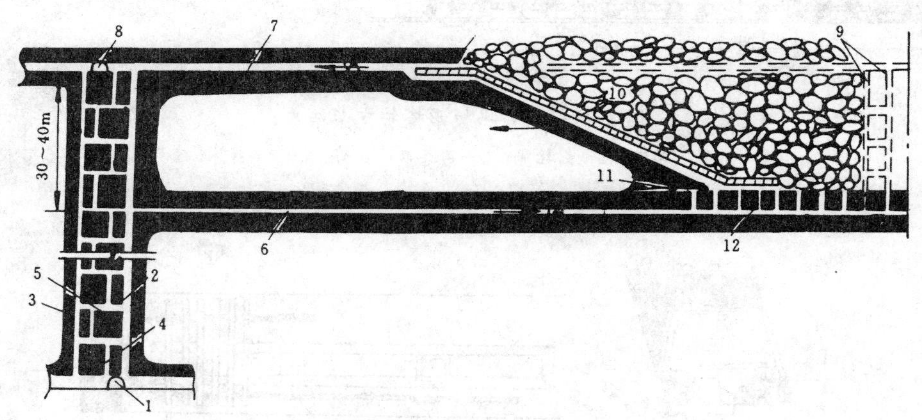

图 3-2-50 采区巷道及工作面布置图

1—采区运输石门；2—采区溜煤眼；3—采区运料眼；4—采区行人眼；5—联络平巷；6—分阶段运输平巷；7—分阶段回风平巷；8—采区回风石门；9—开切眼；10—掩护支架；11—超前平巷；12—溜煤小眼

或更长，区段垂高一般 30m 左右，当煤层赋存稳定、地质构造简单时区段垂高可加大到 40～60m。在采区运输石门和回风石门的两侧开掘一级采区上山眼主要有溜煤眼、运料眼、行人眼等。需要出矸石时，还应另设矸石眼。上下眼的间距一般为 10m 左右。为便于施工，各上山眼间沿倾斜每隔 15～20m 掘进一联络巷。区段运输巷和回风巷由采区上山眼沿煤层走向掘进。至采区边界 5m 处，由下向上掘进两条间距 5～8m 的开切眼，并沿倾斜 10～15m 开联络平巷联系。区段运输巷开掘有溜煤小眼，长度 3～5m，间距 5～6m。区段煤柱尺寸 2～5m。当掩护支架宽度在 3.6m 以上时，可在区段运输巷内回收支架取消区段煤柱，提高回采率。

采区巷道及工作面布置见图 3－2－50。

（二）掩护支架基本类型及结构

掩护支架有“平板形”、“八字形”、“7 字型”、“单腿支撑式”等基本类型。其中平板形掩护支架应用最早和使用最广。此类掩护支架又分为单根钢梁平板形、两根钢梁搭接组合平板形和多根钢梁组合平板形三种结构形式。

平板形掩护支架结构，见图 3－2－51。

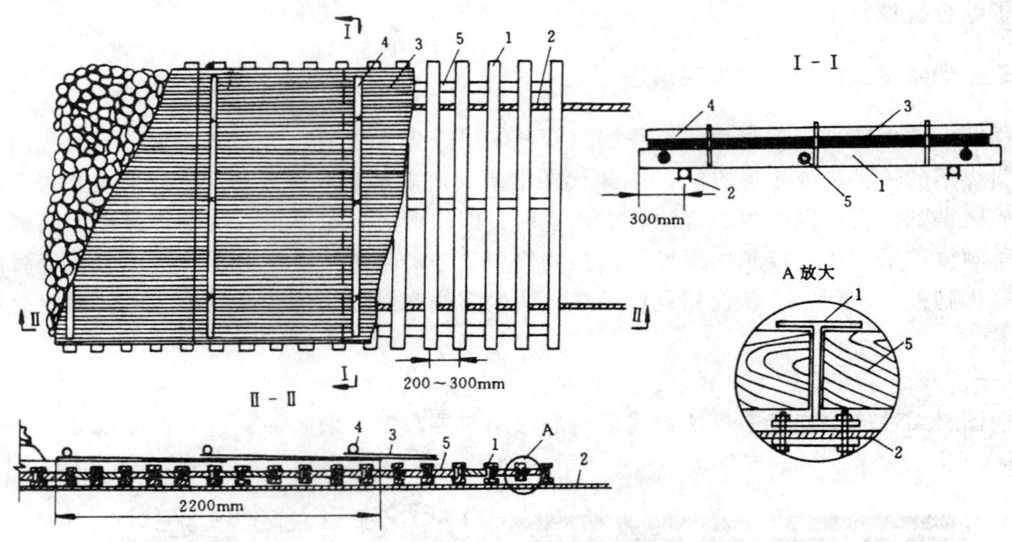

图 3－2－51　平板形掩护支架结构

1—工字钢；2—钢丝绳；3—荆条笆；4—压水；5—撑木

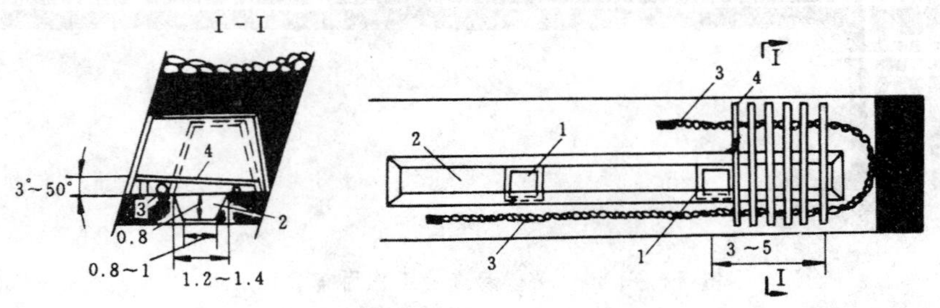

图 3－2－52　掩护支架安装

1—切割眼；2—地沟；3—钢丝绳；4—钢梁

（三）采煤工艺

回采工艺过程主要包括掩护支架安装，下放与采煤、回收等项。

首先从采区边界开切眼位置以外3～5m处，将区段回风巷扩大到煤层全厚，随扩巷之后，应及时地进行卧底沟与掩护支架的安装工作。见图3－2－52，并将处于水平状态的掩护支架初次下放变为伪倾状态，形成25°～30°的伪斜工作面，见图3－2－53。此过程即完成准备回采阶段。

正常下放即为伪斜柔性掩护支架工作面的正常回采阶段。此时工作面保持25°～30°的伪斜布置沿走向推进，直到工作面收尾线架头应开始放位置为止。正常回采阶段，除在掩护支架下进行采煤外，同时要在区段回风巷和工作面下端不断地接长和拆除掩护支架。

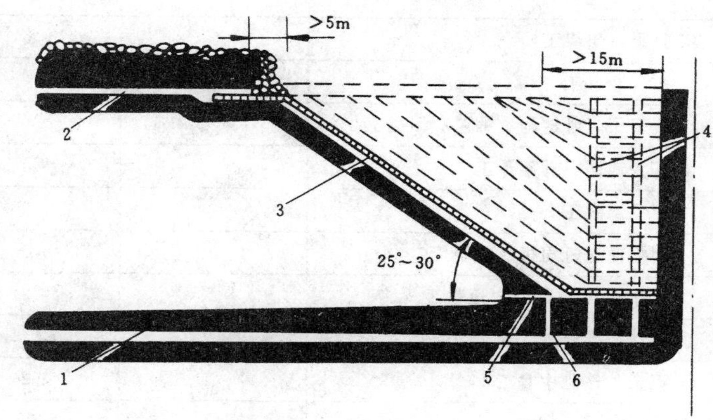

图3－2－53 掩护支架的调斜

1—分阶段运输平巷；2—分阶段回风平巷；3—掩护支架；4—切割眼；5—超前平巷；6—溜煤小眼

当工作面推进到区段终采线之前，在靠工作面一侧开掘两条收尾上山眼，两眼相距8～10m，并沿倾斜每隔5m用联络平巷连通。掩护支架架头沿区段回风巷安装到收尾眼处，不再继续接长，然后利用收尾眼将护架逐渐下放，并拆除架头一段多余的支架，最后使护架放平到超前平巷底板，再将护架全部拆除。即完成回采收尾阶段。回采收尾见图3－2－54。

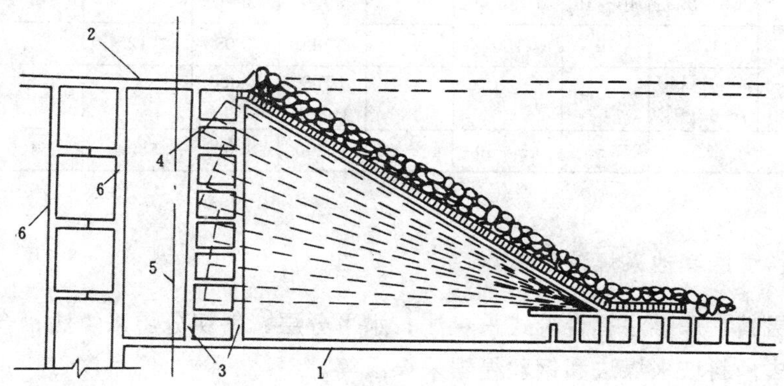

图3－2－54 回采收尾

1—分阶段运输平巷；2—分阶段回风平巷；3—收尾上山眼；4—通风联络巷；5—停采线；6—采区上山眼

（四）劳动组织

工作面每天可以三班出煤。根据煤层厚度和工作面长度不同，每个工作面一般需配备40～100人。淮南伪倾斜柔性掩护支架采煤面劳动组织，见表3－2－78。

（五）技术经济指标

伪倾斜柔性掩护支架采煤面技术经济指标实例，见表3—2—79。

表3—2—78 淮南伪倾斜柔性掩护支架采煤面劳动组织

工种	班次			小计
	一	二	三	
打眼、出煤工	6	6	6	18
扩巷工	4			4
装架子、卧地沟、铺芭、回棚工		4	5	9
扩大地沟、拆架子工		4	4	8
掘溜煤眼工		2		2
刮板输送机司机、放眼工	3	3	3	9
工作面60m范围内运料工	2	2	3	7
工作面维修工、安全设备员			3	3
班长、送班中餐工	2	2	2	6
合计	17	23	26	66

表3—2—79 伪倾斜柔性掩护支架采煤面技术经济指标实例

矿井名称	煤层厚度(m)	倾角(°)	工作面平均长度(m)	月进度(m)	月产量(t)	回采工效率(t/工)	坑木消耗(m^3/万t)	炸药消耗(kg/万t)	支架形式
淮南孔集矿	3.3	75	50	165	19260	9.73		2650	
淮南李郢孜一矿	2.0～2.35	40～49	80		8940	3.95		695	支撑式“]”形
重庆中梁山北矿	1.2	70	180	72	10080	3.05	12		“>”形
淮南李郢孜二矿	3～4 (B_7) 5～6 (B_8)	75～90			8199 10891	5.223 4.5			
开滦赵各庄矿	10	75	45～50	48～60	21900	8.02	55.4	3400	双沟形

四、急倾斜煤层其他采煤法

急倾斜煤层其它采煤法有台阶式采煤法；水平分层、斜切分层采煤法；仓储采煤法；小阶段爆破采煤法；斜坡采煤法和钢丝绳锯采煤法等。

上述多种急倾斜煤层采煤法中有些是中国早期开采所应用，但由于其劳动条件差，劳动效率低，坑木消耗大，技术经济指标差，安全不易保证，现已很少使用。有些虽在应用，但因要求条件苛刻，不易实现机械化，使用范围受到限制，所以，在急倾斜煤层的开采中不宜选用。如果出于煤质特殊或其它原因的需要开采的，可结合具体条件考虑选用上述急倾斜煤层其他采煤法。

（一）台阶式采煤法

台阶式采煤法是用于开采急倾斜薄及中厚煤层的一种走向长壁采煤法，其工作面呈台阶状布置。根据上、下台阶间的相对位置关系，台阶式采煤法分为正台阶采煤法和倒台阶采煤法。

1. 巷道布置

(1) 伪斜正台阶采煤工作面布置，见图 3－2－55。

(2) 倒台阶采煤工作面布置，见图 3－2－56。

2. 技术特征

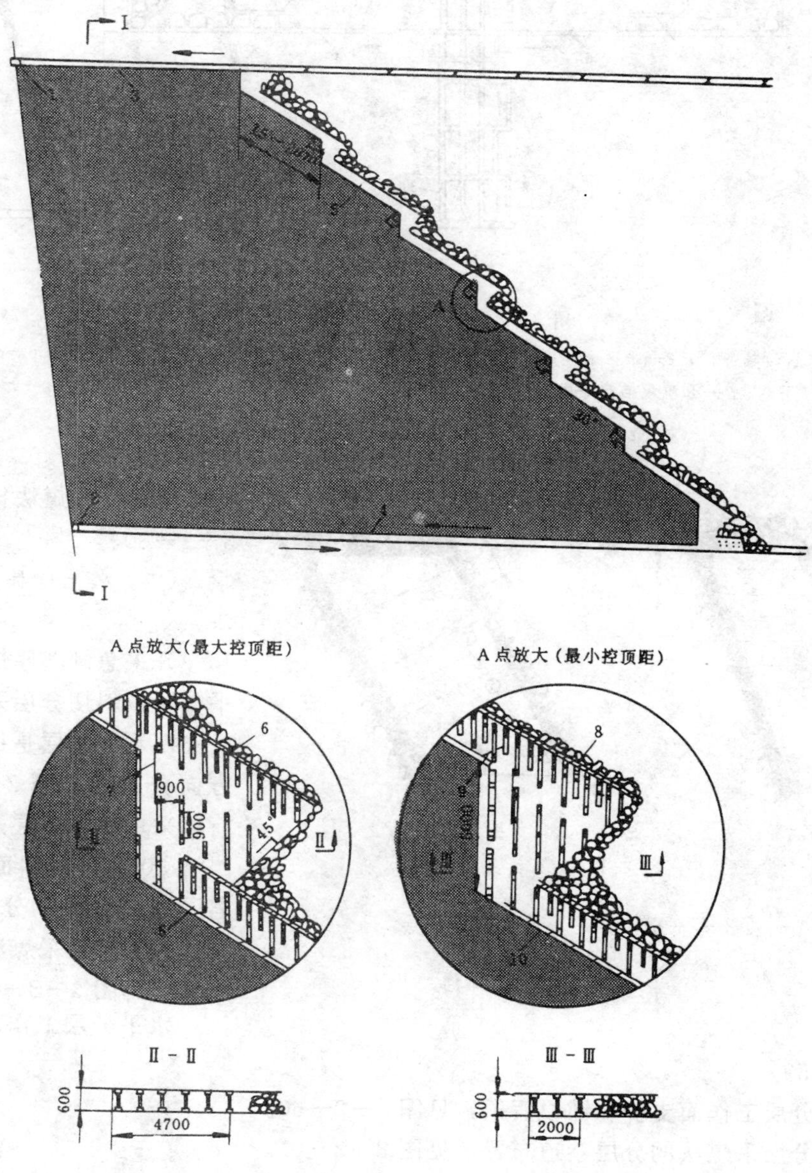

图 3－2－55 伪斜正台阶采煤工作面布置

1—＋390 石门；2—＋290 石门；3—回风平巷；4—运输平巷；5—伪斜小巷
6—竹笆；7—胶带挡煤板；8—支柱；9—放煤插板；10—溜槽

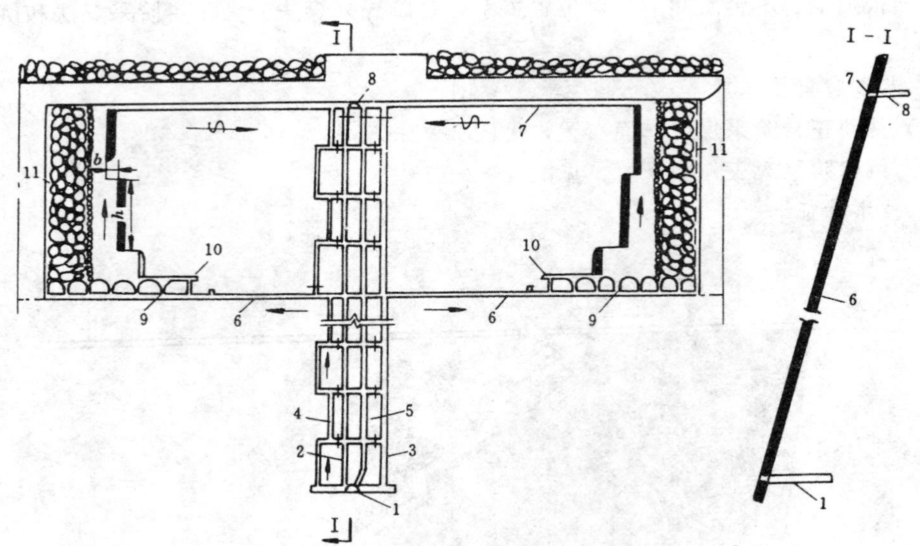

图 3－2－56　倒台阶采煤工作面布置

1—采区运输石门；2—采区溜煤眼；3—采区运料眼；4—采区行人眼；5—采区溜矸眼；6—分阶段运输平巷；7—分阶段回风平巷；8—采区回风石门；9—溜煤小眼；10—超前顺槽；11—开切眼

b—阶檐宽度，m；*h*—台阶面长度，m

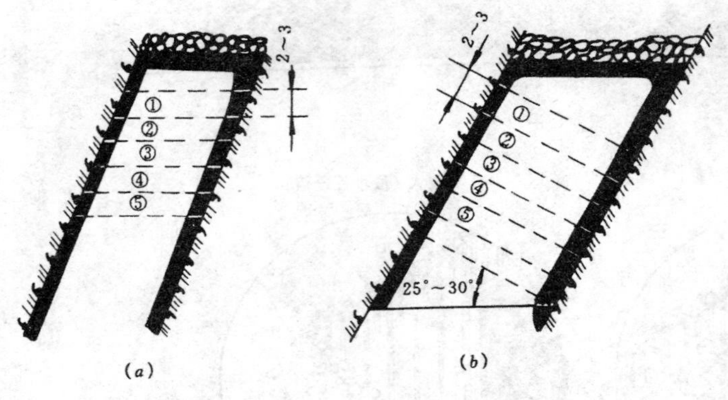

图 3－2－57　水平分层和斜切分层

a—水平分层；*b*—斜切分层

①～⑤—分层编号

台阶式采煤法技术特征，见表 3－2－80。

（二）水平分层、斜切分层采煤法

开采急倾斜厚煤层，可采用水平分层或斜切分层采煤法，见图3－2－57，水平分层是把厚煤层沿水平方向分成若干厚 2～3m 的分层进行回采；斜切分层是沿与水平面成 25°～30°夹角的斜面，把煤层分成若干厚 2～3m 的分层进行回采。

水平分层采煤法巷道及工作面布置，见图 3－2－58。

水平分层工作面炮眼布置，见图 3－2－59。

水平分层工作面支护和铺设假顶，见图 3－2－60。

斜切分层采煤法的分层巷道布置，见图 3－2－61。

水平分层、斜切分层采煤法技术特征，见表 3－2－81。

（三）仓储采煤法

仓储采煤法工作面布置，见图 3－2－62。

表 3－2－80 台阶式采煤法技术特征

<table>
<tr><th colspan="2">项 目</th><th>技 术 特 征</th></tr>
<tr><td colspan="2">适用条件及优缺点</td><td>适用于急倾斜薄煤层的开采。在地质条件或其它原因影响，不能使用其它采煤方法的厚度小于 2m 的中厚煤层中，也可以采用。实践证明，伪斜正台阶采煤法在适应复杂地质条件，提高生产安全性及劳动工效等方面，优于倒台阶采煤法</td></tr>
<tr><td rowspan="2">工作面布置及主要参数</td><td>伪斜正台阶</td><td>在采面伪斜长度范围内，每隔 15m 左右布置一倾斜长 5m 左右的台阶（斜台阶）工作面，台阶采面上方利用木支柱、竹笆及采空区冒落矸石堆积成的垫层，构成人工假顶来隔离采空区，并依托其沿采空区维持的伪斜小巷，作为采面行人、通风、运料、溜煤的通道，从而形成“两巷夹一面”的多伪斜短壁开采系统</td></tr>
<tr><td>倒台阶</td><td>双翼采区中间布置一组上山眼，采区沿倾斜划分成 2～3 个区段，工作面长度 40～50m（个别达 100m 以上），工作面沿倾斜划分 2～4 个台阶，每个台阶的长度为 10～20m，上、下台阶的错距（即阶檐的宽度）一般为 2～3m
在区段运输平巷以上 5m 掘超前巷，使超前巷始终有三个溜煤小眼与运输平巷相通，小眼间距 5m
在区段边界留 5m 隔离煤柱，区段平巷向上掘进开切眼，从开切眼开始，先采用下部的台阶，逐步形成倒台阶，三个台阶同时回采</td></tr>
<tr><td rowspan="2">回采工艺</td><td>伪斜正台阶</td><td>台阶工作面通常采用风镐落煤，开始在短壁的上斜巷按支柱排距由上向下回采。台阶采面长控制在 5～7m 以内，伪斜小巷长度控制在 15～20m
台阶采落的煤先堆积于其下部的伪斜小巷溜煤槽内（各小巷均设挡煤板），当煤堆积到一定高度时，停止落煤，开始自下而上去掉挡煤板放煤。台阶采煤面用木支柱支护，排距和柱距视顶底板岩性而定，一般仅 0.8～1.0m
采煤工作面用人工回柱，在回普通支柱前，先补假顶支柱；铺竹笆，然后按堆积矸石斜面，从下向上由采空区向采面依次回收其后方支柱，使上短壁假顶上堆积的矸石垮落，并沿堆积矸石斜面滚至新铺假顶上</td></tr>
<tr><td>倒台阶</td><td>台阶工作面通常采用风镐落煤，采落的煤炭顺溜煤板自溜到下部储煤仓，经溜煤小井溜到区段运输平巷；台阶工作面使用木支架，架设顺山棚，棚梁对接，上下成直线，一梁三柱，柱距 0.9m，棚距 0.8m，用全部垮落法管理顶板，并挡住采空区矸石。上下台阶的密集支柱错开两排，上部的新密集柱与下部的老密集柱相接。在有人员落煤操作地点，应随时设置脚手板，采煤时操作人员应佩戴保险带</td></tr>
</table>

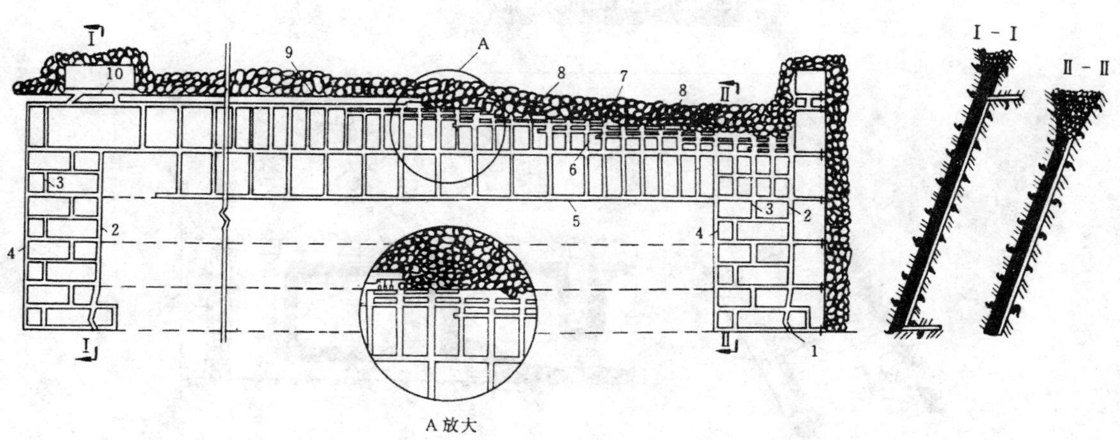

图 3－2－58 水平分层采煤法巷道及工作面布置

1—采区运输石门；2—采区溜煤眼；3—采区行人眼；4—采区运料眼；5—分阶段运输平巷；6—分阶段溜煤眼；7—分层运输平巷；8—分层回采工作面；9—分阶段回风平巷；10—回风石门

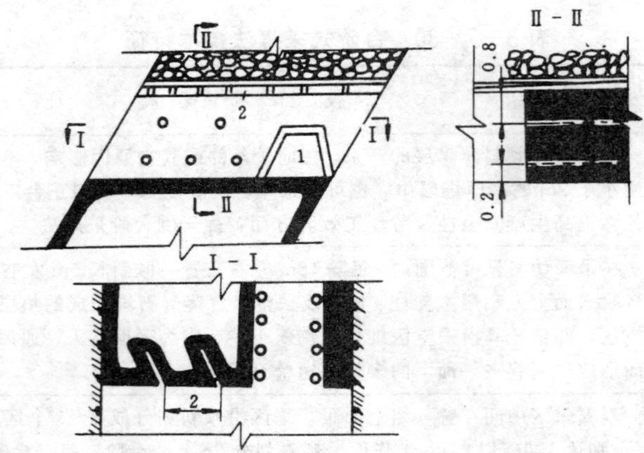

图 3－2－59　水平分层工作面炮眼布置

1—分层平巷；2—人工假顶

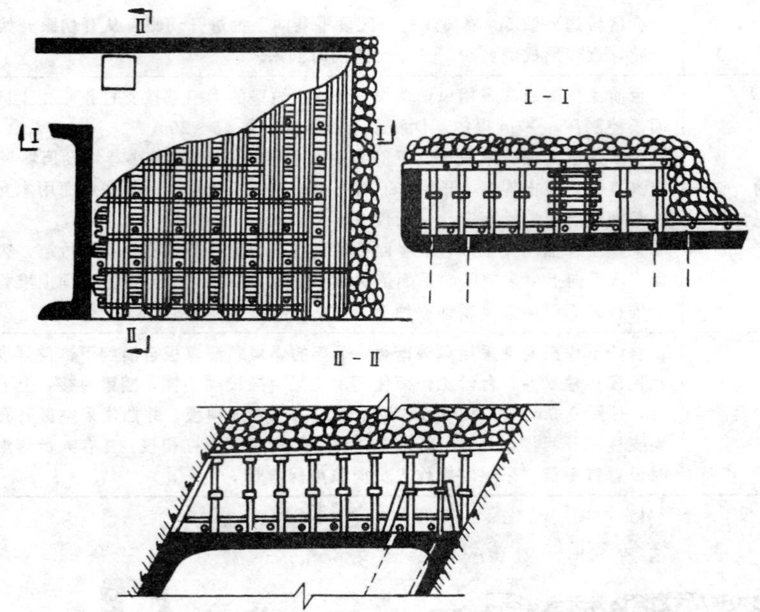

图 3－2－60　水平分层工作面支护和铺设假顶

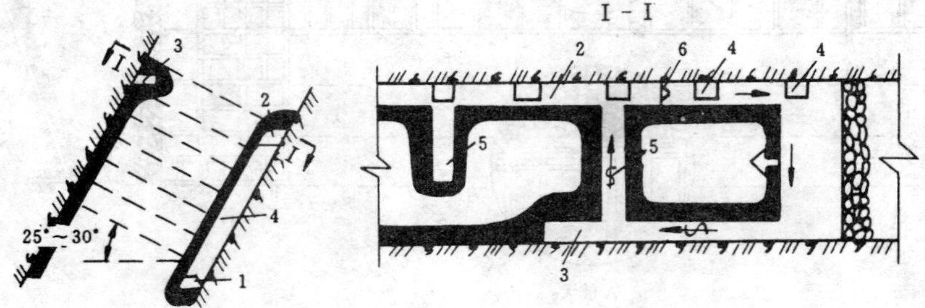

图 3－2－61　斜切分层采煤法的分层巷道布置

1—分阶段运输平巷；2—分阶段回风平巷（第一分层沿底板平巷）；3—第一分层沿顶板平巷；4—分阶段溜煤眼；5—斜煤门；6—风门

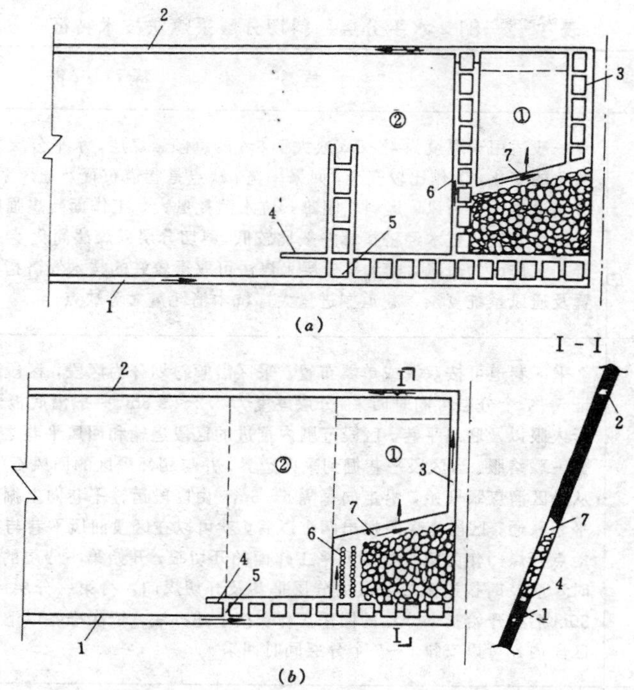

图 3-2-62 仓储采煤工作面布置

1—分阶段运输平巷；2—分阶段回风平巷；3—上山眼；4—超前平巷；5—溜煤小眼；6—进风眼；7—回采工作面 ①—一号仓房；②—二号仓房

仓储采煤技术特征，见表 3-2-82。

(四) 小阶段爆破采煤法

小阶段爆破采煤工作面布置，见图 3-2-63。

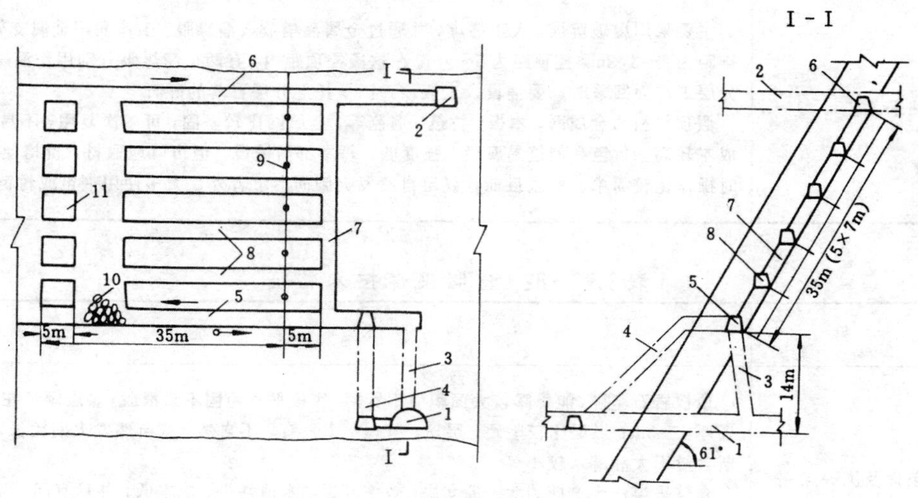

图 3-2-63 小阶段爆破采煤工作面布置

1—区段运输石门；2—区段回风石门；3—区段煤仓；4—区段进风行人斜巷；5—区段煤层运输平巷；6—区段煤层回风平巷；7—煤层进风行人立眼；8—区段煤层小平巷；9—煤柱切顶线；10—煤块；11—切顶煤柱

表3—2—81　水平分层、斜切分层采煤法技术特征

项　目		技　术　特　征
适用条件及优缺点		一般适用于厚度为4～6m或大于6m的急倾斜煤层，水平分层采煤法能适应煤层厚度和倾角的变化，工作比较安全，回采率高。缺点是巷道布置及通风系统复杂，回采工序多，掘进巷道量大，通风、运料，困难，坑木消耗量大，工作面装煤强度大，机械化程度低。因此这种方法的技术经济指标一般比较低。斜切分层采煤法简化了工作面装煤、运煤工作，改善了工作面的通风，比水平分层采煤法可取得较好的技术经济指标，但是仍然存在巷道布置及通风系统复杂、巷道掘进量大，坑木消耗量大等缺点
工作面布置及主要参数	水平分层	采区巷道可按双翼或单翼布置。采区沿倾斜划分为区段，区段高度一般为15～20m，保证5～7个分层可同时回采，分层厚度为2.2～2.6m。一般沿底板开掘采区溜煤眼、运料眼、行人眼以及联络平巷。区段范围内掘进的区段运输和回风平巷之间，沿走向每隔20～30m掘一联络眼。当区段平巷掘到采区边界，并与相邻采区的回风石门连通，形成通风系统后，从采区溜煤眼开始，沿走向每隔5～6m，由区段运输平巷向上掘区段溜煤眼，与区段回风平巷联通，区段溜煤眼掘出两个以后，就可以在区段回风平巷与第一个区段溜煤眼交叉的地点开煤门作为第一分层回采工作面的开切眼，开始第一分层的回采。第一分层回采的同时，应及时掘进第二分层的分层平巷及开切煤门，待第一分层回采工作面向前推进20～30m后，开始第二分层的回采工作。按上述办法，依次准备以下各分层的回采工作。一个区段内，可以安排5～7个分层同时回采
	斜切层	巷道布置和回采工艺大致与水平分层相同，不同的是工作面向底板或顶板倾斜，并与水平面成25°～30°角。利用工作面倾斜角度，在工作面铺设金属溜槽或搪瓷溜槽，使落煤自溜至区段溜煤眼中 开采特厚煤层时，为了解决工作面扩散通风问题，除布置一套沿底板掘进的区段溜煤眼和分层平巷外，在每个分层中沿顶板再掘进一条分层平巷，并每隔两个溜煤眼开斜煤门，连通这两条平巷。新鲜风流从区段运输平巷，经区段溜煤眼进入沿底板的分层平巷，清洗工作面后，废风经沿顶板的分层平巷、斜煤门，回到沿底板的分层平巷，再汇集到区段回风平巷，排入回风石门
回采工艺		主要采用爆破落煤，人工攉煤，并通过金属溜槽放入溜煤眼。工作面用金属支架，柱距、排距为1～1.2m，控顶距为5～7m。在这段控顶距内，有两个溜煤眼分别用作溜煤和进风。分层工作面回采时，要铺设人工假顶，以承托上分层冒落的矸石 假顶材料为金属网、木板、竹笆、荆芭等。金属网比较坚固，可多次复用，不易腐蚀，但成本较高。竹笆和荆笆易腐烂，强度低，每层都需铺设，但可就地取材，价格便宜，铺设时操作比较简单。所以目前除煤层自然发火倾向严重者外，大多使用荆笆或竹笆假顶

表3—2—82　仓储采煤技术特征

项　目	技　术　特　征
适用条件及优缺点	顶板岩石坚硬，能暴露较大面积而不冒落，底板平整稳固不易滑脱；煤层倾角在50°以上；煤厚1～3m；煤层比较坚硬，层理、节理不太发育，不自然（或自然发火期较长）；煤层瓦斯含量不大和淋水较小等 仓储采煤法生产能力大、进度快、效率高、坑木消耗少、成本低，并具有回采工艺简单，工序单一，操作技术易于掌握及安全比较好等优点，但由于它对煤层地质条件要求严格，回采率较低，煤质不易保证，故局限性较大

续表

项　　目	技　术　特　征
工作面布置及主要参数	采区布置一组上山眼，并沿倾斜划分为区段，在区段上、下边界布置回风及运输平巷。区段高度主要根据顶板允许暴露的面积和时间，以及仓房工作面推进速度等因素来确定。一般为 40～60m。仓房布置一般有两种方式：一是仓房之间留煤柱的布置方式；另一是仓房之间不留煤柱的布置方式。前一种沿走向每隔一定距离开掘两条上山眼贯通区段运输和回风平巷，同时沿倾斜每隔 5～6m 开一联络平巷贯通两条上山眼。后一种只在采区边界开一条上山眼，作为回采第一仓房时回风用，在其余仓房间，打密集支柱隔成回风上山眼，以代替煤柱。前一种布置方式巷道掘进量大，煤炭损失多；后一种布置方式坑木消耗量大，而且煤层厚度不能太大 回采工作面的长度即仓房的宽度。主要取决于顶板允许暴露的面积和时间，而且与区段高度和回采工作面推进速度有关，一般根据顶板的实际观测来确定。仓房度宽从 7～8m 到 20～30m 不等，一般为 15～25m。直接顶坚硬，允许暴露很大面积而不冒落时，工作面长度也有达到 100m 以上的
回采工艺	回采工作面一般采用爆破落煤，也可采用风镐等其他方法落煤。爆破后，煤体松散膨胀，为了保证工作面有一定的工作空间和通风断面，需要放出少量碎煤（一般为爆破后松散煤体的 25%左右）。回采工作面推进到距区段回风平巷 4～5m 处，将工作面拉平停止回采，留作区段回风平巷的临时护巷煤柱。第一仓房回采结束后，第二仓房便可开始回采，为了保证第二仓房的回采顺利进行，一般暂不放出第一仓房中的存煤，在第三仓房回采时，放第一仓房内存煤，放出的煤经溜煤小眼下放到区段运输平巷的输送机上外运

表 3－2－83　小阶段爆破采煤技术特征

项　　目	技　术　特　征
适用条件及优缺点	小阶段爆破采煤法适用于煤层倾角大于 40°，煤层厚度 3.5～7.0m，顶板较稳定，底板不易滑落的不规则煤层、低瓦斯矿井 安全性好，回采工序简单，回采工效高。辅助巷道量大，掘进率高；需留设切顶煤柱和区段煤柱，采区回收率低；风流自然分配较困难，煤层瓦斯涌出量大时，采面上隅角瓦斯积聚，且难以解决
工作面布置及主要参数	由采区轨道运输上（下）山及回风上（下）山处开掘区段运输石门和区段回风石门，穿过煤层后分煤层开掘区段煤层运输平巷及区段煤层回风平巷，从采区边界起每隔 35m 开掘一条区段煤层立眼，用作行人、运料等。平行区段煤层回风平巷，从区段煤层立眼处，每隔 7m 左右开掘一条区段煤层小平巷，供钻眼爆破作业使用
回采工艺	落煤方式：采用煤电钻在区段煤层小平巷内打眼爆破，炮眼为扇形布置，每一区段煤层小平巷内的炮眼，一次装药、一次起爆。每一小分段工作面采用由下而上爆破采煤 运煤方式：工作面崩落煤自溜下滑堆积到区段运输平巷内，由刮板输送机输送到区段溜煤眼，通过区段主要运输石门装车外运 顶板管理方法：沿回采工作面推进方向每隔 30m 留 5m 的切顶煤柱，回采工作面区段煤层运输平巷、回风平巷超前回采工作面 20m 加强支护

小阶段爆破采煤技术特征，见表 3－2－83。

（五）斜坡采煤法

根据斜坡内回采方向不同，可分为下行斜坡采煤法和上行斜坡采煤法。

斜坡采煤技术特征，见表 3－2－84。

表 3－2－84　斜坡采煤技术特征

项　　目		技　　术　　特　　征
适用条件及优缺点		适宜用于地质条件比较复杂的中、小型矿井，不稳定的急倾斜薄及中厚煤层的开采 具有工序简单、操作方便，能适应较复杂的地质条件，能充分利用急倾斜条件进行自溜运输，简化了煤的装运等优点。其缺点是巷道掘进量大，通风系统复杂，丢煤严重
工作面布置及主要参数	下行斜坡采煤	如图 3－2－64 所示，沿区段运输平巷每隔 40～50m 掘一对溜眼，高度约 10m 左右，由第一组溜眼沿伪倾斜向上以 25°的坡度掘主斜坡，达区段回风平巷，再掘分斜坡和副斜坡，相邻的两斜坡之间距离一般为 4～5m，并每隔 15～18m 掘联络眼将相邻的两斜坡联通，以便于通风、运料
	上行斜坡采煤	如图 3－2－65 所示，沿区段运输平巷每隔 30～50m 以 25°～30°倾角，掘主斜坡至区段回风平巷，沿主斜坡每隔 30m 掘副斜坡（反斜坡）。从副斜坡掘回采斜坡，在两回采斜坡之间，每隔 9～10m 掘联络巷，作为回采工作面的进风、运煤、行人之用。斜坡间采用自上而下回采，斜坡内采用沿伪斜向上回采
回采工艺		采用爆破落煤，自溜放煤 上、下部采空区一般留设 0.5m 厚的顶煤

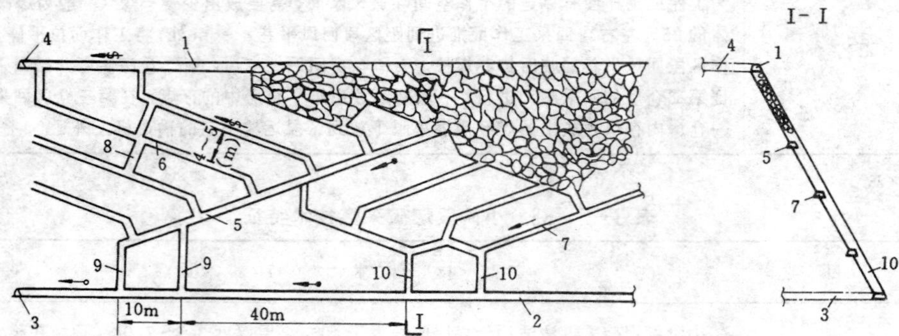

图 3－2－64　下行斜坡采煤工作面布置

1—回风平巷；2—运输平巷；3—运输石门；4—回风石门；5—主斜坡；
6—分斜坡；7—副斜坡；8—小眼；9—第一组溜眼；10—第二组溜眼

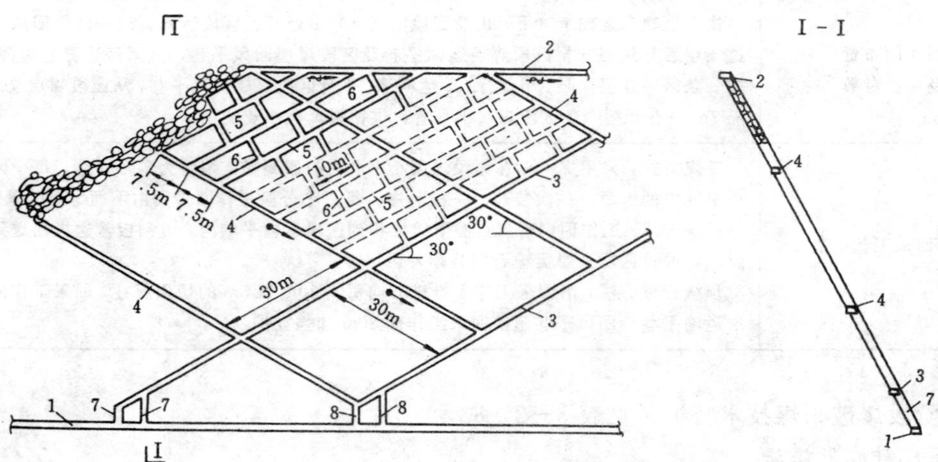

图 3－2－65　上行斜坡采煤工作面布置

1—运输平巷；2—回风平巷；3—主斜坡；4—副斜坡；5—回采斜坡；6—联络巷；7—第一组溜眼；8—第二组溜眼

（六）钢丝绳据采煤法

钢丝绳锯采煤技术特征，见表3－2－85。

表3－2－85 钢丝绳锯采煤技术特征

项目	技术特征
适用条件及优缺点	适用于顶底板岩石坚固，能悬露较大面积而不冒落，煤质松软，煤层不粘顶底板和无夹石，倾角大于45°的急倾斜煤层 该采煤方法具有设备简单，便于管理，容易操作，劳动强度较小，生产环节好，材料消耗少，成本低等优点；其缺点是对煤层及其顶底板条件变化的适应性差，断绳处理困难，煤炭回收率低
工作面布置	工作面布置有走向长壁式和倾斜长壁式两种形式。走向长壁式布置方式使用较多。工作面布置见图3－2－66
回采工艺	在工作面上、下端的回风平巷和超前平巷中，各安装一台绞车，绞车带动一条牵引钢丝绳。钢丝绳经过导向轮与锯绳连接，锯绳上每隔1～1.5m装有一个锯齿。绞车带动牵引绳，使锯绳压紧煤壁，作上下往返运行，锯齿随即在煤壁上拉出一个沟槽。随着沟槽加深，煤层在矿山压力作用下，自行脱落破碎，沿工作面下滑，经溜煤小眼到运输平巷的输送机上外运 随着工作面的前进，不断移动工作面上下两端的导向轮，拉紧牵引绳，使锯绳紧压在煤壁上。工作面推进一定距离后，移动绞车，然后继续回采。采过的空间，一般不支护，用刀柱法管理顶板，刀柱宽度为2～3m。为了保留刀柱并将正在回采的工作面同采空区隔开，需在工作面前方，每隔20～25m，预先开切眼，工作面推进邻近开切眼时，保留下2～3m宽的煤柱，将钢丝绳移到事先已准备好的下一个开切眼中，再行回采 工作面按倾斜长壁式布置时，采用仰斜推进。落煤、放煤、储煤等工艺与仓储采煤法基本相同

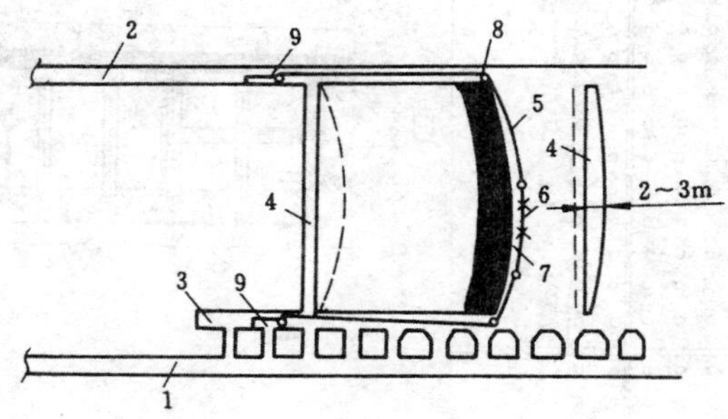

图3－2－66 钢丝绳煤锯走向长壁工作面布置

1—运输平巷；2—回风平巷；3—超前平巷；4—开切眼；5—牵引绳；6—锯绳；7—锯齿；8—导向轮；9—绞车

第五节 充填采煤法

一、水力充填采煤法

水力充填采煤法，是我国目前主要采用的充填采煤法。按照回采工作面推进方向，可分为倾斜分层走向长壁上行水力充填采煤法和倾斜分层仰斜 V 型水力充填采煤法。

（一）倾斜分层走向长壁上行水力充填采煤法

1. 技术特征

倾斜分层走向长壁上行水力充填采煤技术特征，见表 3－2－86。

表 3－2－86　倾斜分层走向长壁上行水力充填采煤技术特征

项　　目	技　　术　　特　　征
适用条件及优缺点	适用条件：(1) 倾角 5°～35°特厚煤层；(2) 对地表变形要求严格的建筑物、铁路下和水体下开采区域；(3) 顶底极破碎，有煤和瓦斯突出及冲击地压的特厚煤层 具有顶板下沉率低，围岩移动变形小，回采率高；充填密实不漏风，可防止自然发火；煤体湿润，煤尘少，劳动条件好，作业安全等优点。其缺点是：增加了充填系统及设备，投资高；回采工序多，且复杂，材料消耗多，成本高；机械化程序低，劳动强度大，回采效率低
工作面布置及主要参数	水力充填采煤法的分层回采顺序一般为上行式。当煤层厚度较大时，由于充填体的下降，可能使顶煤产生较大的离层，甚至遭到破坏。因此，需将厚煤层分组开采，每分组以 7～9 个分层为宜，一般不超过 20m 厚。组间采用下行开采顺序，留煤皮 1～2m。若煤层中含有较厚夹矸层，通常以夹矸层分组。工作面布置详见图 3－2－67
回采工艺	回采工艺基本与单一走向长壁采煤法回采工艺相同，目前所用采煤方法以炮采为主。工作面采充配合方式有两种：一为轮换式，即回采与充填工作分别在两个或两个以上的工作面轮换进行。回采工作面与充填工作面的个数比，一般为 2∶1 或 1∶1。另一种为平行方式，即回采和充填工作在同一工作面中进行。采充平行作业工作面布置详见图 3－2－68 生产实践证明平行行业式优于轮换式

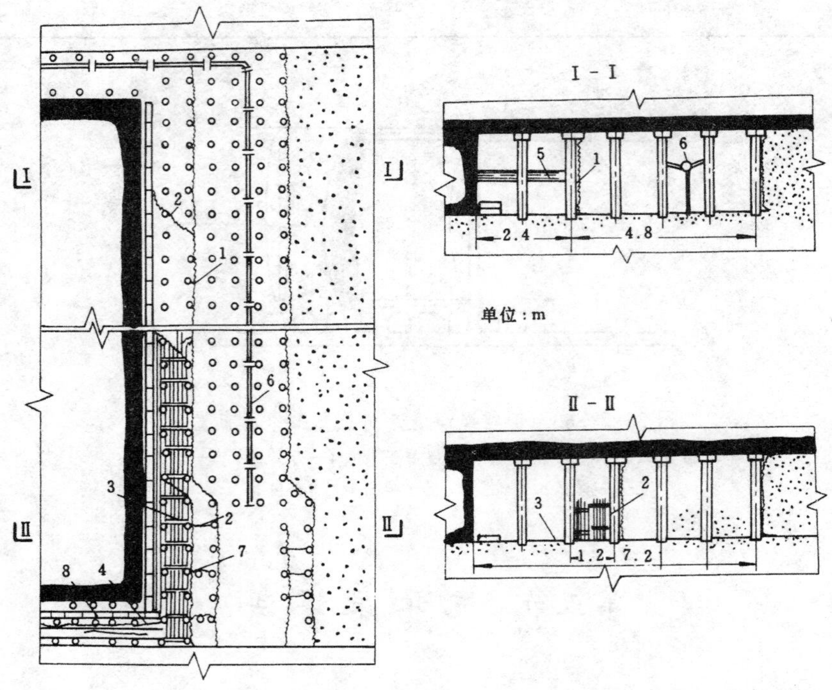

图 3－2－67　走向长壁水力充填工作面布置

1—拉帮门子；2—半截门子；3—底铺；4—顺水门子；5—撑木；6—充填管；7—临时沉淀池；8—水沟

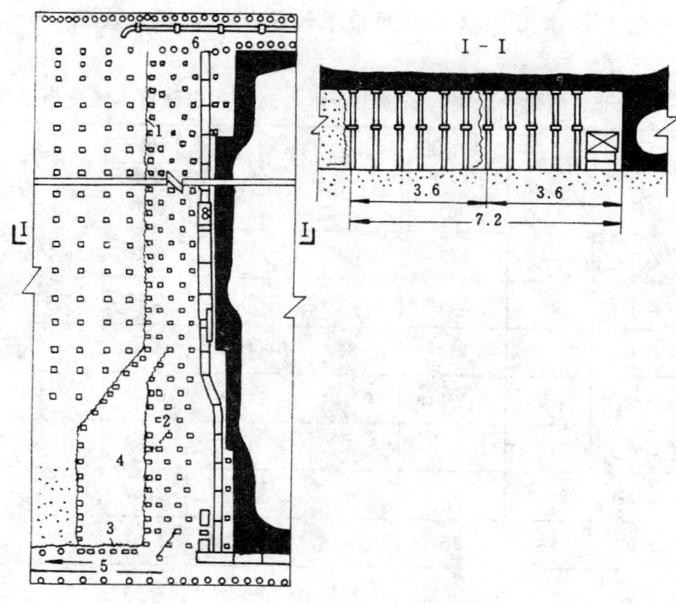

图 3-2-68 采充平行作业工作面布置

1—拉帮门子；2—半截门子；3—堵头门子；4—临时沉淀池；5—水沟；6—充填管

2. 劳动组织

阜新高德矿上行水力充填采煤面劳动组织，见表 3-2-87。

表 3-2-87 阜新高德矿倾斜分层走向长壁上行水力充填采煤面劳动组织

工种	班次			小计
	一	二	三	
打眼工	3	3	3	9
放炮工	1	1	1	3
攉煤工	9	9	9	27
刮板输送机司机	1	1	1	3
支柱工	2	2	2	6
运料工	1	1	1	3
移刮板输送机工	5	5	5	15
装车工	1	1	1	3
电工	1	1	1	3
充填工	7	7	7	21
队长	1	1	1	3
合计	32	32	32	96

注：工作面长 110m，平均采高 1.5m，回采工效 4.73t/工，采充平行作业。

3. 技术经济指标

倾斜分层走向长壁上行水力充填采煤面技术经济指标实例，见表3—2—88。

表3—2—88 倾斜分层走向长壁上行水力充填采煤面技术经济指标实例

矿井名称	分层采厚 (m)	倾角 (°)	工作面长度 (m)	月进度 (m)	月产量 (t)	回采工效率 (t/工)	坑木消耗 (m^3/万t)	炸药消耗 (kg/万t)	备注
辽源梅河矿二井	2.3	40	113	39	13991	6.10	148	2708	走向长壁
辽源梅河矿一井	2.4	35	134	34	12186	4.15	146	2804	走向长壁
辽源西安矿二井	2.1	8	168	26	14173	3.59	170	2826	走向长壁
阜新高德矿	1.7～2.8	20	85～149	9～24	14680	6.48	66	2920	走向长壁
阜新五龙矿	2.0	18		72	21600	8.98			走向长壁
抚顺龙凤矿	2.2	12～25	66	65	11619	3.87			仰斜V型
抚顺老虎台矿	2.0	28	90	89	20816	5.31			仰斜V型
抚顺老虎台矿	2.5	15	66	101	21680	5.06			仰斜V型

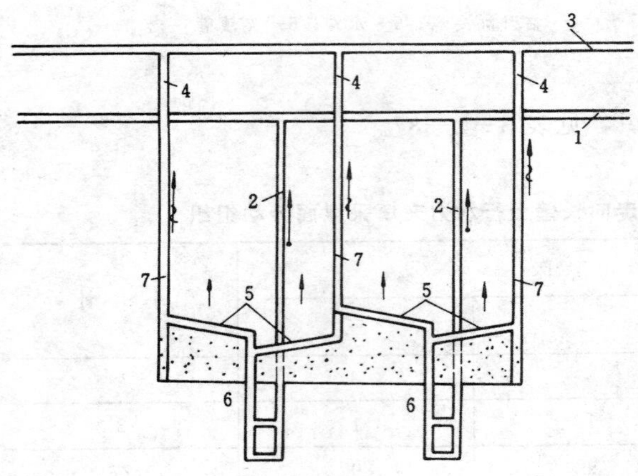

图3—2—69 倾斜V型长壁采煤工作面布置

1—集中运输巷；2—运输煤门；3—集中回风巷；4—回风煤门；5—回采工作面；6—分层溜煤巷道；7—分层回风巷道

（二）倾斜分层仰斜V型水力充填采煤法

倾斜分层仰斜V型水力充填采煤法的采区巷道布置详见图3—2—69。

1. 技术特征

倾斜分层仰斜V型水力充填采煤技术特征，见表3—2—89。

2. 劳动组织

抚顺矿务局老虎台矿和龙凤矿作业方式为两采一充（准），劳动组织分采煤作业队和充填作业队，均匀混合工种作业队。其劳动组织见表3—2—90。

3. 技术经济指标

倾斜分层仰斜V型水力充填采煤面技术经济指标实例，见表3—2—88。

二、风力充填采煤法

风力充填采煤法在国外应用较多，并收到很好的效果。我国过去虽进行过试验，但未能得到推广，现仍在进一步试验。

（一）技术特征

风力充填采煤技术特征，见表3—2—91。

（二）国内实例

表 3－2－89 倾斜分层仰斜V型水力充填采煤技术特征

项 目	技 术 特 征
适用条件	除适用于倾斜分层走向长壁上行水力充填采煤法的适用条件外，还适用于倾角 20°～45°地质条件复杂和走向断层较多的特厚煤层
工作面布置及主要参数	工作面沿走向方向布置，沿倾斜向上推进。为便于工作面的充填，运输和通风工作，自开切眼开始回采后，将工作面逐步调整成两端高，中间低的伪倾斜倾角 8°～12°，工作面成V字型，见图 3－2－69 工作面调角后，为风流上行，充填及运输下行创造了条件。随着分层工作面沿倾斜向上推进，在充填体中逐渐留出并维护一条分层溜道，以便溜煤、进风和流水。为了不使工作面与溜道相关处顶板悬露面积太大，V型两翼的工作面应保持 5～6m 的错距 采区走向长度一般为 320～400m，个别达 500m。沿走向布置 4～5 个V型工作面，每个V型工作面长 80～100m，每翼长 40～50m。阶段内可分为 2～3 区段，区段垂高在倾角 18°～45°的条件下，分别为 40、50、60m，分层采高一般为 2.0～2.5m。根据分层溜煤巷和分层回风巷的维护状况，每分层的开采期以不超过 1.5～2.0 个月为宜 超前距离：V型两翼工作面在正常情况下为 5～8m；上、下分层应大于 20m；相邻工作面为 10m 左右
回采工艺	工作面沿倾斜区段间下行，沿仰斜推进；沿层厚分组间下行、分层间上行进行开采，回采工作从运输水平向上推到回风水平 采用炮采工艺，V型小输送机运料。开帮进度 1.5～2.0m，最小控顶距 1.2～1.5m，最大控顶距 4.2～5.5m，充填步距为 3.0～4.0m 为隔离充填区和作业区，需营造砂门子，砂门子由废钢丝（或草绳），帘子及拌子等组成，帘子由高粱秸编制。目前充填能力为 370～430m³/h，充满率 80％以上

表 3－2－90 抚顺龙凤矿倾斜分层仰斜V型水力充填采煤面劳动组织

工 种	班 次			小 计
	一 班	二 班	三 班	
班 长	2	2	1	5
采 煤 工	15	15		30
支 架 工	10	10		20
运 料 工	4	4		8
掘 进 工	5	5		10
充 填 工			20	20
充填运料工		4		4
电 钳 工	1	1		2
清 扫 工	4		2	6
输送机司机	5	5		10
小 计	46	46	23	115

鸡西城子河矿为解决建筑物下采煤问题，正试用风力充填采煤法开采一采区上中部的 36 号煤层，煤厚 2.0m，倾角 17°，工作面采用倾斜长壁布置，沿仰斜推进。工作面布置及设备配备，见图 3－2－71。

表 3-2-91 风力充填采煤技术特征

项 目	技 术 特 征
适用条件及优缺点	该法的适用条件除煤层倾角不受限制外，其他同水力充填采煤法 风力充填采煤除具有一般充填采煤所共有的减少地面下沉，有利巷道维护，改善井下通风条件等优点外，与水力充填采煤相比，还具有系统简单、灵活、适应性强，特别适用于缺水或近水平煤层无法进行水力充填的地区；能向上充填，无排水，清煤泥等困难工序，简化了巷道布置，易于实行采充平行作业，保证工作面高产高效；可利用选煤厂尾矿矸石进行充填，减少地面污染等特点。缺点是要增设一整套独立的充填系统，设备多，投产大；充填密度不如水力充填，沉缩率偏大，地表下沉仍很显著；充填时工作环境粉尘大，管路磨损剧烈
工作面布置及主要参数	目前国外风力充填绝大多数用于仰斜开采的综采工作面，其工作面布置见图 3-2-70 回采断面应能满足充填设备运送、安装和管路敷设的需要 工作面长度不超过 300m 充填机距工作面距离一般为 50～100m
回采工艺	风力充填采煤工作面应选用与充填配套的液压支架，其采煤工艺同综合机械化采煤 充填工作与工作面采煤作业平行进行，当采煤机割两刀煤后，随支架前移，从工作面输送机机头位置开始，顺工作面分段进行充填。一般充填步距为 1.3m，每次充填长度 6～9m（即 4～6 节支架距离），工作面每向前推进 60～100m，充填机移动一次

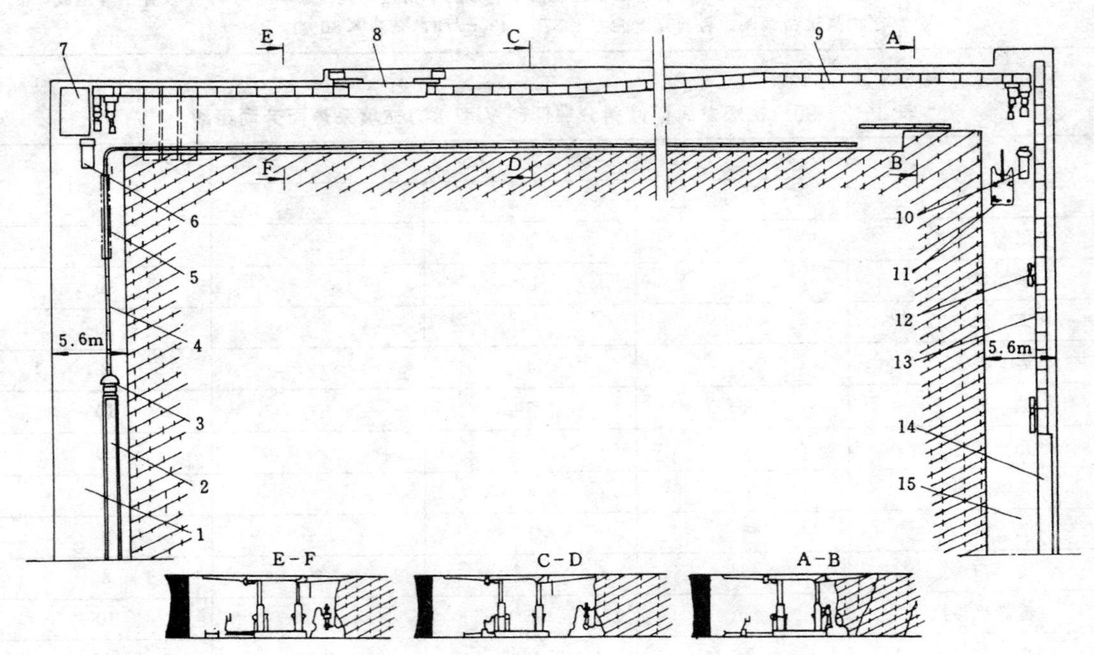

图 3-2-70 风力充填工作面布置

1—回风平巷；2—胶带输送机；3—风力充填机；4—充填管路；5—伸缩管；6—斗式侧卸装载机；7—支护工作台；8—采煤机；9—输送机；10—斗式侧卸装载机；11—冲击式挑顶机；12—反击辊式破碎机；13—输送机；14—胶带输送机；15—运输平巷

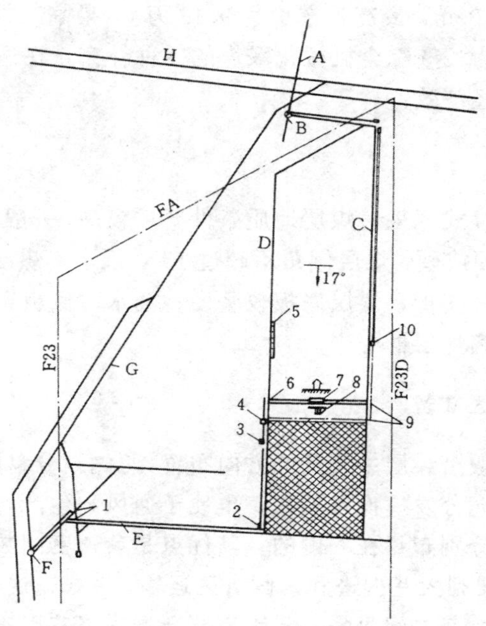

图 3-2-71 城子河煤矿风力充填工作面与机械设备配备

1、11—SPJ—150 胶带输送机；2—GWAREK—100 胶带输送机；3—GROT—720/180P 转载机；4—KRUK—1000P 破碎机；5—设备列车；6—RTBNIK—73 输送机；7—KWB—3RDUN 采煤机；8—充填支架；9—充填管；10—KZS—150 充填机；A—回风石门；B—矸石仓；C—运矸斜巷；D—运输斜巷；E—运输巷；F—煤仓；G—运输石门；H—运输大巷

第六节 连续采煤机房柱式采煤法

房柱式采煤法的特点是采用宽巷（5～7m）将待采煤层切割成长宽十几米到二三十米的正方形或长方形煤柱，视顶板条件可回收部分煤柱，完成采煤工作。

炮采工艺的房柱式采煤法，因存在单产低、劳动强度大、回采率低、掘进率高、通风系统复杂、工作环境恶劣、安全性差等缺点，现仅在少数地方煤矿使用。

连续采煤机房柱式采煤法具有投资少、出煤快、适应性强、机械化程度高、效率高、安全好等优点，广泛应用于美国、澳大利亚、南非、加拿大、印度等国家。美国是世界上采用连续采煤机房柱式开采最早和产量最高的国家，目前连续采煤机房柱式开采产量在美国、澳大利亚和南非等国井工开采煤炭总产量的一半以至更高。连续采煤机房柱式开采发展到 20 世纪 80 年代初，单机平均产量为 800t/班，最高记录达 4150t/班，最高月产达 12.1 万 t。到 20 世纪 90 年代初在 1 台连续采煤机配备 3 台蓄电池运煤车条件下，一套设备年产达百万吨，全员工效达 50t/工以上。目前美国连续采煤机使用台数约 1600 台（套）以上，工作面平均班进尺达 60m/班，日产 1000t 左右。许多高产工作面达到日进百米，月产 10 万 t 水平。

自 80 年代初，中国开始引进连续采煤机成套设备及其采煤技术，在条件合适的矿区进行试验。目前我国神府矿区大柳塔矿采用连续采煤机房柱式开采最高班产达 2145t，最高日产达

4500t，最高月进尺达 2705m，最高月产量达 9.12 万 t，最高工效达 69t/工。实践证明：连续采煤机房柱式采煤法作为长壁综合机械化采煤的一种补充，在适宜条件下，可达到良好技术经济指标，获得较好的经济效益。

一、适用条件

采用连续采煤机房柱式开采对煤层地质条件要求较高。一般开采深度较浅，构造简单，煤层厚度 1～4m，煤层中硬或硬，煤层倾角不超过 15°，近水平煤层最为合适，煤层顶板属中等稳定以上，顶板适宜锚杆支护，煤层底板较坚硬，涌水对底板影响小，瓦斯含量低，煤层不易自燃，但不适用近距离煤层群开采。

二、巷道布置及盘区准备

房柱式开采大巷一般沿煤层主要延伸方向布置，两侧划分盘区，大巷数目通常为 6～9 条。多条巷道并列布置，能充分发挥设备效率，也便于通风和生产，一般中间数条进风，两侧为回风。也有进、回风巷分别布置在一侧的，其优点是巷道密闭数量少，但当大巷两侧布置盘区时风桥数量增多。为便利大巷掘进和两侧盘区运输，带式输送机大巷位于多条大巷的中间。大巷宽度一般 5～6m，大巷之间每隔一定距离要开掘联络巷以满足在多条大巷开掘时连续采煤机配套的梭车或蓄电池运输煤车运输和通风安全的需要，大巷煤柱尺寸根据覆岩矿山压力和煤柱强度确定。一般大巷间煤柱宽 20～25m，联络巷间距 20～30m，大巷两侧隔离煤柱30～60m，大巷煤柱在大巷报废时回收。

盘区准备巷不得少于 3 条，即一条带式输送机巷，一条进风巷和一条回风巷，多者亦可达 5～7 条。盘区准备方式有设和不设盘区平巷两种。也有为早出煤在大巷两侧直接布置煤房，若干个煤房组成一个盘区的方式，但对通风和巷道维护不利。

在盘区准备巷道两侧（或一侧）不设盘区平巷直接布置煤房（煤层平巷）。盘区准备巷道长度可达 500～1000m，一侧煤房长度可达 100～120m。盘区内设盘区平巷，在区段平巷一侧（或两侧）布置煤房，一般区段平巷多布置为 3 条，其长度为盘区一翼，长度达 500m 以上，煤房长度 100～120m。相邻两区段可同时回采，区段平巷煤柱可在下区段开采时回收。

三、连续采煤机配套设备

一个典型的连续采煤机房柱式开采设备配置包括：1 台连续采煤机；1 台顶板锚杆机；最少两台梭车或蓄电池运煤车；1 台给料破碎机；1 台蓄电池铲车；1 套移动变电站；充电设备和足够的备用蓄电池。此外还配备有带式输送机、喷雾泵、局部通风机、排水泵、调度绞车等设备。

连续采煤机是由截割机构、行走机构、装载转载运输机构以及辅助装备等组成，是该房柱式采煤方法中掘巷和回采的最关键机械设备。其中以滚筒式连续采煤机使用最为广泛。

梭车是房柱式采掘工作面的运煤设备，它往返于连续采煤机和给料破碎机之间，主要由箱体、行走机构、卸载装备等组成。梭车车箱容量一般为 7～16t，车箱内的煤在给料破碎机处由梭车箱内的双边链板输送机卸载，卸载时间一般为 30～45s。梭车装有电缆卷筒（柴油机和蓄电池驱动的除外），一般电缆卷筒能缠绕 140～150m 长的电缆，因而梭车可在不超过 150m 的区间内往返穿梭运行。梭车运输距离越短，采煤效率越高。而以蓄电池或柴油机为动力的运煤车，由于没有电缆因而避免了因电缆扭伤或断裂等故障造成的停工停产，是其突出的优点。

给料破碎机由料斗、链条传送装置、破碎机构、履带式行走机构等部分组成。是连续采煤机房柱式开采企业中主要的配套设备。其作用是接受梭车由工作面运载的煤炭，梭车可快速将其所载煤炭卸入给料破碎机料斗，卸入料斗的煤由传送装置送入破碎机构，大块煤被破碎之后均匀将煤转载至与其相接的带式输送机外运。

铲车主要用作搬运物料设备，清理工作面残留的浮煤和杂物，成为必不可少的辅助设备。

在连续采煤机房柱式开采中采用锚杆支护顶板，安装锚杆是该采煤方法循环作业中耗时较多的工序，直接影响生产的安全和工效。锚杆机是连续采煤机配套设备中最重要的设备之一。也有锚杆机装置直接装在连续采煤机上，钻锚作业时采煤机不需由巷道退出，但钻锚和掘采不能平行作业。

四、采煤工艺

连续采煤机房柱式采煤实行掘采合一，一般需要同时开掘 3～5 条煤房，由于通风和安全的要求，还需开掘横向联络巷间隔贯通每条煤房，支护则采用锚杆。连续采煤机房柱式采煤

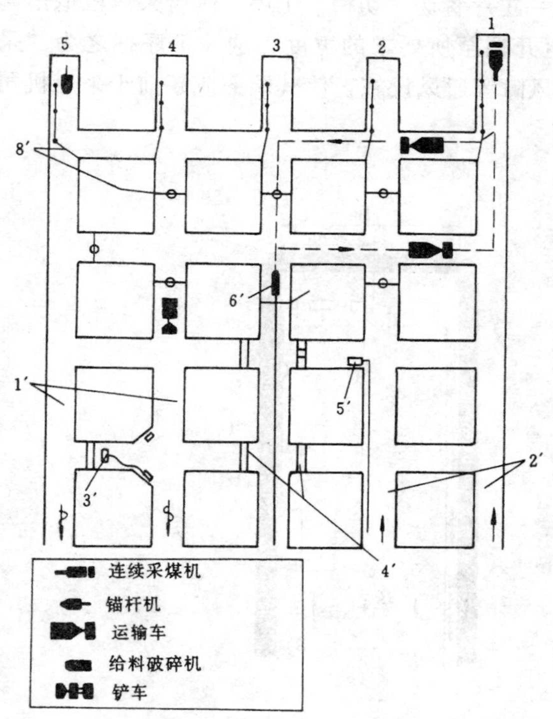

图 3-2-72 连续采煤机房柱式采煤法回采工艺系统

1′—回风道；2′—进风道；3′—蓄电池充电站；4′—永久性风墙；5′—采区供电中心；6′—给料破碎机；7′—防火帘；8′—风帘

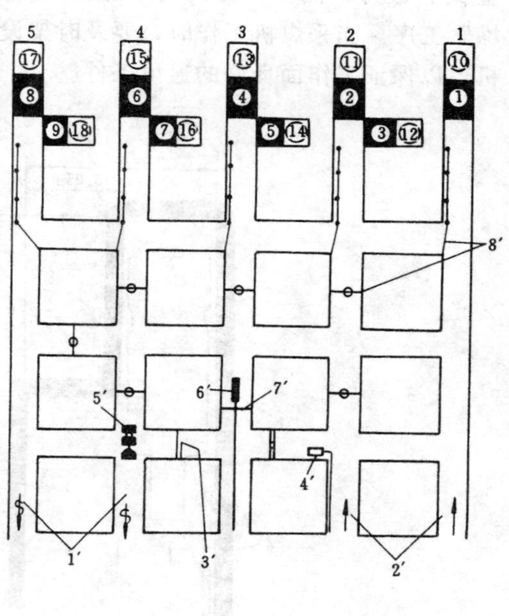

图 3-2-73 连续采煤机房柱式开采平巷和联络巷开采顺序

1′—回风道；2′—进风道；3′—永久性风墙；4′—采区供电中心；5′—铲车；6′—给料破碎机；7′—防火帘；8′—风帘

分为煤房掘和回收煤柱两个阶段。

（一）煤房掘进

图 3—2—72 为 5 条巷道（煤房）的连续采煤机煤房开掘系统。图中连续采煤机正在第 1 条煤房作业，采煤机向前开掘的距离始终使采煤机司机处于永久锚杆支护的安全范围内，这个距离一般为 5～6m。锚杆机在第 5 条煤房中安装锚杆，由于锚杆机是紧随采煤机之后作业，连续采煤机在第 5 条煤房开掘后转移到第 1 条煤房继续作业。图中虚线为连续采煤机在第 1 煤房开掘时 2 台运煤车（梭车）的运煤路线。当连续采煤机完成第 1 条煤房的开掘作业后即转入第 2 条煤房作业，同时锚杆机在完成第 5 条煤房的作业后就可转移到第 1 条煤房钻装锚杆。当连续采煤机完成第 2 条煤房的开掘作业后，将依次转入第 3、第 4 和第 5 条煤房进行开掘作业。之后，又从第 1 条煤房开始下一个循环。如此循环作业，5 条煤房同时向前推进。

当 5 条煤房推进到需要开掘联络巷时，其开掘顺序如图 3—2—73 所示。这时煤房和联络巷同时掘进，图中数字标明煤房和联络巷的掘进顺序，依此顺序直到掘通联络巷。当联络巷掘通后，又以正常顺序开掘 5 条煤房。

连续采煤机掘进过程可分为“切槽”和“采垛”两个工序。如图 3—2—74 所示。司机根据煤房中通风设施的布置，确定采煤机先沿煤房的某一侧截割。采煤机设备移动到位后开始切割正面煤壁，直到深度达 5～6m 才停止，这一工序称为“切槽”工序。然后采煤机退出调整到巷道另一侧，再切割剩余的煤壁，使巷道开掘至所要求的宽度，这一工序标之为“采垛”工序。当采煤机工作时，要及时架设纵向风障等通风设施，使其端部应超前于采煤机司机，以保证工作面良好的通风条件。

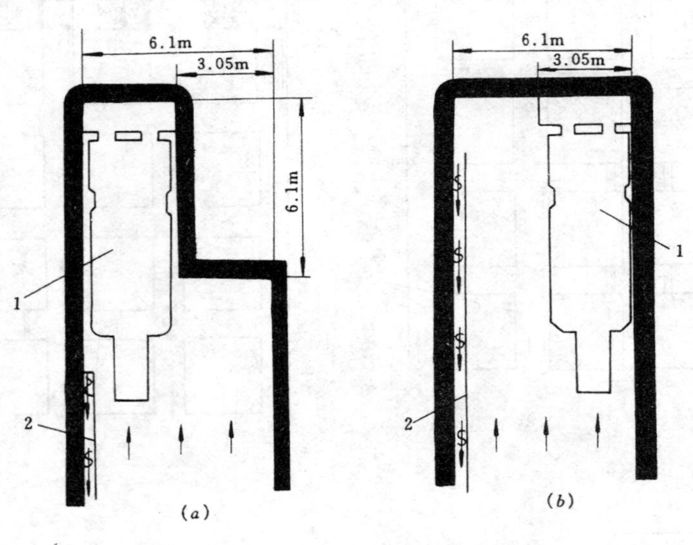

图 3—2—74　连续采煤机掘进工序

a—切槽工序；*b*—采垛工序

1—连续采煤机；2—风障

连续采煤机通过扒爪装载机构和中部输送机将煤装入停靠在机后的梭车，见图 3—2—75。通常一台采煤机配两部梭车，一部在采煤机后等待装煤，另一部已装满煤炭驶向给料破

碎机处，快速卸煤后再返回采煤机所在地点等待装机。两部梭车各按其线路往返穿梭行走以保证连续采煤机尽可能连续作业，在采煤机产量高的情况下也可配三部梭车。因采煤机每次开掘进度应保证采煤机司机操作位置在永久锚杆支护范围内。当采煤机完成这段距离的开掘任务后就应立即退出，转移到另一条煤房里重复作业。此时，锚杆机完成邻近煤房钻锚工作，随即可转移到这条煤房进行钻眼和安装永久性锚杆，锚杆机的作业顺序是：定位、钻眼到设计深度、装锚杆、拧紧螺母达预定的扭矩值。多用树脂锚杆，其参数根据巷道尺寸和围岩条件确定。

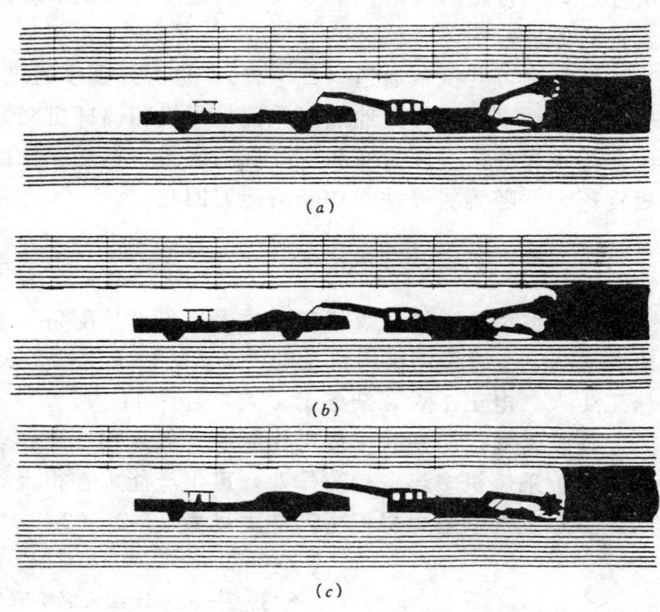

图 3－2－75　连续采煤机截割方式

a—切入；*b*—下行截割；*c*—平整底板

（二）回收煤柱

当区段内的一组煤房全部掘完后，采煤机开始后退回收煤柱。煤柱回收方式较多，具体可根据煤柱尺寸和围岩条件确定。

图 3－2－76 所示为袋翼式煤柱回收法。这种方法是在煤柱中开掘一条巷道，亦用锚杆支护。这条巷道称之为煤柱中的通道（或袋），此种巷道与采空区之间留下的煤带称之为翼。通道掘通后，连续采煤机调斜由里向外倒退式回收留余的侧翼煤柱。因为此时不再支护，回收

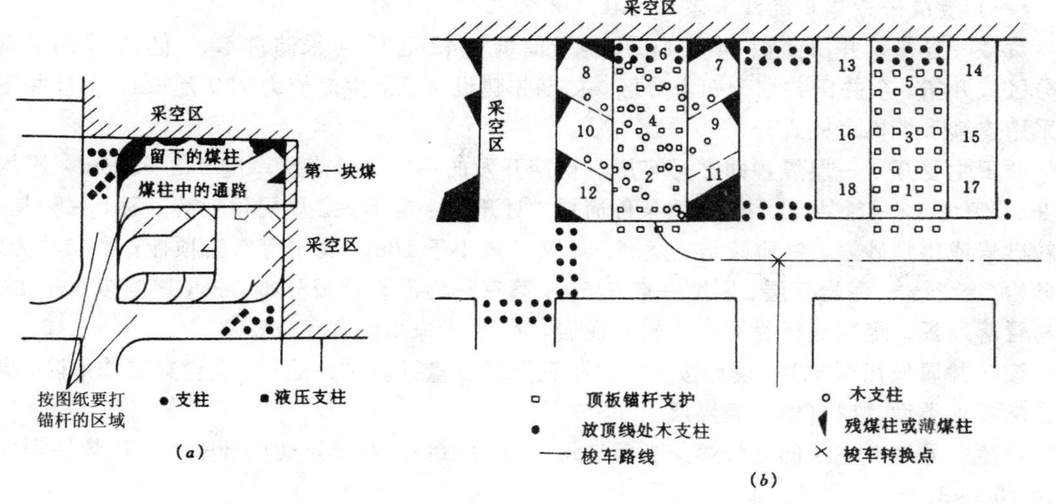

图 3－2－76　袋翼式（劈柱式）煤柱回采法

a—单煤柱双袋式；*b*—双煤柱单袋式

煤柱后，顶板随后垮落。侧翼煤柱的宽度应保证采煤机司机在回收煤柱时，不超出通道顶板支护的保护范围。

煤柱中可开掘单通道（或单袋），也可开掘多通道（或多袋），主要取决于煤柱尺寸。一般应有2个以上的作业地点以保证采煤机和锚杆机交叉平行作业。为保证安全，回收煤柱时应在待采煤柱采空区边缘和所开掘的通道口打上支柱或丛柱，以分隔采空区和防止通道口顶板冒落，并随侧翼煤柱斜切开采逐刀回收。

五、劳动组织及技术指标

一个典型的连续采煤机房柱式采煤班人员配备一般9～13人，其工种人员具体配备如下：班长1人，连续采煤机司机及助手2人，梭车司机2人，锚杆机司机2人，铲车司机1人，机修工1人，电工1人，杂务工1人，合计11人。

连续采煤机房柱式采煤工作制度一般采用三班作业，每班8h。

连续采煤机多煤房轮流作业，班生产能力在很大程度上取决于煤层高度和开采条件，不同煤层厚度连续采煤机班生产能力见表3－2－92。

表3－2－92　连续采煤机班生产能力表

煤层厚度 (m)	班（8h）生产能力（t）			工作面平均效率 (t/工)
	最　小	最　大	平　均	
0.75～1.2	175	1000	350	39
1.2～2.1	400	1400	600	67
2.1～3.0	400	1800	800	89

六、连续采煤机房柱式采煤应用实例

（一）黄陵一号煤矿连续采煤机房柱式开采

黄陵一号煤矿井田面积242.5km^2，地质储量6.43亿t，可采储量4.51亿t，采用平硐大巷分区式开拓。全井田共划分四个分区，初期先建设一区，生产能力300万t/a，设计井下全部采用连续采煤机房柱式开采。

井田主要开采一层煤，即2号煤层。初期开发的一区2号煤层厚度0.8～3.6m，平均厚度2m。倾角3°～5°，井田水文地质条件简单，对开采影响不大。煤层顶板有三种，一种是中、细粒砂岩或粗粒砂岩，钙质胶结，坚硬，厚度一般小于10m，属中等冒落顶板；第二种为中、细砂岩、粉砂岩、泥岩互层，厚度一般7.5m；第三种为泥岩顶板分布普遍，厚度多小于10m，属易冒落顶板。煤层底板为泥岩、炭质泥岩，厚度2～6m，有底鼓现象。

该矿井属低瓦斯矿井，设计按5.5m^3/t瓦斯涌出量计算矿井通风。煤尘有爆炸危险，煤层属自然发火类型，属自燃Ⅱ级煤层。

黄陵一号煤矿主采的2号煤层上覆地层厚度为100～500m，初期开采的一区煤层埋深大多为100～300m。

1．巷道布置

黄陵一号煤矿以3条岩石平硐开拓。3条岩石平硐进入煤层后，扩展为一组8条主要煤层

巷道。巷道中心距为 25m，横川之间中心距 30m，巷道宽度 5m，巷道高度为煤层厚度，但轨道巷掘进高度不低于 2.5m。8 条主要煤层大巷中两侧各设 2 条回风巷，即 1、2 和 7、8 巷；3 巷为主胶带输送机运输巷；4 巷为轨道进风巷；5、6 巷为进风巷。主要煤层巷道布置见图 3—2—77。

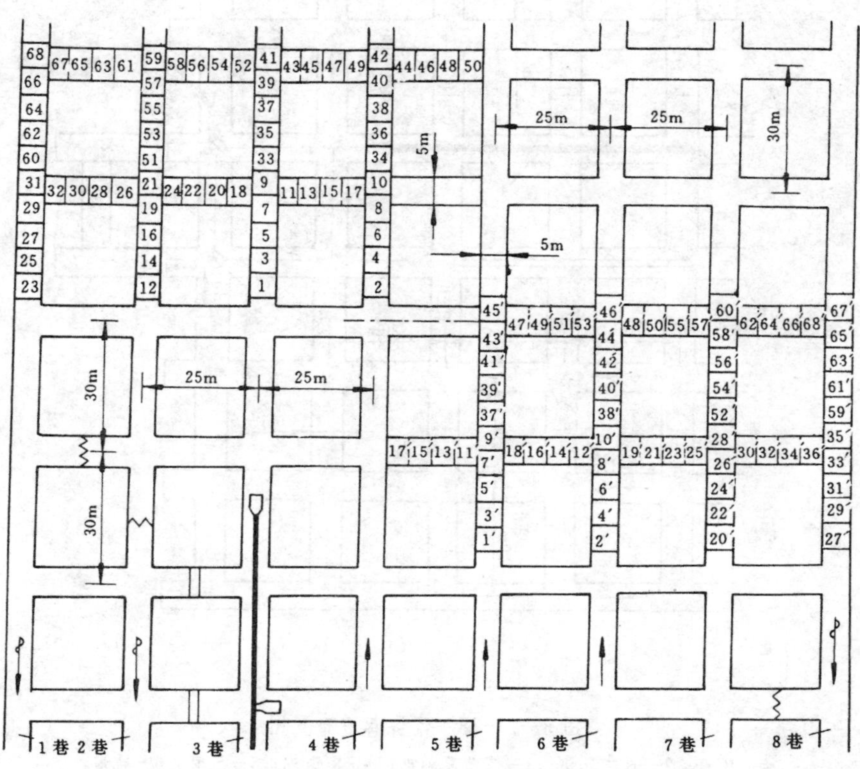

图 3—2—77 黄陵一号煤矿主要巷通布置图

回风巷 1、2 和 7、8 与胶带输送机巷 3 和轨道巷 4 之间横川用混凝土砌块风墙分隔，砂浆抹面减少漏风。每隔 4 组风墙设置一组人行门，以便人员行走通往回风巷进行检查，处理紧急情况，喷撒岩粉和维护巷道。胶带输送机巷 3 内安装有供水管道用于防火和降尘。轨道巷 4 与胶带输送机巷 3 相邻以便检修胶带。进风巷 5 内安装排水管路与轨道巷 4 相邻便于管道安装与检修。主要煤层巷道与盘区巷道相接处，构筑 3～5 座风桥以形成通风系统。

主要煤层巷道采用树脂或砂浆金属锚杆喷射混凝土支护，如巷道顶板破碎处加设钢筋网。

主要巷道最外侧各留 55m 护巷煤柱，以减轻采动压力对主要巷道影响。

主要巷道两侧煤柱在矿井生产后期可视情况回收之。

盘区巷道布置在主要巷道两侧，与主要巷道垂直。黄陵一号矿初期开采的一区，其划分为 26 个盘区。盘区尺寸为 1000～1200m×1000m 或 1000～1200m×2000～3000m，一般为单翼盘区，少数为双翼盘区。

盘区巷道以一组 7 条平行巷道沿煤层开掘。其中回风巷 4 条，胶带输送机、轨道巷和进风巷各 1 格，见图 3—2—78。巷道宽度 5m，联络巷宽 5m，巷道中心距 20m，联络巷中心距

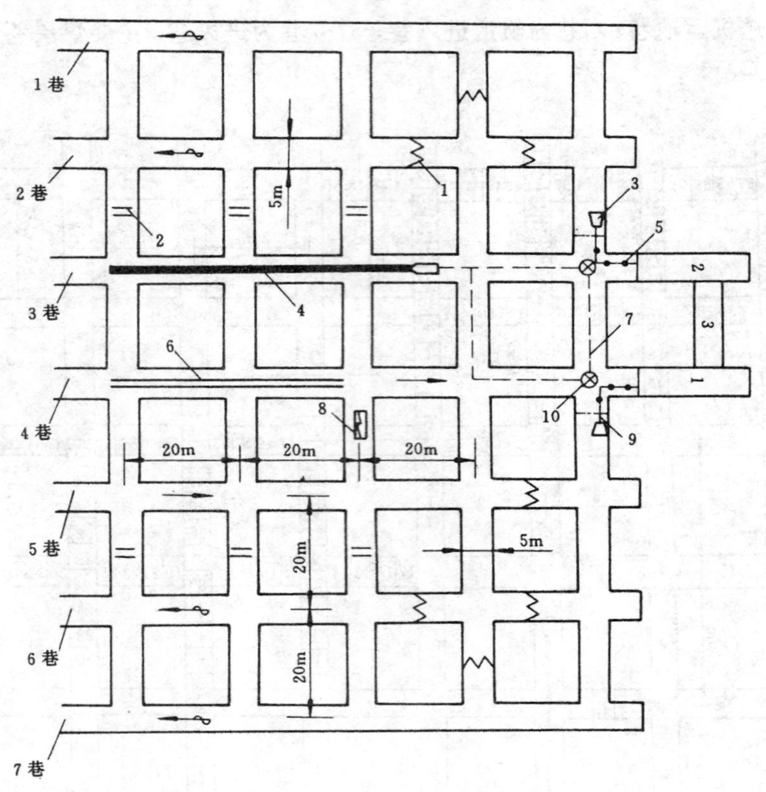

图 3－2－78　盘区巷道布置图

1—风帘；2—永久风墙；3—辅助通风机；4—输送机；5—风管；6—轨道；7—梭车运输路线；8—移动变电站；9—条形风帘；10—梭车换车点

20m。胶带输送机巷位置在靠近该盘区回采巷道一侧第 3 条巷道。不与轨道巷 4 隔离，供水管道安设在胶带输送机巷中，排水管道安设在紧靠轨道巷的进风巷 5 内，构筑风墙隔离回风巷，两侧每 5 组（每组 3 垛）风墙设人行门 2 个（一组）用于人员行走、维护巷道、进行检查和喷撒岩粉。盘区巷道与回采巷道相关的设置 2 座风桥，以便通风。盘区巷道采用树脂或砂浆金属锚杆喷射混凝土支护。盘区巷道煤柱匀在盘区开采后回收。

2. 房柱式开采

各盘区回采巷道为沿煤层布置一组 6 条巷道，最外两侧为回风巷（1、6 巷），中间为胶带输送机巷和轨道巷（3、4 巷），以便梭车到外侧平巷的运输距离基本相等，以利于胶带输送机检修以及移动设备材料。2、5 巷为进风巷，如图 3－2－79 所示。

回采巷道即构成房柱式开采工作面，煤房尺寸为 1000m×106m。前进式采煤，后退式回收煤柱。煤柱尺寸为 20m×30m，回采巷道中心距为 20m，联络巷中心距为 30m。巷道宽度 5m，高度为煤层可采高度，金属锚杆支护。回收煤柱方式一般采用：单袋式双煤柱循环支护回收法；两袋式单煤柱循环支护回收法及单煤柱单袋式非循环支护回收法等。见图 3－2－80。

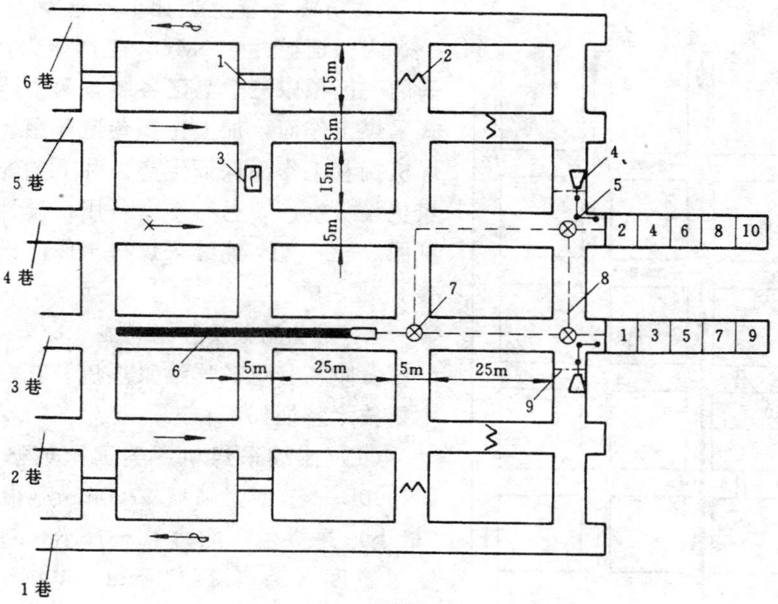

图 3-2-79 回采巷道布置图

1—永久风墙；2—风帘；3—移动变电站；4—辅助通风机；5—风管；
6—输送机；7—梭车换车点；8—梭车运输路线；9—条形风帘；

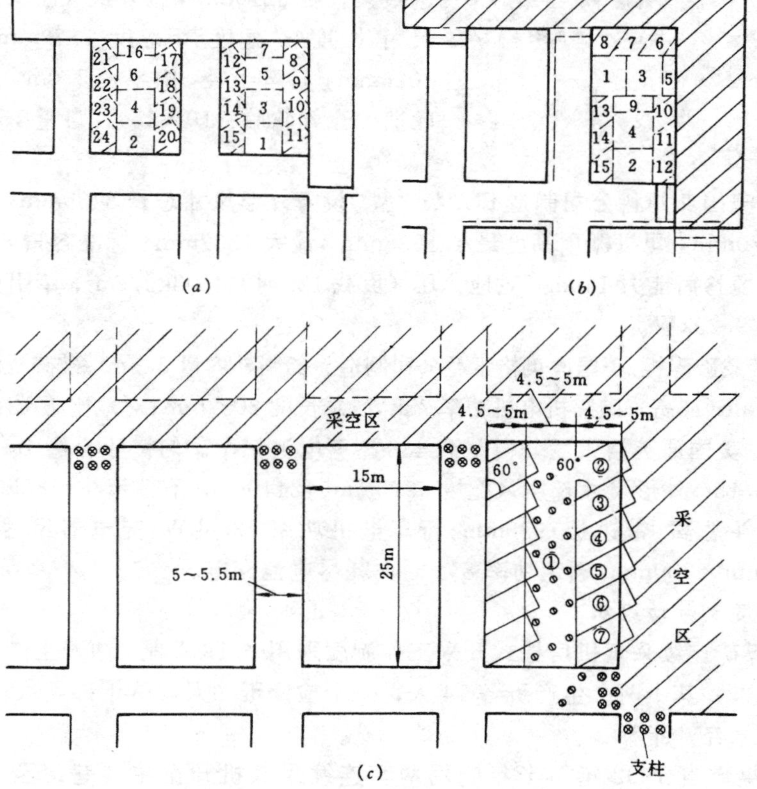

图 3-2-80 煤柱回收方式

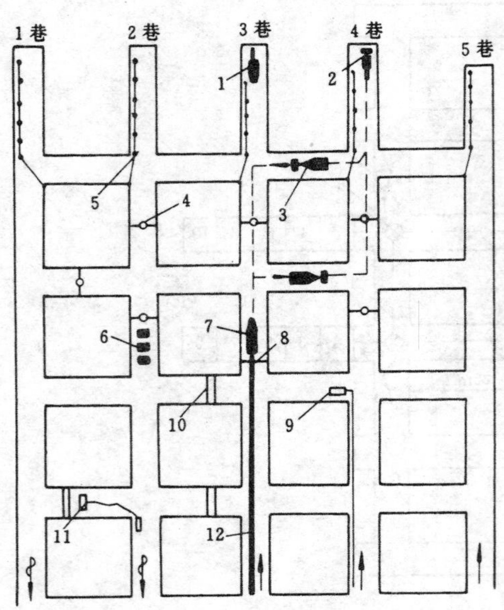

图 3－2－81　连续采煤机掘进平巷与联络巷掘进顺序

1—锚杆机；2—连续采煤机；3—运煤车；4—风帘；5—纵向风障；6—铲车；7—给料破碎机；8—防火帘；9—移动变电站；10—永久风墙；11—充电硐室；12—带式输送机

3．开采系统及设计生产能力

为保证矿井 3.0Mt/a 生产能力，设计对初期开采的一区拟以三个盘区各装备两个连续采煤机房柱式采煤工作面，加上主要巷道开掘装备两个连续采煤机掘巷工作面保证生产。井下共配备 8 套连续采煤机设备生产，另有 1 套备用，设计盘区开采系统见图 3－2－81，连续采煤机工作面设计生产能力见表 3－2－93。

4．设备配备及技术特征

黄陵一号煤矿连续采煤机及其配套设备型号及主要技术特征如下：

（1）连续采煤机：美国原英格索兰公司制造 LN800B—41 型。采高 3700mm（最大），1527mm（最小）；采煤生产能力 10～15t/min；底盘尺寸总长度×宽度×高度 11300mm×4000mm×1048mm；切割头宽 3150mm；自重 44t；电机总功率 440kW。

（2）顶板锚杆机：美国原英格索兰公司制造 TD_2—43 型。支撑臂升降最大高度 3040mm；钻臂推进最大长度 2210mm，张开最大距离 4800mm；底盘尺寸长度×宽度×高度 7820mm×2820mm×1020mm；转弯半径，内半径 3.0m，外半径 6.58m；轮胎，充气轮胎（10×15）；自重 15.975t；电机功率 2×29.84kW。

（3）梭车：美国艾姆科公司制造 ESC412 型。设备外形尺寸总长 8435mm，总宽 2438mm，机身顶高度 1270mm，司机棚顶高度最小 1528mm，最大 1832mm；标准容量 8.73m³；最大装载能力 12t；电缆卷筒能力 140m；对地比压（负载 12t 时）7.03kg/cm²；牵引电机 30kW，运输机电机 18.5/9.25kW。

（4）给料转载破碎机：美国原英格索兰公司制造。给料斗容量 6.5m³；破碎机能力 7.67t/min（矮型），9.07t/min（加高）；破碎机电机功率 75kW；总长度 2057mm；对地比压 1210kg/cm²。

（5）铲车：美国原英格索兰公司制造 488 型蓄电池铲车。匀铲斗容量 4t；设备重量（空车带蓄电池）15.15t；外形尺寸长度×宽度 5920mm×2440mm（不带铲斗），8050mm×2740mm（带铲斗），铲斗总高（带边板）930mm；行车电机功率 33.6kW；充电器尺寸（长×宽×高）2500mm×500mm×700mm，额定功率 8 小时内耗尽电池充电。

5．工作制度及劳动组织

黄陵一号煤矿连续采煤机房柱式开采工作制度采用“三八”制，两班生产，一班检修。每个队配职工 40 人，其中两个生产班各 14 人，一个检修班 8 人，队干部 4 人。

6．主要技术经济指标

黄陵一号煤矿自 1992 年下半年应用两套连续采煤机开掘主要巷道至 1996 年共掘巷 21892m。其中 1994 年掘巷 5514.7m，1995 年掘巷 6931m（平均 1.5 套工作），1996 年掘巷

表 3—2—93　连续采煤机工作面生产能力表

顺序	盘　区	编号	工作面装备	采、掘煤层	产量(t/班台)	班数(班/d)	工作面长　度(m)	采　高(m)	采、掘平均进度(m/a)	生产能力(万 t)		备用生产能力(万 t)	
										年产量	月产量	年产量	月产量
一、	主要巷道	1、2	2 套连续采煤机设备	2 号	325	2	180	2.4	1900	39.0			
二、	一盘区												
1		3	1 套连续采煤机设备	2 号	610	2	120	2.0～3.5	938	36.6			
2		4	1 套连续采煤机设备	2 号	610	3	120	2.0～3.5	1407	54.9			
	合　计						240			91.5			
三、	二盘区												
1		5	1 套连续采煤机设备	2 号	610	3	120	2.2～1.8	1935	54.9			
2		6	1 套连续采煤机设备	2 号	455	2	120	2.2～1.8	1290	27.3			
	合　计						240			82.2			
四、	三盘区												
1		7	1 套连续采煤机设备	2 号	610	3	120	2.2～1.8	1935	54.9			
2		8	1 套连续采煤机设备	2 号	455	3	120	2.2～1.8	1443	36.6			
	合　计						240			91.5			
	总　计						900			304.2			

注：表中产量为设计产量。

7004m（一套掘巷、一套采煤）。最高月进尺 1375m。1996 年 3 月开始房柱式开采 1101 工作面是一盘区首采工作面，走向长 495m。倾斜长 120m，设计采高 2.5m，回采煤量 20.04 万 t，形成煤房。

其掘巷 4670m，6 个月共生产煤炭 11.87 万 t，平均月产 18264t，最高月产 26103t，生产工效 16.85t/工，回采率可达 80%。

（二）神华大柳塔煤矿连续采煤机房柱式开采

大柳塔煤矿井田面积 131.54km^2，地质储量 13.69 亿 t。矿井设计生产能力 600 万 t/a，一期工程以一组平硐及煤层大巷开拓上组煤，开采 1^{-2} 和 2^{-2} 煤层。设计生产能力为 360 万 t/a。

1^{-2} 煤层为局部可采煤层、厚度为 1.3～6.71m，含夹矸 1～2 层，夹矸层厚度 0.03～0.6m，煤层平缓倾角 1°～2°，构造简单。煤层顶板以泥岩、粉砂岩及厚层细砂岩为主，单向抗压强度为 40MPa，为不稳定——中等稳定顶板。煤层底板为粉砂岩及泥岩，无底鼓现象。地表为第四采松散层所覆盖，1^{-2} 煤层埋深为 50～80m，上覆基岩厚度为 15～60m。矿井属低瓦斯，煤尘具有爆炸危险性，煤层属自然发火煤层。

1^{-2} 煤层上覆基岩层，地表松散层含水，采用长壁垮落法开采会发生上部松散层水，砂溃入井下造成危害。大柳塔煤矿采用连续采煤机开采 1^{-2} 煤，为避免顶板大范围冒落，先掘煤房后穿十字回收煤柱。

1. 开采巷道布置

巷道布置采用五巷制，见图 3—2—82。其中 1 号、2 号为回风巷，4 号、5 号为进风巷，3 号巷为胶带输送机巷。各平巷之间用联络巷联系，平巷和联络巷均为矩形断面，宽度 6.0m，高度为煤层厚度（留 0.4～0.5m 顶煤）。平巷间和联络巷间中心距均为 21m，煤柱尺寸为

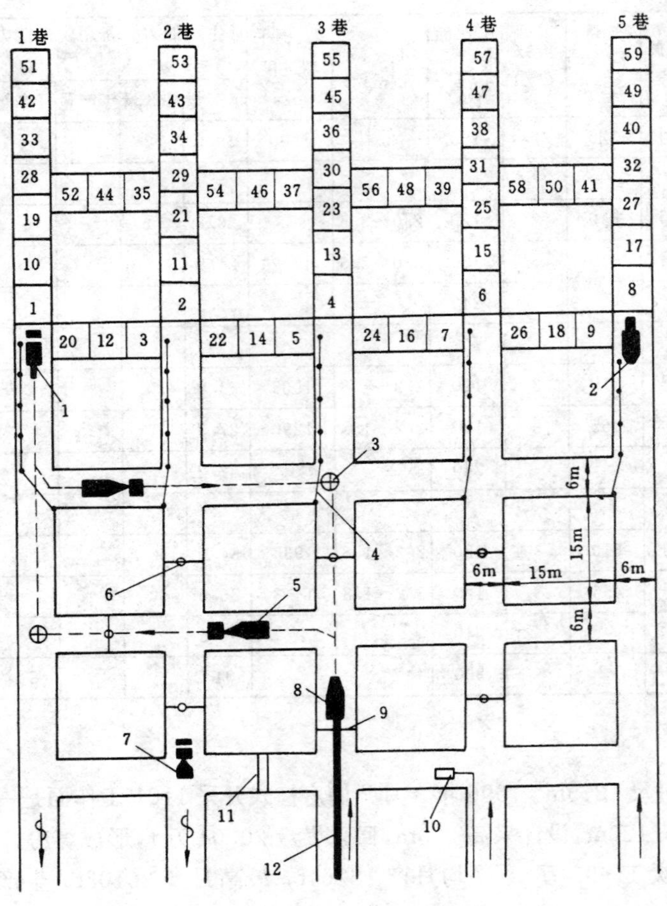

图 3－2－82　房柱式工作面设置布置

1—连续采煤机；2—锚杆机；3—转车点；4—纵向风障；5—运煤车；6—风帘；7—铲车；8—给料破碎机；9—防火帘；10—移动变电站；11—永久风墙；12—带式输送机

15m×15m。当煤层厚度较大，连续采煤机不能一次截割全煤原时，可采取先割上分层，后割下分层的方法截割全煤厚。

铺设胶带输送机的3号巷也是进风巷，为有利消防洒水，供水管和排水管道安设在3号巷内。3号巷与2号回风巷之间的联络巷（横穿）必须设置挡风墙，以减少风量损失。每条联络巷设置一道挡风墙，每隔四个联络巷在挡风墙上设置行人门，作为检查、处理紧急情况的通知。其余各平巷之间根据具体通风需要可设置风帘或风障。

平巷和联络巷均采用树脂锚杆或快硬水泥锚杆支护，锚杆布置为矩形，锚杆间距为1200mm×1000mm。巷道宽度6m，每排布置5根锚杆。在平巷和联络巷交岔口作业时，根据顶板具体情况，可适当增加锚杆密度、长度和锚眼中的树脂药卷数，并增设钢带。

五巷制平巷与联络巷连续采煤机开掘顺序见图3－2－83。

2. 主要设备及技术特征

大柳塔煤矿井下连续采煤机房柱式开采设备型号及主要技术特征如下：

(1)连续采煤机：美国乔伊公司制造12CM18－10D型。生产能力8～23t/min，滚筒为横轴式，滚筒直径ϕ915mm，滚筒宽度3300mm，采高4.42m，截割电机功率2×138kW。

(2)顶板锚杆机：美国朗艾道公司制造的TD_2－43型。锚杆机为双钻臂，钻杆推进速度12.7m/min，推进力2847N，推进最大长度2210mm，履带行走速度0～36.6m/min，电机功率2×29.84kW。

(3)运煤车：美国朗艾道公司制造的848蓄电池运煤车。有效载荷10t，最大载荷15t；转向系统采用铰接结构；动力传动系统有羊轮直接驱动和后轮辅助驱动两种类型；液压系统实现车辆转向、卸料、蓄电池更换和制动。

(4)给料破碎机：美国朗艾道公司制造1030型。料斗容积6.51m³，破碎能力300t/h，破碎电机功率75kW，转载输送机输送能力460t/h，行走速度14.02m/min，液压系统泵电机功率75kW。

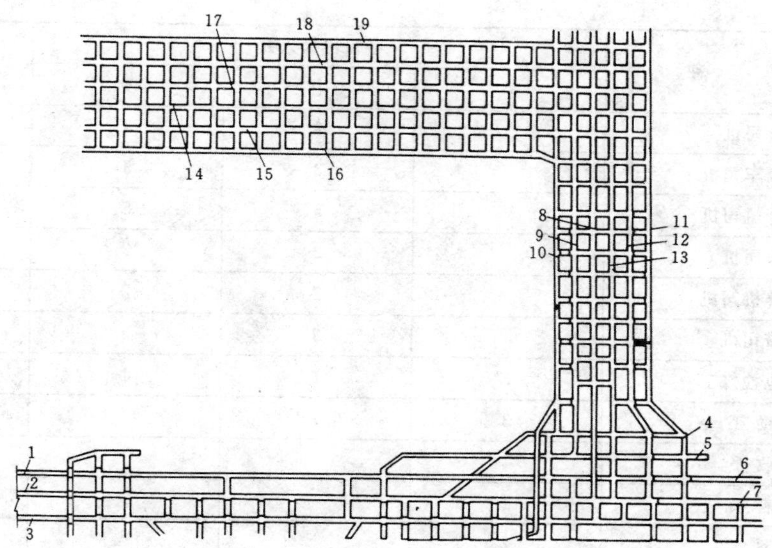

图 3－2－83 连续采煤机开掘顺序图

1—主平硐；2—一号副平硐；3—二号副平硐；4—二号主要轨道巷；5—三号主要回风巷；6—主要胶带输送机巷；7—一号主要轨道巷；8—盘区胶带输送机巷；9—盘区一号轨道巷；10—盘区二号回风巷；11—盘区四号回风巷；12—盘区三号回风巷；13—盘区三号轨道巷；14—回采胶带输送机巷；15—1号回采进风巷；16—1号回采回风巷；17—2号进风巷；18—轨道巷；19—2号回风巷

(5)铲车：美国朗艾道公司制造488型蓄电池铲车。最大载重量4t，最高车速8.045km/h，爬坡能力装载时73‰，空载时84.4‰，行走机构为轮胎式，运行速度可连续调节，减少冲击和振动。

3. 工作制度及劳动组织

连续采煤机房柱式开采工作制度为“三八”作业制，即2班生产，1班检修。其循环作业图表见图3－2－84。工作面人员配备见表3－2－94。

4. 主要技术经济指标

大柳塔煤矿应用连续采煤机房柱式开采1^{-2}煤层主要技术经济指标如下：产量指标：班产1300t，日产2500t，最高日产4500t；最高月产量91212t。

掘巷指标：1600m/月，房采2000m/月，最高月掘巷2705m。

工作面效率指标：正常可达38.46t/工，最高可达69t/工。

表3－2－94 劳 动 组 织

序号	工 种	各班出勤人数			合 计
		早	中	晚	
1	跟班副队长	1	1	1	3
2	班 长	1	1	1	3

续表

序号	工　　种	各班出勤人数			合　计
		早	中	晚	
3	煤机司机		3	3	6
4	运煤车司机		3	3	6
5	锚杆机司机		5	5	10
6	铲车司机		2	2	4
7	破碎机司机		2	2	4
8	胶带司机		3	3	6
9	机电检修工	6	1	1	8
10	辅助工	3	1	1	5
11	验收员	1			1
12	材料员	1			1
13	运料工	2			2
合　计		15	22	22	59

注：另有队干 6 人。

序号	工序 \ 班次 / 时间	八点检修班 8 10 12 14	四点生产班 16 18 20 22 24	零点生产班 0 2 4 6 8
1	交接班			
2	调机及准备			
3	采煤机落装煤			
4	运煤车运煤			
5	锚杆机打锚杆			
6	铲车清浮煤			
7	挂风帘风障			
8	机电检修			
9	辅助工作			

图 3-2-84　大柳塔煤矿连续采煤机工作面正规循环作业图表

七、连续采煤机高效短壁柱式采煤法——旺格维利采煤法在神东矿区的应用实践

1. 旺格维利采煤法的基本概念和工艺系统

旺格维利采煤法是澳大利亚在房柱式开采技术基础上发展起来的一种高效短壁柱式采煤

法，它与传统房柱式采煤法的主要区别是，采煤区段划分和区段内煤体切割及回收方法不同，煤柱回收后，顶板类似长壁工作面一样充分冒落，使煤房、煤柱的回采避开支承压力高峰区。该采煤方法因首先在澳大利亚新南威尔士州的旺格维利煤层中试采成功而得名。

旺格维利采煤法的工艺系统按运煤方式一般分为两种形式：一种是连续采煤机——运煤车（梭车）——转载破碎机——带式输送机工艺系统；一种是连续采煤机——连续运输系统——带式输送机工艺系统。目前神东矿区旺格维利采煤工艺系统主要采用的是上述两种形式，且前者居多。

2. 巷道布置及参数

神东矿区旺格维利采煤区段的巷道布置分为两种形式，一种是类似于长壁工作面布置形式，上下顺槽均双巷布置，巷宽4.6～5m，巷间煤柱宽度15～20m，工作面长度约100m，工作面煤房宽度5.0～6.0m，煤房布置间距一般不大于25m，巷道高度与回采高度相同。巷道、煤房支护形式为树脂锚杆。工作面系统布置如图3－2－85所示。另一种形式是，采煤区段集中布置三条顺槽，作为进风、回风和运输顺槽。巷间煤柱、巷道宽度、煤房间距、支护形式与第一种形式相同。当工作面沿顺槽单翼布置时，其长度约100m；当工作面沿顺槽双翼布置时，其长度逾200m。工作面系统布置如图3－2－86所示。

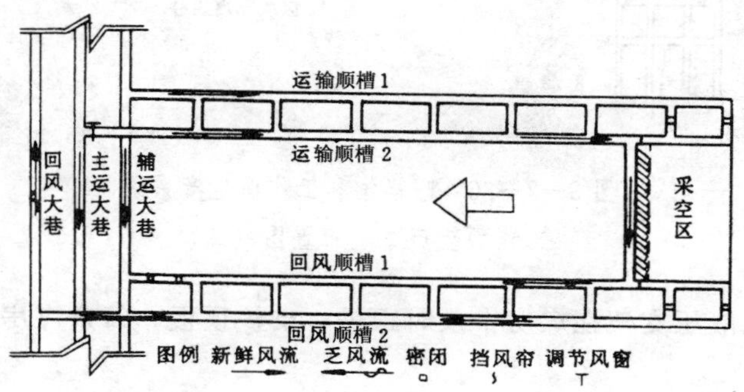

图3－2－85 旺格维利工作面生产系统布置图（一）

3. 工作面设备

旺格维利采煤工作面设备配置情况见表3－2－95。

表3－2－95 矿区旺格维利工作面设备配置

序号	设备名称	型　号	数量	使用地点
1	连续采煤机	12CM－10DVG	1	工作面
2	锚杆钻机	HDDR－AC	1	工作面
3	履带行走式支架	XZ7000/24/45	2	工作面
4	运煤车	CH818	2	工作面
5	给料破碎机	1030	1	运输平巷
6	胶带输送机	DSP－1040/800	1	运输平巷
7	铲　车	LA488	1	工作面、平巷

注：当使用连续运煤系统时，取消后配套中的运煤车、给料破碎机。

4. 工作面回采工艺

1）煤房掘进

旺格维利采煤法的煤房掘进与房柱式相同，由连续采煤机和锚杆钻机交替进行掘进与支护作业。作业循环进度不大于7m。

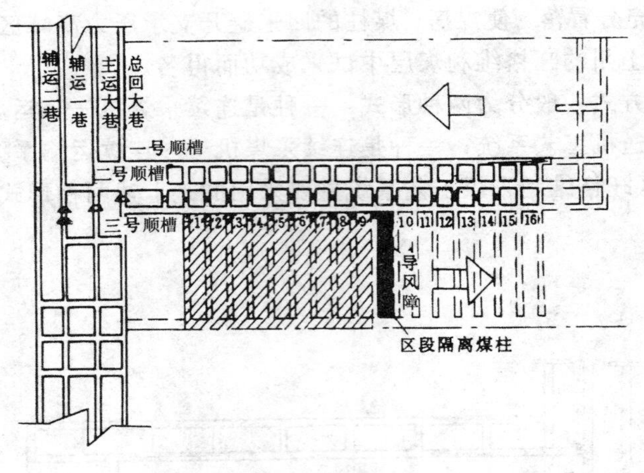

图 3－2－86　旺格维利工作面生产系统工作面生产系统布置图（二）

2）煤柱回收

当煤房掘进到位后即可进行煤柱回收。煤柱回收一般分为双翼进刀回收和单翼进刀回收两种方式。双翼进刀如图 3－2－87 所示，连续采煤机从煤房一端后退式依次按 45°斜切进刀，回收煤房左右两侧煤柱，斜切进刀规格为：深度约 11m，宽度 3.3m，每条煤房的回采宽度约 25m（含煤房宽度）。两台履带行走式液压支架在煤房内迈步式向前移动，及时支护连续采煤机后方的悬空顶板。单翼进刀如图 3－2－88 所示，连续采煤机从采空区一侧依次按 45°斜切进刀回收煤柱，并与采空区割透。两台履带行走式液压支架在煤房中及时跟进，支护顶板。每条煤房的回采宽度约 15m（含煤房宽度）。

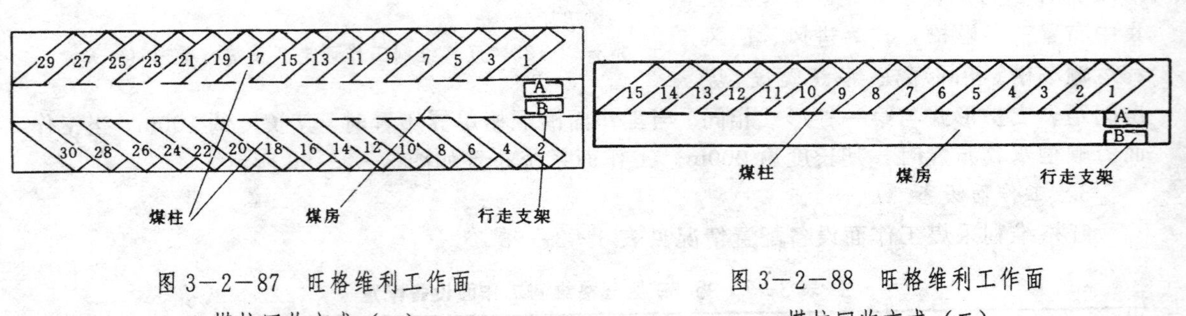

图 3－2－87　旺格维利工作面煤柱回收方式（一）

图 3－2－88　旺格维利工作面煤柱回收方式（二）

3）顶板管理

神东矿区旺格维利工作面使用了神东公司与科研单位共同研制的履带行走式液压支架。在回收煤柱过程中履带行走式支架可以带压移架，及时支护顶板，保证工作面的安全回采空间。同时，支架可以切顶，使采空区顶板有规律性地充分冒落。履带行走式液压支架主要技术特征见表 3－2－96。

当工作面没有配备履带行走式液压支架时，煤柱回收采取留设肋条式煤皮来支撑顶板。采煤机每切割一刀，在采空区留设一段煤皮，煤皮厚度一般为 0.5～1.0m。对大面积悬而不垮的顶板将定期进行强制放顶并留设保安隔离煤柱。

4）通风方式

据国外材料介绍，旺格维利采煤法仅适用于开采低瓦斯工作面，而且工作面风流要通过采空区回风。针对神东矿区煤层易自燃、康家滩煤矿瓦斯涌出量较大的问题，矿井普遍采取了两种通风方式，一种是类似长壁工作面的通风系统，煤房掘进时采用局部通风机通风，回收煤柱时采用全负压通风，靠采空区一侧设置挡风帘和密闭等通风构筑物，如图3－2－85所示。当开采高瓦斯工作面时，工作面可采取双煤房布置形式，煤房间设通风行人联络巷，这样可以提高工作面通风及抗灾能力。另一种通风系统是，三条顺槽两进一回。与第一种通风系统的区别是，当回收煤柱时，在煤房中设导流风障，实现全负压通风，如图3－2－86所示。这种通风系统也可以始络采用局部通风机通风。

表3－2－96 XZ7000/24/45履带行走式液压支架主要技术特征

技术特征	主要参数	技术特征	主要参数
型式	履带式支撑掩护液压支架	行走驱动方式	液压马达
支撑高度	2400～4500mm	泵站	压力23MPa，功率75kW
工作阻力	7000kN	支撑油缸	双伸缩缸径ϕ280mm
初撑力	5665kN	后支撑油缸	缸径ϕ100mm
支护强度	0.82～0.96MPa	供电电压	AC1140V
支撑面积	8.51m^2	液压系统控制方式	电液控制离机或遥控操作
接地面积	3.01m^2	外形尺寸	5845mm×2300mm×2400mm
接地比压	支撑时2.4MPa，行走时0.13MPa	重量	42t
行走速度	工作4m/min，调动8m/min		

5. 循环作业和劳动组织

旺格维利工作面采用一日多循环作业方式。由于工作面设备台数较少，一般采用“8862”作业方式，即22h出煤，2h检修。生产班每班6人，检修班5人。

6. 技术经济指标

神府东胜矿区是我国技术装备先进、生产规模较大的现代化煤炭生产基地。2000年神东矿区在大海则煤矿、上湾煤矿、康家滩煤矿和哈拉沟煤矿4对出口煤基地矿井建设和大柳塔煤矿等井田边角煤回采过程中，成功地应用了旺格维利采煤法。几对矿井在平均不到5个月的有效生产期内，采用新的采煤工艺生产原煤207万t，取得了良好的技术经济效益，其中，大海则煤矿生产原煤86万t（采高1.8m），全员工效39.19t/工，直接工效32.12t/工，工作面回采率平均为75%，原煤直接成本19.71元/t，矿井最高日产5547t，最高月产9.7万t；上湾煤矿生产原煤52万t，全员工效15.0t/工，直接工效66.67t/工，工作面回采率平均为80.12%，原煤直接成本10.01元/t，矿井最高日产5450t，最高月产12.0万t；大柳塔煤矿20403旺格维利工作面（残采面）月产原煤20.2万t，直接工效90.75t/工，工作面回采率达85.8%，原煤直接成本6.11元/t，工作面最高日产5696.4t，连续采煤机单机月产114437t，刷新了同类设备单机月产世界纪录。神东矿区在4对出口煤矿井建设中，全部采用旺格难利采煤工艺，推行一种有别于神东矿区以大柳塔煤矿为代表的“一井一面生产800万t商品煤”的生产管理新模式，即“矿井生产规模100万t/a、全矿定员100人、矿井管理机制实行矿队合一，不设机关科室”的高产高效矿井管理模式。

7. 神东矿区大柳塔煤矿20403采区旺格维利采煤法

地质条件：煤层埋深80～120m，松散层厚25m，基岩层厚55m。煤层厚度3.6～3.9m，

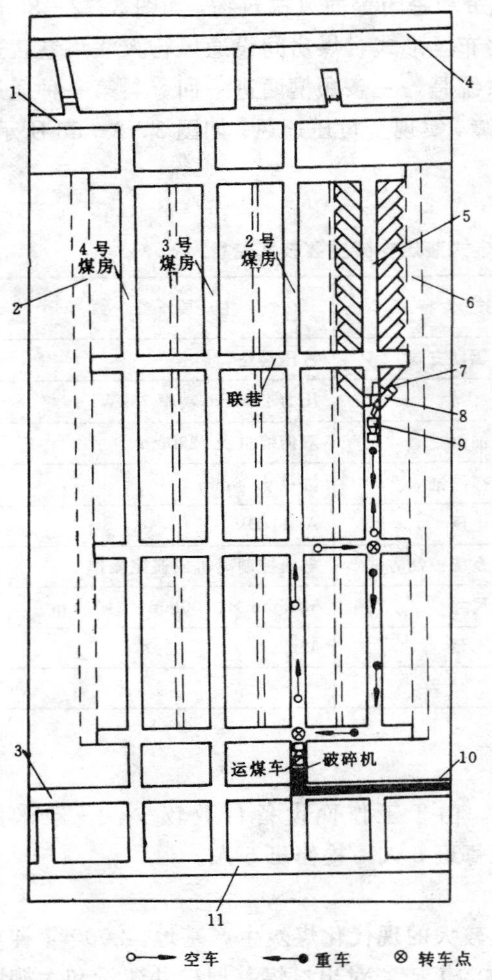

图 3－2－89　20403 旺格维力采区煤房巷道布置
1—20403 工作面回风巷；2—隔离煤柱；3—20403 工作面运输巷；4—20404 工作面运输巷；5—1 号煤房；6—隔离煤柱；7—行走支架；8—煤机；9—运煤车；10—带式输送机；11—20402 工作面运输巷

平均 3.8m，厚度稳定，结构简单，煤层抗压强度为 20MPa。煤层直接顶为泥岩，粉砂岩，厚度 4.37m；抗压强度 34.58MPa，抗拉强度 3.76MPa；老顶为粗、中、细砂岩，厚度 17.73m；底板为砂质泥岩和粉砂岩，总体稳定性好，遇水后易泥化，强度降低，稳定性极差。工作面倾角<3°。

巷道布置：20403 旺格维利采区总体上为分区段前进式开采。每个区段内沿 60°布置 4 条煤房，如图 3－2－89 所示。其中 3 条煤房两端分别与工作面运输巷、回风巷连通。煤房中心距 26m。煤房之间开掘 4 条联络巷，联络巷与煤房垂直布置，联络巷中心距 61.67m，综采面两巷保护煤柱为 15m，煤房断面为 6.0m×3.6m，联络巷断面为 5.0m×3.6m。煤房和联络巷道顶板采用锚杆支护，锚杆规格 φ16×1800mm，间距 1600mm×1200mm。

回采工艺：

设备：20403 旺格维利采区配备设备主要有：12CM—10DVG 连续采煤机 1 台，CH818 运煤车 2 台，HDDR—AC 锚杆机 1 台，1030 型给料破碎机 1 台，LA488 型铲车 1 台，XZ7000/24/45 型行走支架 2 架，DSP—1040/800 胶带输送机 1 部。

回采方式：

掘进：共配备 2 连采队，1 个队掘进准备，另 1 个队专门回采。

煤柱回收方法：采用有行走支架进刀不留煤皮双翼后退式回收方法，煤柱回收顺序为从 4 条煤房由外向里依次进行回收，每个煤房内采用后退式一次回收完毕，煤柱回收采用左右交替进刀，进刀角度为 45°，行走支架每进一刀及时移架，采用全部垮落法管理顶板，两翼回收的煤柱垂直宽度均为 9m，每刀中心位置斜长为 11m（即连续采煤机机身长），煤房隔离煤设煤柱 2m，区段隔离煤柱 4m。20403 旺格维利采区煤柱回收方法及参数见图 3－2－90。

顶板管理：

20403 旺格维利采煤工作面煤房采用树脂锚杆支护，煤柱回收采用行走支架支护顶板，迈步式移架，支架距离煤壁不大于 0.5m。煤柱回收的采空区采用全部垮落法管理顶板。

通风方式：

4 条煤房掘进时工作面采用 4 台局部通风机通风。当煤房与工作面巷道贯通后，采用矿井系统通风。回收煤柱时，为保证回收煤柱点有足够的风量，可采用临时风障引导风流。

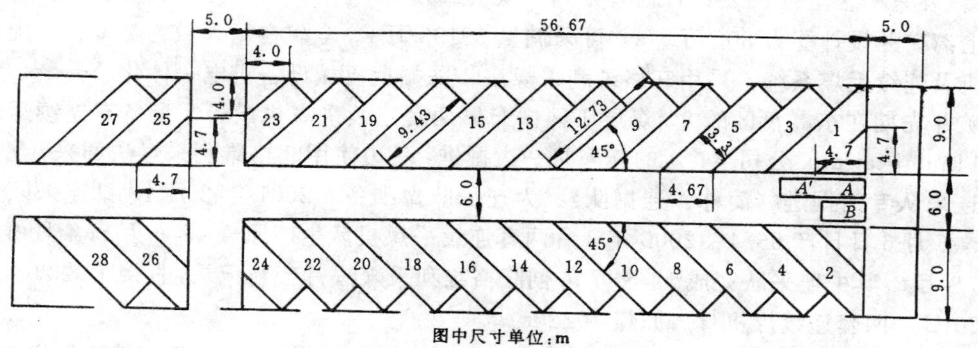

图 3－2－90 20403 旺格维力采区煤柱参数及回收方法示意

1～28—煤柱回收顺序；*A*、*B*—行走支架；*A′*—回收煤柱 1 后行走支架位置

劳动组织：

采面按照 4 班“388616”作业，即 3 个生产班作业时间为两个 8 小时班、一个 6 小时班，一个 6 小时检修班。生产班每班配 6 人，检修班每班配 5 人。

20403 旺格维利采煤工作面正规循环作业图表见图 3－2－91。

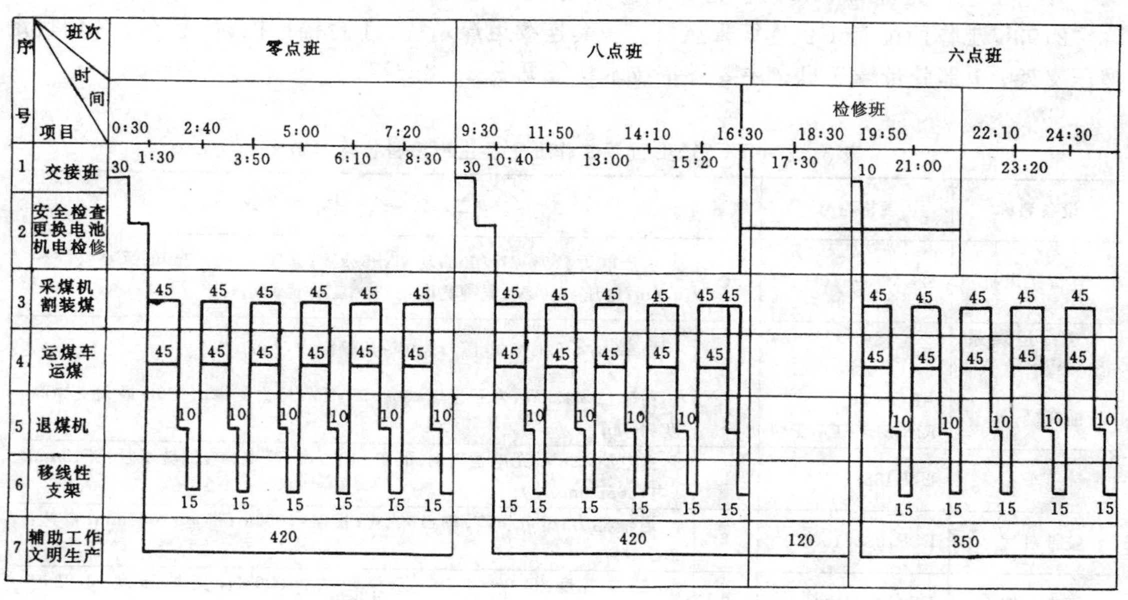

图 3－2－91 20403 旺格维力回采正规循环作业图表

20403 旺格维利采煤工作面运输巷掘进 1300m，煤房掘进 2966m。回收煤柱最高日产 5696.4t，平均日产 3678t，直接工效 136.2t/工。配备两套连续采煤机，一套掘进煤房，一套回收煤柱。

8. 神东矿区上湾矿 2103L 旺格维利采煤法工作面

上湾矿井设计能力 300 万 t/a，可采储量 39198 万 t。全矿在籍人数为 270 人，配备连续采煤机及连续运煤系统，采用旺格维利采煤法，采掘运机械设备机电一体化。

矿井先期在东翼盘区的 2^{-2}煤层 I 区内布置两套连续采煤机设备。配备有连续运煤系统（美国 Long—airdox 公司生产）的连采队一边掘进，一边使用旺格维利采煤法回采，配有运煤车的连采队专门掘进（简称：连掘队），为连采队做准备。2001 年 2 月 19 日连采队创班产 2850t，5 月 6 日日产 6624t。2002 年 3 月两套连续采煤机队生产原煤 18.6 万 t，4 月份生产原煤 19.8 万 t，其中连采队完成 12.8 万 t，创旺格维利采煤法月产新记录，直接工效 203.2t/工。4 月 20 日，两套连续煤机日产原煤 10220t。

2^{-2}煤盘区垂直大巷布置三条准备巷道，其中两条辅助运输巷，一条胶带输送机巷。工作面布置两条长度为 1000m 的运输巷（即运输顺槽），一条辅助运输巷，一条胶带输送机巷。在运输巷两侧推拉连采面，长度大约 70m。工作面两条运输巷间距为 15m，辅助运输巷宽度 5m，胶带运输巷宽 6m，联络巷及支巷宽度 5.5m，支巷间距 25.5m。工作面巷道均采用锚杆支护，锚杆规格 ϕ16mm×1600mm，间距 1100mm×1200mm。

设备配备：

大巷及集中巷运输巷胶带机：带宽为 B=1000mm，运量 Q=900t/h，长度 L=1000m，带速 V=3.15m/s，功率：2×160kW。

工作面设备：

开采工艺：先掘巷 70m，巷宽 3.3m，后退回采刷宽至 5.5m，一次回采长 11m。

2103L 工作面配有 1 台连续采煤机、一套连续运煤系统、1 台锚杆机、1 铲车、2 台行走液压支架、1 部胶带输送机。主要设备技术特征见表 3－2－97。

表 3－2－97　2103L 连采工作面主要生产设备技术参数表

设备名称	规格型号	数量	主要技术参数
连续采煤机	12CM15－10D	1	生产能力：15～27t/min；功率：553kW；速度 0～10.7min；采高：2.6～4.6m；电压：1100V；截割宽度：3.3m；工作面倾角≤5°
连续运煤系统	2000	1	功率：674.89kW；电压：1140V；运输能力：2000t/h
锚杆机	ARO－20 RELMB－CWT	1	功率：2×45kW；岩石硬度：60～70MPa；最大支撑力：20t；最大支撑高度：4.0m
铲　车	UN-488	1	蓄电池 128V；充电运转时间：8～10h/次；载重：4t；回转半径：3513mm(内)6655mm(外)
胶带机	DSP1080/1000	1	运输能力：800t/h；功率：160kW；长度：1000m；带宽：1000mm；带速：2.5m/s
行走支架	XZ7000/24/45	2	支撑高度：2.4～4.5m；工作阻力：7000kN；支护强度：0.82～0.96MPa；支护面积：8.51m^2

回采工艺：2103L 工作面掘进和回采交替进行。一边掘进、一边前进式开采。工作面的采、装、运、支等工序由连续采煤机、连续运煤系统和锚杆机依次完成。先掘进辅助运输巷，再掘进胶带运输巷。当掘进到支巷及联络巷开口位置时，掘进左、右支巷及联络巷。支巷与顺槽成 60°夹角布置。

顶板管理：掘进巷道的顶板采用锚杆支护。回采时，支巷内使用行走支架支护顶板，随着连续采煤机的交替进刀，及时迈步迁移，支护顶板。采用全部垮落法管理顶板。为防止采空区大面积垮落，回采 7 对支巷，留设 15m 宽的隔离煤柱。

9. 旺格维利采煤法使用特点

旺格维利采煤法 2000 年开始在我国神东矿区井下使用，实践证明：

该采煤方法可回采普通综采无法回采的煤炭资源，较房柱式采煤法煤炭回收率高、产量大，掘进率低。

制约生产能力的主要因素是连续采煤机的后配套问题。采用连续运煤系统时可考虑加长后部运输机，减少胶带机尾部移动次数，提高生产率。在条件适宜的矿井，选用连续采煤机后配套设备时，宜优先选用连续运煤系统。

使用行走支架配合旺格维利采煤法开采，若采用左右对拉方式，宜在左右翼分别配置一对行走支架，减少搬运支架时间。使用两台行走支架，支护区域小，每次移架步距大，易造成架前冒顶，安全性差。增加行走支架台数，扩大支护区域，提高安全性。

“旺格维利”采煤队配备两套连续采煤机组，一组掘进煤房，一组回收煤柱，最大程度地发挥旺格维利采煤优势。

目前大多使用的“连续采煤机——运煤车（梭车）——转载破碎机——胶带输送机工艺系统”，运煤车、煤机、破碎机故障多，电缆被撞，发生漏电次数多。

旺格维利法采煤，在煤柱回收时，工作面回风需穿过冒空区，工作面风流及风量不易控制；在一定范围内，工作面仅有一个安全出口。

旺格维利采煤方法的顶板管理，支护参数，设备配套，通风系统，工作面安全出口等有待进一步研究。

第三章 采（盘）区巷道布置

40多年来，采区巷道的布置在生产和设计工作实践中，在不断进行着优化，特别是20世纪80年代以来，随着采煤工艺的改革巷道布置从岩巷布置向煤巷布置为主的转化取得了显著的成效和进展。

第一节 采煤工作面与采区巷道矿山压力显现规律及应用

一、采煤工作面采动后压力显现的状况

由于岩层本身的重量以及地质构造等因素，使岩体中存在有一定的应力，称之为原岩应力，未经采动的岩体内原岩应力处于平衡状态。工作面回采时，随着采空范围的增大，上覆岩层产生变形挠曲直至破坏冒落后，岩体内的应力将重新分布，并趋于新的平衡。

（一）开采后采煤工作面上覆岩层活动特征

顶板岩层的垮落，首先在于顶板岩层的破断、而后在于破断岩块的失稳。

1. 老顶的初次断裂

老顶岩层悬露时的情况可近似地视其为“板”。其四周的支承条件则决定于四周采空的情况及煤柱的宽度。

老顶岩层中，最大的弯矩绝对值发生在长周边的中点，即工作面中部上方顶板岩石中。因而，顶板岩层达到极限跨落时，首先在工作面中部上方岩层中形成平行于工作面方向的裂缝。

老顶岩层达到极限跨距时，岩层的断裂形式如图3—3—1所示。

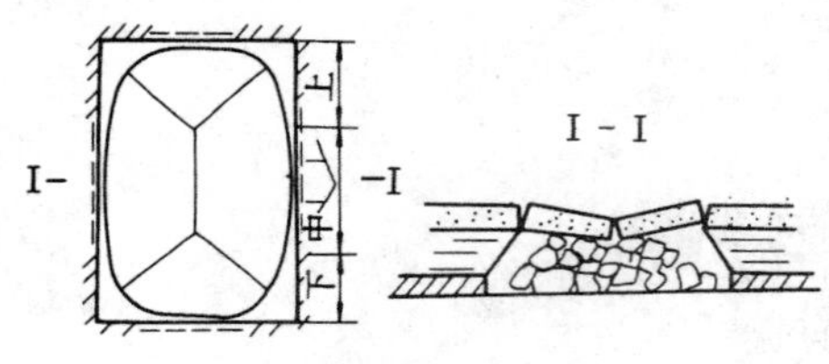

图3—3—1 老顶岩层初次断裂的形式

其断裂过程，先由长边中间沿工作面方向向两端扩展，而后由短边中间沿煤柱向两端扩展，裂缝在拐角处呈弧形，形成贯通，老顶岩层中间部分形成X型破坏，随着破坏时岩块间的失稳状态，形成了对回采工作空间安全上的不同威胁。

2. 采煤工作面回采期间岩层移动的特点

随着回采工作面的推进，老顶初次断裂后，上覆岩层也将逐步活动，上覆岩层的破坏状态可分为冒落带、裂隙带及弯曲下沉带。

根据回采工作面上覆各岩层的位移特点，采煤工作面回采期间上覆岩层的变形破坏特征，如图3—3—2所示。

（二）采煤工作面矿山压力对采区巷道的影响

采煤工作面开采中打破了岩石原有的平衡状态，同时也破坏了原有应力分布状态，从而使岩块冒落，或使开采空间处于高度应力状态。

1. 采煤工作面周围支承压力分布

采煤工作面在开采过程中，导致围岩内的应力不断地趋于新的相对平衡状态。由于采掘空间原被采物承受的载荷转移到周围支承体上而形成的压力，称作支承压力。回采工作面支承压力，常以其分布的范围、形式和峰值大小表示其显现特征。回采工作面周围支承压力在层面内分布如图3－3－3所示。

前支承压力（曾称移动支承压力）——指采煤工作面煤壁前方形成的支承压力，它随着工作面的推进而不断向前移动。前支承压力作用时间较短，且位置不断变化。其波形如3－3－3图中所示，峰值约为（2～4）γH，其中：γ为上覆岩层的平均视密度 kN/m^{-3}；H 为煤层赋存深度 m。

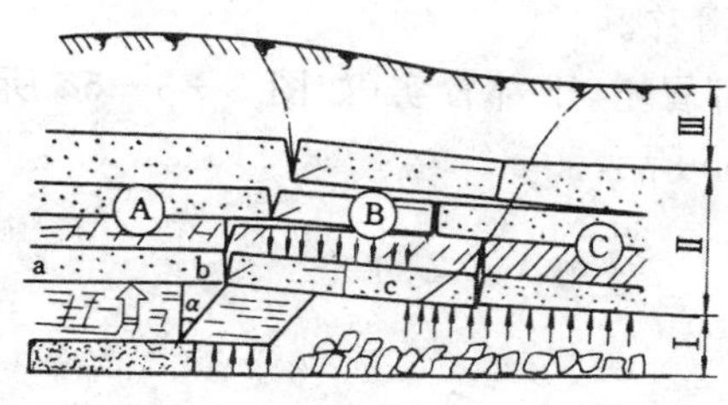

图 3－3－2 回采工作面上覆岩层变形破坏特征

A—煤壁支撑影响区（a—b）；B—离层区（b—c）；C—重新压实区（c—d）；Ⅰ—冒落带；Ⅱ—裂缝带；Ⅲ—弯曲下沉带；α—支撑影响角

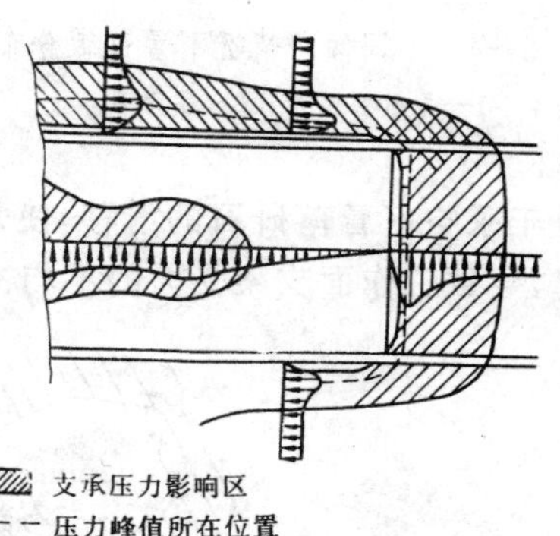

图 3－3－3 回采工作面周围支承压力分布示意图

回采工作面推过一定距离后，采空区的冒落矸石由松散状态进入压实状态，此时所形成的最高应力峰值，根据上覆岩层形成的结构状态，前支承压力峰值的位置可深入煤体内2～10m，其影响范围可达工作面前方90～100m。

侧支承压力（曾称固定支承压力）——指回采空区或巷道一侧或两侧的支承压力，其峰值在单一煤层回采工作面为（2～3）γH。侧支承压力不随工作面推进而移动。

两个相邻回采工作面间，相互形成了支承压力的叠加。在回采工作面煤层凸出角形成的迭合支承压力峰值达到最高，一般可达原岩垂直应力的数倍，高于原始应力，称为应力集中。

2. 采煤工作面支承压力在底板岩层中的传播

支承压力在底板岩层中的传播，对于在煤层底板内布置采区巷道，或在煤层群分组开采时，在下部煤层中布置的采区巷道有一定影响。一般在上部煤层的煤柱下方为增压区，最大增压值在工作面的前方约10～12m；采空区的下方为减压区，在工作面的后方10～15m左右，底板岩层有可能产生膨胀或上升现象。

3. 煤层倾角大小对采煤工作面矿山压力显现的影响

实际观测证明，急倾斜长壁工作面顶板下沉量比缓倾斜工作面要小得多，原因是由于随

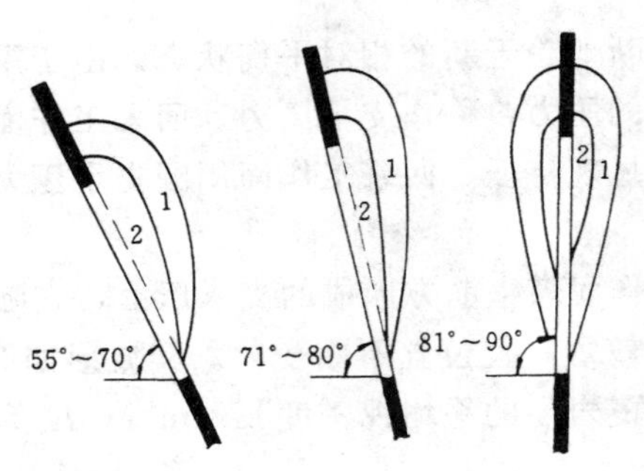

图 3—3—4　不同倾角情况下冒落带分布图
1—导水裂隙带；2—冒落带

着煤层倾角的增加，上覆岩层作用于层面的压力减小，沿层面的切向滑移力增大，随着倾角的增加，采空区冒落的矸石不能完全留在原地，将沿底板产生一定量滑移，改变了上覆岩层的运动规律。

急倾斜煤层倾角的变化，引起冒落带与导水裂隙带形状的改变情况如图 3－3－4 所示。

冒落后岩石的滑移不仅与倾角有关，而且与顶板岩层的分层厚度 h 和采高 m 之比值有关。

例如：当$\frac{h}{m}$>0.4～0.5 时，即使倾角达 60°，冒落后的矸石还可能留在原来位置。而$\frac{h}{m}$<0.4～0.5 时，则发生滑移。

由于采空区冒落矸石的滑移，使采空区形成了上部冒空，下部冒实（如图 3－3－5a 所示）的情况，导致工作面支架受力的不均衡。如图 3－3－5b 所示。

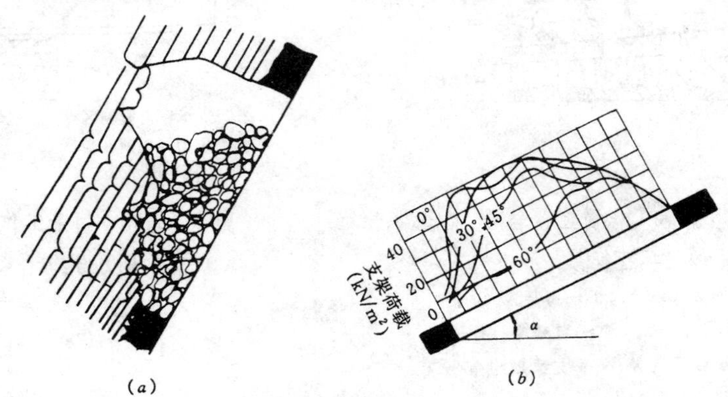

图 3—3—5　采空区矸石的滑移及其对支架受力影响

二、采区巷道受压后的一般状态

（一）初期开掘巷道受压状况

巷道开掘后，打破了围岩原始应力状态，引起巷道围岩应力重新分布，由于岩层性质、厚度、结构和强度等方面的差异，因此围岩的物理力学性质也不相同，变形破坏形式也不同。由于各种围岩的强度相差甚大，受到矿压后会产生不同程度的变形，所以，围岩强度则成为影响巷道维护的重要因素。

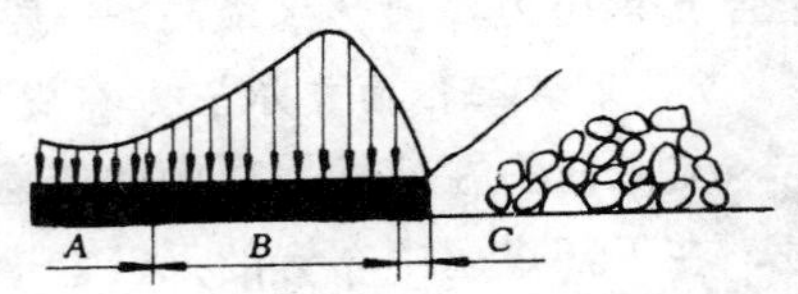

图 3—3—6　支承压力分布

由于采区内巷道一旦成巷，其位置是不能变动的，巷道围岩性质是无选择余地的。因此，认真地分析开采方法对采区巷道矿压显现的影响，掌握回采动压对巷道维护的影响规律，以求巷道布置处于合理的位置，并安排恰当的开采顺序，避免巷道承受过大的压力而难以维护。

（二）回采后巷道支承压力分布

1. 支承压力的分布

回采引起的支承压力在煤柱上分布特征与采空区的关系，如图 3－3－6 所示。

在紧靠采空区边缘压力低于原岩应力；在邻近采空区一段距离内，压力高于原始应力，称为应力集中区（图中 B 段）；在远离采空区处为原岩应力区（图中 A 段）。

2. 倾斜长壁开采中间巷道支承压力的分布

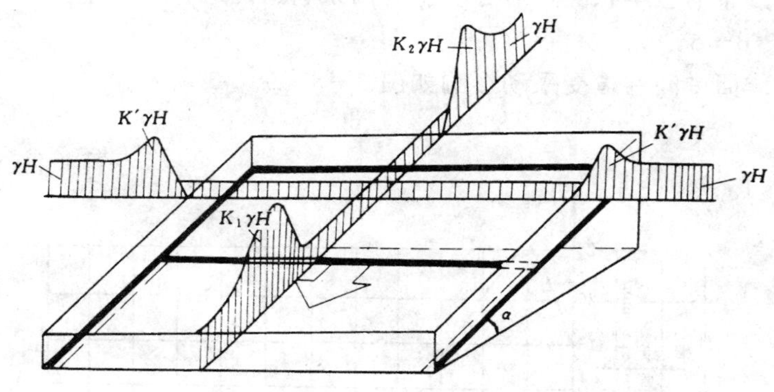

图 3－3－7 倾斜长壁工作面应力分布状况

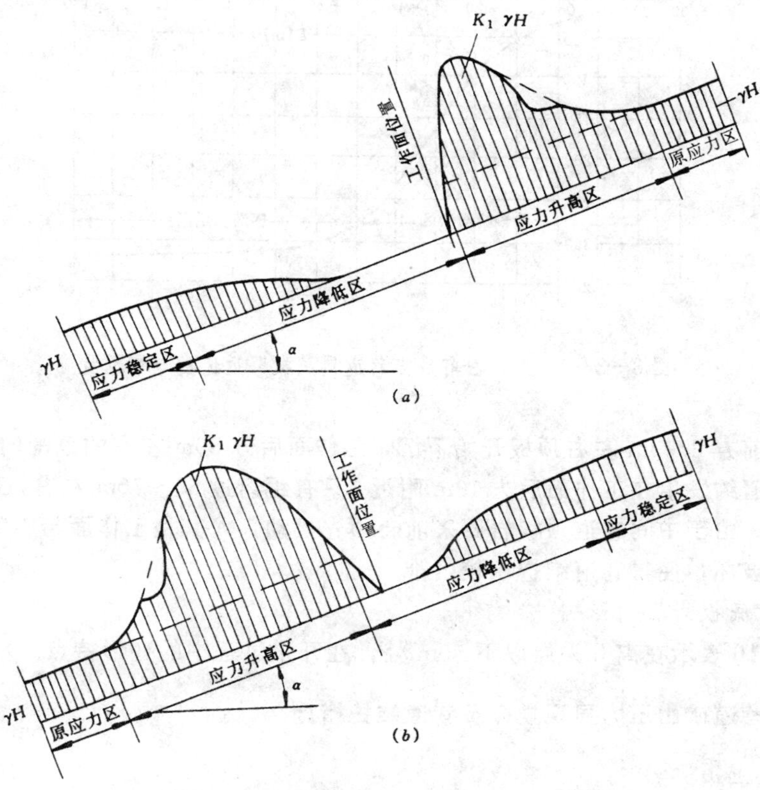

图 3－3－8 倾斜长壁采煤工作面前后方应力分布示意图

a—仰斜开采；b—俯斜开采

倾斜长壁开采，由于采煤工作面是沿着煤层倾斜方向推行，其矿山压力显现规律和岩层受力特点与走向长壁开采有着明显的区别。

倾斜长壁回采工作面周围的应力分布如图 3—3—7 所示。

采煤工作面的矿山压力，是由于回采工作引起的采面围岩力学动态作用的结果，在一定的地质和生产技术条件作用下，这种动态作用具有一定的规律性。

回采引起的工作面前后方支承压力同工作面两侧的应力分布是密切相关的，反映了采动引起的应力重新分布的基本状况，对分析研究回采巷道的维护十分重要。沿工作面前后方的应力分布如图 3—3—8。

倾斜长壁工作面中间巷道受采动影响如图 3—3—9。

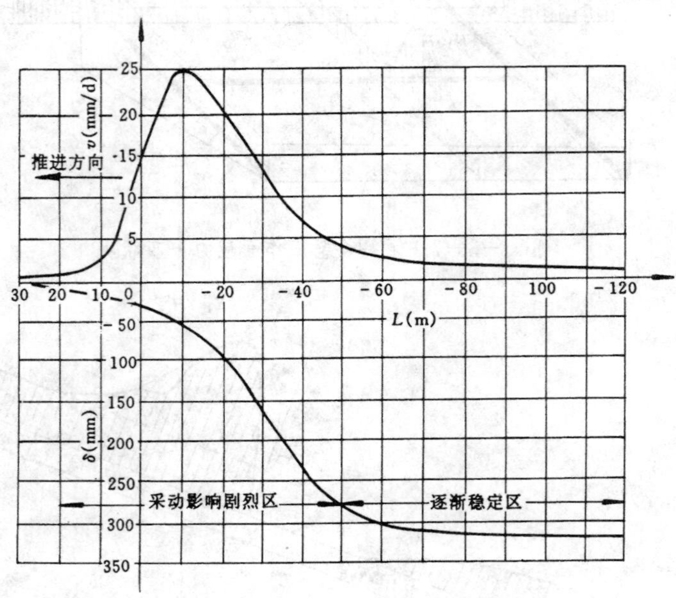

图 3—3—9　工作面前后方巷道顶底板移近速度与移近量

在工作面前方 2～3m 左右顶板开始下沉，工作面后方 30m 左右的范围内顶板下沉强烈，最大下沉速度值约发生在工作面后方 13m 附近，只有距离达 50～70m 左右，工作面的采动影响才逐渐消失。由于中间巷道顶板岩石采前会预先松动，尤其是工作面与中间巷道连接处的顶板预先发生破坏，使得巷道维护比较困难。

3. 开采对底板岩石的影响

图 3—3—10 表示在离开采层以下 50m 处，在开采过程中的变形特点。

三、采区巷道矿山压力显现规律及巷道维护措施

（一）采区上山

1. 煤层上山

对于单一厚煤层或煤层群联合布置采区，为了节约施工费用，常将上山布置在煤层中。

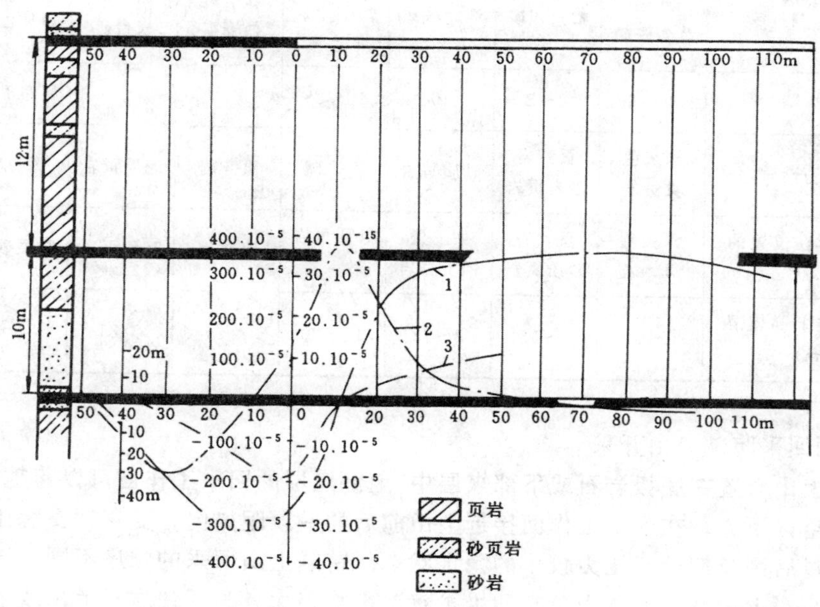

图 3—3—10 开采对底板岩层的影响

1—相对变形量曲线；2—相对变形速度曲线；3—实验室所得相对变形量曲线

布置在煤层内的采区上山，将经受回采工作面推进接近煤层上山时移动支承压力的影响；双翼采区开采时，上山要经受两侧采动影响，巷道维护比较困难。为改善煤层上山的维护状况，可采取以下措施：

(1) 保证上山两侧留有足够宽度的煤柱。煤柱的宽度愈大，上山所经受的采动影响愈小。在薄及中厚煤层中，上山之间一般为 20～25m。上山巷道每侧的煤柱宽度不宜小于 25～30m。

(2) 避免采区两翼工作面回采同时向上山接近，以减缓上山受两侧采动的影响。

(3) 上山巷道应采用锚喷网联合支护，也可以采用可缩性金属支架支护。

2. 岩石上山

从理论上讲，底板岩石上山是无法避免回采移动支承压力的影响，其影响规律如图 3—3—10 所示，但与煤层上山相比在影响程度和影响范围上有所不同。岩石上山比煤层上山维护要简单，维护费用也低。为了减少支承压力对岩石上山的影响，可采取如下措施：

1) 正确选择底板岩石上山的合理位置

为了减少采动影响，可将上山布置在比较坚硬的岩石中，与煤层底板保持一定的距离。距离的大小取决于围岩的性质，经过实践和现场观测确定。一般垂直距离愈大，上山受采动影响愈小，但距离过大，将明显地增加石门和联络巷以及溜煤眼的工程量。一般条件下，采区岩石上山与煤层底板间的法线距离以 10～20m 为宜。表 3—3—1 为几个生产矿井的实际采用值。

表 3—3—1 岩石上山与上部煤层之间的垂距

项 目	开滦范各庄矿	阳泉四矿	淮北各矿	淮南新庄孜矿谢二矿	辽源西安矿	徐州权台矿	本溪彩屯矿上煤组	本溪彩屯矿下煤组
煤层倾角（°）	8～16	2～8	10	10～28			18	
煤层底板岩石性质	深灰色页岩	页岩 砂岩页岩	砂质页岩	页碉	页岩	泥质页岩	页岩	页岩
岩石上山所在位置的岩石性质	深灰色页岩	页岩 砂质页岩	中硬铝土页岩	砂质页岩 砂岩	凝灰岩	坚硬页岩	坚硬砂岩	石灰岩
岩石上山与上部煤层之间的垂距（m）	6～12	8～15	8～12	12～20	>25	>25	>15～20	25

2）采用回采跨越上山开采

当采区上山布置在底板岩石或下部煤层中，上部煤层的回采工作面可以跨越上山回采，使上山处于采空区下方。在回采工作面接近上山前后的一段距离内，受移动支承压力的影响较大，而开采过后则长期处于压力较小的稳定状态。跨越上山回采的顺序不同，以及是否保留分阶段煤柱，对上山巷道的压力分布和维护状况影响很大，为了使岩石上山或下部的煤层上山在上部工作面跨越回采过程中维护良好，必须注意以下几点：

（1）将上山布置在比较坚固稳定的岩石中，与上部煤层之间的法线距离，一般应大于10m。

（2）跨采的工作面必须在另一翼工作面还远离上山时，就跨越上山，以免采区上山同时受到两侧采动影响。

（3）上部煤层工作面跨采后的停采线与上山之间的水平距离，一般应在 20m 以上。

（4）跨越上山的工作面应设法不留分阶段煤柱，否则在分阶段煤柱的地方，采区上山巷道的围岩变形量将显著增大，难以维护。

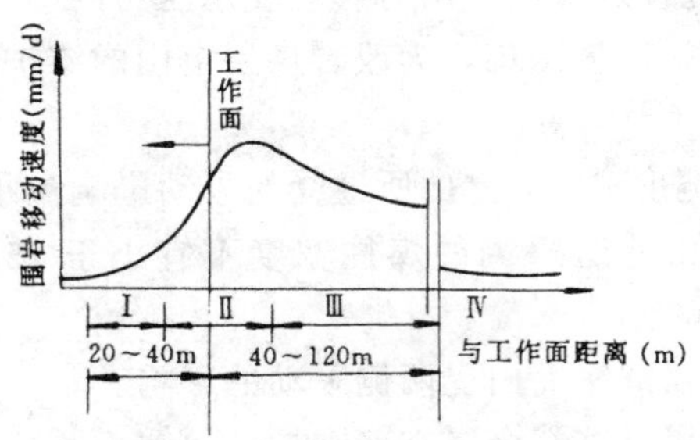

图 3—3—11 区段平巷围岩变形的五个阶段
Ⅰ—采动矿压递增区；Ⅱ—采动矿压剧烈区；
Ⅲ—采动矿压减弱区；Ⅳ—采动矿压稳定区

（二）区段平巷

1. 区段煤层平巷

1）区段平巷围岩变形规律

区段平巷从开掘到报废，其围岩变形经过了五个阶段，如图 3—3—11 所示。

（1）开掘影响阶段（Ⅰ）。

在巷道开掘后的头几天围岩变形速度（顶底板移近速度）可从每天几毫米到几十毫米不等，经过 10～20d 后即趋于稳定。

（2）掘后稳定阶段（Ⅱ）。

基本上是反映围岩的流变特性，一般情况下顶底板移近速度在 0.5mm/d 以下，只是在围岩松软或围岩应力很高时，可能达到 1mm/d，甚至更大。

(3) 第一次采动影响阶段（Ⅲ）。

在回采工作面接近至 30～120m，多数在 50～60m 左右开始影响，当回采工作面推过 10～20m 时，顶底板移近速度达到最大，有时可达 20mm/60mm/d，当工作面推过 100m 以远时，围岩变形速度趋于稳定。

(4) 采动影响后的稳定阶段（Ⅳ）。

由于巷道受到上区段回采残余支承压力的影响，围岩变形速度一般在 0.5～1mm/d 左右，围岩比较松软或围岩应力较高时，可达 2～3mm/d，甚至更大。

(5) 第二次采动影响阶段（Ⅴ）。

由于上区段回采残余支承压力与下区段超前支承压力在这个区域内形成叠加，所以围岩变形速度比第Ⅲ阶段要大。后退式开采时，采空区后方无需维护。

上述变形量中以第Ⅲ阶段为最大，约占总变形量的 50%。

因此巷道顶底板移近量可表示为：

$$u=u_0+V_0t_0+u_1+V_1t_1+u_2$$

式中 u——巷道顶底板各阶段移近量之和，mm；

u_0——第Ⅰ阶段围岩附加变形量，mm；

V_0——第Ⅱ阶段围岩的平均变形速度，mm/d；

t_0——巷道从开掘到上区段回采工作面采至该位置的服务时间，d；

u_1——第Ⅲ阶段巷道受到第一次采动期间的附加变形量，mm；

V_1——第Ⅳ阶段围岩的平均变形速度，mm/d；

t_1——巷道从上区段回采工作面采到下区段回采工作面采动期间的服务时间，d；

u_2——第Ⅴ阶段巷道受到第二次采动期间的附加变形量，mm。

随着采煤工作面的推进，区段煤层平巷矿山压力显现的规律如图 3—3—11 所示。在采煤工作面前方 20～40m 处，围岩移动和支架荷载开始增大，工作面前方约 10m 处，围岩移动速度急剧增大，在工作面后方 5～20m 处，围岩移动速度最大。当工作面推过 40～120m 时，围岩移动速度趋于稳定。这一规律，对于确定分层工作面之间和上、下区段工作面之间的错距，以及确定分层超前顺槽的超前距离，在理论上和实践上都具有十分重要的意义。

2) 区段煤层平巷位置的合理选择

采煤工作面采空区上、下方煤柱中的支承压力，沿倾斜分布情况如图 3—3—12 所示。

根据支承压力分布规律，在布置区段煤层平巷时，应尽量避开支承压力较大的地带。图 3—3—12 所示，下区段煤层回风平巷位置 1 压力最大，位置 2 次之，位置 3 和位置 4 压力最小。由此可见，选择区段煤层平巷的合理位置有二：一为区段之间巷道不留煤柱，沿采空区布置；二为区段之间巷道保留较大的煤柱，使巷道在支承压力影响较小的地带开掘。

由于在靠近煤柱处的采空区形成“免压带”，采空区内的支承压力比煤柱中的支承压力小得多，所以位于采空区下方的巷道比在煤柱中的巷道压力小，易于维护。因此在近距离煤层和厚煤层分层开采时，下层（分层）区段平巷应布置在上层（分层）的采空区下方，即所谓内错式布置，不宜布置在上、下侧煤柱中，如图 3—3—13 所示。

支承压力沿倾斜方向的影响范围，是确定分阶段煤层回风巷和煤层轨道巷上侧煤柱尺寸的主要依据。实际观测结果证明，支承压力的影响范围与煤层软硬、顶板岩性、采深、采厚

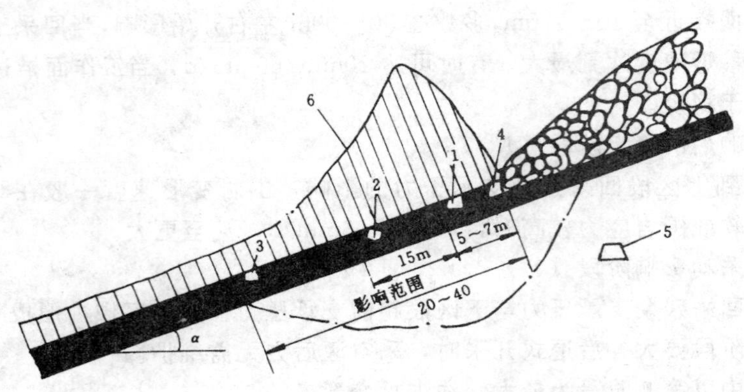

图 3—3—12　区段煤柱中支承压力分布及巷道位置

1～4—下区段回风平巷不同位置；5—区段岩石集中巷；6—支承压力曲线

图 3—3—13　区段煤层平巷合理位置

a—近距离煤层；*b*—厚煤层

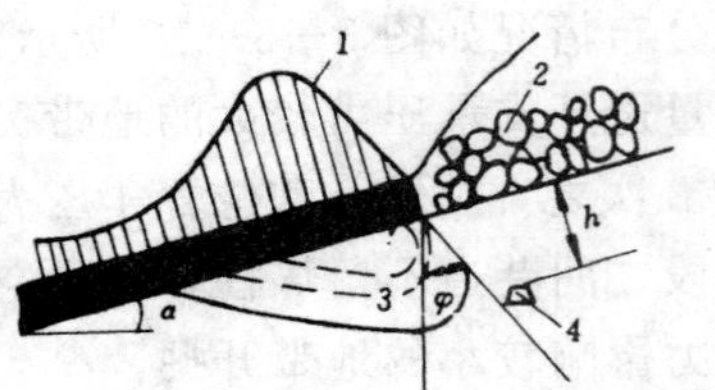

图 3—3—14　区段岩石集中巷的位置选择

1—煤体上方应力分布；2—采空区；3—底板岩石应力升高区；4—分阶段集中平巷

等许多因素有关，一般为 20～40m。

2. 区段岩石集中平巷

在开采过程中，对于厚煤层分层开采和煤层群联合开采时，考虑到矿山压力与巷道维护、煤柱损失等因素，常将区段平巷布置在煤层底板岩石之中。

根据上部煤层开采后，底板岩石内应力重新分布的状况（如图 3—3—14 所示），区段集中平巷应布置在应力升高区以外。

通常巷道的合理位置选择应符合以下两个要求

(1) 巷道与煤层底板之间的垂直距离 h 不小于一定数值。

(2) 巷道布置在压力传递影响角 φ 以外。

虽然，岩石集中平巷与煤层底板之间的垂直距离 h 愈大，愈能避开支承压力的影响。但是，集中岩巷与区段煤巷之间的联络石门或斜巷的长度也随之加大，使岩巷工程量增加，故 h 值又不宜过大。

根据国内一些矿区的实践经验，最小 h 值一般为 8～12m，影响角 φ 因煤层倾角和底板岩石性质不同，介于 25°～55°之间，如图 3－3－15 所示。

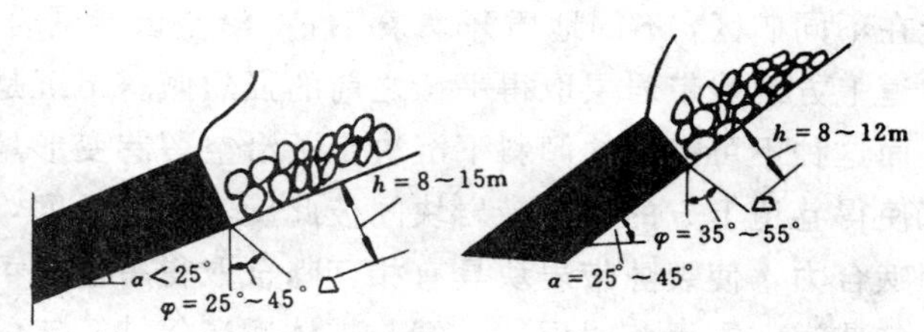

图 3－3－15 区段岩石集中平巷的合理位置

由图 3－3－15 可见，仅根据 h 值还不能完全保证巷道不在应力升高区域内，还必须使巷道布置在压力传递影响角 φ 以外。影响 h 和 φ 值的主要因素是：支承压力的大小，煤层底板岩石性质和地质构造。支承压力愈大，h 和 φ 值都将随之增大。而支承压力的大小，又受开采深度、煤层厚度、倾角、顶板岩石性质、煤柱尺寸和煤的硬度等影响。当底板岩石比较坚硬时，支承压力在煤层底板岩石中传递的深度比较小，同时围岩本身抵抗变形的能力也较强，这时 h 和 φ 值都比较小些。因此，集中巷应选在比较坚硬的稳定的底板岩石中，一般布置在底板为砂岩或石灰岩中较好。同时还要注意地质构造的影响，例如断层的破坏严重时，也会减弱岩石的强度，增加巷道围岩的变形。如岩石遇水软化，膨胀或容易风化时，对巷道维护是极为不利的。

四、无煤柱开采沿空留巷

无煤柱开采技术是采煤方法的一项重大技术改革，对于提高煤炭采出，改善巷道维护、降低掘率，对避免因煤柱和丢煤等引起的井下灾害有明显的效果，随着无煤柱开采技术的应用和发展，使采区巷道的布置等诸多方面产生了相应变化。

沿空留巷是无煤柱开采时普遍使用的一种无煤柱护巷方式。当前，对沿空留巷的围岩活动规律以及沿空留巷的支架围岩关系已基本了解，从而为无煤柱开采沿空留巷的支护创造了有利条件。根据我国无煤柱开采的实践经验，沿空留巷比沿空掘巷有许多技术优越性，当条件允许，经济合理时，宜采用沿空留巷。

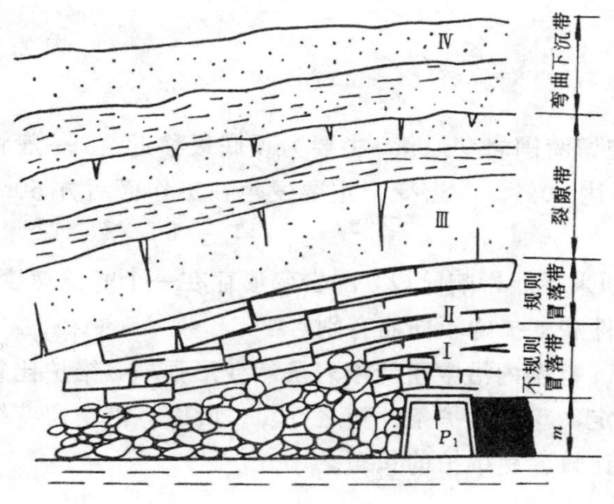

图 3－3－16 采空区上覆岩层沉降状况

（一）沿空留巷的围岩变形分析

1. 沿空留巷围岩变形特征

采空区顶板活动的结果是自下而上形成如图 3－3－16 所示的Ⅰ～Ⅳ变形带。Ⅰ是与煤层相邻的直接顶板不规则冒落带；Ⅱ是不规则冒落带上部岩层的规则冒落带；Ⅲ是冒落带上岩层以梁形式构成的裂隙带；Ⅳ是裂隙带上岩层的弯曲下沉带。

沿空留巷和回采面均位于采空区边界和煤体的交界处，其一侧受到煤壁和支护系统的支撑，导致顶板倾斜下沉，表明沿空留巷和回采面具有某些相同的围岩变形和支护荷载特征。尽管在不同矿区，不同地质开采条件下，沿空留巷围岩变形量有所不同，但变形规律是一致的。巷道上方裂隙带岩层取得平衡之前的强烈倾斜下沉是影响沿空留巷巷道变形的决定因素，一方面这种不可控制的倾斜下沉决定了沿空留巷变形量的大小，另一方面正是由于这种倾斜下沉使得巷道上方的裂隙带岩块间彼此旋转一个角度，产生较大的水平推力，进而增大了岩块间啮合力，使裂隙带岩块具有相互啮合取得平衡的可能。

巷道上方冒落岩层，一端与煤体侧还保持一定的联系，另一端则和采空区冒落矸石失去联系，因此，不存在类似裂隙带岩层两端均有联系并能维护自身平衡的状态。巷道支护的主要作用是维持其上方易落带岩层的平衡和稳定。

沿空留巷围岩变形随第一回采工作面接近和远离，经历一个由稳定状态到强烈活动又重新稳定的过程。在第二工作面接近时，巷道变形再次强烈。沿空保留的区段平巷的维护过程可分为六个阶段，各阶段的范围与巷道变形如表3－3－2所示。

表3－3－2 沿空留巷和维护阶段与围岩变形

巷道维护阶段	第一次工作面前方		第一次工作面后方			第二次工作面前方
	不受回采影响	回采影响	回采强烈影响	缓 和	重新稳定	二次采动影响
范围（m）	～20	20～0	0～－60	－60～－100	－100～	40～0
顶底板移近速度（mm/d）	<1	$V=5$	$V=10$ $V_{max}=20\sim30$	$V=3$	<1	$V=15$ $V_{max}=30\sim40$
顶底板移近量（mm）		50	200～300			200

注：V—该阶段平均速度；V_{max}—该阶段最大速度。

沿空留巷围岩变形的主要特征：

(1) 在工作面后方100m范围内的沿空留巷围岩变形量（主要为顶底板移近量）一般将会达到巷道高度的10％以上，个别情况下可达50％。巷道变形主要发生在工作面后方50m以内。

(2) 峰值速度区。在第一工作面后方回采强烈影响阶段，围岩变形存在一个峰值速度区，峰值速度区的位置和峰值大小依据围岩条件和支护的不同而有别。

(3) 重新稳定阶段。在工作面后方50m范围内沿空留巷围岩虽然变形强烈，维护比较困难，但该范围有限，最终仍能达到重新稳定，巷道维护条件随之好转。所以，沿空留巷维护困难的阶段是比较短的，大部分时间处于比较容易维护的状态。

2．沿空留巷围岩变形构成

如图3－3－17所示。

沿空留巷道的总变形量Δh主要是由围岩变形三部分构成：

$$\Delta h=\Delta h_1+\Delta h_2+\Delta h_3$$

式中　Δh_1——老顶裂隙梁的弯曲下沉量；

Δh_2——直接顶板岩层破碎，下沉后的离层高度；

Δh_3——底板鼓起高度。

沿空留巷的矿压观测显示，在足够的支护阻力下，直接顶离层引起的下沉量 Δh_2 是很小的，此时围岩变形中顶板沉降部分主要由老顶弯曲下沉引起。这部分下沉是整个老顶形成裂隙梁式平衡引起的，其大小取决于老顶的岩性，与原始应力无直接关系，即与采深无直接联系。这一特性是沿空留巷的变形特征不同于保留煤柱护巷的根本原因。

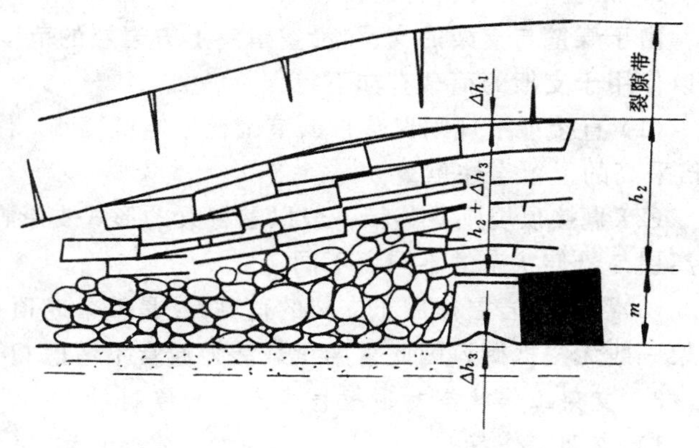

图 3－3－17　沿空留巷围岩变形构成

巷道支护阻力不足时，直接顶离层引起顶板下沉量 Δh_2 是相当可观的，严重时可达到老顶下沉量的一倍以上。

巷道底鼓是由于底板在高应力作用下发生塑性变形或破坏，从而向自由空间发生移动的结果。

3. 无煤柱开采沿空留巷支架工作状态

由于沿空留巷在工作面后方受到回采的影响，沿走向支架工作阻力出现明显变化，其变化过程可分为三个阶段。

1）增阻阶段

在工作面后方附近，由于巷道顶板移近显著增加，支架工作阻力不断上升，直到达到高峰值。这一阶段反映了支架工作阻力随顶底板移近量的增加而增大的过程，为增阻阶段。

增阻阶段的支架工作状态好坏，主要取决于支架实际工作的增阻速度。

2）恒阻阶段

支架增阻结束后，支架工作阻力不再增加，稳定在某一数值，这一阶段反映支架工作的稳定状态，为支架的恒阻阶段。

恒阻阶段支架工作状态的好坏，主要由其工作阻力大小与稳定程度来衡量。

3）外载稳定阶段

在工作面后方 100m 以远，巷道围岩活动基本稳定，支架承受的压力由动载变为相对稳定的静载，为外载稳定阶段。

外载稳定阶段周期较长，支架工作状态的好坏主要由其长时工作的稳定来衡量。在增阻阶段和恒阻阶段，支架工作阻力主要取决于支架的实际工作能力。在外载稳定阶段，支架工作阻力主要取决于围岩稳定平衡后的荷载。

（二）沿空留巷支架荷载的构成以及对顶板岩层活动的控制

1. 沿空留巷支架荷载的构成

沿空留巷维护在采空区边缘，支架荷载受三带岩层活动的制约，即有三个构成部分。

(1) 煤层相邻的直接顶板的不规则冒落带，岩层自重为 Q_1。

(2) 不规则冒落带上部岩层的规则冒落带，岩层给支架的荷载为 Q_2。

(3) 冒落带之上岩层以梁形式构成裂隙带，岩层给支架的荷载 Q_3。

2. 沿空留巷支架荷载的特点

由于煤壁与支架的支承，沿空留巷上方岩层的范围和活动状态与采空区中央有一定区别，所以作用于支架的荷载有如下特点：

(1) 直接顶不规则冒落带的范围比采空区要小，作用于支架的荷载 Q_1 亦较小。一般小于2倍采高的上覆岩柱重量。

(2) 直接顶规则冒落带一般以悬臂梁的形式支承在煤壁上，所以作用于支架的荷载 Q_2 随其离层与悬伸状态的不同而不同。

(3)裂隙带岩层作用于支架的荷载 Q_3 是整个老顶平衡运动的结果，比 Q_1 和 Q_3 要大得多，支架一般无法抵御，因此支架承载能力通常不考虑 Q_3。

3. 支架工作状态对顶板岩层活动的控制

1) 支架工作状态

根据支架荷载的构成，支架工作状态有以下三种。

(1) $P \geqslant Q_1 + Q_{2max}$

式中 P——支架工作阻力；

Q_1——不规则冒落带岩层自重；

Q_{2max}——规则冒落带岩层可能给支架的最大荷载。

此时为支架最理想的工作状态，支架除支承不规则冒落带岩层的自重外，还可使规则冒落带岩层基本不发生离层和维护老顶平衡状态。

(2) $P = Q_1$

支架处于这种工作状态下，只支撑不规则冒落带岩层的自重，规则冒落带岩层由于没有支承而发生最大限度的离层，支架不能较好的控制顶板下沉和维护巷道。

(3) $Q_1 < P < Q_1 + Q_{2max}$

此时，支架工作状态处于前述两种状态之间。随支架工作阻力增加，控制规则冒落带岩层的能力随之增强，一般情况下，沿空留巷支架大多处这种工作状态。

2) 支架工作状态对顶板岩层活动的控制

支架工作状态对巷道顶板岩层活动确有一定的控制作用，即支架平均阻力高，增阻速度快，工作状态好，其顶板随上方较高层位的岩层沉降规律而活动。工作状态差者，则按较低层位的岩层沉降规律而活动。

因此，沿空留巷支架工作状态的好坏，也可由巷道在工作面后方顶板移近速度峰值的大小与位置来衡量。

由此可见，沿空留巷支架工作状态对规则冒落带岩层活动有一定控制作用，尤其是在工作面后方附近。所以，合理选择支架和其力学参数能最大限度地控制巷道顶板移近量，改善巷道的维护条件。

(三) 无煤柱开采沿空留巷支护

由沿空留巷围岩变形规律，支架工作阻力变化规律以及荷载构成分析可见，沿空留巷支架只有在适应围岩变形规律的基础上控制围岩变形，因此对支架有一定的要求。为了适应沿空留巷条件下“支架——围岩”相互作用的特点，支架不仅要有足够的工作阻力，而且要有与围岩移近量相适的可缩量，据统计，沿空留巷的支架工作阻力应大于巷道上方4倍采高的冒落带岩层重量。支架的结构可缩量，对于围岩中等稳定条件一般可为400～600mm，对于分层开采的下部各分层应达到600～800mm。加上临时加强支柱，较快的增阻速度。使支架可缩、稳定，具有与巷道围岩共同作用过程中仍能保持支架本身的工作特性。

（四）沿空留巷巷道布置方式及其维护

沿空留巷时区段之间只有一条巷道，故其巷道布置简单，但巷道维护困难。采区内工作面区段间采用顺采时可采用沿空留巷布置方式，区段间采用跳采时，不宜采用沿空留巷方式布置，否则，巷道维护时间较长。

沿空留巷时，巷道布置方式一般有：前进式沿空留巷，后退式沿空留巷和往复式沿空留巷等。目前多采用后退式沿空留巷布置，即工作面采用后退式开采，区段运输巷道仍沿实体煤层掘进，采后留巷，用作下一区段的回风巷。

沿空留巷道布置和维护方式有：无巷旁支护的沿空留巷，矸石带护巷，木支垛护巷、密集支柱护巷的沿空留巷，砌筑预制构件支护沿空留巷，速凝材料巷旁充填沿空留巷及厚煤层无巷旁支护沿空留巷等。

在选择留巷方式时应根据煤层厚度，顶底板条件等确定，为了加强巷道支护，改善其维护条件，也可以采用多种形式的联合支护，如可缩性支护与封闭式支护结合。在回采工作面前后方采动压力强烈影响区内可增加支柱，支垛等加强支护，以及根据需要采用各类型式的巷旁支护等。

经过多年的开采实践，沿空留巷的巷道支护技术有了较大的发展，支护中存在的一些技术问题得到了不同程度的解决。可缩性支护，新的锚杆支护理论的应用和锚杆支护工艺的改进，以及多种形式的联合支护技术的采用等，已为沿空留巷巷道支护提供了新手段，巷旁支护技术日趋完善，改善了沿空留巷巷道的支护状况。

第二节　煤层群分组开采和采区巷道联合布置

在我国煤炭资源中，绝大多数煤田是多煤层赋存，因此，如何正确合理地进行煤层群开采设计，是这类煤田矿井设计中几乎都要遇到的问题，鉴于煤层赋存条件各异，如煤层倾角、厚度、层间距、煤质、自然发火和瓦斯情况等，千差万别。在开采煤层群时，采用适当的方式将各煤层联系起来，进行联合布置，不仅可以扩大采区储量，延长采区服务年限，减少采区搬家次数，还可以减少掘进量和维护量，降低掘进率，提高回采率，亦可增加采区生产能力，减少井下同时生产的采区个数，实现井下集中生产。与单层布置相比具有较大的优越性。

当矿井开采煤层层数较少，且层间距又较近的煤层群时，可以将所有煤层联合布置。当矿井开采的煤层群煤层数多达十多层，甚至几十层的，或者开采层间距较大的煤层群时，应根据煤层间距、煤层倾角等因素综合考虑，将煤层群分为若干组，每一组内的若干煤层进行联合布置。

多年的开采实践证明，煤层群采区巷道联合布置是提高矿井集中生产程度的重要措施之一。在开滦、鹤岗、平顶山、大同、阳泉等许多矿区采用采区巷道联合布置收到了好的经济效益。

综上所述，本节就煤层群开采的普遍性，多种开采方式的共性作一些介绍。

一、煤层群分组的主要依据

（一）煤层赋存状态及地质构造条件

1. 煤层厚度

分组煤层厚度应选择厚度较大、赋存稳定的主要可采煤层以保证均衡生产。在一定合理的经济范围内，邻近主要可采煤层上、下较薄的煤层或局部可采煤层应并入为一组。同时分组煤层层厚和储量搭配要合理，尽量使各分组煤层的总厚度大致相等，以使产量配备较为稳定。

2. 地质构造条件

对于断层多，地质构造复杂的煤层群，考虑到以下情况宜将联合煤组划小。

(1) 各煤层（或煤组）区段划分不易一致。

如联合煤组划分过大，对于断层多，构造复杂的煤层（组）或块段，将造成一些不必要的巷道联系，工程量大，系统复杂，使生产被动。

(2) 由于受地质构造的限制，采区生产能力不能增大，并易导致采区服务年限拖长，增加采区巷道维护时间和维护费用。

（二）煤质条件

相同煤种的煤层，尽可能划为一组进行联合布置，煤质不同的煤层，如有配采的需要，而无分采分运的要求时，可根据其层间距等条件划为一组作联合布置，如有分采分运的要求时，宜将同样煤质（动力煤和焦煤）的煤层列为一组，以便分采、分运、分提，有利于提高煤质，对个别有价值的特殊煤种的煤层，根据需要一般应单独划出作单层布置。

（三）压茬关系

对于倾斜、缓倾斜煤层群，当上、下煤层（或小煤组）间，同一区段回采存在压茬关系时，可将上、下煤层（或煤组）划为一组作联合布置。当同一区段各煤层回采没有压茬关系时，上、下煤层（或煤组）是否划为一组作联合布置，应经过技术、经济比较确定。

（四）安全条件

当煤层群中存在易于自然发火且发火期特别短或有高瓦斯和煤与瓦斯突出或严重水患威胁的煤层（组）时，应按照有利于安全开采的原则对煤层群进行合理分组。为了排放瓦斯和开采保护层，对于高瓦斯煤层和有煤与瓦斯突出煤层，可以同相邻的煤层作分组联合布置，但联合的煤层层数不宜过多，以减少对其他煤层的影响。如无安全措施上的需要，在一般情况下应尽量把上述那些安全条件较差的煤层（组）与安全条件较好的煤层（组）分开，或分别作为一组联合布置，或作单层布置。

（五）投产时间要求

若煤层群内包含的煤层层数较多，其各煤层间距又不大，尽管有条件作大联合布置，但是为了减少初期工程量，缩短采区投产时间，减少初期投资，可把整个煤层群分开，分别布置采区，选择开采条件较好的煤层单层布置投产采区。

（六）其他要求

为了避免上、下煤层和煤组互相干扰，简化配采关系，同时开采的煤组不宜超过两组，各组内包含的煤层数，一般不宜超过 3～4 层，同时开采的层数不超过两层。

在实际工作中，要求煤层分组完全符合以上条件是很难的，应当抓住影响煤层分组的主要矛盾，使煤层分组合理。

二、采区巷道联合布置的适用范围

在煤层群分组开采缓倾斜、倾斜、急倾斜煤层群时，一般用区段石门将分组煤层联合起来，形成联合采区。

一般情况下，煤层层间距和煤层倾角是影响煤层分组的主要因素，因此煤层群分组的依据基础是区段石门长度，所以在进行煤层群分组时要进行技术、经济比较后确定。

区段石门的适宜长度 h_y，可用下式表示：

$$h_y=\frac{D-G}{(N+1)\ (j_y^1+W_yt)\ +\frac{1}{2}ZNY_y} \tag{3-3-1}$$

式中 h_y——区段石门长度，m；

D——单层布置时各采区上山、采区车场、硐室的掘进、维护费、上山及采区石门的运输费，设备（包括安装）费的总和，元；

G——联合布置时采区上山、采区车场、硐室的掘进、维护费，上山及采区石门的运输费，设备（包括安装）费的总和，元；

N——区段石门数目，个；

j_y^1——区段石门的平均掘进费单价，元/m；

W_y——区段石门的平均维护费单价，元/m·a；

t——区段石门的平均服务年限，a；

Z——区段可采储量，t；

Y_y——区段石门运输费单价，元/t·m。

在分组开采煤层倾角小、层间距大或近似水平的煤层群时，可分别将一组共用采区上（下）山巷道分别布置在不同煤层中。

通常将运输机上（下）山布置在分组下部煤层中，回风上（下）山布置在分组上部煤层中，再根据分组中煤层的具体情况，在相应煤层中布置辅助运输上（下）山，形成共用采区上（下）山的分煤层平巷联合布置方案，采区内各煤层巷道完全是独立的，这在开滦、大同、阳泉等矿区应用较多。它适应了综合机械化开采的需要，具有系统简单，生产集中，岩石工程量少等特点。如果两层或几层煤相距很近时，特别是当几个相距很近的煤层同时回采时，则不仅可以共用采区上（下）山，而且还可以共用区段运输平巷和回风平巷，即采用采区上（下）山和区段平巷共用的区段集中平巷联合布置方案，如淮北局杨庄矿采用一煤一岩区段集中平巷联合布置方式，淮南局谢家集三矿采用同标高双岩石区段集中平巷布置方式。

实际上，在联合布置的采区中，由于各煤层间距大小不等，其中某几层煤相距很近，适合采用区段集中平巷布置，而其余几层煤可能相距较远，则只适合采用分煤层区段平巷布置。因此，在这种情况下，可根据实际条件采用上述两种联合布置的综合方式，这样可以更充分地发挥联合布置采区的优越性。

现就采区上山和区段平巷联合布置与单层布置作一些经济上的比较，用以说明采区巷道联合布置的经济效果与适用范围。

1. 采区上（下）山布置

1）采区上（下）山布置和费用计算

为了便于对比采区上（下）山单层布置与联合布置问题，以开采缓倾斜、倾斜的薄及中厚煤层群为例，煤层厚度为m_1、m_2、m_3……合计为Σm（m），最上和最下面煤层之间的距离为h（m），其中当有厚煤层采用倾斜分层开采时，可将每个分层作一层煤，其间距为零。

采区上（下）山布置以下述三个方案为基础，进行计算：

方案Ⅰ——单层布置，即每层煤布置采区上（下）山，采区生产能力按两个回采工作面同时生产计算；

方案Ⅱ——多层联合布置，即将采区上（下）山布置在最下一层煤层以下10m处的底板岩石中，采区生产能力仍按两个工作面同时生产计算；

方案Ⅲ——多层联合布置，上(下)山布置与方案Ⅱ相同，但采区生产能力比方案Ⅱ大K倍。

当联合布置采用煤层上（下）山时，除费用单价外，计算式与岩石上（下）山相同，不再另列方案。

不同的采区上（下）山布置方案其费用计算列于表3－3－3，按双翼采区计算巷道掘进、巷道维护和煤炭运输三项主要费用。

2）采区上山联合布置的选择

概括上述三项主要费用，为取得较好的经济效果，采区上山联合布置的适用条件如表3－3－4所示。

表3－3－3　采区上山布置方案费用计算

费用项目（单价）	方案Ⅰ	方案Ⅱ	方案Ⅲ
巷道掘进费： 采区上山、煤J_1 岩J_2	$2nHJ_1$ —	— $2HJ_2$	— $2HJ_2$
联络巷、岩J_3	—	$(h+10)\left\{\frac{1}{\sin\alpha}+\frac{1}{\sin(\alpha+30)}\right\}\cdot\left(\frac{H}{l}-1\right)J_3=k\left(\frac{H}{l}-1\right)J_3$	$(h+10)\left\{\frac{1}{\sin\alpha}+\frac{1}{\sin(\alpha+30)}\right\}\cdot\left(\frac{H}{l}-1\right)J_3=k\left(\frac{H}{l}-1\right)J_3$
巷道维护费： （回采期间） 采区上山、煤W_1	$2nH\cdot\left(\frac{S_n}{2V_0}\cdot\frac{H}{l}\right)W_1=\frac{n\cdot S_nH^2}{lV_0}W_1$	—	—
岩W_2	—	$2H\cdot n\frac{S_n}{2V_0}\frac{H}{l}\cdot W_2=\frac{nS_nH^2}{lV_0}W_2$	$2H\cdot\frac{n}{K}\frac{S_n}{2V_0}\frac{H}{l}\cdot W_2=\frac{nS_nH^2}{KlV_0}W_2$
联络巷岩W_3	—	$(h+10)\left\{\frac{3}{2\sin\alpha}+\frac{1}{2\sin(\alpha+30)}\right\}\cdot\left(\frac{H}{l}-1\right)\frac{nS_n}{2V_0}W_3=k'\left(\frac{H}{l}-1\right)\frac{nS_n}{2V_0}W_3$	$(h+10)\left\{\frac{3}{2\sin\alpha}+\frac{1}{2\sin(\alpha+30)}\right\}\cdot\left(\frac{H}{L}-1\right)\frac{nS_n}{2KV_0}W_3=k'\left(\frac{H}{l}-1\right)\frac{nS_n}{2KV_0}W_3$

续表

费用项目（单价）	方案 Ⅰ	方案 Ⅱ	方案 Ⅲ
煤炭运输费： 采区上山 Y_1 或 Y_2	$l\Sigma m\gamma CS_n\left\{l+2l+\cdots+\left(\frac{H}{l}-1\right)l\right\}Y_1$ $=l\Sigma m\gamma CS_n\frac{H}{2}\left(\frac{H}{l}-1\right)\times Y_1$	$l\Sigma m\gamma CS_n\frac{H}{2}\left(\frac{H}{l}-1\right)Y_2$	$l\Sigma m\gamma CS_n\frac{H}{2}\left(\frac{H}{l}-1\right)Y_3$
联络巷（差价）Y_3	—	$l\Sigma m\gamma CS_n\left(\frac{H}{l}-1\right)\frac{h+20}{2\sin(\alpha+30)}Y_3$	$l\Sigma m\gamma CS_n\left(\frac{H}{l}-1\right)\frac{h+20}{2\sin(\alpha+30)}Y_3$
符号注释	H—采区倾斜长度，m； S_n—采区走向长度，m； l—分阶段斜长，m； n—煤层数目； α—煤层倾角，(°)； V_0—回采工作面年推进度，m/a； γ—煤的视密度，t/m³； C—回采率； J—巷道掘进费单价，元/m；	W—巷道维护费单价，元/t·m； Y—运输费单价，元/t·m； h—煤层层间距离，m； Σm—可采煤层总厚度，m； K—Ⅲ方案与Ⅱ方案生产能力之比 $k=(h+10)\left\{\frac{1}{\sin\alpha}+\frac{1}{\sin(\alpha+30)}\right\}$； $k'=(h+10)\left\{\frac{3}{2\sin\alpha}+\frac{1}{2\sin(\alpha+30)}\right\}$	

表 3－3－4 采区上山联合布置的适用条件

项 目	采区上山联合布置的条件（通式）		一般条件下，方案Ⅲ的适用条件
	方案Ⅲ	方案Ⅱ	
减少巷道掘进费的要求	$n>\frac{J_2}{J_1}+a\frac{J_3}{J_1}, a=\frac{K}{2}\left(\frac{1}{l}-\frac{1}{H}\right)$ $h<\frac{2\left(n-\frac{J_2}{J_1}\right)}{\frac{J_3}{J_1}\left(\frac{1}{l}-\frac{1}{H}\right)\left\{\frac{1}{\sin\alpha}+\frac{1}{\sin(\alpha+30)}\right\}}-10$	同方案Ⅲ	当$\frac{J_2}{J_1}=3, \frac{J_3}{J_1}=1.5$时 $n>4$ $h<25\sim75\text{m}$
减少巷道维护费的要求	$h<\frac{2H\left(K\frac{W_1}{W_2}-1\right)}{\left(1-\frac{l}{H}\right)\left\{\frac{3}{2\sin\alpha}+\frac{1}{2\sin(\alpha+30)}\right\}}-10$	$h<\frac{\left(\frac{W_1}{W_2}-1\right)}{\left\{\frac{3}{2\sin\alpha}+\frac{1}{2\sin(\alpha+30)}\right\}}\cdot\frac{2H}{\left(1-\frac{l}{H}\right)}-10; W_1>W_2$	h可以很大，基本上不受限制
减少运输费的要求	$h<H\frac{Y_1-Y_2}{Y_3}\sin(\alpha+30)-20$	增 加	$\frac{Y_1}{Y_2}=1.1$时 $h<50\sim60$ $\frac{Y_1}{Y_2}=1.2$时 $h<80\sim100$

注：符号含义同表 3－3－3。

2. 区段巷道布置

1）区段巷道布置和费用计算

（1）区段巷道布置方案。

区段巷道有单层布置和联合布置，单层布置时，分煤层布置区段平巷，一般为煤巷；联合布置时，在最下一层煤或在其底板岩石中布置区段集中平巷。这三种布置方式可分别由图3－3－18中a、b、c方案表示。其中n为可采煤层数目（厚煤层以分层数目计算），S_n为采区走向长度（m），按双翼采区考虑，采区一翼的走向长度为$\frac{S_n}{2}$，S_0为联合布置时区段石门（联络石门）或联络斜巷之间的距离（m）。

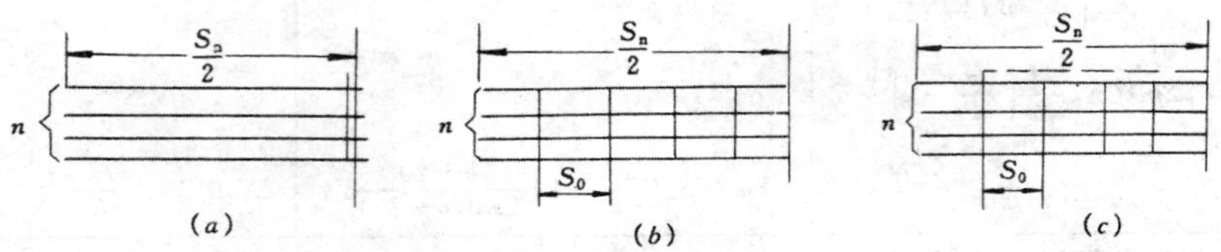

图3－3－18　区段巷道布置方案

a—单层布置；b—煤层集中巷的联合布置；c—岩石集中巷的联合布置

(2) 区段巷道布置方案费用计算见表3－3－5。

2) 区段岩石集中巷的适用范围

随着回采工作面单产的提高，特别是综采工作面的发展，区段甚至采区、矿井内同时生产的工作面数可能是一个，即$n_0=1$，工作面推进速度V_0和采区走向长度S_n也在增加。这些因素的变化对联合布置是否适合设置岩石集中巷影响较大。

(1) $n_0=1$时岩石集中巷的选用。

当区段内同采煤层（即工作面）数目为1时，系数$a_1=n-\frac{1}{2}$，$a_2=2n-\frac{1}{2}$，巷道维护费如下：

双岩巷　$$W_{Y双}\leqslant\frac{n}{2n-1}\cdot\frac{S_n}{S_n-2S_0}\cdot\frac{V_0+V_J}{V_J}W_m-\frac{4V_0}{(2n-1)\ S_n}\ (J_Y+K_0J'_Y) \qquad (3-3-2)$$

单岩巷　$$W_{Y单}\leqslant\frac{2n}{4n-1}\cdot\frac{S_n}{S_n-2S_0}\cdot\frac{V_0+V_J}{V_J}W_m-\frac{4V_0}{(4n-1)\ S_n}\ (J_Y+KJ'_Y) \qquad (3-3-3)$$

对比上面两式可见$W_{Y双}<W_{Y单}$，也就是说采用双岩巷时要求维护费单价下降的幅度比单岩巷时更大，且双岩巷比单岩巷掘进费增加一倍，而维护费的减少相近，所以在经济上双岩巷不如单岩巷有利，一般除技术上特别需要外不宜采用。

分析$n_0=1$时，单岩巷采用的条件式，可以看到在某一条件下费用单价已知时，n和S_n较大，V_0和K_0较小时有利于采用岩石集中巷。

(2) 层间距离的影响。

岩石集中巷所服务的煤层之间距离，也是联合布置的煤层间距h：

$$h=K_0S_0\sin\ (\alpha+\beta) \qquad (3-3-4)$$

式中　β——联络巷的倾斜角度。

上式表明层间距离大小与K_0值的大小成正比，在h值不变时，K_0值因平巷联系或斜巷联系而有所不同。分析选用岩石集中巷的关系式，显然K_0值愈小愈有利于采用岩石集中巷。

3) $W_Y=0$时的简单判别式

采用岩石集中巷的最有利情况是在回采期间不用维修，即$W_Y=0$。这时可得出岩石集中巷（单岩巷）的简单判别式。

表 3－3－5　区段巷道布置方案费用计算

费用项目（单价）	方　案　Ⅰ	方　案　Ⅱ	方　案　Ⅲ
巷道掘进费：			
煤巷　J_m	$n\frac{S_n}{2}J_m$	$n\frac{S_n}{2}J_m$	$n\frac{S_n}{2}J_m$
岩巷 J_y、J'_y	$K_0S_0J'_y$	$K'_0/\frac{S_n}{2}J'_y$	$\left(\frac{S_n}{2}-S_0\right)J_y+K_0\frac{S_n}{2}J'_y$
巷道维护费：			
煤层平巷　W_m	$\frac{nS_n^2}{8}\left(\frac{1}{V_J}+\frac{1}{V_0}\right)W_m$	$\frac{3S_nS_0}{4}(n-1)\left(\frac{1}{V_J}+\frac{1}{V_0}\right)W''_m$	$\frac{3S_nS_0}{4}n\left(\frac{1}{V_J}+\frac{1}{V_0}\right)W'_m$
超前煤巷　W''_m	—		—
集中巷（煤）W'_m	—	$\frac{S_n-2S_0}{4}\left(\frac{S_n-2S_0}{2V_J}+\frac{a_1S_n}{V_0}+\frac{n_0-1}{2}\right)W'_m$	
（岩）W_y	—	—	$\frac{S_n-2S_0}{4}\left(\frac{S_n-2S_0}{2V'_J}+\frac{a_1S_n}{V_0}+\frac{n_0-1}{2}\right)W_y$
联络巷 W'_y	$\frac{K_0S_0}{2}\left(\frac{S_n}{2V_0}+\frac{n}{n_0}\cdot\frac{S_n}{2V_0}+\frac{n_0-1}{4}\right)W'_y$	$\frac{K'_0(S_n-S_0)}{2}\left(\frac{a_2S_n}{4V_0}+\frac{S_0}{V_0}+\frac{n_0-1}{4}\right)W'_y$	$\frac{K_0(S_n-S_0)}{2}\left(\frac{a_2S_n}{4V_0}+\frac{S_0}{V_0}+\frac{n_0-1}{4}\right)W'_y$
煤炭运输费：			
煤层平巷　y_m	$l_0\Sigma m\gamma C\frac{S_n}{2}\cdot\frac{S_n}{4}Y_m$	$l_0(\Sigma m-m_n)\gamma C\cdot\frac{S_n}{2}\cdot\frac{S_0}{2}Y_m$	$l_0\Sigma m\gamma C\frac{S_n}{2}\cdot\frac{S_0}{2}Y_m$
集中巷　y_y	—	$\left[l_0(\Sigma m-m_n)\gamma CS_0\frac{S_n}{4}\left(\frac{S_n}{2S_0}-1\right)+l_0m_nC\gamma\frac{S_n^2}{8}\right]Y_y$	$l_0\Sigma m\gamma CS_0\frac{S_n}{4}\left(\frac{S_n}{2S_0}-1\right)Y_y$
联络巷 Y'_y 或 Y_m	$l_0\Sigma m\gamma C\frac{S_n}{2}\cdot\frac{K_0S_0}{2}Y'_y$	$l_0(\Sigma m-m_n)\gamma C\frac{S_n}{2}\cdot\frac{K'_0S_0}{2}Y_m$	$l_0\Sigma m\gamma C\frac{S_n}{2}\cdot\frac{K_0S_0}{2}Y_m$
符号注释	K_0—层间联络巷道（石门或斜巷）长度与 S_0 的比值，煤层集中巷时为 K'_0； n_0—同时开采的煤层数目； n—煤层数目； Σm—可采煤层总厚度，m； l_0—回采工作面长度，m； V_0—回采工作面年推进度，m/a；　$a_1=\frac{n}{n_0}-\frac{1}{2}$； V_J—巷道掘进速度，m/a；　$a_2=\frac{n-n_0}{n_0}$； γ—煤的视密度，t/m³； C—回采率； J_m—煤层巷道掘进费单价，元/m； J_y，J'_y—分别为岩石巷道与石门掘进费单价，元/m； W_m—煤层巷道维护费单价，元/a·m； W_y—岩石巷道维护费单价，元/a·m； Y_m—煤层或分层平巷运输费单价，元/t·m； y'_y—集中平巷运输费单价，元/t·m； m_n—最下部煤层的厚度，m			

$$W_m \geqslant \frac{2V_0}{S_n n}\left(J_Y+K_0J'_Y\right) \tag{3-3-5}$$

（3－3－5）式表明当煤层平巷维护费单价 W_m 大于此式，而岩石集中巷又不用维修时，设置岩石集中巷是合理的。

三、采区巷道联合布置实例

（一）采区上山分煤层区段平巷联合布置实例

1）新汶矿务局孙村矿区段石门与斜巷相结合分组联合采区巷道布置（见图 3－3－19）

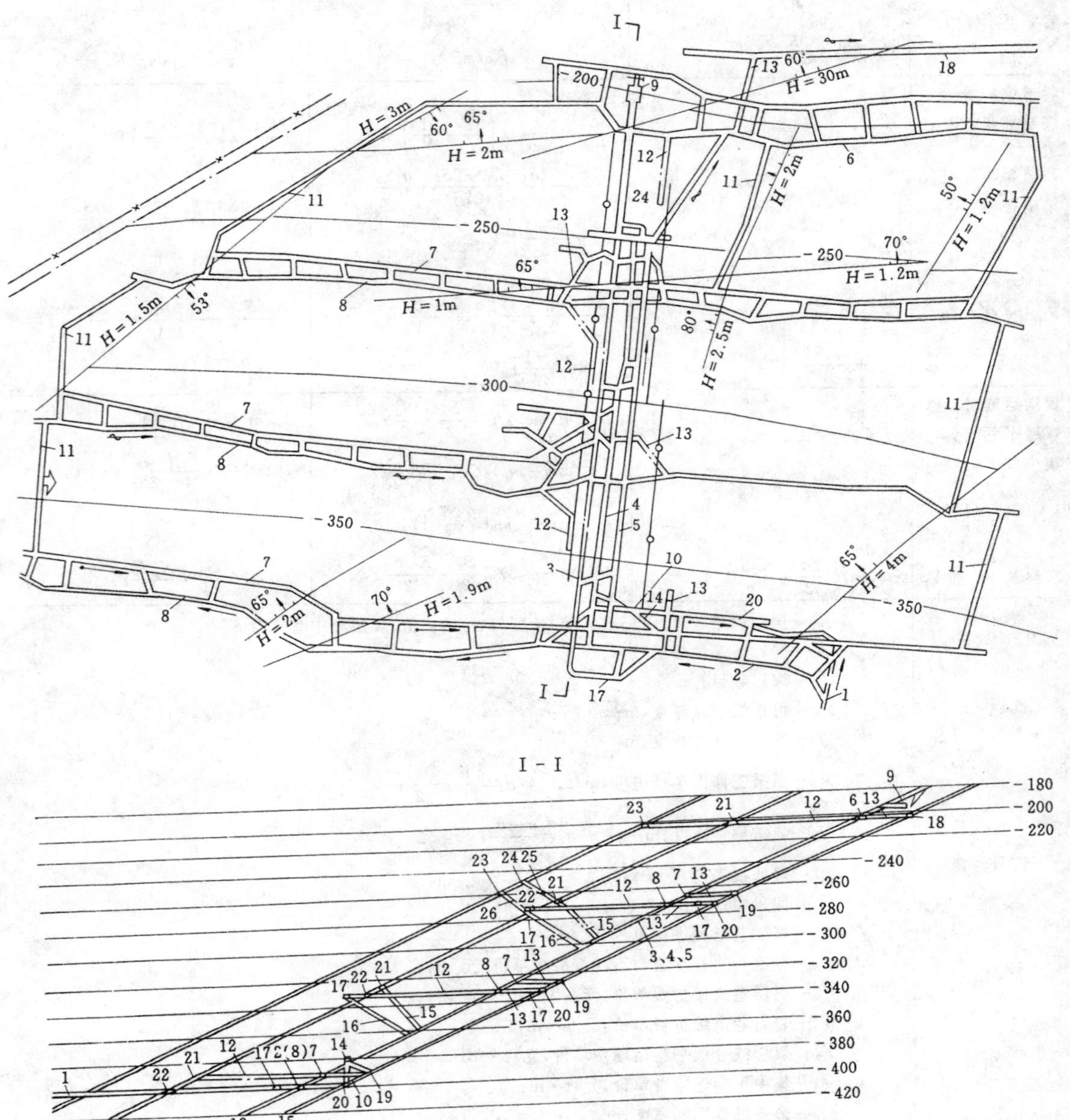

图 3－3－19　新汶矿务局孙村矿平石门与斜巷相结合分组联合采区巷道布置

1—－400m 贯穿；2—13 层东大巷；3—轨道上山；4—运输上山；5—通风行人上山；6—13 层东大巷（－210m）；7—13 层运输平巷；8—13 层回风平巷；9—绞车房；10—采区煤仓；11—开切眼；12—11 层联络石门；13—15 层联络石门；14—15 层上仓巷道；15—11 层溜煤斜巷；16—11 层回风斜巷；17—车场绕道；18—采区回风道；19—15 层运输平巷；20—15 层－400m 回风平巷；21—11 层运输巷；22—11 层回风平巷；23—9 层回风平巷；24—9 层运输平巷；25—9 层溜煤斜巷；26—9 层回风斜巷

（1）采区概况。

孙村矿某采区走向长平均900m，倾斜宽415m。地质储量231.6万t，可采储量202.2万t。开采煤层平均倾角25°。煤层赋存状况见表3—3—6。

表3—3—6 孙村矿煤层赋存特征表

煤层编号	煤层厚度（m）	层间距（m）	顶板岩性	底板岩性
9	0.37～0.68		页 岩	页 岩
		27		
11	1.9		砂页岩互层	页 岩
		40		
13	1.0		石灰岩	砂 岩
		15		
15	1.2		砂质页岩	页 岩

煤种为肥煤，视密度1.35t/m³。属低瓦斯矿井。煤尘有爆炸危险。煤层有自然发火倾向。该采区地质构造比较简单，无大的断层和褶曲。该采区东部边界，由于受边界断层的影响，断层裂隙比较发育。水文地质条件简单。

（2）采区巷道布置及分析。

孙村井田含煤共19层，可采的有2、3、4、6、9、11、13和15层8个煤层，其中3、6和9层局部不可采。由于煤层间距大小不一（4层与9层水平距离达200～300m），采用分组联合布置采区，2、3、4和6层划为一组称前组煤，9、11、13和15层划为一组称后组煤。本采区为—400水平后组煤东采区。由于11与13层煤的间距较大，因此四层煤作为一个分组大联合布置。也可9、11与13、15层分别划组小联合布置。本区采用分组大联合布置，即四层煤共用一套上山。设运输、轨道及行人、回风三条采区共用上山，均布置在围岩条件较好的13层煤中，因煤层间距较大，不设区段集中平巷，各煤层区段平巷采用双巷布置，运输平巷和轨道平巷之间留15～18m的区段煤柱，每隔50m用联络巷贯通。采区上山与区段平巷采用石门和斜巷相结合的联系方式。运料系统用区段石门联系，运煤系统中9、11层用溜煤斜巷，15层用回风石门；回风系统中9、11层用回风斜巷，15层用回风石门连通区段回风平巷与行人回风上山。

采区生产能力为25万t/a，服务年限为8.5a。采区沿倾斜划分为3个区段，区段斜长140m左右。同采工作面3个，采用走向长壁采煤法，由于煤层倾角较大等原因，除11层使用普采外，其他层均为炮采。采区回采率为82.2%，掘进率为176m/万t。

该区采用的后组煤大联合布置方式与分层布置及9、11层13、15层分别划组的小联合布置相比，增加了层间石门及斜巷的联系工程量及掘进费用，采区准备时间长。但是，巷道维护、设备维修和电力消耗等生产费用少，并减少了上山的数目及上山煤柱损失，生产管理集中，辅助人员少。

小联合布置需在11层布置上山，因围岩较软，维护困难，不利于正常生产，同时需留设上山煤柱，增加了煤炭损失。

采用平石门和斜巷相结合的层间联系方式，可以充分利用斜巷掘进工程量小，可以自溜运输、石门运料方便，具有系统简单的特点。

目前其他采区区段平巷的布置方式为无煤柱护巷，采用沿空留巷方法取消区段煤柱（－600 水平已开始应用）。

联合布置的适用条件与煤层赋存条件、大巷的布置方式、采掘接续等有关，主要取决于煤层间距。新汶矿区经验认为，若相邻两煤层的间距不超过所划分的工作面长度时，可采用联合布置。

2）大同矿务局同家梁矿盘区石门溜煤眼联合布置（见图 3－3－20）

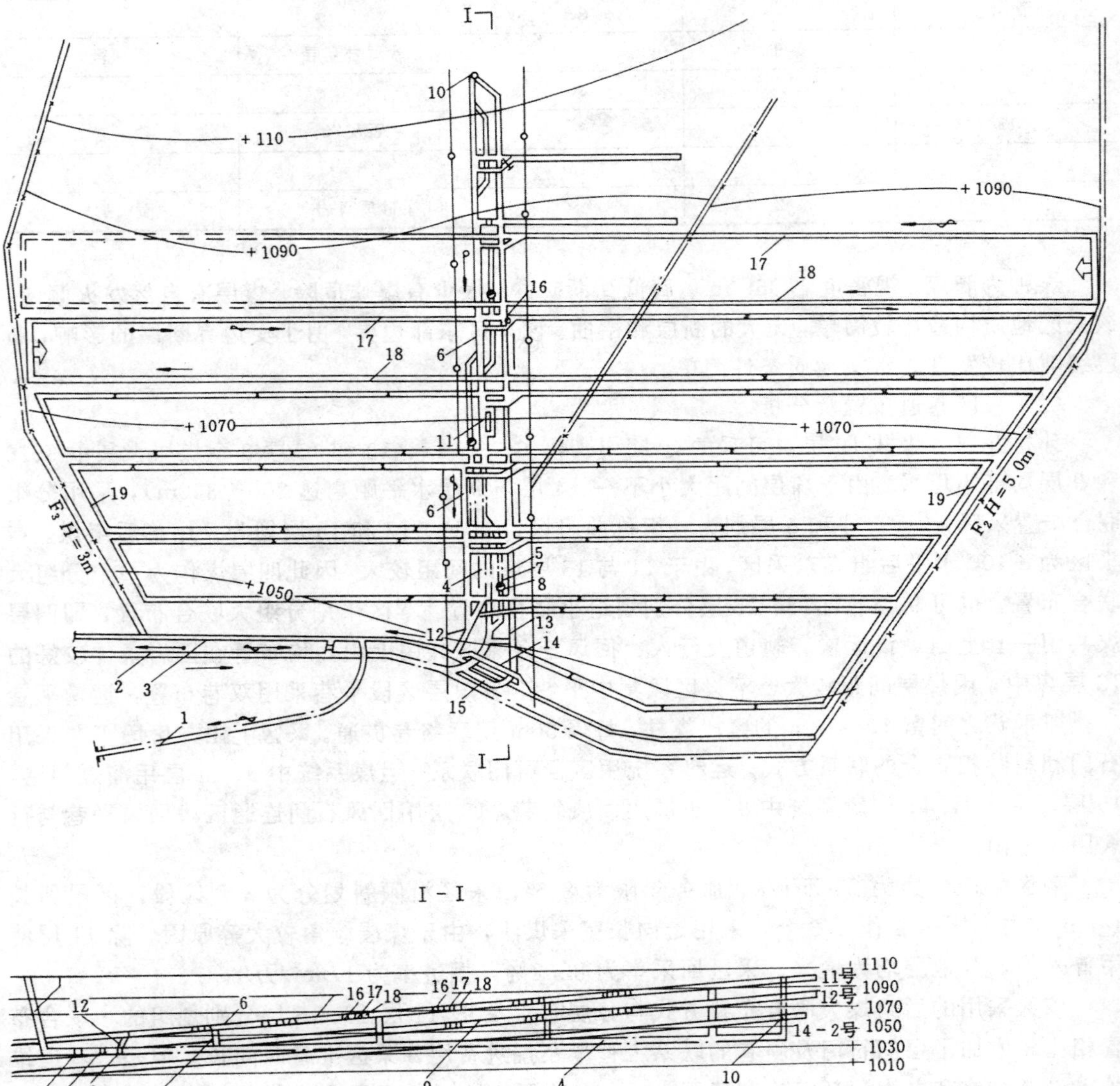

I－I

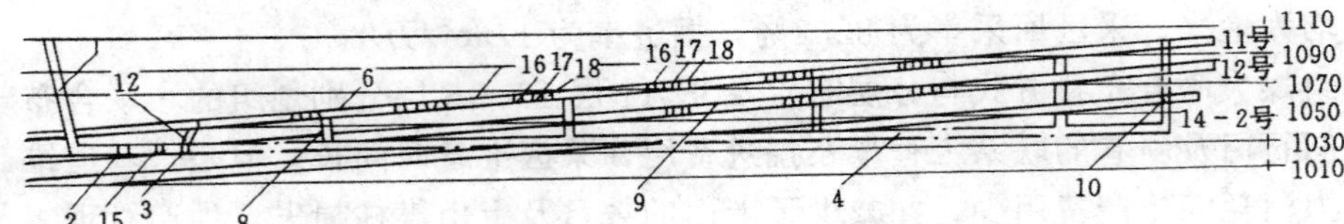

图 3－3－20　大同矿务局同家梁矿盘区石门溜煤眼联合布置

1—新一风井；2—1035 大巷；3—1035 副巷；4—303 盘区石门；5—11 号轨道上山；6—11 号回风上山；7—装车站绕道；8—区段溜煤眼；9—12 号轨道上山；10—石门尽头风眼；11—变电所；12—回风斜巷；13—12 号层联络巷；14—回风巷绕组；15—11 号 12 号层下部车场；16—回风联络巷；17—区段回风平巷；18—区段进风平巷；19—开切眼

（1）盘区概况。

本盘区开采 11 号、12 号和 14－2 号煤层。

水文地质简单，低瓦斯矿井，煤层自然发火期 1a，有煤尘爆炸危险，煤层倾角 3°～5°，埋藏稳定，仅在盘区中部有一条小断层，落差为 0.5m 左右。三层煤顶板均为整体砂岩，坚硬不

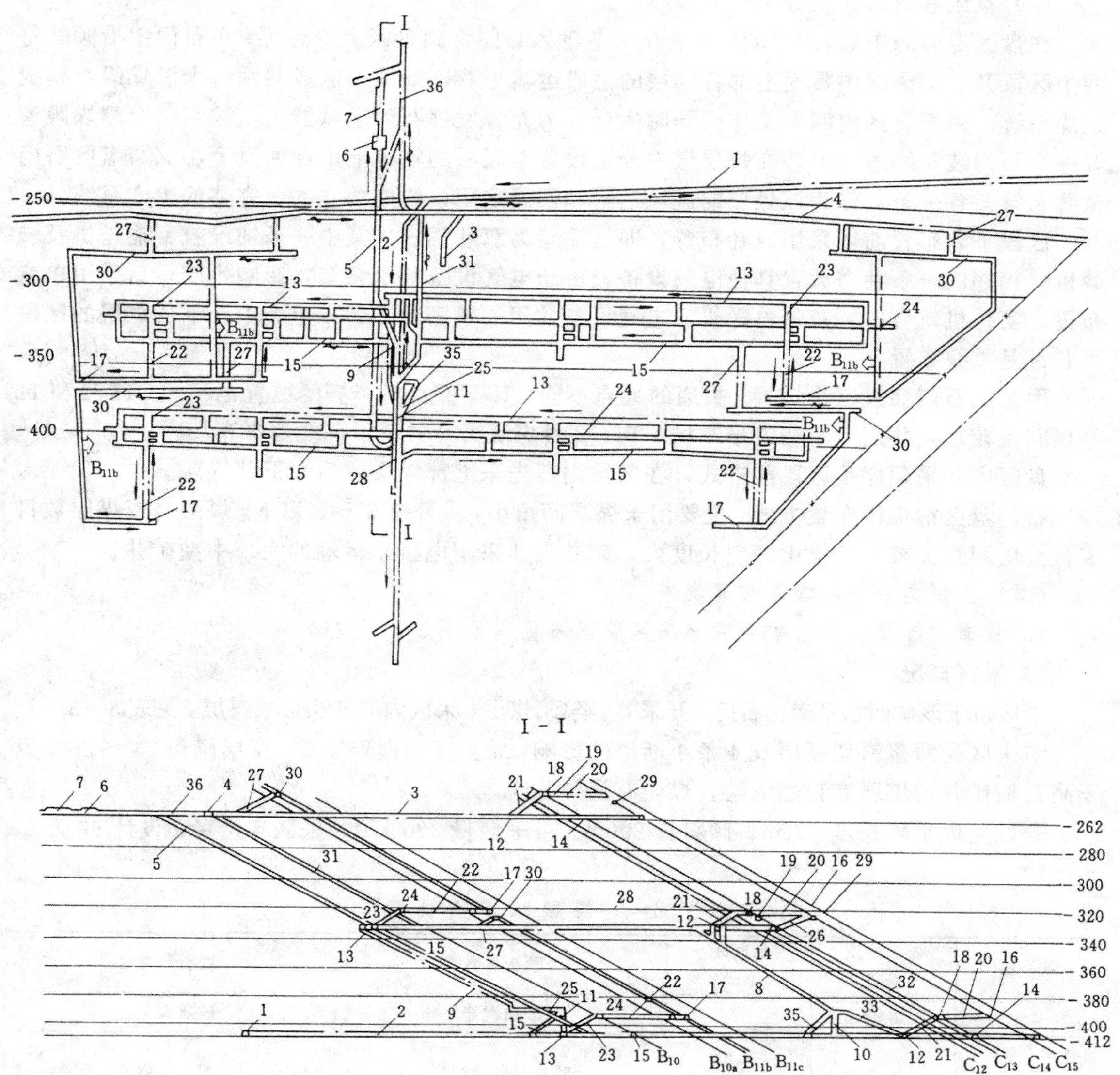

图 3－3－21　淮南矿务局新庄孜矿大联合采区巷道布置（B_{10} 等高线）

1—412mB_4 运输大巷；2—412mB_4－C_{14} 采区石门；3—262mB_{10}－C_{14} 回风石门；4—262mB_{10} 总回风道；5—采区轨道上山；6—采区绞车房；7—采区变电所；8—C 组运输上山；9—B 组运输上山；10—C_{12} 采区煤仓；11—B_{10} 采区煤仓；12—C_{13} 集中运输巷（集中回风巷）；13—B_{10} 集中运输巷；14—C_{12} 集中轨道巷；15—B_{10} 集中轨道巷；16—C_{14} 运输平巷；17—B_{11} 运输平巷；18—C_{13} 顺槽；19—C_{13} 提高风巷；20—C_{13-14} 运煤石门；21—C_{13-12} 溜煤眼；22—B_{11b} 运煤石门；23—B_{10} 溜煤及眼；24—B_{10} 运输平巷；25—运输石门；26—C_{13-14} 回风运料反眼；27—B_{10-11b} 回风投料反眼；28—B_{10}－C_{13} 轨道石门；29—C_{14} 风巷；30—B_{11b} 风巷；31—B_{10} 采区总回上山；32—C_{13} 通风上山；33—上仓运输斜巷；34—采区变电所；35—遇风斜巷；36—262mB_{11}－B_{14} 南二道石门

易垮落，呈大面积悬顶，垮落步距大，来压强度大，采后要进行强制放顶。

该区属盘区石门溜眼的巷道布置方式，盘区设计年产量45～60万t，实际生产能力达到100万t。同采工作面数3～4个，用普采和炮采工艺。盘区服务年限12a。

盘区走向长900～1300m，倾斜长800m，沿倾斜方向划分8个区段。盘区掘进率为120m/万t，回采率在70%以上。

(2) 盘区巷道布置及分析。

在盘区走向的中部，从1035大巷开一条盘区石门直到盘区上部边界，在石门中沿倾斜每两个区段开一个溜煤眼贯通上部各煤层的区段运输平巷，即两个区段共用一个溜煤眼，构成运煤系统。由于盘区内四个工作面同时生产，为充分发挥石门运输能力，故在每个溜煤眼旁开一个石门装车绕道。另外在每层煤中分别设置本煤层的轨道上山和回风上山（与盘区石门重叠布置）各一条，作为该煤层的进风运料和回风之用，构成独立的、完整的生产系统。

区段平巷布置前期采用双巷布置，即运输巷为双巷掘进，其中一条铺设胶带输送机及转载机，相邻的一条巷道放置其他电气设备，由于电气设备移动频繁，影响生产，后采用单巷布置，实行机轨合一，胶带输送机、电气设备共用一条区段平巷。上、中、下各煤层的区段平巷都是重叠布置。

因盘区石门穿过三个煤层，贯通的地点不同，其下部材料车场的位置也不同，11号和12号煤间距较近，共用一个绕道平车场，14—2号煤层另开材料下部绕道平车场。

盘区内开采顺序是区段前进式，在区段内，先采上部煤层，后采下部煤层。

石门盘区溜煤眼布置方式，主要用于煤层倾角小，最好是3°～5°以下，煤层厚或煤层数目多，且层间距又较近，上山倾斜长度大，矿井大巷采用电机车运输的大、中型矿井。

(二) 区段集中平巷联合布置实例

1. 淮南矿务局新庄孜矿大联合采区巷道布置（见图3－3－21）

1）采区概况

采区位于该矿四水平南三石门，开采B_{10}至C_{14}煤层，采区内有5个可采煤层，见表3－3－7。

该采区受两条斜切断层及4条小断层的影响，北翼复杂南部简单，煤层倾角24°～26°，属于高瓦斯矿井，煤层有自燃危险，煤尘有爆炸危险。

采区走向平均长度620m，倾斜长290m。可采储量330万t。采区年产量：设计60万t，

表3－3－7　煤层赋存特征表

煤　层	煤层厚度(m)	层间距(m)	顶板岩性	底板岩性
C_{14}	0.92		砂质泥岩	砂质泥岩
		19.2		
C_{13}	6.3		砂岩与砂质泥岩	泥　岩
		77.5		
B_{11b}	4.9		砂质泥岩	泥　岩
		1.7		
B_{11a}	0.8		泥　岩	泥　岩
		25.1		
B_{10}	0.74		砂质泥岩	砂质泥岩

实际平均 61 万 t，最高 74.3 万 t。服务年限约 5.5a。

2）采区巷道布置及分析

采区巷道布置方式为采区上山和区段平巷集中联合布置方式。

轨道上山设在距 B_{10}煤层 15～18m 的底板岩石内。回风上山设在 B_{10}煤层中，为各煤层运

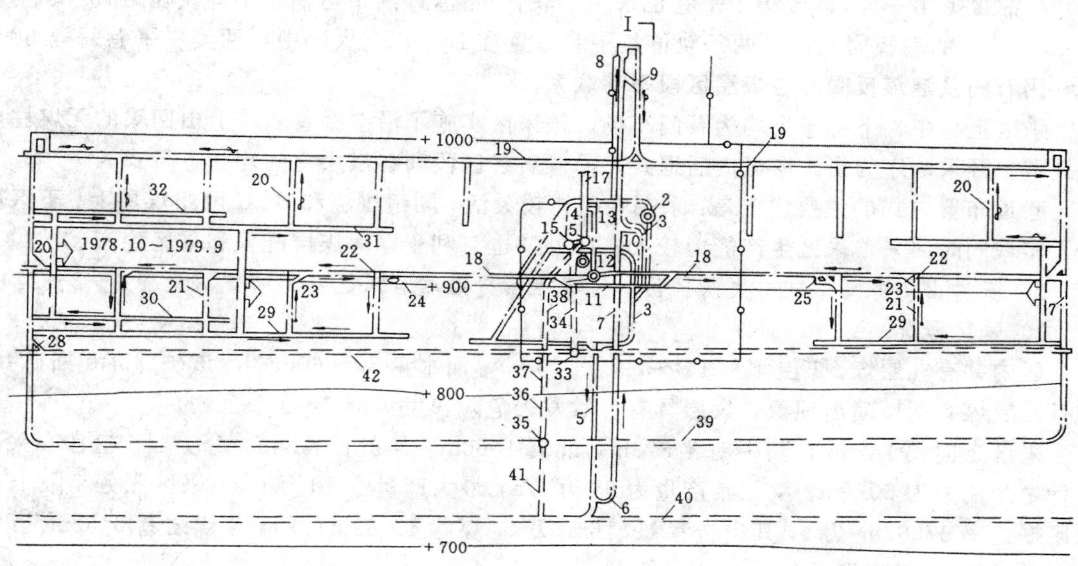

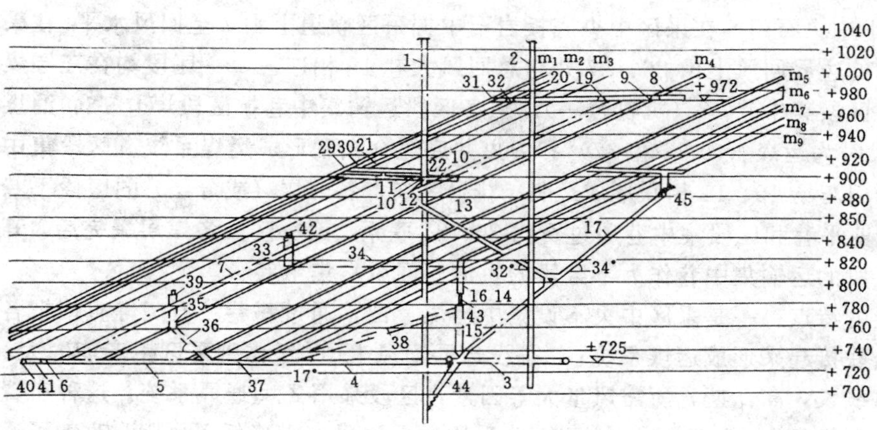

图 3－3－22 石嘴山矿务局二矿中央采区两翼边界上山分组联合采区巷道布置（三煤层底板等高线）

1—主井；2—副井；3—井底车场；4—阶段大巷；5—中央石门；6—采区下部车场；7—轨道上山；8—采区绞车房；9—采区上部车场；10—采区中部石门车场；11—中部车场绕道；12—第一区段集中煤仓；13—溜煤斜巷；14—上下组煤集中溜煤斜巷；15—1 号井底煤仓；16—中转煤仓；17—下组煤第一区段溜煤斜巷；18—第一区段运输集中巷；19—总回风大巷；20—第一区段回风石门；21—第一区段运输石门；22—溜煤眼；23—进风斜巷；24—第一区段北翼变电所；25—第一区段南翼变电所；26—北翼边界回风上山；27—南翼边界回风上山；28—回风斜石门；29—一层煤运输平巷；30—二层煤一分层运输平巷；31—一层煤超前回风平巷；32—二层煤一分层回风平巷；33—第二区段集中煤仓；34—第二区段集中运煤石门；35—第三区段集中煤仓；36—第三区段集中溜煤眼；37—运煤石门；38—运煤斜巷；39—第三区段运输集中巷；40—第四区段运输集中巷；41—第四区段运输石门；42—第二区段集中运输巷；43—井底溜煤眼；44—2 号井底煤仓；45—下组煤第一区段煤仓

料、回风之用。因B_{11b}与C_{13}煤层间距较大，水平距离达170m，为减少联络巷道岩石工程量，分别在距B_{10}和C_{13}煤层15～20m的底板岩石内，开掘两条倾角30°的溜煤上山，作为溜煤、进风和行人之用，此外，为加快采区巷道施工速度，缩短准备时间，在C_{13}煤层的顶分层掘进一条通风上山。

与溜煤上山一样，区段集中平巷也采用小联合布置，即两条运输集中巷设在距B_{10}和C_{13}煤层15～20m的底板岩石内，两条轨道集中巷布置在B_{10}和C_{13}煤层中，两集中平巷每隔60～80m用石门及溜煤反眼与各煤层区段平巷联系。

采区上、中、下部车场均为石门车场。该采区实施了沿空掘巷和跨上山回采的无煤柱护巷技术。开采顺序为沿走向区内后退式，沿倾斜各区段和各煤层之间均为下行式。

巷道布置方式的主要优点是：采掘顺序比较灵活，同组煤层和B、C两组煤层上、下区段均可实现同时回采，采区生产能力较大。此外，也有利于厚薄煤层配采和采区稳产。

2. 石嘴山矿务局二矿中央采区两翼边界上山分组联合采区巷道布置（见图3－3－22）

1）采区概况

区内共有九层煤。煤层倾角14°～29°，平均20°。涌水量50～60m^3/h。该矿为高瓦斯矿井，并且三层煤有瓦斯喷出现象。煤层具有自然发火危险，发火期6～8个月。

采区走向长1825m，其中南翼825m，北翼1000m，倾斜长480m，分为四个区段。采区设计生产能力为60万t/a，正常产量为68万t/a，最大产量达80万t/a。采区服务年限16a。采区掘进率67.67m/万t，其中岩巷19.16m/万t，煤巷47.89m/万t，半煤岩巷0.62m/万t。

2）采区巷道布置及分析

该采区为煤层群分组联合布置，即将九个煤层分为上、下两组，一至三层煤为上组煤，四至九层煤为下组煤。上、下组煤的巷道布置及生产系统相同。以下为上组煤的巷道布置。

从＋725m水平中央石门5在采区中央底板岩石中掘采区轨道上山7至回风水平。在采区边界分别开掘两翼的边界回风上山26、27并与总回风大巷19相连。每一区段均在三层煤底板岩石中布置各自区段集中巷18（机轨合一）。从各区段运输集中巷掘区段煤仓12、溜煤斜巷13（二、三区段时为运煤石门34和37）和中央井底煤仓相联形成运煤系统。区段集中巷和轨道上山通过石门车场10、11相联形成运料、排矸系统。各煤层（或分层）的区段平巷为超前掘进，各层超前平巷和区段集中巷通过石门20、21联系。第一区段各煤层采完后，开采第二区段，即上区段的运输集中巷作为下区段的轨道（回风）集中巷。

上述巷道布置的特点：一是采区中央不设集中运煤上山，通过斜巷、石门等直接把各区段煤仓和井底煤仓联接起来形成运煤系统；二是设边界回风上山，考虑到采区生产能力大，煤层层数多，通风路线长，高瓦斯，所需风量大等因素，区段采用Z型通风系统。这种布置使用比较方便，生产运营费少（和运煤上山相比）。采用边界回风上山降低了风阻，改善了通风条件。

运煤系统的主要优点表现为：一是初期工程量小。在初期，第一区段到井底煤仓的斜巷只有270m长，运煤上山则需480m，并且煤是自溜、不需安装运煤设备，投产快；二是运输环节少，没有反向运输，运费低；三是运煤巷道维护费用低。每一区段煤仓及有关巷道，维护时间只是一个区段的开采时间，并且在这个开采时间内维护的巷道长度也比运煤上山短，但是，这种运煤系统岩石工程量大，加之矿井采用对角式通风，初期投资较大；另外，第二区段采完后，需拆除和再安装一次运煤设备，增加了相应的拆迁安装费。

综上所述，这种巷道布置在中央并列式或中央边界式通风的矿井使用时，经济效益较为显著，不仅节省初期投资，也可提前出煤，但在对角式通风的矿井中应用时，初期岩巷工程量较大。

第三节 倾斜、缓倾斜及近水平煤层采（盘）区巷道布置

一、采区（盘区）巷道布置

（一）采区巷道布置类型

采区巷道布置类型见图3—3—23～图 3—2—27，图 3—2—23 为典型的采区联合布置方式。

1. 单一煤层采区巷道布置

在开采薄及中厚煤层时，将每个煤层单独开采，一般在煤层内布置一个单翼或双翼采区开采系统。

在采区内沿煤层开掘两条上山：①输送机上山，用于运煤、行人、回风；②辅助上山，用于运料，下放矸石、进风。必要时开一条运人和通风上山。从上山向两侧开掘上、下部车场与采区石门或平巷联接，在区段平巷末端开掘切眼，形成回采工作面。

巷道布置如图 3—3—24。

2. 多煤层采区巷道联合布置

随着机械化水平的提高，为了减少巷道工程量和实现集中生产，在开采近距离煤层群时，采用联合或分组布置方式，将几个煤层划为一组，在最下面的煤层或底板岩石中布置共用上山和平巷，一般开三条上山，各煤层和底板巷道用石门和溜煤眼相联系。

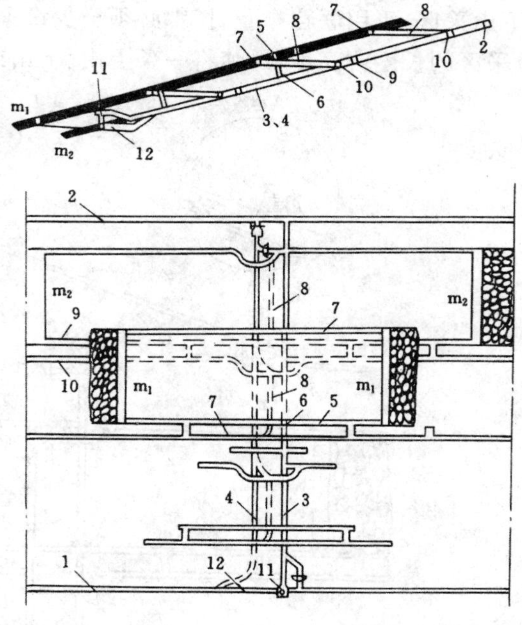

图 3—3—23 采区联合布置

1—阶段运输大巷；2—阶段回风大巷；3—输送机上山；4—轨道上山；5—m_1 层区段运输平巷；6—溜煤眼；7—m_1 层区段轨道平巷；8—区段石门；9—m_2 层区段运输平巷；10—m_2 层区段轨道平巷；11—采区煤仓；12—大巷车场

1)多煤层上山采区巷道布置

运输大巷通常布置在煤层底板岩层中，随着掘进与支护技术提高，有条件时尽可能布置在煤层中，利用采区材料上山联络各煤层。沿上层煤布置采区回风上山和采区轨道上山，沿下层煤布置采区运输上山，上下两个区段工作面可共用一个运煤系统，两边分别布置进风与材料巷道，然后与采区上山联结，形成开采系统。巷道布置如图 3—3—25。

2)多煤层平石门采区巷道布置

采区一般为双翼布置，由采区运输石门及回风石门联通布置在煤层底板岩层内的采区上

山，利用区段平石门及共用岩巷建立采区系统，石门贯穿各煤层的工作面之平巷，利用小溜煤眼与运输上山联通，巷道布置如图 3－3－26。

3)多煤层斜石门采区巷道布置

采区为双翼布置，由采区运输大巷及总回风巷，通过采区石门联结各煤层的运输上山、通风上山、轨道上山等。利用斜石门贯穿各煤层的工作面平巷，利用溜煤斜巷与运输上山联通自上而下各层煤，构成多煤层的开采系统。巷道布置如图 3－3－27。

采区联合布置减少了大巷的条数和工程量，充分发挥运输设备的能力，节省设备和管线器材，提高生产能力，在中国煤炭生产中已广泛采用。

(二)采区(盘区)巷道布置方式

1.采区上山布置

在一般情况下布置两条上山(一条运输上山，一条辅助上山)满足采区各生产系统的要求，但是，当采区生产能力大，瓦斯涌出量大或采区需风量较大，上山断面受限制时，常需增设一条上山。高瓦斯矿井、有煤(岩)与瓦斯(二氧化碳)突出危险的矿井及煤层群或分层开采的每个上、下山采区，采用联合布置时，都必须至少设置一条专用的回风巷。采区进、回风巷必须贯穿整个采区的长度或高度，严禁将一条上山、下山或盘区的风巷分为二段，其中一段为进风巷，另

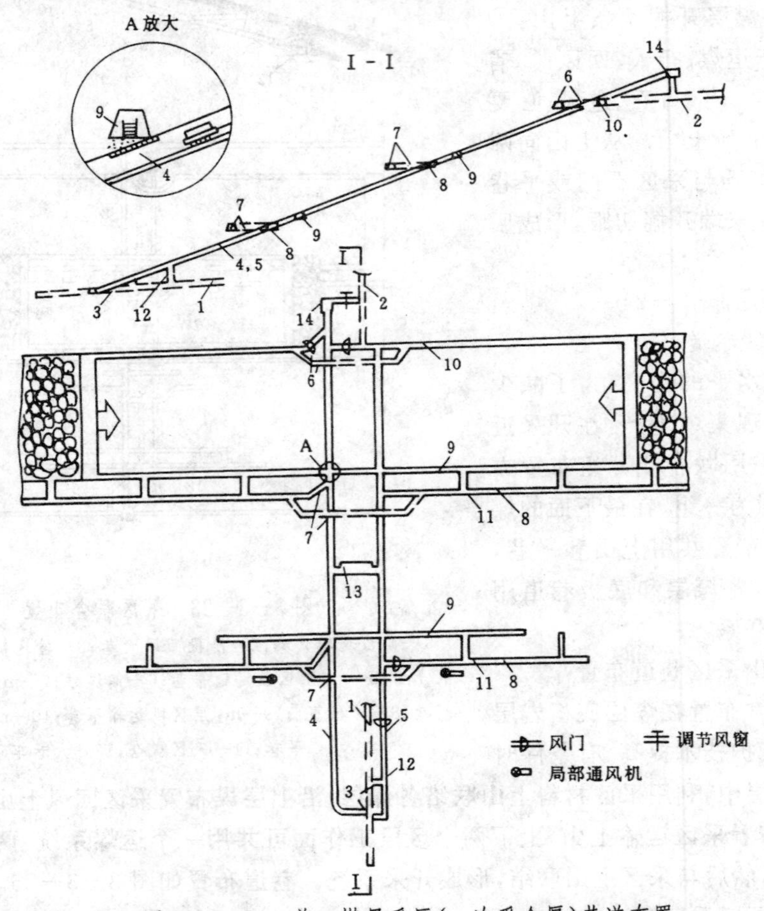

图 3－3－24　单～煤层采区(一次采全厚)巷道布置

1—采区运输石门；2—采区回风石门；3—采区下部车场；4—轨道上山；5—运输上山；6—上部车场；7—中部车场；8—轨道平巷；9—运输平巷；10—轨道回风平巷；11—联络眼；12—采区煤仓；13—采区变电所；14—采区绞车硐室

图 3—3—25　多煤层上山采(盘)区巷道布置

1—岩石运输大巷;2—总回风巷;3—盘区材料上山;4—盘区轨道上山;5—盘区运输上山;6—下部车场;7—进风斜巷;8—回风斜巷;9—煤仓;10—m_1 层区段进风巷;11—m_1 层区段运输巷;12—m_1 层区段进风巷;13—m_2 层区段运输巷;14—区段材料斜巷;15—区段溜煤眼;16—甩车道;17—无极绳绞车硐室;18—无极绳尾轮;19—盘区材料上山绞车硐室;20—绞车硐室回风眼;21—盘区回风上山

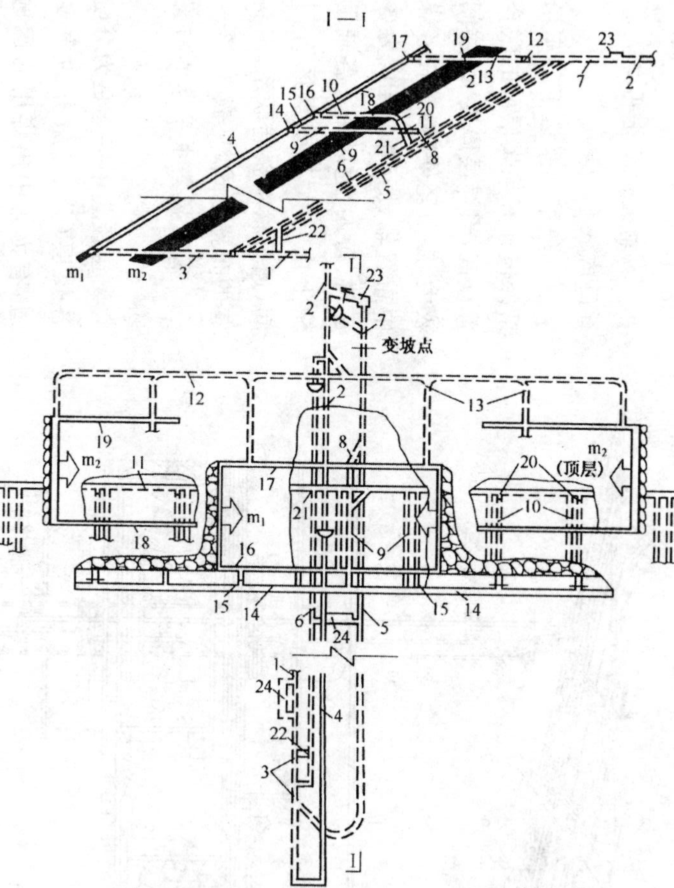

图 3—3—26　多煤层平石门采区巷道布置

1—采区运输石门;2—采区回风石门;3—采区下部车场;4—通风行人上山;5—轨道上山;6—运输上山;7—上部车场;8—中部车场;9—分阶段轨道石门;10—分阶段运输石门;11—共用运输平巷;12—共用轨道回风平巷;13—分阶段回风石门;14—共用轨道平巷;15—联络眼;16—m_1 层下平巷;17—m_1 层上风巷;18—m_2 顶分层下平巷;19—m_2 顶分层上风巷;20—小溜煤眼;21—分阶段溜煤眼;22—采区煤仓;23—绞车硐室;24—变电所

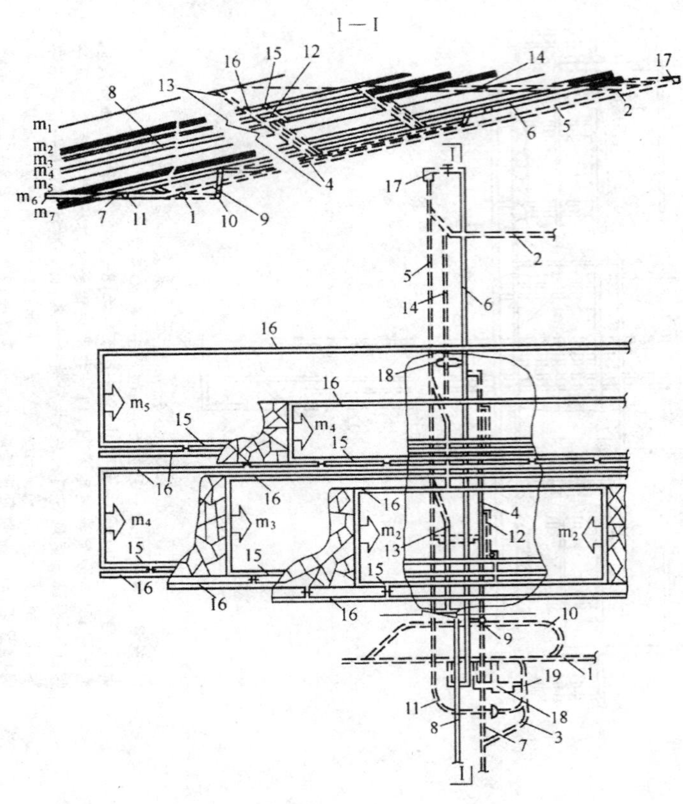

图 3—3—27 多煤层斜石门采区巷道布置

1—运输大巷；2—总回风道；3—采区石门；4—运输上山；5—轨道上山；6—通风上山；7—(下)运输上山；8—(下)回风上山；9—采区煤仓；10—采区装车站；11—车场绕道；12—溜煤斜巷；13—回风斜石门；14—回风平石门；15—煤层运输顺槽；16—煤层回风顺槽；17—绞车硐室；18—变电硐室；19—压风机站

一段为回风巷。上山布置型式见表 3—3—8。

2. 辅助运输上山与大巷或石门的联系

一般采用采区下部车场联系。但在开采煤层群的联合布置盘区，当煤层厚度大，层间距较大、煤质坚硬时，常在各煤层中布置辅助运输上山，为各层运料、行人、通风用。各辅助运输上山与大巷或盘区石门之间，通过材料斜巷联系。材料斜巷的布置方式，见表 3—3—9。

3. 区段集中平巷的布置方式

区段集中平巷是为分阶段各煤层(分层)服务的主要巷道，有为集中出煤用的运输集中平巷和为运送设备、材料、回风用的区段轨道集中平巷。根据煤层埋藏条件和生产的需要，以及考虑到与采区上山和区段平巷的配合，区段集中平巷的布置方式大致有下列五种，见表 3—3—10。

表 3—3—8 上山布置方式

布置方式	图 示	适 用 条 件
二条煤层上山	1 2 20～25m	单一薄及中厚煤层，煤层群最下一层为薄煤层或产量不大，服务年限不长的采区
一煤一岩上山	1 10～12m 20m 2	煤层群最下一层为维护条件较好的薄及中厚煤层或产量不大、服务年限不长的采区

续表

布置方式	图示	适用条件
二条岩石上山	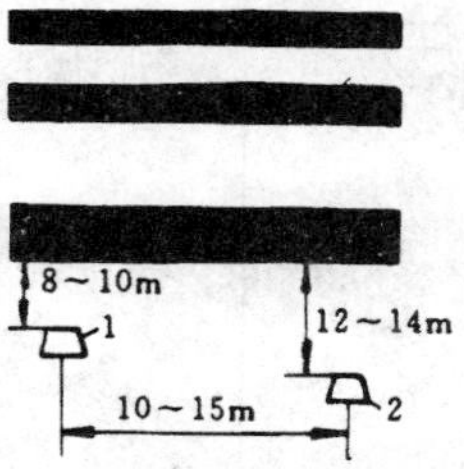 8～10m；12～14m；10～15m；1；2	煤层群最下一层为厚煤层或开采单一厚煤层的采区
一煤二岩上山	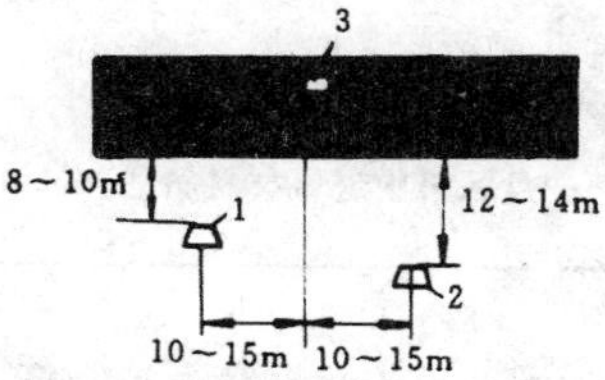 3；8～10m；12～14m；1；2；10～15m；10～15m	地质构造和煤层情况需进一步弄清或需在煤层中布置一条通风行人上山，为两条岩石上山导向的采区
三条岩石上山	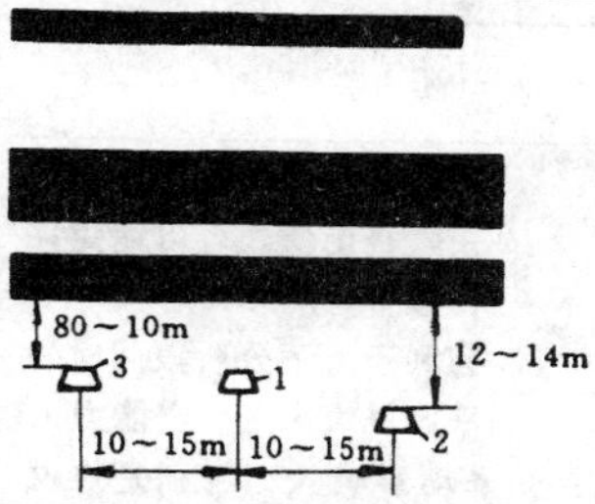 80～10m；12～14m；3；1；2；10～15m；10～15m	联合的煤层层数较多，厚度大，产量大，储量丰富，服务年限长，瓦斯大，通风复杂的采区
符号注释	1—轨道上山；2—运输上山；3—通风、行人上山	

表3-3-9 材料斜巷的布置方式

方式	图示	适用条件
材料斜巷平行大巷布置	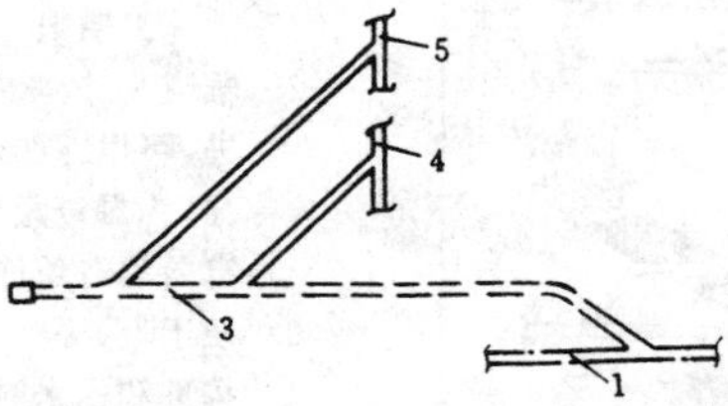 5；4；3；1	煤层数目少，且需要留设煤柱保护大巷
材料斜巷垂直大巷布置	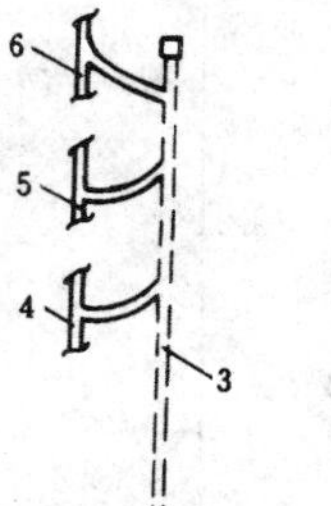 6；5；4；3；1	煤层数目较多

续表

方　式	图　示	适　用　条　件
材料斜巷在石门一侧布置		石门盘区
符号注释	1—运输大巷；2—盘区石门；3—盘区集中进风材料斜巷；4、5、6—煤层轨道上山	

表 3-3-10　区段集中平巷布置方式

方　式	图　示	优　缺　点	适用条件
机轨双煤巷布置		优点：1. 岩巷掘进工程量小，速度快，费用低，可以缩短采区准备时间 2. 有利于上下分阶段同时回采，扩大采区生产能力 缺点：受采动影响大，特别是煤层(或分层)数目多，间距又较小时，集中平巷将受多次采动影响，维护工程量大，费用高，影响生产	顶板岩石较好的薄及中厚煤层
机轨分岩煤巷布置	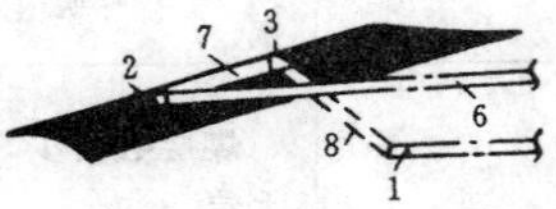 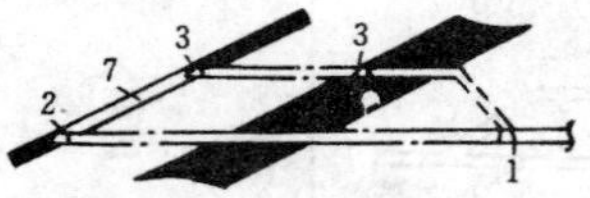 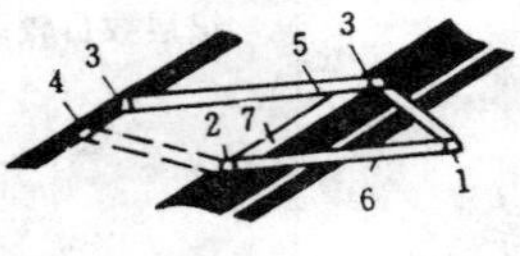 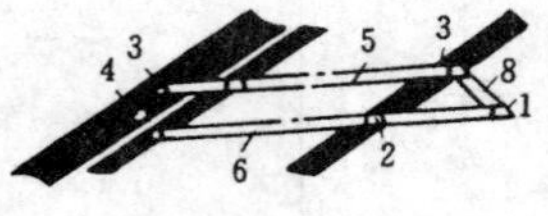	优点：1. 岩巷掘进工程量较少，掘进速度较快，可以缩短分阶段的施工期限 2. 轨道集中巷沿煤层超前掘进，可以探明煤层的变化情况，为掘进集中运输巷取直定向创造条件 3. 便于上、下分阶段同时回采 4. 掘进和回采时运送设备，材料，排矸都较方便 缺点：易受采动影响，维护比较困难	顶板较好的薄及中厚煤层，或厚煤层的顶分层

续表

方 式	图 示	优 缺 点	适用条件
机轨双岩巷布置	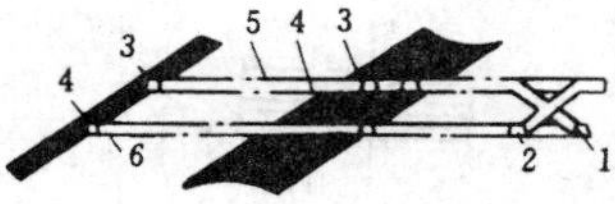	优点：1. 巷道压力小，可以大量减少维护费用 2. 联络石门较短。联系方便 3. 有利于上下分阶段同时回采和提高采区生产能力 缺点：岩石巷道掘进工程量大，掘进费用高，采区准备时间较长	开采煤层数目多，或煤层厚度大，分阶段生产时间长，以及煤层巷道难以维护
机轨合一巷布置	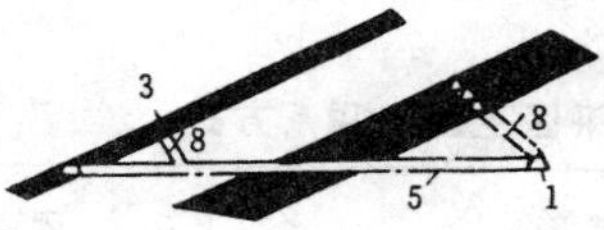	优点：1. 掘进和维护工程量较少 2. 若选在适宜的位置，可以免受采动影响，大量节省维护费用 3. 胶带输送机的安装和拆卸等比较方便 4. 充分利用巷道断面 缺点：1. 巷道断面大，施工比较困难，进度较慢 2. 不利于上、下分阶段同时回采，采区生产能力受到限制 3. 采区上山与分阶段石门的连结处，设备和线路的布置比较复杂	煤层底板岩层较好，煤层稳定。采区产量不大
单巷交替布置	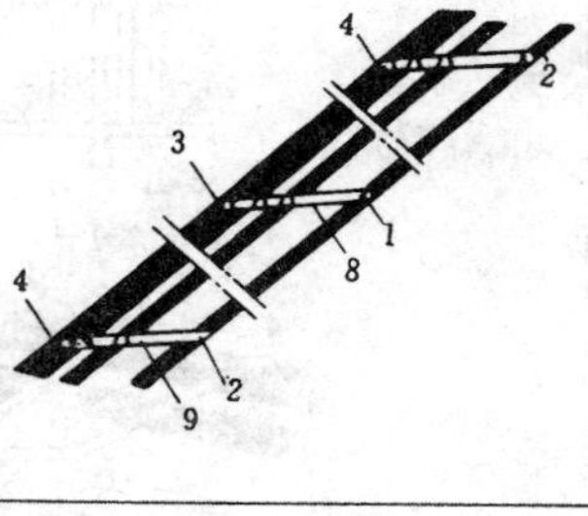	优点：1. 巷道掘进和维护工程量少； 2. 生产系统简单	煤层倾角小于15°采用对拉工作面布置
符号注释	1—区段运输集中巷；2—区段轨道集中巷；3—区段运输平巷；4—区段回风平巷；5—区段运输石门；6—区段回风石门；7—联络巷；8—溜煤眼；9—运料斜巷		

区段集中平巷与采区上山之间的联系方式，主要根据运输需要确定，并和区段集中平巷与工作面平巷的联系方式同时考虑和选定，见表3—3—11、表3—3—12。

表 3-3-11 区段集中平巷与盘区石门及盘区轨道上山的联系方式

<table>
<tr><td rowspan="2">项 目</td><td colspan="2">集中平巷与盘区石门</td><td colspan="2">集中平巷与轨道上山</td></tr>
<tr><td>二套溜煤眼及进风行人斜巷</td><td>一套溜煤眼及进风行人斜巷</td><td>材料斜巷</td><td>平石门</td></tr>
<tr><td>图 示</td><td> 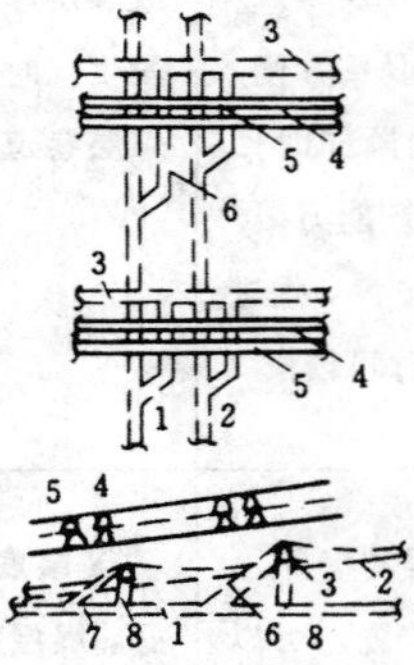</td><td> 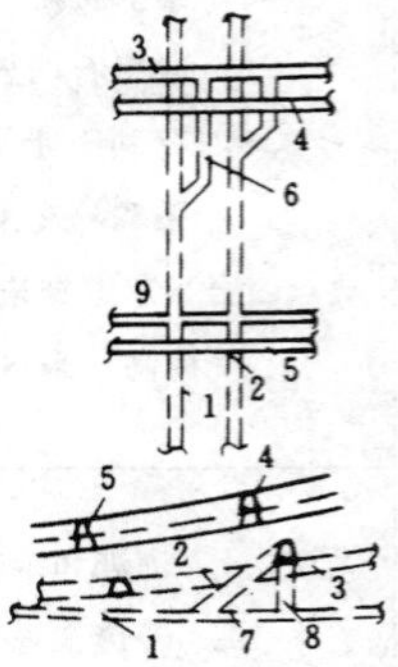</td><td> 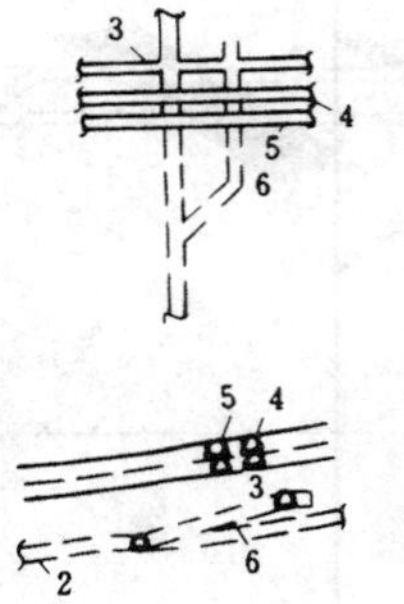</td><td> 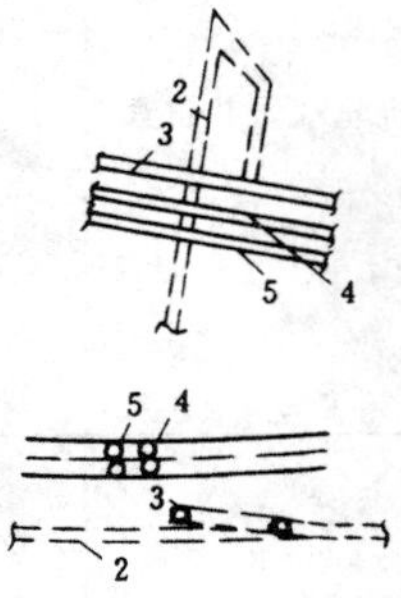</td></tr>
<tr><td>适用条件</td><td>单工作面布置</td><td>对拉工作面布置</td><td>轨道上山坡度小于6度</td><td>轨道上山坡度大于6度</td></tr>
<tr><td>符号注释</td><td colspan="4">1—盘区石门；2—轨道上山；3—区段运输集中平巷；4—区段运输平巷；5—区段回风平巷；6—材料斜巷；7—进风行人斜巷；8—溜煤眼；9—区段回风集中平巷</td></tr>
</table>

表 3-3-12 区段集中平巷与采区上山的联系方式

<table>
<tr><td rowspan="2">项 目</td><td colspan="2">轨道上山与轨道集中巷</td><td>运输上山与运输集中巷</td></tr>
<tr><td>平 石 门</td><td>斜 巷</td><td>溜 煤 眼</td></tr>
<tr><td>图 示</td><td> 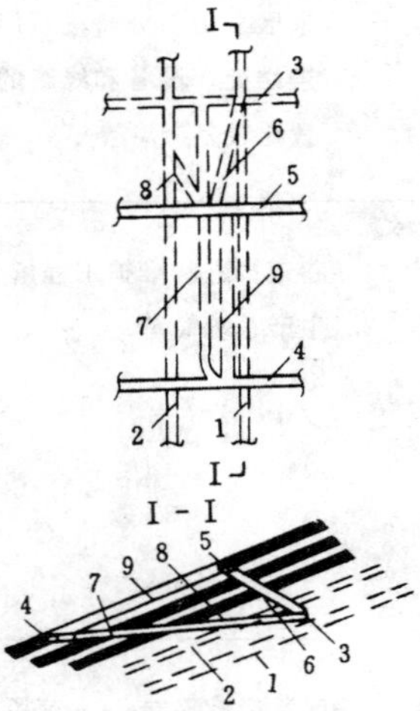</td><td> 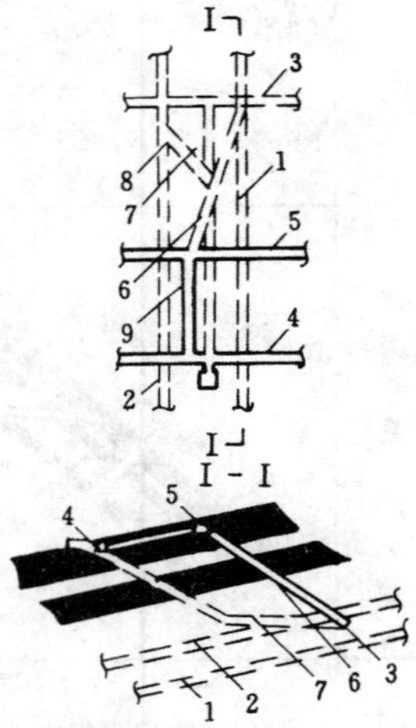</td><td></td></tr>
<tr><td>适用条件</td><td>煤层倾角较大（一般大于15度），层间距较小</td><td>煤层倾角较小，煤层数目较多，层间距较大</td><td>广泛采用</td></tr>
<tr><td>符号注释</td><td colspan="3">1—运输上山；2—轨道上山；3—区段运输集中平巷；4—区段轨道集中平巷；5—区段运输平巷；6—溜煤斜巷；7—石门；8—中部车场；9—联络巷</td></tr>
</table>

表3-3-13　区段平巷布置方式

方　式		图　示	优缺点	适用条件
重叠式			优点：1. 当开采厚煤层时，下分层巷道沿假顶掘进，方向易掌握，顶压较小，维护条件好 2. 各分层工作面长度基本相同，有利于采区（盘区）均衡生产 缺点：1. 对上分层巷道处的假顶铺设质量要求严格，否则下分层巷道不好掘进和维护 2. 分层间采用垂直眼联系时，掘进和运料等不方便	近水平煤层或倾角小于10°的缓倾斜煤层
倾斜式	内错式	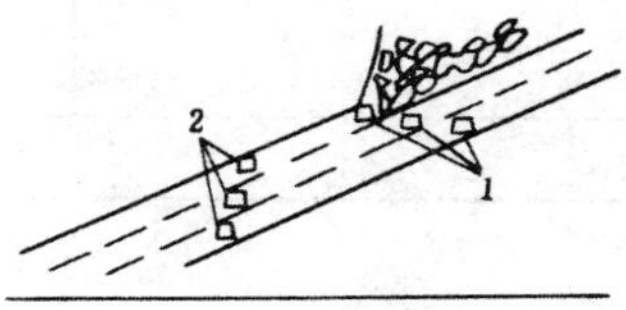	优点：1. 巷道维护条件好 2. 下分层巷道在假顶下掘进易于掌握方向 缺点：分阶段煤柱较大，特别是当分层数目多时	倾角小于15°～20°的缓倾斜厚煤层
	外错式		缺点：1. 下分层巷道处于固定支承压力范围内，维护困难 2. 在下分层工作面的上、下出口处没有人工假顶，采煤和支护均较复杂 3. 煤柱尺寸较大	
水平式			优点：1. 各分层工作面长度基本保持不变 2. 避免污风下行 3. 减少辅助运输环节，运输及行人方便 缺点：运送煤炭的联络煤门或石门内需要铺设输送机，增加运输环节	煤层倾角大于15°，由于无下行风，也适用于开采沼气大的煤层

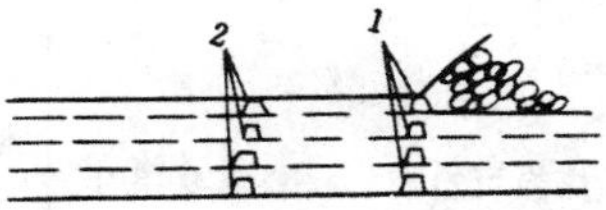

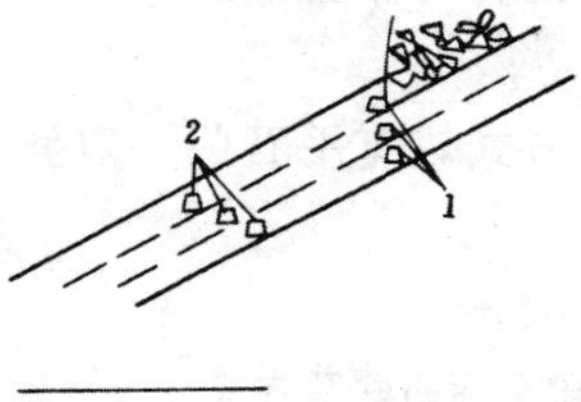

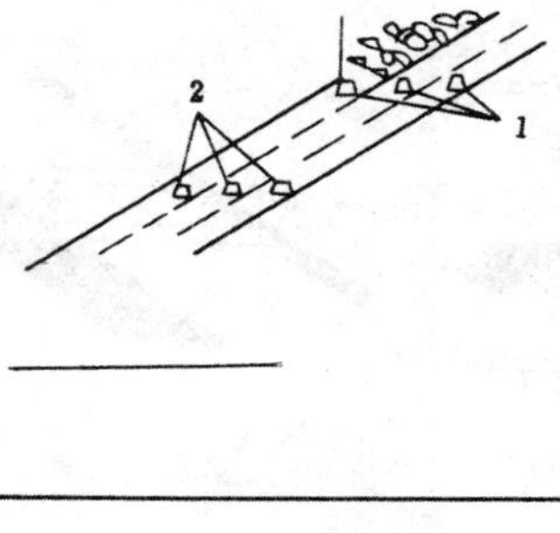

续表

方式		图示	优缺点	适用条件
混合式	水平与倾斜的综合	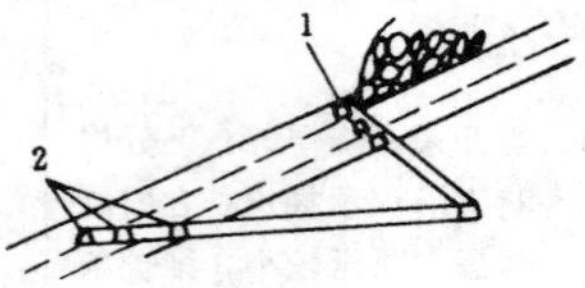 1 2	特点：煤炭可自溜，材料可水平运送	布置方式较多。根据具体的地质条件，分阶段集中平巷的使用以及其他有关问题通盘考虑选取
	内错与外错的综合	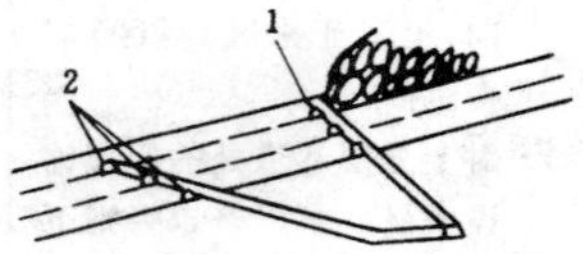 1 2	特点：煤炭可自溜。材料需要提升	
	倾斜与重叠的综合	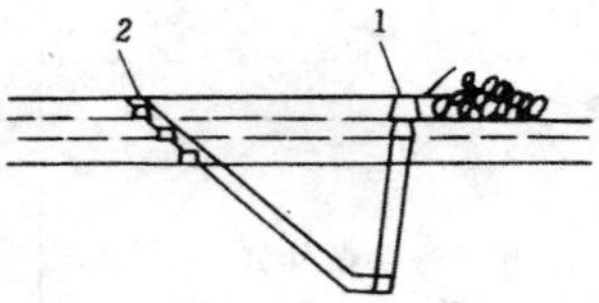 2 1		
符号注释		1—区段运输平巷；2—区段回风平巷		

4．区段平巷的布置方式

根据煤层倾角，区段集中平巷与区段平巷联系方式决定了区段平巷的布置类型，按其上、下分层平巷的相对位置关系，有重迭、倾斜、水平及混合等布置方式，见表3—3—13。

5．区段集中平巷与工作面巷道的联系

根据煤层倾角和工作面巷道的布置形式确定联系方式，有平石门、双斜巷及垂直溜煤眼和走向进（回）风斜巷3种，见表3—3—14。

表3—3—14 区段集中平巷与区段平巷的联系方式

方式	垂直溜煤眼和走向进（回）风斜巷	双斜巷	平石门
图示	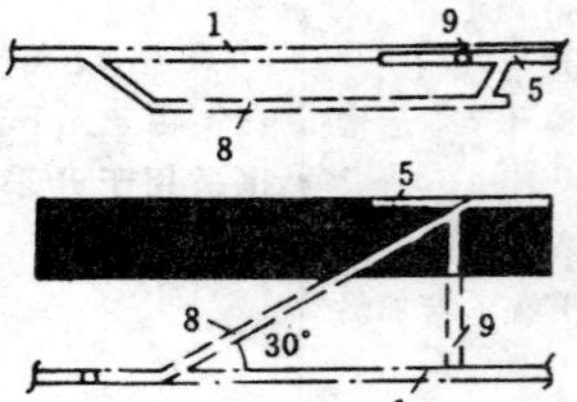 1 9 7 5 8 5 8 30° 9 1	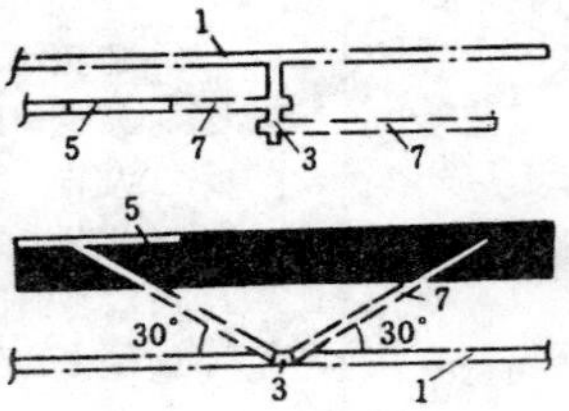 1 5 7 3 7 5 30° 7 30° 3 1	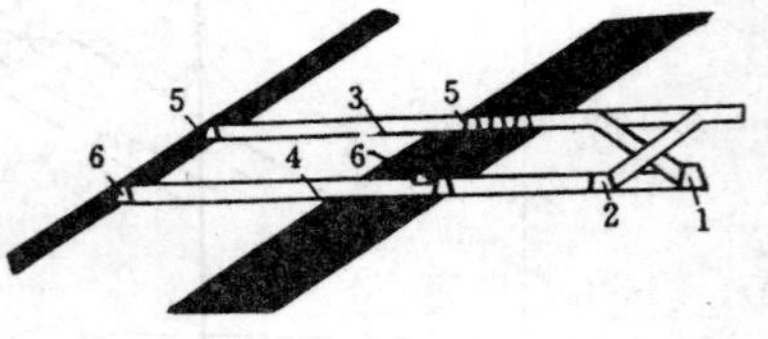 5 3 5 6 4 6 2 1

续表

方式	垂直溜煤眼和走向进（回）风斜巷	双斜巷	平石门
优缺点	优点：溜煤眼围岩应力小，容易维护，溜煤眼使用方便，不易堵塞；煤的运输环节和占用的运输设备少；溜煤与进风互不干扰 缺点：施工比较困难	优点：使用方便，效果较好；施工方便 缺点：掘进工程量较大；在淋水大时，中间的小石门积水容易造成煤水混运	优点：施工方便，可以利用分阶段石门布置采区中部车场；辅助运输环节少人员行走方便 缺点：当煤层倾角较小时，石门长度大，掘进工程量大；石门不易维护；且石门铺设输送机运煤，占用设备多
适用条件	煤层倾角很小，区段平巷为垂直布置	煤层倾角较小，层间距离较大	煤层倾角较大（一般大于15°～20°）；分阶段平巷为水平布置
符号注释	1—区段集中运输平巷；2—区段轨道集中平巷；3—运输石门；4—回风石门；5—区段运输平巷；6—区段回风平巷；7—溜煤进风斜巷；8—进风行人斜巷；9—溜煤眼		

（三）采区内工作面的开采顺序

根据采区内上下工作面的接替顺序，有上行开采、下行开采、混合开采三种，见表3—3—15。

表3—3—15 采区内工作面开采顺序

序号	开采顺序	优点	缺点	备注
1	上行开采	1. 准备时间短，出煤快 2. 当煤层顶板含水时，对上部工作可起到疏水作用 3. 有利于排除工作面涌水	1. 采用中央并列式通风时，新鲜风要经过两侧被采空的盘区上山，漏风严重 2. 巷道的维护工作量较大	采用分区通风的方式，可解决漏风严重的缺点
2	下行开采	1. 巷道维护条件改善，维护工作量较小 2. 减少了漏风，有利于防止煤层自然发火 3. 采区系统较健全，有利于进行采准工作	1. 首采工作面的工程量大，准备时间较长，出煤慢 2. 当煤层顶板含水时，不能疏放。不利排除工作面涌水	较为正常
3	混合开采	1. 先上行开采一个工作面，解决了顶板含水问题，采完一个面再下行开采 2. 首采工程量较少，出煤快 3. 能解决巷道维修和漏风大的问题	1. 准备工作比较复杂 2. 要求有较多的施工力量	宜在倾斜长度较大的上、下山走向长壁采区内采用

二、倾斜长壁开采巷道布置

倾斜长壁开采的回采工艺与走向长壁开采基本相似，不同之处就是回采工作面沿走向布置，沿倾斜推进。在煤层或底板岩石中布置运输大巷和回风大巷。在大巷一侧或两侧，沿倾斜方向掘进采煤工作面巷道，至采区（盘区）边界后掘进开切眼。形成采煤工作面，尔后沿煤层倾斜方向采用仰斜或俯斜方式回采。

（一）巷道布置的特点

1. 大巷布置

倾斜长壁开采时，工作面运输巷和回风巷与矿井大巷直接相联，要求大巷不仅具备矿井开拓巷道系统的功能，同时还要具有采区（盘区）上、下山——即准备巷道的功用。

1）大巷数目

（1）两条大巷布置方式。

当矿井生产能力小、开采单一薄及中厚煤层时，可采用两条大巷的布置方式（即一进一回）。大巷的主要运输方式采用胶带输送机时，通常采用胶带输送机大巷进风，轨道运输大巷兼作回风，也可由胶带输送机大巷回风，轨道大巷进风。大巷采用矿车作主要运输时，又由轨道运输大巷进风，另一条大巷专门回风。

（2）多条大巷布置方式。

当矿井生产能力大，开采煤层群或厚煤层分层开采或有其他特殊要求（如瓦斯、水文、高温等）时，可采用三条或三条以上的大巷布置方式。即一条或多条（分煤层设置）回风大巷，一条或多条（分煤层设置）运输大巷。如矿井要求通风量大或矿井涌水量大时，还需设置专用的通风或排水大巷。

2）大巷层位

采用倾斜长壁开采时，考虑到运输设备要求，煤柱留设，大巷与工作面斜巷的联系等因素，大巷一般采用直线或折线式布置。

（1）全煤层大巷布置方式。

当煤层顶底板围岩比较稳定、煤质较坚硬、煤层厚度适中时，可采用全煤层大巷的布置方式，即主要运输大巷、辅助运输大巷、回风大巷等均设在煤层中。但由于煤层底板的起伏变化，从排水要求考虑，至少应有一条沿煤层底板按一定坡度布置的大巷。矿井的辅助运输采用常规的电机车牵引普通矿车方式时，为满足电机车运行对坡度的要求，常将轨道运输大巷兼作排水大巷，沿煤层底板布置；矿井辅助运输采用单轨吊、卡轨车、齿轨车、无轨胶轮车等运输设备时允许坡度有一定变化，以及主运输采用胶带输送机运输时，可将胶带输送机运输大巷沿煤层底板布置，兼作排水大巷。

（2）煤岩大巷混合布置方式。

当大巷的服务年限长，煤层顶底板围岩条件较差，煤层厚度大时，可采用部分大巷布置在煤层中，部分大巷布置在顶底板岩石中的布置方式。一般情况下，将轨道运输大巷、排水大巷设在煤层底板岩石中，将其他大巷布置在煤层中；当辅助运输不采用常规电机车牵引的轨道运输时，辅助运输巷和回风大巷沿煤层布置成煤巷，形成以煤巷为主，煤、岩巷结合的布置方式。当煤层厚度大、煤层巷道维护条件差时，可将运输大巷布置在煤层底板岩石中，回风大巷布置在煤层顶板岩石中，随着掘进技术和支护技术的进步，目前这种岩巷布置方式一般已很少采用。

开采有自燃倾向的单一煤层或煤层群时，运输大巷、总回风巷应布置在岩层中或无自燃倾向的煤层中，当采取一定的防自燃措施（如砌碹或锚喷等不自燃封闭式支护）后，大巷可以布置在有自燃倾向的煤层中。

开采有煤与瓦斯突出危险的煤层时，主要巷道应布置在岩层或无突出煤层中；当无非突出煤层可供巷道布置时，宜将主要运输大巷布置在煤层底板岩石中，回风巷布置在煤层顶板岩石中。

(3) 回风大巷的位置。

一般情况下，回风大巷与主要运输大巷平行布置在开采条带的同一侧，回采工作面采取朝大巷方向推进的后退式回采，这样漏风小、工作面斜巷维护容易，维护费用低。但对于俯斜开采的高瓦斯矿井，为解决下行通风和采空区后方瓦斯聚集问题，可在采煤工作面后方保留一条工作面回风巷，并将回风大巷布置在开采条带的上方。

(4) 排水大巷的布置。

对于仰斜开采、涌水较大的矿井，采空区积水对开采工作面本身影响较小，但对相邻区段工作面、下分层工作面及下部煤层工作面的掘进和回采影响较大。为预防采空区积水的威胁和危害，可在开采条带的下方布置一条专门的排水大巷进行泄水。

2. 煤层倾角

生产实践证明，目前用于走向长壁工作面的综合机械化采煤设备，在倾角为6°～8°以内，沿倾斜推进时工作面的回采可以正常进行。当煤层倾角增大后，综采设备的有效工作时间降低，工作面单产下降，因此倾斜长壁开采一般宜用于倾角为12°以下的煤层。但对综采工作面以8°以下为宜，对普采和炮采工作面开采15°～18°的煤层也是可行的。当煤层倾角较大时，可采用伪倾斜布置，如郑州矿务局在倾角10°～14°原始底板不平整的松软厚煤层中试用伪倾斜综采放顶煤俯斜开采取得成功。

3. 煤层地质构造

走向断层不发育，无落差较大的走向断层切割煤层。

沿煤层倾斜方向不应有较大范围的煤层冲刷带、薄化带和陷落柱。

若煤层存在褶曲时，采用俯斜开采，可能造成工作面积水，影响采煤设备的正常使用，此时可将工作面调成伪倾斜或采用其他的排水措施。

4. 回采工作面运输设备和巷道掘进设备

倾斜长壁开采的工作面巷道沿煤层倾向布置，工作面巷道距离长（已达3000m)，有一定坡度且多变，对巷道运输机掘进设备的选择有较大影响。

1）主运输设备

对于产量较大的回采工作面，运输巷大多数采用可伸缩式胶带输送机运输，主运输方式已基本实现胶带运输化。

2）辅助运输设备

能适应巷道有一定坡度要求的辅助运输设备有：单轨吊、齿轨车、卡轨车、无轨胶轮车、胶套轮机车、无极绳绞车等设备。这些新型辅助运输设备随着我国设备生产能力和技术的提高正在逐步推广应用。

3）掘进设备

倾角在16°左右仰、俯斜综掘工作面已经有成熟的掘进设备。但斜巷掘进工作面的运煤、材料、设备和人员等辅助运输设备能力小，制约着工作面的掘进速度。

(二) 倾斜长壁开采巷道布置类型

1. 单一薄及中厚煤层倾斜长壁开采的巷道布置

沿煤层倾斜方向布置工作面，按照工作面长度（120～220m）的要求，每隔一定距离沿煤层倾斜方向掘进工作面运输巷道和回风巷道，直至开采水平的上（下）边界，工作面有成对布置的，也有按单一工作面布置的，工作面巷道长度可达1200～2500m或更长。巷道布置如图3－3－28所示。

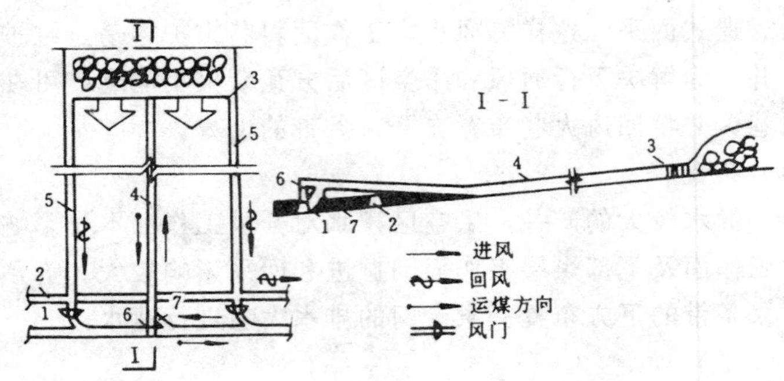

图3－3－28　单一薄及中厚煤层倾斜长壁开采的巷道布置

1—水平运输大巷；2—水平回风大巷；3—回采工作面；4—工作面运输斜巷；5—工作面回风斜巷；6—煤仓；7—进风行人斜巷

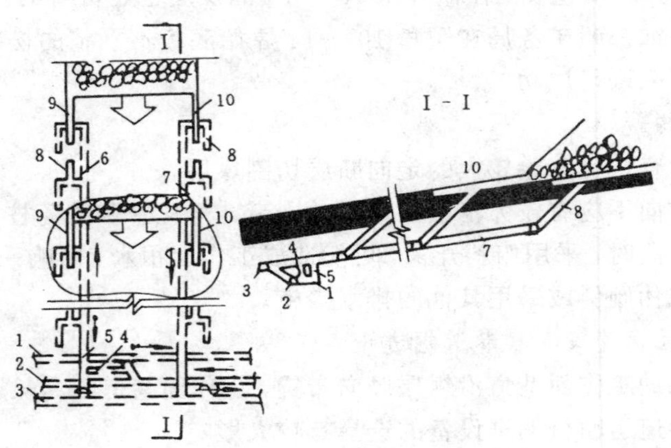

图3－3－29　厚煤层倾斜长壁开采的巷道布置

1—水平运输大巷；2—水平轨道大巷；3—水平回风大巷；4—进风运料斜巷；5—煤仓；6—集中运输斜巷；7—集中轨道斜巷；8—联络斜巷；9—分层运输斜巷；10—分层回风斜巷

2. 厚煤层倾斜长壁开采的巷道布置

将集中巷道布置在煤层底板岩层中，平行于集中巷在煤层中布置分层运输和回风巷（斜巷），通过联络巷将集中巷与分层工作面巷道联通起来，形成工作面生产系统。巷道布置见图3－3－29。

随着厚煤层一次采全高或放顶煤采煤法的应用，取消集中巷的布置方式正随着放顶煤开采的推广而被许多矿井采用之，例如东滩煤矿在3号煤层开采中已彻底放弃投产前已掘成的岩石集中巷，改用煤巷布置，简化了系统，提高了效率，可以认为岩石集中巷布置方式在高产高效矿井中将逐步被淘汰。

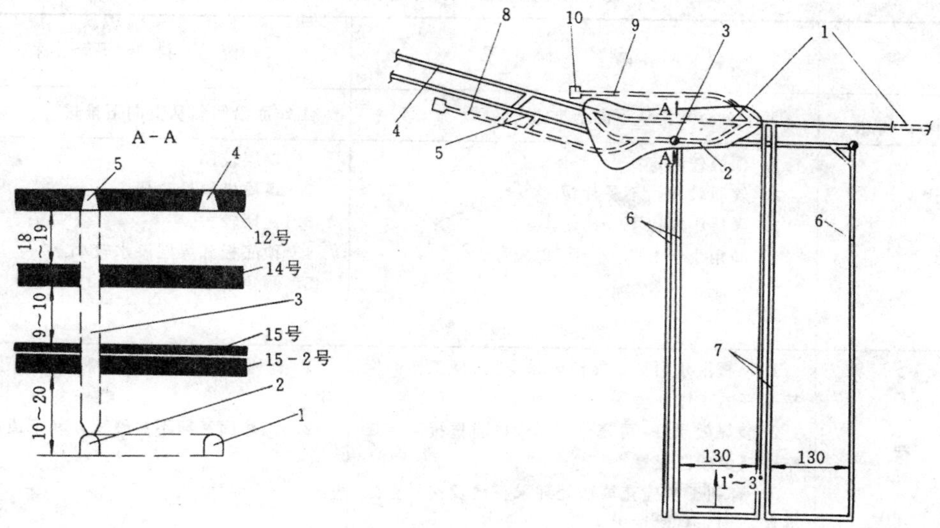

图3－3－30　煤层群倾斜长壁开采巷道布置

1—900m水平运输大巷；2—绕道车场；3—煤仓；4—12号煤层轨道巷；5—12号煤层胶带运输巷；6—工作面运输斜巷；7—工作面回风斜巷；8—材料斜巷；9—人行斜巷；10—绞车房

3．煤层群倾斜长壁开采时巷道布置

为了简化主运输系统，减少环节，可以将采区（或盘区）巷道布置在某一煤层群的最下一层煤中或煤层底板以下10～20m左右的岩层中。也可以分煤层沿走向布置分层运输（主、辅运输）巷和回风巷，而不再布置集中巷。如图3－3－30。

（三）倾斜长壁开采

1．倾斜长壁开采推进方向

倾斜长壁工作面按推进方向分仰斜开采和俯斜开采两种。如表3－3－16与图3－3－31所示。

如煤质较硬或顶板淋水较大，一般宜采用仰斜推进；如煤层厚度较大，煤质松软容易片帮，采用放顶煤开采时，宜采用俯斜推进。

图3－3－31　仰斜与俯斜混合开采

1—水平大巷；2—仰斜开采的工作面；3—俯斜开采的工作面

2．单工作面和对拉工作面

倾斜长壁工作面可按单工作面布置，也可以按对拉工作面布置。单工作面布置独立的回采巷道。对拉工作面就是两工作面相向运煤的双工作面，也就是在同一煤层或分层内同时生产并共用一条工作面运输巷的两个相邻长壁工作面。如图3－3－32所示。

对拉工作面与单工作面相比，减少一条运输巷，回采巷道工程量小。在地质条件，通风排水等条件允许的前提下，可优先考虑对拉工作面布置。

对拉工作面回采巷道维护方法，与单工作面相同。

表 3—3—16　倾斜长壁开采的适用条件及优缺点

分类		仰斜开采	俯斜开采
概念		工作面沿倾斜从下向上推进	工作面沿倾斜从上向下推进
适应条件		1. 顶板较稳定 2. 煤质较硬，不易片帮 3. 煤层中厚以下 4. 倾角小于 20°，小于 12°为宜	1. 煤层较厚 2. 煤质松软易片帮 3. 瓦斯较大 4. 顶底板和煤层渗水较小 5. 倾角小于 20°，小于 12°为宜
优缺点	优点	1. 顶板淋水可以直接流入采空区，使工作面保持良好的工作环境 2. 装煤效果好，可充分利用煤的自重提高装煤率，减少残留煤量 3. 有利于实施充填法处理采空区及向采空区灌浆，预防自燃发火	1. 有利于防止煤壁片帮和梁端漏顶事故发生 2. 工作面瓦斯不易聚积，利于通风安全
	缺点	有平行工作面的同向节量时，煤壁易片帮，顶板有局部变化时架前易冒顶	工作面因故停产量，煤层顶底板及煤壁淋水易使底板软化，影响机械发挥效能

3. 前进式、后退式和混合式开采

1）前进式（图 3—3—33）

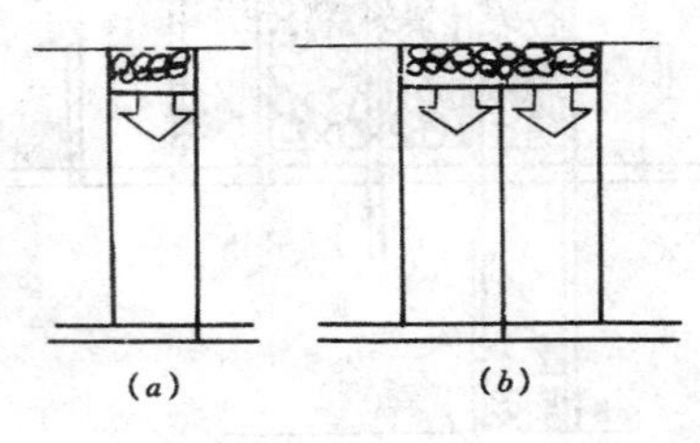

图 3—3—32　倾斜长壁单工作面与对拉工作面

a—单工作面；b—对拉工作面

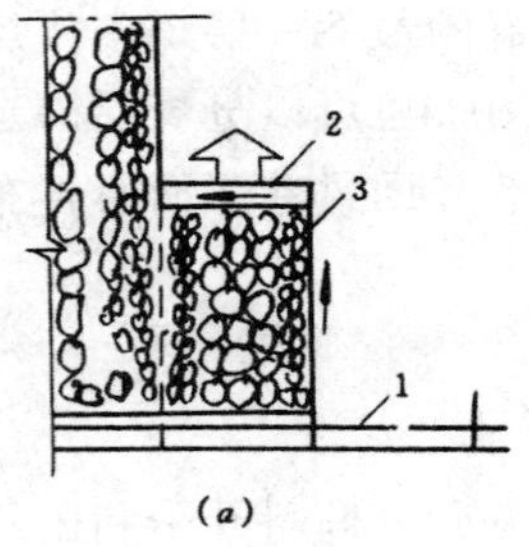

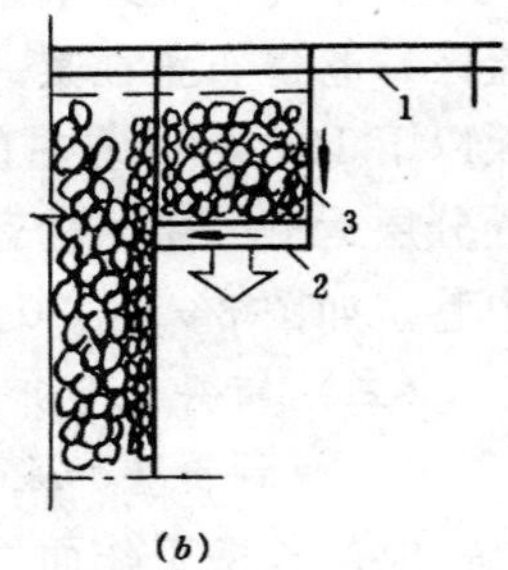

图 3—3—33　前进式回采

a—仰斜开采；b—俯斜开采

1—水平大巷；2—回采工作面；3—运输斜巷

前进式开采是采煤工作面背向采区运输巷方向进行推进的一种开采方式，由于巷道维护、施工条件等原因，目前已很少采用。

2）后退式（图 3—3—34）

回采工作面向采区（盘区）运输巷方向推进的后退式开采顺序，是我国倾斜开采工作面普遍采用一种推进方式，如图 3—3—34 所示。

后退式开采工作面和回采巷道易于维护，且可以预先探明煤层的变化情况，采掘互不干扰，能够较好地保证工作面连续推进和正常生产。

3）混合式

当煤层地质条件不要求必须采用仰斜开采或俯斜开采时，为了减少回采巷道工程量和回采巷道掘进，可采用图 3－3－35～图 3－3－36 所示的前进与后退、仰斜与俯斜相结合的混合式回采。

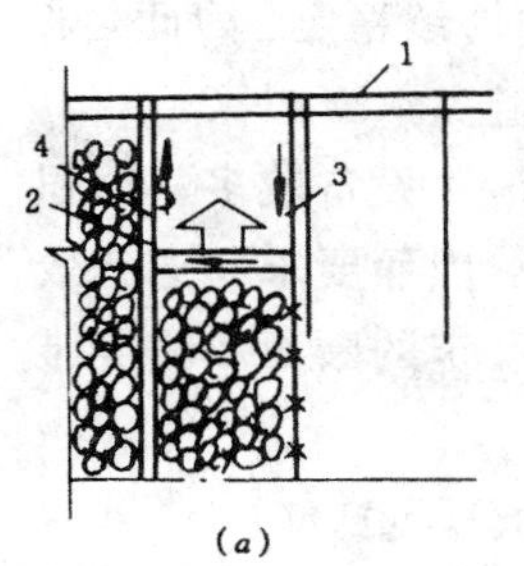

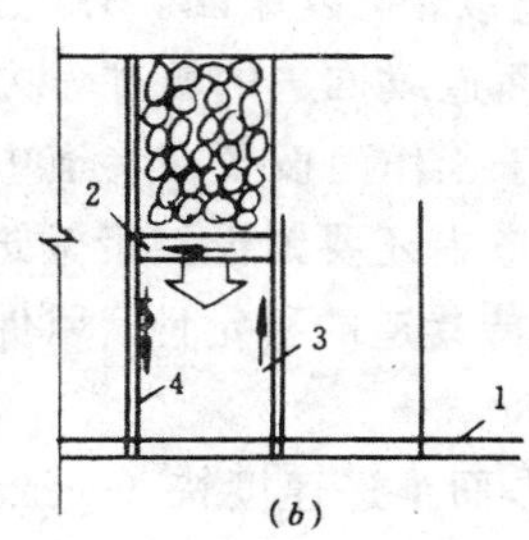

图 3－3－34 后退式回采

a—仰斜开采；b—俯斜开采

1—水平大巷；2—回采工作面；

3—运输斜巷；4—回风斜巷

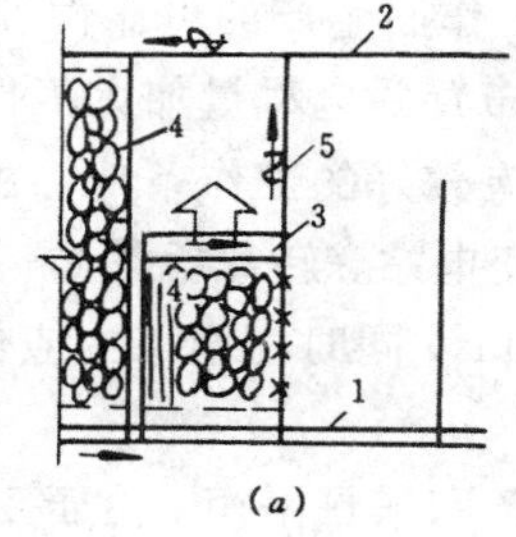

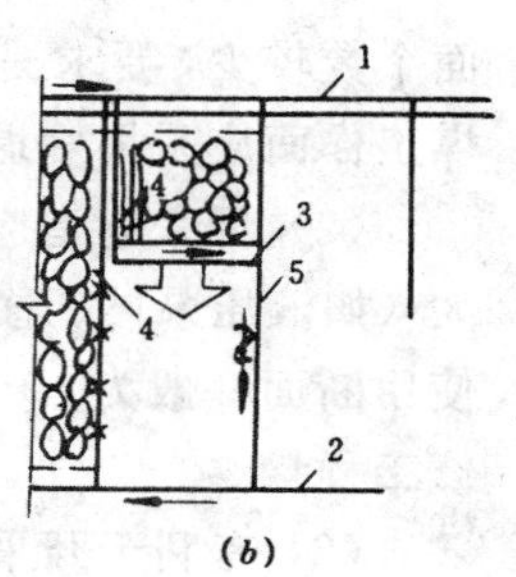

图 3－3－35 混合式回采

a—仰斜前进；b—俯斜前进

1—运输大巷；2—回风大巷；3—回采工作面；

4—运输斜巷；5—回风斜巷

（四）倾斜长壁开采的优缺点

1. 优 点

(1) 巷道布置简单，巷道掘进和维护费用低、投产快。与走向长壁开采时的采区巷道布置相比，巷道工程量和掘进费用可减少 15%左右。

(2) 运煤系统和通风系统均较简单，回采工作面技术经济指标好。

2. 缺 点

(1) 当采煤工作面煤层起伏变化大时，在俯斜开采时工作面内积水不易排泄。

(2) 长距离的倾斜巷道，辅助运输和行人比较困难。

(3) 大巷装载点较多。当工作面单产低，同时生产的工作面数目多时，且大巷采用矿车运煤时这一问题较为突出。

(4) 当煤层的倾角较大时，工作面运输巷道的运输设备选择技术要求高。

(5) 后退式俯斜开采时，对于高瓦斯矿井，下行通风和采空区后方瓦斯聚集问题需采取必要的安全技术措施。

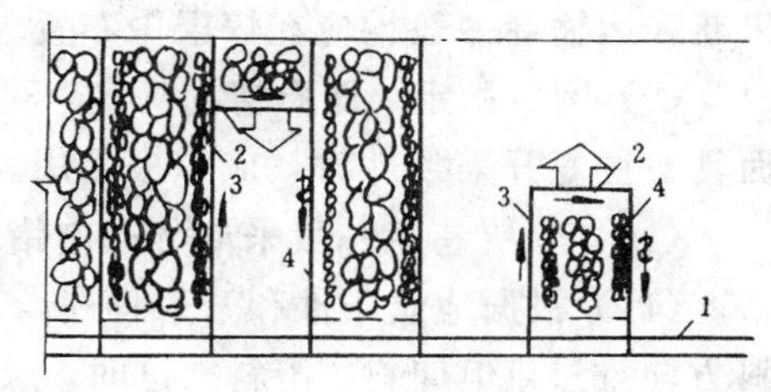

图 3－3－36 前进后退、仰斜俯斜相结合的混合式回采

1—大巷；2—回采工作面；

3—运输斜巷；4—回风斜巷

(6) 对于水文地质条件较复杂，涌水量较大的矿井；在仰斜开采时，工作面下部必须布置泄水巷和排水设施。

三、综采采区巷道布置

(一) 综采采区巷道布置的一般规定

综合机械化采煤时，由于机械设备数量多，容量大，吨位重，工作面推进速度快、产量高，因此，在采区巷道布置方面应注意满足以下特殊要求。

(1) 保证回采工作面的连续推进长度。由于综采工作面的产量高，矿井安排的生产工作面个数较少，要求提高工作面生产的可靠性和连续性，以保证矿井产量的持续稳定。因此，采煤工作面应采用后退式布置并应尽量加大工作面连续推进的长度，力求避免频繁搬家。

(2) 回采巷道应具有较好的工作条件。由于工作面设备在巷道中的附属设备较多、体积大（如液压泵站、移动变电站、转载机等），巷道中还要铺设胶带输送机，因而要求巷道有效使用断面一般为10～12m^2，同时在回采中应保持巷道的稳定性，以保持一定的断面和减少维修工程量。

(3) 有利于开采准备和采掘平衡。由于工作面推进速度快（一般80～150m/月），需要及时准备出新的工作面。为此，除提高掘进速度外，还需在巷道布置及开采程序等方面给工作面准备创造有利条件。

(4) 保持工作面长度基本稳定。在生产过程中工作面支架的增加或减少，在安装、拆卸及运输上都受到一定限制；因而要求工作面长度尽量保持一致，为此工作面回风巷运输巷应定向、平行布置以保证工作面等长。

(5) 近距离煤层群、分层开采的厚煤层、采区上、下山布置应尽量减轻采动的影响。

(6) 采区上、下山和各煤层的区段联络巷的形式，依据煤层的赋存条件和用途确定。用做运输材料、设备的斜巷，其倾角不宜大于25°，溜煤斜巷其一般溜煤长度不宜大于70m（末煤及无大块矸石者除外）。

(7) 近距离煤层开采区段巷道可采用不留煤柱，沿空送巷或沿空留巷布置，避免下部煤层开采时，出现集中压力带。在留有区段煤柱的情况下，下部煤层工作面应布置在免压圈内。

(8) 区段巷道位置依矿山压力而定，开采期内巷道应保证足够有效使用断面。工作面回风巷和运输巷一般均应在煤层中布置。

(9) 围岩稳定，地质情况清楚，可以采用“Z”型回采方法的巷道布置；上、下阶段工作面具备往复开采条件时，应积极采用。

(10) 分层巷道一般采取分层内错或重叠布置。

(11) 根据地质条件和开采程序，工作面设计的推进方向可以按走向、仰斜、俯斜井、伪斜方向推进，但仰斜、俯斜推进时，煤层倾角一般不宜超过12°。有涌水的工作面，不宜采用俯斜推进。

(12) 工作面涌水较大，为使煤水分道，在煤层倾角小于12°时，可将工作面运输巷设在煤层倾斜上方。

(13) 在定向掘进的工作面巷道中出现的凹坑，在设计中必须制定排水措施。

(14) 在瓦斯较大，煤层有自然发火的采区，设计中应提出预防措施，确保安全生产。

总之，随着采煤工艺的发展，为适应综采推进和产量大幅度提高的要求，在采区布置时，回采巷道一般沿煤层布置煤巷，不再设置岩石中巷。利用采区上下山在开采单一中厚煤层或薄煤层时，一般沿煤层布置，在开采煤层群时，也应尽可能沿煤层布置上（下）山巷道。另外采区巷道支护也正在向锚杆化发展。条件复杂的情况下宜采用锚网（带梁）喷等形式联合支护。

（二）高产高效综采工作面采区巷道布置

高产高效综采是现代采煤技术，装备监控和现代管理的综合体现，从而使大型和特大型矿井一井一面成为现实。由于矿井产量集中在1～2个采煤工作面，因此为保证采煤、运输、安全，就必须装备完善的监控设施并建立可靠的零部件供应和最终的维修保养制度，同时要相应地建立现代化管理体制，提高管理水平。

为此，高产高效综采工作面采区巷道布置要考虑以下几个方面。

（1）在合理开拓条件下，优化采区巷道布置，尤其对近水平煤层一般应考虑全煤巷布置，其优点是系统简单，掘进速度快，掘进费用低，矸石量小，采掘关系易协调，并为井下动力单一化创造了条件，这已成为近水平高产高效综采采区巷道布置的一条重要原则，确保生产环节系统的可靠性必要途径。

（2）综采高产高效工作面因风量增加通风的需要，设备布置及辅助运输的需要，解决长距离掘进和安全生产的需要，综采高产高效工作面可考虑采用双巷布置方式。

双巷布置是连续采煤机掘进巷道的必要条件，可使运煤、运料、行人、设备布置等均可分巷设置。工作面设备的运送、安装和回撤快速灵活，当工作面及巷道围岩渗水时可利用下工作面平巷作为疏于排水巷道，保证高产高效综采工作面生产创造良好工作条件。

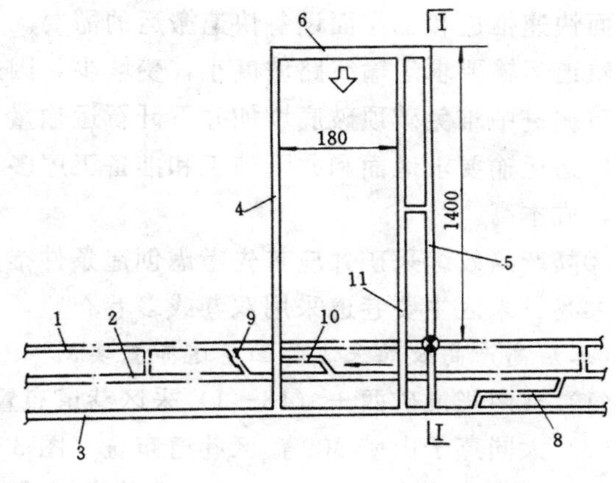

I－I

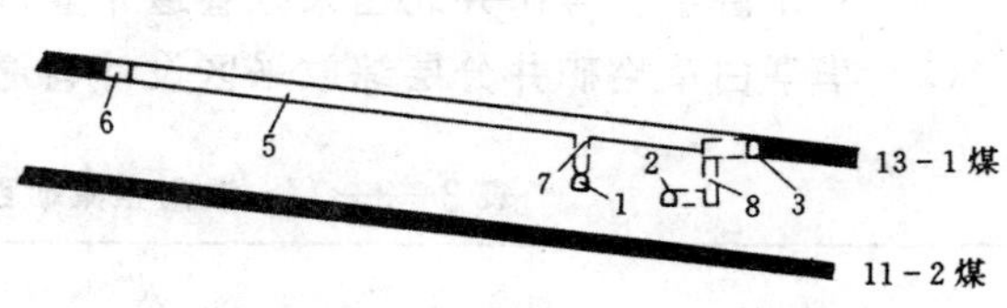

图 3－3－37 淮南张集矿西一（13－1）采区巷道布置

1——600m 西翼（13－1）底板胶带机大巷；2——600m 西翼（13－1）底板轨道大巷；3——600m 西翼（13－1）回风大巷；4—工作面轨道巷；5—工作面输送机运输巷；6—开切眼；7—溜煤眼；8—轨道斜巷；9—采区变电所；10—进风联络斜巷；11—工作面瓦斯排放巷

（3）采区煤炭运输应尽量通过胶带输送机直接运往井底或地面，以简化运输环节、保证煤炭运输的可靠性。

（4）采用监测监控自动化措施以保证生产可靠和安全并推动管理水平现代化。

（5）鉴于近年来高产高效综采工作取得了显著成效，因而使井下辅助运输日益成为煤炭生产中倍受关注的问题，同时从辅助运输的适用条件等出发对采区巷道布置亦相应地提出一些要求。

①辅助运输设备应尽可能直达采掘工作面，中间少转载，以保证采掘工作能顺利可靠进

行。

②必须对传统的轨道运输进行改革。以往传统的轨道运输，效率低，可靠性差。施工轨道基础工程量大，如石子、枕木、钢轨、架线、材料运输量大，工程进度慢，使得矿井辅助运输量明显增加，造成了沉重负担，同时轨道运输设备机动性差，已很难满足高产高效采掘工作面快速推进和工作面设备快速搬运的需要。

轨道运输要求运输线路坡度小，变坡少，因此很难适应煤层褶曲变化的坡度起伏，所以在巷道掘进中难免破顶破底增加井下矸石运输量。

轨道运输要求地面和井下施工和准备工序多，使用材料种类多、数量大，造成用人多，工效低，成本高。

③高产高效综采矿井应首先考虑创造条件推广无轨运输。采用无轨运输相应地要求井下运输大巷，采区主要巷道采用双巷或多巷布置，从而也要求巷道掘进和支护随之改进。

（三）高产高效综采工作面巷道布置实例

（1）淮南张集矿西—（13—1）采区巷道布置（图3—3—37，表3—3—17）。

（2）大同燕子山矿309盘区巷道布置（图3—3—38，表3—3—18）。

（3）神华大柳塔矿平硐2^{-2}煤盘区巷道布置（图3—3—39，表3—3—19）。

（4）兖州济宁三号矿井北三采区巷道布置（图3—3—40，表3—3—20）。

（5）华亭白草峪矿井分层综放采区设计巷道布置（图3—3—41，表3—3—21）。

表3—3—17　淮南张集矿西—（13—1）采区特征

项目		单位	特征
地质条件	开采煤层数	层	1（13～1）
	煤层厚度	m	4.42
	煤层倾角	(°)	5～10
	层间距	m	
	顶底板岩性		泥岩，砂质泥岩
	瓦斯等级	级	高
	可采储量	万t	
采区参数	走向长	m	1600～2400
	倾斜长	m	1400～1750
	工作面数目	m	1
	工作面长度	m	180
	机械化程度		放顶煤综采
	年进度	m	1400
	工作面年产量	万t	140
	采区年产量	万t	140
主要巷道布置	采区上山（大巷）		胶带输送机大巷、轨道运输大巷运输在煤层底板稳定岩石中，回风大巷布置在煤层中
	区段平巷		工作面运输巷、回风巷均沿煤层倾斜方向布置
	联系方式		斜巷、溜煤眼
	开采方式		仰斜开采
	护巷方式		沿空留巷

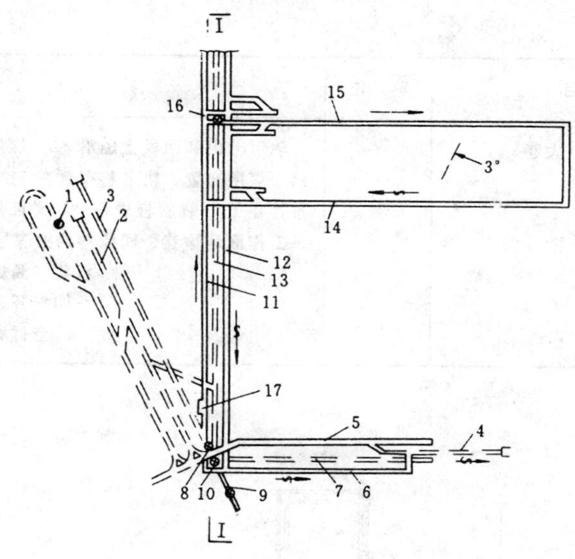

I - I

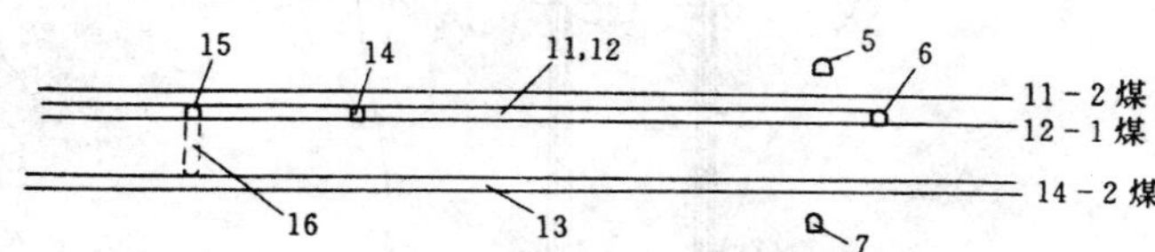

图 3—3—38　大同燕子山矿 309 盘区及巷道布置图

1—副立井；2—副斜井；3—胶带斜井；4—回风斜井；5—轨道巷；6—总回风道；7—胶带机巷；8—井底 1 号煤仓；9—井底 2 号煤仓；10—盘区集中煤仓；11—12 号煤层盘区轨道上山；12—12 号煤层盘区回风上山；13—14 号煤层盘区胶带上山；14—12 号煤层工作面回风巷；15—12 号煤层工作面运输巷；16—溜煤眼；17—盘区变电所

表 3—3—18　大同燕子山矿 309 盘区特征

项目		单位	特征
地质条件	开采煤层数	层	3 (11^{-2}, 12^{-1}, 14^{-2})
	煤层厚度	m	1.56, 1.89
	煤层倾角	(°)	
	层间距	m	
	顶底板岩性		粉砂岩、细砂岩
	瓦斯等级	级	低
	可采储量	万 t	2570
采区参数	走向长	m	2880
	倾斜长	m	2016
	工作面数目	个	1
	工作面长度	m	200
	机械化程度		综采
	年进度	m	2070
	工作面年产量	万 t	200
	采区年产量	万 t	200

续表

项	目	单 位	特 征
主要巷道布置	采区上山（大巷）		轨道上山和回风上山沿 12^{-1}煤层布置，胶带输送机上山沿 14^{-2}煤层布置。轨道巷布置在 11^{-2}煤顶板岩石中，胶带机巷布置在 14^{-1}煤底板岩石中，总回风道布置在 12^{-2}煤层中
	区段平巷		工作面运输巷、回风巷均沿煤层倾斜方向布置
	联系方式		斜巷、溜煤眼
	开采方式		仰斜开采
	护巷方式		沿空掘巷

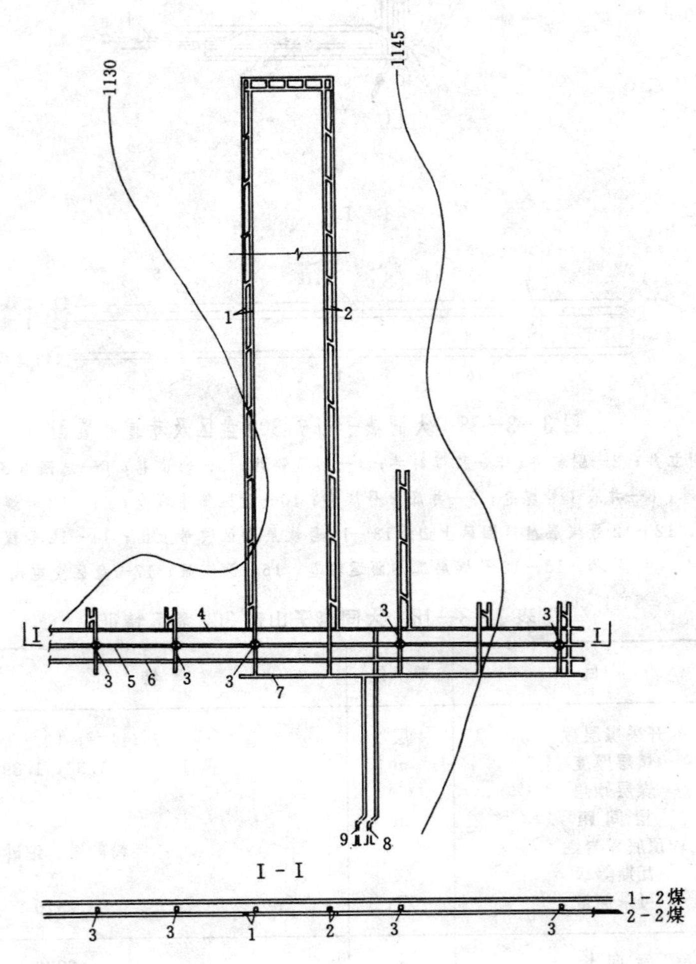

图 3－3－39 神华矿区大柳塔矿平硐 2^{-2}煤盘区巷道布置

1—工作面运输巷；2—工作面回风巷；3—溜煤眼；4—2^{-2}煤二号中央辅助运输大巷；5—2^{-2}煤二号中央胶带输送机大巷；6—2^{-2}煤二号中央辅助运输大巷；7—2^{-2}煤中央回风大巷；8—进风斜井；9—回风斜井

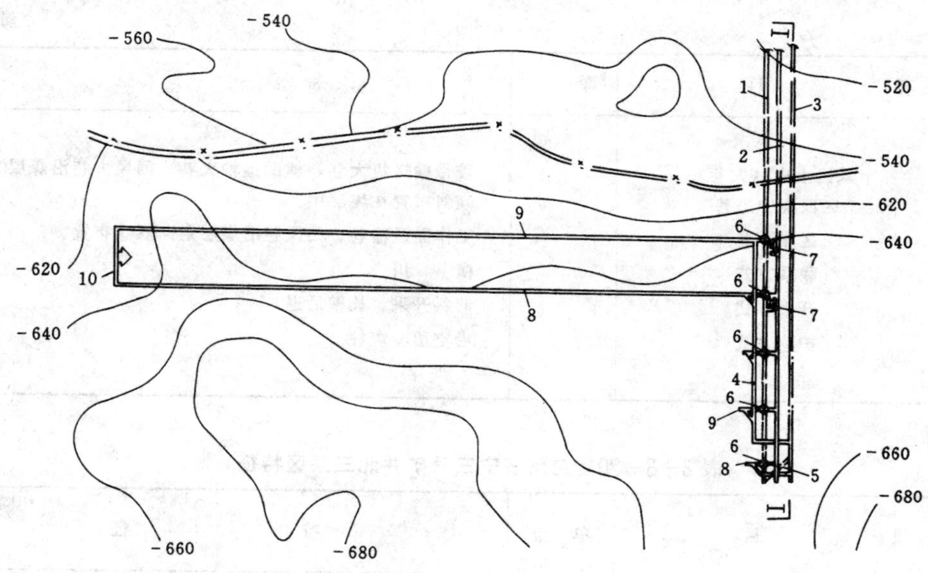

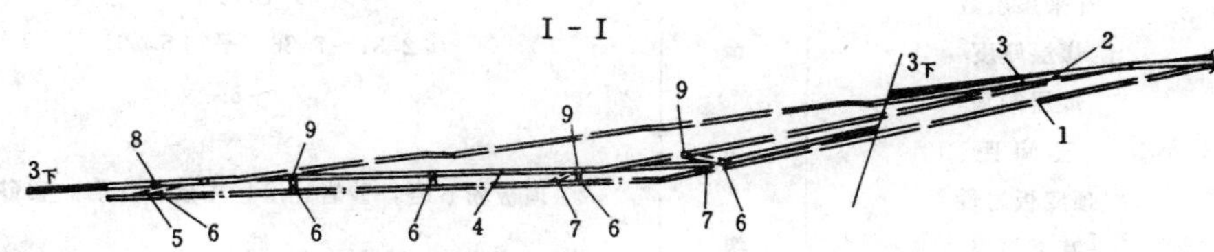

图 3—3—40 兖州济宁三号矿井北三采区巷道布置

1—西部胶带输送机大巷；2—西部总回风巷；3—西部辅助运输大巷；
4—北三辅助运输巷；5—－665m 辅助运输斜巷；6—区段煤仓；7—通风行人斜巷；
8—工作面回风巷；9—工作面运输巷；10—回采工作面

表 3—3—19 神华大柳塔矿平硐 2^{-2}煤盘区特征

项	目	单 位	特 征
地质条件	开采煤层数	层	1
	煤层厚度	m	4.0
	煤层倾角	(°)	0～3
	层 间 距	m	
	顶底板岩性		
	瓦斯等级	级	低
	可采储量	万 t	6380
采区参数	走 向 长	m	
	倾 斜 长	m	3000
	工作面数目	个	2000
	工作面长度	m	1
	机械化程度		220
	年 进 度	m	综采，连续采煤机掘进
	工作面年产量	万 t	2280
	采区年产量	万 t	240～300

续表

项	目	单位	特征
主要巷道布置	采区上山（大巷） 区段集中平巷 区段平巷 联系方式 开采方式 护巷方式		胶带输送机大巷，辅助运输大巷、回风大巷沿煤层倾斜布置在煤层中 工作面运输巷、回风巷沿煤层走向双巷布置 横　川 仰斜开采、长壁后退 沿空留巷煤柱

表 3－3－20　兖州济宁三号矿井北三采区特征

项	目	单位	特征
地质条件	开采煤层数 煤层厚度 煤层倾角 层间距 顶底板岩性 瓦斯等级 可采储量	层 m (°) m 级 万t	1（$3_下$） 2.31～7.26（平均 5.26） 1～5 顶板粉砂岩，砂岩；底板中硬粘土岩，粉砂岩底
采区参数	走向长 倾斜长 工作面数目 工作面长度 机械化程度 年进度 工作面年产量 采区年产量	m m 个 m m 万t 万t	2300 2500 1 200 综采放顶煤 1500 219 219
主要巷道布置	采区上山（大巷） 区段平巷 联系方式 开采方式 护巷方式		西部辅助运输大巷布置在煤层顶板，西部胶带输送机大巷布置在煤层底板，西部总回风巷和北三辅助运输布置在煤层中 工作面胶带输送机巷、辅助运输巷均沿煤层走向布置 斜巷、溜煤眼 走向长壁后退式 沿空掘巷

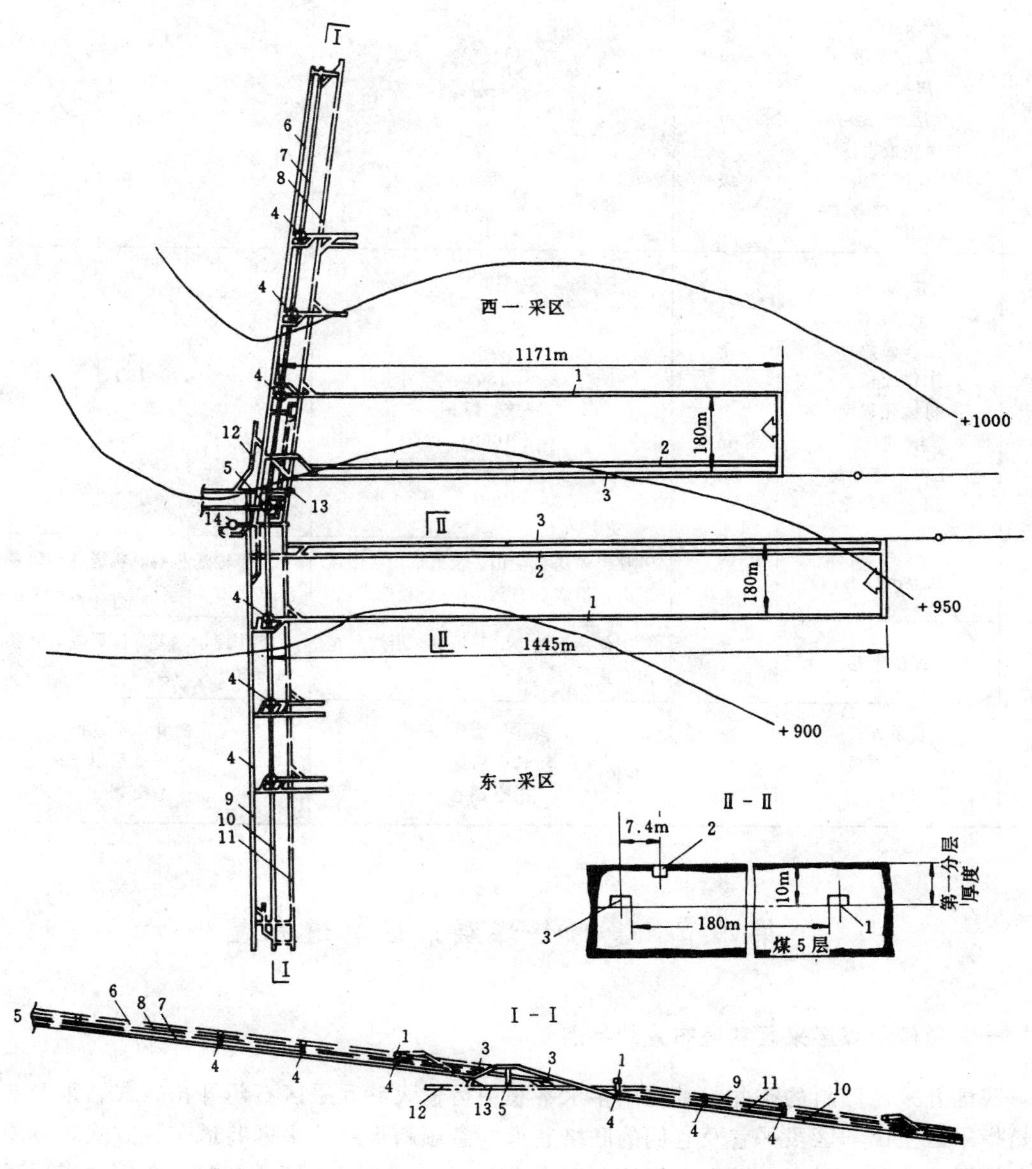

图3－3－41 华亭矿区白草峪矿井分层综放采区设计巷道布置图

1—分层工作面运输巷；2—分层工作面瓦斯排放巷；3—分层工作面回风巷；4—区段煤仓；5—分区煤仓；6—西一轨道巷；7—西胶带巷；8—西进风巷；9—东一轨道巷；10—东一胶带下山；11—东一回风下山；12—＋930m水平西轨道大巷；13—＋930m水平东轨道大巷；14—回风立井

表 3-3-21　华亭白草峪矿井东一、西一采区设计特征

	项　目	单 位	特　征	
			东一采区	西一采区
地质条件	开采煤层数	层	1	1
	煤层厚度	m	40～42	35～38
	煤层倾角	(°)	5～11	5～11
	层 间 距	m		
	顶底板岩性			
	瓦斯等级	级	低	低
	可采储量	万 t		
采区参数	走 向 长	m		
	倾 斜 长	m		
	工作面数目	个	1	1
	工作面长度	m	180	180
	机械化程度		综放、综掘	综放、综掘
	年 进 度	m	1000	1000
	工作面年产量	万 t	200	200
	采区年产量	万 t	200	200
主要巷道布置	采区上山（下山）		胶带输送机下山、轨道下山、回风下山，沿煤层布置	胶带输送机巷、轨道巷回风巷，沿煤层布置
	区段平巷		工作面运输巷、回风巷，沿煤层走向布置	工作面运输巷、回风巷，沿煤层走向布置
	联系方式		斜巷、溜煤眼	斜巷、溜煤眼
	开采方式		长壁后退	长壁后退
	护巷方式		沿空掘巷	沿空掘巷

第四节　急倾斜煤层采区巷道布置

一、急倾斜煤层采区巷道布置的特点

我国开采急倾斜的矿井，常采用多水平集中运输大巷和采区石门开拓方式。采区巷道主要是指采区上山和区段平巷及它们的联络巷道。急倾斜煤层的采区巷道布置方式，有单层布置、煤层群分组小联合布置和煤层群大联合布置。由于受煤层倾角影响，急倾斜煤层采区巷道布置特点如下：

（一）采区巷道布置及走向尺寸

急倾斜（煤层倾角大于 45°）煤层一般经过较大的或多次的地质构造变化作用的结果。不少急倾斜煤层采区的地质构造复杂，煤层赋存不稳定。因此，采区内一般不设置区段岩石集中平巷，从巷道维护的角度考虑，采区走向长度不宜过长。一般一翼走向长度为 400～600m。但随着采煤技术和装备水平的提高生产集中化的要求；采区走向有加大的趋势。

（二）顶板管理及区段数目

由于倾角大，开采时煤层不仅顶板岩层会发生移动，塌陷和冒落，底板岩层也可能移动，滑脱。因此，有可能影响邻近煤层的开采，对区段的划分，开采程序和采区巷道布置都有一定影响，所以急倾煤层开采过程中这一特殊现象是影响煤层，特别是煤层群开采不容忽略的因素。采区沿倾斜方向一般分为 2～4 个区段，区段的垂高一般为 30～40m，条件适宜时，可达 60m。

二、急倾斜煤层采区巷道布置方式

（一）采区巷道布置的类型

1. 单一煤层采区巷道布置

煤层间距较大时，各煤层分别布置采区巷道，形成各自独立的运输通风系统（图 3－3－42）。

采区上山大多布置在煤层内，沿底板按倾斜方向掘进，上山数目至少要有三条，分别作为运煤，运料和行人通风之用。这是因为上山倾角大，为了安全起见，运料和运煤上山不能兼作行人之用。采区内有矸石采出时，还须增设采区溜矸眼；涌水量大时，还应专门布置泄水眼。

2. 煤层群分组小联合采区巷道布置

把煤层群中相距较近的少数几个煤层，划为一组，进行联合布置，一般在最下一层煤中或在维护条件较好的煤层中，布置一套共用的上山眼，并用斜巷或石门把共用上山眼同其他煤层的区段平巷联络起来，构成生产系统。

1）斜巷联系

煤层组中煤层间距很近、层数又少时，可用斜巷联系（图 3－3－43）。

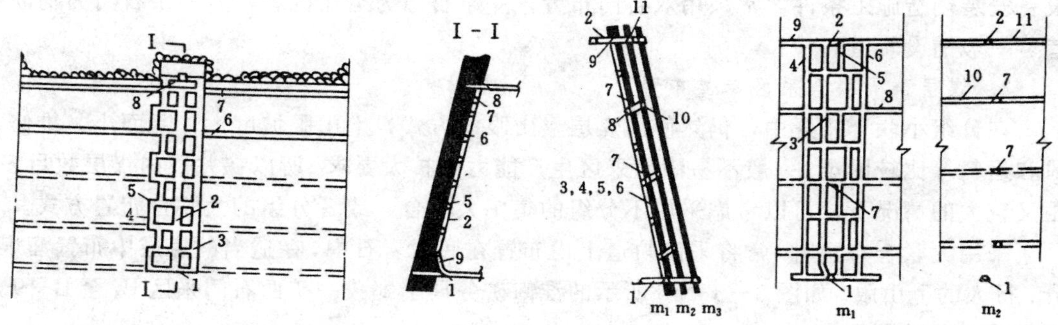

图 3－3－42 单一煤层采区布置

1—采区运输石门；2—采区溜煤眼；3—采区运料眼；4—采区行人眼；5—联络平巷；6—分阶段运输平巷；7—分阶段回风平巷；8—采区回风石门；9—采区煤仓

图 3－3－43 煤层群分组小联合斜巷联系采区巷道布置

1—采区运输石门；2—采区回风石门；3—采区溜煤眼；4—采区溜矸眼；5—采区行人眼；6—采区运料眼；7—斜巷；8—m_1 层煤分阶段运输平巷；9—m_1 层煤分阶段回风平巷；10—m_2 层煤分阶段运输平巷；11—m_2 层煤分阶段回风平巷

2）石门联系

煤层组中煤层间距较远，层数较多时，可用石门联系。图3－3－44所示，为淮南李郢孜一矿的采区巷道布置。采区内共有8个煤层，在最下面的煤层中开掘一组（溜煤、溜矸、运料、行人四个）上山眼，并用区段石门7和8与各煤层联系。由于采区内煤层较多，为了加速采区的准备和解决前期通风、行人、出煤、出矸的问题，在顶部第一和第四煤层中分别增设了两个上山眼4、5。

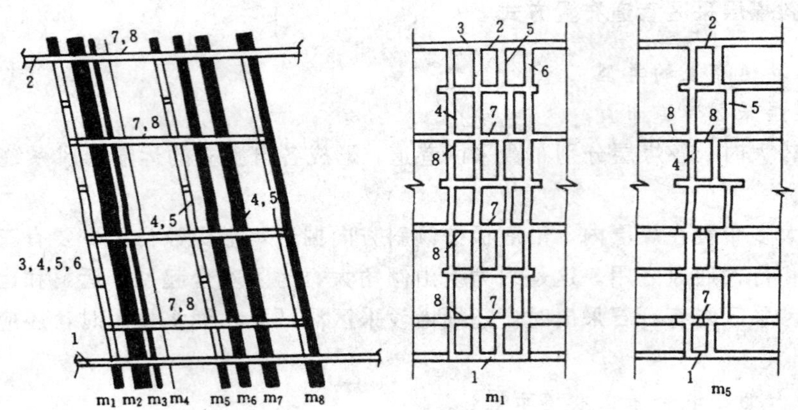

图3－3－44 煤层群分组小联合石门联系采区巷道布置

1—采区运输石门；2—采区回风石门；3—采区溜煤眼；4—采区溜矸眼；5—采区行人眼；6—采区运料眼；7—分阶段运输石门；8—分阶段轨道石门

采用石门联系的联合布置，由于煤层数目较多，采区产量较大，为了满足通风和运输上的要求，除了共用上山眼外，有时在其他煤层中再布置一些上山眼。为了给采区掘进及机电设备安装创造施工条件，常采用双石门布置，一条石门为运输机巷，另一条石门为辅助运输巷（一般铺设轨道）。

3. 煤层群大联合采区巷道布置

在分组小联合布置中，仍然使用煤层上山眼的方式，上山眼坡度大、断面小，维修、通风和运料等比较困难，一般不易满足采区生产能力的扩大要求。所以在井田内煤层数目多，间距又较大的情况下，可以考虑采用不分组的集中大联合，或者分组的大联合布置方式。

采用大联合布置时，常将采区轨道上山布置在底板岩石中，在适当的煤层中布置溜煤、排矸、行人的上山眼。如图3－3－45所示的淮南矿务局李郢孜一矿西石门采区B_4至B－9煤层群的采区巷道布置。

（二）采区上山与区段平巷的布置方式

1. 采区上山

1）沿倾斜上山眼布置

在采区运输石门两侧，沿煤层倾斜方向，在煤层中，设置一组上山眼，这是急倾斜煤层采区上山的一般布置方式。上山眼的数目，随着生产的实际需要而定，一般设三条，即溜煤眼，运料眼和行人眼。必要时，还要设置溜矸眼和泄水眼。上山眼系统中，各条巷道的布置情况与要求如下：

(1)溜煤(矸)眼，应靠近采区运输石门设置，沿倾斜方向要直，以保证溜放煤(矸)的通畅，溜煤眼的下端与采区煤仓相连。

(2) 运料眼直通回风水平，在运料眼中，使用特制的运输设备，用绞车提(放)到区段回风巷（或运输巷)，转装入运料小车，运至回采工作面（或其他使用地点)。为便于材料沿眼拖动，材料眼靠底板侧，一般铺设木板。

(3) 各条上山眼间距，主要是根据安装通风和防尘设施的需要确定，一般为 10m～15m，在满足安装上述设施要求的条件下，眼间距尽量缩小，以减少上山眼组煤柱的宽度，增加采区的有效回采长度，上山眼组两侧留设煤柱的宽度，根据煤层厚度和煤质软硬等情况而定，一般为 5～10m。每隔一定垂高，以横川联络各条上山眼，以保证行人安全和通风、运输的方便。联络横川间垂距随生产和施工的实际需要而定，淮南一般为 15～20m，开滦为 7～8m。

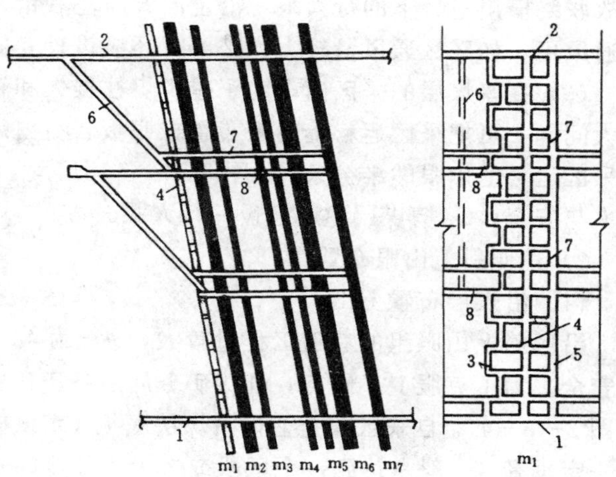

图 3－3－45　岩石轨道上山和煤层上山眼相结合的大联合采区巷道布置

1—采区运输石门；2—采区回风石门；3—采区行人眼；4—采区溜煤眼；5—采区溜矸眼；6—采区轨道上山；7—分阶段运输石门；8—分阶段轨道石门

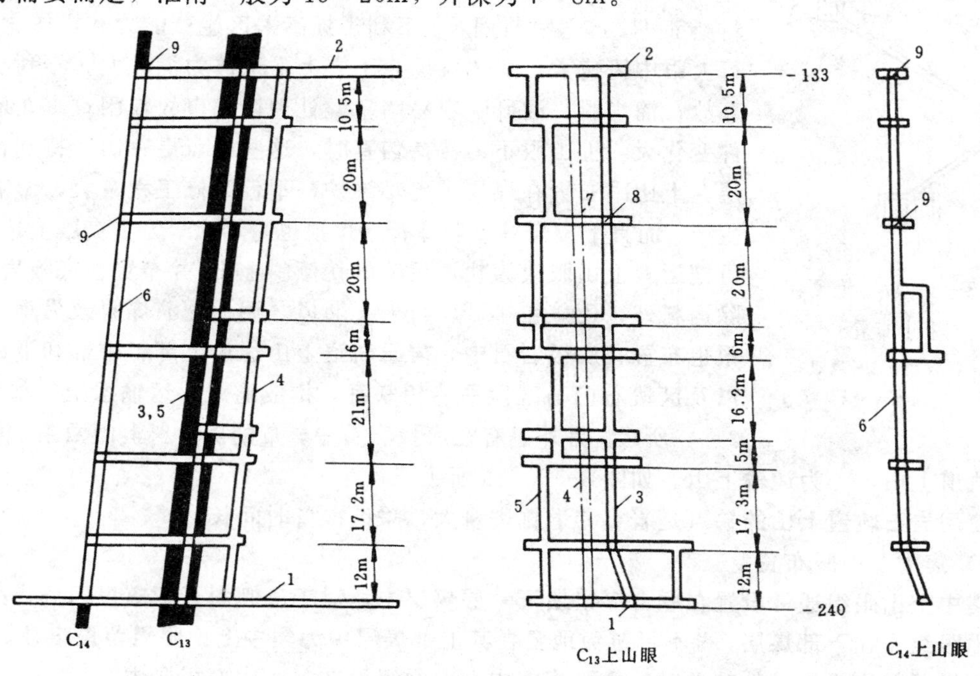

图 3－3－46　煤岩上山眼联合布置采区

1—采区运输石门；2—采区回风石门；3—采区溜煤眼；4—采区运料眼；5—采区行人眼；6—采区出矸眼；7—区段轨道石门；8—区段运输石门；9—区段运输平巷

(4) 行人眼一般紧靠溜煤眼设置，以利通过联络横川检查溜煤眼的溜煤情况，处理卡眼事故联络横川上、下的行人眼，沿走向方向左右错开，错距 2～3m，以利安全。行人眼可兼作通风用，如采区通风量较大，必要时还应设置专门的通风眼。

(5) 在厚煤层的采区内，为了减少煤柱损失和解决回收采区上山眼煤柱时的下行风高差过大问题，可把采区运料上山眼布置在底板岩石内最下部不可采的薄煤层中。这样也可以改善采区运料上山眼的维护条件。图 3－3－46 所示为淮南矿务局孔集矿采区巷道布置，但考虑行人与安全，C_{14}槽煤层中应增设一行人眼。

2) 伪倾斜上山眼布置

(1) 沿煤层布置上山。

沿倾斜上山眼组的巷道工程量较大，一般为 400～700m，同时易发生卡眼，坠眼事故，不够安全。为了克服上述缺点，开滦矿务局赵各庄矿曾采用伪倾斜上山的布置方式，这种方式见图 3－3－47。自采区煤仓上口沿煤层底板（或顶板）按 35°左右的倾角掘进伪倾斜上山，达到一定垂高（一般是达到一个区段或一个半区段的垂高），上山再折返。上、下段上山间，以沿煤层倾斜布置的 2～3 条小眼联接，伪倾斜上山分成三个间隔，分别作溜煤，运料和行人之用。有三段上山布置，也有两段上山布置，每段上山设材料绞车一台。

伪倾斜上山与沿倾斜的上山眼组比较，最突出的优点是巷道工程量可省 50％以上，掘进方便，使用安全。其缺点是上山煤柱尺寸大，且溜煤、运料折返多，较复杂。

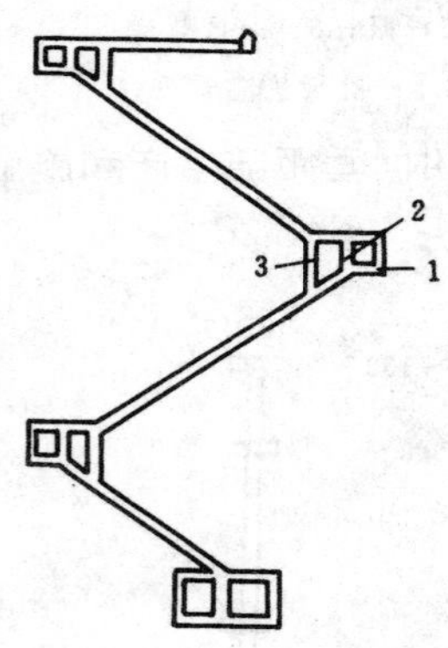

图 3－3－47　伪倾斜上山布置
1—行人眼；2—风眼；3—溜煤眼

(2) 沿底板岩石布置上山。

生产实践证明，在煤层内布置上山眼的方式有许多缺点，如运料断面小，运送物料困难，不利于提高采区生产能力和机械化程度，行人眼中风速大，煤尘飞扬，工人上下班体力消耗大，不利于处理事故；溜煤眼、溜矸眼容易堵塞，处理堵塞事故较困难。在地质条件变化大，上山眼不易保持匀直时，这些缺点更突出。特别在厚煤层，上山眼布置在煤层中更难维护，不仅维修工程量大，影响正常生产，而且上山煤柱回收率低。煤损也将增大。为了克服上述缺点，可把运料上山眼改为轨道运输的伪倾斜上山，并布置在底板岩石中，除运料外，还兼作排矸、行人、通风之用。把溜煤眼改为垂直溜煤眼也布置在底板岩石中，岩石轨道上山通过上部、中部和下部车场以及区段石门与区段平巷相联系，构成通风、运输系统，如图 3－3－48所示。另外也有在底板岩石中，布置伪倾斜上山两条，其中一条为轨道上山，一为运输上山。如图 3－3－49 所示。

使用岩石轨道上山的缺点是岩石巷道掘进量大，采区准备时间长。

3) 集中上山眼布置

集中上山眼组通常设置在联合煤组最下一层煤层中，对于急倾斜近距离煤层群，虽然集中上山眼组设在下部煤层，也不可避免地要在其上部煤层中为集中上山眼组留设煤柱。因此，当下部煤层巷道维护条件较差时，也可将集中上山眼组设在上、中部煤层中。

对于 2～3 层煤联合布置的采区，如果条件允许，尽量把集中上山眼组布置在主采煤层中，以简化主采煤层的运输环节。

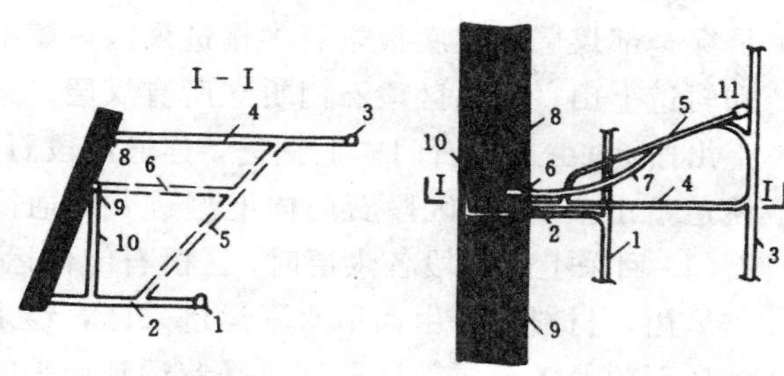

图 3－3－48　岩石轨道上山的采区巷道布置

1—运输大巷；2—采区运输石门；3—回风大巷；4—采区回风石门；5—岩石轨道上山；6—分阶段运输石门；7—中部车场；8—区段回风平巷；9—区段运输平巷；10—采区溜煤眼；11—绞车硐室

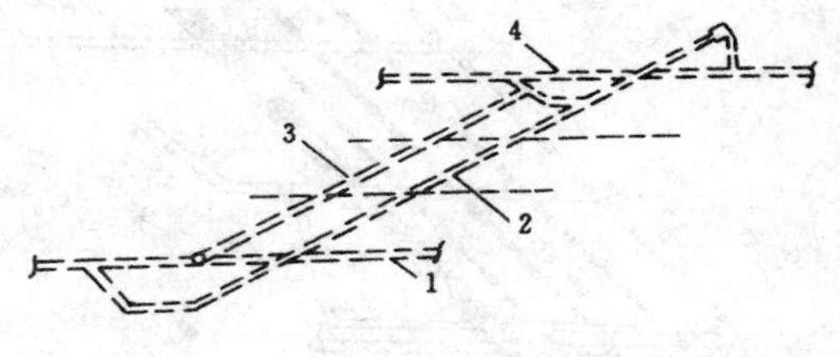

图 3－3－49　伪倾斜岩石上山布置方式

1—运输大巷；2—轨道上山；3—运煤上山；4—回风大巷

联合布置的采区，当所联合的煤层层数较多时，为了加快采区准备，也可把一组集中上山眼分开布置在两个煤层中，如把溜煤眼和行人眼布置在底部煤层，把材料眼和溜矸眼布置在上部煤层。有的为了避免采区上山过分集中，造成通风、运输困难，同时也是为了加快采区准备，可在上部煤层中再增设两条辅助上山眼。如图 3－3－44 所示。

4）岩石集中轨道上山与上山眼混合布置

（1）岩石集中轨道上山与煤层上山眼混合布置。

当采区联合的煤层多、储量较大，服务年限较长，要求的产量亦较大时，也可采用如图 3－3－45 所示的岩石集中轨道上山与上山眼组混合的布置方式。集中轨道上山自采区回风石门通至第一区段石门，布置在联合煤组最下一层煤的底板岩石内，穿层掘进，倾角为 30°左右，用矿车提升，供作采区通风、下料、提矸和行人之用。第一区段下开上山眼组，只在第二区段底部煤层中设溜煤、行人和进风三条上山眼。这种布置方式的主要优点是：

①以倾角较缓的轨道上山代替高角度的上山眼组，运输方便，管理集中，使用安全。

②轨道上山，设在底板岩石中，维护量小，煤柱损失少。

③由于第一区段不设上山眼组，所以巷道总工程量较省，特别是当一个水平分为两个高度较大的区段开采时巷道工程量更省。

其主要缺点是：岩石巷道工程量较大。

实践证明，岩石集中轨道上山与上山眼组混合的布置方式，比较适合于开采煤层层数多，厚度大的急倾斜煤层群。

图 3－3－45 的布置方式，是以回风方式水平下料、排矸为前提，如回风水平无提升、运输设施，而又需要采用这种混合布置方式时，则应在第二区段按同样方式再增设一段岩石集中轨道上山，两段“接力”使用。此时，在第二区段底部煤层中，只需设置溜煤和行人两条上山眼。显然，这种布置方式的岩石巷道工程量更大些。

（2）岩石集中轨道上山与底板岩石运煤上山混合布置。

图 3－3－50 所示为开滦矿务局赵各庄矿采用的轨道上山和溜煤眼均布置在底板岩石中的一种大联合布置方式。井田范围内五层可采煤层不再分组，联合布置采区巷道进行开采。采

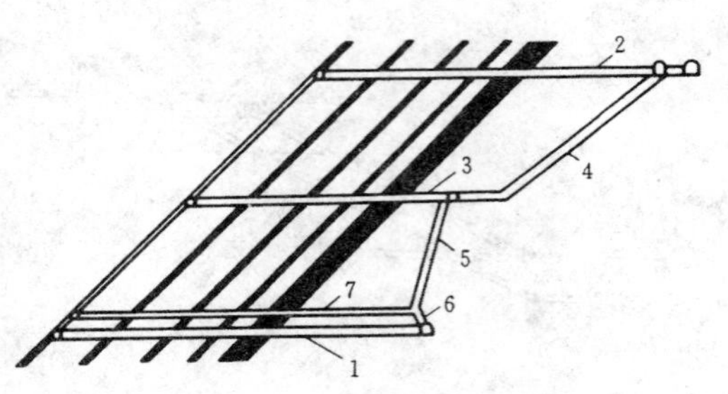

图 3—3—50　岩石轨道上山及运煤上山大联合布置

1—采区运输石门；2—采区回风石门；3—分阶段石门；4—采区轨道上山；5—采区运煤上山；6—采区煤仓；7—运输石门

区沿倾斜划分为两个区段，采区运输和回风石门贯穿全部煤层，在底板岩石中掘进采区运煤上山和轨道上山，并以区段石门贯穿所有煤层。运煤上山按 35°由运输石门向上掘进，连通区段石门。轨道上山按 25°由区段石门向上掘进，连通回风石门。回采上一区段各煤层时，区段石门作运煤、进风用，材料设备由回风水平运进采区，经采区回风石门及各煤层的区段回风平巷运到回采工作面，轨道上山可作行人之用。回采下区段时，区段石门及轨道上山作运料、回风、行人之用，另开掘运煤石门通达采区煤仓上口，供下区段回采时运煤之用。

（3）岩石集中轨道上山与底板岩石垂直溜煤眼混合布置。

图 3—3—51 所示为徐州矿务局大黄山矿的采区巷道布置，其特点：

①在煤层底板岩石中掘一条穿层岩石轨道上山，由于阶段高度较大上山分为两段，并用甩车道与各区段平巷连接。这条轨道上山可作为运料、行人（也可实行机械化运人）、排水、出矸及进风等用。由于巷道在岩石中、维护条件好、断面可大些，有利于设备及长材料运输，改善了采区通风条件，为提高采区生产能力打下基础。

②采用岩石垂直溜煤眼，改善了维护状况，避免了堵眼事故。

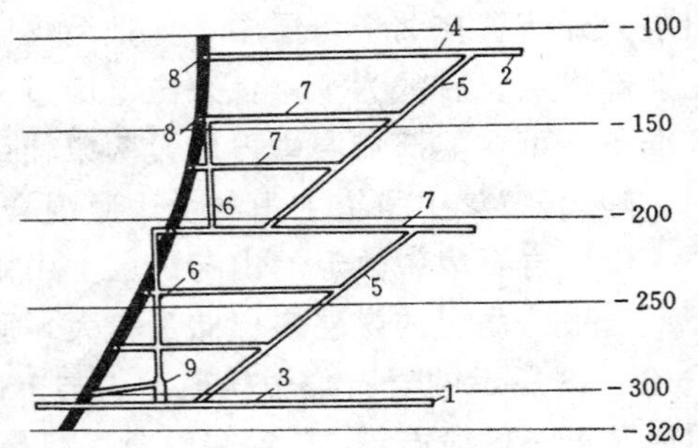

图 3—3—51　穿层底板岩石上山和岩石垂直溜煤眼布置

1—运输大巷；2—回风大巷；3—采区运输石门；4—采区回风石门；5—穿层岩石上山；6—岩石垂直溜煤眼；7—区段石门；8—区段平巷；9—采区煤仓

③岩石集中轨道上山与运煤上山混合布置。

将溜煤眼改为坡度较缓的运煤上山与岩石集中轨道上山混合布置，即穿层岩石上山联合布置（图 3—3—52）。图示为攀枝花矿矿务局太平矿南三采区巷道布置。

其特点如下：

①南三采区共有可采煤层 16 层，分为上下两组，上组 4 层煤，下组 12 层煤。上组煤掘有倾角 25°，长 185m 的穿层运煤上山，内装铸石溜槽刮板输送机一台，下组煤的上山全长 636m，为两段折返式运输，上段 150m 设一台铸石槽刮板输送机，下段长 486m，内设两台刮板输送机。上、下两组煤的运煤上山均兼作进风和行人用。

②采区掘有倾角为 28°的穿层上山，作为上、下两组煤层共用的轨道上山，用于运料、排矸、铺设各种管路及回风和行人等。

③采区内各区段采用双石门贯穿各煤层，其中运输石门高于轨道石门 8m，运输石门设吊挂胶带输送机运煤，并兼作进风之用、轨道石门作运料、也兼作回风。采区石门 6 内设有两

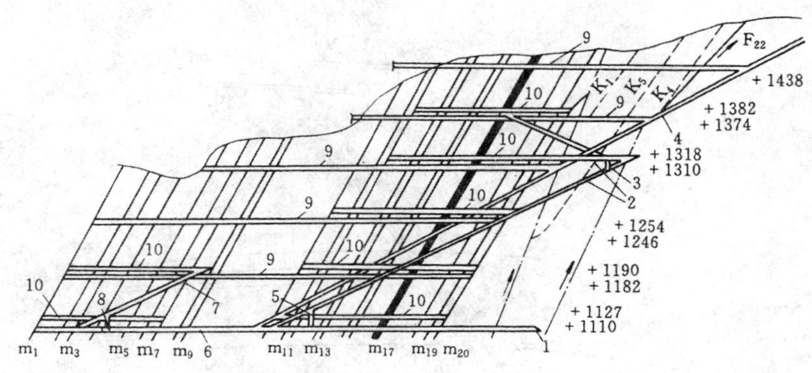

图 3－3－52 穿层岩石上山联合布置

1—南翼集中运输大巷；2—下组集中运煤上山；3—转载煤仓；4—采区集中材料上山；5—下组煤仓；6—采区石门；7—上组集中运煤上山；8—上组煤仓；9—区段轨道石门；10—区段运输石门

个装载点，采区煤仓总容量为 400～500t。

④这种布置方式较以往采用的将全部可采煤层分为若干组，在每组下部煤层中开掘一组四个采区上山眼的布置方式有如下优点：采区运煤能力与辅助运输能力加大，机械化水平提高，掘进施工方便，巷道维护状况得到改善，并使生产系统简单化，采区可采储量与服务年限增加，提高了采区生产能力，以及改善了采区各项技术经济指标等。

5）急倾斜厚煤层水平分段综采放顶煤采区巷道布置

图 3－3－53 所示为华亭矿区砚北矿井采用的急倾斜厚煤层水平分层综采放顶煤采区巷道布置方式。开采煤层厚度为 6.11～76.24m，平均 41.99m，煤层倾角 35°～55°。采区开采范围从＋1050m 到＋850m，垂高 200m，为下山采区。采区设计年生产能力为 1.5Mt/a 布置一个水平分段综采放顶煤工作面，分高度为 12m，其中机采 3m，放煤 9m。采区共设置四条下山，即轨道下山，皮带下山，溜煤下山和回风下山。采区下山伪斜布置，其中轨道下山和胶带输送机下山设在煤层底板岩石中，倾角均为 25°，溜煤下山和回风下山设在煤层中，分别沿煤层底板和顶板布置，倾角为 35°～50°。为了解决每一区段的灌浆注水后脱水问题，将下一区段运输巷提前掘出，作为本区段的脱水巷使用。这种采区巷道布置的主要特点是：

(1) 辅助提升运输能力大，适应综采放顶煤工作面的回采要求。

(2) 区段石门及中部车场工程量大。

(3) 采区上部（＋950m 以上）由于胶带输送机下山离煤层较远，为节省区段溜煤眼工程量，在煤层中沿底板设置了一段溜煤下山和采区煤仓。

2. 区段平巷布置方式

急倾斜煤层采区沿倾斜一般也划分为 2～4 个区段，在区段上下边界，分别布置回风和运输平巷。区段平巷布置方式有单层布置、联合布置平巷联系及联合布置斜巷联系等之分，详见表 3－3－22。

3. 采区上山与区段平巷的联络方式

当采区采用岩石集中轨道上山的布置方式时，则需设置上部、中部和下部车场。其布置原则基本上与缓倾斜煤层相同。

当采区采用在煤层内布置上山眼时，由于倾角大不能使用轨道矿车运输，所以一般也不

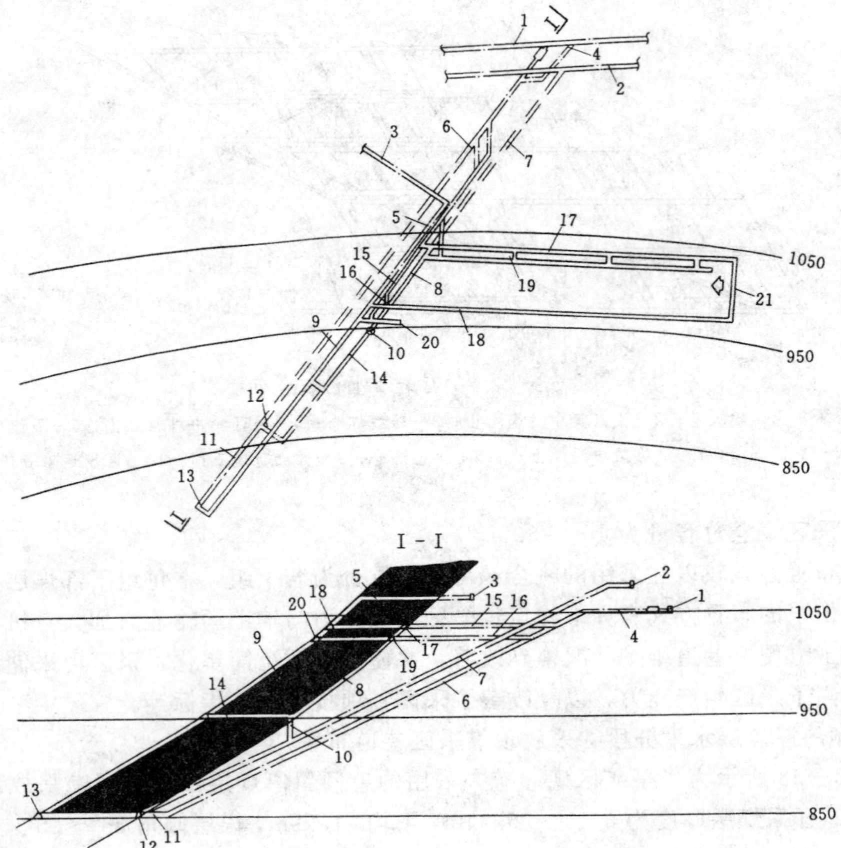

图 3－3－53　华亭矿区砚北矿井水平分段综采放顶煤采区巷道布置

1—1050 轨道运输大巷；2—1075 胶带运输大巷；3—1065 回风大巷；4—采区上车场；5—回风石门；6—轨道下山；7—胶带输送机下山；8—溜煤下山；9—回风下山；10—采区煤仓；11—采区下车场；12—胶带下山通道；13—回风下山通道；14—溜煤下山 950 通道；15—1037 中车场及石门；16—1025 中车场及石门；17—工作面 103 运输巷；18—工作面 1038 回风巷；19—1025 脱水巷；20—工作面 1026 回风巷；21—回采工作面

设置上部和中部车场。但是煤和矸石要放到下部采区运输石门内装车外运，因而必须设置下部车场，急倾斜煤层采区下部车场多为石门车场。采区上山与区段平巷的联系方式有斜巷联系、单石门联系及双石门联系等之分、详见表 3－3－23。

4．最后一个区段的联合方式

由于最下一个区段，各煤层的回采工作面已与采区运输石门十分接近，因此，有必要提出这一区段是否需要联合的问题。在实践中处理这一问题有三种方式。

(1) 不联合的方式：如表 3－3－22 中附图所示，各层的煤直接溜到采区运输石门装车。此时，可以省去一条区段联络石门和其中铺设的运输设备。但需在各层都设置煤仓和装车站，还需开设各层的进风、行人小眼。

(2) 大联合的方式：如图 3－3－50 所示，在采区煤仓上口标高位置，自采区上山开一条区段石门，贯穿各煤层。各层的煤集中到采区煤仓装车。

（3）分组联合的方式：如图 3－3－52 所示，将整个联合煤层分为两个分组，在上、下分组内，分别开区段运输石门，分组之间不再联系。下分组利用采区煤仓和装车站装车，上分组再单独开设煤仓和装车站。

分析上述三种方式：不联合方式，巷道工程量和设备用量最少，但装车点过于分散，采区车场长度大，调车复杂，运输能力受到影响，联合的方式，情况则相反，分组联合的方式，情况介于二者之间。对于产量较大的采区，宜采用联合的方式或分组联合的方式，对于产量较小的采区可采用不联合的方式，具体选择时，应根据煤层赋存情况和对采区生产能力的要求确定。

表 3－3－22 区段平巷布置方式

方式	单层布置	联合布置	
		平巷联系	斜巷联系
图示	见右图 1 号煤层的布置	6 2 5 6 4 3 5 6 1 2 5 3号 2号 1号	6 5 1 6 5 7 4 3号 2号 1号
优缺点	优点： 1. 各层使用单独的运输、通风系统，当采区的一翼上、下煤层同时回采时，系统简单，互不干扰 2. 在采区的一翼走向长度内，无需再开煤层间的联络巷道，巷道工程量较省、并可减少采区内的矸石运输量 缺点： 1. 当采区的一翼上、下煤层同时回采时，采区投产前，巷道掘进量大 2. 当采区的一翼上、下煤层同时回采时，区段运输巷中使用的运输设备多，管理分散 3. 当煤层顶、底板破碎，或煤层较厚，煤质较软时，特别是当采区的一翼走向长度又较大（例如大于 250m）时，区段平巷的维护时间长，维护量大，费用较高	优点： 1. 顶层煤生产时，安全取消了本层的区段平巷的运输环节，使用的运输设备最少，生产集中程度高 2. 除第一区段回风巷外，区段平巷服务时间最短，维护费用省 缺点： 1. 采区投产前，岩石反眼需一次全部掘出，掘进工程量大 2. 采区巷道的总工程量大，掘进率高 由于急倾斜煤层采区，储量和产量较小，采区走向长度较短，区段平巷服务年限不长。因此，目前多不采用底板岩石集中平巷的布置方式	
适用条件	煤层间距较在（大于 10m），煤层内巷道维护条件良好	煤层间距较小，采区一翼走向长度较大，煤质松软，地压较大，煤层内巷道维护条件较差	煤层间距小于 3m，煤层巷道维护条件较差
符号注释	1—集中上山眼组；2—区段联络石门；3—中间联络石门；4—区段集中运输巷；5—1 号煤层区段运输巷；6—3 号煤层区段运输巷；7—区段联络斜巷		

表 3-3-23　采区上山与区段平巷的联系方式

方式	斜巷	平石门	
		单石门	双石门
图示	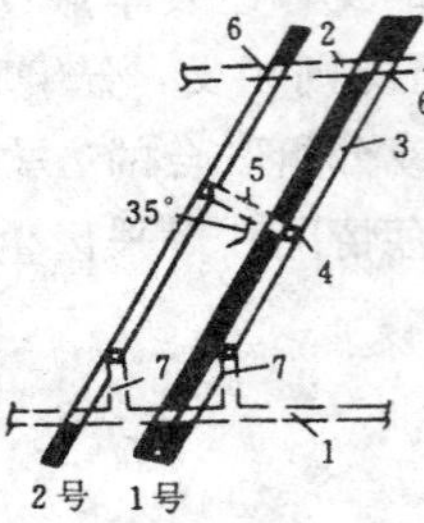 2号　1号	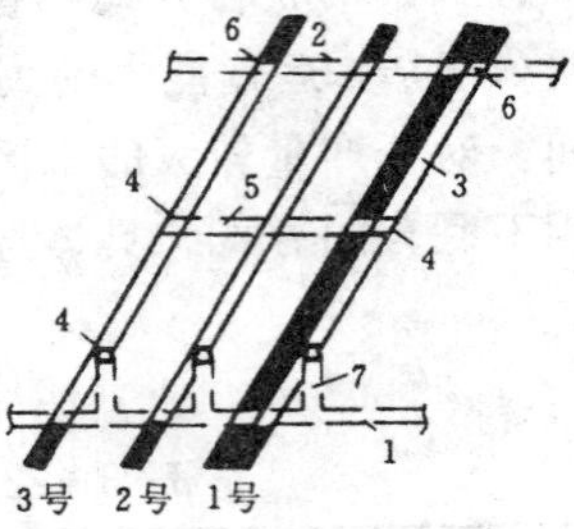	3号　2号　1号
优缺点	优点： 上部煤层的煤自溜进入溜煤眼，运输设备少，系统简单 缺点： 1. 上、下煤层区段标高不一致，增加生产的复杂性 2. 下一区段用斜石门回风时，为下行风 3. 斜巷运料与平石门相比，较困难	优点： 岩石巷道工程量少 缺点： 1. 机、轨在一条石门内，互相干扰 2. 石门断面大，施工、维护较困难 3. 上、下区段同时生产时，通风问题不易解决	优点： 1. 机、轨分开，使用方便，互不干扰 2. 石门断面小，有利于维护，有利施工 3. 上、下区段同时生产时，通风问题容易解决 缺点：岩石巷道工程量较大
适用条件	煤层间距较小的两层联合布置	联合的煤层层数较少，产量较小的采区，以及在联合布置的煤组内增设有辅助上山眼	联合的煤层层数较多，产量较大的采区
符号注释	1—采区运输石门；2—采区回风石门；3—采区上山；4—区段运输平巷；5—区段斜巷（或平石门）；6—区段回风平巷；7—溜煤眼		

第五节　有煤(岩)与瓦斯(二氧化碳)突出危险煤层的采区巷道布置

一、有煤与瓦斯突出危险煤层开采的有关规定

（一）一般规定

煤与瓦斯突出矿井的新水平和新采区的设计中，都必须编制防治突出的设计，设计中应包括保护层的选择、巷道布置方式、煤层开采程序、采煤方法、支护形式以及抽放瓦斯和局部预防突出措施等内容。采区巷道布置必须符合现行规程、规范的有关规定。

（二）开采保护层

在突出矿井中开采煤层群时，必须首先开采保护层。

被保护范围的划定方法及有关参数，应根据对矿井实际考察的结果确定，报矿务局总工程师批准。保护层的采煤工作面必须超前于被保护层的掘进工作面，其超前距离不得小于这两个煤层之间的垂直距离的2倍，并不得小于30m。

开采保护层时，采空区内不得留煤柱，特殊情况留煤柱时，必须采取预防突出措施。

保护层的开采厚度等于或小于0.5m时，必须检查保护层的实际保护效果，如果保护层的保护效果不好，在开采被保护层时还必须采取预防突出的补充措施。

开采保护层时，具有抽放瓦斯系统的矿井，应同时抽放被保护层的瓦斯。

开采近距离保护层时，必须采取措施，防止被保护层初期卸压的瓦斯突然涌入保护层采掘工作面，并必须严防误穿突出煤层。

在突出危险的单一煤层和无保护层可采的突出危险煤层，经预抽瓦斯试验对预防突出有效时，可采用预抽煤层瓦斯的预防措施。未达到预抽有效性指标的区段进行采掘作业时，必须采取补充的预防突出措施。

石门应避免在地质构造复杂和破坏地带。如果条件许可，石门应尽量布置在被解放的地区，或利用已有巷道先掘出石门揭煤地点的煤层巷道，然后再以石门贯通。

开采有煤与瓦斯突出煤层，应根据突出危险性预测，选择合适的防治突出措施：

(1) 在突出矿井中开采煤层群时，应首先开采保护层。保护层的选择，应安全、经济、有利于开采、有利于抽放瓦斯工程，有多个保护层时，应优先选择上保护层，当矿井中所有煤层都有突出危险时，可选择突出危险程度较小的煤层作保护层；

(2) 保护层有效解放范围，应根据邻近矿井的经验确定，若无邻近矿井参考时，可按国家现行标准《防治煤与瓦斯突出细则》设计；

(3) 开采保护层的矿井，被保护层的巷道必须布置在保护范围内；

(4) 开采单一煤与瓦斯突出危险煤层和保护层开采后的未解放区，当煤层透气性系数大于或等于0.001mD（毫达西）时，应采用预抽煤层瓦斯防治突出措施，预抽煤层瓦斯钻孔可采用沿煤或穿层布置，但必须采取预防突出措施。

在《煤矿安全规程》中对突出煤层的掘进和回采作了如下规定：

(1) 突出煤层中进行采掘工作时，在一个或相邻的两个采区中，同一煤层的同一区段，在应力集中的影响范围内，不得布置两个工作面相向回采和掘进。

突出煤层的掘进工作面，应避开本煤层或邻近煤层采煤工作面的应力集中范围。

(2) 急倾斜煤层倒台阶采煤工作面，各个台阶的高度应尽量加大，台阶宽度应尽量缩小。

(3) 开采突出的急倾斜厚煤层时，可利用上分层或上阶段开采后造成的卸压作用保护下分层或下阶段，但必须掌握上分层或上阶段的卸压范围，以确定其保护范围，使下分层或下阶段采掘工作面布置在这个保护范围内。

二、开采保护层

（一）保护层的确定

(1) 首先选择无突出危险的煤层作为保护层，当煤层群中有几个煤层都可作保护层时，应根据安全、技术、经济的合理性、综合比较，择优选定。

(2) 矿井中所有煤层都有突出危险时，应选突出危险程度较小的煤层作保护层，但在此保护层中进行采掘工作时，必须采取防治突出措施。

(3) 选择保护层时，应优先选择上保护层，没有条件时，也可选择下保护层，但在开采下保护层时，不得破坏被保护层的开采条件。

（二）保护范围

保护层开采后，被保护范围的划定方法及有关数据，应根据矿井实际考察结果确定，报矿务局总工程师批准，对暂无实例数据的矿井，可参照下列各条执行。

（1）保护层与被保护层之间的有效垂距，可按表 3－3－24 或公式（3－3－6）和公式（3－3－7）确定。

表 3－3－24　保护层与被保护层之间的有效垂距

煤层类别	最大有效垂距（m）	
	下保护层	上保护层
急倾煤煤层	80	60
缓倾斜和倾斜煤层	100	50

下保护层最大有效层间距：

$$S_1 = S_1^1 \beta_1 \beta_2 \qquad (3-3-6)$$

表 3－3－25　S_1^1和 S_2^1与开采深度，采煤工作面长度的关系

开采深度 H（m）	S_1^1的值（m）采煤工作面长度 a（m）								S_2^1的值（m）采煤工作面长度 a（m）						
	50	75	100	125	150	175	200	250	50	75	100	125	150	200	250
300	70	100	125	148	172	190	205	220	56	67	78	83	87	90	92
400	58	65	112	134	155	170	182	194	40	50	58	66	71	74	75
500	50	75	100	120	142	154	164	174	29	39	49	56	62	66	68
600	45	67	90	109	126	138	146	155	24	34	43	50	55	59	61
800	33	54	73	90	103	17	127	135	21	29	36	41	45	40	50
1000	27	41	57	71	88	100	114	122	18	25	32	36	41	44	45
1200	24	37	50	63	80	93	104	113	16	23	30	32	37	40	41

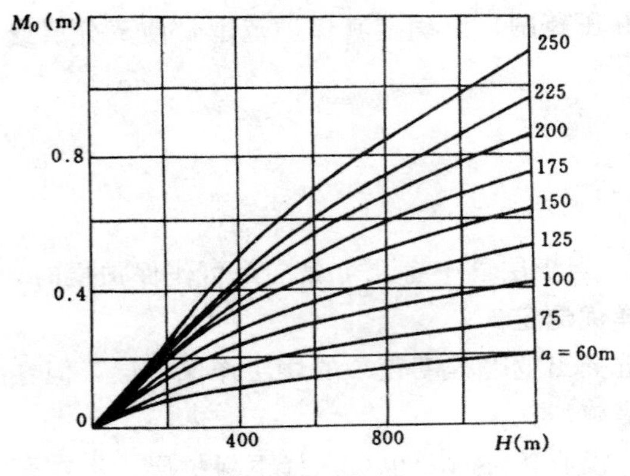

图 3－3－54　保护层临界厚度 M_0 曲线图

上保护层最大有效层间距：

$$S_2 = S_2^1 \beta_1 \beta_2 \qquad (3-3-7)$$

式中　S_1^1、S_2^1——下保护层和上保护层的理论最大有效层间距，m，可参用表 3－3－25 数值；

β_1——保护层有效厚度影响系数；

$\beta_2 = \dfrac{K_y M}{M_0}$，但不大于 1。

K_y——顶板管理方法影响系数，水力充填时，$K_y = 0.35$；其他充填法时，$K_y = 0.45$；在木垛支撑顶板时，$K_y = 0.7$；全冒落法管理顶板或顶板缓慢下沉时，$K_y = 1$。

M——保护层开采厚度，m；

M_0——按图 3－3－54 确定的保护层的临界厚度，m；

β_2——考虑层间岩石中砂岩组分含量多少的系数，

$$\beta_2=1-\frac{0.4a}{100}$$

a——采煤工作面长度，如 $a>0.3H$；

则 $a=0.3H$，但不大于 250m。

假如对采煤工作面长度大于 80m 的保护层，按本条算得的 $S_2<20\text{m}$ 时，则应取 $S_2=20\text{m}$。

(2) 对已停采的保护层采煤工作面，停采至少 3 个月，并卸压比较充分，该采煤工作面的始采线，终采线处，沿走向的被保护范围可暂按卸压角 56°～61°划定（图 3－3－55）。

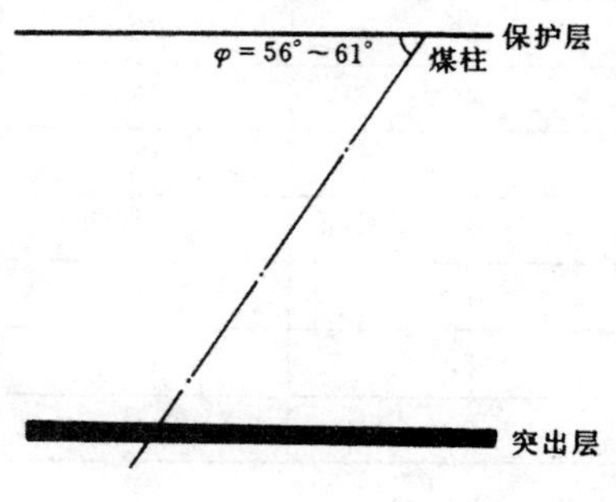

图 3－3－55 保护层采煤工作面始采线

对几个矿井由于采面（或煤柱）在走向方向的应力集中所引起突出的统计如图 3－3－56 中横坐标表示突出点与采面的走向距离，纵坐标表示突出点与开采层的垂直距离，把各矿各类突出点都标在同坐标系统中，表明了它们之间的相对关系。这些资料及国外有关资料表明，受采动影响的突出点有一定的分布范围，采面前方约 60m 左右顶板方面大致在 60°斜线之上，底板方面大致在 45°斜线以下，这样二条斜线大致划分出危险区和解放范围。

值得注意的是，上述资料很多是在保护层停采以后，即在岩层移动基本稳定的情况下统计的，可以大致作为停采后的解放范围，而不能作为解放层开采的超前距。如果解放层正在开采，岩层移动便落后上述斜线，而且瓦斯排放还需要一段时间，所以，现行《煤矿安全规程》规定"保护层有效范围的划定方法及有关数据，应根据对矿井实际考察的结果确定，报矿务局总工程师批准。但保护层的回采工作面必须超前于被保护层的掘进工作面，其超前距离一般不得小于这两个煤层之间的垂直距离的两倍"。随着层间距的增大，这个超前距还应当加大，根据天府煤矿试验，上保护层与被保护层的层间距为 80m 时，超前距应为层间距的 3 倍，当上保护层与被保护层的层间距为 24m，在采深为 400m 时，超前距为 2 倍，采深为 500m 时，超前距要增至 2.5～3 倍。

(3) 保护层沿倾斜的被保护范围，可按卸压角划定，见图 3－3－57。卸压角数值应根据矿井实测数据确定。如无实测数据，可用下式计算或参用表 3－3－26 的数据。

$$\delta_1=180°-(\alpha+\theta)-10°$$

$$\delta_2=\alpha+\theta-10°$$

$$\delta_3=75°\sim80°$$

$$\delta_4=70°\sim80°$$

式中 α——煤层倾角，(°)；

θ——最大下沉角，(°)，一般可从地表移动观测带测得，如无实测资料，也可参用表 3－3－26。

根据初步掌握的情况，下述的国外资料可供设计参考使用。即以最大下沉角 θ_0 的斜线作

表 3－3－26　煤层的 θ、δ_1、δ_2、δ_3、δ_4 参考数值表

α	θ	δ_1	δ_2	δ_3	δ_4
0	90	80	80	75	75
10	83	77	83	75	75
20	86	73	87	75	75
30	70	69	90	77	70
40	65	65	90	80	70
50	56	70	90	80	70
60	43	72	90	80	70
70	36	72	90	80	72
80	22	73	90	78	75
90	0	75	80	75	80

基准线，保护范围比此基准线减小一个角度 γ，设采区斜长为 a，当下保护层与危险层间距 $h_1 \leqslant 0.7a$，并小于 100m 时，或者当上保护层与危险层间距 $h_2 \leqslant 0.5a$，并小于 60m 时，倾斜保护范围及 γ 角的大小见图 3－3－58 及表 3－3－27。当层间距大于上述数字，则保护范围还应作相应的缩小。最大下沉角 θ_0 应取本矿实测数据，如无实测数据时，也可参考表 3－3－27 中的数据。

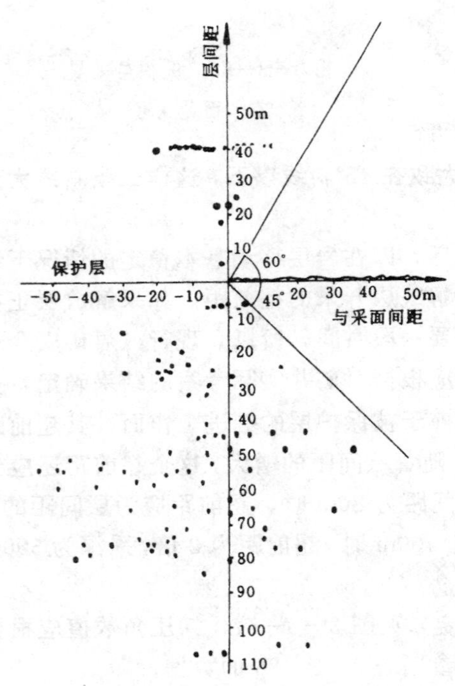

图 3－3－56　突出点与回采边界关系图

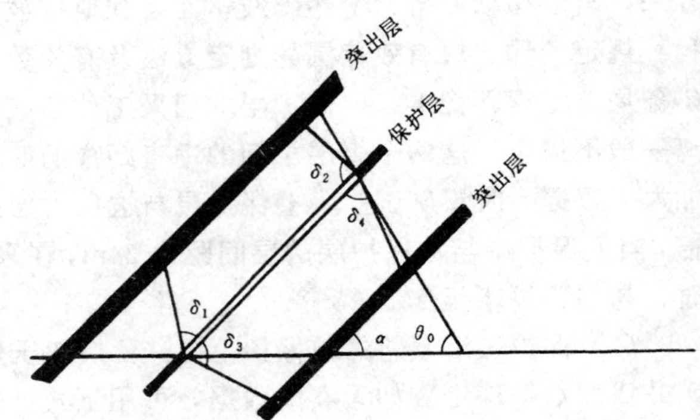

图 3－3－57　计算沿倾斜卸压角示意图

对于缓倾斜煤层，风巷以上基本不留阶段煤柱时（煤柱斜长不大于煤厚的 3～5 倍），$\gamma'_1=0$；$\gamma'_2=0$。对于急倾斜煤层，冒落带高度等于或大于阶段煤柱时，$\gamma'_1=0$；$\gamma'_2=0$，即该阶段的保护范围基本上与阶段相连接。

（4）在开采第一采区保护层时，必须同时进行有关被保护效果及范围的实际考察，积累资

料，并不断补充完善，以便尽快得出符合本矿井开采保护层的被保护范围的划定方法及参数。

表 3－3－27　倾斜保护范围

α	0°	10°	20°	30°	40°	50°	60°	70°	80°	90°
θ_0	90°	83°	77°	71°	65°	56°	48°	36°	22°	0°
γ_1	10°	10°	10°	10°	10°	0°	0°	0°	8°	15°
γ_2	15°	15°	15°	15°	15°	15°	15°	15°	15°	15°
γ'_1	10°	10°	10°	10°	10°	10°	10°	10°	10°	10°
γ'_2	10°	15°	10°	15°	15°	10°		10°		10°

（三）保护层开采与一般煤层群开采在分散与集中上的异同

1. 开采程序上的差异

一般煤层群开采，在程序上只要满足于先开采煤层不影响破坏未开采的煤层，即具备了按此程序开采的技术条件。但是突出矿井除满足上述煤层群开采的条件外，还应解决采掘作业的安全性，即开采保护层，使被保护层的瓦斯得到充分的排放，可消除掘进、回采时煤与瓦斯突出危险。以南桐煤矿为例加以说明。

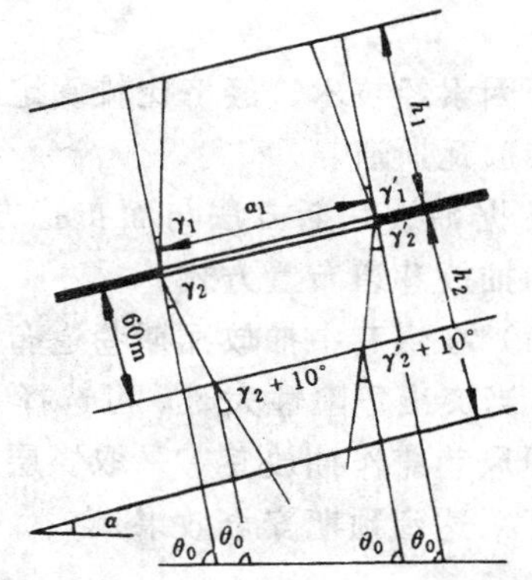

图 3－3－58　倾斜保护范围确定

该矿一井开采二叠纪乐平统龙潭组煤层，其开采煤层由上往下，如表 3－3－28 所示。

在 5 号层不突出以前，开采程序是先采 5 号层作保护层，然后采 4 号层和 6 号层。5 号层突出后，用不可采的 3 号层作保护层，然后再采 4 号、5 号、6 号层。如无保护层可采，一般是由上往下（4 号、5 号、6 号层）的开采程序。

2. 保护层开采与一般矿井煤层群的开采在分散与集中上的异同

一般矿井开采煤层群尽量做到联合布置，集中生产，以取得较好的技术经济效果。但在突出矿井开采保护层的条件下，为充分保护突出煤层，必须有一定的时间差和空间位置差，否则突出煤层的开采就不安全。对此，南桐、中梁山等煤矿总结出了突出矿井保护层开采的“三区成套四超前”的典型经验。三区即保护层开拓区，保护层的准备回采区，突出层的准备回采区。四超前即保护层开拓区超前于保护层准备；保护层的准备超前于保护层的回采；保护层的回采超前于被保护层的掘进；被保护层的掘进超前于被保护层的回采。这一经验集中体现了突出矿井保护层开采较一般矿井煤层群开采难于联合的特性。实际矿井采用的是分层布置，没有采用联合布置。

3. 被保护层开采与一般矿井揭穿煤层的差别

一般矿井只要生产需要可不受限制的任意揭穿煤层。而在突出矿井中如要揭穿突出煤层，则要采取足够的安全技术措施来预防突出，否则将给生产、安全带来影响，为此要保护层开采后再来揭开突出煤层。

三、井下瓦斯抽放巷道布置方式

井下瓦斯抽放巷道布置方式应结合煤层赋存条件、瓦斯来源、瓦斯基础参数、抽入瓦斯

表 3—3—28 南桐煤矿一井由上往下开采煤层特征表

煤层 \ 项目	煤层厚度（m） 平均 最小—最大	煤层间距（m）	倾角（°）	注
3号层（K_4）	不可采		15～48	作保护层开采
4号层（K_3）	$\frac{2.7}{2.0-3.82}$	10	15～48	有突出危险
5号层（K_2）	$\frac{0.9}{0.4-1.36}$	25	15～48	前期不突出后期突出
6号层（K_1）	$\frac{1.2}{0.68-2.19}$	15	15～48	有突出危险

方法等因素经技术、经济比较确定，但尽可能利用开采巷道布置钻场抽放瓦斯，必要时可设专用抽放瓦斯道。

根据抽放瓦斯方法与面布孔方式，一般采用开采层（即本煤层）或邻近层（包括顶底板）的抽放巷道布置方式。

(1) 在煤巷中抽放瓦斯巷道布置方式：当开采层煤层透气性较好，宜采用本层预抽沿层布孔，当突出危险性大时，可选择穿层布孔方式。图 3—3—59 为芙蓉矿务局白皎矿，利用工作面回风巷兼作抽放巷，采取煤层抽放与顶板抽放相结合的抽放方式，为本煤层及邻近煤层顺利开采达到预期安全效果。

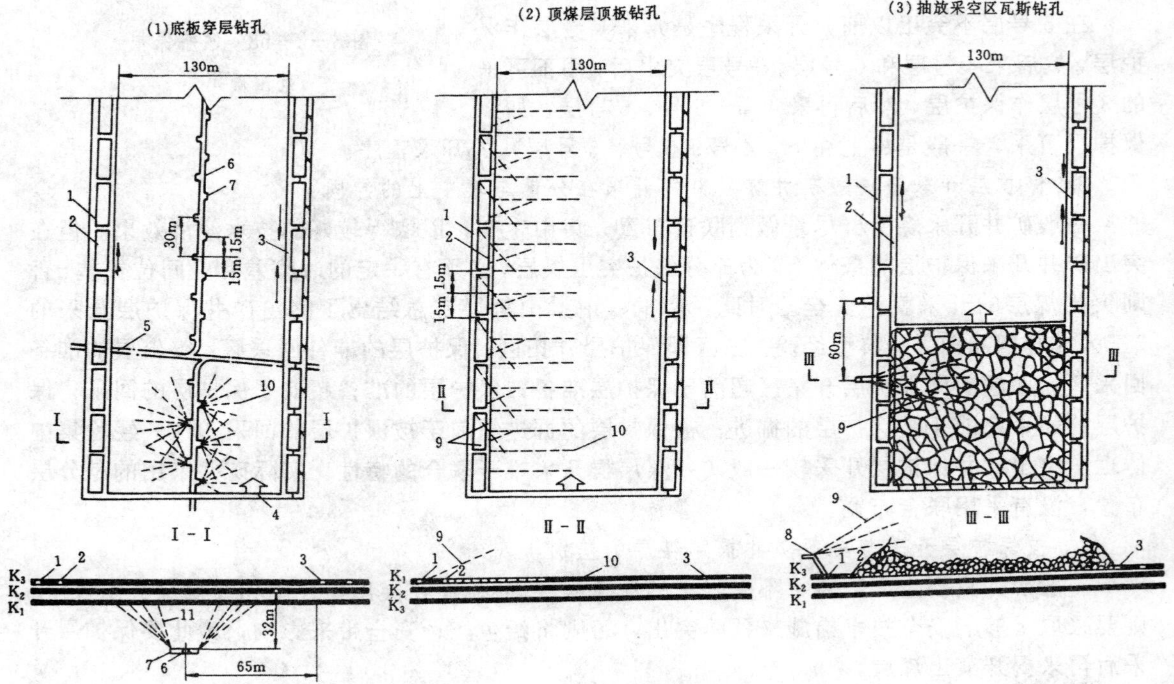

图 3—3—59 抽放瓦斯巷道及钻孔布置图

1—抽放瓦斯巷；2—回风巷；3—运输巷；4—开切眼；5—放水巷；6—底板抽放瓦斯巷；7—钻窝；8—顶板抽放瓦斯巷及钻窝；9—顶板钻孔；10—顺煤层钻孔；11—底板穿层钻孔

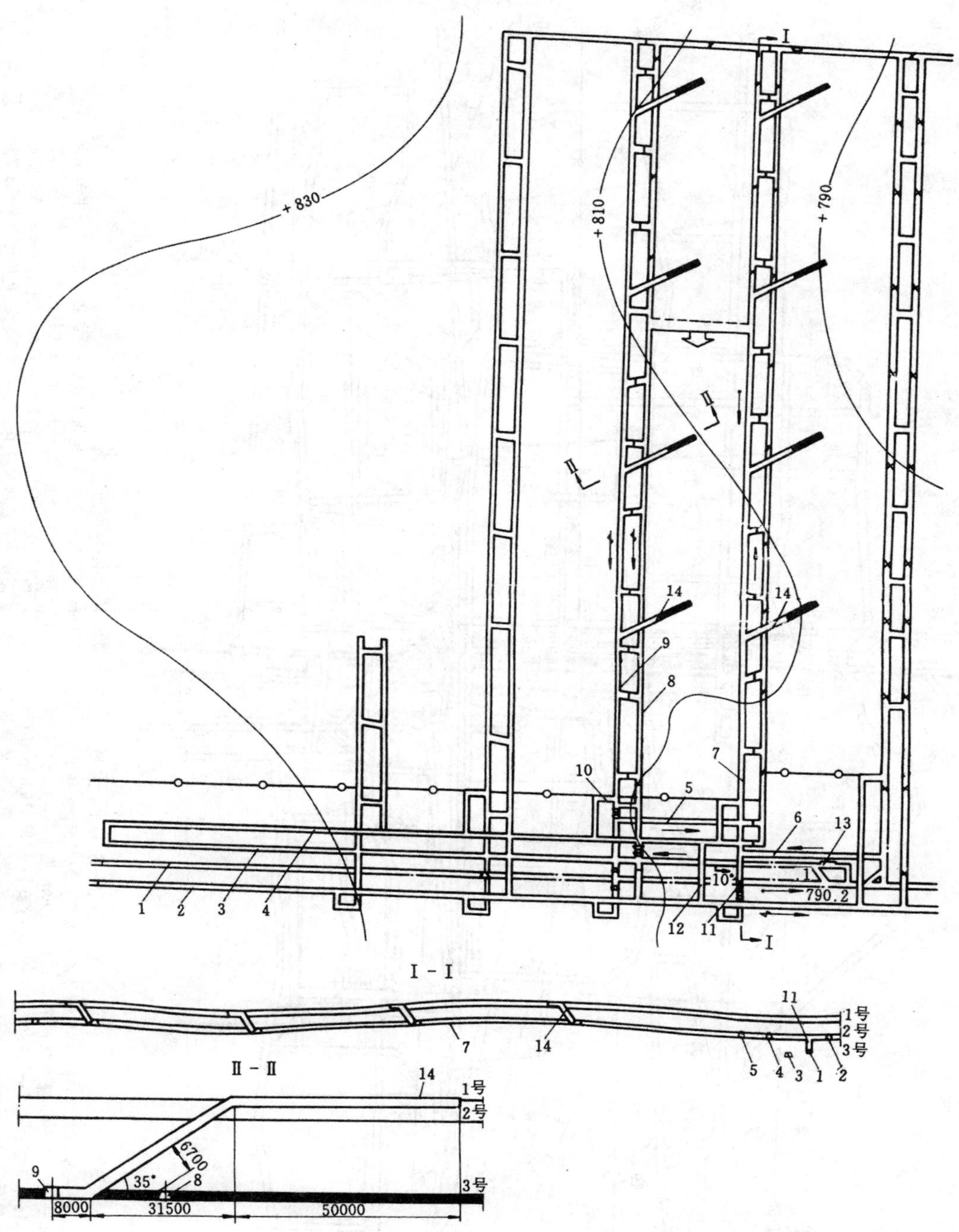

图 3－3－60　阳泉矿务局三矿设置顶板瓦斯抽放巷的盘区巷道布置

1—运输大巷；2—回风大巷；3—盘区轨道巷；4—盘区回风巷；5—进风运料巷；6—进风巷；7—运输巷；8—轨道巷；9—抽放瓦斯尾巷；10—联络巷；11—煤仓；12—盘区回风道；13—绞车房；14—顶板岩层瓦斯抽放尾巷

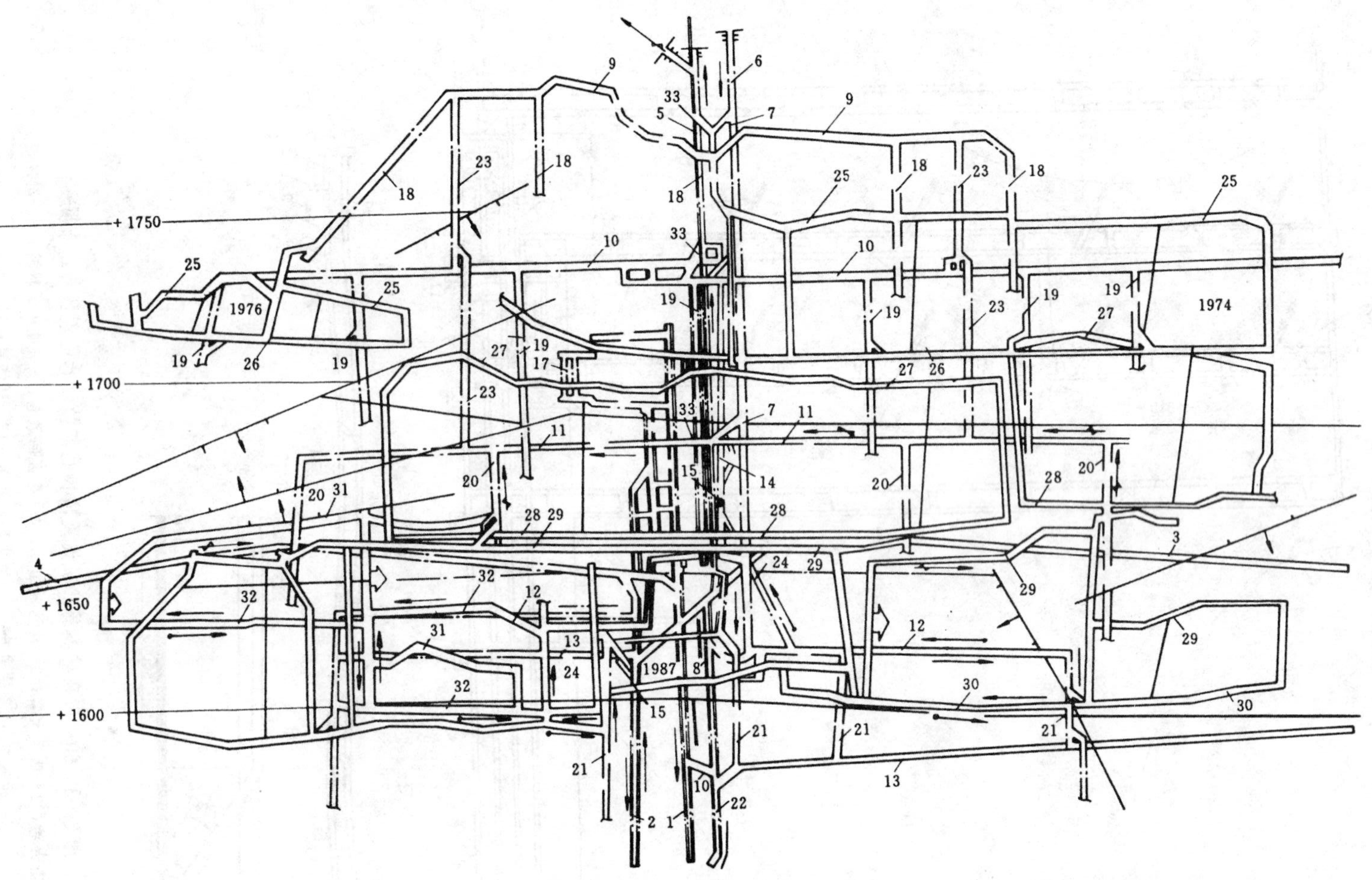

图 3—3—61　水城矿务局老鹰山矿采区巷道布置图

1—1550m 水平主石门；2—1550m 水平副石门；3—1550m 水平东大巷；4—1550m 水平西大巷；5—运输上山；6—轨道上山；7—中部车场；8—下部车场；9—1750m 集中回风平巷；10—1690m 集中巷；11—1625m 集中巷；12—1550m 集中巷；13—1550m 沼气抽放巷；14—装煤绕道；15—煤仓；16—变电所；17—炸药库；18—1750m 石门；19—1690m 石门；20—1625m 石门；21—1550m 石门；22—1550m 进车绕道；23—回风上山；24—运输斜石门；25—一区段一分层回风平巷；26—区段一分层运输平巷；27—二区段一分层回风平巷；28—二区段一分层运输平巷；29—三区段一分层回风平巷；30—三区段一分层运输平巷；31—三区段二分层回风平巷；32—三区段二分层运输平巷；33—回风联络巷

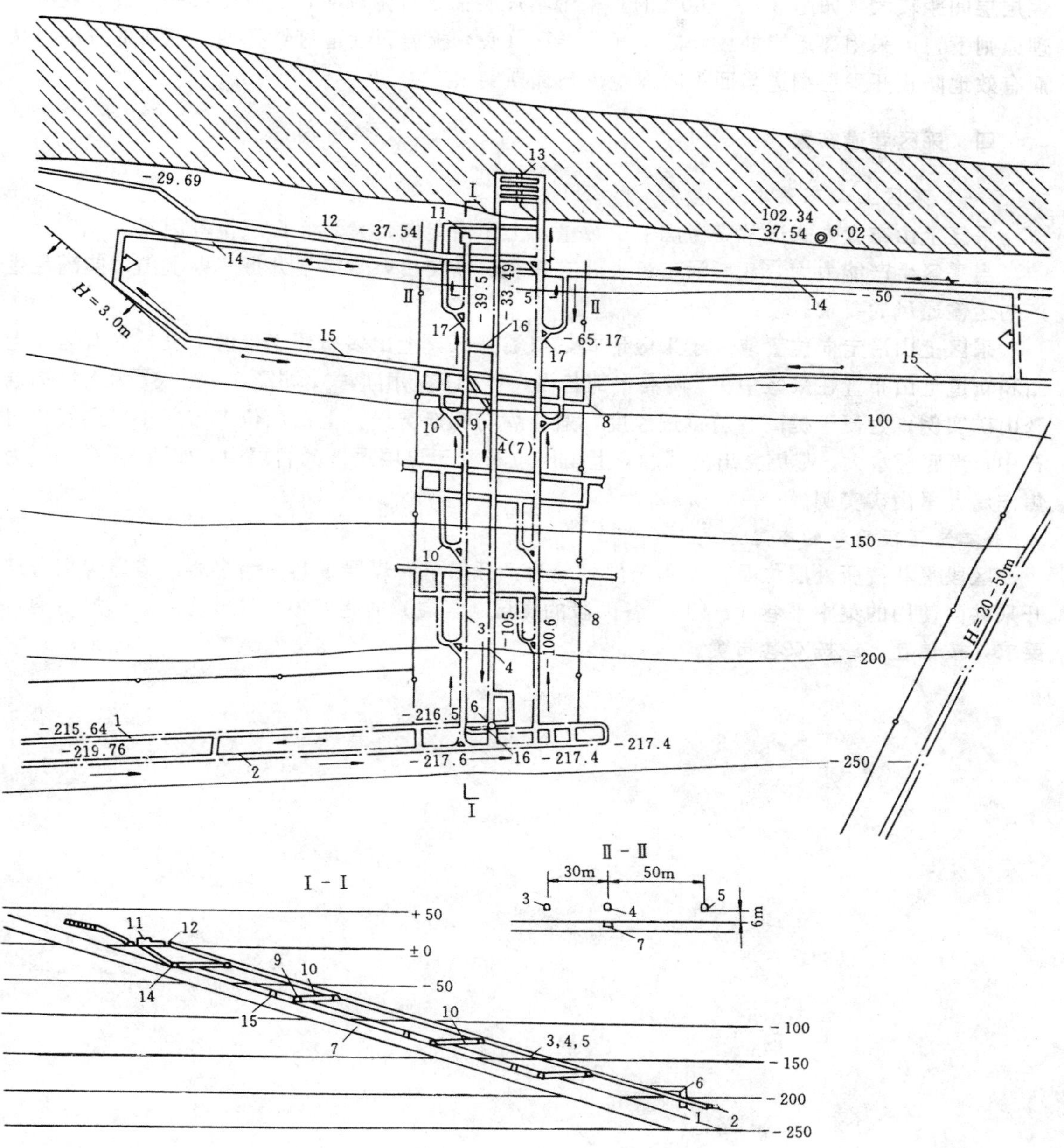

图 3－3－62　焦作矿务局九里山矿水害瓦斯突出煤层采区巷道布置

1—胶带运输大巷；2—轨道运输大巷；3—岩石轨道上山；4—岩石运煤上山；5—岩石回风上山；6—采区煤仓；7—煤层回风上山；8—泄水巷；9—运输联络巷；10—中部车场；11—绞车房；12—总回风巷；13—采区钻孔风井；14—回风平巷；15—运输平巷；16—采区变电所；17—泄水眼

(2) 在岩巷中抽放煤层瓦斯的巷道布置方式：当开采近距离煤层群（如图 3－3－59）或煤层层间距较大（如图 3－3－60）时，采用本煤层抽放有困难时，在安全第一，技术经济合理原则下，可采用邻近层抽放，即从开采层顶（底）板岩石巷道打钻孔抽放瓦斯的方法，从而有效地防止开采层掘进与回采时发生煤与瓦斯突出。

四、采区巷道布置

（一）采区上山布置方式

采区上山布置方式通常需考虑上山数量，上山沿走向位置，上山层位等因素。

当采区生产能力大，瓦斯涌出量大并有煤和瓦斯突出，常需要开掘三条上山才能满足生产的运输通风的要求。

采区上山沿走向位置取决于采区形式，双翼采区，上山多布置于采区中央，亦有运输上山和轨道上山布置在采区中央，两翼中部各设一条回风上山形式，如图 3－3－61 为水城局老鹰山矿实例。为便于提高巷道掘进速度，避免煤与瓦斯突出，上山层位多布置于煤层底板岩石中，当底板水大，避免突出的威胁，上山层位布置于煤层顶板的岩层中，如图 3－3－62 为焦作局九里山矿实例。

（二）区段平巷的布置方式

区段平巷按所处层位及其使用条件可分为：开采单一煤层平巷，为多煤层或厚煤层分层开采共同使用的集中平巷（石门）。各区段的煤层（岩层）平巷可根据抽放方式，通风防突等要求，按单巷，或按双巷布置。

第四章　采　掘　关　系

第一节　配　　采

《煤炭工业矿井设计规范》规定：论证矿井设计生产能力应进行第一开采水平或不小于20年配采方面论证。配采应符合合理开采程序，厚、薄煤层，不同煤类搭配开采；同时生产的采区数及采区内同时生产的工作面个数，应保证采区及工作面合理接替。不设采煤备用工作面。

一、配采计划

矿井的设计生产能力取决于该矿井同时生产的采区生产能力及其正常接替关系，而采区生产能力又基于该采区内同时生产的各工作面生产能力及正常接替关系。因此，采煤工作面生产能力及正常接替关系，是构成矿井生产能力的基础。进行第一开采水平或不小于20年配采，主要是采煤工作面配采计划的编制。

1. 采煤工作面的配采计划

根据地质条件、开采顺序、巷道布置、采掘工艺组织及可采储量等因素，结合所采用的采掘、运输设备及综合经济效益等情况，合理确定工作面生产能力和安排工作面的接替顺序，编制工作面的配采计划。

2. 采区配采计划

以采区为单位，按可采储量和拟定的生产能力计算服务年限，然后按两翼或几个分区逐个采区进行接替，一般应使两翼或几个分区同时或接近同时采完，采区年产量安排应考虑增产期和减产期。

二、编制配采计划的方法和步骤

从设计角度考虑，编制配采计划可按下述步骤和方法进行。

（1）根据采区和工作面设计，在煤层采掘工程图上测绘并计算各采煤工作面的工作面长度、推进方向长度、采高、可采储量，并应掌握煤层和地质构造特点等情况。

（2）按各工作面计划采用的采煤工艺方式，估算月进度、产量和可采期。

（3）编制各采煤工作面的接替顺序。为此应按照开采顺序合理，保证产量、煤层搭配、厚薄搭配等要求，选用较为合理的方案，编制出采煤工作面的配采计划。

（4）检查与配采计划有关的巷道掘进、设备安装能否按期完成，运输、通风等生产环节和能力能否适应。如有矛盾，应采取有效措施，或调整接替安排。如此，经过几次修改，最后确定出工作面配采计划。

采区配采的安排与采煤工作面配采基本相同，只是涉及的范围较广，期限较长。生产区域以采区为单位，时间以年为单位。采区年产量安排要考虑增产期和减产期。

三、编制配采计划时的原则及应注意的问题

(1) 为保证矿井的年计划产量，要求年度内所有生产采煤工作面产量总和为矿井计划产量的90%左右，并力求各月份的产量比较均衡。

(2) 综采、普采和炮采等采煤工艺不同的工作面，力求接替面与生产面一致，以便充分利用采煤机械化装备，发挥采煤队特长。

(3) 为便于施工准备和设备搬家，力求在即将结束生产的工作面邻近区段，安排其接替工作面。

(4) 控制薄、厚煤层，缓倾斜、急倾斜煤层，煤质优、劣煤层，生产条件好、坏煤层的工作面，经常保持适当的比例。

(5) 保持采区产量相对稳定，除了递增递减期外，采区产量要保持在设计生产能力水平上，波动幅度不宜大，且稳定时间以不少于整个采区服务年限的四分之三为宜。

采区服务年限过短也是不利的，将会增加采区的搬家次数，直接影响采区的正常接替。根据一些矿区的生产经验和矿井设计，采区生产能力与采区服务年限的关系，见表3－4－1。

表3－4－1　采区生产能力与服务年限

采区生产能力 (kt/a)	100～200	300～500	600～900
采区服务年限 (a)	＞2～3	＞4～5	＞6

尽量避免矿井出现两个以上的采区同时处于生产接替状态，这样可以减少同时生产的采区个数和简化生产管理工作。

(6) 对地质勘探资料进行深入细致地研究分析，提高可采储量的可靠性，为配采计划的实施创造条件。

(7) 经济可采储量是从开采的经济效益出发，在具体地质、技术、经济条件下，可供开采利用的储量。

新建矿井经济可采储量的煤层可采厚度下限与煤质指标，由设计部门综合考虑矿井的地质开采条件、洗选和加工利用、地理位置和外运条件以及市场销售和煤价等因素，通过可行性研究后选定，经技术咨询部门进行评估审议，报部或省（区）煤炭局（厅、公司）审定批准。

(8) 必须指出，配采是带全局性的规划，受多方面因素影响。所以，在执行过程中，应根据生产、地质情况的变化，适时地加以调整。

第二节　巷道掘进工程排队

一、接替时间要求和巷道掘进速度

1. 接替时间的一般要求

为确保采煤工作面、采区的正常接替，在接替时间上均应留有适当的余地，以防突发事

故影响正常接替。

(1) 采煤工作面接替：在现有生产采区内，采煤工作面结束以前10～15d，应完成接替工作面的巷道掘进和设备安装工程；

(2) 采区接替：在现有开采水平内，每个采区开始减产前1～1.5月，应完成接替采区的巷道掘进、设备安装工程和试运转工作；

(3) 抽放瓦斯的矿井，应合理安排掘进、抽放、采煤三者的超前与接替关系，保证抽放瓦斯所需的时间。

2. 巷道掘进速度

巷道掘进速度，应根据邻近矿井或条件类似矿井所达到的巷道掘进速度，施工队伍的技术管理水平分析研究确定。不同机械化程度的巷道掘进速度不宜低于《煤炭工业矿井设计规范》规定，见表3－4－2。

表3－4－2 平巷掘进速度

掘进机械化程度	巷道煤岩类别	月掘进速度(m)
综合机械化掘进机组	煤	400
	半煤岩	250
钻爆法	煤	250
	半煤岩	150
液压凿岩台车机械化作业线	岩	120
液压钻(风钻、岩石电钻)机械化作业线	岩	80

注：1. 倾角大于8°的上、下山的掘进速度，其修正系数，上山应为0.9，下山应为0.8；
2. 有煤和瓦斯突出危险的煤层巷道掘进速度，应采用0.8进行修正；
3. 小型煤矿的巷道掘进速度指标如下：岩巷(平硐)月进度为60～100m；半煤岩巷月进度为120～150m；煤巷月进度为200～250m。

国有重点煤矿掘进工作面指标，见表3－4－3。

1996年度国有重点煤矿创水平等级队进尺情况，见表3－4－4和表3－4－5。

表3－4－3 国有重点煤矿掘进工作面指标

矿务局	个数(个)				月进度(m/个·月)			生产掘进率(m/kt)	采掘面比
	合计	煤巷	半煤巷	岩巷	煤巷	半煤巷	岩巷		
合计	3285	1197	880	1208	181	148	73	12.2	2.21
开滦	99	35	18	46	213	189	51	9.0	1.83
大同	91	51	30	10	342	219	107	9.4	1.71
平顶山	79	41	14	24	234	197	91	9.0	2.23
淮南	164	61	30	73	136	111	44	14.4	3.47
淮北	113	36	21	56	216	196	87	14.0	2.13
大屯	23	10	2	11	266	169	84	11.6	2.85

续表

矿务局	个　数（个）				月进度（m/个·月）			生产掘进率(m/kt)	采掘面比
	合　计	煤　巷	半煤巷	岩　巷	煤　巷	半煤巷	岩　巷		
峰　峰	73	21	21	31	200	196	75	14.0	2.77
邢　台	12	6	1	5	255	179	79	5.6	2.58
邯　郸	24	12	4	8	162	152	54	12.9	1.86
阳　泉	84	34	27	23	156	114	80	8.0	3.29
西　山	57	33	9	15	239	187	69	7.2	2.39
潞　安	10	9		1	408		72	5.0	2.08
晋　城	17	9	5	3	268	215	63	4.1	2.24
大　雁	5	4		1	381		126	6.4	1.44
铁　法	31	7	16	8	219	234	107	6.0	2.06
鸡　西	107	13	64	30	158	156	85	15.8	2.50
徐　州	73	12	27	34	256	207	102	11.4	2.22
萍　乡	66	37	9	20	108	105	70	29.3	2.80
新　汶	86	14	40	32	180	159	84	16.7	2.96
兖　州	49	8	17	24	346	167	83	5.7	3.67
焦　作	25	16	2	7	139	144	71	10.3	1.57
鹤　壁	34	20	1	13	184	97	61	10.6	1.88
义　马	48	25	5	18	173	125	57	8.1	2.02
郑　州	25	12	1	12	258	194	81	8.3	1.62
资　兴	45	5	22	18	71	83	68	21.5	2.55
芙　蓉	40	8	14	18	167	146	88	22.1	2.34
松　藻	27	8	8	11	132	115	92	11.6	1.59
六　枝	32	11	4	17	96	94	59	24.6	3.30
盘　江	18	8	4	6	187	158	96	7.6	2.48
水　城	33	11	8	14	166	140	91	13.7	2.67
铜　川	39	20	6	13	135	123	87	12.8	2.32
韩　城	16	5	5	6	170	163	81	7.6	2.49
窑　街	15	10		5	270		67	13.5	1.34
石嘴山	17	9	1	7	190	190	116	12.5	2.05

表 3－4－4　1996 年度国有重点煤矿机掘创水平等级队进尺情况

名　次	局、矿、队	煤岩类别	实际进尺（m）	折算进尺（m）	掘进机型号	等　级
1	大同云岗矿机二队	煤	10037.00	15373.80	LH－1300	甲
2	铁法晓南矿 506 队	半	6538.00	12968.00	AM－50	甲
3	平顶山一矿 0124 队	煤	9774.00	12699.00	ELMB－75	甲
4	大同云岗矿机一队	煤	10091.00	12109.20	AM－50	甲
5	鸡西小恒山矿 618 队	半	5314.00	12050.00	AM－50	甲
6	西山西铭矿掘三队	半、岩	5292.00	11936.70	S－100	甲
7	兖州鲍店矿 552 队	煤、半	7316.00	11574.00	S－100	甲
8	大同燕子山矿机一队	煤	8918.00	11442.00	S－100	甲
9	兖州东滩矿综掘二队	煤、半	6296.00	11390.00	S－100	甲
10	铁法大隆矿 401 队	半	7984.00	11316.00	S－100	甲
11	铁法小青矿 604 队	半	6355.00	11284.00	S－100	甲
12	潞安漳村矿综掘队	煤	9388.00	11265.00	AM－50	甲
13	鸡西城子河矿 4807 队	半	6176.00	11093.00	AM－50	甲
14	兖州兴隆庄矿综掘队	煤、半	8498.00	11062.00	S－100	甲
15	潞安王庄矿综掘二队	煤	9018.00	10821.60	AM－50	甲
16	潞安王庄矿综掘一队	煤	8898.00	10677.60	AM－50	甲
17	平顶山四矿 0421 队	煤、半、岩	6991.00	10339.20	AM－50	甲
18	鸡西正阳矿 303 队	半	4964.00	10325.00	S－100	甲
19	淮北朔里矿综掘队	半	4290.00	10067.40	AM－50	甲
20	大同同家梁矿机二队	煤	8343.00	10011.60	S－100	甲

表 3－4－5　1996 年度国有重点煤矿炮掘创水平等级队进尺情况

名　次	局、矿、队	煤岩类别	实际进尺（m）	折算进尺（m）	等　级
1	新汶协庄矿机掘队	半	9153.00	22212.00	甲
2	新汶协庄矿新一队	岩	3217.00	15127.00	甲
3	阜新五龙矿 474 队	岩	2853.00	11617.00	甲
4	珲春英安矿 113 队	半、岩	5710.00	10817.00	甲
5	南票邱皮沟矿 312 队	岩	3121.00	10666.00	甲
6	辽源梅河矿 301 队	煤	4996.00	10500.00	甲
7	鸡西麻山矿 3102 队	半	4550.00	10352.00	甲
8	南票邱皮沟矿掘进队	煤	8284.00	10315.00	甲
9	南票大窑沟矿 454 队	岩	2808.00	10210.00	甲
10	淮北杨庄矿七队	岩	1818.70	10133.40	甲
11	新汶翟镇矿快一队	岩	2472.00	10025.00	甲

二、巷道掘进工程排队和进度图表编制

1. 编制的一般步骤和方法

(1) 根据开采水平、采区、采煤工作面设计，列出待掘进的巷道名称、类别（煤巷、半煤岩巷和岩巷)、断面，并在设计图上测量其长度。

(2) 根据掘进施工和设备安装的要求，编制各组巷道（各采区、各区段、各工作面的巷道）掘进的先后顺序。

(3) 按照配采计划对工作面、采区接替时间的要求，确定各有关巷道完工的最后期限，根据这一要求编排各巷道掘进的先后顺序。

(4) 根据现有掘进队及巷道掘进情况，分析各掘进队的掘进任务，编制巷道掘进进度安排表。

(5) 根据巷道掘进进度安排表，检查运输、通风、动力供应、供水等辅助生产系统能否保证施工及相应采取的措施，最后确定巷道掘进工程排队和进度图表。

(6) 进度图表可采用横道图或网络图。利用工程网络计划技术，有利于进度图表的优化、控制和调整，便于电子计算机技术的运用。

2. 进行巷道掘进工程排队和编制进度图表时应注意的问题

(1) 分清各巷道的先后主次，确定连锁工程和施工顺序。

(2) 尽快形成掘进巷道的全风压通风系统，为多条巷道同时施工创造条件。

(3) 掘进工作量的测算要符合实际，并留有余地。对于坡度和方向要求十分严格的巷道，如井筒、运输大巷、车场等可按设计图测算其长度。对坡度和方向要求不十分严格的巷道(如区段巷道等，其巷道的实际长度可能因地质构造、煤层条件变化等原因较设计长度大)，要以按图测算的长度为基数，再增加一些长度(有些矿井取其为设计长度的10%～20%)，作为安排掘进工程的依据。对于地质条件复杂的矿井，有些巷道（如探巷），不仅受煤层等高线变化的影响，而且要检查构造、找煤，巷道的实际长度比按图测算的长度还要大一些（有些矿井取其为测算长度的1.5倍)。

(4) 按岩巷、半煤岩巷、煤巷等不同的类型，分别安排施工队伍，使各掘进队的施工条件、设备、施工地点相对稳定，搬家距离较短。

(5) 要考虑施工准备工作和设备安装工作的时间，使计划切实可行。如发现某采区或采煤工作面不能按时移交，应组织力量快速掘进，或增加掘进队伍，采取对头掘进（上、下山同时施工）等措施。

(6) 综合考虑矿井的经济效益，尽量降低费用，对于涌水量较大的巷道在可能时应安排在后期施工，以免增加排水费用。

(7) 在安排煤层斜巷施工时，必须充分考虑其瓦斯和涌水情况。当涌水量小、瓦斯涌出量大时，宜安排作下山掘进。反之，宜安排作上山掘进。对于各类水平巷道，应尽量安排作正坡掘进。

应该指出，由于矿井地质情况是不断揭露出来的，生产技术状况也在不断变化，上述掘进工程安排图表，一成不变地得到实现是不现实的，也是不可能的。因此，必须随着情况变化，及时调整采掘部署，力求保持矿井正常、持续生产。

第三节 采掘关系的有关指标

一、采掘面比

采掘面比为采煤工作面个数与掘进工作面个数之比。

1. 采煤工作面平均个数

是指工作面在一定时期内，平均每天实际从事采煤工作的工作面个数，从而反映工作面的利用情况。计算公式为：

$$月平均个数=\frac{月内各采煤工作面工作天数之和}{月矿井实际生产天数}$$

$$累计平均个数=\frac{各月采煤工作面平均个数之和}{累计月数}$$

2. 掘进工作面

不论井巷断面大小、长短，也不论是几个头，所有主、副井巷末端视为一个掘进工作面。平均个数的计算公式为：

$$月平均个数=\frac{月内各掘进工作面工作天数之和}{月矿井实际工作天数}$$

$$累计月平均个数=\frac{各月掘进工作面平均个数之和}{累计月数}$$

矿井采煤工作面个数与掘进工作面个数之比与回采工艺、掘进工艺方式等有关，目前我国煤矿的采掘面比通常在1∶1.5～1∶3.5之间，一般为1∶2.5。

二、掘进率

掘进率是反映掘进和采煤之间相互配合比例关系的指标之一。它往往受地质条件、煤层生产能力、开拓方式、巷道布置和采煤方法等因素的影响。

1. 生产矿井掘进率

是指矿井在一年内，掘进进尺与产量的比例关系。

$$A=M/Q$$

式中 A——生产矿井掘进率，m/kt；

M——矿井年掘进总进尺，m；

Q——矿井年产量，kt。

2. 矿井设计掘进率

是指矿井设计井巷工程总量与设计生产能力的比例关系。

$$A'=M'/Q'$$

式中 A'——矿井设计掘进率，m/kt；

M'——矿井设计井巷工程总量，m；

Q'——矿井年设计生产能力，kt。

3. 降低掘进率的途径

(1) 通过合理选择采煤方法，发展机械化采煤及适当加大工作面长度和加快工作面推进度，提高单位工作面产量，使采煤工作面合理集中，从而简化采区巷道布置和生产系统，减少巷道掘进量和维修量。

(2) 在倾角小于12°的煤层可采用倾斜长壁采煤法，取消采区上、下山，以减少掘进工程量；开采条件合适的厚及特厚煤层，采用放顶煤开采，以大大降低掘进率。

(3) 采用无煤柱开采，可降低掘进率。一般情况，沿空掘巷可降低5%～10%，沿空留巷可降低25%～30%。

(4) 通过改革采区巷道布置系统，合理加大采区尺寸，提高采区生产能力，减少开采水平内同时生产的采区个数。

(5) 通过合理加大水平高度，有条件的矿井推行上、下山开拓，开采煤层群的矿井实行集中开拓和分组集中开拓，减少矿井内同时生产的水平。

(6) 在矿井设计时，应以第一水平和首采区的合理性为主，以减少前期井巷工程量。条件适宜时，可利用主副斜井作为中央采区的上山：箕斗井可兼作回风井。

三、采掘面比和掘进率的参考资料

生产矿井和矿井设计采掘面比及掘进率见表3－4－6和表3－4－7。

表3－4－6　国有重点煤矿采掘面比与万吨煤掘进率

年　度	掘进工作面数（个）			井工产量/回采产量（万t）	采煤工作面数（个）	掘进率（m/万t）			采掘面比
	煤　巷	半煤岩巷	岩　巷			开　拓	生　产	回　采	
1986	1809.18	1477.29	1963.47	38302/33543	2291.68	19.95	160.89	120.83	1∶2.29
1987	1791.65	1414.32	1834.52	38873/34089	2171.55	19.45	157.06	118.00	1∶2.32
1988	1696.11	1336.11	1781.44	39663/35036	2094.30	19.40	152.31	113.00	1∶2.30
1989	1590.84	1302.76	1795.24	41546/36782	2056.17	18.58	148.58	109.00	1∶2.28
1990	1518.40	1279.27	1845.50	42629/38068	1977.75	19.30	145.95	104.00	1∶2.35
1991	1329.98	1247.13	1830.15	42969/38704	1883.28	19.34	144.93	102.77	1∶2.37
1992	1245.35	1092.70	1718.94	41851/38105	1676.42	19.88	138.94	96.39	1∶2.42
1993	1168.48	929.17	1400.98	39273/35901	1533.09	17.15	130.49	92.43	1∶2.28
1994	1183.71	893.31	1265.37	40452/36998	1499.43	14.51	123.19	88.81	1∶2.23
1995	1197.51	880.12	1208.50	40952/37404	1484.02	13.67	122.62	89.31	1∶2.21
1996	1238.08	878.98	1254.94	43052/39232	1494.29	13.94	121.55	88.42	1∶2.26

表 3-4-7 矿井设计采掘面比与掘进率

矿井名称	矿井生产能力(kt/a)	掘进率(m/kt)	采煤工作面数		掘进工作面数				采掘面比	设计日期(年)
			综采	普采	综掘	连续采煤机	钻爆法			
							煤	岩		
神华活鸡兔矿	5000	8.59	2			2		1	1∶1.50	1993
神华巴图塔矿	4000	8.55	1	1		2		1	1∶1.50	1993
神华补连塔矿	3000	9.35	4		4		2	1	1∶1.75	1993
神华上湾矿	3000	14.61	2		4				1∶2.00	1994
潞安屯留矿	6000	8.82	4		6			3	1∶2.25	1996
华晋沙曲矿	5000	20.08	2			3		1	1∶2.00	1993
晋城寺河矿	4000	14.95	3		4			1	1∶1.67	1996
大同塔山矿	4000	7.9	2		3			1	1∶2.00	1996
灵武羊场湾矿	3000	11.0	2		4			2	1∶3.00	1993
兖州济宁三号矿	5000	8.5	3		7			2	1∶3.00	
淮南谢桥矿	4000	18.9	4		5		3	9	1∶4.25	
淮南张集矿	4000	7.74	3		6			4	1∶3.30	
淮南市新集矿	1500	12.0	2		2			2	1∶2.00	1992
淮北许疃矿	1200	19.02	1	1	1		2	3	1∶3.00	1997
平顶山十三矿	1800	18.67	2	1	2		2	4	1∶2.67	1996
郑州告成矿	900	12.74	1		1			2	1∶3.00	1996
临沂古城矿	900	12.8		2			3	2	1∶2.50	1996
下花园宣东二号井	900	13.76	1		1		1	1	1∶3.00	1996
阳泉韩庄矿	3000		2		4			1	1∶2.50	1996
济宁许厂矿	1500		1		2			2	1∶4.00	1996
蔚县崔家寨矿	1800		2		2		2	2	1∶3.00	1996
鸡西西鸡西井	600		3				6	2	1∶2.67	1997

第四节 采掘机械配备

《煤炭工业技术政策》规定：矿井设计应贯彻集中化、机械化和技术经济合理化原则。掘进机械化以发展各种类型的机械化作业线为主，配套成龙。

近10年来，采煤机的最大改进是采用积木式和多台电动机结构，牵引部以直流电机牵引；总功率大，通常在500kW以上，甚至达1500kW；电压高，美国常用2300V，已用4100V，英国用3300V，法国用5000V；同时装备有现代化控制和监测装置。

设计应结合具体条件，选用先进的掘进设备。采用综采的矿井，应配备综合掘进机组。掘进组数应根据所选设备和单进指标，经计算后确定。但每个综采工作面，应至少配备一套综合掘进机组，包括掘进机、带式转载机、可伸缩带式输送机及相应的后配套设备；以普采为主的矿井，全煤及半煤岩巷道掘进宜采用钻爆法掘进，应配备电钻、装载机、带式转载机、可伸缩带式输送机及相应的后配套设备；大型矿井大断面岩石平巷掘进，应配备液压凿岩台车、侧卸式装载机、转载机、矿车、机车组成机械化作业线，或配备钻、装、锚机组、装载机或梭车、矿车、电机车组成机械化作业线：中型矿井岩石巷道或大型矿井小断面岩巷掘进，应配备液压钻、凿岩机或岩石电钻，带调车盘的耙斗装岩机、机车、矿车等组成机械化作业线；溜煤眼、煤仓、急倾斜中厚及厚煤层上、下山掘进，可配备天井钻机。

澳大利亚综采工作面生产已居世界领先水平，其综采面达到年产300万t的基本要求中，机械配备的主要设备是一套综采机组和两台连续采煤机。

美国专家预测，21世纪初期的典型长壁综采矿井是一个矿井只有一个综采工作面和一套掘锚机组掘进系统，每日二班生产，平均日产25000t，年产680万t。掘锚机组掘进速度，平均班进达140～150m。

第五章 建(构)筑物、铁路和水体压煤开采

在建（构）筑物、铁路、水体下采煤，习惯上称“三下”采煤。它包括了井筒及工业场地煤柱、堤（坝）下采煤、石灰岩承压含水层上带压开采等地质条件和开采技术条件下的采煤。

目前，国内外采煤技术的发展水平是：在开采规模上，已经成功地在大城市、大工厂、铁路干线、火车站、立交桥、海洋、湖泊、河流、水库、堤坝、厚流砂层、溶洞水下进行了安全开采，还开采了各类井筒及矿井工业场地煤柱；在含水丰富的厚层石灰岩岩溶承压含水层水体上带压开采。在开采技术和理论上，试验成功了多工作面大面积全柱式开采方法，密实水砂充填、风力充填、条带式开采、长走向小阶段开采急倾斜煤层、厚煤层分层间歇开采，以及帷幕注浆封堵高压地下水和疏干地下水的技术等。在科学实验和大量生产实践的基础上，完善了反映岩层移动和覆岩破坏机理的“三带”理论，建立了压煤开采的理论以及留设安全煤柱的新理论。在地面建筑物和铁路保护技术上，积累了对受采动影响的现有建筑物、构筑物、铁路等的加固、调整和维修技术；发展了对新建建筑物、结构物，包括高层住宅建筑物和大型公用建筑物的抗变形结构设计。在预测技术上，建立和完善了岩层和地表移动与变形、覆岩破坏的预计理论和方法；通过实测研究，对底板采动影响机理和特征也获得初步成果，并在上述预计工作中，广泛地采用了电算技术，大大加快了预计速度，提高了预计精度，总结了中国在采动影响、覆岩破坏规律以及“三下”煤柱留设与开采的研究成果和实践经验。国家煤炭工业局制定颁发了2000年版《建筑物、水体、铁路及主要井巷煤柱留设与压煤开采规程》。

第一节 岩层与地表移动的一般特征

一、上覆岩层移动的一般特征

地下开采破坏了岩体内原有的应力平衡状态，使采空区周围的岩层乃至地表产生移动和变形。由于地质和开采条件不同，岩层和地表的移动和变形的表现形式、分布状况和程度大小也各不相同。就煤层的开采来说，采空区周围的岩层移动和变形，一般表现为采空区上方顶板的弯曲下沉、断裂、垮落，底板岩层鼓起、开裂、滑动，以及采空区周围煤壁的压出、片帮等等。

开采近水平或缓倾斜煤层，使用长壁式采煤法全部冒落管理顶板时，采空区顶板在自重和上覆岩层重力作用下弯曲下沉，当其内部拉应力超过岩层强度极限时，便断裂、破碎而垮落，垮落的矸石堆积在采空区内直到支撑住上面岩层，形成垮落带。上面岩层继续弯曲、下沉，压缩堆积的矸石，当其弯曲下沉所产生的拉应力超过该岩层的强度极限时，还要产生开裂，或者由于各岩层强度不同，弯曲下沉速度不同，岩层与岩层之间产生离层，形成裂缝带。

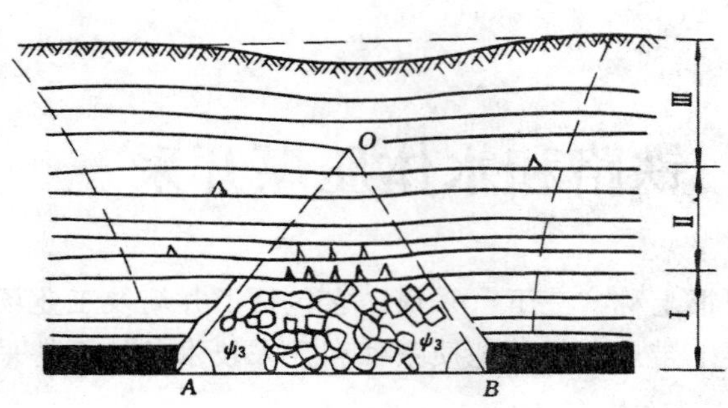

图 3—5—1 上覆岩层移动带和充分采动区示意图
Ⅰ—垮落带；Ⅱ—裂缝带；Ⅲ—弯曲下沉带

裂缝带之上的岩层，在重力作用下，虽然仍会弯曲下沉，但是受到移动空间的限制，弯曲下沉程度减少，可能不再开裂，形成弯曲下沉带（图 3—5—1）。如果采空区相当大，弯曲下沉带一直可以发展到地面，移动稳定后，上覆岩层及地表的最大下沉量可达煤层开采厚度的 60%～90%。

使用全部充填法处理采空区时，上覆岩层中可能不出现垮落带，只出现裂缝带和弯曲下沉带，或者只出现弯曲下沉带。移动稳定后，地表的最大下沉值则较小。水砂充填时，约为煤层开采厚度的 10%～15%，用其他充填法时，约为 30%～50%。

使用条带法开采，顶板和上覆岩层为保留的煤柱所支撑，上覆岩层及地表的下沉量很小。垮落条带法一般在 15%以下，充填条带法则在 5%以下。

上覆岩层受开采影响的范围，一般要扩展到采空区边界以外。在开采影响范围以内，上覆岩层中同一岩层层面上，各部分的移动并不是均匀一致的，大致可划分为两个区域，如图 3—5—1。*OAB* 为充分采动区，*OAB* 以外到图中虚线之间的范围为最大弯曲区。在 *OAB* 所包括的范围内，在垮落带以上同一岩层面上各点的移动大致上是均匀一致的，达到该地质和采矿条件下的最大值，随着采空区的扩大，各点的移动值不会再增大，而且各点的移动方向，大致沿层面法线方向互相平行。移动稳定后，各层大致保持原来的产状。充分采动区的边界线与煤层面的交角称为充分采动角，一般用 ψ 表示。在倾斜剖面上，下山方向的充分采动角用 ψ_1 表示，上山方向用 ψ_2 表示，在走向剖面上，充分采动角用 ψ_3 表示。在一定的地质采矿条件下，充分采动角近于一定值，充分采动区顶点 *O* 的位置，取决于煤层埋藏深度和采空区尺寸。当埋藏深度较浅，采空区尺寸较大时，充分采动区的顶点就会超出地表，使地表的一定范围受到充分采动。相反，开采范围有限，采空区尺寸较小，而煤层埋藏深度又较大时，充分采动区的顶点可能不超过地表，地表就受不到充分采动。

在最大弯曲区域内，岩层各点的最终下沉量不一致，使岩层产生弯曲，在岩层内产生沿层面方向的拉伸和压缩变形

对于倾斜煤层，覆岩移动情况大致与近水平和缓倾斜煤层一样，只是由于倾角增大，产生了沿层面的向下移动，使岩层各点的移动偏向下山方面，在移动稳定后，也会出现垮落带、裂缝带和整体移动带。

开采急倾斜煤层时，岩层移动与上述情况有所不同，开采急倾斜煤层的岩层移动见图 3—5—2。煤层采空后，顶板岩层向采空区弯曲并伴随有沿层面的向下移动。有时底板岩层也会向采空区凸起并伴随着层面下滑。随着采空区的扩大，岩层也将产生破裂、垮落。岩层移动稳定后，上覆岩层也会出现垮落带、裂缝带和整体移动带。有时底板也会出现整体移动带或裂缝带。

以上是岩层移动的一般特征。由于地质采矿条件多种多样，实际发生的情况是很复杂的。如回采过程中所引起的岩层移动同回采工作结束、移动过程停止后有所不同；上覆岩层结构

不同，岩层移动情况也有所不同；初次采动和重复采动时有所不同；开采厚度和深度，地质构造，采煤方法，回采工作面的推进速度等，也都是影响岩层移动的重要因素。如采用全部充填法管理顶板时，一般只出现裂缝带和整体移动带，不出现垮落带。开采浅部厚煤层时，垮落带可能直达地表。开采薄煤层时，如顶板为塑性大的岩层，则可能只出现整体移动带。另外，对于地质构造复杂的采区，岩层移动的情况就更复杂。

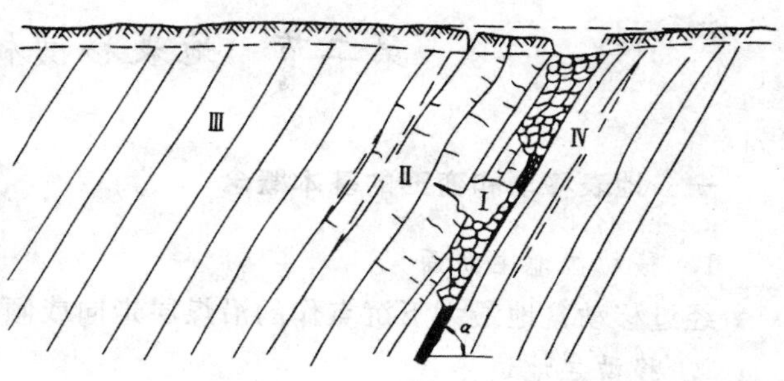

图 3—5—2 开采急倾斜煤层的岩层移动

Ⅰ—垮落带；Ⅱ—裂缝带；Ⅲ—整体移动带；Ⅳ—底板移动带

二、地表移动的一般特征

由于开采深度、开采厚度、采煤方法、顶板管理方法、岩性以及煤层的产状不同。地表移动和破坏的形式也不一样。采深和采厚的比值较小时，地表可能出现较大的裂缝或塌陷坑。这时，地表的移动和变形在空间上和时间上都是不连续的，即在渐变中有突变，它们的分布没有严格的规律性。当采深与采厚的比值较大时，地表将不出现大的裂缝或塌陷坑。这时，地表的移动和变形在空间和时间上是连续的、渐变的，它们的分布有明显的规律性。对于建筑物和铁路下采煤，连续的地表移动比较有利，不连续的地表移动则不利。对于水体下采煤，地表移动和破坏形式，不是引起水体渗漏的标志。岩性不同，地表移动和破坏对水体的影响大不一样。岩性软弱时，即使是非连续的地表移动，对水体的影响也是比较小的，连续的地表移动有时也会引起水体渗漏。地表移动和破坏的主要形式有如下几种。

1. 地表移动盆地

开采影响到达地表以后，受采动的地表从原有标高向下沉降，从而在采空区上方的地表形成一个比采空区大的洼地。这种洼地通常称为地表移动盆地。

2. 裂 缝

开采缓倾斜煤层时，在移动盆地的外边缘区，地表可能出现裂缝。裂缝的发生及其宽度、深度与表土的塑粘性大小及表土受到拉伸变形大小密切相关，亦即与采深、采厚、顶板管理方法、表土厚度和岩性有关。裂缝的形状如楔形、上口大，愈往深处愈小，在一定深度尖灭。较大裂缝两侧的地表，往往有一定的落差。

3. 台阶状塌陷盆地

在开采急倾斜煤层的条件下，当采深与采厚的比值较大时，地表可能出现一种台阶状平底塌陷盆地。这种塌陷盆地的范围很大，盆地中央部分平坦，边缘部分形成多级的台阶。靠煤层底板一边比顶板一边的台阶落差大，边坡较陡，台阶级数少。

4. 塌陷坑

塌陷坑一般多出现在开采急倾斜煤层时。开采缓倾斜煤层时，只在某种特殊的地质采煤条件下有可能出现塌陷坑，塌陷坑按其形状可分为漏斗状塌陷坑和槽形塌陷坑。

第二节 地表移动和变形的预计

一、地表移动和变形的基本概念

1. 移动盆地主断面

经过移动盆地最大下沉点作的沿煤层走向或倾向的竖直剖面，称为移动盆地的主断面。

2. 移动盆地边界

地表受开采影响的边界线，称为移动盆地边界。目前一般以下沉 10 毫米的点作为圈定移动盆地边界的依据。

3. 地表非充分采动与充分采动

随着开采面积的扩大，移动盆地的面积和下沉值也随着增大。当最大下沉点只有一个，移动盆地为尖底的碗形时，称地表为非充分采动；当最大下沉点为一片，最大下沉值不再增加，移动盆地呈平底的盆形时，称地表为充分采动。

4. 采动系数

采空区倾斜或走向方向的实际长度与地表达到充分采动时同一方向上的最小长度之比，称为采动系数。倾斜和走向方向采动系数的符号为 n_1 和 n_2。地表充分采动时，采空区倾斜和走向方向的最小长度一般可用采空区平均深度 H_0 表示。因此采动系数的计算公式可以表示为：

$$n_1=K_1\frac{D_1}{H_0} \tag{3-5-1}$$

$$n_2=K_2\frac{D_2}{H_0} \tag{3-5-2}$$

式中 K_1，K_2 为小于 1 的系数，具体数值可根据本矿实测资料求得。D_1，D_2 为采空区沿倾斜和走向方向的实际长度。当 n_1 和 n_2 等于或大于 1 时，地表为充分采动，否则为非充分采动。

5. 地表移动的全向量

地表点在空间上移动的最初与最终位置的连线，称为地表移动的全向量。移动全向量具有方向性，并可分解为垂直和水平分量。

6. 地表下沉

地表移动全向量的垂直分量称为地表下沉。地表下沉的符号为 W，充分采动最大下沉值为 W_u，非充分采动最大下沉值为 W_m。

7. 地表水平移动

地表移动全向量的水平分量，称为地表水平移动。地表水平移动的符号为 u，充分采动最大水平移动为 u_0，非充分采动最大水平移动为 u_m。

8. 地表倾斜

移动盆地内一线段两端点的下沉差与此线段长度之比，称为此线段的地表倾斜。地表倾斜的符号为 i，充分采动最大倾斜为 i_0，非充分采动最大倾斜为 i_m。

9. 地表曲率

移动盆地内两相邻线段的倾斜差与此二线段长度的平均值之比，称为此二线段的地表曲率。使地表向上凸起或凹入的曲率称为正曲率（取正号）或负曲率（取负号）。地表曲率的符号为K，充分采动最大曲率为K_0，非充分采动最大曲率为K_m。

10. 地表水平变形

移动盆地内一线段两端点的水平移动差与此线段长度之比，称为此线段的水平变形。使线段伸长或缩短的水平变形，称为拉伸变形（取正号）或压缩变形（取负号）。地表水平变形的符号为ϵ，充分采动最大水平变形为ϵ_0，非充分采动最大水平变形为ϵ_m。

11. 边界角、移动角、裂缝角、最大下沉角

（1）边界角。在充分采动的情况下，移动盆地主断面上的移动盆地边界点（一般以下沉为10毫米的点作为盆地边界点）和采空区边界点的连线与水平线之间在采空区外侧的夹角称为边界角。下山边界角的符号为β_0，上山边界角为γ_0，走向边界角为δ_0，急倾斜煤层底板边界角为λ_0，见图3—5—3。

（2）移动角。在充分采动的情况下，移动盆地主断面上临界变形值的点和采空区边界点的连线与水平线之间在采空区外侧的夹角称为岩层移动角。表土移动角的符号为φ，下山移动角为β，上山移动角为γ，沿煤层走向方向上的移动角的符号为δ，急倾斜煤层底板移动角的符号为λ，见图3—5—3。

（3）裂缝角。在充分采动的情况下，采空区上方地表最外侧的裂缝位置和采空区边界的连线与水平线之间在采空区外侧的夹角称为裂缝角。下山裂缝角的符号为β'，上山裂缝角的符号为γ'，走向裂缝角的符号为δ'，急倾斜煤层底板裂缝角的符号为λ'，见图3—5—3。

（4）最大下沉角。在移动盆地的倾斜主断面上，采空区的中点与地表最大下沉点或盆地平底部分的中点的连线与水平线之间在煤层下山方向的夹角称为最大下沉角。最大下沉角的符号为θ，见图3—5—3b。

岩层沿走向方向移动的角度为δ及δ_0，这些角度用以决定危险区和移动区的范围，δ为在走向方向上的破坏角。

岩层移动诸角数值的大小，在不同的地质开采条件下是各不相同的。

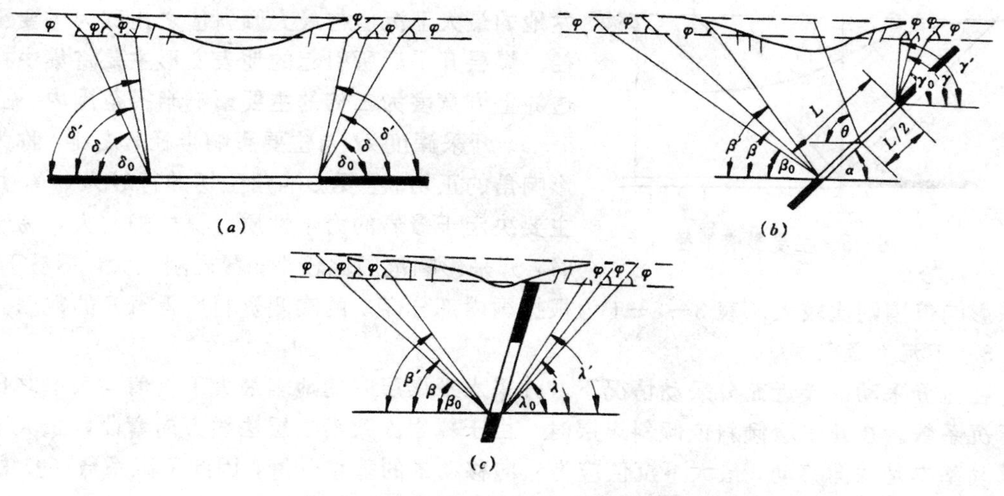

图3—5—3 岩层移动角、边界角、裂缝角

12. 充分采动角

在充分采动情况下，地表移动盆地主断面上的盆地平底边缘和采空区边界的连线与煤层面之间在采空区内侧的夹角，称为充分采动角。充分采动角的符号下山为ψ_1，上山为ψ_2，走向为ψ_3，见图3—5—4。

13. 半盆地长

在充分采动或接近充分采动的情况下，地表移动盆地主断面上的最大下沉点至盆地边界的距离，称为半盆地长。半盆地长的符号下山为L_1，上山为L_2，走向为L_3。

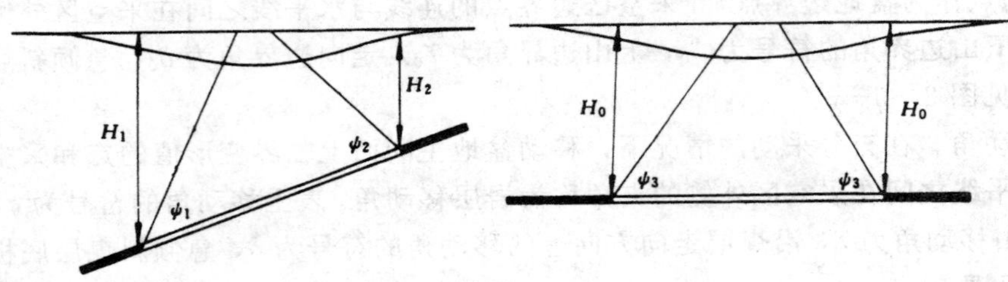

图3—5—4　充分采动角

二、地表移动和变形的主要参数

反映地表移动与变形在空间上和时间上的特性与大小的量称为地表移动和变形的主要参数

1. 移动角

实测资料表明，移动角与煤层倾角、开采深度以及岩性等有密切关系。

2. 主要影响半径和主要影响角的正切

在充分采动或接近充分采动的情况下，地表移动盆地的最大下沉值与最大倾斜值之比称为主要影响半径。煤层开采后所引起的地表变形主要将集中在开采边界上方宽度为二倍的主要影响半径范围内，见图3—5—5。开采深度H与主要影响半径r之比，称为主要影响角的正切。主要影响角正切的符号为$\mathrm{tg}\beta$，其数值主要决定于覆岩的力学性质。覆岩塑性大，易于弯曲时，开采影响范围比较小；覆岩刚性大，不易于弯曲，开采影响范围则比较大。表3—5—1为根据国内部分煤矿的实测资料所得$\mathrm{tg}\beta$的数据。

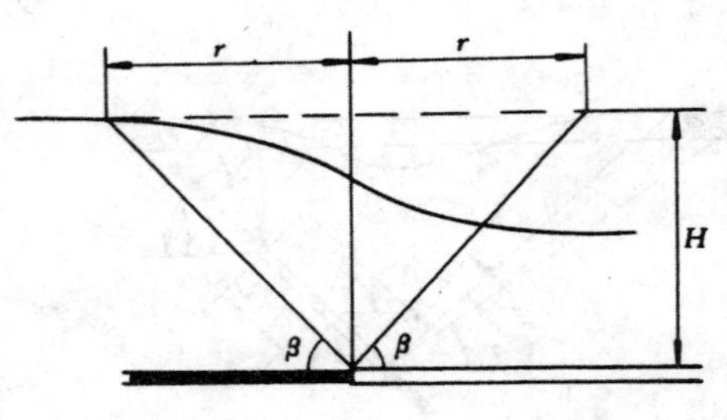

图3—5—5　主要影响半径

3. 下沉系数

在充分采动或接近充分采动情况下，开采水平煤层时的地表最大下沉值与采厚之比，称为下沉系数。在开采缓倾斜或倾斜煤层时，由于覆岩大致沿岩层法线方向弯曲，最大下沉区的移动基本是法向移动，最大下沉值应为法向移动量的垂直分量，因此下沉系数（η）的计算可以采用最大下沉值除以倾角的余弦与采厚的乘积。

表 3—5—1　国内部分煤矿的 tgβ 实测值

矿　井　名　称	煤层倾角 (°)	开采深度 (m)			tgβ		
		上山 H_1	下山 H_2	平均 H_3	上山	下山	走向
南桐煤矿	15～80	73	270				1.43
蛟河煤矿	15～20	35	110				1.93
本溪彩屯矿一采区	10～20			500			2.5
本溪彩屯矿二采区	10～20			605			3.0
本溪彩屯矿五采区	10～20			645			3.5
枣庄田屯矿	12						2.2
枣庄柴里矿	8～12	115	135	125			1.9～2.4
淮南李二矿	64	33	70	51.5			2.0
阜新平安矿八坑	20			56			1.7～6.8
阜新清河门矿北三工作面	8	73	89	81			3.0
开滦唐家庄矿 1072 工作面	20			61	1.4～1.9		
开滦林西矿黑鸭子站	23			142			1.22
开滦林西矿任家套站	20			270		2.1～2.6	
鹤岗富力矿四井	24	24	75	50			1.93
淮北张庄矿 415 工作面	8	89					1.5
淮北张庄矿 423 工作面	8	100			2.04		
焦作冯营矿 1221 工作面	18～20	88	132	110			2.0
焦作焦西矿 106 工作面	9			109			1.7
焦作马村矿 102 工作面	8			122			2.5
平顶山龙山庙矿	10			106			2.04
平顶山十矿	10			215		2.2	
鹤壁三矿	17			132		1.8	
鹤壁四矿	10			230		1.68	
鹤壁六矿	25			166		1.7	
抚顺老虎台矿 39 采区	28			383		2.7	
抚顺老虎台矿 60 采区	31			379		2.6	
抚顺老虎台矿 405 采区	29			434		2.9	
抚顺老虎台矿 509 采区	30			530		3.8	
抚顺老虎台矿 505 采区	28			534		2.7	
徐州夏桥矿 702 站	14～16	82	125	103.5			1.87
双鸭山岭东矿六井	15			160			1.6～2.0
新汶孙村矿	25			183			1.04
北票冠山矿	43			268			1.8

不同岩性条件，不同采煤顶板管理方法，下沉系数取值不同。根据国内部分煤矿的地表移动观测资料，常见几种，主要采煤方法和顶板管理方法的地表下沉系数的实测值，见表 3—5—2、表 3—5—3、表 3—5—4。

表 3—5—2　不同管理方法顶板的下沉系数

顶板管理方法	下沉系数	顶板管理方法	下沉系数
全部垮落法	0.6～0.80	水力矸石充填法	0.15～0.35
带状充填法（外来材料）	0.55～0.70	水砂充填法	0.06～0.20
干式全部充填法（外来材料）	0.40～0.50	垮落条带开采法	0.05～0.15
风力充填法	0.30～0.50	充填条带开采法	0.02～0.05

表 3-5-3　长壁全部陷落法开采不同覆岩性质的下沉系数

覆岩性质	下沉系数
坚硬覆岩：主要指岩石抗压强度（单轴极限，下同）为 400～600kg/cm² 或更大的岩层，如辉绿岩、石灰岩、硅质胶结的石英岩、砾岩、砂砾岩、砂质页岩等	0.6 以下
中硬覆岩：主要指岩石抗压强度为 200～400kg/cm² 的岩层，如砂质页岩、泥质胶结的砂岩、页岩、含油泥岩、风化带的部分坚硬岩层等	0.6～0.8
软弱覆岩：主要指岩石抗压强度小于 200kg/cm² 的岩层，如风化岩石、页岩、泥质砂岩、粘土岩、第三系和第四系松散层等	0.8 以上

表 3-5-4　国内部分煤矿的地表下沉系数实测值

矿井名称	煤层倾角（°）	开采方法	下沉系数
黄县煤矿	6	长壁全部陷落	0.95
枣庄柴里煤矿	8		0.94
开滦范各庄矿	14		0.86～0.93
扎赉诺尔矿区	8～10		0.85
焦作冯营矿	19		0.88
淮南谢一矿			0.8
枣庄田屯矿	12		0.76
平顶山矿区	10～15		0.65～0.77
鹤壁二矿	16		0.7
苏州西山矿	31		0.66
开滦林西矿	23～33		0.56～0.69
阜新清河门矿	10		0.68
阳泉矿区			0.62
徐州韩桥矿	10		0.6
徐州夏桥矿	14～16		0.6
双鸭山岭东矿	15		0.6
开滦唐山矿	45～65		0.41
淮南李嘴孜矿	60	水平分层全部陷落	0.28
淮南孔集矿	76		0.47
开滦吕家坨矿	20	水采，全部陷落	0.61
包头大磁矿	3～8	长壁，全部陷落	0.45
焦作演马庄矿	10	长壁，风力充填	0.3～0.4
新汶矿区		长壁，水砂充填	0.15～0.2
抚顺矿区	25～30	水砂充填	0.1～0.22
扎赉诺尔矿区			0.1～0.22
阜新矿区			0.13～0.19
辽源矿区	15～20		0.08～0.13
阜新平安矿一坑	16～17	条带，陷落（采 64%）	0.116
抚顺胜利矿	21	条带，水砂充填（采 46%）	0.01～0.02

4. 水平移动系数

在充分采动或接近充分采动的情况下，开采水平煤层时的地表最大水平移动与地表最大下沉之比，称为水平移动系数。水平移动系数的符号为 b。国内部分煤矿地表水平移动系数的实测值列于表 3－5－5。

表 3—5—5　国内部分煤矿水平移动系数实测值

矿井名称	煤层倾角 (°)	水平移动系数 b		
		下山 b_1	上山 b_2	走向 b_3
焦作马村矿 102 工作面	8	0.35		
焦作冯营矿	19	0.35	0.29	0.25
淮北张庄矿	8～10		0.31	0.35
枣庄柴里矿	8			0.27
枣庄田屯矿	10			0.30
枣庄山家林矿	13	0.34	0.34	0.25
峰峰五矿	8			0.13
峰峰牛儿庄矿	9			0.37
峰峰三矿	15			0.53
峰峰太安坑口	17			0.50
峰峰南大峪坑口	24			0.23
阜新清河门矿	10	0.37	0.10	0.18
阜新新邱矿	12			0.30
阜新平安矿	10			0.27
阜新高德矿	26			0.30
本溪彩屯矿	15	0.28	0.28	0.25
本溪彩屯矿	18			0.20
云南羊场矿	43	0.45	0.25	0.37
鹤壁九矿	13		0.28	
鹤壁二矿	16	0.35	0.35	0.33
鹤壁一矿	33	0.37～0.42	0.19～0.21	
开滦唐家庄矿 2172 工作面	18			0.35～0.50
开滦唐家庄矿 1072 工作面	20			0.28～0.43
开滦唐家庄矿 5157 工作面	20			0.22
开滦林西矿任家套站	20			0.44～0.55
开滦林西矿黑鸭子站	23			0.32～0.39
开滦唐山矿	45～65			0.40
抚顺老虎台矿 39 采区	28			0.20
抚顺老虎台矿 405 采区	29			0.15
抚顺老虎台矿 60 采区	31			0.20
抚顺胜利矿 505 采区	28			0.15
抚顺胜利矿 504 采区	30			0.55
包头大磁矿 2331 工作面	3～8			0.11
徐州韩桥矿	11.5			0.13
平顶山十矿	10			0.30

5. 拐点偏移距

下沉曲线的拐点在理论上应位于工作面开采边界的正上方，但由于工作面开采边界附近的顶板岩石往往不能充分冒落，因此，拐点一般不位于工作面开采边界的正上方，而向采空区方向偏移。当工作面临近为老采区时，拐点则有可能偏向老采区。拐点与工作面边界之间的距离称拐点偏移距。拐点偏移距的符号下山为 S_1，上山为 S_2，走向为 S_3。国内部分煤矿拐点偏移距的实测值，见表 3—5—6。

表 3—5—6　国内部分煤矿拐点偏移距实测值

矿井名称	煤层倾角 (°)	平均采深 H_0 (m)	拐点偏移距 S (m)			$\frac{S}{H_0}$
			下山 S_1	上山 S_2	走向 S_3	
枣庄田屯矿 2042 工作面	12	31			4	0.13
枣庄柴里矿 301 工作面	8～20	125			15	0.12
本溪彩屯矿三、五采区	14～19	620	62			0.10
阜新沿河门矿	10	266～311	22		29	0.07～0.11
淮北张庄矿 415 工作面	8	89	16			0.18
淮北张庄矿 423 工作面	8	100	16			0.16
焦作冯营矿 1221 工作面	19	110	13	9	11	0.12
焦作演马庄矿 102 工作面	10	110	16			0.14
焦作马村矿 102 工作面	8	122	11			0.09
焦作焦西矿 106 工作面	9	109	10～15			0.09～0.14
焦作马村矿 1330 工作面	8	143	30			0.21
徐州夏桥矿 702 工作面	15	110			46	0.40
鹤壁九矿 109 工作面	11～15	130	32～34			0.25
鹤壁三矿 128 工作面	17	132～140	11～17			0.08～0.12
鹤壁四矿 1217 工作面	10	230	26			0.11
双鸭山岭东矿六井	15	160			24	0.18
抚顺老虎台矿 65 采区	32	344	76			0.22
抚顺老虎台矿 39 采区	20～28	381	80			0.21

6. 最大下沉角

最大下沉角与煤层倾角有关。国内部分煤矿的最大下沉角，见表 3—5—7。

7. 地表最大下沉速度

地表下沉速度对于保护建筑物和采动铁路的填修等是有重要意义的，因此对最大下沉速度应有所预计。国内部分煤矿根据实测资料所得的地表最大下沉速度计算公式，见表 3—5—8。

8. 移动过程的总时间

在充分采动或接近充分采动情况下，下沉值最大的地表点从移动开始至移动稳定所持续的时间称为移动过程的总时间。《煤矿测量试行规程》规定，当地表下沉值达到 10 毫米时，即认为地表开始移动，6 个月内地表下沉的累计值不超过 30mm 时，即认为移动稳定。地表移动总时间的长短主要决定于岩层性质、开采深度和工作面推进速度等因素。国内部分煤矿移动过程总时间实测值，见表 3—5—9。

表 3-5-7 国内部分煤矿最大下沉角实测值

矿井名称	煤层倾角α (°)	开采深度 H (m)	最大下沉角θ (°)
开滦矿区	≤55	130～600	90－0.6α
峰峰矿区	9～20	<260	90－0.5α
阳泉矿区	0～11	<240	90－0.5α
阜新矿区	<30	<400	90－α
蛟河矿区	12～20	35～110	90－0.6α
枣庄矿区	8～18	<200	90－0.7α
湖南矿区	<50		90－0.5α
平顶山矿区	10～15	100～200	90－0.6α
南桐矿区	15～80	73～270	90－0.4α
抚顺矿区东部	16～40	530～580	97－0.8α
抚顺矿区西部	16～40	530～580	90－0.8α
本溪彩屯矿	10～20	620	90－0.45α
淮北张庄矿	6～12	88～105	90－0.6α
焦作焦西、演马庄矿	6～9	95～118	90－α
焦作冯营矿	19	110	90－0.5α
鹤壁二矿	16	256	90－0.4α
包头大磁矿	3～8	70～77	90
苏州西山矿	31	65	82
阜新平安矿	32	35～105	74
北票冠山矿	43	208	50
云南羊场矿	43	156～214	62
北票三宝矿	60	260	77
淮南孔集矿	75	160～250	85
淮南李嘴孜矿	60	110～210	66

表 3-5-8 国内部分煤矿地表最大下沉速度计算式

矿区名称	平均开采深度 H (m)	开采厚度 (m)	开采方法	最大下沉速度计算式 (mm/昼夜)
枣庄矿区	85～170	1.4～1.6	长壁陷落	$2.4\frac{W\sqrt{C}}{H_0}$
峰峰矿区	50～300	0.6～6.0	长壁陷落	$1.52\frac{WC}{H_0}$
阳泉矿区	100	2.0	长壁陷落	$1.2\frac{Cm}{H_0}$
阜新矿区	18～326	1.5～2.0	长壁陷落	$7\frac{Cm}{\sqrt{H_0^3}}$
平顶山矿区	80～140	2.0～4.0	长壁陷落	$0.94\frac{m}{H_0}$ (C=30～50m/月)
合山柳花岭矿	89	1.4～2.4	长壁陷落	$2.6\frac{CW}{H_0}$

注：C—工作面推进速度，m，昼夜；W—工作面上方地表最大下沉值，mm；H_0—平均开采深度，m；m—开采厚度，m。

表 3－5－9 国内部分煤矿移动过程总时间实测值

矿井名称	开采深度（m）	顶板管理方法	总的移动时间（月）
蛟河煤矿五井	<50	陷落	5
阜新新邱矿五坑	<50		6
峰峰矿区	50～100		<12
扎赉诺尔矿区	50～100		10～12
鹤岗矿区	50～100		16～18
淮南矿区	50～100		12～18
枣庄矿区	50～100		8
淮北张庄矿	50～100		4～8.2
焦作焦西矿	50～100		15
阜新平安矿五坑	50～100		6
阜新清河门矿三坑	50～100	带状充填	15
开滦唐家庄矿	50～100	陷落	4～5
峰峰矿区	101～200		12～24
淮南矿区	101～200		18～24
平顶山矿区	101～200		7
焦作冯营矿	101～200		8～10
枣庄煤矿	101～200		8～12
焦作演马庄矿	101～200		16
焦作焦西矿	101～200		12.5
淮北跃进三矿	101～200		6～8
峰峰矿区	201～300		24～36
阜新清河门矿	201～300		10～12.5
枣庄煤矿	201～300		8～12
鹤壁九矿	201～300		6.5
鹤壁四矿	201～300	水力采煤	25
开滦唐山矿	201～300	陷落	26
平顶山十矿	201～300		6.5
阜新五龙矿	301～400		19
阜新平安矿	301～400		13
抚顺胜利矿	401～500	水砂充填	50

三、地表移动和变形的预计方法

为了制定采煤方案，需要预计地表的移动和变形。地表移动和变形的预计方法，是在许多煤田大量的岩层和地表移动观测资料的基础上，进行理论研究后提出来的。由于岩层移动的过程复杂，影响因素较多，故现有的预计方法不很准确，应用时必须考虑一定的安全系数。

各种预计方法直接应用于地表移动为充分采动的情况。当地表移动为非充分采动时，地表变形可以由充分采动情况下的半盆地变形分布曲线进行叠加后求得。

（一）最大移动和变形值计算的一般公式

1. 最大下沉

煤层为水平埋藏时：

$$W_0=m\eta \tag{3-5-3}$$

煤层为倾斜埋藏时：

$$W_0=m\eta\cos\alpha \tag{3-5-4}$$

式中 W_0——充分采动时地表最大下沉值，m；

m——煤层法向采出厚度，m；

η——下沉系数；

α——煤层倾角，°。

在非充分采动时的最大下沉值，除考虑采厚、下沉系数、倾角这些因素外，还要顾及到开采面积的大小对下沉的影响。此时，地表最大下沉的计算，可以用充分采动情况下的半盆地下沉曲线进行叠加后求得。

2. 最大水平移动

沿煤层走向剖面的最大水平移动的计算公式一般为：

$$U_0=bW_0 \tag{3-5-5}$$

沿煤层倾斜剖面的最大水平移动的计算公式一般为：

$$U_0=W_0\left(b+\frac{1}{2}\cot\theta\right) \tag{3-5-6}$$

或

$$U_0=W_0\ (b+0.7P) \tag{3-5-7}$$

$$P=\tan\alpha-\frac{h}{H}$$

式中 U_0——充分采动时的最大水平移动值，m；

b——水平移动系数；

θ——最大下沉角，°；

h——表土层厚度，m；

H——开采深度，m。

3. 最大倾斜

$$i_0=k_1\frac{W_0}{L} \tag{3-5-8}$$

或

$$i_0=k_2\frac{m}{H} \tag{3-5-9}$$

式中 i_0——充分采动时的最大倾斜，mm/m；

L——半盆地长，m；

k_1、k_2——经验系数，由本矿实测资料中求得。

4. 最大曲率

$$k_0=k_3\frac{W_0}{L^2} \tag{3-5-10}$$

或

$$k_0=k_4\frac{m}{H^2} \tag{3-5-11}$$

式中 k_0——充分采动时的最大曲率，10^{-3}/m；

k_3、k_4——经验系数，由本矿实测资料中求得。

5. 最大水平变形

$$\varepsilon_0 = k_5 \frac{U_0}{L} \tag{3-5-12}$$

或

$$\varepsilon_0 = k_6 \frac{m}{H} \tag{3-5-13}$$

式中　ε_0——最大水平变形，mm/m；

k_5、k_6——经验系数，由本矿实测资料求得。

（二）几种常用的预计方法和应用实例

目前国内常用的预计方法有3种：典型曲线法、负指数函数法和概率积分法。这些地表移动和变形预计方法只适用于地表变形呈连续的情况，下面只做简要介绍。

1. 典型曲线法

此法的实质是先通过某种方法建立起反映本地区不同采动程度条件下，移动与变形分布特性的无因次曲线。然后以这些无因次曲线作为标准曲线，计算该地区各种具体的开采条件下，工作面开采所引起的地表移动与变形的分布。这些无因次曲线则称为典型曲线。

用此法计算地表移动与变形的分布是较简单、直观、方便，适于地质条件简单，煤层埋藏稳定，煤层倾角没有明显变化和没有构造破坏的地区。此法的缺点是地区局限性大，所建立起来的典型曲线一般只适用于本地区或地质及开采条件非常相近的地区。

典型曲线主要是建立在大量实际观测资料基础上的。一般是直接从实际观测所得的分布曲线进行平均，再对平均分布曲线进行修匀后得到的。

下沉典型曲线和垂直变形典型曲线按以下步骤建立：

(1) 根据回采工作面的地质开采条件和所选用的地表移动参数，确定移动盆地主断面上最大下沉点的位置和半盆地长度，并计算移动与变形的最大值。

(2) 从本矿区或地质开采条件相同的矿区典型曲线图象或表格中查得无因次横坐标为$\frac{X_1}{L}=0.1$、$\frac{X_2}{L}=0.2$……或$\frac{X_1}{H_0}=0.1$、$\frac{X_2}{H_0}=0.2$……时的无因次变形值：$\frac{W(X_1)}{W_0}$、$\frac{W(X_2)}{W_0}$……$\frac{U(X_1)}{U_0}$、$\frac{U(X_2)}{U_0}$……等。

(3)将半盆地长L或平均深度H_0乘各点的无因次横坐标，将预计的最大移动和变形值乘各点的无因次变形值，就得到了各点的横坐标及与其相对应的移动和变形值。

(4)根据各点的横坐标和相应的移动变形值就可以绘制主断面上移动与变形的分布曲线。

例：某矿欲开采一工作面，其走向长$D_2=300$m，倾斜长$D_1=150$m，下边界采深$H_1=130$m，上边界采深$H_2=70$m，平均采深$H_0=100$m，采厚$m=2$m，求走向方向主断面上的下沉分布与水平移动分布。

此矿有关的地表移动参数为：下沉系数$\eta=0.7$，水平移动系数$b=0.22$，采动系数$n_1=0.7\frac{D_1}{H_0}$，$n_2=0.7\frac{D_2}{H_0}$

此矿已建立的走向主方向典型曲线如图3－5－6。

计算步骤

1）计算采动程度

$$n_1=0.7\frac{D_1}{H_0}=1.05>1,\quad n_2=0.7\frac{D_2}{H_0}=2.1>1$$

此条件地表为充分采动。

2）计算最大下沉值和最大水平移动值

$$W_0 = m\eta\cos\alpha = 1.4\text{m}$$

$$U_0 = bW_0 = 0.308\text{m}$$

3）下沉与水平移动分布的计算

查图 3－5－6 得横坐标为 0、$\pm 0.1H_0$、$\pm 0.2H_0$、……$\pm 0.8H_0$ 各点的相对下沉值和相对水平移动值，然后分别与最大下沉值和最大水平移动值相乘，就得到走向主断面上各点预计的下沉值和水平移动值，计算结果见表 3－5－10。

表 3－5－10　计　算　结　果

点　号	至原点距离 $\frac{x}{H_0}$	至原点距离 x(m)	下沉值 $W(x)$ (mm)	水平移动值 $u(x)$ (mm)	点　号	至原点距离 $\frac{x}{H_0}$	至原点距离 x(m)	下沉值 $W(x)$ (mm)	水平移动值 $u(x)$ (mm)
1	+0.8	+80	0	0	10	－0.1	－10	556	296
2	+0.7	+70	3	0	11	－0.15	－15	692	308
3	+0.6	+60	7	6	12	－0.2	－20	834	302
4	+0.5	+50	18	17	13	－0.3	－30	1079	240
5	+0.4	+40	38	34	14	－0.4	－40	1238	154
6	+0.3	+30	70	62	15	－0.5	－50	1330	86
7	+0.2	+20	120	104	16	－0.6	－60	1378	37
8	+0.1	+10	204	165	17	－0.7	－70	1396	18
9	0	0	342	246	18	－0.8	－80	1400	9

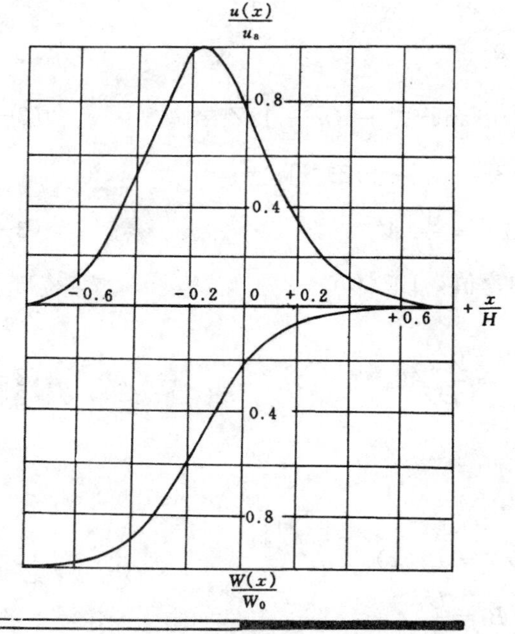

图 3－5－6　某矿走向方向典型曲线

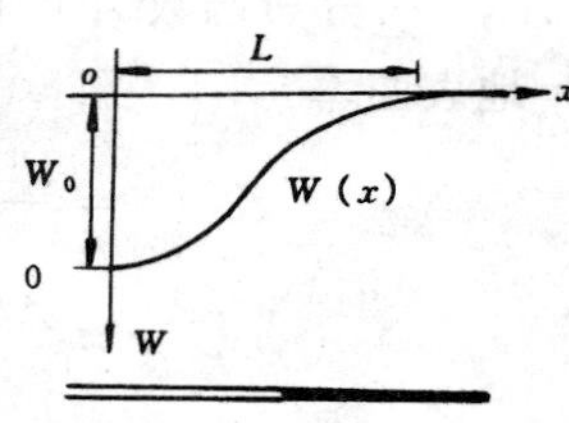

图 3－5－7　地表下沉曲线

2．负指数函数法

负指数函数法是预计地表移动与变形值的一种方法。这种方法是我国在岩层移动观测资料的基础上提出来的。

1）地表下沉

根据大量实测资料分析，移动盆地的下沉曲线方程如下（地表下沉曲线见图 3－5－7）：

$$W(x)=W_0 e^{-az^n} \tag{3-5-14}$$

式中　$W(x)$——坐标为 X 的地表点的下沉值，m；

W_0——地表最大下沉值，m；

e——自然对数的底。

$$Z=\frac{x}{L} \tag{3-5-15}$$

式中　L——半盆地长，m；

x——地表点的坐标（原点设在最大下沉点），m；

a、n——经验公式系数。

令　$$A=e^{-az^n}$$

则　$$W(x)=W_0 A \tag{3-5-16}$$

系数 a 和 n 可根据预计矿区的实测资料求得。

2）地表倾斜

$$i(x)=\frac{dW(x)}{dx}=-\frac{W_0}{L}anz^{n-1}e^{-az^n} \tag{3-5-17}$$

令 $A'=-anz^{n-1}e^{-az^n}$

则　$$i(x)=\frac{W_0}{L}A' \tag{3-5-18}$$

式中　$i(x)$——坐标为 x 的地点的倾斜值，mm/m。

最大倾斜值：

$$i_0=\frac{W_0}{L}A'_0$$

式中　A'_0——分布函数 A' 的极大值。

3）地表曲率

$$K(x)=\frac{d^2W(x)}{dx^2}=\frac{W_0}{L}an[anz^{2n-2}-(n-1)Z^{n-2}]e^{-az^n} \tag{3-5-19}$$

令　$$A''=an[anz^{2n-2}-(n-1)Z^{n-2}]e^{-az^n}$$

则　$$K(x)=\frac{W_0}{L^2}A'' \tag{3-5-20}$$

式中　$K(x)$——坐标为 x 的地表点的曲率值，10^{-3}/m。

最大曲率值：

$$K_0=\frac{W_0}{L^2}A''_0 \tag{3-5-21}$$

式中　A''_0——分布函数 A'' 的极大值。

4）水平移动

（1）近水平煤层

$$u(x)=Bi(x) \tag{3-5-22}$$

$$B=\frac{U_0}{i_0}$$

式中　$u(x)$——坐标为 x 的地表点的水平移动值，m；

B——系数。

$$u(x)=\frac{U_0}{A'_0}A' \tag{3-5-23}$$

（2）倾斜煤层

$$u(x)=U_0\frac{A'}{A'_0}\pm W_0\cot\theta \tag{3-5-24}$$

式中　U_0——煤层走向剖面上的最大水平移动值；

θ——最大下沉角。

在式（3－5－24）中，若规定指向上山方向的水平移动为正，指向下山方向的水平移动为负，则第二项取正号。反之，则取负号。

5）水平变形

（1）近水平煤层：

$$\varepsilon(x)=U_0\frac{A''}{LA'_0} \tag{3-5-25}$$

最大水平变形：

$$\varepsilon_0=U_0\frac{A''_0}{LA'_0} \tag{3-5-26}$$

（2）倾斜煤层：

$$\varepsilon(x)=U_0\frac{A''}{LA'_0}\pm\frac{W_0A'}{L}\cot\theta \tag{3-5-27}$$

上式中正负号取法与（3－5－24）式相同。

6）实用计算表

对于不同的 a 和 n，可将 A、A'、A''作成表格，供预计时查用。表 3－5－11 是根据某矿区的地表移动实测资料求出系数 $a=6$，$n=2.5$ 时，编制的实用计算表。

表 3－5－11　某矿区 $a=6.0$，$n=2.5$ 的实用计算值

Z	0	0.1	0.2	0.3	0.4	0.5	0.6	0.7	0.8	0.9	1.0
A	1.0000	0.9812	0.8982	0.7440	0.5449	0.3462	0.1877	0.0855	0.0322	0.0099	0.0025
A'	0.0000	0.4654	1.2051	1.8337	2.0677	1.8361	1.3082	0.7507	0.3460	0.1274	0.0372
A''	0.0000	−6.761	−7.421	−1.619	0.092	1.229	5.850	4.986	3.065	1.419	0.502

注：表列 A' 值全为负。

有了上述计算式和实用计算表，就可以预计该矿区开采工作面移动盆地主断面上的地表移动和变形。

例　某矿开采一工作面，采厚 $m=0.9$m，倾角 $\alpha=6°$，走向长 $D_2=106$m，倾斜长 $D_1=99$m，平均采深 $H_0=45$m，现需要计算走向剖面上的下沉曲线和水平移动曲线。

该矿的地表移动参数为：$n_1=0.66=\frac{D_1}{H_0}$，$n_2=0.66=\frac{D_0}{H_0}$，$\delta_0=58°$，$b=0.28$，$\eta=\frac{5.5}{\sqrt{10+H_0}}$，指数函数经验公式的系数 $a=6$，$n=2.5$。

首先计算 $n_1=1.45>1$，$n_2=1.55>1$，所以地表为充分采动。

最大下沉值　　$W_0=m\eta\cos\alpha=0.67$m

最大水平移动值　　$U_0=W_0b=0.19$m

走向半盆地长　　　　$L_0=H_0$（$\text{ctg}\delta_0+\text{ctg}\psi_3$）$=62\text{m}$

按式（3－5－15）、式（3－5－16）和式（3－5－23）进行计算，式中分布函数 A、A'和 A''_0 可从表3－5－11中查出。计算结果列于表 3－5－12。

表 3－5－12　计　算　结　果

Z	$x=ZL$（m）	$W(x)=W_0A$（mm）	$u(x)=u_0A'/A'_0$（mm）
0	0	670	0
0.1	6.2	657	44
0.2	12.4	602	114
0.3	18.6	498	174
0.4	24.8	365	190
0.5	31.0	232	174
0.6	37.2	126	124
0.7	43.4	57	71
0.8	49.6	22	33
0.9	55.8	7	12
1.0	62.0	2	4

3. 概率积分法

概率积分法是把岩体看作一种随机介质，把岩层移动过程看作一种服从统计规律的随机过程来研究岩层与地表移动的一种方法。从统计观点出发，可以把整个开采分解成无限个微小单元的开采，整个开采对岩层及地表的影响等于各个单元开采对岩层及地表影响之和。按随机介质理论，单元开采引起的地表单元下沉盆地呈正态分布，且与概率密度的分布一致。因此，整个开采引起的下沉剖面方程可以表示为概率密度函数的积分公式，故称此法为概率积分法。

这种方法计算过程较简单，系统性和适用性较强，因而在中国应用较广泛。

1）开采近水平或缓倾斜煤层时地表的移动和变形

（1）充分采动时地表移动和变形预计。

①地表下沉：

$$W(x)=\frac{W_0}{r}\int_0^{\infty}\mathrm{e}^{-\pi\left(\frac{x}{r}\right)^2}\mathrm{d}x \tag{3-5-28}$$

式中　$W(x)$——主断面上距开采边界点为 x 的地点的下沉值，mm；

W_0——地表最大下沉值，mm；

r——主要影响半径，m。

地表最大下沉值 W_0 是预计地表移动和变形的主要参数。

②地表倾斜：

$$i(x)=\frac{\mathrm{d}W(x)}{\mathrm{d}x}=\frac{W_0}{r}\mathrm{e}^{-\pi\left(\frac{x}{r}\right)^2} \tag{3-5-29}$$

式中　$i(x)$——主断面上任意点的倾斜值，mm/m。

最大倾斜

$$i_0=\frac{W_0}{r} \tag{3-5-30}$$

③地表曲率：

$$K(x)=\pm\frac{d^2W(x)}{dx^2}=\frac{2\pi W_0}{r^2}\cdot\left(\frac{x}{r}\right)e^{-\pi\left(\frac{x}{r}\right)^2} \tag{3-5-31}$$

式中 $K(x)$ ——主断面上任意点的曲率值，10^{-3}/m。

最大曲率

$$K_0=\pm 1.52\frac{W_0}{r^2} \tag{3-5-32}$$

④水平移动：

$$u(x)=bi(x)=bW_0e^{-\pi\left(\frac{x}{r}\right)^2} \tag{3-5-33}$$

式中 $u(x)$ ——主断面上任意点的水平移动值，mm。

最大水平移动

$$u_0=bW_0 \tag{3-5-34}$$

⑤水平变形：

$$\varepsilon(x)=\frac{du(x)}{dx}=\pm 2\pi b\frac{W_0}{r}\left(\frac{x}{r}\right)e^{-\pi\left(\frac{x}{r}\right)^2} \tag{3-5-35}$$

式中 $\varepsilon(x)$ ——主断面上任意点的水平变形值，mm/m。

最大水平变形

$$\varepsilon_0=\pm 1.52b\frac{W_0}{r} \tag{3-5-36}$$

⑥上述公式可以简化为：

$$W(x)=W_0\left(\frac{W(x)}{W_0}\right) \tag{3-5-37}$$

$$i(x)=i_0\left(\frac{i(x)}{i_0}\right) \tag{3-5-38}$$

$$K(x)=\pm K_0\left(\frac{K(x)}{K_0}\right) \tag{3-5-39}$$

$$U(x)=U_0\left(\frac{U(x)}{U_0}\right) \tag{3-5-40}$$

$$\varepsilon(x)=\pm\varepsilon_0\left(\frac{\varepsilon(x)}{\varepsilon_0}\right) \tag{3-5-41}$$

为了简化计算过程，可以应用实用计算表（表 3—5—13）。计算中还应考虑下沉曲线拐点偏移距的问题。

表 3—5—13 实用计算表

$\frac{x}{r}$	$\frac{W(-x)}{W_0}$	$\frac{W(x)}{W_0}$	$\frac{i(x)}{i_0}$或$\frac{u(x)}{u_0}$	$\frac{\varepsilon(x)}{\varepsilon_0}$或$\frac{K(x)}{K_0}$	$\frac{x}{r}$	$\frac{W(-x)}{W_0}$	$\frac{W(x)}{W_0}$	$\frac{i(x)}{i_0}$或$\frac{u(x)}{u_0}$	$\frac{\varepsilon(x)}{\varepsilon_0}$或$\frac{K(x)}{K_0}$
0	0.5000	0.5000	1.0000	0.0000	0.8	0.0226	0.9774	0.1339	0.4428
0.1	0.4011	0.5989	0.9691	0.4006	0.9	0.0122	0.9878	0.0785	0.2920
0.2	0.3081	0.6919	0.8819	0.7291	1.0	0.0063	0.9937	0.0432	0.1786
0.3	0.2261	0.7739	0.7537	0.9347	1.1	0.0031	0.9969	0.0223	0.1016
0.4	0.1581	0.8419	0.6049	1.0000	1.2	0.0015	0.9985	0.0108	0.0538
0.5	0.1052	0.8948	0.1559	0.9423	1.3	0.0007	0.9993	0.0019	0.0266
0.6	0.0664	0.9336	0.3227	0.8004	1.4	0.0004	0.9996	0.0021	0.0123
0.7	0.0398	0.9602	0.2145	0.6207					

（2）非充分采动时地表移动和变形预计。

当采空区尺寸较小，或者开采深度相对较大时，地表未被充分采动。此时盆地主断面上地表的移动和变形值，可根据叠加原理用作图法求得，如图 3—5—8 所示。其中 l_0 为实际开采宽度，S_0 为拐点偏移距，l 为计算开采宽度，则：

$$l=l_0-2S_0,\ \mathrm{m}$$

①地表的下沉：

地表下沉分布曲线通过作图叠加两个充分采动的下沉分布曲线得到，即：

$$W_x^m = W_x - W_{x-L} \tag{3—5—42}$$

式中　W_x^m——非充分采动的下沉分布曲线；

W_x——表示开采边界在 $S=0$ 点上充分采动的下沉分布曲线，数值为正；

W_{x-L}——表示开采边界在 $S=t$ 点的充分采动的下沉分布曲线，其值为负。

非充分采动时地表下沉曲线见图 3—5—8。

②地表的倾斜和水平移动：

地表倾斜分布曲线和水平移动分布曲线都可以通过作图法叠加两个充分采动时的相应图形得到。

$$i_x^m = i_x - i_{x-L} \tag{3—5—43}$$

$$u_x^m = u_x - u_{x-L} \tag{3—5—44}$$

非充分采动时地表倾斜和水平移动曲线如图 3—5—9。

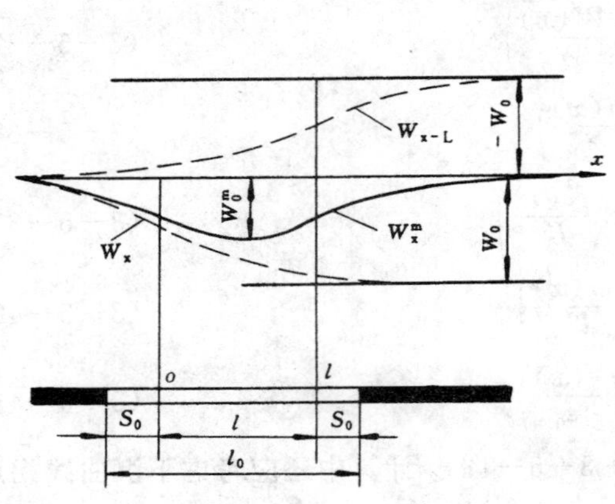

图 3—5—8　非充分采动时地表下沉曲线

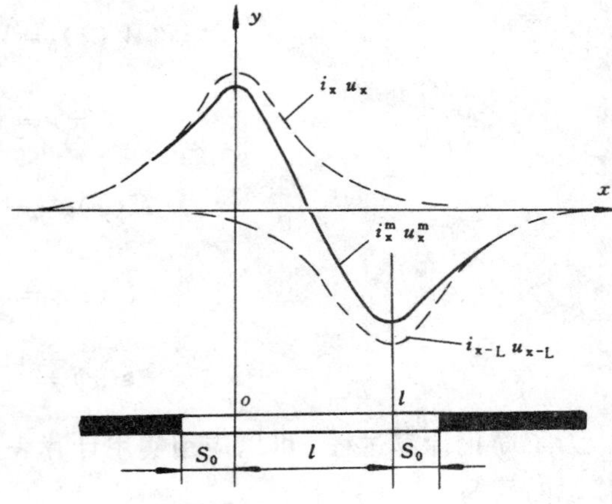

图 3—5—9　非充分采动时地表倾斜和水平移动曲线

③地表的曲率和水平变形：

地表曲率分布曲线和水平变形分布曲线也可以用作图法迭加两个充分采动时的相应图形得到。

$$K_x^m = K_x - K_{x-L} \tag{3—5—45}$$

$$\varepsilon_x^m = \varepsilon_x - \varepsilon_{x-L} \tag{3—5—46}$$

非充分采动时地表曲率和水平变形曲线见图 3—5—10。

2）开采倾斜煤层时地表的移动和变形

开采倾斜煤层时，由于地表移动盆地具有明显的非对称性特征，最大下沉点向采空区下边界方向偏移。偏移的大小可用开采影响的下沉角 θ 来决定。对地表而言，盆地最大下沉点和采空区中心的连线与水平线所成的角称为开采影响的最大下沉角，它与煤层倾角 α 有关，一般用下式表示：

$$\theta = 90° - K\alpha \tag{3-5-47}$$

式中　K——随煤层倾角及岩性而变化的系数，其值在 $0 \leqslant K \leqslant 1$ 间变化。

(1) 充分采动时的地表下沉和变形。

开采倾斜煤层充分采动时，地表最终下沉盆地边缘区的下沉和变形分布曲线，可以利用开采水平煤层充分采动时的下沉和变形分布曲线公式进行计算。所不同的是，作图时对采空区上、下边界取不同的主要影响半径。对于上边界取 $r = \dfrac{h}{\tan\beta}$；对于下边界取 $R = \dfrac{H}{\tan\beta}$。从标原点(即下沉盆地拐点)，用开采影响下沉角 θ 来确定。倾斜煤层充分采动地表移动盆地，见图 3－5－11。

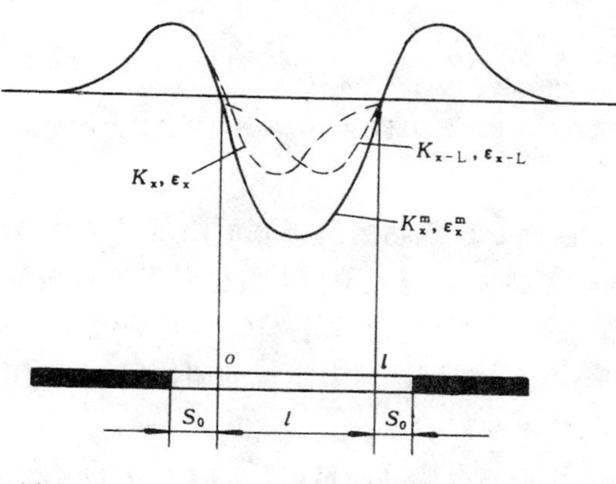

图 3－5－10　非充分采动时地表曲率和水平变形曲线

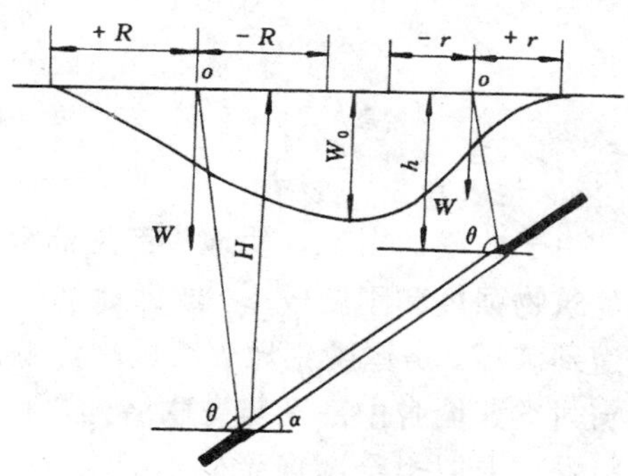

图 3－5－11　倾斜煤层充分采动地表移动盆地

(2) 非充分采动时的地表下沉和变形。

开采倾斜煤层非充分采动时，地表最终下沉和变形分布曲线，也可以应用作图叠加两个充分采动的下沉和变形分布曲线而得到。作图法同前。

第三节　建（构）筑物压煤开采

一、地表移动和变形对建（构）筑物的影响

地下采煤对地表的影响主要有垂直方向的移动和变形（下沉、倾斜、曲率）与水平方向的移动和变形（水平移动、拉伸和压缩）等。不同性质的地表移动和变形，对建筑物与构筑物的影响也不相同，大致可分以下几种情况。

1. 地表下沉的影响

一般来说，当建筑物所处地表出现均匀下沉时，建筑物和构筑物中不会产生附加应力，因而对建筑物本身不会产生破坏，但是主要管路的坡度会发生变化，四周的防水坡也可能造成

损坏。特别是由于地表下沉使潜水位相对上升，造成建筑物长期积水或过度潮湿时，就会影响建筑物的强度，以至影响建筑物的使用。

2. 地表倾斜的影响

地表倾斜后，建筑物随之歪斜，重心偏移，影响其稳定性，而且承重结构内部将产生附加应力，基础的承压也会发生变化。特别是基础底面积小而高度大的建筑物，如水塔、烟囱、高压线铁塔等，对于由地表倾斜带来的影响比较敏感，必须进行强度和稳定性的核算。另外，熔铁炉、炼焦炉、水泥窑、锅炉房、成排房屋等对地表倾斜也是比较敏感的，也必须检验地表倾斜变形对它们工艺流程和技术安全的影响，以便保证其正常使用。

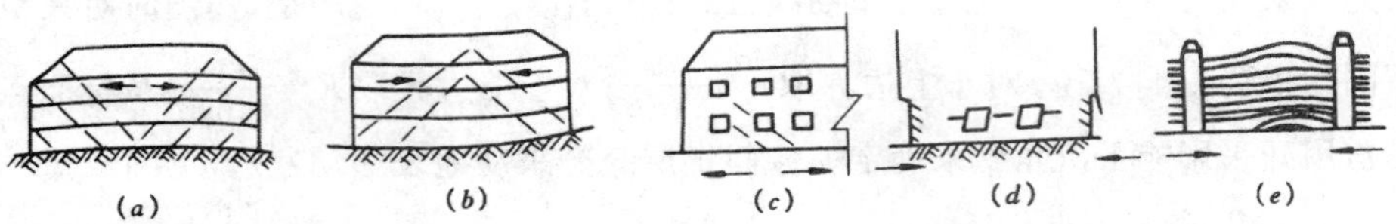

图 3－5－12　地表移动和变形对建筑物的影响

a—正曲率对房屋影响；*b*—负曲率对房屋影响；*c*—地表拉伸对房屋影响；*d*、*e*—地表压缩对房屋影响

3. 地表曲率的影响

由于曲率的出现，使地表产生凸起或凹陷的曲面，建筑物的基础底面出现悬空状态，如果建筑物强度和刚度较小，或因地基坚实，建筑物基础不能压入地基，则房屋将出现裂缝，以至遭到破坏。房屋受到地表正曲率影响而产生的破坏，主要有上宽下窄的竖向裂缝（窗台墙、门窗过梁、墙身中部及墙身联络处）和倒八字形裂缝（墙脚、门窗附近的墙体等），如图 3－5－12*a*。有时也会出现屋架或梁端从墙体内或砖柱内抽出现象。

房屋受负曲率影响而产生的破坏，主要有正八字形裂缝（门窗附近的墙体）和水平裂缝（门窗洞口上下水平处）。如图 3－5－12*b*。此外，也可能出现墙皮脱落，门窗变形，墙体局部挤碎，屋面中部鼓起等现象。建筑物愈长愈高时，受地表曲率的影响愈严重。

4. 地表水平变形的影响

地表水平变形对建筑物的影响较大。地表的水平变形通过建筑物的底面和侧面，使建筑物受到附加的拉伸和压缩应力。由于一般建筑物抵抗拉伸变形的能力小，在较小的拉伸变形作用下，建筑物的薄弱部位（如门窗附近）就会出现裂缝如图 3－5－12*c*。建筑物抗压强度较抗拉强度大，地表压缩变形较小时，建筑物一般不出现破坏现象，但是，如果地表压缩变形较大，则可能使建筑物的墙体受到挤压而破坏。如图 3－5－12*d*、*e*。

开采引起的地表移动和变形，实际上不是单个出现的，而往往是多种变形同时存在。如地表拉伸变形和正曲率变形、压缩和负曲率变形同时出现。这样，建筑物将同时受到多种变形的综合影响。在地下开采过程中，地表移动和变形是随着时间而变化的，故建筑物所受到的影响，在大小和性质上也是随着时间而变化的。

建筑物允许地表变形值与建筑物结构型式及使用条件有关，一般可参照表 3－5－14 的数值。

二、建（构）筑物的保护

为了合理开采和利用煤炭资源，并保护开采影响区域内建筑物及主要井巷，《建筑物、水

表 3-5-14 建（构）筑物允许变形值

类 型	建 筑 物 名 称	允 许 变 形 值		
		倾 斜 (mm/m)	水平变形 (mm/m)	曲 率 (10^{-3}/m)
Ⅰ	井筒、井架、提升设备、选煤厂、发电厂、冶金厂、炼油厂等大型工厂及设备	≤3	≤2	≤0.2
Ⅱ	一般工厂、学校、商店、医院、影剧院、住宅楼、办公楼等	≤6	≤4	≤0.4
Ⅲ	一般砖木结构的单层建筑。	≤10	≤6	≤0.6
Ⅳ	面积小的平房等	≤15	≤9	≤0.8

体、铁路及主要井巷煤柱留设及压煤开采规程》(以下简称《规程》) 规定，建筑物下压煤，凡技术上可能，经济上合理的，必须进行开采；技术条件可能，但尚无成熟经验的，应积极进行试采；在目前技术条件下不可能开采，但采用搬迁措施经济上合理时，可进行开采，否则应留设保护煤柱。因此，对矿区建（构）筑物应分别情况区别对待。

对于下列建筑物，在进行矿井、水平、采区设计时必须划定保护煤柱：

(1) 矿井无可靠抗御地表变形措施的工业场地建（构）筑物，以及远离工业场地的矿井主要通风机及风道等设施；

(2) 国务院明令保护的文物和纪念性建（构）筑物；

(3) 目前条件下采用不搬迁采煤在技术上不可能或经济上不合理，而搬迁又无法实现，或在经济上严重不合理的建（构）筑物；

(4) 煤层开采后，重要建（构）筑物所在处地表可能产生抽冒、切冒、滑坡等形式的塌陷漏斗坑和突然下沉或滑动崩塌，造成对重要建（构）筑物地基严重破坏的；

(5) 建（构）筑物所在处地表下面潜水位高，采后因地表下沉导致建（构）筑物及其附近地面积水，而又不能自流排泄、或采用人工排泄方法经济上不合理的；

(6) 重要河（湖、海）堤、库（河）坝、船闸、泄洪闸、泄水隧道和水电站等大型水工建筑工程；

(7) 高速公路、机场跑道。

划定建筑物的保护煤柱，应按《规程》中规定的建筑物保护等级和各矿区的移动角值来进行。

建（构）筑物的保护等级是按照建（构）筑物的重要性、用途以及受开采影响引起的不同后果而划分的。我国将矿区范围内的建（构）筑物划分成四级（表 3-5-15)。

各矿区的移动角值根据各矿区地表移动观测资料确定。中国主要矿区的移动角值可参见《规程》附录五，新矿区移动角值可按类比法确定。

按覆岩性质区分的地表移动一般参数 ($\alpha<50°$) 见表 3-5-16，松散层移动角 ϕ 值（度）见表 3-5-17。

根据《规程》建（构）筑物保护煤柱围护带宽度见表 3-5-18。

地面建（构）筑物受采动后，是否会遭到破坏以及其破坏程度，主要取决于地表变形值大小和建（构）筑物本身抵抗变形能力。不同类型的建筑物有不同的抗变形能力和相应的地表允许变形值，根据调查研究，《规程》对于长度小于 20m 的砖混结构房屋，按不同的地表变形值分为四级见表 3-5-19。

表 3—5—15　矿区建（构）筑物保护等级划分

保护等级	主要建（构）筑物
Ⅰ	国务院明令保护的文物和纪念性建筑物；一等火车站，发电厂主厂房，在同一跨度内有两台重型桥式吊车的大型厂房，平炉，水泥厂回转窑，大型选煤厂主厂房等特别重要或特别敏感的、采动后可能导致发生重大生产、伤亡事故的建（构）筑物；铸铁瓦斯管道干线，大、中型矿井主要通风机房，瓦斯抽放站，高速公路，机场跑道，高层住宅楼等
Ⅱ	高炉，焦化炉，220kV 以上超高压输电线路杆塔，矿区总变电所，立交桥；钢筋混凝土框架结构的工业厂房，设有桥式吊车的工业厂房，铁路煤仓、总机修厂等较重要的大型工业建（构）筑物；办公楼，医院，剧院，学校，百货大楼，二等火车站，长度大于 20m 的二层楼房和三层以上多层住宅楼；输水管干线和铸铁瓦斯管道支线；架空索道，电视塔及其转播塔，一级公路等
Ⅲ	无吊车设备的砖木结构工业厂房，三、四等火车站，砖木、砖混结构平房或变形缝区段小于 20m 的两层楼房，村庄砖瓦民房；高压输电线路杆塔，钢瓦斯管道等
Ⅳ	农村木结构承重房屋，简易仓库等

注：凡未列入表中的建（构）筑物，可依据其重要性、用途等类比其等级归属。对于不易确定者，可组织专门论证，并报省、直辖市、自治区煤炭主管部门审定。

表 3—5—16　按覆岩性质区分的地表移动一般参数（α<50°）

覆岩类型	覆岩性质		下沉系数 q	水平移动系数 b	移动角（°）			边界角（°）		
	主要岩性	单向抗压强度 MPa			δ	γ	β	δ_0	γ_0	β_0
坚硬	大部分以中生代地层硬砂岩、硬石灰岩为主，其它为砂质页岩、页岩、辉绿岩	>60	0.27～0.54	0.2～0.3	75～80	75～80	δ−(0.7～0.8)α	60～65	60～65	δ_0−(0.7～0.8)α
中硬	大部分以中生代地层中硬砂岩、石灰岩、砂质页岩为主，其它为软砾岩、致密泥灰岩、铁矿石	30～60	0.55～0.84	0.2～0.3	70～75	70～75	δ−(0.6～0.7)α	55～60	55～60	δ_0−(0.6～0.7)α
软弱	大部分为新生代地层砂质页岩、页岩、泥灰岩及粘土、砂质粘土等松散层	<30	0.85～1.0	0.2～0.3	60～70	60～70	δ−(0.3～0.5)α	50～55	50～55	δ_0−(0.3～0.5)α

表 3—5—17　松散层移动角ϕ值（°）

松散层厚度 h（m）	干燥不含水	含水较强	含泥砂层
<40	50	45	30
40～60	55	50	35
>60	60	55	40

表 3—5—18　建（构）筑物保护煤柱围护带宽度

建筑物和构筑物保护等级	围护带宽度（m）
Ⅰ	20
Ⅱ	15
Ⅲ	10
Ⅳ	5

其他结构类型的建筑物受采动影响的破坏等级可视具体情况并参照上表规定划分。工业构筑物、技术装置、暖卫工程管网等的地表（地基）的允许和极限变形值，可参照《规程》附录三执行。

表 3－5－19　砖混结构建筑物损坏等级

<table>
<tr><th rowspan="2">损坏等级</th><th rowspan="2">建筑物损坏程度</th><th colspan="3">地表变形值</th><th rowspan="2">损坏分类</th><th rowspan="2">结构处理</th></tr>
<tr><th>水平变形
ε
(mm/m)</th><th>曲率
K
(10^{-3}/m)</th><th>倾斜
i
(mm/m)</th></tr>
<tr><td rowspan="2">Ⅰ</td><td>自然间砖墙上出现宽度 1～2mm 的裂缝</td><td rowspan="2">≤2.0</td><td rowspan="2">≤0.2</td><td rowspan="2">≤3.0</td><td>极轻微损坏</td><td>不　修</td></tr>
<tr><td>自然间砖墙上出现宽度小于 4mm 的裂缝；多条裂缝总宽度小于 10mm</td><td>轻微损坏</td><td>简单维修</td></tr>
<tr><td>Ⅱ</td><td>自然间砖墙上出现宽度小于 15mm 的裂缝，多条裂缝总宽度小于 30mm；钢筋混凝土梁、柱上裂缝长度小于 1/3 截面高度；梁端抽出小于 20mm；砖柱上出现水平裂缝，缝长大于 1/2 截面边长；门窗略有歪斜</td><td>≤4.0</td><td>≤0.4</td><td>≤6.0</td><td>轻度损坏</td><td>小　修</td></tr>
<tr><td>Ⅲ</td><td>自然间砖墙上出现宽度小于 30mm 的裂缝；多条裂缝总宽度小于 50mm；钢筋混凝土梁、柱上裂缝长度小于 1/2 截面高度；梁端抽出小于 50mm；砖柱上出现小于 5mm 的水平错动；门窗严重变形</td><td>≤6.0</td><td>≤0.6</td><td>≤10.0</td><td>中度损坏</td><td>中　修</td></tr>
<tr><td rowspan="2">Ⅳ</td><td>自然间砖墙上出现宽度大于 30mm 的裂缝；多条裂缝总宽度大于 50mm；梁端抽出小于 60mm；砖柱出现小于 25mm 的水平错动</td><td rowspan="2">>6.0</td><td rowspan="2">>0.6</td><td rowspan="2">>10.0</td><td>严重损坏</td><td>大　修</td></tr>
<tr><td>自然间砖墙上出现严重交叉裂缝、上下贯通裂缝，以及墙体</td><td>极度严重损坏</td><td>拆　建</td></tr>
</table>

三、建筑物下安全开采条件的确定

根据《规程》第 28、29 条规定，符合下列条件者，允许建（构）筑物下进行开采和试采：

1. 符合下列条件之一者，建（构）筑物下压煤允许开采

（1）预计的地表变形值小于建（构）筑物允许地表变形值；

（2）预计的地表变形值超过建（构）筑物允许的地表变形值，但经就地维修能够实现安全采煤，并能够满足安全正常使用要求；

（3）预计的地表变形值超过建（构）筑物允许地表变形值，但经采取本矿区已有成功经验的开采技术措施和建（构）筑物加固保护措施后，能满足安全正常使用要求。

2. 符合下列条件之一者，建（构）筑物下压煤允许进行试采

（1）预计地表变形值虽然超过建筑物允许地表变形值，但在技术上可行，经济上合理的

条件下，经对建筑物采取可靠的加固保护措施，或有效的开采技术措施后，能够满足安全使用要求；

(2) 预计的地表变形值超过允许的地表变形值，但国内外已有在类似的建（构）筑物和地质、开采技术条件下成功开采经验；

(3) 开采的技术难度较大，但试验研究成功后对于煤矿企业或当地的工农业生产建设有较大的现实意义和指导作用。

四、建（构）筑物下采煤设计

（一）建筑物下采煤设计必须具备下列技术资料和工程图

1. 技术资料

(1) 地质开采技术条件。煤层的层数、层间距、厚度、倾角、埋藏深度、压煤量、岩石物理力学性质、地质构造、地下潜水位，现有的开采方法、巷道布置、生产系统以及邻区开采情况。

(2) 建（构）筑物概况。建（构）筑物的体型、面积、长度、宽度、高度、层数、结构类型、基础型式及其埋置深度，松散层的厚度和地基土壤的工程地质及水文地质参数；建筑时间和现有状况，使用要求，周围地形情况；建（构）筑物原设计的有关资料。

(3) 主要管线和重要设备的技术特征、技术要求及其支承或基础埋置方式。

(4) 有关的地表移动参数，老采区活化的可能性及其对地表和建（构）筑物的影响。

2. 工程图

(1) 井上、下对照图。应包括地形和煤层底板等高线、地质构造、邻近工作面位置及建（构）筑物平面布置。

(2) 地质剖面图和钻孔柱状图。应标明地面标高，建（构）筑物位置，煤层的层数、厚度、层间距、埋藏深度、倾角和地质构造等。

(3) 建（构）筑物的施工图（或竣工图）。应包括平面图、立面图、剖面图，主要承重构件（梁、柱、屋架、楼板基础等）的支座联接方式，断面尺寸和配筋，管线接头构造及重要设备基础等。

（二）建（构）筑物下采煤设计

一般应分为方案设计和初步设计两个步骤。对于生产矿井，方案设计应在提出开采计划后完成，初步设计则应在方案批准后编制。其基本内容为：

1. 方案设计

(1) 建（构）筑物特征及其压煤开采的必要性、可能性和可靠性。

(2) 实现建（构）筑物下采煤的各种技术方案，其中应包括地表移动和变形预计，采煤方法和顶板管理方法的选择与论证，开采技术措施，对建（构）筑物影响程度的分析与估计。

(3) 方案的技术经济评价及费用概算

(4) 方案的综合分析比较和选定。

2. 初步设计

(1) 开采方法。应包括开采范围、采煤方法和顶板管理方法、工作面布置、推进方向、推进速度、开采顺序，有关的巷道布置与生产系统及相关图纸。

(2) 地表移动和变形值预计及其对建（构）筑物的影响程度。应阐明选用的计算公式和参数，建（构）筑物所在处有关的地表移动和变形值的计算结果及必要的曲线图，并结合建筑物的建筑特征和结构特征、现有状况和使用要求进行综合分析。

（3）建（构）筑物加固保护措施。应包括采前的加固保护措施，加固构件的设计说明书和施工图，开采期间及开采后的维修措施。

（4）地表移动及建（构）筑物变形观测站设计。

（5）设计概算及经济效益分析与评价。

五、减少地表移动和变形的开采措施

在建（构）筑物下采煤时，当预计的地表变形超过建筑物能承受的变形时，应从开采方面采取合适的技术措施，以减少地表变形值。

（一）防止地表突然下沉

1. 造成可能发生地表突然下沉的几种情况

（1）开采急倾斜煤层，特别是浅部或顶板不易冒落的急倾斜煤层；

（2）浅部开采，特别是在浅部开采厚煤层，或开采缓倾斜煤层，其采深与采厚（或分层采厚）的比值小于20时，地表常出现塌陷坑；

（3）采用不正规的采煤方法，如落垛式采煤方法，无限制地放煤；

（4）建（构）筑物下有岩溶地层及老窑采空区。

2. 为了防止地表突然下沉，开采时应采取的措施

（1）应在一定的开采深度以下，进行建（构）筑物下采煤。如果建（构）筑物位于煤层露头附近，或在建筑物下面有浅部煤层，或者煤层上方有石灰岩地层时，需查明建筑物下方是否有老窑、废巷、岩溶、老井等空硐以及它们填实程度。如果这些空硐未填实而充满积水，应采用灌浆等方法将空硐填满，排除积水，防止开采疏干老空积水疏降岩溶含水层水位而造成地表突然塌陷。

（2）开采急倾斜煤层时，在煤层露头处应留设足够的煤柱，以防止突然塌陷。在采煤方法上，应尽量采用长走向小阶段间歇式采煤法。避免使用沿倾斜方向一次暴露较大空间的落垛式或倒台阶采煤法，并严禁落垛式无限制地放煤。当顶底板坚硬不易冒落时，应采取人工强制放顶或采用充填法处理采空区。

（3）在缓倾斜或倾斜厚煤层浅部开采时，应尽量采用倾斜分层长壁式采煤法，并适当减少第一、第二分层的开采厚度。

（二）减少地表下沉

在一般开采深度条件下，减少地表变形的途径是减少地表下沉值，减少地表下沉的开采措施主要有：

（1）采用充填采煤法时，覆岩的破坏比较小，因而减少地表的下沉。其减少程度取决于充填方法和充填材料。常用的充填方法有水砂充填和风力充填。

（2）使用条带开采法。条带开采法是将煤层划分为条带，相间地采出一个条带（采出条带），保留一个条带（保留煤柱），用保留煤柱支撑顶板及上覆岩层，以减少地表下沉和变形值，用充填法的称为充填条采，用冒落法处理采出条带采空区的，称为冒落条采。充填采空区的目的在于保护保留煤柱，防止其片帮和破坏，降低支撑能力。条带开采法的地表下沉系数很小，充填条采为0.02～0.05，冒落条采为0.05～0.15。条带开采法的主要缺点是回采率

低（一般为50%～60%），掘进率高，开采工艺复杂，效率低。条带开采法的适用条件是：①地面建筑物密集，有纪念意义或结构复杂的建筑物，以及由技术和经济上的原因不适于采用建筑物加固或充填措施的建筑物；②煤层埋藏深度在400～500m以内，否则采出率过低；③地面排水困难，不宜下沉过大；④煤层层数少，厚度比较稳定，断层少；⑤邻近开采不致破坏保留煤柱的完整性。

合理确定采出条带宽度（采宽）和保留煤柱宽度（留度），是条带开采法的关键问题。留宽过大，采出率低，留宽过小，煤柱易遭破坏；采宽过大，地表可能出现不均匀下沉，对保护建筑物不利，采宽过小，则回采率低。正确地确定条带尺寸的原则是：保证煤柱有足够的强度和稳定性。采出条带的宽度限制在不使地表出现波浪式下沉盆地的范围内，在此原则基础上尽量提高采出率。

采出率是条带开采法的一个重要指标。根据我国条带开采的经验，采出率（即采出条带总面积占采区面积的百分数）应限制在70%以下。采出率大于70%时，会引起地表较大的移动与变形，顶板极坚硬时，甚至可能引起大面积一次性突然垮落。

在限定采出率的情况下，应选取较大的留宽和采宽，这样使煤柱有较大的支撑面积，稳定性较好。但是采宽过大时，又可能使地表出现不均匀下沉，对保护建筑物不利。根据国内外经验，采宽可在$H/4-H/10$（H为采深）范围内选取。具体数值可根据本矿岩层移动资料和建筑物要求的安全程度确定。

煤柱两侧被采空后，其边缘部分会因受压而开裂，形成“屈服区”。屈服区的宽度D与采厚M及采深H有关，可用下式计算：

$$2D=0.01MH \tag{3-5-48}$$

在煤柱的中间部分，称为煤柱的核区，受到屈服区包围和约束，处于三向应力状态，承载能力很大。显然只有煤柱宽度$\alpha>2D$时，其承载能力和稳定性才有保证。

煤柱的稳定性与煤柱的宽高比有关。宽高比越大，煤柱越稳定。根据国内外经验，充填条采时，宽高比应大于2，冒落条采时，应大于5。

煤柱尺寸应保证煤柱有足够强度，按煤层强度确定煤柱宽度时，有单向受力和三向受力状态两种不同情况。

当煤层顶板为坚硬岩层，开采后采空区不能被冒落矸石充填或仅少量充填时，煤柱呈单向受力状态。按煤柱强度计算煤柱尺寸的实质是，采出条带和保留煤柱的上方岩石荷载不超过保留煤柱的允许抗压强度。单向受力时，煤柱宽度α可按下式计算：

$$S\geqslant\frac{0.1\gamma H}{\sigma} \tag{3-5-49}$$

$$\alpha=\frac{bs}{1-S} \tag{3-5-50}$$

式中　S——因留置保留煤柱的损失系数；

γ——上覆岩层的平均容重，t/m^3；

H——开采深度，m；

σ——煤的允许抗压强度，kg/m^2；

b——采出条带宽度，m（$b=H/4-H/10$，可根据条采经验选定）。

当煤层顶板为中硬或软弱岩层，开采后采空区能被冒落矸石填满或用充填法处理采空区时，煤柱呈三向受力状态。此时，按同样原则，即先计算保留煤柱的允许抗压强度和实际承受的载荷，然后找出煤柱宽度和采出宽度的关系式，得出计算煤柱宽度的公式如下：

对于矩形煤柱（长度比宽度大）：

$$\alpha=\frac{6.56MH\times10^{-3}\ (l-6.56MH\times10^{-3})\ +l\ (b/3-b^2/3.6H)}{l-6.56MH\times10^{-3}} \tag{3-5-51}$$

式中　l——矩形煤柱的长度，m。

对于条带形煤柱（长度比宽度大的多）：

$$\alpha=6.56MH\times10^{-3}+\frac{b}{3}-\frac{b^2}{3.6H} \tag{3-5-52}$$

应当说明，上述公式是在 $\alpha\geqslant0.01HM$（m）及 $b\leqslant0.6H$ 的条件下求得的。另外，当采出条带用冒落法处理采空区，如顶板不能充分冒落，则用上式算出的煤柱宽度宜加宽一倍。

（3）使用房柱式采煤，在开采安全煤柱时，用房柱式采煤，仅采出煤房的煤，不进行煤房间煤柱的开采，可以防止或减少地表下沉和变形。使地面建筑物、构筑物得到保护。

（4）减少一次采出厚度。在一定条件下减少一次采出厚度也是一项减少地表下沉及变形值开采措施。当开采煤层全厚预计的地表变形超过建筑物允许的地表变形，并且采取建筑物保护措施有困难、而减少开采厚度又可行时，就可使用这种开采措施。厚煤层分层开采时，控制每一分层的开采厚度，并使各个分层的回采保持足够的间隔时间，就可能安全采出建筑物压煤。一次允许的采出厚度，可利用有关的地表变形预计公式来计算。例如，某建筑物允许的地表最大水平变形值 ε，应不大于预计地表最大水平变形值 ε_{max}，按预计公式可得：

$$\varepsilon_{max}=\varepsilon=1.52b\,\frac{W_{max}}{r} \tag{3-5-53}$$

于是允许一次采出厚度 M 可由下式计算：

$$M=\frac{\varepsilon H}{1.52bq\cdot\tan\beta} \tag{3-5-54}$$

式中　W_{max}——地表最大下沉值，mm；

q——下沉系数；

b——采出带宽度，m；

r——上覆岩层平均视密度，t/m³；

H——最大开采深度，m；

$\mathrm{tg}\beta$——主要影响角正切。

（三）消除或减少开采影响的不利叠加

当几个煤层（分层）或者同一煤层的几个部分同时开采时，根据它们的工作面相互位置关系，每个工作面的开采影响可能是互不联系的，也可能是彼此重叠的。在后一种情况下，就可能出现开采影响的不利叠加，如一个工作面水平拉伸变形和第二个工作面的水平拉伸变形叠加，使地表出现的水平拉伸变形值大大增加。消除或减少不利的开采影响叠加现象，可以采取各种不同的开采措施。

1. 分层间隔开采

一个煤层（或分层）的开采影响完全（或大部分）消失后，再采另一个煤层（分层）。

2. 合理布置各煤层（分层）的开采边界

地下开采对地表的有害影响，主要出现在开采边界两侧，尽量避免在建筑物保护煤柱范围内出现永久性的开采边界。或者合理布置各煤层开采边界的位置，就可以消除或减少开采边界上方地表的不利变形。图 3－5－13 表示两层煤的开采边界错开一定距离后，一个开采边界的地表压缩变形被另一个开采边界的拉伸变形所抵消，使最终的地表水平变形得以减少。

3. 尽量使用较长的回采工作面，实行全柱开采

利用地表移动盆地中央区地表变形很小的特点，尽量利用一个长工作面，包括建筑物保护煤柱全部范围一次采出，使建筑物位于移动盆地的中央区，承受最小的静态变形值。

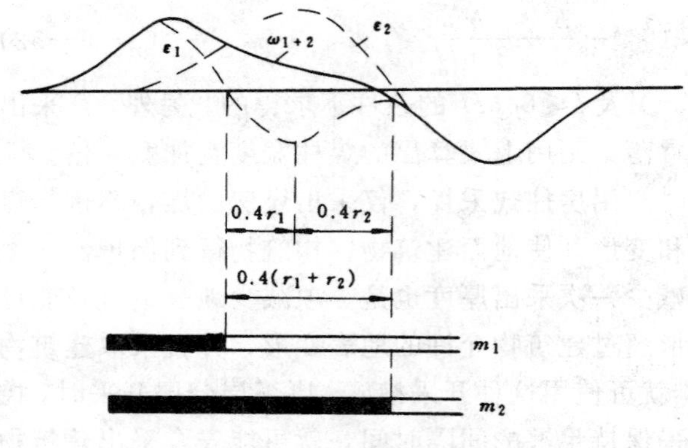

图 3－5－13　合理布置开采边界

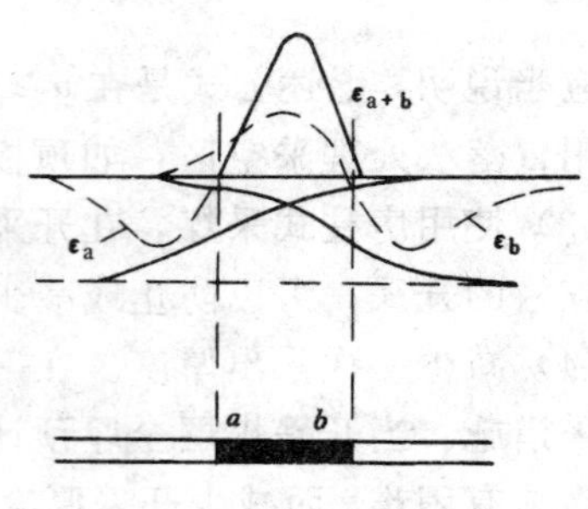

图 3－5－14　煤柱对地表的影响

4. 尽量干净回采，不残留尺寸不适当的煤柱

尺寸不适当的煤柱，会引起地表变形的不利迭加。如图 3－5－14 所示。在单一煤层中留有煤柱 ab，a 点左侧煤层采空后的地表变形与 b 点右侧煤层采空后的地表变形综合形成了地表水平拉伸变形的不利迭加。所以应尽量回净，不残留煤柱。采区边界煤柱，井田边界煤柱，也可能造成地表变形的不利迭加。可以采取单翼开采的布置，或者采取从边界开始用双翼背向开采的措施，取消这些边界煤柱。采用两翼背向同时开采时，也会产生压缩变形的迭加和地表下沉速度的增大。因此对于压缩变形和下沉速度不敏感的建筑物，不失为一种有效的开采措施。为了防止背向开采产生较大的压缩变形对建筑物的影响，可将工作面开切眼布置在与建筑物的水平距离约为 $d/2$ 之处，如图 3－5－15 所示（d 为临界开采宽度之半，临界开采宽度为达到充分采动的开采宽度）。

5. 协调开采

几个邻近煤层、厚煤层几个分层或同一煤层几个相邻工作面同时开采时，合理布置同采工作面之间的位置、错距和开采顺序，使一个工作面的地表变形与另一个工作面的地表变形互相抵消，以减少开采引起的地表动态变形或静态变形，就是协调开采。

（1）数个煤层（分层）的协调开采。在开采一个厚度较大的煤层时，可以同时开采上面或下面的一个较薄的煤层，并使两个煤层的工作面保持一定的错距，同时推进。最好的错距是使一个工作面引起的拉伸变形区同另一工作面的压缩变形区重叠，使在地表产生的这两种变形最大程度地相互抵消，如图 3－5－13 所示，两个工作面的错距 L，可由下式计算：

$$L=0.4\ (r_1+r_2)\ =0.4\left(\frac{H_1+H_2}{\tan\beta}\right) \qquad (3-5-55)$$

式中　r_1、H_1——第一个煤层的主要影响半径及采深，m；

r_2、H_2——第二个煤层的主要影响半径及采深，m。

厚煤层两个分层工作面的错距（图 3—5—16）可由下式计算：

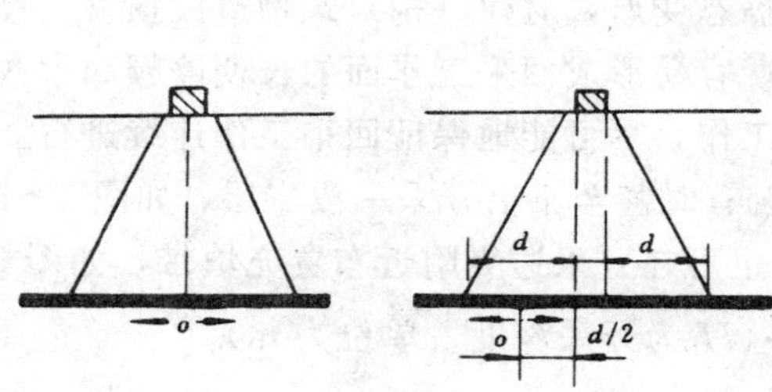

图 3—5—15　双翼背向同时开采

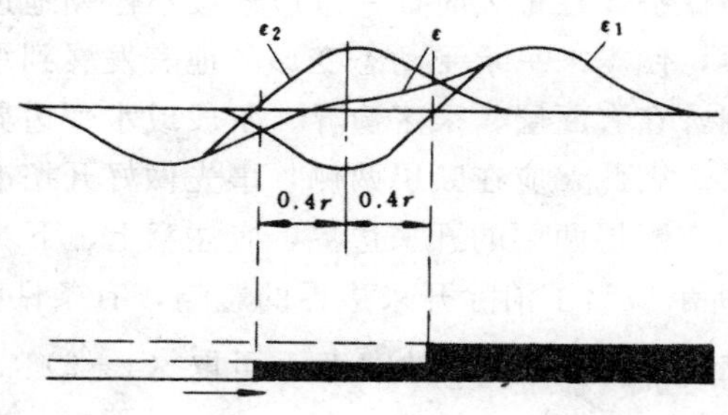

图 3—5—16　两个分层的协调开采

$$L=0.8r=0.8\frac{H}{\tan\beta} \quad (3-5-56)$$

式中　r——主要影响半径，m；

H——煤层平均采深，m。

（2）同一个煤层的协调开采。开采范围较大的保护煤柱时，在同一煤层中合理布置工作面相互位置和回采顺序，也可以起到减少地表变形值的作用，如图 3—5—17*a* 所示。把煤层划分成两个以上达不到充分采动的回采区段 *A*、*B*，首先开采区段 *A*，建筑物处的地表拉伸变形是较小的，回采区段 *B* 后，则建（构）筑物将位于移动盆地的中央区，最终变形值也较小。回采区段 *A*、*B* 的宽度，可取充分采动条件下应采取宽度的 1/5～1/4。图 3—5—17*b* 表示先采建筑物两侧区段 *A*、*C*，然后再采建筑物下方的区段 *B*。在这种情况下，区段 *A*、*C* 回采后，建筑物处的地表拉伸变形和区段 *B* 回采后地表的压缩变形都比较小。

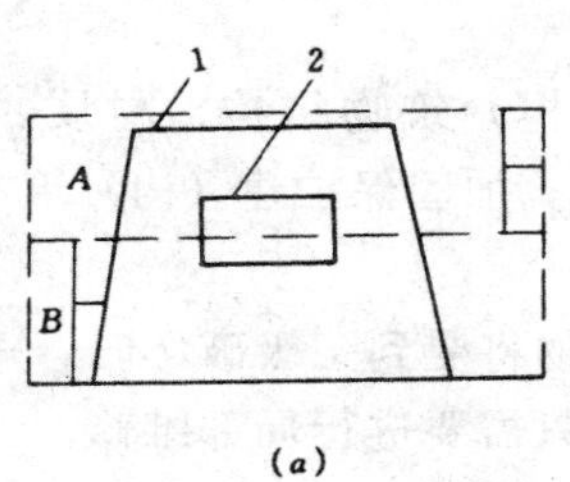

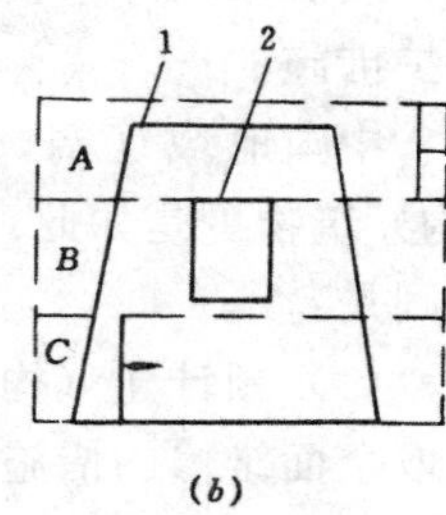

图 3—5—17　工作面协调开采

1—保护煤柱；2—地面建筑物

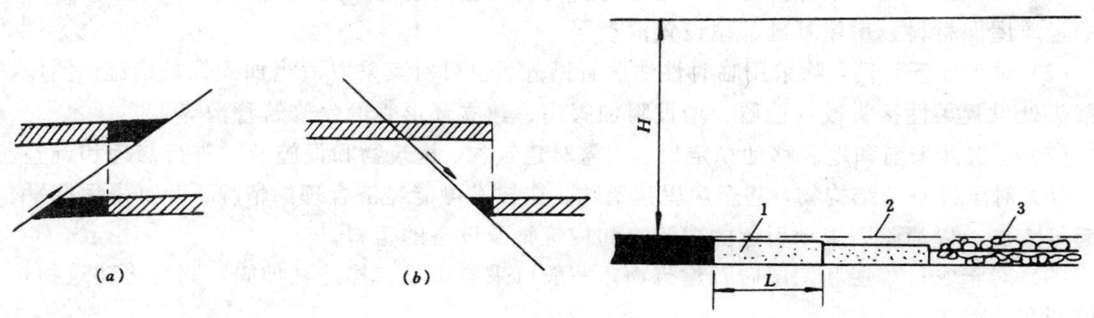

图 3—5—18　断层两侧开采边界布置

a—留断层煤柱；*b*—采一段岩柱

图 3—5—19　开采边界充填带布置

1—水砂充填；2—矸石充填；3—全部垮落

开采实践表明，协调开采不仅能减少地表水平变形值，也可以减少垂直方向的变形值。

(四) 消除或减少开采边界的影响

保护煤柱很大时，一般应连续不停顿地进行回采，避免在煤柱范围内形成永久性的开采边界，使本来只承受动态变形的地表发展到承受静态变形，对建（构）筑物造成损害。经验表明，在有断层、采区边界、阶段或水平边界时，容易形成回采工作面的长期停顿和永久性边界。因此，应在断层两侧，事先做好开拓准备工作，尽可能地保证回采工作连续进行。

在断层两侧的开采边界，应注意上、下对齐，有时甚至不惜开采一段岩层，如图 3－5－18 所示。为了消除开采边界的影响，有条件时，也可在开采边界附近布置充填带，如图 3－5－19 所示。充填带的宽度 L 可取（4－6）$\sqrt{H}$（H 为开采深度，单位为 m）。

六、建（构）筑物的地面加固保护措施

建筑物下采煤时，如果只采取开采技术措施，还不能避免地表变形对建（构）筑物的破坏，或者采取开采技术措施在技术经济上不合理时，而需对现有建（构）筑物采取地面加固保护措施。

中国地域辽阔，建（构）筑物结构、材质、施工质量差异甚大，尤其是广大农村建（构）筑物更是如此。因此，加固保护建（构）筑物的工作，是一件复杂和细致的工作。一般原则是：

(1) 预计建（构）筑物将受到Ⅰ级破坏时，一般不需要采取加固保护措施，甚至不需要采取全面维修的措施，而只需要进行局部维修。

(2) 预计建（构）筑物将受到Ⅱ级破坏时，一般只需要采取简单的加固保护措施。例如，挖补偿沟、设置钢拉杆、钢筋混凝土圈梁、废钢丝绳圈梁和对长建（构）筑物增设变形缝等。

(3) 预计建（构）筑物将受到Ⅲ级破坏时，应采取中等加固保护措施，即除上述简单加固保护措施外，还应增设基础应力梁（包括纵、横向梁及斜梁）、钢筋混凝土柱等，并可采取一定的开采技术措施，以减轻开采影响对建筑物的损害。

(4) 预计建（构）筑物将受到Ⅳ级破坏时，应采取专门加固保护措施，即除上述中等加固保护措施外，还应增设基础应力板等。同时，应采取旨在减小地表移动和变形的开采技术措施。

(5) 在技术和施工条件许可时，建筑物和构筑物应尽量选用静定结构体系，并采用柔性大的轻质屋面材料，房屋基础部位设置滑动层。

(6) 对于地下管网，除采用临时性地面管网外，也可对其采取适当加固保护措施。例如，管接头处设置柔性接头或补偿器、增设附加阀门、建立环形管网、修筑管沟等。

(7) 每次开采前和地表移动稳定后，均需对建筑物、构筑物和设施及时进行修理和调整。

(8) 对于设备和结构物，甚至房屋建筑物，在技术可能经济合理的情况下，可采用调平、抬起等方法，以消除因采动引起的建筑物和构筑物及设备的歪斜。

(9) 对于农村单层和两层砖石建筑物，一般可采取圈梁、构造柱加固，同时将建筑物长度控制在 20m 以内。

七、建（构）筑物下采煤实例

建（构）筑物下采煤实例见表 3－5－20。

表 3－5－20 建（构）筑物下采煤实例

矿井名称	建(构)筑物名称	结构特征 长×宽(m)	高度(m)	基础	墙体或柱	楼板	屋盖	地面	其他	地质开采条件 采深(m)	采厚(m)	倾角(°)	开采方法	管理顶板方法
抚顺胜利矿	石油一厂中央变电所	22.5×10.6＋20.5×5.7 T型平面	6	带状毛石基础	砖墙承重	预制钢筋混凝土屋架，预制钢筋混凝土槽型屋面板	素混凝土			528（平均）	14.5～21.5	18～26	伪倾斜长壁倾斜上行充填采煤	条带密实充填，条带宽28m，煤柱宽38m，充填材料为70%废页岩加30%河砂
	石油一厂东原矿变电所	30×10	5			现浇钢筋混凝土屋面								
	石油一厂东原油车间透平机			2m×2m钢筋混凝土基础					400马力					
	石油一厂东原油车间干馏炉	共四部，每部20个炉子，16.4×250	27	钢筋混凝土箱形基础	钢结构炉体炉棚									
	石油一厂东原矿车间废页岩装车仓	68×12	18	钢筋混凝土独立基础	下部为钢筋混凝土框架，上部为钢框架	钢筋混凝土楼板			有4、5、12、13号胶带栈桥与装车仓相联，另有25～120马力翻板机及200马力破碎机					
	石油一厂裂化车间加热炉			井字型钢筋混凝土基础					另有砖石结构的送油泵房等附属建筑					

矿井名称	建(构)筑物名称	地表变形值 下沉(mm)	倾斜(mm/m)	曲率(10^{-3}/m)	水平变形(mm/m)	保护措施	采后情况
抚顺胜利矿	石油一厂中央变电所	57	0.66		0.75	将T型平面用变形缝切开成二个矩形单体。将其中一个单体加基础，钢筋混凝土圈梁及檐口钢拉杆	东西墙、地板开裂，变形缝拉开100～200mm。变压器开关开启稍有影响，使用不灵活
	石油一厂东原矿变电所	44.4	1.07		1.75	设基础钢筋混凝土圈梁。檐口水平处外墙内外侧各设一道钢拉杆	东西墙地板出现裂缝，北端隔墙最大裂缝宽度38mm，供电设备正常运转
	石油一厂东原油车间透平机	65.4	1.07		1.1	采前未采取任何结构加固措施	开采前后均有轴瓦磨损不均情况，但不影响正常使用
	石油一厂东原油车间干馏炉	42.7	0.65		1.76		炉棚下沉较均匀，沉差很小，无明显影响
	石油一厂东原矿车间废页岩装车仓	75	1.27		0.05	基础用钢轨连结起来。用钢柱加宽二楼梁的支托。将12、13号栈桥与装车仓的联结切断，并设新支柱支承之。设置4、5号栈桥新牛腿，拆除不用的9号栈桥	因翻板机系陈旧设备，故发生过快速齿轮发热及瓦座抬起现象，经及时维修未影响生产，页岩装车仓未发生异常现象，始终正常使用
	石油一厂裂化车间加热炉	85	0.83		1.41	将井字基础横向加三道新基础，将原纵向基础之两侧设置钢拉杆	采后不论对120泵及整个裂化车间影响极微

续表

矿井名称	建(构)筑物名称	结构特征								地质开采条件				
		长×宽(m)	高度(m)	基础	墙体或柱	楼板	屋盖	地面	其他	采深(m)	采厚(m)	倾角(°)	开采方法	管理顶板方法
本溪彩屯煤矿	医院住院部	110×12	11	毛石带状基础,埋深1.65m	砖石承重墙	钢筋混凝土现浇楼板厚80mm	木屋架瓦屋顶	素混凝土地面	三层	505～577	3.25	14～15	走向长壁	陷落
	矿工文化宫	90×50	14	毛石带状基础,埋深1.7m	砖石承重墙,厚490mm	预制钢筋混凝土楼板	木屋架瓦屋顶	素混凝土地面	大厅单层,放映室三层,其余二层	548～596	2.45	14～15	走向长壁	陷落
	医院门诊部	104×12	11	毛石带状基础,埋深1.7m	砖石承重墙,厚490mm	现浇钢筋混凝土楼板	木屋架瓦屋顶	素混凝土地面	三层	505～577	6.4	14～15	走向长壁	陷落

矿井名称	建(构)筑物名称	地表变形值				保护措施	采后情况
		下沉(mm)	倾斜(mm/m)	曲率(10^{-3}/m)	水平变形(mm/m)		
本溪彩屯煤矿	医院住院部	1786	9.8	−0.98	−6.2	共进行三次加固: 第一次,在墙体上设置三道变形缝使整个楼分成17.6m、45.8m、32m和17.6m长的四个单体,在32m长的单体上加一道基础钢筋混凝土圈梁; 第二次,将32m长的单体二边的变形缝彻底切断,即将基础及屋顶切开; 第三次,在32m及45.8m长的单体中各做一道及二道变形缝,每个单体加设一道钢筋混凝土圈梁	第一次加固后:纵墙出现最大缝宽为10mm的八字裂缝,地面开裂,最大缝宽为5mm; 第二次加固后:变形缝受压缩,缝边被挤碎,地板鼓起,墙体出现宽度为15～25mm的贯通裂缝,门窗框变形; 经第三次加固维修后,该住院处继续安全使用
	矿工文化宫	1393	32.8	+6.6	−4.5	1.长轴方向做四道变形缝,分成5段,每段长14～28m; 2.大厅走廊横向方向设框架,基础设钢筋混凝土圈梁; 3.凡预制楼板水平处均设钢筋混凝土圈梁	变形缝受到很大压缩,但建筑物受损很小
	医院门诊部	1449	10.2	−0.36	−8.1	设变形缝等	1.墙体开裂; 2.地面鼓起; 3.底层损坏较大,经维修仍继续使用

续表

矿井名称	建(构)筑物名称	结构特征								地质开采条件				
		长×宽(m)	高度(m)	基础	墙体或柱	楼板	屋盖	地面	其他	采深(m)	采厚(m)	倾角(°)	开采方法	管理顶板方法
抚顺胜利矿	机车车辆厂	155×64由12个单元车间组成	4～16.6	现浇及预制钢筋混凝土基础埋深2～3.2m	钢柱及钢筋混凝土柱,砖石充填	凡二层厂房均为现浇钢筋混凝土楼板	钢屋架,大型及小型预制钢筋混凝土屋面板	素混凝土地面	设有50、30、15及3t桥式吊车	515～554	18～20	26～28	V型长壁,走向长320m,段高35m	密实水砂充填(70%废页岩加30%河砂)
焦作冯营矿	试验房	10×5	3	北房为白灰膏砌的50号青砖基础,南房为白灰炉渣砌的毛石基础,埋深均为0.4m	500mm厚的土筑墙其中南房顶部及四角加竹筋加强		北房为檩小青瓦屋面,南房为木檩子焦灰平屋面	素土地面		88～132	2	19	走向长壁倾斜分层	陷落
开滦唐家庄矿	劳动工村	50×5.4	2.8	毛石基础	白灰炉渣砌毛石墙		木檩白灰炉渣屋面		共7排99栋	270～340	8.5	12	走向长壁	陷落

矿井名称	建(构)筑物名称	地表变形值				保护措施	采后情况
		下沉(mm)	倾斜(mm/m)	曲率(10^{-3}/m)	水平变形(mm/m)		
抚顺胜利矿	机车车辆厂	180～260	−2.3	0.34	3～4	对其中设有50t桥式吊车的机车修理车间(跨度17.2m),在纵向柱基间用两根50kg/m的废钢轨连起来加固之	厂房距采区下边界348m至1966年初个别墙体出现10～20mm的裂缝。材料库承重型钢梁抽出约20mm。对其中30t吊车做一次轨距和倾斜调整,其余未动,全部厂房受到Ⅱ级破坏
焦作冯营矿	试验房	1806	27.1	0.98	+9.3 −10.4	南房四周设有补偿沟	压缩变形作用下,基础平面呈菱形变形,墙体最大裂缝宽度为18mm,门框变形影响开启补偿沟共吸收压缩量达137mm
开滦唐家庄矿	劳动工村	3500	12.4		4.8	维修井盖供活跃期使用的机动房	最大裂缝30mm,其中需维修的占23%,后因地面积水,全部拆迁

续表

矿井名称	建(构)筑物名称	结构特征								地质开采条件				
		长×宽(m)	高度(m)	基础	墙体或柱	楼板	屋盖	地面	其他	采深(m)	采厚(m)	倾角(°)	开采方法	管理顶板方法
峰峰五矿	砖拱楼房	45.5×12.5	6.5	毛石基础	砖墙	砖拱	砖拱	白灰炉渣		140~188	2	22	走向长壁	陷落
峰峰五矿	仓库	36×10	6	毛石基础	砖墙		木屋架瓦屋面	白灰炉渣		140~188	2	22	走向长壁	陷落
峰峰五矿	农村商店	21.6×5.3	4.5	毛石基础	砖柱承重，土墙		木檩白灰炉渣屋面	白灰炉渣		140~188	2	22	走向长壁	陷落
鹤壁第二煤矿	英雄桥	34.5×9	6	基础高1.5m,下部0.6m为110号混凝土;上部0.9m为片石	拱身为400mm的料石,用100号水泥砂浆砌筑				属七孔拱桥,每孔为净跨3m的半圆拱	257	8.22	16	走向长壁倾斜分层	陷落

矿井名称	建(构)筑物名称	地表变形值				保护措施	采后情况
		下沉(mm)	倾斜(mm/m)	曲率(10^{-3}/m)	水平变形(mm/m)		
峰峰五矿	砖拱楼房	1320	长轴 10.22 短轴 14.1	长轴 +0.48 −0.42 短轴 +0.88 +0.60	长轴 +7.99 −3.51 短轴 +16.1 −4.58	1.拆除一间作变形缝； 2.各单体均设三道钢筋混凝土圈梁； 3.四角均设通长角钢； 4.南北墙中部设通长槽钢； 5.变形缝两侧拱脚加拉杆	南北窗间墙有斜向或交叉形裂缝，最大宽10mm，一般宽8mm(二屋墙体未破坏)，破坏程度中等。开采过程中作办公室及材料库。现底层作办公室及材料库，二层作宿舍
峰峰五矿	仓库	1358	19.3	0.8	−5.6	1.变形缝； 2.基础钢筋混凝土圈梁； 3.上部设拉杆	最大裂缝宽11mm，经小修可继续使用
峰峰五矿	农村商店	690	15.4	1.34	−5	1.上下均设圈梁； 2.四角设通长角钢； 3.木梁端设螺栓锚于上圈梁内	柱最大裂缝宽10mm，砖柱与土墙分离最大15mm，属轻度破坏。未修理，现改为宿舍
鹤壁第二煤矿	英雄桥	3397	25	0.36	−16	1.加固基础：桥基之间下部0.6m全部充填素混凝土，上部每隔1.5m灌0.9m厚的素混凝土带，带间砌0.9m高的料石带，其上部设置15kg/m旧钢轨并以混凝土灌平； 2.桥北头设缝冲沟	该公路桥一直正常使用，仅有三个拱脚及一个拱顶出现0.5~3mm的裂缝。变形缝共吸收39.6mm的压缩量

续表

矿井名称	建(构)筑物名称	长×宽(m)	高度(m)	基础	墙体或柱	楼板	屋盖	地面	其他	采深(m)	采厚(m)	倾角(°)	开采方法	管理顶板方法
		结构特征								地质开采条件				
枣庄煤矿	浴室	29×11	3	毛石基础	砖墙		木屋架瓦屋面	三合土		79~170	1.4~1.6	0~14	走向长壁	陷落
	曲艺场	15.4×8.4	3											
	教室	49×6.4	3											
	十号楼	57.6×11.4	6			预制钢筋混凝土空心楼板	预制钢筋混凝土屋面板	混凝土						
	福利楼	32.8×10	5.4				木屋架瓦屋面							
	市镇民房	矩形平面	2.5~3	砖或毛石简易基础	砖石或土墙		木屋架瓦顶或草顶							
鹤壁第六煤矿	七完小教室	41.5×6.25	3	毛石基础	砖墙		木屋架瓦顶	砖石地面		110~220	7.96	25~30	小阶段倒台阶水力采煤一次采全高	陷落
	公安局办公楼及宿舍	长17.8~34.7 宽5.2~10.7	3.1~4.05				大部为半圆形砖拱							
	面厂宿舍	24.5×10.5或21.2×7.3	4~4.5		带壁柱砖墙		木屋架瓦屋顶或1/4砖拱	三合土						
	山城区办公室	50×12.8	8.25~10.35		砖墙		木屋架瓦屋顶		除中部为三层外两边为两层楼					

矿井名称	建(构)筑物名称	下沉(mm)	倾斜(mm/m)	曲率(10^{-3}/m)	水平变形(mm/m)	保护措施	采后情况
		地表变形值					
枣庄煤矿	浴室曲艺场	1347	24	+10.7~−4	+8.6~−16.2	檐口设钢拉杆、基础设旧钢轨拉杆	经加固后的建筑物损坏极小,仅个别建筑物的最大缝宽为12mm,市镇民房采动后其中28%可不予修理,37.9%需小修,24.2%需中修,9.1%需大修
	教室					设三条变形缝	
	十号楼					设三条变形缝,每个单体的檐口,楼板及基础设三道圈梁	
	福利楼					上部用钢轨拉杆,基础用钢轨混凝土圈梁加固	
	市镇民房					维修	
鹤壁第六煤矿	七完小教室					变形缝,基础设钢丝绳锚固圈,山墙设防倾柱	
	公安局办公楼及宿舍	1252	40.8		0.6	少部设变形缝及钢筋混凝土圈梁,大部设旧钢丝绳锚固圈,拱脚水平设钢柱	部分后墙窗台以上倾斜较大,极少数拱顶出现裂缝
	面厂宿舍					设变形缝,基础钢筋混凝土圈梁或基础双排旧钢丝绳混凝土圈,拱脚处设钢拉杆	
	山城区办公室	191	5.4	0.49	0.8	用二条变形缝将房屋切成三个单体,第一单体设基础钢筋混凝土圈梁及三道斜梁,上部窗过梁处分别设一道钢筋混凝土圈梁,沿长轴内墙设二道单向拉杆,沿短轴内墙设三道单向拉杆。第二单体设基础圈梁,楼梯间设横向斜梁二道,上部设钢拉杆。第三单体设基础圈梁,二层窗过梁设一道钢拉杆	墙上有3~5mm的裂缝

第四节　铁路压煤开采

一、铁路压煤开采的特点和要求

为了保护铁路不受地下开采的损害，早期都采取留设保安煤柱的方法。这种方法压煤甚多。如开滦唐山矿井田上方京山铁路线，在地面上需保护的宽度约12m，而井下所留煤柱宽达800～900m，6个可采煤层累厚14m，总计压煤7000多万t。在国外，19世纪末德国便开始了铁路下采煤试验。我国于1965年在焦作矿区的焦李铁路支线下进行初次试采。

铁路线路是特殊的地面构筑物，列车重量大，速度高，对线路规格要求严格，如果线路受到采动影响超过一定的限度，列车的安全运行便得不到保证。铁路线路的另一特点是可以维修，便于维修。地下开采引起线路移动和变形，可以在不间断线路营运的条件下，用起道、拨道、顺坡、调整轨缝等方法消除。

对于铁路线路的技术规格，在《铁路工务规则》中规定有一系列的允许偏差值，只要线路上的残余变形不超过规定值，就能保证列车安全运行。这些规定是：两股钢轨的水平允许差4mm；轨距误差允许宽6mm，窄2mm；在10m范围轨面前后高低和方向均允许差4mm等。实践表明，只要线路货运量不很大，允许有一定的维修作业时间，则通过维修使线路满足《铁路工务规则》的有关规定是可能的。目前国内铁路下采煤均是在有轨缝的线路下进行的。这种线路比较容易适应地表变形，也比较容易维修。俄罗斯也进行无轨缝线路下开采，对于开采要求更严格，允许地表的移动和变形也小得多。

由于有轨缝线路比较容易维修，所以决定铁路线路下开采的因素不是移动值和变形值大小，而是移动值和变形值的增长速度，以及线路可提供维修作业的时间和维修作业的劳动组织及技术管理水平。

我国矿区铁路的行车速度、列车密度不大，为维修提供了良好条件。

二、地表移动对线路的影响

路基是线路的基础，也是承受和传播列车荷载的构筑物。《铁路技术管理规程》要求路基必须填筑坚实，并经常保持干燥稳固及完好状态。路基下开采必然要引起路基的移动和变形，并使线路上部建筑也产生一系列的变形。

(一) 路基移动和变形特征

路基不同于其他地面建筑物和构筑物，从路基整体而言，它属于柔性结构。许多观测表明，路基的移动与变形在时间与空间上完全与地表一致。如果地下开采引起的地表移动在时间与空间上是连续的、渐变的，则路基移动与变形也呈现连续与渐变的特征。岩层内部移动观测表明，地下开采引起的岩层移动，在接近地表的弯曲带内往往是整体性的下沉，即在这个带内不发生明显的脱层、离层现象。尤其在列车动荷载的作用下，路基下方的土层不发生松动与脱层。

(二) 对线路上部建筑的影响及限规制定

由于地表及路基的移动及变形，使线路发生变化，它们超过安全行车允许的限度时，就应维修。

1. 线路坡度变化

《铁路技术管理规程》规定，线路的最大限制坡度如下：Ⅰ级铁路，在一般地段为6‰，在困难地段为12‰；Ⅱ级铁路为12‰；Ⅲ级铁路为15‰；上述各级铁路双机牵引时最大坡度为20‰；车站应设在线路平道处。当车站必须在坡道上时，其最大坡度不得超过2.5‰。

因此，在铁路下采煤时，当坡度超过上列规定，就必须起道、顺坡维修。

2. 地表曲率变形及线路纵断面形状变化

《铁路工务规则》对线路纵断面有如下规定：坡段长度一般不短于该区段到发车线有效长度的一半。个别困难地段，每段坡长应不小于200m；采用抛物线竖曲线时，凡相邻坡段的坡度代数差大于2‰时，须设计竖曲线。每20m竖曲线长度的变坡率，凸形应不大于1‰，凹形应不大于0.5‰；采用圆曲线形竖曲线时，凡相邻坡段的坡度差大于3‰时，应设置竖曲线，其半径不小于5000m。

地下开采引起的地表曲率变形往往要超过上列规定，但是，只要及时维修（起道、顺坡），上述的线路变化是可以消除的。

3. 两轨水平的变化

垂直于线路方向的地表倾斜变化，将使两轨水平超过《铁路工务规则》规定，这些规定是：两轨水平误差不超过4mm；曲线段的两轨超高误差不超过4mm。

4. 地表横向水平移动对线路的影响

垂直于线路方向的地表水平移动能引起线路的横向移动，直线段逐渐变成弯道，或变成S形弯道，这决定于线路与采空区的相对位置和方向。如果线路原来是弯道，则地表的横向水平移动使弯道半径增大或减小、使圆顺的曲线段改变其原始状态。如果顺向移动量不大，则可采取拨道方法恢复。而当横向移动量较大、拨道量过大，往往要求加宽路基。为减小维修工程量，可使线路圆顺，消除硬弯，待地表稳定后，再按规定设计合理的圆曲线。

5. 纵向水平变形对线路的影响

地表受采动影响产生拉伸和压缩变形，波及道床及上部建筑；也产生相应的线路拉伸和压缩。表现为拉伸段轨缝增大，拉断鱼尾板，压缩段轨缝减小，以至产生瞎缝，造成涨轨事故。在采动地段这些变化比较明显，它对行车安全危害较大。《铁路工务规则》规定：大轨缝个数不超过5%，连续的瞎缝不应超过3个。因此在采动地段，务必加强对轨缝的巡检，及时调整。

除了上述的影响和变化之外，由于经常性的起道维修，钢轨扣件容易松动，轨距发生变化。线路爬行较之正常线路明显。

三、铁路压煤安全开采条件的确定

根据中国煤矿在铁路压煤开采的大量实践及成功经验。以及《建筑物、水体、铁路及主要井巷煤柱留设与压煤开采规程》（2000年）第63、64条规定，允许进行正常开采条件和试采条件的为：

1. 允许进行正常开采的条件

符合下列条件之一者，铁路压煤允许用全部陷落法进行开采。

（1）国家三级铁路：

薄及中厚煤层的采深与单层采厚比大于或等于60；

厚煤层及煤层群的采深与分层采厚比大于或等于80。

（2）工矿企业专用铁路：

薄及中厚煤层的采深与单层采厚比大于或等于40；

厚煤层及煤层群的采深与采厚比大于或等于60。

（3）本矿井在铁路下采煤有成功经验和可靠数据的。

2. 允许进行试采的条件

符合下列条件之一者，铁路压煤（指有缝线路）允许采用全部垮落法进行试采。

（1）国家一级铁路：

薄及中厚采层的采深与单层采厚比大于或等于150；

厚煤层及煤层群的采深与分层采厚比大于或等于200。

（2）国家二级铁路：

薄及中厚煤层群的采深与分层采厚比大于100；

厚煤层及煤层群的采深与分层采厚比大于150。

（3）国家三级铁路：

薄及中厚煤层的采深与单层采厚比大于或等于40，小于60；

厚煤层及煤层群的采深与分层采厚比大于或等于60，小于80。

（4）工矿企业专用线：

薄及中厚煤层的采深与单层采厚比大于20，小于或等于40；

厚煤层及煤层群的采深与分层采厚比大于40，小于或等于60。

（5）本矿区在铁路下采煤有一定经验和数据的。

根据《规程》第65条规定，即使符合上述条件，但其最小深度中的基岩厚度，必须大于垮落带高度。

四、铁路压煤开采设计

（一）铁路压煤开采设计中应具备的技术资料和工程图

1. 地质开采技术条件

煤层的层数、层间距、倾角、埋藏深度、开采范围、压煤量、上覆岩层性质、地质断裂构造的位置及落差、流沙、溶洞、陷落柱、老采空区的空间位置、活化的可能性及其对地表和线路的影响等。工程图有：井上、下对照图，地质地形图、地质剖面图及钻孔柱状图等。

2. 被采动铁路的技术特征

铁路等级、股道数量、运输量、每昼夜列车通过对数、最高行车速度、最小行车间隔时间、线路路基及其上部建筑物的构成，线路标高、变坡点、坡度，以及线路直线段、曲线段和缓和曲线的位置，曲率半径、曲线长度、道岔、信号设备及线路周围地形等。工程图有：线路平面图和纵、横剖面图等。

3. 铁路其他建筑物的技术特征

例如对于铁路桥，应包括桥梁及桥墩、台的结构、材质、建筑年月、过水断面、桥下最高洪水位及流量等。工程图有：桥梁的平面位置图、桥梁、墩、台的结构图，支座构造图等。

（二）铁路压煤开采的方案设计和初步设计

铁路压煤开采一般应包括方案设计和初步设计两个步骤。对于生产井，方案设计应在提出开采计划后完成，初步设计则应在方案批准后编制。其基本内容应符合下列要求：

1. 方案设计

(1) 铁路特征及其压煤开采的必要性、可能性和安全可靠性。

(2) 实现铁路下采煤的各种技术方案。其中应包括采煤方法和顶板管理方法的选择与论证，开采技术措施、行车安全措施及铁路的维修方法。

(3) 开采技术及维修方案的技术经济评价和费用估算。

(4) 方案的综合分析对比和选定。

2. 初步设计

(1) 开采方法。应包括采煤方法和顶板管理方法，工作面布置、推进速度和开采顺序以及有关的巷道布置和生产系统。

(2) 地表移动与变形值预计。应阐明选用的计算公式和参数，铁路所在地表下沉、下沉速度、横向移动及水平变形值计算结果和曲线图。

(3) 铁路路基及其上部建筑的维修方法和维修周期。

(4) 铁路的其它建筑物的加固与维修。

(5) 维修组织形式及人员、材料等计划。

(6) 铁路及地表移动观测站设计。

(7) 设计概算及经济效益分析与评价。

五、开采技术措施

铁路压煤开采，应采取有效的开采技术措施，以防止地表突然下沉，保证不出现非连续性的地表变形，并尽可能减少开采对地表的影响，以利地面线路的维修工作。

(1) 在采区布置上，应尽量使采动线路处于盆地主断面附近，避免线路处于移动盆地的边缘。尽可能的使采煤工作面推进方向与线路纵向方向一致。

(2) 严禁使用非正规的采煤方法。

(3) 根据开采深厚比的大小，结合矿区地质开采条件，选择采煤方法和顶板管理方法。开采浅部厚煤层时，应考虑使用充填法。

(4) 在缓倾斜和倾斜厚煤层浅部开采时，应尽量采用倾斜分层采煤法，并且适当减小分层开采的厚度，禁用一次采全高和高落式采煤法。阶段间尽量不留煤柱，回采时采空区不留残余煤柱、木垛等。

(5) 开采急倾斜煤层时，应尽量采用沿走向推进的小阶段伪倾斜掩护支架采煤法，水平分层采煤法。禁用沿倾斜方向一次暴露空间大的落垛式或倒台阶采煤法。

(6) 煤层顶板坚硬，不易冒落时，应进行人工放顶，以防止空顶面积达到极限时突然冒落而引起地表突然下沉。

(7) 如果铁路位于煤层露头附近，或在其下方浅部有煤层或石灰岩时，需调查铁路下方是否有老空区、废巷道、岩溶等，如果这些空洞充水，则采前应将水排干，并用注浆法填实空洞。

(8) 浅部非正规采过的老采区旧巷道，是铁路下采煤的隐患，要严格防止受到重复采动或水文地质条件变化时，地面线路突然出现塌陷。在开采过程中要划定范围，派专人巡视，监督地表移动情况，做好相应的应急准备。

六、铁路压煤开采的线路维修措施

铁路压煤开采的另一重要技术措施，是进行及时的维修。一般要求是：

(1) 预计线路的移动与变形，目的是为了分析线路下开采的可能性及难度，预计维修工程量，确定维修队伍，以及准备维修所需的材料；

(2) 组织维修力量。成立临时养路工区或维修班组，专门负责沉陷区段的维修工作；

(3) 加宽路基。根据预计的下沉量和横向水平移动量，计算路基加宽量，并进行加宽施工。如果土质有渗水性，则应设置排水沟；

(4) 检查与加强线路上部建筑，对钢轨、鱼尾板、螺栓、轨枕进行全面检查，更换失效和有损伤的部件、增设轨距杆和轨撑，并准备足够的更换备件；

(5) 为将线路下沉后抬起到一定的高度，应准备足量的道碴，并制定出道碴的调运计划；

(6) 为了及时掌握线路动态及确定维修计划，应设置地表和线路移动观测站；

(7) 对线路附近的小煤窑进行调查，采取措施，以防止发生突然塌陷；

(8) 全面整修线路，加固受到开采影响的桥梁涵洞，对跨度较小的桥梁，可改为涵洞。

七、铁路压煤开采实例

(一) 沈丹线下采煤

沈丹线是国家一线干线。行车频繁、铁路下压煤属本溪煤田。可采煤层为七层和八层，累计厚度 4.4m，倾角 11°～15°，上覆岩层以砂岩、页岩为主，采区地质构造复杂，断层发育。煤层用走向长壁全部陷落法开采。通过预计分析，采取了以下的开采措施：

(1) 限厚开采。将采高限制在 2.4m 以内；

(2) 限制工作面推进速度，规定工作面日进度不超过 1.2m；

(3) 为不扰动本溪站北部正线道岔，本溪矿五坑将原规定试采范围缩短 166m；

(4) 为保证铁路桥不受采动，将沈丹线路西侧煤柱线沿走向西移 100m；

(5) 试采区内立交桥留设保护煤柱。

此外，成立专门养路工区。设置了铁路观测线 3 条，包括路基点 257 个，轨道点 255 个，先后观测 92 次，及时将结果通报路方及有关单位。还对立交桥、高柱信号进行了定期观测。经常清理试采区内沿线的水沟及涵洞。

路基移动和变形值为，最大下沉：448mm；最大倾斜：+2.4、−1.8mm/m，最大曲率：+0.03、−0.05 10^{-3}/m；最大水平移动：+121、−99mm；最大水平变形：+0.6、−1.6mm/m。最大下沉速度 1.1mm/d，最大下沉移动时间持续三年零一个月。在这期间，线路保持正常安全运行。

(二) 和村车站下采煤

和村车站是邯郸—和村—邯郸环行线的中间站，线路属国家三级铁路。线路南北方向延伸，大致平行煤层走向，煤系地层属石炭二叠纪，开采煤层厚 5m，分两层开采。平均采深 370m，倾角 6°～8°。通过预计及对具体采矿条件分析，采取了以下措施：

(1) 工区办公室和单身宿舍可能遭受中度损害，用基础圈梁和上拉杆作简易加固；

(2) 站房属重要建筑物，人流密集、预计地表变形大，F_6 断层的露头可能通过站房，为此对站房重点加固，将长 60m 的站房分割成 4 个独立单元，每个单元在基础水平和檐口水平用钢筋混凝土圈梁加固，Ⅰ、Ⅱ单元外墙角增设钢筋水泥柱，由于运转室是车站中枢系统，为确保安全，在站房南端修建了备用运转室；

(3) 道岔信号标志由原先单独基础改为安装固定在长枕木上，随着线路下沉而起垫；

(4) 地下通信电缆由地下改为架空；

(5) 照明及通讯电线杆随着线路站台下沉而用吊链拔高；

(6) 高路堤段考虑水平移动和下沉起垫的需要而事先加宽，加砌片石护坡和排水盲沟；

(7) 站台定期起垫和修直，未修整前，为便于旅客上下车而增设木梯；

(8) 线路加强日常维修与安全检查；

(9) 北端道岔作为后期维修重点，由工区的工务与电务人员共同维修与检查；

(10) 线路上出现的裂缝及时填堵夯实。

经观测，地表及线路的变形最大值，见表3—5—21及表3—5—22。经过5年的试采，线路符合行车要求，列车安全运行。

表3—5—21 沿倾向地表观测线移动和变形最大值

层别 \ 最大移动值	最大下沉值 (mm)	最大倾斜值 (mm/m)	最大曲率值 (10^{-3}/m)	最大水平移动值 (mm)	最大水平变形值 (mm/m)
顶层	744	6.7 −4.5	0.13 −0.23	241 −117	4.3 −7.7
底层	1347	10.1 −10.6	0.15 −0.29	474 −135	9.8 −8.2
全层	2091	16.8 −15.1	0.28 −0.52	715 −252	14.1 −15.9

表3—5—22 沿线路移动和变形最大值

层别 \ 最大移动值	最大下沉值 (mm)	最大倾斜值 (mm/m)	最大曲率值 (10^{-3}/m)	最大水平移动 (mm)	最大水平变形 (mm/m)	最大横向位移 (mm)
顶层	465	2.83 −2.42	0.02 −0.07	71 −125	1.28 −2.53	236
底层	687	3.96 −6.21	0.08 −0.15	190	1.91 −5.32	449
全层	1152	6.84 −8.63	0.10 −0.22	257 −170	3.19 −7.85	685

(三) 国内其他铁路下采煤实例

(1) 铁路干线下采煤实例见表3—5—23；

(2) 铁路支线下采煤实例见表3—5—24；

(3) 铁路专用线下采煤实例见表3—5—25；

(4) 铁路车站下采煤实例见表3—5—26；

(5) 铁路桥隧下采煤实例见表3—5—27。

有3－5－23　铁路干线压煤开采

地点	线路概况				地质采矿条件							线路采动情况			备注
	线路名称	最高行车速度(km/h)	每日货车对数(对)	每日客车对数(对)	煤层名称	倾角(°)	煤厚(m)	采深(m)	开采时间(年、月)	采煤方法	顶板管理方法	最大下沉值(mm)	最大下沉速度(mm/d)	线路情况	
鸡西麻山矿	林密线(33km)	75	19	2	九号煤层	22	1.1	220～300	1971.3～1972.2	走向长壁	陷落	370	2.57	1. 根据铁路轨道车季检；2次合格，6次优良； 2. 轨距合格率为99.96%（采前为98.2%）； 3. 水平合格率为98.5%（采前为97.3%）； 4. 采动期间列车始终按原速度原牵引重量安全运行	根据试采经验，已将麻山矿六井在林密线下压煤全部解放，到1975年为止已采三个煤层，七个工作面，采出主焦煤45.8万t。吨煤成本增加0.19元
					十号煤层	22	1.55	274～324	1972.4～1973.3						
鸡西麻道矿	林密线(66km)	75	19	3	二十八号煤层	25	1.3	388～456	1972.9～1975.6	走向长壁	陷落	404	1.83	1. 根据铁路轨道车季检；一次失落，五次合格； 2. 轨距合格率为97.7%（采前为97.5%）； 3. 水平合格率为87.7%（采前为79.2%）； 4. 采动期间列车始终按原速度原牵引重量安全运行	根据试采经验，已经扩大在一井下方的铁路煤柱下开采，并批准二十四号煤层（厚1m）的开采吨煤成本增加0.73元

表3－5－24　铁路支线压煤开采

地点	线路概况				地质采矿条件							线路采动情况			备注
	线路名称	最高行车速度(km/h)	每日货车对数(对)	每日客车对数(对)	煤层名称	倾角(°)	煤厚(m)	采深(m)	开采时间(年、月)	采煤方法	顶板管理方法	最大下沉值(mm)	最大下沉速度(mm/d)	线路情况	
焦作焦西矿 102	焦李线	60	24	1	大煤	9	7	89～101	1957～1965	倾斜分层	陷落	7428	166	1. 线路下沉后，根据不同时期的变形情况，采取了不同速度的减速措施； 2. 线路起填材料初期为井下矸石，后期为炼铁炉渣； 3. 开采过程中，列车始终安全运行	60号桥是四孔石拱桥，位于102采区下山边界外20m处，遭受破坏严重而报废。在102、106采区采完稳定后，在原桥东10m处另建一座新桥。吨煤成本增加0.54元
107						9	6.5	70～80		水采	陷落	1427			
103						9	6.5	89～101		倾斜分层	陷落	3750	41.7		
106						9	7	105～114		倾斜分层	陷落	6000	84		
109						10	2.4	148～163		倾斜分层	陷落	862	49		
娄邵牛马司矿	娄邵线	40～50	8～9	2	第二层	21	2.2	240～270	1972.3～1974.3	走向长壁	陷落	606	5	采动期间加强了维修，保证了线路质量，列车始终按原速安全运行	
峰峰通二矿	马磁线	60	8	1	大煤	20	5.1	383	1971.2～1974.5	倾斜分层	陷落	2343	11.8	采动期间列车始终按原速度安全运行。但在1973年11月底由于管理原因未能及时维修，出现了连续七个裂缝，后即调整消除	吨煤成本增加0.25元

表 3—5—25 铁路专用线压煤开采

<table>
<tr><th>地点</th><th>铁路名称</th><th>铁路下采煤概况</th><th colspan="6">各矿铁路下采煤简况</th><th>主要经验</th></tr>
<tr><td rowspan="7">鹤岗</td><td rowspan="7">矿区干线</td><td rowspan="7">1. 从1955年到1972年共开采98个工作面，采出煤量1059.3万t；
2. 该线路每日货车8对，客车8对，最高行车速度45km/h；
3. 用陷落法管理顶板的78个工作面占80%，其余为矸石充填和水砂充填；
4. 10多年来没有发生行车事故</td><td>矿名</td><td>铁路压煤量（万t）</td><td>工作面个数（个）</td><td>采出煤量（万t）</td><td>开采厚度（m）</td><td>开采深度（m）</td><td rowspan="7">1. 十多年来经历了由不敢开采到敢于开采，顶板管理由充填到陷落的反复实践的认识过程；
2. 铁路原为碎石道床，采动后改为山砂道床，将路基面加宽，直线由6m加宽到7.5m，曲线段加到9.5m；
3. 根据兴安矿在铁路下开采的观测，最大下沉为9140mm（采厚达10m），最大下沉速度达88～100mm/d</td></tr>
<tr><td>兴安</td><td>278.1</td><td>15</td><td>153.5</td><td>2～14</td><td>28～230</td></tr>
<tr><td>南山</td><td>69.2</td><td>13</td><td>42.3</td><td>2.8～8</td><td>21～205</td></tr>
<tr><td>富力</td><td>254.1</td><td>27</td><td>43.5</td><td>1.2～10</td><td>24～207</td></tr>
<tr><td>新一</td><td>1627.4</td><td>28</td><td>597</td><td>1～16</td><td>21～247</td></tr>
<tr><td>兴安</td><td>4297.9</td><td>13</td><td>223</td><td>2～16</td><td>30～142</td></tr>
<tr><td>全局</td><td>8257.7</td><td>98</td><td>1059.3</td><td></td><td></td></tr>
<tr><td rowspan="10">峰峰</td><td rowspan="10">矿专用线</td><td rowspan="10">1. 从1951年到1973年共采139个工作面，采出煤量1410万t；
2. 目前全矿区从铁路下采出煤量占全矿区产量的30%左右；
3. 由于在专用线下开采取得经验，目前已扩大到在马磁铁路支线下采煤</td><td>矿名</td><td>最早开采时间（年）</td><td>工作面个数（个）</td><td>采出煤量（万t）</td><td>最小采深（m）</td><td>开采煤层总厚（m）</td><td rowspan="10">1. 领导重视，组织健全，路矿紧密协作是做好铁路下采煤的关键；
2. 抓好劳动组织和供应工作，是做好线路维修工作的前提；
3. 道岔是线路维修的重点，可将道岔、信号表示器、转辙器和道碴等与钢轨或枕木固结在一起，此时可随同线路同时下沉和升高（起垫），从而避免了维修过程中的基础处理问题</td></tr>
<tr><td>一矿</td><td>1953</td><td>38</td><td>277</td><td>88</td><td>7.7</td></tr>
<tr><td>二矿</td><td>1951</td><td>22</td><td>118</td><td>163</td><td>7</td></tr>
<tr><td>四矿</td><td>1955</td><td>32</td><td>310</td><td>158</td><td>7.3</td></tr>
<tr><td>五矿</td><td>1971</td><td>1</td><td>35</td><td>250</td><td>2.5</td></tr>
<tr><td>羊一</td><td>1969</td><td>2</td><td>44</td><td>162</td><td>4</td></tr>
<tr><td>羊二</td><td>1961</td><td>9</td><td>220</td><td>200</td><td>6</td></tr>
<tr><td>薛村</td><td>1960</td><td>13</td><td>167</td><td>120</td><td>8.1</td></tr>
<tr><td>通二</td><td>1963</td><td>17</td><td>239</td><td>71</td><td>6.0</td></tr>
<tr><td>全局</td><td></td><td>139</td><td>1410</td><td></td><td></td></tr>
</table>

表 3—5—26 铁路车站压煤开采

<table>
<tr><th colspan="2" rowspan="2">地点</th><th rowspan="2">车站名称</th><th rowspan="2">车站概况</th><th colspan="7">地质采矿条件</th><th colspan="3">车站采动情况</th></tr>
<tr><th>煤层名称</th><th>倾角（°）</th><th>煤厚（m）</th><th>采深（m）</th><th>开采时间（年、月）</th><th>采煤方法</th><th>顶板管理方法</th><th>最大下沉（mm）</th><th>最大下沉速度（mm/d）</th><th>车站情况</th></tr>
<tr><td rowspan="2">枣庄山家林矿</td><td>1425</td><td rowspan="2">邹坞车站（属于铁路支线车站）</td><td rowspan="2">1. 共有四条线路；
2. 有三组道岔；
3. 最高行车速度60km/h；
4. 每日运行货车6对，客车2对；
5. 线路位于采区中央</td><td rowspan="2">十四层</td><td rowspan="2">13</td><td rowspan="2">1.15</td><td rowspan="2">200～215</td><td>1965.7～9
1967.9～1968.3</td><td rowspan="2">走向长壁两工作面相向开采</td><td rowspan="2">陷落</td><td rowspan="2">605</td><td rowspan="2">14.2</td><td rowspan="2">1. 采动期间，限速25km/h；
2. 成功的处理了道岔和信号机采后的维修工作；
3. 采后做了一次全面维修，将所有线路和设备都起填到原有的高程；
4. 采动期列车安全运行</td></tr>
<tr><td>1423</td><td>1967.6～1968.4</td></tr>
</table>

续表

地点		车站名称	车站概况	地质采矿条件							车站采动情况		
				煤层名称	倾角(°)	煤厚(m)	采深(m)	开采时间(年、月)	采煤方法	顶板管理方法	最大下沉(mm)	最大下沉速度(mm/d)	车站情况
阜新矿区	五龙矿	海州露天矿剥离站(矿区专用线)	1. 共有十三条线路； 2. 有自动道岔42组； 3. 信号全部是自动装置； 4. 有一条电缆沟； 5. 每日列车180～200对以上； 6. 年货运量2600万m^3以上的矸石； 7. 有调度楼一座四层建筑(有地下室)	孙家湾层	19	11.9	294～394	1958～1962	倾斜分层和高落式	水砂充填	1819	3.3	1. 加强巡道,发现问题及时维修； 2. 大起道主要利用节假日矿井大检修时进行,在下沉速度大,维修工作不能保证原线路标准时,实行减速； 3. 信号铁塔高度不够时,也要起填,每次起填约700mm； 4. 对电缆拉伸区进行加固,以免拉断； 5. 吨煤所增加的成本中包括地面维修费、井下充填费及由减速而带来的营运增加费用
	平安矿			水泉层	19	1.2	285～340	1971～1973	走向长壁	陷落	850	216	

表3-5-27　铁路桥隧压煤开采

地点	桥隧名称	桥隧概况	地质采矿条件							桥隧采动情况		
			煤层名称	倾角(°)	煤厚(m)	采深(m)	开采时间(年、月)	采煤方法	顶板管理方法	最大下沉(mm)	最大下沉速度(mm/d)	桥隧情况
北票台吉矿	钢梁桥	1. 本桥位于矿区干线上； 2. 结构为双孔钢梁桥,每孔跨度10m； 3. 每日货车10对,客车6对； 4. 最高行车速度40km/h	西八槽	35	2.3	105～269	1971.10～1973.5	落垛	陷落	789		1. 采前加大基础,提高地基支承能力,加大桥墩台,提高墩台的强度和稳定性； 2. 将钢梁与桥墩台的连结处切断,允许有相对移动,减小由地表移动产生的附加应力； 3. 三次起垫钢梁,每次起填约100mm,共350mm,两端线路顺坡； 4. 维修中以桥梁为主,线路服从桥梁； 5. 采动期间限速5km/h 6. 桥梁除下沉和倾斜外,无其他损坏
南楞	隧道	1. 本隧道位于三江至万盛铁路支线上； 2. 隧道长107.1m,断面净宽6.1m,净高7.3m 3. 隧道掘在玉龙山石灰岩内,为裸体自然拱,硐口以料石砌衬	五号层	37	0.6～1.0	290	1968.11～1970.3	走向长壁	陷落	153～172		隧道南口由于有断层,再加采动影响造成砌拱料石被挤裂,采后对南口重新砌衬
			六号层	37	1.3～1.5	290	1972.9～1973.3	条带式(采12m,留12m)	陷落	20～27		1. 隧道内及其外两壁未出现新裂缝； 2. 原有裂缝有轻微发展,有一处裂缝增宽1.5mm

第五节　水体压煤开采

一、影响水体下采煤的地质及水文地质因素

（一）煤层上方水体类型

进行水体压煤开采首先要弄清水体类型，才能有针对性的采取相应的预防措施。根据中国煤田地质及水文地质条件，可以分为以下七种常见的水体。

（1）单纯的地表水体：指江湖河海、沼泽坑塘、水库、水渠，采空区地表下沉盆地积水、洪水、山沟水，稻田水等水体，且水体底部有粘性土层，地表水与松散层及基岩含水层无直接的水力联系。江湖河流、水库属统一型水体，来势凶猛。对矿井安全生产有一定的威胁。洪水、山沟水、稻田水属季节性统一型水体，对矿井生产的影响受季节性限制。这里起决定作用的是水体与煤系基岩之间的第四纪、第三纪粘性土层或隔水性好的基岩风化带及其厚度。

（2）单纯的松散含水层水体。指松散层中的砂层、砂砾层及砾石层水体，这类水体属孔隙水，其特点是流速小，补给速度慢。

松散含水层水体一般有松散层上部砂层水、中部砂层水、下部砂层水，松散层全部砂层水。在多数情况下，松散层上部砂层水和中部砂层水的富水性强，补给、径流、排泄条件好。当其下面有较厚的粘性土隔水层时，对矿井生产的威胁较小，如果松散层上部砂层水和中部砂层水的补给、径流、排泄条件不好，即使其下面的粘性土隔水层较薄，对矿井生产的威胁也是比较小的。松散层下部砂层水及全部砂层水对矿井生产的威胁性较大，特别是当砂层的富水性强，补给、径流、排泄条件好，且直接覆盖在煤系基岩之上时，对矿井生产的威胁更大。这里起决定作用的是松散层为单一含水层统一型水体，还是多层含水层分散型水体，以及松散层的总厚度。

（3）单纯的基岩含水层水体。指砂岩、砾石、砂砾岩和石灰岩岩溶含水层水体。这类水体属孔隙、裂隙及岩溶水类型。其中岩溶水又可分为隙流、脉流、管流和洞流。除砂岩、砾岩、砂砾岩的孔隙水外，裂隙和岩溶水的特点是流速大，补给量大，特别是管流和洞流形式的岩溶水、流速、流量都很大，对矿井生产的威胁很大。中国常见的这类水体有煤层直接顶和老顶的薄层和厚层砂岩、砾岩、砂砾岩含水层水体及石灰岩岩溶含水层水体。

(4) 地表水体和松散含水层构成的水体，指松散含水层与地表水有密切水力联系的水体。这里起决定作用的是松散层中含水层的富水性、赋存状态及松散层的总厚度，在松散层总厚度很小的条件下，可按单纯的地表水体对待；在松散层总厚度较大的条件下，则可按单纯的松散含水层水体对待。

(5) 松散含水层和基岩含水层构成的水体。指基岩含水层与松散含水层有密切水力联系的水体。这里起决定作用的是开采深度、松散层中含水层的富水程度、赋存状态及基岩风化带的含、隔水性。在浅部开采时（回采上界到基岩表面的距离小于裂缝带高度)，即要考虑松散含水层，又要考虑基岩含水层：在深部开采时（回采上界至基岩表面的距离大于裂缝带高度)。则仅需考虑基岩含水层的威胁，松散含水层水只是基岩含水层的补给水源。

(6) 地表水体和基岩含水层二者构成的水体。指基岩含水层直接接受地表水补给的水体。

这里起作用的是开采深度和基岩风化带的含、隔水性。在浅部开采时，应同时考虑上述两种水体；在深部开采时，则可按单纯基岩含水层水体考虑。

(7) 地表水体、松散含水层和基岩含水层三者构成的水体。当基岩含水层受到松散层水的补给，而地表水又补给松散含水层时，属于这种类型的水体，这里起决定作用的是开采深度、松散含水层的富水性及其基岩风化带的含、隔水性，在浅部开采时，应同时考虑上述三种水体；在深部开采时，则可按单纯的基岩含水层水体对待。

(二) 岩性及地层结构

岩性及地层结构既是岩（土）层含水性和隔水性的决定因素，又是决定覆岩破坏和地表塌陷特征的关键。许多国家都把有无泥质岩（土）层及其在覆岩中含量的比例大小，作为评判能否在水体下采煤的标准。

体现岩性影响的主要因素如下。

(1) 岩石（土）的颗粒组成。对于土体，颗粒粒径越小，其隔水性也越好。在砂层中，粘土含量越大，隔水性能越好。对于岩层而言，颗粒间的胶结物为硅质物、钙质物时，强度大、易开裂，受压后其隔水性不易恢复；胶结构为石膏、粘土时，强度小，不易开裂，受压后能恢复隔水性。

(2) 岩石的矿物成分及微观结构特征。影响水体下采煤的岩石矿物成分及微观结构特征主要是粘土矿物和可溶性矿物的含量及其结晶结构。无机质成分具有亲水性、易泥化、软化而有机质成分则具有亲油性，不易泥化和软化。

(3) 力学性质。弹性脆性强度高的岩层，在采动影响下，容易产生裂缝，裂缝带发育高度大，甚至有可能出现地表突然塌陷，隔水能力较差，塑性柔性强度高的岩层，在采动影响下，不容易产生裂缝，裂缝带发育高度较小，不会出现地表的突然塌陷，隔水能力较好。

(4) 水理性质。主要指岩石在浸水后的崩解、软化、泥化及强度降低等特性。泥质岩浸水后易于软化、泥化，故其隔水性良好，能抑制裂缝的发生和发育高度，促进顶板垮落。

(三) 断裂构造

影响水体下采煤的主要断裂构造是断层和节理裂隙。它们本身可能成为水体的一部分，也可能成为水体的补给通道。因此，研究断裂构造的特征及分布，是水体下安全采煤的重要内容。

矿井生产实践表明，断层和节理裂隙的含水性和导水性，取决于它们的岩性、力学成因及其水文地质条件，而它们受采动后的导水性与采动影响程度及采掘工作面的揭露方式有关。泥质岩及泥质胶结的岩石中的压性、压扭性及断层面倾角小的断裂构造，一般不含水和具有隔水性；砂岩、砂砾岩，石灰岩及硅、钙质胶结的岩石中的张性、张扭性和高角度断裂构造，断层密集、断层交叉处一般含水。工作面与断层走向平行，推进方向与断层倾向相同时，断层容易导水；工作面与断层走向平行，推进方向与断层倾向相反时，断层不易导水。工作面与断层走向垂直和斜交，推进方向与断层倾向亦垂直或斜交，断层不易成为导水通道。断层上盘比下盘在形成过程中在外力作用下断裂较严重，含水性和导水性较强。

(四) 煤（岩）层赋存状态

煤层赋存状态包括煤层厚度、倾角、埋深及其与水体位置的关系，这是决定水体下采煤时应采取何种途径的重要因素。

厚度大、分布稳定、埋藏浅、离水体近的煤层，特别是急倾斜煤层，在水体下开采时难度高，受水的威胁大；厚度小的煤层，即使分布稳定、埋藏浅、离水体近，甚至是急倾斜煤层，在水体下开采时也不容易受到水的威胁。

被大断层切割成条块状的煤层，其水文地质条件受断层控制。当岩性软弱时，断裂带往往是隔水边界，否则断裂带成为补给通道。

在煤层可采厚度分布零散的情况下，采动影响将大为减少，水体下采煤的威胁程度亦相应减轻。

二、水体压煤开采的一般途径

根据中国煤矿在水体压煤开采的大量实践与成功经验，处理水体下压煤和采煤问题，主要有顶水采煤、疏堵、截及留煤柱等途径。

1. 顶水采煤

所谓顶水采煤，就是对水体不作任何处理，只在水体与煤层之间保留一定厚度（或垂高）的安全煤岩柱情况下进行采煤。根据我国煤矿的科研成果及生产实践经验，顶水采煤留设的安全煤岩柱有三种类型，即防水安全煤岩柱、防砂安全煤岩柱和防塌安全煤岩柱。在留设防水煤岩柱的情况下，矿井涌水量基本上不增加；在留设防砂煤岩柱的情况下，矿井涌水量有所增加，但不会涌砂溃水；在留设防塌煤岩柱的情况下，则可避免泥土塌向工作面。

2. 疏干采煤

所谓疏干采煤，指的是先疏（水）后采（煤），或边疏（水）边采（煤）两种情况。

根据中国煤矿的经验，先疏后采适应于下列条件：

(1) 煤层直接顶板或底板为砂岩或石灰岩岩溶含水层，且能够实现预先疏干时；

(2) 松散含水层为弱或弱中含水层、水源补给有限，通过专门疏干措施或长期开拓与回采工程可以预先疏干时。

边疏边采指的是砂岩或石灰岩岩溶含水层为煤层老顶，回采后，老顶含水层水由采空区涌出，不影响工作面作业，但在工作面内需要采取疏水措施。

3. 顶疏结合开采

就是在受多种水体威胁的条件下进行水体下采煤时，对远离（大于导水裂缝带高度）煤层的水体，可以实行顶水采煤，而对直接位于煤层直接顶或离煤层一定距离（在冒落带或导水裂缝带范围内）的水体，则应实行疏干采煤（包括先疏后采和边采边疏）。

4. 帷幕注浆堵水

通常是采用水泥、粘土等材料注入含水层中，形成地下挡水帷幕，以切断地下水的补给通道。例如，石灰岩岩溶含水层通过断层破碎带导水，以及石灰岩和砂岩含水层通过其露头接受松散含水层水的补给时，就有可能采用帷幕注浆堵水的方法来减少地下水的补给。

三、覆岩破坏的基本特征及分布形态

煤层回采后，采空区顶板方向采动破坏有5种主要类型：

1. “三带”型破坏

采空区上方岩层中形成冒落带、裂缝带和弯曲下沉带。“三带”型破坏是开采层状矿体最普遍形式，其特点是：

(1) 冒落带与裂隙带的最大高度与采厚近似呈分式函数关系递增，与岩性则呈线性关系递增；

(2) 冒落带与裂缝带的分布形态近似马鞍形；

(3) 弯曲下沉带内的岩层，特别是松散层一般呈整体性移动；

(4)地表裂缝一般多发生在地表移动盆地的外边缘区，在有第四纪地层覆盖的条件下，地表裂缝深度仅数米；

(5) 如果覆岩内有软弱、塑性岩层时，地表裂缝与冒落带、裂缝带无水力联系。

2. 抽冒型破坏

如果煤层上面全部为极软弱岩层或松散层，当开采深度较小或接近松散层开采时，在采空区内无冒落矸石支撑的情况下，覆岩会发生局部性向上垮落的抽冒型破坏，甚至在地表发生漏斗塌陷坑，严重威胁水体下采煤的安全。其特点是：

(1) 急倾斜煤层倾角越大，顶底板岩层越坚硬，煤质越松软时，发生抽冒的可能性越大；

(2) 冒落在采空区内的煤与岩块越不能在原地堆积，发生抽冒的可能性越大；

(3) 采空区上方岩层或松散层富水性越强，发生抽冒的可能性越大；

(4) 在开采急倾斜煤层和断层破碎带附近，在同一地点，有可能多次重复地发生抽冒。

3. 切冒型破坏

如果煤层上面全部或大部为极坚硬岩层，当开采深度较小（例如100～150m以内）和开采面积达到一定范围，且采空区内煤柱总面积与开采区总面积的比值小于30%～35%，或虽大于35%但煤柱不规则或长期水浸时，覆岩产生切冒型破坏，地表出现突然塌陷。其特点是：

(1) 一次冒落的面积大；

(2) 冒落发生的开采深度不大，一般在100m以内；

(3) 冒落岩体的整体如同反漏斗形状，其四周的断面与水平面的夹角为65°～85°；

(4) 冒落范围多呈圆形、椭圆形或大体沿回采边界发展，一般小于回采面积；

(5) 冒落后地面多出现纵横交错的开口裂缝，但均在采空区边界以内。

4. 拱冒型破坏

如果煤层上面某一高度上为极坚硬岩层时，随着采空区的扩大，该极坚硬岩层以下的岩层会发生拱冒型冒落，冒落达到该极坚硬岩层时，形成悬顶，即形成拱冒型破坏。其特点是：

(1) 采空区周围冒落高度小，中央冒落高度大，形成冒落拱形；

(2) 冒落有时是瞬时发生的，有时是逐次发生的，取决于岩性及其组合结构等因素。

5. 弯曲型破坏

如果煤层上面全部为极坚硬岩层或煤层直接顶为巨厚的极坚硬岩层，开采后采空区内又有煤柱支撑，煤柱总面积与开采区总面积的比值大于30%～35%，且煤柱尺寸合理，分布均匀时，该极坚硬岩层能形成悬顶，因受到煤柱的支撑，覆岩不发生冒落性破坏，而产生弯曲型破坏，此时，地表的最大下沉仅为煤层采高的1%～10%。

四、水体压煤安全开采条件的确定

处理水体下压煤和采煤问题时，应按水体的类型、规模、赋存状况及允许的采动影响程度，将受开采影响的水体分为三个采动等级（表3－5－28）。不同等级的水体必须留设相应的安全煤岩柱。

根据《规程》第51条符合下列条件之一者，水体的压煤允许开采：

(1) 水体与设计开采上限（煤层）之间的最小距离，符合第50条表4中（本手册表3—2—28）各水体采动等级要求留设的相应类型安全煤（岩）柱尺寸。

(2)水体与设计开采上限(煤层)之间的最小距离,略小于第50条表4中(本手册表3—2—28）各水体采动等级要求留设的相应类型安全煤柱尺寸、本矿井又有类似条件的水体下采煤成功经验和可靠数据。

(3) 在技术上可能、经济合理的条件下，能够实现（河流）改道和放空（水库、采空积水区等）的地表水体或能够实现完全疏干，以及堵截住水源补给通道的松散孔隙含水层水体或基岩孔隙—裂隙、岩溶—裂隙含水层水体。

(4) 地质、开采技术条件较好，并在有条件采用开采技术措施及其他措施后，水体与设

表3—5—28　矿区的水体采动等级及允许采动程度

煤层位置	水体采动等级	水体类型	允许采动程度	要求留设的安全煤岩柱类型
水体下	Ⅰ	1. 直接位于基岩上方或底界面下无稳定的粘性土隔水层的各类地表水体 2. 直接位于基岩上方或底界面下无稳定的粘性土隔水层的松散孔隙强、中含水层水体 3. 底界面下无稳定的泥质岩类隔水层的基岩强、中含水层水体 4. 急倾斜煤层上方的各类地表水体和松散含水层水体 5. 要求作为重要水源和旅游地保护的水体	不允许导水裂缝带波及到水体	顶板防水安全煤岩柱
水体下	Ⅱ	1. 底界面下为具有多层结构、厚度大、弱含水的松散层或松散层中、上部为强含水层，下部为弱含水层的地表中、小型水体 2. 底界面下为稳定的厚粘性土隔水层或松散弱含水层的松散层中、上部孔隙强、中含水层水体 3. 有疏降条件的松散层和基岩弱含水层水体	允许导水裂缝带波及松散孔隙弱含水层水体，但不允许垮落带波及该水体	顶板防砂安全煤岩柱
水体下	Ⅲ	1. 底界面下为稳定的厚粘性土隔水层的松散层中、上部孔隙弱含水层水体 2. 已或接近疏干的松散层或基岩水体	允许导水裂缝带进入松散孔隙弱含水层，同时允许垮落带波及该弱含水层	顶板防塌安全煤岩柱
水体上	Ⅰ	1. 位于煤系地层之下的巨厚灰岩强含水体 2. 位于煤层之下的薄层灰岩具有强水源补给的含水体 3. 位于煤层之下的作为重要水源或旅游资源保护的水体	不允许底板采动导水破坏带波及水体，或与承压水导升带勾通，并有能起到强阻水作用的有效保护层	底板强防水安全煤岩柱
水体上	Ⅱ	1. 位于煤系地层之下的弱含水体，或已疏降的强含水体 2. 位于煤层之下的无强水源补给的薄层灰岩含水体 3. 位于煤系地层或煤系地层底部其它岩层中的中、弱含水体	允许采取安全措施后底板采动导水破坏带波及水体，或与承压水导升带勾通，但防水安全煤岩柱仍能起到安全阻水作用	底板弱防水安全煤岩柱

计开采界限（煤层）之间的最小距离能满足第 50 条表 4 中（本手册表 3—5—28）各水体采动等级要求留设的相应类型安全煤（岩）柱尺寸。

（5）地质条件允许时，可以在枯水季节进行开采的季节性水体。

根据《规程》第 52 条符合下列条件之一者，水体下压煤允许进行试采：

（1）水体与设计开采界限（煤层）之间的最小距离，不符合表 3—5—28 中各水体采动等级要求留设的相应类型安全煤（岩）柱尺寸，但水体与煤层之间有良好隔水层，或者通过对岩性、地层组合结构及顶板垮落带、导水裂缝带高度或底板采动导水破坏带深度、承压水导升带厚度分析，确认无溃水、溃砂危险性的；

（2）水体与设计开采界限（煤层）之间最小距离，虽略小于表 3—5—28 中各水体采动等级要求留设的相应类型安全煤岩柱尺寸，但本矿区无此类近水体下采煤经验和数据的；

（3）水体与设计开采界限（煤层）之间无足够厚度的良好隔水层，但采用充填法或条带法开采方法可使顶板导水裂缝带高度或底板采动导水破坏带深度不达到水体的；

（4）水体与设计开采界限（煤层）之间的最小距离，虽符合表 3—5—28 中要求留设的相应类型安全煤岩柱尺寸，但煤层为倾角大于 55°的中厚煤层和厚煤层；

（5）水体与设计开采界限（煤层）之间的最小距离，虽符合表 3—5—28 中要求留设的相应类型安全煤岩柱尺寸，但水体压煤地区断层比较发育。

五、水体压煤开采设计

完成近水体采煤设计，需根据水体具体情况具备下列有关的技术资料和工程图。

1. 技术资料

（1）地表水体的水域、水深、水位动态、流量、流速、大气降雨量、补给水源及渗漏途径；地表洪水及防洪、排洪渠道系统。

（2）采空区、旧巷积水区的范围、水量；老采区的开采层数及范围、采空区积水的水源及其动态特征，与大气降水、地表水、地下水及上、下煤层，本煤层内其它积水采空区之间的水力联系。

（3）河（湖、海）堤、库（河）坝的材质、断面、标高、建造时间、施工质量、浸水深度及其与采区位置的对应关系。

（4）松散层的成因类型；含水层、隔水层的组合结构及沉积特征；含水层的厚度、富水性（单位涌水量渗透系数）、颗粒级配、含粘量，在天然状态下的补给、径流、排泄条件，及其在采动影响下可能产生的变化；隔水层的厚度、颗粒级配及塑性指数（液限、塑限）。

（5）基岩含水层和隔水层的组合结构及沉积特征，岩层裂隙、岩溶、断层和隐落柱的发育与分布规律，富水性、水质、水量、水位动态，及其在天然状态下的补给、径流、排泄条件和在采动影响下可能产生的变化；隔水层的岩石物理力学性质，岩石结构特征和矿物成分，地质断裂构造特征、断层、陷落柱的隔水性和导水性，穿透含水层钻孔的封孔质量；基岩面标高、风化带深度，古风化壳及其含水性评价。

（6）成煤时代、煤层稳定性、可采煤层层数、厚度、层间距、倾角、埋深、及矿井开拓、排水系统。

（7）本矿井（区）或类似条件的垮落带、导水裂缝带高度，底板采动导水破坏带深度、承压水导升带厚度、采掘工作面矿压，地表移动与变形实测数据、地表塌陷、溃水、溃砂或突水资料。

(8) 本矿井（区）的充水性特征、漏水量及其水源构成。

2. 工程图

(1) 井上、下对照图。应包括水体的平面、剖面位置，地形及标高，煤层露头，采区周围开采情况及采动影响范围，地表下沉和积水范围及煤层底板等高线。

(2) 地质及水文地质图。应包括矿井水文地质图、水文地质剖面图、地质柱状图，主要含水层（组）水位（压）等值线图，主要含水层、隔水层等厚线图、顶板或底板等高线图，煤层顶板及基岩面等高线图等。对于水文地质条件复杂的井田，需增加区域水文地质图、岩溶分布图、矿区地下水水化学图、富水性分布图，断层两盘含水层对接补给关系图等。

(3) 矿井排水系统图。

(4) 矿井充水性图。

(5) 矿井水动态（水量、水位、水质）与各种因素（例如降水量、开拓巷道长度、回采面积）相关分析曲线图。

近水体采煤设计一般应分为方案设计和初步设计两个步骤进行。对于生产矿井，方案设计应在提出开采计划后完成，初步设计则在方案设计批准后编制。其基本内容应符合下列要求。

3. 方案设计

(1) 水体特征、地质采矿条件及压煤开采的必要性、可能性和安全可靠性。

(2) 实现近水体采煤的各种技术方案，其中应包括采煤方法和顶板管理方法的选择与论证，开采技术措施，水体受采动影响程度的分析与预计。

(3) 方案的技术、经济评价及费用概算。

(4) 方案的综合分析对比和选定。

4. 初步设计

(1) 开采方法。应包括采煤方法和顶板管理方法、工作面布置、开采顺序、开采厚度、推进方向和推进速度，以及有关的巷道布置与生产系统。

(2) 采区或矿井涌水量预计。其预计方法可参照《规程》附录七和《煤矿矿井水文地质规程》。

(3) 顶板垮落带、导水裂缝带高度和底板采动导水破坏带深度、承压水导升带厚度及发展特征的预计。必要时，应对地表移动变形进行预计。

(4) 井上、下防排水工程。应包括井下排水设备及排水系统、地面防排水工程。

(5) 井下安全措施，一般应包括保证安全煤岩柱设计尺寸的采掘措施、避灾路线及通讯信号等。在石灰岩强岩溶水体下采煤时，还应根据具体情况，考虑备用水仓、疏水路线及防水闸门（墙）等的设计。

(6) 井上、下水文地质长期观测网。覆岩破坏及地表移动观测站设计。

(7) 设计概算及经济效益分析与评价。

安全煤岩柱设计：

5. 设计的一般原则与方法

(1) 厚度稳定的煤层，计算时取可采厚度作为计算厚度，厚度不稳定的煤层，计算时则应取最大可采厚度计算厚度。

(2) 单一煤层，计算时取单一煤层可采厚度。

(3) 多煤层开采时，则应区分近距离煤层与非近距离煤层两种情况：

当上下两层煤的最小法距大于下层煤的冒落带高度时，上下层煤的导裂高度分别进行计算，取其中导裂顶点标高最高者作为两层煤的导裂最大高度；当下层煤的冒落带接触或完全进入上层煤范围内时，上层煤的导裂高度采用本层煤的厚度进行计算，下层煤的导裂高度，则采用上下层煤的综合开采厚度进行计算，取其中导裂顶点标高最高者作为两层煤的导裂高度：

当上下煤层之间的距离很小时，则综合开采厚度为累计厚度。

上下层煤的综合开采厚度可按下式计算：

$$M_{x1-2}=M_2+\left(M_1-\frac{h_{1-2}}{Y_1}\right) \tag{3-5-57}$$

式中　M_{x1-2}——上下层煤的综合开采厚度，m；

M_1——上层煤厚度，m；

M_2——下层煤厚度，m；

h_{1-2}——上下层煤之间的法线距离，m；

Y_1——下层煤的冒高与采高之比。

(4) 当煤层上方基岩面标高平整时，以基岩面的一般标高作为安全煤岩柱的上界；当煤层上方基岩面标高起伏不平时，则应首先选择出设计采区内或井田内基岩面最低处的煤层倾向剖面，以确定安全煤岩柱的统一上界。

(5) 安全煤岩柱的统一上界一般为基岩面，此时称为煤岩柱。当松散层底部为隔水的粘性土层时，以该粘性土层顶面为煤岩柱统一上界，此时称为煤岩土柱。安全煤岩（土）柱的下界为开采上限，即工作面回风巷顶板。

(6) 当安全煤岩柱为露头型时，总回风巷标高和开采上限标高一般应是一致的。在基岩面起伏较大和水文地质条件不够清楚的情况下，也可将总回风巷和开采上限两者的标高设计得不一致。例如，总回风巷标高高于开采上限，这样可为后期提高上限回采创造条件。或者是总回风巷和开采上限设计为同一标高，而部分煤层、采区、工作面或局部的回采上限低于开采上限。

6. 防水安全煤岩柱设计

留设防水安全煤岩柱的目的，是不允许裂缝带波及水体。其最小厚度 $H_{水}$（垂高）应等于裂缝带的最大高度 $H_{裂}$ 加上保护层厚度 $H_{保}$ 即（图 3－5－20）。

$$H_{水}\geqslant H_{裂}+H_{保} \tag{3-5-58}$$

如果煤系地层无松散层覆盖和采深较小，还应考虑地表裂缝深度 $H_{地}$，此时：

$$H_{水}\geqslant H_{裂}+H_{保}+H_{地} \tag{3-5-59}$$

如果松散含水层为强或中等含水层，且直接与煤系基岩接触，而基岩风化带亦含水，则应考虑基岩风化带深度 $H_{风}$，此时：

$$H_{水}\geqslant H_{裂}+H_{保}+H_{风} \tag{3-5-60}$$

或者将水体底界面下移至基岩风化带底界面。

7. 防砂安全煤岩柱设计

留设防砂安全煤岩柱的目的，是允许裂缝带波及松散弱含水层或已疏降的松散强含水层，但不允许冒落带接近松散层底部，其厚度 $H_{砂}$（垂高）应等于冒落带的最大高度 $H_{冒}$ 加上保护

层厚度 $H_{保}$（图 3—5—21）即：

$$H_{砂} \geqslant H_{冒} + H_{保} \tag{3—5—61}$$

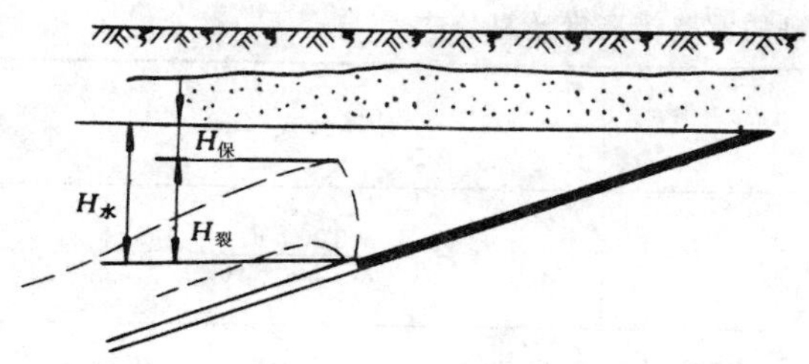

图 3—5—20　防水煤岩柱构成

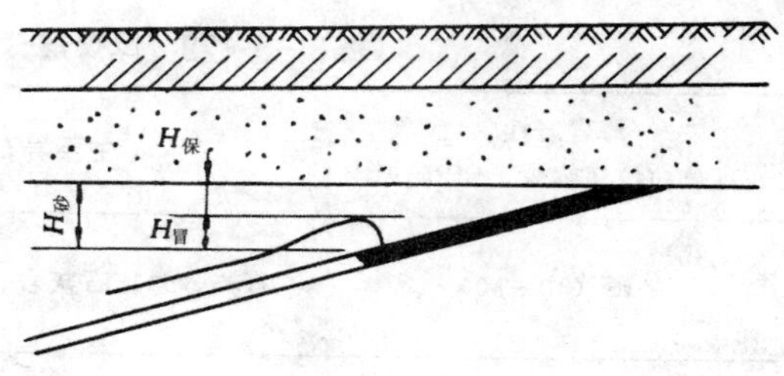

图 3—5—21　防砂煤岩柱构成

8. 防塌安全岩柱设计

保留防塌安全煤岩柱的目的，是不仅允许裂缝带波及松散弱含水层或已疏干的松散含水层，同时允许冒落带接近松散层底部。其厚度（垂高）应等于或接近于冒落带的最大高度，（图 3—5—22）即：

$$H_{塌} = H_{冒} \tag{3—5—62}$$

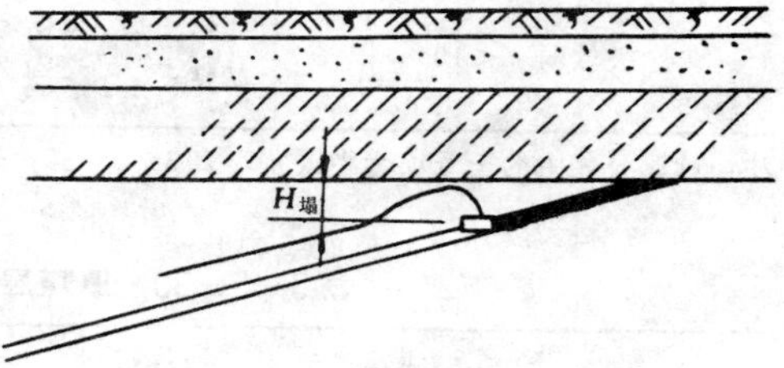

图 3—5—22　防塌岩柱构成

冒落带和导水裂缝带高度计算：

9. 缓倾斜（0°～35°）、中倾斜（36°～54°）煤层

1）冒落带高度

（1）如果煤层顶板覆岩内有极坚硬岩层，采后能形成悬顶时，其下方的冒落带最大高度可采用下式计算：

$$H_{冒} = \frac{M}{(K-1)\cos\alpha} \tag{3—5—63}$$

式中　M——煤层采厚；

K——冒落岩石碎胀系数；

α——煤层倾角。

（2）当煤层顶板覆岩内为坚硬、中硬、软弱、极软弱岩层或其互层时，开采单一煤层的冒落带最大高度可采用下式计算：

$$H_{冒} = \frac{M-W}{(K-1)\cos\alpha} \tag{3—5—64}$$

式中　W——冒落过程中顶板的下沉值。

（3）当煤层顶板覆岩内为坚硬、中硬、软弱、极软弱岩层或其互层时，厚煤层分层开采的冒落带最大高度可采用表 3—5—29 中的公式计算。

2）导水裂缝带高度

煤层顶板覆岩内为坚硬、中硬、软弱、极软弱岩层或其互层时，厚煤层分层开采的导水裂缝带最大高度可采用表 3—5—30 中的公式计算。

10. 急倾斜（55°～90°）煤层

煤层顶底板岩层为坚硬、中硬、软弱时，用陷落法开采时的冒落带和导水裂缝带高度可采用表3－5－31中的公式计算。

表3－5－29　厚煤层分层开采的冒落带高度计算公式

覆岩岩性（单向抗压强度，MPa）	主要岩石名称	计算公式（m）
坚硬（40～80）	石英砂岩、石灰岩、砂质页岩、砾岩	$H_{冒}=\frac{100\Sigma m}{2.1\Sigma m+16}\pm 2.5$
中硬（20～40）	砂岩、泥质页岩、砂质页岩、页岩	$H_{冒}=\frac{100\Sigma m}{4.7\Sigma m+19}\pm 2.2$
软弱（10～20）	泥岩、泥质砂岩	$H_{冒}=\frac{100\Sigma m}{6.2\Sigma m+32}\pm 1.5$
极软弱（<10）	铝土岩、风化泥岩、风化页岩、粘土、砂质粘土	$H_{冒}=\frac{100\Sigma m}{7.0\Sigma m+63}\pm 1.2$

注：计算公式中的±号项为中误差，表3－5－30，表3－5－31同。

表3－5－30　厚煤层分层开采的导水裂缝带高度计算公式

覆岩岩性	计　算　公　式
坚　硬	$H_{裂}=\frac{100\Sigma m}{1.2\Sigma m+2.0}\pm 8.9$
中　硬	$H_{裂}=\frac{100\Sigma m}{1.6\Sigma m+3.6}\pm 5.6$
软　弱	$H_{裂}=\frac{100\Sigma m}{3.1\Sigma m+5.0}$
极软弱	$H_{裂}=\frac{100\Sigma m}{5.0\Sigma m+8.0}\pm 3.0$

注：Σm 累计采厚；公式应用范围：单层采厚1～3m，累计采厚不超过15m。

表3－5－31　急倾斜煤层冒落带、导水裂缝带高度计算公式

覆岩岩性	导水裂缝带高度（m）	冒落带高度（m）
坚　硬	$H_{裂}=\frac{100Mh}{4.1h+133}\pm 8.4$	$H_{冒}=(0.4\sim 0.5)H_{裂}$
中硬、软弱	$H_{裂}=\frac{100Mh}{7.5h+293}\pm 7.3$	$H_{冒}=(0.1\sim 0.5)H_{裂}$

注：h—回采阶段垂高；M—煤层法线厚度。

保护层厚度的选择。在设计安全煤岩柱时，除了进行质量评价和“两带”高度预计外，还必须正确选取保护层厚度（垂高）。

11. 缓倾斜（0°～35°）、中倾斜（36°～54°）煤层

（1）防水安全煤岩柱的保护层厚度，可根据有无松散层及其中粘性土层厚度等因素按表3－5－32中的数值选取。

表3－5－32　防水安全煤岩柱保护层厚度

（不适用于综放开采）

覆岩岩性 \ 保护层厚度（m）	松散层底部粘性土层厚度大于累计采厚	松散层底部粘性土层厚度小于累计采厚	松散层底部无粘性土层	松散层全厚小于累计采厚
坚　硬	$4A$	$5A$	$7A$	$6A$
中　硬	$3A$	$4A$	$6A$	$5A$
软　弱	$2A$	$3A$	$5A$	$4A$
极软弱	$2A$	$2A$	$4A$	$3A$

注：$A=\frac{\Sigma M}{n}$；ΣM—累计采厚；n—分层层数。

（2）防砂安全煤岩柱的保护层厚度，可按表3－5－33中的数值选取。

表3－5－33　防砂安全煤岩柱保护层厚度

覆岩岩性 \ 保护层厚度（m）	松散层底部粘土层或弱含水层厚度大于累计采厚	松散层全厚大于累计采厚
坚　硬	$4A$	$2A$
中　硬	$3A$	$2A$
软　弱	$2A$	$2A$
极软弱	$2A$	$2A$

12. 急倾斜（55°～90°）煤层

急倾斜煤层防水安全煤岩柱及防砂安全煤岩柱的保护层厚度，可按表3－5－34中的数值选取。

六、水体下采煤的开采技术措施

水体下采煤时，除留设相应的安全煤岩柱外，还必须采取适宜的开采技术措施和安全措施，以确保安全煤岩柱的可靠性和有效性。根据水体及安全煤岩柱的类型、地质、水文地质和开采技术条件，可选用下列开采技术措施和安全措施：

（1）保留防砂和防塌安全煤岩柱开采缓倾斜及倾斜厚煤层时，应采用倾斜分层长壁采煤方法，并尽量减少第一、二分层的采厚，增加分层之间的间歇时间，上下分层同一位置的回采间隔时间应不小于4～6个月，如果岩性坚硬，间隔时间应适当增加。采用放顶煤开采时，

表 3－5－34　急倾斜煤层防水及防砂安全煤岩柱保护层厚度

覆岩岩性 \ 保护层厚度 (m)	55°～70°				71°～90°			
	a	*b*	*c*	*d*	*a*	*b*	*c*	*d*
坚硬	22	20	18	15	24	22	20	17
中硬	17	15	13	10	19	17	15	12
软弱	12	10	8	5	14	12	10	7

注：*a*—松散层底部粘性土层大于累计采厚；*b*—松散层底部粘性土层小于累计采厚；*c*—松散层全厚为小于累计采厚的粘性土层；*d*—松散层底部粘性土层大于累计采厚。

必须先试验后推广。

(2) 开采急倾斜煤层时，应采用分小阶段间歇回采方法，同时加大走向方向连续回采长度，且第一、二小阶段的回采垂高（一般15～20m）应小于其余小阶段。严禁超限开采设计范围之外的煤量，如果顶底板岩层坚硬、煤质松软，易发生抽冒时，则在第二水平甚至第三水平开采时，也应按上述规定执行。

(3) 当松散含水层或基岩含水层处于预计冒落带和导水裂缝带范围内，但煤层顶板与含水层之间有隔水层存在时，应搞好工作面正规循环作业，保证工作面匀速推进，加强工作面支护密度，防止工作面顶板隔水层超前断裂。还应采用使采掘工作面利于疏排水工作，以及保持水沟畅通等措施，避免工作面作业条件恶化。

(4) 如果松散层底部为强含水层，且与基岩含水层有密切的水力联系时，矿井初期应按防水煤岩柱要求确定开采上限或只将总回风巷标高提高。待对底部含水层疏干后再按防砂煤岩柱或防塌煤岩柱要求进行开采。

(5) 在试采条件困难和地质、水文地质资料不足的情况下，可先采远离水体、隔水层较厚，且分布稳定，采深较大、地质和水文地质条件简单或易于进行观测试验的煤层，积累经验和数据后，再逐步扩大试采规模和范围。

(6) 开采石灰岩岩溶水体下煤层时，应在开采水平、采区或煤层之间留设隔离煤柱或建立防水闸门（墙），设计隔离煤柱尺寸时，必须注意使煤柱至岩溶水体之间的岩体不受到破坏；或者在受突水威胁的采区建立单独的疏水系统，加大排水能力及水仓容量，或建立备用水仓。在水体上采煤时，可采用底板注浆加固等措施。导水断层两盘和陷落柱周围应留设煤柱，留设方法可依照《煤矿矿井水文地质规程》进行。

(7) 在积水采空区和基岩含水层附近采煤，或有充水断层破碎带、陷落柱等存在时，应采用巷道、钻孔或巷道与钻孔相结合等方法，先探放、疏降，后开采，或边疏降边开采。

(8) 当地表水体和松散强含水层下无隔水层时，开采浅部煤层，以及在采厚大、含水层水量丰富，水体与煤层的距离小于顶板导水裂缝带高度时，应用控制裂缝带发展高度的开采方法，如充填法或条带法开采，限制回采厚度等措施。

(9) 近水体采煤时，应采用钻探或物探方法详细探明有关的含、隔水层界面和基岩面起伏变化，以保证安全煤岩柱的设计尺寸。

(10) 在水体下采煤时，应对受水威胁的工作面和采空区的水情加强监测，对水量、水质、水位动态进行系统观测，及时分析；应设置排水巷道，定期清理水沟、水仓，正确选择安全避灾路线，配备良好的照明、通讯与信号装置；应对采区周围井巷、采空区及地表积水区范围和可能发生的突水通道作出预计，并采取相应预防措施。

七、水体下采煤实例

河流下采煤实例见表3－5－35。

第四系、第三系含水松散层下采煤实例见表3－5－36。

基岩含水层和其他水体下采煤实例见表3－5－37。

表3－5－35 河流下采煤实例

矿井名称	河流名称	采厚(m)	煤层倾角(°)	采煤方法及顶板管理方法	煤岩柱构成(m)		松散层全厚(m)	采深采厚比	涌水变化
					基岩	粘土层			
鸡西城子河矿一井	白石河	1.75(二层)	25	单一长壁陷落	72～74	0	2～4	41～42	正常
阜新清河门矿	清河	1	3～5	单一长壁陷落	37～47	0	3～6	37～47	淋水
本溪本溪矿	太子河	2.6	10～15	单一长壁陷落	380	0	4～8	146	正常
北票冠山二井	小凌河	3.2	38～12	单一长壁陷落	192	0	15	60	正常
扎赉诺尔西山矿	大得那耶河	7.1	6～7	一分层陷落,二、三分层水砂充填	38	16	16	7.6	正常
舒兰丰广三井	天合河	1.7	13	单一长壁陷落	56.6	7	8	38	正常
辽源胜利矿	大西河	0.9～1.4	15	刀柱	35	3～5		42	正常
包头大磁矿	召沟河	2.5	3～8	单一长壁陷落	60	0	7.6	21	涌水0.5t/min
邯郸郭二庄矿	时令河	1.5～2.3	9～10	单一长壁陷落	134	0		58～90	正常
峰峰通二矿	和村河	5	12	倾斜分层陷落	43	7	7	10	正常
开滦唐家庄矿	海子河	2.8	15	单一长壁陷落	60	20	80	50	正常
银川史家河矿	史家河	1.6～2.2	8～10	单一长壁陷落	120	0	0	55～75	局部通水增加
枣庄枣庄矿	沙河	1.1	14	单一长壁陷落	72	0	0～5	65	涌水量略有增加
枣庄山家林矿	蟠龙河	6.5	8～12	倾斜分层陷落	310	9～13	9～13	50	正常
沂汶良庄矿	小汶河	1.8	18	水砂充填	37.7	0	1～11	21	正常
淮北张庄矿	龙支河	4	8～12	倾斜分层陷落	40	30	30	18	正常
徐州新河矿	废黄河	1～5	20～25	倾斜分层陷落	28～30	15		8～10	正常
涟邵牛马司矿	西洋江	2.1	18～30	单一长壁陷落	176.5	0		84	无水
合山柳花岭矿	东矿沟	2～2.2	5～6	刀柱	63	0	0～2	28～31	正常
义马千秋矿	涧河	2	5～12	单一长壁陷落	158～163	5～7	10～15	81～85	正常
鹤壁张庄矿	寺湾河	5.5	20	倾斜分层陷落	29	27		10	正常

表3－5－36 第四系、第三系含水松散层下采煤实例

矿井名称	富水强度	采厚(m)	煤层倾角(°)	采煤方法及顶板管理方法	煤岩柱构成(m)		松散层全厚(m)	采深采厚比	涌水变化
					基岩	粘土层			
鹤岗兴安矿	强含水层	2～12	25～30	单一长壁、倾斜分层陷落	11～12		5～31.5	1.7	正常
辽源梅河矿	强含水层	9～10	25～30	倾斜分层陷落	72		34	7～8	正常

续表

矿井名称	富水强度	采 厚 (m)	煤层倾角 (°)	采煤方法及顶板管理方法	煤岩柱构成(m)		松散层全厚 (m)	采深采厚比	涌水变化
					基 岩	粘土层			
阜新东梁三井	弱含水层	2.2	7～8	单一长壁陷落	14		60	6	涌水量 70t/h
开滦范各庄矿	弱含水层	8.6～9.4	13～15	单一长壁陷落	53	(8～10)	120	5.6～6.3	正 常
开滦唐家庄矿	含水松散层	1.6～2.7	20	单一长壁陷落	8	20	46.5	10～18	正 常
开滦唐山矿	强含水层	3～5	70～90	水平分层留煤皮	90	(50)	175	18～30	正 常
峰峰三矿青泉洼井	弱含水层	2.8	4～5	单一长壁陷落	5.5～12	(10～12)	50	2～4	淋水 0.2～0.3t/min
枣庄柴里矿	弱含水层	9.8	10～18	倾斜分层陷落	22	(3)	80	2.2	正 常
黄县煤矿	强含水层	1.4	6	单一长壁陷落	38	(7)	23	26.5	正 常
淮北朱庄矿	含水松散层	6.6(总厚)	8	单一长壁陷落	19.4	28	50	7.3	正 常
淮北沈庄矿		2.2	36～48	单一长壁陷落	17.5	28	50	16.3	正 常
淮南孔集矿		5.5～7.5	76	水平分层陷落	81	30	53	14.8	正 常
淮南李咀孜矿		6	68	水平分层陷落	63	35	56	16.3	正 常
徐州大黄山二井		4.5	85	水平分层陷落	17	23		8.9	正 常
徐州新河矿王门井		4	8～12	倾斜分层陷落	18	32	45	12.5	正 常
焦作演马庄矿	强含水层	6～7	7～9	倾斜分层陷落	40～50	(4～29)	73	6～8	正 常
肇庆马安矿	含水松散层	1.8～4.5	15～20	短壁陷落	10	0.8～1	17～24	2.4～6	正 常

注：1. 括号内为松散层底部砂层的厚度。
2. 采深采厚比指基岩厚度与采厚之比值。

表 3－5－37 基岩含水层和其它水体下采煤实例

矿 井 名 称	水 体 类 型	采 厚 (m)	煤层倾角 (°)	采煤方法及顶板管理方法	岩柱厚度		涌 水 变 化
					层间法距 (m)	与采厚比	
舒兰吉舒四井	砂岩含水层	1.2	12	单一长壁陷落	10	8.3	正 常
蛟河六井	一层煤的老采空区积水	8.5 (四个层)	13～15	单一长壁陷落	250	29	正 常
蛟河六井	五层煤的老采空区积水	2.5	13～15	单一长壁陷落	50	20	涌水量增加
开滦赵各庄矿	奥陶纪灰岩水	4～10	70～90	水平分层陷落	70～90	7～9	涌水量增加
淄博双山西部新井	七层煤的老空区积水	1.0 1.5	13～20	单一长壁陷落	65～70	26	正 常
枣庄田屯郭东井	十四层煤的老采空区积水	0.85	6～11	单一长壁陷落	56	66	正 常
南桐南桐二井	长兴灰岩水和薄河	3～3.5	37	单一长壁陷落	41～50	15～18	涌水量 2.5～8.2t/min

注：岩柱厚度指煤层至含水层的距离。

第六节 堤（坝）压煤开采

堤（坝）是重要的挡水建筑物，保证堤（坝）下采煤的安全，首先要掌握堤（坝）体受采动引起的裂缝发展规律，并要结合堤（坝）体是常年性浸水还是季节性浸水，以及其浸水深度等因素，确定需要采取的技术措施。

一、采动地表变形引起地表及堤（坝）开裂的规律

1. 采动地表裂缝发生的机理

在采动影响下，地表产生垂直和水平位移。当地表两点之间出现下沉差，或水平移动，或二者同时出现时，地表会发生拉伸或剪切变形。如拉伸或剪切变形超过岩石（土）的允许变形值时，地表产生裂缝，两点间以下沉差为主时，地表出现台阶状裂缝，其延伸深度大；两点间以水平拉伸为主时，地表出现张开状裂缝，但不出现明显的台阶状裂缝，其延伸深度较小。

2. 采动地表裂缝的特点

在采用长壁工作面开采的条件下，地表裂缝一般有两种类型：

(1) 盆地边缘静态裂缝。开采深度较大时，采空区上方能形成“三带”，地表裂缝出现在下沉盆地的外边缘区或拉伸变形区。这种裂缝属静态型裂缝，其形态呈楔形，上宽下窄。随岩性的不同，裂缝延伸深度由数米到数十米；

(2) 盆地边缘动态裂缝。开采深度较小时，则不论采空区上方能否形成“三带”，随着工作面的推进，地表下沉盆地边缘区内，即工作面前方的延伸变形区内，会出现平行于工作面的裂缝。这种裂缝属于动态型裂缝，它会随着工作面的推移而先张开、后闭合。

3. 堤（坝）体采动裂缝的特点

中国堤（坝）下采煤的实践表明，土堤的采动裂缝大致有横切、顺向和斜切（堤体）裂缝三种。横切裂缝在堤身的裂缝深度与堤外地表的裂缝深度大体相同，它对堤体的破坏性最大，特别是在堤身常年浸水的情况下，根本不允许出现这类裂缝，因此，应采取开采措施，尽可能避免其出现。顺切裂缝对堤体的稳定性破坏严重，但从阻止水的渗漏角度看，它比横切裂缝有利。斜切裂缝的特点基本上与横切裂缝相同。

影响地表裂缝发生与发展的因素。地表裂缝的发生与发展取决于地表水平变形值。据实测，对于粘土，水平变形值达4～6mm/m时发生裂缝；对于砂质粘土，水平变形值达2～3mm/m时发生裂缝；对于岩石，水平变形值达1～2mm/m时发生裂缝；对于钢筋混凝土构件，其地基的水平变形值一般达6～7mm/m时才发生裂缝。地表变形值大小与煤层的采深及采厚有关。在采厚不变的条件下，如增加采深，则地表变形值减少；在采深不变的条件下，如增加采厚则地表变形值相应增加。

当采厚为2m，岩性中等，采用全部垮落法管理顶板时，则水平变形与采深的关系如表3—5—38。

表3—5—38 地表水平变形值与采深的关系

H (m)	100	200	300	400	500	600	700	800	900	1000
ε (mm/m)	12.60	8.30	4.20	3.15	2.52	2.10	1.80	1.58	1.40	1.28

二、解决堤（坝）压煤开采的一般途径

根据中国水体及堤坝下采煤的经验，解决堤（坝）压煤一般有以下的技术途径：

(1) 退堤采煤。废弃原堤，在采动影响范围以外，或采动影响小的地点另建新堤，然后直接在原堤下采煤。退堤采煤适于下列条件：部分堤体常年在河（水库）水位以下，加固和维修难度大；采动对堤体产生的下沉和变形值大。

(2) 护堤采煤。不废弃原堤。采用加固、维修方法保护原堤，在堤下进行采煤。护堤采煤适于下列条件：采动对堤体产生的下沉和变形值小于或接近于堤体的允许变形值，而且不大量出现横切裂缝；部分堤（坝）体不常年在水位以下，或堤体浸水高度小，浸水时间短暂。

三、堤（坝）压煤开采措施

1. 堤（坝）下采煤的开采技术措施

为了减少堤（坝）的下沉与变形，堤（坝）下采煤的开采措施基本上与建筑物下和水体下采煤相同，一般应尽量避免在堤（坝）体上出现横切裂缝，因此，在堤（坝）下采煤时，特别是坝下采煤时，由于坝体的平面尺寸相对较小，有条件合理安排工作面的相对位置。可将堤体布置在地表下沉盆地中间区或内边缘区，以减少其静态变形，或只受到压缩变形。而不要将坝体布置在外边缘区，以防止坝体受拉伸变形。有时也可直接在坝体下布置工作面，由坝体正下方开始背向回采，使坝体只受到压缩变形。如坝体不能避开永久性开采边界时，应将多煤层（或分层）的开采边界互相错开，以减少多煤层（或分层）开采边界上方变形值的叠加。从而避免产生较大的拉伸变形值。

2. 堤（坝）的加固与维修措施

堤（坝）下采煤应加强堤（坝）的加固与维修，以确保堤（坝）安全。一般在开采前进行堤（坝）加固，堤（坝）维修则主要在开采过程中和开采结束后进行。

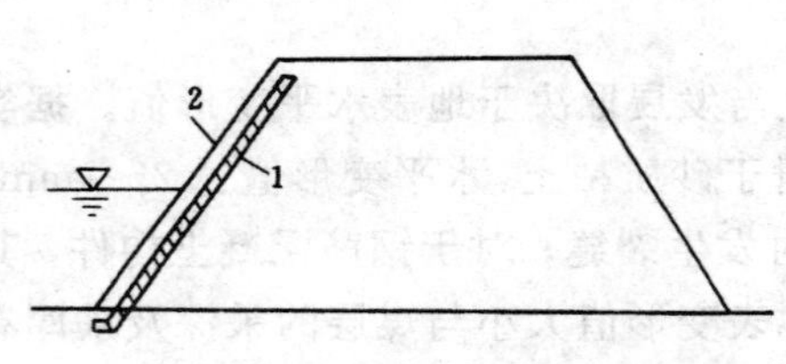

图 3－5－23　铺设人工防渗层

1—防渗层；2—堤（坝）

(1) 堤（坝）的加固。根据对地表下沉的预计，应将堤（坝）的高程和断面按规范和实际需要实行一次性加宽和加高。这种做法的优点是：新土与老堤能很好结合，不降低堤（坝）的稳定性；采前加高，可使堤（坝）下部浸水部位，少受和不受堤（坝）顶部裂缝的破坏（因堤顶裂缝深度有一定限度）；可以适当改善堤（坝）断面规格，如增加原有的堤（坝）宽度；减小堤（坝）原有的坡度；在迎水坡铺设片石护坡等。

(2) 铺防渗层。为了提高堤（坝）的防渗能力，可在堤（坝）的迎水坡铺设人工防渗层（图 3－5－23）。据国内外经验，人工防渗层有以下几种：塑料布，在水利部门已推广应用，淮南矿区在淮河大堤下采煤时曾进行试验并获得成功；粘土层或沥青层；废旧橡胶带及其它柔性防渗材料。

(3) 预注浆。对堤体土质不均的区段，应在采前进行预注浆，以达到固结土体的目的，并提高堤（坝）的稳定性、抗裂能力及防渗能力。

(4) 堤（坝）的维修。在堤（坝）受采动影响的全过程内，要根据开采进度与堤（坝）的最小允许高程，分次加高堤（坝）。加高时要按水利部门的技术要求，保证施工质量。

淮南李嘴孜矿、毕家岗矿在淮河堤下采煤时，为了恢复堤体受采动影响产生裂缝后的隔水能力，采用在堤顶、坝坡（背水坡）打群孔灌注黄泥的方法，经多年实践，效果良好。钻孔布置方法见图 3－5－24，图中编号为打孔的顺序。

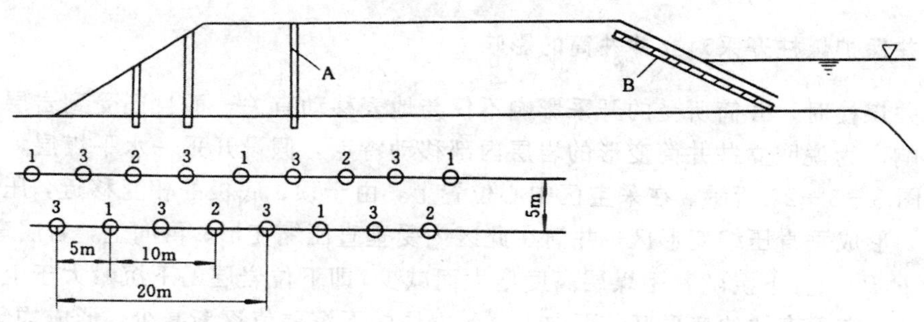

图 3—5—24　群孔注浆钻孔布置方式

A—注浆钻孔；B—防渗层

1、2、3—按顺序打的注浆钻孔

如果堤（坝）上出现了大断裂、错台等，应沿裂缝或错台挖到相应深度，然后用粘土分层填满夯实。对受采动影响，特别是处于地表移动活跃期的堤（坝），在汛期内要加强巡检工作，遇有险情，要及时处理。如土质堤（坝）背水坡浸润线高出坡脚时，应采取降低浸润线的工程措施进行处理。

四、堤（坝）压煤开采实例

堤（坝）下采煤已在淮南、大屯及合山等矿区取得经验。特别是在淮南矿区，随着淮河下采煤规模的扩大，淮河河堤下采煤的范围也不断扩大。在各种保护级别堤下开采不同地质开采技术条件煤层的结果，参见表 3—5—39。

表 3—5—39　淮南矿区河堤下安全开采实例

堤名	矿　别	已采煤层数	采　深 (m)	累计采厚 (m)	堤体总下沉量 (m)	洪水期堤内外水头差 (m)	洪水期堤体浸泡时间（次数）(d)	处　理　措　施
行洪堤	李嘴孜矿	7	103～201	17.0	3.57	4.8	30～60（3 次）	加高、加宽、打钻注浆、铺塑料防渗层
确保堤	李嘴孜矿	2	103～201	3.5	0.45	6.0	60（2 次）	加高、打钻注浆、粘土贴坡
确保堤	毕家岗矿	1	252～292	6.0	2.58	1.0～2.0	60（2 次）	加高、加宽、打钻注浆
小坝子	毕家岗矿	5	120～330	13.8	5.20	4.0	60（5 次）	加高堤顶
小坝子	新庄孜矿	3	220	10.4	3.32	3.5	全　年	加高堤顶

第七节　井筒及工业场地保护煤柱的开采

60 年代以来，立井保护煤柱的开采技术得到了较快发展。从过去开采报废矿井的煤柱发展到开采生产矿井的立井煤柱，甚至开始试采在建矿井的立井煤柱。波兰、俄罗斯、德国、比利时等国都在开展这方面的研究、试验和开采工作。波兰自 60 年代以来，已经开采了几十对立井保护煤柱。1977 年中国在淮南九龙岗矿和大通矿也进行了立井煤柱的开采试验。

一、立井保护煤柱开采对立井井筒的影响

开采立井煤柱时，井筒所受的开采影响不仅与地表移动有关，而且还受到岩层内部的移动和变形影响。为说明立井井筒变形的岩层内部移动特点，假设开采一水平煤层，开采范围相当大，如图 3－5－25 所示。在采空区中心位置上，由于顶、底板的相互移近，压缩采空区冒落的矸石，形成垂直压缩变形区，井筒在此区内受垂直压缩变形；再向上，岩层弯曲下沉，沿竖直虚线 $P_1P'_1$ 上，下沉随着距煤层高度增大而减少，即下位岩层的下沉量大于上位岩层的下沉量，因此，有垂直拉伸变形区；再向上，各岩层的下沉差值逐渐减少，形成均匀下沉区。而在采空区两侧煤体中支承压力带范围内，如沿竖直虚线 $P_2P'_2$ 上，由于上覆岩层重力作用和底板支撑作用，由煤层到地表的范围上存在着垂直压缩变形区。经验表明，开采井筒煤柱时，对井筒产生有害的变形，主要是垂直方向上的拉伸和压缩变形及井筒的偏斜，岩层均匀下沉对井筒的危害较小。

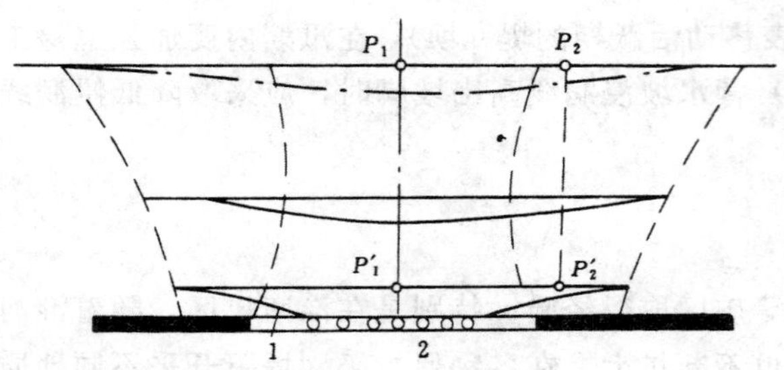

图 3－5－25　上覆岩层垂直移动示意图

1—直接顶下沉；2—冒落矸石

从开采条件上说，井筒可能穿过所采煤层，或者位于所采煤层的上方或旁侧，由于井筒与所采煤层相互位置不同，井筒可能是全部或者只有上部井筒受到开采影响。

二、井筒变形预计

如前所述，开采立井保护煤柱时，对井筒有较大危害的变形是垂直变形和井筒偏斜。为了进行开采立井保护煤柱设计和采取适当的井筒保护措施，必须对可能发生垂直变形及其位置进行预计。根据概率积分法，在用圆形对称法开采立井煤柱时，(用这种方法开采立井煤柱可避免井筒产生偏斜)，在立井煤柱半径为 R 的范围外部或内部开采引起的煤柱中心线上的岩层垂直变形 ε_z 可用下式预计：

$$\varepsilon_z = \mp 2\pi W_{\max} \cdot \frac{R^2}{r^2} \cdot \frac{H^2}{Z^3} \cdot \mathrm{e}\,\frac{\pi R^2 H^2}{r^2 Z^2} \tag{3-5-65}$$

式中　Z——距煤层顶板的垂直距离；

$W_{\max}$——地表最大下沉值；

H——开采深度；

r——地面的主要影响半径。

这类变形沿煤柱中心线的分布情况如图 3－5－26 所示。

在半径为 $R\left(R=\frac{r}{\sqrt{\pi}}\frac{Z}{H}\right)$ 的范围外部或内部开采时，沿煤柱中心线可能出现的最大垂直变形值，可用下式计算：

$$\varepsilon_{z.\max} = \mp W_{\max} \cdot \frac{2}{eZ} \tag{3-5-66}$$

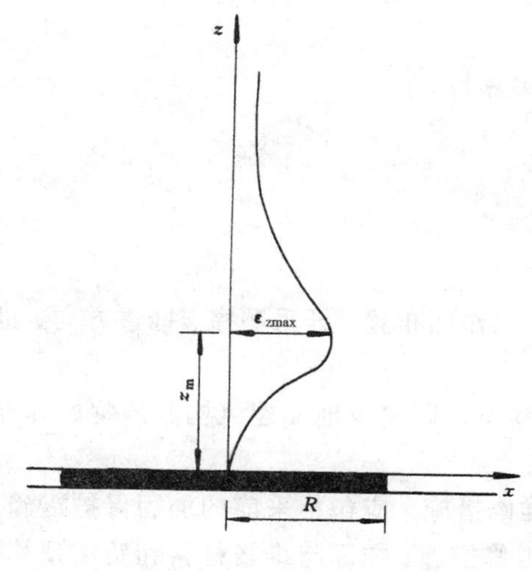

图 3—5—26　垂直变形分布

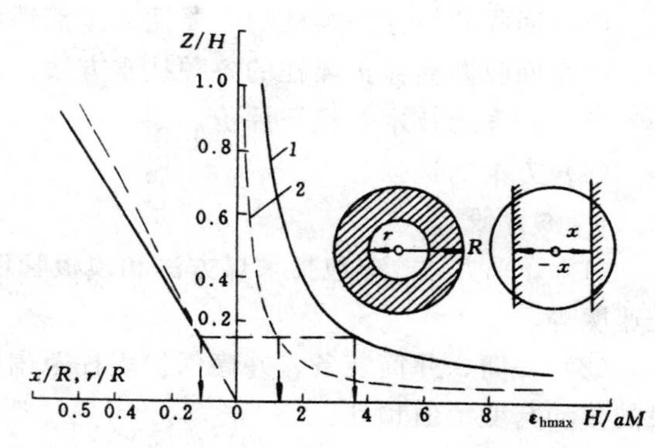

图 3—5—27　煤柱中心线岩层最大变形曲线

而最大垂直变形值出现在煤层以上的高度为：

$$Z_m = 1.447\frac{R}{r}\cdot H \tag{3—5—67}$$

根据式（3—5—66）、式（3—5—67）可绘制诺模图（图 3—5—27）。已知煤层开采深度 H，地表的开采主要影响半径 r 和最大下沉值 W_{max}，利用该诺模图可计算某一标高 Z 处的最大垂直变形值（图中虚线为用长壁采煤法从井筒煤柱一侧向另一侧回采的情况，实线为圆形对称法回采时的曲线）。

三、井筒保护煤柱回收设计

完成井筒保护煤柱回收设计必须具备如下技术资料和工程图。

1. 技术资料

（1）地质及开采技术条件。煤层的层数、层间距、厚度、倾角、埋藏深度、压煤量，所采煤层与井筒的空间关系，所采煤层中及其上、下的巷道、硐室分布情况，岩性、断裂构造、岩层含水性、井筒保护煤柱外已开采情况。

（2）井筒及其装备概况。井深、井壁、井径、罐道、罐道梁、提升设备、井筒内管路、电缆、梯子间、井架（井塔）及井口房的技术特征、安装、布置方式、使用现状及必要的设计说明书。

（3）建（构）筑物概况。

2. 工程图

（1）井上、下对照图，地质剖面图及建（构）筑物施工图。

（2）井筒剖面图。应包括井壁结构、围岩性质及含水层分布等。

（3）通过井筒及工业场地的地质剖面图。

（4）井筒横断面图及井筒装备布置图。

立井井筒保护煤柱回收设计应包括方案设计和初步设计两个步骤，其基本内容应符合下列要求：

3. 方案设计

(1) 回收井筒保护煤柱的必要性、可能性和安全可靠性。

(2) 回收井筒保护煤柱的各种技术方案。

(3) 方案的技术、经济评价。

(4) 方案的选择。

4. 初步设计

(1) 开采方法。应包括采煤方法和顶板管理方法、工作面布置、开采顺序、推进方向、推进速度等。

(2) 井筒、井筒装备、井筒保护煤柱范围内主要巷道、硐室及地面建（构）筑物所在地表的移动与变形值预计。

(3) 建（构）筑物、井筒及其装备的加固保护和维修措施。应包括采前的加固保护措施、加固构件的设计说明书和施工图；开采期间及采后的维修措施，加固与维修材料和费用预算。

(4) 经济效益分析与评价。

(5) 各种观测站设计。

四、立井煤柱回收的技术措施

(一) 开采技术措施

回收井筒保护煤柱时，应根据井筒与所采煤层的空间关系，地质、水文地质及开采技术条件，采用相应的开采方法和安全措施。

1）当所采煤层被井筒穿过时，一般应首先在煤层内切断井壁，代之以可缩性木垛圈，如图3—5—28所示。并采用充填方法开采井筒周围的一个正方形或矩形块段，然后用主工作面从井筒煤柱的一侧边界向另一侧回采或对称开采。主工作面一般可采用充填方法管理顶板或条带法开采；条件允许时，也可采用全部陷落方法管理顶板。

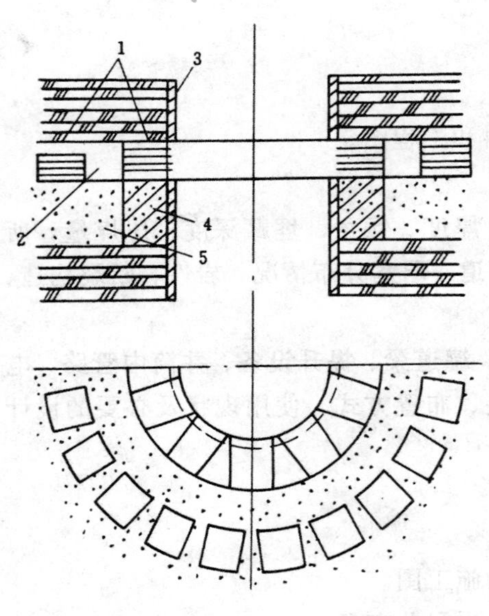

图3—5—28　增强井壁抗变形能力的措施

1—木垛；2—观察巷；3—井壁；
4—混凝土圈；5—充填砂子

2)当所采煤层在井筒下面时，如井底及其巷道、硐室至煤层的垂距大于裂缝带高度，可采用长工作面或阶梯工作面由井筒煤柱一侧向另一侧回采或对称开采；条件不利时，应采用充填法或条带法开采。

3）当所采煤层（块段）在井筒一侧时，一般应保留防偏煤柱，并采用对称方法开采，即在井筒煤柱范围内的煤层走向方向上，按采厚、面积或产量的等量对称开采；条件不利时，应采用条带法或充填法开采。

4）开采井筒煤柱的防护措施有：

(1) 在所采煤层上方的井壁内加木砖可缩层。

(2) 在井筒罐道接头处加可伸缩接头。

(3) 在排水、压风管路接头处加可伸缩接头。

(4) 在电缆固定点之间留可伸缩余量。

(5) 必要时要备有安全出口。

(6) 对井壁、井筒装备进行及时检查和维修。

(二) 立井煤柱回采方法

1. 单向回采

这种方法又有单工作面和双工作面之分，如图 3—5—29 所示。

单向单工作面回采，就是用一个包括井柱宽度的直线形或台阶形长工作面，从井柱的一侧边界向井筒方向推进，采过井筒后向井柱另一侧边界推进，直到采出煤柱范围。

单向双工作面回采就是用一个长工作面从井柱一侧边界开始向井筒方向回采，而第二个长工作面在适当时间从井筒中心开始向井柱另一侧边界回采。

这两种方法都需要对井筒支护和井筒装备采取适当的保护措施。采用单向单工作面开采，长工作面从井柱一侧开始回采时，井筒会出现迎着工作面推进方向的偏斜，同时从井口向下依次出现垂直压缩变形，而且随着工作面推进，井筒的偏斜和变形逐渐增大；工作面推过井筒后，井筒向相反的方向偏转，出现垂直拉伸变形，随着工作面继续推进，井筒的偏斜和拉伸变形逐渐减少，以至消失。在用单向双工作面开采时，井筒的偏斜和垂直变形值都比单向单工作面时要小。

2. 双向双工作面开采

如图 3—5—30 所示。有两个工作面相向和背向回采之分。双工作面相向开采就是用两个长工作面从井柱两侧边界向井筒中心回采，而背向开采是从井筒开始用两个长工作面向井柱两侧的边界回采。使用双向双工作面开采井柱时，对井筒造成的垂直变形比用单工作面开采时要大一倍，但井筒不出现偏斜。相向开采对有冲击地压危险的煤层是不利的，而且也会给井下巷道维护工作带来困难，一般不宜采用。

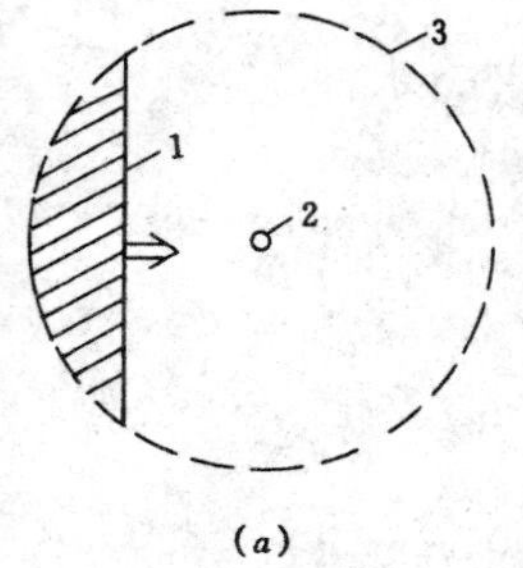

(a)

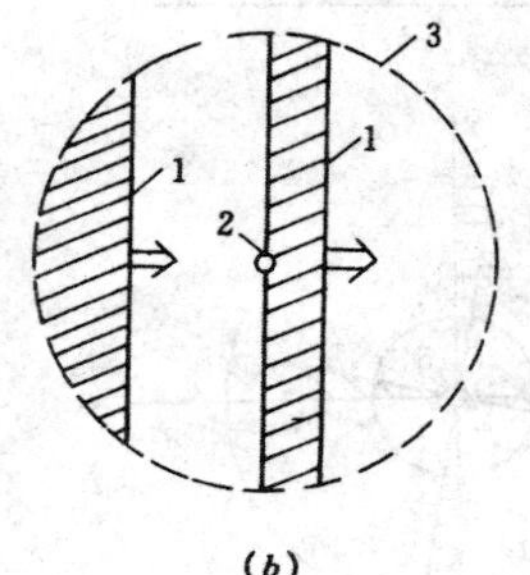

(b)

图 3—5—29 单向开采

a—单工作面；*b*—双工作面

1—回采工作面；2—立井井筒；3—护井煤柱边界

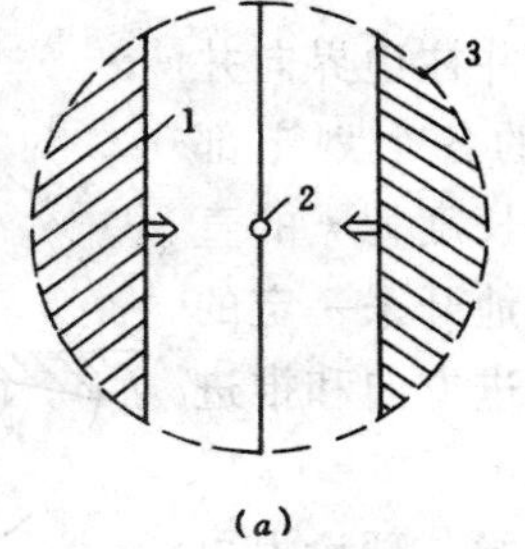

(a)

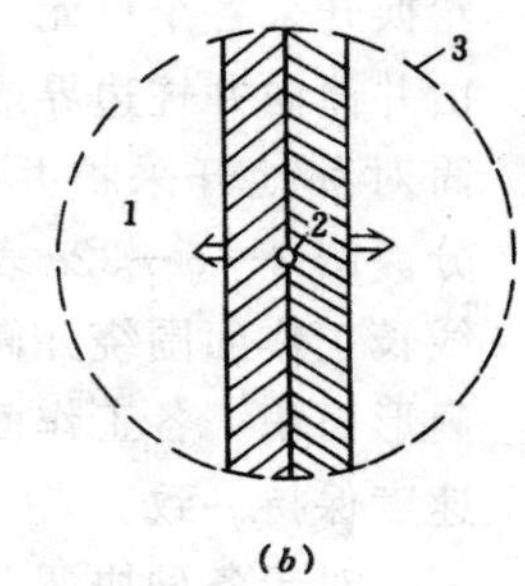

(b)

图 3—5—30 双向双工作面开采

a—相向回采；*b*—背向回采

1—回采工作面；2—立井井筒；3—护井煤柱边界

3. 综合开采

这种开采方法是先采靠近井筒的小煤柱（近井小煤柱）同时用一个或两个长工作面（基本工作面）开采整个井柱，如图 3—5—31 所示。这种开采方法一般分为三个阶段：第一阶段，将开采煤层中的井壁截去，代之以可缩性木垛；第二阶段，开采近井小煤柱；第三阶段，用

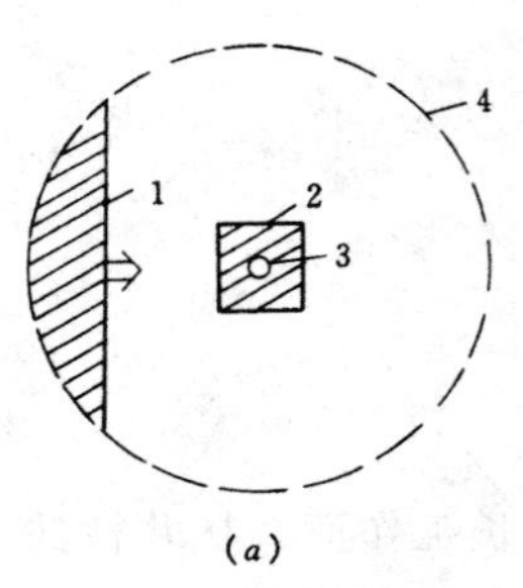

(a)

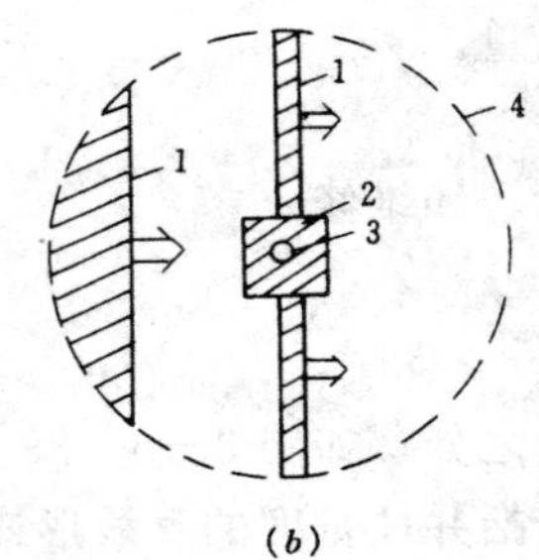

(b)

图 3—5—31　综合开采

a—单基本工作面；b—双基本工作面

1—基本工作面；2—近井小煤柱；3—立井井筒；4—护井煤柱边界

一个(或多个)基本工作面开采整个井柱。用一个基本工作面配合先采近井煤柱的综合开采法，称为波兰法。波兰使用这种方法已回采过不少井筒煤柱。实践表明是一种有效的井筒煤柱开采方法。

先采近井小煤柱的目的。是使井筒先产生垂直拉伸变形，以部分地抵消基本工作面开采时井筒上产生的垂直压缩变形，减少井筒受垂直变形的影响；可以使基本工作面推过井筒时保持稳定的推进速度；可以消除基本工作面对井筒的直接开采影响；另外，开采近井煤柱可以把井筒同基本工作面分开，有利于防止自然发火。

用两个基本工作面配合先采近井小煤柱的方案，是为了使井筒变形的分布更加有利而提出的理论方案，有待试验。

4. 协调开采

用不同的工作面结构和推进方向组合的一种井柱的开采方法。这种方法可以有多种结合方式，如图 3—5—32 所示。图 3—5—32a 表示将受开采影响的开采面积，分成若干回采单元，每个单元尺寸相同，按照严格安排的开采顺序轮换开采各个单元。图 3—5—32b 表示由井筒向井柱边界或者由井柱边界向井筒对称地开采护井煤柱的各个划定部分。图 3—5—32c 表示用长度为 r 的直线长工作面围绕井筒对称地开采一定的扇形面积，各工作面的推进方向和推进速度保持一致。

对于各种协调开采方案，理论上可以减少井筒的变形值并改善变形的分布。但是工作面结构复杂，生产组织管理困难，而且对于开采有冲击地压危险的煤层不利，实际上使用的并不多。

(a)　(b)　(c)

图 3—5—32　协调开采

1、2、3、4—开采单元；5—立井井筒；6—护井煤柱边界

五、斜井井筒保护煤柱的回收

各生产矿井在安全情况允许条件下，必须回收即将报废斜井的保护煤柱。

回收斜井保护煤柱时，应根据斜井井筒与所采煤层的空间关系，地质及开采技术条件，采

用相应的开采方法和安全措施并提高回收率。

(1) 当斜井井筒位于煤层底板岩层内时，可参照跨巷回采经验进行回收。

(2) 当斜井井筒位于煤层内时，应采用自下而上逐段回采、逐段报废井筒的方法回收。

(3) 当斜井井筒位于煤层群的上部煤层内或顶板岩层内时，离井筒的垂距小于导水裂缝带高度的煤层，可采用条带法或充填法回收；离井筒的垂距大于导水裂缝带高度的煤层可采用全部垮落法回收。

(4) 当斜井穿过煤煤或为反斜井时，位于斜井上方的煤层，可参照跨巷回采经验回收；位于斜井下方的煤层，可参照 (3) 规定执行。

(5) 回收斜井保护煤柱时，应在地面和井筒内进行观测工作。

六、回收井筒煤柱的观测工作

回收井筒保护煤柱时，应在地面、井筒内及巷道内进行观测工作。

(1) 地表及建筑物的移动与变形观测。

(2) 井筒保护煤柱范围内的各种巷道移动与变形观测。

(3) 井筒及其装备的移动与变形观测。应包括井筒的水平位移和垂直变形，井壁应力和变形，罐道水平间距和垂直变形，罐道梁变形，管道垂直变形等。

(4) 各种构筑物、重要设备及其基础的移动与变形观测。应包括井架偏斜、天轮中心线水平移动、绞车与电动机大轴及基础的移动与变形观测。

第八节　石灰岩承压含水层上带压开采

一、石灰岩承压含水层上采煤防治水途径及技术应用特点

(一) 石灰岩承压含水层上带压采煤防治途径

近 20 多年来，中国煤矿在石灰岩承压含水层的防治方面进行了大量的工作，并取得了许多经验。主要防治途径是：

(1) 疏水开采。即将含水层水全部疏干，或将含水层水位降低到安全高度后再行开采。这种方法主要适应于煤炭资源丰富，煤炭产量高、补给水源较少和煤层直接底板为石灰岩含水层的地区。

(2) 堵水开采。即将含水层补给水源采用帷幕注浆堵水方法堵截疏排后进行开采。这种方法适应于煤层埋藏浅，储量集中和水源补给通道已探明的地区。

(3) 带（水）压开采。即在煤层与含水层之间有足够厚度和阻水能力的隔水层岩柱，并允许含水层水有一定的水头高度（或原始水位高度、或疏干后的水位高度）的情况下进行开采。这种方法适于隔水岩柱阻水能力好，含水层富水性中等及弱富水的条件。

(4) 综合治理。即疏、堵及带压开采相结合。从中国煤矿目前的实际情况看，带压开采是投资少、见效快的方法。如能同综合治理方法结合应用，即在有条件的地区进行局部帷幕注浆堵截水源，使含水层水位降低到与隔水岩柱相适应，则带压开采的应用范围将会越来越大。

（二）石灰岩承压含水层上采煤技术应用的特点

根据我国煤矿的经验，带压开采技术应用的特点是：

(1) 带压开采的石灰岩含水有太原群、本溪群厚层（一般5～8m）灰岩、奥陶系巨厚层（400～800m）灰岩及二叠系巨厚层（200～500m）茅口灰岩；

(2) 含水层水压一般在1～1.5MPa以下，少数达2～3MPa，水压较大时，容易发生采掘工作面突水；

(3) 一旦发生突水、水量大，来势猛，在地质和水文地质条件复杂的条件下，当突水量超过矿井排水能力时，会造成淹井事故；

(4) 采动影响下的底板突水形式有突发型和滞后型两种。滞后型突水多为掘进突水。据粗略统计，在矿井总突水次数中，约有一半是掘进突水。

二、石灰岩承压含水层上带压开采的技术条件及影响因素

1. 含水层的富水特征

石灰岩承压含水层上带压开采的可能性与安全可靠性，取决于含水层的富水性及其分布特征。不同类型岩溶水体对安全开采的威胁程度不同。应区分裂隙岩溶水体与通道岩溶水体（前者威胁性小于后者）；古代岩溶水体与近代岩溶水体（前者分布深度大于后者）；充填型岩溶水体与非充填型岩溶水体（前者富水性弱于后者）；单层单一型岩溶水体与多层复合型岩溶水体（前者比后者简单）；统一型岩溶水体与分散型岩溶水体（前者威胁性大于后者）。另外岩溶发育程度与岩石化学成分、埋藏深度及分布情况有关。含CaO_2高的厚层状纯灰岩岩溶现象较发育，随埋深增加岩溶发育程度减少，岩溶发育还受地质断层构造影响，一般断层附近岩溶发育剧烈。

2. 断裂构造的导水性

据峰峰、焦作等矿区在石灰岩承压含水层上带压开采的突水实例分析可知，采掘工作面突水都与地质断裂构造有关。出现在断层附近的突水实例，峰峰矿区占76%以上，井陉矿区占97%，淄博矿区占70%，焦作矿区占55%，而且大部分是中、小型断层突水。因此，断层破坏带是矿井突水的最常见通道，无论断层的落差大小，都可能发生突水，特别在数条断层的交叉分叉地点，断层尖灭处和大小陷落柱附近，在采动影响下，突水的可能性最大。背斜轴部张性岩溶裂隙发育，导水性强；向斜轴部属压性结构，裂隙不发育，导水性弱。

3. 底板岩柱的阻水能力

底板岩柱的阻水能力大小是决定带压安全开采可能性与可靠性的关键。底板岩柱阻水能力大小又决定于岩柱的尺寸、岩性及地层结构。

国内外煤矿确定带压开采时的岩柱尺寸常用突水系数法和阻水系数法。

阻水系数V为岩柱厚度M与水压P之比，即$V=M/P$。当$V\geqslant 2$时，带压开采是安全的。

突水系数的计算方法及安全值参见《煤矿总工程师工作指南》第二章5.3。

岩柱的地层结构特征，对其受采动后的影响程度和阻水能力有一定的影响。当近煤层为坚硬岩层，远煤层为软弱岩层时，其抵抗来自上方的采动影响能力和阻止来自下方的承压水上升的能力都较好。当近煤层为软弱岩层，远煤层为坚硬岩层时，由于坚硬岩层中易产生裂隙，故导水性好。因此，石灰岩含水层的水早已侵入该坚硬岩层，等于缩小了岩柱的厚度。当

岩柱全部为坚硬岩层时，岩层内的原生裂隙可能较发育，承压水上升，相当于减少了有效阻水岩柱的厚度。当岩柱全部为软弱岩层时，采动影响深度较大，阻水岩柱的有效厚度亦相应减少。

4．采动影响程度

煤层底板内采动影响程度，取决于采煤方法及工作面的尺寸大小。据突水实例统计，回采工作面大部分突水常出现在第一次放顶和老顶垮落之时，且多出现在长壁工作面上、下两端，特别是工作面下端部位。

采用长壁工作面回采时，由于煤层中的集中应力传递到底板岩层内，随工作面不断推进，底板岩层中受压缩、膨胀再压缩，甚至剪切，因而大大减少了岩柱的阻水能力。

三、石灰岩承压含水层上带压开采的适用条件及技术措施

目前中国煤矿在石灰岩承压含水层上带压开采所采用的技术方案主要是疏干开采和综合治理、带压开采。

（一）含水层上带压开采的适用条件

（1）疏干开采适用于石灰岩承压含水层为煤层的直接底板，石灰岩承压含水层的富水性及水源补给条件有限的情况。

（2）综合治理、带压开采的适应条件为：

①有足够的厚度和阻水能力的岩柱；

②断裂构造较少或断裂构造导水能力弱；

③有堵截补给水源的条件。

（二）综合治理、带压开采的主要技术措施

（1）先采深部煤层，后采浅部煤层。

（2）先采弱富水地段和地下水弱径流带。

（3）堵截石灰岩含水层的主要补给水源或加固岩柱阻水能力薄弱带、例如，石灰岩含水层为半封闭结构，并有集中的水源补给通道，则应采用帷幕注浆堵截，以减少水源补给，形成良好的疏干或疏降开采条件。

（4）合理布置工作面及留设断层煤柱。为了减少断层突水，在可能条件下，应尽量减少对断层的采动影响。如采用断层作为井田、采区和工作面的边界，便于留设足够尺寸的断层防水煤柱。掘进巷道过断层时，采用加强支护、封闭式支架和局部注浆堵水等措施。

（5）采用能减少集中应力在底板岩层中传递深度的采煤方法。据初步试验，充填采煤法（带状充填和全部充填）和条带采煤法能减少集中应力传递深度，有利于提高岩柱的稳定性。缩短工作面长度、减少工作面悬顶长度、控制采高、及时放顶等，都有利于减少采动影响的破坏深度。

（6）分区隔离和采区大后退开采。为了限制突水灾害的影响范围，应尽可能实行分区隔离和大后退开采，以便在突水时封闭采区。

（7）配备相当能力的井下排水设备，增设事故水仓。

（8）对巷道中的集中突水点进行注浆封堵，以减少矿井涌水量。

（9）有疑必探，先探后掘，先探后采。

四、石灰岩承压含水层上带压开采实例

石灰岩岩溶承压含水层上带压开采的试验，在峰峰、邯郸、井陉、淄博、涟邵等矿区都取得一定经验，特别是取得了在薄层灰岩和弱富水灰岩承压含水层上带压开采的经验（见表3—5—40）。

表3—5—40 石灰岩岩溶水体上带压安全开采实例

水体名称	局 矿	采厚(m)(所采煤层)	倾 角(°)	防水岩柱厚度(m)/岩 性	岩柱承受的水压(MPa)	柱压比*	采后涌水量情况
奥灰岩	邯郸王风矿一坑	1.0～1.2(大青煤)	10～20	19.2～24.8/砂质页岩、灰岩、页砂、煤层	0.44	4.4	正 常
大青灰岩及奥灰岩	峰峰二矿	1.5(小青煤)	10～21	48～55(距奥灰)/砂岩、砂质页岩、页岩、煤、灰岩	1.25～1.35	3.6～4.4	正 常
奥灰岩	峰峰矿区白土矿一坑	2.0～2.2(下架煤)	13～14	20/砂质页岩	1.28	1.6	1.67(m^3/min)
奥灰岩	井陉三矿	6.5～9.8(五煤)	14～15	50～55/煤、页岩、砂质页岩、砂岩、灰岩	0.36～0.65	7.7	18(m^3/min)
L_3灰岩	焦作田门井	6.0(大煤)		40/	1.5	2.7	正 常
奥灰岩	平顶山韩庄矿	(已16～17)		40～50/砂岩、煤、灰岩	0.85	4.7～5.9	正 常
奥灰岩	鹤壁九矿	(下架上煤)		53/砂岩、砂质页岩、页岩、煤、灰岩	0.9	5.9	正 常
大青灰岩	邢台矿	2.0(大煤第一分层)	10	50/砂质页岩	3.3	1.5	正 常

*柱压比即隔水系数。

第六章 水 力 采 煤

第一节 水采适用条件与生产工艺

一、中国现有水采矿井、采区概况

中国已在17个矿区、20多处井、区推行过水力采煤。1996年全国在籍的水采生产井、区的状况见表3—6—1；新建和改建（旱采改水采）的水采井、区见表3—6—2。从总体上看，目前水采工艺的生产规模是以中型为主。

表3—6—1 全国现有水采矿井（区）基本情况表

序号	局矿名称	煤层条件				水采工艺方式	采区数量	年产量（Mt）	备注
		厚度（m）	倾角（°）	煤层构造	顶板情况				
1	开滦吕家坨矿	1.5～3	8～12	较为简单	砂岩、粉砂岩，稳定	1mm井下分级，水旱分提	5	1.80	70年代由于采煤厚度7～8m，台枪产量达1Mt以上
2	枣庄八一矿	4.08～8.45	20	稳定	页岩、砂质页岩、砂岩，稳定	全水力化提升、提升粒限＜50mm	1	0.35	矿井已进入产量递减期
3	鹤岗峻德矿	8	30	有断层影响	84%Ⅲ级，稳定	1mm井下分级，水旱分提	1	0.56	
4	通化松树镇矿	3.7～3.9	西部9～13 东部35～90	简单，部分有火层岩侵入	砂岩、粉砂岩	1mm井下分级，水旱分提	2	0.27 (1996.9～1997.5)	1996年9月投产一个采区，能力0.45Mt/a
5	鹤壁四矿水采区	5～8	20～35	断裂构造发育	砂岩	1mm井下分级，水旱分提	1	0.35	
6	大屯孔庄矿	2.8～6.0	20～30	有断层影响	砂岩	全水力化提升，提升粒限＜50mm	1	0.56	井深，矿山压力显现明显
7	阜新王营矿	5～8	10～20		粉砂岩	1mm井下分级，水旱分提	1	0.20	井深，矿山压力显现明显

续表

序号	局矿名称	煤层条件				水采工艺方式	采区数量	年产量（Mt）	备　注
		厚度（m）	倾角（°）	煤层构造	顶板情况				
8	南票三家子矿	2～10	20～70	有断层影响及火成岩侵入	岩浆岩、砂质泥岩	1mm 井下分级，水旱分提	1.78	0.48	煤质硬 $f=2.18$
9	南票小凌河矿	5～6.0		有断层影响及火成岩侵入	砂质泥岩	1mm 井下分级，水旱分提	1.39	0.26	煤厚变化大
10	南票邱皮沟矿	3～11	45	有断层影响及火成岩侵入	泥　岩	1mm 井下分级，水旱分提	0.78	0.26	矿井涌水量大，最大 1585m³/h
11	北京房山矿	1.2～3.5	20～40	构造复杂，局部有倒转	细砂岩、砂岩	1mm 井下分级，水旱分提	1	0.20	埋藏不稳定，常有无煤带，煤尘大
12	通化咋子矿	1号:3.5～8 4号:4～6 6号:4	25～90 局部有返转	走向平均 14m 有 1 断层，极不稳定	粉砂岩	1mm 井下分级，水旱分提	2	0.37	矿压显现明显
13	通化八道江矿	1.27～7.0	5～50	断层发育煤层不连续	粉砂岩、砂岩	3mm 井下分级，水旱分提	1	0.15	煤层结构复杂煤厚变化大
14	锦西蛤蟆山矿	3～5	15～25		砂质泥岩、砂岩	1mm 井下分级，水旱分提	1	0.13	地方矿
	小计							7.61	

表 3-6-2　正在建设的水采矿井（区）概况表

类别＼局矿		枣庄高庄矿	枣庄藤北五号	通化咋子矿（原六道江矿）新区	通化松树镇矿第二水采区	合　计
煤层条件	厚度（m）	4～5	4～5	5～6	3.7～4	
	倾角（°）	5～25	5～25	40～50	13～90	
	煤层构造	稳　定				
	顶板情况	粉砂岩	粉砂岩	粉砂岩	粉砂岩	
水采工艺方式		全部水力提升	分级提升	分级提升	分级提升	
采区数量		1	1	1	1	
年产量（Mt）		0.90	0.60	0.30	0.45	2.25
备　注		1998 年投产				

表 3—6—3 10个水采井、区经济效益情况表

类型	井区名称	设计生产能力 (Mt/a)	统计起止年月	国家投资 (万元)	累计生产原煤 (Mt)	累计上缴利润 (万元)
全水力化矿井	鹤壁四矿	0.45/0.75	1964.7～1979	1565	11.5922	6300
	肥城杨庄矿	0.51/0.75	1964～1980	2143.59	11.2128	15500
	枣庄八一矿	0.30/0.75	1964～1980	1808.16	10.0300	17968
	开滦吕家坨矿	1.50/2.00	1968～1980	11234.57	26.9266	12386
	鹤壁六矿	0.75	1968～1979	2000	9.0332	1500
	计	3.51/5.00		18751.32	68.7948	53654
有独立水提系统的水采区	开滦唐家庄盆地矿		1958.7～1964.7	415.08	7.2642	4414
	淮南谢三矿 C_{13}槽		1959～1976.1	425.54	10.00	10000
	徐州旗山矿水采井		1959～1981.1	200	5.8259	5000
	枣庄陶庄矿东井		1971.9～1980	233.7	5.0504	4000
	开滦林西矿水采区		1957.3～1963	300	2.6387	1000
	计			1574.32	30.7792	24414
总 计				20325.64	99.5740	78068

二、水力采煤的适用条件

(1) 顶板稳定或中等稳定，底板泥化、底鼓不严重，倾角 7°以上 30°以下的中厚和厚煤层。表 3—6—3 显示出在这一类煤层条件下推行水力采煤时，其经济效益显著。

(2) 厚度 1m 以上、倾角大于 30°、顶底板稳定性符合水采要求的倾斜、急倾斜煤层。国内在北票矿区，国外在前苏联的得尔干矿和日本的砂川矿，都是在这一类煤层条件下有效的推行了水力采煤。

(3) 地质构造复杂、倾角、厚度变化大，但其整体条件仍适合水采的中厚以上的不稳定煤层。国内通化和南票是在这类煤层推行水力采煤的两个典型矿区。

据 1993 年国有重点煤矿储量基本情况统计资料，上述三类煤层的储量约占 15%左右，其中适合水力采煤的不低于 10%。故在中国的资源条件下水采是提高采煤机械化程度必要的途径之一，其发展潜力很大。

除建设正规水采井、区外，对一些老矿井中残留的块段或因采煤方法不当丢失量较大的残煤，可用水力采煤复采。对具备此条件和有井口选煤厂的矿井进行改扩建设计时，可考虑以此来延长矿井寿命、提高资源采出率。

此外，在一个煤田或井田的浅部有因受断层切割等原因形成的独立块段，从毗邻矿井去开拓工程量太大时，可考虑单建小型水采井，表 3－6－3 中所列的旗山矿水采井即属此类型。

除煤层产状外，对煤炭品种宜优先考虑炼焦煤和需要洗选 的动力煤；对产品有块率要求和不需要洗选的无烟煤，无特定的理由时一般不宜不采。

关于水采的水源条件。在特别干旱的矿井除渗透性围岩的漏水外，主要是煤炭产品脱水不净带走一定水分。采用循环用水的生产工艺时，吨煤耗水量一般不超过 0.5m^3。

在一个井田内常常不是所有的煤层或一个煤层所有的块段都适合水力采煤，最常见的是煤层的倾角变化。吕家坨矿－600m 水平以上的煤层倾角都符合水采要求，往下则逐渐变缓，－800m 水平部分块段的倾角已低于水采要求的下限值，－800m 以下则大部分不能再水采了。因此，该矿在新建时就考虑了前期水采和后期改为旱采的可能性。而陶庄矿东井－420m

表 3－6－4 全水力化生产工艺实例

矿　名	生产工艺示意	生产条件与工艺特点	备　注
八一矿	见图 3－6－1	1. 新建水采矿井，斜井开拓方式； 2. 开采单一煤层，平均厚 5.5m，缓倾斜； 3. 生产采区范围内涌水量较大，采用半开半闭循环用水方式； 4. 煤水制备采用±50mm 分级，首创块煤环形循环破碎和煤水仓定量给煤； 5. 一套水采系统，设计生产能力 0.75Mt/a，实际最高 1.00Mt/a	管道运输平均煤水比 1：4～5、最高 1：1，居国内外领先地位。但污水在井下的复用率仍较低，尚有浓缩煤水比的潜力
陶庄矿东井	见图 3－6－2	1. 在旱采矿井内增建水采区以扩大其生产能力； 2. 开采单一煤层，平均厚 4m，缓倾斜； 3. 水采煤在地面脱水后带走的产品水分多于生产采区自然涌水，需在闭路循环用水系统外另寻补给水源； 4. 煤水制备采用±40mm 分级，使用块煤直线形循环破碎和定量煤水仓； 5. 管道运输采用 3 台煤水泵串联运行，其中一台远地遥串； 6. 一套水采系统，生产能力 0.70～0.75Mt/a	该矿缺水。采掘合用一趟供水管道，严重限制了回采水枪的生产能力
俄罗斯红山矿	见图 3－6－3	1. 煤层倾角 50°，煤厚 1.2～2.0m； 2. 高压泵可同时供 3 台水枪同时工作，生产能力 0.64Mt/a； 3. 煤水制备采用±70mm 分级； 4. 采用吸入式煤水仓，无煤水浓度调节装置，煤水比 1：20～1：40，全矿原煤电耗高达 80kW・h/t 以上	与该国同条件旱采相比，生产成本最低，经济效益较好

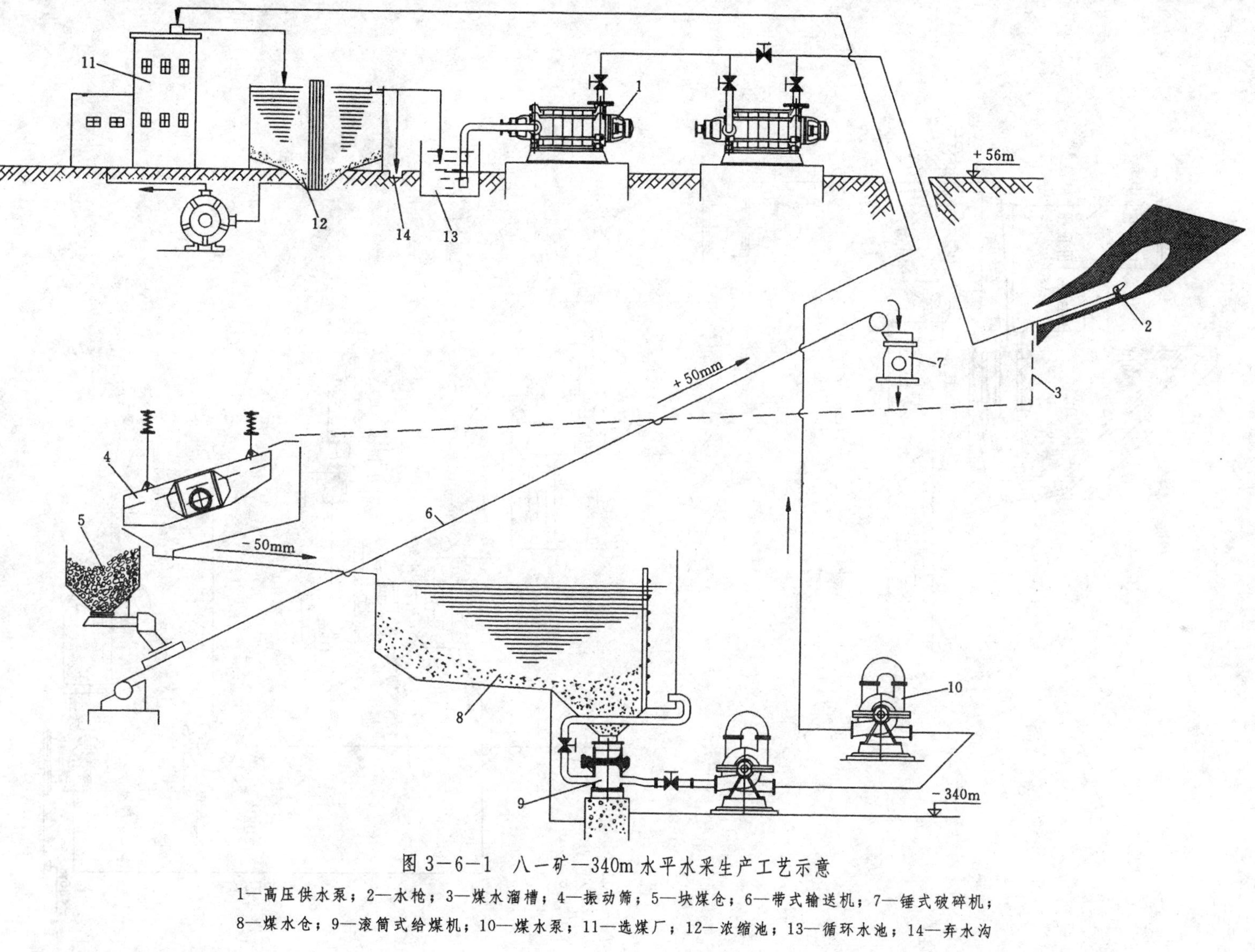

图 3－6－1 八一矿－340m 水平水采生产工艺示意

1—高压供水泵；2—水枪；3—煤水溜槽；4—振动筛；5—块煤仓；6—带式输送机；7—锤式破碎机；
8—煤水仓；9—滚筒式给煤机；10—煤水泵；11—选煤厂；12—浓缩池；13—循环水池；14—弃水沟

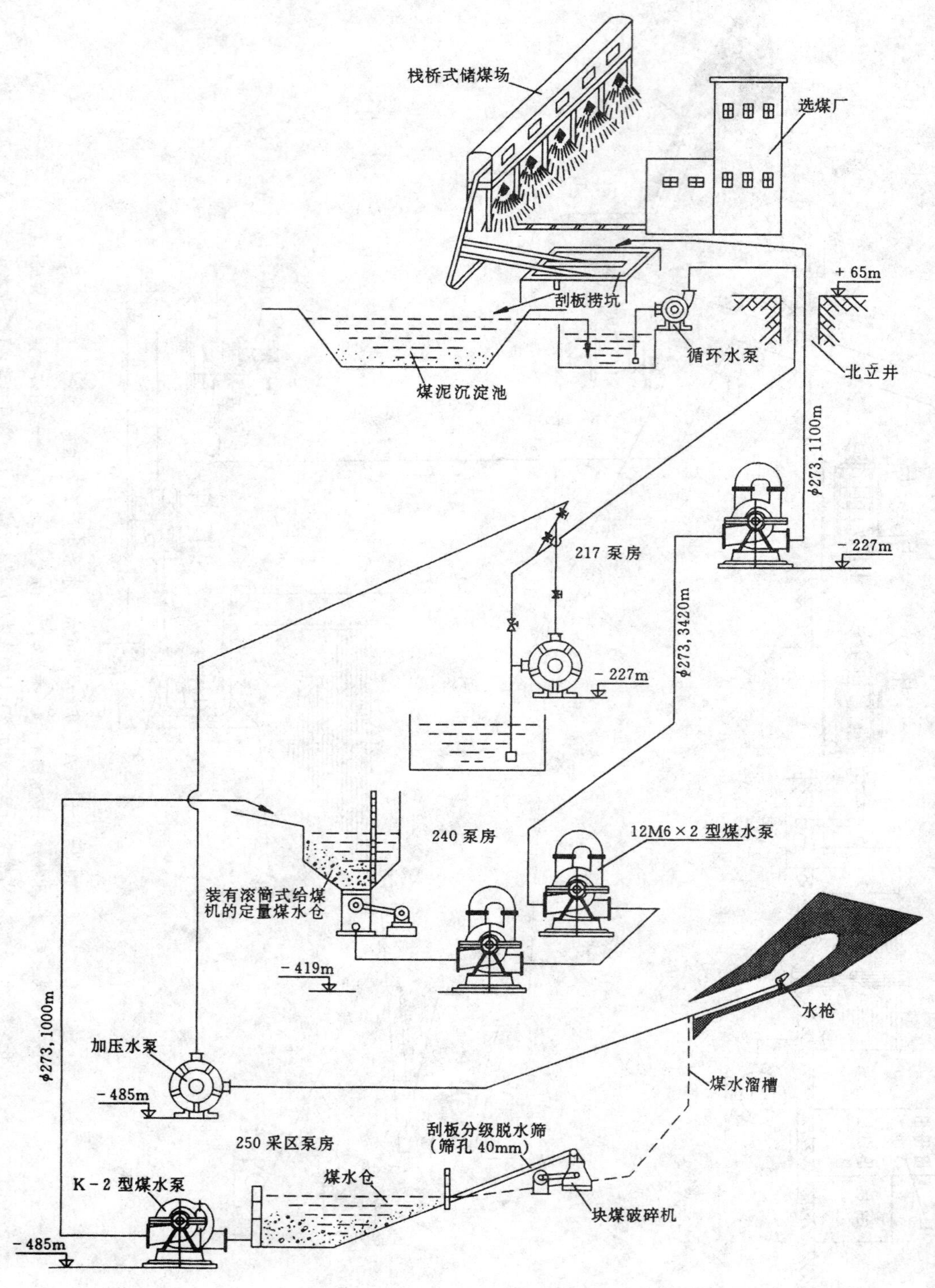

图 3-6-2　陶庄矿独立水采区初期生产工艺示意

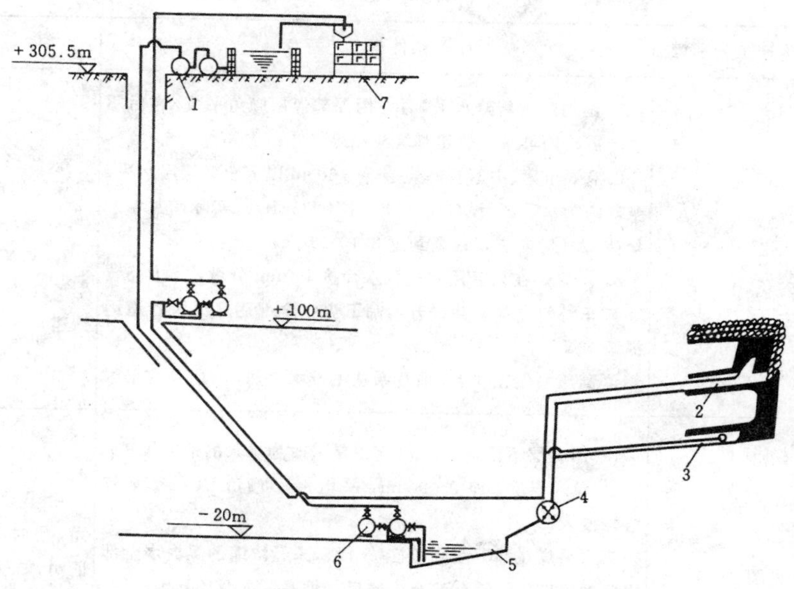

图 3—6—3 俄罗斯红山矿水采生产工艺示意

1—高压供水泵；2—回采工作面；3—掘进工作面；
4—锤式破碎机；5—吸入式煤水仓；6—煤水泵；7—脱水车间

水平以上的旱采区煤层呈水平状，以下则很快由3°加大到20°左右，为解决坚硬顶板的管理问题和矿井产量翻番的提升能力问题，该水平的3个下山采区均改建为有独立水提系统的水采区。同理，在一个井田内也会不是所有的煤层或块段都适合综采。因此，在国内外都有不少水采和旱采并举的矿井。这一现象说明，水力采煤一方面是要受上述诸多煤层条件的限制，而另一方面又是解决某些难采煤层最有效的采煤方法，面对煤炭资源条件的多样化，水采应是机械化采煤不可缺少的采煤方法之一。

三、水力采煤生产工艺

（一）全部煤炭在地面脱水的全水力化工艺

水采煤炭全部在地面脱水时，大巷运输与提升就必然是全盘水力运提，水力落煤供水系统一般在地面设置供水泵房。而由运提系统和供水系统形成的矿井循环用水工艺，视矿井自然涌水量的大小及其水源分布情况，可有“闭路”和“半开半闭”两种循环方式，其典型实例见表 3—6—4。

（二）大部分煤炭在井下脱水的分级运提工艺

水采煤炭水旱分级运输、提升是国内目前使用最广泛的生产工艺。在正规设计的新井中，鹤壁四矿是最早使用该工艺按±3mm 分级运提的水采矿井。在枣庄矿区有过±50 和±25mm 分级，福建邵武矿采用±13mm 分级，通化矿区有过±6mm 分级。大量由旱采改为水采的矿井，普遍采用“刮板捞坑分级”，分级粒度 0.5～1mm。有的矿进一步将捞坑的溢流水再沉淀一次，将其沉淀物再脱水旱运，仅将含少量细粒煤的煤泥水浓缩后水提。因此，国内目前盛行的分级运提实际上是大部分煤炭在井下脱水的生产工艺，见表 3—6—5。

表3-6-5　分级运提工艺实例

矿　名	生产工艺示意	生产条件与工艺特点	备　注
吕家坨矿	见图3-6-4	1. 国内最大新建水采矿井。因深部煤层倾角平缓，在后期生产需改用旱采，故建有箕斗提煤立井； 2. 有6个薄、中厚及厚煤层，-600m以上全部煤层水采。全矿两个水采区，设计生产能力各0.75Mt/a。实际矿井年产量在2Mt/a左右，最高到过3.107Mt/a； 3. 水采煤在采区用刮板脱水筛按±1mm分级，筛上品装3t矿车再转立井箕斗提升，筛下煤水全部用煤泥泵管道运提至选煤厂； 4. 高压泵设在井下，前置泵在主排水泵房，增压泵在采区	1. 经多方面采取措施，水采煤层的最小倾角局部仅有4°； 2. 该矿已按水旱采并举、生产能力3.30Mt/a进行改扩建
锦西蛤蟆山矿	见图3-6-5	1. 因煤层不规则，1990年由旱采改为水采的地方煤矿； 2. 单一煤层，厚0～9.8m，平均6m，倾角10°～35°，有溶岩侵入； 3. 水采煤在井下用刮板捞坑分级，未经浓缩的煤泥水全部出井在地面用斜管沉淀仓澄清后，供高压泵循环复用； 4. 水枪平均生产能力150t/h，工作面单产达到过15000t，与原旱采相比：工效提高2.6倍，成本下降25%，工作环境明显改善	由旱改水共投资601万元，历时20个月。该矿经验证明，如条件适合，水采也是地方煤矿实现机械化采煤的有效途径之一
三家子矿	见图3-6-6	1. 因煤层不规则，在国内较早由旱采改为水采的中型矿井； 2. 多煤层水采，煤厚2～10m，倾角20°～70°，受熔岩严重侵入； 3. 因煤质较硬，水枪工作压力最高达20MPa，故高压泵选用了对水质要求高的高转速清水泵； 4. 为满足水采循环用水的水质要求，在国内帅先研究和使用了斜管沉淀池，并在二次分级时，对煤水采取了用煤水仓、平流沉淀池和斜管沉淀池三级澄清的水处理方式； 5. 在井下浓缩后的煤泥水全部提升到地面处理； 6. 采煤与掘进供水设施均设在地面，其中掘进用高位水池"自来"供水方式	1. 是分级运提中水采工艺较完善的系统之一； 2. 高压泵原系使用地表清水水源，故安装在地面
台吉矿	见图3-6-7	1. 煤厚2～3m，倾角53°～55°，因旱采较难解决机械化采煤，是国内最早由旱改水的矿井之一； 2. 因煤层薄、瓦斯大，共用4个采区保证矿井产量0.80Mt/a； 3. 为充分利用井下涌水，且因煤质较硬，各采区的高压泵均安装在生产采区的上一水平，采取各自就近增压供水方式； 4. 各采区一次分级的筛上品就地装矿车旱运，筛下品集中到井底实行二次分级； 5. 二次分级的筛上品装井底煤仓旱提，筛下煤泥水经斜管沉淀池浓缩后，用管道提升到地面选煤厂处理，沉淀池溢流水经循环水泵返回供水系统在井下复用	1. 该矿水采生产工艺是由4套高压供水系统和4套采区煤水制备(一次分级)共用一套井底二次分级的煤水制备系统所组成，看上去较复杂，实际上其工艺是简练而完善的； 2. 该工艺可认为是多采区和二次分级运提的水采典型工艺，若用于开采厚及特厚煤层的矿井，生产能力可达1.80～2.40Mt/a

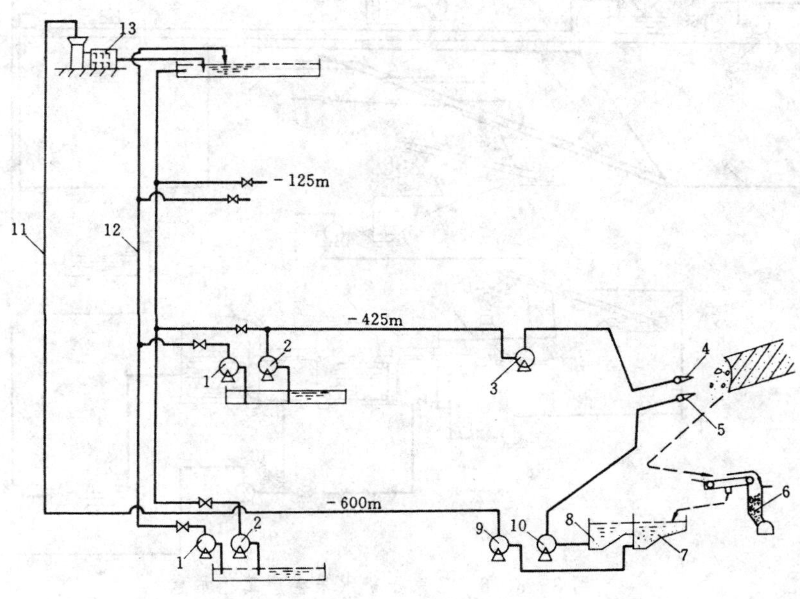

图 3-6-4　吕家坨矿-600m 水平水采区生产工艺示意

1—主排水泵；2—排水泵兼水采供水泵；3—增压泵；4—回采水枪；5—掘进水枪；6—刮板筛及煤仓；7—煤水仓；8—污水仓；9—煤水泵；10—污水泵；11—主井管道；12—副井管道；13—选煤厂

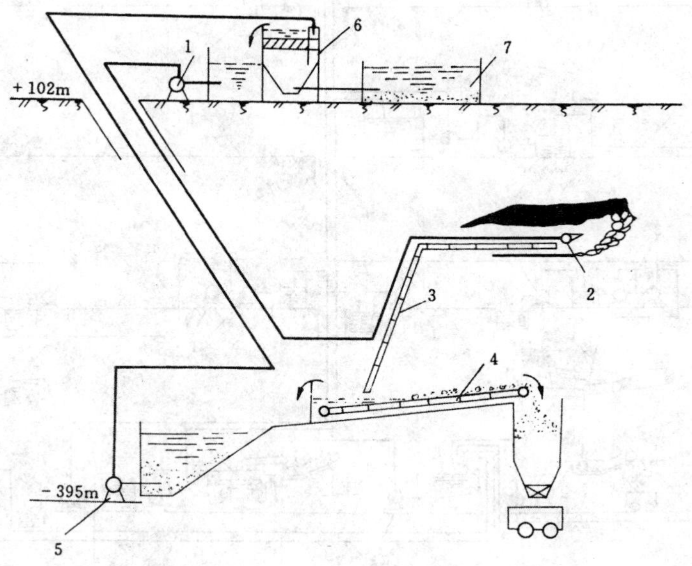

图 3-6-5　锦西蛤蟆山矿水采生产工艺示意

1—高压泵；2—水枪；3—煤水溜槽；4—刮板筛；5—煤水泵；6—斜管沉淀仓；7—煤泥池

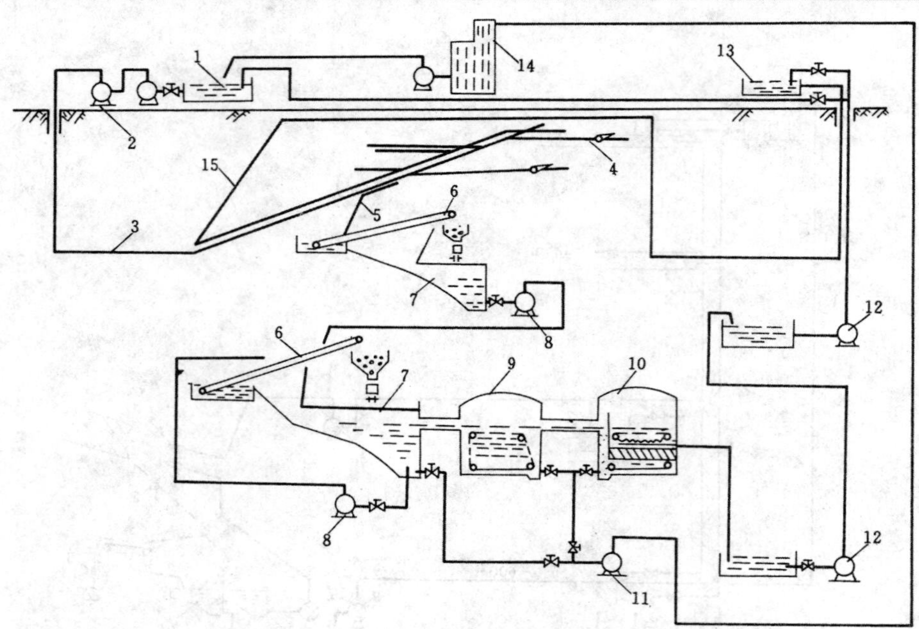

图 3-6-6　三家子矿水采生产工艺示意

1—高压泵清水池；2—高压泵；3—高压管道；4—水枪；5—溜煤道；6—刮板筛；7—煤水仓；8—碴浆泵；9—平流沉淀池；10—斜管沉淀池；11—煤水泵；12—清水泵；13—掘进用蓄水池；14—煤泥水处理车间；15—掘进供水管道

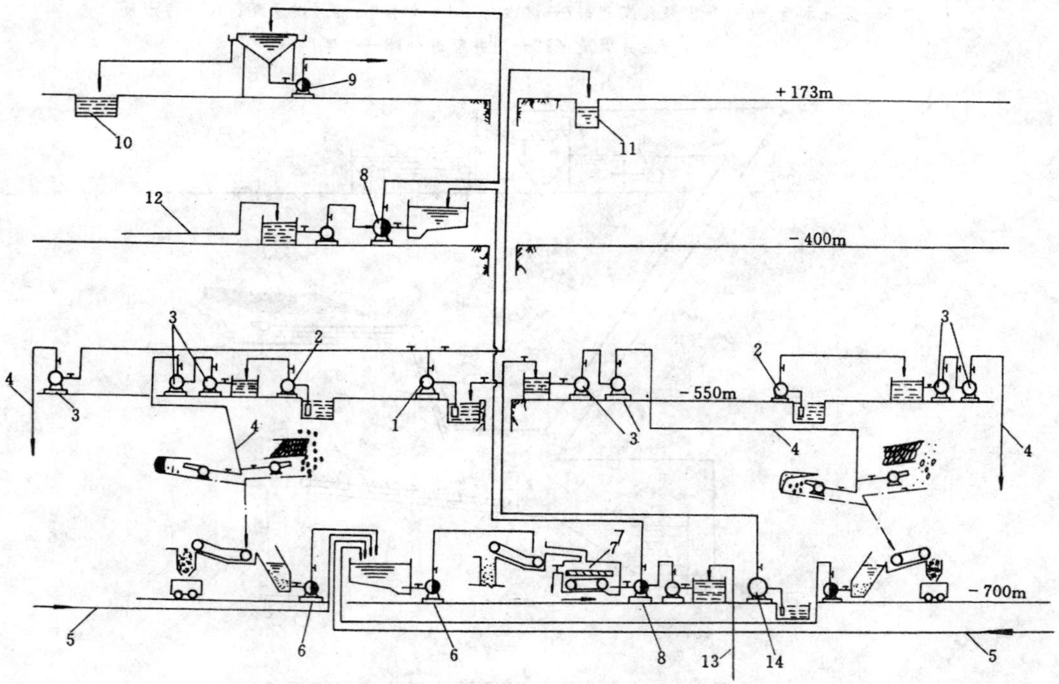

图 3-6-7　台吉矿改造后的水采生产工艺示意

1—主排水泵；2—水源泵；3—高压泵；4—采掘供水管道；5—采区来煤泥水管道；6—碴浆泵；7—斜管沉淀池；8—煤泥泵；9—至浮选机砂泵；10—煤泥池；11—弃水沟；12—接＋107m 涌水；13—接—726m 涌水；14—循环水泵

（三）全部煤炭在井下脱水的传统运提工艺

本工艺在实质上是把水采矿井地面脱水车间承担的全部任务搬到井下去执行。但目前在技术上国内外都还处于探索阶段，在经济上与仅将小量浓缩后的煤泥水提升到地面处理的工艺相比是否合算，也有待论证。如无特殊需要，设计上暂不宜采用本工艺。

第二节　采煤方法及巷道布置

无论在国内、国外，凡用水力方式落煤，目前一般都是采用短壁无支护采煤法。但为扩大水力采煤的适用范围，国内外也都在不断研究用长壁有支护水力落煤的可行性。国内曾在鹤壁六矿的特厚煤层试验过倾斜分层、上分层机采水运、下分层使用放顶煤支架在金属网下用水力落煤的走向长壁采煤法。国外在印度试验过用自移垛式支架载水枪仰斜推进的倾斜长壁采煤法。此外，国内将有支护旱采水运采煤法，俄罗斯、日本和德国将20世纪90年代后试验推行的钻孔水力采煤法也纳入水采范畴，并认为是在水采矿井内扩大水采煤层条件的一个补充手段。本手册仅对短壁无支护采煤法分述如下。

一、水力落煤及短壁无支护采煤法

（一）水力落煤方式

水射流破煤机理包括裂缝产生、水楔和表面冲刷三种作用。在水射流不断冲击煤体时（三种作用是既同时又交替发生）而形成水力落煤。

用水射流对完整煤层实行水力落煤时，射流应是可操纵的。在水力落煤过程中，可有割缝、崩落和楔劈三种破煤方式。实际上在水力落煤过程中，三种破煤方式是既同时又交替连续出现的，对于中硬以上的煤层则需以前两种方式为主。

另外，矿压对煤的压酥作用增加了煤层的原生裂隙，很有利于水射流破煤。而裂隙较发育的煤层，在水射流冲采出一定空间后，煤的自重会使煤体大块崩落。

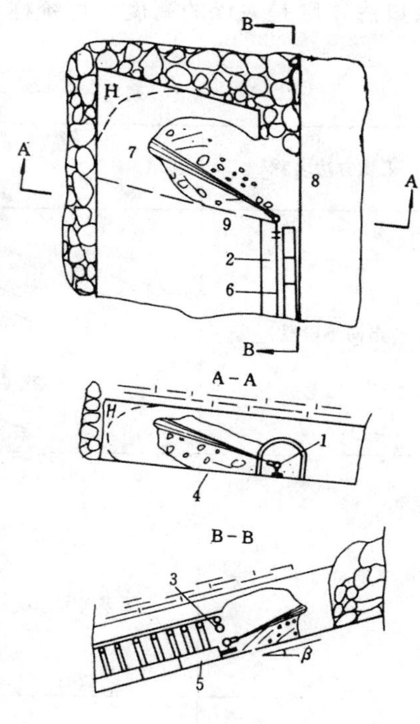

图3－6－8　无支护短壁工作面水力落煤工艺

1—水枪；2—回采巷道；3—护枪支架；4—煤层底板；5—煤水溜槽；6—高压供水管；7、8、9—煤体（采垛）

（二）水力落煤工艺及采煤方法

发生和操纵连续水射流的器具是水枪。怎样设置和操纵水枪则是水力落煤工艺问题（如图3－6－8所示）。目前，国内外用于水力落煤的水射流的水压在5～20MPa之间，流量150～540m³/h，水力落煤工艺有以下特点：

（1）在水射流有效破落煤层的范围内，不需要也不可能在落煤过程中对暴露出的煤层顶板进行支护。但该范围不超过25m左右，故使用水力落煤绝大多数是采用无支护短壁工作面落煤工艺；

（2）对各类厚度的煤层都是一次采全高；

（3）在工作面无需另用机械或人力攉煤，从工作面到煤水制备地点，也无需另用机械运输设备。

这三个特点要求不同的煤层条件应有不同的无支护短壁采煤方法，见表 3－6－6。除表内所述的煤层厚度与倾角外，煤层顶板的稳定性也是选择采煤方法的影响因素。破碎性较大的顶板在冒落时，或原已堆积在老塘内的矸石在串动时，极易串到塘口压住水枪和威胁工作人员，其严重性可用煤层厚度与冒落岩石的块度的比值（简称厚块比）来衡量。一般认为，厚块比小于 4 是水力落煤的理想条件，而厚块比在 6 以上则不宜无支护水采。小阶段走向采煤法因其回采巷道坡度仅为 4°～8°，串入的矸石不会再沿巷道滚动下滑；而漏斗采煤法的塘口正对煤层倾向，故其选用除受煤层倾角限制外，厚块比、即在同一顶板条件下的煤层厚度也是一个制约因素。但若厚块比小于 4，厚度大于 5m 的缓倾斜煤层（如陶庄矿），或倾角较大厚度小于 2m 的倾斜煤层（如旗山矿）也可选用漏斗采煤法。此外，开采多煤层的吕家坨矿因各煤层的厚度、倾角常有较大变化，对使用漏斗采煤法的条件也限制得比较宽松一些（详见表 3－6－10）。

（三）水力落煤参数

1．采垛参数

如视图 3－6－8 为漏斗采煤法，两条回采巷道中线的间距是采垛的宽度；视为走向小阶段采煤法，则是采垛的高度，可统称为采垛或采面的长度。与之直交的另一尺寸是回采完一

表 3－6－6　短壁无支护采煤方法及其适用条件

采煤方法名称	图　示	适用条件
走向小阶段		厚度小于 8m，倾角大于 12°；厚度为 8m 及以上的煤层可采用多巷道走向小阶段采煤法
单面漏斗		厚度小于 5m，倾角 7°～20°的煤层
双面漏斗		厚度小于 3m，倾角 7°～15°的煤层

续表

采煤方法名称	图示	适用条件
伪斜漏斗		厚度小于5m，伪倾斜布置的回采巷道的坡度应小于20°

个采垛后移动水枪的距离，称移枪步距。在一个采垛内，水射流终止切割煤层的竖立面与回采巷道的交角是采垛的冲采角，即水枪操纵水射流在水平方向回转的最大角度。

表 3－6－7 无支护水力采煤工作面采垛参数

采煤方法	采垛（采面）长度 (m)	回采一次移枪距 (m)	冲采角 (°)
走向小阶段	10～20	4～10	60～80
单面漏斗	10～15	4～8	65～80
双面漏斗	12～22	2～6	65～70

对表 3－6－7 所列采垛参数的上、下限应视下列条件来选定。

（1）煤质松软或煤体结构面多的煤层，其落煤方式是以楔劈为主，对水压要求不高，可用加大水枪喷嘴的口径来增加水射流的有效射程和流量，以求增大采面长度。与此相反，对硬煤和裂隙不发育的煤层，除加大落煤水压外，采面长度应取表中偏于下限的数值。

（2）移枪步距则与煤层厚度、倾角、顶板的稳定性及冒落岩石的块度有密切关系。为防止冒顶、串矸埋枪、伤人，煤厚与冒落岩石的块度相差愈悬殊时，漏斗采煤法的煤层倾角愈大时，移枪步距尽可能取表中偏于上限的数值。

（3）漏斗采煤法在采塘内沿底板的最小冲运煤坡度应不小于7%～10%，在平缓煤层需要再降低该溜煤坡度时，则应减小采面长度和加大水枪流量。

（4）走向小阶段采煤法在需要加大移枪步距的煤层条件下，需相应减小冲采角。

（5）在煤层较薄、倾角较缓、顶板易冒落的条件下，应尽量减小移枪步距，但最小不能小于2m。

实际上，采垛参数在生产上是随时可以调整的，设计选定采垛参数的目的之一是计算采掘比，算出掘进煤量及一个煤层直至一个采区产量的组成；目的之二是确定水射流的水压、水量及水枪的落煤能力；最终目的则是从采煤方法入手确定一个煤层、一个采区、一套水采系统或一个水采矿井的设计生产能力。此外，该参数在设计工作中还涉及到巷道工程量、工作面装备数量及其相关的投资概预算问题。

2. 水力落煤的水压和水枪流量

水压 P 与水枪的落煤能力 G 有如图 3－6－9 所示的基本规律。在落煤水压 P 小于临界水压 P_L 时，水力落煤过程几乎不会发生；单位落煤量的能耗 $E\to\infty$。当 $P>P_L$ 后，水枪开始下煤。之后，随 P 值再上升，G 值急剧增加，E 值急剧下降。再后，当 P 值增至某一有效落煤水压 P_x 时，E 接近于一个稳定值 E_x，即再使 $P>P_x$ 时，E 仍接近 E_x，大体不变。此时，落煤量 G 大致与水枪出口功率成正比增加。

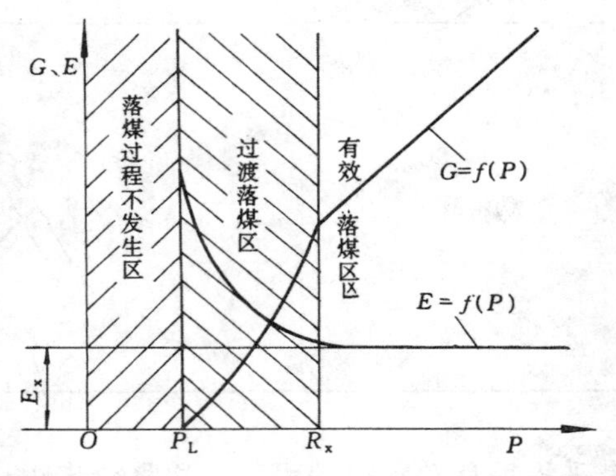

图 3－6－9 水力落煤基本规律

图 3－6－10 是八一矿落煤水压与落煤量的关系。该矿水采为单一煤层，一般厚 2.5～7.5m，倾角 15°～25°，煤质中硬（$f=0.8\sim1.2$），层节理较发育，井田深部矿压较大。该矿水枪工作水压 P 只需高于有效水压 P_x 约 1MPa，水枪落煤量就会急剧增加。但一般要考虑到煤体机械性能的随机性很大，应使 P 大于 P_x 约 1～3MPa 为宜。

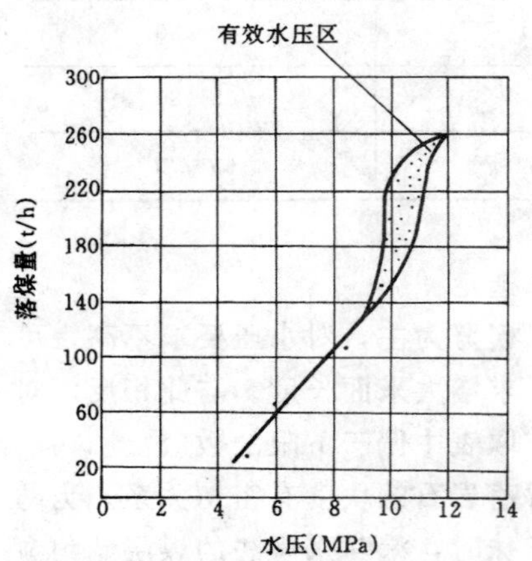

图 3－6－10 八一矿落煤水压与落煤量关系曲线

在设计中对一个具体煤层选取 P 值时，对煤层的各项机械性能应以煤的硬度系数 f 为主，再结合考虑煤层的裂隙发育程度和矿压等因素的影响。从图 3－6－10 看，$P=10\sim12$Pa，相应煤层的硬度系数 $f=0.8\sim1.2$，故可认为 P 与 f 的比值是 $\frac{10}{0.8}\sim\frac{12}{1.2}$，即 $P=10\sim12.5f$。此关系与国内其它开采煤层在中硬以下的矿井基本相符，可供设计参考。开采中硬以上的煤层时，则应在水压上留有一定的余力。

水枪流量只有当 $P>P_x$ 时，才能显现出其有效性。一般规律是在能耗基本不变的情况下，水枪落煤能力 G 与水枪流量、即水射流的功率成正比例。但国内各水采矿井的水枪流量目前在技术上还受到工作面装备及与巷道断面积有关的明槽水力运输能力的限制，水枪的最大流量还都控制在 300m^3/h 以下。《煤炭工业矿井设计规范》对现阶段水力采煤水压、流量的规定见表 3－6－8。

3. 水力落煤能力

一个采垛的赋存煤量是决定回采水枪生产能力的主要因素。在煤层厚度相同的情况下，则煤的易碎性、矿压和煤体自重作用对水枪生产能力有较大的影响。故《煤炭工业矿井设计规范》系按煤层厚度并以幅度较大的上下限对回采水枪的小时生产能力规定为：

(1) 厚煤层应为 100～200t；

(2) 中厚煤层应为 50～100t；

(3) 薄煤层应为 30～50t。

表 3－6－8 水力采煤水压、流量

煤层			水力采煤水压、流量		
软硬程度	普氏系数	裂隙	出口压力 (MPa)	流量 (m^3/h)	
				薄及中厚煤层	厚及特厚煤层
软	0.5～0.8	发育	5～8	150～250	>250
较软	0.8～1.0	发育	8～12		
中硬	1.0～1.2	较发育	12～16		
较硬	1.2～1.5	较发育	16～20		
硬	1.5～2.0	较发育	20～23		

1 台水枪回采的设计生产能力规定为：

（1）缓倾斜厚煤层应为 0.50～0.70Mt/a；

（2）缓倾斜中厚煤层、倾斜、急倾斜厚煤层应为 0.30～0.45Mt/a；

（3）倾斜、急倾斜薄及中厚煤层应为 0.12～0.21Mt/a。

对易碎或矿压作用影响较大的煤层，如类似表 3－6－9 中谢三矿、八一矿和陶庄矿的煤层条件应取上限值；反之，类似三家子矿易碎性差的硬煤层和倾角大的煤层则应取下限值。

在国外，加拿大的巴默尔矿在开采 15m 厚的煤层时，落煤水压近 20MPa，流量 540m^3/h，水枪落煤能力 360～420t/h，1 台水枪回采的矿井生产能力达 1.00～1.20Mt/a，全员工效达 25t/工。前苏联的尤比列依矿在开采厚度仅为 3.7～4.1m 的煤层时，一个综合采煤队的生产能力达 1.00～1.58Mt/a，全员工效 10t/工。

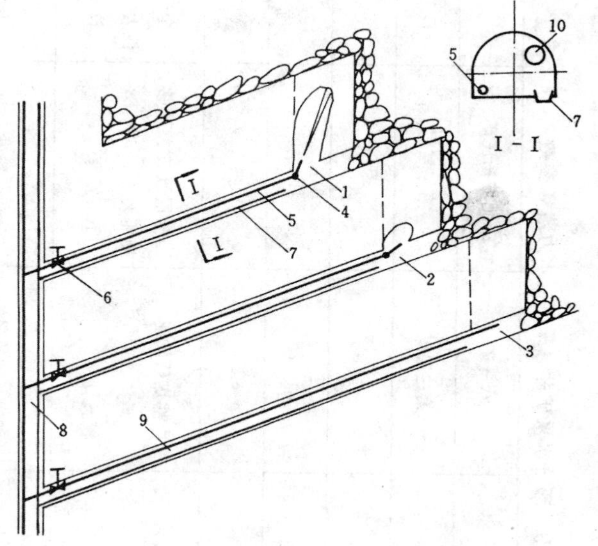

图 3－6－11 短壁无支护采煤工作面布置

1、2、3—回采工作面；4—水枪；5—高压水管；6—阀门（在该处设置与跟枪信号串接的第二信号点）；7—煤水溜槽；8—分段上山（或漏斗采煤法的中间顺槽）；9—小阶段顺槽（或漏斗采煤法的回采上山）；10—风筒

（四）回采工作面布置及准备工作

水力采煤短壁无支护回采工作面的准备工作是在采垛终采后随即进行，故大多数 3 班 8 小时工作的水采矿井是两班半生产，半班准备，4 班 6 小时工作的则为 3 班生产，1 班准备。在矿井的准备班主要是维修供水和运提机电设备，管道及电缆等，在采区主要是维修巷道，翻整煤水溜槽及管道。

与准备工作相关的回采工作面的布置也有异于旱采长壁工作面。一般需由 3 个短壁面交替进行回采，其中 1 个面在落煤时，另 1 个面处于准备完好的状态随时可以开枪，再 1 个面做准备工作，如图 3－6－11 所示。以达到“倒枪”时不停泵和保证 3 班连续开枪的时间不少于 10～14h。

表 3—6—9　部分水采矿井（采区）水力落煤参数

矿井名称		谢三矿		鹤壁四矿		八一矿		肥城杨庄矿		陶庄矿		三家子矿	
煤层特征	名　称	C_{13}槽		二$_1$煤		第三层煤		第三层煤		第二层煤		六组煤/八组煤	
	厚度（m）	3.8～7.7		6.3		2～10		4～4.5		2～6		2～18/2～10	
	倾角（°）	20～28		20～55		15～25		10～15		3～18		20～70	
	硬度系数 f	0.6～1.2		0.7～1.0		0.8～1.2		0.9～1.2		0.8～1.0		2.17	
	结构特征 裂隙程度	近底板 2m 左右煤质松软 很发育		近底板 2～2.2m 煤质松软 较发育		中部煤质较硬 较发育		全层硬度差不多，韧性大 不甚发育		全层硬度差不多，脆性大 较发育		熔岩侵入严重、煤岩互层、局部焦化、结构特复杂 不发育	
	顶板： 直接顶 老顶	1.3～3m 砂质泥岩 6～8m 中粒砂岩		3～8m 砂质泥岩 10m 以上白砂岩		砂岩、砂质泥岩 25m 以上砂岩		0～5m 粉砂岩 0～4m 中细粒砂岩		20～40m 中粒砂岩		熔岩/3m 砂质泥岩 砾岩/4m 砂岩	
采煤方法		走向小阶段		倾斜漏斗 走向小阶段		走向小阶段		倾斜漏斗 走向小阶段		倾斜漏斗		走向小阶段	
采垛尺寸，面长×退枪步距		（18～20）×8		16×（6～8）		15～18×8		（13～15）×8		12×4	（15～18）×6	（10～14）×5	
落煤方式		全水力		全水力		全水力		以炮助水	全水力	全水力	全水力	全水力	以炮助水
落煤水压（MPa）		5	6	8	12	8	12	11	15/19	4～6	12～14	19	19
水枪流量（m^3/h）		200	296	250	250	250	250	190	250	200	280	250	250
水枪生产能力（t/h）		＜100	＞200	＜100	＜150	110	＜260	84	160/200	60～80	＜210	＜90	＞110

表 3－6－10 吕家坨矿多煤层采煤方法及水力落煤参数

煤层特征				采煤方法				采垛尺寸							
名称	厚度 (m)	稳定性	硬度系数 f	煤厚 (m)	煤层倾角 (°)			工作面长度、冲采角与煤层厚度、倾角的关系				工作面长度与煤层硬度的关系		工作面长度与煤层顶板稳定性的关系	
					双面漏斗	伪倾斜单面漏斗	走向小阶段	煤厚	倾角 (°)	冲采角 (°)	面长 (m)	硬度系数 f	面长 (m)	顶板稳定性	面长 (m)
5槽	0.7～1.5	不稳定	0.5	<1.3	<35	>35									
7槽	4.0～4.3	稳定	1.5	1.3～2.0	<30	>30	30～40	厚煤层	<30	60	15	0.7	18	坚硬顶板	15～18
8槽	1.8～2.2	稳定	1.0	2.0～3.5	<25		>25		40	50	13～14	0.8	17	中等稳定顶板	12～15
9槽	1.3～1.8	稳定		>3.5	<20		>20		>50	40	10～12	0.9	16	破碎性顶板	10～12
11槽	0.7～1.0	不稳定		伪倾斜单面漏斗采煤法回采巷道坡度不超过20° 水力落煤的水压<14.2MPa，流量<250m³/h				薄及中厚煤层	<30	70	16	1.0	15	矿井设计生产能力1.50Mt/a（改扩建后水旱并举生产能力3.30Mt/a） 1975年矿井达最高产量3.107Mt/a	
12顶	0.6～1.4	较稳定							40	60	14	1.1	14		
12底	0.7～0.8	极不稳定							>50	50	12	1.2	13		
可采煤层总厚度10m左右，煤层倾角15°～60°，深部为平缓煤层								一个采区一台水枪的生产能力达到过1.18Mt/a，一般0.75Mt/a左右				1.3	12		
												1.4	11		
												1.5	10		

（五）回采巷道及其掘进方法

水力采煤的回采巷道都是沿煤层底板或急倾斜煤层顶板掘进和带有煤水自流坡度的全煤斜巷。其中，图 3－6－11 所示的分段上山（或中间顺槽）和小阶段顺槽（或回采上山）为采后掘进巷道，不统计进尺和掘进率，掘进煤计入回采产量。各类巷道的断面尺寸可参照表 3－6－11 确定。

表 3－6－11　水力采煤回采巷道断面

名　称	净高度	净断面积		备　注
		低瓦斯煤层内	高瓦斯煤层内	
小阶段顺槽、回采上山	1. 煤厚 2m 以上，不低于 2m； 2. 煤厚 2m 以下，沿底跟顶掘进	4～6m^2	1. 一般不小于 6m^2； 2. 台枪生产能力 0.60Mt/a 以上，不小于 8m^2	《煤矿安全规程》无此规定
分段上山、中间顺槽	1. 薄煤层不低于 1.8m； 2. 其余不低于 2m	不小于 6m^2	1. 分段上山不小于 8m^2； 2. 中间顺槽不小于 10m^2	

回采巷道的掘进可用爆破水运，机破水运和水掘水运三种方法，各种方法的适用条件及优缺点见表 3－6－12，国内广泛使用的是爆破水运法。

表 3－6－12　水力采煤回采巷道掘进方法

名　称	适用条件及优点	使用水压及流量
爆破水运	各种煤层硬度的煤巷和半煤岩巷。能耗小、成本低，巷道形状和尺寸易于掌握	冲运煤水压不低于 1MPa，流量 80～100m^3/h
机破水运	大中型水采矿井，各种煤层硬度的煤巷和半煤岩巷。掘进速度快，机械化程度高，成巷质量好	冲运煤水压 1～2MPa，流量 100～150m^3/h
水掘水运	软硬适中不易冒顶、片帮的煤层。工艺简单，掘进速度快；无爆破材料和电气设备、有利于瓦斯管理；漏斗采煤法在厚度 2.2m 以下的煤层内掘上山眼，掘进速度快，成巷质量好	水压采用表 3－6－8 中的上限值，流量 100～150m^3/h

（六）明槽水力运输

煤水自流运输的导流方法可用溜槽，溜筒和无支护岩石溜煤巷。其中，溜筒在国内仅见于淮南谢三矿在大倾角溜煤眼内所采用的 ϕ600mm 封闭式钢板卷制圆筒；煤水直接沿巷道底板溜运的方式主要用于大倾角煤层采区专用溜煤上山和溜煤眼，一般是巷道围岩比较坚硬，稳定，无需支护。在国内外使用最多的导流方法是溜槽，即采用明槽水力运输方式。其中，因使用环境，使用时期和煤水特征存有一定差异，可将明槽分为两类：(1) 固定溜槽，一般用于采区溜煤上山，石门和运输大巷内，用现浇混凝土或砖石砌筑；(2) 可搬动铁溜槽，一般用厚度 2～4mm 钢板冷压成长度与钢卷板宽度一致的预制品，以便在采掘工作面随时联接或拆除复用。

由于明槽水力运输的水力学特征相当复杂，设计理论和计算方法尚未完善建立，现仅将若干设计要点简述如下。

1. 溜槽断面形状与尺寸

固定溜槽一般采用矩形断面，可搬动铁溜槽在国内都是采用倒梯形断面。生产实践证明溜槽不能使用半圆形断面。溜槽的断面尺寸应根据水枪的流量、落煤能力、煤的块度、以及与煤的密度、含矸率有关的溜槽敷设坡度来选定，推荐采用尺寸和可供类比的资料见表3－6－13、表 3－6－14。

表 3－6－13 煤水溜槽形状和尺寸

类别	图式	推荐采用尺寸			
		b (mm)	a (mm)	h (mm)	β (°)
固定溜槽	a, h, b	400 450 500	400 450 500	300 350 400	
可搬动铁溜槽	a, h, β, b	300 350 400 450	350 400 450 500 550	150 200 250	75～80

注：尺寸 a，b，h 之间无相互对应关系。

2. 溜槽输煤能力

明槽水力运输的溜槽通过能力取决于煤水流速，在溜槽材质、断面形状和尺寸既定时，流速又主要取决于溜槽的敷设坡度并与煤矸的粒度、密度和煤水浓度密切相关。在设计上，目前较可靠的方法是根据生产统计资料、配合现场观察和记录，估算出高浓度煤水的临界不淤积流速，反求煤水溜槽的最大通过能力。

在表 3－6－14 中列出的 7 个矿井都是开采厚及特厚煤层，其水枪平均小时落煤量都有较完整的统计数据，但对其落煤量的不均匀性，需靠现场观测：(1) 水枪在采垛内掏槽时，煤

表 3-6-14 部分开采厚及特厚煤层的矿井跟枪煤水溜槽规格及输煤能力

矿名	溜槽尺寸（mm）				溜槽坡度	水枪流量 (m^3/h)	水枪平均落煤量 (t/h)	煤的密度 (t/m^3)	落煤高峰期溜槽满载时			
	b	a	h	面积 (m^2)					煤水重量比	煤水体积浓度	煤水流量 (m^3/h)	煤水流速 (m/s)
八一矿	310	400	200	0.071	0.07	250	110	1.35	1∶1.36	0.39	410	1.62
八一矿	400	500	250	0.113	0.07	250	260	1.35	1∶0.48	0.61	640	1.57
杨庄矿	450	550	200	0.100	0.09～0.12	250	200	1.35	1∶0.63	0.54	550	1.52
鹤壁四矿	350	460	200	0.081	0.07	250	150	1.35	1∶0.83	0.47	470	1.62
陶庄矿	360	460	250	0.103	0.05～0.07	280	210	1.30	1∶0.67	0.54	600	1.63
谢三矿	350	500	300	0.128	0.11	296	200	1.36	1∶0.49	0.60	740	1.61
房山矿（四槽煤）	300	350	150	0.049	0.10	250	70	1.90	1∶1.32	0.29	350	1.99
杨坨矿	300	400	200	0.070	0.15	270	100	2.1	1∶0.76	0.39	440	1.75

水浓度相当稀薄。但在拉出槽口达到落煤高峰期时，下煤量可为水枪平均小时落煤量的1.5倍以上，此时的煤水溜槽还能处于平稳的工作状态，装载率还不是很满，基本上不淤不堵；(2) 当峰值超过平均落煤量的2～3倍时，溜槽处于完全装满状态，常会有煤水溢出；(3) 峰值更大时，溜槽淤塞，煤水如同泥石流沿巷道底板流淌。此时，水枪司机一般都会压枪放水，以便溜槽看守人员及时清淤。故在表3－6－14中对溜槽能通过煤水的最大浓度是按水枪平均小时落煤量的2～3倍计算，并认为其溜槽正好是满载的，计算出的流速是相应煤水浓度的不淤积临界流速。其中，八一矿、杨庄矿、陶庄矿和鹤壁四矿是水采系统完善，水枪落煤能力不受其他各生产环节限制，故其最大煤水浓度都是按峰值为平均小时落煤量的2倍计算。而谢三矿因其煤水系统不完善，提升煤水比稀薄，瞬时落煤量一达峰值，煤水泵房就释放高压水，故其平均小时落煤量偏低。据观测，其峰值应为平均量的3倍以上。房山矿四槽煤是全国水采最松软的煤层，但由于水旱并运的分级粒度过小，经常是水枪一开，采区煤仓和一列卧底矿车就全部装满，是造成水枪非采垛终采停枪的主要原因，故记录到的峰值常是平均落煤量的2.5～3倍。杨坨矿系开采受熔岩分割的特厚煤层（见图3－6－12），其底层比较松软，当厚度较大时水枪瞬时落煤量可达350～400t/h，但也因受矿车运输的影响，经常压枪放水等车，致使平均小时落煤量也很偏低。

《煤炭工业矿井设计规范》规定溜槽的断面积应按通过煤量为水枪小时落煤量的1.5～2倍计算，是根据水采工艺完善的矿井的调研资料作出的判断。

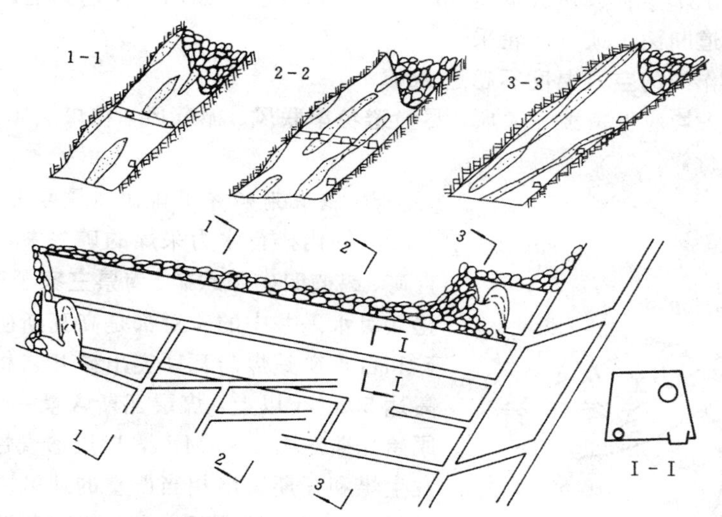

图3－6－12　杨坨矿受熔岩入侵的特厚煤层采煤工作面布置实例之一

（七）回采工作面通风

1. 煤矿安全规程对水采工作面通风的有关规定

无支护水力采煤都是仅有一个进出口的独头工作面，且在一个采区内同时工作的采掘头数多、布置分散。但在回采工作面常由于顶板冒落不严实，进到采塘的风流会通过采空区串入其上部回风巷道，自然形成老塘串风的工作面通风方式。视采空区透风性能的大小，水采工作面可有三种通风状态，如图3－6－13所示。

无支护水力采煤主要开采中厚以上的厚煤层，采高较大，冒落岩石上方一般都有空隙，实际上常见的工作面通风状态多为(1)和(2)。

《煤矿安全规程》对水采工作面通风的这一特殊性已予以考虑。

2. 水采工作面通风标准

(1) 每一个工作地点，每人每分钟供给风量不少于 $4m^3$。工作面(或采区)总风量按工作区域同时工作的最多人数计算，一般总量不少于 $60m^3/min$。

(2) 采掘头和采区上回风巷风流中瓦斯（甲烷）浓度低于1%，二氧化碳浓度低于1.5%。

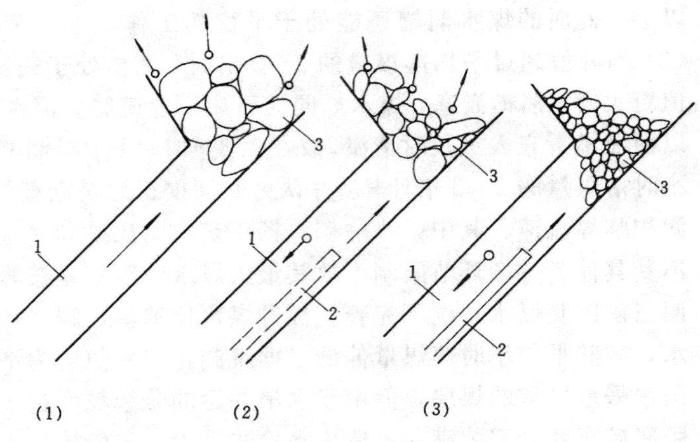

图 3－6－13 短壁无支护工作面的三种通风状态

1—回采巷道；2—风筒；3—老塘

(3) 采掘头内容许风速，不得低于 0.25m/s，不得大于 4m/s。但在倾斜、缓倾斜厚及特厚煤层，因出煤强度大，且很不均衡，瓦斯绝对涌出量有时很高，需足够风量稀释，可参照规程第 107 条和 157 条将风速放宽至 5m/s（但需报批）。如仍不能达到上述标准第二条之要求，则应加大巷道断面，或分区轮采。

(4) 水采工作面的空气温度不超过 26℃。

(5) 各采掘头均应保持独立通风，尽量避免串联风、循环风，在煤层倾角大于 12°时，回风流尽量不要下行。

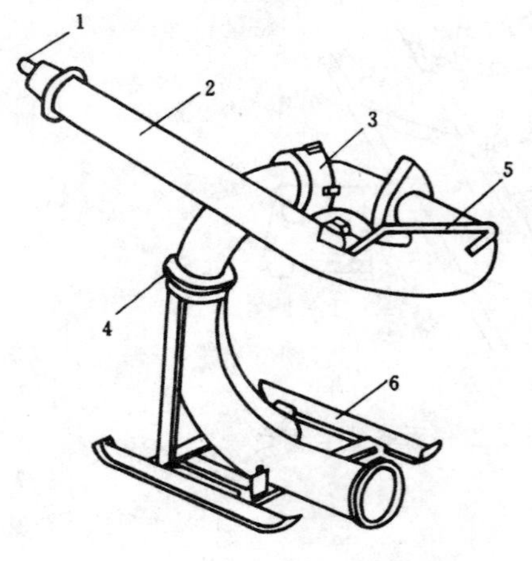

图 3－6－14 L—W 型手动水枪

1—喷嘴；2—枪筒；3—垂直回转接头；4—水平回转接头；5—操作手把；6—底座

3. 高瓦斯矿井工作面通风与安全

在国内推行水力采煤的矿井中，北票冠山矿和台吉矿、鹤壁四矿和六矿、南票三家子矿和小凌河矿、通化 5 对水采井中的 4 对都是高瓦斯矿井。其中，冠山矿和台吉矿是煤与瓦斯突出矿井，相对瓦斯涌出量最高达 $50m^3/t$ 以上，煤层瓦斯含量一般为 $18\sim25m^3/t$，原始瓦斯压力 3～4MPa，煤层透气性差，故也是国内发生煤和瓦斯突出相当严重的地区之一。但北票矿务局却是我国最早推行水力采煤的矿区，特别在 1990 年以后，使用规模和范围不断扩大，水采产量已占全局总产量三分之二左右。在国外，日本砂川水采井的相对瓦斯涌出量高达 $77.65m^3/t$，矿井绝对瓦斯涌出量 $137m^3/min$，其水采工作面的布置方式和落煤工艺也是使用短壁无支护采煤法。因此，无论在国内、国外均已证实，如生产技术与管理能够跟上，在高瓦斯矿井也能推行无支护水力采煤，但在通风与安全上必须有切实可行的措施。其中与设计相关的要点有：

(1) 对瓦斯含量大的煤层应首先考虑采取抽放瓦斯措施；

(2) 优先考虑采用走向小阶段采煤法；

(3) 在厚及特厚煤层可考虑采取双巷掘进和双巷后退回采、工作面为全风压通风的走向小阶段采煤法；

(4) 增开中间回风巷道，缩短老塘串风路线（见图 3－6－28）；

(5) 适度加大巷道断面；

(6) 用水力通风机抽排采塘和老塘游离瓦斯。

（八）采掘工作面装备

1. 水 枪

水枪有持枪操作的手动水枪和离枪操作的液控水枪两种类型，在机械结构上是由下列部件所组成：(1) 产生及保证射流质量的部件，如喷嘴、稳流器、通过水流的管道等；(2) 保证射流作垂直及水平回转运动的部件，如回转接头和操纵装置等；(3) 保证枪体稳定或固定的基体部件，如底座等。

1）手动水枪

在中国水力采煤发展过程中，曾有过近 20 种型号的手动水枪。其中，凡回转部件的水路形式采用丁字形或十字形套筒结构的，现都已被淘汰，而采用对接结构的“北票—76 型”水枪在 5～15m 间的射流总效率可达 74%～78%，在其基础上改进的“L—W 型”，现已成为各水采矿井惟一的手动水枪，其外形见图 3－6－14。该水枪工作水压＜20MPa、流量＜250m^3/h、外形尺寸 1700×860×910mm、重量 130kg。

图 3－6－15 YSG 型液控水枪

2）液控水枪

在国外，俄罗斯、乌克兰、德国、日本、加拿大等，为安全和提高水枪的破煤效果，都使用液控水枪。国内几经改进后的 YSG 型液控水枪已在吕家坨等矿投入使用，该水枪工作压力＜20MPa、流量＜250m^3/h、重量 122kg、控制介质（水枪用水）的固体含量应小于 1000mg/L。在设计上，回采水枪工作水压超过 10MPa 时，宜选用液控水枪，见图 3－6－15。

3）水枪喷嘴直径

水枪喷嘴形式对水射流的质量影响很大，但因喷嘴是需要随时更新的可换部件，在设计上仅考虑喷嘴直径与水枪流量的关系，其计算公式如下：

$$Q=1.18d^{1/2}H^{1/2} \qquad (3-6-1)$$

式中 Q——通过喷嘴的流量，m^3/h；

d——喷嘴出口处净直径，cm；

H——喷嘴出口处按水柱高计算的水压，m。

2. 跟枪阀门

需使用水采专用设备。

图 3－6－16　$Z7_S81Y$ 型液动阀门

目前通用的定型产品有 Z41Y－20A 型手动和 $Z7_S81Y$ 型液动两种阀门，其承压有 6.4、10、16、20MPa 四个等级，通径有 125、150、175、200、250mm 多种规格，见图 3－6－16。

3．掘进机

水力采煤的准备与回采巷道都是带有煤水自流坡度的斜巷，断面相对于旱采要小一些，掘进出煤可采用水运，故使用的掘进机也是专用设备，其特点是机体尺寸小。目前定型的产品有水采掘进机 EHS－75 和水旱兼用掘进机 EBZ－75/90 两种机型。

二、采掘工作面供水工艺、设备及管道

（一）《煤炭工业矿井设计规范》的有关规定

（1）采掘用水应利用井下涌水并采取循环供水。当不能满足要求时，可采用地表水或井下钻孔取水；

（2）高压泵设置地点，应根据水源、供水压力及管道等条件确定；

（3）单台水泵不能满足采煤水压要求时，可根据管道承压情况，采用 2 台泵为一组就地或异地串联运行。高压泵宜用液力耦合器传动。供一组回采水枪用水的一套高压泵的数量按一组工作，一组备用和检修配置。两套以上高压泵在同一泵房时，其备用和检修数量可适当减少；

（4）高压泵的蓄水池应设置两个，其容积应为泵房小时供水量的 2～4 倍；

（5）回采和掘进供水应采用专用管道分别供给。采区内安装的掘进管道应与回采管道规格一致；

（6）采掘供水管道在采区宜采用快速接头连接，其他地点可采用焊接连接。但必须符合《煤矿安全规程》的有关规定。

（二）供水工艺系统

1．采与掘的用水区别、特点及供水方式

水力采煤采掘工作面的供水是矿井主要生产环节之一，是原煤生产用电的大户，其主要特点是：①采煤工作面用水压力、流量和供水泵功率较大，水枪作业对供水的稳定性和连续性的要求很强；②掘进工作面用水的地点多且分散，一面一次用水时间短，谁用、谁不用、都用或都不用的随机性很强；③除采用水力掘进外，一般采与掘的用水压力相差悬殊，对水源和水质的要求也不尽相同。

针对这些区别与特点，绝大多数水采矿井采用的供水方式是：

（1）对采与掘分别供水、各成系统；

（2）对采煤工作面采用一对一的供水方式，一组高压泵带一组回采水枪；

（3）对掘进工作面采取“自来水”的供水方式。

2. 掘进供水工艺系统

对炮掘或机掘水运工作面的供水应利用井下涌水或循环利用煤水制备工艺中分流出来的污水。为满足其用水随机性的要求，可采取如图 3—6—17 所示的供水系统。该工艺为保护供水泵在运行中遇用水少或无用水时泵不被憋坏和不开泵时工作面也能随时用水，特意在地面（或矿井的上部水平）建一座蓄水池，并形成图示的管网系统，以达到工作面“自来”用水的目的。另外，也可采取三家子矿仅在地面设置高位水池、无动力全静压供水方式（见图 3—6—6）。

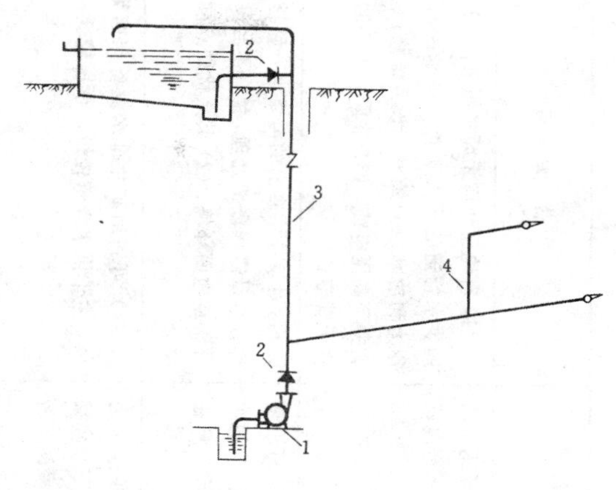

图 3—6—17 利用排水泵配合地面水池向掘进工作面自动供水

1—排水泵或循环水泵；2—止回阀；3—排水管；4—掘进供水管

3. 采煤供水工艺系统

绝大多数矿井的采煤供水泵是用两台泵串联运行，确定采煤供水系统时，应首先考虑供水泵位置是在地面还是在井下，或者前置泵在地面、增压泵在井下；供水泵全在井下又可有在中央设泵房还是在采区设泵房，或者前置泵在中央，增压泵在采区。而影响这一问题的主要因素有水源、供水压力、矿井开采深度、供水距离和水采煤的运提方式，并由此形成如表 3—6—15 所示的多种供水工艺系统。

（三）供水泵

若水力采煤用水的水质较好，需要的供水压力不大，可选常用于矿井排水的效率较高的 D 型多节离心泵。其中 D280—65 型流量 280m^3/h、扬程＜650m，对松软煤层可与一台回采水枪匹配，对较硬煤层可用作增压泵的前置泵。在煤巷掘进工作面个数多，有可能 2～3 个面同时用水时，宜选用流量 420m^3/h、扬程＜650m 的 D450—60 型用作掘进供水泵，该泵效率可达 80％。

当需要的供水压力较大时，则应选用水采专用供水泵。如有水质较好的水源和所采用的水采工艺不需要或仅少量使用循环水时，可选用 GZ 型水力采煤泵；需使用循环水时，则应选用 D 型污水高压泵和 DZ 型污水增压泵。这两种类型的水泵都可串联使用，一组泵的出口压力可达 20MPa 左右。各型供水泵的性能和技术参数见表 3—6—16。此外，使用水质很差的井下循环水作掘进冲煤用水时，则应选用 DDM 型多节式煤泥泵（详见第三节煤水管道运输）。

在各型水泵中，D280、D450 和 D300 可单独运转，也可作两泵串联运行的前置泵；DZ300 和 GZ270 则只作串联运行的后置增压泵使用。前置泵和后置泵可就地串联，也可按上述供水工艺系统远地遥串，但无论就地或远地，后置 DZ300 泵的进口允许水压应小于 9.6MPa，GZ270—150×5 和 GZ270—150×7 应小于 7MPa，GZ270—150×9 应小于 6.5MPa。在串联泵的管网配置上，要考虑前置泵既能单独将水供到采掘工作面，又能将水送给后置泵增压后再供采煤工作面。

表 3—6—15 具有代表性的采煤供水工艺系统

矿名	水源	循环用水方式	图示	高压泵串联方式	前置泵安装地点	增压泵安装地点	采用本工艺系统原因与适用条件	优缺点
三家子矿	地面井水及井下涌水	闭路大循环（从井下到地面大循环）	见图3—6—6	就地串联	地面	地面	矿井涌水量小；循环用水的水处理工艺完善；供水距离不太深远	（1）对地面环境无废水污染；（2）可借助供水管道的压头来减小供水泵的出口压力和功率；（3）有利于设备维修；（4）节省井下高压电缆；（5）井筒和大巷的高压主干管道长
八一矿	生产采区范围内自然涌水	半开路大循环	见图3—6—1	就地串联	地面	地面	生产采区范围内的涌水量多于水力采煤耗水量，且涌水自然掺和采掘煤水后不易在采区分离出去	（1）对系统中多出的需要半开路排弃的部分水量需作澄清处理，稍有不当易污染井下或地面环境；（2）其余优缺点同三家子矿
陶庄矿 吕家坨矿	井下涌水	闭路大循环	见图3—6—2及图3—6—4	异地遥串	生产采区上水平	采区	生产采区涌水量少于水力采煤耗水量，需在井下收集采空区出水；最宜用于采区比较深远的矿井	（1）可利用矿井排水设备作前置泵；（2）主干供水管道较短、承压较低
杨坨矿	井下涌水	开路不循环		就地串联	本水平主排水泵房	本水平主排水泵房	矿井涌水量大；煤硬，供水泵（GZ270）压力大、要求水质好，水采用水无必要复用	（1）要求地面水处理工艺完善，工程投资大、处理费用高（本矿对环境有严重污染）；（2）供水系统简单，可利用排水泵兼作前置供水泵
台吉矿	井下涌水	半开路井下循环	见图3—6—7	就地串联	各生产采区上一水平	各生产采区上一水平	采区数量多，分散而深远，宜广收井下涌水，采取各采区分开就地供水方式；煤硬，供水压力大	（1）地面水处理量大（本矿有选煤厂）；（2）供水系统最简单，高压管道最短
房山矿	地面泉水及井下涌水	开路不循环		就地串联	采区	采区	煤层软硬不一，采硬煤时需用GZ270增压泵；井下涌水雨季特大，旱季很小；主平硐长10km，不宜循环用水	（1）地面水处理量大（本矿无选煤厂，对环境有污染）；（2）高压主干管道短
杨庄矿	井下钻孔取水	开路不循环		就地串联	井底	井底	煤硬，增压泵要求高质量清水；煤系底部有灰岩含水层	除高压管道较长外，其余同台吉矿

表 3-6-16 水力采煤供水泵性能与技术参数

型号	级数	流量 (m^3/h)	扬程 (m)	转速 (r/min)	效率 (%)	轴功率 (kW)	电机功率 (kW)	允许吸上真空高度 (m)	叶轮直径 (mm)	重量 (kg)	备注
D280−65	4	280	260	1480	74	268	360	6.0	450	1770	其性能曲线和安装尺寸可查产品样本
	5	280	325	1480	74	335	440	6.0	450	1950	
	6	280	390	1480	74	403	500	6.0	450	2130	
	7	280	455	1480	74	470	680	6.0	450	2310	
	8	280	520	1480	74	537	680	6.0	450	2490	
	9	280	585	1480	74	604	850	6.0	450	2670	
	10	280	650	1480	74	671	850	6.0	450	2850	
D450−60	4	420	240	1480	80	343	500	5.5	430	2000	
	5	420	300	1480	80	428	680	5.5	430	2250	
	6	420	360	1480	80	514	680	5.5	430	2500	
	7	420	420	1480	80	600	850	5.5	430	2750	
	8	420	480	1480	80	685	850	5.5	430	3000	
	9	420	540	1480	80	771	1050	5.5	430	3250	
	10	420	600	1480	80	857	1050	5.5	430	3500	
D300−80及DZ300−80	6	300	480	1480	71	560	680	6.0	480		DZ型系无吸程的增压泵
	7	300	560	1480	71	650	850	6.0	480		
	8	300	640	1480	71	747	850	6.0	480		
	9	300	720	1480	71	840	1050	6.0	480		
	10	300	800	1480	71	934	1050	6.0	480		
	11	300	880	1480	71	1027	1250	6.0	480		
	12	300	960	1480	71	1120	1250	6.0	480		
GZ270−150	5	270	750	2080	70	788	1000			3000	1. 系无吸程的增压水泵 2. 需外注冷却水
	7	270	1050	2980	70	1103	1250			3500	
	9	270	1350	2980	70	1418	1600			4000	

每一台供采煤用的水泵都应配置调速型液力耦合器，以减少泵的停开频率和用调节水泵转数来节省电耗。

（四）高压阀门

每一台采煤供水泵的出口阀门和高压管网的用水调度阀门宜用电动或液动阀门。在井下，宜选用耐潮湿的液动阀门。

（五）供水管材质及安装方式

(1) 水力采煤的供水管道一般使用输送流体用热轧无缝钢管（GB8163－87），适宜选用的钢号及其力学性能见表 3－6－17。

表 3－6－17　输送流体用无缝钢管的力学性能

牌　号	钢　号	抗拉强度 σ_b (N/mm²)	屈服点 σ_S (N/mm²)	
			钢管壁厚≤15mm	钢管壁厚>15mm
碳素和低合金结构钢	10	335～475	205	195
	20	390～530	245	235
	09MnV	430～610	295	285
	16Mn	490～665	325	315

(2) 在一个矿井内，采煤供水管道与掘进供水管道有互换使用的可能性，钢管在搬运、存放和安装过程中有可能混杂，对相同管径的钢管应选用同一材质和同一管壁厚度。

(3) 在井筒、大巷和采区上山内的主、干管道一律采用焊接和固定安装方式（不能采用法兰盘连接）。碳素和低合金结构钢的钢号超过 30 以上，随含碳量增加焊接性能越来越差，焊前须预热，焊后应热处理，在井下较难保证焊接质量，故宜慎用。

(4) 回采巷道的跟枪管和高瓦斯矿井的采区内管道一律采用快速接头连接和不固定安装方式。快速接头的规格尺寸见图 3－6－18 和表 3－6－18。

（六）管壁厚度和耐压试验

1. 有关规定

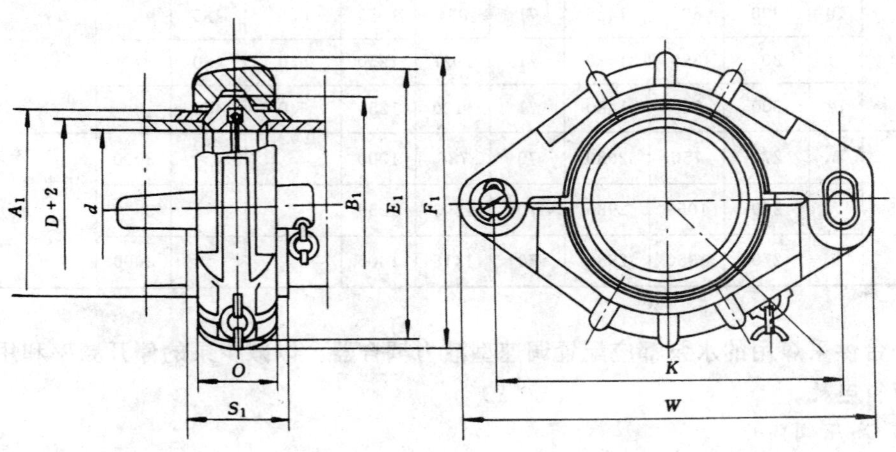

图 3－6－18　快速接头

表 3—6—18

允许水压(MPa)	规格(英寸)	尺寸 (mm)									
		d	$D+2$	A_1	B_1	E_1	F_1	O	S_1	K	W
10	5	ϕ115～ϕ128	ϕ129～ϕ142	ϕ158	ϕ190	230	250	70	80	300	360
	6	ϕ145～ϕ156	ϕ161～ϕ170	ϕ188	ϕ220	265	285	70	80	335	395
	8	ϕ201	ϕ221	ϕ242	ϕ270	315	335	70	80	390	450
16	5	ϕ111～ϕ124	ϕ129～ϕ142	ϕ158	ϕ190	235	255	75	90	305	365
	6	ϕ141～ϕ152	ϕ161～ϕ170	ϕ188	ϕ220	270	290	75	90	340	400
	8	ϕ195	ϕ221	ϕ242	ϕ270	324	344	75	100	400	460
20	5	ϕ107～ϕ120	ϕ129～ϕ142	ϕ160	ϕ190	240	260	80	90	310	370
	6	ϕ139～ϕ148	ϕ161～ϕ170	ϕ190	ϕ220	275	295	80	100	345	405
	8	ϕ187	ϕ221	ϕ242	ϕ270	332	352	80	100	410	480
25	5	ϕ103～ϕ116	ϕ129～ϕ142	ϕ160	ϕ190	245	265	80	100	325	385
	6	ϕ135～ϕ144	ϕ161～ϕ170	ϕ190	ϕ220	285	305	80	100	370	430
	8	ϕ183	ϕ221	ϕ242	ϕ270	340	360	88	100	420	490

(1) 国标 GB8163—87 规定：流体用钢管进行水压试验的试验压力 $P=\frac{2SR}{D}$ (MPa)；S—管的公称壁厚 (mm)；D—管的公称外径 (mm)；R—钢的屈服强度的 60% (N/mm^2)。

(2)《煤矿安全规程》规定：快速接头连接的高压水管和煤水管在安装和使用前，都必须经过耐压试验。焊接的高压水管和煤水管，在使用前也必须经过耐压试验。试验压力不得小于使用压力的 1.5 倍。

2. 管壁厚度计算

(1) 在表 3—6—19 的计算图式中，力 P_x 是钢管在承受使用水压 P 时有把钢管拉扁和沿两条纵缝 A、B 把钢管撕裂趋势的“撕拉力”。要使选用壁厚为 S，其钢号的屈服点为 σ_S 的钢管承受水压 P 后不发生塑性变形，必须满足 $2LS\sigma_S \geqslant P_x$

表 3—6—19 钢管壁厚计算图式

图式	计算式
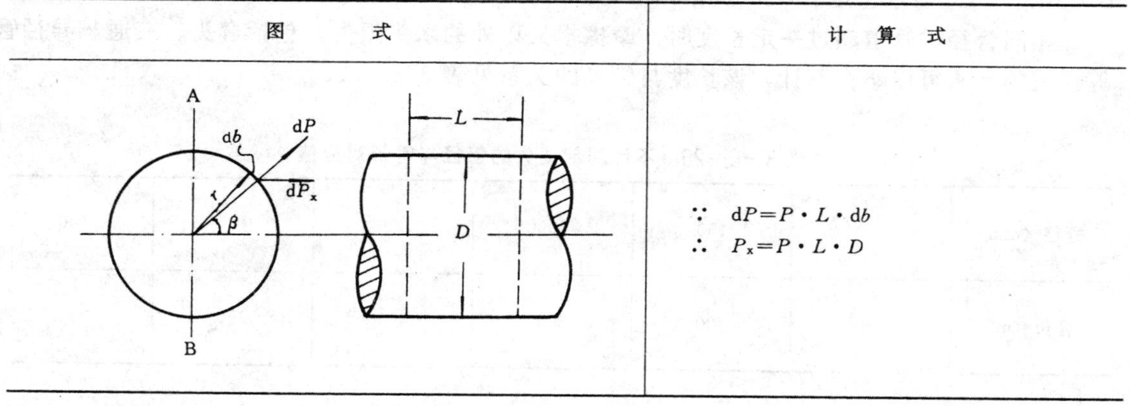	∵ $dP=P\cdot L\cdot db$ ∴ $P_x=P\cdot L\cdot D$

(2) 按上述第 (1) 条规定：许用应力 $R\approx0.6\sigma_S$。那么，用关系式 $2LS\sigma_S=P_x$ 和 $P_x=PLD$ 计算出壁厚 $S=\frac{PD}{2R}$ 的钢管在承受使用水压 P 时，其抗塑性变形的能力已具备有 1.67 (=1/0.6) 倍富裕量，能满足上述第 (2) 条规定用 $1.5P$ 作耐压试验的要求。

(3) 但直接用该式算出的壁厚在用 1.5 倍于 P 的水压作耐压试验时，钢管仍很接近于发生塑性变形的临界点。在式的右端应当有一个大于 1 的富裕系数 K。另外，钢管的壁厚在轧制上有偏差，式的右端还应加一个纠正偏差的附加厚度 C (不包括锈蚀、电蚀和磨蚀等原因的附加厚度)，即

$$S=K\frac{PD}{2R}+C \tag{3-6-2}$$

建议按 $2LS\sigma_S=1.2\times1.5P$ 来确定 K 值，即 $K=1.1$。

GB8163—87 规定：输送流体用无缝钢管壁厚允许的负偏差为 12.5%。即

$$C=0.125K\frac{PD}{2R} \tag{3-6-3}$$

3. 耐压试验

各水采矿井对管道的耐压试验是采取对各种形状、各种尺寸的管件、阀门和水枪都抽样，用与实际生产相同的焊接和安装方法，在地面组成一个试压管网，在充满水后用电动试压泵加压到使用水压的 1.5 倍。在不少于 5s 时间内，管网不得出现渗漏现象。

(七) 管道摩擦损失

$$I_W=\frac{fV^2}{2gd} \tag{3-6-4}$$

式中 I_W——清水管道摩阻坡，m/m；

f——摩擦系数；

d——管道内径，m；

V——断面平均流速，m/s；

g——重力加速度，m/s²。

摩擦系数 f 随水流状态 (雷诺数 Re) 及管壁的粗糙情况 (糙度 k) 而不同，在算出 Re $\left(=\frac{VD\rho}{\mu}\right)$ 和管道相对糙度 k/D 的数值后，可直接从图 3-6-19 查出。国产 $D=150\sim400$mm 无缝钢管的绝对糙度 $k\approx0.07\sim0.08$mm，进口商业钢管 $k=0.04\sim0.05$mm。清水的粘度 $\mu\approx0.001$kg/ms，清水密度 $\rho\approx1000$kg/m³。

相同管径的管道超过一定长度时，摩擦损失以外的水头损失，包括弯头、三通、异径管等损失的水头可以略去不计，该长度与管径的关系见表 3-6-20。

表 3-6-20　不计局部损失的管径与管长对应值

管径 (mm)	100	150	200	300	400	500
管长 (m)	130	200	300	470	690	900

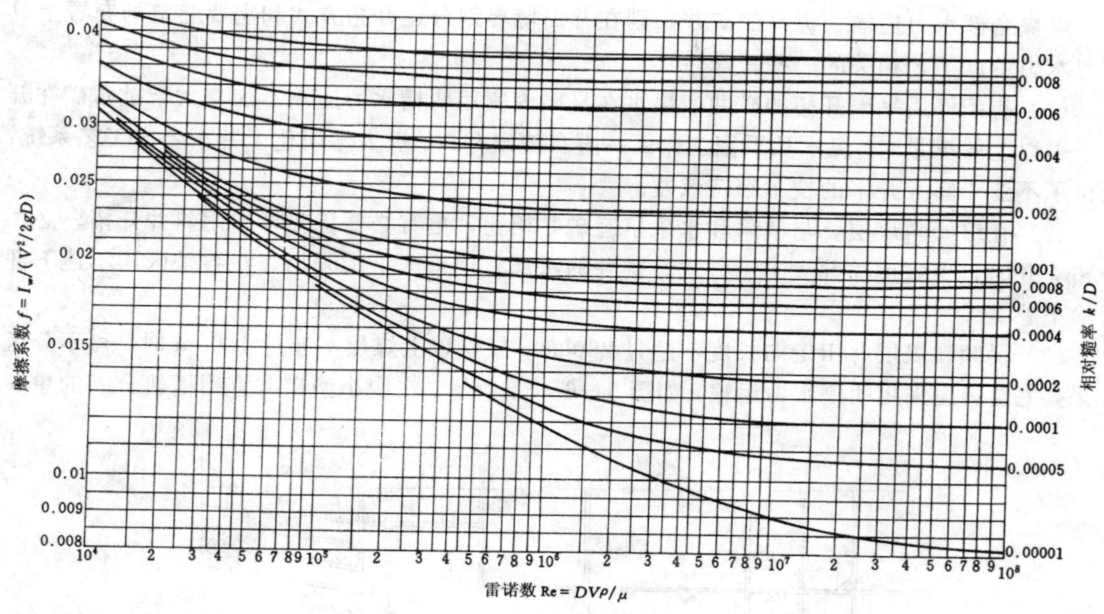

图 3－6－19 清水管道摩擦损失系数计算图

三、水力采煤巷道布置

（一）开拓巷道布置

决定水采矿井开拓巷道布置的主要因素是煤炭运输方式。在有旱运旱提的矿井，如图3－6－20所示的吕家坨矿，在开拓方式及其巷道布置上与开采条件相同的旱采矿井无大的差

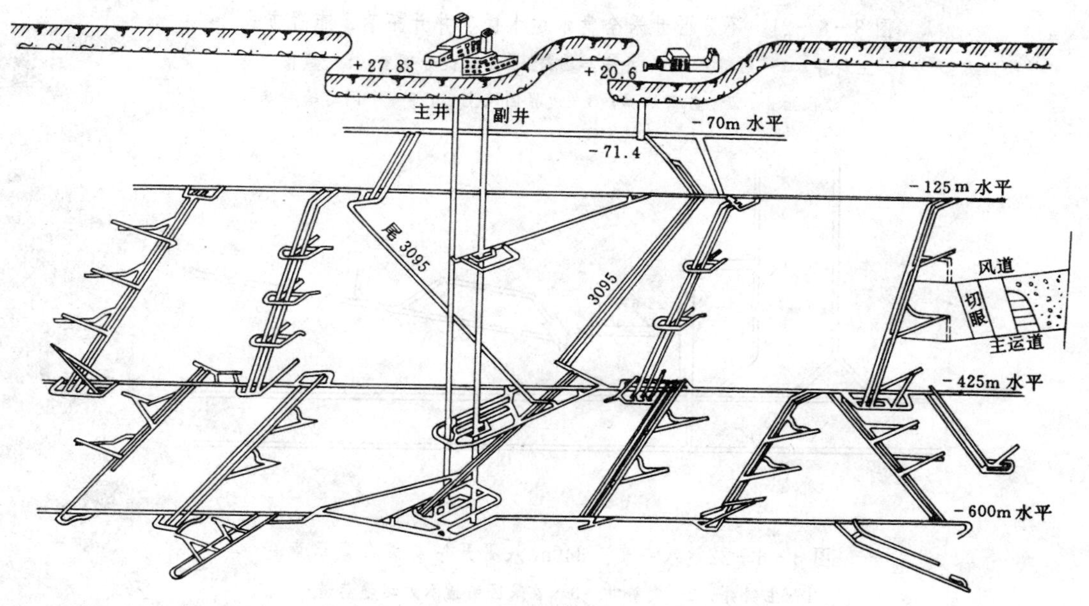

图 3－6－20 吕家坨矿开拓巷道布置示意图

异。

煤炭全部水力运输、提升的矿井，则在井田境界划分、开拓方式和主要巷道的布置上具有与水力生产工艺相关的一些特殊性：

(1) 有条件用平硐开拓的矿井，煤水在平硐内宜用明槽水力运输。加拿大米歇尔矿在开采平硐以上的煤量时，煤水从采掘工作面一直自流出井口，极大地简化了井下生产工艺系统，获得了不亚于露天开采的技术经济效益。

(2) 在缓倾斜煤层，与旱采和水采旱运矿井相比，更有必要优先考虑用斜井开拓。必须开拓立井时，也宜用立井大下山方式。矿井的深部宜用采区下山开拓，在各采区均不建下部运输平巷。

(3) 缓倾斜煤层井田走向长度不超过 2500m、倾斜以上煤层不超过 1500m 时，可不分区开采，主要巷道采用明槽水力运输，如图 3－6－21 所示。在中小型矿井宜用槽轨合一的单巷

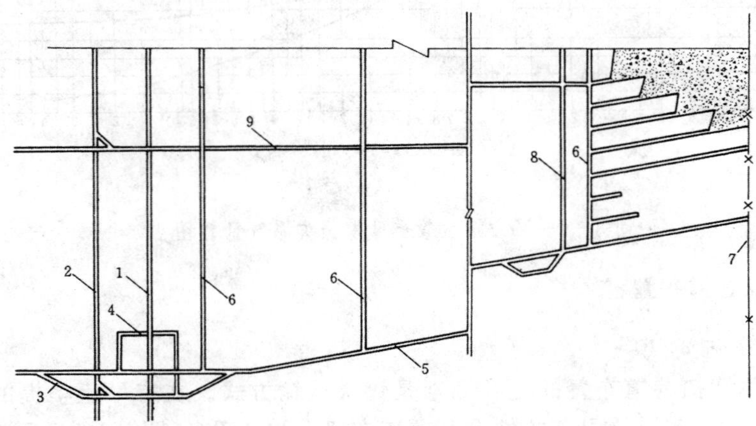

图 3－6－21 不分区开采全盘水运水提矿井开拓巷道布置方式

1—主斜井；2—副斜井；3—井底车场；4—煤水提升硐室；5—运输大巷；6—分段上山；7—井田边界；8—边界回风上山；9—中间运输平巷

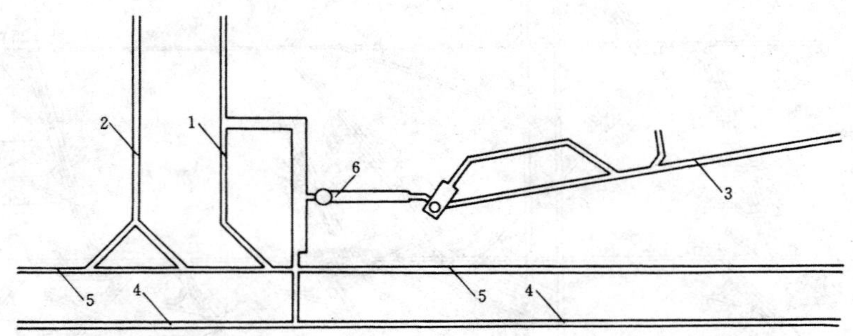

图 3－6－22 八一矿－340m 水平开拓巷道布置示意

1—主斜井；2—副斜井；3—首采区明槽水力运输巷道；4—管道水力运输巷道；5—轨道运输大巷；6—压入式煤水仓

布置，辅助运输用绞车牵引车辆或用单轨吊车。在厚度大的煤层则宜在两个生产水平的中部布置一条沿煤层顶板掘进的中间运输平巷。

这种开拓巷道布置方式特别适合在断层构造发育的煤田或其中的某些块段建设水力采煤群井或建棣属于某一大矿管理的水采小井，所生产的原煤宜用管道输送到群井选煤厂集中处理。徐州矿务局新庄水采井即是开采两翼受大断层狭持，原本是旗山矿井田内的储量和归旗山矿管理的独立水采井。

（4）走向一翼长度超过 1500m 时，宜分区开采。除首采区外，主要巷道按采用管道运输或明槽与管道相结合的水力运输方式布置，如图 3－6－22 和图 3－6－23 所示。

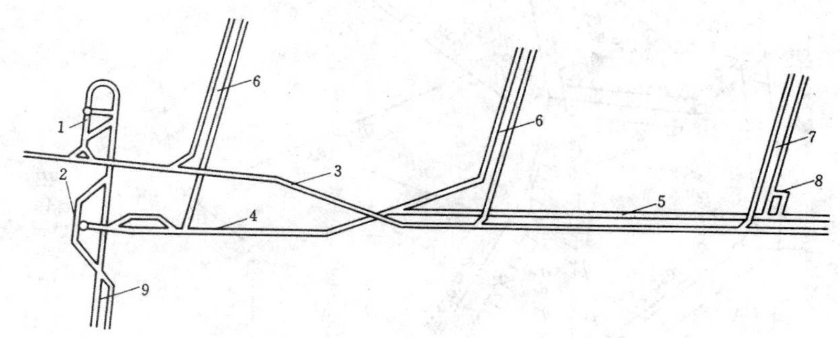

图 3－6－23　徐庄矿（水采扩建方案）西翼开拓巷道布置示意

1—－750m 井底车场；2—中央煤水硐室（－870m）；3—轨道运输大巷；4—明槽水力运输巷道；5—管道水力运输巷道；6—分段上山；7—采区上山；8—采区煤水硐室；9—中央下山

（5）在旱采矿井中建设有水力运提系统的独立水采区时，可以不受该矿既有水平划分的限制，应尽可能加大采区的段高，最大限度地扩大一套采区煤水硐室服务的煤量。需分区开采时，在满足通风要求的前提下，主要运输巷道布置可以不俱一格，视煤层赋存条件，可开拓平巷、也可只开分区上下山，各采区的开采范围与标高也不强求一致，如图 3－6－24。

（6）全盘水力运提的矿井用立井开拓时，应尽可能省掉一个相当于旱采矿井的主井井筒。担负提煤任务的煤水管可与矿井的排水管并列安装于罐笼井内。

（7）用斜井开拓时，仍需两个提升井筒，但装备简单：主井可常挂人车，其两侧布置管道和电缆；副井则只铺轨担负辅助提升任务。

（8）主要巷道用明槽水力运输时，煤水提升硐室宜建在本水平井底标高以下，如图 3－6－23 所示。鹤壁六矿第二水平井底车场标高－300m，煤水硐室则在－365m。在缓倾斜煤层，下山采区的煤水硐室也宜放在距煤层底板至少 50m 处，如图 3－6－24、图 3－6－30 所示的陶庄矿 250 采区，其岩石溜煤大巷从煤水硐室开掘，与煤层走向一致，以 6%～7%的坡度上行到见煤后，就接近到达了本采区的边界。

（二）准备巷道布置

决定水采区准备巷道布置的主要因素是煤层倾角和瓦斯含量。而短壁式无支护采煤法和采区内全部采用明槽水力运输，则使其布置方式与旱采相比有较大的差异。

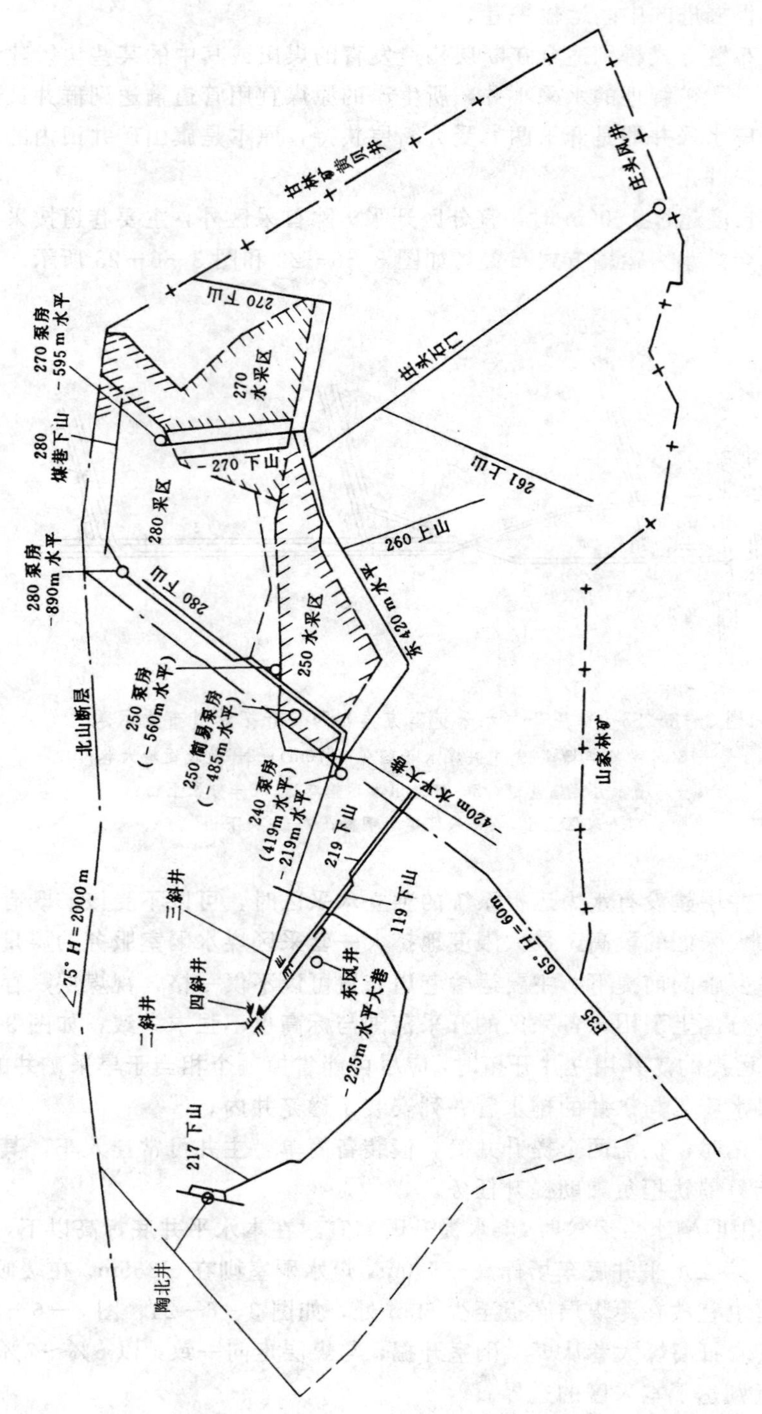

图 3—6—24　陶庄矿开拓平面图

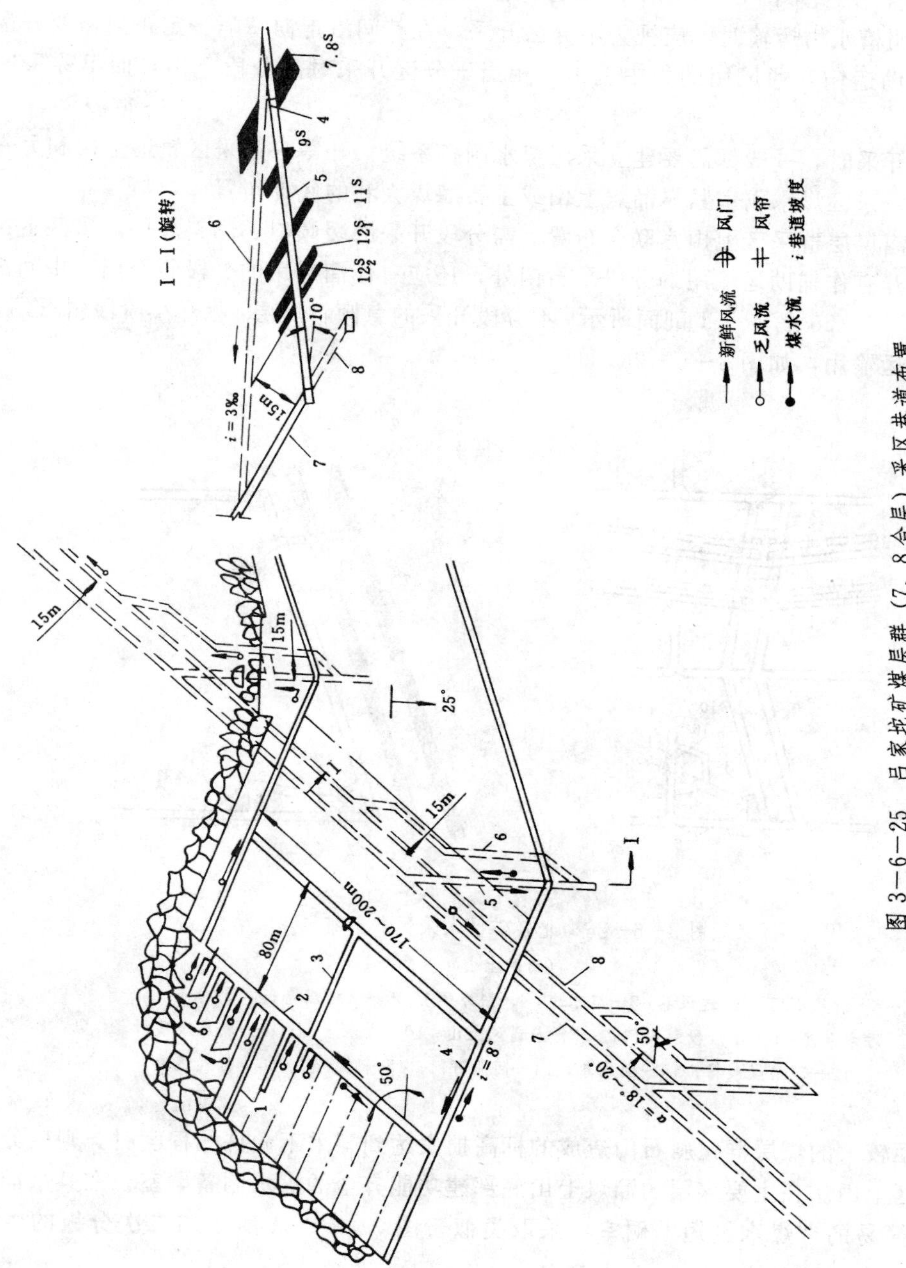

图 3－6－25　吕家坨矿煤层群（7、8合层）采区巷道布置

1—小阶段顺槽；2—分段上山；3—中间顺槽；4—集中溜煤顺槽；5—中间溜煤石门；6—中间轨道石门；7—采区溜煤上山；8—采区轨道上山

1．采区上山布置

（1）在水采矿井内，对采区的划分常以是否要建立一套（或一组）煤水制备硐室来作为定义采区的标志。因此，图 3－6－21 所示的巷道布置方式，即在一个生产水平从井底到井田边界全部采用明槽水力运输时，应视为不分区开采。在其间沿走向每隔一定距离需要开凿来供作溜煤、辅助运输和通风用的集中上山，相当于分区开采时的分段上山，而不称采区上山。

（2）分区开采时，一般都需要建立采区煤水制备系统，开凿一条采区轨道上山和另一条采区溜煤上山。采区煤水硐室紧靠溜煤上山或主要溜煤大巷的底部布置。

（3）近距离煤层群采区上山宜联合布置。需分段开采的缓倾斜、倾斜煤层，采区上山至各煤层之间除开有作辅助运输用的分段平石门外，还应有作溜煤用的分段斜石门（中间溜煤石门），如图 3－6－25 之 Ⅰ－Ⅰ 剖面所示。不分段开采的急倾斜煤层，只开小阶段斜石门，兼作溜煤和辅助运输用，如图 3－6－26。

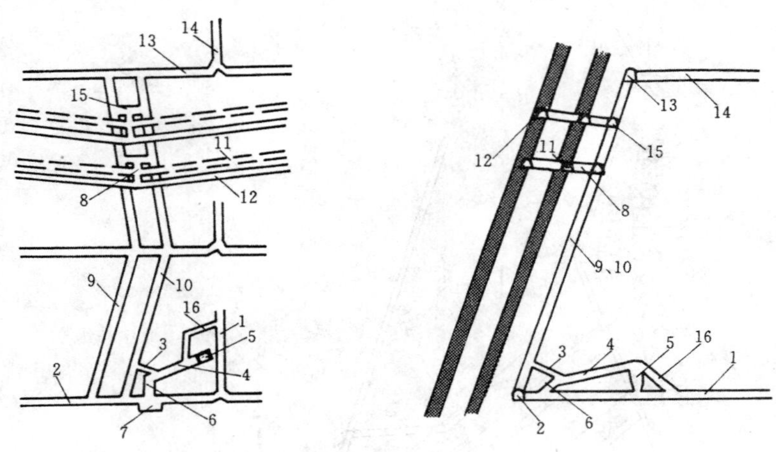

图 3－6－26　北票矿区水采区巷道布置

（伪斜上山）

1—进风石门；2—进风巷；3—煤水道；4—脱水硐室；5—采区煤仓；6—污水仓；7—污水泵房；8—小阶段斜石门；9—行人通风上山；10—煤水上山；11—底层煤顺槽；12—顶层煤顺槽；13—回风巷；14—回风石门；15—联络巷；16—行人通道

（4）间距较大的煤层群，斜石门造成的标高损失达到开采不允许的程度时，则应分层或分组布置采区上山。在主要煤层的溜煤上山底部建功能齐全的煤水制备硐室，在其余溜煤上山之下仅建简易的“煤水倒短”硐室，采取类似于图 3－6－34 所示的二次分级的生产工艺。

（5）缓倾斜、倾斜煤层采区每翼走向长度为 300～1000m，采区上山一般按煤层真倾斜布置。急倾斜煤层采区每翼走向长度为 200～300m，两条采区上山均宜置于底板岩石内，可按伪倾斜、也可按真倾斜布置，如图 3－6－26、图 3－6－27 所示。在断裂构造发育的煤层，常需以倾斜或斜交断层为界布置单翼采区，其采区上山宜与断层面平行呈伪倾斜布置。

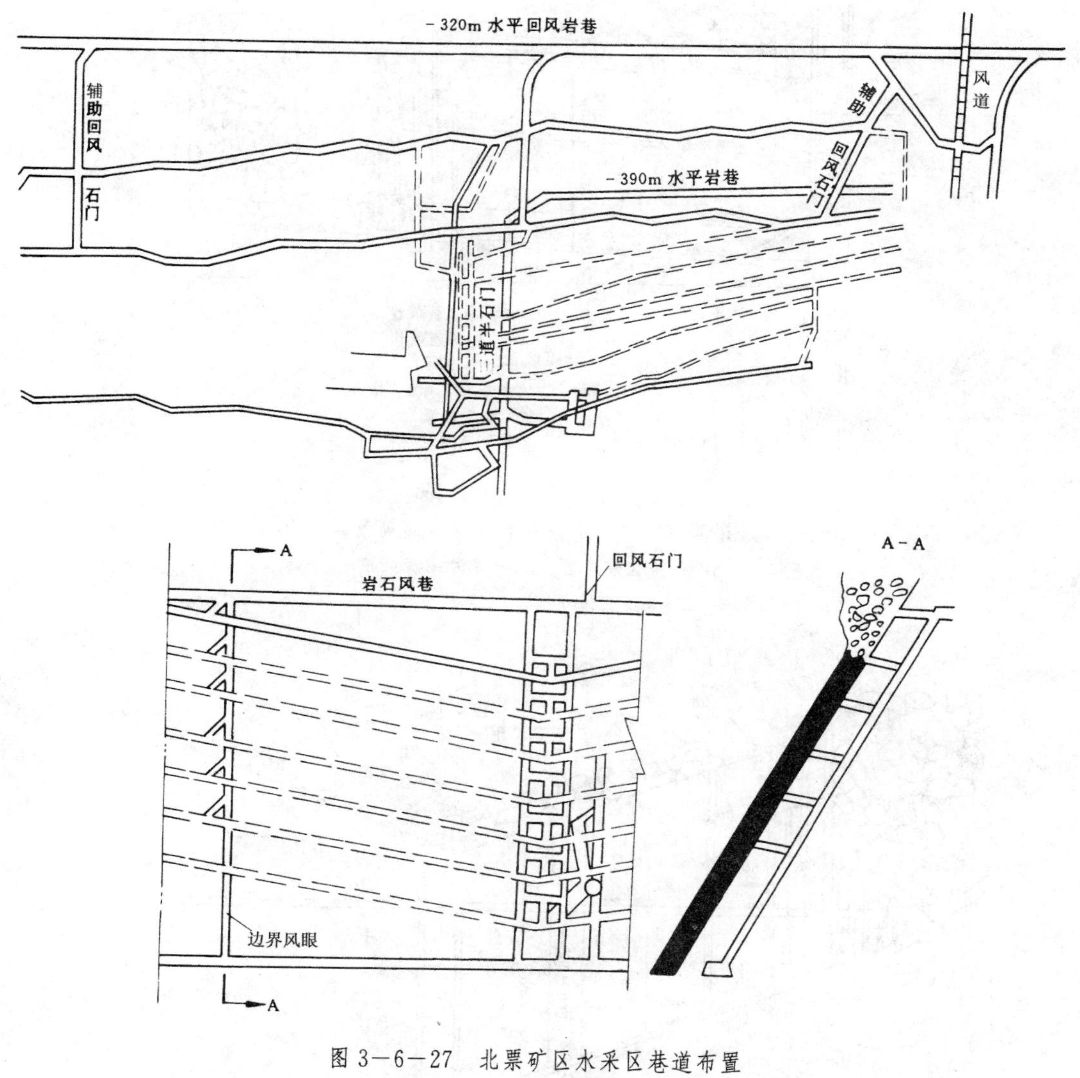

图 3—6—27 北票矿区水采区巷道布置

（真斜上山）

2. 分段集中巷与分段上山布置

(1) 缓倾斜和倾斜煤层的采区准备巷道宜采用分段集中巷和分段上山的布置方式。急倾斜煤层因难以在煤内掘进分段上山，多数是直接从采区上山由上到下依次开口掘小阶段斜石门，见煤后向两翼掘小阶段回采顺槽，直至采区边界。即急倾斜煤层一般不再将采区划分为分阶段，如图 3—6—27 所示。

(2) 具有明槽水力运输坡度的分段集中巷又名集中溜煤顺槽。采用倾斜漏斗采煤法时，其回采上山常是从该顺槽沿走向按工作面长度依次开口向上掘进，如图 3—6—28 所示；采用走向小阶段采煤法时，则只从该顺槽沿走向每隔一定距离开口向上掘进分段上山（又名区段上山），然后再从分段上山内沿倾斜按工作面长度依次开口朝采区边界方向掘进小阶段回采顺

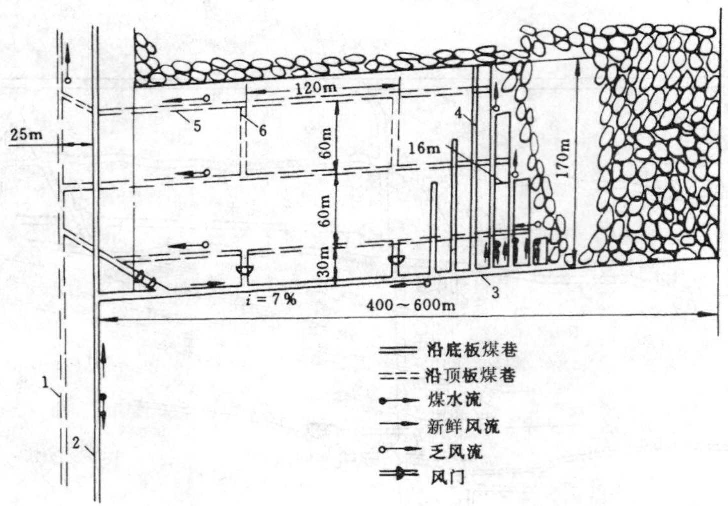

图 3－6－28　鹤壁四矿采区巷道布置

1—采区轨道上山；2—采区溜煤上山；3—集中溜煤顺槽；4—回采上山；5—顶板回风顺槽；6—联络巷道

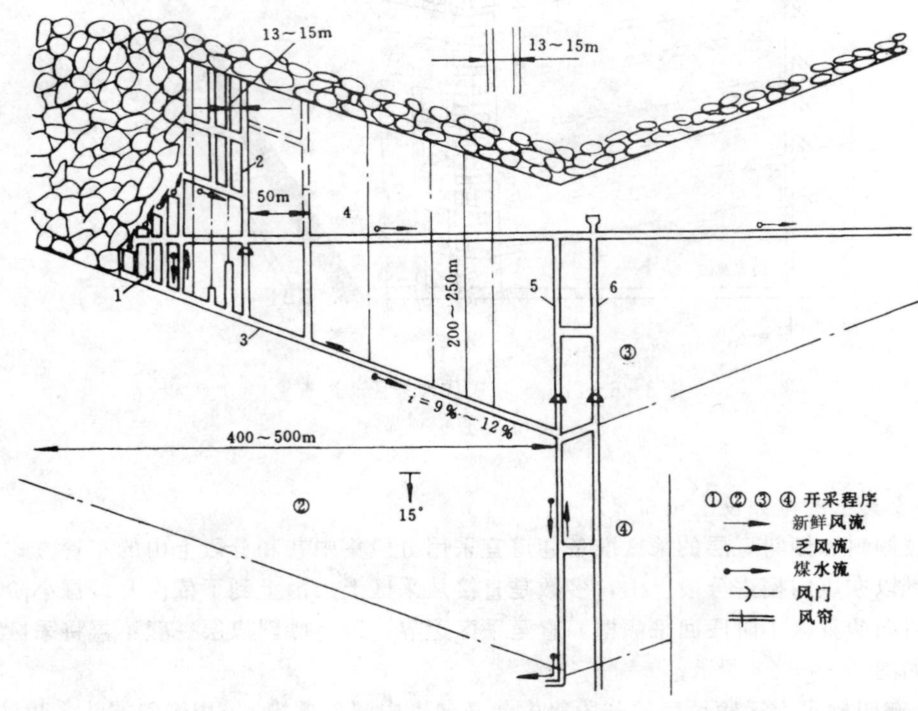

图 3－6－29　肥城杨庄矿采区巷道布置

1—回采上山；2—区段上山；3—集中溜煤顺槽；4—材料、回风平巷；5—采区溜煤上山；6—采区轨道上山

槽，如图 3－6－25 所示。

(3) 分段集中巷沿煤层倾斜的间距、即分阶段斜长，缓倾斜煤层一般为 100～200m，倾斜煤层一般为 80～150m。分段上山沿走向的间距为 60～120m，煤层倾角较大时常呈伪倾斜布置。

(4) 在平缓煤层，因溜煤顺槽巷道与煤层走向之间的水平夹角很大，除应尽可能加大采区的阶段高度与长度外，尚需加大分阶段斜长和缩小分阶段上山的间距，如图 3－6－29 所示。或者，如图 3－6－30，不再将采区划为分阶段，而将间距较小的分段上山从采区最下部的主要溜煤大巷内逐一开口向上一直掘到采区的上部边界。这两种缓斜煤层巷道布置方式的区别是后者的煤层倾角比前者更平缓。而两者共同之点：一是为控制回采上山的长度，需从分段上山内开口再掘几条分段溜煤顺槽；二是为减少辅助运输和通风的路线长度，需掘 1～2 条横贯采区的中间平巷。

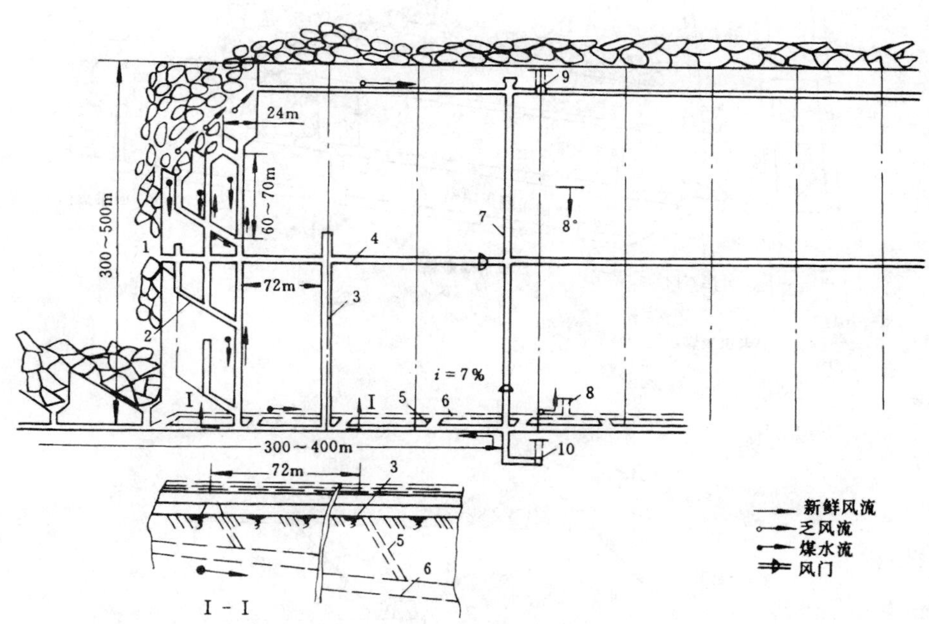

图 3－6－30 陶庄矿下山采区溜煤大巷及采区巷道布置

1—回采上山；2—分段溜煤顺槽；3—分段上山；4—通风、材料平巷；5—溜煤石门；6—底板岩石集中溜煤顺槽；7—采区轨道上山；8—采区溜煤石门；9—采区回风石门；10—采区进风石门

(5) 煤层厚、开采范围大，生产能力在 0.75Mt/a 以上的采区，也宜布置至少一条中间运输平巷，在特厚煤层，该平巷宜放在底板岩石内或沿顶掘煤巷。还可采取如图 3－6－25 所示，在两条分段上山之间提前掘进出一条回采巷道，作为增加工作面进风量的中间顺槽用。

3. 高瓦斯煤层采区巷道布置实例

(1) 采用走向小阶段采煤法的采区，为减少瓦斯在老塘内的积聚量和防止其涌向工作面，北票矿区在采区两翼都增开边界回风巷道，包括边界风眼和边界回风石门等，如图 3－6－27。

(2) 采用倾斜漏斗采煤法的采区，为控制乏风下行距离和减少老塘瓦斯积聚量，鹤壁四矿在两条分段集中巷之间增开了三条沿煤层顶板掘进的回风顺槽，如图 3－6－28 所示。

(3) 开采倾斜、急倾斜煤层的小凌河矿，借助煤层厚度大的优势，在每一回采小阶段内都增开一条回风顺槽，形成工作面能全风压通风的短壁无支护采煤法，如图 3－6－31 所示。

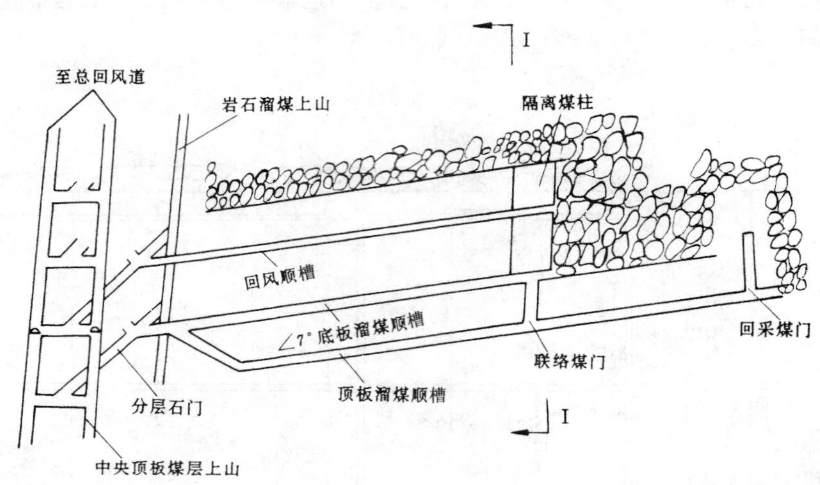

I－I

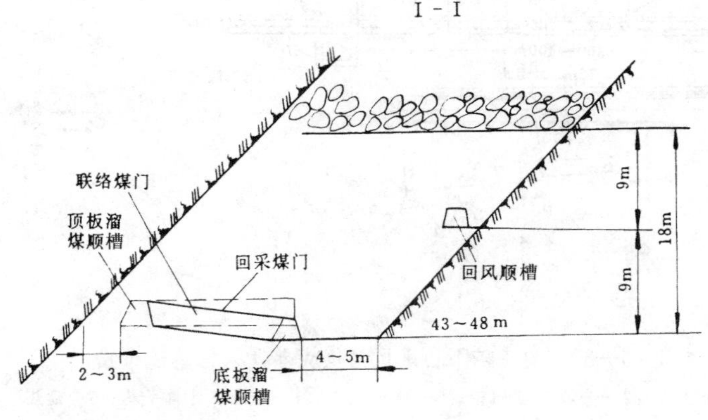

图 3－6－31　南票小凌河矿急倾斜特厚煤层采区巷道布置

(4) 通化八道江矿二井结合煤层不稳定的特点，把采区上山和分段集中巷都开在煤层底板岩石内，分段上山采取双巷布置，其中分段通风上山也掘岩巷，有利于扩大通风巷道断面和保持其畅通性，如图 3－6－32 所示。

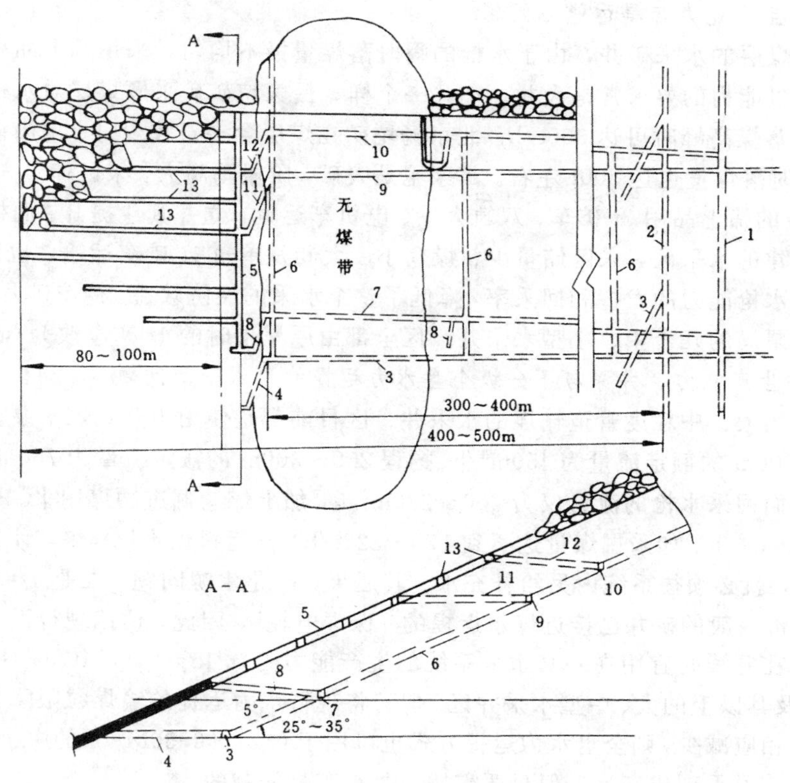

图 3－6－32　八道江矿二井水采区巷道布置

1—采区溜煤上山；2—采区轨道上山；3—中间平巷；4—小石门；5—分段溜煤上山；6—分段通风上山；7—集中溜煤顺槽；8—采区溜煤石门；9—中间回风顺槽；10—集中溜煤顺槽；11—中间回风石门；12—中间溜煤石门；13—回采顺槽

第三节　大巷运输与提升

一、大巷运输与提升方式

（一）影响水力采煤运提方式的技术因素

1. 煤类、煤质及煤炭洗选问题

需要全部洗选的炼焦煤显然是不分级全盘水力运提的首选煤种；当井口选煤厂根据煤质筛分资料和市场情况只洗选某一粒级以上或以下的煤炭时，分级运提的分级粒度应尽可能与其一致；煤炭不在井口洗选和采用分级运提时，应根据煤炭筛分资料选取对产品脱水效果最好、售价最有利的粒级作为分级运提的分级粒度。

2. 煤的脱水性及产品水分问题

在原煤不洗选的矿井选用分级运提方式时，旱运旱提的煤出井后一般不再二次脱水，对脱水性差的煤如分级粒度过小产品水分必然过高，会给矿井运销工作带来困难和造成经济损失。

3. 煤层生产能力与旱运能力问题

开采厚煤层的水采矿井，由于水枪的瞬时落煤量极不均匀，采用筛上品旱运时，对大巷运输瞬时通过能力的要求常是大井、小井一个样。吕家坨矿矿采厚煤层时水枪小时能力平均180t 左右，落煤高峰时可达 300t/h。北京杨坨矿在煤层含夹石较少时、房山矿在四槽煤较厚时，水枪瞬时落煤量也达 300t 左右。吕家坨是大矿，阶段垂高大、采区储量大、煤仓容量大，±1mm 分级的筛上品用 3t 矿车、双轨大巷、电机车运输，立井箕斗提升。而杨坨和房山是在中型矿井内建的水采区，采区储量少、煤仓小、大巷是单轨 1t 矿车运输，也用±1mm 分级，严重影响了水枪能力的发挥和回采率，降低了整个水采的经济效益。杨坨矿后改为±3～6mm 分级，而南票局的几个中、小型水采井、区全都由原旱采时的 1t 矿车改为 3t 底卸式矿车。

4. 矿井生产能力、井深与不分级全盘水力运提的用水平衡问题

国内采用大、中粒度管道输煤的水采井、区目前都是使用中开式煤水泵。其中，单台扬程为 150～200m 的额定流量为 $450m^3/h$、扬程 250～300m 的额定流量为 $750m^3/h$～$800m^3/h$。而采煤工作面回采水枪的流量仅为 200～$280m^3/h$，加上煤巷掘进冲煤用水，采掘总供水量一般不超过 $400m^3/h$。如采掘煤量达不到 170～220t/h、即运提煤水比（煤与水的体积比）达不到 1∶4～5，就必须往系统内另给补充水。其后果，一是水源问题；二是 1∶5 的煤水比对多数煤质、煤价一般的矿井已接近煤水运提的“保本电耗”。因此，使用现行设备不分级全盘水力运提方式在井浅时宜用在一套水采系统的生产能力为 0.45～0.60Mt/a、井深时为 0.75～0.90Mt/a 及其以上的大、中型水采井区。但若将现行水力运提的输煤粒限降为 0～25mm，煤水泵的流量相应减少，则全盘水力运提方式也可用于 0.21～0.30Mt/a 的中小型井区。该类型的煤水泵目前虽无现成产品，但只要需用，是很容易研制的。

（二）影响水力采煤运提方式的经济因素

1. 水采矿井运提方式与基建投资

肥城杨庄矿、枣庄八一矿、鹤壁四矿和开滦吕家坨矿 4 个有正规设计的大、中型水采矿井的建设投资及有关比较列于表 3－6－21。

表中各项统计表明：第一、单一煤层和厚煤层搞水采比薄及中厚的多煤层矿井投资少、效益好；第二、但水旱并运比单一水运在矿井投资上肯定要高，吕家坨矿实际生产能力同三个水运矿加起来差不多，但其总投资和吨煤投资都高出三矿合计的一倍。这一点，如果在同一矿井进行方案比较，会看得更加清楚。

表 3－6－21 四大水采矿井建设投资及其比较

矿井名称	鹤壁四矿	杨庄矿	八一矿	吕家坨矿
开拓及运输方式	立井 一水平明槽运输 二水平管运	立井 一水平明槽运输 下山采区管运	斜井 一、二水平 明槽运输 下山采区管运	立井 各水平大巷 管运、车运
煤层数及厚度（m）	单一 4.5～5.8	单一 4～5	单一 4～8	多煤层 0.8～6.5
煤层倾角（°）	5～23	7～23	15～25	20～30

续表

矿井名称	鹤壁四矿	杨庄矿	八一矿	吕家坨矿
煤层硬度	中硬	较硬	中硬	中硬
供水压力（MPa）	8～12	16～20	12	8～14
矿井生产能力（Mt/a）				
设　计	0.45	0.51	0.30	1.50（提升 3.00）
改造后	0.75	0.75	0.75	2.00
实际最高	0.90 以上	0.90 以上	0.90 以上	2.40 以上
基建和改扩建投资（万元）	1565	2144	1805	11235
其中：选煤厂			525	3207
三个水运矿合计		5517		
累计生产原煤（Mt）	11.59 (64.7～79)	11.21 (64～80)	10.03 (64～80)	26.92 (68～80)
三个水运矿合计		32.83		
实际吨煤投资（元/t） （按上两项计算）	20.93	32.51	30.64	54.26
三个水运矿平均		27.73		
累计上缴利润（万元） （与原煤项同期）	6300	15500	17968	12386
三个水运矿平均		39768		
平均吨煤利润（元/t）	5.44	13.83	17.91	4.60
三个水运矿平均		12.11		

2. 管道输煤电耗及其比较

管道输煤比其他运煤方式在动力消耗上要高。井下电机车运输每 t・km 的电耗指标为 0.13～0.3kW・h，箕斗提升是 4.5～6.5kW・h。其计算公式可参阅《煤矿生产经营费指标》（设计管理局 1981 年版）。

管道输煤的电耗一般按下式计算

$$N_t=\frac{\rho H+\rho_w IL}{367\eta C_v \rho_c},\ \mathrm{kW\cdot h/t} \tag{3-6-5}$$

对于任何一个给定的系统，此式可改写成下式

$$N_t=K_h\frac{\rho}{C_v}+K_L\frac{I_w}{C_v}+K_L\frac{I-I_w}{C_v} \tag{3-6-6}$$

式中　H——煤水管道两端的高差，m；

L——管道的长度，m；

ρ_w——清水的密度，kg/m^3；

ρ_c——煤的密度，kg/m^3；

ρ——煤水的密度，kg/m^3；

C_v——煤水的体积浓度，%；

η——输煤泵、电动机和电网的效率，%；

I_w——管道输送清水的摩阻坡，m/m；

I——管道输送煤水的摩阻坡，m/m；

K_h——与 H 有关的常数；

K_L——与 L 有关的常数。

在式（3－6－6）的第一项中，随煤水浓度的增加，分母数值的增长比分子要快得多。因此，对于垂直提升管道，只要煤水系统各环节（煤水仓、输煤泵和管道）允许通过，即只要在技术上有可能，输送的煤水愈浓，则单位电耗愈低。第二项是输送“煤水中的水”（载体）所消耗的电力分摊在每吨煤上的电耗，煤水浓度愈大每吨煤分摊愈少。第三项中（$I-I_w$）是 C_v 的函数，国内外的计算公式很多，但都可表达为（$I-I_w$）$=kC_v^n$，k 在给定的系统中是与 C_v 无关的常数。目前见到能适用于 $C_v<0.5$ 的所有公式中，都是 $n=1$ 或 $n<1$，即该项电耗的单位指标或者与煤水浓度无关，或者也是随浓度增加而下降的。

综合这三项分析，明显可见，无论是提升或水平运输管道，单位电耗 N_t 都是随浓度的增加而下降的。因此，要使矿井管道输煤在经济上站得住，必须在输煤浓度上取胜。图 3－6－33 是一个井深 550m 的竖井在不同提升量时水提和旱提的电耗指标。表 3－6－22 是八一矿实际发生的运提电耗指标。

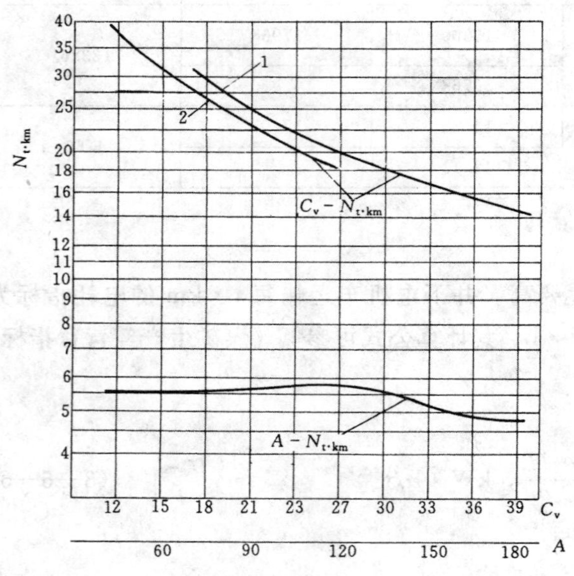

图 3－6－33　立井箕斗提升和输煤泵提升的电耗指标

（井筒深度 550m）

A—箕斗提升的年提升量（万 t），C_v—输煤泵提升的煤水体积浓度（%）；$N_{t\cdot km}$—电耗指标（kW.h/t.km）；1—大粒度煤水泵的关系曲线；2—煤泥泵的关系曲线

3. 关于管道磨蚀

管道磨蚀主要发生在水平和倾斜管道。现代的一些研究认为，磨蚀与煤水流速的立方值成正比。而决定管道磨蚀轻重的各主要因素中，除煤的硬度外，煤的密度、粒度、煤水浓度对煤水在管道内的临界流速都有很大影响。因此，用管道输送大粒度煤和高浓度的煤水，同只输送细煤泥和稀薄的煤水相比，肯定会加重管道的磨蚀。

对于磨蚀严重的管道应采取加置耐磨衬套或选用双金属耐磨管等抗磨措施，并在作经济比较时，计入管道加衬的费用。

4. 运量对综合运费的影响

包括水、旱在内，所有的运输与提升方式的生产经营费指标（元/t・km），都是随运量的增加而下降的。在水运的费用中，电费占的比重最大，而电费指标与煤水浓度的关系最为密切，故运量对水运费用指标的影响比旱运更大。因此，尽管水运比旱运的电费要高许多，在实际生产中不浓缩煤水的水旱并运矿井，并没有在经济上显示出明显的优越性。其原因主要就是水旱两套系统的运量都不大，部分煤旱运后造成水运的煤水浓度稀薄，使电费指标很高。而部分煤

表3－6－22　八一矿1979～1982年煤水运提电耗的统计与分析

年　度	1979	1980	1981	1982	平　均
原煤产量（万 t/a）（全部水力运提）	85.085	76.095	76.021	76.066	78.317
原煤电耗指标（kW·h/t）	40.11	38.16	35.26	39.59	38.33
原煤总用电量（万 kW·h）	3412.8	2903.8	2680.5	3011.5	3001.9
煤水运提用电量（万 kW·h）	2117.2	1554.5	1555.0	1985.0	1802.9
煤水运提吨煤电耗（kW·h/t）	24.88	20.43	20.45	26.10	23.02
煤水运提高度（m）	生产水平标高－560m				650
煤水管道摩阻损失（m）	管道总长度3290m，压力坡0.059m/m				194
年平均煤水运提万 t－km 数	$\frac{(650+194)}{1000}\times 78.317$				66.10
煤水运提电耗指标（kW·h/t·km）	1802.9/66.10				27.28

说明：1. 本表统计资料来源于水采会议文献《对八一煤矿水采不分级运输提升的生产工艺系统的评述》，八一煤矿工程师室，1984年5月；

2. 将其电耗指标27.28kW·h/t·km与图3－6－33对照，其运提煤水的体积浓度约为19.5%，与八一矿实际运提的煤水体积比1∶4左右完全吻合。

水运后又造成旱运量减少，其费用指标也随之上升。

在旱运中，箕斗提升是占用人员最少的环节。但根据对几个矿井的调查，包括绞车、储装和清理撒煤，运转与维修工仍多达60～80人（设计定员35～48人）。

旱运的矿车和水运的煤水泵的维修指标也与运量成反比。据吕家坨矿1982年的测算资料，DM300型煤泥泵在该矿大约每2000h输煤37000t，解体大修一次，修理费1万元，每6000h左右报废，总输煤量135000t，每台泵的购置与修理费为4.2万元、费用指标为0.52元/t·km。同期，八一矿使用的12M6×2型煤水泵规定每800h换一次转子（中修），泵壳不补不修可使用5000h，总输煤量0.75Mt左右，每台泵的购置与修理费为7.75万元、费用指标为0.34元/t·km。吕家坨矿显然是因为煤水比稀薄，输煤强度小，使指标偏高。

5. 提升方式经济比较举例

（1）方案编制时间：1982年

（2）技术条件：

矿井设计生产能力1.05Mt/a；

立井开拓，井深550m。

2台回采水枪用水量540m³/h，回采与掘进煤量250t/h，掘进用井下循环水；矿井涌水量较大，煤水全部提升到地面处理。

（3）方案：

第一方案——单一水提：提升高度580m，煤水体积浓度C_v＝0.25；

第二方案——水旱并提：±1mm分级，水提产量的40%，提升高度575m，煤水体积浓度C_v＝0.12；旱提产量的60%，提升高度599m。

（4）年生产费用比较（见下表，单位为元）：

费用名称	第一方案	第二方案	说明
电　费	全部 105×0.58×21.2×0.1 ＝129.11	水提部分 42×0.575×37.5×0.1 ＝90.56 旱提部分 63×0.599×5.2×0.1 ＝19.62	①21.2、37.5和5.2系按图3－6－33查得的电耗指标； ②0.1为该地当时的电价，元/kW·h
硐室折旧费	0.3202×5＝1.60	0.2367×5＝1.18	①0.3202和0.2367分别为八一矿和吕家坨矿提升硐室体积，万m^3 ②5为硐室折旧费率，元/m^3·a
煤水泵购置与维修费	105×0.58×0.34 ＝20.71	42×0.575×0.52 ＝12.56	0.34和0.52分别为八一矿和吕家坨矿的煤水泵购置维修费率，元/t·km
箕斗运行费		25.06	35人工资4.50万元，维修费5.94万元，提升设备及井筒折旧费14.62万元
合　计	151.42	148.98	因立井管道磨蚀较轻，两方案均未计折旧费

（5）结论：

本例说明：①由于煤水浓度对水提电耗影响很大，在新建矿井采用水旱并提方式，除要多打一个井筒增加了基建费用外，如不浓缩煤水，在生产费用上也不占优势；②同样，在改建矿井虽有现成旱提系统可以利用，如不浓缩煤水，水旱两套提升的费用也不会低于单一水提。但若将煤水浓缩到C_v＝0.25再提升，按本例题相同技术条件，水提电费仅为42×0.575×19.0×0.1＝45.89万元/a，年运行费合计106.38万元，约为单一水提生产费用的三分之二。

（三）二次分级的运提方式

所谓“二次分级”是指采掘工作面发生的原生煤水在结束明槽水力运输时，在煤水制备中，先采用较大的分级粒度，将筛上品转为旱运、旱提，筛下品则经管道输送到前方的煤水硐室再进行一次脱水分级，再分出一部分煤旱运、旱提。第二次分级的地点可能是煤层群的采区煤水集中硐室，也可能是前一采区的煤水硐室，更可能是在本水平或上水平的井底煤水

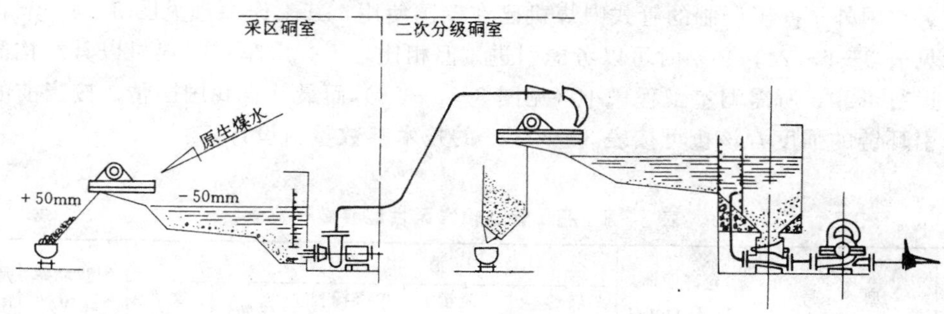

图 3—6—34 井下二次分级工艺系统示意

提升硐室。其工艺系统如图 3—6—34 所示。

对原生煤水采用±50mm 分级时，一般都可以使用"固定筛+振动筛"方式。振动筛不仅生产能力大，筛上品的含水率也很低，完全可以满足各种旱运方式对产品水分的要求。而在第二次分级时，由于全部煤水是由管道输送来的，不含大块煤、大矸石和木渣等大料，筛分工艺可以使用"给煤机+振动筛"或"弧形固定筛+振动筛"，不仅生产能力大，且可获得最佳的脱水效果。因此，二次分级的运提方式具有以下显著优点。

(1) 有效解决了难脱水煤层要求细小粒度分级时的筛分方式与产品水分的矛盾。

(2) 对开采中厚以上煤层的中、小型矿井，则有效解决了水枪瞬时落煤量很大与旱运能力的矛盾。

(3) 可减少水采矿井中建设数目最多的采区煤水硐室的工程量。

(4) 可集中力量优化煤水提升硐室，做到最大限度省水、节电。

(5) 可增强矿井在开拓准备巷道布置上的灵活性。

煤水在井下浓缩后再提升或煤炭全部在井下脱水后旱提，都应采取二次分级的运提方式。

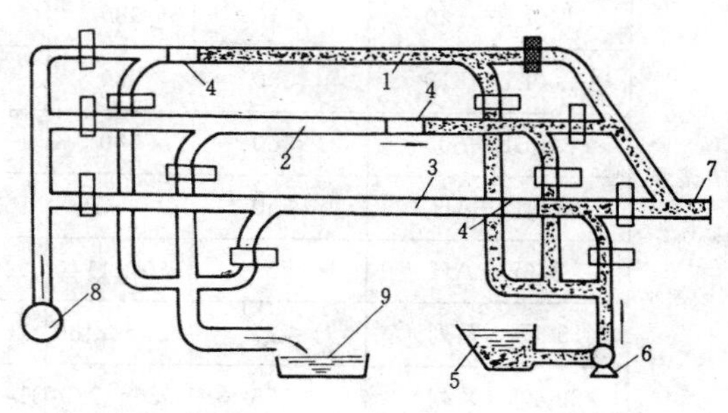

图 3—6—35 日本砂川矿带分离器的管式喂煤机原理图

1—1 号喂煤室；2—2 号喂煤室；3—3 号喂煤室；4—分离器；5—煤水仓；6—砂泵；7—输煤管；8—高压泵；9—回水仓

二、煤水管道运输

(一) 输煤设备

1. 输煤泵

按输煤粒度和泵的扬程，国内常用的输煤泵可分为大粒度煤水泵、煤泥泵和碴浆泵。各类泵的性能参数见表 3—6—23。

2. 喂煤机

中国曾试验和使用过罐式喂煤机和水车式喂煤机。前者因工程量大、煤水比不理想，现已停用；后者在萍乡、鹤壁矿区试验和使用时则因生产工艺未能与水力采煤妥善配合，而未能推广。在国外，德国研制的管式喂煤机已在多国使用，其工作原理见图3－6－35，主要技术指标见表3－6－24，必要时可以考虑引进。但相比之下，水车式喂煤机以其结构简单、造价低、运行可靠，所需硐室工程量小（见图3－6－36）而最符合我国国情。按当前的密封技术和牵引环链的强度，该机可按表3－6－25的技术参数重新设计。

表3－6－23　管道输煤泵性能参数一览表

产品名称	型　　号	允许固体粒度（mm）	清水性能					配置功率（kW）	是否需要高压密封清水
			转速（r/min）	流量（m^3/h）	单级扬程（m）	级数	效率（%）		
煤水泵	DDM750－250/300	<50	1480	750	125/150	2	75	1050/1250	要
煤泥泵	DDM100－80	<1	2950	100	80	5～12	72		不要
	DDM160－50	<1	1480	160	50	5～12	73		
	DDM250－50	<3	1480	250	50	3～12	74		
	DDM300－79	<3	1480	300	79	3～12	70		
	DDM360－75	<6	1480	216～468	63～85	3～12	65～71		
碴浆泵	100LB－330	<25	1470	170	35	1	72	30	不要
	100LB－400	<25	1470	200	60	1	68	55	
	150LB－500	<50	980	350	40	1	73	75	
	150LB－620	<50	980	370	65	1	68	110	
	200LB－510	<50	980	620	38	1	77	110	
	200LB－600	<50	980	650	60	1	74	185	
	6/4D－AH	<50	1000～1600	162～360	12～56	1	<55	～120	由用户定
	8/6E－AH	<80	550～1140	360～828	10～61	1	<72	～120	
	150ZJ（系列）	<27	730～1480	164～582	21～78	1	<78	75～200	
	200ZJ（系列）	<35	730～980	314～－950	29～104	1	<81	185～355	
	250ZJ（系列）	<38～42	590～980	410～1504	28～130	1	<81	250～560	
	300ZJ（系列）	<45～51	490～980	588～2333	21～78	1	<82	250～560	

表3－6－24　国外使用的管式喂煤机主要技术指标

指　　标	日本砂川矿	德国汉萨矿	西班牙萨贝罗矿	德国格乃森瑙矿	日本好间矿
每管室长（m）	70	356		300	
管室内径（mm）	130	250	125	196	
提升高度（m）	515（水平长1536m）	850	507（水平长1550m）	685（水平长600m）	

续表

指标	日本砂川矿	德国汉萨矿	西班牙萨贝罗矿	德国格乃森瑙矿	日本好间矿
提煤粒度（mm）	≤0.75	≤60	≤30	≤60	≤58
平均提升能力（t/h）	100	250	50	1000t/d	92
煤水体积比	1∶2	1∶3～4		1∶2.4	
管道最大压力（MPa）	8.3	12	7	9.2	5.3
排送流速（m/s）	2.5	4.8		3.7	3.7
电耗指标（kW·h/t）	8.9	13.4		25	17.2

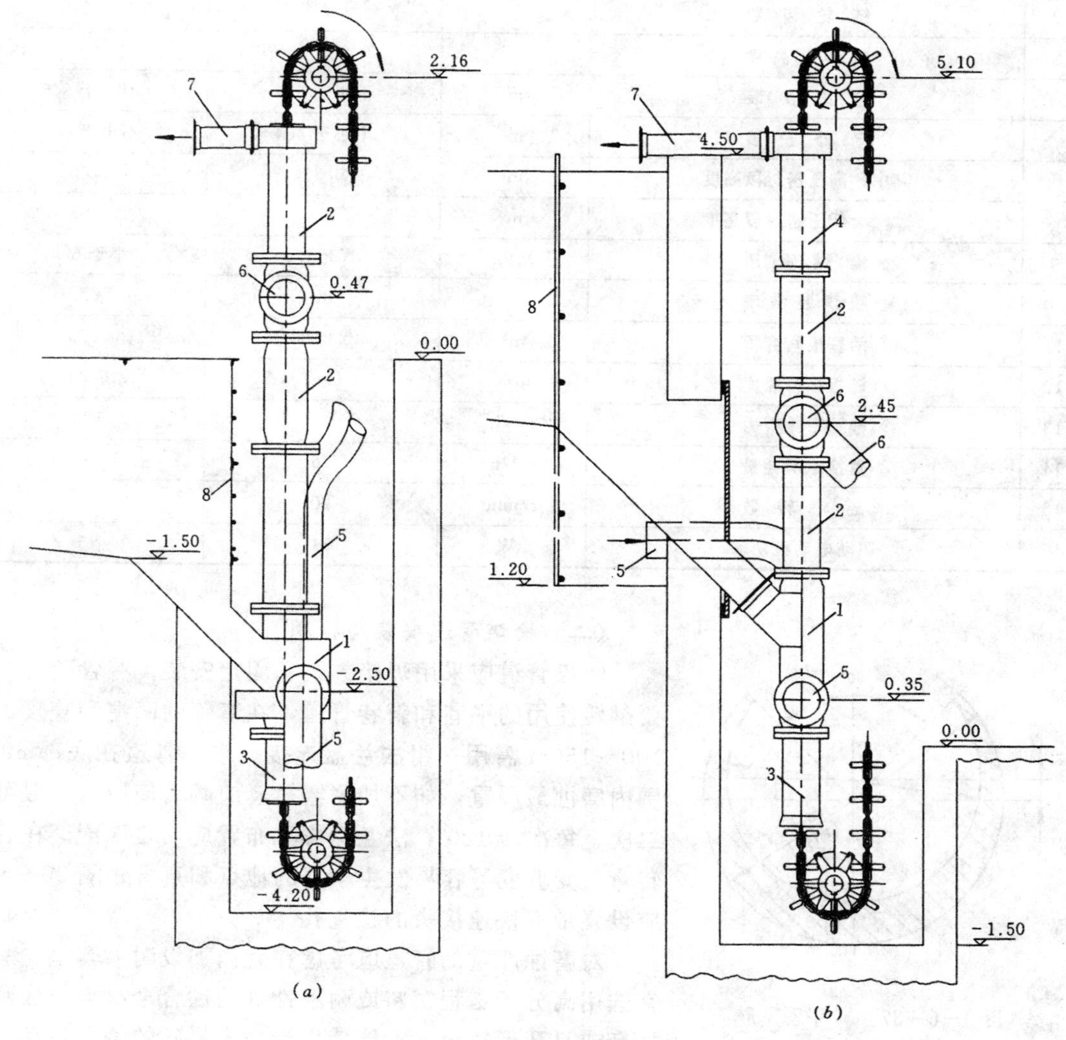

图 3-6-36 水车式喂煤机

a—喂煤机安装在吸入式煤水仓内 *b*—喂煤机安装在压入式煤水仓外

1—喂煤段；2—高压密封段；3—低压密封段；4—无压段；5—输煤泵吸水管；6—输煤管接口；7—置换水；8—煤水仓内格栅

表 3－6－25　水车式喂煤机主要技术参数

序号	名　称	单　位	规　格	
			D250	D300
1	缸体内径	mm	250	300
2	活塞板厚度	mm	40	50
3	牵引环链节距	mm	64	64
4	活塞板间距	mm	256	384
5	输煤粒度	mm	0—80	0—100
6	链轮节圆直径	mm	489	611
7	链轮齿数	个	6	10
8	缸体总高度			
	仓内安装	m	不小于 3.9	不小于 5.6
	仓外安装	m	不小于 4.4	不小于 6.4
	其中：高压密封段高度	m	0.85	1.65
	低压密封段高度	m	0.7	0.95
9	输煤水压	MPa	小于 4.0	小于 6.0
10	喂煤装满率	%	80	85
11	活塞板间容积	m^3	0.0106	0.0236
12	链板运行速度	m/s	0.51	0.64
13	输煤能力	m^3/h	60	120
14	置换水消耗量	m^3/h	76	141
15	链轮转数	r/min	20	20
16	驱动电动机功率	kW	11	15

（二）输煤管道安装与检测

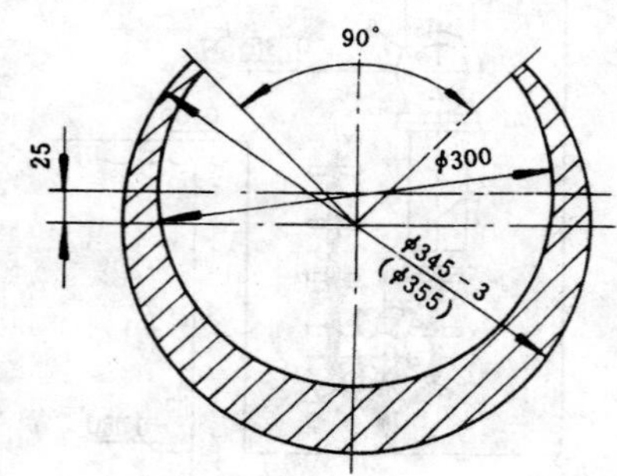

图 3－6－37　“月牙”形白口铁管衬

输煤管道应采用焊接方式和固定安装。有管壁磨蚀需要翻转使用的平巷和斜巷管道，在弯管的两端和直管每隔100～150m 需用一组法兰盘连接。水平管道在底部 60°范围内磨蚀最严重，如不加耐磨衬套应翻转使用，一般可翻二次、每次转 120°，法兰盘螺孔布置应与之匹配。在管道转弯、变坡度等容易发生堵塞的地点和直管每隔 30～50m 应设置带有快速接头的检查孔。

对磨蚀严重的管道应考虑在管内加设耐磨套垫，一般宜选用高分子工程塑料或耐磨性好的铁合金材料作成圆筒衬套或月牙形衬垫，不能使用受冲击易碎的铸石衬套。各矿不带衬钢管的磨蚀率因煤的密度、硬度和含矸率不同、输送煤的粒度和形状各异，以及由这些因素决定的管道流速不一，彼此相差十分悬殊。吕家坨矿输送 0～1mm 细粒煤，磨蚀率仅为 1mm/1.0Mt，而杨坨矿输送 0～3mm、密度 2.1t/m^3 和含有硫化铁粉的煤，磨蚀率高达1mm/0.015Mt。八一矿煤质中硬、密度1.35t/m³、输送0～50mm，为1mm/0.13～0.15Mt，在输送大粒度煤的管道中具有一定代表性。该矿在第二水平投产后在管内加设了月牙形合金白口铁衬垫（见图3－6－37），其耐磨性为钢管的4倍左右。

磨蚀主要发生在水平管道，斜管的磨蚀稍轻一些，直管磨蚀量很小。在确定输煤管道的管壁厚度时，对加衬管道可用公式（3－6－5）计算其壁厚；对不加衬管道则应在该公式的右端再加上一项“附加厚度C_m”，该附加值应等于管道在运行期内的输煤量与磨蚀率的乘积。例如，某矿井设计生产能力0.45Mt/a，其中水提煤量占40％，矿井服务年限53a，其斜井管道的磨蚀率为1mm/0.40Mt，按管道翻转两次考虑，则

$$C_m=\left(45\times0.4\times53\times\frac{1}{40}\right)\div3=8\text{mm}$$

此例说明，管道加衬与否实际上是一个与输煤量有关的经济问题，是投资买衬套合算，还是买厚壁管合算，在设计上需作经济比较。

立井内的直管无需加衬，C_m值酌情按2～3mm考虑。

对输煤管道的监控可采用唐山煤研分院研制生产的SLM－2型浆体管道监测计量装置。该装置由流量计和密度计为一次仪表，用微机采集其信息，并进行数据处理、显示和打印，能输出和显示煤水总量、煤量、瞬时和平均煤水比等八项指标。

（三）管道摩阻损失及煤水泵选型计算

1. 管道摩阻损失计算公式

1）泥砂管道特性和Durand公式

水流输送泥砂状的煤体时，煤在管内移动的方式可分为跳跃（推移）、悬浮（非均值悬移）和完全悬浮（均值悬移）3种。在垂直提升的煤水管道中，煤是呈完全悬浮状态的。在水平管道中，煤在管道的垂直断面上会有明显的分选现象，细和轻的煤粒处于悬浮状态，粗和重的煤粒则容易沉降。管道中如果有颗粒沉降淤积时，就应看成是跳跃输送形式。水力管道输煤的“临界流速”，是指当煤水中的煤粒开始沉降、淤积时煤水在管道内的流速，而不管形成的淤积是活动的（跳跃）还是固定的。因为这两种情况对管道的长期稳定性和磨蚀来说都是不利的。当管底出现淤积时，管的有效过水断面积就减少了，摩阻损失也就显著增加，故泥砂管道的特性曲线也不同于清水管道，如图3－6－38所示：后者的摩阻损失I与流速V的关系是近似直线的关系；而前者，当煤水流速低于临界淤积流速时，流速愈低摩阻损失也愈大。图中的L点是跳跃和悬浮的分界点。

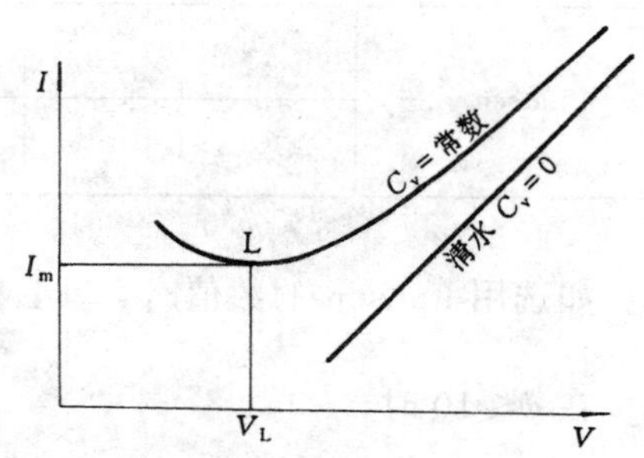

图3－6－38　管道特性曲线

在实际生产中管道运行不能低于淤积流速，除易出现堵管的危险外，淤积物还会在管道的下部造成严重的磨蚀。但也不应过分高于临界淤积流速，否则除了额外增加动力消耗外，还发现磨蚀与流速的立方值成正比。图中的L点是I的极小值，所以临界淤积流速V_L也是动力消耗最小的流速。即磨蚀最小的流速、运行最经济的流速和临界淤积流速三者是一致的。

因此，绘制如图所示的管道特性曲线是管道输煤设计中必不可少的步骤。而在计算上，目

前最常用的是 Durand 等人建立的摩阻损失 I 与流速 V 的关系式如下：

$$\Phi=K\psi^{m} \tag{3-6-7}$$

$$\Phi=\frac{I-I_{W}}{C_{v}I_{W}},\qquad \psi=\frac{V^{2}\sqrt{C_{d}}}{\left(\frac{\rho'}{\rho}-1\right)gD} \tag{3-6-8}$$

式中　I——含煤管道的测压管压力坡；

I_{W}——清水管道的测压管压力坡；

C_{v}——煤水的平均体积浓度；

C_{d}——粒径 d、密度 ρ' 的煤粒在密度 ρ 的静水中沉降时的阻力系数；

D——管道内径；

g——重力加速度。

系数 K 和指数 m 随他们每人试验资料不同而异，详见表 3－6－26。

表 3－6－26

人　名	ψ 的范围	K	m	备　注
Durand		81	－3/2	$V>V_{L}$
Zandi	≤10	280	－1.93	
	>10	6.3	－0.354	
Larsen	≤10	316	－2.0	
	>10	6.8	－1/3	

如选用 Lansen 的数值时，其具体应用式如下：

在 $\psi\leqslant10$ 时，
$$I=I_{W}\left(1+\frac{316C_{V}}{\psi^{2}}\right) \tag{3-6-9}$$

在 $\psi>10$ 时，
$$I=I_{W}\left(1+\frac{6.8C_{V}}{\psi^{1/3}}\right) \tag{3-6-10}$$

临界淤积流速

∵$V=V_{L}$ 时，I 的极小值　　$I_{min}=2I_{W}$

∴
$$V_{L}=\left[\left(\frac{316C_{V}}{C_{d}}\right)^{1/2}gD\left(\frac{\rho'}{\rho}-1\right)\right]^{1/2} \tag{3-6-11}$$

2）粒径计算

从式中可知，以上各项计算均与粒径关系密切。在计算临界淤积流速时，通常是用煤质筛分资料的煤粒加权平均粒径或者用中值粒径 d_{50}（在粒度累积曲线中相当于累积百分数50%的粒径，可参见图 3－6－42）。从设计的观点看，最好在稍高于预计的淤积流速下运行。这样的流速虽然会引起较高的摩阻损失，但这样的设计可留有一定的安全度，并可避免由于非常接近淤积而产生的高度不均值状态，从而减少管壁的磨蚀。因此，有学者主张用 d_{85}（即粒度为 0～d_{85}mm 级占总量的 85%）作为计算式中使用的粒径。

同样，对管道摩阻损失的计算，如果考虑到泵的磨损和其他一些因素会造成实际的输送压力有时会低于设计压力，则用d_{85}要比用d_{50}保险可靠。但若对V_L和I两项计算综合考虑，则用d_{85}意味着保险又保险。因为，这样的实际运行流速V将比已经考虑了安全度的V_L还要高。这势必过分地增加了摩阻损失，使运转不经济。所以，在作方案比较时往往光计算临界淤积流速及其相应的I_{min}值，并不要求作出管道的特性曲线，此时，宜用d_{85}计算V_L及其相应的流量Q_{L85}和管系的总扬程H_{L85}。但在作管道特性曲线时，还是应该用d_{50}来计算各相应的$Q-H$值。根据对一些煤水管道的实测情况看，这样作出的曲线比较符合实际。在生产中，常取新泵的实际运转点的H为H_{L50}的 1.05～1.10 倍，或者把新泵的特性曲线、磨损达到需要更换时的旧泵的特性曲线和管道特性曲线三者作在同一张图上，这样得到的两个运转点的H值之比数，就是备用系数。

3）阻力系数C_d的确定

影响它的因素很多，参数繁杂，特别是阻力系数C_d同颗粒雷诺数 Re（$d\cdot\rho\cdot W/\mu$）之间的关系涉及到颗粒沉降速度W，不可能简单地算出。但可借助于各参数间的关系曲线，使计算程序简化。鉴于球形颗粒在静止流体中因重力作用沉降是加速运动，直到它达到一个常量速度W_t—终极沉降速度为止，即$dW/dt=0$。对终极状况

$$W_t=\left[4g\ (\rho'-\rho)\ d/3C_d\rho\right]^{1/2}$$

等式两边乘以Re^2

则

$$C_dRe^2=4g\ (\rho'-\rho)\ \rho d^3/3\mu^2 \tag{3-6-12}$$

式中 d——球形颗粒直径，m；

μ——流体粘度，清水$\mu\approx0.001$kg/ms。

这是个一般方程，可应用于雷诺数的全部范围。由此可以绘出球形颗粒的C_dRe^2作为 Re 的函数的图形（见图 3－6－39）。这样，就可以依照粒径d算出C_dRe^2，然后从图中查出 Re，再从图 3－6－40 查出C_d。但是，对于非球形颗粒还需要引入一个修正 Re 和C_d间的函数关系的所谓形状系数，力图定量地表达其与球体的偏差。对于这个形状系数各家有各家的定义，数值也不相同，一般引用球体度来表示对球体的偏差。图 3－6－40 就是引入了形状系数的C_d作为 Re 的函数图形，这里的 Re 仍是按球体的，C_d则是非球体颗粒按其形体修正后的阻力系数。图中的形状系数F按表 3－6－27 选定。

表 3－6－27

颗粒类似形状	形状系数 F
球	1.00
正八面体	0.847
立方体 $a\times a\times a$	0.806
方柱 $a\times a\times 2a$	0.767
方柱 $a\times 2a\times 2a$	0.761
方柱 $a\times 2a\times 3a$	0.725

一般地说，较软的煤断口多呈贝状，形似缺球、扁球或类八面体，较硬的煤粒则多为块状断口，近似方柱形。形状系数在 0.7～0.8 之间。

各公式中的I_W值按公式（3－6－4）计算，相同管径的管道超过一定长度时，同样不计摩擦损失以外的水头损失。

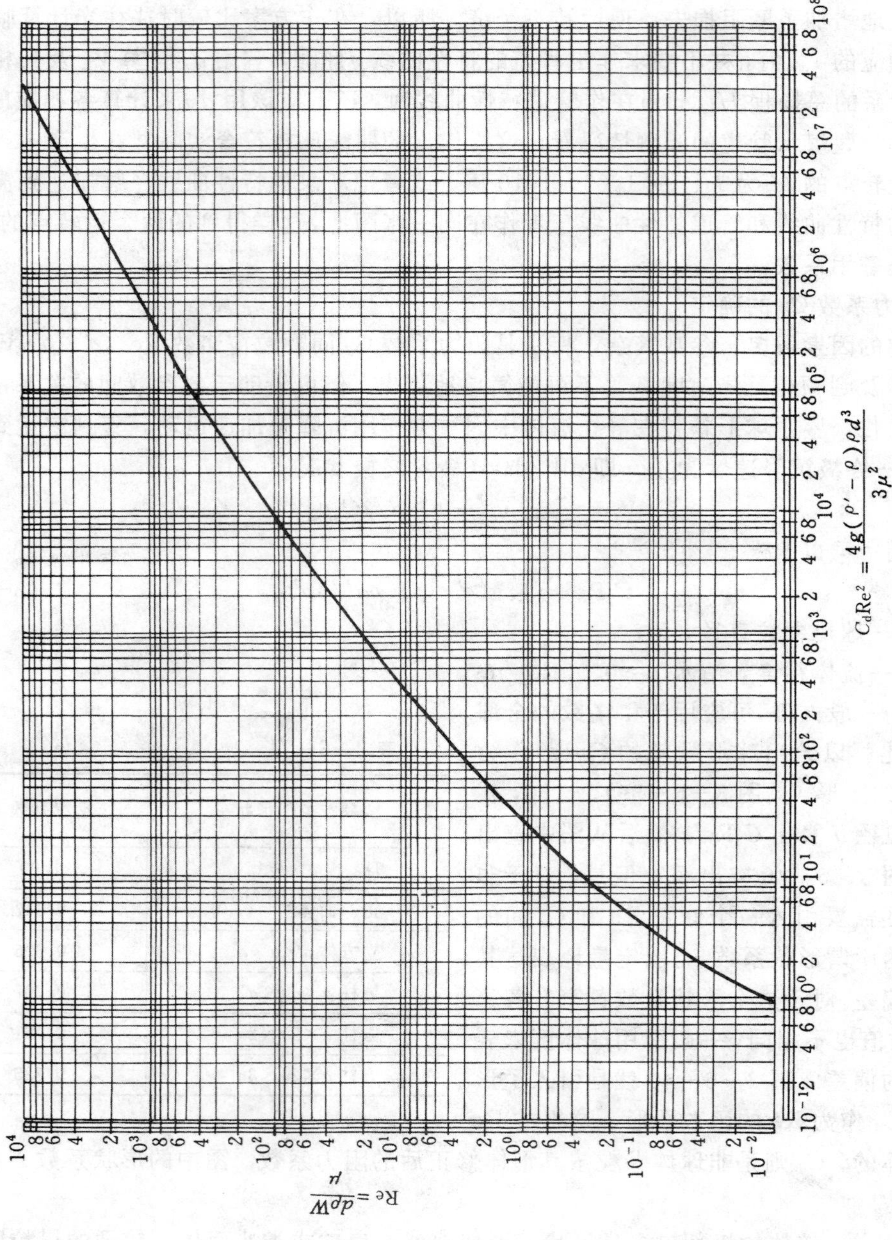

图 3—6—39　阻力系数计算曲线（一）

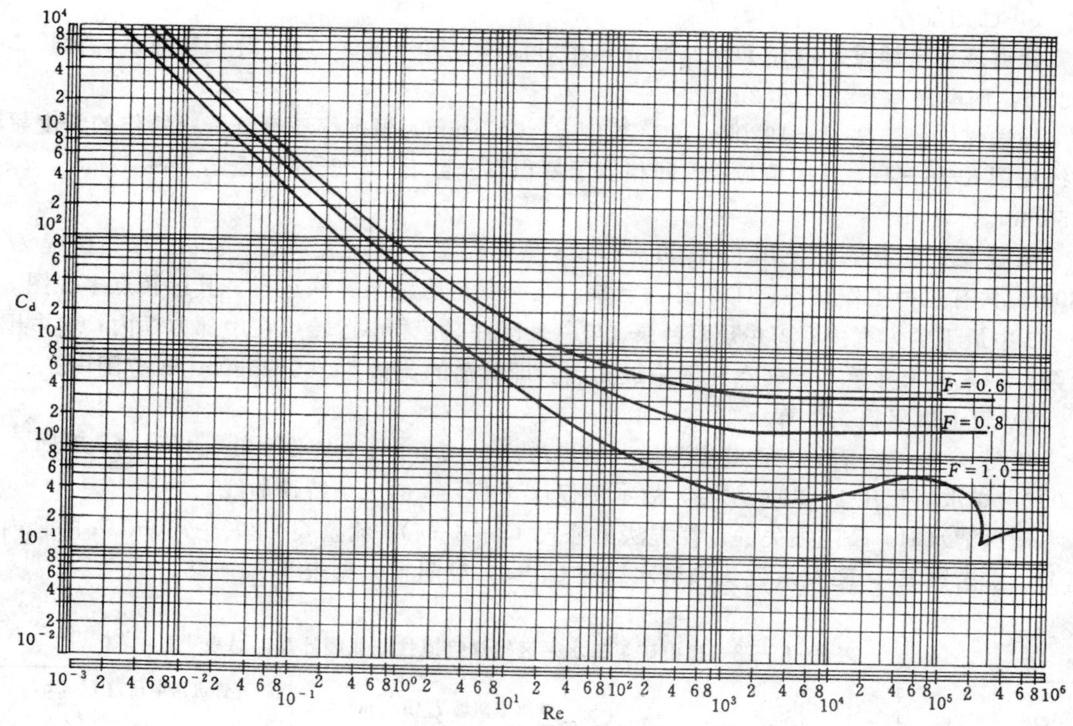

图 3－6－40 阻力系数计算曲线（二）

2. 绘制管道性能曲线

图 3－6－41 是房山矿的管道运输系统，1982 年曾对其管道特性作过测试。其中，第二水采区至主平硐四石门、即图中 bd 段 $\phi273\times10$ 的管道特性的实测情况如图 3－6－43 中的各黑点所示，图中的曲线则是按公式（3－6－7）～式（3－6－12）计算的。其计算步骤如下：

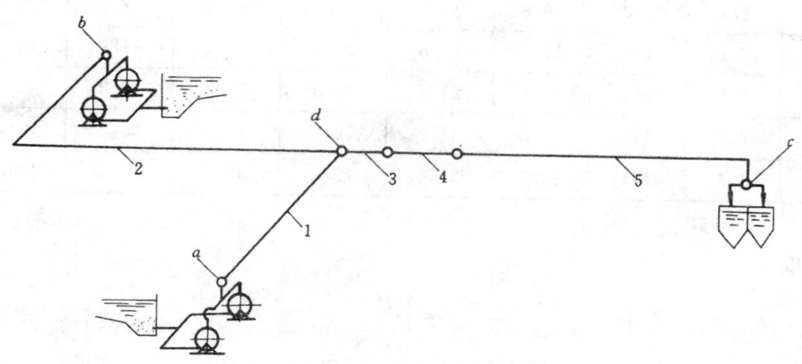

图 3－6－41 房山矿输煤管道系统示意

a—一采区煤水泵房（底板标高＋26.2m）；b—二采区煤水泵房（底板标高＋136.6m）；c—地面脱水楼立式沉淀仓（入口标高＋112.8m）；d—主平硐四石门（管道标高＋122.4m）
1—管道 $\phi273\times10$,454m；2—管道 $\phi273\times10$,3283m；3—管道 $\phi273\times10$,105m；4—管道 $\phi299\times10$,527m；5—管道 $\phi325\times10$,6216m

1）已知条件

管道规格与铺设：内径 $D=250$mm，相对糙度 $k/D=0.00018$，沿平巷铺设，管长 $L\approx 3283$m，两端高差 $h=-16.2$m。

输送煤体：密度 $\rho'=1920\text{kg/m}^3$，粒度 $d=0\sim1$mm，根据煤质筛分资料所作的粒度累积曲线见图 3－6－42，其中值粒径、即相当于累积百分数 $P=50\%$ 的粒径 $d_{50}=0.32$mm，$d_{85}=0.55$mm。

输煤泵工作状态：使用 DM300－60×3 型煤泥泵，额定流量 $Q=300\text{m}^3/\text{h}$，扬程 $H=180$m。共有三种工作状态：①单开一台泵、与一采区煤泥泵并联运行，其运转点多在图 3－6－43 中最下的方框内；②并开两台泵、与一采区并联运行，运转点在中部方框内；③并开两台泵，一采区未开泵，运转点在图中最高点。即管道的流量在 $260\sim560\text{m}^3/\text{h}$ 范围内。

2）管道摩阻损失计算

从图 3－6－43 看，该管道实测最大输煤浓度 $C_v\leqslant0.091$（煤水体积比 1∶10），平均 $C_v=0.032$（煤水体积比 1∶30）左右，故本例仅作含 $C_v=0$ 的三条特性曲线。

输送清水时，摩阻损失的计算方法见公式（3－6－4）。流量 $Q=200\sim750\text{m}^3/\text{h}$ 的管内流速 V、雷诺数 Re、摩擦系数 f 和清水（即 $C_v=0$）摩阻损失见表 3－6－28。

表 3－6－28　房山矿第二水采区输煤管道性能曲线计算汇总表

Q (m³/h)	V (m/s)	Re×10⁻⁵	f×10⁴	ψ	管道摩阻坡 I (m/km)			管道两端压差 H (m) ($H=I\times L+h$)		
					$C_v=0$	$C_v=0.032$	$C_v=0.091$	$C_v=0$	$C_v=0.032$	$C_v=0.091$
200	1.13	2.8	161	2.1	4.2	13.8	31.6	－2.4	29.1	87.5
250	1.42	3.6	156	3.3	6.4	12.3	23.3	4.8	24.2	60.3
300	1.70	4.3	152	4.8	9.0	13.0	20.2	13.3	26.5	50.1
350	1.98	5.0	150	6.5	12.0	14.9	20.2	23.2	32.7	50.1
400	2.27	5.7	149	8.5	15.7	17.9	21.9	35.3	42.6	55.7
450	2.55	6.4	148	10.8	19.6	21.5	25.1	48.1	54.4	66.2
500	2.83	7.1	146	13.3	23.8	26.0	30.0	61.9	69.2	82.3
550	3.12	7.8	145	16.1	28.8	31.3	35.9	78.3	86.6	101.7
600	3.40	8.5	144	19.2	33.9	36.7	41.7	95.1	104.3	120.7
650	3.68	9.2	144	22.5	39.8	42.9	48.5	114.5	124.6	143.0

输送煤水时：

$$C_d\text{Re}=\frac{4g\,(\rho'-\rho)\,\rho d^3}{3\mu^2}$$

$$=\frac{4\times9.81\,(1920-1000)\times1000\times0.00032^3}{3\times0.001^2}$$

$$=3.94\times10^2$$

查图 3－6－39，颗粒雷诺数 $\text{Re}=1\times10^1$

房山矿煤粒多为贝状结构，形状系数按 $F=0.7$ 计，查图 3－6－40，阻力系数 $C_d=14$，由此按公式（3－6－8）计算的值 ψ 也分列于表 3－6－28。

按公式（3－6－11），$C_v=0.091$ 时，管道临界淤积流速

$$V_L=\left[\left(\frac{316C_v}{C_d}\right)^{1/2}gD\left(\frac{\rho'}{\rho}-1\right)\right]^{1/2}$$

$$=\left[\left(\frac{316\times0.091}{14}\right)^{1/2}\times9.81\times0.25\times\left(\frac{1920}{1000}-1\right)\right]^{1/2}$$

$$=1.80\text{m/s}\quad(Q_L=318\text{m}^3/\text{h})$$

同理，$C_v=0.032$ 时，$V_L=1.39$m/s（$Q_L=246\text{m}^3/\text{h}$）。

按公式（3－6－9）和公式（3－6－10）计算各种流量时的管道摩阻损失，以 $C_v=0.091$、$Q=400\text{m}^3/\text{h}$ 为例（各参数见表 3－6－28）

$$I=I_W\left(1+\frac{316C_v}{\psi^2}\right)=0.0157\times\left(1+\frac{316\times0.091}{8.5^2}\right)=0.0219\text{m/m}$$

将 $C_v=0.032$ 和 $C_v=0.091$、$Q=200\sim650\text{m}^3/\text{h}$ 的全部计算结果也列于表 3－6－28，由此即可作出图 3－6－43 所示的管道特性曲线。

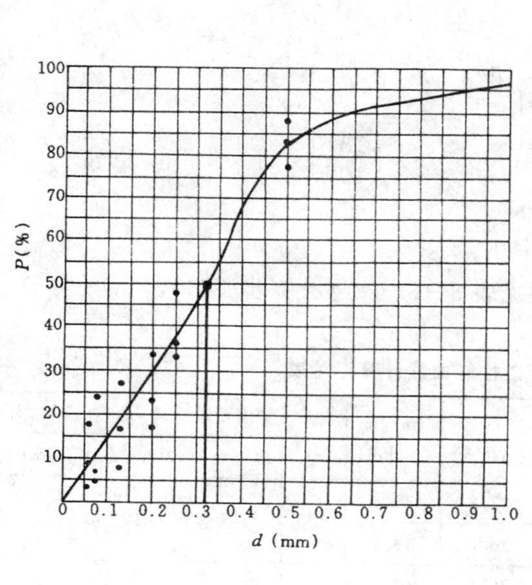

图 3－6－42 房山矿管道输煤粒度累积曲线

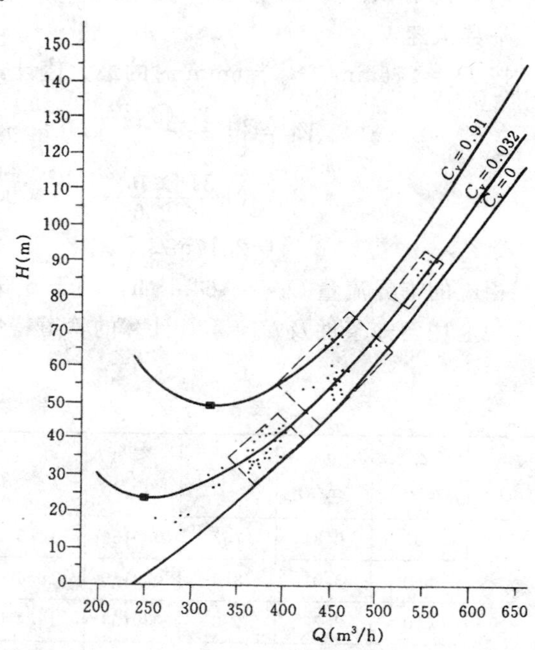

图 3－6－43 房山矿第二水采区输煤管道性能曲线及实测运转点

3. 煤水泵选型计算

陶庄矿东井水采区（见图 3－6－2）初期的输煤管道是绕道北立井至选煤厂，由 3 台煤水泵串联运行。该矿四斜井竣工后（见图 3－6－24），拟将管道取直、改从东井出地面，以减少一台远地遥串的煤水泵。在 240 泵房剩下两台就地串联煤水泵的选型计算如下。

1）已知条件与要求

240 煤水泵房管道入口标高－414m，地面煤水管吐出口标高＋67m，即高程 $h=481$m。井下管道长 $L_1=1864$m、内径 $D_1=275$mm、相对糙度 $k/D_1=0.00027$，地面管道 $L_2=1095$m、内径 $D_2=250$mm、相对糙度 $k/D_2=0.0003$。

输送煤体：密度 $\rho'=1310\text{kg/m}^3$，粒度 $d=0\sim40$mm。中值粒径 $d_{50}=3.4$mm，$d_{85}=6$mm。

由于大部分煤水管是利用原有管道，直径偏小而系统高程又大，为满足年输煤 0.75Mt 要求，需保证输煤浓度不小于煤水体积比 1∶3、即 $C_v=0.25$，并控制煤水泵流量在 $Q=650\sim700\text{m}^3/\text{h}$ 范围内，以控制管道摩阻损失、达到比原系统少一台泵的目的。

2）管道性能计算

阻力系数 C_d

用 $d_{50}=3.4\text{mm}$，按公式（3－6－12）计算

$$C_d\text{Re}^2=\frac{4g\ (\rho'-\rho)\ \rho d^3}{3\mu^2}$$
$$=\frac{4\times9.81\times\ (1310-1000)\ \times1000\times0.0034^3}{3\times0.001^2}$$
$$=1.6\times10^5$$

查图 3－6－39、图 3－6－40，知 $\text{Re}=1.4\times10^2$、$C_d=4.0$

同理，用 $d_{85}=6\text{mm}$ 计算，$C_d=2.5$

临界流速 V_L

按 $D_1=275\text{mm}$、$d_{85}=6\text{mm}$ 时的最大值计算

$$V_L=\left[\left(\frac{316C_v}{C_d}\right)^{1/2}gD\left(\frac{\rho'}{\rho}-1\right)\right]^{1/2}$$
$$=\left[\left(\frac{316\times0.25}{2.5}\right)^{1/2}\times9.81\times0.275\times\left(\frac{1310}{1000}-1\right)\right]^{1/2}$$
$$=2.17\text{m/s}$$

相应的临界流量 $Q_{L85}=464\text{m}^3/\text{h}$，小于 $650\text{m}^3/\text{h}$。

按上述已知条件及 $C_d=4.0$ 计算的管道特性见表 3－6－29（计算步骤略）。

表 3－6－29 陶庄矿输煤管道性能曲线计算汇总表

D (m)	Q (m^3/s)	V (m/s)	$\text{Re}\times10^{-5}$	f	ψ	I_W (m/km)	I_{D1}/I_{D2} (m/km)	管道两端压差 H，(m)	
								Q	H $(=L_1\times I_{D1}+L_2\times I_{D2}+h)$
D_1 0.275	600	2.81	7.7	0.0156	14.3	22.8	38.8	600	619
	650	3.01	8.3	0.0155	16.4	26.0	43.4		
	700	3.27	9.0	0.0154	19.4	30.5	49.8	650	637
	750	3.51	9.7	0.0153	22.3	34.9	56.0		
D_2 0.250	600	3.40	8.5	0.0159	23.1	37.5	59.9	700	659
	650	3.68	9.2	0.0159	27.0	43.9	68.8		
	700	3.96	9.9	0.0158	31.3	50.5	77.7	750	681
	750	4.24	10.6	0.0158	35.9	57.9	87.7		

陶庄矿使用的煤水泵为 12M6×2 型，图 3－6－44 是用表 3－6－29 的 Q、H 值所作的曲线与该泵两台串联的 $Q-H$ 曲线作在同一坐标系内，两线的交点即是两台泵就地串联时的运转点。该点对应的流量 $Q'=650\text{m}^3/\text{h}$、扬程 $H'=638\text{m}$，即正好符合表 3－6－29 的计算数值。但考虑到新泵的扬程必须至少富裕 5%，该泵是不符合本例要求的。可是，包括目前的 KM750 和 DDM750 型在内的所有由两个叶轮对称布置的中开式大粒度煤水泵都没有更大的扬程可

供选用。本例幸好差得不是太多，尚可采取加大泵的叶轮直径的办法来增加其扬程。

适度加大或改小中开式煤水泵的叶轮直径（以下简称轮径）是设计和生产中会经常遇到的，故有必要结合陶庄矿的实例介绍如下：

(1) 12M6×2 型煤水泵的标准轮径 $D=690$mm，叶轮过水宽度 $B=60$mm，允许通过固体最大粒径 $d=50$mm，即 $B\geqslant 1.2d$。

在泵的导流舌处轮与泵壳的最小间隙也是 60mm，随后呈螺壳状的间隙逐渐增大。

(2) 修改轮径可用最简单的经验公式

$$D=K\sqrt{H}/n \tag{3-6-13}$$

式中　H——单个叶轮的扬程，m；

D——叶轮直径，m；

n——泵的转数，r/min；

K——与叶轮形状、泵的比转数等有关的系数，该型煤水泵 $K=84\sim85$。

本例要求单个叶轮扬程 $H=\frac{1.05\times637}{4}=167$m，则轮径应加大到

$$D_1=\frac{85\times\sqrt{167}}{1480}=0.742\text{m}$$

实取 $D_1=750$mm，即较标准轮径加大了 60mm，导流舌处的间隙尚剩 30mm，但生产实践证明，在输送 0～40mm 的煤时，对泵的正常运行无影响；

(3) 12M6×2 型煤水泵的额定流量 $Q=800\text{m}^3/\text{h}$，加大轮径后，泵的流量会随之增大，其值不易简单算出。但本例为减小管道摩阻损失，已将叶轮过水宽度减小为 $B_1=50$mm，并为此将输送粒度由国内常见的 0～50mm 改小为 0～40mm。因 Q 与 B 之间可简单地认为是一次方关系，不计加大轮径、只计减小过水宽度后的流量

$$Q_1\approx\frac{800}{60}\times50=667\text{m}^3/\text{h}$$

用在圆筒形煤水仓内测定水位下降量的方法，实测得修改叶轮后新泵输送 $C_v=0.25$ 煤水的流量约为 $700\text{m}^3/\text{h}$，估计两泵就地串联的性能曲线如图 3－6－44 中的虚线所示。为保证泵的平均输煤能力不低于 150t/h，泵在磨损后流量下降到 $650\text{m}^3/\text{h}$ 以下时，就更换下来出井大修。每台泵每年平均大修 1.5 次，大修一次的输煤量仅 0.17Mt 左右，此系煤水泵扬程富裕量偏小的一大缺点（其中也有陶庄矿管理严格，设备按时维修较勤的原因）。

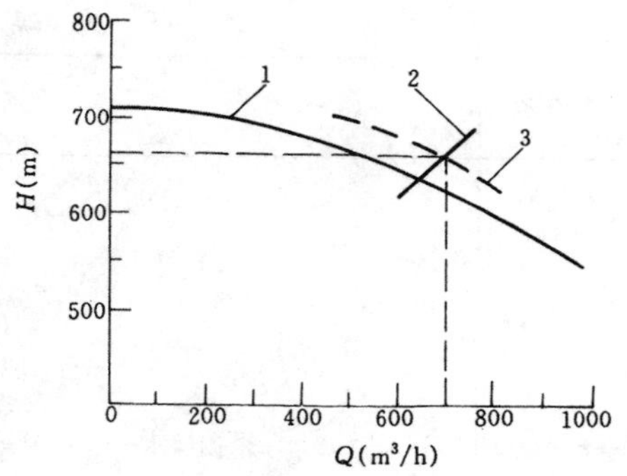

图 3－6－44　陶庄矿 240 泵房煤水泵运转点

1—原煤水泵性能曲线；2—煤水管道性能曲线；3—加大叶轮直径后的煤水泵性能曲线

4. 结　语

上述计算的输送煤粒度分别为 0～1mm 和 0～40mm，两例的理论计算与生产实际情况基本符合，证明了由 Durand 等人建立的、被后人誉为管内泥砂输送的经典公式具有较广的适用范围。国内水力采煤管道运输的最大粒限为 0～50mm，显然仍在公式的适用范围内。而最小输送粒度，在现行的水采生产工艺中，有的管道仅输送经

斜管沉淀池等多次溢流分级后再浓缩起来的细煤泥，对这一类浆体应看作粘土流，必须按非 Newton 流体处理，需另参照水煤浆的输送理论作管道设计。

目前，研究人员可用现代技术对某一具体管道进行精确的测试，并由此建立适合该管道、计算得更准确的经验公式，但他们都是以 Durand 的理论为基础，仅针对其具体情况修订了某些系数而已。作为设计部门用的公式，则应首先考虑其物理意义要明确，适用范围要广阔，计算程序要简捷。从上述两例看，被公认是这一课题最高成就的 Durand 公式显然应是绝大多数水采矿井管道运输泥砂状或砂石状煤水的首选公式。

第四节　煤水制备储运硐室

一、工艺分类及硐室组成

采掘工作面发生的煤水在采区或井底（也可能在其他地点）结束明槽水力运输、全部或部分转为管道运输时，或管道运输到达井下某一地点后再部分或全部将煤炭转为旱运、旱提时，都需要对煤水进行加工，对水力采煤生产系统中的这一生产环节，一般统称为煤水制备。加工好的煤水由煤水仓储集，并配合输煤泵执行管道运输。

由于水力采煤有多种煤炭运输、提升方式，煤水制备也相应有多种工艺形式，使用的设备与硐室组成及其规模也不尽相同，详见表 3－6－30 及图 3－6－45～图 3－6－50。除图表所示外，另有只包括煤水仓和煤水泵房的煤水转载硐室和只有煤水泵房的煤水接力硐室，如图 3－6－2 中的陶庄矿 240 泵房和 217 泵房。从较深远的采区采用管道水力运输时，一般应将采区的煤水送至井底硐室的煤水仓后再转排至地面。

此外，有不少矿井和采区常把用于水力落煤的高压供水泵的泵房或矿井的排水泵房与煤水硐室联合布置，以利于供电、设备互用和水力联系。

表 3－6－30　煤水制备工艺流程及硐室组成一览表

工艺名称	工　艺　流　程	硐室组成及示图
全盘水力运提（块煤循环破碎）	块煤破碎 采掘煤水→分级脱水→煤水储集→管道运输 掘进工作面　　　　　　　　→污水储集	硐室组成： 1. 筛机硐室； 2. 破碎机硐室； 3. 煤水仓； 4. 污水仓； 5. 煤水泵房 示图：图 3－6－45、3－6－46、3－6－47

续表

工艺名称	工 艺 流 程	硐室组成及示图
分级运提	掘进工作面→采掘煤水→分级脱水→干煤储集 分级脱水→煤水储集→管道运输 煤水储集→污水储集 污水储集→煤水储集 污水储集 - - -→掘进工作面	硐室组成： 1. 筛机硐室； 2. 煤仓； 3. 煤水仓； 4. 污水仓； 5. 煤水泵房 示图：图3—6—48、图3—6—49
二次分级运提（煤水井下浓缩）	输煤管道→分级脱水→干煤储集 分级脱水→煤水储集→管道运输 煤水储集→煤水沉淀→管道运输 煤水沉淀→污水储集→采掘工作面 管道运输 - - -→分级脱水	硐室组成： 1. 筛机硐室； 2. 煤仓； 3. 煤水仓； 4. 煤泥沉淀池（仓）； 5. 污水仓； 6. 煤水及高压污水泵房 示图：图3—6—50
全盘旱运旱提	采掘煤水或输煤管道→分级脱水→干煤储集 分级脱水→煤水沉淀→煤泥脱水→干煤储集 煤水沉淀→污水储集→采掘工作面	硐室组成： 1. 筛机硐室； 2. 煤仓； 3. 煤泥沉淀池（仓）； 4. 污水仓； 5. 煤泥脱水机硐室（脱水池）； 6. 高压污水泵房

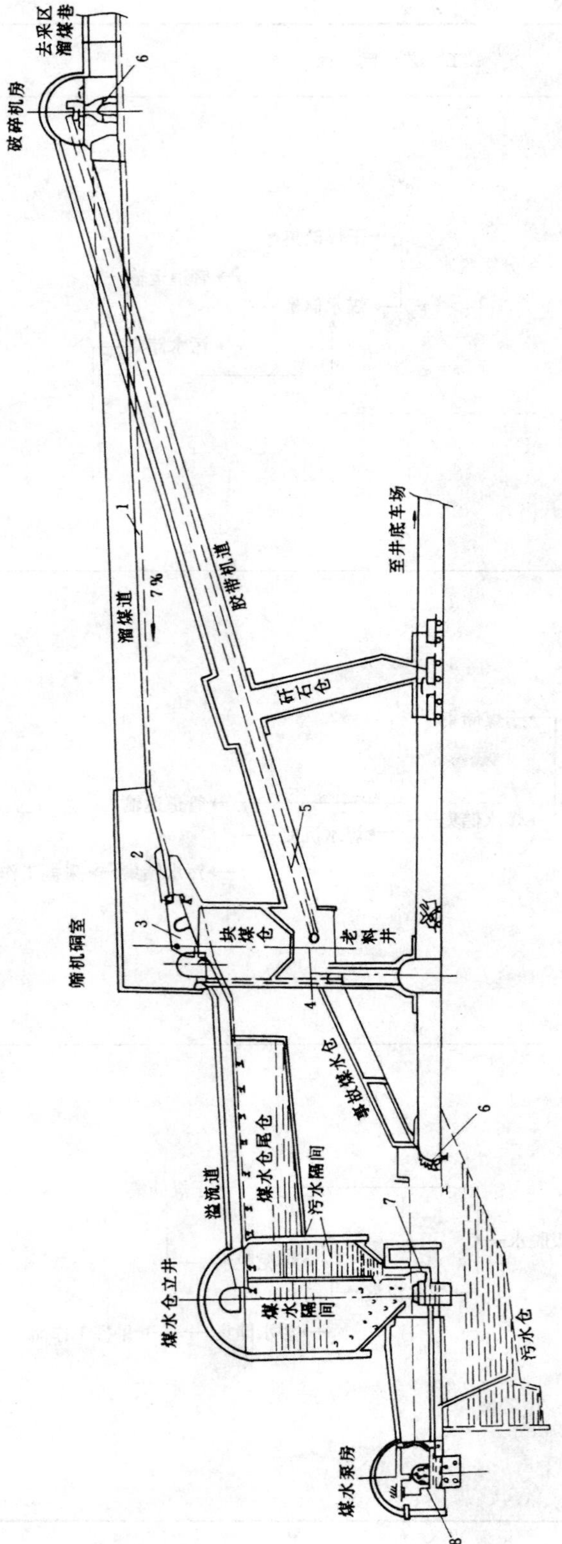

图 3—6—45　八一矿—600m 水平煤水制备工艺流程

1—溜槽；2—固定筛；3—振动筛；4—往复式给煤机；5—运矸输送机；6—锤式破碎机；7—滚筒式给煤机；8—煤水泵

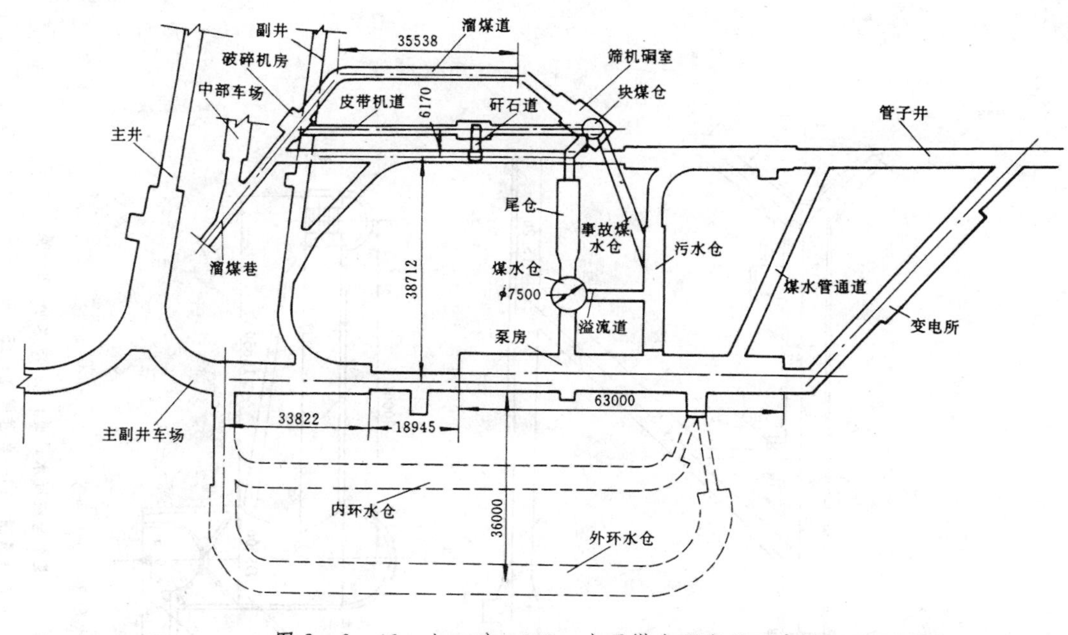

图 3－6－46 八一矿－600m 水平煤水硐室平面布置

二、筛机硐室

（一）用振动筛分级脱水

1．筛机的用途、分级粒度和预脱水方式

（1）预先筛分：在全盘水力运提的煤水制备工艺中，在煤进入破碎机之前，先将煤水中小于煤水泵允许通过的细小粒级的物料分离出去，以减小破碎机的负荷和粉煤量；在二次分级的工艺系统中（见图 3－6－34），在采区将不能通过煤水泵的大粒级物料分离出去，也宜使用振动筛预先筛分。

预先筛分都是接受由具有较大流速的煤水溜槽送来，内有大煤、大矸和大木料等杂物的采掘原生煤水。为防止筛面跑水，应先将煤水送到置于振动筛前的固定筛上预脱水。振动筛的分级粒度宜在 25mm 以上。

（2）脱水筛分：在分级运提和全盘旱运、旱提的煤水制备工艺中，用振动筛脱水可获得较低的产品水分。由于该工艺水旱分级的粒度多为 0～1mm，振动筛只能用于二次分级，接受由管道送来、经过制备、内无“三大”的煤水。为消除和利用管口的流速，宜在振动筛前设置弧形筛预脱水。

2．振动筛的选用和计算

用于预先筛分，宜选用筛机结构简单、维修方便、透筛性好、在较差的采区环境条件下也能可靠运行的 DDM 型煤用单轴振动筛。该机为吊式安装，一侧可靠墙不留检修道，很适合控制筛机硐室宽度的要求。筛机型号、性能及参数见表 3－6－31。

用于脱水筛分则需选用能对中、小粒度的煤进行脱水作业的 ZKX 型或 ZK 型座式安装的直线振动筛。筛机型号、性能及参数见表 3－6－32。

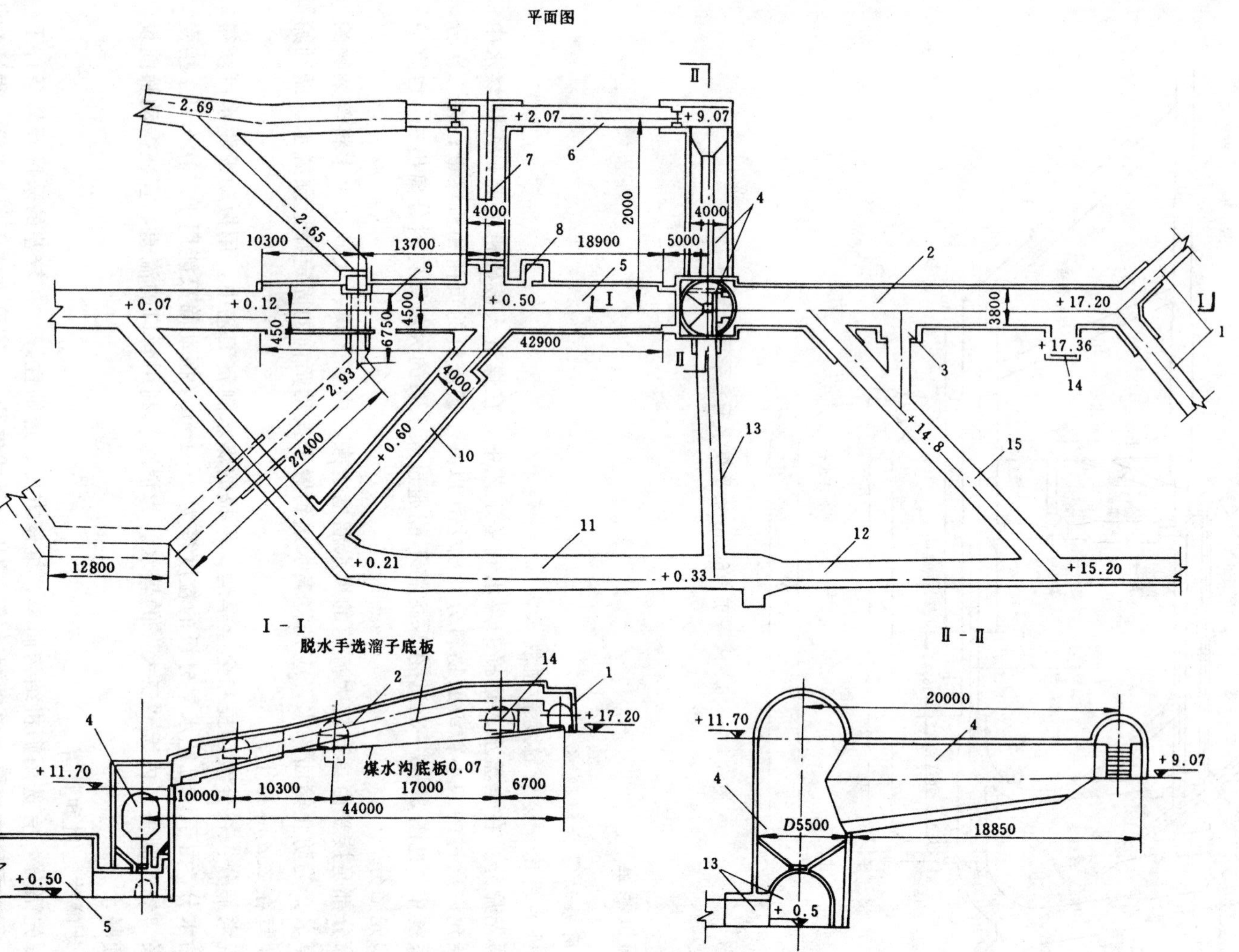

图 3—6—47　陶庄矿 250 采区煤水硐室

1—煤水通道；2—筛机及破碎机硐室；3—出矸道；4—煤水仓；5—煤水泵房；6—煤水仓溢流水通道；7—污水仓；8—操作室；9—排水泵房；10—变电所；11—车场；12—轨道上山；13—滚筒式给煤机硐室通道；14—电器壁龛；15—矸石车线

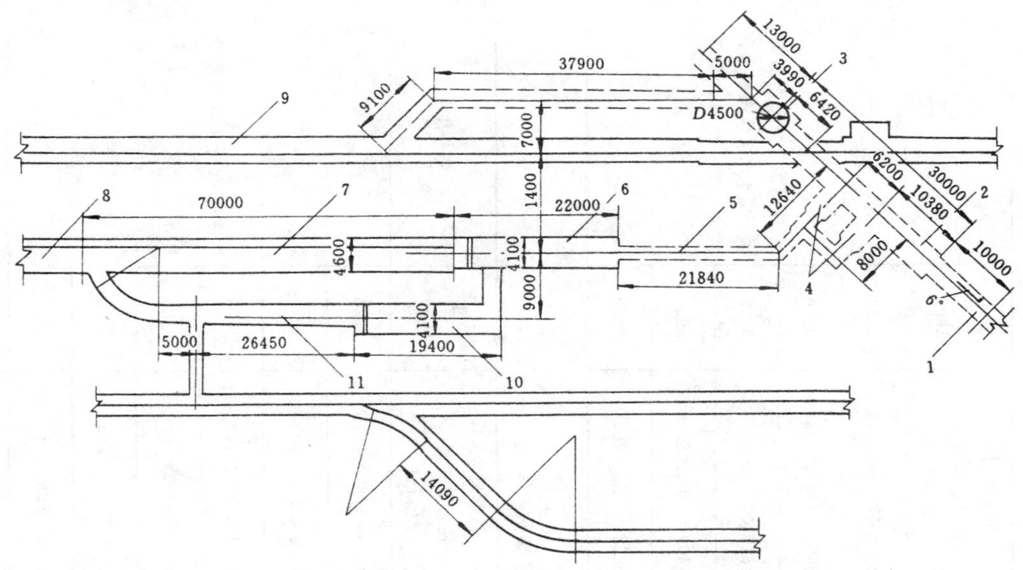

图 3－6－48 吕家坨矿－600m 水平三采区煤水硐室平面布置

1—煤水上山；2—筛机硐室；3—煤仓；4—捞煤机硐室；5—煤水通道；6—煤水仓；7—煤水泵房；8—变电所；9—运输大巷；10—循环水泵房；11—通道

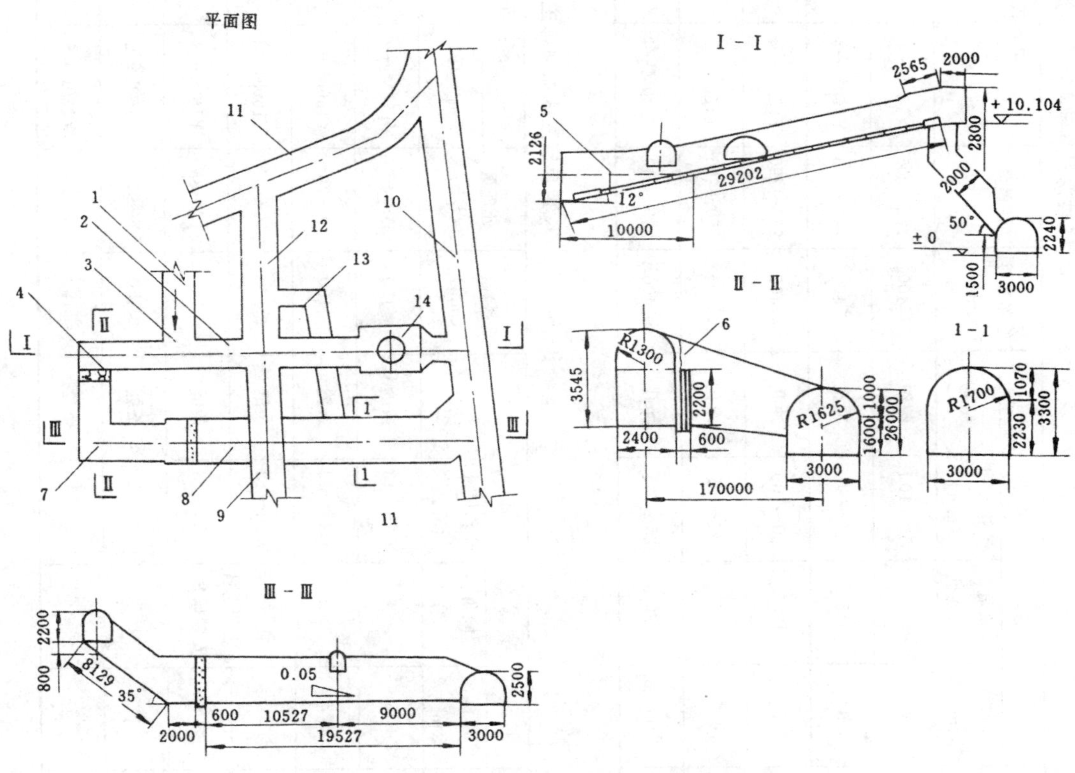

图 3－6－49 房山矿水采区小型煤水硐室

1—3、4 槽煤水石门；2—筛机硐室；3—刮板捞坑；4—煤水溢流口；5—30mm 格栅网；6—10mm 格栅网；7—煤水仓；8—煤水泵房；9—6 槽煤水石门；10—采区石门；11—4 槽煤底板岩巷；12—人行及溜矸通道；13—泵房通风道；14—煤仓

表 3－6－31 DDM 型煤用单轴单层振动筛主要技术性能及参数

型号	筛面				给料粒度 (mm)	处理量 (t/h)	电动机		外形尺寸 长×宽×高 (mm)	总重 (kg)	备注
	面积 (m^2)	倾角 (°)	筛孔尺寸 (mm)	结构			型号	功率 (kW)			
DDM1235	4	17.5	50～100	编织	≤400	175～205	Y132S－4	5.5	3338×2116×2034	2113	表内为干式筛分处理量，用于水采块煤脱水宜按公式（3－6－14）计算
DDM1556	8	15	25～50	冲孔	≤400	220～255	Y160M－4	11	5409×2461×2256	3376	
DDM1740	7	17.5	50～100	冲孔	≤400	250～290	Y132M－4	7.5	3815×2709×2557	3092	
DDM1756	9.5	15	25～50	冲孔	≤400	250～290	Y160L－4	15	5409×2804×2289	3995	
DDM2056	11	20	25～125	冲孔	≤400	290～340	Y180M－4	18.5	5262×3122×2667	4599	

表 3－6－32 ZK 型单层直线振动筛主要技术性能及参数

型号	筛面				给料粒度 (mm)	处理量 (t/h)	电动机		外形尺寸 长×宽×高 (mm)	总重 (kg)	备注
	面积 (m^2)	倾角 (°)	筛孔尺寸 (mm)	结构			型号	功率 (kW)			
ZK1230	3.6	在－5至5之间选择安装倾角	0.25～13	条缝	≤150	5～40	Y132M_1－6	2×4	3430×1550×1210	2180	外形尺寸不含支座高度
ZK1445	6.3		0.25～13	条缝	≤150	9～70	Y160M－6	2×7.5	4930×1890×1392	3530	
ZK1645	7.2		0.25～13	条缝	≤150	10～80	Y160M－6	2×7.5	4980×2090×1420	3970	
ZK1845	8.1		0.25～13	条缝	≤150	12～88	Y160L－6	2×11	5035×2290×1429	4160	
ZK2045	9		0.25～13	条缝	≤150	14～98	Y160L－6	2×11	5035×2490×1437	4570	
ZK2060	12		0.25～13	条缝	≤150	18～132	Y180L－6	2×15	6535×2490×1437	6450	

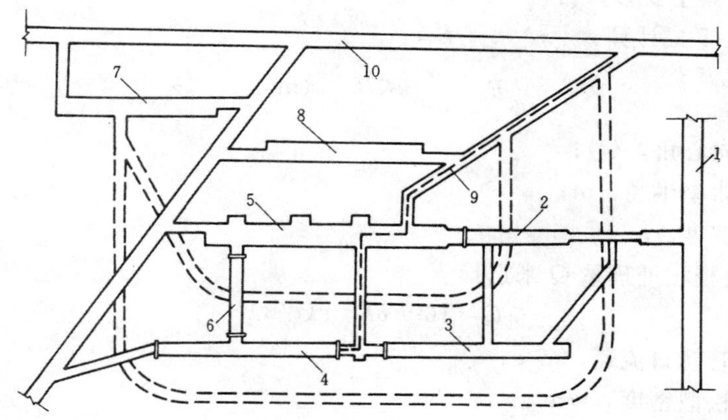

图 3—6—50 三家子矿—300m 水平煤水硐室平面布置

1—筛机硐室；2—煤水仓；3—带刮泥机的平流式沉淀池；4—带刮泥机的斜管沉淀池；5—煤水泵房；6—密封水仓；7—主排水泵房；8—主变电所；9—溢流水管；10—运输大巷

预先筛分的筛机处理量

$$Q=F\times q \quad (t/h) \tag{3-6-14}$$

式中 F——筛面有效面积，m^2；

q——单位处理量，$t/h\cdot m^2$。筛孔尺寸为 50mm 时，$q=40\sim50$；为 25mm 时，$q=25\sim30$。

脱水筛分的筛机处理量可按机械产品样本选取。

振动筛使用台数只按处理量选定，不考虑备用。在同一硐室内，一般最多只安装两台。

3. 固定筛与弧形筛

1）固定筛

在接受采掘原生煤水的振动筛前必须设置一面固定筛，其作用是消除煤水溜槽的流速和减少上振动筛的水量，以保证振动筛筛面的有效利用。目前由厂家制造的定型设备尚无适合此用途的产品，需要由设计部门或生产现场自行制作。

固定筛的筛面一般为棒条结构，若给料中无大量片状的煤块和矸石、用±50mm 分级的筛孔尺寸可采用 50×800mm。筛面宜宽，以能伸进振动筛为准。筛面长度一般小于 2.0m。筛面倾角与水枪流量和小时落煤量有关，在倾角小于 15°、遇水少煤量小时易堵塞筛面，而在倾角大于 15°、遇水多煤量大时，筛面如同溜槽而不起预脱水的作用。因此，理想的固定筛应固而不定，在今后的设计中宜采用电液推杆来随时适量调节筛面倾角。

在水枪小时落煤量小于 100t/h、用±50mm 分级和块煤装车旱运时，在采区煤水硐室可只使用固定筛作为分级脱水设备，一般宜选用矿山机械厂生产的定型产品。在小时落煤量小于 50t/h 时，也可自行制作较为轻便的固定筛作为采区±50mm 分级、块煤旱运的脱水设备。

2）弧形筛

配合振动筛、接受管道煤水作细粒煤脱水时，为利用管口余压应选用弧形筛。可选用定型产品，也可参照其主要参数自行设计制作。

筛面面积 F 按下式计算

$$F=\frac{\alpha}{180}\pi RB \quad (\mathrm{m^2}) \tag{3-6-15}$$

式中　α——筛面向心角，(°)；

R——筛面曲率半径，m；

B——筛面宽度，m。

也可按流量法校核处理量 Q 来选择 F

$$Q=160Fv\gamma \quad (\mathrm{t/h}) \tag{3-6-16}$$

式中　v——输煤管管口流速，m/s；

γ——煤的松散密度，$\mathrm{t/m^3}$。

4. 硐室设计要点

(1) 硐室内只安装一台吊式振动筛时，只在筛机的一侧设人行及检修道。两台时，两筛机应并排布置，在中间设人行及检修道，电动机为一左、一右，置于靠墙一侧如图 3－6－51 所示。

(2) 座式振动筛两侧均应有检修道，需安装两台时，宜采取分置于煤仓的两侧呈一字形布置。

(3) 筛机的出料口应伸到煤仓中心位置。筛下煤水尽可能从筛机侧面流出，有困难时也可从筛机前端跨煤仓流出，但在其封闭式溜槽的顶部应有耐砸的分煤器。

(4) 吊式振动筛的悬吊钢梁不宜直接埋固在硐室的碹体内，宜在硐室壁内预埋地脚螺栓、在钢梁下垫木砖、用铁箍固定。

(5) 接受采掘原生煤水的硐室：在其煤仓下口有不能通过粗、长木料的给煤机或装车闸

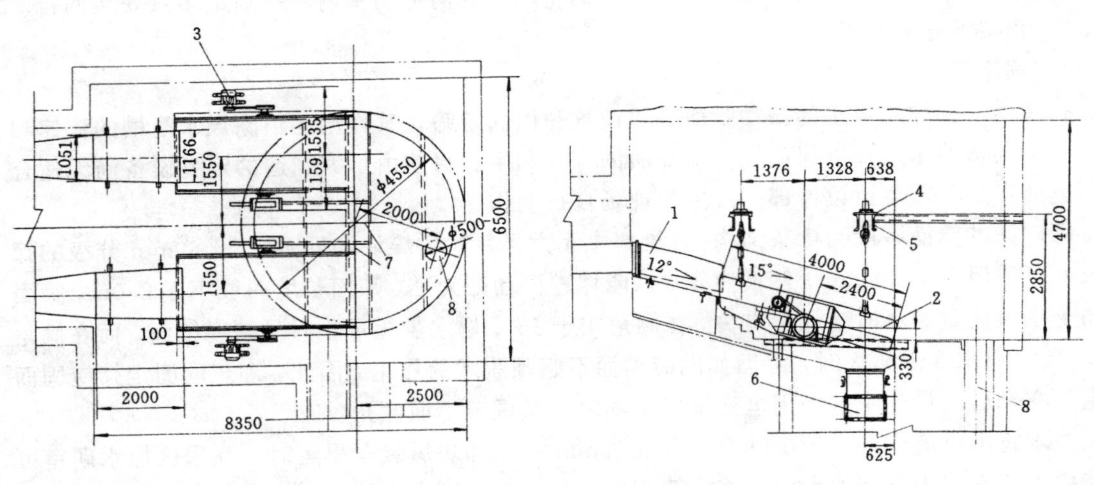

图 3－6－51　八一矿－600m 水平筛机硐室设备安装

1—固定筛；2—振动筛（DD1750×4300 型）；3—电动机；4—弹簧座板；5—悬吊钢梁；6—筛下煤水溜槽；7—煤仓中心线；8—木料溜筒

门时，在煤仓内或旁侧应有将木料分流出去的溜筒或溜槽；在其煤仓上口应有供人员操作和躲避跑筛煤水流足够的空间。

(6) 配电和电控设备宜远离筛机放置。

(二) 用刮板筛分级脱水

刮板筛是将刮板输送机中段的槽底钢板去掉换成筛板的一种非标产品。分级粒度为0.5～13mm时，筛板用不锈钢筛条编织；采用25～50mm分级时，筛面采用棒条结构。前者的筛板与两侧槽邦是采用插销固定方式，以便能快速更换磨坏的筛面；后者则是采取焊接方式。为使机尾滚筒适应长期浸泡在水里，应对轴承加强密封。

刮板筛的主要优点是筛面可沿槽体任意加长到一定的脱水效果为止，在中小粒度分级工艺中，最适宜用于接受来料很不均匀的采掘原生煤水。而其致命的缺点是“漏块”。为解决此问题，吕家坨矿曾采用过刮板筛加斗子捞坑、杨坨矿则采用刮板筛加检查筛方式，以防止超限的物料卡住输煤泵。陶庄矿在筛机硐室与煤水仓之间加设一道格栅板（见图3－6－52)，还有防止跑筛煤水流涌入煤水仓的目的。但这些堵漏措施有的不能治本、有的造成负面效应，是设计中尚需研究解决的课题。

(三) 刮板捞坑

1. 优缺点及适用条件

刮板捞坑是以彻底解决刮板筛漏块为目的、在带式（平流式）沉淀池的基础上发展起来的一种脱水分级方式(见图3－6－53)，同时也彻底解决了极不均匀的采掘原生煤水上筛机时的缓冲问题。因此，刮板捞坑既能用于开采厚煤层、水枪落煤量大的水采区；又因其硐室体积较小，更能适用于中小型水采区。目前，国内在刮板筛已遭淘汰，除少数矿井使用振动筛以外，占90%以上的水采井区都在使用刮板捞坑。

但由于现行刮板捞坑是采取溢流分级方式，分级粒度小于1.0mm，透筛率和脱水效率低，故筛上品的水分高。就连煤粒为砂性、煤较易脱水的鹤壁四矿也因高水分的煤装进煤仓后易造成溃仓，影响胶带运输。对易于泥化的煤（如房山矿四槽煤）和旱运系统中有上运的带式输送机时，一般不宜使用溢流分级的刮板捞坑。

2. 设计要点

(1) 不论生产能力大小，每一捞坑都需并排安装两台筛机，两侧可紧靠硐室壁，中间留出较宽的人行、检修和木料捡出道。通向硐室的通道可兼作通风、行人和排出杂物用。

(2) 筛机安装倾角宜小勿大，一般不应超过12°；刮板链的运行速度宜慢勿快，一般不应超过0.4m/s，为保证其运量，可将刮板间距缩小为（7～9）×64mm。

(3) 捞坑水位宜浅勿深，一般不应超过1.5m，坑底应高出煤水仓的最高水位。

(4) 为防止杂物进入煤水仓的格栅网应采用缝隙不小于10mm的条缝式格栅，其面积可按公式（3－6－20）计算。

3. 扩大使用范围的途径

目前，刮板筛是对采掘原生煤水采用3～13mm一次分级时惟一可选的设备；在25～50mm分级和采取块煤直线形循环破碎时，也需要使用能兼作检矸、运输的刮板筛。为有效解决筛机漏块和缓冲问题，也可采取捞坑安装方式，但需将溢流分级改为在筛面上分级。

(1) 方法之一：采用下链刮煤、上连回空的铸石槽式刮板筛，并将溢流水改从通过条缝（或棒条）为3～50mm的筛面进入煤水仓；

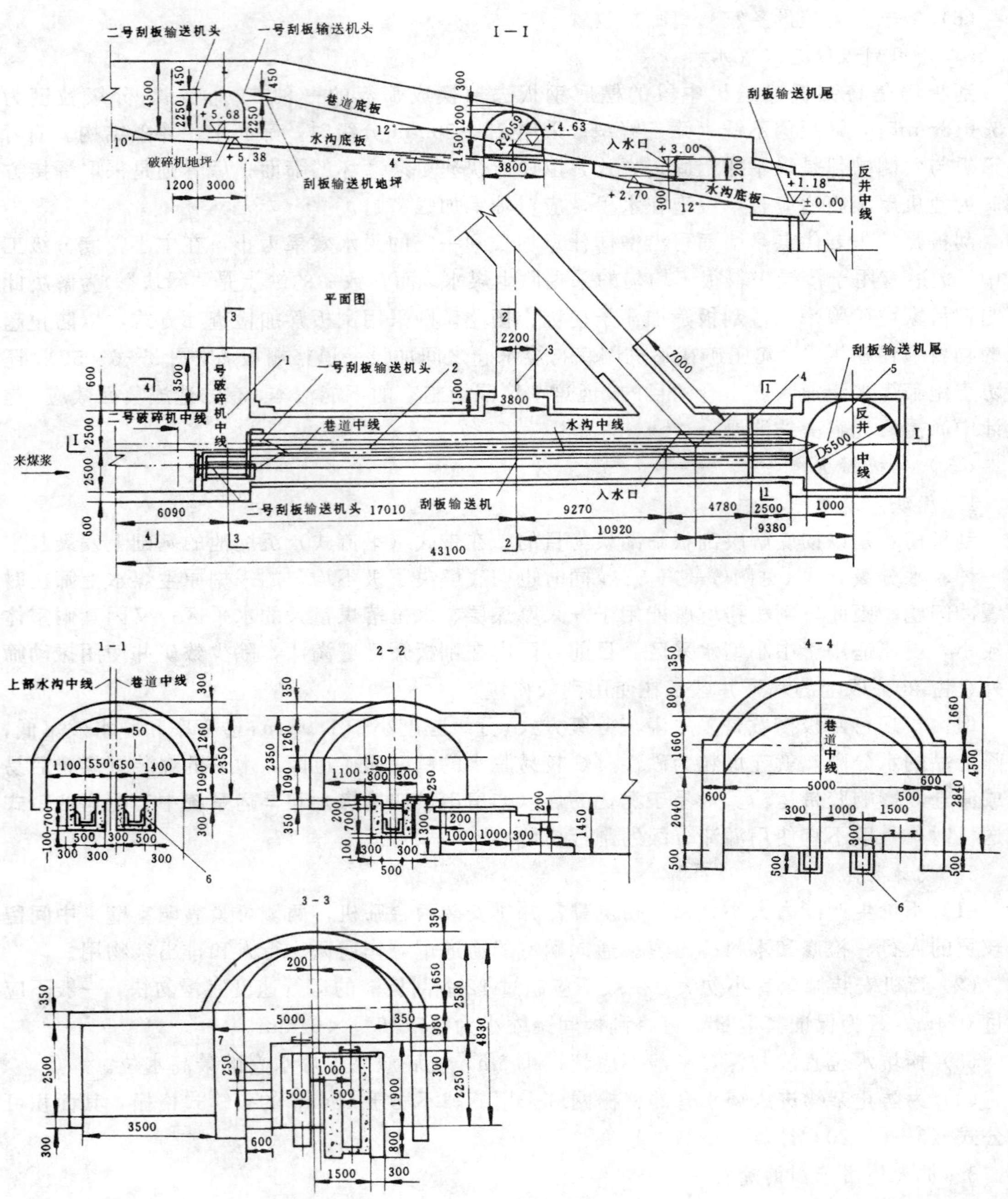

图 3－6－52　陶庄矿 250 采区筛机（刮板输送机）及破碎机硐室

1—破碎机硐室；2—刮板输送机硐室；3—溜碴巷道；4—格栅板；
5—煤水仓；6—辉绿岩铸石板；7—行人台阶

（2）方法之二：煤水在入坑之前先用大孔固定筛篦出木料等杂物，再进 3～50mm 的弧形筛分级，筛下水直接入煤水仓，筛上品进捞坑内的上运刮板筛脱水和检矸。

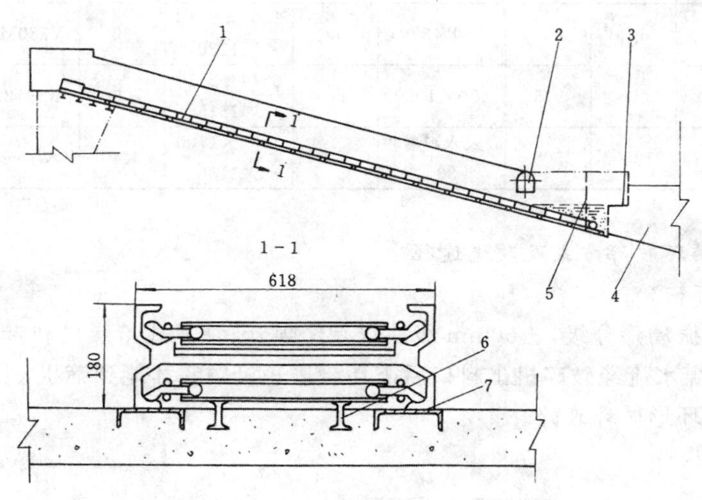

图 3－6－53 刮板捞坑筛机安装示意

1—筛机；2—采区煤水道；3—溢流墙；4—煤水仓；5—格栅网；6—钢轨；7—槽钢

三、块煤破碎工艺及硐室

（一）破碎机及块煤循环破碎的必要性

在采用 0～25 或 0～50mm 级煤炭全盘水力运提时，＋25 或＋50mm 以上的块煤经检矸和捡出杂物后需破碎为煤水泵允许通过的粒度。破碎机宜选用结构简单、易操作维护而生产能力大的 PC 型锤式破碎机。

在 20 世纪 60 年代以前，国内各矿与国外一样（如图 3－6－3），都是将破碎机安装在筛机前方的筛下煤水溜槽之上，经破碎后的筛上品与筛下品混合流进煤水仓。其弊病之一，当筛面发生煤水流涌向破碎机的煤量超过其生产能力时，一些超粒限的块煤会溢出来掉进煤水仓；之二，破碎机的出料粒度（25 或 50mm）是由其出料口的铁篦子把关，当有未捡出的铁器或硬矸石将篦条打断而造成漏块时，一般不易被及时发现；之三，由于达不到粒限的煤块在机内遭反复破碎，造成过粉碎率高、煤泥量大，特别是不能及时破碎排出的矸石还会加速弊病一的发生频率。

当发现煤水泵频繁发生卡泵时，一场生产事故早已形成，一般需停产数日彻底清理一次煤水仓。因此，从八一矿－340m 水平煤水硐室开始，改为将破碎机安装在筛机后方的采掘原生煤水溜槽之上（如图 3－6－1），筛上品经输送机返运到破碎机，经破碎后再次混入原生煤水。同时，全部拿掉破碎机的篦条，块煤能破则破，不能破或破碎不达标透不了筛的块料可返回再破。经这一循环破碎后，不仅解决了卡泵问题，还减少了过粉碎量，并使破碎机的生产能力远大于表 3－6－33 中的厂家额定值。

表 3－6－33　PC 型锤式破碎机技术性能及参数

型号	转子			给料口尺寸(mm)	生产能力(t/h)	外形尺寸 长×宽×高(mm)	重量(kg)	电动机		
	直径(mm)	长度(mm)	转速(mm)					型号	功率(kW)	转速(r/min)
PC0806	800	600	980	350×570	55	1505×2618×1020	3200	Y280M－6	55	980
PC1008	1000	800	975	550×1030	90	3514×2210×1515	7000	JR－127－6	115	980
PC0612	600	1200	500	最大入料粒度 300	30	3000×1700×1180	3440	JQO_2－82－4	40	1470

（二）块煤循环破碎方式及改进途径

1. 环形循环破碎

八一矿是用振动筛分级，±50mm 级块煤是经煤仓、往复式给煤机和带式输送机上运到破碎机，采掘原生煤水流经破碎机出料口后需环绕输送机硐室才能到筛机（见图 3－6－54），故称此工艺方式为环形循环破碎。

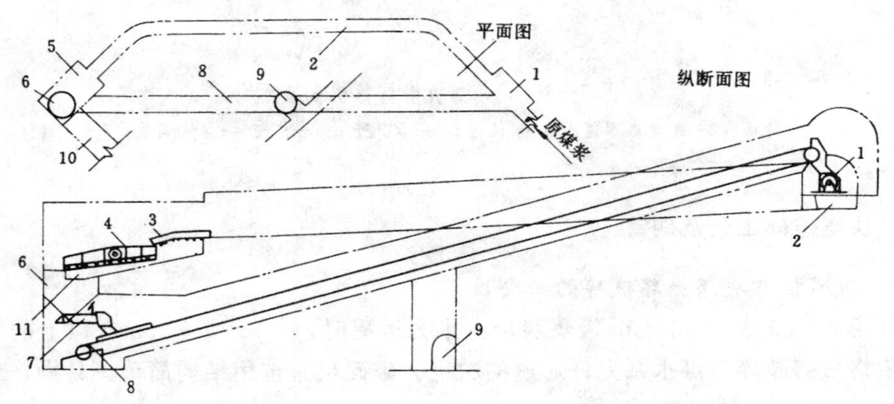

图 3－6－54　“环形循环破碎”设备及硐室布置示意

1—破碎机及硐室；2—原生煤水溜煤道；3—固定筛；4—振动筛；5—筛机硐室；6—块煤仓；7—往复式给煤机；8—带式输送机及硐室；9—矸石仓；10—煤水仓通道；11—筛下煤水溜槽

2. 直线形循环破碎

陶庄矿是用刮板筛分级，因刮板筛具有分级、脱水、捡矸和运输的功能，破碎机可与筛机布置在呈一条线的同一硐室内（见图 3－6－55），故称此工艺为直线形循环破碎。

3. 两种循环形式的缺点及改进途径

环形的优点是生产能力大、运行可靠，按八一矿的工艺及设备，其生产能力可达 1.50Mt/a。环形的缺点是硐室工程量大。

直线形少开一条煤水绕道，工程量小一些。其主要缺点是刮板筛向上拉块煤容易漂链及因此而造成错链，刮板常被折弯或折断需要停机处理。另外，在煤量较大时，煤块互相滑动呈蠕动状前进。在陶庄矿，刮板筛的运量（两台同时运行）是限制水枪提高落煤能力的薄弱

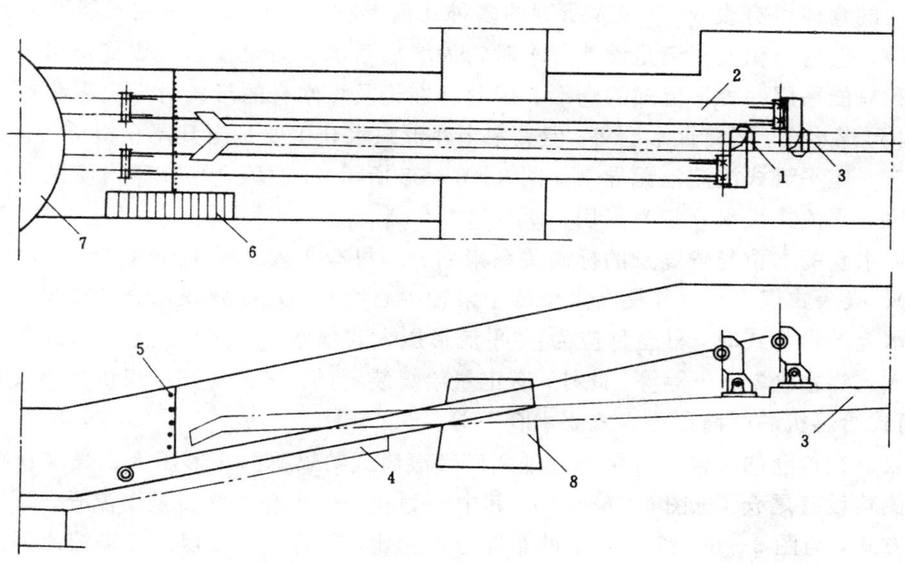

图 3—6—55　“直线形循环破碎”设备及硐室布置示意

1—破碎机；2—刮板筛；3—原生煤水水沟和溜槽；4—煤水仓入料溜槽；5—格栅板；6—台阶；7—煤水仓；8—排矸道

环节之一。

在今后的设计中宜吸取二者的优点，采用振动筛加大倾角带式输送机的直线形循环破碎方式。从美国引进、国内已能制造的带斗子的大倾角带式输送机具有不怕轻砸、机尾能堆压的性能，因此可以取消环形系统中的块煤仓。该设备用于此处，可减小斗子深度，靠破碎机的一段可减小胶带面的倾角，同样可以兼作捡矸输送机用。

四、煤水仓

（一）《煤炭工业矿井设计规范》的有关规定

（1）水采矿井或独立水采区均应有能容纳适量水或煤水的缓冲设施；

（2）煤水仓宜采用压入式布置，并设置定量给煤或煤水浓度调节装置。当采区储量少或对标高损失要求较严时，可采用压吸式或吸入式煤水仓；

（3）压入式煤水仓附近应设溢流仓，储存煤水仓的溢流和事故煤水，并可兼作煤水仓的补给水仓和为冲洗煤水管道、掘进用水提供第二水源；

（4）煤水仓、溢流仓的容积应按 0.5～1h 的煤水排出量设计；

（5）水力采煤工艺系统中的煤水比：全部水力提升应为 1∶2～1∶5；分级水力提升应为 1∶4～1∶7。

（二）仓体造形和型式分类

煤水仓是由以储煤为主、煤能全部自滑到输煤泵吸力范围内的首仓和以蓄水为主、煤需要用机械或水力搬运才能到达输煤泵吸力范围的尾仓所组成。当首仓的高度（或深度）不超过设计的允许值、而仓的容积又能满足设计的要求时，宜不再配置尾仓。

首仓的仓体可有表3－6－34所列的多种几何形状。而尾仓则是在不能再加大首仓高度(或深度)，仓的容积又不满足设计要求时，为增加蓄水量而设置的，故其仓体只能朝水平方向扩展和只能采用一种平流式的仓形。因此，在论及煤水仓的形式时，只需称首仓的仓形即可，如斗形煤水仓、圆筒煤水仓等。但其中半斗形煤水仓主要是由其尾仓担负所需的容积，整个仓体与一座平流式沉淀池无异（如图3－6－58所示）。而该仓形在国内使用最多，在设计上宜统称为平流式煤水仓较为确切。

以煤水仓的水位与输煤泵的标高关系来划分，可有压入式煤水仓（其最低水位高于泵轴中心线）、吸入式煤水仓（其最高水位低于泵轴中心线）和压吸式煤水仓三种型式。因此，在区分煤水仓的形与式时，其全称应为："平流形压入式煤水仓"、"平流形吸入式煤水仓"、"圆筒形压入式煤水仓"……等等。此外，有定量给煤装置的，习惯常把给煤机的型式也加上，如"带滚筒式给煤机的圆筒形压入式煤水仓"等。

一般只在首仓的一侧布置尾仓。邵武矿带滚筒式给煤机的斗形压入式煤水仓则在斗形首仓的两侧均设有尾仓(见图3－6－56)，其中一侧既是煤水仓尾仓又是溢流仓，即采取两仓联合布置方式，与图3－6－47陶庄矿的布置方式相比，节省了一条煤水仓溢流水通道，在煤水硐室的总体布置上更加紧凑。

在表3－6－34所列的各种仓形中，在同一高度下能设计出容积最大的首仓应首推斗形仓。当上口平面尺寸为25m×5m、含给煤机硐室的总高度（液面高度）为15m时，容积可达780m^3，即无需再配置尾仓就已能满足配合DDM750型大粒度煤水泵的使用要求。而目前常用的圆筒仓要达到此容积，当圆筒直径为7.5m时，仓的总高度需22.7m，因煤水制备工艺不允许有这么大的煤流标高损失，故不得不加配尾仓来满足对其容积的要求。在斗形仓不带给煤机硐室、上口为15m×4.5m、仓高为6.5m时，容积为245m^3，即不配尾仓已能满足配合流量为360m^3/h煤泥泵使用的要求。因此，若要避免尾仓给造成的麻烦，宜首选斗形仓。

表3－6－34　煤水仓首仓造形

仓形名称	图　　示	使　用　情　况
矩形仓		早期吸入式煤水仓的主要仓形
半斗形仓	β	目前，国内90%以上的水采井区是用该仓形加尾仓组合成平流形煤水仓 β=33°～38°

续表

仓形名称	图示	使用情况
斗形仓	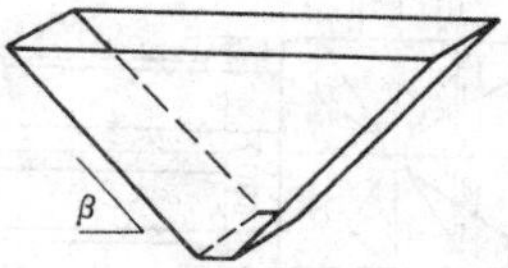	仅见于福建邵武矿用于带滚筒式给煤机的定量煤水仓 β=45°～50°
斜坡仓	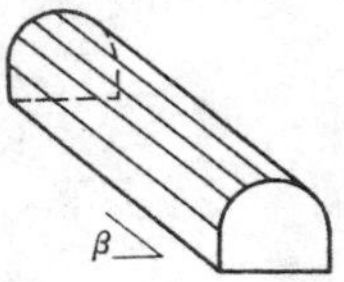	用螺旋式给煤机作定量给煤装置的多用此仓形 β=33°～38°
方筒仓	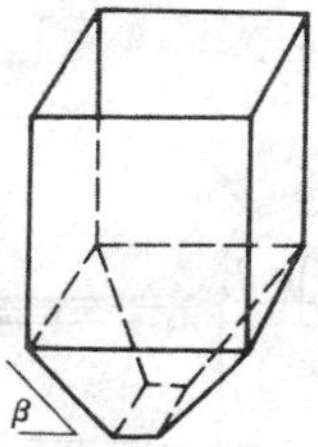	仅见于肥城杨庄矿用于带滚筒式给煤机的定量煤水仓 β=45°
圆筒仓	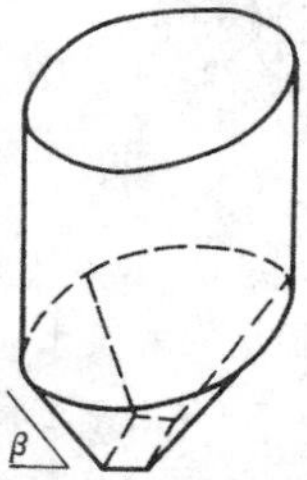	是带滚筒式给煤机的定量煤水仓使用最多的一种仓形 β=45°

（三）尾仓积煤搬运

入仓煤水宜从首仓进入煤水仓。如图 3－6－52 和图 3－6－56 所示。但有时因受煤水硐室总体布置的限制，经制备后的煤水只能从尾仓进入煤水仓，大部分煤会沉淀在尾仓，需用机械或水力搬运到首仓。从首仓进入的煤水随仓内水涨水落和在煤水仓发生溢流时，也会有煤泥沉淀于尾仓，只是量少而细，易于用水力清除。

1. 用机械方式搬运尾仓积煤

图 3－6－57 是用刮板输送机改制的刮泥机来搬运尾仓积煤，该套装置始用于房山矿，现已在多处推广使用。刮泥机除搬运外，尚有向输煤泵定量给煤的功能。

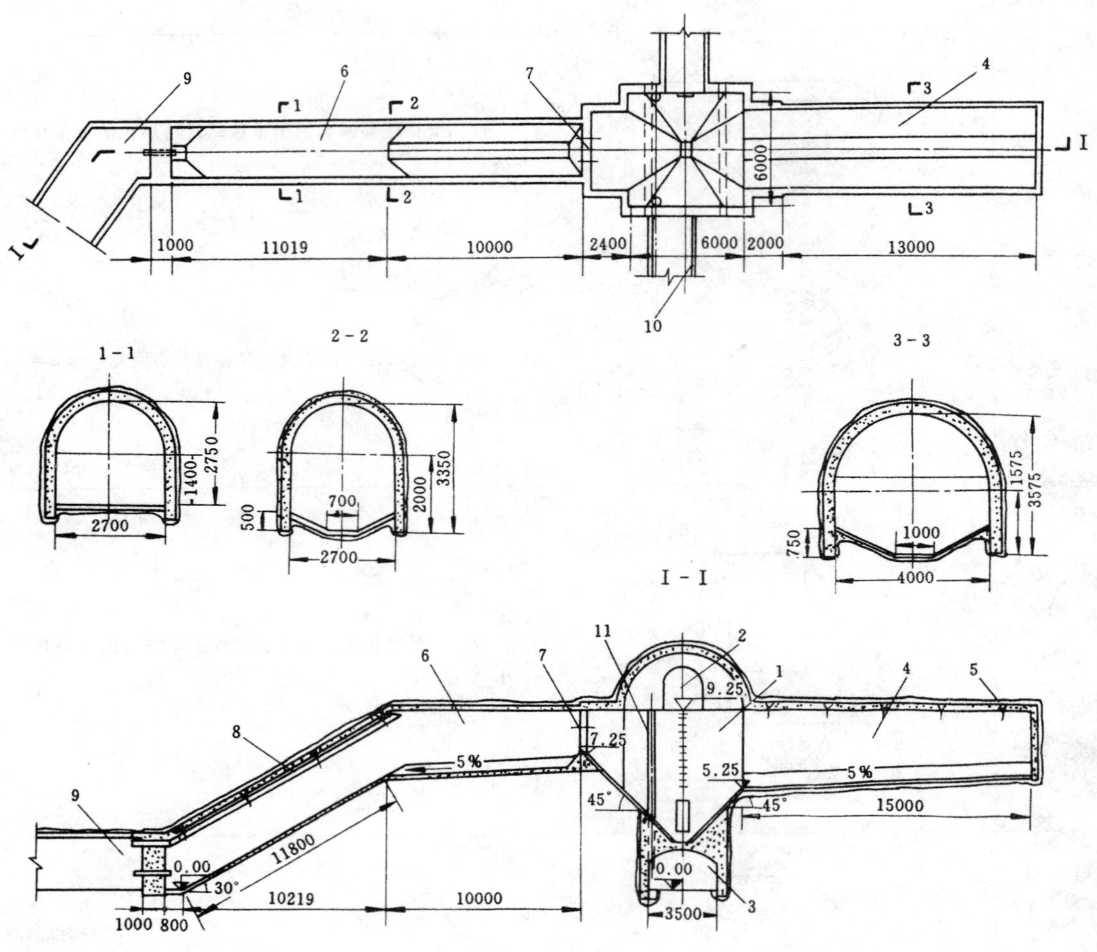

图 3—6—56　邵武矿带滚筒式给煤机的斗形压入式煤水仓

1—首仓；2—入仓煤水通道；3—给煤机硐室；4—尾仓；5—尾仓冲洗水管挂钩；6—污水仓；7—有格栅板的溢流水洞口（1500×1000）；8—污水仓溢流水管；9—污水泵房；10—至煤水泵房通道；11—通风及电缆管道

2. 由入仓煤水自行搬运尾仓积煤

实际上，大多数从尾仓尾部入料的平流形煤水仓是借助入仓煤水的水力将煤搬运到首仓，其原理如图 3—6—58 所示。从仓尾流入尾仓的煤水相当于流入一个普通的平流式沉淀池，煤迅速从仓尾开始沉淀，继之逐渐有煤露出水面，形成一个半没半露的煤堆；随着不断来煤，这个煤堆的水下部分顺水流方向以一定的安息角 β 向首仓方向扩大，而露出水面的煤因受水的冲刷力而按一定的摩阻坡 I 顺水推移，直到煤堆至输煤泵吸水管管口的距离小于泵的吸力半径 L 时，泵才能既吸水又能吸煤。由此即可勾画出如图 3—6—59 所示的从尾仓尾部入料的平流形煤水仓的仓形。

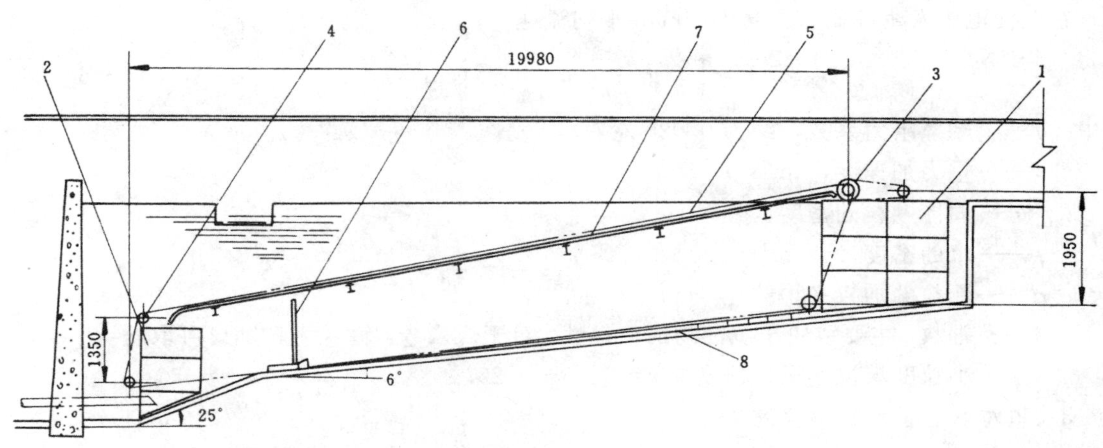

图 3－6－57　带有刮泥机的平流形煤水仓

1—机头架；2—机尾架；3—头轮组；4—尾轮组；5—刮板链；
6—煤泥限量板；7—上支撑滑道；8—铸石板仓底

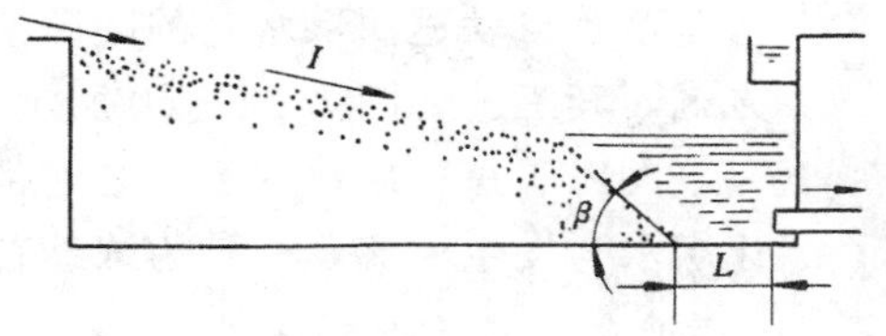

图 3－6－58　平流式沉淀池水力参数

图 3－6－59　平流形煤水仓仓体造形

当仓的水位低于 H_0 时，整个尾仓相当于一条煤水明槽，其积煤可被入仓煤水冲入首仓内。H_0 为清理尾仓时的水位，为保证水面不起漩涡、泵不吸入空气，H_0 一般不小于 1.5m。

β、L 和 I 的数值都与煤的粒度、密度和粘聚性有关。根据对多个煤水仓实测到的数值，β 为 33°～38°，L 为 0.8～1.0m。I 值可按 Manning 的流速公式计算

$$I=\left(\frac{nV}{R^{2/3}}\right)^2 \qquad (3-6-17)$$

式中　n——Manning 糙率系数（其粗估值 $n=0.02\sim0.03$，输送 0～50mm 级的煤、或仓底砌体粗糙者取大值；中小粗度的煤、或砌体较平滑者取小值）；

R——水力半径（因在 I 坡上的水流深度 h 比起尾仓宽度 B 小许多，可近似地取 $R=h$）。

在入仓的水量一定时，在沉积面上的水平流速 V 又是沉积坡 I 的函数。对于两相流，可以把公式中的流速 V 看成是特定条件的沉积物在其坡度 I 的沉积面上不再发生沉积的临界冲刷流速。意即如果加大冲水量，使 $V_1>V$，则原已沉积并构成坡度 I 的煤粒由于受到更大的

冲刷力会部分的重新起动（再悬浮），直至出现新的沉积坡 I_1 为止，$I_1<I$。粗颗粒（沙、淤泥）在沉淀池中发生冲刷、再悬浮的临界平均流速

$$V=\left(\frac{8k}{f}g\,\frac{\rho'-\rho}{\rho}d\right)^{1/2}\quad(\mathrm{cm/s})\qquad(3-6-18)$$

式中　f——摩擦阻力系数，约为 0.025 左右；

g——重力加速度，$\mathrm{cm/s^2}$；

ρ'——固体颗粒的密度，$\mathrm{g/cm^3}$；

ρ——水的密度，$\mathrm{g/cm^3}$；

d——颗粒的加权平均粒径，cm；

k——常数，主要取决于沉淀物的粘聚性，对于煤水仓，输送大粒度煤可取 $k=0.1$，中小粒度煤视其泥化程度取 $k=0.15\sim0.20$。

3. 用污水仓蓄水自动清除尾仓积煤

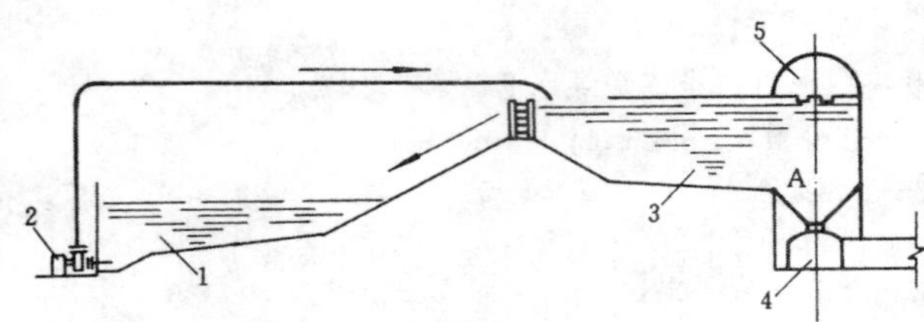

图 3－6－60　陶庄矿 250 采区用蓄集污水自动清理煤水仓
1—污水仓；2—污水泵；3—煤水仓；
4—给煤机硐室；5—筛机硐室

陶庄矿和邵武矿采取从首仓进煤水后，含有大颗粒的煤水不再流经尾仓，按公式（3－6－17）、式（3－6－18）计算，仓底坡度可降到 2% 以下，但对尾仓积煤的冲运需另寻水源。结合对煤水仓补水，两矿都采取了用污水仓蓄水自动返回煤水仓的随即清仓方式，其工艺如图 3－6－60 所示。

陶庄矿每次启动煤水泵之前都先让煤水仓发生溢流，一是为浓缩首仓的煤水，二是让污水仓蓄集待用水。当采区不再来煤水，首仓的水位降至图中的 A 点、即尾仓仓底全部露出时，仓内的水位计即向污水泵发出启动指令，污水经管道返回尾仓尾部将其积煤随即清除到首仓内。

4. 改进水力搬运尾仓积煤的设计要点

陶庄矿和邵武矿的尾仓坡度实际上仍按 5% 设计，比计算值大一倍多。国内其他矿井从尾仓进煤水的仓底坡度普遍高达 10%～18%（6°～10°），但尾仓的淤积仍相当严重，入仓煤水往往只在尾仓中线上冲刷出一条冲沟，靠仓壁两侧常有煤淤积。就其原因，有操作上的问题，如煤水仓始终处于高水位运行，但也有设计不完善之处。

公式（3－6－17）、式（3－6－18）的前提条件是流速 V 的水流应均匀分布在宽度 B 上，其水深为 h，由此计算出 I 值。而各矿用溜槽或管道直接送入尾仓的煤水都是呈水柱状流出，在水流刚入仓时只走中线不走两侧，待到在平面上均匀分布时，其行程已经过半。故仓尾的积煤坡度大、且两侧为死角，快到首仓时坡度才逐渐减小。完善的设计应使水流从一入仓就能均布在仓的全宽度上，应在入口处设置如图 3－6－61 所示的梳流设施。图示的梳流板可用钢板埋固在混凝土地坪内，也可焊制在整块钢板上。

此外，不少设计为防止平流形煤水仓两侧成为积煤死角，常将尾仓断面的铺底部分作成倒梯形（如图 3－6－56 中的 2－2 和 3－3 断面），以图增加水流深度 h。但从实际效果看，这一做法的作用不大，不如在采取煤水均布措施后将仓作成平底，既能省工省料又能增加仓的

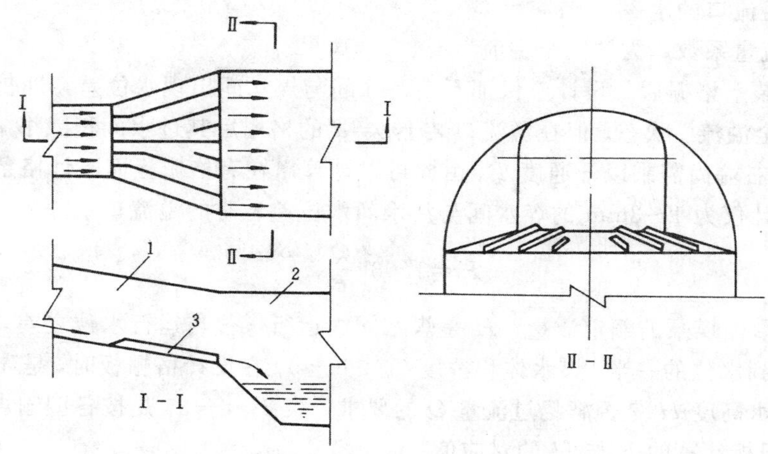

图 3－6－61 平流形煤水仓尾部入料口梳流设施

1—煤水通道；2—煤水仓尾部；3—梳流板

容积。

（四）煤水浓度调节

1. 输煤浓度调节原理

生产实践证明，单级和两级的中开式煤水泵、管式或水车式喂煤机的输煤浓度可以达到煤水体积比 1∶1（体积浓度 50%）以上，包括输送 0～50mm 级的煤，输煤管道可以在此高浓度煤水条件下长距离安全运行。但工艺上如何连续稳定供给高浓度煤水，并保证全系统运行的可靠性，除煤水制备必须保证无超粒限物料外，主要任务是由煤水仓的煤水浓度调节装置来执行。

首先，为调节出高浓度的煤水，需将煤水仓的首仓用格栅分隔为煤水间和污水间（见图 3－6－62），输煤泵的吸水管伸到污水间内只能喝从格栅缝隙透过来的水，而被格栅阻隔在内侧的煤需通过可调节煤量的给煤装置或喂煤机才能进入泵的吸水管或输煤管内（如图 3－6－36）。

2. 格栅板的制作及需用面积计算

煤水仓格栅一般用圆钢作格条焊接而成。格条之间的净距（栅缝）b 应与格条直径 d 相等，即格栅的开通度 $\Psi=\frac{\Sigma b}{B}=0.5$（$B$—格栅板宽度）。格栅板的制作是先将每根圆钢的两端焊在高×宽＝0.8m×（0.6～1.4m）由角铁焊成的方框上，为增强格条的刚度可在横向加焊 1～2 根圆钢，然后将方框逐一自由投放到直立的支撑槽钢或工字钢内（见图 3－6－62）。实践证明：用直径 10mm 的圆钢制作的格栅板能将 0～1mm 级煤水中的煤阻隔在煤水间内；而栅缝小于 6mm 时，格栅板易被煤水中的碎木渣、麻丝、炮线等杂物淤塞，并在加工时不易焊制。

格栅板的需用面积按格栅的透水能力计算。在一个溢流口上没有格栅时，可按下式计算其过流水量

$$Q=\frac{2}{3}\mu B\sqrt{2gH^{3}},\ \mathrm{m^3/s} \qquad (3-6-19)$$

式中 B——溢流口的宽度，m；

H——溢流口的水深，m；

μ——流量系数，为“完全溢流”时，$\mu=0.62$。

在溢流口装上格栅后，设计应保证不使污水间与煤水间出现水位差，即仍应保证两者水位一致的“完全溢流”状态。但在溢流口装上 $b=d$ 的格栅后其过水面积减小了一半，在公式（3—6—19）的右端尚需乘以开通度 Ψ。由此可以计算出在有格栅板而不计格条阻力造成的水头损失（即不计仅为 1～3mm 的煤水间与污水间水位差）时的溢流口水深

$$H=1.06\left(\frac{Q}{B}\right)^{2/3} \tag{3—6—20}$$

式中：Q 值可取输煤泵的额定流量；H 是煤水间内运行煤位与运行水位之差。在一般情况下煤位高度常不到水位的一半（煤水体积浓度 $C_v<50\%$）。在设计格栅板时，是先定其宽度 B 再核算其最小过水高度 H 是否满足过流量 Q 的要求。表 3—6—35 是按各型输煤泵额定流量和 $\Psi=0.5$ 的格栅板计算的 B 与 H 的对应值。

表 3—6—35　格栅板宽度及其所需的过水高度

Q (m^3/h)	B (m)	H (m)	格栅板前的水流速度 (m/s)
300	0.6	0.28	0.50
	0.8	0.23	0.45
	1.0	0.20	0.42
360	0.7	0.29	0.49
	0.9	0.25	0.44
	1.1	0.21	0.43
450	0.8	0.31	0.50
	1.0	0.27	0.46
	1.2	0.23	0.45
750	1.0	0.37	0.56
	1.2	0.33	0.53
	1.4	0.30	0.50

表 3—6—35 的数值说明，在煤水仓内隔出一个污水间的格栅板不需要做得很宽，故没有必要像图 3—6—62 那样将首仓的整个立剖面都用格栅板隔断。邵武矿在其斗形煤水仓内树立一个仅两对面为宽 1.2m 的格栅，另两对面为宽 0.8m 的钢板做成的“框形污水间”（在图 3—6—56 中未画出，可参阅图 3—6—63 所示），已证明其过流量足以满足输煤泵的要求。

此外，煤水仓溢水至污水仓的溢流口和刮板捞坑溢水至煤水仓的溢流口的格栅板面积均可按公式（3—6—20）计算。

隔出煤水仓污水间的格栅应高出煤水仓溢流口格栅 100mm 左右。煤水仓溢流至污水仓的水不允许流经污水间。

3. 定量给煤装置

目前，国内用于控制和调节煤水仓供给输煤泵煤量的装置有滚筒式给煤机、螺旋式给煤机、链板式刮泥机和无堵塞式吸水管。各装置的适用条件及优缺点见表 3—6—36。

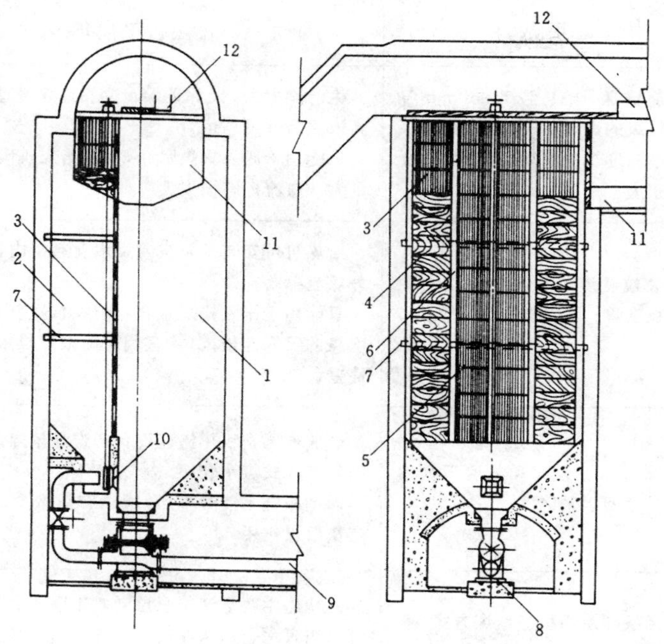

图 3—6—62 陶庄矿 240 转载煤水仓的首仓结构

1—煤水间（与尾仓连通）；2—污水间；3—格栅；4—木板；5—角铁；6—工字钢；7—钢梁；8—滚筒式给煤机；9—煤水泵吸水管；10—事故时吸煤口；11—尾仓；12—入仓煤水溜槽

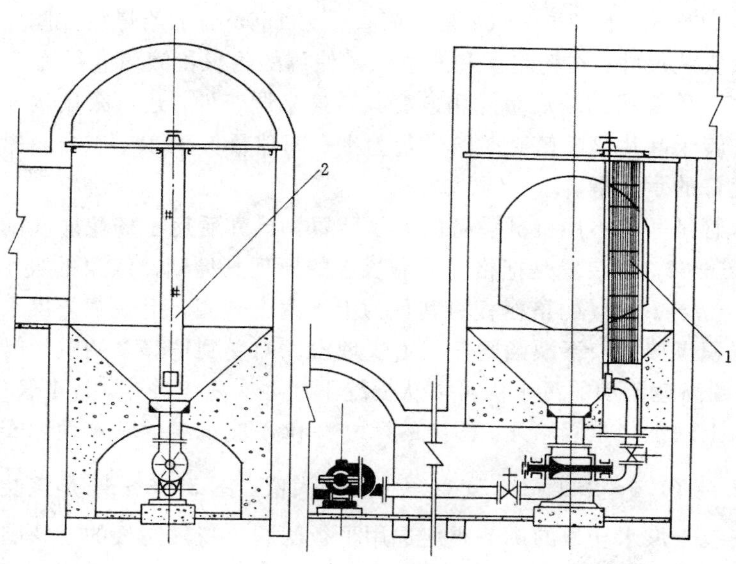

图 3—6—63 框形污水间结构示意

1—格栅（仅装于框形污水间两侧）；2—钢板（装于污水间另两侧）

表 3－6－36 煤水仓定量给煤装置

装置名称	适用条件	主要优缺点
滚筒式给煤机	能输送 0～1 至 0～50mm 各种粒级的煤，即与大粒度煤水泵和小粒度煤泥泵均能匹配；主要用于大、中型水采井、区	生产能力大，能保证煤水泵和输煤管道在煤水体积比 1∶1 的高浓度条件可靠运行； 只能用于压入式煤水仓，需有给煤机硐室及其通道，矿建工程量大。煤流标高损失大
螺旋式给煤机	大粒度煤及粘聚性较小的中小粒度煤；限用于中、小型水采区	给煤机可安装于泵房或煤水仓通道内，不需要专建硐室，无额外煤流标高损失； 只能用于压入式煤水仓，输送大粒度煤和粘聚性大的中、小粒度煤的可靠性较差，不宜用于高浓度煤水输送，定量给煤的准确性差
链板式刮泥机	管道输煤粒度和浓度不大的中、小型水采区	能兼作尾仓积煤搬运设备和定量给煤装置用，能用于压入、压吸和吸入式煤水仓； 因刮板链不能受堆压，仓内存煤量少，只能起限量，而不能起定量给煤作用
无堵塞式吸水管	无条件使用机械给煤方式、服务年限短的中、小型水采区（暂定用于输送中小粒级的煤）	其功能主要是解决泵启动时不吸煤、运行时不堵管和停泵前可以用煤水仓的水冲洗煤水管道这三项煤水泵管道输煤最起码的要求，优点是简单、不用机械设备、限量给煤的可靠性好，能否起到定量给煤作用及能通过多大粒级的煤尚不明确

滚筒式给煤机有大、小两种规格，已先后用于国内 8 个矿区 20 多个各形压入式煤水仓，其技术特征见表 3－6－37。图 3－6－64 是滚筒直径为 750mm 的给煤机在陶庄矿 240 转载煤水仓的使用方式及安装尺寸；在杨坨矿和八道江矿使用的给煤机滚筒直径为 600mm，其安装尺寸见图 3－6－65。给煤机的给煤量除用改变其转速来调节外，还可采用调节其转子与筒壳的间隙量的方式。转子叶片紧贴筒壳时给煤量为零；间隙量大于 30～40mm 时，给煤量将会超过现行煤水泵允许的承受量。

无堵塞式吸水管是一种不用机械设备的简易装置，已先后用于杨坨矿和南票矿区，其结构和原理见图 3－6－66。该装置是把格栅分隔煤水的原理延伸到输煤泵的吸水管里去，在管的断面上用一块 $b=d=10$mm 的格栅板将其分为上下两个缺圆，上缺圆与煤水仓的污水间连通而不与煤水间沉积煤接触，下缺圆则任其由煤埋没。当受到输煤泵的吸力时，下缺圆即使被煤堵满，在上缺圆高速流动的污水仍可以从栅缝下泄逐次将煤冲走，直至管口能吸煤为止，而煤则不可能进入上缺圆将全管堵死。图中的尺寸 h 和 L 应视煤的粘聚性和安息角的大小取 $h=\left(\frac{3}{4}\sim\frac{2}{3}\right)D$、$L=(1.5\sim2.0)D$，安息角小者取大值。图 3－6－67 是该装置的输煤浓度调节方式示意。安装于煤水仓外的调节阀应选用平板闸阀，将其阀板的上缺圆切掉，只留高度为 h 的下缺圆。在煤水泵启动时，将阀板下旋到图中的位置②，则泵只能喝水吸不着煤。在确认煤水泵正常运行后，再将阀板全部上旋出吸水管还是只提到图中位置①或是两者的中间位置会有不同的输煤浓度。在位置①浓度最大；阀板全提出吸水管时，泵将按照由 h 与 D 的比值所确定的煤水比运行。

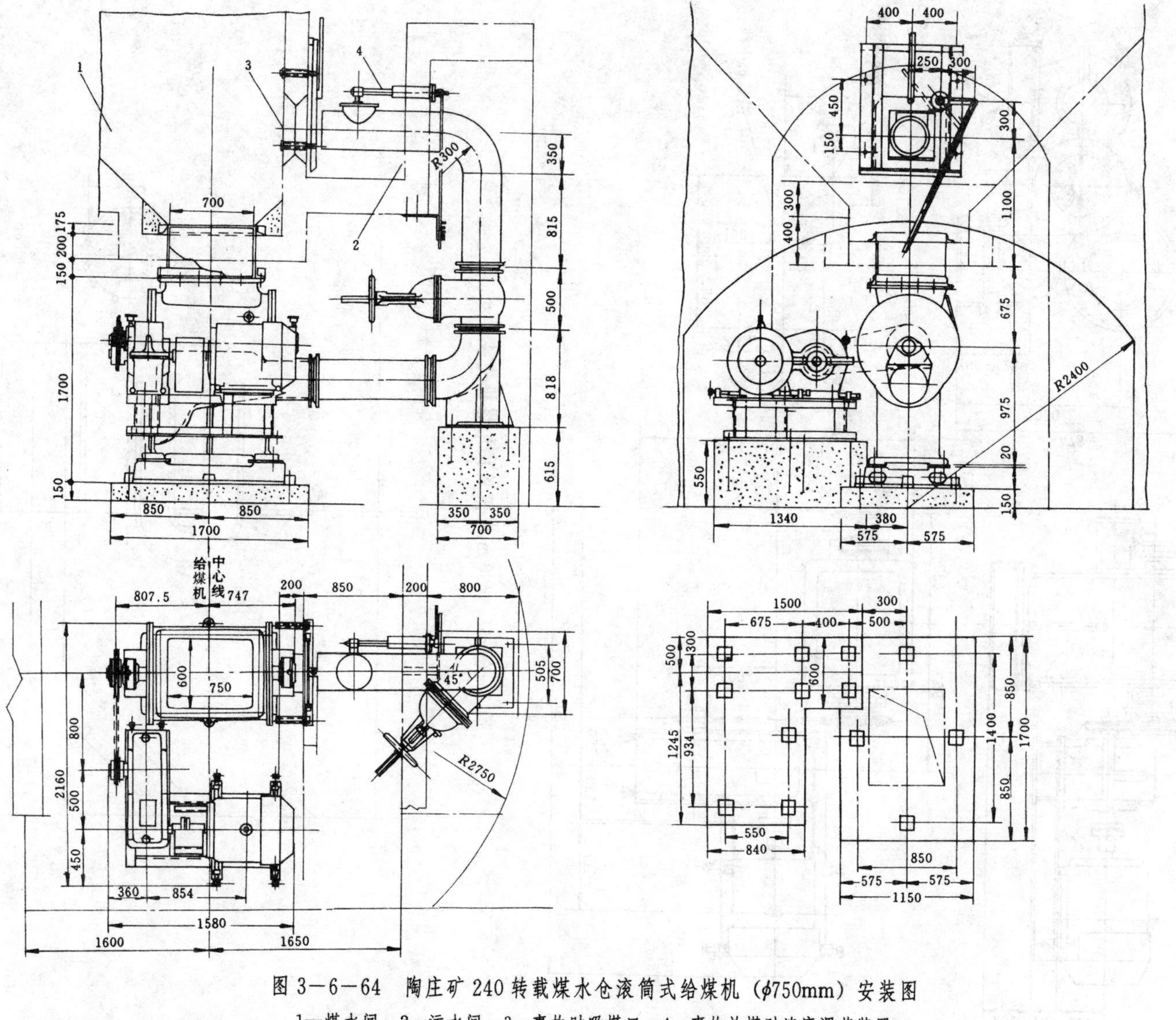

图 3－6－64 陶庄矿 240 转载煤水仓滚筒式给煤机（ϕ750mm）安装图

1—煤水间；2—污水间；3—事故时吸煤口；4—事故放煤时浓度调节装置

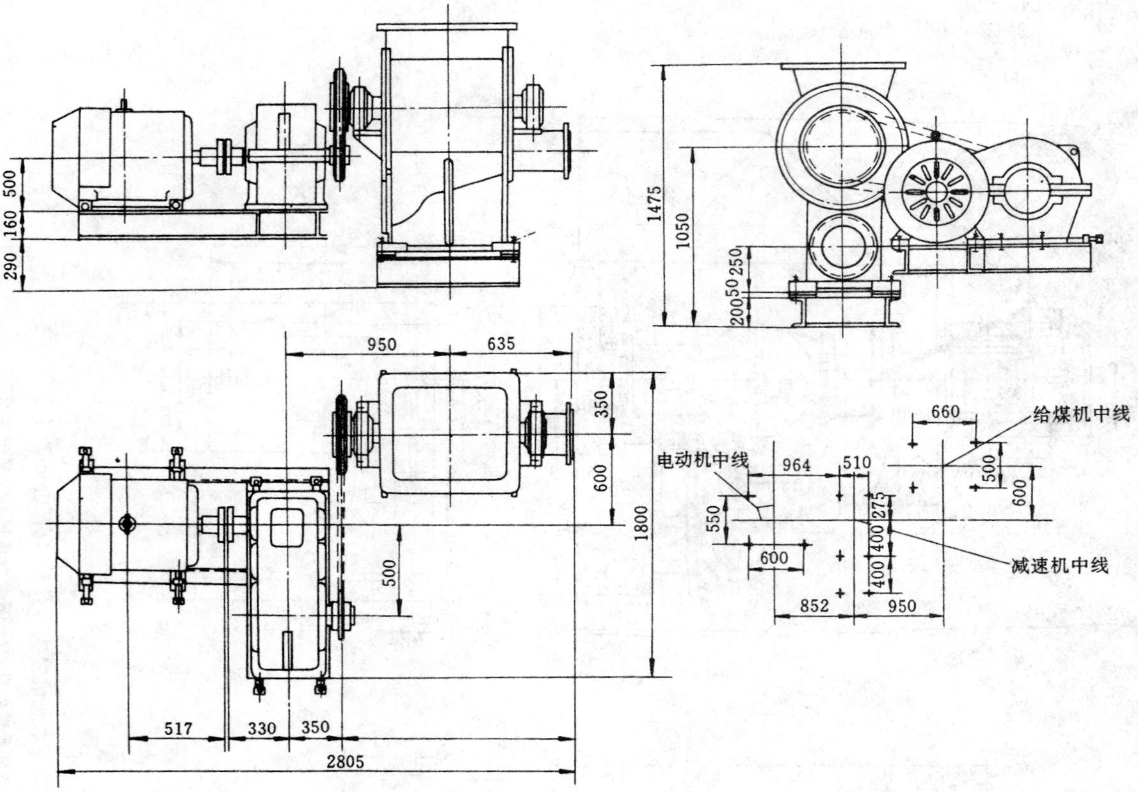

图 3－6－65　ϕ600mm 滚筒式给煤机安装尺寸

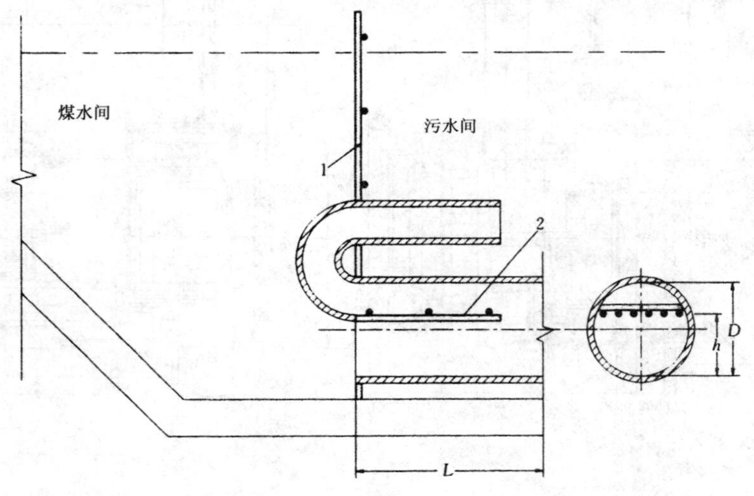

图 3－6－66　无堵塞式吸水管原理图

1—煤水仓内格栅；2—吸水管内格栅

表 3－6－37 滚筒式给煤机技术特征

名称	规格					
	ϕ750			ϕ600		
滚筒直径（mm）	750			600		
滚筒长度（mm）	1000			600		
叶片数目	6			6		
输送物料粒度（mm）	0～50			0～50		
电动机型号	YD200L－8/6/4			YD180L－8/6/4		
功率（kW）	10	13	17	7	9	12
转数（r/min）	730	970	1470	730	970	1470
减速机型号	JZQ－500－Ⅲ－1Z			JZQ－500－Ⅲ－1Z		
减速比	31.5			31.5		
滚筒容积（m^3）	0.31			0.12		
生产能力（t/h）	200	280	400	80	110	160

此外，无堵塞式煤水管还可用作带滚筒式给煤机的定量煤水仓的备用装置。滚筒式给煤机惟一可能出现的事故是怕有长材料进入将其转子卡住（陶庄矿 270 采区在仓上检修时掉进过钢材），故在图 3－6－64 中有一套用手动方式调节煤水比的备用装置。当仓内有存煤而给煤机不能转动时，可从仓上平台提起事故时吸煤口的闸板，用启开还是关闭或半开半闭吸水管口三通上的盖板的方式调节煤水比。由图 3－6－64 可见，这套装置比较繁琐，改用图 3－6－68 所示的无堵塞式吸水管则相当简单。

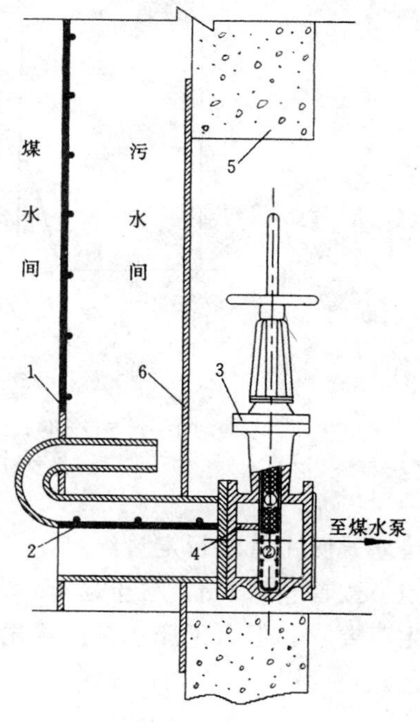

图 3－6－67 无堵塞式吸水管煤水浓度调节方式

1—煤水仓内格栅；2—吸水管内格栅；3—煤水浓度调节阀；4—圆弧形钢板；5—煤水仓挡墙；6—挡墙壁龛密封钢板

4. 吸入式煤水仓改革途径

国内自有水力采煤起，就同时引进了吸入式煤水仓，是 60 年代各矿使用的主要仓型。后因其有效容积小、煤水泵难于启动和不易实现定量给煤，现已很少使用。但与压入式煤水仓相比，该仓型无煤流标高损失、硐室工程量小和易于施工，特别是具有操作监视条件好的突出优点，目前已有在中、小型和服务期短的水采区复出的趋势，设计应有超前技术储备。针对吸入式煤水仓被压入式取代的主要原因，在今后的设计中可采用近年来问世的液下碴浆泵来解决其输煤泵的启动问题，其工艺布置见图 3－6－69。在输煤泵的吸水管上串接一台液下泵后，不仅两泵均可按压入式启动，还因泵的吸水高度加大，一举解决了仓的容积问题，再配以

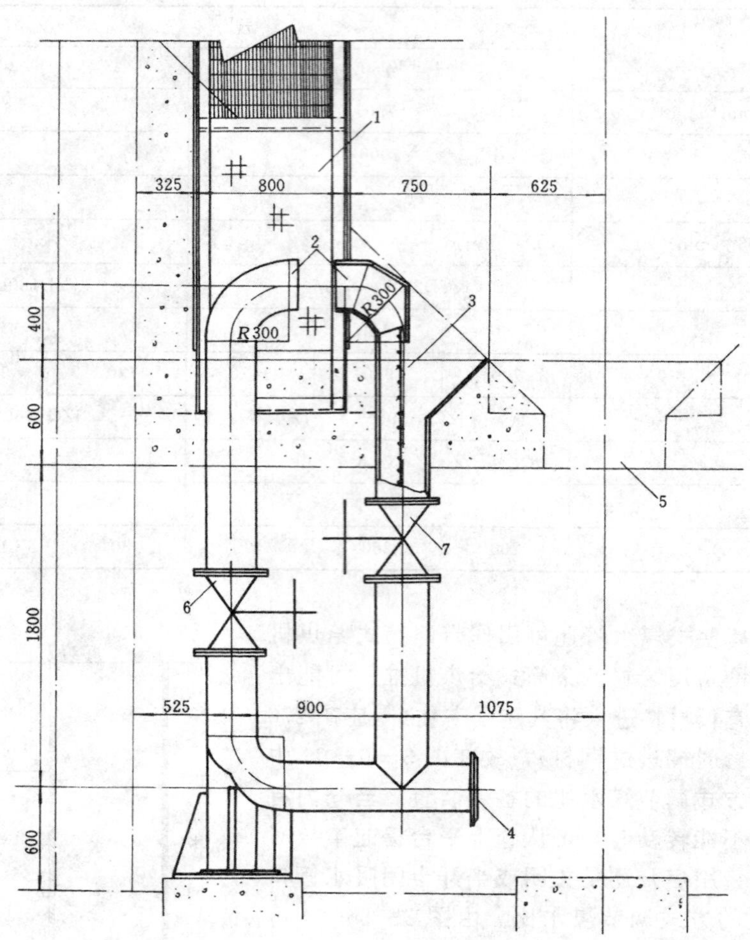

图 3－6－68　滚筒式给煤机定量煤水仓备用无堵塞式吸水管

1—框形污水间；2—输煤泵吸水管口；3—无堵塞式吸水管进煤口；
4—给煤机接水口；5—给煤机进煤口；6、7—闸阀

无堵塞式吸水管实行定量给煤，则该仓不仅保存了吸入式仓的优点，同时也具有压入式仓的优点。按首仓深 5m，尾仓宽 4m 设计，有效容积可达 $300m^3$ 以上，可以满足中型水采井、区的生产要求。但石家庄水泵厂等生产的液下碴浆泵因出水管径偏小，需作改制后才能用于本工艺。

五、污水储集与浓缩硐室

（一）污水仓与平流式沉淀池

污水仓也称溢流仓，用于煤水仓发生溢流时承接和储集其流出的污水。污水仓不是煤水仓的组成部分，与煤水仓尾仓的主要区别在于其储集的水和沉积的煤不能自流返回煤水仓首仓，但因其煤水常用污水泵返回煤水仓复用，故《煤炭工业矿井设计规范》在考虑输煤泵流

量与煤水储集量的关系时，把污水仓容积也计算在内。

污水仓的造形也有表 3－6－34 所列的各种形状，但使用较多的是斜坡形、平流形和首仓是斜坡、尾仓是平流的混合形（如图 3－6－56）。此外，该图污水仓的最高水位高于煤水仓溢流口标高，其上层水可自行返回煤水仓，而在最低水位运行时煤水仓的溢流水又能将其尾仓沉积的煤泥冲入其首仓，具有一仓两用和自动清淤的优点。

污水仓除为煤水仓蓄水作为补充水和清仓用水外，还常为水采掘进工作面用水储集水源。而在煤泥浓缩后再提升、水澄清后循环使用的水采井区中，常采用平流形污水仓作为平流式沉淀池用。平流形煤水仓的生产工艺完全按溢流状态工作时，就不再认为是煤水仓，也不是污水仓，而是一个典型的带有刮泥机的平流式沉淀池，此时的设计要点应根据水力学原理提高其清除率，增加澄清效果。矩形水平流动沉淀池澄清非均匀颗粒的煤泥水的沉淀清除率（无因次）可按下式计算

$$E=(1-p')+\frac{A}{Q}\int_{0}^{P'}W\cdot dp \qquad (3-6-21)$$

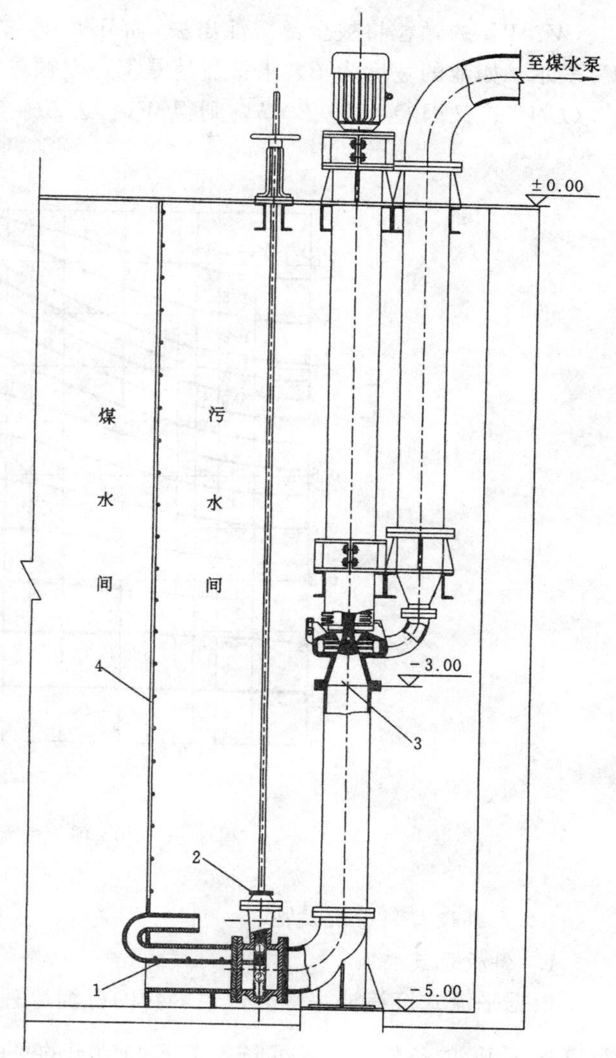

图 3－6－69 吸入式煤水仓的助吸和定量给煤装置

1—吸水管内格栅；2—煤水浓度调节阀；3—液下碴浆泵；4—煤水仓内格栅

式中 W——颗粒沉降速度，m/s；

Q——流量，m^3/s；

A——沉淀池底面积，m^2；

Q/A——表面负载率，m/s；

p'——沉降速度比表面负载率 $Q/A=W_0$ 小的颗粒所占比率；

dp——沉降速度为 W 的颗粒所占比率。

实际上因紊流会使清除率降低，如不需要计算出因流入涡流产生紊动的紊流扩散系数 k，平流式沉淀池的清除率可直接从图 3－6－70 查出，图中

$$\frac{Wh}{2k}\approx(120\sim140)\ \frac{h}{L}\cdot\frac{W}{W_0} \qquad (3-6-22)$$

式中 h——池深，m；

L——沉淀池长度，m；

W_0——流经沉淀池到达出口时恰巧沉到池底的颗粒的沉降速度，m/s。

$W>W_0$ 的颗粒将被全部沉淀出去，而 $W<W_0$ 的颗粒只能部分被清除，其清除率可用 W/W_0 表示。如池的宽度为 B、水平流速是 V，则颗粒在池内的滞留时间 $T=L/V$，$W_0=h/T=h/(L/V)$；又因 $Q=V\cdot B\cdot h$，则得 $W_0=Q/LB=Q/A$，故 W_0 也称表面负载率。

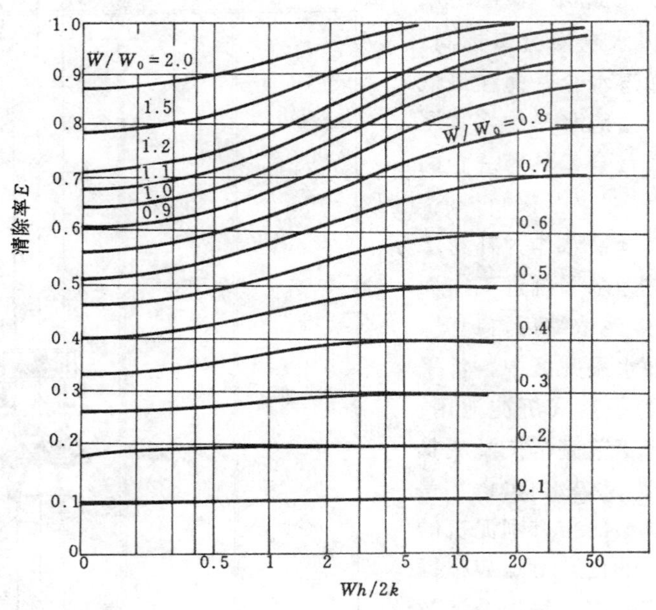

图 3－6－70　平流式沉淀池清除率

（二）斜板与斜管沉淀池

1. 斜板沉淀特征

根据平流式沉淀池去除分散性颗粒的沉淀原理，一个池子在一定的流量 Q 和一定的颗粒沉降速度 W 的条件下，其沉降效率 E 与池子的平面面积 A 成正比：即 $E=\dfrac{W}{\frac{Q}{A}}=\dfrac{WA}{Q}$。因此，如在同一池子中，将高度分成 N 个间隔，使水平面积增加 N 倍，在理论上可提高沉淀能力 N 倍（实际上因有干扰因素影响而达不到 N 倍）。但池子分成许多水平浅格后排泥困难，故需将水平板改为斜板。斜板除使积泥可自行滑落池底以便排除外，还增加了水平投影面积。此外，增加许多斜板后，加大了水池过水断面的湿周，减小了水力半径，在同样的水平流速 V 时，可以大大降低雷诺数 Re，从而减少水的紊动，促进沉淀。又因颗粒沉淀距离缩短，减少了沉淀时间。国内外将斜板用于水处理工程后，其效果均较普通平流式沉淀池提高 3～5 倍。水流方向除有侧向流和上向流外，还可采取水流自上而下和沉泥方向一致的同相流，其表面负载率可达 $30\sim50m^3/m^2\cdot h$。

2. 斜管沉淀池在水采矿井使用实例

斜管沉淀池与斜板沉淀池的原理基本相同，但从水力条件来看，因为斜管的水力半径更小，雷诺数更低（一般小于 50），沉淀效果比斜板更显著。

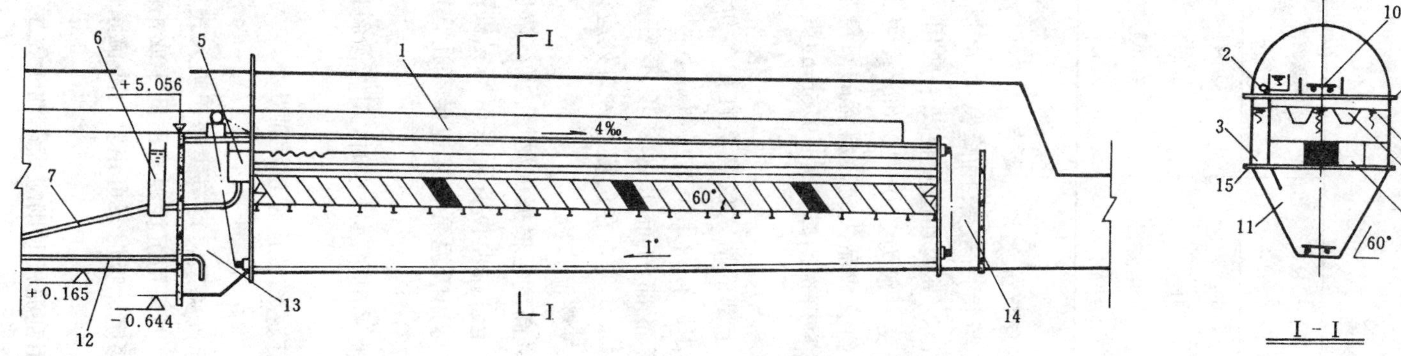

图3—6—71 三家子矿井下斜管沉淀池结构示意

1—配水槽；2—配水嘴；3—配水渠；4—集水槽；5—总汇水槽；6—溢流箱；7—集水管；8—清水区；9—斜管区；10—刮泥机；11—布水区与积泥区；12—吸泥管；13—池首回链与行人区；14—池尾回链与行人区；15—斜管托梁；16—刮泥机托梁

表3—6—38 三家子矿井下斜管沉淀池使用效果

工况	测定数据(组)	入料 流量范围(m³/h)	入料 负载率(m³/m²·h)	入料 浓度(g/l)	溢流浓度(g/l)	去除率(%)	备注
未加絮凝剂	141	5～998	2.368	3.009	0.246	92.033	人料含清仓污水
	161	5～910	3.171	6.155	0.283	95.425	
	78	21～910	5.263	14.750	0.707	95.722	
	51	31～1175	5.239	20.683	0.826	95.975	
加絮凝剂(0.5g/m³)	33	21～1056	4.970	20.546	0.336	98.362	人料含清仓污水
	41	10～980	5.209	3.624	0.433	88.065	
加絮凝剂(1.0g/m³)	63	21～954	4.839	3.899	0.293	92.480	

国内南票矿务局首先将斜管沉淀池用于三家子矿，在井下澄清水采煤泥水，其沉淀池结构如图 3－6－71 所示，其测试效果见表 3－6－38、表 3－6－39。

表 3－6－39　斜管沉淀池底流测定数据

日　期	平均浓度 (g/l)	煤水比	浓缩效率 (%)	固体截流率 (%)
1991.4.12	220.02	1∶7.59	86.45	93.84
1991.4.13	242.62	1∶6.79	91.29	98.66
1991.4.15	237.13	1∶6.97	86.26	87.26
1991.4.17	217.21	1∶7.70	91.06	92.51

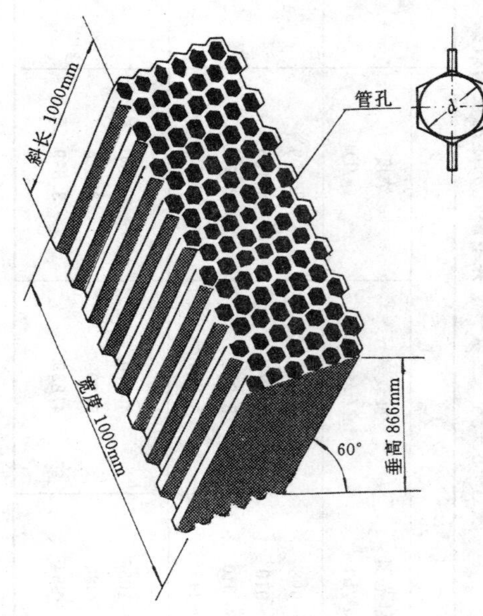

图 3－6－72　斜管结构示意

3. 井下斜管沉淀池设计要点

（1）斜管断面一般采用蜂窝六角形，如图 3－6－72 所示。其内切圆直径 d 一般用 25～35mm。斜管长度一般为 800～1000mm，可根据水力计算结合斜管成品决定。斜管的倾角常采用 60°。斜管材料可选用厚 0.4～0.5mm 聚乙烯塑料片材。

（2）斜管上部的清水区高度宜在 1.0m 以上，较高的清水区有助于出水均匀。

（3）斜管下部的布水区高度不宜小于 1.2m，为使布水均匀，在沉淀池入口处应设穿孔板或格栅网等整流措施。

（4）积泥区高度应根据沉泥量、沉泥浓度和排泥方式等确定。排泥设备可采用刮泥机配吸泥泵、管，也可用吸泥泵直接连接穿孔管抽泥（如图 3－6－73）。

（5）沉淀池采用侧面进水时，斜管倾斜以反向进水为宜。

（6）出水工艺布置应使沉淀池出水均匀，可采用穿孔管或穿孔水槽等集水。

（7）沉淀池标高布置，即池体与相关煤水硐室地坪的标高关系，可有类似于吸入式、压吸式和压入式煤水仓的三种布置方式。当采用前两种方式，即采用沉淀池液面低于或稍高于地坪的布置方式时，宜采用穿孔管抽排泥，以降低沉淀池深度。吸泥泵可用多台小流量的潜水污水泵或液下污水泵。

（8）采用穿孔管排泥时，沉淀池宜采取宽巷布置；采用刮泥机时则应控制池子宽度，以减小积泥区高度。

4. 斜管水力计算

根据水处理工程的介绍，对正六边形断面的斜管的水力计算可按管内流态及颗粒在沉降

过程中水平流速的变化而推导出颗粒沉降的轨迹，从而获得其水力计算的关系式如下

$$\frac{W}{V_0}\left(\sin\theta+\frac{1}{d}\cos\theta\right)=\frac{4}{3} \tag{3-6-23}$$

$$l=\left(\frac{1.33V_0-W\sin\theta}{W\cos\theta}\right)d \tag{3-6-24}$$

式中 W——设计采用的颗粒沉降速度，mm/s；

V_0——设计采用的管内上升流速，一般采用 3.0～4.0mm/s；

l——斜管长度，mm；

d——斜管内切圆直径，mm；

θ——斜管倾角，一般采用 60°。

5. 斜管沉淀池设计例题

斜管沉淀池布置及排泥、集水方式如图 3－6－73 所示。

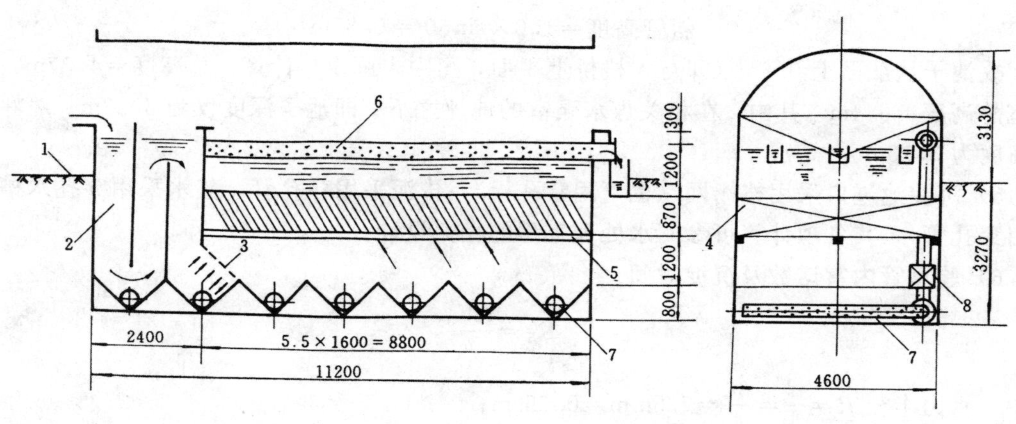

图 3－6－73 斜管沉淀池例题

1—煤水硐室地坪；2—絮凝池；3—整流格栅；4—斜管；5—斜管托梁；6—穿孔集水槽；7—穿孔吸泥管；8—吸泥潜污泵（3～4 台）

1）已知条件

进水量 $Q=420\text{m}^3/\text{h}=0.117\text{m}^3/\text{s}$；

颗粒沉降速度 $W=0.35$mm/s（该数值可借助图 3－6－39 算出）。

设计采用数据：

清水区上升流速 $V=3$mm/s；

采用热压胶合聚乙烯六边形蜂窝斜管，内切圆直径 d＝30mm，倾角 $\theta=60°$。

2）清水区面积 $A=Q/V=0.117/0.003=39\text{m}^2$，其中斜管结构占用面积按 3%计，则实际需要斜管区面积 $A'=39\times1.03=40.17\text{m}^2$。

为配合积泥沟的布置，采用清水区平面尺寸为 4.6m×8.8m。按理应在沉淀池的长边设置絮凝池，但因受井下巷道宽度限制，只宜按图示方式布置（絮凝池也称反应池，其用途是使经过与药剂混合后的煤泥水进入池内进行充分反应，其设计原理可参阅相关的水处理工程）。

3）斜管长度

管内流速　$V_0=\frac{V}{\sin\theta}=\frac{3.0}{\sin60°}=\frac{3.0}{0.866}=3.5\text{mm/s}$

斜管长度　$l=\left(\frac{1.33V_0-W\sin\theta}{W\cos\theta}\right)d$

$$=\left(\frac{1.33\times3.5-0.35\times0.866}{0.35\times0.5}\right)\times30=746\text{mm}$$

考虑到管端紊流、积泥等因素，过渡区采用200mm，则斜管可选用长度为1000mm的成品管。

4）沉淀池高度

采用超高＝0.3m

清水区＝1.2m

布水区＝1.2m

排泥沟深＝0.8m

斜管高度＝1.0×sin60°＝0.87m

故池子从液面上0.3m（即行人栈桥上平面，图中未画出）计算，总高度＝4.37m，沉淀硐室总高度＝6.4m。其中，在相关煤水硐室的地坪之下、即池子深度仅为3.27m；地坪之上的高度为3.13m。

5）沉淀池进口采用格栅网（也可用穿孔板），排泥采用穿孔管，集水采用穿孔水槽（也可用穿孔管），其各项计算可参阅水处理工程的相关设计。

6）验算管内雷诺数及沉淀时间：

$$\text{Re}=\frac{RV_0}{\mu}$$

式中　水力半径 $R=\frac{d}{4}=\frac{30}{4}=7.5\text{mm}=0.75\text{cm}$；

管内流速 $V_0=0.35\text{cm/s}$；

运动粘度 $\mu=0.01\text{cm}^2/\text{s}$（当 $t=20℃$ 时）

$$\text{Re}=\frac{0.75\times0.35}{0.01}=26.26$$

沉淀时间　$T=\frac{L}{V_0}=\frac{1000}{3.5}=285\text{s}$

由于沉淀时间短（不到5min），沉淀池在运行中要求水量和水质要稳定。为此，设计必须采取相应措施。三家子矿是将煤泥水先经过平流式沉淀池“均化”后再进入斜管沉淀池，使进水固体含量减少50%以上，几乎全部截留了0.074mm以上的颗粒，高峰浓度被基本削平，达到了进水水质稳定的要求。

六、煤水泵房

（一）设计要点

安装输煤泵的硐室统称煤水泵房。实际上输煤泵有大粒度中开式煤水泵、多节式煤泥泵、碴浆泵和配合喂煤机使用的高压污水泵等多种泵型。其中，煤水泵和碴浆泵有时采取两台为一组串联运行，在设计上有一定的特殊要求。在一般情况下，煤水泵房在设计上应注意以下

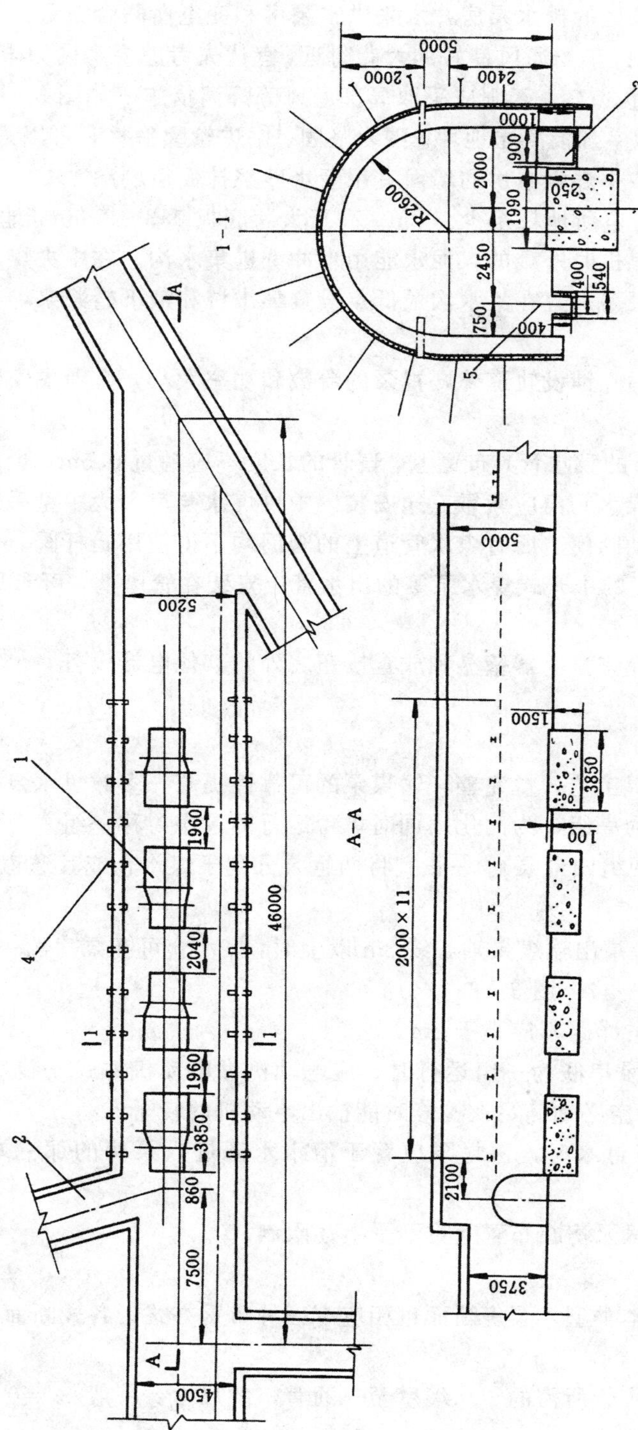

图 3—6—74 陶庄矿 280 采区煤水泵房

（共安装两组四台中开式煤水泵）

1—煤水泵基础（宽的一头为电动机）；2—煤水仓通道；3—降温通风道；4—起重梁托架；5—轨道与集水沟中心线

要点：

(1) 尽可能与矿井或采区的排水泵房，水采供水泵房和变电所联合布置。

(2) 位置应在井底或采区车场通风良好的大巷附近，宜优先考虑泵房内为全风压通风，保证开泵时硐室内气温不超过 30℃，否则应采取局部通风等降温措施（如图 3－6－74）。

(3) 一般宜采用砌碹硐室和混凝土地坪。围岩坚固、掘进轮廓平整时可以采用锚喷支护，但也应铺设混凝土地坪。中央煤水泵房的墙面宜用清水砂浆抹面后刷漆。

(4) 泵房地坪应低于变电所地坪至少 0.2m、高于大巷底板 0.3～0.5m。地坪应有 1%的坡度，使检修煤水泵和给煤机时外溅的煤泥水能用水冲洗进集水沟。在中央煤水泵房、与排水泵联合布置的采区煤水泵房，宜在集水沟最低点设置集水坑和液下碴浆泵，将煤泥水排入煤水仓。

(5) 在中央煤水泵房内除铺设轨道外，视泵的台数和功率大小，宜考虑安装起吊设备的行车。

(6) 在煤水管（包括泵的吸水管）布置上，盲管的长度不应超过 0.5m，也就是说在两条管合流或一条管分流时，煤水阀门应紧靠三通安装。中央煤水泵房和大中型采区煤水泵房宜选用电动阀门或电控的液动阀门。所有煤水管道上的阀门均不得使用暗杆阀。

(7) 泵的出水管在侧面的中开式煤水泵等的出水管应安装在管座上，可参见图 3－6－68 所示。

(8) 在煤水泵房内不允许凿电器壁龛和放置按钮之外的其他电器设备。

（二）硐室布置

1. 平面布置

(1) 目前，随煤水运提工艺日益完善，输煤泵的可靠性提高，多数煤水泵房只安装两组泵（两台串联运行的泵称为一组，为简化用词对单台运行的泵也习称一组，此处所说可能是两组共两台泵，也可能是两组四台泵）。一般宜将两组泵分列于煤水仓或其通道的两侧，在泵房内呈顺向布置。

(2) 煤水仓的最低水位高出输煤泵轴心线 3m 以上时，煤水仓可在泵房的一端、与两组泵呈一字形布置（如图 3－6－47、图 3－6－74）。

(3) 两组输煤泵之间的净距不应小于 2m。

(4) 两台中开式煤水泵串联为一组运行时，应电动机靠电动机方式安装（见图 3－6－74），两台电动机之间的净空必须满足在检修时能抽出电动机的转子。

(5) 输煤泵需使用密封水时，密封泵应置于清水水源进入泵房的那一端和呈横向布置。

(6) 使用碴浆泵的采区泵房在布置上可不受上述限制。

2. 断面尺寸

常用输煤泵有三种基本类型，泵房断面也相应有三种布置方式，各式断面的尺寸标注见图 3－6－75～图 3－6－77。

图中　B_1——安装泵的吸水管所需的、从墙壁至三通管口的尺寸，一般 $B_1=0.6$m；

　　B_2——吸水管阀门尺寸；

　　B_3——泵的宽度（按各图的标注方法计取）；

　　B_4——管座尺寸；

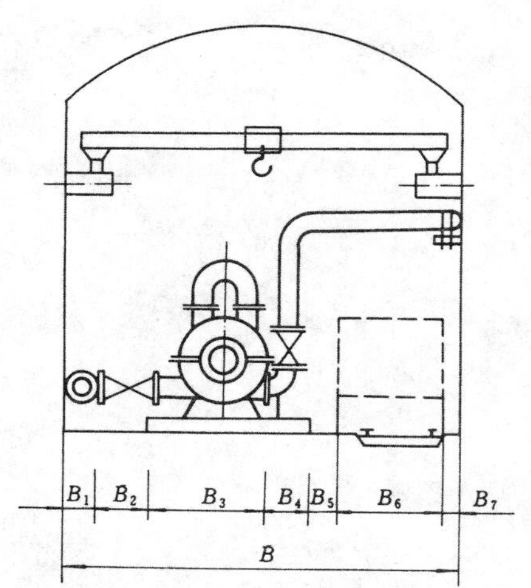

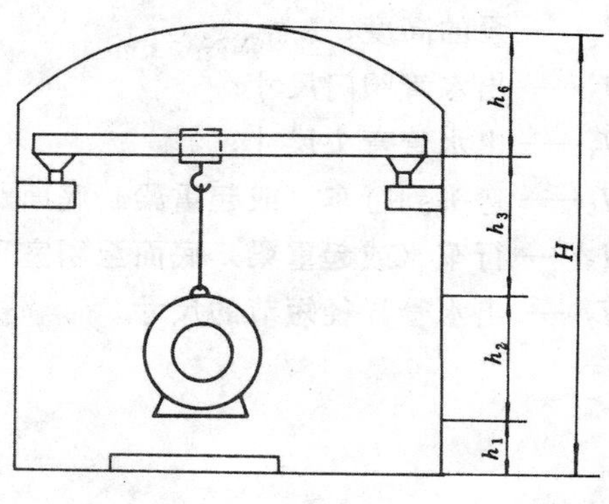

图 3-6-75 中开式煤水泵的泵房断面尺寸

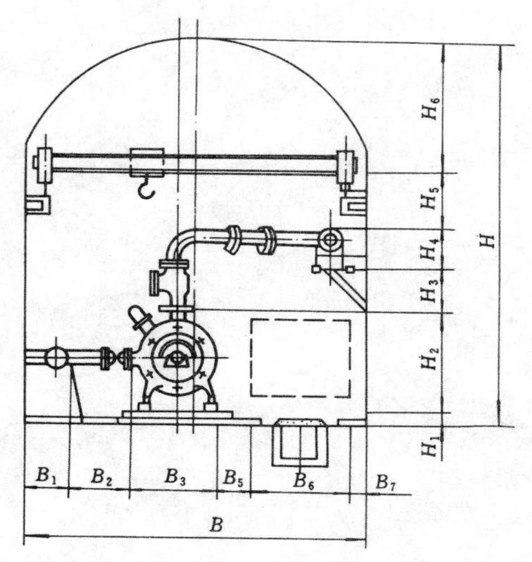

图 3-6-76 多节式煤泥泵的泵房断面尺寸

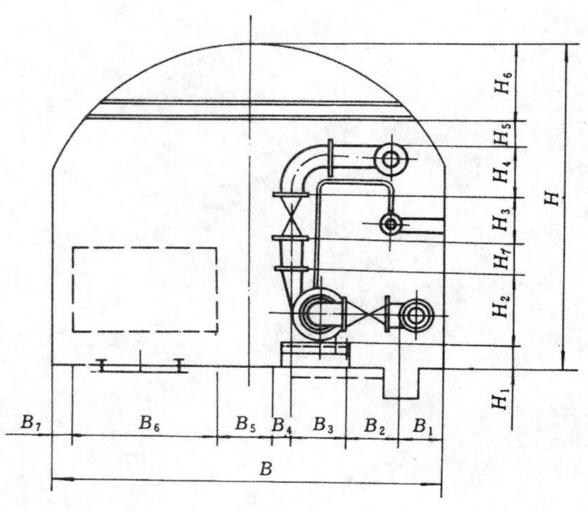

图 3-6-77 单级式碴浆泵的泵房断面尺寸

B_5——搬运最大设备时，该设备与安装在位、突出宽度最大的设备或管道之间的运动间隙，一般 $B_5 \geqslant 0.1m$；

B_6——最大设备（一般是电动机）宽度；

B_7——搬运中的最大设备距墙壁的安全距离，$B_7 \geqslant 0.3m$；

h_1——被起吊设备距地高度；

h_2——最大设备高度；

h_3——最高设备距行车（或起重梁）底面距离；

h_6——行车（或起重梁）底面至硐室顶距离；

H_1——泵房地坪至泵的基础面高度；

H_2——泵的高度；

H_3——出水管阀门尺寸；

H_4——出水管弯头尺寸；

H_5——弯头到行车（或起重梁）底面距离；

H_6——行车（或起重梁）底面至硐室顶距离；

H_7——出水管异径短节的尺寸。

主要参考资料

1. 乌荣康主编．综采资料手册．煤炭工业出版社，1998.10
2. 戴绍诚等主编．高产高效综合机械化采煤技术与装备．煤炭工业出版社，1998.8
3. 煤炭科技名词审定委员会公布．煤炭科技名词 1996．科学出版社，1997.2
4. 武同振、赵宏珠、吴国华主编．综采综掘高档普采设备选型配套图集．中国矿业大学出版社，1993.8
5. 赵庆彪等编著．邢台矿区煤矿开采技术应用与发展．煤炭工业出版社，2000.7
6. 兖州矿业（集团）有限责任公司．兖州矿区煤炭生产技术．煤炭工业出版社，1998.10
7. 李锡林主编．世界煤炭工业发展报告．煤炭工业出版社，1999.1
8. 中国煤炭，1996～2000
9. 世界煤炭技术，1996～2000
10. 煤炭科学技术，1997～2000
11. 煤矿设计，1996～2000
12. 陕西省煤炭工业局主办．陕西煤炭技术，1997～2000
13. 王广德主编．煤炭工业高产高效矿井理论与实践．中国矿业大学出版社，1999.11
14. 中国大百科全书矿业．中国大百科全书出版社，1984.9
15. 甘肃省华煤（集团）有限责任公司编著．华煤之光．中国矿业大学出版社，1998.8
16. 何道清主编．陕西煤炭技术．中国矿业大学出版社，1994
17. 《中国煤炭志》编纂委员会．中国煤炭志　综合卷．煤炭工业出版社，1999.9
18. 赵宏珠主编．综采高产高效途径及成套设备可靠性研究．煤炭工业出版社，1994.2
19. 陈炎光、徐永圻主编．中国采煤方法．中国矿业大学出版社，1991.8
20. 中国矿业学院等院校编．采煤学．煤炭工业出版社，1979.11
21. 冯冠学．连续采煤机开采工艺在上湾矿井中的使用．煤炭工程，2002.4
22. 鹿志发．应用旺格维利采煤法，创建高产高效矿井新模式．中国煤炭，2001.3
23. 鹿志发等．旺格维利采煤技术在大柳塔煤矿的应用．煤炭科学技术，2000.12
24. 王炎金等．履带式行走液压支架在短壁式开采中的应用．煤（Coal），2001.6
25. 《煤矿矿井采矿设计手册》编写组．煤矿矿井采矿设计手册．煤炭工业出版社，1984